일반기계기사 필기

허원회 편저

일진사

머리말

일반기계기사 시험을 준비할 때 처음부터 이 책을 선택하여 지침서로 활용한다면 수검자 여러분은 공부 방향을 제대로 잡은 것이다. 학원에서 기초 이론 강의를 수강하였거나 혼자서 공부를 하며 많이 노력하였지만 자신감이 부족한 수검자들을 위하여 이 책을 집필하였다.

일반기계기사 과목은 외형적으로는 5과목이지만 재료역학(20), 기계열역학(20), 기계유체역학(20), 기계재료 및 유압기기(20), 기계제작법 및 기계동력학(20)으로서 사실상 7과목이다. 과목이 많고 내용이 방대하여 학습하기에 어려움이 많으나 기계분야 최고의 자격증이라 말할 수 있다. 일반기계기사 시험은 30~70 %가 과년도 기출문제와 똑같거나 거의 유사한 문제가 출제되고 있다. 따라서 기출문제를 풀어보며 반복학습을 하고, 해설을 통하여 중요 개념이나 공식을 익혀 응용력을 키우면 무리 없이 합격권에 들 수 있을 것이다.

이 책은 한국산업인력공단의 출제기준에 따라 과목별 핵심 이론을 일목요연하게 정리하였으며, 지금까지 출제된 과년도 문제를 철저히 분석하여 예상문제를 수록하였다. 또한 부록으로 최근에 시행된 기출문제를 수록하여 줌으로써 출제 경향을 파악하고, 이에 맞춰 실전에 충분히 대비할 수 있도록 하였다.

이 책을 활용하는 전국의 후배 기계공학도와 수검자들에게 좋은 결과가 있기를 바라며, 내용상 미흡한 부분이나 오류가 있다면 앞으로 독자들의 충고와 지적을 수렴하여 더 좋은 책이 될 수 있도록 수정 보완할 것을 약속드린다.

끝으로, 이 책의 완성도를 높이기 위하여 꼼꼼하게 교정을 도와준 분들에게 감사의 마음을 전하며, 도서출판 **일진사** 직원 여러분들과 늘 곁에서 용기를 북돋아주고 힘을 주는 사랑하는 가족에게 진심으로 감사드린다.

저자 씀

일반기계기사 출제기준(필기)

직무분야	기계	자격종목	일반기계기사	적용기간	2019. 1. 1 ~ 2021. 12. 31

○ 직무내용 : 재료역학, 기계열역학, 기계유체역학, 기계재료 및 유압기기, 기계제작법 및 기계동력학 등 기계에 관한 지식을 활용하여 일반기계 및 구조물을 설계, 견적, 제작, 시공, 감리 등과 관련된 업무 수행

필 기 검정방법	객관식	문제수	100	시험시간	2시간 30분

필 기 과목명	출 제 문제수	주요 항목	세부 항목
재료역학	20	1. 재료역학의 기본사항	(1) 힘과 모멘트 (2) 평면도형의 성질
		2. 응력과 변형률	(1) 응력의 개념 (2) 변형률의 개념 및 탄, 소성 거동 (3) 축하중을 받는 부재
		3. 비틀림	(1) 비틀림 하중을 받는 부재
		4. 굽힘 및 전단	(1) 굽힘 하중　　　(2) 전단 하중
		5. 보	(1) 보의 굽힘과 전단　(2) 보의 처짐 (3) 보의 응용
		6. 응력과 변형률 해석	(1) 응력 및 변형률 변환
		7. 평면응력과 응용	(1) 압력 용기, 조합하중 및 응력 상태
		8. 기둥	(1) 기둥 이론
기계열역학	20	1. 열역학의 기본사항	(1) 기본개념 (2) 용어와 단위계
		2. 순수물질의 성질	(1) 물질의 성질과 상태 (2) 이상기체
		3. 일과 열	(1) 일과 동력 (2) 열전달
		4. 열역학의 법칙	(1) 열역학 제1법칙 (2) 열역학 제2법칙
		5. 각종 사이클	(1) 동력 사이클 (2) 냉동 사이클
		6. 열역학의 적용사례	(1) 열역학적 장치 (2) 열역학적 응용

필 기 과목명	출 제 문제수	주요항목	세 부 항 목
기계유체역학	20	1. 유체의 기본개념	(1) 차원 및 단위　　(2) 유체의 점성법칙 (3) 유체의 기타 특성
		2. 유체정역학	(1) 유체정역학의 기초 (2) 정수압 (3) 작용 유체력
		3. 유체역학의 기본 　　물리법칙	(1) 연속방정식　　　(2) 베르누이 방정식 (3) 운동량 방정식　　(4) 에너지 방정식
		4. 유체운동학	(1) 운동학 기초　　　(2) 퍼텐셜 유동
		5. 차원해석 및 상사법칙	(1) 차원해석　　　　(2) 상사법칙
		6. 관내유동	(1) 관내유동의 개념　(2) 층류점성유동 (3) 관로내 손실
		7. 물체 주위의 유동	(1) 외부유동의 개념　(2) 항력 및 양력
		8. 유체계측	(1) 유체계측
기계재료 및 유압기기	20	1. 기계재료	(1) 개요 (2) 철과 강 (3) 기계재료의 시험법과 열처리 (4) 비철금속재료 (5) 비금속재료
		2. 유압기기	(1) 유압의 개요 (2) 유압기기 (3) 유압회로 (4) 유압을 이용한 기계
기계제작법 및 기계동력학	20	1. 기계제작법	(1) 비절삭가공　　　(2) 절삭가공 (3) 특수가공　　　　(4) 치공구 및 측정
		2. 기계동력학	(1) 동력학의 기본이론과 질점의 운동학 (2) 질점의 동역학(뉴턴의 제2법칙) (3) 질점의 동역학(에너지 운동량 방법) (4) 질점계의 동역학 (5) 강체의 운동학 (6) 강체의 동역학 (7) 진동의 용어 및 기본이론 (8) 1자유도 비감쇠계의 자유진동 (9) 1자유도 감쇠계의 자유진동 (10) 1자유도계의 강제진동 및 다자유도계의 　　 진동

차 례

제2편 ••• 기계열역학

제 **3** 편 ••• 기계유체역학

제4편 ··· 기계재료 및 유압기기

제5편 ··· 기계제작법 및 기계동력학

부 록 ··· 과년도 출제문제

PART 01

재료역학

응력과 변형률

1. 하중과 응력

1-1 하중(load)

물체가 외부로부터 힘을 받았을 때 그 힘을 외력(external force)이라 하고, 재료에 가해진 외력을 하중이라 하며, 단위는 N(kN) 이다.

(1) 하중이 작용하는 방법에 따른 분류

① **인장 하중(tensile load)** : 재료를 축방향으로 잡아당겨 늘어나도록 작용하는 하중
② **압축 하중(compressive load)** : 재료를 축방향으로 눌러 수축하도록 작용하는 하중
③ **굽힘 하중(bending load)** : 재료를 구부려 꺾으려고 하는 하중
④ **비틀림 하중(twisting load)** : 재료를 원주방향으로 비틀어 작용하는 하중
⑤ **전단 하중(shearing load)** : 재료를 세로방향으로 전단하도록 작용하는 하중
⑥ **좌굴 하중(buckling load)** : 단면에 비해 길이가 긴 봉(기둥)에 작용하는 압축 하중

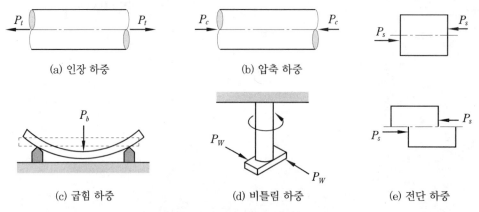

작용하는 상태에 따른 하중의 분류

(2) 하중이 걸리는 속도에 따른 분류

① **정하중(static load)** : 정지상태에서 힘이 가해져 변화하지 않는 하중 또는 무시할 정도로 아주 서서히 변화하는 하중으로, 특히 자중(自重)에 의한 것으로 크기와 방향이 일정한 하중을 사하중(dead load)이라 한다.

② **동하중(dynamic load)** : 하중의 크기와 방향이 시간과 더불어 변화하는 하중으로 활하중 (live load)이라고도 한다. 동하중에는 주기적으로 반복하여 작용하는 반복하중 (repeated load)과 하중의 크기와 방향이 변화하고 인장력과 압축력이 상호 연속적으로 거듭하는 교번 하중(alternate load), 비교적 짧은 시간에 급격히 작용하는 충격 하중(impulsive load) 등이 있다.

(3) 하중의 분포 상태에 따른 분류

① **집중 하중(concentrated load)** : 재료의 어느 한 곳에 집중적으로 작용하고 있다고 하는 하중

② **분포 하중(distributed load)** : 재료의 어느 범위 내에 분포되어 작용하고 있는 하중으로 균일 분포 하중과 불균일 분포 하중으로 구분된다.

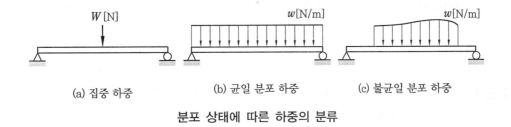

| (a) 집중 하중 | (b) 균일 분포 하중 | (c) 불균일 분포 하중 |

분포 상태에 따른 하중의 분류

1-2　**응력(stress)**

물체에 외력이 가해지면 변형이 일어나는 동시에 저항하는 힘이 생겨 외력과 균형을 이루는데, 이 저항력을 내력(internal force)이라 하며, 단위 면적당 내력의 크기를 응력이라 한다. 응력의 단위는 중력(공학) 단위로는 kgf/cm^2, SI 단위로는 $Pa(N/m^2)$, kPa, MPa, GPa이 있다.

(1) 수직응력(normal stress) σ

물체에 작용하는 응력이 단면에 직각방향으로 작용하는 응력으로 법선응력 또는 축력이라고도 하며, 인장하중에 의한 인장응력(σ_t)과 압축하중에 의한 압축응력(σ_c)이 있다.

① 인장응력$(\sigma_t) = \dfrac{P_t}{A}$ [Pa(N/m^2)] $\cdots\cdots\cdots\cdots\cdots\cdots\cdots\cdots\cdots\cdots\cdots\cdots\cdots\cdots$ (1-1)

② 압축응력$(\sigma_c) = \dfrac{P_c}{A}$ [Pa(N/m^2)] $\cdots\cdots\cdots\cdots\cdots\cdots\cdots\cdots\cdots\cdots\cdots\cdots$ (1-2)

여기서, P_t : 인장 하중(N), P_c : 압축 하중(N), A : 단면적(m^2)

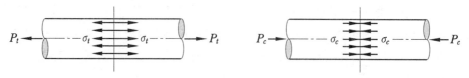

인장응력과 압축응력

(2) 전단응력(shearing stress) τ

물체를 물체의 단면에 평행하게 전단하려고 하는 방향으로 작용하는 전단력에 대해 평행하게 발생하는 응력으로 접선응력(tangential stress)이라고도 한다.

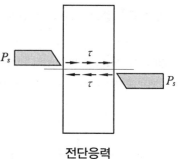

전단응력 $\quad \tau = \dfrac{P_s}{A}$ [Pa(N/m^2)] $\cdots\cdots\cdots\cdots$ (1-3)

여기서, P_s : 전단 하중(N), A : 전단면적(m^2)

전단응력

예제 **1.** 인장 강도(tensile strength)를 설명한 것으로 옳은 것은?

① 인장 시험의 최대 하중을 최초의 단면적으로 나눈 값

② 인장 시험의 최대 하중을 최후의 단면적으로 나눈 값

③ 인장 시험의 항복점 하중을 최초의 단면적으로 나눈 값

④ 인장 시험의 항복점 하중을 최후의 단면적으로 나눈 값

해설 인장 시험의 최대 하중을 최초의 단면적으로 나눈 값이 인장 강도(tensile strength)이다.

$$\sigma_u = \sigma_{max} = \frac{P_{max}}{A_0} \text{[kPa]}$$

정답 ①

예제 **2.** 지름 10 mm의 균일한 원형 단면 막대기에 길이 방향으로 7850 N의 인장 하중이 걸리고 있다. 하중이 전단면에 고루 걸린다고 보면 하중 방향에 수직인 단면에 생기는 응력은?

① 785 MPa   ② 78.5 MPa

③ 100 MPa   ④ 1000 MPa

해설 $\sigma = \dfrac{P}{A} = \dfrac{4P}{\pi d^2} = \dfrac{4 \times 7850}{\pi \times 10^2} = 100 \text{ MPa}$

정답 ③

2. 변형률과 탄성계수

2-1 변형률(strain)

물체에 외력을 가하면 내부에 응력이 발생하며 형태와 크기가 변화한다. 그 변형량을 원래의 치수로 나눈 것, 즉 원래 물체의 단위 길이당의 변형량을 변형률(변형도)이라 한다.

(1) 세로 변형률(longitudinal strain) ε

① 인장 변형률 : $(\varepsilon_t) = \dfrac{l' - l}{l} = \dfrac{\lambda}{l}$ (λ : 신장량)

$$\cdots\cdots\cdots\cdots\cdots\cdots\cdots\cdots (1-4)$$

② 압축 변형률 : $(\varepsilon_c) = \dfrac{l' - l}{l} = \dfrac{-\lambda}{l}$ ($-\lambda$: 수축량)

여기서, l : 재료의 원래 길이, l' : 변화 후 길이

(2) 가로 변형률(lateral strain) ε'

$$\varepsilon' = \frac{d' - d}{d} = \pm \frac{\delta}{d} \cdots\cdots\cdots\cdots\cdots\cdots\cdots\cdots (1-5)$$

여기서, δ : 지름의 변화량 (+ : 압축, - : 인장)

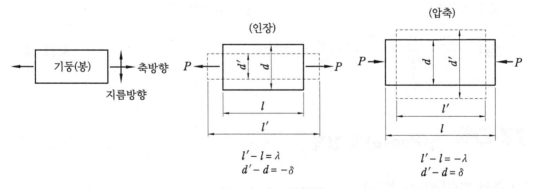

세로 및 가로 변형률

(3) 전단 변형률(shearing strain) γ

$$\gamma = \frac{\lambda_s}{l} = \tan\phi \fallingdotseq \phi\,[\text{rad}] \cdots\cdots\cdots\cdots (1-6)$$

여기서, λ_s : 전단 변형량, ϕ : 전단각(radian)

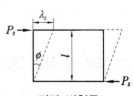

전단 변형률

(4) 체적 변형률(volumetric strain) ε_v

$$\varepsilon_v = \frac{V' - V}{V} = \frac{\Delta V}{V} \quad\cdots\cdots\cdots\cdots\cdots\cdots\cdots\cdots\cdots (1-7)$$

단, 등방성(정육면체)인 재료의 경우

$$\varepsilon_v = \varepsilon_x + \varepsilon_y + \varepsilon_z = 3\varepsilon$$

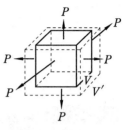

(인장 시) 체적 변화

예제 3. 길이가 50 mm인 원형 단면의 철강 재료를 인장하였더니 길이가 54 mm로 신장되었다. 이 재료의 변형률은?

① 0.4   ② 0.8

③ 0.08   ④ 1.08

해설 $\varepsilon = \dfrac{l' - l}{l} = \dfrac{54 - 50}{50} = \dfrac{4}{50} = 0.08$ **정답** ③

예제 4. 그림과 같은 두 개의 판재가 볼트로 체결된 채 500 N의 전단력을 받고 있다. 볼트의 중간 단면에 작용하는 평균 전단응력은? (단, 볼트의 지름은 1 cm이다.)

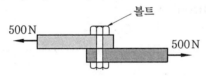

① 5.25 MPa   ② 6.37 MPa

③ 7.43 MPa   ④ 8.76 MPa

해설 $\tau = \dfrac{P_s}{A} = \dfrac{P_s}{\dfrac{\pi d^2}{4}} = \dfrac{4P_s}{\pi d^2} = \dfrac{4 \times 500}{\pi \times 10^2} = 6.37\,\text{MPa}$ **정답** ②

2-2 훅(Hooke)의 법칙

(1) 훅의 법칙(정비례 법칙)

$$\sigma = E\varepsilon, \ E = \frac{\sigma}{\varepsilon} \left[정수\,(E) = \frac{응력\,(\sigma)}{변형률\,(\varepsilon)} \right] \quad\cdots\cdots\cdots\cdots\cdots\cdots\cdots (1-8)$$

(2) 세로 탄성계수(종탄성계수) E

$$E = \frac{\sigma}{\varepsilon} = \frac{P/A}{\lambda/l} = \frac{Pl}{A\lambda} \text{ 에서,}$$

$$\therefore \text{변형량}(\lambda) = \frac{Pl}{AE} = \frac{\sigma l}{E} \quad\text{............................} (1-9)$$

여기서, P : 인장 또는 압축 하중, A : 단면적, σ : 응력

E는 종탄성계수이며 연강인 경우 $E = 205.8\,\text{GPa}$이다.

(3) 가로 탄성계수(횡탄성계수) G

$$\tau = G\gamma \left(G = \frac{\tau}{\gamma}, \ \tau = \frac{P_s}{A}, \ \gamma = \frac{\lambda_s}{l} \right)$$

여기서, G는 가로(전단) 탄성계수이며, 연강인 경우 $G = 79.38\,\text{GPa}$이다.

$$G = \frac{\tau}{\gamma} = \frac{P_s/A}{\lambda_s/l} = \frac{P_s l}{A\lambda_s} \text{ 에서,}$$

$$\therefore \text{전단변형량}(\lambda_s) = \frac{P_s l}{AG} = \frac{\tau l}{G} \left(\phi = \frac{P_s}{AG}, \ P_s = AG\gamma \right) \quad\text{...............} (1-10)$$

(4) 체적 탄성계수 K

$$\sigma = K\varepsilon_v \left(K = \frac{\sigma}{\varepsilon_v}, \ \sigma = \frac{P}{A}, \ \varepsilon_v = \frac{\Delta V}{V} \right) \quad\text{........................} (1-11)$$

여기서, K는 체적 탄성계수

$$K = \frac{\sigma}{\varepsilon_v} = \frac{P/A}{\Delta V/V} = \frac{PV}{A\Delta V}\,[\text{GPa}] \quad\text{........................} (1-12)$$

입방체(육면체)가 한 변의 길이가 l인 정육면체라면,

$$\varepsilon_v = \frac{V'-V}{V} = \frac{(l\pm\lambda)^3 - l^3}{l^3} = \pm 3\left(\frac{\lambda}{l}\right) + 3\left(\frac{\lambda}{l}\right)^2 \pm \left(\frac{\lambda}{l}\right)^3 \quad\text{...............} (1-13)$$

에서 $3\left(\dfrac{\lambda}{l}\right)^2$과 $\left(\dfrac{\lambda}{l}\right)^3$은 무시할 수 있으므로 $\varepsilon_v = \pm 3\left(\dfrac{\lambda}{l}\right) = \pm 3\varepsilon$이 된다.

예제 5. 길이가 150 mm, 바깥지름이 15 mm, 안지름이 12 mm인 중공축의 구리봉이 있다. 인장 하중 19.6 kN이 작용하면 몇 mm 늘어나겠는가? (단, 구리의 세로 탄성계수 $E = 122.5\,\text{GPa}$이다.)

① 0.28 　　　　② 0.38 　　　　③ 0.48 　　　　④ 0.58

해설 세로 탄성계수$(E) = \dfrac{\sigma}{\varepsilon} = \dfrac{P/A}{\lambda/l} = \dfrac{Pl}{A\lambda}$ 에서,

$$\lambda = \frac{Pl}{AE} = \frac{19.6 \times 10^3 \times 150}{\dfrac{\pi}{4}(15^2 - 12^2) \times 122.5 \times 10^3} = 0.38\,\text{mm}$$

여기서, $E = 122.5\,\text{GPa} = 122.5 \times 10^3\,\text{MPa}(\text{N/mm}^2)$

정답 ②

예제 6. 지름이 20 mm인 연강봉에 24.5 kN의 전단력이 작용하고 있다. 가로 탄성계수를 79.4 GPa로 한다면 전단 변형률은 얼마인가?

① 7.85×10^{-4}

② 8.83×10^{-4}

③ 9.83×10^{-4}

④ 10.83×10^{-4}

해설 가로 탄성계수$(G) = \dfrac{\tau}{\gamma} = \dfrac{P_s/A}{\gamma} = \dfrac{P_s}{A\gamma}$ 에서,

$$\gamma = \frac{P_s}{AG} = \frac{P_s}{\dfrac{\pi}{4}d^2 G} = \frac{24.5 \times 10^3}{\dfrac{\pi \times 20^2}{4} \times 79.4 \times 10^3} = 9.83 \times 10^{-4}$$

여기서, $G = 79.4 \,\mathrm{GPa} = 79.4 \times 10^3 \,\mathrm{MPa}(\mathrm{N/mm^2})$

정답 ③

2-3 푸아송의 비(Poisson's ratio)

(1) 푸아송의 비

가로 변형률(ε')과 세로 변형률(ε)의 비를 푸아송의 비라 하고, μ 또는 $\dfrac{1}{m}$로 표시한다.

특히 m을 푸아송의 수라 하며, 푸아송의 비는 어느 경우라도 $\mu \leq \dfrac{1}{2}$이다.

$$\mu\left(=\frac{1}{m}\right) = \frac{\varepsilon'}{\varepsilon} = \frac{\delta/d}{\lambda/l} = \frac{\delta l}{d\lambda}$$

또, $\mu\left(=\dfrac{1}{m}\right) = \dfrac{\varepsilon'}{\varepsilon} = \dfrac{\delta/d}{\sigma/E} = \dfrac{\delta E}{d\sigma}$ 에서,

$$\therefore \ 변형량(\delta) = d' - d = \frac{d\sigma}{mE} = \frac{\mu d\sigma}{E} \quad \cdots\cdots (1-14)$$

(2) 탄성계수(E, G, K, m) 사이의 관계

$$E = 2G\left(1 + \frac{1}{m}\right) = 3K\frac{m-2}{m}$$

$$G = \frac{mE}{2(m+1)} = \frac{3K(m-2)}{2(m+1)} \qquad \mu\left(=\frac{1}{m}\right) \leq \frac{1}{2}$$

$\qquad\qquad\qquad\qquad\qquad\qquad\qquad\qquad\qquad\qquad \cdots\cdots (1-15)$

$$K = \frac{GE}{9G - 3E} \qquad\qquad\qquad E \geq 2G$$

$$m = \frac{2G}{E - 2G} = \frac{6K}{3K - E} = \frac{6K + 2G}{3K - 2G}$$

예제 7. 두께 2.1 mm, 폭 20 mm의 강재에 4.2 kN의 인장력이 작용한다. 폭의 수축량은 몇 mm인가? (단, 푸아송 비는 0.3이고, 탄성계수 E = 210 GPa이다.)

① 2.857×10^{-6} ② 2.857×10^{-3}

③ 3.0×10^{-4} ④ 3.45×10^{-3}

해설 $\mu = \dfrac{\varepsilon'}{\varepsilon} = \dfrac{\dfrac{\delta}{b}}{\dfrac{\sigma}{E}} = \dfrac{\delta E}{b\sigma}$

$\delta = \dfrac{\mu b \sigma}{E} = \dfrac{\mu b P}{E(bt)} = \dfrac{0.3 \times 4.2 \times 10^3}{210 \times 10^3 \times 2.1} = 2.857 \times 10^{-3} \, \text{mm}$ **정답** ②

예제 8. 세로 탄성계수(E)가 200 GPa인 강의 전단 탄성계수(G)는? (단, 푸아송 비는 0.3이다.)

① 66.7 GPa   ② 76.9 GPa

③ 100 GPa   ④ 267 GPa

해설 $G = \dfrac{mE}{2(m+1)} = \dfrac{E}{2(1+\mu)} = \dfrac{200}{2(1+0.3)} = 76.9 \, \text{GPa}$ **정답** ②

예제 9. 지름이 22 mm인 막대에 25 kN의 전단 하중이 작용할 때 0.00075 rad의 전단 변형률이 생겼다. 이 재료의 전단 탄성계수는 몇 GPa인가?

① 87.7   ② 114

③ 33   ④ 29.3

해설 $\tau = G\gamma, \quad G = \dfrac{\tau}{\gamma} = \dfrac{P_s}{A\gamma} = \dfrac{4 \times 25000}{\pi \times 22^2 \times 0.00075} \times 10^{-3} = 87.7 \, \text{GPa}$ **정답** ①

3. 하중-변형 선도(load-deformation diagram)

연강(mild steel)의 시험편을 만능 재료시험기 양단에 고정하여 파괴될 때까지 인장시키면, 만능 시험기에 부착된 자동기록장치에 의하여 인장 하중과 신장량을 기록한 그림과 같은 하중-변형 선도가 얻어진다.

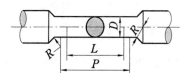

표점거리(L) : 50 mm
평행부의 길이(P) : 약 60 mm
지름(D) : 14 mm
국부의 반지름(R) : 15 mm 이상

인장 시험편의 보기

그림에서 하중을 0에서부터 서서히 증가시키면 시험편은 P점까지 하중에 비례하여 직선적으로 신장(늘어남)한다. 점 P를 지나 점 E까지는 하중을 제거하면 신장은 감소하는데, 이와 같이 "하중에 의해서 발생된 변형이 하중을 제거함으로써 원래의 재료로 되돌아가는 성질을 탄성(elasticity)"이라 한다. 다시 점 Y_1에서는 하중을 증가시키지 않아도 신장만 증가하여 점 Y_2에 도달하며, 점 M에서 최대 하중을 가질 수 있다. 그 후 시험편의 일부가 급격히 가늘게 되고 신장도 급속히 증가하여 점 Z에서 파괴된다.

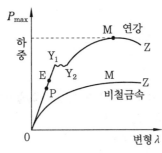

P : 비례한도 (proportional limit)
E : 탄성한도 (elastic limit)
Y_1 : 상항복점 (upper yield limit)
Y_2 : 하항복점 (lower yield limit)
M : 극한강도 (ultimate strength)
Z : 파괴강도 (rupture strength)

응력−변형률 선도

4. 응력집중과 안전율

4-1 안전율

(1) 허용응력(allowable stress) σ_a

기계나 구조물에 사용되는 재료의 최대 응력은 항상 탄성한도 이내이어야 재료에 가해진 외력을 제거하여도 영구변형(permanent deformation)이 생기지 않는다. 기계의 운전이나 구조물의 작용이 실제적으로 안전한 범위 내에서 작용하고 있을 때의 응력을 사용응력(σ_w : working stress)이라 하며, 재료를 사용하는 데 안전상 허용할 수 있는 최대 응력을 허용응력(σ_a : allowable stress)이라 한다. 이들의 관계는 탄성한도 > 허용응력 ≧ 사용응력이어야 한다.

예제 **10. 허용응력(σ_a)의 범위는?**

① 탄성한도 ≦ 허용응력 ≦ 극한강도
② 사용응력 ≦ 허용응력 < 극한강도
③ 허용응력 < 사용응력 < 탄성한도
④ 사용응력 < 극한강도 < 허용응력

해설 허용응력이란 재료를 사용함에 있어 안전상 허용할 수 있는 최대 응력을 말하며, 이는 극한강도(σ_u), 탄성한도, 항복응력보다 작아야 영구변형이 일어나지 않으므로, 반드시 $\sigma_w \leq \sigma_a < \sigma_u$의 관계를 유지하여야 한다. **정답** ②

(2) 안전율(safety factor) S

① 안전율$(S) = \dfrac{극한강도(\sigma_u)}{허용응력(\sigma_a)}$ ··· (1 - 16)

② 사용상 안전율$(S_w) = \dfrac{극한강도(\sigma_u)}{사용응력(\sigma_w)}$ ··································· (1 - 17)

③ 항복점의 안전율$(S_y) = \dfrac{항복점의 \ 강도(\sigma_y)}{허용응력(\sigma_a)}$ ··························· (1 - 18)

> **참고** 안전율이나 허용응력 결정 시 고려사항
> - 재질
> - 하중의 종류에 따른 응력의 성질
> - 하중과 응력 계산의 정확성
> - 공작 방법과 정밀도
> - 온도, 마멸, 부식, 사용 장소 등을 종합적으로 고려하여야 한다.

예제 11. 허용 인장 강도 400 MPa의 연강봉에 30 kN의 축방향의 인장 하중이 가해질 경우 안전율을 5라 하면 강봉의 최소 지름은 몇 cm까지 가능한가?

① 2.69   ② 2.99   ③ 2.19   ④ 3.02

해설 $S = \dfrac{\sigma_{\max}}{\sigma_a}, \ \ \sigma_a = \dfrac{\sigma_{\max}}{S} = \dfrac{400}{5} = 80\ \text{MPa}$

$\sigma_a = \dfrac{P}{A} = \dfrac{4P}{\pi d^2} \quad \therefore d = \sqrt{\dfrac{4P}{\pi \sigma_a}} = \sqrt{\dfrac{4 \times 30 \times 10^3}{\pi \times 80}} \fallingdotseq 21.9\ \text{mm} = 2.19\ \text{cm}$ **정답** ③

4-2   응력집중(stress concentration)

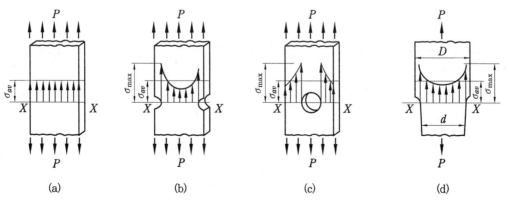

(a)   (b)   (c)   (d)

응력집중

균일 단면의 봉에 축하중이 작용할 때 응력은 하중의 끝으로부터 조금 떨어진 곳에서 단면 위에 균일하게 분포한다. 그러나 notch, hole, fillet, keyway, screw thread 등과 같이 단면적이 급격히 변하는 부품에 하중이 작용하면 그 단면에 나타나는 응력 분포 상태는 일반적으로 대단히 불규칙하게 되고 이 급변하는 부분에 국부적으로 큰 응력이 발생하게 된다. 이 큰 응력이 일어나는 상태를 응력집중이라 한다.

판의 폭 b, 두께 t인 균일 단면판에 인장 하중 P가 작용할 때,

$$\sigma = \frac{P}{A} = \frac{P}{bt} \text{[MPa]} \quad \cdots\cdots\cdots (1-19)$$

인 응력이 균일하게 분포한다.

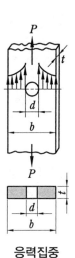

응력집중

그러나, 판에 지름 d인 원형 구멍을 뚫었다면, 이 구멍의 중심을 지나는 횡단면의 평균응력 σ_{av}는,

$$\sigma_{av} = \frac{P}{A} = \frac{P}{(b-d)t} \text{[MPa]} \quad \cdots\cdots\cdots (1-20)$$

여기서, 최대 집중응력($\sigma_{\max}$)과 평균응력(σ_{av})의 비를 α_k라 표시하고, 이를 형상계수(form factor) 또는 응력집중계수(factor of stress concentration)라 하며, α_k는 실험으로부터 구해진다.

$$\alpha_k = \frac{\sigma_{\max}}{\sigma_{av}}$$

$$\sigma_{av} = \frac{P}{A} = \frac{P}{(b-d)t} = \frac{\sigma_{\max}}{\alpha_k} \text{[MPa]} \quad \cdots\cdots\cdots (1-21)$$

예제 12. 어떤 노치(notch)에서 최대 응력 $\sigma_{\max} = 352\,\text{MPa}$이고, 평균응력 $\sigma_{av} = 176\,\text{MPa}$일 때 응력집중계수($\alpha_k$)의 값은 얼마인가?

① 1.5 ② 2

③ 3.5 ④ 4

해설 응력집중계수$(\alpha_k) = \dfrac{\text{최대 집중응력}(\sigma_{\max})}{\text{평균응력}(\sigma_{av})} = \dfrac{352}{176} = 2$

정답 ②

출제 예상 문제

1. 다음 중 하중이 작용하는 방법에 의한 분류가 아닌 것은?

① 비틀림 하중   ② 집중 하중

③ 전단 하중   ④ 굽힘 하중

[해설] 하중의 분류

(1) 하중이 작용하는 방법에 따라 : 인장 하중, 압축 하중, 전단 하중, 굽힘 하중, 비틀림 하중, 좌굴 하중

(2) 하중이 걸리는 속도에 따라

㈎ 정하중 (사하중) : 점가 하중, 자중만에 의한 하중

㈏ 동하중 : 반복 하중, 교번 하중, 충격 하중, 이동 하중

(3) 하중의 분포 상태에 따라 : 집중 하중, 분포 하중(균일 분포 하중, 불균일 분포 하중)

2. 다음 하중의 종류 중 성질이 다른 것은 어느 것인가?

① 정하중   ② 반복 하중

③ 충격 하중   ④ 교번 하중

3. 하중의 크기와 방향이 음·양으로 반복하면서 변화하는 하중은?

① 충격 하중   ② 정하중

③ 반복 하중   ④ 교번 하중

[해설] 하중이 걸리는 속도에 따른 분류에서,

(1) 정하중 : 시간, 크기, 방향이 변화되지 않거나 변화되더라도 무시할 수 있는 하중

(2) 동하중

㈎ 반복 하중 : 크기와 방향이 같고 되풀이하는 하중

㈏ 교번 하중 : 하중의 크기와 방향이 음·양으로 반복·변화하는 하중

㈐ 충격 하중 : 짧은 시간에 급격히 변화하는 하중

㈑ 이동 하중 : 차량이 교량 위를 통과할 때처럼 하중이 이동하여 작용하는 하중

4. 다음 중 훅의 법칙(Hooke's law)을 옳게 설명한 식은?

① 응력 = 비례상수÷변형률

② 변형률 = 비례상수×응력

③ 비례상수 = 응력×변형률

④ 응력 = 비례상수×변형률

[해설] 훅의 법칙은 "비례한도 내에서는 응력과 변형률은 비례한다"이므로, $\sigma \propto \varepsilon$ 에서, $\sigma = E \times \varepsilon$ [응력 = 비례상수 (young 계수) × 변형률]이다.

5. 다음 중 탄소량이 증가하는 데 따라 감소하는 기계적 성질은 어느 것인가?

① 연신율   ② 경도

③ 인장강도   ④ 항복점

[해설] (1) 탄소의 함유량이 증가함에 따라 증가하는 기계적 성질 : 강도, 경도, 항복점

(2) 탄소의 함유량이 증가함에 따라 감소하는 기계적 성질 : 단면 수축률, 연신율, 충격치

6. 연강의 인장시험에서 하중의 증가에 따라 기계적 성질의 변화를 차례대로 나열한 것은?

① 항복점 → 비례한도 → 파괴강도 → 극한강도 → 탄성한도

② 파괴강도 → 항복점 → 비례한도 → 탄성한도 → 극한강도

③ 비례한도 → 탄성한도 → 항복점 → 극한강도 → 파괴강도

정답 1. ②   2. ①   3. ④   4. ④   5. ①   6. ③

④ 탄성한도 → 극한강도 → 파괴강도 → 비
례한도 → 항복점

7. 그림과 같은 응력 변형률 선도에서 각
점에 대한 명칭 중 틀린 것은?

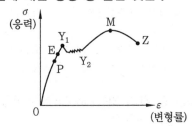

① Z점은 파괴강도이다.
② Y_1점은 상항복점이다.
③ E점은 비례한도이다.
④ M점은 극한강도이다.

해설 응력-변형률 선도

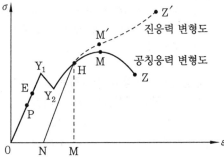

P : 비례한도, E : 탄성한도
Y_1 : 상항복점, Y_2 : 하항복점
M : 극한강도, Z′ : 실제파괴강도
Z : 파괴강도, NM : 탄성변형
ON : 잔류변형 또는 영구변형

8. 다음은 Poisson's ratio (푸아송의 비)에
대한 설명이다. 옳은 것은?

① 가로 변형률을 세로 변형률로 나눈 값
이다.
② 세로 변형률을 가로 변형률로 나눈 값
이다.
③ 가로 변형률과 세로 변형률을 곱한 값
이다.

④ 세로 변형률에서 가로 변형률을 뺀 값
이다.

해설 푸아송의 비 μ는 가로 변형률(ε')을 세
로 변형률(ε)로 나눈 값이다.

즉, $\left(\mu = \dfrac{1}{m}\right) = \dfrac{\varepsilon'}{\varepsilon} = \dfrac{\delta l}{d\lambda} = \dfrac{\delta E}{d\sigma}$

9. 횡탄성계수를 G, 푸아송의 비를 μ라
하면 종탄성계수 E는?

① $E = 2G\left(1 + \dfrac{1}{\mu}\right)$

② $E = 2G(1 + \mu)$

③ $E = \dfrac{G}{2(1 + \mu)}$

④ $E = \dfrac{2G}{1 + \mu}$

10. 종탄성계수를 E, 푸아송의 수를 m이
라 하면 횡탄성계수 G는?

① $G = \dfrac{mE}{2(m + 1)}$

② $G = \dfrac{2mE}{(m + 1)}$

③ $G = \dfrac{(m + 1)}{2mE}$

④ $G = \dfrac{2(m + 1)}{mE}$

해설 $G = \dfrac{mE}{2(m + 1)} = \dfrac{E}{2(1 + \mu)}$ [GPa]

11. 종탄성계수를 E, 횡탄성계수를 G, 체
적 탄성계수를 K라 할 때 옳은 것은?

① $K = \dfrac{(3G - E)}{3GE}$

② $K = \dfrac{3(3G - E)}{GE}$

③ $K = \dfrac{GE}{3(3G - E)}$

④ $K = \dfrac{3GE}{3G - E}$

정답 7. ③   8. ①   9. ②   10. ①   11. ③

해설 E, G, K, m의 관계식

$$E = 2G(1+\mu) = 3K\frac{m-2}{m}[\text{GPa}]$$

$$G = \frac{mE}{2(m+1)} = \frac{3K(m-2)}{2(m+1)}[\text{GPa}]$$

$$K = \frac{GE}{9G-3E} = \frac{GE}{3(3G-E)}[\text{GPa}]$$

$$m(\text{푸아송의 수}) = \frac{2G}{E-2G} = \frac{6K}{3K-E}$$

$$= \frac{6K+2G}{3K-2G}$$

12. 다음 중 안전율에 대한 식으로 옳은 것은?

① 안전율 $= \dfrac{\text{허용응력}}{\text{탄성한도}}$

② 안전율 $= \dfrac{\text{최대응력}}{\text{허용응력}}$

③ 안전율 $= \dfrac{\text{탄성한도}}{\text{비례한도}}$

④ 안전율 $= \dfrac{\text{탄성한도}}{\text{극한한도}}$

해설 안전율$(S) = \dfrac{\text{최대응력}(\sigma_{max})}{\text{허용응력}(\sigma_a)}$

$$= \frac{\text{극한강도}}{\text{허용응력}}$$

$$= \frac{\text{인장강도}}{\text{허용응력}}$$

13. 다음 설명 중 맞지 않는 것은?

① 푸아송의 비는 가로 변형률을 세로 변형률로 나눈 값이다.

② 횡탄성계수는 전단응력을 전단 변형률로 나눈 값이다.

③ 안전율은 극한강도를 허용응력으로 나눈 값이다.

④ 열응력은 재료의 치수에 관계있다.

해설 전단응력을 전단 변형률로 나눈 값은 횡탄성계수이다$\left(G = \dfrac{\tau}{\gamma}\right)$.

열응력$(\sigma) = E \cdot \alpha \cdot \Delta t[\text{MPa}]$이므로 열응력은 재료의 치수와는 관계없다.

14. 노치(notch)가 있는 봉이 인장 하중을 받을 때 생기는 응력의 분포상태로 옳은 것은?

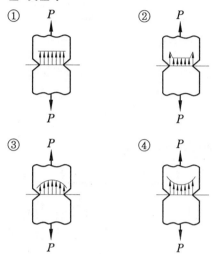

15. 다음은 변형률(strain)을 설명한 것이다. 옳지 않은 것은?

① 변형률은 변화량과 본래의 치수와의 비이다.

② 변형률은 탄성한계 내에서 응력과는 아무 관계가 없다.

③ 변형률은 탄성한계 내에서 응력과 정비례 관계에 있다.

④ 변형률은 길이와 길이와의 비이므로 무차원이다.

해설 Hooke's law(혹의 법칙) = 정비례 법칙
$\sigma = E\varepsilon(\sigma \propto \varepsilon)$

16. 다음은 구멍이 뚫린 평판이 인장 하중을 받을 때 생기는 응력의 분포상태이다. 옳은 것은?

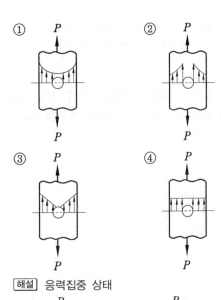

① P ② P

③ P ④ P

[해설] 응력집중 상태

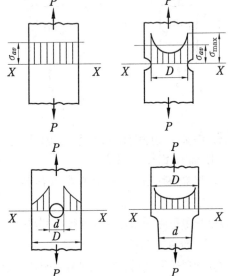

17. 다음 중 기계재료의 중요한 성질로서 최대응력 또는 항장력, 인장강도와 관계 있는 것은 어느 것인가?

① 비례한도 ② 항복점
③ 탄성한도 ④ 극한강도

[해설] 극한강도 = 인장강도 = 최대응력 = 항장력

18. Young률(E) 또는 Young 계수에 대하

여 옳게 설명한 것은?

① 수직응력을 변형률로 나눈 값이다.
② 전단응력을 전단 변형률로 나눈 값이다.
③ 변형률을 수직으로 나눈 값이다.
④ 변형률을 전단응력으로 나눈 값이다.

[해설] 훅의 법칙에서 비례한도 내에서 수직응력은 변형률에 비례한다. 따라서 $\sigma \propto \varepsilon$ 이며, $\sigma = E \cdot \varepsilon$ 이다(E는 영계수 또는 종탄성계수).

$$\therefore \ 영계수(E) = \frac{\sigma}{\varepsilon}[GPa]$$

19. 재료의 시험 중 가장 표준이 되는 시험은 어느 것인가?

① 인장시험 ② 경도시험
③ 충격시험 ④ 굽힘시험

[해설] 기본적인 재료시험에는 인장시험, 굽힘시험, 비틀림시험, 경도시험이 있으나, 이 중 재료의 강도(σ)와 신장(λ), 단면수축 등을 관찰할 수 있는 인장시험이 표준시험이다.

20. 응력-변형률 선도를 보고 다음 물음에 답하여라.

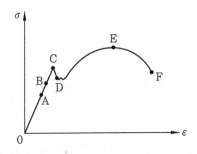

A : 비례한도, B : 탄성한도, C : 상항복점,
D : 하항복점, E : 극한강도, F : 파괴강도

(1) E점은 어떤 점인가?

① 항복점이다.
② 기계역학에서 강도로 생각하는 점이다.
③ 파괴점이다.
④ 탄성점이다.

---

(2) O~A 구간의 설명 중 맞는 것은?

① 훅의 법칙이 적용되는 구간이다.

② 파괴를 일으키기 시작하는 구간이다.

③ 소성이 일어나기 시작하는 구간이다.

④ 탄소량이 감소하는 구간이다.

(3) 하중의 증가는 별로 없으나 신장이 증가하는 구간은?

① O~A   ② A~B

③ B~C   ④ C~E

21. 지름 d인 둥근봉에 축방향으로 작용한 인장 하중에 의하여 인장응력 σ가 발생하였다. 이때 지름의 변화량을 나타내는 식은 다음 중 어느 것인가? (단, 세로 탄성계수는 E, 푸아송의 수는 m이다.)

① $\dfrac{E\sigma}{md}$ ② $\dfrac{m\sigma}{dE}$

③ $\dfrac{d\sigma}{mE}$ ④ $\dfrac{md}{\sigma E}$

[해설] 푸아송의 비(μ)

$$= \frac{1}{m} = \frac{\varepsilon'}{\varepsilon} = \frac{\delta/d}{\sigma/E} = \frac{\delta E}{d\sigma} \text{에서,}$$

$$\therefore \text{지름의 변화량}(\delta) = \frac{d\sigma}{mE} = \frac{\mu d\sigma}{E}[\text{mm}]$$

22. 다음은 푸아송의 비(μ)의 범위를 나타낸 것이다. 옳은 것은?

① $\mu = 1$ ② $\mu = \dfrac{1}{2}$

③ $\mu \leqq 1$ ④ $\mu \leqq \dfrac{1}{2}$

[해설] 푸아송의 비는 반드시 $\mu \leqq \dfrac{1}{2}$이다.

23. 축방향에 98 kN의 압축 하중을 받은 정사각형의 봉에 생기는 응력을 39.2 MPa로 하려면, 한 변의 길이는 몇 mm로 하면 되는가?

① 25 mm   ② 40 mm

③ 50 mm   ④ 80 mm

[해설] 압축응력$(\sigma_c) = \dfrac{P_c}{A} = \dfrac{P_c}{a^2}$ 에서,

$\therefore$ 한 변의 길이(a)

$$= \sqrt{\frac{P_c}{\sigma_c}} = \sqrt{\frac{98 \times 10^3}{39.2}} = 50 \text{ mm}$$

24. 어떤 원형봉이 압축 하중 39.2 kN을 받아 줄어든 길이가 0.4 cm였다. 이때 수축률이 0.02이라면 이 봉의 처음 길이는 얼마인가?

① 10 cm   ② 20 cm

③ 40 cm   ④ 80 cm

[해설] 길이방향의 변형률(세로 변형률)

$$\varepsilon = \frac{\lambda}{l} \text{에서,}$$

$$\therefore \text{처음 길이}(l) = \frac{\lambda}{\varepsilon} = \frac{0.4}{0.02} = 20 \text{ cm}$$

25. 지름이 16 mm인 펀치(punch)로 두께가 5 mm인 연강판에 구멍을 뚫고자 한다. 펀치의 하중을 몇 kN으로 하면 되는가? (단, 판의 전단응력은 313.6 MPa이다.)

① 78.82   ② 178.82

③ 157.62   ④ 357.62

[해설] 전단응력$(\tau) = \dfrac{P_s}{A}$ 에서,

$$\text{전단력}(P_s) = \tau \cdot A$$
$$= \tau \times (\pi d \cdot t) = 313.6 \times (\pi \times 16 \times 5)$$
$$\fallingdotseq 78.82 \times 10^3 \text{ N} = 78.82 \text{ kN}$$

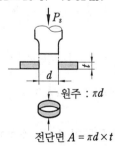

전단면 $A = \pi d \times t$

---

26. 그림과 같이 KS 인장 시험편에 3920 N 의 인장 하중을 작용하였더니 표점거리가 50.7 mm, 지름이 13.84 mm 가 되었다면 이 시험편의 연신율과 단면 수축률은?

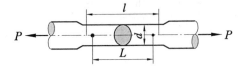

표점거리 $L = 50$ mm

평형부길이 $l = 60$ mm

지름 $d = 14$ mm

① 0.007, 0.045　　② 0.007, 0.023

③ 0.014, 0.045　　④ 0.014, 0.023

[해설] 연신율 (길이방향의 변형률)

$$\varepsilon = \frac{L' - L}{L} = \frac{50.7 - 50}{50} = 0.014 \,(\text{신장})$$

단면 수축률 (감소율)

$$\phi = \frac{A - A'}{A} = \frac{\frac{\pi}{4}d^2 - \frac{\pi}{4}d'^2}{\frac{\pi}{4}d^2}$$

$$= \frac{d^2 - d'^2}{d^2} = \frac{14^2 - 13.84^2}{14^2} = 0.0227$$

27. 지름이 40 mm, 길이가 150 mm 인 재료에 39.2 kN의 하중을 가했더니 0.02 mm 늘어났다. 종탄성계수는 몇 GPa인가?

① 약 123 GPa　　② 약 234 GPa

③ 약 252 GPa　　④ 약 134 GPa

[해설] Hooke의 법칙 $\sigma = E \cdot \varepsilon$ 에서 주어진 값이 d, l, P, λ 이므로,

$$E = \frac{\sigma}{\varepsilon} = \frac{P/A}{\lambda/l} = \frac{Pl}{A\lambda} = \frac{Pl}{\frac{\pi d^2}{4} \times \lambda}$$

$$= \frac{4Pl}{\pi d^2 \times \lambda} = \frac{4 \times 39.2 \times 10^3 \times 150}{\pi (40)^2 \times 0.02}$$

$$= 233958 \,\text{MPa} \fallingdotseq 234 \,\text{GPa}$$

28. 다음 중 단면이 4 cm×6 cm 인 사각각

재가 4900 N의 전단 하중을 받아 전단변형이 1/1000로 되었다면 이 재료의 가로 탄성계수는 얼마인가?

① 약 1.25 GPa　　② 약 2.04 GPa

③ 약 2.35 GPa　　④ 약 3.94 GPa

[해설] 가로 탄성계수 $(G) = \dfrac{\tau}{\gamma} = \dfrac{P_s/A}{\gamma} = \dfrac{P_s}{A\gamma}$

$$= \frac{4900}{(40 \times 60) \times \frac{1}{1000}} = 2041.67 \,\text{MPa}$$

$$\fallingdotseq 2.04 \,\text{GPa}$$

29. 길이 3 m, 지름 3 cm 인 강봉에 78.4 kN 의 인장 하중을 갑자기 작용시켰을 때 강봉에 발생하는 응력과 변형량은? (단, 강봉의 세로 탄성계수 $E = 205.8$ GPa이다.)

① 96.8 MPa, 0.13 cm

② 103.4 MPa, 0.14 cm

③ 106.6 MPa, 0.15 cm

④ 110.9 MPa, 0.16 cm

[해설] 인장응력 $(\sigma_t) = \dfrac{P_t}{A} = \dfrac{4P}{\pi d^2}$

$$= \frac{4 \times (78.4 \times 10^3)}{\pi \times (0.03)^2} \fallingdotseq 110.97 \times 10^6 \,\text{N/m}^2$$

$$= 110.9 \,\text{MPa}$$

변형량 $(\lambda) = \dfrac{Pl}{AE} = \dfrac{P \cdot l}{\frac{\pi}{4}d^2 \times E}$

$$= \frac{4 \times (78.4 \times 10^3) \times 3}{\pi \times (0.03)^2 \times (205.8 \times 10^9)}$$

$$= 1.62 \times 10^{-3} \,\text{m} = 0.162 \,\text{cm}$$

30. 인장강도가 784 MPa인 재료가 있다. 이 재료의 사용응력이 196 MPa 이라면 안전율은 얼마로 하면 되는가?

① 1　　　　　　② 2

③ 3　　　　　　④ 4

[해설] 사용응력이란 기계나 구조물의 각 부분

이 실제적으로 사용될 때 하중을 받아서 발생되는 응력을 말한다. 따라서, 이들 탄성한도, 허용응력, 사용응력과의 관계는 탄성한도 > 허용응력 ≧ 사용응력이어야 한다.

$$\therefore \text{안전율}(S) \geqq \frac{\text{허용응력}(\sigma_a)}{\text{사용응력}(\sigma_w)} = \frac{784}{196} = 4$$

∴ 안전율은 4 이상이어야 한다.

31. 그림과 같은 단면의 봉이 압축 하중을 받을 때 평형이 되었다면 P와 Q의 관계는 어느 것인가? (단, $Q = 2W$)

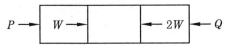

① $P = \dfrac{1}{2}Q$ ② $P = Q$

③ $P = \dfrac{3}{2}Q$ ④ $P = 2Q$

해설 평형조건 ($\Sigma F = 0$: 힘의 합은 0)에 의하여 다음과 같이 생각하면

$$\Sigma F = P + W - 2W - Q = 0$$

문제에서 $Q = 2W$이므로 $W = \dfrac{1}{2}Q$

$$P + \frac{1}{2}Q - 2 \times \frac{1}{2}Q - Q = 0$$

$$\therefore P = \frac{3}{2}Q$$

32. 길이, 단면이 같은 두 개의 봉을 그림과 같이 정삼각형으로 연결하고 C 점에서 하중 P를 작용시키면 봉 AC 및 BC에 작용하는 작용력은?

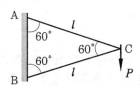

[봉 AC]   **[봉 BC]**
① 인장력 P 압축력 $P/2$
② 인장력 $2P$ 압축력 P
③ 인장력 $P/2$ 압축력 $P/2$
④ 인장력 P 압축력 P

해설 (1) 힘 P에 의하여 AC에는 인장력, BC에는 압축력이 작용한다.
(2) P는 삼각형의 AB에 해당하므로,

$$\text{AM} = \text{MB} = \frac{1}{2}P \text{이다.}$$

$$\sin 30° = \frac{\text{AM}}{\text{AC}} \text{에서,}$$

$$\text{AC} = \frac{\dfrac{P}{2}}{\sin 30°} = \frac{P/2}{1/2} = P$$

$$\sin 30° = \frac{\text{MB}}{\text{BC}} \text{에서,}$$

$$\text{BC} = \frac{\dfrac{P}{2}}{\sin 30°} = \frac{P/2}{1/2} = P$$

$$\therefore \text{AC} = \text{BC} = P$$

∴ AC는 인장력 P, BC는 압축력 P가 작용한다.

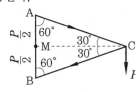

33. 그림과 같이 경사진 강선 AC, BC가 수직 하중 98 kN을 받고 있을 때 강선의 단면적은 얼마인가? (단, 허용응력은 147 MPa이다.)

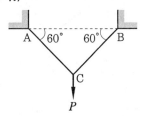

① $3.85\,\text{cm}^2$ ② $5.77\,\text{cm}^2$
③ $6.42\,\text{cm}^2$ ④ $8.64\,\text{cm}^2$

해설

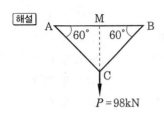

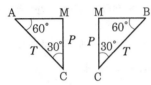

수직 하중 P는

$$\frac{P}{AC} = \sin 60°$$

$$\therefore P = AC \cdot \sin 60° = T \cdot \sin 60°$$

$$\frac{P}{BC} = \sin 60°$$

$$\therefore P = BC \cdot \sin 60° = T \cdot \sin 60°$$

따라서 수직 하중 $P = 2T \cdot \sin 60°$이다.

$$\therefore 2T \cdot \sin 60° = P = 98\,\text{kN}$$

$$\therefore T = \frac{98\text{kN}}{2 \cdot \sin 60} = \frac{98\text{kN}}{\sqrt{3}} = 56.58\text{kN}$$

강선 (AC, BC)에 걸리는 인장응력은

$\sigma = \dfrac{T}{A}$ 에서,

$$\therefore A = \frac{T}{\sigma} = \frac{56.58 \times 10^3}{147 \times 10^6}$$

$$= 3.849 \times 10^{-4}\,\text{m}^2 \fallingdotseq 3.85\,\text{cm}^2$$

34. 그림과 같은 구조물에서 수직 하중 980 N을 받고 있을 때 AC 강선이 받고 있는 힘은 얼마인가?

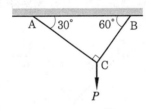

① 490 N   ② 588 N

③ 294 N   ④ 392 N

해설 (1) T_1, T_2, P가 평형을 이루려면 $T_{1x} = T_{2x}$ 이어야 한다.

즉, $\dfrac{T_{1x}}{T_1} = \cos 30°$, $\dfrac{T_{2x}}{T_2} = \cos 60°$ 에서,

$$(T_{1x} = T_1 \cdot \cos 30°) = (T_{2x} = T_2 \cdot \cos 60°)$$

$$\therefore T_1 \cdot \cos 30° = T_2 \cdot \cos 60°$$

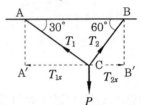

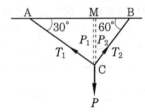

(2) △ACM 에서,

$$\cos 60° = \frac{P_1}{T_1} \quad \therefore P_1 = T_1 \cdot \cos 60°$$

△BCM 에서,

$$\cos 30° = \frac{P_2}{T_2} \quad \therefore P_2 = T_2 \cdot \cos 30°$$

$$\therefore P = P_1 + P_2 = T_1 \cdot \cos 60° + T_2 \cdot \cos 30°$$

$$= 980\,\text{N}$$

(1), (2)에서 $\begin{cases} T_1 \cdot \cos 30° = T_2 \cdot \cos 60° \\ T_1 \cdot \cos 60° + T_2 \cdot \cos 30° = 980\,\text{N} \end{cases}$

$$\Rightarrow \begin{cases} \dfrac{\sqrt{3}}{2} T_1 = \dfrac{1}{2} T_2 \,(T_2 = \sqrt{3}\,T_1) \\ \dfrac{1}{2} \cdot T_1 + \dfrac{\sqrt{3}}{2} T_2 = 980 \end{cases}$$

$$\therefore \frac{1}{2} T_1 + \frac{\sqrt{3}}{2} \times \sqrt{3}\,T_1 = 980$$

$$\therefore T_1 = 980 \times \frac{1}{2} = 490\,\text{N} = T_{AC}$$

$$\therefore T_2 = \sqrt{3}\,T_1 = \sqrt{3} \times 490 = 848.73\,\text{N}$$

$$= T_{BC}$$

35. 허용 압축응력이 49 MPa이고, 두께가 3 mm인 중공 원통에 압축 하중 31.36 kN

을 걸려고 한다. 이 원통의 바깥지름을 얼마로 하여야 하는가?

① 약 63 mm   ② 약 67 mm

③ 약 70 mm   ④ 약 74 mm

해설 $d_1 = d_2 - 2t = d_2 - 2 \times 3 = (d_2 - 6)[\text{mm}]$

←단위에 주의

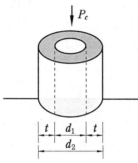

허용 압축응력 $\sigma_{ca} = \dfrac{P_c}{A}$ 에서,

$$A = \frac{P_c}{\sigma_{ca}} = \frac{\pi(d_2^2 - d_1^2)}{4}$$

$$\therefore d_2^2 - d_1^2 = \frac{4 \cdot P_c}{\pi \cdot \sigma_{ca}}$$

$$= \frac{4 \times (31.36 \times 10^3)}{\pi \times (49 \times 10^6)}$$

$$= 8.153 \times 10^{-4} \text{ m}^2$$

$$= 815.3 \text{ mm}^2$$

$$d_2^2 - d_1^2 = d_2^2 - (d_2 - 6)^2$$

$$= d_2^2 - (d_2^2 - 12 d_2 + 36)$$

$$= d_2^2 - d_2^2 + 12 d_2 - 36$$

$$= (12 d_2 - 36) \text{ mm}^2$$

$$\therefore d_2^2 - d_1^2 = (12 d_2 - 36) = 815.3$$

$$\therefore d_2 = \frac{815.3 + 36}{12} = 70.94 \text{ mm}$$

36. 성크키의 전달토크 T, 높이 h, 폭 b, 길이 l, 축지름을 d라 하면 이때 생기는 압축응력 σ_c를 나타내는 식은 어느 것인가?

① $\sigma_c = \dfrac{4T}{bhd}$ ② $\sigma_c = \dfrac{4T}{hld}$

③ $\sigma_c = \dfrac{4T}{bld}$ ④ $\sigma_c = \dfrac{4T}{bhl}$

해설 키의 측면에 작용하는 압축력을 W라 하면 압축력에 의한 압축응력은

$$\sigma_c = \frac{W}{A} = \frac{W}{t \times l (\text{음영 부분})}$$

키의 전달토크 T는

$$T = \frac{d}{2} \times W \text{이고} \left(W = T \times \frac{2}{d}\right)$$

키의 깊이는 $t = \dfrac{h}{2}$ 에서,

$$\therefore \sigma_c = \frac{W}{tl} = \frac{T \times \dfrac{2}{d}}{\left(\dfrac{h}{2}\right) \times l} = \frac{4T}{dhl} \text{ 가 된다.}$$

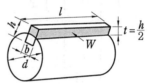

37. 그림과 같이 인장 하중 P를 받는 축에서 d_1, d_2의 지름의 비가 2:3 이라면 d_1쪽에 발생하는 응력 σ_1은 d_2쪽에 발생하는 응력 σ_2의 몇 배인가?

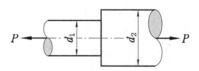

① $\dfrac{3}{2}$ 배   ② $\dfrac{9}{4}$ 배

③ $\dfrac{2}{3}$ 배   ④ $\dfrac{4}{9}$ 배

해설 인장응력 $\sigma = \dfrac{P}{A} = \dfrac{4P}{\pi d^2}$에서 σ는 $\dfrac{1}{d^2}$에 비례하므로, $d_1 : d_2 = 2 : 3$, $d_1^2 : d_2^2 = 4 : 9$

즉, $d_1^2 = \dfrac{4}{9}d_2^2$ 이므로,

$$\sigma_1 = \frac{4P}{\pi d_1^2} = \frac{4P}{\pi \cdot \frac{4}{9}d_2^2} = \left(\frac{9}{4}\right)\frac{4P}{\pi d_2^2}$$

$$\sigma_2 = \frac{4P}{\pi d_2^2} \qquad \therefore \ \sigma_1 = \frac{9}{4}\sigma_2$$

38. 그림과 같은 볼트에 축하중 Q 가 작용할 때 볼트 머리부에 생기는 전단응력 τ 를 볼트에 생기는 인장응력 σ의 0.6 배까지 허용한다면 머리의 높이 H 는 볼트의 지름 d 의 몇 배인가?

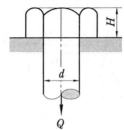

① $\dfrac{1}{4}$ 배   ② $\dfrac{3}{8}$ 배

③ $\dfrac{5}{12}$ 배   ④ $\dfrac{7}{16}$ 배

[해설] 인장응력$(\sigma_t) = \dfrac{Q}{A} = \dfrac{4Q}{\pi d^2}$

전단응력$(\tau) = \dfrac{Q}{A} = \dfrac{Q}{\pi dH}$

문제에서 $\tau = 0.6\sigma_t$ 이므로,

$$\frac{Q}{\pi dH} = 0.6 \times \frac{4Q}{\pi d^2} = \frac{3}{5} \times \frac{4Q}{\pi d^2}$$

$$H = \frac{Q}{\pi d} \times \frac{5\pi d^2}{12Q} = \frac{5}{12}d$$

$$\therefore \ H = \frac{5}{12}d$$

39. 그림과 같은 리벳이음에 리벳의 지름을 10 mm로 할 때 한 개의 리벳에 생기는 전단응력은 몇 MPa인가? (단, 하중 $P = 6.86$ kN으로 한다.)

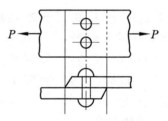

① 27.83 MPa   ② 43.70 MPa

③ 60.85 MPa   ④ 87.31 MPa

[해설] 전단응력(τ)

$$= \frac{P}{A \times 2\text{개}} = \frac{P}{\frac{\pi}{4}d^2 \times 2} = \frac{2P}{\pi d^2}$$

$$= \frac{2 \times (6.86 \times 10^3)}{\pi \times 10^2} = 43.7\,\text{MPa}$$

40. 내압 5.5 MPa 을 받는 안지름 200 mm의 압력용기 뚜껑을 8 개의 볼트로 고정시킬 때, 볼트의 허용 인장응력을 49 MPa 로 하면 볼트의 지름은 몇 mm가 되는가?

① 16 mm   ② 18 mm

③ 20 mm   ④ 24 mm

[해설] 압력용기의 뚜껑에 작용하는 전하중 P는
$P = $ 내압 × 압력용기 뚜껑의 면적

$$= 5.5 \times \frac{\pi}{4} \times 200^2 = 172700\,\text{N}$$

압력용기의 볼트 1개에 걸리는 하중 P_1은

$$P_1 = \frac{\text{전하중}}{\text{볼트수}} = \frac{172700}{8} = 21587.5\,\text{N}$$

$\therefore$ 볼트에 걸리는 인장응력(σ_t)

$$= \frac{P_1}{A_1} = \frac{P_1}{\frac{\pi}{4}d^2}[\text{MPa}]$$

$$d = \sqrt{\frac{4P_1}{\pi \sigma_t}} = \sqrt{\frac{4 \times 21587.5}{\pi \times 49}} \fallingdotseq 24\,\text{mm}$$

41. 1960 N의 힘을 주는 벨트차가 축지름 50 mm의 축에 키(15×10×60)로써 고정될 때 키에 생기는 전단응력(τ)과 압축응력(σ_c)은 얼마인가?

정답 38. ③   39. ②   40. ④   41. ①

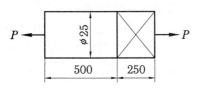

① $\tau = 21.78\,\text{MPa}$, $\sigma_c = 65.33\,\text{MPa}$

② $\tau = 25.2\,\text{MPa}$, $\sigma_c = 73.5\,\text{MPa}$

③ $\tau = 21.78\,\text{MPa}$, $\sigma_c = 73.5\,\text{MPa}$

④ $\tau = 25.2\,\text{MPa}$, $\sigma_c = 65.33\,\text{MPa}$

[해설] $T = P\dfrac{D}{2} = 1960 \times \dfrac{500}{2}$

$\qquad = 490000\,\text{N} \cdot \text{mm}$

$T = W\dfrac{d}{2}[\text{N} \cdot \text{mm}]$에서

$W = \dfrac{2T}{d} = \dfrac{2 \times 490000}{50} = 19600\,\text{N}$

키에 작용하는 전단응력 τ는

$\tau = \dfrac{W}{A} = \dfrac{W}{bl} = \dfrac{19600}{15 \times 60} = 21.78\,\text{MPa}$

키에 작용하는 압축응력 σ_c는

$\sigma_c = \dfrac{W}{A} = \dfrac{W}{tl} = \dfrac{W}{\left(\dfrac{h}{2}\right)l} = \dfrac{2W}{hl}$

$\qquad = \dfrac{2 \times 19600}{10 \times 60} = 65.33\,\text{MPa}$

42. 연강축의 길이 500 mm인 부분은 ϕ 25 mm인 원형 단면이고, 길이 250 mm인 부분은 한 변이 25 mm인 사각 단면으로 되어 있다면, 인장 하중 39.2 kN을 받을 때 전신장량은? (단, E = 205.8 GPa)

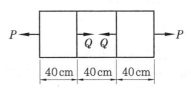

① 0.09 mm ② 0.18 mm

③ 0.27 mm ④ 0.36 mm

[해설] 원형 부분의 신장량 λ_1은

$\lambda_1 = \dfrac{Pl_1}{A_1 E} = \dfrac{4Pl_1}{\pi d_1^2 \cdot E}$

$\qquad = \dfrac{4 \times (39.2 \times 10^3) \times (0.5)}{\pi \times 25^2 \times 205.8 \times 10^6}$

$\qquad = 0.194\,\text{mm}$

사각부분의 신장량 λ_2은

$\lambda_2 = \dfrac{Pl_2}{A_2 E} = \dfrac{Pl_2}{a^2 \cdot E}$

$\qquad = \dfrac{(39.2 \times 10^3) \times (0.25)}{25^2 \times 205.8 \times 10^6}$

$\qquad = 0.0762\,\text{mm}$

∴ 전체 신장량(λ)

$\qquad = \lambda_1 + \lambda_2 = 0.194 + 0.0762$

$\qquad \fallingdotseq 0.27\,\text{mm}$

43. 길이 120 cm인 강봉이 P = 78.4 kN과 Q = 19.6 kN을 받을 때 이 봉의 전체 신장량은? (단, 단면적 A = 14 cm^{2}이고, 종탄성계수 E = 205.8 GPa이다.)

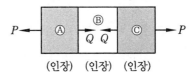

① 0.3 mm ② 0.4 mm

③ 0.5 mm ④ 0.6 mm

[해설] Ⓐ와 Ⓒ는 P의 인장력을 받으며, $P > Q$이므로 Ⓑ는 $P - Q$의 인장력을 받는다.

그러므로 신장량 λ는

$\lambda = \lambda_1 + \lambda_2 = \dfrac{Pl_1}{AE} \times 2개 + \dfrac{(P-Q)l_2}{AE}$

$$= \frac{2Pl_1 + (P-Q)l_2}{AE}$$

$$= \frac{2 \times (78.4 \times 10^3) \times 400 + (78.4 - 19.6) \times 10^3 \times 400}{14 \times 100 \times 205.8 \times 10^3}$$

$$= 0.3\,\text{mm}$$

44. 단면 6×10 cm인 목재가 39.2 kN의 압축 하중을 받고 있다. 안전율을 7로 하면 실제 사용응력은 허용응력의 몇 %나 되는가?(단, 목재의 압축강도는 49 MPa이다.)

① 98 %　　　　② 93 %

③ 88 %　　　　④ 83 %

[해설] 압축응력$(\sigma_c) = \dfrac{P}{A} = \dfrac{39.2 \times 10^3}{60 \times 100}$

$$= 6.53\,\text{MPa}$$

실제 사용 압축응력$(\sigma_{wc}) = S \cdot \sigma_c = 7 \times 6.53$

$$= 45.71\,\text{MPa}$$

문제의 압축강도는 허용 압축응력을 의미하므로, 실제 사용 압축응력은 허용 압축응력에 대해,

$$\frac{\text{실제 사용 압축응력}}{\text{허용 압축응력}} = \frac{45.71}{49}$$

$$\fallingdotseq 0.9329 = 93.29\,\%$$

45. 벨트전동에서 두께 10 mm 의 가죽벨트에 걸리는 최대 인장 하중이 3920 N이고, 인장강도가 37.24 MPa이며, 안전율이 15라고 할 때 벨트의 너비는 얼마가 적당한가?

① 126 mm　　　　② 134 mm

③ 142 mm　　　　④ 158 mm

[해설] 허용응력은 $S = \dfrac{\sigma_u}{\sigma_a}$ 에서, σ_u (극한강도)

$= \sigma_t$ (인장강도) 이므로,

$$\sigma_a = \frac{\sigma_t}{S} = \frac{37.24}{15} \fallingdotseq 2.483\,\text{MPa}$$

벨트 단면에 걸리는 허용응력이 구해졌으므로,

$\sigma_a = \dfrac{P}{A}$, $A = b \times t$ 이므로 $\sigma_a = \dfrac{P}{bt}$ 에서,

$$b = \frac{P}{t \cdot \sigma_a} = \frac{3920}{10 \times 2.483} \fallingdotseq 158\,\text{mm}$$

46. 너비가 20 cm, 두께인 5 cm 인 노치 (notch)에 양쪽으로 3 cm 의 홈이 파져 있다. 형상계수 $\alpha_k = 1.70$이며, 최대 응력 93.1 MPa이라 할 때 인장 하중 P는?

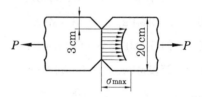

① 181500 N　　　　② 242100 N

③ 290500 N　　　　④ 383600 N

[해설] $\alpha_k = \dfrac{\sigma_{max}}{\sigma_{av}}$ 에서,

$$\sigma_{av} = \frac{\sigma_{max}}{\alpha_k} = \frac{93.1\,\text{MPa}}{1.7}$$

$$\fallingdotseq 54.8\,\text{MPa(N/mm}^2)$$

$$\sigma_{av} = \frac{P}{(D-d)\,t} \text{에서,}$$

$$\therefore\ P = \sigma_{av} \times (D-d)\,t$$

$$= 54.8 \times (200 - 60) \times 50 = 383600\,\text{N}$$

47. 최대 하중 58.8 kN을 감아올리는 크레인이 파괴 하중 156.8 kN의 로프 6개를 사용하였다면, 안전계수는 얼마로 하는 것이 좋은가?

① 24　　　　② 16

③ 8　　　　④ 6

[해설] 로프의 총 파괴 하중(P)

$$= 156.8\,\text{kN} \times 6개 = 940.8\,\text{kN}$$

이것으로 최대 58.8 kN을 감아 올리므로 안전계수는 파괴 하중을 기준으로 하여,

$$\therefore\ S = \frac{\text{총파괴 하중}}{\text{최대 하중}} = \frac{940.8}{58.8} = 16$$

정답 **44.** ②　**45.** ④　**46.** ④　**47.** ②

48. 그림과 같이 $D = 40\,mm$, $r = 6\,mm$, $t = 4\,mm$인 축이 29.4 kN의 인장 하중을 받는다. 축재료의 인장강도가 539 MPa일 때 안전율은 얼마인가?

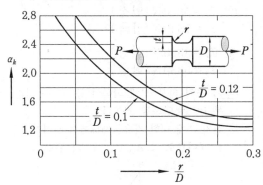

① 10.5 ② 13.1
③ 14.4 ④ 15.7

[해설] 응력집중계수 α_k는 $\dfrac{r}{D}$, $\dfrac{t}{D}$를 구하여 표에서 찾을 수 있다.

즉, $\dfrac{r}{D} = \dfrac{6}{40} = 0.15$, $\dfrac{t}{D} = \dfrac{4}{40} = 0.1$이므로,

$\dfrac{t}{D} = 0.1$ 선과 $\dfrac{r}{D} = 0.15$로 찾아가면

$\alpha_k = 1.6$이다.

또, 평균 응력(σ_{av})

$= \dfrac{P}{\dfrac{\pi}{4}D^2} = \dfrac{4 \times (29.4 \times 10^3)}{\pi \times (40)^2} = 23.4\,MPa$

최대 응력(σ_{max})

$= \alpha_k \cdot \sigma_{av} = 1.6 \times 23.4 = 37.44\,MPa$

$\therefore$ 안전율(S) $= \dfrac{\text{인장강도}}{\text{최대 허용응력}}$

$= \dfrac{539}{37.44} \fallingdotseq 14.4$

49. 그림과 같이 양단이 고정된 균일 단면 봉의 중간단면 mn에 축하중 P가 작용할 때, 양단의 반력을 R_1, R_2라고 하면, 그 비 R_1 / R_2를 나타내는 것은?

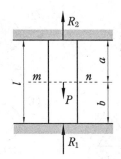

① $\dfrac{a}{l}$ ② $\dfrac{b}{a}$

③ $\dfrac{a}{b}$ ④ $\dfrac{b}{l}$

[해설] 하중 P는 양단의 반력 R_1 및 R_2와 더불어 평형상태를 이루어야 하므로,

$P - R_1 - R_2 = 0$

$\therefore P = R_1 + R_2$

하중 P는 R_1과 함께 봉의 아랫부분으로 줄어들게 하고(압축), R_2와 함께 봉의 윗부분을 늘어나게 한다(인장). 그러나, 양단이 고정되어 있어 길이 l은 변화가 없으므로 아랫부분의 줄어든 길이$\left(\lambda_1 = \dfrac{R_1 b}{AE}\right)$와 윗부분의 늘어난 길이$\left(\lambda_2 = \dfrac{R_2 a}{AE}\right)$는 같아야 한다.

$\therefore \lambda_1 = \lambda_2$

$\dfrac{R_1 b}{AE} = \dfrac{R_2 a}{AE}$에서,

$\therefore \dfrac{R_1}{R_2} = \dfrac{a}{b}$

50. 그림과 같은 단면의 기둥에 하중 $P = 58.8\,kN$이 작용하고 있을 때, 응력이 가장 큰 것은 어느 것인가?

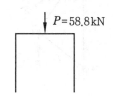

①

②

③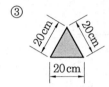

④

① $T_1 = 7840 \, \mathrm{N}$ (인장)
   $T_2 = 5880 \, \mathrm{N}$ (압축)

② $T_1 = 5880 \, \mathrm{N}$ (인장)
   $T_2 = 3920 \, \mathrm{N}$ (압축)

③ $T_1 = 5880 \, \mathrm{N}$ (인장)
   $T_2 = 7840 \, \mathrm{N}$ (압축)

④ $T_1 = 3920 \, \mathrm{N}$ (인장)
   $T_2 = 5880 \, \mathrm{N}$ (압축)

해설 응력 $\sigma = \dfrac{P}{A}$ 이므로 P가 $58.8 \, \mathrm{kN}$으로

같으므로 단면적 A의 값이 작으면 응력 σ

는 크게 되므로,

① $A = 20 \times 20 = 400 \, \mathrm{cm}^2$

② $A = \dfrac{\pi}{4} d^2 = \dfrac{\pi}{4} \times 20^2 = 314 \, \mathrm{cm}^2$

③ $A = \dfrac{1}{2} ah = \dfrac{1}{2} \times 20 \times (20 \times \sin 60°)$

   $= 173.2 \, \mathrm{cm}^2$

④ $A = \dfrac{\pi}{4}(d_2^2 - d_1^2) = \dfrac{\pi}{4}(30^2 - 20^2)$

   $= 392.5 \, \mathrm{cm}^2$

따라서, 삼각형 단면의 기둥이 가장 큰 응력 값을 갖는다.

51. 다음 그림과 같이 2개의 봉 AC, BC 를 힌지로 연결한 구조물에 연직 하중 $P = 9800 \, \mathrm{N}$이 작용할 때 봉 AC 및 BC 에 작용하는 하중의 종류 및 크기 T_1, T_2는 얼마인가? (단, $\overline{\mathrm{AC}} = 4 \, \mathrm{m}$, $\overline{\mathrm{BC}} = 3 \, \mathrm{m}$, $\overline{\mathrm{AB}} = 5 \, \mathrm{m}$이다.)

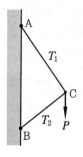

해설 연직 하중 P에 의하여 봉 AC 는 인장, 봉 BC 는 압축될 것이다.

힌지 C 에 대한 자유물체도에서 길이가 $3:4:5$이므로, $\angle \mathrm{ACB}$는 $90°$가 된다.

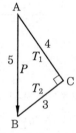

힘의 폐다각형(삼각형)에서,

$P : T_1 = 5 : 4$

$\therefore T_1 = \dfrac{4}{5} \times P = \dfrac{4}{5} \times 9800$

$= 7840 \, \mathrm{N}$ (인장)

$P : T_2 = 5 : 3$

$\therefore T_2 = \dfrac{3}{5} \times P = \dfrac{3}{5} \times 9800$

$= 5880 \, \mathrm{N}$ (압축)

 제**2**장 재료의 정역학(인장, 압축, 전단)

1. 합성재료(조합된 봉에 발생하는) 응력

재질이 다른 재료를 조합하여 만든 균일 단면봉을 세로로 이은 경우, 봉의 길이를 l_1, l_2, 단면적을 A_1, A_2, 종탄성계수를 E, E_2라 하자. 조합된 봉에 압축 하중 P를 가하면 각각의 봉은 수축되고 그 수축량 λ_1과 λ_2는 Hooke의 법칙에 의하여,

$$\lambda_1 = \frac{Pl_1}{A_1E_1}, \quad \lambda_2 = \frac{Pl_2}{A_2E_2} \quad \cdots\cdots\cdots (2-1)$$

조합된 봉의 전신장량 λ는,

$$\lambda = \lambda_1 + \lambda_2 = \frac{Pl_1}{A_1E_1} + \frac{Pl_2}{A_2E_2} = P \cdot \left(\frac{l_1}{A_1E_1} + \frac{l_2}{A_2E_2} \right) \quad \cdots (2-2)$$

각 봉에 일어나는 응력 σ_1과 σ_2는,

$$\sigma_1 = \frac{P}{A_1}, \quad \sigma_2 = \frac{P}{A_2} \text{이므로,}$$

$$\therefore \lambda = \frac{\sigma_1}{E_1}l_1 + \frac{\sigma_2}{E_2}l_2 \quad \cdots\cdots\cdots\cdots\cdots (2-3)$$

직렬 조합인 경우 외력(P)이 각 부재에 일정하게 작용한다.

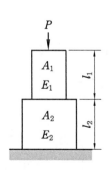

합성재료의 응력(직렬 조합)

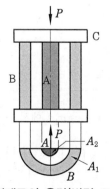

합성재료의 응력(병렬 조합)

봉의 단면적, 탄성계수, 압축응력을 A_1, E_1, σ_1, 원통의 단면적, 탄성계수, 압축응력을 A_2, E_2, σ_2라면 힘의 평형조건에서,

$$P = P_1(봉) + P_2(원통) = \sigma_1 A_1 + \sigma_2 A_2 [\text{N}] \quad\text{(2-4)}$$

봉과 원통의 변화량(수축량)을 λ_1, λ_2, 길이를 l이라면,

$$\lambda_1 = \frac{P_1 l}{A_1 E_1} = \frac{\sigma_1}{E_1} l, \quad \lambda_2 = \frac{P_2 l}{A_2 E_2} = \frac{\sigma_2}{E_2} l$$

봉의 수축량 λ_1과 원통의 수축량 λ_2는 같아야 하므로,

$$\lambda_1 = \lambda_2 에서, \quad \frac{\sigma_1}{E_1} = \frac{\sigma_2}{E_2} \left(\frac{E_2}{E_1} = \frac{\sigma_2}{\sigma_1} \right) \quad\text{(2-5)}$$

식 (2-4)와 (2-5)에서, $\sigma_1 = \dfrac{E_1}{E_2}\sigma_2$, $\sigma_2 = \dfrac{E_2}{E_1}\sigma_1$을 식(2-4)에 대입, 정리하면

$$\sigma_1 = \frac{E_1 P}{A_1 E_1 + A_2 E_2}, \quad \sigma_2 = \frac{E_2 P}{A_1 E_1 + A_2 E_2} \quad\text{(2-6)}$$

여기서, $\dfrac{E_1}{E_2} = K$ 라 하면,

$$\sigma_1 = \frac{KP}{KA_1 + A_2}, \quad \sigma_2 = \frac{P}{KA_1 + A_2} \quad\text{(2-7)}$$

따라서, 변형량(수축량) λ는,

$$\lambda = \frac{\sigma_1}{E_1} l = \frac{\sigma_2}{E_2} l = \frac{Pl}{A_1 E_1 + A_2 E_2} \quad\text{(2-8)}$$

예제 1. 그림과 같이 동일 재료의 단붙임 축에 하중이 작용하고 $d_1 : d_2 = 3 : 4$이다. 지름 d_1의 편에 생기는 응력이 $\sigma_1 = 8\,\text{MPa}$일 때 d_2의 편에 생기는 응력(σ_2)은?

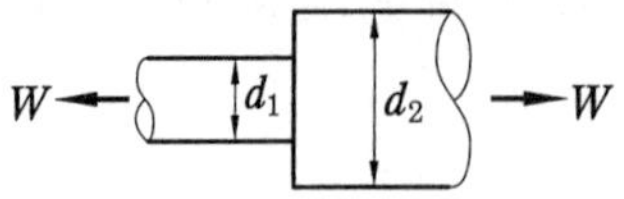

① 4.5 MPa ② 4.0 MPa
③ 3.5 MPa ④ 11 MPa

해설 $W = \sigma_1 A_1 = \sigma_2 A_2$에서, $\dfrac{\sigma_2}{\sigma_1} = \dfrac{A_1}{A_2} = \left(\dfrac{d_1}{d_2}\right)^2$

$\therefore \sigma_2 = \sigma_1 \times \left(\dfrac{d_1}{d_2}\right)^2 = 8 \times \left(\dfrac{3}{4}\right)^2 = 4.5\,\text{MPa}$

정답 ①

예제 2. 지름 10 cm인 연강봉(탄성계수 E_s = 210 GPa)이 바깥지름 11 cm, 안지름10 cm인 구리관(탄성계수 E_c = 150 GPa) 사이에 끼워져 있다. 양단에서 강체 평판으로 10 kN의 압축 하중을 가할 때 연강봉과 구리관에 생기는 응력 비 σ_s/σ_c의 값은?

① 5/6　　　　　② 5/7　　　　　③ 6/5　　　　　④ 7/5

해설 병렬 조합인 경우 응력(σ)은 탄성계수(E)에 비례하므로 $\dfrac{\sigma_s}{\sigma_c} = \dfrac{E_s}{E_c} = \dfrac{210}{150} = \dfrac{7}{5}$　정답 ④

2. 봉의 자중에 의한 응력과 변형률

2-1　균일 단면봉(uniform bar)

(1) 응력과 안전 단면적(A)

mn 단면에서의 응력(σ_x)= 외력 P에 의한 응력+봉 스스로의 무게 W에 의한 응력이므로,

$$\sigma_x = \frac{P}{A} + \frac{W}{A} = \frac{P+W}{A} = \frac{P+\gamma Ax}{A} = \frac{P}{A} + \gamma x \cdots (2-9)$$

$$\sigma_{\max} = \frac{P+\gamma Al}{A} = \frac{P}{A} + \gamma l \quad\cdots\cdots\cdots\cdots\cdots (2-10)$$

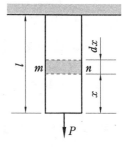

안전한 단면적(안전율 고려)을 산출하기 위하여 최대 응력 $\sigma_{\max}$ 대신에 사용응력 σ_w를 대입하면,

균일 단면봉의 응력

$$\sigma_w = \frac{P}{A} + \gamma l, \quad \frac{P}{A} = \sigma_w - \gamma l$$

$$\therefore \text{안전 단면적}(A) = \frac{P}{\sigma_w - \gamma l} = \frac{\pi d^2}{4}\,[\text{m}^2] \quad\cdots\cdots\cdots\cdots (2-11)$$

(2) 신장량(λ)

$$d\lambda = \varepsilon_x \cdot dx = \frac{\sigma_x}{E}dx \text{이고,}$$

$$\sigma_x = \frac{P}{A} + \gamma x \text{ 이므로,}$$

$$\therefore d\lambda = \frac{\sigma_x}{E}dx = \frac{1}{E}\left(\frac{P}{A} + \gamma x\right)dx \quad\cdots\cdots (2-12)$$

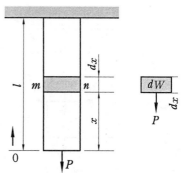

균일 단면봉의 신장

위 식의 양변을 전길이(l)에 대해 적분하면

$$\therefore \ \lambda = \int_o^l d\lambda = \int_o^l \frac{1}{E}\left(\frac{P}{A} + \gamma x\right)dx = \frac{1}{E}\left[\frac{P}{A}x + \frac{1}{2}\gamma x^2\right]_o^l$$

$$= \frac{1}{E}\left(\frac{P}{A}\cdot l + \frac{1}{2}\gamma l^2\right) = \frac{l}{AE}\left(P + \frac{1}{2}\gamma A l\right) \cdots\cdots (2-13)$$

봉의 축하중과 자중에 의한 신장량 λ는,

$$\lambda = \frac{Pl}{AE} + \frac{\gamma l^2}{2E} = \lambda_{\text{축하중}} + \lambda_{\text{자중}} \cdots\cdots (2-14)$$

2-2 균일 강도의 봉(bar of uniform strength)

그림에서 자유단으로부터 거리 x만큼 떨어진 단면 mn과 $x + dx$만큼 떨어진 단면 $m_1 n_1$ 사이의 음영 부분에서 단면 mn의 단면적을 A_x, 단면 $m_1 n_1$의 단면적을 $A_x + dA_x$이라면, 음영 부분의 자중 dW_x는 재료의 비중량 γ에 음영 부분의 미소 체적 $(A_x \times dx)$를 곱한 값이다.

$$A_x = A_o \cdot e^{\frac{\gamma}{\sigma}x} \cdots\cdots (2-15)$$

식 $(2-15)$를 ① 상용대수로 고치면 $A_x = A_o \times 10^{0.4343} \times \frac{\gamma}{\sigma}x$

② 안전 단면적을 구하려면 σ 대신 사용응력 σ_w를

사용하여, $A_x = A_o \cdot e^{\frac{\gamma}{\sigma_w}x}$ $\cdots\cdots (2-16)$

③ 최대 단면적은 $x = l$ 에서 최대가 되므로,

$$A_{\max} = A_o \cdot e^{\frac{\gamma}{\sigma}l}$$

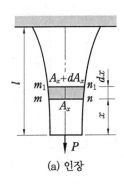

(a) 인장

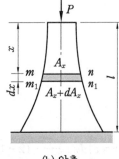

(b) 압축

균일 강도의 봉

3. 열응력

3-1 열응력(thermal stress) σ

재료를 가열하면 온도가 상승하여 팽창하고, 냉각시키면 온도가 내려가 수축된다. 물체에 자유로운 팽창 또는 수축이 불가능하게 장치를 하면 팽창과 수축에 상당한 만큼 압축 또는 인장을 가한 경우와 같이 응력이 발생하는데, 이와 같이 열로 생기는 응력을 열응력 (thermal stress)라 한다.

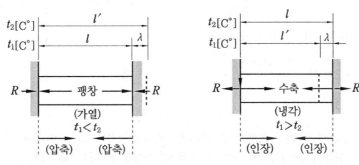

열응력

양단 고정보에서 한쪽 끝을 자유로 하면 온도 t_1[℃]에서 길이가 l이었던 것이 온도 t_2 [℃]에서 길이가 l'로 되어 변형량(가열 시 신장량, 냉각 시 수축량) λ는,

$$\lambda = l' - l = l\alpha(t_2 - t_1) = l \cdot \alpha \cdot \Delta t \quad \text{……………………} (2-17)$$

여기서, α는 선팽창계수(coefficient of line)이다.

또, 열응력에 의한 변형률은 반력 R에 의한 봉의 변형량 λ와의 관계로부터,

$$\lambda = \frac{R \cdot l}{AE} \text{ 에서,}$$

$$R = \frac{AE}{l} \cdot \lambda = \frac{AE}{l} \times l \cdot \alpha \cdot \Delta t$$

$$\therefore R = AE \cdot \alpha \cdot \Delta t \quad \text{………………………………} (2-18)$$

$$\text{열응력}(\sigma) = \frac{R}{A} = \frac{AE \cdot \alpha \cdot \Delta t}{A} = E \cdot \alpha \cdot \Delta t \quad \text{……………………} (2-19)$$

$$\text{열응력에 의한 변형률}(\varepsilon) = \frac{\sigma}{E} = \frac{E \cdot \alpha \cdot \Delta t}{E} = \alpha \cdot \Delta t \quad \text{………………} (2-20)$$

열응력은 사용응력 이내가 되도록 제한해야 하며 힘을 구할 때는,

$$P = \sigma \cdot A = A \cdot E \cdot \alpha \cdot \Delta t \text{ [N]} \quad \text{……………………} (2-21)$$

열응력은 길이에 무관하며, 봉(재료)이 가열되는 경우 $t_1 < t_2$이므로 압축응력이 생기며, 냉각될 경우 $t_1 > t_2$이므로 인장응력이 생기게 된다.

3-2 가열 끼워 맞춤(shringkage fit)

테의 원둘레의 변형량 λ는,

$\lambda =$ 봉의 원둘레$-$테의 원둘레$= \pi d_2 - \pi d_1$ ·········· (2-22)

변형률 ε은,

$$\varepsilon = \frac{\pi d_2 - \pi d_1}{\pi d_1} = \frac{d_2 - d_1}{d_1} = \frac{\delta}{d_1} \quad\cdots\cdots\cdots\cdots\cdots\cdots (2-23)$$

또, 테에 발생하는 Hoop 응력 σ_r은

$$\sigma_r = E \cdot \varepsilon = E \cdot \frac{d_2 - d_1}{d_1} = E \cdot \frac{\delta}{d_1} \quad\cdots\cdots\cdots\cdots (2-24)$$

가열 전 d_1, 가열 후 d_2

가열 후 아래축에 끼워맞춤

d_2

가열 끼워 맞춤

예제 3. 강의 나사봉이 기온 27℃에서 24 MPa의 인장응력을 받고 있는 상태에서 고정하여 놓고, 기온을 7℃로 하강시키면 발생하는 응력은 모두 몇 MPa인가? (단, 재료의 탄성 계수 $E = 210$ GPa, 선팽창 계수 $\alpha = 11.3 \times 10^{-6}$/℃이다.)

① 47.46　　　　② 23.46　　　　③ 40.66　　　　④ 71.46

해설 열응력$(\sigma_H) = E\alpha\Delta t = 210 \times 10^3 \times 11.3 \times 10^{-6} \times (27 - 7) = 47.46$ MPa(인장 응력)

∴ 총 응력$(\sigma) = \sigma_t + \sigma_H = 24 + 47.46 = 71.46$ MPa(인장)　　　　정답 ④

---

4. 탄성에너지(elastic strain energy)

4-1 수직응력에 의한 탄성에너지(U)

$$U = \frac{1}{2}P\lambda \,[\text{N}\cdot\text{m}] \quad\cdots\cdots\cdots\cdots\cdots\cdots\cdots\cdots\cdots\cdots\cdots\cdots\cdots\cdots\cdots\cdots (2-25)$$

$$U = \frac{1}{2}P\lambda = \frac{P^2 l}{2AE} = \frac{\sigma^2}{2E} \cdot Al \,[\text{N}\cdot\text{m}] = \frac{E\varepsilon^2}{2}Al \,[\text{N}\cdot\text{m}] \quad\cdots\cdots\cdots\cdots (2-26)$$

$$u = \frac{U}{V} = \frac{U}{Al} = \frac{\frac{\sigma^2}{2E} \cdot Al}{Al} = \frac{\sigma^2}{2E} = \frac{E\varepsilon^2}{2} \,[\text{J/m}^3] \quad\cdots\cdots\cdots\cdots\cdots\cdots (2-27)$$

한 재료가 탄성한도 내에서 단위 체적 속에 저장할 수 있는 변형에너지 $\sigma^2/2E$를 그 재료의 최대 탄성에너지 또는 리질리언스(resilience)라 하고, 이 최대 에너지량을 그 재료의 리질리언스 계수(modulus of resilience)라 한다.

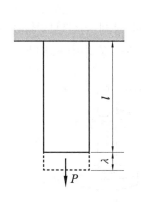
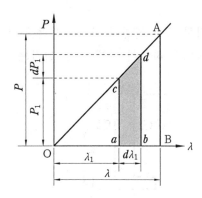

탄성변형에너지

4-2 전단응력에 의한 탄성에너지(U)

$$U = \frac{1}{2}(\tau \cdot A)(\gamma l) = \frac{1}{2}(\tau \cdot A)\left(\frac{\tau}{G} \cdot l\right)$$

$$= \frac{\tau^2}{2G}Al = \frac{G\gamma^2}{2} \cdot Al \,[\text{N} \cdot \text{m}] \quad\cdots\cdots\cdots\cdots\cdots\cdots (2-28)$$

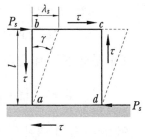

전단변형 탄성에너지

단위 체적당 저장되는 전단 탄성에너지 u 는,

$$u = \frac{U}{V} = \frac{U}{Al} = \frac{\tau^2}{2G}Al/Al = \frac{\tau^2}{2G}\,[\text{J/m}^3]$$

$$= \frac{G\gamma^2}{2}Al/Al = \frac{G\gamma^2}{2}\,[\text{J/m}^3] \quad\cdots\cdots\cdots\cdots\cdots\cdots\cdots\cdots (2-29)$$

예제 **4. 수직 응력에 의한 탄성 에너지에 대한 설명 중 맞는 것은?**
① 응력의 제곱에 비례하고, 탄성계수에 반비례한다.
② 응력의 세제곱에 비례하고, 탄성계수에 비례한다.
③ 응력에 비례하고, 탄성계수에도 비례한다.
④ 응력에 반비례하고, 탄성계수에 비례한다.

해설 $U = \dfrac{\sigma^2}{2E}V[\text{kJ}]\left(U \propto \sigma^2, \; U \propto \dfrac{1}{E}\right)$ 정답 ①

5. 충격응력(impact stress)

재료에 급격히 충격 하중이 가해지면 진동과 동시에 봉에 위험한 영향을 주게 되는데, 재료에 충격적으로 하중이 가해질 때 생기는 응력을 충격응력이라 한다.

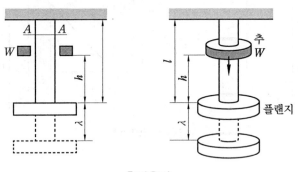

충격응력

$$W \times (h + \lambda) = \frac{\sigma^2}{2E} Al [\text{N} \cdot \text{m}] \quad\text{.....................} (2-30)$$

<u>(일＝힘×거리)</u>　<u>(봉에 축적된 탄성에너지)</u>

$$\sigma^2 \cdot Al - 2W\sigma l - 2EWh = 0$$

2차 연립 방정식 근의 공식에 대입하여 정리하면,

$$\therefore \ \sigma = \frac{W}{A}\left(1 + \sqrt{1 + \frac{2AEh}{Wl}}\right)[\text{Pa}] \quad\text{.....................} (2-31)$$

여기서, 봉에 정하중 W가 가해졌을 때의 인장응력을 σ_o, 신장량을 λ_o라 하면,

$$\sigma_o = \frac{W}{A}, \ \lambda_o = \frac{Wl}{AE} = \frac{\sigma_o l}{E} \quad\text{.....................} (2-32)$$

$$\sigma = \frac{W}{A}\left(1 + \sqrt{1 + \frac{2AEh}{Wl}}\right) = \frac{W}{A}\left(1 + \sqrt{1 + 2h \cdot \left(\frac{AE}{Wl}\right)}\right)$$

$$= \sigma_o\left(1 + \sqrt{1 + \frac{2h}{\lambda_o}}\right)[\text{Pa}] \quad\text{.....................} (2-33)$$

또, 충격에 의한 신장량(λ)

$$= \frac{Wl}{AE} = \frac{\sigma}{E}l = \frac{l}{E} \times \frac{W}{A}\left(1 + \sqrt{1 + 2h\left(\frac{AE}{Wl}\right)}\right)$$

$$= \frac{Wl}{AE}\left(1 + \sqrt{1 + 2h\left(\frac{AE}{Wl}\right)}\right) = \lambda_o\left(1 + \sqrt{1 + \frac{2h}{\lambda_o}}\right)$$

$$= \lambda_o + \lambda_o \sqrt{1 + \frac{2h}{\lambda_o}} = \lambda_o + \sqrt{\lambda_o^2 + 2h\lambda_o} \quad \text{................................} (2-34)$$

$h = 0$일 때[정적으로 하중이 가해질 때 (즉, 초속도 $v = 0$일 때)]

$$\sigma = \sigma_o \left(1 + \sqrt{1 + \frac{2h}{\lambda_o}} \right) \text{에서 } h = 0 \text{이므로,}$$

따라서, $\sigma = 2\sigma_o$ [하중이 급격히 가해질 때의 응력(σ)은 하중이 정적으로 (가만히) 가해질 때의 응력(σ_o)의 2배]이다.

만약, 낙하 높이 h에 비해 정적 신장량 λ_o가 적은 경우 응력 σ와 신장량 λ는,

$$\sigma = \sigma_o \left(1 + \sqrt{1 + \frac{2h}{\lambda_o}} \right), \quad \lambda = \lambda_o \left(1 + \sqrt{1 + \frac{2h}{\lambda_o}} \right)$$

$$\left. \begin{array}{l} \sigma = \sigma_o \times \sqrt{\dfrac{2h}{\lambda_o}} = \dfrac{W}{A} \times \sqrt{2h \times \dfrac{AE}{Wl}} = \sqrt{\dfrac{2EWh}{Al}} \\[4mm] \lambda = \lambda_o \times \sqrt{\dfrac{2h}{\lambda_o}} = \sqrt{2h\lambda_o} = \sqrt{\dfrac{2Whl}{AE}} \end{array} \right\} \quad \text{..........................} (2-35)$$

또, 추의 낙하속도$(v) = \sqrt{2gh}$ 이므로 $2h = \dfrac{v^2}{g}$ 을 식 $(2-34)$에 대입하면,

$$\lambda = \lambda_o + \sqrt{\lambda_o^2 + 2h\lambda_o} = \lambda_o + \sqrt{\lambda_o^2 + \frac{v^2}{g}\lambda_o} \fallingdotseq \lambda_o + v \cdot \sqrt{\frac{\lambda_o}{g}} \quad \text{..................} (2-36)$$

예제 5. 그림과 같은 봉에 하중 P가 작용하면 환봉에 저장되는 변형 에너지(strain energy)는?

(단, 응력은 각 단면에 균일하게 분포하는 것으로 가정하며, 단면적 $A = \dfrac{\pi d^2}{4}$ 이다.)

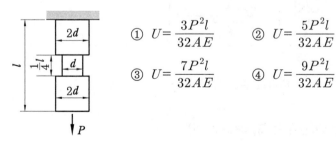

① $U = \dfrac{3P^2 l}{32AE}$ ② $U = \dfrac{5P^2 l}{32AE}$

③ $U = \dfrac{7P^2 l}{32AE}$ ④ $U = \dfrac{9P^2 l}{32AE}$

해설 $U \propto \dfrac{l}{A} \left(= \dfrac{l}{d^2} \right)$

$$\therefore \ U = \frac{P^2 l}{2AE} \left(1 \times \frac{1}{4} + \frac{1}{2^2} \times \frac{3}{4} \right) = \frac{P^2 l}{2AE} \times \frac{7}{16} = \frac{7P^2 l}{32AE}$$

정답 ③

6. 압력을 받는 원통 및 원환(링)

보일러, 가스탱크, 물탱크, 송수관, 압력용기 등과 같이 안지름에 비하여 두께가 얇은 원통($d > 10t$) 또는 관에 내압이 작용하는 경우 강판의 내부에는 압력에 저항하는 응력이 발생하며, 회전운동을 하는 물체에 원심력이 작용하여 물체를 외부로 밀어내려는 힘이 작용하므로 이는 내압이 작용한 것과 유사하다.

6-1 내압을 받는 얇은 원통 ($10t \leq d$)

그림에서 안지름이 d, 두께 t ($d > 10t$), 내압 P를 받는 원통에 대해 원통이 축선을 포함한 종단면 AB를 경계로 하여 상하 방향이 파괴되는 경우와 축선에 직각인 단면 MN을 경계로 하여 축방향으로 파괴되는 두 가지 경우를 생각할 수 있다.

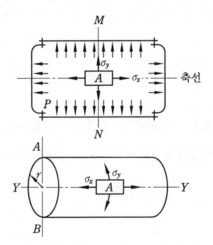

내압을 받는 얇은 원통

(1) 가로방향(종단면)의 응력(원주응력, 후프응력)

축선 YY를 따라 단면 AB를 경계로 원통을 상하 방향으로 파괴하려는 응력이며, 이 원주응력(후프응력 : hoop stress)은 원주상에 똑같이 발생한다.

그림 (a)에서 전압력은 (단면적)×(내압) 이므로,

전압력 $F = P \cdot A = P \cdot dl$ ·· (2-37)

전응력은 (전압력)÷(단면적 : $t \times l$이 2개) 이므로,

전응력 $\sigma_t = F_t \div (2tl)$ $\therefore$ $F_t = \sigma_t \cdot 2tl (\sigma_t = \sigma_y)$ ································· (2-38)

두 식 (2-37) = (2-38)이므로,

$$P \cdot dl = 2 \cdot \sigma_t \cdot tl$$

$$\therefore \sigma_t = \frac{Pdl}{2tl} = \frac{Pd}{2t}, \ t = \frac{Pd}{2\sigma_t}$$ ································· (2-39)

이때 $\sigma_t = \dfrac{Pd}{2t}$ 를 원주응력 또는 후프응력이라 한다.

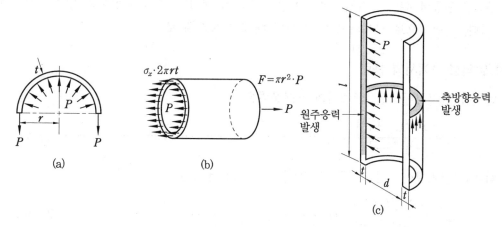

(a)　　　　　　(b)　　　　　　(c)

원주응력과 축방향응력

(2) 세로방향(횡단면)의 응력(축방향응력)

그림 (b)에서 전압력 $F_l = P \times A = P \times \dfrac{\pi}{4} d^2$ ································· (2-40)

축방향으로 발생하는 전응력(σ_x) = 전압력(F_l) ÷ 단면적(A)이므로,

$$\sigma_x = F_l \div A = F_l \div \left[\frac{\pi}{4}(d+2t)^2 - \frac{\pi}{4}d^2 \right] = F_l \div \frac{\pi}{4}(4dt + 4t^2)$$

$$\therefore \sigma_x \fallingdotseq F_l \div \pi dt \ \therefore \ F_l = \sigma_x \cdot \pi dt$$ ································· (2-41)

식 (2-40) = (2-41)에서,

$$P \times \frac{\pi}{4} d^2 = \sigma_x \cdot \pi dt$$

$$\therefore \sigma_x = P \times \frac{\pi}{4} d^2 \times \frac{1}{\pi dt} = \frac{Pd}{4t}, \ t = \frac{Pd}{4\sigma_x}$$ ································· (2-42)

이때 $\sigma_x = \dfrac{Pd}{4t}$ 를 축응력(세로방향의 응력)이라 한다.

여기서, 원주응력 $\sigma_t = \dfrac{Pd}{2t}$ 와 축응력 $\sigma_x = \dfrac{Pd}{4t}$ 에서 다음의 관계가 성립한다.

$$\sigma_t = 2 \cdot \sigma_x \quad \cdots\cdots\cdots\cdots\cdots\cdots\cdots\cdots\cdots\cdots\cdots\cdots\cdots\cdots\cdots\cdots\cdots\cdots (2-43)$$

원주응력(σ_t)은 축방향의 응력(σ_x)의 2배이며, 이는 원통의 강도 또는 두께 계산에서 Hoop 의 응력식으로부터 구한다.

6-2 내압을 받는 두꺼운 원통$(10t \geq d)$

두꺼운 원통에서는 각 점에서의 후프응력에 차가 생기고, 반지름 방향의 응력도 무시할 수 없다. 일반적으로 사용되고 있는 식에 대해서 생각해 보자.

(1) 임의점(r)에서의 응력

임의점 (반지름이 r인 점)에서의 후프응력은,

$$\sigma_h = \frac{Pr_1^2(r_2^2 + r^2)}{r^2(r_2^2 - r_1^2)}[\text{Pa}] \quad \cdots\cdots\cdots\cdots\cdots\cdots\cdots\cdots\cdots\cdots (2-44)$$

임의점 (반지름이 r인 점)에서의 반지름 방향의 응력은,

$$\sigma_r = -\frac{Pr_1^2(r_2^2 - r^2)}{r^2(r_2^2 - r_1^2)}[\text{Pa}] \quad \cdots\cdots\cdots\cdots\cdots\cdots\cdots\cdots\cdots (2-45)$$

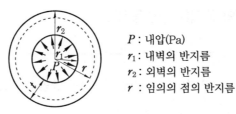

P : 내압(Pa)
r_1 : 내벽의 반지름
r_2 : 외벽의 반지름
r : 임의의 점의 반지름

두꺼운 원통

(2) 최대 응력($r = r_1$)

최대 후프응력과 최대 반지름 방향의 응력은 $r = r_1$인 내벽에 생기므로 식 $(2-44)$와 $(2-45)$에서,

$$\sigma_h|_{r=r_1} = \sigma_{h)\max} = \frac{Pr_1^2(r_2^2 + r_1^2)}{r_1^2(r_2^2 - r_1^2)} = \frac{P(r_2^2 + r_1^2)}{r_2^2 - r_1^2}[\text{N/m}^2] \quad \cdots\cdots\cdots\cdots (2-46)$$

$$\sigma_r|_{r=r_1} = \sigma_{r)\max} = -\frac{Pr_1^2(r_2^2 - r_1^2)}{r_1^2(r_2^2 - r_1^2)} = -P[\text{N/m}^2] \quad \cdots\cdots\cdots\cdots\cdots (2-47)$$

(3) 최소 응력($r = r_2$)

최소 후프응력과 최소 반지름 방향의 응력은 $r = r_2$인 외벽에 생기므로, 식 $(2-44)$와 $(2-45)$에서,

$$\sigma_h\big|_{r=r_2} = \sigma_{h)\min} = \frac{Pr_1^2(r_2^2 + r_2^2)}{r_2^2(r_2^2 - r_1^2)} = \frac{2Pr_1^2}{r_2^2 - r_1^2}\,[\text{N/m}^2] \quad \cdots\cdots (2-48)$$

$$\sigma_r\big|_{r=r_2} = \sigma_{r)\min} = -\frac{Pr_1^2(r_2^2 - r_2^2)}{r_2^2(r_2^2 - r_1^2)} = 0 \quad \cdots\cdots (2-49)$$

(4) 바깥지름과 안지름의 비

$$\sigma_{h)\max} = P \cdot \frac{r_2^2 + r_1^2}{r_2^2 - r_1^2} = P \cdot \frac{\left(\dfrac{r_2}{r_1}\right)^2 + 1}{\left(\dfrac{r_2}{r_1}\right)^2 - 1} \text{이며 정리하면,}$$

$$\therefore \frac{r_2}{r_1} = \sqrt{\frac{\sigma_{h)\max} + P}{\sigma_{h)\max} - P}} \quad \cdots\cdots (2-50)$$

6-3 두께가 얇은 구의 응력

압력을 가진 액체와 기체를 넣은 살이 얇은 두께의 구는 원벽에 직각으로 압력을 받는다.

그림에서 구를 파괴하려는 전압력 F는,

$$F = PA = P \times \frac{\pi}{4}d^2 \quad \cdots\cdots (2-51)$$

전압력에 견디는 내부의 인장응력 $\sigma_t = \dfrac{F}{A}$에서,

$$A = \frac{\pi}{4}(d + 2t)^2 - \frac{\pi}{4}d^2 = \frac{\pi}{4}(4dt + \underset{\text{무시}}{4t^2}) \fallingdotseq \pi dt$$

$$\therefore \sigma_t = \frac{F}{\pi dt}$$

$$\therefore F = \pi dt \cdot \sigma_t \quad \cdots\cdots (2-52)$$

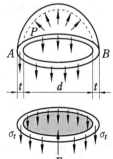
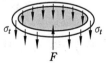

구의 응력

식 $(2-51) = (2-52)$에서,

$$F = P \times \frac{\pi}{4}d^2 = \sigma_t \cdot \pi dt$$

$$\therefore \ \sigma_t = \frac{Pd}{4t} \ [\text{N/m}^2], \quad t = \frac{Pd}{4\sigma_t} \ \text{·····························} \ (2-53)$$

즉, 얇은 살 두께의 구의 응력은 결국 얇은 원통의 축방향의 응력과 같으며, 원주방향응력의 $\frac{1}{2}$이다.

6-4 회전하는 원환(ring)

풀리, 플라이 휠 등은 원심력이 원환에 작용하여 단면에 후프응력이 발생한다. 얇은 원환의 둘레에 균일하게 분포하는 반지름 방향의 힘들이 작용하는 원환은 균일하게 늘어나고, 따라서 인장응력이 발생하게 된다.

그림에서 원환의 평균 반지름을 r, 두께 t, 속도를 v (각속도 ω), 단위 길이당 중량을 w 라 하면 v [m/s]의 원주속도로 회전할 때,

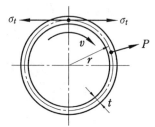

회전하는 원환

① 원심력$(P) = \dfrac{w}{g} v^2$

② 원주속도$(v) = r \cdot \omega \ (\omega : 각속도 \ [\text{rad/s}])$

③ 단위 길이당 중량$(w) = \dfrac{W}{l} = \dfrac{\gamma \cdot Al}{l} = \gamma A$ 이므로,

$$\therefore \ 원심력 \ P = \frac{w}{g} v^2 = \frac{w}{g}(\omega r)^2 = \frac{w}{g} \cdot \omega^2 r^2 \ \text{·····················} \ (2-54)$$

$$또는 \ P = \frac{v^2}{g} \cdot w = \frac{v^2}{g} \times \frac{W}{l} = \frac{v^2}{g} \times \frac{\gamma Al}{l} = \frac{\gamma A}{g} \cdot v^2 \ \text{·············} \ (2-55)$$

따라서, 얇은 회전 원환에 작용하는 인장응력(= hoop 응력 = 원심응력)은,

$$\therefore \ \sigma_t = \frac{P}{A} = \frac{\dfrac{\gamma A}{g} v^2}{A} = \frac{\gamma A}{gA} v^2 = \frac{\gamma}{g} v^2 = \frac{\gamma}{g} \cdot r^2 \omega^2 \ \text{···············} \ (2-56)$$

$$\therefore \ v = \sqrt{\frac{g\sigma_t}{\gamma}} \ [\text{m/s}] \ \text{·····································} \ (2-57)$$

인장응력 σ_t는 재료의 밀도 $\dfrac{\gamma}{g}(=\rho)$에 비례하고, 원주속도 v의 제곱에 비례한다. 따라서, 고속으로 회전하는 반지름의 원환 속에는 대단히 큰 응력이 발생하므로 회전속도를 제한해야 한다.

예제 6. 그림의 얇은 용기가 균일 내압을 받고 있으며, 축방향의 응력을 σ_x, 원주방향의 응력을 σ_y라고 할 때 σ_x/σ_y의 값으로 옳은 것은? (단, 용기 원통의 반지름은 r이다.)

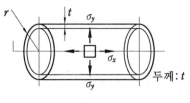

① $\dfrac{1}{2}$　　　　　② 2　　　　　③ 4　　　　　④ $\dfrac{1}{4}$

해설　$\sigma_x = \dfrac{Pd}{4t}$, $\sigma_y = \dfrac{Pd}{2t}$　∴ $\dfrac{\sigma_x}{\sigma_y} = \dfrac{1}{2}$　　　　　정답 ①

7. 부정정 구조물(statically indeterminate structure)

그림 부정정계의 평면 트러스에서 점선은 OA, OB, OC를 P로 인장할 때 트러스의 변위된 위치를 표시하며 λ, λ_1은 변위이다. 수직봉 OA : 단면적 A_s, 탄성계수 E_s인 강봉, 경사봉 OB, OC : 단면적 A_c, 탄성계수 E_c인 동봉이라면, OA의 길이가 l일 때 OB, OC의 길이는 $l/\cos\alpha$이고, OA의 인장력을 X, OB, OC의 인장력을 Y로 하면 O에 대한 평형 방정식은,

$$X + 2Y \cdot \cos\alpha = P \quad\text{(2-58)}$$

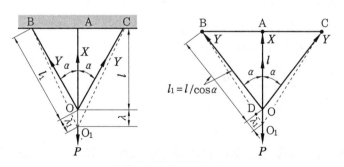

부정정계의 평면 트러스

또, 인장 하중 P로 인하여 수직봉이 λ, 경사봉이 λ_1만큼 늘어났고 힌지가 O에서 O_1으로 이동되었다면,

$$O_1 A = l + \lambda$$

$$O_1 B = O_1 C = l_1 + \lambda_1 = l/\cos\alpha + \lambda_1 = l/\cos\alpha + \lambda \cdot \cos\alpha$$

신장량 λ와 λ_1이 극히 작다고 본다면 OD는 BO_1에 세운 수선으로 볼 수 있고 O_1에서의 경사각은 처음의 경사각 α와 같다고 볼 수 있으므로,

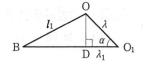

$$\frac{\lambda_1}{\lambda} = \cos\alpha \text{ 에서, } \lambda_1 = \lambda \cdot \cos\alpha \cdots\cdots\cdots (2-59)$$

Hooke의 법칙에 의하여 신장량 λ와 λ_1은,

$$\lambda = \frac{Xl}{A_s E_s}, \ \lambda_1 = \frac{Y l_1}{A_c E_c} = \frac{Y \cdot l/\cos\alpha}{A_c E_c} \cdots\cdots\cdots (2-60)$$

식 $(2-60)$을 $(2-59)$에 대입하면,

$$\frac{Y \cdot l/\cos\alpha}{A_c E_c} = \frac{Xl}{A_s E_s} \times \cos\alpha \text{ 에서,}$$

$$Y = \frac{Xl \cdot \cos^2\alpha \cdot A_c E_c}{l A_s E_s} = \frac{A_c E_c}{A_s E_s} \times X \cdot \cos^2\alpha \cdots\cdots\cdots (2-61)$$

식 $(2-61)$을 $(2-58)$에 대입 정리하면,

$$X = \frac{P}{1 + 2 \cdot \cos^3\alpha \cdot \dfrac{A_c E_c}{A_s E_s}}, \ Y = \frac{P \cdot \cos^2\alpha}{2 \cdot \cos^3\alpha + \dfrac{A_s E_s}{A_c E_c}} \cdots\cdots\cdots (2-62)$$

식 $(2-62)$에서 수직봉과 경사봉이 같은 단면적, 같은 재료라면 $A_s = A_c$, $E_s = E_c$ 이므로,

$$X = \frac{P}{1 + 2\cos^3\alpha}, \ Y = \frac{P \cdot \cos^2\alpha}{1 + 2\cos^3\alpha} \cdots\cdots\cdots (2-63)$$

신장량을 수직 하중 P로 표시하면 식 $(2-63)$ 으로부터,

$$\left. \begin{array}{l} \lambda = \dfrac{Xl}{AE} = \dfrac{Pl}{AE}\left(\dfrac{1}{1 + 2\cos^3\alpha}\right) \\[4mm] \lambda_1 = \dfrac{Yl}{AE} = \dfrac{Pl}{AE}\left(\dfrac{\cos^2\alpha}{1 + 2\cos^3\alpha}\right) \end{array} \right\} \cdots\cdots\cdots (2-64)$$

예제 7. 그림과 같이 균일 단면 봉이 강체 사이에 고정되어 있고, 그림에서와 같은 위치에서 힘 $P = 10$ kN을 작용시킬 때 A점에서의 반력 R_1은 ?

① 10 kN   ② 5 kN

③ 6 kN   ④ 4 kN

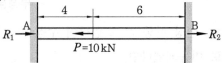

해설 $R_1 = \dfrac{P \cdot b}{l} = \dfrac{10 \times 6}{10} = 6$ kN

정답 ③

출제 예상 문제

1. 다음 중 봉에 하중 P 가 작용할 때 자중을 고려한 최대 응력을 구하는 식은?

① $\sigma_{\max} = \dfrac{P}{A} - \gamma l$

② $\sigma_{\max} = \dfrac{P}{A} + \gamma l$

③ $\sigma_{\max} = \dfrac{P}{A} + \gamma A l$

④ $\sigma_{\max} = \dfrac{P}{A} - \gamma A l$

[해설] 최대 응력($\sigma_{\max}$) = 인장 하중에 의한 응력(σ_P) + 자중에 의한 응력(σ_w)

$$\therefore \sigma_{\max} = \sigma_P + \sigma_w = \frac{P}{A} + \frac{W}{A} = \frac{P}{A} + \frac{\gamma A l}{A}$$

$$= \frac{P}{A} + \gamma l \,[\text{MPa}]$$

자중(봉의 무게) $W = \gamma V = \gamma \cdot Al \,[\text{N}]$

2. 다음 중 자중을 고려한 신장량을 나타내는 식은?

① $\lambda = \dfrac{l}{AE}(P - \gamma A l)$

② $\lambda = \dfrac{l}{AE}(P + \gamma A l)$

③ $\lambda = \dfrac{l}{AE}\left(P - \dfrac{1}{2}\gamma A l\right)$

④ $\lambda = \dfrac{l}{AE}\left(P + \dfrac{1}{2}\gamma A l\right)$

[해설] 자중에 의한 신장량 : 그림에서 미소구간 dx 에 대하여

신장량은 $d\lambda$ 이므로 $\varepsilon_x = \dfrac{d\lambda}{dx}$ 에서

$d\lambda = \varepsilon_x \cdot dx$

또 응력(σ_x) $= \dfrac{Wx}{A} = \dfrac{\gamma A \cdot x}{A} = \gamma x$

따라서,

$$d\lambda = \varepsilon_x \cdot dx = \frac{\sigma_x}{E} \cdot dx = \frac{\gamma x}{E} \cdot dx$$

$\therefore$ 자중에 의한 전 신장량(λ)

$$= \int_o^l d\lambda = \int_o^l \frac{\gamma x}{E} dx = \frac{\gamma l^2}{2E}$$

그러므로, 봉의 신장량(λ)

$$= \lambda_p + \lambda_w = \frac{Pl}{AE} + \frac{\gamma l^2}{2E}$$

$$= \frac{l}{AE}\left(P + \frac{1}{2} \times \gamma A l\right) [\text{cm}]$$

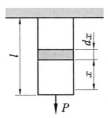

3. 다음 중 균일 강도의 봉에서 x 만큼 떨어진 곳의 면적 A_x 를 나타내는 식은?

① $A_x = A_o \cdot e^{\gamma x}$

② $A_x = A_o \cdot e^{\sigma x}$

③ $A_x = A_o \cdot e^{\frac{\gamma}{\sigma} x}$

④ $A_x = A_o \cdot e^{\frac{\sigma}{\gamma} x}$

[해설] 미소 부분 dx 에 대한 봉의 자중

$dW_x = \sigma \cdot dA_x = \gamma \cdot A_x \cdot dx$ ·············· ㉠

㉠을 정리하여 적분하고, $x = 0$ 을 대입하면,

$$\log e\, A_x = \frac{\gamma}{\sigma} x + C$$

$$\log e\, A_x = \frac{\gamma}{\sigma} x + \log e\, A_x \quad\text{··············· ㉡}$$

㉡을 정리하면, $A_x = A_o \cdot e^{\frac{\gamma}{\sigma} x} \,[\text{m}^2]$

정답 1. ② 2. ④ 3. ③

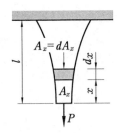

4. 길이가 l이고, 단면적이 A인 봉을 한쪽 끝은 천장에 고정하여 연직으로 매달았을 때 자중에 의한 신장량을 옳게 표현한 것은?

① $\dfrac{Pl}{2EA}$　　　　　② $\dfrac{Pl}{AE}$

③ $\dfrac{2Pl}{AE}$　　　　　④ $\dfrac{P}{AE}$

[해설] 문제 2에서 자중에 의한 신장량(λ)

$=\dfrac{\gamma l^2}{2E}$에서,

$\gamma=$ 단위 체적당 중량 $=\dfrac{P}{V}=\dfrac{P}{Al}$ [N/m^3]

$\therefore\ \lambda=\dfrac{\gamma l^2}{2E}=\dfrac{l^2}{2E}\times\dfrac{P}{Al}=\dfrac{Pl}{2EA}$ [cm]

5. 길이가 l이고 선팽창계수가 α, 온도차가 Δt라 하며, 재료의 세로 탄성계수가 E일 때 열응력을 나타내는 식은?

① $\alpha\cdot l$　　　　　② $\alpha\cdot\Delta t\cdot l$

③ $\alpha\cdot\Delta t\cdot E$　　　④ $\alpha\cdot\Delta t\cdot E\cdot l$

[해설] 열응력(σ)$=E\cdot\varepsilon=E\cdot\alpha\cdot\Delta t$[MPa]

6. 재료의 열응력을 α, 세로 탄성계수를 E, 길이의 변화량을 $\Delta l=(l_2-l_1)$이라 하며, 온도차 $\Delta t=(t_2-t_1)$이라 할 때, 열에 의한 신장률을 바르게 나타낸 식은?

① $\alpha(l_2-l_1)$　　　② $E(l_2-l_1)$

③ $\alpha(t_2-t_1)$　　　④ $E(t_2-t_1)$

[해설] 신장량(λ)$=\Delta l=(l_2-l_1)$

$\qquad=\alpha\cdot t_2\cdot l-\alpha\cdot t_1\cdot l=l\cdot\alpha\cdot\Delta t$

$\qquad=l\cdot\alpha\cdot(t_2-t_1)$

$\therefore$ 신장률$(\varepsilon)=\dfrac{\lambda}{l}=\dfrac{\alpha\cdot\Delta t\cdot l}{l}$

$\qquad\qquad=\alpha(t_2-t_1)$

7. 축에 두께가 얇은 링을 끼워 맞춤하였을 때, 축과 링의 각각에는 어떠한 응력이 발생하는가?

① 축 : 압축응력, 링 : 인장응력
② 축 : 전단응력, 링 : 압축응력
③ 축 : 인장응력, 링 : 전단응력
④ 축 : 인장응력, 링 : 압축응력

[해설] 그림에서 링을 가열하여 끼워 맞춤하면 링은 축에 끼워진 후 인장응력이 발생하고 축에는 링의 압축력에 의해 압축응력이 발생한다.

8. 다음 중 열응력에 영향을 주지 않는 것은 어느 것인가?

① 길이　　　　　② 선팽창계수
③ 종탄성계수　　　④ 온도차

[해설] 열응력(σ)$=E\cdot\varepsilon=E\cdot\alpha\cdot\Delta t$이므로 치수(길이)와는 무관하다.

9. 작용하중을 P, 변형량을 λ, 세로탄성계수를 E, 단면적을 A, 재료의 길이를 l, 변형률을 ε이라 할 때 다음 중 성질이 다른 것은?

① $\dfrac{P^2l}{2AE}$　　　　② $\dfrac{1}{2}P\lambda$

③ $\dfrac{\sigma^2Al}{2E}$　　　　④ $\dfrac{E\varepsilon^2}{2}$

[해설] 탄성에너지(U)$=\dfrac{1}{2}P\lambda=\dfrac{P}{2}\times\dfrac{Pl}{AE}$

$$= \frac{\sigma^2}{2E}Al = \frac{E\varepsilon^2}{2}Al\,[\mathrm{kJ}]$$

단위 체적당 탄성에너지 = 최대 탄성에너지

$$(u) = \frac{U}{V} = \frac{\sigma^2}{2E} = \frac{E\varepsilon^2}{2}\,[\mathrm{kJ/m^3}]$$

10. 탄성한도 내에서 인장 하중을 받는 봉이 있다. 응력을 2배로 증가시키면 최대 탄성에너지는 몇 배로 되는가?

① 4배　　　　　　② $\frac{1}{4}$ 배

③ 2배　　　　　　④ $\frac{1}{2}$ 배

해설 단위 체적당 탄성에너지 = 최대 탄성에 너지이므로,

$$u = \frac{U}{V} = \frac{\sigma^2}{2E} = \frac{E \cdot \varepsilon^2}{2}\text{에서,}$$

$$u_1 = \frac{\sigma^2}{2E} \rightarrow u_2 = \frac{(2\sigma)^2}{2E} = \frac{4\sigma^2}{2E}$$

∴ $u_2 = 4u_1$이므로 4배가 된다.

11. 탄성에너지에 대한 다음 설명 중 옳은 것은?

① 세로 탄성계수에 비례하고 응력에 반비례한다.
② 세로 탄성계수에 비례하고 응력의 제곱에 반비례한다.
③ 응력에 비례하고 세로 탄성계수에 반비례한다.
④ 응력의 제곱에 비례하고 세로 탄성계수에 반비례한다.

해설 $U = \frac{1}{2}P\lambda = \frac{\sigma^2}{2E} \cdot Al\,[\mathrm{kJ}]$

$$u = \frac{U}{V} = \frac{\frac{\sigma^2}{2E}Al}{Al} = \frac{\sigma^2}{2E}\,[\mathrm{kJ/m^3}]$$

12. 최대 탄성에너지에 대한 설명 중 옳은 것은?

① 최대 탄성에너지가 클수록 재료는 충격

에 약하다.
② 최대 탄성에너지가 클수록 재료는 충격에 강하다.
③ 최대 탄성에너지가 클수록 재료는 피로 강도가 커진다.
④ 최대 탄성에너지가 클수록 전성이 좋아진다.

해설 $u = \frac{\sigma^2}{2E}$에서 $\sigma = \sqrt{2Eu}$ 이므로, u가 커지면 σ가 커진다.

13. 내압을 받는 얇은 원통에서 원주방향의 응력 σ_t와 축방향의 응력 σ_x의 관계를 나타낸 식은?

① $\sigma_t = \sigma_x$　　　② $\sigma_x = 2\sigma_t$

③ $2\sigma_x = \sigma_t$　　　④ $\sigma_x = 3\sigma_t$

해설 원주방향의 응력$(\sigma_t) = \frac{Pd}{2t}$

축방향의 응력$(\sigma_x) = \frac{Pd}{4t}$ 이므로,

∴ $\sigma_t = 2\sigma_x\,[\mathrm{MPa}]$

14. 충격에 의하여 생기는 응력은 정하중에 의해서 생기는 응력의 몇 배가 되는가?

① $\frac{1}{2}$ 배　　　　　② 2배

③ $\frac{1}{4}$ 배　　　　　④ 4배

해설 충격에 의한 응력과 신장을 σ, λ, 정하중에 의한 응력과 신장을 σ_o, λ_o라 하면,

$$\sigma = \sigma_o\left(1 + \sqrt{1 + \frac{2h}{\lambda_o}}\right)\text{에서 자유단에 충격}$$

하중을 준 경우라면

$h = 0$이므로 $\sigma = \sigma_o\left(1 + \sqrt{1 + \frac{2h}{\lambda_o}}\right)$

$$= \sigma_o(1 + \sqrt{1+0}) = 2\sigma_o$$

∴ 충격 하중에 의한 응력(σ)은 정하중에 의한 응력(σ_o)의 2배이다.

---

15. 내압을 받는 두꺼운 원통에서 최대 후프응력을 구하는 식은 어느 것인가?

① $\sigma_{\max} = \dfrac{P(r_2^2 - r_1^2)}{r_2^2 + r_1^2}$

② $\sigma_{\max} = \dfrac{P(r_2^2 + r_1^2)}{r_2^2 - r_1^2}$

③ $\sigma_{\max} = \dfrac{P(r_2 - r_1)^2}{r_2^2 + r_1^2}$

④ $\sigma_{\max} = \dfrac{P(r_2 + r_1)^2}{r_2^2 - r_1^2}$

[해설] 내압을 받는 두꺼운 원통의 응력은

후프응력$(\sigma_h) = \dfrac{Pr_1^2(r_2^2 + r^2)}{r^2(r_2^2 - r_1^2)}$,

반지름 방향 응력$(\sigma_r) = -\dfrac{Pr_1^2(r_2^2 - r^2)}{r^2(r_2^2 - r_1^2)}$ 에

서 $r = r_1$인 내벽에서 최대이고, $r = r_2$인 외벽에서 최소이다.

따라서 최대 후프응력은,

$\sigma_{h)\max} = \sigma_h\big|_{r=r_1} = \dfrac{Pr_1^2(r_2^2 + r_1^2)}{r_1^2(r_2^2 - r_1^2)}$

$= \dfrac{P(r_2^2 + r_1^2)}{r_2^2 - r_1^2}$ [MPa]

16. 다음 중 내압을 받는 두꺼운 원통에서 최소 후프응력을 구하는 식은?

① $\sigma_{\min} = \dfrac{2Pr_1^2}{r_2^2 - r_1^2}$

② $\sigma_{\min} = \dfrac{2Pr_1^2}{r_2^2 + r_1^2}$

③ $\sigma_{\min} = \dfrac{2Pr_2^2}{r_2^2 - r_1^2}$

④ $\sigma_{\min} = \dfrac{2Pr_2^2}{r_2^2 + r_1^2}$

[해설] $r = r_2$인 외벽에서 최소 응력이므로,

∴ 최소 후프응력은

$\sigma_{h)\min} = \sigma_h\big|_{r=r_2} = \dfrac{Pr_1^2(r_2^2 + r_2^2)}{r_2^2(r_2^2 - r_1^2)} = \dfrac{2Pr_1^2}{r_2^2 - r_1^2}$

17. 다음 중에서 최대 반지름 방향 응력과

같은 것은 어느 것인가?

① P　　② PD　　③ Pt　　④ PDt

[해설] $r = r_1$인 안지름에서 최대 응력이므로,

∴ $\sigma_{r)\max} = -\dfrac{Pr_1^2(r_2^2 - r_1^2)}{r_1^2(r_2^2 - r_2^2)} = -P$

18. 회전하는 원환에서의 인장응력을 옳게 설명한 것은?

① 재료의 밀도에 비례하고, 원주속도의 제곱에 반비례한다.

② 재료의 밀도에 반비례하고, 원주속도의 제곱에 비례한다.

③ 재료의 밀도에 반비례하고, 원주속도의 제곱에도 반비례한다.

④ 재료의 밀도에 비례하고, 원주속도의 제곱에도 비례한다.

[해설] 원환의 원심력$(P) = \dfrac{wv^2}{g} = \dfrac{v^2}{g} \times \dfrac{W}{l}$

$= \dfrac{v^2}{g} \times \dfrac{\gamma Al}{l} = \dfrac{\gamma Av^2}{g}$

원환에 생기는 응력$(\sigma) = \dfrac{P}{A} = \dfrac{\gamma Av^2/g}{A}$

$= \dfrac{\gamma}{g}v^2 = \rho \cdot v^2$이다.

(ρ : 재료의 밀도, v : 원환의 원주속도)

19. 그림과 같은 봉을 천장에 고정시키고 그 재료의 하단에 하중 P를 작용시킬 때 이 봉의 신장량은? (단, 자중을 고려)

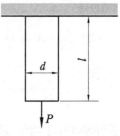

① $\dfrac{Pl}{AE} + \dfrac{\gamma l^2}{2E}$　　　② $\dfrac{Pl}{2AE} + \dfrac{\gamma l^2}{E}$

③ $\dfrac{Pl}{2AE}+\dfrac{2\gamma l^2}{E}$ ④ $\dfrac{Pl}{AE}+\dfrac{2\gamma l^2}{E}$

해설 봉의 신장량(λ) = 하중에 의한 신장(λ_P) +자중에 의한 신장(λ_w)이므로,

$$\therefore \lambda = \lambda_P + \lambda_w = \frac{Pl}{AE} + \frac{\gamma l^2}{2E}\,[\text{cm}]$$

20. 자중을 받는 원추봉의 길이가 l이고, 밑변의 지름이 d이며, 이 재료의 단위 체적당 중량이 γ인 경우, 이 봉의 신장은 같은 길이, 같은 지름(d)의 균일 단면봉의 신장의 몇 배인가?

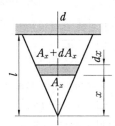

① $\dfrac{1}{2}$ ② $\dfrac{1}{3}$

③ 2   ④ 3

해설 원추봉의 자중에 의한 신장량 λ_c는,

응력(σ_x) $= \dfrac{P}{A_x}$

자중(P) $= \gamma \cdot V_x = \gamma\left(A_x \cdot \dfrac{1}{3}x\right) = \dfrac{\gamma A_x x}{3}$

$$\therefore \sigma_x = \frac{\gamma A_x x/3}{A_x} = \frac{\gamma x}{3}\ \text{이므로}$$

$d\lambda_c = \varepsilon_x \cdot dx = \dfrac{\sigma_x}{E}dx = \dfrac{\gamma x/3}{E}dx$ 이다.

$$\therefore \lambda_c = \int_0^l d\lambda_c = \int_0^l \frac{\gamma x}{3E}dx = \frac{\gamma l^2}{6E}\,[\text{cm}]$$

따라서, 원추봉의 경우 $\lambda_c = \dfrac{\gamma l^2}{6E}$,

균일봉의 경우 $\lambda_u = \dfrac{\gamma l^2}{2E}$ 이므로,

$$\lambda_c : \lambda_u = \frac{\gamma l^2}{6E} : \frac{\gamma l^2}{2E} = \frac{1}{3} : 1$$

(원추봉의 신장량이 균일봉의 신장량의 $\dfrac{1}{3}$ 배)

21. 같은 치수의 강봉과 동봉에 같은 인장력을 가하여 변형이 생기게 할 때 신장률 ε_s와 ε_c의 비가 7 : 15 라고 하면, 종탄성계수의 비 $\dfrac{E_s}{E_c}$의 값은 얼마인가?

① $\dfrac{7}{15}$ ② $\dfrac{14}{15}$ ③ $\dfrac{15}{7}$ ④ $\dfrac{15}{8}$

해설 $\varepsilon = \dfrac{\sigma}{E}$이고 $\varepsilon_s : \varepsilon_c = 7 : 15$,

즉 $\dfrac{\varepsilon_s}{\varepsilon_c} = \dfrac{7}{15}$

또 같은 치수(A), 같은 인장력(P)이므로 응력 σ도 같다.

$$\frac{\varepsilon_s}{\varepsilon_c} = \frac{\dfrac{\sigma}{E_s}}{\dfrac{\sigma}{E_c}} = \frac{E_c}{E_s} = \frac{7}{15}\ \text{이 되므로,}$$

$$\therefore \frac{E_s}{E_c} = \frac{15}{7}$$

22. 단면적 A, 길이 $3l$인 균일 단면봉에 그림과 같이 하중 P와 Q가 작용할 때 이 봉의 전체 신장량을 나타낸 식은?

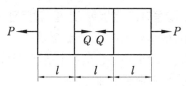

① $\dfrac{l}{AE}(P-Q)$ ② $\dfrac{3l}{AE}(P-Q)$

③ $\dfrac{l}{AE}(P-3Q)$ ④ $\dfrac{l}{AE}(3P-Q)$

해설 $\lambda_1 = \dfrac{P \times (3l)}{AE}$ (인장)

$\lambda_2 = \dfrac{Q \times l}{AE}$ (압축)

두 식에서 $\lambda = \lambda_1 - \lambda_2$

$$= \frac{3Pl}{AE} - \frac{Ql}{AE} = \frac{l}{AE}(3P-Q)$$

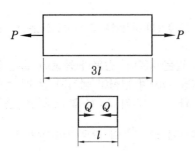

③ $\dfrac{Pl}{2AE}$ ④ $\dfrac{P^2l}{2AE}$

해설 탄성에너지$(U) = \dfrac{1}{2}P\lambda = \dfrac{1}{2}P \times \dfrac{Pl}{AE}$

$$= \dfrac{P^2l}{2AE}[\text{J}]$$

23. 그림과 같이 균일 단면봉이 축하중을 받고 평형되어 있다. $Q = 2P$ 가 되기 위해서 W 는 얼마가 되어야 하는가?

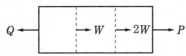

$(Q=2P)$

① $\dfrac{3}{2}P$ ② $\dfrac{1}{3}P$ ③ P ④ $\dfrac{1}{2}P$

해설 힘의 평형 조건에서,

$Q - W - 2W - P = 0 (Q = 3W + P)$

$\left.\begin{array}{l} Q = 3W + P \\ Q = 2P \end{array}\right\}$ 에서, $3W + P = 2P$

$\therefore W = \dfrac{1}{3}P$

24. 열응력을 설명한 것 중 잘못된 것은?

① 재료의 치수에 관계 있다.

② 재료의 선팽창계수에 관계 있다.

③ 온도차에 관계 있다.

④ 세로 탄성계수에 관계 있다.

해설 (1) 열에 의한 변형률$(\varepsilon) = \alpha \cdot \Delta t$

(2) 응력$(\sigma) = E \cdot \varepsilon = E \cdot \alpha \cdot \Delta t$

(3) 힘$(P) = \sigma A = AE\alpha \cdot \Delta t$

따라서, 재료의 치수와는 무관하다.

25. 축하중(인장력 또는 압축력)으로 인하여 재료에 발생하는 탄성에너지 U는?

① $\dfrac{Pl^2}{2AE}$ ② $\dfrac{P^2E}{2Al}$

26. 초속도 없이 갑자기 하중이 가해졌을 때의 응력은 같은 하중을 정하중으로 가했을 때의 응력의 몇 배인가?

① $\dfrac{1}{2}$ 배 ② 2배

③ $\dfrac{3}{2}$ 배 ④ 3배

해설 충격에 의한 응력(σ)

$= \sigma_o\left(1 + \sqrt{1 + \dfrac{2h}{\lambda_o}}\right)$ 에서,

초속도 $v = \sqrt{2gh} = 0$이므로 $h = 0$ 이다.

$\therefore \sigma = \sigma_o(1 + \sqrt{1+0}) = 2\sigma_o$

(충격응력 σ는 정응력 σ_o의 2배)

27. 길이가 10 m인 강(steel)이 15℃에서 40℃로 온도가 상승할 때, 양단이 고정되었다면 응력은 얼마인가? (단, $E = 205.8$ GPa, $\alpha = 0.00001$이다.)

① 46.55 MPa ② 48.55 MPa

③ 51.45 MPa ④ 52.72 MPa

해설 열응력$(\sigma) = E \cdot \varepsilon = E \cdot \alpha \cdot \Delta t$

$= 205.8 \times 10^3 \times 0.00001 \times (40 - 15)$

$= 51.45$ MPa

28. 양단이 고정된 길이 30 m의 구리 단면봉의 온도를 50℃ 상승시켰다면 선팽창계수가 1.6×10^{-5}(1/℃)일 때, 내부에 발생하는 압축응력은 몇 MPa인가? ($E = 89.18$ GPa)

① 45.961 ② 56.056

③ 58.800 ④ 71.344

해설 열응력$(\sigma) = E \cdot \varepsilon = E \cdot \alpha \cdot \Delta t$

정답 **23.** ② **24.** ① **25.** ④ **26.** ② **27.** ③ **28.** ④

$$= 89.18 \times 10^3 \times 1.6 \times 10^{-5} \times 50$$
$$= 71.344 \, \text{MPa}$$

29. 길이 2 m인 강봉의 온도를 10℃ 상승시키면 몇 mm 늘어나는가? (단, $\alpha = 10.7 \times 10^{-6}(1/℃)$이다.)

① 0.00214   ② 0.0214
③ 0.214   ④ 2.14

[해설] $\lambda = l \cdot \alpha \cdot \Delta t$
$$= 2000 \times 10.7 \times 10^{-6} \times 10$$
$$= 0.214 \, \text{mm}$$

30. 지름 25 mm, 길이 50 cm의 연강봉에 19.6 kN의 인장 하중이 작용한다면 탄성에너지는 얼마인가? (단, $E = 205.8 \, \text{GPa}$이다.)

① 0.6272 kJ   ② 0.8722 kJ
③ 0.9512 kJ   ④ 1.1074 kJ

[해설] $U = \dfrac{1}{2} P\lambda = \dfrac{\sigma^2}{2E} Al = \dfrac{P^2 l}{2AE}$
$$= \dfrac{(19.6 \times 10^3)^2 \times 500}{2 \times \dfrac{\pi}{4} \times 25^2 \times 205.8 \times 10^3}$$
$$= 951.2 \, \text{J} = 0.9512 \, \text{kJ}$$

31. 평균지름 25 cm, 소선의 지름 1.25 cm인 원통형 코일 스프링에 176.4 N의 축하중을 작용시켰더니 축방향으로 10 cm가 늘어났다. 이때 코일 스프링에 저장된 탄성에너지의 크기는?

① 24.5 N·m   ② 17.64 N·m
③ 9.8 N·m   ④ 8.82 N·m

[해설] $U = \dfrac{1}{2} P\lambda = \dfrac{1}{2} \times 176.4 \times 0.1$
$$= 8.82 \, \text{N·m[J]}$$

32. 탄성한도가 784 kPa, 종탄성계수가 215.6 GPa인 스프링강의 최대 탄성에너지는?

① 0.8624 N·m/m³
② 0.7105 N·m/m³
③ 1.425 N·m/m³
④ 1.725 N·m/m³

[해설] 최대 탄성에너지 = 단위 체적당 탄성에너지

$$\therefore u = \dfrac{U}{V} = \dfrac{\dfrac{\sigma^2}{2E} Al}{Al} = \dfrac{\sigma^2}{2E}$$
$$= \dfrac{784^2}{2 \times 215.6 \times 10^6}$$
$$= 1.425 \times 10^{-3} \, \text{kN·m/m}^3$$
$$= 1.425 \, \text{N·m/m}^3$$

33. 안지름 20 cm, 두께 4 cm인 원통에 허용응력을 14.7 MPa로 한다면 이 원통에 얼마까지의 내압을 가할 수 있겠는가?

① 2.94 MPa   ② 3.92 MPa
③ 4.90 MPa   ④ 5.88 MPa

[해설] 내압을 받는 원통에서 원주방향 응력 $\sigma_t = \dfrac{Pd}{2t}$, 축방향의 응력 $\sigma_x = \dfrac{Pd}{4t}$에서 $\sigma_t = 2\sigma_x$이므로, 원주방향의 응력을 고려하면 안전하다.

$$\therefore \sigma_t = \dfrac{Pd}{2t} \text{에서,}$$
$$P = \dfrac{2t \cdot \sigma_t}{d} = \dfrac{2 \times 40 \times 14.7}{200} = 5.88 \, \text{MPa}$$

34. 균일단면의 황동봉에서 길이가 10 m, 하중이 39.2 kN, 허용 인장응력이 98 MPa일 때, 견딜 수 있는 단면적 A는 얼마인가? (단, 황동봉의 비중은 8.6이다.)

① 4.035 cm²   ② 6.753 cm²
③ 8.762 cm²   ④ 10.543 cm²

[해설] 응력$(\sigma) = \sigma_P + \sigma_W = \dfrac{P}{A} + \gamma l$에서,
$(\gamma = \gamma_w S = 9800 \times 8.6 = 84280 \, \text{N/m}^3)$
$$\therefore A = \dfrac{P}{\sigma - \gamma l}$$

$$= \frac{(39.2 \times 10^3)}{(98 \times 10^6) - (84280) \times 10}$$
$$= 4.035 \times 10^{-4} \text{ m}^2$$
$$= 4.035 \text{ cm}^2$$

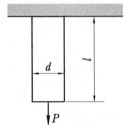

35. 길이 2 m, 고정단의 직경이 1 m인 원추봉의 구리가 연직으로 매달려 있을 때 자중에 의한 신장량은 몇 cm인가? (단, $\gamma = 84280 \text{ N/m}^3$, $E = 98 \text{ GPa}$이다.)

① $5.73 \times 10^{-5} \text{ cm}$ ② $6.42 \times 10^{-5} \text{ cm}$
③ $7.54 \times 10^{-5} \text{ cm}$ ④ $9.81 \times 10^{-5} \text{ cm}$

해설 원추봉의 x 단면에서의 무게(W_x)

$$= \gamma V_x = \gamma A_x \cdot \frac{x}{3}$$

응력$(\sigma_x) = \frac{W_x}{A_x} = \frac{\gamma x}{3}$

신장량 $d\lambda = \varepsilon_x \cdot dx = \frac{\sigma_x}{E} \cdot dx$ 에서 구하면,

$$\therefore \lambda = \frac{\gamma l^2}{6E} = \frac{84280 \times 2^2}{6 \times 98 \times 10^9}$$
$$= 5.73 \times 10^{-7} \text{ m} = 5.73 \times 10^{-5} \text{ cm}$$

36. 실온 20℃에서 19.6 MPa의 인장응력을 발생하는 강봉을 40℃로 온도를 올렸다. 선팽창계수 $\sigma = 11.6 \times 10^{-5}$, 세로 탄성계수 $E = 205.8 \text{ GPa}$일 때 응력 변화는?

① 110.5 MPa ② 85.5 MPa
③ 200.1 MPa ④ 457.4 MPa

해설 온도상승으로 인한 열응력(σ_2)
$$= E \cdot \varepsilon = E \cdot \alpha \cdot \Delta t$$
$$= (205.8 \times 10^3) \times (11.6 \times 10^{-5}) \times (40 - 20)$$

$$= 477 \text{ MPa}$$
재료의 인장응력 $\sigma_1 = 19.6 \text{ MPa}$이므로,
$$\therefore \Delta\sigma = \sigma_2 - \sigma_1 = 477 - 19.6 = 457.4 \text{ MPa}$$

37. 봉 AC의 길이가 1 m, 단면적이 10 cm² 일 때, 봉 AC에 저장할 수 있는 탄성에너지는? (단, 종탄성계수 $E = 215.6 \text{ GPa}$)

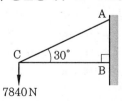

① 0.45 N · m ② 0.57 N · m
③ 0.61 N · m ④ 0.73 N · m

해설 $T\sin 30° = 7840$

$$\therefore T = \frac{7840}{\sin 30°} = 15680 \text{ N}$$

$\therefore$ AC에 걸리는 장력 $T = 15680 \text{ N}$

따라서, $U_{AC} = \frac{1}{2}P\lambda = \frac{T^2 l}{2AE}$

$$= \frac{15680^2 \times 1}{2 \times (10 \times 10^{-4}) \times (215.6 \times 10^9)}$$
$$= 0.57 \text{ N} \cdot \text{m}$$

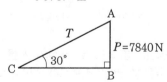

38. 외팔보의 자유단에 집중 하중 $P = 9800 \text{ N}$이 작용할 때 이 보 속에 저장되는 탄성에너지(elastic strain energy)는 얼마인가? (단, 보의 $E = 205.8 \text{ GPa}$, 단면 2차 모멘트 I는 864 cm⁴이며, 외팔보의 길이는 100 cm이다.)

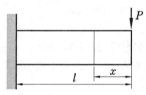

---

① 13 N · m   ② 15 N · m

③ 4 N · m   ④ 9 N · m

해설 외팔보의 경우 보 속에 저장되는 탄성 에너지는 보의 자유단에서 x 되는 곳에서의 $U = \int_0^l \dfrac{P^2 x^2}{2EI} dx$ 로 표시할 수 있다.

$$\therefore U = \int_0^l \frac{P^2 x^2}{2EI} dx = \frac{P^2}{2EI} \int_0^l x^2 dx$$

$$= \frac{P^2}{2EI} \times \frac{l^3}{3} = \frac{P^2 l^3}{6EI} [J]$$

$$\therefore U = \frac{9800^2 \times 1^3}{6 \times (205.8 \times 10^9) \times (864 \times 10^{-8})}$$

$$= 9 \, \text{N} \cdot \text{m} \, [J]$$

39. 단면적이 일정하지 않은 길이 l인 봉에 인장 하중 P가 작용하고 있다. 봉에 저장되는 탄성에너지를 구한 것은 어느 것인가?

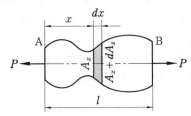

① $U = \dfrac{P^2}{2E} \int_0^l x dx$

② $U = \dfrac{P^2}{2E} \int_0^l A x dx$

③ $U = \dfrac{P^2}{2E} \int_0^l \dfrac{1}{x} dx$

④ $U = \dfrac{P^2}{2E} \int_0^l \dfrac{1}{A_x} dx$

해설 탄성에너지는 정해진 구간에서의 변형량 λ의 적분값이다.

A에서 x의 거리에 있는 dx의 변형(신장)량 $d\lambda = \dfrac{P \cdot dx}{A_x E}$ 이다.

$$\therefore U = \int_0^l \frac{1}{2} P \cdot d\lambda = \int_0^l \frac{P^2}{2 A_x E} dx$$

$$= \frac{P^2}{2E} \int_0^l \frac{1}{A_x} dx \, [J]$$

40. 그림과 같이 무게 490 N의 물체가 지름 2 cm 인 로프에 매달려 A에서 낙하하다가 높이 35 cm인 지점에서 갑자기 정지하였다고 하면 최대 충격응력은 몇 MPa인가? (단, 로프의 E = 215.6 GPa 이다.)

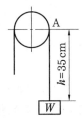

① 288 MPa   ② 448 MPa

③ 610 MPa   ④ 820 MPa

해설 추의 운동(낙하)에너지 = 로프에 저장되는 탄성에너지

$$\therefore W \cdot h = \frac{\sigma^2}{2E} Ah$$

$$\therefore \sigma = \sqrt{\frac{2EW}{A}} = \sqrt{\frac{4 \times 2EW}{\pi \times d^2}}$$

$$= \sqrt{\frac{8 \times (215.6 \times 10^3) \times 490}{\pi \times 20^2}}$$

$$= 820 \, \text{MPa}$$

41. 평균지름 200 cm, 두께 2 cm의 풀리가 500 rpm으로 회전할 때, 링에 생기는 응력은 얼마인가? (단, 재료의 비중량 γ = 7.9 g/cm³이다.)

① 21.63 MPa   ② 24.70 MPa

③ 28.71 MPa   ④ 29.60 MPa

해설 두께가 지름에 비해 얇은 원환(링)의 응력은 원심력 $(P) = \dfrac{wv^2}{g}$ 에 의한 것이므로,

$$원심력(P) = \frac{\dfrac{W}{l} \times v^2}{g} = \frac{Wv^2}{gl}$$

$$= \frac{\gamma A l \cdot v^2}{gl} = \frac{\gamma A \cdot v^2}{g}$$

응력$(\sigma) = \dfrac{P}{A} = \dfrac{\gamma v^2}{g}$

(비중량 $\gamma = 7.9 \,\text{g/cm}^3$

$\qquad = 7.9 \times 10^{-3} \times 9.8 \times 10^6 \,\text{N/m}^3$

$\qquad = 77420 \,\text{N/m}^3$)

원주속도$(v) = \dfrac{\pi d N}{60} = \dfrac{\pi \times 200 \times 500}{60}$

$\qquad = 5233 \,\text{cm/s} = 52.33 \,\text{m/s}$

$\therefore \ \sigma = \dfrac{P}{A} = \dfrac{\gamma v^2}{g} = \dfrac{77420 \times (52.33)^2}{9.8}$

$\qquad \fallingdotseq 21.63 \times 10^6 \,\text{N/m}^2 = 21.63 \,\text{MPa}$

42. 그림과 같은 20×20 mm 의 정사각 단면의 강봉에 하중이 작용할 때 하중의 작용점 근처에서의 응력분포의 국부적 불규칙성을 무시하고 이 봉의 전 길이의 신장량을 구하면 얼마인가 ? (단, 탄성계수 $E = 205.8$ GPa이다.)

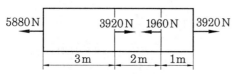

① 0.31 mm ② 0.51 mm
③ 0.71 mm ④ 0.91 mm

[해설] (1) 3 m 부분

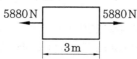

우측 : $3920 - 1960 + 3920 = 5880 \,\text{N}$

$\therefore \ \lambda_1 = \dfrac{P_1 l_1}{AE}$

(2) 2 m 부분

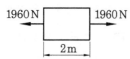

좌측 : $5880 - 3920 = 1960 \,\text{N}$
우측 : $3920 - 1960 = 1960 \,\text{N}$

$\therefore \ \lambda_2 = \dfrac{P_2 l_2}{AE}$

(3) 1 m 부분

좌측 : $5880 - 3920 - 1960 = 3920 \,\text{N}$
우측 : $3920 \,\text{N}$

$\therefore \ \lambda_3 = \dfrac{P_3 l_3}{AE}$

$\therefore$ 총 신장량(λ)

$= \lambda_1 + \lambda_2 + \lambda_3 = \dfrac{P_1 l_1}{AE} + \dfrac{P_2 l_2}{AE} + \dfrac{P_3 l_3}{AE}$

$= \dfrac{1}{AE}(P_1 l_1 + P_2 l_2 + P_3 l_3)$

$= \dfrac{5880 \times 3 + 1960 \times 2 + 3920 \times 1}{(0.02 \times 0.02) \times (205.8 \times 10^9)}$

$= 3.1 \times 10^{-4} \,\text{m} = 0.31 \,\text{mm}$

43. 낙차 300 m인 파이프관으로 사용되는 지름 1 m의 용접관은 두께를 얼마로 하면 되는가 ? (단, 물의 충격에 의한 압력상승은 정수압의 25 %, 용접효율은 75 %, 허용응력은 58.8 MPa이다.)

① 4.17 cm ② 4.17 mm
③ 4.57 cm ④ 4.57 mm

[해설] 파이프에 작용하는 응력은 후프응력이다.

$\sigma_a = \dfrac{Pd}{2t\eta}$ 에서($\eta =$ 용접효율)

정수압 $= 300 \,\text{mAq} = 30 \,\text{kg/cm}^2$

$\qquad = 2940000 \,\text{N/m}^2$

물의 충격에 의한 압력$((P)$

$= $ 정수압 $\times 1.25 = 3675000 \,\text{N/m}^2$

$\therefore \ t = \dfrac{Pd}{2\sigma_a \eta}$

$\qquad = \dfrac{3675000 \times 1}{2 \times (58.8 \times 10^6) \times 0.75}$

$\qquad = 0.0417 \,\text{m} = 4.17 \,\text{cm}$

제3장 **조합응력과 모어의 응력원**

1. 경사단면에 발생하는 응력 – 단순응력

1-1 경사단면에서의 법선응력(σ_n)과 접선응력(τ)

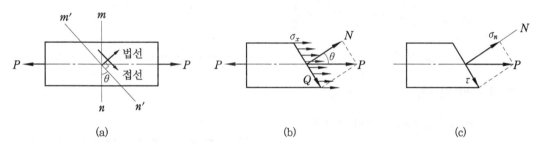

    (a)   (b)   (c)

경사단면의 작용력 (법선력, 접선력)과 응력

법선력$(N) = P\cos\theta\,[\text{N}]$

접선력$(Q) = P\sin\theta\,[\text{N}]$

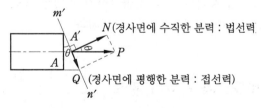

경사면에 작용하는 힘

경사단면상에서의 법선응력(normal stress) σ_n은,

$$\sigma_n = \frac{N}{A'} = \frac{P\cos\theta}{A/\cos\theta} = \frac{P}{A}\cos^2\theta = \sigma_x\cos^2\theta\,[\text{MPa}] \quad\cdots\cdots\cdots\cdots (3-1)$$

경사단면상에서의 접선응력, 즉 전단응력(shearing stress) τ는,

$$\tau = \frac{Q}{A'} = \frac{P\sin\theta}{A/\cos\theta} = \frac{P}{A}\cos\theta\sin\theta = \frac{1}{2}\sigma_x\sin 2\theta \; [\text{MPa}] \; \cdots\cdots\cdots\cdots (3-2)$$

여기서, $\sin 2\theta = \sin(\theta + \theta) = 2\cos\theta\sin\theta$

횡단면 mn 위에는 수직응력(σ_x)만 작용하지만, 경사단면 위에는 법선응력(σ_n)과 전단응력(τ)이 동시에 작용한다.

경사단면이 기울어지는 각도를 $\theta = 0°$, $45°$, $90°$로 나누어 살펴보면,

① $\theta = 0°$일 때,

$$\left.\begin{array}{l} \sigma_{n)\theta=0°} = \sigma_x\cos^2 0° = \sigma_x = \sigma_{n)\text{max}} \\[2mm] \tau_{)\theta=0°} = \dfrac{1}{2}\sigma_x\sin(2\times 0°) = 0 = \tau_{\text{min}} \end{array}\right\} \cdots\cdots\cdots (3-3)$$

② $\theta = 45°$일 때,

$$\sigma_{n)\theta=45°} = \sigma_x\cos^2 45° = \frac{1}{2}\sigma_x$$

$$\tau_{)\theta=45°} = \frac{1}{2}\sigma_x\sin(2\times 45°) = \frac{1}{2}\sigma_x$$

$$\therefore \; \theta = 45°\text{에서} \; \sigma_n = \tau = \frac{1}{2}\sigma_x \; \cdots\cdots\cdots\cdots\cdots\cdots (3-4)$$

③ $\theta = 90°$일 때,

$$\left.\begin{array}{l} \sigma_{n)\theta=90°} = \sigma_x\cos^2 90° = 0 = \sigma_n)_{\text{min}} \\[2mm] \tau_{)\theta=90°} = \dfrac{1}{2}\sigma_x\sin(2\times 90°) = 0 = \tau_{\text{min}} \end{array}\right\} \cdots\cdots\cdots (3-5)$$

따라서 θ가 증가하면서 법선응력(σ_n)은 감소하여 $\theta = 90°$에서 $\sigma_n = 0$이 되고, 전단응력(τ)은 θ가 증가함에 따라서 $\theta = 0°$일 때 $\tau = 0$이며, $\theta = 45°$에서 최대치가 되었다가 감소하여 다시 $\theta = 90°$에서 $\tau = 0$이 된다.

최대 전단응력은 최대 법선응력의 1/2에 불과하지만 인장 또는 압축보다 전단에 대하여 약한 재료에 있어서는 최대 전단응력으로 파괴된다.

1-2 공액응력 $\sigma_n{}'$와 τ'와의 관계

$$\sigma_n{}' = \sigma_{n)\theta \to \theta+90°} = \sigma_x\cos^2(\theta + 90°) = \sigma_x\sin^2\theta \; [\text{MPa}] \; \cdots\cdots\cdots (3-6)$$

$$\tau' = \tau_{)\theta \to \theta+90°} = \frac{1}{2}\sigma_x\sin 2(\theta + 90°)$$

$$= \frac{1}{2}\sigma_x\sin(2\theta + 180°) = -\frac{1}{2}\sigma_x\sin 2\theta \; [\text{MPa}] \; \cdots\cdots\cdots (3-7)$$

이 된다. 이들 두 직교하는 응력의 합을 살펴보면,

$$\sigma_n + \sigma_n{}' = \sigma_x(\cos^2\theta + \sin^2\theta) = \sigma_x\left(= \frac{P}{A}\right) [\text{MPa}] \quad \text{.......................} \quad (3-8)$$

$$\tau + \tau' = \frac{1}{2}\sigma_x\sin 2\theta + \left(-\frac{1}{2}\sigma_x\sin 2\theta\right) = 0, \ \ \ \ \tau = -\tau' \quad \text{.....................} \quad (3-9)$$

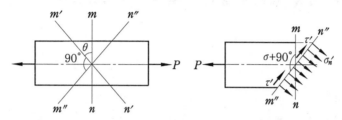

공액단면에 작용하는 응력

2. 경사단면에 대한 모어원

1882년 Otto Mohr에 의해 발표된 Mohr의 응력원은 임의의 요소에 작용하는 응력을 도해적으로 표시하는 방법이다.

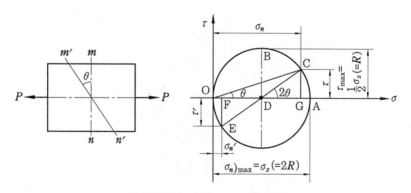

경사단면에 대한 Mohr 응력원

예제 1. 그림과 같이 단면의 치수가 8 mm × 24 mm인 강대가 인장력 P = 15 kN을 받고 있다. 그림과 같이 30° 경사진 면에 작용하는 전단 응력은 몇 MPa인가?

① 19.5 ② 29.3 ③ 33.8 ④ 67.6

해설 $\tau = \dfrac{\sigma_x}{2}\sin 2\theta = \dfrac{P}{2A} \times \sin 2\theta = \dfrac{15000}{2 \times 8 \times 24} \times \sin 60° = 33.8 \text{ MPa}$ **정답** ③

3. 2축응력

두 직각 방향의 응력의 합성 – 2축응력

(1) 2축응력($\sigma_x > \sigma_y$)

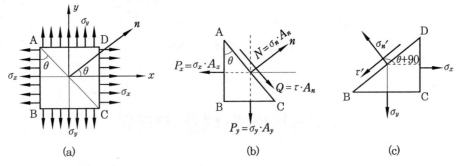

(a) (b) (c)

2축응력 상태의 요소

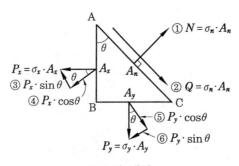

요소의 해석

$$\therefore \ \sigma_n = \sigma_x \cos^2\theta + \sigma_y \sin^2\theta$$

$$= \sigma_x \frac{1+\cos 2\theta}{2} + \sigma_y \frac{1-\cos 2\theta}{2}$$

$$= \frac{1}{2}(\sigma_x + \sigma_y) + \frac{1}{2}(\sigma_x - \sigma_y)\cos 2\theta \ [\text{MPa}] \ \cdots\cdots (3-10)$$

$$\therefore \ \tau = \sigma_x \sin\theta\cos\theta - \sigma_y \sin\theta\cos\theta$$

$$= (\sigma_x - \sigma_y)\sin\theta\cos\theta$$

$$= \frac{1}{2}(\sigma_x - \sigma_y)\sin 2\theta \text{ [MPa]} \quad\cdots\cdots\cdots\cdots\cdots\cdots\cdots\cdots\cdots\cdots\cdots \quad (3-11)$$

(2) 공액응력 $\sigma_n{'}$와 $\tau{'}$와의 관계

법선(공액)응력 $\sigma_n{'} = \dfrac{1}{2}(\sigma_x + \sigma_y) + \dfrac{1}{2}(\sigma_x - \sigma_y)\cos 2(\theta + 90°)$

$$= \frac{1}{2}(\sigma_x + \sigma_y) - \frac{1}{2}(\sigma_x - \sigma_y)\cos 2\theta \quad\cdots\cdots\cdots\cdots\cdots \quad (3-12)$$

전단(공액)응력 $\tau{'} = \dfrac{1}{2}(\sigma_x - \sigma_y)\sin 2(\theta + 90°)$

$$= -\frac{1}{2}(\sigma_x - \sigma_y)\sin 2\theta \quad\cdots\cdots\cdots\cdots\cdots\cdots\cdots\cdots \quad (3-13)$$

서로 공액응력을 이루는 σ_n 과 $\sigma_n{'}$, τ 와 $\tau{'}$ 의 합은,

$$\sigma_n + \sigma_n{'} = \frac{1}{2}(\sigma_x + \sigma_y) + \frac{1}{2}(\sigma_x - \sigma_y)\cos 2\theta$$

$$+ \frac{1}{2}(\sigma_x + \sigma_y) - \frac{1}{2}(\sigma_x - \sigma_y)\cos 2\theta$$

$$= \sigma_x + \sigma_y \quad\cdots\cdots\cdots\cdots\cdots\cdots\cdots\cdots\cdots\cdots\cdots \quad (3-14)$$

$$\tau + \tau{'} = \frac{1}{2}(\sigma_x - \sigma_y)\sin 2\theta - \frac{1}{2}(\sigma_x - \sigma_y)\sin 2\theta = 0 \quad\cdots\cdots\cdots \quad (3-15)$$

① $\theta = 0°$ 일 때 $\sigma_{n(\max)}$

$$\sigma_n)_{\theta=0°} = \frac{1}{2}(\sigma_x + \sigma_y) + \frac{1}{2}(\sigma_x - \sigma_y)\cos (2\times 0°) = \sigma_x$$

$$\tau)_{\theta=0°} = \frac{1}{2}(\sigma_x - \sigma_y)\sin (2\times 0°) = 0$$

② $\theta = 45°$ 일 때 $\tau_{n(\max)}$

$$\sigma_n)_{\theta=45°} = \frac{1}{2}(\sigma_x + \sigma_y) + \frac{1}{2}(\sigma_x - \sigma_y)\cos (2\times 45°) = \frac{1}{2}(\sigma_x + \sigma_y)$$

$$\tau)_{\theta=45°} = \frac{1}{2}(\sigma_x - \sigma_y)\sin (2\times 45°) = \frac{1}{2}(\sigma_x - \sigma_y)$$

③ $\theta = 90°$ 일 때

$$\sigma_n)_{\theta=90°} = \frac{1}{2}(\sigma_x + \sigma_y) + \frac{1}{2}(\sigma_x - \sigma_y)\cos (2\times 90°) = \sigma_y$$

$$\tau)_{\theta=90°} = \frac{1}{2}(\sigma_x - \sigma_y)\sin (2\times 90°) = 0$$

④ 특히 $\theta = (90° + 45°)$일 때

$$\tau)_{\theta=135°} = \frac{1}{2}(\sigma_x - \sigma_y) \times \sin(2 \times 135°) = -\frac{1}{2}(\sigma_x - \sigma_y) \text{ [MPa]}$$

위 ①~④에서,

$$\left.\begin{array}{l} \text{최대 법선응력}(\sigma_n)_{\max} = \sigma_n)_{\theta=0°} = \sigma_x \\ \text{최소 법선응력}(\sigma_n)_{\min} = \sigma_n)_{\theta=90°} = \sigma_y \end{array}\right\} \quad \text{(3-16)}$$

$$\left.\begin{array}{l} \text{최대 전단응력}(\tau_{\max}) = \tau)_{\theta=45°} = \frac{1}{2}(\sigma_x - \sigma_y) \\ \text{최소 전단응력}(\tau_{\min}) = \tau)_{\theta=135°} = -\frac{1}{2}(\sigma_x - \sigma_y) \end{array}\right\} \quad \text{(3-17)}$$

(3) 2축응력에서의 변형률

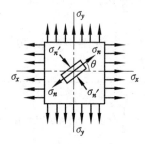

2축응력의 변형

응력 σ_x, σ_y와 변형률 ε_x, ε_y의 함수관계식은,

$$\begin{array}{l} \sigma_x = \dfrac{(\varepsilon_x + \mu \varepsilon_y)E}{1 - \mu^2} = \dfrac{m(m\varepsilon_x + \varepsilon_y)E}{m^2 - 1} \text{ [MPa]} \\[3mm] \sigma_y = \dfrac{(\mu \varepsilon_x + \varepsilon_y)E}{1 - \mu^2} = \dfrac{m(\varepsilon_x + m\varepsilon_y)E}{m^2 - 1} \text{ [MPa]} \end{array} \quad \text{(3-18)}$$

스트레인 게이지(strain gauge)로 주변형률(principal strain) ε_x, ε_y를 측정하여 그 면에 작용하는 응력의 크기를 산출할 수 있다.

또한, 체적 변화율

$$\varepsilon_v = \frac{\Delta V}{V} = \varepsilon_x + \varepsilon_y + \varepsilon_z \quad \text{(3-19)}$$

2축응력 상태에서의 체적 변화율

$$\varepsilon_v = \frac{\Delta V}{V} = (\sigma_x + \sigma_y)(1 - 2\mu)/E \quad \text{(3-20)}$$

예제 **2. 주평면(principal plane)에 대한 다음 설명 중 옳은 것은?**
① 주평면에는 전단응력과 수직응력의 합이 작용한다.
② 주평면에는 전단응력만 작용하고, 수직응력은 작용하지 않는다.
③ 주평면에는 전단응력은 작용하지 않고, 최대 및 최소의 수직응력만 작용한다.
④ 주평면에는 최대의 수직응력만 작용한다.

해설 주평면이란 최대 및 최소 수직응력만 작용하고 전단응력은 작용하지 않는 평면을 말한다.   정답 ③

4. 2축응력(서로 직각인 수직응력)에서의 모어의 원

그림은 직각응력이 작용하는 경우 임의의 각 θ 인 경사면에 일어나는 응력상태를 Mohr 원으로 표시한 것이다. 주응력 $\sigma_x = \overline{OA}$, $\sigma_y = \overline{OB}$ 이고, $\overline{AB}$ 를 지름으로, 점 C를 중심으로 원을 그리면 이 원주상의 임의의 점은 경사면에 따른 경사면 위의 법선응력 σ_n 과 전단응력 τ 의 변화를 나타내게 된다.

작도법은 σ 축과 반시계 방향으로 2θ 되는 반지름 $\overline{CD}$ 를 긋고 원주와 만나는 점을 D, D점에서 σ 축에 수선을 그어 만나는 점을 G라 한다.

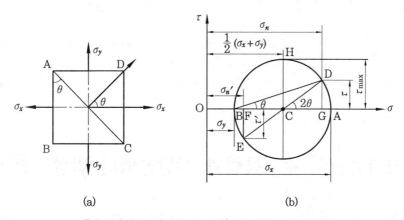

(a)   (b)

2축응력(서로 직각인 수직력) 상태에서의 모어원

두 지름방향의 응력 σ_x , σ_y 가 축압축 응력일 때 그림 (a)와 같이 좌표에서 음(−)으로 잡고 그리며, 경사면의 각이 $\theta = \dfrac{\pi}{4}\left(2\theta = \dfrac{\pi}{2}\right)$ 일 때 $\tau_{\max} = \sigma_x = -\sigma_y$, 즉 순수전단으로 (b)와 같이 된다.

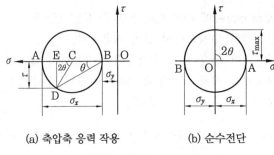

(a) 축압축 응력 작용　　　　(b) 순수전단

축압축 응력과 순수전단

예제 3. 그림과 같은 스트레인 로제트(strain rosette)에서 $\varepsilon_a = 100 \times 10^{-6}$, $\varepsilon_b = 200 \times 10^{-6}$, $\varepsilon_c = 900 \times 10^{-6}$이다. 이때 주변형률의 크기는?

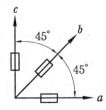

① $\varepsilon_1 = -10^{-13}$, $\varepsilon_2 = 0$　　　　② $\varepsilon_1 = 0$, $\varepsilon_2 = -10 \times 10^{-13}$

③ $\varepsilon_1 = 10 \times 10^{-13}$, $\varepsilon_2 = 0$　　　　④ $\varepsilon_1 = 10^{-3}$, $\varepsilon_2 = 0$

해설 우선, $\varepsilon_b = \dfrac{(\varepsilon_a + \varepsilon_c)}{2} + \left(\dfrac{\varepsilon_a - \varepsilon_c}{2}\right) \cdot \cos 2 \times 45° + \dfrac{\gamma_{xy}}{2} \cdot \sin 2 \times 45°$

$\therefore \ \varepsilon_b = \dfrac{\varepsilon_a + \varepsilon_c}{2} + \dfrac{\gamma_{xy}}{2} \rightarrow \gamma_{xy} = 2\varepsilon_b - \varepsilon_a - \varepsilon_c = (2 \times 200 - 100 - 900) \times 10^{-6} = 600 \times 10^{-6}$

$\varepsilon_{1,2} = \dfrac{\varepsilon_a + \varepsilon_c}{2} \pm \sqrt{\left(\dfrac{\varepsilon_a - \varepsilon_c}{2}\right)^2 + \left(\dfrac{\gamma_{xy}}{2}\right)^2} = 10^{-3}, 0$ 　　**정답** ④

5. 두 직각방향의 수직응력과 전단응력의 합성−평면응력

5-1　　평면응력$(\sigma_x > \sigma_y, \tau_{xy}(\tau_{yx}))$

　　보에 직각방향으로 작용하는 하중으로 인하여 발생하는 굽힘모멘트에 의해 보속의 한 구형(사각)단면요소에는 수직응력 σ_x, σ_y와 전단응력 τ_{xy}, τ_{yx}가 동시에 작용한다. 또한 축에 축방향의 하중과 비틀림 모멘트가 작용할 때도 같은 응력상태에 놓이게 된다.

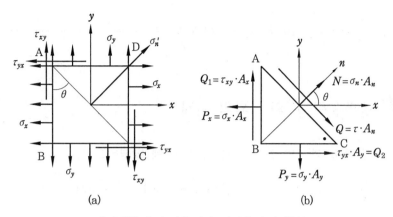

(a)   (b)

직각방향의 수직응력과 전단응력의 합성

구형 단면요소의 응력상태를 표시하고 각도를 이룬 임의의 경사 평면에 작용하는 법선 응력(σ_n)과 전단응력(τ)을 고찰하고 이들의 최대응력의 크기와 방향을 구한다.

그림에서 τ_{xy} 와 τ_{yx}를 살펴보면, 첨자 xy 와 yx의 첫째 문자는 전단응력이 작용하는 면을 표시하고, 둘째 문자는 전단응력의 방향을 표시하므로, τ_{xy}는 단면요소의 x면 위에 전단응력이 y방향으로 작용할 것을 말하고, τ_{yx}는 단면요소의 y면 위에 전단응력이 x 방향으로 작용하는 것을 말한다.

그러므로 τ_{xy} 와 τ_{yx}는 공액응력으로 크기가 같고 방향이 반대인 것이다.

그림의 (b) 힘의 요소를 살펴보고 삼각형 요소의 힘의 평형조건을 고려하면

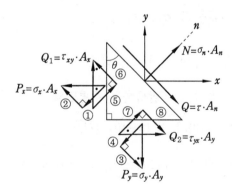

법선응력의 힘의 평형은,

$$N = ① + ④ - ⑤ - ⑦$$

전단응력의 힘의 평형은,

$$Q = ② - ③ + ⑥ - ⑧$$

$$\therefore \quad \sigma_n = \frac{1}{2}(\sigma_x + \sigma_y) + \frac{1}{2}(\sigma_x - \sigma_y)\cos 2\theta - \tau_{xy}\sin 2\theta \quad \cdots\cdots\cdots\cdots\cdots\cdots (3-21)$$

$$\therefore \ \tau = \frac{1}{2}(\sigma_x - \sigma_y)\sin 2\theta + \tau_{xy}\cos 2\theta \,[\text{MPa}] \ \cdots\cdots\cdots\cdots\cdots\cdots\cdots\cdots\cdots\cdots\cdots\cdots\cdots \ (3-22)$$

5-2 **공액응력 $\sigma_n{'}$와 $\tau{'}$와의 관계**

경사면의 두 응력 σ_n과 τ의 공액응력은 $\theta + 90$ 에 발생하므로,

$$\sigma_n{'} = \frac{1}{2}(\sigma_x + \sigma_y) + \frac{1}{2}(\sigma_x - \sigma_y)\cos 2\,(\theta + 90) - \tau_{xy}\sin 2\,(\theta + 90)$$

$$= \frac{1}{2}(\sigma_x + \sigma_y) - \frac{1}{2}(\sigma_x - \sigma_y)\cos 2\theta + \tau_{xy}\sin 2\theta \ \cdots\cdots\cdots\cdots\cdots\cdots \ (3-23)$$

$$\tau{'} = \frac{1}{2}(\sigma_x - \sigma_y)\sin 2\,(\theta + 90) + \tau_{xy}\cos 2\,(\theta + 90)$$

$$= -\frac{1}{2}(\sigma_x - \sigma_y)\sin 2\theta - \tau_{xy}\cos 2\theta \ \cdots\cdots\cdots\cdots\cdots\cdots\cdots\cdots\cdots \ (3-24)$$

$$\left.\begin{array}{l} \sigma_n + \sigma_n{'} = \sigma_x + \sigma_y \\ \tau + \tau{'} = 0 \end{array}\right\} \ \cdots\cdots\cdots\cdots\cdots\cdots\cdots\cdots\cdots\cdots\cdots\cdots\cdots\cdots\cdots\cdots \ (3-25)$$

5-3 **최대·최소 주응력 σ_1, σ_2**

위의 식 (3-21), (3-22)에서 σ_n의 최대, 최솟값은 주응력이 되고, σ_n이 최댓값이 되는 평면은 전단응력이 0이 되며, 주응력이 발생하는 주평면의 위치, 즉 경사각은 $\dfrac{d\sigma_n}{d\theta} = 0$, 또는 $\tau = 0$에서 구할 수 있다. 따라서 식 (3-21)에서,

$$\frac{d\sigma_n}{d\theta} = \frac{1}{2}(\sigma_x - \sigma_y) \cdot (-2 \cdot \sin 2\theta) - \tau_{xy}(2 \cdot \cos 2\theta) = 0$$

$$- (\sigma_x - \sigma_y)\sin 2\theta - 2\tau_{xy} \cdot \cos 2\theta = 0$$

$$\therefore \ \frac{\sin 2\theta}{\cos 2\theta} = -\frac{2\tau_{xy}}{\sigma_x - \sigma_y} \quad (\tau = 0\text{에서도 같은 결과를 얻는다.})$$

$$\therefore \ \tan 2\theta = -\frac{2\tau_{xy}}{\sigma_x - \sigma_y} \ \cdots\cdots\cdots\cdots\cdots\cdots\cdots\cdots\cdots\cdots\cdots\cdots\cdots\cdots \ (3-26)$$

여기서, θ는 주평면을 정해 주는 경사각이다. θ값 중에서 하나에 대하여 0°에서 90° 사

이에 수직응력 σ_n는 최대가 되고, 다른 하나의 θ에 대해서는 $90°$에서 $180°$ 사이에서 최소가 되며, 이들 주응력은 직교좌표 평면 위에 생긴다.

즉, $\theta = -\dfrac{1}{2}\tan^{-1}\dfrac{2\tau_{xy}}{\sigma_x - \sigma_y}$와 $\theta' = -\dfrac{1}{2}\tan^{-1}\dfrac{2\tau_{xy}}{\sigma_x - \sigma_y} + \dfrac{\pi}{2}$를 식 $(3-21)$에 대입하면, 주평면의 법선응력인 주응력 [최대 주응력$(\sigma_n)_{max}$와 최소 주응력$(\sigma_n)_{min}$]을 얻게 된다.

$\cos 2\theta = \dfrac{1}{\sqrt{1 + \tan^2 2\theta}}$, $\sin 2\theta = \dfrac{\tan 2\theta}{\sqrt{1 + \tan^2 2\theta}}$와 $\tan 2\theta = \dfrac{-2\tau_{xy}}{\sigma_x - \sigma_y}$를 식 $(3-21)$에 대입하여 정리하면 최대 주응력 $\sigma_1 = (\sigma_n)_{max}$가 얻어지며, $\theta' = \theta + 90°$를 대입하면 최소 주응력 $\sigma_2 = (\sigma_n)_{min}$이 얻어진다. 즉,

$$\left.\begin{aligned}
\cos 2\theta &= \frac{1}{\sqrt{1 + \tan^2 2\theta}} = \frac{\sigma_x - \sigma_y}{\sqrt{(\sigma_x - \sigma_y)^2 + 4\tau_{xy}^2}} \\[2mm]
\sin 2\theta &= \frac{\tan 2\theta}{\sqrt{1 + \tan^2 2\theta}} = \frac{-2\tau_{xy}}{\sqrt{(\sigma_x - \sigma_y)^2 + 4\tau_{xy}^2}} \\[2mm]
\cos 2\theta' &= \cos 2(\theta + 90) = -\cos 2\theta = \frac{-(\sigma_x - \sigma_y)}{\sqrt{(\sigma_x - \sigma_y)^2 + 4\tau_{xy}^2}} \\[2mm]
\sin 2\theta' &= \sin 2(\theta + 90) = -\sin 2\theta = \frac{+2\tau_{xy}}{\sqrt{(\sigma_x - \sigma_y)^2 + 4\tau_{xy}^2}}
\end{aligned}\right\} \quad \cdots\cdots\cdots (3-27)$$

식 $(3-27)$을 식 $(3-21)$에 대입하고,
$\cos 2\theta$, $\sin 2\theta$를 대입 정리하면, 최대 주응력 σ_1이라 할 때,

$$\sigma_1 = \sigma_n)_{max} = \frac{1}{2}(\sigma_x + \sigma_y) + \frac{1}{2}\sqrt{(\sigma_x - \sigma_y)^2 + 4\tau_{xy}^2}\ [\text{MPa}] \quad \cdots\cdots\cdots\cdots\cdots (3-28)$$

$\cos 2\theta'$, $\sin 2\theta'$를 대입 정리하면, 최소 주응력 σ_2라 할 때,

$$\sigma_2 = \sigma_n)_{min} = \frac{1}{2}(\sigma_x + \sigma_y) - \frac{1}{2}\sqrt{(\sigma_x - \sigma_y)^2 + 4\tau_{xy}^2}\ [\text{MPa}] \quad \cdots\cdots\cdots\cdots\cdots (3-29)$$

5-4 전단응력

최대 전단응력이 작용하는 평면의 경사각을 구하기 위해서는 $\dfrac{d\tau}{d\theta_1} = 0$으로 놓고 풀면,

$\tau = \dfrac{1}{2}(\sigma_x - \sigma_y)\sin 2\theta_1 + \tau_{xy}\cos 2\theta_1$ 에서

$\dfrac{d\tau}{d\theta_1} = (\sigma_x - \sigma_y)\cos 2\theta_1 - 2\tau_{xy}\sin 2\theta_1 = 0$

$$\therefore \ \tan 2\theta_1 = \frac{\sin 2\theta_1}{\cos 2\theta_1} = \frac{\sigma_x - \sigma_y}{2\tau_{xy}} \quad \cdots\cdots\cdots \quad (3-30)$$

앞의 주응력에서와 마찬가지로 $\cos 2\theta_1 = \dfrac{1}{\sqrt{1+\tan^2 2\theta}}$, $\sin 2\theta_1 = \dfrac{\tan 2\theta_1}{\sqrt{1+\tan 2\theta_1}}$ 과

$\tan 2\theta_1 = \dfrac{\sigma_x - \sigma_y}{2\tau_{xy}}$ 를 식 (3-22)에 대입하여 정리하면, 최대 전단응력 τ_{max} 가 얻어지며

$\theta_1' = \theta_1 + 90$ 를 대입하면, 최소 전단응력 τ_{min} 이 얻어진다.

$$\therefore \ \tau_{max} = \frac{1}{2}(\sigma_x - \sigma_y)\sin 2\theta_1 + \tau_{xy}\cos 2\theta_1$$

$$= \frac{1}{2}\sqrt{(\sigma_x - \sigma_y)^2 + 4\tau_{xy}^{\ 2}}\,[\text{MPa}] \quad \cdots\cdots\cdots \quad (3-31)$$

$$= \frac{1}{2}(\sigma_1 - \sigma_2) = \frac{1}{2}[(\sigma_n)_{max} - (\sigma_n)_{min}]\,[\text{MPa}] \quad \cdots\cdots\cdots \quad (3-32)$$

여기서, 식 (3-26)과 식 (3-30)에서,

$$\tan 2\theta \times \tan 2\theta_1 = -1$$

$$\therefore \ \theta = \theta_1 \pm \frac{\pi}{4} \ (\text{최대 전단응력이 작용하는 평면은 주평면과 } 45° \text{를 이루는 경사면}$$

이다.)

6. 평면응력—직각방향의 수직응력과 전단응력에 대한 모어원

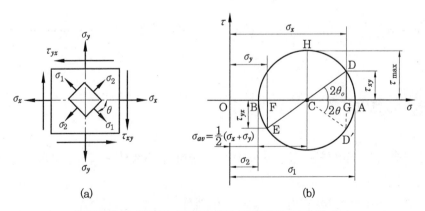

(a)　　　　　　　　　(b)

직각방향의 응력과 전단응력의 평면응력 상태의 요소

반지름 $R = \overline{BC} = \overline{CE} = \overline{CD} = \overline{CA}$ 이고, 직각삼각형인 $\triangle CDG$ 에서 $\overline{CD} = R$, $\overline{DG} = \tau_{xy}$,

$\overline{\mathrm{CG}} = \dfrac{1}{2}(\sigma_x - \sigma_y)$ 이므로,

따라서, $\overline{\mathrm{CD}}^2 = \overline{\mathrm{CG}}^2 + \overline{\mathrm{DG}}^2$

$$\therefore \ \overline{\mathrm{CD}} = \sqrt{(\overline{\mathrm{CG}})^2 + (\overline{\mathrm{DG}})^2} = \sqrt{\left(\dfrac{\sigma_x - \sigma_y}{2}\right)^2 + \tau_{xy}^2} = R \ \cdots\cdots\cdots\cdots (3-33)$$

최대 주응력 $(\sigma_1) = \overline{\mathrm{OA}} = \overline{\mathrm{OC}} + \overline{\mathrm{CA}} = \left(\dfrac{\sigma_x + \sigma_y}{2}\right) + \sqrt{\left(\dfrac{\sigma_x - \sigma_y}{2}\right)^2 + \tau_{xy}{}^2}$

$$= \dfrac{1}{2}(\sigma_x + \sigma_y) + \dfrac{1}{2}\sqrt{(\sigma_x - \sigma_y)^2 + 4\tau_{xy}{}^2} = (\sigma_n)_{\max}$$

$$= \sigma_{av} + R\,[\mathrm{MPa}] \ \cdots\cdots\cdots\cdots\cdots\cdots (3-34)$$

최소 주응력 $(\sigma_2) = \overline{\mathrm{OB}} = \overline{\mathrm{OC}} - \overline{\mathrm{BC}} = \left(\dfrac{\sigma_x + \sigma_y}{2}\right) - \sqrt{\left(\dfrac{\sigma_x - \sigma_y}{2}\right)^2 + \tau_{xy}{}^2}$

$$= \dfrac{1}{2}(\sigma_x + \sigma_y) - \dfrac{1}{2}\sqrt{(\sigma_x - \sigma_y)^2 - 4\tau_{xy}{}^2} = (\sigma_n)_{\min}$$

$$= \sigma_{av} - R\,[\mathrm{MPa}] \ \cdots\cdots\cdots\cdots\cdots\cdots (3-35)$$

경사각 θ 의 값은,

$$\tan 2\theta = \dfrac{\overline{\mathrm{D'G}}}{\overline{\mathrm{CG}}} = \dfrac{-\tau_{xy}}{(\sigma_x - \sigma_y)/2} = \dfrac{-2\tau_{xy}}{(\sigma_x - \sigma_y)} \ \cdots\cdots\cdots\cdots\cdots (3-36)$$

최대 전단응력

$$\tau_{\max} = \overline{\mathrm{CH}} = R = \dfrac{(\sigma_1 - \sigma_2)}{2} = \dfrac{1}{2}\sqrt{(\sigma_x - \sigma_y)^2 + 4\tau_{xy}{}^2}\,[\mathrm{MPa}] \ \cdots\cdots (3-37)$$

위의 식들은 임의의 두 직교 평면에 작용하는 법선응력과 전단응력이 주어질 때 최대 주응력과 최소 주응력을 구할 수 있다.

예제 4. 어떤 평면상에 작용되는 수직응력과 전단응력이 $\sigma_x = -50\,\mathrm{MPa}$, $\sigma_y = 10\,\mathrm{MPa}$, $\tau_{xy} = -40\,\mathrm{MPa}$이다. 이 평면에 작용되는 주응력은 각각 몇 MPa인가?

① 70, -30 ② 50, -50 ③ 30, -70 ④ 20, -80

해설 $\sigma_1 = \dfrac{\sigma_x + \sigma_y}{2} + \dfrac{1}{2}\sqrt{(\sigma_x - \sigma_y)^2 + 4\tau_{xy}{}^2} = 30\,\mathrm{MPa}$

$\sigma_2 = \dfrac{\sigma_x + \sigma_y}{2} - \dfrac{1}{2}\sqrt{(\sigma_x - \sigma_y)^2 + 4\tau_{xy}{}^2} = -70\,\mathrm{MPa}$

정답 ③

출제 예상 문제

1. 다음 중 경사단면에서의 법선응력을 나타낸 것으로 옳은 것은?

① $\sigma_n = \sigma_x \cdot \sin^2\theta$

② $\sigma_n = \sigma_x \cdot \cos^2\theta$

③ $\sigma_n = \sigma_x \cdot \sin2\theta$

④ $\sigma_n = \sigma_x \cdot \cos2\theta$

해설 경사단면에서의 응력은

수직응력 $\sigma_x = \dfrac{P}{A}$ 일 때,

(1) 법선응력$(\sigma_n) = \sigma_x \cdot \cos^2\theta$ $(\theta = 0°$에서 최대, $\theta = 90°$에서 최소)

(2) 전단응력$(\tau) = \dfrac{1}{2}\sigma_x \cdot \sin2\theta$ $(\theta = 45°$에서 최대)

2. 다음 중 경사단면상의 전단응력을 바르게 나타낸 것은?

① $\tau = \sigma_x \sin\dfrac{\theta}{2}$

② $\tau = \sigma_x \cos\dfrac{\theta}{2}$

③ $\tau = \dfrac{1}{2}\sigma_x \sin2\theta$

④ $\tau = \dfrac{1}{2}\sigma_x \cos2\theta$

해설 $\tau = \sigma_x \cos\theta \sin\theta = \dfrac{1}{2}\sigma_x \sin2\theta$

3. 경사면상의 최대 법선응력은 θ가 몇 도 일 때인가?

① 0°   ② 30°

③ 45°   ④ 90°

해설 $\sigma_n = \sigma_x \cos^2\theta$에서,

$(\sigma_n)_{\theta = 0°} = \sigma_x \cos^2 0° = \sigma_x$ 최대

$(\sigma_n)_{\theta = 90°} = \sigma_x \cos^2 90° = 0 = $ 최소

$(\sigma_n)_{\theta = 45°} = \sigma_x \cos^2 45° = \dfrac{1}{2}\sigma_x$

4. 경사면상의 최대 전단응력은 θ가 몇 도 일 때이며, 그 크기는 얼마인가?

① $\theta = 0°$, $\tau_{\max} = \dfrac{1}{2}\sigma_x$

② $\theta = 45°$, $\tau_{\max} = \dfrac{1}{2}\sigma_x$

③ $\theta = 0°$, $\tau_{\max} = \sigma_x$

④ $\theta = 90°$, $\tau_{\max} = \sigma_x$

해설 $\tau = \dfrac{1}{2}\sigma_x \sin2\theta$에서,

$\tau|_{\theta = 0°} = \dfrac{1}{2}\sin 0° = 0$

$\tau|_{\theta = 45°} = \dfrac{1}{2}\sigma_x \sin(2 \times 45°) = \dfrac{1}{2}\sigma_x = $최대

$\tau|_{\theta = 90°} = \dfrac{1}{2}\sigma_x \sin(2 \times 90°) = 0$

5. 단순응력 σ_x만이 작용할 경우 임의의 각 θ에서 법선응력 σ_n과 공액응력 $\sigma_n{'}$와의 관계식 중 옳게 나타낸 것은?

① $\sigma_n + \sigma_n{'} = 0$ ② $\sigma_n + \sigma_n{'} = \dfrac{1}{2}\sigma_x$

③ $\sigma_n + \sigma_n{'} = \sigma_x$ ④ $\sigma_n + \sigma_n{'} = 2\sigma_x$

해설 $\sigma_n = \sigma_x \cos^2\theta$,

$\sigma_n{'} = \sigma_x \cos^2\theta\,(\theta + 90°)$

$= \sigma_x \sin^2\theta$이므로,

$\therefore \sigma_n + \sigma_n{'} = \sigma_x \cos^2\theta + \sigma_x \sin^2\theta$

$= \sigma_x(\cos^2\theta + \sin^2\theta) = \sigma_x$[MPa]

정답 **1.** ② **2.** ③ **3.** ① **4.** ② **5.** ③

6. 경사단면의 임의의 각 θ에서 발생하는 전단응력 τ와 공액 전단응력 τ'와의 관계식이 맞는 것은?

① $\tau + \tau' = 2\sigma_x$ 　　② $\tau + \tau' = \sigma_x$

③ $\tau + \tau' = \dfrac{1}{2}\sigma_x$ 　　④ $\tau + \tau' = 0$

[해설] $\tau = \dfrac{1}{2}\sigma_x \sin 2\theta$

$\tau' = \dfrac{1}{2}\sigma_x \sin 2(\theta + 90°) = -\dfrac{1}{2}\sigma_x \sin 2\theta$

$\therefore \ \tau + \tau' = \dfrac{1}{2}\sigma_x \sin 2\theta + \left(-\dfrac{1}{2}\sigma_x \sin 2\theta\right)$
$\qquad\quad = 0$

7. 축방향의 하중만 작용하는 단순응력의 경우 경사평면에서의 법선응력 σ_n과 전단응력 τ가 같게 되는 각도 θ는 얼마인가?

① 0°　　　　　　　② 30°

③ 45°　　　　　　　④ 90°

[해설] $\sigma_n = \sigma_x \cos^2\theta$, $\tau = \dfrac{1}{2}\sigma_x \sin 2\theta$에서

두 값이 같으므로 $\sigma_n = \tau$에서,

$\sigma_x \cos^2\theta = \dfrac{1}{2}\sigma_x \sin 2\theta$

$\sigma_x \cos^2\theta = \dfrac{1}{2}\sigma_x \cdot 2\sin\theta\cos\theta$

$\therefore \ \cos\theta = \sin\theta$

$\therefore \ \dfrac{\sin\theta}{\cos\theta} = \tan\theta = 1$

$\therefore \ \theta = \tan^{-1}1 = 45°$

8. 균일 단면의 봉에서 축방향으로 인장 하중 P가 작용할 때, 경사면의 각 θ가 45°일 때 전단응력 τ와 공액 전단응력 τ'와의 관계가 맞는 것은?

① $\tau = \tau'$　　　　　② $\tau = -\tau'$

③ $\tau = \dfrac{1}{2}\tau'$　　　　④ $\tau = -\dfrac{1}{2}\tau'$

[해설] $\tau = \dfrac{1}{2}\sigma_x \sin 2\theta$

$\quad = \dfrac{1}{2}\sigma_x \sin(2 \times 45°) = \dfrac{1}{2}\sigma_x$

$\tau' = -\dfrac{1}{2}\sigma_x \sin 2\theta$

$\quad = -\dfrac{1}{2}\sigma_x \sin(2 \times 45°) = -\dfrac{1}{2}\sigma_x$에서,

$\tau = -\tau'$

9. 서로 직각인 2방향에서 수직응력을 σ_x, σ_y라 할 때 횡단면과 θ만큼 경사진 단면에 생기는 법선응력의 식은 어느 것인가?

① $\sigma_n = \dfrac{1}{2}(\sigma_x + \sigma_y) + \dfrac{1}{2}(\sigma_x + \sigma_y)\cos 2\theta$

② $\sigma_n = \dfrac{1}{2}(\sigma_x + \sigma_y) + \dfrac{1}{2}(\sigma_x - \sigma_y)\cos 2\theta$

③ $\sigma_n = \dfrac{1}{2}(\sigma_x - \sigma_y) + \dfrac{1}{2}(\sigma_x + \sigma_y)\cos 2\theta$

④ $\sigma_n = \dfrac{1}{2}(\sigma_x - \sigma_y) + \dfrac{1}{2}(\sigma_x - \sigma_y)\cos 2\theta$

[해설] 서로 직각인 2방향에서의 평면응력은,

$\sigma_n = \sigma_x \cos^2\theta + \sigma_y \sin^2\theta$

$\quad = \dfrac{1}{2}(\sigma_x + \sigma_y) + \dfrac{1}{2}(\sigma_x - \sigma_y)\cos 2\theta \text{[MPa]}$

10. 서로 직각인 2방향에서 수직응력을 σ_x, σ_y라 할 때 횡단면과 θ만큼 경사진 단면에 생기는 전단응력 τ를 구하는 식은?

① $\tau = \dfrac{1}{2}(\sigma_x + \sigma_y)\sin^2\theta$

② $\tau = \dfrac{1}{2}(\sigma_x - \sigma_y)\sin^2\theta$

③ $\tau = \dfrac{1}{2}(\sigma_x + \sigma_y)\sin 2\theta$

④ $\tau = \dfrac{1}{2}(\sigma_x - \sigma_y)\sin 2\theta$

[해설] $\tau = (\sigma_x - \sigma_y)\cos\theta\sin\theta$

$\quad = \dfrac{1}{2}(\sigma_x - \sigma_y)\sin 2\theta \text{[MPa]}$

[정답] **6.** ④ **7.** ③ **8.** ② **9.** ② **10.** ④

11. 다음 중 성질이 다른 것은 어느 것인가?

① $\dfrac{1}{2}(\sigma_x + \sigma_y) + \dfrac{1}{2}(\sigma_x - \sigma_y)\cos 2\theta$

② $\sigma_x \cos^2\theta + \sigma_y \sin^2\theta$

③ $\sigma_x \left(\dfrac{1 + \cos 2\theta}{2}\right) + \sigma_y \left(\dfrac{1 - \cos 2\theta}{2}\right)$

④ $\sigma_x \cos\theta \sin\theta - \sigma_y \sin\theta \cos\theta$

해설 2축응력에서,

(1) 법선응력$(\sigma_n) = \sigma_x \cos^2\theta + \sigma_y \sin^2\theta$

$\quad = \dfrac{1}{2}\sigma_x (1 + \cos 2\theta) + \dfrac{1}{2}\sigma_y (1 - \cos 2\theta)$

$\quad = \dfrac{1}{2}(\sigma_x + \sigma_y) + \dfrac{1}{2}(\sigma_y - \sigma_y)\cos 2\theta\,[\text{MPa}]$

(2) 전단응력(τ)

$\quad = \sigma_x \cos\theta \sin\theta - \sigma_y \sin\theta \cos\theta$

$\quad = (\sigma_x - \sigma_y)\sin\theta \cos\theta$

$\quad = \dfrac{1}{2}(\sigma_x - \sigma_y)\sin 2\theta\,[\text{MPa}]$

12. 2축응력의 경우 공액 법선응력 $\sigma_n{}'$와 공액 전단응력 τ'를 옳게 나타낸 것은?

① $\sigma_n{}' = \dfrac{1}{2}(\sigma_x + \sigma_y) - \dfrac{1}{2}(\sigma_x - \sigma_y)\cos 2\theta$

$\quad \tau' = -\dfrac{1}{2}(\sigma_x - \sigma_y)\sin 2\theta$

② $\sigma_n{}' = \dfrac{1}{2}(\sigma_x + \sigma_y) - \dfrac{1}{2}(\sigma_x - \sigma_y)\cos 2\theta$

$\quad \tau' = \dfrac{1}{2}(\sigma_x - \sigma_y)\sin 2\theta$

③ $\sigma_n{}' = \dfrac{1}{2}(\sigma_x - \sigma_y) - \dfrac{1}{2}(\sigma_x + \sigma_y)\cos 2\theta$

$\quad \tau' = -\dfrac{1}{2}(\sigma_x - \sigma_y)\sin 2\theta$

④ $\sigma_n{}' = \dfrac{1}{2}(\sigma_x - \sigma_y) - \dfrac{1}{2}(\sigma_x + \sigma_y)\cos 2\theta$

$\quad \tau' = \dfrac{1}{2}(\sigma_x - \sigma_y)\sin 2\theta$

해설 2축응력의 경우 σ_n과 τ의 공액응력 $\sigma_n{}'$ 과 τ'는,

$\sigma_n{}' = (\sigma_n)_{\theta' = \theta + 90} = \dfrac{1}{2}(\sigma_x + \sigma_y)$

$\quad + \dfrac{1}{2}(\sigma_x - \sigma_y)\cos 2(\theta + 90)$

$\quad = \dfrac{1}{2}(\sigma_x + \sigma_y) - \dfrac{1}{2}(\sigma_x - \sigma_y)\cos 2\theta\,[\text{MPa}]$

$\tau' = (\tau)_{\theta' = \theta + 90}$

$\quad = \dfrac{1}{2}(\sigma_x - \sigma_y)\sin 2(\theta + 90)$

$\quad = -\dfrac{1}{2}(\sigma_x - \sigma_y)\sin 2\theta\,[\text{MPa}]$

13. 2축응력에서 횡단면과 θ만큼 경사진 단면에 생기는 법선응력 σ_n과 공액 법선 응력 $\sigma_n{}'$의 합은 어느 것인가?

① $\dfrac{1}{2}(\sigma_x + \sigma_y)$ ② $\sigma_x + \sigma_y$

③ $2(\sigma_x + \sigma_y)$ ④ $(\sigma_x + \sigma_y)^2$

해설 문제 11, 12에서,

$\sigma_n = \dfrac{1}{2}(\sigma_x + \sigma_y) + \dfrac{1}{2}(\sigma_x - \sigma_y)\cos 2\theta\,[\text{MPa}]$

$\sigma_n{}' = \dfrac{1}{2}(\sigma_x + \sigma_y) - \dfrac{1}{2}(\sigma_x - \sigma_y)\cos 2\theta\,[\text{MPa}]$

$\therefore \sigma_n + \sigma_n{}' = \sigma_x + \sigma_y$

14. $\sigma_x = 98\,\text{MPa}$, $\sigma_y = -49\,\text{MPa}$이 작용하는 2축응력에서 $\theta = 45°$일 때 법선응력 σ_n 과 공액 법선응력 $\sigma_n{}'$의 합은 얼마인가?

① $24.5\,\text{MPa}$ ② $49\,\text{MPa}$

③ $98\,\text{MPa}$ ④ $147\,\text{MPa}$

해설 2축응력 상태에서 법선응력과 공액 법 선응력의 합은,

$\sigma_n + \sigma_n{}' = \sigma_x + \sigma_y$

$\quad\quad = 98 + (-49) = 49\,\text{MPa}$

15. 2축응력에서 임의경사각 θ에서의 전단 응력 τ와 공액 전단응력 τ'와의 합은?

① 0 ② $\dfrac{1}{2}(\sigma_x - \sigma_y)$

---

③ $\frac{1}{2}(\sigma_x + \sigma_y)$ ④ $\sigma_x - \sigma_y$

[해설] 2축응력 상태에서,

전단응력$(\tau) = \frac{1}{2}(\sigma_x - \sigma_y)\sin 2\theta$

공액 전단응력$(\tau') = -\frac{1}{2}(\sigma_x - \sigma_y)\sin 2\theta$

∴ $\tau + \tau' = 0$ 또는 $\tau = -\tau'$

16. 다음 설명 중 옳지 않은 것은?

① 주평면에서는 전단응력이 작용하지 않는다.

② 최대 전단응력은 주응력의 방향과 항상 45°를 이룬다.

③ 최대 전단응력이 작용하는 평면에서는 법선응력은 없다.

④ 직교하는 2개의 단면상의 법선응력의 합은 항상 일정하다.

[해설] ① 주평면은 최대 주응력과 최소 주응력이 작용하는 평면으로서 전단응력 $\tau = 0$이다.

② 최대 전단응력은 $\theta = 45° \left(\dfrac{\pi}{4}\right)$에서 발생한다.

③ 최대 전단응력 $\tau_{\max}$는 $\theta = 45°$에 발생하며,

경사단면에서 $\tau_{\max} = \frac{1}{2}\sigma_x = \sigma_n$

2축응력에서 $\tau_{\max} = \frac{1}{2}(\sigma_x - \sigma_y)$,

$\sigma_n = \frac{1}{2}(\sigma_x + \sigma_y)$

평면응력에서 $\tau_{\max} = \frac{1}{2}(\sigma_1 - \sigma_2)$

$= \frac{1}{2}\sqrt{(\sigma_x - \sigma_y)^2 + 4\tau_{xy}^2}$

$\sigma_n = \frac{1}{2}(\sigma_x + \sigma_y) + \tau_{xy}$

④ 직교하는 두 법선응력 σ_n, $\sigma_n{}'$의 합은,

경사단면 $\sigma_n + \sigma_n{}' = \sigma_x =$ 일정

2축응력 $\sigma_n + \sigma_n{}' = \sigma_x + \sigma_y =$ 일정

평면응력 $\sigma_n + \sigma_n{}' = \sigma_x + \sigma_y =$ 일정

17. 다음은 공액응력에 대한 설명이다. 바르게 설명한 것은?

① 두 공액 법선응력의 합은 언제나 다르다.

② 두 공액 법선응력은 크기가 0이며 부호는 반대이다.

③ 두 공액 전단응력의 차는 항상 같다.

④ 두 공액 전단응력의 합은 항상 0이며, 부호는 반대이다.

[해설] 두 공액 법선응력의 합은 항상 일정하며, 그 크기는 경사단면에서 $\sigma_n + \sigma_n{}' = \sigma_x$이고, 2축응력과 평면응력에서는 $\sigma_n + \sigma_n{}' = \sigma_x + \sigma_y$이다. 두 공액 전단응력의 합은 항상 0이며, 부호가 반대$(\tau = -\tau')$이다.

18. 다음 중 2축응력에서 최대 법선응력과 최소 법선응력을 바르게 나타낸 것은?

① $(\sigma_n)_{\max} = \sigma_x + \sigma_y$,

$(\sigma_n)_{\min} = \sigma_x - \sigma_y$

② $(\sigma_n)_{\max} = (\sigma_x + \sigma_y)^2$,

$(\sigma_n)_{\min} = (\sigma_x - \sigma_y)^2$

③ $(\sigma_n)_{\max} = \sigma_x$, $(\sigma_n)_{\min} = \sigma_y$

④ $(\sigma_n)_{\max} = \frac{1}{2}(\sigma_x + \sigma_y)$,

$(\sigma_n)_{\min} = \frac{1}{2}(\sigma_x - \sigma_y)$

[해설] 2축응력(서로 직각인 수직응력) 상태에서, 법선응력

$(\sigma_n) = \frac{1}{2}(\sigma_x + \sigma_y) + \frac{1}{2}(\sigma_x - \sigma_y)\cos 2\theta$

$\theta = 0°$일 때 $(\sigma_n)_{\max} = \sigma_x$,

$\theta = 90°$일 때 $(\sigma_n)_{\min} = \sigma_y$

정답 16. ③ 17. ④ 18. ③

19. 다음 중 2축응력에서 최대 전단응력과 최소 전단응력을 바르게 나타낸 것은?

① $\tau_{\max} = \dfrac{1}{2}(\sigma_x + \sigma_y),$

$\tau_{\min} = \dfrac{1}{2}(\sigma_x - \sigma_y)$

② $\tau_{\max} = \dfrac{1}{2}(\sigma_x + \sigma_y),$

$\tau_{\min} = \dfrac{-1}{2}(\sigma_x + \sigma_y)$

③ $\tau_{\max} = \dfrac{1}{2}(\sigma_x - \sigma_y),$

$\tau_{\min} = \dfrac{-1}{2}(\sigma_x - \sigma_y)$

④ $\tau_{\max} = \dfrac{1}{2}(\sigma_x - \sigma_y),$

$\tau_{\min} = -\dfrac{1}{2}(\sigma_x + \sigma_y)$

[해설] 2축응력 상태에서

전단응력$(\tau) = \dfrac{1}{2}(\sigma_x - \sigma_y) \cdot \sin 2\theta$ 이며,

$\theta = \dfrac{\pi}{4}$에서 최대이고 $\theta = \dfrac{\pi}{4} + \dfrac{\pi}{2}$에서 최소이므로,

$\therefore \ \tau_{\max} = \tau|_{\theta=45°} = \dfrac{1}{2}(\sigma_x - \sigma_y)$

$\tau_{\min} = \tau|_{\theta=45°+90°} = -\dfrac{1}{2}(\sigma_x - \sigma_y)$

20. 평면응력 상태의 경우 최대 주응력 $(\sigma_n)_{\max}$과 최소 주응력$(\sigma_n)_{\min}$의 합은?

① $\sigma_x + \sigma_y$ ② $\dfrac{1}{2}(\sigma_x + \sigma_y)$

③ $\sigma_x - \sigma_y$ ④ $\dfrac{1}{2}(\sigma_x - \sigma_y)$

[해설] 평면응력(서로 직각인 수직응력과 전단응력) 상태에서,

최대 주응력$(\sigma_n)_{\max}$

$= \dfrac{1}{2}(\sigma_x + \sigma_y) + \dfrac{1}{2}\sqrt{(\sigma_x - \sigma_y)^2 + 4\tau_{xy}}$

최소 주응력$(\sigma_n)_{\min}$

$= \dfrac{1}{2}(\sigma_x + \sigma_y) - \dfrac{1}{2}\sqrt{(\sigma_x - \sigma_y)^2 + 4\tau_{xy}}$

$\therefore \ (\sigma_n)_{\max} + (\sigma_n)_{\min} = \sigma_x + \sigma_y$

21. σ_x, σ_y, τ_{xy}가 모두 작용하는 조합응력 상태에서 주응력이 발생하는 경우 다음 중에서 틀린 것은?

① $\tan 2\theta = \dfrac{-2\tau_{xy}}{\sigma_x - \sigma_y}$

② $\cos 2\theta = \dfrac{\sigma_x - \sigma_y}{\sqrt{(\sigma_x - \sigma_y)^2 + 4\tau_{xy}{}^2}}$

③ $\sin 2\theta = \dfrac{+2\tau_{xy}}{\sqrt{(\sigma_x - \sigma_y)^2 + 4\tau_{xy}{}^2}}$

④ $\cot 2\theta = \dfrac{-(\sigma_x - \sigma_y)}{2\tau_{xy}}$

[해설] 평면응력 상태에서 주평면의 위치는

$\tau = \dfrac{1}{2}(\sigma_x - \sigma_y)\sin 2\theta + \tau_{xy}\cos 2\theta = 0$

일 때 구할 수 있다.

즉, $\tan 2\theta = \dfrac{-2\tau_{xy}}{\sigma_x - \sigma_y}$에서 주평면 결정각 θ가 구해진다.

$\cos 2\theta = \dfrac{1}{\sqrt{1 + \tan^2 2\theta}}$,

$\sin 2\theta = \dfrac{\tan 2\theta}{\sqrt{1 + \tan^2 2\theta}}$이므로

$\tan 2\theta$를 대입 정리하면,

$\cos 2\theta = \dfrac{(\sigma_x - \sigma_y)}{\sqrt{(\sigma_x - \sigma_y)^2 + 4\tau_{xy}{}^2}}$

$\sin 2\theta = \dfrac{-2\tau_{xy}}{\sqrt{(\sigma_x - \sigma_y)^2 + 4\tau_{xy}{}^2}}$가 된다.

22. 그림과 같은 단순응력의 모어원에서 수직응력 $\sigma_x = 78.4$ MPa, 전단응력 $\tau = 19.6$ MPa일 때 경사각 θ는 얼마인가?

정답   **19.** ③   **20.** ①   **21.** ③   **22.** ①

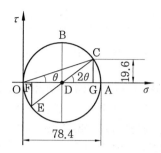

① $\theta = 15°$ ② $\theta = 30°$

③ $\theta = 45°$ ④ $\theta = 60°$

해설 $\sin 2\theta = \dfrac{\overline{CG}}{\overline{CD}} = \dfrac{\overline{CG}}{\overline{DA}} = \dfrac{19.6}{78.4/2} = \dfrac{1}{2}$

$\therefore \ 2\theta = \sin^{-1}\dfrac{1}{2} = 30°$ $\therefore \ \theta = 15°$

23. 단순응력의 모어원에 대한 설명 중 옳은 것은?

① 모어원의 지름은 최대 전단응력과 같다.

② 모어원의 반지름은 최대 법선응력과 같다.

③ 모어원의 지름은 법선응력과 같다.

④ 모어원의 반지름은 최대 전단응력과 같다.

24. 평면응력 상태에 있는 재료 내에 생기는 최대 주응력을 σ_1, 최소 주응력을 σ_2라 할 때 주전단응력을 $\tau_{\max}$를 나타내는 식은 어느 것인가?

① $\tau_{\max} = \dfrac{1}{2}(\sigma_1 - \sigma_2)$

② $\tau_{\max} = \dfrac{1}{4}(\sigma_1 - \sigma_2)$

③ $\tau_{\max} = \dfrac{1}{2}(\sigma_1 + \sigma_2)$

④ $\tau_{\max} = \dfrac{1}{4}(\sigma_1 + \sigma_2)$

해설 σ_1, σ_2, $\tau_{\max}$의 식에서 다음과 같이 구할 수 있다.

$\sigma_1 = \dfrac{1}{2}(\sigma_x + \sigma_y) + \dfrac{1}{2}\sqrt{(\sigma_x - \sigma_y)^2 + 4\tau_{xy}{}^2}$

$\sigma_2 = \dfrac{1}{2}(\sigma_x + \sigma_y) - \dfrac{1}{2}\sqrt{(\sigma_x - \sigma_y)^2 + 4\tau_{xy}{}^2}$

$\tau_{\max} = \dfrac{1}{2}\sqrt{(\sigma_x - \sigma_y)^2 + 4\tau_{xy}{}^2}$

$\sigma_1 - \sigma_2 = 2 \times \dfrac{1}{2}\sqrt{(\sigma_x - \sigma_y)^2 + 4\tau_{xy}{}^2} = 2\tau_{\max}$

$\therefore \ \tau_{\max} = \dfrac{1}{2}(\sigma_1 - \sigma_2)$

25. 축방향에 하중이 작용할 때 각 θ 만큼 경사진 단면에 생기는 최대 전단응력에 대한 설명 중 옳은 것은?

① $\theta = 90°$의 단면에 생기며, -0이다.

② $\theta = 45°$의 단면에 생기며, 수직응력의 $\dfrac{1}{2}$과 같다.

③ $\theta = 45°$의 단면에 생기며, $\tau_{\max} = \sigma_x$이다.

④ $\theta = 90°$의 단면에 생기며, $\tau_{\max} = \sigma_n$이다.

해설 $\sigma_n = \sigma_x \cos^2\theta$, $\tau = \dfrac{1}{2}\sigma_x \sin 2\theta$에서 최대 전단응력은 $\theta = 45°$에서 생기므로,

$\sigma_n = \sigma_x \cos^2 45° = \dfrac{1}{2}\sigma_x$

$\tau = \dfrac{1}{2}\sigma_x \sin 90° = \dfrac{1}{2}\sigma_x = \tau_{\max}\,[\text{MPa}]$

$\therefore \ \tau_{\max} = \sigma_n = \dfrac{1}{2}\sigma_x$

26. 주평면(principal plane)에 대한 설명 중 옳은 것은 어느 것인가?

① 주평면에는 $(\sigma_n)_{\max}$만 작용하고, $(\sigma_n)_{\min}$ 및 τ는 작용하지 않는다.

② 주평면에는 τ는 작용하지 않고, $(\sigma_n)_{\max}$ 및 $(\sigma_n)_{\min}$만 작용한다.

③ 주평면에는 τ만 작용하고, σ_n은 작용

하지 않는다.

④ 주평면에는 $\tau + \sigma_n$이 작용한다.

[해설] 최대·최소 수직응력만 작용하고 전단응력은 작용하지 않는 평면을 주평면이라 하고, 주평면에 작용하는 $(\sigma_n)_{max}$와 $(\sigma_n)_{min}$을 주응력이라 한다.

27. 인장 하중 P를 받는 봉에서 임의의 경사단면 pq와 직교하는 경사단면 mn에 각각 평행한 이웃단면으로 이루어지는 요소(해칭부분)의 측면에 작용하는 응력상태는?

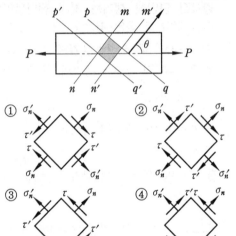

28. 비틀림응력 39.2 MPa, 굽힘에 의한 수직응력 78.4 MPa를 받는 최대 전단응력은 얼마인가?

① 35.87 MPa　　② 55.44 MPa
③ 58.51 MPa　　④ 65.55 MPa

[해설] 비틀림응력은 Torque T에 의하여 발생하는 전단응력 τ이고, 굽힘에 의한 수직응력은 굽힘모멘트 M에 의한 y방향의 수직응력 σ_y이므로,

평면응력 상태에서 $\sigma_x = 0$, $\sigma_y = 78.4$ MPa, $\tau_{xy} = 39.2$ MPa이다.

$$\therefore \tau_{max} = \frac{1}{2}\sqrt{(\sigma_x - \sigma_y)^2 + 4\tau_{xy}^2}$$

$$= \frac{1}{2}\sqrt{(0 - 78.4)^2 + 4 \times (39.2)^2}$$

$$= 55.44 \text{ MPa}$$

29. 정사각형 단면 봉에 39.2 kN이 작용할 때 30° 경사 단면에서 법선응력 $\sigma_n = 73.5$ MPa였다고 하면, 정사각형 단면의 한 변의 길이는 얼마인가?

① 1 cm　　② 2 cm
③ 3 cm　　④ 4 cm

[해설] $\sigma_n = \sigma_x \cdot \cos^2\theta = \dfrac{P}{A} \cdot \cos^2\theta$

$$= \frac{P}{a^2} \cdot \cos^2\theta$$

$$\therefore a = \sqrt{\frac{P \cdot \cos^2\theta}{\sigma_n}}$$

$$= \sqrt{\frac{39.2 \times 10^3 \times \cos^2 30°}{73.5 \times 10^6}}$$

$$= 0.02 \text{ m} = 2 \text{ cm}$$

30. 횡단면과 각 θ를 이루는 경사단면 위에 법선응력 $\sigma_n = 117.6$ MPa, 전단응력 $\tau = 39.2$ MPa이 작용할 때, 경사각 θ는?

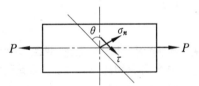

① $\tan^{-1}\dfrac{1}{3}$　　② $\cot^{-1}\dfrac{1}{3}$
③ $\cos^{-1}\dfrac{1}{3}$　　④ $\sin^{-1}\dfrac{1}{3}$

[해설] 단순응력에서 $\sigma_n = \sigma_x \cos^2\theta$,

$$\tau = \frac{1}{2}\sigma_x \sin 2\theta\,(= \sigma_x \sin\theta \cos\theta)$$

이므로,

$$\frac{\tau}{\sigma_n} = \frac{\sigma_x \sin\theta \cos\theta}{\sigma_x \cos^2\theta} = \tan\theta$$

$$\therefore \tan\theta = \frac{\tau}{\sigma_n} = \frac{39.2}{117.6} = \frac{1}{3}$$

$$\therefore \ \theta = \tan^{-1}\frac{1}{3}$$

31. 지름 3 cm인 원형 단면 봉의 축방향으로 19.6 kN의 인장 하중이 작용하고 있을 때 횡단면과 45° 경사진 단면상의 공액 법선응력과 공액 전단응력은 얼마인가?

① $\sigma_n{}' = 13.9\,\mathrm{MPa}$, $\tau' = 13.9\,\mathrm{MPa}$

② $\sigma_n{}' = 13.9\,\mathrm{MPa}$, $\tau' = -13.9\,\mathrm{MPa}$

③ $\sigma_n{}' = -13.9\,\mathrm{MPa}$, $\tau' = 13.9\,\mathrm{MPa}$

④ $\sigma_n{}' = -13.9\,\mathrm{MPa}$, $\tau' = -13.9\,\mathrm{MPa}$

[해설] 단축 응력상태에서 공액응력은,

(1) 공액 법선응력($\sigma_n{}'$)

$$= \sigma_x \cdot \sin^2\theta = (27.8\times10^6)\times\sin^2 45°$$

$$= 13.9\times10^6\,\mathrm{N/m}^2 = 13.9\,\mathrm{MPa}$$

(2) 공액 전단응력(τ') $= -\dfrac{1}{2}\sigma_x\sin 2\theta$

$$= -\frac{1}{2}\times(27.8\times10^6)\times\sin 2\times45°$$

$$= -13.9\,\mathrm{MPa}$$

(3) 수직응력 $\sigma_x = \dfrac{P}{A} = \dfrac{4P}{\pi d^2}$

$$= \frac{4\times(19.6\times10^3)}{\pi\times(0.03)^2} \fallingdotseq 27.8\times10^6\,\mathrm{N/m}^2$$

32. 지름 4 cm의 원형 단면 봉이 축방향으로 인장 하중 147 kN을 받고 있을 때 횡단면과 30° 경사진 단면에서의 전단응력 τ 와 공액 전단응력 τ' 의 합은 얼마인가?

① 58.5 MPa

② 48.6 MPa

③ 34.2 MPa

④ 0 MPa

[해설] 단축응력 상태에서 전단응력 τ 와 공액 전단응력 τ' 는,

$$\left.\begin{array}{l} \tau = \dfrac{1}{2}\sigma_x\sin 2\theta \\[2mm] \tau' = -\dfrac{1}{2}\sigma_x\sin 2\theta \end{array}\right\} \text{에서, } \tau+\tau'=0\text{이다.}$$

33. 2축응력에서 횡단면과 30° 경사진 단면에서 $\sigma_x = 117.6\,\mathrm{MPa}$, $\sigma_y = 58.8\,\mathrm{MPa}$일 때 법선응력 σ_n과 전단응력 τ의 값을 구하면?

① $\sigma_n = 102.9\,\mathrm{MPa}$, $\tau = -25.5\,\mathrm{MPa}$

② $\sigma_n = -102.9\,\mathrm{MPa}$, $\tau = 25.5\,\mathrm{MPa}$

③ $\sigma_n = -102.9\,\mathrm{MPa}$, $\tau = -25.5\,\mathrm{MPa}$

④ $\sigma_n = 102.9\,\mathrm{MPa}$, $\tau = 25.5\,\mathrm{MPa}$

[해설] 2축응력(서로 직각인 두 수직응력의 합성)에서, $\sigma_n = \sigma_x\cos^2\theta + \sigma_x\sin^2\theta$

법선응력(σ_n)

$$= \frac{1}{2}(\sigma_x+\sigma_y) + \frac{1}{2}(\sigma_x-\sigma_y)\cos 2\theta$$

$$= \frac{1}{2}(117.6+58.8) + \frac{1}{2}(117.6-58.8)$$

$$\times\cos(2\times30°) = 102.9\,\mathrm{MPa}$$

전단응력(τ)

$$= \sigma_x\cos\theta\sin\theta - \sigma_y\sin\theta\cos\theta$$

$$= (\sigma_x-\sigma_y)\cos\theta\sin\theta$$

$$= \frac{1}{2}(\sigma_x-\sigma_y)\sin 2\theta$$

$$= \frac{1}{2}(117.6-58.8)\times\sin(2\times30°)$$

$$= 25.5\,\mathrm{MPa}$$

34. 다음 그림과 같이 정사각형 모양에 $\sigma_x = 19.6\,\mathrm{MPa}$, $\sigma_y = 9.8\,\mathrm{MPa}$의 인장응력이 작용할 때 최대 전단응력의 값은?

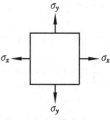

① 19.6 MPa   ② 14.7 MPa

③ 9.8 MPa   ④ 4.9 MPa

[해설] 2축응력에서 전단응력 τ 는 $\theta = \dfrac{\pi}{4}(45°)$

정답 **31.** ②   **32.** ④   **33.** ④   **34.** ④

에서 최대 전단응력이 되므로,

$$\tau = \frac{1}{2}(\sigma_x - \sigma_y)\sin 2\theta \Big|_{\theta = \frac{\pi}{4}}$$

$$= \frac{1}{2}(\sigma_x - \sigma_y) = \tau_{max}$$

$$\therefore \tau_{max} = \frac{1}{2}(\sigma_x - \sigma_y) = \frac{1}{2} \times (19.6 - 9.8)$$

$$= 4.9 \text{ MPa}$$

35. 서로 직각인 2축응력에서 $\sigma_x = 78.4$ MPa, $\sigma_y = 39.2$ MPa일 때 공액 법선응력 $\sigma_n{}'$와 공액 전단응력 τ'는 얼마인가? (단, 횡단면의 경사각 $\theta = 45°$이다.)

① $\sigma_n{}' = 58.8$ MPa, $\tau' = -29.4$ MPa

② $\sigma_n{}' = 39.2$ MPa, $\tau' = -19.6$ MPa

③ $\sigma_n{}' = 58.8$ MPa, $\tau' = -19.6$ MPa

④ $\sigma_n{}' = 39.2$ MPa, $\tau' = -29.4$ MPa

[해설] 2축응력에서 공액응력 $\sigma_n{}'$와 τ'는,

$$\sigma_n{}' = \frac{1}{2}(\sigma_x + \sigma_y) - \frac{1}{2}(\sigma_x - \sigma_y)\cos 2\theta$$

$$\tau' = \frac{-1}{2}(\sigma_x - \sigma_y)\sin 2\theta \text{에서}$$

$\theta = 45°$이므로,

$$\sigma_n{}' = \frac{1}{2}(\sigma_x + \sigma_y) - \frac{1}{2}(\sigma_x - \sigma_y)\cos 90°$$

$$= \frac{1}{2}(\sigma_x + \sigma_y)$$

$$\tau' = -\frac{1}{2}(\sigma_x - \sigma_y)\sin 90°$$

$$= -\frac{1}{2}(\sigma_x - \sigma_y)$$

$$\therefore \sigma_n{}' = \frac{1}{2}(78.4 + 39.2) = 58.8 \text{ MPa}$$

$$\tau' = -\frac{1}{2}(78.4 - 39.2) = -19.6 \text{ MPa}$$

36. 지름 2 m, 두께 2 cm의 얇은 원통에 980 kPa 의 내압이 작용할 때 이 원통에 발생하는 최대 전단응력은 몇 MPa인가?

① -9.8 MPa

② 12.25 MPa

③ 14.7 MPa

④ 19.6 MPa

[해설] 내압을 받는 얇은 원통에서 원주(후프) 응력 $\sigma_r = \frac{Pd}{2t}$, 축방향의 응력 $\sigma_s = \frac{Pd}{4t}$ 이므로,

$$\sigma_r = \sigma_y = \frac{Pd}{2t} = \frac{980000 \times 2}{2 \times 0.02}$$

$$= 49000000 \text{ N/m}^2 = 49 \text{ MPa}$$

$$\sigma_s = \sigma_x = \frac{Pd}{4t} = \frac{980000 \times 2}{4 \times 0.02}$$

$$= 24500000 \text{ N/m}^2 = 24.5 \text{ MPa}$$

2축응력에서 최대 전단응력은 $\theta = 45°$일 때 τ_{max} 는,

$$\therefore \tau_{max} = \frac{1}{2}(\sigma_y - \sigma_x)$$

$$= \frac{1}{2}(49 - 24.5) = 12.25 \text{ MPa}$$

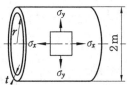

37. 다음 중 순수 전단응력이 발생하는 조건을 바르게 표현한 것은?

① $\sigma_x = \sigma_y$, $\theta = 0°$인 단면

② $\sigma_x = \sigma_y$, $\theta = 45°$인 단면

③ $\sigma_x = -\sigma_y$, $\theta = 0°$인 단면

④ $\sigma_x = -\sigma_y$, $\theta = 45°$인 단면

[해설] 순수 전단이 발생하는 조건은 $\sigma_n = 0$, $\sigma_n{}' = 0$이고, τ와 τ'만 발생하는 경우로서,

$$\sigma_n = \frac{1}{2}(\sigma_x + \sigma_y) + \frac{1}{2}(\sigma_x - \sigma_y) \cdot \cos 2\theta$$

$$\sigma_n{}' = \frac{1}{2}(\sigma_x + \sigma_y) - \frac{1}{2}(\sigma_x - \sigma_y) \cdot \cos 2\theta$$

에서,

$$\sigma_n + \sigma_n{}' = \sigma_x + \sigma_y = 0 \text{에서}$$

$$\sigma_x = -\sigma_y \quad \cdots\cdots\cdots\cdots\cdots\cdots \text{㉠}$$

$\sigma_n - \sigma_n' = (\sigma_x - \sigma_y) \cdot \cos 2\theta = 0$ 에서,

$\cos 2\theta = 0$,

$$\therefore \ \theta = 45° \quad \cdots\cdots\cdots\cdots\cdots \text{㉡}$$

$\therefore$ ㉠, ㉡에서 순수 전단응력이 발생한다.

38. 2축응력의 상태에서 $\sigma_x = -\sigma_y = 196$ MPa이 작용할 때, 이 재료의 가로 탄성계수가 $G = 78.4$ GPa이라면 순수 전단에 의한 전단변형률은 몇 rad 인가?

① 1.25×10^{-3} rad

② 1.5×10^{-3} rad

③ 2.5×10^{-3} rad

④ 3.5×10^{-3} rad

[해설] 전단변형률 γ 는 $\tau = G\gamma$ 에서, $\gamma = \dfrac{\tau}{G}$

이고 2축응력의 순수 전단에 의한 전단응력은

$\sigma_x = -\sigma_y$, $\theta = 45°$일 때 일어나므로,

$$\tau = \frac{1}{2}(\sigma_x - \sigma_y)\sin 2\theta = \sigma_x = -\sigma_y \text{이다.}$$

$$\therefore \ \gamma = \frac{\tau}{G} = \frac{\sigma_x}{G} = \frac{196}{78.4 \times 10^3}$$

$$= 2.5 \times 10^{-3} \text{ rad}$$

39. 다음 그림과 같은 Mohr 원에서 $\sigma_x =$ 29.4 MPa, $\theta = 15°$일 때 법선응력(σ_n)과 공액 법선응력(σ_n')은 몇 MPa인가?

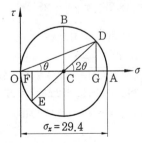

① $\sigma_n = 33.2$, $\sigma_n' = 4.73$

② $\sigma_n = 4.73$, $\sigma_n' = 33.2$

③ $\sigma_n = 27.43$, $\sigma_n' = 1.97$

④ $\sigma_n = 1.97$, $\sigma_n' = 27.43$

[해설] 그림에서 법선응력 $\sigma_n = \overline{OG}$, 공액 법선 응력 $= \overline{OF}$ 이다.

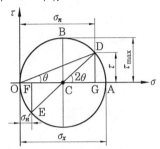

$$\therefore \ \sigma_n = \overline{OG} = \overline{OC} + \overline{CG}$$

$$= \frac{1}{2}\overline{OA} + \overline{CD}\cos 2\theta$$

$$= \frac{1}{2}\overline{OA} + \frac{1}{2}\overline{OA}\cos 2\theta$$

$$= \frac{1}{2}\sigma_x + \frac{1}{2}\sigma_x \cos 2\theta$$

$$= \frac{1}{2} \times 29.4 + \frac{1}{2} \times 29.4 \times \cos(2 \times 15°)$$

$$= 27.43 \text{ MPa}$$

$$\sigma_n' = \overline{OF} = \overline{OC} - \overline{FC}$$

$$= \frac{1}{2}\overline{OA} - \overline{CE}\cos 2\theta$$

$$= \frac{1}{2}\overline{OA} - \frac{1}{2}\overline{OA}\cos 2\theta$$

$$= \frac{1}{2}\sigma_x - \frac{1}{2}\sigma_x \cos 2\theta$$

$$= \frac{1}{2} \times 29.4 - \frac{1}{2} \times 29.4 \times \cos 30°$$

$$= 1.97 \text{ MPa}$$

40. 두 직각 방향의 응력이 $\sigma_x = 49$ MPa, $\sigma_y = 29.4$ MPa이고, 전단응력이 $\tau_{xy} =$ 19.6 MPa일 때, 최대 전단응력과 방향을 구하면 어느 것인가?

① $\tau_{\max} = 44.72$ MPa, $\theta = -31.72°$, $\theta' = 58.28°$

② $\tau_{\max} = 22.36$ MPa, $\theta = -26°$,

정답 **38.** ③ **39.** ③ **40.** ③

$\theta' = 116°$

③ $\tau_{\max} = 21.92\,\mathrm{MPa}$, $\theta = -31.72°$, $\theta' = 58.28°$

④ $\tau_{\max} = 22.36\,\mathrm{MPa}$, $\theta = -31.72°$, $\theta' = 58.28°$

해설 평면응력 상태에서 최대 전단응력은 전단응력 τ 가 $\theta = 45°$일 때이므로,

$$\tau_{\max} = \frac{1}{2}\sqrt{(\sigma_x - \sigma_y)^2 + 4\tau_{xy}^{\ 2}}$$
$$= \frac{1}{2}\sqrt{(49 - 29.4)^2 + 4\times(19.6)^2}$$
$$\fallingdotseq 21.92\,\mathrm{MPa}$$

최대 응력이 작용하는 방향은,

$$\theta = -\frac{1}{2}\tan^{-1}\frac{2\tau_{xy}}{\sigma_x - \sigma_y}$$
$$= -\frac{1}{2}\tan^{-1}\frac{2\times 19.6}{49 - 29.4} \fallingdotseq -31.72°$$

$$\theta' = -\frac{1}{2}\tan^{-1}\frac{2\tau_{xy}}{\sigma_x - \sigma_y} + \frac{\pi}{2}$$
$$= \theta + \frac{\pi}{2} = -31.72° + 90° = 58.28°$$

41. 그림과 같이 단순응력의 모어원에서 법선응력 $\sigma_n = 31.36\,\mathrm{MPa}$, 공액 법선응력 $\sigma_n' = 7.84\,\mathrm{MPa}$일 때 x축 방향 응력 σ_x 와 θ는?

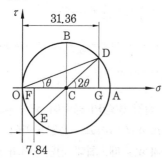

① $\sigma_x = 19.6\,\mathrm{MPa}$, $\theta = 26.57°$

② $\sigma_x = 19.6\,\mathrm{MPa}$, $\theta = 53.13°$

③ $\sigma_x = 39.2\,\mathrm{MPa}$, $\theta = 26.57°$

④ $\sigma_x = 39.2\,\mathrm{MPa}$, $\theta = 53.13°$

해설 그림에서

$$\sigma_x = \overline{OA} = \overline{OG} + \overline{GA}$$
$$= \overline{OG} + \overline{OF} = 31.36 + 7.84$$
$$= 39.2\,\mathrm{MPa}$$

경사각 θ는 $\cos 2\theta = \dfrac{\overline{CG}}{\overline{CD}} = \dfrac{\overline{CG} - \overline{GA}}{\frac{1}{2}\overline{OA}}$

$$= \frac{\frac{1}{2}\overline{OA} - \overline{OF}}{\frac{1}{2}\overline{OA}} = \frac{\frac{1}{2}\times 39.2 - 7.84}{\frac{1}{2}\times 39.2} = 0.6$$

$$\therefore\ 2\theta = \cos^{-1}(0.6) = 53.13°$$
$$\therefore\ \theta = 26.57° = 26°34'$$

42. 그림의 2축응력에 대한 모어원에서 $\sigma_x = 58.8\,\mathrm{MPa}$, $\sigma_y = -19.6\,\mathrm{MPa}$이고, 경사각 $\theta = 22°30'$일 때 전단응력 τ 와 공액 전단응력 τ'를 구하면 몇 MPa 인가?

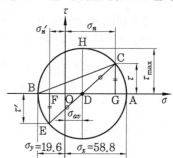

① $\tau = 28.28$, $\tau' = -27.72$

② $\tau = 27.72$, $\tau' = -28.28$

③ $\tau = 27.72$, $\tau' = -27.72$

④ $\tau = 28.28$, $\tau' = -28.28$

해설 그림에서, $R = \dfrac{1}{2}(\sigma_x - \sigma_y) = 39.2$

$\theta = 22°30' = 22.5°$

$$\tau = \overline{CG} = \overline{CD}\cdot\sin 2\theta = R\times\sin 2\theta$$
$$= 39.2\times\sin(2\times 22.5°) = 27.72\,\mathrm{MPa}$$

$$\tau' = \overline{FE} = -\tau = -27.72\,\mathrm{MPa}$$

43. 위 문제에서 법선응력 σ_n과 공액 법선응력 σ_n'의 합, 전단응력 τ와 공액 전

단응력 τ'의 합은 각각 얼마인가?

① $\sigma_n + \sigma_n' = 19.6\,\text{MPa}, \ \tau + \tau' = 0$

② $\sigma_n + \sigma_n' = 39.2\,\text{MPa}, \ \tau + \tau' = 0$

③ $\sigma_n + \sigma_n' = 19.6\,\text{MPa},$
  $\tau + \tau' = 39.2\,\text{MPa}$

④ $\sigma_n + \sigma_n' = 39.2\,\text{MPa},$
  $\tau + \tau' = 19.6\,\text{MPa}$

[해설] $\sigma_n + \sigma_n'$
  $= \overline{OG} + \overline{OF} = (\overline{OA} - \overline{GA}) + (\overline{OB} - \overline{BF})$
  $= \overline{OA} + \overline{OB} \ (\because \overline{GA}$와 $\overline{BF}$는 크기가 같고 부호가 반대인 값)
  $= \sigma_x + \sigma_y = 58.8 + (-19.6) = 39.2\,\text{MPa}$
  $\tau + \tau' = \overline{CG} + \overline{FE} = \overline{CG} + (-\overline{CG}) = 0$

44. 그림과 같이 Mohr 원이 주어질 때, 최대 전단응력과 주평면에 표시되는 각을 구하면 어느 것인가?

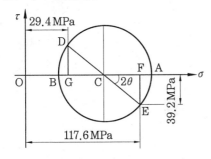

① $\tau_{\max} = 59\,\text{MPa}, \ \theta = 20.82°$

② $\tau_{\max} = 62\,\text{MPa}, \ \theta = 24.17°$

③ $\tau_{\max} = 75\,\text{MPa}, \ \theta = 20.49°$

④ $\tau_{\max} = 80\,\text{MPa}, \ \theta = 32.54°$

[해설] Mohr 원에서 $29.4\,\text{MPa} = \sigma_y$, $117.6\,\text{MPa} = \sigma_x$, $39.2\,\text{MPa} = \tau_{xy}$이므로,
  최대 전단응력$(\tau_{\max})$
  $= R = \dfrac{1}{2}\sqrt{(\sigma_x - \sigma_y)^2 + 4\tau_{xy}^2}$
  $= \dfrac{1}{2}\sqrt{(117.6 - 29.4)^2 + 4 \times (-39.2)^2}$

$= 59\,\text{MPa}$
주평면 결정각 θ는
$$\tan 2\theta = \frac{-2\tau_{xy}}{\sigma_x - \sigma_y} = \frac{-2 \times (-39.2)}{117.6 - 29.4}$$
  $= 0.8889$
$\therefore \ 2\theta = \tan^{-1}(0.8889) = 41.634$
$\therefore \ \theta = 20.82° = 20°49'$

45. 단면적 $5\,\text{cm}^2$, 길이 1 m의 정방형 단면의 강봉에 $P = 49\,\text{kN}$의 인장하중이 작용하는 동시에 $\sigma_y = \sigma_z = -19.6\,\text{MPa}$의 압력을 받을 때, 이 봉의 세로 신장은 얼마인가? (단, 이 재료의 $E = 205.8\,\text{GPa}$이며, $\mu = 0.30$이다.)

① $0.0533\,\text{cm}$ ② $0.0644\,\text{cm}$
③ $0.0698\,\text{cm}$ ④ $0.0708\,\text{cm}$

[해설] 축방향의 응력 σ_x, 이것과 직각인 2방향의 응력을 σ_y, σ_z라면,

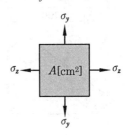

$$\sigma_x = \frac{P}{A} = \frac{(49 \times 10^3)}{(5 \times 10^{-4})} = 98\,\text{MPa}$$

x축 (길이) 방향의 변형률
$$\varepsilon_x = \frac{\sigma_x}{E} - \frac{\sigma_y}{mE} - \frac{\sigma_z}{mE} \ ; \ (\sigma_y = \sigma_z)$$
$$\therefore \ \varepsilon_x = \frac{\sigma_x}{E} - \frac{2\sigma_y}{mE} = \frac{1}{E}(\sigma_x - 2\mu\sigma_y)$$
$$= \frac{1}{205.8 \times 10^9} \times \{98 \times 10^6$$
$$- 2 \times 0.3 \times (-19.6 \times 10^6)\}$$
$$= 5.33 \times 10^{-4}$$
$\therefore \ \lambda = \varepsilon_x \cdot l = 5.33 \times 10^{-4} \times 100\,\text{cm}$
  $= 0.0533\,\text{cm}$

46. 그림과 같이 너비 100 mm, 두께 5 mm 인 가죽벨트를 100 mm 의 길이 사이를 경사지게 깎아서 아교 붙임을 하였다. 이 벨트에 생기는 전단응력 τ 는 수직응력 σ_n 의 몇 배가 되는가?

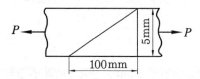

① 8배   ② 10배
③ 16배   ④ 20배

[해설] 그림에서 보는 바와 같이 인장력 P 는 접착부에서 Q 와 H 로 분해되어, Q 는 접착부에 수직응력 σ_n 을 생기게 하고, H 는 전단응력 τ 를 생기게 한다.

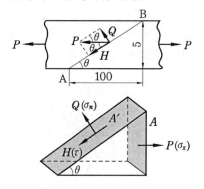

그림에서, $Q = P \cdot \sin\theta$, $H = P \cdot \cos\theta$ 벨트의 단면을 A, 접착부의 단면을 A' 라면, $A' = A / \sin\theta$ 따라서,

$$\sigma_n = \frac{Q}{A'} = \frac{P \cdot \sin\theta}{A / \sin\theta} = \frac{P}{A} \cdot \sin^2\theta$$
$$= \sigma_x \cdot \sin^2\theta$$
$$\tau = \frac{H}{A'} = \frac{P \cdot \cos\theta}{A / \sin\theta} = \frac{P}{A} \cdot \cos\theta \cdot \sin\theta$$
$$= \sigma_x \cdot \cos\theta \cdot \sin\theta$$

($\sigma_x = \dfrac{P}{A}$ 는 인장력 P 에 의해 생기는 벨트의 인장응력이다.)

$$\therefore \ \frac{\sigma_n}{\tau} = \frac{\sigma_x \cdot \sin^2\theta}{\sigma_x \cdot \cos\theta \cdot \sin\theta}$$
$$= \frac{\sin\theta}{\cos\theta} = \tan\theta = \frac{5}{100} = \frac{1}{20}$$

$\therefore \ \tau = 20 \, \sigma_n$ (전단응력은 수직응력의 20배)

제4장 평면도형의 성질

1. 단면 1차 모멘트와 도심

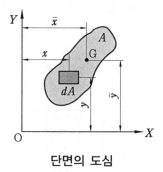

단면의 도심

임의의 면적이 A인 평면도형상에 미소면적 dA를 취하여 그의 좌표를 x, y라 할 때 dA에서 X, Y축까지의 거리를 곱한 양 xdA 및 ydA를 미소면적의 X, Y축에 관한 1차 모멘트라 하며, 그것을 도형의 전면적 A에 걸쳐 적분한 양을 X, Y축에 관한 단면 1차 모멘트(first moment of area)라 하고, 다음과 같이 표시한다.

$$G_X = y_1 dA_1 + y_2 dA_2 + ... + y_n dA_n$$

$$= \Sigma y_i dA_i = \int_A y \, dA \qquad (4-1)$$

$$G_Y = x_1 dA_1 + x_2 dA_2 + ... + x_n dA_n$$

$$= \Sigma x_i dA_i = \int_A x \, dA \qquad (4-2)$$

단면 1차 모멘트가 0이 되는 점을 단면의 도심(centroid of area)이라 한다.

도심 G의 좌표를 $\overline{x}$, $\overline{y}$라고 하면,

$$A\overline{x} = \int_A x \, dA = G_Y, \quad A\overline{y} = \int_A y \, dA = G_X \text{에서,}$$

$$\left. \begin{array}{l} \bar{x} = \dfrac{G_Y}{A} = \dfrac{\displaystyle\int_A x \cdot dA}{\displaystyle\int_A dA}[\mathrm{cm}] \\[4mm] \bar{y} = \dfrac{G_X}{A} = \dfrac{\displaystyle\int_A y \cdot dA}{\displaystyle\int_A dA}[\mathrm{cm}] \end{array} \right\} \quad\cdots\cdots\cdots\cdots\cdots\cdots\cdots \quad (4-3)$$

식 $(4-3)$에서 $\bar{x}$, $\bar{y}$는 단면 A의 도심에서 Y 및 X축까지의 거리이고, $\bar{x}$ 및 $\bar{y}$를 0으로 하면 $G_X = 0$, $G_Y = 0$이 된다. 즉, 단면의 도심을 통하는 축에 대한 단면 1차 모멘트는 항상 0이다. 두 도형이 대칭이면 그 축은 반드시 도심을 지나고 그 축에 대한 단면 1차 모멘트는 0이다. 단면 1차 모멘트는 면적 × 거리이므로, $\mathrm{cm}^2 \times \mathrm{cm} = \mathrm{cm}^3[L^3]$으로 표시된다 ($X$축에 평행한 Z축에 대한 단면 1차 모멘트).

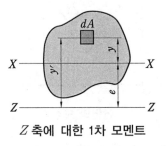

Z 축에 대한 1차 모멘트

Z 축에 대한 1차 모멘트는,

$$G_Z = \int_A y' dA = \int_A (y+e)\, dA = \int_A y\, dA + \int_A e\, dA$$

$$= G_X + eA\,[\mathrm{cm}^3] \quad\cdots\cdots\cdots\cdots\cdots\cdots\cdots\cdots\cdots \quad (4-4)$$

예제 1. 그림과 같은 1 / 4이 절단된 단면의 도심의 거리 $(\bar{y})$를 구하면?

① $\dfrac{3}{12}a$ 　　② $\dfrac{5}{12}a$

③ $\dfrac{7}{12}a$ 　　④ $\dfrac{9}{12}a$

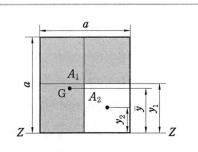

해설 단면 1차 모멘트 $(G_Z) = \displaystyle\int_A y\, dA = A\bar{y}$ 에서,

$$\bar{y} = \frac{A_1\bar{y_1} - A_2\bar{y_2}}{A_1 - A_2} = \frac{\left(a^2 \cdot \dfrac{a}{2} - \left(\dfrac{a}{2}\right)^2 \cdot \dfrac{a}{4}\right)}{a^2 - \left(\dfrac{a}{2}\right)^2} = \frac{7}{12}a$$

정답 ③

예제 **2. 그림과 같은 원형 단면의 도심의 위치를 구하면?**

① $\dfrac{r}{2}$ 　　　② r

③ $\dfrac{3r}{2\pi}$ 　　　④ $\dfrac{5r}{4\pi}$

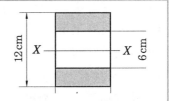

해설 단면 1차 모멘트$(G_Z) = A\bar{y} = (\pi r^2)r = \pi r^3 [\text{cm}^3]$

도심의 위치$(e) = \dfrac{G_Z}{A} = \dfrac{\pi r^3}{\pi r^2} = r$

정답 ②

2. 단면 2차 모멘트와 단면계수

2-1　단면 2차 모멘트(관성 모멘트)

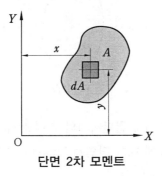

단면 2차 모멘트

　그림과 같이 임의의 평면도형의 미소면적 dA에서 X, Y축까지의 거리 x 및 y의 제곱을 서로 곱한 양을 X, Y축에 관한 미소단면의 2차 모멘트라 하고, 그 도형의 전체면적 A에 걸쳐 적분한 값을 각각 X, Y축에 대한 단면 2차 모멘트(second moment of area) 또는 관성 모멘트(moment of inertia)라 하고, X축 Y축에 관한 단면 2차 모멘트를 I_X, I_Y라 하면,

$$\left.\begin{array}{l} I_X = \displaystyle\int_A y^2 \cdot dA = \varSigma\, y_i{}^2 dA_i [\text{cm}^4] \\[4mm] I_Y = \displaystyle\int_A x^2 \cdot dA = \varSigma\, x_i{}^2 dA_i [\text{cm}^4] \end{array}\right\} \cdots\cdots\cdots\cdots\cdots\cdots (4-5)$$

2-2 회전 반지름

도형에 있어서 2차 중심이라는 것이 있는데, 이것은 도형의 전면적이 어떠한 점에 집중하였다고 생각하고 주어진 축에 대한 이 도형의 관성 모멘트의 크기가 주어진 축에 대해 분포된 면적의 관성 모멘트와 같은 경우 이 점을 말하는 것이다. 주어진 축까지의 거리를 단면 2차 반지름(radius of gyration of area), 회전 반지름 또는 관성 반지름이라 하고, 단위는 cm이다.

관성 모멘트를 그 단면적으로 나눈 값의 제곱근이 그 단면적의 회전 반지름이다.

$$
\left.\begin{aligned}
I &= k^2 A \ (k : \text{회전 반지름}) \\
k_x &= \sqrt{\dfrac{I_x}{A}} \ (x\,\text{축에 대한 회전 반지름}) \\
k_y &= \sqrt{\dfrac{I_y}{A}} \ (y\,\text{축에 대한 회전 반지름})
\end{aligned}\right\} \quad\text{......................................} \quad (4-6)
$$

2-3 단면계수(Z)

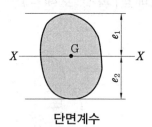

단면계수

그림에서 도심 G를 지나는 축에서 끝단까지의 거리를 e_1, e_2 라 하면, 그 축에 관한 관성 모멘트 I를 e 로 나눈 값을 그 축에 대한 단면계수(modulus of area)라 하고 Z로 표시하면,

$$
\left.\begin{aligned}
Z_1 &= \dfrac{I_x}{e_1} [\text{cm}^3] \\
Z_2 &= \dfrac{I_x}{e_2} [\text{cm}^3]
\end{aligned}\right\} \quad\text{..} \quad (4-7)
$$

만약, 도형이 대칭축이면 그 축에 대한 단면계수는 $Z_1 = Z_2 = Z$ 하나만 존재하고, 대칭이 아닐 때는 2개의 단면계수가 존재한다. 보(beam)나 기둥(column)의 설계에서 관성 모멘트, 단면계수, 회전 반지름은 중요한 요소이다.

예제 3. 그림과 같은 단면의 보에서 X축에 대한 단면 계수는?

① $72\ \mathrm{cm}^3$

② $78\ \mathrm{cm}^3$

③ $84\ \mathrm{cm}^3$

④ $504\ \mathrm{cm}^3$

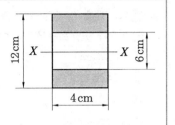

해설 $Z_x = \dfrac{I_x}{y} = \dfrac{504}{\dfrac{12}{2}} = 84\ \mathrm{cm}^3$

$$\left(\because I_x = \frac{BH^3}{12} - \frac{Bh^3}{12} = \frac{B}{12}(H^3 - h^3) = \frac{4}{12}(12^3 - 6^3) = 504\mathrm{cm}^4 \right)$$

정답 ③

3. 단면 2차 모멘트 평행축 정리

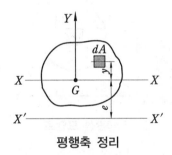

평행축 정리

평면도형의 도심 G를 지나는 $X-X$축과 거리 e만큼 떨어진 동일평면 내의 평행축 $X'-X'$축에 대한 관성 모멘트 I_x'는,

$$I_x' = \int_A (y + e)^2 dA = \int_A (y^2 + 2ey + d^2)\, dA$$

$$= \int_A y^2 e\, A + 2d \int_A y\, dA + \int_A e^2 dA$$

여기서, $\displaystyle\int_A y^2 dA = I_x$ 이고, $\displaystyle\int_A y\, dA$는 도심을 통과하는 단면 1차 모멘트이므로,

$\displaystyle\int_A y\, dA = 0$이다. 따라서,

$$I_x' = I_x + e^2 A\,[\mathrm{cm}^4] \quad \cdots\cdots\cdots\cdots\cdots\cdots\cdots\cdots\cdots\cdots\cdots\cdots\cdots\cdots\cdots\cdots\cdots\cdots (4-8)$$

식 (4-8)을 평행축 정리(Parallel axis theorem)라 한다.

평행축 정리에서 최소의 관성모멘트($e=0$일 때 $I_x' = I_x$)는 도심을 지나는 축에 대한 관성 모멘트와 같다. 또, 임의의 평행축에 대한 회전 반지름 $k' = k^2 + e^2$ 이다.

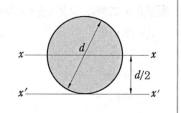

예제 4. 지름 $d = 30\,cm$의 원형 단면에서 저변($x' - x'$)에 대한 단면 2차 모멘트는?

① $6627\,cm^4$

② $12425\,cm^4$

③ $24850\,cm^4$

④ $198804\,cm^4$

해설 $I_x' = \dfrac{5\pi d^4}{64} = \dfrac{5 \times \pi \times 30^4}{64} = 198804\,cm^4$　　**정답** ④

4. 극관성 모멘트(I_P)

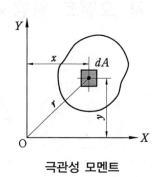

극관성 모멘트

그림과 같이 X축, Y축의 O점을 극(pole)으로 할 때, 이 도형의 극에 대한 관성모멘트를 극관성 모멘트(polar moment of inertia)라 하고 I_P로 표시한다.

임의의 미소면적 dA에서 극점 (O점)까지의 거리를 r이라 하면 극관성 모멘트 I_P는,

$$I_P = \int_A r^2 dA = \int_A (x^2 + y^2)\,dA$$

$$= \int_A x^2 dA + \int_A y^2 dA$$

$$= I_x + I_y \quad\cdots\cdots (4-9)$$

식 (4-9)에서 I_P는 X, Y축에 대한 두 관성 모멘트를 합한 것과 같고, 원, 정방형과 같은 두 직교축이 대칭일 때 $I_x = I_y$이므로,

$$I_P = 2I_x = 2I_y \;(\therefore I = I_P/2) \quad\cdots\cdots (4-10)$$

의 관계에서 극관성 모멘트는 관성 모멘트의 2배임을 알 수 있다.

예제 5. 바깥지름 $d_2 = 20\,\mathrm{cm}$, 안지름 $d_1 = 10\,\mathrm{cm}$인 중공원 단면의 단면 2차 극모멘트 I_P는?

① $68275\,\mathrm{cm}^4$ ② $14726\,\mathrm{cm}^4$

③ $13725\,\mathrm{cm}^4$ ④ $29425\,\mathrm{cm}^4$

해설 $I_P = \dfrac{\pi(d_2^4 - d_1^4)}{32} = \dfrac{\pi(20^4 - 10^4)}{32} = 14726\,\mathrm{cm}^4$ 정답 ②

5. 상승 모멘트와 주축

5-1 상승 모멘트와 주축(product of inertia and principal axis)

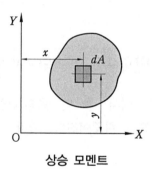

상승 모멘트

평면도형 내의 미소 단면적 dA에 X축, Y축에서 dA까지의 거리 x와 y의 상승적을 곱하여 전체 도형에 대하여 적분한 것을 그 도형의 상승 모멘트(product of inertia) I_{xy} 라 하며,

$$I_{xy} = \int_A xy\,dA = \int_A\int_A xy \cdot dx \cdot dy\,[\mathrm{cm}^4] \quad\cdots\cdots\cdots\cdots\cdots\cdots \quad (4-11)$$

이 식은 두 축 중 어느 한 축이라도 대칭이 있으면 그 축에 대한 상승 모멘트는 0이 된다. 대칭축의 상승 모멘트 그림에서 임의의 미소 단면적 dA에 대하여 대칭인 미소 단면적 dA가 반드시 존재하게 되어 각 요소의 상승 모멘트는 상쇄되기 때문이다.

즉, $I_{xy} = \displaystyle\int_A xy\,dA = \int_o^x xy\,dA + \int_{-x}^o (-xy)\,dA$

$$= \int_o^x xy\,dA - \int_{-x}^o xy\,dA = 0 \quad\cdots\cdots\cdots\cdots\cdots\cdots \quad (4-12)$$

이와 같이 도형의 도심을 지나고 $I_{xy} = 0$이 되는 직교축을 그 단면의 주축(principal

axis)이라 한다.

그러므로 도형의 대칭축에 대한 상승 모멘트는 반드시 0이 되고, 그 축은 주축이 된다. 또 도심을 지나고 대칭축에 직각인 축도 주축이 된다.

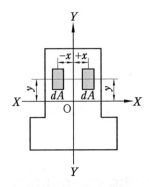

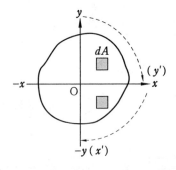

대칭축의 상승 모멘트   변환축에 대한 상승 모멘트

5-2   도심 주축(centroidal principal axis)

변환축에 대한 상승 모멘트 그림에서 x축 및 y축의 O점을 기준으로 시계방향으로 90° 회전시키면 두 축은 y'축, x'축으로 바꾸어진다. 따라서 미소 면적 dA의 신구 좌표는 $y' = x$, $x' = -y$ 가 된다.

변환축에 대한 상승 모멘트는,

$$I_{x'y'} = \int_A x'y' dA = \int_A (-y)(x)\, dA = -\int_A xy dA = -I_{xy} \quad\text{............................} \quad (4-13)$$

위 식은 90° 회전할 동안에 상승 모멘트의 부호를 바꾸게 되므로 상승 모멘트는 연속함수인 이상 그 값이 반드시 0이 되는 방향에 존재한다. 이 방향의 축이 주축이며, 도심을 좌표의 원점으로 잡는다면 이 주축을 도심 주축이라 한다.

5-3   상승 모멘트의 평행축 정리

그림과 같은 임의의 도형의 도심을 지나는 두 X축 및 Y축에 대한 단면 상승 모멘트의 값을 알면 그 축들에 각각 평행한 두 X'축 및 Y'축에 대한 단면 상승 모멘트는 평행축 정리에 의하여 $x' = x + a$, $y' = y + b$ 를 대입, 정리하면,

$$I_{x'y'} = \int_A x'y' dA = \int_A (x+a)(y+b)\, dA$$

$$= \int_A (xy + bx + ay + ab)\,dA$$

$$= \int_A xy\,dA + b\int_A x\,dA + a\int_A y\,dA + \int_A ab\,dA$$

여기서, $\int_A xy\,dA = I_{xy}$, $\int_A x\,dA$와 $\int_A y\,dA$는 도심을 지나는 단면 1차 모멘트이므로 0 이다.

$$\therefore\ I_{x'y'} = I_{xy} + Aab\,[\text{cm}^4] \quad\text{..}\quad (4-14)$$

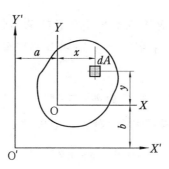

상승 모멘트의 평행축 정리

예제 6. 그림과 같은 직사각형의 $X'Y'$축에 대한 단면 상승 모멘트 (product of inertia)는?

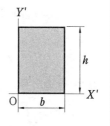

① $I_{X'Y'} = 0$ ② $I_{X'Y'} = \dfrac{bh^3}{12}$

③ $I_{X'Y'} = \dfrac{b^2 h^2}{4}$ ④ $I_{X'Y'} = \dfrac{b^2 h^2}{12}$

해설 $I_{x'y'} = A \cdot \overline{x} \cdot \overline{y} = bh \times \dfrac{b}{2} \times \dfrac{h}{2} = \dfrac{b^2 h^2}{4}$　　　　　정답 ③

6. 주축의 결정

어떤 평면도형의 도심을 지나는 $X,\ Y$축에 대한 관성 모멘트 및 단면 상승 모멘트 $I_x,\ I_y,\ I_{xy}$는,

$$I_x = \int_A y^2\,dA,\quad I_y = \int_A x^2\,dA,\quad I_{xy} = \int_A xy\,dA$$

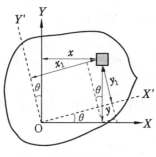

주축의 결정

그림과 같이 X, Y축이 O점을 중심으로 θ 만큼 회전한 X', Y'축에 대한 관성모멘트 및 단면 상승 모멘트를 구하기 위하여 우선 미소 단면적 dA의 회전축에 대한 좌표를 구해보면,

$$x_1 = x\cos\theta + y\sin\theta, \ y_1 = y\cos\theta - x\sin\theta$$

X', Y'축에 대한 단면 2차 모멘트 (관성 모멘트) 는,

$$I_{x'} = \int_A y_1{}^2 dA = \int (y\cos\theta - x\sin\theta)^2 dA$$

$$= \int (y^2\cos^2\theta - 2xy\sin\theta\cos\theta + x^2\sin^2\theta)\,dA$$

$$= \cos^2\theta \int y^2 dA + \sin^2\theta \int x^2 dA - 2\sin\theta\cos\theta \int xy\,dA$$

$$\therefore \ I_{x'} = I_x\cos^2\theta + I_y\sin^2\theta - 2I_{xy}\sin\theta\cos\theta \quad \cdots\cdots (4-15)$$

같은 방법으로,

$$I_{y'} = \int_A x_1{}^2 dA = \int (x\cos\theta - y\sin\theta)^2 dA$$

를 정리하면,

$$\therefore \ I_{y'} = I_x\sin^2\theta + I_y\cos^2\theta + 2I_{xy}\sin\theta\cos\theta \quad \cdots\cdots (4-16)$$

식 (4-15), (4-16)에 $\cos^2\theta = \dfrac{1}{2}(1+\cos 2\theta)$, $\sin^2\theta = \dfrac{1}{2}(1-\cos 2\theta)$, $\sin\theta\cos\theta = \dfrac{1}{2}\sin 2\theta$를 대입, 정리하면,

$$I_{x'} = \frac{1}{2}(I_x + I_y) + \frac{1}{2}(I_x - I_y)\cos 2\theta - I_{xy}\sin 2\theta \quad \cdots\cdots (4-17)$$

$$I_{y'} = \frac{1}{2}(I_x + I_y) - \frac{1}{2}(I_x - I_y)\cos 2\theta + I_{xy}\sin 2\theta \quad \cdots\cdots (4-18)$$

$I_{x'}$와 $I_{y'}$의 합과 차는,

$$I_{x'} + I_y = I_x + I_y = I_P \quad \text{(4-19)}$$

$$I_{x'} - I_{y'} = (I_x - I_y)\cos2\theta - 2I_{xy}\sin2\theta \quad \text{(4-20)}$$

식 (4-19), (4-20)은 θ각만큼 회전한 회전축 X', Y'에 대한 단면 2차 모멘트는 회전하기 전 원래의 축 X, Y축에 대한 단면 2차 모멘트의 합과 같고, 원점 O에 대한 극관성 모멘트와 같다.

회전축(X', Y'축)에 대한 상승 모멘트 $I_{x'y'}$는,

$$I_{x'y'} = \int_A x_1 y_1 \, dA = \int_A (x\cos\theta + y\sin\theta)(y\cos\theta - x\sin\theta)\,dA$$

$$= \int (y^2\sin\theta\cos\theta - x^2\sin\theta\cos\theta + xy\cos^2\theta - xy\sin^2\theta)\,dA$$

$$= \sin\theta\cos\theta\int y^2 dA - \sin\theta\cos\theta\int x^2 dA + (\cos^2\theta - \sin^2\theta)\int xy\,dA$$

$$= \frac{1}{2}I_x\sin2\theta - \frac{1}{2}I_y\sin2\theta + I_{xy}\cos2\theta$$

$$\therefore \ I_{x'y'} = \frac{1}{2}(I_x - I_y)\sin2\theta + I_{xy}\cos2\theta \quad \text{(4-21)}$$

단면 상승 모멘트 $I_{x'y'}$도 회전각 θ의 변화에 따라 $\theta = 0°$ 일 때 $I_{x'y'} = I_{xy}$, $\theta = 90°$ 일 때 $I_{x'y'} = -I_{xy}$ 이고, 그 중간의 각에서 $I_{x'y'} = 0$이 되는 위치각 θ가 있으며, 이 위상에 있는 회전축을 면적 주축(principal axis of area)이라 하고, 회전축이 도심에 원점을 가지면 도심 주축이라 한다.

주축에 대한 단면 상승 모멘트는 $0 \ (I_{x'y'} = 0)$이므로 주축의 방향 결정각 θ는,

$$I_{x'y'} = 0 = \frac{1}{2}(I_x - I_y)\sin2\theta + I_{xy}\cos2\theta$$

$$\therefore \ \tan2\theta = \frac{\sin2\theta}{\cos2\theta} = \frac{2I_{xy}}{I_y - I_x} \quad \text{(4-22)}$$

따라서, 식 (4-22)는 단면 상승 모멘트가 0이 되는 X', Y'축의 방향을 결정하는 식이다.

또한, 식 (4-22)는 $\dfrac{dI_{x'}}{d\theta} = (-I_x + I_y) \cdot \sin2\theta - 2I_{xy} \cdot \cos2\theta = 0$에서,

$$\therefore \ \tan2\theta = \frac{\sin2\theta}{\cos2\theta} = \frac{2I_{xy}}{I_y - I_x}$$

로 동일한 식이 얻어진다. 그러므로 주축은 단면 2차 모멘트를 최대, 최소로 하는 축으로 결정된다.

주관성 모멘트 $I_1 \,(= I_{\max})$, $I_2 (= I_{\min})$을 얻기 위해 식 (4-17), (4-18)에,

$$\cos 2\theta = \frac{1}{\sqrt{1 + \tan^2 2\theta}} = \frac{I_y - I_x}{\sqrt{(I_y - I_x)^2 + 4I_{xy}{}^2}}$$

$$\sin 2\theta = \frac{\tan 2\theta}{\sqrt{1 + \tan^2 2\theta}} = \frac{2I_{xy}}{\sqrt{(I_y - I_x)^2 + 4I_{xy}{}^2}}$$

$$\tan 2\theta = \frac{2I_{xy}}{I_y - I_x}$$

를 대입하여 정리하면,

$$\left. \begin{aligned} I_1 = I_{\max} = \frac{1}{2}(I_x + I_y) + \frac{1}{2}\sqrt{(I_y - I_x)^2 + 4I_{xy}{}^2} \\ I_2 = I_{\min} = \frac{1}{2}(I_x + I_y) - \frac{1}{2}\sqrt{(I_y - I_x)^2 + 4I_{xy}{}^2} \end{aligned} \right\} \quad \cdots\cdots\cdots\cdots\cdots (4-23)$$

식 (4-23)은 제3장의 주응력 σ_1, σ_2 와 비교하면 그 결과가 일치함을 알 수 있으며, 따라서 주관성 모멘트를 Mohr의 원에서도 알 수 있다.

> **참고** 주축에 관한 정리
>
> ① 주축은 $\tan 2\theta = \dfrac{2I_{xy}}{I_y - I_x}$ 로 결정되는 한 쌍의 직교축이다.
>
> ② 주축에 대한 단면 상승 모멘트는 0이다.
>
> ③ 주축에 대한 단면 2차 모멘트는 최대, 최소가 각각 하나씩 있다.
>
> ④ 대칭축은 언제나 주축이 된다.

출제 예상 문제

1. 단면 1차 모멘트의 단위를 표시한 것 중 옳은 것은?

① cm   ② cm^2

③ cm^3 ④ cm^4

[해설] $G_x = A\bar{y}$ = 단면적×도심까지의 거리
           $= cm^2 \times cm = cm^3$

2. 다음 설명 중 틀린 것은 어느 것인가?

① 단면 2차 모멘트의 차원은 $[L^4]$ 이다.

② 삼각형의 도심은 밑변에서 $\frac{1}{3}$ 높이의 위치에 있다.

③ 단면계수는 도심축에 대한 단면 2차 모멘트를 연거리로 나눈 값이다.

④ 회전 반지름은 단면 2차 모멘트를 단면적으로 나눈 값이다.

[해설] ① $I = \int y^2 dA = [cm^4] = [L^4]$

② $\bar{y} = \frac{1}{3} h$

③ $Z = \frac{I}{e}$

④ $k = \sqrt{I/A}$ (회전 반지름은 단면 2차 모멘트를 단면적으로 나눈 값의 제곱근 ($\sqrt{\ }$)이다.)

3. 단면계수에 대한 설명 중 맞는 것은?

① 차원은 길이의 3승이다.

② 도심축에 대한 단면 1차 모멘트를 연거리로 나눈 값이다.

③ 도심축에 대한 단면 2차 모멘트에 면적을 곱한 값이다.

④ 대칭도형의 단면계수값은 항상 둘 이상

이다.

[해설] ① $Z = \frac{I}{e} = \frac{cm^4}{cm} = [cm^3] = [L^3]$

②, ③
$$Z = \frac{\text{도심축에 대한 단면 2차 모멘트}(I)}{\text{도심축에서 외단까지의 거리}(e)}$$

④ 대칭도형, 정방형 도형은 $Z_1 = Z_2 = Z$ 이므로, 하나이다.

4. 너비 b, 높이 h인 구형 단면의 도심을 지나는 x축에 대한 단면 2차 모멘트는?

① $\frac{bh^3}{12}$ ② $\frac{bh^2}{6}$

③ $\frac{bh^3}{24}$ ④ $\frac{bh^2}{12}$

[해설] 구형단면 = 사각단면이므로,

$$I_x = \int_A y^2 dA = \frac{bh^3}{12} [cm^4]$$

$$I_y = \int_A x^2 dA = \frac{hb^3}{12} [cm^4]$$

5. 너비 b, 높이 h인 사각단면의 단면계수 값은?

① $\frac{bh^2}{3}$ ② $\frac{bh^2}{6}$

③ $\frac{bh^2}{9}$ ④ $\frac{bh^2}{12}$

[해설] $Z_x = \frac{I_x}{e_1} = \frac{bh^3/12}{h/2} = \frac{bh^2}{6} [cm^3]$

6. 회전 반지름을 k, 단면적을 A, 단면 2차 모멘트를 I라 할 때, 회전 반지름을 옳게 표현한 것은?

① $k = I/A$ ② $k = \sqrt{I/A}$

정답 1. ③   2. ④   3. ①   4. ①   5. ②   6. ②

③ $k = A / I$ ④ $k = \sqrt{A / I}$

해설 회전 반지름(관성 반지름) k는,

$I = k^2 A$에서,

$\therefore k = \sqrt{I / A}$ [cm]

7. 한 변의 길이가 a인 정사각형 단면의 중심축에 대한 단면계수와 단면 2차 모멘트는 어느 것인가?

① $\dfrac{a^3}{6}$, $\dfrac{a^4}{12}$ ② $\dfrac{a^3}{12}$, $\dfrac{a^4}{6}$

③ $\dfrac{a^3}{16}$, $\dfrac{a^4}{24}$ ④ $\dfrac{a^3}{24}$, $\dfrac{a^4}{16}$

해설 정사각형의 단면 2차 모멘트는 $I = \dfrac{a^4}{12}$

이고, 단면계수는 $Z = \dfrac{a^3}{6}$이다.

8. 지름이 d인 원형 단면의 극단면 2차 모멘트는 다음 중 어느 것인가?

① $\dfrac{\pi d^4}{64}$ ② $\dfrac{\pi d^4}{32}$

③ $\dfrac{\pi d^4}{16}$ ④ $\dfrac{\pi d^3}{36}$

해설 지름 d인 원형 단면의 경우

$Z = \dfrac{\pi d^3}{32}$, $Z_P = \dfrac{\pi d^3}{16}$

$I = \dfrac{\pi d^4}{64}$, $I_P = \dfrac{\pi d^4}{32} (= 2I)$

9. 바깥지름이 d_2, 안지름이 d_1인 중공 원형 단면의 도심축에 대한 단면 2차 모멘트는 어느 것인가?

① $\dfrac{\pi}{64}(d_2{}^4 + d_1{}^4)$ ② $\dfrac{\pi}{32}(d_2{}^4 + d_1{}^4)$

③ $\dfrac{\pi}{32}(d_2{}^4 - d_1{}^4)$ ④ $\dfrac{\pi}{64}(d_2{}^4 - d_1{}^4)$

해설 중공인 경우

$I = I_2 - I_1 = \dfrac{\pi d_2{}^4}{64} - \dfrac{\pi d_1{}^4}{64}$

$= \dfrac{\pi}{64}(d_2{}^4 - d_1{}^4)$ [cm^4]

10. 그림과 같은 3각형의 X축 및 도심을 지나는 x축에 대한 단면 2차 모멘트 I_X, I_x는 어느 것인가?

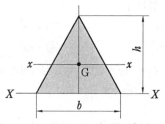

① $\dfrac{bh^3}{12}$, $\dfrac{bh^3}{24}$ ② $\dfrac{bh^3}{24}$, $\dfrac{bh^3}{36}$

③ $\dfrac{bh^3}{12}$, $\dfrac{bh^3}{36}$ ④ $\dfrac{bh^3}{12}$, $\dfrac{bh^3}{16}$

해설 $I_X = \displaystyle\int_A y^2 dA = \int_0^h y^2 dA$

$= \displaystyle\int_o^h \dfrac{b(h - y)}{h} y^2 dy = \dfrac{bh^3}{12}$ [cm^4]

$I_x = I_X - e^2 \cdot A$

$= \dfrac{bh^3}{12} - \left(\dfrac{h}{3}\right)^2 \cdot \left(\dfrac{bh}{2}\right) = \dfrac{bh^3}{36}$ [cm^4]

11. 그림과 같은 사각형 단면의 X축 및 도심을 지나는 x축에 관한 단면 2차 모멘트를 구하면 어느 것인가?

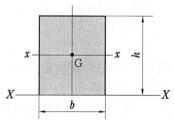

① $\dfrac{bh^3}{6}$, $\dfrac{bh^3}{12}$ ② $\dfrac{bh^3}{3}$, $\dfrac{bh^3}{6}$

③ $\dfrac{bh^3}{12}$, $\dfrac{bh^3}{24}$ ④ $\dfrac{bh^3}{3}$, $\dfrac{bh^3}{12}$

정답 7. ①   8. ②   9. ④   10. ③   11. ④

해설 $I_X = \int_A y^2 \, dA = \int_o^h by^2 \, dy = \dfrac{bh^3}{3} \, [\text{cm}^4]$

$I_x = I_X - e^2 \cdot A = \dfrac{bh^3}{3} - \left(\dfrac{h}{2}\right)^2 \times bh$

$= \dfrac{bh^3}{12} \, [\text{cm}^4]$

12. 폭 × 높이 = $b \times h$ = 8 cm × 12 cm인 삼각형 도형의 저변에 대한 단면 2차 모멘트는 얼마인가?

① 1152 cm⁴　　　② 2282 cm⁴

③ 3376 cm⁴　　　④ 5566 cm⁴

해설 $I_z = I_x + e^2 A$

$= \dfrac{bh^3}{36} + \left(\dfrac{h}{3}\right)^2 \times \left(\dfrac{bh}{2}\right) = \dfrac{bh^3}{12}$

$= \dfrac{1}{12} \times (8 \times 12^3) = 1152 \, \text{cm}^4$

13. 지름 d = 5 cm의 도형의 단면 2차 모멘트의 값은 얼마인가?

① 21.56 cm⁴　　　② 30.66 cm⁴

③ 36.46 cm⁴　　　④ 43.26 cm⁴

해설 $I = \dfrac{\pi d^4}{64} = \dfrac{\pi \times 5^4}{64} = 30.66 \, \text{cm}^4$

14. 다음 그림에 도시한 단면의 도심을 통과하는 x축에 대한 단면 2차 모멘트의 값은 얼마인가?

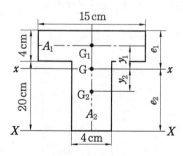

① 6555.5 cm⁴　　　② 44867.7 cm⁴

③ 53327.3 cm⁴　　　④ 7696 cm⁴

해설 저변(밑변)에 대한 단면 2차 모멘트를 I_X, 도심축에 대한 단면 2차 모멘트를 I_x라 하면,

$I_X = I_x + Ae_2{}^2$이므로 $I_x = I_X - Ae_2{}^2$

$I_X = I_1 + I_2$

$= \left\{ \dfrac{b_1 h_1{}^3}{12} + A_1 \overline{y_1}{}^2 \right\} + \dfrac{b_2 h_2{}^3}{3}$

$\quad (A_1 \text{ 단면의 } I) \quad (A_2 \text{ 단면의 } I)$

$= \left\{ \dfrac{15 \times 4^3}{12} + (15 \times 4) \times 22^2 \right\}$

$\quad + \dfrac{4 \times 20^3}{3} = 39786.7 \, \text{cm}^4$

$\therefore \ I_x = I_X - Ae_2{}^2$

$\quad = 39786.7 - 140 \times 15.14^2$

$\quad \fallingdotseq 7696 \, \text{cm}^4$

$e_2 = \dfrac{G_X}{A} = \dfrac{A_1 \overline{y_1} + A_2 \overline{y_2}}{A_1 + A_2}$

$\quad = \dfrac{60 \times 22 + 80 \times 10}{15 \times 4 + 4 \times 20} = 15.14 \, \text{cm}$

15. 폭 × 높이 = $b \times h$ = 3 m × 4 m의 삼각형 도심을 통과하는 축에 대한 단면 2차 모멘트의 값은 다음 중 어느 것인가?

① 4.4 m⁴　　　② 5.3 m⁴

③ 6.4 m⁴　　　④ 7.3 m⁴

해설 도심통과(I) $= \dfrac{bh^3}{36} = \dfrac{3 \times 4^3}{36} = 5.3 \, \text{m}^4$

16. 폭 10 cm, 높이 15 cm인 구형의 단면 2차 모멘트의 값 및 단면계수의 값은?

① 2182 cm⁴, 375 cm³

② 2180 cm⁴, 470 cm³

③ 4170 cm⁴, 375 cm³

④ 2180 cm⁴, 280 cm³

해설 $I = \dfrac{bh^3}{12} = \dfrac{10 \times 15^3}{12} = 2812.5 \, \text{cm}^4$

$Z = \dfrac{bh^2}{6} = \dfrac{10 \times 15^2}{6} = 375 \, \text{cm}^3$

정답 **12.** ①　**13.** ②　**14.** ④　**15.** ②　**16.** ①

17. 바깥지름 d, 안지름 $\dfrac{d}{3}$ 인 중공의 원형 단면의 단면계수는 얼마인가?

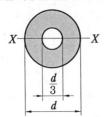

① $\dfrac{5\pi}{9}d^3$ 　　　② $\dfrac{5\pi}{81}d^3$

③ $\dfrac{5\pi}{162}d^3$ 　　④ $\dfrac{5\pi}{324}d^3$

[해설] 바깥지름을 d_o, 안지름을 d_i, 안지름과 바깥지름의 비를 $n = \dfrac{d_i}{d_o}$

$$I = \frac{\pi}{64}(d_o{}^4 - d_i{}^4) = \frac{\pi d_o{}^4}{64}(1 - n^4)$$

$$Z = \frac{I}{e} = \frac{\dfrac{\pi d_o{}^4}{64}(1 - n^4)}{d_o/2} = \frac{\pi d_o{}^3}{32}(1 - n^4)$$

문제에서 $d_o = d$, $d_i = \dfrac{d}{3}$, $n = \dfrac{d_i}{d_o} = \dfrac{d/3}{d}$

$= \dfrac{1}{3}$ 이므로, 이들을 대입하면,

$$Z = \frac{\pi}{32}d^3\left\{1 - \left(\frac{1}{3}\right)^4\right\} = \frac{\pi d^3}{32} \times \frac{80}{81}$$

$$= \frac{5\pi}{162}d^3$$

18. 다음 그림과 같은 보의 단면에서의 단면 2차 모멘트와 단계수를 구하면 얼마인가?

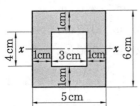

① $16\,\mathrm{cm}^4$, $22\,\mathrm{cm}^3$ 　　② $37\,\mathrm{cm}^4$, $14\,\mathrm{cm}^3$

③ $74\,\mathrm{cm}^4$, $24.7\,\mathrm{cm}^3$ 　④ $90\,\mathrm{cm}^4$, $81\,\mathrm{cm}^3$

[해설] 전체의 직사각형 단면이나 안쪽의 직사각형 단면은 모두 중립축이 공통이므로,

$$I = \frac{b_1 h_1{}^3}{12} - \frac{b_2 h_2{}^3}{12} = \frac{5 \times 6^3}{12} - \frac{3 \times 4^3}{12}$$

$$= 90 - 16 = 74\,\mathrm{cm}^4$$

$$Z = \frac{I}{e} = \frac{I_1 - I_2}{3} = \frac{74}{3} = 24.7\,\mathrm{cm}^3$$

19. 지름이 d 인 원형 단면의 $X - X'$ 축에 대한 단면 1차 모멘트는?

① $\dfrac{\pi d^3}{8}$ ② $\dfrac{\pi d^4}{8}$ ③ $\dfrac{\pi d^3}{16}$ ④ $\dfrac{\pi d^4}{16}$

[해설]
$$G_x = \int_A y\,dA = \bar{y} \cdot A = r \times \pi r^2$$

$$= \pi r^3 = \pi \times \left(\frac{d}{2}\right)^3$$

$$= \frac{\pi d^3}{8}\,[\mathrm{cm}^3]$$

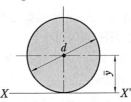

20. 폭이 b 이고, 높이가 h 인 직각삼각형의 밑변에 관한 1차 모멘트는?

① $\dfrac{bh^2}{36}$ ② $\dfrac{bh^2}{12}$ ③ $\dfrac{bh^2}{6}$ ④ $\dfrac{bh^2}{3}$

[해설]
$$G_x = \int_A y\,dA = \bar{y} A$$

$$= \left(\frac{h}{3}\right) \times \frac{1}{2}(b \times h)$$

$$= \frac{1}{6}bh^2\,[\mathrm{cm}^3]$$

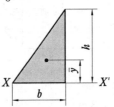

21. 다음 그림과 같은 직사각형 단면이 X, Y축에 대한 단면 1차 모멘트는？

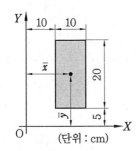

(단위 : cm)

① $G_x = 2000 \text{ cm}^3$, $G_y = 3000 \text{ cm}^3$
② $G_x = 3000 \text{ cm}^3$, $G_y = 3000 \text{ cm}^3$
③ $G_x = 2000 \text{ cm}^3$, $G_y = 4000 \text{ cm}^3$
④ $G_x = 4000 \text{ cm}^3$, $G_y = 4000 \text{ cm}^3$

해설 $G_x = \int_A y\,dA = \overline{y}\,A$,

$G_y = \int_A x\,dA = \overline{x}\,A$에서,

$A = 20 \times 10 = 200 \text{ cm}^2$

$\overline{x} = 15 \text{ cm}$, $\overline{y} = 15 \text{ cm}$ 이므로,

$\therefore\ G_x = \overline{y}\,A = 15 \times 200 = 3000 \text{ cm}^3$

$\quad\ G_y = \overline{x}\,A = 15 \times 200 = 3000 \text{ cm}^3$

22. 그림과 같은 지름 10 cm인 원형 단면의 X, Y축에 대한 단면 1차 모멘트의 값은 각각 얼마인가？

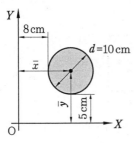

① $G_x = 393 \text{ cm}^3$, $G_y = 510.5 \text{ cm}^3$
② $G_x = 393 \text{ cm}^3$, $G_y = 1021 \text{ cm}^3$
③ $G_x = 785 \text{ cm}^3$, $G_y = 510.5 \text{ cm}^3$
④ $G_x = 785 \text{ cm}^3$, $G_y = 1021 \text{ cm}^3$

해설 $G_x = \int_A y \cdot dA = \overline{y} \cdot A$

$\qquad = (5 + 5) \times \dfrac{\pi}{4} \times 10^2 = 785 \text{ cm}^3$

$G_y = \int_A x\,dA = \overline{x} \cdot A$

$\qquad = (8 + 5) \times \dfrac{\pi}{4} \times 10^2 = 1020.5$

$\qquad \fallingdotseq 1021 \text{ cm}^3$

23. 다음 그림들과 같은 보의 단면 중 단면 2차 모멘트가 가장 큰 것은？

①

②

③

④

해설 ① $I = \dfrac{\pi d^4}{64} \fallingdotseq 0.049\,d^4$

② $I = \dfrac{bh^3}{36} = \dfrac{d \times d^3}{36} \fallingdotseq 0.028\,d^4$

③ $I = \dfrac{bh^3}{12} = \dfrac{0.5d \times (1.5d)^3}{12} \fallingdotseq (0.141)\,d^4$

④ $I = \dfrac{bh^3}{12} = \dfrac{d \times d^3}{12} \fallingdotseq 0.083\,d^4$

24. 밑면이 b, 높이가 h인 4각 단면의 밑변에 대한 단면 2차 모멘트는 얼마인가？

① $\dfrac{bh^3}{3}$ 　　　　　② $\dfrac{bh^3}{4}$

③ $\dfrac{bh^3}{6}$ 　　　　　④ $\dfrac{bh^3}{12}$

해설 (1) $I_x' = \int_A y^2\,dA = \int_o^h y^2(b\,dy)$

$\qquad = \int_o^h b y^2\,dy$

$\qquad = b\left[\dfrac{1}{3}y^3\right]_o^h = \dfrac{bh^3}{3}\,[\text{cm}^4]$

(2) 밑변(저변)에 대한 단면 2차 모멘트는,

$$I_x' = I_x + k^2 A = \frac{bh^3}{12} + \left(\frac{h}{2}\right)^2 \times (bh)$$

$$= \frac{bh^3}{12} + \frac{bh^3}{4} = \frac{bh^3}{3} [\text{cm}^4]$$

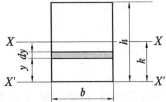

25. 임의의 도형에서 도심축으로부터 k 만큼 이동한 축을 X'라 하면 X'축에 대한 단면 2차 모멘트는 얼마인가? (단, I_G는 도심축에 대한 단면 2차 모멘트이며, A는 단면적이다.)

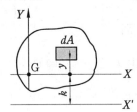

① $I_X' = I_G + kA$

② $I_X' = I_G + \dfrac{k}{A}$

③ $I_X' = I_G + k^2 A$

④ $I_X' = I_G + kA^2$

해설 그림에서

$$I_X' = \int_A (y+k)^2 dA$$

$$= \int_A (y^2 + 2ky + k^2) dA$$

$$= \int_A y^2 dA + \int_A 2ky dA + \int_A k^2 dA$$

$$= I_G + 2k \int_A y dA + k^2 A [\text{cm}^4]$$

여기서, $\int_A y dA = 0$ (도심을 지나므로)

위의 식 $I_X' = I_G + k^2 A [\text{cm}^4]$

26. 그림과 같이 한 변의 길이가 a인 정사각형 보의 단면 계수는?

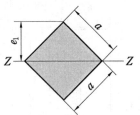

① $\dfrac{a^3}{12}$

② $\dfrac{\sqrt{2}}{12} a^3$

③ $\dfrac{a^3}{24}$

④ $\dfrac{\sqrt{2}}{24} a^3$

해설 정사각형 단면의 2차 모멘트 $I_x = \dfrac{a^4}{12}$ 이고, 꼭지점에서 중립축 $Z-Z$까지의 거리는 $\dfrac{\sqrt{2}\,a}{2}$ 이므로,

$$\therefore Z_1 = \frac{I_x}{e_1} = \frac{\dfrac{a^4}{12}}{\dfrac{\sqrt{2}\,a}{2}} = \frac{2a^4}{12\sqrt{2}\,a}$$

$$= \frac{\sqrt{2}}{12} a^3 [\text{cm}^3]$$

27. 한 변의 길이가 a인 정사각형을 그림과 같이 놓고 사용하는 보의 단면계수비 Z_A / Z_B 의 값은?

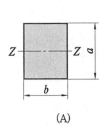 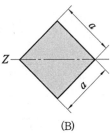

(A)   (B)

① 1

② $\sqrt{2}$

③ 2

④ $2\sqrt{2}$

해설 단면 2차 모멘트

$$I_A = I_B = \frac{a^4}{12} \text{이므로,}$$

$$Z_A = \frac{I_A}{e_A} = \frac{\frac{a^4}{12}}{\frac{a}{2}} = \frac{a^3}{6} \text{ 이고,}$$

$$Z_B = \frac{I_B}{e_B} = \frac{\frac{a^4}{12}}{\frac{\sqrt{2}\,a}{2}}$$

$$= \frac{2a^4}{12\sqrt{2}\,a} = \frac{\sqrt{2}\,a^3}{12} \text{ 이므로,}$$

$$\therefore \ \frac{Z_A}{Z_B} = \frac{\frac{a^3}{6}}{\frac{\sqrt{2}}{12}a^3} = \frac{12}{6\sqrt{2}} = \sqrt{2}$$

28. 원형 단면의 단면계수 Z와 극단면계수 Z_p와의 관계 중 맞는 것은?

① $Z_p = 2Z$ ② $Z_p = Z$

③ $Z = 2Z_p$ ④ $Z = 4Z_p$

해설 $Z = \dfrac{I}{e} = \dfrac{\pi d^4/64}{d/2} = \dfrac{\pi d^3}{32}$

$$Z_P = \frac{I_p}{e} = \frac{2I}{e}$$

$$= \frac{\pi d^4/32}{d/2} = \frac{\pi d^3}{16} \ (I_P = 2I_x = 2I_y)$$

$$\therefore \ Z_P = 2Z \, [\text{cm}^3]$$

29. 단면적이 서로 동일한 원형 단면과 정사각형 단면의 경우 원형 단면의 단면계수를 Z_a, 정사각형 단면의 단면계수를 Z_b라 하면, Z_a / Z_b의 값은 얼마인가?

① $\dfrac{\sqrt{\pi}}{3}$ ② $\dfrac{3}{\sqrt{\pi}}$

③ $\dfrac{2\sqrt{\pi}}{3}$ ④ $\dfrac{3}{2\sqrt{\pi}}$

해설 $A_a = A_b$에서, $\dfrac{\pi d^2}{4} = a^2 \left(a = \dfrac{\sqrt{\pi}}{2}d\right)$

원형 단면 : $Z_a = \dfrac{\pi d^3}{32}$

정사각 단면 : $Z_b = \dfrac{a^3}{6} = \dfrac{1}{6} \times \left(\dfrac{\sqrt{\pi}}{2}d\right)^3$

$$= \frac{\sqrt{\pi^3}}{48}d^3$$

$$\therefore \ \frac{Z_a}{Z_b} = \frac{\frac{\pi d^3}{32}}{\frac{\sqrt{\pi^3}\,d^3}{48}} = \frac{\pi d^3}{32} \times \frac{48}{\pi\sqrt{\pi}\,d^3}$$

$$= \frac{3}{2\sqrt{\pi}}$$

30. 한 변의 길이가 a인 정사각형 단면의 도심에 대한 극단면 2차 모멘트는?

① $\dfrac{a^4}{12}$ ② $\dfrac{a^4}{6}$

③ $\dfrac{a^4}{4}$ ④ $\dfrac{a^4}{3}$

해설   한 변의 길이가 a인 정사각형 단면의 2차 모멘트는 $\dfrac{a^4}{12}$이므로 극단면 2차 모멘트

$$I_P = I_X + I_Y = 2I_X = 2 \times \frac{a^4}{12} = \frac{a^4}{6}\,[\text{cm}^4]$$

31. 반지름 r인 원형 단면의 도심축에 대한 극단면 2차 모멘트는?

① $\dfrac{\pi r^4}{16}$ ② $\dfrac{\pi r^4}{8}$

③ $\dfrac{\pi r^4}{4}$ ④ $\dfrac{\pi r^4}{2}$

해설   반지름이 r인 원형 단면의 2차 모멘트는 $\dfrac{\pi}{4}r^4$이므로,

극단면 2차 모멘트$(I_P) = I_X + I_Y = 2I_X$

$$= 2 \times \frac{\pi r^4}{4} = \frac{\pi r^4}{2}\,[\text{cm}^4]$$

32. 지름 4 cm 의 원형 단면의 극관성 모멘트 I_p 와 극단면계수 Z_p 는 얼마인가?

① $I_p = 100.53\ \text{cm}^4,\ Z_p = 50.26\ \text{cm}^3$

② $I_p = 50.26\ \text{cm}^4,\ Z_p = 25.13\ \text{cm}^3$

③ $I_p = 25.13\ \text{cm}^4,\ Z_p = 12.57\ \text{cm}^3$

④ $I_p = 6.28\ \text{cm}^4,\ Z_p = 3.14\ \text{cm}^3$

해설 $I_p = \dfrac{\pi d^4}{32} = \dfrac{\pi \times 4^4}{32} = 25.13\ \text{cm}^4,$

$Z_p = \dfrac{\pi d^3}{16} = \dfrac{\pi \times 4^3}{16} ≒ 12.57\ \text{cm}^3$

33. 그림과 같이 지름이 d 인 원형 단면의 $B-B$ 축에 대한 단면 2차 모멘트는?

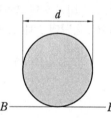

① $\dfrac{3}{64}\pi d^4$　　　　② $\dfrac{5}{64}\pi d^4$

③ $\dfrac{7}{64}\pi d^4$　　　　④ $\dfrac{9}{64}\pi d^4$

해설 밑변(저변)에 관한 단면 2차 모멘트는 평행축 정리 $I_B = I + k^2 A$ 에서,

$I_B = \dfrac{\pi d^4}{64} + \left(\dfrac{d}{2}\right)^2 \times \left(\dfrac{\pi d^2}{4}\right)$

$\quad = \dfrac{5\pi}{64} d^4 [\text{cm}^4]$

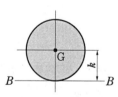

34. 지름이 10 cm인 원형 단면의 회전 반지름 k는 얼마인가?

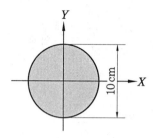

① 2.5 cm　　　　② 5 cm

③ 10 cm　　　　④ 20 cm

해설 단면적 $A = \dfrac{\pi}{4} d^2$

단면 2차 모멘트 $I = \dfrac{\pi d^4}{64}\ [\text{cm}^4]$

$k = \sqrt{\dfrac{I}{4}} = \sqrt{\dfrac{\dfrac{\pi d^4}{64}}{\dfrac{\pi d^2}{4}}} = \sqrt{\dfrac{d^2}{16}}$

$\quad = \dfrac{d}{4} = \dfrac{10}{4} = 2.5\ \text{cm}$

35. 밑변 b이고, 높이가 h인 삼각형의 단면 1차 모멘트 G_x 및 도심의 위치 $\bar{y}$ 를 구하면 얼마인가?

① $G_x = \dfrac{bh^2}{3},\ \bar{y} = \dfrac{h}{2}$

② $G_x = \dfrac{bh^2}{4},\ \bar{y} = \dfrac{h}{3}$

③ $G_x = \dfrac{bh^2}{6},\ \bar{y} = \dfrac{h}{3}$

④ $G_x = \dfrac{bh^2}{8},\ \bar{y} = \dfrac{h}{4}$

해설 우선 단면 1차 모멘트 G_x를 구하면,

$G_x = \displaystyle\int_0^h y\, dA = \int_0^h y \cdot x\, dy$

그런데, $b : h = x : (h - y)$

$x = \dfrac{b}{h}(h - y)$ 이므로 대입하면,

$G_x = \displaystyle\int_0^h y \cdot \dfrac{b}{h}(h - y)\, dy$

$$= \int_0^h \left(by - \frac{b}{h}y^2\right)dy = \left[\frac{by^2}{2} - \frac{by^3}{3h}\right]_0^h$$

$$= \frac{bh^2}{2} - \frac{bh^2}{3} = \frac{bh^2}{6}[\text{cm}^3]$$

또, $G_x = A \cdot \overline{y}$ 에서,

$$\overline{y} = \frac{G_x}{A} = \frac{\dfrac{bh^2}{6}}{\dfrac{bh}{2}} = \frac{h}{3}[\text{cm}]$$

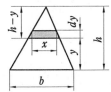

36. 그림과 같은 도형의 밑면에서 도심까지의 거리 $\overline{x}$ 는 얼마인가?

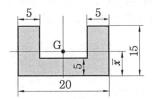

① 6.25 cm 　　② 6.75 cm

③ 7.25 cm 　　④ 7.75 cm

[해설] 단면적 $A = 20 \times 15 - 10 \times 10 = 200$

$G_y = G_{y1} - G_{y2} = \overline{x_1} \cdot A_1 - \overline{x_2} \cdot A_2$

$= \left(\dfrac{15}{2}\right) \times (20 \times 15) - \left(5 + \dfrac{10}{2}\right)$

$\times (10 \times 10) = 1250$

$\therefore G_y = \overline{x} \cdot A$ 에서,

$\therefore \overline{x} = \dfrac{G_y}{A} = \dfrac{1250}{200} = 6.25$ cm

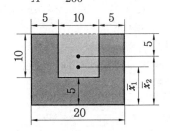

37. 반지름 30 cm 의 원에서 반지름 10 cm 인 원을 잘라내고 남은 도형의 도심은? (단, 두 원의 중심거리는 15 cm 이다.)

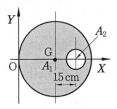

① 20 cm 　　② 24 cm

③ 28 cm 　　④ 32 cm

[해설] 큰 원의 단면적을 A_1, 작은 원의 단면적을 A_2, O점으로부터 큰 원 도심까지의 거리를 $\overline{x_1}$, O점으로부터 작은 원 도심까지의 거리를 $\overline{x_2}$라 하면,

$\overline{x} = \dfrac{G_y}{A} = \dfrac{A_1\overline{x_1} - A_2\overline{x_2}}{A_1 - A_2}$

$= \dfrac{\dfrac{\pi}{4} \times 60^2 \times 30 - \dfrac{\pi}{4} \times 20^2 \times 45}{\dfrac{\pi(60^2 - 20^2)}{4}}$

$\fallingdotseq 28$ cm

38. 빗금친 단면의 도심의 좌표 $\overline{x}$, $\overline{y}$ 는?

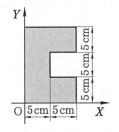

① $\overline{x} = 7.0$ cm, $\overline{y} = 4.5$ cm

② $\overline{x} = 7.0$ cm, $\overline{y} = 6$ cm

③ $\overline{x} = 4.5$ cm, $\overline{y} = 7.5$ cm

④ $\overline{x} = 7.5$ cm, $\overline{y} = 6$ cm

[해설] 단면적 $A = 10 \times 15 - 5 \times 5 = 125$

$G_x = \overline{y_1} \cdot A_1 - \overline{y_2} \cdot A_2$

$= 7.5 \times (10 \times 15) - 7.5 \times (5 \times 5)$

정답 　**36.** ①　**37.** ③　**38.** ③

$$= 937.5$$

$$G_y = \overline{x_1} \cdot A_1 - \overline{x_2} \cdot A_2$$

$$= 5 \times (15 \times 10) - \left(5 + \frac{5}{2}\right) \times (5 \times 5)$$

$$= 562.5$$

$$\therefore \ G_x = \overline{y}\,A, \ G_y = \overline{x}\,A \text{에서},$$

$$\overline{x} = \frac{G_y}{A} = \frac{562.5}{125} = 4.5 \,\text{cm}$$

$$\overline{y} = \frac{G_x}{A} = \frac{937.5}{125} = 7.5 \,\text{cm}$$

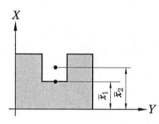

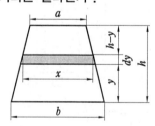

39. 그림과 같은 도형의 밑면에서 도심까지의 거리는 얼마인가?

$$
① \ \frac{h(a+b)}{3(2a+b)} \qquad ② \ \frac{h(2a+b)}{3(a+b)}
$$

$$
③ \ \frac{h(a+b)}{3(a+2b)} \qquad ④ \ \frac{h(a+2b)}{3(a+b)}
$$

[해설] $(x-a) : (b-a) = (h-y) : h$ 에서,

$$(x-a) = \frac{h-y}{h}(b-a)$$

$$x = a + \frac{h-y}{h}(b-a) = b - \frac{y}{h}(b-a)$$

단면적 $A = \frac{1}{2}(a+b)\,h$

$$G_x = \int_0^h y\,dA = \int_0^h y\,x\,dy$$

$$= \int_0^h y \left\{ b - \frac{y}{h}(b-a) \right\} dy$$

$$= \left[\frac{1}{2}by^2 - \frac{y^3}{3h}(b-a) \right]_0^h$$

$$= \frac{h^2}{6}(b+2a)$$

$$\overline{y} = \frac{G_x}{A} = \frac{h^2}{6}(b+2a) \times \frac{2}{h(a+b)}$$

$$= \frac{h(2a+b)}{3(a+b)}$$

40. 그림과 같은 T형 단면의 X축으로부터 도심의 좌표 y_G는 얼마인가?

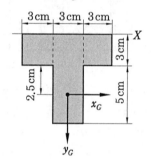

① 5.2 cm   ② 4.6 cm

③ 3.5 cm   ④ 2.9 cm

[해설] 9 cm × 3 cm, 3 cm × 5 cm 로 나누어 각각의 도심을 G_1, G_2 라 하면,

$$G_x = A_1\overline{y_1} + A_2\overline{y_2}$$

$$= (9 \times 3) \times 1.5 + (3 \times 5) \times 5.5$$

$$= 123 \,\text{cm}^3$$

$$A = A_1 + A_2$$

$$= (9 \times 3) + (3 \times 5) = 42 \,\text{cm}^2$$

그러므로 $G_x = y_G \cdot A$ 에서,

$$y_G = \frac{G_x}{A} = \frac{123}{42} \fallingdotseq 2.9 \,\text{cm}$$

41. 그림과 같이 한 변의 길이가 60 cm인 정사각형 도형에 지름이 25 cm인 구멍이 있다. 원의 중심이 대각선 $\overline{BC}$의 1/4인 점에 있다면, 도심 G는 $\overline{BC}$ 상의 G_1으로부터 몇 cm 이동하는가?

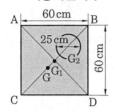

① 1.35　　　　　　② 2.35

③ 3.35　　　　　　④ 4.35

[해설] 그림과 같이 대각선 $\overline{AD}$와 나란하게 선을 그어 X축이라 하면,

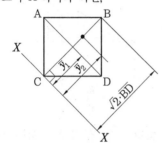

$$G_x = \frac{A_1\bar{y}_1 - A_2\bar{y}_2}{A_1 - A_2}$$

$$= \frac{(60\times 60)\times\frac{1}{2}\overline{BC} - \left(\frac{\pi}{4}\times 25^2\right)\times\frac{3}{4}\overline{BC}}{(60\times 60) - \left(\frac{\pi}{4}\times 25^2\right)}$$

$\overline{BC} = \dfrac{60}{\cos 45°} = 84.85$ 이므로, 윗 식에 대입하면,

$$G_x = \frac{\left(3600\times\frac{1}{2}\times 84.85\right) - \left(490.87\times\frac{3}{4}\times 84.85\right)}{3600 - 490.87}$$

$$= \frac{152730 - 31237.74}{3109.13} ≒ 39.076 \text{ cm}$$

그런데, G_1점은 $\frac{1}{2}\overline{BC} = 42.425$이므로,

$\overline{CG} = 42.425 - 39.076 = 3.349 ≒ 3.35 \text{ cm}$

즉, 도심 G는 $\overline{BC}$상의 G_1에서 구멍의 반대측으로 3.35 cm 아래에 있다.

42. 그림과 같은 반원의 경우 도심점의 위치는 얼마인가?

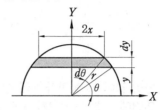

① $\dfrac{4r}{3\pi}$　　　　② $\dfrac{4\pi}{3r}$

③ $\dfrac{3r}{4\pi}$　　　　④ $\dfrac{3\pi}{4r}$

[해설] $x = r\cos\theta,\ y = r\sin\theta$
$dy = r\cos\theta\, d\theta,\ dA = 2x\,dy$

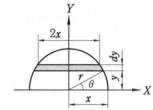

$$G_x = \int_A y\,dA = \int_0^r y(2x\,dy)$$

$$= \int_0^{\frac{\pi}{2}}(r\sin\theta)(2r\cos\theta)r\cos\theta\,d\theta$$

$$\left(\begin{array}{l} y = r\cos\theta \text{에서 } y = r \text{ 이려면,}\\ \sin\theta = 1\,(\theta = \pi/2)\\ y = 0 \text{ 이려면, } \sin\theta = 0\,(\theta = 0) \end{array}\right)$$

$$= \int_0^{\frac{\pi}{2}} 2r^3\cos^2\theta : \sin\theta\, d\theta$$

$$\left(\begin{array}{l} \cos\theta = t\\ \text{양변 미분} - \sin\theta d\theta = dt\\ \therefore\ d\theta = \dfrac{dt}{-\sin\theta} \end{array}\right)$$

$$= 2r^3\int_0^{\frac{\pi}{2}} t^2\sin\theta\left(\frac{dt}{-\sin\theta}\right)$$

$$= 2r^3\int_0^{\frac{\pi}{2}}(-t^2)\,dt = -2r^3\left[\frac{t^3}{3}\right]_0^{\frac{\pi}{2}}$$

$$= -2r^3\left[\frac{\cos^3\theta}{3}\right]_0^{\frac{\pi}{2}} = \frac{2}{3}r^3\,[\text{cm}^3]$$

$$A = \frac{1}{2}\pi r^2$$

$$\therefore \ \overline{y} = \frac{G_x}{A} = \frac{\dfrac{2}{3}r^3}{\dfrac{1}{2}\pi r^2} = \frac{4r}{3\pi}\,[\text{cm}]$$

43. 밑변의 길이 b, 높이가 h인 삼각형 단
면의 밑변에 관한 단면 2차 모멘트는?

① $\dfrac{bh^3}{3}$ 　　　② $\dfrac{bh^3}{6}$

③ $\dfrac{bh^3}{12}$ 　　　④ $\dfrac{bh^3}{24}$

[해설] 그림에서 $b : x = h : h - y$ 이므로,

$x = \dfrac{b(h-y)}{h}$, 따라서 빗금친 미소면적은,

$dA = x \cdot dy = \dfrac{b(h-y)}{h} \cdot dy$ 그러므로,

$$I_{AB} = \int y^2 dA = \int_0^h y^2 \cdot \frac{b(h-y)}{h} \cdot dy$$

$$= b\int_0^h y^2\left(1 - \frac{y}{h}\right)dy$$

$$= b\left[\frac{1}{3}y^3\right]_0^h - \left[\frac{y^4}{4h}\right]_0^h$$

$$= \frac{bh^3}{3} - \frac{bh^3}{4} = \frac{bh^3}{12}\,[\text{cm}^4]$$

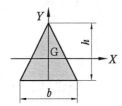

44. 그림과 같은 이등변 삼각형에서 y 축에
대한 단면 2차 모멘트는 얼마인가?

① $\dfrac{hb^3}{48}$ 　　　② $\dfrac{bh^3}{48}$

③ $\dfrac{hb^3}{96}$ 　　　④ $\dfrac{bh^3}{96}$

[해설] 삼각형 저변에서 단면 2차 모멘트

$$I_{base}(I_{저변}) = \frac{bh^3}{12}\,[\text{cm}^4]$$

빗금 부분의 단면 2차 모멘트

$$I_{y1} = \frac{1}{12}(h)\left(\frac{b}{2}\right)^3 = \frac{hb^3}{96}\,[\text{cm}^4]$$

$$\therefore \ I_y = I_{y1} + I_{y2} = 2I_{y1} = 2 \times \frac{hb^3}{96}$$

$$= \frac{hb^3}{48}\,[\text{cm}^4]$$

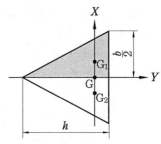

45. 그림과 같이 삼각형의 꼭짓점을 지나
는 $X - X'$에 대한 단면 2차 모멘트는?

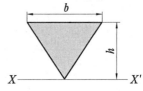

① $I_x' = \dfrac{bh^3}{36}$ 　　② $I_x' = \dfrac{bh^3}{12}$

③ $I_x' = \dfrac{bh^3}{6}$ 　　④ $I_x' = \dfrac{bh^3}{4}$

[해설] 임의의 미소면적을 dA라 하면,

$b : x = h : y$ 에서 $x = \dfrac{b \cdot y}{h}$ 이므로,

$dA = x \cdot dy = \dfrac{by}{h} \cdot dy$가 된다.

$$I_x' = \int_0^h y^3 dA = \int_0^h y^2 \cdot \frac{by}{h} \cdot dy$$

[정답] 43. ③ 44. ① 45. ④

$$= \frac{b}{h} \int_0^h y^2 dA = \frac{b}{h} \left[\frac{1}{4} y^4 \right]_0^h$$

$$= \frac{bh^3}{4}$$

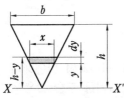

46. 그림과 같이 X축에 관하여 상하대칭인 보의 단면 2차 모멘트는 얼마인가?

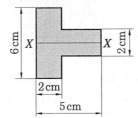

① $14\ \mathrm{cm}^4$　　　　② $26\ \mathrm{cm}^4$

③ $38\ \mathrm{cm}^4$　　　　④ $42\ \mathrm{cm}^4$

해설 그림과 같이 단면을 ①, ②로 나누어 각각의 단면 2차 모멘트를 합하면 되므로,

$$I_X = I_1 + I_2 = \frac{b_1 h_1^3}{12} + \frac{b_2 h_2^3}{12}$$

$$= \frac{2 \times 6^3}{12} + \frac{3 \times 2^3}{12} = \frac{456}{12} = 38\ \mathrm{cm}^4$$

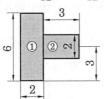

47. 다음 그림과 같은 보의 단면계수는 얼마인가?

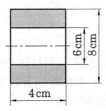

① $24.5\ \mathrm{cm}^3$　　　　② $28.5\ \mathrm{cm}^3$

③ $32.5\ \mathrm{cm}^3$　　　　④ $36.5\ \mathrm{cm}^3$

해설 단면 2차 모멘트

$$I = I_A - I_B = \frac{4 \times 8^3}{12} - \frac{4 \times 6^3}{12}$$

$$\fallingdotseq 98.67\ \mathrm{cm}^4$$

단면계수 $Z = \dfrac{98.67}{4} \fallingdotseq 24.67\ \mathrm{cm}^3$

48. 바깥지름이 d_2, 안지름이 d_1 인 중공 원형 단면의 단면계수 Z 및 극단면계수 Z_p 는 얼마인가?

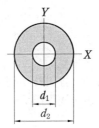

① $Z = \dfrac{\pi (d_2^3 - d_1^3)}{32}$

　　$Z_p = \dfrac{\pi (d_2^3 - d_1^3)}{16}$

② $Z = \dfrac{\pi (d_2^3 - d_1^3)}{64}$

　　$Z_p = \dfrac{\pi (d_2^3 - d_1^3)}{32}$

③ $Z = \dfrac{\pi (d_2^4 - d_1^4)}{32 d_2}$

　　$Z_p = \dfrac{\pi (d_2^4 - d_1^4)}{16 d_2}$

④ $Z = \dfrac{\pi (d_2^4 - d_1^4)}{64 d_2}$

　　$Z_p = \dfrac{\pi (d_2^4 - d_1^4)}{32 d_2}$

해설 도심을 지나는 중공 원형 단면의 2차 모멘트 $I = \dfrac{\pi (d_2^4 - d_1^4)}{64}$ 이므로,

단면계수 $Z = \dfrac{I_X}{e} = \dfrac{\dfrac{\pi(d_2{}^4 - d_1{}^4)}{64}}{\dfrac{d_2}{2}}$

$= \dfrac{\pi(d_2{}^4 - d_1{}^4)}{32d_2}[\text{cm}^3]$

또, 극단면계수 $Z_p = \dfrac{I_p}{e} = \dfrac{I_x + I_y}{e} = \dfrac{2I_x}{e}$

$= \dfrac{2 \times \dfrac{\pi(d_2{}^4 - d_1{}^4)}{64}}{\dfrac{d_2}{2}}$

$= \dfrac{\pi(d_2{}^4 - d_1{}^4)}{16d_2}[\text{cm}^3]$

49. 밑변이 b, 높이가 h인 4각형 단면의 도심에 대한 극단면 2차 모멘트는?

① $\dfrac{bh(b+h)}{12}$ ② $\dfrac{bh(b^2+h^2)}{12}$

③ $\dfrac{bh(b+h)}{24}$ ④ $\dfrac{bh(b^2+h^2)}{24}$

[해설] 도심을 지나고 두 수직축에 대한 단면 2차 모멘트는,

$I_x = \dfrac{bh^3}{12}$이고, $I_y = \dfrac{hb^3}{12}$이므로 극단면 2차 모멘트는,

$I_p = I_x + I_y = \dfrac{bh^3}{12} + \dfrac{hb^3}{12} = \dfrac{bh(b^2+h^2)}{12}$

50. 극단면 2차 모멘트가 600 cm^{4}인 원형 단면 중심축의 극단면계수는 몇 cm^{3}인가?

① 136   ② 247

③ 358   ④ 469

[해설] 원형 단면의 2차 모멘트 $I = \dfrac{\pi d^4}{64}$이므로, 극단면 2차 모멘트 $I_p = 2I = \dfrac{\pi d^4}{32}$이다.

그러므로 $\dfrac{\pi d^4}{32} = 600$에서,

$d^4 = \dfrac{600 \times 32}{\pi}$ 이므로, $d = 8.84$ cm

원형 단면의 극단면계수

$Z_p = \dfrac{I_p}{\dfrac{d}{2}} = \dfrac{2I_p}{d} = \dfrac{2 \times 600}{8.84} = 135.7$ cm^3

51. 다음 직사각형 단면에서 최소 회전반 지름의 크기를 구한 값은?

① 1.732 m   ② 1.533 m

③ 1.026 m   ④ 0.866 m

[해설] 그림에서 X축에 대한 단면의 회전 반지름

$k_x = \sqrt{\dfrac{I_x}{A}} = \sqrt{\dfrac{\dfrac{bh^3}{12}}{bh}} = \sqrt{\dfrac{h^2}{12}}$ 이고,

Y축에 대한 단면의 회전 반지름

$k_y = \sqrt{\dfrac{I_y}{A}} = \sqrt{\dfrac{\dfrac{bh^3}{12}}{bh}} = \sqrt{\dfrac{b^2}{12}}$ 인데,

$b = 3$ m, $h = 6$ m이므로, 최소 회전 반지름 은 Y축에 대한 회전 반지름이 된다.

$\therefore k_y = \sqrt{\dfrac{b^2}{12}} = \dfrac{b}{2\sqrt{3}} = \dfrac{3}{2\sqrt{3}}$

$= 0.8660$ m

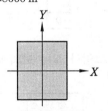

52. 그림과 같은 직사각형 단면에서 꼭지점 O를 지나는 주축의 방향을 지나는 $\tan 2\theta$ 의 값을 정하면 얼마인가?

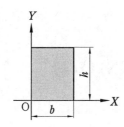

① $\dfrac{2bh}{3(b^2 - h^2)}$ ② $\dfrac{2bh}{3(b^2 + h^2)}$

③ $\dfrac{3bh}{2(b^2 - h^2)}$ ④ $\dfrac{3bh}{2(b^2 + h^2)}$

[해설] X축에 대한 단면 2차 모멘트 = 저변에 대한 2차 모멘트

$\therefore I_x = I_{G_x} + k_1{}^2 A$

$\quad = \dfrac{bh^3}{12} + \left(\dfrac{h}{2}\right)^2 \times (bh)$

$\quad = \dfrac{bh^3}{12} + \dfrac{bh^3}{4} = \dfrac{bh^3}{3}$

$I_y = I_{Gy} + k_2{}^2 \cdot A = \dfrac{hb^3}{3}$

$I_{xy} = \displaystyle\int_A xy\,dA = \dfrac{b^2 h^2}{4}\,[\text{cm}^4]$

$\therefore \tan 2\theta = \dfrac{2 I_{xy}}{I_y - I_x} = \dfrac{2 \times \dfrac{b^2 h^2}{4}}{\dfrac{hb^3}{3} - \dfrac{bh^3}{3}}$

$\quad = \dfrac{3bh}{2(b^2 - h^2)}$

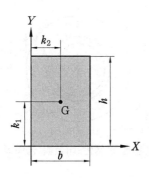

53. 다음 그림과 같이 8 cm×10 cm 인 직사각형의 상승 모멘트 I_{xy}는 얼마인가?

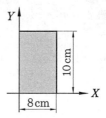

① 400 cm^4 ② 800 cm^4

③ 1200 cm^4 ④ 1600 cm^4

[해설] 그림에서 $dA = dx \cdot dy$이므로,

$I_{xy} = \displaystyle\int_A x \cdot y\,dA = \int_A x \cdot y \cdot dx \cdot dy$

$\quad = \displaystyle\int_0^b \int_0^h xy \cdot dx \cdot dy$

$\quad = \displaystyle\int_0^b x \cdot dx \cdot \int_0^h y \cdot dy$

$\quad = \left[\dfrac{x^2}{2}\right]_0^b \cdot \displaystyle\int_0^h y \cdot dy$

$\quad = \dfrac{b^2}{2} \cdot \left[\dfrac{y^2}{2}\right]_0^b = \dfrac{b^2 h^2}{4}$

$\quad = \dfrac{8^2 \times 10^2}{4} = 1600\,\text{cm}^4$

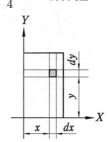

제5장 비틀림(torsion)

1. 원형축의 비틀림

1-1 비틀림 모멘트와 응력

그림과 같이 원형 단면의 축이 한쪽 끝을 고정하고 다른 쪽 끝에 우력(twisting moment) T를 작용시키면 이 표면 위에서 축선에 평행한 모선 AB는 비틀어져 AC로 변형되고 축 내부에서 비틀림 응력이 발생한다. 이때 가해진 우력을 비틀림 모멘트(torsional moment) 또는 토크(torque)라 한다.

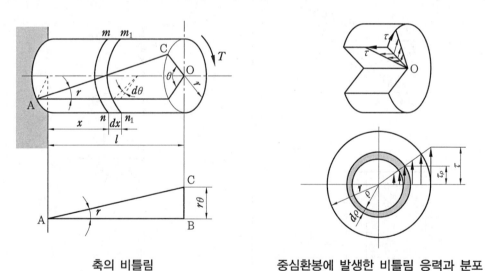

축의 비틀림   중심환봉에 발생한 비틀림 응력과 분포

그림에서 비틀림각이 작은 동안 원형을 유지하고 단면의 지름, 축의 거리는 변하지 않는다고 가정한다. AB는 AC로 비틀려 나선(helix)을 형성하고, 단면 반지름 OB는 OC로 변위하여 $\angle BOC = \theta$를 만든다.

반지름 r, $\angle BAC = \gamma$ 라면,

$$\tan\phi \doteqdot \phi = \frac{\mathrm{BC}}{\mathrm{AB}} = \frac{r\theta}{l} = \gamma$$

여기서, γ : 비틀림 모멘트 T에 의해서 길이 l의 원형축의 외주에 발생하는
전단변형률(shearing strain)

$$\therefore \ \gamma = \frac{r\theta}{l}\,[\mathrm{rad}] \ \cdots\cdots\cdots\cdots\cdots\cdots\cdots\cdots\cdots\cdots\cdots\cdots\cdots\cdots\cdots\cdots\cdots\cdots\cdots\cdots \ (5-1)$$

전단변형률 γ에 의해 발생하는 전단응력 τ 는,

$$\tau = G\gamma = G\frac{r\theta}{l} \ \cdots\cdots\cdots\cdots\cdots\cdots\cdots\cdots\cdots\cdots\cdots\cdots\cdots\cdots\cdots\cdots\cdots\cdots\cdots\cdots\cdots\cdots \ (5-2)$$

θ는 l에 비례하므로 θ/l은 일정한 값이며, $G\dfrac{\theta}{l}$는 일정한 값이 되므로, 전단응력 τ는
표면에서 최대가 되며, 중심(중립축)에서 0이 되고 직선적으로 증가함을 알 수 있다. 또한
비틀림 작용에 의해서 생기는 전단응력을 비틀림 응력(torsional stress)이라 한다.

$$\frac{\tau_\rho}{\tau} = \frac{\rho}{r} \ \text{에서}$$

$$\tau_\rho = \tau\frac{\rho}{r} = \frac{\rho\theta}{l}G \ \cdots\cdots\cdots\cdots\cdots\cdots\cdots\cdots\cdots\cdots\cdots\cdots\cdots\cdots\cdots\cdots\cdots\cdots\cdots\cdots\cdots \ (5-3)$$

단면중심 O로부터 반지름 ρ의 위치에 미소면적 dA의 원환을 고려하면, 그 면적 중에 발
생하는 전응력은 $\tau_\rho dA$로 되며, 이 전응력의 중심 O에 대한 비틀림 모멘트를 dT로 하면,

$$dT = \rho\tau_\rho dA = \rho\tau\frac{\rho}{r}dA = \frac{\tau}{r}\rho^2 dA$$

이 비틀림 모멘트를 중심 O에서 반지름 r까지 단면 전체에서 구한 적분값을 비틀림 저
항 모멘트라 하며, 비틀림 저항 모멘트 T'는 비틀림 모멘트 T에 대하여 저항하여 생긴
것으로서 크기가 같고 방향이 반대이다. 따라서,

$$T = T' = \int dT = \frac{\tau}{r}\int\rho^2 dA \ \cdots\cdots\cdots\cdots\cdots\cdots\cdots\cdots\cdots\cdots\cdots\cdots\cdots\cdots\cdots\cdots \ (5-4)$$

식 (5-4)에서 $\displaystyle\int\rho^2 dA$는 중심 O에 대한 단면의 극관성 모멘트 I_P이므로,

$$T = \frac{\tau}{r}\int\rho^2 dA = \frac{\tau}{r}I_P = \tau\frac{I_P}{r} = \tau Z_P\,[\mathrm{N\cdot m}] \ \cdots\cdots\cdots\cdots\cdots\cdots \ (5-5)$$

식 (5-5)에서 $\dfrac{I_P}{r}$는 단면에 따라 정해지는 특이값인 극단면계수 Z_P 이다. 원형 단면에
서 중심 O에 대한 극단면 2차 모멘트(극관성 모멘트) I_P는,

$$I_P = \frac{\pi d^4}{32}\left[\text{중공축인 경우} \ I_P = \frac{\pi}{32}(d_2{}^4 - d_1{}^4) = \frac{\pi d_2^4}{32}(1 - x^4)\right]$$

극단면계수 $Z_P = \dfrac{I_P}{e} = \dfrac{\pi d^4/32}{d/2} = \dfrac{\pi d^3}{16}\left[\text{중공축인 경우 } Z_P = \dfrac{\pi d_2^3}{16}\left(1-x^4\right)\right]$ 이므로

여기서, $x(\text{내외경비}) = \dfrac{d_1}{d_2} < 1$

$$T = \tau \cdot \frac{I_P}{r} = \tau \cdot Z_P = \tau \cdot \frac{\pi}{16}d^3[\text{N}\cdot\text{m}] \quad\cdots\cdots\cdots\cdots\cdots\cdots (5-6)$$

1-2　축의 강성도(stiffness)

축의 비틀림 그림에서 미소거리 dx를 취하면,

$$\gamma = \frac{r\,d\theta}{dx}\left(\gamma = r\cdot\frac{\theta}{l}\text{에서}\right)\text{이고, } \tau = \gamma G,\ T = \tau\frac{I_P}{r}\text{ 이므로,}$$

$$d\theta = \frac{\gamma}{r}dx = \frac{\tau}{G}\cdot\frac{dx}{r} = \frac{\tau}{r}\cdot\frac{dx}{G} = \frac{T}{I_P}\cdot\frac{dx}{G} = \frac{T}{GI_P}\cdot dx$$

$$\therefore\ \theta = \int_0^l \frac{T}{GI_P}dx = \frac{Tl}{GI_P}[\text{rad}] \quad\cdots\cdots\cdots\cdots\cdots\cdots\cdots (5-7)$$

$$\theta = \frac{Tl}{GI_P}[\text{rad}] = \frac{32\,Tl}{G\pi d^4}\times\frac{180}{\pi}[\text{deg}] = \frac{584\,Tl}{Gd^4}[\,^\circ\,] \quad\cdots\cdots\cdots (5-8)$$

식 (5-8)에서 축의 단위 길이당 비틀림각(비틀림률) θ/l을 축의 강성도(stiffness of shaft)라 하며,

$$\theta' = \frac{\theta}{l} = \frac{T}{GI_P}[\text{rad/m}] \quad\cdots\cdots\cdots\cdots\cdots\cdots\cdots\cdots (5-9)$$

전동축의 강도와 더불어 적당한 강성도를 필요로 하며, 일반적인 전동축에서는 축의 길이 1 m에 대하여 비틀림각을 1/4[도] 이내로 제한한 것이 표준이다.

또, 식 (5-7)에서 GI_P를 비틀림 강성계수(torsional rigidity)라 한다.

1-3　최대 비틀림 응력

최대 비틀림 응력 $\tau_{\max}$은 축의 표면에 발생하므로,

$$\tau = G\cdot\gamma = G\frac{r\theta}{l}\text{와 }\theta' = \frac{\theta}{l} = \frac{T}{GI_P}\text{에서,}$$

$$\therefore\ \tau\,(=\tau_{\max}) = G\cdot r\cdot\frac{T}{GI_P} = T\cdot\frac{r}{I_P} = \frac{T}{Z_P} = \frac{16\,T}{\pi d^3} \quad\cdots\cdots\cdots (5-10)$$

예제 1. 길이 l인 회전축이 비틀림 모멘트 T를 받을 때 비틀림 각도(θ°)는?

① 약 $584 \times \dfrac{Tl}{Gd^4}$

② 약 $57.3 \times \dfrac{Tl}{Gd^4}$

③ 약 $10 \times \dfrac{Tl}{Gd^4}$

④ 약 $360 \times \dfrac{Tl}{Gd^4}$

해설 $\theta = \dfrac{Tl}{GI_p} = \dfrac{32\,Tl}{G\pi\,d^4}, \quad \theta^\circ = \dfrac{180}{\pi} \times \theta \fallingdotseq 57.3 \times \theta$

$\therefore \; \theta^\circ = 57.3 \times \dfrac{T \cdot l}{G \cdot I_p} = 57.3 \times \dfrac{32\,Tl}{G \cdot \pi d^4} \fallingdotseq 584 \times \dfrac{T \cdot l}{G \cdot d^4}[^\circ]$　**정답** ①

예제 2. 지름 8 cm의 차축의 비틀림 각이 1.5 m에 대해 1°를 넘지 않게 하면 비틀림 응력은?
(단, $G =$ 80 GPa)

① $\tau \leq 37.2\,\text{MPa}$

② $\tau \leq 50.2\,\text{MPa}$

③ $\tau \leq 42.2\,\text{MPa}$

④ $\tau \leq 30.5\,\text{MPa}$

해설 $\tau \leq G \cdot \gamma = G \cdot \dfrac{\gamma\theta}{l} = 80 \times 10^9 \times \dfrac{0.04 \times 1}{1.5} \times \dfrac{\pi}{180} = 37.2 \times 10^6\,\text{Pa} = 37.2\,\text{MPa}$　**정답** ①

---

2. 동력축(power shaft)

축은 외부에서 가해지는 토크(torque)에 의해 회전하고, 원동기에서 동력을 전달한다.

(1) 중력 단위일 때

평균 토크를 $T[\text{kgf} \cdot \text{cm}]$, 각속도를 $\omega[\text{rad/s}]$, 분(分)당 회전수를 $N[\text{rpm}]$, 전달력을 $P[\text{kgf}]$, 원주속도를 $v[\text{m/s}]$, 전달마력을 PS 라 하면,

$1\text{PS} = 75\,\text{kgf} \cdot \text{m/s}$

$\quad\quad = 632.3\,\text{kcal/h} = 0.7355\,\text{kW}$

$1\,\text{kW} = 102\,\text{kgf} \cdot \text{m/s} = 860\,\text{kcal/h} = 3600\,\text{kJ/h}$

$\quad\quad = 1\,\text{kJ/s} = 1.36\,\text{PS}$

$PS = \dfrac{Pv}{75} = \dfrac{Pr\omega}{75} = \dfrac{T \cdot \omega}{75 \times 100}$

$\quad\quad = \dfrac{2\pi N \cdot T}{75 \times 100 \times 60} = \dfrac{2\pi NT}{450000}$

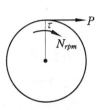

동력축

$$\therefore \ T = \frac{450000\,PS}{2\pi N} = 71620\,\frac{PS}{N}\,[\mathrm{kgf \cdot cm}] = 716200\frac{PS}{N}\,[\mathrm{kgf \cdot mm}]$$

$$= 7.02 \times 10^3 \frac{PS}{N}\,[\mathrm{N \cdot m}] \quad\cdots\cdots\cdots\cdots\cdots\cdots\cdots\cdots\cdots\cdots\cdots\cdots\cdots\cdots (5-11)$$

$$T = \tau \cdot \frac{\pi d^3}{16} = 71620\,\frac{PS}{N}\ \text{에서,}$$

$$\left.\begin{aligned}
\therefore \ d &= 71.5 \sqrt[3]{\frac{PS}{\tau \cdot N}}\ [\mathrm{cm}]\ \ (\tau : \mathrm{kgf/cm^2})\\[4pt]
d &= 32.95 \sqrt[3]{\frac{PS}{\tau \cdot N}}\ [\mathrm{m}]\ \ (\tau : \mathrm{Pa})
\end{aligned}\right\} \quad\cdots\cdots\cdots\cdots\cdots\cdots\cdots\cdots\cdots (5-12)$$

$$kW = \frac{Pv}{102} = \frac{T \cdot \omega}{102 \times 100} = \frac{2\pi NT}{102 \times 100 \times 60} = \frac{2\pi NT}{612000}$$

$$\therefore \ T = \frac{612000}{2\pi N} = 97400\,\frac{kW}{N}\,[\mathrm{kgf \cdot cm}] = 974000\,\frac{kW}{N}\,[\mathrm{kgf \cdot mm}]$$

$$= 9.55 \times 10^3 \frac{kW}{N}\,[\mathrm{N \cdot m}] \quad\cdots\cdots\cdots\cdots\cdots\cdots\cdots\cdots\cdots\cdots\cdots (5-13)$$

$$T = \tau \cdot \frac{\pi d^3}{16} = 97400\,\frac{kW}{N}\ \text{에서,}$$

$$\left.\begin{aligned}
\therefore \ d &= 79.2 \sqrt[3]{\frac{kW}{\tau \cdot N}}\ [\mathrm{cm}]\ \ (\tau : \mathrm{kgf/cm^2})\\[4pt]
d &= 36.51 \sqrt[3]{\frac{kW}{\tau \cdot N}}\ [\mathrm{m}]\ \ (\tau : \mathrm{Pa})
\end{aligned}\right\} \quad\cdots\cdots\cdots\cdots\cdots\cdots\cdots\cdots (5-14)$$

바하(Bach)의 이론에 의하여 연강축에서 $\theta = \frac{1}{4}\,[^\circ/\mathrm{m}]$ 이내가 적당하므로, 강도에 의한 축지름은 $G = 8 \times 10^5\,[\mathrm{kgf/cm^2}]$일 때,

$$d = 120 \sqrt[4]{\frac{PS}{N}}\ [\mathrm{mm}] = 130 \sqrt[4]{\frac{kW}{N}}\ [\mathrm{mm}] \quad\cdots\cdots\cdots\cdots\cdots\cdots\cdots (5-15)$$

(2) SI 단위일 때

평균 토크 $T\,[\mathrm{N \cdot m}]$, 각속도 $\omega\,[\mathrm{rad/s}]$, 분당 회전수 $N\,[\mathrm{rpm}]$, 전달력 $P\,[\mathrm{N}]$, 원주속도 $v\,[\mathrm{m/s}]$, 전달동력 $\mathrm{kW(kJ/s)}$ 라면, 전달마력 = 전달력 × 원주속도이므로,

$$\text{동력(power)} = P \times v = P \times (\omega \cdot r) = (P \cdot r) \cdot \omega = T \cdot \omega = T \cdot \frac{2\pi N}{60}\ [\mathrm{W}]$$

$$T = (9.55 \times 10^3)\frac{kW}{N}\,[\mathrm{N \cdot m}] = 9.55\frac{kW}{N}\,[\mathrm{kJ}] \quad\cdots\cdots\cdots\cdots\cdots\cdots (5-16)$$

예제 3. 7.5 kW의 모터가 3600 rpm으로 운전될 때 전단 응력이 60 MPa를 초과하지 못한다면 사용할 수 있는 최소 축 지름은?

① 6 mm

② 8 mm

③ 10 mm

④ 12 mm

해설 $T = 9.55 \times 10^6 \dfrac{kW}{N} = 9.55 \times 10^6 \times \dfrac{7.5}{3600} = 19895.83 \, \text{N} \cdot \text{mm}$

$T = \tau Z_p = \tau \dfrac{\pi d^3}{16}$

$d = \sqrt[3]{\dfrac{16\,T}{\pi\tau}} = \sqrt[3]{\dfrac{16 \times 19895.83}{\pi \times 60}} = 12 \, \text{mm}$

정답 ④

예제 4. 그림과 같은 계단 단면의 중실 원형축의 양단을 고정하고 계단 단면부에 비틀림 모멘트 T가 작용할 경우 지름 D_1과 D_2의 축에 작용하는 비틀림 모멘트의 비 T_1 / T_2은? (단, $D_1 = 8$ cm, $D_2 = 4$ cm, $l_1 = 40$ cm, $l_2 = 10$ cm이다.)

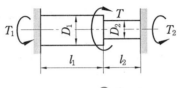

① 2

② 4

③ 6

④ 8

해설 T 작용점에서 좌·우 비틀림 각이 동일하므로, $\theta_1 = \theta_2$

$\dfrac{T_1 l_1}{G I_{p_1}} = \dfrac{T_2 l_2}{G I_{p_2}}$

$\therefore \dfrac{T_1}{T_2} = \dfrac{I_{p_1}}{I_{p_2}} \times \dfrac{l_2}{l_1} = \left(\dfrac{D_1}{D_2}\right)^4 \times \dfrac{l_2}{l_1} = \left(\dfrac{8}{4}\right)^4 \times \dfrac{10}{40} = 4$

정답 ②

3. 비틀림에 의한 탄성에너지(U)

비틀림을 받는 원형축은 토크에 의해 생긴 에너지를 축 속에 저장시키는데, 이 에너지를 변형률에너지 또는 탄성에너지라 한다. 그림에서 지름이 d, 길이가 l인 원형축이 비틀림 모멘트 T를 받아 θ 만큼 비틀렸다면 T가 봉에 한 일과 비틀림으로 인한 탄성에너지는 탄성한도 내에서 축에 저장되는 전 에너지는 △OAB의 면적으로 표시된다.

그림에서 △OAB의 면적

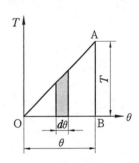

비틀림 변형(탄성)에너지

$$U = \frac{1}{2} T \cdot \theta \,[\text{J}] \,\,\cdots\cdots\cdots\cdots\cdots\cdots\cdots\cdots\cdots\cdots\cdots\cdots\cdots\cdots \,\,(5-17)$$

$\theta = \dfrac{Tl}{GI_P}$ 이므로,

$$U = \frac{1}{2} T \cdot \frac{Tl}{GI_P} = \frac{T^2 l}{2\,GI_P} \,[\text{J}] \,\,\cdots\cdots\cdots\cdots\cdots\cdots\cdots\cdots\cdots\cdots\cdots \,\,(5-18)$$

또한 $T = \tau \cdot Z_P = \tau \cdot \dfrac{\pi d^3}{16}$, $I_P = \dfrac{\pi d^4}{32}$ 을 식 $(5-18)$ 에 대입하면,

$$U = \frac{\left(\tau \cdot \dfrac{\pi}{16} d^3\right)^2 \cdot l}{2\,G \times \dfrac{\pi d^4}{32}} = \frac{\tau^2}{4G} \times \frac{\pi d^2}{4} \times l = \frac{\tau^2}{4G} \cdot V \,[\text{J}]$$

따라서, 비틀림에 의한 탄성에너지 U는,

$$U = \frac{1}{2} T\theta = \frac{T^2 l}{2\,GI_P} = \frac{\tau^2}{4G} \cdot V [\text{J}] \,\,\cdots\cdots\cdots\cdots\cdots\cdots\cdots\cdots \,\,(5-19)$$

단위 체적당 탄성에너지 u는,

$$u = \frac{U}{V} = \frac{\tau^2}{4G} \,[\text{J/m}^3] \,\,\cdots\cdots\cdots\cdots\cdots\cdots\cdots\cdots\cdots\cdots\cdots\cdots \,\,(5-20)$$

중공 원형축인 경우,

$T = \tau \cdot \dfrac{\pi}{16}\left(\dfrac{d_2{}^4 - d_1{}^4}{d_2}\right)$, $I_P = \dfrac{\pi}{32}(d_2{}^4 - d_1{}^4)$을 $U = \dfrac{T^2 l}{2\,GI_P}$ 에 대입 정리하면,

$$\left.\begin{aligned} U &= \frac{\tau^2}{4G}\left[1 + \left(\frac{d_1}{d_2}\right)^2\right] \cdot \frac{\pi}{4} \cdot (d_2{}^2 - d_1{}^2) \cdot l \\ u &= \frac{U}{V} = \frac{\tau^2}{4G}\left[1 + \left(\frac{d_1}{d_2}\right)^2\right] \end{aligned}\right\} \,\,\cdots\cdots\cdots\cdots \,\,(5-21)$$

예제 5. 지름 70 mm인 환봉에 20 MPa의 최대 응력이 생겼을 때의 비틀림 모멘트는 몇 kN · m 인가?

① 4.50   ② 3.60

③ 2.70   ④ 1.35

해설 $T = \tau Z_p = \tau \dfrac{\pi d^3}{16} = 20 \times 10^3 \times \dfrac{\pi \times (0.07)^3}{16} = 1.35 \text{ kN} \cdot \text{m(kJ)}$ 정답 ④

4. 코일 스프링

4-1 원통형 스프링

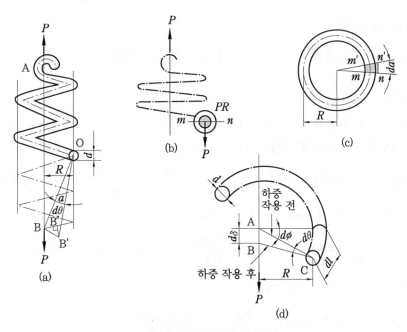

코일 스프링의 전단과 처짐

(1) 스프링의 전단응력

비틀림 모멘트(T)에 의한 비틀림 응력 τ_1은,

$$\tau_1 = \frac{T}{Z_P} = \frac{16\,T}{\pi d^3} = \frac{16PR}{\pi d^3}\,[\text{MPa}]$$

전단력 P에 의한 전단응력 τ_2는,

$$\tau_2 = \frac{P}{A} = \frac{4P}{\pi d^2}\,[\text{MPa}]$$

τ_2는 선재의 단면 하측으로 작용하므로 코일의 안쪽에서 τ_1의 방향과 일치하게 되어 mn 단면상에 걸리는 전응력은 τ_1, τ_2를 합하면 m점에서 최대 응력이 되며 그 크기는,

$$\tau_{\max} = \tau_1 + \tau_2 = \frac{16PR}{\pi d^3} + \frac{4P}{\pi d^2} = \frac{16PR}{\pi d^3}\left(1 + \frac{d}{4R}\right) \quad\cdots\cdots\cdots\cdots\cdots\cdots (5-22)$$

여기서, R : 코일의 반지름, d : 소선의 지름

여기서, $\dfrac{d}{4R}$ 는 전단응력의 영향을 표시하며, d/R 의 비가 클수록 최대 전단응력 $\tau_{\max}$ 가 증가함을 알 수 있다.

위의 식을 와일(Wahl)의 수정계수 $\left(\dfrac{4m-1}{4m-4} + \dfrac{0.615}{m}\right)$ 를 사용하면,

$$\tau_{\max} = \frac{16PR}{\pi d^3}\left(\frac{4m-1}{4m-4} + \frac{0.615}{m}\right) \quad\text{............} \quad (5-23)$$

여기서, $m = \dfrac{2R}{d}$

m 이 작아질수록 수정계수(correction factor)는 증가한다.

(2) 스프링의 처짐(δ)

스프링은 오직 비틀림에 의해서만 처짐이 일어난다고 가정하면, 스프링의 축 방향으로 하중 P를 가했을 때 소선의 비틀림각을 θ라고 하면,

원형 단면의 스프링에서 소선의 비틀림각 $\theta = \dfrac{Tl}{GI_P} = \dfrac{32\,Tl}{\pi d^4 G}$, 소선의 전체길이 l, 코일 수 n이라면, $l = 2\pi R \cdot n$, $T = PR$이므로,

$$\theta = \frac{32}{\pi d^4 G} \times (PR) \times (2\pi Rn) = \frac{64PR^2 n}{Gd^4} \quad\text{............}\quad (5-24)$$

스프링의 탄성에너지를 U_1이라면,

$$U_1 = \frac{1}{2}T\theta = \frac{1}{2}(PR) \cdot \frac{64PR^2 n}{Gd^4} = \frac{32P^2 R^3 n}{Gd^4}$$

스프링의 축하중 P를 받아 축방향으로 δ만큼 처졌다면 P가 스프링에 한 일 U_2는,

$$U_2 = \frac{1}{2}P\delta$$

P가 스프링에 한 일이 스프링 내에 저장된 탄성에너지와 같으므로 $U_1 = U_2$에서,

$$\frac{32P^2 R^3 n}{Gd^4} = \frac{1}{2}P\delta$$

$$\therefore \delta = \frac{64PR^3 n}{Gd^4} = \frac{8PD^3 n}{Gd^4}\,[\text{cm}] \quad\text{............}\quad (5-25)$$

단위 길이당의 처짐량에 대한 하중을 스프링 상수(spring constant) k라면,

$$k = \frac{P}{\delta} = \frac{Gd^4}{64R^3 n}\,[\text{N/cm}] \quad\text{............}\quad (5-26)$$

4-2 원추 코일 스프링

그림과 같이 원추형 스프링이 압축 하중 P를 받고 있다. 이 스프링의 평면도는 다음 식
으로 주어지는 스프링을 이루고 있다.

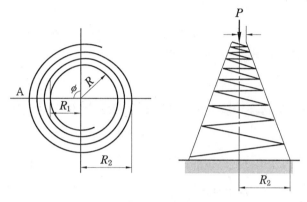

원추 코일 스프링의 비틀림

$$R = R_1 + \frac{(R_2 - R_1)\phi}{2\pi n} \quad\text{...}(5-27)$$

여기서, R 은 임의의 점 A에서의 스프링의 반지름이고, ϕ 는 그 위치의 각도이다. 스프
링 소선의 단위 길이의 비틀림각을 θ' 로 하고, 소선의 길이 $Rd\phi$ 가 비틀림을 받을 때 비
틀림각은 $\theta'Rd\phi$ 가 된다. 이 비틀림각에 의해 생기는 코일의 변화량, 즉 처짐은 $\theta'r^2 d\phi$
이다. 따라서, 코일의 반지름 R_1 에서 R_2 까지의 전신장량 δ는,

$$\delta = \int_0^{2\pi n} \theta' R^2 d\phi$$

$$\frac{dR}{d\phi} = \frac{R_2 - R_1}{2\pi n}, \ \ d\phi = \frac{2\pi n}{R_2 - R_1}dR \ \text{이므로,}$$

$$\delta = \frac{2\pi n}{R_2 - R_1} \int_{R_1}^{R_2} \theta' R^2 dR \ [\text{cm}] \quad\text{...}(5-28)$$

소선의 지름이 d인 원형의 경우,

$$\theta' = \frac{32PR}{\pi d^4} \times \frac{1}{G}$$

$$\therefore \ \delta = \frac{64n}{R_2 - R_1} \cdot \frac{P}{Gd^4} \int_{R_1}^{R_2} R^3 dR$$

$$= \frac{16nP}{Gd^4}(R_1 + R_2)(R_1{}^2 + R_2{}^2) \quad \text{\dotfill} \quad (5-29)$$

스프링 상수$(k) = \dfrac{P}{\delta}$에서,

$$k = \frac{Gd^4}{16n(R_1 + R_2)(R_1{}^2 + R_2{}^2)} \ [\text{N/cm}] \quad \text{\dotfill} \quad (5-30)$$

$R_1 = R_2 = R$이면 원통 코일 스프링의 처짐이 구해지며, $R_1 = 0$, $R_2 = R$이면 삼각형의 원추 코일 스프링의 처짐을 구할 수 있다.

예제 6. 코일 스프링의 평균 지름 D를 2배로 하면 같은 조건에서 처짐은 몇 배가 되는가?

① 2   ② 4

③ 6   ④ 8

해설 $\delta = \dfrac{8WD^3n}{Gd^4}$에서 $\delta \propto D^3$이므로

$\dfrac{\delta_2}{\delta_1} = \left(\dfrac{D_2}{D_1}\right)^3 = 2^3 = 8$배

정답 ④

출제 예상 문제

1. 지름 80 mm, 길이 600 mm, 종탄성계수 78.4 GPa 의 재료를 비틀어 0.1°를 얻었다. 이때 축에 생긴 최대 전단응력을 구하면 얼마인가?

① 9.12 MPa   ② 16.31 MPa

③ 19.43 MPa   ④ 2.96 MPa

해설 $\tau_{\max} = G\gamma = G\dfrac{\gamma\theta}{l}$

$$= 78.4 \times 10^3 \times \dfrac{40 \times \left(\dfrac{0.1}{57.3}\right)}{600}$$

$$= 9.12 \text{ MPa}(\text{N/mm}^2)$$

2. 비틀림 모멘트 T[N · m], 1분간 회전수 N[rpm], 동력 마력 PS 라 할 때, T 는 어느 식으로 표시되는가?

① $T = 9.55\dfrac{PS}{N}$ ② $T = 9550\dfrac{PS}{N}$

③ $T = 7162\dfrac{PS}{N}$ ④ $T = 7020\dfrac{PS}{N}$

해설 $T = 7.02\dfrac{PS}{N}$ [kN · m] $= 7020\dfrac{PS}{N}$ [N · m]

3. 바하(Bach)의 이론에 의하면 축지름 d 인 축이 회전수 N[rpm]으로 동력 PS를 전달할 때 $G = 78.4$ GPa, 1 m 에 대하여 1/4° 로 하면 축지름(cm)은 어느 것이 좋은가?

① $d = 120\sqrt[4]{\dfrac{PS}{N}}$

② $d = 12\sqrt[4]{\dfrac{PS}{N}}$

③ $d = 130\sqrt[4]{\dfrac{PS}{N}}$

④ $d = 43\sqrt[4]{\dfrac{PS}{N}}$

해설 $\theta° = 584 \times \dfrac{Tl}{Gd^4}$ (degree)에서

(1) $T = 7.02 \times 10^3 \dfrac{PS}{N}$ [N · m]

$$= 7.02 \times 10^5 \dfrac{PS}{N} \text{ [N · cm]}$$

$$d = 12\sqrt[4]{\dfrac{PS}{N}} \text{ [cm]}$$

$$= 120\sqrt[4]{\dfrac{PS}{N}} \text{ [mm]}$$

(2) $T = 9.55 \times 10^3 \dfrac{kW}{N}$ [N · m]

$$= 9.55 \times 10^5 \dfrac{kW}{N} \text{ [N · cm]}$$

$$d = 13\sqrt[4]{\dfrac{kW}{N}} \text{ [cm]} = 130\sqrt[4]{\dfrac{kW}{N}} \text{ [mm]}$$

4. 비틀림 모멘트 T[N · m]를 받으면서 매분 N 회전하는 축이 전달하고 있는 마력 (PS)은?

① $PS = \dfrac{T \cdot N}{30}$ ② $PS = \dfrac{2\pi NT}{75}$

③ $PS = \dfrac{TN}{7020}$ ④ $PS = \dfrac{\pi NT}{44100}$

해설 $T = 7.02 \times 10^3 \dfrac{PS}{N}$ [N · m]

$$PS = \dfrac{TN}{7.02 \times 10^3} = \dfrac{TN}{7020} \text{ [PS]}$$

5. 250 rpm으로 30 kW 를 전달시키는 주축의 지름을 강도상에서 구하면 얼마인가? (단, $\tau_w = 29.4$ MPa 이다.)

① 8.36 cm   ② 7.66 cm

③ 6.65 cm   ④ 5.83 cm

해설 $T = 9.55 \times 10^6 \dfrac{kW}{N}$

정답 1. ①   2. ④   3. ②   4. ③   5. ④

$$= 9.55 \times 10^6 \times \frac{30}{250} = 1146000 \text{ N} \cdot \text{mm}$$

$$T = \tau Z_p = \tau \frac{\pi d^3}{16}$$

$$d = \sqrt[3]{\frac{16\,T}{\pi\tau}} = \sqrt[3]{\frac{16 \times 1146000}{\pi \times 29.4}}$$

$$= 58.35 \text{ mm} = 5.835 \text{ cm}$$

6. 위 문제에서 $G = 81.34\,\text{GPa}$일 때 1 m 에 대하여 1/4°로 할 때의 축의 지름을 구하면 얼마인가?

① 7.65 cm   ② 7.14 cm

③ 6.47 cm   ④ 6.74 cm

해설 Bach's 축공식 적용(kW인 경우)

$$\therefore \ d = 13\sqrt[4]{\frac{kW}{N}} = 13\sqrt[4]{\frac{30}{250}} = 7.65 \text{ cm}$$

7. 490 N의 물체가 3 m 자유낙하하여 스프링 상수 196 kN/m 인 코일 스프링에 충돌하면 얼마나 압축되는가?

① 9.5 cm   ② 11.5 cm

③ 12.5 cm   ④ 14.5 cm

해설 탄성에너지 $U = P \times (h + \delta) = \frac{1}{2}W\delta$

$$W = k\delta$$

$$\therefore \ P(h + \delta) = \frac{1}{2}k\delta^2$$

$$490\,(3 + \delta) = \frac{1}{2} \times 196000 \times \delta^2$$

$$3 + \delta = 200\,\delta^2$$

$$\therefore \ 200\,\delta^2 - \delta - 3 = 0$$

$$(20\,\delta - 2.5)(10\,\delta + 1.2) = 0$$

$$\delta = 0.125 \text{ m}, \ 0.12 \text{ m},$$

$$\therefore \ \delta = 12.5 \text{ cm } \text{또는 } 12 \text{ cm}$$

8. 원형축이 비틀림 모멘트를 받고 있을 때, 전단응력에 대한 설명 중 맞는 것은?

① 지름에 반비례한다.

② 지름의 2승에 반비례한다.

③ 지름의 3승에 반비례한다.

④ 지름의 4승에 반비례한다.

해설 $T = \tau \cdot Z_P$ 에서,

$$\tau = \frac{T}{Z_P} = \frac{T}{\pi d^3 / 16} = \frac{16\,T}{\pi d^3}$$

따라서, 전단응력 τ는 지름 d의 3승에 반비례한다.

9. 비틀림 모멘트 $T\,[\text{kgf} \cdot \text{cm}]$, 1분간 회전수 $N\,[\text{rpm}]$, 전달마력 PS라고 하면 다음 중 옳은 것은?

① $T = 7162\,\dfrac{PS}{N}$

② $T = 71620\,\dfrac{PS}{N}$

③ $T = 9740\,\dfrac{PS}{N}$

④ $T = 97400\,\dfrac{PS}{N}$

해설 $PS = \dfrac{P \cdot v}{75} = \dfrac{P \cdot \gamma\omega}{75} = \dfrac{(P \cdot r)\omega}{75}$

$$= \frac{T \cdot \omega}{75 \times 100} = \frac{T \cdot 2\pi N}{75 \times 60 \times 100} \,[\text{PS}]$$

$$T = \frac{75 \times 60 \times 100\,PS}{2\pi N}$$

$$= 71620\,\frac{PS}{N}\,[\text{kgf} \cdot \text{cm}]$$

10. 다음 중 둥근 원축을 비틀 경우에 어느 것이 가장 어려운가?

① 지름이 크고, G의 값이 작을 때

② 지름이 작고, G의 값이 작을 때

③ 지름이 크고, G의 값이 클 때

④ 지름이 작고, G의 값이 클 때

해설 $\theta = \dfrac{Tl}{GI_P}$ 에서, θ가 작다는 것은 비틀기 어렵다는 것이다. θ가 작으려면 강성계수 $GI_P = G \times \dfrac{\pi d^4}{32}$가 커야 한다.

즉, G와 d가 크면 θ가 작다.

11. 다음 중 비틀림 모멘트에 대한 식으로

정답   **6.** ①   **7.** ③   **8.** ③   **9.** ②   **10.** ③   **11.** ④

옳은 것은?

① 단면계수 × 굽힘응력

② 전단변형률 × 단면계수

③ 단면계수 × 2차 모멘트

④ 전단응력 × 극단면계수

[해설] $T = \dfrac{\tau}{r} \int \rho^2 dA = \dfrac{\tau}{r} \cdot I_P$

$\qquad = \tau \cdot Z_P [\mathrm{N \cdot m}]$

12. 비틀림 모멘트 $T[\mathrm{N \cdot m}]$, 1분간 회전 수 $N[\mathrm{rpm}]$, 전달동력 kW 라고 하면 다음 중 옳은 것은?

① $T = 71620\dfrac{kW}{N}$ ② $T = 7020\dfrac{kW}{N}$

③ $T = 97400\dfrac{kW}{N}$ ④ $T = 9550\dfrac{kW}{N}$

[해설] $T = 9.55 \times 10^3 \dfrac{kW}{N} [\mathrm{N \cdot m}]$

13. 가로 탄성계수를 G, 비틀림 모멘트를 T로 하고, 극관성 모멘트를 I_p, 길이를 l 이라 할 때 전체 비틀림각 θ를 나타낸 식은?

① $\theta = \dfrac{TI_p}{Gl}$ ② $\theta = \dfrac{Tl}{GI_p}$

③ $\theta = \dfrac{I_p l}{GT}$ ④ $\theta = \dfrac{Gl}{TI_p}$

[해설] $\theta = \dfrac{Tl}{GI_P} [\mathrm{rad}] = \dfrac{584\,Tl}{Gd^4} [°]$

14. 지름 d인 봉의 허용 전단응력을 τ 라 할 때 이 봉이 받는 허용 비틀림 모멘트 T 는 다음 중 어느 것인가?

① $\tau\dfrac{\pi d^3}{16}$ ② $\tau\dfrac{\pi d^3}{32}$

③ $\tau\dfrac{\pi d^3}{48}$ ④ $\tau\dfrac{\pi d^3}{64}$

[해설] $T = \tau Z_p = \tau \dfrac{\pi d^3}{16} [\mathrm{N \cdot m}]$

15. 전단응력 τ_a, 비틀림 모멘트 T를 받는 원형축의 지름 d를 나타낸 것은?

① $\sqrt[3]{\dfrac{5.1\,T}{\tau_a}}$ ② $\sqrt[3]{\dfrac{10.2\,T}{\tau_a}}$

③ $\sqrt[4]{\dfrac{5.1\,T}{\tau_a}}$ ④ $\sqrt[4]{\dfrac{10.2\,T}{\tau_a}}$

[해설] $\tau_a = \dfrac{T}{Z_P} = \dfrac{16\,T}{\pi d^3} \doteqdot \dfrac{5.1\,T}{d^3}$

$\therefore d = \sqrt[3]{\dfrac{5.1\,T}{\tau_a}}$

16. 축에 작용하는 비틀림 모멘트를 T, 축의 길이를 l, 횡탄성계수를 G라 할 때 단위 길이당 비틀림각 θ'는? (단, d 는 축의 지름이다.)

① $\theta' = \dfrac{32\,T}{G\pi d^4}$ ② $\theta' = \dfrac{16\,Tl}{G\pi d^4}$

③ $\theta' = \dfrac{32\,T}{G\pi d^3}$ ④ $\theta' = \dfrac{32\,Tl}{G\pi d^4}$

[해설] 단위 길이당 비틀림각(θ')

$= \dfrac{\theta}{l} = \dfrac{T}{GI_p} = \dfrac{32\,T}{G\pi d^4} [\mathrm{rad/m}]$

축 전체 길이에 대한 비틀림각(θ)

$= \dfrac{Tl}{GI_p} = \dfrac{32\,Tl}{G\pi d^4} [\mathrm{rad}]$

17. 회전수가 500 rpm, 전달동력이 4 kW 인 전동축의 비틀림 모멘트는 얼마인가?

① $57.3\,\mathrm{N \cdot m}$ ② $76.4\,\mathrm{N \cdot m}$

③ $77.9\,\mathrm{N \cdot m}$ ④ $97.4\,\mathrm{N \cdot m}$

[해설] $T = 9.55\dfrac{kW}{N} [\mathrm{kJ}]$

$\qquad = 9.55 \times 10^3 \dfrac{kW}{N} [\mathrm{J}]$

$\qquad = 9.55 \times 10^3 \times \dfrac{4}{500} = 76.4\,\mathrm{N \cdot m(J)}$

18. 비틀림 모멘트를 T, 비틀림각을 θ 라 할 때, 원형축 속에 저축되는 탄성에너지

정답 **12.** ④ **13.** ② **14.** ① **15.** ① **16.** ① **17.** ② **18.** ①

의 식을 맞게 나타낸 것은?

① $U = \dfrac{1}{2} T\theta$ 　　② $U = \dfrac{1}{2} T^2\theta$

③ $U = 2 T\theta$ 　　④ $U = 2 T^2\theta$

[해설] $U = \triangle OAB$의 면적

$$= \dfrac{1}{2} T\theta [\text{J}]$$

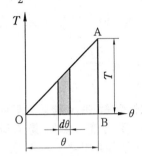

19. 원형 단면의 전단응력이 τ, 횡탄성계수가 G라 할 때, 단위 체적당 탄성에너지 u를 맞게 나타낸 식은?

① $u = \dfrac{\tau^2}{2G}$ 　　② $u = \dfrac{\tau}{2G^2}$

③ $u = \dfrac{\tau^2}{4G}$ 　　④ $u = \dfrac{\tau}{4G^2}$

[해설] $U = \dfrac{1}{2} T\theta = \dfrac{T^2 l}{2 GI_P} = \dfrac{\tau^2}{4G} \cdot V$

$$\therefore \ u = \dfrac{U}{V} = \dfrac{\tau^2}{4G}$$

20. 평균지름 25 cm, 소선의 지름 1.25 cm인 원통형 코일 스프링에 176.4 N의 축하중을 작용시켰더니 축방향으로 10 cm가 늘어났다. 이때 이 코일 스프링에 저장된 탄성에너지의 크기는 얼마인가?

① 2.50 J 　　② 1.80 J

③ 10.21 J 　　④ 8.82 J

[해설] 스프링의 탄성에너지

$$U = \dfrac{1}{2} P\delta = \dfrac{1}{2} \times 176.4 \times 0.1$$

$$= 8.82 \,\text{N} \cdot \text{m} = 8.82 \,\text{J}$$

21. 소선의 지름이 d, 평균 지름이 D인 코일 스프링에서 스프링 하중 P를 가할 때 스프링 내의 최대 전단응력 τ를 구하면? [단, K는 와일(Wahl)의 수정계수이다.]

① $\tau = \dfrac{16KDP}{\pi d^3}$ 　　② $\tau = \dfrac{8KDP}{\pi d^3}$

③ $\tau = \dfrac{\pi d^3}{16KDP}$ 　　④ $\tau = \dfrac{\pi d^3}{8KDP}$

[해설] $\tau = \dfrac{16 PR}{\pi d^3} \left(\dfrac{4m-1}{4m-4} + \dfrac{0.615}{m} \right)$

$$= \dfrac{8 PD}{\pi d^3} \times K [\text{MPa}]$$

22. 코일 스프링의 처짐량을 나타내는 식이 $\delta = \dfrac{64\pi PR^3}{Gd^4}$이다. 이때 스프링 소선의 길이($l$)는 얼마인가? (단, δ는 처짐량, P는 하중, R은 스프링의 반지름, d는 소선의 지름, l은 소선의 길이, n은 감긴 수이다.)

① $l = \dfrac{Gd^4\pi\delta}{64PR^2 n}$ 　　② $l = \dfrac{Gd^4\delta}{64PR^2}$

③ $l = \dfrac{Gd^4\pi\delta}{32PR^2}$ 　　④ $l = \dfrac{Gd^4\delta}{32PR^2}$

[해설] $\delta = \dfrac{64n PR^3}{Gd^4}$에서 스프링 소선의 길이

$l = 2\pi n R$ 이므로, $R = \dfrac{l}{2\pi n}$을 대입하면,

$$\delta = \dfrac{64n PR^2}{Gd^4} \cdot \left(\dfrac{l}{2\pi n} \right) = \dfrac{32 PR^2 l}{\pi Gd^4}$$

$$\therefore \ l = \dfrac{\pi Gd^4 \delta}{32 PR^2}$$

23. 코일의 지름이 D, 소선의 지름이 d, 횡탄성계수가 G, 유효권수가 n일 때 하중 P를 가했다면 처짐량 δ를 구하는 식은 어느 것인가?

① $\delta = \dfrac{64nD^3 P}{Gd^4}$ 　　② $\delta = \dfrac{64nD^4 P}{Gd^3}$

---

③ $\delta = \dfrac{8nD^3P}{Gd^4}$ ④ $\delta = \dfrac{8nD^3P}{Gd^3}$

[해설] $\delta = \dfrac{8nD^3P}{Gd^4} = \dfrac{8nC^3P}{Gd}$ [cm]

24. 다음 중 원통형 코일 스프링의 평균지름이 25 cm, 코일의 수 10, 소선의 지름 1.25 cm에 176.4 N의 축하중을 받을 때, 스프링 상수(k)는 얼마인가? (단, 전단 탄성계수 $G = 86.24$ GPa이다.)

① 16.84   ② 26.32
③ 13.52   ④ 42.91

[해설] 스프링 상수$(k) = \dfrac{P}{\delta} = \dfrac{Gd^4}{64R^3n}$

$= \dfrac{Gd^4}{8D^3n} = \dfrac{(86.24 \times 10^5) \times 1.25^4}{8 \times 25^3 \times 10}$

$\fallingdotseq 16.84$ N/cm

86.24 GPa $= 86.24 \times 10^9$ N/m^2
$\qquad\qquad = 86.24 \times 10^5$ N/cm^2

25. 코일 스프링에서 코일의 평균지름을 2배로 하면 같은 축방향의 하중에 따른 처짐은 몇 배가 되는가?

① 4 배   ② 8 배
③ 16 배   ④ 32 배

[해설] $\delta = \dfrac{8nPD^3}{Gd^4}$ 에서 $\delta \propto D^3$이므로 평균지름을 2배로 하면 처짐은 $2^3 = 8$배가 된다.

26. 지름이 14 cm인 차축에 19.6 kN · m의 비틀림 모멘트가 작용한다면 최대 전단응력은 MPa인가?

① 18.56   ② 36.38
③ 55.68   ④ 74.24

[해설] $\tau_{max} = \dfrac{16T}{\pi d^3} = \dfrac{16 \times 19.6}{\pi \times (0.14)^3}$

$= 36378.272$ kPa

$\fallingdotseq 36.38$ MPa

27. 허용 전단응력이 $\tau_a = 78.4$ MPa이고, 19.6 kN · m의 비틀림 모멘트를 받고 있는 전동축의 지름은 얼마인가?

① 30.5 cm   ② 27.6 cm
③ 14.7 cm   ④ 10.8 cm

[해설] 비틀림 모멘트$(T) = \tau_a \cdot \dfrac{\pi}{16}d^3$ 에서,

$d = \sqrt[3]{\dfrac{5.1T}{\tau_a}} = \sqrt[3]{\dfrac{5.1 \times 19600}{(78.4 \times 10^6)}}$

$\fallingdotseq 0.108$ m $= 10.8$ cm

28. 매분 회전수 $N = 500$ rpm으로 100 PS를 전달시키려면 연강제의 원축의 지름을 얼마로 하면 되는가? (단, 허용 전단응력은 49 MPa이다.)

① 71.5 mm   ② 52.7 mm
③ 48.5 mm   ④ 35.7 mm

[해설] $T = 7.02 \times 10^6 \dfrac{PS}{N}$

$= 7.02 \times 10^6 \times \dfrac{100}{500}$

$= 1404000$ N · mm

$T = \tau Z_p = \tau \dfrac{\pi d^3}{16}$

$d = \sqrt[3]{\dfrac{16T}{\pi\tau}} = \sqrt[3]{\dfrac{16 \times 1404000}{\pi \times 49}} = 52.7$ mm

29. 중실 원형축의 지름을 2배로 증가시켰을 때 비틀림 모멘트는 몇 배가 되는가?

① 4배   ② 6배
③ 8배   ④ 10배

[해설] 비틀림 모멘트(T)는 지름$(d)^3$에 비례한다$(T \propto d^3)$.

$\therefore \dfrac{T_2}{T_1} = \left(\dfrac{d_2}{d_1}\right)^3 = (2)^3 = 8, \quad T_2 = 8T_1$

30. 지름 4 cm의 연강봉이 1200 rpm으로 회전하고 있다. 허용 전단응력을 39.2 MPa로 할 때 이 축은 몇 마력(PS)을 전달할

수 있는가?

① 84 PS   ② 96 PS

③ 104 PS   ④ 165 PS

해설 $T = 7.02 \times 10^6 \dfrac{PS}{N}\ [\text{N} \cdot \text{mm}]$

$$PS = \frac{TN}{7.02 \times 10^6} = \frac{492352 \times 1200}{7.02 \times 10^6}$$

$$= 84.16\ \text{PS}$$

$$T = \tau Z_p = \tau \frac{\pi d^3}{16}$$

$$= 39.2 \times \frac{\pi \times 40^3}{16} = 492352\ \text{N} \cdot \text{mm}$$

31. 축의 허용 비틀림 응력이 τ_a, 회전수가 $N\,[\text{rpm}]$, 전달마력 PS라 할 때, 지름 $d\,[\text{cm}]$를 구하는 식을 맞게 나타낸 것은?

① $d = 71.5\ \sqrt[3]{\dfrac{PS}{\tau N}}$

② $d = 79.2\ \sqrt[3]{\dfrac{PS}{\tau N}}$

③ $d = 120\ \sqrt[3]{\dfrac{PS}{\tau N}}$

④ $d = 130\ \sqrt[3]{\dfrac{PS}{\tau N}}$

해설 $T = \tau \cdot \dfrac{\pi}{16} d^3,\ \ T = 71620 \dfrac{PS}{N}\,[\text{kgf} \cdot \text{cm}]$

에서 $\tau \cdot \dfrac{\pi}{16} d^3 = 71620\,\dfrac{PS}{N}\,[\text{kgf} \cdot \text{cm}]$이

므로,

$$\therefore\ d \fallingdotseq 71.5\ \sqrt[3]{\frac{PS}{\tau N}}\ [\text{cm}]$$

참고로 전달마력이 kW인 경우에는,

$T = \tau \cdot \dfrac{\pi}{16} d^3,\ \ T = 97400\,\dfrac{kW}{N}\,[\text{kgf} \cdot \text{cm}]$

에서, $\tau \cdot \dfrac{\pi}{16} d^3 = 97400\,\dfrac{kW}{N}\,[\text{kgf} \cdot \text{cm}]$이

므로,

$$\therefore\ d \fallingdotseq 79.2\ \sqrt[3]{\frac{kW}{\tau N}}\ [\text{cm}]$$

32. 지름이 6 cm이고, 길이 1 m당 1°의 비틀림각이 생기는 축이 매분 300 회전할 때의 전달마력은 몇 PS인가? (단, 가로탄성계수 $G = 78.4\,\text{GPa}$이다.)

① 41.1   ② 52.2

③ 63.3   ④ 74.4

해설 $\theta = \dfrac{Tl}{GI_p}\,[\text{rad}] = \dfrac{584\,Tl}{Gd^4}\,[°]$

$$T = 7.02 \frac{PS}{N}\,[\text{kJ}] = 7.02 \times 10^3 \frac{PS}{N}\,[\text{N} \cdot \text{m}]$$

$$\theta = \frac{584l}{Gd^4} \times 7.02 \frac{PS}{N}\,[°]$$

$$\therefore\ PS = \frac{Gd^4 N \times \theta}{584 \times l \times 7.02}$$

$$= \frac{78.4 \times 10^6 \times (0.06)^4 \times 300 \times 1}{584 \times 1 \times 7.02}$$

$$= 74.35\ \text{PS}$$

33. 실체원축에 있어서 다른 조건은 동일하게 하고, 지름을 2배로 하면 비틀림각은 몇 배가 되는가?

① 16   ② 32

③ $\dfrac{1}{16}$ ④ $\dfrac{1}{32}$

해설 $\theta = \dfrac{Tl}{GI_p} = \dfrac{Tl}{G\dfrac{\pi d^4}{32}} = \dfrac{32\,Tl}{G\pi d^4}\,[\text{rad}]$이므로

$$\therefore\ \frac{\theta_2}{\theta_1} = \frac{\dfrac{32\,Tl}{G\pi d_2^{\,4}}}{\dfrac{32\,Tl}{G\pi d_1^{\,4}}} = \frac{d_1^{\,4}}{d_2^{\,4}} = \frac{d_1^{\,4}}{(2d_1)^4} = \frac{1}{16}$$

$$\therefore\ \theta_2 = \frac{1}{16}\theta_1$$

34. 바깥지름 $d_2 = 20\,\text{cm}$, 안지름 $d_1 = 10$ cm의 중공축은 동일 면적을 가진 중실축의 몇 배의 비틀림 모멘트에 견디는가?

① 1.28   ② 1.44

③ 1.72   ④ 1.96

[해설] 중실축의 지름을 d 라 하면, 중실축의 비틀림 모멘트 $T_1 = \tau \cdot \dfrac{\pi}{16} \cdot d^3$ 이고, 중공축의 비틀림 모멘트 $T_2 = \tau \cdot \dfrac{\pi}{16} \cdot \dfrac{d_2^{\,4} - d_1^{\,4}}{d_2}$ 이 된다. 그런데, 단면적은 동일하다고 하였으므로,

$\dfrac{\pi d^2}{4} = \dfrac{\pi(d_2^{\,2} - d_1^{\,2})}{4}$ 에서 $d^2 = d_2^2 - d_1^2$

$d = \sqrt{d_2^{\,2} - d_1^{\,2}} = \sqrt{20^2 - 10^2}$

$\quad = \sqrt{400 - 100} = 17.32\,\text{cm}$

$\therefore \dfrac{T_2}{T_1} = \dfrac{\tau \cdot \dfrac{\pi}{16} \cdot \dfrac{d_2^{\,4} - d_1^{\,4}}{d_2}}{\tau \cdot \dfrac{\pi}{16} \cdot d^3} = \dfrac{d_2^{\,4} - d_1^{\,4}}{d_2 \cdot d^3}$

$\quad = \dfrac{20^4 - 10^4}{20 \times (17.32)^3} = \dfrac{160000 - 10000}{103914}$

$\quad \fallingdotseq 1.44\,\text{배}$

35. 바깥지름이 16 cm, 안지름이 10 cm인 중공축이 매분당 200회전할 때 전달하는 동력은 몇 kW인가? (단, $\tau = 29.4$ MPa 이다.)

① 240 ② 380
③ 420 ④ 560

[해설] $T = 9.55 \dfrac{kW}{N}$ [kN · m = kJ]

$T = \tau Z_p = \tau \dfrac{\pi d_2^3}{16}(1 - x^4)$

$\quad = 29.4 \times 10^3 \times \dfrac{\pi (0.16)^3}{16}\left[1 - \left(\dfrac{10}{16}\right)^4\right]$

$\quad = 20.03\,\text{kJ}$

$kW = \dfrac{T \cdot N}{9.55} = \dfrac{20.03 \times 200}{9.55} \fallingdotseq 420\,\text{kW}$

36. 길이 2 m, 지름 8 cm의 축이 300 rpm으로 50마력을 전달할 때 비틀림 각도(θ)는 몇 도인가? (단, $G = 78.4$ GPa 이다.)

① 0.38 ② 0.43

③ 0.95 ④ 0.62

[해설] $T = 7.02 \dfrac{PS}{N}$ [kJ] $= 7.02 \times \dfrac{50}{300}$

$\quad = 1.17\,\text{kJ}(\text{kN} \cdot \text{m})$

$\theta^\circ = 57.3 \dfrac{Tl}{GI_p} = 57.3 \dfrac{32\,Tl}{G\pi d^4} = 584 \dfrac{Tl}{Gd^4}$

$\quad = 584 \times \dfrac{1.17 \times 2}{78.4 \times 10^6 \times (0.08)^4} \fallingdotseq 0.43^\circ$

37. 중공원형 단면축의 바깥지름이 안지름의 2배일 때 비틀림 강도가 같고 길이가 같은 중공원형 단면축과 원형 단면축의 중량비는 얼마인가?

① 0.5 ② 0.64
③ 0.78 ④ 0.82

[해설] 중공원형 단축면의 비틀림 강도

$\tau_1 = \dfrac{16\,Td_2}{\pi(d_2^{\,4} - d_1^{\,4})} = \dfrac{16\,Td_2}{\pi\left\{d_2^{\,4} - \left(\dfrac{d_2}{2}\right)^4\right\}}$

$\quad = \dfrac{16\,Td_2}{\pi \cdot \dfrac{15}{16}d_2^{\,4}} = \dfrac{16\,T}{\dfrac{15}{16}\pi d_2^{\,3}} = \dfrac{16^2\,T}{15\pi d_2^{\,3}}$

원형 단면의 비틀림 강도 $\tau_2 = \dfrac{16\,T}{\pi d^3}$ 이므로,

$\tau_1 = \tau_2$ 에서 $\dfrac{16^2\,T}{15\pi d_2^{\,3}} = \dfrac{16\,T}{\pi d^3}$

$d^3 = \dfrac{15}{16}d_2^{\,3},\ d = \sqrt[3]{\dfrac{15}{16}}\,d_2 = 0.9787 d_2$

중량 $W = \gamma Al$ 에서 동일재료이므로 γ가 같고 길이가 같으므로 중량비는 단면적비와 같다.

$\therefore \dfrac{A_1}{A_2} = \dfrac{\dfrac{\pi}{4}\left\{d_2^{\,2} - \left(\dfrac{d_2}{2}\right)^2\right\}}{\dfrac{\pi}{4}d^2}$

$\quad = \dfrac{\dfrac{3}{4}d_2^{\,2}}{d^2} = \dfrac{\dfrac{3}{4}d_2^{\,2}}{(0.9787 d_2)^2} \fallingdotseq 0.78$

38. 지름이 142 mm인 축이 400 rpm으로 회전하고 있다. 8 m 떨어진 두 단면에서

측정한 비틀림각이 $\dfrac{1}{10}$ rad 이었다면, 이 축에 작용하고 있는 비틀림 모멘트는 얼마인가? (단, 전단 탄성계수는 78.4 GPa 이다.)

① 24760 N · m　　② 39098 N · m

③ 51843 N · m　　④ 75336 N · m

해설 비틀림각$(\theta) = \dfrac{Tl}{GI_p} = \dfrac{32\,Tl}{G\pi d^4}$

$$T = \dfrac{G\pi d^4 \theta}{32l}$$

$$= \dfrac{(78.4 \times 10^3) \times \pi \times 142^4 \times \dfrac{1}{10}}{32 \times 8000}$$

$$= 39098412.4 \text{ N} \cdot \text{mm} = 39098.4 \text{ N} \cdot \text{m}$$

39. 지름이 10 cm인 차축이 매분 200 rpm 으로 회전하고, 차축의 1 m에 대하여 1/4°의 비틀림각으로 전달할 수 있는 마력을 구하면? (단, $G = 78.4$ GPa이다.)

① 95.6 PS　　② 84.7 PS

③ 76.4 PS　　④ 63.2 PS

해설 비틀림각$(\theta) = \dfrac{Tl}{GI_P}$ [rad] $= \dfrac{584\,Tl}{Gd^4}$ [°]

$$T = 7.02 \times 10^6 \dfrac{PS}{N} = \dfrac{Gd^4 \theta}{584l} \text{ [N} \cdot \text{mm]}$$

$$PS = \dfrac{TN}{7.02 \times 10^6} = \dfrac{\left(\dfrac{Gd^4 \theta}{584l}\right)N}{7.02 \times 10^6}$$

$$= \dfrac{78.4 \times 10^3 \times 100^4 \times 0.25 \times 200}{7.02 \times 10^6 \times 584 \times 1000}$$

$$\fallingdotseq 95.6 \text{ PS}$$

40. 회전수 120 rpm, 전달동력이 100 PS 되도록 연강($G = 78.4$ GPa) 축을 만들고자 한다. 축의 전단응력은 78.4 MPa, 허용 비틀림각은 1 m 당 $\theta = \dfrac{1}{4}$°일 때, 축의 지름 d 는 얼마로 하면 되는가?

① 10.5 cm　　② 11.5 cm

③ 12.5 cm　　④ 13.5 cm

해설 $T = 7.02 \times 10^6 \dfrac{PS}{N} = 7.02 \times 10^6 \times \dfrac{100}{120}$

$$= 5850000 \text{ N} \cdot \text{mm}$$

$$\theta = \dfrac{584\,Tl}{Gd^4} \text{ [°]}$$

$$d = \sqrt[4]{\dfrac{584\,Tl}{G\theta}} = \sqrt[4]{\dfrac{584 \times 5850000 \times 1000}{78.4 \times 10^3 \times 0.25}}$$

$$= 114.9 \text{ mm} = 11.49 \text{ cm} \fallingdotseq 11.5 \text{ cm}$$

41. 지름 4 cm 의 회전축에서 길이 1.6 m 마다 1 / 45 rad 의 비틀림이 생겼다. 이 때 축의 전달동력은 20.5마력이며, 횡탄성계수 $G = 78.4$ GPa일 때, 회전축의 회전수는?

① 526 rpm　　② 325 rpm

③ 277 rpm　　④ 519 rpm

해설 $\theta = \dfrac{Tl}{GI_p} = \dfrac{32 \times 7.02 \times 10^6 \left(\dfrac{PS}{N}\right) l}{G\pi d^4}$

$$= \dfrac{32 \times 7.02 \times 10^6 PS \cdot l}{G\pi d^4 N} \text{ [radian]}$$

$$N = \dfrac{32 \times 7.02 \times 10^6 PS \cdot l}{G\pi d^4 \theta}$$

$$= \dfrac{32 \times 7.02 \times 10^6 \times 20.5 \times 1600}{78.4 \times 10^3 \times \pi \times 40^4 \times \dfrac{1}{45}}$$

$$\fallingdotseq 526 \text{ rpm}$$

42. 길이 $l = 10$ m인 원형 단면축 비틀림 모멘트 $T = 9800$ N · m을 작용시키면 축의 비틀림각은 얼마인가? (단, 사용 전단 응력 $\tau_W = 49$ MPa, $G = 78.4$ GPa이다.)

① 0.04 rad　　② 0.09 rad

③ 0.12 rad　　④ 0.19 rad

해설 $d = \sqrt[3]{\dfrac{16\,T}{\pi\tau}} = \sqrt[3]{\dfrac{5.1\,T}{\tau}}$

$$= \sqrt[3]{\dfrac{5.1 \times 9800000}{49}} = 100.66 \text{ mm}$$

$$\theta = \frac{Tl}{GI_p} = \frac{32\,Tl}{G\pi d^4}$$

$$= \frac{32 \times 9800 \times 10^3 \times 10000}{78.4 \times 10^3 \times \pi \times 100^4} = 0.127 \text{ rad}$$

43. 그림과 같이 지름 d인 봉을 양단으로 고정하여 놓았다. m점에서 비틀림 모멘트 T를 작용하면 양단 A, B에 발생하는 비틀림 모멘트 T_A, T_B를 구하면?

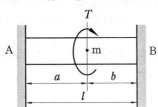

① $T_A = \frac{a}{l}T$, $T_B = \frac{b}{l}T$

② $T_A = \frac{b}{l}T$, $T_B = \frac{a}{l}T$

③ $T_A = \frac{a^2}{l}T$, $T_B = \frac{b^2}{l}T$

④ $T_A = \frac{b^2}{l}T$, $T_B = \frac{a^2}{l}T$

[해설] 그림의 평형 조건에서

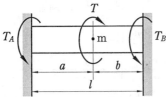

$T = T_A + T_B$ ·················· ㉠

또, m점에서 좌우 비틀림각은 같으므로,

$$\theta = \frac{T_A \cdot a}{GI_p} = \frac{T_B \cdot b}{GI_p}$$

$\therefore T_A \cdot a = T_B \cdot b$ ·················· ㉡

식 ㉠, ㉡을 연립하여 풀면,

$$T_A = \frac{b}{a+b}T = \frac{Tb}{l} = T - T_B [\text{N} \cdot \text{m}]$$

$$T_B = \frac{a}{a+b}T = \frac{Ta}{l} = T - T_A [\text{N} \cdot \text{m}]$$

44. 비틀림 모멘트 $T = 98\,\text{N} \cdot \text{m}$를 작용시킬 때 하중점에서의 비틀림각은 몇 rad인가? (단, 전단 탄성계수 $G = 78.4\,\text{GPa}$, 극단면 2차 모멘트 $I_P = 600\,\text{cm}^4$이다.)

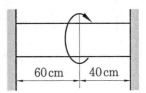

① 4×10^{-4} ② 5×10^{-4}
③ 4×10^{-5} ④ 5×10^{-5}

[해설] 위의 문제에서 $\theta = \frac{T_A \cdot a}{GI_p} = \frac{T_B \cdot b}{GI_p}$

이고, $T_A = \frac{b}{l}T$이므로,

$$\therefore \theta = \frac{Tab}{GI_p l} = \frac{98 \times 10^3 \times 600 \times 400}{78.4 \times 10^3 \times 600 \times 10^4 \times 10^3}$$

$$= 5 \times 10^{-5} \text{ rad}$$

45. 지름이 20 cm인 원동축의 회전속도를 1/8로 감속시켜 종동축에 전달하려 한다. 종동축의 지름을 얼마로 하면 되겠는가? (단, 양축의 허용 전단응력은 같다.)

① 40 cm ② 80 cm
③ 120 cm ④ 160 cm

[해설] $T = 7.02\frac{PS}{N}$ [kJ]에서 $T \propto \frac{1}{N}$

$$\therefore \frac{T_2}{T_1} = \frac{N_1}{N_2} = 8\,(T_2 = 8T_1)$$

$T = \tau Z_p = \tau\frac{\pi d^3}{16}$ [kJ]에서 $T \propto d^3$

$\therefore d_2^3 = 8d_1^3 = (2d_1)^3$

$\therefore d_2 = 2d_1 = 2 \times 20 = 40$ cm

46. 양단이 고정된 단붙임축의 단붙임부에 비틀림 모멘트 T가 작용할 때, 지름 D_1, D_2인 축에 각각 작용하는 비틀림 모멘트의 비 T_1 / T_2의 값은? (단, $D_1 = 8$ cm,

$D_2 = 4$ cm, $l_1 = 40$ cm, $l_2 = 10$ cm이다.)

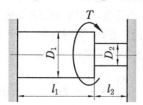

① $\dfrac{1}{2}$ ② 2

③ $\dfrac{1}{4}$ ④ 4

[해설] 하중점에서 비틀림각은 같으므로,

$$\therefore \ \theta = \frac{T_1 l_1}{G I_{P1}} = \frac{T_2 l_2}{G I_{P2}} \text{에서},$$

$$\frac{T_1}{T_2} = \frac{I_{P1}}{I_{P2}} \times \frac{l_2}{l_1} = \left(\frac{D_1}{D_2}\right)^4 \times \frac{l_2}{l_1}$$

$$= \left(\frac{8}{4}\right)^4 \times \frac{10}{40} = 4$$

47. 풀리 A로부터 320 PS 동력이 오른쪽으로 전달되어 풀리 B는 280 PS, 풀리 C는 40 PS를 받는다. 이 축의 양쪽 부분에 최대 전단응력이 동일하게 되려면 d_1 / d_2 은 얼마인가?

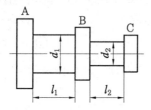

① 0.875 ② 1.14
③ 2 ④ 8

[해설] 지름 d_1인 축은 320 PS를 전달하고, 지름 d_2인 축은 40 PS를 전달하는데 이 축들은 동일축이므로 회전축 n이 일정하다. 그러므로 $T = 71620 \dfrac{PS}{N}$ 에서, 비틀림 모멘트 T는 PS에 비례한다.

$T_1 : T_2 = 320 : 40 = 8 : 1$

또, 각각의 비틀림 모멘트 T_1, T_2에 생기

는 최대 전단응력을 같게 하므로,

$$T_1 = \frac{\pi}{16} d_1{}^3 \tau_{\max}, \ \ T_2 = \frac{\pi}{16} d_2{}^3 \tau_{\max} \text{에서},$$

$$\frac{T_1}{T_2} = \frac{\dfrac{\pi}{16} d_1{}^3 \tau_{\max}}{\dfrac{\pi}{16} d_2{}^3 \tau_{\max}} = \left(\frac{d_1}{d_2}\right)^3 = 8 = 2^3$$

$$\therefore \ \frac{d_1}{d_2} = 2$$

48. 중실축의 지름을 d, 중공축의 바깥지름을 d_2, 안지름을 d_1이라 할 때 동일강도에서의 지름의 비 $\dfrac{d_2}{d}$ 를 맞게 나타낸 것은?

① $\dfrac{1}{\sqrt[3]{1 - \left(\dfrac{d_1}{d_2}\right)^2}}$ ② $\dfrac{1}{\sqrt[4]{1 - \left(\dfrac{d_1}{d_2}\right)^2}}$

③ $\dfrac{1}{\sqrt[3]{1 - \left(\dfrac{d_1}{d_2}\right)^4}}$ ④ $\dfrac{1}{\sqrt[4]{1 - \left(\dfrac{d_1}{d_2}\right)^3}}$

[해설] 중실축의 비틀림 모멘트 $(T_1) = \dfrac{\pi d^3}{16} \tau$

중공축의 비틀림 모멘트 (T_2)

$$= \frac{\pi}{16} \cdot \frac{d_2{}^4 - d_1{}^4}{d_2} \cdot \tau \text{에서},$$

$T_1 = T_2$이므로,

$$\frac{\pi d^3}{16} \tau = \frac{\pi}{16} \cdot \frac{d_2{}^4 - d_1{}^4}{d_2} \cdot \tau$$

$$d^3 = \frac{d_2{}^4 - d_1{}^4}{d_2} = d_2{}^3 \left\{ 1 - \left(\frac{d_1}{d_2}\right)^4 \right\}$$

$$\left(\frac{d_2}{d}\right)^3 = \frac{1}{1 - \left(\dfrac{d_1}{d_2}\right)^4}$$

$$\therefore \ \frac{d_2}{d} = \sqrt[3]{\frac{1}{1 - \left(\dfrac{d_1}{d_2}\right)^4}} = \frac{1}{\sqrt[3]{1 - \left(\dfrac{d_1}{d_2}\right)^4}}$$

49. 지름 $D = 30$ cm의 그라인더 휠이 원주

속도 v = 20 m/s로 회전하고 있다. 이 그라인더 동력 H = 2PS일 때, 그라인더 휠의 축지름은 얼마인가? (단, 축재료의 허용 전단응력 τ_a = 58.8 MPa이다.)

① 0.7 cm   ② 0.9 cm

③ 1 cm   ④ 1.2 cm

[해설] $T = 7.02 \times 10^6 \dfrac{PS}{N} = \tau Z_p = \tau \dfrac{\pi d^3}{16}$

$\qquad = 7.02 \times 10^6 \times \dfrac{2}{N}$

$\qquad = 7.02 \times 10^6 \times \dfrac{2}{1274}$

$\qquad = 11020.41 \, \text{N} \cdot \text{mm}$

$V = \dfrac{\pi DN}{60} \, [\text{m/s}]$에서

$N = \dfrac{60V}{\pi D} = \dfrac{60 \times 20}{\pi \times 0.3} = 1274 \, \text{rpm}$

$\therefore \ d = \sqrt[3]{\dfrac{16T}{\pi \tau}} = \sqrt[3]{\dfrac{16 \times 11020.41}{\pi \times 58.8}}$

$\qquad = 9.85 \, \text{mm} = 1 \, \text{cm}$

50. 원형 단면의 단붙임봉을 일단 고정하고 하단에 T = 196 N·m의 비틀림이 작용할 때 자유단에서 비틀림각은 얼마인가? (단, G = 78.4 GPa이다.)

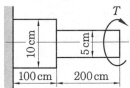

① $\theta = 0.48°$ ② $\theta = 0.36°$

③ $\theta = 0.24°$ ④ $\theta = 0.12°$

[해설] 모멘트의 평형에서 어느 단면에서나 작용하는 비틀림 모멘트 T는 같으므로 두 부분의 비틀림각의 합이 전체의 비틀림각이 된다.

$\therefore \ \theta = \theta_1 + \theta_2 = \dfrac{Tl_1}{GI_{P1}} + \dfrac{Tl_2}{GI_{P2}}$

$\qquad = \dfrac{32 \, Tl_1}{G\pi \, d_1^4} + \dfrac{32 \, Tl_2}{G\pi \, d_2^4}$

$\qquad = \dfrac{32T}{G\pi}\left(\dfrac{l_1}{d_1^4} + \dfrac{l_2}{d_2^4}\right)$

$\qquad = \dfrac{32 \times 196}{(78.4 \times 10^9) \times \pi}\left(\dfrac{1}{0.1^4} + \dfrac{2}{0.05^4}\right)$

$\qquad = 0.0084 \, \text{rad} = 0.0084\left(\dfrac{180°}{\pi}\right) = 0.48°$

51. 지름 8 mm인 강선의 상단을 고정하고 하단에 지름이 160 mm인 원형판을 달고자 한다. 접선방향에 F = 19.6 N의 힘을 작용시켰을 때 비틀림 강선이 3° 비틀어졌다면 이 강선의 가로 탄성계수는 얼마인가? (단, 강선의 길이는 110 cm이다.)

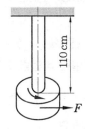

① 78.4 GPa   ② 79.2 GPa

③ 80 GPa   ④ 82 GPa

[해설] $T = F\dfrac{D}{2} = 19.6 \times \dfrac{160}{2} = 1568 \, \text{N} \cdot \text{mm}$,

$\theta = 584\dfrac{Tl}{Gd^4} \, [°]$

$G = \dfrac{584 \, Tl}{\theta d^4} = \dfrac{584 \times 1568 \times 1100}{3 \times 8^4}$

$\qquad = 81973 \, \text{MPa} = 82 \, \text{GPa}$

52. 지름이 100 mm, 길이가 2 m 인 원형 축에 비틀림 모멘트 T를 받을 때 허용 전단응력 τ = 58.8 MPa를 얻는다. 이 축의 횡탄성계수 G = 78.4 GPa라 하면, 비틀림에 의한 탄성에너지(U) 및 최대 탄성에너지(u)는 얼마인가?

① U = 165 N·m, u = 11250 N·m/m³

② U = 173 N·m, u = 11025 N·m/m³

③ U = 175 N·m, u = 11250 N·m/m³

④ $U = 183\,\text{N} \cdot \text{m}, \quad u = 11025\,\text{N} \cdot \text{m/m}^3$

[해설] $U = \dfrac{1}{2}T\theta = \dfrac{T^2 l}{2GI_P}[\text{N} \cdot \text{m}]$

$T = \tau Z_p = \tau \dfrac{\pi d^3}{16} = 58.8 \times \dfrac{\pi}{16} \times 100^3$

$\quad = 11539500\,\text{N} \cdot \text{mm} = 11539.5\,\text{N} \cdot \text{m}$

$U = \dfrac{T^2 l}{2GI_p} = \dfrac{(11539.5)^2 \times 2}{2 \times 78.4 \times 10^9 \times \dfrac{\pi (0.1)^4}{32}}$

$\quad = 173.1\,\text{N} \cdot \text{m}$

$\therefore u = \dfrac{U}{V} = \dfrac{173.1}{A \cdot l} = \dfrac{173.1}{\dfrac{\pi}{4}(0.1)^2 \times 2}$

$\quad = 11025\,\text{N} \cdot \text{m/m}^3$

53. 지름이 다른 d_1, d_2인 2개 중실원형축이 있다. 동일한 비틀림 모멘트를 받을 때 탄성에너지의 비 $\dfrac{U_2}{U_1}$는 얼마인가? (단, 재료는 동일하며, $2d_1 = d_2$이다.)

① $\dfrac{1}{4}$ ② $\dfrac{1}{8}$

③ $\dfrac{1}{16}$ ④ $\dfrac{1}{32}$

[해설] $U = \dfrac{T^2 l}{2GI_p} = \dfrac{32T^2 l}{2G\pi d^4}$에서 $U \propto \dfrac{1}{d^4}$

$\therefore \dfrac{U_2}{U_1} = \left(\dfrac{d_1}{d_2}\right)^4 = \left(\dfrac{1}{2}\right)^4 = \dfrac{1}{16}$

54. 전길이 620 cm, 소선의 지름이 3 cm, 평균지름이 16 cm인 밀착 코일 스프링을 만들어 22.54 kN의 하중을 작용시켰더니 처짐이 11.5 cm였다. 이 재료의 전단 탄성계수 G는 몇 GPa 인가?

① 76.32 GPa ② 85.63 GPa

③ 95.15 GPa ④ 98.15 GPa

[해설] 스프링의 전길이(l) = $2\pi Rn = \pi Dn$에서, $n = \dfrac{l}{\pi D} = \dfrac{6.2}{\pi \times 0.16} \fallingdotseq 12$

또, 스프링의 처짐(δ) = $\dfrac{64nPR^3}{Gd^4}$

$\qquad\qquad = \dfrac{8nPD^3}{Gd^4}$에서,

$\therefore$ 전단 탄성계수(G)

$= \dfrac{8nPD^3}{\delta \cdot d^4} = \dfrac{8 \times 12 \times 22540 \times 160^3}{115 \times 30^4}$

$= 95149\,\text{MPa(N/mm}^2)$

$\fallingdotseq 95.15\,\text{GPa}$

55. 스프링 상수가 4900 N/m, 9800 N/m 인 2개의 스프링이 병렬로 연결되어 있다. 스프링 하단부에 인장 하중 2940 N이 작용하면 전체의 처짐량 δ와 탄성에너지 U는 얼마인가?

① $\delta = 15\,\text{cm}, \quad U = 294\,\text{N} \cdot \text{m}$

② $\delta = 15\,\text{cm}, \quad U = 441\,\text{N} \cdot \text{m}$

③ $\delta = 20\,\text{cm}, \quad U = 294\,\text{N} \cdot \text{m}$

④ $\delta = 20\,\text{cm}, \quad U = 441\,\text{N} \cdot \text{m}$

[해설] 전체 스프링 상수

$k = k_1 + k_2 = 4900 + 9800$

$\quad = 14700\,\text{N/m}$

$k = \dfrac{P}{\delta}$에서 $\delta = \dfrac{P}{k} = \dfrac{2940}{14700} = 0.2\,\text{m}$

또, $P = k \cdot \delta$ 이므로,

$\therefore$ 탄성에너지(U) = $\dfrac{1}{2}P \cdot \delta$

$= \dfrac{1}{2}(k \cdot \delta)\delta = \dfrac{1}{2}k\delta^2$

$= \dfrac{1}{2} \times 14700 \times (0.2)^2$

$= 294\,\text{N} \cdot \text{m}$

56. 그림과 같이 소선의 지름 $d = 0.6\,\text{cm}$, 평균지름 $D = 6\,\text{cm}$인 코일 스프링에서 허용전단응력이 588 MPa 가 될 때, 안전하중 P와 스프링 상수 4900 N/m 가 되기 위한 권수 n을 구하면 얼마인가? (단, 횡탄성계수 $G = 86.24$ GPa이다.)

[정답] 53. ③ 54. ③ 55. ③ 56. ①

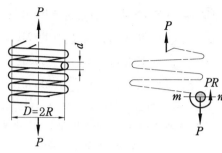

① $P = 830$ N, $n = 14$

② $P = 830$ N, $n = 15$

③ $P = 980$ N, $n = 14$

④ $P = 980$ N, $n = 15$

해설 $T = \dfrac{\pi}{16} d^3 \tau$ 에서, $T = \dfrac{D}{2} \cdot P$

$\tau = \dfrac{16T}{\pi d^3} = \dfrac{16P \cdot \dfrac{D}{2}}{\pi d^3} = \dfrac{8PD}{\pi d^3}$ 이므로,

$P = \dfrac{\pi d^3 \tau}{8D} = \dfrac{\pi \times (0.006)^3 \times (588 \times 10^6)}{8 \times 0.06}$

$\fallingdotseq 830.8$ N

또, $k = \dfrac{Gd^4}{64 R^3 n} = \dfrac{Gd^4}{8 D^3 n}$ 에서,

$n = \dfrac{Gd^4}{8 D^3 k} = \dfrac{(86.24 \times 10^9) \times (0.006)^4}{8 \times (0.06)^3 \times 4900}$

$= 13.2 \fallingdotseq 14$

57. 평균지름이 50 mm, 소선의 지름 8 mm, 유효권수가 15인 코일 스프링이 있다. 스프링 하중 196 N을 가할 경우 최대 전단응력과 처짐량을 구하면 얼마인가? (단, 횡탄성계수 $G = 78.4$ GPa이다.)

① $\tau_{max} = 60.47$ MPa, $\delta = 0.9$ cm

② $\tau_{max} = 60.47$ MPa, $\delta = 1.8$ cm

③ $\tau_{max} = 72.52$ MPa, $\delta = 0.9$ cm

④ $\tau_{max} = 72.52$ MPa, $\delta = 1.8$ cm

해설 스프링 지수$(C) = \dfrac{D}{d} = \dfrac{50}{8} = 6.25$

이므로,

수정계수$(K) = \dfrac{4C - 1}{4C - 4} + \dfrac{0.615}{C}$

$= \dfrac{25 - 1}{25 - 4} + \dfrac{0.615}{6.25} \fallingdotseq 1.24$

$\therefore \tau_{max} = \dfrac{8KPD}{\pi d^3} = \dfrac{8 \times 1.24 \times 196 \times 0.05}{\pi \times (0.008)^3}$

$= 60469745$ N/m$^2 \fallingdotseq 60.47$ MPa

또, 처짐량$(\delta) = \dfrac{8nPD^3}{Gd^4}$

$= \dfrac{8 \times 15 \times 196 \times (0.05)^3}{(78.4 \times 10^9) \times (0.008)^4}$

$= 9.2 \times 10^{-3}$ m $= 0.92$ cm

58. 소선의 지름 $d = 1$ cm인 코일 스프링에서 490 N의 하중을 가할 경우 최대 전단응력을 147 MPa 넘지 않게 하려면 코일의 평균지름은? (단, $K = 1$로 한다.)

① 8.16 cm

② 9.34 cm

③ 10.52 cm

④ 11.78 cm

해설 $\tau_{max} = \dfrac{16PRK}{\pi d^3} = \dfrac{8PDK}{\pi d^3}$ 에서,

$D = \dfrac{\pi d^3 \cdot \tau_{max}}{8PK}$

$= \dfrac{\pi \times (0.01)^3 \times (147 \times 10^6)}{8 \times 490 \times 1}$

$= 0.1178$ m $= 11.78$ cm

59. 지름 6 mm인 피아노 선으로 평균지름 60 mm인 압축 코일 스프링을 만들었다. 하중 $W = 294$ N을 가하면 처짐 $\delta = 15$ mm일 때 전단응력 τ와 유효권수 n은 얼마인가? (단, 횡탄성계수 $G = 86.24$ MPa이다.)

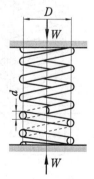

① $\tau = 117.6\,\mathrm{MPa}$, $n = 4$

② $\tau = 117.6\,\mathrm{MPa}$, $n = 5$

③ $\tau = 237.2\,\mathrm{MPa}$, $n = 4$

④ $\tau = 237.2\,\mathrm{MPa}$, $n = 5$

해설 스프링 지수$(C) = \dfrac{D}{d} = \dfrac{60}{6} = 10$ 이므로,

와일의 수정계수$(K) = \dfrac{4C-1}{4C-4} + \dfrac{0.615}{C}$

$= \dfrac{40-1}{40-4} + \dfrac{0.615}{10} \fallingdotseq 1.14$

$\therefore\ \tau = \dfrac{8KWD}{\pi d^3} = \dfrac{8 \times 1.14 \times 294 \times (0.06)}{\pi \times (0.006)^3}$

$= 237197452\,\mathrm{N/m^2} = 237.2\,\mathrm{MPa}$

또, 유효권수 n은 $\delta = \dfrac{8nWD^3}{Gd^4}$ 에서,

$n = \dfrac{Gd^4\delta}{8WD^3}$

$= \dfrac{(86.24 \times 10^9) \times (0.006)^4 \times (0.015)}{8 \times 294 \times (0.06)^3}$

$= 3.3 \fallingdotseq 4$

60. 그림과 같은 2중 코일 스프링이 있다. 각 코일의 소선의 지름은 10 mm 이고, 평균지름은 $D_1 = 100$ mm, $D_2 = 60$ mm 라 할 때, 압축 하중이 588 N 작용한다면 각 스프링에 발생하는 최대 전단응력은 얼마인가?

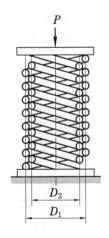

① $\tau_{\max 1} = 28\,\mathrm{MPa}$, $\tau_{\max 2} = 66\,\mathrm{MPa}$

② $\tau_{\max 1} = 28\,\mathrm{MPa}$, $\tau_{\max 2} = 80\,\mathrm{MPa}$

③ $\tau_{\max 1} = 45\,\mathrm{MPa}$, $\tau_{\max 2} = 86\,\mathrm{MPa}$

④ $\tau_{\max 1} = 45\,\mathrm{MPa}$, $\tau_{\max 2} = 96\,\mathrm{MPa}$

해설 동시 압축을 받으므로 두 스프링의 수축량 δ_1과 δ_2는 같다. 또, (바깥쪽 스프링에 작용하는 힘 P_1) + (안쪽 스프링에 작용하는 힘 P_2) 의 합은 588 N 이다.

그러므로,

$\delta_1 = \dfrac{8nD_1^3 P_1}{Gd^4}$ 과 $\delta_2 = \dfrac{8nD_2^3 P_2}{Gd^4}$ 에서,

$\delta_1 = \delta_2$이므로, $D_1^3 P_1 = D_2^3 P_2$

$\dfrac{P_1}{P_2} = \dfrac{D_2^3}{D_1^3} = \left(\dfrac{60}{100}\right)^3 = 0.216$

$P = P_1 + P_2 = 0.216P_2 + P_2 = 1.216P_2$

$\therefore\ P_2 = \dfrac{P}{1.216} = \dfrac{588}{1.216} = 483.55\,\mathrm{N} \fallingdotseq 484\,\mathrm{N}$

$\therefore\ P_1 = P - P_2 = 588 - 484 = 104\,\mathrm{N}$

$\tau = $ 비틀림에 의한 것 + 축하중에 의한 것

$= \dfrac{T}{Z_P} + \dfrac{P}{A} = \dfrac{16PR}{\pi d^3} + \dfrac{4P}{\pi d^2}$

$= \dfrac{16PR}{\pi d^3}\left(1 + \dfrac{d}{4R}\right)$

$\tau_{\max 1} = \dfrac{16P_1 R_1}{\pi d^3}\left(1 + \dfrac{d}{4R_1}\right)$

$= \dfrac{16 \times 104 \times 0.05}{\pi \times (0.01)^3}\left(1 + \dfrac{0.01}{4 \times 0.05}\right)$

$= 27807551.66\,\mathrm{N/m^2(Pa)}$

$\fallingdotseq 28\,\mathrm{MPa}$

$\tau_{\max 2} = \dfrac{16P_2 R_2}{\pi d^3}\left(1 + \dfrac{d}{4R_2}\right)$

$= \dfrac{16 \times 484 \times 0.03}{\pi \times (0.01)^3}\left(1 + \dfrac{0.01}{4 \times 0.03}\right)$

$= 79865732.98\,\mathrm{N/m^2}$

$\fallingdotseq 80\,\mathrm{MPa}$

제6장 보의 전단과 굽힘

1. 보와 하중의 종류

1-1 ## 보(beam)

단면의 치수에 비하여 길이가 긴 구조용 부재가 적당히 지지되어 있고, 축선에 수직방향으로 하중을 받으면 구부러지는데, 이와 같이 굽힘작용을 받는 봉을 보라 한다.

1-2 ## 보의 지점(support)의 종류

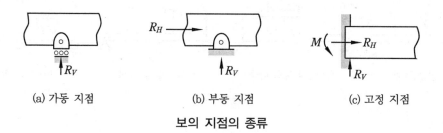

(a) 가동 지점   (b) 부동 지점   (c) 고정 지점

보의 지점의 종류

(1) 가동 지점(hinged movable support)

보의 회전과 평행이 자유로우나, 수직 이동이 불가능한 지점으로 자유 지점(free support)이라 하며, 수평반력은 영(zero)이고, 수직반력만 존재한다.

(2) 부동 지점(hinged immovable support)

보의 회전은 자유롭지만 수평, 수직 이동이 불가능한 지점이며, 수직반력과 수평반력이 존재한다.

(3) 고정 지점(fixed support, built in support)

보의 회전은 물론 수평과 수직이동이 모두 불가한 지지점이며, 수직반력, 수평반력, 모멘트 3개의 반력이 존재한다.

1-3 하중(load)의 종류

(1) 집중 하중(concentradted load)

어느 한 지점에 집중하여 작용하는 하중이다.

(2) 균일 분포 하중(uniformly distributed load)

보의 단위 길이에 균일하게 분포하여 작용하는 하중으로, 등분포 하중이라고도 한다.

(3) 불균일 분포 하중(varying load)

보의 단위 길이에 불균일하게 분포하여 작용하는 하중이다.

(4) 이동 하중(moving load)

차량이 교량 위를 통과할 때처럼 하중이 이동하여 작용하는 하중이다.

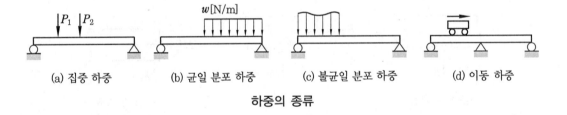

(a) 집중 하중   (b) 균일 분포 하중   (c) 불균일 분포 하중   (d) 이동 하중

하중의 종류

1-4 보의 종류

(1) 정정보(statically determinate beam)

① 외팔보(cantilever beam) : 한 끝단만 고정한 보로서 고정된 단을 고정단, 다른 끝을 자유단이라 한다 (반력수 3개).

② 단순보(simple beam) : 양단에서 받치고 있는 보로, 양단지지보이다(반력수 3개).

③ 돌출보(overhanging beam) : 지점의 바깥쪽에 하중이 걸리는 보로, 내다지보이다(반력수 3개).

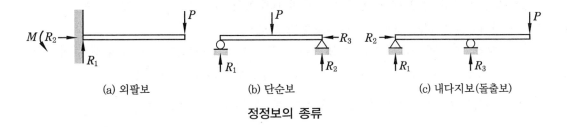

(a) 외팔보　　　　(b) 단순보　　　　(c) 내다지보(돌출보)

정정보의 종류

(2) 부정정보(statically indeterminate beam)

① (양단)고정보(both ends fixed beam) : 양단이 모두 고정된 보로서 보 중에서 가장 강한 보이다 (반력수 6개).

② 고정받침보(one end fixed, other end supported beam) : 한 단은 고정되고, 다른 단은 받쳐져 있는 보이다 (반력수 4개).

③ 연속보(continuous beam) : 3개 이상의 지점, 즉 2개 이상의 스팬(span)을 가진 보이다 (반력수 = 지점수 + 1).

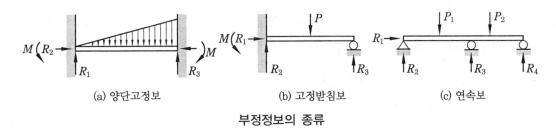

(a) 양단고정보　　　　(b) 고정받침보　　　　(c) 연속보

부정정보의 종류

2. 전단력과 굽힘 모멘트

2-1　보의 평형조건

보의 임의의 단면에 하중이 작용하면 평형상태를 유지하기 위해서는 그 지지점에 반작용으로서 하중에 저항하는 힘이 작용하여 평형을 이루어야 한다. 이때 이 저항력을 반력(reaction force)이라 한다.

(1) 보의 평형조건

① 보에 작용하는 하중과 반력의 대수합은 영(0)이 되어야 한다.

　- 상향의 힘(+), 하향의 힘(-), 오른쪽 방향의 힘(+), 왼쪽 방향의 힘(-)

② 보의 임의의 점에 대한 굽힘 모멘트의 대수합은 영(0)이 되어야 한다.

－시계방향의 모멘트(＋), 반시계방향의 모멘트(－)

수평방향의 하중이 없으므로 수평반력은 영($\Sigma X_i = 0$)이고, 수직방향의 힘의 합은 영 ($\Sigma Y_i = 0$)에서, $R_A(上)$, $P_1(下)$, $P_2(下)$, $P_3(下)$, $R_B(上)$이므로,

$$R_A - P_1 - P_2 - P_3 + R_B = 0, \ 즉, \ R_A + R_B = P_1 + P_2 + P_3$$

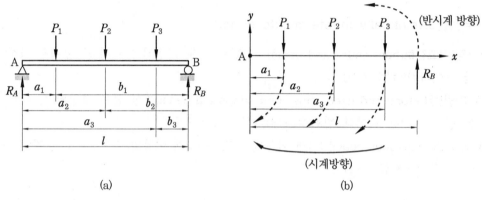

(a)   (b)

보의 평형

A점에 대한 모멘트(A점을 기준점으로 한 모멘트)의 합은 영($\Sigma M_A = 0$)에서,

$P_1 a_1, \ P_2 a_2, \ P_3 a_3$: 시계방향(＋)

$R_B \cdot l$: 반시계방향(－)

$$\therefore \ P_1 a_1 + P_2 a_2 + P_3 a_3 - R_B l = 0$$

$$\therefore \ R_B = \frac{P_1 a_1 + P_2 a_2 + P_3 a_3}{l}$$

$$R_A = P_1 + P_2 + P_3 - R_B$$

예제 1. 그림과 같은 단순보에서 3개의 하중을 받고 있을 때 반력 R_A, R_B는 얼마인가?

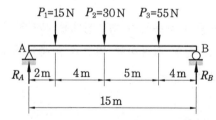

① 54.33, 45.67   ② 45.67, 54.33

③ 52.33, 47.67   ④ 47.67, 52.33

해설 $\Sigma Y_i = 0$ 에서,

$$R_A + R_B - P_1 - P_2 - P_3 = 0 \quad \cdots\cdots\cdots\cdots\cdots\cdots\cdots\cdots\cdots\cdots\cdots \quad ⊙$$

$\Sigma M_A = 0$ 에서 (A점 기준),

$$P_1 \times 2 + P_2 \times 6 + P_3 \times 11 - R_B \times 15 = 0 \quad \cdots\cdots\cdots\cdots\cdots\cdots \quad ⓛ$$

ⓛ 에서,

$$R_B = \frac{P_1 \times 2 + P_2 \times 6 + P_3 \times 11}{15} = \frac{15 \times 2 + 30 \times 6 + 55 \times 11}{15} = 54.33\,\text{N}$$

⊙ 에서,

$$R_A = P_1 + P_2 + P_3 - R_B = 15 + 30 + 55 - 54.33 = 45.67\,\text{N} \qquad \boxed{\text{정답}} \;\; ②$$

2-2 전단력과 굽힘 모멘트

그림 (a)의 $X-X$ 단면에서 그림 (b), 즉 두 부분으로 절단하여 자유물체도로 분리하면, 오른쪽 부분은 왼쪽 부분이 평형을 이루도록 작용되어야 한다.

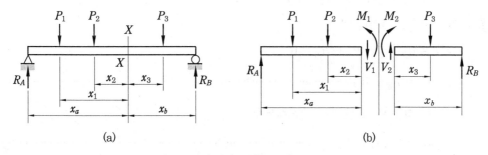

(a)   (b)

전단력과 굽힘 모멘트

① 그림 (a) 에서,

$$\Sigma Y_i = 0 \;;\; R_A - P_1 - P_2 - P_3 + R_B = 0 \quad \cdots\cdots\cdots\cdots\cdots\cdots\cdots \quad ⊙$$

$$\Sigma M_{Xi} = 0 \;;$$

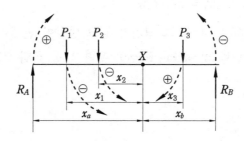

$$R_A \cdot x_a - P_1 x_1 - P_2 x_2 + P_3 x_3 - R_B x_b = 0 \quad \cdots\cdots\cdots\cdots\cdots \quad ⓛ$$

② 그림 (b)의 왼쪽에서,

$\Sigma F = 0$; 상향 $\oplus$ 하향 $\ominus$ 이므로,

$R_A - P_1 - P_2 - V_1 = 0$

$\therefore \ V_1 = R_A - P_1 - P_2$ ······························· ㉢

$\Sigma M = 0$: 시계방향 $\oplus$, 반시계방향 $\ominus$ 이므로,

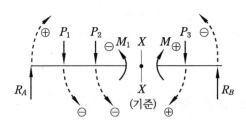

$R_A \, x_a - P_1 \, x_1 - P_2 \, x_2 - M_1 = 0$

$\therefore \ M_1 = R_A \, x_a - P_1 \, x_1 - P_2 \, x_2$ ··············· ㉣

③ 그림 (b)의 오른쪽에서,

$\Sigma F = 0$: $V_2 - P_3 + R_B = 0$

$\therefore \ V_2 = P_3 - R_B$ ··································· ㉤

$\Sigma M = 0$: $M_2 + P_3 \, x_3 - R_B \, x_b = 0$

$\therefore \ M_2 = R_B \, x_b - P_3 \, x_3$ ······················· ㉥

㉠에서, $R_A - P_1 - P_2 = P_3 - R_B$

㉢, ㉤으로부터 $\therefore \ V_1 = V_2 = V$ ····················· ㉦

㉡에서, $R_A \, x_a - P_1 \, x_1 - P_2 \, x_2 = R_B \, x_b - P_3 \, x_3$

㉣, ㉥으로부터 $\therefore \ M_1 = M_2 = M$

즉, V_1과 V_2, M_1과 M_2는 각각 그 크기가 같고 방향이 반대이다.

여기서 수직력 V를 전단력(shearing force), 우력 M을 굽힘 모멘트(bending moment)라 한다.

2-3 전단력, 수평력 모멘트의 부호 규약

다음은 V, M, N, R 등의 부호 규약이다.

$R,\ N,\ V,\ M$ 의 부호 규약

부호	반력	전단력	굽힙 모멘트	N, V, M
$\oplus$	R 상향	V	M 위로 오목	M, N, V
$\ominus$	R 하향	V	M 아래 볼록	N, V, M

반력은 상향의 반력이 (+), 하향의 반력이 (−)이며, 전단력은 전단면을 기준으로 전단력이 시계방향이면 (+), 그 반대이면 (−)이고, 굽힙 모멘트는 위로 오목한 형태가 (+)이며, 아래로 볼록한 형태가 (−)이고, 수평력은 인장이면 (+), 압축이면 (−)이다.

2-4   전단력, 굽힙 모멘트, 하중 사이의 관계

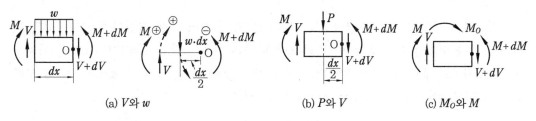

(a) V와 w (b) P와 V (c) M_O와 M

$V,\ M,\ P$ 의 관계

① [그림 (a) 참조] O점에 대하여,

$(\Sigma Y_i = 0)\ ;\ V(上),\ w \times dx(下),\ V + dV(下)$

$V - wdx - (V + dV) = 0$

$$\therefore\ \frac{dV}{dx} = -w \quad \text{·· (6-1)}$$

(전단력의 x에 대한 변화율은 분포 하중의 세기에 (−)를 붙인 값과 같다.)

$\Sigma M_i = 0\ ;\ M + V \cdot dx - w \cdot dx \cdot \left(\dfrac{dx}{2}\right) - (M + dM) = 0$

$(dx)^2 =$ 무시하고 정리하면,

$$\therefore\ \frac{dM}{dx} = V \quad \text{··· (6-2)}$$

(굽힙 모멘트의 x에 대한 변화율은 그 단면에서의 전단력과 같다.)

② [그림 (b) 참조] $\Sigma Y_i = 0 : V - P + (V + dV) = 0$

$$\therefore dV = -P \text{ ·································· (6-3)}$$

(하중 작용점이 좌에서 우로 통과할 때 dx 사이에서 P의 양만큼 갑자기 감소한다.)

$$\Sigma M_i = 0 ; M + V \cdot dx - P \cdot \frac{dx}{2} - (M + dM) = 0$$

$$\therefore \frac{dM}{dx} = V \text{ ·································· (6-4)}$$

(집중 하중 P의 작용점에서 P의 양만큼 갑자기 감소한다.)

③ [그림 (c) 참조] $\Sigma M_i = 0 : M + M_o + V \cdot dx - (M + dM) = 0$

$$\therefore dM = M_o \text{ ·································· (6-5)}$$

(가해진 우력 M_o 때문에 하중의 작용점의 왼쪽에서 오른쪽으로 이동함에 따라 굽힘 모멘트는 갑자기 증가한다.)

3. 전단력 선도와 굽힘 모멘트 선도

단면에서의 응력의 크기는 전단력과 굽힘 모멘트의 값에 의해 결정되며, V와 M은 거리 x에 따라 변화한다. V와 M이 거리 x에 따라 변화하는 값을 그래프로 그리기 위해 x를 가로 좌표로 잡아 그린 것을 전단력 선도(SFD : shearing force diagram), 굽힘 모멘트 선도(BMD : bending moment digram)라고 한다.

3-1 외팔보(cantilever beam)

(1) 자유단에 집중 하중이 작용할 때

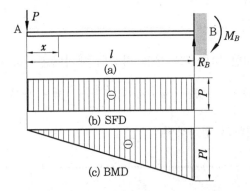

자유단에 집중 하중이 작용하는 모멘트

① 지점반력

$$\Sigma Y_i = 0 \; ; \; -P + R_B = 0$$

$$\therefore \; R_B = P \; \text{··}\; ㉠$$

$\Sigma M_B = 0 \; ;$ B점을 기준으로 한 모멘트의 합은 영

$$-Pl + M_B = 0$$

$$\therefore \; M_B = Pl \; \text{··}\; ㉡$$

② 전단력(V), 굽힘 모멘트(M)의 방정식

$$\left. \begin{array}{l} V = -P \\ M_x = -P \cdot x \end{array} \right\} \; \text{···································}\; ㉢$$

③ SFD와 BMD

SFD ; $V = -P$로 일정한 값을 가지므로 직사각형

BMD ; $M_x = -Px \; : \; x = 0, \; M_{x=0} = 0$

$$x = l, \; M_{\max} = -Pl \; \text{·······················}\; (6-6)$$

최대 굽힘 모멘트는 B단에 작용하며, 왼쪽이 고정되고, 오른쪽 자유단에 하중이 가해지면 SFD는 (+), BMD는 (-)가 된다.

(2) 2개 이상 다수의 집중 하중이 작용할 때

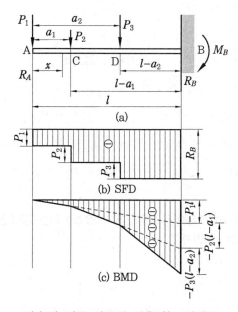

다수의 집중 하중이 작용하는 외팔보

① 지점반력

$$\Sigma Y_i = 0 \; ; \; -P_1 - P_2 - P_3 + R_B = 0$$

$$\therefore \; R_B = P_1 + P_2 + P_3 \;\cdots\cdots\cdots\cdots\cdots\cdots\cdots\cdots\cdots\cdots\cdots\cdots\cdots ㉠$$

$$\Sigma M_B = 0 \; ; \; -P_1 \cdot l - P_2(l - a_1)$$

$$- P_3(l - a_2) + M_B = 0$$

$$\therefore \; M_B = P_1 l + P_2(l - a_1) + P_3(l - a_2) \;\cdots\cdots\cdots\cdots\cdots ㉡$$

② V와 M의 방정식

(가) 구간 $0 < x < a_1$

$$V_1 = -P_1 \;\cdots\cdots\cdots\cdots\cdots\cdots\cdots\cdots\cdots\cdots\cdots\cdots\cdots\cdots\cdots\cdots ㉢$$

$$M_1 = -P_1 x \;\cdots\cdots\cdots\cdots\cdots\cdots\cdots\cdots\cdots\cdots\cdots\cdots\cdots\cdots ㉣$$

(나) 구간 $a_1 < x < a_2$

$$V_2 = -P_1 - P_2 \;\cdots\cdots\cdots\cdots\cdots\cdots\cdots\cdots\cdots\cdots\cdots\cdots ㉤$$

$$M_2 = -P_1 x_1 - P_2(x - a_2) \;\cdots\cdots\cdots\cdots\cdots\cdots\cdots ㉥$$

(다) 구간 $a_2 < x < l$

$$V_3 = -P_1 - P_2 - P_3 \;\cdots\cdots\cdots\cdots\cdots\cdots\cdots\cdots\cdots\cdots ㉦$$

$$M_3 = -P_1 x_1 - P_2(x - a_1) - P_3(x - a_2) \;\cdots\cdots\cdots ㉧$$

③ SFD와 BMD

(가) SFD ; $0 \sim a_1 :$ $V_1 = -P_1$

$$a_1 \sim a_2 : V_2 = -P_1 - P_2$$

$$a_2 \sim l : V_3 = -P_1 - P_2 - P_3 \text{인 사각형}$$

(나) BMD ; $x = 0 : M_1 = -P_1 x = 0$

$$x = a_1 : M_2 = -P_1 x - P_2(x - a_1) = -P_1 a_1$$

$$x = a_2 : M_3 = -P_1 x - P_2(x - a_1) + P_3(x - a_2) = -P_1 a_2 - P_2(a_2 - a_1)$$

$$x = l : M_3 = -P_1 l - P_2(l - a_1) - P_3(l - a_2)$$

예제 2. 그림과 같은 외팔보에 있어서 고정단에서 20 cm 되는 점의 굽
힘 모멘트 M은 몇 kN·m인가?

① 1.6   ② 1.75

③ 2.2   ④ 2.75

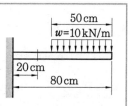

해설 $M = 10 \times 0.5 \times (0.25 + 0.1) = 1.75 \text{kN} \cdot \text{m}$

정답 ②

(3) 등분포 하중이 작용할 때

등분포 하중은 합력이 wl이고, 보의 도심에 집중적으로 작용하는 집중 하중으로 고쳐 계산한다. 즉, 그림에서 하중의 합력은 $w \times x$[N]이고, 이 하중은 분포 하중이 작용하며 C와 B의 중앙에 집중작용하므로,

w에 의한 모멘트는,

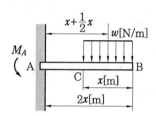

$$M_A = wx \times \left(x + \frac{1}{2}x\right)$$

$$= wx \times \frac{3}{2}x = \frac{3}{2}wx^2$$

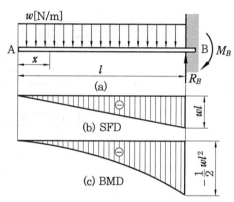

등분포 하중이 작용하는 외팔보

그림에서,

① **지지반력**

$$\Sigma Y_i = 0 \; ; \; -wl + R_B = 0$$

$$\therefore R_B = wl \quad \cdots\cdots\cdots\cdots\cdots\cdots\cdots\cdots\cdots\cdots\cdots\cdots\cdots\cdots\cdots\cdots \text{㉠}$$

$$\Sigma M_B = 0 \; ; \; -\left(wl \times \frac{l}{2}\right) + M_B = 0$$

$$\therefore M_B = \frac{1}{2}wl^2 \quad \cdots\cdots\cdots\cdots\cdots\cdots\cdots\cdots\cdots\cdots\cdots \text{㉡}$$

② **V와 M의 방정식**

$$V_x = -wx \quad \cdots\cdots\cdots\cdots\cdots\cdots\cdots\cdots\cdots\cdots\cdots\cdots\cdots\cdots\cdots \text{㉢}$$

$$M_x = -wx \times \frac{x}{2} = -\frac{1}{2}wx^2 \quad \cdots\cdots\cdots\cdots\cdots\cdots \text{㉣}$$

③ **SFD와 BMD**

$$x = 0 \; ; \; V = 0, \; M = 0 \quad \cdots\cdots\cdots\cdots\cdots\cdots\cdots\cdots\cdots\cdots \text{㉤}$$

$$x = l \ ; \ V_B = -wl, \ M_B = -\frac{1}{2}wl^2 \ \cdots\cdots\cdots\cdots\cdots\cdots\cdots\cdots\cdots\cdots\cdots\cdots \ ㉒$$

최대 전단응력과 굽힘 모멘트는 자유단으로부터 $x = l$인 고정단에 생기며,

$$\left. \begin{array}{l} V_{\max} = -wl \\[2mm] M_{\max} = -\dfrac{1}{2}wl^2 \end{array} \right\} \ \cdots\cdots\cdots\cdots\cdots\cdots\cdots\cdots\cdots\cdots\cdots\cdots \ (6-7)$$

예제 3. 그림과 같이 직선적으로 변하는 불균일 분포 하중을 받고 있는 단순보의 전단력 선도는 어느 것인가?

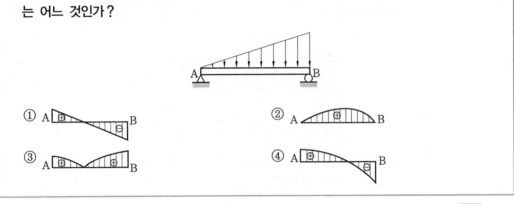

정답 ④

---

(4) 점변하는 분포 하중이 작용할 때

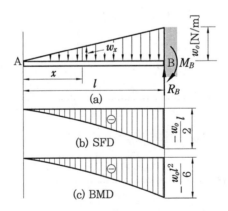

점변하는 등분포 하중이 작용하는 외팔보

자유단의 하중이 0이고 고정단의 하중이 w_0인 삼각형의 점변하는 분포 하중을 받고 있을 때,

① **지지반력**

B점에서 $\dfrac{l}{3}$ 되는 거리에 $\dfrac{w_0 l}{2}$이 작용한다면,

$$\Sigma Y_i = 0 \; ; \; R_B - \frac{w_0 l}{2} = 0$$

$$\therefore \; R_B = \frac{w_0 l}{2} \; \cdots\cdots\cdots\cdots\cdots\cdots\cdots\cdots\cdots\cdots\cdots\cdots\cdots \text{㉠}$$

$$\Sigma M_B = 0 \; ; \; -\frac{w_0 l}{2} \times \frac{l}{3} + M_B = 0$$

$$\therefore \; M_B = \frac{w_0 l^2}{6} \; \cdots\cdots\cdots\cdots\cdots\cdots\cdots\cdots\cdots\cdots\cdots \text{㉡}$$

② V와 M의 방정식

$$V_x = -\frac{1}{2} w_x \cdot x = -\frac{1}{2} \cdot \frac{w_0 x}{l} \cdot x = \frac{w_0 x^2}{2l} \; \cdots\cdots\cdots\cdots\cdots \text{㉢}$$

$$\left(x : w_x = l : w_0 \rightarrow w_x = \frac{w_0 x}{l} \right)$$

$$M_x = -\frac{1}{2} w_x \cdot x \times \frac{x}{3} = -\frac{1}{2} \cdot \frac{w_0 x}{l} \cdot x \times \frac{x}{3} = -\frac{w_0 x^3}{6l} \; \cdots\cdots\cdots \text{㉣}$$

③ SFD와 BMD

$$\left. \begin{array}{l} x = 0 : V_x = V_A = 0 \\ \qquad\quad M_x = M_A = 0 \end{array} \right\} \; \cdots\cdots\cdots\cdots\cdots\cdots\cdots\cdots\cdots \text{㉤}$$

$$\left. \begin{array}{l} x = l : V_x = -V_B = -\frac{w_0 l}{2} = V_{\max} \\ \qquad M_x = M_B = -\frac{w_0 l^2}{6} = M_{\max} \end{array} \right\} \; \cdots\cdots\cdots\cdots \text{㉥}$$

예제 4. 다음 그림에서 최대 굽힘 모멘트가 발생하는 위치는 A에서 얼마만큼 떨어진 곳인가?

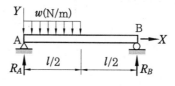

① 0 　　　　② $\frac{1}{8}l$ 　　　　③ $\frac{1}{4}l$ 　　　　④ $\frac{3}{8}l$

해설 $F = \dfrac{3wl}{8} - w \cdot x = 0$ 　　　　$\therefore \; x = \dfrac{3}{8}l$ 　　　　정답 ④

3-2 단순보(simple beam)-양단 지지보

(1) 임의의 위치에 집중 하중이 작용할 때

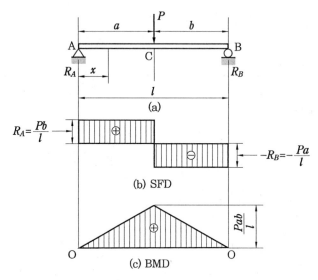

임의의 위치에 집중 하중이 작용하는 단순보

① **지점반력**

$$\Sigma Y_i = 0 \text{ or } \Sigma V = 0 \; ; \; R_A + R_B - P = 0 \; (R_A + R_B = P) \quad \cdots\cdots\cdots\cdots\cdots \; ㉠$$

$$\Sigma M_B = 0 \; ; \; R_A \cdot l - Pb = 0$$

$$\left. \begin{array}{l} \therefore \; R_A = \dfrac{Pb}{l} \\[3mm] R_B = P - R_A = P - \dfrac{Pb}{l} = \dfrac{P(l-b)}{l} = \dfrac{Pa}{l} \end{array} \right\} \quad \cdots\cdots\cdots\cdots\cdots \; (6-8)$$

$$\left. \begin{array}{l} \Sigma M_A = 0 \; ; \; -R_B \cdot l + P \cdot a = 0 \\[3mm] \therefore \; R_B = \dfrac{Pa}{l} \end{array} \right\} \; \text{로도 구해진다.}$$

② **V와 M의 방정식**

㉮ 구간 $0 < x < a$

$$\left. \begin{array}{l} V = R_A = \dfrac{Pb}{l} \\[3mm] M = R_A \cdot x = \dfrac{Pb}{l} x \end{array} \right\} \quad \cdots\cdots\cdots\cdots\cdots \; ㉡$$

(내) 구간 $a < x < l$

$$V = R_A - P = \frac{Pb}{l} - P = -\frac{Pa}{l}$$

$$M = R_A \cdot x - P(x - a)$$

$$= \frac{Pb}{l}x - P(x - a)$$

$\left.\vphantom{\begin{matrix}1\\1\\1\end{matrix}}\right\}$ .... ㉢

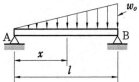

③ SFD와 BMD

(개) BMD는 위의 구간별 모멘트 식으로부터,

$$(x = 0) \ ; \ M = R_A \cdot x = 0 \quad\text{..} ㉣$$

$$(x = a) \ ; \ M = R_A \cdot x = \frac{Pb}{l} \cdot x = \frac{Pab}{l}$$

$$M = R_A x - P(x - a) = R_A \cdot a - P \times 0 = \frac{Pab}{l}$$

$\left.\vphantom{\begin{matrix}1\\1\end{matrix}}\right\} M_{\max}$ .... (6 – 9)

$$(x = l) \ ; \ M = R_A \cdot x - P(x - a) = \frac{Pb}{l} \cdot l - P(l - a) = 0 \quad\text{.....................} ㉤$$

(내) SFD도 모멘트 식으로부터,

$$(x = 0) \ ; \ \frac{dM}{dx} = V = R_A$$

$$(x = a) \ ; \ \frac{dM}{dx} = V = R_A\left(= \frac{Pb}{l}\right)$$

$$\frac{dM}{dx} = V = R_A = R_B = \frac{Pa}{l} - P$$

$$(x = l) \ ; \ \frac{dM}{dx} = R_A - P = R_B = \frac{Pa}{l}$$

$\left.\vphantom{\begin{matrix}1\\1\\1\\1\end{matrix}}\right\}$ .... ㉥

최대 굽힘 모멘트는 $x = a$인 곳에서 발생하므로,

$$M_{\max} = M_{x=a} = \frac{Pab}{l} \quad\text{...} ㉦$$

$a = b = \dfrac{l}{2}$이면,

$$M_{\max} = \frac{Pl}{4} \quad\text{...} (6 - 10)$$

예제 5. 단순보에 직선적으로 변하는 분포 하중이 작용할 때 x위치 단면의 굽힘 모멘트는 ?

① $\dfrac{w_o x}{6l}(l^2 - x^2)$

② $\dfrac{w_o x}{6l}(l^2 - 3x^2)$

③ $\dfrac{w_o x}{2l}(l^2 - x^2)$

④ $\dfrac{w_o x}{2l}(l^2 - 3x^2)$

[해설] $w_x = w_o \times \dfrac{x}{l}$

$$\therefore \ M_x = R_A \times x - \frac{1}{2} w_x \cdot x \times \frac{x}{3} = \frac{w_o l}{6} x - \frac{w_o x^3}{6l} = \frac{w_o x}{6l}(l^2 - x^2)$$

[정답] ①

(2) 등분포 하중이 작용할 때

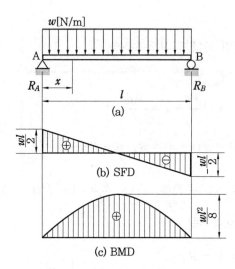

등분포 하중이 작용하는 단순보

① 지점반력

$$\Sigma Y_i = 0 : R_A - wl + R_B = 0$$

$$\Sigma M_B = 0 : R_A \cdot l - (wl) \times \frac{l}{2} = 0$$

$$\therefore \ R_A = \frac{wl}{2}, \ \ R_B = \frac{wl}{2} \ \cdots\cdots\cdots\cdots\cdots\cdots\cdots\cdots (6-12)$$

② V와 M의 방정식

$$\left. \begin{array}{l} V = R_A - wx = \dfrac{wl}{2} - wx \\[3mm] M = R_A x - (wx) \cdot \dfrac{x}{2} = \dfrac{wl}{2}x - \dfrac{w}{2}x^2 \end{array} \right\} \ \cdots\cdots\cdots\cdots\cdots\cdots ㉠$$

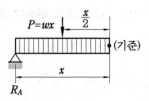

③ SFD와 BMD

$$x = 0 \text{일 때, } V = R_A = \frac{1}{2}wl, \ M = 0 \ \text{···} \ ⓛ$$

$$x = \frac{l}{2} \text{일 때, } V = \frac{wl}{2} - \frac{wl}{2} = 0, \ M = \frac{wl}{2} \times \frac{l}{2} - \frac{w}{2}\left(\frac{l}{2}\right)^2 = \frac{wl^2}{8} \ \text{········} \ ⓒ$$

$$x = l \text{일 때, } V = \frac{wl}{2} - wl = -\frac{wl}{2}, \ M = \frac{wl^2}{2} - \frac{wl^2}{2} = 0 \ \text{·····················} \ ⓔ$$

여기서, 전단력이 0인 점이 최대 굽힘 모멘트가 발생하므로,

$$\frac{dM}{dx} = \frac{wl}{2} - wx = 0 \text{에서 } x = \frac{l}{2} \text{이므로,}$$

$$x = \frac{l}{2} \text{에서, } M_{\max} = \frac{wl}{2} \cdot \frac{l}{2} - \frac{w}{2} \times \left(\frac{l}{2}\right)^2 = \frac{wl^2}{8} \ \text{··················} \ (6-13)$$

예제 6. 길이가 $l = 6\,\text{m}$인 단순보 위에 균일 분포 하중 $w = 2000\,\text{N/m}$가 작용하고 있을 때, 최대 굽힘 모멘트의 크기는?

① 7000 N · m ② 8000 N · m
③ 9000 N · m ④ 10000 N · m

해설 $M_{\max} = \dfrac{wl^2}{8} = \dfrac{2000 \times 6^2}{8} = 9000\,\text{N} \cdot \text{m}$ 정답 ③

(3) 점변하는 분포 하중이 작용할 때

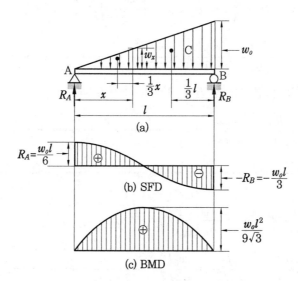

점변 분포 하중이 작용하는 단순보

점차 변하는 분포 하중의 합력은 $\dfrac{w_0 l}{2}$과 같으며, B로부터 $\dfrac{l}{3}$ 거리만큼 떨어진 도심점 C에 작용한다.

① **지점반력**

$$\Sigma Y_i = 0 \ ; \ R_A - \frac{w_0 l}{2} + R_B = 0 \ \cdots\cdots\cdots\cdots\cdots\cdots\cdots\cdots\cdots\cdots ㉠$$

$$\Sigma M_B = 0 \ ; \ R_A \cdot l - \left(\frac{w_0 l}{2}\right)\left(\frac{l}{3}\right) = 0 \ \cdots\cdots\cdots\cdots\cdots\cdots\cdots ㉡$$

$$\therefore \ R_A = \frac{w_0 l}{6}, \ \ R_B = \frac{w_0 l}{3} \ \cdots\cdots\cdots\cdots\cdots\cdots\cdots\cdots (6-14)$$

② **V와 M의 방정식**

그림에서, $w_x : w_0 = x : l$

$$w_x = \frac{w_0 x}{l} \text{이므로,}$$

$$V = R_A - P_x = R_A - \frac{1}{2} w_x \cdot x$$

$$= R_A - \frac{1}{2}\left(\frac{w_0 x}{l}\right)x$$

$$= R_A - \frac{w_0 x^2}{2l} = \frac{w_0 l}{6} - \frac{w_0 x^2}{2l} \ \cdots\cdots\cdots\cdots\cdots\cdots\cdots ㉢$$

$$M = R_A \cdot x - P_x \cdot \frac{1}{3}x = R_A \cdot x - \left(\frac{w_0 x^2}{2l}\right) \times \frac{x}{3}$$

$$= R_A \cdot x - \frac{w_0 x^3}{6l} = \frac{w_0 l}{6}x - \frac{w_0 x^3}{6l} \ \cdots\cdots\cdots\cdots\cdots ㉣$$

최대 굽힘 모멘트가 걸리는 단면의 위치는 $V = 0$, 즉

$$\frac{dM}{dx} = V = \frac{w_0 l}{6} - \frac{w_0 x^2}{2l} = 0 \ \cdots\cdots\cdots\cdots\cdots\cdots\cdots ㉤$$

$$\therefore \ x = \frac{l}{\sqrt{3}} \ \cdots\cdots\cdots\cdots\cdots\cdots\cdots\cdots\cdots\cdots\cdots\cdots\cdots ㉥$$

$$M_{\max} = \frac{w_0 l}{6} \times \frac{l}{\sqrt{3}} - \frac{w_0}{6l}\left(\frac{l}{\sqrt{3}}\right)^3$$

$$= \frac{w_0 l^2}{6\sqrt{3}} - \frac{w_0 l^2}{18\sqrt{3}} = \frac{w_0 l^2}{9\sqrt{3}} \ \cdots\cdots\cdots\cdots\cdots\cdots (6-15)$$

③ SFD와 BMD

$$x = 0 \text{ 일 때, } V = \frac{w_0 l}{6}, \ M = 0$$

$$x = \frac{l}{\sqrt{3}} \text{ 일 때, } V = 0, \ M_{\max} = \frac{w_0 l^2}{9\sqrt{3}} \Bigg\} \cdots\cdots\cdots\cdots\cdots\cdots\cdots\cdots ⊗$$

$$x = l \text{ 일 때, } V = \frac{-w_0 l}{3}, \ M = 0$$

예제 7. 그림에서 점 C 단면에 작용하는 내부 합모멘트는 몇 N·m인가?

① 270(시계 방향)

② 810(시계 방향)

③ 540(반시계 방향)

④ 1080(반시계 방향)

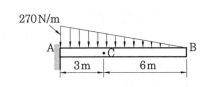

해설 내부 합모멘트 = 저항 모멘트 $w_C = 270 \times \dfrac{6}{9} = 180\,\text{N·m}$

$$\therefore \ M_C = \frac{180 \times 6}{2} \times \frac{6}{3} = 1080\,\text{N·m}\,(\circlearrowleft)$$

정답 ④

3-3 돌출보(내다지보 : over hanging beam)

(1) 등분포 하중을 받는 돌출보

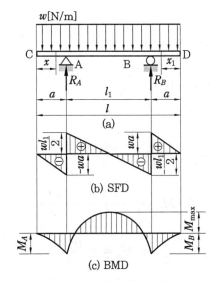

등분포 하중을 받는 돌출보

① 지점반력

$$\Sigma Y_i = 0 \; ; \; R_A + R_B - wl = 0 \quad \cdots\cdots\cdots\cdots\cdots\cdots\cdots\cdots\cdots\cdots\cdots\cdots \text{㉠}$$

$$\Sigma M_B = 0 \; ; \; R_A \cdot l_1 - \frac{wll_1}{2} = 0 \quad \cdots\cdots\cdots\cdots\cdots\cdots\cdots\cdots \text{㉡}$$

$$\therefore \; R_A = R_B = \frac{wl}{2} \quad \cdots\cdots\cdots\cdots\cdots\cdots\cdots\cdots\cdots\cdots\cdots\cdots\cdots (6-18)$$

② V와 M의 방정식

(가) AC 구간

$$\left. \begin{aligned} V_{AC} &= -wx \\ M_{AC} &= -\frac{1}{2}wx^2 \end{aligned} \right\} \quad \cdots\cdots\cdots\cdots\cdots\cdots\cdots\cdots\cdots\cdots \text{㉢}$$

(나) AB 구간

$$\left. \begin{aligned} V_{AB} &= R_A - wx \\ M_{AB} &= R_A(x-a) - \frac{wx^2}{2} \end{aligned} \right\} \quad \cdots\cdots\cdots\cdots\cdots\cdots \text{㉣}$$

(다) BD 구간

$$\left. \begin{aligned} V_{BD} &= wx_1 \\ M_{BD} &= -\frac{wx_1^2}{2} \end{aligned} \right\} \quad \cdots\cdots\cdots\cdots\cdots\cdots\cdots\cdots\cdots \text{㉤}$$

③ SFD 와 BMD

식 ㉢에서,

$x = 0$일 때, $V_C = 0$, $M_C = 0$

$x = a$일 때, $V_A = -wa$, $M_A = -\frac{wa^2}{2}$

식 ㉣에서,

$x = a$일 때, $V_A = \frac{wl_1}{2}$, $M_A = -\frac{wa^2}{2}$

$x = \frac{l}{2}$일 때, $V_{l/2} = 0$, $M_{l/2} = \frac{wl \times l_1}{4} - \frac{wl^2}{8}$

$x = a + l_1$일 때, $V_B = \frac{-wl_1}{2}$, $M_B = -\frac{wa^2}{2}$

식 ㉤에서,

$x_1 = 0$일 때, $V_D = 0$, $M_D = 0$

$$x_1 = a \text{일 때}, \quad V_B = wa, \quad M_B = -\frac{wa^2}{2}$$

$$V = 0, \quad \text{즉} \quad \frac{dM}{dx} = 0 \text{에서} \quad M_{\max} \text{이므로},$$

$$x = \frac{l}{2} \text{에서}, \quad M_{\max} = \frac{wl \times l_1}{4} - \frac{wl^2}{8} \quad \cdots\cdots\cdots\cdots\cdots\cdots\cdots\cdots\cdots\cdots \quad (6-19)$$

예제 8. 다음 그림과 같은 돌출보에서 지점 반력은?

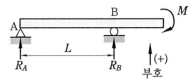

① $R_A = \dfrac{M}{L}, \quad R_B = -\dfrac{M}{L}$ ② $R_A = -\dfrac{M}{L^2}, \quad R_B = \dfrac{M}{L^2}$

③ $R_A = -\dfrac{M}{L}, \quad R_B = \dfrac{M}{L}$ ④ $R_A = \dfrac{M}{L^2}, \quad R_B = -\dfrac{M}{L^2}$

해설 자유단에서 작용하는 M의 위치는 지점 반력과 무관하다.

$$R_A = -\frac{M}{L}, \quad R_B = \frac{M}{L}$$

정답 ③

3-4   우력에 의한 SFD와 BMD

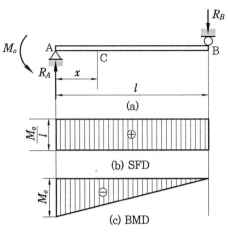

좌단에서 우력이 작용하고 있는 단순보

좌단에서 우력이 작용할 때

① **지점반력**

$$\Sigma Y_i = 0 \; ; \; R_A - R_B = 0$$

$$\therefore \; R_A = R_B \quad\dotfill\quad ㉠$$

$$\Sigma M_B = 0 \; ; \; R_A l - M_o = 0$$

$$\therefore \; R_A = \frac{M_o}{l} = R_B \quad\dotfill\quad ㉡$$

② V와 M의 방정식

$$V_x = R_A = \frac{M_o}{l} \quad\dotfill\quad ㉢$$

$$M_x = R_A \cdot x - M_o = \frac{M_o}{l} x - M_o = M_o \left(\frac{x}{l} - 1 \right) \quad\dotfill\quad ㉣$$

③ SFD와 BMD

$$\left.\begin{array}{l} x = 0일 \; 때, \; M_A = -M_o \\ x = l일 \; 때, \; M_B = 0 \end{array}\right\} \quad\dotfill\quad ㉤$$

출제 예상 문제

1. 다음 중에서 정정보가 아닌 것은?

① 돌출보 ② 고정지지보

③ 외팔보 ④ 겔버보

해설 보(beam)

(1) 정정보 : 외팔보, 단순보, 돌출보, 겔버보

(2) 부정정보 : 양단고정보, 고정받침보, 연속보

2. 내다지보라고도 하며, 일단이 부동힌지점 위에 지지되어 있고, 보의 중앙 근방에 가동힌지점이 지지되어 있어 보의 한 부분이 지점 밖으로 돌출되어 있는 보는 무엇인가?

① 연속보 ② 양단지지보

③ 겔버보 ④ 돌출보

해설 돌출보 = 내다지보

3. 길이가 l인 단순보에서 중앙에 집중 하중 P를 받는다면 최대 굽힘 모멘트 M_{max}는 얼마인가?

① Pl ② $\dfrac{Pl}{2}$

③ $\dfrac{Pl}{4}$ ④ $\dfrac{Pl}{8}$

해설 집중 하중을 받는 단순보의 중앙에 작용하는 최대 굽힘 모멘트는 $M_{max} = \dfrac{Pl}{4}$이다.

4. 길이 l인 단순보에 등분포 하중 w가 전길이에 걸쳐 작용할 때 최대 굽힘 모멘트 M_{max}는 얼마인가?

① $\dfrac{wl^2}{4}$ ② $\dfrac{wl^2}{8}$

③ $\dfrac{wl^2}{16}$ ④ $\dfrac{wl^2}{32}$

해설 등분포 하중을 받는 단순보의 최대 굽힘 모멘트는 중앙에 생기며, $M_{max} = \dfrac{wl^2}{8}$이다.

5. 길이 l인 외팔보에 등분포 하중 w가 전길이에 걸쳐 작용할 때 최대 굽힘 모멘트 M_{max}는 얼마인가?

① $\dfrac{wl^2}{2}$ ② $\dfrac{wl^2}{4}$

③ $\dfrac{wl^2}{8}$ ④ $\dfrac{wl^2}{16}$

해설 등분포 하중을 받는 외팔보의 최대 굽힘 모멘트는 고정단에 생기며, $M_{max} = \dfrac{wl^2}{2}$이다.

6. 다음 단순보에 하중 $P = 1960$ N이 작용할 때 반력 R_A 및 R_B는?

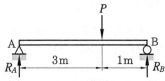

① $R_A = 490$ N, $R_B = 1470$ N

② $R_A = 735$ N, $R_B = 1225$ N

③ $R_A = 980$ N, $R_B = 980$ N

④ $R_A = 1470$ N, $R_B = 490$ N

해설 $\Sigma F_i = 0$에서, $R_A + R_B = 1960$ N

$\Sigma M_B = 0$에서, $R_A \times 4 - 1960 \times 1 = 0$

∴ $R_A = \dfrac{1960}{4} = 490$ N, $R_B = 1470$ N

7. 그림과 같은 외팔보에서 A 지점의 반력

정답 1. ② 2. ④ 3. ③ 4. ② 5. ① 6. ① 7. ②

R_A는 얼마인가?

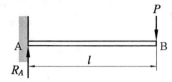

① 0   ② P

③ $P \cdot l$ ④ $\dfrac{P}{l}$

[해설] 고정단의 외력은 P뿐이므로, R_A는 P
가 된다. 즉, $R_A - P = 0$ ∴ $R_A = P$

8. 단순보와 비교한 고정보의 강도에 관한 설명 중 옳은 것은?

① 강도는 강하게 되고 처짐도 크게 된다.

② 강도는 변함이 없고 처짐은 크다.

③ 스팬과 하중이 같으면 단순보의 강도보다 약하다.

④ 단순보의 강도보다 같은 조건에서는 강하다.

[해설] 집중 하중을 받는 경우, 단순보의
$M_{\max} = \dfrac{Pl}{4}$ 이고, $\delta_{\max} = \dfrac{Pl^3}{48EI}$ 이며, 양단
고정보의 $M_{\max} = \dfrac{Pl}{8}$ 이고, $\delta_{\max} = \dfrac{Pl^3}{192EI}$
이다. 따라서, 고정보가 단순보에 비해 강도가 강하고, 처짐은 작다.

9. 다음과 같은 외팔보에서 A점에 모멘트가 작용할 때 B점의 반력 R_B 는 얼마인가?

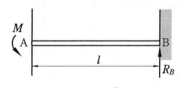

① 0   ② M

③ $M \cdot l$ ④ $\dfrac{M}{l}$

[해설] 모멘트는 외력이 아니므로 반력과 무관하다.

10. 그림과 같은 외팔보에서 B점의 반력 R_B는 얼마인가?

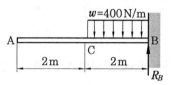

① 200 N   ② 400 N

③ 800 N   ④ 1600 N

[해설] $\Sigma F_i = 0$에서, $R_B - (400 \times 2) = 0$
∴ $R_B = 800$ N

11. 그림과 같은 돌출보에서 $w = 300$ N/m일 때 반력 R_A, R_B 는 얼마인가?

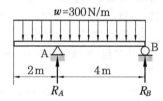

① $R_A = 450$ N, $R_B = 1350$ N

② $R_A = 600$ N, $R_B = 1200$ N

③ $R_A = 1200$ N, $R_B = 600$ N

④ $R_A = 1350$ N, $R_B = 450$ N

[해설] $\Sigma F_i = 0$에서,
$R_A + R_B = 300 \times 6 = 1800$ N이고,
$\Sigma M_B = 0$에서,
$4R_A - 300 \times 6 \times 3 = 0$ 이므로,
$R_A = \dfrac{300 \times 6 \times 3}{4} = 1350$ N
∴ $R_B = 1800 - 1350 = 450$ N

12. 그림과 같은 돌출보에서 B점의 반력을 구하면 얼마인가?

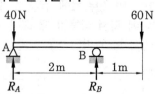

① 60 N   ② 40 N

③ 30 N   ④ 90 N

[해설] $\Sigma M_A = 0$에서, $R_B \times 2 - 60 \times 3 = 0$

$$\therefore R_B = \frac{60 \times 3}{2} = 90 \text{ N}$$

13. 그림의 단순보에서 등분포 하중 $w_o =$ 400 N/m가 작용할 때 A점에서 2 m 거리의 전단력은 얼마인가?

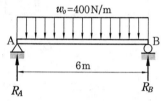

$$w_o = 400 \text{ N/m}$$

6m

R_A R_B

① 200 N   ② 400 N

③ 600 N   ④ 800 N

[해설] 우선 반력 R_A, R_B를 구하면,

$\Sigma F_i = 0$에서,

$R_A + R_B = w_o \times 6 = 400 \times 6 = 2400 \text{ N}$

$\Sigma M_B = 0$에서,

$$R_A \times 6 - 400 \times 6 \times \frac{6}{2} = 0$$

$$\therefore R_A = \frac{400 \times 6 \times 3}{6} = 1200 \text{ N},$$

$$R_B = 1200 \text{ N}$$

A점에서 2 m 거리의 전단력을 F_2라 하면,

$F_2 = R_A - 400 \times 2 = 1200 - 800 = 400 \text{ N}$

14. 그림과 같은 단순보에서 중앙점의 전단력 F와 굽힘 모멘트 M을 구하면?

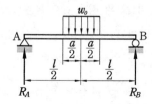

w_o

A $\frac{a}{2}$ $\frac{a}{2}$ B

$\frac{l}{2}$ $\frac{l}{2}$

R_A R_B

① $F = 0$, $M = \dfrac{w_0 a}{8}(2l - a)$

② $F = 0$, $M = \dfrac{w_0 l}{8}(l - 2a)$

③ $F = \dfrac{w_0}{2}a$, $M = \dfrac{w_0 a}{8}(2l - a)$

④ $F = \dfrac{w_0 a}{2}$, $M = \dfrac{w_0 l}{8}(l - 2a)$

[해설] 우선 반력 R_A, R_B를 구하면 $\Sigma F_i = 0$

에서, $R_A + R_B = w_0 \cdot a$

그런데, 단순보에서 균일 분포 하중이므로, $R_A = R_B = \dfrac{w_0 a}{2}$가 된다.

∴ 중앙점에서 전단력

$F = R_A - w_0 \cdot \dfrac{a}{2}$

$$= \frac{w_0 a}{2} - \frac{w_0}{2} \cdot a = 0$$

또, 중앙점의 굽힘 모멘트

$$M = \frac{R_A \cdot l}{2} - w_0 \frac{a}{2} \times \frac{a}{4}$$

$$= \frac{w_0 a}{2} \cdot \frac{l}{2} - \frac{w_0}{8}a^2$$

$$= \frac{w_0 al}{4} - \frac{w_0 a^2}{8} = \frac{w_0 a}{8}(2l - a)$$

15. 13번 문제에서 중앙점의 굽힘 모멘트는 얼마인가?

① 1200 N·m   ② 1600 N·m

③ 1800 N·m   ④ 2400 N·m

[해설] 13번 해설에서 $R_A = R_B = 1200$ N이므로 중앙점의 굽힘 모멘트를 M_C라 하면,

$$\therefore M_C = R_A \times 3 - 400 \times 3 \times \frac{3}{2}$$

$$= 1200 \times 3 - 400 \times 3 \times \frac{3}{2}$$

$$= 1800 \text{ N·m}$$

16. 그림과 같은 단순보에서 전단력이 0이 되는 점의 위치는 A점으로부터 얼마 되는 거리에 있는가?

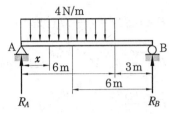

① 1 m   ② 2 m

③ 3 m   ④ 4 m

[해설] $\Sigma F_i = 0$ 에서,

$R_A + R_B = 4 \times 6 = 24$ N

$\Sigma M_B = 0$ 에서,

$R_A \times 9 - (4 \times 6 \times 6) = 0$

$\therefore R_A = \dfrac{4 \times 6 \times 6}{9} = 16$ N

$R_B = 8$ N

그러므로, 전단력이 0 이 되는 점을 x라 하면,

전단력 $F = R_A - 4x = 16 - 4x = 0$에서,

$\therefore x = 4$ m

17. 위의 문제에서 최대 굽힘 모멘트는 얼마인가 ?

① 24 N · m   ② 28 N · m

③ 32 N · m   ④ 36 N · m

[해설] 위의 풀이에서 $R_A = 16$ N, $R_B = 8$ N이고, 전단력이 0이 되는 점이 A 지점에서 4 m 이므로,

$\therefore M_{max} = R_A \times 4 - 4 \times 4 \times \dfrac{4}{2}$

$= 16 \times 4 - 4 \times 4 \times 2 = 32$ N · m

18. 그림과 같은 외팔보에서 최대 굽힘 모멘트는 얼마인가 ?

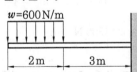

① 1200 N · m   ② 2400 N · m

③ 3600 N · m   ④ 4800 N · m

[해설] 외팔보에서 최대 굽힘 모멘트는 고정단에 생기므로,

$M_{max} = w \times 2 \times (1 + 3) = 600 \times 2 \times 4$

$= 4800$ N · m

19. 그림과 같은 외팔보에서 B 지점의 굽힘 모멘트는 얼마인가 ?

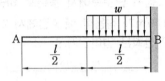

① $\dfrac{1}{4} w l^2$ ② $\dfrac{1}{6} w l^2$

③ $\dfrac{1}{8} w l^2$ ④ $\dfrac{1}{12} w l^2$

[해설] 전하중 $P = \dfrac{wl}{2}$이고, 고정단으로부터 $\dfrac{l}{4}$인 곳에 작용하므로,

$M_B = \dfrac{wl}{2} \times \dfrac{l}{4} = \dfrac{wl^2}{8}$

20. 그림과 같은 외팔보에서 최대 굽힘 모멘트는 얼마인가 ?

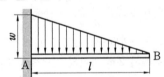

① $\dfrac{1}{3} w l^2$ ② $\dfrac{1}{4} w l^2$

③ $\dfrac{1}{5} w l^2$ ④ $\dfrac{1}{6} w l^2$

[해설] 외팔보의 최대 굽힘 모멘트는 고정단에서 생기고, 전단력 $F_A = \dfrac{wl}{2}$이므로,

$M_{max} = F_A \times$ 도심까지의 거리

$= \dfrac{wl}{2} \times \dfrac{l}{3} = \dfrac{wl^2}{6}$

21. 그림과 같은 $l = 8$ m의 외팔보에서

8000 N, 4000 N 의 하중이 고정단으로부터 각각 8 m, 3 m 에 작용할 때 최대 굽힘 모멘트는 얼마인가?

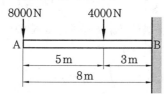

① 12000 N · m   ② 62000 N · m

③ 64000 N · m   ④ 76000 N · m

해설 외팔보에서 최대 굽힘 모멘트는 고정단에 생기므로,

$$M_{max} = 8000 \times 8 + 4000 \times 3 = 76000 \text{ N} \cdot \text{m}$$

22. 다음 그림과 같은 단순보의 반력 R_A, R_B는 얼마인가?

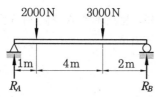

① $R_A = 1960$ N, $R_B = 2940$ N

② $R_A = 2940$ N, $R_B = 1960$ N

③ $R_A = 2429$ N, $R_B = 2571$ N

④ $R_A = 2571$ N, $R_B = 2429$ N

해설 $\Sigma F_i = 0$에서,

$R_A + R_B = 2000 + 3000 = 5000$

$\Sigma M_B = 0$에서,

$R_A \times 7 - 2000 \times 6 - 3000 \times 2 = 0$

$\therefore R_A = \dfrac{2000 \times 6 + 3000 \times 2}{7} = 2571$ N,

$R_B = 2429$ N

23. 그림과 같은 단순보에서 집중 하중 $P = 2$ kN과 균일 분포 하중 $w = 4$ kN/m 가 동시에 작용할 때 반력 R_A, R_B는 얼마인가?

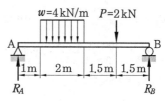

① $R_A = 7773$ N, $R_B = 2227$ N

② $R_A = 2227$ N, $R_B = 7773$ N

③ $R_A = 5833$ N, $R_B = 4167$ N

④ $R_A = 4167$ N, $R_B = 5833$ N

해설 $\Sigma F_i = 0$에서,

$R_A + R_B = 4000 \times 2 + 2000 = 10000$ N

$\Sigma M_B = 0$에서,

$R_A \times 6 - 4000 \times 2 \times (1 + 1.5 + 1.5)$

$\quad - 2000 \times 1.5 = 0$이므로,

$\therefore R_A = \dfrac{35000}{6} = 5833$ N,

$R_B = 4167$ N

24. 그림의 삼각형 분포 하중에서 $w = 2000$ N/m일 때 반력 R_A, R_B는?

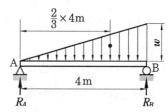

① $R_A = 980$ N, $R_B = 2710$ N

② $R_A = 1333$ N, $R_B = 2667$ N

③ $R_A = 1167$ N, $R_B = 1233$ N

④ $R_A = 3000$ N, $R_B = 1000$ N

해설 $\Sigma F_i = 0$에서,

$R_A + R_B = \dfrac{2000 \times 4}{2} = 4000$ N이고,

삼각형 분포 하중의 도심은 A지점으로부터 $\dfrac{2}{3} \times 4 = \dfrac{8}{3}$ m인 곳이므로,

$\Sigma M_A = 0$에서,

$$R_B \times 4 - \frac{2000 \times 4}{2} \times \frac{8}{3} = 0 \text{이므로,}$$

$$\therefore R_B = \frac{2000 \times 4 \times 8}{2 \times 3 \times 4} \fallingdotseq 2667 \text{ N,}$$

$$R_A = 1333 \text{ N}$$

25. 그림과 같은 단순보에서 각 지점의 반력 R_A, R_B는 얼마인가?

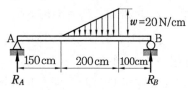

① $R_A = 1141$ N, $R_B = 591$ N

② $R_A = 741$ N, $R_B = 1259$ N

③ $R_A = 1259$ N, $R_B = 741$ N

④ $R_A = 591$ N, $R_B = 1141$ N

해설 $\Sigma F_i = 0$ 에서,

$$R_A + R_B - \frac{1}{2} \times 2 \text{ m} \times 2000 \text{ N/m}$$

$$\therefore R_A + R_B = 2000 \text{ N}$$

$\Sigma M_B = 0$ 에서,

$$R_A \times 4.5 - \frac{1}{2} \times 2 \times 2000 \times \left(\frac{1}{3} \times 2 + 1\right) = 0$$

$$\therefore R_A = \frac{2000 \times \frac{5}{3}}{4.5} = 741 \text{ N,}$$

$$R_B = 2000 - 741 = 1259 \text{ N}$$

26. 다음 단순보에 $w_x = \dfrac{wx^2}{l^2}$으로 변화하는 불균일 분포 하중이 작용하는 경우 B 지점의 반력 R_B는?

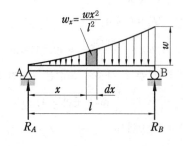

① $\dfrac{wl}{2}$ ② $\dfrac{wl}{4}$

③ $\dfrac{wl}{8}$ ④ $\dfrac{wl}{12}$

해설 반력 R_B를 구하는 문제이므로,

$$\Sigma M_A = 0 \text{ 에서,}$$

$$R_B \cdot l - \int_0^l dM = 0$$

$$R_B \cdot l - \int_0^l (w_x \cdot dx) \cdot x = 0$$

$$R_B \cdot l - \int_0^l \left(\frac{wx^2}{l^2} \cdot dx\right) \cdot x = 0$$

$$\therefore R_B = \frac{1}{l} \times \frac{w}{l^2} \int_0^l x^3 dx = 0$$

$$= \frac{w}{l^3} \left[\frac{1}{4} x^4\right]_0^l = \frac{wl^4}{4l^3} = \frac{wl}{4} \text{ [N]}$$

27. 위의 문제에서 A 지점의 반력 R_A는 얼마인가?

① $\dfrac{wl}{2}$ ② $\dfrac{wl}{4}$

③ $\dfrac{wl}{8}$ ④ $\dfrac{wl}{12}$

해설 전면적 $A = \displaystyle\int_0^l w_x dx = \int_0^l \frac{wx^2}{l^2} dx$

$$= \frac{w}{l^2} \left[\frac{1}{3} x^3\right]_0^l = \frac{wl}{3l^2} = \frac{wl}{3}$$

$$\therefore R_A = \frac{wl}{3} - R_B = \frac{wl}{3} - \frac{wl}{4} = \frac{wl}{12} \text{ [N]}$$

28. 그림과 같은 불균일 분포 하중이 작용하는 단순보에서 A 지점에 작용하는 반력 R_A는 얼마인가?

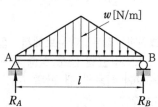

① $w \cdot l$ ② $\dfrac{wl}{2}$

③ $\dfrac{wl}{4}$ ④ $\dfrac{wl}{8}$

[해설] 분포 하중이 대칭이므로, $R_A = R_B$

$\Sigma F_i = 0$을 적용하여,

$$R_A + R_B - \dfrac{wl}{2} = 0$$

$$2R_A = \dfrac{wl}{2} \quad \therefore \ R_A = \dfrac{wl}{4} = R_B$$

29. 그림과 같은 외팔보에 $w_x = \dfrac{wx^2}{l^2}$ 으로 변화하는 불균일 분포 하중이 작용하는 경우 B 지점의 반력 R_B 는 얼마인가?

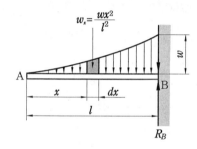

① $\dfrac{wl}{2}$ ② $\dfrac{wl}{3}$

③ $\dfrac{wl}{4}$ ④ $\dfrac{wl}{6}$

[해설] 불균일 분포 하중의 전면적이 전하중이 므로,

$$A = \int_0^l dA = \int_0^l w_x\, dx = \int_0^l \dfrac{wx^2}{l^2}\, dx$$

$$= \dfrac{w}{l^2}\int_0^l x^2\, dx = \dfrac{w}{l^2}\left[\dfrac{x^3}{3}\right]_0^l = \dfrac{wl}{3}$$

$F_i = 0$에서, $R_B - \dfrac{wl}{3} = 0$

$$\therefore \ R_B = \dfrac{wl}{3}$$

30. 그림과 같은 외팔보에서 A점의 반력 R_A 는 얼마인가?

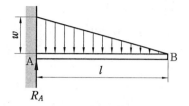

① wl ② $\dfrac{w}{l}$ ③ $\dfrac{wl}{2}$ ④ $\dfrac{w}{2l}$

[해설] 전하중 $P = \dfrac{wl}{2}$ 이므로,

$\Sigma F_i = 0$ 에서, $R_A - \dfrac{wl}{2} = 0$

$$\therefore \ R_A = \dfrac{wl}{2}$$

31. 그림과 같은 외팔보에 단위 무게를 $w_x = (3x + 5)[\text{N/m}]$로 표시하는 불균일 분포 하중이 작용하고 있다. A 지점의 반력은 얼마인가?

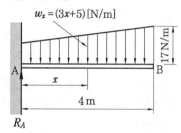

① 34 N   ② 44 N

③ 54 N   ④ 64 N

[해설] 이 문제는 그림 (a), (b)를 중첩시켜 풀면 간단하다.

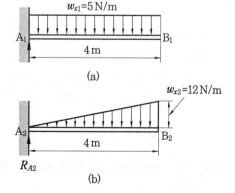

그림 (a)에서,

$R_{A1} - (5 \times 4) = 0$ $\therefore R_{A1} = 20 \text{ N}$

그림 (b)에서, $R_{A2} - \left(\dfrac{1}{2} \times 4 \times 12 \right) = 0$

$\therefore R_{A2} = 24 \text{ N}$

$\therefore R_A = R_{A1} + R_{A2} = 20 + 24 = 44 \text{ N}$

32. 그림과 같은 내다지보에 집중 하중이 49 kN과 58.8 kN이 작용하고 있을 때 B 점의 반력은 얼마인가?

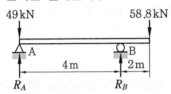

① 88.2 kN   ② 49.0 kN

③ 79.2 kN   ④ 21.7 kN

[해설] $\Sigma M_A = 0$ 에서,

$R_B \times 4 - 58.8 \times 6 = 0$

$\therefore R_B = \dfrac{58.8 \times 6}{4} = 88.2 \text{ kN}$

33. 그림과 같은 돌출보에서 등분포 하중이 작용할 때 A 지점의 반력 R_A를 구하면 얼마인가?

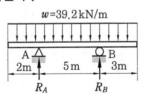

① 117.6 kN   ② 156.8 kN

③ 196.0 kN   ④ 235.2 kN

[해설] $\Sigma M_B = 0$ 에서,

$R_A \times 5 - 39.2 \times 7 \times 3.5 + 39.2 \times 3 \times 1.5 = 0$

$\therefore R_A = \dfrac{39.2 \times 7 \times 3.5 - 39.2 \times 3 \times 1.5}{5}$

$= 156.8 \text{ kN}$

34. 다음 돌출보에서 B점의 반력은 얼마인가?

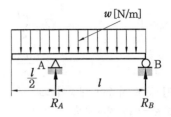

① $R_B = \dfrac{wl}{8}$ ② $R_B = \dfrac{3}{8} wl$

③ $R_B = \dfrac{5}{8} wl$ ④ $R_B = \dfrac{7}{8} wl$

[해설] $\Sigma F_i = 0$에서,

$R_A + R_B = \dfrac{3}{2} w \cdot l$

$\Sigma M_B = 0$에서,

$R_A \times l - \dfrac{3}{2} wl \times \dfrac{3}{4} l = 0$

$\therefore R_A = \dfrac{9}{8} wl,$

$R_B = \dfrac{3}{2} wl - \dfrac{9}{8} wl$

$= \dfrac{3}{8} wl \text{ [N]}$

35. 그림과 같은 단순보에서 A 지점의 반력 R_A는 얼마인가?

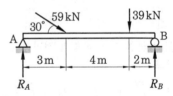

① 28.3 kN   ② 33.3 kN

③ 41.7 kN   ④ 50.2 kN

[해설] $\Sigma M_B = 0$ 에서,

$R_A \times 9 - (59 \times \sin 30°) \times 6 - 39 \times 2 = 0$

$\therefore R_A = \dfrac{(59 \times \sin 30°) \times 6 + 39 \times 2}{9}$

$= 28.3 \text{ kN}$

36. 그림과 같은 단순보에서 반력 R_A는 얼마인가?

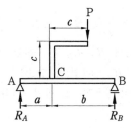

① $\dfrac{Pa}{a+b}$ 　　② $\dfrac{P(a+c)}{a+b}$

③ $\dfrac{Pb}{a+b}$ 　　④ $\dfrac{P(b-c)}{a+b}$

[해설] C 점에서 하중 P와 굽힘 모멘트 $P\cdot c$
가 동시에 작용하므로,
$\Sigma M_B = 0$에서,
$R_A(a+b) + P\cdot c - P\cdot b = 0$
$\therefore\ R_A = \dfrac{P(b-c)}{a+b}$

37. 그림의 단순보에서 C점에 관한 굽힘
모멘트 M_C는 얼마인가?

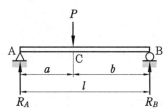

① $M_C = \dfrac{R_A \cdot a}{l}$ 　　② $M_C = \dfrac{R_B \cdot b}{l}$

③ $M_C = \dfrac{Pab}{l}$ 　　④ $M_C = \dfrac{P\cdot l}{a+b}$

[해설] 우선, 반력 R_A, R_B를 구하면,
$M_C = R_A \cdot a = R_B \cdot b$인데,
R_A는 $\Sigma M_B = 0$에서,　$R_A \cdot l - P \cdot b = 0$
$\therefore\ R_A = \dfrac{Pb}{l}$
R_B는 $\Sigma M_A = 0$에서,　$R_B \cdot l - P \cdot a = 0$
$\therefore\ R_B = \dfrac{Pa}{l}$
$\therefore\ M_C = R_A \cdot a = R_B \cdot b$
$\qquad = \dfrac{Pa}{l}\cdot b = \dfrac{Pab}{l}$

38. 그림과 같은 단순보에 C점의 전단력
F와 굽힘 모멘트 M_C는 얼마인가?

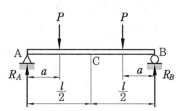

① $F = 0,\ M_C = P \cdot a$

② $F = P,\ M_C = P \cdot a$

③ $F = 0,\ M_C = P\left(\dfrac{l}{2} - a\right)$

④ $F = P,\ M_C = P\left(\dfrac{l}{2} - a\right)$

[해설] 반력 R_A, R_B를 구하면 $\Sigma F_i = 0$에서,
$R_A - 2P + R_B = 0$
$R_A + R_B = 2P$
$\Sigma M_B = 0$에서,
$R_A \cdot l - P(l-a) - P \cdot a = 0$
$\therefore\ R_A = P = R_B$
C점에서 전단력 $F = R_A - P = P - P = 0$
C점에서의 굽힘 모멘트
$\therefore\ M_C = R_A \cdot \dfrac{l}{2} - P\left(\dfrac{l}{2} - a\right)$
$\qquad = \dfrac{Pl}{2} - P\left(\dfrac{l}{2} - a\right) = P \cdot a$

39. 길이 2 m인 단순보에서 좌단으로부터
70 cm, 160 cm 되는 위치에 각각 3 kN,
6 kN의 집중 하중이 작용할 때 최대 굽
힘 모멘트의 크기는 얼마인가?

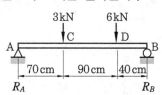

① 1.25 kN · m　　② 2.34 kN · m

③ 3.76 kN · m　　④ 4.05 kN · m

[해설] 우선, 반력 R_A, R_B를 구하면

$\Sigma F_i = 0$에서,

$R_A + R_B = 3 + 6 = 9 \text{ kN}$

$\Sigma M_B = 0$에서,

$R_A \times 2 - 3 \times 1.3 - 6 \times 0.4 = 0$

$\therefore R_A = \dfrac{3 \times 1.3 + 6 \times 0.4}{2} = 3.15 \text{ kN}$

$R_B = 5.85 \text{ kN}$

최대 굽힘 모멘트는 S.F.D에서 +부호가 −부호로 변하는 점, 즉 BMD의 D점에서 발생하므로,

$M_{\max} = R_A \times 1.6 - 3 \times 0.9$

$\qquad = 3.15 \times 1.6 - 3 \times 0.9 = 2.34 \text{ kN} \cdot \text{m}$

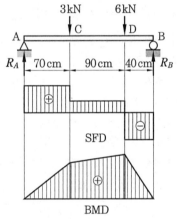

40. 그림과 같은 단순보에서 임의의 C점의 전단력 F_C와 굽힘 모멘트 M_C는?

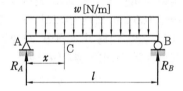

① $F_C = \dfrac{w}{2}(l - x)$, $M_C = \dfrac{wx}{2}(l - x)$

② $F_C = \dfrac{w}{2}(l - x)$, $M_C = \dfrac{wx}{2}(l - 2x)$

③ $F_C = \dfrac{w}{2}(l - 2x)$, $M_C = \dfrac{wx}{2}(l - x)$

④ $F_C = \dfrac{w}{2}(l - 2x)$, $M_C = \dfrac{wx}{2}(l - 2x)$

[해설] 반력 R_A, R_B를 구하면 $\Sigma F_i = 0$에서 $R_A + R_B = wl$인데, 단순보에서 균일분포하중이 작용할 때, 반력 R_A와 R_B는 같으므로,

$R_A = R_B = \dfrac{wl}{2}$

$\therefore F_C = R_A - wx = \dfrac{wl}{2} - wx = \dfrac{w}{2}(l - 2x)$

$M_C = R_A x - wx \cdot \left(\dfrac{x}{2}\right)$

$\qquad = \dfrac{wl}{2}x - \dfrac{w}{2}x^2 = \dfrac{wx}{2}(l - x)$

41. 위의 문제에서의 최대 굽힘 모멘트 $M_{\max}$는 얼마인가?

① $\dfrac{wl^2}{8}$ ② $\dfrac{wl^2}{6}$

③ $\dfrac{wl^2}{4}$ ④ $\dfrac{wl^2}{2}$

[해설] $M_{\max}$는 전단력이 0인 점이므로, 윗 문제에서

$F_C = \dfrac{wl}{2} - wx = \dfrac{w}{2}(l - 2x) = 0$

즉, $l - 2x = 0$에서, $x = \dfrac{l}{2}$

$\therefore M_{\max} = \dfrac{wx}{2}(l - x)$

$\qquad = \dfrac{w}{2} \cdot \left(\dfrac{l}{2}\right)\left\{l - \left(\dfrac{l}{2}\right)\right\} = \dfrac{wl^2}{8}$

42. 지간 길이 l인 단순보에 그림과 같은 삼각형 분포 하중이 작용할 때, 발생하는 최대 휨 모멘트의 크기는?

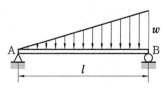

]① $\dfrac{wl^2}{9}$ ② $\dfrac{wl^2}{9\sqrt{2}}$

③ $\dfrac{wl^3}{9\sqrt{2}}$ ④ $\dfrac{wl^2}{9\sqrt{3}}$

[해설] 우선 반력 R_A, R_B를 구하면,

$\Sigma F_i = 0$에서, $R_A - \dfrac{wl}{2} + R_B = 0$

$\therefore R_A + R_B = \dfrac{wl}{2}$

$\Sigma M_B = 0$에서, $R_A \cdot l - \dfrac{wl}{2} \times \dfrac{l}{3} = 0$

$\therefore R_A = \dfrac{\dfrac{wl}{2} \times \dfrac{l}{3}}{l} = \dfrac{wl}{6}$,

$R_B = \dfrac{wl}{2} - \dfrac{wl}{6} = \dfrac{wl}{3}$

그런데, 최대 굽힘 모멘트는 전단력이 0인 점(SFD에서 부호가 변하는 점)이므로,

$F_x = \dfrac{wl}{6} - \dfrac{wx^2}{2l} = 0$, $\therefore x = \dfrac{l}{\sqrt{3}}$

따라서, $M_x = R_A \cdot x - \dfrac{wx^2}{2l} \times \dfrac{x}{3}$

$= \dfrac{wl}{6} \cdot x - \dfrac{wx^3}{6l}$

$\therefore M_{\max} = \dfrac{wl}{6}\left(\dfrac{l}{\sqrt{3}}\right) - \dfrac{w}{6l}\left(\dfrac{l}{\sqrt{3}}\right)^3$

$= \dfrac{3wl^2 - wl^2}{18\sqrt{3}} = \dfrac{wl^2}{9\sqrt{3}}$

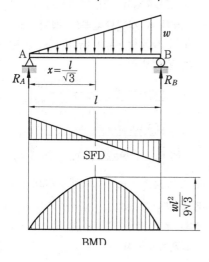

43. 그림과 같은 단순보에서 C점의 전단력 F_C와 굽힘 모멘트 M_C는 얼마인가?

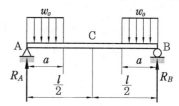

① $F_C = 0$, $M_C = \dfrac{w_0 l^2}{4}$

② $F_C = 0$, $M_C = \dfrac{w_0 a^2}{2}$

③ $F_C = w_0 a$, $M_C = \dfrac{w_0 a^2}{4}$

④ $F_C = w_0 a$, $M_C = \dfrac{w_0 l^2}{2}$

[해설] 단순보의 균일 분포 하중이므로 반력

$R_A = R_B = w_0 \cdot a$

$\therefore$ C점에서 전단력

$F_C = R_A - w_0 \cdot a = w_0 a - w_0 a = 0$

또, C점에서 모멘트

$M_C = R_A \cdot \dfrac{l}{2} - w_0 a \times \left(\dfrac{l}{2} - \dfrac{a}{2}\right)$

$= w_0 a \cdot \dfrac{l}{2} - \dfrac{w_0 a}{2}(l - a) = \dfrac{w_0 a^2}{2}$

44. 그림과 같은 단순보에서 중앙점의 전단력 F와 굽힘 모멘트 M은 얼마인가?

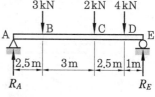

① $F = 0.39\,\text{kN}$, $M = 5.61\,\text{kN} \cdot \text{m}$

② $F = 0.39\,\text{kN}$, $M = 9.26\,\text{kN} \cdot \text{m}$

③ $F = 0.61\,\text{kN}$, $M = 5.61\,\text{kN} \cdot \text{m}$

④ $F = 0.61\,\text{kN}$, $M = 9.26\,\text{kN} \cdot \text{m}$

[해설] 반력 R_A, R_B를 구하면,

$\Sigma F_i = 0$에서, $R_A - 3 - 2 - 4 + R_E = 0$

$R_A + R_E = 9\,\mathrm{kN}$

$\Sigma M_E = 0$에서,

$R_A \times 9 - 3 \times 6.5 - 2 \times 3.5 - 4 \times 1 = 0$

$\therefore R_A = \dfrac{3 \times 6.5 + 2 \times 3.5 + 4 \times 1}{9} = 3.39\,\mathrm{kN}$

$R_E = 9 - 3.39 = 5.61\,\mathrm{kN}$

그러므로, 중앙점(좌단으로부터 4.5 m인 점)에서의 전단력

$F = R_A - 3 = 3.39 - 3 = 0.39\,\mathrm{kN}$

또, 중앙점에서의 굽힘 모멘트

$M = R_A \times 4.5 - 3 \times 2 = 3.39 \times 4.5 - 3 \times 2$

$\quad = 9.26\,\mathrm{kN \cdot m}$

45. 위의 문제에서 최대 굽힘 모멘트는 얼마인가?

① 5.61 kN · m 　② 8.47 kN · m

③ 9.65 kN · m 　④ 15.26 kN · m

해설 위의 해설에서 $R_A = 3.39\,\mathrm{kN}$, $R_E = 5.61\,\mathrm{kN}$이고, 최대 굽힘 모멘트는 SFD에서 +부호가 −부호로 변하는 점, 즉 BMD 의 C점에서 발생하므로,

$\therefore M_{\max} = R_A \times 5.5 - 3 \times 3$

$\quad = 3.39 \times 5.5 - 3 \times 3$

$\quad = 9.65\,\mathrm{kN \cdot m}$

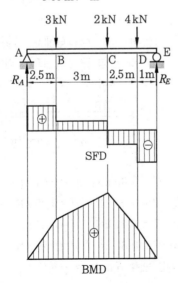

46. 그림과 같은 단순보에서 등분포 하중 $w_0 = 3000\,\mathrm{N/m}$가 작용할 때 A 지점으로부터 6 m 지점의 전단력은 얼마인가?

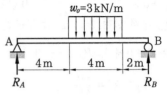

① 1.2 kN 　② 2.4 kN

③ 4.8 kN 　④ 6.0 kN

해설 반력 R_A, R_B를 구하면

$\Sigma F_i = 0$에서,

$R_A + R_B = w_0 \times 4 = 3 \times 4 = 12\,\mathrm{kN}$

$\Sigma M_B = 0$에서,

$R_A \times 10 - 3 \times 4 \times 4 = 0$

$\therefore R_A = \dfrac{3 \times 4 \times 4}{10} = 4.8\,\mathrm{kN}$

$R_B = 7.2\,\mathrm{kN}$

A 지점으로부터 6 m 지점의 전단력을 F_6 이라 하면

$F_6 = R_A - 3 \times 2 = 4.8 - 6 = -1.2\,\mathrm{kN}$

(여기서, −부호는 힘의 크기가 아니라 힘의 작용방향을 뜻함)

47. 그림과 같은 단순보에서 등분포 하중 $w_1 = 2.5\,\mathrm{kN/m}$, $w_2 = 3\,\mathrm{kN/m}$, $w_3 = 2\,\mathrm{kN/m}$가 A 지점으로부터 각각 6 m, 4 m, 5 m 에 작용할 때, 9 m 지점의 굽힘 모멘트는 얼마인가?

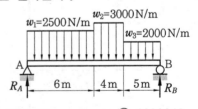

① 38534 N · m 　② 60903 N · m

③ 96335 N · m 　④ 173403 N · m

해설 우선 반력 R_A, R_B를 구하면

$\Sigma F_i = 0$ 에서,

$R_A - 2500 \times 6 - 3000 \times 4$

$\qquad\qquad - 2000 \times 5 + R_B = 0$

$\therefore \ R_A + R_B$

$= 2500 \times 6 + 3000 \times 4 + 2000 \times 5$

$= 37000\,\text{N} = 37\,\text{kN}$

$\Sigma M_B = 0$에서,

$R_A \times 15 - 2500 \times 6 \times 12$

$\qquad - 3000 \times 4 \times 7 - 2000 \times 5 \times \dfrac{5}{2} = 0$

$R_A = \dfrac{2500 \times 6 \times 12 + 3000 \times 4 \times 7 + 2000 \times 5 \times \dfrac{5}{2}}{15}$

$\qquad = 18267\,\text{N}$

$\therefore \ R_B = 37000 - R_A$

$\qquad\quad = 37000 - 18267 = 18733\,\text{N}$

A 지점으로부터 9 m 지점의 굽힘 모멘트를 M_9라 하면,

$M_9 = R_A \times 9 - 2500 \times 6 \times 6 - 3000 \times 3 \times \dfrac{3}{2}$

$\quad = 18267 \times 9 - 2500 \times 6 \times 6 - 3000 \times 3 \times \dfrac{3}{2}$

$\quad = 60903\,\text{N} \cdot \text{m}$

48. 그림과 같은 단순보의 등분포 하중 $w_1 = 3\,\text{kN/m}$, $w_2 = 2\,\text{kN/m}$, $w_3 = 4\,\text{kN/m}$ 가 A 지점으로부터 각각 3 m, 4 m, 2 m에 작용할 때 중앙점의 전단력은?

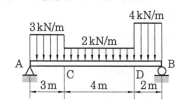

① 60 N　　　　② 1194 N
③ 600 N　　　　④ 1306 N

해설 반력 R_A, R_B를 구하면

$\Sigma F_i = 0$에서,

$R_A - 3 \times 3 - 2 \times 4 - 4 \times 2 + R_B = 0$

$\therefore \ R_A + R_B = 3 \times 3 + 2 \times 4 + 4 \times 2 = 25\,\text{kN}$

$\Sigma M_B = 0$에서,

$R_A \times 9 - 3 \times 3 \times 7.5 - 2 \times 4 \times 4$

$\qquad\qquad - 4 \times 2 \times 1 = 0$

$R_A = \dfrac{3 \times 3 \times 7.5 + 2 \times 4 \times 4 + 4 \times 2 \times 1}{9}$

$\quad \fallingdotseq 11.94\,\text{kN}$

$\therefore \ R_B = 25 - 11.94 = 13.06\,\text{kN}$

중앙점의 전단력을 F_C라 하면,

$\therefore \ F_C = R_A - 3 \times 3 - 2 \times 1.5$

$\qquad = 11.94 - 3 \times 3 - 2 \times 1.5$

$\qquad = -0.06\,\text{kN}$

49. 다음 단순보에서 C점에 작용하는 전단력 F_C와 굽힘 모멘트 M_C의 값은?

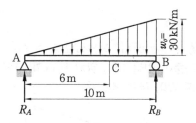

① $F_C = 4\,\text{kN}, \ M_C = -192\,\text{kN} \cdot \text{m}$

② $F_C = -4\,\text{kN}, \ M_C = 192\,\text{kN} \cdot \text{m}$

③ $F_C = 4\,\text{kN}, \ M_C = 192\,\text{kN} \cdot \text{m}$

④ $F_C = -4\,\text{kN}, \ M_C = -192\,\text{kN} \cdot \text{m}$

해설 전하중 $W = \dfrac{1}{2} w_0 l$

$\qquad\qquad = \dfrac{1}{2} \times 30 \times 10 = 150\,\text{kN}$

그러므로, $R_A + R_B = 150\,\text{kN}$

또 $\Sigma M_B = 0$ 에서,

$R_A l - \dfrac{1}{2} w_0 l \cdot \left(\dfrac{l}{3} \right)$

$= R_A \times 10 - \dfrac{1}{2} \times 30 \times 10 \times \dfrac{10}{3} = 0$

$10 R_A = \dfrac{1}{6} \times 30 \times 10 \times 10$

$\therefore \ R_A = 50\,\text{kN}, \ R_B = 100\,\text{kN}$

따라서, $F_C = R_A - \dfrac{1}{2} w_x \cdot 6$에서 w_x를 구하려면

그림에서 $w_x : 30 = 6 : 10$ 이므로,

$$w_x = \frac{30 \times 6}{10} = 18 \, \text{kN/m}$$

$$F_C = 50 - \frac{1}{2} \times 18 \times 6 = -4 \, \text{kN}$$

또, $M_C = R_A x - \frac{1}{2} w_x \cdot x \cdot \frac{x}{3}$ 에서,

$x = 6$ 을 대입하면,

$$M_C = 6 R_A - \frac{1}{2} \times 18 \times 6 \times 2$$

$$= 6 \times 50 - 108 = 192 \, \text{kN}$$

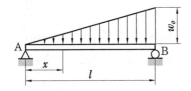

50. 단순보에서 직선적으로 변하는 분포 하중이 있을 때 x 위치 단면의 굽힘 모멘트 값이 옳은 것은?

① $\dfrac{w_0 x}{6l}(l^2 - x^2)$ ② $\dfrac{w_0}{6l}(l - 3x^2)$

③ $\dfrac{w_0 x}{2l}(l^2 - x^2)$ ④ $\dfrac{w_0}{2l}(l^2 - 3x^2)$

[해설] $\Sigma F_i = 0$ 에서,

$$R_A + R_B = \frac{w_0 l}{2}$$

$\Sigma M_B = 0$ 에서,

$$R_A \times l - \frac{w_0}{2} l \cdot \left(\frac{l}{3} \right) = 0 \, \text{이므로,}$$

반력 $R_A = \dfrac{w_0 l}{6}$, $R_B = \dfrac{w_0 l}{3}$

굽힘 모멘트 $M_x = R_A \cdot x - \dfrac{w_0 x^2}{2l} \left(\dfrac{x}{3} \right)$

$$= \frac{w_0 l}{6} \cdot x - \frac{w_0 x^3}{6l}$$

$$= \frac{w_0 x}{6l}(l^2 - x^2)$$

51. 그림의 단순보에서 $P = 5000 \, \text{N}$의 집중 하중과 $w = 4000 \, \text{N/m}$의 등분포 하중이 작용할 때 A 지점에서 5 m 되는 지점의 전단력과 굽힘 모멘트는 얼마인가?

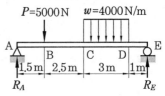

① 1.19 kN, 19.55 kN·m

② 1.19 kN, 21.55 kN·m

③ 7.81 kN, 19.55 kN·m

④ 7.81 kN, 21.55 kN·m

[해설] 우선 반력 R_A와 R_B를 구하면,

$\Sigma F_i = 0$ 에서,

$$R_A - 5 - 4 \times 3 + R_E = 0$$

$$\therefore R_A + R_E = 5 + 4 \times 3 = 17 \, \text{kN}$$

$\Sigma M_E = 0$ 에서,

$$R_A \times 8 - 5 \times 6.5 - 4 \times 3 \times 2.5 = 0$$

$$R_A = \frac{5 \times 6.5 + 4 \times 3 \times 2.5}{8} = 7.81 \, \text{kN}$$

$$R_E = 17 - R_A = 17 - 7.81 = 9.2 \, \text{kN}$$

A 지점에서 5 m 되는 지점의 전단력을 F_5 라 하면,

$$F_5 = R_A - 5 - 4 \times 1 = 7.81 - 5 - 4$$

$$= -1.19 \, \text{kN}$$

(여기서 $-$부호는 힘의 방향만 나타냄)

또, A 지점에서 5 m 되는 지점의 굽힘 모멘트를 M_5라 하면,

$$M_5 = R_A \times 5 - 5 \times 3.5 - 4 \times 1 \times \frac{1}{2}$$

$$= 7.81 \times 5 - 5 \times 3.5 - 4 \times 1 \times 0.5$$

$$= 19.55 \, \text{kN·m}$$

52. 다음 그림의 단순보에서 A 지점으로부터 6 m 지점의 굽힘 모멘트는 얼마인가?

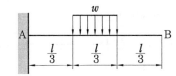

$w_1 = 6 \text{kN/m}$ $w_2 = 5 \text{kN/m}$

A   C D   E B
4m   3m   4m   1m
R_A R_B

① 14.33 kN · m   ② 23.05 kN · m

③ 37.67 kN · m   ④ 46.02 kN · m

[해설] 반력 R_A, R_B를 구하면,

$\Sigma F_i = 0$에서,

$$R_A - \frac{1}{2} \times 6 \times 4 - 5 \times 4 + R_B = 0$$

$$\therefore R_A + R_B = \frac{1}{2} \times 6 \times 4 + 5 \times 4 = 32 \text{ kN}$$

$\Sigma M_B = 0$에서,

$$R_A \times 12 - \frac{1}{2} \times 6 \times 4 \times 9.33 - 5 \times 4 \times 3 = 0$$

$$R_A = \frac{\frac{1}{2} \times 6 \times 4 \times 9.33 + 5 \times 4 \times 3}{12}$$

$$= 14.33 \text{ kN}$$

$$R_B = 32 - R_A = 32 - 14.33 = 17.67 \text{ kN}$$

그러므로, A 지점으로부터 6 m 지점의 굽힘 모멘트를 M_6라 하면,

$$M_6 = R_A \times 6 - \frac{1}{2} \times 6 \times 4 \times 3.33$$

$$= 14.33 \times 6 - \frac{1}{2} \times 6 \times 4 \times 3.33$$

$$= 46.02 \text{ kN} \cdot \text{m}$$

53. 다음 그림은 단순보에 대한 B.M.D 이다. C점에 작용해야 할 하중은 몇 kN 인가?

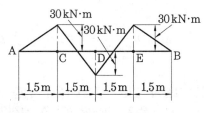

30kN·m   30kN·m
30kN·m

A   C D E   B

1.5 m   1.5 m   1.5 m   1.5 m

① 20   ② 40

③ 60   ④ 80

[해설] $\overline{AC}$ 구간의 굽힘 모멘트는 하중 × 거리이므로,

$$\therefore 하중 = \frac{굽힘\ 모멘트}{거리} = \frac{30}{1.5} = 20 \text{ kN}$$

54. 그림과 같은 외팔보에 분포 하중 w [N/m]를 받고 있을 경우 고정단의 굽힘 모멘트는?

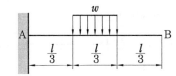

A w B
$\frac{l}{3}$ $\frac{l}{3}$ $\frac{l}{3}$

① $-\dfrac{wl^2}{4}$ ② $-\dfrac{wl^2}{2}$

③ $-\dfrac{wl^2}{6}$ ④ $-\dfrac{wl^2}{8}$

[해설] 전단력 $F_A = -w \times \dfrac{l}{3} = -\dfrac{wl}{3}$ 이므로,

$$\therefore M_A = F_A \times \frac{l}{2} = -\frac{wl}{3} \times \frac{l}{2}$$

$$= -\frac{wl^2}{6}$$

55. 그림과 같은 외팔보에서 C점에서의 휨 모멘트는 얼마인가?

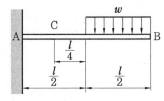

A   C w B
$\frac{l}{4}$
$\frac{l}{2}$ $\frac{l}{2}$

① $-\dfrac{1}{8} wl^2$ ② $-\dfrac{1}{6} wl^2$

③ $-\dfrac{1}{4} wl^2$ ④ $-\dfrac{1}{2} wl^2$

[해설] 전하중 $P = w \times \dfrac{l}{2} = \dfrac{wl}{2}$ 이고, C점에서 하중의 작용점까지의 거리는 그림에서와 같이 $\dfrac{l}{2}$ 이므로,

$$\therefore M_C = -P \times \frac{l}{2} = -\frac{wl}{2} \times \frac{l}{2} = -\frac{wl^2}{4}$$

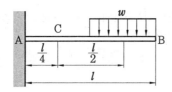

$$M_B = \frac{wl}{2} \times \frac{1}{3}l = \frac{wl^2}{6}$$

$$\therefore \frac{M_A}{M_B} = \frac{\frac{wl^2}{3}}{\frac{wl^2}{6}} = \frac{6}{3} = 2$$

56. 그림과 같은 외팔보에서 A 지점으로부터 2 m 지점의 굽힘 모멘트는?

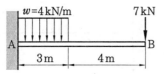

① 11 kN · m   ② 37 kN · m

③ 53 kN · m   ④ 67 kN · m

[해설] A 지점으로부터 2 m는 B 지점으로부터 5 m 지점이므로,

$$M = 7000 \times 5 + 4000 \times 1 \times \frac{1}{2}$$

$$= 35000 + 2000 = 37000 \, \text{N} \cdot \text{m}$$

$$= 37 \, \text{kN} \cdot \text{m}$$

57. 그림과 같은 외팔보 (a), (b)에서 최대 굽힘 모멘트의 비 M_A / M_B 는 얼마인가?

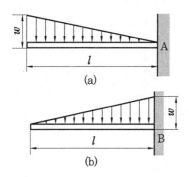

① 1   ② 2

③ 3   ④ 4

[해설] (a), (b) 2개의 전하중은 같고, $\frac{wl}{2}$ 이며,

$$M_A = \frac{wl}{2} \times \frac{2}{3}l = \frac{wl^2}{3}$$

58. 그림과 같은 돌출보에서 집중 하중 $2P$, P 가 작용할 때 A, B 두 지점의 중앙의 굽힘 모멘트는 얼마인가?

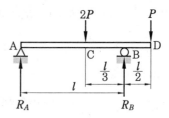

① $\frac{1}{2}Pl$ ② $\frac{1}{3}Pl$

③ $\frac{1}{6}Pl$ ④ $\frac{1}{12}Pl$

[해설] 반력 R_A, R_B를 구하면,

$\Sigma F_i = 0$ 에서,

$R_A + R_B = 2P + P = 3P$

$\Sigma M_A = 0$ 에서,

$$2P\left(\frac{2}{3}l\right) - R_B \cdot l + \frac{3}{2}Pl = 0$$

$$\therefore R_B = \frac{\frac{4}{3}Pl + \frac{3}{2}Pl}{l} = \frac{17}{6}P$$

$$R_A = 3P - \frac{17}{6}P = \frac{1}{6}P$$

그러므로, A, B 두 지점 중앙의 굽힘 모멘트를 M_x라 하면,

$$\therefore M_x = R_A \times \frac{l}{2} = \frac{1}{6}P \times \frac{l}{2} = \frac{1}{12}Pl$$

59. 그림과 같은 돌출보에서 집중 하중 P_1, P_2, P_3가 작용할 때, A 지점의 우측 1 m 되는 지점의 전단력은 얼마인가?

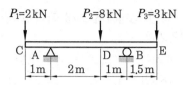

① 1.38 kN ② 1.83 kN

③ 1.96 kN ④ 2.15 kN

[해설] 우선 반력 R_A, R_B를 구하면,

$\Sigma F_i = 0$에서,

$R_A + R_B = 2 + 8 + 3 = 13\,kN$

$\Sigma M_B = 0$에서,

$R_A \times 3 - 2 \times 4 - 8 \times 1 + 3 \times 1.5 = 0$

$\therefore R_A = \dfrac{2 \times 4 + 8 \times 1 - 3 \times 1.5}{3}$

$\fallingdotseq 3.83\,kN$

$R_B = 13 - 3.83 = 9.17\,kN$

그러므로, A 지점으로부터 우측 1 m 되는 지점의 전단력을 F_{A1}이라 하면,

$F_{A1} = R_A - P_1 = 3.83 - 2 = 1.83\,kN$

60. 그림과 같은 돌출보에서 등분포 하중 w가 작용할 때, A, B 두 지점의 중앙에서 굽힘 모멘트는 얼마인가?

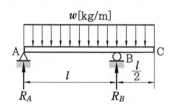

① $\dfrac{1}{8}wl^2$ ② $\dfrac{3}{8}wl^2$

③ $\dfrac{1}{16}wl^2$ ④ $\dfrac{5}{16}wl^2$

[해설] 우선, 반력 R_A, R_B를 구하면,

$\Sigma F_i = 0$에서,

$R_A + R_B = \dfrac{3}{2}wl$

$\Sigma M_A = 0$에서,

$R_B \times l - w \times \dfrac{3}{2}l \times \dfrac{3}{4}l = 0$

$\therefore R_B = \dfrac{9}{8}wl,$

$R_A = \dfrac{3}{2}wl - \dfrac{9}{8}wl = \dfrac{3}{8}wl$

A, B 두 지점 중앙의 굽힘 모멘트를 M_x라 하면,

$\therefore M_x = R_A \times \dfrac{l}{2} - w \times \dfrac{l}{2} \times \dfrac{l}{4}$

$= \dfrac{3w}{8}l \times \dfrac{l}{2} - \dfrac{wl^2}{8} = \dfrac{1}{16}wl^2$

61. 위의 문제에서 B, C 두 지점의 중앙에서 굽힘 모멘트는 얼마인가?

① $\dfrac{1}{2}wl^2$ ② $\dfrac{1}{4}wl^2$

③ $\dfrac{1}{8}wl^2$ ④ $\dfrac{1}{16}wl^2$

[해설] 위의 해설에서

$R_A = \dfrac{3}{8}wl, R_B = \dfrac{9}{8}wl$이고,

B, C 두 지점 중앙의 굽힘 모멘트를 M_{BC}라 하면,

$M_{BC} = w \times \dfrac{l}{2} \times \dfrac{l}{4} = \dfrac{1}{8}wl^2$

62. 그림과 같은 돌출보에서 등분포 하중 $w = 4000\,N/m$가 작용할 때 C 지점의 굽힘 모멘트는 얼마인가?

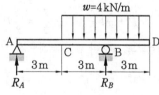

① 0 kN·m ② 3 kN·m

③ 6 kN·m ④ 12 kN·m

[해설] 반력 R_A, R_B를 구하면,

$\Sigma F_i = 0$에서,

$R_A + R_B = 4 \times 6 = 24\,kN$

$\Sigma M_A = 0$에서,

$R_B \times 6 - 4 \times 6 \times 6 = 0$

$$\therefore R_B = \frac{4 \times 6 \times 6}{6} = 24 \text{ kN},$$

$$R_A = 24 - R_B = 24 - 24 = 0 \text{ kN}$$

그러므로, C 지점의 모멘트를 M_C라 하면,

$$M_C = R_A \times 3 = 0 \times 3 = 0 \text{ kN·m}$$

63. 그림과 같은 돌출보에서 집중 하중 P와 등분포 하중 w가 작용할 때 D점의 굽힘 모멘트는 얼마인가?

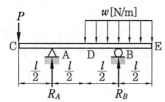

① $\dfrac{Pl}{4}$

② $\dfrac{Pl}{4} + \dfrac{wl^2}{2}$

③ $\dfrac{Pl}{2}$

④ $\dfrac{Pl}{2} + wl^2$

[해설] 반력 R_A, R_B를 구하면,

$\Sigma F_i = 0$에서, $R_A + R_B = P + w \cdot l$

$\Sigma M_A = 0$에서,

$$-P \times \frac{l}{2} - R_B \times l + w \cdot l \cdot l = 0$$

$$\therefore R_B = \frac{wl^2 - \dfrac{P}{2}l}{l} = wl - \frac{P}{2}$$

$R_A = P + wl - R_B$

$$= P + wl - wl + \frac{P}{2} = \frac{3}{2}P$$

그러므로, D점의 굽힘 모멘트를 M_D라 하면,

$$\therefore M_D = R_A \times \frac{l}{2} - P \cdot l$$

$$= \frac{3}{2}P \times \frac{l}{2} - Pl = \frac{3}{4}Pl - Pl$$

$$= -\frac{1}{4}Pl$$

(여기서, $-$부호는 힘의 크기와 관계없이 힘의 방향을 나타낸다.)

64. 62번 문제에서 최대 굽힘 모멘트는 얼마인가?

① 6 kN·m

② 12 kN·m

③ 18 kN·m

④ 24 kN·m

[해설] 62번 해설에서 $R_A = 0$, $R_B = 24$ kN이고, 그림의 B.M.D 에서 최대 굽힘 모멘트 M_{max}는 B 지점에서 발생하므로 구하면,

$$\therefore M_B = -w \times 3 \times \frac{3}{2}$$

$$= -4 \times 3 \times 1.5$$

$$= -18 \text{ kN·m}$$

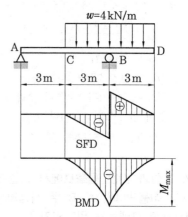

제7장

보 속의 응력

1. 보 속의 굽힘응력

1-1 순수굽힘(pure bending)

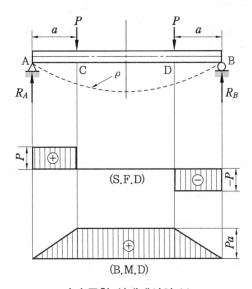

순수굽힘 상태에서의 보

보의 단면에는 전단력과 굽힘 모멘트가 작용하고, 이것에 의해 전단응력과 수직응력이 발생한다. 그러나 전단력에 의한 영향은 매우 작으므로 이를 생략하고 굽힘 모멘트에 의한 수직응력만을 굽힘응력(bending stress)이라 한다.

그림과 같이 하중을 받는 보의 중앙부분(C, D)에는 전단력이 걸리지 않으며, 균일한 굽힘 모멘트 $M = P \cdot a$ 만이 작용하고 있다. 이와 같이 C, D 부분의 상태를 순수굽힘 상태라 한다. 순수굽힘에 의하여 유발되는 굽힘응력을 해석, 고찰하기 위해서 다음과 같은 가정을 한다.

① 보의 재질은 균질하며, 단면이 균일하고 중심축에 대해서 대칭면을 갖는다.

② 모든 하중들은 대칭면 내에서 작용하며, 굽힘 변형도 그 평면 내에서 일어난다.

③ 처음에 평면이었던 각 단면은 구부러진 후에도 평면을 유지하고 구부러진 축선에 직교한다.

④ 재료는 Hooke의 법칙을 따르며, 인장, 압축부분에 대한 영(young) 계수는 같다.

1-2 보 속의 인장과 압축

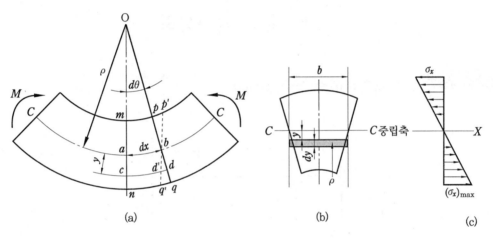

보 속의 굽힘응력

변형이 일어나면 두 인접 단면 mn과 pq는 O점에서 서로 만나게 되며, 이들이 이루는 미소각을 $d\theta$라 하고, 곡률 반지름(radius of curvature)을 ρ라 하면, 탄성곡선의 곡률은 $\dfrac{1}{\rho}$이 되고 △Oab에서 기하학적으로,

$$ab = dx = \rho \cdot d\theta, \quad \frac{1}{\rho} = \frac{d\theta}{dx} \quad\text{······························}\ \unicode{x1D4D8}$$

중립면에서 y 만큼 떨어진 곳의 cd는 cd'가 $d'd$ 만큼 늘어난 것으로 볼 수 있으므로,

$$d'd = cd - cd' = (\rho + y)d\theta - ab = y \cdot d\theta \quad\text{·······················}\ ⓛ$$

△Oab와 △$bd'd$는 닮은 꼴이므로,

$$\varepsilon = \frac{d'd}{ab} = \frac{y}{\rho} \quad\text{···}\ ⓒ$$

따라서, 이곳의 응력은 변형률에 비례하므로 Hooke의 법칙에 의하여,

$$\sigma = E \cdot \varepsilon = E \cdot \frac{y}{\rho} \quad\text{··}\ (7-1)$$

이 식에서 Hooke의 법칙이 성립하는 한도 내에서는 순수굽힘에 의한 굽힘응력 σ_b는 중립면으로부터의 거리 y에 비례함을 알 수 있다.

1-3 ## 보 속의 저항 모멘트(resisting moment)

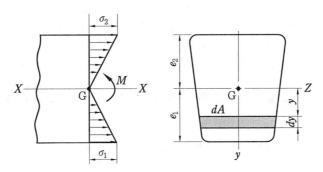

보 속의 저항 모멘트

그림에서 굽힘응력 σ_b는 중립면으로부터 가장 먼 곳에 최댓값을 갖게 되며, 윗부분에서는 최대 압축응력$(\sigma_c)_{max}$, 아랫부분에서는 최대 인장응력$(\sigma_t)_{max}$가 작용하게 된다.

중립축으로부터 y만큼 떨어진 미소면적을 dA라 하면, 그 면적 위에 작용하는 힘은,

$$dF = \sigma\, dA = \frac{E}{\rho} y\, dA \quad\text{··}\quad ㉣$$

$$\therefore F = \frac{E}{\rho} \int_A y\, dA = 0 \quad\text{··}\quad ㉤$$

$\frac{E}{\rho}$ = 일정(상수), $\int_A y\, dA = 0$이 되며, 중립축에 대한 단면 1차 모멘트가 0임을 나타낸다. 또, $A \neq 0$이므로, $y = 0$이어야 한다. 따라서, 중립축은 단면의 도심을 지나는 것을 알 수 있고, 중립축은 단면의 한 주축이 된다.

dA에 작용하는 힘 $\sigma \cdot dA$의 중립축에 관한 모멘트의 합은 굽힘 모멘트 M과 같다. 미소 힘 dF의 중립축에 대한 모멘트를 취하면,

$$dM = y\, dF = y\,(\sigma\, dA)$$

$$\therefore M = \int_A y\sigma\, dA = \frac{E}{\rho} \int_A y^2\, dA \quad\text{·································}\quad ㉥$$

여기서, $\int_A y^2\, dA = I$로서, 중립축에 대한 단면 2차 모멘트이다.

$$\therefore M = \frac{E}{\rho} \int_A y^2\, dA = \frac{E}{\rho} I, \ \ 곡률\left(\frac{1}{\rho}\right) = \frac{M}{EI} \quad\text{··········}\quad (7-2)$$

식 (7−2)에서 곡률 $\dfrac{1}{\rho}$은 굽힘 모멘트 M에 비례하고, 굽힘 강성계수(flexural rigidity) EI에 반비례한다.

또, 보 속의 굽힘응력과 모멘트는,

$$\sigma = \frac{My}{I}, \quad M = \sigma\frac{I}{y} \quad \cdots\cdots\cdots\cdots\cdots\cdots\cdots\cdots\cdots\cdots\cdots\cdots\cdots\cdots\cdots\cdots\cdots\cdots (7-3)$$

$$(\sigma_t)_{\max} = \frac{Me_1}{I} = \frac{M}{Z_1}, \quad (\sigma_c)_{\min} = \frac{Me_2}{I} = \frac{M}{Z_2} \quad \cdots\cdots\cdots\cdots\cdots\cdots (7-4)$$

$$\left(Z_1 = \frac{I}{e_1}, \quad Z_2 = \frac{I}{e_2}\right)$$

만약, $e_1 = e_2 = e$라면 단면이 Z축에 대하여 대칭이고, 최대 인장응력과 압축응력의 절 댓값은 같다.

$$\sigma_{\max} = -\sigma_{\min} = \frac{Me}{I} = \frac{M}{Z}$$

$$\therefore \ \sigma = \pm\frac{M}{Z}, \quad M = \sigma Z \quad \cdots\cdots\cdots\cdots\cdots\cdots\cdots\cdots\cdots\cdots\cdots\cdots\cdots\cdots (7-5)$$

위 식을 보의 굽힘공식이라 하며, $\sigma \cdot Z$는 굽힘 모멘트에 저항하는 보의 응력 모멘트이 므로, 이를 저항 모멘트(resisting moment) 라 한다.

예제 1. 그림과 같이 지름 5 mm의 강선을 495 mm 지름의 원통에 밀 착시켜 감았을 때 강선에 발생하는 최대 굽힘 응력은? (단, 강선의 탄 성 계수 $E = 200$ GPa이다.)

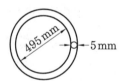

① 약 0.01 GPa   ② 약 0.2 GPa

③ 약 1 GPa   ④ 약 2 GPa

해설 $\dfrac{1}{\rho} = \dfrac{\sigma}{Ey} \rightarrow \sigma_{\max} = \dfrac{Ey}{\rho} = \dfrac{E \cdot \dfrac{d}{2}}{\dfrac{D+d}{2}} = \dfrac{Ed}{D+d} = \dfrac{200 \times 5}{495 + 5} = 2\ \text{GPa}$ **정답** ④

예제 2. 그림과 같이 외팔보에 발생하는 최대 굽힘 응력 σ_b는 몇 MPa인가? (단, 보의 단면은 한 변의 길이가 10 cm인 정사각형이다.)

① $\sigma_b = 23.2$ ② $\sigma_b = 15.2$

③ $\sigma_b = 25.2$ ④ $\sigma_b = 28.2$

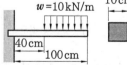

해설 $\sigma_{\max} = \dfrac{M_{\max}}{z} = \dfrac{(10 \times 0.6) \times 0.7}{\dfrac{(0.1)^3}{6}} = 25200\ \text{kPa} = 25.2\ \text{MPa}$ **정답** ③

2. 보 속의 전단응력

2-1 ## 보 속의 전단응력

보는 일반적으로 하중을 받으면 각 단면에 굽힘 모멘트 M과 전단력 V를 동시에 일으킨다. 하중을 받아 구부러지면 보는 횡단면에 전단력이 일어나므로 단면에 따라 전단응력(shearing stress)이 일어난다.

재료의 단면에서 폭을 b, 전단력을 V, 단면 1차 모멘트를 Q, 단면 2차 모멘트를 I라 할 때, 수평 전단응력(τ)은,

$$\tau = \frac{VQ}{bI} \, [\text{MPa}] \quad\text{(7-6)}$$

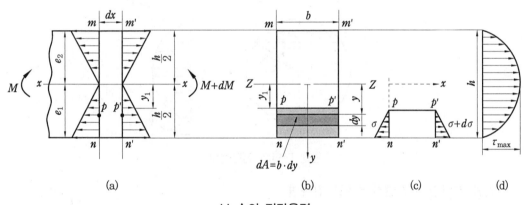

(a) (b) (c) (d)

보 속의 전단응력

2-2 ## 직사각형(구형) 단면의 전단응력

그림 (b)의 직사각형 단면에서 $dA = bdy$, $e_1 = \dfrac{h}{2}$ 이므로, 단면 1차 모멘트

$$Q = \int_{y_1}^{\frac{h}{2}} y \, dA = \int_{y_1}^{\frac{h}{2}} y b \, dy = \frac{b}{2}\left(\frac{h^2}{4} - y_1{}^2\right)[\text{cm}^3]$$

또, Q는 음영부분의 도심까지의 거리의 곱으로도 얻을 수 있다.

$$Q = b\left(\frac{h}{2} - y_1\right) \times \frac{1}{2}\left(\frac{h}{2} + y_1\right) = \frac{b}{2}\left(\frac{h^2}{4} - y_1{}^2\right)[\text{cm}^3]$$

$$\text{전단응력}(\tau) = \frac{VQ}{Ib} = \frac{V}{2I}\left(\frac{h^2}{4} - y_1^2\right)[\text{MPa}] \quad\cdots\cdots\cdots\cdots\cdots\cdots\cdots\cdots (7-7)$$

전단응력 τ는 $y_1 = \pm\dfrac{h}{2}$에서 $\tau = 0$, $y = 0$에서, $\tau_{\max} = \dfrac{Vh^2}{8I}$, $I = \dfrac{bh^3}{12}$이므로,

$$\text{최대 전단응력}(\tau_{\max}) = \frac{12Vh^2}{8bh^3} = \frac{3V}{2A} = 1.5\,\tau_{\mathrm{mean}}[\text{MPa}] \quad\cdots\cdots\cdots\cdots\cdots (7-8)$$

식 $(7-8)$에서 최대 전단응력은 전단력(V)을 횡단면적(A)으로 나눈 평균 전단응력보다 50 % 더 크다는 것을 알 수 있다.

<table>
<tr><td>**2-3**</td><td>**원형 단면의 전단응력**</td></tr>
</table>

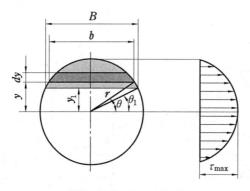

원형 단면의 전단응력

y 만큼 떨어진 미소면적 dA를 취하면,

$$y = r\sin\theta$$
$$dy = r\cos\theta\,d\theta$$
$$b = 2r\cos\theta = 2\sqrt{r^2 - y^2}$$
$$r^2 - y^2 = t \text{라면} \ -2y\,dy = dt \text{이고},$$
$$y = r \rightarrow t = 0, \ y = y_1 \rightarrow t = r^2 - y_1^2 \text{이므로},$$

$$Q = \int_{y_1}^{r} y\,dA = \int_{y_1}^{r} y\,b\,dy = \int_{y_1}^{r} 2y\sqrt{r^2 - y^2}\,dy = \int_{r^2 - y_1^2}^{0} -\sqrt{t}\,dt$$

$$= -\left[\frac{2}{3}t^{\frac{3}{2}}\right]_{r^2 - y_1^2}^{0} = \frac{2}{3}(r^2 - y_1^2)^{\frac{3}{2}}[\text{cm}^3]$$

y_1 만큼 떨어진 부분의 $B = 2r\cos\theta_1 = 2\sqrt{r^2 - y_1^2}$

$$\therefore \ Q = \frac{2}{3}(r^2 - y_1{}^2)^{\frac{3}{2}} = \frac{2}{3}(\sqrt{r^2 - y_1{}^2})^3 = \frac{2}{3}(r\cos\theta_1)^3$$

$$I = \frac{\pi r^4}{4}, \ A = \pi r^2$$

$$\therefore \ \tau = \frac{VQ}{IB} = \frac{4V}{\pi r^4} \times \frac{\frac{2}{3}r^3\cos^3\theta_1}{2r\cos\theta_1} = \frac{4V\cos^2\theta_1}{3\pi r^2}$$

$$= \frac{4V}{3A}\left(1 - \frac{y_1{}^2}{r^2}\right)[\text{MPa}] \quad\text{(7-9)}$$

$\theta_1 = 0 \ (y_1 = 0)$일 때 $\tau_{\max}$이므로,

$$\tau_{\max} = \frac{4V}{3A} = 1.33\,\tau_{\text{mean}}[\text{MPa}] \quad\text{(7-10)}$$

2-4 **I 형 단면의 전단응력**

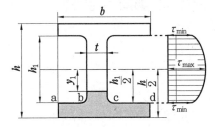

I형 단면의 전단응력

I형 단면을 플랜지와 웨브 부분으로 나누어 직사각형과 같은 방법으로 계산하면,

$$Q = \int_{y_1}^{\frac{h}{2}} y\,dA = \int_{\frac{h_1}{2}}^{\frac{h}{2}} by\,dy + \int_{y_1}^{\frac{h_1}{2}} ty\,dy$$

$$= \frac{b}{2}\left(\frac{h^2}{4} - \frac{h_1^2}{4}\right) + \frac{t}{2}\left(\frac{h_1{}^2}{4} - y_1{}^2\right)[\text{cm}^3]$$

$$Q = \int_{y_1}^{\frac{h}{2}} y\,dA = b\left(\frac{h}{2} - \frac{h_1}{2}\right)\cdot 2\left(\frac{h}{2} + \frac{h_1}{2}\right) + t\left(\frac{h_1}{2} - y_1\right)\cdot\frac{1}{2}\left(\frac{h_1}{2} + y_1\right)$$

$$= \frac{b}{2}\left(\frac{h^2}{4} - \frac{h_1^2}{4}\right) + \frac{t}{2}\left(\frac{h_1{}^2}{4} - y_1{}^2\right)[\text{cm}^3]$$

$$\therefore \ \tau = \frac{V}{2t}\left[\frac{b}{2}\left(\frac{h^2}{4} - \frac{h_1^2}{4}\right) + \frac{t}{2}\left(\frac{h_1{}^2}{4} - y_1{}^2\right)\right][\text{MPa}] \quad\text{(7-11)}$$

$y = 0$일 때 중립축의 최대 전단응력은,

$$\tau_{\max} = \frac{V}{It}\left[\frac{b}{2}\left(\frac{h^2}{4} - \frac{h_1^2}{4}\right) + \frac{th_1^2}{8}\right] \text{[MPa]} \quad\cdots\cdots\cdots\cdots\cdots (7-12)$$

$y = \dfrac{h_1}{2}$일 때 최소 전단응력은,

$$\tau_{\min} = \frac{V}{It}\left[\frac{b}{2}\left(\frac{h^2}{4} - \frac{h_1^2}{4}\right)\right] \text{[MPa]} \quad\cdots\cdots\cdots\cdots\cdots\cdots\cdots (7-13)$$

예제 3. 보 속의 굽힘응력의 크기에 대한 설명 중 옳은 것은?
① 중립면에서의 거리에 정비례한다. ② 중립면에서 최대로 된다.
③ 위 가장 자리에서의 거리에 정비례한다. ④ 아래 가장 자리에서의 거리에 정비례한다.

해설 $\sigma_b = \dfrac{M}{z} = \dfrac{M}{I}y$ 에서 $\sigma_b \propto y$

보 속의 굽힘응력은 중립면(축)에서의 거리(y)에 정비례한다. **정답** ①

예제 4. 사각형 단면의 전단응력 분포에 있어서 최대 응력은 전단력을 단면적으로 나눈 평균 전단응력보다 얼마나 더 큰가?
① 30 % ② 40 %
③ 50 % ④ 60 %

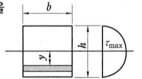

해설 $\tau_{\max} = \dfrac{3F}{2A} = 1.5\tau_{\max}$

∴ 최대 전단응력은 평균 전단응력보다 50 % 더 크다. **정답** ③

3. 굽힘과 비틀림으로 인한 조합응력

3-1 보 속의 주응력(principal stress in beam)

보의 한 단면에는 굽힘 모멘트 M과 전단력 V가 동시에 작용하면 그 단면 위의 각 점에는 굽힘응력($\sigma_x = My/I$)과 전단응력$\left(\tau_{xy} = \tau_{yx} = \dfrac{VQ}{Ib}\right)$이 동시에 작용한다.

$$\sigma_x = \frac{M}{I_Z}y, \quad \tau_{xy} = \frac{VQ}{I_Z b}$$

각 점에서의 주응력의 방향은, $\theta = \dfrac{1}{2}\tan^{-1}\dfrac{2\tau_{xy}}{\sigma_x}, \quad \theta' = \theta + \dfrac{\pi}{2}$

주응력의 크기는, $\sigma_1 = \dfrac{\sigma_x}{2} + \sqrt{\left(\dfrac{\sigma_x}{2}\right)^2 + \tau_{xy}{}^2}$, $\sigma_2 = \dfrac{\sigma_x}{2} - \sqrt{\left(\dfrac{\sigma_x}{2}\right)^2 + \tau_{xy}{}^2}$

최대 전단응력의 방향은, $\theta = \dfrac{1}{2}\tan^{-1}\dfrac{\sigma_x}{2\tau_{xy}}$, $\theta' = \theta + \dfrac{\pi}{2}$

최대, 최소 전단응력은, $\tau_{\max} = \sqrt{\left(\dfrac{\sigma_x}{2}\right)^2 + \tau_{xy}{}^2}$, $\tau_{\min} = -\sqrt{\left(\dfrac{\sigma_x}{2}\right)^2 + \tau_{xy}{}^2}$

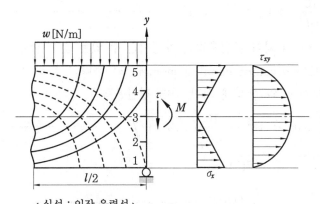

$\left(\begin{array}{l}\text{실선 : 인장 응력선}\\ \text{점선 : 압축 응력선}\end{array}\right)$ $(\sigma_y=0)$

보 속의 주응력

3-2 **상당 굽힘 모멘트와 상당 비틀림 모멘트**

① 비틀림 모멘트 T로 인한 전단응력
② 굽힘 모멘트 M으로 인한 굽힘응력
③ 전단력 V로 인한 전단응력(위의 두 응력에 비해 회전축에 미치는 영향이 극히 작으므로 일반적으로 무시)

비틀림으로 인한 최대 전단응력은 축의 표면에 발생하고,

$$\tau = \frac{T}{Z_P} = \frac{16T}{\pi d^3}\,[\text{MPa}] \quad\cdots\cdots\cdots\cdots\cdots\cdots\cdots\cdots\cdots\cdots\cdots\cdots\cdots\cdots\cdots ㉠$$

굽힘 모멘트로 인한 최대 굽힘응력은 굽힘 모멘트가 발생하는 단면의 중립면에서 가장 먼 축의 표면에 발생하고,

$$\sigma_b = \frac{M}{Z} = \frac{32M}{\pi d^3}\,[\text{MPa}] \quad\cdots\cdots\cdots\cdots\cdots\cdots\cdots\cdots\cdots\cdots\cdots\cdots\cdots\cdots ㉡$$

가 된다. 최대 조합응력은 τ와 σ_b의 합성응력이 최대로 되는 단면에서 일어나게 된다.
위의 식 ㉠, ㉡의 두 응력의 합성에 의한 최대 및 최소 주응력은

$$\sigma_{\max} = \frac{1}{2}\sigma_b + \frac{1}{2}\sqrt{\sigma_b^2 + 4\tau^2} = \frac{16}{\pi d^3}(M + \sqrt{M^2 + T^2}) \quad \cdots\cdots\cdots\cdots (7-14)$$

$$\sigma_{\min} = \frac{1}{2}\sigma_b - \frac{1}{2}\sqrt{\sigma_b^2 + 4\tau^2} = \frac{16}{\pi d^3}(M - \sqrt{M^2 + T^2}) \quad \cdots\cdots\cdots\cdots (7-15)$$

여기서, $M_e = \frac{1}{2}(M + \sqrt{M^2 + T^2})$ 이라면,

$$\sigma_{\max} = \frac{16}{\pi d^3} \cdot 2M_e = \frac{M_e}{Z}\,[\text{MPa}] \quad \cdots\cdots\cdots\cdots\cdots\cdots\cdots (7-16)$$

$\sigma_{\max}$와 똑같은 크기의 최대 굽힘응력을 발생시킬 수 있는 순수 굽힘 모멘트 M_e를 상당 (등가) 굽힘 모멘트(equivalent bending moment)라 한다.

또, 식 ㉠, ㉡ 두 응력의 합성에 의한 최대 전단응력은,

$$\tau_{\max} = \frac{1}{2}\sqrt{\sigma_b^2 + 4\tau^2} = \frac{16}{\pi d^3}(\sqrt{M^2 + T^2}) \quad \cdots\cdots\cdots\cdots (7-17)$$

여기서, $T_e = \sqrt{M^2 + T^2}$ 이라면,

$$\tau_{\max} = \frac{16}{\pi d^3}T_e = \frac{T_e}{Z_P}\,[\text{MPa}] \quad \cdots\cdots\cdots\cdots\cdots\cdots\cdots (7-18)$$

$\tau_{\max}$와 똑같은 크기의 최대 전단응력을 발생시킬 수 있는 비틀림 모멘트 T_e를 상당 비틀림 모멘트(equivalent twisting moment)라 한다.

축의 안전지름을 구하는 데는 $\sigma_{\max}$ 대신 σ_a, $\tau_{\max}$ 대신 τ_a를 대입하여 계산하면 된다.

$$d = \sqrt[3]{\frac{16M_e}{\pi\sigma_a}} \fallingdotseq \sqrt[3]{\frac{5.1M_e}{\sigma_a}}\,[\text{cm}] \quad \cdots\cdots\cdots\cdots\cdots\cdots (7-19)$$

$$d = \sqrt[3]{\frac{16T_e}{\pi\tau_a}} \fallingdotseq \sqrt[3]{\frac{5.1T_e}{\tau_a}}\,[\text{cm}] \quad \cdots\cdots\cdots\cdots\cdots\cdots (7-20)$$

두 지름값 중 큰 값을 축의 지름으로 정하면 되고, 연성재료의 경우 최대 전단응력으로 파괴된다고 보아, $\tau = \frac{1}{2}\sigma$ 로 잡아 식 (7-20)을, 취성재료의 경우 최대 주응력으로 파괴된다고 보아 식 (7-19)를 사용하여 계산한다.

예제 5. 길이 90 cm, 지름 8 cm의 외팔보의 자유단에 2 kN의 집중 하중이 작용하는 동시에 150 N·m의 비틀림 모멘트도 작용할 때 외팔보에 작용하는 최대 전단응력은 몇 MPa인가?

① 15　　　　　　　② 16　　　　　　　③ 17　　　　　　　④ 18

해설 $T_e = \sqrt{M^2 + T^2} = \sqrt{(2000 \times 0.9)^2 + 150^2} = 1806.2\,\text{N·m}$

$\therefore \tau_{\max} = \frac{T_e}{Z_p} = \frac{16T_e}{\pi d^3} = \frac{16 \times 1806.2}{\pi \times (0.08)^3} \times 10^{-6} = 17.97\,\text{MPa} \fallingdotseq 18\,\text{MPa}$　　　**정답** ④

출제 예상 문제

1. 다음은 굽힘응력에 대한 설명이다. 옳은 것은 ?

① 중립면의 거리에 비례한다.

② 곡률 반지름에 비례한다.

③ 곡률에 반비례한다.

④ 굽힘 모멘트에 반비례한다.

[해설] 굽힘응력

$\sigma = E\varepsilon = \dfrac{Ey}{\rho} = \dfrac{My}{I} = \dfrac{M}{Z}$ 으로 표현된다.

2. 다음 중 단면이 직사각형인 보의 굽힘 정도가 옳은 것은 ?

① 단면적이 클수록 심하다.

② 같은 단면적이면 정사각형이 가장 굽힘이 작다.

③ 같은 단면적이면 가로보다 세로가 클수록 심하다.

④ 같은 단면적이면 세로보다 가로가 클수록 심하다.

[해설] 굽힘 정도는 단면계수와 반비례하므로 직사각형 단면의 단면계수 $Z = \dfrac{bh^2}{6}$ 에서 같은 단면적이면 세로보다 가로가 클수록 굽힘 정도는 심하다(크다).

3. 굽힘응력을 σ, 굽힘 모멘트를 M, 단면계수를 Z 라 하면 다음 중 옳은 것은 ?

① $\sigma = M \cdot Z$ ② $\sigma = \dfrac{M}{Z}$

③ $\sigma = \dfrac{Z}{M}$ ④ $\sigma = M + Z$

[해설] $M_{max} = \sigma Z$ 이므로 $\sigma = \dfrac{M}{Z}$ [MPa]

4. 다음 보의 굽힘 모멘트가 작용할 때 굽힘응력의 분포를 옳게 나타낸 것은 ?

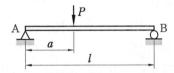

① 단면의 중립축에서 굽힘응력이 최대이다.

② 단면의 제일 위에서 최대 인장응력이 작용한다.

③ 단면의 중립축에서 굽힘응력이 0이다.

④ 단면의 제일 아래에서 최대 압축응력이 나타난다.

[해설] 단면의 중립축에서 굽힘응력은 0이며, 제일 위에서 최대 압축응력이, 제일 아래에서 최대 인장응력이 작용한다.

5. 그림과 같은 원형 단면의 외팔보에 발생하는 최대 굽힘응력을 표시한 것은 ?

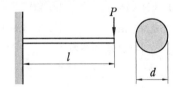

① $\dfrac{16\,Pl}{\pi d^3}$ ② $\dfrac{32\,Pl}{\pi d^3}$

③ $\dfrac{16\,Pl}{\pi d^4}$ ④ $\dfrac{32\,Pl}{\pi d^4}$

[해설] 단면계수$(Z) = \dfrac{\pi d^3}{32}$ 이고, 최대 굽힘 모멘트$(M_{max}) = Pl$ 이므로,

$\therefore \sigma_{max} = \dfrac{M_{max}}{Z} = \dfrac{M_{max}}{\dfrac{\pi d^3}{32}} = \dfrac{32\,Pl}{\pi d^3}$ [MPa]

정답 1. ① 2. ④ 3. ② 4. ③ 5. ②

6. 지름 30 cm 의 원형 단면을 가진 보가 그림과 같은 하중을 받을 때, 이 보에 발생되는 최대 굽힘응력은 얼마인가?

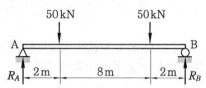

① 17.7 MPa   ② 27.7 MPa
③ 37.7 MPa   ④ 47.7 MPa

[해설] 반력 $R_A = R_B = 50$ kN이고, 최대 굽힘 모멘트는 하중점 사이에 작용하므로(순수 굽힘),

$M_{max} = R_A \times 2 = 50 \times 2 = 100$ kN·m

$\qquad = 100000$ N·m

그러므로,

$\sigma_{max} = \dfrac{M_{max}}{Z} = \dfrac{32 M_{max}}{\pi d^3} = \dfrac{32 \times 100000}{\pi \times (0.3)^3}$

$\qquad \fallingdotseq 37.7 \times 10^6$ N/m^2

$\qquad = 37.7$ MPa

7. 폭 10 cm, 높이 15 cm 의 직사각형 단면에 80 MPa의 굽힘응력이 생겼다고 하면, 그 단면의 굽힘 모멘트는 얼마인가?

① 15 kN·m   ② 20 kN·m
③ 25 kN·m   ④ 30 kN·m

[해설] 사각단면의 단면계수

$Z = \dfrac{bh^2}{6} = \dfrac{0.1 \times 0.15^2}{6}$

$\qquad = 3.75 \times 10^{-4}$ m^{3}이므로,

$\sigma = \dfrac{M}{Z}$에서,

$\therefore M = \sigma Z = (80 \times 10^6) \times (3.75 \times 10^{-4})$

$\qquad = 30000$ N·m $= 30$ kN·m

8. 길이 50 cm 인 정방형 8.5 cm×8.5 cm 단면의 주철 프레임에 50 kN 의 집중 하중이 작용할 때 A점에 관한 수직응력은?

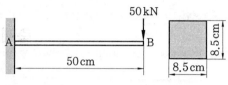

① 243 MPa   ② 249 MPa
③ 244 MPa   ④ 247 MPa

[해설] $M = Pl = 50$ kN $\times 0.5$ m $= 25$ kN·m

$Z = \dfrac{bh^2}{6} = \dfrac{h^3}{6} = \dfrac{(0.085)^3}{6}$

$\qquad = 1.024 \times 10^{-4}$ m^3

$\sigma = \dfrac{M}{Z} = \dfrac{25000}{1.024 \times 10^{-4}}$

$\qquad \fallingdotseq 244 \times 10^6$ N/m$^2 = 244$ MPa

9. 굽힘 모멘트를 M, 단면 2차 모멘트를 I, 세로 탄성계수를 E, 곡률 반지름을 ρ 라 할 때 다음 중 옳은 것은?

① $M = \dfrac{EI}{\rho}$ ② $M = \dfrac{I}{E\rho}$

③ $M = \dfrac{\rho}{EI}$ ④ $M = \dfrac{E\rho}{I}$

[해설] $dM = y dF = y \sigma dA$

$\therefore M = \displaystyle\int_A y \sigma dA = \dfrac{E}{\rho} \int_A y^2 dA$

$\qquad = \dfrac{EI}{\rho} = \dfrac{\sigma I}{y}$ (kN·m = kJ)

10. 휨 모멘트 M을 받고 있는 원형 단면의 보를 설계하려 한다. 이 보의 허용응력을 σ_a라 할 때, 단면의 지름 d는?

① $d = 10.19 \left(\dfrac{M}{\sigma_a} \right)$

② $d = 3.19 \sqrt{\dfrac{M}{\sigma_a}}$

③ $d = 2.17 \sqrt[3]{\dfrac{M}{\sigma_a}}$

④ $d = 1.79 \sqrt[4]{\dfrac{M}{\sigma_a}}$

[해설] $\sigma_a = \dfrac{M}{Z} = \dfrac{M}{\dfrac{\pi}{32}d^3} = \dfrac{32M}{\pi d^3}$ 에서,

$$\therefore d = \sqrt[3]{\dfrac{32M}{\pi \sigma_a}} \fallingdotseq 2.17 \sqrt[3]{\dfrac{M}{\sigma_a}}$$

11. 그림과 같은 중공단면의 보에 굽힘 모멘트 12 kN · m가 작용할 때, 이 보가 받는 굽힘응력은 얼마인가?

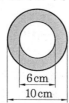

6cm
10cm

① 140.4 MPa   ② 276.8 MPa
③ 384.6 MPa   ④ 441.2 MPa

[해설] 중공축의 바깥지름을 D, 안지름을 d라 하면,

단면계수$(Z) = \dfrac{\pi(D^4 - d^4)}{32D} = \dfrac{\pi(10^4 - 6^4)}{32 \times 10}$

$\qquad\qquad\quad = 85.45\,\text{cm}^3 = 85.45 \times 10^{-6}\,\text{m}^3$

$\therefore\ \sigma = \dfrac{M}{Z} = \dfrac{12\text{kN} \cdot \text{m}}{85.45 \times 10^{-6}\text{m}^3}$

$\qquad \fallingdotseq 140433\,\text{kN/m}^2 \fallingdotseq 140.4\,\text{MPa}$

12. 수평방향에서 전단응력에 대한 설명 중 옳은 것은?

① 보의 상단에서 최대이다.
② 보의 중립축에서 최대이다.
③ 보의 하단에서 최대이다.
④ 보의 상, 하단에서 최대이다.

[해설] 수평방향에서 전단응력은 보의 중립축에서 최대이고 상연과 하연에서 최소(0)이다.

13. 재료의 단면에서 폭을 b, 전단력을 V, 단면 1차 모멘트를 Q, 단면 2차 모멘트를 I라 할 때, 수평 전단응력을 구하는 식은?

① $\tau = \dfrac{bQ}{VI}$ ② $\tau = \dfrac{bI}{VQ}$

③ $\tau = \dfrac{VQ}{bI}$ ④ $\tau = \dfrac{VI}{bQ}$

14. 사각 단면의 보에 있어서 단면적을 A [mm²], 전단력을 V[N]이라 하면 최대 전단응력 $\tau_{\max}$는 얼마인가?

① $\dfrac{2V}{3A}$ ② $\dfrac{3V}{4A}$

③ $\dfrac{4V}{3A}$ ④ $\dfrac{3V}{2A}$

[해설] 보가 사각 단면인 경우

$$\tau_{\max} = \dfrac{3V}{2A} = \dfrac{3V}{2(bh)}\,[\text{MPa}]$$

15. 원형 단면의 보에 있어서 단면적을 A [mm²], 전단력을 V[N]이라 하면 최대 전단응력 $\tau_{\max}$는 얼마인가?

① $\dfrac{3V}{2A}$ ② $\dfrac{4V}{3A}$

③ $\dfrac{3V}{4A}$ ④ $\dfrac{2V}{3A}$

[해설] 보가 원형 단면인 경우

$$\tau_{\max} = \dfrac{4V}{3A} = \dfrac{16V}{3\pi d^2}\,[\text{MPa}]$$

16. 길이가 5 m이고, 그 보의 중앙점에 집중 하중 P를 받는 단순보가 있다. 이 보의 단면은 $b \times h = 4\,\text{cm} \times 10\,\text{cm}$인 직사각형이고, 중립축에 최대 전단응력 $\tau_{\max} = 1.5$ MPa이면 이 보의 중앙점에 작용하는 하중 P는 얼마인가?

① 2000 N   ② 4000 N
③ 6000 N   ④ 8000 N

[해설] 전단력$(V_A) = V_{\max} = R_A$이므로

$R_A = \dfrac{P}{2}$ 이며,

$\tau_{\max} = \dfrac{3}{2} \times \dfrac{V}{A}$ 에서,

$V = \dfrac{2 \times A \times \tau_{\max}}{3} = \dfrac{2 \times (4 \times 10^{-3}) \times 1.5}{3}$

$\quad = 4 \times 10^{-3}\,\text{MN} = 4\,\text{kN}$

따라서, $V_A = 4\,\text{kN} = R_A$, $R_A = \dfrac{P}{2} = 4\,\text{kN}$

$\therefore P = 8\,\text{kN}$

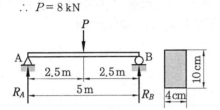

17. 그림과 같은 사각 단면의 단순보에 집중 하중 P가 작용할 때 중립축에 나타나는 최대 전단응력은 얼마인가?

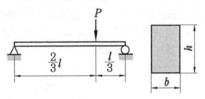

① $\dfrac{P}{bh}$

② $\dfrac{P}{2bh}$

③ $\dfrac{3Ph}{2bh}$

④ $\dfrac{2P}{bh}$

[해설] $V_{\max} = \dfrac{2}{3}P$ 이므로,

$\therefore \tau_{\max} = \dfrac{3V}{2A} = \dfrac{3 \times \dfrac{2}{3}P}{2bh} = \dfrac{P}{bh}\,[\text{MPa}]$

18. 그림과 같이 지름 d 인 원형 단면을 가진 단순보의 중앙에 집중 하중 P 가 작용할 때 생기는 최대 전단응력을 나타낸 식은 다음 중 어느 것인가?

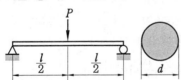

① $\dfrac{4P}{3\pi d^2}$

② $\dfrac{8P}{3\pi d^2}$

③ $\dfrac{16P}{3\pi d^2}$

④ $\dfrac{32P}{3\pi d^2}$

[해설] $V_{\max} = \dfrac{P}{2}$ 이고, $A = \dfrac{\pi}{4}d^2$ 이므로,

$\therefore \tau_{\max} = \dfrac{4V}{3A} = \dfrac{4 \times \dfrac{P}{2}}{3 \times \dfrac{\pi d^2}{4}} = \dfrac{16P}{6\pi d^2}$

$\quad = \dfrac{8P}{3\pi d^2}\,[\text{MPa}]$

19. 다음 외팔보에서 등분포 하중 $w\,[\text{N/m}]$ 가 작용할 때 최대 전단응력은?

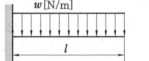

① $\dfrac{wl}{bh}$

② $\dfrac{wl}{2bh}$

③ $\dfrac{2wl}{3bh}$

④ $\dfrac{3wl}{2bh}$

[해설] $V_{\max} = wl$ 이고, 단면적 $A = bh$ 이므로,

$\therefore \tau_{\max} = \dfrac{3V}{2A} = \dfrac{3wl}{2bh}\,[\text{MPa}]$

20. 굽힘 모멘트 M 과 비틀림 모멘트 T 를 동시에 받은 봉에서 등가 굽힘 모멘트 M_e 의 식으로 옳은 것은?

① $M_e = M + \sqrt{M^2 + T^2}$

② $M_e = \dfrac{1}{2}(M + \sqrt{M^2 + T^2})$

③ $M_e = \dfrac{1}{2}\sqrt{M^2 + T^2}$

④ $M_e = M + \dfrac{1}{2}\sqrt{M^2 + T^2}$

[해설] 상당 굽힘 모멘트(M_e)

$\quad = \dfrac{1}{2}(M + \sqrt{M^2 + T^2}) = \dfrac{1}{2}(M + T_e)\,[\text{kJ}]$

21. 어느 회전하는 축에 굽힘 모멘트를 M, 비틀림 모멘트를 T라 할때 상당(등가) 비틀림 모멘트 T_e를 바르게 나타낸 것은?

① $\sqrt{M^2 + T^2}$

② $M^2 + T^2$

③ $M + \sqrt{M^2 + T^2}$

④ $T + \sqrt{M^2 + T^2}$

해설 상당 비틀림 모멘트(T_e)

$= \sqrt{M^2 + T^2}\,[\text{kJ}]$

22. 5 kN·m의 굽힘 모멘트와 8 kN·m의 비틀림 모멘트를 동시에 받는 축의 상당 비틀림 모멘트는 상당 굽힘 모멘트의 몇 배인가?

① 0.63배   ② 1.31배

③ 7.22배   ④ 9.43배

해설 상당 굽힘 모멘트(M_e)

$= \dfrac{1}{2}(M + \sqrt{M^2 + T^2}) = \dfrac{1}{2}(5 + \sqrt{5^2 + 8^2})$

$\fallingdotseq 7.22\ \text{kN·m}$

상당 비틀림 모멘트(T_e)

$= \sqrt{M^2 + T^2} = \sqrt{5^2 + 8^2} \fallingdotseq 9.43\ \text{kN·m}$

$\therefore \dfrac{T_e}{M_e} = \dfrac{9.43}{7.22} \fallingdotseq 1.31$

23. 지름이 30 cm인 원형 단면의 축에 굽힘 모멘트 $M = 600$ N·m와 비틀림 모멘트 $T = 400$ N·m를 동시에 받을 때 최대 주응력 $\sigma_{\max}$는 얼마인가?

① 249.3 kPa   ② 2493 kPa

③ 24.93 kPa   ④ 2.493 kPa

해설 $\sigma_{\max} = \dfrac{M_e}{Z} = \dfrac{M_e}{\dfrac{\pi}{32}d^3} = \dfrac{32M_e}{\pi d^3}$ 에서,

$M_e = \dfrac{1}{2}(M + \sqrt{M^2 + T^2})$

$= \dfrac{1}{2}(600 + \sqrt{600^2 + 400^2})$

$= 660.56\ \text{N·m}$

$= 660.56 \times 10^{-3}\ \text{kN·m}$

$\therefore \sigma_{\max} = \dfrac{M_e}{Z} = \dfrac{M_e}{\dfrac{\pi d^3}{32}} = \dfrac{32M_e}{\pi d^3}$

$= \dfrac{32 \times (660.56) \times 10^{-3}}{\pi (0.3)^3}$

$\fallingdotseq 249.33\ \text{kPa}$

24. 폭 25 cm, 높이 24 cm의 단면을 가진 목재 외팔보가 있다. 길이가 3 m이고, 허용응력을 15 MPa이라 할 때 자유단에 가할 수 있는 하중은 얼마인가?

① 11 kN   ② 12 kN

③ 13 kN   ④ 14 kN

해설 사각 단면의 단면계수

$Z = \dfrac{bh^2}{6} = \dfrac{25 \times 24^2}{6} = 2400\ \text{cm}^3$

$= 2.4 \times 10^{-3}\ \text{m}^3$

$\sigma = \dfrac{M}{Z}$ 에서,

$M = \sigma \cdot Z = (15 \times 10^6) \times (2.4 \times 10^{-3})$

$= 36000\ \text{N·m}$ 이므로

$M = P \times l$ 에서

$\therefore P = \dfrac{M}{l} = \dfrac{36000}{3} = 12000 = 12\ \text{kN}$

25. 지름이 50 mm인 실체원축이 500 N·m의 비틀림 모멘트와 200 N·m의 굽힘 모멘트를 동시에 받을 때 생기는 최대 전단응력 $\tau_{\max}$는 얼마 정도인가? (단, 최대 전단응력설을 이용하여 계산한다.)

① $\tau_{\max} = 71.30$ MPa

② $\tau_{\max} = 21.95$ MPa

③ $\tau_{\max} = 71.30$ kPa

④ $\tau_{\max} = 21.95$ kPa

[해설] $\tau_{\max} = \dfrac{T_e}{Z_p} = \dfrac{16\,T_e}{\pi d^3}$ 에서,

$$T_e = \sqrt{M^2 + T^2} = \sqrt{500^2 + 200^2}$$
$$= 538.5\,\text{N}\cdot\text{m}$$
$$= 538.5 \times 10^3\,\text{N}\cdot\text{mm}$$

$$\therefore \tau_{\max} = \frac{T}{Z_p} = \frac{T}{\dfrac{\pi d^3}{16}} = \frac{16\,T}{\pi d^3}$$

$$= \frac{16 \times (538.5) \times 10^3}{\pi \times 50^3} = 21.95\,\text{MPa}$$

26. 폭 10 cm, 높이 15 cm의 구형 단면의 단순보에 C, D점에 5000 N, 3000 N 이 작용할 때 이 보의 최대 굽힘응력은?

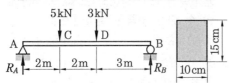

① 13.4 MPa ② 25.9 MPa
③ 37.6 MPa ④ 48.2 MPa

[해설] 우선 R_A, R_B의 반력을 구하면,

$\Sigma V_i = 0$에서,

$R_A + R_B = 5 + 3 = 8\,\text{kN}$

$\Sigma M_B = 0$에서,

$R_A \times 7 - 5 \times 5 - 3 \times 3 = 0$

$\therefore R_A = \dfrac{5 \times 5 + 3 \times 3}{7} \fallingdotseq 4.857\,\text{kN}$,

$R_B = 8 - 4.857 = 3.143\,\text{kN}$

이 보에서 최대 굽힘 모멘트는 전단력 V가 0 인 점, 즉 C점에 생기므로,

$M_C = M_{\max} = R_A \times 2 = 4.857 \times 2$
$\qquad = 9.714\,\text{kN}\cdot\text{m}$

단면계수

$$Z = \frac{bh^2}{6} = \frac{10 \times 15^2}{6} = 375\,\text{cm}^3$$
$$= 3.75 \times 10^3\,\text{mm}^3$$

$$\therefore \sigma_{\max} = \frac{M_{\max}}{Z} = \frac{9714 \times 10^3}{375 \times 10^3} = \frac{9714}{375}$$
$$= 25.9\,\text{MPa}(\text{N/mm}^2)$$

27. 그림과 같은 외팔보에서 보의 단면의 지름이 10 cm인 원형일 때 고정단의 응력은 몇 MPa인가?

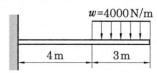

① 134.5 ② 336.1
③ 672.6 ④ 133.5

[해설] 등분포 하중 $w = 4000\,\text{N/m}$이므로,

고정단의 모멘트 M

$= 4000 \times 3 \times 5.5 = 66000\,\text{N}\cdot\text{m}$

$$\therefore \sigma = \frac{M}{Z} = \frac{M}{\dfrac{\pi}{32}d^3} = \frac{32M}{\pi d^3} = \frac{32 \times 66000}{\pi \times (0.1)^3}$$

$$= 672611465\,\text{N/m}^2$$
$$\fallingdotseq 672.6 \times 10^6\,\text{N/m}^2 = 672.6\,\text{MPa}$$

28. 길이 1.5 m 의 단순보의 중앙에 8000 N 의 집중 하중이 작용한다. 지름이 5 cm 인 원형 단면의 보일 때 최대 휨응력은?

① 122.5 MPa ② 244.5 MPa
③ 337.4 MPa ④ 407.2 MPa

[해설] $M_{\max} = \dfrac{Pl}{4} = \dfrac{8000 \times 1.5}{4} = 3000\,\text{N}\cdot\text{m}$

$\qquad\qquad = 3 \times 10^6\,\text{N}\cdot\text{mm}$

$Z = \dfrac{\pi d^3}{32} = \dfrac{\pi \times 5^3}{32} \fallingdotseq 12.27\,\text{cm}^3$

$\qquad = 12.27 \times 10^3\,\text{mm}^3$

$\sigma = \dfrac{M_{\max}}{Z} = \dfrac{3 \times 10^6}{12.27 \times 10^3} = 244.5\,\text{MPa}$

29. 어느 둥근 막대에 700 N·m의 굽힘 모멘트가 작용하고 있는 단면에 40 MPa의 응력이 생기고 있다. 이 막대의 지름은 얼마인가?

① 56.3 mm ② 62.8 mm
③ 79.2 mm ④ 84.7 mm

[해설] $\sigma = \dfrac{M}{Z}$에서,

$$Z = \frac{M}{\sigma} = \frac{700}{40 \times 10^6} = 1.75 \times 10^{-5} \text{ m}^3$$

$$= 17.5 \text{ cm}^3$$

$Z = \frac{\pi}{32} d^3$ 에서 막대의 지름

$$d = \sqrt[3]{\frac{32Z}{\pi}} = \sqrt[3]{\frac{32 \times 17.5}{\pi}} = \sqrt[3]{178.25}$$

$$= 5.628 \text{ cm} \fallingdotseq 56.3 \text{ mm}$$

30. 지간이 10 m 이고, 단면이 20 cm×30 cm 인 구형 보에 50 kN 의 집중 하중이 작용할 때, 최대 휨응력은?

① 41.67 MPa   ② 40.47 MPa

③ 47.26 MPa   ④ 50.57 MPa

[해설] 단순보의 최대 굽힘 모멘트는,

$$M_{\max} = \frac{Pl}{4} = \frac{50 \times 10}{4} = 125 \text{ kN} \cdot \text{m}$$

$$= 125 \times 10^6 \text{ N} \cdot \text{mm}$$

$$\therefore \ \sigma_{\max} = \frac{M_{\max}}{Z} = \frac{M_{\max}}{\frac{bh^2}{6}} = \frac{6M_{\max}}{hb^2}$$

$$= \frac{6 \times 125 \times 10^6}{200 \times 300^2} = 41.67 \text{ MP}$$

31. 지름 $d = 6$ mm 인 강선을 지름 $D = 2$ m 인 원통에 감았을 때, 세로 탄성계수 $E = 205.8$ GPa이라 하면 이 강선의 최대 굽힘응력은 얼마인가?

① 745.6 MPa   ② 615.6 MPa

③ 513.9 MPa   ④ 436.4 MPa

[해설] $\rho = \dfrac{D+d}{2} = \dfrac{200+0.6}{2}$

$$= 100.3 \text{ cm} = 1.003 \text{ m}$$

$y = 0.3 \text{ cm} = 0.003$

$$\therefore \ \sigma = \frac{E}{\rho} y = \frac{(205.8 \times 10^9) \times (0.003)}{1.003}$$

$$\fallingdotseq 615553340 \fallingdotseq \text{ N/m}^2$$

$$= 615.55 \times 10^6 \text{ N/m}^2 = 615.6 \text{ MPa}$$

32. 그림과 같은 사각형 단면의 외팔보에

발생하는 최대 굽힘응력은 어느 식으로 표시되는가?

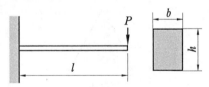

① $\dfrac{12\,Pl}{bh^2}$ ② $\dfrac{6\,Pl}{b^2 h}$

③ $\dfrac{6\,Pl}{bh^2}$ ④ $\dfrac{12\,Pl}{b^2 h}$

[해설] 직사각형의 단면계수$(Z) = \dfrac{bh^2}{6}$ [cm³]이

고, 최대 굽힘 모멘트 $M_{\max} = Pl$ 이므로,

$$\sigma_{\max} = \frac{M_{\max}}{Z} = \frac{Pl}{\frac{bh^2}{6}} = \frac{6\,Pl}{bh^2} \text{ [MPa]}$$

33. 그림과 같은 외팔보에서 보의 단면이 폭 10 cm, 높이 15 cm 인 사각일 때 이 보에 생기는 최대 굽힘응력은 얼마인가?

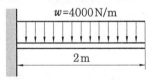

① 13.2 MPa   ② 21.3 MPa

③ 31.5 MPa   ④ 42.3 MPa

[해설] $M_{\max} = w \times l \times \dfrac{l}{2} = \dfrac{wl^2}{2}$

$$= \frac{4000 \times 2^2}{2} = 8000 \text{ N} \cdot \text{m}$$

$$= 8 \times 10^6 \text{ N} \cdot \text{mm}$$

$$Z = \frac{bh^2}{6} = \frac{10 \times 15^2}{6} = 375 \text{ cm}^3$$

$$= 375 \times 10^3 \text{ mm}^3$$

$$\therefore \ \sigma_{\max} = \frac{M_{\max}}{Z} = \frac{8 \times 10^6}{375 \times 10^3} = 21.33 \text{ MPa}$$

34. 그림과 같은 삼각형 단면의 보에 최대 굽힘 모멘트가 20 kN·m이고, 허용 굽

힘응력이 50 MPa라 하면, 밑변 $b = 20$ cm
일 때 높이 h는 얼마인가?

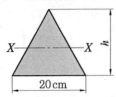

① 18.9 cm　　② 19.9 cm
③ 21.9 cm　　④ 22.9 cm

[해설] 삼각형의 단면 2차 모멘트 $I = \dfrac{bh^3}{36}$에서,

$$Z_1 = \frac{I}{\frac{2}{3}h} = \frac{3I}{2h} = \frac{3}{2h} \cdot \frac{bh^3}{36} = \frac{bh^2}{24}$$

$$Z_2 = \frac{I}{\frac{1}{3}h} = \frac{3I}{h} = \frac{3}{h} \cdot \frac{bh^3}{36} = \frac{bh^3}{12}$$ 이므로,

$$\sigma_{max} = \frac{M_{max}}{Z_1}$$ 에서,

$$Z_1 = \frac{M_{max}}{\sigma_{max}} = \frac{20000}{50 \times 10^6} = 4 \times 10^{-4}\,\mathrm{m}^3$$
$$= 400\,\mathrm{cm}^3$$

즉, $Z_1 = \dfrac{bh^2}{24} = 400$이므로,

$$\therefore h = \sqrt{\frac{24 Z_1}{b}} = \sqrt{\frac{24 \times 400}{20}} = 21.9\,\mathrm{cm}$$

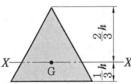

35. 다음 그림과 같은 단순보에 $w = 4$ kN/m의 등분포 하중이 작용할 때 C점에서의 굽힘응력은 얼마인가?

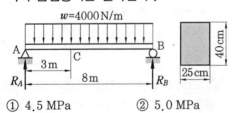

① 4.5 MPa　　② 5.0 MPa

③ 5.5 MPa　　④ 6.0 MPa

[해설] 우선 반력을 구하면,
　고정단에서 등분포 하중을 받는 반력은,

$$R_A = R_B = \frac{wl}{2} = \frac{4000 \times 8}{2}$$
$$= 16000\,\mathrm{N}$$이므로,

$$M_C = R_A \times 3 - w \times 3 \times \frac{3}{2}$$
$$= 16000 \times 3 - 4000 \times 3 \times \frac{3}{2}$$
$$= 30000\,\mathrm{N \cdot m}$$
$$= 30 \times 10^6\,\mathrm{N \cdot mm}$$

$$Z = \frac{bh^2}{6} = \frac{25 \times 40^2}{6} = 6666.7\,\mathrm{cm}^3$$
$$= 6666.7 \times 10^3\,\mathrm{mm}^3$$

$$\therefore \sigma_{max} = \frac{M_{max}}{Z} = \frac{30 \times 10^6}{6666.7 \times 10^3}$$
$$\fallingdotseq 4.5\,\mathrm{MPa}$$

36. 단면의 폭과 높이가 $b \times h = 10$ cm×20 cm인 직사각형 단면보가 있다. 보의 길이가 4 m이며, 중앙에 집중 하중 30 kN이 작용할 때 보에 발생하는 최대 굽힘응력은 얼마인가? (단, 재료의 비중량 $\gamma = 80$ kN/m³이다.)

① 39.7 MPa　　② 49.8 MPa
③ 56.1 MPa　　④ 24.9 MPa

[해설] $W = \gamma \cdot A = 80000 \times (0.1 \times 0.2)$
$$= 1600\,\mathrm{N/m}$$

$$M_{max} = \frac{Pl}{4} + \frac{wl^2}{8}$$
$$= \frac{30000 \times 4}{4} + \frac{1600 \times 4^2}{8}$$
$$= 30000 + 3200 = 33200\,\mathrm{N \cdot m}$$
$$= 332 \times 10^5\,\mathrm{N \cdot mm}$$이고,

$$Z = \frac{bh^2}{6} = \frac{10 \times 20^2}{6} = 666.67\,\mathrm{cm}^3$$
$$= 666.67 \times 10^3\,\mathrm{mm}^3$$

$$\sigma_{max} = \frac{M_{max}}{Z} = \frac{332 \times 10^5}{666.67 \times 10^3} \fallingdotseq 49.8\,\mathrm{MPa}$$

37. 그림과 같이 I 형강에서 굽힘응력이 80 MPa일 때 굽힘 모멘트는 얼마인가? (단, 전체 폭 $t = 5\,\text{cm}$이다.)

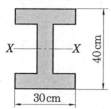

① $315\,\text{kN} \cdot \text{m}$ ② $365\,\text{kN} \cdot \text{m}$

③ $415\,\text{kN} \cdot \text{m}$ ④ $465\,\text{kN} \cdot \text{m}$

해설 먼저 중립축에 대한 단면 2차 모멘트는 전체의 단면 2차 모멘트($b \times h = 30 \times 40$)에서 2개의 부분 단면 2차 모멘트($b \times h = 12.5 \times 30$)를 빼면 되므로,

$$I_x = \frac{30 \times 40^3}{12} - 2\left(\frac{12.5 \times 30^3}{12}\right)$$
$$= 160000 - 56250 = 103750\,\text{cm}^4$$

또, $\sigma = \dfrac{M}{I}y$에서,

$(\sigma = 80\,\text{MPa} = 80 \times 10^6\,\text{N/m}^2 = 8000\,\text{N/cm}^2)$

$$\therefore M = \frac{\sigma I}{y} = \frac{8000 \times 103750}{20}$$
$$= 41500000\,\text{N} \cdot \text{cm} = 415000\,\text{N} \cdot \text{m}$$
$$= 415\,\text{kN} \cdot \text{m}$$

38. 매분 1200회전을 하면서 72 kW 를 전달시키는 축이 굽힘 모멘트 $M = 400\,\text{N} \cdot \text{m}$를 받는다면 축의 지름은 얼마로 하면 되겠는가? (단, $\sigma_a = 60\,\text{MPa}$, $\tau_a = 40\,\text{MPa}$이다.)

① $d = 45\,\text{mm}$ ② $d = 46\,\text{mm}$

③ $d = 47\,\text{mm}$ ④ $d = 48\,\text{mm}$

해설 $T = 9.55 \times 10^6 \dfrac{kW}{N}$

$$= 9.55 \times 10^6 \times \frac{72}{1200}$$
$$= 573000\,\text{N} \cdot \text{mm}$$

$$M_e = \frac{1}{2}(M + \sqrt{M^2 + T^2})$$
$$= \frac{1}{2}(400 + \sqrt{400^2 + 573^2})$$
$$= 549.4\,\text{N} \cdot \text{m}$$

$= 549.4 \times 10^3\,\text{N} \cdot \text{mm}$ 에서,

$$d = \sqrt[3]{\frac{32\,M_e}{\pi \times \sigma_a}} = \sqrt[3]{\frac{32 \times 549.4 \times 10^3}{\pi \times 60}}$$
$$= 45.4\,\text{mm}$$

또, $T_e = \sqrt{M^2 + T^2} = \sqrt{400^2 + 573^2}$
$$= 698.8\,\text{N} \cdot \text{m}$$
$$= 698.8 \times 10^3\,\text{N} \cdot \text{mm}$$ 에서,

$$d = \sqrt[3]{\frac{16\,T_e}{\pi \times \tau_a}} = \sqrt[3]{\frac{16 \times 698.8 \times 10^3}{\pi \times 40}}$$
$$= 44.7\,\text{mm}$$

그러므로, 지름이 큰 것 46 mm 를 택하면 된다.

39. 그림과 같은 단순보에 집중 하중 $P = 6\,\text{kN}$과 등분포 하중 $w = 4000\,\text{N/m}$가 작용할 때 중앙점에서의 허용응력은?

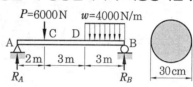

① $5.66\,\text{MPa}$ ② $7.43\,\text{MPa}$

③ $11.38\,\text{MPa}$ ④ $14.86\,\text{MPa}$

해설 우선 반력 R_A, R_B를 구하면,

$\Sigma V_i = 0$에서,

$R_A + R_B = 6000 + 4000 \times 3 = 18000\,\text{N}$

$\Sigma M_B = 0$에서,

$$R_A \times 8 - 6000 \times 6 - 4000 \times 3 \times \frac{3}{2} = 0$$

$$\therefore R_A = \frac{6000 \times 6 + 4000 \times 3 \times \dfrac{3}{2}}{8}$$
$$= 6750\,\text{N}$$

그러므로, 중앙점에서의 굽힘 모멘트는

$M = R_A \times 4 - 6000 \times 2$

$= 6750 \times 4 - 6000 \times 2 = 15000\,\text{N} \cdot \text{m}$

$$Z = \frac{\pi d^3}{32} = \frac{\pi \times 30^3}{32} \fallingdotseq 2650.7\,\text{cm}^3$$

$$\therefore \sigma = \frac{M}{Z} = \frac{15000}{2650.7 \times 10^{-6}} \fallingdotseq 5658882\,\text{N/m}^2$$
$$\fallingdotseq 5.66 \times 10^6\,\text{N/m}^2 = 5.66\,\text{MPa}$$

40. 스팬(span)이 길이 $l = 4\,\text{m}$인 단순보

(simple beam)의 중앙에 집중 하중 $P = 40$ kN이 작용하고 있을 때 최대 전단응력은 얼마인가? (단, 직사각형의 단면은 $b = 10$ cm, $h = 15$ cm이다.)

① 1 MPa

② 1.5 MPa

③ 2 MPa

④ 2.5 MPa

[해설] $V_{max} = \dfrac{P}{2} = \dfrac{1}{2} \times 40 = 20$ kN

$\qquad = 20000$ N이고,

$\tau_{max} = \dfrac{3V}{2A} = \dfrac{3 \times 20000}{2(100 \times 150)}$

$\qquad = 2$ MPa[N/mm^2]

41. 그림과 같은 외팔보에서 중립축에 발생하는 수평 전단응력의 크기를 구하면 몇 MPa 인가?

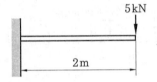

① 31.25

② 27.62

③ 3.125

④ 2.762

[해설] $\tau = \dfrac{VQ}{bI} = \dfrac{3V}{2bh}\left(1 - \dfrac{4y_1^2}{h^2}\right)$에서,

$y_1 = 0$(즉, 중립축) 이고,

전단력 $V = 5$ kN이므로,

$\therefore \ \tau = \dfrac{3V}{2bh} = \dfrac{3 \times 5000}{2 \times (40 \times 60)} = 3.125$ MPa

42. 균일 분포 하중을 받고 있는 사각 단면의 단순보에 있어서 최대 굽힘응력과 최대 전단응력의 비는 얼마인가?

① $\dfrac{\sigma_{max}}{\tau_{max}} = \dfrac{b}{h}$

② $\dfrac{\sigma_{max}}{\tau_{max}} = \dfrac{h}{b}$

③ $\dfrac{\sigma_{max}}{\tau_{max}} = \dfrac{l}{h}$

④ $\dfrac{\sigma_{max}}{\tau_{max}} = \dfrac{h}{l}$

[해설] 균일 분포 하중의 단순보에서 최대 굽힘 모멘트$(M_{max}) = \dfrac{wl^2}{8}$이고,

최대 전단력$(V_{max}) = \dfrac{wl}{2}$이므로,

$\sigma_{max} = \dfrac{M_{max}}{Z} = \dfrac{\dfrac{wl^2}{8}}{\dfrac{bh^2}{6}} = \dfrac{6wl^2}{8bh^2} = \dfrac{3wl^2}{4bh^2}$

또, $\tau_{max} = \dfrac{3V}{2A} = \dfrac{3 \times \dfrac{wl}{2}}{2bh} = \dfrac{3wl}{4bh}$

$\therefore \ \dfrac{\sigma_{max}}{\tau_{max}} = \dfrac{\dfrac{3wl^2}{4bh^2}}{\dfrac{3wl}{4bh}} = \dfrac{l}{h}$

43. 그림과 같은 사각 단면의 보에 작용하는 전단력이 30 kN일 때 중립축에서 5 cm 떨어진 곳의 전단응력 τ_x는?

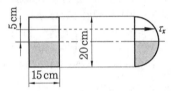

① 0.625 MPa

② 0.875 MPa

③ 1.075 MPa

④ 1.125 MPa

[해설] $\tau = \dfrac{3}{2} \cdot \dfrac{V}{bh}\left(1 - \dfrac{4y_1^2}{h^2}\right)$에서,

$V = 30$ kN $= 30000$ N, $b = 15$ cm,

$h = 20$ cm, $y_1 = 5$ cm이므로,

$\tau = \dfrac{3}{2} \times \dfrac{30000}{15 \times 20}\left(1 - \dfrac{4 \times 5^2}{20^2}\right)$

$\quad = 150 \times (1 - 0.25) = 112.5$ N/cm^2

$\quad = 112.5 \times 10^{-2}$ N/mm^2(MPa)

$\quad = 1.125$ MPa

44. $S = 60$ kN을 받는 그림과 같은 단면의 beam에서 $a - a$ 단면의 최대 전단응력은 얼마인가?

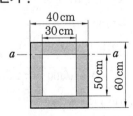

① 202 kPa   ② 404 kPa

③ 606 kPa   ④ 810 kPa

[해설] $\tau = \dfrac{VQ}{Ib}$ 에서,

$V = S = 60\,\text{kN} = 60000\,\text{N}$,

$b = 10\,\text{cm}$

$I = \dfrac{40 \times 60^3}{12} - \dfrac{30 \times 50^3}{12} = 407500\,\text{cm}^4$

$\quad = 4.075 \times 10^{-3}\,\text{m}^4$

$Q = A \cdot \bar{y} = 40 \times 5 \times 27.5 = 5500\,\text{cm}^3$

$\quad = 5.5 \times 10^{-3}\,\text{m}^3$

$\tau = \dfrac{60000 \times (5.5 \times 10^{-3})}{(4.075 \times 10^{-3}) \times 0.1} = 809816\,\text{N/m}^2$

$\quad \fallingdotseq 810\,\text{kPa}$

45. 그림과 같은 I형 단면에 $S = 10\,\text{kN}$, 휨 모멘트 $M = 50\,\text{kN} \cdot \text{m}$가 작용할 때 플랜지와 복부의 경계면에서 최대 전단응력 $\tau_{\max}$는 얼마인가? (단, 중립축에 대한 $I_x = 47710\,\text{cm}^4$이다.)

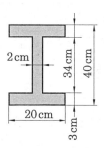

① 11.63 MPa   ② 1.16 MPa

③ 14.66 MPa   ④ 1.47 MPa

[해설] $\tau = \dfrac{VQ}{bI}$ 에서,

$V = S = 10\,\text{kN} = 10000\,\text{N}$,

$b = 2\,\text{cm} = 20\,\text{mm}$

$Q = A \cdot \bar{y} = 20 \times 3 \times 18.5 = 1110\,\text{cm}^3$

$\quad = 1110 \times 10^3\,\text{mm}^3$이므로

$\therefore \tau = \dfrac{VQ}{bI} = \dfrac{10000 \times 1110 \times 10^3}{20 \times 47710 \times 10^4}$

$\quad = 1.163\,\text{MPa}$

46. 스팬 $l = 2\,\text{m}$인 T형 단면의 단순보에서 등분포 하중 $w = 40\,\text{kN/m}$를 받고 있다. 이 보의 단면은 그림과 같으며, 도심거리 $\bar{y} = 10.5\,\text{cm}$, 단면 2차 모멘트 $I_x = 6500$ cm^4이다. 이 보에 발생하는 최대 전단응력 $\tau_{\max}$는 얼마인가?

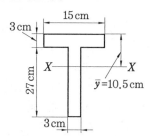

① 8.84 MPa   ② 9.3 MPa

③ 11.7 MPa   ④ 12.8 MPa

[해설] $\tau = \dfrac{VQ}{Ib}$ 에서 단순보의 최대 전단력은,

$V_{\max} = 40000 \times 2 \times \dfrac{1}{2} = 40000\,\text{N}$

중립축 하부의 단면 1차 모멘트는,

$Q = 3 \times 19.5 \times \dfrac{19.5}{2} = 570.375\,\text{cm}^3$

$\quad = 570375\,\text{mm}^3$

$\therefore \tau = \dfrac{VQ}{bI} = \dfrac{40000 \times 570375}{30 \times 6500 \times 10^4}$

$\quad = 11.7\,\text{MPa}$

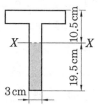

47. 굽힘 모멘트 $M = 4000\,\text{N} \cdot \text{m}$와 비틀림 모멘트 $T = 3000\,\text{N} \cdot \text{m}$를 동시에 받는 축의 지름은? (단, 허용 굽힘응력 $\sigma_a = 80\,\text{MPa}$, 허용 전단응력 $\tau_a = 60\,\text{MPa}$이다.)

① 73 mm   ② 75 mm

③ 83 mm   ④ 88 mm

[정답] **45.** ②   **46.** ③   **47.** ③

[해설] $M_e = \dfrac{1}{2}(M + \sqrt{M^2 + T^2})$

$\quad = \dfrac{1}{2}(4000 + \sqrt{4000^2 + 3000^2})$

$\quad = 4500 \text{ N} \cdot \text{m}$

$\sigma_a = \dfrac{M_e}{Z} = \dfrac{M_e}{\dfrac{\pi d^3}{32}} = \dfrac{32 M_e}{\pi d^3}$ 에서,

$d = \sqrt[3]{\dfrac{32 M_e}{\pi \times \sigma_a}} = \sqrt[3]{\dfrac{32 \times 4500}{\pi \times (80 \times 10^6)}}$

$\quad = 0.083 \text{ m} = 83 \text{ mm}$

또, $T_e = \sqrt{M^2 + T^2} = \sqrt{4000^2 + 3000^2}$

$\quad = 5000 \text{ N} \cdot \text{m}$이므로,

$\tau_a = \dfrac{T_e}{Z_p} = \dfrac{T_e}{\dfrac{\pi d^3}{16}} = \dfrac{16 T_e}{\pi d^3}$ 에서,

$d = \sqrt[3]{\dfrac{16 T_e}{\pi \times \tau_a}} = \sqrt[3]{\dfrac{16 \times 5000}{\pi \times (60 \times 10^6)}}$

$\quad = 0.075 \text{ m} = 75 \text{ mm}$

∴ 여기서, 큰 쪽을 택하면, $d = 83 \text{ mm}$가 된다.

48. 길이가 2 m이고, 지름이 56 mm인 외팔보의 자유단에 집중응력 $P = 1$ kN이 작용하는 동시에 비틀림 모멘트 $T = 200$ N · m가 작용할 때 최대 수직응력 $\sigma_{\max}$와 전단응력 $\tau_{\max}$를 구하면 얼마인가?

① $\sigma_{\max} = 116.35 \text{ MPa}$, $\tau_{\max} = 58.32 \text{ MPa}$

② $\sigma_{\max} = 58.32 \text{ MPa}$, $\tau_{\max} = 116.35 \text{ MPa}$

③ $\sigma_{\max} = 58.27 \text{ MPa}$, $\tau_{\max} = 29.12 \text{ MPa}$

④ $\sigma_{\max} = 29.12 \text{ MPa}$, $\tau_{\max} = 58.27 \text{ MPa}$

[해설] $M = P \times l = 1000 \times 2 = 2000 \text{ N} \cdot \text{m}$에서,

$M_e = \dfrac{1}{2}(M + \sqrt{M^2 + T^2})$

$\quad = \dfrac{1}{2}(2000 + \sqrt{2000^2 + 200^2})$

$\quad = 2005 \text{ N} \cdot \text{m}$이므로,

$\sigma_{\max} = \dfrac{M_e}{Z} = \dfrac{M_e}{\dfrac{\pi d^3}{32}} = \dfrac{32 M_e}{\pi d^3}$

$\quad = \dfrac{32 \times 2005}{\pi \times (0.056)^3} \fallingdotseq 116351135 \text{ N/m}^2$

$\quad \fallingdotseq 116.35 \times 10^6 \text{ N/m}^2 = 116.35 \text{ MPa}$

또, $T_e = \sqrt{M^2 + T^2} = \sqrt{2000^2 + 200^2}$

$\quad = 2010 \text{ N} \cdot \text{m}$

$\tau_{\max} = \dfrac{T_e}{Z_p} = \dfrac{T_e}{\dfrac{\pi d^3}{16}} = \dfrac{16 T_e}{\pi d^3}$

$\quad = \dfrac{16 \times 2010}{\pi \times (0.056)^3} = 58320644 \text{ N/m}^2$

$\quad \fallingdotseq 58.32 \times 10^6 \text{ N/m}^2 = 58.32 \text{ MPa}$

49. 그림과 같은 지름 $d = 8$ cm의 전동축의 한 끝에 지름 $D = 60$ cm, 중량 $W = 1500$ N 의 풀리를 고정하였다. 이 풀리에 인장력 $T_1 = 10$ kN, $T_2 = 2$ kN이 작용한다면 이 풀리에 작용하는 최대 수직응력 $\sigma_{\max}$는 얼마인가?

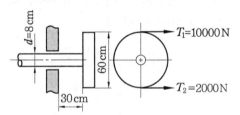

① 107.6 MPa ② 112.5 MPa

③ 129.1 MPa ④ 79.4 MPa

[해설] $T = (T_1 - T_2) \times \dfrac{D}{2}$

$\quad = (10000 - 2000) \times 0.3$

$\quad = 2400 \text{ N} \cdot \text{m}$

$M = W_R l = \sqrt{W^2 + (T_1 + T_2)^2} \times l$

$\quad = \sqrt{1500^2 + (10000 + 2000)^2} \times 0.3$

$\quad \fallingdotseq 3628 \text{ N} \cdot \text{m}$

∴ $\sigma_{\max} = \dfrac{M_e}{Z} = \dfrac{M_e}{\left(\dfrac{\pi d^3}{32}\right)} = \dfrac{32 M_e}{\pi d^3}$

$\quad = \dfrac{32}{2 \pi d^3}(M + \sqrt{M^2 + T^2})$

$$= \frac{16}{\pi d^3}(M + \sqrt{M^2 + T^2})$$

$$= \frac{16}{\pi \times (0.08)^3}(3628 + \sqrt{3628^2 + 2400^2})$$

$$\fallingdotseq 79398885 \, \text{N/m}^2$$

$$\fallingdotseq 79.4 \times 10^6 \, \text{N/m}^2$$

$$= 79.4 \, \text{MPa}$$

50. 매분 회전수 $N = 500 \, \text{rpm}$으로 100 PS를 전달시키려면 연강재의 원축의 지름을 얼마로 하면 되는가? (단, 허용 전단응력을 50 MPa이라 한다.)

① 71.5 mm ② 52.3 mm

③ 48.5 mm ④ 35.7 mm

해설 $T = 7.02 \times 10^6 \dfrac{PS}{N} = 7.02 \times 10^6 \times \dfrac{100}{500}$

$$= 1404000 \, \text{N} \cdot \text{mm}$$

$$\therefore d = \sqrt[3]{\frac{16T}{\pi \times \tau_a}} = \sqrt[3]{\frac{16 \times 1404000}{\pi \times 50}}$$

$$= 52.3 \, \text{mm}$$

51. 다음 크랭크에 있어서 크랭크 암 (crank arm)의 길이 $l_1 = 20 \, \text{cm}$, 오버행 (overhang)의 길이 $l_2 = 30 \, \text{cm}$일 때 크랭크 핀(crank pin)에 최대 회전력 $P = 18 \, \text{kN}$이 작용한다. 이 재료의 허용 수직응력이 80 MPa, 허용 전단응력이 60 MPa일 때 크랭크 축(crank shaft)의 지름은?

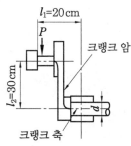

① 82 mm ② 87 mm

③ 92 mm ④ 97 mm

해설 굽힘 모멘트$(M) = P \times l_1 = 18000 \times 0.2$

$$= 3600 \, \text{N} \cdot \text{m}$$

비틀림 모멘트$(T) = P \times l_2 = 18000 \times 0.3$

$$= 5400 \, \text{N} \cdot \text{m}$$

상당 굽힘 모멘트

$$M_e = \frac{1}{2}(M + \sqrt{M^2 + T^2})$$

$$= \frac{1}{2}(3600 + \sqrt{3600^2 + 5400^2})$$

$$= 5045 \, \text{N} \cdot \text{m}$$

$$\sigma_a = \frac{M_e}{Z} = \frac{32M_e}{\pi d^3} \text{에서,}$$

$$d = \sqrt[3]{\frac{32M_e}{\pi \times \sigma_a}} = \sqrt[3]{\frac{32 \times 5045}{\pi \times (80 \times 10^6)}}$$

$$= 0.0863 \, \text{m} = 8.63 \, \text{cm}$$

또, 상당 비틀림 모멘트

$$T_e = \sqrt{M^2 + T^2} = \sqrt{3600^2 + 5400^2}$$

$$= 6490 \, \text{N} \cdot \text{m}$$이므로,

$$\tau_a = \frac{T_e}{Z_p} = \frac{16T_e}{\pi d^3} \text{에서,}$$

$$\therefore d = \sqrt[3]{\frac{16T_e}{\pi \times \tau_a}} = \sqrt[3]{\frac{16 \times 6490}{\pi \times (60 \times 10^6)}}$$

$$\fallingdotseq 0.082 \, \text{m} = 8.2 \, \text{cm}$$

$\therefore$ 큰 쪽을 택하면 $d = 87 \, \text{mm}$가 된다.

52. 그림과 같이 하단이 고정된 연직관이 상단에서 수평 하중 $P = 2 \, \text{kN}$이 작용할 때 이 관에서 발생하는 최대 전단응력 $\tau_{\max}$는? (단, 관의 단면계수는 196 cm^4)

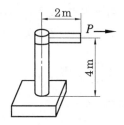

① 18.45 MPa ② 20.64 MPa

③ 22.82 MPa ④ 24.37 MPa

해설 $T = 2000 \times 2 = 4000 \, \text{N} \cdot \text{m}$

$M = 2000 \times 4 = 8000 \, \text{N} \cdot \text{m}$

$$Z = \frac{\pi d^3}{32} = \frac{\pi d^3}{2 \times 16}$$

$$\therefore \ Z_p = \frac{\pi d^3}{16} = 2Z = 2 \times 196 = 392 \, \text{cm}^3$$

$$= 392 \times 10^{-6} \, \text{m}^3 \text{이므로},$$

$$\tau_{\max} = \frac{T_e}{Z_p} = \frac{\sqrt{M^2 + T^2}}{\frac{\pi d^3}{16}}$$

$$= \frac{\sqrt{4000^2 + 8000^2}}{392 \times 10^{-6}}$$

$$\fallingdotseq 22817020 \, \text{N/m}^2$$

$$\fallingdotseq 22.82 \times 10^6 \, \text{N/m}^2$$

$$= 22.82 \, \text{MPa}$$

53. 그림과 같은 벨트 풀리에 벨트를 수평으로 걸고 매분 200 회전으로 10 kW 의 동력을 전달할 때 축의 안전한 지름은 얼마인가? (단, 풀리의 중량 $W = 1500 \, \text{N}$, 최대 주응력에 의한 허용응력 $\sigma_a = 80$ MPa이다.)

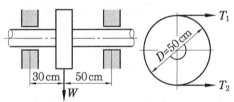

① 3.3 cm 　　② 4.3 cm
③ 5.3 cm 　　④ 6.3 cm

[해설] 벨트의 인장측 장력 T_2와 이완측 장력 T_1 사이에 대략 $T_2 = 2T_1$이라 하면 축에 작용하는 힘 $P = T_1 + T_2 = T_1 + 2T_1 = 3T_1$이고,

$$T = 9.55 \times 10^6 \frac{kW}{N} = 9.55 \times 10^6 \times \frac{10}{200}$$

$$= 477500 \, \text{N} \cdot \text{mm}$$

또, $T = \frac{FD}{2}$에서,

$$F = \frac{2T}{D} = \frac{2 \times 477500}{500} = 1910 \, \text{N이므로},$$

$$F = T_2 - T_1 = 2T_1 - T_1 = T_1 \text{이며},$$

T_1은 벨트 풀리의 주위에 작용하는 힘 F 와 같다. 그러므로,

$$P = 3T_1 = 3F = 3 \times 1910 = 5730 \, \text{N}$$

따라서, 축에 작용하는 외력은 P와 W의 합력이므로 이것을 Q라 하면,

$$Q = \sqrt{P^2 + W^2} = \sqrt{5730^2 + 1500^2}$$

$$= 5923 \, \text{N}$$

그러므로, 이 전동축의 최대 굽힘 모멘트

$$M_{\max} = \frac{Q \cdot a \cdot b}{l} = \frac{5923 \times 0.3 \times 0.5}{0.3 + 0.5}$$

$$= 1110.6 \, \text{N} \cdot \text{m이므로},$$

상당 굽힘 모멘트

$$M_e = \frac{1}{2}\left(M + \sqrt{M^2 + T^2}\right)$$

$$= \frac{1}{2}\left(1110.6 + \sqrt{(1110.6)^2 + (477.5)^2}\right)$$

$$= 1160 \, \text{N} \cdot \text{m}$$

따라서, 축의 지름 d는,

$$\sigma_a = \frac{M_e}{Z} = \frac{M_e}{\frac{\pi d^3}{32}} = \frac{32 M_e}{\pi d^3} \text{에서},$$

$$d = \sqrt[3]{\frac{32 M_e}{\pi \times \sigma_a}} = \sqrt[3]{\frac{32 \times 1160 \times 10^3}{\pi \times 80}}$$

$$= 52.9 \, \text{mm} = 5.29 \, \text{cm}$$

따라서, 축의 안전한 지름은 5.3 cm가 적당하다.

제8장

보의 처짐

1. 탄성곡선의 미분방정식

1-1 처짐곡선의 방정식

보에 횡하중이 작용하면 보의 축선은 구부러져 곡선으로 변형된다. 이 구부러진 중심선을 탄성곡선 또는 처짐곡선(deflection curve)이라 하고, 구부러지기 전의 곧은 중심선으로부터 이 탄성곡선까지의 수직변위를 처짐(deflection)이라 한다.

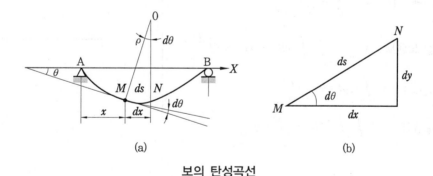

(a)   (b)

보의 탄성곡선

곡선의 곡률(curvature)은 순수굽힘의 곡률과 굽힘 모멘트에 대한 관계식은

$$\frac{1}{\rho} = \frac{M}{EI} \quad \cdots\cdots\cdots\cdots\cdots\cdots\cdots\cdots\cdots\cdots\cdots\cdots\cdots\cdots\cdots\cdots\cdots\cdots\cdots\cdots\cdots\cdots\cdots ㉠$$

$$\frac{1}{\rho} = \left|\frac{d\theta}{ds}\right| \quad \cdots\cdots\cdots\cdots\cdots\cdots\cdots\cdots\cdots\cdots\cdots\cdots\cdots\cdots\cdots\cdots\cdots\cdots\cdots\cdots\cdots ㉡$$

$\frac{1}{\rho} = \frac{M}{EI}$의 관계에서,

$$\pm\frac{d^2y}{dx^2} = \frac{M}{EI} \quad \cdots\cdots\cdots\cdots\cdots\cdots\cdots\cdots\cdots\cdots\cdots\cdots\cdots\cdots\cdots\cdots\cdots ㉢$$

그림의 위로 볼록한 곡선에서 $\dfrac{dy}{dx}$ 는 x 가 증가함에 따라 감소하고, 아래로 볼록한 곡선에서 $\dfrac{dy}{dx}$ 는 x 가 증가함에 따라 증가한다. $\dfrac{d^2y}{dx^2}$ 의 부호는 M 의 부호와 항상 반대임을 알 수 있으므로,

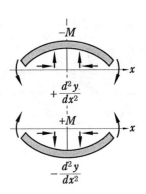

모멘트의 부호 규약

$$\therefore \frac{1}{\rho} = -\frac{d^2y}{dx^2} \quad\text{················· ㉣}$$

따라서, $\dfrac{d^2y}{dx^2} = -\dfrac{M}{EI}$ ····························· (8-1)

식 (8-1)은 대칭면에서 굽힘작용을 받는 보의 탄성곡선의 미분방정식 또는 처짐곡선의 미분방정식이 된다.

식 (8-1)을 응용한 w, V, M, θ, δ 식은 다음과 같이 구할 수 있다.

① 하중의 세기 : $-w = \dfrac{dV}{dx} = -\dfrac{d^2M}{dx^2} = EI\dfrac{d^4y}{dx^4}$

② 전단력 : $V = -\dfrac{dM}{dx} = EI\dfrac{d^3y}{dx^3}$

③ 굽힘 모멘트 : $M = -\displaystyle\int\int wdx \cdot dx = EI\dfrac{d^2y}{dx^2}$

④ 처짐각 : $\theta = \displaystyle\int Mdx = EI\dfrac{dy}{dx}$

⑤ 처짐(량) : $\delta = \displaystyle\int\int Mdx = EI \cdot y$

································· (8-2)

1-2 외팔보(cantilever beam)의 처짐

(1) 집중 하중을 받는 경우

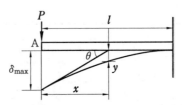

자유단에 집중 하중을 받을 때 외팔보의 처짐

길이 l 인 외팔보의 자유단에 집중 하중 P를 받을 때

① 임의의 x 단면에서의 굽힘 모멘트 M은,

$$M = -Px \quad \left(M = EI\frac{d^2 y}{dx^2} \right)$$

② **처짐의 식** : $Px = EI\dfrac{d^2 y}{dx^2} = EIy''$

x 에 대하여 두 번 적분하면,

$$\int EI\frac{d^2 y}{dx^2}dx = \int Px\,dx + C_1 \rightarrow EI\frac{dy}{dx} = \frac{Px^2}{2} + C_1$$

$$\int EI\frac{dy}{dx}dx = \int \left(\frac{Px^2}{2} + C_1 \right)dx + C_2 \rightarrow EI\cdot y = \frac{Px^3}{6} + C_1 x + C_2$$

적분상수 C_1 과 C_2 를 구하기 위해 (경계) 조건을 주면,

$x = l$ (고정단)에서 기울기 $\dfrac{dy}{dx} = 0$, 처짐량 $y = 0$이므로,

$$EI \times 0 = \frac{Pl^2}{2} + C_1$$

$$\therefore \ C_1 = -\frac{Pl^2}{2}$$

$$EI \times 0 = \frac{Pl^3}{6} - \frac{Pl^2}{2} \cdot l + C_2$$

$$\therefore \ C_2 = \frac{Pl^3}{3}$$

$$\therefore \ EI \cdot \frac{dy}{dx} = \frac{Px^2}{2} - \frac{Pl^2}{2} \rightarrow \frac{dy}{dx} = \frac{P}{2EI}(x^2 - l^2) \ \cdots\cdots\cdots\cdots\cdots \ (8-3)$$

$$EI \cdot y = \frac{Px^3}{6} - \frac{Pl^2}{2}x + \frac{Pl^3}{3}$$

$$\rightarrow y = \frac{P}{6EI}(x^3 - 3l^2 x + 2l^3) \ \cdots\cdots\cdots\cdots\cdots\cdots\cdots \ (8-4)$$

③ **처짐각과 처짐량** : $x = 0$(자유단)에서 최대 처짐각(기울기)$\left(\dfrac{dy}{dx} \right)_{max} = \theta$ 와 최대 처짐

량 $y_{max} = \delta$ 가 일어나므로 식 $(8-3)$, $(8-4)$에서

$$\left(\frac{dy}{dx} \right)_{max} = \theta_{max} = -\frac{Pl^2}{2EI}\,[\text{rad}] \ \cdots\cdots\cdots\cdots\cdots\cdots\cdots\cdots \ (8-5)$$

$$y_{\max} = \delta_{\max} = \frac{P l^3}{3 EI}[\text{cm}] \quad \cdots\cdots\cdots\cdots\cdots\cdots\cdots\cdots\cdots\cdots\cdots\cdots\cdots\cdots \quad (8-6)$$

예제 **1.** 길이 4 m 외팔보의 최대 처짐량이 6.132 cm 였다면, 자유단에 작용하는 집중 하중 P는 얼마인가? (단, $E = 210$ GPa이다.)

① 13 kN   ② 14 kN

③ 15 kN   ④ 20 kN

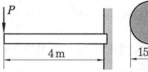

해설 집중 하중을 받는 단순보의 최대 처짐량($\delta_{\max}$) $= \dfrac{Pl^3}{3 EI}$ 에서,

$$I = \frac{\pi d^4}{64} = \frac{\pi \times (0.15)^4}{64} = 2.484 \times 10^{-5}\,\text{m}^4$$

$$\therefore P = \frac{3 EI \cdot \delta_{\max}}{l^3} = \frac{3 \times (210 \times 10^9) \times (2.484 \times 10^{-5}) \times 0.06132}{4^3}$$

$$= 14994\,\text{N} \fallingdotseq 15\,\text{kN}$$

정답 ③

(2) 균일 분포 하중을 받는 경우

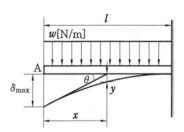

등분포 하중을 받을 때 외팔보의 처짐

단위 길이당 하중(등분포 하중)을 $w[\text{N/m}]$라 할 때,

① 임의의 x 단면에서의 굽힘 모멘트 M은

$$M = -\frac{w x^2}{2}\left(-M = EI\frac{d^2 y}{d x^2}\right)$$

② 처짐의 식 : $\dfrac{w x^2}{2} = EI\dfrac{d^2 y}{d x^2}$

x에 대하여 두 번 적분하면,

$$\int EI\frac{d^2 y}{d x^2}d x = \int \frac{w x^2}{2}d x + C_1 \rightarrow EI\frac{d y}{d x} = \frac{w x^3}{6} + C_1$$

$$\int EI \frac{dy}{dx} dx = \int \left(\frac{wx^3}{6} + C_1 \right) dx + C_2 \rightarrow EI \cdot y = \frac{wx^4}{24} + C_1 x + C_2$$

적분상수 C_1과 C_2를 구하기 위해 (경계) 조건을 주면,

$x = l$(고정단)에서 $\frac{dy}{dx} = 0$, $y = 0$이므로,

$$EI \times 0 = \frac{wl^3}{6} + C_1$$

$$\therefore C_1 = -\frac{wl^3}{6}$$

$$EI \times 0 = \frac{wl^4}{24} - \frac{wl^3}{6} \times l + C_2$$

$$\therefore C_2 = \frac{wl^4}{8}$$

$$\therefore EI \frac{dy}{dx} = \frac{wx^3}{6} - \frac{wl^3}{6} \rightarrow \frac{dy}{dx} = \frac{w}{6EI}(x^3 - l^3) \quad \cdots\cdots\cdots\cdots (8-7)$$

$$EI \cdot y = \frac{wx^4}{24} - \frac{wl^3}{6}x + \frac{wl^4}{8}$$

$$\rightarrow y = \frac{w}{24EI}(x^4 - 4l^3 x + 3l^4) \quad \cdots\cdots\cdots\cdots (8-8)$$

③ $x = 0$(자유단)에서 기울기$\left(\frac{dy}{dx} \right)$와 처짐$(y)$이 최대가 되므로,

$$\left(\frac{dy}{dx} \right)_{\max} = \theta_{\max} = -\frac{wl^3}{6EI} [\text{rad}] \quad \cdots\cdots\cdots\cdots (8-9)$$

$$y_{\max} = \delta_{\max} = \frac{wl^4}{8EI} [\text{cm}] \quad \cdots\cdots\cdots\cdots (8-10)$$

예제 2. 전길이에 걸쳐 균일 분포 하중 8000 N/m를 받는 외팔보가 자유단에서 처짐각 $\theta = 0.007$ rad, 처짐 $\delta = 2$ cm이었다. 이 외팔보의 길이 l은 얼마인가? (단, $E = 210$ GPa이다.)

① 2.81 m ② 3.81 m
③ 4.25 m ④ 4.75 m

해설 등분포 하중을 받는 외팔보의 최대 처짐각$(\theta_{\max}) = \frac{wl^2}{6EI} [\text{rad}]$,

최대 처짐량$(\delta_{\max}) = \frac{wl^4}{8EI}$ 이므로, $\frac{\delta_{\max}}{\theta_{\max}} = \frac{wl^4}{8EI} \times \frac{6EI}{wl^3} = \frac{3}{4}l$

$$\therefore \ l = \frac{4\delta_{max}}{3\theta_{max}} = \frac{4 \times 0.02}{3 \times 0.007} \fallingdotseq 3.81 \ \text{m}$$

정답 ②

(3) 우력(moment)을 받는 경우

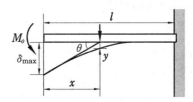

우력 M_o를 받을 때 외팔보의 처짐

보의 자유단에 우력 M_o가 작용할 때 보의 축방향에서 굽힘 모멘트가 일정하면,

① 임의의 x 단면에서의 굽힘 모멘트 M은,

$$M = -M_o \left(-M = EI\frac{d^2y}{dx^2} \right)$$

② 처짐의 식 : $M_o = EI\dfrac{d^2y}{dx^2}$

x에 대하여 두 번 적분하면,

$$\int EI\frac{d^2y}{dx^2}dx = \int M_o dx + C_1 \rightarrow EI\frac{dy}{dx} = M_o x + C_1$$

$$\int EI\frac{dy}{dx}dx = \int (M_o x + C_1)dx + C_2 \rightarrow EIy = \frac{M_o x^2}{2} + C_1 x + C_2$$

$x = l$ (고정단)에서 $\dfrac{dy}{dx} = 0$, $y = 0$이므로,

$$EI \times 0 = M_o l + C_1$$

$$\therefore \ C_1 = -M_o l$$

$$EI \times 0 = \frac{M_o l^2}{2} - M_o l^2 + C_2$$

$$\therefore \ C_2 = \frac{M_o l^2}{2}$$

$$\therefore \ EI\frac{dy}{dx} = M_o x - M_o l \rightarrow \frac{dy}{dx} = \frac{M_o}{EI}(x - l) \ \cdots\cdots\cdots\cdots\cdots\cdots\cdots\cdots (8-11)$$

$$EIy = \frac{M_o x^2}{2} - M_o lx + \frac{M_o l^2}{2}$$

$$\to y = \frac{M_o}{2EI}(x^2 - 2lx + l^2) \quad \cdots\cdots\cdots\cdots\cdots\cdots\cdots\cdots\cdots\cdots\cdots\cdots\cdots\cdots\cdots (8-12)$$

③ $x = 0$(자유단)에서 기울기$\left(\dfrac{dy}{dx}\right)$와 처짐$(y)$이 최대가 되므로,

$$\left(\frac{dy}{dx}\right)_{\max} = \theta_{\max} = -\frac{M_o l}{EI}\,[\text{rad}] \quad \cdots\cdots\cdots\cdots\cdots\cdots\cdots\cdots\cdots\cdots (8-13)$$

$$y_{\max} = \delta_{\max} = \frac{M_o l^2}{2EI}\,[\text{cm}] \quad \cdots\cdots\cdots\cdots\cdots\cdots\cdots\cdots\cdots\cdots\cdots\cdots (8-14)$$

1-3 단순보(simple beam)의 처짐

(1) 집중 하중을 받는 경우

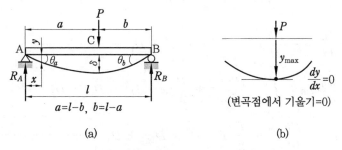

(a)   (b)

집중 하중을 받는 단순보의 처짐

양단지지의 단순보 AB에서 C에 집중 하중 P가 작용할 때
① 임의의 단면 x에서의 굽힘 모멘트 M은,
  ㈎ a 구간 : $0 < x < a$ 에서,

$$M = R_A x = \frac{Pb}{l}x \left(-M = EI\frac{d^2 y}{dx^2}\right)$$

  ㈏ b 구간 : $a < x < l$ 에서,

$$M = \frac{Pb}{l}x - P(x-a)\left(-M = EI\frac{d^2 y}{dx^2}\right)$$

② **처짐곡선의 방정식**
  ㈎ a 구간 : $0 < x < a$ 에서,

$$EI\frac{d^2 y}{dx^2} = -\frac{Pb}{l}x \quad \cdots\cdots\cdots\cdots\cdots\cdots\cdots\cdots\cdots\cdots\cdots\cdots\cdots\cdots\cdots\cdots \text{㉠}$$

  x에 대하여 두 번 적분하면,

$$\int EI \frac{d^2 y}{dx^2} dx = - \int \frac{Pb}{l} x \, dx + C_1$$

$$\rightarrow EI \frac{dy}{dx} = - \frac{Pb}{2l} x^2 + C_1 \quad \text{·················} \quad \text{ⓛ}$$

$$\int EI \frac{dy}{dx} dx = \int \left(- \frac{Pb}{2l} x^2 + C_1 \right) dx + C_2$$

$$\rightarrow EIy = - \frac{Pb}{6l} x^3 + C_1 x + C_2 \quad \text{·················} \quad \text{ⓒ}$$

(내) b 구간 : $a < x < l$ 에서,

$$EI \frac{d^2 y}{dx^2} = - \frac{Pb}{l} x + P(x - a) \quad \text{·················} \quad \text{ⓔ}$$

x 에 대하여 두 번 적분하면

$$\int EI \frac{d^2 y}{dx^2} dx = \int \left\{ - \frac{Pb}{l} x + P(x - a) \right\} dx + D_1$$

$$\rightarrow EI \frac{dy}{dx} = - \frac{Pb}{2l} x^2 + \frac{P}{2} (x - a)^2 + D_1 \quad \text{·················} \quad \text{ⓜ}$$

$$\int EI \frac{dy}{dx} dx = \int \left(- \frac{Pb}{2l} x^2 + \frac{P}{2} (x - a)^2 + D_1 \right) + D_2$$

$$\rightarrow EIy = - \frac{Pb}{6l} x^3 + \frac{P}{6} (x - a)^3 + D_1 x + D_2 \quad \text{·················} \quad \text{ⓗ}$$

• 하중이 작용하는 C점 $(x = a)$ 에서 기울기와 처짐량

$x = a$ 일 때, 식 ⓛ : $EI \dfrac{dy}{dx} = - \dfrac{Pb}{2l} a^2 + C_1$

식 ⓜ : $EI \dfrac{dy}{dx} = - \dfrac{Pb}{2l} a^2 + 0 + D_1$ $\Big\} \rightarrow C_1 = D_1$

$x = a$ 일 때, 식 ⓒ : $EIy = - \dfrac{Pb}{6l} a^3 + C_1 a + C_2$

식 ⓗ : $EIy = - \dfrac{Pb}{6l} a^3 + 0 + D_1 a + D_2$ $\Big\} \rightarrow \begin{matrix} C_1 = D_1 \text{ 이므로,} \\ C_2 = D_2 \end{matrix}$

• 적분상수 C_1, C_2, D_1, D_2 를 구하기 위해 (경계) 조건을 구하면

$x = 0$ 일 때 (a 구간 : $0 < x < a$ 적용), 처짐량 $y = 0$ 이므로,

식 ⓒ ; $EI \times 0 = - \dfrac{Pb}{6l} \times 0 + C_1 \times 0 + C_2$

$\therefore C_2 = 0 = D_2$

$x = l$ 일 때(b 구간 : $a < x < l$ 적용), 처짐량 $y = 0$ 이므로,

식 ㉺ ; $EI \times 0 = -\dfrac{Pb}{6l}l^3 + \dfrac{P}{6}(l-a)^3 + D_1 l$

$\therefore D_1 = \dfrac{1}{l}\left[\dfrac{Pb}{6l}l^3 - \dfrac{P}{6}b^3\right] = \dfrac{Pb}{6l}l^2 - \dfrac{Pb^3}{6l} = \dfrac{Pb}{6l}(l^2 - b^2) = C_1$

$\therefore C_1 = D_1 = \dfrac{Pb}{6l}(l^2 - b^2), \ \ C_2 = D_2 = 0$

㈐ a 구간 : $0 < x < a$ 에서,

$EI\dfrac{dy}{dx} = -\dfrac{Pb}{2l}x^2 + \dfrac{Pb}{6l}(l^2 - b^2)$

$\rightarrow \dfrac{dy}{dx} = \dfrac{Pb}{6EIl}(l^2 - b^2 - 3x^2)$ ┄┄┄┄┄┄┄┄┄┄┄┄┄┄ (8-15)

$EIy = -\dfrac{Pb}{6l}x^3 + \dfrac{Pb}{6l}(l^2 - b^2)x$

$\rightarrow y = \dfrac{Pbx}{6EIl}(l^2 - b^2 - x^2)$ ┄┄┄┄┄┄┄┄┄┄┄┄┄┄┄┄┄ (8-16)

㈑ b 구간 : $a < x < l$ 에서,

$EI\dfrac{dy}{dx} = -\dfrac{Pb}{2l}x^2 + \dfrac{P}{2}(x-a)^2 + \dfrac{Pb}{6l}(l^2 - b^2)$

$\rightarrow \dfrac{dy}{dx} = \dfrac{Pb}{6EIl}\left[(l^2 - b^2) + \dfrac{3l}{6}(x-a)^2 - 3x^2\right]$ ┄┄┄┄┄ (8-17)

$EIy = -\dfrac{Pb}{6l}x^3 + \dfrac{P}{6}(x-a)^3 + \dfrac{Pb}{6l}(l^2 - b^2)x$

$\rightarrow y = \dfrac{Pb}{6EIl}\left[(l^2 - b^2)x + \dfrac{l}{6}(x-a)^3 - x^3\right]$ ┄┄┄┄┄ (8-18)

따라서, 처짐곡선의 방정식은 (8-15)~(8-18) 이다.

③ 처짐각 (기울기)

$x = 0$ 일 때, $\dfrac{dy}{dx} = \theta_a$ 이므로 식 (8-15)에서,

$\theta_a = \dfrac{dy}{dx} = \dfrac{Pb}{6EIl}(l^2 - b^2)$

$\qquad = \dfrac{Pb}{6EIl}(l+b)(l-b) = \dfrac{Pab}{6EIl}(l+b)\,[\text{rad}]$ ┄┄┄┄┄┄ (8-19)

$x = l$ 일 때, $\dfrac{dy}{dx} = \theta_b$ 이므로 식 (8-17)에서,

$$\theta_b = \frac{dy}{dx} = \frac{Pb}{6EI\!I}\left[(l^2 - b^2) + \frac{3l}{6}(l - a)^2 - 3l^2\right]$$

$$= \frac{Pb}{6EI\!I}\left[(l + b)a + \frac{3l}{6}b^2 - 3l^2\right]$$

$$= \frac{Pb}{6EI\!I}\left[(l + b)a + 3l(b - l)\right]$$

$$= \frac{Pb}{6EI\!I}\left[(l + b)a - 3la\right]$$

$$= \frac{-Pab}{6EI\!I}(l + a)[\text{rad}] \quad\cdots\cdots (8-20)$$

④ 처짐량

$x = a$에서 처짐량 y_c는 a 구간의 식 $(8-16)$과 b 구간의 식 $(8-18)$은 같아지므로,

$$y_c = \frac{Pba}{6EI\!I}(l^2 - b^2 - a^2) = \frac{Pab}{6EI\!I} \cdot 2ab = \frac{Pa^2b^2}{3EI\!I} \quad\cdots\cdots (8-21)$$

$$\left[\begin{array}{l} l^2 - b^2 - a^2 = (l^2 - b^2) - a^2 = (l + b)(l - b) - a^2 = (l + b)a - a^2 \\ (l + b) = (l - b + 2b) = (a + 2b) \\ \therefore\; l^2 - b^2 - a^2 = (l + b)a - a^2 = (a + 2b)a - a^2 = 2ab \end{array}\right]$$

최대 처짐은 $a > b$라 할 때, $\dfrac{dy}{dx} = 0$일 때 일어나므로, 식 $(8-15)$에서,

$l^2 - b^2 - 3x^2 = 0$이 된다.

$$\therefore\; x = \sqrt{\frac{l^2 - b^2}{3}}$$

에서 최대 처짐이 일어나므로 식 $(8-16)$에 대입, 정리하면,

$$y_{\max} = \frac{Pb}{9\sqrt{3}\,EI\!I}\sqrt{(l^2 - b^2)^3} \quad\cdots\cdots (8-22)$$

하중이 보의 중앙점$(a = b = \frac{l}{2})$에 작용할 때 식 $(8-22)$에서,

$$y_{\max(x = l/2)} = \frac{Pl^3}{48EI}[\text{cm}] \quad\cdots\cdots (8-23)$$

$a > b$인 보의 중앙점의 처짐은 식 $(8-16)$에서,

$$y_{x = l/2} = \frac{Pb}{48EI}(3l^2 - 4b^2) \quad\cdots\cdots (8-24)$$

예제 3. 그림과 같은 보에서 자유단의 처짐량은 얼마인가? (단, 보의 탄성계수를 E, 단면 2차 모멘트를 I라 한다.)

① $\dfrac{Pl^3}{24EI}$ ② $\dfrac{5Pl^3}{48EI}$

③ $\dfrac{7Pl^3}{48EI}$ ④ $\dfrac{5Pl^3}{24EI}$

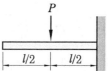

해설 $\delta_A = \delta_c + \theta_c \times a = \dfrac{P\left(\dfrac{l}{2}\right)^3}{3EI} + \dfrac{P\left(\dfrac{l}{2}\right)^2}{2EI} \times \left(\dfrac{l}{2}\right) = \dfrac{5Pl^3}{48EI}$ 정답 ②

(2) 균일 분포 하중을 받는 경우

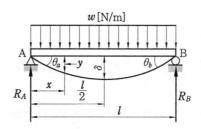

등분포 하중을 받고 있는 단순보의 처짐

① 임의의 거리 x 단면의 굽힘 모멘트 M은,

$$M = R_A x - \frac{wx^2}{2} = \frac{wl}{2}x - \frac{wx^2}{2}\left(-M = EI\frac{d^2y}{dx^2}\right) \quad\cdots\cdots\cdots\cdots ㉠$$

② 처짐의 식 : $-\dfrac{wl}{2}x + \dfrac{wx^2}{2} = EI\dfrac{d^2y}{dx^2}$

x에 대하여 두 번 적분하면,

$$\int EI\frac{d^2y}{dx^2}dx = \int\left(-\frac{wl}{2}x + \frac{w}{2}x^2\right)dx + C_1$$

$$\rightarrow EI\frac{dy}{dx} = -\frac{wl}{4}x^2 + \frac{wx^3}{6} + C_1 \quad\cdots\cdots\cdots\cdots ㉡$$

$$\int EI\frac{dy}{dx}dx = \int\left(-\frac{wl}{4}x^2 + \frac{w}{6}x^3 + C_1\right)dx + C_2$$

$$\rightarrow EIy = -\frac{wl}{12}x^3 + \frac{w}{24}x^4 + C_1 x + C_2 \quad\cdots\cdots\cdots\cdots ㉢$$

$x = \dfrac{l}{2}$일 때 $y_{\max}$에서 $\dfrac{dy}{dx} = 0$이므로 식 ㉡에서,

$$EI \times 0 = -\frac{wl}{4} \times \left(\frac{l}{2}\right)^2 + \frac{w}{6}\left(\frac{l}{2}\right)^2 + C_1$$

$$\therefore \ C_1 = \frac{wl^3}{24}$$

$x = 0$일 때 $y = 0$이므로 식 ㉢에서,

$$EI \times 0 = 0 + C_2$$

$$\therefore \ C_2 = 0$$

$$\therefore \ \frac{dy}{dx} = \frac{w}{24EI}(4x^3 - 6lx^2 + l^3) \ \text{..........................} (8-25)$$

$$y = \frac{wx}{24EI}(x^3 - 2lx^2 + l^3) \ \text{..........................} (8-26)$$

③ 처짐각

$x = 0$일 때 최대 처짐각 $\left(\dfrac{dy}{dx}\right)_{\max} = \theta_a$가 일어나므로,

$$\theta_a = \left(\frac{dy}{dx}\right)_{\max} = \frac{wl^3}{24EI}[\text{rad}] \ \text{..........................} (8-27)$$

$x = l$일 때 최대 처짐각 $\left(\dfrac{dy}{dx}\right)_{\max} = \theta_b$가 일어나므로,

$$\theta_b = \left(\frac{dy}{dx}\right)_{\max} = \frac{-wl^3}{24EI}[\text{rad}] \ \text{..........................} (8-28)$$

④ 처짐량

또, $x = \dfrac{l}{2}$일 때 최대 처짐 $y_{\max}$가 발생하므로,

$$y_{\max} = \frac{5wl^4}{384EI}[\text{cm}] \ \text{..........................} (8-29)$$

예제 4. 그림과 같이 단순보가 전길이에 걸쳐 균일 분포 하중을 받고 있을 때 보의 중앙 부분을 밀어 올려 수평하게 만들었다면 밀어 올린 힘(P)은?

① $\dfrac{1}{8}wl$ 　　　② $\dfrac{3}{8}wl$

③ $\dfrac{5}{8}wl$ 　　　④ $\dfrac{7}{8}wl$

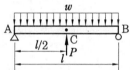

해설 $\delta_{cw} = \delta_{cp}$이므로 $\dfrac{5wl^4}{384EI} = \dfrac{Pl^3}{48EI}$, $P = \dfrac{5}{8}wl$ [N]　　　정답 ③

(3) 우력을 받는 경우

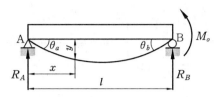

우력을 받는 단순보의 처짐

양단이 지지된 보의 오른쪽 지점 B에 우력 M_o가 작용할 때,

① 임의의 거리 x 단면에서의 굽힘 모멘트 M은,

$$M = M_o\left(\frac{x}{l}\right)\left(-M = EI\frac{d^2y}{dx^2}\right) \quad \cdots\cdots\cdots\cdots\cdots\cdots ⊙$$

② 처짐의 식 : $-M_o\dfrac{x}{l} = EI\dfrac{d^2y}{dx^2}$

x에 관해 두 번 적분하면,

$$\int EI\frac{d^2y}{dx^2}dx = \int -M_o\frac{x}{l}dx + C_1$$

$$\rightarrow EI\frac{dy}{dx} = -\frac{M_o}{2l}x^2 + C_1 \quad \cdots\cdots\cdots\cdots\cdots\cdots ⓛ$$

$$\int EI\frac{dy}{dx}dx = \int\left(-\frac{M_o}{2l}x^2 + C_1\right)dx + C_2$$

$$\rightarrow EIy = -\frac{M_o}{6l}x^3 + C_1x + C_2 \quad \cdots\cdots\cdots\cdots\cdots\cdots ⓒ$$

$x = 0$일 때 $y = 0$이므로 식 ⓒ에서,

$$EI\times 0 = 0 + C_2$$

$$\therefore\ C_2 = 0$$

$x = l$일 때 $y = 0$이므로 식 ⓒ에서,

$$EI\times 0 = -\frac{M_o l^2}{6} + C_1 l$$

$$\therefore\ C_1 = \frac{M_o l}{6}$$

$$\therefore\ \frac{dy}{dx} = \frac{M_o}{6EIl}(l^2 - 3x^2) \quad \cdots\cdots\cdots\cdots\cdots\cdots (8-30)$$

$$y = \frac{M_o x}{6EIl}(l^2 - x^2) \quad \cdots\cdots\cdots\cdots\cdots\cdots (8-31)$$

③ A 및 B점에서의 탄성곡선의 기울기, 즉 처짐각은 식 (8-30)에서,

$$x = 0 일 \ 때, \ \theta_a = \frac{M_o l}{6 EI} [\text{rad}] \ \bigg\} \quad \cdots\cdots\cdots\cdots\cdots\cdots\cdots\cdots (8-32)$$
$$x = l \ 일 \ 때, \ \theta_b = -\frac{M_o l}{3 EI} [\text{rad}] \ \bigg\}$$

④ 최대 처짐이 발생하는 곳(변곡점)에서는 기울기 $\dfrac{dy}{dx} = 0$이므로,

식 (8-30)에서 $l^2 - 3x^2 = 0$

$$\therefore \ x = \frac{l}{\sqrt{3}}$$

이 값을 식 (8-31)에 대입, 정리하면,

$$y_{\max} = \frac{M_o l^2}{9\sqrt{3}\,EI} [\text{cm}] \quad \cdots\cdots\cdots\cdots\cdots\cdots\cdots\cdots (8-33)$$

2. 면적 모멘트법(moment area method)

2-1 모어의 정리(Mohr's theorem)

탄성곡선의 미분방정식을 이용하여 처짐각과 처짐량을 구하는 데는 어느 정도 복잡하고, 어려움이 있다. 따라서 한 점에서의 처짐량을 구하는 경우에는 굽힘 모멘트 선도를 도식적으로 이용하는 면적 모멘트법을 이용하면 간단하고 편리하게 계산할 수 있다.

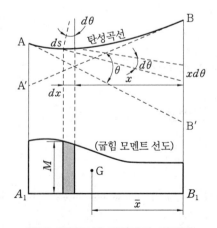

면적 모멘트의 처짐각과 처짐량

위의 그림에서 탄성곡선의 임의의 요소 ds 에 대하여,

$$\frac{d\theta}{ds} = \frac{M}{EI}$$ ··· ㉠

탄성영역 내에서만 변화한다고 가정하면,

$$d\theta = \frac{M}{EI} dx$$ ·· ㉡

식 ㉡에서 탄성곡선의 미소길이 ds 의 양쪽 끝에서 그은 두 접선 사이의 미소각 $d\theta$ 는 미소길이에 대한 굽힘 모멘트 선도의 면적, 즉 음영 부분의 면적 $M \cdot dx$ 를 EI 로 나눈 값과 같다.

A와 B에서 그은 접선 사이의 각 θ

$$\theta = \int_A^B \frac{M dx}{EI} = \frac{1}{EI} \int_A^B M dx = \frac{A_m}{EI}$$ ····················· (8-34)

여기서, A_m : 굽힘 모멘트 선도의 면적

식 (8-34)를 모어의 1 정리 (Mohr's I theorem)라 한다.

탄성곡선 위의 두 점 A와 B 사이에서 그은 두 접선 (AB′, BA′) 사이의 각 θ 는 그 두 점 사이에 있는 B.M.D (굽힘 모멘트 선도)의 전면적을 EI 로 나눈 값과 같다.

B점 밑에서의 수직거리 BB′를 구하여 볼 때,

$$x \, d\theta = x \frac{M dx}{EI}$$ ··· ㉢

$x \, d\theta$ 는 그 요소 ds 에 해당하는 BMD의 면적 $M dx$ 를 취하여 EI 로 나눈 값이며,

$$BB' = \delta = \int \frac{1}{EI} Mx \, dx = \frac{\overline{x} A_m}{EI}$$ ····························· (8-35)

이 식은 A와 B 사이에 있는 BMD의 전면적의 1차 모멘트를 EI 로 나눈 값이다.

식 (8-35)를 모어의 2 정리 (Mohr's II theorem)라 한다.

다음 그림과 같이 탄성곡선에 변곡점이 있는 경우 굽힘 모멘트 선도가 두 부분이 되며, $A_1 C_1$ 은 (+)의 면적, $C_1 B_1$ 은 (-)의 면적이 되므로, 탄성곡선 위의 두 점 A와 B에서 그은 두 접선 사이의 각은,

$$\theta = \left(\frac{A_1 C_1 \ \text{면적}}{EI} \right) - \left(\frac{C_1 B_1 \ \text{면적}}{EI} \right)$$

또, 두 점에서 그은 접선 사이의 거리 B 에서 BB'는,

$$\delta = BB' = \left(\frac{A_1 C_1 \ \text{면적}}{EI} \right) \times \overline{x_1} - \left(\frac{C_1 B_1 \ \text{면적}}{EI} \right) \times \overline{x_2}$$

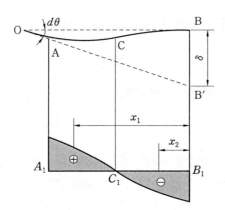

변곡점이 있는 경우의 처짐

여러 도형의 도심과 면적

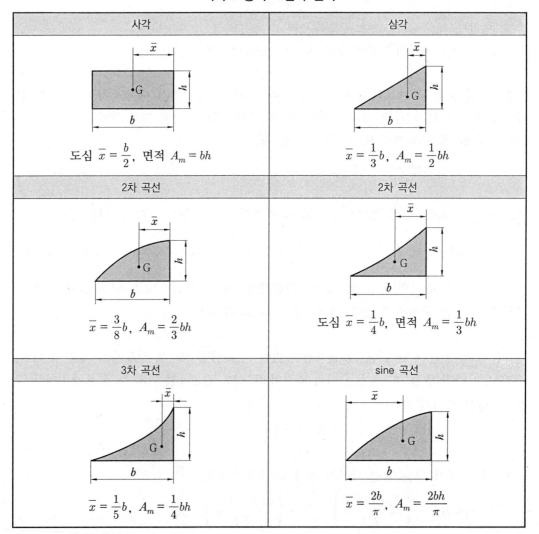

사각	삼각
도심 $\bar{x} = \dfrac{b}{2}$, 면적 $A_m = bh$	$\bar{x} = \dfrac{1}{3}b$, $A_m = \dfrac{1}{2}bh$
2차 곡선	2차 곡선
$\bar{x} = \dfrac{3}{8}b$, $A_m = \dfrac{2}{3}bh$	도심 $\bar{x} = \dfrac{1}{4}b$, 면적 $A_m = \dfrac{1}{3}bh$
3차 곡선	sine 곡선
$\bar{x} = \dfrac{1}{5}b$, $A_m = \dfrac{1}{4}bh$	$\bar{x} = \dfrac{2b}{\pi}$, $A_m = \dfrac{2bh}{\pi}$

2-2   **외팔보의 면적 모멘트법**

(1) 집중 하중을 받는 경우

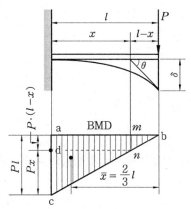

집중 하중을 받는 경우

① 전길이 l에 대하여

$$처짐각(\theta) = \frac{A_m}{EI} = \frac{1}{EI} \times \left(\frac{1}{2} \times 밑변 \times 높이 \right)$$

$$= \frac{1}{EI} \times \left(\frac{1}{2} \times l \times Pl \right) = \frac{Pl^2}{2EI} \quad \cdots\cdots\cdots\cdots\cdots\cdots\cdots\cdots ㉠$$

$$처짐량(\delta) = \frac{A_m}{EI} \times \overline{x} = \theta \times \overline{x} = \frac{Pl^2}{2EI} \times \frac{2}{3} l = \frac{Pl^3}{3EI} \quad \cdots\cdots\cdots\cdots\cdots ㉡$$

② 임의의 단면 mn에 대하여

$$처짐각(\theta) = \frac{dy}{dx} = \frac{1}{EI}(\triangle abc의\ 면적 - \triangle mbn의\ 면적)$$

$$= \frac{1}{EI}\left[\frac{1}{2}Pl \cdot l - \frac{1}{2}P(l-x)(l-x) \right]$$

$$= \frac{Pl^2}{2EI}(2lx - x^2) \quad \cdots\cdots\cdots\cdots\cdots\cdots\cdots\cdots\cdots\cdots\cdots\cdots ㉢$$

$$처짐량(\delta) = \frac{1}{EI} \times A_{m1} \times \overline{x_1} + \frac{1}{EI} \times A_{m2} \times \overline{x_2}$$

$$= \frac{1}{EI} \times \square\,amnd \times \overline{x_1} + \frac{1}{EI} \times \triangle\,dnc \times \overline{x_2}$$

$$= \frac{1}{EI} \times P(l-x)x \times \frac{x}{2} + \frac{1}{EI} \times \frac{1}{2} \cdot Px \cdot x \times \frac{2}{3}x$$

$$= \frac{P}{EI}\left(\frac{x^2}{2} - \frac{x^3}{6} \right) = \frac{Px^2}{6EI}(3l - x) \quad \cdots\cdots\cdots\cdots\cdots ㉣$$

예제 5. 그림과 같이 외팔보의 자유단에 집중 하중 P와 굽힘 모멘트 M_0가 작용할 때 그 자유단의 처짐은 얼마인가? (단, 외팔보의 강성 계수는 EI이다.)

① $\dfrac{M_0 l^2}{EI} + \dfrac{P l^3}{2EI}$　　② $\dfrac{M_0 l^2}{2EI} + \dfrac{P l^3}{3EI}$

③ $\dfrac{M_0 l}{3EI} + \dfrac{P l^2}{4EI}$　　④ $\dfrac{M_0 l^2}{4EI} + \dfrac{P l^3}{5EI}$

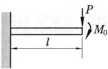

해설 $\delta_{max} = \delta_1 + \delta_2 = \dfrac{M_0 l^2}{2EI} + \dfrac{P l^3}{3EI}$ [cm]　　**정답** ②

예제 6. 그림과 같이 외팔보가 자유단에서 시계 방향의 우력 M을 받는 경우, 자유단의 처짐 δ는?

① $\delta = \dfrac{M^2 l}{2EI}$　　② $\delta = \dfrac{M l^2}{2EI}$

③ $\delta = \dfrac{2M l^2}{3EI}$　　④ $\delta = \dfrac{M^2 l}{6EI}$

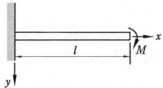

해설 $\theta = \dfrac{Ml}{EI}$, $\delta = \dfrac{M l^2}{2EI}$　　**정답** ②

예제 7. 길이가 L인 단순보 AB의 한 끝에 우력 M이 작용하고 있을 때 이 보의 A단에서의 기울기 θ_A는?

① $\dfrac{ML}{3EI}$　　② $\dfrac{ML}{6EI}$

③ $\dfrac{ML^2}{2EI}$　　④ $\dfrac{ML^2}{24EI}$

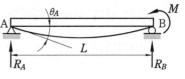

해설 $\theta_A = \dfrac{ML}{6EI}$, $\theta_B = \dfrac{ML}{3EI}$　　**정답** ②

3. 중첩법(method of superposition)

　하나의 보에 여러 개의 하중이 동시에 작용하는 경우에 발생하는 임의단면에 대한 처짐각과 처짐량은 그 하중들이 각각 1개씩 작용할 때 발생하는 그 단면의 처짐과 처짐량들을 합하여 구할 수 있는데, 이 방법을 중첩법(method of superposition)이라 한다.

3-1 집중 하중(P)과 등분포 하중(w)을 받는 외팔보

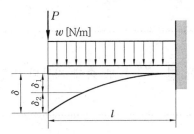

집중 하중과 같은 등분포 하중을 받는 경우

① 집중 하중 P에 의한 θ_1과 δ_1

$$\theta_1 = \frac{Pl^2}{2EI}, \quad \delta_1 = \frac{Pl^3}{3EI} \quad\cdots\cdots\cdots\text{㉠}$$

② 균일 분포(등분포) 하중 w에 의한 θ_2과 δ_2

$$\theta_2 = \frac{wl^3}{6EI}, \quad \delta_2 = \frac{wl^4}{8EI} \quad\cdots\cdots\cdots\text{㉡}$$

중첩하면,

$$\theta_{\max} = \theta_1 + \theta_2 = \frac{Pl^2}{2EI} + \frac{wl^3}{6EI} = \frac{l^2}{6EI}(3P + wl)$$

$$\delta_{\max} = \delta_1 + \delta_2 = \frac{Pl^3}{3EI} + \frac{wl^4}{8EI} = \frac{l^3}{24EI}(8P + 3wl) \quad\cdots\cdots\cdots\text{㉢}$$

4. 굽힘으로 인한 탄성변형에너지

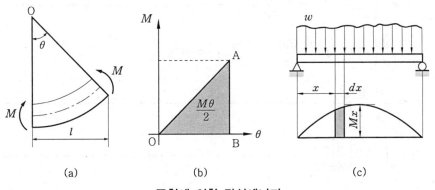

(a)   (b)   (c)

굽힘에 의한 탄성에너지

그림 (a)와 같은 보가 순수굽힘 모멘트를 받는 경우 굽힘 모멘트는 보의 전길이에 걸쳐 균일하고 탄성곡선은 곡률이 $\dfrac{1}{\rho} = \dfrac{\theta}{l} = \dfrac{M}{EI}$ 인 원호가 되어 원호상에서 중심각 θ 는,

$$\theta = \frac{Ml}{EI} \quad\text{··}\quad ㉠$$

그림 (b)에서 우력 M 이 한 일 $\dfrac{M\theta}{2}$ = 보 속에 저장된 변형에너지 U 이므로,

$$U = \frac{1}{2}M\theta \quad\text{··}\quad ㉡$$

따라서, ㉠과 ㉡에서,

$$U = \frac{M^2 l}{2EI} \quad\text{··}\quad ㉢$$

$$U = \frac{\theta^2 EI}{2l} \quad\text{··}\quad ㉣$$

여기서, 굽힘 모멘트 $M = \sigma_b Z$

직사각형 단면의 경우, $\sigma_b = \sigma_{\max} = \dfrac{M}{Z} = \dfrac{6M}{bh^2}$ 이고, $M = \dfrac{bh^2 \sigma_{\max}}{6}$ 이므로,

$$U = \frac{M^2 l}{2EI} = \frac{l}{2E} \times \left(\frac{bh^2}{6}\sigma_{\max}\right)^2 \times \left(\frac{12}{bh^3}\right)$$

$$= \frac{1}{3}bhl\frac{(\sigma_{\max})^2}{2E} \quad\text{····························}\quad ㉤$$

식 ㉤에서 "보 속의 전 에너지는 보의 모든 섬유가 최대 응력 $\sigma_{\max}$ 을 받는 경우에 이 보가 저장할 수 있는 에너지의 $\dfrac{1}{3}$ 과 같다" 는 것을 알 수 있다.

그림 (c)와 같은 불균일한 보에서 거리 dx 사이의 미소요소에 저장되는 에너지는,

$$dU = \frac{M^2 dx}{2EI}, \quad dU = \frac{EI(d\theta)^2}{2dx} \quad\text{·····································}\quad ㉥$$

$\dfrac{1}{\rho} = \dfrac{d\theta}{dx}$ 에서, $d\theta = \dfrac{dx}{\rho} = \left|\dfrac{d^2 y}{dx^2}\right| dx$ 이므로,

$$U = \int_0^l \frac{M^2 dx}{2EI} \quad\text{···}\quad ㉦$$

$$U = \int_0^l \frac{EI}{2}\left(\frac{d^2 y}{dx^2}\right)^2 dx \quad\text{·······························}\quad ㉧$$

4-1 외팔보의 탄성변형에너지(U)

임의의 거리 x 단면에 작용하는 굽힘 모멘트 $M = -Px$ 이므로,

$$U = \int_0^l \frac{M^2}{2EI} dx = \int_0^l \frac{(-Px)^2}{2EI} dx = \frac{P^2 l^3}{6EI}\,[\text{kJ}]$$ ················· ㉠

직사각형 단면인 경우 $\sigma_{\max} = \dfrac{M}{Z} = \dfrac{6Pl}{bh^2}$ 이므로,

$$U = \frac{1}{9}(bhl)\frac{(\sigma_{\max})^2}{2E}$$ ···························· ㉡

이 보가 굽힘을 하는 동안에 하중 P가 하는 일과 변형에너지가 같아야 하므로,

$$U = \frac{1}{2}P\delta = \frac{P^2 l^3}{6EI}$$ ································ ㉢

따라서, 자유단에서의 처짐량 $\delta_{\max}$ 는,

$$\delta_{\max} = \frac{Pl^3}{3EI}\,[\text{cm}]$$ ································· ㉣

4-2 단순보의 탄성변형에너지(U)

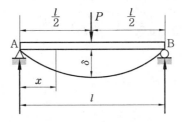

단순보의 탄성변형에너지

x 거리에 있는 임의의 단면의 굽힘 모멘트는,

$$M_x = \frac{1}{2}Px$$

보 속에 저장된 굽힘변형에너지는,

$$U = 2\int_0^{\frac{l}{2}} \frac{M^2}{2EI} dx = 2\int_0^{\frac{l}{2}} \frac{P^2 x^2}{8EI} dx$$

$$= \frac{P^2 l^3}{96 EI} \quad \dots\dots\dots\dots\dots\dots\dots\dots\dots\dots\dots\dots\dots\dots\dots\dots\dots\dots\dots\dots\dots\dots\dots ㉠$$

하중이 이 보에 처짐을 주면서 영 (0) 으로부터 P 까지 천천히 증가하는 동안에 한 일과 위에서 얻은 변형에너지는 같으므로,

$$U = \frac{1}{2} P\delta = \frac{P^2 l^3}{96 EI} \quad \dots\dots\dots\dots\dots\dots\dots\dots\dots\dots\dots\dots\dots\dots\dots\dots\dots\dots ㉡$$

$$\delta_{\max} = \frac{Pl^3}{48 EI} \quad \dots\dots\dots\dots\dots\dots\dots\dots\dots\dots\dots\dots\dots\dots\dots\dots\dots\dots\dots\dots\dots ㉢$$

의 처짐량을 얻을 수 있다.

예제 8. 길이가 l인 외팔보 AB가 보의 일부분 b 위에 w의 균일 분포 하중이 작용되고 있을 때 이 보의 자유단 A의 처짐량은 얼마인가?

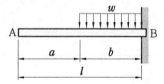

① $\delta = \dfrac{wb^3}{8EI}\left(a + \dfrac{3}{4}b\right)$ ② $\delta = \dfrac{wb^3}{6EI}\left(a + \dfrac{3}{4}b\right)$

③ $\delta = \dfrac{wb^2}{6EI}\left(a + \dfrac{3}{4}b\right)$ ④ $\delta = \dfrac{wb^2}{8EI}\left(a + \dfrac{3}{4}b\right)$

해설 $\delta_A = \delta_C + \theta_C \times a = \dfrac{wb^4}{8EI} + \dfrac{wb^3}{6EI} \times a = \dfrac{wb^3}{6EI}\left(a + \dfrac{3}{4}b\right)$ **정답** ②

출제 예상 문제

1. 탄성곡선(처짐곡선)의 미분방정식을 바르게 나타낸 것은?

① $\dfrac{d^2y}{dx^2} = \pm \dfrac{MI}{E}$ ② $\dfrac{dy^2}{d^2x} = \pm \dfrac{ME}{I}$

③ $\dfrac{d^2y}{dx^2} = \pm \dfrac{M}{EI}$ ④ $\dfrac{dy^2}{d^2x} = \pm \dfrac{I}{ME}$

[해설] 곡률 $\left(\dfrac{1}{\rho}\right) = \left|\dfrac{d\theta}{ds}\right| = \dfrac{d\theta}{dx} = \pm \dfrac{d^2y}{dx^2}$

2. 일반적으로 전단변형으로 인한 보의 처짐은 굽힘변형으로 인한 처짐에 비해 상당히 작으므로 무시하는 경향이 있다. 그러나 무시할 수 없는 경우도 있는데 다음 중 어느 경우인가?

① 보의 길이가 짧고 단면 높이가 작을수록 전단처짐이 커지므로 무시할 수 없다.

② 보의 길이가 짧고 단면 높이가 클수록 전단처짐은 굽힘처짐에 비해 무시할 수 없을 정도로 크다.

③ 보의 길이가 길고 단면 높이가 작을수록 무시할 수 없다.

④ 보의 길이가 길고 단면 높이가 클수록 굽힘처짐은 작아지고 전단처짐은 커진다.

[해설] 보의 길이에 비하여 단면의 높이가 크면 전단응력에 의한 영향을 무시할 수 없다.

3. 단순보에 하중이 작용할 때 다음 중 옳지 않은 것은?

① 중앙에 집중 하중이 작용하면 양 지점에서의 처짐각이 최대로 된다.

② 중앙에 집중 하중이 작용할 때의 최대 처짐은 하중이 작용하는 곳에서 생긴다.

③ 등분포 하중이 만재될 때, 최대 처짐은 중앙점에서 일어난다.

④ 등분포 하중이 만재될 때, 중앙점의 처짐각이 최대로 된다.

[해설] 단순보에서,

(1) 집중 하중 작용 시, 최대 처짐은 중앙에서, $\delta = \dfrac{Pl^3}{48EI}$

최대 처짐각은 양단에서, $\theta_A = \theta_B = \dfrac{Pl^2}{16EI}$

(2) 등분포 하중 작용 시, 최대 처짐은 중앙에서, $\delta = \dfrac{5wl^4}{384EI}$

최대 처짐각은 양단에서, $\theta_A = \theta_B = \dfrac{wl^3}{24EI}$

4. 단일 집중 하중 P가 길이 l인 캔틸레버보의 자유단에 작용할 때, 최대 처짐의 크기는 얼마인가? (단, EI는 일정)

① $\dfrac{Pl^2}{2EI}$ ② $\dfrac{Pl^3}{2EI}$

③ $\dfrac{Pl^2}{3EI}$ ④ $\dfrac{Pl^3}{3EI}$

[해설] $\theta_B = -\dfrac{Pl^2}{2EI}$, $\delta_B = \dfrac{Pl^3}{3EI}$

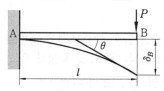

5. 그림과 같은 외팔보에서 등분포 하중 w가 작용할 때 최대 처짐각 θ_{max}와 최대 처짐량 δ_{max}를 바르게 나타낸 것은?

정답 1. ③   2. ②   3. ④   4. ④   5. ③

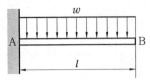

① $\theta_{\max} = \dfrac{wl^3}{3EI}, \ \delta_{\max} = \dfrac{wl^4}{8EI}$

② $\theta_{\max} = \dfrac{wl^3}{3EI}, \ \delta_{\max} = \dfrac{wl^4}{12EI}$

③ $\theta_{\max} = \dfrac{wl^3}{6EI}, \ \delta_{\max} = \dfrac{wl^4}{8EI}$

④ $\theta_{\max} = \dfrac{wl^3}{6EI}, \ \delta_{\max} = \dfrac{wl^4}{12EI}$

6. 다음의 단순보(simple beam)에서 최대 처짐각 $\theta_{\max}$ 와 최대 처짐량 $\delta_{\max}$ 는?

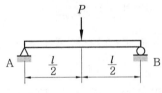

① $\theta_{\max} = \dfrac{Pl^2}{8EI}, \ \delta_{\max} = \dfrac{Pl^3}{24EI}$

② $\theta_{\max} = \dfrac{Pl^2}{8EI}, \ \delta_{\max} = \dfrac{Pl^3}{48EI}$

③ $\theta_{\max} = \dfrac{Pl^2}{16EI}, \ \delta_{\max} = \dfrac{Pl^3}{24EI}$

④ $\theta_{\max} = \dfrac{Pl^2}{16EI}, \ \delta_{\max} = \dfrac{Pl^3}{48EI}$

7. 그림과 같은 단순보에서 등분포 하중 w 가 작용할 때 최대 처짐각 $\theta_{\max}$ 와 최대 처짐량 $\delta_{\max}$ 는 얼마인가?

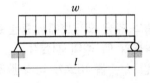

① $\theta_{\max} = \dfrac{wl^3}{24EI}, \ \delta_{\max} = \dfrac{5wl^4}{384EI}$

② $\theta_{\max} = \dfrac{wl^3}{24EI}, \ \delta_{\max} = \dfrac{8wl^4}{384EI}$

③ $\theta_{\max} = \dfrac{wl^3}{48EI}, \ \delta_{\max} = \dfrac{8wl^4}{384EI}$

④ $\theta_{\max} = \dfrac{wl^3}{48EI}, \ \delta_{\max} = \dfrac{8wl^4}{384EI}$

8. 그림과 같은 단순보에 집중 하중 P 와 균일 분포 하중 w 가 동시에 작용할 때 최대 처짐 $\delta_{\max}$ 는? (단, $wl = P$ 이다.)

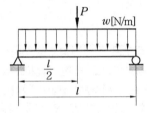

① $\dfrac{5Pl^3}{48EI}$ ② $\dfrac{13Pl^3}{48EI}$

③ $\dfrac{8Pl^3}{384EI}$ ④ $\dfrac{13Pl^3}{384EI}$

[해설] 집중 하중 P 만 작용할 때의 최대 처짐 δ_1 과 균일 분포 하중 w 만 작용할 때의 최대 처짐 δ_2 를 합하면 된다. 즉, 최대 처짐은 둘 다 중앙점에 생기며, 집중 하중 P 만 작용할 때 최대 처짐은 $\delta_1 = \dfrac{Pl^3}{48EI}$ 이고, 균일 분포 하중 w 만 작용할 때 최대 처짐은 $\delta_2 = \dfrac{5wl^4}{384EI} = \dfrac{5Pl^3}{384EI}$ 이다.

그러므로, 두 하중이 동시에 작용하는 단순보의 최대 처짐은,

$\therefore \ \delta_{\max} = \delta_1 + \delta_2 = \dfrac{Pl^3}{48EI} + \dfrac{5Pl^3}{384EI}$

$= \left(\dfrac{8+5}{384}\right) \cdot \dfrac{Pl^3}{EI} = \dfrac{13Pl^3}{384EI}$

9. 지름 10 cm 의 원형 단면을 갖고 길이

가 5 m인 단순보의 전길이에 등분포 하중 $w = 8$ kN/m가 작용할 때 최대 처짐각 $\theta_{\max}$는? (단, 탄성계수 $E = 180$ GPa 이다.)

① 0.0346 rad 　　② 0.0471 rad

③ 0.0575 rad 　　④ 0.0630 rad

해설 등분포 하중의 단순보에서 최대 처짐각

$$\theta_{\max} = \frac{wl^3}{24EI} \text{이므로,}$$

$$I = \frac{\pi d^4}{64} = \frac{\pi \times (0.1)^4}{64} = 491 \times 10^{-8}\,\text{m}^4 \text{을}$$

대입하면,

$$\therefore \theta_{\max} = \frac{8000 \times 5^3}{24 \times (180 \times 10^9) \times (491 \times 10^{-8})}$$

$$= 0.0471 \text{ rad}$$

10. 그림과 같은 외팔보에서 집중 하중 P 와 균일 분포 하중 w가 동시에 작용할 때 최대 처짐각 $\delta_{\max}$는 얼마인가? (단, $wl = P$이다.)

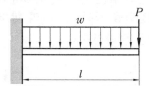

① $\dfrac{8Pl^3}{3EI}$ 　　　② $\dfrac{11Pl^3}{12EI}$

③ $\dfrac{3Pl^3}{8EI}$ 　　　④ $\dfrac{11Pl^3}{24EI}$

해설 집중 하중 P만 작용할 때의 최대 처짐 δ_1과 균일 분포 하중 w만 작용할 때의 최대 처짐 δ_2를 합하면 합성 최대 처짐량 δ를 구할 수 있다. 즉, 최대 처짐은 둘 다 자유단에 생기며, 집중 하중 P만 작용할 때 최대 처짐 $\delta_1 = \dfrac{Pl^3}{3EI}$이고, 균일 분포 하중 w만 작용할 때 최대 처짐 $\delta_2 = \dfrac{wl^4}{8EI} = \dfrac{Pl^3}{8EI}$ 일 때,

$$\delta_{\max} = \delta_1 + \delta_2 = \frac{Pl^3}{3EI} + \frac{Pl^3}{8EI}$$

$$= \left(\frac{8+3}{24}\right) \cdot \frac{Pl^3}{EI} = \frac{11Pl^3}{24EI}$$

11. 균일 분포 하중 w [N/m]를 받고 있는 외팔보가 있다. 자유단에서의 처짐이 $\delta = 3$ cm이고, 그 점에서 탄성곡선의 기울기가 0.01 rad일 때 이 보의 길이는? (단, 재료의 탄성계수 $E = 210$ GPa이다.)

① 100 cm 　　② 200 cm

③ 300 cm 　　④ 400 cm

해설 $\theta_A = \dfrac{wl^3}{6EI} = 0.01$, $\delta = \dfrac{wl^4}{8EI} = 3$이므로,

$$\frac{\delta}{\theta_A} = \frac{\dfrac{wl^4}{8EI}}{\dfrac{wl^3}{6EI}} = \frac{3}{4}\,l = \frac{3}{0.01}$$

$$\therefore l = \frac{4 \times 3}{3 \times 0.01} = 400 \text{ cm}$$

12. 다음 외팔보에서 자유단에 우력 M_0가 작용하는 경우 자유단의 최대 처짐량 δ를 구하면 얼마인가?

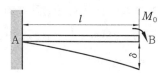

① $\dfrac{M_0 l^2}{2EI}$ 　　　② $\dfrac{M_0 l^2}{3EI}$

③ $\dfrac{M_0 l^2}{6EI}$ 　　　④ $\dfrac{M_0 l^2}{8EI}$

해설 면적 모멘트를 구하면, 아래 BMD 선도에서 빗금친 면적 $A_m = M_0 l$ 이고, $\overline{x} = \dfrac{l}{2}$이므로,

$$\delta = \frac{A_m \overline{x}}{EI} = \frac{M_0 l \left(\dfrac{l}{2}\right)}{EI} = \frac{M_0 l^2}{2EI}$$

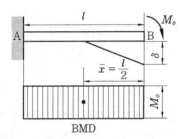

BMD

13. 그림과 같은 외팔보에서 자유단으로부터 2 m 떨어진 C점에 집중 하중 $P = 60$ kN이 작용할 때 자유단의 처짐각 θ_A 와 처짐량 δ_A 는 얼마인가? (단, $E = 200$ GPa, $I = 274$ cm^{4}이다.)

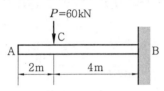

① $\theta_A = 0.0438$ rad, $\delta_A = 10.22$ cm

② $\theta_A = 0.0438$ rad, $\delta_A = 20.44$ cm

③ $\theta_A = 0.0876$ rad, $\delta_A = 20.44$ cm

④ $\theta_A = 0.0876$ rad, $\delta_A = 40.88$ cm

[해설] 면적 모멘트로 구하면,

아래 BMD 선도에서 빗금친 면적

$A_m = 4 \times 24000 \times \dfrac{1}{2} = 48000$ N·m^2

또, $\theta_A = \theta_C$이므로,

$\theta_A = \dfrac{A_m}{EI} = \dfrac{48000}{(200 \times 10^9) \times (274 \times 10^{-8})}$

$\fallingdotseq 0.0876$ rad

$\delta_A = \dfrac{A_m}{EI} \cdot \bar{x} = \theta_A \cdot \bar{x} = 0.0876 \times \left(\dfrac{2}{3} \times 4 + 2\right)$

$= 0.4088$ m $= 40.88$ cm

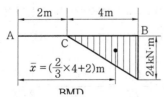

BMD

14. 지름이 6 cm, 길이가 1 m 인 단순보의 중앙에 집중 하중이 작용할 때, 최대 처짐을 $\dfrac{1}{2}$ cm로 제한하려면 하중을 몇 N 으로 하여야 하는가? (단, $E = 200$ GPa 이다.)

① 28360   ② 30538

③ 32788   ④ 34207

[해설] 단순보의 중앙에서

최대 처짐 $\delta_{max} = \dfrac{Pl^3}{48EI}$ 에서,

$P = \dfrac{48EI\delta_{max}}{l^3}$ 인데,

$I = \dfrac{\pi d^4}{64} = \dfrac{\pi \times (0.06)^4}{64} \fallingdotseq 63.62 \times 10^{-8}$ m^4

이므로,

$\therefore P = \dfrac{48 \times (200 \times 10^9) \times (63.62 \times 10^{-8}) \times 0.005}{1^3}$

$\fallingdotseq 30538$ N

15. 그림과 같은 두 외팔보에서 생기는 최대 처짐각을 각각 θ_1, θ_2라 할 때 θ_2 / θ_1 의 값은 얼마인가?

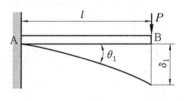

(a)

(b)

① $\dfrac{1}{3}$ ② $\dfrac{2}{3}$

③ $\dfrac{3}{2}$ ④ 3

[해설] 두 외팔보의 최대 처짐각은 자유단에서 생기며 그 값은,

$$\theta_1 = \frac{Pl^2}{2EI}, \ \theta_2 = \frac{wl^3}{6EI} = \frac{Pl^2}{6EI} \ \text{이므로},$$

$$\therefore \ \frac{\theta_2}{\theta_1} = \frac{\dfrac{Pl^2}{6EI}}{\dfrac{Pl^2}{2EI}} = \frac{2}{6} = \frac{1}{3}$$

16. 지름이 $d = 2$ cm이고, 길이 $l = 1$ m인 외팔보의 자유단에 집중 하중 P가 작용할 때 최대 처짐량이 2 cm이다. 최대 굽힘응력은 얼마인가? (단, $E = 200$ GPa 이다.)

① 100 MPa 　　　　② 110 MPa
③ 120 MPa 　　　　④ 130 MPa

[해설] $M_{max} = Pl = \sigma_b \cdot Z$ 에서

$$\sigma_b = \sigma_{max} = \frac{Pl}{Z} \ \text{인데},$$

$$\delta_{max} = \frac{Pl^3}{3EI} \ \text{에서}$$

$$Pl = \frac{3EI\delta_{max}}{l^2} \ \text{이므로},$$

위의 식에 대입하면,

$$\therefore \ \sigma_{max} = \frac{Pl}{Z} = \frac{\dfrac{3EI\delta_{max}}{l^2}}{Z} = \frac{3EI\delta_{max}}{Zl^2}$$

$$= \frac{3E\delta_{max}}{l^2} \times \frac{\dfrac{\pi d^4}{64}}{\dfrac{\pi d^3}{32}} = \frac{3E\delta_{max}}{l^2} \times \frac{d}{2}$$

$$= \frac{3 \times (200 \times 10^9) \times (0.02)}{1^2} \times \frac{0.02}{2}$$

$$= 120000000 \ \text{N/m}^2 = 120 \ \text{MPa}$$

17. 균일 분포 하중을 받고 있는 스팬 길이 3 m인 단순보에서 최대 처짐을 1 cm로 제한하려면 하중을 얼마로 제한해야 하는가? (단, $E = 210$ GPa, $b \times h = 10 \times 10$ cm이다.)

① 10000 N/m 　　　　② 16586 N/m
③ 21537 N/m 　　　　④ 15238 N/m

[해설] 균일 분포 하중을 받고 있는 단순보의 최대 처짐은 중앙에서 생기며,

$$\delta_{max} = \frac{5wl^4}{384EI} \ \text{이므로},$$

$$w = \frac{384EI\delta_{max}}{5l^4} \ \text{인데},$$

$$I = \frac{bh^3}{12} = \frac{0.1 \times (0.1)^3}{12} \fallingdotseq 8.33 \times 10^{-6}$$

이므로,

$$\therefore \ w = \frac{384 \times (210 \times 10^9) \times (8.33 \times 10^{-6}) \times (0.01)}{5 \times 3^4}$$

$$= 16586 \ \text{N/m} \fallingdotseq 16.6 \ \text{kN/m}$$

18. 그림과 같은 $b \times h$인 사각 단면의 외팔보에서 집중 하중 P가 작용할 때 자유단의 처짐량은 얼마인가?

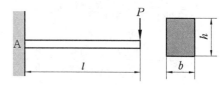

① $\dfrac{2Pl^3}{Ebh^3}$ 　　　　② $\dfrac{3Pl^3}{Ebh^3}$

③ $\dfrac{4Pl^3}{Ebh^3}$ 　　　　④ $\dfrac{6Pl^3}{Ebh^3}$

[해설] 외팔보의 자유단의 처짐 $\delta = \dfrac{Pl^3}{3EI}$ 에서

$$I = \frac{bh^3}{12} \ \text{이므로},$$

$$\therefore \ \delta = \frac{Pl^3}{3E \times \dfrac{bh^3}{12}} = \frac{4Pl^3}{Ebh^3}$$

19. 다음 그림과 같은 단순보에서 생기는 최대 처짐을 각각 δ_1, δ_2라 할 때 δ_1/δ_2의 값은 얼마인가? (단, $P = wl$이다.)

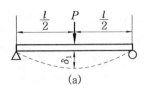

(a)

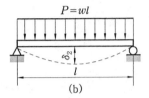

(b)

① $\dfrac{5}{8}$　　　　② $\dfrac{5}{16}$

③ $\dfrac{8}{5}$　　　　④ $\dfrac{16}{5}$

[해설] 두 단순보의 최대 처짐은 중앙에서 생기며 그 값은,

$$\delta_1 = \frac{Pl^3}{48EI},$$

$$\delta_2 = \frac{5wl^4}{384EI} = \frac{5Pl^3}{384EI} \text{이므로,}$$

$$\therefore \frac{\delta_1}{\delta_2} = \frac{\dfrac{Pl^3}{48EI}}{\dfrac{5Pl^3}{384EI}} = \frac{384}{48 \times 5} = \frac{8}{5}$$

20. 그림과 같이 균일 분포 하중 w를 받는 단순보의 중앙에 하중 P를 작용시켜 중앙점의 처짐이 "0"이 되도록 한다. 중앙점에 작용해야 할 하중은 얼마인가?

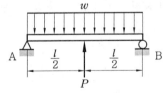

① $P = \dfrac{5wl}{4}$　　　② $P = \dfrac{wl}{2}$

③ $P = \dfrac{wl}{4}$　　　④ $P = \dfrac{5wl}{8}$

[해설] 균일 분포 하중 w에 의한 처짐량과 집중 하중 P에 의한 처짐량이 동일할 때 상

쇄되어 0이 되므로, $\dfrac{Pl^3}{48EI} = \dfrac{5wl^4}{384EI}$

$$\therefore P = \frac{5}{8}wl$$

21. 길이가 4 m, 지름이 10 cm인 단순보의 중앙에 집중 하중 10 kN의 하중을 작용시킬 때 이 보의 최대 처짐량 δ_{max}은? (단, 이 재료의 세로 탄성계수 $E = 200$ GPa)

① 1.36 cm　　　② 1.53 cm

③ 1.75 cm　　　④ 1.98 cm

[해설] 단순보의 처짐량 $\delta_{max} = \dfrac{Pl^3}{48EI}$에서,

$$I = \frac{\pi d^4}{64} = \frac{\pi \times (0.1)^4}{64} \fallingdotseq 4.9 \times 10^{-6} \text{ m}^4$$

이므로,

$$\therefore \delta_{max} = \frac{10000 \times 4^3}{48 \times (200 \times 10^9) \times (4.9 \times 10^{-6})}$$

$$\fallingdotseq 0.0136 \text{ m} = 1.36 \text{ cm}$$

22. 그림과 같이 길이 1 m의 사각 단면인 외팔보에 최대 처짐을 0.2 cm로 제한하고자 한다. 재료의 탄성계수 $E = 200$ GPa으로 한다면 이 보에 작용하는 집중 하중 P는 얼마인가?

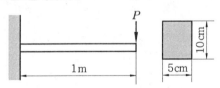

① 3 kN　　　② 5 kN

③ 7 kN　　　④ 9 kN

[해설] 집중 하중이 작용하는 외팔보의 최대 처짐 $\delta_{max} = \dfrac{Pl^3}{3EI}$에서,

$$P = \frac{3EI\delta_{max}}{l^3} \text{인데,}$$

$$I = \frac{b \times h^3}{12} = \frac{0.05 \times 0.1^3}{12}$$

$\fallingdotseq 4.167 \times 10^{-6} \, \text{m}^4$이므로,

$$\therefore P = \frac{3 \times (200 \times 10^9) \times (4.167 \times 10^{-6}) \times (0.002)}{1^3}$$

$$\fallingdotseq 5000 \, \text{N} = 5 \, \text{kN}$$

23. 길이 4 m, $b \times h$ = 15 cm×20 cm인 사각단면의 단순보 중앙에 집중 하중 12 kN을 받았을 때 처짐 δ = 0.128 cm였다면 이 보의 길이는 얼마인가? (단, 재료의 탄성계수 E = 125 GPa이다.)

① 250 cm   ② 300 cm
③ 350 cm   ④ 400 cm

[해설] 단순보의 중앙에 집중 하중이 작용하였을 때 처짐 $\delta = \dfrac{Pl^3}{48EI}$에서,

$l = \sqrt[3]{\dfrac{48EI\delta}{P}}$ 인데,

$I = \dfrac{b \times h^3}{12} = \dfrac{15 \times 20^3}{12} = 10000 \, \text{cm}^4$

$= 1 \times 10^{-4} \, \text{m}^4$ 이므로,

$l = \sqrt[3]{\dfrac{48 \times (125 \times 10^9) \times (1 \times 10^{-4}) \times (0.128 \times 10^{-2})}{12000}}$

$= 4 \, \text{m} = 400 \, \text{cm}$

24. $b \times h$ = 5 cm×8 cm의 사각단면을 갖고 길이가 3 m인 외팔보에 등분포 하중 w = 600 kN/m가 작용할 때 이 재료의 탄성계수 E = 210 GPa이라면 자유단의 최대 처짐각 $\theta_{\max}$는 얼마인가?

① 5.02 rad   ② 6.46 rad
③ 7.34 rad   ④ 8.68 rad

[해설] 등분포 하중 w가 작용하는 외팔보에서

최대 처짐각 $\theta_{\max} = \dfrac{wl^3}{6EI}$이므로,

$I = \dfrac{b \times h^3}{12} = \dfrac{6 \times 8^3}{12} = 256 \, \text{cm}^4$

$= 2.56 \times 10^{-6} \, \text{m}^4$를 대입하면,

$$\therefore \theta_{\max} = \frac{600000 \times 3^3}{6 \times (210 \times 10^9) \times (2.56 \times 10^{-6})}$$

$\fallingdotseq 5.02 \, \text{rad}$

25. 지름이 10 cm, 길이가 3 m인 원형 단면의 단순보에서 w = 400 kN/m의 등분포 하중이 작용하여 처짐이 생겼다. 이 보의 최대 처짐각 $\theta_{\max}$ = 0.509 rad이라면 이 재료의 세로 탄성계수 E의 값은 얼마인가?

① 180 GPa   ② 190 GPa
③ 200 GPa   ④ 210 GPa

[해설] 등분포 하중의 단순보에서 최대 처짐각

$\theta_{\max} = \dfrac{wl^3}{24EI}$이므로,

세로 탄성계수 $E = \dfrac{wl^3}{24I\theta_{\max}}$인데,

$I = \dfrac{\pi \times d^4}{64} = \dfrac{\pi \times 10^4}{64} = 491 \, \text{cm}^4$

$= 4.91 \times 10^{-6} \, \text{m}^4$이므로,

$$\therefore E = \frac{400000 \times 3^3}{24 \times (4.91 \times 10^{-6}) \times 0.509}$$

$\fallingdotseq 1.8 \times 10^{11} \, \text{N/m}^2$

$= 180 \times 10^9 \, \text{N/m}^2 = 180 \, \text{GPa}$

26. 길이 3 m인 단순보 중앙에 집중 하중 P = 175 kN이 작용하였을 때 처짐각 θ_A = 0.013 rad이 되었다. 이 재료의 종탄성계수 E = 200 GPa이고, 이 보의 사각단면에서 높이가 폭의 1.5배라 한다면 폭 b와 높이 h는 얼마인가?

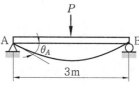

① b = 8 cm, h = 12 cm
② b = 10 cm, h = 15 cm
③ b = 12 cm, h = 18 cm
④ b = 14 cm, h = 21 cm

[해설] 집중 하중이 작용하는 단순보의 최대 처짐각

$\theta_{\max} = \theta_A = \dfrac{Pl^2}{16EI}$ 에서,

$$I = \frac{Pl^2}{16E\theta_{\max}} = \frac{175000 \times 3^2}{16 \times (200 \times 10^9) \times 0.013}$$

$$= 0.3786 \times 10^{-4}\,\text{m}^4$$

$$I = \frac{bh^3}{12} = \frac{b \times (1.5b)^3}{12} = 0.28125\,b^4$$

$$= 0.3786 \times 10^{-4}\,\text{m}^4$$

$$\therefore b = \sqrt[4]{\frac{0.3786 \times 10^{-4}}{0.28125}} = 0.1077 \fallingdotseq 12\,\text{cm}$$

$$h = 1.5b = 1.5 \times 12 = 18\,\text{cm}$$

27. 그림과 같은 삼각형 분포 하중을 받는 단순보에서 최대 처짐량 $\delta_{\max}$ 는?

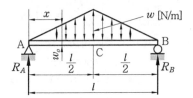

① $\delta_{\max} = \dfrac{wl^4}{60EI}$ ② $\delta_{\max} = \dfrac{wl^4}{120EI}$

③ $\delta_{\max} = \dfrac{5wl^4}{192EI}$ ④ $\delta_{\max} = \dfrac{5wl^4}{384EI}$

해설 전하중 $= \dfrac{wl}{2}$ 에서 $R_A = R_B = \dfrac{wl}{4}$ 이고,

점 A에서 임의의 거리를 x라 하면

$w_0 = \dfrac{wx}{\dfrac{l}{2}} = \dfrac{2wx}{l}$ 이므로, $\Sigma M_x = 0$ 에서,

$$M_x = R_A x - \frac{w_0 x}{2} \times \frac{x}{3} = \frac{wl}{4}x - \frac{w_0 x^2}{6}$$

$$= \frac{wlx}{4} - \frac{x^2}{6}\left(\frac{2wx}{l}\right) = \frac{wlx}{4} - \frac{wx^3}{3l}$$

그런데, $M_x = EI \cdot \dfrac{d^2 y}{dx^2} = -\dfrac{wx^3}{3l} + \dfrac{wlx}{4}$

양변을 두 번 적분하면,

$$EI\frac{dy}{dx} = -\frac{w}{3l}\left(\frac{1}{4}x^4\right) + \frac{wl}{4}\left(\frac{1}{2}x^2\right) + c_1$$

$$= -\frac{w}{12l}x^4 + \frac{wl}{8}x^2 + c_1$$

$$EI \cdot y = -\frac{w}{12l}\left(\frac{1}{5}x^5\right) + \frac{wl}{8}\left(\frac{1}{3}x^3\right) + c_1 x + c_2$$

$$= -\frac{w}{60l}x^5 + \frac{wl}{24}x^3 + c_1 x + c_2$$

$x = \dfrac{l}{2}$ 에서 $\dfrac{dy}{dx} = 0$ 이므로, $c_1 = -\dfrac{5wl^3}{192}$

또, $x = 0$ 에서 $y = 0$ 이므로, $c_2 = 0$

그러므로,

$$y = \frac{1}{EI}\left(-\frac{w}{60l}x^5 + \frac{wl}{24}x^3 - \frac{5wl^3}{192}x\right)$$

$x = \dfrac{l}{2}$ 에서 처짐량 δ 는 최대가 되므로,

$$\therefore \delta_{\max} = \frac{1}{EI}\left\{-\frac{w}{60l}\left(\frac{l}{2}\right)^5 + \frac{wl}{24}\left(\frac{l}{2}\right)^3 \right.$$

$$\left. - \frac{5wl^3}{192}\left(\frac{l}{2}\right)\right\}$$

$$= -\frac{16wl^4}{1920EI} = -\frac{wl^4}{120EI}$$

28. 길이가 2 m인 외팔보에 집중 하중 $P = 20$ kN이 작용할 때 최대 처짐량 $\delta_{\max} = 4.14$ cm가 되었다. 이 재료의 종탄성계수 $E = 210$ GPa이라면 이 보의 지름 d는 얼마인가?

① 7.69 cm ② 8.45 cm

③ 9.23 cm ④ 10.57 cm

해설 집중 하중을 받는 외팔보의 최대 처짐량

$\delta_{\max} = \dfrac{Pl^3}{3EI}$ 에서, $I = \dfrac{Pl^3}{3E\delta_{\max}}$

$$= \frac{20000 \times 2^3}{3 \times (210 \times 10^9) \times (0.0414) \times 4.14}$$

$$\fallingdotseq 6.13 \times 10^{-6}\,\text{m}^4$$

$I = \dfrac{\pi d^4}{64}$ 에서,

$$\therefore d = \sqrt[4]{\frac{64 \times I}{\pi}} = \sqrt[4]{\frac{64 \times 6.13 \times 10^{-6}}{\pi}}$$

$$\fallingdotseq 0.1057\,\text{m} = 10.57\,\text{cm}$$

29. 그림과 같은 단순보의 B점에서 M_B의 우력이 작용하고 있다. 보의 길이를 l,

굽힘 강성계수를 EI라 할 때 A점의 처짐각 θ_A 는?

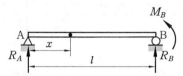

① $\dfrac{M_B l}{3\,EI}$ 　　　　　② $\dfrac{M_B l}{6\,EI}$

③ $\dfrac{w l^3}{20\,EI}$ 　　　　　④ $\dfrac{w l^3}{45\,EI}$

[해설] $\Sigma M_B = 0$ 에서, $R_A l - M_B = 0$

$$\therefore R_A = \frac{M_B}{l}$$

$\Sigma M_A = 0$ 에서, $-R_B l - M_B = 0$

$$\therefore R_B = -\frac{M_B}{l}$$

그러므로, A 지점에서 임의의 거리 x 에 대한 굽힘 모멘트

$$M_x = \frac{M_B x}{l}$$

$$\therefore \frac{d^2 y}{dx^2} = -\frac{1}{EI}\left(\frac{M_B x}{l}\right)$$

x 에 관하여 두 번 적분하면,

$$\frac{dy}{dx} = -\frac{1}{EI}\left(\frac{M_B}{2l} x^2 + c_1\right) \cdots\cdots\cdots\cdots ㉠$$

$$y = -\frac{1}{EI}\left(\frac{M_B}{6l} x^3 + c_1 x + c_2\right) \cdots\cdots ㉡$$

식 ㉡에서 $x=0$ 및 $x=l$ 에서 $y=0$ 이므로,

$$c_2 = 0, \quad c_1 = -\frac{M_B l}{6}$$

이것을 위의 식에 대입하면,

즉, 처짐각 $\theta = -\dfrac{1}{EI}\left(\dfrac{M_B}{2l} x^2 - \dfrac{M_B l}{6}\right)$

$$\therefore \theta_A = \theta_{x=0} = \frac{M_B l}{6\,EI}$$

$$\theta_B = \theta_{x=l} = -\frac{1}{EI}\left(\frac{M_B l^2}{2l} - \frac{M_B l}{6}\right) = -\frac{M_B l}{3\,EI}$$

30. 그림과 같은 외팔보에서 자유단의 처짐각 θ_B 와 처짐량 δ_B 를 구하면?

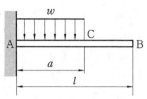

① $\theta_B = \dfrac{w a^3}{6\,EI}$, $\delta_B = \dfrac{w a^3}{6\,EI}\left(l - \dfrac{a}{4}\right)$

② $\theta_B = \dfrac{w a^3}{6\,EI}$, $\delta_B = \dfrac{w a^3}{12\,EI}\left(l - \dfrac{a}{4}\right)$

③ $\theta_B = \dfrac{w a^3}{12\,EI}$, $\delta_B = \dfrac{w a^3}{12\,EI}\left(l - \dfrac{a}{4}\right)$

④ $\theta_B = \dfrac{w a^3}{12\,EI}$, $\delta_B = \dfrac{w a^3}{24\,EI}\left(l - \dfrac{a}{4}\right)$

[해설] 면적 모멘트를 구하면 아래 BMD 선도에서 빗금친 면적 $A_m = \dfrac{1}{3} bh$ 이므로,

$$A_m = \frac{1}{3} \times a \times \frac{w a^2}{2} = \frac{w a^3}{6}$$

또, $\theta_A = \theta_B$ 이므로,

$$\therefore \theta_B = \frac{A_m}{EI} = \frac{\frac{w a^3}{6}}{EI} = \frac{w a^3}{6\,EI}$$

$$\delta_B = \frac{A_m \bar{x}}{EI} = \frac{w a^3}{6\,EI}\left(\frac{3}{4} a + l - a\right)$$

$$= \frac{w a^3}{6\,EI}\left(l - \frac{a}{4}\right)$$

BMD

31. 그림과 같은 단순보의 B점에 500 N·m 의 굽힘 모멘트가 작용할 때 발생하는 최대 처짐은 얼마인가? (단, 탄성계수 $E =$ 210 GPa이다.)

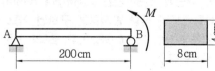

① 0.6 cm   ② 0.2 cm

③ 0.143 cm   ④ 0.043 cm

[해설] 문제 29 해설에서 처짐각 $\theta = 0$일 때 최대 처짐 δ_{max}가 생기므로,

$$\theta = -\frac{1}{EI}\left(\frac{M_B}{2l}x^2 - \frac{M_B l}{6}\right) = 0 \text{에서,}$$

$$x = \frac{l}{\sqrt{3}} \text{ 이고,}$$

또, 위의 문제 풀이의 ⓛ 식에,

$$c_1 = -\frac{M_B l}{6}, \quad c_2 = 0 \text{을 대입하면,}$$

$$y = -\frac{1}{EI}\left(\frac{M_B}{6l}x^3 - \frac{M_B l}{6}x\right)$$

$$x = \frac{l}{\sqrt{3}} \text{에서 } \delta_{max} \text{이므로,}$$

$$\delta_{max} = -\frac{1}{EI}\left[\frac{M_B}{6l}\left(\frac{l}{\sqrt{3}}\right)^3 - \frac{M_B l}{6}\left(\frac{l}{\sqrt{3}}\right)\right]$$

$$= -\frac{M_B l^2}{9\sqrt{3}\,EI}$$

여기서, $I = \dfrac{bh^3}{12} = \dfrac{8 \times 4^3}{12}$

$$\fallingdotseq 42.67 \text{ cm}^4 = 42.67 \times 10^{-8} \text{ m}^4$$

$$\therefore \delta_{max} = -\frac{500 \times 2^2}{9\sqrt{3} \times (210 \times 10^9) \times (42.67 \times 10^{-8})}$$

$$= 1.43 \times 10^{-3} \text{ m}$$

$$= 0.143 \text{ cm}$$

32. 등분포 하중 w를 미분방정식으로 표시한 것은?

① $EI\dfrac{d^4 y}{dx^4}$ ② $EI\dfrac{d^3 y}{dx^3}$

③ $EI\dfrac{dy}{dx}$ ④ $EI \cdot y$

33. 그림과 같은 단순보(simple beam)의 C점에서의 곡률 반지름을 구하면 어느 것인가? (단, $E = 6$ GPa이고, 보의 자중은 무시한다.)

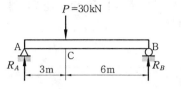

① 130 m   ② 140 m

③ 150 m   ④ 160 m

[해설] $\Sigma M_B = 0$에서, $R_A \cdot 9 - 30000 \times 6 = 0$

$$\therefore R_A = 20000 \text{ N}$$

$$M_C = 20000 \times 3 = 60000 \text{ N} \cdot \text{m}$$

$$I = \frac{bh^3}{12} = \frac{0.3 \times 0.4^3}{12} = 1.6 \times 10^{-3} \text{ m}^4$$

$$\therefore \frac{1}{\rho} = \frac{M_C}{EI} \text{에서 } \rho = \frac{EI}{M_C} \text{이므로,}$$

$$\therefore \rho = \frac{(6 \times 10^9) \times (1.6 \times 10^{-3})}{60000} = 160 \text{ m}$$

34. 단순보에 등분포 하중이 작용하여 중앙에서 최대 처짐 $\delta_{max} = 0.8$ cm가 발생하고 양단에서 처짐각이 $0.57°$로 되었을 때, 보의 최대 굽힘응력이 120 MPa가 되도록 하는 보의 단면의 높이는 얼마인가? (단, $E = 210$ GPa이다.)

① 19.75 cm   ② 9.75 cm

③ 17.95 cm   ④ 7.95 cm

[해설] 등분포 하중의 처짐량과 처짐각은,

$$\delta = \frac{5wl^4}{384EI}, \quad \theta = \frac{wl^3}{24EI} \text{에서,}$$

$$\frac{\delta}{\theta} = \frac{\left(\dfrac{5wl^4}{384EI}\right)}{\left(\dfrac{wl^3}{24EI}\right)} = \frac{5}{16}l \text{ 이므로,}$$

$$l = \frac{16}{5} \times \frac{\delta}{\theta} = \frac{16}{5} \times \frac{0.8}{0.01} = 256 \text{ cm}$$

$$= 2.56 \text{ m}$$

$$\left(\theta = 0.57° = 0.5 \times \frac{\pi}{180} \fallingdotseq 0.01 \text{ rad}\right)$$

b와 h를 모르기 때문에, I, Z를 포함한 식을 사용할 수 없으므로,

$$\theta = \frac{wl^3}{24EI} \rightarrow \frac{wl^2}{8EI} = \frac{3E\theta}{l} \ \cdots\cdots\cdots\cdots ㉠$$

$$M_{max} = \frac{wl^2}{8},$$

$$\sigma_{max} = \frac{M}{Z} = \frac{M}{I/e} = \frac{M}{I/\left(\frac{h}{2}\right)} = \frac{Mh}{2I}$$

$$\therefore M = \frac{2I \cdot \sigma_{max}}{h}$$

$$\therefore \frac{wl^2}{8} = \frac{2I \cdot \sigma_{max}}{h} \text{에서},$$

$$\frac{wl^2}{8I} = \frac{2 \cdot \sigma_{max}}{h} \ \cdots\cdots\cdots\cdots\cdots\cdots ㉡$$

㉠, ㉡ 에서,

$$\frac{wl^2}{8I} = \frac{3E\theta}{l} = \frac{2 \cdot \sigma_{max}}{h}$$

$$\therefore h = \frac{l}{3E\theta} \times 2 \cdot \sigma_{max}$$

$$= \frac{2.56 \times 2 \times (120 \times 10^6)}{3 \times (210 \times 10^9) \times 0.01}$$

$$= 0.0975 \, \text{m} = 9.75 \, \text{cm}$$

35. 지름 3 cm, 길이 1 m 인 연강재 단순보
의 중앙에 1 kN, 2 kN 의 하중을 순차적으
로 작용시켰더니 처짐이 각각 2.5 mm,
4.9 mm 였다. 이 재료의 종탄성계수는?

① 210 GPa ② 214 GPa

③ 220 GPa ④ 198 GPa

[해설] 단순보에 집중 하중 작용 시$\left(a = b = \frac{l}{2}\right.$

인 경우$\left.\right)$ $\delta = \frac{Pl^3}{48EI}$에서 $E = \frac{Pl^3}{48\delta I}$이므로,

두 번의 하중작용에 의한 탄성계수 E_1, E_2
의 평균치가 이 재료의 종탄성계수가 된다.

따라서, $E = \frac{1}{2}(E_1 + E_2)$에서,

$$E = \frac{1}{2}(E_1 + E_2) = \frac{1}{2}\left(\frac{P_1 l^3}{48 I\delta_1} + \frac{P_2 l^3}{48 I\delta_2}\right)$$

$$= \frac{l^3}{96 I}\left(\frac{P_1}{\delta_1} + \frac{P_2}{\delta_2}\right)$$

$$\left(I = \frac{\pi d^4}{64} = \frac{\pi \times 3^4}{64} ≒ 4 \, \text{cm}^4 = 4 \times 10^{-8} \, \text{m}^4\right)$$

$$\therefore E = \frac{1^3}{96 \times (4 \times 10^{-8})}$$

$$\times \left(\frac{1000}{2.5 \times 10^{-3}} + \frac{2000}{4.9 \times 10^{-3}}\right)$$

$$= 2.1 \times 10^{11} \, \text{N/m}^2$$

$$= 210 \times 10^9 \, \text{N/m}^2 = 210 \, \text{GP}^a$$

36. 면적 모멘트의 정리에서 보의 처짐각
(기울기)과 처짐량을 나타낸 식은?

① $\theta = \dfrac{A_m}{EI}$, $\delta = \dfrac{A_m}{EI}$

② $\theta = \dfrac{A_m}{EI} \cdot \overline{x}$, $\delta = \dfrac{A_m}{EI} \cdot \overline{x}$

③ $\theta = \dfrac{A_m}{EI}$, $\delta = \dfrac{A_m}{EI} \cdot \overline{x}$

④ $\theta = \dfrac{A_m}{EI} \cdot \overline{x}$, $\delta = \dfrac{A_m}{EI}$

[해설] 면적 모멘트법

(1) 제 1 면적 모멘트법

$$\theta = \frac{A_m}{EI}(A_m = \text{BMD의 면적})$$

(2) 제 2 면적 모멘트법

$$\delta = \frac{A_m}{EI} \cdot \overline{x}$$

37. 동일 단면, 동일 길이를 가진 다음과
같은 각종 보 중에서 최대의 처짐이 생기
는 것은 어느 것인가?

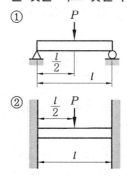

③
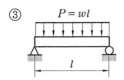
$$P = wl$$

④
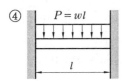
$$P = wl$$

[해설] ① $\delta = \dfrac{Pl^3}{48EI}$

② $\delta = \dfrac{Pl^3}{192EI}$

③ $\delta = \dfrac{5wl^4}{384EI} = \dfrac{5Pl^3}{384EI}$

④ $\delta = \dfrac{wl^4}{384EI} = \dfrac{Pl^3}{384EI}$

∴ ①：②：③：④ = 8：2：5：1

38. 그림과 같은 보가 지점 B에 30 kN · m 의 굽힘 모멘트를 받을 때 A, B 지점의 처짐각과 중앙부의 처짐량을 구하면 얼마인가？（단, E = 15 GPa, $b \times h$ = 20 cm ×30 cm이다.）

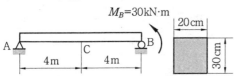
$$M_B = 30\text{kN·m}$$

① $\theta_A = 0.006\,\text{rad},\ \theta_B = 0.006\,\text{rad},$
$\quad \delta_C = 0.0182\,\text{cm}$

② $\theta_A = 0.012\,\text{rad},\ \theta_B = 0.012\,\text{rad},$
$\quad \delta_C = 0.0182\,\text{cm}$

③ $\theta_A = 0.006\,\text{rad},\ \theta_B = 0.012\,\text{rad},$
$\quad \delta_C = 18.2\,\text{cm}$

④ $\theta_A = 0.012\,\text{rad},\ \theta_B = 0.006\,\text{rad},$
$\quad \delta_C = 18.2\,\text{cm}$

[해설] $\theta_A = \dfrac{Ml}{6EI}$, $\theta_B = \dfrac{Ml}{3EI}$, $\delta_C = \dfrac{Ml^2}{9\sqrt{3}\,EI}$

$\left(I = \dfrac{bh^3}{12} = \dfrac{0.2 \times 0.3^3}{12} = 4.5 \times 10^{-3}\,\text{m}^4 \right)$

$\theta_A = \dfrac{Ml}{6EI} = \dfrac{30000 \times 8}{6 \times (15 \times 10^9) \times (4.5 \times 10^{-4})}$

$\quad = 5.93 \times 10^{-3}\,\text{rad} ≒ 0.006\,\text{rad}$

$\theta_B = \dfrac{Ml}{3EI} = 2\theta_A = 2 \times 0.006 = 0.012\,\text{rad}$

$\delta_C = \dfrac{Ml^2}{9\sqrt{3}\,EI}$

$\quad = \dfrac{30000 \times 8^2}{9\sqrt{3} \times (15 \times 10^9) \times (4.5 \times 10^{-4})}$

$\quad = 0.0182\,\text{m} = 18.2\,\text{cm}$

39. 그림과 같은 다중의 집중 하중을 받는 외팔보의 처짐량을 구하면 얼마인가？ （단, E = 10 GPa, $I = 10^6\,\text{cm}^4$이다.）

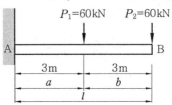
$$P_1 = 60\text{kN} \qquad P_2 = 60\text{kN}$$

① 5.30 cm　　② 5.37 cm
③ 5.47 cm　　④ 5.67 cm

[해설] $\delta = \delta_1 + \delta_2$

$\delta_1 = \dfrac{P_1 a^2}{6EI}(3l - a) = \dfrac{P_1\left(\dfrac{l}{2}\right)^2}{6EI}\left(3l - \dfrac{l}{2}\right)$

$\quad = \dfrac{5Pl^3}{48EI}$

$\delta_2 = \dfrac{P_2 b^2}{6EI}(3l - b) = \dfrac{P_2 l^2}{6EI}(3l - l)$

$\quad = \dfrac{Pl^3}{3EI}$

∴ $\delta = \delta_1 + \delta_2 = \dfrac{21Pl^3}{48EI}$

$\quad = \dfrac{21 \times 60000 \times 6^3}{48 \times (10 \times 10^9) \times (1 \times 10^{-2})}$

$\quad = 0.0567\,\text{m} = 5.67\,\text{cm}$

40. 위 문제에서 처짐각을 구하면？

① 0.0135 rad　　② 0.0145 rad

③ 0.0155 rad　　④ 0.0165 rad

[해설] $\theta = \theta_1 + \theta_2 = \dfrac{AM_1}{EI} + \dfrac{AM_2}{EI}$

$\therefore \; \theta_1 = \dfrac{P_1 a^2}{2EI} \quad \therefore \; \theta_2 = \dfrac{P_2 l^2}{2EI}$

$\therefore \; \theta = \theta_1 + \theta_2 = \dfrac{P}{2EI}(a^2 + l^2)$

$\quad = \dfrac{60000 \times (3^2 + 6^2)}{2 \times (10 \times 10^9) \times (1 \times 10^{-2})}$

$\quad = 0.0135 \, \text{rad}$

41. 그림과 같은 외팔보의 자유단에 하중 P와 모멘트 M_0가 동시에 작용할 때 처짐량 δ를 구하면?

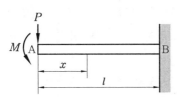

① $\dfrac{Pl^3}{3EI} + \dfrac{Ml^3}{2EI}$ 　　② $\dfrac{Pl^3}{3EI} + \dfrac{Ml^2}{2EI}$

③ $\dfrac{Pl^3}{3EI} + \dfrac{Ml^2}{EI}$ 　　④ $\dfrac{Pl^3}{2EI} + \dfrac{Ml^2}{2EI}$

[해설] $M_x = -Px - M$, $U = \displaystyle\int_0^l \dfrac{M_x^2}{2EI}\,dx$ 에서,

처짐량 $\delta = \dfrac{\partial u}{\partial P}$ (카스틸리아노의 정리)이

므로,

$\therefore \; \delta = \dfrac{\partial u}{\partial P} = \dfrac{1}{EI}\displaystyle\int_0^l M_x \dfrac{\partial u}{\partial P}\,dx$

$\quad = \dfrac{1}{EI}\displaystyle\int_0^l (P_x + M)x\,dx$

$\quad = \dfrac{1}{EI}\left(\dfrac{1}{3}Pl^3 + \dfrac{1}{2}Ml^2\right)$

$\quad = \dfrac{Pl^3}{3EI} + \dfrac{Ml^2}{2EI}$

42. 그림과 같은 부재의 길이가 l이고, 단면적이 A인 구조물 A점에 하중 P가 작용할 때, 수직방향의 변형량을 구하면?

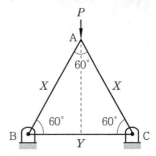

① $\dfrac{3Pl}{2AE}$ 　　② $\dfrac{3Pl}{4AE}$

③ $\dfrac{3Pl}{8AE}$ 　　④ $\dfrac{3Pl}{16AE}$

[해설] AB에 발생하는 힘 : $X\cos 30°$
　　AC에 발생하는 힘 : $X\cos 30°$ ⎫(압축)

$\therefore \; 2X\cos 30° = P$에서,

$X = \dfrac{P}{2\cos 30°} = \dfrac{P}{\sqrt{3}}$

BC에 발생하는 힘

$Y = X\cos 60° = \dfrac{P}{2\sqrt{3}}$ (인장)

$\therefore \; U = 2 \times \dfrac{X^2 l}{2AE} + \dfrac{Y^2 l}{2AE}$

$\quad = \dfrac{\left(\dfrac{P}{\sqrt{3}}\right)^2 l}{AE} + \dfrac{\left(\dfrac{P}{2\sqrt{3}}\right)^2 l}{2AE}$

$\quad = \dfrac{P^2 l}{3AE} + \dfrac{P^2 l}{24AE} = \dfrac{9P^2 l}{24AE}$

$\quad = \dfrac{3P^2 l}{8AE}$

카스틸리아노의 정리에 의해,

$\delta = \dfrac{\partial u}{\partial P} = \dfrac{\partial}{\partial P}\left(\dfrac{3P^2 l}{8AE}\right) = \dfrac{3Pl}{4AE}$

1. 부정정보

앞에서 논의한 정정보 [양단지지보 (단순보), 외팔보, 돌출보]는 정역학의 평형방정식인 $\Sigma X_i = 0$, $\Sigma Y_i = 0$, $\Sigma M_i = 0$ 등에 의하여 완전히 풀 수 있었다. 그러나, 일단고정 타단지지보, 양단고정보, 연속보 등은 미지의 반력 R과 우력 M이 3개 이상인 과잉구속을 가졌기 때문에 R과 M은 과잉구속의 수만큼 변형의 조건을 이용하여 방정식을 만들어야만 풀 수 있다.

이와 같이 정역학의 평형방정식으로 풀지 못하고 변형의 조건을 추가시켜 풀 수 있는 보를 부정정보(statically indeteminate beam)라 부른다.

미지의 과잉반력과 우력을 구하는 방법은 다음 세 가지가 있다.

(1) 탄성곡선의 미분방정식에 의한 방법

임의의 단면에서 굽힘 모멘트를 탄성곡선의 미분방정식 $EI\dfrac{d^2 y}{dx^2} = -M$에 대입하고 처짐에 대한 식을 유도하여 여기에 경계 조건을 대입하여 반력과 우력을 결정한다.

(2) 중첩법에 의한 방법

몇 개의 정정보로 분해하고 각각에 대한 처짐각과 처짐량을 구하여 경계 조건에 만족하도록 중첩시켜 반력과 우력을 결정한다.

(3) 면적 모멘트에 의한 방법

면적 모멘트법을 응용하여 반력과 우력을 구한다.

2. 일단고정 타단지지보

2-1 **한 개의 집중 하중을 받는 경우**

그림과 같은 보에 집중 하중 P가 작용할 때 A단에 3개, B단에 1개, 모두 4개의 반력이 있으므로 1개의 과잉구속을 갖는 부정정보이다. 일단고정 타단지지의 외팔보를 지지된 외팔보(propped cantilever) 라 한다.

A단의 고정 모멘트 M_A를 부정정 요소로 보고, 그림 (b)와 (c) 같이 2개의 정정보로 분해하여 중첩법으로 풀어 본다.

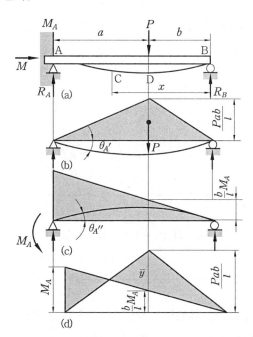

한 개의 집중 하중을 받는 일단고정 타단지지보

고정단의 처짐각은 0이므로,

$$\theta_A' - \theta_A'' = 0 \quad \cdots\cdots\cdots\cdots\cdots\cdots\cdots\cdots\cdots\cdots\cdots\cdots\cdots ㉠$$

P로 인한 처짐각 θ_A', 우력 M_A로 인한 처짐각 θ_A''는,

$$\theta_A' = \frac{Pb}{6EIl}(l^2 - b^2), \ \theta_A'' = \frac{-M_A l}{3EI} \quad \cdots\cdots\cdots\cdots\cdots ㉡$$

㉠과 ㉡에서,

$$\frac{Pb}{6EIl}(l^2 - b^2) + \frac{M_A l}{3EI} = 0$$

$$\therefore M_A = -\frac{Pb(l^2 - b^2)}{2l^2} \quad \cdots\cdots\cdots\cdots\cdots\cdots\cdots\cdots\cdots\cdots\cdots\cdots\cdots\cdots\cdots\cdots (9-1)$$

$\Sigma M_B = 0$에서,

$$R_A \cdot l - Pb + M_A = 0$$

$$\therefore R_A = \frac{Pb - M_A}{l} = \frac{Pb + Pb(l^2 - b^2)/2l^2}{l} = \frac{Pb}{2l^3}(3l^2 - b^2)$$

$$R_B = \frac{Pa^2}{2l^3}(3l - a) \qquad\qquad\qquad \Bigg\} \quad \cdots\cdots (9-2)$$

굽힘 모멘트 선도(B.M.D)는 그림 (b)와 (c)를 중첩시켜 그림 (d)와 같이 그릴 수 있다. 임의의 거리 x에서의 처짐은,

$$y_P = \frac{Pbx}{6EIl}(l^2 - b^2 - x^2), \quad y_M = \frac{M_A x}{6EIl}(l^2 - x^2) \quad \cdots\cdots\cdots\cdots\cdots\cdots\cdots ⓒ$$

$x = \dfrac{l}{2}$에서 처짐은,

$$y_{x = \frac{l}{2}} = \frac{Pb}{48EI}(3l^2 - 4b^2), \quad y_{x = \frac{l}{2}} = \frac{M_A l^2}{16EI}$$

$$\therefore \delta = \frac{Pl}{48EI}(3l^2 - 4b^2) + \frac{M_A l^2}{16EI} \quad \cdots\cdots\cdots\cdots\cdots\cdots\cdots\cdots\cdots\cdots\cdots (9-3)$$

또, $a = b = \dfrac{l}{2}$에서의 처짐은 식 (9-3)에 식 (9-1)을 대입하면,

$$\delta = \frac{7Pl^3}{768EI} \quad \cdots\cdots\cdots\cdots\cdots\cdots\cdots\cdots\cdots\cdots\cdots\cdots\cdots\cdots\cdots\cdots\cdots\cdots\cdots (9-4)$$

고정단에서 일어나는 굽힘 모멘트는 하중의 위치에 관계됨을 알 수 있다.

M_A의 최댓값은 $\dfrac{dM_A}{db} = 0$에서 $-\dfrac{P(l^2 - 3b^2)}{2l^2} = 0$으로부터 $b = \dfrac{l}{\sqrt{3}}$이 된다.

$$(M_A)_{\max} = \frac{-Pl}{3\sqrt{3}} = -0.192\,Pl \quad \cdots\cdots\cdots\cdots\cdots\cdots\cdots\cdots\cdots\cdots\cdots\cdots (9-5)$$

하중의 작용점 D에서 일어나는 굽힘 모멘트는,

$$M_D = \frac{Pab}{l} + \frac{b}{l}M_A = \frac{Pab}{l} - \frac{b}{l}\frac{Pb(l^2 - b^2)}{2l^2}$$

$$= \frac{Pba^2}{2l^3}(2l + b) \quad \cdots\cdots\cdots\cdots\cdots\cdots\cdots\cdots\cdots\cdots\cdots\cdots\cdots\cdots\cdots (9-6)$$

이동 하중 P에 의한 M_D의 최댓값은 $\dfrac{d\,M_b}{d\,b} = 0$ 에서 $2\,b^2 + 2\,bl - l^2 = 0$ 으로부터

$b = \dfrac{l}{2}\,(\sqrt{3} - 1) = 0.366\,l$ 이므로,

$$(M_D)_{\max} = 0.174\,Pl \quad\text{··}\quad (9-7)$$

$(M_A)_{\max}$와 $(M_D)_{\max}$ 중 $(M_A)_{\max}$가 크므로 이동 하중의 경우 최대 굽힘응력은 고정단에서 일어남을 알 수 있다.

중앙점$\left(a = b = \dfrac{l}{2}\right)$에 하중이 작용한다면,

$$R_A = \dfrac{11}{16}\,P,\ \ R_B = \dfrac{5}{16}\,P,\ \ M_A = -\dfrac{3}{16}\,Pl,\ \ M_B = \dfrac{5}{32}\,Pl$$

또, 굽힘 모멘트가 0인 점은,

$$M_x = -R_B \cdot x + P\left(x - \dfrac{l}{2}\right) = -\dfrac{5}{16}\,Px + Px - \dfrac{Pl}{2} = 0$$

$$\therefore\ \ x = \dfrac{8}{11}\,l$$

2-2　등분포 하중을 받는 경우

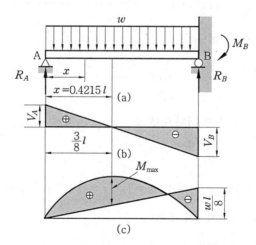

등분포 하중을 받는 일단고정 타단지지보

A점에서 임의의 거리 x 단면에서 굽힘 모멘트는,

$$M_x = R_A x - \dfrac{w\,x^2}{2}$$

$$EI\frac{d^2y}{dx^2} = -M_x = -R_A x + \frac{wx^2}{2}$$

두 번 적분하면,

$$EI\frac{dy}{dx} = -\frac{R_A x^2}{2} + \frac{wx^3}{6} + C_1 \quad \text{..} ⊙$$

$$EIy = -\frac{R_A x^3}{6} + \frac{wx^4}{24} + C_1 x + C_2 \quad \text{...........................} ⓒ$$

(경계) 조건 $x = l \rightarrow \dfrac{dy}{dx} = 0$ 이므로 ⊙ 에서,

$$C_1 = \frac{R_A l^2}{2} - \frac{wl^3}{6}$$

$x = 0 \rightarrow y = 0$ 이므로 ⓒ 에서,

$$C_2 = 0$$

$x = l \rightarrow y = 0$ 이므로 ⊙ 또는 ⓒ 에서,

$$R_A = \frac{3\,wl}{8}, \quad R_B = \frac{5\,wl}{8} \quad \text{...............................} (9-8)$$

따라서, $\dfrac{dy}{dx} = \dfrac{w}{48\,EI}(8\,x^3 - 9\,l\,x^2 + l^3)$

$$y = \frac{w}{48\,EI}(2\,x^4 - 3\,l\,x^3 + l^3\,x) \quad \text{.......................} (9-9)$$

$x = 0$ 인 A지점에서 $\theta_{\max}$ 이므로,

$$\theta_{\max} = \left(\frac{dy}{dx}\right)_{x=0} = \frac{wl^3}{48\,EI}[\text{rad}] \quad \text{..................} (9-10)$$

최대 처짐은 $\dfrac{dy}{dx} = 0$ 에서 일어나므로,

$$8\,x^3 - 9\,l\,x^2 + l^3 = 0$$

$$(8\,x^2 - l\,x - l^2)(x - l) = 0, \quad x = l, \quad x = 0.4215\,l, \quad x = -0.2965\,l$$

적합한 x 값은 $x = 0.4215\,l$ 이며,

$$\delta_{\max} = \frac{wl^4}{184.6\,EI} = 0.0054\frac{wl^4}{EI}[\text{cm}] \quad \text{......................} (9-11)$$

x 단면에서의 전단력 V_x 는,

$$V_x = R_A - wx = \frac{3\,wl}{8} - wx$$

$$\therefore \ V_A = V_{x=0} = \frac{3}{8}wl, \quad V_B = wl - V_A = \frac{5}{8}wl \quad \text{················ (9-12)}$$

x 단면에서의 굽힘 모멘트 M_x는,

$$M_x = R_A \cdot x - \frac{wx^2}{2} = \frac{3wl}{8}x - \frac{wx^2}{2}$$

최대 굽힘 모멘트는 $\dfrac{dM}{dx} = 0$에서 일어나므로, $x = \dfrac{3}{8}l$ 인 단면이다.

$$\therefore \ M_{max} = M_{x=\frac{3}{8}l} = \frac{9wl^2}{128} \quad \text{··················· (9-13)}$$

또, 굽힘 모멘트가 0인 점은,

$$\frac{3wl}{8}x - \frac{wx^2}{2} = 0 \text{에서,}$$

$$\therefore \ x = \frac{3}{4}l$$

$x = l$인 B점에서 일어나는 최대 굽힘 모멘트는,

$$(M_B)_{max} = -\frac{1}{8}wl^2 \quad \text{··················· (9-14)}$$

$x = \dfrac{l}{2}$ 인 중앙점에서의 처짐은,

$$\delta_{x=\frac{l}{2}} = y_{x=\frac{l}{2}} = \frac{wl^4}{192EI}[\text{cm}] \quad \text{··················· (9-15)}$$

예제 1. 그림과 같은 양단고정보에서 최대 굽힘 모멘트와 최대 처짐으로 맞는 것은?

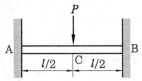

① $M_{max} = \dfrac{Pl}{8}, \ \delta_{max} = \dfrac{Pl^3}{192EI}$ ② $M_{max} = \dfrac{Pl^2}{8}, \ \delta_{max} = \dfrac{Pl^3}{48EI}$

③ $M_{max} = \dfrac{Pl}{4}, \ \delta_{max} = \dfrac{Pl^3}{3EI}$ ④ $M_{max} = \dfrac{Pl}{2}, \ \delta_{max} = \dfrac{Pl^3}{8EI}$

해설 $M_A = M_B = M_C = \dfrac{Pl}{8}, \ \delta_{max} = \delta_C = \dfrac{Pl^3}{192EI}$ **정답** ①

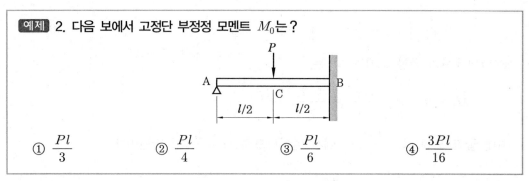

예제 2. 다음 보에서 고정단 부정정 모멘트 M_0는?

① $\dfrac{Pl}{3}$ ② $\dfrac{Pl}{4}$ ③ $\dfrac{Pl}{6}$ ④ $\dfrac{3Pl}{16}$

해설 $M_0 = \dfrac{3}{16}Pl$, $M_C = \dfrac{5}{32}Pl$

$R_A = \dfrac{5}{16}P$, $R_B = \dfrac{11}{16}P$, $y_C = \dfrac{7Pl^3}{768EI}$

정답 ④

3. 양단고정보(fixed beam)

3-1 집중 하중을 받는 경우

그림과 같이 집중 하중 P가 작용할 때 R_A, R_B, M_A, M_B, R_{AH}, R_{BH} 등 6개의 반작용 요소가 있다. 그러나 일반적으로 R_{AH}, R_{BH} 등 수평반력은 수직반력에 비해 극히 작으므로 무시하면 4개의 지지반력이 남게 되어, 과잉 구속은 2개가 되는데, 이러한 보를 2차 부정정보라 한다.

(1) 미분방정식에 의한 해법

① 굽힘 모멘트

  (개) a 구간 : $0 \leqq x \leqq a$

    $M = M_A + R_A x$ .... ㉠

  (내) b 구간 : $a \leqq x \leqq l$

    $M = M_A + R_A x - P(x-a)$ .... ㉡

② 미분방정식

  (개) a 구간 : $0 \leqq x \leqq a$

    ㉠식을 2번 적분하면,

    $EI\dfrac{dy}{dx} = -M_A x - R_A \dfrac{x^2}{2} + C_1$ ··· ㉢

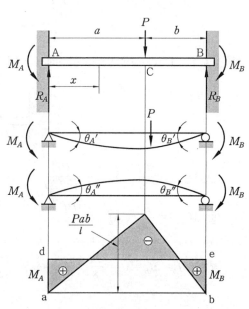

집중 하중을 받는 양단고정보

$$EIy = -M_A \frac{x^2}{2} - R_A \frac{x^3}{6} + C_1 x + C_2 \cdots\cdots\cdots\cdots\cdots\cdots\cdots ㉣$$

(나) b 구간 : $a \le x \le l$

㉡ 식을 2번 적분하면,

$$EI \frac{dy}{dx} = -M_A x - R_A \frac{x^2}{2} + \frac{P}{2}(x-a)^2 + C_3 \cdots\cdots\cdots\cdots\cdots ㉤$$

$$EI \cdot y = -M_A \frac{x^2}{2} - R_A \frac{x^3}{6} + \frac{P}{6}(x-a)^3 + C_3 x + C_4 \cdots\cdots\cdots ㉥$$

③ (경계) 조건 적용

$x = 0$에서 $\frac{dy}{dx} = 0$, $y = 0$이므로, ㉢와 ㉣에 대입하면, $C_1 = C_2 = 0$

$x = a$인 하중의 작용점에서 좌·우측의 처짐각$\left(\frac{dx}{dy}\right)$과 처짐$(y)$이 같으므로 ㉢~㉥에서, ㉢ = ㉤이면, $C_3 = 0$, ㉣ = ㉥ 이면, $C_4 = 0$이다.

$x = l$인 B단에서 $\frac{dy}{dx} = 0$, $y = 0$이므로, ㉤과 ㉥에 대입, 정리하면,

$$\left.\begin{array}{l} 2M_A l + R_A l^2 - Pb^2 = 0 \\ 3M_A l + R_A l^3 - Pb^3 = 0 \end{array}\right\} \text{이며 연립하여 풀면,}$$

$$M_A = -\frac{Pab^2}{l^2}, \quad R_A = \frac{Pb^2}{l^3}(3a+b) \cdots\cdots\cdots\cdots\cdots\cdots (9-16)$$

B점에서부터 x를 잡아 구하면,

$$M_B = -\frac{Pa^2 b}{l^2}, \quad R_B = \frac{Pa^2}{l^3}(a+3b) \cdots\cdots\cdots\cdots\cdots (9-17)$$

$x = a$에서 C점의 굽힘 모멘트 M_C는,

$$M_C = M_A + R_A x = -\frac{Pab^2}{l^2} + \frac{Pb^2}{l^3}(3a+b)\cdot a$$

$$= \frac{2Pa^2 b^2}{l^3} \cdots\cdots\cdots\cdots\cdots\cdots\cdots\cdots\cdots\cdots (9-18)$$

b의 변화에 대한 굽힘 모멘트의 최댓값은 $\frac{dM_B}{db} = 0$일 때이므로,

$$M_B = \frac{Pa^2 b}{l^2} = \frac{Pb}{l^2}(l-b)^2 = \frac{P}{l^2}(l^2 b - 2lb^2 + b^3)$$

$$\frac{dM_B}{db} = \frac{P}{l^2}(l^2 - 4lb + 3b^2) = 0$$

$(l^2 - 4lb + 3b^2) = 0,\ b = \frac{1}{3}l$

$(M_B)_{\max} = (M_B)_{b=l/3} = \frac{4Pl}{27}$ ·· (9-19)

또, $M_C = \frac{2P}{l^3}a^2b^2 = \frac{2P}{l^3}(l-b)^2 \cdot b^2 = \frac{2P}{l^3}(l^2b^2 - 2lb^3 + b^4)$

$\frac{dM_C}{db} = 0 = \frac{2P}{l^3}(2l^2b - 6lb^2 + 4b^3)$

$2l^2b - 6lb^2 + 4b^3 = 0,\ b = \frac{1}{2}l$

$(M_C)_{\max} = (M_C)_{b=l/2} = \frac{Pl}{8}$ ·· (9-20)

중앙점$\left(a = b = \frac{l}{2}\right)$에 P가 작용할 때

$R_A = R_B = \frac{P}{2},\ M_A = M_B = M_C = \pm\frac{Pl}{8}$

$x = a$ 에서 ㉣ 또는 ㉥ 식에서,

$\delta_c = (y)_{x=a} = \frac{1}{EI}\left(-M_A\frac{x^2}{2} - R_A\frac{x^3}{6}\right) = \frac{Pa^3b^3}{3EIl^3}$ ······························ (9-21)

$a = b = \frac{l}{2}$ 이면,

$\delta_c = \delta_{\max} = \frac{Pl^3}{192EI}[\text{cm}]$ ·· (9-22)

$x = \frac{l}{4}$에서 $M = 0$이 된다.

3-2 등분포 하중을 받는 경우

(1) 중첩법에 의한 해법

등분포 하중 w만 받는 단순보로 생각하면,

$\theta_A' = \frac{wl^3}{24EI} = \theta_B'$ ·· ㉠

양단에서 우력 M_A, M_B를 받는 경우, $M_A = M_B = M_o$라 할 때 처짐곡선의 기울기는,

$\theta_A'' = \frac{M_o l}{2EI} = \theta_B''$ ·· ㉡

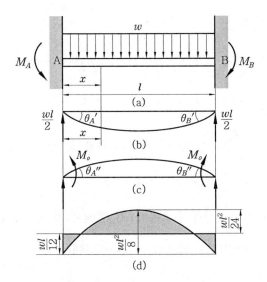

등분포 하중을 받는 양단고정보

양끝에서는 기울기가 일어나지 않으므로 $\theta_A{}' = \theta_A{}''$, $\theta_B{}' = \theta_B{}''$에서,

$$\frac{wl^3}{24\,EI} = \frac{M_o\,l}{2\,EI}$$

$$\therefore\ M_o = \frac{wl^2}{12} \quad\text{------------------------------------ (9-23)}$$

그림 (b)에서 처짐은 $y = \dfrac{5\,wl^4}{384\,EI}$이고, 그림 (c)에서 처짐은,

$$y = \frac{M_o\,x}{2\,EI}(l - x) = \frac{wl^2\,x}{24\,EI}(l - x)$$

$x = \dfrac{l}{2}$인 중앙에서, $y = \dfrac{wl^4}{96\,EI}$ ------------------------------ ㉢

따라서, 고정보의 중앙에서 처짐은,

$$y_{\max} = \frac{5\,wl^4}{384\,EI} - \frac{wl^4}{96\,EI} = \frac{wl^4}{384\,EI} \quad\text{------------------- (9-24)}$$

그림 (b)에서 임의의 거리 x에서의 기울기는,

$$\frac{dy}{dx} = \frac{w}{24\,EI}(4x^3 - 6l\,x^2 + l^3) \quad\text{------------------------ ㉣}$$

그림 (c)에서 임의의 거리 x에서의 기울기는 $M_A = M_B = M_o$일 때,

$$\frac{dy}{dx} = \frac{M_o}{2\,EI}(l - 2x) = \frac{wl^2}{24\,EI}(l - 2x) \quad\text{-------------------- ㉤}$$

그러므로 고정보에 대하여,

$$\frac{dy}{dx} = \frac{w}{24EI}(4x^3 - 6lx^2 + l^3) - \frac{wl^2}{24EI}(l - 2x)$$

$$= \frac{w}{24EI}(4x^3 - 6lx^2 + 2l^2x) \quad \cdots\cdots\cdots\cdots (9-25)$$

모멘트가 0인 점은 $\frac{d^2y}{dx^2} = -M = 0$인 점이므로 식 (9-25)를 x에 대하여 미분하여 0

으로 놓으면 되므로, $6x^2 - 6lx + l^2 = 0$

$$\therefore \ x = \frac{l}{2}\left(1 \pm \frac{\sqrt{3}}{3}\right) \text{에서 } x \coloneqq \frac{1}{5}l \text{인 점에서 } M = 0 \text{이 된다.}$$

$M = 0$인 점에서 θ가 최대가 되므로 식 (9-25)에서,

$$\theta_{\max} = \left(\frac{dy}{dx}\right)_{x = l/5} = \frac{wl^3}{125EI}[\text{rad}] \quad \cdots\cdots\cdots\cdots (9-26)$$

고정보의 중앙점에서의 모멘트의 크기는,

$$M_C = \frac{wl^2}{8} - \frac{wl^2}{12} = \frac{wl^2}{24}[\text{kJ}] \quad \cdots\cdots\cdots\cdots (9-27)$$

예제 3. 다음 그림과 같이 균일 분포 하중(w)을 받는 고정 지지보에서 최대 처짐 $\delta_{\max}$는 얼마 정도인가? (단, l은 고정 지지보의 길이, E는 탄성계수(N/m²), I는 단면 2차 모멘트(m⁴)이다.)

① $\delta_{\max} = 0.0052\dfrac{wl^3}{EI}$ 　　② $\delta_{\max} = 0.0054\dfrac{wl^4}{EI}$

③ $\delta_{\max} = 0.0048\dfrac{wl^3}{EI}$ 　　④ $\delta_{\max} = 0.0026\dfrac{wl^4}{EI}$

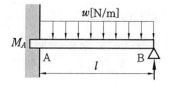

해설 $\delta_{\max} = \dfrac{wl^4}{185EI} \coloneqq 0.0054\dfrac{wl^4}{EI}$, $R_A = \dfrac{5}{8}wl$, $R_B = \dfrac{3}{8}wl$ 　　**정답** ②

예제 4. 길이 2 m, 지름 12 cm의 원형 단면 고정보에 등분포 하중 $w = 15$ kN/m가 작용할 때 최대 처짐량 $\delta_{\max}$는 얼마인 가? (단, 탄성계수 $E = 210$ GPa)

① 0.2 mm 　　② 0.4 mm

③ 0.3 mm 　　④ 0.5 mm

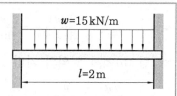

해설 $\delta_{\max} = \delta_C = \dfrac{wl^4}{384EI} = \dfrac{64wl^4}{384E\pi d^4}$

$$= \frac{64 \times 15000 \times 2^4}{384 \times 210 \times 10^9 \times \pi \times (0.12)^4} \times 10^3 = 0.3 \text{ mm}$$

　　정답 ③

4. 연속보(continuos beams)

　두 개 이상의 지점으로 지지된 균일 단면의 보를 연속보라 하며, 부동 힌지점이 1개이고, 나머지는 가동 힌지점이며, 미지의 반력의 수는 평형방정식의 수보다 항상 1개 더 많다.

　3개의 지점으로 된 3지점 보는 중앙이 고정된 것과 같은 역할을 하므로 일단고정 타단 지지로 된 보와 같이 생각한다. 그림 (a)와 같이 동일 수평면상에서 3개의 지점을 갖는 연속보에서 집중 하중이 작용할 때 하나의 과잉구속이 존재하며, 중간 지점의 반력 R_C를 과잉구속으로 보고, 그림 (a)를 (b), (c), (d)로 분해하여 해를 구하고 중첩하면 된다.

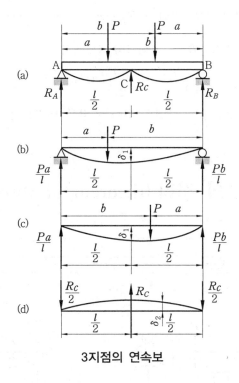

3지점의 연속보

　중간 지점의 반력 R_C는 하중 P로 인하여 C점에서 일어나는 처짐 δ_1과 중간 반력 R_C로 인한 δ_2가 서로 같아야만 평형을 이루므로, $a < b$일 때 그림 (b)와 (c)에서,

$$\delta_1 = \frac{Pa}{48\,EI}\,(3l^2 - 4a^2)$$ ·· ㉠

그림 (d)에서,

$$\delta_2 = \frac{R_C l^3}{48\,EI}$$ ·· ㉡

이 세 경우를 중첩하여 합성된 처짐이 0이 되어야 하므로 $2\delta_1 - \delta_2 = 0$, 즉 $2\delta_1 = \delta_2$에서,

$$2 \times \frac{Pa}{48EI}(3l^2 - 4a^2) = \frac{R_C \cdot l^3}{48EI}$$

$$\therefore R_C = \frac{2Pa}{l^3}(3l^2 - 4a^2) \quad \cdots\cdots\cdots\cdots\cdots\cdots\cdots\cdots\cdots\cdots\cdots (9-28)$$

양단에서의 반력은 대칭이므로 $R_A = R_B$이며 평형조건으로부터,

$$R_A + R_B + R_C = 2P$$

$$2R_A = 2P - R_C$$

$$R_A = P - \frac{1}{2}R_C = P - \frac{1}{2} \times \frac{2Pa}{l^3}(3l^2 - 4a^2)$$

$$\therefore R_A = \frac{P}{l^3}(l + a)(l - 2a)^2 = R_B \quad \cdots\cdots\cdots\cdots\cdots\cdots (9-29)$$

중심에서의 굽힘 모멘트 M_C는 그림 (b), (c)에서,

$$M_C = R_A \cdot \frac{l}{2} - P\left(\frac{l}{2} - a\right) = \frac{-Pa}{2l^2}(l^2 - 4a^2)$$

일단고정 타단지지보의 굽힘 모멘트 선도는 좌우 대칭으로 된다.

5. 3모멘트의 정리 (theorem of three moment)

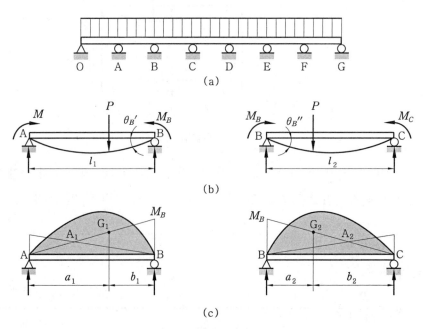

(a)

(b)

(c)

3모멘트의 정리

그림 (b)와 같이 지점 A, B, C로 지지된 임의의 두 인접 스팬을 각각 l_1, l_2라 하고, 그 지점의 과잉구속으로 인한 굽힘 모멘트를 M_A, M_B, M_C라 하면, 스팬 l_1, l_2의 두 보에 굽힘으로 인한 변형이 일어난다. B지점의 좌측 처짐각을 $\theta_B{}'$, 우측 처짐각을 $\theta_B{}''$라 할 때, 실제 탄성곡선은 절단하기 전의 연속상태이므로 이들 처짐각은 크기가 같고 방향이 반대이므로 다음의 관계식을 얻는다.

$$\theta_B{}' = \theta_B{}'' \quad\text{··} ㉠$$

그림 (c)와 같은 굽힘 모멘트 선도를 이용하여 $\theta_B{}'$ 및 $\theta_B{}''$를 과잉구속의 굽힘 모멘트와 하중으로 인한 처짐각을 면적 모멘트법으로 구할 수 있다. 이때 외적 하중으로 인한 굽힘 모멘트 선도의 면적을 각각 A_1, A_2라 하고, 두 스팬의 양단으로부터 도심 G_1, G_2까지의 거리를 각각 a_1, b_1, a_2, b_2 라고 할 때 왼쪽 스팬 l_1에 의한 처짐각 $\theta_B{}'$는,

$$\theta_B{}' = \left(\frac{M_A l_1}{6EI} + \frac{M_B l_1}{3EI} \right) + \frac{A_1 a_1}{l_1 EI} \quad\text{··} ㉡$$

또, l_2에 의한 처짐각 $\theta_B{}''$는,

$$\theta_B{}'' = -\left(\frac{M_B l_2}{3EI} + \frac{M_C l_2}{6EI} \right) - \frac{A_2 b_2}{l_2 EI} \quad\text{··} ㉢$$

따라서, $\theta_B{}' = \theta_B{}''$이므로,

$$\left(\frac{M_A l_1}{6EI} + \frac{M_B l_1}{3EI} \right) + \frac{A_1 a_1}{l_1 EI} = -\left(\frac{M_B l_2}{3EI} + \frac{M_C l_2}{6EI} \right) - \frac{A_2 b_2}{l_2 EI}$$

$$M_A l_1 + 2M_B(l_1 + l_2) + M_C l_2 = -\frac{6A_1 a_1}{l_1} - \frac{6A_2 b_2}{l_2} \quad\text{···························} ㉣$$

식 ㉣을 3모멘트 방정식 또는 클라페이론의 정리(Clapeyron's theorem of three moment)라고 한다.

예를 들어, 지점이 A, B, C, D이고, 스팬이 l_1, l_2, l_3이며, 중앙에 집중 하중 P가 작용할 때와 등분포 하중 w가 작용할 때를 생각해 보면,

① 중앙에 집중 하중 P가 작용할 때

$$A_1 = \frac{1}{2}bh = \frac{1}{2} \times l_1 \times \frac{P_1 l_1}{4} = \frac{P_1 l_1{}^2}{8}$$

$$A_2 = \frac{P_2 l_2{}^2}{8} \text{이므로,}$$

$$\frac{6A_1 a_1}{l_1} = \frac{6 \times \dfrac{P_1 l_1{}^2}{8} \times \dfrac{l_1}{2}}{l_1} = \frac{3P_1 l_1{}^2}{8}, \quad \frac{6A_2 b^2}{l_2} = \frac{3P_2 l_2{}^2}{8}$$

$$\therefore\ M_A l_1 + 2 M_B (l_1 + l_2) + M_C l_2 = -\frac{3 P_1 l_1^{\,2}}{8} - \frac{3 P_2 l_2^{\,2}}{8} \ \text{......................} ⓓ$$

$l_1 = l_2 = l$ 이면,

$$M_A + 4 M_B + M_C = -\frac{3 Pl}{4} \ \text{...} ⓑ$$

② 등분포 하중이 작용할 때

$$A_1 = \frac{2}{3} b h \times 2 = \frac{2}{3} \times \frac{l_1}{2} \times \frac{w_1 l_1^{\,2}}{8} \times 2 = \frac{w_1 l_1^{\,3}}{12}$$

$$A_2 = \frac{w_2 l_2^{\,3}}{12} \ \text{이므로},$$

$$\frac{6 A_1 a_1}{l_1} = \frac{6 \times \dfrac{w_1 l_1^{\,3}}{12} \times \dfrac{l_1}{2}}{l_1} = \frac{w_1 l_1^{\,3}}{4}, \quad \frac{6 A_2 b_2}{l_2} = \frac{w_2 l_2^{\,3}}{4}$$

$$\therefore\ M_A l_1 + 2 M_B (l_1 + l_2) + M_C l_2 = -\frac{w_1 l_1^{\,3}}{4} - \frac{w_2 l_2^{\,3}}{4} \ \text{...................} ⓐ$$

$l_1 = l_2 = l$ 이면,

$$M_A + 4 M_B + M_C = -\frac{1}{2} w l^{\,2} \ \text{...................................} ⓞ$$

③ 중앙에 집중 하중 및 등분포 하중이 동시에 작용할 때

$$M_A l_1 + 2 M_B (l_1 + l_2) + M_C l_2$$

$$= -\frac{3 P_1 l_1^{\,2}}{8} - \frac{3 P_2 l_2^{\,2}}{8} - \frac{w_1 l_1^{\,3}}{4} - \frac{w_2 l_2^{\,3}}{4} \ \text{.........................} ⓩ$$

만약, 연속보의 일단 또는 양단이 고정이라고 하면 과잉구속수는 중간지점수보다 많아진다. 이때에는 보의 고정단에서는 반드시 처짐각이 0이라는 조건으로 방정식을 세워 추가함으로써 구할 수 있다. 그림 (b)와 (c)에서 연속보의 최좌단이 고정되었다고 하면 처짐각 θ_A는,

$$\theta_A = \frac{M_A l_1}{3 EI} + \frac{M_B l_1}{6 EI} + \frac{A_1 b_1}{l_1 EI}$$

$\theta_A = 0$ 이므로,

$$M_A = -\frac{M_B}{2} - \frac{3 A_1 b_1}{l_1^{\,2}} \ \text{..} ⓩ$$

이 된다. 연속보의 모든 지점의 굽힘 모멘트가 결정되면 모든 지점의 반력은 쉽게 구할 수 있다. 반력을 구하기 위하여 A, B, C 지점에 작용하는 하중상태를 고려하면 외적

하중으로 인하여 단순보의 지점 B에서 일어나는 반력을 $R_B{}'$, $R_B{}''$로 표시하고 양단의 모멘트 M_A, M_B, M_C로 인한 B점의 반력은,

$$M_A - M_B - R_{B1}l_1 = 0 \ \rightarrow R_{B1} = \frac{M_A - M_B}{l_1}$$

$$M_B - M_C + R_{B2}l_2 = 0 \ \rightarrow R_{B2} = \frac{-M_B + M_C}{l_2}$$

$$R_{B1} + R_{B2} = \frac{M_A - M_B}{l_1} + \frac{-M_B + M_C}{l_2} \ \cdots\cdots\cdots\cdots\cdots\cdots\cdots\cdots\cdots ㉠$$

따라서, 지점 B에서의 전체 반력은,

$$R_B = R_B{}' + R_B{}'' + \frac{M_A + M_B}{l_1} + \frac{-M_B + M_C}{l_2} \ \cdots\cdots\cdots\cdots\cdots\cdots ㉡$$

지점이 $n-1$, n, $n+1$로 지지된 때의 반력을 표시하는 일반식은,

$$R_n = R_n{}' + R_n{}'' + \frac{M_{n-1} - M_n}{l_n} + \frac{-M_n + M_{n+1}}{l_{n+1}} \ \cdots\cdots\cdots\cdots (9-30)$$

이와 같이 반력과 굽힘 모멘트가 구해지면 그 보에 대한 전단력 선도와 굽힘 모멘트 선도를 그릴 수 있다.

예제 5. 그림과 같은 3지점의 연속보에서 중앙에 집중 하중 $P = 100$ N과 등분포 하중 $w = 500$ N/m가 작용할 때 반력 R_B는?

① 193.75 N

② 28.13 N

③ 78.13 N

④ 8.75 N

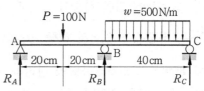

해설 (1) $M_A l_1 + 2M_B(l_1 + l_2) + M_C l_2 = -\dfrac{3Pl^2}{8} - \dfrac{wl^3}{4}$ 에서,

$$0 + 2M_B(0.4 + 0.4) + 0 = \frac{-3 \times 100 \times 0.4^2}{8} - \frac{500 \times 0.4^3}{4}$$

$$\therefore \ M_B = -8.75 \,\text{N} \cdot \text{m}$$

(2) $R_n = R_n{}' + R_n{}'' + \dfrac{M_{n-1} - M_n}{l_n} + \dfrac{-M_n + M_{n+1}}{l_{n+1}}$ 에서,

$$R_B = \frac{100}{2} + \frac{500 \times 0.4}{2} + \frac{0 + 8.75}{0.4} + \frac{8.75 + 0}{0.4} = 193.75 \,\text{N}$$

$$※ \ R_A = 0 + \frac{100}{2} + 0 + \frac{0 - 8.75}{0.4} = 28.125 \,\text{N}$$

$$R_C = \frac{500 \times 0.4}{2} + 0 + \frac{-8.75 + 0}{0.4} = 78.125 \,\text{N}$$

정답 ①

6. 카스틸리아노의 정리(theorem of Castigliano)

n 번째의 하중을 P_n이라고 하면 P_n의 아주 적은 양 dP_n만큼 증가할 때 탄성변형에너지도 dU만큼 증가한다. 이때 탄성변형에너지는,

$$U + \frac{\partial U}{\partial P_n} dP_n \quad\text{·····································} ⑦$$

으로 표시되며, 여기서 $\dfrac{\partial U}{\partial P_n}$는 P_n의 변화에 의한 탄성변형에너지 U의 변화량을 표시한다. 먼저 미소의 하중 dP_n을 작용시키고 그 뒤에 P_n의 하중을 작용시키면 이 P_n이 작용하는 동안에 먼저 걸려 있는 하중 dP_n의 작용점에도 δ_n만큼의 변위가 일어나므로 dP_n은 자동적으로 $dP_n \cdot \delta_n$ 만큼의 일을 하게 된다.

그러므로 전체의 변형에너지는,

$$U + dP_n \cdot \delta_n \quad\text{·····································} ⑥$$

$$\therefore\ U + \frac{\partial U}{\partial P_n} dP_n = U + dP_n \cdot \delta_n$$

$$\therefore\ \delta_n = \frac{\partial U}{\partial P_n} \quad\text{·····································} ⑤$$

즉, 탄성체에 집중 하중이 작용할 때, 그 하중에 의한 탄성변형의 하중에 대한 편미분 $\dfrac{\partial U}{\partial P_n}$는 하중점에 있어서 하중 방향으로 일어나는 변위와 같다.

이 관계를 카스틸리아노의 정리라 한다.

탄성체에 많은 우력이 작용할 때 n 번째의 우력 M_n에 의하여 그 작용점에 일어나는 비틀림각을 θ_n이라 하면,

$$\theta_n = \frac{\partial U}{\partial M_n} \quad\text{·····································} ㉣$$

또, 탄성체에 작용하는 하중 P_n 방향의 변형이 U인 경우,

$$\frac{\partial U}{\partial P_n} = 0 \quad\text{·····································} ㉤$$

이 되며, 이것을 최소일의 정리라 하는데, 보의 지점반력이 부정정인 경우 반력을 구하는데 이용된다.

굽힘 모멘트를 M이라 하면,

$$U = \int_o^l \frac{M^2}{2EI} dx [\text{kJ}]$$

$$\delta_n = \frac{\partial U}{\partial P_n} = \int \frac{M}{EI} \frac{\partial M}{\partial P_n} dx [\text{cm}] \quad \text{----------------------------} \quad (9-31)$$

식 (9-31)은 하중의 처짐을 주는 식이다. 만일 처짐을 구하는 위치에서 하중이 작용하지 않는 경우는 그 점에서 가상 하중 P_o를 가하여 카스틸리아노의 정리를 응용하여 가상 점의 처짐을 구한 뒤 $P_o = 0$으로 놓으면 된다.

또한 처짐각은,

$$\theta_n = \int \frac{M}{EI} \frac{\partial M}{\partial M_n} dx [\text{rad}] \quad \text{----------------------------} \quad (9-32)$$

이 된다.

예제 6. 그림과 같은 돌출보 끝에 하중 P를 받고 있다. 카스틸리아노의 정리를 사용하여 C점의 처짐량을 계산하면 얼마인가?

① $\dfrac{Pa^2}{6EI}(l+a)$

② $\dfrac{Pa^2}{3EI}(l+a)$

③ $\dfrac{Pa^2}{2EI}(2l+a)$

④ $\dfrac{Pa^2}{5EI}(l+2a)$

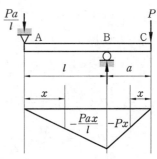

해설 (1) AB 구간($0 < x < l$)

$$M_x = -\frac{Pa}{l}x$$

(2) BC 구간($0 < x < a$)

$$M_x = -Px$$

$$\therefore U = \int_o^l \frac{\left(\dfrac{-Pa}{l}x\right)^2}{2EI} dx + \int_o^a \frac{(-Px)^2}{2EI} dx$$

$$= \frac{P^2 a^2}{6EI}(l+a)$$

$$\therefore \delta_c = \frac{\partial U}{\partial P} = \frac{Pa^2}{3EI}(l+a)$$

정답 ②

출제 예상 문제

1. 그림과 같이 중앙에서 집중 하중 P를 받고 있는 일단고정 타단지지보에서 반력 R_B를 구하는 식은?

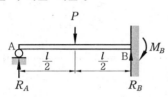

① $R_B = \dfrac{3P}{16}$　　② $R_B = \dfrac{5P}{16}$

③ $R_B = \dfrac{11P}{16}$　　④ $R_B = \dfrac{13P}{16}$

[해설] $R_A = Pb^2(3l - b)/2l^3$,

$R_B = Pa(3l^2 - a^2)/2l^3$

$a = b = \dfrac{l}{2}$ 이므로,

$\therefore R_A = P \times \dfrac{l^2}{4}\left(3l - \dfrac{l}{2}\right)/2l^3$

$= P \times \dfrac{l^2}{4} \times \dfrac{5l}{2} \times \dfrac{1}{2l^3} = \dfrac{5}{16}P$

$R_B = P \times \dfrac{l}{2}\left(3l^2 - \dfrac{l^2}{4}\right) \times \dfrac{1}{2l^3} = \dfrac{11}{16}P$

2. 그림과 같이 일단고정 타단지지보의 중앙에 집중 하중 P가 작용한다면 굽힘 모멘트 M_A와 처짐량 δ_C는 얼마인가?

M_A （ A 　C　 B
$\dfrac{l}{2}$　$\dfrac{l}{2}$

① $M_A = \dfrac{3Pl}{16}$, $\delta_C = \dfrac{7Pl^3}{768EI}$

② $M_A = \dfrac{5Pl}{16}$, $\delta_C = \dfrac{7Pl^3}{768EI}$

③ $M_A = \dfrac{3Pl}{16}, \delta_C = \dfrac{11Pl^3}{768EI}$

④ $M_A = \dfrac{5Pl}{16}$, $\delta_C = \dfrac{11Pl^3}{768EI}$

[해설] $M_A = Pa(l^2 - a^2)/2l^3$,

$M_B = Pab^2(2l + a)/2l^3$

$\therefore M_A = \dfrac{3Pl}{16}, M_C = \dfrac{5Pl}{32}$

$\delta = \dfrac{Pa^2b^3}{12EIl^3}(3l + a) = \dfrac{7Pl^3}{768EI}$

$\left(a = b = \dfrac{l}{2}\ \text{일 때}\right)$

3. 그림과 같은 일단고정 타단지지보에 집중 하중 P가 작용하는 경우의 굽힘 모멘트 모양으로 알맞은 것은?

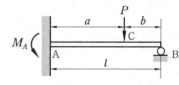

①

②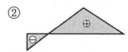

③

④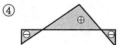

4. 그림과 같은 일단고정 타단지지보에 등분포 하중이 전길이에 걸쳐 작용하고 있는 경우의 굽힘 모멘트 선도와 형태가 가

장 유사한 것은?

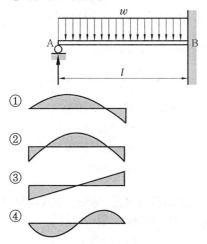

①
②
③
④

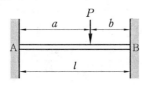

5. 그림과 같이 양단고정보에서 집중 하중 P가 작용할 때 A, B 양단에 생기는 반력 R_A, R_B는 얼마인가?

① $R_A = \dfrac{Pb^2}{l^2}(3a + b),$

    $R_B = \dfrac{Pa^2}{l^2}(a + 3b)$

② $R_A = \dfrac{Pb^2}{l^2}(a + 3b),$

    $R_B = \dfrac{Pb^2}{l^2}(3a + b)$

③ $R_A = \dfrac{Pb^2}{l^3}(3a + b),$

    $R_B = \dfrac{Pa^2}{l^3}(a + 3b)$

④ $R_A = \dfrac{Pa^2}{l^3}(a + 3b),$

    $R_B = \dfrac{Pb^2}{l^3}(3a + b)$

6. 그림과 같은 양단고정보에서 집중 하중 P가 작용할 때 굽힘 모멘트의 모양은?

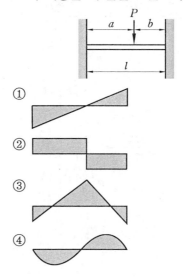

①
②
③
④

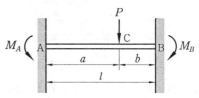

7. 그림과 같이 양단고정보에서 집중 하중 P가 작용할 때 A 지점의 굽힘 모멘트 M_A는 얼마인가?

① $\dfrac{Pa^2b}{l}$ ② $-\dfrac{Pab^2}{l}$

③ $\dfrac{Pa^2b}{l^2}$ ④ $-\dfrac{Pab^2}{l^2}$

8. 다음 그림의 양단고정보에서 양단 휨 모멘트는?

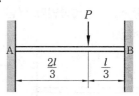

① $M_A = -\dfrac{2Pl}{27},\ M_B = -\dfrac{4Pl}{27}$

정답 5. ③ 6. ③ 7. ④ 8. ①

② $M_A = -\dfrac{4Pl}{27}, \quad M_B = -\dfrac{2Pl}{27}$

③ $M_A = -\dfrac{4Pl}{18}, \quad M_B = -\dfrac{2Pl}{18}$

④ $M_A = -\dfrac{2Pl}{9}, \quad M_B = -\dfrac{4Pl}{9}$

해설 $M_A = -\dfrac{Pab^2}{l^2} = -\dfrac{P\left(\dfrac{2}{3}l\right)\left(\dfrac{l}{3}\right)^2}{l^2}$

$= -\dfrac{2Pl^3}{27l^2} = -\dfrac{2Pl}{27}$

$M_B = -\dfrac{Pa^2b}{l^2} = -\dfrac{P\left(\dfrac{2}{3}l\right)^2\left(\dfrac{l}{3}\right)}{l^2}$

$= -\dfrac{4Pl^3}{27l^2} = -\dfrac{4Pl}{27}$

9. 그림과 같이 길이 10 m인 양단고정보 A, B에 집중 하중이 작용할 때 B의 고정단에 생기는 굽힘 모멘트는?

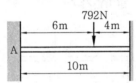

① 960 N · m
② 1140 N · m
③ 1152 N · m
④ 2880 N · m

해설 $M_B = \dfrac{Pa^2b}{l^2} = \dfrac{792 \times 6^2 \times 4}{10^2}$

$\fallingdotseq 1140\,\text{N} \cdot \text{m}$

10. 다음 그림과 같은 양단고정보의 중앙에 집중 하중 15 kN이 작용할 때 최대 처짐량 $\delta_{\max}$는 얼마인가? (단, $E = 200$ GPa이다.)

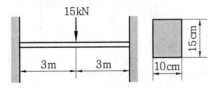

① 0.1 cm
② 0.2 cm
③ 0.3 cm
④ 0.4 cm

해설 $\delta_{\max} = \dfrac{Pl^3}{192\,EI}$ 에서,

$I = \dfrac{bh^3}{12} = \dfrac{10 \times 15^3}{12} = 2812.5\,\text{cm}^4$

$= 2.8125 \times 10^{-5}\,\text{m}^4$ 이므로,

$\delta_{\max} = \dfrac{15000 \times 6^3}{192 \times (200 \times 10^9) \times (2.8125 \times 10^{-5})}$

$= 3 \times 10^{-3}\,\text{m} = 0.3\,\text{cm}$

11. 다음 그림과 같은 양단고정보에서 보 중앙의 휨 모멘트는 얼마인가?

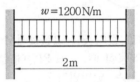

① 100 N · m
② 200 N · m
③ 300 N · m
④ 400 N · m

해설 $M = \dfrac{wl^2}{24} = \dfrac{1200 \times 2^2}{24} = 200\,\text{N} \cdot \text{m}$

12. 그림과 같은 두 개의 양단고정보에서 재료의 단면 및 세로 탄성계수가 동일하고, 집중 하중을 받을 때 최대 처짐량 δ_1과 균일 분포 하중을 받을 때 최대 처짐량이 δ_2라 하면 최대 처짐량의 비 δ_2 / δ_1는 얼마인가? (단, $P = wl$이다.)

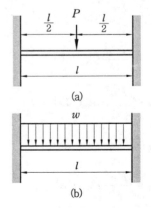

① $1/2$ ② 1

③ $3/2$ ④ 2

[해설] $\delta_1 = \dfrac{Pl^3}{192\,EI}$,

$\delta_2 = \dfrac{wl^4}{384\,EI} = \dfrac{Pl^3}{384\,EI}$ 이므로,

$\dfrac{\delta_2}{\delta_1} = \dfrac{\dfrac{Pl^3}{384\,EI}}{\dfrac{Pl^3}{192\,EI}} = \dfrac{192}{384} = \dfrac{1}{2}$

13. 원형 단면의 일단고정 타단지지보가 있다. 허용응력 $\sigma_a = 80\,\text{MPa}$이라 할 때 보의 중앙에 작용하는 집중 하중 P는?

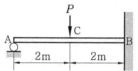

① $23817\,\text{N}$ ② $27497\,\text{N}$

③ $31766\,\text{N}$ ④ $35325\,\text{N}$

[해설] 일단고정 타단지지보의 중앙에 작용하는 최대 모멘트는 고정단에 생기며,

$M_{\max} = \dfrac{3\,Pl}{16}$

그러므로, $\sigma = \dfrac{M_{\max}}{Z} = \dfrac{\dfrac{3Pl}{16}}{\dfrac{\pi d^3}{32}} = \dfrac{6Pl}{\pi d^3}$ 에서,

$P = \dfrac{\pi d^3 \sigma}{6l} = \dfrac{\pi \times (0.15)^3 \times (80 \times 10^6)}{6 \times 4}$

  $\fallingdotseq 35325\,\text{N}$

14. 그림과 같은 일단고정 타단지지보에서 집중 하중 P가 작용할 때 A 지점의 모멘트가 최대인 지점과 그 값을 구하면 얼마인가?

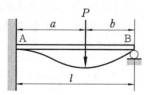

① $a = \dfrac{l}{\sqrt{3}}$, $M_{A\max} = -\dfrac{Pl}{2\sqrt{3}}$

② $a = \dfrac{l}{\sqrt{3}}$, $M_{A\max} = -\dfrac{Pl}{3\sqrt{3}}$

③ $b = \dfrac{l}{\sqrt{3}}$, $M_{A\max} = -\dfrac{Pl}{2\sqrt{3}}$

④ $b = \dfrac{l}{\sqrt{3}}$, $M_{A\max} = -\dfrac{Pl}{3\sqrt{3}}$

[해설] 그림과 같이 중첩법에 의해 그림 (a)의 집중 하중 P로 인한 A점 처짐각 θ_A'와 그림 (b)의 우력 M_A로 인한 A점 처짐각 θ_A''는 같으므로,

$\theta_A' = \dfrac{Pb}{6EI}(l^2 - b^2)$,

$\theta_A'' = -\dfrac{M_A l}{3EI}$ 에서,

$\dfrac{Pb}{6EI}(l^2 - b^2) = -\dfrac{M_A l}{3EI}$

$\therefore M_A = -\dfrac{Pb\,(l^2 - b^2)}{2l}$

여기서, M_A의 최댓값은 $\dfrac{dM_A}{db} = 0$일 때이므로,

$\therefore b = \dfrac{l}{\sqrt{3}}$ 이고, $M_{\max} = -\dfrac{Pl}{3\sqrt{3}}$

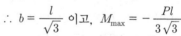

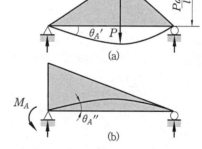

15. 그림과 같은 일단고정 타단지지보에서 $l = 2\,\text{m}$, 집중 하중 $P = 10\,\text{kN}$일 때 고정단 B점에서의 굽힘 모멘트 M_B를 구하면 얼마인가?

정답 13. ④   14. ④   15. ②

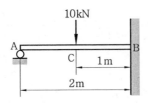

① 2650 N · m   ② 3750 N · m

③ 4450 N · m   ④ 5450 N · m

[해설] 집중 하중 P로 인한 외팔보의 자유단에

서 처짐량 $\delta_1 = \dfrac{5Pl^3}{48EI}$ 이고, 반력 R_A로 인

한 외팔보의 자유단에서 처짐량 $\delta_2 = \dfrac{R_A l^3}{3EI}$

이라 하면,

$\delta_1 = \delta_2$이므로, $\dfrac{5Pl^3}{48EI} = \dfrac{R_A l^3}{3EI}$ 에서,

$R_A = \dfrac{5}{16}P$, $R_B = P - R_A = \dfrac{11}{16}P$

$\therefore M_B = R_A l - P \times \dfrac{l}{2} = \dfrac{5}{16}Pl - \dfrac{Pl}{2}$

$\qquad = -\dfrac{3}{16}Pl = -\dfrac{3}{16} \times 10000 \times 2$

$\qquad = -3750 \,\text{N} \cdot \text{m}$

16. 위의 문제에서 $b \times h =$ 10 cm×15 cm

의 사각단면의 보이고, 이 재료의 종탄성

계수 $E =$ 200 GPa이라 하면, 점 C에서

의 처짐량은 얼마인가?

① 1.3×10^{-2} cm   ② 1.3×10^{-3} cm

③ 2.1×10^{-3} cm   ④ 2.1×10^{-4} cm

[해설] 일단지지 타단고정보의 중앙에서의 처짐

량 $\delta_C = \dfrac{7Pl^3}{768EI}$ 에서,

$I = \dfrac{bh^3}{12} = \dfrac{10 \times 15^3}{12}$

$\quad = 2812.5 \,\text{cm}^4 = 2.8125 \times 10^{-5} \text{m}^4$이므로,

$\therefore \delta_C = \dfrac{7 \times 10000 \times 2^3}{768 \times (200 \times 10^9) \times (2.8125 \times 10^{-5})}$

$\quad \fallingdotseq 1.3 \times 10^{-4} \text{m} = 1.3 \times 10^{-2} \text{cm}$

17. 그림과 같은 일단고정 타단지지보에서

등분포 하중 w가 작용할 때 최대 처짐각

$\theta_{\max}$는 얼마인가?

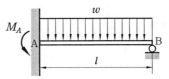

① $\theta_{\max} = \dfrac{wl^3}{12EI}$ ② $\theta_{\max} = \dfrac{wl^3}{16EI}$

③ $\theta_{\max} = \dfrac{wl^3}{24EI}$ ④ $\theta_{\max} = \dfrac{wl^3}{48EI}$

[해설] 등분포 하중을 받는 일단고정 타단지지

보의 처짐각의 최댓값은 B점에서 생기며,

$\theta_{\max} = \dfrac{wl^3}{48EI}$ 이다.

18. 그림과 같이 일단고정 타단지지보에서

등분포 하중 w가 작용할 때 A, B 두 지

점의 반력 R_A, R_B는 얼마인가?

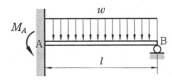

① $R_A = \dfrac{5}{16}wl$, $R_B = \dfrac{11}{16}wl$

② $R_A = \dfrac{3}{8}wl$, $R_B = \dfrac{5}{8}wl$

③ $R_A = \dfrac{5}{8}wl$, $R_B = \dfrac{3}{8}wl$

④ $R_A = \dfrac{11}{16}wl$, $R_B = \dfrac{5}{16}wl$

[해설] 일단고정 타단지지보에서 반력은 고정단

$R_A = \dfrac{5}{8}wl$ 이고, 지지단 $R_B = \dfrac{3}{8}wl$ 이다.

19. 위 문제에서 B 지점으로부터 전단력

이 0이 되는 위치 x의 값과 모멘트 M_x

는 얼마인가?

① $x = \dfrac{3}{8}l$, $M_x = \dfrac{9}{64}wl^2$

---

② $x = \dfrac{3}{8}l, \quad M_x = \dfrac{9}{128}wl^2$

③ $x = \dfrac{5}{8}l, \quad M_x = \dfrac{9}{64}wl^2$

④ $x = \dfrac{5}{8}l, \quad M_x = \dfrac{9}{128}wl^2$

[해설] 일단고정 타단지지보에서 등분포 하중 작용 시 A점으로부터 x거리에서의 전단력

$V_x = R_A - wx = \dfrac{3}{8}wl - wx$이고,

$V_x = 0$인 $x = \dfrac{3}{8}l$에서,

최대 굽힘 모멘트 $M_{\max} = \dfrac{9wl^2}{128}$이 발생한다.

20. 그림과 같은 일단고정 타단지지보에서 보의 단면 $b \times h = 10\,\text{cm} \times 15\,\text{cm}$이고, 길이 $l = 4\,\text{m}$일 때, 이 보의 최대 처짐량은 얼마인가? (단, 이 재료의 세로 탄성계수 $E = 180\,\text{GPa}$이다.)

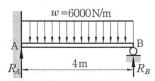

① $0.164\,\text{cm}$　　　② $0.191\,\text{cm}$

③ $0.227\,\text{cm}$　　　④ $0.253\,\text{cm}$

[해설] 최대 처짐의 위치는 고정단 A로부터 $x = 0.579\,l = 0.579 \times 400 = 231.6\,\text{cm}$인 곳에서 발생한다.

최대 처짐량$(\delta_{\max}) \fallingdotseq \dfrac{wl^4}{185EI} = 0.0054 \dfrac{wl^4}{EI}$

$= 0.0054 \times \dfrac{6000 \times 4}{(180 \times 10^9) \times \dfrac{0.1 \times 0.15^3}{12}}$

$\fallingdotseq 1.64 \times 10^{-3}\,\text{m} = 0.164\,\text{cm}$

21. 그림과 같은 $b \times h$인 사각단면의 일단고정 타단지지보에서 최대 굽힘응력은 얼마인가?

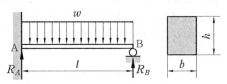

① $\dfrac{3wl^2}{2bh^2}$　　　② $\dfrac{2wl^2}{3bh^2}$

③ $\dfrac{3wl^2}{4bh^2}$　　　④ $\dfrac{4wl^2}{3bh^2}$

[해설] $M_x = R_A \cdot x - \dfrac{wx^2}{2} = \dfrac{3}{8}wlx - \dfrac{wx^2}{2}$

에서, B점의 거리 $x = l$이므로,

$M_B = \dfrac{3}{8}wl^2 - \dfrac{1}{2}wl^2 = -\dfrac{1}{8}wl^2 = M_{\max}$

(여기서, $-$부호는 값이 아니라 방향 표시를 나타냄)

단면계수 $Z = \dfrac{bh^2}{6}$이므로,

$\therefore \sigma = \dfrac{M_{\max}}{Z} = \dfrac{\dfrac{wl^2}{8}}{\dfrac{bh^2}{6}} = \dfrac{3wl^2}{4bh^2}$

22. 그림과 같은 양단고정보에서 집중 하중 $P = 20\,\text{kN}$이 작용할 때 A 지점의 반력 R_A는 얼마인가?

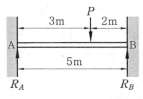

① $R_A = 6.48\,\text{kN}$　　　② $R_A = 6.62\,\text{kN}$

③ $R_A = 6.87\,\text{kN}$　　　④ $R_A = 7.04\,\text{kN}$

[해설] $R_A = \dfrac{Pb^2}{l^3}(3a + b)$

$= \dfrac{20000 \times 2^2}{5^3}\{(3 \times 3) + 2\}$

$= 7040\,\text{N} = 7.04\,\text{kN}$

23. 그림과 같은 길이 3 m의 양단고정보가 그 중앙점에 집중 하중 10 kN 을 받는다면 중앙점의 굽힘응력은 얼마인가?

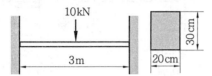

① 1.52 MPa ② 1.25 kPa
③ 1.25 MPa ④ 1.52 kPa

[해설] 중앙점에서의 모멘트

$$M = \frac{Pl}{8} = \frac{10000 \times 3}{8} = 3750 \, \text{N} \cdot \text{m}$$

$$\therefore \sigma = \frac{M}{Z} = \frac{M}{\frac{bh^2}{6}} = \frac{6M}{bh^2} = \frac{6 \times 3750}{0.2 \times 0.3^2}$$

$$= 1250000 \, \text{N/m}^2 = 1.25 \, \text{MPa}$$

24. 그림과 같은 양단고정보의 중앙에 집중 하중 20 kN이 작용할 때 굽힘 모멘트 M_C 와 처짐량 δ_C 는 얼마인가? (단, 이 재료의 세로 탄성계수 $E = 210$ GPa 이다.)

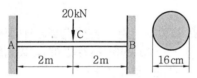

① $M_C = 10 \, \text{kN} \cdot \text{m}$, $\delta_C = 0.0987$ cm
② $M_C = 10 \, \text{kN} \cdot \text{m}$, $\delta_C = 0.0493$ cm
③ $M_C = 20 \, \text{kN} \cdot \text{m}$, $\delta_C = 0.0987$ cm
④ $M_C = 20 \, \text{kN} \cdot \text{m}$, $\delta_C = 0.0493$ cm

[해설] $M_C = \dfrac{Pl}{8} = \dfrac{20000 \times 4}{8}$

$$= 10000 \, \text{N} \cdot \text{m} = 10 \, \text{kN}$$

$\delta_C = \delta_{\max} = \dfrac{Pl^3}{192 EI}$ 에서,

$$I = \frac{\pi d^4}{64} = \frac{\pi \times 16^4}{64} \fallingdotseq 3217 \, \text{cm}^4$$

$$= 3.217 \times 10^{-5} \, \text{m}^4 \text{이므로,}$$

$$\delta_{\max} = \frac{20000 \times 4^3}{192 \times (210 \times 10^9) \times (3.217 \times 10^{-5})}$$

$$\fallingdotseq 9.87 \times 10^{-4} \, \text{m} = 0.0987 \, \text{cm}$$

25. 그림과 같은 길이 l인 양단고정보에 3각형 분포 하중이 작용할 때 양단에서 굽힘 모멘트는 얼마인가?

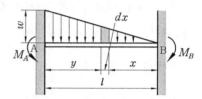

① $M_A = \dfrac{wl^2}{10}$, $M_B = \dfrac{wl^2}{20}$

② $M_A = \dfrac{wl^2}{15}$, $M_B = \dfrac{wl^2}{20}$

③ $M_A = \dfrac{wl^2}{15}$, $M_B = \dfrac{wl^2}{30}$

④ $M_A = \dfrac{wl^2}{20}$, $M_B = \dfrac{wl^2}{30}$

[해설] B점에서 x 되는 거리에 있는 점의 하중은 $\dfrac{wx}{l}$ 가 되고, 미소 면적요소에 작용하는 하중은 $\dfrac{wx\,dx}{l}$ 가 된다. 그러므로 이 하중으로 생기는 양단의 미소 굽힘 모멘트는

$$dM_A = \frac{wx\,dx\,y\,x^2}{l^2}$$

$$dM_B = \frac{wx\,dx\,y^2x}{l^3} \text{이므로,}$$

$$M_A = \int_0^l \frac{wyx^3}{l^3} dx$$

$$= \frac{w}{l^3} \int_0^l (l-x)\,x^3 dx$$

$$= \frac{w}{l^3} \left[\frac{lx^4}{4} - \frac{x^5}{5} \right]_0^l = \frac{wl^2}{20}$$

$$M_B = \int_0^l \frac{wy^2x^2}{l^3} dx$$

$$= \frac{w}{l^3} \int_0^l (l-x)^2 x^2 dx$$

$$= \frac{w}{l^3}\left[\frac{l^2 x^3}{3} - \frac{l x^4}{2} + \frac{x^5}{5}\right]_0^l = \frac{wl^2}{30}$$

26. 그림과 같은 연속보에서 C점의 굽힘 모멘트 M_C는 얼마인가?

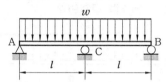

① $-\dfrac{wl^2}{2}$ 　　　② $-\dfrac{wl^2}{4}$

③ $-\dfrac{wl^2}{8}$ 　　　④ $-\dfrac{wl^2}{16}$

해설 그림 (a)에서 처짐량

$$\delta_1 = \frac{5w l_1^4}{384 EI} = \frac{5w(2l)^4}{384 EI} = \frac{5wl^4}{24 EI}$$

그림 (b)에서의 처짐량

$$\delta_2 = \frac{R_C l_2^3}{48 EI} = \frac{R_C(2l)^3}{48 EI} = \frac{R_C l^3}{6 EI}$$

$\delta_1 = \delta_2$,

즉 $\dfrac{5wl^4}{24 EI} = \dfrac{R_C l^3}{6 EI}$ 에서, $R_C = \dfrac{5wl}{4}$

$$\therefore R_A = R_B = \frac{2wl^2 - \dfrac{5}{4}wl^2}{2l} = \frac{3wl}{8}$$

C점에서의 굽힘 모멘트

$$M_C = R_A l - wl \cdot \frac{l}{2} = \frac{3wl^2}{8} - \frac{wl^2}{2}$$

$$= -\frac{wl^2}{8}$$

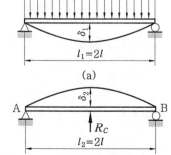

(a)

(b)

27. 지간 길이가 l인 양단고정보에 등분포 하중 w가 만재되어 작용할 때, 최대 휨 모멘트의 크기는 얼마인가? (단, EI는 일정하다.)

① $\dfrac{wl^2}{12}$ 　　　② $\dfrac{wl^2}{24}$

③ $\dfrac{wl^3}{12}$ 　　　④ $\dfrac{wl^3}{24}$

해설 다음 그림 (a)에서의 처짐각 θ_A는 중첩법에 의해 그림 (b)의 θ_{A1}과 그림 (c)의 θ_{A2}의 합인데 고정되어 있으므로,

$$\theta_A = \theta_{A1} + \theta_{A2}$$
$$= \frac{wl^2}{24} + \frac{M_A l}{2EI} = 0$$

또, $M = M_A = M_B = -\dfrac{wl^2}{12}$ 이므로,

$$R_A = R_{A1} + R_{A2} = \frac{wl}{2} - \frac{M_A - M_B}{l} = \frac{wl}{2}$$

$$R_B = R_{B1} + R_{B2} = \frac{wl}{2} + \frac{M_A - M_B}{l} = \frac{wl}{2}$$

$$\therefore V_x = R_A - wx = \frac{w}{2}(l - 2x)$$

그런데, $V_x = 0$일 때 휨 모멘트는 최대가 되므로, $l - 2x = 0$

$\therefore x = \dfrac{l}{2}$ 이고, $M_x = R_A x + M_A - \dfrac{wx^2}{2}$

$$= \frac{wl}{2}x - \frac{wl^2}{12} - \frac{wx^2}{2}$$ 이므로,

$$\therefore M_{max} = M = \frac{wl}{2}\left(\frac{l}{2}\right) - \frac{wl^2}{12} - \frac{w}{2}\left(\frac{l}{2}\right)^2$$

$$= \frac{wl^2}{4} - \frac{wl^2}{12} - \frac{wl^2}{8}$$

$$= \frac{wl^2}{24}$$

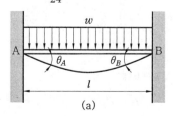

(a)

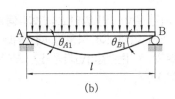

(b)

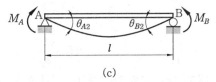

(c)

28. 다음 중 모멘트가 하는 일을 나타낸 식은 어느 것인가?

① $\int \dfrac{M}{EI}dx$
② $\int \dfrac{M^2}{EI}dx$

③ $\int \dfrac{M^2}{2EI}dx$
④ $\int \dfrac{2M^2}{EI}dx$

[해설] 굽힘에 의한 탄성에너지 $U= \int \dfrac{M^2}{2EI}dx$ 이다.

29. 다음 그림에서 C점의 반력을 구하면?

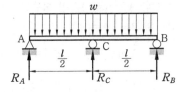

① $\dfrac{3\,wl}{8}$
② $\dfrac{5\,wl}{8}$

③ $\dfrac{5\,wl}{4}$
④ $\dfrac{3\,wl}{4}$

[해설] $\delta_1 = \dfrac{5\,wl^4}{384\,EI}$, $\delta_2 = \dfrac{R_C l^3}{48\,EI}$

$\delta_1 = \delta_2$에서, $\dfrac{5\,wl^4}{384\,EI} = \dfrac{R_C l^3}{48\,EI}$

$\therefore R_C = \dfrac{5\,wl}{8}$

$\Sigma V = 0$에서,

$wl = R_A + R_B + R_C = 2R_A + \dfrac{5\,wl}{8}$

$\therefore R_A = R_B = \dfrac{3\,wl}{16}$

30. 그림과 같은 연속보에 분포 하중 $w_1 = 100\ \text{N/m}$, $w_2 = 200\ \text{N/m}$가 작용할 때 B점의 모멘트를 구하면?

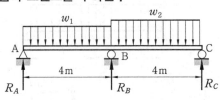

① $-100\ \text{N} \cdot \text{m}$
② $-200\ \text{N} \cdot \text{m}$
③ $-300\ \text{N} \cdot \text{m}$
④ $-400\ \text{N} \cdot \text{m}$

[해설] Claypeyron의 정리에 의하여,

$M_A l_1 + 2M_B(l_1 + l_2) + M_C l_2$

$= -\dfrac{6A_1 b_1}{l_1} - \dfrac{6A_2 b_2}{l_2}$

$= -\dfrac{w_1 l_1^3}{4} - \dfrac{w_2 l_2^3}{4}$

$0 + 2M_B(4+4) + 0$

$= -\dfrac{1}{4}(100 \times 4^3 + 200 \times 4^3)$

$\therefore M_B = -300\ \text{N} \cdot \text{m}$

31. 위 문제에서 B점의 반력을 구하면?

① 250 N
② 500 N
③ 750 N
④ 1000 N

[해설] $R_n = R_n' + R_n'' + \dfrac{M_{n-1} - M_n}{l_n}$

$+ \dfrac{-M_n + M_{n+1}}{l_{n+1}}$에서,

$R_B = \dfrac{w_1 l_1}{2} + \dfrac{w_2 l_2}{2} + \dfrac{M_A - M_B}{l_1}$

$+ \dfrac{-M_B + M_C}{l_2}$

$= \dfrac{100 \times 4}{2} + \dfrac{200 \times 4}{2} + \dfrac{0 + 300}{4}$

$+ \dfrac{300 + 0}{4} = 750\ \text{N}$

정답 28. ③ 29. ② 30. ③ 31. ③

제10장 특수단면의 보

1. 균일강도의 보

순수한 굽힘작용을 받는 보 이외의 일반적인 보에 있어서는 최대 굽힘 모멘트가 위험 단면에 걸려 파괴되지 않도록 필요 이상의 재료가 소요되어 비경제적이므로 재료의 절약과 중량의 경감 등을 목적으로 각 단면에서 최대 굽힘응력이 그 재료의 허용응력과 같도록 각 단면의 치수를 변화시킨 보가 있는데, 이것을 균일강도의 보라고 한다.

균일강도의 보의 조건은,

$$\sigma = \frac{M}{Z} = \text{const} \quad \text{……………………………………………………} \quad (10-1)$$

또, 균일강도의 보의 탄성곡선의 미분방정식은,

$$\frac{1}{\rho} = \frac{d^2y}{dx^2} = \pm \frac{M}{EI} = -\frac{\sigma}{eE} \quad \text{……………………………} \quad (10-2)$$

여기서, e 는 중립축으로부터 단면의 상하면까지의 거리

1-1 집중 하중을 받는 외팔보

(1) 폭이 일정할 때

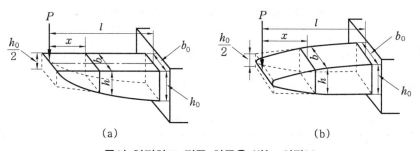

(a)   (b)

폭이 일정하고 집중 하중을 받는 외팔보

그림과 같이 외팔보의 자유단에 집중 하중 P가 작용할 때 직사각형 단면이 bh라면,

$$\sigma = \frac{M}{Z} = \frac{6M}{bh^2} = \frac{6Px}{bh^2} = \frac{6Pl}{bh_0^2} = \text{const} \quad (10-3)$$

식 $(10-3)$에서 단면의 높이 h가 변화하므로,

$$\left. \begin{aligned} \bullet \text{ 고정단면의 높이} : h_0 &= \sqrt{\frac{6Pl}{b\sigma}} \\ \bullet \text{ 임의단면의 높이} : h &= \sqrt{\frac{6Px}{b\sigma}} \end{aligned} \right\} \quad (10-4)$$

$$\therefore \ h = h_0 \sqrt{\frac{x}{l}} \quad (10-5)$$

이 보의 처짐량은,

$$\delta = \int_0^l \frac{1}{EI} \cdot Mx\,dx = \int_0^l \frac{12Pl^2}{Ebh^3}\,dx$$

$$= \frac{12Pl^{\frac{3}{2}}}{Ebh_0^3} \int_0^l \sqrt{x}\,dx = \frac{2Pl^3}{3EI_0} \quad (10-6)$$

위 식에서 $I_0 = \dfrac{bh_0^3}{12}$은 고정단 단면의 관성 모멘트이며, 이것은 균일단면의 같은 하중 아래 굽힘량의 2배이므로 자유단에서의 전단력을 고려하여 $\dfrac{h_0}{2}$로 수정하였다.

(2) 높이가 일정할 때

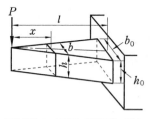

높이가 일정하고 집중 하중을 받는 외팔보

그림과 같이 폭 b가 단면 위치에 따라 변하는 경우는 식 $(10-3)$에서,

$$b_0 = \frac{6Pl}{\sigma h^2} \quad (10-7)$$

$$b = \frac{6Px}{\sigma h^2} \quad (10-8)$$

$$\therefore\ b = b_0 \frac{x}{l}\ \text{..}\ (10-9)$$

이 보의 처짐량은,

$$\delta = \int_0^l \frac{1}{EI} \cdot Mx\,dx = \int_0^l \frac{12\,Px^2}{Ebh^3}\,dx$$

$$= \frac{12\,Pl}{Eb_0h^3}\int_0^l x\,dx = \frac{Pl^3}{2\,EI_0}\ \text{..}\ (10-10)$$

이 경우 하중의 균일단면의 처짐량 $\dfrac{Pl^3}{3\,EI}$ 과 비교하면 1.5배가 크다.

(3) 원형 단면인 경우

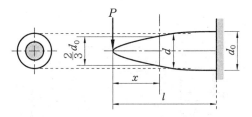

원형 단면에 집중 하중을 받는 외팔보

그림과 같이 원형 단면에 있어서 균일강도 외팔보에 대한 고정단의 지름을 d_0, 임의단면에 대한 지름을 d라 하면,

$$\sigma = \frac{M}{Z} = \frac{32\,Px}{\pi d^3} = \frac{32\,Pl}{\pi d_0^{\,3}} = \text{const}\ \text{...........................}\ (10-11)$$

$$d_0 = \sqrt[3]{\frac{32\,Pl}{\pi\sigma}},\ \ d = \sqrt[3]{\frac{32\,Px}{\pi\sigma}}\ \text{...............................}\ (10-12)$$

$$\therefore\ d = d_0 \sqrt[3]{\frac{x}{l}}\ \text{...}\ (10-13)$$

이 보의 처짐량은,

$$\delta = \int_0^l \frac{1}{EI} \cdot Mx\,dx = \int_0^l \frac{64\,Px^2}{E\pi d^4}\,dx = \int_0^l \frac{64\,Px^2}{E\pi d_0^{\,4}} \cdot \frac{l}{x} \cdot \sqrt[3]{\frac{l}{x}}\,dx$$

$$= \frac{64\,Pl^{\frac{4}{3}}}{E\pi d_0^{\,4}}\int_0^l x^{\frac{2}{3}}\,dx = \frac{3\,Pl^3}{5\,EI_0}\ \text{..................................}\ (10-14)$$

자유단에서는 전단력을 고려하여 $\dfrac{2}{3}d_0$로 수정한다.

예제 **1.** 길이가 2 m 인 외팔보의 자유단에 집중 하중 10 kN 이 작용한다. 높이가 15 cm 이고, 허용응력이 60 MPa일 때 균일강도의 보를 만들려면 고정단에서의 폭 b_0는 얼마인가?

① 8.9 cm

② 9.8 cm

③ 8.5 cm

④ 7.6 cm

해설 $\sigma = \dfrac{M}{Z} = \dfrac{6Pl}{b_0 h^2}$ 에서,

$\therefore b_0 = \dfrac{6Pl}{\sigma h^2} = \dfrac{6 \times 10 \times 2}{(60 \times 10^3) \times (0.15)^2} \fallingdotseq 0.0889 \text{ m} = 8.89 \text{ cm}$

정답 ①

1-2 등분포 하중을 받는 외팔보

(1) 폭이 일정할 때

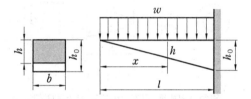

폭이 일정하고 집중 하중을 받는 외팔보

그림과 같이 등분포 하중 w가 작용하는 외팔보의 b가 일정하고 높이를 변화시킬 때,

$$\sigma = \frac{M}{Z} = \frac{6}{bh^2} \times \frac{wx^2}{2} = \frac{6}{bh_0^2} \times \frac{wl^2}{2} = \text{const} \cdots\cdots (10-15)$$

$$\therefore h_0 = \sqrt{\frac{3wl^2}{b\sigma}} , \quad h = \sqrt{\frac{3wx^2}{b\sigma}} \cdots\cdots\cdots (10-16)$$

또, $h = h_0 \dfrac{x}{l}$ $\cdots\cdots\cdots\cdots\cdots\cdots\cdots (10-17)$

이 보의 처짐량은,

$$\delta = \int_0^l \frac{1}{EI} Mx\,dx = \int_0^l \frac{12 \times \dfrac{wx^2}{2} \times x}{Ebh^3}\,dx$$

$$= \frac{12wl^3}{2Ebh_0^3} \int_0^l dx = \frac{wl^4}{2E\dfrac{bh_0^3}{12}} = \frac{wl^4}{2EI_0} \cdots\cdots\cdots\cdots (10-18)$$

식 (10-18)의 $\dfrac{wl^4}{2EI_0}$ 은 균일단면의 같은 분포 하중을 받는 외팔보의 처짐 $\dfrac{wl^4}{8EI_0}$ 보다 4배가 더 처짐을 알 수 있다.

(2) 높이가 일정할 때

등분포 하중 w를 받고 높이가 일정하면,

$$\sigma = \frac{M}{Z} = \frac{6}{bh^2}\times\frac{wx^2}{2} = \frac{6}{b_0h^2}\times\frac{wl^2}{2} = \text{const 에서,}$$

$$b_0 = \frac{3wl^2}{\sigma h^2}, \quad b = \frac{3wx^2}{\sigma h^2} \quad\text{(10-19)}$$

$$\therefore\ b = b_0\left(\frac{x}{l}\right)^2 \quad\text{(10-20)}$$

이 보의 처짐량은,

$$\delta = \int_0^l \frac{1}{EI}Mx\,dx = \int_0^l \frac{12\times\frac{wx^2}{2}\times x}{Ebh^3}\,dx$$

$$= \frac{12wl^2}{2Eb_0h^3}\int_0^l x\,dx = \frac{wl^4}{4EI_0} \quad\text{(10-21)}$$

식 (10-21)은 균일단면의 같은 등분포 하중을 받는 외팔보의 처짐 $\dfrac{wl^4}{8EI_0}$ 보다 2배가 크다.

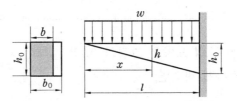

높이가 일정하고 집중 하중을 받는 외팔보

예제 2. 길이가 2 m 인 외팔보의 자유단에 등분포 하중 $w = 8\,\text{kN/m}$가 작용한다. 폭이 15 cm 이고, 허용응력이 40 MPa일 때 균일강도를 만들려면 고정단에서의 높이 h_0는 얼마인가?

① 10.6 cm 　　　　② 11.6 cm
③ 12.6 cm 　　　　④ 13.6 cm

해설 $\sigma = \dfrac{M}{Z} = \dfrac{3wl^2}{bh_0^2}$ 이고,

$$\therefore\ h_0 = \sqrt{\frac{3wl^2}{\sigma b}} = \sqrt{\frac{3\times8\times2^2}{(40\times10^3)\times0.15}} \fallingdotseq 0.126\,\text{m} = 12.6\,\text{cm}$$

정답 ③

1-3 직사각형 단면의 단순보

(1) 집중 하중을 받는 경우

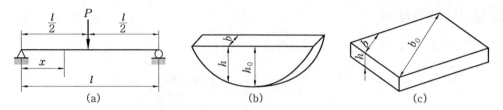

집중 하중을 받는 직사각형의 단순보

직사각형 단면의 단순보가 중앙에 집중 하중을 받는 경우 AC 구간에 작용하는 굽힘 모멘트는 $\dfrac{Px}{2}$ 이고, 폭 b가 일정하면,

$$\sigma = \frac{M}{Z} = \frac{\dfrac{Px}{2}}{\dfrac{bh^2}{6}} = \frac{\dfrac{P}{2}\cdot\dfrac{l}{2}}{\dfrac{b{h_0}^2}{6}} = \text{const} \quad\cdots\cdots (10-22)$$

중앙단면의 높이 $h_0 = \sqrt{\dfrac{3Pl}{2b\sigma}}$ $\quad\cdots\cdots (10-23)$

또, $h = \sqrt{\dfrac{3Px}{b\sigma}}$ $\quad\cdots\cdots (10-24)$

$\therefore h = h_0\sqrt{\dfrac{2}{l}x}$ $\quad\cdots\cdots (10-25)$

식 (10-25)를 만족하는 보의 모양은 그림의 (b)와 같다.

이 보의 높이 h를 일정하게 하려면,

$$b = \frac{2b_0 x}{l} \quad\cdots\cdots (10-26)$$

식 (10-26)을 만족하는 보의 모양은 그림의 (c)와 같은 모양을 갖는다.

(2) 균일 분포 하중을 받는 경우

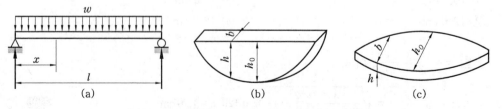

균일 분포 하중을 받는 직사각형 단면의 단순보

임의의 거리 x의 굽힘 모멘트가 $\dfrac{wl}{2}x - \dfrac{wx^2}{2}$ 이므로 단면의 폭 b를 균일하게 유지하려면,

$$\sigma = \frac{M}{Z} = \frac{\dfrac{w}{2}x\,(l-x)}{\dfrac{bh^2}{6}} = \frac{\dfrac{w}{2}\cdot\dfrac{l}{2}\left(l-\dfrac{l}{2}\right)}{\dfrac{bh_0^{\,2}}{6}} = \text{const} \quad\cdots\cdots\cdots (10-27)$$

$$\therefore\; h = 2\cdot\frac{h_0}{l}\sqrt{x\,(l-x)} \quad\cdots\cdots\cdots\cdots\cdots (10-28)$$

식 $(10-28)$을 만족하는 보는 그림의 (b)와 같다. 이 보의 높이 h를 일정하게 하려면,

$$b = \frac{4b_0}{l^2}x\,(l-x) \quad\cdots\cdots\cdots\cdots\cdots\cdots (10-29)$$

식 $(10-29)$를 만족하는 보의 모양은 그림의 (c)와 같다.

[예제] 3. 길이가 3 m 인 단순보의 등분포 하중 20 kN/m 가 작용한다. 높이가 16 cm 이고, 허용응력이 60 MPa일 때 균일강도의 보를 만들려면 중앙점에서의 폭 b_0는?

① 8.4 cm ② 8.8 cm

③ 9.2 cm ④ 9.6 cm

[해설] $\sigma = \dfrac{3wl^2}{4b_0h^2}$ 에서,

중앙점의 폭$(b_0) = \dfrac{3wl^2}{4\sigma h^2} = \dfrac{3\times 20\times 3^2}{4\times(60\times10^3)\times(0.16)^2} \fallingdotseq 0.088\,\text{m} = 8.8\,\text{cm}$ **[정답]** ②

2. 겹판 스프링(leaf spring : laminated spring)

겹판 스프링

균일강도의 보의 한 예로서 겹판 스프링을 볼 수 있는데, 그림과 같이 폭 b가 같은 것을 n개 겹쳤다고 하면 단면계수 $Z = \dfrac{nbh^2}{6}$이고,

굽힘 모멘트 $M = Pl = \dfrac{\sigma nbh^2}{6}$이므로,

$$P = \frac{\sigma nbh^2}{6l} \quad\text{.. (10-30)}$$

또, 처짐량$(\delta) = \dfrac{Ml^2}{2EI} = \dfrac{Pl^3}{2EI} = \dfrac{6Pl^3}{nEbh^3}$ .... (10-31)

곡률 반지름 ρ는 $\dfrac{1}{\rho} = \dfrac{M}{EI}$에서,

$$\rho = \frac{EI}{M} = \frac{E\dfrac{nbh^3}{12}}{Pl} = \frac{Enbh^3}{12Pl} \quad\text{.................................... (10-32)}$$

또한, 단순보에서도 위의 방법으로 판스프링을 사용한 차량용 판스프링을 볼 수 있는데,

$$Z = \frac{nbh^2}{6}, \quad M = \frac{Pl}{4} = \sigma\frac{nbh^2}{6}\text{이므로,}$$

$$P = \frac{2\sigma nbh^2}{3l} \quad\text{.. (10-33)}$$

또, 처짐량$(\delta) = \dfrac{Ml^2}{8EI} = \dfrac{\dfrac{Pl}{4}l^2}{8E\dfrac{nbh^3}{12}} = \dfrac{3Pl^3}{8Enbh^3}$ .... (10-34)

곡률 반지름 ρ는 $\dfrac{1}{\rho} = \dfrac{M}{EI}$에서,

$$\rho = \frac{EI}{M} = \frac{E\dfrac{nbh^3}{12}}{\dfrac{Pl}{4}} = \frac{Enbh^3}{3Pl} \quad\text{.................................... (10-35)}$$

예제 4. 길이 80 cm, 폭 12 cm, 두께 2 cm 인 양단지지의 겹판스프링에 최대 하중 50 kN이 작용할 때, 강판의 허용응력이 120 MPa 라 한다면 판의 매수는 몇 장으로 하는가?

① 6장　　　　　② 8장　　　　　③ 9장　　　　　④ 11장

해설 $M = \dfrac{Pl}{4} = \sigma\dfrac{nbh^2}{6}$에서,

$n = \dfrac{3Pl}{2\sigma bh^2} = \dfrac{3 \times 50 \times 0.8}{2 \times (120 \times 10^3) \times (0.12) \times (0.02)^2} \fallingdotseq 10.42 = 11$장

정답 ④

출제 예상 문제

1. 폭이 일정하고 집중 하중을 받는 균일 강도의 외팔보에서 처짐량을 나타내는 식은?

① $\dfrac{Pl^3}{3EI}$

② $\dfrac{Pl^3}{2EI}$

③ $\dfrac{2Pl^3}{3EI}$

④ $\dfrac{4Pl^3}{5EI}$

[해설] 폭(b)이 일정할 때 균일강도 보의 처짐량은 균일단면 보의 처짐량 $\left(\dfrac{Pl^3}{3EI}\right)$의 2배이다.

2. 폭이 일정한 균일강도의 외팔보의 자유단에 집중 하중이 작용할 때 균일단면의 경우에 비하여 최대 처짐은 몇 배인가?

① 1 ② 2 ③ 3 ④ 4

[해설] $\delta_1 = \dfrac{2Pl^3}{3EI}$, $\qquad \delta_2 = \dfrac{Pl^3}{3EI}$

(폭이 일정한 균일강도 보) (균일단면 보)

$\dfrac{\delta_1}{\delta_2} = 2$

$\therefore\ \delta_1 = 2\delta_2$

3. 높이가 일정한 균일강도의 외팔보의 자유단에 집중 하중이 작용할 때 균일단면의 경우에 비하여 최대 처짐은 몇 배인가?

① $\dfrac{1}{2}$

② 1

③ $\dfrac{3}{2}$

④ 2

[해설] $\delta_1 = \dfrac{Pl^3}{2EI}$, $\qquad \delta_2 = \dfrac{Pl^3}{3EI}$

(높이가 일정한 균일강도 보) (균일단면 보)

$\therefore\ \dfrac{\delta_1}{\delta_2} = \dfrac{3}{2}$

4. 단면이 원형이고 자유단에 집중 하중을 받는 균일강도의 외팔보에서의 처짐량은?

① $\dfrac{Pl^3}{2EI}$

② $\dfrac{2Pl^3}{3EI}$

③ $\dfrac{3Pl^3}{4EI}$

④ $\dfrac{3Pl^3}{5EI}$

5. 폭이 일정한 균일강도의 외팔보에 등분포 하중이 작용할 때 균일단면의 경우에 비하여 최대 처짐은 몇 배인가?

① 1 ② 2 ③ 3 ④ 4

[해설] $\delta_1 = \dfrac{wl^4}{2EI}$, $\qquad \delta_2 = \dfrac{wl^4}{8EI}$

(폭이 일정한 균일강도 보) (균일단면 보)

$\therefore\ \dfrac{\delta_1}{\delta_2} = \dfrac{8}{2} = 4$

6. 높이가 일정하고 등분포 하중을 받는 균일강도의 외팔보에서 처짐량은?

① $\dfrac{wl^4}{2EI_0}$

② $\dfrac{wl^4}{4EI_0}$

③ $\dfrac{wl^4}{8EI_0}$

④ $\dfrac{wl^4}{16EI_0}$

7. 길이 2 m인 외팔보의 자유단에 집중 하중 30 kN이 작용한다. 폭이 10 cm이고, 허용응력이 80 MPa일 때, 균일강도의 보를 만들려면 고정단에서의 높이 h_0는?

① 12.2 cm

② 16.2 cm

③ 21.2 cm

④ 24.2 cm

[해설] $\sigma = \dfrac{M}{Z} = \dfrac{6Pl}{bh_0{}^2}$에서,

정답 1. ③ 2. ② 3. ③ 4. ④ 5. ④ 6. ② 7. ③

$$h_0 = \sqrt{\frac{6Pl}{b\sigma}} = \sqrt{\frac{6 \times 30000 \times 2}{0.1 \times (80 \times 10^6)}}$$

$$\fallingdotseq 0.212 \, \text{m} = 21.2 \, \text{cm}$$

8. 위의 문제에서 자유단으로부터 1.5 m인 지점의 높이 h는 얼마인가?

① 15.5 cm   ② 17.3 cm

③ 18.4 cm   ④ 19.1 cm

[해설] $h = h_0 \sqrt{\dfrac{x}{l}} = 21.2 \sqrt{\dfrac{150}{200}}$

$$\fallingdotseq 18.4 \, \text{cm}$$

9. 길이 $l = 4$ m인 외팔보에 등분포 하중 $w = 3$ kN/m가 작용한다. 높이 $h = 20$ cm 이고, 허용응력 $\sigma = 45$ MPa일 때 균일강도의 보를 만들려면 고정단에서의 폭 b_0는 얼마인가?

① 8 cm   ② 10 cm

③ 12 cm   ④ 16 cm

[해설] $b = \dfrac{3wl^2}{\sigma h^2} = \dfrac{3 \times 3000 \times 4^2}{(45 \times 10^6) \times (0.2)^2}$

$$\fallingdotseq 0.08 \, \text{m} = 8 \, \text{cm}$$

10. 위의 문제에서 자유단으로부터 3 m 지점의 폭 b는 얼마인가?

① 2.5 cm   ② 3.5 cm

③ 4.5 cm   ④ 5.5 cm

[해설] $b = b_0 \left(\dfrac{x}{l}\right)^2 = 8 \left(\dfrac{3}{4}\right)^2 = 4.5 \, \text{cm}$

11. 폭 10 cm, 높이가 15 cm인 직사각형 단면의 외팔보가 있다. 길이가 3 m이고, 허용응력이 60 MPa일 때 균일강도의 보를 만들려면 자유단에서 하중 P는?

① 7500 N   ② 10000 N

③ 11250 N   ④ 15000 N

[해설] $\sigma = \dfrac{M}{Z} = \dfrac{6Pl}{bh_0^2}$ 에서,

$$\therefore P = \frac{bh_0^2 \sigma}{6l} = \frac{0.1 \times (0.15)^2 \times (60 \times 10^6)}{6 \times 3}$$

$$= 7500 \, \text{N}$$

12. 길이 $l = 60$ cm, 고정단의 폭 $b = 25$ cm, 두께 $h = 2$ cm의 3각 판스프링 끝에 하중 $P = 8$ kN을 작용시킬 때 응력 σ를 구하면 얼마인가?

① 78 MPa   ② 144 MPa

③ 164 MPa   ④ 288 MPa

[해설] $\sigma = \dfrac{M}{Z} = \dfrac{6Pl}{bh^2}$

$$= \frac{6 \times 8000 \times 0.6}{0.25 \times (0.02)^2}$$

$$\fallingdotseq 288000000 \, \text{N/m}^2 = 288 \, \text{MPa}$$

13. 차량용 겹판 스프링에서 폭 b, 길이 l인 것을 n개 겹쳤을 때 안전 하중 P를 나타내는 식은? (단, 두께는 h, 허용응력은 σ를 나타낸다.)

① $\dfrac{\sigma nbh^2}{2l}$ ② $\dfrac{\sigma nbh^2}{3l}$

③ $\dfrac{2\sigma nbh^2}{3l}$ ④ $\dfrac{3\sigma nbh^2}{4l}$

14. 위의 문제에서 처짐량 δ를 바르게 나타낸 것은? (단, E는 세로 탄성계수이다.)

① $\dfrac{Pl^3}{4Enbh^3}$ ② $\dfrac{3Pl^3}{5Enbh^3}$

③ $\dfrac{Pl^3}{6Enbh^3}$ ④ $\dfrac{3Pl^3}{8Enbh^3}$

15. 폭 $b = 10$ cm, 길이 $l = 80$ cm, 두께 $h = 1$ cm인 차량용 겹판 스프링이 8개 있다. 강판의 응력 $\sigma = 360$ MPa, 강판의 세로 탄성계수 $E = 220$ GPa이라 할 때 안전 하중은?

① 24 kN   ② 28 kN

③ 32 kN   ④ 36 kN

[해설] $P = \dfrac{2\sigma nbh^2}{3l}$

$= \dfrac{2\times(360\times10^6)\times8\times0.1\times(0.01)^2}{3\times0.8}$

$= 24000\,\text{N} = 24\,\text{kN}$

16. 길이 $l = 1\,\text{m}$의 균일강도의 외팔보에서 자유단에 집중 하중 $P = 20\,\text{kN}$이 작용한다. 그 단면은 원형이고, $\sigma = 60\,\text{MPa}$일 때 고정단에서 $30\,\text{cm}$인 곳의 지름 d는?

① 10 cm   ② 12 cm

③ 14 cm   ④ 16 cm

[해설] $\sigma = \dfrac{M}{Z} = \dfrac{32Px}{\pi d^3} = \text{const}$에서,

$\therefore d = \sqrt[3]{\dfrac{32Px}{\pi\sigma}} = \sqrt[3]{\dfrac{32\times20000\times0.3}{\pi\times(60\times10^6)}}$

$\doteqdot 0.1\,\text{m} = 10\,\text{cm}$

17. 길이가 $3\,\text{m}$인 외팔보의 자유단에 집중 하중 $7500\,\text{N}$이 작용한다. 높이가 $15\,\text{cm}$이고, 허용응력이 $60\,\text{MPa}$일 때, 균일강도의 보를 만들려면 고정단에서의 폭 b_0는?

① 8 cm   ② 10 cm

③ 12 cm   ④ 16 cm

[해설] $\sigma = \dfrac{M}{Z} = \dfrac{6Pl}{b_0 h^2}$에서,

$b_0 = \dfrac{6Pl}{\sigma h^2} = \dfrac{6\times7500\times3}{(60\times10^6)\times(0.15)^2}$

$= 0.1\,\text{m} = 10\,\text{cm}$

18. 위의 문제에서 자유단으로부터 $1\,\text{m}$ 지점의 폭 b는 얼마인가?

① 3.3 cm   ② 4.2 cm

③ 5.4 cm   ④ 6.6 cm

[해설] $b = b_0\dfrac{x}{l} = 10\times\dfrac{1}{3} \doteqdot 3.3\,\text{cm}$

19. 길이 $3\,\text{m}$인 외팔보의 자유단에 등분포 하중 $w = 20\,\text{kN/m}$가 작용한다. 폭이 15 cm 이고, 허용응력이 $80\,\text{MPa}$일 때, 균일 강도의 보를 만들려면 고정단에서의 높이 h_0는 얼마인가?

① 17.4 cm   ② 19.7 cm

③ 21.2 cm   ④ 23.5 cm

[해설] $\sigma = \dfrac{M}{Z} = \dfrac{3wl^2}{bh_0^2}$이므로,

$\therefore h_0 = \sqrt{\dfrac{3wl^2}{b\sigma}} = \sqrt{\dfrac{3\times2000\times3^2}{0.15\times(80\times10^6)}}$

$\doteqdot 0.212\,\text{m} = 21.2\,\text{cm}$

20. 위의 문제에서 자유단으로부터 $0.5\,\text{m}$인 지점의 높이 h는 얼마인가?

① 3.53 cm   ② 5.24 cm

③ 7.46 cm   ④ 9.61 cm

[해설] $h = h_0\dfrac{x}{l} = 21.2\times\dfrac{50}{300} = 3.53\,\text{cm}$

21. 길이 $4\,\text{m}$인 단순보의 중앙에 집중 하중 $30\,\text{kN}$이 작용한다. 폭이 $10\,\text{cm}$이고, 허용응력이 $80\,\text{MPa}$일 때 균일강도의 보를 만들려면 중앙단면 높이 h_0는 얼마인가?

① 10 cm   ② 12 cm

③ 15 cm   ④ 16 cm

[해설] $\sigma = \dfrac{3Pl}{2bh_0^2}$에서 $h_0 = \sqrt{\dfrac{3Pl}{2b\sigma}}$이므로,

$\therefore h_0 = \sqrt{\dfrac{3\times30000\times4}{2\times0.1\times(80\times10^6)}}$

$= 0.15\,\text{m} = 15\,\text{cm}$

22. 위의 문제에서 고정단으로부터 $1\,\text{m}$ 떨어져 있는 곳의 높이 h는 얼마인가?

① 8.4 cm   ② 10.6 cm

③ 12.8 cm   ④ 15 cm

[해설] $h = h_0\sqrt{\dfrac{2x}{l}} = 15\times\sqrt{\dfrac{2\times1}{4}} = 10.6\,\text{cm}$

23. 길이 $3\,\text{m}$인 단순보의 중앙에 집중 하

중 25 kN이 작용한다. 높이가 15 cm이고, 허용응력이 40 MPa일 때 균일강도의 보를 만들려면 고정단으로부터 0.5 m 떨어진 곳의 폭 b는 얼마인가?

① 약 4.2 cm　　② 약 6.6 cm

③ 약 8.4 cm　　④ 약 10.8 cm

해설 $\sigma = \dfrac{3Pl}{2b_0 h^2}$ 에서,

중앙점의 폭 $b_0 = \dfrac{3Pl}{2h^2 \sigma}$

$= \dfrac{3 \times 25000 \times 3}{2 \times (0.15)^2 \times (40 \times 10^6)}$

$= 0.125\,\text{m} = 12.5\,\text{cm}$ 이므로,

$\therefore\ b = \dfrac{2b_0 x}{l} = \dfrac{2 \times 12.5 \times 50}{300} \fallingdotseq 4.2\,\text{cm}$

24. 길이 2 m인 단순보에 등분포 하중 20 kN/m가 작용한다. 폭이 15 cm이고, 허용응력이 25 MPa일 때 균일강도의 보를 만들려면 고정단으로부터 0.8 m 떨어진 곳의 높이 h는 얼마인가?

① 12.14 cm　　② 12.39 cm

③ 12.65 cm　　④ 12.86 cm

해설 $\sigma = \dfrac{3wl^2}{4bh_0^2}$ 에서,

중앙점의 높이

$h_0 = \sqrt{\dfrac{3wl^2}{4b\sigma}} = \sqrt{\dfrac{3 \times 20000 \times 2^2}{4 \times 0.15 \times (25 \times 10^6)}}$

$= 0.1265\,\text{m} \fallingdotseq 12.65\,\text{cm}$ 이므로,

$\therefore\ h = 2 \times \dfrac{h_0}{l} \sqrt{x(l-x)}$

$= 2 \times \dfrac{12.65}{200} \sqrt{80(200-80)}$

$\fallingdotseq 12.39\,\text{cm}$

25. 길이 4 m인 단순보에 등분포 하중 15 kN/m 가 작용한다. 높이가 20 cm이고, 허용응력이 40 MPa일 때 균일강도의 보를 만들려면 중앙점의 폭 b_0는 얼마인가?

① 10 cm　　② 11.25 cm

③ 12.5 cm　　④ 15 cm

해설 $\sigma = \dfrac{3wl^2}{4b_0 h^2}$ 에서,

중앙점의 폭 b_0

$= \dfrac{3wl^2}{4h^2\sigma} = \dfrac{3 \times 15000 \times 4^2}{4 \times 0.2^2 \times (40 \times 10^6)}$

$\fallingdotseq 0.1125\,\text{m} = 11.25\,\text{cm}$

26. 위의 문제에서 고정단으로부터 0.5 m 떨어진 지점의 폭 b는 얼마인가?

① 1.63 cm　　② 2.87 cm

③ 3.41 cm　　④ 4.92 cm

해설 $b = \dfrac{4b_0 x}{l^2}(l-x)$

$= \dfrac{4 \times 11.25 \times 50}{400^2}(400-50)$

$= 4.92\,\text{cm}$

27. 폭 $b=8$ cm, 길이 $l=60$ cm, 두께 $h=1.5$ cm인 양단지지의 겹판스프링이 있다. 최대 하중 $P=15$ kN이 작용할 때 판의 매수는 몇 장으로 하면 좋은가? (단, 강판의 허용응력 $\sigma=150$ MPa이다.)

① 4장　　② 5장

③ 6장　　④ 7장

해설 $P = \dfrac{2\sigma n b h^2}{3l}$ 에서 $n = \dfrac{3Pl}{2\sigma b h^2}$ 이므로 대입하면,

$\therefore\ n = \dfrac{3 \times 15000 \times 0.6}{2 \times (150 \times 10^6) \times 0.08 \times (0.015)^2}$

$= 5$장

28. 길이 $l=50$ cm, 두께 $h=14$ mm, 고정단의 폭 $b=15$ cm의 3각 판스프링의 처짐을 3 cm 까지 허용한다면, 가할 수 있는 최대 하중은? (단, 이 재료의 세로 탄성계수 $E=210$ GPa이다.)

① 2896 N　　② 3457 N

정답 24. ②　25. ②　26. ④　27. ②　28. ②

③ 3656 N　　　　　　④ 3802 N

[해설] $\delta = \dfrac{Ml^2}{2EI} = \dfrac{Pl^3}{2E \times \dfrac{bh^3}{12}} = \dfrac{6Pl^3}{bh^3E}$ 에서,

$\therefore P = \dfrac{bh^3 E\delta}{6l^3}$

$= \dfrac{0.15 \times (0.014)^3 \times (210 \times 10^9) \times 0.03}{6 \times (0.5)^3}$

$= 3457 \text{ N}$

29. 위의 문제에서 곡률 반지름 ρ는 얼마인가? (단, 판의 매수 $n = 4$이다.)

① 15.55 m　　　　② 18.33 m

③ 12.49 m　　　　④ 16.67 m

[해설] $\rho = \dfrac{EI}{M} = \dfrac{Enbh^3}{12Pl}$

$= \dfrac{(210 \times 10^9) \times 4 \times 0.15 \times (0.014)^3}{12 \times 3457 \times 0.5}$

$= 16.67 \text{ m}$

30. 길이 $l = 100$ cm, 두께 $h = 12$ mm인 차량용 겹판스프링에서 최대 하중 $P = 20$ kN, 허용응력 $\sigma = 0.2$ GPa, 판의 매수 $n = 8$일 때 폭 b와 처짐 δ를 구하면 얼마인가? (단, 이 재료의 세로 탄성계수 $E = 200$ GPa이다.)

① $b = 13$ cm,　$\delta = 2.09$ cm

② $b = 14$ cm,　$\delta = 2.30$ cm

③ $b = 15$ cm,　$\delta = 2.51$ cm

④ $b = 16$ cm,　$\delta = 1.93$ cm

[해설] $P = \dfrac{2\sigma nbh^2}{3l}$ 에서 $b = \dfrac{3Pl}{2\sigma nh^2}$ 이므로,

$\therefore b = \dfrac{3 \times 20000 \times 1}{2 \times (0.2 \times 10^9) \times 8 \times (0.012)^2}$

$≒ 0.13 \text{ m} = 13 \text{ cm}$

$\delta = \dfrac{3Pl^3}{8Enbh^3}$

$= \dfrac{3 \times 20000 \times 1^3}{8 \times (200 \times 10^9) \times 8 \times 0.13 \times (0.012)^3}$

$= 0.0209 \text{ m} = 2.09 \text{ cm}$

제11장 기둥(column)

1. 편심압축을 받는 짧은 기둥

그림과 같은 단주(짧은 기둥)의 축선에 a 만큼 편심되어 작용하는 하중을 편심 하중 (eccentric load)이라 하고 a를 편심거리라 한다.

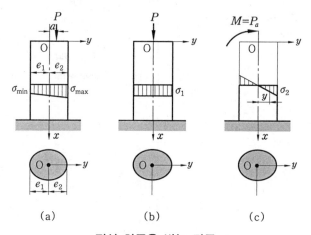

| (a) | (b) | (c) |

편심 하중을 받는 단주

짧은 기둥에 일어나는 최대 응력을 구하기 위해 y 대신 중심에서 외측까지의 거리 e_1을 최소 회전 반지름$(k) = \sqrt{I_G / A}$ 에 대입, 정리하면,

$$\sigma_{\max} = \frac{P}{A}\left(1 + \frac{ae_1}{k^2}\right)[\text{MPa}] \quad \cdots\cdots (11-1)$$

최소 응력은 y 대신 $-e_2$를 대입하면,

$$\sigma_{\min} = \frac{P}{A}\left(1 - \frac{ae_2}{k^2}\right)[\text{MPa}] \quad \cdots\cdots (11-2)$$

$$y = -\frac{k^2}{a}, \ a = -\frac{k^2}{y} \quad \cdots\cdots (11-3)$$

편심압축하에서 인장응력이 발생하지 않도록 하는 a 값은 $b \times h$인 직사각형 단면에서,

$$a = \frac{k^2}{y} = \frac{h^2/12}{h/2} = \pm \frac{h}{6}, \quad a = \frac{k^2}{y} = \frac{b^2/12}{b/2} = \pm \frac{b}{6} \quad \cdots\cdots\cdots\cdots\cdots (11-4)$$

지름 d인 원형 단면에서,

$$a = \frac{k^2}{y} = \frac{d^2/16}{d/2} = \pm \frac{d}{8} = \pm \frac{r}{4} \quad \cdots\cdots\cdots\cdots\cdots\cdots\cdots\cdots (11-5)$$

이러한 압축응력만 일어나고 인장응력은 일어나지 않는 a의 범위를 단면의 핵심(core of section)이라고 한다.

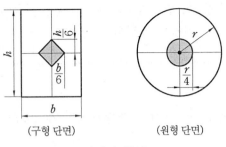

(구형 단면)   (원형 단면)

단면의 핵심

예제 1. 그림과 같이 정사각형 단면을 갖는 짧은 기둥에 홈이 파져 있을 때 편심 하중으로 인하여 mn 단면에 발생하는 최대 압축응력은 얼마인가?

① $\dfrac{4P}{a^2}$ 　　　　② $\dfrac{6P}{a^2}$

③ $\dfrac{8P}{a^2}$ 　　　　④ $\dfrac{10P}{a^2}$

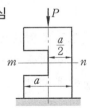

해설 $A = \dfrac{a}{2} \times a = \dfrac{a^2}{2}$, $I_G = \dfrac{a \times \left(\dfrac{a}{2}\right)^3}{12} = \dfrac{a^4}{12 \times 8}$

$k = \sqrt{\dfrac{I_G}{A}}$ [cm]이므로 $k^2 = \dfrac{I_G}{A} = \dfrac{a^4}{12 \times 8} \Big/ \dfrac{a^2}{2} = \dfrac{a^2}{48}$

$\therefore \sigma_{\max} = \dfrac{P}{A}\left(1 + \dfrac{ae_1}{k^2}\right) = \dfrac{P}{a^2/2}\left(1 + \dfrac{\dfrac{a}{4} \times \dfrac{a}{4}}{a^2/48}\right) = \dfrac{2P}{a^2}(1 + 3) = \dfrac{8P}{a^2}$ [MPa]　　　정답 ③

---

2. 장주의 좌굴

단면의 크기에 비하여 길이가 긴 봉에 압축 하중이 작용할 때 이를 기둥(column) 또는 장주(long column)이라 하고, 장주에서 길이가 단면 최소 치수의 약 10배 이상이거나 최

소 관성 반지름의 약 30배 이상이고, 축압축력에 의하여 굽힘을 발생하여 축압축 응력과 굽힘응력을 발생하게 된다. 길이가 길면, 재질의 불균질, 기둥의 중심선과 하중 방향이 불일치할 때, 기둥의 중심선이 곧은 직선이 아닐 때 등의 원인으로 굽힘을 하게 된다. 이와 같이 축압축력에 의하여 굽힘이 되어 파괴되는 현상을 좌굴(buckling)이라 하고, 이때의 하중의 크기를 좌굴 하중이라 한다.

2-1 세장비(slenderness ratio)

기둥의 길이 l과 최소 단면 2차 반지름 k와의 비 l/k은 기둥이 굽힘되는 정도를 비교하는 것 외에도 중요한 값이며, 이것을 장주의 세장비라 하고 λ로 표시한다.

$$\lambda = \frac{l}{k} = \frac{l}{\sqrt{\dfrac{I_G}{A}}} \quad \text{...} \quad (11-6)$$

여기서, $\lambda > 30$: 단주, $30 < \lambda < 150$: 중간주, $\lambda \geqq 160$: 장주

2-2 오일러의 공식(Euler's formula)

직립하고 있는 장주의 상단에 하중을 가하면 좌굴 하중 이내에 있는 동안 그대로 있지만, 그 한계를 넘으면 기둥은 굽힘을 시작하고 좌굴 하중보다 조금이라도 커지면 기둥은 좌굴하게 된다. 고정계수를 n이라 하면 좌굴 하중과 좌굴응력의 식은 다음과 같다.

(1) 좌굴 하중(buckling load)

$$P_{cr} = n\pi^2 \frac{EI}{l^2} [\text{N}] \quad \text{...} \quad (11-7)$$

여기서, n : 고정계수 또는 단말계수

(2) 좌굴응력(buckling stress)

$$\sigma_{cr} = \frac{P_{cr}}{A} = n\pi^2 \frac{EI}{l^2 A} = n\pi^2 \frac{Ek^2}{l^2} = n\pi^2 \frac{E}{\left(\dfrac{l}{k}\right)^2}$$

$$= n\pi^2 \frac{E}{\lambda^2} [\text{MPa}] \quad \text{...} \quad (11-9)$$

여기서, E : 종탄성계수(GPa), I : 최소 단면 2차 모멘트(cm⁴)
l : 기둥의 길이(cm), n : 단말계수(고정계수)

단, 단말계수 n은 기둥양단의 조건에 따라 다음 그림과 같이 정한다.

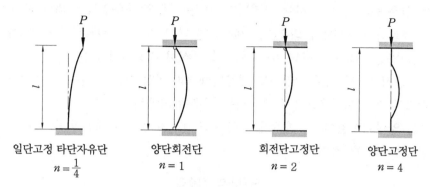

일단고정 타단자유단
$n = \frac{1}{4}$

양단회전단
$n = 1$

회전단고정단
$n = 2$

양단고정단
$n = 4$

기둥의 고정계수

2-3 오일러 공식의 적용범위

오일러 공식에서 구하는 좌굴 하중은 기둥이 굽어지는 하중이므로 실제로 작용시켜도 좋은 안전 하중 P_s는 좌굴 하중 P_{cr}을 안전율 S로 나누어서 구해야 한다.

즉, $P_s = \dfrac{P_{cr}}{S}$ [N] ·· (11-9)

식 (11-6)과 (11-8)에서,

$\lambda = \dfrac{l}{k} = \pi \sqrt{\dfrac{nE}{\sigma_{cr}}}$ ·· (11-10)

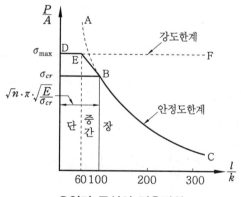

오일러 공식의 적용범위

그림의 곡선 ABC를 오일러의 곡선이라 하고 곡선 DEBC는 실제 실험 결과의 곡선이다. 이에 의하면 세장비 l/k이 B점보다 클 때는 오일러의 곡선과 실험 결과는 일치하고 이 범위를 장주(긴 기둥)라 부르며, 식 (11-7) 및 식 (11-8)의 오일러의 식이 만족되는 경우이다. 그러나 세장비 l/k이 B점보다 작을 때는 식 (11-8)의 임계응력 σ_{cr}은 곡선 AB에 따라 무한히 높아지고 파괴가 발생하지 않는 결과가 되지만 사실상 탄성한도의 응력 σ_E 또는 최대 압축응력 σ_C에 의하여 파괴되며, 이는 단주의 순수압축에 의한 파괴이다.

따라서, 그림의 곡선 BE에 대응되는 세장비를 가진 기둥을 중간주, 곡선 ED에 대응되는 세장비를 가진 기둥을 단주라 하고 오일러의 식이 적용되지 않는다.

오일러의 공식은 단면적이 일정하고 세장비가 160 이상이 되는 아주 긴 기둥에 정확하게 들어맞고 주로 굽힘작용으로써 파괴되는 경우에 사용된다.

다음 표는 양단회전일 때 각 재료에 대하여 오일러의 공식을 적용할 수 있는 λ의 한계점과 안전율을 표시한 것이다.

오일러의 정수값

재료 ＼ 구분	안전율(S)	세로탄성계수 E[GPa]	세장비 $\lambda = \dfrac{l}{k}$
주철	8~10	98	>70
연철	5~6	196	>115
연강	5~6	205.8	>102
경강	5~6	215.6	>95
목재	10~12	9.8	>85

예제 2. 그림과 같이 일단고정, 타단자유단인 기둥의 좌굴에 대한 임계 하중(buckling load) P_{cr}은?(단, 탄성계수 $E=300$ GPa이고, 오일러의 공식 적용)

① 34 kN
② 20.0 kN
③ 14.8 kN
④ 5.8 kN

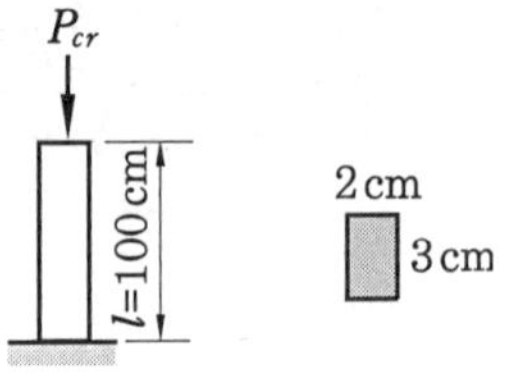

해설 $P_{cr} = n\pi^2 \dfrac{EI_{min}}{l^2} = \dfrac{1}{4} \times \pi^2 \times \dfrac{300 \times 10^6}{1^2} \times \dfrac{0.03 \times (0.02)^3}{12} = 14.8$ kN

정답 ③

3. 장주의 실험공식

3-1 고든-랭킨의 공식(Gorden-Rankin's formula)

오일러의 공식은 기둥의 압축응력을 고려하지 않고 굽힘만 고려하였으므로 λ의 값이 큰 장주에 대하여는 정확한 결과를 나타내지만, 장주 중에는 단순한 압축만 받는다고 계산하기에는 너무 길고, 오일러의 공식을 사용하기에는 길이가 짧은 기둥이 많은데, 이런 경우 압축과 굽힘이 동시에 작용하여 파괴한다고 하는 고든-랭킨의 실험공식을 사용한다.

$$좌굴 \ 하중(P_{cr}) = \frac{\sigma_c A}{1 + \dfrac{a}{n}\left(\dfrac{l}{k}\right)^2} = \frac{\sigma_c A}{1 + \dfrac{a}{n}\lambda^2} \ [\text{N}] \quad \cdots\cdots\cdots\cdots (11-11)$$

$$좌굴응력(\sigma_{cr}) = \frac{\sigma_c}{1 + \dfrac{a}{n}\left(\dfrac{l}{k}\right)^2} = \frac{\sigma_c}{1 + \dfrac{a}{n}\lambda^2} \ [\text{MPa}] \quad \cdots\cdots\cdots\cdots (11-12)$$

식 (11-11), (11-12)에서 σ_c = 압축파괴응력, n = 단말계수, a = 기둥재료에 의한 실험정수이고, σ_c와 a 및 $\dfrac{l}{k}$의 범위는 표와 같다.

고든-랭킨의 정수값

재료 ＼ 구분	$\sigma_c [\text{MPa}]$	a	$\lambda = \dfrac{l}{k}$
주철	549	1/1600	<80
연철	245	1/9000	<110
연강	333	1/7500	<90
경강	480	1/5000	<85
목재	49	1/750	<65

예제 3. 안지름 8 cm, 바깥지름 12 cm의 주철제 중공 기둥에 $P = 90$ kN의 하중이 작용될 때, 양단이 핀으로 고정되었다면 오일러의 좌굴 길이는 몇 cm인가? (단, 탄성계수 $E = 13$ GPa이다.)

① 108   ② 342

③ 80.5   ④ 95.5

해설 $P_B = n\pi^2 \dfrac{EI}{l^2} = \pi^2 \dfrac{EI}{(l_k)^2}$ 에서

$$\therefore \ l_k = \sqrt{\frac{\pi^2 EI}{P_B}} = \sqrt{\frac{\pi^2 \times 13 \times 10^6 \times \pi(0.12^4 - 0.08^4)}{90 \times 64}} = 3.4124 \ \text{m} \fallingdotseq 342 \ \text{cm} \qquad \boxed{\textbf{정답} \ ②}$$

3-2   테트마이어의 좌굴공식(Tetmajer's formula)

양단 회전의 기둥에 대하여 오일러의 공식과 고든-랭킨의 실험결과 중 맞지 않는 부분을 수정하여 만든 테트마이어의 실험식은 다음과 같다.

$$\sigma_{cr} = \frac{P_{cr}}{A} = \sigma_b \left[1 - a\left(\frac{l}{k}\right) + b\left(\frac{l}{k}\right)^2 \right] = \sigma_b \left(1 - a\lambda + b\lambda^2 \right) \quad \cdots\cdots\cdots (11-13)$$

식 (11-13)에서 σ_b는 굽힘응력 a, b 는 다음 표에 표시한 정수이며, 세장비 λ, 즉 $\dfrac{l}{k}$ 는 표 중의 범위 내에서만 적합하다.

테트마이어의 정수값

재료 \ 구분	σ_c[MPa]	a	b	$\lambda = \dfrac{l}{k}$
주철	760	0.01546	0.00007	5~88
연철	297	0.00246	0	10~112
연강	304	0.00368	0	10~105
주강	328	0.00185	0	< 90
목재	28.72	0.00625	0	1.8~100

예제 4. 8 cm×12 cm인 직사각형 단면의 기둥 길이를 L_1, 지름 20 cm인 원형 단면의 기둥 길이를 L_2라 하고 세장비가 같다면, 두 기둥의 길이의 비 L_2/L_1은 얼마인가?

① 1.44   ② 2.16

③ 25   ④ 3.2

해설 $\dfrac{L_1}{k_1} = \dfrac{L_2}{k_2}$ 에서

$\therefore \dfrac{L_2}{L_1} = \dfrac{k_2}{k_1} = \dfrac{d}{4} \times \dfrac{2\sqrt{3}}{b} = \dfrac{20}{4} \times \dfrac{2\sqrt{3}}{8} = 2.16$

정답 ②

출제 예상 문제

1. 재료의 최소 단면 2차 모멘트를 I, 단면적을 A라 할 때 다음 중에서 회전 반지름 k를 나타내는 식은?

① $k = \dfrac{I}{A}$ ② $k = \dfrac{A}{I}$

③ $k = \sqrt{\dfrac{I}{A}}$ ④ $k = \sqrt{\dfrac{A}{I}}$

2. 재료의 길이를 l, 회전 반지름을 k라 할 때 세장비 λ를 나타내는 식은?

① $\lambda = \dfrac{k}{l}$ ② $\lambda = \dfrac{l}{k}$

③ $\lambda = \dfrac{l}{k^2}$ ④ $\lambda = \dfrac{k}{l^2}$

3. 지름 D, 길이 l인 원기둥의 세장비는 얼마인가?

① $\dfrac{4l}{D}$ ② $\dfrac{8l}{D}$

③ $\dfrac{4D}{l}$ ④ $\dfrac{8D}{l}$

[해설] $\lambda = \dfrac{l}{k}$인데,

$$k = \sqrt{\dfrac{I}{A}} = \sqrt{\dfrac{\pi D^4}{64} \times \dfrac{4}{\pi D^2}} = \sqrt{\dfrac{D^2}{16}} = \dfrac{D}{4}$$

$$\therefore \lambda = \dfrac{l}{\dfrac{D}{4}} = \dfrac{4l}{D}$$

4. 바깥지름이 8 cm, 안지름이 6 cm, 길이 2 m 인 경강재 원관기둥의 세장비는?

① 80 ② 89

③ 97 ④ 500

[해설] $k = \sqrt{\dfrac{I}{A}}$ 에서,

$$I = \dfrac{\pi(D^4 - d^4)}{64} = \dfrac{\pi(8^4 - 6^4)}{64} \fallingdotseq 137.44\,\mathrm{cm}^4$$

$$A = \dfrac{\pi(D^2 - d^2)}{4} = \dfrac{\pi(8^2 - 6^2)}{4} \fallingdotseq 22\,\mathrm{cm}^2$$

이므로,

$$k = \sqrt{\dfrac{137.44}{22}} \fallingdotseq 2.5\,\mathrm{cm}$$ 가 된다.

$$\therefore \lambda = \dfrac{l}{k} = \dfrac{200}{2.5} = 80$$

5. 단말계수를 n, 세로탄성계수를 E, 기둥 길이를 l, 단면 2차 모멘트를 I라고 할 때 오일러(Euler)의 좌굴 하중(P_{cr}) 식은?

① $P_{cr} = n\pi \dfrac{EI}{l}$

② $P_{cr} = n\pi^2 \dfrac{EI}{l^2}$

③ $P_{cr} = n\pi \dfrac{l}{EI}$

④ $P_{cr} = n\pi^2 \dfrac{l^2}{EI}$

6. 오일러 공식이 적용되는 긴 기둥에서 좌굴응력에 대한 설명 중 틀린 것은?

① 종탄성계수에 비례하고 단면적에 반비례한다.

② 세장비의 제곱에 반비례한다.

③ 회전 반지름의 제곱에 반비례한다.

④ 단말계수에 비례한다.

[해설] 좌굴응력 공식

$$\sigma_{cr} = \dfrac{P_{cr}}{A} = n\pi^2 \dfrac{EI}{l^2 A} = n\pi^2 \dfrac{Ek^2}{l^2}$$

[정답] **1.** ③ **2.** ② **3.** ① **4.** ① **5.** ② **6.** ③

$$= n\pi^2 \dfrac{E}{\left(\dfrac{l}{k}\right)^2} = n\pi^2 \dfrac{k^2 E}{l^2} = n\pi^2 \dfrac{E}{\lambda^2}$$

7. 기둥의 오일러 좌굴 하중에 대해 설명한 것 중 틀린 것은?

① 재료의 탄성계수에 비례한다.

② 최소 단면 2차 모멘트에 비례한다.

③ 세장비에 역비례한다.

④ 기둥의 길이 제곱에 역비례한다.

8. 길이가 같고, 단면적이 같은 다음의 기둥들 중에서 가장 큰 하중을 받을 수 있는 것은?

① 일단고정, 타단자유

② 일단회전, 타단고정

③ 양단고정

④ 양단회전

[해설] 좌굴 하중 $P_{cr} = n\pi^2 \dfrac{E}{\lambda^2}$ 에서, 단말계수 n이 가장 큰 것이 양단고정인 경우이므로 가장 큰 하중을 받는다.

일단고정 타단자유단 : $n = \dfrac{1}{4}$

양단회전단 : $n = 1$

일단고정 타단회전단 : $n = 2$

양단고정단 : $n = 4$

9. 연강재에서 오일러 공식에 적용시킬 수 있는 세장비의 한계치에 가장 가까운 것은 어느 것인가?

① 70   ② 80   ③ 90   ④ 100

[해설] 세장비의 한계치 : 주철(70), 연철(115), 연강(102), 경강(95), 목재(56)

10. 오일러의 기둥 공식에서 길이가 l인 양단회전기둥에 대한 임계 하중(P_{cr})은 어느 것인가?

① $P_{cr} = \dfrac{\pi EI_G}{l^2}$ ② $P_{cr} = \dfrac{\pi^2 EI_G}{l^2}$

③ $P_{cr} = \dfrac{EI_G}{\pi l^2}$ ④ $P_{cr} = \dfrac{EI_G}{\pi^2 l^2}$

[해설] $P_{cr} = \dfrac{n\pi^2 EI_G}{l^2}$ 에서 양단회전의 경우 단말계수 $n = 1$이므로,

∴ $P_{cr} = \dfrac{\pi^2 EI_G}{l^2}$

11. 하단이 고정되고 상단이 자유로운 장주의 임계 하중(P_{cr}) 식은? (단, E는 재료의 세로 탄성계수, I_G는 단면 2차 모멘트, l은 장주의 길이이다.)

① $P_{cr} = \dfrac{\pi^2 EI_G}{4l^2}$ ② $P_{cr} = \dfrac{2\pi EI_G}{l^2}$

③ $P_{cr} = \dfrac{\pi^2 EI_G}{l^2}$ ④ $P_{cr} = \dfrac{4\pi^2 EI_G}{l^2}$

[해설] $P_{cr} = n\pi^2 \dfrac{EI_G}{l^2}$ 에서 $n = \dfrac{1}{4}$이므로,

$P_{cr} = \dfrac{\pi^2 EI_G}{4l^2}$ 이다.

12. $b \times h = 10\,\text{cm} \times 15\,\text{cm}$의 단면을 가진 양단고정의 장주가 있다. 오일러의 식을 적용하려면 길이 l은 몇 m 이상이어야 하는가? (단, 세장비 $\lambda = \dfrac{l}{k} = 170$이다.)

① 2.47 m   ② 3.75 m

③ 4.93 m   ④ 5.36 m

[해설] 최소 회전 반지름 $k = \sqrt{\dfrac{I_G}{A}}$ 에서,

$I_G = \dfrac{bh^3}{12} = \dfrac{15 \times 10^3}{12} = 1250\,\text{cm}^4$,

$A = 15 \times 10 = 150\,\text{cm}^2$이므로,

$k = \sqrt{\dfrac{1250}{150}} \fallingdotseq 2.9\,\text{cm}$인데,

---

정답 7. ③   8. ③   9. ④   10. ②   11. ①   12. ③

$$\lambda = \frac{l}{k} \text{에서,}$$

$$\therefore \ l = k\lambda = 2.9 \times 170 = 493 \text{ cm}$$

13. 세로 탄성계수 $E = 220$ GPa이고, 항복점이 490 MPa인 경강재의 장주가 오일러의 식을 만족할 수 있는 한계의 세장비는 얼마인가?

① $62.6 \sqrt{n}$ ② $66.6 \sqrt{n}$

③ $72.6 \sqrt{n}$ ④ $76.6 \sqrt{n}$

[해설] $\sigma_{cr} = \dfrac{n\pi^2 E}{\lambda^2}$ 에서,

$$\lambda = \pi \sqrt{\frac{nE}{\sigma_{cr}}} = \pi \sqrt{\frac{n \times 220 \times 10^9}{490 \times 10^6}}$$

$$= 66.6 \sqrt{n}$$

14. 단면이 2 cm × 4 cm인 직사각형이고, 길이가 200 cm인 장주의 세장비는?

① $200 \sqrt{6}$ ② $200 \sqrt{3}$

③ $\dfrac{200 \sqrt{3}}{3}$ ④ $\dfrac{100}{\sqrt{3}}$

[해설] 세장비$(\lambda) = \dfrac{l}{k} = \dfrac{l}{\sqrt{\dfrac{I_G}{A}}}$

$$= \frac{l}{\sqrt{\dfrac{bh^3}{12} \times \dfrac{1}{bh}}} = \frac{l}{\sqrt{\dfrac{h^2}{12}}} = \frac{2\sqrt{3}\,l}{h}$$

$$= \frac{2\sqrt{3} \times 200}{2} = 200\sqrt{3}$$

(여기서, $I_G =$ 최소 단면 2차 모멘트이므로, 폭 $b = 4$ cm, 높이 $h = 2$ cm 로 해야 한다.)

15. 단면 6 cm×12 cm, 길이 3 m의 기둥이 압축력을 받고 있다. 이 재료의 세장비는 얼마인가?

① 80   ② 173

③ 153   ④ 103

[해설] 세장비 $\lambda = \dfrac{l}{k}$ 인데,

$$k = \sqrt{\frac{I_G}{A}} = \sqrt{\frac{bh^3}{12} \times \frac{1}{bh}} = \sqrt{\frac{h^2}{12}} = \frac{h}{2\sqrt{3}}$$

이므로,

$$\lambda = \frac{l}{\left(\dfrac{h}{2\sqrt{3}}\right)} = \frac{2\sqrt{3}\,l}{h} = \frac{2\sqrt{3} \times 300}{6}$$

$$\doteqdot 173.2$$

16. 양단회전인 원형 단면의 장주의 길이가 지름의 몇 배 이상일 때 오일러식을 적용할 수 있는가? (단, 세장비 λ 는 102 이상이다.)

① $l \geq 21.5\,d$ ② $l \geq 23.5\,d$

③ $l \geq 25.5\,d$ ④ $l \geq 27.5\,d$

[해설] 최소 회전 반지름

$$k = \sqrt{\frac{I_G}{A}} = \sqrt{\frac{\pi d^4}{64} \times \frac{4}{\pi d^2}} = \sqrt{\frac{d^2}{16}} = \frac{d}{4}$$

이므로

$$\lambda = \frac{l}{k} = \frac{l}{\left(\dfrac{d}{4}\right)} = \frac{4l}{d} \geq 102 \ \therefore \ l \geq 25.5\,d$$

17. 다음 중 지름 20 cm의 원형 단면의 기둥길이 l_1과 12 cm×20 cm인 사각단면의 기둥길이 l_2 와의 비 $\dfrac{l_1}{l_2}$ 는 얼마인가? (단, 세장비는 같다.)

① $\sqrt{3}$ ② $\dfrac{\sqrt{3}}{2}$

③ $\dfrac{5}{\sqrt{3}}$ ④ $\dfrac{5}{2\sqrt{3}}$

[해설] $\lambda_1 = \lambda_2$

$$\frac{l_1}{l_2} = \frac{k_1}{k_2} = \frac{d}{4} \times \frac{2\sqrt{3}}{b}$$

$$= \frac{20}{4} \times \frac{2\sqrt{3}}{12} = \frac{5}{2\sqrt{3}}$$

18. 단면의 형상이 6 cm×7 cm의 직사각형이고, 길이가 3 m인 연강 구형 단면의

기둥에서 좌굴응력은 얼마인가?(단, 일단고정 타단자유단이고, 연강의 종탄성계수 E = 210 GPa이다.)

① 17.3 MPa   ② 28.3 MPa

③ 38.3 MPa   ④ 27.3 MPa

[해설] 세장비(λ) = $\dfrac{l}{k}$ = $\dfrac{l}{\sqrt{\dfrac{I_G}{A}}}$

$$= \dfrac{l}{\sqrt{\dfrac{bh^3}{12} \cdot \dfrac{1}{bh}}} = \dfrac{l}{\sqrt{\dfrac{h^2}{12}}}$$

$$= \dfrac{300}{\sqrt{\dfrac{6^2}{12}}} = \dfrac{300}{\sqrt{3}} ≒ 173$$

연강의 세장비 한계보다 크므로, 오일러식을 이용하여 계산한다.

$$\sigma_{cr} = \dfrac{n\pi^2 E}{\lambda^2} = \dfrac{\dfrac{1}{4} \times \pi^2 \times 210 \times 10^9}{173^2}$$

$$≒ 17295232 \text{ N/m}^2 ≒ 17.3 \text{ MPa}$$

19. 지름과 길이가 각각 d_1, d_2 및 l_1, l_2인 2개의 원형 단면의 기둥이 있다. 기둥의 재료 및 지지조건, 작용 하중이 동일하다고 보고 지름의 비 d_1 / d_2을 구하면 얼마인가?(단, $l_2 = 2l_1$이며, 오일러의 공식을 적용한다.)

① $\dfrac{1}{\sqrt{2}}$ ② 2   ③ $\dfrac{1}{4}$ ④ $\dfrac{1}{2}$

[해설] 오일러의 공식

좌굴 하중 P_{cr} = $\dfrac{n\pi^2 E I_G}{l^2}$에서,

P_{cr}, n, E가 동일하므로,

$$\dfrac{\dfrac{\pi d_1^4}{64}}{l_1^2} = \dfrac{\dfrac{\pi d_2^4}{64}}{l_2^2}$$

$$\therefore \dfrac{d_1^4}{l_1^2} = \dfrac{d_2^4}{l_2^2} \text{에서,}$$

$$\dfrac{d_1}{d_2} = \sqrt{\dfrac{l_1}{l_2}} = \sqrt{\dfrac{l_1}{2l_1}} = \dfrac{1}{\sqrt{2}}$$

20. 길이가 10 m이고, 축방향의 하중이 50 kN인 양단고정의 장주에서 원형 단면의 지름은?(단, 이 재료의 세로 탄성계수 E = 210 GPa이고, 안전율 S = 10으로 한다.)

① 14 cm   ② 24 cm

③ 28 cm   ④ 33 cm

[해설] P_{cr} = $\dfrac{n\pi^2 E I_G}{l^2}$에서 I_G = $\dfrac{P_{cr} \times l^2}{n\pi^2 E}$ = $\dfrac{\pi d^4}{64}$

이므로,

$$d = \sqrt[4]{\dfrac{64 P_{cr} \times l^2}{n\pi^2 E}} \text{ 인데,}$$

$$P_{cr} = P_s \times S = 50 \times 10 = 500 \text{ kN}$$

n = 4이므로,

$$\therefore d = \sqrt[4]{\dfrac{64 \times 500 \times 10^2}{4\pi^2 \times (210 \times 10^6)}}$$

$$≒ 0.1402 \text{ m} = 14.02 \text{ cm}$$

21. 양단이 자유롭게 회전할 수 있는 길이 5 m의 장주가 있다. 단면이 20 cm×16 cm의 직사각형인 목재라면 가할 수 있는 안전 하중은 얼마인가?(단, 오일러식이 성립될 수 있는 세장비의 값은 l/k > 80, 영계수는 10 GPa이며, 안전율은 10이다.)

① 43 kN   ② 27 kN

③ 30 kN   ④ 35 kN

[해설] P_{cr} = $\dfrac{n\pi^2 E I_G}{l^2}$ 에서, n = 1,

$$I_G = \dfrac{b \times h^3}{12} = \dfrac{20 \times 16^3}{12} = 6826.7 \text{ cm}^4 \text{를}$$

대입한다.

$$P_{cr} = \dfrac{\pi^2 \times (10 \times 10^9) \times (6826.7 \times 10^{-8})}{5^2}$$

$$≒ 269234 \text{ N}$$

$$\therefore P_s = \frac{P_{cr}}{S} = \frac{269234}{10} = 26923.4 \text{ N}$$

$$\fallingdotseq 27 \text{ kN}$$

22. 양단회전단이고 길이가 4 m인 주철제 정사각 단면을 가진 장주에서 안전 하중을 30 kN으로 할 때, 단면의 한 변의 길이는 얼마인가? (단, 주철에 세로 탄성계수 $E = 100$ GPa이고, 안전율 $S = 8$이다.)

① 48 mm   ② 62 mm

③ 83 mm   ④ 104 mm

해설 $P_{cr} = \dfrac{n\pi^2 EI_G}{l^2}$ 에서

$I_G = \dfrac{P_{cr} \times l^2}{n\pi^2 E} = \dfrac{h^4}{12}$ 이므로

$h = \sqrt[4]{\dfrac{12 P_{cr} \times l^2}{n\pi^2 E}}$ 인데,

$P_{cr} = P_s \times S = 30 \times 8 = 240$ kN,

$n = 1$이므로,

$$\therefore h = \sqrt[4]{\dfrac{12 \times 240 \times 4^2}{1 \times \pi^2 \times (100 \times 10^6)}}$$

$$\fallingdotseq 0.0827 \text{ m} = 8.27 \text{ cm} = 83 \text{ mm}$$

23. $b \times h = 10$ cm×15 cm의 단면을 가진 양단고정의 목재기둥이 있다. 오일러의 공식을 적용하려면 기둥의 길이 l 은 얼마인가? (단, 세장비 $\lambda = 90$이다.)

① 243 cm   ② 261 cm

③ 315 cm   ④ 387 cm

해설 $k = \sqrt{\dfrac{I_G}{A}}$ 에서 최소 단면 2차 모멘트

$I_G = \dfrac{bh^3}{12} = \dfrac{15 \times 10^3}{12} = 1250 \text{ cm}^4$이고,

단면적 $A = 10 \times 15 = 150 \text{ cm}^2$이므로,

$k = \sqrt{\dfrac{1250}{150}} \fallingdotseq 2.9 \text{ cm}$가 된다.

$\therefore \lambda = \dfrac{l}{k}$ 에서,

$l = k\lambda = 2.9 \times 90 = 261 \text{ cm}$

24. 단면의 양단이 힌지로 된 연강장주의 안전 하중 P_s는? (단, 안전율 $s = 5$, 세로 탄성계수 $E = 210$ GPa이다.)

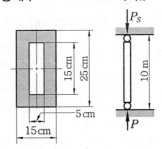

① 약 145 kN   ② 약 195 kN

③ 약 235 kN   ④ 약 285 kN

해설 최소 단면 2차 모멘트$(I_G) = I_{\min}$

$$= \frac{BH^3}{12} - \frac{bh^3}{12}$$

$$= \frac{25 \times 15^3}{12} - \frac{15 \times 5^3}{12} = 6875 \text{ cm}^4$$이고,

단면적 $A = 15 \times 25 - 5 \times 15 = 300 \text{ cm}^2$ 이므로,

$$k = \sqrt{\frac{I_G}{A}} = \sqrt{\frac{6875}{300}} \fallingdotseq 4.79 \text{ cm}$$

$\therefore$ 세장비 $\lambda = \dfrac{l}{k} = \dfrac{1000}{4.79} = 208.77 > 102$

따라서, 오일러의 공식을 적용하면,

좌굴 하중 $P_{cr} = n\pi^2 \dfrac{EI_G}{l^2}$

$$= 1 \times \pi^2 \times \frac{(210 \times 10^6) \times (6875 \times 10^{-8})}{10^2}$$

$$= 1423.48 \text{ kN}$$

$\therefore$ 안전 하중 $P_s = \dfrac{P_{cr}}{S} = \dfrac{1423.48}{5}$

$$= 284.7 \text{ kN}$$

25. 실린더의 최고 총 압력이 100 kN, 길이가 2 m인 연강재 커넥팅 로드의 지름은? (단, 연강의 세로 탄성계수 $E = 210$ GPa이고, 안전율 $S = 6$이다.)

① 5 cm   ② 6 cm

③ 7 cm   ④ 8 cm

정답 **22.** ③   **23.** ②   **24.** ④   **25.** ③

해설 양단회전으로 생각하여 오일러의 공식을 적용하면,

$P_S = \dfrac{P_{cr}}{S}$ 에서,

$P_{cr} = P_s \times S = 100000 \times 6 = 60000$ N

$P_{cr} = \dfrac{\pi^2 E I_G}{l^2}$ 에서, $I_G = \dfrac{P_{cr} l^2}{\pi^2 E} = \dfrac{\pi d^4}{64}$ 이므로,

$d = \sqrt[4]{\dfrac{64 P_{cr} \times l^2}{\pi^3 E}} = \sqrt[4]{\dfrac{64 \times 600000 \times 2^2}{\pi^3 \times (210 \times 10^9)}}$

$\fallingdotseq 0.0697$ m $\fallingdotseq 7$ cm

오일러의 공식은 연강의 경우 $\lambda > 102$ 이어야 하므로 λ를 구하면,

$\lambda = \dfrac{l}{k} = \dfrac{l}{\sqrt{\dfrac{I}{A}}} = \dfrac{l}{\sqrt{\dfrac{\pi d^4}{64} \times \dfrac{4}{\pi d^2}}}$

$= \dfrac{l}{\dfrac{d}{4}} = \dfrac{4 \times 200}{7} \fallingdotseq 114.3$

$\therefore d = 7$ cm 가 적당하다.

---

26. 그림과 같이 30 kN 의 압축력을 받는 원형 단면 기둥이 있다. 랭킨 공식을 사용할 때 이 기둥의 안전율은 얼마인가? (단, 랭킨 공식은 보기와 같다.)

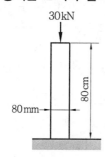

⟨보 기⟩

$\sigma_{cr} = \dfrac{340}{1 + \dfrac{\lambda^2}{7500} \cdot \dfrac{1}{n}} \text{[MN/m}^2\text{]}$

여기서, λ : 유효세장비

① 9   ② 19

③ 20   ④ 31

해설 그림에서 $I_G = \dfrac{\pi d^4}{64} = \dfrac{\pi \times 8^4}{64} = 201.1$ cm^4

$A = \dfrac{\pi d^2}{4} = \dfrac{\pi \times 8^2}{4} = 50.3$ cm^2 이므로,

$k = \sqrt{\dfrac{I_G}{A}} = \sqrt{\dfrac{201.1}{50.3}} \fallingdotseq 2$ cm

$\therefore \lambda = \dfrac{l}{k} = \dfrac{80}{2} = 40$ 이 된다.

그러므로,

$\sigma_{cr} = \dfrac{\sigma_c}{1 + \dfrac{a}{n}\lambda^2} = \dfrac{340 \times 10^6}{1 + \dfrac{\lambda^2}{7500} \cdot \dfrac{1}{n}}$

$= \dfrac{340 \times 10^6}{1 + \left(\dfrac{40^2}{7500}\right) \times \dfrac{1}{\left(\dfrac{1}{4}\right)}} = \dfrac{340 \times 10^6}{1 + \dfrac{4 \times 40^2}{7500}}$

$= 183453237$ N/m^2

$P_{cr} = \sigma_{cr} \times A$

$= 183453237 \times (50.3 \times 10^{-4})$

$= 922770$ N

$\therefore S = \dfrac{P_{cr}}{P_s} = \dfrac{922770}{30000}$

$= 30.759 \fallingdotseq 31$

---

27. 그림과 같이 양단이 회전단으로 지름 $d = 25$ cm, 길이 $l = 4$ m인 주철제 원주가 있다. 이 기둥의 좌굴응력 σ_{cr} 을 고든−랭킨의 식을 이용하여 구하면? (단, $E = 100$ GPa, $\sigma_c = 560$ MPa, $a = \dfrac{1}{1600}$ 이다.)

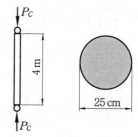

① 176.2 MPa   ② 157.3 MPa

③ 134.7 MPa   ④ 112.8 MPa

해설 $\sigma_{cr} = \dfrac{\sigma_c}{1 + \dfrac{a}{n}\lambda^2}$ [MPa]

최소 회전 반지름$(k) = \sqrt{\dfrac{I_G}{A}}$

$= \sqrt{\dfrac{\pi d^4}{64} \times \dfrac{4}{\pi d^2}} = \dfrac{d}{4}$

세장비$(\lambda) = \dfrac{l}{k} = \dfrac{l}{\dfrac{d}{4}} = \dfrac{4l}{d}$

$= \dfrac{4 \times 4000}{250} = 64$

양단회전이므로 단말계수 $n = 1$이 된다.

$\therefore \sigma_{cr} = \dfrac{\sigma_c}{1 + \dfrac{a}{n}\lambda^2} = \dfrac{560}{1 + \dfrac{1}{1600} \times 64^2}$

$= 157.3\,\text{MPa}$

28. 27번 문제를 테트마이어 식으로 계산 하면 얼마인가? (단, 굽힘응력 $\sigma_b = 776$ MPa, $a = 0.01546$, $b = 0.000007$이다.)

① 231.6 MPa   ② 254.3 MPa

③ 271.9 MPa   ④ 298.2 MPa

해설 좌굴응력$(\sigma_{cr}) = \dfrac{P_{cr}}{A} = \sigma_b(1 - a\lambda + b\lambda^2)$

$= 776\,(1 - 0.01546 \times 64 + 0.00007 \times 64^2)$

$= 776\,(1 - 0.98944 + 0.28672)$

$\fallingdotseq 231.6\,\text{MPa}$

※ 27번 문제에서 세장비$(\lambda) = 64$만 고려 하면 된다.

29. 지름 5 cm인 단주의 단면의 핵심 반지 름은 얼마인가?

① 12.55 mm   ② 8.33 mm

③ 6.25 mm   ④ 16.66 mm

해설 $a = \dfrac{Z}{A} = \dfrac{\dfrac{\pi d^3}{32}}{\dfrac{\pi d^2}{4}} = \dfrac{d}{8} = \dfrac{50}{8} = 6.25\,\text{mm}$

30. 다음 그림과 같은 사각 단면의 기둥 에서 $e = 2\,\text{mm}$의 편심거리에 $P = 100$ kN의 압축응력이 작용할 때 발생하는 최 대 응력은 얼마인가?

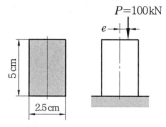

① 118.4 MPa   ② 108.7 MPa

③ 198.1 MPa   ④ 176.3 MPa

해설 $A = 25 \times 50 = 1250\,\text{mm}^2$

$M = Pe = 100000 \times 2 = 200000\,\text{N} \cdot \text{mm}$

$\sigma_{\max} = \sigma_1 + \sigma_2 = \left(\dfrac{P}{A} + \dfrac{M}{Z}\right)$

$= \dfrac{100000}{1250} + \dfrac{200000}{\dfrac{50 \times 25^2}{6}} = 80 + 38.4$

$= 118.4\,\text{MPa}$

PART 02

기계열역학

제1장 열역학 기초사항

1-1 공업 열역학

열역학(thermodynamics)이란 어떤 물질이 열에 의하여 한 형태로부터 다른 형태로 변화할 때 일어나는 상호관계를 연구하는 한 학문이다.

다시 말하면, 어떤 물체에 열을 가하거나 물체로부터 열을 제거하면 그 물체에는 어떤 변화가 일어난다. 이때 이 변화에는 물질이 열에 의한 팽창 또는 증발과 같은 물리적 변화와 연소 등과 같은 화학적 변화로 나눌 수 있는데, 이 중 열에 의한 물리적 변화만을 다루는 학문을 열역학이라 한다.

특히, 기계 분야에 응용하여 그의 열적 성질이나 작용 등에 대하여 연구하는 것, 즉 공업적 응용면에 관계있는 것만을 취급하는 것을 공업 열역학(engineering thermodynamics)이라 한다.

공업 열역학의 응용 분야로는 모든 열기관(heat engine), 즉 내연기관(internal engine), 외연기관(external engine), 가스 터빈(gas turbine), 공기 압축기(air compressor), 송풍기(blower) 및 냉동기(refrigerator) 등을 들 수 있다.

참고 **공업 열역학에서 사용하는 중요한 정수(암기)**

- 지구 평균 중력 가속도 : $9.80665 \, m/s^2$
- 표준 대기압(1 atm) : 101.325 kPa
- 0℃의 절대온도 : 273.15 K
- 1 atm, 0℃의 기체 1 kmol의 체적 : $22.4 \, m^3$(1 mol의 체적 : 22.4 L)
- 일반 가스 정수($\overline{R}$) = 8314.3 J/kmol · K = 8.314 kJ/kmol · K
- 공기의 가스 정수(R) : 287 J/kg · K = 0.287 kJ/kg · K
- 공기의 정압비열(C_p) : 1.005 kJ/kg · K
- 공기의 정적비열(C_v) : 0.72 kJ/kg · K
- 공기의 비열비(k) = $\dfrac{C_p}{C_v}$ = 1.4
- 100℃ 물의 증발잠열 : 539 kcal/kgf = 2256 kJ/kg

1-2 온도와 열평형

(1) 온도(temperature)

온도란 인간의 감각작용에 의하여 느껴지는 감각의 정도이며, 인간이 어떤 물체를 만졌을 때 차갑다, 뜨겁다는 감각을 객관적으로 나타내는 것을 말한다.

① 섭씨온도 (Celsius) : 어는점을 0℃, 끓는점을 100℃로 하여 그 사이를 100등분한 것으로, 1눈금을 1℃라고 정의한다.

② 화씨온도 (Fahrenheit) : 어는점을 32°F, 끓는점을 212°F로 하여 그 사이를 180등분한 것으로, 1눈금을 1°F라고 정의한다.

③ 섭씨온도 t_c [℃]와 화씨온도 t_F [°F] 사이의 관계

어는점 : 0 ℃ = 32 °F, 끓는점 : 100 ℃ = 212 °F

$$\frac{t_C}{100} = \frac{t_F - 32}{180} \text{ 에서,}$$

$$t_C = \frac{5}{9}(t_F - 32)[℃], \quad t_F = \frac{9}{5}t_C + 32[°F] \quad\text{....................................}(1-1)$$

(2) 절대온도(absolute temperature)

이상기체는 압력이 일정할 때 온도가 1 ℃ 낮아지면 부피는 $\frac{1}{273.15}$ 만큼 감소하며, 결국 온도 −273.15℃(−459.67 °F)에서 부피가 0이 되는데, 이 온도를 절대온도 0 K (절대영도)라 한다 (1 / 273.15 = α를 열팽창 계수라 한다).

일반적으로 온도를 측정하는 온도계는 열에 의한 물질의 팽창과 전기저항 또는 열기전력 등의 물성치의 온도에 의한 변화를 이용한 것이며, 이 물성치들은 온도 및 물질에 따라 다르다. 엄밀하게 말하면, 열팽창을 이용한 수은온도계와 gas 온도계에서는 온도의 지시도가 다른데, 이 불편을 없애기 위하여 온도 측정에 사용되는 동작 물질에 좌우되지 않는 온도의 눈금으로, 열역학에서는 Kelvin의 절대온도, 또는 열역학적 절대온도를 사용한다. 화씨온도에 대해서도 −459.67°F를 절대온도 0°R (Rankine)이라 한다.

열역학적 절대온도를 T [K]라 하고, 섭씨온도를 t_C[℃]라고 하면,

$$T[\text{K}] = t_C + 273.15[\text{K}] ≒ t_C + 273[\text{K}] \quad\text{................................}(1-2)$$

화씨온도의 절대온도를 T [°R]이라 하면,

$$T[°\text{R}] = t_F + 459.67[°\text{R}] ≒ t_F + 460[°R] \quad\text{................................}(1-3)$$

T[K]와 T[°R] 사이에는 $T[°\text{R}] = \frac{9}{5}T[\text{K}] = 1.8\,T[\text{K}]$의 관계가 있다.

(3) 열평형(thermal equilibrium) – 열역학 제 0 법칙

온도가 서로 다른 물체를 접촉시키면 높은 온도를 지닌 물체의 온도는 내려가고(방열), 낮은 온도의 물체는 온도가 올라가서(흡열), 결국 두 물체 사이에는 온도차가 없어지며 같은 온도가 된다(열평형). 이와 같이 열평형이 된 상태를 열역학 제 0 법칙(the zeroth of thermodynamics) 또는 열평형의 법칙이라 하며, 열역학 제 0 법칙은 온도계의 원리를 제시한 법칙이다.

예제 1. 섭씨와 화씨의 온도 눈금이 같을 때의 온도는 몇 도인가?

① 30℃   ② 40℃

③ −30℃   ④ −40℃

해설 $t_F = \dfrac{9}{5} t_C + 32$ 이므로, $t_F = t_C = t$ 라 하면, $t = \dfrac{9}{5} t + 32$

∴ $t = -40$ ℃

정답 ④

1-3 열량(quantity of heat)

(1) 1 kcal

순수한 물 1 kgf를 1℃ 높이는 데 필요한 열량을 말하는데, 물의 상승은 온도와 압력에 따라 약간의 차이가 있다. 1 kcal란 순수한 물 1 kgf를 표준 대기압하에서 14.5℃에서 15.5℃까지 1℃ 높이는 데 필요한 열량으로 15℃ kcal라 하고 $kcal_{15}$로 표시한다. 또, 순수한 물 1 kgf를 표준 대기압하에서 0℃에서 100℃까지 높이는 데 소요된 열량의 1/100을 말하며 $kcal_m$로 표시한다. $kcal_{int}$로 표시되는 국제 kcal도 있다. 따라서, kcal를 Joule (줄)로 표시하면,

$1\ kcal_{15} = 4185.5\ J$

$1\ kcal_{int} = 4186.8\ J$

$1\ kcal_m = 4186.05\ J$ 이 된다.

(2) 1 Btu(British thermal unit)

순수한 물 1 lbf를 60℉에서 61℉로 1℉ 높이는 데 필요한 열량이다(영국계 열량 단위).

$1\ Btu = 0.252\ kcal = 1.055\ kJ$

(3) 1 Chu(Centigrade heat unit)

순수한 물 1 lbf를 14.5℃에서 15.5℃로 1℃ 높이는 데 필요한 열량이며, Pcu(Pound

celsius unit)로 표시하기도 한다.

$$1 \text{ Chu} = 1.8 \text{ Btu} = 0.4536 \text{ kcal}$$

[예제] 2. 1 Btu는 몇 kcal인가?

① 0.5556 　　　　　　　　　② 0.4536

③ 0.252　　　　　　　　　　④ 4.186

[해설] 1 lbf = 0.4536 kgf 이고, 1°F = $\frac{5}{9}$ ℃ 이므로,

$$1 \text{ Btu} = 0.4536 \times \frac{5}{9} = 0.252 \text{ kcal}$$

[정답] ③

1-4　비열(specific heat)

비열이란 어떤 물질의 단위 질량(중량)당의 열용량으로 공업상으로는 단위 중량, 즉 1 kgf를 온도 1℃ 높이는 데 필요한 열량이다. 비열(C)의 단위는 kcal/kgf·℃, kJ/kg·K 이다.

$$1 \text{ kcal} / \text{kgf} \cdot ℃ = 1 \text{ Btu}/1\text{bf} \cdot °F = 1 \text{ Chu}/1\text{bf} \cdot ℃ = 4.186 \text{kJ/kg} \cdot \text{K} \quad \cdots (1-4)$$

열의 이동과정에서 질량 m[kg]의 물체에 열량 δQ를 가하여 온도가 dt만큼 상승되었다면 dt는 δQ에 비례하고 질량 m에 반비례하므로,

$$\delta Q = m C dt [\text{kJ}] \quad\cdots\cdots (1-5)$$

여기서, C는 비례상수로서 물질에 따라 정해지는 정수로 그 물질의 비열이라 한다.

열량 Q를 가하는 동안 온도가 t_1에서 t_2로 변했다면 열량 Q는,

$$Q = m C(t_2 - t_1) [\text{kJ}] \quad\cdots\cdots (1-6)$$

비열 C가 온도의 함수인 경우에는,

$$Q = m \int_{t_1}^{t_2} C dt = m \int_{t_1}^{t_2} f(t) dt \quad\cdots\cdots (1-7)$$

평균비열을 C_m이라 하면,

$$C_m = \frac{1}{t_2 - t_1} \int_{t_1}^{t_2} C dt [\text{kJ/kg} \cdot \text{K}] \quad\cdots\cdots (1-8)$$

따라서, 식 (1-6)은 다음 식으로 표시된다.

$$Q = m C_m (t_2 - t_1) [\text{kJ}] \quad\cdots\cdots (1-9)$$

(1) 혼합물체의 평균온도(t_m)

질량 m_1, m_2, 비열 C_1, C_2, 온도 t_1, t_2인 두 물체를 혼합했을 때 $t_1 > t_2$라면, 혼합 후 평형온도(t_m)는 $m_1 C_1 (t_1 - t_m) = m_2 C_2 (t_m - t_2)$ 이므로,

$$t_m = \frac{m_1 C_1 t_1 + m_2 C_2 t_2}{m_1 C_1 + m_2 C_2} = \frac{\sum\limits_{i=1}^{n} m_i C_i t_i}{\sum\limits_{i=1}^{n} m_i C_i} [\text{℃}] \quad \cdots\cdots\cdots\cdots\cdots\cdots\cdots\cdots (1-10)$$

만약 동일물질인 경우는 $C_1 = C_2 = \cdots = C_n$

$$\therefore \ t_m = \frac{\sum\limits_{i=1}^{n} m_i t_i}{\sum\limits_{i=1}^{n} m_i} = \frac{m_1 t_1 + m_2 t_2 + \dots + m_n t_n}{m_1 + m_2 + \dots + m_n} \quad \cdots\cdots\cdots\cdots\cdots\cdots\cdots (1-11)$$

(2) 정압비열(C_p)과 정적비열(C_v)의 관계

① gas인 경우 : $C_p > C_v$

② $k = \dfrac{C_p}{C_v} > 1$이며, k를 비열비(단열지수)라 한다.

③ 1원자 분자인 경우 : $k = \dfrac{5}{3} = 1.67$

　2원자 분자인 경우 : $k = \dfrac{7}{5} = 1.4$

　3원자 분자인 경우 : $k = \dfrac{4}{3} = 1.33$

④ 0 ℃에서 공기의 경우 : $C_p = 0.240 \, \text{kcal/kgf} \cdot \text{℃} = 1.005 \, \text{kJ/kg} \cdot \text{K}$

　　　　　　　　　　　$C_v = 0.171 \, \text{kcal/kgf} \cdot \text{℃} = 0.72 \, \text{kJ/kg} \cdot \text{K}$

　　　　　　　　　　　$k = 1.4$

예제 3. 공기의 정압비열은 $C_p = 1.0046 + 0.000019t$ [kJ/kg · K]인 관계를 갖는다. 이 경우 5 kg의 공기를 0℃에서 300℃까지 높이는 데 소모되는 열량(kJ)과 평균비열(kJ/kg · K)은?

① 1511, 1.01　　　　　　　　　　② 1211, 0.24

③ 1511, 0.72　　　　　　　　　　④ 1211, 1.01

해설 $Q = m \displaystyle\int_{t_1}^{t_2} C_p dt = m \int_{t_1}^{t_2} (1.0046 + 0.000019t)\,dt = m \left[1.0046t + 0.000019 \times \frac{t^2}{2} \right]_{t_1}^{t_2}$

$= 5 \times \left[1.0046 \times (300 - 0) + 0.000019 \times \dfrac{1}{2} (300^2 - 0^2) \right] = 1510.73 \fallingdotseq 1511 \, \text{kJ}$

$$C_m = \frac{Q}{m(t_2 - t_1)} = \frac{1511}{5(300-0)} = 1.01 \text{ kJ/kg} \cdot \text{K}$$

정답 ①

1-5 잠열(lantent heat)과 감열(sensible heat)

(1) 증발열

일정 압력하에서 1 kg의 액체를 같은 온도, 즉 포화온도의 증기로 만드는 데 필요한 열량을 증발잠열 또는 증발열이라 한다.

ⓔ 물의 증발열 539 kcal/kgf = 2256 kJ/kg

(2) 융해열

얼음이 물로 변하는 것과 같이 고체가 액체로 변화하는 데 소요되는 열을 융해잠열 또는 융해열이라 한다.

ⓔ 얼음의 융해열 79.68 kcal/kgf = 334 kJ/kg

(3) 감열

어떤 물체에 열을 가할 때 가하는 열에 비례하여 온도가 상승하는 경우와 같이 물체의 온도 상승에 소요되는 열량을 감열 또는 현열이라 한다.

$$Q_s = m C(t_2 - t_1)\,[\text{kJ}]$$

(4) 승화열

드라이아이스와 같이 고체가 직접 기체로 변화하는 현상을 승화라 하고, 이때의 소요열을 승화열이라 한다.

ⓔ 드라이아이스의 승화열 137 kcal/kgf ≒ 574 kJ/kg(승화점 : -78.5℃)

1-6 압력(pressure)

압력은 단위 면적당 작용하는 수직력이며, 단위로는 Pa(N/m²), bar 등이다. 1 표준 대기압은 지구 중력이 $g = 9.80665 \text{m/s}^2$이고, 0℃에서 수은주 760 mmHg로 표시될 때의 압력이며, 1 atm(atmosphere)로 쓴다.

또한 압력은 수주의 높이로 표시하며, 기호로는 Aq(Aqua)를 사용하는데, 수은주(mmHg)와 수주(mmAq) 등은 미소압력을 나타낼 때 사용한다.

$$1\,\mathrm{Pa}(1\,\mathrm{N/m^2}) = 10\,\mathrm{dyne/cm^2} = 10^{-5}\,\mathrm{bar}(1\,\mathrm{bar} = 10^5\,\mathrm{Pa})$$

$$1\,\text{표준 대기압} = 1\,\mathrm{atm} = 101325\mathrm{N/m^2} = 101325\,\mathrm{Pa} = 760\,\mathrm{mmHg}$$

$$= 1.0332\,\mathrm{kgf/cm^2} = 10.332\,\mathrm{mAq} = 14.7\,\mathrm{psi(lb/in^2)}$$

$$= 101.325\,\mathrm{kPa} = 1.01325\,\mathrm{bar}$$

$$= 1013.25\,\mathrm{mbar(millibar)}$$

압력계로 압력을 측정할 때 대기압을 기준으로 하여 측정한 계기압력(P_g : atg), 완전 진공을 기준으로 한 절대압력(P_a : ata)과 대기압 (P_o)과의 관계는 다음과 같다.

$$P_a = P_o \pm P_g \quad\text{..} (1-12)$$

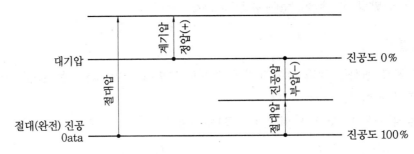

$P_g,\ P_a,\ P_o$의 압력 관계

대기압보다 낮은 압력을 진공(vaccum)이라 하며, 진공의 정도를 나타내는 값으로 진공도를 사용하는데, 완전 진공은 진공도 100 %이고, 표준 대기압은 진공도 0 %이다.

예제 **4.** 표준 대기압 상태에 있는 실린더 구경이 5 cm 인 피스톤 위에 중량 1000 N 의 추를 올려놓았다. 실린더 내 가스의 절대압력은 몇 kPa 인가? (단, 피스톤의 중량은 무시한다.)

① 510   ② 595   ③ 611   ④ 625

해설 추에 의한 압력은 게이지 압력 P_g 이다.

$$\therefore\ P_g = \frac{P}{A} = \frac{1000}{\frac{\pi}{4} \times (0.05)^2} \fallingdotseq 509296\,\mathrm{N/m^2(Pa)} \fallingdotseq 509.30\,\mathrm{kPa}$$

$$\therefore\ P_a = P_o + P_g = 101.325 + 509.30 \fallingdotseq 611\,\mathrm{kPa}$$

정답 ③

1-7   비체적, 비중량, 밀도

(1) 비체적(specific volume)

단위 질량의 물질이 차지하는 체적을 비체적이라 하며, $\mathrm{m^3/kg}$으로 표시한다. 비체적을 $v\,[\mathrm{m^3/kg}]$, 질량을 $m\,[\mathrm{kg}]$, 체적을 $V\,[\mathrm{m^3}]$ 이라 하면,

$$v = \frac{V}{m} \, [\text{m}^3/\text{kg}] \quad \cdots\cdots\cdots\cdots\cdots\cdots\cdots\cdots\cdots\cdots\cdots\cdots\cdots\cdots\cdots\cdots\cdots \quad (1-13)$$

(2) 비중량 (specific weight)

단위 체적당 물질의 중량을 비중량이라 하며, 비체적의 역수로 $\gamma[\text{N/m}^3]$로 표시한다.

$$\gamma = \frac{1}{v} = \frac{G}{V} [\text{N/m}^3] \quad \cdots\cdots\cdots\cdots\cdots\cdots\cdots\cdots\cdots\cdots\cdots\cdots\cdots \quad (1-14)$$

> **참고** 비중(specific gravity)
>
> 물리적인 용어로, 부피가 같은 4 ℃ 물과 물체와의 질량비를 말하며, 단위는 무차원수(dimensionless number)이다. 액체·고체는 물을 기준으로 하고, 기체는 공기를 기준으로 한다.

(3) 밀도 (density)

단위 체적당 물질의 질량을 밀도라 하며, $\rho[\text{kg/m}^3, \ \text{N} \cdot \text{s}^2/\text{m}^4]$로 표시한다.

$$\rho = \frac{m}{V} = \frac{G}{Vg} = \frac{\gamma}{g} [\text{kg/m}^3, \ \text{N} \cdot \text{s}^2/\text{m}^4] \quad \cdots\cdots\cdots\cdots\cdots\cdots \quad (1-15)$$

1-8 일과 에너지

(1) 일(work)

일이란 물체에 힘 F가 작용하여 S만큼 이동하였을 때, 힘과 힘의 방향에 대한 변위와의 곱을 말한다.

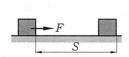
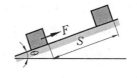

(a) 힘과 변위 방향이 동일 직선상에 있을 때   (b) 힘과 변위 방향이 θ각을 이룰 때

힘의 방향과 일

힘과 변위의 방향이 같은 직선상에 있을 때, $W = FS[\text{N} \cdot \text{m}]$
힘과 변위의 방향이 θ를 이루고 있을 때, $W = FS\cos\theta[\text{N} \cdot \text{m}]$ $\quad \cdots\cdots \quad (1-16)$

일의 단위는 $\text{N} \cdot \text{m}(\text{J})$이며, 수치적 관계는 다음과 같다.

$$1 \text{ kcal} = 427 \text{ kgf} \cdot \text{m} = 4.186 \text{ kJ} \quad \cdots\cdots\cdots\cdots\cdots\cdots\cdots\cdots \quad (1-17)$$

(2) 에너지(energy)

에너지란 일할 수 있는 능력을 말하며, 그 양은 외부에 행한 일로 표시되며, 단위는 일의 단위와 같다. 기계적 에너지로는 위치에너지와 운동에너지 등이 있으며, $G = mg$ 의 물체가 h[m]의 높이에 있을 때 위치에너지 E_p와 V[m/s]의 속도로 움직일 때 운동에너지 E_k는,

$$\left.\begin{array}{l} E_p = Gh = mgh \, [\text{J}] \\[2mm] E_k = \dfrac{1}{2} m V^2 = \dfrac{G V^2}{2g} \, [\text{J}] \end{array}\right\} \quad \cdots\cdots\cdots\cdots\cdots\cdots\cdots\cdots\cdots\cdots\cdots\cdots\cdots\cdots\cdots\cdots\cdots\cdots (1-18)$$

여기서, m : 질량(mass)

참고 Joule, Newton, kgf의 관계

$1 \, \text{J} = 1 \, \text{N} \cdot \text{m} = 1 \, \text{kg} \cdot \text{m}^2/\text{s}^2 = 10^7 \, \text{erg}$

$1 \, \text{kgf} \cdot \text{m} = 9.80665 \, \text{N} \cdot \text{m} = 9.80665 \, \text{J}$

1-9 동력(power)

동력은 단위 시간당 행한 일량을 말하며, 공률(일률)이라고도 한다. 동력 단위로는 HP (Horse Power), kW(kilo Watt), PS(Pferde Starke)가 사용되며, 동력 단위의 상호관계는 다음과 같다.

$$1 \, \text{HP} = 76 \, \text{kgf} \cdot \text{m/s} = 0.746 \, \text{kW} = 745.3 \, \text{N} \cdot \text{m/s}$$
$$= 641.6 \, \text{kcal/h} = 550 \, \text{ft-lb/s}$$
$$1 \, \text{PS} = 75 \, \text{kgf} \cdot \text{m/s} = 0.7355 \, \text{kW} = 735.5 \, \text{N} \cdot \text{m/s} = 632.3 \, \text{kcal/h}$$
$$1 \, \text{Watt} = 1 \, \text{J/s} = 1 \, \text{N} \cdot \text{m/s}$$
$$1 \, \text{kW} = 102 \, \text{kgf} \cdot \text{m/s} = 1.36 \, \text{PS} = 1000 \, \text{J/s(W)} = 860 \, \text{kcal/h}$$
$$= 1 \, \text{kJ/s} = 3600 \, \text{kJ/h}$$

예제 5. 500 W 의 전열기로 물 3 kg 을 10℃ 에서 100℃ 까지 가열하는 데 몇 분이 걸리는가 ? (단, 전열기의 발생열은 전부 물의 온도 상승에 이용되는 것으로 한다.)

① 25 ② 28 ③ 38 ④ 42

해설 물의 가열량(Q) $= m \, C(t_2 - t_1)$
$$= 3 \times 4.186 \times (100 - 10) = 1130.22 \, \text{kJ}$$

$1 \, \text{kW} = 1 \, \text{kJ/s} = 60 \, \text{kJ/min} = 3600 \, \text{kJ/h}$

전열기 용량(Q_1) $= 500 \, \text{W} = 0.5 \, \text{kW} = 0.5 \times 60 = 30 \, \text{kJ/min}$

$\therefore$ 분(mim) $= \dfrac{1130.22}{30} ≒ 38$ 분

정답 ③

1-10 동작물질과 계(system)

(1) 동작물질(substance)

열기관에서 열을 일로 전환시킬 때, 또는 냉동기에서 온도가 낮은 곳의 열을 온도가 높은 곳으로 이동시킬 때 반드시 매개물질이 필요하며, 이 매개물질을 동작물질이라 한다 (동작물질은 열에 의하여 압력이나 체적이 쉽게 변하거나, 액화나 증발이 쉽게 이루어지는 물질로서 이것을 작업유체 또는 동작유체라 한다).

(2) 계와 주위

이러한 물질의 일정한 양 또는 한정된 공간 내의 구역을 계(system)라 하며, 그 외부를 주위(surrounding)라 하고 계와 주위를 한정시키는 칸막이를 경계(boundary)라 한다.

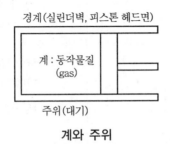

계와 주위

① **개방계(opened system)** : 계와 주위의 경계를 통하여 열과 일을 주고 받으면서 동작물질이 계와 주위 사이를 유동하는 계를 말한다(유동계).
② **밀폐계(closed system)** : 열이나 일만을 전달하나 동작물질이 유동되지 않는 계이다 (비유동계).
③ **절연계** : 계와 주위 사이에 아무런 상호작용이 없는 계
④ **단열계(adiabatic system)** : 경계를 통하여 열의 출입이 전혀 없는($Q=0$) 계

출제 예상 문제

1. 다음 중 틀린 것은?

① 정압비열이 정적비열보다 크다.

② 비열의 단위는 kJ/kg · K 이다.

③ 비열은 압력만의 함수이다.

④ 정압비열을 정적비열로 나눈 것을 비열비라고 한다.

[해설] 반완전 가스인 경우 비열은 온도만의 함수이다.

$$C_p > C_v, \quad k = \frac{C_p}{C_v} > 1$$

$$C = f(t)[kJ/kg \cdot K]$$

2. 다음 중 옳은 것은?

① 절대압력 + 대기압 = 계기압

② 계기압 − 대기압 = 절대압

③ 절대압력 − 대기압 = 절대압

④ 절대압 − 대기압 = 계기압

[해설] P_a : 절대압력, P_o : 대기압,

P_g : 게이지압(+ 정압, − 진공압)

$P_a = P_o \pm P_g$,

게이지압$(P_g) = P_a - P_o$,

진공압$(P_g) = P_o - P_a$

3. 동작물질에 대한 설명 중 틀린 것은?

① 열에 대하여 압력이나 체적이 쉽게 변하는 물질이다.

② 계 내에서 에너지를 저장 또는 운반하는 물질이다.

③ 상 변화를 일으키지 않아야 한다.

④ 증기관의 수증기, 내연기관의 연료와 공기의 혼합가스 등으로 일명 작업유체라고 한다.

[해설] 동작물질(working substence)은 상(phase)의 변화가 용이하다.

4. 600 W 의 전열기로 3 kg 의 물을 15℃에서 100℃ 까지 가열하는 데 몇 분 걸리는가? (단, 열손실은 없는 것으로 한다.)

① 225   ② 516

③ 30   ④ 15

[해설] $1\,kW = 1\,kJ/s = 60\,kJ/min$

전열기 용량$(Q_1) = 600\,W$

$= 0.6\,kW \times 60 = 36\,kJ/min$

물의 가열량(Q)

$= m\,C(t_2 - t_1) = 3 \times 4.186(100 - 15)$

$= 1067.43\,kJ$

가열시간$(min) = \dfrac{Q}{Q_1} = \dfrac{1067.43}{36} ≒ 30분$

5. 매 시간 40 ton의 석탄을 사용하는 발전소의 열효율이 25 % 라 할 경우 발전소의 출력은 몇 MJ/s 인가? (단, 석탄의 발열량은 25200 kJ/kg 이다.)

① 50   ② 60

③ 70   ④ 80

[해설] $\eta = \dfrac{3600\,kW}{H_L \times m_f} \times 100\,\%$

$kW = \dfrac{H_L \times m_f \times \eta}{3600} = \dfrac{25200 \times 40 \times 0.25}{3600}$

$= 70000\,kW(kJ/s)$

$= 70\,MJ/s$

6. 일과 이동 열량은?

① 과정에 의존하므로 성질이 아니다.

② 점함수이다.

③ 성질이다.

④ 엔트로피와 같이 도정 함수이다.

[해설] 일량과 열량은 과정(process) = 경로(path)에 의존하므로 열역학적 성질이 아니다(상태량이 아니다).

7. 무게 600 N 의 물체를 로프와 풀리를 사용하여 10200 m를 1분 동안에 내려 왔다면, 단위 시간당 발생하는 열량은 얼마인가?

① 102 kW   ② 202 kW

③ 300 kW   ④ 400 kW

[해설] $Q = W \times V = 600 \times \left(\dfrac{10200}{60} \right)$

$\qquad = 102000 \,\text{W} = 102 \,\text{kW}$

8. 실린더 구경이 50 mm 인 피스톤이 대기 중에 놓여 있다. 이 피스톤 위에 무게 9800 N인 추를 올려 놓았다. 피스톤의 무게를 무시할 때 실린더 내의 가스의 압력은 몇 kPa · abs 인가?

① 513.33   ② 106.33

③ 109.33   ④ 119.33

[해설] 피스톤 위의 추에 의한 무게는 계기압력과 같으므로,

$$P_g = \frac{W}{A} = \frac{W}{\frac{\pi}{4} d^2} = \frac{9800}{\frac{\pi}{4} \times (0.05)^2}$$

$\qquad = 4994 \,\text{Pa}(\text{N/m}^2)$

$\qquad ≒ 5 \,\text{kPa}$

따라서, 가스의 압력(절대압력)은 추의 무게(계기압) + 대기압이므로,

$P_a = P_o + P_g = 101.325 + 5$

$\qquad = 106.325 \,\text{kPa} \cdot \text{abs}$

9. 어떤 열기관이 45 PS를 발생할 때 1 시간당 일을 열량으로 환산하면 몇 kcal 인가?

① 28453.5 kcal   ② 28.453 kcal

③ 284.35 kcal   ④ 284.535 kcal

[해설] 1 PSh = 632.3 kcal이므로,

$\therefore$ 45 PSh $= 45 \times 632.3$ kcal

$\qquad = 28453.5$ kcal

10. 국소대기압이 740 mmHg일 때 어떤 탱크의 압력계가 8.5 atg를 표시하고 있었다. 이 탱크의 절대압력은 몇 kPa인가?

① 1050 kPa   ② 932 kPa

③ 856 kPa   ④ 756 kPa

[해설] $P_a = P_o + P_g$

$\qquad = \dfrac{740}{760} \times 101.325 + \dfrac{8.5}{1.0332} \times 101.325$

$\qquad = 932 \,\text{kPa}$

11. 1 kcal/kgf · ℃는 몇 Btu/lbf · ℉인가?

① 1 Btu/lbf · ℉

② 0.205 Btu/lbf · ℉

③ 10 Btu/lbf · ℉

④ 3.968 Btu/lbf · ℉

[해설] 1 kcal/kgf · ℃ = 1 Btu/lbf · ℉

$\qquad\qquad\qquad\quad = 1$ Chu/lbf · ℃

1 kcal = 3.968 Btu = 2.205 Chu = 4.186 kJ

1 kgf = 2.205 lbf = 9.8 N

12. 1 kcal를 Btu 및 Chu로 환산하면?

① 3.968, 2.205   ② 0.252, 0.556

③ 0.454, 1.80   ④ 3.69, 2.08

[해설] 1 kcal = 3.968 Btu = 2.205 Chu

13. 다음 중 가장 높은 온도는?

① 400℉R   ② 200 K

③ 0℉   ④ 0℃

[해설] ① $T[°R] = t[°F] + 460$

$\therefore 400°R = t[°F] + 460$

$\therefore 400°R = -60°F$

$t[℃] = \dfrac{5}{9}(t[°F] - 32)$

$\qquad = \dfrac{5}{9}(-60 - 32) = -51.1℃$

② $200 \,\text{K} = t[℃] + 273$

$$\therefore \ 200\,\mathrm{K} = -73\,℃$$

③ $0\,°\mathrm{F} = \dfrac{9}{5}\,t\,[℃] + 32$

$$\therefore \ 0\,°\mathrm{F} = -17.78\,℃$$

14. 5000 kcal/kgf을 Btu/lbf로 환산하면 얼마인가?

① 90000   ② 9000

③ 900   ④ 90

해설 1 kcal/kgf = 1.8 Btu/lbf이므로(1 kcal = 3.968 Btu, 1 kgf = 2.205 lbf),

$$5000\ \mathrm{kcal/kgf} = 5000 \times 1.8\ \mathrm{Btu/lbf}$$
$$= 9000\ \mathrm{Btu/lbf}$$

15. 진공도 90 % 란?

① 0.1033 ata   ② 0.92988 ata

③ 75 mmHg   ④ 760 mmAq

해설 진공도 90 %란 표준 대기압 중 90 %가 진공압이므로 10 %가 절대압력이라는 의미이다.

$$\therefore \ 절대압력(P_a) = 1.0332 \times 0.1$$
$$= 0.10332\ \mathrm{ata}$$

16. 정원 10명인 승강기에서 한 사람의 중량을 600 N, 운전속도를 60 m/min 이라 할 때 이 승강기에 필요한 동력은 몇 PS 인가?

① 6 PS   ② 7 PS

③ 8 PS   ④ 9 PS

해설 1 PS = 75 kgf · m/s = 0.735 kW

$$V = 60\ \mathrm{m/min} = 1\ \mathrm{m/s}$$

$$PS = \frac{FV}{0.735} = \frac{(10 \times 0.6) \times 1}{0.735}$$
$$= 8.16\ \mathrm{PS}$$

17. 다음 중 열역학적 성질이 다른 것은?

① 체적   ② 온도

③ 비체적   ④ 압력

해설 체적은 종량성(용량성) 상태량(성질)이

고, 온도 · 비체적 · 압력은 강도성 상태량(성질)이다. 종량성 상태량은 물질의 양에 비례하고 강도성 상태량은 물질의 양과 무관하다(관계없다).

18. 국소대기압 750 mmHg 이고, 진공도 90 %인 곳의 절대압력은 몇 kPa인가?

① 7   ② 8

③ 10   ④ 100

해설 절대압력 = 대기압 − 진공압이므로,

$$P_a = P_o - P_g = 750(1 - 0.9)$$
$$= 75\ \mathrm{mmHg}$$

$$\therefore \ P_a = \frac{75}{760} \times 101.325 ≒ 10\ \mathrm{kPa}$$

19. 중량 2000 N, 체적 5.6 m³ 인 물체의 비중량, 비체적은 얼마인가?

① 221.42 N/m³, 0.0045 m³/N

② 357.14 N/m³, 0.0028 m³/N

③ 337.4 N/m³, 0.0023 m³/N

④ 428.5 N/m³, 0.0017 m³/N

해설 비중량$(\gamma) = \dfrac{W}{V} = \dfrac{2000}{5.6} = 357.14\ \mathrm{N/m^3}$

비체적$(v) = \dfrac{1}{\gamma} = \dfrac{1}{357.14} = 0.0028\ \mathrm{m^3/N}$

20. 다음 중 표준 대기압(1 atm)이 아닌 것은?

① 0.9807 bar

② 1.0332 kgf/cm²

③ 10.33 mAq

④ 101325 N/m²

해설 1atm = 1.0332 kgf/cm² = 760 mmHg
     = 10.33 mAq = 1.01325 bar
     = 1013.25 mbar = 101325 Pa
     = 101325 N/m² = 101.325 kPa

21. 1마력 [PS]은 몇 J/s인가?

① 102   ② 632

정답 14. ② 15. ① 16. ③ 17. ① 18. ③ 19. ② 20. ① 21. ③

③ 735   ④ 860

해설 $1\,PS = 75\,kgf \cdot m/s = 735\,W(J/s)$
$= 0.735\,kW(kJ/s)$

22. 500 kcal를 J(Joule)로 환산하면 얼마인가?

① 4190 J   ② 2.1×10^6 J

③ 0.21×10^6 J   ④ 4.187×10^3 J

해설 $1\,kcal = 4.2\,kJ = 4.2 \times 10^3\,J$이므로,
$\therefore\ 500\,kcal = 500 \times 4.2 \times 10^3\,J$
$= 2.1 \times 10^6\,kJ$

23. 다음 중 동력의 단위가 될 수 없는 것은 어느 것인가?

① PS   ② kgf · m/s

③ kW   ④ kWh

해설 1 kWh(킬로와트시) = 860 kcal이므로, kWh는 열량 단위이다. 1 PSh(마력시) = 632.3 kcal도 마찬가지다.

24. 200 kg의 물을 15℃에서 100℃까지 가열하는 데 필요한 열량은?

① 17 kJ   ② 170 kJ

③ 1700 kJ   ④ 71162 kJ

해설 $Q = m\,C(t_2 - t_1)$
$= 200 \times 4.186(100 - 15)$
$= 71162\,kJ$

25. 표준상태(0℃, 760 mmHg)에서 이산화탄소(CO_2)의 비체적은 얼마인가?

① 0.0579 m^3/kg ② 0.0559 m^3/kg

③ 0.0539 m^3/kg ④ 0.509 m^3/kg

해설 $\rho = \dfrac{P}{RT} = \dfrac{101.325}{\left(\dfrac{8.314}{44}\right) \times 273}$
$= 1.9642\,kg/m^3$
$\therefore\ v = \dfrac{1}{\rho} = \dfrac{1}{1.9642}$
$= 0.509\,m^3/kg$

26. 진공도가 715 mmHg이면 절대압력은 몇 kPa인가?

① 5   ② 6

③ 9   ④ 10

해설 $P_a = P_o - P_v = 760 - 715 = 45\,mmHg$
$760 : 101.325 = 45 : P_a$
$\therefore\ P_a = \dfrac{45 \times 101.325}{760} \fallingdotseq 6\,kPa$

27. −10℃의 얼음 9 kg을 8℃의 물로 만드는 데 필요한 열량은 얼마인가? (단, 얼음의 비열은 2.1 kJ/kg · K 이다.)

① 3493.4 kJ   ② 4520 kJ

③ 3560 kJ   ④ 3720.5 kJ

해설 (1) −10℃의 얼음을 0℃ 얼음으로 만드는 데 필요한 열량은,
$Q_1 = m\,C\Delta t$
$= 9 \times 2.1 \times \{0 - (-10)\} = 189\,kJ$
(2) 0℃의 얼음을 0℃의 물로 만드는 데 필요한 열량은,
$Q_2 = m\gamma =$ 질량×얼음의 융해열
$= 9 \times 334 = 3006\,kJ$
(3) 0℃의 물을 8℃로 높이는 데 필요한 열량은,
$Q_3 = m\,C\Delta t = 9 \times 4.2 \times (8 - 0)$
$= 302.4\,kJ$
$\therefore$ 필요한 열량$(Q) = Q_1 + Q_2 + Q_3$
$= 189 + 3006 + 302.4$
$= 3497.4\,kJ$

28. 10 kg의 물을 100 m의 높이에서 떨어뜨릴 때 물의 온도가 상승한다. 상승 온도는 얼마인가?

① 23.42℃   ② 2.342℃

③ 0.233℃   ④ 0.02342℃

해설 물이 100 m 높이에서 떨어질 때의 위치에너지(PE) $= mgZ = 10 \times 9.8 \times 100$
$= 9800\,J = 9.8\,kJ$

정답 **22.** ②   **23.** ④   **24.** ④   **25.** ④   **26.** ②   **27.** ①   **28.** ③

위치에너지(PE) $= m C\Delta t\,[\text{kJ}]$에서

$$\therefore\ \Delta t = \frac{PE}{mC} = \frac{9.8}{10 \times 4.2}$$

$$= 0.233\,℃$$

29. 15℃의 물 2 m^3가 들어 있는 탱크에 표준 대기압의 건포화증기를 혼합시켜 45℃의 물을 만들려면 몇 kg의 증기가 필요한가?

① 101   ② 202

③ 303   ④ 404

[해설] 물이 얻은 열량 = 건포화증기가 잃은 열량

$$m_w C(t_m - t_1)$$
$$= m_v \times \gamma + m_v C \times (t_2 - t_m)$$
$$2000 \times 4.2 \times (45 - 15)$$
$$= m_v \times 2256 + m_v \times 4.2(100 - 45) = 2487$$
$$\therefore\ m_v = 101\,\text{kg}$$

30. 0.08 m^3의 물속에 700℃의 쇠 30 kg을 넣었더니 평균온도가 18℃로 되었다. 물의 온도 상승을 구하면? (단, 쇠의 비열은 0.6071 kJ/kg · K 이다.)

① 27.78℃   ② 36.97℃

③ 57.85℃   ④ 72.85℃

[해설] 열역학 제0법칙 적용(물의 흡열량 = 쇠의 방열량)

$$m_1 C_1 \Delta t = m_2 C_2 (t_1 - t_m)$$
$$\Delta t = \frac{m_2 C_2 (t_1 - t_m)}{m_1 C_1}$$
$$= \frac{30 \times 0.6071(700 - 18)}{80 \times 4.2} = 36.97\,℃$$

31. 무게 200 N인 물체를 로프와 도르래를 사용하여 수직으로 30 m 아래로 내리는데 손과 로프 사이의 마찰로 에너지를 흡수하면서 일정한 속도로 1분이 걸린다. 손과 로프 사이에서 단위 시간에 발생하는 열량은 얼마인가?

① 101 W   ② 100 W

③ 99 W   ④ 98 W

[해설] $Q = WV = W\left(\dfrac{s}{t}\right)$

$$= 200\left(\frac{30}{60}\right) = 100\,\text{J/s(W)}$$

32. 질량 50 kg, 온도 500℃인 철을 온도 15℃인 물 속에 넣었더니 물의 온도가 23.5℃로 되었다. 열손실이 없었다면 물의 양은 몇 kg인가? (단, 철의 비열은 0.473 kJ / kg · K 이다.)

① 416.6   ② 316.7

③ 216.6   ④ 116.6

[해설] $m_1 C_1 (t_1 - t_m) = m_2 C_2 (t_m - t_2)$

$$m_2 = \frac{m_1 C_1 (t_1 - t_m)}{C_2 (t_m - t_2)}$$
$$= \frac{50 \times 0.473(500 - 23.5)}{4.186(23.5 - 15)}$$
$$= 316.7\,\text{kg}$$

33. 30℃의 물 150 kg과 50℃의 물 350 kg과 80℃의 물 500 kg을 혼합하였을 때 평형 상태에 도달한 후의 온도는 몇 ℃가 되겠는가?

① 42 ℃   ② 52 ℃

③ 62 ℃   ④ 72 ℃

[해설] $m_1 C_1 (t - t_1) + m_2 C_2 (t - t_2)$
$$+ m_3 C_3 (t - t_3) = 0$$
(동일 물질이므로 $C_1 = C_2 = C_3$)
$$\therefore\ t = \frac{m_1 t_1 + m_2 t_2 + m_3 t_3}{m_1 + m_2 + m_3}$$
$$= \frac{150 \times 30 + 350 \times 50 + 500 \times 80}{150 + 350 + 500}$$
$$= 62\,℃$$

34. 20℃의 물 150 kg과 80℃의 물 850 kg을 혼합하면 몇 ℃가 되겠는가?

① 71 ℃   ② 81 ℃

정답   29. ①   30. ②   31. ②   32. ②   33. ③   34. ①

③ 91 ℃　　　　　　　④ 101 ℃

[해설] 열역학 제0법칙(열평형의 법칙) 적용

고온체 방열량 = 저온체 흡열량

$$m_1 C_1(t_1 - t_m) = m_2 C_2(t_m - t_2)$$

$$\therefore \ 평균온도(t_m) = \frac{m_1 t_1 + m_2 t_2}{m_1 + m_2}$$

$$= \frac{850 \times 80 + 150 \times 20}{850 + 150} = 71\,℃$$

35. 단면적이 120 cm², 길이 5 m인 강봉이 15℃에서 300℃로 가열되었을 때 체적 팽창량은 얼마인가? (단, 강의 선팽창계수 $\alpha = 10 \times 10^{-6}/℃$이다.)

① 142.5 cm³　　　　② 171 cm³

③ 427.5 cm³　　　　④ 513 cm³

[해설] $\Delta V = V_1 \beta (t_2 - t_1)$

$$= V_1 \cdot 3\alpha \cdot (t_2 - t_1)$$

$$= 120 \times 500 \times 3 \times 10 \times 10^{-6} \times (300 - 15)$$

$$= 513 \text{ cm}^3$$

(체적 팽창계수 β는 선팽창계수 α의 3배)

36. 열량의 단위인 kcal 중 15℃kcal는 표준 대기압(760 mmHg)하에서 어떻게 정의되는가?

① 순수한 물 1 kgf을 온도 1℃ 상승시키는 데 필요한 열량

② 순수한 물 1 kgf을 14.5℃에서 15.5 ℃로 상승시키는 데 필요한 열량

③ 순수한 물 1 kgf을 0℃로부터 100℃까지 상승시키는 데 필요한 열량의 1/100

④ 순순한 물 1 lbf 을 60℉에서 61℉로 상승시키는 데 필요한 열량

열역학 제1법칙

2-1 상태량과 상태식

상태량(quantity of state)이란 압력, 비체적, 온도, 비내부에너지, 비엔탈피, 비엔트로 피 등과 같이 물질의 어떤 상태를 나타내는 것이며, 이들의 양은 한 상태에서 다른 상태로 변화한 과정, 즉 경로(path)에는 관계없으며, 변화된 후의 상태만을 정하는 양으로서, 상 태량은 독립하여 변하는 것이 아니고 상호 어떤 일정한 관계를 가지고 있다. 물체의 상태 는 압력, 비체적, 절대온도의 양에 의해 결정된다.

특히, 절대온도, 압력과 같이 물질의 강도를 나타내는 성질을 강도성 성질이라 하고, 체 적, 내부에너지, 엔탈피, 엔트로피 등과 같이 물질의 양에 관계 있는 것을 종량(용량)성 성질이라 한다.

물체의 임의의 상태량은 두 상태량의 함수로서 표시할 수 있으므로 각 독립상태로서 압 력 P, 비체적 v, 절대온도 T와의 관계는 다음과 같다.

$$\left. \begin{array}{l} v = f(P \cdot T) \\ F = f(P \cdot v \cdot T) = 0 \end{array} \right\} \quad \text{(2-1)}$$

위의 식 (2-1)을 상태식 또는 특성식이라 하며 완전가스의 특성식은,

$$Pv = RT, \quad PV = mRT \quad \text{(2-2)}$$

로 표시할 수 있다.

2-2 열역학 제1법칙(에너지 보존의 법칙)

열에너지는 다른 에너지로, 또 다른 에너지는 열에너지로 전환할 수 있다. 열역학 제1법 칙(the first law of thermodynamics)은 열역학의 기초 법칙으로 에너지 보존의 법칙이 성립함을 표시한 것이며, 이를 요약하면, "열은 본질상 에너지의 일종이며, 열과 일은 서 로 전환이 가능하다. 이때 열과 일 사이에는 일정한 비례관계가 성립한다."

기계적 일 W와 열량 Q 사이에는 $Q \rightleftarrows W$의 상호 전환관계를 말해 주며 환산계수인 비례상수를 A라면,

공학(중력) 단위 개념식

$$Q = A W \text{ [kcal]}$$
$$\left. W = \frac{Q}{A} = J Q \text{ [kgf} \cdot \text{m]} \right\} \cdots\cdots\cdots\cdots\cdots\cdots\cdots\cdots\cdots\cdots\cdots\cdots (2-3)$$

SI 단위 개념식

$$Q = W \text{[J]}$$

의 관계가 있으며, 여기서 A를 일의 열당량, $J = \dfrac{1}{A}$을 열의 일당량이라 한다.

$$\left. \begin{array}{l} J \fallingdotseq 427 \text{ kgf} \cdot \text{m/kcal} \\ A \fallingdotseq \dfrac{1}{427} \text{ kcal/kgf} \cdot \text{m} \end{array} \right\} \cdots\cdots\cdots\cdots\cdots\cdots\cdots\cdots\cdots\cdots (2-4)$$

"에너지의 소비 없이 계속 일을 할 수 있는 기계는 존재하지 않는다."

즉, 에너지 공급 없이 영구히 운동을 지속할 수 있는 기계는 있을 수 없으며, 만약 이와 같은 기계가 존재한다면 이런 기관을 "제 1 종 영구운동 기관"이라 하며, 실현 불가능한 기관이다.

2-3 $P - v$(일량선도)

압력 P가 피스톤의 면적 A에 작용하여 피스톤을 거리 dx만큼 이동하였다고 하면, 이때 피스톤면에 발생하는 힘은 $F = PA$이고, 유체 1 kg이 한 일을 δw라면,

$$\delta w = F dx = P A dx = P dv$$

$A \times dx = dv = $ 체적의 증가량이므로,

$$\left. \begin{array}{l} \delta w = P A dx = P dv \text{[kJ/kg](가스 1 kg에 대하여)} \\ m \delta w = P d V \text{[kJ](가스 } m \text{[kg]에 대하여)} \end{array} \right\} \cdots\cdots\cdots\cdots (2-15)$$

유체(동작물질)가 상태 1에서 상태 2까지 변화(팽창)하여 얻어지는 일량 W는,

$$W = m \int_1^2 P dv = \int_1^2 P d V$$

$$= \text{면적} 12 V_2 V_1 \text{[kJ]} \cdots\cdots\cdots\cdots\cdots\cdots\cdots\cdots\cdots\cdots\cdots\cdots (2-16)$$

이와 같은 것을 압력 – 체적 선도($P - v$ diagram)라 한다.

만약 어떤 계에 열 δq를 가하여 내부에너지가 du만큼 변화하고 외부에 대하여 $\delta w = P \cdot dV$의 일을 하였다면,

$$\delta q = du + P \cdot dv [\text{kJ/kg}]$$

$$\left. \therefore \ q = \int_1^2 du + \int_1^2 P \cdot dv [\text{kJ/kg}] \right\} \ \cdots \cdots \ (2-17)$$

그림 (c)에서 $q = u + w_a = u +$ 면적 $122'1'$이 되므로,

$$w_a = \int_1^2 P dv [\text{kJ/kg}]$$

$$W_a = \int_1^2 P dV [\text{kJ}] \ \cdots \cdots \cdots \cdots \ (2-18)$$

로 표시되며, 이 일 w_a를 절대일(absolute work : 팽창일, 비유동일)이라 한다. 한편 그림 (c)에서 면적 $122''1'' = -\int_1^2 v dP$ 이며, 피스톤의 압축 시 행해지는 일이다.

즉, $w_t = -\int_1^2 v dP [\text{kJ/kg}]$

$$W_t = -\int_1^2 V dp [\text{kJ}] \ \cdots \cdots \cdots \cdots \ (2-19)$$

w_t를 공업일(technical work : 압축일, 유동일)이라 한다.

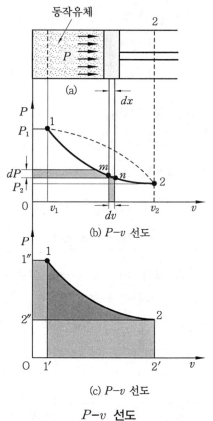

(a)

(b) $P{-}v$ 선도

(c) $P{-}v$ 선도

$P{-}v$ 선도

2-4 내부에너지(internal energy)

한 계(system)에 외부로부터 열이나 일을 가할 경우 그 계가 외부와 열을 주고 받지 않고, 또한 외부에 일을 하지 않았다면 이 에너지는 그 계의 내부에 저장된다고 볼 수 있다. 이 내부에 저장된 에너지를 내부에너지라 한다.

내부에너지는 계의 총 에너지에서 기계적 에너지를 뺀 나머지를 말하며, 기호 U는 내부에너지(kJ), u는 비내부에너지(kJ/kg)로 표시한다. 내부에너지는 현재 상태만에 의하여 결정되는 상태량이다.

$$U = H - PV [\text{kJ}]$$

예제 1. 어느 계에 42 kJ을 공급했다. 만약 이 계가 외부에 대하여 17000 N · m의 일을 하였다면 내부에너지의 증가량은 얼마인가?

① 20   ② 25   ③ 57   ④ 67

해설 $Q = \Delta U + W[\text{kJ}]$에서

∴ $\Delta U = Q - W = 42 - 17 = 25 \text{ kJ}$

정답 ②

2-5 엔탈피(enthalpy)

엔탈피(전체 에너지)란 다음 식으로 정의되는 열역학상의 상태량을 나타내는 중요한 양이다.

$$H = U + PV[\text{kJ}]$$

$$h = \frac{H}{m} = U + Pv = U + \frac{P}{\rho}[\text{kJ/kg}] \quad \cdots\cdots\cdots\cdots\cdots\cdots\cdots\cdots\cdots\cdots\cdots (2-10)$$

기호 H는 엔탈피(kJ), h는 비엔탈피(kJ / kg)이며, 식 (2-10)에서 PV는 유체가 일정 압력 P에 대하여 체적 V를 차지하기 위하여 행한 계 내의 유체를 밀어내는 데 필요한 일이다.

예제 2. 2 kg의 가스가 압력 50 kPa, 체적 2.5 m³의 상태에서 압력 1.2 MPa, 체적 0.2 m³의 상태로 변화하였다. 만약 가스의 내부에너지 변화가 없다고 하면 엔탈피의 변화량은 얼마인가?

① 85 kJ   ② 95 kJ

③ 110 kJ   ④ 115 kJ

해설 $H_2 - H_1 = (U_2 - U_1) + (P_2 V_2 - P_1 V_1)$

$= (1.2 \times 10^3 \times 0.2 - 50 \times 2.5)$

$= 115 \text{ kJ}$

정답 ④

2-6 에너지식(energy equation)

(1) 밀폐계 에너지식

전체 가열량$(\delta Q) = dU + \delta W[\text{kJ}]$

단위 질량당 가열량$(\delta q) = \dfrac{\delta Q}{m} = du + dw[\text{kJ/kg}]$

$$\delta q = du + Pdv \,[\text{kJ/kg}] \quad \text{열역학 제1기초식 미분형} \quad \cdots\cdots\cdots\cdots\cdots\cdots (2-11)$$

식 $(2-10)$에서 이 식을 미분형으로 표시하면,

$$dh = du + d\,(Pv)$$

$$= du + Pdv + vdP$$

$$= \delta q + vdP \,[\text{kJ/kg}]$$

δq에 대하여 정리하면,

$$\delta q = dh - vdP \,[\text{kJ/kg}] \quad \text{열역학 제2기초식 미분형} \quad \cdots\cdots\cdots\cdots\cdots (2-12)$$

예제 3. 밀폐계에서 압력 $P = 0.5\,\text{MPa}$로 일정하게 유지하면서 체적이 $0.2\,\text{m}^3$ 에서 $0.7\,\text{m}^3$ 로 팽창하였다. 이 변화가 이루어지는 동안에 내부에너지는 $63\,\text{kJ}$ 만큼 증가하였다면 과정간에 이 계가 한 일량과 열량은 얼마인가?

① $250\,\text{kJ}$, $313\,\text{kJ}$ ② $260\,\text{kJ}$, $313\,\text{kJ}$

③ $280\,\text{kJ}$, $273\,\text{kJ}$ ④ $350\,\text{kJ}$, $250\,\text{kJ}$

해설 $W = \displaystyle\int_1^2 PdV = P(V_2 - V_1) = (0.5 \times 10^3) \times (0.7 - 0.2) = 250\,\text{kJ}$

$Q = (U_2 - U_1) + W = 63 + 250 = 313\,\text{kJ}$ **정답** ①

(2) 정상유동의 에너지 방정식(에너지 보존의 법칙 적용)

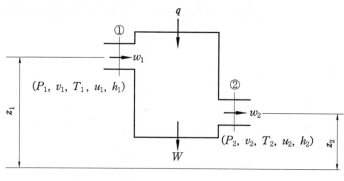

유동계

① 단면에너지 = ② 단면에너지

$$\therefore\ u_1 + P_1 v_1 + \frac{w_1^2}{2} + g z_1 + q = u_2 + P_2 v_2 + \frac{w_2^2}{2} + g z_2 + w_t \,[\text{SI 단위}] \ \cdots (2-13)$$

비엔탈피 $h = u + Pv$이므로 식 $(2-13)$은,

$$h_1 + \frac{w_1^{\,2}}{2} + g z_1 + q = h_2 + \frac{w_2^{\,2}}{2} + g z_2 + w_t \quad \cdots\cdots\cdots\cdots\cdots\cdots\cdots (2-14)$$

위의 식 $(2-13)$과 식 $(2-14)$를 정상유동계에서의 에너지 방정식(개방계 에너지식)이라 한다.

기준면으로부터의 위치 z_1과 z_2가 그다지 높지 않다면 $z_1 \fallingdotseq z_2$로 볼 수 있으므로,

$$h_1 + \frac{w_1{}^2}{2} + q = h_2 + \frac{w_2{}^2}{2} + w_t \cdots\cdots (2-15)$$

단면 ①과 ② 사이에서 가한 열량은 식 $(2-15)$로부터,

$$\therefore q = (h_2 - h_1) + \frac{1}{2}(w_2{}^2 - w_1{}^2) + w_t \cdots\cdots (2-16)$$

저속(30~50 m/s 이하) 유동인 경우 식 $(2-16)$에서 운동에너지 항을 무시하면

$$q = (h_2 - h_1) + W_t \cdots\cdots (2-17)$$

만약, 단열$(q=0)$유동이면 공업일은 비엔탈피 감소량과 같다.

$$w_t = h_1 - h_2 [\text{kJ/kg}] \cdots\cdots (2-18)$$

예제 4. 이상기체에서 엔탈피 h와 내부에너지 u, 엔트로피 s 사이에 성립하는 식으로 옳은 것은? (단, T는 온도, v는 체적, P는 압력이다.)

① $Tds = dh + vdP$ ② $Tds = dh - vdP$

③ $Tds = du - Pdv$ ④ $Tds = dh + d(Pv)$

해설 $\delta q = dh - vdp$

$ds = \dfrac{\delta q}{T} [\text{kJ/kg} \cdot \text{K}]$

$\delta q = Tds [\text{kJ/kg}]$

$\therefore Tds = dh - vdp$

정답 ②

출제 예상 문제

1. 열역학 제1법칙을 바르게 표시한 것은?

① 열평형에 관한 법칙이다.

② 이상기체에만 적용되는 법칙이다.

③ 이론적으로 유도 가능하며 엔트로피의 뜻을 설명한다.

④ 에너지 보존 법칙 중 열과 일의 관계를 설명한 것이다.

[해설] 열역학 제1법칙 : 열량과 일량은 동일한 에너지이다(에너지 보존의 법칙).

2. 다음 열역학 제1법칙을 설명한 것 중 틀린 것은?

① 에너지 보존의 법칙이다.

② 열량은 내부에너지와 절대일과의 합이다.

③ 열은 고온체에서 저온체로 흐른다.

④ 계가 한 참일은 계가 받은 참열량과 같다.

[해설] 열이 고온체에서 저온체로 흐르는 것은 방향성(비가역성)을 제시한 열역학 제2법칙이다(엔트로피 증가 법칙).

3. 다음 공업일을 설명한 것 중 옳지 않은 것은?

① 가역 정상류과정 일

② 비가역 정상류과정 일

③ 개방계일

④ 압축일

[해설] 공업일$(w_t) = -\int_1^2 v\,dP$ = 개방계일

$= $ 가역 정상류과정 일

$= $ 압축일(소비일)

4. 다음 절대일(팽창일)을 설명한 것 중 옳은 것은?

① 가역 비유동과정의 일

② 가역 정상류과정의 일

③ 개방계의 일

④ 이상기체가 한 일

[해설] 절대일$(w_a) = \int_1^2 P\,dv$ = 밀폐계일

$= $ 가역 비유동과정 일 = 팽창일

5. 계(system)의 경계를 통하여 에너지와 질량의 이동이 있는 계는?

① 밀폐계   ② 고립계

③ 개방계   ④ 폐쇄계

[해설] 개방계(유동계)란 계의 경계를 통한 물질의 유동과 에너지의 수수가 있는 계다.

6. 147 kJ 의 내부에너지를 보유하고 있는 물체에 열을 가하였더니 내부에너지가 210 kJ 로 증가하고, 외부에 대하여 7 kJ의 일을 하였다. 이때 물체에 가해진 열량은 얼마인가?

① 60 kJ   ② 70 kJ

③ 80 kJ   ④ 90 kJ

[해설] $Q = (U_2 - U_1) + W_a = (210 - 147) + 7$

$= 70$ kJ

7. $w_a = \int_1^2 P\,dv$ 가 성립되는 과정은?

① 밀폐계, 정적과정

② 정상류계, 가역과정

③ 밀폐계, 가역과정

④ 정상류계, 정압과정

정답 1. ④ 2. ③ 3. ② 4. ① 5. ③ 6. ② 7. ③

[해설] 밀폐계 가역과정 일은 절대일이다.

$$w_a = \int_1^2 P dv \, [\text{kJ/kg}]$$

8. 엔탈피를 잘못 표시한 것은?

① $C_p dT$ ② $u + Pv$

③ $dq + v dP$ ④ $du + P dv$

[해설] $h = \dfrac{H}{m} = u + Pv \, [\text{kJ/kg}]$

양변 미분하면 $dh = du + Pdv + vdP$
$= \delta q + vdP \, [\text{kJ/kg}]$

$\delta q = du + Pdv \, [\text{kJ/kg}]$은 열역학 제1기초식 미분형이다.

9. 다음 중 열역학적 성질에 속하지 않는 것은?

① 내부에너지 ② 엔탈피

③ 일 ④ 엔트로피

[해설] 일과 열은 열역학적 성질이 아닌 경로에 따라 값이 변화하는 과정(process) 함수이다.

10. 1 kW는 몇 kJ/s 인가?

① 1 ② 10

③ 1000 ④ 10000

[해설] 1 kW = 1000 W(J/s)
$= 1 \text{kJ/s} = 3600 \text{kJ/h}$

11. 다음 중 일의 열당량은?

① $\dfrac{1}{427}$ kcal/kgf · K

② $\dfrac{1}{427}$ kcal/kgf · m

③ 427 kcal/kgf · K

④ 427 kcal/kgf · m

[해설] 일의 열당량$(A) = \dfrac{1}{427}$ kcal/kgf · m

12. 다음 중 열의 일당량은?

① $\dfrac{1}{427}$ kgf · m /kcal

② $\dfrac{1}{427}$ kcal/kgf · m

③ 427 kgf · m /kcal

④ 427 kcal/kgf · m

[해설] 열의 일당량$(J) = \dfrac{1}{A} = 427$ kgf · m/kcal

13. 1 kW는 몇 kgf · m/s인가?

① 75 ② 102

③ 860 ④ 632.3

[해설] 1 kW = 102 kgf · m/s = 860 kcal/h
$= 3600 \text{kJ/h} = 1.36 \text{PS}$

14. 1 PS는 몇 kgf · m/s 인가?

① 75 ② 102

③ 860 ④ 632.3

[해설] 1 PS = 75 kgf · m/s = 632.3 kcal/h
$= 0.736 \text{kW}$

15. 다음 중 비체적(v)의 단위를 SI 단위로 표시하면 다음 중 어느 것인가?

① $\text{m}^3/\text{N} \cdot \text{m}$ ② $\text{m}^3/\text{N} \cdot \text{s}^2$

③ N/m^3 ④ m^3/kg

[해설] SI단위(국제단위)에서 비체적(v)은 밀도(ρ)의 역수다.

$$v = \frac{V}{m} = \frac{1}{\rho} \, [\text{m}^3/\text{kg}]$$

16. 어떤 계에 δQ [kJ]의 열량을 공급하면, 계 내에 내부에너지가 dU [kJ]만큼 증가하고, 동시에 외부로 δW [kJ]만큼 일을 했다면, 다음 식 중 맞는 것은?

① $\delta W = \delta Q + dU$

② $dU = \delta Q + \delta W$

③ $\delta Q = dU + \delta W$

④ $dU = dQ + \delta W$

[정답] 8. ④ 9. ③ 10. ① 11. ② 12. ③ 13. ② 14. ① 15. ④ 16. ③

[해설] 열역학 제1법칙에 의한 밀폐계 에너지식
$$\delta Q = dU + \delta W \, [\text{kJ}]$$
$$= dU + PdV \, [\text{kJ}]$$

17. 600 J/s 의 전열기로 3 L의 물을 10 ℃ 에서 100℃ 까지 가열하고자 한다. 전열기에서 발생되는 열량 중 65 %가 유용하게 이용된다고 하면, 가열에 필요한 시간은 몇 분인가?

① 48.3분 　　　② 50.2분
③ 58.3분 　　　④ 72.1분

[해설] 전열기 용량(Q_1) = 600 J/s = 600 W
　　= 0.6 kW, 1 kW = 60 kJ/min 이므로,
0.6×60×0.65 = 23.4 kJ/min
물의 가열량(Q) = $m \, C(t_2 - t_1)$
　　　　　　= 3×4.186×(100−10)
　　　　　　= 1130.2 kJ
∴ 가열시간(min) = $\dfrac{Q}{Q_1}$ = $\dfrac{1130.2}{23.4}$ = 48.3 분

18. 어떤 태양열 보일러가 900 W/m²의 율로 흡수한다. 열효율이 80 %인 장치로 67 kW의 동력을 얻으려면 전열면적은 몇 m² 이어야 하는가?

① 50.41 　　　② 74.46
③ 65.65 　　　④ 93.05

[해설] 전열면적(A) = $\dfrac{67 \times 10^3}{900 \times 0.8}$ ≒ 93.06 m²

19. 100 m 높이의 폭포에서 9.5 kN의 물이 낙하했을 경우, 낙하된 물의 에너지가 전부 열로 변했다면 몇 kJ이 되겠는가?

① 220 　　　② 120
③ 550 　　　④ 950

[해설] $Q = PE$(위치에너지) = Wh = 9.5×100
　　　　= 950 kN · m(kJ)

20. 실린더 내의 혼합가스 3 kg을 압축시키는 데 소비된 일이 15 kN · m이었다.

혼합가스의 내부 에너지는 1 kg에 대해서 3.36 kJ 증가했다면, 이때 방출된 열량은 얼마인가?

① 4.92 kJ 　　　② 1.21 kcal
③ 6.92 kJ 　　　④ 2.21 kcal

[해설] 열역학 제1 법칙의 식으로부터
$${}_1 Q_2 = (U_2 - U_1) + W_a \, [\text{kJ}]$$
$$= m(u_2 - u_1) + W_a = 3 \times 3.36 + (-15)$$
$$= -4.92 \, \text{kJ}$$
(−)는 방출열량을 의미한다.

21. 물이 증발에 의해 비체적이 0.0010435 m³/kg (포화수)에서 1.637 m³/kg (포화증기)로 변화했다. 표준 대기압하에서의 물의 증발잠열(γ)이 2256 kJ/kg이라면 물 10 kg의 내부에너지의 변화는 몇 kJ인가?

① 5965 kJ 　　　② 4968 kJ
③ 22566 kJ 　　　④ 20866 kJ

[해설] 열역학 제1 법칙에서,
$$\delta Q = dU + PdV = dH - VdP$$
포화수가 포화증기가 되는 과정은 등압 (등온) 과정이므로,
$\delta Q = dH$, 즉 $Q = H_2 - H_1$
이 엔탈피 변화가 증발잠열(γ)이다.
$\gamma = h_2 - h_1 = q$
∴ $Q_2 = (U_2 - U_1) + W_a$에서,
$$m(h_2 - h_1) = m \cdot \gamma = (U_2 - U_1) + \int_1^2 PdV$$
10 kg×2256 kJ/kg = 22560 kJ(증발열)
　= $(U_2 - U_1)$
　　+ 101.325×(10×1.637 − 10×0.0010435)
∴ 내부에너지 변화량($U_2 - U_1$)
　　= 22560 − 1694 = 20866 kJ

22. 발열량이 28560 kJ/kg인 연료가 있다. 이 열이 모두 일로 변화된다면, 1시간당 40 kg의 연료가 소비될 경우 발생되는 동력은 몇 PS인가?

① 412 PS 　　　② 422 PS

---

③ 432 PS   ④ 442 PS

해설 시간당 발생한 열량

$Q = 28560 \text{ kJ/kg} \times 40 \text{ kg/h}$

$= 1142400 \text{ kJ/h} = 317.33 \text{ kJ/s}$

$1 \text{ PS} = 75 \text{ kg} \cdot \text{m/s} = 735.5 \text{ N} \cdot \text{m/s} \, (= \text{J/s})$

$= 0.7355 \text{ kJ/s}$

$\therefore PS = \dfrac{317.33}{0.7355} = 431.45 \text{ PS}$

23. 30 W의 전등을 하루 7 시간씩 사용하는 가정이라면 30 일간 몇 kcal를 사용하게 되는가?

① 5418 kcal   ② 6528 kcal

③ 7676 kcal   ④ 8536 kcal

해설 1일 사용량 : $30 \text{ W} \times 7 \text{ h} = 0.03 \text{ kW} \times 7 \text{ h}$

$= 0.21 \text{ kWh}$

30일간 사용량 : 30일 $\times 0.21 \text{ kWh} = 6.3 \text{ kWh}$

$1 \text{ kWh} = 860 \text{ kcal}$ 이므로,

$\therefore 6.3 \text{ kWh} = 6.3 \times 860 = 5418 \text{ kcal}$

24. 노즐을 수직으로 세워서 초속 10 m/s로 뿜어올렸다. 노즐에서 손실을 무시한다면 물은 얼마만큼 높이 올라가겠는가?

① 2.1 m   ② 3.1 m

③ 4.1 m   ④ 5.1 m

해설 $V = \sqrt{2gh} \text{ [m/s]}$

$h = \dfrac{V^2}{2g} = \dfrac{10^2}{2 \times 9.8} = 5.1 \text{ m}$

25. 공기 2 kg이 처음 상태($V_1 = 2.5 \text{ m}^3$, $P_1 = 98 \text{ kPa}$)에서 나중 상태($V_2 = 1 \text{ m}^3$, $P_2 = 294 \text{ kPa}$)로 되었고, 내부에너지가 42 kJ/kg 증가했다면, 이때 엔탈피 변화량은 얼마인가?

① 133 kJ   ② 233 kJ

③ 333 kJ   ④ 203 kJ

해설 $(H_2 - H_1) = m(u_2 - u_1) + (P_2 V_2 - P_1 V_1)$

$= mdu + (P_2 V_2 - P_1 V_1)$

$= 2 \times 42 + (294 \times 1 - 98 \times 2.5)$

$= 133 \text{ kJ}$

26. 밀폐계가 마찰이 없는 과정에서 $P = (15 + 20 \, V) \times 10^4$ [Pa]의 관계에 따라 변한다. 체적이 0.1 m^3에서 0.4 m^3로 변하는 동안 계가 한 일은 몇 J인가?

① $6 \times 10^4 \text{ J}$ ② $4.5 \times 10^4 \text{ J}$

③ $9 \times 10^4 \text{ J}$ ④ $7.5 \times 10^4 \text{ J}$

해설 $W = \displaystyle\int_{V_1}^{V_2} P dV = \int_{0.1}^{0.4} (15 + 20 \, V) \, dV$

$= (15 \, V + 10 \, V^2)_{0.1}^{0.4} \times 10^4$

$= [15 \times (0.4 - 0.1) + 10 (0.4^2 - 0.1^2)] \times 10^4$

$= 6 \times 10^4 \text{ N} \cdot \text{m(J)}$

27. 보일러에서 급수의 엔탈피를 630 kJ/kg, 증기의 엔탈피를 2814 kJ/kg이라고 할 때 시간당 20000 kg의 증기를 얻고자 한다. 얼마의 열을 공급해야 하는가?

① $10.43 \times 10^6 \text{ kJ/h}$

② $35.68 \times 10^6 \text{ kJ/h}$

③ $14.96 \times 10^6 \text{ kJ/h}$

④ $43.68 \times 10^6 \text{ kJ/h}$

해설 보일러에서 급수를 가열하여 증기를 얻는 과정은 정압과정이므로,

따라서, $dq = dh - vdP = dh$ 이므로,

$Q_2 = m(h_2 - h_1) = 20000 \times (2814 - 630)$

$= 43680000 \text{ kJ/h}$

$= 43.68 \times 10^6 \text{ kJ/h}$

28. 실린더 내의 어떤 기체를 압축하는 데 $19.6 \text{ kN} \cdot \text{m}$의 일을 필요로 한다. 기체의 내부에너지 증가를 4.2 kJ로 가정하면 외부로 방출하는 열량은 얼마인가?

① 3.68 kJ   ② 36.8 kJ

③ -15.4 kJ ④ -36.8 kJ

해설 $\delta Q = dU + \delta W$

$Q = \Delta U + W_a = 4.2 + (-19.6) = -15.4 \, \text{kJ}$

29. 압력이 550 kPa, 체적이 0.5 m³인 공기가 압력이 일정한 상태에서 90 kN·m의 팽창일을 행했다면 변화 후의 체적은 몇 m³인가?

① 0.33 m³   ② 0.44 m³
③ 0.55 m³   ④ 0.66 m³

[해설] 팽창일 = 절대일 (일정 압력하에서의 일)

$$= W_a = \int_1^2 Pd V \text{이므로,}$$

$$W_a = \int_1^2 Pd V = P(V_2 - V_1)$$

$$\therefore V_2 = \frac{W_a}{P} + V_1 = \frac{90}{550} + 0.5 \fallingdotseq 0.66 \, \text{m}^3$$

30. 매분 500 kgf의 물을 150 m의 깊이로부터 떠올리는 양수기가 있다. 이 양수기의 동력이 25 PS일 때 이 양수기로부터 열로 바뀌는 에너지는 얼마인가?

① 10538.64 kcal/h
② 7268.86 kcal/h
③ 5268.86 kcal/h
④ 3538.64 kcal/h

[해설] 양수기의 일량 $W = G \times S$

$$= (500 \times 60) \times 150 = 4.5 \times 10^6 \text{kgf} \cdot \text{m/h}$$

열량으로 환산하면, $AW = \frac{1}{427} \times 4.5 \times 10^6$

$$= 10538.64 \, \text{kcal/h}$$

양수기에서 열로 바뀌는 에너지는 Q_2(방출열량)이므로, $AW = Q_1 - Q_2$ 에서,

$$\therefore Q_2 = Q_1 - AW = 25 \times 632.3 - 10538.64$$
$$= 5268.86 \, \text{kcal/h}$$

31. 노즐유동에서 압력이 2 MPa인 상태에서 온도 460℃($h = 3366$ kJ/kg)인 증기가 유입되어 압력 0.9 MPa인 상태로 온도 310℃($h = 3073$ kJ/kg)로 유출될 때, 노즐의 유동상태는 정상유동 상태로서 노즐 내에서의 손실은 없는 것으로 보며, 노즐 내의 속도 w_1은 출구속도 w_2에 비하여 매우 작다면 노즐 출구에서의 증기의 속도 w_2는 얼마인가?

① 765.5 m/s   ② 865.5 m/s
③ 965.5 m/s   ④ 665.5 m/s

[해설] 정상유동 상태에서의 일반 에너지 방정식으로부터,

$$q = (h_2 - h_1) + \frac{w_2^2 - w_1^2}{2} + g(Z_2 - Z_1) + w_t$$

[SI]이므로,
여기서, $q = 0$, $w_t = 0$(손실 없으므로),

$$Z_1 = Z_2\text{에서,} \quad \frac{w_2^2 - w_1^2}{2} = h_1 - h_2$$

$w_1 \ll w_2$이라 했으므로, $\frac{w_2^2}{2} = h_1 - h_2$

$$\therefore w_2 = \sqrt{2(h_1 - h_2)}$$
$$= \sqrt{2 \times 1000(h_1 - h_2)}$$
$$= 44.72\sqrt{(h_1 - h_2)}$$
$$= 44.72\sqrt{(3366 - 3073)}$$
$$= 765.5 \, \text{m/s}$$

32. 열효율 40 %인 열기관에서 연료의 소비량이 30 kg/h, 발열량(H_L)이 42000 kJ/kg이라면, 이때 발생되는 동력은 몇 kW인가?

① 120 kW   ② 130 kW
③ 140 kW   ④ 150 kW

[해설] $\eta = \frac{3600 \, kW}{H_L \times m_f} \times 100\,\%$

$$kW = \frac{H_L \times m_f \times \eta}{3600} = \frac{42000 \times 30 \times 0.4}{3600}$$
$$= 140 \, \text{kW}$$

33. 어떤 증기터빈이 1시간당 720 kg의 증기를 공급받고 25 PS의 일을 하였다. 이 터빈의 입구 상태는 $w_1 = 700$ m/s,

정답 29. ④   30. ③   31. ①   32. ③   33. ③

$h_1 = 2814 \text{ kJ/kg}$이고, 출구 상태는 $w_2 = 390 \text{ m/s}$, $h_2 = 2310 \text{ kJ/kg}$이다. 이 터빈의 시간당 열손실을 구하면?

① -99552 kJ/h ② -88552 kJ/h
③ -418329 kJ/h ④ -927336 kJ/h

[해설] 정상류의 일반 에너지식으로부터,

$$_1Q_2 = m(h_2 - h_1) + m\frac{w_2^2 - w_1^2}{2}$$
$$+ mg(Z_2 - Z_1) + W_t \text{인데},$$

문제에서 $Z_1 \approx Z_2$ 로 보아야 하므로,

$$_1Q_2 = 720 \times (2310 - 2814)$$
$$+ 720 \times \frac{(390^2 - 700^2)}{2} \times \frac{1}{1000}$$
$$+ 0.7355 \times 3600 \times 25$$
$$= -362880 - 121644 + 66195$$
$$= -418329 \text{ kJ/h}$$

$(-)$는 열손실을 의미한다.

34. 다음 중 공업일(W_t)과 절대일(W_a) 사이의 관계를 옳게 표시한 것은?

① $W_t = W_a + P_1 V_1 - P_2 V_2$
② $W_t = W_a + P_1 V_1 + P_2 V_2$
③ $W_a = W_t - P_1 V_1 - P_2 V_2$
④ $W_a = W_t + P_1 V_1 + P_2 V_2$

35. 다음 중에서 열역학 제1법칙 식과 관계없는 것은?

① $dq = du + Pdv$
② $dq = dh - vdP$
③ $Q = GC(t_2 - t_1)$
④ $Q = (U_2 - U_1) + W_a$

36. 열역학적 성질을 x 라 할 때 다음 중 옳은 것은? (단, $\int_1^2 dx$: 상태 1, 2 사이의 적분, $\oint dx$: 한 사이클 동안의 적분이다.)

① $\int_1^2 dx = 0$ ② $\int_1^2 dx > 0$
③ $\oint dx = 0$ ④ $\oint dx < 0$

[해설] x 가 열역학적 성질이므로 점함수이다. 따라서, $\int_1^2 dx$는 과정에 따라 값이 다르며, $\oint dx = 0$(처음 상태로 되돌아 옴)이다.

37. 공기 1 kgf이 그림과 같이 직선적으로 변하였을 때 이 과정간의 절대일(W_a)과 공업일(W_t)은 몇 kJ인가?

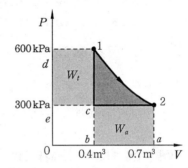

① 125, 175 ② 135, 165
③ 155, 195 ④ 205, 205

[해설] (1) 절대일(W_a)

= 면적12ab1 = □2abc + △12c

$= 300 \times (0.7 - 0.4) + (600 - 300)$
$\times (0.7 - 0.4) \times \frac{1}{2} = 135 \text{ kJ}$

(2) 공업일(W_t)

= 면적12ed1 = □1ced + △12c

$= (600 - 300) \times 0.4 + (600 - 300)$
$\times (0.7 - 0.4) \times \frac{1}{2} = 165 \text{ kJ}$

38. 다음 중에서 정적비열(C_v)을 잘못 표현한 것은?

① $\left(\frac{\partial U}{\partial T}\right)_v$ ② $\left(\frac{\partial S}{\partial T}\right)_v T$

③ $\dfrac{kR}{k-1}$ ④ $C_p - R$

해설 $C_v = C_p - R = \left(\dfrac{\partial U}{\partial T}\right)_v = \left(\dfrac{\partial S}{\partial T}\right)_v T$

$= \left(\dfrac{\partial q}{\partial T}\right)_v$

39. 다음 중 공기의 온도가 300 K(C_p = 17.73 kJ/kg · K)에서 500 K(C_p = 18.15 kJ/kg · K)로 변화할 때 평균 정압비열 (kJ/kg · K)과 엔탈피(kJ/kg)는 각각 얼마인가?

① 17.94, 2854   ② 19.74, 2854
③ 19.74, 3588   ④ 17.94, 3588

해설 $C_p = \dfrac{1}{2}(17.73 + 18.15) = 17.94$ kJ/kg · K

$\Delta h = \int C_p dT = \int_{300}^{500} 17.94$

$= 17.94 \times (500 - 300) = 3588$ kJ/kg

40. 어떤 기체 1 kg의 상태가 압력 500 kPa, 비체적 0.02 m³/kg이다. 내부에너지가 420 kJ/kg이라면, 이 상태에서의 비엔탈피는 얼마인가?

① 120 kJ/kg   ② 230 kJ/kg
③ 320 kJ/kg   ④ 430 kJ/kg

해설 $h = u + pv = 420 + 500 \times 0.02$
$= 430$ kJ/kg

41. 물 2 L를 1 kJ/s의 전열기로 20℃에서 100℃까지 가열하는 데 필요한 시간을 구하면? (단, 전열기 출력의 50 % 만 유용하게 사용되고, 물의 증발은 없다고 본다.)

① 4.27분   ② 22.3분
③ 27.5분   ④ 30.36분

해설 $1\,kW = 1\,kJ/s = 60\,kJ/min$
$= 3600\,kJ/h$
전열기 용량(Q_1) $= 60 \times 0.5 = 30$ kJ/min

물의 가열량(Q) $= m C(t_2 - t_1)$
$= 2 \times 4.186(100 - 20)$
$≒ 670$ kJ

∴ 가열시간(min) $= \dfrac{Q}{Q_1} = \dfrac{670}{30}$
$= 22.33$ min

42. 어떤 기체 1 kg을 압력 1 MPa, 비체적 0.2045 m³/kg인 상태에서 정압하에 가열하여 비체적 0.4089 m³/kg의 상태로 변했다. 이때 가열량이 897 kJ/kg이면 내부에너지 변화는 얼마인가?

① 69.26 kJ/kg   ② 16.57 kJ/kg
③ 165.7 kJ/kg   ④ 692.6 kJ/kg

해설 $\delta q = du + Pdv$ 에서,
$\delta u = dq - Pdv$ 이므로,
∴ $du = 897 - (1 \times 10^3)$
$\times (0.4089 - 0.2045)$
$= 692.6$ kJ/kg

43. 표준 대기압하에서 엔탈피 294 kJ/kg의 공기가 60 m/s의 속도로 압축기에 들어가서 350 kPa · abs, 433 kJ/kg, 120 m/s로 나올 때 450 kg/h의 공기를 압축하는 데 필요한 동력은?

① 38 kW   ② 28 kW
③ 18 kW   ④ 8 kW

해설 $W_t = m\Delta h + m\dfrac{w_2{}^2 - w_1{}^2}{2}$ 에서,

$m = 450$ kg/h $= \dfrac{450}{3600}$ kg/s

$W_t = m(h_2 - h_1) + m\dfrac{w_2{}^2 - w_1{}^2}{2}$

$= \dfrac{450}{3600}(433 - 294)$

$+ \dfrac{450}{3600} \times \dfrac{120^2 - 60^2}{2} \times \dfrac{1}{1000}$

$= 17.375 + 0.675 = 18.05$ kJ/s
$≒ 18$ kW

정답 39. ④   40. ④   41. ②   42. ④   43. ③

44. 어떤 증기 터빈에 엔탈피 3234 kJ/kg 인 증기가 90 m/s의 속도로 들어가서 엔탈피 2604 kJ/kg, 속도 300 m/s로 유출하며 터빈은 1200마력의 일을 한다. 터빈의 복사 및 전도 등으로 인한 열손실이 378000 kJ/h이라면 공급해야 할 증기는 얼마인가?

① 3400 kg/h ② 3015 kg/h

③ 3350 kg/h ④ 3592 kg/h

해설 $Q = m(h_2 - h_1) + m\dfrac{w_2^2 - w_1^2}{2} + W_t$

  $= -378000$

$m(2604 - 3234) + m \times \dfrac{300^2 - 900^2}{2} \times \dfrac{1}{1000}$

 $+ 0.7355 \times 3600 \times 1200$

 $= -378000\,\text{kJ/h}$

 $-630m - 360m = -378000 - 3177360$

 $\therefore m = 3592\,\text{kg/h}$

45. 유체가 30 m/s 의 속도로 노즐에 들어가 500 m/s 로 노즐을 떠난다. 마찰과 열교환을 무시할 때 엔탈피 변화는?

① $-124.55\,\text{kJ/kg}$

② $124.55\,\text{kJ/kg}$

③ $-147.8\,\text{kJ/kg}$

④ $147.8\,\text{kJ/kg}$

해설 열교환을 무시하므로, 가역단열팽창 시 비엔탈피 감소량은 운동에너지(KE)의 증가량과 같다.

$dh = \dfrac{w_1^2 - w_2^2}{2} = \dfrac{30^2 - 500^2}{2}$

  $= -124550\,\text{J/kg}$

  $= -124.55\,\text{kJ/kg}$

46. 디젤 엔진에 수동력계를 연결시켜서 6000 rpm으로 운전하였더니 제동 토크는 250 N·m이었다. 이 동력계를 흐르는 유량이 0.5 L/s, 입구 수온이 20℃이고, 제

동일량이 모두 물의 온도 상승에 사용된다면 출구 수온은 몇 ℃인가?

① 107 ② 95

③ 85 ④ 78

해설 $Q = mC(t_2 - t_1)$ 에서

 (물의 비열 $C = 4.187\,\text{kJ/kg·K}$),

 동력$(P) = T \cdot \omega = T\left(\dfrac{2\pi N}{60}\right)$

   $= 250 \times \dfrac{2\pi \times 6000}{60}$

   $= 157000\,\text{N·m/s} = 157\,\text{kJ/s(kW)}$

 $Q = mC(t_2 - t_1) = 0.5 \times 4.187 \times (t_2 - 20)$

  $= 2.0935(t_2 - 20) = 157$

 $\therefore t_2 = 20 + \dfrac{157}{2.0935} \fallingdotseq 95\,℃$

47. 기체가 168 kJ의 열을 흡수하면서 동시에 외부로부터 20 kJ의 일을 받으면 내부에너지(kJ)의 변화는?

① 166 ② 155

③ 188 ④ 199

해설 $Q = U + W_a \rightarrow \delta Q = dU + \delta W_a$ 에서 열을 흡수하면 (+), 일을 공급받으면 (−)이므로,

 $dU = \delta Q - \delta W_a$

 $\therefore U = Q - W_a = 168\,\text{kJ} - (-20\,\text{kJ})$

  $= 188\,\text{kJ}$

48. 다음 정상류계, 가역과정의 일을 표시한 것 중 맞는 것은?

① $w = -\displaystyle\int_1^2 Pv\,dv$ ② $w = \displaystyle\int_1^2 Pv\,dv$

③ $w = -\displaystyle\int_1^2 P\,dv$ ④ $w = -\displaystyle\int_1^2 v\,dP$

해설 절대일$(w_a) = \displaystyle\int_1^2 Pdv\,[\text{kJ/kg}]$

 공업일$(w_t) = -\displaystyle\int_1^2 vdP\,[\text{kJ/kg}]$

정답 **44.** ④ **45.** ① **46.** ② **47.** ③ **48.** ④

제3장 이상기체(완전가스)

3-1 이상기체(완전가스)

(1) 기체

① 가스(gas) : 포화온도보다 비교적 높은 상태의 기체로서, 쉽게 액화되지 않는 기체이며, 공기, 수소, 산소, 질소, 연소가스 등이다.

② 증기(vapour) : 포화온도에 가까운 상태의 기체로서, 액화가 비교적 쉬운 냉매, 수증기 등이 이에 해당된다.

(2) 완전가스(perfect gas)

완전가스는 보일(Boyle)의 법칙과 샤를(Charles)의 법칙, 즉 완전가스의 상태방정식을 따르는 가스로서 이상기체(ideal gas)이며, 실제로는 존재하지 않는 기체이다. 원자수 1 또는 2 인 가스 (He, H_2, O_2, N_2, CO 등)나 공기는 완전가스로 취급하고, 원자수 3 이상의 가스(H_2O, NH_3, CH_4, CO_2 등)는 완전가스로 취급하기 곤란하며, 과열도가 높아지면 완전가스에 가까운 성질을 지닌다.

완전가스가 성립할 조건은 가스는 완전 탄성체이고, 분자간의 인력이 없으며, 분자 자신의 체적은 없다. 분자의 운동에너지는 절대온도에 비례한다.

3-2 이상기체의 상태방정식

(1) 보일(Boyle)의 법칙(반비례 법칙 = 등온 법칙 = Mariotte law)

"온도가 일정할 때 가스의 압력과 비체적은 서로 반비례한다."는 것을 보일의 법칙이라한다.

$T = C$ 일 때 $P = \dfrac{1}{v}$, $Pv = $ const(일정)이다.

처음 상태를 P_1, v_1, T_1, 나중 상태를 P_2, v_2, T_2라 하면,

$T = C(T_1 = T_2 = T)$이면,

$$P_1 v_1 = P_2 v_2 = Pv = 일정 \quad\cdots\cdots\cdots\cdots\cdots\cdots\cdots\cdots\cdots\cdots\cdots\cdots (3-1)$$

의 관계를 갖는다.

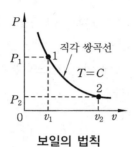

보일의 법칙

(2) 샤를(Charles)의 법칙(정비례 법칙 = 정압 법칙 = Gay-Lussac's law)

"압력이 일정할 때 가스의 비체적은 그 온도에 비례한다."는 것을 샤를의 법칙(또는 게이 – 뤼삭의 법칙)이라 한다.

즉, $P = C$(일정)일 때, $\dfrac{v}{T} = \text{const}$(일정)이다.

$P_1 = P_2 = P$(일정)이면,

$$\frac{v_1}{T_1} = \frac{v_2}{T_2} = \frac{v}{T} = 일정 \quad\cdots\cdots\cdots\cdots\cdots\cdots\cdots\cdots\cdots\cdots\cdots\cdots\cdots\cdots (3-2)$$

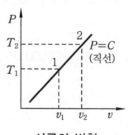

샤를의 법칙

(3) 완전가스의 상태방정식

압력 P, 체적 V, 비체적 v, 절대온도 T라고 하면, Boyle과 Charles의 법칙에 의하여 다음과 같은 상태식이 성립한다.

$$1\,\text{kg 에 대하여} : Pv = RT\left(\frac{P_1 v_1}{T_1} = \frac{P_2 v_2}{T_2} = R\right)$$

$$m\,[\text{kg}]\text{에 대하여} : PV = mRT \quad\cdots\cdots\cdots\cdots\cdots\cdots\cdots\cdots\cdots\cdots\cdots\cdots (3-3)$$

즉, 일정량의 기체의 체적과 압력과의 곱은 절대온도에 비례한다. 식 (3-3)에서 R 은 기체상수(또는 가스정수)라 하며, 단위는 kJ/kg·K이고, 1 kg의 가스를 등압 $(P = C)$ 하에서 온도를 1 K 올리는 동안에 외부에 행하는 일과 같다는 의미를 갖는다.

(4) 일반 가스 정수(공통 기체 상수)

가스의 질량 m[kg]을 분자량 M으로 나눈 값을 mol 수라 하며, 1 kmol은 분자량이 M 일 때 그 가스의 질량이 m[kg]인 경우이다. 아보가드로(Avogadro)의 법칙에 의하면 "온도와 압력이 같은 경우, 같은 체적 속에 있는 가스의 분자수는 같다." 즉, 모든 가스의 분자는 같은 체적을 차지한다는 것이다.

완전가스의 상태식은 다음과 같다.

가스 m[kg]에 대하여,

$$PV = mRT = (Mn)RT = \overline{R}nT = \left(\frac{8.3143}{M}\right)nT$$

여기서, $\overline{R}$: 일반 가스 정수(universal gas constant)

$$\overline{R} = \frac{PV}{nT} = \frac{101.325 \times 22.4\,\text{m}^3}{1\,\text{kmol} \times 273\,\text{K}} = 8.3143\,\text{kJ/kmol·K}$$

$$\text{임의의 가스 정수}(R) = \frac{8.3143}{M}\,[\text{kJ/kmol·K}] \quad\cdots\cdots\cdots\cdots\cdots\cdots\cdots\cdots \quad (3-4)$$

SI 단위계에 대하여,

$$\overline{R} = MR = 8314.3\,\text{J/kmol·K} = 8.3143\,\text{kJ/kmol·K}$$

예제 1. 분자량이 28.97인 가스 1 kg 이 압력 500 kPa, 온도 100℃ 이다. 이 가스가 차지하는 체적은 얼마인가?

① 0.214   ② 0.234

③ 0.314   ④ 0.326

해설 $PV = mRT$ 에서,

$$V = \frac{mRT}{P} = \frac{1 \times 0.287 \times (100+273)}{500} = 0.214\,\text{m}^3$$

$$\text{기체 상수}(R) = \frac{8.3143}{\text{분자량}(M)} = \frac{8.3143}{28.97} = 0.287\,\text{kJ/kg·K}$$

정답 ①

참고로 여러 가스의 분자량(M)과 R, C_p, C_v, k 값은 다음 표와 같다.

여러 가스의 M, R, C_p, C_v, k 값

가스명			SI 단위계			중력 단위계			비열비 k
가스	기호	분자량	R [J / kg · K]	C_p [J / kg · K]	C_v [J / kg · K]	R [kg · m/ kg · ℃]	C_p [kcal/ kg · ℃]	C_v [kcal/ kg · ℃]	
수소	H_2	2.016	4124	14207	10083	420.55	3.403	2.412	1.409
질소	N_2	28.016	296.8	1038.8	742	30.26	0.2482	0.1774	1.4
산소	O_2	32.000	259.8	914.2	654.2	26.49	2.2184	0.1562	1.397
공기	–	28.964	287	1005	718	29.27	0.240	0.171	1.4
일산화탄소	CO	28.01	296.8	1038.8	742	30.27	0.2486	0.1775	1.4
산화질소	NO	30.008	277	998	721	28.25	0.2384	0.1722	1.384
수증기	H_2O	18.016	461.4	1859.9	1398.2	47.06	0.444	0.334	1.33
이산화탄소	CO_2	44.01	188.9	818.6	629.7	19.26	0.1957	0.1505	1.3

(5) 내부에너지에 대한 줄(Joule)의 법칙

① 외부에 열 출입이 없이 단열상태에서 가스를 자유팽창시키면 온도는 변하지 않는다.

② 분자의 인력을 무시하면 내부에너지는 온도만의 함수이다($U = f(T)$).

③ 줄의 법칙은 엄밀히 완전가스에서만 성립한다.

3-3 가스의 비열과 가스 정수와의 관계

완전가스의 중요한 성질의 하나로 내부에너지 u와 엔탈피 h는 온도만의 함수이다.

일반 에너지식 $\delta q = du + Pdv$, $\delta q = dh - vdP$ 와 $\delta q = C \cdot dT \left(C = \dfrac{\delta q}{dT} \right)$ 에서,

정적 변화인 경우 $dv = 0$이므로 일반 에너지식은 $\delta q = du + Pdv = du$이므로, 가열량은 내부에너지로만 전환된다.

$dv = 0$(즉, v = 일정)인 상태에서 측정한 비열 C가 정적비열(C_v)이므로 완전가스인 경우 $dq = C_v dT$이므로, 정적변화($v = C$)에서는 $dq = du = C_v dT$이다.

따라서, 가열량은 내부에너지 변화와 같으며, 완전가스인 경우 온도만의 함수이다.

또, 정압변화, 즉 $dP = 0$(압력의 변화가 없음)인 경우 $\delta q = dh - vdP = dh$이고,

$dP = 0$(즉, P = 일정)인 상태에서 측정한 비열 C를 정압비열(C_p)이라 하며,

$dq = C_p \cdot dT$이므로, $P = C$에서 $dq = dh = C_p dT$ 이다.

따라서, 가열량은 엔탈피의 변화와 같으며 완전가스인 경우 온도만의 함수이다.

정리하면,

$$정적비열(C_v) = \frac{du}{dT} = \left(\frac{\partial u}{\partial T}\right)_v = \left(\frac{\partial q}{\partial T}\right)_v = \left(\frac{\partial s}{\partial T}\right)_v \cdot T \Bigg\}$$

$$정압비열(C_p) = \frac{dh}{dT} = \left(\frac{\partial h}{\partial T}\right)_p = \left(\frac{\partial q}{\partial T}\right)_p = \left(\frac{\partial s}{\partial T}\right)_p \cdot T \Bigg\} \quad \cdots\cdots\cdots\cdots (3-6)$$

의 관계가 있다 (단위는 C_p, C_v 모두 SI 단위에서 kJ/kg · K, 중력 단위에서 kcal/kg · ℃ 이다).

$$엔탈피식 \quad h = u + Pv = u + RT$$

$$dh = du + RdT \text{ 으로부터,}$$

$\dfrac{dh}{dT} = \dfrac{du}{dT} + R$ 이므로 식 (3-6)을 대입하면,

$$C_p - C_v = R[\text{kJ/kg} \cdot \text{K}] \quad \cdots\cdots\cdots\cdots\cdots\cdots\cdots\cdots (3-7)$$

또, 비열비 $k = \dfrac{C_p}{C_v}$ 이므로 식 (3-7)에 대입 정리하면,

$$\left. \begin{array}{l} C_p = \dfrac{k}{k-1} R \\[2mm] C_v = \dfrac{1}{k-1} R \end{array} \right\} \quad \cdots\cdots\cdots\cdots\cdots\cdots\cdots\cdots\cdots\cdots (3-8)$$

비열비 k의 값은 완전가스의 분자를 구성하는 원자수에만 관계되며,

$$\left. \begin{array}{l} 1원자 \text{ 분자의 완전가스인 경우 } k = 1.66 \\[1mm] 2원자 \text{ 분자의 완전가스인 경우 } k = 1.40 \\[1mm] 3원자 \text{ 분자의 완전가스인 경우 } k = 1.33 \end{array} \right\} \quad \cdots\cdots\cdots\cdots (3-9)$$

비열이 일정한 경우와 온도의 함수인 경우에는 여러 가지 취급방법이 매우 달라지므로 편의상 비열이 일정한 경우를 완전가스라 하고, 비열이 온도의 함수인 경우를 반완전가스 라 한다.

예제 2. 산소의 등압비열 C_p와 등적비열 C_v의 개략값(kJ/kg · K)을 구하면 얼마인가?

① 0.91, 0.65   ② 0.62, 0.26

③ 0.91, 0.75   ④ 0.86, 0.78

해설 산소의 가스정수$(R) = \dfrac{8314.3}{M} = \dfrac{8314.3}{32} = 259.82 \text{ J/kg} \cdot \text{K} ≒ 0.26 \text{ kJ/kg} \cdot \text{K}$

등압비열$(C_p) = \dfrac{k}{k-1} R = \dfrac{1.4}{1.4-1} \times 259.82 = 909.37 \text{ J/kg} \cdot \text{K} ≒ 0.91 \text{ kJ/kg} \cdot \text{K}$

등적비열$(C_v) = \dfrac{R}{k-1} = \dfrac{C_p}{k} = \dfrac{909.37}{1.4} = 649.55 \text{ J/kg} \cdot \text{K} ≒ 0.65 \text{ kJ/kg} \cdot \text{K}$ **정답** ①

3-4 완전가스(이상기체)의 상태변화

(1) 등압변화($P = C$)

그림과 같은 장치에 열을 가하면 실린더 압력을 일정($P = C$, $dP = 0$) 상태로 유지하면서 가스의 팽창(부피 증가)에 의하여 $m[\text{kg}]$의 추를 1에서 2로 이동시키게 되는데, 이러한 변화과정을 등압(정압)변화라 한다.

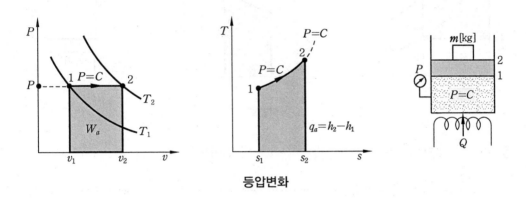

등압변화

① P, v, T 관계 : $dP = 0$ ($P = C$: $P_1 = P_2 = P = $ 일정)이므로,

$$\frac{v_1}{T_1} = \frac{v_2}{T_2} = \frac{v}{T} = 일정 \quad \cdots\cdots\cdots (3-10)$$

② 절대일(w_a) $= \displaystyle\int_1^2 P dv = P(v_2 - v_1)$

$$= R(T_2 - T_1)[\text{N} \cdot \text{m/kg} = \text{J/kg}] \quad \cdots\cdots (3-11)$$

③ 공업일(w_t) $= -\displaystyle\int_1^2 v dP = 0 \, (\because dP = 0) \quad \cdots\cdots (3-12)$

④ 내부에너지 변화(du) $= C_v dT$

$$\therefore du = C_v(T_2 - T_1)[\text{kJ/kg}]$$

$$dU = m C_v(T_2 - T_1)[\text{kJ}] \quad \cdots\cdots\cdots (3-13)$$

⑤ 엔탈피 변화(dh) $= C_p dT = dq + v dP = dq \, (\because dP = 0)$

$$\therefore \Delta h = C_p(T_2 - T_1) = q_a[\text{kJ/kg}]$$

$$\Delta H = m C_p(T_2 - T_1) = Q_a[\text{kJ}] \quad \cdots\cdots (3-14)$$

⑥ 계에 출입하는 열량(dq) $= dh - v dP = dh \, (\because dP = 0) \quad \cdots\cdots (3-15)$

$\therefore q_a = h_2 - h_1$: 가열량은 엔탈피 변화량과 같다.

(2) 등적변화($v = C$)

그림과 같이 탱크 속에 있는 물질에 열을 가하면 체적의 변화가 없으며, 체적이 일정 ($v = C,\ dv = 0$)한 상태를 유지하는 변화과정을 등적(정적)변화라 한다.

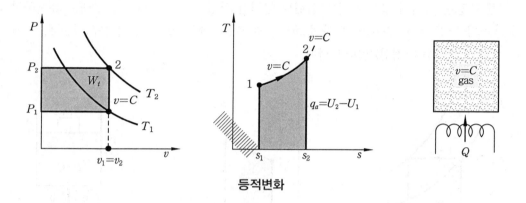

등적변화

① $P,\ v,\ T$ **관계** : $dv = 0\,(v = C:\ v_1 = v_2 = v = $ 일정)이므로,

$$\frac{P_1}{T_1} = \frac{P_2}{T_2} = \frac{P}{T} = 일정 \cdots\cdots (3-16)$$

② **절대일**$(w_a) = \displaystyle\int_1^2 P\,dv = 0\,(\because dv = 0)$ $\cdots\cdots (3-17)$

③ **공업일**$(w_t) = -\displaystyle\int_1^2 v\,dP$

$$= -v(P_2 - P_1) = v(P_1 - P_2)[\text{N}\cdot\text{m/kg} = \text{J/kg}] \cdots\cdots (3-18)$$

④ **내부에너지 변화**$(du) = C_v\,dT = dq - P\,dv = dq\,(\because dv = 0)$

$$du = C_v(T_2 - T_1) = q_a[\text{kJ/kg}] \cdots\cdots (3-19)$$

⑤ **엔탈피 변화**$(dh) = C_p\,dT$

$$dh = C_p(T_2 - T_1)[\text{kJ/kg}] \cdots\cdots (3-20)$$

⑥ **가열량**$(\delta q) = du + P\,dv = du\,(\because dv = 0)$

$$q_a = du = u_2 - u_1$$

위 식에서 가열량은 모두 내부에너지로 저장된다. 즉, 내부에너지 변화량과 같다.

$$\left.\begin{aligned} \therefore\ q_a &= u_2 - u_1 = C_v(T_2 - T_1)\\ &= \frac{R}{k-1}(T_2 - T_1) = \frac{v}{k-1}(P_2 - P_1)[\text{kJ/kg}] \end{aligned}\right\} \cdots\cdots (3-21)$$

(3) 등온변화 (T = C)

그림과 같은 기구에 열을 가하여 실린더 내의 온도를 일정(T = C, dT = 0)한 상태로 변화하는 과정을 등온(정온)과정이라 한다.

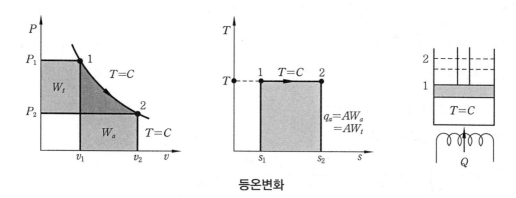

등온변화

① P, v, T **관계** : dT = 0 (T = C : T_1 = T_2 = T = 일정)이므로,

$$P_1 v_1 = P_2 v_2 = Pv = \text{일정} \quad \cdots\cdots\cdots\cdots\cdots\cdots\cdots\cdots\cdots\cdots\cdots\cdots\cdots\cdots \text{(3-22)}$$

② **절대일** $(w_a) = \displaystyle\int_1^2 Pdv = \int_1^2 P_1 v_1 \frac{dv}{v} \ \left(P_1 v_1 = Pv \text{에서}, \ P = \frac{P_1 v_1}{v} \right)$

$$\therefore \ w_a = P_1 v_1 \ln\frac{v_2}{v_1} = P_1 v_1 \ln\frac{P_1}{P_2}(P_1 v_1 = RT_1) \quad \cdots\cdots\cdots\cdots\cdots\cdots \text{(3-23)}$$

③ **공업일** $(w_t) = -\displaystyle\int_1^2 vdP = -\int_1^2 P_1 v_1 \frac{dP}{P} \ \left(P_1 v_1 = Pv \text{에서}, \ v = \frac{P_1 v_1}{P} \right)$

$$\therefore \ w_t = -P_1 v_1 \ln\frac{P_2}{P_1} = P_1 v_1 \ln\frac{P_1}{P_2} = P_1 v_1 \ln\frac{v_2}{v_1}(P_1 v_1 = RT_1) \quad \cdots\cdots\cdots \text{(3-24)}$$

$\therefore$ T = C 에서 공업일과 절대일은 서로 같다. 즉, $w_a = w_t$ 이다.

④ **내부에너지 변화량** $(du) = C_v dT = 0$ ⎫

⑤ **엔탈피 변화량** $(dh) = C_p dT = 0$ ⎬ $\cdots\cdots\cdots\cdots\cdots\cdots\cdots\cdots\cdots\cdots\cdots\cdots\cdots$ (3-25)

du = 0, dh = 0이므로 등온변화 시 내부에너지 변화와 엔탈피 변화는 없다.

⑥ **가열량** $(dq) = du + Pdv$ 에서 du = 0이므로,

$$\therefore \ q_a = \int_1^2 Pdv = w_a = w_t = P_1 v_1 \ln\frac{v_2}{v_1} = RT_1 \ln\frac{P_1}{P_2} \quad \cdots\cdots\cdots\cdots\cdots\cdots \text{(3-26)}$$

(4) 단열변화(adiabatic change)

상태변화를 하는 동안에 외부와 계간에 열의 이동이 전혀 없는 변화를 단열변화라 한다.

① $P, \ v, \ T$ 관계 : $\delta q = du + P dv = C_v dT + P dv$

$Pv = RT$ 의 양변을 미분하면,

$P \cdot dv + v dP = RdT$

$dT = \dfrac{P}{R} dv + \dfrac{v}{R} dP$ 인 관계식을 사용하면

$dq = 0$ 인 단열변화에서는,

$$dq = C_v \left(\frac{P}{R} dv + \frac{v}{R} dP \right) + P dv = 0$$

$$(C_v + R) P \cdot dv + C_v v dP = 0$$

양변을 $C_v P v$ 로 나누면,

$$\left(1 + \frac{R}{C_v} \right) \frac{dv}{v} + \frac{dP}{P} = 0 \left(k = \frac{C_p}{C_v} = \frac{C_v + R}{C_v} = 1 + \frac{R}{C_v} \right)$$

$$k \cdot \frac{dv}{v} + \frac{dP}{P} = 0$$

양변을 적분하면,

$$k \int \frac{dv}{v} + \int \frac{dP}{P} = k \ln v + \ln P = \ln v^k + \ln P = \ln C$$

$$\therefore \ Pv^k = C \ \text{..} (3-27)$$

그러므로 $Pv^k = C$ 에

$Pv = RT$ 를 대입 정리하면,

$$\left. \begin{array}{l} Tv^{k-1} = C \\ T^k P^{1-k} = C \end{array} \right\} \ \text{..} (3-28)$$

$$\frac{T_2}{T_1} = \left(\frac{v_1}{v_2} \right)^{k-1} = \left(\frac{P_2}{P_1} \right)^{\frac{k-1}{k}}$$

여기서, k : 단열지수 (비열비) > 1

② 절대일$(w_a) = \displaystyle\int_1^2 P dv$ 이고 $dq = du + P dv = 0$ 에서 $P dv = -du$ 이므로,

$$w_a = \int_1^2 P dv = - \int_1^2 du = - \int_1^2 C_v dT = - C_v (T_2 - T_1) = C_v (T_1 - T_2)$$

$C_v = \dfrac{1}{k-1} R$ 을 대입하면,

$$w_a = \int_1^2 P dv = C_v (T_1 - T_2)$$

$$= \frac{R}{k-1}(T_1 - T_2) = \frac{P_1 v_1}{k-1}\left(1 - \frac{T_2}{T_1}\right) \quad\cdots\cdots\cdots (3-29)$$

③ 공업일$(w_t) = -\displaystyle\int_1^2 v\,dP$이고 $dq = dh - v\,dP = 0$에서 $v\,dP = dh$이므로,

$$w_t = -\int_1^2 v\,dP = -\int_1^2 dh = -\int_1^2 C_p\,dT = -C_p(T_2 - T_1) = C_p(T_1 - T_2)$$

$C_p = \dfrac{k}{k-1}R$을 대입하면,

$$w_t = -\int_1^2 v\,dP = C_p(T_1 - T_2) = \frac{kR}{k-1}(T_1 - T_2)$$

$$= \frac{kP_1 v_1}{k-1}\left(1 - \frac{T_2}{T_1}\right) \quad\cdots\cdots\cdots (3-30)$$

여기서, $\dfrac{T_2}{T_1} = \left(\dfrac{v_1}{v_2}\right)^{k-1} = \left(\dfrac{P_2}{P_1}\right)^{\frac{k-1}{k}}$

$\therefore\ w_t = k w_a$(단열변화에서 공업일은 절대일과 비열비의 곱과 같다.) $\cdots\cdots (3-31)$

④ 내부에너지 변화량$(du) = C_v\,dT = -P\,dv$에서,

$$du = u_2 - u_1 = C_v(T_2 - T_1) = -w_a \quad\cdots\cdots\cdots (3-32)$$

⑤ 엔탈피 변화량$(dh) = C_p\,dT = v\,dP$에서,

$$dh = C_p(T_2 - T_1) = -w_t \quad\cdots\cdots\cdots (3-33)$$

⑥ 가열량 : $dq = 0$ [단열변화 (열의 수수가 없는 변화)이므로] $\cdots\cdots\cdots (3-34)$

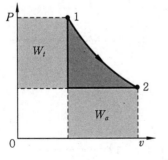
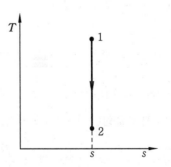

단열 변화

(5) 폴리트로픽 변화(polytropic change)

실제기관인 내연기관이나 공기 압축기의 작동유체인 공기와 같은 실제가스는 앞의 4가지 기본변화만으로 설명하기는 곤란하며, $(Pv^n = 일정)$ 식을 사용하여 표시하는데, 이

식으로 표시되는 변화를 폴리트로픽 변화라 하고, n을 폴리트로픽 지수라 한다. 이 폴리트로픽 변화에 있어서 여러 가지 관계식은 단열변화의 k 대신에 n을 대입하면 된다.

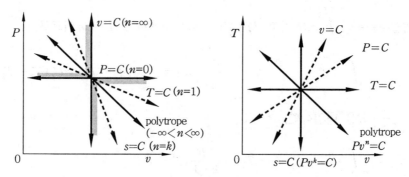

폴리트로픽 변화

① $P,\ v,\ T$ 관계 : $Pv^n = C\,(P_1 v_1{}^n = P_2 v_2{}^n = 일정)$

$$Tv^{n-1} = C\,(T_1 v_1{}^{n-1} = T_2 v_2{}^{n-1} = 일정)$$

$$T^n P^{1-n} = C\,(T_1{}^n P_1{}^{1-n} = T_2{}^n P_2{}^{1-n} = 일정)$$

$\qquad\qquad\qquad\qquad\qquad\qquad\qquad\qquad\qquad\qquad$ ··········· (3-35)

② **절대일** : 일은 단열변화에서 k 대신 n을 쓰면 된다.

$$w_a = \int_1^2 Pdv = \frac{R}{n-1}\,(T_1 - T_2) = \frac{1}{n-1}(P_1 v_1 - P_2 v_2)$$

$$= \frac{RT_1}{n-1}\left(1 - \frac{T_2}{T_1}\right) \quad\text{··· (3-36)}$$

③ **공업일**

$$w_t = \frac{n}{n-1}R(T_1 - T_2)$$

$$= \frac{n}{n-1}(P_1 v_1 - P_2 v_2) = \frac{n}{n-1}RT_1\left(1 - \frac{T_2}{T_1}\right) \quad\text{································· (3-37)}$$

$$\therefore\ w_t = n_1 w\,[\text{kJ/kg}]$$

④ **내부에너지 변화량** $(du) = C_v\,dT$ 에서,

$$du = u_2 - u_1 = C_v(T_2 - T_1) = \frac{RT_1}{k-1}\left\{\left(\frac{P_2}{P_1}\right)^{\frac{n-1}{n}} - 1\right\} \quad\text{···························· (3-38)}$$

⑤ **엔탈피 변화량** $(dh) = C_v\,dT$ 에서,

$$dh = h_2 - h_1 = C_p(T_2 - T_1) = \frac{kRT_1}{k-1}\left\{\left(\frac{P_2}{P_1}\right)^{\frac{n-1}{n}} - 1\right\} \quad\text{···························· (3-39)}$$

⑥ **가열량**$(\delta q) = du + Pdv = C_v dT + Pdv$

$$\therefore\ q_a = C_v(T_2 - T_1) + w_a = C_v(T_2 - T_1) + \frac{R}{n-1}(T_1 - T_2)$$

$$= C_v \frac{n-k}{n-1}(T_2 - T_1) = C_n(T_2 - T_1) \quad \cdots\cdots\cdots\cdots\cdots (3-40)$$

여기서, 폴리트로픽 비열$(C_n) = C_v \dfrac{n-k}{n-1}\,[\mathrm{kJ/kg \cdot K}]$

참고 $\left(C_n = C_v \dfrac{n-k}{n-1}\right)$와 $(Pv^n = C)$에서,

$n = 0$일 때, "$Pv^0 = P =$ 일정"이므로 등압변화

$n = \infty$일 때, "$v =$ 일정"이므로 등적변화$(Pv^n = \mathrm{const},\ P^{\frac{1}{n}}v = \mathrm{const},\ n = \infty$이면 $v = \mathrm{const})$

$n = 1$일 때, "$Pv =$ 일정"이므로 등온변화

$n = k$일 때, "$Pv^k =$ 일정"이므로 단열변화

예제 3. 공기 1 kg을 정적과정으로 40℃에서 120℃까지 가열하고, 다음에 정압과정으로 120℃에서 220℃까지 가열한다면 전체 가열에 필요한 열량은 약 얼마인가? (단, 정압비열은 1.00 kJ/kg · K, 정적비열은 0.71 kJ/kg · K이다.)

① 127.8 kJ/kg   ② 141.5 kJ/kg

③ 156.8 kJ/kg   ④ 185.2 kJ/kg

해설 $_1q_2 = C_v(T_2 - T_1) + C_p(T_3 - T_2)$
$$= 0.71 \times (120 - 40) + 1 \times (220 - 120) = 156.8\ \mathrm{kJ/kg}$$

정답 ③

(6) 비가역변화(실제적인 변화)

① **비가역 단열변화** : 노즐 속 또는 일반 관로 속을 고속으로 가스가 흐를 때 외부와의 열의 차단이 있어도, 즉 단열적이어도 내부마찰열이 있기 때문에 비가역변화가 된다 $(\Delta S > 0)$.

② **교축**(throttling) : 가스가 급격히 좁은 통로를 통과할 때는 외부에 아무런 일도 하지 않고 압력이 강하하게 되는데 이러한 과정을 말하며, 하나의 비가역과정이다.

$$\left(h_1 + \frac{w_1^2}{2g} + z_1 + q = h_2 + \frac{w_2^2}{2g} + z_2 + w_t\right)\text{에서,}$$

좁은 통로 앞뒤를 1, 2로 표기할 때

$\qquad (q = 0,\ w_t = 0,\ h_1 \approx h_2,\ w_1 \approx w_2)$이므로,

$\qquad$ "$h_1 = h_2 = h =$ 일정" 이다. $\quad\cdots\cdots\cdots\cdots\cdots\cdots\cdots (3-41)$

즉, 교축 과정에서는 가스의 엔탈피는 변화하지 않는다.

③ 완전가스의 혼합 : 서로 다른 가스들이 확산으로 혼합할 때, 이 확산혼합 현상도 비가역변화이다.

$$\text{Dalton's 분압법칙 } P = P_1 + P_2 + P_3 + \cdots + P_n = \sum_{i=1}^{n} P_i [\text{kPa}]$$

예제 4. 탱크 속에 15℃ 공기 10 kg과 50℃의 산소 5 kg이 혼합되어 있다. 혼합가스의 평균온도는 몇 ℃인가? (단, 공기의 $C_v = 0.172$ kcal/kgf · ℃, 산소의 $C_v = 0.156$ kcal/kgf · ℃이다.)

① 24.92℃　　　　　　　　　② 25.92℃

③ 26.92℃　　　　　　　　　④ 27.92℃

해설 $t_m = \dfrac{m_1 C_{v_1} t_1 + m_2 C_{v_2} t_2}{m_1 C_{v_1} + m_2 C_{v_2}} = \dfrac{(10 \times 0.172 \times 15) + (5 \times 0.156 \times 50)}{(10 \times 0.172) + (5 \times 0.156)} = 25.92℃$　　**정답** ②

예제 5. 표준 대기압에서의 온도 40℃, 상대습도 0.8인 습공기의 절대습도(x), 비엔탈피를 구하면 얼마인가? (40℃ 증기의 포화압력 $P_s = 0.73766 \times 10^4$ N/m²)

① 0.0285, 129.15　　　　　　② 0.0285, 139.18

③ 0.0385, 139.28　　　　　　④ 0.0285, 149.28

해설 절대습도$(x) = 0.622 \times \dfrac{\phi P_s}{P - \phi P_s}$

$$= 0.622 \times \dfrac{0.8 \times 7376.6}{101325 - 0.8 \times 7376.6} = 0.0385$$

비엔탈피$(h) = 1.0046t + (2500 + 1.846t)x$

$$= 1.0046 \times 40 + (2500 + 1.846 \times 40) \times 0.0385$$

$$= 139.28 \text{ kJ/kg}$$　　**정답** ③

출제 예상 문제

1. 다음 중 잘못 설명된 것은?

① 등온과정에서 내부에너지(u)의 변화는 없다.

② 정적과정에서 이동된 열량은 엔트로피의 변화와 같다.

③ 정적과정에서의 일은 0이다.

④ 정압과정에서의 이동된 열량은 엔탈피 변화와 같다.

[해설] ① $T = C(dT = 0)$에서 $du = Cv dT = 0$ 이므로 $u = C$(일정)이다.

② $v = C(dv = 0)$에서 $dq = du + APdv = du$ $(dv = 0)$이므로 이동된 열량은 내부에너지 변화와 같다.

③ $v = C(dv = 0)$에서, $w_a = \int pdv = 0$ $w_t = -\int vdP = v(P_1 - P_2)$인데 w_t는 의미 없다.

④ $P = C(dP = 0)$에서 $\delta q = dh - vdP = dh$ $(dP = 0)$이므로 이동된 열량(q)은 엔탈피 변화($h_2 - h_1$)와 같다.

2. 압력 – 비체적 선도($P - v$ 선도)에서 곡선의 기울기가 같은 변화는?

① 등온 변화

② 등적 변화

③ 등엔트로피 변화

④ 폴리트로픽 변화

[해설] ① $T = C(w_a = w_t)$: w_a와 w_t가 같으므로 기울기가 45°이다(직각쌍곡선).

② $v = C(w_a = 0)$

③ $s = C(w_t = kw_a)$

④ polytrope($w_t = nw_a$)

3. 다음 중 P, v, T 관계가 잘못된 것은?

① $v = C, \dfrac{T}{P} = C$

② $P = C, \dfrac{v}{T} = C$

③ $T = C, \dfrac{v}{P} = C$

④ $\dfrac{Pv}{T} = C$

[해설] $T = C$일 때 $Pv = C$이다(Boyle's law).

4. 돌턴(Dalton)의 분압법칙을 설명한 것 중 옳은 것은?

① 혼합기체의 온도는 일정하다.

② 혼합기체의 압력은 각 성분(기체)의 분압의 합과 같다.

③ 혼합기체의 체적은 각 성분의 체적의 합과 같다.

④ 혼합기체의 기체상수는 각 성분의 기체상수의 합과 같다.

[해설] $P = P_1 + P_2 + P_3 + \cdots + P_n = \Sigma P_i$

5. 다음 중 보일 – 샤를(Boyle – Charles)의 법칙을 옳게 표시한 것은?

① $\dfrac{Pv}{T} = C$ ② $\dfrac{T}{Pv} = C$

③ $\dfrac{Tv}{P} = C$ ④ $\dfrac{TP}{v} = C$

[해설] 보일의 법칙 : $T = C$일 때, $Pv = C$

샤를의 법칙 : $P = C$일 때, $\dfrac{v}{T} = C$

$v = C$일 때, $\dfrac{P}{T} = C$

정답 1. ② 　2. ① 　3. ③ 　4. ② 　5. ①

보일 – 샤를의 법칙 : $\dfrac{Pv}{T} = C$

6. 가역 정적과정에서 외부에 한 일은?

① 엔탈피 변화량과 같다.

② 이동 열량과 같다.

③ 0이다.

④ 압축일과 같다.

[해설] $v = C(dv = 0)$에서,

외부에서 한 일 $w_a = \displaystyle\int_1^2 Pdv = 0$이다.

7. 정적비열(C_v)과 정압비열(C_p)과의 관계식을 옳게 표시한 것은?

① $C_p = C_v - R$ ② $C_p = C_v + R$

③ $C_p = \dfrac{R}{C_v}$ ④ $C_v / C_p = R$

[해설] C_v 와 C_p의 관계

$k = \dfrac{C_p}{C_v}$ (가스인 경우 $C_p > C_v$이므로 k(비열비)는 항상 1보다 크다.)

$C_p - C_v = R, \quad \dfrac{C_p}{C_v} - 1 = \dfrac{R}{C_v}$

$C_p = k C_v = \dfrac{k}{k-1} R$

8. 이상기체의 엔탈피(h)가 일정한 과정은?

① 교축과정

② 비가역 단열과정

③ 가역 단열과정

④ 등압과정

[해설] 이상기체(ideal gas)의 교축과정에서

$P_1 > P_2, \quad T_1 = T_2, \quad h_1 = h_2, \quad \Delta S > 0$

9. 다음 각 과정의 공업일과 절대일의 관계를 표시한 것 중 잘못된 것은?

① 단열과정($W_a = k W_t$)

② 교축과정($W_a = W_t = 0$)

③ 등온과정($W_a = W_t$)

④ 폴리트로픽 과정($W_t = n \cdot W_a$)

[해설] 각 과정에서의 절대일(W_a)과 공업일 (W_t)은,

$V = C : W_a = 0, \quad W_t = - V(P_2 - P_1)$

$P = C : W_a = P(V_2 - V_1), \quad W_t = 0$

$T = C : W_a = P_1 V_1 \ln \dfrac{V_2}{V_1} = mRT_1 \ln \dfrac{P_1}{P_2}$

$\qquad\qquad = W_t [\text{kJ}]$

$s = C : W_t = \dfrac{k}{k-1}(P_1 V_1 - P_2 V_2)$

$\qquad\qquad = \dfrac{k}{k-1} mR(T_1 - T_2) = k W_a [\text{kJ}]$

$\text{polytrope} : W_t = \dfrac{n}{n-1}(P_1 V_1 - P_2 V_2)$

$\qquad\qquad = \dfrac{n}{n-1} mR(T_1 - T_2)$

$\qquad\qquad = n W_a [\text{kJ}]$

10. 혼합가스의 압력, 체적, 몰수를 P, V, n, 성분가스의 압력, 체적, 몰수를 P_n, V_n, n_n 이라면 다음 중 잘못 표시된 것은?

① $P_n = \dfrac{V_n}{V} \cdot P$

② $V_n = \dfrac{n_n}{n} \cdot V$

③ $\dfrac{P_n}{P} = \dfrac{V_n}{V} = \dfrac{n_n}{n}$

④ $\dfrac{P_n V_n}{n_n} = \dfrac{PV}{n}$

[해설] 혼합기체에서 몰수비(압력비)는 일정하다(비례한다).

11. 1kg의 공기가 4m³에서 1m³로 압축되었을 때, 다음 중 옳은 표현은 어느 것인가?

① 등온압축 후의 압력이 단열압축 후의 압력보다 크다.

② 등온압축 후의 압력이 단열압축 후의 압력보다 작다.

③ 등온압축 후의 압력은 단열압축 후의 압력과 같다.

④ 등온압축 후의 압력과 단열압축 후의 압력은 크기를 판정할 수 없다.

[해설] 등온압축 과정에서 $P_1 v_1 = P_2 v_2$ 이므로,

$$\frac{v_1}{v_2} = \frac{P_2}{P_1} = \frac{4}{1} = 4$$

$$\therefore P_2 = 4P_1$$

단열압축 과정에서 $P_1 v_1^k = P_2 v_2^k$ 이므로,

$$\left(\frac{v_1}{v_2}\right)^k = \frac{P_2}{P_1} = \left(\frac{4}{1}\right)^{1.4} = 6.96$$

(공기의 $k = 1.4$)

$$\therefore P_2 = 6.96 P_1$$

12. 다음 중 점함수가 아닌 것은?

① 내부에너지　　　② 엔탈피

③ 일　　　④ 비체적

[해설] 열과 일은 경로함수(또는 도정함수 : path function)라 한다.

13. 이상기체의 등온과정에서 압력이 증가하면 엔탈피는?

① 증가한다.

② 감소한다.

③ 일정하다.

④ 증가 또는 감소한다.

[해설] $T = C(dT = 0)$,

$dh = C_p dT = C_p \times 0 = 0$

즉, $h = C$(엔탈피 = 일정)

14. 다음 중 일반 기체 상수(universal gas constant)의 단위를 표현한 것은?

① kcal/kmol · K

② kg · m/kg · K

③ N · m/kmol · K

④ kcal/kg · K

[해설] 일반 기체 상수 (가스 정수)

$\overline{R} = 848 \,\text{kg} \cdot \text{m/kmol} \cdot \text{K}$
　　$= 8314.3 \,\text{N} \cdot \text{m/kmol} \cdot \text{K} (= \text{J/kmol} \cdot \text{K})$

이고, 임의의 가스의 가스 정수

$R = (848/M) \,\text{kg} \cdot \text{m/kg} \cdot \text{K}$
　　$= (8314.3/M) \,\text{N} \cdot \text{m/kg} \cdot \text{K} (= \text{J/kg} \cdot \text{K})$

15. 이상기체의 상태방정식을 옳게 표현한 것은?

① $Pv = R \cdot v$　　② $PR = T \cdot v$

③ $v = PRT$　　④ $Pv = RT$

[해설] 이상기체의 상태방정식은

보일 – 샤를의 법칙 $\dfrac{Pv}{T} = C$ 에서

$Pv = C \cdot T = RT$ 이다.

따라서, 질량 1 kg에 대해서, $Pv = RT$

질량 m[kg]에 대해서, $Pv = mRT$

16. 가스의 비열비($k = C_p / C_v$) 값은?

① $k < 1$　　② $k > 1$

③ $0 < k < 1$　　④ $k = 0$

[해설] 가스의 비열비 : $C_p > C_v$ 이므로 k는 항상 1보다 크다.

(1) 1 원자 분자인 경우 : $k = \dfrac{5}{3} = 1.66$

(2) 2 원자 분자인 경우 : $k = \dfrac{7}{5} = 1.40$

(3) 3 원자 분자인 경우 : $k = \dfrac{4}{3} = 1.33$

17. 정적가열 과정에서 내부에너지의 변화를 바르게 표현한 것은?

① $\Delta U = m(T_2 - T_1)/C_v$

② $\Delta U = mC_v(P_1 V_1 - P_2 V_2)$

③ $\Delta U = mR(T_2 - T_1)$

④ $\Delta U = mC_v(T_2 - T_1)$

[해설] $P = C$ 과정에서,

정답 12. ③　13. ③　14. ③　15. ④　16. ②　17. ④

$dq = du + APdv = du$ 이므로 $(dv = 0)$

$\therefore \ du = dq = C_v dT$

$1\,kg$에 대하여, $\Delta u = C_v(T_2 - T_1)\,[\text{kJ/kg}]$

$m\,[\text{kg}]$에 대하여, $\Delta U = m C_v(T_2 - T_1)\,[\text{kJ}]$

18. 등엔트로피($S = C$) 과정이란?

① 가역 단열과정

② 비가역 단열과정

③ 단열과정

④ 가역과정

[해설] 가역과정에서 $S = C$, 즉 $ds = 0$인 경우

$ds = \dfrac{\delta q}{T}$ 에서 $\delta q = 0$(단열)이므로, $S = C$는

가역 단열과정(등엔트로피 과정)이다.

19. 비열비가 가장 큰 것은?

① CO_2 ② N_2

③ He   ④ O_2

[해설] CO_2(3원자 분자), N_2, O_2(2원자 분자), He (1원자 분자)이므로 문제 16에서 1원자 분자의 k값이 가장 크므로 He의 값이 가장 크다.

20. 이상기체 (완전가스)의 등온변화를 옳게 설명한 것은?

① 엔탈피 변화가 없다.

② 엔트로피 변화가 없다.

③ 팽창일이 압축일보다 작다.

④ 열이동이 없다.

[해설] 이상기체의 등온과정(Boyle's law 적용)

(1) $T = C(dT = 0)$이므로, $Pv = C$

(2) $w_a = P_1 v_1 \cdot \ln \dfrac{v_2}{v_1} = RT_1 \cdot \ln \dfrac{P_1}{P_2} = w_t$

(3) $Q = w_a = w_t (w_a : 팽창일, \ w_t : 압축일)$

(4) $\Delta H = 0, \ \Delta U = 0$

(5) $dS = mR \cdot \ln \dfrac{v_2}{v_1} \,[\text{kJ/kg} \cdot \text{K}]$

$\Delta S = \dfrac{\delta Q}{T} = mR\ln\dfrac{v_2}{v_1}$

$= mR\ln\dfrac{P_1}{P_2}\,[\text{kJ/K}]$

21. 다음 중 폴리트로픽 (polytrope) 비열을 옳게 표시한 것은?

① $C_n = C_v \dfrac{k-1}{n-1}$ ② $C_v = C_v \dfrac{n-k}{n-1}$

③ $C_n = C_v \dfrac{k-n}{1-k}$ ④ $C_n = C_v \dfrac{n-k}{n-1}$

[해설] 폴리트로픽 비열(C_n)

$= C_v \dfrac{n-k}{n-1}\,[\text{kJ/kg} \cdot \text{K}]$

22. 일과 열에너지에 대한 설명 중 바르지 못한 것은?

① 열역학 제1법칙은 일과 열에너지의 변화에 대한 양적 관계를 표시하는 것이다.

② 열과 일은 서로 전환할 수 있는 것이다.

③ 열은 계에 공급될 때, 일은 계에서 나올 때 정(+)의 값을 갖는다.

④ 어떤 과정에서도 일과 열은 그 경로와 관계없다.

23. 다음 중 실제가스가 이상기체의 상태방정식을 근사적으로 만족하려면 어떻게 해야 하는가?

① 분자량이 클수록 만족한다.

② 압력과 온도가 높을 때 만족한다.

③ 압력이 낮고 온도가 높을 때 만족한다.

④ 비체적이 크고 분자량이 클 때 만족한다.

[해설] 완전가스의 성립조건

(1) 가스는 완전 탄성체일 것

(2) 분자간 인력이 없으며 분자 자신의 체적이 없을 것

(3) 분자의 운동에너지는 절대온도에 비례

(4) 분자량이 적을수록, 압력이 낮고 온도가 높을수록 완전가스의 성질에 가까워진다.

정답 18. ①   19. ③   20. ①   21. ④   22. ④   23. ③

24. 폴리트로픽 비열이 $C_n = \infty$ 인 변화는 다음 중 어느 것인가?

① 단열변화   ② 등압변화

③ 등온변화   ④ 등적변화

해설 $Pv^n = C,\ C_n = C_v\dfrac{n-k}{n-1}$ [kJ/kg·K]에서

(1) $n = \infty$: $C_n = C_v,\ v = C$ (등적변화)

    $(C_n = C_v)$

(2) $n = 0$: $Pv^n = C,\ P = C$ (등압변화)

    $(C_n = kC_v = C_p)$

(3) $n = 1$: $Pv = C,\ T = C$ (등온변화)

    $(C_n = \infty)$

(4) $n = k$: $Pv^k = C$ (polytrope 변화)

    $(C_n = 0)$

25. 다음 $P - v$ 선도의 (a)～(e)에 대한 명칭을 순서대로 옳게 나열한 것은?

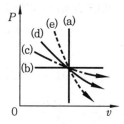

① 등압 – 등적 – 등온 – 단열 – 폴리트로픽

② 등적 – 등압 – 등온 – 폴리트로픽 – 단열

③ 등온 – 단열 – 등압 – 등적 – 폴리트로픽

④ 단열 – 폴리트로픽 – 등압 – 등적 – 등온

26. 이상기체를 정적하에서 가열하면 압력과 온도 변화는 어떻게 되는가?

① 압력 증가, 온도 일정

② 압력 일정, 온도 일정

③ 압력 증가, 온도 상승

④ 압력 일정, 온도 상승

해설 $v = C$ 과정이므로,

$$\frac{P}{T} = 일정 = \frac{P_1}{T_1} = \frac{P_2}{T_2}$$

$$\therefore \frac{T_2}{T_1} = \frac{P_2}{P_1}$$

정적하에서 가열하므로,

$T_1 < T_2$ 에서, $\dfrac{T_2}{T_1} > 1$

$\therefore \dfrac{T_2}{T_1} = \dfrac{P_2}{P_1} > 1$ 이므로,

$\therefore P_2 > P_1$ (압력 증가), $T_2 > T_1$ (온도 상승)

27. 상온의 공기 1 kg을 표준 대기압에서 4 기압까지 등온변화시키면 어떻게 되는가?

① 가열, 팽창   ② 가열, 압축

③ 냉각, 팽창   ④ 냉각, 압축

해설 $T = C$ 과정이므로,

$$Pv = 일정 = P_1 v_1 = P_2 v_2$$

$$\therefore \frac{v_1}{v_2} = \frac{P_2}{P_1} = \frac{4기압}{표준 \ 대기압} = \frac{4}{1.0332} > 1$$

$\therefore P_2 > P_1$ (압력 증가 → 압축)

또, $q = P_1 v_1 \ln \dfrac{v_2}{v_1} = P_1 v_1 \ln \dfrac{P_1}{P_2}$ 에서,

$\dfrac{P_1}{P_2}$ 이 1보다 작으므로 $\ln \dfrac{P_1}{P_2} < 0$ 이다.

$\therefore Q$ 는 그 값이 "－"이므로 냉각(방열)이다.

28. 이상기체를 정압하에서 가열하면 체적과 온도는 어떻게 되는가?

① 체적 상승, 온도 일정

② 체적 일정, 온도 상승

③ 체적 상승, 온도 상승

④ 체적 일정, 온도 일정

해설 $P = C$ 과정이므로,

$$\frac{V}{T} = 일정 = \frac{V_1}{T_1} = \frac{V_2}{T_2}$$

$\therefore \dfrac{T_2}{T_1} = \dfrac{V_2}{V_1}$ 에서, 가열하므로

$T_2 > T_1$ 에서, $\dfrac{T_2}{T_1} = \dfrac{V_2}{V_1} > 1$

$\therefore$ 체적 상승$(V_2 > V_1)$

또, 가열한다고 했으므로 온도 상승이다.

29. 분자량이 30인 산화질소의 압력이 300 kPa, 온도가 100℃라면 비체적은 몇 m^3/kg인가?

① 0.345   ② 0.451

③ 0.551   ④ 0.651

[해설] $Pv = RT$에서,

$$v = \frac{RT}{P} = \frac{\frac{8.314}{M} \times T}{P} = \frac{8.314 \times T}{MP}$$

$$= \frac{8.314 \times (100 + 273)}{30 \times 300} = 0.345 \, m^3/kg$$

산화질소(NO)의 분자량(M)

$= 14 + 16 = 30 \, kg/kmol$

30. 압력 1.5 MPa, 온도 600℃인 이상기체를 실린더 내에서 압력이 100 kPa까지 가역단열팽창시킨다. 변화과정에서 가스 1 kg이 하는 일은 얼마인가? (단, $k = 1.33$, $R = 287 \, J/kg \cdot K$이다.)

① 371.5 kJ   ② 391.5 kJ

③ 171.5 kJ   ④ 198.3 kJ

[해설] $S = C$(단열과정)이므로,

$T^k P^{1-k}$ = 일정,

$T_1{}^k P_1{}^{1-k} = T_2{}^k P_2{}^{1-k}$에서,

$$T_2 = T_1 \times \left(\frac{P_2}{P_1}\right)^{\frac{k-1}{k}}$$

$$= (273 + 600) \times \left(\frac{1}{15}\right)^{\frac{1.33-1}{1.33}} = 445.86 \, K$$

팽창일$(w_a) = \frac{1}{k-1}(P_1 v_1 - P_2 v_2)$

$$= \frac{1}{k-1} R(T_1 - T_2)$$

$$= \frac{0.287}{1.33 - 1}(873 - 445.86)$$

$$\fallingdotseq 371.5 \, kJ/kg$$

$\therefore W_a = m w_a = 1 \times 371.5 = 371.5 \, kJ$

31. 산소 8 kg과 질소 12 kg이 섞인 혼합기체의 정압비열을 구하면? (단, 질소의 정압비열은 1038.8 J/kg · K, 산소의 정압비열은 914.2 J/kg · K이다.)

① 1.094 kJ/kg · K

② 1.074 kJ/kg · K

③ 0.989 kJ/kg · K

④ 0.884 kJ/kg · K

[해설] $C = C_i \sum\limits_{i=1}^{n} \frac{m_i}{m} = C_{O_2} \frac{m_{O_2}}{m} + C_{N_2} \frac{m_{N_2}}{m}$

$$= 0.9142 \times \frac{8}{20} + 1.0388 \times \frac{12}{20}$$

$$\fallingdotseq 0.989 \, kJ/kg \cdot K$$

32. 온도 100℃, 압력 167 kPa 게이지에서 20 kg의 이산화탄소(CO_2)를 넣을 용기의 체적은 얼마인가? (단, 이산화탄소의 기체상수 $R = 188.9 \, J/kg \cdot K$이다.)

① 5.25 m^3 ② 6.31 m^3

③ 5.65 m^3 ④ 6.61 m^3

[해설] $PV = mRT$에서 $V = \frac{mRT}{P}$이므로,

$$\therefore V = \frac{mRT}{P} = \frac{mRT}{(P_0 + P_g)}$$

$$= \frac{20 \times 0.1889 \times 373}{(101.325 + 167)} = 5.25 \, m^3$$

33. 체적 2 m^3의 탱크에 압력 200 kPa, 온도 0℃인 공기가 들어 있다. 이 공기를 60℃까지 가열하는 데 필요한 열량은 얼마인가?

① 250 kJ   ② 220 kJ

③ 350 kJ   ④ 320 kJ

[해설] $V = C$에서 $Q = m C_v (T_2 - T_1)$인데 질량 m[kg]을 모르므로,

$P_1 V_1 = mRT_1$에서,

$$m = \frac{P_1 V_1}{RT_1} = \frac{200 \times 2}{0.287 \times 273} = 5.1 \, kg$$

정답   **29.** ①   **30.** ①   **31.** ③   **32.** ①   **33.** ②

$$\therefore \ Q = m C_v (T_2 - T_1)$$
$$= 5.1 \times 0.718 \times (333 - 273) \fallingdotseq 220 \text{ kJ}$$

34. 다음 중 $V_1 = 1000$ L, $t_1 = 25℃$의 상태에 있는 기체를 $P = C$(등압)하에서 $V_2 = 4$ m³로 팽창시키려면 얼마의 열량이 필요한가? (단, 이 기체의 정압비열은 837.4 J/kg·K이고, 기체 상수는 125.6 J/kg·K이다.)

① 748.6 kJ/kg   ② 546.5 kJ/kg
③ 178.8 kJ/kg   ④ 187.8 kJ/kg

해설 등압상태에서 열량 $q = C_p (T_2 - T_1)$ 인데, 변화(팽창) 후의 온도 T_2를 모르므로

$P = C$에서, $\dfrac{V_1}{T_1} = \dfrac{V_2}{T_2}$

$\therefore \ T_2 = T_1 \times \left(\dfrac{V_2}{V_1} \right)$에 대입, 정리하면,

$q = C_p (T_2 - T_1) = C_p \left(T_1 \dfrac{V_2}{V_1} - T_1 \right)$

$= 837.4 \times (273 + 25) \left(\dfrac{4}{1} - 1 \right)$

$\fallingdotseq 748636$ J/kg $\fallingdotseq 748.64$ kJ/kg

35. 어떤 연소가스의 체적성분이 이산화탄소(CO_2) 13.1 %, 질소(N_2) 79.2 %, 산소(O_2) 7.7 %이며, 평균 분자량은 30.40 kg/kmol이다. 압력 90 kPa, 온도 20℃에서 이 연소가스의 비체적은?

① 0.890 m³/kg   ② 0.915 m³/kg
③ 0.995 m³/kg   ④ 1.356 m³/kg

해설 $Pv = RT$ 에서,

$v = \dfrac{RT}{P} = \dfrac{\dfrac{8.314}{M} \times T}{P} = \dfrac{8.314 \times 293}{90 \times 30.40}$

$= 0.890$ m³/kg

36. 완전가스 1 kg을 일정 압력하에서 20℃에서 100℃까지 가열하는 데 840 kJ의

열량이 소모되었다. 이 기체의 분자량이 3이라면 정적비열(C_v)과 정압비열(C_p)은 각각 몇 kJ/kg·K인가? 또, 비열비 k는 얼마인가?

① $C_p = 10.5$, $C_v = 8.5$, $k = 1.32$
② $C_p = 22.5$, $C_v = 10.5$, $k = 1.34$
③ $C_p = 10.5$, $C_v = 7.73$, $k = 1.36$
④ $C_p = 22.5$, $C_v = 9.5$, $k = 1.38$

해설 (1) $P = C$에서, $Q = m C_p (T_2 - T_1)$

$\therefore \ C_p = \dfrac{Q}{m(T_2 - T_1)}$

$= \dfrac{840}{1 \times (373 - 293)} = 10.5$ kJ/kg·K

(2) $C_p = C_v + R$에서,

$C_v = C_p - R = 10.5 - \dfrac{8.3143}{3}$

$\fallingdotseq 7.73$ kJ/kg·K

37. $k = 1.4$인 공기가 $P_1 = 1800$ kPa, $V_1 = 0.1$ m³인 상태에서 $P_2 = 300$ kPa, $V_2 = 0.35$ m³까지 폴리트로픽으로 변화한다. 폴리트로픽 지수 n은 얼마인가?

① 1.15   ② 1.26
③ 1.32   ④ 1.43

해설 polytrope 변화이므로,

$P_1 V_1^n = P_2 V_2^n = $ 일정에서 $\left(\dfrac{P_2}{P_1} \right) = \left(\dfrac{V_1}{V_2} \right)^n$

이며, 양변에 ln을 취하면,

$\ln \left(\dfrac{P_2}{P_1} \right) = n \cdot \ln \left(\dfrac{V_1}{V_2} \right)$이므로,

$\therefore \ n = \dfrac{\ln \left(\dfrac{P_2}{P_1} \right)}{\ln \left(\dfrac{V_1}{V_2} \right)} = \dfrac{\ln \left(\dfrac{300}{1800} \right)}{\ln \left(\dfrac{0.1}{0.35} \right)} = 1.43$

38. 어떤 이상기체가 압력 200 kPa, 비체적 0.4 m³/kg인 상태에서 등온변화하여 압력 800 kPa인 상태로 변화하였다. 변

정답 **34.** ①   **35.** ①   **36.** ③   **37.** ④   **38.** ②

화 후의 비체적은 몇 m^3/kg인가?

① $1\,m^3/kg$ ② $0.1\,m^3/kg$

③ $0.01\,m^3/kg$ ④ $0.001\,m^3/kg$

[해설] $T = C$ 상태이므로,

$P_1 v_1 = P_2 v_2 = $ 일정에서,

$$v_2 = v_1 \left(\frac{P_1}{P_2} \right) = 0.4 \left(\frac{200}{800} \right) = 0.1\,m^3/kg$$

39. 분자량이 32.012이고, 온도 40℃, 압력 200 kPa인 상태에서 이 기체(O_2)의 비체적은?

① $406\,m^3/kg$ ② $356\,m^3/kg$

③ $0.406\,m^3/kg$ ④ $0.356\,m^3/kg$

[해설] $Pv = RT$

$$v = \frac{RT}{P} = \frac{\left(\frac{8.314}{32.012} \right) \times (40 + 273)}{200}$$
$$= 0.406\,m^3/kg$$

40. 산소 1 kg이 정압하에서 온도 200℃, 압력 500 kPa, 비체적 $0.3\,m^3/kg$인 상태에서 비체적이 $0.2\,m^3/kg$으로 되었다. 변화 후 온도(T_2)는?

① 42.3℃   ② 55.4℃

③ 60.1℃   ④ 65.2℃

[해설] $P = C$에서 $\dfrac{v_1}{T_1} = \dfrac{v_2}{T_2}$ 이므로,

$$\therefore T_2 = T_1 \times \left(\frac{v_2}{v_1} \right) = (273 + 200) \times \frac{0.2}{0.3}$$
$$= 315.3\,K = 42.3℃$$

41. 이산화탄소(CO_2)의 분자량이 44 kg/kmol이라면 기체 상수는 얼마인가?

① $0.287\,kJ/kg \cdot K$

② $0.189\,kJ/kg \cdot K$

③ $0.245\,kJ/kg \cdot K$

④ $0.288\,kJ/kg \cdot K$

[해설] $MR = \overline{R} = 8.314\,kJ/kmol \cdot K$

$$R = \frac{8.314}{M} = \frac{8.314}{44} = 0.189\,kJ/kg \cdot K$$

42. 공기 0.2 kg을 30℃에서 압력 150 kPa · abs에서 750 kPa · abs까지 등온적으로 압축시킬 때, 압축에 필요한 열량은 몇 kJ인가?

① -20 ② -28

③ -75 ④ -79

[해설] $T = C$에서,

열량 $Q = W_a = W_t = mRT_1 \ln \dfrac{V_2}{V_1}$

$$= mRT_1 \ln \frac{P_1}{P_2}$$
$$= 0.2 \times 0.287 \times (30 + 273) \ln \left(\frac{150}{750} \right)$$
$$\fallingdotseq -28\,kJ$$

43. 체적 $2\,m^3$의 탱크에 이상기체가 압력 200 kPa, 온도 20℃인 상태로 들어가 있다. 이 기체의 압력을 350 kPa로 올리려면 몇 kJ의 열량을 가해야 하는가? (단, $R = 460.6\,J/kg \cdot K$, $C_v = 1.3989\,kJ/kg \cdot K$이다.)

① 873 kJ   ② 910 kJ

③ 901 kJ   ④ 985 kJ

[해설] 탱크는 일정 체적이므로 $v = C$ 상태로 보고, $Q = mC_v(T_2 - T_1)$에서 m과 T_2를 구하면,

(1) $P_1 V_1 = GRT_1$에서,

$$m = \frac{P_1 V_1}{RT_1} = \frac{200 \times 2}{0.4606 \times 293} = 2.96\,kg$$

(2) $\dfrac{P_1}{T_1} = \dfrac{P_2}{T_2}$에서,

$$T_2 = T_1 \times \left(\frac{P_2}{P_1} \right) = 293 \times \frac{350}{200} = 512.75\,K$$
$$\therefore Q = mC_v(T_2 - T_1)$$

$= 2.96 \times 1.3989 \times (512.75 - 293)$

$= 910 \text{ kJ}$

44. 압력 800 kPa, 온도 100℃인 기체 혼합물의 성분이 질소(분자량 28) 24 kg, 산소(분자량 32) 16 kg이다. 산소의 분압은 몇 kPa인가?

① 195 kPa　　　　② 271 kPa

③ 295 kPa　　　　④ 308 kPa

해설 $n_N = \dfrac{24}{14} = 1.71$, $n_O = \dfrac{16}{16} = 1$

$\therefore n = n_N + n_O = 1.71 + 1 = 2.71$

$\dfrac{P_n}{P} = \dfrac{n_n}{n}$ 에서, $\dfrac{P_O}{P} = \dfrac{n_O}{n}$ 이므로,

$\therefore P_O = P \times \dfrac{n_O}{n} = 800 \times \dfrac{1}{2.71} = 295.2 \text{ kPa}$

※ 질소의 분압 P_N은,

$P_N = P \times \dfrac{n_N}{n} = 800 \times \dfrac{1.71}{2.71} \fallingdotseq 505 \text{ kPa}$

45. 공기 2 kg을 온도 30℃에서 등압상태로 팽창시켰더니 체적이 처음의 1.4배가 되었다. 팽창일과 소비된 열량은 다음 중 어느 것인가?

① $W_a = 69.6 \text{ kJ}$, $Q = 143.6 \text{ kJ}$

② $W_a = 39.6 \text{ kJ}$, $Q = 243.6 \text{ kJ}$

③ $W_a = 69.6 \text{ kJ}$, $Q = 243.6 \text{ kJ}$

④ $W_a = 39.6 \text{ kJ}$, $Q = 143.6 \text{ kJ}$

해설 $P = C$ 상태에서,

(1) 팽창일(W_a) $= \displaystyle\int_1^2 P dV = P(V_2 - V_1)$

$\qquad\qquad = mR(T_2 - T_1)$ 인데

$T_2 = T_1 \times \left(\dfrac{V_2}{V_1}\right) = (273 + 30) \times \dfrac{1.4 V_1}{V_1}$

$\quad = 424.2 \text{ K} = 151.2 ℃$

$\left(\to P = C \text{에서}, \dfrac{V_1}{T_1} = \dfrac{V_2}{T_2}\right)$

$\therefore W_a = mR(T_2 - T_1)$

$\qquad = 2 \times 0.287 \times (151.2 - 30) \fallingdotseq 69.6 \text{ kJ}$

(2) 소비된 열량

$Q = m C_p (T_2 - T_1) = m C_p (t_2 - t_1)$

$\quad = 2 \times 1.005 \times (151.2 - 30) \fallingdotseq 243.6 \text{ kJ}$

46. 자동차 타이어 단면의 지름이 150 mm, 평균지름이 700 mm인 원환상이다. 20℃에서 게이지가 390 kPa·atg 될 때까지 공기를 채웠더니, 공기의 온도가 40℃가 되었다. 타이어가 변형되지 않는다면 내압은 몇 kPa인가?

① 323 kPa　　　　② 458 kPa

③ 297 kPa　　　　④ 525 kPa

해설 타이어가 변형되지 않으므로 등적과정 ($V = C$)으로 가정

$\therefore V = C$ 에서, $\dfrac{P_1}{T_1} = \dfrac{P_2}{T_2} =$ 일정

$\therefore P_2 = P_1 \times \dfrac{T_2}{T_1}$

$= (101.325 + 390) \times \left(\dfrac{40 + 273}{20 + 273}\right)$

$= 525 \text{ kPa}$

47. 어떤 기체의 정압비열 $C_p = 0.187 + 0.000021 \, t$[kcal/kg·℃]로 주어질 때 0℃에서 400℃까지 가열할 때의 내부에너지 증가는 몇 kJ/kg인가? (단, 이 기체의 k값은 1.44이다.)

① 111.33 kJ/kg　　② 222.33 kJ/kg

③ 333.44 kJ/kg　　④ 555.22 kJ/kg

해설 $du = C_v dT = \dfrac{C_p}{k} \cdot dT$ 이므로,

$\Delta u = \displaystyle\int du = \int \dfrac{C_p}{k} dT$

$= \dfrac{1}{k} \displaystyle\int_0^{400} (0.187 + 0.000021 t) dT$

$= \dfrac{1}{1.44} \times \left[0.187 t + 0.000021 \dfrac{t^2}{2} \right]_0^{400}$

$= \dfrac{1}{1.44} \times \left[0.187 \times 400 + 0.000021 \times \dfrac{400^2}{2} \right]$

정답 **44.** ③　**45.** ③　**46.** ④　**47.** ②

$$= 53.1 \text{ kcal/kg} = 53.1 \times 4.187$$
$$= 222.33 \text{ kJ/kg}$$

48. 1 PSh의 일의 열당량은 얼마인가?

① 3612.3 kJ   ② 2646 kJ

③ 632 kJ   ④ 427 kJ

해설 1 PSh(마력시) $= 0.735 \times 3600 = 2646 \text{ kJ}$

49. 압력 1 ata, 온도 22℃, 상대습도 66.4 %인 습공기 1500 m^3/h를 냉각제습하고 재가열을 하여 온도 24℃, 상대습도 50 %가 되게 하기 위하여 제거해야 할 수량은 얼마인가? (단, $x_1 = 0.0203$, $x_2 = 0.0093$ 이다.)

① 0.592 kg/kg   ② 0.013 kg/kg

③ 0.011 kg/kg   ④ 0.056 kg/kg

해설 제거해야 할 수량은 건조도 차이이다.
$$x_1 - x_2 = 0.0203 - 0.0093 = 0.011 \text{ kg/kg}$$

50. 공기 100 kg 중의 성분은 산소($M=$ 32, $R= 259.8$ J/kg·K)는 23.2 kg이고, 질소($M= 28.02$, $R= 296.8$ J/kg·K)는 76.8 kg이다. 공기의 분자량은 얼마인가?

① 16.49   ② 18.7

③ 24.69   ④ 28.9

해설 $MV = M_1 V_1 + M_2 V_2$에서,

$$M = M_O \frac{V_O}{V} + M_N \frac{V_N}{V} \text{ 이다.}$$

여기서, $\dfrac{V_{O_2}}{V} = \dfrac{m_{O_2} R_{O_2}}{mR}$, $\dfrac{V_{N_2}}{V} = \dfrac{m_{N_2} R_{N_2}}{mR}$

이므로,

$$R = R_{O_2} \frac{m_{O_2}}{m} + R_{N_2} \frac{m_{N_2}}{m}$$
$$= 259.8 \times 0.232 + 296.8 \times 0.768$$
$$= 288.22 \text{ J/kg·K}$$

$$\therefore \frac{V_{O_2}}{V} = 0.232 \times \frac{259.8}{288.22} = 0.209$$

$$\frac{V_{N_2}}{V} = 0.768 \times \frac{296.8}{288.22} = 0.791$$

$$\therefore M = M_{O_2} \frac{V_{O_2}}{V} + M_{N_2} \frac{V_{N_2}}{V}$$
$$= 32 \times 0.209 + 28.02 \times 0.791 = 28.85$$

51. 공기 25 kg과 수증기 7 kg을 혼합하여 20 m^3의 탱크 속에 넣었다. 만약 혼합기체의 온도를 85℃로 한다면 탱크 내의 압력은 몇 kPa가 되는가? (단, 공기와 수증기의 기체 상수값은 각각 287 J/kg·K, 461.4 J/kg·K이다.)

① 183.21 kPa   ② 186.25 kPa

③ 176.34 kPa   ④ 176.78 kPa

해설 달톤의 분압법칙에서,

$P = P_a + P_w$ 이므로,

$$\therefore P = \frac{m_a R_a}{V} T + \frac{m_w R_w}{V} T$$
$$= (m_a R_a + m_w R_w) \frac{T}{V}$$
$$= (25 \times 0.287 + 7 \times 0.4614)$$
$$\times \frac{(273 + 85)}{20} \fallingdotseq 186.25 \text{ kPa}$$

52. 760 mmHg, 20℃, 상대습도 75 %인 습공기의 비중량은 얼마인가? (단, 습공기 1 m^3 중 건공기는 1.178 kgf/m^3, 20℃에서 포화수증기의 압력은 2.335 kPa, 비체적은 51.81 m^3/kgf이다.)

① 1.191 kgf/m^3 ② 2.237 kgf/m^3

③ 3.345 kgf/m^3 ④ 4.134 kgf/m^3

해설 $\gamma = \gamma_a + \gamma_w$

$$= \gamma_a + \phi \gamma_s = \gamma_a + \phi \left(\frac{1}{v_s} \right)$$
$$= 1.178 + 0.75 \left(\frac{1}{51.81} \right)$$
$$= 1.192 \text{ kgf/}m^3 = 11.69 \text{ N/}m^3$$

53. 공기 25 kg과 수증기 7 kg을 혼합하여 20 m^3의 탱크 속에 넣었더니 온도가 85℃가 되었다. 외부로부터 2520 kJ의 열량을 가한다면 혼합기체의 온도는 몇 ℃가

되는가? (단, 수증기의 비열은 1398.2 J/kg · K이다.)

① 167℃   ② 176℃

③ 187℃   ④ 159℃

해설 체적이 일정($v = C$)한 상태이므로

$Q = m C_v(t_2 - t_1)$에서 $t_2 = \dfrac{Q}{m C_v} + t_1$인데

혼합기체의 정적비열 C_v는,

$$C_v = \frac{m_a C_{va} + m_w C_{vw}}{m}$$

$$= \frac{25 \times 0.718 + 7 \times 1.3982}{32}$$

$$= 0.8668 \,J/kg \cdot K$$

$$\therefore \ t_2 = \frac{2520}{32 \times 0.8668} + 85 = 175.85℃$$

$$\fallingdotseq 176℃$$

54. 체적 1 m³인 자동차 타이어 속에 10℃, 400 kPa의 공기가 들어 있다. 온도가 40℃로 상승했을 때 압력이 350 kPa이 되었고, 타이어 체적이 변하지 않았다면 새어나간 공기의 양은 얼마인가?

① 1.08 kg   ② 1.06 kg

③ 1.04 kg   ④ 1.02 kg

해설 타이어 속의 최초의 공기량

$$m_1 = \frac{P_1 V}{R T_1} = \frac{400 \times 1}{0.287 \times 283} = 4.92 \,kg$$

변화 후 공기의 질량

$$m_2 = \frac{P_2 V}{R T_2} = \frac{350 \times 1}{0.287 \times 313} = 3.90 \,kg$$

따라서, 새어나간 공기량은,

$$m_a = m_1 - m_2 = 4.92 - 3.90 = 1.02 \,kg$$

55. 공기 1 kg을 150℃인 상태에서 폴리트로픽 변화($n = 1.25$)를 시켰더니 120 kJ의 일을 했다. 변화 후 온도는 섭씨 몇 도인가?

① 15.5℃   ② 25.5℃

③ 35.5℃   ④ 45.5℃

해설 polytrope 변화에서,

외부에 한 일(W_a) $= \dfrac{1}{n-1}(P_1 v_1 - P_2 v_2)$

$$= \frac{1}{n-1} R(T_1 - T_2) \text{이므로,}$$

$$\therefore \ t_2 = t_1 - \frac{W_a}{R}(n - 1)$$

$$= 150 - \frac{120}{0.287} \times (1.25 - 1) = 45.5℃$$

56. 공기 1 kg을 98 kPa · abs, 15℃ 상태에서 polytrope($n = 1.25$)를 시켰더니 내부에너지가 147 kJ 만큼 증가했다. 이 상태에서 변화 후 온도는 몇 K인가?

① 498 K   ② 496 K

③ 493 K   ④ 490 K

해설 $du = C_v dT$에서,

$\Delta U = m C_v(T_2 - T_1)$: 내부에너지 증가량,

공기의 정적비열(C_v) $= 718 \,J/kg \cdot K$

$$= 0.718 \,kJ/kg \cdot K$$

$$\therefore \ T_2 = \frac{\Delta U}{m C_v} + T_1$$

$$= \frac{147}{1 \times 0.718} + (273 + 15) = 492.7 \,K$$

57. 공기 5 kg을 압력 103 kPa, 체적 4.5 m³의 상태에서 압력을 800 kPa까지 가역 단열 압축하는 데 필요한 일량은 몇 kJ 인가?

① −1207 kJ   ② 1207 kJ

③ −1267 kJ   ④ 1267 kJ

해설 $S = C$에서,

압축일(W_t) $= -\displaystyle\int_1^2 V dP = \dfrac{k}{k-1}$

$(P_1 V_1 - P_2 V_2)$이다.

변화 후 체적 V_2를 모르므로,

$S = C$에서 $P_1 V_1^n = P_2 V_2^k$

$$\therefore \ V_2 = V_1 \times \left(\frac{P_1}{P_2}\right)^{\frac{1}{k}} = 4.5 \times \left(\frac{103}{800}\right)^{\frac{1}{1.4}}$$

$$= 1.041 \,m^3$$

정답   54. ④   55. ④   56. ③   57. ③

$$\therefore \ W_t = \frac{1.4}{1.4-1} \times (103 \times 4.5 - 800 \times 1.04)$$
$$\fallingdotseq -1267 \, \text{kJ}$$

58. 이상기체의 내부에너지에 대한 설명 중 맞는 것은? (Joule의 법칙)

① 내부에너지는 온도만의 함수이다.

② 내부에너지는 압력만의 함수이다.

③ 내부에너지는 체적만의 함수이다.

④ 내부에너지는 엔탈피만의 함수이다.

[해설] 줄의 법칙에서 이상기체의 내부에너지는 온도만의 함수이다. $U = f(T)$

59. 2 kg의 공기가 압력 350 kPa, 체적 0.56 m³의 상태에서 압력 105 kPa, 체적 2.5 m³인 상태로 변했다. 이때 공기가 흡입한 열량이 349 kJ이라면 이 변화에서 공기의 평균 비열은 얼마인가?

① 1210 J/kg · K   ② 1406 J/kg · K

③ 1708 J/kg · K   ④ 1507 J/kg · K

[해설] $Q = m C_m (T_2 - T_1)$

$$\therefore \ C_m = \frac{Q}{m(T_2 - T_1)}$$
$$= \frac{349}{2(457.32 - 341.5)}$$
$$= 1.507 \, \text{kJ/kg} \cdot \text{K}$$
$$= 1507 \, \text{J/kg} \cdot \text{K}$$

$P_1 V_1 = m R T_1$

$$T_1 = \frac{P_1 V_1}{mR} = \frac{350 \times 0.56}{2 \times 0.287} = 341.5 \, \text{K}$$

$P_2 V_2 = m R T_2$

$$T_2 = \frac{P_2 V_2}{mR} = \frac{105 \times 2.5}{2 \times 0.287} = 457.32 \, \text{K}$$

60. 어떤 이상기체 10 kg을 온도 580℃만큼 상승시키는 데 필요한 열량은 정압상태와 정적상태에서의 차이가 567 kJ이다. 이 기체의 기체상수는 몇 J/kg · K 인가?

① 97.76   ② 87.76

③ 67.76   ④ 57.76

[해설] Q_p와 Q_v의 차가 567 kJ이라 했으므로,

$$\Delta Q = Q_p - Q_v$$
$$= m C_p (t_2 - t_1) - m C_v (t_2 - t_1)$$
$$= m(t_2 - t_1)(C_p - C_v)$$

그런데, $C_p - C_v = R$

$$\therefore \ \Delta Q = m(t_2 - t_1) \cdot R$$
$$= m(t_2 - t_1) \cdot R$$

$$\therefore \ 기체 \ 상수(R) = \frac{Q_p - Q_v}{m(t_2 - t_1)}$$
$$= \frac{567 \times 10^3}{10 \times 580}$$
$$= 97.76 \, \text{J/kg} \cdot \text{K}$$

61. 혼합가스 ($H_2 = 10 \%$, $CO_2 = 90 \%$의 질량비)의 압력이 100 kPa일 때 CO_2와 H_2의 분압은 몇 kPa인가?

① 79.97, 29.03   ② 36.04, 63.36

③ 29.03, 79.79   ④ 63.36, 36.04

[해설] $p_{CO_2} = P \times \dfrac{n_{CO_2}}{n}$, $p_{H_2} = P \times \dfrac{n_{H_2}}{n}$

이므로,

$$n = \frac{m}{M} \text{에서} \ n_{CO_2} = \frac{90}{44} = 2.045,$$

$$n_{H_2} = \frac{10}{2} = 5$$

$$\therefore \ n = n_{CO_2} + n_{H_2} = 2.045 + 5 = 7.045$$

따라서, $p_{CO_2} = 100 \times \dfrac{2.045}{7.045} = 29.03 \, \text{kPa}$

$$p_{H_2} = 100 \times \frac{5}{7.045} = 79.97 \, \text{kPa}$$

제4장 열역학 제 2 법칙

4-1 열역학 제 2 법칙(엔트로피 증가 법칙)

열역학 제 1 법칙은 열과 일은 본질상 같은 에너지로서 일정한 비로 상호전환이 가능하며, 다만 그의 양적 관계를 표시하는 것으로, 그 전환 방향에 있어서 다루어지지 않는다.

열을 기계적으로 전환하는 장치, 즉 열기관을 다루는 데는 제 1 법칙만으로는 불충분하다. 따라서, 일과 열의 변환에 대한 방향성을 제시하는 법칙을 열역학 제 2 법칙(The 2nd law of thermodynamics)이라 한다. 열기관이 열을 일로 바꾸는 과정을 관찰하면 반드시 열을 공급하는 고열원과 열을 방출하는 저열원이 필요하게 된다. 즉, 온도차가 없다면 아무리 많은 열량이라도 일로 바꿀 수 없다. 어떤 열원으로부터 열원의 온도를 떨어뜨리는 일 없이, 외부에 아무런 변화 없이 열을 기계적인 일로 바꾸는 운동이 있다면, 이와 같은 운동을 하는 기관을 제 2 종 영구기관이라 하며, 외부로부터 에너지의 공급 없이 영구히 일을 얻는다는 것은 절대로 불가능하다.

종합적으로, 열역학 제 1 법칙은 열을 일로 바꿀 수 있고, 또 그 역도 가능함을 말하는데 대하여, 제 2 법칙은 그 변화가 일어나는 데 그 제한이 있는 것을 말하고 있다. 즉, 열이 일로 전환되는 것은 비가역현상인 것을 나타내는 점이 특징이다.

열역학 제 2 법칙은 정의되어 있지 않지만, 학자들은 여러 가지 방법으로 표현하고 있다.

(1) Clausius의 표현

열은 스스로 다른 물체에 아무런 변화도 주지 않고, 저온 물체에서 고온 물체로 이동하지 않는다 [성능계수(ε)가 무한정한 냉동기의 제작은 불가능하다].

(2) Kelvin – Plank의 표현

자연계에 아무런 변화도 남기지 않고 어느 열원의 열을 계속해서 일로 바꿀 수 없다. 즉, 고온 물체의 열을 계속해서 일로 바꾸려면 저온 물체로 열을 버려야만 한다(효율이 100 % 인 열기관은 제작이 불가능하다).

(3) Ostwald의 표현

제2종 영구기관은 존재할 수 없다(제2종 영구기관의 존재 가능성을 부인).

결론적으로, 열역학 제2법칙은 다음 의문에 대한 해답을 얻는 데 그 가치가 있다.

① 어떤 주어진 조건하에서 작동되는 열기관의 최대 효율은 어떠한가?

② 주어진 조건하에서 냉동기의 최대 성능계수는 얼마인가?

③ 어떤 과정이 일어날 수 있는가?

④ 동작물질과 관계없는 절대온도의 눈금의 정의 등이다.

4-2 사이클, 열효율, 성능계수

(1) 사이클(cycle)

유체가 여러 가지 변화를 연속적으로 하고, 다른 경로를 거쳐서 다시 처음의 상태로 되돌아올 때의 $P-v$ 선도는 그림과 같으며, 이와 같은 변화의 반복을 사이클이라 한다.

예를 들면, 열기관, 냉동기, 공기압축기 등의 기계에서는 동작물질이 이와 같은 상태변화를 반복하여 동력을 발생하거나 또는 동력을 소비하면서 냉동이나 압축일을 하게 된다.

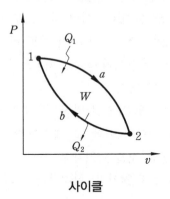

사이클

(2) 열효율(thermal efficiency)

열기관에서는 동작물질이 고열원의 열량 Q_1을 공급하여 일을 하고 저열원으로 열량 Q_2를 방출한다. 즉, Q_1-Q_2에 상당하는 열에너지를 일로 변환한 것이 된다. 따라서, 일정한 공급열량 Q_1에 대하여 발생일 $W=Q_1-Q_2$가 클수록 열기관의 성능은 향상된다. 여기서 공급열량 Q_1과 사이클의 일 W_{net}와의 비를 열효율이라 하며, η로 표기하고 그 값이 클수록 좋다.

$$\eta = \frac{W_{net}}{Q_1} = \frac{Q_1-Q_2}{Q_1} = 1 - \frac{Q_2}{Q_1} \quad \cdots\cdots (4-1)$$

(3) 성능계수(coeffcient of performance : 성적계수)

① **냉동기의 성능(성적)계수** : 저열원에서 흡수한 열량과 공급일량의 비

$$\varepsilon_R = \frac{Q_2}{Q_1 - Q_2} = \frac{Q_2}{W} \quad \cdots\cdots\cdots\cdots\cdots\cdots\cdots\cdots\cdots\cdots\cdots\cdots\cdots\cdots\cdots \text{(4-2)}$$

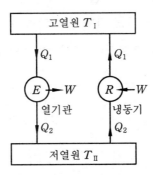

열기관과 냉동기

② **열펌프(heat pump)의 성능(성적)계수** : 고열원에서 흡수한 열량과 공급일량의 비

$$\varepsilon_H = \frac{Q_1}{Q_1 - Q_2} = \frac{Q_1}{W}$$

$$= \frac{Q_1 - Q_2 + Q_2}{Q_1 - Q_2} = 1 + \frac{Q_2}{Q_1 - Q_2} = 1 + \varepsilon_R$$

$$\therefore \ \varepsilon_H = \frac{Q_1}{Q_1 - Q_2} = \frac{Q_1}{W} = 1 + \varepsilon_R \quad \cdots\cdots\cdots\cdots\cdots\cdots\cdots\cdots\cdots\cdots \text{(4-3)}$$

식 (4-3)에서 열펌프의 성능계수는 냉동기의 성능계수보다 항상 1만큼 크다.

예제 1. 어느 냉동기가 2 kW의 동력을 소모하여 시간 당 15000 kJ의 열을 저열원에서 제거한다
면 이 냉동기의 성능계수(ϵ_R)는 얼마인가?

① 2.08 　　　　② 3.08 　　　　③ 4.08 　　　　④ 5.08

해설 $\epsilon_R = \dfrac{Q_2}{W_C} = \dfrac{15000}{2 \times 3600} = 2.08$ 　　　　　　　　**정답** ①

4-3 **카르노 사이클(Carnot cycle)**

프랑스의 Sadi Carnot가 제안한 일종의 이상 사이클로서 완전가스를 작업물질로 하는
2개의 단열과정과 2개의 등온과정을 갖는 사이클로서, 고열원에서 열을 공급받아 일로

바꾸는 과정에서 어떻게 하면 공급열량을 최대로 유효하게 이용할 수 있겠는가 하는 문제를 만족시키고자 착안한 사이클이다.

즉, 카르노 사이클의 원리는,

① 열기관의 이상 사이클로서 최대의 효율을 갖는다.

② 동작물질의 온도를 열원의 온도와 같게 한다.

③ 같은 두 열원에서 작동하는 모든 가역 사이클은 효율이 같다.

카르노 사이클을 $P-v$, $T-s$ 선도상에 표시하면 다음과 같다.

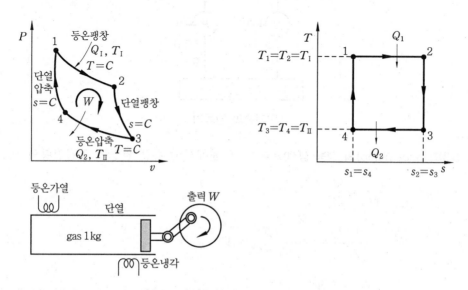

카르노 사이클의 $P-v$, $T-s$ 선도

$1 \rightarrow 2$: 등온팽창(열량 Q_1을 받아 등온 T_{I} 을 유지하면서 팽창하는 과정)

$2 \rightarrow 3$: 단열팽창 과정

$3 \rightarrow 4$: 등온압축(열량 Q_2를 방출하면서 등온 T_{II} 를 유지하면서 압축하는 과정)

$4 \rightarrow 1$: 단열압축 과정

따라서, 유효일 $W_{net} = Q_1 - Q_2$

$$\text{열효율}(\eta_c) = \frac{\text{정미(유효)일}(W_{net})}{\text{공급열량}(Q_1)} = \frac{Q_1 - Q_2}{Q_1} = 1 - \frac{Q_2}{Q_1} \left.\right\} \quad \cdots\cdots\cdots (4-4)$$

$$Q_1 = mRT_{\mathrm{I}} \cdot \ln\frac{v_2}{v_1} = mRT_{\mathrm{I}} \ln\frac{P_1}{P_2} \quad \cdots\cdots\cdots (4-5)$$

($2 \rightarrow 3$ 과정) 단열팽창($dQ = 0$, $s = C$)이므로,

$\quad T_2 v_2^{k-1} = T_3 v_3^{k-1}$ 에서($T_2 = T_{\mathrm{I}}$, $T_3 = T_{\mathrm{II}}$),

$$\therefore \ \frac{T_{II}}{T_I} = \frac{T_3}{T_2} = \left(\frac{v_2}{v_3}\right)^{k-1} \quad \text{..} (4-6)$$

(3 → 4 과정) 등온압축이므로,

$$Q_2 = mRT_{II} \cdot \ln\frac{v_3}{v_4} = mRT_{II}\ln\frac{P_4}{P_3} \quad \text{...................} (4-7)$$

(4 → 1 과정) 단열압축이므로,

$$T_4 v_4^{k-1} = T_1 v_1^{k-1} \text{에서} (T_4 = T_{II}, \ \ T_3 = T_I),$$

$$\therefore \ \frac{T_{II}}{T_I} = \frac{T_4}{T_1} = \left(\frac{v_1}{v_4}\right)^{k-1} \quad \text{..} (4-8)$$

식 (4-6), (4-8)로부터,

$$\frac{T_{II}}{T_I} = \left(\frac{v_2}{v_3}\right)^{k-1} = \left(\frac{v_1}{v_4}\right)^{k-1} \text{이므로,}$$

$$\therefore \ \frac{v_2}{v_3} = \frac{v_1}{v_4} \ \ \text{또는} \ \frac{v_2}{v_1} = \frac{v_3}{v_4} \quad \text{........................} (4-9)$$

$$\frac{Q_2}{Q_1} = \frac{mRT_{II}\ln\dfrac{v_3}{v_4}}{mRT_I\ln\dfrac{v_2}{v_1}} = \frac{T_{II}}{T_I}\left(\because \ \frac{v_2}{v_1} = \frac{v_3}{v_4}\right) \quad \text{...........} (4-10)$$

$$\eta_c = \frac{W_{net}}{Q_1} = 1 - \frac{Q_2}{Q_1} = 1 - \frac{T_{II}(\text{저열원의 온도})}{T_I(\text{고열원의 온도})} \quad \text{...................} (4-11)$$

예제 2. 고열원 350℃, 저열원 15℃ 에서 작동하는 카르노 사이클의 열효율은?

① 43.8 % ② 47.8 % ③ 53.8 % ④ 62.8 %

해설 $\eta_c = \dfrac{W}{Q_1} = 1 - \dfrac{Q_2}{Q_1} = 1 - \dfrac{T_{II}}{T_I} = 1 - \dfrac{15+273}{350+273} \fallingdotseq 0.538\,(53.8\,\%)$ **정답** ③

4-4 클라우지우스의 폐적분(Clausius integral)

그림과 같이 $P-v$ 선도상의 한 가역 사이클을 편의상 많은 단열선으로 카르노 사이클로 나누고, 각 사이클 고온부의 작동유체의 열역학적 온도를 T_1, T_1', T_1'' ..., 저온부의 온도를 T_2, T_2', T_2'' ...로 하고, 각각의 카르노 사이클의 고온부에서 유체가 얻는 열량을 dQ_1, dQ_1', dQ_1'' ..., 저온부에서의 방열량을 dQ_2, dQ_2', dQ_2'' ...로 표시하면, 각각의

카르노 사이클은 식 (4 – 10)에 의하여,

$$\frac{dQ_1}{dQ_2} = \frac{T_1}{T_2} \rightarrow \frac{dQ_1}{T_1} = \frac{dQ_2}{T_2}$$

$$\frac{dQ_1'}{dQ_2'} = \frac{T_1'}{T_2'} = \rightarrow \frac{dQ_1'}{T_1'} = \frac{dQ_2'}{T_2'}$$

$$\vdots \qquad\qquad \vdots$$

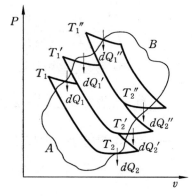

클라우지우스의 폐적분

의 관계가 있으며, 이 미소 사이클을 모두 합한 것
은 처음의 가역 사이클이 된다.

따라서, 전 사이클에 대해서 합하면,

$$\left(\Sigma \frac{dQ_1}{T_1} \right) + \left(-\Sigma \frac{dQ_2}{T_2} \right) = 0$$

이 된다. 사이클에 있어서 가열량의 부호는 정(+), 방열량의 부호는 부(–)로 규정하므
로, 위 식을 전 사이클에 걸쳐 적분 $\oint$ (폐적분) 형으로 표시하면,

$$\oint \frac{dQ}{T} = 0 \ (\text{가역과정}) \quad\text{...} \quad (4 – 12)$$

식 (4 – 12)는 모든 가역 사이클에 대한 유체가 얻은 $\frac{dQ}{T}$의 대수합은 0이 됨을 의미하
고, 이 적분을 가역 사이클에 대한 Clausius의 폐적분이라 한다.

$$\oint \frac{dQ}{T} < 0 \ (\text{비가역과정}) \quad\text{...} \quad (4 – 13)$$

위 식은 비가역 사이클에 대한 Clausius 의 적분은 0 보다 작다는 것을 나타내며, 이 식
(4 – 13)을 Clausius의 부등식이라 한다.

4–5 엔트로피(entropy)

엔트로피는 무질서도를 나타내는 상태량으로 정의하며, 출입하는 열량의 이용가치를 나
타내는 양으로 열역학상 중요한 의미를 가진다. 엔트로피는 에너지도 아니고, 온도와 같
이 감각으로도 알 수 없으며, 또한 측정할 수도 없는 물리학상의 상태량이다. 어느 물체에
열을 가하면 엔트로피는 증가하고 냉각하면 감소하는 상상적인 양이다.

그림은 $P-v$ 선도상의 가역 사이클에 $1a2b1$을 표시한 것이며, 이것은 가역 사이클이
므로 클라우지우스 적분은 $0 \left(\oint \frac{dQ}{T} = 0 \right)$이다. 이 적분의 경로 $1a2b1$은,

$$\oint \frac{dQ}{T} = \int_{1 \to a}^{2} \frac{dQ}{T} + \int_{2 \to b}^{1} \frac{dQ}{T} = 0$$

가역 사이클이므로, $\displaystyle\int_{1\to a}^{2}\frac{dQ}{T}-\int_{1\to b}^{2}\frac{dQ}{T}=0$으로 되므로,

$$\int_{1\to a}^{2}\frac{dQ}{T}=\int_{1\to b}^{2}\frac{dQ}{T} \quad\cdots\cdots\cdots\cdots\cdots\cdots\cdots\cdots\cdots\cdots\cdots\cdots\cdots (4-14)$$

즉, 가역 사이클에서는 상태점 1과 상태점 2가 주어지면, 두 점간의 어떠한 가역적인 경로에 대해서도 식 (4-14)가 성립한다. 따라서,

$$\int_{1}^{2}\frac{dQ}{T}=\text{const} \quad\cdots\cdots\cdots\cdots\cdots\cdots\cdots\cdots\cdots\cdots\cdots\cdots\cdots\cdots (4-15)$$

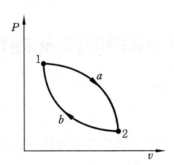

여기서, 점 1을 정점인 기준점으로 하고, 점 2를 정하면 $\displaystyle\int_{1}^{2}\frac{dQ}{T}$의 값은 가역변화의 경로에 관계없이 결정되며, 점 2가 정하는 상태량에 의해서 결정되므로 한 개의 새로운 상태량(종량성 상태량)이라 할 수 있다.

1 kg에 대한 이 상태량은 $ds=\dfrac{dq}{T}$[kJ/kg·K]로 표시하면, 전 엔트로피, 즉 질량 m [kg]에 대하여 $\Delta S=\dfrac{\delta Q}{T}$[kJ/K]이다.

$$\Delta S=\frac{\delta Q}{T},\ \delta Q=TdS \quad\cdots\cdots\cdots\cdots\cdots\cdots\cdots\cdots\cdots\cdots\cdots\cdots\cdots (4-16)$$

위 식에서 $(\delta Q=dS\times T)$는 (일=힘×거리)의 개념을 가지며, 엔트로피 dS를 열학적 중량으로 볼 수 있다.

그림에서 상태변화가 $1-a-2-b-1$의 경로를 따라 이루어질 때 $1-a-2$는 가역변화, $2-b-1$은 비가역변화라 하면, $\displaystyle\int_{1\to a}^{2}\frac{dQ}{T}+\int_{1\to b}^{2}\frac{dQ}{T}<0$으로 된다.

상태 1, 2의 엔트로피를 S_1, S_2라 하면,

$$S_2-S_1=\int_{1\to arev}^{2}\frac{dQ}{T}>\int_{1\to b}^{2}\frac{dQ}{T}$$

또, 가역 단열변화이면 $dS=0(S=C)$, 비가역 단열변화이면 $dS>0$이므로,

$$dS > \frac{dQ}{T}, \quad TdS > dQ$$

단열계에서 $dQ = 0$이므로,

$$dS \geqq 0 \quad \cdots\cdots\cdots\cdots\cdots\cdots\cdots\cdots\cdots\cdots\cdots\cdots\cdots\cdots\cdots\cdots\cdots\cdots\cdots\cdots\cdots\cdots\cdots\cdots\cdots \quad (4-17)$$

엔트로피는 감소하지 않으며, 가역이면 불변, 비가역이면 증가한다. 실제 자연계에서 일어나는 상태변화는 비가역변화를 동반하게 되므로, 엔트로피는 증가할 뿐이고 감소하는 일이 없다. 이것을 엔트로피 증가의 원리라 한다.

4-6 완전가스의 엔트로피 식과 상태변화

(1) 완전가스의 엔트로피 식

① T와 v의 함수

열역학 제1법칙식으로부터 엔트로피 변화를 $T \cdot v$항으로 표시하면,

$$dq = du + Pdv = C_v dT + Pdv = T \cdot ds$$

$$\therefore \ ds = C_v \frac{dT}{T} + \frac{Pdv}{T} = C_v \frac{dT}{T} + R\frac{dv}{v} \ (\leftarrow Pv = RT \text{에서})$$

$$\therefore \ ds = s_2 - s_1 = \int_1^2 ds = C_v \ln \frac{T_2}{T_1} + R \cdot \ln \frac{v_2}{v_1} \ [\text{kJ/kg} \cdot \text{K}] \ \cdots\cdots\cdots\cdots\cdots \quad (4-18)$$

② T와 P의 함수

같은 방법으로 엔트로피 변화를 T, P항으로 표시하면,

$$dq = dh - vdP = C_v dT - vdP = T \cdot ds \text{에서,}$$

$$ds = C_p \cdot \frac{dT}{T} - \frac{v}{T} \cdot dP = C_p \frac{dT}{T} - R\frac{dP}{P}$$

$$\therefore \ \Delta s = s_2 - s_1 = \int_1^2 ds = C_p \ln \frac{T_2}{T_1} - R \cdot \ln \frac{P_2}{P_1} \ [\text{kJ/kg} \cdot \text{K}] \ \cdots\cdots\cdots\cdots \quad (4-19)$$

③ P와 v의 함수

$$dq = dh - vdP = C_p dT - vdP = T \cdot ds \text{에서,}$$

$$ds = \frac{dh}{T} - \frac{v}{T}dP = C_p \frac{dT}{T} - R\frac{dP}{P} \left(Pv = RT, \ \frac{v}{T} = \frac{R}{P}\right)$$

$$\therefore \ ds = s_2 - s_1 = C_p \ln \frac{T_2}{T_1} - R \cdot \ln \frac{P_2}{P_1} = C_p \ln \frac{T_2}{T_1} - (C_p - C_v) \cdot \ln \frac{P_2}{P_1}$$

$$= C_p \ln \frac{T_2}{T_1} \times \frac{P_1}{P_2} + C_v \ln \frac{P_2}{P_1} = C_p \ln \frac{v_2}{v_1} + C_v \ln \frac{P_2}{P_1} \, [\mathrm{kJ/kg \cdot K}] \quad \cdots \,(4-20)$$

(2) $T-s$ 선도의 상태변화

① 등적변화$(v = C)$

완전가스 상태 1에서 2로 등적 팽창하면,

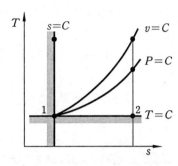

$$dq = du + Pdv = du = C_v dT$$

$$dq = C_v dT = T \cdot ds \,\text{에서,}$$

$$\therefore \; ds = s_2 - s_1 = \int_1^2 ds = \int_1^2 \frac{dq}{T}$$

$$= \int_1^2 \frac{C_v dT}{T} = C_v \ln \frac{T_2}{T_1}$$

$$= C_v \cdot \ln \left(\frac{P_2}{P_1} \right) [\mathrm{kJ/kg \cdot K}] \quad \cdots\cdots\cdots\cdots\cdots\cdots\cdots\cdots (4-21)$$

$T-s$ 선도

② 등압변화$(P = C)$

완전가스 상태 1에서 2로 등압팽창하면,

$$dq = dh - vdP = dh = C_p dT$$

$$dq = C_p dT = Tds \,\text{에서,}$$

$$\therefore \; ds = s_2 - s_1 = \int_1^2 ds = \int_1^2 \frac{dq}{T}$$

$$= \int_1^2 \frac{C_p dT}{T} = C_p \ln \frac{T_2}{T_1} = C_p \cdot \ln \left(\frac{v_2}{v_1} \right) [\mathrm{kJ/kg \cdot K}] \quad \cdots\cdots\cdots\cdots (4-22)$$

③ 등온변화$(T = C)$

$ds = \dfrac{dq}{T}$ 에서 등온과정에서 $T =$ 일정하므로 $\Delta s = \displaystyle\int_1^2 ds = \int_1^2 \frac{dq}{T} = \frac{1}{T} q_{12}$ 이다.

$T =$ 일정에서 $q_{12} = RT \ln \dfrac{v_2}{v_1} = RT \ln \dfrac{P_1}{P_2}$ 이므로,

$$\therefore \; ds = s_2 - s_1 = \frac{q_{12}}{T} = R \ln \frac{v_2}{v_1} = R \ln \frac{P_1}{P_2} \, [\mathrm{kJ/kg \cdot K}] \quad \cdots\cdots\cdots\cdots (4-23)$$

④ 단열변화$(dq = 0)$

$ds = \dfrac{dq}{T}$ 에서 $dq = 0$ 이므로 $ds = 0$ 이다.

따라서, $ds = 0$ 또는 $\Delta s = s_2 - s_1 = 0 \, (\because s_1 = s_2)$

단열변화는 등엔트로피 변화$(s = C)$ 이다. $\cdots\cdots\cdots\cdots\cdots\cdots\cdots\cdots\cdots (4-24)$

⑤ polytropic 변화

$$dq = C_v \frac{n-k}{n-1} \cdot dT = C_n \cdot dT = Tds \text{ 에서,}$$

$$q = C_n(T_2 - T_1) = C_v \frac{n-k}{n-1} \cdot (T_2 - T_1)$$

$$\therefore \Delta s = s_2 - s_1 = \int_1^2 ds = \int_1^2 \frac{dq}{T} = C_n \int_1^2 \frac{dT}{T} = C_n \ln \frac{T_2}{T_1}$$

$$= C_v \frac{n-k}{n-1}(T_2 - T_1)[\text{kJ/kg} \cdot \text{K}] \quad \cdots\cdots\cdots\cdots (4-25)$$

예제 3. 공기 1 kg이 표준 대기압 하에서 18℃ 로부터 60℃ 로 가열되는 동안에 체적이 0.824 m³에서 0.943 m³로 되었다. 이 과정 중 엔트로피의 변화량(J/kg · K)은 얼마인가?

① 130.52 ② 135.52 ③ 142.05 ④ 153.25

해설 변화과정 중 T와 v가 변화하였으므로, T와 v의 함수식인 식 (4-18)로부터,

$$\Delta s = C_v \cdot \ln \frac{T_2}{T_1} + R \cdot \ln \frac{v_2}{v_1} \text{ (공기의 } C_v = 718 \text{ J/kg} \cdot \text{K)}$$

$$= 718 \times \ln \frac{273+60}{273+18} + 287 \times \ln \frac{0.943}{0.824} = 135.52 \text{ J/kg} \cdot \text{K}$$

정답 ②

4-7 비가역과정에서 엔트로피의 증가

(1) 열이동

고온체 T_1과 저온체 T_2의 두 물체가 접촉하면 열이 이동한다. 고온체에서는 Q만큼 열을 방출하고, 저온체에서는 Q만큼 열을 얻었으므로,

고온체 엔트로피 감소량 : $\dfrac{-Q}{T_1} = \Delta s_1$, 저온체 엔트로피 증가량 : $\dfrac{Q}{T_2} = \Delta s_2$로 된다.

$$\therefore (\Delta s)_{total} = \Delta s_1 + \Delta s_2 = Q\left(\frac{-1}{T_1} + \frac{1}{T_2}\right) = Q\left(\frac{T_1 - T_2}{T_1 T_2}\right) > 0 \quad \cdots\cdots (4-26)$$

따라서, 열이동과 같은 비가역과정에서는 계의 전체 엔트로피가 증가함을 알 수 있다.

(2) 마찰(friction)

유체가 관로를 흐를 때 유체가 관과 접촉하여 생기는 마찰이나 와류 등에 의하여 유체는 마찰일을 해야 한다. 이 일은 열로 변하여 관에 가해진다. 유체가 발생한 열(마찰열)을 Q_f라 하면, $Q_f > 0$이므로 엔트로피$\left(\Delta s = \dfrac{Q_f}{T}\right)$로 0보다 크다.

(3) 교축(throttling)

완전기체인 경우 교축에서는 엔탈피는 항상 일정하므로 교축 전후의 온도는 같고 $(T_1 = T_2)$, 압력은 내려가므로$(P_1 > P_2)$, 엔트로피의 일반 공식 $\Delta s = C_p \cdot \ln \dfrac{T_2}{T_1} + R \ln \dfrac{P_1}{P_2}$ 에서 Δs는 0보다 크다.

예제 4. 온도가 T_1, T_2인 두 물체가 있다. T_1에서 T_2로 Q의 열이 전달될 때 이 두 물체가 이루는 계의 엔트로피 변화량은?

① $\dfrac{Q(T_1 - T_2)}{T_1 T_2}$ 　　　　　② $\dfrac{Q}{T_1}$

③ $\dfrac{Q(T_2 - T_1)}{T_1 T_2}$ 　　　　　④ $\dfrac{Q}{T_2}$

해설 고열원 T_1의 엔트로피 감소 $\dfrac{Q}{T_1}$, 저열원 T_2의 엔트로피 증가 $\dfrac{Q}{T_2}$

따라서, 엔트로피 변화 Δs는,

$$\Delta s = -\frac{Q}{T_1} + \frac{Q}{T_2} = \frac{-QT_2 + QT_1}{T_1 T_2} = \frac{Q(T_1 - T_2)}{T_1 \cdot T_2} \, [\text{kJ/K}]$$

정답 ①

4-8　유효에너지와 무효에너지

온도 T의 고열원에서 열량 Q를 얻고 온도 T_o인 저열원에 Q_o로 방출하여 일을 얻을 때 이용할 수 있는 유효 열에너지는 $Q_a = Q - Q_o$이다.

Q_a를 가능한 한 증대시키려면 가역기관을 사용하면 된다. 가역기관에서의 열효율은,

$$\eta_c = \frac{Q - Q_o}{Q} = 1 - \frac{Q_o}{Q} = 1 - \frac{T_o}{T}$$

$$\therefore \; Q_a = Q - Q_o = Q\left(1 - \frac{Q_o}{Q}\right)$$

$$= Q\left(1 - \frac{T_o}{T}\right) = Q \cdot \eta_c \quad \cdots\cdots\cdots\cdots\cdots\cdots (4-27)$$

$$Q_o = Q \cdot \frac{T_o}{T} = Q(1 - \eta_c) \quad \cdots\cdots\cdots\cdots\cdots\cdots (4-28)$$

유효 · 무효에너지(Carnot cycle)

Q_a를 유효에너지, Q_o를 무효에너지라고 한다. Q_a는 T가 클수록 증대한다.

고열원의 온도가 높을수록 엔트로피가 감소하여 유효에너지 Q_a는 증가하고 무효에너지 Q_o는 감소하므로 기관의 열효율은 증대한다.

$$\Delta s_1 = \frac{Q}{T}, \ \Delta s_2 = \frac{Q_o}{T_o} \text{이므로,}$$

$$\left.\begin{aligned} Q_a &= Q - T_2 \cdot \Delta s \\ Q_o &= T_2 \cdot \Delta s \end{aligned}\right\} \cdots\cdots\cdots\cdots\cdots\cdots\cdots\cdots\cdots (4-29)$$

엔트로피가 증가하면 유효에너지는 감소하고, 반면에 무효에너지는 증가한다.

예제 5. 100°C의 물 1 kg을 건포화증기로 변화시키기 위해서는 2256 kJ의 열량이 필요하다. 최저 온도를 0°C로 할 때 무효에너지(kJ)를 구하면 얼마인가?

① 605   ② 1651
③ 506   ④ 1751

해설 무효에너지$(Q_o) = Q(1-\eta_c) = Q\frac{T_2}{T_1} = 2256 \times \frac{273}{373} = 1651 \ \text{kJ}$ **정답** ②

4-9   자유에너지와 자유엔탈피(Helmholtz 함수와 Gibbs 함수)

엔탈피 h가 $h = u + Pv$로 정의된 유도성질인 것과 같이 다른 성질도 필요에 따라 유도될 수 있다. 흔히 사용되는 성질로서 Helmholtz 함수 또는 자유에너지(free energy)라 부르는 F와, Gibbs 함수 또는 자유엔탈피(free enthalpy)라 부르는 G가 있다. 이것은 화학 방면에 중요한 상태량이다.

어떤 밀폐계가 온도 T에서 주위와 등온변화를 하는 경우 계가 받는 열량은 열역학 제 2 법칙으로부터,

$$\delta q \leq T_1 \cdot ds$$

계가 하는 미소일 δW를 팽창일 Pdv와 그 외의 외부일 δW_o로 나누어 생각하면 열역학 제 1 법칙으로부터,

$$\delta w_o + Pdv = \delta w = dq - du$$

위의 식으로부터,

$$\delta w_o \leq -(du - T \cdot ds) - Pdv \cdots\cdots\cdots\cdots\cdots\cdots\cdots\cdots (4-30)$$

$$f = u - T \cdot s \cdots\cdots\cdots\cdots\cdots\cdots\cdots\cdots\cdots\cdots\cdots\cdots (4-31)$$

계가 하는 외부일은 가역변화일 때 최대이며, f의 감소량과 같고, 비가역변화에서는 작아진다. f는 성질로서 Helmholtz 의 함수 또는 자유에너지라 부른다. $f = \dfrac{F}{m}$, 즉 단위 질량당의 양이다.

$$\therefore \ F = U - T \cdot S \quad\text{(4-32)}$$

또, 식 (4-30)은,

$$\delta w_o \leq -(dh - T \cdot ds) + vdP \quad\text{(4-33)}$$

$$g = h - T \cdot s \quad\text{(4-34)}$$

여기서, g도 하나의 성질로서 Gibbs 함수 또는 자유엔탈피라 부른다. g역시 단위 질량 당의 양이다.

$$\therefore \ G = H - T \cdot S \quad\text{(4-35)}$$

이상에서 f와 g는 u, h와 같이 에너지의 일종이다.

4-10 열역학 제 3 법칙

"어떤 방법으로도 물체의 온도를 절대 영도로 내릴 수 없다"라 표현했고, Plank는 "균질인 결정체의 엔트로피는 절대 0도 부근에서는 0에 접근한다"고 표현했다.

절대 0도에 있어서는 모든 순수한 고체 또는 액체의 엔트로피와 등압비열의 증가량은 0이 된다. 바꾸어 말하면 절대온도를 떨어뜨려서 0에 가깝게 할 경우 엔트로피는 극한 0 K에 있어서 0의 값을 취한다. 따라서 각 물질의 온도 T[K]에서 엔트로피의 절대치는 0 K의 값을 기준으로 다음 식을 구할 수 있다.

$$S_T = \int_o^T C_p \frac{dT}{T} \quad\text{(4-36)}$$

이것을 열역학 제 3 법칙(the third law of thermodynamics)이라 한다. 또, Nernst는 "어떤 방법으로도 물체의 온도를 절대 영도로 내릴 수 없다"라 표현했고, Plank는 "균질인 결정체의 엔트로피는 절대 0도 부근에서는 0에 접근한다"고 표현했다.

출제 예상 문제

1. 다음 카르노 사이클에 대한 설명 중 틀린 것은?

① $\dfrac{Q_2(방열량)}{Q_1(수열량)} = \dfrac{T_2(저열원)}{T_1(고열원)}$

② 열기관 중 가장 효율이 좋은 기관이다.

③ 실제 제작이 불가능한 기관이다.

④ 등온과정 2개, 정적과정 2개로 이루어진 사이클이다.

[해설] Stirling cycle은 2개의 등온과정과 2개의 정적과정으로 형성된 사이클이다.

2. 다음 중 열역학 제1법칙과 가장 관계 깊은 사람은?

① Kelvin   ② Joule

③ Clausius   ④ Nernst

[해설] $Q = W$[kJ]

3. 50℃와 100℃인 두 액체가 혼합되어 열평형을 이루었을 때 틀린 것은?

① 50℃의 액체에서는 엔트로피가 증가하고 100℃의 액체에서는 감소한다.

② 엔트로피 변화가 없다.

③ 비가역과정이므로 계 전체에서 엔트로피가 증가한다.

④ 엔트로피 변화량은 변화된 온도구간에 대하여 적분하여 구한다.

[해설] 비가역변화인 경우 전체 엔트로피는 항상 증가한다.

4. 다음 중 엔트로피의 단위가 아닌 것은?

① kJ/K   ② kcal/K

③ kcal/kg · K   ④ N · m/kg · K

[해설] N · m/kg · K = J/kg · K는 기체 상수(R)의 단위이다.

비엔트로피$(ds) = \dfrac{dq}{T}$ [kcal/kg · K, kJ/kg · K]

엔트로피$(dS) = \dfrac{dQ}{T}$ [kcal/K, kJ/K]

5. 다음은 열역학 제2법칙을 설명한 것이다. 잘못된 것은?

① 열효율 100 % 기관은 제작 불가능하다.

② 열은 스스로 저온체에서 고온체로 이동할 수 없다.

③ 제2종 영구기관은 동작물질의 종류에 따라 존재할 수 있다.

④ 열기관의 동작물질에 일을 하게 하려면 그보다 낮은 열저장소가 필요하다.

6. 계(system)가 가역 사이클을 형성할 때 Clausius 적분(사이클에 관한 적분) $\dfrac{dQ}{T}$는?

① $\displaystyle\oint \dfrac{dQ}{T} = 0$ ② $\displaystyle\oint \dfrac{dQ}{T} < 0$

③ $\displaystyle\oint \dfrac{dQ}{T} > 0$ ④ $\displaystyle\oint \dfrac{dQ}{T} \geqq 0$

[해설] Clausius (클라우지우스)의 사이클간 적분은,

가역과정 : $\displaystyle\oint \dfrac{dQ}{T} = 0$, 비가역 : $\displaystyle\oint \dfrac{dQ}{T} < 0$

7. 다음 중 잘못 표현된 것은?

① $dH = TdS + VdP$

② $TdS = \delta Q$

③ $\delta Q + dU = dS$

---

④ $dU + PdV = T \cdot dS$

해설 $dH = \delta Q + VdP = T \cdot dS + VdP$

$\delta Q = dU + PdV = T \cdot dS$

$dS = \dfrac{\delta Q}{T}$

8. "어떠한 방법으로도 어떤 계를 절대 0도에 이르게 할 수 없다"고 말한 사람은?

① Clausius　　　② Kelvin

③ Joule　　　　④ Nernst

해설 열역학 제3법칙(Nernst의 열정리) : 엔트로피 절댓값을 정의한 법칙

9. 사이클의 효율을 높이는 유효한 방법은 다음 중 어느 것인가?

① 저열원 (배열)의 온도를 낮춘다.

② 동작물질의 양을 증가한다.

③ 고열원 (급열)을 높인다.

④ 고열원과 저열원 모두 높인다.

해설 $\eta = 1 - \dfrac{Q_2}{Q_1} = 1 - \dfrac{T_2}{T_1}$ 에서,

T_1(고열원 : 급열)을 높이면 η가 증대한다.

10. 고열원 T_1, 저열원 T_2, 공급열량 Q_1, 방출열량 Q_2인 카르노 사이클의 열효율을 표시한 것 중 맞는 것은?

① $\eta_c = 1 - \dfrac{T_2}{T_1} = 1 - \dfrac{Q_1}{Q_2}$

② $\eta_c = 1 - \dfrac{Q_2}{Q_1} = 1 - \dfrac{T_1}{T_2}$

③ $\eta_c = 1 - \dfrac{Q_2}{Q_1} = 1 - \dfrac{T_2}{T_1}$

④ $\eta_c = 1 - \dfrac{Q_1}{Q_2} = 1 - \dfrac{T_1}{T_2}$

해설 카르노 사이클의 열효율은,

$\eta_c = \dfrac{Q_1 - Q_2}{Q_1} = \dfrac{W_{net}}{Q_1} = 1 - \dfrac{Q_2}{Q_1} = 1 - \dfrac{T_2}{T_1}$

11. 다음 중 엔트로피(entropy) 에 대한 설명이 잘못된 것은?

① 엔트로피는 증가 혹은 감소량을 구하게 된다.

② 가역과정에서는 엔트로피가 변하지 않는다.

③ 비가역과정에서는 보통 엔트로피가 증가한다.

④ $P - v$ 선도에서는 엔트로피를 설명하는 것이 좋다.

해설 엔트로피(entropy)는 $T - s$ 선도에서 설명하는 것이 좋다.

12. 엔트로피의 변화가 없는 변화는 어느 것인가?

① 등온변화

② 단열변화

③ 정압변화

④ 폴리트로픽 변화

해설 $ds = \dfrac{dq}{T}$ 에서 $dq = 0$인 단열변화에서는 $ds = 0$이다.

13. 온도 – 엔트로피($T - s$) 선도를 이용함에 있어서 가장 편리한 점을 설명하는데 관계가 먼 것은?

① 단열변화를 쉽게 표시할 수 있다.

② Rankine cycle을 설명하는 데 용이하다.

③ 면적으로 열량을 표시하므로 열량을 직접 알 수 있다.

④ 구적계(planimeter)를 쓰면 일량을 구할 수 있다.

해설 구적계를 써서 일량을 알 수 있는 것은 $P - v$ 선도이다.

14. 제 2 종 영구운동기관이란?

---

① 열역학 제 1 법칙에 위배되는 기관이다.

② 열역학 제 2 법칙에 위배되는 기관이다.

③ 열역학 제 2 법칙을 따르는 기관이다.

④ 열역학 제 0 법칙에 위배되는 기관이다.

[해설] 제2종 영구운동기관(열효율 100 %인 기관)은 열역학 제2법칙(비가역 법칙)에 위배되는 기관이다.

15. 다음 중 열역학적 절대온도의 눈금을 옳게 설명한 것은?

① 물의 끓는점(비등점)을 기준으로 한 온도이다.

② 물의 어는점(빙점)을 기준으로 한 온도이다.

③ 물질의 성질에 관계된다.

④ 물질의 성질에는 무관하다.

16. 다음은 유효에너지와 무효에너지에 대한 표현이다. 옳은 것은?

① $\dfrac{Q_1}{T_1}$이 작을수록 유효에너지가 작게 된다.

② $\dfrac{Q_1}{T_1}$이 작을수록 무효에너지가 작게 된다.

③ $\dfrac{Q_1}{T_1}$이 클수록 무효에너지가 작게 된다.

④ $\dfrac{Q_1}{T_1}$이 커지면 유효에너지가 무효에너지로 전환된다.

[해설] 유효에너지$(Q_a) = \eta_c \cdot Q_1 = Q_1 - Q_2$

$= Q_1\left(1 - \dfrac{Q_2}{Q_1}\right) = Q_1\left(1 - \dfrac{T_2}{T_1}\right)$

$= Q_1 - T_2\dfrac{Q_1}{T_1}$[kJ]

무효에너지$(Q_2) = Q_1(1 - \eta_c) = Q_1\dfrac{T_2}{T_1}$

$= T_2 \cdot \Delta S$[kJ]

17. 유효에너지(Q_a)를 잘못 표시한 것은? (단, T_1, Q_1 : 고열원, T_2, Q_2 : 저열원이다.)

① $Q_2 \cdot \eta_c$
② $Q_1 \cdot \eta_c$

③ $(T_1 - T_2)\dfrac{Q_1}{T_1}$
④ $Q_1 - T_2 \cdot \Delta S$

[해설] 유효에너지$(Q_a) = W_{net} = Q_1 - Q_2$

$= Q_1\left(1 - \dfrac{Q_2}{Q_1}\right) = Q_1\left(1 - \dfrac{T_2}{T_1}\right)$

$= Q_1 - T_2 \cdot \Delta S = Q_1 \cdot \eta_c$[kJ]

18. 열역학 제 2 법칙을 옳게 표현한 것은?

① 저온체에서 고온체로 열을 이동시키는 것 외에 아무런 효과도 내지 않고 사이클로 작동되는 장치(제 2 종 영구운동기관)를 만드는 것은 불가능하다.

② 온도계의 원리를 규정하는 법칙이다.

③ 엔트로피의 절댓값을 정의하는 법칙이다.

④ 에너지의 변화량을 규정하는 법칙이다.

19. 다음 표현 중 엔트로피가 감소되는 경우는 어느 것인가?

① 고열원에서 저열원으로 열이 이동하는 경우

② 얼음이 융해되는 과정

③ 냉동실에서 저장식품이 열을 빼앗기는 경우

④ 어떤 열기관이 연료를 공급받아 외부에 일을 하는 경우

[해설] $dS = \dfrac{\delta Q}{T}$에서, $\delta Q > 0$이면 $dS > 0$이다.

20. 다음 중 무효에너지(Q_2)를 잘못 표시한 것은?

정답 15. ④ 16. ② 17. ① 18. ① 19. ③ 20. ②

① $T_2 \cdot \Delta S$ ② $(\eta_c - 1)Q_1$

③ $T_2 \cdot \dfrac{Q_1}{T_1}$ ④ $(1 - \eta_c)Q_1$

해설 무효에너지(방출열량 : Q_2)

$$= T_2\Delta S = T_2\left(\frac{Q_1}{T_1}\right) = (1 - \eta_C)Q_1 \,[\text{kJ}]$$

21. 다음 중 헬름홀츠 함수를 바르게 표현한 것은?

① $h - T \cdot s$ ② $h + T \cdot s$

③ $u + T \cdot s$ ④ $u - T \cdot s$

해설 $\delta q = dh + pdv$ 에서,

$$w_a = \int_1^2 \delta q - \int_1^2 du = T(s_2 - s_1) - (u_2 - u_1)$$

$$= (u_1 - T \cdot s_1) = (u_2 - T \cdot s_2) = f_1 - f_2$$

여기서, $f = u - T \cdot s$

$F = U - T \cdot S$를 헬름홀츠 함수 또는 자유에너지라 한다.

22. 다음 중 카르노 사이클로 작동되는 가역기관에 대한 설명으로 잘못된 것은 어느 것인가?

① 카르노 사이클은 같은 두 열저장소 사이에서 작동하는 경우 열효율은 같다.

② 카르노 사이클은 고열원과 저열원 간의 온도차가 클수록 열효율이 좋다.

③ 카르노 사이클은 양 열원의 절대온도 범위만 알면 열효율을 산출할 수 있다.

④ 비가역 사이클은 가역 사이클보다 열효율이 더 좋다.

해설 가역 사이클 열효율 > 비가역 사이클 열효율

23. 저열원이 100℃, 고열원이 600℃인 범위에서 작동되는 카르노 사이클에 있어서 1사이클당 공급되는 열량이 168 kJ이라 하면, 한 사이클당 일량(kJ)과 열효율(%)은

얼마인가?

① 96.26, 59.4 ② 196.23, 57.3

③ 96.26, 57.3 ④ 196.23, 59.4

해설 $\eta_c = \dfrac{W_{net}}{Q_1} = 1 - \dfrac{Q_2}{Q_1} = 1 - \dfrac{T_2}{T_1}$ 이므로,

$$\eta_c = 1 - \frac{T_2}{T_1} = 1 - \frac{273 + 100}{273 + 600} = 0.573$$

$$= 57.3\,\%$$

$$W_{net} = \eta_c Q_1 = 0.573 \times 168 = 96.26 \,\text{kJ}$$

24. 다음 중 깁스 함수를 바르게 표현한 것은?

① $h - T \cdot s$ ② $h + T \cdot s$

③ $u + T \cdot s$ ④ $u - T \cdot s$

해설 $\delta q = dh - vdp$ 에서,

$$w_t = \int_1^2 \delta q - \int_1^2 dh = T(s_2 - s_1) - (h_2 - h_1)$$

$$= (h_1 - T \cdot s_1) - (h_2 - T \cdot s_2) = g_1 - g_2$$

여기서, $g = h - T \cdot s$, $G = H - T \cdot S$를 깁스 함수(Gibbs function)라 한다.

25. 고열원 600℃, 저열원 15℃ 사이에서 작용하는 카르노 사이클에서 방열량과 수열량의 비를 구하면 얼마인가?

① 0.11 ② 0.22

③ 0.33 ④ 0.44

해설 수열량 Q_1, 방열량 Q_2이고, 고열원 T_1, 저열원 T_2라면 카르노 사이클 η_c로부터 $\dfrac{Q_2}{Q_1} = \dfrac{T_2}{T_1}$ 이므로,

$$\therefore \frac{Q_2}{Q_1} = \frac{T_2}{T_1} = \frac{275 + 15}{273 + 600} = 0.33$$

26. Carnot cycle로 작동되는 기관에서 한 사이클마다 98 N · m 의 일을 얻고자 한다. 한 사이클당 공급열량이 0.882 kJ 이고, 고열원의 온도가 250℃ 라고 한다

면 저열원의 온도는 몇 ℃인가?

① 121.38　　　　② 131.76

③ 147.68　　　　④ 191.89

[해설] $\eta_c = \dfrac{W_{net}}{Q_1} = 1 - \dfrac{T_2}{T_1}$ 에서,

$$\therefore T_2 = T_1 \times \left(1 - \dfrac{W}{Q_1}\right)$$

$$= (273 + 250) \times \left(1 - \dfrac{98}{0.882 \times 1000}\right)$$

$$= 464.89\,\text{K} = 191.89\,℃$$

27. 다음 중 질소 10 kg이 일정 압력 상태에서 체적이 1.5 m³에서 0.3 m³로 감소될 때까지 냉각되었을 때 엔트로피의 변화량은 얼마인가? (단, C_p = 14.2926 kJ/kg · K이다.)

① − 230 kJ/K　　② 430 kJ/K

③ 230 kJ/K　　　④ − 430 kJ/K

[해설] $\Delta S = \dfrac{\delta Q}{T}$ 이므로,

$$\Delta S = \int \dfrac{dQ}{T} = m \int \dfrac{dh}{T} = m\,C_p \int_1^2 \dfrac{dT}{T}$$

$$= m\,C_p \cdot \ln\dfrac{T_2}{T_1} = m\,C_p \cdot \ln\dfrac{V_2}{V_1}$$

$$= 10 \times 14.2926 \times \ln\dfrac{0.3}{1.5} = -230\,\text{kJ/K}$$

28. 공기 1 kg이 130℃인 상태에서 일정 체적하에서 400℃의 상태로 변했다면 엔트로피의 변화량은 얼마인가? (단, C_v = 718 J/kg · K 이다.)

① 0.3682 kJ/kg · K

② 0.2364 kJ/kg · K

③ 0.3874 kJ/kg · K

④ 0.4537 kJ/kg · K

[해설] $v = C$ 상태에서, $\delta q = du + pdv$

등적 변화 시 가열량은 내부에너지 변화량과 같다.

$$ds = s_2 - s_1 = \int_1^2 \dfrac{dq}{T} = \int_1^2 \dfrac{du}{T} = C_v \cdot \ln\dfrac{T_2}{T_1}$$

$$= 0.718 \times \ln\dfrac{273 + 400}{273 + 130}$$

$$= 0.3682\,\text{kJ/kg} \cdot \text{K}$$

29. He(헬륨) 1 kg이 1 atm 상태에서 정압 가열되어 온도가 100 K에서 150 K로 되었고, 엔탈피 $h = 5.238\,T$ [kJ / kg]의 관계를 갖는다. 엔트로피의 변화량은 얼마인가?

① 2.534 kJ/kg · K

② 2.658 kJ/kg · K

③ 2.734 kJ/kg · K

④ 2.124 kJ/kg · K

[해설] $P = C$ 에서,

$$ds = \left[\dfrac{dq}{T}\right]_{p=c} = \dfrac{dh}{T} = \dfrac{5.238}{T}\,dT \text{이므로}$$

$$(h = 5.238\,T \rightarrow dh = 5.238),$$

$$ds = \int_1^2 ds = \int_1^2 \dfrac{5.238}{T}\,dT = 5.238\ln\dfrac{T_2}{T_1}$$

$$= 5.238 \times \ln\dfrac{150}{100} = 2.124\,\text{kJ/kg} \cdot \text{K}$$

30. 0℃와 100℃ 사이에서 작동하는 카르노 사이클과 500℃와 600℃ 사이에서 작동하는 카르노 사이클의 열효율을 비교하면 전자가 후자의 몇 배 정도 되는가?

① 2.35배　　　　② 3.35배

③ 2.25배　　　　④ 4.45배

[해설] $\eta_c = 1 - \dfrac{T_2}{T_1}$ 에서,

$$\eta_{c1} = 1 - \dfrac{273 + 0}{273 + 100} = 0.27$$

$$\eta_{c2} = 1 - \dfrac{273 + 500}{273 + 600} = 0.115 \text{이므로},$$

$$\therefore \dfrac{\eta_1}{\eta_2} = \dfrac{0.27}{0.115} = 2.35$$

31. 카르노 사이클로 작동되는 기관에서 고온도가 500℃, 저온도가 20℃일 때, 1사이클당 공급열량이 108 kJ이면 사이클당

정미 일량은 얼마인가?

① 10 kJ 　　② 50 kJ

③ 70 kJ 　　④ 110 kJ

[해설] $\eta_c = \dfrac{W_{net}}{Q_1} = 1 - \dfrac{T_2}{T_1}$ 에서,

$$W_{net} = Q_1\left(1 - \dfrac{T_2}{T_1}\right) = 108 \times \left(1 - \dfrac{273 + 20}{273 + 500}\right)$$

$$\fallingdotseq 70 \text{ kJ}$$

32. 대기의 온도가 15℃일 때 20℃의 물 3 kg과 90℃의 물 3 kg을 혼합하였더니 55℃가 되었다. 이때 무효에너지는 몇 kJ 인가? (단, 물의 비열은 4187 J/kg · K로 본다.)

① 289.2 　　② 392.7

③ 414.3 　　④ 563.7

[해설] 무효에너지$(Q_2) = T_0 \Delta S$이므로,

$$\Delta S = \Delta S_1 + \Delta S_2$$

$$= mC \cdot \ln\dfrac{T_m}{T_1} + mC \cdot \ln\dfrac{T_m}{T_2}$$

$$= 3 \times 4.187 \times \ln\dfrac{273 + 55}{273 + 20} + 3 \times 4.187$$

$$\times \ln\dfrac{273 + 55}{273 + 90} = 0.14385 \text{ kJ/K}$$

$$\therefore Q_2 = T_0 \cdot \Delta S = (15 + 273) \times 0.14385$$

$$\fallingdotseq 414.3 \text{ kJ}$$

33. 1 kg의 공기가 온도 20℃인 상태에서 등온적으로 변화하여 체적이 1 m³, 엔트로피가 0.84 kJ/kg · K로 증가했다. 처음 압력은 얼마인가?

① 1.326 MPa 　　② 1.762 MPa

③ 1.475 MPa 　　④ 2.023 MPa

[해설] $P_1 v_1 = RT_1$ 에서,

$P_1 = \dfrac{RT_1}{v_1}$ 인데 v_1을 모르므로,

$$\Delta S = R \cdot \ln\dfrac{v_2}{v_1} = R \cdot \ln\dfrac{v_1 + 1}{v_1}$$

$$\therefore \ln\dfrac{v_1 + 1}{v_1} = \dfrac{\Delta S}{R} = \dfrac{840}{287} = 2.927$$

$$\therefore \dfrac{v_1 + 1}{v_1} = e^{2.927} 에서, \quad v_1 = 0.057 \text{ m}^3/\text{kg}$$

$$\therefore P_1 = \dfrac{RT_1}{v_1} = \dfrac{287 \times 293}{0.057}$$

$$= 1475280 \text{ N/m}^2 = 1.475 \times 10^6 \text{ N/m}^2$$

$$= 1.475 \text{ MPa}$$

34. 공기 5 kg이 온도 20℃에서 정적상태로 가열되어 엔트로피가 3.6 kJ/kg · K로 증가되었다. 이때 가해진 열량은 몇 kJ인가?

① 1072 kJ 　　② 1263 kJ

③ 1816 kJ 　　④ 2538 kJ

[해설] $v = C$ 에서, $Q = mC_v(T_2 - T_1)$인데

T_2를 모르기 때문에

$$\Delta S = S_2 - S_1 = mC_v \cdot \ln\dfrac{T_2}{T_1} 에서$$

T_2를 구하면

$(C_v = 718 \text{ J/kg} \cdot \text{K} = 0.718 \text{ kJ/kg} \cdot \text{K})$

$$\ln\dfrac{T_2}{273 + 20} = \Delta S \times \dfrac{1}{mC_v}$$

$$= 3600 \times \dfrac{1}{5 \times 0.718} = 1.003$$

$$\therefore T_2 = e^{1.003} \times 293 = 798.8 \text{ K} = 525.8℃$$

$$\therefore Q = mC_v(T_2 - T_1)$$

$$= 5 \times 0.718(525.8 - 20) \fallingdotseq 1816 \text{ kJ}$$

35. 어떤 보일러에서 발생한 증기를 열원으로 사용한다면 온도 $t_1 = 300℃$에서 매시간당 $Q_1 = 210.19 \text{ kJ}$의 열을 낼 수 있다. 고열원 $t_2 = 20℃$인 냉각수의 온도를 이 증기의 저열원으로 하고, 이 양 온도 사이에 가역 카르노 사이클로 작동되는 손실이 없는 열기관을 가동시켰다면 냉각수에 버리는 열량은 몇 kJ/h인가?

정답 32. ③　33. ③　34. ③　35. ①

① 107.48 kJ/h   ② 207.48 kJ/h

③ 266.9 kJ/h   ④ 239.8 kJ/h

[해설] 냉각수에 버리는 열량은 방출열량 Q_2이 므로 결국 무효에너지이다.

$$\therefore \ \frac{T_2}{T_1} = \frac{Q_2}{Q_1} \ \text{에서,}$$

$$\therefore \ Q_2 = Q_1 \frac{T_2}{T_1} = 210.19 \times \frac{273 + 20}{273 + 300}$$

$$= 107.48 \text{ kJ/h}$$

36. 대기압 상태에서 0℃ 물 15 kg을 200 ℃의 과열증기로 만들 때, 증기의 정압비 열이 2.394 kJ/kg·K, 증발열이 2256.8 kJ/kg이라면, 엔트로피 증가량은 몇 kJ /K인가?

① 117.3   ② 118.9

③ 119.8   ④ 123.4

[해설] (1) 0℃ 물→100℃ 물(포화수)로 만들 때,

$$\Delta S_1 = m C \cdot \ln \frac{T_2}{T_1} = 15 \times 4.187 \times \ln \frac{373}{273}$$

$$= 19.6 \text{ kJ/K}$$

(2) 100℃ 물→100℃ 증기로 만들 때, 필요 한 열량이 증발열로,

$$\Delta S_2 = \frac{Q}{T} = \frac{mq}{T} = \frac{15 \times 2256.8}{100 + 273}$$

$$= 90.76 \text{ kJ/K}$$

(3) 100℃ 증기→200℃ 과열증기로 만들 때, 정압과정이므로,

$$\Delta S_3 = m C_p \ln \frac{T_2}{T_1} = 15 \times 2.394 \times \ln \frac{473}{373}$$

$$= 8.53 \text{ kJ/K}$$

∴ 전 엔트로피 증가량 ΔS_{total}

$$= \Delta S_1 + \Delta S_2 + \Delta S_3 = 19.6 + 90.76 + 8.53$$

$$\fallingdotseq 118.9 \text{ kJ/K}$$

37. 표준 대기압 상태에서 물의 어는점과 끓는점 사이에서 작동하는 카르노 사이클 의 열효율은 몇 %인가?

① 29.8 %   ② 28.6 %

③ 27.3 %   ④ 26.8 %

[해설] 물의 어는점 0℃, 물의 끓는점 100℃이 므로,

$$\therefore \ \eta_c = 1 - \frac{T_2}{T_1} = 1 - \frac{273 + 0}{273 + 100}$$

$$= 0.268 \fallingdotseq 26.8 \%$$

38. 가역 사이클로 작동되는 이상적인 기 관(냉동기 및 열펌프 겸용)이 −10℃의 저열원에서 열을 흡수하여, 30℃의 고열 원으로 열을 방출한다. 이때 냉동기의 성 능(성적)계수와 열펌프의 성능계수는 어 느 것인가?

① 3.58, 4.58   ② 4.58, 5.58

③ 5.58, 6.58   ④ 6.58, 7.58

[해설] $$\varepsilon_R = \frac{Q_2}{W_c} = \frac{Q_2}{Q_1 - Q_2} = \frac{T_2}{T_1 - T_2}$$

$$= \frac{263}{303 - 263} = 6.58$$

$$\varepsilon_H = \frac{Q_1}{W_c} = \frac{Q_1}{Q_1 - Q_2} = \frac{Q_1 - Q_2 + Q_2}{Q_1 - Q_2}$$

$$= 1 + \frac{Q_2}{Q_1 - Q_2} = 1 + \varepsilon_R = 1 + 6.58 = 7.58$$

39. 가역 사이클로 작동하는 냉동기가 −20 ℃의 저열원에서 시간당 65100 kJ의 열을 흡수하여 30℃의 대기 중으로 방열한다면 몇 PS의 동력이 필요하겠는가?

① 4.86   ② 3.26

③ 6.25   ④ 7.49

[해설] $$\varepsilon_R = \frac{Q_2}{W_c} \ \text{에서,}$$

$$\varepsilon_R = \frac{Q_2}{Q_1 - Q_2} = \frac{T_2}{T_1 - T_2} \ \text{이므로,}$$

$$\therefore \ \frac{T_2}{T_1 - T_2} = \frac{Q_2}{W_c}$$

$$\therefore \ W_c = \frac{Q_2}{\left(\dfrac{T_2}{T_1 - T_2} \right)} = \frac{65100}{\left(\dfrac{273 - 20}{303 - 253} \right)}$$

$$= \frac{65100 \times 50}{253} = 12865.6 \text{ kJ/h}$$

$1 \text{ kW} = 1 \text{ kJ/s} = 1.36 \text{ PS}$이므로,

$$\therefore W_c = 12865.6 \text{ kJ/h}$$

$$= 12865.6 \times 1.36 \div 3600 = 4.86 \text{ PS}$$

40. 어떤 계(system)가 비가역 단열변화할 때 엔트로피 변화는 어떻게 되는가?

① 감소한다.

② 증가한다.

③ 비가역변화에서 엔트로피는 필요없는 상태량이다.

④ 변화없다.

41. 다음은 가역 사이클에 관한 식이다. x 를 열역학적 성질이라 할 때 $\int_1^2 dx$ 는 어떤 상태 1에서 2 사이의 적분이고, $\oint dx$ 는 밀폐 사이클에 대한 적분이다. 맞는 것은?

① $\oint dx = 0$　　② $\int_1^2 dx = 0$

③ $\oint dx > 0$　　④ $\int_1^2 dx < 0$

[해설] 가역 사이클의 클라우지우스 적분은

$$\oint \frac{dQ}{T} = 0$$이다.

여기서, $\dfrac{dQ}{T} = dx$인 열역학적 성질을 표시하고 있는 것이다.

42. 다음은 동일 조건하에서 작동하는 냉동기와 열펌프의 성능계수 ε_r, ε_h 의 관계를 표시한 것이다. 옳은 것은?

① $\varepsilon_r = \varepsilon_h$　　② $\varepsilon_r > \varepsilon_h$

③ $\varepsilon_r < \varepsilon_h$　　④ $\varepsilon_r \geqq \varepsilon_h$

[해설] $\varepsilon_h = \dfrac{q_1}{q_1 - q_2} = \dfrac{q_1 - q_2 + q_2}{q_1 - q_2}$

$$= 1 + \frac{q_2}{q_1 - q_2} = 1 + \varepsilon_r$$

$$\therefore \varepsilon_h > \varepsilon_r$$

43. 다음 설명 중 열역학 제 2 법칙과 관계 없는 것은?

① 열기관의 최대 열효율을 계산할 수 있다.

② 상태변화의 과정이 발생함을 알 수 있다.

③ 고체가 기체로 승화한다는 것을 알 수 있다.

④ 냉동기에서 성능계수를 알 수 있다.

[해설] ③의 고체→기체는 상(phase) 변화이다.

44. 저열원의 온도를 20℃, 고열원의 온도를 각각 100℃, 500℃, 1000℃로 할 때, "T= 일정" 상태에서 2100 kJ의 열을 공급받았다면, 무효에너지가 가장 작은 것은?

① Q_{100}

② Q_{500}

③ Q_{1000}

④ $Q_{100} = Q_{500} = Q_{1000}$

[해설] $\dfrac{T_2}{T_1} = \dfrac{Q_2}{Q_1}$이므로,

무효에너지 $Q_2 = Q_1 \dfrac{T_2}{T_1}$ 에서,

20℃ → 100℃인 경우 무효에너지

$$Q_{100} = 2100 \times \frac{273 + 20}{273 + 100} = 1649.6 \text{ kJ}$$

20℃ → 500℃인 경우 무효에너지

$$Q_{500} = 2100 \times \frac{273 + 20}{273 + 500} = 796 \text{ kJ}$$

20℃ → 1000℃인 경우 무효에너지

$$Q_{1000} = 2100 \times \frac{273 + 20}{273 + 1000} = 483.3 \text{ kJ}$$

∴ 고열원의 온도가 높을수록 무효에너지는

정답　40. ②　41. ①　42. ③　43. ③　44. ③

작아진다.

45. 공기 1 kg이 정압상태로 300 K로부터 600 K까지 가열되었다면, 압력은 408 kPa에서 306 kPa의 상태로 등온변화하였다. 공기의 C_p = 1005 J/kg·K, 가스정수 R = 287 N·m/kg·K라면, 엔트로피 변화량은 몇 kJ/kg·K인가?

① 0.6781　　　　② 0.5546

③ 0.7324　　　　④ 0.7792

해설 $dS = dS_p + dS_T = C_p \ln \dfrac{T_2}{T_1} - R \ln \dfrac{P_2}{P_1}$ 이

므로(T와 P의 함수),

$dS = 1.005 \times \ln \dfrac{600}{300} - 0.287 \times \ln \dfrac{306}{408}$

$\quad = 0.7792 \, \text{kJ/kg·K}$

46. 3 kg의 공기를 온도 27℃에서 527℃로 가열하는 경우, 압력이 102 kPa에서 510 kPa로 변하였다. 공기의 C_p = 1005 J/kg·K, C_v = 718 J/kg·K라면 이 변화에서 엔트로피의 변화량은 몇 kJ/K인가?

① 1.571　　　　② 3.742

③ 2.345　　　　④ 1.775

해설 어떤 변화의 조건이 없으므로 polytrope 변화로 보면,

$\Delta S = S_2 - S_1 = m C_n \ln \dfrac{T_2}{T_1}$

$\quad = m C_v \dfrac{n-k}{n-1} \ln \dfrac{T_2}{T_1}$ 에서,

polytropic 지수 n을 구해야 하므로,

$\left(\dfrac{T_2}{T_1} \right)^n = \left(\dfrac{P_2}{P_1} \right)^{n-1}$

양변에 자연대수 ln을 취하여 정리하면,

$\dfrac{n-1}{n} = \dfrac{\ln \dfrac{T_2}{T_1}}{\ln \dfrac{P_2}{P_1}} = \dfrac{\ln \dfrac{800}{300}}{\ln \dfrac{510}{102}} = 0.6094$ 에서,

$n = 2.56$

$\therefore \Delta S = m C_v \dfrac{n-k}{n-1} \cdot \ln \dfrac{T_2}{T_1}$

$\quad = 3 \times 0.718 \times \dfrac{2.56 - 1.4}{2.56 - 1} \times \ln \dfrac{800}{300}$

$\quad = 1.571 \, \text{kJ/K}$

47. 공기 1 kg을 저열원의 온도를 0℃로 하여, 정적인 상태로 20℃에서 100℃까지 가열하고, 다시 정압인 상태로 100℃에서 200℃까지 가열하였다. 공기의 비열을 C_p = 1.005 kJ/kg·K, C_v = 0.718 kJ/kg·K라 할 때, 무효에너지와 유효에너지는 각각 몇 kJ/kg인가?

① 136.7, 56.7

② 112.5, 45.4

③ 135.6, 114.6

④ 124.5, 108.5

해설 무효에너지 $q_2 = q_1 \dfrac{T_2}{T_1} = T_2 \Delta s$ 이므로,

$\therefore q_2 = T_2 \times (\Delta s_v + \Delta s_p)$

$\quad = T_2 \left(C_v \ln \dfrac{T_2}{T_1} + C_p \ln \dfrac{T_2{}'}{T_1{}'} \right)$

$\quad = (273 + 0) \left(0.718 \ln \dfrac{373}{293} + 1.005 \ln \dfrac{473}{373} \right)$

$\quad = 112.5 \, \text{kJ/kg}$

유효에너지(q_a) = $q_1 - q_2$ 이므로,

가열량(q_1) = $C_v(T_2 - T_1) + C_p(T_2 - T_1)$

$\quad = 0.718(100 - 20) + 1.005(200 - 100)$

$\quad = 157.9 \, \text{kJ/kg}$

$\therefore q_a = 157.9 - 112.5 = 45.4 \, \text{kJ/kg}$

48. 1 kg의 공기가 700 kPa, 300℃인 상태에서 200 kPa, 0.7 m³인 상태로 변화하였다. 변화 후의 엔트로피는 몇 kJ/kg·K인가? (단, 공기의 C_p = 1005 J/kg·K, C_v = 718 J/kg·K, R = 287 J/kg·K이다.)

① 0.1952　　　　② 0.1934

③ 0.1925　　　　④ 0.1978

[해설] $dS = S_2 - S_1$

$$= C_p \ln \frac{v_2}{v_1} + C_v \ln \frac{P_2}{P_1}$$

└──P, v 함수──┘

$$= C_v \ln \frac{T_2}{T_1} + R \ln \frac{v_2}{v_1}$$

└──T, v 함수──┘

$$= C_p \ln \frac{T_2}{T_1} - R \ln \frac{P_2}{P_1}$$

└──T, P 함수──┘

$P_2 v_2 = RT_2$에서, T_2를 구한다.

$$\therefore \ T_2 = \frac{P_2 v_2}{R} = \frac{(200 \times 10^3) \times 0.7}{287}$$

$$= 487.8 \ \text{K}$$

$$\therefore \ dS = 1.005 \times \ln \frac{487.8}{573} - 0.287 \times \ln \frac{200}{700}$$

$$= 0.1978 \ \text{kJ/kg} \cdot \text{K}$$

49. 공기 1.5 kg이 압력 300 kPa · abs, 온도 20℃인 상태에서 정압가열하여 온도 250℃인 상태로 변하였다. 기체 상수 $R = 287$ N · m/kg · K, 정압 비열 $C_p = 1.005$ kJ/kg · K라면 다음을 구하여라.

(1) 공급 가열량은 몇 kJ인가?

① 400.2   ② 395.6

③ 389.3   ④ 346.7

(2) 외부에 한 일량은 몇 N · m인가?

① 97015   ② 99015

③ 87015   ④ 89015

(3) 엔트로피의 변화량은 몇 kJ/K인가?

① 0.8368   ② 0.8927

③ 0.8735   ④ 0.9139

[해설] (1) $\delta q = dh - v dP$에서 $dP = 0$이므로,

$$\therefore \ Q_a = m C_p (T_2 - T_1)$$

$$= 1.5 \times 1.005 \times (250 - 20)$$

$$= 346.7 \ \text{kJ}$$

(2) $P = C$에서,

$$W_a = \int_1^2 P dV = P(V_2 - V_1) = mR(T_2 - T_1)$$

$$= 1.5 \times 0.287 \times (250 - 20)$$

$$= 99015 \ \text{N} \cdot \text{m}$$

(3) $\Delta S = m C_p \ln \dfrac{T_2}{T_1}$

$$= 1.5 \times 1.005 \times \ln \frac{523}{293}$$

$$= 0.8735 \ \text{kJ/K}$$

제**5**장 증기(vapor)

5-1 증발 과정

동작유체로서 내연기관의 연소가스와 같이 액화와 증발현상 등이 잘 일어나지 않는 상태의 것을 가스라 하고, 증기 원동기의 수증기와 냉동기의 냉매와 같이 동작 중 액화 및 기화를 되풀이 하는 물질, 즉 액화나 기화가 용이한 동작물질을 증기라 한다.

액체가 물(H_2O)인 경우의 증기를 수증기라 부르며, 외연 열동력에서는 주로 수증기가 동작유체이다.

액체의 증발과정을 살펴보기 위해 일정한 양의 액체(H_2O)를 일정한 압력하에서 가열하는 경우, 그림과 같이 실린더 속에 0℃의 물 1kg을 넣은 다음 피스톤에 중량 W[N]이 작용하여 일정한 압력을 가하면서 물을 가열할 때의 상태를 관찰한다.

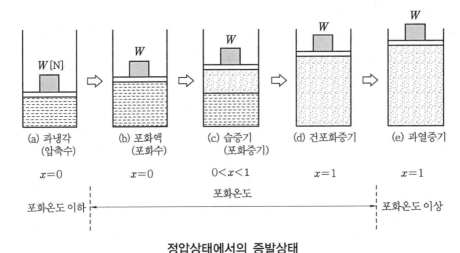

정압상태에서의 증발상태

(1) 액체열

그림에서 실린더에 외부에서 열을 가하면 가열된 열은 액체의 온도를 상승시키고 일부는 액체의 체적팽창에 따른 일을 한다. 이 일의 양은 매우 작아 무시하면 가열한 열은 전부 내부에너지로 저장된다고 볼 수 있으며, 이때의 열, 즉 포화상태까지 소요되는 열량을 액체열(liquid heat) 또는 감열(sensible heat)이라 한다.

(2) 포화액(수)

액체에 열을 가하면 온도가 상승하며 일정한 압력하에서 어느 온도에 이르면 액체의 온도 상승은 정지하며 증발이 시작된다. 이때 증발온도는 액체의 성질과 액체에 가해지는 압력에 따라 정해지며, 이 온도를 포화온도(saturated temperature)라 하고, 이때의 액체를 포화액이라 한다.

(3) 포화증기

계속하여 열을 가열하면 가한 열은 액체의 증발에 소요되며, 따라서 증발이 활발해져 증기의 양이 증가된다. 액체가 완전히 증기로 증발할 때까지는 액체의 온도와 증기의 온도는 일정하며 포화온도상태이다. 이때의 증기를 포화증기(saturated vapour)라 한다.

① **습포화증기** : 실린더 속에 액체와 증기가 공존하는 상태는 정확히 말하여 포화액과 포화상태의 증기가 공존하고 있는 것이며, 이와 같은 포화증기의 혼합체를 습포화증기 또는 습증기(wet vapour)라 한다.

② **건도와 습도** : 지금 1 kg의 습증기 속에 x[kg]이 증기라 하면 $(1-x)$[kg]은 액체이다. 이때, x를 건도(dryness), 또는 질(quality)이라 하고, $(1-x)$를 습도(wetness)라 한다. 예를 들어, 1 kg의 습증기 중에 0.9 kg이 증기라고 하면, 건도는 0.9 또는 90 %, 습도는 0.1 또는 10 %이다.

(4) 건포화증기

그림 (d)와 같이 모든 액체가 증발이 끝나 액체 전부가 증기가 되는 순간이 존재하며 이 상태는 건도 100 %인, 즉 $x=1$인 포화증기이므로 이를 특히 건포화증기 또는 건증기라 부른다. 포화수가 포화증기로 되는 동안 소요열량을 증발잠열 또는 증발열이라 한다.

(5) 과열증기

건포화증기에 열을 가하면 증기의 온도는 계속 상승하여 포화온도 이상의 온도가 되는데 이때의 증기를 과열증기라 한다.

압력과 온도 여하에 따라 과열증기의 상태는 다르며 어떤 상태에서의 과열증기의 온도와 포화온도와의 차를 과열도라 한다. 과열증기의 과열도가 증가함에 따라 증기는 완전가스의 성질에 가까워진다.

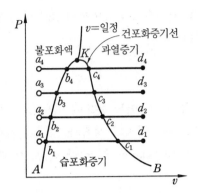

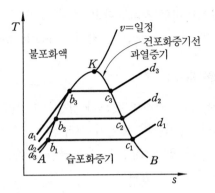

A–K–B : 포화한계선　　A~K : 포화액선
K~B : 건포화증기선　　K : 임계점(critical point)

증기의 등압선($P = C$)

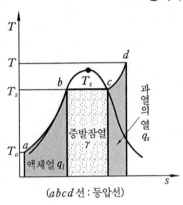

($abcd$선 : 등압선)

액체의 등압가열 변화

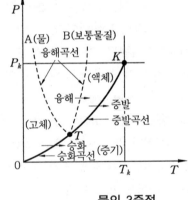

물의 3중점

5-2　증기의 열적 상태량

　증기의 열적 상태량이란 내부에너지 u, 엔탈피 h, 엔트로피 s를 말하며, 실제의 응용에 활용되는 것은 주로 h와 s이다.

　물의 경우 0℃의 포화액에서의 h와 s를 0으로 놓고 이것을 기준으로 한다.

　일반적으로 포화액(v', u', h', s'), 건포화증기(v'', u'', h'', s'')에서 각 상태의 상태량을 살펴보자.

(1) 포화액

　0℃ 포화액 : 엔탈피 $h_o{}'$, 엔트로피 $s_o{}'$는,

$$h_o{}' = 0, \ s_o{}' = 0 \qquad\qquad\qquad\qquad (5-1)$$

$h_o' = u_o' + P_o v_o' = 0$ 이고, 포화액의 $P_o = 0.006228\,\mathrm{kg/cm^2}$, $v_o' = 0.001\,\mathrm{m^3/kg}$이므로, $u_o' = -P_o v_o' = -0.006228 \times 0.001 = -0.000146\ \mathrm{kcal/kg}$이다. 따라서 무시해도 상관없다.

$$\therefore\ u_o' = 0 \hspace{4em} (5-2)$$

0℃의 물에 대한 엔탈피는,

$$h_o = u_o + P v_o\,[\mathrm{kJ/kg}] \hspace{4em} (5-3)$$

지금 주어진 압력 하에서 0℃ 물 1 kg을 그 압력에 상당하는 포화온도 $t_s\,[\text{℃}]$까지 가열하는 데 필요한 열량, 즉 액체열 q_l은,

$$q_l = \int_o^{t_s} C \cdot dt\,[\mathrm{kJ/kg}] \hspace{4em} (5-4)$$

이 q_l은 주어진 압력 하에서 0℃ 물의 비체적을 v_o, 내부에너지를 u_o라면,

$$q_l = (u' - u_o) + P(v' - v_o) = h' - h_o\,(\mathrm{kJ/kg}) \hspace{4em} (5-5)$$

로 되어, 대부분의 열량은 내부에너지의 증가에 소비된다.

$$\text{포화액의 엔탈피}(h') = h_o + \int_{273.16}^{T_s} C \cdot dT\,[\mathrm{kJ/kg}] \hspace{4em} (5-6)$$

$$\text{포화액의 엔트로피}(s') = s_o + \int_{273.16}^{T_s} C \cdot \frac{dT}{T}$$

$$\therefore\ s' - s_o = \int_{273.16}^{T_s} C \cdot \frac{dT}{T} = C \cdot \ln\frac{T_s}{273.16}\,[\mathrm{kJ/kg \cdot K}] \hspace{3em} (5-7)$$

예제 1. 표준 대기압 하에서 1 kg의 포화수의 내부에너지는 얼마인가? (단, 이 상태에서의 엔탈피는 418.87 kJ/kg, 비체적은 0.001435 m³/kg이다.)

① 258.8   ② 338.8

③ 358.8   ④ 418.8

해설 $h' = u' + pv'\,[\mathrm{kJ/kg}]$에서

$\quad u' = h' - pv'$

$\quad\quad = 418.87 - 101.325 \times 0.001435$

$\quad\quad \fallingdotseq 418.72\,\mathrm{kJ/kg}$ **정답** ④

(2) 포화증기

1 kg의 포화액을 등압하에서 건포화증기가 될 때까지 가열하는 데 필요한 열량, 즉 증발열 γ는,

에너지 기초식 $\delta q = du + P dv$ 또는 $\delta q = dh - v dP$에서,

$$\gamma = u'' - u' + P(v'' - v')$$

$$= (u'' + Pv'') - (u' + Pv') = h'' - h'$$

$$\therefore \ \gamma = h'' - h' = (u'' - u') + P(v'' - v') = \rho + \psi [\text{kJ/kg}] \quad \cdots\cdots\cdots\cdots\cdots \ (5-8)$$

여기서, $\rho = u'' - u'$: 내부 증발열

　　　　$\psi = P(v'' - v')$: 외부 증발열

증발열 $\gamma = \rho + \psi$ 는 액체에서 기체로 만들기 위한 내부에너지의 증가와 체적 팽창으로 인한 외부에 대하여 하는 일량에 상당하는 열량의 합이다.

또 전 열량을 q_t 라면,

$$q_t = q_l + \gamma \quad \cdots\cdots\cdots\cdots\cdots\cdots\cdots\cdots\cdots\cdots\cdots\cdots\cdots\cdots\cdots\cdots\cdots\cdots\cdots\cdots\cdots\cdots\cdots \ (5-9)$$

증발과정의 엔트로피 증가는,

$$\Delta s = s'' - s' = \frac{\gamma}{T_s} [\text{kJ/kg} \cdot \text{K}] \quad \cdots\cdots\cdots\cdots\cdots\cdots\cdots\cdots\cdots\cdots\cdots \ (5-10)$$

두 포화한계선 사이에 있는 습증기 구역($0 < x < 1$)의 건도 x 인 상태에서 v_x, u_x, h_x, s_x 의 값은 다음의 관계로부터 구할 수 있다.

$$\left. \begin{array}{l} v_x = xv'' + (1-x)v' = v' + x(v'' - v') \fallingdotseq xv'' [\text{m}^3/\text{kg}] \\[2mm] u_x = xu'' + (1-x)u' = u' + x(u'' - u') = u' + x\rho [\text{kJ/kg}] \\[2mm] h_x = xh'' + (1-x)h' = h' + x(h'' - h') = h' + x\gamma [\text{kJ/kg}] \\[2mm] s_x = xs'' + (1-x)s' = s' + x(s'' - s') = s' + x\dfrac{\gamma}{T_s} [\text{kJ/kg} \cdot \text{K}] \end{array} \right\} \quad \cdots\cdots\cdots \ (5-11)$$

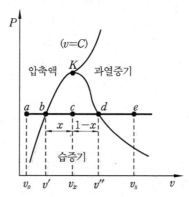

첨자 : o(압축액), $'$: (포화수), x(습증기), $''$: (건포화증기), s(과열증기)

습증기의 $P-v$ 선도

(3) 과열증기

건포화증기는 포화온도 T_s로부터 임의의 온도 T까지 과열시키는 데 요하는 열량, 즉 과열에 필요한 열 q_s는 과열증기의 비열이 C_p라면 다음 식으로 구할 수 있다.

$$q_s = \int_{T_s}^{T} C_p \cdot dT [\text{kJ/kg}] \quad \cdots\cdots\cdots\cdots\cdots\cdots\cdots\cdots\cdots\cdots\cdots (5-12)$$

과열증기의 엔탈피 $h = h'' + q_s = h'' + \int_{T_s}^{T} C_p dT [\text{kJ/kg}]$ $\quad \cdots\cdots\cdots\cdots (5-13)$

과열증기의 엔트로피 $s = s'' + \int_{T_s}^{T} C_p \cdot \dfrac{dT}{T} [\text{kJ/kg} \cdot \text{K}]$ $\quad \cdots\cdots\cdots\cdots (5-14)$

과열증기의 내부에너지 $u = h - Pv = u'' + \int_{T_s}^{T} C_v dT [\text{kJ/kg}]$ $\quad \cdots\cdots\cdots (5-15)$

예제 2. 과열증기를 냉각시켰더니 포화영역 안으로 들어와서 비체적이 0.2327 m³/kg이 되었다. 이때의 포화액과 포화증기의 비체적이 각각 1.079×10⁻³ m³/kg, 0.5243 m³/kg이라면 건도는 얼마인가?

① 0.964 ② 0.772

③ 0.653 ④ 0.443

해설 $v' = v' + x(v'' - v')[\text{kJ/kg}]$에서

$$\therefore \ x = \frac{v - v'}{v'' - v'} = \frac{0.2327 - 1.079 \times 10^{-3}}{0.5243 - 1.079 \times 10^{-3}} \fallingdotseq 0.443$$

정답 ④

5-3 **증기의 상태변화**

(1) 등적변화($dv = 0$, $v = $ const)

등적과정에서 절대일은 없고, 가열량은 내부에너지로만 변화한다.

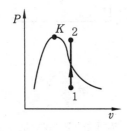 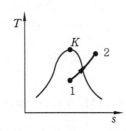 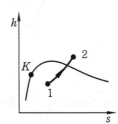

등적변화

(2) 등압변화($dP = 0$, $P = $ const)

등압변화에서 공업일은 없고, 가열량은 엔탈피 변화량과 같다. 보일러, 복수기, 냉동기의 증발기, 응축기에서 일어난다.

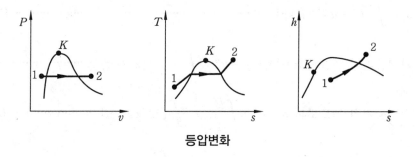

등압변화

(3) 등온변화

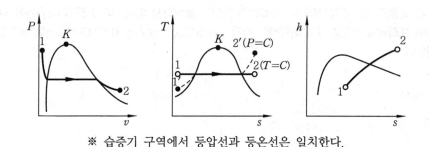

※ 습증기 구역에서 등압선과 등온선은 일치한다.

등온변화

(4) 단열변화($ds = 0$, $s = $ const)

단열변화 중에는 열 출입이 없으므로 가열량은 없고, 공업일은 엔탈피 변화와 같다.

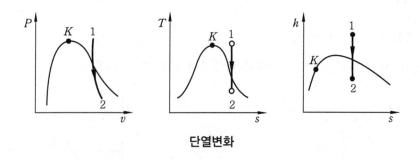

단열변화

(5) 교축과정(throttling : 등엔탈피 과정, $h = $ const)

교축과정이란 증기가 밸브나 오리피스 등의 작은 단면을 통과할 때 외부에 대해서 하는 일 없고 압력 강하만 일어나는 현상이며, 비가역과정으로 외부와의 열전달이 없고($q = 0$), 일을 하지 않으며($w_t = 0$), 엔탈피가 일정($dh = 0$, $h_1 = h_2$)한 과정으로서 엔트로피는 항상 증가하고 압력은 강하한다.

교축과정은 비가역변화이므로, 압력이 감소되는 방향으로 일어나는 반면, 엔트로피는 항상 증가한다. 습증기를 교축하면 건도가 증가하여, 결국 건도는 1이 되며 건도 1의 증기를 교축하면 과열 증기가 된다. 이 현상을 이용하여 습포화증기의 건도를 측정하는 계기를 교축열량계라 한다.

참고 • 실제 기체(수증기, 냉매)에서 교축과정

① $P_1 > P_2$

② $T_1 > T_2$(Joule–Thomson effect)

③ $h_1 = h_2$

④ $\Delta S = 0$

⑤ 줄톰슨 계수(μ_T) $= \left(\dfrac{\partial T}{\partial P} \right)_{h=0}$ $\mu_T > 0$

출제 예상 문제

1. 다음 중 3중점을 바르게 설명한 것은 어느 것인가?

① 고체와 기체, 고체와 액체, 액체와 기체가 평형으로 존재하는 상태

② 융해, 증발, 승화가 자유롭게 이루어지는 상태

③ 고체, 액체, 기체가 평형을 유지하면서 존재하는 상태

④ 특히, 물의 3중점은 임계점과 같다.

2. 임의의 압력 P인 포화증기를 포화온도 T_s로부터 임의의 온도 T까지 일정 압력으로 가열하면 과열증기가 된다. 이때 과열증기의 엔탈피 h를 구하는 식은 다음 중 어느 것인가? (단, 정압비열을 C_p, 포화온도를 T_s, 건포화증기의 엔탈피를 h''라 한다.)

① $h = h'' + \int_{T_s}^{T} C_v dT$

② $h'' = h + \int_{T_s}^{T} C_p dT$

③ $h = h'' - \int_{T_s}^{T} C_p dT$

④ $h = h'' + \int_{T_s}^{T} C_p dT$

[해설] 과열증기의 엔탈피 = 건포화증기의 엔탈피 + 과열의 열이므로,

$$h = h'' + \int_{T_s}^{T} C_p dT$$

특히, $h - h'' = \int_{T_s}^{T} C_p dT$를 과열의 열이라 한다.

3. 문제 2의 상태에서 과열증기의 엔트로피 S를 구하는 식은?

① $S = S'' + \int_{T_s}^{T} C_p dT$

② $S'' = S + \int_{T_s}^{T} \dfrac{dT}{T}$

③ $S = S'' + \int_{T_s}^{T} C_p \dfrac{dT}{T}$

④ $S = S'' - \int_{T_s}^{T} C_p \dfrac{dT}{T}$

[해설] 과열증기의 엔트로피 = 건포화증기의 엔트로피 + 포화온도 T_s를 임의의 온도 T까지 과열시키는 데 필요한 엔트로피이므로,

$$\therefore S = S'' + \int_{T_s}^{T} C_p \dfrac{dT}{T}$$

4. 습 (포화)증기에서 증발열을 γ, 액체열을 q_l, 내부증발열을 ρ, 외부증발열을 ψ, 건도를 x 라고 하면 다음 중 그 관계가 옳은 것은?

① $\gamma = (x_2 - x_1)\rho$

② $\gamma = \rho + \psi$

③ $q_l = \gamma + \rho + \psi$

④ $u = \gamma + x\rho$

[해설] 증발 (잠)열(γ) = 내부증발열(ρ) + 외부증발열(ψ)

$(h'' - h') = (u'' - u') + p(v'' - v')$ [kJ/kg]

5. 다음 증발 (잠)열을 설명한 것 중 잘못된 것은?

① 내부증발과 외부증발열로 이루어져 있다.

② 1 kg의 포화액을 일정압력하에서 가열하여 건포화증기로 만드는 데 필요한 열

량이다.

③ 건포화증기의 엔탈피와 포화액의 엔탈
　피의 차로서 표시된다.

④ 체적증가에 의하여 하는 일의 열상당
　량이다.

6. 다음은 증기의 Mollier 선도를 표시하고
있다.

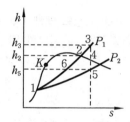

(1) 위의 선도에서 가역단열 과정은 ?

① 1 - 2 　　　　　② 2 - 3

③ 3 - 5 　　　　　④ 5 - 1

(2) 건도(x)가 100 %인 점은 어느 곳인가 ?

① 1, 2, 3 　　　　② 2, 3, 4

③ 4, 5, 1 　　　　④ 5, 1, 2

(3) 교축(throttling)과정은 어느 것인가 ?

① 1 - 6 　　　　　② 6 - 3

③ 3 - 5 　　　　　④ 5 - 6

7. 건포화증기의 건도 또는 질(quality) x
는 몇 % 인가 ?

① 100 % 　　　　② 50 %

③ 1 % 　　　　　④ 0 %

해설 과냉액, 포화액 : $x = 0$ %
　　습(포화)증기 : 0 % < x < 100 %
　　건포화증기, 과열증기 : $x = 100$ %

8. 다음 중 과열도를 표시한 것은 ?

① 포화온도 - 과열증기온도

② 포화온도 - 압축액의 온도

③ 과열증기온도 - 포화온도

④ 과열증기온도 - 압축액의 온도

9. 다음 중 습증기의 건조도 x 를 표시한 것
은 ?

① $x = \dfrac{\text{포화증기의 질량}}{\text{습증기의 질량}}$

② $x = \dfrac{\text{포화증기의 질량}}{\text{과열증기의 질량}}$

③ $x = \dfrac{\text{포화증기의 체적}}{\text{건포화증기의 체적}}$

④ $x = \dfrac{\text{습증기의 질량}}{\text{건포화증기의 질량}}$

해설 건조도$(x) = \dfrac{G_w}{G_a}$

$= \dfrac{\text{습증기 1kg 중의 습증기의 중량(질량)}}{\text{습증기 1kg 중의 건포화증기의 중량(질량)}}$

10. 다음 중 증기의 교축상태에서 변화되지
않는 것은 ?

① 엔트로피(entropy)

② 엔탈피(enthalpy)

③ 체적(volume)

④ 내부에너지(internal energy)

해설 교축과정에서,
　　$h_1 = h_2$, 즉 $\Delta h = 0$이다.

11. 건포화증기와 포화액의 엔탈피의 차이
를 무엇이라 하는가 ?

① 내부에너지 　　　② 잠열

③ 엔트로피 　　　　④ 현열

해설 증발잠열(γ)
　　= 건포화증기의 엔탈피(h'') - 포화액의 엔
　　　탈피(h')
　　= 내부 증발열($u'' - u' = \rho$) + 외부 증발열
　　　$[p(v'' - v) = \psi]$

12. 임계점(critical point)의 설명 중 옳은
것은 ?

① 고체, 액체, 기체가 공존하는 3중점을

뜻한다.

② 선도상($T-s$ 선도, $h-s$ 선도)에서 선도의 양 끝점을 말한다.

③ 어떤 압력하에서도 증발이 시작되는 점과 끝나는 점이 일치하는 곳이다.

④ 임계온도 이하에서는 증기와 액체가 평형으로 존재할 수 없는 상태의 점이다.

13. 교축열량계는 무엇을 측정하기 위한 장치인가?

① 과열도   ② 증기의 건도
③ 열량   ④ 증기의 무게

14. 수증기의 몰리에르 선도(Mollier chart)에서 다음 두 개의 값을 알아도 습증기의 상태가 결정되지 않는 것은?

① 온도 – 엔탈피   ② 온도 – 압력
③ 엔탈피 – 비체적 ④ 엔트로피 – 엔탈피

해설 습증기 구역($0<x<1$)에서는 등온선과 등압선이 같으므로(일치하므로) 상태값을 구할 수 없다.

15. 습(포화)증기를 가역단열상태로 압축하면 증기의 건도는 어떻게 되는가?

① 변하지 않는다.
② 감소하기도 하고 증가하기도 한다.
③ 증가한다.
④ 감소한다.

해설 $T-s$ 선도에서 1→2는 습증기가 과냉액이 되었으므로, 건도 x는 감소하였고, 1→2´는 습증기가 과열증기가 되었으므로, 건도 x는 증가하였다.

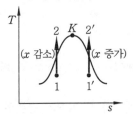

16. 건도가 x인 습(포화)증기의 상태량을 표시한 것 중 잘못된 것은?

① $v_x = v' + x(v'' - v')$

② $h_x = h'' + x(h' - h)$

③ $S_x = S' + x\dfrac{\gamma}{T}$

④ $u_x = u' + x\rho$

17. 정압하에서 0℃의 액체 1 kg을 포화온도까지 가열하는 데 필요한 열량은?

① 액체열   ② 증발열
③ 과열의 열 ④ 현열

해설 (1) 액체열(q_l) : 0℃의 물 1 kg을 주어진 압력하에서 포화온도(T_s)까지 가열하는 데 필요한 열량

$$q_l = \int_{273.16}^{T_s} CdT \,[\text{kJ/kg}]$$

(2) 증발(잠)열(γ) : 포화액 1 kg을 정압하에서 가열하여 건포화증기로 만드는 데 필요한 열량

$$\gamma = h'' - h' = (u'' - u') + P(v'' - v')$$

(3) 과열의 열(q_s) : 건포화증기를 포화온도(T_s)에서 임의의 온도 T까지 과열시키는 데 필요한 열량

$$q_s = h - h'' = \int_{T_s}^{T} C_p dT \,[\text{kJ/kg}]$$

18. 다음 중 습증기의 엔탈피(h_x)를 바르게 표시한 것은?

① $h_x = h + h''x$

② $h_x = h' + \gamma \cdot x$

③ $h_x = h'' + x(h' - h)$

④ $h_x = h' + x\dfrac{\gamma}{T}$

해설 $h_x = h' + x(h'' - h')$
$\qquad = h' + \gamma \cdot x \,[\text{kJ/kg}]$

정답 **13.** ② **14.** ② **15.** ② **16.** ② **17.** ① **18.** ②

19. 건포화증기를 체적이 일정한 상태로 압력을 높이는 경우와 낮추는 경우 각각 무엇이 되는가?

① 과열증기 – 과열증기

② 과열증기 – 습증기

③ 습증기 – 습증기

④ 습증기 – 포화액

[해설] $P-v$ 선도에서, $1 \rightarrow 2$는 정적 상태로 압력을 높이면 과열증기가 되며, $1 \rightarrow 2'$는 정적 상태로 압력을 낮추면 습증기가 된다.

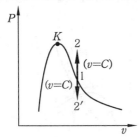

20. Van der Waals의 증기의 상태식을 표현한 것이다. 옳은 것은?

① $\left(P + \dfrac{a}{v^2}\right)(v - b) = RT$

② $\left(P - \dfrac{a}{v^2}\right)(v + b) = RT$

③ $P \cdot v = \left(R + \dfrac{a}{t^2}\right)(T - b)$

④ $Pv = \left(R - \dfrac{a}{t^2}\right)(T + b)$

[해설] 증기의 상태방정식은 완전가스의 상태식 중 압력과 비체적에 적당한 수정항을 부가하고 이들의 영향을 고려하여 다음과 같이 표시한다.

(1) Van der Waals 식

$\left(P + \dfrac{a}{v^2}\right)(v - b) = RT$

(2) Clausius 식

$\left[P + \dfrac{a}{T(v + c)^2}\right](v - b) = RT$

(3) Berthelot 식

$\left(P + \dfrac{a}{Tv^2}\right)(v - b) = RT$

21. 15 ata, 건도 0.97인 증기의 엔탈피를 표에서 찾으려면?

① Mollier chart

② 온도기준 증기표

③ 과열 증기표

④ 압력기준 증기표

22. 온도 300℃, 건도 0.98인 증기가 상태변화를 하여 100℃인 증기로 되었다. 필요한 증기의 상태치를 찾는 데 가장 적합한 것은?

① Mollier chart

② 온도기준 증기표

③ 건도기준 증기표

④ 압력기준 증기표

23. 정적하에서 압력을 증가시키면 습포화증기는 대부분 어떻게 되는가?

① 과냉액

② 습포화증기

③ 과열증기

④ 모두 액체가 된다.

[해설] $P-v$ 선도에서 각 점의 압력을 $v = C$ 상태에서 상승시키면 대부분 건포화증기를 거쳐 과열증기가 된다.

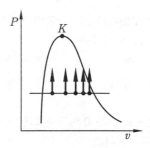

정답 19. ② 20. ① 21. ④ 22. ① 23. ③

24. 포화수와 건포화증기의 엔탈피의 차를 무엇이라 하는가?

① 액체열　　　　　② 습포화증기

③ 증발열　　　　　④ 과열의 열

25. 수증기의 임계압력(critical pressure)은 어느 것인가?

① 273.16 ata　　　② 225.5 ata

③ 255.5 ata　　　④ 32.55 ata

26. 다음 중 증기의 선도로서 쓰이지 않는 것은?

① $T-s$ 선도　　　② $P-h$ 선도

③ $P-s$ 선도　　　④ $h-s$ 선도

[해설] 증기 선도에는 압력 – 비체적($P-v$) 선도, 온도 – 엔트로피($T-s$) 선도, 압력 – 엔탈피($P-h$) 선도, 엔탈피 – 엔트로피($h-s$) 선도가 있다.

27. 증기의 몰리에르 선도에서 잘 알 수 없는 상태량은?

① 포화수의 엔탈피

② 포화증기의 엔탈피

③ 과열증기의 엔탈피

④ 과열증기의 비체적

[해설] Mollier 선도에서는 건도 0.7 이상인 습증기와 과열증기 구역의 값만 알 수 있으며, 건도 0.6 이하인 습증기와 포화액, 압축액의 값은 찾을 수 없다.

28. 습(포화)증기를 단열압축시키면 다음 중 어느 것이 되는가?

① 포화액　　　　　② 압축액

③ 과열증기　　　　④ 현열

29. 건조도 x가 0 %가 된다면 다음 중 어느 것이 된다는 것인가?

① 습포화증기　　　② 포화수

③ 건포화증기　　　④ 과열증기

30. Mollier 선도에서 교축과정은 어떻게 나타나는가?

① 기울기 45°의 직선이 된다.

② 수평선이 된다.

③ 수직선이 된다.

④ Mollier chart에 교축과정은 표시할 수 없다.

[해설] $h=C$, 즉 등엔탈피(교축)과정은 수평선이다.

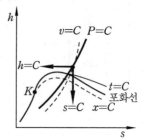

31. 수증기의 $h-s$ 선도의 과열증기 영역에서 기울기가 비슷하여 정확한 교점을 찾기 매우 곤란한 선은?

① 등온선, 등압선

② 등압선, 비체적선

③ 등엔트로피선, 등엔탈피선

④ 비체적선, 포화증기선

[해설] 문제 30번 해설 그림에서 $v=C$ 선과 $P=C$ 선은 기울기가 비슷하여 그것의 정확한 교점을 찾는 것은 매우 힘들다.

32. 물의 임계 온도는 다음 중 어느 것인가?

① 273.16℃　　　② 427.1℃

③ 225.5℃　　　④ 374.1℃

33. 다음 증발(잠)열을 설명한 것 중 잘못된 것은?

① 건포화증기의 엔탈피 값을 말한다.

---

② 증발 (잠)열은 내부증발열과 외부증발열로 되어 있다.

③ 내부증발열은 증발에 따른 내부에너지의 증가를 뜻한다.

④ 체적증가로서 증가하는 일의 열상당량이 외부 증발열이다.

34. 1 MPa의 일정한 압력하에서 포화수를 증발시켜서 건포화증기를 만든다면, 이때 증기 1 kg당 내부에너지 증가는 몇 kJ/kg인가? (단, 포화수의 비체적은 0.001126 m³/kg, 건포화증기의 비체적은 0.1981 m³/kg, 증발열은 2256.8 kJ/kg이다.)

① 1060 kJ/kg 　② 2060 kJ/kg

③ 2360 kJ/kg 　④ 1560 kJ/kg

해설 $dq = du + Pdv$

$\therefore \Delta u = (u'' - u') = q - P(v'' - v')$ 이므로

$\therefore \Delta u = 2256.8 \text{ kJ/kg} - (1 \times 10^3 \text{ kN/m}^2)$
$\times (0.1981 - 0.001126 \text{ m}^3) \doteqdot 2060 \text{ kJ/kg}$

[별해] 증발열 $\gamma = \rho + \psi$에서,
내부 증발열 $\rho = u'' - u' = \Delta u = \gamma - \psi$
$= \gamma - p(v'' - v')$로 구해도 가능하다.

35. 체적 0.4 m³인 탱크 속에 70 kg의 습포화 증기가 채워져 있다면, 온도 350℃인 증기의 건도(x)는 얼마인가? (단, 온도 350℃에서 $v' = 0.0017468$ m³/kg, $v'' = 0.008811$ m³/kg이다.)

① 0.567 　② 0.542

③ 0.562 　④ 0.745

해설 탱크는 체적이 0.4 m³이므로,
$v = v' + x(v'' - v')$ 인데

$v = \dfrac{V}{m}$ 에서

$x = \dfrac{\dfrac{V}{m} - v'}{v'' - v'} = \dfrac{\dfrac{0.4}{70} - 0.0017468}{0.008811 - 0.0017468}$

$= 0.5616$

36. 압력 0.98 MPa, 건도 60 %인 습포화 증기 1 kg이 가열에 의하여 건도가 90 %가 되었다. 이 증기가 외부에 행한 일은 몇 kN·m/kg 인가? (단, 압력에서 $v' = 0.0011262$ m³/kg, $v'' = 0.1981$ m³/kg이다.)

① 64.83 　② 57.91

③ 51.09 　④ 58.09

해설 건도가 0.6에서 0.9로 변했으므로 상태 1, 2 모두 습증기 구역이므로
습증기 구역에서,

팽창일$(w_a) = \int Pdv = P(v_2 - v_1)$
$= P(v'' - v')(x_2 - x_1)$

$\therefore w_a = (0.98 \times 10^3) \times (0.1981 - 0.0011262)$
$\times (0.9 - 0.6) = 57.91 \text{ kN·m/kg}$

37. 300 kPa의 압력하에서 물 1 kg이 증발하여 체적이 800 L만큼 늘어났다. 증발열이 2184 kJ/kg이면 내부 증발열(ρ)과 외부 증발열(ψ)은 얼마인가?

① $\rho = 1652$ kJ/kg, $\psi = 280$ kJ/kg

② $\rho = 1652$ kJ/kg, $\psi = 120$ kJ/kg

③ $\rho = 1944$ kJ/kg, $\psi = 160$ kJ/kg

④ $\rho = 1944$ kJ/kg, $\psi = 240$ kJ/kg

해설 $\gamma = \rho + \psi \text{[kJ/kg]}$

외부 증발열$(\psi) = P(v'' - v')$
$= (300 \times 10^3) \times (0.8)$
$= 240000 \text{ N·m/kg} = 240 \text{ kJ/kg}$
내부 증발열$(\rho) = \gamma - \psi = 2184 - 240$
$= 1944 \text{ kJ/kg}$

38. 압력이 1.47 MPa, 포화온도 197.36℃인 포화증기는 포화수의 엔탈피가 842.65 kJ/kg, 건포화증기의 엔탈피가 2800 kJ/kg이라면, 건도 70 %인 습증기의 엔탈피는 얼마인가?

① 3162 kJ/kg 　② 2056 kJ/kg

③ 2213 kJ/kg 　④ 1873 kJ/kg

정답 **34.** ② 　**35.** ③ 　**36.** ② 　**37.** ④ 　**38.** ③

[해설] 습증기의 엔탈피는,
$$h_x = h' + x(h'' - h')$$
$$= 842.65 + 0.7 \times (2800 - 842.65)$$
$$= 2212.8 \,\text{kJ/kg}$$

39. 10 kg, 압력 1.96 MPa, 건도 0.32인 포화증기를 가열하여 건도가 0.87 되게 하려고 한다. 증발열이 1901.3 kJ/kg이면, 가열에 필요한 열량은 몇 kJ인가?

① 10457 kJ　　② 17436 kJ
③ 12334 kJ　　④ 22334 kJ

[해설] 건도 $x_1 = 0.32$, $x_2 = 0.87$이므로 습증기 구역이다.
∴ 습증기 구역에서 $\delta q = dh(P = C)$이므로,
$$q = h_2 - h_1 = \gamma(x_2 - x_1)$$
따라서, $Q = m(h_2 - h_1)$
$$= m\gamma(x_2 - x_1)$$
$$= 10 \times 1901.3 \times (0.87 - 0.32)$$
$$= 10457 \,\text{kJ}$$

40. 온도 25℃의 물 1500 kg에 100℃의 건포화증기를 도입하여 온도를 50℃로 올리려면 몇 kg의 증기가 필요한가? (단, 물의 비열은 4187 J/kg · K, 증발열은 2263 kJ/kg 으로 한다.)

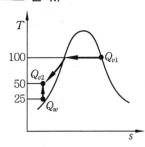

① 63.5 kg　　② 59.3 kg
③ 100 kg　　④ 25 kg

[해설] 물이 얻은 열량(Q_w)
$$= 1500 \times 4.187 \times (50 - 25)$$
증기가 잃은 열량(Q_v)
$$= 증발열 + G_v C_v (100 - 50)$$

$$= G_v \times 2263 + G_v \times 4.187 \times (100 - 50)$$
$$\therefore 1500 \times 4.187 \times 25$$
$$= G_v \times (2263 + 4.187 \times 50)$$
$$\therefore G = 63.5 \,\text{kg}$$

41. 15℃의 물 1500 L에 100℃ 건포화증기 75 kg을 넣으면 물의 온도는 몇 ℃로 되겠는가? (단, 물의 증발열은 2263 kJ/kg 이다.)

① 35.4℃　　② 40.1℃
③ 44.8℃　　④ 54.9℃

[해설] 물이 얻은 열량(Q_w)
$$= 1500 \times 4.187 \times (t_x - 15)$$
증기가 잃은 열량(Q_v)
$$= 2263 \times 75 + 75 \times 4.187 \times (100 - t_x)$$
$$\therefore t_x (1500 \times 4.187 + 75 \times 4.187)$$
$$= 2263 \times 75 + 1500 \times 4.187 \times 15$$
$$+ 75 \times 4.187 \times 100$$
$$\therefore t_x = 44.78 \,℃$$

42. 다음 중 압력 6 MPa하에서 과열증기를 90℃만큼 과열시키는 데 필요한 열량은 몇 kJ/kg인가? (단, 과열증기의 평균 비열은 3.402 kJ/kg이다.)

① 238.3 kJ/kg　　② 306.2 kJ/kg
③ 321.4 kJ/kg　　④ 347.2 kJ/kg

[해설] 과열의 열 $q_s = \int_{T_s}^{T} C_p dT = C_p(T - T_s)$
$$= 3.402 \times 90 = 306.18 \,\text{kJ/kg}$$

43. 온도 10℃에서 압력 0.98 MPa의 건포화증기 1000 kg을 발생시키려면 얼마의 열량이 필요한가? 또, 저위 발열량이 28560 kJ/kg인 석탄을 사용하는 증기 원동소의 열효율이 80 % 라면 필요한 석탄은 몇 kg인가? (단, 온도 10℃에서 $h' = 43.68$ kJ/kg, $h'' = 2526.3$ kJ/kg이다.)

① 248260 kJ, 109 kg

② 2732620 kJ, 107 kg

③ 248262 kJ, 84 kg

④ 1534230 kJ, 75 kg

[해설] $P = C$ 상태에서,

$\delta q = dh - vdP = dh$ 이므로,

$Q_a = m(h_2 - h_1) = m(h'' - h')$

$\therefore Q_a = 1000 \times (2526.3 - 43.68)$

$\qquad = 2482620$ kJ

또, $\eta = \dfrac{Q_a}{H_L \times m}$ 이므로,

$\therefore m = \dfrac{Q_a}{\eta \times H_L} = \dfrac{2482620}{0.8 \times 28560} = 108.66$ kg

---

44. 압력 6 MPa인 물의 포화온도가 274℃, 건포화증기의 비체적은 0.033 m³/kg이다. 이 압력 하에서 건포화증기의 상태로부터 347℃로 과열되면 비체적은 0.043 m³/kg이 된다. 과열증기의 정압비열이 3.402 kJ/kg일 때 다음 물음에 답하여라.

(1) 과열의 열은 몇 kJ/kg인가 ?

① 248.35 kJ/kg   ② 276.75 kJ/kg

③ 288.33 kJ/kg   ④ 239.31 kJ/kg

(2) 과열에 의한 엔트로피 증가는 얼마인가 ?

① 0.9050 kJ/kg   ② 0.5043 kJ/kg

③ 0.6973 kJ/kg   ④ 0.8035 kJ/kg

(3) 과열에 의한 내부에너지 증가는 얼마인가 ?

① 97.4 kJ/kg   ② 228.5 kJ/kg

③ 137.3 kJ/kg   ④ 188.4 kJ/kg

[해설] (1) $q_s = \displaystyle\int_{T_s}^{T} C_p dT = C_p(T - T_s)$

$\qquad = 3.402 \times (347 - 274)$

$\qquad = 248.346$ kJ/kg

(2) $ds = \displaystyle\int_{T_s}^{T} \dfrac{dq}{T} = \int_{T_s}^{T} C_p \dfrac{dT}{T}$

$\qquad = C_p \cdot \ln \dfrac{T}{T_s} = 3.402 \times \ln \dfrac{347}{274}$

$\qquad = 0.8035$ kJ/kg

(3) $\delta q = du + Pdv$ 에서,

$du = u - u'' = q_s - P(v - v'')$

$\qquad = 248.35 - (6 \times 10^3)(0.043 - 0.033)$

$\qquad = 188.35$ kJ/kg

6 MPa $= 6 \times 10^6$ N/m² $= 6 \times 10^3$ kN/m²

---

45. 어떤 교축 열량계로 증기의 건도를 측정하려고 하는데 그 열량계로 읽을 수 있는 엔탈피의 최저값이 2735 kJ/kg이라면, 이 열량계는 증기 주관 내의 압력이 0.98 MPa일 때 건도는 최저 몇 %까지 사용할 수 있는가 ? (단, 압력 0.98 MPa에서 $h' = 761$ kJ/kg, $\gamma = 2024.4$ kJ/kg이다.)

① 98.5 %   ② 97.5 %

③ 96.5 %   ④ 95.5 %

[해설] 교축과정 → 등엔탈피 과정이므로,

$h = h_1 = h_2 = $ 일정에서

$h_1 = h_1' + \gamma \cdot x_1 = h_2$

$\therefore x_1 = \dfrac{1}{\gamma}(h_2 - h_1') = \dfrac{1}{2024.4}(2735 - 761)$

$\qquad = 0.975 = 97.5$ %

---

46. 입구압력 0.4 MPa, 출구압력 0.1 MPa, 출구온도 393 K (120℃)인 과열증기의 건도를 교축 열량계를 이용하여 구하면 몇 %인가 ? (단, 0.4 MPa에서 $t_s = 142.92$℃, $h' = 603.25$ kJ/kg, $h'' = 2745.54$ kJ/kg이고, 0.1 MPa(120℃)에서 $h = 2724.96$ kJ/kg이다.)

① 99   ② 98

③ 97   ④ 95

[해설] 교축상태에서

$h_1 = h_1' + x_1(h_1'' - h_1') = h_2$

$\therefore x_1 = \dfrac{h_2 - h_1'}{h_1'' - h_1'} = \dfrac{2724.96 - 603.25}{2745.54 - 603.25}$

$\qquad ≒ 0.99 = 99$ %

정답 **44.** (1) ① (2) ④ (3) ④   **45.** ②   **46.** ①

47. 건조도 x_1인 습증기가 등온상태에서 건조도 x_2까지 변하였다면, 이때 가열량은 다음 중 어느 것인가? (단, γ는 증발열이다.)

① $x_1 \cdot \gamma$ ② $x_2 \cdot \gamma$

③ $(x_2 - x_1) \cdot \gamma$ ④ $(x_2 - x_1)/\gamma$

[해설] 습증기 구역에서는 $P = C, \ T = C$ 이므로,

$$q = \int_1^2 dh = h_2 - h_1$$
$$= [h_2' + x_2(h_2'' - h_2')] - [h_1' + x_1(h_1'' - h_1')]$$
$$= (h_2' + x_2 \cdot \gamma) - (h_1' + x_1 \cdot \gamma)$$
$$\approx (x_2 - x_1)\gamma$$

48. 온도 300℃이고, 체적 0.05 m³인 증기 1 kg이 등온하에서 팽창하여 체적 0.09 m³로 증가하였다. 이 증기에 공급된 열량은 몇 kJ/kg인가? (단, 처음 건도 $x_1 = 0.524$, 나중 건도 $x_2 = 0.905$, $s' = 3.2630$ kJ/kg · K, $s'' = 5.7204$ kJ/kg · K 이다.)

① 536.5 kJ/kg   ② 726.3 kJ/kg

③ 626.2 kJ/kg   ④ 803.3 kJ/kg

[해설] $x_1 = 0.524 \rightarrow x_2 = 0.905$이므로 습증기 구역에서의 변화이므로, $q = T(s_2 - s_1)$ 이다.

$$s_1 = s' + x_1(s'' - s')$$
$$= 3.2630 + 0.524(5.7204 - 3.2630)$$
$$= 4.5507 \text{ kJ/kg} \cdot \text{K}$$
$$s_2 = s' + x_2(s'' - s')$$
$$= 3.2630 + 0.905(5.7204 - 3.2630)$$
$$= 5.4870 \text{ kJ/kg} \cdot \text{K}$$
$$\therefore \ q = T(s_2 - s_1)$$
$$= (300 + 273) \times (5.4870 - 4.5507)$$
$$= 536.5 \text{ kJ/kg}$$

49. 압력 1.96 MPa, 건도 70 %인 습증기 100 m³의 질량은 얼마인가? (단, 1.96 MPa의 $v' = 0.0011373$ m³/kg, $v'' = 0.1662$ m³/kg이다.)

① 806 kg   ② 857 kg

③ 902 kg   ④ 998 kg

[해설] $m = \dfrac{V}{v}$ 에서,

$$v = v' + x(v'' - v')$$
$$= 0.0011373 + 0.7(0.1662 - 0.001373)$$
$$= 0.11668 \text{ m}^3/\text{kg}$$
$$\therefore \ m = \frac{V}{v} = \frac{100}{0.11668} \fallingdotseq 857 \text{ kg}$$

50. 압력 3 MPa 인 물의 포화온도는 505.75 K이다. 이 포화수를 일정 압력 상태에서 693 K 의 과열증기로 만들었을 때 과열도는 몇 ℃인가?

① 145.81℃   ② 152.85℃

③ 187.25℃   ④ 167.25℃

[해설] 과열도 = 과열증기의 온도 − 포화온도
$$= 693 - 505.75 = 187.25 ℃$$

제6장 가스 및 증기의 유동

6-1 유체의 유동

① **정상류(steady flow)** : 유체의 물성치가 시간에 관계없이 일정한 흐름
② **비정상류(unsteady flow)** : 유체의 물성치가 시간에 따라 변하는 흐름
③ **층류(laminar flow)** : 물체가 관속을 비교적 저속으르 흐를 때 유체는 규칙적으로 흘러
   서 유선이 관로에 평행하게 되는 흐름
④ **난류(turbulent flow)** : 층류와는 달리 유체의 흐름이 비교적 고속으로 흐를 때 흐름의
   선이 불규칙한 변화를 하면서 흐르는 흐름

6-2 유동의 일반 에너지식

(1) 유량

$$m = \frac{a_1 w_1}{v_1} = \frac{a_2 w_2}{v_2} \, [\text{kg/s}] = \text{연속 방정식} \quad \cdots\cdots\cdots\cdots\cdots\cdots (6-1)$$

(단, 유로단면적 $a \, [\text{m}^2]$, 유속 $w \, [\text{m/s}]$, 비체적 $v \, [\text{m}^3/\text{kg}]$이고, 첨자 1, 2는 ① 단면, ②
단면)

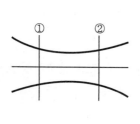

유동로

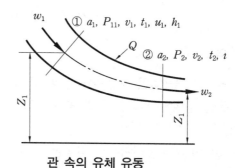

관 속의 유체 유동

(2) 정상류의 일반 에너지식

$$q = w_t + (h_2 - h_1) + \frac{1}{2}(w_2^2 - w_1^2) + g(Z_2 - Z_1)\,[\text{kJ/kg}]$$

(3) 단열유동

마찰이 없을 때 단열이므로 $q = 0$이고, 제1유동단면과 제2유동단면의 거리가 비교적 가깝고, 경사가 심하지 않으면 보통 $Z_1 \approx Z_2$로 보기 때문에 일반 에너지식으로부터,

$$h_1 - h_2 = \frac{1}{2}(w_2^2 - w_1^2) \quad \cdots\cdots\cdots\cdots\cdots\cdots\cdots\cdots (6-2)$$

가 되며, 노즐에서와 같이 $w_1 \ll w_2$이면, $w_1 \approx 0$으로 볼 수 있고, 노즐에서는 외부에 대한 일 $w_t = 0$이므로 엔탈피 감소량은 속도에너지 증가로 변하므로,

$$h_1 - h_2 = \frac{1}{2}w_2^2 \quad \cdots\cdots\cdots\cdots\cdots\cdots\cdots\cdots\cdots\cdots\cdots (6-3)$$

이 되어, 노즐 출구의 유속 w_2는,

$$w_2 = \sqrt{\frac{2g}{A}(h_1 - h_2)} = 91.5\sqrt{h_1 - h_2}\,[\text{m/s}](h_1 - h_2 : \text{kcal/kgf})$$

$$\fallingdotseq 44.72\sqrt{h_1 - h_2}\,[\text{m/s}](h_1 - h_2 : \text{kJ/kg}) \quad \cdots\cdots\cdots (6-4)$$

노즐 입출구에서 엔탈피 값을 알 때 노즐 출구에서의 유출 속도를 구하는 식이다.

예제 1. 압력 12 ata, 온도 300℃인 과열증기를 이상적인 단열분류로서 2.4 ata까지 분출시킬 경우, 최대 분출속도를 구하면 얼마인가? (단, 12 ata일 때, $t = 300$℃, $h_1 = 3057.6\,\text{kJ/kg}$, 2.4 ata일 때, $h_2 = 2713.2\,\text{kJ/kg}$)

① 725   ② 820

③ 830   ④ 925

해설 최대 분출속도(w_2) = $\sqrt{2 \cdot (h_1 - h_2)} = 44.72\sqrt{(h_1 - h_2)}$

$\fallingdotseq 44.72\sqrt{3057.6 - 2713.2} = 830\,\text{m/s}$ **정답** ③

---

(4) 단열 열낙차

어떤 탱크 속에 들어 있는 유체를 오리피스나 노즐 등의 유로로 분출시킬 때 이 유로를 통과하는 동안 외부에 대하여 열 및 일의 출입이 없고 마찰 등을 무시할 경우 이는 단열유동이 된다.

마찰을 동반하는 유동에서는 마찰열은 유체로 흡수되어 유체는 엔트로피가 증가되며, 압력 P_1에서 P_2까지의 단열유동에서 상태량 h, s의 변화를 도시하면 그림과 같다.

오른쪽 그림에서,

① 1→2 : 단열(무마찰유동)

등엔트로피 유동으로 여기서, $h_1 - h_2 =$ 단열 열
낙차(kJ/kg)라고 한다.

② 1→2′ : 단열(마찰유동)

유로출구에서의 유속을 위의 경우 각각 w_2, $w_2{}'$
라고 하면,

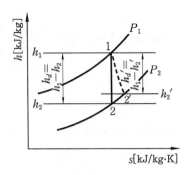

단열 분류변화

$$w_2 = 44.72 \sqrt{h_1 - h_2} \, [\text{m/s}]$$

$$w_2{}' = 44.72 \sqrt{h_2 - h_2{}'} \, : \, (h_1 - h_2 > h_1 - h_2{}')$$

$$\therefore \; w_2 > w_2{}' \text{가 되며,}$$

$$\left(\frac{h_1 - h_2{}'}{h_1 - h_2} \right) = \left(\frac{w_2{}'}{w_2} \right)^2 = \phi^2 = \eta_n$$

여기서, $\phi = \dfrac{w_2{}'}{w_2}$: 속도계수, $\eta_n = \phi^2$: 노즐 효율

6-3 노즐(nozzle)에서의 유동

노즐은 이것을 통과하는 유체의 팽창에 의하여 유체의 열에너지 또는 압력에너지를 운
동에너지로 바꾸어 주는 장치이다.

(1) 분출속도

노즐 내에 유체가 흐를 경우, 통과하는 시간이 짧기
때문에 열의 출입량도 대단히 적으므로 단열팽창으로
보아도 무방하다.

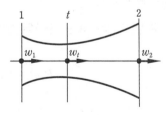

노즐에서의 유동

따라서, 노즐로부터 분출되는 속도는,

$$\frac{(w_2^2 - w_1^2)}{2} = h_1 - h_2 = C_p(T_1 - T_2) = \frac{k}{k-1} R(T_1 - T_2)$$

$$= \frac{k}{k-1} (P_1 v_1 - P_2 v_2)$$

$$= \frac{k}{k-1} P_1 v_1 \left(1 - \frac{T_2}{T_1} \right) \quad \cdots\cdots\cdots\cdots\cdots\cdots\cdots (6-5)$$

가역단열변화인 경우 $\dfrac{T_2}{T_1} = \left(\dfrac{P_2}{P_1}\right)^{\frac{k-1}{k}}$ 이므로,

$$\frac{(w_2^2 - w_1^2)}{2} = \frac{k}{k-1} P_1 v_1 \left[1 - \left(\frac{P_2}{P_1}\right)^{\frac{k-1}{k}}\right] \quad\cdots\cdots\cdots (6-6)$$

초속도 w_1을 생략($w_2 \gg w_1$)하면,

$$w_2 = \sqrt{2 \times \frac{k}{k-1} \cdot P_1 v_1 \left[1 - \left(\frac{P_2}{P_1}\right)^{\frac{k-1}{k}}\right]} \ (\text{m/s}) \quad\cdots\cdots\cdots (6-7)$$

여기서, k : 비열비(공기 1.4, 과열증기 1.3, 건포화증기 1.135)

예제 2. 압력 800 kPa, 온도 100℃인 압축공기를 대기 속에 분출시킬 경우, 이 변화가 가역단열적이라 하면, 최대 분출속도는 얼마인가? (단, 초기 속도는 무시한다.)

① 480.65　　　　　　　　② 580.67

③ 628.25　　　　　　　　④ 725.38

해설 $P_1 v_1 = RT_1$에서, $v_1 = \dfrac{RT_1}{P_1} = \dfrac{0.287 \times 373}{800} = 0.1338 \ \text{m}^3/\text{kg}$

$$\therefore \ w_2 = \sqrt{2 \cdot \frac{k}{k-1} P_1 v_1 \cdot \left[1 - \left(\frac{P_2}{P_1}\right)^{\frac{k-1}{k}}\right]}$$

$$= \sqrt{2 \times \frac{1.4}{1.4-1} \times (800 \times 10^3) \times 0.1338 \times \left[1 - \left(\frac{101.325}{800}\right)^{\frac{0.4}{1.4}}\right]} = 580.67 \ \text{m/s} \quad \boxed{\text{정답}} \ ②$$

(2) 유량

유량 G [kg/s]는 출구의 단면적을 a_2라 할 때,

$$G = \frac{a_2 w_2}{v_2}, \quad P_1 v_1^k = P_2 v_2^k \text{ 에서, } \quad \frac{1}{v_2} = \frac{1}{v_1} \times \left(\frac{P_2}{P_1}\right)^{\frac{1}{k}}$$

$$G = \frac{a_2 w_2}{v_2} = \frac{a_2 w_2}{v_1} \times \left(\frac{P_2}{P_1}\right)^{\frac{1}{k}}$$

$$= a_2 \cdot \sqrt{2 \times \frac{k}{k-1} \cdot \frac{P_1}{v_1} \cdot \left[\left(\frac{P_2}{P_1}\right)^{\frac{2}{k}} - \left(\frac{P_2}{P_1}\right)^{\frac{k+1}{k}}\right]} \ [\text{kg/s}] \quad\cdots\cdots (6-8)$$

위 식에서 $a_2 =$ 일정인 경우 G를 최대로 하고, $G =$ 일정인 경우 a_2를 최소로 하는 조건은, $\left[\left(\dfrac{P_2}{P_1}\right)^{\frac{2}{k}} - \left(\dfrac{P_2}{P_1}\right)^{\frac{k+1}{k}}\right]$이 최대이어야 하므로 이 조건은,

$$\frac{d\left[\left(\dfrac{P_2}{P_1}\right)^{\frac{2}{k}} - \left(\dfrac{P_2}{P_1}\right)^{\frac{k+1}{k}}\right]}{d\left(\dfrac{P_2}{P_1}\right)} = 0$$

이므로 이를 풀어서 G 를 최대로 하는 압력 $P_2 = P_c$ 라 하면,

$$P_c = P_1\left(\frac{2}{k+1}\right)^{\frac{k}{k-1}} \quad\cdots\cdots\cdots\cdots\cdots\cdots\cdots\cdots\cdots\cdots\cdots\cdots\cdots\cdots (6-9)$$

이 P_c 를 임계압력(cirtical pressure)이라 한다.

임계압력에서의 분출속도, 즉 임계 분출속도 w_c 는,

$$w_c = \sqrt{2 \cdot \frac{k}{k-1} \cdot P_1 v_1 \cdot \left(1 - \frac{2}{k+1}\right)} = \sqrt{2 \cdot \frac{k}{k+1} \cdot P_1 v_1}\ [\text{m/s}] \quad\cdots\cdots (6-10)$$

임계상태에서의 비체적 v_c 는,

$$v_c = v_1\left(\frac{P_1}{P_c}\right)^{\frac{1}{k}} = v_1\left(\frac{k+1}{2}\right)^{\frac{1}{k-1}} [\text{m}^3/\text{kg}] \quad\cdots\cdots\cdots\cdots\cdots\cdots\cdots (6-11)$$

임계압력 P_c 는 $P_1 v_1^k = P_c v_c^k$ 에서,

$$P_c = P_1\left(\frac{v_1}{v_c}\right)^k \quad\cdots\cdots\cdots\cdots\cdots\cdots\cdots\cdots\cdots\cdots\cdots\cdots\cdots\cdots\cdots\cdots (6-12)$$

따라서, $\dfrac{T_c}{T_1} = \left(\dfrac{v_1}{v_c}\right)^{k-1} = \left(\dfrac{P_c}{P_1}\right)^{\frac{k-1}{k}} = \dfrac{2}{k+1} \quad\cdots\cdots\cdots\cdots\cdots (6-13)$

$$\therefore\ w_c = \sqrt{k \cdot P_c v_c} = \sqrt{kRT}\,[\text{m/s}] \quad\cdots\cdots\cdots\cdots\cdots\cdots\cdots\cdots (6-14)$$

이며, P_c, v_c 의 상태에 있어서의 유속은 음속(sonic velocity)과 같게 된다.

노즐의 최소 단면적을 a_c 라 하고, 이것을 통과하는 최대 유량을 G_c 라 하면,

$$G_c = a_c \cdot \sqrt{2 \cdot \frac{k}{k+1} \cdot \left(\frac{2}{k+1}\right)^{\frac{2}{k-1}} \cdot \left(\frac{P_1}{v_1}\right)}$$

$$= a_c\sqrt{k\left(\frac{2}{k+1}\right)^{\frac{k+1}{k-1}} \cdot \left(\frac{P_1}{v_1}\right)} = a_c\sqrt{k\frac{P_c}{v_c}}\,[\text{kg/s}] \quad\cdots\cdots\cdots\cdots (6-15)$$

(3) 노즐 속의 마찰손실

$$\text{노즐 효율} = \frac{\text{유효 열낙차}}{\text{가역단열 열낙차}}\left(\eta = \frac{h_1 - h_2{'}}{h_1 - h_2}\right) \quad\cdots\cdots\cdots\cdots\cdots\cdots (6-16)$$

손실계수는 에너지 손실의 가열 열낙차에 대한 비로서,

$$S = \frac{h_2 - h_2{}'}{h_1 - h_2} = 1 - \eta \qquad \text{(6-17)}$$

실제로 마찰을 수반하는 유출속도 w_r은,

$$w_r = 44.72 \sqrt{(h_1 - h_2{}')} \, [\text{m/s}] \qquad \text{(6-18)}$$

속도계수 ϕ는 위의 관계로부터,

$$\phi = \frac{w_r}{w} = \frac{44.72 \sqrt{(h_1 - h_2{}')}}{44.72 \sqrt{(h_1 - h_2)}} \text{에서,}$$

$$\phi = \sqrt{\frac{(h_1 - h_2{}')}{(h_1 - h_2)}} = \sqrt{\eta} = \sqrt{1 - S}$$

$$\therefore \ \phi^2 = \eta = 1 - S \qquad \text{(6-19)}$$

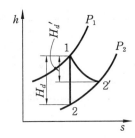 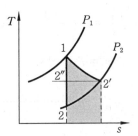

마찰유동

예제 3. 어느 노즐에서 노즐 효율(η) = 90 %일 때 단열 열낙차가 378 kJ/kg이면, 이 노즐출구의 분출속도는 몇 m/s인가?

① 724.84   ② 824.84

③ 920.25   ④ 928.38

해설 노즐 효율(η_n) = $\dfrac{\text{유효 열낙차}(h_1 - h_2{}')}{\text{단열 열낙차}(h_1 - h_2)}$ 에서,

$h_1 - h_2{}' = \eta_n \times (h_1 - h_2) = 0.9 \times 378 = 340.2 \, \text{kJ/kg}$

$\therefore$ 분출속도$(w_2) = 44.72 \sqrt{\Delta h} = 44.72 \sqrt{340.2} = 824.84 \, \text{m/s}$

정답 ②

출제 예상 문제

1. 축소확대 노즐 내에서 완전가스가 마찰 없는 단열변화(등엔트로피 변화)를 할 때 초음속 구간에서 단면적이 넓어지면?

① 온도와 압력이 감소하고 속도가 증가 한다.

② 밀도와 압력이 증가한다.

③ 밀도도 증가하고, 압력도 증가한다.

④ 온도와 속도가 감소한다.

해설 축소확대 노즐(라발 노즐)에서는 단면 적이 넓어지면 속도가 증가하고 압력은 감 소한다.

2. 초온을 T_1, 비열비를 k라 할 때 임계상 태에서의 온도를 구하는 식은?

① $T_c = T_1 \left(\dfrac{2}{k+1} \right)^{k-1}$

② $T_c = T_1 \left(\dfrac{k+1}{2} \right)^{\frac{k}{k-1}}$

③ $T_c = T_1 \left(\dfrac{2}{k+1} \right)$

④ $T_c = T_1 \left(\dfrac{k+1}{2} \right)$

해설 단열과정이므로,

$$\frac{T_c}{T_1} = \left(\frac{v_1}{v_c} \right)^{k-1} = \left(\frac{P_c}{P_1} \right)^{\frac{k-1}{k}} = \left(\frac{2}{k+1} \right)$$

3. 축소확대 노즐의 목(throat)에서의 유동 속도는?

① 음속보다 작다.

② 항상 음속이다.

③ 음속보다 클 수도 있고 작을 수도 있다.

④ 음속이나 아음속이다.

해설 노즐 목(throat)에서의 유동 속도는 음 속 또는 아음속이다.

4. 노즐에서 단면적을 a, 속도를 w, 비체 적을 v라 할 때 유량 G를 바르게 표시 한 것은?

① $\dfrac{w}{av}$ ② $\dfrac{a}{vw}$ ③ $\dfrac{aw}{v}$ ④ $\dfrac{av}{w}$

5. 다음 중 무차원수가 아닌 것은?

① 노즐 효율 ② 마하수

③ 임계 압력비 ④ 단열낙차

해설 단열 열낙차(단열 열강하) 단위는 kJ/kg 이다.

6. 노즐을 설명한 것 중 가장 적당한 것은?

① 단면적의 변화로 압력에너지를 증가시 키는 유로

② 단면적의 변화로 위치에너지를 증가시 키는 유로

③ 단면적의 변화로 엔탈피를 증가시키는 유로

④ 단면적의 변화로 운동에너지를 증가시 키는 유로

해설 노즐(점차축소관)이란 단면적을 감소시 켜(압력을 감소시키고) 속도에너지를 증가 시키는 기기다.

7. 노즐유동에서 출구속도 w_2[m/s]를 구 하는 식이 아닌 것은?

① $\sqrt{2 \cdot (h_1 - h_2)}$

② $\sqrt{2g \cdot (h_1 - h_2)}$

③ $\sqrt{2000(h_1 - h_2)}$

---

④ $44.72 \sqrt{(h_1 - h_2)}$

[해설] $w_2 = \sqrt{\dfrac{2g}{A}(h_1 - h_2)}$

$= 91.5 \sqrt{(h_1 - h_2)}$ [m/s]

여기서, $(h_1 - h_2)$[kcal/kgf]

※ $w_2 = 44.72 \sqrt{(h_1 - h_2)}$ [m/s]

여기서, $(h_1 - h_2)$[kJ/kg]

8. 다음은 디퓨저(diffuser)에 관한 표현이다. 잘못된 것은?

① 속도를 증가시켜 유체의 운동에너지를 증가시키는 것이다.

② 속도를 감소시켜 유체의 정압력을 증가시키는 것이다.

③ 노즐과 그 기능이 반대이다.

④ 유체 압축기 등에 많이 이용된다.

[해설] 디퓨저(점차확대관)는 속도를 감소시키고 유체의 정압력을 높이는 기기다.

9. 초기상태의 비체적을 v_1, 비열비를 k, 임계상태에서의 비체적을 v_c라 할 때 v_c를 구하는 식은?

① $v_c = v_1 \left(\dfrac{2}{k+1}\right)^{\frac{k+1}{k}}$

② $v_c = v_1 \left(\dfrac{k+1}{2}\right)^{\frac{k+1}{k}}$

③ $v_c = v_1 \left(\dfrac{2}{k+1}\right)^{\frac{1}{k-1}}$

④ $v_c = v_1 \left(\dfrac{k+1}{2}\right)^{\frac{1}{k-1}}$

10. 음속 w_a와 절대온도 T와의 관계 중 맞는 것은?

① $w_a \propto \sqrt{T}$ 　　② $w_a \propto T^2$

③ $w_a \propto T^3$ 　　④ $w_a \propto T^{\frac{1}{2}}$

[해설] 음속 $w_a = \sqrt{kP_c v_c} = \sqrt{kRT}$ [m/s]

$\therefore w_a \propto \sqrt{T}$

11. 임계속도를 w_c, 임계압력을 P_c, 비체적을 v_c, 비열비를 k라 할 때 이들 사이의 관계식을 바르게 표시하고 있는 것은?

① $w_c = \sqrt{k / v_c P_c}$ 　　② $w_c = \sqrt{kP_c / v_c}$

③ $w_c = \sqrt{kP_c / v_c}$ 　　④ $w_c = \sqrt{kP_c v_c}$

[해설] $w_c = \sqrt{kP_c v_c} = \sqrt{kRT_c}$ [m/s]

12. 임계압력을 P_c, 초기압력을 P_1이라 할 때 임계압력비 $\dfrac{P_c}{P_1}$는?

① $\dfrac{P_c}{P_1} = \left(\dfrac{k+1}{2}\right)^{\frac{k}{k-1}}$

② $\dfrac{P_c}{P_1} = \left(\dfrac{2}{k+2}\right)^{\frac{k+1}{k}}$

③ $\dfrac{P_c}{P_1} = \left(\dfrac{k+2}{k}\right)^{\frac{k+1}{k}}$

④ $\dfrac{P_c}{P_1} = \left(\dfrac{2}{k+1}\right)^{\frac{k}{k-1}}$

13. 축소확대 노즐에서 임계압력이란?

① 노즐 목에서의 압력

② 노즐 출구에서의 압력

③ 노즐의 유량이 최대가 되는 노즐 출구에서의 압력

④ 노즐의 유량이 최대가 되는 노즐 목에서의 압력

14. 다음 중 노즐에 대한 표현으로 옳은 것은?

① 고속의 유체분류를 내어 위치에너지를 증가시키는 유동로

② 고속의 유체분류를 내어 내부에너지를
　증가시키는 유동로

③ 고속의 유체분류를 내어 운동에너지를
　증가시키는 유동로

④ 고속의 유체분류를 내어 엔탈피를 증
　가시키는 유동로

15. 노즐에서 단열팽창하였을 때 비가역과
정에서보다 가역과정에서의 출구속도는
어떠한가?

① 가역과 비가역은 무관하다.

② 빠르다.

③ 느리다.

④ 같다.

16. 임계압력이 0℃, 760 mmHg인 공기
의 임계속도는?

① 341 m/s　　　　② 351 m/s

③ 321 m/s　　　　④ 331 m/s

해설 임계속도(w_c)

$$= \sqrt{kP_c v_c} = \sqrt{kRT_c}$$
$$= \sqrt{1.4 \times 287 \times 273} = 331.2 \text{ m/s}$$

17. 압력 9.8 bar, 온도 500℃인 과열증기
를 이상적인 단열분류로서 2.35 bar까지
분출시킬 경우, 최대 분출속도는 몇 m/s
인가? 또 분출량을 4000 kg/h라고 하면
분출구의 단면적은 몇 cm²인가?

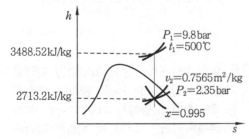

① 1245, 6.76　　　② 2245, 7.76

③ 1243, 67.6　　　④ 2243, 77.6

해설 $w_2 = \sqrt{2(h_1 - h_2)[\text{J/kg}]}$

$$= \sqrt{2000(h_1 - h_2)[\text{kJ/kg}]}$$
$$= 44.72\sqrt{h_1 - h_2}$$
$$= 44.72\sqrt{3488.52 - 2713.2}$$
$$= 1245.21 \text{ m/s}$$

$G = \dfrac{a_1 w_1}{v_1} = \dfrac{a_2 w_2}{v_2}$ 에서,

$$a_2 = \frac{G v_2}{w_2} = \frac{4000 \times 0.7565}{1245 \times 3600}$$
$$= 6.76 \times 10^{-4} \text{m}^2 = 6.76 \text{ cm}^2$$

18. 4.9 bar, 120℃의 압축공기를 98 kPa에
향하여 분출할 때 이 변화가 $Pv^{1.3} = C$를
출입하는 열량은 얼마인가? (단, $w_2 =$
550.5 m/s, $T_2 = 271.1$ K이다.)

① 20.04 kJ/kg　　　② 23.04 kJ/kg

③ 25.02 kJ/kg　　　④ 29.02 kJ/kg

해설 $q = \Delta h + \dfrac{w_2^2}{2} = c_p(T_2 - T_1) + \dfrac{1}{2}w_2^2$

$$= 1005(271.1 - 393) + \frac{550.5^2}{2}$$
$$= 29015.6 \text{ J/kg} \fallingdotseq 29.02 \text{ kJ/kg}$$

19. 1.6 MPa의 건포화증기에 대한 임계속
도는 몇 m/s인가? (단, $k = 1.135$, $v_1 =$
0.1263 m³/kg이다.)

① 463.80　　　　② 458.80

③ 450.80　　　　④ 425.80

해설 $w_c = \sqrt{kRT_c} = \sqrt{kP_c v_c}$

$$P_c = P_1 \left(\frac{2}{k+1} \right)^{\frac{k}{k-1}}$$
$$= 1600 \times \left(\frac{2}{1.135+1} \right)^{\frac{1.135}{1.135-1}} = 924 \text{ kPa}$$

$$v_c = v_1 \left(\frac{k+1}{2} \right)^{\frac{1}{k-1}}$$
$$= 0.1263 \times \left(\frac{1.135+1}{2} \right)^{\frac{1}{1.135-1}}$$

정답　15. ②　16. ④　17. ①　18. ④　19. ①

$$= 0.2049 \ \text{m}^3/\text{kg}$$

$$\therefore \ w_c = \sqrt{1.4 \times (924 \times 10^3) \times (0.2049)}$$

$$= 463.80 \ \text{m/s}$$

20. 176.4 kPa, 650℃인 연소가스($R=$ 297.92 J/kg · K, $k=$ 1.25)가 출구면적 40 cm²의 단면축소 노즐에서 대기압까지 등엔트로피 팽창할 때 분출속도(m/s) 및 유량 (kg/s)은 얼마인가?

① 511.34, 0.6789

② 527.69, 0.7234

③ 537.34, 0.8850

④ 547.69, 0.9324

해설 $w_2 = \sqrt{2 \times \dfrac{k}{k-1} \times P_1 v_1 \left[1 - \left(\dfrac{P_2}{P_1} \right)^{\frac{k-1}{k}} \right]}$

$$= \sqrt{2 \times \dfrac{k}{k-1} \times RT_1 \left[1 - \left(\dfrac{P_2}{P_1} \right)^{\frac{k-1}{k}} \right]}$$

$$= \sqrt{2 \times \dfrac{1.25}{1.25-1} \times 297.92 \times (650+273) \times \left[1 - \left(\dfrac{101325}{176400} \right)^{\frac{0.25}{1.25}} \right]}$$

$$= 537.34 \ \text{m/s}$$

또, $G = \dfrac{a_2 w_2}{v_2} = \dfrac{a_2 w_2}{RT_2 / P_2}$ 에서,

$$\left[*\ T_2 = T_1 \times \left(\dfrac{P_2}{P_1} \right)^{\frac{k-1}{k}} = (650+273) \times \left(\dfrac{101325}{176400} \right)^{\frac{0.25}{1.25}} = 826 \ \text{K} \right]$$

$$\therefore \ G = \dfrac{40 \times 10^{-4} \times 537.34 \times 101325}{297.92 \times 826}$$

$$= 0.885 \ \text{kg/s}$$

21. 11.76 bar, 330℃의 과열증기를 목의 지름이 20 mm인 노즐로 분출하면 유량은 얼마가 되겠는가? (단, $P_c=$ 6.421 bar, $v_c=$ 0.36798 m³/kg, $k=$ 1.30이다.)

① 0.843 kg/s　　② 0.678 kg/s

③ 0.578 kg/s　　④ 0.473 kg/s

해설 $G = a_c \sqrt{k \dfrac{P_c}{v_c}}$

$$= \dfrac{\pi}{4} (0.02)^2 \times \sqrt{1.3 \times \dfrac{(6.421 \times 10^5)}{0.36798}}$$

$$= 0.473 \ \text{kg/s}$$

※ 1 bar $= 10^5 \ \text{N/m}^2 = 10^5 \ \text{Pa}$

　　1 kg/cm² $= 9.8 \times 10^4 \ \text{N/m}^2 = 98000 \ \text{Pa}$

22. 단면확대 노즐을 건포화증기가 단열적으로 흐르는 사이에 엔탈피가 575.4 kJ/kg 만큼 감소하였다. 입구의 속도를 무시할 경우, 노즐 출구의 속도를 구하면?

① 1470.7 m/s　　② 1370.7 m/s

③ 1170.7 m/s　　④ 1070.7 m/s

해설 $w_2 = 44.72 \sqrt{\Delta h} = 44.72 \sqrt{575.4}$

$$= 1070.7 \ \text{m/s}$$

23. 노즐 효율을 η, 노즐 손실계수를 s, 노즐 속도계수를 ϕ 라 할 때 관계식은?

① $s = 1 + \eta = 1 - \phi$

② $s = 1 - \eta = 1 - \phi^2$

③ $s = 1 - \eta = 1 + \phi^2$

④ $s = 1 + \eta = 1 - \phi^2$

24. 어느 노즐에서 단열 열낙차가 399 kJ/kg이고, 노즐 속도계수는 0.893이다. 실제 열낙차는 몇 kJ/kg인가?

① 298.2　　② 318.2

③ 358.2　　④ 418.2

해설 속도계수 ϕ, 실제 열낙차 $h_1 - h_2'$, 단열 열낙차 $h_1 - h_2$ 라고 하면,

$$\phi = \sqrt{\dfrac{h_1 - h_2'}{h_1 - h_2}} = \sqrt{\dfrac{h_1 - h_2'}{399}} = 0.893$$

$$\therefore \ h_1 - h_2' = 0.893^2 \times 399 = 318.18 \ \text{kJ/kg}$$

25. 압력 980 kPa, 온도 280℃인 과열증기를 외기압력 49 kPa을 향하여 분출되는 축소확대 노즐에서 매초 1 kg의 증기를 분출시키려면 목부분의 지름은 얼마로 하면 되겠는가? (단, $P_c=$ 535.08 kPa, $v_c=$ 0.4032 m³/kg, $k=$ 1.30이다.)

정답 20. ③　21. ④　22. ④　23. ②　24. ②　25. ②

① 4.11 cm   ② 3.11 cm

③ 2.11 cm   ④ 1.11 cm

[해설] $a_c = \dfrac{G}{\sqrt{kP_c/v_c}}$

$= \dfrac{1}{\sqrt{1.3 \times (535089)/0.4032}}$

$= 7.613 \times 10^{-4} \ \text{m}^2 = 7.613 \ \text{cm}^2$

따라서, 목부분 지름

$d_t = \sqrt{\dfrac{4}{\pi} \times a_c} = \sqrt{\dfrac{4}{\pi} \times 7.613} = 3.11 \ \text{cm}$

26. 압력 16 kg/cm², 온도 300℃인 증기가 압력 784 kPa까지 단열팽창할 때 다음 물음에 답하여라.

(1) 노즐의 속도계수를 0.95로 한다면 분출속도는 얼마인가? (단, $h_1 = 3045$ kJ/kg, $h_2 = 2877$ kJ/kg이다.)

① 330 m/s   ② 440 m/s

③ 550 m/s   ④ 660 m/s

(2) 실제 열낙차는 몇 kJ/kg인가?

① 151.62   ② 143.62

③ 148.62   ④ 158.62

(3) 단위 면적당 증기량은 얼마인가? (단, $h_2' = 2893.4$ kJ/kg에서, $v = 0.2797$ m³/kg이다.)

① 1966.4 kg/m² · s

② 1978.5 kg/m² · s

③ 1945.7 kg/m² · s

④ 1325.4 kg/m² · s

[해설] (1) $w_2' = w_2 \times \phi = \phi \times 44.72 \sqrt{h_1 - h_2}$

$= 0.95 \times 44.72 \times \sqrt{3045 - 2877}$

$\fallingdotseq 549.67 \ \text{m/s}$

(2) $\phi = \sqrt{\dfrac{h_1 - h_2'}{h_1 - h_2}}$ 에서,

$\Delta h' = h_1 - h_2' = \phi^2 \cdot \Delta h = \phi^2 \cdot (h_1 - h_2)$

$= (0.95)^2 \times (3045 - 2877)$

$= 151.62 \ \text{kJ/kg}$

(3) 단위 면적당 증기량 $\dfrac{G}{a}$ 는,

$\dfrac{G}{a} = \dfrac{w_2'}{v} = \dfrac{550}{0.2797} = 1966.4 \ \text{kg/m}^2 \cdot \text{s}$

27. 압력 2.4 MPa, 온도 450℃의 과열증기를 압력 0.16 MPa까지 단열적으로 팽창(분출)시켰더니, 출구속도가 1085 m/s였다. 이때 속도계수는 얼마인가? (단, $h_1 = 3363.4$ kJ/kg, $h_2 = 2702.7$ kJ/kg이다.)

① 0.8732   ② 0.7374

③ 0.9456   ④ 1.073

[해설] 속도계수$(\phi) = \dfrac{w_2'}{w_2}$ 에서,

$\therefore \phi = \dfrac{w_2'}{44.72 \sqrt{h_1 - h_2}}$

$= \dfrac{1085}{44.72 \sqrt{3363.4 - 2702.7}} = 0.9456$

28. diffuser를 설명한 것 중 맞는 것은?

① 입구속도가 $M < 1$이고, 목에서의 속도가 $M = 1$이며, 목의 뒷부분이 확대된 것

② 입구속도가 $M > 1$이고, 단면이 축소된 것

③ 입구속도가 $M < 1$이고, 단면이 축소된 것

④ 입구속도가 $M > 1$이고, 단면이 확대된 것

[해설] diffuser는 마하수 M이 1보다 크고 단면이 축소된 것이다.

29. 다음 축소확대 노즐을 설명한 것 중 옳지 않은 것은?

① 노즐의 목에서 임계압력에 도달할 수 있다.

② 노즐의 목에서 임계압력이 되면 분출 속도는 초음속이 된다.

③ 노즐의 목에서 음속이 되지 못하면 분출속도는 음속이 될 수 없다.

④ 노즐 입구의 속도가 음속일 때, 속도는 점점 증가하여 출구에서는 초음속이 된다.

30. 다음 중 노즐 내에서 유체가 단열적으로 팽창할 때, 열낙차란 무엇을 뜻하는 것인가?

① 엔탈피의 증가량이다.

② 엔탈피의 감소량이다.

③ 엔트로피의 감소량이다.

④ 엔트로피의 증가량이다.

31. 100 m/s의 속도를 갖는 공기 중에 온도계를 삽입할 때, 온도계의 지시온도와 실제온도와는 어느 정도 차가 생기는가?

① 4.97℃   ② 3.97℃

③ 5.97℃   ④ 5.79℃

해설 $\Delta h = h_1 - h_2 = C_p(T_1 - T_2)$

$$= \frac{1}{2}w^2(\text{SI}) = \frac{A}{2g}w^2 \,(\text{중력})\text{에서,}$$

$$T_1 - T_2 = \frac{1}{2} \times \frac{w^2}{C_p} = \frac{1}{2} \times \frac{100^2}{1005} \fallingdotseq 4.97℃$$

32. $M = 0.82$이고, 높이 10000 m에서 $P = 25.676$ kPa, $t = -50℃$인 상태하에서 비행하는 터보 제트 압축기의 입구온도는 몇 ℃인가?

① -30℃   ② -20℃

③ 30℃   ④ 20℃

해설 $\frac{T_1}{T_2} = \left(1 + \frac{k-1}{2}M^2\right)$에서,

$$T_1 = T_2 \times \left(1 + \frac{k-1}{2}M^2\right)$$

$$= (273 - 50) \times \left\{1 + \frac{1.4-1}{2} \times (0.82)^2\right\}$$

$$= 253\,\text{K} = -20℃$$

33. 다음 노즐 효율과 속도계수의 관계를 설명한 것 중 맞는 것은?

① 속도계수가 증가하면 효율은 감소한다.

② 효율과 속도계수는 관계없다.

③ 효율이 증가하면 속도계수도 증가한다.

④ 속도계수의 값과 노즐 효율의 값은 항상 같다.

34. 다음 중 convergent divergent nozzle 에서 음속이 나타나는 부분은 어느 곳인가?

① 출구   ② 입구

③ throat   ④ 임의의 단면

35. 다음 중 축소확대 노즐의 목에서의 속도를 바르게 말한 것은?

① $M = 1$ or $M < 1$

② $M = 1$ or $M > 1$

③ 항상 $M > 1$

④ 항상 $M = 1$

정답 30. ②   31. ①   32. ②   33. ③   34. ③   35. ①

제**7**장 공기압축기

7-1 공기압축기(air compressor)

외부에서 일을 공급받아 저압의 유체를 압축하여 고압으로 송출하는 기계로서, 대표적인 압축유체는 공기이다.

압축기에는 다음과 같은 종류가 있다.

① 회전식 압축기(rotary blower) : 저압 소용량

② 원심 압축기(centrifugal blower) : 저중압 대용량

③ 왕복식 압축기(reciprocating compressor) : 중고압 소용량

$$(h_2 - h_1) + \frac{1}{2}(w_2^2 - w_1^2) = q - w_c \quad\quad\quad\quad (7-1)$$

$dq = dh - vdP$에서,

$$q = (h_2 - h_1) - \int_1^2 vdP \quad\quad\quad\quad (7-2)$$

$$\left.\begin{array}{l} 압축일(w_c) = \frac{1}{2}(w_2^2 - w_1^2) + \int_1^2 vdP(이론) \\[3mm] w_c = \int_1^2 vdP(실제) = 면적\ 12341 \end{array}\right\} \quad\quad\quad\quad (7-3)$$

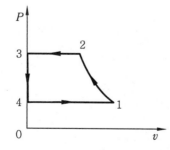

1→2 : 압축과정(단열압축, 등온압축, 폴리트로프 압축)
2→3 : 토출과정
3→4 : 토출 후 최초 상태로의 복귀
4→1 : 흡입과정

압축일

7-2 기본 압축 사이클 - 통극체적이 없는 경우

통상 압축기에서 공기를 압축하는 목적은 최종 상태의 밀도 또는 압력을 높이는 것이다. 그림에서 과정 12″는 단열과정, 과정 12는 폴리트로프 변화, 과정 12′는 등온변화 과정이다. 압축일은 $P-v$ 선도상에서 P축에 투영한 면적이라고 했는데, 이 과정 중 압축일이 가장 적은 것은 등온압축 12′ 과정임을 알 수 있다. 그러나 압축과정은 보통 단열과정으로 취급되며, 실제는 완전단열이 있을 수 없으므로 실제 과정은 등온과 단열의 중간인 $1 < n < k$, 즉 폴리트로프 과정이 된다.

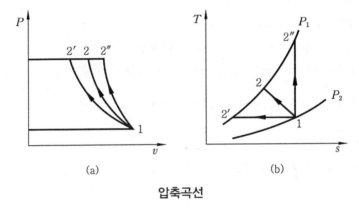

(a) (b)

압축곡선

그림 (a) 의 경우와 같이 통극체적(clearance volume)이 없는 경우에 $1\,\mathrm{kg}$의 유량에 대한 압축일은 유체마찰을 무시하면 다음과 같다.

(1) 단열압축 과정$(q = 0,\ s = C)$

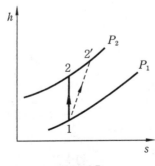

단열압축

$$w_t = (h_1 - h_2) = C_p(T_1 - T_2) \quad \text{(7-4)}$$

단열과정에서 $(dh = dq + vdP)$ 이므로,

$$\therefore \ h_2 - h_1 = \int_1^2 vdP = \frac{k}{k-1} \cdot P_1 v_1 \left[\left(\frac{P_2}{P_1} \right)^{\frac{k-1}{k}} - 1 \right] = \frac{k}{k-1} R(T_2 - T_1)$$

$$\therefore \ \text{단열과정 압축일} : w_k = \frac{k}{k-1} P_1 v_1 \left[\left(\frac{P_2}{P_1} \right)^{\frac{k-1}{k}} - 1 \right]$$

$$= \frac{k}{k-1} R \cdot (T_2 - T_1) \quad \text{(7-5)}$$

(2) 폴리트로픽 과정

$$w_n = \frac{n}{n-1} P_1 v_1 \left[\left(\frac{P_2}{P_1} \right)^{\frac{n-1}{n}} - 1 \right]$$

$$= \frac{n}{n-1} R \cdot (T_2 - T_1) \quad \text{(7-6)}$$

(3) 등온압축과정 $(q \neq 0, \ T = C)$

등온변화에서, $q = {}_1w_2 = w_t$

$$q = \int_1^2 P(-dv) = P_1 v_1 \ln \frac{v_1}{v_2} = P_1 v_1 \ln \frac{P_2}{P_1} = RT_1 \cdot \ln \frac{v_1}{v_2}$$

$$w_T = P_1 v_1 \cdot \ln \frac{P_2}{P_1} \quad \text{(7-7)}$$

각각의 압축과정 중 가열량 (q) 은

등온과정 : $q = P_1 v_1 \ln \left(\dfrac{v_1}{v_2} \right) = P_1 v_1 \ln \left(\dfrac{P_2}{P_1} \right)$ $\quad$ (7-8)

폴리트로프 과정 : $q = C_n(T_2 - T_1) = C_v \cdot \dfrac{n-k}{n-1}(T_2 - T_1)$ $\quad$ (7-9)

단열과정 : $q = 0$

$\eta_{ad} =$ **단열압축 효율** (adiabatic compression efficiency)

$$= \frac{\text{상태 1에서 상태 2까지 단열압축하는 데 소요되는 이론일}}{\text{상태 1에서 상태 2까지 단열압축하는 데 소요되는 실제일}}$$

$$= \frac{h_2 - h_1}{h_2' - h_1} \quad \text{(7-10)}$$

예제 1. 온도 15℃인 공기 1 kg을 압력 0.1 MPa에서 0.25 MPa까지 통극이 없는 1단 압축기로 단열압축할 때 압축 후의 온도는 몇 ℃인가?

① 95℃ ② 102℃

③ 112℃ ④ 135℃

해설 단열압축 후 온도

$$T_2 = T_1 \left(\frac{P_2}{P_1} \right)^{\frac{k-1}{k}} = 288 \left(\frac{0.25}{0.1} \right)^{\frac{1.4-1}{1.4}} \fallingdotseq 375 \, \text{K} = (375 - 273) \, \text{℃} = 102 \, \text{℃}$$ 정답 ②

7-3 왕복식 압축기 – 통극체적이 있는 경우

실제 왕복식 압축기는 다음 그림에서와 같이 피스톤 상사점에 약간의 간극(통극)이 있으며, 이 곳에 남은 가스는 다음의 흡입행정이 시작할 때 다시 팽창한다.

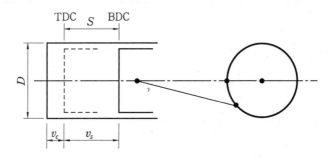

피스톤의 행정

(1) 용어 및 정의

① 통경 : 실린더 지름(D)

② 행정 : 실린더 내에서 피스톤의 이동거리(S)

③ 상사점 (TDC : top dead center) : 실린더 체적이 최소일 때 피스톤의 위치

④ 하사점 (BDC : bottom dead center) : 실린더 체적이 최대일 때 피스톤의 위치

⑤ 통극(clearance)체적(v_c) : 피스톤이 상사점에 있을 때 가스(gas)가 차지하는 체적(실린더 최소 체적)

$$통극(간극)비 = \frac{통극체적}{행정체적} \left(\lambda = \frac{v_c}{v_s} \right) \quad \cdots\cdots\cdots\cdots (7-11)$$

⑥ 행정(stroke) 체적(v_s) : 피스톤이 배제하는 체적

$$v_s = \frac{\pi}{4} D^2 \cdot S \, [\text{cm}^3] \quad \cdots\cdots\cdots\cdots (7-12)$$

⑦ 압축비 (compression ratio) : 왕복 (내연)기관의 성능을 좌우하는 중요 변수

$$압축비 = \frac{실린더 체적}{통극체적}\left(\varepsilon = \frac{v_c + v_s}{v_c} = \frac{1+\lambda}{\lambda}\right) \quad \cdots\cdots\cdots (7-13)$$

(2) 1단 압축기(왕복식 압축기)

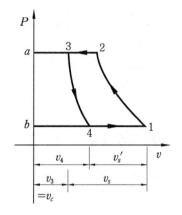

1단 압축기

$$\lambda = \frac{v_3}{v_s}(통극비)$$

$$v_s{'} = v_1 - v_4 (유효흡입행정)$$

$$v_s = (피스톤\ 행정체적)$$

$$\eta_v = \frac{v_s{'}}{v_s}(체적효율)$$

$3 \to 4$ 과정(단열과정)이므로 $P_3 v_3^k = P_4 v_4^k$ 에서,

$$v_4 = \left(\frac{P_3}{P_4}\right)^{\frac{1}{k}} v_3 = \left(\frac{P_3}{P_4}\right)^{\frac{1}{k}} \lambda \cdot v_s$$

$$\therefore \eta_v = \frac{v_s{'}}{v_s} = \frac{v_1 - v_4}{v_s} = \frac{(v_3 + v_s) - v_4}{v_s}$$

$$= \frac{v_s \cdot \lambda + v_s - v_4}{v_s} = \frac{v_s(1+\lambda) - v_4}{v_s} \quad \cdots\cdots\cdots (7-14)$$

$$\eta_v = 1 + \lambda - \frac{v_4}{v_3} = 1 + \lambda - \left(\frac{P_3}{P_4}\right)^{\frac{1}{k}} \lambda = 1 - \lambda\left\{\left(\frac{P_3}{P_4}\right)^{\frac{1}{k}} - 1\right\} \quad \cdots\cdots\cdots (7-15)$$

$$(P_1 = P_4,\ P_2 = P_3)$$

압축기의 일 w_c는 속도에너지를 무시할 때,

$$w_c = \frac{k}{k-1} P_1 v_1 \left[\left(\frac{P_2}{P_1}\right)^{\frac{k-1}{k}} - 1\right] - \frac{k}{k-1} P_4 V_4 \left[\left(\frac{P_3}{P_4}\right)^{\frac{k-1}{k}} - 1\right]$$

$$= \frac{k}{k-1}\left(\phi^{\frac{k-1}{k}} - 1\right)(P_1 v_1 - P_4 v_4)\left(\phi = \frac{P_2}{P_1} = \frac{P_3}{P_4}\right)$$

$$= \frac{k}{k-1}\left(\phi^{\frac{k-1}{k}} - 1\right)P_1(v_1 - v_4)\ (\because P_1 = P_4)$$

$$= \frac{k}{k-1}\left(\phi^{\frac{k-1}{k}} - 1\right)P_1 v_s{'} = \frac{k}{k-1}\left(\phi^{\frac{k-1}{k}} - 1\right)P_1 \eta_v v_s \quad \cdots\cdots\cdots (7-16)$$

폴리트로픽 변화인 경우,

$$w_c = \frac{n}{n-1}\left(\phi^{\frac{n-1}{n}} - 1\right) \cdot P_1 v_s \cdot \eta_v \quad\text{............................} (7-17)$$

예제 2. 피스톤의 행정체적 22000 cc, 간극비 0.05인 1단 공기 압축기에서 100 kPa, 25℃의 공기를 750 kPa까지 압축한다. 압축과 팽창과정은 모두 $Pv^{1.3}$ = 일정에 따라 변화한다면 체적효율은 얼마인가?

① 78.55 %   ② 81.44 %

③ 86.56 %   ④ 92.35 %

해설 체적 효율(η_v)

$$\eta_v = 1 - \lambda\left[\left(\frac{P_2}{P_1}\right)^{\frac{1}{n}} - 1\right] = 1 - 0.05 \times \left[\left(\frac{750}{100}\right)^{\frac{1}{1.3}} - 1\right] = 0.8144 = 81.44 \%$$

정답 ②

(3) 다단압축기

다단압축기는 2개 이상의 압축기가 직렬로 되어 있으며, 각 압축은 단(stage)이라고 한다. 각 단이 단열적으로 작동하고 한 단에서 다음 단으로 유동하는 동안 유체에 열출입이 없다면 전체의 압축기는 단열적으로 작동된다. 다단압축기를 사용하는 목적은 압축일을 감소시키고 체적효율을 증가시키기 위함이다.

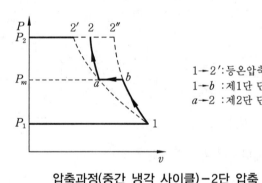

압축과정(중간 냉각 사이클)-2단 압축

속도에너지의 차를 무시하면,

압축일 = (1 → b 과정) + (a → 2 과정)

$$W_c = \frac{k}{k-1}mRT_1\left\{\left(\frac{P_m}{P_1}\right)^{\frac{k-1}{k}} - 1\right\} + \frac{k}{k-1}mRT_1\left\{\left(\frac{P_2}{P_m}\right)^{\frac{k-1}{k}} - 1\right\}$$

$$\therefore\ W_c = \frac{k}{k-1}GRT_1\left\{\left(\frac{P_m}{P_1}\right)^{\frac{k-1}{k}} + \left(\frac{P_2}{P_m}\right)^{\frac{k-1}{k}} - 2\right\} \quad\text{............................} (7-18)$$

압축일을 최소로 하는 조건이 $dW_c/dP_m = 0$에서,

중간 압력 $P_m = \sqrt{P_1 \cdot P_2}$

$$\left. 또는 \quad \frac{P_m}{P_1} = \frac{P_2}{P_m} = \frac{P_2}{\sqrt{P_1 P_2}} = \sqrt{\frac{P_2}{P_1}} \right\} \quad \cdots\cdots\cdots\cdots (7-19)$$

m단 압축에서 중간단의 압력은 P_{m1}, P_{m2} …… P_{mm} 이고, 초압은 P_1, 최종압은 P_2로 할 때,

$$\frac{P_{m1}}{P_1} = \frac{P_{m2}}{P_{m1}} = \frac{P_{m3}}{P_{m2}} = \cdots\cdots = \frac{P_2}{P_{mm}} = \left(\frac{P_2}{P_1}\right)^{\frac{1}{m}}$$

따라서, m단 단열압축인 경우 통극체적이 없고, 유출입 속도의 에너지 차를 무시할 때 압축일 w_c는,

$$w_c = \frac{k}{k-1} \times m \times P_1 v_1 \left\{ \left(\frac{P_2}{P_1}\right)^{\frac{1}{m} \times \frac{k-1}{k}} - 1 \right\} \quad \cdots\cdots\cdots\cdots (7-20)$$

여기서, m : 단수

압축 후의 온도 $(T_2) = T_1 \cdot \left(\frac{P_2}{P_1}\right)^{\frac{k-1}{mk}} \quad \cdots\cdots\cdots\cdots (7-21)$

예제 **3.** 압력 100 kPa, 온도 30℃의 공기를 1 MPa까지 압축하는 경우 2 단 압축을 하면 1 단 압축에 비하여 압축에 요하는 일을 얼마만큼 절약할 수 있는가? (단, 공기의 상태변화는 $Pv^{1.3} = C$를 따른다고 한다.)

① 4.5 % ② 7.8 %

③ 10.2 % ④ 13.2 %

해설 (1) 1단 압축의 경우(폴리트로픽 일량)

$$w_1 = \frac{n}{n-1} RT_1 \left[\left(\frac{P_2}{P_1}\right)^{\frac{n-1}{n}} - 1 \right] = \frac{1.3}{1.3-1} \times 0.287 \times 303 \times \left[\left(\frac{1000}{100}\right)^{\frac{0.3}{1.3}} - 1 \right]$$

$$= 264.254 \text{ kJ/kg}$$

(2) 2단 압축의 경우

$$w_2 = \frac{m \cdot n}{n-1} RT_1 \left[\left(\frac{P_2}{P_1}\right)^{\frac{n-1}{mn}} - 1 \right] = \frac{2 \times 1.3}{1.3-1} \times 0.287 \times 303 \times \left[\left(\frac{1000}{100}\right)^{\frac{0.3}{2 \times 1.3}} - 1 \right]$$

$$= 229.355 \text{ kJ/kg}$$

∴ 2단으로 하여 절약되는 일의 비율은,

$$R = \frac{w_1 - w_2}{w_1} = \frac{264.254 - 229.355}{264.254} = 0.132 = 13.2 \%$$

정답 ④

7-4 압축기의 소요동력과 제효율

(1) 소요동력

초압 P_1[kPa], 압축 후의 압력 P_2[kPa], 초온 T_1, 압축 후의 온도 T_2, 흡입체적 V_1 [m³/min], 흡입 공기량을 m[kg/s]라고 하면,

① 등온압축 마력 : N_T

$$N_T = P_1 V_1 \ln\frac{P_2}{P_1} = mRT_1 \ln\frac{P_2}{P_1} \quad \text{......} \quad (7-22)$$

② 단열압축 마력 : N_k

$$N_k = \frac{k}{k-1} P_1 V_1 \left\{ \left(\frac{P_2}{P_1}\right)^{\frac{k-1}{mk}} - 1 \right\} \times m$$

$$= \frac{k}{k-1} mRT_1 \left\{ \left(\frac{P_2}{P_1}\right)^{\frac{k-1}{mk}} - 1 \right\} \times m \quad \text{......} \quad (7-23)$$

여기서, m 은 단수

③ 폴리트로픽 압축마력 : N_n

$$N_n = \frac{n}{n-1} P_1 V_1 \left\{ \left(\frac{P_2}{P_1}\right)^{\frac{n-1}{n}} - 1 \right\}$$

$$= \frac{n}{n-1} mRT_1 \left\{ \left(\frac{P_2}{P_1}\right)^{\frac{n-1}{n}} - 1 \right\} \quad \text{......} \quad (7-24)$$

(2) 효율(efficiency)

① 전등온효율(overall isotheral efficiency) : η_{OT}

$$\eta_{OT} = \frac{N_T(\text{등온압축마력})}{N_e(\text{정미압축마력})} = \eta_T \times \eta_m \quad \text{......} \quad (7-26)$$

② 등온효율(isothermal efficiency) : η_T

$$\eta_T = \frac{N_T(\text{등온압축마력})}{N_i(\text{도시압축마력})} \quad \text{......} \quad (7-27)$$

③ 전단열압축효율(overall adiabatic efficiency) : η_{ok}

$$\eta_{ok} = \frac{N_k(\text{단열압축마력})}{N_e(\text{정미압축마력})} = \eta_k \times \eta_m \quad \text{......} \quad (7-28)$$

④ **단열효율(등온압축효율) :** η_k

$$\eta_k = \frac{N_k \, (단열압축마력)}{N_i \, (도시압축마력)} \quad\text{···}\ (7-29)$$

⑤ **기계효율(mechanical efficiency) :** η_m

$$\eta_m = \frac{N_i \, (도시압축마력)}{N_e \, (정미압축마력)} \quad\text{···}\ (7-30)$$

압축기가 매분 실린더 속에 흡입하는 체적을 V, 실린더 구경을 d, 피스톤 행정을 s, 매분회전수 n, 체적효율을 η_v라고 하면,

$$V = Z \cdot i \cdot \left(\frac{\pi}{4}d^2\right) \cdot s \cdot n \cdot \eta_v = z i V_s n \cdot \eta_v \quad\text{·······························}\ (7-31)$$

z는 실린더 수이고, i는 단동압축기에서 1, 복동압축기에서 2이며, 식 (7-31)에 의해서 실린더의 크기가 정해진다.

예제 4. 흡입압력 105 kPa, 토출압력 480 kPa, 흡입공기량 3 m³/min인 공기 압축기의 등온압축 마력(PS)은?

    ① 10.85   ② 7.98

    ③ 12.56   ④ 15.85

해설 등온압축마력

$$N_T = P_1 V_1 \cdot \ln\frac{P_2}{P_1} = 105 \times \frac{3}{60} \times \ln\left(\frac{480}{105}\right)$$

$$= 7.98 \text{ kW}$$

$$= 7.98 \times 1.36 \text{ PS} = 10.85 \text{ PS}$$

정답 ①

출제 예상 문제

1. 공기를 같은 압력까지 압축할 때, 비가역 단열압축 후의 온도는 가역단열 압축 후의 온도보다 어떤가?

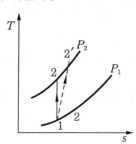

① 높다.　　　　　② 낮다.
③ 같다.　　　　　④ 수시로 변한다.

[해설] 1 → 2 : 가역단열압축
　　　 1 → 2′ : 비가역(실제) 단열압축

2. 기계효율(η_m), 단열효율(η_k), 전단열효율(η_{ok})과의 관계를 표시한 것은?

① $\eta_{ok} = \sqrt{\eta_k \cdot \eta_m}$　　② $\eta_{ok} = \eta_k \cdot \eta_m$

③ $\eta_k = \dfrac{\eta_m}{\eta_{ok}}$　　　　④ $\eta_m = \dfrac{\eta_k}{\eta_{ok}}$

[해설] $\eta_{ok} = \eta_k \times \eta_m$

3. polytrope 압축에서 압축기의 압축일을 표시한 것이다. 잘못된 것은?

① $\dfrac{n}{n-1} mRT_1 \left[\dfrac{T_2}{T_1} - 1 \right]$

② $\dfrac{n}{n-1} mRT_1 \left[\left(\dfrac{T_2}{T_1} \right)^n - 1 \right]$

③ $\dfrac{n}{n-1} P_1 v_1 \left[\left(\dfrac{P_2}{P_1} \right)^{\frac{n-1}{n}} - 1 \right]$

④ $\dfrac{n}{n-1} P_1 v_1 \left[\left(\dfrac{v_1}{v_2} \right)^{n-1} - 1 \right]$

[해설] 폴리트로픽 변화(polytropic change)

$$\frac{T_2}{T_1} = \left(\frac{P_2}{P_1} \right)^{\frac{n-1}{n}} = \left(\frac{v_1}{v_2} \right)^{n-1}$$

4. 압축기를 다단 압축하는 목적을 설명한 것이다. 다음 중 옳은 것은?

① 압축일과 체적효율을 증가시키기 위하여

② 압축일과 체적효율을 감소시키기 위하여

③ 압축일을 증가시키고, 체적효율을 감소시키기 위하여

④ 압축일을 감소시키고, 체적효율을 증가시키기 위하여

5. 다단(n단) 압축기 각 단의 압력비 ϕ와 압축기 전체의 압력비 P와의 관계는?

① $\phi = P^{n-1}$　　　② $\phi = P^{\frac{n}{n-1}}$

③ $\phi = P^{1-n}$　　　④ $\phi = P^{\frac{1}{n}}$

6. 초압 P_1, 압축 후의 압력이 P_2인 2단 압축기에서 압축일을 최소로 하기 위한 중간압력(P_m)은 다음 중 어느 것인가?

① $P_m = P_1 \cdot P_2$

② $P_m = \sqrt{P_1 \cdot P_2}$

③ $P_m = \sqrt[3]{P_1 \cdot P_2}$

④ $P_m = \sqrt[4]{P_1 \cdot P_2}$

[정답] 1. ①　2. ②　3. ②　4. ④　5. ④　6. ②

7. 압축기의 기계효율을 η_m, 도시압축마력을 N_i, 정미압축마력을 N_e라 할 때 다음 중 옳은 것은?

① $\eta_m = \dfrac{N_e}{N_i}$

② $\eta_m = \dfrac{N_i}{N_e}$

③ $N_e = \eta_m \cdot N_i$

④ $N_i = \eta_m \times \left(\dfrac{N_i}{N_e}\right)$

해설 압축기 기계효율(η_m)

$= \dfrac{\text{도시일}}{\text{제동일}} = \dfrac{\text{도시 압축마력}(N_i)}{\text{정미 압축마력}(N_e)}$

8. 정상 유동과정에서 압축일이 가장 작은 과정은 다음 중 어느 것인가?

① 등온과정   ② 등적과정

③ 단열과정   ④ 등엔탈피과정

해설 $1 \rightarrow 2(T=C) : w_T =$ 면적 $12mn1$

$1 \rightarrow 3(\text{polytrope}) : w_n =$ 면적 $13mn1$

$1 \rightarrow 4(s=C) : w_k =$ 면적 $14mn1$

압축일 $= P$ 축에 투영한 면적

$\therefore \ w_k > w_n > w_T$

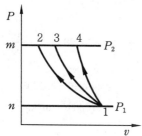

9. 압축기의 압축은 비열비 k가 작아지면 어떻게 되는가?

① 증가한다.

② 감소한다.

③ 변화없다.

④ 증가 또는 감소한다.

해설 압축일(w_c)

$= \dfrac{k}{k-1} mRT_1 \left[\left(\dfrac{P_2}{P_1}\right)^{\frac{k-1}{k}} - 1\right]$ 에서 k가 작아지면 w_c는 감소한다.

10. 다음 중 정상 유동과정에서 압축일이 최대가 되는 과정은 어느 것인가?

① $P = C$ 과정   ② $v = C$ 과정

③ $s = C$ 과정   ④ polytrope 과정

해설 문제 8번 해설 참조

11. 기체의 압축에 사용되는 압축기를 해석하는 데 적용되는 계는?

① 정상 유동계   ② 비정상 유동계

③ 유동계   ④ 비정상 단열계

12. 간극비(ε_o)가 증가하면 체적효율은? (단, 압력비는 일정하다.)

① 감소한다.

② 증가한다.

③ 증가 또는 감소한다.

④ 일정하다.

해설 $\eta_v = 1 - \varepsilon_o \left[\left(\dfrac{P_2}{P_1}\right)^{\frac{1}{k}} - 1\right]$ 에서, ε_o가 증가하면 η_v는 감소한다.

13. 다음 중 간극체적이 있는 1단 압축기의 체적효율은 어느 것인가? (단, v_s : 유효흡입행정, v_o : 피스톤 행정체적, η_v : 체적효율, ε_o : 통극비이다.)

① $\eta_v = \dfrac{v_s}{v_o}$ ② $\eta_v = \varepsilon_o \dfrac{v_s}{v_o}$

③ $\eta_v = \varepsilon_o \cdot v_s$ ④ $\eta_v = \dfrac{v_o}{v_s}$

정답 **7.** ②   **8.** ①   **9.** ②   **10.** ③   **11.** ①   **12.** ①   **13.** ①

14. v_c를 통극체적, v_s를 행정체적, ε_o를 간극(통극)비라 할 때, 맞는 것은?

① $\varepsilon_o = \dfrac{v_s}{v_c}$　　　② $\varepsilon_o = \dfrac{v_c}{v_s}$

③ $\varepsilon_o = \dfrac{v_s}{v_c} - 1$　　④ $\varepsilon_o = \dfrac{v_c}{v_s} - 1$

15. 이상기체를 등온압축했을 경우와 단열압축했을 경우의 내부에너지 관계를 옳게 표시한 것은?

① 등온압축 시 내부에너지 < 단열압축 시 내부에너지

② 등온압축 시 내부에너지 > 단열압축 시 내부에너지

③ 등온압축 시 내부에너지 = 단열압축 시 내부에너지

④ 전혀 무관하다.

[해설]　$T = C$; $dU = 0$
$s = C$; $\delta Q = dU + P \cdot dV$
$\therefore dU = -P \cdot dV = +\delta W$
(압축이므로 δW가 "$-$")

16. 통극체적(clearance volume)에 대한 설명 중 맞는 것은?

① 실린더 체적

② TDC와 BDC 사이의 체적

③ 피스톤이 TDC에 있을 때 가스가 차지하는 체적

④ 피스톤이 BDC에 있을 때 가스가 차지하는 체적

17. 등온압축 시 압축기가 행한 일을 표현한 식은?

① $P_1 v_1 \ln \dfrac{P_1}{P_2}$　　② $P_1 v_1 \ln \dfrac{P_2}{P_1}$

③ $P_1 v_1 \ln \dfrac{v_2}{v_1}$　　④ $\ln \dfrac{P_2 v_2}{P_1 v_1}$

18. 압력 150 kPa, 온도 20℃인 공기를 1.5 MPa까지 2단 압축할 경우, 가장 적합한 중간압력(P_m)은 어느 것인가?

① 225.6 kPa　　② 356.7 kPa

③ 474.3 kPa　　④ 666.8 kPa

[해설]　$P_m = \sqrt{P_1 \times P_2} = \sqrt{150 \times 1500}$
$\qquad = 474.3 \text{ kPa}$

19. 압력 100 kPa, 온도 303 K인 공기를 압력 3 MPa까지 2단 압축할 때, 2단 압축이 1단 압축에 비해, 공기 1 kg당 얼마만큼의 압축일이 절약되는가? (단, 폴리트로픽 지수 $n = 1.3$이다.)

① 72392 N·m　　② 77088 N·m

③ 82306 N·m　　④ 87038 N·m

[해설]　1단 압축일(w_1)

$\quad = \dfrac{n}{n-1} RT_1 \left\{ \left(\dfrac{P_2}{P_1} \right)^{\frac{n-1}{n}} - 1 \right\}$

$\quad = \dfrac{1.3}{0.3} \times 287 \times 303 \times \left\{ \left(\dfrac{3000}{100} \right)^{\frac{0.3}{1.3}} - 1 \right\}$

$\quad = 449246 \text{ N·m/kg}$

2단 압축일(w_2)

$\quad = \dfrac{n \times N}{n-1} RT_1 \left\{ \left(\dfrac{P_2}{P_1} \right)^{\frac{n-1}{nN}} - 1 \right\}$

$\quad = \dfrac{1.3 \times 2}{0.3} \times 287 \times 303 \times \left\{ \left(\dfrac{3000}{100} \right)^{\frac{0.3}{1.3 \times 2}} - 1 \right\}$

$\quad = 362208 \text{ N·m/kg}$

$\therefore w_1 - w_2 = 449246 - 362208$
$\qquad = 87038 \text{ N·m/kg}$

20. 온도 15℃, 압력 100 kPa인 공기 8 m³/min을 1 MPa까지 압축하는 압축기의 정미마력(N_e)이 70 PS일 때 전단열효율은 몇 %인가?

① 69.3 %　　② 72.3 %

③ 81.3 %　　④ 84.3 %

해설 단열압축마력(N_k)

$$= P_1 v_1 \times \frac{k}{k-1} \times \left\{ \left(\frac{P_2}{P_1} \right)^{\frac{k-1}{k}} - 1 \right\}$$

$$= \frac{(100 \times 10^3) \times 8}{60} \times \frac{1.4}{1.4-1} \left\{ \left(\frac{1000}{100} \right)^{\frac{0.4}{1.4}} - 1 \right\}$$

$$= 43432.7 \, \text{N} \cdot \text{m/s} = 43.4327 \, \text{kJ/s}$$

$$= 43.4327 \, \text{kW} = 43.4327 \times 1.36 \, \text{PS} = 59 \, \text{PS}$$

∴ 전단열효율(η_{ok})

$$= \frac{N_k}{N_e} = \frac{59}{70} = 0.843 = 84.3 \, \%$$

21. 피스톤의 행정체적이 2500 cc, 통극비 0.04인 1단 압축기로 100 kPa, 20℃인 공기를 450 kPa까지 압축할 때 체적효율은 몇 %이며, 압축일은 몇 N·m인가? (단, 단열지수 $n = 1.3$이다.)

① 87.36, 410.33 ② 91.28, 482.36
③ 91.28, 410.33 ④ 87.36, 482.36

해설 $\eta_v = 1 - \lambda \left\{ \left(\frac{P_2}{P_1} \right)^{\frac{1}{n}} - 1 \right\}$

$$= 1 - 0.04 \left\{ \left(\frac{450}{100} \right)^{\frac{1}{1.3}} - 1 \right\} = 0.9128$$

$$W_n = \frac{n}{n-1} P_1 \eta_v (v_1 - v_4) \left\{ \left(\frac{P_2}{P_1} \right)^{\frac{n-1}{n}} - 1 \right\}$$

$$= \frac{n}{n-1} \times P_1 \times \eta_v \times v_s \left\{ \left(\frac{P_2}{P_1} \right)^{\frac{n-1}{n}} - 1 \right\}$$

$$= \frac{1.3}{0.3} \times (100 \times 10^3) \times 0.9128$$

$$\times (2.5 \times 10^{-3}) \times \left\{ \left(\frac{450}{100} \right)^{\frac{0.3}{1.3}} - 1 \right\}$$

$$= 410.33 \, \text{N} \cdot \text{m}$$

※ 1cc $= 1 \, \text{cm}^3 = 10^{-6} \, \text{m}^3$

22. 온도 15℃, 압력 100 kPa인 공기 5 m³를 흡입하여 800 kPa까지 압축하는 통극이 없는 1단 압축기가 있다. 공기의 상태변화는 $Pv^{1.3} = C$로 하고, 속도에너지는 무시한다. 압축기의 일은 무엇인가?

① 1475.326 kJ ② 1402.722 kJ
③ 1334.377 kJ ④ 1029.123 kJ

해설 $Pv^{1.3} = C$이므로,

$$W_n = \frac{n}{n-1} P_1 v_1 \left\{ \left(\frac{P_2}{P_1} \right)^{\frac{n-1}{n}} - 1 \right\}$$

$$= \frac{1.3}{1.3-1} \times 100 \times 5 \times \left\{ \left(\frac{8}{1} \right)^{\frac{1.3-1}{1.3}} - 1 \right\}$$

$$= 1334.377 \, \text{kJ} (\text{kN} \cdot \text{m})$$

23. 30℃의 공기를 1 ata에서 81 ata까지 3단 압축하는 압축기의 압력비는?

① 4.33 ② 3.22
③ 5.67 ④ 8.31

해설 압력비(ϕ) $= \left(\frac{P_2}{P_1} \right)^{\frac{1}{n}} = \left(\frac{81}{1} \right)^{\frac{1}{3}} = 4.33$

24. 압력 100 kPa, 온도 20℃인 공기를 600 kPa까지 2단 단열압축할 때, 완전 냉각한다면 중간 냉각기의 방열량은? (단, $k = 1.4$, $C_p = 1005 \, \text{kJ/kg} \cdot \text{K}$이다.)

① 20.52 kN·m/kg
② 63.2 kN·m/kg
③ 14.83 kN·m/kg
④ 40.20 kN·m/kg

해설 $q = C_p(T_m - T_1)$에서,

중간압력(P_m) $= \sqrt{P_1 \times P_2}$

$$= \sqrt{100 \times 600} = 245 \, \text{kPa}$$

중간온도(T_m) $= T_1 \times \left(\frac{P_m}{P_1} \right)^{\frac{k-1}{mk}}$

$$= 293 \times \left(\frac{245}{100} \right)^{\frac{0.4}{2 \times 1.4}}$$

$$= 333 \, \text{K}$$

∴ 방출열(q) $= 1005 \times (333 - 293)$

$$= 40200 \, \text{J/kg}$$

$$= 40.2 \, \text{kJ/kg} (= \text{kN} \cdot \text{m/kg})$$

정답 **21.** ③ **22.** ③ **23.** ① **24.** ④

25. 간극(통극)이 0.05인 1단 압축기가 압력 755 mmHg, 온도 20℃인 공기를 흡입하여 500 kPa까지 압축한다. 공기가 팽창할 때 체적효율은 얼마인가?

① 76 % 　　　　② 89.4 %

③ 83.5 % 　　　　④ 91.3 %

[해설] $\eta_v = 1 - \lambda\left\{\left(\dfrac{P_2}{P_1}\right)^{\frac{1}{k}} - 1\right\}$

$\qquad = 1 - 0.05\left\{\left(\dfrac{500}{100.658}\right)^{\frac{1}{1.4}} - 1\right\}$

$\qquad = 0.894(89.4\%)$

$755\,\text{mmHg} = \dfrac{755}{760} \times 101.325 = 100.658\,\text{kPa}$

26. 통극체적이 없는 1단 압축기가 100 kPa, 20℃ 공기를 1.5 MPa 까지 압축하는데 압축 중에 냉각수에 버리는 열량은 얼마인가? (단, 압축과정은 polytrope로서 폴리트로픽 지수 $n = 1.30$이고, 공기의 $C_v = 718$ J/kg · K이다.)

① 50.9 kJ/kg 　　　② 60.9 kJ/kg

③ 70.9 kJ/kg 　　　④ 80.9 kJ/kg

[해설] $q = \dfrac{n-k}{n-1} C_v (T_2 - T_1)$

$\qquad = \dfrac{1.3 - 1.4}{1.3 - 1} \times 718 \times (274.4 - 20)$

$\qquad = -60886.4\,\text{J/kg} \fallingdotseq -60.9\,\text{kJ/kg}$

$T_2 = T_1\left(\dfrac{P_2}{P_1}\right)^{\frac{n-1}{n}}$

$\qquad = 293 \times \left(\dfrac{15}{1}\right)^{\frac{0.3}{1.3}} = 547.4\,\text{K} = 274.4\,℃$

27. 압력 100 kPa인 공기 5 m³/min 을 흡입하여 압력 1.8 MPa로 압축하는 2단 압축기가 있다. 이 압축기의 단열압축마력은 얼마인가?

① 36.76 PS 　　　② 40.56 PS

③ 42.76 PS 　　　④ 49.76 PS

[해설] $N_k = \dfrac{k}{k-1} \times (N단)$

$\qquad \times P_1 v_1\left\{\left(\dfrac{P_2}{P_1}\right)^{\frac{k-1}{kN}} - 1\right\}$

$\qquad = \dfrac{1.4}{1.4-1} \times 2 \times \dfrac{(100 \times 10^3) \times 5}{60}$

$\qquad \times \left\{\left(\dfrac{1800}{100}\right)^{\frac{1.4-1}{1.4 \times 2}} - 1\right\}$

$\qquad = 29820.55\,\text{N} \cdot \text{m/s}(= \text{J/s})$

$\qquad = 29.821\,\text{kJ/s}(= \text{kW})$

$\qquad = 29.821 \times 1.36\,\text{PS} = 40.56\,\text{PS}$

28. 매분 30 kg의 공기를 20℃, 1 bar에서 6 bar까지 등온압축하는 압축기의 등온효율이 80 %이면 압축기의 도시마력은 얼마인가?

① 128.07 PS 　　　② 136.71 PS

③ 129.88 PS 　　　④ 143.27 PS

[해설] $N_i = \dfrac{N_T}{\eta_T} = \dfrac{1}{\eta_T} \times \left(mRT_1 \ln\dfrac{P_2}{P_1}\right)$

$\qquad = \dfrac{1}{0.8} \times \left[\dfrac{30}{60} \times 0.287 \times 293 \times \ln\dfrac{6}{1}\right]$

$\qquad = 94.1693\,\text{kJ/s}(= \text{kW})$

$\qquad = 94.1693 \times 1.36\,\text{PS} = 128.07\,\text{PS}$

29. 지름이 200 mm이고, 행정이 220 mm인 공기 압축기가 있다. 입구에서 압력이 100 kPa, 온도 30℃이고, 체적효율이 75 %일 경우 실제 흡입공기량은 얼마인가?

① 4.072×10⁻³ kg 　　② 5.032×10⁻³ kg

③ 4.332×10⁻³ kg 　　④ 5.958×10⁻³ kg

[해설] 실제 흡입공기량

$G_a = \dfrac{P_a V_a}{RT_a} = \dfrac{100 \times (5.181 \times 10^{-3})}{0.287 \times 303}$

$\qquad = 5.958 \times 10^{-3}\,\text{kg}$

$\eta_v = \dfrac{V_a}{V_o} = \dfrac{\text{유효흡입행정}}{\text{피스톤 행정체적}}$

$\therefore\; V_a = \eta_v \times V_o = 0.75 \times \dfrac{\pi}{4}(0.2)^2 \times 0.22$

$\qquad = 5.181 \times 10^{-3}\,\text{m}^3$

정답 25. ②　 26. ②　 27. ②　 28. ①　 29. ④

제8장 **가스 동력 사이클**

8-1 **오토 사이클(Otto cycle)**

공기 표준 오토 사이클은 전기점화기관의 이상 사이클로서 일정 체적하에서 동작유체의 열 공급과 방출이 행해지므로 정적(또는 등적) 사이클이라 한다.

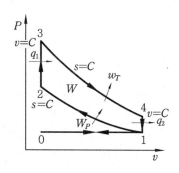
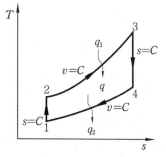

0 → 1 : 흡입과정   1 → 2 : 단열압축과정   2 → 3 : 정적가열과정(폭발)
3 → 4 : 단열팽창과정   4 → 1 : 정적방열과정   1 → 0 : 배기과정

오토 사이클

공기 1 kg에 대해서,

① **가열량** : $q_1 = C_v(T_3 - T_2)$

② **방열량** : $q_2 = C_v(T_4 - T_1)$ $\Big\}$ ··· (8-1)

각 과정의 P, v, T 관계는 다음과 같다.

1 → 2 (단열압축) 과정 : $T_1 v_1^{k-1} = T_2 v_2^{k-1}$ 에서,

$$\frac{T_1}{T_2} = \left(\frac{v_2}{v_1}\right)^{k-1} = \left(\frac{P_1}{P_2}\right)^{\frac{k-1}{k}}$$

$$\therefore \ T_2 = T_1 \left(\frac{v_1}{v_2}\right)^{k-1} \ [\text{K}] \ \text{··· (8-2)}$$

$2 \rightarrow 3$ (정적가열) 과정 : $v_2 = v_3 = $ 일정

$3 \rightarrow 4$ (단열팽창) 과정 : $T_3 v_3^{k-1} = T_4 v_4^{k-1}$ 에서,

$$\frac{T_4}{T_3} = \left(\frac{v_3}{v_4}\right)^{k-1} = \left(\frac{P_4}{P_3}\right)^{\frac{k-1}{k}}$$

$$\therefore \quad T_3 = T_4 \left(\frac{v_4}{v_3}\right)^{k-1} = T_4 \left(\frac{v_1}{v_2}\right)^{k-1} \text{ [K]} \quad \cdots\cdots\cdots (8-3)$$

$4 \rightarrow 1$ (정적방열) 과정 : $v_1 = v_4 = $ 일정

③ 이론 열효율

$$\eta_{tho} = \frac{W}{q_1} = \frac{q_1 - q_2}{q_1} = 1 - \frac{q_2}{q_1} = 1 - \frac{T_4 - T_1}{T_3 - T_2}$$

$$= 1 - \frac{(T_4 - T_1)}{\left(\frac{v_1}{v_2}\right)^{k-1} \times (T_4 - T_1)} = 1 - \frac{1}{\left(\frac{v_1}{v_2}\right)^{k-1}} = 1 - \frac{1}{\varepsilon^{k-1}} = 1 - \left(\frac{1}{\varepsilon}\right)^{k-1}$$

여기서, $\frac{v_1}{v_2} = \varepsilon$ (압축비 : compression ratio)

$$\therefore \quad \eta_{tho} = \frac{w_{net}}{q_1} = 1 - \frac{1}{\varepsilon^{k-1}} \left(\varepsilon = \frac{v_1}{v_2}\right) \quad \cdots\cdots\cdots (8-4)$$

오토 사이클의 열효율은 압축비의 함수이고, 압축비가 클수록 효율은 증대한다.

④ 평균 유효압력 : 1 사이클당의 압력변화의 평균값, 즉 1 사이클 중에 이루어지는 일을 행정체적으로 나눈 값을 말한다.

$$P_{me} = \frac{w_{net}}{v_1 - v_2} = \frac{\eta_{tho} q_1}{(v_1 - v_2)} \ (\because w_{net} = \eta_{tho} \times q_1)$$

$$= \frac{\eta_{tho} q_1}{v_1 \left(1 - \frac{1}{\varepsilon}\right)} = \frac{P_1}{R T_1} \times q_1 \times \frac{\varepsilon}{\varepsilon - 1} \times \eta_{tho}$$

$$= P_1 \frac{(\alpha - 1)(\varepsilon^k - \varepsilon)}{(k-1)(\varepsilon - 1)} \text{ [kPa]} \quad \cdots\cdots\cdots (8-5)$$

여기서, $\alpha = \frac{P_3}{P_2}$ 로서 압력비(pressure ratio)라 한다.

예제 **1.** 통극체적이 행정체적의 18 %인 가솔린 기관의 이론 열효율은 얼마인가 ? (단, $k = 1.4$이다.)

① 26.8 % ② 38 %

③ 48 % ④ 53 %

[해설] $\varepsilon = 1 + \dfrac{v_s}{v_c} = 1 + \dfrac{v_s}{0.18 v_s} = 6.56$

$\therefore \eta_{tho} = 1 - \left(\dfrac{1}{\varepsilon}\right)^{k-1} = 1 - \left(\dfrac{1}{6.56}\right)^{1.4-1} \fallingdotseq 53\,\%$ [정답] ④

8-2 디젤 사이클(Diesel cycle)

디젤 사이클은 압축착화기관의 기본 사이클로서, 2개의 단열과정과 정압과정 1개, 정적과정 1개로 이루어진 사이클이며, 저속 디젤기관의 기본 사이클이다. 특히, 정압하에서 가열(연소)이 이루어지므로 정압 사이클이라고도 한다.

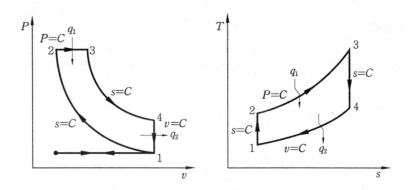

| 0 → 1 : 흡입과정 | 1 → 2 : 단열압축과정 | 2 → 3 : 등압가열과정 |
| 3 → 4 : 단열팽창과정 | 4 → 1 : 등적방열과정 | 1 → 0 : 배기과정 |

디젤 사이클

공기 1 kg에 대해서,

① **가열량** : $q_1 = C_p(T_3 - T_2)$

② **방열량** : $q_2 = C_v(T_4 - T_1)$ ·· (8-6)

각 과정의 P, v, T관계는 다음과 같다.

1 → 2 (단열압축) 과정 : $T_1 v_1^{k-1}$에서

$$\frac{T_2}{T_1} = \left(\frac{v_1}{v_2}\right)^{k-1}$$

$\therefore T_2 = T_1 \varepsilon^{k-1}\,[\text{K}]$ ··· (8-7)

2 → 3 (등압가열) 과정 : $\dfrac{v_2}{T_2} = \dfrac{v_3}{T_3}$ 에서,

$$T_3 = \frac{v_3}{v_2} T_2 = \sigma T_2 = \sigma \varepsilon^{k-1} T_1 \quad \cdots\cdots\cdots\cdots\cdots\cdots\cdots\cdots\cdots\cdots\cdots\cdots\cdots\cdots (8-8)$$

$$\left[\sigma = \frac{v_3}{v_2} = 체절(단절)비(cut-off\ ratio) \right]$$

$3 \rightarrow 4$ (단열팽창) 과정 : $T_3 v_3^{k-1} = T_4 v_4^{k-1}$ 에서,

$$\frac{T_4}{T_3} = \left(\frac{v_3}{v_4} \right)^{k-1} = \left(\frac{v_3}{v_1} \right)^{k-1} = \left(\frac{v_3}{v_2} \cdot \frac{v_2}{v_1} \right)^{k-1}$$

$$\therefore\ T_4 = T_3 \left(\sigma \frac{1}{\varepsilon} \right)^{k-1} = (T_1 \sigma \varepsilon^{k-1}) \sigma^{k-1} \frac{1}{\varepsilon^{k-1}}$$

$$= T_1 \sigma^k \quad \cdots\cdots\cdots\cdots\cdots\cdots\cdots\cdots\cdots\cdots\cdots\cdots\cdots\cdots\cdots\cdots (8-9)$$

③ 이론 열효율

$$\eta_{thd} = \frac{w_{net}}{q_1} = 1 - \frac{q_2}{q_1} = 1 - \frac{C_v(T_4 - T_1)}{C_p(T_3 - T_2)} = 1 - \frac{1}{k} \times \frac{T_4 - T_1}{T_3 - T_2}$$

$$= 1 - \frac{1}{\varepsilon^{k-1}} \cdot \frac{\sigma^k - 1}{k(\sigma - 1)}$$

$$\therefore\ \eta_{thd} = \frac{w_{net}}{q_1} = 1 - \frac{1}{\varepsilon^{k-1}} \cdot \frac{\sigma^k - 1}{k(\sigma - 1)} = 1 - \left(\frac{1}{\varepsilon} \right)^{k-1} \cdot \frac{\sigma^k - 1}{k(\sigma - 1)} \quad \cdots\cdots (8-10)$$

디젤 사이클의 열효율은 압축비, 체절비의 함수이다.

④ 평균 유효압력(mean effective pressure)

$$P_{me} = \frac{W}{v_1 - v_2} = \frac{\eta_{thd} q_1}{(v_1 - v_2)} = \frac{\eta_{thd} q_1}{v_1 \left(1 - \frac{1}{\varepsilon} \right)}$$

$$= \frac{P_1}{R T_1} \times q_1 \times \frac{\varepsilon}{\varepsilon - 1} \times \eta_{thd}$$

$$= P_1 \frac{k \varepsilon^k (\sigma - 1) - \varepsilon(\sigma^k - 1)}{(k-1)(\varepsilon - 1)} \quad \cdots\cdots\cdots\cdots\cdots\cdots\cdots\cdots\cdots\cdots\cdots\cdots\cdots (8-11)$$

예제 2. 디젤 사이클 엔진이 초온 300 K, 초압 100 kPa이고, 최고 온도 2500 K, 최고 압력이 3 MPa로 작동할 때 열효율은 몇 %인가? (단, $k = 1.40$이다.)

① 35 %　　　　　　　　　　　　② 45 %

③ 50 %　　　　　　　　　　　　④ 56 %

해설 압축비 $\varepsilon = \frac{v_1}{v_2} = \left(\frac{P_2}{P_1} \right)^{\frac{1}{k}} = \left(\frac{30}{1} \right)^{\frac{1}{1.4}} = 11.35$

단절비 $\sigma = \dfrac{v_3}{v_2} = \dfrac{T_3}{T_2} = \dfrac{T_3}{T_1 \cdot \varepsilon^{k-1}} = \dfrac{2500}{300 \times (11.35)^{1.4-1}} = 3.15$

$\eta_d = 1 - \left(\dfrac{1}{\varepsilon}\right)^{k-1} \cdot \dfrac{\sigma^k - 1}{k(\sigma-1)} = 1 - \left(\dfrac{1}{11.35}\right)^{1.4-1} \cdot \dfrac{3.15^{1.4}-1}{1.4(3.15-1)} = 0.499 \fallingdotseq 50\%$ **정답** ③

8-3 사바테 사이클(Sabathe cycle) – 복합 사이클

사바테 사이클은 2개의 단열과정, 2개의 정적과정, 1개의 정압과정으로 구성된 사이클로 정적 - 정압(복합) 사이클로서, 2중 연소 사이클이라고도 하며, 고속 디젤기관의 기본 사이클이다.

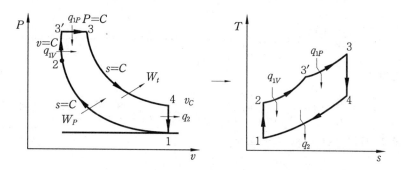

0 → 1 : 흡입과정   1 → 2 : 단열압축과정   2 → 3′ : 정적가열과정 (폭발)
3′→ 3 : 정압가열과정 3 → 4 : 단열팽창과정   4 → 1 : 등적방열과정
0 → 1 : 배기과정

사바테 사이클

① 가열량 : $q_1 = q_{1v} + q_{1p}$

$\therefore q_1 = C_v(T_3' - T_2) + C_p(T_3 - T_3')$ .... (8-12)

② 방열량 : $q_2 = C_v(T_4 - T_1)$

각 과정의 P, v, T 관계는 다음과 같다.

1 → 2(단열압축) 과정 : $T_1 v_1^{k-1} = T_2 v_2^{k-1}$ 에서,

$\therefore T_2 = T_1\left(\dfrac{v_1}{v_2}\right)^{k-1} = T_1 \varepsilon^{k-1}$ .... (8-13)

2 → 3′(등적가열) 과정 : $\dfrac{P_2}{T_2} = \dfrac{P_3'}{T_3'}$ 에서,

$\therefore T_3' = T_2\left(\dfrac{P_3'}{P_2}\right) = T_2 \alpha = T_1 \varepsilon^{k-1} \alpha$ .... (8-14)

여기서, $\dfrac{P_3{}'}{P_2} = \alpha$ 를 폭발비(explosion ratio)라 한다.

3′→3 (등압가열) 과정 : $\dfrac{v_3{}'}{T_3{}'} = \dfrac{v_3}{T_3}$ 에서,

$$\therefore \ T_3 = \left(\dfrac{v_3}{v_3{}'}\right) T_3{}' = \sigma \, T_3{}' = \sigma \, \alpha \, \varepsilon^{k-1} T_1 \quad \cdots\cdots (8-15)$$

여기서, $\dfrac{v_3}{v_3{}'} = \sigma$ (단절비)이다.

3→4 (단열팽창) 과정 : $T_3 v_3{}^{k-1} = T_4 v_4{}^{k-1}$ 에서,

$$\therefore \ T_4 = T_3 \left(\dfrac{v_3}{v_4}\right)^{k-1} = T_3 \left(\dfrac{v_3}{v_3{}'} \cdot \dfrac{v_3{}'}{v_4}\right)^{k-1} = T_3 \left(\dfrac{v_3}{v_2} \cdot \dfrac{v_2}{v_4}\right)^{k-1}$$

$$= T_3 \left(\sigma \, \dfrac{1}{\varepsilon}\right)^{k-1} = \sigma^k \alpha \, T_1 \quad \cdots\cdots (8-16)$$

③ 이론 열효율

$$\eta_{ths} = \dfrac{w}{q_1} = 1 - \dfrac{q_2}{q_1} = 1 - \dfrac{C_v(T_4 - T_1)}{C_v(T_3{}' - T_2) + C_p(T_3 - T_3{}')} \ \text{에 위의 } T_2 \sim T_4 \text{를 대입·정리}$$

하면 사바테 사이클의 이론 열효율은,

$$\eta_{ths} = 1 - \dfrac{C_v(T_4 - T_1)}{C_v(T_3{}' - T_2) + C_p(T_3 - T_3{}')}$$

$$= 1 - \left(\dfrac{1}{\varepsilon}\right)^{k-1} \dfrac{\alpha \sigma^k - 1}{(\alpha - 1) + k\alpha(\sigma - 1)} \quad \cdots\cdots (8-17)$$

④ 평균 유효압력

$$P_{me} = \dfrac{W}{v_1 - v_2} = \dfrac{\eta_{ths} q_1}{(v_1 - v_2)} = \dfrac{P_1}{RT_1}(q_{1v} + q_{1p}) \dfrac{\varepsilon}{\varepsilon - 1} \eta_{ths}$$

$$= P_1 \dfrac{\varepsilon^k \{(\alpha - 1) + k\alpha(\sigma - 1)\} - \varepsilon(\alpha\sigma^k - 1)}{(k-1)(\varepsilon - 1)} \quad \cdots\cdots (8-18)$$

예제 3. Sabathe 사이클에서 다음 조건이 주어졌을 때 이론 열효율은? (단, 압축비 $\varepsilon = 14$, 체절비 $\sigma = 1.8$, 압력비 $\alpha = 1.2$, $k = 1.4$, 최저 압력 100 kPa이다.)

① 53 %   ② 58 %   ③ 61 %   ④ 65 %

해설 이론 열효율 $(\eta_{ths}) = 1 - \dfrac{1}{\varepsilon^{k-1}} \cdot \dfrac{\alpha \cdot \sigma^k - 1}{(\alpha - 1) + k\alpha(\sigma - 1)}$

$$= 1 - \dfrac{1}{14^{0.4}} \cdot \dfrac{1.2 \times 1.8^{1.4} - 1}{(1.2 - 1) + 1.4 \times 1.2 \times (1.8 - 1)} = 0.6095 \fallingdotseq 61\,\%$$

정답 ③

| **8-4** | **각 사이클의 비교** |

(1) 카르노 사이클과 오토 사이클의 비교

카르노 사이클이 오토 사이클보다 이론 열효율이 높다.

$$\therefore \eta_{thc} > \eta_{tho} \quad \cdots\cdots\cdots\cdots\cdots\cdots\cdots\cdots\cdots\cdots\cdots\cdots\cdots\cdots\cdots\cdots\cdots\cdots\cdots (8-19)$$

(2) 오토 사이클과 디젤 사이클의 비교

① 최저 온도 및 압력, 공급열량과 압축비가 같은 경우

$$\eta_{tho} > \eta_{ths} > \eta_{thd} \quad \cdots\cdots\cdots\cdots\cdots\cdots\cdots\cdots\cdots\cdots\cdots\cdots\cdots\cdots\cdots\cdots\cdots (8-20)$$

② 최저 온도 및 압력, 공급열량과 최고 압력이 같은 경우

$$\eta_{thd} > \eta_{ths} > \eta_{tho} \quad \cdots\cdots\cdots\cdots\cdots\cdots\cdots\cdots\cdots\cdots\cdots\cdots\cdots\cdots\cdots\cdots (8-21)$$

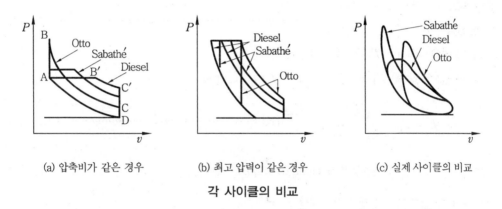

(a) 압축비가 같은 경우   (b) 최고 압력이 같은 경우   (c) 실제 사이클의 비교

각 사이클의 비교

| **8-5** | **가스 터빈 사이클(gas turbine cycle)** |

(1) 브레이턴 사이클(Brayton cycle)

브레이턴 사이클은 2개의 단열과정과 2개의 정압과정으로 이루어진 가스 터빈의 이상 사이클이다.

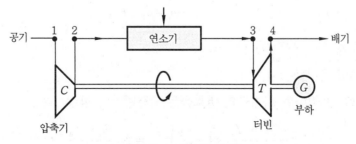

브레이턴 사이클의 개략도

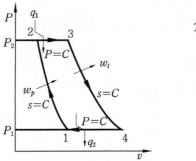

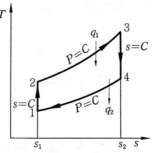

1→2 : 단열압축 과정(압축기)   2→3 : 정압가열 과정(연소기)
3→4 : 단열팽창 과정(터빈)   4→1 : 정압방열 과정

브레이턴 사이클

가스 1 kg에 대하여,

① 가열량 : $q_1 = C_p(T_3 - T_2)$
② 방열량 : $q_2 = C_p(T_4 - T_1)$ } ··· (8-22)

각 과정의 P, v, T 관계는 다음과 같다.

1→2 (단열압축) 과정 : $T_1{}^k P_1{}^{1-k} = T_2{}^k P_2{}^{1-k}$에서,

$$\therefore\ T_2 = T_1\left(\frac{P_2}{P_1}\right)^{\frac{k-1}{k}} = T_1 \gamma^{\frac{k-1}{k}}\ [\text{K}]\ ················· (8-23)$$

여기서, $\dfrac{P_2}{P_1} = \gamma$ 를 압력비(pressure ratio)라 한다.

2→3 (정압가열) 과정 : $P_2 = P_3$

3→4 (단열팽창) 과정 : $T_3{}^k P_3{}^{1-k} = T_4{}^k P_4{}^{1-k}$ 에서,

$$\therefore\ T_3 = T_4\left(\frac{P_3}{P_4}\right)^{\frac{k-1}{k}} = T_4\left(\frac{P_2}{P_1}\right)^{\frac{k-1}{k}} = T_4 \gamma^{\frac{k-1}{k}}\ ··············· (8-24)$$

4→1(정압비열) 과정 : $P_1 = P_4$

운동에너지를 무시하고 각 점의 총엔탈피를 h라 하면,

$w_T = h_3 - h_4$ $\qquad\qquad\qquad$ $w_c = h_2 - h_1$

$w_e = w_T - w_c = h_3 - h_4 - h_2 + h_1$

공급열량$(q_1) = h_3 - h_2$

③ 이론 열효율 : 브레이턴 사이클의 열효율은 압력비만의 함수이다.

$$\eta_{thB} = 1 - \frac{q_2}{q_1} = 1 - \frac{T_4 - T_1}{T_3 - T_2} = 1 - \left(\frac{1}{\gamma}\right)^{\frac{k-1}{k}} = 1 - \frac{h_4 - h_1}{h_3 - h_2}\ ················· (8-25)$$

④ **실제기관의 효율** : 실제기관에서는 압축과 팽창이 비가역적으로 이루어지므로 압축일과 팽창일은 줄어든다. 따라서, 실제일과 가역단열일을 비교한 것을 단열효율이라 한다.

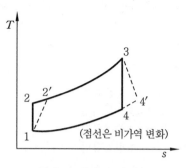

실제 브레이턴 사이클

$$\text{터빈의 단열효율}(\eta_T) = \frac{W_T{}'}{W_T} = \frac{h_3 - h_4{}'}{h_3 - h_4} = \frac{T_3 - T_4{}'}{T_3 - T_4} \quad \cdots\cdots\cdots\cdots (8-26)$$

$$\text{압축기의 단열효율}(\eta_c) = \frac{W_c}{W_c{}'} = \frac{h_2 - h_1}{h_2{}' - h_1} = \frac{T_2 - T_1}{T_2{}' - T_1} \quad \cdots\cdots\cdots\cdots (8-27)$$

가스 터빈의 역동력비(back work ratio)는,

$$\text{BWR} = \frac{W_c}{W_T} = \frac{\text{압축기의 소요일}}{\text{터빈의 총출력}} \quad \cdots\cdots\cdots\cdots (8-28)$$

(2) 에릭슨(Ericsson) 사이클

에릭슨 사이클은 2개의 등온과정과 2개의 정압과정으로 구성된 가스 터빈의 이상 사이클이며, 실현이 곤란한 사이클이다.

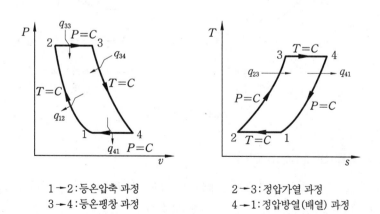

1→2 : 등온압축 과정   2→3 : 정압가열 과정
3→4 : 등온팽창 과정   4→1 : 정압방열(배열) 과정

에릭슨 사이클

---

5. Ericsson 사이클의 구성은?

① 2개의 등온과정, 2개의 등적과정   ② 2개의 등온과정, 2개의 등압과정

③ 2개의 단열과정, 2개의 등온과정   ④ 2개의 단열과정, 2개의 등적과정

해설 Ericsson 사이클

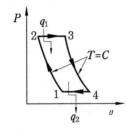

$1 \rightarrow 2$: 등온압축

$2 \rightarrow 3$: 정압가열

$3 \rightarrow 4$: 등온팽창

$4 \rightarrow 1$: 정압방열

정답 ②

8-6   기타 사이클

(1) 아트킨슨 사이클(Atkinson cycle)

오토 사이클의 배기로 운전되는 가스 터빈의 이상 사이클로서 정적가스 터빈 사이클이라고도 하며, 2개의 단열과정과 1개의 정적과정, 1개의 정압과정으로 이루어져 있다.

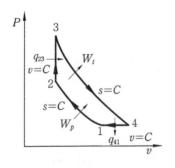 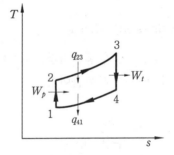

1→2 : 등온압축 과정   2→3 : 정적가열 과정

3→4 : 등온팽창 과정   4→1 : 정압방열 과정

아트킨슨 사이클

(2) 스털링 사이클(Stirling cycle)

스털링 사이클은 2개의 등온과정과 2개의 정적과정으로 이루어진 이론적인 사이클이다. 스털링 사이클에서 q_{23}와 q_{41}이 같고, q_{41}을 이용할 수 있으면 열효율은 카르노 사이클과 같아지며, 역스털링 사이클은 헬륨을 냉매로 하는 극저온용 가스냉동기의 기본 사이클이다.

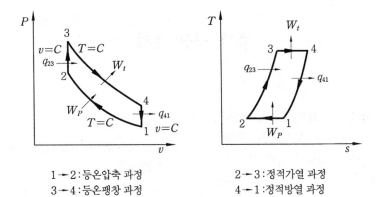

1→2 : 등온압축 과정   2→3 : 정적가열 과정
3→4 : 등온팽창 과정   4→1 : 정적방열 과정

스털링 사이클

예제 **4. Stirling 사이클의 구성은?**

① 2개의 등온과정, 2개의 등적과정   ② 2개의 단열과정, 2개의 등온과정

③ 2개의 등적과정, 2개의 등압과정   ④ 2개의 단열과정, 2개의 등압과정

해설 Stirling 사이클

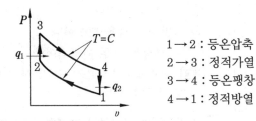

1→2 : 등온압축
2→3 : 정적가열
3→4 : 등온팽창
4→1 : 정적방열

정답 ①

(3) 르노아 사이클(Lenoir cycle)

르노아 사이클은 펄스 제트(pulse-jet) 추진 계통의 사이클과 비슷한 사이클로서 1개의 정압과정과 1개의 정적과정으로 이루어진 사이클이다.

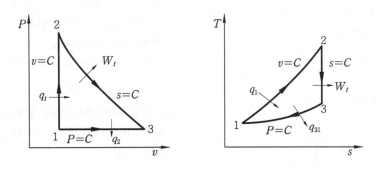

1→2 : 정적가열 과정   2→3 : 단열팽창 과정   3→1 : 정압배기 과정

르노아 사이클

출제 예상 문제

1. 디젤 사이클의 열효율(η_d)은 압축비(ε), 단절비(σ)의 함수라고 할 때 맞는 것은?

① σ가 크고 ε이 작을수록 η_d가 증가한다.

② σ가 작고 ε이 클수록 η_d가 증가한다.

③ σ와 ε이 작을수록 η_d가 증가한다.

④ σ와 ε이 클수록 η_d가 증가한다.

해설 $\eta_{thd} = 1 - \left(\dfrac{1}{\varepsilon}\right)^{k-1} \cdot \dfrac{\sigma^k - 1}{k(\sigma - 1)}$

2. 다음 디젤 사이클에 대한 설명 중 잘못된 것은?

① 대형 저속 디젤 기관의 기본 사이클이다.

② 등압하에서 열이 공급된다.

③ 열효율은 단절비만의 함수이다.

④ 단열과정에서 팽창한다.

3. 실제로 열기관에서 실시 곤란한 과정은 다음 중 어느 것인가?

① 등온과정　　　② 등압과정

③ 등적과정　　　④ 단열과정

4. Otto 사이클에서 압축비가 일정할 때 비열비가 1.3과 1.4인 경우 어느 쪽의 효율이 더 좋은가?

① $\eta_{1.3} > \eta_{1.4}$　　② $\eta_{1.3} = \eta_{1.4}$

③ $\eta_{1.3} \leq \eta_{1.4}$　　④ $\eta_{1.3} < \eta_{1.4}$

해설 예를 들어 $\varepsilon = 3$이라면,

$$\eta_{1.3} = 1 - \frac{1}{\varepsilon^{1.3}} = 1 - \frac{1}{3^{1.3}} = 0.760$$

$$\eta_{1.4} = 1 - \frac{1}{\varepsilon^{1.4}} = 1 - \frac{1}{3^{1.4}} = 0.785$$

$\therefore \ \eta_{1.3} < \eta_{1.4}$

5. Otto 사이클은 다음 중 어느 사이클에 속하는가?

① 등압　　　　　② 등적

③ 복합　　　　　④ 등압 – 등적

해설 오토 사이클은 가솔린기관의 기본 사이클로 연소가 정적(등적)상태에서 이루어지므로 등적사이클이다.

6. 공기 표준 사이클을 해석할 때 필요한 가정이 아닌 것은?

① 동작유체는 이상기체인 공기이다.

② 비열은 일정하다.

③ 개방 사이클을 형성한다.

④ 각 과정은 모두 가역적이다.

해설 공기 표준 사이클을 해석할 때 밀폐 사이클로 가정한다.

7. 다음 합성 사이클을 설명한 사항 중 틀린 것은?

① 열효율은 압축비, 단절비, 압력비의 함수이다.

② 열공급은 등압하에 이루어진다.

③ 등적하에서 방열이 된다.

④ 팽창은 단열과정이다.

해설 합성(복합 = 등가) 사이클은 사바테 사이클로 열공급이 등적, 등압하에서 이루어진다.

8. 복합 사이클의 이론 열효율 식에서 어느 항이 1이면 Otto 사이클의 열효율이 되는가?

① 압축비　　　　② 압력비

---

③ 비열비 ④ 단절비

[해설] $\eta_s = 1 - \dfrac{1}{\varepsilon^{k-1}} \cdot \dfrac{\alpha \cdot \sigma^k - 1}{(\alpha - 1) + k\alpha(\sigma - 1)}$ 에

서 단절비$(\sigma) = 1$이면,

$\therefore \ \eta_s = 1 - \dfrac{1}{\varepsilon^{k-1}} \times \dfrac{\alpha \cdot 1 - 1}{\alpha - 1 + 0} = 1 - \dfrac{1}{\varepsilon^{k-1}}$

$= 1 - \left(\dfrac{1}{\varepsilon}\right)^{k-1} = \eta_o$

9. 다음 중 실용화되는 사이클은 어느 것 인가?

① Atkinson 사이클

② Lenoir 사이클

③ Brayton 사이클

④ Carnot 사이클

[해설] 브레이턴 사이클은 가스 터빈의 이상 (기본) 사이클로 실용화되는 사이클이다.

10. 다음 중 값이 가장 작은 것은 어느 것 인가?

① 도시효율 ② 기관효율

③ 정미효율 ④ 기계효율

11. 재생기에 대한 설명 중 틀린 것은?

① 가스 터빈에만 쓰이는 장치

② 열교환기의 일종

③ 연료를 절감

④ 열효율을 증가

12. 체적효율(volume efficiency)을 잘못 설명한 것은?

① 압축한 공기를 흡입하면 체적효율이 커진다.

② 유효행정과 피스톤 행정과의 비이다.

③ 실제 흡입량과 행정체적과의 비이다.

④ 체적효율이 크다는 것은 실제 흡입량이 적다는 것을 뜻한다.

13. 초온, 초압, 압축비, 공급열량이 일정 할 때, 각 열효율 간의 비교를 옳게 표시 한 것은? (단, η_o : 오토 사이클의 열효 율, η_d : 디젤 사이클의 열효율, η_s : 사바 테 사이클의 열효율이다.)

① $\eta_d > \eta_s > \eta_o$ ② $\eta_o > \eta_s > \eta_d$

③ $\eta_d > \eta_o > \eta_d$ ④ $\eta_s > \eta_d > \eta_o$

14. 초온, 초압, 최고 압력, 공급열량이 일 정할 때, 각 열효율 간의 비교를 옳게 표 시한 것은?

① $\eta_d > \eta_s > \eta_o$ ② $\eta_o > \eta_s > \eta_d$

③ $\eta_s > \eta_o > \eta_d$ ④ $\eta_s > \eta_d > \eta_o$

15. W는 사이클당의 일, V_c는 통극체적, V는 실린더 체적일 때, 평균유효압력 (P_{me})을 표시하는 것은?

① $\dfrac{V_c + V}{W}$ ② $\dfrac{W}{V} + V_c$

③ $\dfrac{V - V_c}{W}$ ④ $\dfrac{W}{V - V_c}$

[해설] 평균유효압력(P_{me})

$= \dfrac{\text{유효일량}(W)}{\text{행정체적}(V_s)} = \dfrac{W}{V - V_c}$ [kPa]

16. 다음은 Brayton 사이클에 대한 표현 이다. 틀린 것은?

① 2개의 단열과 2개의 등압과정으로 구성

② 압력비가 클수록 열효율 증가

③ 가스 터빈의 기본 사이클

④ 압력비가 클수록 출력이 증가

17. 디젤 사이클에서 압축비가 16, 단절비 가 2.69일 때 이론 열효율을 구하면? (단, $k = 1.4$이다.)

① 58.2 % ② 68.3 %

정답 9. ③ 10. ③ 11. ① 12. ④ 13. ② 14. ① 15. ④ 16. ④ 17. ①

③ 32.3 % ④ 68.2 %

[해설] $\eta_d = 1 - \dfrac{1}{\varepsilon^{k-1}} \times \dfrac{\sigma^k - 1}{k(\sigma - 1)}$

$= 1 - \dfrac{1}{16^{0.4}} \times \dfrac{(2.69)^{1.4} - 1}{1.4(2.69 - 1)} = 0.582$

$= 58.2\%$

18. 다음 마력 중 그 값이 가장 큰 것은?

① 제동마력 ② 도시마력

③ 축마력 ④ 이론마력

19. 15℃를 저열원으로 하고 327℃의 고온체에서 열을 받는 열기관 사이클로 가장 이상적인 열효율은?

① 37 % ② 40 %

③ 52 % ④ 65 %

[해설] $\eta_{th} = 1 - \dfrac{T_2}{T_1} = 1 - \dfrac{15 + 273}{327 + 273}$

$= 1 - \dfrac{288}{600} = 0.52$

20. 다음 중 2개의 정압과정과 2개의 등온과정으로 구성된 사이클은?

① 스털링 사이클

② 디젤 사이클

③ 에릭슨 사이클

④ 브레이턴 사이클

[해설] 스털링 사이클은 등온 2개, 정적 2개의 과정, 디젤 사이클은 단열 2개, 등압 1개, 등적 1개의 과정, 브레이턴 사이클은 단열 2개, 정압 2개의 과정으로 되어 있다.

21. 다음 설명 중에서 맞는 것은?

① 디젤 사이클은 압축비가 비교적 크다.

② 디젤 사이클이 혼합 사이클보다 효율이 좋다.

③ 오토 사이클은 정압 사이클이라고도 한다.

④ 혼합 사이클은 정압과 단열 과정에서 연소한다.

22. 브레이턴 사이클의 급열과정은?

① 정적과정 ② 정압과정

③ 등온과정 ④ 단열과정

[해설] 브레이턴 사이클의 급열과정은 정압과정 $(P = C)$이다.

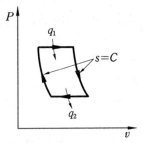

23. 디젤 기관으로 적당하지 못한 것은?

① 선박용 엔진

② 화력 발전소 대형 엔진

③ 덤프 트럭 엔진

④ 승용차 엔진

24. 다음 설명 중에서 틀린 것은?

① 압축비가 높게 되면 연료 공기를 동시에 압축하기 어렵다.

② 발전소의 대형 중유 기관은 혼합 사이클로 작동한다.

③ 디젤 사이클이 오토 사이클보다 늦게 창안되었다.

④ 가솔린 기관은 오토 사이클로 작동한다.

25. 다음 설명 중에서 틀린 것은?

① 소형 기관 – 디젤 사이클

② 항공기 – 브레이턴 사이클

③ 소형차 디젤 기관 – 혼합 사이클

④ 가솔린 기관 – 오토 사이클

---

26. 다음의 $P-v$ 선도는 어느 사이클인가? (단, s는 엔트로피이다.)

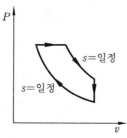

① 오토 사이클
② 브레이턴 사이클
③ 디젤 사이클
④ 복합 사이클

해설 $P-v$ 선도(일량선도)에 도시된 사이클은 디젤 사이클(단열압축 → 등압연소 → 단열팽창 → 등적배기)이다.

27. Atkinson cycle은?

① 정적가열 – 등온팽창 – 정압방열 – 단열압축
② 정적가열 – 단열팽창 – 정압방열 – 단열압축
③ 등온가열 – 등온팽창 – 정적방열 – 단열압축
④ 등온가열 – 단열팽창 – 정적방열 – 단열압축

해설
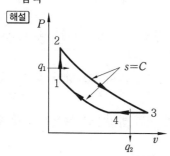

28. Brayton cycle에서 팽창일의 일부가 압축일로 소비되는데, 이때 원동기 전체 일에 대한 압축일의 비를 어떤 말로 표시하는가?

① 역압축비
② 동력비
③ 압축비
④ 역동력비

29. 열기관의 실제 사이클이 이상 사이클보다 낮은 열효율을 가지는 이유 중 옳지 않은 것은?

① 각 행정에서 열손실이 일어난다.
② 연소과정에서 열해리로 인한 해리열을 흡수한다.
③ 과정이 가역적으로 이루어진다.
④ 기체의 비열은 온도의 함수이므로 온도에 따라 변한다.

해설 열해리 : 온도 상승에 의한 가역적 열분해로 연소가스 중 H_2O나 CO_2는 1800℃ 이상에서 흡열반응을 하여 분해하는데, 이를 열해리라 한다.

30. 브레이턴 사이클은?

① 가솔린 기관의 이상 사이클이다.
② 증기 원동기의 이상 사이클이다.
③ 가스 터빈의 이상 사이클이다.
④ 압축 점화기관의 이상 사이클이다.

31. 통극체적(clearance volume)이란 피스톤이 상사점에 있을 때, 기통의 최소 체적을 말한다. 만약 통극이 20 %라면 이 기관의 압축비는 얼마인가?

① 3
② 4
③ 5
④ 6

해설 압축비 = (행정체적 + 통극체적)/통극체적
$$= 1 + \frac{1}{\lambda} = 1 + \frac{1}{0.2} = 6$$

32. 기관효율 55 %, 기계효율 85 %, 압축비 6인 휘발유 기관의 제동 열효율은? (단, $k = 1.4$이다.)

① 40 %
② 34.5 %
③ 28.2 %
④ 23.9 %

[해설] $\eta_{tho} = 1 - \dfrac{1}{6^{1.4-1}} = 0.51$

$\therefore \eta_{me} = \eta_{th} \cdot \eta_g \cdot \eta_m = 0.51 \times 0.55 \times 0.85$
$= 0.2384$

33. 총 배기량 4000 cc, 3000 rpm인 4 사이클 휘발유 기관의 도시 평균유효압력은 882 kPa 이고, 기계효율이 85 %이면 정미마력은?

① 200 PS   ② 102 PS
③ 90 PS   ④ 72 PS

[해설] $P_{me} = P_{mi} \times \eta_m = \dfrac{60 \times N_e}{v_s \cdot \dfrac{n}{z}}$ 에서,

$N_e = P_{mi} \times \eta_m \times v_s \times \dfrac{n}{z} \times \dfrac{1}{60}$

$= (882 \times 10^3) \times 0.85 \times (4 \times 10^{-3})$

$\times \dfrac{3000}{2} \times \dfrac{1}{60}$

$= 74790 \, \text{N} \cdot \text{m/s} (= \text{J/s})$

$= 74.790 \, \text{kJ/s} (= \text{kW})$

$= 74.790 \times 1.36 \, \text{PS} \fallingdotseq 102 \, \text{PS}$

34. 실린더의 통극체적이 행정체적의 20 %일 때, 오토 사이클의 열효율은 몇 %인가?

① 60.2   ② 56.3
③ 54.2   ④ 51.2

[해설] $\varepsilon = 1 + \dfrac{\text{행정체적}}{\text{통극체적}} = 1 + \dfrac{1}{\lambda}$

$= 1 + \dfrac{1}{0.2} = 6$

$\therefore \eta_o = 1 - \dfrac{1}{\varepsilon^{k-1}} = 1 - \dfrac{1}{6^{k-1}}$

$= 1 - \dfrac{1}{6^{1.4-1}} = 0.512 = 51.2\%$

35. 제동 열효율이 31 %, 기계효율이 82 %인 디젤 기관을 전부 하루 1시간 운전하는 데 18 kg의 연료가 필요하다. 연료의 발열량이 44100 kJ/kg이라면 도시마력은?

① 92.6 PS   ② 94.5 PS
③ 96.4 PS   ④ 113 PS

[해설] $\eta_e = \dfrac{N_e}{m_f \cdot H_l}$ 에서, $0.31 = \dfrac{N_e}{18 \times 44100}$

$\therefore N_e = 246078 \, \text{kJ/h} = \dfrac{246078}{3600} \, \text{kJ/s}$

$= 68.355 \, \text{kW} = 92.96 \, \text{PS}$

$\therefore N_i = \dfrac{N_e}{\eta_m} = \dfrac{92.96}{0.82} = 113.4 \, \text{PS}$

36. 디젤 사이클에서 최고 온도 T_2와 최저 온도 T_4 사이의 관계식은?

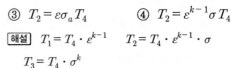

① $T_2 = \varepsilon^n \sigma T_4$ ② $T_2 = \varepsilon \sigma T_4$
③ $T_2 = \varepsilon \sigma_a T_4$ ④ $T_2 = \varepsilon^{k-1} \sigma T_4$

[해설] $T_1 = T_4 \cdot \varepsilon^{k-1}$ $T_2 = T_4 \cdot \varepsilon^{k-1} \cdot \sigma$

$T_3 = T_4 \cdot \sigma^k$

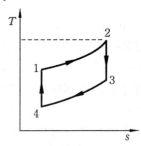

37. 연료 소비율에 대한 설명 중 틀린 것은?

① 엔진의 출력과 정미효율만 알면 구할 수 있다.
② 1시간 동안에 1 PS를 내는 데 필요한 연료량
③ 엔진 출력과 소비 연료량만 알면 구할 수 있다.
④ 연료의 저위 발열량을 알아야 구할 수 있다.

[해설] $f = \dfrac{G}{\text{출력}} \times 1000$

38. 가스 터빈에 대한 설명 중 틀린 것은?

① 진동이 적다.

② 윤활유 소비가 많다.

③ 저질 연료도 쓸 수 있다.

④ 회전이 균일하다.

39. 가스 터빈의 특징 중 맞는 것은?

① 일반적으로 저속 회전이다.

② 고급 내열 회로가 필요하다.

③ 소마력에 적합하다.

④ 윤활유 소비량이 너무 많다.

40. 불꽃 점화기관에서 열효율을 60%로 하려면 압축비는 몇 %인가? (단, $k=1.4$ 이다.)

① 6.45 ② 7.68

③ 8.76 ④ 9.88

[해설] $\eta = 1 - \left(\dfrac{1}{\varepsilon}\right)^{k-1}$ 에서, $1 - 0.6 = \dfrac{1}{\varepsilon^{0.4}}$

$\therefore \varepsilon = 9.882$

41. 디젤 엔진에 필요한 것은?

① 과열기 ② 과급기

③ 배전기 ④ 기화기

42. 휘발유 기관에 필요한 것은?

① 시동 감압 장치 ② 예열 플러그

③ 배전기 ④ 연료 분사 노즐

43. 휘발유 기관이 흡입한 혼합기를 압축하는 목적은?

① 압축하지 않으면 연소하지 않으므로

② 열효율을 좋게 하기 위하여

③ 실린더의 마모를 방지하기 위하여

④ 실린더 내 기밀을 유지하기 위하여

44. 감속기가 가장 필요한 것은?

① 디젤 엔진 ② 공기 압축기

③ 휘발유 엔진 ④ 증기 터빈

[해설] 증기 터빈은 직접회전식 내연기관이다.

45. 압축비 1.8, 단절비 2.1, 압력비 1.5인 혼합 사이클의 이론 열효율은? (단, $k=1.4$이다.)

① 60.2% ② 46.78%

③ 62.3% ④ 64.5%

[해설] $\eta_s = 1 - \dfrac{1}{\varepsilon^{k-1}} \times \dfrac{\alpha\sigma^k - 1}{k\alpha(\sigma-1)+(\alpha-1)}$

$= 1 - \dfrac{1}{1.8^{1.4-1}} \cdot \dfrac{1.5 \times 2.1^{1.4} - 1}{1.4 \times 1.5(2.1-1)+(1.5-1)}$

$= 46.78\%$

46. 다음 중 압축 효과를 잘못 설명한 것은?

① 소요 동력을 절감할 수 있다.

② 등온 압축에 접근시킬 수 있다.

③ 체적효율이 커진다.

④ 저압 대용량일수록 좋다.

47. 4사이클 휘발유 엔진에서 1분간에 1000번 점화되면 회전수는?

① 2000 rpm ② 1000 rpm

③ 2500 rpm ④ 3500 rpm

[해설] 1번 점화→1사이클→2회전

48. 디젤 사이클의 $T-s$ 선도에서 열공급 과정 1-2를 표시하는 곡선의 방정식은 어느 것인가?

① $T_2 = T_1 e^{\frac{s-s_1}{c_p}}$

② $T_2 = T_1 e^{sc_p}$

③ $T_2 = T_1 e^{\frac{\Delta s}{c_p}}$

④ $T_2 = T_1 e^{(s-s_1)c_p}$

정답 39. ② 40. ④ 41. ② 42. ③ 43. ② 44. ④ 45. ② 46. ③ 47. ① 48. ③

[해설] $\Delta s = C_p \ln \dfrac{T_2}{T_1}$ 에서, $T_2 = T_1 \times e^{\frac{\Delta s}{c_p}}$

49. 3000 kW의 디젤 발전소에서 기관을 전개 운전하면 1 시간당 소비하는 연료의 양은? (단, 42840 kJ/kg의 저발열량을 가진 연료를 사용하고, 효율은 40 %이다.)
① 639.45 kg   ② 667.25 kg
③ 630.25 kg   ④ 620.25 kg

[해설] $\eta = \dfrac{N_e}{G H_l}$ 에서, $G = \dfrac{N_e}{\eta H_l}$

$$G = \frac{3000}{0.4 \times 42840} = 0.175 \text{ kg/s}$$
$$= 630.25 \text{ kg/h}$$

50. 최고 · 최저 압력이 각각 500 kPa, 100 kPa인 브레이턴 사이클의 이론 열효율은 얼마인가? (단, $k = 1.4$이다.)
① 0.284   ② 0.312
③ 0.369   ④ 0.384

[해설] $\eta_{13} = 1 - \left(\dfrac{1}{\gamma}\right)^{\frac{k-1}{k}}$

$$= 1 - \left(\frac{1}{5}\right)^{\frac{1.4-1}{1.4}} \fallingdotseq 0.369 = 36.9\%$$
$$\gamma = \frac{P_2}{P_1} = \frac{\text{최고 압력}}{\text{최저 압력}} = \frac{500}{100} = 5$$

51. 기통수와 실린더의 지름 행정을 알고 있는 4 사이클 디젤 기관에서 연료소비량을 알면 구할 수 있는 것은?
① 연료 소비율
② 제동마력
③ 평균 유효압력
④ 총 배기량

52. 평균 유효압력이 8.2 kg/cm²이고, 1500 rpm에서 35 PS를 내는 기관을 6 시간

운전하여 25 L의 연료(비중 0.85)를 사용했다면 이 기관의 연료 소비율은?
① 210 g/PSh   ② 220 g/PSh
③ 280 g/PSh   ④ 300 g/PSh

53. 압력비가 10인 브레이턴 사이클의 이론 열효율은 몇 %인가? (단, $k = 1.4$이다.)
① 30.5   ② 32.5
③ 36.9   ④ 48.2

[해설] $\eta_k = 1 - \left(\dfrac{1}{\gamma}\right)^{\frac{k-1}{k}}$

$$= 1 - \left(\frac{1}{10}\right)^{\frac{0.4}{1.4}} = 48.2\%$$

54. 디젤 사이클에서 열효율이 60 %이고, 단절비 1.5, 단열지수 $k = 1.4$일 때 압축비는?
① 7.5   ② 8.9
③ 10.5   ④ 12.3

[해설] $\eta_d = 1 - \left(\dfrac{1}{\varepsilon}\right)^{k-1} \cdot \dfrac{\sigma^k - 1}{k(\sigma - 1)}$

$$\varepsilon = \left[\frac{\sigma^k - 1}{(1 - \eta_d)k(\sigma - 1)}\right]^{\frac{1}{k-1}}$$
$$= \left[\frac{1.5^{1.4} - 1}{(1 - 0.6) \times 1.4 \times (1.5 - 1)}\right]^{\frac{1}{0.4}}$$
$$= 12.30$$

55. 제동 열효율이 30 %인 4사이클 디젤 기관이 저발열량 9600 kcal/kg의 경유를 연료로 쓸 때 연료 소비율은?
① 100 g/PSh   ② 150 g/PSh
③ 200 g/PSh   ④ 220 g/PSh

[해설] $\eta_b = \dfrac{1000 BPS}{H_L \times f_b}$

$$f_b = \frac{1000 BPS}{H_L \times \eta_b} = \frac{1000 \times 632.3}{9600 \times 0.3}$$
$$\fallingdotseq 220 \text{ g/BPS} \cdot \text{h}$$

56. $k = 1.4$인 공기를 작동유체로 하는 디젤 기관에서 압축비 13, 단절비 2, 최저 온도 50℃인 경우, 이론 열효율(η_d), 동일 온도 범위에서 Carnot cycle의 효율은?

① 58 %, 88 %　　　② 52 %, 88 %

③ 58 %, 82 %　　　④ 52 %, 82 %

해설 (1) $\eta_d = 1 - \left(\dfrac{1}{\varepsilon}\right)^{k-1}\left[\dfrac{\sigma^k - 1}{k(\sigma - 1)}\right]$

$= 1 - \left(\dfrac{1}{13}\right)^{1.4-1}\left[\dfrac{2^{1.4} - 1}{1.4(2 - 1)}\right]$

$= 0.58 = 58\,\%$

(2) $T_2 = T_1\left(\dfrac{v_1}{v_2}\right)^{k-1} = T_1\varepsilon^{k-1}$

$T_3 = T_2\sigma = T_1\varepsilon^{k-1}\sigma = 323 \times 13^{0.4} \times 2$

$= 1802\,\text{K} = 1529\,℃$

$\therefore\ \eta_c = 1 - \dfrac{T_1}{T_3} = 1 - \dfrac{323}{1802} = 0.82 = 82\,\%$

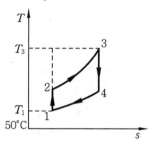

57. 행정체적이 3.6 m³/min인 어떤 기관의 출력이 40 PS이다. 이 기관의 평균유효압력은 몇 kPa인가?

① 450　　　　　② 490

③ 550　　　　　④ 590

해설 $P_{me} = \dfrac{w_e}{v_s} = \dfrac{40 \times 75}{3.6 \times \dfrac{1}{60}} = 50000\,\text{kg/m}^2$

$= 5\,\text{kg/cm}^2 = 5 \times 9.8 \times 10^4\,\text{N/m}^2$

$= 490000\,\text{Pa} = 490\,\text{kPa}$

제9장 증기 원동소 사이클

9-1 랭킨 사이클(Rankine cycle)

랭킨 사이클은 2개의 정압변화와 2개의 단열변화로 구성된 증기 원동소의 이상 사이클이다. 랭킨 사이클은 보일러 내에서 가열된 물이 과열증기가 된 후에 터빈 노즐을 지나면서 일을 하며, 일을 한 습증기는 복수기에 유도되어 냉각, 응축하여 다시 물이 되고, 이와 같은 물은 다시 재순환되어 사이클을 완료한다. 이때 형성되는 사이클이 랭킨 사이클이다.

작업유체 1 kg에 대한 변화과정을 살펴보면 다음과 같다.

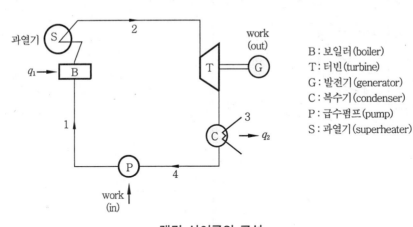

B : 보일러(boiler)
T : 터빈(turbine)
G : 발전기(generator)
C : 복수기(condenser)
P : 급수펌프(pump)
S : 과열기(superheater)

랭킨 사이클의 구성

- 1→2 과정 : 급수펌프로부터 보내진 압축수(1)를 보일러에서 가열(정압상태로)하여 과열증기(2)로 만든다.
- 2→3 과정 : 과열증기(2)는 터빈으로 들어가 단열팽창하여 일을 하고 습증기(3)로 된다.
- 3→4 과정 : 터빈에서 배출된 습증기(3)는 복수기에서 정압방열되어 포화수(4)가 된다.
- 4→1 과정 : 복수기에서 나온 포화수(4)를 급수펌프에서 단열(정적)상태로 압축하여 보일러로 보낸다.

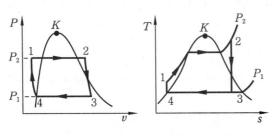
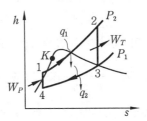

랭킨 사이클 선도

① 보일러에 가해진 열량 : $q_1 = h_2 - h_1$ ·································· (9-1)

② 복수기에서 방출된 열량 : $q_2 = h_3 - h_4$ ·································· (9-2)

③ 터빈이 하는 일 : $W_t = h_2 - h_3$ ·································· (9-3)

④ 펌프를 구동시키는 데 필요한 일 : $W_P = h_1 - h_4 = v'(P_2 - P_1)$ ·············· (9-4)

⑤ 펌프일을 고려한 이론효율

$$\eta_R = \frac{W_{net}}{q_1} = \frac{W_t - W_P}{q_1} = \frac{(h_2 - h_3) - (h_1 - h_4)}{(h_2 - h_1)}$$ ·············· (9-5)

⑥ 펌프일을 무시한 이론효율 ($\because$ 터빈 일에 비해 매우 적으므로 무시하면, $h_1 \approx h_4$)

$$\eta_R = \frac{W_t}{q_1} = \frac{h_2 - h_3}{h_2 - h_1} \fallingdotseq \frac{h_2 - h_3}{h_2 - h_4}$$ ··························· (9-6)

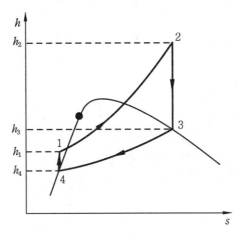

랭킨 사이클의 $h-s$ 선도

• 2 → 3 과정에서,

엔트로피 $s_2 = s_3 = s_3{}' + x_3(s_3{}'' - s_3{}')$ ·························· (9-7)

엔탈피 $h_3 = h_3{}' + x_3(h_3{}'' - h_3{}') + h_3{}' + x_3\gamma$ ·················· (9-8)

이상에서 랭킨 사이클의 이론 열효율은 초압 및 초온이 높을수록, 배압이 낮을수록 커진다.

$1\,kWh$의 에너지를 발생하는 데 필요한 증기량(SR)은,

$$SR = \frac{1}{h_2 - h_3} [\mathrm{kg / kWh}]\ (W_p : 무시)\ \cdots\cdots\cdots\cdots\cdots\cdots (9-9)$$

$1\,kWh$를 발생하기 위하여 소비한 열소비율(HR)은,

$$HR = \frac{h_2 - h_1}{h_2 - h_3} = \frac{1}{\eta_R} [\mathrm{kg/kWh}]\ \cdots\cdots\cdots\cdots\cdots\cdots (9-10)$$

예제 1. 30℃, 100 kPa의 물을 800 kPa까지 압축한다. 물의 비체적이 0.001 m³/kg로 일정하다고 할 때, 단위 질량당 소요된 일(공업일)은?

① 167 J/kg   ② 602 J/kg

③ 700 J/kg   ④ 1400 J/kg

해설 펌프일은 압축일(공업일)을 말한다(가역단열압축과정)

펌프일$(w_P) = v(P_2 - P_1) = 0.001 \times (800 - 100)$

$\qquad\qquad = 0.7 \,kJ/kg = 700 \,J/kg$ **정답** ③

예제 2. 그림과 같은 Rankine 사이클의 열효율은 약 몇 %인가? (단, $h_1 = 191.8\,kJ/kg$, $h_2 = 193.8\,kJ/kg$, $h_3 = 2799.5\,kJ/kg$, $h_4 = 2007.5\,kJ/kg$이다.)

① 30.3 %

② 39.7 %

③ 46.9 %

④ 54.1 %

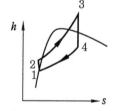

해설 $\eta_R = \dfrac{(h_3 - h_4) - (h_2 - h_1)}{h_3 - h_2}$

$\qquad = \dfrac{(2799.5 - 2007.5) - (193.8 - 191.8)}{2799.5 - 193.8} = 0.303 = 30.3\,\%$ **정답** ①

9-2   재열 사이클

랭킨 사이클의 열효율은 증기의 초압이나 초온을 높이고, 또 배기압을 낮게 함으로써 향상시킬 수 있으나 재료의 강도상 초온은 제한을 받으며, 배기압도 냉각수온에 의해서 제한을 받으므로 초압을 높이는 방법밖에는 없다. 그러나 초압을 높이면 높일수록 팽창

후의 증기의 습도가 증가하며, 그 결과 마찰이나 증기 터빈의 깃(회전날개)의 부식 등을 촉진시키는 해가 생긴다. 따라서, 증기의 초압을 높이면서 팽창 후의 증기의 건조도가 낮아지지 않도록 하는 재열 사이클이 고안된 것이며, 주목적이 효율 증대보다 터빈의 복수 장해를 방지하기 위한 것으로 수명 연장에 주안점을 두고 있다.

① 보일러에 공급된 열량 : $q_1' = h_2 - h_1$ ⎫ 총 공급열량

② 재열기 (R)에 공급된 열량 : $q_1'' = h_4 - h_3$ ⎭ $(q_1 = q_1' + q_1'')$ ·················· $(9-11)$

③ 발생한 정미 일량 : $W_{net} = W_{T1} + W_{T2} - W_P$ ····················· $(9-12)$

여기서, W_{T1} : 고압 터빈에서 발생한 일량, W_{T2} : 저압에서 발생한 일량

W_p : 급수펌프를 구동하는 데 소비된 일량

$$\therefore \ W_{net} = (h_2 - h_3) + (h_4 - h_5) - (h_1 - h_6) \quad\cdots\cdots\cdots\cdots (9-13)$$

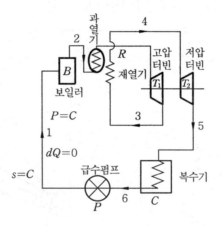

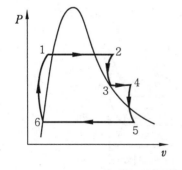 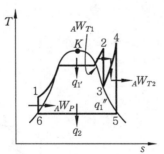 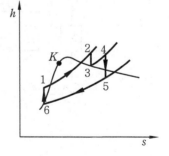

재열 사이클의 구성과 선도

④ 이론 열효율

$$\eta_{reh} = \frac{W_{net}}{q_1} = \frac{(h_2 - h_3) + (h_4 - h_5) - (h_1 - h_6)}{(h_2 - h_1) + (h_4 - h_3)} \ (\text{펌프일 고려})$$

$$= \frac{(h_2 - h_3) + (h_4 - h_5)}{(h_2 - h_6) + (h_4 - h_3)} \ (\text{펌프일 무시} : h_1 \fallingdotseq h_6) \quad\cdots\cdots\cdots\cdots (9-14)$$

⑤ 개선율(ϕ) $= \dfrac{\eta_{reh} - \eta_R}{\eta_R} \times 100 \%$

9-3 재생 사이클

랭킨 사이클에서 복수기에 버리는 열량은 아래 $T-s$ 선도상에서는 면적 $5ba6$에 상당하며, 이 열손실을 방지하기 위해서 대개는 팽창 도중에 증기를 터빈에서 추출하여 그림의 H로 표시한 급수가열기에 돌려서 급수가열을 하며, 따라서 외부의 열원에만 의존하지 않아도 된다. 이 때문에 감소하는 일의 양은 적어지며, 복수기에 버리는 열량도 적어져서 열효율은 상승한다. 이와 같은 팽창 도중의 증기를 터빈에서 추출하여 급수의 가열에 사용하는 사이클을 재생(regenerative) 사이클이라 한다.

① 보일러에 공급된 열량 : $q_1 = h_2 - h_1'$ ⋯⋯⋯⋯⋯⋯⋯⋯⋯⋯⋯⋯⋯⋯⋯ (9-15)

② 복수기에서의 방열량 : $q_2 = (1 - m_1 - m_2) \times (h_5 - h_6)$ ⋯⋯⋯⋯⋯ (9-16)

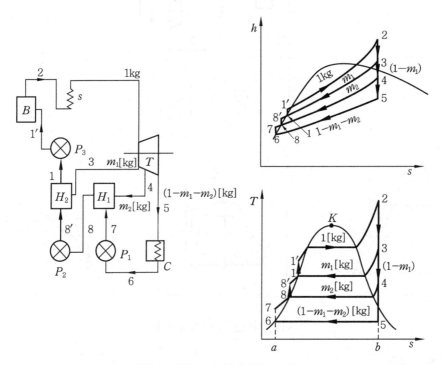

재생 사이클의 구성과 $T-s$ 선도

③ 터빈이 한 일량 : $W_t = (h_2 - h_3) \times 1 + (h_3 - h_4) \times (1 - m_1)$

$$+ (h_4 - h_5) \times (1 - m_1 - m_2)$$

$$= (h_2 - h_5) - m_1(h_3 - h_5) - m_2(h_4 - h_5) \quad \cdots\cdots\cdots\cdots (9-17)$$

④ 펌프에 준 일량 : $W_p = (h_1' - h_1) \times 1 + (h_8' - h_8) \times (1 - m_1) + (h_7 - h_6)$

$$\times (1 - m_1 - m_2) \cdots\cdots\cdots\cdots\cdots\cdots (9-18)$$

⑤ 이론 열효율 : $\eta_{reg} = \dfrac{W_{net}}{q_1} = \dfrac{(h_2 - h_5) - \{m_1(h_3 - h_5) - m_2(h_4 - h_5)\}}{(h_2 - h_1)}$ (펌프일 무시)

$$(\text{실제로는 } h_1 \fallingdotseq h_1', \ h_8 = h_8', \ h_6 = h_7) \cdots\cdots\cdots\cdots (9-19)$$

⑥ 개선율(ϕ) : $\dfrac{\eta_{reg} - \eta_R}{\eta_R} \times 100\,\% \cdots\cdots\cdots\cdots\cdots\cdots (9-20)$

참고 추기량 m_1, m_2

• 제 1 추기량

$m_1(h_3 - h_1) = (1 - m_1)(h_1 - h_8)$ 에서,

$$\therefore \ m_1 = \frac{(h_1 - h_8)}{(h_3 - h_8)} \cdots\cdots\cdots\cdots\cdots\cdots\cdots\cdots\cdots (9-21)$$

• 제 2 추기량

$m_2(h_4 - h_8) = (1 - m_1 - m_2)(h_8 - h_6)$

$$\therefore \ m_2 = \frac{(1 - m_1)(h_8 - h_6)}{(h_4 - h_6)} \cdots\cdots\cdots\cdots\cdots\cdots (9-22)$$

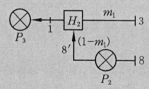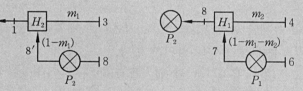

9-4 재열 · 재생 사이클

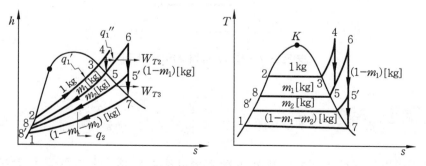

1단 재열 · 2단 재생 사이클

재열 사이클은 재열 후의 증기의 온도를 높여서 열효율을 좋게 함과 동시에 팽창 후의 건도(x)를 높여서 증기와의 마찰을 줄이고 효율을 향상시키는 사이클이며, 재생 사이클은 배기가 갖는 열량을 되도록 복수기에 버리지 않고 급수의 예열에 재생시켜서 열효율을 개선하는 사이클이다. 따라서, 이 양자를 조합하여 한층 더 효율의 개선을 도모하고자 하는 사이클이 재생·재열 사이클이다.

① 보일러에서 공급된 열량 : $q_1 = (h_4 - h_8) + (1 - m_1)(h_6 - h_5)$ ··············· (9 – 23)

② 터빈에서 발생한 일량 : $W_t = W_{T1} + W_{T2} + W_{T3}$

$$W_t = (h_4 - h_5) + (1 - m_1)(h_6 - h_5') + (1 - m_1 - m_2)(h_5' - h_7)$$

$$= (h_4 - h_5) - (h_6 - h_7) - m_1(h_6 - h_7) - m_2(h_5' - h_7) \quad ··············· (9 – 24)$$

③ 이론 열효율

$$\eta_{hg} = \frac{W_t}{q_1} = \frac{(h_4 - h_5) + (h_6 - h_7) - m_1(h_6 - h_7) - m_2(h_5' - h_7)}{(h_4 - h_8) + (1 - m_1)(h_6 - h_5)} \quad ········ (9 – 25)$$

9-5　2 유체 사이클

서로 다른 2종의 유체를 동작물질로 하고, 고온측의 배열을 저온측의 가열열로 이용하도록 한 사이클을 2 유체(증기) 사이클이라 한다.

현재 실용화되고 있는 2 유체 사이클에는 물 (H_2O) – 수은 (Hg)을 이용한 것이 있다.

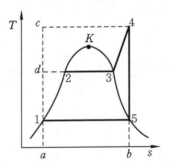

카르노 사이클과 랭킨 사이클의 비교

9-6　실제 사이클

실제 사이클은 이상 사이클에 비하여 각 부에서의 손실 때문에 다른 값을 갖게 되며 그 주요 손실은 다음과 같다.

(1) 배관 손실

마찰효과로 인한 압력강하, 주위로의 열전달이 주원인이며 터빈에 들어가는 증기의 유용성을 감소시킨다.

(2) 터빈 손실

동작물질이 터빈을 통과할 때 열전달, 난동, 잔류속도 등에 의하여 생기는 비가역적인 단열팽창으로 인한 손실이다.

실제 터빈의 효율은,

$$\eta_{ta} = \frac{\text{실제 터빈일}(W_{t'})}{\text{이상적인 터빈일}(W_t)} = \frac{h_1 - h_2'}{h_1 - h_2} \quad \text{(9-26)}$$

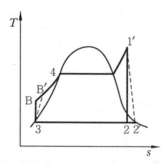

비가역 단열팽창으로 인한 손실

(3) 펌프 손실

비가역적인 유동(비등엔트로피 압축)으로 생기며 미소한 열전달로 인한 손실도 있다.

$$\text{실제 펌프 효율}(\eta_{Pa}) = \frac{\text{이상적인 펌프일}(W_{p'})}{\text{실제 펌프일}(W_p)} = \frac{h_B - h_3}{h_B' - h_3} \quad \text{(9-27)}$$

(4) 응축기 손실

응축기에서 나오는 물이 포화온도 이하로 냉각되면 포화온도까지 다시 가열하는 데 추가적인 열량이 필요하다. 이것을 응축기 손실이라 하는데, 그 값이 비교적 작아서 무시한다.

9-7 증기소비율과 열소비율

(1) 증기소비율(SR)

1 kWh 또는 1 PSh당 소비되는 증기의 양을 kg으로 표시한 것이다(kg/kWh, kg/PSh).

$$SR = \frac{1}{정미일} = \frac{860}{AW_{net}} = \frac{860}{AW_t - AW_p} = \frac{860}{h_2 - h_3}\,[\text{kg/kWh}]$$

$$\frac{632.3}{AW_{net}} = \frac{632.3}{h_2 - h_3}\,[\text{kg/PSh}] \quad \cdots\cdots\cdots\cdots\cdots\cdots\cdots\cdots\cdots (9-28)$$

(2) 열소비율(HR)

1 kWh 또 1 PSh당 증기에 의해 소비되는 열량이다.

$$HR = \frac{1}{이론\ 열효율} = \frac{860}{\eta_{th}}\,[\text{kcal/kWh}] = \frac{3600}{\eta_{th}}\,[\text{kJ/kWh}]$$

$$= \frac{632.3}{\eta_{th}}\,[\text{kcal/PSh}] = q \times SR \quad \cdots\cdots\cdots\cdots\cdots\cdots (9-29)$$

여기서, η_{th} : 이론 열효율, q : 증기 1 kg이 소비하는 열량

$$w_{net} = w_t - w_p$$

펌프일을 무시하면, $w_{net} \fallingdotseq w_t = h_2 - h_3$

$$\eta_{th} = \frac{w_t}{q_1} = \frac{h_2 - h_3}{h_2 - h_4} \ (펌프일\ 무시)$$

예제 **3. 그림과 같은 랭킨 사이클의 열효율과 이 과정에 대한 이론 열소비율(HR)을 구하면 얼마인가? (단, 펌프일은 무시한다.)**

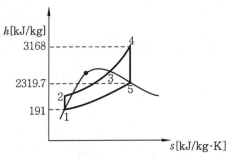

① 10631.58   ② 11631.58

③ 12631.58   ④ 13631.52

해설 1 kWh당 증기의 이론 열소비율(HR)

$$= \frac{1}{\eta_{th}} = \frac{q_1}{w_t} = \frac{3600}{\eta_{th}} = \frac{3600}{0.285} = 12631.58\ \text{kJ/kWh}$$

$$\eta_{th} = \frac{w_t}{q_1} = \frac{(h_4 - h_5)}{(h_4 - h_1)} = \frac{3168 - 2319.7}{3168 - 191} \times 100\ \% \fallingdotseq 28.5\ \%$$

정답 ③

출제 예상 문제

1. 재생 랭킨 사이클을 사용하는 이유는?

① 보일러에서 사용되는 공기를 예열하기 위하여

② 펌프일을 감소시키기 위하여

③ 터빈 출구의 질을 향상시키기 위하여

④ 추기를 이용하여 급수 가열을 위하여

2. 재생 사이클의 사용 목적을 가장 옳게 표현한 것은?

① 방출열을 감소시켜 열효율 개선

② 공급열량을 적게 하여 열효율 개선

③ 압력을 높여 열효율 개선

④ 터빈 출구의 습도 감소

3. 이론 열효율이 60 % 이고, 1 사이클당 유효율이 18900 kJ/kg이면, 1 PSh의 일을 얻기 위하여 공급해야 할 열량은 다음 중 어느 것인가?

① 4300 kcal/PSh

② 2457 kcal/PSh

③ 1807 kcal/PSh

④ 1050 kcal/PSh

[해설] $HR = \dfrac{1}{\eta_{th}} = \dfrac{1}{0.60}\left[\dfrac{\text{kJ/kg}}{\text{kJ/kg}}\right]$

$= \dfrac{1}{0.6}\left[\dfrac{\text{kJ}}{\text{kJ}}\right]$

$= \dfrac{1}{0.6}\left[\dfrac{\text{kJ}}{\text{kW}\cdot\text{s}}\right]$

$= \dfrac{1}{0.6} \times \left(\dfrac{\text{kJ}}{\dfrac{1.36}{3600}}\text{PSh}\right) \times \dfrac{3600}{1.36 \times 0.6}$

$= 4411.7\,\text{kJ/PSh} = 1050\,\text{kcal/PSh}$

4. 랭킨 사이클에서 보일러 초압과 초온이 일정할 때 배압이 높을수록 열효율은?

① 불변이다.

② 증가도 하고 감소도 한다.

③ 감소한다.

④ 증가한다.

[해설] 복수기 압력을 높이면 정미일량 (w_{net}) 이 감소하므로 열효율이 감소한다.

5. 수은–수증기 2유체 사이클이 고온 사이클에 이용되는 이유는?

① 수은의 포화압력이 높아서

② 수은이 염가이기 때문에

③ 저온에서 수은을 사용하기 위하여

④ 수은의 포화압력이 낮아서

6. 엔탈피 3679 kJ/kg인 증기를 25 ton/h 의 비율로 터빈으로 보냈더니 출구에서 엔탈피 2159 kJ/kg이었다. 터빈의 출력은 약 몇 kW인가?

① 12366.5

② 18555.6

③ 10555.6

④ 21326.5

[해설] 터빈에서의 총 열낙차는

$\Delta H = m(h_2 - h_1)$ 이므로,

$\Delta H = 25 \times 10^3 (3679 - 2159)$

$= 25 \times 10^3 \times 1520\,\text{kJ/h}$

$= \dfrac{25000 \times 1520}{3600} = 10555.6\,\text{kW}$

7. 다음은 재열 사이클의 $T\text{-}s$ 선도이다. 열효율을 옳게 표시한 것은?

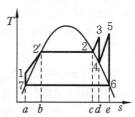

① $\eta_{reh} = \dfrac{\text{면적 } 76ea7}{\text{면적 } 12345ea1}$

② $\eta_{reh} = 1 - \dfrac{\text{면적 } 76ea7}{\text{면적 } 12345671}$

③ $\eta_{reh} = \dfrac{\text{면적 } 12345671}{\text{면적 } 12345ea1}$

④ $\eta_{reh} = 1 - \dfrac{\text{면적 } 12345671}{\text{면적 } 12345ea1}$

[해설] $T-s$ 선도는 열량선도로

$$\eta_{reh} = \frac{w_{net}}{q_1} = \frac{\text{면적 } 12345671}{\text{면적 } 12345ea1} \times 100\%$$

$$= 1 - \frac{q_2}{q_1} = 1 - \frac{\text{면적 } 76ea7}{\text{면적 } 12345ea1}$$

8. 랭킨 사이클은 다음 어느 사이클인가?

① 가솔린 엔진의 이상 사이클

② 스팀 터빈의 이상 사이클

③ 가스 터빈의 이상 사이클

④ 디젤 엔진의 이상 사이클

[해설] 랭킨 사이클은 증기 원동소의 기본 사이클이다.

9. 100 kPa의 포화수를 500 kPa까지 단열 압축하는 데에 필요한 펌프일은 몇 N·m/kg인가? (단, 100 kPa 압력에서 $v' = 0.001048$ m³/kg, $v'' = 1.725$ m³/kg이다.)

① 69.1
② 417.2

③ 521.4
④ 214.7

[해설] $w_p = -\displaystyle\int_1^2 vdP = v(P_1 - P_2)$

$$= -v(P_2 - P_1)$$

$$= -(0.0010428) \times (500 - 100) \times 10^3$$

$$= -417.2 \text{ N·m/kg}$$

$$\therefore w_p = 417.2 \text{ N·m/kg (압축일)}$$

10. 압력 1 MPa·abs, 온도 350℃인 증기를 건포화 증기까지 팽창시킨 후 같은 압력하에 다시 350℃까지 가열하여 5 kPa

·abs까지 팽창시켰다. 이 재열 사이클의 이론 열효율은 얼마인가?

① 96.7
② 81.7

③ 41.7
④ 31.7

[해설] $q_1 = q_1' + q_1'' = (h_2 - h_6) + (h_4 - h_3)$

$w_t = w_{t1} + w_{t2} = (h_2 - h_3) + (h_4 - h_5)$

$w_p = $ 무시

$$\eta_{th} = \frac{(h_2 - h_3) + (h_4 - h_5)}{(h_2 - h_6) + (h_4 - h_3)}$$

$$= \frac{(3171 - 2684) + (3187 - 2554)}{(3171 - 139) + (3187 - 2684)}$$

$$= 0.3168 \fallingdotseq 31.7\%$$

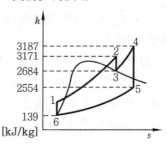

11. 문제 10과 같은 압력 및 온도의 증기를 재열하지 않고 5 kPa까지 팽창시키는 랭킨 사이클과의 열효율은 얼마로 되는가? (단, 펌프일은 무시한다.)

① 0.307
② 0.325

③ 0.356
④ 0.378

[해설] $h_4 = 3171$, $h_5 = 2239$, $h_1 = 139$

$$\eta_R = \frac{h_4 - h_5}{h_4 - h_1} = \frac{3171 - 2239}{3171 - 139}$$

$$\fallingdotseq 0.307 = 30.7\%$$

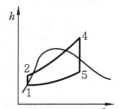

12. 랭킨 사이클의 각 과정은 다음과 같다.

틀린 것은?

① 터빈 : 가역단열팽창 과정

② 복수기 : 등압방열 과정

③ 펌프 : 가역단열압축 과정

④ 보일러 : 등온가열 과정

13. 재열 사이클은 주로 어떤 목적에 사용되는가?

① 펌프일을 감소시키기 위하여

② 열효율을 높이기 위하여

③ 터빈 출구의 질을 향상시키기 위하여

④ 보일러의 효율을 높이기 위하여

14. 다음 중 재생 랭킨 사이클의 설명으로 잘못된 것은?

① 기본 랭킨 사이클보다 열효율이 크다.

② 고압 터빈에서 추기를 이용하여 급수를 가열한다.

③ 터빈 출구의 습증기를 감소시킨다.

④ 보일러에 공급해야 할 연료를 절감시킨다.

15. 다음은 랭킨 사이클에 대한 표현이다. 틀린 것은?

① 터빈의 배기온도를 낮추면 터빈 날개가 부식한다.

② 응축기(복수기)의 압력이 낮아지면 열효율이 증가한다.

③ 터빈의 배기온도를 낮추면 터빈 효율은 증가한다.

④ 응축기(복수기)의 압력이 낮아지면 배출 열량이 적어진다.

16. 다음 중 랭킨 사이클(Rankine cycle)을 바르게 설명한 것은?

① 단열압축 - 정압가열 - 단열팽창 - 정압냉각

② 단열압축 - 등온가열 - 단열팽창 - 정적냉각

③ 단열압축 - 등적가열 - 등압팽창 - 정압냉각

④ 단열압축 - 정압가열 - 단열팽창 - 정적냉각

해설 랭킨 사이클의 과정

단열압축(펌프) → 정압가열(보일러) → 단열팽창(터빈) → 정압냉각(응축기)

17. 증기 원동소의 기본 사이클인 랭킨 사이클은 어떤 상태 변화로 구성되었는가?

① 단열, 정압, 정적, 폴리트로픽 변화가 각각 하나이다.

② 단열변화, 정적변화가 각각 둘이다.

③ 등온변화와 단열변화가 둘이다.

④ 정압변화가 둘, 단열변화가 둘이다.

18. 다음은 200 ata, 540℃의 증기를 발생하고, 터빈에서 2.5 MPa까지 단열팽창한 곳에서 초온까지 재열하여 복수기 압력 5 kPa까지 팽창시키는 증기 원동소의 $h - s$ 선도이다. 이것을 이용하여 다음을 구하여라.

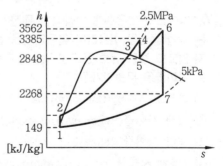

(1) 증기 원동소의 이론 열효율은 몇 %인가?

① 53.5 　　　　　② 50.6

정답 13. ② 　14. ③ 　15. ③ 　16. ① 　17. ④ 　18. (1) ④

③ 48.5   ④ 46.4

해설 $\eta_{Re} = \dfrac{(h_4-h_5)+(h_6-h_7)}{(h_4-h_1)+(h_6-h_5)}$

$= \dfrac{(3385-2848)+(3562-2268)}{(3385-149)+(3562-2848)}$

$= 0.4635 \fallingdotseq 46.35\%$

(2) 카르노 사이클의 효율은 몇 %인가?

① 62   ② 59

③ 58   ④ 56

해설 $\eta_c = 1 - \dfrac{T_2}{T_1} = 1 - \dfrac{273+35.5}{273+540}$

$= 0.6205 = 62.05\%$

100℃ 이하에서 포화온도와 포화수의 엔탈피는 비슷하다 (149 kJ/kg = 35.5 kcal/kg).

19. 그림은 증기 사이클의 $T-s$ 선도이다. 보일러에서 가열되는 과정은?

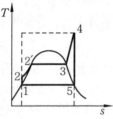

① 2 - 2′ - 3 - 4   ② 1 - 2 - 3 - 4

③ 2 - 3 - 4 - 5   ④ 3 - 4 - 5 - 1

20. 사이클의 고온측에 이상적인 특징을 갖는 작업 물질을 이용하여 작동압력을 높이지 않고도 작동 유효 온도범위를 증가시키는 사이클은 무엇인가?

① 카르노 사이클(Carnot cycle)

② 재생 사이클(Regenerating cycle)

③ 재열 사이클(Reheating cycle)

④ 2 유체 사이클(binary – vapour cycle)

21. $T-s$ 선도에서의 재생·재열 사이클을 옳게 표시한 것은?

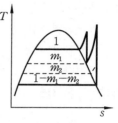

① 3단 재생, 2단 재열

② 3단 재생, 3단 재열

③ 1단 재생, 2단 재열

④ 2단 재생, 1단 재열

22. 다음은 랭킨 사이클에서 압력과 온도의 영향에 대한 설명이다. 틀린 것은?

① 복수기의 압력이 낮을수록 열효율은 증가하나, 습기가 증가한다.

② 보일러의 최고 압력이 높을수록 열효율은 증가하며, 건도도 증가한다.

③ 보일러의 최고 온도가 높을수록 열효율은 증가하며, 건도도 증가한다.

④ 과열기를 설치하여 증기를 과열시키면 열효율은 증가한다.

해설 ② 건도는 감소한다.

23. 2 개의 단열변화와 2 개의 정압변화로 이루어진 랭킨 사이클에서 단열이며 정적인 변화에 가장 가까운 것은 다음의 어느 곳에서 이루어지는가?

① 복수기   ② 보일러

③ 터빈   ④ 급수펌프

해설 급수펌프에서는 단열, 즉 외부와의 열출입이 없으며 물은 비압축성 유체이므로 거의 체적변화가 없는 정적과정이다.

24. 증기 터빈에서 터빈 효율이 커지면?

① 터빈 출구의 건도는 감소한다.

② 터빈 출구의 건도는 증가한다.

③ 터빈 출구의 온도는 상승한다.

정답 18. (2) ①   19. ①   20. ④   21. ④   22. ②   23. ④   24. ①

④ 터빈 출구의 압력은 상승한다.

25. 초압이 10 MPa일 때 복수기 압력이 5 kPa이면 펌프일은 얼마인가? (단, 물의 비체적은 어느 경우나 $v' = 0.001$ m³/kg 이다.)

① 13 kJ/kg   ② 10 kJ/kg

③ 9.5 kJ/kg   ④ 45 kJ/kg

[해설] $w_p = v'(P_2 - P_1) = 0.001 \times (5 - 10000)$
$= -9.995$ kJ/kg ≒ 10 kJ/kg(압축일)

26. 압력이 1.033 kg/cm²인 포화증기의 전 열량은 몇 kcal/kg인가?

① 539   ② 739

③ 639   ④ 439

[해설] 전열량 = 액체열 + 증발열(증기표에서)
$= 100 + 539 = 639$ kcal/kg

27. 다음 사이클 중에서 동작유체의 단위 질량당의 팽창일에 비하여 압축일이 가장 적게 소요되는 사이클은?

① 브레이턴 사이클   ② 랭킨 사이클

③ 오토 사이클   ④ 디젤 사이클

[해설] 일반적으로 내역기관의 사이클은 동작유체가 기체이므로 압축시키는 데 부피변화를 많이 동반하기 때문에 압축일이 많이 필요하나, 랭킨 사이클과 같은 동작유체로 물을 사용하는 사이클에서는 압축이 조금밖에 일어나지 않으므로 팽창일에 비해 압축일이 적게 소요된다.

28. 랭킨 사이클에서 효율을 증가시키기 위하여 초온을 일정하게 하고 초압을 상승시키면 터빈 출구의 증기 상태는?

① 건도 증가   ② 엔트로피 증가

③ 건도 감소   ④ 비체적 증가

29. 다음 사이클 중에서 동작유체에 상 (phase)의 변화가 있는 사이클은?

① 랭킨 사이클

② 오토 사이클

③ 스털링 사이클

④ 브레이턴 사이클

[해설] 동작유체에 상의 변화가 있다는 것은, 즉 기체, 액체와 같은 상의 변화가 사이클에서 이루어진다는 것을 의미한다.

30. 다음은 랭킨 사이클에 관한 표현이다. 틀린 것은?

① 주어진 압력에서 과열도가 높으면 열효율이 증가한다.

② 보일러 압력이 높아지면 열효율이 증가한다.

③ 보일러 압력이 높아지면 배출열량이 감소한다.

④ 보일러 압력이 높아지면 터빈에서 나오는 증기의 습도는 감소한다.

31. 압력 1.4 MPa · abs, 온도 350℃인 증기를 배기압 20 kPa · abs까지 팽창시켰다. 이 랭킨 사이클의 열효율은 얼마인가? (단, 펌프일은 무시하고, $h_3 = 3163$ kJ/kg, $h_4 = 2365$ kJ/kg, $h_1 = 252$ kJ/kg 이다.)

① 0.274   ② 0.291

③ 0.314   ④ 0.323

[해설] $\eta_R = \dfrac{h_3 - h_4}{h_3 - h_1} = \dfrac{3163 - 2365}{3163 - 252}$
$= 0.274 = 27.4\%$

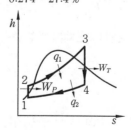

제**10**장 냉동 사이클

10-1 냉동 사이클(refrigeration cycle)

(1) 역 카르노 사이클(냉동기의 이상 사이클)

냉동 사이클의 이상 사이클은 고열원 T_1, 저열원 T_2인 경우의 역 카르노 사이클이다.

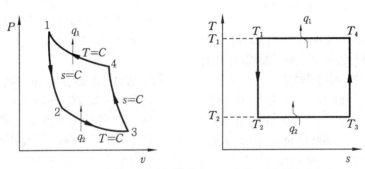

(1→2 과정) : 단열팽창 과정, (2→3 과정) : 단온팽창 과정
(3→4 과정) : 단열압축 과정, (4→1 과정) : 등온압축 과정

역 카르노 사이클

① 냉동효과 (저온체에서 흡수한 열량)

$$q_2 = \int_2^3 Pdv = P_2 v_2 \ln \frac{v_3}{v_2} = RT_2 \ln \frac{v_3}{v_2} \, [\text{kJ/kg}] \quad \cdots\cdots\cdots\cdots (10-1)$$

② 방출열량 (고온체에서 방출한 열량)

$$q_1 = -\int_4^1 Pdv = -P_1 v_1 \ln \frac{v_1}{v_4} = -RT_1 \ln \frac{v_1}{v_4}$$

$$= P_1 v_1 \ln \frac{v_4}{v_1} = RT_1 \ln \frac{v_4}{v_1} \, [\text{kJ/kg}] \quad \cdots\cdots\cdots\cdots (10-2)$$

③ **냉동기 성적계수** : 냉동효과를 표시하는 기준으로서 저온체에서 흡수한 열량(q_2)과 공급된 일(w_c)과의 비를 말한다. 또한, 냉동기와 같은 기계이면서 저열원에서 열을 흡

수하여 고열원을 가열하는 데 이용되는 기계를 열펌프(heat pump)라 하며, 열펌프의 성능계수는 고열원에서 방출한 열량(q_1)과 공급된 일(w_c)과의 비를 말한다.

(1→2 과정) : 단열팽창 과정이므로,

$$T_1 v_1^{k-1} = T_2 v_2^{k-1}$$

$$\therefore \ \frac{T_2}{T_1} = \left(\frac{v_1}{v_2}\right)^{k-1}$$

(3→4 과정) : 단열압축 과정이므로,

$$T_3 v_3^{k-1} = T_4 v_4^{k-1}$$

$$\therefore \ \frac{T_3}{T_4} = \left(\frac{v_4}{v_3}\right)^{k-1}$$

$T_1 = T_4, \ \ T_2 = T_3$ 이므로,

$$\therefore \ \frac{v_1}{v_2} = \frac{v_4}{v_3} \text{에서,}$$

$$\frac{v_4}{v_1} = \frac{v_3}{v_2}$$

위의 과정식으로부터

• 냉동기 성적계수 [coefficient of performance : (COP)ᴿ]

$$\varepsilon_R = \frac{q_2}{w_c} = \frac{q_2}{q_1 - q_2} = \frac{RT_2 \ln \dfrac{v_3}{v_2}}{RT_1 \ln \dfrac{v_4}{v_1} - RT_2 \ln \dfrac{v_3}{v_2}} \quad \cdots\cdots\cdots\cdots\cdots\cdots (10-3)$$

$$\therefore \ \varepsilon_R = \frac{T_2}{T_1 - T_2} = \frac{T_{\text{II}}}{T_{\text{I}} - T_{\text{II}}} \quad \cdots\cdots\cdots\cdots\cdots\cdots\cdots\cdots\cdots\cdots (10-4)$$

여기서, T_{I} : 고열원의 온도, T_{II} : 저열원의 온도

• 열펌프의 성적계수 [(COP)ᴴ]

$$\varepsilon_H = \frac{q_1}{w_c} = \frac{q_1}{q_1 - q_2} = \frac{RT_1 \ln \dfrac{v_4}{v_1}}{RT_1 \ln \dfrac{v_4}{v_1} - RT_2 \ln \dfrac{v_3}{v_2}}$$

$$\varepsilon_H = \frac{T_1}{T_1 - T_2} = \frac{T_{\text{I}}}{T_{\text{I}} - T_{\text{II}}} \quad \cdots\cdots\cdots\cdots\cdots\cdots\cdots\cdots\cdots\cdots (10-5)$$

$$\therefore \ \varepsilon_R = \varepsilon_H - 1$$

예제 1. 어떤 냉동기가 1 kW의 동력을 사용하여 매 시간 저열원에서 11148.5 kJ의 열을 흡수한다. 이 냉동기의 성능 (성적)계수는 얼마인가?

① 2.1   ② 2.7

③ 3.1   ④ 4.2

해설 $\varepsilon_R = \dfrac{Q_e}{w_c} = \dfrac{11148.5}{1 \times 3600} = 3.1$ **정답** ③

(2) 냉동능력 및 냉동률

① **냉동능력**(Q_e) : 냉동능력이란 증발기에서 단위 시간당 냉각열량(흡수열량)을 말하며, 냉동톤(RT)으로 표시한다.

② **냉동톤**(ton of refrigeration) : 냉동기의 능력을 냉동톤으로 표시하며, 1 냉동톤은 0℃의 물 1 ton을 24 시간 동안에 0℃의 얼음으로 만드는 냉동능력을 말한다.

    1 냉동톤(RT) $= 79.68 \times 1000 = 79680$ kcal/24 h $= 3320$ kcal/h

$$\fallingdotseq 13900 \text{ kJ/h} = 3.86 \text{ kW} \quad \cdots\cdots\cdots\cdots\cdots\cdots\cdots\cdots\cdots\cdots (10-6)$$

③ **냉동률** : 1 PS의 동력으로 1시간에 발생하는 이론 냉동능력을 냉동률 K라 하며,

$$K = \frac{Q_e}{N_i} = \frac{\text{냉동능력}}{\text{이론지시마력}} [\text{kJ/PS} \cdot \text{h}] \quad \cdots\cdots\cdots\cdots\cdots\cdots (10-7)$$

④ **냉동효과**(kJ / kg) : 증발기에서 1 kg의 냉매가 흡수하는 열량

⑤ **체적 냉동효과**(kJ/m³) : 압축기 입구에서의 건포화증기의 단위 체적당 흡수열량

예제 2. 냉동실에서의 흡수열량이 5냉동톤(RT)인 냉동기의 성능계수(COP)가 2, 냉동기를 구동하는 가솔린 엔진의 열효율이 20 %, 가솔린의 발열량이 43000 kJ/kg일 경우, 냉동기 구동에 소요되는 가솔린의 소비율은 약 몇 kg/h인가? (단, 1냉동톤(RT)은 약 3.86 kW이다.)

① 1.28 kg/h   ② 2.54 kg/h

③ 4.04 kg/h   ④ 4.85 kg/h

해설 $\eta = \dfrac{w_c}{H_L \times m_f} = \dfrac{Q_e}{H_L \times m_f \times \varepsilon_R} \times 100 \%$

$\therefore \ m_f = \dfrac{Q_e}{H_L \times \varepsilon_R \times \eta} = \dfrac{5 \times 3.86 \times 3600}{43000 \times 2 \times 0.2} = 4.04$ kg/h   **정답** ③

(3) 냉매(refrigerant)

냉매란 냉동기 계통 내를 순환하면서 냉동효과를 가져오는 동작물질로서 3 그룹으로 대별한다.

① **제1그룹** (가장 안전한 냉매) : Freon계 냉매, 위생과 관계 있는 곳에 사용한다 [R – 12

(CF_2Cl), R$-$113$(C_2F_3Cl_3)$, methyl(CH_3Cl), R$-$114$(C_2F_4Cl_2)$, R$-$21$(CHFCl_2)$, R$-$11 $(CFCl_3)$, CO_2, R$-$13(CF_3Cl)].

② **제 2 그룹 (유독성이 있고, 비교적 연소하기 쉬운 냉매)** : 암모니아는 열역학적 성질이 좋고 값이 저렴하여 제빙 등 공업용으로 널리 사용한다 [암모니아(NH_3), methyle chlroide(CH_3Cl), 아황산가스(SO_2)].

③ **제 3 그룹 (매우 연소하기 쉬운 냉매)** : 석유화학 분야 등 특수한 분야 이외에는 사용하지 않는다 [butane(C_4H_{10}), propane(C_3H_8), ethane(C_2H_6), methane(CH_4)].

냉매는 화합물로서 증발과 응축이 되풀이되며, -15℃ 인 저온에서 100 ℃ 정도의 고온까지 사이클이 되풀이되므로 물리적, 화학적으로 어느 정도의 조건이 요구된다.

　(개) 물리적인 조건
- 응고점이 낮을 것
- 증발열이 클 것
- 응축압력이 높지 않을 것
- 증발압력이 낮지 않을 것
- 임계온도는 상온보다 높아야 할 것
- 증기의 비열은 크고, 액체의 비열은 작을 것
- 증기의 비체적이 작을 것
- 소요동력이 작을 것(단위 냉동량당)
- 증기와 액체의 밀도가 작을 것
- 전열이 양호할 것
- 전기 저항이 클 것

　(내) 화학적인 조건
- 안전성이 있어야 한다.
- 부식성이 없어야 한다.
- 무해·무독성일 것
- 인화·폭발의 위험성이 없을 것
- 윤활유에는 될 수 있는 대로 녹지 않을 것
- 증기 및 액체의 점성이 작을 것
- 전열계수·전기저항이 클 것
- 기타 누설이 적고, 가격이 저렴해야 한다.

(4) 역 브레이턴 사이클(공기 표준 냉동 사이클)

공기 압축 냉동 사이클은 가스 터빈의 이론 사이클인 브레이턴 사이클을 역방향으로 행한 역 브레이턴 사이클(Brayton cycle)이다.

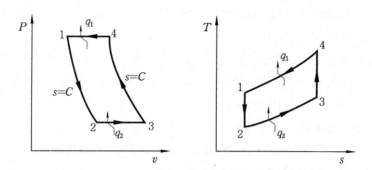

(1→2 과정) : 단열팽창 과정, (2→3 과정) : 등압흡열 과정(q_2)
(3→4 과정) : 단열압축 과정, (4→1 과정) : 등압방열 과정(q_1)

역 브레이턴 사이클

① 냉동효과 (흡수열량) : 등압과정이므로,

$$q_2 = C_p(T_3 - T_2) \quad \text{.........................} (10-8)$$

② 방출열량 : 등압과정이므로,

$$q_1 = C_p(T_4 - T_1) \quad \text{.........................} (10-9)$$

③ 냉동기 성적계수

$$\varepsilon_R = \frac{q_2}{w_c} = \frac{q_2}{q_1 - q_2} = \frac{C_p(T_3 - T_2)}{C_p(T_4 - T_1) - C_p(T_3 - T_2)}$$

$$= \frac{1}{\dfrac{T_4 - T_1}{T_3 - T_2} - 1} \quad \text{...................} (10-10)$$

위의 (1→2), (3→4) 과정 식에서,

$$\left[\frac{T_4 - T_1}{T_3 - T_2} = \frac{(T_4 - T_1)}{\left(\dfrac{P_2}{P_1}\right)^{\frac{k-1}{k}} (T_4 - T_1)} = \left(\frac{P_1}{P_2}\right)^{\frac{k-1}{k}} = \frac{T_1}{T_2} = \frac{T_4}{T_3} \right] \quad \text{..............} (10-11)$$

$$\therefore \ \varepsilon_R = \frac{1}{\dfrac{T_4 - T_1}{T_3 - T_2} - 1} = \frac{1}{\dfrac{T_1}{T_2} - 1} = \frac{T_2}{T_1 - T_2} = \frac{1}{\dfrac{T_4}{T_3} - 1}$$

$$= \frac{T_3}{T_4 - T_3}$$

$$\therefore \ \varepsilon_R = \frac{1}{\left(\dfrac{P_1}{P_2}\right)^{\frac{k-1}{k}} - 1} = \frac{T_2}{T_1 - T_2} = \frac{T_3}{T_4 - T_3} \quad \text{.....................} (10-12)$$

예제 3. 고온측이 30℃, 저온측이 −15℃인 냉동기의 성적계수(ε_R)는?

① 4.73   ② 5.73   ③ 6.73   ④ 6.85

해설 $\varepsilon_R = \dfrac{T_2}{T_1 - T_2} = \dfrac{258}{303 - 258} = 5.73$ 정답 ②

예제 4. 밀폐 단열된 방에 (a) 냉장고의 문을 열었을 경우, (b) 냉장고의 문을 닫았을 경우에 대하여 가정용 냉장고를 가동시키고 방안의 평균온도를 관찰한 결과 가장 합당한 것은?

① (a), (b) 경우 모두 방안의 평균온도는 감소한다.
② (a), (b) 경우 모두 방안의 평균온도는 상승한다.
③ (a), (b) 경우 모두 방안의 평균온도는 변하지 않는다.
④ (a)의 경우는 방안의 평균온도는 변하지 않고, (b)의 경우는 상승한다.

해설 밀폐 단열된 방에서 가정용 냉장고를 작동 시 열역학 제1법칙(에너지 보존의 법칙)에 따라 응축부하 = 냉동능력 + 압축기 소요동력이며, 열역학 제2법칙에 따라 열을 저온에서 고온으로 이동시키려면 압축기 소요동력이 필요하다(방향성 제시).
※ 응축기에서의 방열량이 증발기 흡열량보다 크기 때문에 두 조건 모두 방안 평균온도는 상승한다.   정답 ②

10-2   증기압축 냉동 사이클

(1) 습증기압축 냉동 사이클

습증기 영역에서 작동하며 압축기는 습증기를 흡입하고 압축 후의 상태는 건포화증기가 된다.

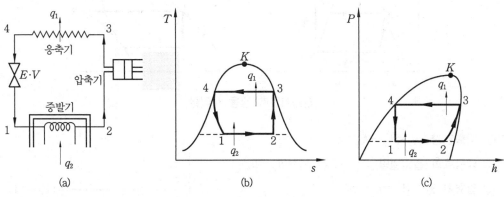

습압축 냉동 사이클

① 방열량 : $q_1 = h_3 - h_4 = h_3 - h_1$

② 냉동효과 (흡입열량) : $q_2 = h_2 - h_1 = h_2 - h_4$

③ 압축기 일 : $W_c = h_3 - h_2$

④ 냉동기 성능 (성적)계수 : $(\text{COP})_R = \varepsilon_R = \dfrac{q_2}{W_c} = \dfrac{h_2 - h_1}{h_3 - h_2}$

.........................(10 – 13)

(2) 건증기압축 냉동 사이클

압축기가 상태 2인 건포화증기를 흡입하여 압력 P_1, 온도 T_1의 과열증기가 될 때까지 압축을 행하는 사이클이며, 실용 냉동기의 기본 사이클로 취급한다.

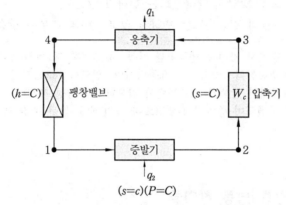

증기압축 냉동 사이클 (건증기, 습증기)

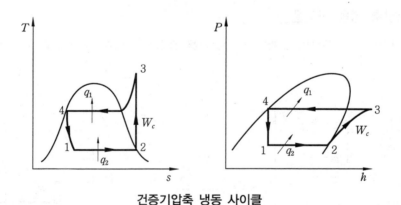

건증기압축 냉동 사이클

① 방출열량 : $q_1 = h_3 - h_4 = h_3 - h_1$

② 냉동효과 (흡입열량) : $q_2 = h_2 - h_1 = h_2 - h_4$

③ 압축기 일 : $W_c = h_3 - h_2$

.........................(10 – 14)

④ 냉동기 성적계수 $(\varepsilon_R) = \dfrac{q_2}{W_c} = \dfrac{h_2 - h_1}{h_3 - h_2} = \dfrac{h_2 - h_4}{h_3 - h_2}$

(3) 과열압축 냉동 사이클

건압축 냉동 사이클로 작동하는 냉동기에서 증발기를 나간 건포화증기가 압축기에 송입되는 도중에 열을 흡수하여 과열기에 들어가는 경우가 많다. 이와 같이 과열증기를 흡입하여 압축하는 사이클을 과열 압축 냉동 사이클이라 한다.

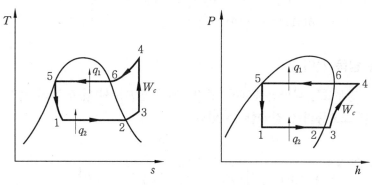

과열압축 냉동 사이클

① **냉동효과** : $q_2 = h_3 - h_1$ (증발기 내에서의 과열)

   $q_2 = h_2 - h_1$ (증발기 외에서의 과열)

② **방열량** : $q_1 = h_4 - h_5 = h_4 - h_1$

③ **압축기 일** : $W_c = h_4 - h_3$

④ **냉동기 성적계수**$(\varepsilon_R) = \dfrac{q_2}{W_c} = \dfrac{h_3 - h_1}{h_4 - h_3}$ 또는 $\dfrac{h_2 - h_1}{h_4 - h_3}$

$$\text{......................................} (10-15)$$

(4) 과랭압축 냉동 사이클

응축기에서 응축된 포화액을 계속 냉각시켜 비포화액으로 하여 팽창기를 통해 증발기 내로 보내면 증발기 입구에서의 냉매의 건도가 작아지며, 따라서 냉동효과가 증가한다. 이 사이클을 과랭압축 냉동 사이클이라 하며, 실제 냉동기의 기준 사이클이 되기도 한다.

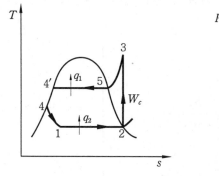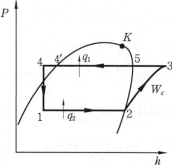

과랭압축 냉동 사이클

① **냉동효과** : $q_2 = h_2 - h_1 = h_2 - h_4$

② **방열량** : $q_1 = h_3 - h_4 = h_3 - h_1$

③ **압축기 일** : $W_c = h_3 - h_2$

④ **냉동기 성능 (성적)계수**$(\varepsilon_R) = \dfrac{q_2}{W_c} = \dfrac{h_2 - h_1}{h_3 - h_2} = \dfrac{h_2 - h_4}{h_3 - h_2}$

⑤ **과냉각도**$= t_4' - t_4$ (여기서, t_4 : 과냉각온도)

·················· $(10-16)$

(5) 다단압축 냉동 사이클

압축비가 클 경우에는 다단압축하며, 중간냉각을 함으로써 압축 말의 과열도를 낮출 수 있으며, 필요한 소요동력을 절약할 수 있다.

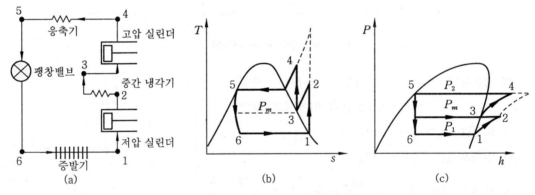

2단 압축 1단 팽창 사이클(다단압축)

그림은 중간냉각을 하는 2단 압축 냉동 사이클의 1단 팽창의 경우를 나타낸 것이다. 건포화증기 1을 중간압력 P_m까지 저압 실린더로 단열압축하여 1에서 4까지 등압 중간냉각을 행한다.

고압 실린더로 P_2까지 압축하고, 응축기에 보내어 액화냉매 5의 상태를 팽창밸브에 의하여 교축한 다음, 증발기로 보내어 냉동효과를 얻는다. 압축기의 일은 1단 압축의 경우에 비하여 절약되나 냉동효과는 같다.

① **냉동효과** : $q_2 = h_1 - h_6 = h_1 - h_5$

② **압축일량** : $w_c = (h_4 - h_3) + (h_2 - h_1)$

③ **냉동기 성적계수**$(\varepsilon_R) = \dfrac{q_2}{w_c} = \dfrac{h_1 - h_6}{(h_4 - h_3) + (h_2 - h_1)}$

④ **중간압력**$(P_m) = \sqrt{P_1 P_2}$ [kPa]

·················· $(10-17)$

예제 5. 암모니아를 냉매로 하는 2단 압축 1단 교축의 냉동장치의 응축기 온도가 30℃, 증발기 온도가 −30℃이다. 이때 성적계수와 냉동량이 420000 kJ/h 라고 하면 필요한 암모니아의 순환량(kg/h)은 얼마인가? (단, 중간냉각은 30℃에서 행한다고 본다.)

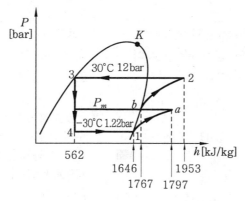

① 3.21, 387.45

② 3.25, 397.45

③ 4.25, 387.45

④ 3.25, 425.45

해설 중간압력$(P_m) = \sqrt{P_1 \cdot P_2} = \sqrt{12 \times 1.22} = 3.83 \, \text{bar}$

냉동기 성적계수$(\varepsilon_R) = \dfrac{q_2}{W_c} = \dfrac{h_1 - h_3}{(h_a - h_1) + (h_2 - h_b)}$

$$= \frac{(1646 - 562)}{(1797 - 1646) + (1953 - 1767)} = 3.21$$

냉매순환량$(G) = \dfrac{Q_e}{q_2} = \dfrac{Q_e}{h_1 - h_3} = \dfrac{420000}{1646 - 562} = 387.45 \, \text{kg/h}$

정답 ①

출제 예상 문제

1. 카르노 사이클의 열효율 η_c와 역 카르노 사이클(냉동 사이클)의 성능계수 ε 사이에 어떤 관계식이 성립하는가?

① $\varepsilon - \dfrac{1}{\eta_c} = 0$ ② $\varepsilon + \eta_c = 1$

③ $(1-\varepsilon)\eta_c = 1$ ④ $(1+\varepsilon)\eta_c = 1$

해설 $\eta_c = \dfrac{Q_1 - Q_2}{Q_1}$, $\varepsilon = \dfrac{Q_2}{Q_1 - Q_2}$

$\dfrac{1}{\eta_c} = \dfrac{Q_1}{Q_1 - Q_2}$, $\dfrac{1}{\eta_c} - \varepsilon = \dfrac{Q_1 - Q_2}{Q_1 - Q_2} = 1$

따라서, $\dfrac{1}{\eta_c} - \varepsilon = 1$ 또는 $(1+\varepsilon)\eta_c = 1$

2. 증기 냉동기에서의 냉매가 순환되는 경로가 옳은 것은?

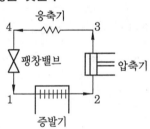

① 증발기 – 응축기 – 팽창밸브 – 압축기
② 압축기 – 응축기 – 증발기 – 팽창밸브
③ 압축기 – 증발기 – 팽창밸브 – 응축기
④ 증발기 – 압축기 – 응축기 – 팽창밸브

3. 냉장고가 저온체에서 300 kJ/h의 열을 흡수하여 고온체에 400 kJ/h의 열을 방출할 때 냉장고의 성능계수는?

① 3.5 ② 4
③ 2.5 ④ 3

해설 $\varepsilon_R = \dfrac{T_2}{T_1 - T_2} = \dfrac{300}{400 - 300} = 3$

4. 냉동장치에서 열을 흡수하는 부분은?

① 압축기 ② 응축기
③ 팽창밸브 ④ 증발기

5. 냉동 용량이 5 냉동톤인 냉동기의 성능계수가 2.4이다. 이 냉동기를 작동하기 위해 필요한 동력은 몇 kW인가? (단, 1 RT = 13900 kJ/h이다.)

① 2.77 ② 4.61
③ 8.04 ④ 10.94

해설 $w_c = \dfrac{q_2}{\varepsilon_R} = \dfrac{5 \times 3.86}{2.4} = 8.04 \text{ kW}$

(1 RT = 3.86 kW = 13900 kJ/h)

6. 다음 냉매에 관한 표현 중 적당한 것은?

① 프레온계의 냉매는 보통 번호로 부른다.
② 탄산가스는 고압이 되면 임계 온도가 높아진다.
③ 암모니아 가스는 독성이 적다.
④ 할로겐화 탄화수소의 최대 결점은 안전성이 작다는 것이다.

7. 냉매란 무엇인가?

① 냉동장치의 연료
② 암모니아의 학술 용어
③ 열을 운반하는 동작 물질
④ 윤활유의 상품명

8. 증기 압축 냉동기에서 등엔트로피 과정은 어느 곳에서 이루어지는가?

① 압축기 ② 팽창밸브
③ 응축기 ④ 증발기

정답 1. ④ 2. ④ 3. ④ 4. ④ 5. ③ 6. ① 7. ③ 8. ①

9. 다음은 냉동 사이클에 대하여 설명한 글이다. 부적당한 것은?

① 1 냉동톤이란 0℃ 물 1 ton을 같은 온도의 얼음으로 만드는 능력을 말한다.

② 1 냉동톤의 시간당 처리능력은 3320 kcal에 해당된다.

③ 냉동능력을 정할 시 기준과랭도는 0℃를 말한다.

④ 냉동능력을 정할 시 고온열원 온도는 30℃를 말한다.

해설 1 냉동톤이란 0℃의 물 1 ton을 24 시간 동안에 0℃의 얼음으로 만드는 능력을 말하며, 3320 kcal/h이고, 대체로 냉동능력을 정할 때 기준과랭도를 0℃로 한다.

10. 냉동기에서 응축 온도가 일정할 때 증발 온도가 높을수록 성적계수는?

① 감소한다.　　② 증가한다.

③ 불변한다.　　④ 알 수 없다.

11. 열펌프(heat pump)의 성능계수는 다음 중 어느 것인가?

① 역 냉동 사이클의 효율이다.

② 저온체와 고온체의 절대온도에 비례한다.

③ 저온체에서 흡수한 열량과 기계적 입력과의 비율이다.

④ 고온체에 방출한 열량과 기계적 입력과의 비율이다.

해설 $\varepsilon_H = \dfrac{Q_1}{w_c} = \dfrac{T_1}{T_1 - T_2}$

12. 100℃와 50℃ 사이에서 냉동기를 작동한다면 최대로 도달할 수 있는 냉동기 성적계수는 약 얼마인가?

① 1.5　　　　② 2.5

③ 4.25　　　④ 6.46

해설 $\varepsilon_R = \dfrac{T_2}{T_1 - T_2} = \dfrac{323}{373 - 323} = 6.46$

13. 암모니아를 냉매로 사용할 경우 효율이 높은 냉동 사이클은?

① 과냉 압축 냉동 사이클

② 습압축 냉동 사이클

③ 다효 냉동 사이클

④ 다단 압축 냉동 사이클

14. 냉장고에서 매 시간 33350 kJ의 열을 빼앗는 냉동 동력은 몇 냉동톤인가?

① 1.2　　　　② 0.8

③ 2.4　　　　④ 5

해설 1 RT(냉동톤) = 3320 kcal
= 3.86 kW = 13896 kJ/h

∴ RT $= \dfrac{33350}{13896} = 2.4$

15. 액체의 압력이 감소되면 증발 온도는?

① 내려간다.　　② 올라간다.

③ 알 수 없다.　　④ 불변한다.

16. 다음은 냉매로서 갖추어야 할 요구 조건이다. 적당하지 않은 것은?

① 증발 온도에서 높은 잠열을 가져야 한다.

② 열전도율이 커야 한다.

③ 비체적이 커야 한다.

④ 불활성이고 안정하며 비가연성이어야 한다.

해설 냉매는 비체적이 작아야 한다.

17. 증기 압축 냉동기에서 냉매의 엔탈피가 일정한 기기는?

① 응축기　　　② 증발기

③ 팽창밸브　　④ 압축기

해설 팽창밸브(교축팽창)

정답　9. ④　10. ①　11. ④　12. ④　13. ④　14. ③　15. ①　16. ③　17. ③

(1) 압력 강하

(2) 온도 강하

(3) 등엔탈피

(4) 엔트로피 증가

18. 열 pump의 정의를 옳게 표시한 항은?

① 열에너지를 이용하여 유체를 이송하는 장치

② 열을 공급하여 동력을 얻는 장치

③ 동력을 이용하여 고온체에 열을 공급하는 장치

④ 동력을 이용하여 저온을 유지하는 장치

19. 증발 온도 −30℃, 응축 온도가 25℃인 냉동장치의 1 냉동톤당 소요마력은?

① 0.84 PS

② 1.01 PS

③ 1.19 PS

④ 2.34 PS

[해설] $\varepsilon_R = \dfrac{T_2}{T_1 - T_2} = \dfrac{273 - 30}{25 - (-30)} = 4.42$

$\therefore W = \dfrac{Q_2}{\varepsilon_R} = \dfrac{13900\,\text{kJ/h}}{4.42} \fallingdotseq 3145\,\text{kJ/h}$

$\qquad = 0.87\,\text{kW} = 0.87 \times 1.36 = 1.19\,\text{PS}$

※ 1 kW = 3600 kJ/h = 1.36 PS

20. 냉동능력 표시방법 중 틀린 것은?

① 1냉동톤의 능력을 내는 냉매 순환량

② 압축기 입구 증기의 체적당 흡열량

③ 1시간에 냉동기가 흡수하는 열량

④ 냉매 1 kg이 흡수하는 열량

[해설] ② : 체적냉동효과

③ : 냉동능력

④ : 냉동효과

21. 증발기 코일에 생기는 성에의 원인은?

① 증발기 기능이 불량하므로

② 공기 중의 수분 때문에

③ 응축기 기능이 불량하므로

④ 압축기 기능이 불량하므로

22. 어떤 냉동기에서 0℃의 물로 0℃의 얼음 2 ton을 만드는 데 50 kWh의 일이 소요된다면 이 냉동기의 성능계수는? (단, 물의 융해열은 80 kcal/kg이다.)

① 2.45

② 3.73

③ 4.45

④ 5.46

[해설] $\varepsilon_R = \dfrac{Q_2}{Q_1 - Q_2} = \dfrac{Q_2}{W_c}$

$\qquad = \dfrac{2000 \times 80[\text{kg} \times \text{kcal/kg}]}{50\,\text{kWh}}$

$\qquad = 3200\,\text{kcal/kWh}$

$\qquad = 3200 \times \dfrac{4.2}{3600} = 3.73$

※ $\dfrac{\text{kcal}}{\text{kWh}} = \dfrac{4.2\,\text{kJ}}{3600\,\text{kW} \cdot \text{s}}$

$\qquad = \dfrac{4.2}{3600}\left[\dfrac{\text{kJ}}{\text{kJ}}\right] = \dfrac{4.2}{3600}$

※ 1 kW = 1 kJ/s(1 kW · s = 1 kJ)

23. 다음 중 프레온이 포함하는 공통된 원소는?

① 수소

② 불소

③ 질소

④ 유황

[해설] 프레온은 불화탄화수소계의 냉매이다 (R−12 : CF_2Cl_2, R−11 : $CFCl_3$).

24. 냉동장치 내에서 냉매는 어떤 상태로 순환하는가?

① 기체상태로 순환

② 액체상태로 순환

③ 액체와 기체로 순환

④ 액체 · 기체 · 고체로 순환

25. 이상적인 냉매 식별 방법은?

① 냄새를 맡아본다.

② 불꽃으로 판별한다.

③ 암모니아 걸레를 쓴다.

④ 계기 및 온도계를 비교해 본다.

26. 냉매액의 압력이 감소하면 증발 온도는?

① 강하   ② 상승

③ 일정   ④ 강하 또는 상승

27. 다음 중 액체 상태의 암모니아는?

① 30℃, 11 ata   ② 10 ata, 15℃

③ 4 ata, 0℃   ④ −10℃, 2.5 ata

28. 다음 증기 압축 냉동 사이클의 설명으로 틀린 것은?

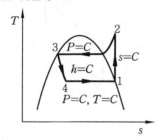

① 증발기에서의 증발 과정은 등압, 등온 과정이다.

② 압축기에서의 과정은 단열 과정이다.

③ 응축기에서는 등압, 등온 과정이다.

④ 팽창밸브에서는 교축 과정이다.

[해설] 응축기에서의 과정은 등압(고온체 열량 방열, 엔트로피 감소) 과정이다.

냉동기 순환과정은,

증발기 $\xrightarrow{1}$ 압축기 $\xrightarrow{2}$ 응축기 $\xrightarrow{3}$ $E\cdot V$ $\xrightarrow{4}$ 증발기

29. 0℃와 100℃ 사이에서 역 카르노 사이클로 작동하는 냉동기가 1 사이클당 21 kJ의 열을 방출하였다. 1 사이클당 일(kJ)과 성능계수(ε_R)는?

① $W = 7.69,\ \varepsilon_R = 2.73$

② $W = 1.83,\ \varepsilon_R = 3.73$

③ $W = -7.69,\ \varepsilon_R = 2.73$

④ $W = -1.83,\ \varepsilon_R = 3.73$

[해설] $w_c = \dfrac{q_1}{\varepsilon_R} = \dfrac{-21}{2.73} = -7.69\,\text{kJ}$

$\varepsilon_R = \dfrac{T_2}{T_1 - T_2} = \dfrac{273}{373 - 273} = 2.73$

30. 증발기와 응축기의 열 출입량 크기를 비교하면?

① 응축기가 크다.

② 증발기가 크다.

③ 같다.

④ 경우에 따라 다르다.

[해설] 응축기 방열량(부하) = 증발기 냉동능력 + 압축기 소요동력

31. 응축기 온도 30℃, 증발기 온도 −5℃로 작동되는 이상적인 냉동기의 냉동능력은 1 냉동톤이다. 소요 동력은 몇 PS인가? (단, 1 RT = 13900 kJ/h이다.)

① 0.49   ② 0.59

③ 0.69   ④ 0.79

[해설] $\varepsilon_R = \dfrac{T_2}{T_1 - T_2} = \dfrac{268}{35} = 7.66$

$w_c = \dfrac{q_2}{\varepsilon_R} = \dfrac{13900}{7.66} = 1814.62\,\text{kJ/h}$

$= \dfrac{1814.62}{3600}\,(\text{kJ/s} = \text{kW})$

$= 0.504\,\text{kW} = 0.504 \times 1.36\,\text{PS} = 0.685\,\text{PS}$

32. 공기 냉동기에서 압축기 입구가 −15℃, 압축기 출구가 105℃, 팽창기 입구가 10℃, 팽창기 출구가 −70℃라면 공기 1 kg 당의 냉동효과는 몇 kJ/kg인가?

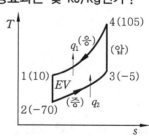

① 60.125   ② 63.325

③ 72.525   ④ 78.325

해설 $q_2 = C_P(T_3 - T_2) = 1.005 \times (268 - 203)$
$= 63.325 \, \text{kJ/kg}$

33. 냉동장치의 기본 요소가 아닌 것은?

① 수액기   ② 압축기

③ 응축기   ④ 팽창밸브

해설 냉동장치 : 압축기 → 응축기 → (수액기)
→ 팽창밸브 → 증발기

34. 냉동효과란 무엇인가?

① 방출열량   ② 흡입열량

③ 열효율   ④ 성적계수

해설 냉동효과란 증발기에서 냉매 1 kg이 흡
수한(빼앗은) 열량을 말한다.

35. 최고 압력이 0.4 MPa, 최저 압력이 0.1
MPa인 역 브레이턴 사이클에서 냉매인 공
기의 최저 온도가 −23℃이면 성적계수는 얼
마인가? (단, 공기의 비열비$(k) = 1.4$이다.)

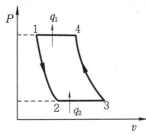

① 1.5   ② 2.1

③ 3.4   ④ 4.3

해설 $\varepsilon_R = \dfrac{T_2}{T_1 - T_2} = \dfrac{1}{\dfrac{T_1}{T_2} - 1}$

$= \dfrac{1}{\left(\dfrac{P_1}{P_2}\right)^{\frac{k-1}{k}} - 1} = \dfrac{1}{4^{\frac{1.4-1}{1.4}} - 1} = 2.1$

36. 냉동을 맞게 정의한 것은?

① 어떤 물체를 차게 하는 것

② 얼음을 만드는 것

③ 어떤 물체를 주위 온도보다 낮게 유지
하는 것

④ 방을 시원하게 하는 것

37. 압력 1 bar와 5 bar 간에서 작동하는
공기 냉동기에서 주위 온도가 30℃이며,
냉동실 온도가 −15℃일 때 공기 1 kg당
방열량은 몇 kJ/kg인가?

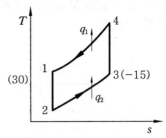

① 106.15   ② 101.15

③ 109.15   ④ 103.15

해설 $T_4 = T_3 \left(\dfrac{P_4}{P_3}\right)^{\frac{k-1}{k}} = T_3 \left(\dfrac{P_1}{P_2}\right)^{\frac{k-1}{k}}$

$= 258 \left(\dfrac{5}{1}\right)^{\frac{0.4}{1.4}} = 408.625 \, \text{K}$

$\therefore q_1 = C_p(T_4 - T_1)$

$= 1.005(408.625 - 303)$

$= 106.15 \, \text{kJ/kg}$

38. 1 냉동톤은 몇 kJ/h를 흡수할 수 있는
능력을 말하는가?

① 13090   ② 13900

③ 3320   ④ 3420

해설 1 RT = 3320 kcal/h = 3.86 kW
≒ 13900 kJ/h

39. 냉동 사이클의 성능을 나타내는 용어는?

① 냉동효율   ② 냉동계수

③ 성적계수   ④ 냉동톤

정답 **33.** ①   **34.** ②   **35.** ②   **36.** ③   **37.** ①   **38.** ②   **39.** ③

40. 성적계수가 4.2이고, 압축기일의 열당량이 205.8 kJ/kg인 냉동기의 냉동톤당 냉매순환량은?

① 16.1 kg/h ② 18.3 kg/h
③ 22.8 kg/h ④ 25.4 kg/hr

[해설] 냉동효과

$$q_2 = \varepsilon_R \times w_c = 4.2 \times 205.8 = 864.36 \text{ kJ/kg}$$

$$냉매순환량 = \frac{냉동톤}{냉동효과} = \frac{13900}{864.36}$$
$$= 16.08 \text{ kg/h} ≒ 16.1 \text{ kg}$$

41. 어떤 카르노 사이클이 27℃와 −23℃ 사이에서 작동될 때 냉동기의 성적계수(ε_R), 열펌프의 성적계수(ε_H), 열효율(η_c)을 구하면 얼마인가?

① $\varepsilon_R = 5$, $\varepsilon_H = 6$, $\eta_c = 0.17$
② $\varepsilon_R = 6$, $\varepsilon_H = 8$, $\eta_c = 0.27$
③ $\varepsilon_R = 7$, $\varepsilon_H = 8$, $\eta_c = 0.27$
④ $\varepsilon_R = 5$, $\varepsilon_H = 7$, $\eta_c = 0.35$

[해설] $\varepsilon_R = \dfrac{T_2}{T_1 - T_2} = \dfrac{250}{300 - 250} = 5$

$$\varepsilon_H = \frac{T_1}{T_1 - T_2} = \frac{300}{300 - 250} = 6$$
$$(\varepsilon_H = \varepsilon_R + 1 = 5 + 1 = 6)$$

$$\eta_c = 1 - \frac{T_2}{T_1} = 1 - \frac{250}{300} ≒ 0.17(17\%)$$

42. 2단 압축 냉동 사이클에서 저압측 흡입 압력이 0 atg이고, 고압측 추출 압력이 15 atg라 하면 이상적인 중간압력은 몇 kg/cm²인가?

① 2.17 kg/cm² ② 3.07 kg/cm²
③ 4.07 kg/cm² ④ 5.07 kg/cm²

[해설] 2단 압축 시 중간압력(P_m)

$$= \sqrt{P_1 \times P_2}$$
$$\therefore P_m = \sqrt{1.0332 \times 16.0332}$$
$$= 4.07 \text{ kg/cm}^2$$

43. 냉매 중 독성이 큰 순서대로 표시한 항은?

① 암모니아 > 메틸 클로라이드 > Freon
② 메틸 클로라이드 > 암모니아 > Freon
③ 메틸 클로라이드 > Freon > 암모니아
④ Freon > 메틸 클로라이드 > 암모니아

44. 어떤 냉매액을 팽창밸브(expansion valve)를 통과하여 분출시킬 경우 교축 후의 상태가 아닌 것은?

① 엔탈피는 일정 불변이다.
② 온도가 강하한다.
③ 압력은 강하한다.
④ 엔트로피가 감소한다.

45. 다음은 냉동능력에 관한 표현이다. 틀린 것은?

① 단위 시간 동안의 냉각 열량이다.
② 1 마력으로 1 시간에 발생하는 이론 냉동능력을 1 냉동톤이라 한다.
③ 1 냉동톤은 3320 kcal/h 또는 13900 kJ/h이다.
④ 증발기 온도 −10℃, 응축기 온도 30℃인 압축 냉동기에서 응축 온도를 일정하게 하고, 증발기 온도를 −20℃로 강하시키면 냉동능력은 처음의 1/2이 된다.

46. 역 카르노 사이클로 작동되는 냉동기가 30 마력의 일을 받아서 저온체로 84 kJ/s 의 열을 흡수한다면 고온체로 방출하는 열량은 몇 kJ/s 인가?

① 102.06 ② 106.06
③ 120.06 ④ 121.06

[해설] $w_c = q_1 - q_2 = 30 \text{PS} = \dfrac{30}{1.36} \text{ kW}(= \text{kJ/s})$

$$= 22.06 \text{ kJ/s}$$
$$\therefore q_1 = q_2 + 22.06 = 84 + 22.06 = 106.06$$

정답 40. ① 41. ① 42. ③ 43. ① 44. ④ 45. ② 46. ②

47. 공기 표준 냉동 사이클은 어느 열기관 사이클의 역 사이클인가?

① 사바테 사이클

② 디젤 사이클

③ 오토 사이클

④ 브레이턴 사이클

48. 공기 압축 냉동기에서 응축 온도가 일 정할 때 증발 온도가 높을수록 성적계수 (또는 성능계수)는?

① 증가

② 감

③ 일정

④ 증가 또는 감소

49. 다음 그림은 증기 압축 냉동 사이클의 $h-s$ 선도이다. 열펌프의 성능계수로 옳 게 표시한 것은?

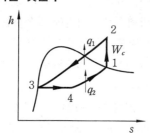

① $\dfrac{h_2 - h_3}{h_2 - h_1}$ ② $\dfrac{h_2 - h_1}{h_1 - h_4}$

③ $\dfrac{h_2 - h_1}{h_1 - h_3}$ ④ $\dfrac{h_1 - h_3}{h_2 - h_1}$

[해설] $\varepsilon_H = \dfrac{q_1}{W_c} = \dfrac{(h_2 - h_3)}{(h_2 - h_1)} = \varepsilon_R - 1$

$\varepsilon_R = \dfrac{q_2}{W_c} = \dfrac{(h_1 - h_4)}{(h_2 - h_1)}$

50. 그림과 같은 열펌프(heat pump) 사 이클에서 성능계수(COP)는 다음 중 어느 것인가? (단, P는 압력, h는 엔탈피이 다.)

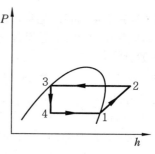

① $\dfrac{h_2 - h_3}{h_2 - h_1}$ ② $\dfrac{h_1 - h_4}{h_2 - h_1}$

③ $\dfrac{h_1 - h_3}{h_2 - h_1}$ ④ $\dfrac{h_3 - h_4}{h_2 - h_1}$

[해설] 열펌프의 성능계수는 압축일 $(h_2 - h_1)$ 에 대한 제거열량 $(h_2 - h_3)$의 비이다.

51. 성능계수가 3.2인 냉동기가 20톤의 냉동을 하기 위하여 공급해야 할 동력은?

① 24 kW, 32.8 PS

② 24 kW, 45 PS

③ 29 kW, 32.8 PS

④ 29 kW, 45 PS

[해설] 1 kWh = 860 kcal, 1 PSh = 632.3 kcal,

1냉동톤 = 3320 kcal/h

$W = \dfrac{q_2}{\varepsilon_R}$, 즉 $W = \dfrac{20 \times 3320}{3.2 \times 860}$ kW = 24 kW

$= \dfrac{20 \times 3320}{3.2 \times 632.3}$ PS = 32.8 PS

52. 최고 압력 4 bar, 최저 압력 1 bar인 역 Brayton 사이클에서 냉매인 공기의 최 저 온도가 −23°C이면 성적계수 (ε_R)는? (단, $k = 1.4$이다.)

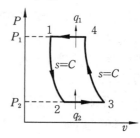

① 1.8 　　　　　　　② 2.06

③ 3.57 　　　　　　　④ 4.62

[해설] $\varepsilon_R = \dfrac{T_2}{T_1 - T_2} = \dfrac{1}{\left(\dfrac{P_1}{P_2}\right)^{\frac{k-1}{k}} - 1}$

$= \dfrac{1}{4^{\frac{0.4}{1.4}} - 1} = 2.06$

53. 냉동 장치 중 가장 압력이 낮은 곳은 어디인가?

① 응축기 　　　　　② 토출밸브 직후

③ 수액기 　　　　　④ 팽창밸브 직후

54. 냉동기의 압축기 역할은?

① 냉매를 강제 순환시킨다.

② 냉매 가스의 열을 제거한다.

③ 냉매를 쉽게 응축할 수 있게 해준다.

④ 냉매액의 온도를 높인다.

55. 다음 중 냉매의 유량을 조절하는 것은 어느 것인가?

① 압축기 　　　　　② 팽창밸브

③ 증발기 　　　　　④ 응축기

56. 암모니아 흡수 냉동 사이클에 관한 설명 중 틀린 것은?

① 발생기에서 남은 약용액을 흡수기로 교축하여 되돌려 보낸다.

② 흡수기에서 암모니아 증기가 농축된 강용액이 된다.

③ 열교환기에서는 발생기로부터 흡수기로 가는 약용액이 가열된다.

④ 이것은 가열 방법에 의하여 압축 효과를 얻는다.

57. 5 ton의 얼음을 만드는 데 160 kWh를 소비하는 냉동장치에서 공급되는 물의 온

도가 20℃이고, 0℃ 얼음을 얻는다면 성적계수(ε_R)는? (단, 융해열은 335 kJ/kg 이다.)

① 3.63 　　　　　　　② 4.62

③ 5.25 　　　　　　　④ 6.47

[해설] $\varepsilon_R = \dfrac{\text{냉동효과}}{w_c} = \dfrac{419 \times 5000}{160}$

$= 13093.75 \text{ kJ/kW} \cdot \text{h}$

$= \dfrac{13093.75}{3600} \dfrac{\text{kJ}}{\text{kW} \cdot \text{s}}$

$= 3.637 \dfrac{\text{kJ}}{\text{kJ}}$

(1) 20℃ 물을 0℃로 만드는 데 필요한 열량 $\fallingdotseq 4.2 \times (20 - 0) = 84 \text{ kJ/kg}$

(2) 0℃ 물을 0℃ 얼음으로 만드는 데 필요한 열량 = 융해열 = 335 kJ/kg

(3) 20℃ 물을 0℃ 얼음으로 만드는 데 필요한 열량 = 84 + 335 = 419 kJ/kg

58. 온도의 팽창밸브는 3가지 압력에 의해 작동되는데 해당되지 않는 것은?

① 흡입관의 압력

② 증발기의 증발압력

③ 감온통의 다이어프램 압력

④ 과열도 조절 스프링의 압력

59. 냉동 장치에서 방열하는 부분은?

① 압축기 　　　　　② 응축기

③ 증발기 　　　　　④ 팽창밸브

60. 냉동기에서 응축기의 역할은?

① 고압 증기의 열을 제거하여 액화시킨다.

② 배출 압력을 증가시킨다.

③ 압축기 동력을 절감시킨다.

④ 냉매를 압축기에서 수액기로 순환시킨다.

정답 53. ④　54. ③　55. ②　56. ③　57. ①　58. ①　59. ②　60. ①

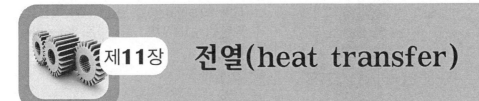

제**11**장 전열(heat transfer)

11-1 전도(conduction)

열전도란 고체의 내부 및 정지유체의 액체, 기체와 같이 물체 내의 온도 구배에 따른 열의 전달을 말하며, 물체 내의 그 면 사이에 단위 시간당 흐르는 열량 Q는 다음과 같다.

$$Q = -kA\frac{dT}{dx}\,[\text{W}] \quad \cdots\cdots\cdots\cdots\cdots\cdots\cdots\cdots\cdots\cdots\cdots\cdots\cdots\cdots\cdots\cdots\cdots (11-1)$$

여기서, k : 열전도율(W/m · K)

A : 전도 전열면적(m^2)

dT : 거리 dx 만큼 떨어진 두 면 사이의 온도차(℃)

$\dfrac{dT}{dx}$: 열이 전달되는 방향의 온도구배(temperature gradient)

위 식은 정상상태(steady state)에서의 열전도의 기본식으로 푸리에(Fourier)의 열전도 법칙을 나타낸 식이며, (−) 부호는 열이 온도가 감소하는 방향으로 흐른다는 것을 의미한다.

(1) 평면벽을 통한 열전도

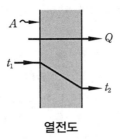

열전도

$$Q = kA\frac{(t_1 - t_2)}{x}\,[\text{W}]$$

$$= \frac{A(t_1 - t_2)}{x/k} = \frac{A(t_1 - t_2)}{R_c} \quad \cdots\cdots\cdots\cdots\cdots\cdots\cdots\cdots\cdots\cdots\cdots (11-2)$$

여기서, $R_c = x/k\,[\text{m} \cdot \text{K/W}]$는 열전도 저항

(2) 다층벽을 통한 열전도

그림과 같이 여러 개의 평면벽이 조합된 경우의 열전도는 각 평면벽에 대해 푸리에의 법칙을 적용하면,

Ⅰ 벽에서, $Q_1 = k_1 A \dfrac{t_1 - t_{W1}}{x_1}$

Ⅱ 벽에서, $Q_2 = k_2 A \dfrac{t_{W1} - t_{W2}}{x_2}$

Ⅲ 벽에서, $Q_3 = k_3 A \dfrac{t_{W2} - t_2}{x_3}$ 이므로,

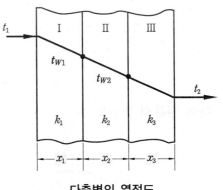

다층벽의 열전도

위 식을 연립으로 풀면,

$$Q = Q_1 + Q_2 + Q_3$$

$$= A \frac{(t_1 - t_2)}{x_1/k_1 + x_2/k_2 + x_3/k_3}$$

$$= A \frac{(t_1 - t_2)}{\Sigma(x/k)} \quad \cdots\cdots (11-3)$$

여기서, $\Sigma \dfrac{x}{k} = \dfrac{x_1}{k_1} + \dfrac{x_2}{k_2} + \dfrac{x_3}{k_3}$ 이며, $\Sigma \dfrac{x}{k}$ 는 전기회로에서의 저항과 같은 역할을 하므로 열저항(thermal resistance)이라 하며,

$$R_{th} = \Sigma \frac{x}{k}$$

$$= \frac{x_1}{k_1} + \frac{x_2}{k_2} + \frac{x_3}{k_3} [\mathrm{m \cdot K/W}] \quad \cdots\cdots (11-4)$$

와 같이 표시한다.

(3) 원통에서의 열전도

그림과 같이 원통이나 관 내에 열유체가 흐르고 있을 때 열전달이 관의 축에 대하여 직각으로 이루어지는 전열량 q_c 는 반지름 r , 길이 L 인 원관에 대하여,

$$q_c = -kA \frac{dt}{dr}, \quad A = 2\pi r L \text{에서,}$$

$$q_c = -k 2\pi r L \frac{dt}{dr}, \quad -\int_1^2 dt = \frac{q_c}{2\pi k L} \times \int_1^2 \frac{dr}{r}$$

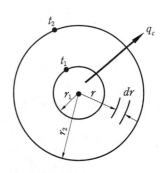

원통벽의 열전도

$$\int_2^1 dt = \frac{q_c}{2\pi kL} \int_1^2 \frac{1}{r} dr = \frac{q_c}{2\pi kL} \left[\ln r\right]_1^2$$

$$= \frac{q_c}{2\pi kL} \left[\ln r_2 - \ln r_1\right] = \frac{q_c}{2\pi kL} \ln\left(\frac{r_2}{r_1}\right)$$

$$\therefore \ q_c = \frac{2\pi kL(t_1 - t_2)}{\ln\left(\dfrac{r_2}{r_1}\right)} \ \text{[W]} \quad \cdots\cdots\cdots\cdots\cdots\cdots\cdots\cdots\cdots\cdots\cdots\cdots\cdots \ (11-5)$$

(4) 다층 원통의 열전도

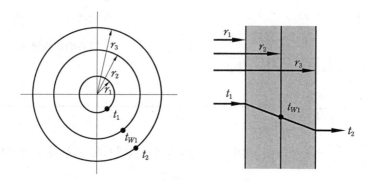

2층 원통관의 열전도

다층의 원통도 평판의 경우와 마찬가지로,

$$q_c = \frac{2\pi(t_1 - t_2)L}{\displaystyle\sum_{i=1}^n \left(\frac{1}{k_i} \cdot \ln\frac{r_{i+1}}{r_i}\right)} \ \text{[W]}$$

$$= \frac{t_1 - t_2}{\displaystyle\sum_{i=1}^n R_{th}} \quad \cdots\cdots\cdots\cdots\cdots\cdots\cdots\cdots\cdots\cdots\cdots\cdots\cdots\cdots\cdots \ (11-6)$$

여기서, 열저항$(R_{th}) = \Sigma \dfrac{\ln(r_{i+1}/r_i)}{2\pi k_i L}$ $\quad \cdots\cdots\cdots\cdots\cdots\cdots\cdots\cdots\cdots\cdots \ (11-7)$

예를 들면, 반지름이 r_1, r_2, r_3 인 다층원관의 전열량 q_c는,

$$q_c = \frac{t_1 - t_2}{\dfrac{1}{2\pi k_1 L}\ln\dfrac{r_2}{r_1} + \dfrac{1}{2\pi k_2 L}\ln\dfrac{r_3}{r_2}} \ \text{[W]} \quad \cdots\cdots\cdots\cdots\cdots\cdots\cdots \ (11-8)$$

예제 1. 지름 20 cm, 길이 2 m 인 원통의 외부는 두께 5 cm 의 석면(열전도계수 $k = 0.12\,\mathrm{W/m}$ · K)으로 감겨져 있다. 만약 보온측의 내면 온도가 100℃, 외면 온도가 0℃ 일 때, 전열량(W)은 얼마인가?(단, 양쪽 끝에서의 열손실은 없는 것으로 한다.)

① 285 ② 305 ③ 350 ④ 372

해설 $r_1 = 10\,\mathrm{cm}$, $r_2 = 15\,\mathrm{cm}$, $L = 2\,\mathrm{m}$, $t_1 = 100\,℃$, $t_2 = 0\,℃$이므로,

$$\therefore\ Q_c = \frac{2\pi L(t_1 - t_2)}{\dfrac{1}{k}\ln\dfrac{r_2}{r_1}} = \frac{2\pi k L(t_1 - t_2)}{\ln\left(\dfrac{r_2}{r_1}\right)}$$

$$= \frac{2\pi \times 0.12 \times 2(100 - 0)}{\ln\left(\dfrac{15}{10}\right)} = 371.72\,\mathrm{W} \fallingdotseq 372\,\mathrm{W}$$

정답 ④

11-2 대류(convection)

보일러나 열교환기(heat exchanger) 등에서와 같이 고체의 표면과 이에 접하는 유체(액체 또는 기체) 사이의 열의 흐름을 말한다.

대류 열전달에는 유체 내의 온도차에 의한 밀도차만으로 일어나는 자연대류 열전달과 펌프·송풍기 등에 의해서 강제적으로 일어나는 강제대류 열전달이 있는데, 자연대류의 경우 열전달률은 온도차의 1 / 4 승에 비례하며, 층류 유동 때보다는 난류 유동 때 열전달이 더 잘 일어난다.

(1) 열전달량

대류에 의해서 일어나는 전열량 Q는 뉴턴의 냉각법칙에 따라 다음 식으로 표시된다.

$$Q = \alpha \cdot A \cdot (t_W - t_f)\,[\mathrm{W}] \quad\cdots\cdots (11-10)$$

여기서, t_f : 유체의 온도(℃), t_W : 벽체의 온도(℃)
　　　　A : 대류 전열면적(m^2), α : 대류 열전달계수($\mathrm{W/m}^2\cdot\mathrm{K}$)

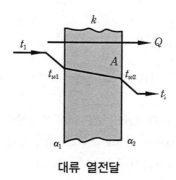

대류 열전달

대류에 의한 열전달률 α는 이론적으로나 실험적으로 구하고 있으나, 상사(相似) 법칙을 써서 무차원으로 표시되는 경우가 많으며, 그 대표적인 것은 다음과 같다.

$$N_u(\text{Nusselt 수}) = \frac{\alpha D}{k}, \quad P_r(\text{Prandtl 수}) = \frac{\nu}{a}, \quad R_e(\text{Reynolds 수}) = \frac{wD}{\nu},$$

$$G_r(\text{Grashof 수}) = g\beta(\Delta t)\frac{D^3}{\nu^2} \quad \cdots\cdots\cdots\cdots\cdots\cdots\cdots (11-10)$$

여기서, α : 열전달률, D : 대표길이, w : 유체속도, k : 유체의 열전도율

$a = \dfrac{k}{C \cdot \gamma}$: 유체온도 전파속도, $\nu = \dfrac{\mu}{\rho}$: 유체의 동점성계수

g : 중력 가속도, β : 유체의 체적 팽창계수 (1 / ℃)

Δt : 고체표면과 유체와의 온도차, C : 유체의 비열

γ : 유체의 비중량, μ : 유체의 점성계수, ρ : 밀도

(2) 강제대류 열전달에서의 N_u 수

① **평판** : 길이 L인 평판이 속도 w로 흐름과 평행하게 놓일 때

$$N_u = 0.0296 R_e^{0.5} P_r^{\frac{1}{3}} \quad \cdots\cdots\cdots\cdots\cdots\cdots\cdots\cdots\cdots (11-11)$$

② **관내유동** : $0.7 < P_r < 120$, $10000 < R_e < 120000$, $L/d < 60$ 일 때,

$$N_u = 0.232 R_e^{0.8} \cdot P_r^{0.4} \quad \cdots\cdots\cdots\cdots\cdots\cdots\cdots\cdots (11-12)$$

(3) 자연대류 열전달에서의 N_u 수

① **평판** : 공기 중이나 수중에 수직으로 놓인 평판에 대하여

$$\left.\begin{array}{l} N_u = 0.56 (G_r \cdot P_r)^{\frac{1}{4}}, \quad (10^4 < G_r \cdot P_r < 10^9) \\[2mm] N_u = 0.13 (G_r \cdot P_r)^{\frac{1}{3}}, \quad (10^9 < G_r \cdot P_r < 10^{12}) \end{array}\right\} \quad \cdots\cdots\cdots (11-13)$$

② **수평관** : 공기 또는 수중에 놓인 수평원관의 주위에서 일어나는 자연대류 열전달에 대하여,

$$\left.\begin{array}{l} N_u = 0.53 (G_r \cdot P_r)^{\frac{1}{4}}, \quad (10^4 < G_r \cdot P_r < 10^9) \\[2mm] N_u = 0.13 (G_r \cdot P_r)^{\frac{1}{3}}, \quad (10^9 < G_r \cdot P_r < 10^{12}) \end{array}\right\} \quad \cdots\cdots\cdots (11-14)$$

예제 2. 관벽온도 100℃, 지름 20 mm인 원관 내에 입구온도 10℃, 출구온도 80℃인 물이 5 m/s로 흐를 때의 열전달률(W/m² · K)을 구하면? (단, 천이 R_e 수는 2×10^4으로 본다.)

① 1.86×10^4 ② 1.94×10^4 ③ 1.96×10^4 ④ 1.98×10^4

해설 $45℃$에서, $\nu = 0.616 \times 10^{-6}\, \text{m}^2/\text{s}$, $k = 0.63\, \text{W/m} \cdot \text{K}$, $a = 5.55 \times 10^{-4}\, \text{m}^2/\text{h}$

평균온도 $(t_m) = \dfrac{t_1 + t_2}{2} = \dfrac{10 + 80}{2} = 45\,℃$, $R_e = \dfrac{VD}{\nu} = \dfrac{5 \times 0.02}{0.616 \times 10^{-6}} = 1.63 \times 10^5$

$P_r = \dfrac{\nu}{a} = \dfrac{0.616 \times 10^{-6} \times 3600}{5.55 \times 10^{-4}} = 3.99$

이 흐름은 난류이므로, $N_u = 0.232 \times R_e^{0.8} \cdot P_r^{0.4} = 0.232 \times (1.63 \times 10^5)^{0.8} \times (3.99)^{0.4} = 592$

$\therefore$ 평균 열전달률 $(\alpha) = \dfrac{k}{d} N_u = \dfrac{0.63}{0.02} \times 592 = 1.86 \times 10^4\, \text{W/m}^2 \cdot \text{K}$ 정답 ①

11-3 열관류율과 LMTD

(1) 열관류

$$Q = KA(t_1 - t_2)\,[\text{W}]$$

여기서, K : 열관류율 또는 열통과율($\text{W/m}^2 \cdot \text{K}$), t_1, t_2 : 고온 유체와 저온 유체의 온도($℃$)

① **평면벽에서의 열관류** : 그림에서 각각의 전열량은,

$$Q_1 = \alpha_1 A(t_1 - t_{W1}) \qquad Q_2 = kA\frac{(t_{W1} - t_{W2})}{x} \qquad Q_3 = \alpha_2 A(t_{W2} - t_2)$$

이 세 식을 연립하여 풀면,

관류열량(전열량) $Q = A\dfrac{(t_1 - t_2)}{\dfrac{1}{\alpha_1} + \dfrac{x}{k} + \dfrac{1}{\alpha_2}} = KA(t_1 - t_2)$ .... (11-15)

열관류(통과)율$(K) = \dfrac{1}{R} = \dfrac{1}{\dfrac{1}{\alpha_1} + \dfrac{x}{k} + \dfrac{1}{\alpha_2}}\,[\text{W/m}^2 \cdot \text{K}]$ .... (11-16)

② **원통벽에서의 열관류** : 원통벽에서의 열관류율은,

$$\frac{1}{K} = \frac{1}{\alpha_2} + \frac{r_2}{k}\ln\frac{r_2}{r_1} + \frac{1}{\alpha_1} \times \frac{r_2}{r_1}$$ .... (11-17)

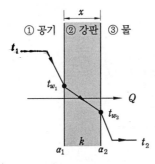

평면벽의 열관류

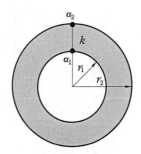

원통벽의 열관류

(2) 대수 평균 온도차(LMTD : logarithmic mean temperature difference)

열교환기는 두 유체 사이의 열관류에 의해서 열을 한 유체로부터 다른 유체로 전달하는 장치를 말하며, 여기에는 전열벽 양쪽의 유체가 같은 방향으로 흐르는 병류(parallel flow)와 서로 반대 방향으로 흐르는 향류(counter flow)가 있다. 그런데 이 열교환기에서의 전열량을 구하려면 두 유체의 온도가 계속해서 변하므로 입구와 출구의 온도를 이용하여 대수 평균 온도차(LMTD)를 이용한다. 여기서, 전열량을 $Q[\mathrm{W}]$, 대수 평균 온도차를 LMTD, 열관류율을 $K[\mathrm{W/m^2 \cdot K}]$, 전열면적을 $A[\mathrm{m^2}]$라 하고, 고온 유체의 입구측 온도를 ΔT_1, 출구측 온도를 ΔT_2라 하면,

$$Q = K \cdot A \cdot \mathrm{LMTD}[\mathrm{W}]$$

대수 평균 온도차(LMTD)는 다음과 같다.

① 향류식

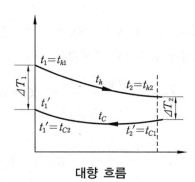

대향 흐름

$$\mathrm{LMTD} = \frac{\Delta T_1 - \Delta T_2}{\ln \dfrac{\Delta T_1}{\Delta T_2}} \quad \cdots\cdots\cdots\cdots\cdots\cdots\cdots\cdots\cdots\cdots\cdots\cdots\cdots\cdots\cdots (11-18)$$

여기서, $\Delta T_1 = t_1 - t_1'$, $\Delta T_2 = t_2 - t_2'$

② 병류식

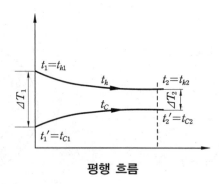

평행 흐름

$$\text{LMTD} = \frac{\Delta T_1 - \Delta T_2}{\ln \dfrac{\Delta T_1}{\Delta T_2}} \quad\cdots\cdots (11-19)$$

여기서, $\Delta T_1 = t_1 - t_1'$, $\Delta T_2 = t_2 - t_2'$

일반적으로, 향류가 병류보다 열이 잘 전달되므로, 대개 향류가 많이 사용된다.

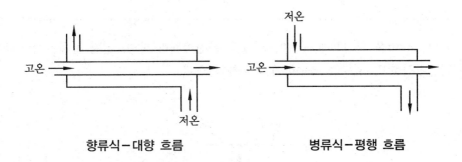

향류식 - 대향 흐름   **병류식 - 평행 흐름**

> ### 11-4   복사(radiation)

물체는 그 표면에서 그 온도와 상태에 따라서 여러 가지 파장의 방사 에너지를 전자파의 형태로 방사하여 다른 물체에로의 열전달이 이루어지는데 이것을 복사 열전달이라 하며, 슈테판 - 볼츠만(Stefan - Boltzmann)의 법칙에 따라 전달되는 열량은 다음과 같다.

$$Q = CA \left\{ \left(\frac{T_1}{100} \right)^4 - \left(\frac{T_2}{100} \right)^4 \right\} [\text{W}]$$

$$= \sigma(T_1^4 - T_2^4) \quad\cdots\cdots (11-20)$$

여기서, C : 유효복사계수($\text{W/m}^2 \cdot \text{K}$)로서 상대복사체와의 위치에 따른 계수

$\qquad\quad T_1,\ T_2$: 방사열의 방사 및 입사체의 절대온도(K)

$\qquad\quad A$: 복사전열면적(m^2)

$\qquad\quad \sigma$: 슈테판 - 볼츠만 상수($4.88 \times 10^{-8} \text{kcal/m}^2 \cdot \text{h} \cdot \text{K}^4 = 5.68 \times 10^{-8} \text{W/m}^2 \cdot \text{K}^4$)

일반 물체의 방사도 E는 흑체의 방사도 E_b보다 작으며, 다음 식으로 표시된다.

$$E = \varepsilon \cdot E_b$$

$$\varepsilon = \frac{E}{E_b} = a \leftarrow \text{Kirchhoff의 동일성 또는 Kirchhoff의 법칙} \quad\cdots\cdots (11-21)$$

여기서, ε : 방사율 (복사율), a : 흡수율

복사에너지가 물체에 도달하면 그림과 같이 일부는 표면에서 반사되며, 일부는 표면에서 흡수되고, 나머지는 투과된다.

반사율 r, 흡수율 a, 투과율 t는 각각 입사한 에너지에 대한 반사, 흡수 및 투과된 에너지의 비율을 말한다.

$$r + a + t = 1 \quad \cdots\cdots (11-22)$$

대부분의 고체 물체에서는 $t = 0$으로 보며,

$$r + a = 1 \quad \cdots\cdots (11-23)$$

이고, $a = 1$, $r = 0$을 완전흑체, $a = 0$, $r = 1$을 완전백체라 하며, 일반 물체는 입사에너지의 일부는 반사하고, 일부는 흡수하여 회색체라 한다.

복사의 형태

출제 예상 문제

1. 열전달 방식에는 전도, 대류, 복사의 세 가지 방식이 있다. 다음 중 열전도에 관계되는 법칙은 어느 것인가?

① 푸리에의 법칙
② 뉴턴의 법칙
③ 돌턴의 법칙
④ 클라우지우스의 법칙

해설 전도열량$(Q_c) = k\dfrac{A}{x}(t_1 - t_2)$[W]를 푸리에(Fourier)의 열전도 법칙이라 한다.

2. 다음 중 열전도 계수의 단위는 어느 것인가?

① $kcal/kg \cdot K$
② $kcal/m^3 \cdot h \cdot ℃$
③ $kcal/m \cdot h \cdot ℃$
④ $kcal/m^2 \cdot h \cdot ℃$

해설 • 열전도 계수 : $kcal/m \cdot h \cdot ℃(W/m \cdot K)$
• 대류 열전달 계수 : $kcal/m^2 \cdot h \cdot ℃(W/m^2 \cdot K)$
• 열관류율 : $kcal/m^2 \cdot h \cdot ℃(W/m^2 \cdot K)$

3. 열전도율이 $0.9\,kcal/m \cdot h \cdot ℃$인 재질로 된 평면 벽의 양쪽 온도가 800℃와 100℃인 벽을 통한 열전달률이 단위 면적, 단위 시간당 1400 kcal일 때 벽의 두께는?

① 30 cm
② 35 cm
③ 40 cm
④ 45 cm

해설 $Q = kA\dfrac{t_1 - t_2}{x}$ 에서,

$1400 = 0.9 \times 1 \times \dfrac{800 - 100}{x}$

$\therefore x = 0.45\,m = 45\,cm$

4. 두께 25 mm인 철판의 넓이 $1\,m^2$당 전 열량이 매 시간 1000 kcal가 되려면 양면의 온도차는? (단, 철판의 열전도율은 $50\,kcal/m \cdot h \cdot ℃$이다.)

① 0.1℃
② 0.5℃
③ 1.0℃
④ 5.0℃

해설 $Q_c = kA\dfrac{t_1 - t_2}{x}$

$\therefore t_1 - t_2 = \dfrac{Q_c x}{kA} = \dfrac{1000 \times 0.025}{50 \times 1} = 0.5\,℃$

5. 공기 중에 있는 사방 1 m의 상자가 두께 2 cm의 아스베스토$(k = 0.1163\,W/m \cdot K)$로써 보온을 하였다. 상자 내부의 온도는 100℃, 외부 온도는 0℃라 할 때, 이 상자 내부에 전열기를 넣어서 100℃로 유지시키기 위해서는 몇 kW의 전열기가 필요하겠는가?

① 3.5 kW
② 4.5 kW
③ 4.7 kW
④ 4.9 kW

해설 $Q = kA\dfrac{t_1 - t_2}{x} = 0.1163 \times 6 \times \dfrac{100 - 0}{0.02}$

$= 3489\,W ≒ 3.5\,kW$

$(A = 1\,m \times 1\,m \times 6면 = 6\,m^2)$

6. 열교환기 입출구의 온도차를 각각 Δt_1, Δt_2라 할 때 대수 평균 온도차 Δt_m은?

① $\Delta t_m = \dfrac{\Delta t_2}{\Delta t_1 - \Delta t_2}$

② $\Delta t_m = \dfrac{\Delta t_1 - \Delta t_2}{\ln \dfrac{\Delta t_1}{\Delta t_2}}$

③ $\Delta t_m = \dfrac{\Delta t_2}{\ln \dfrac{\Delta t_2}{\Delta t_1}}$

④ $\Delta t_m = \dfrac{\Delta t_2}{\Delta t_2 - \Delta t_1}$

[해설] 전열량 $Q = k \cdot A \cdot \Delta t_m$이고, 여기서 대수 평균 온도차(LMTD : logarithmic mean temperature difference) Δt_m은,

(1) 향류식 열교환기

$Q = k\Delta t_m A$

$\Delta t_m = \dfrac{\Delta t_1 - \Delta t_2}{\ln \dfrac{\Delta t_1}{\Delta t_2}}$

$\Delta t_1 = t_1 - t_1', \quad \Delta t_2 = t_2 - t_2'$

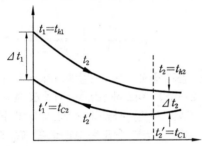

(2) 병류식 열교환기

$Q = k\Delta t_m A$

$\Delta t_m = \dfrac{\Delta t_1 - \Delta t_2}{\ln \dfrac{\Delta t_1}{\Delta t_2}}$

$\Delta t_1 = t_1 - t_1', \quad \Delta t_2 = \Delta t_2 - t_2'$

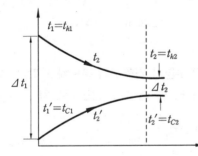

7. 환열실에서 전면적 $A\,[\mathrm{m^2}]$와 전열량 Q [W] 사이에는 어떠한 관계가 있는가?

① $Q = AV\Delta t_m$ 　② $A = Q\Delta t_m$

③ $V = QA\Delta t_m$ 　④ $Q = A\Delta t_m$

8. 넓은 평면을 표면으로 하고 있는 고체의 표면에서 깊이 5 cm 및 1 cm 되는 곳의 온도가 150℃와 80℃이었다. 그 값이 시간에 대하여 일정할 때의 표면온도와 평면에서의 방열량을 구하면? (단, 고체의 열전도율은 2.0 kcal/m·h·℃이다.)

① $t = 62.5\,℃$,　$Q = 3500\,\mathrm{kcal/m^2 \cdot h}$

② $t = 52.8\,℃$,　$Q = 3200\,\mathrm{kcal/m^2 \cdot h}$

③ $t = 42.8\,℃$,　$Q = 3150\,\mathrm{kcal/m^2 \cdot h}$

④ $t = 52.8\,℃$,　$Q = 4150\,\mathrm{kcal/m^2 \cdot h}$

[해설] 온도가 시간에 따라 변하지 않으므로 고체 내부의 열전도에 의하여 표면에 전해지는 열량은 고체 표면에서의 방산 열량과 같다. 즉, 1 m²의 면적당 매시 열전도에 의한 전열량 Q는,

$Q = k(t_1 - t_2)/A$

　　$= 2.0 \times (150 - 80)/(0.05 - 0.01)$

　　$= 3500\,\mathrm{kcal/m^2 \cdot h}$

이것이 표면에서의 방산 열량과 같으므로,

$Q = 3500 = k(t_2 - t_3)/A'$ 에서,

$t_3 = t_2 - A' \times 3500/k$

　　$= 80 - 0.01 \times 3500 \times \dfrac{1}{2} = 62.5\,℃$

9. 보일러 전열면을 통과하는 연소 gas의 온도가 입구에서 1200℃, 출구에서 200℃이고, 보일러수의 온도는 120℃로 일정하다. 이때 전열량을 계산하기 위한 대수 평균 온도차는 몇 도인가?

① 72　　　　　　② 385

③ 425　　　　　④ 525

[해설] $\Delta t_1 = 1200 - 120 = 1080$

$\Delta t_2 = 200 - 120 = 80$

$\therefore \mathrm{LMTD} = \dfrac{1080 - 80}{\ln \dfrac{1080}{80}} \fallingdotseq 385\,℃$

10. 어느 병류 열교환기에서 고온 유체가 90℃로 들어가 50℃로 나올 때 공기가

20℃에서 40℃까지 가열된다고 한다. 열 관류율이 50 kcal/m² · h · ℃이고, 시간 당 전열량이 8000 kcal일 때 열교환 면 적은?

① 4.8 m² ② 5.2 m²

③ 7 m² ④ 8.3 m²

해설 $\Delta t_1 = 90 - 20 = 70℃,$

$\Delta t_2 = 50 - 40 = 10℃$

$\therefore \Delta t_m = \dfrac{70 - 10}{\ln \dfrac{70}{10}} = 30.8℃$

$Q = kA\Delta t_m$ 에서,

$A = \dfrac{Q}{k\Delta t_m} = \dfrac{8000}{50 \times 30.8}$

$= 5.19 \, \text{m}^2 ≒ 5.2 \, \text{m}^2$

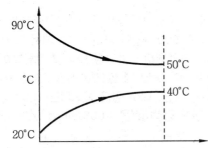

11. 지름 2 cm의 도관 속을 고온 연소가 스(CO_2 12 %, H_2O 7 %, N_2 81 %)가 평 균 온도 927℃의 거의 대기압에 가까운 압력으로 흐르고 있다. 이 도관 내 벽면 의 평균 온도가 527℃였을 경우 내벽면 1 m²당 1시간에 전달되는 열량은? [단, 가스에서 내벽면으로의 방사전열률(총괄 방사율) 0.25, 대류 열전달은 8.0 kcal/m² · h · ℃이다.]

① 20300 kcal/m² · h

② 20800 kcal/m² · h

③ 22000 kcal/m² · h

④ 23500 kcal/m² · h

해설 총괄 방사율을 형태계수 ε_{12}로 생각하 면 방사에 의한 전열량 Q_r는,

$Q_r = 4.88\varepsilon_{12}\left[\left(\dfrac{T_1}{100}\right)^4 - \left(\dfrac{T_2}{100}\right)^4\right]$

$= 4.88 \times 0.25$

$\times \left[\left(\dfrac{927 + 273}{100}\right)^4 - \left(\dfrac{527 + 273}{100}\right)^4\right]$

$= 20300 \, \text{kcal/m}^2 \cdot \text{h}$

또 열전달에 의한 전열량 Q_c는,

$Q_c = \alpha(t_1 - t_2) = 8 \times (927 - 527)$

$= 3200 \, \text{kcal/m}^2 \cdot \text{h}$

$\therefore$ 전열량 $Q = Q_r + Q_c = 23500 \, \text{kcal/m}^2 \cdot \text{h}$

12. 외기의 온도가 10℃일 때 표면 온도 50℃의 관 표면에서의 방사에 의한 열전 달률은 몇 kcal/m² · h · ℃인가? (단, 관의 열방사율은 0.8이다.)

① 4.04 ② 4.18

③ 4.36 ④ 4.83

해설 방사 열전달률(α_r)

$= 4.88\varepsilon\dfrac{\left[\left(\dfrac{T_1}{100}\right)^4 - \left(\dfrac{T_2}{100}\right)^4\right]}{T_1 - T_2}$

$\leftarrow Q_r = \alpha_r(t_1 - t_2)$

$\therefore \alpha_r = 4.88 \times 0.8 \dfrac{\left[\left(\dfrac{323}{100}\right)^4 - \left(\dfrac{283}{100}\right)^4\right]}{(273 + 50) - (273 + 10)}$

$= 4.36 \, \text{kcal/m}^2 \cdot \text{h} \cdot ℃$

13. 다음 중 물체의 방사도를 나타낸 것은? (단, E : 방사도, T : 절대온도, σ : 슈테 판 · 볼츠만 상수, ε : 흑도이다.)

① $E = \varepsilon\sigma T^4$ ② $E = \varepsilon\sigma T^2$

③ $E = \varepsilon\sigma / T^4$ ④ $E = \varepsilon\sigma / T^2$

14. 다음 그림과 같은 단면과 재질이 균등 한 금속봉으로 된 물체가 있다. 각 봉의 끝의 온도가 도시한 바와 같은 값으로 유 지된다고 하면 교점 c 에서의 온도는 몇 ℃인가? (단, 열은 봉을 통해서만 흐르고, 측면에서의 열의 출입은 없으며, 충분한

시간이 경과한 것으로 한다.)

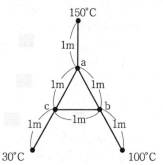

① 42.7　② 33.2　③ 62.5　④ 77.5

[해설] 열이 흐르는 방향은 그림에서 a, b, c 점의 온도를 t_a, t_b, t_c라면, 각 교점에서의 흘러 들어온 열과 흘러 나간 열이 같으므로,

(1) a 점에 대하여,

$$[(150-t_a)-(t_a-t_c)-(t_a-t_b)]kA = 0$$

(2) b 점에 대하여,

$$[(t_a-t_c)-(t_c-30)+(t_b-t_c)]kA = 0$$

(3) c 점에 대하여,

$$[(t_a-t_b)+(100-t_b)-(t_b-t_c)]kA = 0$$

$$-t_a+t_b+t_c = -150 \quad \cdots\cdots\cdots ㉠$$

$$t_a-3t_c+t_b = -30 \quad \cdots\cdots\cdots ㉡$$

$$t_a-3t_b+t_c = -100 \quad \cdots\cdots\cdots ㉢$$

㉠, ㉡, ㉢을 모두 더하면,

$$-(t_a+t_b+t_c) = -280 \quad \cdots\cdots\cdots ㉣$$

㉡과 ㉣을 더하면, $4t_c = 310$

$$\therefore\ t_c = -77.5℃$$

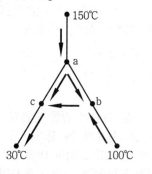

15. 보일러 전열면에서 연소 가스가 1300℃로 유입하여 300℃로 나가고, 보일러수

의 온도는 210℃로 일정하며, 열관류율은 150 kcal/m² · h · ℃이다. 단위 면적당 열교환량은 얼마인가? (단, ln 12.1 = 2.50이다.)

① 40000 kcal/m² · h

② 50000 kcal/m² · h

③ 60000 kcal/m² · h

④ 80000 kcal/m² · h

[해설] $\Delta t_1 = 1300-210 = 1090℃$

$\Delta t_2 = 300-210 = 90℃$

$$\therefore\ \Delta t_m = (1090-90)/\ln\frac{1090}{90}$$

$$= 1000/2.5 = 400℃$$

$$\therefore\ Q = KA\Delta t_m = 150\times1\times400$$

$$= 60000\,\text{kcal/m}^2 \cdot \text{h}$$

16. 포화 수증기를 사용하는 열교환기에서 매 시간 5000 kg의 공기를 5℃에서 25℃까지 가열한다. 열교환기의 열관류율이 232 W/m² · K일 때 필요한 전열 면적은 얼마인가? (단, 대수 평균 온도차는 11.5℃이고, 공기 정압비열은 1.005 kJ/kg · K이다.)

① 10.46 m²　　② 4.42 m²

③ 39.4 m²　　④ 40 m²

[해설] $Q = K \cdot A \cdot (\text{LMTD})$에서,

$$A = \frac{Q}{K(\text{LMTD})} = \frac{m \cdot C \cdot \Delta t}{K \cdot (\text{LMTD})}$$

$$= \frac{\frac{5000}{3600}\times1.005\times(25-5)}{232\times11.5} = 10.46\,\text{m}^2$$

17. 두께 240 mm의 내화 벽돌이 120 mm의 단열 벽돌 및 120 mm의 보통 벽돌로 되어 있는 노벽이 있다. 각각의 열전도율을 1.20, 0.05, 0.50 W/m · K라 할 때 노벽 내면의 온도가 1300℃, 외면의 온도가 150℃이면 매시 1 m²당 손실 열량은?

① 405 W/m²　　② 250 W/m²

③ 420 W/m²　　④ 436 W/m²

[해설] 손실 열량(Q)

$$= \frac{t_2 - t_1}{\Sigma \frac{x}{k}} = \frac{t_1 - t_2}{\frac{x_1}{k_1} + \frac{x_2}{k_2} + \frac{x_3}{k_3}}$$

$$= \frac{1300 - 150}{\frac{0.24}{1.20} + \frac{0.12}{0.05} + \frac{0.12}{0.50}} = 405 \, \text{W/m}^2$$

18. 다음 그림과 같이 굵기와 재질이 균등한 금속봉으로 된 물체가 있다. 각 봉 끝의 온도가 그림과 같이 유지된다면 교점 d에서의 온도는 얼마인가? (단, 열은 봉을 통해서만 흐르고 측면에서의 열손실은 없다.)

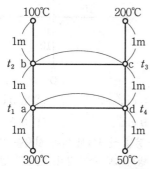

① 158.9℃ ② 197.4℃
③ 89.0℃ ④ 136.7℃

[해설] 열이 전도되는 방향을 가정하면 다음 그림과 같다.

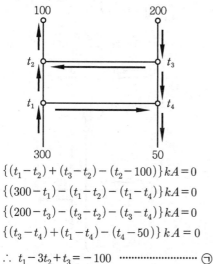

$$\{(t_1 - t_2) + (t_3 - t_2) - (t_2 - 100)\}kA = 0$$
$$\{(300 - t_1) - (t_1 - t_2) - (t_1 - t_4)\}kA = 0$$
$$\{(200 - t_3) - (t_3 - t_2) - (t_3 - t_4)\}kA = 0$$
$$\{(t_3 - t_4) + (t_1 - t_4) - (t_4 - 50)\}kA = 0$$
$$\therefore t_1 - 3t_2 + t_3 = -100 \quad \cdots \cdots \quad \text{㉠}$$

$$-3t_1 + t_2 + t_4 = -300 \quad \cdots \cdots \quad \text{㉡}$$
$$t_2 - 3t_3 + t_4 = -200 \quad \cdots \cdots \quad \text{㉢}$$
$$t_1 + t_3 - 3t_4 = -50 \quad \cdots \cdots \quad \text{㉣}$$
㉠, ㉡, ㉢, ㉣을 모두 더하면
$$t_1 + t_2 + t_3 + t_4 = 650 \quad \cdots \cdots \quad \text{㉤}$$
㉤을 ㉠~㉣식에 대입해서 풀면,
$$t_1 = 196.7℃, \quad t_2 = 153.3℃$$
$$t_3 = 163.3℃, \quad t_4 = 136.7℃$$

19. 안지름 200 mm, 바깥지름 210 mm이고, 충분히 긴 강관($k = 50$ W/m·K)에 증기가 들어 있는데, 내면의 온도가 200℃이며, 표면은 보온이 되어 있지 않은 상태이다. 이 강관 1 m당 방열되는 열량 W(와트)은 얼마인가? (단, 표면온도는 50℃이며, 내외면의 온도는 시간이 경과되어도 변함없다.)

① 7.35×10^5 ② 8.48×10^5
③ 8.91×10^5 ④ 9.65×10^5

[해설] 안지름 r_i, 바깥지름 r_o, 길이 L, 내외면의 온도가 각각 T_i, T_o이고, 열전달 계수가 k인 충분히 긴 원관에서 미소두께 d_r을 통하여 반지름 방향으로 전달되는 열량 Q는 푸리에의 법칙을 적용하면,

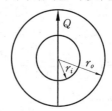

$$Q = -kA\frac{dt}{dr} \text{에서},$$
$$\therefore Q = \frac{2\pi(T_i - T_o)}{\frac{1}{k}\ln\frac{r_o}{r_i}} = \frac{2\pi(T_i - T_o)}{\frac{1}{k}\ln\frac{d_o}{d_i}}$$
$$= \frac{2\pi k(T_i - T_o)}{\ln\left(\frac{d_o}{d_i}\right)} = \frac{2\pi \times 50(200 - 50)}{\ln\left(\frac{0.21}{0.2}\right)}$$
$$= 9.65 \times 10^5 \, \text{W}$$

20. 다음 3 층으로 된 평면벽의 평균 열전도율을 구하면 약 얼마인가? (단, 열전도율은 $k_A = 0.8\,\text{W/m} \cdot \text{K}$, $k_B = 2.0\,\text{W/m} \cdot \text{K}$, $k_C = 0.8\,\text{W/m} \cdot \text{K}$)

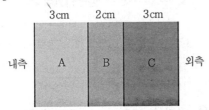

① $1.0\,\text{W/m} \cdot \text{K}$ ② $1.2\,\text{W/m} \cdot \text{K}$
③ $2.44\,\text{W/m} \cdot \text{K}$ ④ $0.94\,\text{W/m} \cdot \text{K}$

[해설] $Q = \dfrac{A(T_2 - T_1)}{\Sigma \dfrac{x}{k}} = \dfrac{A(T_2 - T_1)}{\Sigma \dfrac{x}{k_m}}$

여기서, $\Sigma \dfrac{x}{k_m} = \dfrac{x_A}{k_A} + \dfrac{x_B}{k_B} + \dfrac{x_C}{k_C}$ 이므로,

$\dfrac{8}{k_m} = \dfrac{3}{0.8} + \dfrac{2}{2} + \dfrac{3}{0.8} = 8.5$

$\therefore \ k_m = 0.941\,\text{W/m} \cdot \text{K}$

21. 노속에 지름 30 cm, 길이 1 m의 철봉 (방사율 $\varepsilon = 0.9$)이 들어 있다. 노의 온도를 1000 K, 철봉의 온도를 600 K라 할 때 1분 동안 철봉에 방사되는 전열량은?

① 8448 kcal ② 7029 kcal
③ 6091 kcal ④ 4088 kcal

[해설] $Q = 4.88\varepsilon A \left[\left(\dfrac{T_1}{100} \right)^4 - \left(\dfrac{T_2}{100} \right)^4 \right]$ [kcal/h]

$A = \pi d l + \dfrac{\pi}{4} d^2 \times 2$

$= 3.14 \times 0.3 \times 1 + \dfrac{3.14}{4} \times (0.3)^2 \times 2$

$= 9.42 + 0.14 = 9.55\,\text{m}^2$

$\therefore \ Q = 4.88 \times 0.9 \times 9.56$

$\times \left[\left(\dfrac{1000}{100} \right)^4 - \left(\dfrac{600}{100} \right)^4 \right] / 60$

$= 6091\,\text{kcal/min}$

22. 동일한 재료로 되어 있는 십자형의 선재가 있다. AX, BX, CX, DX의 길이는 각각 15 cm, 12 cm, 10 cm, 10 cm이고, AX, BX, CX의 단면적은 각각 2 cm^2, 2.5 cm^2, 3 cm^2 이다. 또 A, B, C 및 D의 온도는 각각 60℃, 50℃, 40℃, 30℃로 항상 유지되고, 선재의 표면으로부터의 방열은 없는 것으로 할 때 충분히 시간이 지난 후에 X의 온도가 42℃였다. DX의 면적을 구하면?

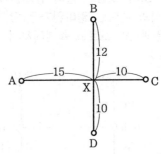

① $2.0\,\text{cm}^2$ ② $2.3\,\text{cm}^2$
③ $2.9\,\text{cm}^2$ ④ $3.6\,\text{cm}^2$

[해설] 정상 상태에서 열이 선재를 따라 화살표의 방향으로 전달되며, 선재의 열전도율 k, DX의 단면적이 A이면 X에 흘러들어오는 열과 흘러나가는 열은 같아야 하므로,

$k \dfrac{A}{x}(t_1 - t_2) = Q$이므로

$k\dfrac{2}{15}(60 - 42) + k\dfrac{2.5}{1.2}(50 - 42)$

$+ k\dfrac{3}{10}(40 - 42) + k\dfrac{A}{10}(30 - 42) = 0$

$\therefore \ \dfrac{2}{15} \times 18 + \dfrac{2.5}{12} \times 8 - \dfrac{3}{10} \times 2 - \dfrac{A}{10} \times 12 = 0$

$\therefore \ A = 2.89\,\text{cm}^2$

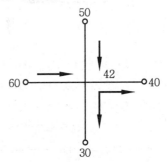

제12장 연소(combustion)

12-1 연소 반응식

(1) 탄소(완전 연소)

탄소가 완전 연소할 때 이산화탄소 (CO_2)가 생기며, 그의 반응식 및 양적 관계는 다음과 같다.

$$C \quad + \quad O_2 \quad = \quad CO_2 \quad + 97200 \, kcal/kmol \quad \cdots \cdots (12-1)$$

| 12 kg | 32 kg | 44 kg |

$22.4 \, Nm^3$ $\quad$ $22.4 \, Nm^3$

1 kg $\quad \dfrac{32}{12} = 2.667 \, kg \quad \dfrac{44}{12} = 3.667 kg$

$\dfrac{22.4}{12} = 1.867 \, Nm^3 \quad \dfrac{22.4}{12} = 1.867 \, Nm^3$

1 kmol $\quad$ 1 kmol $\quad$ 1 kmol

즉, 탄소 1 kg을 공기 중에서 완전 연소하게 될 때 필요한 산소량은 2.667 kg이며, 생성되는 CO_2의 양은 3.667 kg이다.

탄소 1 kg을 연소할 때 필요한 이론 공기량은 공기의 조성 성분을 중량비(%)로 산소 (O_2) : 23.2 %, 질소 (N_2) : 76.8 %라고 하면,

$$\dfrac{2.667}{0.232} = 11.49 \, kg$$

또는, 체적비(%)로 산소 (O_2) : 21 %, 질소 (N_2) : 79 % 라고 하면,

$$\dfrac{1.867}{0.21} = 8.89 \, Nm^3$$

(2) 탄소 (불완전 연소)

$$C \quad + \quad \frac{1}{2}O_2 \quad = \quad CO \quad + 29400 \text{ kcal/kmol} \quad \cdots\cdots (12-2)$$

12 kg	16 kg	28 kg
	$\frac{1}{2} \times 22.4 \text{ Nm}^3$	22.4 Nm^3
1 kg	$\frac{16}{12} = 1.333 \text{ kg}$	$\frac{28}{12} = 2.333 \text{ kg}$
	$\frac{22.4}{12 \times 2} = 0.933 \text{ Nm}^3$	$\frac{22.4}{12} = 1.867 \text{ Nm}^3$
1 kmol	$\frac{1}{2}$ kmol	1 kmol

(3) 일산화탄소

$$CO \quad + \quad \frac{1}{2}O_2 \quad = \quad CO_2 \quad + 67600 \text{ kcal/kmol} \quad \cdots (12-3)$$

28 kg	16 kg	44 kg
22.4 Nm^3	$\frac{1}{2} \times 22.4 \text{ Nm}^3$	22.4 Nm^3
1 kg	$\frac{16}{28} = 0.571 \text{ kg}$	$\frac{44}{28} = 1.571 \text{ kg}$
	$\frac{22.4}{28 \times 2} = 0.4 \text{ Nm}^3$	$\frac{22.4}{28} = 0.8 \text{ Nm}^3$
1 kmol	$\frac{1}{2}$ kmol	1 kmol

(4) 수소

수소는 탄소와 함께 각종 연료의 주성분으로 여기에 산소를 공급하면 수증기 또는 물이 생성된다.

$$H_2 \quad + \quad \frac{1}{2}O_2 \quad = \quad H_2O\,(수증기) + 57600 \text{ kcal/kmol} \quad \cdots\cdots (12-4)$$

$$H_2 \quad + \quad \frac{1}{2}O_2 \quad = \quad H_2O\,(물) + 68400 \text{ kcal/kmol} \quad \cdots\cdots\cdots (12-5)$$

2 kg	16 kg	18 kg
	$\frac{1}{2} \times 22.4 \text{ Nm}^3$	22.4 Nm^3
1 kg	$\frac{16}{2} = 8 \text{ kg}$	$\frac{18}{2} = 9 \text{ kg}$
	$\frac{22.4}{2 \times 2} = 5.6 \text{ Nm}^3$	$\frac{22.4}{2} = 11.2 \text{ Nm}^3$

즉, 수소 1 kg을 공기 중에서 완전 연소할 때 필요한 산소량은 8 kg이며, 생성되는 H_2O 의 양은 9 kg (11.2 Nm^3)이다.

(5) 유황

유황은 연료 중에 소량이 함유되어 있어서 연료 본래의 목적에서 보면 중요한 성분은 못된다. 그러나 연소 생성물의 이산화유황, 즉 아황산가스는 대기 오염원 중에서는 중요한 것으로 주목된다.

일반적으로 유황은 고체 연료 중에 0.2~2 %, 중유에는 0.5~3.5 % 포함되어 있다.

$$S \quad + \quad O_2 \quad = \quad SO_2 + 80000 \text{ kcal/kmol} \quad \cdots\cdots\cdots\cdots (12-6)$$

32 kg	32 kg	64 kg
	22.4 Nm^3	22.4 Nm^3
1 kg	$\frac{32}{32} = 1$ kg	$\frac{64}{32} = 2$ kg
	$\frac{22.4}{32} = 0.7$ Nm^3	$\frac{22.4}{32} = 0.7$ Nm^3
1 kmol	1 kmol	1 kmol

(6) 메탄(CH_4)

기체 연료에 있어서는 수소와 탄소가 화합하여 탄화수소로 함유되어 있다. 즉, 메탄, 에탄, 프로판, 부탄, 에틸렌, 벤젠 등으로 존재하며, 이 중 메탄은 천연가스, 석탄가스, 유가스 등에 함유되어 있다.

$$CH_4 + 2O_2 = CO_2 + 2H_2O\,(기체) + 191300 \text{ kcal/kmol} \quad \cdots\cdots\cdots\cdots (12-7)$$

$$CH_4 + 2O_2 = CO_2 + 2H_2O\,(액체) + 212800 \text{ kcal/kmol} \quad \cdots\cdots\cdots\cdots (12-8)$$

$\begin{cases} 22.4\ Nm^3 & 2 \times 22.4\ Nm^3 & 22.4\ Nm^3 & 2 \times 22.4\ Nm^3 \\ 1\ kmol & 2\ mol & 1\ kmol & 2\ kmol \end{cases}$

12-2 발열량

연소는 화학반응의 일종임을 이미 말하였으며, 특히 1 atm, 25℃하에서의 화학반응을 표준반응이라고 한다. 또, 표준상태에서의 반응열을 표준반응열(standard heat of reaction)이라고 부른다.

또, 0℃하에서의 연료의 단위량당 연소열을 발열량(heating value)이라고 하며, 고체 및 액체 연료에 대해서는 kcal/kg, 기체 연료에 대해서는 kcal/Nm³로 표시하는 경우가 많다.

이 발열량의 값은 엄밀하게 여러 가지 열량계(colorimetor)를 써서 실측해야 하며, 고체, 액체 연료에 대해서는 결합열을 보통 무시하여 취급하고 있다.

식 (12-7), (12-8)에 표시된 바와 같이 연소 생성물 중에 H_2O를 생성하는 발열반응에서는 액체의 물[$H_2O(l)$], 또는 수증기[$H_2O(g)$]를 생성하느냐에 따라서 연소열에서는 1 kmol(18 kg)의 물의 증발열의 열량만큼 차이를 가져온다.

여기서 H_2O(기체) 및 H_2O(액체)가 생성될 때의 발열량은 각각 고발열량 H_h (higher heating value)과 저발열량 H_l (lower heating value)로 구별된다. 고체, 액체 연료에 관한 H_h[kcal/kg] 및 H_l[kcal/kg]의 값은 c, h, o, s, w를 각각 연료 조성의 중량비(질량비)라고 하면 다음과 같은 식으로 근사적으로 표시된다.

$$H_l = 8100c + 29000\left(h - \frac{o}{8}\right) + 2500s - 600\left(w + \frac{9}{8}o\right) \quad\cdots\cdots\cdots\cdots\cdots (12-9)$$

$$H_h = 8100c + 34000\left(h - \frac{o}{8}\right) + 2500s \quad\cdots\cdots\cdots\cdots\cdots (12-10)$$

윗 식에서 수소의 중량비가 $\left(h - \frac{o}{8}\right)$로 된 것은 연료 중에 포함되는 산소 O는 이미 연료 중에서 수소와 결합하여 H_2O로 되어 있다고 평가하였기 때문이며, $\left(h - \frac{o}{8}\right)$에 상당하는 양을 유효수소분(자유수소분)이라고 부른다.

출제 예상 문제

1. 28 kg의 일산화탄소가 완전 연소하는 데 필요한 최소 산소량은 몇 kg인가?

① 8

② 16

③ 32

④ 28

[해설] $CO(28\,kg) + \dfrac{1}{2}O_2(16\,kg)$

$= CO_2(44\,kg) + 67600\,kcal/kmol$

2. 화학반응의 평형상수는 온도에 따라 다음과 같이 된다. 옳은 것은?

① 온도가 상승하면 발열반응에서는 감소한다.

② 온도가 상승하면 발열반응에서는 증가한다.

③ 온도가 상승하면 흡열반응에서는 감소한다.

④ 온도가 상승해도 일정하다.

3. 3 kmol의 탄소 (C)를 완전 연소하는 데 필요한 최소 산소량은?

① 1 kmol

② 2 kmol

③ 3 kmol

④ 4 kmol

[해설] C + O₂ = CO₂

1 kmol 1 kmol 1 kmol

4. 일산화탄소(CO)를 공기 중에서 연소할 때 과잉공기의 양이 많으면 생성되는 가스량은 다음과 같은 상태가 된다. 옳은 것은?

① 이산화탄소의 양은 증가한다.

② 이산화탄소의 양은 감소한다.

③ 일산화탄소와 이산화탄소가 다같이 증가한다.

④ 일산화탄소와 이산화탄소가 다같이 감소한다.

5. 연료의 고발열량(H_h)과 저발열량(H_l)과의 관계식으로 옳은 것은? (단, $w =$ 수분 성분(%), $h =$ 수소 성분(%)이다.)

① $H_h = H_l + (w + h)$

② $H_h = H_l - 600(w + h)$

③ $H_h = H_l + 600(w + 9h)$

④ $H_h = H_l + 600(9h - w)$

6. 다음의 ①~④의 단순 gas를 각각 1 Nm³ 연소시키는 데 필요한 이론 산소량 및 이때 생성하는 이론 연소 gas량(CO_2, H_2O)에 대한 조합 중에서 틀린 것은 어느 것인가?

가스 종류	이론 산소량 (Nm³)	이론 연소 가스량 (Nm³)	
		CO_2	H_2O
① H₂	0.5		1
② CO	0.5	1	—
③ CH₄	2	1	1
④ C₂H₄	3	2	2

7. 한 가스 발생로에서 얻은 발생로 가스 1 Nm³를 완전 연소하는 데 필요한 공기량을 구하면 얼마인가? (단, 이 가스 1 Nm³ 중에는 35 g의 수분을 포함하며, 가스 분석에 의한 가스 기준의 조성 분석 결과는 CO₂ : 3.3 %, CO : 26.2 %, CH₄ : 4.0 %, H₂ : 12.8 %, N₂ : 53.8 %이다.)

정답 1. ② 2. ① 3. ③ 4. ① 5. ③ 6. ③ 7. ③

① $0.0436 \, \mathrm{Nm^3/Nm^3}$

② $0.956 \, \mathrm{Nm^3/Nm^3}$

③ $1.250 \, \mathrm{Nm^3/Nm^3}$

④ $2.267 \, \mathrm{Nm^3/Nm^3}$

[해설] 이 문제에서 주의해야 할 점은 $1 \, \mathrm{Nm^3}$의 발생로 가스가 수분을 포함하고 있는 점이며, 조성과의 관련을 명확하게 할 필요가 있다. 수분은 $0.035 \, \mathrm{kg/Nm^3}$이고, H_2O 18 kg은 $1 \, \mathrm{kmol}$에 상당한다. 표준상태에서는 $22.41 \, \mathrm{Nm^3}$의 체적을 차지하므로, 함유된 수증기의 체적은 다음 식으로 구할 수 있다.

$$0.035 \times \frac{22.41}{18} = 0.0436 \, \mathrm{Nm^3/Nm^3}$$

따라서, 습가스 $1 \, \mathrm{Nm^3}$는 건가스를 $1 - 0.0436 \fallingdotseq 0.956 \, \mathrm{Nm^3}$에 상당하는 체적만큼 차지하게 된다. 또, $(CO)_r = 0.262$, $(H_2)_r = 0.128$, $(CH_4)_r = 0.040$으로 하여 O_{min}을 구하면,

$$O_{min} = (0.5 \times 0.262 + 0.5 \times 0.128 + 2 \times 0.040) \times 0.965 \fallingdotseq 0.263 \, \mathrm{Nm^3/Nm^3}$$

$$\therefore A_{min} = O_{min}/0.21 \fallingdotseq 1.25 \, \mathrm{Nm^3/Nm^3}$$

8. 석탄의 분석 결과가 함수시료에 대하여 다음과 같은 경우에 이 석탄 $1 \, \mathrm{kg}$당 연소에 필요한 이론 공기량은 몇 $\mathrm{Nm^3/kg}$인가? (단, $c = 64.0\,\%$, $h = 5.3\,\%$, $s = 0.1\,\%$, $o = 8.8\,\%$, $n = 0.8\,\%$, 회분 $= 12.0\,\%$, 수분 $= 9.0\,\%$이다.)

① 4.82

② 5.82

③ 6.82

④ 7.82

[해설] $L_0 = 8.89c + 26.7\left(h - \dfrac{o}{8}\right) + 3.33s$

$$= 8.89 \times 0.64 + 26.7\left(0.053 - \frac{0.088}{8}\right) + 3.33 \times 0.001$$

$$\fallingdotseq 6.82 \, \mathrm{Nm^3/kg}$$

9. 다음 성분을 가진 연료의 이론 공기량 [kg/kg']과 [Nm³/kg]을 구하면 얼마인가? (단, $c = 0.3$, $h = 0.025$, $o = 0.1$, $n = 0.005$, $s = 0.01$, $w = 0.05$이다.)

① 3.921, 3.034

② 3.921, 3.0

③ 2.291, 2.304

④ 2.291, 2.0

[해설] $L_0 = 11.49c + 34.5\left(h - \dfrac{o}{8}\right) + 4.31s$

$$= 11.49 \times 0.3 + 34.5\left(0.025 - \frac{0.1}{8}\right)$$

$$+ 4.31 \times 0.01 = 3.921 \, \mathrm{kg/kg'}$$

$$L_0 = 8.89c + 26.7\left(h - \frac{o}{8}\right) + 3.33s$$

$$= 8.89 \times 0.3 + 26.7\left(0.025 - \frac{0.1}{8}\right)$$

$$+ 3.33 \times 0.01 = 3.034 \, \mathrm{Nm^3/kg}$$

10. 어떤 연료의 성분비가 다음과 같을 때, 이론 공기량 (Nm³/kg)을 구하면 얼마인가? (단, $c = 0.85$, $h = 0.13$, $o = 0.02$이다.)

① $10.01 \, \mathrm{Nm^3/kg}$

② $10.50 \, \mathrm{Nm^3/kg}$

③ $10.69 \, \mathrm{Nm^3/kg}$

④ $10.96 \, \mathrm{Nm^3/kg}$

[해설] $L_0 = 8.89c + 26.7\left(h - \dfrac{o}{8}\right) + 3.33s$

$$= 8.89 \times 0.85 + 26.7\left(0.13 - \frac{0.02}{8}\right)$$

$$= 10.96 \, \mathrm{Nm^3/kg}$$

11. 중량 조성 $c = 0.78$, $h = 0.05$, $o = 0.08$, $s = 0.01$, $w = 0.02$의 석탄 $1 \, \mathrm{kg}$을 완전 연소한다고 할 때 석탄의 저발열량은 몇 kcal/kgf인가?

① 7325

② 7491

③ 7675

④ 7825

[해설] $H_l = 8100c + 29000\left(h - \dfrac{o}{8}\right)$

$$+ 2500s - 600w$$

$$= 8100 \times 0.78 + 29000\left(0.05 - \frac{0.08}{8}\right)$$

$$+ 2500 \times 0.01 - 600 \times 0.02$$

$$= 7491 \, \mathrm{kcal/kgf}$$

12. 수소 = 0.25, 일산화탄소 = 0.08, 메탄 = 0.17, C_mH_n = 0.01, 산소 (O_2) = 0.03, 탄산가스 = 0.17, 질소 = 0.29라고 할 때 1 kg당 가스의 이론 공기량은?

① $8.45 \text{ Nm}^3/\text{kg}$ ② $6.45 \text{ Nm}^3/\text{kg}$

③ $4.45 \text{ Nm}^3/\text{kg}$ ④ $2.45 \text{ Nm}^3/\text{kg}$

[해설] $L_0 = \dfrac{1}{0.21} \times$

$$\left[\frac{1}{2}(H_2) + \frac{1}{2}(CO) + 2(CH_4 + 4C_mH_n - O_2) \right]$$

$$= \frac{1}{0.21}\{ (0.5 \times 0.25 + 0.5 \times 0.08$$

$$+ 2 \times (0.17 + 4 \times 0.01 - 0.03)\}$$

$$= 2.45 \text{ Nm}^3/\text{kg}$$

13. 석탄의 분석 결과가 함수시료에 대해 다음과 같다고 할 때 그것이 완전 연소할 경우의 연소가스 중의 CO_2가 12 %일 때 석탄 1 kg당 이론 공기량은 몇 kmol /kg 이며, 또한 몇 Nm^3 /kg인가?

① 0.304, 6.81 ② 0.502, 5.67

③ 0.702, 0.902 ④ 7.56, 8.52

[해설] $L_0 = \dfrac{1}{0.21} \left(\dfrac{c}{12} + \dfrac{h}{4} + \dfrac{s}{32} - \dfrac{o}{32} \right)$

$(1 \text{ kmol} = 22.4 \text{ Nm}^3)$

$\therefore L_0' = L_0 \times 22.4$

14. 수소 1 kg을 연소시키는 데 필요한 공기량은?

① 5.6 cm^3 ② 11.2 m^3

③ 26.6 m^3 ④ 21.07 m^3

[해설] 공기량$(A_o) = \dfrac{11.2}{2} \times \dfrac{1}{0.21} = 26.6 \text{ m}^3$

15. 고체 및 액체 연료 중의 수소(h[kg]) 와 수분(w[kg])이 연소하면서 발생하는 연소 생성 수증기량은?

① $11.2h + 1.25w$

② $1.4h + 1.12w$

③ $1.4h - 1.25w$

④ $11.2h + 1.12w$

[해설] $H_2 + \dfrac{1}{2}O_2 = H_2O$

$\quad$ 2 g $\quad$ 16 g $\quad$ 18 g (22.4)

$\therefore \dfrac{22.4}{2}h + \dfrac{22.4}{18}w = 11.2h + 1.25w$

16. "발열량이란 일정량의 연료를 완전 연소시킬 때 발생하는 총열량이며, ( )된(한)다." ( ) 안에 들어갈 문장을 다음 중에서 찾으면?

① 일반적으로 연료 1 kg 마다 발생하는 총열량으로 표시

② 일정 면적을 가열하는 열의 총량에 비례

③ 연료 단위량을 계기 내에서 완전 연소시킬 때 발생하는 총열량으로 표시

④ 연료 1 kg을 가지고 표준상태하의 물을 증발시킬 때 얻는 증기량으로 표시

17. 고체 또는 액체 연료에서 연료 1 kg 중 탄소, 수소, 유황 및 산소의 중량을 c, h, s, o라고 할 때 연소하는 수소량은 어느 것인가?

① $(s - o)$ ② h

③ $h - \dfrac{o}{8}$ ④ $(h - o)$

[정답] **12.** ④ **13.** ① **14.** ③ **15.** ① **16.** ③ **17.** ③

PART 03

기계유체역학

유체의 기본 성질과 정의

1. 유체의 정의 및 분류

1-1 유체(fluid)의 정의

모든 물질은 고체(solid), 액체(liquid), 기체(gas)의 세 가지 중 하나의 상태로 존재한다. 액체와 기체는 형태가 없고 쉽게 변형되는데, 이 액체와 기체를 합쳐 유체(fluid)라 한다. 유체는 아무리 작은 전단력(shear force)이 작용하여도 쉽게 미끄러지는데, 분자들 간에 계속적으로 미끄러지면서 전체 모양이 변형되는 것을 흐름(flow)이라 한다.

1-2 비압축성 유체와 압축성 유체

(1) 비압축성 유체(밀도가 일정한 유체)

① 상온에서 액체(liquid) 상태의 물질(물, 수은, 기름)
② 물체(건물, 굴뚝 등)의 주위를 흐르는 기류
③ 달리는 물체(자동차, 기차 등) 주위의 기류
④ 저속으로 비행하는 항공기 주위의 기류
⑤ 물 속을 잠행하는 잠수함 주위의 수류

(2) 압축성 유체(밀도가 변하는 유체)

① 상온에서 기체(gas) 상태의 물질(공기, 산소, 질소)
② 음속보다 빠른 비행기 주위의 공기의 유동
③ 수압 철판 속의 수격 작용(water hammer)
④ 디젤 기관에 있어서 연료 공급 파이프의 충격파(shock wave)

1-3   이상 유체와 실제 유체

유체의 운동에서 점성을 무시할 수 있는 유체를 완전 유체(perfect fluid) 또는 이상 유체(ideal fluid)라 하고, 점성을 무시할 수 없는 유체를 실제 유체(real fluid)라 한다.

예제 1. 다음은 유체(fluid)를 정의한 것이다. 가장 알맞은 것은?
① 주어진 체적을 채울 때까지 팽창하는 물질을 말한다.
② 흐르는 물질을 모두 유체라 한다.
③ 유동 물질 중에 전단응력이 생기지 않는 물질을 말한다.
④ 아주 작은 전단력이라도 물질 내부에 작용하면 정지상태로 있을 수 없는 물질을 말한다.

해설 유체란 아주 작은 전단력이라도 물질 내부에 작용하는 한 계속해서 변형하는 물질이다(정지 상태로 있을 수 없는 물질).   **정답** ④

예제 2. 이상 유체란 어떠한 유체를 말하는가?
① 밀도가 장소에 따라 변화하는 유체
② 점성이 없고 비압축성인 유체
③ 온도에 따라 체적이 변하지 않는 유체
④ 순수한 유체

해설 이상 유체란 점성이 없고, 비압축성인 유체를 말한다.   **정답** ②

예제 3. 비압축성 유체라고 볼 수 없는 것은 어느 것인가?
① 흐르는 냇물   ② 달리는 기차 주위의 기류
③ 건물 둘레를 흐르는 공기   ④ 관 속에서 흐르는 충격파

해설 관 속을 흐르는 충격파(shock wave)는 압축성 유체이다.   **정답** ④

예제 4. 다음 중 유체를 연속체로 취급할 수 있는 경우는 어느 것인가? (단, l 은 물체의 특성길이, λ는 분자의 평균 자유행로이다.)
① $l \ll \lambda$ ② $l = \lambda$
③ $l \gg \lambda$ ④ $l = 0,\ \lambda = 0$

해설 유체를 연속체로 취급하기 위해서는 물체의 특성길이가 분자의 크기나 분자의 평균 자유행로보다 매우 커야 하며 분자의 충돌과 충돌 사이에 걸리는 시간이 아주 짧아야 한다.   **정답** ③

2. 차원과 단위

차원(dimension)

　길이, 질량, 시간, 속도, 압력, 점성계수 등 여러 가지의 자연 현상을 표시하는 양을 물리량이라 한다. 그 중에서 모든 물리량을 나타내는 기본이 되는 양으로 예를 들면 길이, 시간, 힘, 혹은 질량 등을 기본량(basic quantity)이라 하고, 이 기본량들을 구체적으로 정한 절차에 따라 유도해 낸 양을 유도량(derived quantity)이라 한다.

$$
\text{기본 차원}
\begin{cases}
\text{절대단위계}(MLT \text{ 계}) : \text{질량 } M, \text{ 길이 } L, \text{ 시간 } T \\
\text{공학단위계}(FLT \text{ 계, 중력단위계}) : \text{힘 } F, \text{ 길이 } L, \text{ 시간 } T
\end{cases}
$$

단위(unit)와 단위계(unit system)

(1) 절대 단위계(absolute unit system)

　MLT 계로서 기본 크기를 결정한 단위계를 말한다.

물리량의 차원

물리량	절대 단위계	공학 단위계	물리량	절대 단위계	공학 단위계
길이	L	L	각도	1	1
질량	M	$FL^{-1}T^2$	각속도	T^{-1}	T^{-1}
시간	T	T	각가속도	T^{-2}	T^{-2}
힘	F	MLT^{-2}	회전력	ML^2T^{-2}	FL
면적	L^2	L^2	모멘트	ML^2T^{-2}	FL
체적	L^3	L^3	표면장력	MT^{-2}	FL^{-1}
속도	LT^{-1}	LT^{-1}	동력	ML^2T^{-3}	FLT^{-1}
가속도	LT^{-2}	LT^{-2}	절대점성계수	$ML^{-1}T^{-1}$	$FL^{-2}T$
탄성계수	$ML^{-1}T^{-2}$	FT^{-2}	동점성계수	L^2T^{-1}	L^2T^{-1}
밀도	ML^{-3}	$FL^{-4}T^2$	압력	$ML^{-1}T^{-2}$	FL^{-2}
비중량	$ML^{-2}T^{-2}$	FL^{-3}	에너지	ML^2T^{-2}	FL

　① C.G.S 단위계 : 질량, 길이, 시간의 기본 단위를 g, cm, s로 하여 물리량의 단위를 유도하는 단위계이다.

② M.K.S 단위계 : 질량, 길이, 시간의 기본 단위를 kg, m, s로 하여 물리량의 단위를 유도하는 단위계이다.

(2) 중력 단위계(공학 단위계 : technical unit system)

FLT 계로서 기본 크기를 결정한 단위계를 말한다.

차원과 단위

물리량	중력 단위		절대 단위	
길이	L	m, ft	L	m, cm, ft
힘	F	kgf, lb	MLT^{-2}	$kg \cdot m/s^2$
시간	T	s	T	s
질량	$FL^{-1}T^2$	$kgf \cdot s^2/m$	M	kg, slug
밀도	$FL^{-4}T^{-2}$	$kgf \cdot s^2/m^4$	ML^{-3}	kg/m^3
속도	LT^{-1}	m/s	LT^{-1}	m/s, ft/s
압력	FL^{-2}	kgf/m^2	$ML^{-1}T^{-2}$	$kg/m \cdot s^2$

(3) 국제 단위계(SI 단위계 : System International unit)

SI 기본 단위와 보조 단위

양	SI 단위의 명칭	기호	정의
길이 (length)	미터 (meter)	m	1미터는 진공에서 빛이 1/299,792,458초 동안 진행한 거리이다.
질량 (mass)	킬로그램 (kilogram)	kg	1킬로그램(중량도, 힘도 아니다.)은 질량의 단위로서, 그것은 국제 킬로그램 원기의 질량과 같다.
시간 (time)	초 (second)	s	1초는 세슘 133의 원자 바닥 상태의 2개의 초미세준위 간의 전이에 대응하는 복사의 9,192,631,770 주기의 지속시간이다.
전류 (electric current)	암페어 (ampere)	A	1암페어는 진공 중에 1미터의 간격으로 평행하게 놓여진, 무한하게 작은 원형 단면을 가지는 무한하게 긴 2개의 직선 모양 도체의 각각에 전류가 흐를 때, 이들 도체의 길이 1미터마다 2×10^{-7} N의 힘을 미치는 불변의 전류이다.
열역학 온도 (thermodynamic temperature)	켈빈 (kelvin)	K	1켈빈은 물 3중점의 열역학적 온도의 1/273.16이다.
물질의 양 (amount of substance)	몰 (mole)	mol	① 1몰은 탄소 12의 0.012킬로그램에 있는 원자의 개수와 같은 수의 구성 요소를 포함한 어떤 계의 물질량이다. ② 몰을 사용할 때에는 구성 요소를 반드시 명시해야 하며, 이 구성 요소는 원자, 분자, 이온, 전자, 기타 입자 또는 이 입자들의 특정한 집합체가 될 수 있다.

광도 (luminous intensity)	칸델라 (candela)	cd	1칸델라는 주파수 540×1012 헤르츠인 단색광을 방출하는 광원의 복사도가 어떤 주어진 방향으로 매 스테라디안당 1/683 와트일 때, 이 방향에 대한 광도이다.
평면각 (plane angle)	라디안 (radian)	rad	1라디안은 원둘레에서 반지름의 길이와 같은 길이의 호(弧)를 절취한 2개의 반지름 사이에 포함되는 평면각이다.
입체각 (solid angle)	스테라디안 (steradian)	sr	1스테라디안은 구(球)의 중심을 정점으로 하고, 그 구의 반지름을 한 변으로 하는 정사각형의 면적과 같은 면적을 구의 표면상에서 절취하는 입체각이다.

SI 접두어

인자	접두어	기호	인자	접두어	기호
10^{24}	yotta	Y	10^{-1}	deci	d
10^{21}	zetta	Z	10^{-2}	centi	c
10^{18}	exa	E	10^{-3}	milli	m
10^{15}	peta	P	10^{-6}	micro	μ
10^{12}	tera	T	10^{-9}	nano	n
10^{9}	giga	G	10^{-12}	pico	p
10^{6}	mega	M	10^{-15}	femto	f
10^{3}	kilo	k	10^{-18}	atto	a
10^{2}	hecto	h	10^{-21}	zepto	z
10^{1}	deca	da	10^{-24}	yocto	y

고유 명칭을 가진 SI 조립 단위

양	SI 조립 단위의 명칭	기호	SI 기본 단위 또는 SI 보조 단위에 의한 표시법, 또는 다른 SI 조립 단위에 의한 표시법
주파수	헤르츠(Hertz)	Hz	$1\,Hz = 1\,s^{-1}$
힘	뉴턴(Newton)	N	$1\,N = 1\,kg \cdot m/s^{2}$
압력, 응력	파스칼(Pascal)	Pa	$1\,Pa = 1\,N/m^{2}$
에너지, 일, 열량	줄(Joule)	J	$1\,J = 1\,N \cdot m$
공률	와트(Watt)	W	$1\,W = 1\,J/s$

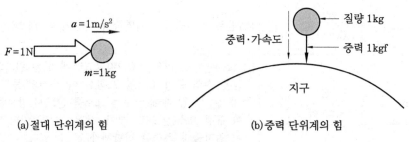

(a) 절대 단위계의 힘　　　　(b) 중력 단위계의 힘

단위계의 힘

2-3 주요 물리량의 단위

① 힘(force) : 질량×가속도

$$F = m \cdot a$$

$$1\,N = 1\,kg \times 1\,m/s^2$$

$$1\,kgf = 1\,kg \times 9.80665\,m/s^2 = 9.80665\,kg \cdot m/s^2 = 9.80665\,N$$

② 압력(pressure) : 단위 면적당 작용하는 힘

$$p = \frac{F}{A}$$

$$1\,Pa = 1\,N/m^2 = 1\,kg/m \cdot s^2$$

$$1\,kgf/m^2 = 9.8\,kg/m \cdot s^2 = 9.8\,Pa(N/m^2)$$

③ 일(work), 에너지, 열량

$$W = F \cdot r$$

$$1\,N \cdot m = 1\,kg \cdot m^2/s^2 = 1\,J$$

$$1\,kgf \cdot m = 9.8\,kg \cdot m^2/s^2 = 9.8\,J$$

④ 동력(power) = 일률(공률)

$$Power = \frac{W}{t} = F \cdot v$$

$$1\,W(1\,J/s) = 1\,N \cdot m/s = 1\,kg \cdot m^2/s^3$$

$$1\,kgf \cdot m/s = 9.8\,N \cdot m/s = 9.8\,W$$

$$1\,PS = 75\,kg \cdot m/s = 632\,kcal/h(1\,PSh = 632\,kcal)$$

$$1\,kW = 102\,kg \cdot m/s = 860\,kcal/h(1\,kWh = 860\,kcal = 3600\,kJ)$$

예제 5. 다음 중에서 힘의 차원을 절대단위계로 바르게 표시한 것은?

① M
② MT^2
③ $ML^{-1}T^{-2}$
④ MLT^{-2}

해설 $F = ma = MLT^{-2}$
정답 ④

예제 6. 다음 중 질량의 공학단위계 차원을 옳게 표시한 것은?

① FLT^{-2}
② FT^{-2}
③ $FL^{-1}T^2$
④ FLT^2

해설 $m = \dfrac{w}{g} = \dfrac{1}{9.8}\,N \cdot s^2/m(FT^2L^{-1})$
정답 ③

예제 7. 다음 중 힘의 단위가 아닌 것은?

① dyne   ② erg   ③ kgf   ④ Newton

해설 1 erg(에르그) = 1 dgne × cm로 일량 단위다.   정답 ②

예제 8. 1 Newton은 중력단위로 몇 kgf인가?

① 9.8   ② 980   ③ $\dfrac{1}{9.8}$ ④ $\dfrac{1}{980}$

해설 $1\,\mathrm{N} = \dfrac{1}{9.8}\,\mathrm{kgf}(1\,\mathrm{kgf} = 9.8\,\mathrm{N})$ 정답 ③

3. 유체의 성질

(1) 밀도(density) = 비질량 ρ

단위 체적의 유체가 갖는 질량으로 정의하며, 비체적(v)의 역수이다.

$$\rho = \frac{m}{V}\,[\mathrm{kg/m^3},\ \mathrm{N \cdot s^2/m^4}]$$

$$\rho = \frac{1}{v} = \frac{m}{v}\,[\mathrm{kg/m^3}]$$

여기서, m : 질량(kg), V : 체적(m^3)

1 atm, 4℃의 순수한 물의 밀도(ρ_w)는 다음과 같다.

$$\rho_w = 1000\,\mathrm{kg/m^3} = 1000\,\mathrm{N \cdot s^2/m^4} = 102\,\mathrm{kgf \cdot s^2/m^4}$$

(2) 비중량(specific weight) γ

단위 체적의 유체가 갖는 중량으로 정의하며, 비체적(v)의 역수이다.

$$\gamma = \frac{W}{V}\,[\mathrm{N/m^3}]$$

$$\gamma = \frac{1}{v}\,[\mathrm{N/m^3}]$$

여기서, W : 중량(N), V : 체적(m^3)

1 atm, 4℃의 순수한 물의 비중량(γ_w)은 다음과 같다.

$$\gamma_w = 9800\,\mathrm{N/m^3} = 1000\,\mathrm{kgf/m^3} = 9.8\,\mathrm{kN/m^3}$$

비중량과 밀도 사이의 관계는 다음과 같다.

$W = m \cdot g$(g : 중력 가속도)이므로

$$\therefore \ \gamma = \frac{W}{V} = \frac{m \cdot g}{V} = \rho \cdot g\,[\text{N/m}^3]$$

(3) 비체적(specific volume) v

단위 질량의 유체가 갖는 체적(SI 단위계), 또는 단위 중량의 유체가 갖는 체적(중력 단위계)으로 정의한다.

$$v = \frac{1}{\rho}\,[\text{m}^3/\text{kg}] \ \text{또는} \ v = \frac{1}{\gamma}\,[\text{m}^3/\text{N}]$$

(4) 비중(specific gravity) S

같은 체적을 갖는 물의 질량 또는 무게에 대한 그 물질의 질량 또는 무게의 비로 정의하며, 단위는 없다(무차원수).

$$S = \frac{\rho}{\rho_w} = \frac{\gamma}{\gamma_w}$$

$$\rho = \rho_w S = 1000 S\,[\text{kg/m}^3, \ \text{N} \cdot \text{s}^2/\text{m}^4], \ \gamma = \gamma_w S = 9800 S\,[\text{N/m}^3]$$

예제 **9.** 체적이 5 m^{3}인 유체의 무게가 35000 N이었다. 이 유체의 비중량(γ), 밀도(ρ), 비중(S)은 각각 얼마인가?

① $\gamma = 7000\,\text{N/m}^3, \ \rho = 714.3\,\text{N} \cdot \text{s}^2/\text{m}^4, \ S = 0.71$

② $\gamma = 8000\,\text{N/m}^3, \ \rho = 600.8\,\text{N} \cdot \text{s}^2/\text{m}^4, \ S = 0.71$

③ $\gamma = 9000\,\text{N/m}^3, \ \rho = 732.1\,\text{N} \cdot \text{s}^2/\text{m}^4, \ S = 0.71$

④ $\gamma = 7000\,\text{N/m}^3, \ \rho = 600.8\,\text{N} \cdot \text{s}^2/\text{m}^4, \ S = 0.71$

해설 (1) 비중량$(\gamma) = \dfrac{W}{V} = \dfrac{35000}{5} = 7000\,\text{N/m}^3$

(2) 밀도$(\rho) = \dfrac{\gamma}{g} = \dfrac{7000}{9.8} = 714.3\,\text{N} \cdot \text{s}^2/\text{m}^4$

(3) 비중$(S) = \dfrac{\gamma}{\gamma_w} = \dfrac{7000}{9800} = 0.71$, 비중$(S) = \dfrac{\rho}{\rho_w} = \dfrac{714.3}{1000} = 0.7143$

정답 ①

예제 **10.** 밀도가 1290 N $\cdot$ s^2/m^{4}인 글리세린의 비중은 얼마인가?

① 0.129   ② 1.29   ③ 1.29×10^3 ④ 12.6

해설 비중$(S) = \dfrac{\rho}{\rho_w} = \dfrac{1290}{1000} = 1.29$

정답 ②

예제 11. 어떤 기름의 체적이 5.8 m³이고, 무게가 45000 N이다. 이 기름의 비중은 얼마인가?

① 0.13　　　　　② 0.27　　　　　③ 0.67　　　　　④ 0.79

해설 비중($(S) = \dfrac{\gamma_{\text{oil}}}{\gamma_w} = \dfrac{7758.62}{9800} = 0.79$

$$\gamma_{\text{oil}} = \frac{W}{V} = \frac{45000}{5.8} = 7758.62 \, \text{N/m}^3$$

정답 ④

4. 유체의 점성

벽점착조건(no slip condition)은 유체가 고체 표면 위를 흐를 때 고체 표면에서 유체 입자가 고체와 미끄럼이 없다는 조건(벽에서의 유체 속도는 0이라는 조건)을 말한다.

4-1　뉴턴의 점성법칙(Newton's viscosity law)

그림과 같이 평행한 두 평판 사이에 유체가 있을 때 이동 평판을 일정한 속도로 운동시키는 데 필요한 힘 F는 평판의 면적 A와 이동 속도 u가 클수록, 두 평판의 간격(틈새) y가 작을수록 크다는 것을 실험으로 확인할 수 있다.

즉, $F \propto A \dfrac{u}{y}$ 또는 $\dfrac{F}{A} \propto \dfrac{u}{y}$ (미분형 $\dfrac{du}{dy}$)

여기서, $\dfrac{F}{A}$는 그림처럼 이동 평판에 밀착된 유체 분자층이 바로 아래의 유체층으로부터 응집력을 이기고, 미끄러지는 데 필요한 단위 면적당의 전단력(전단응력) τ이다.

$$\therefore \; \tau \left(= \frac{F}{A} \right) = \mu \frac{du}{dy} \, [\text{Pa}]$$

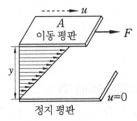

두 평판 사이의 유체 흐름

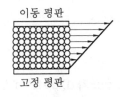

유체층 사이의
미끄럼 운동 모형

비례상수 μ는 유체의 점성계수 또는 점도라 하며, 각 유체마다 온도에 따라 독특한 값을 갖는다. 점성계수는 압력에는 커다란 변화가 없고 온도에 크게 좌우되며, 액체의 점성계수는 일반적으로 온도가 증가하면 감소되지만, 기체의 점성계수는 온도가 증가함에 따라 증가되는 경향이 있다.

뉴턴의 점성법칙을 만족시키는 유체를 뉴턴 유체(Newtonian fluid), 만족시키지 않는 유체를 비뉴턴 유체(non - Newtonian fluid), 점성이 없고 비압축성인 유체를 이상 유체(ideal fluid)라고 한다.

4-2 점성계수(coefficient of viscosity)

(1) 절대 점성계수(absolute viscosity) μ

$$\mu = \frac{\tau}{\frac{du}{dy}} = \frac{\tau dy}{du} = \frac{N/m^2 \times m}{m/s} = N \cdot s/m^2 = Pa \cdot s$$

① 절대 단위계$[ML^{-1}T^{-1}]$: $kg/m \cdot s$, $g/cm \cdot s$
② 중력 단위계$[FL^{-2}T]$: $kgf \cdot s/m^2$, $gf \cdot s/cm^2$
③ SI 단위 : $N \cdot S/m^2(Pa \cdot s)$
④ 점성계수의 유도단위(CGS계)

$1\,poise = 1\,dyne \cdot s/cm^2 = 1\,g/cm \cdot s$ $\qquad$ $1\,cP(centi\ poise) = \dfrac{1}{100}\,poise$

$1\,posie = \dfrac{1}{10}\,Pa \cdot s(N \cdot s/m^2) = \dfrac{1}{479}\,lb \cdot s/ft^2$

(2) 동점성계수(kinematic viscosity) ν

$$\nu = \frac{\mu}{\rho}\ [m^2/s]$$

① 차원 : $L^2 T^{-1}$
② 동점성계수의 유도단위(CGS계)

$1\,stokes = 1\,cm^2/s = 10^{-4}\,m^2/s$ $\qquad$ $1\,cSt(센티스토크스) = \dfrac{1}{100}\,stokes$

예제 12. 10 mm의 간격을 가진 평행한 두 평판 사이에 점성계수 $\mu = 15\,poise$인 기름이 차 있다. 아래평판을 고정하고 위평판을 5 m/s의 속도로 이동시킬 때 평판에 발생하는 전단응력은 몇 Pa인가 ?

① 76.53 $\qquad$ ② 85.75 $\qquad$ ③ 750 $\qquad$ ④ 657

해설 $\tau = \mu \dfrac{du}{dy} = 15 \times \dfrac{1}{10} \times \dfrac{5}{0.01} = 750 \, \text{Pa}$ 　　　　　　정답 ③

예제 13. 어떤 유체의 점성계수 $\mu = 2.401 \, \text{N} \cdot \text{s/m}^2$, 비중 $S = 1.20$이다. 이 유체의 동점성계수는 몇 m^2/s인가?

① $2 \, \text{m}^2/\text{s}$ 　　　　　　　　　② $0.2 \, \text{m}^2/\text{s}$

③ $0.02 \, \text{m}^2/\text{s}$ 　　　　　　　④ $0.002 \, \text{m}^2/\text{s}$

해설 $\nu = \dfrac{\mu}{\rho} = \dfrac{\mu}{1000S} = \dfrac{2.401}{1000 \times 1.2} = 0.002$ 　　　　정답 ④

예제 14. 뉴턴의 점성법칙과 관계있는 것만으로 구성된 것은?

① 전단응력, 속도구배, 점성계수 　　　② 동점성계수, 전단응력, 속도

③ 압력, 동점성계수, 전단응력 　　　　④ 속도구배, 온도, 점성계수

해설 뉴턴의 점성법칙 $\left(\tau = \mu \dfrac{du}{dy} \right)$ 에서

τ : 전단응력, μ : 점성계수, $\dfrac{du}{dy}$: 속도구배, 각변형률(전단변형률) 　　정답 ①

5. 완전기체(perfect gas)

기체의 많은 구성 분자 사이에 분자력이 작용하지 않으며, 분자의 크기도 무시할 수 있다는 가정하에서 성립하는 상태 방정식을 만족하는 기체를 이상기체(ideal gas) 또는 완전기체(perfect gas)라 한다.

5-1 기체의 상태방정식

보일-샤를의 법칙에 의하여 다음 식이 성립한다.

$\dfrac{pv}{T} = C = R$(기체 상수)

$\therefore \ pv = RT$(가스 1 kg 질량에 대한 기체 상태방정식)

$pV = mRt$(전체 기체 m[kg]에 대한 기체 상태방정식)

이것을 이상기체의 상태방정식이라 한다.

또, $\gamma = \dfrac{1}{v}$ 이므로 다음과 같다.

$$p\frac{1}{\gamma} = R \cdot T \text{ 이므로 } p = \gamma \cdot R \cdot T[\text{Pa}]$$

$$\therefore \ \gamma = \frac{p}{R \cdot T}[\text{N/m}^3]$$

SI 단위에서는 다음과 같다.

$$pv = RT, \ \ pV = mRT$$

$$\therefore \ \rho = \frac{p}{R \cdot T}[\text{kg/m}^3, \ \text{N} \cdot \text{S/m}^4]$$

여기서, m : 질량(kg)

5-2   기체 상수

"모든 완전기체는 등온 등압하에서 같은 체적 내에 같은 수의 분자를 갖는다."는 아보가드로(Avogadro)의 법칙에 의하여 다음 식이 성립한다.

일반 기체 상수(universal gas constant) $\overline{R}$ or Ru

$$\overline{R} = mR = 8.314 \, \text{kJ/kmol} \cdot \text{K}(8314 \, \text{J/kmol} \cdot \text{K})$$

여기서, m : 분자량, R : 기체 상수(kJ/kg · K)

예제 15. 다음 중 완전기체를 설명한 것으로 옳은 것은?
① 비압축성 유체
② 실제 유체
③ $pv = RT$를 만족시키는 기체
④ 일정한 점성계수를 갖는 유체

정답 ③

예제 16. 온도 20℃, 절대 압력이 500 kPa인 산소의 비체적은 얼마인가?
① $0.551 \, \text{m}^3/\text{kg}$
② $0.152 \, \text{m}^3/\text{kg}$
③ $0.515 \, \text{m}^3/\text{kg}$
④ $0.605 \, \text{m}^3/\text{kg}$

해설 산소(O_2)의 기체상수$(R) = \dfrac{\overline{R}}{m} = \dfrac{8.314}{32} = 0.26 \, \text{kJ/kg} \cdot \text{K}$

$pv = RT$에서

$v = \dfrac{RT}{p} = \dfrac{0.26 \times (20 + 273)}{500} = 0.152 \, \text{m}^3/\text{kg}$

정답 ②

6. 유체의 탄성과 압축성

6-1 체적탄성계수(bulk modulus of elasticity)

그림과 같이 유체를 용기 속에 넣고 피스톤으로 밀어 압축할 때 유체의 체적이 V_1 에서 V 로 감소되고, 압력이 dP 만큼 상승하였다면 용기에 가해진 압력 dP 와 체적의 감소율 $\dfrac{dV}{V_1}$ 와의 관계는 그림 (b)와 같은 곡선이 되며, 이 곡선상의 임의의 점에서 기울기를 그 유체의 체적탄성계수(E)라고 정의한다.

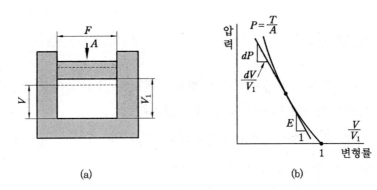

(a)　　　　　　　　　　　　　(b)

유체의 변형률과 압력

$$-\frac{dv}{v} = \frac{d\rho}{\rho} = \frac{d\gamma}{\gamma}$$

$$\therefore E = \frac{dp}{-\dfrac{dV}{V_1}} = \frac{dp}{\dfrac{d\rho}{\rho}} = \frac{dp}{\dfrac{d\gamma}{\gamma}} \ [\text{Pa}]$$

이 체적탄성계수 E 의 값이 클수록 그 유체는 압축하기가 더 어렵다는 것을 나타낸다. 대기압, 20℃의 물의 체적탄성계수(E) = 2×10^4 bar = 2×10^9 N/m^2(Pa)

6-2 압축률(compressibility)

압축률은 단위 압력 변화에 대한 체적의 변형도를 뜻하며, 체적탄성계수 E 의 역수이다.

$$\beta = \frac{1}{E} = -\frac{\dfrac{dV}{V_1}}{dp} \ [\text{m}^2/\text{N} = \text{Pa}^{-1}]$$

6-3 완전기체의 체적탄성계수

(1) 등온변화

$$\therefore\ E = \frac{dp}{-\dfrac{dV}{V_1}} = \frac{dp}{\dfrac{d\gamma}{\gamma}} = p\,[\text{Pa}]$$

(2) 단열변화

$$\therefore\ E = \frac{dp}{-\dfrac{dV}{V_1}} = \frac{dp}{\dfrac{d\gamma}{\gamma}} = kp\,[\text{Pa}]$$

예제 17. 물의 체적탄성계수가 0.25×10^5 Pa일 때 물의 체적을 0.5 % 감소시키기 위하여 가해준 압력의 크기는 몇 Pa인가?

① 250 Pa ② 500 Pa ③ 125 Pa ④ 1500 Pa

해설 $E = -\dfrac{dp}{\dfrac{dV}{V}}\,[\text{Pa}]$ 에서

$$dp = E \times \left(-\frac{dV}{V}\right) = 0.25 \times 10^5 \times \left(\frac{0.5}{100}\right)$$
$$= 0.25 \times 10^5 \times 0.005 = 125\ \text{Pa}(\text{N/m}^2)$$

정답 ③

예제 18. 기체를 단열적으로 압축할 때 체적탄성계수는 얼마인가?

① p ② $\dfrac{1}{p}$ ③ kp ④ v_s

해설 단열변화일 때는 $pv^k = \text{const}$ 이므로 이것을 미분하면

$$dp \cdot v^k + kp \cdot v^{k-1}dv = 0$$
$$\therefore\ E = -v\frac{dp}{dv} = kp\,[\text{Pa}]$$

정답 ③

예제 19. 4℃ 순수한 물의 체적탄성계수 $E = 2 \times 10^9$ Pa이다. 이 물속에서의 음속은 몇 m/s인가? (단, 4℃ 순수한 물의 밀도(ρ_w) = 1000 kg/m³이다.)

① 1200 ② 1300 ③ 1414 ④ 1500

해설 $C = \sqrt{\dfrac{E}{\rho_w}} = \sqrt{\dfrac{2 \times 10^9}{1000}} = 1414\ \text{m/s}$

정답 ③

7. 표면장력과 모세관 현상

표면장력(surface tension)

액체는 액체 분자간의 인력에 의하여 발생하는 응집력(cohesive force)을 가지고 있어서 액체의 표면적을 최소화하려는 장력이 작용된다. 이것을 표면장력이라고 하며, 단위 길이당의 힘의 세기로 표시한다.

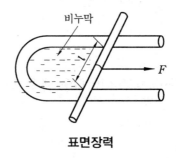

표면장력

표면장력과 압력차

$$\Delta p = p_1 - p_2 = \sigma \left(\frac{1}{R_1} + \frac{1}{R_2} \right)$$

여기서, σ : 표면장력, R_1, R_2 : 2중 만곡면의 곡률 반지름

• 액면이 원주면일 때 : $R_1 = R$, $R_2 = \infty$ 이므로 $\Delta p = \dfrac{\sigma}{R}$

• 액면이 구면일 때 : $R_1 = R_2 = R$ 이므로 $\Delta p = \dfrac{2\sigma}{R}$

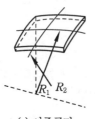

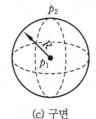

(a) 이중곡면   (b) 원주면   (c) 구면

표면장력의 실례

7-3 모세관 현상(capillarity)

액체 속에 세워진 가는 모세관 속의 액체 표면은 외부(용기)의 액체 표면보다 올라가거 나 내려가는 현상이 있다. 이러한 현상을 모세관 현상이라 하며, 이 모세관 현상은 액체의 표면장력에 기인되는 것으로 고체면에 대한 액체의 응집력(cohesive force)이나 부착력 (adhesive force)의 상대적인 값에 따라서 모세관에서 액체의 높이가 결정된다. 즉, 부착 력이 응집력보다 크게 되면 모세관의 액체는 용기의 액체 표면보다 올라가고, 반대로 액 체의 응집력이 부착력보다 크면 모세관의 액체 표면은 용기의 액체 표면보다 내려간다.

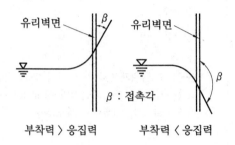

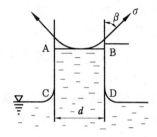

모세관 현상

모세관 현상에 의한 액면의 상승 또는 하강 높이 h는 표면장력의 크기와 액체의 무게와 의 평형 조건식으로부터

$$h = \frac{4\sigma \cos\beta}{\gamma d} = \frac{4\sigma \cos\beta}{\rho g d} \, [\text{mm}]$$

여기서, σ : 유체의 표면장력, γ : 유체의 비중량, d : 관의 지름
β : 유체의 접촉각, ρ : 유체의 밀도

예제 20. 지름이 40 mm인 비눗방울의 내부 초과압력이 35 kPa이다. 비눗방울의 표면장력은 얼마인가?

① 0.75 N/cm   ② 0.35 N/cm   ③ 7 N/cm   ④ 1.75 N/cm

해설 $\sigma = \dfrac{\Delta p d}{8} = \dfrac{3.5 \times 4}{8} = 1.75 \, \text{N/cm}(\Delta p = 35 \, \text{kPa} = 35 \times 10^3 \text{N/m}^2 = 3.5 \, \text{N/cm}^2)$ **정답** ④

예제 21. 지름 1 mm인 유리관이 물이 담긴 그릇 속에 세워져 있다. 물의 표면장력이 8.75×10^{-4} N/m이고, 물과 유리의 접촉각 $\beta \fallingdotseq 0°$이면 모세관에서의 최대 상승 높이는 몇 cm인가?

① 0.036   ② 0.0175   ③ 0.35   ④ 0.175

해설 $h = \dfrac{4\sigma \cos\beta}{\gamma d} = \dfrac{4 \times 8.75 \times 10^{-4}}{9800 \times 0.001} = 0.000357 \, \text{m} \fallingdotseq 0.036 \, \text{cm}$ **정답** ①

출제 예상 문제

1. 공학 단위계에서는 힘(무게)의 단위는 kgf, 길이의 단위는 m, 시간의 단위는 s를 사용한다. 이때 질량 m 의 단위는 다음 중 어느 것을 사용하여야 하는가?

① kgf
② slug
③ kgf · s²/m
④ kgf · m/s²

[해설] $W=mg$ 에서

$$m = \frac{W}{g} = \text{kgf · s}^2/\text{m(질량의 공학단위)}$$

2. 다음은 점성계수의 단위이다. 틀린 것은?

① P
② St
③ cP
④ dyne · s/cm²

[해설] 1 stokes = 1 cm²/s
동점성계수 유도단위(CGS계)

3. 다음 비중이 0.88인 알코올의 밀도는 몇 N · s²/m⁴인가?

① 798
② 897
③ 987
④ 880

[해설] $\rho = \rho_w S = 1000 \times 0.88 = 880\,\text{kg/m}^3(\text{N · s}^2/\text{m}^4)$

4. 체적이 3 m³이고, 무게가 24000 N인 기름의 비중은 얼마인가?

① 0.672
② 0.816
③ 0.927
④ 0.714

[해설] $\gamma = \dfrac{W}{V} = \dfrac{24000}{3} = 8000\,\text{N/m}^3$

$$\therefore S = \frac{\gamma}{\gamma_w} = \frac{8000}{9800} = 0.816$$

5. 뉴턴의 점성법칙으로 맞는 것은 다음 식 중 어느 것인가?

① $pv = \text{const}$
② $F = ma$
③ $F = Ap$
④ $\tau = \mu \dfrac{du}{dy}$

6. 다음 중 SI 단위계에서 기본 단위가 아닌 것은?

① kg
② m
③ N
④ s

[해설] SI 단위계에서 기본 단위(7개) : 질량(kg), 길이(m), 시간(s), 물질의 양(mole), 절대온도(kelvin), 전류(A), 광도(cd)

7. 다음 중 비중이 0.8인 어떤 기름의 비체적은?

① 125 m³/N
② 1.25 × 10⁻³ kg/m³
③ 800 N/m³
④ 1.25 × 10⁻³ m³/kg

[해설] $\rho = \rho_w S = 1000 \times 0.8 = 800\,\text{kg/m}^3$

$$\therefore v = \frac{1}{\rho} = \frac{1}{800} = 1.25 \times 10^{-3}\,\text{m}^3/\text{kg}$$

8. 온도가 100℃이고, 압력이 101.325 kPa (abs)인 산소의 밀도(kg/m³)는 얼마인가?

① 1.045
② 1.045 × 10⁻²
③ 1.045 × 10⁻¹
④ 1.045 × 10⁻⁴

[해설] 산소(O_2) 분자량(M) = 32 kg/kmol

$$\rho = \frac{P}{RT}$$

$$= \frac{101.325}{\left(\dfrac{8.314}{32}\right) \times (100+273)}$$

$$= 1.045\,\text{kg/m}^3$$

정답 1. ③ 2. ② 3. ④ 4. ② 5. ④ 6. ③ 7. ④ 8. ①

9. 15℃인 공기의 밀도는 얼마인가? (단, 공기의 기체상수 $R = 287 \, \text{N} \cdot \text{m/kg} \cdot \text{K}$이며 대기압은 760 mmHg이다.)

① 0.13   ② 0.23

③ 1.23   ④ 2.23

[해설] $\rho = \dfrac{P}{RT} = \dfrac{101.325}{0.287 \times (15 + 273)}$

$\qquad \fallingdotseq 1.23 \, \text{kg/m}^3$

10. 무게가 31360 N인 기름의 체적이 4.8 m^3이다. 이 기름의 비중은 얼마인가?

① 666.67   ② 6.07

③ 0.67   ④ 0.87

[해설] $\gamma = \dfrac{W}{V} = \dfrac{31360}{4.8} = 6533.3 \, \text{N/m}^3$

$\qquad \therefore S = \dfrac{\gamma}{\gamma_w} = \dfrac{6533.3}{9800} = 0.67$

11. 질량이 20 kg인 물체의 무게를 저울로 달아보니 186.2 N이었다. 이 곳의 중력 가속도는 얼마인가?

① 9.8 m/s^2 ② 7.72 m/s^2

③ 9.31 m/s^2 ④ 3.62 m/s^2

[해설] $W = mg$에서

$\qquad g = \dfrac{W}{m} = \dfrac{186.2}{20} = 9.31 \, \text{m/s}^2$

12. 다음 중 동력의 차원은?

① $[ML^{-2}T^{-3}]$ ② $[ML^{-1}T^{-2}]$

③ $[MLT^{-2}]$ ④ $[ML^2T^{-3}]$

[해설] 동력(power) $= \dfrac{\text{work}}{\text{시간}} = \text{N} \cdot \text{m/s}$

$\qquad = FLT^{-1} = (MLT^{-2})LT^{-1} = ML^2T^{-3}$

13. 물의 체적을 2 % 감소시키려면 얼마의 압력을 가하여야 하는가? (단, 물의 체적 탄성계수는 2×10^9 Pa이다.)

① 20 MPa   ② 40 MPa

③ 60 MPa   ④ 80 MPa

[해설] $E = -\dfrac{dp}{\dfrac{dv}{v}}$ [Pa]에서

$\qquad dp = E \times \left(-\dfrac{dv}{v} \right) = 2 \times 10^9 \times 0.02$

$\qquad = 40 \times 10^6 \, \text{Pa} = 40 \times 10^3 \, \text{kPa} = 40 \, \text{MPa}$

14. 점성계수의 단위 poise(푸아즈)와 관계없는 것은 어느 것인가?

① $\text{dyne} \cdot \text{s/cm}^2$ ② $\dfrac{1}{98} \, \text{kgf} \cdot \text{s/m}^2$

③ $\text{g/cm} \cdot \text{s}$ ④ $\text{gf} \cdot \text{s/cm}$

[해설] 1 poise $= 1 \, \text{dyne} \cdot \text{s/cm}^2$

$\qquad = 1 \, \text{g/cm} \cdot \text{s} = \dfrac{1}{98} \, \text{kgf} \cdot \text{s/m}^2$

$\qquad = \dfrac{1}{10} \, \text{Pa} \cdot \text{s} (\text{N} \cdot \text{s/m}^2)$

15. 그림과 같이 평행한 두 평판 사이에 점성계수가 13.15 poise인 기름이 들어 있다. 아래쪽 평판을 고정시키고 위쪽 평판을 4 m/s로 움직일 때 속도분포는 그림과 같이 직선이다. 이때 두 평판 사이에서 발생하는 전단응력은 몇 Pa인가?

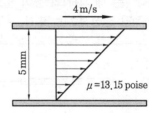

① 935   ② 1052

③ 1136   ④ 1282

[해설] $\tau = \mu \dfrac{du}{dy} = 13.15 \times \dfrac{1}{10} \times \dfrac{4}{0.005}$

$\qquad = 1052 \, \text{Pa} (1 \, \text{poise} = \dfrac{1}{10} \, \text{Pa} \cdot \text{s})$

16. 어떤 기계유의 점성계수가 15 Pa · s, 비중량이 8500 N/m^3이면 동점성계수는 몇 St인가?

① 86.47   ② 173

③ 0.457   ④ 0.176

해설 $\nu = \dfrac{\mu}{\rho} = \dfrac{\mu}{\dfrac{\gamma}{g}} = \dfrac{\mu g}{\gamma}$

$$= \dfrac{15 \times 9.8}{8500} = 0.0173 \text{ m}^2/\text{s}$$

$$\fallingdotseq 173 \text{ cm}^2/\text{s(stokes)}$$

17. 어떤 액체의 동점성계수와 밀도가 각각 5.6×10^{-4} m²/s와 190 N·s²/m⁴이다. 이 액체의 점성계수는 몇 Pa·s인가?

① 0.0109   ② 2.9×10^{-5}

③ 2.79×10^{-4} ④ 0.106

해설 $\nu = \dfrac{\mu}{\rho}$ 에서

$$\mu = \nu \times \rho = 5.6 \times 10^{-4} \times 190$$

$$= 0.106 \text{ Pa} \cdot \text{s}$$

18. 그림과 같이 0.1 m인 틈 속에 두께를 무시해도 좋을 정도의 얇은 판이 있다. 이 판 위에는 점성계수가 μ인 유체가 있고, 아래쪽에는 점성계수가 2μ인 유체가 있을 때 이 판을 수평으로 0.5 m/s의 속도로 움직이는 데 40 N의 힘이 필요하다면, 단위면적당 점성계수는 몇 N·s/m²인가?

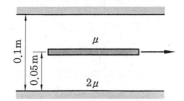

① 0.75   ② 0.94

③ 1.33   ④ 1.31

해설 Newton의 점성법칙에 의해서

$$\tau = \dfrac{F}{A} = \mu \cdot \dfrac{du}{dy}$$

$$F = A\left(\mu \cdot \dfrac{du}{dy} + 2\mu \dfrac{du}{dy}\right) = A \cdot 3\mu \cdot \dfrac{du}{dy}$$

$$\therefore \mu = \dfrac{1}{3} \cdot \dfrac{F}{A} \cdot \dfrac{dy}{du} = \dfrac{1}{3} \times \dfrac{40}{1} \times \dfrac{0.05}{0.5}$$

$$\fallingdotseq 1.33 \text{ N} \cdot \text{s/m}^2 (\text{Pa} \cdot \text{s})$$

19. 안지름 1 mm의 유리관을 알코올 속에 세웠더니 알코올이 10.5 mm 올라갔다. 알코올의 비중을 0.81, 유리와의 접촉각을 0°로 할 때 알코올의 표면장력은 몇 dyne /cm인가? (단, SI 단위로 한다.)

① 10.3   ② 15.7

③ 20.8   ④ 32.1

해설 $h = \dfrac{4\sigma \cos\beta}{\gamma d}$ 에서

$\beta = 0°$, $d = 1 \text{ mm} = 10^{-3} \text{ m}$,

$h = 10.5 \text{ mm} = 10.5 \times 10^{-3} \text{ m}$

$\gamma = \gamma_w S = 9800 \times 0.81 = 7938 \text{ N/m}^3$이므로

$\therefore \sigma = \dfrac{\gamma h d}{4 \cos\beta}$

$$= \dfrac{7938 \times 10.5 \times 10^{-3} \times 10^{-3}}{4}$$

$$= 0.0208 \text{ N/m}$$

$$= 0.0208 \times \dfrac{10^5}{10^2} \text{ dyne/cm}$$

$$= 20.8 \text{ dyne/cm}$$

20. 다음 중 무차원인 것은 어느 것인가?

① 동점성계수   ② 체적탄성계수

③ 비중량   ④ 비중

해설 비중(상대밀도)은 단위가 없다(무차원수).

21. 중력 단위계에서 질량의 차원으로 맞는 것은?

① $[FL^2 T^2]$ ② $[FLT^2]$

③ $[FL^{-1}T^{-1}]$ ④ $[FL^{-1}T^2]$

해설 $F = ma$ 에서

$$m = \dfrac{F}{a} = \dfrac{F}{LT^{-2}} = FL^{-1}T^2$$

22. 다음의 관계가 틀린 것은?

① $1 \text{ N} = 10^5 \text{ dyne}$

② $1 \text{ PS} = 75 \text{ kgf} \cdot \text{m/s} = 735.5 \text{ W}$

③ $1 \text{ J} = 0.102 \text{ kgf} \cdot \text{m}$

④ $1 \text{ erg} = 1 \text{ gr} \times \text{cm/s}^2$

정답   17. ④   18. ③   19. ③   20. ④   21. ④   22. ④

해설 1 erg(에르그)는 일량 단위로

1 erg = 1 dyne × 1 cm

23. 모세관 현상으로 올라가는 액주의 높이는?

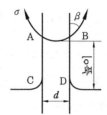

① $\dfrac{4\sigma\cos\beta}{\gamma d}$　　　② $\dfrac{2\sigma\cos\beta}{\gamma d}$

③ $\dfrac{4d\cos\beta}{\gamma\sigma}$　　　④ $\dfrac{2d\cos\beta}{\gamma\sigma}$

해설 자중$(W) = \gamma A h = \gamma \dfrac{\pi d^2}{4} h$

표면장력의 수직력$(F_v) = \sigma\pi d\cos\beta$

$\left(\sum Fy = 0 \quad F_v - W = 0\right)$

$\gamma\dfrac{\pi d^2}{4}h = \sigma\pi d\cos\beta$

$\therefore \ h = \dfrac{4\sigma\cos\beta}{\gamma d}$ [mm]

24. 유체의 압축률에 대한 차원으로 맞는 것은?

① $[M^{-2}T]$　　　② $[M^{-1}LT^2]$

③ $[ML^{-1}T^2]$　　　④ $[L^{-1}T^{-1}]$

해설 압축률(β)

$= \dfrac{1}{\text{체적탄성계수}(E)} = \dfrac{1}{\text{N/m}^2} = \text{m}^2/\text{N}$

$= L^2F^{-1} = L^2(MLT^{-2})^{-1}$

$= L^2M^{-1}L^{-1}T^2 = M^{-1}LT^2$

25. 다음 식 중 음속의 식이 아닌 것은?

① $\sqrt{\dfrac{E}{\rho}}$　　　② $\sqrt{\dfrac{kp}{\rho}}$

③ $\sqrt{kgRT}$　　　④ $-\dfrac{dp}{\dfrac{dv}{v}}$

해설 $E = -\dfrac{dp}{\dfrac{dv}{v}}$ [Pa]는 체적탄성 계수이다.

26. 등온기체에 대한 체적탄성계수(E)는 다음 중 어느 식인가?(여기서, p는 절대압력, v_s는 비체적이다.)

① $E = p$　　　② $E = pv_s$

③ $E = \dfrac{p}{v_s}$　　　④ $E = \dfrac{dp}{dv_s}$

해설 $pv = c$ 양변 미분 $pdv + vdp = 0$

$pdv = -vdp$

$E = -\dfrac{dp}{\dfrac{dv}{v}} = p$ [Pa]

$\therefore \ E = p$ [Pa]

27. 점성계수의 단위로 poise를 사용하는데, 다음 중 poise의 단위로 옳은 것은?

① dyne/cm · s

② Newton · s/m²

③ dyne · s/cm²

④ cm²/s

해설 1 poise = 1 dyne · s/cm² = 1g/cm · s
(점성계수의 유도단위)

28. 동점성계수의 단위로 stokes를 사용하는데 다음 중 stokes는 어느 것인가?

① ft²/s　　　② m²/s

③ cm²/s　　　④ m²/h

해설 1 stokes = 1 cm²/s(동점성계수의 유도단위)

29. 다음 중 동점성계수 ν의 차원은 어느 것인가?

① $[L^2T^{-1}]$　　　② $[L^{-2}T^{-1}]$

③ $[L^{-2}T]$　　　④ $[LT^{-2}]$

해설 $\nu = \dfrac{\mu}{\rho} = \dfrac{\text{kg/m · s}}{\text{kg/m}^3} = \text{m}^2/\text{s} = L^2T^{-1}$

정답 **23.** ①　**24.** ②　**25.** ④　**26.** ①　**27.** ③　**28.** ③　**29.** ①

30. 다음 중 점성계수의 단위가 아닌 것은 어느 것인가?

① $N \cdot s/m^2$
② $kg/m \cdot s$
③ $dyne \cdot s/cm^2$
④ $kgf \cdot m/s^2$

[해설] 점성계수(μ)의 단위 : $Pa \cdot s(N \cdot s/m^2)$, $kg/m \cdot s$, $dyne \cdot s/cm^2$, $g/cm \cdot s$

31. 다음 그림 중에서 뉴턴의 점성법칙을 바르게 나타낸 것은? (단, μ는 점성계수, $\dfrac{du}{dy}$는 속도구배이다.)

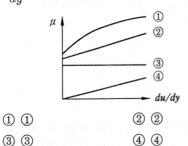

① ①
② ②
③ ③
④ ④

[해설] 뉴턴의 점성법칙 $\tau = \mu \cdot \dfrac{du}{dy}$에서 μ는 비례상수이므로 속도구배와 관계없이 일정해야 한다.

32. 다음 중 뉴턴 유체란?

① 비압축성 유체로서 속도구배가 항상 일정한 유체
② 유체 유동 시에 전단응력과 속도구배의 관계가 원점을 통과하는 직선적인 관계를 갖는 유체
③ 유체가 정지상태에서 항복응력을 갖는 유체
④ 전단응력이 속도구배에 관계없이 항상 일정한 유체

[해설] 뉴턴의 점성법칙을 만족하는 유체를 뉴턴 유체(Newtonian fluid)라고 한다. 유체 유동 시에 전단응력과 속도구배의 관계가 원점을 지나는 직선적인 관계를 가지며, 이때 비례상수에 해당하는 것이 점성계수이다.

따라서 Newton 유체의 점성계수는 속도구배에 관계없이 일정한 값을 갖는다.

33. 모세관의 지름비가 $1:2:3$인 3개의 모세관 속을 올라가는 물의 높이의 비는?

① $1:2:3$
② $3:2:1$
③ $2:3:6$
④ $6:3:2$

[해설] 모세관 현상으로 인한 상승높이는 $h = \dfrac{4\sigma \cos\theta}{\gamma D}$ [mm] $h \propto \dfrac{1}{D}$(상승높이는 모세관지름에 반비례한다.)

$\therefore 1 : \dfrac{1}{2} : \dfrac{1}{3} = 6 : 3 : 2$

34. 표면장력의 차원은 다음 중 어느 것인가? (단, F는 힘, L은 길이의 차원이다.)

① F
② FL^{-1}
③ FL^{-2}
④ FL^{-3}

[해설] $\sigma = \dfrac{pd}{4}$ [N/m]이므로 FL^{-1}

35. 다음 중 모세관 속의 액체가 상승하는 경우는?

① 부착력이 응집력보다 크다.
② 모세관 속의 액체표면은 위로 볼록하다.
③ 다른 조건이 모두 같다면 모세관의 지름이 클수록 상승높이가 크다.
④ 부착력과 응집력의 크기에는 관계없고 위로 오목한 표면을 갖는다.

[해설] 모세관 속의 액체는 부착력과 응집력의 크기 관계에 따라 상승하거나 하강한다. 또 상승하는 경우는 액면이 오목하고, 하강하는 경우는 위로 볼록하다.
- 응집력 > 부착력 : 하강(수은)
- 응집력 < 부착력 : 상승(물)

36. 700 kPa, 90℃의 CO_2(이산화탄소)의 비중량은 다음 중 어느 것인가?

① $10.2 \, kg/m^3$
② $10.2 \, N/m^3$

정답 30. ④   31. ③   32. ②   33. ④   34. ②   35. ①   36. ④

③ $100 \, kg/m^3$ ④ $100 \, N/m^3$

해설 CO_2의 기체상수

$$R = \frac{8.314}{M} = \frac{8.314}{44} = 0.189 \, kJ/kg \cdot K$$

$$\rho = \frac{P}{RT} = \frac{700}{0.189 \times (90 + 273)}$$

$$= 10.20 \, kg/m^3$$

$$\therefore \gamma = \rho g = 10.2 \times 9.8 = 100 \, N/m^3$$

37. 10 kg의 질량체를 중력가속도 $g = 3 \, m/s^2$인 유량에서 용수철 저울로 달았다. 무게는 몇 N인가?

① 10 N   ② 3.06 N

③ 32.67 N   ④ 30 N

해설 $W = mg$ 에서

$$W = 10 \times 3 = 30 \, kg \cdot m/s^2 = 30 \, N$$

38. 압력 200 kPa에서 밀도가 $1.1 \, kg/m^3$인 메탄가스(CH_4)의 온도는?

① 288 K   ② 35.7 K

③ 350 K   ④ 29.4 K

해설 $pv = RT, \, p = \rho RT$

$$T = \frac{p}{\rho R} = \frac{200}{1.1 \times \frac{8.314}{16}} = 350 \, K$$

39. 표준기압 4℃인 순수한 물의 밀도는 얼마인가?

① $102 \, kgf \cdot s^2/m^4 (1000 \, kg/m^3)$

② $102 \, kgf \cdot s^2/m^3 (1000 \, N \cdot s^2/m^3)$

③ $1000 \, kgf/m^3 (9800 \, N/m^3)$

④ $10^{-3} \, kgf/m^3 (9.8 \times 10^{-3} \, N/m^3)$

해설 [공학단위]

$$\rho = \frac{\gamma}{g} = \frac{1000}{9.81} = 102 \, kgf \cdot s^2/m^4$$

[SI 단위]

$$\rho = \frac{\gamma}{g} = \frac{9800}{9.81} = 1000 \, kg/m^3 (N \cdot s^2/m^4)$$

40. 대기 중의 온도가 20℃일 때 대기 중

의 음속은 얼마인가? (단, 공기를 완전가스로 취급하여 $k = 1.4$, $R = 287 \, N \cdot m/kg \cdot K$이다.)

① 433 m/s   ② 343 m/s

③ 1344 m/s   ④ 1433 m/s

해설 $C = \sqrt{kRT} = \sqrt{1.4 \times 287 \times (20 + 273)}$

$$= 343 \, m/s$$

41. 어떤 뉴턴 유체에서 $40 \, dyne/cm^2$인 전단응력이 작용하여 1 rad/s의 각 변형률을 얻었다. 이때 유체의 점성계수는 몇 cP (centi poise)인가?

① 4   ② 40

③ 400   ④ 4000

해설 $\tau = \mu \frac{du}{dy}$에서 $\mu = \frac{\tau}{\frac{du}{dy}} = \frac{40}{1}$

$$= 40 \, dyne \cdot s/cm^2 (poise)$$

$$= 4000 \, centi \, poise$$

42. 동점성계수와 비중이 각각 $0.002 \, m^2/s$와 1.2인 액체의 점성계수 μ는 몇 $N \cdot s/m^2$인가?

① 1.002   ② 0.12

③ 0.274   ④ 2.4

해설 $\rho = \rho_w S = 1000 \times 1.2 = 1200 \, kg/m^3$

$$= 1200 \, N \cdot s^2/m^4$$

$$\therefore \nu = \frac{\mu}{\rho} 에서 \, \mu = \rho\nu = 1200 \times 0.002$$

$$= 2.4 \, N \cdot s/m^2 (Pa \cdot s)$$

43. 동점성계수와 비중이 각각 $0.0019 \, m^2/s$와 1.2인 액체의 점성계수 μ는 몇 kgf $\cdot s/m^2$인가?

① $0.274 \, kgf \cdot s/cm^2 (2.69 \, N \cdot s/cm^2)$

② $0.233 \, kgf \cdot s/m^2 (2.28 \, N \cdot s/m^2)$

③ $0.194 \, kgf/m^2 (1.9 \, N/m^2)$

④ $1.9 \, kgf \cdot s/m^2 (18.6 \, N \cdot s/m^2)$

정답 37. ④   38. ③   39. ①   40. ②   41. ④   42. ④   43. ②

해설 $\mu = \rho\nu = \dfrac{\gamma}{g}\nu = \dfrac{1000 \times 1.2}{9.8} \times 0.0019$

$\quad \fallingdotseq 0.233\,\text{kgf}\cdot\text{s/m}^2$

[SI 단위] $\mu = \rho\nu = 1.2 \times 1000 \times 0.0019$

$\quad\quad = 2.28\,\text{N}\cdot\text{s/m}^2(\text{Pa}\cdot\text{s})$

44. 지름이 50 mm인 비눗방울의 내부 초과압력이 20 N/m²일 때 표면장력 σ는?

① 0.25 N/m   ② 0.5 N/m

③ 0.75 N/m   ④ 1 N/m

해설 $\sigma = \dfrac{pD}{4} = \dfrac{20 \times 0.05}{4} = 0.25\,\text{N/m}$

45. 그림과 같이 지름 D인 모세관을 물속에 α 만큼 기울여서 세웠을 때 상승높이 H는 몇 mm인가? (단, $D = 5$ mm, $\theta = 10°$, $\alpha = 15°$, 표면장력은 82.34×10^{-3} N/m이다.)

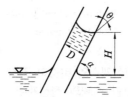

① 5.42   ② 6.62

③ 7.81   ④ 9.01

해설 모세관이 기울어졌더라도 액체의 상승높이 H는 마찬가지이다.

$\therefore H = \dfrac{4\sigma\cos\theta}{\gamma D}$

$\quad = \dfrac{4 \times 82.34 \times 10^{-3} \times \cos 10°}{9800 \times 5 \times 10^{-3}}$

$\quad \fallingdotseq 6.62 \times 10^{-3}\,\text{m} = 6.62\,\text{mm}$

46. 그림과 같이 폭 0.06 m의 틈 속 가운데 매우 넓고 얇은 판이 있다. 이 얇은 판 위에는 점성계수 μ인 유체가 있고, 아랫면에는 점성계수가 2μ인 유체가 있다. 이 얇은 판이 0.3 m/s의 속도로 움직일 때 1 m²당 필요한 힘이 30 N이다. 이때 점성계수 μ는 몇 N·s/m²인가? (단, SI

단위)

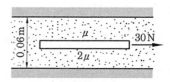

① 1   ② 0.33   ③ 0.5   ④ 0.8

해설 윗면이 받는 전단응력(τ_μ)

$\quad = \mu\dfrac{0.3}{0.03} = 10\mu$

아랫면이 받는 전단응력($\tau_{2\mu}$)

$\quad = 2\mu\dfrac{0.3}{0.03} = 20\mu$

$\therefore \mu = 1\,\text{N}\cdot\text{s/m}^2(\text{Pa}\cdot\text{s})$

$\tau = \mu\dfrac{du}{dy}\,[\text{Pa}]$

$\mu = \dfrac{\tau}{\dfrac{du}{dy}} = \dfrac{30}{30} = 1\,\text{Pa}\cdot\text{s}(\text{N}\cdot\text{s/m}^2)$

47. 절대 압력이 300 kPa이고, 온도가 33 ℃인 공기의 밀도는 몇 kg/m³인가? (단, 공기의 기체상수는 287 N·m/kg·K이다.)

① 3.45   ② 4.36

③ 5.78   ④ 6.31

해설 $pv = RT\left(v = \dfrac{1}{\rho}\right)$

$\rho = \dfrac{P}{RT} = \dfrac{300}{0.287 \times (33 + 273)} = 3.45\,\text{kg/m}^3$

48. 체적탄성계수와 관계 있는 것은?

① 온도에 무관하다.

② 압력이 증가하면 증가한다.

③ 압력과 점성에 영향을 받지 않는다.

④ $\dfrac{1}{\rho}$의 차원을 갖고 있다.

해설 체적탄성계수(E) $= -\dfrac{dp}{\dfrac{dv}{v}}\,[\text{Pa}]$는 압력과 동일한 차원을 가지며 비례한다($E \propto p$). 따라서 압력이 증가하면 체적탄성계수는 증가한다.

 제**2**장 유체 정역학(fluid statics)

1. 압력(pressure)

유체가 벽 또는 가상면의 단위 면적에 수직으로 작용하는 유체의 압축력, 즉 압축응력을 압력(pressure)이라 한다.

$$p = \frac{F}{A} \, [\text{N/m}^2 = \text{Pa}]$$

여기서, p : 압력(Pa), F : 수직력(N), A : 단위 면적(m²)

2. 압력의 단위와 측정

2-1 압력의 단위

압력 p의 차원은 $[FL^{-2}]$ 또는 $[ML^{-1}T^{-2}]$이며, 압력 p의 단위로는 N/m²(= Pa), dyne/cm², mmHg, mmAq, bar, lb/in²(= psi) 등이 사용되고 있다.

(1) 표준 대기압(standard atmospheric pressure)

1 atm = 760 Torr = 760 mmHg = 29.92 inHg = 10332.3 mmAq = 10.3323 mAq
= 1.03323 kg/cm² = 14.7 lb/in² = 1.01325 bar(1 bar = 10⁵ Pa) = 101325 Pa
= 101.325 kPa

(2) 절대 압력과 계기 압력과의 관계

절대 압력(absolute pressure)은 절대 진공(완전 진공)을 기준으로 하여 측정한 압력을 말하며, 계기 압력(gauge pressure)은 국소 대기압(지방 대기압, local atmospheric pressure)을 기준으로 하여 측정한 압력을 말한다. 특별히 절대 압력이라고 명시하지 않는 한, 압력이라고 하면 이 계기 압력을 뜻한다.

국소 대기압보다 높은 압력을 압축 압력 또는 정압이라고 하며, 국소 대기압보다 낮은 압력을 진공 압력 또는 부압이라고 한다.

$$절대\ 압력 = 국소\ 대기압 + 계기\ 압력 \begin{cases} +\ 압축\ 압력(정압) \\ -\ 진공\ 압력(부압) \end{cases}$$

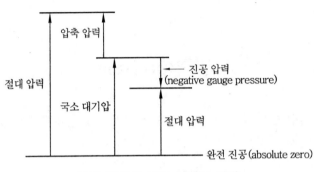

절대 압력과 계기 압력의 관계

2-2 압력의 측정

(1) 탄성 압력계

탄성체에 압력을 가하면 변형되는 성질을 이용하여 압력을 측정하는 방법으로 공업용으로 널리 사용되고 있다.

① **부르동(burdon)관 압력계** : 고압 측정용($2.5 \sim 1000 \ \mathrm{kg/cm^2}$)으로 가장 많이 사용한다.

② **벨로스(bellows) 압력계** : $2 \ \mathrm{kg/cm^2}$ 이하의 저압 측정용으로 사용한다.

③ **다이어프램(diaphragm) 압력계** : 대기압과의 차이가 미소인 압력 측정용으로 사용한다.

(2) 액주식 압력계

① **수은 기압계(mercury barometer) 또는 토리첼리 압력계** : 대기압 측정용으로 사용한다.

    (가) A점에서의 압력 : $p_A = p_v + \rho g h$

    (나) B점에서의 압력 : $p_B = p_0$ (대기압)

$$\therefore \ p_0 = \rho g h$$

② **피에조미터(piezometer)** : 탱크나 관 속의 작은 유체 압 측정용으로 사용한다.

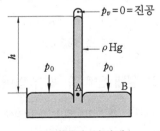

토리첼리 압력계

(가) A점에서의 절대 압력 : $p_A = p_o + \gamma h = p_o + \gamma(h' - y)$

(나) B점에서의 절대 압력 : $p_B = p_o + \gamma h'$

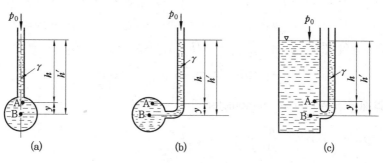

피에조미터(piezometer)

③ U자관 액주계(U – type manometer)

(가) (a)의 경우 : $p_B = p_C$, $p_A + \gamma_1 h_1 = \gamma_2 h_2$

$$\therefore \ p_A = \gamma_2 h_2 - \gamma_1 h_1$$

(나) (b)의 경우 : $p_B = p_C$, $p_A + \gamma_h = 0$

$$\therefore \ p_A = -\gamma h \,(\text{진공})$$

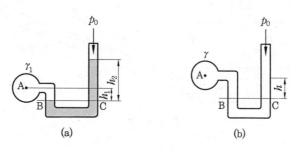

U자관 액주계

④ 시차액주계(differential manometer)

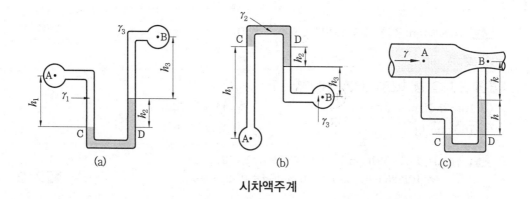

시차액주계

(가) (a) U자관의 경우 : $p_C = p_D$, $p_A + \gamma_1 h_1 = p_B + \gamma_3 h_3 + \gamma_2 h_2$

$$\therefore \ p_A - p_B = \gamma_3 h_3 + \gamma_2 h_2 - \gamma_1 h_1$$

(나) (b) 역U자관의 경우 : $p_C = p_D$, $p_A - \gamma_1 h_1 = p_B - \gamma_3 h_3 - \gamma_2 h_2$

$$\therefore \ p_A - p_B = \gamma_1 h_1 + \gamma_3 h_3 - \gamma_2 h_2$$

(다) (c) 축소관의 경우 : $p_C = p_D$, $p_A + \gamma_1 (k + h_1) = p_B + \gamma_s h + \gamma h$

$$\therefore \ p_A - p_B = (\gamma_s - \gamma) h$$

⑤ 경사미압계(inclined micro manometer)

$$p_A = p_B + \gamma \left(y \sin\alpha + \frac{a}{A} y \right)$$

$$\therefore \ p_A - p_B = \gamma y \left(\sin\alpha + \frac{a}{A} \right)$$

만일 $A \gg a$이면 $\dfrac{a}{A}$ 항은 미소하므로 무시한다.

$$\therefore \ p_A - p_B = \gamma y \sin\alpha$$

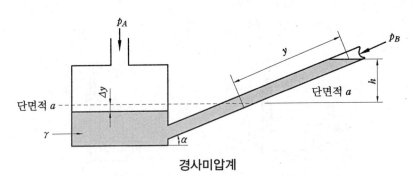

경사미압계

예제 1. 다음 중 압력의 단위가 아닌 것은?

① bar ② at ③ mHg ④ N

해설 N(Newton)은 힘의 단위이다($1\,N = \dfrac{1}{9.8}\,kgf$). **정답** ④

예제 2. 다음 중 표준대기압이 아닌 것은?

① 101325 N/m^2 ② 14.2 kg/cm^2

③ 760 mmHg ④ 1.01325 bar

해설 $1\,atm = 14.7\,psi(lb/in^2) = 101.325\,kPa = 1.01325\,bar$
$= 101325\,Pa(N/m^2) = 760\,mmHg = 10.33\,mAq$ **정답** ②

예제 3. 계기 압력 1 kg/cm^2를 수두로 환산하면 몇 m인가?

① 1 m   ② 10 m   ③ 100 m   ④ 0.1 m

해설 $P = \gamma_w h$ 에서 $h = \dfrac{P}{\gamma_w} = \dfrac{1 \times 10^4}{1000} = 10 \text{ mAq}$ 정답 ②

예제 4. 표준대기압 하에서 비중이 0.95인 기름의 압력을 액주계로 잰 결과가 그림과 같을 때 A점의 계기 압력은 몇 kg/m^2인가?

① 21.35 kPa

② 12.58 kPa

③ 10.69 kPa

④ 4.15 kPa

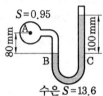

해설 $p_B = p_C$ 이므로 $p_A + 9800 \times 0.95 \times 0.08 = 9800 \times 13.6 \times 0.1$

   $\therefore \; p_A = 12583.2 \text{ Pa} \fallingdotseq 12.58 \text{kPa}$ 정답 ②

예제 5. 그림과 같은 시차액주계에서 압력차 $p_A - p_B$는 얼마인가?

① 63.2 kPa

② 64.5 kPa

③ 68.8 kPa

④ 70.2 kPa

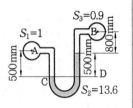

해설 $p_B = p_C$ 이므로

   $p_A + 9800 \times 0.5 = p_B + 9800 \times 0.9 \times 0.8 + 9800 \times 13.6 \times 0.5$

   $\therefore \; p_A - p_B = 8820 \times 0.8 + 133280 \times 0.5 - 9800 \times 0.5 = 68796 \text{ Pa} \fallingdotseq 68.80 \text{ kPa}$ 정답 ③

예제 6. 그림과 같이 비중이 0.8인 기름이 흐르는 벤투리관에서 시차액주계를 설치하여 $h = 500 \text{ mm}$이다. 압력차 $p_A - p_B$는 얼마인가?

① 62.72 kPa

② 74.28 kPa

③ 84.72 kPa

④ 94.28 kPa

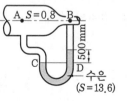

해설 $p_A - p_B = (\gamma_{Hg} - \gamma_{\text{oil}})h$

           $= \gamma_w(s_{Hg} - s_{\text{oil}})h$

           $= 9.8(13.6 - 0.8)0.5 = 62.72 \text{ kPa}$

$\gamma_w = 9800 \text{ N/m}^3 = 9.8 \text{ kN/m}^3$ 정답 ①

[예제] 7. 그림과 같은 역 U자관 차압계에서 $p_A - p_B$는 몇 kPa인가?

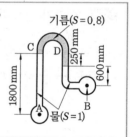

① 12.5 kPa

② 9.8 kPa

③ 7.5 kPa

④ 5.1 kPa

[해설] $p_B = p_C$이므로

$$p_A - 9800 \times 1.8 = p_B - 9800 \times 0.6 - 9800 \times 0.8 \times 0.25$$

$$\therefore \ p_A - p_B = 9800 \ \text{N/m}^2 (\text{Pa}) = 9.8 \ \text{kPa}$$

[정답] ②

3. 정지 유체 속에서 압력의 성질

정지 유체 속에서는 유체 입자 사이에 상대 운동이 없기 때문에 점성에 의한 전단력은 나타나지 않는다.

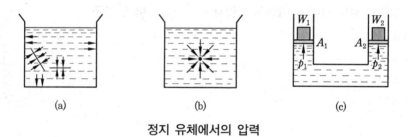

(a)   (b)   (c)

정지 유체에서의 압력

① 정지 유체 속에서의 압력은 모든 면에 수직으로 작용한다.

② 정지 유체 속에서의 임의의 한 점에 작용하는 압력은 모든 방향에서 그 크기가 같다.

③ 밀폐된 용기 속에 있는 유체에 가한 압력은 모든 방향에 같은 크기로 전달된다 (파스칼의 원리).

④ 정지된 유체 속의 동일 수평면에 있는 두 점의 압력은 크기가 같다.

4. 정지 유체 속에서 압력의 변화

4-1 수평방향의 압력의 변화

정지 유체 속에서 같은 수평면 위에 있는 두 점은 같은 압력을 가지기 때문에 수평면에 대한 압력의 변화가 없다.

그림과 같이 수평방향의 평형 조건으로부터

$$\sum F_x = 0 \text{에서}$$

$$p_1 dA - p_2 dA = 0$$

즉 $p_1 = p_2$

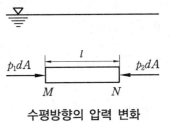

수평방향의 압력 변화

4-2 **수직방향의 압력의 변화**

그림과 같이 임의의 기준면에서 수직방향으로 z 축을 잡고 체적요소에 대한 힘의 평형을 생각하면 다음과 같다.

$$\sum F_z = 0 \text{에서}$$

$$p_A - \left(p + \frac{dp}{dz} \Delta z \right) A - \gamma A \Delta z = 0$$

$$\frac{dp}{dz} = -\gamma$$

$$\therefore \ dp = -\gamma dz \, [\text{kPa}]$$

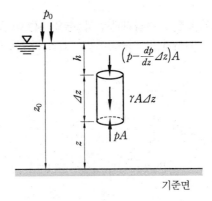

수직방향의 압력 변화

(1) 비압축성 유체 속에서의 압력의 변화

앞의 식에서 $\gamma = \text{const}$(일정)하다면 적분한다.

$$p = -\gamma z + C$$

여기서, C : 적분 상수

유체 표면의 압력을 p_o 라 하고, 표면에서 수직 하방으로 거리를 $h(=-z)$라 하면 다음과 같다.

$$p = \gamma h + p_o$$

유체 표면이 자유 표면이라면 p_o는 대기압이 되므로 다음과 같다.

$$p = \gamma h \, [\text{kPa}]$$

(2) 압축성 유체 속에서의 압력의 변화

압축성 유체이면 γ 는 압력 p 의 함수이므로 다음과 같다.

$$\therefore \ dz = -\frac{dp}{\gamma}$$

기준면에서의 압력을 p_o, 비중량을 γ_o, 높이 z에서의 압력을 p, 비중량을 γ라 할 때 완전가스로 취급하면

$$\therefore dz = -\frac{1}{\gamma}dp = -\frac{p_0}{\gamma_0} \cdot \frac{dp}{p}$$

적분하면 $z = -\frac{p_0}{\gamma_0}\int \frac{1}{p}dp = -\frac{p_0}{\gamma_0}\ln\frac{p}{p_0} = y - y_0$

$$\therefore p = p_0 e^{-\frac{y-y_0}{\frac{p_0}{\gamma_0}}}$$

예제 8. 수압기에서 피스톤의 지름이 각각 25 cm와 5 cm이다. 작은 피스톤에 1 kg의 하중을 가하면 큰 피스톤에 몇 kg의 하중을 올릴 수 있겠는가?

① 1 kg   ② 5 kg

③ 25 kg   ④ 125 kg

해설 $\dfrac{W_1}{A_1} = \dfrac{W_2}{A_2}$

$$\therefore W_2 = \frac{A_2}{A_1}W_1 = \left(\frac{25}{5}\right)^2 \times 1 = 25 \text{ kg}$$

정답 ③

예제 9. 높이 9 m인 물통에 물이 가득 차 있다. 기압계가 750 mmHg를 가리키고 있다면 물 속의 밑바닥에서의 절대 압력은?

① 10.53 kPa   ② 99.3 kPa

③ 102.3 kPa   ④ 188.19 kPa

해설 $p = p_0 + \gamma h = \dfrac{750}{760} \times 101.325 + 9.8 \times 9 = 188.19 \text{ kPa}$

정답 ④

예제 10. 해면에서 60 m 깊이에 있는 점의 압력은 해면상보다 몇 kPa이 높은가? (단, 해수의 비중은 1.025이다.)

① 552   ② 575

③ 602   ④ 703

해설 $p = \gamma' h = \gamma_w S' h = 9.8 \times 1.025 \times 60 = 602.7 \text{ kPa}$

정답 ③

5. 유체 속에 잠겨 있는 면에 작용하는 힘

5-1 수평면에 작용하는 힘

그림과 같이 수평하게 잠겨 있는 면에 작용하는 압력은 모든 점에서 같다.

$$F = \int_A p\,dA = \int_A \gamma h\,dA = \gamma h A \, [\text{kN}]$$

① 힘의 크기 : $F = \gamma h A$

② 힘의 방향 : 면에 수직한 방향

③ 힘의 작용점 : 면의 중심

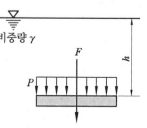

수평면에 작용하는 힘

5-2 수직면에 작용하는 힘

$$F = \int p\,dA = \frac{p_1 + p_2}{2} A = \gamma \frac{h_1 + h_2}{2} A = \gamma h_c A$$

[kN]

① 힘의 크기 : $F = \gamma h_c A$

② 힘의 방향 : 면에 수직한 방향

③ 힘의 작용점 : Varignon의 정리에 의한다.

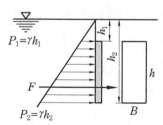

수직면에 작용하는 힘

5-3 경사면에 작용하는 힘

그림과 같이 자유 표면과 $\alpha[°]$의 경사를 이루고 있는 경사면에서 미소 면적 dA에 작용하는 힘은 다음과 같다.

$$dF = p\,dA = \gamma h\,dA = \gamma y \sin\alpha\,dA$$

따라서 전체 면적에 작용하는 전체 힘은 다음과 같다.

$$F = \int_A dF = \int_A \gamma y \sin\alpha\,dA = \gamma \sin\alpha \int_A y\,dA$$

$$\therefore \ F = \gamma A y_c \sin\alpha$$

여기서, $\displaystyle\int_A ydA = Ay_c$

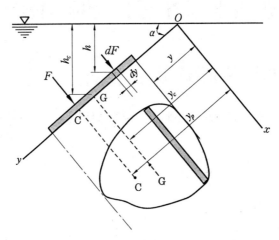

경사면에 작용하는 힘

참고 Varignon의 정리

① 전체 힘 F가 작용하는 점의 위치는 다음과 같이 구할 수 있고, 전체 힘 F의 O_x축에 대한 모멘트의 방정식을 세우면 다음과 같다.

$$Fy_p = \int_A ydF$$

$$\gamma Ay_c \sin\alpha \, y_p = \int_A \gamma y^2 \sin\alpha \, dA$$

$$\therefore \; y_p = \frac{1}{Ay_c}\int_A y^2 dA$$

여기서, $\displaystyle\int_A y^2 dA = I_{O_z}$: O_x축에 대한 단면 2차 모멘트

② 도형의 도심을 지나는 축의 관성 모멘트를 I_G라 하면, 평행축의 정리에 의하여 다음과 같다.

$$I_{O_z} = I_G + Ay_c^2 [\text{cm}^4]$$

$$\therefore \; y_p = y_c + \frac{I_G}{Ay_c} = y_c + \frac{K_G^2}{y_c}[\text{cm}]$$

여기서, $K_G = \sqrt{\dfrac{I}{A}}$: 도심축에 관한 회전 반지름

5-4 곡면에 작용하는 힘

그림과 같은 AB 곡면에 작용하는 전체 힘 F는, AB의 수평 및 수직방향으로 투영한 평면을 각각 AC 및 BC라고 하면, AC면에 작용하는 힘 F_y, BC면에 작용하는 힘 F_x를 구할 수 있다. AB 곡면에 작용하는 힘 F는 곡면 AB가 유체의 전체 힘 F에 저항하는 항력 R 과 크기가 같고, 방향이 반대이다. 이때 R의 x, y의 분력을 각각 R_x, R_y라 하면, 곡선 AB에 작용하는 힘의 크기는 다음과 같다.

$$R_x = F_x$$

$$R_y = F_y + W_{AEDBA}$$

여기서, W_{AEDBA} : AEDBA 내의 유체의 무게(γV)

$$R = \sqrt{R_x{}^2 + R_y{}^2}, \quad \theta = \tan^{-1}\left(\frac{R_y}{R_x}\right)$$

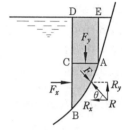

곡면의 전압력

예제 **11.** 그림에서 1×4 m의 구형 평판에 수면과 45° 기울어져 물에 잠겨 있다. 한쪽 면에 작용하는 전압력의 크기와 작용점의 위치는 각각 얼마인가?

① $F = 182845$ N, $y_F = 5.267$ m

② $F = 138593$ N, $y_F = 5.267$ m

③ $F = 182845$ N, $y_F = 5.334$ m

④ $F = 138593$ N, $y_F = 5.334$ m

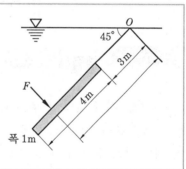

해설 • 전압력$(F) = \gamma A y_c \sin\alpha = 9800 \times 4 \times 1 \times 5 \times \sin 45° = 138593$ N

• 작용점의 위치는 $y_F = y_c + \dfrac{I_G}{A y_c} = 5 + \dfrac{\dfrac{1 \times 4^3}{12}}{4 \times 1 \times 5} = 5.267$ m

정답 ②

예제 **12.** 그림과 같이 수문이 수압을 받고 있다. 수문의 상단이 힌지되어 있을 때 수문을 열기 위하여 하단에 주어야 할 힘은 몇 N인가? (단, 수문의 폭은 1 m이다.)

① 16464 N

② 26264 N

③ 10584 N

④ 20384 N

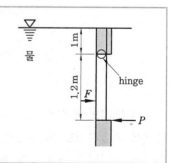

해설 (1) 수문에 작용하는 전압력 $F = \gamma h_c A = 9800 \times 1.6 \times 1.2 \times 1 = 18816$ N

(2) 작용점의 위치는 $y_F = y_c + \dfrac{I_G}{Ay_c} = 1.6 + \dfrac{\dfrac{1 \times 1.2^3}{12}}{1.2 \times 1 \times 1.6} = 1.675\,\text{m}$

(3) 힌지점에 관한 모멘트

$\therefore\ F \times (y_F - 1) = P \times 1.2$ 이므로 $P = 10584\,\text{N}$

정답 ③

예제 13. 그림과 같이 폭×높이가 4 m×8 m인 평판이 물속에 수직으로 잠겨 있다. 이 평판에 작용하는 힘은 몇 ton인가?

① 40 ton

② 80 ton

③ 160 ton

④ 320 ton

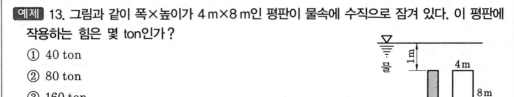

해설 $F = \gamma h_c A = 1000 \times 5 \times 4 \times 8 = 160000\,\text{kg} = 160\,\text{ton}$

정답 ③

---

6. 부력 및 부양체의 안정

6-1 부력(buoyant force)

물체가 정지 유체 속에 부분적으로 또는 완전히 잠겨 있을 때는 유체에 접촉하고 있는 모든 부분은 유체의 압력을 받고 있다. 이 압력은 깊이 잠겨 있는 부분일수록 크고, 유체 압력에 의한 힘은 항상 수직 상방으로 작용하는데 이 힘을 부력(buoyant force)이라고 한다.

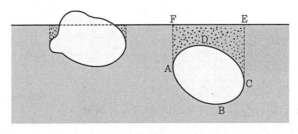

부력

잠긴 물체의 부력은 그 물체의 하부와 상부에 작용하는 힘의 수직 성분들의 차이다. 그림에서 아랫면 ABC의 수직력은 표면 ABCEFA 내의 액체의 무게와 같고, 윗면 ADC에 작용하는 수직력은 액체 ADCEFA의 액체 무게와 같다. 이 두 힘의 차가 곧 물체에 의하여 배제된 유체, 즉 ABCDA의 무게에 의한 부력이다.

$$F_B = \gamma V \, [\mathrm{N}]$$

오른쪽 그림에서 물체의 요소에 가해진 수직력은 다음과 같다.

$$dF_B = (p_2 - p_1)dA = \gamma h dA = \gamma dV$$

이때 γ가 일정할 경우, 전 물체에 대하여 적분하면 다음과 같다.

$$F_B = \gamma \int_V dV = \gamma V$$

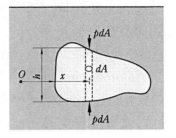

또 부심(center of buoyance)은 다음과 같다.

$$\gamma \int_V x dV = \gamma V x_c \qquad \therefore \ x_c = \int_V x \frac{dV}{V}$$

참고 Archimedes의 원리

① 유체 속에 잠겨 있는 물체는 그 물체가 배제하는 유체의 무게와 같은 크기의 힘에 의한 부력을 수직 상방으로 받는다.

$$F_B = \gamma V \, [\mathrm{N}]$$

γ : 유체비중량(N/m³) V : 유체 중에 잠겨진 체적(m³)

② 유체 위에 떠 있는 부양체는 자체의 무게와 같은 무게의 유체를 배제한다.

$$W = \gamma V (\text{배제된 체적}) \, [\mathrm{N}]$$

6-2 **부양체의 안정**

물 위에 뜨는 배는 그 중량과 부력의 크기가 같고 또 같은 연직선 위에서 평형을 이루는 데, 이 연직선을 부양축이라 한다.

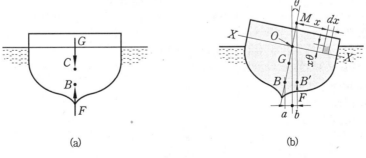

(a)   (b)

부양체의 안정

그림 (a)에서 부양체의 중량을 G, 그 중심을 C, 부력을 F, 부력의 중심을 B라 하면 그림 (a)는 평형 상태를 나타낸다. 그림 (b)에서 배가 수평과 θ 만큼 경사지고 있을 때 B'를 지나는 F의 작용선과 부양축과의 교점 M을 경심(metacenter)이라 한다.

① 표면에 떠 있는 배, 또는 유체 속에 잠겨 있는 기구나 잠수함에 있어서 그의 부력과 중력은 상호 작용하여 불안정한 상태를 안정된 위치로 되돌려 보내려는 복원 모멘트 (righting moment)가 작용하여 항상 안정된 위치를 유지하게 된다(경심이 부양체의 중심보다 위에 있으면 복원 모멘트가 작용하여 안정성이 이루어지고, 두 점이 일치하면 중립 평형이 된다).

② 배가 너무 기울게 되어 부심의 위치가 중력선 밖으로 빠져나가게 되면 오히려 전복 모멘트(overturning moment)가 작용되어서 배는 뒤집히게 된다(경심이 부양체의 중심보다 아래에 올 때는 전복 모멘트가 작용하여 뒤집히게 된다).

예제 14. 어떤 돌의 중량이 공기 중에서는 4000 N이고, 수중에서는 2220 N이었다. 이 돌의 비중과 체적은 각각 얼마인가?

① $S = 1.25$, $V = 1.78 \text{ m}^3$
② $S = 2.24$, $V = 0.182 \text{ m}^3$
③ $S = 0.95$, $V = 0.42 \text{ m}^3$
④ $S = 1.95$, $V = 1.42 \text{ m}^3$

해설 공기 중의 부력을 무시하면 공기 중의 무게는

$$m_a = m_w + \gamma_w V$$

$$V = \frac{m_a - m_w}{\gamma_w} = \frac{4 - 2.22}{9.8} = 0.182 \text{ m}^3$$

$$S = \frac{\gamma}{\gamma_w} = \frac{\left(\dfrac{G_a}{V}\right)}{9800} = \frac{4000}{9800 \times 0.182} = 2.24$$

정답 ②

예제 15. 얼음의 비중이 0.918, 해수의 비중이 1.026일 때 해면 위로 500 m^3이 나와 있는 빙산의 전 체적은 몇 m^3인가?

① 1750 m^3
② 2750 m^3
③ 3750 m^3
④ 4750 m^3

해설 빙산의 전 체적을 V라 하면

$$W = \gamma V' \ (V' \text{는 해수면에 잠긴 체적} : V - 500 \text{ m}^3)$$

$$9800 \times 0.918 \times V = 9800 \times 1.026 (V - 500)$$

$$918 V = 1026 V - 513000$$

$$108 V = 513000$$

$$\therefore \ V = 4750 \text{ m}^3$$

정답 ④

예제 16. 폭이 5 m, 높이 3 m, 길이가 10 m인 각주가 그림과 같이 수중에 떠 있다. 이때 경심고는 얼마인가?

① 0.245 m

② 0.425 m

③ 0.542 m

④ 0.254 m

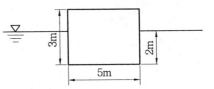

해설 경심고 $\overline{MG} = \dfrac{I_y}{V} - \overline{GB}$ 에서

$$I_y = \frac{lb^3}{12} = \frac{10 \times 5^3}{12} = 104.16 \text{ m}^4$$

$$V = 5 \times 2 \times 10 = 100 \text{ m}^3$$

$$\overline{GB} = 1.5 - 1 = 0.5$$

$$\therefore \overline{MG} = \frac{104.16}{100} - 0.5 = 0.5416 \fallingdotseq 0.542 \text{ m}$$

정답 ③

7. 등가속도 운동을 받는 유체

7-1 등선가속도 운동을 받는 유체

(1) 수평 등가속도 운동을 받는 유체

① 수직방향의 압력 변화

$$\Sigma F_y = ma_y$$

$$pA - \gamma hA = 0$$

$$\therefore p = \gamma h$$

② 수평방향의 압력 변화

$$\Sigma F_x = ma_x = \left(\gamma A \frac{l}{g}\right)a_x$$

$$p_1 A - p_2 A = \left(\gamma A \frac{l}{g}\right)a_x$$

$$\frac{p_1 - p_2}{\gamma l} = \frac{a_x}{g} = \frac{h_1 - h_2}{l}$$

$$\tan\theta = \frac{a_x}{g} = \frac{h_1 - h_2}{l}$$

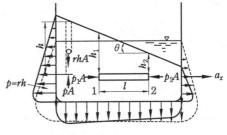

수평 등가속도를 받는 유체

(2) 수직 등가속도 운동을 받는 유체

$$\Sigma F_y = ma_y$$

$$p_2 A - p_1 A - W = ma_y$$

$$p_2 A - p_1 A - \gamma h A = \left(\gamma A \frac{h}{g}\right) a_y$$

$$\therefore \ p_2 - p_1 = \gamma h \left(1 + \frac{a_y}{g}\right)$$

만약 자유 낙하 운동이면 $a_y = -g$가 되어 $p_1 = p_2$가 된다.

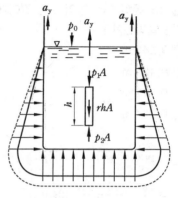

수직 등가속도를 받는 유체

7-2 등속 회전운동을 받는 유체

$$\Sigma F_r = ma_r$$

$$pdA - \left(p + \frac{\partial p}{\partial r} dr\right) dA = \frac{\gamma dA dr}{g}(-r\omega^2)$$

$$\therefore \ \frac{dp}{dr} = \frac{\gamma}{g} r\omega^2$$

$$\therefore \ p = \frac{\gamma}{g} \omega^2 \frac{r^2}{2} + C$$

$r=0$일 때 $p=p_0$라 하면 $C=p_0$이므로

$$\therefore \ p = \frac{\gamma}{2g} r^2 \omega^2 + p_0$$

$$\therefore \ p - p_0 = \frac{\gamma}{2g} r^2 \omega^2$$

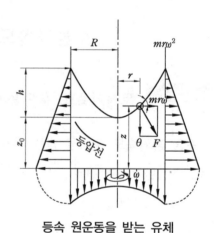

등속 원운동을 받는 유체

$$\frac{p - p_0}{\gamma} = y - y_0 = h \text{라 하면} \ \therefore \ h = y - y_0 = \frac{p - p_0}{\gamma} = \frac{r^2 \omega^2}{2g} \text{[m]}$$

예제 17. 일정 가속도 5.65 m/s^2로 달리고 있는 열차 속에서 물그릇을 놓았을 때 수면은 수평에 대하여 얼마의 각도를 이루겠는가?

① 30°　　　　② 35°　　　　③ 45°　　　　④ 60°

해설 $\tan\theta = \dfrac{a_x}{g} = \dfrac{5.65}{9.8} = 0.577$

$\therefore \ \theta = \tan^{-1} 0.577 = 30°$

정답 ①

예제 18. 입방체의 탱크에 비중이 0.7인 기름이 1.5 m 차 있다. 이 탱크가 연직상방향으로 4.9 m/s²의 가속도를 작용시킬 때 탱크 밑에 작용하는 압력은 몇 kPa인가?

① 13.75 kPa

② 14.75 kPa

③ 15.44 kPa

④ 16.75 kPa

해설 $p = \gamma h \left(1 + \dfrac{a_y}{g}\right) = 9.8 \times 0.7 \times 1.5 \left(1 + \dfrac{4.9}{9.8}\right) = 15.435 \text{ kPa} = 15.44 \text{ kPa}$ **정답** ③

예제 19. 2 m × 2 m × 2 m인 정육면체의 탱크에 비중량이 γ [N/m³]인 액체를 절반 정도 채우고 수평 등가속도 9.8 m/s²을 가할 때 옆면 AC가 받는 전압력은 몇 N인가?

① γ

② 9.8γ

③ 2γ

④ 4γ

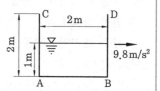

해설 $\tan\theta = \dfrac{a_x}{g} = \dfrac{9.8}{9.8} = 1$

$\therefore\ \theta = \tan^{-1}1 = 45°$

AB 양단에 생기는 수위차는 그림과 같이 된다.
따라서 AC면이 받는 전압력

$F_{AC} = \gamma h_c A = \gamma \times 1 \times \left(\dfrac{2 \times 2}{2}\right) = 2\gamma \text{ [N]}$

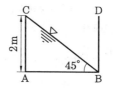

정답 ③

예제 20. 반지름이 5 cm인 원통에 물을 담아 중심축에 대하여 120 rpm으로 회전시킬 때 중심과 벽면의 수면의 차는 얼마인가?

① 0.01 m

② 0.02 m

③ 0.03 m

④ 0.04 m

해설 $y - y_0 = \dfrac{r^2 \omega^2}{2g} = \dfrac{0.05^2 \times \left(\dfrac{2\pi \times 120}{60}\right)^2}{2 \times 9.8} = 0.02 \text{ m}$ **정답** ②

출제 예상 문제

1. 진공 압력을 절대 압력으로 환산하면 다음 중 어느 것인가?

① 진공 압력 + 표준 대기압력

② 표준 대기압력 − 진공 압력

③ 진공 압력 + 국소 대기압

④ 국소 대기압 − 진공 압력

해설 $P_a = P_o - P_g$

(절대 압력 = 국소 대기압 − 진공 압력)

2. 압력 2.4 kg / cm²는 수주로 몇 m인가?

① 2.4 mAq   ② 24 mAq

③ 2.32 mAq   ④ 23.2 mAq

해설 $P = \gamma_w h \,[\mathrm{kg/m^2}]$에서

$$h = \frac{P}{\gamma_w} = \frac{2.4 \times 10^4}{1000} = 24 \text{ mAq}$$

3. 대기압이 750 mmHg일 때 0.5 kg/cm²의 진공 압력은 절대 압력으로 몇 kg/cm² abs인가?

① 1.5 kg/cm² abs

② 1.02 kg/cm² abs

③ 0.5336 kg/cm² abs

④ 0.52 kg/cm² abs

해설 • 대기압 = 750 × 13.6 = 1.02 kg/cm²

• 절대 압력 = 1.02 − 0.5 = 0.52 kg/cm² abs

[SI 단위]

$P = 0.52 \times 10^4 \times 9.81 = 5.1 \times 10^4$

$= 0.51 \text{ bar abs}$

4. 어떤 액체에서 수면으로부터 15 m 깊이에서 압력을 측정하였더니 2.04 kg/cm² (2.0 bar)이었다. 이 액체의 비중량은?

① 136 kg/m³(1.333 N/m³)

② 1360 kg/m³(13333 N/m³)

③ 1.36 kg/m³(13.33 N/m³)

④ 13.6 kg/m³(133 N/m³)

해설 $\gamma = \dfrac{p}{h} = \dfrac{2.04 \times 10^4}{15} = 1360 \text{ kg/m}^3$

[SI 단위]

$\gamma = \dfrac{p}{h} = \dfrac{2 \times 10^5}{15} = 13333 \text{ N/m}^3$

5. 그림에서 피스톤에 유압이 작동하고 있다. 지금 압력계의 읽음이 9.8 bar이고 피스톤의 단면적이 200 cm²일 때 피스톤에 걸리는 힘은 얼마인가?

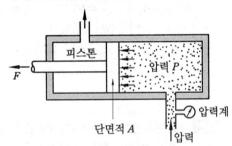

① 9800 N   ② 19.6 kN

③ 19.6 N   ④ 9800 kN

해설 $F = pA = 9.8 \times 10^5 \times 200 \times 10^{-4}$

$= 19600 \text{ N} = 19.6 \text{ kN}$

6. 펌프로 물을 양수할 때 흡입관에서 압력은 진공 압력계로 50 mmHg이다. 이 압력은 절대 압력으로 얼마인가? (단, 대기압은 750 mmHg)

① 0.952 kg/cm² abs

② 0.921 kg/cm² abs

③ 0.679 kg/cm² abs

④ 0.658 kg/cm² abs

[해설] $P_{abs} = P_o - P_v = 750 - 50 = 700 \text{ mmHg}$

$$P_{abs} = \frac{700}{735.5} = 0.952 \text{ kg/cm}^2 \text{ abs}$$

7. 다음 그림과 같이 단면적 A인 실린더와 피스톤이 있다. 피스톤의 좌측과 우측의 공기 압력을 각각 계기 압력으로 p_1, p_2라고 할 때 피스톤을 좌측으로 밀기 위해서는 최소한 얼마 이상의 힘을 가해야 하는가? (단, 피스톤 로드의 단면적은 a이다.)

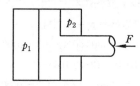

① $F = (p_1 - p_2)(A - a)$

② $F = (p_0 - p_2)A$

③ $F = p_1 A - p_2 a$

④ $F = p_1 A - p_2(A - a)$

[해설] 대기압을 p_0로 하면 피스톤 좌측의 절대 압력은 $p_1 + p_0$이므로 피스톤을 우측으로 미는 힘은 $(p_1 + p_0)A$이다. 피스톤 우측의 절대 압력은 $p_2 + p_0$이므로 피스톤을 좌측으로 미는 힘은 $(p_2 + p_0)(A - a)$이다. 또 피스톤 로드의 우측 끝에도 대기압이 작용하므로 $p_0 a$의 힘이 좌측으로 작용한다. 따라서 힘의 평형조건을 생각하면

$(p_1 + p_0)A - (p_2 + p_0)(A - a) - p_0 a - F = 0$

$\therefore \ p_1 A - p_2(A - a)$

즉, 이 힘보다 커야 피스톤을 좌측으로 움직일 수 있다.

8. Bourdon 압력계가 3 kg/cm^2이고, 대기압이 740 mmHg일 때 절대압력을 kg/cm², bar로 표시한 것 중 옳은 것은?

① 4.0064 kg/cm^2, 3.93 bar

② 2.945 kg/cm^2, 3.006 bar

③ 1.0332 kg/cm^2, 4.0332 bar

④ 3.93 kg/cm^2, 2.945 bar

[해설] 절대 압력 = 국소 대기압 + 계기 압력이므로

$$3 + \frac{740}{760} \times 1.0332 \text{ kg/cm}^2 = 4.0064 \text{ kg/cm}^2$$

$4.0064 \times 9.8 \times 10^4 = 392627.2 \text{ N/m}^2(\text{Pa})$

$392627.2 \div 10^5 = 3.93 \text{ bar}$

9. 국소 대기압이 710 mmHg인 곳에서의 절대 압력이 $0.5 \text{ kg/cm}^2 \text{ abs}(0.49 \text{ bar abs})$일 때 그 지점의 계기 압력은 얼마인가? (단, 수은의 비중은 13.6이다.)

① $-0.533 \text{ kg/cm}^2(-0.5223 \text{ bar})$

② $0.533 \text{ kg/cm}^2(0.5223 \text{ bar})$

③ $-0.4656 \text{ kg/cm}^2(-0.456 \text{ bar})$

④ $0.4656 \text{ kg/cm}^2(0.456 \text{ bar})$

[해설] $p_{gauge} = p_{abs} - p_0$이므로

$$p_{gauge} = 0.5 - \left(71 \times \frac{13.6}{1000}\right) = 0.5 - 0.956$$

$$= -0.4656 \text{ kg/cm}^2$$

(또는 0.4656 kg/cm^2 진공)

[SI 단위]

$$p_{gauge} = -0.456 \text{ bar}$$

10. 밀폐된 용기 안에 비중이 0.8인 기름이 들어 있고 위 공간 부분은 공기가 들어 있다. 공기의 압력이 0.1 kg/cm^2일 때 기름 표면으로부터 1.5 m 깊이에 있는 점의 압력은 수주로 몇 m인가? (단, 물의 비중은 1, 비중량은 1000 kg/m^3이다.)

① 4.4 ② 2.2

③ 1.6 ④ 1.22

[해설] $p = p_0 + \gamma h$

$$= 0.1 + 1000 \times 0.8 \times 1.5 \times 10^{-4}$$

$$= 0.22 \text{ kg/cm}^2$$

$$h_w = \frac{p}{\gamma_w} = \frac{0.22 \times 10^4}{1000}$$

$$= 2.2 \text{ mAq}$$

11. 수압기에서 피스톤의 지름이 각각 10 mm, 100 mm이고 큰 쪽의 피스톤에다 1000 kg의 하중을 올려 놓으면 작은 쪽에는 얼마의 힘이 작용하게 되는가?

① 1 kg   ② 10 kg

③ 100 kg   ④ 1000 kg

[해설] $p = \dfrac{F_1}{A_1} = \dfrac{F_2}{A_2}$

$$F_2 = F_1 \frac{A_2}{A_1} = F_1 \left(\frac{\frac{\pi}{4} d_2^{\,2}}{\frac{\pi}{4} d_1^{\,2}} \right) = F_1 \left(\frac{d_2^{\,2}}{d_1^{\,2}} \right)$$

$$= 1000 \left(\frac{10}{100} \right)^2 = 10 \text{ kg}$$

12. 그림에서 p_0는 표준대기압이 작용하고 있다. B점의 압력은 얼마인가?

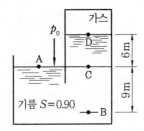

① 1.843 kg/cm² abs(1.806 bar abs)

② 1.843 kg/m² (18.06 Pa)

③ 1.843 kg/cm² (1.806 bar)

④ 0.9 kg/cm² abs(0.882 bar abs)

[해설] $p_B = p_0 + \gamma h$

$$= 1.033 \times 10^4 + 1000 \times 0.9 \times 9$$

$$= (1.033 + 0.81) \times 10^4$$

$$= 1.843 \times 10^4 \text{kg/m}^2 \text{ abs}$$

$$= 1.843 \text{ kg/cm}^2 \text{ abs}$$

[SI 단위]

$p_B = 1.806 \text{ bar abs}$

13. 그림에서 공기의 압력 p_A는 얼마인가?

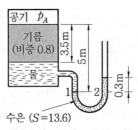

① -2.2 kg/cm^2

② -0.22 kg/cm^2

③ -0.022 kg/cm^2

④ -22 kg/cm^2

[해설] 그림에서 $p_1 = p_2$이다.

$$p_1 = p_A + 1000 \times 0.8 \times 3.5 + 1000 \times 1.5$$

$$p_2 = 1000 \times 13.6 \times 0.3$$

$$\therefore \ p_A = 1000 \times 13.6 \times 0.3 - 1000$$

$$\times 0.8 \times 3.5 - 1000 \times 1.5$$

$$= -220 \text{ kg/m}^2$$

$$= -0.022 \text{ kg/cm}^2$$

14. 밑면이 2 m×2 m인 탱크에 비중이 0.8인 기름과 물이 다음 그림과 같이 들어 있다. AB면에 작용하는 압력은 몇 kPa인가?

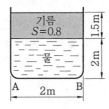

① 34.3   ② 343

③ 31.36   ④ 313.6

[해설] $p_{AB} = \gamma_1 h_1 + \gamma_2 h_2 = 9800 s_1 h_1 + 9800 h_2$

$$= 9800 \times 0.8 \times 1.5 + 9800 \times 2$$

$$= 31360 \text{ N/m}^2$$

$$= 31.36 \text{ kPa}$$

15. 압력계가 7.5 kg/cm²를 지시하였다. 이때의 대기압이 0.97 kg/cm²이면 절대압력은 몇 kg/cm²인가?

① 6.15 kg/cm^2 abs

② 7.50 kg/cm^2 abs

③ 8.47 kg/cm^2 abs

④ 7.73 kg/cm^2 abs

[해설] $p_{\text{abs}} = p_a + p_{\text{gage}} = 0.97 + 7.5$
$= 8.47 \text{ kg/cm}^2 \text{ abs}$

16. 공기와 기름이 들어있는 밀폐된 탱크에 그림과 같이 부르동관 압력계를 설치하여 계기압력을 측정하였더니 0.4 kg/cm^2이었다. 압력계의 위치가 기름 표면보다 1 m 아래에 있다고 할 때 공기의 절대 압력은 얼마인가? (단, 대기압은 1.03기압이고, 기름의 비중은 0.9이다.)

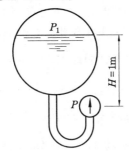

① 1.34 kg/cm^2 ② 13.4 kg/cm^2

③ 0.134 kg/cm^2 ④ 134 kg/cm^2

[해설] 탱크 속의 공기 압력을 p_1, 압력계 내의 기름 압력을 p라고 하면

$p = p_1 + \gamma H$

여기서 γ는 기름의 비중량으로서 0.0009 kg/cm^3, H는 100 cm이고 p는 대기압과 0.4 kg/cm^2의 합이므로

$p_0 + 0.4 = p_1 + \gamma H$

$\therefore\ p_1 = p_0 + 0.4 - \gamma H$
$= 1.03 + 0.4 - 0.0009 \times 100$
$= 1.34 \text{ kg/cm}^2 \text{ abs}$

17. 다음 그림과 같은 시차액주계에서 $p_x - p_y$는 몇 kPa인가? (단, $S_1 = 1$, $S_2 = 0.8$, $S_3 = 13.6$이다.)

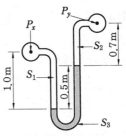

① 58.70   ② 62.88

③ 67.32   ④ 70.07

[해설] $p_x - p_y$
$= 9.8 \times 0.8 \times 0.7 + 9.8 \times 13.6 \times 1 - 9.8 \times 1$
$= 62.88 \text{ kN/m}^2 (\text{kPa})$

18. 다음 그림에서 A, B점 사이의 압력차는 얼마인가?

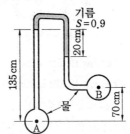

① 0.28 kg/cm^2 ② 2.8 kg/cm^2

③ 0.072 kg/cm^2 ④ 0.52 kg/cm^2

[해설] $p_A - p_B = \gamma(1.35) - \gamma 0.9(0.2) - \gamma(0.45)$
$= \gamma\{(1.35 - 0.45) - 0.9(0.2)\}$
$= 1000\{(1.35 - 0.45) - 0.9(0.2)\}$
$= 720 \text{ kg/m}^2$
$= 0.072 \text{ kg/cm}^2$

[SI 단위]
$p_A - p_B = 720 \times 9.81 = 7063.2 \text{ Pa} \doteqdot 7.06 \text{ kPa}$

19. 그림에서 $p_A - p_B$는 몇 kg/cm^2인가? (단, 수은의 비중은 13.6이다.)

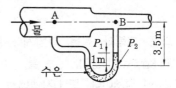

① 0.679   ② 1.26

③ 1.68   ④ 2.78

해설 $p_A - p_B = h(\gamma_0 - \gamma)$

$$= 1 \times (13600 - 1000) \times 10^{-4}$$

$$= 1.26 \, \text{kg/cm}^2$$

20. 다음 그림에서 압력차($p_A - p_B$)는 얼마인가?

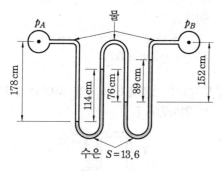

① $2.57 \, \text{kg/cm}^2 (2.52 \, \text{bar})$

② $2.75 \, \text{kg/cm}^2 (2.695 \, \text{bar})$

③ $2.57 \, \text{kg/m}^2 (25.19 \, \text{Pa})$

④ $2.75 \, \text{kg/m}^2 (26.95 \, \text{Pa})$

해설 $p_A + \gamma_w h_1 - \gamma_w S h_2 + \gamma_w h_3 - \gamma_w S h_4$

$\quad - \gamma_w(h_5 - h_4) = p_B$

$\therefore p_A - p_B = \gamma_w S(h_2 + h_4)$

$\qquad\qquad - \gamma_w(h_1 + h_3)$

$\qquad\qquad + \gamma_w(h_5 - h_4)$

$\qquad = 13600(1.14 + 0.89)$

$\qquad\qquad - 1000(1.78 + 0.76)$

$\qquad\qquad + 1000(1.52 - 0.89)$

$\qquad = 25698 \, \text{kg/m}^2 = 2.57 \, \text{kg/cm}^2$

$p_A - p_B$를 SI 단위로 나타내면

$1 \, \text{kg/cm}^2 = 0.98 \, \text{bar}$이므로

$p_A - p_B = 2.57 \times 0.98 = 2.52 \, \text{bar}$

21. 다음 그림과 같은 미압계에서 $\gamma_1 = 1.225 \, \text{kg/m}^3$인 공기, γ_2는 물, γ_3는 비중이 1.2인 액체이다. 또 U자관에서 단면적

이 넓은 부분과 단면적이 좁은 부분의 단면적비는 $\dfrac{a}{A} = 0.01$이고, h는 5 mm이다. 이때 압력차 $p_C - p_D$는 몇 mmAq인가?

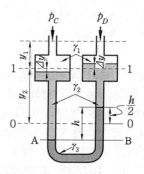

① 1.04495   ② 2.04051

③ 3.10472   ④ 4.92104

해설 점 A, B의 압력은 같으므로

$$p_C + \gamma_1(y_1 + \Delta y) + \gamma_2\left(y_2 - \Delta y + \frac{h}{2}\right)$$

$$= p_D + \gamma_1(y_1 - \Delta y) + \gamma_2\left(y_2 + \Delta y - \frac{h}{2}\right) + \gamma_3 h$$

$$p_C - p_D = \gamma_1(-2\Delta y) + \gamma_2(2\Delta y - h) + \gamma_3 h$$

또 $A \cdot \Delta y = a \cdot \dfrac{h}{2}$ 이므로 $\Delta y = \dfrac{a}{A} \cdot \dfrac{h}{2}$

$$\therefore p_C - p_D = \gamma_1\left(-\frac{a}{A} h\right) + \gamma_2\left(\frac{a}{A} h - h\right) + \gamma_3 h$$

$$= h\left[\gamma_3 + \gamma_2\left(\frac{a}{A} - 1\right) - \gamma_1\frac{a}{A}\right]$$

$$= 5 \times 10^{-3}[(1.2 \times 1000$$

$$\quad + 1000(0.01 - 1) - 1.225 \times 0.01]$$

$$= 1.04995 \, \text{kg/m}^2$$

$$= 1.04995 \times 10^{-4} \, \text{kg/cm}^2$$

$$= 1.04995 \times 10^{-3} \, \text{mAq}$$

$$= 1.04995 \, \text{mmAq}$$

22. 비중이 1.59인 CCl_4가 담겨진 용기에 경사액주계를 30° 각도로 설치하고 여기에 $0.07 \, \text{kg/cm}^2 (0.0686 \, \text{bar})$의 압력을 가하였을 때 l은 얼마인가? (단, 공기의 무게는 무시할 수 있다.)

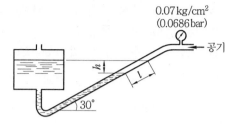

0.07 kg/cm² (0.0686 bar)

공기

① 0.951 m　　② 0.441 m

③ 0.881 m　　④ 0.522 m

해설 $p=\gamma h$에서 $p=\gamma l\sin\theta$이므로

$$l=\frac{p}{\gamma\sin\theta}$$

$$\therefore\ l=\frac{0.07\times10^4}{1.59\times10^3\times0.5}=0.8805\,\text{m}$$

[SI 단위]

$$l=\frac{p}{\gamma\sin\theta}=\frac{0.0686\times10^5}{1.59\times9800\times0.5}=0.881\,\text{m}$$

23. 온도가 일정하게 유지된 호수에 지름이 0.5 cm인 공기의 기포가 수면까지 올라올 때 지름이 1 cm로 팽창하였다. 이때 기포 최초의 위치는 수면으로부터 몇 m 아래인가?(단, 공기를 이상기체로 가정하고 이때의 기압은 720 mmHg이다.)

① 19.67 m　　② 27.68 m

③ 49.76 m　　④ 68.52 m

해설 기포의 지름이 2배가 되었으므로 체적은 8배가 된다.

보일의 법칙($p_1V_1=p_2V_2=$상수)에서 압력은 1/8로 된다.

p_0를 수면의 압력, 지름이 0.5 cm인 공기 기포의 수심을 h라 하면 $p_0+\gamma h=8p_0$이므로

$$h=\frac{7p_0}{\gamma}=\frac{7}{1000}\times\left(\frac{720\times10332}{760}\right)$$

$$=68.52\,\text{m}$$

24. 수심이 30 m인 물 속에서 지름 1 cm인 기포가 생겼다. 이 기포가 수면까지 떠오를 때 지름은 얼마로 되겠는가?(단, 기포 속의 공기는 등온변화하고, 대기압은 1.0332

kg/cm²이다.)

① 1.57 cm　　② 2 cm

③ 3 cm　　　④ 3.57 cm

해설 수심 30 m 지점의 압력

$$p=\gamma h+p_0=1000\times30+10332$$

$$=40332\,\text{kg/m}^2$$

등온변화하므로 $pV=$const에서

$$\frac{p_0}{p}=\frac{V}{V_0}=\left(\frac{d}{d_0}\right)^3=\frac{10332}{40332}\fallingdotseq0.256$$

$$\therefore\ d=d_0\times\sqrt[3]{\frac{1}{0.256}}=1\times\sqrt[3]{\frac{1}{0.256}}$$

$$\fallingdotseq1.575\,\text{cm}$$

25. 다음 그림과 같은 경사미압계에서 점 A의 계기압력은 몇 Pa인가?(단, 미압계에는 물이 들어 있고, $\alpha=10°$, $l=20$ mm이다.)

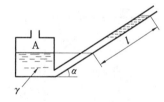

① 0.75　　　② 12.54

③ 22.75　　④ 34.04

해설 $P_A=\gamma l\sin\alpha=9800\times0.02\times\sin10°$

$$\fallingdotseq34.04\,\text{Pa(N/m}^2)$$

26. 그림과 같은 수문이 60° 경사져 있다. 상단이 힌지(hinge)일 때 수문에 작용하는 전압력과 작용점을 구하고, 또 이 상태에서 수문 밑에 힘을 가해서 밀고자 한다. 이때 필요한 힘은 얼마인가?

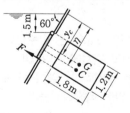

① 237 kg　　② 250 kg

정답 23. ④　24. ①　25. ④　26. ④

③ 1250 kg   ④ 2360 kg

해설 $F = \gamma H_C A$

$$= 9800 \times 2.33 \times \sin 60° \times (1.8 \times 1.2)$$
$$= 42714 \, N = 42.71 \, kN$$

$$y_p = y_c + \frac{I_c}{y_c A}$$

$$= \left(0.6 + \frac{1.5}{\sin 60°}\right) + \frac{\frac{1.8 \times 1.2^3}{1.2}}{2.332 \times (1.8 \times 1.2)}$$

$$= 2.38 \, m$$

힌지에서의 $\Sigma M = 0$

$$F' \times 1.2 - F \times 0.65 = 0$$

$$\therefore \ F' = \frac{42.71 \times 0.65}{1.2} = 23.13 \, kN (2360 \, kg)$$

27. 그림과 같이 수문 AB가 받는 전압력은 얼마인가? (단, 폭은 3 m이다.)

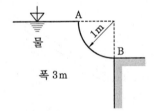

폭 3m

① 14.75 kN   ② 25.31 kN

③ 27.36 kN   ④ 38.53 kN

해설 $F_H = \gamma H_C A = 9800 \times \frac{1}{2} \times (1 \times 3)$

$$= 14700 \, N$$

$$F_V = \gamma V = \gamma A l = 9800 \times \frac{\pi}{4} \times 1^2 \times 3$$

$$= 23079 \, N$$

$$F = \sqrt{F_H^2 + F_V^2} = 27363 \, N \, (= 27.36 kN)$$

28. 지름이 2 m인 원형 수문의 상단이 수면 밑 5 m의 위치에 놓여 있다. 이 수문에 작용하는 전압력과 작용점은 수문 중심보다 몇 m 밑에 작용하겠는가?

① 18400 kg 수문 중심 밑 0.05 m

② 18840 kg 수문 중심 밑 0.0417 m

③ 15700 kg 수문 중심점

④ 10990 kg 수문 중심 밑 0.0632 m

해설 $F = \gamma H_C A = 1000 \times 6 \times \frac{\pi}{4}(2)^2$

$$= 18840 \, kg$$

$$y_p - y_c = \frac{I_c}{y_c A} = \frac{\frac{\pi(2)^4}{64}}{\frac{6 \cdot \pi(2)^2}{4}} = \frac{(2)^2}{96}$$

$$= 0.0417 \, m$$

29. 그림과 같이 폭이 3 m인 수로가 수문에 의하여 막혀져 있다. 한쪽 수심이 2.5 m이고, 다른 쪽의 수심이 1.5 m였다면 이 수문에 작용하는 전압력과 바닥에서의 작용점은 각각 얼마인가?

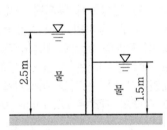

① $F = 58.8 \, kN, \ \bar{y} = 1.02 \, m$

② $F = 58.8 \, kN, \ \bar{y} = 2.02 \, m$

③ $F = 55.5 \, kN, \ \bar{y} = 1.02 \, m$

④ $F = 55.5 \, kN, \ \bar{y} = 2.02 \, m$

해설 $F_1 = \gamma \frac{H_1}{2} A_1 = 9.8 \times \frac{2.5}{2} \times (2.5 \times 3)$

$$= 91.875 \, kN$$

$$y_{P1} - y_c = \frac{I_c}{y_c A} = \frac{\frac{3 \times 2.5^3}{12}}{\frac{2.5}{2} \times (3 \times 2.5)}$$

$$y_{P1} = 2.5 - 1.667 = 0.833 (바닥에서)$$

$$F_2 = \gamma \frac{H_2}{2} A_2 = 9.8 \times \frac{1.5}{2} \times (1.5 \times 3)$$

$$= 33.075 kN$$

$y_{P2} = 1.5 - 1 = 0.5(바닥에서)$

$F = F_1 - F_2 = 91.875 - 33.075 = 58.8 \, kN$

$F\bar{y} = F_1 \times y_{P1} - F_2 \times y_{P2}$

$\quad = 91.875 \times 0.833 - 33.075 \times 0.5$

$\quad \fallingdotseq 60 \, kN \cdot m$

$\bar{y} = \dfrac{F_1 \times y_{P1} - F_2 \times y_{P2}}{F} = \dfrac{60}{58.8} = 1.02 \, m$

30. 그림과 같이 60° 경사진 댐이 있다. 저수지 물의 깊이가 10 m일 때 압력에 의해서 댐에 걸리는 힘의 분력과 그 작용점은 댐의 수면지점으로부터 몇 m 아래에 있는가? (단, 댐의 단위 길이당 값에 대하여 구한다.)

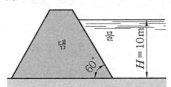

① 57750 kg(565.95 kN), 7.7 m

② 57750 kg(565.95 kN), 5.8 m

③ 54500 kg(534 kN), 6.7 m

④ 54500 kg(534 kN), 7.7 m

[해설] $F = \gamma h_C A = 10^3 \times 5 \times \left(\dfrac{10}{\cos 30°} \times 1 \right)$

$\quad = 57750 \, kg$

$y_P = y_C + \dfrac{I_C}{y_C A}$

$\quad = 5.774 + \dfrac{\dfrac{1 \times 11.547^3}{12}}{5.774 \times (11.547 \times 1)}$

$\quad = 7.698 \, m \fallingdotseq 7.7 \, m$

[SI 단위]

$F = \gamma h_C A = 9800 \times 5 \times \left(\dfrac{10}{\cos 30°} \times 1 \right)$

$\quad = 565.950 \, kN$

$y_P = y_C + \dfrac{I_C}{y_C A} = 7.70 \, m$

31. 어떤 물체를 공기 중에서 잰 무게는 60 kg이고, 수중에서 잰 무게는 11 kg이었다.

이 물체의 체적과 비중은 얼마인가? (단, 공기의 무게는 무시한다.)

① $V = 0.052 \, m^3$, $S = 1.324$

② $V = 0.062 \, m^3$, $S = 1.134$

③ $V = 0.049 \, m^3$, $S = 1.224$

④ $V = 0.0334 \, m^3$, $S = 1.452$

[해설] $W = \gamma V + F$ 이므로 $60 = 1000 \times V + 11$

$\quad \therefore \ V = 0.049 \, m^3$

$S = \dfrac{\gamma}{1000} = \dfrac{1}{1000} \cdot \dfrac{W}{V} = \dfrac{60}{1000 \times 0.049}$

$\quad = 1.224$

32. 그림과 같이 수직인 평면 OABCO의 한면에 작용하는 힘(N)은 얼마인가? (단, $\gamma = 9500 \, N/m^3$)

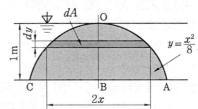

① 10748 N ② 21496 N

③ 430224 N ④ 5374 N

[해설] 미소면적 $dA = 2xdy$,

$y = \dfrac{x^2}{8}$ 에서 $2x = 2\sqrt{8y} = 4\sqrt{2y}$ 이므로

$\therefore \ F = \displaystyle\int \gamma y \sin\theta dA$

$\quad = \displaystyle\int_0^1 9500 y \sin 90° \cdot 4\sqrt{2y} \cdot dy$

$\quad = 53740 \displaystyle\int_0^1 y^{\frac{5}{2}} dy$

$\quad = 53740 \left[\dfrac{2}{5} y^{\frac{5}{2}} \right]_0^1 = 21496 \, N$

33. 비중량이 1025 kg/m³인 해수에 비중이 0.92인 얼음이 떠 있다. 해면상에 나와있는 부분이 15 m³일 때 얼음 전체의 무게는 얼마인가?

① $1.5375 \times 10^4 \text{ kg}$

② $1.464 \times 10^5 \text{ kg}$

③ $1.38 \times 10^4 \text{kg}$

④ $1.347 \times 10^5 \text{ kg}$

[해설] $F_B = W$이므로 $(V-15)\gamma_{해수} = V\gamma_{얼음}$

$V(\gamma_{해수} - \gamma_{얼음}) = 15\gamma_{해수}$

$V = \dfrac{15(1025)}{1025 - 920} = \dfrac{15(1025)}{105} = 146.4$

$\therefore W = 146.4 \times 920 = 1.347 \times 10^5 \text{ kg}$

[SI 단위]

$W = 1.347 \times 10^5 \times 9.8 = 1.32 \times 10^6 \text{ N}$

34. 어떤 물체가 물속에서 3 N이고, 비중이 0.83인 기름 속에서는 4 N이었다. 이 물체의 비중량은 얼마인가?

① 24900 N/m^3 ② 14795 N/m^3

③ 60020 N/m^3 ④ 88800 N/m^3

[해설] 이 물체의 공기 중에서의 무게를 W_A, 체적을 V라 하고, 물과 기름의 자유물체도를 각각 그리면 다음 그림과 같다.

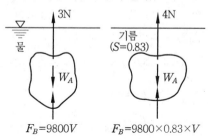

- 물에서 : $W_A = 3\text{N} + 9800\,V$
- 기름에서 : $W_A = 4\text{N} + 9800 \times 0.83 \times V$

위의 두 식을 풀면

$V = 6.002 \times 10^{-4} \text{ m}^3$, $W_A = 8.88 \text{ N}$

$\therefore \gamma = \dfrac{W_A}{V} = \dfrac{8.88}{6.002 \times 10^{-4}} = 14795 \text{ N/m}^3$

35. 그림에서는 비중계를 보여주고 있다. 어떤 액체에 이 비중계를 띄운 결과 물에 띄

웠을 때보다 60 mm만큼 더 가라앉았다. 이 액체의 비중은 얼마인가? (단, 비중계의 무게는 20 g (0.196 N)이고, 통의 지름은 6 mm이다.)

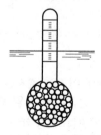

① 0.822 ② 0.872

③ 0.882 ④ 0.922

[해설] 비중계가 물속으로 들어간 체적을 $V[\text{cm}^3]$라고 할 때

$20 = V \times 1.0$

$\therefore V = 20 \text{ cm}^3$

구하고자 하는 액체의 비중을 S라 하고 물보다 더 가라앉은 체적을 V'라고 할 때

$V' = \dfrac{\pi}{4}(0.6)^2 \times 6 = 1.696 \text{ cm}^3 \fallingdotseq 1.7 \text{ cm}^3$

또한 $20 = (V + V) \times S \times 1$

$\therefore S = \dfrac{20}{V + V'} = \dfrac{20}{20 + 1.7} = 0.922$

36. 다음 그림에서 비중계의 중량이 22이고 이 비중계를 비중 0.85인 알코올과 비중 0.8인 기름 속에 넣었을 때 높이차 h는 얼마인가?

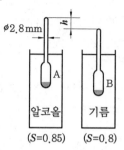

① 0.0266 m ② 0.266 m

③ 2.66 m ④ 0.00266 m

[해설] • 비중계를 알코올 속에 넣은 경우

$W = 22 \times 10^{-3} = 0.85 \times 10^3 \times 9.81 \times V_1 = F$

여기서, V_1은 비중계가 배제한 액체(알코
올)의 체적이다.

$$\therefore V_1 = \frac{22 \times 10^{-3}}{0.85 \times 10^3 \times 9.81}$$

$$\fallingdotseq 2.64 \times 10^{-6} \, \text{m}^3$$

• 비중계를 기름 속에 넣은 경우

$$W = 22 \times 10^{-3}$$

$$= 0.8 \times 10^3 \times 9.81$$

$$\times (2.64 \times 10^{-6} \times Ah) = F$$

$$A = \frac{\pi (2.8 \times 10^{-3})^2}{4} \fallingdotseq 6.13 \times 10^{-6} \, \text{m}^2$$

$$\therefore h \fallingdotseq 0.0266 \, \text{m}$$

37. 그림과 같이 수조 밑에 있는 구멍을 원
추 모양으로 된 물체의 자중과 부력만의
작용으로 막으려고 한다. 이 물체의 자중
이 얼마 이상이면 되겠는가?

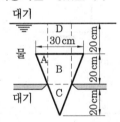

① 1.178 kg ② 9.42 kg
③ 3.5325 kg ④ 14.13 kg

해설 $F_B = W + F$

$$W = F_B - F = \frac{\pi}{4} d^2 l \left(1 + \frac{1}{3}\right) \gamma - \frac{\pi}{4} d^2 l \gamma$$

$$= \left(\frac{\pi}{4} d^2 \frac{l}{3}\right) \gamma = \frac{3.14}{4} (15)^2 \times \frac{20}{3} \times 1$$

$$= 1.178 \, \text{kg}$$

[SI 단위]

$$W = 1.178 \times 9.81 = 11.556 \, \text{N}$$

38. 그림과 같은 탱크가 수평방향으로 3
m/s²의 가속도로 움직일 때 벽면 AB와
CD가 받는 힘(N)은 얼마인가?

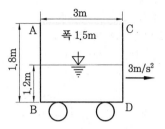

① $F_{AB} = 4024.8$, $F_{CD} = 20253.6$
② $F_{AB} = 3024.8$, $F_{CD} = 20343.6$
③ $F_{AB} = 20253.6$, $F_{CD} = 4024.8$
④ $F_{AB} = 20343.6$, $F_{CD} = 3024.8$

해설 수평면과 경사면이 만드는 각을 θ라 하
면 $\tan\theta = \dfrac{a_x}{g} = \dfrac{3}{9.8} = 0.306$

벽면 AB의 수위는

$$y_{AB} = 1.2 + \frac{3}{2} \times 0.306 = 1.66 \, \text{m}$$

벽면 CD의 수위는

$$y_{CD} = 1.2 - 1.5 \times 0.306 = 0.74 \, \text{m}$$

따라서 벽면 AB가 받는 힘 F_{AB}는

$$F_{AB} = \gamma h A = 9800 \times \frac{1.66}{2} \times (1.66 \times 1.5)$$

$$= 20253.6 \, \text{N}$$

벽면 CD가 받는 힘 F_{CD}는

$$F_{CD} = \gamma h A = 9800 \times \frac{0.74}{2} \times (0.74 \times 1.5)$$

$$= 4024.8 \, \text{N}$$

39. 잠긴 체적의 중량이 1000 ton인 전마
선이 있다. 이 배의 부심과 중심의 위치는
수면으로부터 2 m, 0.5 m 깊이에 있다. 이
배가 $y - y'$축에 대한 롤링(rolling)할 때
와 $x - x'$축에 대한 피칭(pitching)할 때
의 경심 높이는 얼마인가?

① 롤링 : 0.75 m, 피칭 : 21.9 m
② 롤링 : −0.75 m, 피칭 : −21.9 m
③ 롤링 : 21.9 m, 피칭 : 0.75 m
④ 롤링 : −21.9 m, 피칭 : −0.75 m

$\boxed{\text{해설}}$ $\overline{CB} = 2 - 0.5 = 1.5\,\text{m}$

전마선에 잠긴 체적 : V

$$V = \frac{W}{\gamma} = \frac{1000 \times 1000\,\text{kg}}{1000\,\text{kg/m}^3} = 1000\,\text{m}^3$$

$$y - y = \frac{12(24)^3}{12} + 4\left(\frac{10 \times 6^3}{36}\right) + 2 \times 30$$

$$\times (12 + 2)^2 = 23400\,\text{m}^4$$

따라서 롤링에 대하여

$$\overline{MC} = \frac{I_{y-y}}{V} - \overline{CB} = \frac{2250}{1000} - 1.5$$

$$= 0.75\,\text{m} > 0$$

또 피칭에 대하여

$$\overline{MC} = \frac{I_{x-x}}{V} - \overline{CB} = \frac{23400}{1000} - 1.5$$

$$= 21.9\,\text{m} > 6$$

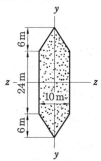

40. 다음 그림과 같은 탱크에 물이 1.2 m만큼 담겨져 있다. 탱크가 4.9 m/s²의 일정한 가속도를 받고 있을 때 높이가 1.8 m인 경우에 물이 넘쳐 흐르게 되는 탱크의 길이는 얼마인가?

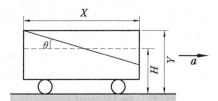

① 2.8 m   ② 4.8 m
③ 1.2 m   ④ 2.4 m

$\boxed{\text{해설}}$ $\tan\theta = \dfrac{a_x}{g} = \dfrac{4.9}{9.8} = 0.5$

$$\tan\theta = \frac{(Y - H)}{\dfrac{X}{2}} = 0.5$$

$$\therefore\ X = \frac{2(Y - H)}{0.5} = \frac{2 \times (1.8 - 1.2)}{0.5}$$

$$= 2.4\,\text{m}$$

41. 다음 그림과 같이 지름이 10 cm인 원통에 물이 담겨져 있다. 중심축에 대하여 300 rpm의 속도로 원통을 회전시키고 있다면, 수면의 최고점과 최저점의 높이차는 얼마인가?

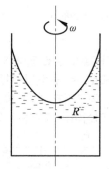

① 12.6 cm   ② 4 cm
③ 40 cm   ④ 1.26 cm

$\boxed{\text{해설}}$ $h = \dfrac{\omega^2 R^2}{2g} = \dfrac{(2\pi \times 300 \div 60)^2 \times 0.05^2}{2 \times 9.8}$

$$= 0.1258\,\text{m} = 12.6\,\text{cm}$$

42. 바닷속 40 m에 서식하고 있는 물고기는 얼마의 압력을 받고 있는가? (단, 바닷물의 비중 $s = 1.025$이다.)

① 4.0 kg/cm²   ② 4.1 kg/cm²
③ 40 kg/cm²   ④ 41 kg/cm²

$\boxed{\text{해설}}$ $p = \gamma h = s\gamma_w h = 1.025 \times 1000 \times 40$

$$= 4.1 \times 10^4\,\text{kg/m}^2 = 4.1\,\text{kg/cm}^2$$

43. 반지름이 30 cm인 원통에 물을 담아 중심축에 대하여 180 rpm으로 회전시킬 때 중심과 벽면 수면의 차는 몇 m인가?

$\boxed{\text{정답}}$ **40.** ④   **41.** ①   **42.** ②   **43.** ④

① 0.96   ② 1.37

③ 2.76   ④ 1.63

[해설] $h = \dfrac{r^2 \omega^2}{2g} = \dfrac{0.3^2 \times \left(\dfrac{2\pi \times 180}{60}\right)^2}{2 \times 9.8}$

       $= 1.63 \text{ m}$

44. 어떤 물체를 물, 알코올, 수은 속에 넣었을 때 부력의 크기는 어느 곳에서 가장 큰가?(단, 비중은 물 : 1, 알코올 : 0.79, 수은 : 13.6이다.)

① 물   ② 알코올

③ 수은   ④ 같다.

45. 정지 유체에 있어서 비중량을 γ, 밀도를 ρ라고 할 때 압력변화 dp와 깊이 dy와의 관계는?

① $dp = -ddy$ ② $dy = dp$

③ $dp = -\gamma dy$ ④ $dp = -\rho dy$

[해설] $dp = -\rho g dy = -\gamma dy \,[\text{kPa}]$

    − 부호는 기준면으로부터 위로 올라갈수록 압력이 감소(−)함을 의미한다.

46. 피에조미터(piezometer) 구멍은 무엇을 측정하기 위한 것인가?

① 정압   ② 동압

③ 속도   ④ 밀도

47. 다음 설명 중에서 옳은 것은?

① 국지대기압은 언제나 표준대기압을 표시한다.

② 국지대기압은 언제나 표준대기압보다 높다.

③ 기압계의 읽음은 표준대기압보다 낮다.

④ 압력계의 읽음은 국지대기압과의 차를 가리킨다.

[해설] 기압계는 언제나 국지대기압과의 차를 나타내도록 만들어졌으며, 국지대기압과의 차

가 없을 때는 0을 가리키게 된다.

48. 유체 속에 잠겨있는 판면의 압력 중심은?

① 판면체의 위의 원심과 같다.

② 압력 프리즘(prism)의 원심과 같다.

③ 판면체의 크기와는 관계가 없다.

④ 판면의 원심보다 항상 위에 있다.

49. 피스톤 A_2의 반지름이 A_1의 반지름의 2배일 때 힘 F_1과 F_2 사이의 관계는?

① $F_1 = F_2$ ② $F_2 = 2F_1$

③ $F_2 = 4F_1$ ④ $F_1 = 4F_2$

[해설] 파스칼의 원리에 의하여 피스톤 A_1, A_2의 반지름을 각각 r_1과 r_2라 하면

$$\frac{F_1}{\pi r_1^2} = \frac{F_2}{\pi r_2^2}, \ \frac{F_1}{F_2} = \left(\frac{r_1}{r_2}\right)^2 = \left(\frac{1}{2}\right)^2 = \frac{1}{4}$$

50. 피스톤 A_2의 반지름이 A_1의 반지름의 2배일 때 피스톤 A_1과 A_2에 작용하는 압력을 각각 p_1, p_2라 하면 p_1과 p_2 사이의 관계는?

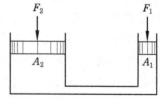

① $p_1 = p_2$ ② $p_2 = 2p_1$

③ $p_1 = 2p_2$ ④ $p_2 = 4p_1$

51. 유체 속에 잠겨있는 경사진 평판의 한쪽면에 작용하는 전압력의 크기는?

① 경사각에 비례한다.

② 경사각에 반비례한다.

③ 도심점의 압력과 면적을 곱한 값과 같다.

④ 작용점의 압력과 면적을 곱한 값과 같다.

52. 액체 속에 잠겨있는 곡면에 작용하는 수직분력은?
① 곡면의 수직투영면에 작용하는 힘과 같다.
② 곡면 수직방향에 실려있는 액체의 무게와 같다.
③ 중심에서의 압력과 면적의 곱과 같다.
④ 곡면에 의해서 배제된 액체의 무게와 같다.

53. 다음 중 부력의 작용선은?
① 유체에 잠겨진 물체의 중심을 통과한다.
② 떠 있는 물체의 중심을 통과한다.
③ 잠겨진 물체에 의해 배제된 유체의 중심을 통과한다.
④ 잠겨진 물체의 상방에 있는 액체의 중심을 통과한다.

54. 경심(metacenter)의 높이는?
① 부심과 메타센터 사이의 거리
② 부심에서 부양축에 내린 수선
③ 중심과 부심 사이의 거리
④ 중심과 메타센터 사이의 거리

55. 유체에 잠겨있는 곡면에 작용하는 전압력의 수평성분은?
① 전압력의 수평성분 방향에 수직인 연직면에 투영한 투영면의 압력 중심의 압력과 투영면을 곱한 값과 같다.
② 전압력의 수평성분 방향에 수직인 연직면에 투영한 투영면 도심의 압력과 곡면의 면적을 곱한 값과 같다.

③ 수평면에 투영한 투영면에 작용하는 전압력과 같다.
④ 전압력의 수평성분 방향에 수직인 연직면에 투영한 투영면의 도심의 압력과 투영면의 면적을 곱한 값과 같다.

56. 유체 속에 잠겨진 물체에 작용하는 부력은?
① 물체의 중력과 같다.
② 물체의 중력보다 크다.
③ 그 물체에 의해서 배제된 액체의 무게와 같다.
④ 유체의 비중량과는 관계없다.

57. 다음 중 부양체에 대한 설명으로 맞는 것은?
① 경심이 부양체와 일치할 때만 안정하다.
② 부양체의 중심이 부심보다 아래에 있을 때만 안정하다.
③ 부양체의 중심이 부심과 일치할 때만 안정하다.
④ 경심이 부양체의 중심보다 아래에 있지 않을 때만 안정하다.

58. 유체 속에 잠겨진 경사평면에 작용하는 힘의 작용점은?
① 면의 중심에 있다.
② 면의 중심보다 위에 있다.
③ 면의 중심과는 관계없다.
④ 면의 중심보다 밑에 있다.

59. 부양체는 다음 중 어느 경우에 안정한가?
① 경심의 높이가 0일 때
② 경심이 중심보다 위에 있을 때

정답 52. ② 53. ③ 54. ④ 55. ④ 56. ③ 57. ④ 58. ④ 59. ②

③ $\dfrac{1}{V}$이 0일 때

④ $\overline{\mathrm{CB}} - \dfrac{1}{V}$이 0, C가 B 위에 있을 때

[해설] 부양체는 $\overline{\mathrm{MC}} > 0$일 때 안정하므로 경심이 중심보다 위에 있을 때 안정하다.

60. 복원 모멘트(moment)에 대한 설명이다. 틀린 것은?

① 복원 모멘트가 작용하는 부양체는 안정하다.

② 복원 모멘트는 원심고와 부력의 크기를 곱한 값이다.

③ 복원 모멘트의 크기는 부력의 물체 중심에 대한 모멘트이다.

④ 중심평형이 되어있는 물체는 복원 모멘트가 작용하지 않는다.

61. 액체가 강체(rigid body)처럼 일정 각속도로 수직축 주위를 회전 운동할 때 유체 내에서의 압력은?

① 반지름의 제곱에 반비례하여 감소한다.

② 반지름에 정비례하여 증가한다.

③ 연직 거리의 제곱에 반비례하여 변한다.

④ 반지름의 제곱에 비례하여 변한다.

62. 자유 낙하를 하고 있는 유체에서 내부 압력은?

① 모든 점에서 같다.

② 모든 점에서 다르다.

③ 아래 방향으로 갈수록 커진다.

④ 아래 방향으로 갈수록 작아진다.

[해설] 그림에서

$$p_2 A - p_1 A - \gamma h A = \frac{\gamma h A a_y}{g}$$

정리하여 $p_2 - p_1 = \gamma h\left(1 + \dfrac{a_y}{g}\right)$

여기서 자유 낙하를 할 때에는

$a_y = -g$가 되므로

$p_2 - p_1 = 0$

따라서 자유 낙하를 하고 있는 액체의 내부에서는 모든 점에서 압력의 변화가 없다.

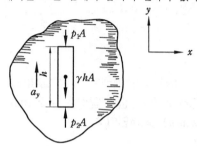

63. 압력이 p[Pa]일 때 비중이 S인 액체의 수두(head)는 몇 mm인가?

① $\dfrac{p}{9.8 S}$ ② $\dfrac{p}{1000 S}$

③ Sp ④ $1000 Sp$

[해설] $p = \gamma_w S h = 9800 Sh$ [Pa]이므로

$$\therefore h = \frac{p}{9800 S}\,[\mathrm{mAq}] = \frac{p}{9.8 S}\,[\mathrm{mmAq}]$$

64. 그림과 같은 용기가 가속도 α_x로 직선 운동을 할 때 액체 표면경사 각도 θ는?

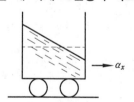

① $\tan^{-1}\dfrac{\alpha_x}{g}$ ② $\sin^{-1}\dfrac{\alpha_x}{g}$

③ $\cos^{-1}\dfrac{\alpha_x}{g}$ ④ $\cot^{-1}\dfrac{\alpha_x}{g}$

[해설] $\tan\theta = \dfrac{\alpha_x}{g}$, $\theta = \tan^{-1}\dfrac{\alpha_x}{g}$

65. 다음 환산법 중 맞지 않는 것은?

① 1 bar $= 1.02$ kg/cm^2 $= 750.5$ mmHg

② 1atm $= 1013.25$ mb(millibar)

$= 760$ mmHg

③ 1 at $= 10.0$ mAq $= 735.5$ mmHg

④ 1 Pa $= 0.102$ kg/m^3 $= 75$ mmHg

[해설] $1\,\text{Pa} = 0.102\,\text{kg/m}^2$

$= 1.02 \times 10^{-5}\,\text{kg/cm}^2$

$= 75 \times 10^{-4}\,\text{mmHg}$

66. 비중 S인 액체의 표면으로부터 x[m] 깊이에 있는 점의 압력은 수주(metres of water) 몇 m인가?

① x

② $\dfrac{x}{S}$

③ Sx

④ $1000Sx$

[해설] 이때 압력 $P = 9800\,Sx$ [N/m^2]이다.

$\therefore$ 수두 $h = \dfrac{P}{\gamma_w} = \dfrac{9800\,Sx}{9800} = Sx$ [m]

67. 기압계의 압력이 750 mmHg를 가리키고 있다. 이때 계기 압력이 3 atg일 때 절대 압력은 수주로 몇 m인가?

① 40.2

② 36.7

③ 4.17

④ 3.67

[해설] $P_a = P_o + P_g = \dfrac{750}{760} \times 1.0332 + 3$

$= 4.02\,\text{ata(kgf/cm}^2 \cdot \text{a)}$

$P_a = \gamma_w h$

$\therefore h = \dfrac{P_a}{\gamma_w} = \dfrac{4.02 \times 10^4}{1000} = 40.2\,\text{m}$

68. 비중이 S인 액체의 수면으로부터 x[m] 깊이에 있는 점의 압력은 수은주로 몇 mm인가? (단, 수은주 비중은 13.6이다.)

① $13.6Sx$

② $13600Sx$

③ $\dfrac{1000Sx}{13.6}$

④ $\dfrac{Sx}{13.6}$

[해설] $p = \gamma_w Sh = 9800\,Sh$ [Pa]

$h = \dfrac{p}{\gamma_{Hg}} = \dfrac{9800\,Sx}{9800 \times 13.6} = \dfrac{Sx}{13.6}$ [mHg]

$= \dfrac{1000Sx}{13.6}$ [mmHg]

69. 폭×높이 $= a \times b$인 직사각형 수문의 도심이 수면에서 h의 깊이에 있을 때 압력 중심의 위치는 수면 아래 어디에 있는가?

① $\dfrac{2}{3}h$

② $\dfrac{1}{3}h$

③ $h + \dfrac{bh^2}{12}$

④ $h + \dfrac{b^2}{12h}$

[해설] $y_F = \bar{y} + \dfrac{I_G}{A\bar{y}} = h + \dfrac{\dfrac{ab^3}{12}}{(ab)h}$

$= h + \dfrac{b^2}{12h}$ [m]

70. 다음 그림에서 압력 중심은 자유표면 아래 어디에 있는가?

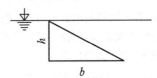

① $\dfrac{h}{2}$

② $\dfrac{3}{4}h$

③ $\dfrac{2}{3}h$

④ $\dfrac{h}{4}$

71. 다음 액주계에서 γ, γ_1이 비중량을 표시할 때 압력 p_x는?

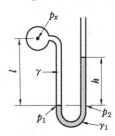

① $p_x = \gamma_1 h + \gamma l$ ② $p_x = \gamma_1 h - \gamma l$

③ $p_x = \gamma_1 l - \gamma h$ ④ $p_x = \gamma_1 l + \gamma h$

[해설] 정지유체인 경우 동일 수평에서

$p_1 = p_2$이므로 $p_x + \gamma l = \gamma_1 h$

$\therefore p_x = \gamma_1 h - \gamma l$ [Pa]

72. 국소대기압이 710 mmHg일 때 0.1 kg/cm²의 진공과 같은 압력은 몇 kg/cm² abs인가? (단, 수은의 비중은 13.6이다.)

① 1.0656 ② 0.9656

③ 0.71 ④ 0.8656

[해설] $p_{atm} = 710\,mmHg = 1000 \times 13.6 \times 0.71$

$= 9656\,kg/cm^2 = 0.9656\,kg/cm^2$

$\therefore$ 절대압력 $p_{abs} = 0.9656 - 0.1$

$= 0.8656\,kg/cm^2\,abs$

73. 2 m×2 m×2 m의 입방체 그릇 안에 비중이 0.8인 기름이 차 있다. 위뚜껑이 열렸다고 가정하면 밑면에서의 압력은 몇 kPa인가? (단, 물의 비중량은 9800 N/m³ 이다.)

① 10.58 ② 15.68

③ 20.68 ④ 200.68

[해설] $F = pA = \gamma hA = \gamma_w ShA$

$= 9800 \times 0.8 \times 2 \times (2 \times 2) = 62720\,N$

$= 62.72\,kN$

$p = \dfrac{F}{A} = \dfrac{62.72}{2 \times 2} = 15.68\,kPa$

74. 표준 대기압이 아닌 것은?

① 101325 N/m² ② 1.01325 bar

③ 14.7 kg/cm² ④ 760 mmHg

[해설] 표준 대기압(1 atm) = 760 mmHg

$= 1.01325\,bar = 101325\,Pa(N/m^2)$

$= 101.325\,kPa = 14.7\,psi(lb/m^2)$

75. 높이 10 m 되는 기름통에 비중이 0.9 인 액체가 가득 차 있을 때 밑바닥에서의

압력은 얼마인가?

① 45.8 kPa ② 88.2 kPa

③ 92.2 kPa ④ 192.3 kPa

[해설] $p = \gamma h = \gamma_w Sh = 9.8 \times 0.9 \times 10$

$= 88.2\,kPa$

76. 저수지에 높이가 20 m만큼 물이 채워져 있고, 그 위에 다시 높이 10 m만큼 비중 0.9인 기름이 들어있을 경우, 밑면의 압력 (kg/cm²)은 얼마인가? (단, 대기압은 760 mmHg이다.)

① 2.9 ② 3.933

③ 3.322 ④ 1.332

[해설] $p_a = p_o = p_g = 1.0332 +$

$(1000 \times 20 + 1000 \times 0.9 \times 10) \times 10^{-4}$

$= 3.9332\,kg/cm^2$

77. U자관에서 어떤 액체 25 cm의 높이와 수은 3.3 cm 높이가 평행을 이루고 있다. 이 액체의 비중은? (단, 수은의 비중은 13.6이다.)

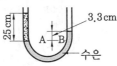

① 1.8 ② 1.52

③ 2.067 ④ 15.2

[해설] $p_A = p_B$이므로

$9800 \times S \times 0.25 = 9800 \times 13.6 \times 0.033$

$\therefore S = 1.8$

78. U자관에 수은과 물, 기름을 넣었더니 그림과 같이 되었다. 이때 기름의 밀도는 몇 N · s²/m⁴인가?

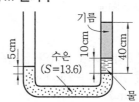

① 102　　　　　② 1567

③ 167.36　　　④ 197.2

[해설] 동일 수평에서 $\gamma_w S h = \gamma_w S_1 + \gamma_w h_2$

$9800 \times 13.6 \times 0.05$

$= 9800 S_1 \times 0.3 + 9800 \times 0.1$

$\therefore S_1 = \dfrac{13.6 \times 0.05 - 0.1}{0.3} = 1.93$

$\therefore \rho = \rho_w S_1 = 1000 \times 1.93$

$\qquad = 1930 \text{ kg/m}^3 (\text{N s}^2/\text{m}^4)$

79. 다음 그림과 같은 역U자관 마노미터에서 A, B에는 물이 들어 있고, 액주계속에는 비중이 0.9인 기름이 들어 있다. $h_1 = 0.27$ m, $h_2 = 0.35$ m, $h_3 = 0.8$ m일 때 $p_A - p_B$는 몇 kPa인가? (단, 물의 비중량은 9800 N/m³이다.)

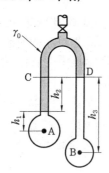

① −1.72　　　　② −2.11

③ −3.72　　　　④ −4.17

[해설] C와 D점의 압력은 같으므로

$p_A - \gamma_F h_1 - \gamma_o h_2 = p_B - \gamma_F h_3$

$\therefore p_A - p_B = \gamma_F h_1 + \gamma_o h_2 - \gamma_F h_3$

$\qquad = \gamma_F (h_1 - h_3) + \gamma_o h_2$

$\qquad = 9.8(0.27 - 0.8) + 9.8 \times 0.9 \times 0.35$

$\qquad = -2.11 \text{ kPa}$

80. 피에조미터에서 M점의 압력은 얼마인가? (단, 대기압 = 750 mmHg 상태이며, $H = 2$ m이다.)

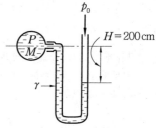

① 0.189 kg/cm²　　② 0.981 kg/cm²

③ 0.819 kg/cm²　　④ 0.198 kg/cm²

[해설] $p_m = p_o - \gamma H$

$\qquad = \dfrac{750}{760} \times 1.0332 \times 10^4 - 10^3 \times 2$

$\qquad = 1.0196 \times 10^4 - 10^3$

$\qquad = 8.196 \times 10^3 \text{ kg/m}^2$

$\qquad = 0.8196 \text{ kg/cm}^2$

81. 다음 그림과 같은 액주계에서 $S_1 = 1.6$, $S_2 = 13.6$, $h_1 = 100$ mm, $h_2 = 200$ mm일 때 A점의 압력은?

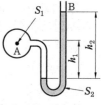

① 25.2 kPa(gauge)

② 28.8 kPa(gauge)

③ 25.2 kPa(abs)

④ 28.8 kPa(abs)

[해설] $p_A = 9.8 \times S_2 \times h_2 - 9.8 \times S_1 \times h_1$

$\qquad = 9.8 \times 13.6 \times 0.2 - 9.8 \times 1.6 \times 0.1$

$\qquad = 25.19 \text{ kPa(gauge)}$

82. 그림과 같이 비중이 0.8인 기름이 흐르고 있는 U자관을 설치했을 때 h는 얼마인가? (단, $p = 0.5$ kg/cm²이고, 대기압은 735.5 mmHg이다.)

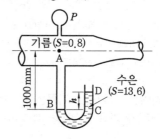

① 0.426 m   ② 0.368 m

③ 1.103 m   ④ 1.16 m

해설 $p_A + \gamma H = \gamma_{Hg} \times h + p_o$

$0.5 \times 10^4 + 800 = 13.6 \times 10^6 \times h$

$h = \dfrac{5800}{13600} = 0.426\,\text{m}$

83. 다음 그림에서 액주계에 비중 0.8인 기름이 있다. 만일 $h = 500\,\text{mm}$라 할 때 A점의 압력은?

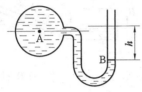

① 0.4 m 수주 abs

② 0.4 m 수주

③ 0.4 m 수주 진공

④ 0.625 m 수주 진공

해설 $p_A = -1000 \times 0.8 \times 0.5$

$\qquad = -400\,\text{kg/m}^2$

$h = \dfrac{p}{\gamma} = -\dfrac{4000}{1000} = -0.4\,\text{mAq}$

84. 그림의 수직관 속에서 비중이 0.9인 기름이 흐르고 있을 때 수직관의 압력 p_x는 얼마인가?

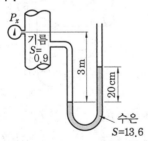

① $1.272\,\text{kg/cm}^2$ ② $0.272\,\text{kg/cm}^2$

③ $0.2\,\text{kg/cm}^2$ ④ $0.002\,\text{kg/cm}^2$

해설 $p_x + \gamma_s(3) = \gamma_{Hg}(0.2)$

$p_x = 13.6 \times 10^3 (0.2) - 0.9 \times 10^3 (3)$

$= 2720 - 2700 = 20\,\text{kg/m}^2$

$= 0.002\,\text{kg/cm}^2$

85. 그림에서 A점의 계기압력은 몇 mmHg인가? (단, 기름의 비중은 0.8이고, 대기압력은 750 mmHg)

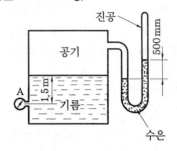

① 588 mmHg   ② 600 mmHg

③ 162 mmHg   ④ 90 mmHg

해설 p_{abs} = 공기압력 + 기름압력

$= 13.6 \times 1000 \times 0.5 + 1000 \times 0.8 \times 1.5$

$= 8000\,\text{kg/m}^2 = 0.8\,\text{kg/cm}^2$

$= 588\,\text{mmHg}$

$p_{gage} = 750 - 588 = 162\,\text{mmHg}(진공)$

86. 깊이를 알 수 없는 곳에서 생긴 지름 1 cm인 기포가 수면에 떠올랐을 때 지름이 2 cm로 팽창했다면 이 기포가 생긴 수심은? (단, 기포 내의 공기는 등온변화이고, 대기압은 1.03 kg/cm²이다.)

① 88.24 m   ② 72.1 m

③ 20.6 m   ④ 10.3 m

해설 $8p_a = p_a + \gamma H$이므로

$H = \dfrac{7p_a}{\gamma} = \dfrac{7 \times 1.03}{0.001}$

$= 7210\,\text{cm} = 72.1\,\text{m}$

87. 다음 그림과 같이 물이 흐르고 있는 관에 시차액계를 설치하였더니 수은의 높이 h가 80 cm이었다. 이때 A, B 두 점의 압력차는 몇 kg/m²인가?

정답 **83.** ③   **84.** ④   **85.** ③   **86.** ②   **87.** ③

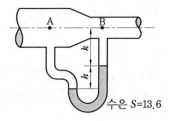

① 9260   ② 9840

③ 10080   ④ 12420

[해설] 물의 비중량 γ, 수은의 비중량 γ_s 라고

하면

$p_A + \gamma(k+h) = p_B + \gamma k + \gamma_s h$

$\therefore\ p_A - p_B = \gamma_s h - \gamma h = h(\gamma_s - \gamma)$

$= 0.8 \times (13600 - 1000)$

$= 10080\ \text{kg/m}^2$

88. 다음 그림과 같이 용기 A와 B에 각각 280 kPa, 140 kPa인 물이 들어 있다. 그러나 같은 상태에서 평형을 유지한다면 수은주의 높이 h는 몇 m인가? (단, 수은의 비중은 13.6이다.)

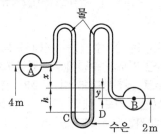

① 0.52   ② 0.84

③ 1.29   ④ 1.76

[해설] C점과 D점이 압력은 같으므로 물의 비중량을 γ_w, 수은의 비중량을 γ_s 라고 하면

$p_A + \gamma_w(x+h) = p_B - \gamma_w y + \gamma_s h$

$\therefore\ p_A - p_B = \gamma_s h - \gamma_w y - \gamma_w(x+h)$

$= \gamma_s h - \gamma_w y - \gamma_w x - \gamma_w h$

$= h(\gamma_s - \gamma_w) - \gamma_w(y+x)$

$280 - 140 = h(13.6 \times 9.8 - 9.8) - 9.8(y+x)$

$\therefore\ h = \dfrac{140 + 9.8(x+y)}{13.6 \times 9.8 - 9.8}$

$= \dfrac{140 + 9.8(4-2)}{13.6 \times 9.8 - 9.8} \fallingdotseq 1.29\ \text{m}$

89. 비중이 0.9인 글리세린이 담긴 용기에 경사 압력계를 30° 각도로 설치하였을 때 압력차는 얼마인가? (단, $\dfrac{a}{A} = 0.01$이며, $l = 25\ \text{cm}$이다.)

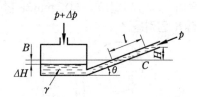

① 0.0115 kg/cm²   ② 0.115 kg/cm²

③ 1.15 kg/cm²   ④ 11.5 kg/cm²

[해설] $\Delta H = \dfrac{a}{A}l,\quad p + \Delta p = p + \gamma(H + \Delta H)$

$H = l\sin\alpha,\ \Delta H = \dfrac{a}{A}l$이므로

$\Delta p = \gamma l \left(\sin\alpha + \dfrac{a}{A}\right)$

$= 0.9 \times 10^3 \times 0.25(0.5 + 0.01)$

$= 115\ \text{kg/m}^2 = 0.0115\ \text{kg/cm}^2$

90. 그림과 같이 벤투리관에서 압력차는 얼마인가? (단, $h = 500$ mm이다.)

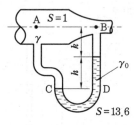

① 61.74 kPa   ② 68.75 kPa

③ 73.35 kPa   ④ 75.74 kPa

[해설] $\Delta p = p_A - p_B = (\gamma_{Hg} - \gamma_w)h$

$= \gamma_w(S_{Hg} - S)h$

$= 9.8(13.6 - 1) \times 0.5$

$= 61.74\ \text{kPa}$

91. 다음 그림과 같은 사각형 단면의 탱크가 물 위에 있다. 수면과 유면과의 차 h 는 얼마인가? (단, 공기의 압력은 0.1 kg/cm², 기름의 비중은 0.85이다.)

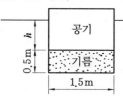

① 0.925 m   ② 1.93 m

③ 0.66 m   ④ 1.66 m

[해설] $1000 \times (h+0.5)$

$= 0.1 \times 10^4 + 1000 \times 0.85 \times 0.5$

$\therefore h = 0.925 \, m$

92. 그림과 같은 폭이 50 cm인 물탱크가 있다. 탱크 밑면 AB에 작용하는 힘은 몇 kN인가?

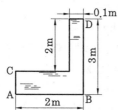

① 59.4   ② 49.4

③ 39.4   ④ 29.4

[해설] $F_{\overline{AB}} = \gamma_w hA = 9.8 \times 3 \times (2 \times 0.5)$

$= 29.4 \, kN$

93. 4 m×4 m×4 m의 입방체 용기 안에 비중이 0.8인 기름이 가득차 있다. 위의 뚜껑이 열렸다고 가정하면 밑면에서의 압력은 몇 kPa인가? (단, 물의 비중량은 1000 kg/m³이다.)

① 27.56   ② 31.36

③ 21.25   ④ 51.36

[해설] $p = \gamma h = \gamma_w sh = 9.8 \times 0.8 \times 4$

$= 31.36 \, kPa$

94. 그림에서 평판이 물에 의해서 작용되는 힘은 얼마인가?

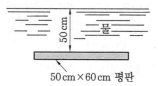

① 1.47 kN   ② 2 kN

③ 3 kN   ④ 15 kN

[해설] $F = pA = \gamma hA = 9.8 \times 0.5 \times (0.5 \times 0.6)$

$= 1.47 \, kN$

95. 그림과 같이 폭이 2 m이고, 높이가 4 m인 수문의 상단이 수면 밑 3 cm에 놓여 있다. 이 수문에 작용되는 힘과 작용점은 얼마인가?

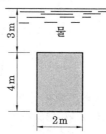

① 4×10^4 kg(3.92×10^5 N), 수면 밑 5.27 m

② 2×10^4 kg(1.96×10^5 N), 수면 밑 5.27 m

③ 3×10^4 kg(2.94×10^5 N), 수면 밑 5 m

④ 4×10^4 kg(3.92×10^5 N), 수면 밑 5 m

[해설] $F = \gamma h_c A = 1000 \times 5 \times 4 \times 2$

$= 4 \times 10^4 \, kg$

$y_p = y_c + \dfrac{I_c}{y_c A} = 5 + \dfrac{\frac{2 \times 4^3}{12}}{5 \times 8} = 5.27 \, m$

[SI 단위]

$F = \gamma h_c A = 9800 \times 5 \times 4 \times 2 = 392000 \, N$

96. 단면적의 원판이 액체 속에 잠겨 있다. 원판의 중심이 수면으로부터 10 m 깊이에 위치한다면, 원판 한면에 작용하는 힘은? (단, γ [kg/m³]는 액체의 비중량이다.)

① 10γ보다 작다.

② 원판이 향하는 방향에 따라 다르다.

③ 액체의 비중량 γ에 압력 중심까지의 깊이를 곱한 값이다.

④ 10γ

[해설] $p = \gamma \times 10$

97. 그림과 같이 2 m×3 m인 평판이 물속 1 m 깊이에 연직하게 잠겨 있다. 이 평판의 한쪽 면에 작용하는 유체압력의 합력은 몇 ton인가?

① 6

② 9

③ 12

④ 15

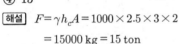

[해설] $F = \gamma h_c A = 1000 \times 2.5 \times 3 \times 2$
$\qquad = 15000 \text{ kg} = 15 \text{ ton}$

98. 그림에서 수직평판의 한쪽 면에 작용되는 힘은 얼마인가?

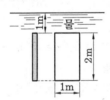

① 3.13 kg

② 39.2 kN

③ 15.68 kN

④ 156.8 kN

[해설] $F = \gamma \bar{h} A = 9800 \times 2 \times (2 \times 1)$
$\qquad = 39200 \text{ N} = 39.2 \text{ kN}$

99. 그림과 같은 삼각형 ABC의 한쪽면에 작용하는 힘은?

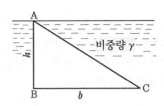

① $\dfrac{\gamma b h^2}{2}$

② $\dfrac{\gamma b h^2}{3}$

③ $\dfrac{2\gamma b h^2}{3}$

④ $\dfrac{\gamma b h^2}{4}$

[해설] $F = \gamma y_c \sin\theta A = \gamma \left(\dfrac{2}{3}h\right)\sin 90° \left(\dfrac{1}{2}bh\right)$
$\qquad = \dfrac{\gamma b h^2}{3}$

100. 50 cm × 70 cm의 평판이 수면에서 깊이 40 cm 되는 곳에 수평으로 놓여 있을 때 평판에 작용하는 전압력은 몇 kg 인가?

① 140 kg

② 400 kg

③ 0.14 kg

④ 14 kg

[해설] $F = \gamma h_c A = 1000 \times 0.4 \times 0.5 \times 0.7$
$\qquad = 140 \text{ kg}$
[SI 단위]
$F = 140 \times 9.81 = 1373.4 \text{ N}$

101. 그림과 같은 수문이 수압을 받아서 넘어지지 않게 하는 최소 y의 값은 얼마인가?

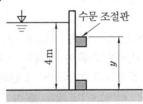

① 2.667 m

② 2 m

③ 1.333 m

④ 1.532 m

[해설] $y_p = y_c + \dfrac{I_c}{y_c A} = 2 + \dfrac{\dfrac{3 \times 4^2}{12}}{2 \times (4 \times 3)}$

$$= 2 + \frac{16}{24} = 2.667 \, \text{m}$$

$$\therefore \, y = 4 - 2.667 = 1.333 \, \text{m}$$

$$= \frac{1000}{3} H^3 - 1000H = 0$$

$$H^2 = 3, \quad \therefore \, H = 1.732 \, \text{m}$$

102. 그림에서 5 × 8 m인 사각형 평판이 수평면과 45° 기울어져 물에 잠겨 있다. 한쪽 면에 작용하는 전압력의 작용점 y_p는 얼마인가?

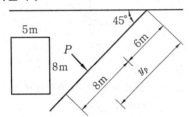

① 10.10 m   ② 10.53 m

③ 10.96 m   ④ 11.50 m

해설 $y_p = y_c + \dfrac{\dfrac{bh^3}{12}}{y_c A} = 10 + \dfrac{\dfrac{5 \times 8^3}{12}}{10 \times 40}$

$$= 10.533 \, \text{m}$$

103. 그림과 같이 자동으로 열리는 수문이 있다. 수심 H가 몇 m이면 저절로 열리겠는가?

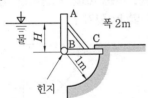

① 1.414 m   ② 1.612 m

③ 1.732 m   ④ 3.451 m

해설 • A, B면에 작용하는 힘

$$F_{AB} = \gamma H_c A = 1000 \times \frac{H}{2} \times (H \times 2)$$

$$= 1000H^2$$

• B, C면에 작용하는 힘

$$F_{BC} = p \cdot A = 1000H \times (1 \times 2) = 2000H$$

$$\sum M_B = F_{AB} \times \frac{1}{3}H - F_{BC} \times \frac{1}{2}$$

104. 그림과 같은 50 cm×3 m의 수문 평판 AB를 30°로 기울여 놓았다. A점에서 힌지(hinge)로 연결되어 있으며 이 문을 열기 위한 힘 F(수문에 수직)는 몇 kg인가?

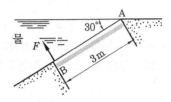

① 1125   ② 750

③ 225   ④ 112

해설 전압력 $= 1000 \times 3 \times 0.5 \times 1.5 \times \sin 30°$

$$= 1125 \, \text{kg}$$

$$y_p = 1.5 + \frac{\dfrac{0.5 \times 3^3}{12}}{3 \times 0.5 \times 1.5} = 2 \, \text{m}$$

A점에 관한 모멘트 식을 세우면

$$F \times 3 = 1125 \times 2$$

$$\therefore \, F = \frac{1125 \times 2}{3} = 750 \, \text{kg}$$

105. 어떤 돌이 공기 중에서 무게는 40 kg이고, 물속에서 무게는 23 kg이다. 이때 돌의 체적과 비중은 얼마인가? (단, 공기의 비중량은 무시한다.)

① $V = 0.01 \, \text{m}^3$, $s = 4$

② $V = 0.063 \, \text{m}^3$, $s = 6.34$

③ $V = 0.03 \, \text{m}^3$, $s = 1.333$

④ $V = 0.017 \, \text{m}^3$, $s = 2.353$

해설 다음 자유물체도에서

$$23 + F_B = 40, \quad F_B = 1000V = 17$$

$$\therefore \, V = 0.017 \, \text{m}^3$$

그리고 돌의 비중량

$$\gamma = \frac{W}{V} = \frac{40}{0.017} = 2353 \, \text{kg/m}^3$$

$$\therefore s = \frac{\gamma}{\gamma_w} = \frac{2353}{1000} = 2.353$$

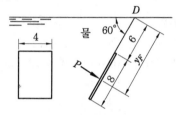

106. 그림에서 구형 평판 4×8 m가 수평면과 60°로 기울어지게 놓여졌다. 면에 작용하는 전압력의 크기, 작용점은 얼마인가?

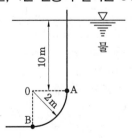

① $F = 310254$ kg, $y_F = 11.50$ m

② $F = 119423$ kg, $y_F = 10.96$ m

③ $F = 277128$ kg, $y_F = 10.53$ m

④ $F = 359680$ kg, $y_F = 10.10$ m

해설 $F = \gamma \bar{y} \sin\theta A$
$$= 1000 \times 10 \sin60° \times (4 \times 8) = 277128 \text{kg}$$

$$y_F = \bar{y} + \frac{I_G}{A\bar{y}} = 10 + \frac{\dfrac{4 \times 8^3}{12}}{32 \times 10} = 10.53 \text{ m}$$

107. 그림과 같이 물속 10 m 깊이에 있는 4분 원통면 AB가 받는 힘의 크기는 몇 kg인가? (단, 4분 원통의 길이는 5 m이다.)

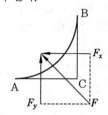

① 119645   ② 159650

③ 224324   ④ 273563

해설 다음 그림에서 수평력은 AC면에 작용하는 전압력과 같고 AB면의 연직상방에 있는 물의 무게와 같다.

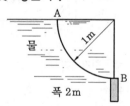

(1) 수평분력
$$F_x = \gamma FA = 1000 \times (10+1) \times (2 \times 5)$$
$$= 110000 \text{ kg}$$

(2) 수직분력
$$F_y = \gamma V = 1000 \times \left(10 \times 2 + \frac{\pi \times 2^2}{4}\right) \times 5$$
$$= 115708 \text{ kg}$$

$\therefore$ 합력 $F = \sqrt{F_x^2 + F_y^2}$
$$= \sqrt{110000^2 + 115708^2}$$
$$\fallingdotseq 159650 \text{ kg}$$

108. 그림과 같이 반지름 1 m, 폭 2 m인 4분 원통 수문 AB에 작용하는 힘의 수평분력은 몇 kg인가?

① 500   ② 1000

③ 1571   ④ 2000

해설 $F_H = \gamma \bar{h} A = 1000 \times 0.5 \times 2 \times 1$
$$= 1000 \text{ kg}$$

109. 다음 그림과 같은 수문에서 작용하는 전압력과 작용점의 위치는 각각 얼마인가?

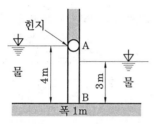

① 8000 kg, 수면 밑 2.667 m

② 3500 kg, 힌지 밑 2.238 m

③ 4500 kg, 수면 밑 2 m

④ 12500 kg, 힌지 밑 3.5 m

[해설] $F_1 = \gamma H_{c1} A_1 = 1000 \times 2 \times (4 \times 1)$

$\qquad = 8000 \text{ kg}, \quad y_{p1} = 4 \times \dfrac{2}{3} = \dfrac{8}{3} \text{ m}$

$\quad F_2 = \gamma H_{c2} A_2 = 1000 \times 1.5 \times (3 \times 1)$

$\qquad = 4500 \text{ kg}, \quad y_{p2} = 1 + 3 \times \dfrac{2}{3} = 3 \text{ m}$

$\quad \therefore \ F = F_1 - F_2 = 3500 \text{ kg}$

힌지 A점의 모멘트

$\quad F \times y_p = F_1 \times y_{p1} - F_2 \times y_{p2}$

$\quad \therefore \ y_p = \dfrac{21333 - 13500}{3500} = \dfrac{7833}{3500}$

$\qquad = 2.238 \text{ m}$

110. 비중이 0.8인 판자를 물에 띄우면 전체의 몇 %가 물속에 가라앉는가?

① 20 % ② 40 %

③ 60 % ④ 80 %

[해설] 판자의 체적을 V, 판자의 잠긴 체적을 V_1이라 하면 판자의 무게(W) = 부력(F_B)

이므로 $\dfrac{V_1}{V} = \dfrac{800}{1000} = 0.8$

111. 다음 그림은 어떤 물체를 물, 수은, 알코올 속에 넣었을 때 떠 있는 모양을 나타낸 것이다. 부력이 가장 큰 것은?

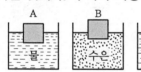

① A ② B

③ C ④ 부력은 같다.

[해설] 물체 무게 = 액체의 부력(즉, 무게는 변하지 않으므로 어느 액체에 넣어도 부력은 같다.)

112. 직사각형 평판이 그림과 같이 물속에 수직으로 놓여 있다. 이때 압력중심의 x, y 좌표는?

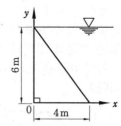

① $x = 1.5 \text{ m}$, $y = 1.5 \text{ m}$

② $x = 2 \text{ m}$, $y = 1.5 \text{ m}$

③ $x = 2 \text{ m}$, $y = 2 \text{ m}$

④ $x = 1.5 \text{ m}$, $y = 2 \text{ m}$

[해설] C는 도심점, P는 작용점으로 하면

$$y_p = \dfrac{I_G}{y_c A} + y_c = \dfrac{\dfrac{4 \times 6^3}{36}}{4 \times \dfrac{1}{2} \times 4 \times 6} + 4 = 4.5$$

$\therefore \ y = 6 - y_p = 6 - 4.5 = 1.5 \text{ m}$

또 $6 : 2 = y_p : x$이므로

$$x = \dfrac{2 y_p}{6} = \dfrac{2 \times 4.5}{6} = 1.5 \text{ m}$$

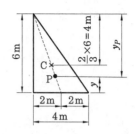

113. 바다에 떠 있는 빙산이 해상에 나타난 부분의 부피를 10000 m³라 하면 빙산의 전 부피는 얼마인가?(단, 바닷물의 비

중은 1.026, 얼음의 비중은 0.917이다.)

① $9.41 \times 10^4 \, \text{m}^4$　　② $3.17 \times 10^4 \, \text{m}^4$

③ $2.67 \times 10^4 \, \text{m}^4$　　④ $8.5 \times 10^4 \, \text{m}^4$

[해설] 전부피를 V라 하면

$$10000 \times 0.917 \times V$$
$$= (V - 10000) \times 1000 \times 1.026$$
$$\therefore V = 94128 \, \text{m}^3$$

114. 수은면에 쇠덩어리가 떠 있다. 이 쇠덩어리가 보이지 않을 때까지 물을 부었을 때 쇠덩어리의 수은 속에 있는 부분과 물속에 있는 부분의 부피의 비는 얼마인가? (단, 쇠의 비중은 7.8, 수은의 비중은 13.6이다.)

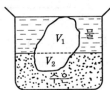

① $\dfrac{34}{29}$　　　　　② $\dfrac{78}{136}$

③ $\dfrac{5}{7}$　　　　　④ $\dfrac{4}{3}$

[해설] 쇠덩어리의 물속과 수은 속에 있는 부피를 V_1, V_2라 하면 쇠의 무게 = 물에 의한 부력 + 수은에 의한 부력

$$7.8(V_1 + V_2) = V_1 + 13.6 V_2$$
$$\therefore 6.8 V_1 = 5.8 V_2$$
$$\therefore \frac{V_2}{V_1} = \frac{6.8}{5.8} = \frac{34}{29}$$

115. 비중이 0.25인 물체를 물 위에 띄웠을 때 물 밖으로 나오는 부피는 전체 부피의 얼마에 해당되는가?

① $\dfrac{1}{4}$　　　　　② $\dfrac{1}{2}$

③ $\dfrac{3}{4}$　　　　　④ $\dfrac{1}{3}$

[해설] $1000 \times V \times 0.25 = 1000 \times 1 \times V(1 - x)$

$$\therefore x = 0.75 = \frac{3}{4}$$

116. 밑면이 1 m×1 m, 높이가 0.5 m인 나무 토막 위에 200 kg의 추를 올려놓고 물에 띄웠다. 나무의 비중을 0.5라고 할 때 물속에 잠긴 부분의 부피는 몇 m³인가?

① 0.5　　　　　② 0.45

③ 0.25　　　　　④ 0.05

[해설] $W + 200 = \gamma V$

$$1000 \times 0.5 \times 1 \times 1 \times 0.5 + 200$$
$$= 1000 \times V$$
$$\therefore V = 0.45 \, \text{m}^3$$

제3장 유체 운동학

1. 유체 흐름의 형태

1-1 정상류와 비정상류

(1) 정상류(steady flow)

유체가 흐르고 있는 과정에서 임의의 한 점에서 유체의 모든 특성이 시간이 경과하여도 조금도 변화하지 않는 흐름의 상태를 말한다.

$$\frac{\partial \rho}{\partial t} = 0, \quad \frac{\partial p}{\partial t} = 0, \quad \frac{\partial T}{\partial t} = 0, \quad \frac{\partial v}{\partial t} = 0$$

(2) 비정상류(unsteady flow)

유체가 흐르고 있는 과정에서 임의의 한 점에서 유체의 여러 가지 특성 중 단 하나의 성질이라도 시간이 경과함에 따라 변화하는 흐름의 상태를 말한다.

$$\frac{\partial \rho}{\partial t} \neq 0, \quad \frac{\partial p}{\partial t} \neq 0, \quad \frac{\partial T}{\partial t} \neq 0, \quad \frac{\partial v}{\partial t} \neq 0$$

1-2 등속류와 비등속류

(1) 등속류(uniform flow)

유체가 흐르고 있는 과정에서 임의의 순간에 모든 점에서 속도벡터(vector)가 동일한 흐름, 즉 시간은 일정하게 유지되고 어떤 유체의 속도가 임의의 방향으로 속도 변화가 없는 흐름을 말하며, 균속도 유동이라고도 한다.

$$\frac{\partial v}{\partial s} = 0$$

(2) 비등속류(nonuniform flow)

유체가 흐르고 있는 과정에서 임의의 순간에 한 점에서 다른 점으로 속도벡터가 변하는 흐름을 말하며, 비균속도 유동이라고도 한다.

$$\frac{\partial v}{\partial s} \neq 0$$

2. 유선과 유관

(1) 유선(stream line)

유체의 흐름 속에 어떤 시간에 하나의 곡선을 가상하여 그 곡선상에서 임의의 점에 접선을 그었을 때 그 점에서의 유속과 방향이 일치하는 선, 즉 유동장의 모든 점에서 속도벡터의 방향을 갖는 연속적인 곡선을 말한다.

유선 위의 미소벡터를 $dr = dxi + dyj + dzk$라 하고, 속도벡터를 $v = ui + vdj + wk$라 하면 다음과 같다.

$$dv \times dr = 0 \quad \text{또는} \quad \frac{dx}{u} = \frac{dy}{v} = \frac{dz}{w}$$

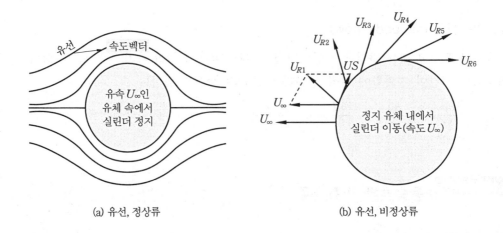

(a) 유선, 정상류　　　　　　　(b) 유선, 비정상류

(2) 유관(stream tube)

유선으로 둘러싸인 유체의 관을 유선관 또는 유관이라 한다. 모든 속도벡터가 유선과 접선을 이루므로 유관에 직각 방향의 유동 성분은 없다.

(3) 유적선(path line)

한 유체의 입자가 일정한 기간 내에 움직인 경로를 말한다.

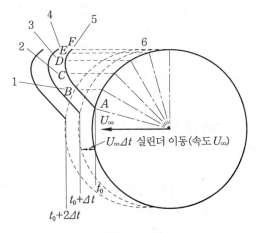

유적선, 비정상류

(4) 유맥선(streak line)

공간 내의 한 점을 지나는 모든 유체의 순간 궤적을 말한다.

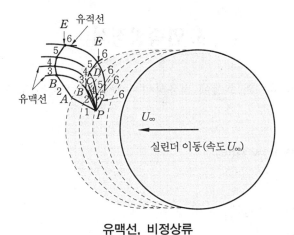

유맥선, 비정상류

예제 **1. 다음 중 유선방정식을 나타내는 식은?**

① $\dfrac{dx}{u} = \dfrac{dy}{v} = \dfrac{dz}{w}$

② $\dfrac{\partial u}{\partial x} + \dfrac{\partial v}{\partial y} + \dfrac{\partial w}{\partial z} = 0$

③ $\dfrac{\partial p}{\partial t} = \dfrac{\partial \rho}{\partial t}$

④ $\dfrac{dA}{A} = \dfrac{d\rho}{\rho} = \dfrac{dv}{v} = 0$

해설 3차원 유선의 미분방정식 $\dfrac{dx}{u} = \dfrac{dy}{v} = \dfrac{dz}{w}$ 정답 ①

예제 2. 정상류와 관계가 있는 식은?

① $\dfrac{\partial u}{\partial s} = 0$ ② $\dfrac{\partial u}{\partial s} \neq 0$

③ $\dfrac{\partial u}{\partial t} = 0$ ④ $\dfrac{\partial u}{\partial t} \neq 0$

해설 ① 균속도 유동(등속류), ② 비균속도 유동, ④ 비정상류   **정답** ③

예제 3. 다음 중 유선에 대하여 바른 설명은?

① 층류와 난류를 구분하는 선이다.
② 3차원 공간에서만 정의될 수 있는 선이다.
③ 임의의 순간에 유체입자의 궤적과 일치한다.
④ 정상류에서 유체입자의 궤적과 일치한다.

해설 유선(stream line)은 유동장의 모든 점에서 운동의 방향을 나타내도록 유체 중에 그려진 가상곡선이다. 즉, 임의의 순간에 속도벡터의 방향을 갖는 모든 점으로 구성된 선을 유선이라 한다.   **정답** ④

3. 연속방정식

질량보존의 법칙을 유체의 흐름에 적용하여 유관 내의 유체는 도중에 생성하거나 소멸하는 경우가 없다.

(1) 질량 유량(mass flow rate)

$$\dot{m} = \rho A V = c$$

$$\dot{m} = \rho_1 A_1 V_1 = \rho_2 A_2 V_2 \, [\mathrm{kg/s}]$$

연속방정식 미분형

$$d(\rho A V) = 0$$

$$\frac{d\rho}{\rho} + \frac{dA}{A} + \frac{dV}{V} = 0$$

(2) 중량 유량(weight flow rate)

$$G = \gamma A V = c$$

$$G = \gamma_1 A_1 V_1 = \gamma_2 A_2 V_2 \, [\mathrm{kgf/s}]$$

(3) 체적 유량(volumetric flow rate)

$$Q = AV = c$$

비압축성 유체($\rho = c$)인 경우만 적용

$$Q = A_1 V_1 = A_2 V_2 \, [\text{m}^3/\text{s}]$$

참고 **일반적인 3차원 비정상유동의 연속방정식**

$$\frac{\partial}{\partial x}(\rho u) + \frac{\partial}{\partial y}(\rho v) + \frac{\partial}{\partial z}(\rho w) = -\frac{\partial \rho}{\partial t}$$

연산자 $\nabla = \dfrac{\partial}{\partial x}i + \dfrac{\partial}{\partial y}j + \dfrac{\partial}{\partial z}k$와 속도벡터 $V = ui + vj + wk$를 이용하면

$$\nabla \cdot (\rho V) = \left(\frac{\partial}{\partial x}i + \frac{\partial}{\partial y}j + \frac{\partial}{\partial z}k \right) \cdot (\rho ui + \rho vj + \rho wk)$$

$$= \frac{\partial(\rho u)}{\partial x} + \frac{\partial(\rho v)}{\partial y} + \frac{\partial(\rho w)}{\partial z}$$

$$\nabla \cdot (\rho V) = -\frac{\partial \rho}{\partial t}$$

비압축성 흐름($\rho = $ 상수)에서는

$$\frac{\partial u}{\partial x} + \frac{\partial v}{\partial y} + \frac{\partial w}{\partial z} = 0 \quad \text{또는} \quad \nabla \cdot V = 0$$

여기서, $\nabla \cdot V$를 속도 V의 다이버전스(divergence)라 한다.

예제 **4. 연속방정식이란 어떤 법칙의 일종인가?**

① 질량보존의 법칙　　　　　　　② 에너지보존의 법칙

③ 관성의 법칙　　　　　　　　　④ 뉴턴의 제 2 법칙

정답 ①

예제 **5. 지름이 10 cm인 관에 물이 5 m/s의 속도로 흐르고 있다. 이 관에 출구 지름이 2 cm인 노즐을 장치한다면 노즐에서 물의 분출속도는 몇 m/s인가?**

① 25　　　　　② 125　　　　　③ 50　　　　　④ 10

해설 $A_1 V_1 = A_2 V_2$

$$V_2 = V_1 \cdot \frac{A_1}{A_2} = V_1 \cdot \frac{\frac{\pi}{4}d_1^2}{\frac{\pi}{4}d_2^2} = V_1 \cdot \left(\frac{d_1}{d_2} \right)^2$$

$$\therefore \ V_2 = 5 \left(\frac{10}{2} \right)^2 = 125 \, \text{m/s}$$

정답 ②

예제 **6.** 어떤 기체가 5 kg/s로 지름 40 cm인 파이프 속을 등온적으로 흐른다. 이때 압력은 30 kPa, $R = 287$ N · m/kg · K, $t = 27℃$일 때 평균속도는 몇 m/s인가?

① 48.78   ② 56.65

③ 115.39   ④ 125.39

해설 $m = \rho A V \,[\text{kg/s}]$

$$\rho = \frac{P}{RT} = \frac{30}{0.287 \times (27 + 273)} = 0.345 \text{ kg/m}^3$$

$$V = \frac{m}{\rho A} = \frac{5}{0.345 \times \frac{\pi}{4}(0.4)^2} = 115.39 \text{ m/s}$$

정답 ③

4. 오일러의 운동방정식(Euler equation of motion)

그림과 같이 질량 $\rho dAds$인 유체입자가 유선에 따라 움직인다. 이 유체입자의 유동방향의 한쪽 면에 작용하는 압력을 p라 하면, 다른쪽 면에 작용하는 압력은 $p + \frac{\partial p}{\partial s}ds$로 표시할 수 있다.

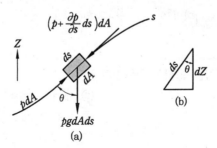

유선 위 유체입자에 작용하는 힘

그리고 유체입자의 무게는 $\rho g dAds$이다. 이 유체입자에 뉴턴의 운동방정식 $\sum F_s = ma_s$를 적용하면

$$pdA - \left(p + \frac{\partial p}{\partial s}ds\right)dA - \rho g dAds \cos\theta = \rho dAds\frac{dV}{dt}$$

여기서, V는 유선에 따라 유동하는 유체입자의 속도이다. 윗 식의 양변을 $\rho dAds$로 나누어 정리하면

$$\frac{1}{\rho}\frac{\partial V}{\partial s} + g\cos\theta + \frac{dV}{dt} = 0$$

속도 V는 s와 t의 함수, 즉 $V = f(s, t)$이므로

$$\frac{dV}{dt} = \frac{\partial V}{\partial s} \cdot \frac{ds}{dt} + \frac{\partial V}{\partial t} = V\frac{\partial V}{\partial s} + \frac{\partial V}{\partial t}$$

그리고 그림 (b)에서

$$\cos\theta = \frac{dZ}{ds}$$

$\frac{dV}{dt}$와 $\cos\theta$를 식에 대입하면 Euler의 운동방정식을 얻는다.

$$\rho\frac{\partial p}{\partial s} + V\frac{\partial V}{\partial s} + g\frac{dZ}{ds} + \frac{\partial V}{\partial t} = 0$$

정상유동에서는 $\frac{\partial V}{\partial t} = 0$이므로 Euler의 운동방정식은

$$\frac{1}{\rho}\frac{\partial p}{\partial s} + V\frac{\partial V}{\partial s} + g\frac{dZ}{ds} = 0 \quad \text{또는} \quad \frac{dp}{\rho} + VdV + gdZ = 0$$

위 식이 유도될 때 사용된 가정은 다음과 같다.
① 유체입자는 유선에 따라 움직인다.
② 유체는 마찰이 없다(점성력이 0이다).
③ 정상유동이다.

5. 베르누이 방정식(Bernoulli equation)

5-1 베르누이 방정식

유선에 따른 오일러 방정식 $\left(\frac{dp}{\rho} + VdV + gdZ = 0\right)$을 비압축성 유체$(\rho = c)$로 가정하고 적분하면 베르누이 방정식을 얻는다.

$$\frac{p}{\rho} + \frac{V^2}{2} + gz = c$$

∴ 유로계에 ① 단면과 ② 단면에 적용하면

$$\frac{p_1}{\rho} + \frac{V_1^2}{2} + gZ_1 = \frac{p_2}{\rho} + \frac{V_2^2}{2} + gZ_2$$

$$\frac{p}{\gamma} + \frac{v^2}{2g} + Z = c = H$$

$$\frac{p_1}{\gamma} + \frac{V_1^2}{2g} + Z_1 = \frac{p_2}{\gamma} + \frac{V_2^2}{2g} + Z_2 = H$$

여기서, $\frac{p}{\gamma}$: 압력수두(pressure head), $\frac{V^2}{2g}$: 속도수두(velocity head)

Z : 위치수두(potential head), H : 전수두(total head)

$\frac{p}{\gamma} + \frac{V^2}{2g} + Z$를 전수두선(total head line) 또는 에너지선(eneryg line) E.L이라고 하며, $\frac{p}{\gamma} + Z$를 연결한 선을 수력구배선(hydraulic grade line) H.G.L이라고 한다. 수력구배선은 항상 에너지선보다 속도수두 $\frac{V^2}{2g}$ 만큼 아래에 위치한다.

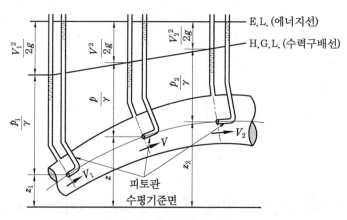

베르누이 방정식에서의 수두

실제 관로 문제에서는 유체의 마찰이 고려되어야 한다. 단면 1과 2 사이에서 손실수두(loss head)를 h_L이라 하면 수정 베르누이 방정식(modified Bernoulli equation)은 다음과 같다.

$$\frac{p_1}{\gamma} + \frac{V_1^2}{2g} + Z_1 = \frac{p_2}{\gamma} + \frac{V_2^2}{2g} + Z_2 + h_L$$

5-2 **수정 베르누이 방정식(점성이 있는 유체의 흐름에 있어서의 베르누이 방정식)**

하나의 유관에 있어서 상류측의 단면을 ①, 하류측의 단면을 ②로 취하면, 흐름의 전수두 사이에는 다음의 관계가 성립한다.

$$\left(\frac{p_1}{\gamma} + \frac{v_1^2}{2g} + z_1 \right) - \left(\frac{p_2}{\gamma} + \frac{v_2^2}{2g} + z_2 \right) = h_L$$

$$\frac{p_1}{\gamma} + \frac{v_1^2}{2g} + z_1 = \frac{p_2}{\gamma} + \frac{v_2^2}{2g} + z_2 + h_L$$

여기서, h_L : 손실수두

이 손실에는 유체의 점성에 기인하는 관로벽에서의 마찰응력에 저항하여 유체가 흘러 일어나는 손실과 유로의 변화에 따른 유체 내부에서의 마찰응력에 의한 손실이 포함된다. 또 단면 ①과 ② 사이에 펌프와 터빈을 설치할 경우에는 다음과 같다.

$$\frac{p_1}{\gamma} + \frac{v_1^2}{2g} + z_1 + E_p = \frac{p_2}{\gamma} + \frac{v_2^2}{2g} + z_2 + h_L + E_T$$

여기서, E_P : 펌프에너지, E_T : 터빈에너지

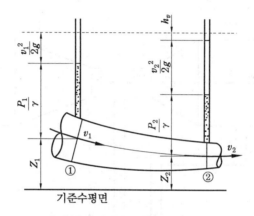

유관에서의 점성 유체의 에너지

6. 베르누이 방정식의 응용

6-1 토리첼리의 정리

$\dfrac{p_1}{\gamma} + \dfrac{v_1^2}{2g} + z_1 = \dfrac{p_2}{\gamma} + \dfrac{v_2^2}{2g} + z_2$ 에서 $z_1 - z_2 = h$ 로 나타내면

다음과 같다.

$$v_2 = \sqrt{\frac{2g(p_1 - p_2)}{\gamma} + v_1{}^2 + 2gh}$$

용기가 충분히 크면 즉, $A_1 \gg A_2$이면 $V_1 \ll V_2$이므로

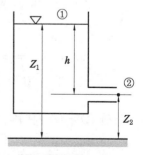

토리첼리의 정리
(Torricelli's theorem)

$V_1 = 0$으로 간주할 수 있다. 그리고 용기 내외의 압력이 같으면(대기에 노출되어 있으면) $p_1 = p_2 = p_o$이므로 다음과 같다.

$$v_2 = \sqrt{2gh} \, [\text{m/s}]$$

6-2 벤투리관(venturi tube)

$$\frac{p_1}{\gamma} + \frac{v_1^2}{2g} = \frac{p_2}{\gamma} + \frac{v_2^2}{2g}$$

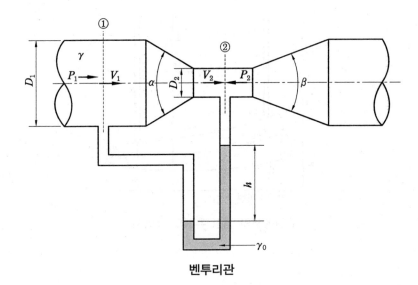

벤투리관

연속방정식 $Q = A_1 V_1 = A_2 V_2$ 에서 $\dfrac{V_1}{V_2} = \dfrac{A_2}{A_1}$ 이므로 다음과 같다.

$$\frac{p_1 - p_2}{\gamma} = \frac{V_2^2 - V_1^2}{2g} = \frac{V_2^2}{2g}\left(1 - \frac{V_1^2}{V_2^2}\right) = \frac{V_2^2}{2g}\left\{1 - \left(\frac{A_1}{A_2}\right)^2\right\}$$

$$\therefore \ V_2 = \frac{1}{\sqrt{1 - \left(\dfrac{A_2}{A_1}\right)^2}} \sqrt{\frac{2g}{\gamma}(p_1 - p_2)} \, [\text{m/s}]$$

단면 ①과 ② 사이의 압력차는 시차 액주계의 식에 의하여

$$\frac{p_1 - p_2}{\gamma} = \frac{(\gamma_o - \gamma)h}{\gamma} = \left(\frac{\gamma_o}{\gamma} - 1\right)h = \left(\frac{S_o}{S} - 1\right)h \, \text{이고,}$$

면적비 $\dfrac{A_2}{A_1} = \left(\dfrac{D_2}{D_1}\right)^2$ 이므로

$$V_2 = \frac{1}{\sqrt{1 - \left(\dfrac{D_1}{D_2}\right)^4}} \sqrt{2g\left(\dfrac{\gamma_o}{\gamma} - 1\right)h} \,\text{[m/s]}$$

따라서 유량은 다음과 같다.

$$\therefore\ Q = AV = \frac{A_2}{\sqrt{1 - \left(\dfrac{D_1}{D_2}\right)^4}} \sqrt{2gh\left(\dfrac{\gamma_o}{\gamma} - 1\right)}$$

$$= \frac{A_2}{\sqrt{1 - \left(\dfrac{D_1}{D_2}\right)^4}} \sqrt{2gh\left(\dfrac{S_o}{S} - 1\right)} \,\text{[m}^3\text{/s]}$$

6-3 피토관(pitot tube)

그림에서 ①과 ② 사이에 베르누이 방정식을 적용하면

$$\frac{p_1}{\gamma} + \frac{v_1^2}{2g} = \frac{p_2}{\gamma} + \frac{v_2^2}{2g}$$

$$\frac{v_1^2}{2g} = \frac{p_2 - p_1}{\gamma} = h$$

$$\therefore\ h = \frac{v^2}{2g}$$

$$\therefore\ v = \sqrt{2gh} \,\text{[m/s]}$$

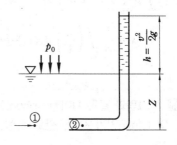

이 식은 수면에서 피토관의 상승 높이 h를 측정함으로써 임의의 지점에서의 유속을 구하는 식이다.

$$p_2 = p_1 + \frac{\gamma v^2}{2g}$$

여기서, p_2 : 정체압(stagnation pressure) 또는 전압(total pressure)

p_1 : 정압(static pressure)

$\dfrac{\gamma v^2}{2g}$: 동압(dynamic pressure)

한편 곧은 관내의 교란되지 않는 유속을 측정할 경우, 단면 ①과 ② 사이에 베르누이 방정식을 적용하면 다음과 같다.

$$\frac{p_1}{\gamma} + \frac{v_1^2}{2g} = \frac{p_2}{\gamma} \left(\because \ z_1 = z_2, \ v_2 = 0 \right)$$

$$\frac{v^2}{2g} = \frac{p_2 - p_1}{\gamma}$$

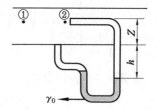

시차 액주계에서 $p_2 - p_1 = (\gamma_o - \gamma)h$ 이므로

$$\frac{v^2}{2g} = \left(\frac{\gamma_o - \gamma}{\gamma} \right)h = \left(\frac{\gamma_o}{\gamma} - 1 \right)h$$

$$\therefore \ v = \sqrt{2gh\left(\frac{\gamma_o}{\gamma} - 1 \right)} \ [\text{m/s}]$$

피토관을 흐름과 직각 방향으로 이동함으로써 관 내 각 점의 속도 분포상황을 알 수 있다.

7. 운동에너지의 수정계수(α)

참 운동에너지 = 수정 운동에너지

$$\int \rho \frac{v^2}{2} dA = \alpha \rho \frac{v^2}{2} A$$

$$\therefore \ \alpha = \frac{1}{A} \int \left(\frac{v}{V} \right)^3 dA \ (\text{운동에너지 수정계수})$$

[예제] 7. 그림과 같은 사이펀(siphon)에서 흐를 수 있는 유량은 약 몇 L/min인가? (단, 관로 손실은 무시한다.)

① 15

② 900

③ 60

④ 3611

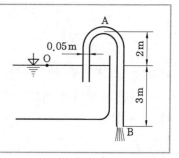

[해설] 자유표면과 B점에 대하여 베르누이 방정식을 적용하면

$$\frac{p_o}{\gamma} + \frac{V_o^2}{2g} + Z_o = \frac{p_B}{\gamma} + \frac{V_B^2}{2g} + Z_B$$

여기서 $p_o = p_B = 0$, $V_o = 0$, $Z_o - Z_B = 3$ m이므로

$$V_B = \sqrt{2g(Z_o - Z_B)} = \sqrt{2 \times 9.8 \times 3} = 7.668 \, \text{m/s}$$

따라서 유량 Q는

$$Q = AV = \frac{\pi(0.05)^2}{4} \times 7.668 = 0.015 \,\mathrm{m^3/s} = 15 \,\mathrm{L/s} = 900 \,\mathrm{L/min}$$

정답 ②

예제 8. 수평원관 속에 물(비중 1)이 2.8 m/s의 속도와 290 kPa의 압력으로 흐르고 있다. 이 관의 유량이 0.75 m³/s일 때 손실수두를 무시할 경우 물의 동력은 몇 kW인가?

① 220.5　　　　　　　　　　② 235.5

③ 265.5　　　　　　　　　　④ 270.5

해설 전수두$(H) = \dfrac{p}{\gamma} + \dfrac{v^2}{2g} = \dfrac{290 \times 10^3}{9800} + \dfrac{(2.8)^2}{2 \times 9.81} = 30 \,\mathrm{m}$

$$kW = 9.8\,QH = 9.8 \times 0.75 \times 30 = 220.5 \,\mathrm{kW}$$

정답 ①

예제 9. 그림에서 물이 들어 있는 탱크 밑의 ②부분에 작은 구멍이 뚫려 있을 때 이 구멍으로부터 흘러나오는 물의 속도는 다음 중 어느 것인가? (단, 물의 자유표면 ① 및 ②에서의 압력을 P_1, P_2라 하고 작은 구멍으로부터 표면까지의 높이를 h 라고 한다. 또 구멍은 작고 정상류로 흐른다.)

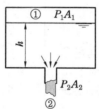

① $V_2 = \sqrt{h + 2g\left(\dfrac{P_1 - P_2}{\gamma}\right)}$　　　　② $V_2 = \sqrt{h - 2g\left(\dfrac{P_1 - P_2}{\gamma}\right)}$

③ $V_2 = \sqrt{2g\left(h - \dfrac{P_1 - P_2}{\gamma}\right)}$　　　　④ $V_2 = \sqrt{2g\left(\dfrac{P_1 - P_2}{\gamma} + h\right)}$

해설 ①과 ②에 베르누이 방정식을 적용하면

$$\frac{P_1}{\gamma} + 0 + h = \frac{P_2}{\gamma} + \frac{V_2^2}{2g} + 0$$

$$\therefore \ V_2 = \sqrt{2g\left(\frac{P_1 - P_2}{\gamma} + h\right)}$$

정답 ④

출제 예상 문제

1. 정상류와 비정상류를 구분하는 데 있어서 기준이 되는 것은?

① 질량보존의 법칙

② 뉴턴의 점성법칙

③ 압축성과 비압축성

④ 유동특성의 시간에 대한 변화율

[해설] 정상류는 유동특성이 시간에 따라 변화하지 않는 흐름이고

$$\left(\frac{\partial \rho}{\partial t} = 0, \ \frac{\partial V}{\partial t} = 0, \ \frac{\partial p}{\partial t} = 0, \ \frac{\partial T}{\partial t} = 0 \right)$$

비정상류는 유동특성이 시간에 따라 변화하는 흐름이다.

$$\left(\frac{\partial \rho}{\partial t} \neq 0, \ \frac{\partial V}{\partial t} \neq 0, \ \frac{\partial p}{\partial t} \neq 0, \ \frac{\partial T}{\partial t} \neq 0 \right)$$

2. 다음 중에서 비정상 균속도 유동은?
(단, V는 속도, t는 시간, U는 유속, S는 변위, p는 압력, T는 온도, ρ는 밀도이다.)

① $\dfrac{\partial V}{\partial t} \neq 0, \ \dfrac{\partial U}{\partial S} = 0$

② $\dfrac{\partial U}{\partial t} = 0, \ \dfrac{\partial U}{\partial S} = 0$

③ $\dfrac{\partial p}{\partial t} = 0, \ \dfrac{\partial T}{\partial S} \neq 0$

④ $\dfrac{\partial \rho}{\partial t} \neq 0, \ \dfrac{\partial P}{\partial S} = 0$

[해설] 비정상류인 경우는 ①, ④의 경우이며 어떤 순간 위치에 관계없이 속도벡터가 같은 흐름은 $\dfrac{\partial V}{\partial S} = 0$인 경우이므로 정답은 ①이다.

3. 다음 설명 중에서 맞는 것은?

① 3차원 흐름이란 하나의 체적 요소의 공간으로 정의되는 흐름이다.

② 1차원 흐름이란 여러 개의 유선 중에서 단지 한 개의 유선만 따른다.

③ 2차원 흐름이란 한 개의 유동면으로만 정의되는 흐름이다.

④ 유적선이란 유선의 유동 특성이 변하지 않는 흐름이다.

[해설] 유동 특성이 단지 한 개의 유선을 따라서만 변하며, 유적선은 유체의 움직인 경로이다.

4. 다음 중 유선이란?

① 속도벡터에 대하여 항상 수직이다.

② 유동단면의 중심만을 연결한 선이다.

③ 모든 점에서 속도벡터의 방향과 일치되는 연속적인 선이다.

④ 정상류에서만 보여주는 선이다.

[해설] 유선이란 유체의 한 입자가 지나간 자취를 표시하는 선으로 모든 점에서 속도벡터 방향 벡터를 갖는다.

5. 다음 중 실제 유체나 이상 유체 어느 것이나 적용될 수 있는 것끼리 바르게 짝지어진 것은?

┌─────── 〈보기〉 ───────

㉠ 뉴턴의 점성법칙

㉡ 뉴턴의 운동 제2법칙

㉢ 연속방정식

㉣ $\tau = (\mu + \eta) \dfrac{du}{dy}$

㉤ 고체경계면에서 접선속도가 0이다.

㉥ 고체경계면에서 경계면에 수직한 속도성분이 0이다.

[정답] **1.** ④ **2.** ① **3.** ① **4.** ③ **5.** ④

① ㉠, ㉡, ㉢　　　② ㉠, ㉢, ㉂

③ ㉡, ㉢, ㉣　　　④ ㉡, ㉢, ㉂

6. 안지름이 80 mm인 파이프에 비중 0.9인 기름이 평균속도 4 m/s로 흐를 때 질량유량은 몇 kg/s인가?

① 69.26　　　　② 72.69

③ 80.38　　　　④ 93.64

해설 질량유량$(m) = \rho A V = (\rho_w S)A V$

$$= 1000 \times 0.9 \times \frac{\pi}{4} \times 0.08^2 \times 4$$

$$= 80.38 \text{ kg/s}$$

7. 어떤 물체의 주위를 흐르고 있는 유체의 유동량에서 어느 한 단면에서의 유선의 간격이 25 mm이고, 그 점의 유속은 36 m/s이다. 이 유선이 하류 쪽에서 18 mm로 좁아졌다면 그 곳에서의 유속은 얼마인가?

① 12.5 m/s　　　② 25.9 m/s

③ 34.0 m/s　　　④ 50.0 m/s

해설 $Q = A_1 V_1 = A_2 V_2$에서

$$36 \times (0.025 \times 1) = V \times (0.018 \times 1)$$

$$\therefore V = 50 \text{ m/s}$$

8. 지름이 20 cm인 관에 평균속도 40 m/s의 물이 흐르고 있다. 유량은 얼마인가?

① 2.83 m³/s　　　② 1.256 m³/s

③ 0.241 m³/s　　　④ 3.968 m³/s

해설 $Q = A V = \frac{\pi}{4} \times 0.2^2 \times 40 = 1.256 \text{ m}^3/\text{s}$

9. 비행기의 날개 주위의 유동장에 있어서 날개 단면의 먼쪽에 있는 유선의 간격은 20 mm, 그 점의 유속은 50 m/s이다. 날개 단면과 가까운 부분의 유선 간격이 15 mm라면 이 곳에서의 유속은 몇 m/s인가?

① 66.6　　　　② 37.6

③ 25　　　　　④ 47.3

해설 단위폭당 유량(q)

$$= \frac{Q}{b} = V_1 y_1 = V_2 y_2 = 50 \times 20 = V_2 \times 15$$

$$\therefore V_2 = 66.6 \text{ m/s}$$

10. 900 kg/s의 물이 그림과 같은 통로에 흐르고 있다. 작은 단면에서의 유량과 평균속도는 얼마인가?

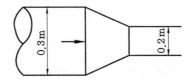

① $Q = 0.9 \text{ m}^3/\text{s}, \quad V = 28.6 \text{ m/s}$

② $Q = 9.18 \text{ m}^3/\text{s}, \quad V = 12.7 \text{ m/s}$

③ $Q = 0.9 \text{ m}^3/\text{s}, \quad V = 12.7 \text{ m/s}$

④ $Q = 9.18 \text{ m}^3/\text{s}, \quad V = 28.6 \text{ m/s}$

해설 $G = \gamma A V = \gamma Q$에서

$$Q = \frac{G}{\gamma} = \frac{900}{1000} = 0.9 \text{ m}^3/\text{s}$$

또 $V = \frac{Q}{A} = \frac{0.9}{\frac{\pi}{4} \times 0.2^2} = 28.66 \text{ m/s}$

11. 안지름이 100 mm인 관 속을 압력 2 ata, 온도 15℃인 공기가 매초당 0.907 kg이 흐르고 있다. 관 속의 평균유속은 몇 m/s인가? (단, 공기 $R = 29.27 \text{ kg} \cdot \text{m/kg} \cdot \text{K}$)

① 48.7　　　　② 51.4

③ 56.3　　　　④ 60.9

해설 공기의 비중량은

$$\gamma = \frac{p}{RT} = \frac{2 \times 10^4}{29.27 \times (15 + 273)}$$

$G = \gamma A V$에서 유속은

$$V = \frac{G}{\gamma A} = \frac{4 \times 0.907 \times 29.27 \times (15 + 273)}{\pi \times 0.1^2 \times 2 \times 10^4}$$

$$\fallingdotseq 48.7 \text{ m/s}$$

12. 지름이 10 cm와 20 cm인 관으로 구

성된 관로에 물이 흐르고 있다. 10 cm 관에서의 평균속도가 5 m/s일 때 20 cm 관에서의 평균속도는 얼마인가?

① 5 m/s   ② 2.5 m/s
③ 1.25 m/s   ④ 1 m/s

해설 $Q = A_1 V_1 = A_2 V_2$에서

$$\frac{\pi}{4} d_1^2 V_1 = \frac{\pi}{4} d_2^2 V_2$$

$$\therefore V_2 = V_1 \left(\frac{d_1}{d_2}\right)^2 = 5 \left(\frac{10}{20}\right)^2 = 1.25 \, \text{m/s}$$

13. 물이 평균속도 19.6 m/s로 관 속을 흐르고 있다. 이때 속도수두는 몇 m인가?

① 9.8   ② 19.6
③ 29.4   ④ 78.4

해설 $h = \dfrac{V^2}{2g} = \dfrac{19.6^2}{2 \times 9.8} = 19.6 \, \text{m}$

14. 베르누이 방정식 $\dfrac{p}{\gamma} + \dfrac{V^2}{2g} + Z = H$의 단위로서 적당한 것은?

① kg · s/s   ② kg · m
③ N · m   ④ J/N

해설 주어진 베르누이 방정식은 비압축성 유체의 단위 중량에 대한 에너지 방정식이다. 따라서 J/N = N · m / N = m이다.

15. 다음 중에서 옳은 것은 어느 것인가?
① 유체의 속도가 빠르면 압력이 작아진다.
② 유체의 속도는 압력에 비례한다.
③ 유체의 압력과 속도는 비례한다.
④ 유체의 속도는 압력과 관계없다.

16. 다음 설명에서 틀린 것은?
① 위치수두와 압력수두의 합은 수력구배선이다.
② 에너지선은 수력구배선보다 속도수두만큼 위에 있다.

③ 위치수두가 에너지선보다 높을 때는 부압이 일어난다.
④ 분류에서 물이 대기압 중에 분출된 수력구배선(HGL)은 압력수두와 속도수두의 합이다.

해설 대기 중에서는 압력수두는 zero이므로 위치수두가 된다.

17. 직각으로 굽힌 유리관의 한쪽을 수면 바로 밑에 넣고 다른 쪽은 연직으로 세워 수평방향으로 50 cm/s의 속도로 관을 움직이면 물은 관 속으로 얼마나 올라가는가?

① 0.076 m   ② 0.013 m
③ 0.37 m   ④ 0.3 m

해설 $V = \sqrt{2g \Delta h}$ 에서

$$\Delta h = \frac{V^2}{2g} = \frac{0.5^2}{2 \times 9.8} = 0.013 \, \text{m}$$

18. 방정식 $gz + \dfrac{V^2}{2} + \displaystyle\int \dfrac{dp}{\rho} = \text{const}$를 유도하는 데 요구되는 유동에 관한 가정은?

① 유선에 따라서 정상, 무마찰, 비압축
② 유선에 따라서 균일, 무마찰, ρ는 P의 함수
③ 유선에 따라서 정상, 균일, 비압축
④ 정상, 무마찰, ρ는 P의 함수 유선에 따른다.

19. 다음 그림에서 유속 V는 몇 m/s인가?

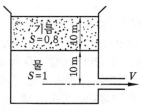

① 19.8   ② 18.78
③ 39.6   ④ 39.8

정답 13. ②   14. ④   15. ①   16. ④   17. ②   18. ④   19. ②

[해설] 기름의 깊이로 생기는 압력과 같은 압력을 만드는 물의 깊이, 즉 상당깊이 h_e는

$$1000 \times 0.8 \times 10 = 1000 \times h_e$$

$$\therefore \; h_e = 8\,\mathrm{m}$$

따라서 노즐 깊이는 $H = 8 + 10 = 18\,\mathrm{m}$이므로 토리첼리 공식에 의해서

$$V = \sqrt{2gH} = \sqrt{2 \times 9.8 \times 18} = 18.78\,\mathrm{m/s}$$

20. 물 제트가 수직하향으로 떨어지고 있다. 표고 12 m 지점에서 제트 지름은 5 m, 속도는 24 m/s였다. 표고 4.5 m 지점에서 제트 속도는 얼마인가?

① 26.89 m/s   ② 7.5 m/s

③ 4.5 m/s   ④ 20.5 m/s

[해설] 표고 12 m 지점과 4.5 m 지점에 대하여 베르누이 방정식을 대입한다. 여기서 압력수두는 1~2점에서 모두 0이 된다.

$$\frac{V_2^2}{2g} = \frac{24^2}{2g} + 7.5$$

$$\therefore \; V_2 = \sqrt{24^2 + 2 \times 9.8 \times 7.5} = 26.89\,\mathrm{m/s}$$

21. 노즐 입구에서 압력계의 압력이 $P(\mathrm{kg/m^2})$일 때 노즐 출구에서의 속도는 몇 m/s인가? (단, 파이프 내에서의 속도는 노즐 속도에 비하여 극히 작다고 가정하고 무시한다. 또, 노즐을 통과하는 순간에 마찰손실은 없는 것으로 하고, ρ의 단위는 $\mathrm{kg \cdot s^2/m^4}$이다.)

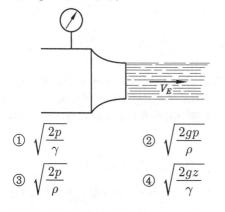

① $\sqrt{\dfrac{2p}{\gamma}}$ ② $\sqrt{\dfrac{2gp}{\rho}}$

③ $\sqrt{\dfrac{2p}{\rho}}$ ④ $\sqrt{\dfrac{2gz}{\gamma}}$

[해설] 노즐 입구와 출구 사이에서 베르누이 방정식을 적용하면

$$\frac{p}{\gamma} + \frac{V^2}{2g} + Z = \frac{p_E}{\gamma} + \frac{V_E^2}{2g} + Z_E$$

$$Z = Z_E$$

$$\frac{V^2}{2g} = 무시, \quad \frac{p_E}{\gamma} = 0이므로$$

$$V_E = \sqrt{\frac{2gp}{\gamma}} = \sqrt{\frac{2p}{\rho}}$$

22. 그림과 같이 잔잔히 흐르는 강에 깊이 6 m 지점에 물체를 고정시키고 물체 표면에 작용하는 압력을 측정한 결과 최대 0.68 kg/cm²의 압력을 받았다. 이 깊이에 흐르는 물의 속도는 얼마인가?

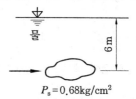

물

6m

$$P_s = 0.68\,\mathrm{kg/cm^2}$$

① 2.21 m/s   ② 3.96 m/s

③ 9.31 m/s   ④ 5.27 m/s

[해설] 깊이 6 m인 곳에서 정압 p_o는

$$p_o = \gamma h = 1000 \times 6 = 6000\,\mathrm{kg/m^2}$$
$$= 0.6\,\mathrm{kg/cm^2}$$

$$p_s = 0.68\,\mathrm{kg/cm^2} = 6800\,\mathrm{kg/m^2}$$

$$p_s = p_o + \frac{\gamma V^2}{2g}$$

$$6800 = 6000 + \frac{1000\,V^2}{19.6}$$

$$V = \sqrt{\frac{2g(p_s - p_o)}{\gamma}} = \sqrt{\frac{19.6(6800 - 6000)}{1000}}$$
$$= 3.96\,\mathrm{m/s}$$

23. 그림에서 물이 들어 있는 탱크 밑의 ②부분에 작은 구멍이 뚫려 있을 때 이 구멍으로부터 흘러나오는 물의 속도는 다음 중 어느 것인가? (단, 물의 자유표면 ① 및 ②에서의 압력을 p_1, p_2라 하고, 작

은 구멍으로부터 표면까지의 높이를 h 라고 하며, 구멍은 작고 정상류로 흐른다.)

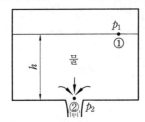

① $V_2 = \sqrt{h + 2g\left(\dfrac{p_1 - p_2}{\gamma}\right)}$

② $V_2 = \sqrt{h - 2g\left(\dfrac{p_1 - p_2}{\gamma}\right)}$

③ $V_2 = \sqrt{2g\left(h - \dfrac{p_1 - p_2}{\gamma}\right)}$

④ $V_2 = \sqrt{2g\left(\dfrac{p_1 - p_2}{\gamma} + h\right)}$

[해설] ①과 ②에 베르누이 방정식을 적용하면

$$\frac{p_1}{\gamma} + 0 + h = \frac{p_2}{\gamma} + \frac{V_2^2}{2g} + 0$$

$$\frac{V_2^2}{2g} = \frac{p_1 - p_2}{\gamma} + h \text{이므로}$$

$$\therefore \ V_2 = \sqrt{2g\left(\frac{p_1 - p_2}{\gamma} + h\right)}$$

24. 손실수두가 0.1 m일 때 그림에서의 A의 속도는 얼마인가? (단, 기압계는 750 mmHg를 가리켰고, 물의 비중량은 $\gamma = 9800$ N/m³이다.)

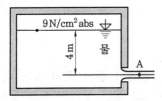

① 7.52 m/s   ② 8.52 m/s

③ 9.52 m/s   ④ 10.52 m/s

[해설] A점의 압력

$p_A = 750$ mmHg

$\quad = 9800 \times 13.6 \times 0.75 = 99960$ N/m²

물의 자유표면과 A점에 베르누이 방정식을 적용하면

$$\frac{p_1}{\gamma} + \frac{V_1^2}{2g} + z_1 = \frac{p_A}{\gamma} + \frac{V_A^2}{2g} + z_A + h_L$$

여기서, $p_1 = 9$ N/cm² $= 90000$ N/m²,

$\qquad\quad V_1 = 0, \ z_1 - z_A = 4$ m,

$\qquad\quad p_A = 99960$ N/m²,

$\qquad\quad h_L = 0.1$ m

$$\frac{90000}{9800} + \frac{0^2}{2 \times 9.8} + 4$$

$$= \frac{99960}{9800} + \frac{V_A^2}{2 \times 9.8} + 0.1$$

$$\therefore \ V_A = 7.52 \text{ m/s}$$

25. 다음 그림에서 수평관이 협류부 A의 안지름 $d_1 = 10$ cm, 관부 B의 안지름 $d_2 = 30$ cm이다. 그림 (b)는 (a)의 모든 침원은 같으나 협류부에 구멍이 뚫려 있다. 두 그림에서 Q_a와 Q_b의 관계는? (단, 관로손실은 없는 것으로 한다.)

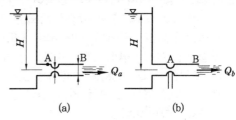

(a)   (b)

① $Q_a = 0.9 \, Q_b$ ② $Q_a = 9 \, Q_b$

③ $Q_a = \dfrac{1}{0.9} \, Q_b$ ④ $Q_a = \dfrac{1}{9} \, Q_b$

[해설] 그림 (a)에서는 관단 B에서 대기압으로 되므로 자유표면과 B 사이에 베르누이의 정리를 적용하면 관단 B를 유출하는 유속은

$V = \sqrt{2gH}$

$\therefore \ Q_a = \dfrac{\pi}{4}(0.3)^2\sqrt{2gH} \ [\text{m}^3/\text{s}]$

한편 그림 (b)에서는 협류부 A에서 대기압이

므로 협류부에서 유출되는 유속이
$V = \sqrt{2gH}$ 가 된다. 그러므로

$$\therefore Q_b = \frac{\pi}{4}(0.1)^2 \sqrt{2gH}$$

Q_a와 Q_b를 비교하면 $Q_a = 9Q_b$, 그림 (b)의 확대부분 A~B에서는 항상 대기압이므로 속도의 변화가 없이 $\sqrt{2gH}$ 의 속도로 흐른다. 그러므로 $Q_a - Q_b$만큼의 공간은 협류부의 구멍으로부터 공기가 유입되어 메워진다. 이 관계는 기액혼합에 적용된다.

26. 그림에서 물 제트가 A점에서 수평을 유지하면서 통과되고 있다. 공기의 저항을 무시할 때 유량은 얼마인가?

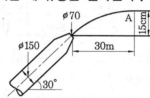

① 0.132 m³/s   ② 0.114 m³/s
③ 0.0132 m³/s   ④ 0.0114 m³/s

[해설] 노즐 끝점과 A점에 대하여 베르누이 방정식을 대입시키면

$$\frac{V_1^2}{2g} + \frac{p_1}{\gamma} + z_1 = \frac{V_2^2}{2g} + \frac{p_2}{\gamma} + z_2$$

여기서, $V_2 = V_1 \cos 30°$,
$\quad z_1 = 0, \ z_2 = 0.15$,
$\quad p_1 = p_2 = 0$이다. 따라서

$$\frac{V_1^2}{2 \times 9.8} + 0 + 0 = \frac{V_1^2 \cos^2 30°}{2 \times 9.8} + 0 + 0.15$$

$$V_1^2(1 - 0.75) = 0.15 \times 2 \times 9.8,$$

$$V_1 = 3.43 \, \text{m/s}$$

$$Q = A_1 V_1 = \frac{\pi}{4}(0.07)^2 \times 3.43 = 0.0132 \, \text{m}^3/\text{s}$$

27. 다음 그림에서 손실과 표면장력의 영향을 무시할 때 분류(jet)에서 반지름 r의 식을 유도하면?

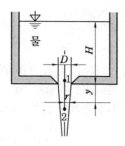

① $r = \dfrac{D}{2}\left(\dfrac{H}{H+y}\right)^{\frac{1}{4}}$

② $r = \dfrac{2}{D}\left(\dfrac{H}{H+y}\right)^{\frac{1}{4}}$

③ $r = \dfrac{1}{2}\left(\dfrac{H+D}{H+y}\right)^{\frac{1}{4}}$

④ $r = \dfrac{D}{2}\left(\dfrac{H+y}{H}\right)^{\frac{1}{4}}$

[해설] 1과 2의 유속은 토리첼리 공식에 대입해서
$$V_1 = \sqrt{2gH}, \ V_2 = \sqrt{2g(H+y)}$$

연속방정식에서
$$A_1 V_1 = A_2 V_2$$

$$\frac{\pi D^2}{4} \sqrt{2gH} = \pi r^2 \sqrt{2g(H+y)}$$

따라서 $r^2 = \dfrac{D^2}{4}\sqrt{\dfrac{H}{H+y}}$

$$\therefore r = \frac{D}{2}\left(\frac{H}{H+y}\right)^{\frac{1}{4}}$$

28. 어떤 수평관 속에서 물이 2.8 m/s의 평균 속도와 0.46 kg/cm²의 압력으로 흐르고 있다. 이 물의 유량이 0.84 m³/s일 때 물의 동력은?

① 9.65 PS   ② 96.5 PS
③ 5.6 PS   ④ 56 PS

[해설] $L = \dfrac{\gamma Q H}{75}$[PS]이므로

$$H_c = \frac{p}{\gamma} + \frac{V^2}{2g} = \frac{0.46 \times 10^4}{1000} + \frac{(2.8)^2}{2 \times 9.8} = 5$$

$$\therefore L = \frac{1000 \times 0.84 \times 5}{75} = 56 \text{PS}$$

29. 다음 그림과 같이 사이펀(siphon)에서 흐를 수 있는 유량은 몇 L/min인가? (단, 관로의 손실은 없는 것으로 한다.)

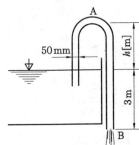

① 15.048　　　② 766.8

③ 902.9　　　④ 15048

[해설] 자유표면과 B점에 대하여 베르누이의 정의를 적용하면

$$\frac{p_o}{\gamma} + \frac{V_o^2}{2g} + Z_o = \frac{p_B}{\gamma} + \frac{V_B^2}{2g} + Z_B$$

$p_o = p_B = $ 대기압, $V_o = 0$이므로

$$V_B = \sqrt{2g(Z_o - Z_B)}$$
$$= \sqrt{2 \times 9.8 \times 3 \times 10^4}$$
$$= 766.8 \text{ cm/s}$$

$$Q = A V_B = \frac{\pi}{4} \times 5^2 \times 766.8$$
$$= 15048.44 \text{ cm}^3/\text{s}$$
$$= \frac{15048.44 \times 60}{1000} = 902.9 \text{ L/min}$$

30. 펌프 양수량 0.6 m³/min, 관로의 전손실 수두 5 m인 펌프가 펌프 중심으로부터 1 m 아래에 있는 물을 20 m의 송출 액면에 양수하고자 할 때 펌프의 필요한 동력은 몇 kW인가?

① 2.55　　　② 4.24

③ 5.86　　　④ 7.42

[해설] $H = $ 전수두 + 손실수두

$$= (1 + 20) + 5 = 26 \text{ m}$$

따라서 동력 P

$$= \gamma QH = 9800 \times \left(\frac{0.6}{60}\right) \times 26 = 2.55 \text{ kW}$$

31. 다음 그림은 비중이 0.8인 기름이 흐르는 관에 설치한 피토관(pitot tube)이다. 동압은 액주로 얼마인가? (단, 액주계에 들어있는 액체는 비중이 1.6인 CCl₄이다.)

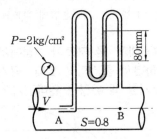

① 80×10^{-3} m　　　② 16×10^{-3} m

③ 80×10^{-4} m　　　④ 16×10^{-4} m

[해설] 정체점 A의 압력을 P_s, B점의 압력을 P라 할 때 A와 B에 베르누이 정리를 적용하면

$$\frac{p_s}{\gamma} = \frac{p}{\gamma} + \frac{V^2}{2g}$$

$$\therefore \frac{V^2}{2g} = \frac{p_s - p}{\gamma}$$

$$= \frac{(80 \times 10^{-3}\text{m})(1.6 - 0.8)(1000 \text{kg/m}^3)}{\gamma [\text{kg/m}^3]}$$

$$= \frac{(80 \times 10^{-3})(0.8 \times 1000)}{0.8 \times 1000}$$

$$= 80 \times 10^{-3} \text{ m}$$

32. 그림에서 최소 지름 부분 A의 지름이 10 cm, 유출구 B의 지름이 40 cm의 관으로부터 유량이 50 L/s로서 유출하고 있을 때 A부분에서 물을 흡상하는 높이는 몇 m인가?

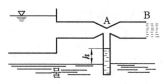

① 2.06   ② 4.32

③ 5.45   ④ 6.9

[해설] 유속 $V_A = \dfrac{0.05}{\dfrac{\pi(0.1)^2}{4}} = 6.37\,\text{m/s}$,

$V_B = \dfrac{0.05}{\dfrac{\pi(0.4)^2}{4}} = 0.4\,\text{m/s}$

A와 B에 베르누이 방정식을 적용하면

$\dfrac{p_A}{1000} + \dfrac{6.37^2}{2 \times 9.8} + z_A = \dfrac{0}{1000} + \dfrac{0.4^2}{2 \times 9.8} + z_B$

여기서 $z_A = z_B$이므로

$p_A = -2060\,\text{kg/m}^2$

$\quad\ = -0.206\,\text{kg/cm}^2$

$\quad\ = -2.06\,\text{mAq}$

$\therefore\ h = 2.06\,\text{m}$

33. 그림과 같은 사이펀에 물이 흐르고 있다. 1, 3점 사이에서의 손실수두 H_L의 값은 얼마인가? (단, 이 사이펀에서의 유량은 0.08 m³/s이다.)

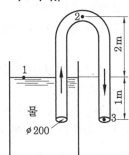

① 3.65 m   ② 5.66 m

③ 0.889 m   ④ 0.668 m

[해설] 1, 3점에 대하여 베르누이 방정식을 적용시키면

$\dfrac{V_1^2}{2g} + \dfrac{p_1}{\gamma} + z_1 = \dfrac{V_3^2}{2g} + \dfrac{p_3}{\gamma} + z_3 + H_L$

$0 + 0 + 1 = \dfrac{V_3^2}{2g} + 0 + 0 + K\dfrac{V_3^2}{2g}$

그런데 $V_3 = \dfrac{Q}{A} = \dfrac{0.08}{\pi \times 0.1^2} = 2.55\,\text{m/s}$

따라서 $1 = \dfrac{2.55^2}{2 \times 9.8} + K\dfrac{2.55^2}{2 \times 9.8}$

$\therefore\ K = 2.014$

$H_L = K\dfrac{V_3^2}{2g} = 0.668\,\text{m}$

34. 다음 그림과 같은 티(tee)에서 압력 p_3는 얼마인가?

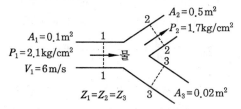

① 0.23 kg/cm²   ② 1.23 kg/cm²

③ 2.23 kg/cm²   ④ 3.23 kg/cm²

[해설] 연속방정식에서

$Q_1 = Q_2 + Q_3$, $0.1 \times 6 = 0.05\,V_2 + 0.02\,V_3$

1과 2에 베르누이 방정식을 적용하면

$\dfrac{p_1}{\gamma} + \dfrac{V_1^2}{2g} = \dfrac{p_2}{\gamma} + \dfrac{V_2^2}{2g}$

$\dfrac{2.1 \times 10^4}{1000} + \dfrac{6^2}{2 \times 9.8} = \dfrac{1.7 \times 10^4}{1000} + \dfrac{V_2^2}{2 \times 9.8}$

$\therefore\ V_2 = 10.69\,\text{m/s}$

V_2를 연속방정식에 대입하면

$\therefore\ V_3 = 3.275\,\text{m/s}$

1과 3에 베르누이 방정식을 적용하면

$\dfrac{p_1}{\gamma} + \dfrac{V_1^2}{2g} = \dfrac{p_3}{\gamma} + \dfrac{V_2^2}{2g}$

$\dfrac{2.1 \times 10^4}{1000} + \dfrac{6^2}{2 \times 9.8} = \dfrac{p_3}{1000} + \dfrac{3.275^2}{2 \times 9.8}$

$\therefore\ p_3 = 22290\,\text{kg/m}^2 \fallingdotseq 2.23\,\text{kg/cm}^2$

35. 다음 그림과 같은 펌프계에서 펌프의 송

출량이 30 L/s일 때 펌프의 축동력은 얼마인가? (단, 펌프의 효율은 80 %이고, 이 계 전체의 손실수두는 $\dfrac{10\,V^2}{2g}$ 이다. 그리고 $H = 16$ m이다.)

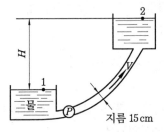

① 17.47 PS ② 6.988 PS
③ 8.735 PS ④ 5.241 PS

[해설] $V = \dfrac{Q}{A} = \dfrac{0.03}{\dfrac{\pi}{4}(0.15)^2} = 1.698\,\text{m/s}$

펌프에서 물을 준 수두를 H_p라고 한다.
점 1, 2에 베르누이 방정식을 적용하면,

$$\dfrac{p_1}{\gamma} + \dfrac{V_1^2}{2g} + z_1 + H_p = \dfrac{p_2}{\gamma} + \dfrac{V_2^2}{2g} + z_2 + h_L^{1-2}$$

$$0 + 0 + 0 + H_p = 0 + 0 + 16 + \dfrac{10(1.698)^2}{2 \times 9.8}$$

$$\therefore H_p = 17.47\,\text{m}$$

유체동력(P_f)

$$= \dfrac{\gamma\,QH}{75} = \dfrac{1000 \times 0.03 \times 17.47}{75}$$

$$= 6.988\,\text{PS}$$

따라서 펌프의 동력(P_p) = $\dfrac{6.988}{0.8} = 8.735\,\text{PS}$

36. 다음 중에서 정상유동이 일어나는 경우는?

① 유동상태가 모든 점에서 시간에 따라 변화하지 않을 때
② 모든 순간에 유동상태가 이웃하는 점들과 같을 때
③ 유동상태가 시간에 따라 점차적으로 변화할 때

④ $\partial V/\partial t$가 일정할 때

[해설] 정상유동

$$\dfrac{\partial V}{\partial t} = 0, \quad \dfrac{\partial p}{\partial t} = 0, \quad \dfrac{\partial T}{\partial t} = 0, \quad \dfrac{\partial \rho}{\partial t} = 0$$

37. 한 유체 입자가 유동장을 운동할 때 그 입자의 운동궤적은?

① 유선 ② 유적선
③ 유맥선 ④ 유관

[해설] • 유선(stream line) : 속도벡터 방향과 접선방향이 일치하도록 그린 연속적인 가상곡선이다.
• 유맥선(streak line) : 유동장 내의 어느 점을 통과하는 모든 유체가 어느 순간에 점유하는 위치를 나타내는 선이다.
• 유관(stream tube) : 유동장 속에서 폐곡을 통과하는 유선들에 의해 형성되는 공간정상류인 경우 유선, 유맥선, 유적선은 일치한다.

38. 다음 중 정상류란?

① 모든 점에서의 흐름의 특성이 시간에 따라 변하지 않는 흐름이다.
② 모든 점에서의 흐름의 특성이 시간에 따라 변하는 흐름이다.
③ 모든 점에서 흐름의 특성이 동일한 흐름이다.
④ 흐름의 특성이 일정한 방향에 따라 변화되는 흐름이다.

[해설] 정상류란 어느 한 점을 관찰할 때 그 점에서의 유동특성이 시간에 관계없이 일정하게 유지되는 흐름을 말한다.($\dfrac{\partial V}{\partial t} = 0$, $\dfrac{\partial p}{\partial t} = 0, \quad \dfrac{\partial T}{\partial t} = 0, \quad \dfrac{\partial \rho}{\partial t} = 0$)

39. 다음 설명 중 틀린 것은?

① 뉴턴의 점성 유체를 완전 유체라 한다.
② 이상 유체란 점성이 없고 비압축성인

유체이다.

③ 연속방정식은 실제 유체이나 이상 유체에 적용된다.

④ 정상 유동의 유동 특성이 시간에 따라 변하지 않는다.

[해설] 점성이 없고 비압축성 유체가 완전 유체이고, 뉴턴의 점성 유체는 실제 유체이다.

40. $\dfrac{\partial q}{\partial s} = 0$ 인 흐름은? (단, 여기서, q는 속도벡터이다.)

① 정상류 ② 비정상류
③ 균속도 유동 ④ 비균속도 유동

41. 다음 중에서 유선의 방정식은?

① $\dfrac{d\rho}{\rho} + \dfrac{dA}{A} + \dfrac{du}{u} = 0$

② $\dfrac{dx}{u} = \dfrac{dy}{v} = \dfrac{dz}{w}$

③ $d(\rho A V) = 0$

④ $\dfrac{\partial V}{\partial t} = 0, \ \dfrac{\partial u}{\partial s} = 0$

[해설] 유선의 미분방정식은 $\dfrac{dx}{u} = \dfrac{dy}{v} = \dfrac{dz}{w}$ 또는 $v \times dr = 0$ 이다. 여기서 dr는 유선방향의 미소변위 벡터이다.

42. 다음 중 유선에 관한 설명으로 옳은 것은?

① 모든 점에서 속도벡터의 방향·접선방향이 일치하는 연속적인 선이다.

② 정상 유동에서 유체 중에 유체 입자가 흘러간 선이다.

③ 한 개의 유체 입자가 시간이 경과됨에 따라 이동한 유적선이다.

④ 유동하고 있는 유체 중에서 직각방향의 속도 성분을 가지고 있는 선이다.

[해설] 유선이란 유선의 한 입자가 지나간 궤적을 표시하는 선으로 모든 점에서 연속적이다.

43. 일차원 유동에서 연속방정식을 바르게 나타낸 것은 다음 중 어느 것인가? (단, ρ : 밀도, A : 단면적, γ : 비중량, V : 속도, p : 압력, Q : 유량)

① $Q = A \rho V$

② $\rho_1 A_1 = \rho_2 A_2$

③ $\gamma_1 A_1 V_1 = \gamma_2 A_2 V_2$

④ $p_1 A_1 V_1 = p_2 A_2 V_2$

44. 다음 사항 중 유맥선이란?

① 모든 유체 입자에 순간 궤적이다.

② 속도벡터의 방향과 일치하도록 그려진 선이다.

③ 유체 입자가 일정한 기간 내에 움직인 경로이다.

④ 뉴턴의 점성법칙에 따라 그려진 선이다.

45. 다음 사항 중 유관이란?

① 한 개의 유선으로 이루어지는 관을 말한다.

② 어떤 폐곡선을 통과하는 여러 개의 유선으로 이루어지는 유관을 말한다.

③ 개방된 곡선을 통과하는 유선으로 이루어지는 평면을 말한다.

④ 임의의 여러 유선으로 이루어지는 유동체를 말한다.

[해설] 폐곡선을 지나는 여러 개의 유선에 의해서 이루어지는 가상적인 관을 말한다.

46. 다음 사항 중 유적선(pathline)이란?

① 한 유체 입자가 공간을 운동할 때 그 입자의 운동궤적

② 속도벡터 방향과 일치하도록 그려진 연

속적인 선

③ 층류에서만 정의되는 선

④ 유체 입자의 순간궤적

47. 다음 식 중에서 연속방정식이 아닌 것은?

① $d(\rho A V) = 0$

② $\dfrac{dA}{A} + \dfrac{d\rho}{\rho} + \dfrac{dV}{V} = 0$

③ $\dfrac{dx}{u} = \dfrac{dy}{v} = \dfrac{dz}{w}$

④ $\rho_1 A_1 V_1 = \rho_2 A_2 V_2$

[해설] $\dfrac{dx}{u} = \dfrac{dy}{v} = \dfrac{dz}{w}$ 는 유선의 미분방정식 이다.

48. 다음 중 연속방정식이란?

① 유체의 모든 입자에 뉴턴의 관성법칙을 적용시킨 방정식이다.

② 에너지와 일 사이의 관계를 나타낸 방정식이다.

③ 유체를 연속체라 가정하고 탄성역학의 훅의 법칙을 적용한 방정식이다.

④ 질량보존의 법칙을 유체유동에 적용한 방정식이다.

49. 베르누이 방정식이 아닌 것은?

① $\dfrac{p_1}{\gamma} + \dfrac{V_1^2}{2g} + Z_1 = \dfrac{p_2}{\gamma} + \dfrac{V_2^2}{2g} + Z_z$

② $\dfrac{p}{\gamma} + \dfrac{V^2}{2g} + Z = C$

③ $\dfrac{dA}{A} + \dfrac{d\rho}{\rho} + \dfrac{dV}{V} = 0$

④ $\dfrac{dp}{\gamma} + d\left(\dfrac{V^2}{2g}\right) + dz = 0$

50. 다음 중 베르누이 방정식 $\dfrac{p}{\gamma} + \dfrac{V^2}{2g} + z$

$= \text{const}$ 를 유도하는 데 필요한 가정이 아닌 것은?

① 비점성 유체

② 정상류

③ 압축성 유체

④ 동일유선상의 유체

[해설] 베르누이 방정식은 오일러의 운동방정식을 적분한 방정식으로 적분과정에서 압축성 유체인 경우와 비압축성 유체인 경우는 서로 다른 결과를 얻는다.

즉, 압축성 유체는 밀도 ρ 가 압력 p 의 함수이므로 $\displaystyle\int \dfrac{dp}{\rho} \neq \dfrac{p}{\rho}$ 이다.

따라서 압축성 유체의 경우는

$$\int \dfrac{dp}{\gamma} + \dfrac{V^2}{2g} + Z = \text{const}$$ 가 된다.

51. $\displaystyle\int \dfrac{dP}{\gamma} + \dfrac{V^2}{2g} + z = \text{const}$ 인 베르누이 방정식은 다음과 같은 가정하에서 성립된다. 다음 가정 중 틀린 것은?

① 비점성 유체이다.

② 유체의 흐름 상태가 정상류이다.

③ 유체가 비압축성이다.

④ 동일 유선을 따라 흐르는 유체이다.

[해설] 비압축성 유체에 대한 베르누이 방정식은 $\dfrac{p}{\gamma} + \dfrac{V^2}{2g} + z = \text{const}$ 로 된다.

52. Euler의 방정식은 유체운동에 대하여 어떠한 관계를 표시하는가?

① 유선상의 한 점에 있어서 어떤 순간에 여기를 통과하는 유체 입자의 속도와 그것에 미치는 힘의 관계를 표시한다.

② 유체가 가지는 에너지와 이것이 일치하는 일과의 관계를 표시한다.

③ 유선에 따라 유체의 질량이 어떻게 변화하는가를 표시한다.

---

④ 유체 입자의 운동경로와 힘의 관계를 나타낸다.

53. 다음 중 에너지선 E.L에 관해 옳게 설명한 것은?

① 수력구배선보다 아래에 있다.

② 수력구배선보다 속도수두만큼 위에 있다.

③ 언제나 수평선이 되어야 한다.

④ 속도수두와 위치수두의 합이다.

54. 압력 p [kg/m²]의 유체가 유동할 때 1 kg의 중량이 할 수 있는 일은?

① p　　　　② $\dfrac{p}{\gamma}$

③ $\dfrac{p}{\rho}$　　　　④ $\dfrac{gp}{\rho}$

55. 다음 중 베르누이 방정식이란?

① 같은 유체상이 아니더라도 언제나 임의의 점에 대하여 적용된다.

② 주로 비정상상태의 흐름에 대하여 적용된다.

③ 유체의 마찰 효과와 전혀 관계가 없다.

④ 압력수두, 속도수두, 위치수두의 합이 일정하다.

해설 베르누이 방정식은

$$\dfrac{p}{\gamma}+\dfrac{V^2}{2g}+z=H\text{이다.}$$

56. 피토관을 설치하였을 때 피토관을 따라 올라간 높이가 Δh 라면 점 1에서 V_1 은?

① $V_1=\sqrt{2\rho\Delta h}$　　② $V_1=\sqrt{2g\Delta h}$

③ $V_1=\sqrt{\rho\Delta h}$　　④ $V_1=\sqrt{\rho g\Delta h}$

57. 수력구배선 H.G.L에 관해 옳게 설명한 것은?

① 에너지선 E.L보다 위에 있어야 한다.

② 항상 수평이 된다.

③ 위치수두와 속도수두의 합을 나타내며 주로 에너지선보다 아래에 위치한다.

④ 위치수두와 압력수두와의 합을 나타내며 주로 에너지선보다 아래에 위치한다.

58. 유체가 V[m/s]로 흐르고 있을 때 질량 1 kg이 가지는 운동에너지는?

① $\dfrac{\rho V^2}{2}$　　　　② $\dfrac{mV^2}{2}$

③ $\dfrac{V^2}{2}$　　　　④ $\dfrac{V^2}{2g}$

해설 단위중량의 유체에 대한 베르누이 방정식은 $\dfrac{p_1}{\gamma}+\dfrac{V^2}{2g}+z=\text{const}$

따라서 단위질량에 대해서는 양변에 g를 곱하면 $\dfrac{p}{\gamma}+\dfrac{V^2}{2}+gz=\text{const}$

∴ 운동에너지는 $\dfrac{V^2}{2}$이다.

59. 오리피스의 수두는 5 m이고, 실제 물의 유속이 9 m/s이면 손실수두는?

① 약 1 m　　　　② 약 2 m

③ 약 3 m　　　　④ 약 4 m

해설 $\dfrac{p}{\gamma}+\dfrac{V^2}{2g}+z+H_L=H$

$H_L=5-\dfrac{9^2}{2g}=5-4.1=0.9\,\text{m}$

60. 유체가 V[m/s]의 속도로 유동할 때, 이 유체 1 kg의 중량이 할 수 있는 운동에너지는?

① $\dfrac{mV^2}{2}$　　　　② $\dfrac{\rho V^2}{2}$

③ $\dfrac{V^2}{2g}$　　　　④ $\dfrac{V^2}{2}$

정답　53. ②　54. ②　55. ④　56. ②　57. ④　58. ③　59. ①　60. ③

61. 다음 그림 중에서 옳게 그려진 것은?

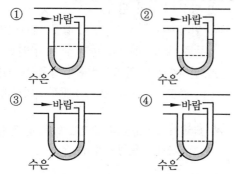

62. 다음 그림과 같이 지름 20 cm인 물탱크에서 지름 2 cm인 관을 통하여 평균속도 2 m/s로 흘러 나간다. 이때 탱크의 수면이 강하하는 속도는?

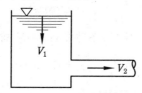

① 1 cm/s   ② 2 cm/s

③ 3 cm/s   ④ 4 cm/s

[해설] 탱크와 관 사이에 연속방정식을 적용하면 $A_1 V_1 = A_2 V_2$

$$\therefore V_1 = \frac{A_2}{A_1} V_2 = \left(\frac{d_2}{d_1}\right)^2 \cdot V_2 = \left(\frac{2}{20}\right)^2 \times 200$$

$$= 2 \,\text{cm/s}$$

63. 유동하는 물의 동압이 13.5 kg/m²이었다면 물의 유속은 몇 m/s인가? (단, 물의 밀도는 102 kg · s²/m⁴이다.)

① 2.34   ② 1.68

③ 0.94   ④ 0.51

[해설] $\dfrac{\rho V^2}{2} = 13.5 \,\text{kg/m}^2$

$$V = \sqrt{\frac{2 \times 13.5}{\rho}} = \sqrt{\frac{2 \times 13.5}{102}}$$

$$\fallingdotseq 0.51 \,\text{m/s}$$

64. 어떤 기체가 1 kg/s의 속도로 파이프 속을 등온적으로 흐르고 있다. 한 단면의 지름은 40 cm이고, 압력은 30 kg/m²이다. $R = 20$ kg · m/kg · K, $t = 27℃$일 때의 속도는 얼마인가?

① 672   ② 56

③ 1592   ④ 987

[해설] 상태방정식 $pv_s = RT$에서

$$\rho = \frac{1}{v_s} = \frac{p}{RT}$$

$$= \frac{30 \,\text{kg/m}^2}{20 \,\text{kg} \cdot \text{m/kg} \cdot \text{K} \times (273+27)\text{K}}$$

$$= 5 \times 10^{-3} \,\text{kg/m}^3$$

따라서 $\dot{m} = \rho A V$에서

$$V = \frac{\dot{m}}{\rho A} = \frac{1}{5 \times 10^{-3} \times \dfrac{\pi (0.4)^2}{4}}$$

$$= 1592 \,\text{m/s}$$

65. 다음 중에서 2차원 비압축성 유동의 연속방정식을 만족하지 않는 속도벡터는?

① $q = (2x^2 + y^2)i + (-4xy)j$

② $q = (4xy + y^2)i + (6xy + 3x)j$

③ $q = (2x - 3y)ti + (x - 2y)tj$

④ $q = (x - 2y)ti - (2x + y)tj$

[해설] ① $\nabla \cdot q = \dfrac{\partial}{\partial x}(2x^2 + y^2) + \dfrac{\partial}{\partial y}(-4xy)$

$$= 4x - 4x = 0$$

∴ 만족한다.

② $\nabla \cdot q = \dfrac{\partial}{\partial x}(4xy + y^2) + \dfrac{\partial}{\partial y}(6xy + 3x)$

$$= 4y + 6x \neq 0$$

∴ 만족하지 않는다.

③ $\nabla \cdot q = \dfrac{\partial}{\partial x}[(2x - 3y)t] + \dfrac{\partial}{\partial y}[(x - 2y)t]$

$$= 2t - 2t = 0$$

∴ 만족한다.

④ $\nabla \cdot q = \dfrac{\partial}{\partial x}[(x-2y)]t - \dfrac{\partial}{\partial y}[(2x+y)t]$

$\qquad\qquad = t - t = 0$

∴ 만족한다.

66. 물이 흐르는 파이프 안에 A점은 지름이 1 m, 압력은 1 kg/cm², 속도 1 m/s이다. A점보다 2 m 위에 있는 B점은 지름 0.5 m, 압력 0.2 kg/cm²이다. 이때 물은 어느 방향으로 흐르는가?

① A에서 B로 흐른다.

② B에서 A로 흐른다.

③ 흐르지 않는다.

④ 주어진 데이터로는 알 수 없다.

해설 연속방정식 $Q = A_A V_A = A_B V_B$에서

$$V_B = \frac{A_A}{A_B} V_A = \frac{\dfrac{\pi(1)^2}{4}}{\dfrac{\pi(0.5)^2}{4}} \times 1 = 4\,\text{m/s}\text{이므로}$$

• A점의 전수두

$$\frac{p_A}{\gamma} + \frac{V_A^2}{2g} = \frac{1 \times 10^4}{1000} + \frac{1^2}{2 \times 9.8} = 10.051\,\text{m}$$

• B점의 전수두

$$\frac{p_B}{\gamma} + \frac{V_B^2}{2g} + z_B = \frac{0.2 \times 10^4}{1000} + \frac{4^2}{2 \times 9.8} + 2$$

$$= 6.816\,\text{m}$$

A점의 전수두가 B점의 전수두보다 크므로 유동은 A에서 B로 흐른다.

67. 40 kg/s (392 N/s)의 물이 20 cm의 관속에 흐르고 있다. 평균속도는?

① 12.7 m/s

② 1.27 m/s

③ 0.127 m/s

④ 3.18 m/s

해설 $W = \gamma A V$

$$\therefore V = \frac{W}{A\gamma} = \frac{40}{\pi \times 0.1^2 \times 1000} = 1.27\,\text{m/s}$$

[SI 단위]

$$V = \frac{W}{A\gamma} = \frac{392}{\pi \times 0.1^2 \times 9800} = 1.27\,\text{m/s}$$

68. 다음 그림은 원관 주위에 흐르는 2차원 유동을 표시한 것이다. 원관으로부터 멀리 떨어진 상류에서 (A점 부근) 서로 이웃하는 유선이 50 mm 떨어져 있다고 가정하고, 이 두 유선이 원관 주위의 점 (B점)에서 25 mm로 좁아졌다고 한다. A점에서 평균속력이 50 m/s라면 B점에서의 속력은 몇 m/s인가? (단, 유체는 비압축성이다.)

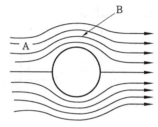

① 30

② 100

③ 15

④ 120

해설 연속방정식 $A_A V_A = A_B V_B [\text{m}^3/\text{s}]$

$$q = \frac{Q}{b} = V_A y_A = V_B y_B$$

$$V_B = V_A \left(\frac{y_A}{y_B} \right) = 50 \left(\frac{50}{25} \right) = 100\,\text{m/s}$$

69. 안지름이 100 mm인 파이프에 비중 0.8인 기름이 평균속도 4 m/s로 흐를 때 질량유량은 몇 kgf·s/m인가? (단, 물의 비중량은 1000 kgf/m³으로 한다.)

① 25.1

② 44.8

③ 3.2

④ 2.56

해설 질량유량$(m) = \rho A V$

$$= 102 \times 0.8 \times \left(\frac{\pi}{4} \times 0.1^2 \right) \times 4$$

$$= 2.56\,\text{kgf} \cdot \text{s/m}$$

70. 유체가 흐르는 어떤 관의 단면에 설치된 압력계의 읽음이 4 kg/cm²를 가리키고 있다. 이 단면의 압력수두는 얼마인가?

① 4 m

② 40 m

정답 66. ① 67. ② 68. ② 69. ④ 70. ②

③ 400 m   ④ 0.4 m

[해설] $h = \dfrac{p}{\gamma} = \dfrac{4 \times 10^4}{1000} = 40 \, \text{mAq}$

71. 다음 그림과 같은 유리관의 A, B 부분의 지름이 각각 30 cm, 15 cm이다. 이 관에 물을 흐르게 했더니 A에 세운 관에는 물이 60 cm, B에 세운 관에는 물이 30 cm 올라갔다. A, B 부분에서의 물의 속도는 각각 얼마인가?

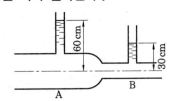

① $V_A = 3.76 \, \text{m/s}, \quad V_B = 15.04 \, \text{m/s}$

② $V_A = 2.78 \, \text{m/s}, \quad V_B = 11.12 \, \text{m/s}$

③ $V_A = 0.482 \, \text{m/s}, \quad V_B = 1.928 \, \text{m/s}$

④ $V_A = 0.626 \, \text{m/s}, \quad V_B = 2.504 \, \text{m/s}$

[해설] 연속방정식에서

$Q = A_A V_A = A_B V_B$ 이므로

$$V_A = \frac{A_B}{A_A} V_B = \frac{\frac{\pi}{4}(0.15)^2}{\frac{\pi}{4}(0.3)^2} V_B = \frac{1}{4} V_B$$

A와 B에 베르누이 방정식을 적용하면

$$\frac{p_A}{\gamma} + \frac{V_A^2}{2g} + z_A = \frac{p_B}{\gamma} + \frac{V_B^2}{2g} + z_B$$

여기서, $p_A = \gamma h = 1000 \times 0.6 = 600 \, \text{kg/m}^2$

$\quad\quad\quad p_B = \gamma h = 1000 \times 0.3 = 300 \, \text{kg/m}^2$

$z_A - z_B = 0, \quad V_B = 4 V_A$ 이므로

$$\frac{600}{1000} + \frac{V_A^2}{2g} = \frac{300}{1000} + \frac{16 V_A^2}{2g},$$

$$\frac{15 V_A^2}{2g} = \frac{300}{1000}$$

$\therefore \quad V_A = 0.626 \, \text{m/s}$

$\therefore \quad V_B = 4 V_B = 2.504 \, \text{m/s}$

72. 그림과 같은 관에 물이 10 L/s로 흐르고 있다. 이때 A와 B점의 압력차는 몇 kg/m²인가? (단, 모든 손실은 무시한다.)

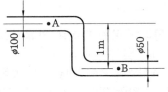

① 242.15   ② 112.37

③ 363.16   ④ 56.68

73. 다음 그림에서 관을 통해 분출되는 유속은 몇 m/s인가?

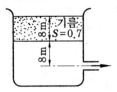

① 16.33   ② 15.21

③ 14.94   ④ 13.77

[해설] 기름의 깊이로 생기는 압력에 상당하는 물의 깊이는

$9800 \times 0.7 \times 8 = 9800 \times h_e$

$\therefore \quad h_e = 5.6 \, \text{m}$

따라서 노즐까지의 물의 깊이는

$5.6 + 8 = 13.6 \, \text{m}$에 상당하므로

$V = \sqrt{2gH} = \sqrt{2 \times 9.8 \times 13.6}$

$\quad \fallingdotseq 16.33 \, \text{m/s}$

74. 다음 그림과 같이 매우 넓은 저수지 사이를 ϕ300 mm의 관으로 연결하여 놓았다. 이 계의 비가역량(손실에너지)은 얼마인가?

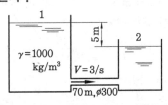

① 1.16 PS   ② 33.9 PS

③ 14 PS   ④ 0 PS

해설 그림의 1과 2 사이에 베르누이 방정식을 적용하면

$$\frac{V_1^2}{2g} + \frac{p_1}{\gamma} + z_1 = \frac{V_2^2}{2g} + \frac{p_2}{\gamma} + z_2 + h_l$$

$p_1 = p_2 = 0$, 대기압 $V_1 = V_2 \fallingdotseq 0$이므로

$$h_l = z_1 - z_2 = 5\,\text{m}$$

또한 유량 $Q = 3 \times \frac{\pi}{4} \times 0.3^2 = 0.212\,\text{m}^3/\text{s}$

따라서 손실동력

$$L = \frac{\gamma Q h_l}{75} = \frac{1000 \times 0.212 \times 5}{75} = 14\,\text{PS}$$

75. 2차원 흐름 속의 한 점 A에 있어서 유선의 간격은 4 cm이고, 평균유속은 12 cm/s이다. 다른 한 점 B에 있어서의 유선간격이 2 cm일 때 단면 B의 평균유속은 얼마인가?

① 6 cm/s   ② 12 cm/s

③ 24 cm/s   ④ 48 cm/s

해설 $q = V_A y_A = V_B y_B \,[\text{cm}^3/\text{cm} \cdot \text{s}]$

$$\therefore\ V_B = V_A\left(\frac{y_A}{y_B}\right) = 12\left(\frac{4}{2}\right) = 24\,\text{cm/s}$$

76. 다음 그림에서 $H = 6\,\text{m}$, $h = 5.75$ m이다. 이때 손실수두는 몇 m인가?

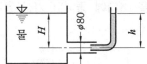

① 1 m   ② 0.75 m

③ 0.5 m   ④ 0.25 m

해설 $h_L = H - h = 6 - 5.75 = 0.25\,\text{m}$

77. 안지름 20 cm의 파이프에 비중이 0.86인 기름이 $V = 2\,\text{m/s}$로 흐른다. 이때 질량 유동률은 몇 kg/s인가?

① 30   ② 54

③ 63   ④ 27

해설 $\dot{m} = \rho A V = \rho_w S A V$

$$= 1000 \times 0.86 \times \left(\frac{\pi}{4} \times 0.2^2\right) \times 2$$

$$= 54.035\,\text{kg/s}$$

78. 그림과 같은 관내를 비압축성 유체가 흐르고 있다. 관 A의 지름은 d이고, 관 B의 지름은 $\frac{1}{2}d$이다. 관 A에서의 유체의 흐름의 속도를 V라 하면 관 B에서의 유체의 유속은?

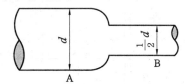

① $\frac{1}{2}V$ ② $2V$

③ $\frac{1}{\sqrt{2}}V$ ④ $4V$

해설 연속방정식 $A_1 V_1 = A_2 V_2$에서

$$d^2 V_A = \left(\frac{d}{2}\right)^2 V_B$$

$$\therefore\ V_B = 4 V_A$$

79. 지름 30 cm의 관 내를 물이 평균속도 2 m/s로 흐르고 압력은 1.5 kg/cm²이었다. 이 물이 가지고 있는 동력은 몇 kW인가?

① 12   ② 21

③ 41   ④ 52

해설 $\dfrac{p_1}{\gamma} + \dfrac{V^2}{2g} = H$에서

$$H = \frac{1.5 \times 10^4}{1000} + \frac{(2)^2}{2(9.81)} = 15 + 0.2$$

$$= 15.20\,\text{m}$$

$$Q = A V = \frac{\pi}{4}D^2 V = \frac{\pi}{4}(0.3)^2(2)$$

$$= 0.1413\,\text{m}^3/\text{s}$$

정답 **75.** ③   **76.** ④   **77.** ②   **78.** ④   **79.** ②

$$L = \frac{\gamma QH}{102}$$

$$= \frac{1000 \times 0.1413 \times 15.2}{102} = 21\,\text{kW}$$

80. 다음 그림과 같이 수평관 목부분 ①의 안지름 $d_1 = 10$ cm, ②의 안지름 $d_2 = 30$ cm로서 유량 2.1 m³/min일 때 ①에 연결되어 있는 유리관으로 올라가는 수주의 높이는 몇 m인가?

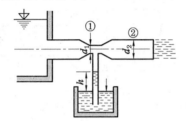

① 1.6   ② 0.6

③ 1.5   ④ 1

해설 유량 $Q = \dfrac{2.1}{60} = 0.035\,\text{m}^3/\text{s}$

$$V_1 = \frac{Q_1}{A_1} = \frac{0.035}{\frac{\pi}{4}(0.1)^2} = 4.46\,\text{m/s},$$

$$V_2 = \frac{Q_2}{A_2} = \frac{0.035}{\frac{\pi}{4}(0.3)^2} = 0.495\,\text{m/s}$$

①과 ②에 베르누이 방정식을 적용하면

$$\frac{p_1}{\gamma} + \frac{V_1^2}{2g} = \frac{p_2}{\gamma} + \frac{V_2^2}{2g}$$

$$\frac{p_2 - p_1}{\gamma} = \frac{V_1^2 - V_2^2}{2g}$$

$$= \frac{4.46^2 - 0.495^2}{2.98} = 1\,\text{m}$$

81. 그림에서와 같이 양쪽의 수위가 다른 저수지를 벽으로 차단하고 있다. 이 벽의 오리피스를 통하여 ①에서 ②로 물이 흐르고 있을 때 유출속도 V_2는 얼마인가?

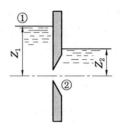

① $V_2 = \sqrt{2gZ_1}$

② $V_2 = \sqrt{2gZ_2}$

③ $V_2 = \sqrt{2g(Z_1 + Z_2)}$

④ $V_2 = \sqrt{2g(Z_1 - Z_2)}$

해설 ①, ②에 대하여 베르누이 방정식을 적용하면,

$$\frac{V_1^2}{2g} + \frac{p_1}{\gamma} + Z_1 = \frac{V_2^2}{2g} + \frac{p_2}{\gamma} + Z_2 \text{에서}$$

$V_1 = 0$, $p_1 = p_2 = p_o$(대기압)$= 0$을 각각 대입시키면

$$0 + 0 + Z_1 = \frac{V_2^2}{2g} + Z_2 + 0$$

$$\therefore\ V_2 = \sqrt{2g(Z_1 - Z_2)}\,[\text{m/s}]$$

82. 수면의 높이가 지면에서 h인 물통 벽에 구멍을 뚫고 물을 지면에 분출시킬 때 구멍을 어디에 뚫어야 가장 멀리 떨어지는가?

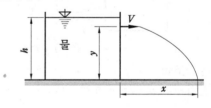

① $\dfrac{h}{3}$ ② $\dfrac{h}{2}$

③ $\dfrac{h}{4}$ ④ h

해설 토리첼리 공식에서

유속$(V) = \sqrt{2g(h-y)}\,[\text{m/s}]$

여기서 자유낙하 높이 $y = \frac{1}{2}gt^2$, $x = Vt$이

므로 $\frac{x}{t} = \sqrt{2g(h-y)}$ 에서

$$x = \sqrt{\frac{2y}{g}}\sqrt{2g(h-y)} = 2\sqrt{y(h-y)}$$

윗식을 y에 관해서 미분하면

$$\frac{dx}{dy} = \frac{h-2y}{\sqrt{y(h-y)}}$$

x가 최대가 되기 위해서는 $\frac{dx}{dy} = 0$이어야

하므로 $h = 2y$

$$\therefore \ y = \frac{h}{2}\,[\mathrm{m}]$$

83. 그림과 같이 축소된 통로에 물이 흐르고 있다. 두 압력계의 읽음이 같게 되는 지름은 얼마인가?

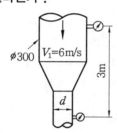

① 55.54 cm   ② 5.56 cm

③ 23.55 cm   ④ 13.55 cm

[해설] 두 점에 대해서 베르누이 방정식을 적용시키면

$$\frac{6^2}{2g} + \frac{p_1}{\gamma} + 3 = \frac{V_2^2}{2g} + \frac{p_2}{\gamma} + 0$$

문제에서 $\frac{p_1}{\gamma} = \frac{p_2}{\gamma}$의 조건이므로

$$V_2^2 = 36 + 3 \times 2 \times 9.8 = 94.8$$

연속방정식으로부터

$$Q = A_1 V_1 = \frac{\pi}{4} \times 0.3^2 \times 6 = \frac{\pi}{4}d^2\sqrt{94.8}$$

$$\therefore \ d^2 = \frac{6 \times 0.09}{\sqrt{94.8}} = 0.0555$$

$$\therefore \ d = 23.55\,\mathrm{cm}$$

84. 그림과 같은 터빈에 0.23 m³/s로 물이 흐르고 있고, A와 B에서 압력은 각각 2 kg/cm²와 −0.2 kg/cm²일 때 물로부터 터빈이 얻는 동력은 몇 PS인가?

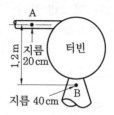

① 25.76   ② 73.2

③ 79   ④ 83

[해설] 유속 $V_A = \dfrac{0.23}{\frac{\pi}{4}0.2^2} = 7.32\,\mathrm{m/s}$,

$$V_B = \frac{0.23}{\frac{\pi}{4}0.4^2} = 1.83\,\mathrm{m/s}$$

터빈에 전달된 수두를 H_T라 하고, A와 B에 베르누이 방정식을 적용하면

$$\frac{p_A}{\gamma} + \frac{V_A^2}{2g} + z_A = \frac{p_B}{\gamma} + \frac{V_B^2}{2g} + z_B + H_T$$

$$\frac{2 \times 10^4}{1000} + \frac{7.32^2}{2 \times 9.8} + 1.2$$

$$= \frac{-0.2 \times 10^4}{1000} + \frac{1.83^2}{2 \times 9.8} + H_T$$

$$\therefore \ H_T = 25.76\,\mathrm{m}$$

그러므로 동력(P)

$$= \frac{\gamma Q H}{75} = \frac{1000 \times 0.23 \times 25.76}{75} = 79\,\mathrm{PS}$$

85. 송출구의 지름 200 mm인 펌프의 양수량이 3.6 m³/min일 때 유속은 몇 m/s인가?

① 3.78   ② 2.11

③ 1.35   ④ 1.91

[해설] 유량 $Q = 3.6\,\mathrm{m^3/min} = \dfrac{3.6}{60}\,\mathrm{m^3/s}$

$$= 0.06\,\mathrm{m^3/s}$$

정답   83. ③   84. ③   85. ④

$$\therefore V = \frac{Q}{A} = \frac{0.06}{\frac{\pi}{4}(0.2)^2} = 1.91 \,\text{m/s}$$

86. 다음 그림과 같은 터빈에서 유량이 $0.6 \,\text{m}^3/\text{s}$일 때 터빈이 얻은 동력은 75 kW이었다. 만일 터빈을 없애면 유량은 얼마로 되는가?

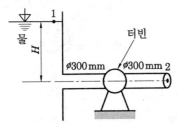

① $8.49 \,\text{m}^3/\text{s}$ ② $12.75 \,\text{m}^3/\text{s}$

③ $16.43 \,\text{m}^3/\text{s}$ ④ $1.268 \,\text{m}^3/\text{s}$

[해설] 터빈이 있을 때 유속

$$V_t = \frac{Q}{A} = \frac{0.6}{\frac{\pi}{4}0.3^2} = 8.49 \,\text{m/s}$$

물이 터빈에 준 수두는 $P = \dfrac{\gamma Q H_T}{1000}$ 에서

$$75 = \frac{9800 \times 0.6 \times H_T}{1000} \quad \therefore H_T = 12.75 \,\text{m}$$

1과 2에 베르누이 방정식을 적용하면

$$0 + 0 + H = 0 + \frac{V_t^2}{2g} + 0 + H_T$$

$$\therefore H = \frac{8.49^2}{2 \times 9.8} \,\text{m} + 12.75 \,\text{m} = 16.43 \,\text{m}$$

터빈이 없을 때 관에서 유속 V는 토리첼리 공식에 의해서

$$V = \sqrt{2gH} = \sqrt{2 \times 9.8 \times 16.43}$$
$$= 17.945 \,\text{m/s}$$

따라서 유량

$$Q = AV = \frac{\pi(0.3^2)}{4}(17.945) = 1.268 \,\text{m}^3/\text{s}$$

87. 다음 그림과 같은 관에 40 L/s의 물이 흐르고 있다. 1에 있는 압력계가 78.4 kPa를 가리키고 있을 때 2의 압력계는 얼마의 압력을 가리키는가? (단, 1과 2 사이의 손실은 무시한다.)

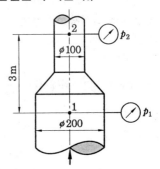

① $36.8 \,\text{kPa}$ ② $12.74 \,\text{kPa}$

③ $50.96 \,\text{kPa}$ ④ $82.04 \,\text{kPa}$

[해설] 연속방정식에서 V_1, V_2는

$$V_1 = \frac{0.04}{\frac{\pi}{4}0.2^2} = 1.274 \,\text{m/s},$$

$$V_2 = 4V_1 = 5.096 \,\text{m/s}$$

1과 2에 베르누이 방정식을 적용하면

$$\frac{p_1}{\gamma} + \frac{V_1^2}{2g} + z_1 = \frac{p_2}{\gamma} + \frac{V_2^2}{2g} + z_2$$

여기서 $p_1 = 78.4 \,\text{kPa} = 78400 \,\text{N/m}^2$,

$$V_1 = 1.274 \,\text{m/s},$$
$$V_2 = 5.096 \,\text{m/s},$$
$$z_2 - z_1 = 3 \,\text{m이므로}$$

$$\frac{78400}{9800} + \frac{1.274^2}{2 \times 9.8} + 0 = \frac{p_2}{9800} + \frac{5.096^2}{2 \times 9.8} + 3$$

$$\therefore p_2 = 36800 \,\text{N/m}^2 = 36.8 \,\text{kPa}$$

제4장   운동량 방정식과 응용

1. 역적 & 운동량(모멘텀)

물체의 질량 m과 속도 v의 곱을 운동량(momentum)이라 한다. 뉴턴의 제2운동법칙에 의하면 다음과 같다.

$$F = ma = m\frac{dV}{dt} = \frac{d}{dt}(mV)$$

$$Fdt = mdV = d(mV)$$

여기서, Fdt : 역적(impulse) 또는 충격력, mdv : 운동량(momentum)의 변화

$$\int_1^2 Fdt = \int_1^2 mdV$$

$$F(t_2 - t_1) = m(V_2 - V_1)[\text{N} \cdot \text{s}]$$

예제 1. 유체 운동량의 법칙은 다음 중 어떤 경우에 적용할 수 있는가?

① 점성 유체에만 적용할 수 있다.
② 압축성 유체에만 적용할 수 있다.
③ 정상유동하는 이상 유체에만 적용할 수 있다.
④ 모든 유체에 적용할 수 있다.

해설 운동량 법칙은 모든 유체나 고체에 적용시킬 수 있는 자연법칙이다.   정답 ④

1-1   운동량 보정계수(β)

유동 단면에 대한 속도 분포가 균일하지 않을 때 그 단면에서의 운동량은 운동량 보정 계수를 도입함으로써 평균 속도 V의 운동량으로 나타낼 수 있다.

$$\text{즉, } F = \int_A \rho vv dA = \beta \rho QV = \beta \rho A V^2$$

$$\therefore \ \beta = \frac{1}{A} \int \left(\frac{v}{V}\right)^2 dA \, (\text{운동량 보정계수})$$

[예제] **2. 다음 중 운동량 수정계수는?**

① $\dfrac{1}{A} \int_A \left(\dfrac{v}{V}\right) dA$

② $\dfrac{1}{A} \int_A \left(\dfrac{v}{V}\right)^2 dA$

③ $\dfrac{1}{A} \int_A \left(\dfrac{v}{V}\right)^3 dA$

④ $\dfrac{1}{A} \int_A \left(\dfrac{v}{V}\right)^4 dA$

[해설] ③은 운동에너지 수정(보정)계수   [정답] ②

1-2 **곡관에 작용하는 힘**

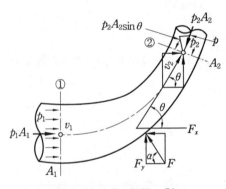

만곡 관로에 미치는 힘

그림과 같이 관로의 단면적과 방향이 함께 변하는 곡관 속을 유동할 때 단면 ①과 ② 사이의 유체에 운동량 방정식을 적용하면 다음과 같다.

$$\Sigma F_x = \rho Q (V_{x2} - V_{x1}) \, [\text{N}]$$

$$p_1 A_1 - p_2 A_2 \cos\theta - F_x = \rho Q (v_2 \cos\theta - v_1)$$

$$\therefore \ F_x = p_1 A_1 - p_2 A_2 \cos\theta + \rho Q (v_1 \cos\theta - v_2)$$

$$\Sigma F_y = \rho Q (V_{y2} - V_{y1}) \, [\text{N}]$$

$$F_y - p_2 A_2 \sin\theta = \rho Q (v_2 \sin\theta - 0)$$

$$F_y = (\rho Q v_2 - p_2 A_2) \sin\theta \, [\text{N}]$$

따라서 합력의 크기는 다음과 같다.

$$F = \sqrt{F_x^2 + F_y^2}, \quad \theta = \tan^{-1}\frac{F_y}{F_x}$$

1-3 분류가 평판에 작용하는 힘

(1) 고정 평판에 수직으로 작용하는 힘

$$F = \rho Q V = \rho A V^2 [\text{N}]$$

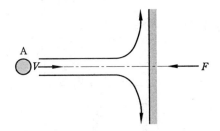

고정 평판에 충돌하는 분류

(2) 경사진 고정 평판에 작용하는 힘

$$F = \rho Q V \sin\theta [\text{N}]$$

$$F_x = F\sin\theta = \rho Q V \sin^2\theta [\text{N}]$$

$$F_y = F\cos\theta = \rho Q V \sin\theta \cos\theta [\text{N}]$$

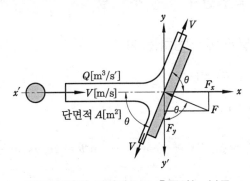

고정 평판에 경사각으로 충돌하는 분류

평판과 평행한 힘은 작용하지 않고, 평판과 평행한 방향의 운동량의 변화도 없다. 따라서 평행한 분류의 최초의 운동량은 충돌 후의 합과 같으므로

$$\rho Q V \cos\theta = \rho Q_1 V - \rho Q_2 V$$

$$\therefore \quad Q\cos\theta = Q_1 - Q_2$$

또한 연속의 방정식에서 $Q = Q_1 + Q_2$이므로 다음과 같은 식이 성립한다.

$$Q_1 = \frac{Q}{2}(1 + \cos\theta)\,[\mathrm{m^3/s}]$$

$$Q_2 = \frac{Q}{2}(1 + \cos\theta)\,[\mathrm{m^3/s}]$$

(3) 움직이고 있는 평판에 수직으로 작용하는 힘

그림과 같이 평판이 분류의 방향으로 u의 속도를 가지고 움직일 때 분류가 평판에 충돌하는 속도는 분류의 속도 v에서 평판의 속도 u를 뺀 값, 즉 평판에 대한 분류의 상대 속도이다.

$$F = \rho Q(V - u) = \rho A(V - u)^2\,[\mathrm{N}]$$

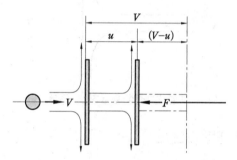

분류 방향으로 운동하는 평판에 충돌하는 분류의 힘

1-4 분류가 곡면판에 작용하는 힘

(1) 고정 곡면판(고정 날개)에 작용하는 힘

$$F_x = \rho Q V(1 - \cos\theta)\,[\mathrm{N}]$$

$$F_y = \rho Q V \sin\theta\,[\mathrm{N}]$$

$$\therefore\ F\sqrt{F_x^2 + F_y^2} = \rho Q V\sqrt{(1 - \cos\theta)^2 + \sin^2\theta} = 2Qv\sin\left(\frac{\theta}{2}\right)[\mathrm{N}]$$

$$\theta = \tan^{-1}\frac{F_y}{F_x} = \sin\frac{\theta}{(1 - \cos\theta)} = \cot\frac{\theta}{2} = \tan\frac{\pi - \theta}{2}$$

위의 식에 의하면 그 방향은 분류가 곡면판에 부딪치는 전후 속도의 방향을 이등분하는 선의 방향과 일치한다. 또 곡면판이 받는 힘 F는 $\theta = 180°$, 즉 U자형으로 만들 때가 최대로 되고 분류가 평판과 수직인 경우의 2배가 된다.

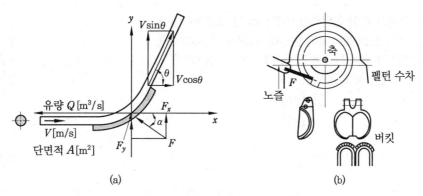

고정 곡면판에 미치는 분류의 힘

(2) 움직이는 곡면판(가동 날개)에 작용하는 힘

그림에서 유체 분류가 가동 날개의 접선 방향으로 유입한다면 유체가 날개에 작용하는 분력 F_x, F_y는 운동량 방정식에 의하여 결정된다. 날개 위를 지나는 상대 속도는 분류의 절대속도 V와 날개의 절대속도 u의 차로서 크기는 변함이 없다.

$F_x = \rho Q(V_{x1} - V_{x2})$에서

$$V_{x1} = V - u , \quad V_{x2} = (V - u)\cos\theta$$

또한 유량 $Q = A(V - u)$이므로 다음과 같다.

$$\therefore F_x = \rho Q(V - u)(1 - \cos\theta)$$

$$= \rho A(V - u)^2(1 - \cos\theta)$$

$$F_y = \rho Q(V_{y1} - V_{y2})$$에서

$$V_{y1} = 0$$

$$V_{y2} = (V - u)\sin\theta$$이므로

$$\therefore F_y = -\rho Q(V - u)\sin\theta = -\rho A(V - u)^2\sin\theta$$

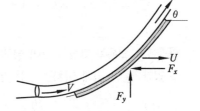

움직이는 곡면판(가동 날개)에
작용하는 힘

또한 날개 출구에서의 절대속도 x방향의 성분 V_x와 y방향의 성분 V_y를 구하면 다음과 같다.

$$V_x = (V - u)\cos\theta + u[\text{m/s}]$$

$$V_y = (V - u)\sin\theta[\text{m/s}]$$

단일 가동 날개에서의 유량은 분류의 단면적에 상대속도를 곱한 값이며, 펠톤 수차와 같은 연속 날개에서는 분류의 단면적에 절대속도를 곱한 값이다.

예제 3. 그림과 같이 단면적이 0.002 m²인 노즐에서 물이 30 m/s의 속도로 분사되어 평판을 5 m/s로 분류의 방향으로 움직이고 있을 때 분류가 평판에 미치는 충격력은 약 얼마인가? (단, 물의 비중은 1이다.)

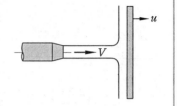

① 948 N   ② 1345 N

③ 1250 N   ④ 1837 N

해설 $F = \rho Q (V - u)^2 = 1000 \cdot (0.002)(30 - 5)^2 = 1250 \, \text{N}$

정답 ③

예제 4. 오른쪽 그림에서 R_x를 구하는 운동량 방정식은 어느 것인가?

① $p_1 A_1 - p_2 A_2 \cos\theta + R_x - W = \rho Q (V_1 - V_2 \cos\theta)$

② $-p_1 A_1 + p_2 A_2 \cos\theta + R_x = \rho Q (V_2 \cos\theta - V_1)$

③ $-p_1 A_1 + p_2 A_2 \cos\theta + R_x = \rho Q (V_1 - V_2 \cos\theta)$

④ $-p_1 A_1 + p_2 A_2 \sin\theta + R_x = \rho Q (V_2 \sin\theta - V_1)$

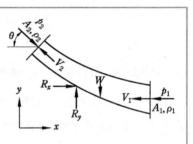

해설 $\Sigma F_x = \rho Q (V_{x2} - V_{x1})$

$-p_1 A_1 + p_2 A_2 \cos\theta + R_x = \rho Q (-V_2 \cos\theta - (-V_1))$

$R_x = p_1 A_1 - p_2 A_2 \cos\theta + \rho Q (V_1 - V_2 \cos\theta) \, [\text{N}]$

정답 ③

예제 5. 오른쪽 그림과 같이 벽에 붙어있는 180°의 깃에 단면적 A_0로 분사된 물이 부딪치고 있다. 물이 벽에 미치는 힘은 얼마인가?

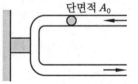

단면적 A_0

① 0   ② $\dfrac{1}{2} \rho A_0 V^2$

③ $\rho A_0 V^2$ ④ $2\rho A_0 V^2$

해설 운동량 방정식에서 $F = \rho (A_0 V)[V - (-V)] = 2\rho A_0 V^2 [\text{N}]$

정답 ④

예제 6. 단면적이 25 cm²이고, 속도가 60 m/s인 물제트가 20 m/s의 속도로 물제트와 같은 방향으로 이동하고 있는 깃에 분사될 때 깃을 지나는 체적 유량은 몇 m³/s인가?

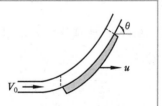

① 1500   ② 1.5

③ 0.1   ④ 0.15

해설 $Q = A(V_0 - u) = 25 \times 10^{-4}(60 - 20) = 0.1 \, \text{m}^3/\text{s}$

정답 ③

2. 프로펠러와 풍차

프로펠러(propeller)

항공기, 선박 또는 축류식 유체 기계의 프로펠러는 유체에 운동량의 변화를 주어 추진력 F를 발생시키는 장치이다.

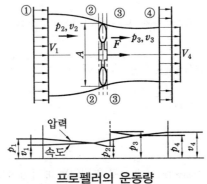

프로펠러의 운동량

그림에서 프로펠러의 상류 ①에서의 압력이 p_1, 속도가 v_1인 균일한 흐름이고 프로펠러 가까이에 이르러서는 속도가 증가하며, 압력은 감소한다. 프로펠러를 지나면 다시 압력은 증가하고 흐름의 속도도 증가하며, 흐름의 단면적이 작아져서 단면 ④에 이른다.

이것은 프로펠러가 진행되고 있는 상태이고 프로펠러 우측의 유속은 v_4이다. 따라서 프로펠러의 단면 ②와 ③에서의 속도는 같다고 볼 수 있으므로 $v_2 ≒ v_3$이다.

그러나 $p_2 < p_1$, $p_3 > p_4$이고, 프로펠러로부터 멀리 떨어진 p_1과 p_4는 같으므로 $p_2 < p_3$이다.

운동량의 원리를 단면 ①, ② 및 프로펠러의 반류(slip stream)로 둘러싸인 흐름에 적용하면 이에 미치는 힘은 프로펠러가 주는 힘뿐이다. 따라서 추진력 F는 다음과 같다.

$$F = \rho Q(V_4 - V_1) = (p_3 - p_1)A = \rho A V(V_4 - V_1)[\text{N}]$$

단면 ①과 ②, ③과 ④에 베르누이 방정식을 적용하면

$$p_1 + \rho \frac{V_1^2}{2} = p_2 + \rho \frac{V_2^2}{2}$$

$$p_3 + \rho \frac{V_3^2}{2} = p_4 + \rho \frac{V_4^2}{2}$$

와 같고, 이 두 식을 정리하면 다음과 같다.

$$p_3 - p_2 = \frac{1}{2}\rho(V_4^2 - V_1^2)$$

$$\therefore \ 평균속도(V) = \frac{V_1 + V_4}{2}\,[\text{m/s}]$$

프로펠러로부터 얻어지는 출력 L_o은 추력 F에 프로펠러의 전진속도 v_1을 곱한 것과 같으므로

$$L_o = FV_1 = \rho Q(V_4 - V_1)V_1\,[\text{W}]$$

또한 입력 L_i는 유속 v_1을 v_4로 계속적으로 증가시키기 위한 동력이므로

$$L_i = \frac{1}{2}\rho Q(V_4^2 - V_1^2) = \frac{\rho Q}{2}(V_4 + V_1)(V_4 - V_1) = \rho Q(V_4 - V_1)V\,[\text{W}]$$

따라서 프로펠러의 효율(η_p)은 다음과 같다.

$$\eta_p = \frac{L_o}{L_i} = \frac{V_1}{V}\times 100\,\%$$

예제 **7.** 나사 프로펠러(screw propeller)로 추진되는 배가 5 m/s의 속도로 달릴 때 프로펠러의 후류속도는 6 m/s이다. 프로펠러의 지름이 1 m이면 이 배의 추력은 몇 kN인가?

① 37.68 　　　　　　　　　　　② 42.68

③ 52.68 　　　　　　　　　　　④ 62.68

해설 항공기의 프로펠러에 적용했던 식들은 그대로 이용할 수 있다. $V_1 = 5$ m/s이고 후류(後流)의 속도가 6 m/s이므로 이동하는 배를 기준으로 할 때 $V_4 = 6 + 5 = 11$ m/s임을 알 수 있다.

따라서 평균속도 $V = \dfrac{V_1 + V_4}{2} = \dfrac{5 + 11}{2} = 8$ m/s

$Q = AV = \dfrac{\pi}{4}d^2 V = \dfrac{\pi}{4}\times 1^2 \times 8 = 6.28$ m^3/s

추력 $F = \rho Q(V_4 - V_1) = 1000 \times 6.28 \times (11 - 5) = 37680$ N $= 37.68$ kN 　　　정답 ①

예제 **8.** 위 문제에서 배의 이론추진효율은 몇 %인가?

① 83 　　　　　　　　　　　② 62.5

③ 50 　　　　　　　　　　　④ 72.5

해설 $\eta_{th} = \dfrac{2V_1}{V_1 + V_4} = \dfrac{2\times 5}{5 + 11} = 0.625 = 62.5\,\%$ 　　　정답 ②

3. 분류(jet)에 의한 추진

3-1 탱크에 붙어 있는 노즐에 의한 추진

* 분류의 속도 : $V = C_c \sqrt{2gh}$ [m/s]

* 추력 : $F = \rho Q V$(단, $Q = C_c A V$)

$$= \rho(C_c A \sqrt{2gh})(C_v \sqrt{2gh})$$

$$= 2\gamma CAh(C = C_c \times C_v)$$

노즐의 경우 $C = 1$이므로 $F = 2\gamma Ah$[N]

즉, 탱크는 분류에 의하여 노즐의 면적에 작용하는
정수압의 2배와 같은 힘을 받는다.

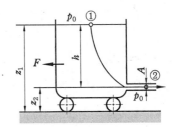

분사 추진

3-2 제트 추진

공기가 흡입구에서 v_1의 속도로 흡입되어 압축기에서 압축되고, 연소실에 들어가 연료
와 같이 연소되어 팽창된다. 이때 팽창된 가스는 고속도 v_2로 노즐을 통하여 공기 속으로
분출된다.

추력 $F = \rho_2 Q_2 V_2 - \rho_1 Q_1 V_1$

만일 연료에 의한 운동량의 변화를 무시하면

$\rho_1 Q_1 = \rho_2 Q_2 = \rho Q$

$\therefore F = \rho Q(V_2 - V_1)$[N]

이며, 또한 출력은 다음과 같다.

$L_o = F V_1$

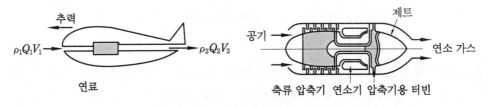

터보 제트 추진의 원리

3-3 로켓 추진

추진력 $F_{th} = \rho Q V = m V [\text{N}]$

로켓 추진

4. 각운동량

임의의 한 점을 중심으로 물체에 작용하는 힘의 모멘트는 그 점을 중심으로 한 물체의 운동량 모멘트의 시간에 대한 변화율과 같다. 이것을 운동량 모멘트의 원리(moment of momentum theory) 또는 각운동량의 원리라 한다.

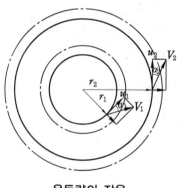

운동량의 작용

질량 m인 물체가 임의의 한 점을 중심으로 반지름 r인 곡선 위를 속도 V로 운동하고 있을 때 이 물체에 작용하는 힘의 모멘트 T는 다음과 같다.

$$T = \frac{d(mVr)}{dt}$$

이것을 선회체에 적용하면 다음과 같은 식이 성립한다.

$$T = \rho_2 Q_2 (V_2 \cos \alpha_2) r_2 - \rho_1 Q_1 (V_1 \cos \alpha_1) r_1$$

$$= \rho_2 Q_2 u_2 r_2 - \rho_1 Q_1 u_1 r_1 [\text{kN} \cdot \text{m}]$$

여기서, $u_2 = V_2 \cos \alpha_2, \ u_1 = V_1 \cos \alpha_1$

만일 연속의 방정식 $\rho_1 = \rho_2 Q_2 = \rho Q$ 가 성립하면 다음 식이 성립한다.

$$T = \rho Q (u_2 r_2 - u_1 r_1) [\text{kN} \cdot \text{m}]$$

또 동력 L은 다음과 같다.

$$L = T\omega = \rho Q (u_2 r_2 - u_1 r_1) \omega [\text{kW}]$$

여기서, ω : 각속도

이 원리는 펌프, 수차 및 송풍기(blower)의 회전차(impeller) 이론에 적용된다.

예제 9. 다음 그림에서 4개의 노즐은 모두 같은 지름인 2.5 cm를 가지고 있다. 각 노즐에서의 유량이 0.007 m³/s의 물이 분출되고 터빈의 회전수가 100 rpm일 때 여기에서 얻어지는 동력(kW)은 얼마인가?

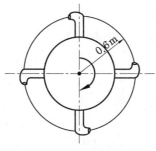

① 1.75   ② 2.51

③ 3.51   ④ 4.25

해설 분출속도 $(V) = \dfrac{Q}{A} = \dfrac{0.007}{\dfrac{\pi}{4}(0.025)^2} = 14.26 \text{ m/s}$

각속도 $(\omega) = \dfrac{2\pi N}{60} = \dfrac{2\pi \times 100}{60} = 10.47 \text{ rad/s}$

동력 $(L) = T\omega = (\rho Q V) r\omega = 1000 \times (0.007 \times 4) \times 14.26 \times 0.6 \times 10.47$

$\qquad = 2508.75 \text{ W} \fallingdotseq 2.51 \text{ kW}$

정답 ②

출제 예상 문제

1. 다음 중 운동량 방정식 $\Sigma F = \rho Q$ $(V_2 - V_1)$을 적용할 수 있는 조건은?

① 비압축성 유체

② 압축성 유체

③ 비정상 유동

④ 모든 점에서의 속도가 일정할 때

[해설] 운동량 법칙을 이용하여 식 $\Sigma F = \rho Q$ $(V_2 - V_1)$을 유도하는 데 다음과 같은 가정이 필요하다.

(1) 비압축성 유체

(2) 정상류

(3) 유관의 양 끝 단면에서 속도가 균일하다.

2. 다음 설명 중에서 틀린 것은?

① 질량 m인 물체가 어떤 순간 곡률 반지름으로 회전 운동할 때를 회전력(torque)이라 한다.

② 각운동량은 운동량의 모멘트와 같다.

③ 관벽이 유체에 작용하는 마찰력은 유체 유동방향과 항상 같다.

④ 유체가 관벽에 작용하는 마찰력은 압력차로 생기는 힘과 같다.

[해설] 유체 속도방향과 반대이다. 즉, 마찰력은 운동방향과 반대이다.

3. 다음 중 차원이 틀린 것은?

① 역적 = $[MLT^{-1}]$

② 일 = $[ML^2 T^{-2}]$

③ 운동량 = $[MLT^{-1}]$

④ 동력 = $[ML^{-2} T^{-1}]$

[해설] ① 역적 = 힘×시간

$= [MLT^{-2}] \times [T] = [MLT^{-1}]$

② 일 = 힘×거리

$= [MLT^{-2}] \times [L] = [ML^2 T^{-2}]$

③ 운동량 = 질량×속도

$= [M] \times [LT^{-1}] = [MLT^{-1}]$

④ 동력 = 일/시간

$= [ML^2 T^{-2}]/[T] = [ML^2 T^{-3}]$

4. 다음 그림과 같이 단면이 일정한 수평원관에 물이 흐르고 있다. 관의 지름은 30 cm이고, ① 단면에서의 압력은 800 kPa, ② 단면에서의 압력은 600 kPa일 때 ①과 ② 단면 사이에 작용하는 마찰력은 몇 kN인가?

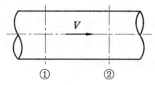

① 13.51 kN ② 13.65 kN

③ 13.96 kN ④ 14.13 kN

[해설] 두 단면 사이에 운동량법칙을 적용하면

$\Sigma F_x = p_1 A - p_2 A - F = \rho Q(V_{2x} - V_{1x})$

연속방정식에서 단면적이 일정하므로

$V_{1x} = V_{2x}$

$\therefore F = p_1 A - p_2 A = (p_1 - p_2) A$

$= (800 - 600) \times \dfrac{\pi}{4}(0.3)^2 = 14.13 \, \text{kN}$

5. 그림과 같이 비중이 0.85인 기름이 분출할 때 노즐에 미치는 힘은 얼마인가? (단, 관의 압력은 3 kg/cm²이고, 유량은 50 L/s이다.)

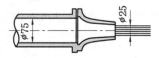

① 1858 kg   ② 1458.5 kg

③ 524.5 kg   ④ 259.5 kg

[해설] $V_1 = \dfrac{Q}{A_1} = \dfrac{0.05}{\dfrac{\pi}{4} \times (0.075)^2} = 11.3 \, \text{m/s}$

$V_2 = \dfrac{Q}{A_2} = \dfrac{0.05}{\dfrac{\pi}{4} \times (0.025)^2} = 101.8 \, \text{m/s}$

운동량의 방정식에서

[x 방향]

$F_x = -\rho Q(V_2 - V_1) + p_1 A_1$

$\quad = -0.85 \times 102(0.05)(101.8 - 11.3)$

$\qquad + 3 \times 10^4 \times \dfrac{\pi}{4} \times (0.075)^2$

$\quad = -392 + 132.5 = -259.5 \, \text{kg}$

$\quad = -2545.7 \, \text{N}$

유체와 노즐에 작용하는 힘은 259.5 kg로 반대방향이다.

6. 지름이 5 cm인 소방노즐에서 물제트가 40 m/s의 속도로 건물벽에 수직으로 충돌하고 있다. 벽이 받는 힘은 몇 N인가?

① 2250   ② 2450

③ 3140   ④ 2170

[해설] $F = \rho Q V = \rho A V^2$

$\quad = 1000 \times \dfrac{\pi}{4}(0.05)^2 \times 40^2 = 3140 \, \text{N}$

7. 지름이 3 cm인 분류가 속도 35 m/s로 움직일 때 분류와 직각으로 놓인 고정판에 작용하는 힘은 몇 N인가?

① 750   ② 780

③ 866   ④ 952

[해설] $F_x = \rho Q V = \rho A V^2$

$\quad = 1000 \times \dfrac{\pi}{4}(0.03)^2 \times (35)^2 \fallingdotseq 866 \, \text{N}$

8. 다음 그림과 같은 노즐로부터 물제트가 고정평판에 충돌하고 있다. 평판에 걸리는 힘 F는?

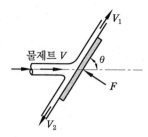

① $Q\rho V$

② $Q\rho V \sin\theta$

③ $Q\rho V \cos\theta$

④ $Q\rho V(1 - \cos\theta)$

[해설] 평판에 수직한 물제트의 속도 성분은 $V \cdot \sin\theta$이다. 따라서 운동량의 원리로부터

$F = Q\rho V \sin\theta \, [\text{N}]$

9. 그림에서 보듯이 속도 3 m/s로 운동하는 평판에 속도 10 m/s인 물분류가 직각으로 충돌하고 있다. 분류의 단면적이 0.01 m² 이라고 하면 평판이 받는 힘은 몇 N이 되겠는가?

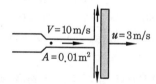

① 320 N   ② 450 N

③ 640 N   ④ 490 N

[해설] 평판에 대한 분류(jet)의 상대속도는

$(V - u) = 10 - 3 = 7 \, \text{m/s}$

$Q = A(V - u) = 0.01 \times 7 = 0.07 \, \text{m}^3/\text{s}$

$-F = \rho Q[0 - (V - u)]$

$\therefore \, F = \rho Q(V - u) = \rho A(V - u)^2$

$\quad = 1000 \times 0.01 \times 7^2 = 490 \, \text{N}$

10. 다음 그림과 같이 지름 5 cm인 분류가 30 m/s의 속도로 고정된 평판에 30°의 경사를 이루면서 충돌하고 있다. 분류는 물로서 비중량이 9800 N/m³일 때 판에 작용하는 힘 F는 몇 N인가?

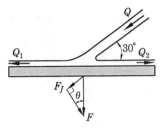

① 685   ② 784

③ 850   ④ 884

해설 분류가 평판에 충돌하기 전·후에 있어서 운동량 법칙을 적용하고 판에 수직인 방향의 힘만 고려하면,

$$\Sigma F_y = -F = \rho Q(V_{2y} - V_{1y}\sin\theta)$$

$$\therefore \ F = \rho Q(V_{1y}\sin\theta - V_{2y})$$

$$= 1000 \times \frac{\pi}{4} \times 0.05^2 \times 30(30\sin 30° - 0)$$

$$\fallingdotseq 884$$

11. 위 문제에서 평판에 작용하는 힘의 분류방향성분 F_j는 몇 N인가?

① 442   ② 500

③ 550   ④ 600

해설 $F_j = F\sin\theta = 884\sin 30° = 442\,\mathrm{N}$

12. 그림에서 물제트의 지름은 40 mm이고, 속도 60 m/s로 고정된 평판에 45°의 각도로 충돌하고 있을 때 판이 받는 힘(N)은 얼마인가?

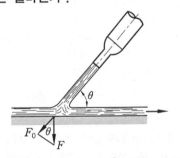

① 2235   ② 2745

③ 3198   ④ 4128

해설 $\Sigma F_y = \rho Q(V_{y2} - V_{y1})$

$$F = \rho QV\sin\theta = \rho AV^2\sin\theta$$

$$= 1000 \times \frac{\pi}{4}(0.04)^2 \times 60^2\sin 45°$$

$$\fallingdotseq 3198\,\mathrm{N}$$

13. 고정된 또는 운동하는 것에 의해서 굽혀진 분류의 유동을 해석하는 경우 옳은 가정을 보기에서 고르면 어느 것인가?

                 ── 〈보 기〉 ──

    ㉠ 분류의 운동량은 변화하지 않는다.

    ㉡ 깃에 따라 절대속도는 변화하지 않는다.

    ㉢ 유체의 충격 없이 깃으로 유동한다.

    ㉣ 노즐에서의 유동은 변화하지 않는다.

    ㉤ 분류의 단면적은 변화하지 않는다.

    ㉥ 분류와 깃 사이의 마찰은 무시하였다.

    ㉦ 분류는 속도없이 떠난다.

    ㉧ 깃에 접촉하기 전과 후에 분류의 단면적에서의 속도는 균일하다.

① ㉠, ㉢, ㉣, ㉥   ② ㉡, ㉢, ㉥, ㉦

③ ㉢, ㉣, ㉤, ㉥   ④ ㉢, ㉣, ㉥, ㉧

14. 다음 그림과 같이 유량 Q인 분류가 작은 판에 수직으로 부딪쳐 분류와 θ로 2등분되어 나갈 때 판을 고정시키는 데 필요한 힘 F_x는?

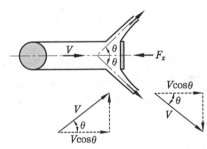

① $F_x = \rho QV(\cos\theta - 1)$

② $F_x = \rho QV(1 - \sin\theta)$

③ $F_x = \rho QV(1 - \cos\theta)$

④ $F_x = \rho QV\sin\theta$

해설 x방향 운동량 방정식에서

$\quad -F_x = \rho Q(V_{x2} - V_{x1})$

정답   **11.** ①   **12.** ③   **13.** ③   **14.** ③

여기서 $V_{x2}=V\cos\theta,\ V_{x1}=V$ 이므로

$$F_x=\rho QV(1-\cos\theta)\,[\text{N}]$$

15. 고정 또는 가동 날개에 부딪히는 유체 제트의 해석에 있어서의 가정은?

① 제트의 모멘트는 변화가 없다.

② 제트의 출구속도는 0이다.

③ 제트와 날개 사이에서의 마찰은 무시된다.

④ 제트의 유량은 일정하지 않다.

해설 고정 또는 가동 날개에 유체제트가 충돌할 때 힘 또는 동력 계산에 사용되는 운동량 법칙의 유도에 있어서 제트와 날개 사이에는 마찰이 없다고 가정하여 유속을 모두 각 단면에서 일정한 평균속도로 가정하고 있다.

16. 지름 10 cm의 분류가 속도 50 m/s로서 25 m/s로 이동하는 곡면판에 그림과 같이 충돌한다. 충격력은 몇 N인가?

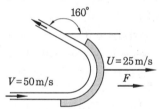

① 3880 N ② 9505 N
③ 3040 N ④ 6045 N

해설 날개에 대한 유체의 상대속도는

$(V-u)=50-25=25\,\text{m/s}$

$$Q=A(V-u)=\frac{\pi(0.1)^2}{4}\times25=0.196\,\text{m}^3/\text{s}$$

운동량 방정식을 적용하면

$-F_x=\rho Q(V_{x2}-V_{x1})$

$\therefore\ F_x=\rho Q(V_{x1}-V_{x2})$

$\quad=1000\times0.196\,[25-(-25\cos20°)]$

$\quad=9505\,\text{N}$

17. 속도 40 m/s의 분류가 $+x$ 방향으로 분출하고 있다. 이 분류를 고정날개로

120° 구부린다면 날개를 떠날 때의 분류의 속도 성분은?(단, 날개에서의 마찰손실 및 중력의 영향 등은 없는 것으로 한다.)

① $V_x=-20,\ V_y=20\sqrt{3}$

② $V_x=20,\ V_y=20\sqrt{3}$

③ $V_x=-40,\ V_y=0$

④ $V_x=-20,\ V_y=20$

해설 $V_x=V_0\cos\theta=40\cos120°=-20\,\text{m/s}$

$V_y=V_0\sin\theta=40\sin120°=20\sqrt{3}\,\text{m/s}$

18. 절대속도가 20 m/s, 날개각이 150°인 분류가 10 m/s의 속도로 분류방향으로 이동하고 있는 날개에 유입되고 있다. 분류가 날개를 유출하는 순간에 갖는 절대속도의 분류방향성분(V_x)과 그것에 수직방향성분(V_y)은 각각 몇 m/s인가?

① $\begin{cases}V_x=2.72\\V_y=3.5\end{cases}$ ② $\begin{cases}V_x=2.21\\V_y=4.0\end{cases}$

③ $\begin{cases}V_x=1.34\\V_y=5.0\end{cases}$ ④ $\begin{cases}V_x=1.85\\V_y=4.5\end{cases}$

해설 다음 그림과 같이 날개의 출구에서 속도 삼각형을 그리면

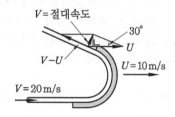

$V_x=U+(V-U)\cos\theta$

$\quad=10+(20-10)\cos150°≒1.34\,\text{m/s}$

$V_y=(V-U)\sin\theta$

$\quad=(20-10)\sin150°=5\,\text{m/s}$

19. 다음 그림과 같은 원추를 유지하는 데 필요한 힘은 몇 N인가?(단, 원추의 무게

는 무시한다.)

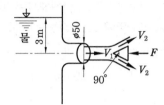

① 33.75
② 42.71
③ 52.82
④ 63.73

[해설] 노즐속도 $V_1 = \sqrt{2g \times 3} = 7.67 \, \text{m/s}$

유량 $Q = AV = \dfrac{\pi (0.05)^2}{4} \times 7.67$
$\qquad = 0.015 \, \text{m}^3/\text{s}$

여기서 $V_1 = V_2$이므로 $V_2 = 7.67 \, \text{m/s}$

$\therefore V_{2x} = V_2 \cos 45° = 7.67 \cos 45° = 5.42 \, \text{m/s}$

$\therefore -F = \dfrac{9800}{9.8} \times 0.015 (5.42 - 7.67)$

$\therefore F = 33.75 \, \text{N}$

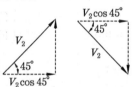

20. 속도가 30 m/s인 제트가 제트와 같은 방향으로 제트의 1/2 속도로 이동하고 있는 한 개의 날개에 부딪치고 있다. 제트와 날개 사이에는 마찰이 없고 날개의 각도는 150°일 때 날개에 미치는 합력의 크기는 얼마인가? (단, 제트의 지름은 100 mm이다.)

① 1335 N
② 2415 N
③ 3362 N
④ 3420 N

[해설] $Q = A(v-u) = \dfrac{\pi (0.1)^2}{4} \times (30-15)$
$\qquad = 0.118 \, \text{m}^3/\text{s}$

운동량의 방정식
(x방향)
$F_x = \rho Q (v-u)(1 - \cos \theta)$
$\qquad = 1000 \times 0.118 \times (30-15)(1 - \cos 150°)$

$\fallingdotseq 3303 \, \text{N}$

(y방향)
$F_x = \rho Q (v-u)\sin \theta$
$\qquad = 1000 \times 0.118 \times (30-15)\sin 150° = 885 \text{N}$

합력의 크기
$F = \sqrt{F_x{}^2 + F_y{}^2} = \sqrt{3303^2 + 885^2}$

$\fallingdotseq 3420 \, \text{N}$

21. 지름이 30 mm인 공기분류가 터빈 회전차에 붙어 있는 베인열에 그림과 같이 분사되고 있다. 이 공기분류에 의해서 얻어지는 동력은 몇 kW인가? (단, 공기의 비중량 $\gamma = 12.6 \, \text{N/m}^3$)

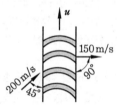

① 5.6
② 1.59
③ 3.27
④ 4.61

[해설] 공기제트에서 얻은 동력은 베인의 입구와 출구에서 운동 에너지 차이다. 즉,

$P = \dfrac{m(V_1{}^2 - V_2{}^2)}{2} = \dfrac{\rho Q (V_1{}^2 - V_2{}^2)}{2}$

$\quad = \dfrac{\dfrac{12.6}{9.8} \times \left[\dfrac{\pi (0.03)^2}{4} \times 200 \right](200^2 - 150^2)}{2}$

$\quad = 1589.6 \, \text{N} \cdot \text{m/s} \fallingdotseq 1.59 \, \text{kW}$

22. 그림과 같은 물체가 물제트 속을 3 m/s의 속도로 거슬러 올라 가고 있다. 이 때 물제트의 유량과 속도가 각각 10 L/s, 5 m/s일 때 물체가 받는 힘은 얼마인가?

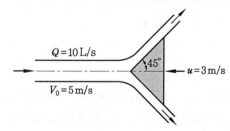

① 4.93 kg (48.3 N)

② 3.82 kg (37.5 N)

③ 5.6 kg (54.9 N)

④ 10.2 kg (100 N)

[해설] 운동량의 이론으로부터

$$F_x = Q'\rho(V_0 + u)(1 - \cos\theta)$$

여기에서 물제트의 단면적을 A라고 할 때 $Q' = A(V_0 + u)$, $Q = V_0 A$이므로

$$Q' = \frac{(V_0 + u)Q}{V_0}$$

$$\therefore F_x = Q\rho\frac{(V_0 + u)^2}{V_0}(1 - \cos\theta)$$

$$= 10 \times 10^{-3} \times 102 \times \frac{(5+3)^2}{5} \times (1 - \cos 45°)$$

$$= 3.82 \, kg$$

[SI 단위]

$$F_x = \rho Q\frac{(V_0 + u)^2}{V_0}(1 - \cos\theta)$$

$$= 1000 \times 10 \times 10^{-3} \times \frac{(5+3)^2}{5} \times (1 - \cos 45°)$$

$$\fallingdotseq 37.5 \, N$$

23. 그림과 같은 물탱크의 하단에 설치된 노즐을 통하여 물이 분사되고 있다. 이때 탱크는 추력을 받아 운동하게 되는데 물제트에 의하여 탱크에 작용되는 추력 F는 얼마인가?

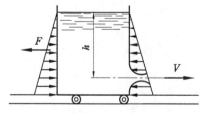

① $\sqrt{2gh}$

② γAh

③ $2\gamma Ah$

④ $Q\gamma\sqrt{2gh}$

[해설] 노즐 출구에서의 속도 V_2는 탱크의 수면과 노즐의 출구에 대해 베르누이 방정식을 적용하여

$$\frac{V_1^2}{2g} + \frac{p_1}{\gamma} + z_1 = \frac{V_2^2}{2g} + \frac{p_2}{\gamma} + z_2$$

여기에서 $V_1 = 0$, $p_1 = p_2 = 0$, $z_2 = 0$, $z_1 = h$이므로 $V_2 = V = \sqrt{2gh}$

역적과 운동량의 원리로부터 물제트에 의한 추력 $F = Q\rho V$

여기에서 $Q = AV$, $\rho = \frac{\gamma}{g}$, $V = \sqrt{2gh}$ 이므로

$$F = A \times \frac{\gamma}{g}(\sqrt{2gh})^2 = 2\gamma Ah [N]$$

24. 위 문제에서 물 탱크에 물의 깊이가 3 m일 때 물 탱크가 받게 되는 추력은 얼마인가? (단, 노즐의 지름은 20 cm이고, 노즐에서의 마찰은 무시된다.)

① 1846.3 N

② 2979 N

③ 2510 N

④ 3969 N

[해설] $F_p = 2\gamma Ah = 2 \times 9800 \times \frac{\pi}{4} \times 0.2^2 \times 3$

$$= 1846.3 \, N$$

25. 1000 km/h로 비행하는 분사추진 비행기의 공기흡입량은 40 kg/s이고, 분사속력이 비행기에 대하여 500 m/s이었다. 연료의 무게를 무시할 때 추력은 몇 N인가?

① 2739

② 10378

③ 11088

④ 8889

[해설] 비행기 속도 $V_1 = \frac{1000}{3.6} = 277.78 \, m/s$

$$m = \rho AV = \rho Q = 40 \, kg/s$$

$$F_{th} = \rho Q(V_2 - V_1) = 40 \times (500 - 277.78)$$

$$= 8889 \, N$$

26. 1120 km/h로 비행하는 분사 추진 비행기의 공기 흡입량은 75 kg/s이고, 연료의 연소 기체의 질량은 1.35 kg/s이었다. 이때 추진력이 3600 kg일 때 분사속도는 몇 m/s인가?

① 311.11   ② 211.32

③ 352.76   ④ 276.38

해설 비행기 속도 $V_1 = \dfrac{1120}{3.6} = 311.11\,\text{m/s}$

$\rho_1 Q_1 = 75\,\text{kg/s}$

$\rho_2 Q_2 = 75 + 1.35 = 76.35\,\text{kg/s}$

$F = 3600\,\text{kg}$이므로

$F = \rho_2 Q_2 V_2 - \rho_1 Q_1 V_1$

$3600 = 76.35 \times V_2 - 75 \times 311.11$

$\therefore\ V_2 = 352.76\,\text{m/s}$

27. 다음 중 운동량의 단위는 어느 것인가?

① kg   ② $\text{kg} \cdot \text{s}^2/\text{m}$

③ $\text{kg} \cdot \text{m/s}$ ④ $\text{kg} \cdot \text{s}$

28. 운동방정식 $\Sigma F = \rho_2 Q_2 V_2 - \rho_1 Q_1 V_1$ 은 다음 중 어떤 가정하에서 유도할 수 있는가?

① 각 단면에서의 속도분포는 일정하다.

② 흐름이 비정상류다.

③ 비압축성 유체에서의 흐름에서만 가능하다.

④ 점성 흐름에서만 가능하다.

해설 $\Sigma F = Q\rho(V_2 - V_1)$에서 V_2와 V_1은 임의의 단면에서의 속도이므로 그 단면에서의 평균속도라고 가정된 값이다. 따라서 임의의 단면에서 속도분포는 일정하여야 한다.

29. 다음 설명 중에서 틀린 것은?

① 질량(m)과 속도(V)를 곱한 것을 역적이라 한다.

② 단위 시간당의 운동량 변화는 힘과 같다.

③ 운동량의 변화를 역적이라 한다.

④ 질량(m)은 단위 시간당의 질량 유량(ρQ)과 같다.

해설 역적은 운동량의 변화와 같다.

즉, $Fdt = mdV$이다.

30. 운동량의 차원은? (단, M: 질량, L: 길이, T: 시간, F: 힘)

① $[FL^{-1}T^{-1}]$

② $[FLT^{-1}]$

③ $[MLT^{-1}]$

④ $[ML^{-1}T^{-1}]$

해설 운동량 $= m \cdot V$이므로

$[M] \cdot [LT^{-1}] = [MLT^{-1}]$

$= [FL^{-1}T^2][LT^{-1}] = [FT]$

31. 다음 중 운동량의 법칙은?

① 비점성 유체에만 적용된다.

② 비압축성 유체에만 적용된다.

③ 이상 유체에만 적용된다.

④ 모든 유체에 적용된다.

해설 운동량의 법칙은 모든 유체나 고체에 적용시킬 수 있는 자연법칙이다.

32. 운동량 방정식에서의 보정계수 β는?

① $\dfrac{1}{A}\displaystyle\int_A \left(\dfrac{v}{V}\right) dA$

② $\dfrac{1}{A}\displaystyle\int_A \left(\dfrac{v}{V}\right)^2 dA$

③ $\dfrac{1}{A}\displaystyle\int_A \left(\dfrac{v}{V}\right)^3 dA$

④ $\dfrac{1}{A}\displaystyle\int_A \left(\dfrac{v}{V}\right)^4 dA$

해설 운동량 보정계수(β)

$= \dfrac{1}{A}\displaystyle\int_A \left(\dfrac{U}{V}\right)^2 dA = \dfrac{1}{AV^2}\displaystyle\int_A U^2 dA$

33. 분류가 움직이는 단일 평판에 수직으로 충돌할 경우 유량은?

① 분류의 절대속도와 분류의 단면적을 곱한 값이다.

정답   27. ③   28. ①   29. ①   30. ③   31. ④   32. ②   33. ②

② 평판에 대한 분류의 상대속도와 분류의 단면적을 곱한 값이다.

③ 분류의 속도와 평판의 속도를 곱한 값에 분류의 단면적을 곱한 값이다.

④ 평판의 절대속도와 분류의 단면적을 곱한 값이다.

[해설] $Q = A(V - U)$에서 A : 분류의 단면적, V : 분류의 절대속도, U : 평판의 절대속도 즉, 분류의 단면적과 평판에 대한 분류의 상대속도($V - U$)를 곱한 값이 유량이 된다.

34. 다음 그림과 같이 고정된 터빈 날개에 V[m/s]의 분류가 날개를 따라 유입할 때 중심선 방향으로 날개에 미치는 힘은?

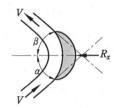

① $\rho QV(\cos\alpha + \cos\beta)$

② $\rho QV(\cos\alpha - \cos\beta)$

③ $\rho QV(\cos\alpha + \sin\beta)$

④ $\rho QV(\sin\alpha - \cos\beta)$

[해설] $\sum F_x = \rho Q(V_{x2} - V_{x1})$
$-R_x = \rho Q(V_{x2} - V_{x1})$
$R_x = \rho Q(V_{x1} - V_{x2})$
$= \rho QV[\cos\alpha - (-\cos\beta)]$
$= \rho QV(\cos\alpha + \cos\beta)$ [N]

35. 그림과 같은 제트기에서 공기를 흡입하여 압축시킨 다음 연소실에서 연료와 함께 연소시켜 고온고압의 가스를 발생시켜 그의 일부로서 터빈을 작동하여 공기압축기의 동력으로 사용하고 나머지는 축소확대 노즐을 통하여 분출시킴으로써 제트기의 추력을 얻게 된다. 이 제트기의 추력은 얼마인가?

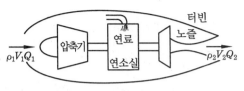

① $F_p = Q_2\rho_2 V_2$

② $F_p = Q_1\rho_1 V_1$

③ $F_p = Q_2\rho_2 V_2^2$

④ $F_p = Q_2\rho_2 V_2 - Q_1\rho_1 V_1$

[해설] 운동량의 원리로부터
$\sum F = Q\rho(V_2 - V_1)$
대기압에 의한 영향과 연료의 영향을 무시하면 $F_p = Q_2\rho_2 V_2 - Q_1\rho_1 V_1$

36. 그림과 같은 펠톤수차의 러너의 원주방향으로 연속적으로 달려 있는 날개에 액체 제트가 충돌하고 있다. 제트의 속도를 V_0, 날개의 원주속도를 u, 날개의 각을 θ라고 할 때 최대동력 P는 얼마인가?

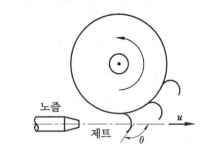

① $Q\gamma\dfrac{V_0^2}{2}$　　　② $Q\rho\dfrac{V_0^2}{2}$

③ $Q\rho\dfrac{V_0^2}{2g}$　　　④ $Q\gamma\dfrac{u^2}{2g}$

[해설] 운동량의 원리로부터 가동날개에서의 수평력 $F_x = Q\rho(V_0 - u)(1 - \cos\theta)$
따라서 동력
$P = F_x u = Q\rho(V_0 - u)(1 - \cos\theta)u$
여기서 $u = 0$, $u = V_0$일 때 $P = 0$이 되므로, Q, ρ, θ, V_0를 일정하게 유지할 때에는

$u = \dfrac{V_0}{2}$일 때 최댓값이 된다.

$$\therefore P_{max} = Q\rho \frac{V_0^2}{4}(1 - \cos\theta)$$

그리고 $\theta = 180°$이면 $\cos 180° = -1$이 되어

$$P_{max} = Q\rho \frac{V_0^2}{2} = \frac{Q\gamma V_0^2}{2g}$$

37. 프로펠러나 풍차에서 그의 전후방에서의 속도를 각각 V_1, V_4라고 할 때 프로펠러나 풍차를 직접 통과하는 속도 V는?

① $V = \dfrac{(V_1 - V_4)}{2}$ ② $V = \dfrac{(V_1 + V_4)}{2}$

③ $V = (V_1 - V_4)$ ④ $V = (V_1 + V_4)$

해설 프로펠러 그림에서 단면 1, 4에 대하여 운동량의 원리를 적용시키면

$(p_3 - p_2)A = F = Q\rho(V_4 - V_1)$
$\qquad\qquad = A\rho V(V_4 - V_1)$

여기서 V는 프로펠러를 지나는 유체의 평균 속도이다.

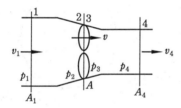

따라서 정리하면

$p_3 - p_2 = \rho V(V_4 - V_1)$ ························ ㉠

1, 2 단면에 대한 베르누이 방정식은

$p_1 + \dfrac{1}{2}\rho V_1^2 = p_2 + \dfrac{1}{2}\rho V_2^2$

3, 4 단면에 대한 베르누이 방정식은

$p_3 + \dfrac{1}{2}\rho V_3^2 = p_4 + \dfrac{1}{2}\rho V_4^2$

위의 두 식에서 $p_1 = p_4$가 되므로

$p_3 - p_2 = \dfrac{1}{2}\rho(V_4^2 - V_1^2)$ ··············· ㉡

㉠, ㉡식으로부터 $V = \dfrac{(V_1 + V_4)}{2}$

38. 지름 500 mm인 수평원관에 물이 흐르고 있다. ① 단면에서의 압력이 100 kg/m², ② 단면에서의 압력이 50 kg/m² 일 때 두 단면 사이의 벽면이 받는 마찰력은 몇 kg인가?

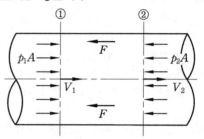

① 8.4   ② 9.8   ③ 10.5   ④ 11.2

해설 그림에서 마찰력을 F, 각 단면에서의 압력을 p_1, p_2, 유속을 V_1, V_2, 단면적을 A라고 하고 두 단면 사이에 운동량 방정식을 적용하면

$\Sigma F_x = \rho Q(V_{2x} - V_{1x})$에서

$p_1 A - p_2 A - F = \rho Q(V_2 - V_1)$

$V_1 = V_2$이므로

$p_1 A - p_2 A - F = 0$

$\therefore F = (p_1 - p_2)A$

$\qquad = (100 - 50) \times \dfrac{\pi}{4} \times 0.5^2 = 9.8 \, \text{kg}$

39. 수평으로 5 m/s 움직인 평판에 지름이 20 mm인 노즐에서 물이 30 m/s의 속도로 평판에 수직으로 충돌할 때 평판에 미치는 힘은 얼마인가?

① 196.2 N   ② 280.2 N
③ 2080 N   ④ 1125 N

해설 $F = \rho Q(V - u) = \rho A(V - u)^2$

$\qquad = 1000 \times \dfrac{\pi}{4}(0.02)^2(30 - 5)^2$

$\qquad = 196.2 \, \text{N}$

40. 물이 그림과 같은 180° 벤드에 붙은 노즐로부터 분출한다. 이 벤드가 받는 힘은 얼마인가? (단, 벤드와 노즐의 내용적

은 0.1 m³이다.)

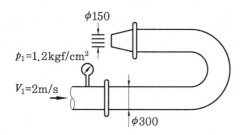

① $K_x = 992.5\,\text{kgf}(\leftarrow)$, $K_y = 100\,\text{kgf}(\uparrow)$
② $K_x = 992.5\,\text{kgf}(\rightarrow)$, $K_y = 100\,\text{kgf}(\downarrow)$
③ $K_x = 952.5\,\text{kgf}(\leftarrow)$, $K_y = 102\,\text{kgf}(\uparrow)$
④ $K_x = 952.5\,\text{kgf}(\rightarrow)$, $K_y = 102\,\text{kgf}(\downarrow)$

해설 벤드가 받는 힘은 물이 벤드에 주는 힘과 같다. 이 힘을 K_x, K_y라 하면 벤드 내부의 물의 체적을 관계역으로 택하여 유체의 운동량 방정식을 적용한다.

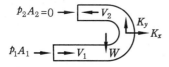

x방향의 운동량 방정식
$$K_x + p_1 A_1 + p_2 A_2 = \rho Q_2 A_2 - \rho Q_1 A_1$$
$p_2 = 0$, V_2는 연속방정식으로부터 구하면
$$V_2 = \left(\frac{d_1}{d_2}\right)^2 V_1 = \left(\frac{300}{150}\right)^2 \times 2 = 8\,\text{m/s}$$
$$\therefore K_x = -p_1 A_1 + \rho A_2 V_2^2 - \rho A_1 V_1^2$$
$$= -1.2 \times 10^4 \times \frac{\pi}{4}(0.3)^2$$
$$- \frac{1000}{9.8} \times \frac{\pi}{4} \times 0.15^2 \times 8^2$$
$$- \frac{1000}{9.8} \times \frac{\pi}{4} \times 0.3^2 \times 2^2$$
$$= -992.5\,\text{kgf} = -9726.4\,\text{N}$$
y방향의 운동량 방정식
$$K_y - W = 0$$
$$\therefore K_y = W = \gamma V = 1000 \times 0.1$$
$$= 100\,\text{kgf} = 980\,\text{N}$$

41. 시속 800 km의 속도로 날고 있는 제트기가 있다. 이 제트기의 배기의 배출속도가 300 m/s이고 공기의 흡입량이 26 kg/s일 때 제트기의 추력은 몇 N인가? (단, 배기에는 연소가스가 2.5 % 증가되고 있다.)

① 1625 ② 1865
③ 2218 ④ 2512

해설 제트기에 대한 추력 F_{th}는 운동량의 법칙으로부터 $F_{th} = \rho_2 Q_2 V_2 - \rho_1 Q_1 V_1$
여기에서 $V_1 = \frac{800}{3.6} = 222.2\,\text{m/s}$
$V_2 = 300\,\text{m/s}$
$m_1 = \rho_1 Q_1 = 26\,\text{kg/s}$
$m_2 = \rho_2 Q_2 = 26(1+0.025) = 26.65\,\text{kg/s}$
$$\therefore F_{th} = \rho_2 Q_2 V_2 - \rho_1 Q_1 V_1$$
$$= m_2 V_2 - m_1 V_1$$
$$= 26.65 \times 300 - 26 \times 222.2$$
$$\fallingdotseq 2218\,\text{N}$$

42. 그림과 같은 단일 날개에서 분류에 의해서 작용하는 힘은 몇 N인가?

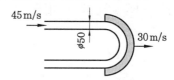

① 375 ② 560
③ 885 ④ 1080

해설 날개에 대한 분류의 상대속도는
$(V-U) = 45-30 = 15\,\text{m/s}$
$$Q = A(V-U) = \frac{\pi(0.05)^2}{4} \times 15$$
$$= 0.0295\,\text{m}^3/\text{s}$$
그리고 $V_{x2} = -15\,\text{m/s}$, $V_{x1} = 15\,\text{m/s}$이므로
운동량 방정식 $-F_x = \rho Q(V_{x2} - V_{x1})$
$$\therefore F_x = \rho Q(V_{x1} - V_{x2})$$
$$= 1000 \times 0.0295[15-(-15)] = 885\,\text{N}$$

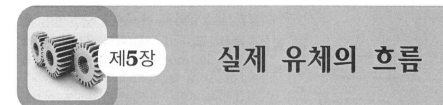

실제 유체의 흐름

제5장

1. 유체의 유동 형태

1-1   층류와 난류

유체 유동에서 유체 입자들이 대단히 불규칙적인 유동을 할 때 이 유체의 흐름을 난류 (turbulent flow)라 하고, 이에 반해 유체 입자들이 각층 내에서 질서정연하게 미끄러지 면서 흐르는 유동 상태를 층류(laminar flow)라 한다.

(1) 층류(laminar flow)

층류에서는 층과 층 사이가 미끄러지면서 흐르며, 뉴턴의 점성 법칙이 성립된다. 따라 서 전단응력은 다음과 같다.

$$\tau = \mu \frac{du}{dy} \, [\text{Pa}]$$

(2) 난류(turbulent flow)

난류에서는 전단응력이 점성뿐만 아니라 난류의 불규칙적인 혼합 과정의 결과로 다음과 같이 표시된다(Boussinesq).

$$\tau = \eta \frac{du}{dy} \, [\text{Pa}]$$

여기에서 η를 와점성계수(eddy viscosity) 또는 난류 점성계수(turbulent viscosity)라 하며, 난류의 정도와 유체의 밀도에 의하여 결정되는 계수이다. 그러나, 실제 유체의 유동 은 일반적으로 층류와 난류의 혼합된 흐름이므로 다음과 같다.

$$\tau = (\mu + \eta) \frac{du}{dy} \, [\text{Pa}]$$

위 식에서 완전 층류일 때는 η의 값이 0이 되고, 완전 난류일 때는 μ는 η에 비하여 극히 작은 값이 되므로 $\mu = 0$ 으로 쓸 수 있다.

1-2 레이놀즈(Reynolds)수

1883년에 레이놀즈는 층류에서 난류로 바뀌는 조건을 왼쪽 그림과 같은 장치로써 조사하였다. 관 끝의 밸브를 조금 열어 느리게 한 후 착색 용액을 주입한 결과 선모양의 착색액은 확산됨이 없이 축과 평행으로 전반에 걸쳐 오른쪽 그림의 (a)와 같이 층류를 이루었다. 다시 밸브를 조금 더 열어 유속을 빠르게 하였더니 착색액은 그림 (c)와 같이 관의 전 단면에 걸쳐 확산되어 난류를 이루었다. 그림 (b)와 같이 층류와 난류의 경계를 이루는 구역을 천이 구역이라 한다.

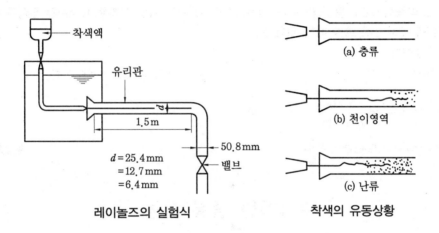

레이놀즈의 실험식   착색의 유동상황

이 결과를 종합하여 레이놀즈는 층류와 난류 사이의 천이 조건으로서 속도 v, 지름 d 및 유체의 점도 μ 가 관계됨을 확인하고, 다음과 같은 식을 세웠다.

$$Re = \frac{\rho V d}{\mu} = \frac{V d}{\nu} = \frac{4Q}{\pi d \nu}$$

이 Re 를 레이놀즈수(Reynolds number)라 하며, 단위가 없는 무차원수로서 실제 유체의 유동에서 관성력과 점성력의 비를 나타낸다.

- 층류 : $Re < 2100$(2320 또는 2000)
- 난류 : $Re > 4000$
- 천이구역 : $2100 < Re < 4000$

(1) 하임계 레이놀즈수(lower critical Reynolds number)

난류에서 층류로 천이하는 레이놀즈수로 2100, Schiller의 실험으로는 2320이다.

(2) 상임계 레이놀즈수(upper critical Reynolds number)

층류에서 난류로 천이하는 레이놀즈수로 원관인 경우 4000이다.

예제 1. 난류에서 전단응력과 속도 구배의 비를 나타내는 점성계수는?

① 유체의 성질이므로 온도가 주어지면 일정한 상수이다.

② 뉴턴의 점성법칙으로부터 구한다.

③ 임계 레이놀즈수를 이용하여 결정한다.

④ 유동의 혼합길이와 평균속도 구배의 함수이다.

해설 $\tau = \eta \dfrac{du}{dy}$ [Pa] 외점계수$(\eta) = \rho l^2 \left| \dfrac{du}{dy} \right|$ 　　　　　정답 ④

예제 2. 비중이 0.85, 동점성계수가 $0.84 \times 10^{-4} \ \text{m}^2/\text{s}$인 기름이 지름 10 cm인 원형관 내를 평균속도 3 m/s로 흐를 때의 흐름은?

① 층류이다.　　　　　　　　　　② 난류이다.

③ 천이구역이다.　　　　　　　　④ 하한임계 레이놀즈수이다.

해설 $Re = \dfrac{Vd}{\nu} = \dfrac{3 \times 0.1}{0.84 \times 10^{-4}} = 3571 < 4000$

$2100 < Re < 4000$(천이구역) 　　　　　　　정답 ③

---

2. 1차원 층류 유동

2-1　고정된 평판 사이의 정상 유동

간격 $2h$인 고정된 평행 평판 사이의 길이 dl, 두께 $2y$, 단위 폭인 미소체적에 미치는 정상류의 경우 다음과 같은 식을 만족한다.

$$p(2y \times 1) - (p + dp)(2y \times 1) - \tau 2(dl \times 1) = 0$$

$$\tau = -\frac{ydp}{dl} \ [\text{Pa}]$$

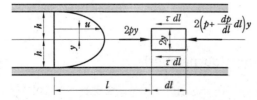 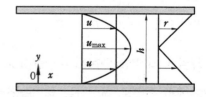

평행 평판 사이의 층류

또 유동 상태가 층류이고, y가 증가함에 따라 속도 u가 감소하므로 뉴턴의 점성법칙은 다음과 같다.

$$\tau = -\mu \frac{du}{dy}$$

$$\therefore \ \frac{du}{dy} = -\frac{1}{\mu} \frac{dp}{dl} y$$

적분하면 다음과 같다.

$$u = -\frac{1}{2\mu} \frac{dp}{dl} y^2 + C$$

경계조건 $y \to \infty$일 때 $u = 0$이므로 다음과 같다.

$$C = -\frac{1}{2\mu} \frac{dp}{dl} h$$

$$\therefore \ u = -\frac{1}{2\mu} \frac{dp}{dl} (h^2 - y^2)$$

위 식에서 속도 분포는 포물선임을 알 수 있고, $y = 0$에서 최대 속도가 된다.

$$최대 \ 속도(U_{max}) = -\frac{1}{2\mu} \frac{dp}{dl} h^2$$

유량 Q는 속도를 전단면에 걸쳐 적분하면 다음과 같이 된다.

$$Q = \int u dA = -\frac{1}{2\mu} \frac{dp}{dl} \int_{-h}^{h} (h^2 - y^2)(dy \times 1) = -\frac{2}{3} \frac{h^3}{\mu} \frac{dp}{dl} \, [\text{m}^3/\text{s} \cdot \text{m}]$$

또 평균유속 V는 다음과 같다.

$$\therefore \ V = \frac{Q}{A} = \frac{Q}{2h \times 1} = -\frac{h^3}{3\mu} \frac{dp}{dl} = \frac{2}{3} u_{max} \, [\text{m/s}]$$

길이 l인 평행 평판 사이의 층류 흐름에서 압력 강하를 Δp라 하면

$$\therefore \ \Delta p = \frac{3}{2} \frac{\mu Q l}{h^3} \, [\text{kPa}]$$

2-2 한 평판이 유동할 때의 정상류

그림과 같이 한 평판이 속도 V로 유동하고, 압력이 l방향으로 변화할 때 두 평행 평판 사이의 정상 유동에 대한 운동방정식은 폭을 단위 폭으로 가정하여 표시하면 다음과 같다.

$$p dy - (p + dp) dy - \tau dl + (\tau + d\tau) dl = 0$$

$$\therefore \frac{d\tau}{dy} = \frac{dp}{dl}$$

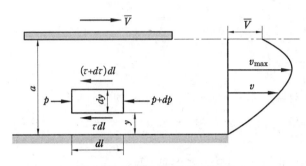

한 평판이 유동할 때의 정상류

y에 관하여 적분하면 다음과 같다.

$$\tau = \frac{dp}{dl} y + C_1$$

또 유동 상태가 층류이고, y가 증가함에 따라 속도 u가 증가하므로

$$\tau = \mu \frac{du}{dy}$$

이며, 두 식에서 $\dfrac{du}{dy} = \dfrac{1}{\mu}\dfrac{dp}{dl}y + \dfrac{C_1}{\mu}$이므로 y에 관하여 다시 적분하면 다음과 같다.

$$u = \frac{1}{2\mu}\frac{dp}{dl}y^2 + \frac{C_1}{\mu}y + C_2$$

경계 조건 $y=a$일 때 $u=V$, $y=0$일 때 $u=0$을 대입하여 정리하면 다음과 같다.

$$y=a,\ u=V\,;\ V = \frac{1}{2\mu}\frac{dp}{dl}a^2 + \frac{C_1}{\mu}a + C_2$$

$$y=0,\ u=0\,;\ C_2 = 0$$

$$\therefore\ u = \frac{Vy}{a} - \frac{1}{2\mu}\frac{dp}{dl}(ay - y^2)$$

$\dfrac{dp}{dl}=0$이면 압력 강하가 존재하지 않으므로 속도 분포는 직선이 된다. 한편 유량 Q는 속도를 전단면에 걸쳐 적분하면 다음과 같이 된다.

$$Q = \int u\,dy = \frac{Vy}{a} - \frac{1}{12\mu}\frac{dp}{dl}a^3\,[\text{m}^3/\text{s}]$$

일반적으로 최대 유속은 흐름의 중심이 아닌 다른 점에서 일어난다.

2-3 수평 원관 속에서의 정상 유동

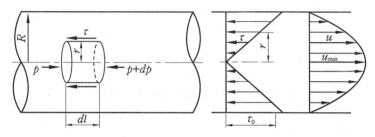

수평 원관 속에서의 정상 유동

단면적이 일정한 수평 원관에서 점성 유체가 정상류로 흐르고 있을 때 그림과 같은 모양의 자유물체도에 운동량 방정식을 적용시키면 다음과 같다.

$$p(\pi r^2) - (p + dp)(\pi r^2) - \tau(2\pi r dl) = 0$$

$$\tau = -\frac{dp}{dl}\frac{r}{2}[\text{Pa}]$$

1차 층류 유동에 대하여 r가 증가함에 따라 속도 u가 감소하므로 점성법칙

$\tau = -\mu\dfrac{du}{dy}$ 대신에 $\tau = -\mu\dfrac{du}{dr}$ 가 된다.

$$\therefore \frac{du}{dr} = \frac{1}{\mu}\frac{dp}{dl}\frac{r}{2}$$

r에 대하여 적분하면 다음과 같다.

$$u = \frac{1}{4\mu}\frac{dp}{dl}r^2 + C$$

경계조건 $r = R$일 때 유속 $u = 0$이므로 $C = -\dfrac{1}{4\mu}\dfrac{dp}{dl}R^2$

$$\therefore u = -\frac{1}{4\mu}\frac{dp}{dl}(R^2 - r^2)$$

위 식에서 속도 분포는 포물선으로 관벽($r = R$)에서 0이며, 중심까지 포물선으로 증가한다. 또 최대 속도는 관의 중심($r = 0$)에서 일어나며 다음과 같다.

$$u_{\max} = -\frac{1}{4\mu}\frac{dp}{dl}R^2$$

그러므로 속도 분포방정식은 다음과 같이 바꿔 쓸 수 있다.

$$\therefore u = u_{\max}\left[1 - \left(\frac{r}{R}\right)^2\right][\text{m/s}]$$

유량 Q는 속도를 원관의 전단면에 걸쳐 적분하면 다음과 같이 된다.

$$Q = \int u\,dA = \int u(2\pi r dr) = -\frac{\pi}{2\mu}\frac{dp}{dl}\int (R^2 - r^2)r\,dr = -\frac{\pi R^4}{8\mu}\frac{dp}{dl}$$

$$= \frac{\Delta p \pi R^4}{8\mu l}\,[\mathrm{m^3/s}]$$

관의 길이 l에서의 압력 강하를 Δp라 하면

$$Q = \frac{\Delta p \pi R^4}{8\mu l} = \frac{\Delta p \pi d^4}{128\mu l}\,(\text{Hagen}-\text{Poiseuille 방정식})$$

또 평균유속 V는 다음과 같다.

$$\therefore V = \frac{Q}{A} = \frac{\Delta p R^2}{8\mu l} = \frac{\Delta p d^2}{32\mu l} = \frac{1}{2}u_{\max}$$

그림과 같이 관이 경사져 있을 때는 점성으로 인한 손실이 압력 에너지 Δp와 위치 에너지 γz의 합으로 나타난다.

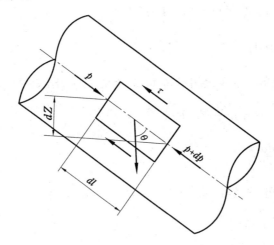

$$\therefore \tau = -\frac{d}{dl}(p + \gamma z)\frac{r}{2}, \quad Q = -\frac{d}{dl}(p + \gamma z)\frac{\pi R^4}{8\mu}$$

예제 3. 고정된 평판 위에 유체가 놓여 있고, 그 위에 평행하게 평판이 놓여 있으며, 이 평판이 등속도 U로 이동할 때 속도분포 $u = \dfrac{Uy}{a} - \dfrac{1}{2\mu}\cdot\dfrac{dp}{dx}(ay - y^2)$으로 표시할 수 있다. 고정 평판에서 전단응력이 0일 때 흐르는 유량을 U와 a의 함수로 나타낸 것 중 옳은 것은?

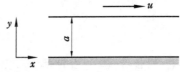

① Ua ② $\dfrac{1}{2}Ua$ ③ $\dfrac{1}{3}Ua$ ④ $\dfrac{1}{4}Ua$

[해설] $\tau = \mu \dfrac{du}{dy} = \mu \left[\dfrac{U}{a} - \dfrac{1}{2\mu} \cdot \dfrac{dp}{dx}(a - 2y) \right]$

$y = 0$에서 $\tau = 0$이면

$$\left[\dfrac{U}{a} - \dfrac{1}{2\mu} \cdot \dfrac{dp}{dx}(a) \right] = 0$$

$$\therefore \ \dfrac{dp}{dx} = \dfrac{2\mu U}{a^2}$$

속도분포 $u = \dfrac{Uy}{a} - \dfrac{U}{a^2}(ay - y^2)$

$\therefore$ 유량 $Q = \displaystyle\int_o^a u \, dy = \int_o^a \left[\dfrac{Uy}{a} - \dfrac{U}{a^2}(ay - y^2) \right] dy = \dfrac{Ua}{3} \, [\text{m}^3/\text{s}]$ [정답] ③

[예제] **4. 원형관에 유체가 흐를 때 최대 속도를 u_c로 표시하면 속도분포식은 어떻게 표시할 수 있는가 ?**

① $\dfrac{u}{u_c} = \left(\dfrac{r}{r_0} \right)^2$ ② $\dfrac{u}{u_c} = \left(\dfrac{r}{r_0} \right)^2 - 1$

③ $\dfrac{u}{u_c} = 2 \left(\dfrac{r}{r_0} \right)^2$ ④ $\dfrac{u}{u_c} = 1 - \left(\dfrac{r}{r_0} \right)^2$

[해설] $u = -\dfrac{1}{4\mu} \cdot \dfrac{dp}{dl}(r_0^2 - r^2)$, 최대 속도가 되는 조건은 $\dfrac{du}{dr} = 0$

즉, $r = 0$에서 최대 속도가 일어나고 이때 속도를 u_c로 한다.

$u_c = -\dfrac{1}{4\mu} \cdot \dfrac{dp}{dl} \cdot r_0^2, \quad -\dfrac{1}{4\mu} \cdot \dfrac{dp}{dl} = \dfrac{u_c}{r_0^2}$

$u = \dfrac{u_c}{r_0^2}(r_0^2 - r^2) = u_c \left[1 - \left(\dfrac{r}{r_0} \right)^2 \right]$

$\therefore \ \dfrac{u}{u_c} = 1 - \left(\dfrac{r}{r_0} \right)^2$ [정답] ④

3. 난류

3-1 프란틀(Prandtl)의 난류 이론

프란틀은 불규칙한 난류 운동을 설명하기 위하여 기체론의 분자 평균 자유 행로 (molecular mean free path)의 개념과 유사한 프란틀의 혼합 거리를 정의하였다. 즉, 프란틀의 혼합 거리(Prandtl's mixing length)는 난동하는 유체 입자가 운동량의 변화 없이 움직일 수 있는 거리로 정의된다. 따라서 난류의 정도가 심하면 난동하는 유체 입자의 운동량이 크므로 운동량의 변화 없이 움직일 수 있는 거리는 커진다.

변동 속도 u'는 난류의 혼합 거리 l과 속도 구배 $\frac{du}{dy}$에 비례하게 된다. 즉,

$$u' = l\frac{du}{dy}, \quad u_x' = l\frac{du_x}{dy}, \quad u_y' = l\frac{du_y}{dy}$$

따라서 난류의 전단응력 $\tau_t = \rho u_x' u_y' = \rho l^2 \left(\frac{du}{dy}\right)^2$

전체의 전단응력은 $\tau = \mu\left(\frac{du}{dy}\right) + \rho l^2 \left(\frac{du}{dy}\right)^2$

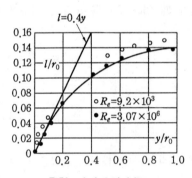

혼합 거리 l의 분포

또한 혼합 거리 l은 그림과 같이 흐름 환경에 따라 다르지만 실험에 의하면 벽 근처의 흐름은 벽에 가까울수록 혼합 작용이 억제되어 l이 작게 되지만, 벽에서 떨어지면 혼합 작용이 잘 되어 l은 크게 된다. 따라서 l은 벽면으로부터의 거리 y에만 비례한다고 생각하여 $l = ky$로 표시한다.

1930년 Karman은 상사 이론에 의하여 임의의 점에 적용할 수 있는 혼합 거리 l을 구하였다.

$$l = k\left(\frac{du}{dy}\right)^2 \Big/ \left(\frac{d^2u}{dy^2}\right)$$

이것을 위의 난류의 전단응력을 구하는 식에 대입하면 다음과 같다.

$$\tau_t = \rho l^2 \left(\frac{du}{dy}\right)^2 = k^2 \rho \left(\frac{du}{dy}\right)^4 \Big/ \left(\frac{d^2u}{dy^2}\right)^2 \, [\text{kPa}]$$

3-2　원관 속의 난류 속도 분포

프란틀(Prandtl)은 벽면 부근에서의 전단응력 τ는 일정한 값, 즉 $\tau = \tau_w$로 가정하여 벽 근처의 흐름의 속도 구배 $\dfrac{du}{dy}$를 구하였다.

$$\sqrt{\frac{\tau_w}{\rho}} = ky\frac{du}{dy}\left[\frac{MLT^{-2}}{L^2}\bigg/\frac{M}{L^3}\right]^{1/2} : \text{속도의 차원}$$

$$\therefore\ u^* = \sqrt{\frac{\tau_w}{\rho}}\ :\ \begin{array}{l}\text{전단 속도(shear velocity)}\\ \text{또는 마찰 속도(friction velocity)}\end{array}$$

$$\therefore\ \frac{du}{u^*} = \frac{1}{k}\frac{dy}{y}$$

적분하면 $\therefore\ \dfrac{u}{u^*} = \dfrac{1}{k}\ln y + C$

위 식을 무차원 형태로 바꾸면 다음과 같다.

$$\frac{u}{u^*} = \frac{1}{k}\ln\frac{u^* y}{\nu} + C',\ \ C' = C - \frac{1}{k}\ln\frac{u^*}{\nu}$$

실험에 의하면 $k = 0.41,\ C' = 4.9$: 매끈한 평판

$$k = 0.4,\ \ C' = 5.5\ :\ \text{매끈한 원관 (Nikuradse)}$$

$$\therefore\ \frac{u}{u^*} = 2.44\ln\frac{u^* y}{\nu} + 4.9\ :\ \text{매끈한 평판}$$

$$\frac{u}{u^*} = 2.5\ln\frac{u^* y}{\nu} + 5.5\ :\ \text{매끈한 원관}$$

$$\rightarrow\ \text{속도 분포의 대수 법칙(logarithmic law)}$$

$\dfrac{u^* y}{\nu}$가 작은 벽면 근방에서는 유체의 흐름이 층류이며, 전단응력 $\tau_w = \dfrac{\mu u}{y}$이므로

$$\frac{\tau_w}{\rho} = \nu\frac{u}{y}$$

$$\therefore\ u^{*2} = \nu\frac{u}{y},\ \ \frac{u}{u^*} = \frac{u^* y}{\nu}$$

특히 층류 저층의 두께가 δ라면 $y = \delta$에서의 속도를 벽속도라 한다. Karman은 층류 저층과 난류층 사이에 완충층(buffer layer)을 두었다.

- 층류 저층 $\left(0 \leq \dfrac{u^* y}{\nu} \leq 5\right)$: $\dfrac{u}{u^*} = \dfrac{u^* y}{\nu}$

- 완충층 $\left(5 \leq \dfrac{u^* y}{\nu} \leq 70\right)$: $\dfrac{u}{u^*} = 5.0 \dfrac{u^* y}{\nu} - 3.05$

- 난류층 $\left(70 \leq \dfrac{u^* y}{\nu}\right)$: $\dfrac{u}{u^*} = 2.5 \ln \dfrac{u^* y}{\nu} + 5.5$

프란틀(Prandtl)이 구한 원관 내의 난류 속도 분포는 다음과 같다.

$$\frac{u}{u_{\max}} = \left(\frac{y}{R}\right)^{\frac{1}{7}}, \;\; 3 \times 10^3 < Re < 10^5$$

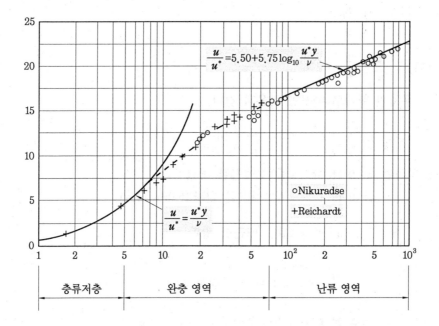

예제 5. 난류경계층의 두께는 다음과 같이 표시할 수 있다. 동점성계수가 1.45×10^{-5} m^2/s인 공기가 30 m/s의 속도로 흐르고 있을 때 레이놀즈수가 2×10^6인 곳에서의 경계층 두께는 몇 mm인가?

$$\delta = 0.37 \left(\frac{\nu}{u_\infty}\right)^{\frac{1}{5}} x^{\frac{4}{5}}$$

① 19.65   ② 8.75   ③ 24.55   ④ 50

해설 $R_{ex} = \dfrac{u_\infty x}{\nu}$

$x = \dfrac{R_{ex} \cdot \nu}{u_\infty} = \dfrac{2 \times 10^6 \times 1.45 \times 10^{-5}}{30} = 0.967\,\text{m} = 967\,\text{mm}$

$$\delta = 0.37 \left(\frac{1.45 \times 10^{-5}}{30} \right)^{\frac{1}{5}} (0.967)^{\frac{4}{5}} = 0.37 \times 0.055 \times 0.9735 = 0.019 \, \text{m} = 19 \, \text{mm}$$

$$\delta = \frac{0.37x}{\left(R_{ex} \right)^{\frac{1}{5}}} = \frac{0.37x}{\sqrt[5]{R_{ex}}} = \frac{0.37 \times 967}{\sqrt[5]{2 \times 10^6}} = 19.65 \, \text{mm} \qquad \boxed{\text{정답}} \;\; ①$$

4. 유체 경계층

4-1 경계층

(1) 경계층의 정의

그림과 같이 고체 벽면을 흐르는 물의 상태를 관찰하면 2개의 층으로 나누어진다. 첫째 층은 물체 표면에 매우 가까운 엷은 영역으로서 여기에서는 점성의 영향이 현저하게 나타 나고 속도 구배가 크며 마찰응력이 크게 작용한다.

둘째층은 이 엷은 첫째층의 바깥쪽 전체의 영역으로서 점성에 대한 영향이 거의 없고 이상 유체와 같은 형태의 흐름을 이룬다. 프란틀(Prandtl)은 이 사실을 관찰하여 첫째층, 즉 점성의 영향이 미치는 물체에 따른 엷은 층을 경계층(boundary layer)이라 하였다.

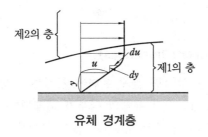

유체 경계층

(2) 경계층의 종류

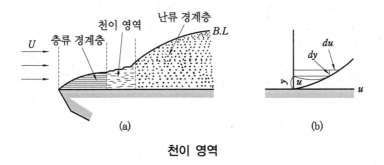

천이 영역

경계층 바깥은 완전 유체와 같은 흐름, 즉 퍼텐셜(potential) 흐름을 이룬다. 경계층 내의 흐름에도 층류와 난류가 있는데 이것을 각각 층류 경계층(laminar boundary layer), 난류 경계층(turbulent boundary layer)이라 하고, 층류 경계층에서 난류 경계층으로 천이되는 영역을 천이 영역이라 한다.

또 난류 경계층이라 하더라도 표면에 매우 가까운 층은 여전히 층류를 이루는데, 이를 층류 저층(laminar sublayer)이라 하고, 층류 경계층에서 난류 경계층으로 천이할 때의 레이놀즈수를 임계 레이놀즈수(Re_c)라 하며, $Re_c = 5 \times 10^5$이다.

$$\text{레이놀즈수}(Re) = \frac{Ux}{\nu}$$

여기서, U : 경계층 바깥의 유속, x : 평판 위의 거리, ν : 유체의 동점성 계수

4-2 경계층의 두께

경계층 내부와 외부의 속도 변동은 점차적으로 이루어지므로 경계층 두께와 한계는 명확하지 않다. 따라서 경계층 내부와 외부의 유속을 각각 u, U라고 할 때 그림과 같이 $\dfrac{u}{U} = 0.99$가 되는 지점까지의 y 좌표 값이 경계층의 두께 δ이다.

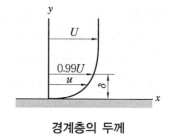

경계층의 두께

(1) 배제 두께(displacement thickness)

유체의 유동장에 물체를 놓으면 물체 표면에 경계층이 생성되고, 경계층 내의 유동은 점성 마찰력의 작용으로 감속되고 유체의 일부가 배제된다.

이 배제량은 경계층의 두께가 두꺼울수록 많아지므로 배제량을 통과시킬 수 있는 자유 유동에서의 두께를 경계층의 배제 두께라 정의하고 이것을 경계층 두께 대신 사용한다. 따라서 배제량 Δq와 배제 두께 δ는 다음과 같다.

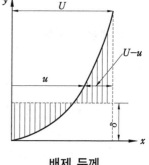

$$\Delta q = \int (U - u) dy$$

$$\delta^* = \frac{\Delta q}{U} = \frac{1}{U} \int (U - u) dy = \int \left(1 - \frac{u}{U}\right) dy$$

배제 두께

(2) 운동량 두께(momentum thickness)

경계층 생성으로 인하여 배제되는 운동량에 대응하는 자유 유동에서의 두께를 운동량 두께라 한다. 이때 배제된 운동량을 운반하는 자유 유동에서의 두께를 δ^{**}라 하면 다음과 같다.

$$(\rho U \delta^{**})u = \int \rho u(U-u)dy$$

$$\delta^{**} = \int \frac{u}{U}\left(1 - \frac{u}{U}\right)dy$$

4-3 박리와 후류

흐름의 방향으로 속도가 감소하여 압력이 증가할 때는 경계층의 속도 구배가 물체 표면에서 심하게 커지고 드디어 경계층이 물체 표면에서 떨어진다.

이것을 경계층의 박리(separation)라 하고, 박리가 일어나는 경계로부터 하류 구역을 후류(wake)라 한다.

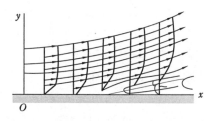

경계층의 박리와 후류

예제 6. 500 K인 공기가 매끈한 평판 위를 15 m/s로 흐르고 있을 때 경계층이 층류에서 난류로 천이하는 위치는 선단에서 몇 m인가? (단, 동점성계수는 3.8×10^{-5} m²/s이다.)

① 3.81   ② 2.52

③ 1.27   ④ 1.82

해설 평판의 임계레이놀즈수$(Re_c) = 5 \times 10^5$

$$Re_c = \frac{U_\infty x}{\nu} \text{에서} \quad x = \frac{Re_c \nu}{U_\infty} = \frac{5 \times 10^5 \times 3.8 \times 10^{-5}}{15} = 1.27 \text{ m}$$

정답 ③

5. 유체 속에 잠겨진 물체의 저항

5-1 항력과 양력

물체가 유체 속에 정지하고 있거나 또는 비유동 유체에서 물체가 움직일 때는 유체의 저항에 의하여 힘을 받는다.

유동 방향 성분 D를 물체의 유체 저항(fluid resistance) 또는 항력(drag force)이라 하며, 유동 방향과 직각 성분을 양력(lift force)이라고 한다.

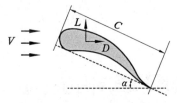

날개의 양력, 항력 및 양각

5-2 항력(drag)

(1) 후류와 형상저항

그림과 같이 원주를 흐름에 직각으로 세우면 원주의 후방에는 복잡한 소용돌이가 발생하는데 이 것을 후류(wake)라 한다.

후류의 압력 p_2는 원주의 압력 p_1보다 작게 되며, 원주는 유체로부터 흐름의 방향에 힘을 받아서 저항을 일으킨다. 이 저항을 형상저항이라 한다.

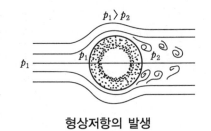

형상저항의 발생

유선형(stream line type)은 모양을 완만하게 하여 후류의 발생을 방지하여 형상저항을 작게 만든 것이다.

(2) 물체가 받는 항력

유체 속에 있는 물체는 형상저항과 마찰저항 등에 의하여 흐름의 방향으로 힘을 받는다. 이 힘을 항력이라 한다.

$$\text{항력}(D) = C_D A \frac{1}{2} \rho V^2 [\text{N}]$$

여기서, C_D : 무차원으로 표시되는 항력계수

ρ : 유체의 밀도

A : 유체의 유동 방향에 수직인 평면에 투영한 면적

V : 유체의 유동 속도

항력계수 C_D는 물체의 형상, 점성, 표면 조도 및 유동 방향에 따라 다르다.

여러 물체의 항력계수

물체	크기	기준 면적(A)	항력계수(C_D)
수평원주	$\dfrac{l}{d} = 1$	$\dfrac{\pi d^2}{4}$	0.91
	2		0.85
	4		0.87
	7		0.99
수직원주	$\dfrac{l}{d} = 1$	dl	0.63
	2		0.68
	5		0.74
	10		0.82
	40		0.98
	∞		1.20
사각형판 (흐름에 직각)	$\dfrac{a}{d} = 1$	ad	1.12
	2		1.15
	4		1.19
	10		1.29
	18		1.40
	∞		2.01
반구	–	$\dfrac{\pi}{4}d^2$	0.34
			1.33
원추	$a = 60°$	$\dfrac{\pi}{4}d^2$	0.51
	$a = 30°$		0.34
원판 (흐름에 직각)	–	$\dfrac{\pi}{4}d^2$	1.11

(3) 스토크스(Stokes)의 법칙

구(sphere) 주위의 점성 비압축성 유동에서 $Re \leq 1$(또는 0.6) 정도이면 박리가 존재하지 않으므로 항력은 점성력만의 영향을 받는다(스토크스의 법칙).

$$항력(D) = 3\pi\mu dV = 6\pi\mu aV[N]$$

여기서, d : 구의 지름(a : 구의 반지름), V : 유체에 대한 구의 상대 속도

5-3 양력(lift)

(1) 양력의 발생

그림과 같이 흐름에 평행하게 놓인 물체가 상하 비대칭이고 윗면이 밑면보다 곡선이 길면 윗면의 속도 v_1은 밑면의 속도 v_2보다 크게 된다.

따라서 베르누이의 정리로부터 윗면의 압력 p_1은 밑면의 압력 p_2보다 낮게 되며, 이 때문에 물체는 위쪽으로 향하는 힘을 받게 된다. 이것을 양력이라 한다.

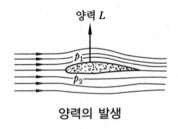

양력의 발생

(2) Kutter－Joukowski의 정리

밀도가 ρ인 평행류 V 속에 놓인 물체 주위의 순환(circulation)이 Γ일 때 물체에 작용하는 양력 L은 다음과 같다.

$$L = \rho V\Gamma[N]$$

공에 회전을 주어 던질 때 공이 커브를 이루는 것은 이 양력이 발생되기 때문이다.

(3) 익형(wing or airfoil)

큰 양력이 발생되도록 물체의 형을 만들어 그 양력을 이용하도록 한 것을 익형이라 한다. 익형의 앞쪽에서 뒤쪽까지의 수직길이를 익현장(chord length)이라 하고, 유체의 흐름의 방향과 익현장이 이루는 각 α를 앙각(angle of attack)이라 한다.

$$양력(D) = C_L A \frac{1}{2} \rho V^2$$

여기서, C_L : 무차원으로 표시되는 양력계수

ρ : 유체의 밀도

A : 유체의 유동 방향에 수직인 평면에 투영한 면적

V : 유체의 유동 속도

익형에서 양력이 발생되는 이유는 익형 상하의 압력차 때문이다. 즉, 익형 윗면의 평행류와 순환류의 속도가 가해져서 속도가 커지기 때문에 베르누이의 정리에 의하여 압력이 낮아진다. 또 익형의 아랫면에서는 평행류의 속도가 순환류의 속도 방향의 역이 되기 때문에 속도가 낮아지고, 압력이 높아진다.

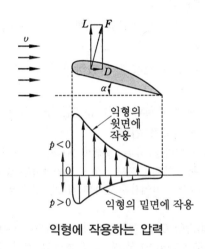

익형에 작용하는 압력

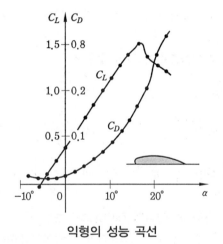

익형의 성능 곡선

예제 7. 유동에 수직하게 놓인 원판의 항력계수는 1.12이다. 지름 0.5 m인 원판이 정지공기 ($\rho = 1.275 \text{ kg/m}^3$) 속에서 15 m/s로 움직일 때 필요한 힘은 몇 N인가?

① 31.53

② 52.23

③ 82.53

④ 92.53

[해설] 항력$(D) = C_D \dfrac{\rho A V^2}{2}$

$$= 1.12 \times \frac{1.275 \times \dfrac{\pi}{4}(0.5)^2 \times 15^2}{2} = 31.53 \text{ N}$$

정답 ①

출제 예상 문제

1. 레이놀즈수에 대한 설명 중 옳은 것은?

① 레이놀즈수가 큰 것은 점성 영향이 크다는 것이다.

② 아임계와 초임계를 구분해 주는 척도이다.

③ 균속도 유동과 비균속도 유동을 구분해 주는 척도이다.

④ 층류와 난류 구분의 척도이다.

2. 레이놀즈수가 아닌 것은?

① $\dfrac{vd}{\nu}$ ② $\dfrac{vd\rho}{\mu}$

③ $\dfrac{\rho l V^2}{\sigma}$ ④ $\dfrac{u_\infty x \rho}{\mu}$

[해설] $\dfrac{\rho l V^2}{\sigma}$ 은 웨버수(Weber number)이다.

3. 다음 중 상임계 레이놀즈수는?

① 층류에서 난류로 변하는 레이놀즈수

② 난류에서 층류로 변하는 레이놀즈수

③ 등류에서 비등류로 변하는 레이놀즈수

④ 비등류에서 등류로 변하는 레이놀즈수

[해설] 층류에서 난류로 변하는 레이놀즈수를 상임계 레이놀즈수라 하고, 난류에서 층류로 변하는 레이놀즈수를 하임계 레이놀즈수라고 한다. 원관 속의 흐름에서 상임계 레이놀즈수는 4000, 하임계 레이놀즈수는 2100이며, 학자에 따라 2000~2300을 쓰기도 한다.

4. 다음 중 상임계 레이놀즈수는?

① 설계에서 중요한 수이다.

② 약 2000이다.

③ 층류에서 난류로 변하는 수이다.

④ 2000보다 적다.

[해설] 상임계 레이놀즈수는 4000이다.

5. 레이놀즈수에 대한 설명으로 옳은 것은?

① 정상류와 비정상류를 구별하여 주는 척도이다.

② 등류와 비등류를 구별하여 주는 척도이다.

③ 층류와 난류를 구별하여 주는 척도가 된다.

④ 실제 유체와 이상 유체를 구별하여 주는 척도가 된다.

[해설] 레이놀즈수는 층류와 난류를 구별하여 주는 척도가 된다. $Re < 2100$에서는 층류, $Re > 4000$에서는 난류의 성질을 갖게 된다.

6. 비중이 0.9, 점성계수가 0.25 P인 기름이 지름 50 cm인 원관 속을 흐르고 있다. 유량이 0.2 m³/s일 때 유동형태는?

① 층류 ② 난류

③ 천이구역 ④ 정답 없다.

[해설] $Re = \dfrac{\rho VD}{\mu} = \dfrac{4\rho QD}{\pi D^2 \mu} = \dfrac{4\rho Q}{\pi D \mu}$

$= \dfrac{4 \times 1000 \times 0.9 \times 0.2}{\pi \times 0.5 \times 0.025} = 18344$

∴ 레이놀즈수가 상임계 레이놀즈수인 4000보다 크므로 난류이다.

7. 지름이 120 mm인 원관에서 유체의 레이놀즈수가 20000이라 할 때 관지름이 240 mm이면 레이놀즈수는 얼마인가?

① 5000　　　　　　② 10000

③ 20000　　　　　　④ 40000

해설 $Q \propto VD^2$, $V \propto \dfrac{Q}{D^2}$ 이므로

$$Re \propto VD, \quad Re \propto \dfrac{Q}{D}$$

$$\therefore Re = 20000 \times \dfrac{120}{240} = 10000 \text{이 된다.}$$

8. 동점성계수가 1.0×10^{-6} m²/s인 물이 지름 5 cm인 원관 속을 흐르고 있다. 유량이 0.001 m³/s일 때 레이놀즈수는 얼마인가?

① 22935　　　　　　② 23711

③ 25476　　　　　　④ 27631

해설 유속은 $V = \dfrac{Q}{A} = \dfrac{4Q}{\pi D^2}$

$$\therefore Re = \dfrac{VD}{\nu} = \dfrac{4QD}{\pi D^2 \nu} = \dfrac{4Q}{\pi D \nu}$$

$$= \dfrac{4 \times 0.001}{\pi \times 0.05 \times 1.0 \times 10^{-6}} \fallingdotseq 25476$$

9. 동점성계수가 6.52×10^{-5} m²/s인 기름이 곧은 원관 속을 0.2 m³/s로 흐르고 있다. 이때 층류로 흐를 수 있는 관의 최소 지름은 몇 m인가? (단, 하임계 레이놀즈수는 2100이다.)

① 1.37　　　　　　② 1.53

③ 1.86　　　　　　④ 1.93

해설 $Re = \dfrac{Vd}{\nu} = \dfrac{4Qd}{\pi d^2 \nu} = \dfrac{4Q}{\pi d \nu}$

$$\therefore d = \dfrac{4Q}{\pi \nu Re} = \dfrac{4 \times 0.2}{\pi \times 6.52 \times 10^{-5} \times 2100}$$

$$\fallingdotseq 1.86 \text{ m}$$

10. 지름이 10 cm인 원관 속에 비중이 0.85인 기름이 0.01 m³/s의 속도로 흐르고 있다. 이 기름의 동점성계수가 1×10^{-4} m²/s일 때 이 흐름의 상태는?

① 층류　　　　　　② 난류

③ 천이구역　　　　　　④ 비정상류

해설 평균속도

$$V = \dfrac{Q}{A} = 0.01 \times \dfrac{4}{\pi \times 0.1^2} = 1.27 \text{ m/s}$$

$$Re = \dfrac{Vd}{\nu} = \dfrac{1.27 \times 0.1}{1 \times 10^{-4}} = 1270 < 2100$$

$$\therefore \text{층류}$$

11. 30℃인 글리세린 (glycerin)이 0.3 m/s로 5 cm인 관 속을 흐르고 있을 때 유동상태는? (단, 글리세린은 30℃에서 $\nu = 0.0005$ m²/s이다.)

① 층류　　　　　　② 난류

③ 천이구역　　　　　　④ 비정상류

해설 $Re = \dfrac{Vd}{\nu} = \dfrac{0.3 \times 0.05}{0.0005} = 30 < 2100$

$$\therefore \text{층류}$$

12. 37.5℃인 원유가 0.3 m³/s로 원관에 흐르고 있다. 임계 레이놀즈수가 2100일 때 층류로 흐를 수 있는 관의 최소 지름은 몇 m인가? (단, 원유가 37.5℃에서 $\nu = 6 \times 10^{-5}$ m²/s이다.)

① 1.36　　　　　　② 2.17

③ 3.03　　　　　　④ 0.466

해설 $V = \dfrac{Q}{\frac{\pi}{4} d^2} = \dfrac{0.3}{\frac{\pi}{4} d^2} = \dfrac{0.382}{d^2} \text{[m/s]}$

$$Re = \dfrac{Vd}{\nu} = 2100 \text{에서 } 2100 = \dfrac{\frac{0.382}{d^2} \times d}{6 \times 10^{-5}}$$

$$\therefore d = 3.03 \text{ m}$$

13. 반지름이 500 mm인 원관에 물이 매초 0.01 m³로 흐르고 있다. 물의 점성계수가 $\mu = 1.145 \times 10^{-2}$ P일 때 레이놀즈수는?

① 16.3　　　　　　② 113

③ 5656　　　　　　④ 11124

정답 8. ③　9. ③　10. ①　11. ①　12. ③　13. ④

[해설] $\mu = \dfrac{1.14 \times 10^{-2}}{98}$

$= 1.168 \times 10^{-4}\,\text{kg} \cdot \text{s/m}^2$

$V = \dfrac{Q}{A} = \dfrac{0.01}{\dfrac{\pi}{4} \times (1)^2} = 0.0127\,\text{m/s}$

$\therefore Re = \dfrac{\rho VD}{\mu} = \dfrac{102 \times 0.0127 \times 1}{1.168 \times 10^{-4}} = 11124$

14. 지름 10 cm인 관에 20℃인 물이 0.002 m³/s로 흐르고 있을 때 유동상태는? (단, 물의 20℃에서 $\nu = 1.007 \times 10^{-6}\,\text{m}^2/\text{s}$이다.)

① 층류   ② 난류

③ 천이구역   ④ 비정상류

[해설] $V = \dfrac{Q}{A} = \dfrac{0.002}{\dfrac{\pi}{4}(0.1)^2} = 0.2547\,\text{m/s}$

$Re = \dfrac{Vd}{\nu} = \dfrac{0.2547 \times 0.1}{1.007 \times 10^{-6}} = 25300 > 4000$

$\therefore$ 난류

15. 10℃의 물($\nu = 0.0131\,\text{cm}^2/\text{s}$)이 지름 20 mm인 원관을 통하여 흐른다. 이때 고속의 난류 상태에서 저속으로 떨어뜨려 가면 얼마만한 유속에서 층류로 되겠는가?

① 0.152 m/s   ② 0.215 m/s

③ 0.512 m/s   ④ 0.252 m/s

[해설] $Re = \dfrac{VD}{\nu} = 2320$

$\therefore V = \dfrac{Re\,\nu}{D} = \dfrac{2320 \times 0.0131 \times 10^{-4}}{0.02}$

$= 0.152\,\text{m/s}$

16. 비중 0.8, 점성계수 $5 \times 10^{-3}\,\text{kg} \cdot \text{s/m}^2$인 기름이 지름 15 cm의 원관 속을 0.6 m/s의 속도로 흐르고 있을 때 레이놀즈수는 얼마인가?

① 1527.5   ② 1468.2

③ 1648.5   ④ 2400

[해설] $\gamma = 0.8 \times 10^3\,\text{kg/m}^3$에서

• 밀도

$\rho = \dfrac{\gamma}{g} = \dfrac{0.8 \times 10^3}{9.81} = 81.5\,\text{kg} \cdot \text{s}^2/\text{m}^4$

• 동점성 계수

$\nu = \dfrac{\mu}{\rho} = \dfrac{\mu g}{\gamma} = \dfrac{5 \times 10^{-3} \times 9.8}{0.8 \times 10^3}$

$= 6.13 \times 10^{-5}\,\text{m}^2/\text{s}$

$\therefore Re = \dfrac{VD}{\nu} = \dfrac{0.6 \times 0.15}{6.13 \times 10^{-5}} = 1468.2$

17. 다음 그림에서 지름이 75 mm인 관에서 $Re = 20000$일 때, 지름이 150 mm인 관에서 Re는? (단, 모든 손실은 무시한다.)

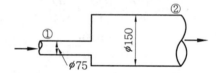

① 40000   ② 80000

③ 5000   ④ 10000

[해설] $Re = \dfrac{Vd}{\nu} = \dfrac{\dfrac{Q}{\dfrac{\pi}{4}d^2}d}{\nu} = \dfrac{4Q}{\pi \nu d}$

$Re \propto \dfrac{1}{d}$

$\dfrac{Re}{Re_1} = \left(\dfrac{d_1}{d}\right)$

$\therefore Re = Re_1\left(\dfrac{d_1}{d}\right) = 20000\left(\dfrac{75}{150}\right) = 10000$

18. 단면이 A인 관 속에 물이 흐르고 있다. 다음 중에서 층류의 흐름은?

① 레이놀즈수가 4000이다.

② 레이놀즈수가 20000이다.

③ 레이놀즈수가 5×10^5이다.

④ 레이놀즈수가 1000이다.

[정답] 14. ②   15. ①   16. ②   17. ④   18. ④

해설 관속의 흐름 중에서 레이놀즈수가 2100 보다 작을 때에는 층류가 된다.

19. 비중이 0.86, $\mu = 0.27$ P의 기름이 안 지름 45 cm의 파이프를 통하여 0.3 m³/s 의 유량으로 흐른다. 이때 레이놀즈수는?

① 36153 ② 27047

③ 23013 ④ 11036

해설 $V = \dfrac{Q}{A} = \dfrac{0.3}{\dfrac{\pi}{4}(0.45)^2} = 1.887 \, \text{m/s}$

$= 188.7 \, \text{cm/s}$

$\rho = \rho_w s = 1000 \times 0.86 = 860 \, \text{kg/m}^3$

$= 0.86 \, \text{g/cm}^3$

$\therefore Re = \dfrac{\rho V d}{\mu}$

$= \dfrac{0.86 \, \text{g/cm}^2 \times 188.7 \, \text{cm/s} \times 45 \, \text{cm}}{0.27 \, \text{g/cm} \cdot \text{s}}$

$= 27047$

20. 지름이 20 mm에서 층류로 흐를 수 있는 최대 평균속도는 얼마인가? (단, 물의 점성계수 $\mu = 1.173 \times 10^{-4}$ kg·s/m²이고, 임계 레이놀즈수는 2320으로 한다.)

① 13.6 m/s ② 0.1388 m/s

③ 1.387 m/s ④ 0.1334 m/s

해설 레이놀즈수에서

$Re = \dfrac{VD}{\nu} = \dfrac{\rho VD}{\mu}$이므로

$\therefore V = \dfrac{2320 \times 1.173 \times 10^{-4}}{102 \times 0.02} = 0.1334 \, \text{m/s}$

21. 지름이 각각 6 cm와 8 cm인 이중 동 심관에 20℃의 물이 흐르고 있다. 유량이 4.2×10^{-5} m³/s일 때 이 흐름의 형태는? (단, $\nu = 1.006 \times 10^{-6}$ m²/s이다.)

① 층류 ② 난류

③ 천이구간 ④ 비정상류

해설 $Q = AV[\text{m}^3/\text{s}]$에서

$V = \dfrac{Q}{A} = \dfrac{4.2 \times 10^{-5}}{\dfrac{\pi}{4}(0.08^2 - 0.06^2)}$

$= 0.0191 \, \text{m/s}$

$Re = \dfrac{VD_e}{\nu} = \dfrac{0.0191 \times (0.08 - 0.06)}{1.006 \times 10^{-6}}$

$= 380 < 2100$

$\therefore$ 층류

22. 5 L/s의 물($\nu = 1.006 \times 10^{-6}$ m²/s)을 층류로 흐르게 할 수 있는 관의 최소 지 름은 얼마인가? (단, $Re_c = 2320$이다.)

① 1.73 ② 2.19

③ 2.73 ④ 3.25

해설 $Re_c = \dfrac{4Q}{\pi d \nu}$

$d = \dfrac{4Q}{Re_c \pi \nu} = \dfrac{4 \times 5 \times 10^{-3}}{2320 \times \pi \times 1.006 \times 10^{-6}}$

$= 2.73 \, \text{m}$

23. 지름이 10 cm인 관 속에 공기가 흐르고 있다. 지금 공기의 압력이 1.013 kg/cm²· abs(0.993 bar·abs)이고, 온도가 127℃ 일 때 층류의 상태로 흐를 수 있는 최대 유 량은 얼마인가?

① 0.544 m³/s ② 0.0043 m³/s

③ 0.0193 m³/s ④ 0.359 m³/s

해설 층류로 흐를 수 있는 최대 레이놀즈수를 2100으로 보면

$Re_c = \dfrac{V_c d}{\nu}$

$\therefore V_c = \dfrac{Re_c \nu}{d}$

여기서 120℃, 1.013 kg/cm²·abs일 때 공 기의 동점성계수 표로부터 $\nu = 25.9 \times 10^{-6}$ m²/s이므로

$V_c = \dfrac{2100 \times 25.9 \times 10^{-6}}{0.1} = 0.544 \, \text{m/s}$

$\therefore Q_{max} = \dfrac{\pi}{4}(0.1)^2 \times 0.544 = 0.0043 \, \text{m}^3/\text{s}$

정답 19. ② 20. ④ 21. ① 22. ③ 23. ②

24. 20℃의 물이 지름 2 cm인 원관 속을 흐르고 있다. 층류로 흐를 수 있는 최대의 평균유속과 유량은 얼마인가?

① $0.106\,\text{m/s}$, $3.33 \times 10^{-5}\,\text{m}^3/\text{s}$

② $0.106\,\text{m/s}$, $4.25 \times 10^{-4}\,\text{m}^3/\text{s}$

③ $0.214\,\text{m/s}$, $3.33 \times 10^{-5}\,\text{m}^3/\text{s}$

④ $0.214\,\text{m/s}$, $4.25 \times 10^{-4}\,\text{m}^3/\text{s}$

[해설] $\nu = 1.006 \times 10^{-6}\,\text{m}^2/\text{s}$이므로 층류로 흐를 수 있는 Re수는

$Re = 2320$에서

$2320 = \dfrac{V \times 0.02}{1.006 \times 10^{-6}}$이므로

∴ $V = 0.106\,\text{m/s}$

∴ $Q = 0.106 \times \dfrac{\pi}{4} \times 0.02^2$

$\quad = 3.33 \times 10^{-5}\,\text{m}^3/\text{s}$

25. 다음 중 하겐-푸아죄유의 방정식은? (단, D는 관의 지름, Δp는 관의 길이 L에서의 압력강하, μ는 점성계수, Q는 유량이다.)

① $Q = \dfrac{\pi D^2 \Delta p}{8\mu L}$　　② $Q = \dfrac{8\pi L}{\pi D^2 \Delta p}$

③ $Q = \dfrac{128\mu L}{\pi D^4 \Delta p}$　　④ $Q = \dfrac{\pi D^4 \Delta p}{128\mu L}$

[해설] $Q = \dfrac{\pi D^4 \Delta p}{128\mu L}$을 하겐-푸아죄유의 방정식이라고 하며, 층류 흐름의 경우에만 적용할 수 있다.

26. 점성 유체가 단면적이 일정한 수평원관 속을 정상류, 층류로 흐를 때 유량은?

① 길이에 비례하고 지름의 제곱에 반비례한다.

② 압력강하에 반비례하고 관 길이의 제곱에 비례한다.

③ 점성계수에 반비례하고 관의 지름의 4제곱에 비례한다.

④ 압력강하와 관의 지름에 비례한다.

[해설] $Q = \dfrac{\pi D^4 \Delta p}{128\mu L}$에서 유량 Q는 점성계수 μ에 반비례하고 관의 지름 D의 4제곱에 비례한다.

27. 다음 중 실제 유체에 대한 설명은?

① 점성을 무시할 수 없다.

② 점성을 무시할 수 있다.

③ 점성과는 관계가 없다.

④ 이상 유체라고도 한다.

[해설] 실제 유체라 함은 점성이 있기 때문에 유체가 유동할 때 유체간 및 벽면에서 마찰응력이 작용하게 된다.

28. 다음 설명 중 틀린 것은?

① 레이놀즈수는 층류와 난류를 구별할 수 있는 척도가 된다.

② 압력 강하는 지름의 4승에 반비례한다.

③ 하겐-푸아죄유의 방정식은 층류에만 적용된다.

④ 전단응력은 중심으로부터의 거리에 반비례한다.

[해설] 평판에서는 $\tau = \dfrac{\Delta p}{l}y$이고 또 원관에서는 $\tau = \dfrac{\Delta p}{l} = \dfrac{r}{2}$이므로 중심에서 거리의 증가에 따라 전단응력은 증가한다.

29. 반지름 r_0인 수평원관 속을 기름이 층류로 흐를 때 반지름 r인 지점의 속도분포는? (단, μ는 기름의 점성계수, $-\dfrac{dp}{dl}$는 유동방향 길이에 대한 압력강하이다.)

① $u = -\dfrac{1}{4\mu}\dfrac{dp}{dl}(r_0^2 - r^2)$

② $u = -\dfrac{1}{2\mu}\dfrac{dp}{dl}(r_0 - r)$

③ $u = -\dfrac{1}{4\mu}\dfrac{dp}{dl}(r_0 - r)$

정답 24. ① 25. ④ 26. ③ 27. ① 28. ④ 29. ①

④ $u = -\dfrac{1}{2\mu}\dfrac{dp}{dl}(r_0^2 - r^2)$

30. 지름 D인 수평원관 속을 물이 층류로 흐를 때 유량 Q는? (단, $u_{\max}$는 관의 중심속도이다.)

① $\dfrac{\pi D^4 u_{\max}}{2}$ 　　② $\dfrac{\pi D^4 u_{\max}}{8}$

③ $\dfrac{\pi D^2 u_{\max}}{2}$ 　　④ $\dfrac{\pi D^2 u_{\max}}{8}$

[해설] $U = -\dfrac{1}{4\mu}\dfrac{dp}{dl}(r_0 - r^2) = u_{\max}\left\{1 - \left(\dfrac{r}{r_0}\right)^2\right\}$

이므로

$$\therefore\ Q = \int_0^{r_0} u\,2\pi r\,dr$$

$$= 2\pi u_{\max}\int_0^{r_0}\left(1 - \dfrac{r^2}{r_0^2}\right)r\,dr$$

$$= \dfrac{2\pi u_{\max}}{r_0^2}\int_0^{r_0}(r_0^2 - r^2)r\,dr$$

$$= \dfrac{2\pi u_{\max}}{r_0^2}\left(\dfrac{r_0^4}{2} - \dfrac{r_0^4}{4}\right)$$

$$= \dfrac{\pi r_0^2 u_{\max}}{2} = \dfrac{\pi D^2 u_{\max}}{8}$$

31. 반지름이 30 cm인 원관에서 점성계수가 3.43 P인 액체가 층류로 흐를 때 관 중심에서 7 cm 떨어진 곳에서의 전단응력이 0.5 kg/m²이면 이 관의 유량은 몇 m³/s인가?

① 0.081 　　② 0.093

③ 0.108 　　④ 0.191

[해설] $\tau = -\dfrac{dp}{dl}\cdot\dfrac{r}{2} = 0.5\,\mathrm{kg/m^2}$

$\mu = \dfrac{3.43}{98} = 0.035\,\mathrm{kg\cdot s/m^2}$

$\dfrac{\Delta p}{l} = -\dfrac{dp}{dl} = 0.5 \times \dfrac{2}{0.07} = 14.3\,\mathrm{kg/m^2}$

$$\therefore\ Q = \dfrac{\pi \Delta p (R_0)^4}{8\mu l} = \dfrac{\pi \times (0.15)^4}{8 \times 0.035} \times 14.3$$

$$= 0.081\,\mathrm{m^3/s}$$

32. 글리세린(glycerin)이 지름 2 cm인 관에 흐르고 있다. 이때 단위 길이당 압력강하가 200 kPa/m일 때 유량 Q는 몇 m³/s인가? (단, 글리세린의 점성계수는 $\mu = 0.5\,\mathrm{N\cdot s/m^2}$이고, 동점성계수는 $\nu = 2.7\times10^{-4}\,\mathrm{m^2/s}$이다.)

① 0.32 　　② 1.57×10^{-3}

③ 3.2×10^{-4} 　　④ 0.027

[해설] 이 흐름을 층류라 가정하면 하겐-푸아죄유 방정식에서 유량은

$$Q = \dfrac{\Delta p\,\pi d^4}{128\mu L} = \dfrac{200\times10^3 \times \pi \times (0.02)^4}{128 \times 0.5 \times 1}$$

$$= 1.57\times10^{-3}\,\mathrm{m^3/s}$$

평균속도는

$$V = \dfrac{Q}{A} = \dfrac{1.57\times10^{-3}}{\dfrac{\pi}{4}(0.02)^2} = 5\,\mathrm{m/s}$$

$$\therefore\ Re = \dfrac{Vd}{\nu} = \dfrac{5 \times 0.02}{2.7\times10^{-4}} = 370 < 2100$$

따라서 이 흐름은 층류이므로 하겐-푸아죄유 방정식을 사용할 수 있다.

33. 지름이 4 mm이고, 길이가 10 m인 원형관 속에 20℃의 물이 흐르고 있다. 10 m 길이에서 압력강하가 $\Delta p = 0.1\,\mathrm{kg/cm^2}$(0.098 bar)이며, $\mu = 1.02\times10^{-8}\,\mathrm{kg\cdot s/cm^2}$(9.996 $\times10^{-8}\,\mathrm{N\cdot s/cm^2}$)일 때 유량은 얼마인가?

① 6.15 m³/s 　　② 6.15 cm³/s

③ 61.5 cm³/s 　　④ 3.93 cm³/s

[해설] 하겐-푸아죄유의 방정식을 이용하여

$$Q = \dfrac{\pi r_0^4 \Delta p}{8\pi L} = \dfrac{\pi \times 0.2^4 \times 0.1}{8 \times 1.02\times10^{-8} \times 1000}$$

$$= 6.15\,\mathrm{cm^3/s}$$

여기서 평균속도

$$V = \frac{Q}{A} = \frac{6.15}{\pi \times 0.2^2} = 49\,\text{cm/s}$$

$$\therefore Re = \frac{Vd}{\nu} = \frac{49 \times 0.4}{0.01} = 1960 < 2100$$

따라서 층류의 흐름이며, 하겐–푸아죄유의 방정식을 사용하는 것이 타당하다.

[SI 단위]

$$Q = \frac{\pi r_0^4 \Delta p}{8\mu L} = \frac{\pi \times 0.2^4 \times 0.098 \times 10}{8 \times 9.996 \times 10^{-8} \times 1000}$$

$$= 6.15\,\text{cm}^3/\text{s}$$

$$V = \frac{Q}{A} = \frac{6.15}{\pi \times 0.2^2} = 49\,\text{cm/s}$$

$$Re = \frac{Vd}{\nu} = \frac{49 \times 0.4}{0.01}$$

$$= 1960 < 2100(\therefore \text{층류})$$

34. 반지름이 8 cm, 길이가 150 m인 수평관을 통해서 매분 450 L의 비율로 기름을 송출한다. 이때 관 입구와 출구 사이의 압력차는 얼마인가? (단, 기름의 동점성계수 $\nu = 1 \times 10^{-4}\,\text{m}^2/\text{s}$이고, 비중은 0.85이다.)

① 12.9 kg/cm^2 ② 0.061 kg/cm^2
③ 0.0297 kg/cm^2 ④ 0.0933 kg/cm^2

[해설] $\Delta p = \dfrac{8\mu LQ}{\pi r_0^4}$

$$= \frac{8 \times \left(1 \times 10^{-4} \times \dfrac{850}{9.8}\right) \times 150 \times \left(\dfrac{0.45}{60}\right)}{\pi \times (0.08)^4}$$

$$\fallingdotseq 606.63\,\text{kg/m}^2 = 0.061\,\text{kg/cm}^2$$

35. 반지름이 50 mm인 원관 속에 점성 계수 $\mu = 1.52 \times 10^{-1}\,\text{kg} \cdot \text{s/m}^2$인 기름이 매초 5 m로 흐르고 있을 때 관 길이가 25 m라면 압력 손실은 얼마인가? (단, 비중이 0.828인 경유가 흐른다.)

① 6.08 kg/cm^2 ② 9.15 kg/cm^2

③ 15.05 kg/cm^2 ④ 21.34 kg/cm^2

[해설] $\nu = \dfrac{\mu}{\rho} = \dfrac{\mu g}{\gamma} = \dfrac{0.152 \times 9.81}{828}$

$$= 1.8 \times 10^{-3}\,\text{m}^2/\text{s}$$

$$D = 2r = 0.1\,\text{m}$$

$$Q = \frac{\pi}{4} \times (0.1)^2 \times 5 = 0.0393\,\text{m}^3/\text{s}$$

$$Re = \frac{0.1 \times 5}{0.0018} = 423.7 < 2320$$

층류이므로 하겐–푸아죄유의 식에서

$$\Delta p = p_1 - p_2 = \frac{128\mu l Q}{\pi D^4}$$

$$= \frac{128 \times 0.152 \times 25 \times 0.0393}{\pi \times (0.1)^4}$$

$$= 60800\,\text{kg/m}^2 = 6.08\,\text{kg/cm}^2$$

36. 지름이 50 mm, 길이 800 m인 매끈한 원관을 써서 매분 135 L의 기계유를 수송할 때 가해 주어야 할 오일 펌프의 압력은 얼마인가? (단, 기름의 비중은 0.92, 점성계수를 0.56 P로 한다.)

① 0.149 kg/cm^2(0.146 bar)

② 1.49 kg/cm^2(1.46 bar)

③ 0.419 kg/cm^2(0.41 bar)

④ 0.194 kg/cm^2(0.190 bar)

[해설] 우선 흐름이 층류인가 난류인가를 판단하기 위하여 레이놀즈수를 구한다.

$$V = \frac{Q}{A} = \frac{\dfrac{0.135}{60}}{\dfrac{\pi}{4} \times 0.05^2} = 1.146\,\text{m/s}$$

$$1\text{P} = \frac{1}{98}\,\text{kg} \cdot \text{s/m}^2\text{이므로}$$

$$\mu = \frac{0.56}{98} = 0.005714\,\text{kg} \cdot \text{s/m}^2$$

$$\rho = \frac{\gamma}{g} = \frac{0.92 \times 1000}{9.8} = 93.88\,\text{kg} \cdot \text{s}^2/\text{m}^4$$

$$\therefore Re = \frac{Vd\rho}{\mu} = \frac{1.146 \times 0.05 \times 93.88}{0.005714}$$

$$= 942 < 2100$$

정답 **34.** ② **35.** ① **36.** ③

충류의 흐름이 확인되었으므로 하겐-푸아죄유의 방정식에 대입하면

$$\Delta p = \frac{8\mu L Q}{\pi r_0^4}$$

$$= \frac{8 \times 5.714 \times 10^{-3} \times 800}{3.14 \times 0.05^4} \times \left(\frac{0.135}{60}\right)$$

$$= 0.419 \times 10^4 \, kg/m^2 = 0.419 \, kg/cm^2$$

[SI 단위]

$$\Delta p = \frac{8\mu L Q}{\pi r_0^4}$$

$$= \frac{8 \times 5.714 \times 10^{-3} \times 9.8 \times 800}{3.14 \times 0.05^4} \times \left(\frac{0.135}{60}\right)$$

$$= 41 \, kPa = 0.41 \, bar$$

37. 지름 180 mm, 길이 1200 m인 수평원관 속을 점성계수 0.089 kg · s/m², 비중량 950 kg/m³인 기름이 0.025 m³/s로 흐르고 있다. 이 기름을 수송하는 데 필요한 압력은 몇 kg/cm²인가?

① 6.66   ② 8.45
③ 10.37   ④ 12.63

[해설] 먼저 충류인가 난류인가를 확인해 본다.

$$Re = \frac{\rho VD}{\mu} = \frac{\gamma VD}{\mu g} = \frac{4\gamma Q}{\pi \mu g D}$$

$$= \frac{4 \times 950 \times 0.025}{\pi \times 0.089 \times 9.8 \times 0.18} = 192.7$$

이 값은 하임계 레이놀즈수 2100보다 작으므로 충류이다. 따라서 하겐-푸아죄유의 방정식을 적용할 수 있다.

$$Q = \frac{\pi D^4 \Delta p}{128\mu L} \text{에서}$$

$$\therefore \Delta p = \frac{128\mu L Q}{\pi D^4}$$

$$= \frac{128 \times 0.089 \times 1200 \times 0.025}{\pi \times 0.18^4}$$

$$= 103682 \, kg/m^2 = 10.37 \, kg/cm^2$$

38. 0.002 m³/s의 유량으로 지름 4 cm, 길이 10 m인 관 속을 기름($s = 0.85$, $\mu =$

0.56 P) 이 흐르고 있다. 이 기름을 수송하는 데 필요한 펌프의 압력은?

① 10.2 kPa   ② 17.8 kPa
③ 20.6 kPa   ④ 18.1 kPa

[해설] 평균속도(V)

$$= \frac{Q}{A} = \frac{0.002}{\frac{\pi}{4}(0.04)^2} = 1.6 \, m/s$$

$$1 \, poise = \frac{1}{10} \, Pa \cdot s(N \cdot s/m^2)$$

$$\mu = 0.56 \times \frac{1}{10} = 0.056 \, Pa \cdot s$$

$$\rho = \rho_w s = 1000 \times 0.85 = 850 \, kg/m^3$$

$$= 850 \, N \cdot s/m^4$$

따라서 레이놀즈수(Re)

$$= \frac{\rho Vd}{\mu} = \frac{850 \times 1.6 \times 0.04}{0.056}$$

$$= 971 < 2100(충류)$$

하겐-푸아죄유 방정식에서

$$\therefore \Delta p = \frac{128 Q\mu L}{\pi d^4}$$

$$= \frac{128 \times 0.002 \times 0.056 \times 10}{\pi \times (0.04)^4}$$

$$= 17834 \, N/m^2 = 17.834 \, kPa$$

39. 지름 5 cm, 관의 길이 10 m인 수평원관 속을 비중 0.9, 점성계수 0.6 P인 기름이 0.003 m³/s로 흐르고 있다. 이 기름을 수송하는 데 필요한 압력은 몇 kPa인가?

① 11.74   ② 13.46
③ 15.21   ④ 17.81

[해설] 먼저 충류인가 난류인가를 확인해야 한다.

$$Re = \frac{\rho VD}{\mu} = \frac{4\rho Q}{\pi \mu D}$$

$$= \frac{4 \times 1000 \times 0.9 \times 0.003}{\pi \times 0.6 \times 10^{-1} \times 0.05}$$

$$= 1146 < 2100$$

충류이므로 하겐-푸아죄유의 방정식에서

$$\Delta p = \frac{128\mu L Q}{\pi D^4}$$

$$= \frac{128 \times 0.6 \times 10^{-1} \times 10 \times 0.003}{\pi \times (0.05)^4}$$

$$\fallingdotseq 11740 \, \text{N/m}^2 = 11.74 \, \text{kPa}$$

40. 관 길이 50 m, 지름 10 cm인 원관이 수평과 30° 기울어져 있다. 이 관 속을 유체가 층류로 흐를 때 양쪽 끝의 압력차가 250 Pa이었다. 유체의 비중량이 9500 N/m³이라면 관벽에서의 전단응력은 몇 Pa인가?

① 81   ② 98
③ 104   ④ 119

해설 $\tau = -\frac{r}{2} \cdot \frac{d}{dl}(p + \gamma h)$

$$= -\frac{0.05}{2} \times \left(-\frac{250 + 9500 \times 50 \sin 30°}{50} \right)$$

$$\fallingdotseq 119 \, \text{Pa}$$

41. 폭 2 cm, 길이 100 cm인 두 평판 사이에 물이 층류로 흐르고 있을 때 압력차가 0.5 kg/cm²였다면 유량은 얼마인가? (단, $\nu = 1.145 \times 10^{-6} \, \text{m}^2/\text{s}$, 틈새는 2 cm이다.)

① 58.2 m³/s   ② 4.57 m³/s
③ 1.164 m³/s   ④ 0.57 m³/s

해설 $Q = \frac{2 \Delta p b h^3}{3 \mu l}$

$$= \frac{2 \times 0.5 \times 10^4 \times 0.02 \times (0.01)^3}{3 \times 1.168 \times 10^{-4} \times 1}$$

$$= 0.57 \, \text{m}^3/\text{s}$$

42. 틈새가 40 cm인 평판 사이에 유체가 흐르고 있을 때 12 m 사이의 압력차가 100 kg/m²이었다면 평판벽에 작용하는 전단응력은 얼마이며 평균속도는 얼마인가? (단, $\mu = 0.002 \, \text{kg} \cdot \text{s/m}^2$인 기름이 흐른다.)

① 1.056 kg/m², 47.2 m/s
② 1.056 kg/m², 55.6 m/s
③ 1.667 kg/m², 47.2 m/s
④ 1.667 kg/m², 55.6 m/s

해설 $\tau = -\frac{dp}{dl} \cdot h$,

$$\tau = \frac{\Delta p}{l} h = \frac{100}{12} \times \frac{0.4}{2} = 1.667 \, \text{kg/m}^2$$

$$-\frac{dp}{dl} \sim \frac{\Delta p}{l} = \frac{100}{2}$$이므로

$$V = \frac{\Delta p h^2}{12 \mu l} = \frac{100 (0.4)^2}{12 \times 0.002 \times 12} = 55.6 \, \text{m/s}$$

43. 다음 흐름 상태에서 틀린 것은?

① 유체와 고체벽 사이에는 마찰응력은 작용하나 유체층 사이의 전단응력은 작용하지 않는다.
② 유체 내의 상접하는 두 층 사이에 속도차가 생기면 유체 마찰이 생긴다.
③ 유체의 마찰은 압력강하로 나타나기 때문에 압력 손실로 볼 수 있다.
④ 층류 유동에서 최대속도는 평균속도의 2배가 된다.

해설 유체와 고체벽 사이에는 전단응력(마찰응력)이 생기며, 유체 내부에 상접하는 두 층 사이에 속도차로 전단응력이 일어난다.

44. 와점성계수와 관계없는 것은?

① 평균속도구배
② 유동의 혼합길이
③ 유체의 밀도
④ 층류

해설 난류유동에서의 전단응력은

$$\tau = \eta \frac{du}{dy} \, [\text{Pa}]$$

여기서 η는 유체의 와점성계수이고,

$\eta = \rho l^2 \left| \dfrac{du}{dy} \right|$이다.

45. 지름 40 cm 관에 물이 난류상태로 흐르고 있다. 물의 속도분포 $u = 10 + \ln y$ [m/s]로 주어질 때 관벽으로부터 0.1 m

인 곳에서 와점성계수 η는 몇 kg·s/m²
인가? (단, y[m]는 벽면으로부터 잰 수
직거리이고, 0.1 m에서 전단응력은 1.5
kg/m²이다.)

① 0.15   ② 0.6
③ 1   ④ 1.2

[해설] 속도구배 $\dfrac{du}{dy}=\dfrac{1}{y}=\dfrac{1}{0.1}=10$

따라서 $\tau=\eta\dfrac{du}{dy}$, $1.5=\eta(10)$

$\therefore \eta=0.15\,\mathrm{kg\cdot s/m^2}$

46. 비중량 1000 kg/m³인 물이 원관 속을
흐를 때 관벽에 작용하는 전단응력은 1.5
kg/cm²이다. 마찰속도는 몇 m/s인가?

① 10.5   ② 11.4
③ 12.1   ④ 13.6

[해설] 마찰속도 u^*은

$u^*=\sqrt{\dfrac{\tau_0}{\rho}}=\sqrt{\dfrac{9.8\times1.5\times10^4}{1000}}$

$\fallingdotseq 12.1\ \mathrm{m/s}$

47. 평판상의 흐름에 있어서 경계층 내의
평판벽면상에서의 전단응력을 나타낸 것
중 옳은 것은?

① $\dfrac{\partial p}{\partial x}$ ② $\mu\dfrac{\partial u}{\partial y}\big|_{y=0}$

③ $\rho\dfrac{\partial u}{\partial y}\big|_{y=0}$ ④ $\mu\dfrac{\partial y}{\partial u}\big|_{y=0}$

[해설] 경계층 내의 전단응력은 뉴턴의 점성법
칙 $\tau=\mu\dfrac{\partial u}{\partial y}$으로 구할 수 있다.

평판벽면에서는 $y=0$이므로 $\tau_0=\mu\dfrac{\partial u}{\partial y}\big|_{y=0}$

48. 폭 3 m, 길이 30 m인 매끈한 판이 정
지하고 있는 물속을 6.1 m/s의 속도로 끌
려가고 있다. 경계층이 층류로부터 난류로
바뀌어지는 지점은 어디인가? (단, 물의
동점성계수는 1.011×10^{-6} m²/s이다.)

① 8.3 cm   ② 8.3 m
③ 98 cm   ④ 9.8 cm

[해설] 천이지점까지의 선단으로부터의 거리를
x라 하고, 이 천이가 일어나는 임계 레이놀
즈수를 5×10^5이라고 하면,

$Re_x=\dfrac{u_\infty x}{\nu}=5\times10^5$에서

$x=\dfrac{5\times10^5\times\nu}{u_\infty}=\dfrac{5\times10^5\times1.011\times10^6}{6.1}$

$=0.083\,\mathrm{m}=8.3\,\mathrm{cm}$

49. 20℃, 1 kg/cm²인 공기가 150 km/h
로 평판 위를 흐르고 있다. 선단으로부
터 0.4 m인 곳에서 경계층 두께는 몇
mm인가? (단, 20℃에서 공기의 점성계
수 $\mu=2\times10^{-6}$ kg·s/m²이고, 기체상수
$R=29.27$ kg·m/kg·K이다.)

① 5.67   ② 6.07
③ 7.93   ④ 8.07

[해설] 자유흐름 속도 $u_\infty=\dfrac{150}{3.6}=41.67\,\mathrm{m/s}$

공기의 비중량(γ)

$=\dfrac{p}{RT}=\dfrac{1\times10^4}{29.27\times(20+273)}=1.17\,\mathrm{kgf/m^3}$

$\rho=\dfrac{\gamma}{g}=\dfrac{1.17}{9.8}=0.12\,\mathrm{kgf\cdot s/m^4}$

$x=0.4$ m에서 레이놀즈수는

$Re_{x=0.4}=\dfrac{\rho u_\infty x}{\mu}=\dfrac{(0.12)(41.67)(0.4)}{2\times10^{-6}}$

$=9334080>5\times10^5$

$\therefore$ 난류

$x=0.4$ m에서 경계층 두께

$\delta=\dfrac{0.376x}{\sqrt[5]{Re_x}}=\dfrac{(0.376)(0.4)}{\sqrt[5]{9334080}}$

$=6.07\times10^{-3}\,\mathrm{m}=6.07\,\mathrm{mm}$

50. 익형의 폭 10 m, 익현장 1.8 m의 날개
를 가진 비행기가 112 m/s의 속도로 날고
있다. 앙각이 1°, 양력계수가 0.326, 항력
계수가 0.0761이면 양력과 항력은 얼마

정답 46. ③   47. ②   48. ①   49. ②   50. ②

인가? (단, 본체의 영향은 무시하고, 공기의 밀도는 1.2 kg/m³이다.)

① 52.9 kN, 15.2 kN

② 44.17 kN, 10.31 kN

③ 35.3 kN, 11.8 kN

④ 66.6 kN, 22.5 kN

[해설] $L = C_L A \dfrac{\rho u_\infty^2}{2}$

$\qquad = 0.326 \times (10 \times 1.8) \times \dfrac{1.2 \times 112^2}{2}$

$\qquad = 44165 \text{N} (44.17 \text{ kN})$

$D = C_D A \dfrac{\rho u_\infty^2}{2}$

$\qquad = 0.0761 \times (10 \times 1.8) \times \dfrac{1.2 \times 112^2}{2}$

$\qquad \fallingdotseq 10310 \text{ N} (10.31 \text{ kN})$

51. 레이놀즈수에 관한 설명 중 틀린 것은?

① 층류와 난류를 구분하는 척도이다.

② 점성력과 관성력의 비이다.

③ 레이놀즈수가 작은 경우는 점성력이 크게 영향을 미친다.

④ 유동단면의 형상에는 무관하며, 하임계 레이놀즈수는 2100이다.

[해설] 레이놀즈수는 층류와 난류를 구분하는 척도로서 점성력과 관성력의 비이다.

즉, $Re = \dfrac{\text{관성력}}{\text{점성력}}$ 이다.

따라서 레이놀즈수가 작은 경우는 점성력이 관성력에 비해 크게 영향을 미친다는 것을 의미하며 상임계 레이놀즈수 및 하임계 레이놀즈수는 각각 원관 속의 흐름에서는 4000과 2100이다. 유동단면의 형상이 변하면 임계 레이놀즈수도 변화한다.

52. 하겐-푸아죄유의 방정식은?

① $Q = g^{\frac{1}{2}} H^{\frac{5}{2}}$

② $V_0 = \sqrt{gH}$

③ $Q = \dfrac{\Delta p \pi d^4}{128 \mu L}$

④ $H_L = f \dfrac{V^2}{2g}$

[해설] 하겐-푸아죄유의 방정식은 수평원관에 층류의 흐름이 존재할 때 미소체적에 대한 뉴턴의 제2법칙과 뉴턴의 점성법칙을 응용함으로써 얻어지며, $Q = \dfrac{\Delta p \pi d^4}{128 \mu L} [\text{m}^3/\text{s}]$ 이다.

53. 관속 흐름에 대한 문제에 있어서 레이놀즈수를 Q, d 및 ν의 함수로 표시하면 어느 것인가?

① $Re = \dfrac{4Q}{\pi d \nu}$

② $Re = \dfrac{Q\rho}{4\pi d \nu}$

③ $Re = \dfrac{\pi \nu}{Qd}$

④ $Re = \dfrac{\pi d}{\nu Q}$

[해설] 연속방정식에서 $V = \dfrac{Q}{A} = \dfrac{4Q}{\pi d^2}$

레이놀즈수 Re로부터

$Re = \dfrac{Vd}{\nu} = \dfrac{d}{\nu} \times \dfrac{4Q}{\pi d^2}$

$\therefore Re = \dfrac{4Q}{\pi d \nu}$

54. 원관에서 유체가 층류로 흐를 때 속도 분포는?

① 전단면에서 일정하다.

② 관벽에서 0이고, 관벽까지 선형적으로 증가한다.

③ 관 중심에서 0이고, 관벽까지 직선적으로 증가한다.

④ 2차 포물선으로 관벽에서 속도는 0이고, 관 중심에서 속도는 최대 속도이다.

55. 비압축성 유체가 원관 속을 층류로 흐를 때 전단응력은?

① 관의 중심에서 0이고 반지름에 따라 선형적으로 증가한다.

② 관의 벽에서 0이고 선형적으로 증가하여 관의 중심에서 최대가 된다.

③ 관의 단면 전체에 걸쳐 일정하다.

④ 관의 중심에서 0이고 반지름의 제곱

에 비례하여 증가한다.

[해설] 전단응력$(\tau) = -\dfrac{r}{2}\dfrac{l}{dl}(p+\gamma h)$

여기서 $-\dfrac{d}{dl}(p+\gamma h)$는 수력구배선의 하강을 의미하므로 $r=0$, 즉 관 중심에서는 전단응력이 0이며 r에 비례하여 증가하게 된다.

56. 원관 내의 층류 유동에서의 유량은 ?

① 점성계수에 비례한다.

② 반지름의 제곱에 반비례한다.

③ 압력 강하에 반비례한다.

④ 점성계수에 반비례한다.

[해설] 하겐-푸아죄유의 방정식에서

$$Q=\dfrac{\Delta p \pi d^4}{128\mu l}[\mathrm{m}^3/\mathrm{s}]$$

57. 일정한 유량의 물이 원관 속을 흐를 때 지름을 2배로 하면 손실수두는 몇 배로 되는가 ? (단, 층류로 가정한다.)

① $\dfrac{1}{16}$ ② $\dfrac{1}{8}$

③ $\dfrac{1}{4}$ ④ $\dfrac{1}{2}$

[해설] 하겐-푸아죄유의 방정식 $h_L=\dfrac{128\mu LQ}{\pi D^4 \gamma}$

에서 손실수두는 지름의 4제곱에 반비례한다 $\left(h_L \propto \dfrac{1}{D^4}\right)$. 따라서, 지름을 2배로 하면 손실수두는 $\dfrac{1}{2^4}=\dfrac{1}{16}$ 배가 된다.

58. 층류에서 속도분포는 포물선을 그리게 된다. 이때 전단응력의 분포는 ?

① 직선이다. ② 포물선이다.

③ 쌍곡선이다. ④ 원이다.

[해설] 속도분포 u가 포물선이면 $u=c_1 y^2 + c_2$에서 c_1, c_2는 일반상수이다.

따라서 $\dfrac{du}{dy}=2c_1 y$

뉴턴의 점성법칙에 대입하면

$$\tau=\mu\dfrac{du}{dy}=2c_1\mu y=c' y$$

즉, τ는 y의 1차 함수이므로 반드시 직선이다.

59. 원관 속을 점성 유체가 층류로 흐를 때 평균속도 V와 최대 속도 $u_{\max}$는 어떤 관계가 있는가 ?

① $V=\dfrac{1}{3}u_{\max}$ ② $V=\dfrac{1}{2}u_{\max}$

③ $V=\dfrac{2}{3}u_{\max}$ ④ $V=\dfrac{3}{4}u_{\max}$

60. 수평원관 속을 층류로 흐를 때 최대 속도를 $u_{\max}$ 라고 하면 속도 분포식은 다음 중 어느 것인가 ? (단, r_0는 관의 반지름이다.)

① $u=u_{\max}\left\{\left(\dfrac{r}{r_0}\right)^2 -1\right\}$

② $u=u_{\max}\left\{1-\left(\dfrac{r}{r_0}\right)^2\right\}$

③ $u=u_{\max}\left\{\left(\dfrac{r_0}{r}\right)^2 -1\right\}$

④ $u=u_{\max}\left\{1-\left(\dfrac{r_0}{r}\right)^2\right\}$

[해설] $u=-\dfrac{1}{4\mu}\dfrac{dp}{dl}(r_0^2 - r)$

최대 속도는 $r=0$인 점, 즉 원관의 중심속도이므로

$$u_{\max}=-\dfrac{r_0^2 dp}{4\mu dl}, \quad \dfrac{u_{\max}}{r_0^2}=-\dfrac{1}{4\mu}\dfrac{dp}{dl}$$

$$\therefore u=-\dfrac{1}{4\mu}\dfrac{dp}{dl}(r_0^2 - r)=\dfrac{u_{\max}}{r_0^2}(r_0^2 - r)$$

$$=u_{\max}\left\{1-\left(\dfrac{r}{r_0}\right)^2\right\}$$

61. 어떤 유체가 반지름 r_0인 수평원관 속을 층류로 흐르고 있다. 속도가 평균속도와 같게 되는 위치는 관의 중심에서 얼마나 떨어져 있는가?

① $\sqrt{\dfrac{r_0}{3}}$ ② $\sqrt{\dfrac{r_0}{2}}$

③ $\dfrac{r_0}{\sqrt{2}}$ ④ $\dfrac{r_0}{\sqrt{3}}$

[해설] 속도분포 $u = -\dfrac{1}{4\mu} \cdot \dfrac{dp}{dl}(r_0^2 - r)$

평균속도 $V = \dfrac{Q}{\pi r_0^2} = \dfrac{r_0^2 \Delta p}{8\mu L}$

속도 u가 평균속도 V와 같을 때의 r값을 구하면 되므로

$-\dfrac{1}{4\mu} \cdot \dfrac{dp}{dl}(r_0^2 - r^2) = \dfrac{r_0^2 \Delta p}{8\mu L}$

여기서 $\left(-\dfrac{dp}{dl} \right)$는 $\dfrac{\Delta p}{L}$이므로 $r_0^2 - r^2 = \dfrac{r_0^2}{2}$

$\therefore r = \dfrac{r_0}{\sqrt{2}}$

62. 수평으로 놓인 두 평행평판 사이를 층류로 흐를 때 속도분포는?
① 직선
② 포물선
③ 쌍곡선
④ 직선과 포물선의 조합

[해설] 속도분포는 $u = -\dfrac{1}{4\mu} \cdot \dfrac{dp}{dl}(h^2 - y^2)$

따라서 속도분포는 포물선이며 두 평판 사이의 중앙부에서는 최대 속도이고, 평면벽에서의 속도는 0이다.

63. 수평원관 속에 층류의 흐름이 있을 때 유량은?
① 점성에 비례한다.
② 지름의 4제곱에 비례한다.

③ 압력강하에 반비례한다.
④ 관의 길이에 비례한다.

[해설] 하겐-푸아죄유의 식으로부터

$Q = \dfrac{\Delta p \pi d^4}{128\mu L}$이다.

즉, Q는 d의 4제곱에 비례한다.

64. 두 고정된 평행평판 사이의 층류 흐름에 있어서 전단응력 분포는?
① 포물선 분포이다.
② 평판에서 0이며 중앙면까지 선형적으로 증가한다.
③ 두 평판 사이의 중앙면에서 0이며 평판까지 선형적으로 증가한다.
④ 단면 전체에 걸쳐 일정하다.

[해설] 전단응력 $\tau = -\dfrac{dp}{dl}y$

여기서 $y=0$, 즉 두 평판 사이의 중앙면에서는 0이며 y에 비례하여 평판까지 선형적으로 증가하게 된다.

65. 난류 흐름에서의 전단응력의 관계식이 아닌 것은?

① $\tau = \rho u' v'$ ② $\tau = \varepsilon \dfrac{du}{dy}$

③ $\tau = (\mu + \varepsilon)\dfrac{du}{dy}$ ④ $\tau = \mu \dfrac{du}{dy}$

[해설] $\tau = \mu \dfrac{du}{dy}$는 뉴턴의 점성법칙으로 층류 흐름에서만 적용되는 방정식이다.

66. 난류 유동에서 와점성계수 η는?
① 유동의 성질과 무관하다.
② 난류의 점도와 유체의 밀도에 의하여 결정되는 계수이다.
③ 유체의 물리적 성질이다.
④ 밀도로 나눈 점성계수이다.

정답 61. ③ 62. ② 63. ② 64. ③ 65. ④ 66. ②

67. 평판 위의 흐름에 대한 레이놀즈수는?

① $\dfrac{u_\infty d}{\nu}$ ② $\dfrac{u_\infty x}{\nu}$

③ $\dfrac{u_\infty x}{\mu}$ ④ $\dfrac{\rho u_\infty x}{\nu}$

[해설] 평판상의 흐름에 대한 레이놀즈수는 다음과 같이 정의된다.

즉, $Re_x = \dfrac{u_\infty \rho x}{\mu}$ 또는 $\dfrac{u_\infty x}{\nu}$

68. 다음 중 프란틀의 혼합거리(mixing length)는?

① 점성이 지배적인 거리로서 뉴턴 유체에서는 0.4이다.

② 난류에서 유체입자가 이웃에 있는 다른 속도구역으로 이동되는 평균거리로서 경계면 부근에서는 수직거리에 비례한다.

③ 유체의 평균속도와 변동속도의 차를 나타내는 거리로서 층류에서보다 난류에서 큰 값을 갖는다.

④ 난류에서 유체입자가 충돌 없이 이동할 수 있는 거리로서 점성이 주어지면 일정한 상수이다.

[해설] 혼합거리는 분자이론에서 한 분자가 이웃하고 있는 분자와 충돌하는 데 필요한 평균거리인 평균자유행로(mean free path)와 유사한 개념으로서 경계면 부근에서는 수직거리에 비례한다. 즉, $l = ky$ 에서 $k = 0.4$ 이다. 또 경계면에서 멀리 떨어진 난류 구역에서는 다음과 같다.

$$l = k \dfrac{\left(\dfrac{d\bar{u}}{dy}\right)}{\left(\dfrac{d^2\bar{u}}{dy^2}\right)}$$

69. 평판상의 유체 흐름에서 $Re_x = \dfrac{u_\infty x}{\nu}$

으로 정의된 레이놀즈수가 다음과 같을 때 난류경계층의 경우는?

① 4000   ② 2000

③ 4×10^5 ④ 6×10^5

[해설] 평판상의 흐름에서 $Re_x = \dfrac{u_\infty x}{\nu} > 5 \times 10^5$

일 때 난류경계층을 얻는다.

70. 평판 위를 흐르고 있는 유체속도를 $u(y)$ 라 할 때 벽면($y = 0$)에서의 전단응력은?

① $\dfrac{\partial p}{\partial x}$ ② $\mu \dfrac{\partial u}{\partial y}\Big|_{y=0}$

③ $\rho \dfrac{\partial u}{\partial y}\Big|_{y=0}$ ④ $\mu \dfrac{\partial u}{\partial y}\Big|_{y=\sigma}$

71. 비중량이 γ 이고, 점성계수 μ 인 유체 속에서 자유 낙하하는 구의 최종 속도 V 는?(단, 구의 반지름을 a, 구의 비중량은 γ_s 이다.)

① $\dfrac{1}{3} \cdot \dfrac{a}{\mu}(\gamma_s - \gamma)$

② $\dfrac{2}{9} \cdot \dfrac{a^3}{\mu}(\gamma_s - \gamma)$

③ $\dfrac{2}{9} \cdot \dfrac{a^2}{\mu}(\gamma_s - \gamma)$

④ $\dfrac{1}{3} \cdot \dfrac{a}{\mu}(\gamma_s - \gamma)^2$

[해설] 구에 작용하는 항력과 유체에 의한 부력의 합은 구의 무게와 같아야 한다. 즉, $D + F_B = W$ 이므로

$$6\pi a \mu V + \dfrac{4}{3}\pi a^3 \gamma = \dfrac{4}{3}\pi a^3 \gamma_s$$

$$\therefore V = \dfrac{2}{9} \cdot \dfrac{a^2}{\mu}(\gamma_s - \gamma)$$

72. 다음 중 익형(airfoil)에 대한 양력계수(lift coefficient) C_L 과 양력 L 과의 관계식은?

① $L = C_L A \dfrac{\rho u_\infty^2}{2}$

② $L = C_L A \dfrac{p_1 - p_2}{\gamma}$

③ $L = C_L \dfrac{2}{\rho u_\infty^2}$

④ $L = C_L \dfrac{A u_\infty^2}{\rho}$

[해설] 비행기의 익형에 대한 양력 L은 양력계수 C_L을 사용하여 다음과 같이 정의된다.

$$L = C_L A \dfrac{\rho u_\infty^2}{2}$$

여기에서 A는 익형의 익현장과 날개 길이와의 곱이다.

73. 흐르는 유체 속에 잠겨진 물체에 작용되는 항력 D의 관계식으로 옳은 것은?

① $D = C_D A \dfrac{\rho u_\infty^2}{2g}$

② $D = C_D A \dfrac{\rho u_\infty^2}{2}$

③ $D = 6\pi a \mu u_\infty$

④ $D = f \dfrac{l}{d} \cdot \dfrac{V^2}{2g}$

[해설] 흐름 유체 속에 잠겨진 물체에 작용되는 항력 D는 항력계수 C_D를 사용하여 다음과 같이 정의된다.

$$D = C_D A \dfrac{\rho u_\infty^2}{2} [\text{N}]$$

74. 원관 속에 유체가 흐르고 있다. 다음 중 층류인 것은?

① 레이놀즈수가 200이다.

② 레이놀즈수가 20000이다.

③ 마하수가 0.5이다.

④ 마하수가 1.5이다.

[해설] 층류와 난류의 구분은 레이놀즈수로 하며 $Re < 2320$ 일 때 층류이다.

75. 지름이 1 cm인 원통관에 동점성계수가 1.788×10^{-6} m²/s인 유체가 평균속도 1.2 m/s로 흐르고 있다. 레이놀즈수는?

① 6.690×10^6 ② 6.690×10^3

③ 6.690×10^4 ④ 1.49×10^3

[해설] $Re = \dfrac{Vd}{\nu} = \dfrac{1.2 \times 0.01}{1.788 \times 10^{-6}} = 6690$

76. 지름이 10 cm인 원관에 0℃의 비중이 0.925인 기름이 흐르고 있다. 기름의 평균 속도가 1.2 m/s이면 레이놀즈수는 얼마인가? (단, 기름의 점성계수 $\mu = 0.05$ kg·s/m²이다.)

① 168   ② 204

③ 226   ④ 288

[해설] 물의 동점성계수는 0℃에서

$$\nu = \dfrac{\mu}{\rho} = \dfrac{0.05}{94.3} = 0.00053 \, \text{m}^2/\text{S}$$

$$V = 1.2 \, \text{m/s}, \ D = 0.1 \, \text{m}$$

$$Re = \dfrac{DV}{\nu} = \dfrac{0.1 \times 1.2}{5.3 \times 10^{-4}} = 226 < 2100$$이므로

층류이다.

77. 지름이 2 mm인 구가 공기($\rho = 0.3716$ kg/m³, $\nu = 108.2 \times 10^{-6}$ m²/s) 속을 2.5 cm/s로 운동할 때 항력은 몇 dyne인가?

① 1.9×10^{-3} ② 2.7×10^{-2}

③ 3×10^{-1} ④ 3.1

[해설] $Re = \dfrac{Vd}{\nu} = \dfrac{0.025 \times 0.002}{108.2 \times 10^{-6}} = 0.462 < 1$

스토크스의 법칙에서

$$D = 3\pi \mu d V = 3\pi (108.2 \times 10^{-6} \times 0.3716)$$
$$\times 0.002 \times 0.025$$
$$= 1.9 \times 10^{-8} \, \text{N} = 1.9 \times 10^{-3} \, \text{dyne}$$

78. 비중 0.85, 점성계수 3.2×10^{-3} kg·s/m²인 기름이 지름 100 mm인 원관 속을 흐를 때 층류로 흐를 수 있는 최대 유

속은 몇 m/s인가? (단, 하임계 레이놀즈
수는 2100이다.)

① 0.775　　　　　② 1.463

③ 2.191　　　　　④ 3.482

해설 하임계 레이놀즈수가 2100이므로

$$2100 = \frac{\rho VD}{\mu}$$

$$\therefore V = \frac{2100\mu}{\rho D} = \frac{2100 \times 3.2 \times 10^{-3}}{102 \times 0.85 \times 0.1}$$

$$\fallingdotseq 0.775 \text{m/s}$$

79. 지름 50 mm인 원관 속의 흐름에서 Re
수가 24000일 때 지름이 100 mm로 변화
하면 Re 수는 얼마인가?

① 10000　　　　　② 12000

③ 14000　　　　　④ 16000

해설 $Re = \dfrac{\rho VD}{\mu} = \dfrac{4Q\rho D}{\pi D^2 \mu} = \dfrac{4\rho Q}{\pi D \mu}$

$$\frac{Re_1}{Re_2} = \frac{\dfrac{4\rho Q}{\pi D_1 \mu}}{\dfrac{4\rho Q}{\pi D_2 \mu}} = \frac{D_2}{D_1}$$

$$\therefore Re_2 = Re_1 \frac{D_1}{D_2} = 24000 \times \frac{50}{100} = 12000$$

80. 지름이 10 cm인 원관에서 층류로 흐를
수 있는 임계 레이놀즈수를 2100으로 할
때 층류로 흐를 수 있는 최대 평균속도는
얼마인가? (단, 관 속에는 $\nu = 1.8 \times 10^{-6}$
m²/s의 물이 흐르고 있다.)

① 3.78×10^{-2} m/s

② 3.78×10^{-1} m/s

③ 3.78×10^{2} m/s

④ 1.17×10^{-2} m/s

해설 $Re_c = \dfrac{V_c d}{\nu} = 2100$

$$\therefore V_c = \frac{2100 \times \nu}{d} = \frac{2100 \times 1.8 \times 10^{-6}}{0.1}$$

$$= 0.0378 \text{m/s}$$

81. 안지름 50 cm인 수평원관 속을 유체가
층류로 흐를 때 관 길이 100 m에서 16
kg/m²의 압력강하가 생겼다. 관벽에서의
전단응력은 몇 Pa인가?

① 0.02　　　　　② 0.04

③ 0.06　　　　　④ 0.08

해설 $\tau = -\dfrac{r}{2} \cdot \dfrac{dp}{dl} = -\dfrac{0.25}{2} \times \left(-\dfrac{16}{100}\right)$

$$= 0.02 \text{kg/m}^2$$

82. 지름이 180 mm, 길이가 1260 m인 관
로를 통하여 점성계수 $\mu = 0.0888$ kg·s
/m², 비중량 $\gamma = 950$ kg/m³인 기름을 매
초 0.024 m³로 수송하는 데 필요한 압력
은 얼마인가?

① 10.4 kg/cm²　　　② 18.6 kg/cm²

③ 23.4 kg/cm²　　　④ 30.6 kg/cm²

해설 $Re = \dfrac{VD}{\nu} = \dfrac{\gamma VD}{g\mu}$

$$= \frac{950 \times \dfrac{0.024}{\dfrac{\pi}{4} \times (0.18)^2} \times 0.18}{9.8 \times 0.0888} = 186 < 2320$$

즉, 층류이므로

$$\Delta p = \frac{8\mu l Q}{\pi r_0^4} = \frac{8 \times 0.0888 \times 1260 \times 0.024}{\pi \times 0.09^4}$$

$$= 1.04 \times 10^5 \text{kg/m}^2 = 10.4 \text{kg/cm}^2$$

83. 지름이 4 mm이고 길이가 10 m인 원관
에 점성계수 $\mu = 1.02 \times 10^{-8}$ kg·s/cm²인
물이 흐르고 있을 때 압력차가 0.1 kg/cm²
였다면 유량은 몇 L/min인가?

① 16.3 L/min　　　② 6.15 L/min

③ 0.369 L/min　　　④ 0.1025 L/min

해설 $Q = \dfrac{\Delta p \pi r_0^4}{8\mu l} = \dfrac{0.1 \times \pi \times (0.2)^4}{8 \times 1.02 \times 10^{-8} \times 1000}$

$$= 6.15 \text{cm}^3/\text{s} = \frac{6.15 \times 60}{1000}$$

$$= 0.369 \text{L/min}$$

정답 79. ②　80. ①　81. ①　82. ①　83. ③

84. 지름이 600 mm, 길이가 1000 m인 원관을 써서 매분 600 L로 동점성계수가 0.00118 m^2/s인 기름을 수송할 때 필요한 최소 압력은 몇 kg/cm^2인가? (단, 기름의 비중량은 1260 kg/m^3이다.)

① 0.648 kg/cm^2

② 0.0371 kg/cm^2

③ 0.008 kg/cm^2

④ 0.0476 kg/cm^2

해설 $\Delta p = p_1 - p_2 = \dfrac{128 \mu l Q}{\pi D^4}$

$= \dfrac{128 \times 0.00118 \times \dfrac{1260}{9.81} \times 1000 \times 0.01}{\pi (0.6)^4}$

$= 476 \, kg/m^2$

$= 0.0476 \, kg/cm^2$

85. 지름이 10 mm이고 길이가 2000 m인 원형관 속에 점성계수 $\mu = 1.83 \times 10^4 \, kg \cdot s/m^2$인 물이 흐르고 있을 때 압력강하가 0.2 kg/cm^2로 되었다면 이때 흐르는 유속은 얼마인가?

① 0.007 m/s   ② 0.017 m/s

③ 0.135 m/s   ④ 0.589 m/s

해설 하겐-푸아죄유의 식에서

$V = \dfrac{\Delta p D^2}{32 \mu l} = \dfrac{0.2 \times 10^4 \times (0.01)^2}{32 \times 1.83 \times 10^{-4} \times 2000}$

$= 0.017 \, m/s$

$Re = \dfrac{\rho VD}{\mu} = 94.75 < 2320$

∴ 하겐-푸아죄유의 식이 적용된다.

86. 380 L/min의 유량으로 기름($s = 0.9$, $\mu = 0.0575 \, N \cdot s/m^2$)이 지름 75 mm인 관 속을 흐르고 있다. 관의 길이가 300 m라 하면 손실수두 h_L은 몇 m인가?

① 3.76   ② 12.36

③ 15.94   ④ 8.56

해설 $Q = 380 \, L/min = \dfrac{0.38}{60} \, m^3/s$

$= 6.33 \times 10^{-3} \, m^3/s$이므로

유속 $V = \dfrac{Q}{A} = \dfrac{6.33 \times 10^{-3}}{\dfrac{\pi}{4}(0.075)^2} = 1.43 \, m/s$

그러므로

$Re = \dfrac{\rho Vd}{\mu} = \dfrac{(1000 \times 0.9) \times 1.43 \times 0.075}{0.0575}$

$= 1683 < 2000$

층류이므로 하겐-푸아죄유 방정식을 적용하면

∴ $Q = \dfrac{\Delta p \pi d^4}{128 \mu L}$

여기서 $\Delta p = \gamma h_L$이므로

∴ $h_L = \dfrac{128 Q \mu L}{\pi \gamma d^4}$

$= \dfrac{128 \times (6.33 \times 10^{-3}) \times 0.0575 \times 300}{\pi \times (9800 \times 0.9) \times (0.075)^4}$

$= 15.94 \, m$

87. 지름이 100 mm인 원관에서 유체가 층류로 흐르고 있고, 관 속의 최대 속도는 25 m/s이다. 관 중심에서 25 mm 떨어진 곳의 유속은 얼마인가?

① 18.25 m/s   ② 32.48 m/s

③ 65 m/s   ④ 90.35 m/s

해설 $V = V_{max}\left\{ 1 - \left(\dfrac{r}{r_0}\right)^2 \right\}$

$= 25 \left\{ 1 - \left(\dfrac{25}{50}\right)^2 \right\} = 25 \left\{ 1 - \left(\dfrac{1}{4}\right) \right\}$

$= 25(1 - 0.25) = 25(0.75)$

$= 18.25 \, m/s$

88. 다음 그림과 같이 간격 a인 두 평행평판 사이에 점성계수가 μ인 유체가 들어 있다. 이동평판이 일정한 속도 U로 이동할 때 유체의 속도분포는 보기와 같다. 이때 이동하는 평판에서의 전단응력은? (단, 층류로 가정한다.)

정답 84. ④   85. ②   86. ③   87. ①   88. ②

<보 기>

$$u = \frac{Uy}{a} - \frac{1}{2\mu} \cdot \frac{dp}{dl}(ay - y^2)$$

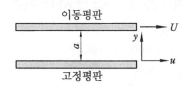

이동평판 U

고정평판 u

① $\dfrac{U}{a} + \dfrac{a}{2\mu} \cdot \dfrac{dp}{dl}$

② $\dfrac{\mu U}{a} + \dfrac{a}{2} \cdot \dfrac{dp}{dl}$

③ $\dfrac{U}{2a} + \dfrac{a}{3\mu} \cdot \dfrac{dp}{dl}$

④ $\dfrac{\mu U}{2a} + \dfrac{a}{3} \cdot \dfrac{dp}{dl}$

해설 $\tau = \mu \cdot \dfrac{du}{dy}$

$$= \mu \cdot \frac{d}{dy}\left[\frac{Uy}{a} - \frac{1}{2\mu} \cdot \frac{dp}{dl}(ay - y^2)\right]$$

$$= \mu \cdot \left[\frac{U}{a} - \frac{1}{2\mu} \cdot \frac{dp}{dl}(a - 2y)\right]$$

이동하는 평판은 $y = a$일 때이므로

$$\tau = \mu \cdot \left(\frac{U}{a} + \frac{a}{2\mu}\frac{dp}{dl}\right) = \frac{\mu U}{a} + \frac{a}{2} \cdot \frac{dp}{dl}$$

89. 원관의 유속은 층류이고 점성계수가 0.98 p인 기름이 지름 250 mm의 수평관으로 수송될 때 압력강하가 관 길이 1 m 당 0.05 kg/cm²였다. 필요한 소요마력은 몇 kW인가?

① 23.5 kW ② 24.4 kW

③ 32 kW ④ 375 kW

해설 $Q = \dfrac{\pi D^4 \Delta p}{128\mu l}$

$$= \frac{\pi \times (0.25)^4 \times 0.05 \times 10^4}{128 \times 0.01}$$

$$= 4.79 \, \text{m}^3/\text{s}$$

$$L_f = \frac{Q\Delta p}{102} = \frac{4.79 \times 500}{102} = 23.5 \, \text{kW}$$

90. 두 평행 평판 사이를 점성 유체가 층류로 흐를 때 최대속도가 1.2 m/s이면 평균속도는 몇 m/s인가?

① 0.4 ② 0.6

③ 0.8 ④ 1.0

해설 평균속도는 최대속도의 $\dfrac{2}{3}$이므로

$$V = \frac{2}{3}u_{\max} = \frac{2}{3} \times 1.2 = 0.8 \, \text{m/s}$$

91. 동점성계수가 $15.68 \times 10^{-6} \, \text{m}^2/\text{s}$인 평판 위를 1.5 m/s의 속도로 흐르고 있다. 평판의 선단으로부터 30 cm 되는 곳에서의 Re_x는 얼마인가?

① 28700 ② 287000

③ 2870 ④ 31400

해설 $Re_x = \dfrac{u_\infty x}{\nu}$에서 $u_\infty = 1.5 \, \text{m/s}$,

$\nu = 15.68 \times 10^{-6} \, \text{m}^2/\text{s}$, $x = 0.3$

$\therefore Re_x = \dfrac{1.5 \times 10^6 \times 0.3}{15.68} = 28700$

92. 지름 50 mm인 원관 속을 물이 난류로 흐를 때 관 중심의 속도가 10 m/s이면 관벽에서 20 mm 되는 지점의 유속은 몇 m/s인가?

① 6.23 ② 7.93

③ 8.51 ④ 9.69

해설 Kárman-Prandtl의 $\dfrac{1}{7}$제곱 법칙에 의하여

$$u = u_{\max}\left(\frac{y}{r_0}\right)^{\frac{1}{7}} = 10 \times \left(\frac{0.02}{0.025}\right)^{\frac{1}{7}}$$

$$\fallingdotseq 9.69 \, \text{m/s}$$

93. 500 K인 공기가 매끈한 평판 위를 10 m/s로 흐르고 있을 때, 경계층이 층류에서 난류로 천이하는 위치는 선단에서 몇 m인가? (단, 동점성계수 $\nu = 3.8 \times 10^{-5}$

m^2/s이다.)

① 1.9   ② 2.7

③ 1.1   ④ 3.4

[해설] 천이가 일어나는 임계 레이놀즈수가

500000이므로 $500000 = \dfrac{10 \times x}{3.8} \times 10^{-5}$

$\therefore x = 1.9\,\text{m}$

94. 30℃의 표준대기압하의 공기가 평판 상을 30 m/s의 속도로 흐르고 있다. 선 단으로부터 3 cm인 곳에서의 경계층의 두께는 얼마인가? (단, 공기의 동점성계수는 15.68 m^2/s이다.)

① 0.065 mm   ② 1.56 mm

③ 0.58 mm   ④ 0.25 mm

[해설] $Re_x = \dfrac{u_\infty x}{\nu} = \dfrac{30 \times 0.03}{15.68 \times 10^{-6}}$

$\qquad = 57400 < 5 \times 10^5$

따라서 층류경계층이 되어 다음 식을 적용한다.

$\delta = \dfrac{4.64x}{Re_x^{1/2}} = \dfrac{4.64 \times 0.03}{(57400)^{1/2}} = 0.00058\,\text{m}$

$\qquad = 0.58\,\text{mm}$

95. 투영면적이 6.3 m^{2}이고, 속도가 80 km/h인 화물차의 저항력이 200 kg이다. 이 중 25 %는 마찰저항이고, 나머지는 바람에 의한 항력이다. 이때 항력계수는? (단, $\gamma = 1.25$ kg/m^{3}이다.)

① 1.5   ② 3.26

③ 16.8   ④ 0.756

[해설] 전항력 200 kg 중에서 항력은 75 %이므로 항력 $D = 200 \times 0.75 = 150\,\text{kg}$

$D = C_D \dfrac{\rho A V^2}{2}$

$150 = C_D \dfrac{\left(\dfrac{1.25}{9.8}\right) \times 6.3 \times \left(\dfrac{80}{3.6}\right)^2}{2}$

$\therefore C_D = 0.756$

96. 폭 10 m, 현의 길이가 2 m인 사각형 날개가 어떤 앙각으로 정지 공기(100 kPa, 15℃) 속을 200 km/h로 날고 있다. 이때 양력과 항력은 각각 몇 N인가? (단, $C_D = 0.035$, $C_L = 0.460$이다.)

① $D = 3609$, $L = 9607$

② $D = 9607$, $L = 3009$

③ $D = 17179$, $L = 1307$

④ $D = 1307$, $L = 17179$

[해설] 공기의 밀도 $\rho = \dfrac{p}{RT}$

$\qquad = \dfrac{100}{0.287 \times (15 + 273)} = 1.21\,\text{kg/m}^3$

양력 $L = C_L \dfrac{\rho A V^2}{2}$

$\qquad = 0.46 \dfrac{(1.21)(10 \times 2)\left(\dfrac{200}{3.6}\right)^2}{2}$

$\qquad = 17179\,\text{N}$

항력 $D = C_D \dfrac{\rho A V^2}{2}$

$\qquad = 0.035 \dfrac{(1.21)(10 \times 2)\left(\dfrac{200}{3.6}\right)^2}{2}$

$\qquad = 1307\,\text{N}$

97. 평균유속 10 m/s로 균일하게 불고 있는 바람 속에 1 m^{2}의 평판을 바람에 평행하게 놓았을 때 평판 한쪽 면에서의 저항은 얼마인가? (단, 공기의 비중량은 1.22 kg/m^3(11.96 N/m^3), 동점성계수는 0.14 × 10^{-4} m^2/s이고, 평판상의 경계층은 층류와 난류로 이어져 있다.)

① 0.002 kg(0.0196 N)

② 0.01 kg(0.098 N)

③ 0.018 kg(0.176 N)

④ 0.26 kg(2.55 N)

[해설] $Re_x = \dfrac{u_\infty x}{\nu} = \dfrac{10^4 \times 10 \times 1}{0.14} = 7.14 \times 10^5$

정답   **94.** ③   **95.** ④   **96.** ③   **97.** ②

Re_x가 5×10^5과 5×10^6의 범위에 있으므로 평판마찰계수

$$C_f = \frac{0.455}{(\log_{10} Re_x)^{2.68}} - \frac{1700}{Re_x}$$

$$= \frac{0.455}{(\log_{10} 7.14 \times 10^5)^{2.68}} - \frac{1700}{7.14 \times 10^5}$$

$$= 0.00161$$

한쪽 면에 대한 저항력

$$D = C_f \cdot \frac{1}{2} \rho u_\infty^2 A$$

$$= 0.00161 \times \frac{1}{2} \times \frac{1.22}{9.8} \times 10^2 \times 1 \times 1$$

$$= 0.01 \, \text{kg}$$

[SI 단위]

$$D = C_f \cdot \frac{1}{2} \rho u_\infty^2 A$$

$$= 0.00161 \times \frac{1}{2} \times \frac{11.96}{9.8} \times 10^2 \times 1 \times 1$$

$$= 0.098 \, \text{N}$$

98. 다음 그림과 같이 1 m×2 m인 평판이 15 m/s의 속력으로 수평과 12°로 공기 속을 움직인다. 이때 평판에 작용하는 합력과 이때 평판을 움직이는 데 필요한 동력은 얼마인가? (단, C_D = 0.17, C_L = 0.72, γ = 1.25 kg/m³이다.)

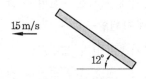

① 21.27 kg, 0.98 PS
② 19.22 kg, 0.76 PS
③ 24.64 kg, 0.87 PS
④ 17.37 kg, 0.76 PS

[해설] $D = C_D A \dfrac{\rho V^2}{2}$

$$= 0.17 \times 2 \times \frac{\left(\dfrac{1.25}{9.8}\right) \times 15^2}{2} = 4.9 \, \text{kg}$$

$L = C_L A \dfrac{\rho V^2}{2}$

$$= 0.72 \times 2 \times \frac{\left(\dfrac{1.25}{9.8}\right) \times 15^2}{2} = 20.7 \, \text{kg}$$

따라서 합력

$$R = \sqrt{D^2 + L^2} = \sqrt{4.9^2 + 20.7^2} = 21.27 \, \text{kg}$$

$$\tan\theta = \frac{L}{D} = \frac{20.7}{4.9} = 4.22$$

$$\therefore \ \theta = 76.6°$$

$$P = \frac{D \cdot V}{75} = \frac{4.9 \times 15}{75} = 0.98 \, \text{PS}$$

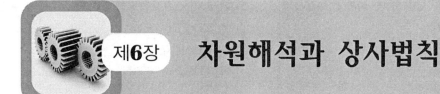

제6장 **차원해석과 상사법칙**

1. 차원해석

차원해석법은 차원의 동차성의 원리(principle of dimensional homogeneity), 즉 물리적 관계를 나타내는 방정식은 좌변과 우변의 차원, 방정식의 가감 시 각 항은 동차가 되어야 한다는 원리를 이용하고 있다. 즉, 어떤 물리 현상에 관한 방정식이 $A = B$일 때 A의 차원과 B의 차원은 같아야 한다(차원의 동차성의 원리).

뉴턴의 제 2 법칙은 $F = ma$이므로 [F의 차원] = [m의 차원] × [a의 차원]

$$\therefore [F] = [M][LT^{-2}]$$

2. 버킹엄의 π 정리

n개의 물리적 양을 포함하고 있는 임의의 물리적 관계에서 기본차원의 수를 m개라고 할 때, 이 물리적 관계는 $(n-m)$개의 서로 독립적인 무차원함수로 나타낼 수 있다.

(무차원 양의 개수) = (측정 물리량의 개수) − (기본차원의 개수)

어떤 물리적인 현상에 물리량 A_1, A_2, A_3, ……, A_n이 관계되어 있다면 다음과 같이 표시된다.

$$F(A_1, \ A_2, \ A_3, \ \cdots\cdots, \ A_n) = 0$$

기본차원의 개수를 m개라고 할 때 π_1, π_2, π_3, ……, π_{n-m}의 $(n-m)$개의 독립 무차원함수로 고쳐 쓸 수 있다.

$$f(\pi_1, \ \pi_2, \ \pi_3, \ \cdots\cdots, \ \pi_{n-m}) = 0$$

여기서, π : 무차원함수, n : 물리적 양의 수, m : 기본차원의 개수

이때 무차원 수 π_1, π_2, π_3, ……, π_{n-m}을 구하는 방법은 n개의 물리량 중에서 기본차원의 개수 m개만큼 반복변수를 결정한다. 즉, 기본차원이 M, L, T라면 물리량 중에서

M, L, T를 포함하는 물리량 3개를 반복변수로 결정하고, 그 반복변수를 이용하여 독립 무차원의 매개변수를 다음과 같이 결정한다.

$$\pi_1 = A_1^{x_1} A_2^{y_1} A_3^{z_1} A_4$$

$$\pi_2 = A_1^{x_2} A_2^{y_2} A_3^{z_2} A_5$$

$$\pi_3 = A_1^{x_3} A_2^{y_3} A_3^{z_3} A_6$$

$$\vdots$$

$$\pi_{n-m} = A_1^{x_{n-m}} A_2^{y_{n-m}} A_3^{z_{n-m}} A_n$$

여기서 A_1, A_2, A_3은 반복변수로서 n개의 물리량 중에서 택한 임의의 3개의 변수로서 적어도 M, L, T를 모두 포함하고 있어야 한다.

예제 1. 어떤 유동장을 해석하는 데 관계되는 변수는 7개이다. 기본차원을 M, L, T로 할 때 버킹엄의 파이(π) 정리로 해석한다면 몇 개의 파이(π)를 얻는가?

① 2　　　　　② 3　　　　　③ 4　　　　　④ 5

해설 변수$(n) = 7$, 기본차원수$(m) = 3$이므로 독립 무차원 매개변수(π)는

$\pi = (n - m) = 7 - 3 = 4$개

정답 ③

예제 2. 차원해석에 있어서 반복변수는?

① 기본차원을 모두 포함하는 변수로 택한다.
② 기본차원의 수를 가능한 한 감소할 수 있도록 택한다.
③ 같은 차원을 갖는 두 변수가 있으면 이들 모두를 택한다.
④ 중요하지 않은 변수라고 하더라도 꼭 포함시켜야 한다.

해설 반복변수의 개수는 기본차원의 수와 같게 하고 반복변수는 기본차원을 모두 포함해야 하며 종속변수는 택하지 않는다.

정답 ①

---

3. 상사법칙

유체역학에서는 유동 현상을 연구할 때 모형(model)을 사용하는 경우가 많다. 이 모형은 원형(prototype)에 비해서 작으므로 시간과 비용이 적게 들어 경제적이지만 모형을 사용하는 것도 해석적인 방법에 비하면 비경제적이다. 그러므로 해석적인 방법으로 믿을 만한 해답을 얻을 수 없는 경우에만 모형 실험을 하는 것이 보통이다.

이와 같은 모형 실험을 할 때는 모형과 원형 사이에 서로 상사가 되어야 할 뿐만 아니라 모형에 미치는 유체의 상태, 즉 속도 분포나 압력 분포의 상태가 실물에 미치는 유체의 상태와 꼭 상사가 되도록 할 필요가 있다. 이와 같이 모형 실험이 실제의 현상과 상사가 되기 위해서는 기하학적 상사, 운동학적 상사 및 역학적 상사의 세 가지 조건이 필요하다.

3-1 기하학적 상사(geometric similitude)

원형과 모형은 동일한 모양이 되어야 하고, 원형과 모형 사이에 서로 대응하는 모든 치수의 비가 같아야 한다.

① 길이 : $L_r = \dfrac{L_m}{L_p}$

② 넓이 : $A_r = \dfrac{A_m}{A_p} = \dfrac{L_m^2}{L_p^2} = L_r^2$

3-2 운동학적 상사(kinematic similitude)

원형과 모형 주위에 흐르는 유체의 유동이 기하학적으로 상사할 때, 즉 유선이 기하학적으로 상사할 때 원형과 모형은 운동학적 상사가 존재한다. 그러므로 운동학적으로 상사하는 두 유동 사이에는 서로 대응하는 점에서의 속도가 평행하여야 하고, 속도의 크기비는 모든 대응점에서 같아야 한다.

① 속도비 : $v_r = \dfrac{v_m}{v_p} = \dfrac{L_m/T_m}{L_p/T_p} \dfrac{L_r}{L_p} = \dfrac{L_r}{T_r}$

② 가속도비 : $a_r = \dfrac{a_m}{a_p} = \dfrac{v_m/T_m}{v_p/T_p} = \dfrac{L_m/T_m^2}{L_p/T_p^2} = \dfrac{L_r}{T_r^2}$

③ 유량비 : $Q_r = \dfrac{Q_m}{Q_p} = \dfrac{v_m A_m}{v_p A_p} = \dfrac{L_r}{T_p} L_r^2 = \dfrac{L_r^3}{T_r}$

3-3 역학적 상사(dynamic similitude)

기하학적으로 상사하고 또 운동학적으로 상사한 두 원형과 모형 사이에 서로 대응하는 점에서의 힘(전단력, 압력, 관성력, 표면장력, 탄성력, 중력 등)의 방향이 서로 평행하고 크기의 비가 같을 때 두 형은 역학적 상사가 존재한다고 말한다. 따라서 두 원형과 모형 사이에 역학적 상사가 존재하려면 다음과 같이 힘의 비로 정의되는 무차원수가 두 형식에서 같아야 한다.

무차원수의 특징

명칭	정의	물리적 의미	중요성
웨버수 (Weber number)	$We = \dfrac{\rho V^2 L}{\sigma}$	$\dfrac{관성력}{표면장력}$	표면장력이 중요한 유동
마하수 (Mach number)	$Ma = \dfrac{V}{\alpha}$	$\dfrac{관성력}{탄성력}$	압축성 유동
레이놀즈수 (Reynolds number)	$Re = \dfrac{\rho VL}{\mu}$	$\dfrac{관성력}{점성력}$	모든 유체 유동
프루드수 (Froude number)	$Fr = \dfrac{V}{\sqrt{Lg}}$	$\dfrac{관성력}{중력}$	자유 표면 유동
압력계수 (pressure coefficient)	$C_P = \dfrac{P}{\dfrac{\rho V^2}{2}}$	$\dfrac{정압}{동압}$	압력차에 의한 유동

여기서, 관성력(inertia force) : $F_i = ma = \rho V^2 L^2$

점성력(viscosity force) : $F_v = \mu A \dfrac{du}{dy} = \mu VL$

중력(gravity force) : $F_g = mg = \rho L^3 g$

탄성력(elasticity force) : $F_e = kA = kL^2$

표면장력(surface tension) : $F_t = \sigma L$, L : 물체의 특성 길이

3-4　역학적 상사의 적용

역학적 상사의 적용

실험 내용	역학적 상사율
관(원관 운동) 익형(비행기의 양력과 항력) 경계층 잠수함 압축성 유체의 유동(단, 유동속도가 $M < 0.3$일 때)	레이놀즈수 $(Re)_m = (Re)_p$
개방수력 구조물(하수로, 위어, 강수로, 댐) 수력 도약 수력선박의 조파저항	프루드수 $(Fr)_m = (Fr)_p$
풍동실험 유체기계(단, 축류 압축기와 가스터빈에서는 마하수가 중요 무차원수가 된다.)	레이놀즈수, 마하수

예제 3. 풍동시험에서 중요한 무차원수는?

① 레이놀즈수, 마하수 ② 프루드수, 코시스수

③ 프루드수, 오일러수 ④ 웨버수, 코시스수

해설 풍동시험에서 유속이 작은 경우($M<0.3$)는 레이놀즈수가 중요한 무차원수이지만 유속이 클 때($M>0.3$)는 마하수도 중요하다. 정답 ①

예제 4. 길이의 비 $\dfrac{L_m}{L_p}=\dfrac{1}{20}$ 로 기하학적 상사인 댐(dam)이 있다. 모형 댐의 상봉에서 유속이 2 m/s일 때 실형의 대응점에서 유속은 몇 m/s인가?

① 5.91 ② 6.36

③ 7.41 ④ 8.94

해설 역학적 상사가 존재하기 위해서는 프루드수가 같아야 한다.

$$\therefore \quad \frac{V_p}{\sqrt{L_p g_p}}=\frac{V_m}{\sqrt{L_m g_m}}$$

따라서 $g_p=g_m$ 이므로

$$V_p=V_m\sqrt{\frac{L_p}{L_m}}=2\times\sqrt{20}\fallingdotseq 8.94\,\text{m/s}$$

정답 ④

출제 예상 문제

1. 다음 중 차원이 틀린 것은?

① 운동량 $= [ML^{-2}T^{-1}] = [FT]$

② 일량 $= [ML^2T^{-2}] = [FL]$

③ 동력 $= [ML^2T^{-3}] = [FLT^{-1}]$

④ 압력 $= [ML^{-1}T^{-2}] = [FL^{-2}]$

해설 운동량$(mV) = [MLT^{-1}] = [FT]$

2. 어떤 유체공학적 문제에서 10개의 변수가 관계되고 있음을 알았다. 기본차원을 M, L, T로 할 때 버킹엄의 π정리로서 차원해석을 한다면 몇 개의 π를 얻을 수 있는가?

① 5개　　　　　② 6개

③ 7개　　　　　④ 8개

해설 변수가 10개이므로 $n=10$, 기본차원의 수 $m=3$이므로 $(n-m)$, 즉 $(10-3)$개의 무차원함수를 얻을 수 있다.

3. $F(\Delta p, l, d, \rho, \mu)$의 무차원수 π의 개수는? (단, 여기서 Δp는 압력강하, l은 길이, d는 지름, V는 평균유속, ρ는 밀도, μ는 점성계수이다.)

① 6개　　　　　② 5개

③ 4개　　　　　④ 3개

해설 물리량의 차원은

$[\Delta p] = [FL^{-2}] = [ML^{-1}T^{-2}]$,

$[l] = [L]$, $[d] = [L]$, $[V] = LT^{-1}$,

$[\rho] = [ML^{-3}]$, $[\mu] = [ML^{-1}T^{-1}]$

물리량은 $n=6$개, 기본차원은 M, L, T이므로 $m=3$개이다.

∴ 무차원수의 개수는 $n-m=6-3=3$개

4. 다음 설명에서 틀린 것은?

① 기하학적으로 상사인 관의 정상 유동에서 역학적 상사법칙에 중시되는 것은 레이놀즈수이다.

② 기하학적으로 상사인 수문과 위어 등의 개수로에서 역학적 상사법칙에 중시되는 것은 프루드수이다.

③ 비행기에 대한 모형과 실물 사이의 역학적 상사법칙에서 중시되는 것은 마하수만 같으면 된다.

④ 해상에서 파도를 헤쳐 나가는 항해 속도는 모형과 실물 사이의 역학적 상사법칙에서 중시되는 것은 프루드수이다.

해설 비행기에 있어서 모형과 실물 사이에 역학적 상사법칙을 이루는 조건은 레이놀즈수와 마하수가 같게 되는 것이다.

5. 수평관을 통하여 흐르는 유체의 유량은 단위길이당의 압력강하, 관의 지름, 유체의 점성에 관계된다. π정리로 관련되는 무차원함수를 구하고, 그로부터 유량에 관한 방정식을 유도한 것으로 옳은 것은?

① $Q = c\dfrac{\Delta p}{l} \cdot \dfrac{d^4}{\mu}$

② $Q = c\dfrac{\Delta p}{l^2} \cdot \dfrac{d^3}{\mu}$

③ $Q = c\left(\dfrac{\Delta p}{l}\right)^2 \cdot \dfrac{d^5}{\mu^2}$

④ $Q = c\dfrac{\Delta p}{l} \cdot \dfrac{d^2}{\mu^3}$

해설 문제에 관련되는 양과 그 차원을 알아보면

정답 1. ①　2. ③　3. ④　4. ③　5. ①

양	기호	차원
유량	Q	$L^3 T^{-1}$
압력강하/길이	$\Delta p/l$	$ML^{-2}T^{-2}$
지름	d	L
점성계수	μ	$ML^{-1}T^{-1}$

따라서 다음과 같은 함수관계를 갖는다.

$$F\left(Q, \ \frac{\Delta p}{l}, \ d, \ \mu\right)=0$$

여기에서 기본차원의 수 $m=3$, 변수의 수 $n=4$이므로 무차원함수의 수는 $(n-m)=1$ 이다.

$$\therefore \ \pi_1 = Q^{x1}\left(\frac{\Delta p}{l}\right)^{y1}d^{z1}\mu$$

차원으로 표시하면

$$\pi_1 = M^0 L^0 T^0$$

$$= (L^3 T^{-1})^{x1}(ML^{-2}T^{-2})^{y1}(L)^{z1}ML^{-1}T^{-1}$$

지수에 관하여 풀면 L에 대하여

$$3x_1 - 2y_1 + z_1 - 1 = 0$$

M에 대하여 $y_1 + 1 = 0$

T에 대하여 $-x_1 - 2y_1 - 1 = 0$

위 식을 풀면 $x_1 = 1, \ y_1 = -1, \ z_1 = -4$

$$\therefore \ \pi_1 = \frac{Q\mu}{d^4 \dfrac{\Delta p}{l}}$$

Q에 대하여 풀면

$$\therefore \ Q = C\frac{\Delta p}{l} \cdot \frac{d^4}{\mu}$$

여기에서 C는 임의의 상수로서 실험치로부터 또는 순수한 이론적인 유도로부터 결정될 수 있다.

6. 실물과 모형의 관계에서 틀린 것은?

① 원형과 모형 사이에 상사를 이루기 위해서는 기하학적 상사와 역학적 상사를 만족시켜야 한다.

② 기하학적 상사라 함은 실물과 모형에 있어서 상응하는 길이의 비가 일정할 때이다.

③ 운동학적 상사라 함은 실물과 모형에 있어서 유선에는 무관하고 상응하는 가속도의 비가 일정할 때이다.

④ 역학적 상사라 함은 실물과 모형에 있어서 상응하는 점의 유체 입자에 작용하는 힘의 비가 같을 때이다.

해설 운동학적 상사라 함은 실물과 모형의 주위에 있어 유선 상태가 기하학적으로 상사이고 상응하는 점에 있어서 속도의 비, 가속도의 비가 일정할 때이다.

7. 다음 중 조파 저항이 생기는 조건이 아닌 것은?

① 배가 진행될 때 앞부분의 압력의 영향

② 배가 진행할 때 후미 부분의 압력의 영향

③ 배의 중력의 작용

④ 배와 유체의 마찰

해설 배와 유체의 마찰은 마찰저항만을 일으킨다.

8. 관 속에서 난류로 유체가 흐르고 있을 때 단위길이당의 손실 $\Delta \dfrac{h}{l}$ 는 속도 V, 지름 d, 중력의 가속도 g, 점성계수 μ, 밀도 ρ의 함수가 된다. 이때 차원해석법으로 손실수두에 대한 방정식을 유도한 것 중 맞는 것은?

① $\dfrac{\Delta h}{l} = f(Ma)\dfrac{V^2}{2g}$

② $\dfrac{\Delta h}{l} = f(Ma, \ Fr)$

③ $\dfrac{\Delta h}{l} = f(Re)\dfrac{l}{d} \cdot \dfrac{V^2}{2g}$

④ $\dfrac{\Delta h}{l} = f(Fr)\dfrac{l}{d} \cdot \dfrac{V}{2g}$

해설 주어진 변수를 포함하는 방정식은 $F\left(\dfrac{\Delta h}{l}, \ V, \ d, \ \rho, \ \mu, \ g\right)=0$이다.

변수들의 차원을 표로 만들면

양	기호	차원
단위길이당의 손실	$\Delta h/l$	없음
속도	V	LT^{-1}
지름	d	L
밀도	ρ	ML^{-3}
점성계수	μ	$ML^{-1}T^{-1}$
중력 가속도	g	LT^{-2}

여기에서 $\Delta h/l$ 는 이미 무차원함수이므로 한 개의 π가 된다. 반복변수로 V, d, ρ를 잡으면

$$\pi_1 = V^{x1}d^{y1}\rho^{y1}\rho^{z1}\mu$$

$$= (LT^{-1})^{x1}(L)y(L)^{y1}(ML^{-3})^{z1}ML^{-1}T^{-1}$$

지수에 대한 방정식을 세우면 L에 대하여

$$x_1 + y_1 - 3z_1 - 1 = 0$$

M에 대하여 $z_1 + 1 = 0$

T에 대하여 $-x_1 - 1 = 0$

$$\therefore \ x_1 = -1, \ y_1 = -1, \ z_1 = -1$$

$$\pi_2 = V^{x2}d^{y2}\rho^{z2}g$$

$$= (LT^{-1})^{x2}(L)^{y2}(ML^{-3})^{z2}LT^{-2}$$

지수에 대한 방정식을 세우면 L에 대하여

$$x_2 + y_2 - 3z_2 + 1 = 0$$

M에 대하여 $z_2 = 0$

T에 대하여 $-x_2 - 2 = 0$

$$\therefore \ x_2 = -2, \ y_2 = 1, \ z_2 = 0$$

위에서 구한 지수를 대입시켜 π를 구하면

$$\pi_1 = \frac{\mu}{Vd\rho}, \ \pi_2 = \frac{gd}{V^2}, \ \pi_3 = \frac{\Delta h}{l}$$

함수로 묶어서 표시하면

$$f\left(\frac{Vd\rho}{\mu}, \ \frac{V^2}{gd}, \ \frac{\Delta h}{l}\right) = 0$$

여기에서 π_1, π_2를 Re, Fr(Froude number)로 각각 표시하면

$$f\left(Re, \ Fr, \ \frac{\Delta h}{l}\right) = 0$$

손실수두에 대하여 풀면

$$\therefore \ \frac{\Delta h}{l} = f_1(Re, \ Fr) = f(Re)\frac{l}{d} \cdot \frac{V^2}{2g}$$

9. 실제의 모형실험에서 조파 항력은？

① 프루드수가 같은 상태의 항력에서 마찰저항을 뺀 것

② 레이놀즈수가 같은 상태의 항력에서 마찰저항을 뺀 것

③ 레이놀즈수가 같은 상태의 마찰저항에서 항력을 뺀 것

④ 프루드수가 같은 상태의 마찰저항에서 저항을 뺀 것

해설 실제의 모형실험에서 조파 저항의 값은 프루드수가 같은 상태로 배의 항력을 구하여 마찰저항을 뺀 값이다.

10. 잠수함이 12 km/h로 잠수하는 상태를 관찰하기 위해서 1/10인 길이의 모형을 만들어 해수에 넣어 탱크에서 실험을 하려한다. 모형의 속도는 몇 km/h인가？

① 38 ② 180

③ 74 ④ 120

해설 역학적 상사를 만족하기 위해서는 레이놀즈수와 같아야 한다. 즉,

$(Re)_p = (Re)_m$이므로 $\left(\dfrac{Vl}{\nu}\right)_p = \left(\dfrac{Vl}{\nu}\right)_m$

$$\therefore \ V_m = V_p\frac{\nu_m}{\nu_p} \cdot \frac{l_p}{l_m}$$

여기서, $\nu_p = \nu_m$이므로

$$V_m = V_p\frac{l_p}{l_m} = 12 \times 10 = 120\,\text{km/h}$$

11. 실물과 모형이 상사될 경우 길이의 비가 1 : 12이다. 이 모형의 표면적이 0.2 m²이면 실물의 표면적은 몇 m²가 되겠는가？

① 28.8 ② 40.6

③ 71.3 ④ 80.8

해설 $l_m : l_p = 1 : 12$이므로 $l_m^2 : l_p^2 = 1 : 144$

실물의 표면적은

$$\therefore \ l_p^2 = 0.2 \times 144 = 28.8 \ \text{m}^2$$

12. 전길이가 150 m인 배가 8 m/s의 속도로 진행할 때의 모형으로 실험할 때 속도는 얼마인가? (단, 모형 전길이는 3 m이다.)

① 0.16 m/s   ② 1.13 m/s

③ 56.57 m/s   ④ 400 m/s

[해설] $(fr)_m = (fr)_p$에서 $\dfrac{V_m}{\sqrt{l_m g}} = \dfrac{V_p}{\sqrt{l_p g}}$

이므로

$$V_m = V_p \sqrt{\frac{l_m}{l_p}} = 8 \times \sqrt{\frac{3}{150}} = 1.13 \ \text{m/s}$$

13. 원심펌프로 윤활유를 압송하고 있다. 이 펌프의 회전속도는 1200 rpm이고, 윤활유의 동점성계수는 0.0009 m²/s이다. 이 원심펌프의 모형을 만들어서 20℃의 공기를 이용하여 모형실험을 하려고 한다. 모형펌프의 지름을 원형펌프의 3배로 하였을 때 모형펌프의 회전수는 얼마인가?

① 45 rpm   ② 32 rpm

③ 38 rpm   ④ 23 rpm

[해설] 이 경우에 역학적 상사를 만족시키는 데 필요한 무차원함수는 레이놀즈수이다.

$(Re)_p = (Re)_M$

그런데 여기에서 속도를 회전차의 원주속도로 잡아야 한다. 각속도를 ω라고 할 때 선속도는 $r\omega$가 된다. 따라서

$$\left(\frac{\frac{d}{2}\omega d}{0.0009} \right)_p = \left(\frac{\frac{3}{2}d \times \omega \times 3d}{1.56 \times 10^{-4}} \right)_M$$

$$\therefore \ \omega_p = 52 \omega_M$$

그러므로 모형펌프의 회전수는

$$\frac{1200}{52} \fallingdotseq 23 \ \text{rpm}$$

14. 해면에 떠 있는 배의 길이가 120 m이다. 이 배의 모형을 만들어서 시험하기 위

하여 모형배의 길이를 3 m로 만들었다. 배의 항해 속도가 10 m/s라면 역학적 상사를 이루기 위한 모형배의 속도와 모형배의 시험에서 배의 저항력이 9 kg(88.2 N)일 때 원형배의 항력은 얼마인가?

① 3.68 m/s, 576 kg(5.65 kN)

② 4.58 m/s, 4590 kg(45 kN)

③ 1.58 m/s, 576.8×10³ kg(5.65×10⁶ N)

④ 1.98 m/s, 475×10³ kg(4.66 ×10⁶ N)

[해설] 모형과 원형에 대하여 프루드수를 같게 놓으면

$$(Fr)_p = (Fr)_M \ \text{즉}, \ \left(\frac{V^2}{lg} \right)_p = \left(\frac{V^2}{lg} \right)_M$$

$$\frac{10^2}{120 \times 9.8} = \frac{V^2}{3 \times 9.8}$$

$$\therefore \ V = 1.58 \ \text{m/s}$$

항력에 대한 무차원함수를 모형과 원형에 대하여 같게 놓으면

$$\left(\frac{D}{\rho V^2 l^2} \right)_p = \left(\frac{D}{\rho V^2 l^2} \right)_M$$

같은 유체이므로 ρ를 소거하면

$$\frac{9}{1.58^2 \times 3^2} = \frac{D_p}{10^2 \times 120^2}$$

$$\therefore \ D_p = 576.8 \times 10^3 \ \text{kg}$$

[SI 단위]

$$\frac{88.2}{1.58^2 \times 3^2} = \frac{D_p}{10^2 \times 120^2}$$

$$\therefore \ D_p = 5.65 \times 10^6 \ \text{N}$$

15. 지름이 5 cm인 수평관에서 유체 실험을 물로 하였을 때 0.2 m/s의 속도였고 압력 손실은 관의 100 cm 길이에서 압력강하가 4 kg/m²로 나타났다. 지름이 30 cm인 수평관에 비중이 0.855인 기름(동점성계수 $\nu = 1.15 \times 10^{-6}$ m²/s)이 실제 흐를 때 역학적인 상사를 이루기 위해서는 기름의 속도는 얼마로 해야 하며 압력강하는 얼마나 생기겠는가? (단, 물의 동점

성계수 $\nu = 1.31 \times 10^{-6} \, \mathrm{m^2/s}$)

① $3.93 \, \mathrm{m/s}, \ 643 \, \mathrm{kg/m^2}$

② $2.93 \, \mathrm{m/s}, \ 743 \, \mathrm{kg/m^2}$

③ $4.93 \, \mathrm{m/s}, \ 853 \, \mathrm{kg/m^2}$

④ $5.93 \, \mathrm{m/s}, \ 1025 \, \mathrm{kg/m^2}$

해설 기름의 속도는 $(Re)_p = (Re)_m$ 이므로

$$\left(\frac{V_p D_p}{\nu_p}\right) = \left(\frac{V_m D_m}{\nu_m}\right)$$

$$\therefore \ V_p = \frac{\nu_p D_m}{\nu_m D_p} V_m = \frac{1.15 \times 10^{-5} \times 5 \times 0.2}{1.31 \times 10^{-6} \times 30}$$

$$= 2.93 \, \mathrm{m/s}$$

압력강하는 $(Eu)_p = (Eu)_m$ 이므로

$$\left(\frac{\Delta p_p}{\rho_p V_p^2}\right) = \left(\frac{\Delta p_m}{\rho_m V_m^2}\right)$$

$$\therefore \ \Delta p_p = \frac{\Delta p_m \rho_p V_p^2}{\rho_m V_m^2} = 4 \times \frac{87.1}{102} \times \frac{2.95^2}{0.2^2}$$

$$= 743 \, \mathrm{kg/m^2}$$

16. 회전속도가 1200 rpm인 원심펌프로 동점성계수가 1.05×10^{-3}인 기름을 수송하고 있다. 원심펌프의 모형을 만들어 동점성계수가 $1.56 \times 10^{-4} \, \mathrm{m^2/s}$인 유체로 모형실험을 하려고 한다. 모형펌프의 지름을 실형의 2배로 하였을 때 모형펌프의 회전수는 몇 rpm인가?

① 30   ② 35

③ 40   ④ 45

해설 역학적 상사가 이루어지려면 레이놀즈 상사법칙이 성립해야 한다. 따라서

$$\left(\frac{VD}{\nu}\right)_p = \left(\frac{VD}{\nu}\right)_m$$

여기서 속도는 회전차의 원주속도를 사용해야 하므로 각속도를 ω 라고 하면 원주속도는 $r\omega$ 이다.

즉, $\left(\dfrac{r\omega D}{\nu}\right)_p = \left(\dfrac{r\omega D}{\nu}\right)_m$ 이므로

$$\frac{\omega_m}{\omega_p} = \left(\frac{r_p}{r_m}\right)\left(\frac{D_p}{D_n}\right)\left(\frac{\nu_m}{\nu_p}\right)$$

$$= \left(\frac{1}{2}\right)\left(\frac{1}{2}\right)\left(\frac{1.56 \times 10^{-4}}{1.05 \times 10^{-3}}\right) \fallingdotseq 0.0371$$

$$\therefore \ N_m = N_p \times 0.0371 = 1200 \times 0.0371$$

$$\fallingdotseq 45 \, \mathrm{rpm}$$

17. 실형의 1/16인 모형 잠수함을 해수에서 시험한다. 실형 잠수함이 5 m/s로 움직인다면, 역학적 상사를 만족하기 위해서는 모형 잠수함을 몇 m/s로 끌어야 하는가?

① 0.3125   ② 20

③ 80   ④ 1.25

해설 레이놀즈수가 같아야 한다.

$(Re)_p = (Re)_m$ 이므로 $\left(\dfrac{Vl}{\nu}\right)_p = \left(\dfrac{Vl}{\nu}\right)_m$

$$\therefore \ V_m = V_p \frac{\nu_m}{\nu_p} \cdot \frac{l_p}{l_m} = 5 \times 1 \times 16 = 80 \, \mathrm{m/s}$$

18. 안지름이 250 mm, 길이가 100 m의 원관 내를 비중이 0.88인 기름($\nu = 3.3 \times 10^{-5} \, \mathrm{m^2/s}$)이 평균 속도 3 m/s로 흐르고 있다. 지금 조도가 같고 안지름이 25 mm, 길이가 10 m인 원관에 물($\nu = 1.15 \times 10^{-5} \, \mathrm{m^2/s}$)을 유동하여 실험했을 때 역학적 상사가 되기 위해서는 속도는 얼마로 해야 하며, 25 mm인 관에서 손실 압력이 $1000 \, \mathrm{kg/m^2}$이면 250 mm 관에서의 손실 압력은 얼마인가?

① $8.45 \, \mathrm{m/s}, \ 74.56 \, \mathrm{kg/m^2}$

② $9.72 \, \mathrm{m/s}, \ 72.56 \, \mathrm{kg/m^2}$

③ $10.45 \, \mathrm{m/s}, \ 72.56 \, \mathrm{kg/m^2}$

④ $10.45 \, \mathrm{m/s}, \ 74.56 \, \mathrm{kg/m^2}$

해설 $\left(\dfrac{VD}{\nu}\right)_p = \left(\dfrac{VD}{\nu}\right)_m$ 에서

$$V_m = \frac{D_p \nu_m}{D_m \nu_p} \times V_p = \frac{250 \times 1.15 \times 10^{-5} \times 3}{25 \times 3.3 \times 10^{-5}}$$

$$= 10.45$$

정답   16. ④   17. ③   18. ③

$$\left(\frac{\Delta p}{\rho V^2}\right)_p = \left(\frac{\Delta p}{\rho V^2}\right)_n \text{ 에서}$$

$$\Delta p = p_1 - p_2$$

$$\Delta p_1 = \frac{1000 \times \rho_p V_p^2}{\rho_m \times V_m^2} = \frac{1000 \times 89.7 \times 3^2}{101.88 \times 10.45^2}$$

$$= 72.56 \text{ kg/m}^2$$

19. 지름이 5 cm인 모형관에서 물의 속도가 매초 9.6 m이면 실물의 지름이 30 cm인 관에서 역학적 상사를 이루기 위해서는 물의 속도가 몇 m/s가 되어야 하며 30 cm 관에서 압력강하가 2 kg/m²이면 모형관의 압력강하는 얼마인가?

① 1.4 m/s, 76 kg/m²

② 1.8 m/s, 72 kg/m²

③ 1.6 m/s, 72 kg/m²

④ 1.2 m/s, 74 kg/m²

[해설] 관 속의 흐름에서 역학적 상사 조건은

$$(Re)_m = (Re)_p \text{ 에서 } \left(\frac{VD}{\nu}\right)_m = \left(\frac{VD}{\nu}\right)_p$$

$$\therefore V_p = \frac{V_m D_m}{D_p} = \frac{5(9.6)}{30} = 1.6 \text{ m/s}$$

$$(Eu)_m = (Eu)_p$$

$$\left(\frac{\Delta p}{\rho V^2}\right)_m = \left(\frac{\Delta p}{\rho V^2}\right)_p \text{ 에서}$$

$$\left(\frac{\Delta p}{(9.6)^2}\right)_m = \left(\frac{2}{(1.6)^2}\right)_p$$

$$\therefore \Delta p_m = \frac{(9.6)^2 (2)}{(1.6)^2} = 72 \text{ kg/m}^2$$

20. 수면에 떠 있는 길이 100 m의 배가 9 m/s의 속도로 항진하고 있다. 기하학적 상사가 되어 길이를 2.5 m로 모형을 만들고 수면상에서 실험할 때 역학적 상사가 성립되려면 모형의 속도는 얼마이며, 모형의 항력이 1 kg이면 실물의 항력은 얼마인가?

① 1.42 m/s, 64000 kg

② 1.52 m/s, 84000 kg

③ 1.42 m/s, 74000 kg

④ 1.52 m/s, 97000 kg

[해설] $(Fr)_p = (Fr)_m$, $\left(\frac{V^2}{lg}\right)_p = \left(\frac{V^2}{lg}\right)_m$

$$V_m^2 = \frac{V_p^2 l_m}{l_p} = \frac{81 \times 2.5}{100} = 2.025$$

$$\therefore V_m = 1.42 \text{ m/s}$$

$$\left(\frac{D_r}{\frac{1}{2}Pl^2 V^2}\right)_p = \left(\frac{D_r}{\frac{1}{2}\rho l^2 V^2}\right)_m$$

$$\therefore D_p = \frac{l_p^2 V_p^2}{l_m^2 V_m^2} \times D_m = \frac{100^2 \times 9^2}{2.5^2 \times 1.42^2} \times 1$$

$$= 64000 \text{ kg}$$

21. 개수로에서 유량을 측정하기 위하여 위어를 설치하였다. 이때 개수로의 위어로 측정한 유량 600 m³/s를 얻었다. 그런데 15 : 1의 비로 축소된 모형 개수로를 만들고자 할 때 역학적 상사를 만족시키려면 모형에서의 유량은 얼마로 해야 하는가? (단, 위어에서의 마찰 효과는 무시한다.)

① 0.59 m³/s　　　② 0.95 m³/s

③ 0.75 m³/s　　　④ 0.69 m³/s

[해설] $(Fr)_p = (Fr)_m$

$$\therefore \left(\frac{V^2}{lg}\right)_p = \left(\frac{V^2}{lg}\right)_m$$

여기서 $V = \dfrac{Q}{l^2}$ 를 대입하고 전개하면

$$\left(\frac{Q}{l^2 \sqrt{lg}}\right)_p = \left(\frac{Q}{l^2 \sqrt{lg}}\right)_m$$

또는 $\left(\dfrac{Q}{l^{\frac{5}{2}} g^{\frac{1}{2}}}\right)_p = \left(\dfrac{Q}{l^{\frac{5}{2}} g^{\frac{1}{2}}}\right)_m$

$$\therefore Q_m = 600 \times \left(\frac{1}{15}\right)^{\frac{5}{2}} = 0.69 \text{ m}^3/\text{s}$$

22. 지름이 10 cm인 수평관에 기름이 3 m/s의 평균속도로 흐르고 있다. 이 관의 10 m 길이에서의 압력손실이 700 kg/m² (6.86 kPa)이었다. 지름이 3 cm인 평행관에서 기하학적 및 역학적 상사를 이루기 위해서는 3 cm 관에서의 속도는 얼마이며, 3 cm 관에서의 압력손실은 얼마인가? (단, 3 cm에는 0℃의 물이 흐르고 있고 기름의 동점성계수는 9.9×10^{-5} m²/s이며, 밀도는 92.5 kg·s²/m⁴ (906.5 kg/m³)이다.)

① 0.18 m/s, 2.78 kg/m²(27.27 Pa)
② 0.39 m/s, 4.59 kg/m²(4.5 Pa)
③ 1.9 m/s, 27.9 kg/m²(273.4 Pa)
④ 19.5 m/s, 30.5 kg/m²(299 Pa)

[해설] 역학적 상사를 이루기 위해서는 모형과 원형 사이에서 레이놀즈수가 같아야 한다.
즉, $(Re_p) = (Re_m)$

$$\therefore \frac{3 \times 0.1}{9.9 \times 10^{-5}} = \frac{V \times 0.03}{1.794 \times 10^{-6}}$$

$V = 0.18$ m/s

3 cm 관에서의 압력강하를 계산하기 위하여 오일러수 Eu를 같게 놓으면

$$\left(\frac{p}{\rho V^2}\right)_p = \left(\frac{p}{\rho V^2}\right)_M$$

$$\therefore \frac{700}{92.5 \times 3^2} = \frac{\Delta p}{102 \times 0.18^2}$$

$\Delta p = 2.78$ kg/m²

[SI 단위]

$$\frac{6860}{906.5 \times 3^2} = \frac{\Delta p}{1000 \times 0.18^2}$$

$\therefore \Delta p = 27.27$ Pa

23. 힘을 기본차원으로 표시한 것으로 옳은 것은?

① $[MLT^{-1}]$ ② $[ML^{-3}T^{-2}]$
③ $[ML^{-2}T^{-3}]$ ④ $[MLT^{-2}]$

[해설] 힘은 뉴턴의 제 2 법칙으로부터
$F = ma =$ 질량×가속도 $= [M \times (LT^{-2})]$

$= [MLT^{-2}]$

24. 다음 중 회전력의 차원은?

① $[ML^2T^{-3}]$ ② $[ML^{-1}T^{-2}]$
③ $[ML^{-1}T^2]$ ④ $[ML^2T^{-2}]$

[해설] 회전력의 단위는 kg·m이다. 그러므로 차원은 $[FL] = [MLT^{-2}L] = [ML^2T^{-2}]$

25. 다음 물리량에서 차원의 관계가 틀린 것은?

① $\frac{\Delta P}{l} = [FL^{-3}] = [ML^{-1}T^{-2}]$

② $\mu = [FL^{-2}T] = [ML^{-1}T^{-1}]$

③ $\gamma = [FL^{-3}] = [ML^{-2}T^2]$

④ $\rho = [FL^{-4}T^2] = [ML^{-3}]$

[해설] $\frac{\Delta P}{l} = [MLT^{-2}] \times [L^{-2}] \times [L^{-1}]$

$= [ML^{-2}T^{-2}]$

26. 다음 물리량을 차원으로 표시한 것 중 틀린 것은?

① 운동량 $= mV = [ML^{-3}T^{-1}]$

② 각운동량 $= mVr = [ML^2T^{-2}]$

③ 동점성계수 $= \nu = [L^2T^{-1}]$

④ 역적 $= F \cdot t = [MLT^{-1}]$

[해설] $mv = [MLT^{-1}]$

27. 다음 중 절대 점성계수의 차원은?

① $[ML^{-1}T^{-2}]$ ② $[ML^{-1}T^{-1}]$
③ $[ML^{-1}T^2]$ ④ $[MT^{-2}]$

[해설] 전단응력의 차원은
$[FL^{-2}] = [MLT^{-2}L^{-2}] = [ML^{-1}T^{-2}]$
각변형률의 차원은
$\left[\frac{du}{dy}\right] = \left[\frac{LT^{-1}}{L}\right] = [T^{-1}]$

[정답] **22.** ① **23.** ④ **24.** ④ **25.** ① **26.** ① **27.** ②

그러므로 뉴턴의 점성법칙에서

$$\mu = \frac{\tau}{\dfrac{du}{dy}} = \left[\frac{ML^{-1}T^{-2}}{T^{-1}}\right] = [ML^{-1}T^{-1}]$$

28. 다음 중 물리량과 차원이 틀린 것은?

① 압력 $= [ML^{-1}T^{-2}]$

② 항력 $= [MLT^{-2}]$

③ 동력 $= [ML^2T^2]$

④ 추력 $= [ML^{-3}T^{-2}]$

해설 추력 $F = \left[M \times \dfrac{L}{T^2}\right] = [MLT^{-2}]$

29. 단위의 차원 환산이 틀린 것은?

① $\text{kgf} \cdot \text{s}^2/\text{m} = [M]$

② $\text{kgf}/\text{m} = [MLT^{-2}]$

③ $\text{rad/s} = [T^{-1}]$

④ $\text{kgf}/\text{m}^2 = [ML^{-1}T^{-2}]$

해설 $\text{kgf}/\text{m} = [MLT^{-2}] \times [L^{-1}] = [MT^{-2}]$

30. 물리량은 어떤 기본 단위를 종합해서 측정하게 되는데 다음 설명 중 틀린 것은?

① MKS 단위는 길이, 질량, 시간(m, kg, s)을 기본으로 하는 단위이다.

② 기본 단위를 조합해서 유도되는 단위를 유도 단위라 한다.

③ 물리량을 어떤 기본량의 조합으로 표현하는 것을 차원이라 한다.

④ 물리량의 차원은 질량(M), 길이(L), 시간(T)의 기본량으로만 표현된다.

해설 물리량의 차원은 MLT로 나타낼 수 있고 또 FLT로도 나타낼 수 있다.

31. 차원해석에 있어서 반복변수의 설명으로 옳은 것은?

① 별로 중요하지 않은 변수도 포함시켜

야 한다.

② 기본차원을 모두 포함하는 변수로 택하여야 한다.

③ 가능하면 같은 차원을 갖는 두 변수를 포함시켜야 한다.

④ 각 변수로부터 한 개의 차원을 제거시켜야 한다.

해설 물리량이 n개, 기본차원수가 m개일 때, 반복변수를 가정하는 데 주의해야 할 점은 다음과 같다.

(1) 반복변수의 개수는 m개이고, 반복변수 속에는 기본차원(대개 M, L, T)이 모두 포함되어 있어야 한다.

(2) 종속변수는 반복변수로 택해서는 안 된다.

(3) 가능하면 기하학적 상사, 운동학적 상사, 역학적 상사를 만족하는 변수를 반복변수로 택한다. 예 d, V, ρ

32. 다음 변수 중에서 무차원함수가 아닌 것은?

① 레이놀즈수   ② 음속

③ 마하수   ④ 프루드수

해설 음속 $c = \sqrt{kgRT}$ 로서, 단위는 m/s가 되어 $[LT^{-1}]$의 차원을 갖는다.

33. 다음 변수 중에서 무차원함수는?

① 가속도   ② 동점성계수

③ 비중   ④ 비중량

해설 비중 S는 어떤 물질의 무게에 대한 같은 체적의 양의 무게에 대한 비로서 정의되므로 차원이 없다.

34. 다음 중 무차원이 아닌 것은?

① 마찰계수   ② 동점성계수

③ 단면 수축계수   ④ 유량계수

해설 $\nu = \dfrac{\mu}{\rho} = \left[\dfrac{ML^{-1}T^{-1}}{ML^{-3}}\right] = [L^2T^{-1}]$

정답 28. ④   29. ②   30. ④   31. ②   32. ②   33. ③   34. ②

35. 길이 300 m인 유조선을 1 : 25인 모형 배로 시험하고자 한다. 유조선이 12 m/s로 항해한다면 역학적 상사를 얻기 위해서 모형은 몇 m/s로 끌어야 하는가? (단, 점성 마찰은 무시한다.)

① 4.8   ② 0.48

③ 60   ④ 2.4

해설 역학적 상사를 만족하기 위해서 프루드 수가 같아야 한다.

$F_p = F_m$ 이므로 $\left(\dfrac{V}{\sqrt{lg}}\right)_p = \left(\dfrac{V}{\sqrt{lg}}\right)_m$

$\therefore \ V_m = V_p \sqrt{\dfrac{l_m}{l_p}} = 12\sqrt{\dfrac{1}{25}} = 2.4\,\text{m/s}$

36. ρ, g, V, F의 무차원수는?

① $\dfrac{Fg}{\rho V}$ ② $\dfrac{F^2 V^3}{\rho^2 g}$

③ $\dfrac{F^2 \rho}{g V}$ ④ $\dfrac{g^2 F}{\rho V^6}$

해설 물리량의 차원은 $[\rho] = [ML^{-3}]$, $[g] = [LT^{-2}]$, $[V] = [LT^{-1}]$, $[F] = [MLT^{-2}]$ 그러므로 무차원수

$\pi = \rho^x g^y V^z F = (ML^{-3})^x (LT^{-1})^z MLT^{-2}$

π는 무차원수이므로 M, L, T의 지수를 0으로 놓으면

$M : x + 1 = 0,$

$L : -3x + y + z + 1 = 0,$

$T : 2y - z - 2 = 0$

$x = -1, \ y = 2, \ z = -6$

$\therefore \ \pi = \dfrac{g^2 F}{\rho V^6}$

37. 물리량이 다음과 같은 함수 관계를 가질 때 무차원수는 몇 개인가?

$$f(Q, \ V, \ D, \ \nu, \ a, \ N)$$

① 5   ② 4

③ 3   ④ 2

해설 물리량은 6개이다 (즉, $n = 6$). 물리량이

포함하고 있는 기본차원은 L과 T이다 (즉, $m = 2$). 그러므로 무차원수는 $n - m$에서 $6 - 2 = 4$이다.

38. 압력강하 ΔP, 밀도 ρ, 길이 L, 유량 Q에서 얻을 수 있는 무차원수는?

① $\sqrt{\dfrac{\rho}{\Delta P}} \dfrac{Q}{L^2}$ ② $\dfrac{\Delta P}{\rho} \cdot \dfrac{L^4}{Q^2}$

③ $\left(\dfrac{\rho}{\Delta P}\right) \dfrac{Q^2}{L^4} \ \dfrac{1}{3}$ ④ $\left(\dfrac{\Delta P}{\rho}\right)^2 \dfrac{L^2}{Q}$

해설 각 물리량의 차원은

$\Delta P = [ML^{-1}T^{-2}]$, $\rho = [ML^{-3}]$,

$L = [L]$, $Q = [L^3 T^{-1}]$

기본차원은 M, L, T의 3개이므로

(물리량의 수) $-$ (기본차원의 수) $= 4 - 3 = 1$

$\therefore \ \pi = \Delta P^a \cdot \rho^b \cdot L^c \cdot Q$

$= [ML^{-1}T^{-2}]^a \cdot [ML^{-3}]^b \cdot [L]^c \cdot [L^3 T^{-1}]$

$M : a + b = 0, \quad L : -a - 3b + c + 3 = 0,$

$T : -2a - 1 = 0$

$\therefore \ a = -\dfrac{1}{2}, \ b = \dfrac{1}{2}, \ c = -2$

$\pi = \dfrac{\rho^{\frac{1}{2}} Q}{\Delta P^{\frac{1}{2}} L^2} = \sqrt{\dfrac{\rho}{\Delta P}} \dfrac{Q}{L^2}$

39. 다음 무차원 함수 중에서 프루드수 (Froude number)는?

① $\dfrac{Vlp}{\mu}$ ② $\dfrac{V}{c}$

③ $\dfrac{\rho V^2}{E}$ ④ $\dfrac{V^2}{lg}$

해설 프루드수 Fr는 다음과 같이 정의된다.

$\therefore \ Fr = \dfrac{V^2}{lg}$

40. 지름이 D인 모세관에서 액면상승높이 Δh는 표면장력 σ, 유체의 비중량 γ에 의해 결정된다. π정리를 이용하여 Δh에 관한 식을 유도한 것으로 옳은 것은?

정답   35. ④   36. ④   37. ②   38. ①   39. ④   40. ①

① $\Delta h = Df\left(\dfrac{\sigma}{\gamma D^2}\right)$

② $\Delta h = \gamma f\left(\dfrac{\sigma}{\gamma D}\right)$

③ $\Delta h = Df\left(\dfrac{\sigma^2}{\gamma^2 D^2}\right)$

④ $\Delta h = \gamma f\left(\dfrac{\sigma^2}{\gamma^2 D^2}\right)$

[해설] $F(\Delta h, D, \sigma, \gamma) = 0$

각 물리량의 FLT계 차원은

$[\Delta h] = [L]$, $[D] = [L]$, $[\sigma] = [FL^{-1}]$,

$[\gamma] = [FL^{-3}]$

기본차원의 수는 F, L의 두 개이다. 따라서 독립 무차원 매개변수의 개수 $4-2=2$이다.

반복변수 2개는 D와 γ로 결정한다.

$\therefore \pi_1 = D^{a1}\gamma^{b1} \cdot \Delta h \rightarrow [L]^{a1}[FL^{-3}]^{b1} \cdot [L]$

$\left.\begin{array}{l} L : a_1 - 3b_1 + 1 = 0 \\ F : b_1 = 0 \end{array}\right\} \rightarrow a_1 = -1, \ b_2 = 0$

$\pi_1 = \dfrac{\Delta h}{D}$,

$\pi_2 = D^{a2}\gamma^{b2} \cdot \sigma \rightarrow [L]^{a2}[FL^{-3}]^{b2}[FL^{-1}]$

$\left.\begin{array}{l} L : a_2 - 3b_2 - 1 = 0 \\ F : b_2 + 1 = 0 \end{array}\right\} \rightarrow a_2 = -2, \ b_2 = -1$

$\pi_2 = \dfrac{\pi}{\gamma D^2}$,

따라서 $F_1(\pi_1, \pi_2) = F_1\left(\dfrac{\Delta h}{D}, \dfrac{\sigma}{\gamma D^2}\right) = 0$

그러므로 Δh에 대하여 풀면

$\dfrac{\Delta h}{D} = f\left(\dfrac{\sigma}{\gamma D^2}\right)$

$\therefore \Delta h = Df\left(\dfrac{\sigma}{\gamma D^2}\right)$

41. 다음 무차원 함수 중에서 레이놀즈수 (Reynolds number)는?

① $\dfrac{VD}{\nu}$ ② $\dfrac{\Delta P}{\rho V^2}$

③ $\dfrac{V^2}{\sqrt{lg}}$ ④ $\dfrac{V}{C}$

[해설] $Re = \dfrac{\rho VD}{\mu} = \dfrac{VD}{\dfrac{\mu}{\rho}} = \dfrac{VD}{\nu}$

42. 다음 무차원 함수 중에서 마하수와 관계깊은 것은?

① 레이놀즈수 ② 코시스수

③ 프루드수 ④ 웨버수

[해설] $(Ca)_p = (Ca)_m$,

$\left(\dfrac{\rho V^2}{K}\right)_p = \left(\dfrac{\rho V^2}{K}\right)_m$, $\left(\dfrac{V}{\sqrt{\dfrac{K}{\rho}}}\right)_p = \left(\dfrac{V}{\sqrt{\dfrac{K}{\rho}}}\right)_m$

$\therefore \left(\dfrac{V}{a}\right)_p = \left(\dfrac{V}{a}\right)_m \rightarrow (M)_p = (M)_m$

43. 수력기계의 문제에 있어서 모형과 원형 사이에 역학적 상사를 이루려면 다음 어느 함수를 주로 고려하여야 하는가?

① 레이놀즈수, 마하수

② 레이놀즈수, 웨버수

③ 오일러수, 레이놀즈수

④ 코시스수, 오일러수

[해설] 수력기계에서는 러너 또는 임펠러 등의 수차에 있어서 가중부에서의 속도벡터, 점성력에 의한 저항 등이 역학적 상사를 이루는 데 중요한 고려요소가 되며, 특히 고속회전 시에는 유체의 압축성이 고려되어야 하므로 주로 레이놀즈수와 마하수가 중요하게 된다.

44. 다음 무차원 함수 중에서 틀린 것은?

① $We = \dfrac{\rho l V^2}{\sigma}$ ② $Fr = \dfrac{V}{\sqrt{lg}}$

③ $Ca = \dfrac{V^2}{\dfrac{E}{\rho}}$ ④ $Fu = \dfrac{\rho V^2}{\Delta P}$

[해설] $E_u = \dfrac{E_p}{F_j} = \dfrac{\Delta Pl^2}{\rho l^2 V^2} = \dfrac{\Delta P}{\rho V^2}$

45. 다음 중에서 압력계수는?

① $\dfrac{\Delta p}{\gamma H}$　　　　② $\dfrac{\Delta p}{\dfrac{\rho V^2}{2}}$

③ $\dfrac{\Delta p}{l\mu V}$　　　　④ $\Delta p\dfrac{\rho}{\mu^2 l^4}$

해설 압력계수$(C_p)=\dfrac{압력}{동압}=\dfrac{\Delta p}{\dfrac{\rho V^2}{2}}$

46. 다음 중 프루드수의 정의는?

① $\dfrac{관성력}{압력}$　　　　② $\dfrac{관성력}{탄성력}$

③ $\dfrac{관성력}{중력}$　　　　④ $\dfrac{관성력}{점성력}$

47. 밀도 ρ, 속도 V, 체적탄성계수 K일 때 관성력과 탄성력의 비로 표시되는 무차원수 $\dfrac{\rho V^2}{K}$은?

① 오일러수　　　　② 코시스수
③ 마하수　　　　④ 웨버수

해설 $Ca=\dfrac{\rho V^2}{K}=\dfrac{관성력}{탄성력}$

48. 강의 모형시험에서 중요한 무차원수는?

① 레이놀즈수　　　　② 프루드수
③ 오일러수　　　　④ 코시스수

해설 자유표면을 갖는 강의 모형시험에서 중요한 힘은 중력이므로 프루드수가 중요한 무차원수이다.

49. 압축성을 무시할 수 있는 유체기계에서 모형과 실형 사이에 역학적 상사가 되려면 다음 중 어떤 무차원수가 같아야 하는가?

① 레이놀즈수　　　　② 마하수
③ 웨버수　　　　④ 프루드수

해설 유체기계 문제에서는 레이놀즈수와 마하

수가 중요하지만 압축성을 무시할 수 있을 경우에는 레이놀즈수만 고려하면 된다.

50. 두 평행한 평판 사이에서 층류의 흐름이 있을 때 가장 중요한 두 힘은?

① 압력, 관성력
② 관성력, 점성력
③ 중력, 압력
④ 점성력, 압력

해설 층류 흐름에 중요한 함수는 레이놀즈수로서 레이놀즈수는 관성력과 점성력의 비로 정의된다.

51. 실형과 모형의 길이가 $L_p : L_m = 10 : 1$인 모형 잠수함을 바닷물에서 실험하고자 할 때 실형을 5 m/sec로 운전하려면 모형의 속도는 몇 m/s로 해야 하는가?

① 40　　② 50　　③ 60　　④ 70

해설 점성력과 관성력이 관계되므로 역학적 상사가 존재하려면 레이놀즈수가 같아야 한다.

$$\left(\dfrac{VL}{\nu}\right)_p = \left(\dfrac{VL}{\nu}\right)_m$$

$\nu_p = \nu_m =$ 바닷물의 동점성계수이므로

$$\therefore \; V_m = V_p \cdot \dfrac{L_p}{L_m} = 5 \times \dfrac{10}{1} = 50 \,\text{m/s}$$

52. 풍동(wind tunnel)시험에 있어서 실형과 모형 사이에 서로 상사를 이루려면 어떤 무차원 함수들이 같아야 하는가?

① 웨버수, 마하수
② 레이놀즈수, 마하수
③ 오일러수, 레이놀즈수
④ 웨버수, 오일러수

해설 풍동시험에 있어서 중요한 무차원수는 레이놀즈수와 마하수이다.

53. 개수로 흐름에서 가장 중요한 두 힘은 다음 중 어느 것인가?

---

① 중력과 점성력

② 표면장력과 탄성력

③ 중력과 관성력

④ 표면장력과 관성력

[해설] 개수로 유동에서는 중력과 관성력이 점성력보다 강하게 작용하므로 역학적 상사를 만족하기 위해서는 프루드수가 같아야 한다.

54. 다음 무차원 함수 중에서 마하수(Mach number)는?

① 레이놀즈수　　② 프루드수

③ 코시스수　　　④ 웨버수

[해설]
$$(Ca)_p \fallingdotseq (Ca)_m = \left(\frac{\rho V^2}{E}\right)_p \fallingdotseq \left(\frac{\rho V^2}{E}\right)_m$$

$$= \left(\frac{V}{\sqrt{\frac{E}{\rho}}}\right)_p \fallingdotseq \left(\frac{V}{\sqrt{\frac{E}{\rho}}}\right)_m = \left(\frac{V}{C}\right)_p \fallingdotseq \left(\frac{V}{C}\right)_m$$

$$= (Ma)_p \fallingdotseq (Ma)_m$$

55. 유체의 압축성을 고려하는 경우의 유체기계에 관한 문제에서 레이놀즈수 외에 고려해야 할 무차원 수는?

① 오일러수　　　② 마하수

③ 코시스수　　　④ 프루드수

[해설] 유체의 압축성이 문제가 되는 경우로서 고속 기류의 흐름을 고려하는 경우는 마하수가 중요하다.

$$M = \frac{V}{a} = \frac{\text{유속}}{\text{음파속도}}$$

56. 대기 속을 30 m/s의 속력으로 날고 있는 비행기의 상태를 알기 위하여 모형을 1/5로 만들어서 풍동실험을 할 때 모형에 대한 공기의 속도는 몇 m/s인가?

① 6　　　　　　② 13.4

③ 67　　　　　④ 150

[해설]
$$V_m = \frac{V_p l_p}{l_m} = \frac{V_p l_p}{\frac{1}{5}l_p} = 30 \times 5 = 150\,\text{m/s}$$

57. 단면이 사각형인 배수로가 있고, 실형의 1/25인 모형의 폭이 1 m이다. 그리고 실형의 높이가 15 m일 때 모형의 높이는 몇 m인가?

① 0.6　　　　　② 5

③ 25　　　　　④ 0.2

[해설] $\dfrac{L_m}{L_p} = L_r$에서

기하학적 상사비 $L_r = \dfrac{1}{25}$이므로

$$\therefore L_m = L_p \times \frac{1}{25} = 15 \times \frac{1}{25} = 0.6\,\text{m}$$

제**7**장   관로유동

1. 원형관 속의 손실

손실수두

그림과 같이 길고 곧은 수평원관 속의 흐름이 정상류라면 손실수두는 속도수두와 관의 길이에 비례하고, 관의 지름에 반비례하게 된다.

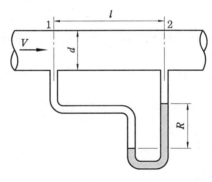

수평원관 속의 흐름

따라서 관로가 층류이거나 난류이거나 관계없이 관벽에 생기는 전단응력은 다음과 같은 식으로 나타낸다.

$$\tau = \frac{\Delta p r}{2l} = \frac{\Delta p d}{4l}\,[\text{Pa}]$$

$$\therefore\ 4\tau = \frac{\Delta p d}{l}$$

양변을 동압 $\dfrac{\gamma v^2}{2g}$ 으로 나누면 $\dfrac{4\tau}{\dfrac{\gamma v^2}{2g}} = \dfrac{\dfrac{\Delta p d}{l}}{\dfrac{\gamma v^2}{2g}} = f$

$$\therefore \; \Delta p = f\frac{l}{d}\frac{\gamma v^2}{2g}$$

$$\therefore \; h_L = \frac{\Delta p}{\gamma} = f\frac{l}{d}\frac{v^2}{2g}\,[\text{m}]$$

단, f 는 관마찰계수(pipe friction coefficient)로서 일반적으로 레이놀즈수와 상대 조도의 함수이다. 이 식을 Darcy – Weisbach 방정식이라 한다.

1-2 관마찰계수

(1) 층류 구역($Re < 2100$)

원관 속의 흐름이 층류일 때 Hagen – Poiseuille의 압력 강하식과 Darcy – Weisbach의 압력 손실이 같아야 하므로

$$\Delta p = f\frac{l}{d}\frac{\gamma v^2}{2g} = \frac{128\mu l Q}{\pi d^4}$$

$$\therefore \; f = \frac{64\mu}{\rho v d} = \frac{64}{Re}$$

즉, $Re < 2100$인 층류에서 관마찰계수 f는 Reynolds수만의 함수이다.

(2) 천이 구역($2100 < Re < 4000$)

관마찰계수 f는 상대 조도와 Reynolds수의 함수이다.

(3) 난류 구역($Re > 4000$)

① Blasius의 실험식 : 매끈한 관

$$f = 0.3164 Re^{-\frac{1}{4}}, \;\; (3000 < Re < 10^5)$$

② Nikuradse의 실험식 : 거친 관

$$\frac{1}{\sqrt{f}} = 1.14 - 0.86\ln\left(\frac{e}{d}\right)$$

③ Colebrook의 실험식 : 중간 영역의 관

$$\frac{1}{\sqrt{f}} = -0.86\ln\left(\frac{\dfrac{e}{d}}{3.71} + \frac{2.51}{Re\sqrt{f}}\right)$$

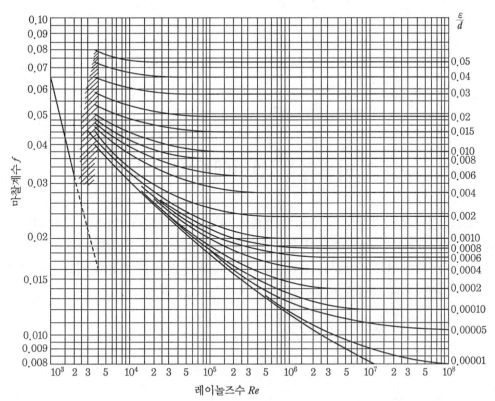

리벳한 강 9.15~0.915, 콘크리트 3.048~0.3048, 목재판 0.915~0.813, 광금철(함석) 0.152
주철 0.183, 아스팔트를 칠한 주철 0.122, 상업용 간판 0.0457, drawing관 0.00152   단위(ε, mm)

무디 선도(Moody diagram)

예제 **1. 완전 난류 구역에 있는 거친 관에 대한 설명으로 옳은 것은?**

① 마찰계수가 레이놀즈수의 함수이다.   ② 마찰계수가 상대 조도만의 함수이다.
③ 매끈한 관과 마찰계수가 같다.   ④ 손실수두가 속도 세제곱에 비례한다.

[해설] 완전 난류 구역의 거친 관인 경우 마찰계수(f)는 상대 조도$\left(\dfrac{e}{d}\right)$만의 함수이다.   **정답** ④

예제 **2. 안지름 15 cm, 길이 1000 m인 원관 속을 물이 50 L/s의 비율로 흐르고 있을 때 관마 찰계수 f = 0.02로 가정하면 마찰 손실수두는 몇 m인가?**

① 5.45 m   ② 54.5 m
③ 2.83 m   ④ 28.3

[해설] 관 속의 평균유속 $V = \dfrac{Q}{A} = \dfrac{4Q}{\pi d^2} = \dfrac{4 \times 0.05}{\pi \times 0.15^2} = 2.83 \,\text{m/s}$

구하는 손실수두를 h_L라 하면

$$h_L = \frac{\Delta p}{\gamma} = \frac{f \cdot \frac{L}{d} \cdot \frac{\gamma V^2}{2g}}{\gamma} = f \cdot \frac{L}{d} \cdot \frac{V^2}{2g}$$

$$= 0.02 \times \frac{1000}{0.15} \times \frac{2.83^2}{2 \times 9.8} = 54.5 \,\mathrm{m}$$

정답 ②

2. 비원형 단면관에서의 손실

실제적인 문제에서 가끔 관의 단면이 원형이 아닌 경우가 있다. 이러한 경우에는 유동 상태가 훨씬 복잡하게 된다. 흐름이 층류인 경우에는 속도 분포 및 압력 손실을 이론적으로 구할 수 있지만 난류의 경우는 불가능하다. 따라서 원관 속의 흐름과 비교하여 비원형 단면의 수력반지름의 개념을 이용하여 마찰 손실을 구할 수 있다.

$$\text{수력반지름}(R_h) = \frac{\text{유 동 단면적}}{\text{접 수 길이}} = \frac{A(\text{Area})}{P(\text{Perimeter})} \,[\mathrm{m}]$$

원형 단면에 유체가 가득 차 흐르는 경우

$$R_h = \frac{\frac{\pi d^2}{4}}{\pi d} = \frac{d}{4}$$

$$\therefore \ \text{수력지름}(d) = 4R_h$$

$$Re = \frac{V(4R_h)}{\nu}, \quad \frac{e}{d} = \frac{e}{4R_h}$$

비원형단면인 경우 손실수두$(h_L) = f \dfrac{L}{4R_h} \dfrac{V^2}{2g} \,[\mathrm{m}]$

예제 3. 안지름이 10 cm인 관 속에 한 변의 길이가 5 cm인 정사각형 관이 중심을 같이하고 있다. 원관과 정사각형관 사이에 평균유속 2 m/s인 물이 흐른다면 관의 길이 10 m 사이에서 압력 손실수두는 몇 m인가? (단, 마찰계수는 0.04이다.)

① 1.96 m   ② 2.5 m

③ 5.3 m   ④ 6.5 m

해설 $R_h = \dfrac{A}{\rho} = \dfrac{\pi r_1^2 - a^2}{\pi d_1 + 4a} = \dfrac{\pi \times 5^2 - 5^2}{\pi \times 10 + 4 \times 5}$

$$= 1.04 \,\mathrm{cm} = 1.04 \times 10^{-2} \,\mathrm{m}$$

$$h_L = f \cdot \frac{L}{4R_h} \cdot \frac{V^2}{2g} = 0.04 \times \frac{10}{4 \times (1.04 \times 10^{-2})} \times \frac{2^2}{2 \times 9.8} = 1.96 \,\mathrm{m}$$

정답 ①

3. 부차적 손실

관 속에 유체가 흐를 때 앞의 관마찰 손실 이외에 단면 변화, 곡관부, 벤드(bend), 엘보(elbow), 연결부, 밸브, 기타 배관 부품에서 생기는 손실을 통틀어서 부차적 손실(minor loss)이라 한다. 이 부차적 손실은 속도수두에 비례한다$\left(h_L \propto \dfrac{V^2}{2g}\right)$.

$$h_L = K\frac{V^2}{2g}\,[\text{m}]$$

여기서, K : 손실계수

3-1 돌연 확대관에서의 손실

압력과 속도가 각 단면에서 일정하다면 각 방정식은 다음과 같다.

① **연속방정식** : $Q = A_1 V_1 = A_2 V_2$

② **운동량 방정식** : $p_1 A - p_2 A = \rho Q = \rho Q (V_2 - V_1)$

확대된 측면 부분의 압력은 그 부분에 와류가 발생하여 압력 p_1이 그대로 유지된다고 가정하였다. 또한 베르누이 방정식을 적용하면 다음과 같다.

$$\frac{p_1}{\gamma} + \frac{V_1^2}{2g} = \frac{p_2}{\gamma} + \frac{V_2^2}{2g} + h_L$$

위의 두 식에서 $\dfrac{(p_1 - p_2)}{\gamma}$ 를 소거하면

$$\therefore\ h_L = \frac{(V_1 - V_2)^2}{2g}\,[\text{m}]$$

연속방정식을 적용시키면 다음과 같다.

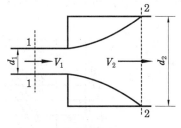

돌연 확대관

$$h_L = \left(1 - \frac{A_1}{A_2}\right)^2 \frac{V_1^2}{2g} = K\frac{V^2}{2g}\,[\text{m}]$$

여기서, K는 돌연 확대관에서의 손실계수이고, $A_1 \ll A_2$인 경우 $K = 1$이 된다.

3-2 돌연 축소관에서의 손실

그림과 같은 돌연 축소관에서의 손실수두 h_L은 단면 0으로부터 단면 2까지의 운동에너지가 압력에너지로 변환되는 과정의 손실로서 다음과 같다.

$$h_L = \frac{(V_0 - V_2)^2}{2g} \, [\text{m}]$$

연속방정식 $Q = A_0 V_0 = A_2 V_2$에서

$$V_0 = \frac{A_2}{A_0} V_2 = \frac{1}{C_c} V^2$$

여기서, $C_c = \dfrac{A_0}{A_2}$: 단면 축소계수

따라서 손실수두는 다음과 같이 구한다.

$$h_L = \left(\frac{1}{C_c} - 1\right)^2 \frac{V_2^2}{2g} = K\frac{V^2}{2g} \, [\text{m}]$$

여기서, K : 돌연 축소관에서의 손실계수

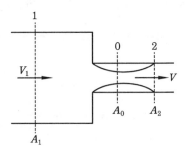

돌연 축소관

3-3 점차 확대관에서의 손실

점차 확대되는 원형 단면관에서는 확대각 θ에 따라 손실이 달라지게 된다. Gibson의 실험에 의하면 $h_L = K\dfrac{(V_1 - V_2)^2}{2g}$이며, K값은 다음 그림과 같고, 최대 손실은 θ가 $62°$ 근방에서, 최소 손실은 $6\sim7°$ 근방에서 생긴다.

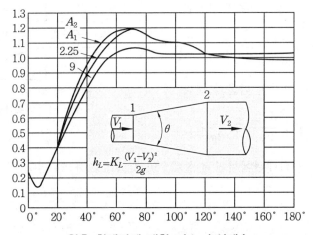

원추 확대관에 대한 미소 손실계수

3-4 관로의 방향이 변화하는 관의 손실

매끈한 곡관(bend pipe)에서의 손실은 곡호반지름이 큰 곡관에서는 마찰과 2차 흐름(와류)이 손실의 주원인이 되며, 곡호반지름이 작은 곡관에서는 박리와 2차 흐름이 중요하다.

(1) 원형 곡관(bend)에서의 손실

그림에서 곡관의 손실수두 h_L은

$$h_L = \left(K + f\frac{l}{d}\right)\frac{V^2}{2g}$$

Weisbach에 의하면 다음과 같다.

$$K = \left[0.131 + 0.1632\left(\frac{d}{\rho}\right)^{3.5}\right]\frac{\theta°}{90}$$

곡관 속의 흐름

$\theta = 90°$인 직각 곡관의 경우, $\dfrac{d}{\rho} = 0.5 \sim 2.5$인 범위에서는

$$\left(K + f\frac{l}{d}\right) = 0.175$$

(2) 엘보(elbow)에서의 손실

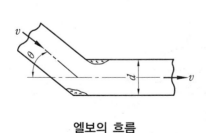

엘보의 흐름

엘보의 손실계수(ζ_e)

엘보의 흐름에서 곡관의 손실수두 h_L은 다음과 같다.

$$h_L = \left(K + f\frac{l}{d}\right)\frac{V^2}{2g}\,[\text{m}]$$

3-5 **관부속품의 부차적 손실**

관로를 흐르는 유체의 유량이나 흐름의 방향을 제어하기 위하여 각종 밸브나 콕이 사용되는데 밸브가 달린 부분에서 흐름의 단면적이 변하기 때문에 에너지의 손실이 생긴다.

$$h_L = K\frac{V^2}{2g}\,[\text{m}]$$

(1) 슬루스 밸브(게이트 밸브)

슬루스 밸브(sluice valve)는 밸브 단의 직후에서 흐름의 단면적이 돌연 확대되기 때문에 손실이 발생한다. 이때 $\frac{x}{d}$ 가 작을수록 손실은 커져서 관로의 유량이 감소한다.

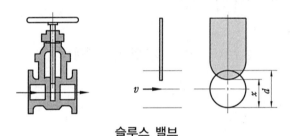

슬루스 밸브

(2) 글로브 밸브(구형 밸브)

글로브 밸브(globe valve)에 있어서 $\frac{x}{d}$ 가 클수록 글로브 밸브의 손실계수 값은 작아지지만 전개하였을 때는 아래 표의 값을 가진다.

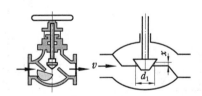

글로브 밸브

글로브 밸브의 K값

x/d_1	1/4	1/2	3/4	1
K	16.3	10.3	7.36	6.09

(3) 콕(cock)

콕에 있어서 각 θ가 증가하면 흐름의 단면적도 커져서 손실이 증대한다. 아래 표는 원형과 사각형 콕의 손실계수 값을 나타낸 것이다.

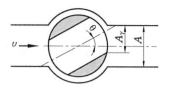

콕

원형과 사각형 콕의 K값

구분	$\theta°$	5	10	15	20	30	40	50	55	60
원형	A_r/A	0.93	0.85	0.77	0.69	0.52	0.38	0.29	0.91	0.14
	K	0.05	0.25	0.75	1.56	5.47	17.30	52.60	106.00	206.00
사각형	A_r/A	0.93	0.85	0.77	0.69	0.52	0.35	0.19	0.11	–
	K	0.05	0.31	0.88	1.84	6.15	20.70	95.30	275.000	–

3-6 관의 상당 길이

부차적 손실은 같은 손실수두를 갖는 관의 길이로 나타낼 수 있다. 즉,

$$h_L = K\frac{V^2}{2g} = f\frac{L_e}{d}\frac{V^2}{2g}$$

위 식에서 L_e에 대하여 풀면 다음과 같다.

$$L_e = \frac{Kd}{f}\,[\text{m}]$$

길이 L_e를 관의 상당 길이 또는 등가 길이(equivalent length of pipe)라 한다.

[예제] 4. 지름 5 cm인 매끈한 원관 속을 동점성계수가 1.15×10^{-6} m²/s인 물이 1.8 m/s로 흐르고 있다. 길이 100 m에 대한 손실수두(h_L)는 몇 m인가?

① 3.45
② 4.35
③ 5.75
④ 6.25

[해설] $Re = \dfrac{Vd}{\nu} = \dfrac{1.8\times0.05}{1.15\times10^{-6}} = 78261 > 4000$이므로 난류

Blausius의 실험식을 적용

$$f = 0.3164\,Re^{-\frac{1}{4}} = \frac{0.3164}{\sqrt[4]{78261}} = 0.0189$$

$$\therefore h_L = f\frac{L}{d}\frac{V^2}{2g} = 0.0189\times\frac{100}{0.05}\times\frac{(1.8)^2}{2\times9.8} = 6.25\text{ m}$$

[정답] ④

출제 예상 문제

1. 층류구역과 난류구역의 중간 천이구역에서의 관마찰계수 f는?

① 레이놀즈수 Re와 상대조도 $\dfrac{e}{d}$와의 함수이다.

② 마하수와 코시스수와의 함수가 된다.

③ 상대조도와 오일러수의 함수가 된다.

④ 언제나 레이놀즈수만의 함수가 된다.

2. Nikuradse가 원관에 대해 조도실험을 한 결과 얻은 그래프에서 천이영역이란?

① 상대조도가 변하는 영역

② 층류에서 난류로 변하는 영역

③ 상대조도는 변하지 않고 Re 수가 큰 영역

④ 수력학적으로 매끈한 원관에서 거친 관으로 관마찰계수가 변하는 영역

3. 어떤 유체가 매끈한 관에서 난류유동을 할 때 관마찰계수와 관계없는 것은?

① 유속

② 관의 지름

③ 점성계수

④ 관의 조도

[해설] 매끈한 관 속의 난류에 대한 관마찰계수는 레이놀즈수만의 함수이므로 점성계수, 유체의 밀도, 유속, 관의 지름에 관계된다.

4. 유동단면 10 cm×10 cm인 매끈한 관 속에 어떤 액체($\nu = 10^{-5}$ m²/s)가 가득 차 흐른다. 이 액체의 평균속도가 2 m/s라면 이때 10 m당 손실수두는 몇 m인가? (단, 관마찰계수는 블라시우스의 공식을 이용

한다.)

① 0.542

② 1.327

③ 0.316

④ 2.73

[해설] • 수력반지름(R_h)

$$= \frac{A(유동단면적)}{P(접수길이)} = \frac{10 \times 10}{4 \times 10} = 2.5 \, \text{cm}$$

$$= 0.025 \, \text{m}$$

• 레이놀즈수(Re)

$$= \frac{V(4R_h)}{\nu} = \frac{2(4 \times 0.025)}{10^{-5}} = 20000 > 4000$$

∴ 난류 흐름

블라시우스 공식에서 마찰계수 f를 구하면

$$f = 0.3164 Re^{-\frac{1}{4}} = 0.3164(20000)^{-\frac{1}{4}}$$

$$= 0.0266$$

따라서 다르시 방정식을 이용하면

$$h_L = f \frac{L}{4R_h} \cdot \frac{V^2}{2g}$$

$$= 0.0266 \times \frac{10}{4 \times 0.025} \times \frac{2^2}{2 \times 9.8}$$

$$= 0.542 \, \text{m}$$

5. 수평 원통관 속에서 일차원 층류 흐름일 때 압력손실은? (단, μ는 점성계수, L은 관의 길이, Q는 유량, D는 관의 지름이다.)

① $\dfrac{\pi D^4 Q}{128 \mu L}$

② $\dfrac{\pi D^4 L}{128 \mu Q}$

③ $\dfrac{128 \mu L Q}{\pi D^4}$

④ $\dfrac{128 \mu L}{\pi D^4 Q}$

[해설] Hagen–Poiseuille의 방정식에 의하면 압력손실은 다음과 같다.

$$\Delta p = \frac{128 \mu L Q}{\pi D^4} [\text{kPa}]$$

정답 1. ①   2. ④   3. ④   4. ①   5. ③

6. 안지름 20 mm인 원관 속을 평균유속 0.4 m/s로 물이 흐르고 있을 때 관의 길이 50 m에 대한 손실수두는 몇 m인가? (단, 마찰계수는 0.013이다.)

① 0.265 ② 2.65

③ 0.432 ④ 4.32

[해설] 다르시 방정식(Darcy equation)에 의하면

$$h_L = \lambda \frac{L}{D} \cdot \frac{V^2}{2g}$$

$$= 0.013 \times \frac{50}{0.02} \times \frac{(0.4)^2}{2 \times 9.8} = 0.265\,\text{m}$$

7. 지름 5 cm인 매끈한 관에 동점성계수가 $1.57 \times 10^{-5}\,\text{m}^2/\text{s}$인 공기가 0.5 m/s의 속도로 흐른다. 관의 길이 100 m에 대한 손실수두는 몇 m인가?

① 1.024 m ② 1.572 m

③ 3.540 m ④ 2.641 m

[해설]
$$Re = \frac{Vd}{\nu} = \frac{0.5 \times 0.05}{1.57 \times 10^{-5}}$$

$$= 1592 < 2100(층류)$$

$$f = \frac{64}{Re} = \frac{64}{1592} = 0.0402$$

$$h_L = f\frac{L}{d} \cdot \frac{V^2}{2g} = 0.0402 \times \frac{100}{0.05} \times \frac{(0.5)^2}{2 \times 9.8}$$

$$= 1.024\,\text{m}$$

8. 레이놀즈수가 1800인 유체가 매끈한 원관 속을 흐를 때 관마찰계수는?

① 0.0134 ② 0.0211

③ 0.0356 ④ 0.0423

[해설] 층류이므로 $\lambda = \dfrac{64}{Re} = \dfrac{64}{1800} = 0.0356$

9. 동점성계수가 $1.15 \times 10^{-6}\,\text{m}^2/\text{s}$인 물이 안지름 25 cm인 주철관 속을 평균유속 1.5 m/s로 흐를 때 관마찰계수는 얼마인가? (단, Moody 선도를 써서 구한다.)

① 0.0187 ② 0.0235

③ 0.0326 ④ 0.0432

[해설] $Re = \dfrac{Vd}{\nu} = \dfrac{1.5 \times 0.25}{1.15 \times 10^{-6}} = 326087$

안지름 25 cm인 주철관의 상대 조도 $\dfrac{e}{D}$ $= 0.0008$이다. 따라서 Moody 선도에서 $Re = 326087$과 $\dfrac{e}{D} = 0.0008$의 교점에서 관마찰계수 λ를 읽으면 $\lambda = 0.0187$이다.

10. 다음 그림과 같이 지름 30 cm인 파이프에서 $0.4\,\text{m}^3/\text{s}$의 물이 흐르고 있다. 1에서 압력계가 900 kPa를 가리키고 있을 때 압력 p_2는 약 몇 kPa인가? (단, 관마찰계수 f는 0.02로 가정한다.)

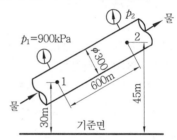

① 36 ② 86

③ 112 ④ 276

[해설] • 평균유속
$$V = \frac{Q}{A} = \frac{0.4}{\frac{\pi}{4}(0.3)^2} = 5.66\,\text{m/s}$$

• 손실수두
$$h_l = f \cdot \frac{L}{d} \cdot \frac{V^2}{2g} = 0.02 \times \frac{600}{0.3} \times \frac{5.66^2}{2 \times 9.8}$$

$$= 65.38\,\text{m}$$

1과 2에 베르누이 방정식을 적용하면,

$$\frac{p_1}{\gamma} + \frac{V_1^2}{2g} + Z_1 = \frac{p_2}{\gamma} + \frac{V_2^2}{2g} + Z_2 + h_l$$

여기서, $p_1 = 900000\,\text{Pa}$,

$$V_1 = V_2 = V,$$

$$Z_1 = 30\,\text{m}, Z_2 = 45\,\text{m},$$

$$h_l = 65.38\,\text{m}$$이므로

$$\therefore \frac{900000}{9800} + \frac{5.66^2}{5 \times 9.8} + 30$$

$$= \frac{p_2}{9800} + \frac{5.66^2}{2 \times 9.8} + 45 + 65.38$$

$$\therefore p_2 = 112276 \, \text{Pa} = 112.276 \, \text{kPa}$$

11. 다음 중 수력반지름에 대한 설명으로 옳은 것은?

① 접수길이(wetted perimeter)를 면적으로 나눈 것

② 면적을 접수길이의 제곱으로 나눈 것

③ 면적의 제곱근

④ 면적을 접수길이로 나눈 것

[해설] $R_h = \dfrac{A(\text{유동단면적})}{P(\text{접수길이})}$

12. 유동 단면의 폭이 3 m, 깊이가 1.5 m 인 개수로에서 수력반지름은 몇 m인가?

① 0.42 ② 0.75

③ 1.33 ④ 1.48

[해설] $R_h = \dfrac{A}{P} = \dfrac{3 \times 1.5}{1.5 \times 2 + 3} = \dfrac{4.5}{6} = 0.75 \, \text{m}$

13. 점성계수 0.98 Pa·s, 비중 0.95인 기름을 매분 100 L씩 안지름 100 mm 원관을 통하여 30 km 떨어진 곳으로 수송할 때 필요한 동력은 몇 kW인가?

① 25.6 ② 33.2

③ 46.5 ④ 51.8

[해설] 평균유속

$$V = \frac{4Q}{\pi D^2} = \frac{4 \times 100 \times 10^{-3}}{\pi \times 0.1^2 \times 60} = 0.212 \, \text{m/s}$$

$$Re = \frac{\rho VD}{\mu} = \frac{9800 \times 0.95 \times 0.212 \times 0.1}{0.98 \times 9.8}$$

$$\fallingdotseq 20.55 < 2100 : 충류$$

따라서 관마찰계수

$$\lambda = \frac{64}{Re} = \frac{64}{20.55} \fallingdotseq 3.114$$

압력손실 $\Delta p = \gamma \cdot \lambda \dfrac{L}{D} \cdot \dfrac{V^2}{2g}$

$$= 9800 \times 0.95 \times 3.114 \times \frac{30 \times 10^3}{0.1} \times \frac{(0.212)^2}{2 \times 9.8}$$

$$\fallingdotseq 19943675 \, \text{Pa}$$

소요동력 L

$$= \Delta p \cdot Q = \frac{19943675 \times 100 \times 10^{-3}}{60}$$

$$\fallingdotseq 33239 \, \text{W} \fallingdotseq 33.2 \, \text{kW}$$

14. 수력반지름 R_h[m], 관마찰계수 λ, 길이 100 m인 덕트 속의 유속이 5 m/s일 때 손실수두는 몇 m인가?

① $25.3 \dfrac{\lambda}{R_h}$ ② $31.9 \dfrac{\lambda}{R_h}$

③ $45.3 \dfrac{\lambda}{R_h}$ ④ $53.6 \dfrac{\lambda}{R_h}$

[해설] 비원형관인 경우 손실수두(h_l)는

$$h_L = \lambda \frac{L}{4R_h} \cdot \frac{V^2}{2g} = \lambda \frac{100}{4R_h} \times \frac{5^2}{2 \times 9.8}$$

$$\fallingdotseq 31.9 \frac{\lambda}{R_h}$$

15. 절대 압력 100 kPa, 온도 15℃인 공기(점성계수 $\mu = 17.95 \times 10^{-6}$ kg/m·s)가 평균 속도 2 m/s로 길이가 500 m이고, 단면이 600 mm×400 mm인 매끈한 사각형 관 속에서 유동할 때 레이놀즈수는? (단, 공기의 기체 상수 $R = 287$ N·m/kg·K)

① 29213 ② 64713

③ 71623 ④ 51623

[해설] 공기의 밀도(ρ)

$$= \frac{1}{v_s} = \frac{p}{RT} = \frac{100}{0.287 \times (15 + 273)}$$

$$= 1.21 \, \text{kg/m}^3$$

수력반지름(R_h)

$$= \frac{600 \times 400}{600 \times 2 + 400 \times 2} = 120 \, \text{mm} = 0.12 \, \text{m}$$

[정답] **11.** ④ **12.** ② **13.** ② **14.** ② **15.** ②

레이놀즈수(Re)

$$= \frac{\rho V(4R_h)}{\mu} = \frac{1.21 \times 2 (4 \times 0.12)}{17.95 \times 10^{-6}}$$

$$= 64713$$

16. 부차적 손실이 생기는 이유가 아닌 것은?

① 유체의 속도 변화
② 유체 유동의 방향
③ 유동 단면의 장애물
④ 관의 거칠기

[해설] 관로에서 마찰손실이 생기게 되므로 $\left(h_l = f \dfrac{l}{D} \cdot \dfrac{V^2}{2g} \right)$, 즉 관로손실이라 한다.

17. 다음 중 부차적 손실이 생기는 이유는?

① 위치 변화   ② 압력 변화
③ 속도 변화   ④ 점성 변화

[해설] 부차적 손실은 일반적으로 속도(크기와 방향)의 변화 때문에 생기는데, 이것을 속도 변화 또는 형상 변화에 의한 손실이라고 한다. 또 속도의 변화가 클 때에는 충돌손실이라고도 하며 관로 도중에 놓인 장애물의 뒷면에는 와류가 생기는데, 이로 인해 생기는 손실을 와류손실이라고 한다.

18. Borda-Carnot의 손실수두는?

① $\zeta \dfrac{(V_1 - V_2)^2}{2g}$ ② $\zeta \dfrac{V_1^2 - V_2^2}{g}$

③ $\zeta \dfrac{(V_2 - V_1)^2}{2g}$ ④ $\zeta \dfrac{V_2^2 - V_1^2}{g}$

[해설] 손실수두는 실제에 있어서는 수정하여 $h_l = \zeta \dfrac{(V_1 - V_2)^2}{2g}$이며, 이것을 $K \dfrac{V_1^2}{2g}$의 꼴로 나타내면 $h_l = \zeta \left(1 - \dfrac{A_1}{A_2} \right)^2 \dfrac{V_1^2}{2g}$이다. 즉, $k = \zeta \left(1 - \dfrac{A_1}{A_2} \right)^2$이 된다.

여기서, ζ는 1에 가까운 값이 되고 이 돌연 확대관에서의 손실을 Borda-Carnot의 수두손실이라고 한다.

19. 돌연축소관에서 수축부의 속도를 V_c, 지름이 큰 관에서 속도를 V_1, 지름이 작은 관에서의 속도를 V_2라고 할 때 손실수두는?

① $\dfrac{V_c^2 - V_2^2}{2g}$ ② $\dfrac{(V_c - V_2)^2}{2g}$

③ $\dfrac{V_c^2 - V_1^2}{2g}$ ④ $\dfrac{(V_c - V_1)^2}{2g}$

[해설] 손실수두(h_L) $= \dfrac{(V_c - V_2)^2}{2g}$[m]

20. 다음 부차적인 손실수두의 관계를 표시한 것 중 틀린 것은?

① 점차 확대관의 손실수두(h_L)

$$= \zeta \frac{(V_1 - V_2)^2}{2g}$$

② 급격한 확대관의 손실수두(h_L)

$$= \frac{V_1^2}{2g} \left\{ 1 - \left(\frac{D_1}{D_2} \right)^2 \right\}$$

③ 급격한 관의 손실수두(h_L)

$$= \left(\frac{1}{C_c} - 1 \right)^2 \frac{V_2^2}{2g}$$

④ 밸브 및 콕의 손실수두(h_L) $= \zeta \left(\dfrac{V^2}{2g} \right)$

[해설] 급격한 확대관에서 손실수두(h_L)

$$= \left(1 - \frac{A_1}{A_2} \right)^2 \frac{V_1^2}{2g} = \zeta \frac{V_1^2}{2g} [m]$$

21. 지름이 150 mm인 원관과 지름이 400 mm인 원관이 직접 연결되어 있을 때, 작은 관에서 큰 관 쪽으로 매초 300 L의 물을 보낸다. 연결부의 손실수두는 몇 mAq 인가?

정답   16. ④   17. ③   18. ①   19. ②   20. ②   21. ④

① 12.87 m   ② 18.16 m

③ 16.18 m   ④ 11.68 m

[해설] $h_L = \left\{ 1 - \left(\dfrac{A_1}{A_2} \right) \right\}^2 \dfrac{V_1^2}{2g}$ 에서

$$\frac{A_1}{A_2} = \left(\frac{150}{400} \right)^2 = 0.11$$

$$V_1 = \frac{Q}{\dfrac{\pi d_1^2}{4}} = \frac{4 \times 0.3}{\pi (0.15)^2} = 17 \, \text{m/s}$$

$$\therefore \; h_l = (1 - 0.11)^2 \frac{17^2}{2 \times 9.8} = 11.68 \, \text{m}$$

22. 단면적이 5 m²인 관에 단면적 3 m²인 관이 연결되어 있다. 수축계수가 0.55이면 축류의 단면적은?

① 10.5 m²   ② 1.65 m²

③ 16.5 m²   ④ 6.50 m²

[해설] $C_c = \dfrac{A_c}{A_2}$

$$\therefore \; A_c = C_c \cdot A_2 = 0.55 \times 3 = 1.65 \, \text{m}^2$$

23. 그림과 같은 수평관에서 압력계의 읽음이 5 kg/cm²(4.9 bar)이다. 관의 안지름은 60 mm이고 관의 끝에 달린 노즐의 지름은 20 mm이다. 노즐의 분출속도는 얼마인가? (단, 노즐에서의 손실은 무시할 수 있고 관마찰계수는 0.025이다.)

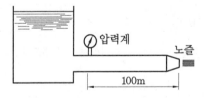

① 25.5 m/s   ② 30.6 m/s

③ 16.4 m/s   ④ 15.4 m/s

[해설] 압력계와 노즐 지점에 대하여 베르누이 방정식을 적용한다.

$$\frac{p_1}{\gamma} + \frac{V_1^2}{2g} = \frac{p_2}{\gamma} + \frac{V_2^2}{2g} + h_l$$

여기에서 $p_2 = 0$, $\dfrac{V_1}{V_2} = \left(\dfrac{d_2}{d_1} \right)^2$

$$\therefore \; V_1 = V_2 \left(\frac{20}{60} \right)^2 = \frac{V_2}{9}$$

$$h_l = f \frac{l}{d} \cdot \frac{V_1^2}{2g} = f \frac{l}{d} \cdot \frac{V_2^2}{2g} \cdot \frac{1}{81}$$

$$\therefore \; \frac{5 \times 10^4}{10^3} + \frac{V_2^2}{2 \times 9.8 \times 81}$$

$$= 0 + \frac{V_2^2}{2 \times 9.8} + 0.025 \times \frac{100}{0.06} \times \frac{V_2^2}{2 \times 9.8} \times \frac{1}{81}$$

$$50 + 0.00063 V_2^2 = 0 + 0.051 V_2^2 + 0.0263 V_2^2$$

$$\therefore \; V_2^2 = 652$$

$$\therefore \; V_2 = 25.5 \, \text{m/s}$$

[SI 단위]

$$\frac{4.9 \times 10^5}{9800} + \frac{V_2^2}{2 \times 9.8 \times 81}$$

$$= 0 + \frac{V_2^2}{2 \times 9.8} + 0.025 \times \frac{100}{0.06} \times \frac{V_2^2}{2 \times 9.8} \times \frac{1}{81}$$

$$\therefore \; V_2 = 25.5 \, \text{m/s}$$

24. 단면적이 4 m²인 관에 단면적이 1.5 m²인 관이 연결되어 있다. 수축계수가 0.68이면 수축부의 단면적은 몇 m²인가?

① 0.83   ② 1.02

③ 2.13   ④ 3.26

[해설] 수축계수$(C_c) = \dfrac{A_c}{A_2}$

$$\therefore \; A_c = C_c \cdot A_2 = 0.68 \times 1.5 = 1.02 \, \text{m}^2$$

25. 다음 중 분기관에서의 손실계수와 관계없는 것은?

① 주관과 분기관의 면적비

② 분기각

③ 유량배분비

④ 상대조도

[해설] 층류분기관에서 손실수두는 분기관과 주관의 면적비, 분기각, 분기점에서의 모따기

[정답] 22. ②   23. ①   24. ②   25. ④

상태, 유량배분비, Re 수에 따라 변한다.

26. 관마찰계수가 같고 길이가 L_1, L_2인 제1, 제2 관로에서 제2 관 지름이 제1 관 지름의 3배일 때 제2 관로의 제1 관로로서의 등가길이는 얼마인가?

① $L_{1e} = 243 L_1$ ② $L_{1e} = 81 L_1$

③ $L_{1e} = 27 L_1$ ④ $L_{1e} = 9 L_1$

[해설] $\lambda_1 = \lambda_2$, $D_2 = 3D_1$이므로 등가길이 L_{1e}는

$$L_{1e} = L_1 \frac{\lambda_1}{\lambda_2} \left(\frac{D_2}{D_1}\right)^5 = L_1 \left(\frac{3D_1}{D_1}\right)^5 = 243 L_1$$

27. 다음 중 다르시(Darcy) 방정식에 대한 옳은 설명은?

① 돌연 수축관에서의 손실수두를 계산하는 데 적용된다.

② 점차 확대관에서의 손실수두를 계산하는 데 적용된다.

③ 곧고 긴 관에서의 손실수두를 계산하는 데 이용된다.

④ 베르누이 방정식의 변형이다.

[해설] 다르시 방정식을 곧고 긴 관에 대한 손실수두의 계산에 이용하면 다음과 같다.

$$h_L = f \frac{L}{d} \cdot \frac{V^2}{2g} [\text{m}]$$

28. 일반적으로 관마찰계수 f는?

① 상대조도와 오일러수의 함수이다.

② 상대조도와 레이놀즈수의 함수이다.

③ 마하수와 레이놀즈수의 함수이다.

④ 레이놀즈수와 프루드수의 함수이다.

[해설] 차원해석에서 관마찰계수

$$f = F\left(Re, \frac{e}{d}\right)$$

29. 다음 중 완전히 난류 구역인 관에 대한 설명은?

① 거친 관과 매끈한 관은 같은 마찰계수를 갖는다.

② 난류막은 조도투영을 덮는다.

③ 마찰계수는 레이놀즈수만이 관계된다.

④ 수두손실은 속도의 제곱에 따라 변화한다.

30. 어떤 유체가 매끈한 관에서 난류유동을 할 때 마찰계수 f는 다음 중 어느 함수인가?

① V, d, ρ, L, μ

② Q, L, μ, ρ

③ V, d, ρ, P, μ

④ V, d, μ, ρ

[해설] 난류 구역에서 매끈한 관의 경우 마찰계수는 레이놀즈수의 함수이다. 즉,

$$f = F(Re) = F\left(\frac{\rho V d}{\mu}\right)$$

31. 실험에 의하여 관의 시간 경과에 따른 변화로 옳은 것은?

① 관마찰계수 f는 시간에 비례하여 감소된다.

② 관은 매끈한 상태로 변화된다.

③ 조도가 차츰 증가된다.

④ 조도가 차츰 감소된다.

[해설] 관이 시간이 경과되면 관 표면의 부식과 그 밖의 오물의 부착 등으로 자연히 표면에서의 조도는 증가된다.

32. 완전한 층류의 흐름에서 관마찰계수에 대한 설명은?

① 상대조도만의 함수가 된다.

② 레이놀즈수만의 함수이다.

③ 마하수만의 함수이다.

④ 오일러수만의 함수이다.

정답 26. ① 27. ③ 28. ② 29. ④ 30. ④ 31. ③ 32. ②

33. 다음 중 다르시(Darcy) 방정식은?

① $\tau_0 = \dfrac{f\rho v^2}{8}$

② $h_l = \left(\dfrac{1}{C_c} - 1\right)^2 \dfrac{V^2}{2g}$

③ $h_l = \left[1 - \left(\dfrac{d_1}{d_2}\right)\right]\dfrac{V^2}{2g}$

④ $h_l = f\dfrac{l}{d} \cdot \dfrac{V^2}{2g}$

34. 안지름 d_1, 바깥지름 d_2인 동심 이중관에 액체가 가득차 흐를 때 수력반지름 R_h는?

① $\dfrac{1}{4}(d_2 + d_1)$ ② $\dfrac{1}{4}(d_2 - d_1)$

③ $\dfrac{1}{2}(d_2 + d_1)$ ④ $\dfrac{1}{2}(d_2 - d_1)$

해설 $R_h = \dfrac{A}{P} = \dfrac{\frac{\pi}{4}(d_2^2 - d_1^2)}{\pi d_1 + \pi d_2} = \dfrac{1}{4}(d_2 - d_1)$

35. 깊이 y에 비하여 폭 b가 매우 큰 개수로의 수력반지름 R_h는?

① $\dfrac{b}{y}$ ② $\dfrac{b}{y+b}$

③ $\dfrac{by}{y+b}$ ④ y

해설 $R_h = \dfrac{A}{P} = \dfrac{by}{b+2y}$,

$b \gg y$이므로 $H_h = \dfrac{y}{1 + 2\left(\dfrac{y}{b}\right)} \fallingdotseq y$

36. 원관의 관마찰계수 λ와 비원형 관로에서의 관마찰계수 λ'는 다음 중 어떤 관계가 성립하는가?

① $\lambda = \lambda'$ ② $\lambda = 2\lambda'$

③ $\lambda = 3\lambda'$ ④ $\lambda = 4\lambda'$

해설 비원형 관로에서의 손실수두

$h_l = \lambda' \dfrac{L}{R_h} \dfrac{V^2}{2g} = \lambda' \dfrac{L}{\left(\dfrac{D}{4}\right)} \dfrac{V^2}{2g} = 4\lambda' \dfrac{L}{D} \dfrac{V^2}{2g}$

원관에서의 손실수두 $h_l = \lambda \dfrac{L}{D} \dfrac{V^2}{2g}$이므로

∴ $\lambda = 4\lambda'$

37. 다음 중 관로의 부차적 손실에 속하지 않는 것은?

① 돌연 축소 손실

② 돌연 확대 손실

③ 밸브 손실

④ 마찰 손실

해설 부차적 손실은 관마찰 손실 외에 관로에의 단면적이 돌연 확대되는 경우, 단면적이 돌연 축소되는 경우, 방향이 변화하는 경우 등에 대한 에너지 손실을 말한다.

38. 돌연 축소관이나 돌연 확대관에서 손실수두 $h_l = k \cdot \dfrac{V^2}{2g}$으로 나타낼 때 속도수두는?

① 축소나 확대된 후의 단면에서의 속도수두이다.

② 축소나 확대되기 전의 단면에서의 속도수두이다.

③ 단면 변화 전후의 속도수두 중 큰 값이다.

④ 단면 변화 전후의 속도수두 중 작은 값이다.

해설 속도 V는 손실이 생기는 곳의 전후에서 평균유속이 변하므로 큰 쪽의 값을 잡는다.

39. 다음 중 관의 상당길이 L_e는?(단, 여기서 K는 부차 손실계수, d는 관의 지름, f는 관마찰계수이다.)

① $\dfrac{K}{fd}$ ② $\dfrac{fd}{K}$

③ $\dfrac{Kd}{f}$ ④ $\dfrac{f}{Kd}$

[해설] $h_L = f\dfrac{L_e}{d}\cdot\dfrac{V^2}{2g} = K\dfrac{V^2}{2g}$

$$\therefore L_e = \dfrac{Kd}{f}$$

40. 점차 확대관에서 최소 손실계수를 갖는 원추각은 몇 도인가?

① 7° ② 10°
③ 15° ④ 21°

[해설] 점차 확대관에서 최소 손실계수를 갖는 원추각은 5~7°이다.

41. 점차 확대관에서 최대 손실계수를 갖는 원추각은 몇 도인가?

① 43° ② 56°
③ 62° ④ 75°

[해설] 점차 확대관은 62° 근방에서 최대 손실계수를 갖는다.

42. 다음 그림과 같은 관에서의 손실수두는 얼마인가?

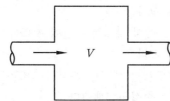

① $\dfrac{V^2}{2g}$ ② $0.5\dfrac{V^2}{2g}$
③ $1.5\dfrac{V^2}{2g}$ ④ $2.0\dfrac{V^2}{2g}$

[해설] 탱크의 유입측에서 $K_L = 1.0$,
탱크의 유출측에서 $K_c = 0.5$

$$\therefore \text{전손실 } h_l = (1+0.5)\dfrac{V^2}{2g} = 1.5\dfrac{V^2}{2g}$$

43. 다음 중 돌연 확대관에서의 손실수두

$h_l = k\dfrac{V_1^2}{2g}$ 이라고 할 때 손실계수 k는?
(단, A_1, A_2는 단면적, D_1, D_2는 관의 지름이고, $\dfrac{A_2}{A_2} > 1$, $\dfrac{D_2}{D_1} > 1$ 이다.)

① $\left(1 - \dfrac{A_1}{A_2}\right)^2$ ② $\left(1 - \dfrac{A_2}{A_1}\right)^2$
③ $\left(1 - \dfrac{D_1}{D_2}\right)^2$ ④ $\left(1 - \dfrac{D_2}{D_1}\right)^2$

[해설] $h_l = \left(1 - \dfrac{A_1}{A_2}\right)^2 \dfrac{V_1^2}{2g} = k\cdot\dfrac{V_1^2}{2g}$

$$\therefore k = \left(1 - \dfrac{A_1}{A_2}\right)^2$$

44. 그림에서와 같이 상하의 두 저수지를 지름 d, 길이 l인 원관으로 직결시킬 때 원관 내의 평균유속은? (단, 관마찰계수를 f라 하고, 기타의 미소손실은 무시한다.)

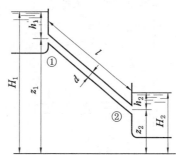

① $V = \sqrt{\dfrac{2g(H_1 - H_2)}{f}}$

② $V = \sqrt{\dfrac{2g(H_1 - H_2)}{fl}}$

③ $V = \sqrt{\dfrac{2gd(H_1 - H_2)}{fl}}$

④ $V = \sqrt{2gd(H_1 - H_2)}$

[해설] ①, ②에 대하여 베르누이 방정식을 대입시키면

$$\frac{V^2}{2g} + \frac{p_1}{\gamma} + z_1 = \frac{V_2^2}{2g} + \frac{p_2}{\gamma} + z_2 + f\frac{l}{d} \cdot \frac{V^2}{2g}$$

여기에서 $V_1 = V_2 = V$, $p_1 = \gamma h_1$, $p_2 = \gamma h_2$이
므로,

$$f\frac{l}{d} \cdot \frac{V^2}{2g} = z_1 + h_1 - (z_2 + h_2) = H_1 - H_2$$

$$\therefore V = \sqrt{\frac{2gd(H_1 - H_2)}{fl}}\ [\text{m/s}]$$

45. 관로 문제에서 다음의 두 변수가 같으
면 등가의 관이 되는데 그 두 변수는?

① 전수두와 유량

② 길이와 유량

③ 길이와 지름

④ 관마찰계수와 지름

[해설] 전수두와 유량이 같으면 같은 유체의
흐름에 대해서는 언제나 같은 동력을 얻게
된다.

46. 그림에서 전수두 H는?

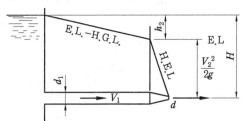

① $H = f\frac{l}{d} \cdot \frac{V_1^2}{2g}$

② $H = \frac{V_2^2}{2g} + f\frac{l}{d} \cdot \frac{V_1^2}{2g}$

③ $H = \frac{V_1^2}{2g}(1.0 + 0.5) + f\frac{l}{d} \cdot \frac{V_1^2}{2g}$

④ $H = 0.5\frac{V_2^2}{2g} + f\frac{l}{d} \cdot \frac{V_1^2}{2g}$

[해설] 여기에서 전수두 H는 Darcy식에 의한

손실 h_l과 속도수두 $\frac{V_2^2}{2g}$ 뿐이다.

즉, $H = h_l + \frac{V_2^2}{2g} = f\frac{l}{d} \cdot \frac{V_1^2}{2g} + \frac{V_2^2}{2g}$

47. 상당기울기와 관계없는 것은?

① 관의 지름   ② 관의 경사각

③ 유체마찰   ④ 유량

[해설] 수력구배선과 수평선이 이루는 각을 θ라
고 할 때 상당기울기 $i = \tan\theta$이며, 이 값은
관의 실제 경사각과는 관계없고 유량, 관의
크기, 유체마찰에만 관계된다.

48. 그림과 같은 평행 관로에서 물이 흐를
때 ACD와 ABD 사이에서 발생하는 손실
수두는?

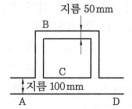

① 관로 ACD와 ABD 사이에서 생기는 손
실은 같다.

② ACD에서 생기는 손실이 ABD에서보다
2배 크다.

③ ACD에서 생기는 손실이 ABD에서보다
4배 크다.

④ ACD에서 생기는 손실이 ABD에서 생
기는 손실의 8배이다.

[해설] 평행관에서는 관의 경로에 관계없이 분
기관의 손실수두는 같다.

49. 관로망 문제에 있어서 임의의 두 점에
서의 압력차는?

① 두 점의 관로 구성에 관계없이 같아
야 한다.

② 두 점의 관로에 따라서 차이가 생긴다.

③ 두 점의 관로를 시계방향으로 잡아야
같게 된다.

④ 두 점의 관로를 반시계방향으로 잡아야 같게 된다.

[해설] 관로망의 구성에 있어서 임의의 두 점에서의 압력차는 그 두 점의 관로를 어떠한 경로로 구성하더라도 같아야 한다.

50. 다음 설명 중 틀린 것은?

① 평행관에서는 모든 관의 손실수두가 같다.

② 전수두와 유량이 같을 때 두 관로는 등가라 한다.

③ 관로망의 구성에 있어서 임의의 두 점의 압력은 관로의 경로에 따라 다르다.

④ 단일관(직관)에서 전수두는 각 관의 손실수두의 합과 같다.

51. 지름 2 cm인 원형관에 동점성계수가 1.006×10^{-6} m²/s인 물이 5 m/s의 속도로 흐를 때의 마찰계수는 얼마인가?

① 0.05　　　　　　② 0.027

③ 0.018　　　　　　④ 0.010

[해설] $Re = \dfrac{Vd}{\nu} = \dfrac{5 \times 0.02}{1.006 \times 10^{-6}}$

$\qquad = 99404 > 4000(난류)$

$\therefore f = \dfrac{0.3164}{Re^{\frac{1}{4}}} = \dfrac{0.3164}{99404^{\frac{1}{4}}} = 0.018$

52. 동점성계수가 1.57×10^{-5} m²/s인 공기가 지름이 5 cm인 매끈한 관 내를 0.5 m/s의 속도로 흐른다. 이때 마찰계수 λ는 얼마인가?

① 0.064　　　　　　② 0.052

③ 0.025　　　　　　④ 0.0402

[해설] $Re = \dfrac{Vd}{\nu} = \dfrac{0.5 \times 0.05}{1.57 \times 10^{-5}} = 1592$

$Re = 1592 < 2320$

$\therefore$ 층류

$\lambda = \dfrac{64}{Re} = \dfrac{64}{1592} = 0.0402$

53. 물이 평균유속 5 m/s로 지름 20 cm인 관 속을 흐르고 있다. 관의 길이가 30 m에 대하여 손실수두가 6 m로 실험에 의해서 측정되었을 때 마찰계수 f는?

① 0.031　　　　　　② 0.026

③ 0.017　　　　　　④ 0.042

[해설] 다르시 방정식에서

$h_L = f \dfrac{L}{d} \cdot \dfrac{V^2}{2g} = f \dfrac{30}{0.2} \cdot \dfrac{5^2}{2 \times 9.8} = 6$

$\therefore f = 0.03136$

54. 지름 7.5 cm인 매끈한 관을 통하여 물을 3 m/s의 속도로 보내려 한다. 무디선도로부터 마찰계수는 0.03임을 알았고, 관의 길이가 200 m이면 압력 강하는 몇 kg/cm²인가?

① 3.67　　　　　　② 36.7

③ 21.5　　　　　　④ 15.4

[해설] $h_L = \lambda \cdot \dfrac{L}{d} \cdot \dfrac{V^2}{2g}$

$\qquad = 0.03 \times \dfrac{200}{0.075} \times \dfrac{3^2}{2 \times 9.8} = 36.7\,\text{m}$

$P = \gamma h = 1000 \times 36.7 = 36700\,\text{kg/m}^2$

$\qquad = 3.67\,\text{kg/cm}^2$

55. 지름이 20 cm인 주철관에 0.1 m²/s의 기름이 흐르고 있다. 관의 길이가 300 m일 때 손실수두는 얼마인가? (단, 기름의 동점성계수는 0.7×10^{-5} m²/s이다.)

① 28 m　　　　　　② 18.1 m

③ 14.5 m　　　　　④ 12.6 m

[해설] 주철관에 대하여 $\varepsilon = 0.0026$ m

$\therefore \dfrac{\varepsilon}{d} = 0.0013$

유량으로부터 평균속도(V)

$$= \frac{Q}{A} = \frac{0.1}{\frac{\pi}{4}(0.2)^2} = 3.18 \, \text{m/s}$$

$$Re = \frac{3.18 \times 0.2}{0.7 \times 10^{-5}} \fallingdotseq 90800$$

$\frac{\varepsilon}{d}$ 와 Re의 값으로부터 무디 선도에서

$f = 0.0234$를 읽는다.

$$\therefore h_L = f \frac{L}{d} \cdot \frac{V^2}{2g}$$

$$= 0.0234 \times \frac{300}{0.2} \times \frac{(3.18)^2}{2 \times 9.8} = 18.1 \, \text{m}$$

56. 반지름이 25 cm인 원관으로 수평거리 1500 m의 위치로 24시간에 10000 m³의 물을 송출시키려고 하고 있다. 얼마의 압력을 가하여야 하는가? (단, 관마찰계수는 0.035이다.)

① 8.0 kg/cm²(7.84 bar)
② 6.0 kg/cm²(5.88 bar)
③ 4 kg/cm²(3.92 bar)
④ 2 kg/cm²(1.96 bar)

해설 평균속도 V는 유량으로부터

$$V = \frac{Q}{A} = \frac{\frac{10^4}{24 \times 60^2}}{\frac{\pi \times 0.25^2}{4}} = 2.36 \, \text{m/s}$$

$$h_l = f \frac{l}{d} \cdot \frac{V^2}{2g}, \quad h_l = \frac{\Delta p}{\gamma} \text{에서}$$

$$\Delta p = f \frac{l}{d} \cdot \frac{\gamma V^2}{2g}$$

$$= 0.035 \times \frac{1500}{0.25} \times \frac{1000 \times 2.36^2}{2 \times 9.8}$$

$$= 6 \times 10^4 \, \text{kg/m}^2 = 6.0 \, \text{kg/cm}^2$$

[SI 단위]

$$\Delta p = f \frac{l}{d} \cdot \frac{\gamma V^2}{2g}$$

$$= 0.035 \times \frac{1500}{0.25} \times \frac{9800 \times 2.36^2}{2 \times 9.8}$$

$$= 5.88 \, \text{bar}$$

57. 지름이 10 cm, 길이 100 m인 수평원관 속을 10 L/s의 유량으로 기름($\nu = 1 \times 10^{-4}$ m²/s, $S = 0.8$)을 수송하기 위해서는 관 입구와 관 출구 사이에 얼마의 압력차 (kg/m²)를 주면 되는가?

① 3288
② 1027
③ 6731
④ 10591

해설 평균유속(V)

$$= \frac{Q}{A} = \frac{0.01}{\frac{\pi}{4}(0.1)^2} = 1.27 \, \text{m/s}$$

레이놀즈수(Re)

$$= \frac{Vd}{\nu} = \frac{1.27 \times 0.1}{1 \times 10^{-4}} = 1270 < 2100 : 층류$$

따라서 마찰계수(f) $= \frac{64}{Re} = \frac{64}{1270} = 0.05$

그러므로 손실수두(h_L)

$$= f \frac{L}{d} \cdot \frac{V^2}{2g} = 0.05 \frac{100}{0.1} \cdot \frac{1.27^2}{2 \times 9.8} = 4.11 \, \text{m}$$

따라서 압력차 Δp

$$= \gamma h_L = (1000 \times 0.8) \times 4.11$$

$$= 3288 \, \text{kg/m}^2$$

58. 안지름 25 mm, 길이 10 m, 관마찰계수 0.02인 원관 속을 난류로 흐를 때 관 입구와 출구 사이의 압력차가 40 kPa이다. 이때 유량은 몇 m³/s인가? (단, 비중은 1.12이다.)

① 0.81×10⁻³
② 1.47×10⁻³
③ 2.31×10⁻⁴
④ 3.25×10⁻⁴

해설 손실수두(h_L)

$$= \Delta \frac{p}{\gamma} = \frac{40 \times 10^3}{9800 \times 1.12} \fallingdotseq 3.64 \, \text{m}$$

$$h_l = \lambda \cdot \frac{L}{D} \cdot \frac{V^2}{2g} \text{이므로}$$

$$V = \sqrt{\frac{2g \cdot D \cdot h_l}{\lambda L}}$$

$$= \sqrt{\frac{2 \times 9.8 \times 0.025 \times 3.64}{0.02 \times 10}} \fallingdotseq 2.99 \, \text{m/s}$$

정답 **56.** ② **57.** ① **58.** ②

$$\therefore \ Q = AV = \frac{\pi}{4}D^2 V = \frac{\pi}{4} \times 0.025^2 \times 2.99$$

$$\fallingdotseq 1.47 \times 10^{-3}\,\text{m}^3/\text{s}$$

59. 안지름 30 mm, 길이 80 m인 매끈한 원관 속을 동점성계수 1.31×10^{-2} St인 물이 3 L/s로 흐를 때 마찰에 의한 손실수두는 얼마인가? (단, 관마찰계수는 난류인 경우 블라시우스(Blasius)의 식을 적용한다.)

① 25 ② 38
③ 44 ④ 52

해설 $Re = \dfrac{VD}{\nu} = \dfrac{\dfrac{0.03 \times 4 \times 0.003}{(\pi \times 0.03^2)}}{1.31 \times 10^{-6}}$

$\fallingdotseq 97243 > 4000$(난류)

따라서 블라시우스의 식을 적용하면 관마찰계수는

$$\lambda = 0.3164 \times Re^{-\frac{1}{4}} = \frac{0.3164}{(97243)^{0.25}}$$

$$\fallingdotseq 0.01792$$

손실수두$(h_L) = \lambda \cdot \dfrac{L}{D} \cdot \dfrac{V^2}{2g}$

$$= 0.01792 \times \frac{80}{0.03} \times \frac{\left(\dfrac{4 \times 0.003}{\pi \times 0.03^2}\right)^2}{2 \times 9.8} \fallingdotseq 44\,\text{m}$$

60. 지름 10 cm인 매끈한 원관에 물(동점성계수 $\nu = 10^{-6}\,\text{m}^2/\text{s}$)이 $0.02\,\text{m}^3/\text{s}$의 유량으로 흐르고 있을 때 길이 100 m당 손실수두는 몇 m인가?

① 18.64 ② 10.68
③ 2.67 ④ 4.66

해설 평균유속(V)

$$= \frac{Q}{A} = \frac{0.02}{\frac{\pi}{4}(0.1)^2} = 2.547\,\text{m/s}$$

레이놀즈수(Re)

$$= \frac{Vd}{\nu} = \frac{2.547 \times 0.1}{10^{-6}} = 254700$$

블라시우스 공식에서

$$f = 0.3164 Re^{\frac{1}{4}} = 0.3164(254700)^{\frac{1}{4}} = 0.014$$

손실수두(h_L)

$$= f \cdot \frac{L}{d} \cdot \frac{V^2}{2g} = 0.014 \times \frac{100}{0.1} \times \frac{(2.547)^2}{2 \times 9.8}$$

$$= 4.66\,\text{m}$$

61. 그림과 같이 15℃인 물($\rho = 998.6\,\text{kg/m}^3$, $\mu = 1.12\,\text{kg/m} \cdot \text{s}$)이 200 kg/min으로 관 속을 흐르고 있다. 이때 마찰계수 f는?

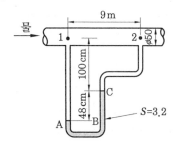

① 0.04 ② 0.07
③ 0.02 ④ 0.09

해설 시차액주계에서 $p_A = p_B$이므로

$$p_1 + 9800(1 + 0.48)$$

$$= p_2 + 9800 \times 1 + 9800 \times 3.2 \times 0.48$$

$$\therefore \ \frac{p_1 - p_2}{9800} = (3.2 - 1)0.48 = 1.056\,\text{m}$$

평균유속 $V = \dfrac{\dot{m}}{\rho A}$

$$= \frac{\left(\dfrac{200}{60}\right)}{998.6 \times \dfrac{\pi(0.05)^2}{4}} = 1.7\,\text{m/s}$$

1과 2에 베르누이 방정식을 적용하면

$$\frac{p_1}{9800} + \frac{1.7^2}{2 \times 9.8} = \frac{p_2}{9800} + \frac{1.7^2}{2 \times 9.8} + h_L$$

$$\therefore\ h_L = \frac{p_1 - p_2}{9800} = 1.056\,\mathrm{m}$$

다르시 방정식에서

$$h_L = f \cdot \frac{l}{d} \cdot \frac{V^2}{2g}$$

$$1.056\,\mathrm{m} = f \times \frac{9}{0.05} \times \frac{1.7^2}{2 \times 9.8}$$

$$\therefore\ f = 0.03978$$

62. 표고 30 m인 저수지로부터 표고 75 m 인 지점까지 0.6 m³/s의 물을 송수시키는 데 필요한 펌프 동력은 몇 kW인가? (단, 전손실수두는 12 m이다.)

① 248 ② 256
③ 336 ④ 350

[해설] $\dfrac{p_1}{\gamma} + \dfrac{V_1^2}{2g} + Z_1 + E_P$

$$= \frac{p_2}{\gamma} + \frac{V_2^2}{2g} + Z_2 + H_L$$

$p_1 = p_2 = 0$이라면 $V_1 = V_2$이므로

$H_L = 12\,\mathrm{m},\ Z_1 = 30\,\mathrm{m},\ Z_2 = 75\,\mathrm{m}$

$E_P = (Z_2 - Z_1) + H_L = (75 - 30) + 12 = 57\,\mathrm{m}$

$L_P = 9.8QH$

$$= 9.8 \times 0.6 \times 57 = 335.16\,\mathrm{kW}$$

63. 2 cm×3 cm의 사각형 단면의 매끈한 관 속을 평균유속 1 m/s로 20℃의 물이 흐르고 있다. 관의 길이 1 m당 손실수두는 얼마인가?

① 0.054 m ② 0.064 m
③ 0.756 m ④ 0.0026 m

[해설] 수력반지름(R_h)

$$= \frac{A}{P} = \frac{2 \times 3}{(2+3) \times 2} = 0.6\,\mathrm{cm}$$

$$\therefore\ Re = \frac{V(4R_h)}{\nu} = \frac{1 \times (4 \times 0.006)}{1.0 \times 10^{-6}}$$

$$= 24000 > 4000$$

난류이므로 블라시우스식을 이용하여 관마찰계수 f를 계산한다.

$$f = 0.3164 Re^{-\frac{1}{4}} = 0.3164 \times 24000^{-\frac{1}{4}}$$

$$= 0.0254$$

따라서 단위 m당의 손실 h_L은

$$h_L = f \cdot \frac{L}{4R_h} \cdot \frac{V^2}{2g}$$

$$= 0.0254 \times \frac{1}{0.024} \times \frac{1^2}{2 \times 9.8} = 0.054\,\mathrm{m}$$

64. 송풍용 덕트의 크기가 60 cm×40 cm 이고 구형 단면이다. 이 덕트를 통해서 동점성계수가 0.156×10⁻⁴ m²/s인 공기가 매분 300 m³ 만큼 송풍될 때 흐름의 레이놀즈수는 얼마인가?

① 640000 ② 160000
③ 320000 ④ 480000

[해설] 수력반지름

$$R_h = \frac{A}{P} = \frac{0.6 \times 0.4}{0.6 \times 2 + 0.4 \times 2} = 0.12\,\mathrm{m}$$

$$Q = AV,\ V = \frac{Q}{A} = \frac{300}{0.24 \times 60} = 20.8\,\mathrm{m/s}$$

$$Re = \frac{Vd}{\nu} = \frac{V(4R_h)}{\nu}$$

$$= \frac{20.8 \times (4 \times 0.12)}{0.156 \times 10^{-4}} = 640000$$

제8장 개수로의 흐름

1. 개수로 흐름의 특성

개수로는 유체의 고정 경계면에 의하여 완전히 닫혀지지 않고 대기압이 작용하는 자유 표면을 가진 수로로 하천, 인공 수로, 하수구, 방수로 등이 개수로(open channel)의 예이다. 이 흐름은 수로와 액면의 경사에 의하여 일어난다.

1-1 개수로 흐름의 특성

① 유체의 자유 표면이 대기와 접해 있다.
② 수력 구배선(HGL)은 유체와 일치한다.
③ 에너지선(EL)은 유면 위로 속도수두만큼 높다.
④ 손실수두는 수평선과 에너지선의 차이다.

1-2 개수로 흐름의 형태

(1) 층류 또는 난류

① 층류 : $Re < 500$
② 천이구역 : $500 < Re < 2000$
③ 난류 : $Re > 2000$
④ 레이놀즈수 : $Re = \dfrac{VR_h}{\nu}$

일반적으로 개수로에서는 수력반지름이 크므로 흐름은 난류이다.

(2) 정상류 또는 비정상류

① **정상류** : 유체의 여러 특성이 시간에 따라 변화가 없는 흐름이다.

② **비정상류** : 유체의 여러 특성이 시간에 따라 변화가 있는 흐름이다.

(3) 등류 또는 비등류

① **등류(등속류 : uniform flow)** : 깊이의 변화가 없고 유속이 일정한 흐름이며, 이것은 점성에 의한 마찰 저항과 중력의 운동방향 성분으로 가속하려는 힘이 평형을 이룰 때 나타난다.

② **비등류(비등속류, 변류 : varied flow)** : 유동 조건이 길이의 변화에 따라서 변화되는 액체의 흐름이다.

(4) 상류와 사류

① **상류(tranquil flow)** : 경사가 급하지 않은 수로에서 볼 수 있는 느린 흐름으로서 하류의 작은 교란을 상류로 이동시켜 상류 조건을 변화시키는 흐름이다.

② **사류(rapid flow)** : 경사가 급하고 빠른 속도의 흐름으로서 하류에서 생긴 교란이 상류의 조건에 영향을 주지 못하는 흐름이다.

(5) 이상 유체에 대한 개수로 흐름

하류 방향으로 갈수록 유속은 계속 증가하는 변류(비등속류)이다.

(6) 실제 유체에 대한 개수로 흐름

변류로 시작되지만 일정한 구간에는 등속류로의 상태로 유지되다가 다시 변류가 된다.

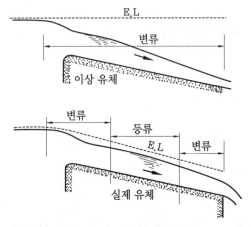

이상 유체와 실제 유체에서의 개수로 흐름

예제 1. 개수로의 흐름에 대한 다음 설명 중 옳은 것은?

① 수력 구배선은 에너지선과 항상 평행이다.

② 에너지선은 자유표면과 일치한다.

③ 수력 구배선은 에너지선과 일치한다.

④ 수력 구배선은 자유표면과 일치한다.

해설 개수로의 수력 구배선은 언제나 유체의 자유표면과 일치하고, 에너지선은 유체 자유

표면에서 속도수두 $\dfrac{V^2}{2g}$ 만큼 위에 있다. 　　　　　　　　정답 ④

예제 2. 사류(rapid flow) 유동을 얻을 수 있는 경우는 다음 중 어느 것인가? (단, 여기서 Re
는 레이놀즈수이고 Fr은 프루드수이다.)

① $Re < 500$ 　　　　　　　　② $Re > 500$

③ $Fr < 1$ 　　　　　　　　④ $F > 1$

해설 사류란 유동속도가 기본파의 진행속도보다 빠를 때의 흐름으로 $F > 1$일 때 일어

난다. 　　　　　　　　　　　　　　　　정답 ④

2. 개수로에서의 등류 흐름

일정한 유동 단면적과 기울기를 갖는 수로에서 단면 ①과 ② 사이의 흐름을 등류(균속
도 흐름)라 하고, 운동량 방정식을 적용시키면

$$\therefore 유동속도(V) = \sqrt{\frac{2g}{C_f}} \ \sqrt{R_h S} = C\sqrt{R_h S} \ : \text{Chezy 방정식}$$

$$C = \sqrt{\frac{2g}{C_f}} \ : \text{Chezy 상수(Chezy constant)}$$

$$유량 \ Q = AV = AC\sqrt{R_h S}$$

이다. Chezy 상수 C를 결정하는 여러 가지 공식이 다음과 같이 제정되어 있다.

① Ganguillet Kutler 식

$$C = \frac{\left(23 + \dfrac{0.00155}{S}\right) + \dfrac{1}{n}}{1 + \left(23 + \dfrac{0.00155}{S}\right)\dfrac{n}{\sqrt{R_h}}}$$

여기서, n : 조도계수

② Bazan 식

$$C = \frac{87}{1 + \dfrac{K}{\sqrt{R_h}}}$$

③ Manning 식

$$C = \frac{1}{n} R_h^{\frac{1}{6}} \ (R_h 의 \ 단위 : \text{m}) = \frac{1.49}{n} R_h^{\frac{1}{6}} \ (R_h 의 \ 단위 : \text{ft})$$

위의 n, K, M은 벽의 상태에 따라 변하는 실험값이다.

• 유속(V) $= C\sqrt{R_h S_v} = M R_h^{\frac{1}{6}+\frac{1}{2}} S^{\frac{1}{2}} = M R_h^{\frac{2}{3}} S^{\frac{1}{2}}$

• 개수로의 유량(Q) $= A V = M A R_h^{\frac{2}{3}} S^{\frac{1}{2}}$

벽면 재료에 대한 조도계수 n의 평균값

벽면 상태	n	벽면 상태	n
대패질한 나무	0.012	리벳한 강	0.018
대패질 안 한 나무	0.013	주름진 금속	0.022
손질한 콘크리트	0.012	흙	0.025
손질 안 한 콘크리트	0.014	잡석	0.025
주철	0.015	자갈	0.029
벽돌	0.016	돌 또는 잡초가 있는 흙	0.035

예제 3. 셰지 상수가 $127 \, \text{m}^{\frac{1}{2}}/\text{s}$인 사각형 수로가 있다. 이 수로의 폭이 2 m, 깊이 1 m, 경사도가 0.0016일 때 유량은 몇 m^3/s인가?

① 4.245　　　　　　　　② 5.375
③ 7.184　　　　　　　　④ 10.425

해설 • 단면적(A) $= 2 \times 1 = 2 \, \text{m}^2$

　• 수력반지름(R_h) $= \dfrac{A}{P} = \dfrac{2}{2 + 2 \times 1} = 0.5 \, \text{m}$

　$\therefore Q = C A \sqrt{R_h \cdot S} = 127 \times 2 \times \sqrt{0.5 \times 0.0016} = 7.184 \, \text{m}^3/\text{s}$ 　　　　**정답** ③

예제 4. 벽돌로 된 사각형 수로의 등류 깊이가 1.7 m이고 폭이 6 m이며, 경사는 0.0001이다. 마찰계수 $n = 0.016$일 때 유량은 얼마인가?

① $6.7 \, \text{m}^3/\text{s}$　　　　　　② $10 \, \text{m}^3/\text{s}$
③ $16.7 \, \text{m}^3/\text{s}$　　　　　④ $20 \, \text{m}^3/\text{s}$

해설 $Q=\dfrac{1}{n}AR_h^{\frac{2}{3}}S^{\frac{1}{2}}$ 에서 $R_h=\dfrac{A}{P}=\dfrac{6\times1.7}{(1.7\times2+6)}=1.09,\ \ S=0.0001$

$\therefore\ Q=\dfrac{1}{n}AR_h^{\frac{2}{3}}S^{\frac{1}{2}}=\dfrac{1}{0.016}\times(6\times1.7)\times(1.09)^{\frac{2}{3}}(0.0001)^{\frac{1}{2}}=6.71\,\mathrm{m^3/s}$

정답 ①

3. 경제적인 수로 단면

3-1 최적 수력 단면

개수로의 유속은 기울기와 조도가 같을 때 수력반지름이 클수록 증가함을 표시하고 있다. 그러므로 단면적이 일정할 때에는 수력반지름이 클수록 유량이 증가하고, 주어진 단면적에 대하여 수력반지름이 최대가 되기 위해서는 접수 길이 P가 최소가 되어야 한다. 즉, 최소의 접수 길이를 갖는 단면을 최적 수력 단면(best hydraulic cross section) 또는 최대 효율 단면(best efficient cross section)이라 한다.

$$\therefore\ A=\left(\dfrac{Qn}{S^{\frac{1}{2}}}\right)^{\frac{3}{5}}P^{\frac{2}{5}}=CP^{\frac{2}{5}}$$

3-2 사각형 단면

$A=by,\ \ P=b+2y$ 에서

$b=P-2y$

$\therefore\ A=(P-2y)y=CP^{\frac{2}{5}}$

P의 값이 최소가 될 조건은 $\dfrac{dP}{dy}=0$

$\left(\dfrac{dP}{dy}-2\right)y+(P-2y)=\dfrac{2}{5}CP^{-\frac{3}{5}}\dfrac{dP}{dy}$

$\therefore\ P=4y,\ \ b=2y$

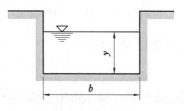

사각형 단면의 개수로

사각형 단면의 최적 수력 단면은 깊이 y가 폭 b의 $\dfrac{1}{2}$이 될 때이다.

3-3 사다리꼴 단면

$A = by + my^2, \ P = b + 2y\sqrt{1+m^2}$ 에서

$b = P - 2y\sqrt{1+m^2}$

$\therefore \ A = (P - 2y\sqrt{1+m^2}) + my^2 = CP^{\frac{2}{5}}$

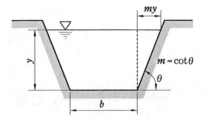

사다리꼴 단면의 개수로

① m = 일정인 경우

$\dfrac{dP}{dy} = 0$에서 $P = 4y\sqrt{1+m^2} - 2my$

$A = y^2[2(1+m^2)^{\frac{1}{2}} - m]$

$R_h = \dfrac{y}{2}$

즉, 주어진 m(또는 θ)에 대한 최적 수력 단면은 수력반지름이 깊이 y의 $\dfrac{1}{2}$이 될 때이다.

② y = 일정인 경우

$\dfrac{dP}{dm} = 0$에서 $2m = (1+m^2)^{\frac{1}{2}}$

$\therefore \ m = \dfrac{1}{\sqrt{3}} (\theta = 60°)$

$P = 2\sqrt{3}\,y, \ A = \sqrt{3}\,y^2, \ b = \dfrac{P}{3}$

따라서 경사면의 길이와 밑면의 길이가 같고, 경사면의 각도가 60°인 정육각형의 $\dfrac{1}{2}$ 단면이 될 때이다.

예제 5. 수로의 깊이가 y이고 바닥 폭이 b인 구형 수로에서의 최적 수력 단면은?

① $y = \dfrac{b}{2}$ 　　　　　② $y = b^2$

③ $y = 2b$ 　　　　　④ $y = b$

정답 ①

4. 비에너지와 임계 깊이

4-1 ## 비에너지(specific energy)

수로의 밑면 (바닥)을 기준으로 하여 에너지선(EL)까지의 높이, 즉 수심과 속도수두의
합으로 정의된다.

$$E = \frac{p}{\gamma} + \frac{V^2}{2g} + z$$

$$= y + \frac{V^2}{2g}$$

$$= y + \frac{1}{2g}\left(\frac{Q}{A}\right)^2$$

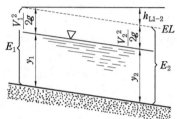

단위 폭당 유량 $q = \dfrac{Q}{b} = Vy$인 관계를 이용하면

개수로 흐름에서의 비에너지

다음과 같다.

$$E = y + \frac{1}{2g}\left(\frac{q}{y}\right)^2$$

$$\therefore\ q = \sqrt{2g\left(y^2 E - y_3\right)} = y\sqrt{2g(E-y)}$$

위 방정식으로부터 다음과 같은 관계를 알 수 있다.
① q를 상수로 놓으면 E와 y의 관계를 함수로 나타낼 수 있다.
② E를 상수로 놓으면 q와 y의 관계를 알 수 있다.

다음 그림은 이러한 관계를 나타낸 것이다.

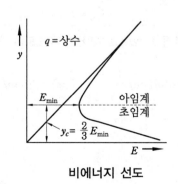

비에너지 선도

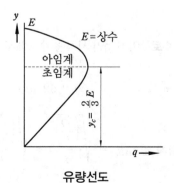

유량선도

4-2 임계 깊이

비에너지 선도에 의하면 동일 비에너지에 대하여 두 종류의 수심이 존재하고, 거기에 따라서 유속이 정해진다. 이때 q는 일정하게 하고, E가 최소가 될 때의 수심 y_c를 구하기 위해서는 다음 조건을 이용한다.

$$\frac{dE}{dy} = 0 \text{에서 } \frac{dE}{dy} = 1 - \frac{q^2}{gy^3} = 0$$

$$\therefore y_c = \sqrt[3]{\frac{q^2}{g}} \text{ 또는 } q = \sqrt{gy_c^3} : \text{임계 깊이(critical depth)}$$

임계 상태에 있을 때의 유속을 V_c라 하면 다음과 같다.

$$\therefore V_c = \sqrt{gy_c} : \text{임계 속도}$$

수심 $y > y_c$일 때 유속은 $V < V_c$가 되고, 이와 같은 흐름을 상류(tranquil flow) 또는 아임계 흐름(subcritical flow)이라 하며, $y < y_c$, 즉 $V > V_c$일 때 이와 같은 흐름을 사류 (rapid flow) 또는 초임계 흐름(supercritical flow)이라 한다.

$$\frac{dq}{dy} = 0 \text{에서 } \frac{dq}{dy} = \frac{\sqrt{2}\,g}{2}\left(\frac{2yE - 3y^2}{\sqrt{y^2E - y^3}}\right) = 0$$

$$\therefore y_c = \frac{2}{3}E_{min} \text{ 또는 } E = \frac{3}{2}y$$

예제 6. 단위폭당 유량이 $2\,\mathrm{m^3/s}$일 때 임계 깊이 y_c는 몇 m인가?

① 0.46   ② 0.74   ③ 2.45   ④ 3.25

해설 $y_c = \sqrt[3]{\dfrac{q^2}{g}} = \sqrt[3]{\dfrac{2^2}{9.8}} = 0.74\,\mathrm{m}$ **정답** ②

예제 7. 수로폭이 $6\,\mathrm{m}$인 사각형 수로에서 $11\,\mathrm{m^3/s}$의 물이 흐르고 있다. 임계 속도(V_c)는 얼마 인가?

① 0.7 m/s   ② 2.62 m/s   ③ 3.45 m/s   ④ 4.45 m/s

해설 임계 깊이$(y_c) = \sqrt[3]{\dfrac{\left(\dfrac{Q}{b}\right)^2}{g}} = \sqrt[3]{\dfrac{\left(\dfrac{11}{6}\right)^2}{9.8}} = 0.7\,\mathrm{m}$

$\therefore$ 임계 속도$(V_c) = \sqrt{gy_c} = \sqrt{9.8 \times 0.7} = 2.62\,\mathrm{m/s}$ **정답** ②

5. 수력도약(hydraulic jump)

개수로 유동에서 수로의 경사가 급경사에서 완만한 경사로 변하게 될 때 다시 말하면 흐름의 조건이 초임계 흐름에서 아임계 흐름으로 변할 때 수심이 갑자기 깊어지는데 이것은 운동에너지가 위치에너지로 변하기 때문이다. 이러한 현상을 수력도약(hydraulic jump)이라 한다.

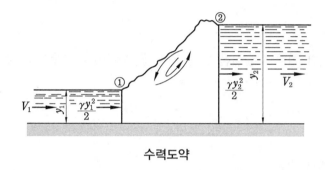

수력도약

그림에서 단면 ①과 ② 사이에 운동량의 방정식을 적용시키면 다음과 같다.

$$\Sigma F_x = F_1 - F_2 = \rho Q (v_2 - v_1)$$

$$\therefore \frac{\gamma y_1^2}{2} - \frac{\gamma y_2^2}{2} = \frac{\gamma q}{g}(v_2 - v_1)$$

연속방정식에서 $q = y_1 v_1 = y_2 v_2$ 이므로

$$v_1 = \frac{q}{y_1}, \quad v_2 = \frac{q}{y_2}$$

위의 두 식을 정리하면

$$\therefore \frac{\gamma y_1^2}{2} + \frac{\rho q^2}{y_1} = \frac{\gamma y_2^2}{2} + \frac{\rho q^2}{y_2}$$

이다. 수력도약 후의 깊이 (y_2)에 대하여 풀면

$$y_2 = \frac{y_1}{2}\left[-1 + \sqrt{1 + \left(\frac{8q^2}{gy_1^3}\right)}\right] = \frac{y_1}{2}\left(-1 + \sqrt{1 + \frac{8v_1^2}{gy_1}}\right)$$

위의 식 중에서 $\dfrac{v^2}{gy_1}$ = 프루드수(Froude number)이며, 수력도약이 발생할 수 있는 조건 $y_1 < y_2$가 되려면 $Fr > 1$이어야 함을 알 수 있다.

$$\frac{v^2}{gy_1} = 1\,(Fr = 1)\text{이면} \quad y_1 = y_2$$

$$\frac{v^2}{gy_1} > 1\,(Fr > 1)\text{이면} \quad y_1 < y_2$$

$$\frac{v^2}{gy_1} < 1\,(Fr < 1)\text{이면} \quad y_1 > y_2$$

수력도약 전후에서의 깊이, 즉 y_1, y_2는 서로 공액 깊이(alternate depth)가 되며, 다음 과 같이 M으로 정의한다.

$$M = \frac{q^2}{gy_1} + \frac{y^2}{2}$$

수력도약으로 인한 에너지 손실은 단면 ①과 ② 사이에 베르누이의 방정식을 적용시킴 으로써 구해진다.

$$\frac{v_1^2}{2g} + y_1 = \frac{v_2^2}{2g} + y_2 + h_L$$

$$\therefore \ h_L = \frac{(y_2 - y_1)^3}{4\,y_1 y_2}$$

예제 8. $y_1 = 3\,\text{m}$, $V_1 = 0.3\,\text{m/s}$일 때 수력도약은 일어나는가?

① 일어난다. ② 일어날 수도 일어나지 않을 수도 있다.

③ 일어나지 않는다. ④ 답이 없다.

해설 $\dfrac{V_1^2}{gy_1} = \dfrac{(0.3)^2}{9.8 \times 3} = 3.06 \times 10^{-3} < 1$

∴ 수력도약이 일어나지 않는다. 정답 ③

예제 9. 다음 중 수력도약에 의한 손실수두는?

① $h_l = \dfrac{(y_1 - y_2)^2}{4y_1 y_2}$ ② $h_l = \dfrac{(V_1 - V_2)^2}{2g}$

③ $h_l = \dfrac{(V_2 - V_1)^3}{2g}$ ④ $h_l = \dfrac{(y_2 - y_1)^3}{4y_1 y_2}$

정답 ④

출제 예상 문제

1. 폭이 3.6 m이고, 깊이가 1.5 m인 사각형 수로의 수력반지름은 얼마인가?

① 1.22 m 　　　　② 1.5 m

③ 0.82 m 　　　　④ 0.18 m

[해설] $R_h = \dfrac{A}{P} = \dfrac{3.6 \times 1.5}{3.6 + (2 \times 1.5)} = 0.82\,\text{m}$

2. 셰지 상수가 $65\,\text{m}^{\frac{1}{2}}/\text{s}$인 사각형 수로가 있다. 이 수로의 폭이 3 m, 깊이가 1.5 m, 경사도가 0.0009일 때 유량은 몇 m^3/s인가?

① 5.28 　　　　② 6.39

③ 7.6 　　　　④ 11.31

[해설] ・단면적$(A) = 3\,\text{m} \times 1.5\,\text{m} = 4.5\,\text{m}^2$

・수력반지름(R_h)

$= \dfrac{A}{P} = \dfrac{4.5}{3 + 2 \times 1.5} = 0.75\,\text{m}$

∴ $Q = CA\sqrt{R_h S}$

$= 65 \times 4.5 \times \sqrt{0.75 \times 0.0009}$

$\fallingdotseq 7.6\,\text{m}^3/\text{s}$

3. 폭 2 m, 밑바닥의 경사가 0.001인 대패질 안 한 나무로 만든 사각형 수로에서 유동 깊이가 1 m일 때 등류상태로 흐르는 유량은 몇 m^3/s인가? (단, 대패질 안 한 나무의 조도계수 $n = 0.012$이다.)

① 3.32 　　　　② 5.17

③ 6.23 　　　　④ 9.78

[해설] 수력반지름(R_h)

$= \dfrac{A}{P} = \dfrac{2 \times 1}{2 + 2 \times 1} = 0.5\,\text{m}$

∴ 유량(Q)

$= \dfrac{1}{n} A R_h^{\frac{2}{3}} S^{\frac{1}{2}}$

$= \dfrac{1}{0.012}(2 \times 1)(0.5)^{\frac{2}{3}}(0.001)^{\frac{1}{2}}$

$= 3.32\,\text{m}^3/\text{s}$

4. 사각형 단면을 가진 벽돌의 수로에서 폭 5 m, 수심 1.5 m, 기울기 0.0002일 때 유량은 얼마인가? (단, 마찰계수 n은 0.0194이다.)

① $6.62\,\text{m}^3/\text{s}$ 　　② $5.25\,\text{m}^3/\text{s}$

③ $4.63\,\text{m}^3/\text{s}$ 　　④ $3.85\,\text{m}^3/\text{s}$

[해설] $R_h = \dfrac{A}{P} = \dfrac{5 \times 1.5}{5 + (1.5 \times 2)} = 0.9375\,\text{m}$

$Q = \dfrac{1}{0.0194} \times (5 \times 1.5) \times (0.9375)^{\frac{2}{3}}$

$\times (0.0002)^{\frac{1}{2}} = 5.25\,\text{m}^3/\text{s}$

5. 단면이 사각형인 수로에서 등류가 흐르고 있다. 이 수로의 폭은 3 m이고 깊이가 2 m, 마찰계수가 0.014일 때 셰지(Chezy) 상수는 얼마인가?

① 103.7 　　　　② 10.4

③ 98.07 　　　　④ 9.07

[해설] $R_h = \dfrac{A}{P} = \dfrac{3 \times 2}{(3 + 4)} = 0.857\,\text{m}$

∴ $C = \dfrac{1.49}{n} R_h^{\frac{1}{6}} = \dfrac{1.49}{0.014} \times (0.857)^{\frac{1}{2}}$

$= 103.7$

6. 벽돌로 만들어진 사각형 수로에서 등류 깊이가 3 m이고 폭이 6 m이며, 경사는 0.0001이다. 마찰계수 n이 0.016일 때 이 수로에서의 유량은 얼마인가?

① $22.11\,\mathrm{m^3/s}$ ② $14.74\,\mathrm{m^3/s}$

③ $12.88\,\mathrm{m^3/s}$ ④ $9.96\,\mathrm{m^3/s}$

해설 $Q=\dfrac{1}{n}AR_h^{\frac{2}{3}}S^{\frac{1}{2}}$ 이므로

$$R_h=\frac{A}{P}=\frac{6\times3}{6+(2\times3)}=1.5\,\mathrm{m}$$

$$\therefore Q=\frac{1}{0.016}\times(6\times3)\times(1.5)^{\frac{2}{3}}(0.0001)^{\frac{1}{2}}$$

$$=14.74\,\mathrm{m^3/s}$$

7. 콘크리트로 된 사각형 단면의 수로를 통하여 $9.5\,\mathrm{m^3/s}$의 물을 흘려보내려고 한다. 수면의 경사도를 0.002, 수로 폭을 2 m로 하면 수심은 얼마나 되겠는가? (단, 콘크리트의 마찰계수 $n=0.0166$이다.)

① $86.6\,\mathrm{m}$ ② $1.24\,\mathrm{m}$

③ $75.6\,\mathrm{m}$ ④ $66.5\,\mathrm{m}$

해설 $R_h=\dfrac{A}{P}=\dfrac{2y}{2+2y}=\dfrac{y}{1+y}$,

$Q=\dfrac{1}{n}AR_h^{\frac{2}{3}}S^{\frac{1}{2}}$ 에서

$$9.5=\frac{1}{0.0166}(2y)\left(\frac{y}{1+y}\right)^{\frac{2}{3}}(0.002)^{\frac{1}{2}}$$

$$\therefore y=1.24\,\mathrm{m}$$

8. 수력학 실험실에 설치된 개수로 실험장치 단면은 직사각형이며, 그 폭은 2 m이고, 수심 1 m와 경사도 0.0004에서 유량이 $2.1\,\mathrm{m^3/s}$가 됨을 측정하였다. 이때 수로 표면의 마찰계수 n은 얼마인가?

① 0.013 ② 0.012

③ 0.019 ④ 0.022

해설 $R_h=\dfrac{A}{P}=\dfrac{2\times1}{2+(2\times1)}=0.5\,\mathrm{m}$이므로

$Q=\dfrac{1}{n}AR_h^{\frac{2}{3}}S^{\frac{1}{2}}$ 에서

$$2.1=\frac{1}{n}(2\times1)(0.5)^{\frac{2}{3}}(0.0004)^{\frac{1}{2}}$$

$$\therefore n=0.012$$

9. 땅을 파서 만든($n=0.02$) 사다리꼴 단면의 개수로는 다음 그림과 같다. 이 개수로의 경사도가 0.0001일 때 유량 Q는 몇 $\mathrm{m^3/s}$인가?

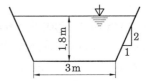

① 1.12 ② 12.76

③ 8.66 ④ 6.23

해설 접수 길이 P와 단면적 A는

$$P=3+2\times1.8\sqrt{5}=11.05\,\mathrm{m}$$

$$A=3\times1.8+1.8\times(1.8\times2)=11.88\,\mathrm{m^2}$$

수력반지름 $R_h=\dfrac{A}{P}=\dfrac{11.88}{11.05}=1.075\,\mathrm{m}$

$$\therefore Q=\frac{1}{0.02}\times11.88\times(1.075)^{\frac{2}{3}}$$

$$\times(0.0001)^{\frac{1}{2}}=6.23\,\mathrm{m^3/s}$$

10. 그림과 같은 개수로가 등류상태로 흐를 때 속도 V는?

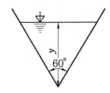

① $y^{\frac{10}{3}}$에 비례한다.

② $y^{\frac{8}{3}}$에 비례한다.

③ $y^{\frac{4}{3}}$에 비례한다.

④ $y^{\frac{2}{3}}$에 비례한다.

해설 단면적 A는 y^2에 비례한다. 즉, $A\propto y^2$

접수길이 P는 y에 비례한다. 즉, $P\propto y$

$$\therefore V\propto (R_h)^{\frac{2}{3}}=\left(\frac{A}{P}\right)^{\frac{2}{3}}=A^{\frac{2}{3}}P^{-\frac{2}{3}}$$

☒ $y^{\frac{4}{3}} y^{-\frac{2}{3}} = y^{\frac{2}{3}}$

11. 대패질을 하지 않은 목재로 만든 하수도가 밑변 2.4 m, 높이 1.8 m인 이등변 삼각형의 단면을 갖는다. 이때 밑바닥의 경사도가 0.01이라면 $Q = 5\ m^2/s$의 유량으로 균속도 운동을 할 때 깊이는 얼마나 되겠는가? (단, 나무의 조도계수 $n = 0.013$이다.)

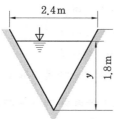

① 0.36 m　　　② 1.36 m

③ 2.36 m　　　④ 3.46 m

해설 $A = \dfrac{y}{1.8} \times 2.4 \times y \times \dfrac{1}{2} = \dfrac{2}{3} y^2$

$P = 2\sqrt{\left(\dfrac{y}{1.8} \times 1.2\right)^2 + y^2} = 2.4 y$

$R_h = \dfrac{A}{P} = \dfrac{\dfrac{2}{3} y^2}{2.4 y} = 0.278 y$

$5 = \dfrac{1}{0.013}\left(\dfrac{2 y^2}{3}\right)(0.278 y)^{\frac{2}{3}}(0.01)^{\frac{1}{2}}$

$y^{\frac{8}{3}} = 2.29$

$\therefore\ y = 1.36\ m$

12. 그림과 같은 사다리꼴 수로에서 경제적인 단면은?

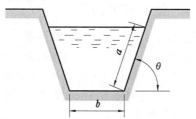

① 정팔각형의 하측반과 같다.

② 정사각형이다.

③ 정육각형의 하측반과 같다.

④ $b = \dfrac{a}{2}$ 이다.

해설 그림에서 단면적 $A = (b + a\cos\theta) a\sin\theta$

$\therefore\ b = \dfrac{A}{a\sin\theta} - a\cos\theta$

접수길이 $P = b + 2a = \dfrac{A}{a\sin\theta} - a\cos\theta + 2a$

경제적인 수로단면은 P가 최소일 때이므로

$\dfrac{\partial P}{\partial a} = 0,\ \dfrac{\partial P}{\partial \theta} = 0$을 각각 계산하면

$-\dfrac{A}{a^2 \sin\theta} - \cos\theta + 2 = 0$

$-\dfrac{A\cos\theta}{a\sin^2\theta} + a\sin\theta = 0$

여기에 A값을 대입시키면

$-(B + a\cos\theta) - a\cos\theta + 2a = 0$

$-(B + a\cos\theta)\cos\theta + a\sin^2\theta = 0$

두 식에서 θ, a를 구하면 $\theta = \dfrac{\pi}{3} = 60°$, $a = b$

즉, 경제적인 단면은 정육각형의 하측반과 같다.

13. 단면이 사각형인 수로에서 매초 3.0 m^3의 물을 수송시키려고 한다. 경제적인 단면을 설계하면 얼마인가? (단, 벽면은 시멘트로서 조도계수는 0.0164이며, 수로 경사도는 0.0001이다.)

① $y = 1.667\ m$, $b = 3.334\ m$

② $y = 1.333\ m$, $b = 2.666\ m$

③ $y = 0.8\ m$, $b = 1.6\ m$

④ $y = 2.1\ m$, $b = 4.2\ m$

해설 $R_h = \dfrac{A}{P} = \dfrac{by}{b + 2y} = \dfrac{2y \times y}{2y + 2y} = \dfrac{y}{2}$

$Q = \dfrac{1}{n} A R_h^{\frac{2}{3}} S^{\frac{1}{2}}$

$3 = \dfrac{1}{0.0164} \times (2y \times y) \times \left(\dfrac{y}{2}\right)^{\frac{2}{3}}(0.0001)^{\frac{1}{2}}$

$$y^{\frac{8}{3}} = 3.905, \quad y = 1.667\,\text{m}, \quad b = 2y = 3.334\,\text{m}$$

14. 개수로의 흐름은 다음의 어느 경우에 속하는가?

① 수력기울기선(HGL)은 에너지선(EL)과 언제나 평행하게 된다.

② 에너지선은 자유표면과 일치된다.

③ 에너지선과 수력기울기선은 일치한다.

④ 수력기울기선은 자유표면과 일치한다.

[해설] 개수로의 흐름에서는 언제나 자유표면이 대기압에 노출되고 있으므로, 수력기울기선은 자유표면과 일치되어야 한다.

15. 수력도약이 일어나기 전·후의 수심이 각각 2 m, 8 m일 때 수력도약으로 인한 손실수두는?

① 3.38 m   ② 3.83 m

③ 4.24 m   ④ 4.75 m

[해설] $h_l = \dfrac{(y_2 - y_1)^3}{4 y_1 y_2} = \dfrac{(8-2)^3}{4 \times 2 \times 8} = 3.38\,\text{m}$

16. 다음 설명 중 틀린 것은?

① 개수로 유동에서 정상류의 등류일 때 수로면, 자유표면, 에너지선은 모두 평행하다.

② 개수로 유동에서 정상류, 등류일 때 수력구배선과 수면은 일치한다.

③ 최적 단면이란 주어진 유량에서의 최소 단면적을 갖는 단면이다.

④ 개수로에서의 표면파는 상류(常流)일 때 하류쪽으로 흐른다.

[해설] 표면파는 상류(常流)일 때는 상류(上流)로, 사류일 때는 하류쪽으로 흐른다.

17. 개수로 흐름에서 등류의 흐름일 때 다음 중 맞는 것은?

① 유속은 점점 **빨라진다.**

② 유속은 점점 늦어진다.

③ 유속은 일정하게 유지된다.

④ 유체의 속도는 0이다.

[해설] 등류란 개수로 흐름에서 유속이 일정하게 유지되는 구간에서의 흐름을 말한다.

18. 비등류에 대한 설명은?

① 유속이 일정하다.

② 유속이 변화한다.

③ 유속이 느리다.

④ 유속이 빠르다.

[해설] 비등류는 위치에 따라 유속이 변화한다.

19. 개수로 흐름에 있어서 등속류가 될 수 없는 것은?

① 실제 유체에서 유체에 가속되는 힘과 마찰력이 서로 평행을 이룰 때

② 수로의 어느 길이에 걸쳐서 기울기, 조도 등이 일정할 때

③ 수로의 어느 구역에서는 저항력으로 유체의 단면이나 수심은 변하지 않는 흐름일 때

④ 수로의 유동에서 이상 유체일 때

[해설] 유체의 속도가 일정하게 유지되는 구역에서의 흐름을 등속류라 하며, 이것은 유체의 중력 분력과 마찰력이 평형을 이룰 때 가능하므로 이상 유체에서는 불가능하다.

20. 개수로 유동에서 $\dfrac{\partial V}{\partial S} = 0$ 으로 나타낼 수 있는 흐름은? (단, V는 속도 벡터, S는 변위이다.)

① 상류   ② 사류

③ 정상류   ④ 등류

[해설] 유동단면과 깊이가 일정하게 유지되면서 유속이 일정한 흐름을 등류 또는 균속도유동이라 한다.

정답   14. ④   15. ①   16. ④   17. ③   18. ②   19. ④   20. ④

21. 사류(rapid flow) 유동을 얻을 수 있는 경우는 다음 중 어느 것인가?(단, 여기서 Re는 레이놀즈수이고, F는 프루드수이다.)

① $Re < 500$ ② $Re > 500$

③ $F < 1$ ④ $F > 1$

[해설] 사류란 유동속도가 기본파의 진행속도보다 빠를 때의 흐름으로 $F > 1$일 때 일어난다.

22. 직사각형 개수로에서 깊이에 비하여 폭이 매우 넓을 때 수력반지름은?(단, y는 수심이다.)

① y ② $\dfrac{2}{3}y$

③ $\dfrac{y}{2}$ ④ $\dfrac{y}{3}$

[해설] 폭을 b라고 하면 $R_h = \dfrac{by}{b+2y}$

문제에서 $b \gg y$인 경우라고 하였으므로

$R_h \fallingdotseq \dfrac{by}{b} = y$

23. 지름 D인 원관에 물이 꽉 차서 흐를 때의 수력반지름은?

① $\dfrac{D}{2}$ ② $2D$

③ $4D$ ④ $\dfrac{D}{4}$

[해설] $R_h = \dfrac{A}{P} = \dfrac{\dfrac{\pi D^2}{4}}{\pi D} = \dfrac{D}{4}$

24. 수로에서 경제적인 단면에 대한 설명으로 틀린 것은?

① 같은 유량에서 접수 길이를 최소로 하면 경제적인 단면이 될 수 있다.

② 사각형 수로에서 경제적인 단면의 수심은 폭의 반일 때이다.

③ 사다리꼴 단면에서 수로폭과 측벽의

길이가 같고 45°일 때 경제적인 단면이 된다.

④ 같은 유량에서 접수 길이가 최소가 되면 단면도 최소가 된다.

[해설] 경제적인 단면은 수로 저면폭과 측벽의 길이가 같고, 60°일 때이다. 즉, 정육각형의 하반부가 수로 단면이 되는 경우이다.

25. 다음 그림과 같은 개수로에서 등류 흐름일 경우 유량 Q는?

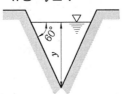

① $y^{\frac{5}{3}}$에 비례한다.

② $y^{\frac{7}{3}}$에 비례한다.

③ $y^{\frac{8}{3}}$에 비례한다.

④ $y^{\frac{10}{3}}$에 비례한다.

[해설] $Q = \dfrac{1}{n} A R_h^{\frac{2}{3}} S^{\frac{1}{2}}$에서 y값과 관계되는 것은 단면적 A와 수력반지름 R_h이다.

따라서, $Q \propto A R_h^{\frac{2}{3}} = A\left(\dfrac{A}{P}\right)^{\frac{2}{3}} = A^{\frac{5}{3}} P^{-\frac{2}{3}}$

$A = \dfrac{y^2}{\sqrt{3}}$ ∴ $A \propto y^2$

$P = \dfrac{4}{\sqrt{3}} y$ ∴ $P \propto y$

그러므로 $Q \propto (y^2)^{\frac{5}{3}} \cdot (y)^{-\frac{2}{3}}$

∴ $y^{\frac{8}{3}}$에 비례한다.

26. 사다리꼴 개수로에서 최적 단면은?

① 수심이 단면적의 1/2 되는 단면형

② 정육각형의 절반 되는 단면형

③ 수심이 밑면의 1/2 되는 단면형

④ 수심이 밑면과 같은 단면형

[해설] 최적 사다리꼴 단면은 밑면과 경사면의 길이가 같을 때이다. 따라서 정답은 정육각형의 1/2인 단면형이다.

27. 비에너지에 대하여 설명한 것 중 틀린 것은?

① 비에너지는 수심과 속도 수두의 합이며, 이것을 비수두라고도 한다.

② 비에너지는 유동 성질에 따라서 증가할 수도 있다.

③ 비에너지는 유동 성질에 따라서 감소할 수도 있다.

④ 비에너지는 유동 성질에 따라서 불변한다.

[해설] 에너지선은 유동에 따라서 하강하지만 비에너지는 유동 성질에 의해서 증감이 될 수 있다.

28. 임계 깊이(critical depth)란?

① 주어진 유량에 대해 비에너지가 최소로 되는 깊이

② 주어진 유량에 대해 비에너지가 최대로 되는 깊이

③ 주어진 비에너지에 대한 유량의 최소로 되는 깊이

④ 비에너지와 유량이 일정할 때의 최대 깊이

[해설] 임계 깊이란 주어진 유량에 대해 비에너지가 최소로 되는 깊이이다. 이를 y_c로 표시하면

$$y_c = \frac{2}{3} E_{min} \text{ 또는 } y_c = \left(\frac{q^2}{g}\right)^{\frac{1}{3}}$$

29. 다음 중 초임계 흐름(사류)이 일어나는 경우는?

① 표준 깊이 이상일 때

② 표준 깊이 이하일 때

③ 임계 깊이 이상일 때

④ 임계 깊이 이하일 때

[해설] 초임계 흐름이란 임계 깊이보다 얕게 흐르는 개수로의 흐름으로 $F>1$일 때 일어난다.

30. 다음 중 아임계 흐름이란?

① 임계 깊이 이상일 때

② 임계 깊이 이하일 때

③ 임계 깊이일 때

④ 프루드수가 1보다 클 때

[해설] 아임계 흐름이란 수심이 임계 깊이보다 깊은 경우로, 상류를 말하며 $F<1$일 때 일어난다.

31. 개수로 흐름에 있어서 임계 속도 V_c는? (단, 수로 깊이를 y, 임계 깊이를 y_c, 중력 가속도를 g라고 한다.)

① $V_c = \sqrt{g y_c}$ ② $V_c = \sqrt{g y}$

③ $V_c = (g^2 y_c)^{\frac{1}{2}}$ ④ $V_c = (g y_c)^{\frac{1}{3}}$

[해설] 임계 깊이 y_c에서의 속도를 임계 속도 V_c라고 하므로 $q = V_c y_c$가 되고, 한편 임계 깊이에서의 유량은 $q = \sqrt{g y_c^3}$이므로 $V_c = \sqrt{g y_c}$

32. 다음 설명 중 틀린 것은?

① 수심 $y > y_c$에서 유속이 $V < V_c$가 될 때 상류라 한다.

② 수심 $y < y_c$에서 유속이 $V > V_c$가 될 때 사류라 한다.

③ 임계 수심(y_c)일 때 표면파의 속도는 임계 속도와 같다.

④ 수로에 발생된 표면파는 상류일 때에

는 하류쪽으로 흐른다.

[해설] 상류일 때는 유속이 표면파의 전파 속도보다 작기 때문에 수로에 발생한 표면파는 상류쪽으로 전파된다.

33. 임계경사보다 작은 완만한 경사에서의 흐름은?

① 아임계 등류가 될 수 있다.

② 초임계 등류가 될 수 있다.

③ 아임계 변류만이 가능하다.

④ 초임계 변류만이 가능하다.

[해설] 임계경사 S_c보다 완만한 경사에서는 아임계 등류가 된다.

34. 공액 깊이에 관한 내용 중 맞는 것은?

① 공액 깊이는 임계점에서만 정의될 수 있다.

② 공액 깊이는 아임계 흐름에서만 존재한다.

③ 공액 깊이는 초임계 흐름에서만 존재한다.

④ 같은 비에너지 값에 대한 아임계 흐름과 초임계 흐름에서의 깊이를 말한다.

[해설] 임계점을 제외하고는 같은 비에너지 값을 갖는 깊이는 아임계 흐름과 초임계 흐름에서 각각 하나씩 두 개의 깊이가 존재하는데, 이 것을 공액 깊이라고 한다.

35. 수심을 y라고 할 때 개수로의 유동속도가 가장 빠른 곳은? (단, y는 수심이다.)

① 수로의 바닥(y)

② 자유표면($y = 0$)

③ 수심의 절반되는 지점($0.5y$)

④ 수면에서 $(0.1\sim0.4)y$인 지점

[해설] 개수로 단면 내의 속도분포는 균일하지 않고 벽면 가까이는 속도가 느리며, 벽면에서 먼 곳은 빠르다. 보통 수로의 속도분포는 단면 형상에 따라 변하지만 최대 속도는 수면에서 $(0.1\sim0.4)y$인 지점의 속도이다.

36. 폭 4 m, 깊이 1 m인 구형의 개수로에 물이 흐르고 있다. 이 개수로의 수력반지름은 몇 m인가? (단, 이 개수로의 경사도는 0.0004이다.)

① 0.0133　　② 0.67

③ 0.783　　④ 1

[해설] 수력반지름(R_h)

$$= \frac{A}{P} = \frac{4 \times 1}{4 + 2 \times 1} = 0.67 \, \text{m}$$

37. 폭이 3 m, 깊이가 1 m인 사각형 수로에 물이 등류상태로 흐르고 있다. 마찰계수가 $n = 0.014$일 때 셰지 상수는 몇 m/s인가?

① 31.1　　② 65.6

③ 24.8　　④ 48.7

[해설] 수력반지름(R_h) $= \dfrac{3 \times 1}{3 + 2 \times 1} = 0.6 \, \text{m}$

$\therefore$ 셰지 상수(C)

$$= \frac{1}{n} R_h^{\frac{1}{6}} = \frac{1}{0.014} \times (0.6)^{\frac{1}{6}} = 65.6 \, \text{m/s}$$

38. 다음 그림과 같은 삼각형 수로에 물이 등류 상태로 흐르고 있다. 이 수로의 경사도가 1/200일 때 접수길이에 작용하는 전단응력은 몇 N/m²인가? (단, 물의 비중량은 $\gamma = 9800 \, \text{N/m}^3$이다.)

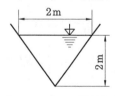

① 21.9　　② 10.6

③ 31.3　　④ 16.7

[해설] 단면적 A와 접수길이 P는

$$A = \frac{1}{2}(2 \times 2) = 2 \, \text{m}^2,$$

$$P = 2\sqrt{1^2 + 2^2} = 2\sqrt{5} \, \text{m}$$

수력반지름 $R_h = \dfrac{A}{P} = \dfrac{2}{2\sqrt{5}} = 0.447\,\text{m}$

$\therefore$ 전단응력 $\tau_0 = \gamma R_h S = 9800 \times 0.447 \times \dfrac{1}{200}$

$\qquad\qquad = 21.9\,\text{N/m}^2$

39. 폭이 5 m, 수심이 1 m, 수로의 경사도가 0.0002인 사각형 석조 수로에서의 유량은 얼마인가? (단, 수로 마찰계수 $n = 0.0192$이다.)

① $3.62\,\text{m}^3/\text{s}$　　　② $2.63\,\text{m}^3/\text{s}$

③ $2.32\,\text{m}^3/\text{s}$　　　④ $1.87\,\text{m}^3/\text{s}$

해설 수력반지름(R_h)

$= \dfrac{A}{P} = \dfrac{5\times 1}{5 + 2\times 1} = 0.5\,\text{m}$

$\therefore Q = \dfrac{1}{n} A R_h^{\frac{2}{3}} S^{\frac{1}{2}} = \dfrac{1}{0.0192} \times 5$

$\qquad\quad \times (0.5)^{\frac{2}{3}} \times (0.0002)^{\frac{1}{2}} = 2.32\,\text{m}^3/\text{s}$

40. 콘크리트로 만들어진 사각형 수로에서 물이 등속으로 흐르고 있다. 이 수심은 2.5 m, 수로 폭이 5 m, 수로의 경사도가 0.001, 수로 마찰계수 $n = 0.01$일 때 이 수로의 유량은 얼마인가?

① $1.5625\,\text{m}^3/\text{s}$　　② $15\,\text{m}^3/\text{s}$

③ $45.86\,\text{m}^3/\text{s}$　　④ $145\,\text{m}^3/\text{s}$

해설 $R_h = \dfrac{12.5}{10} = 1.25\,\text{m}$

$\therefore Q = \dfrac{1}{n} \times A \times R_h^{\frac{2}{3}} \times S^{\frac{1}{2}} = 100 \times 12.5$

$\qquad\quad \times (1.25)^{\frac{2}{3}} (0.001)^{\frac{1}{2}} = 45.86\,\text{m}^3/\text{s}$

41. 다음 그림의 개수로는 대패질이 안 된 나무로 만들어졌다. 이 개수로의 경사도가 0.0009일 때 유량 Q는 몇 m^3/s인가? (단, 조도계수 n은 0.013이다.)

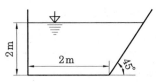

① 0.72　　　　② 5.72

③ 18.93　　　④ 12.7

해설 단면적 A와 접수길이 P는

$A = 2\times 2 + \dfrac{1}{2}(2\times 2\tan 45^\circ) = 6\,\text{m}^2,$

$P = 2 + 2 + \dfrac{2}{\cos 45^\circ} = 6.83\,\text{m}$가 된다.

수력반지름 $R_h = \dfrac{A}{P} = \dfrac{6}{6.83} = 0.88\,\text{m}$

$\therefore Q = \dfrac{1}{n} A R_h^{\frac{2}{3}} S^{\frac{1}{2}} = \dfrac{1}{0.013} \times 6$

$\qquad\quad \times (0.88)^{\frac{2}{3}} \times (0.0009)^{\frac{1}{2}} = 12.7\,\text{m}^3/\text{s}$

42. 반지름 2 m인 반원형 개수로가 경사 0.002로 설치되었다. $n = 0.015$라면 수로에 물이 꽉 차 흐를 때의 유량은 몇 m^3/s인가?

① 29.7　　　　② 88.5

③ 63.2　　　　④ 31.2

해설 수력반지름$(R_h) = \dfrac{A}{P} = \dfrac{\dfrac{\pi 2^2}{2}}{\pi \times 2} = 2\,\text{m}$

$\therefore Q = \dfrac{1}{0.015}\left(\dfrac{\pi 2^2}{2}\right)(2)^{\frac{2}{3}}(0.002)^{\frac{1}{2}}$

$\qquad\quad = 29.7\,\text{m}^3/\text{s}$

43. 수력학 실험실에 설치된 개수로 실험장치 단면은 직사각형이며 그 폭은 4 m이고, 수심 2 m와 경사도는 0.0004로 유량이 $14.56\,\text{m}^3/\text{s}$가 됨을 측정하였다. 이때 수로 표면의 조도 마찰계수 n 값은 얼마인가?

① 0.013　　　　② 0.011

③ 0.019　　　　④ 0.02

해설 $R_h = \dfrac{A}{P} = \dfrac{4\times 2}{4 + (2\times 2)} = 1\,\text{m},$

$$Q = \frac{1}{n} A R_h^{\frac{2}{3}} S^{\frac{1}{2}}$$

$$14.56 = \frac{1}{n} (4 \times 2) \times (1)^{\frac{2}{3}} \times (0.004)^{\frac{1}{2}}$$

$$\therefore n = 0.011$$

44. 폭 4 m, 수심 1 m인 사각형 수로에 물이 12 m³/s의 유량으로 흐를 때 비에너지는?

① 1 m   ② 1.21 m

③ 1.46 m   ④ 2.67 m

[해설] $V = \dfrac{Q}{A} = \dfrac{12}{4} = 3\,\text{m/s}$

$$\therefore E = y + \frac{V^2}{2g} = 1 + \frac{3^2}{2 \times 9.8} = 1.46\,\text{m}$$

45. 사각형의 수로가 경사도 0.001에 대하여 45 m³/s의 유량으로 흘려 보내려고 한다. 이 수로가 경제적 단면이 되려면 단면의 치수는 얼마로 해야 하는가? (단, $n = 0.035$이다.)

① $b = 7.94\,\text{m}$, $y = 3.97\,\text{m}$

② $b = 3.34\,\text{m}$, $y = 1.67\,\text{m}$

③ $b = 10.22\,\text{m}$, $y = 5.11\,\text{m}$

④ $b = 4.77\,\text{m}$, $y = 2.14\,\text{m}$

[해설] 사각형의 경제적 단면에서는 $y = \dfrac{b}{2}$이므로 셰지-매닝식에서

$$Q = \frac{1}{n} A R_h^{\frac{2}{3}} S^{\frac{1}{2}}$$

$$= \frac{1}{0.035} (2y^2) \left(\frac{y}{2} \right)^{\frac{2}{3}} (0.001)^{\frac{1}{2}} = 45$$

$$\therefore y = 3.97\,\text{m}, \quad b = 2y = 7.94\,\text{m}$$

46. 단위폭당의 유량이 2.1 m³/m일 때 임계 깊이 y_c는?

① 0.77 m   ② 7.66 m

③ 0.45 m   ④ 4.48 m

[해설] $y_c = \sqrt[3]{\dfrac{q^2}{g}} = \sqrt[3]{\dfrac{(2.1)^2}{9.8}} = 0.77\,\text{m}$

47. 사각형 수로에서 단위폭당 유량이 0.486 m³/s일 때 임계 깊이 y_c와 임계 속도 V_c는?

① $y_c = 0.11\,\text{m}$, $V_c = 1.04\,\text{m/s}$

② $y_c = 0.73\,\text{m}$, $V_c = 2.68\,\text{m/s}$

③ $y_c = 0.29\,\text{m}$, $V_c = 1.69\,\text{m/s}$

④ $y_c = 0.43\,\text{m}$, $V_c = 4.21\,\text{m/s}$

[해설] $y_c = \left(\dfrac{q^2}{g} \right)^{\frac{1}{3}} = \left(\dfrac{0.486^2}{9.8} \right)^{\frac{1}{3}} = 0.29\,\text{m}$

$$V_c = \sqrt{g y_c} = \sqrt{9.8 \times 0.29} = 1.69\,\text{m/s}$$

48. 바닥 폭이 3 m이고, 측면 경사가 $\dfrac{1}{2}$인 사다리꼴 수로에서의 깊이가 1.0 m, 유량이 7 m³/s일 때의 흐름의 비에너지는 얼마인가?

① 2.0 m   ② 1.5 m

③ 1.3 m   ④ 1.1 m

[해설] $E = y + \dfrac{1}{2g} \left(\dfrac{Q}{A} \right)^2$

$$= 1.0 + \frac{1}{2 \times 9.8} \times \left(\frac{7}{5} \right)^2 = 1.1\,\text{m}$$

49. 단위 폭당의 유량이 1.4 m³/s일 때 임계 깊이 y_c는?

① 0.584 m   ② 5.84 m

③ 0.448 m   ④ 4.48 m

[해설] $y_c = \sqrt[3]{\dfrac{q^2}{g}} = \sqrt[3]{\dfrac{(1.4)^2}{9.8}} = 0.584\,\text{m}$

정답 44. ③   45. ①   46. ①   47. ③   48. ④   49. ①

제9장 압축성 유동

1. 정상 유동의 에너지 방정식

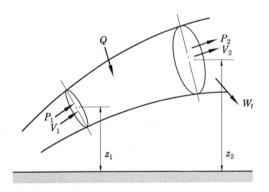

$$Q = H_1 \frac{m V_1^2}{2} + mg Z_1 = W_t + H_2 + \frac{m V_2^2}{2} + mg Z_2$$

$$Q = W_t + (H_2 - H_1) + \frac{m}{2}(V_2^2 - V_1^2) + mg(Z_2 - Z_1) \, [\text{kJ/s} = \text{kW}]$$

만약 단위질량의 기체가 유동 시 정상유동의 에너지 방정식은

$$q = w_t + (h_2 - h_1) + \frac{1}{2}(V_2^2 - V_1^2) + g(Z_2 - Z_1) \, [\text{kJ/kg} \cdot \text{s}]$$

예제 **1.** 수직으로 세워진 노즐에서 물이 초속 15 m/s로 뿜어 올려진다. 마찰 손실을 포함한 모든 손실이 무시된다면 그 물은 몇 m까지 올라갈 수 있겠는가?

① 6.27   ② 8.27

③ 9.27   ④ 11.48

해설 $h = \dfrac{V^2}{2g} = \dfrac{15^2}{2 \times 9.8} = 11.48 \, \text{m}$ 정답 ④

2. 압축파의 전파 속도

압축파의 전파 속도(음속) $C = \sqrt{\dfrac{dp}{d\rho}}$

기체 속에서 단열 변화를 하면, 즉 $\dfrac{p}{\rho^k} = \text{const}(p = c\rho^k)$가 되며

$$\frac{dp}{d\rho} = ck\rho^{k-1} = ck\rho^k \frac{1}{\rho} = \frac{kp}{\rho}$$

$$\therefore \; C = \sqrt{\frac{dp}{d\rho}} = \sqrt{\frac{kp}{\rho}} = \sqrt{kRT}\,[\text{m/s}]$$

예제 2. 물속에서의 유속은 몇 m/s인가? (단, 물의 체적 탄성계수 $E = 2\,\text{GPa}$이다.)
① 346　　　　② 928　　　　③ 1353　　　　④ 1414

해설 $C = \sqrt{\dfrac{F}{\rho_w}} = \sqrt{\dfrac{2 \times 10^9}{1000}} = 1414\,\text{m/s}$　　　　**정답** ④

예제 3. 20℃인 공기(air) 중에서의 유속은?
① 268　　　　② 275　　　　③ 343　　　　④ 365

해설 $C = \sqrt{kRT} = \sqrt{1.4 \times 287 \times (20 + 273)} = 343\,\text{m/s}$　　　　**정답** ③

---

3. 마하수와 마하각

3-1 　마하수(Mach number)

마하수 $M = \dfrac{V}{C} = \dfrac{V}{\sqrt{kRT}}$

여기서, V : 물체의 속도, C : 음속

$M < 1$: 아음속 흐름(subsonic flow)

$M > 1$: 초음속 흐름(supersonic flow)

$M > 5$: 극초음속 흐름(hypersonic flow)

3-2 마하각(Mach angle)

그림 (a)는 총알이 오른쪽으로 음속 C의 1/2배의 속도 v로 진행하는 상태를 나타낸 것이다. 0의 위치에 있는 총알이 1, 2, 3초 후에 1, 2, 3의 위치에 도달한다고 하면, 총알에서 0, 1, 2초에 발생한 구면파(압축파)는 3초 후에는 반지름 $3C,\ 2C,\ C$의 원이 된다.

그림 (b)는 총알의 속도 V가 음속보다 2배 빠른 속도로 진행하는 경우를 나타낸 것이다. 1, 2, 3초 후에 1, 2, 3의 위치에 도달한다고 하면, 총알에서 0, 1, 2초에 발생한 압축파는 3초 후에 총알을 꼭지점으로 하는 구형파의 접선을 그으면 원뿔이 된다.

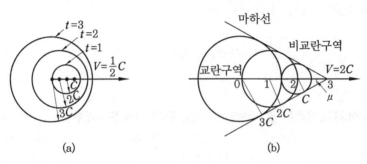

(a)   (b)

음파의 전달

이 원뿔의 안쪽은 총알의 운동을 감지할 수 있는 교란 구역(zone of action)이고, 바깥쪽은 총알의 운동을 감지할 수 없는 비교란 구역(zone of silence)이다. 이때 원뿔선을 마하선(Mach line)이라 하고, 마하선과 총알의 운동방향이 이루는 각을 마하각(Mach angle)이라 한다.

$$\sin \mu = \frac{C}{V} \qquad \therefore\ \mu = \sin^{-1} \frac{C}{V}$$

$\therefore$ 아음속($V < C$)이면, $\mu > 90°$

음속($V = C$)이면, $\mu = 90°$

초음속($V > C$)이면, $\mu < 90°$

예제 4. 음속 320 m/s인 공기 속을 초음속으로 달리는 물체의 마하각이 45°일 때 물체의 속도는 몇 m/s인가?

① 385　　　　② 453　　　　③ 552　　　　④ 638

해설 $\sin \alpha = \dfrac{C}{V}$

$\therefore\ V = \dfrac{C}{\sin \alpha} = \dfrac{320}{\sin 45°} = 453\ \text{m/s}$

정답 ②

4. 축소-확대 노즐에서의 흐름

그림에서 축소-확대 노즐을 지나는 완전기체에 대한 1차원 정상류에서 위치 에너지를 무시하면 오일러의 운동방정식은 다음과 같다.

$$\frac{dp}{\rho} + VdV = 0$$

연속방정식의 미분형은 다음과 같다.

$$\frac{d\rho}{\rho} + \frac{dV}{V} + \frac{dA}{A} = 0$$

또 음속은 다음과 같다.

$$C = \sqrt{\frac{dp}{d\rho}} \text{ 이므로 } dp = C^2 d\rho$$

$$\frac{dp}{\rho} + VdV = 0 \rightarrow \frac{C^2 d\rho}{\rho} + VdV = 0$$

위의 두 식에서 $d\rho/\rho$를 소거하면

$$\frac{dA}{dV} = \frac{A}{V}\left(\frac{V^2}{C^2} - 1\right) = \frac{A}{V}(M^2 - 1)$$

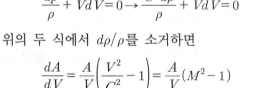

축소-확대 노즐에서의 흐름

① **아음속 흐름**($M < 1$)

$$\frac{dA}{dV} < 0$$

$dV > 0$이 되려면 $dA < 0$이어야 한다. 즉, 속도가 증가하기 위해서는 단면적은 감소되어야 한다(축소 노즐).

② **음속 흐름**($M = 1$)

$$\frac{dA}{dV} = 0$$

즉, 속도는 단면적의 변화가 없는 목(throat)까지 증가되고, 목에서 음속 및 아음속을 얻을 수 있다.

③ **초음속 흐름**($M > 1$)

$$\frac{dA}{dV} > 0$$

즉, 속도가 증가하기 위해서는 단면적도 증가되어야 한다(확대 노즐). 이상과 같이 축소 노즐에서는 아음속 흐름을 음속 이상의 속도로 가속시킬 수 없다. 따라서 초음속을 얻으려면 반드시 축소 - 확대 노즐(라발 노즐)을 통과시켜야 한다.

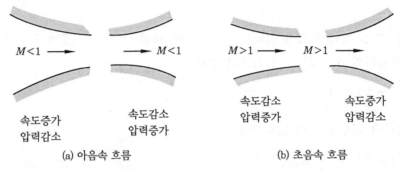

(a) 아음속 흐름   (b) 초음속 흐름

축소 - 확대 노즐에서 아음속과 초음속 흐름

예제 5. 축소 - 확대 노즐에서 목에서의 공기의 유속이 음속이 될 때 정체온도와의 비 $\dfrac{T^*}{T_0}$의 값은?

① 0.528   ② 0.833   ③ 0.634   ④ 0.428

해설 $\dfrac{T^*}{T_0} = \dfrac{2}{k+1} = 0.833\,(k=1.4)$ **정답** ②

---

5. 이상기체의 등엔트로피 유동

5-1 **등엔트로피 유동의 에너지 방정식**

완전기체가 관 속을 고속(음속 부근 또는 음속 이상)으로 흐를 때 마찰이 없고 외부와의 열전달이 없는 흐름, 즉 등엔트로피 유동으로 취급한다. 따라서, 정상 유동의 에너지 방정식은 다음과 같다.

$$h_1 + \frac{V_1^2}{2g} = h_2 + \frac{V_2^2}{2g}$$

$h = C_p T$이므로 다음과 같다.

$$C_p T_1 + \frac{V_1^2}{2g} = C_p T_2 + \frac{V_2^2}{2g} \quad\cdots\cdots\cdots\cdots\cdots\cdots\cdots\cdots\cdots\cdots\cdots\cdots\cdots\cdots\cdots \text{(9-1)}$$

5-2 정체점(stagnation point)

그림에서와 같이 외부와 열의 출입이 없는 단열 용기에 들어 있는 기체가 단면적이 변화하는 관을 통하여 흐른다고 가정하고, 용기 안의 단면적은 매우 크다고 생각하면 유속은 0이다.

식 (9-1)에서

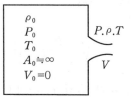

단열 용기

$$C_p T_0 = C_p T + \frac{V^2}{2}$$

$$T_0 = T + \frac{1}{C_p} \frac{V^2}{2}$$

$C_p = \dfrac{k}{k-1} R$을 대입하면

$$\therefore \ T_0 = T + \frac{k-1}{kR} \frac{V^2}{2}$$

여기서, T_0 : 정체 온도(stagnation temperature) 또는 전 온도(total temperature)

T : 정온(static temperature)

$\dfrac{k-1}{kR} \dfrac{V^2}{2g}$: 동온(dynamic temperature)

$M = \dfrac{V}{C}$, $C = \sqrt{kRT}$를 대입시키면 정체 온도비 $\dfrac{T_0}{T}$는 다음과 같다.

$$\frac{T_0}{T} = 1 + \frac{k-1}{2} M^2$$

열역학에서 등엔트로피의 상태 방정식을 적용시키면 다음과 같다.

- 정체 압력비 : $\dfrac{p_0}{p} = \left(1 + \dfrac{k-1}{2} M^2\right)^{\frac{k}{k-1}}$

- 정체 밀도비 : $\dfrac{\rho_0}{\rho} = \left(1 + \dfrac{k-1}{2} M^2\right)^{\frac{1}{k-1}}$

5-2 임계점(critical point)

유체의 속도가 목에서 음속에 도달한 때의 상태를 임계 상태(critical state)라 한다. 에너지 방정식에서 다음과 같은 식을 얻을 수 있다.

$$\frac{V_2^2 - V_1^2}{2} = C_p(T_1 - T_2) = \frac{kR}{k-1}(T_1 - T_2) = \frac{k}{k-1}(p_1 V_1 - p_2 V_2)$$

$$= \frac{k}{k-1} p_1 V_1 \left\{ 1 - \left(\frac{p_2}{p_1}\right)^{\frac{k}{k-1}} \right\}$$

단열된 노즐 내의 유동이라고 하면, 입구 속도가 출구 속도에 비하여 매우 작으므로 입구 속도를 무시하면

$$V_2 = \sqrt{\frac{2k}{k-1} p_1 V_1 \left\{ 1 - \left(\frac{p_2}{p_1}\right)^{\frac{k}{k-1}} \right\}} \ [\mathrm{m/s}]$$

따라서 중량 유량 $G = \gamma A V [\mathrm{kgf/s}]$이므로

$$G = \gamma_2 A_2 V_2 = \gamma_2 A_2 \sqrt{\frac{2k}{k-1} p_1 V_1 \left\{ 1 - \left(\frac{p_2}{p_1}\right)^{\frac{k}{k-1}} \right\}}$$

$$= \gamma_2 A_2 \sqrt{\frac{2k}{k-1} p_1 \left\{ \left(\frac{p_2}{p_1}\right)^{\frac{2}{k}} - \left(\frac{p_2}{p_1}\right)^{\frac{k}{k-1}} \right\}} \ [\mathrm{kgf/s}]$$

① 임계 압력비 : $\left(\dfrac{p_c}{p_1}\right) = \left(\dfrac{2}{k+1}\right)^{\frac{k}{k-1}} = 0.5283$

② 임계 온도비 : $\left(\dfrac{T_c}{T_1}\right) = \dfrac{2}{k+1} = 0.8333$

③ 임계 밀도비 : $\left(\dfrac{\rho_c}{\rho_1}\right) = \left(\dfrac{2}{k+1}\right)^{\frac{1}{k-1}} = 0.6339$

따라서 최대 질량 유량(노즐목에서 음속일 때)은 다음과 같다.

$$M_{\max} = \rho_2 A_2 V_2 = \frac{A_2 p_1}{\sqrt{T_1}} \sqrt{\frac{k}{R} \left(\frac{2}{k+1}\right)^{\frac{k+1}{k-1}}} \ [\mathrm{kg/s}]$$

$k = 1.4$일 때

$$M_{\max} = 0.686 \frac{A_2 P_1}{\sqrt{RT_1}} \ [\mathrm{kg/s}]$$

예제 6. 20℃인 공기 속을 1000 m/s로 나는 비행기의 정체온도는 몇 ℃인가?

① 470 ② 495
③ 520 ④ 623

[해설] $M = \dfrac{V}{C} = \dfrac{V}{\sqrt{kRT}} = \dfrac{1000}{\sqrt{1.4 \times 287 \times 293}} = 2.92$

$\therefore \ T_0 = T\left(1 + \dfrac{k-1}{2}M^2\right) = 293 \times \left[1 + \dfrac{(1.4-1) \times 2.92^2}{2}\right]$

$\qquad = 793 \, \text{K} = 520 \, ℃$

[정답] ③

[예제] **7. 정압비열 $C_p = 0.32 \, \text{kcal/kg} \cdot \text{K}$, 정적비열 $C_v = 0.24 \, \text{kcal/kg} \cdot \text{K}$인 어떤 기체의 임계 압력비는 얼마인가?**

① 0.35

② 0.54

③ 0.58

④ 0.83

[해설] $k = \dfrac{C_p}{C_v} = \dfrac{0.32}{0.24} = 1.33$이므로

$\dfrac{P^*}{P_0} = \left(\dfrac{2}{k+1}\right)^{\frac{k}{k-1}} = \left(\dfrac{2}{1.33+1}\right)^{\frac{1.33}{1.33-1}} = 0.54$

[정답] ②

6. 충격파(shock wave)

초음속 흐름($M>1$)이 갑자기 아음속 흐름($M<1$)으로 변하게 되는 경우, 이 흐름 속에서 매우 얇은 불연속면이 생긴다. 이러한 불연속면을 충격파(shock wave)라 하며, 이 불연속면에서 압력, 온도, 밀도, 엔트로피 등이 급격하게 증가하여 하나의 압축파로 나타난다.

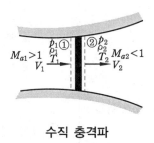

수직 충격파

그림과 같이 흐름에 대하여 수직으로 생기는 충격파를 수직 충격파(normal shock wave)라 하고, 흐름에 대하여 경사진 충격파를 경사 충격파(oblique shock wave)라 한다.

출제 예상 문제

1. 공기 중에서 음파의 전파 과정을 등엔트로피 과정으로 볼 때 음속 C는 어느 것인가?

① $C = \sqrt{kRT}$　　② $C = \sqrt{\dfrac{k}{\rho}}$

③ $C = \sqrt{\dfrac{d\rho}{dp}}$　　④ $C = \sqrt{\dfrac{\rho}{kp}}$

[해설] 등엔트로피 과정에 대하여 $\dfrac{p}{\gamma^k} = C$,

미분을 하면 $\dfrac{dp}{d\gamma} = \dfrac{kp}{\gamma}$

그런데, $C = \sqrt{\dfrac{dp}{d\rho}} = \sqrt{\dfrac{gdp}{d\gamma}} = \sqrt{g\dfrac{kp}{\gamma}}$ 인

관계를 이용하면 $C = \sqrt{\dfrac{kp}{\gamma}}$ 가 된다.

완전기체에 대하여 $p = \gamma RT$가 되므로,

$C = \sqrt{kgRT} \,[\text{m/s}]$

[SI 단위]

완전기체에 대하여 $p = \rho RT$가 되어

$C = \sqrt{kRT} \,[\text{m/s}]$

2. 다음 중 등엔트로피 유동이란?

① 가역 등온유동
② 마찰이 없는 단열유동
③ 가역 무마찰유동
④ 수축 – 확대유동

3. −20℃인 추운 겨울에 대기 중에서의 음파의 전파속도는?

① 340 m/s　　② 319 m/s
③ 400 m/s　　④ 100 m/s

[해설] $C = \sqrt{kgRT}$

$= \sqrt{1.4 \times 9.8 \times 29.27 \times (273-20)}$

$= 319 \text{ m/s}$

[SI 단위]

$C = \sqrt{kRT} = \sqrt{1.4 \times 287 \times (273-20)}$

$= 319 \text{ m/s}$

4. 30℃인 공기 속을 어떤 물체가 960 m/s 로 날 때 마하각은?

① 30°　　② 21.3°
③ 15.6°　　④ 40.2°

[해설] 음속 $C = \sqrt{1.4 \times 287 \times 303}$

$= 349 \text{ m/s}$

마하각 $\mu = \sin^{-1}\dfrac{C}{V} = \sin^{-1}\dfrac{349}{960} = 21.3°$

5. 상온의 물속에서 압력파의 전파속도는 몇 m/s인가? (단, 물의 압축률은 $5.1 \times 10^{-5} \text{ cm}^2/\text{kg}$이다.)

① 1211　　② 1386
③ 1451　　④ 1561

[해설] 압력파의 전파속도는 음속과 같다.

체적탄성계수

$E = \dfrac{1}{\beta} = \dfrac{1}{5.1 \times 10^{-5}} ≒ 1.96 \times 10^4 \text{ kg/cm}^2$

$= 1.96 \times 10^8 \text{ kg/m}^2$

$\therefore \alpha = \sqrt{\dfrac{E}{\rho}} = \sqrt{\dfrac{1.96 \times 10^8}{102}}$

$≒ 1386 \text{ m/s}$

6. 15℃ 사염화탄소의 체적탄성계수가 1.099×10^4 bar이고, 밀도가 1600 kg/m³이다. 사염화탄소에서의 음속 C는 얼마인가?

① 400 m/s　　② 628 m/s
③ 829 m/s　　④ 495 m/s

[정답] **1.** ①　**2.** ②　**3.** ②　**4.** ②　**5.** ②　**6.** ③

[해설] $C = \sqrt{\dfrac{E}{\rho}} = \sqrt{\dfrac{1.099 \times 10^4 \times 10^5}{1600}}$

$\qquad\qquad = 829 \text{ m/s}$

7. 축소-확대 노즐에서 축소 부분의 유속은?

① 아음속만 가능하다.

② 초음속만 가능하다.

③ 아음속과 초음속이 가능하다.

④ 음속과 초음속이 가능하다.

[해설] 축소 부분에서 $\dfrac{dA}{A} < 0$, $M < 1$ 이므로 아음속만 가능하다.

8. 완전기체의 내부에너지는?

① 압력만의 함수이다.

② 온도만의 함수이다.

③ 마찰 때문에 항상 증가한다.

④ 항상 일정하다.

[해설] $du = C_v dT$ 이므로 내부에너지는 온도만의 함수이다 [$u = f(T)$].

9. 어떤 기체에서 충격파 전의 음속이 420 m/s, 속도가 850 m/s이었다. 충격파 뒤의 음속이 550 m/s일 때 충격파 뒤의 속도는 몇 m/s인가? (단, 이 기체의 비열비는 $k = 1.45$이다.)

① 435

② 412

③ 364

④ 319

[해설] $M_1 = \dfrac{V_1}{a_1} = \dfrac{850}{420} \fallingdotseq 2.02$

$M_2^2 = \dfrac{2 + (k-1)M_1^2}{2kM_1^2 - (k-1)}$

$\qquad = \dfrac{2 + (1.45-1) \times 2.02^2}{2 \times 1.45 \times 2.02^2 - (1.45-1)} \fallingdotseq 0.337$

$\therefore M_2 \fallingdotseq 0.58$

$\therefore V_2 = a_2 M_2 = 550 \times 0.58 = 319 \text{ m/s}$

10. 공기유동에 있어서 수직충격파 직전의 마하수가 3.5라고 하면 충격파 후의 마하수는 얼마인가?

① 0.3106

② 0.4511

③ 0.5111

④ 0.6945

[해설] $M_2^2 = \dfrac{2 + (k-1)M_1^2}{2k_1M_1^2 - (k-1)}$

$\qquad = \dfrac{2 + (1.4-1) \times 3.5^2}{2 \times 1.4 \times 3.5^2 - (1.4-1)}$

$\qquad \fallingdotseq 0.2035$

$\therefore M_2 = 0.4511$

11. 단열흐름에서의 축소-확대 노즐에서 수직충격파가 발생되었을 때 그 전후에 대하여 다음 어느 것을 만족시키는가?

① 연속방정식, 에너지방정식, 상태방정식, 등엔트로피 관계

② 에너지방정식, 모멘텀방정식, 상태방정식, 등엔트로피 관계

③ 연속방정식, 에너지방정식, 모멘텀방정식, 상태방정식

④ 상태방정식, 등엔트로피 관계, 모멘텀방정식, 질량보존의 법칙

[해설] 충격파 전후에 대하여 적용시킬 수 있는 방정식은 연속방정식, 에너지방정식, 모멘텀방정식, 상태방정식 등이다.

12. 다음 중 완전기체란?

① 포화상태에 있는 포화증기를 말한다.

② 완전기체의 상태방정식을 만족시키는 기체이다.

③ 체적탄성계수가 언제나 일정한 기체이다.

④ 높은 압력하의 기체를 말한다.

13. 완전기체의 엔탈피는?

정답 7. ① 8. ② 9. ④ 10. ② 11. ③ 12. ② 13. ③

① 마찰로 인해서 언제나 증가한다.

② 압력만의 함수이다.

③ 온도만의 함수이다.

④ 내부에너지 감소로 증가된다.

14. 음파의 속도가 아닌 것은?

① $\sqrt{kgRT}$ ② $\sqrt{\dfrac{k}{\rho}}$

③ $\sqrt{\dfrac{dp}{d}\rho}$ ④ $\sqrt{\dfrac{kp}{\rho}}$

[해설] $\sqrt{\dfrac{k}{\rho}}$ 에서 k는 무차원의 값이다. 따라서 ρ의 차원만으로는 속도의 차원이 될 수 없다.

15. 아음속 흐름의 축소-확대 노즐 중 축소되는 부분에서 증가하는 것은?

① 압력 ② 온도

③ 밀도 ④ 마하수

[해설] 아음속 흐름의 축소-확대 노즐 중 축소 부분에서는 마하수와 속도가 증가하고 압력, 온도 밀도는 감소하며, 확대 부분에서는 반대이다.

16. 축소-확대 노즐의 목에서 유속은?

① 초음속을 얻을 수 있다.

② 언제나 아음속이다.

③ 초음속 및 아음속이다.

④ 음속 및 아음속이다.

[해설] 축소-확대 노즐 목(throat)에서의 유속은 음속 및 아음속이 가능하다.

17. 초음속 흐름의 축소-확대 노즐 중 축소되는 부분에서 감소하는 것은?

① 압력 ② 온도

③ 밀도 ④ 속도

[해설] 초음속 흐름의 축소-확대 노즐 중 축소 부분에서는 압력, 온도, 밀도는 증가하고, 속도, 마하수는 감소한다. 또 확대부분에서는 반대이다.

18. 다음 중 평면 충격파는?

① 가역과정이다.

② 수축관에서 일어날 수 있다.

③ 마찰이 없다.

④ 등엔트로피 변화이다.

19. 수직충격파와 유사한 것은?

① 정지한 액체에 생기는 기본파

② 수력도약

③ $F<1$인 개수로 유동

④ 팽창 노즐에서 액체 유동

[해설] 속도와 깊이가 급격히 변화하면서 초임계($F>1$)에서 아임계($F<1$)로 변하는 수력도약은 수직충격파와 비슷하다.

20. 다음 중 내용이 잘못된 것은?

① 충격파는 초음속 흐름에서 갑자기 아음속 흐름으로 변할 때 발생한다.

② 수직충격파가 발생하면 압력, 온도, 밀도가 상승한다.

③ 수직충격파는 등엔트로피 과정이다.

④ 충격파가 발생하면 압력, 온도, 밀도 등이 불연속적으로 변한다.

[해설] 수직충격파가 발생하면 엔트로피도 갑자기 증가하므로 비가역 과정이다.

정답 14. ② 15. ④ 16. ④ 17. ④ 18. ③ 19. ② 20. ③

제10장 유체의 계측

1. 유체 성질의 측정

1-1 비중량(밀도)의 측정

(1) 용기(비중병 : pycnometer)를 이용하는 방법

용기의 질량을 m_1, 용기에 액체를 채운 후의 질량을 m_2, 용기의 체적을 V라고 할 때 온도 $t(℃)$의 액체의 밀도 ρ_t는 다음과 같다.

$$\rho_t = \frac{m_2 - m_1}{V}\,[\text{kg/m}^3] \ \ \text{또는} \ \ \gamma_t = \frac{W_2 - W_1}{V}\,[\text{N/m}^3]$$

(2) 추를 이용하는 방법(Archimedes의 원리)

공기 중에서의 질량을 m_1, 액체 속에 추를 담근 후의 질량을 m_2, 추의 체적을 V라고 할 때 온도 $t(℃)$의 액체의 밀도 ρ_t는 다음과 같다.

$$\rho_t = \frac{m_1 - m_2}{V}\,[\text{kg/m}^3]$$

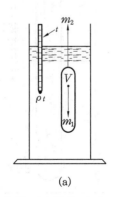
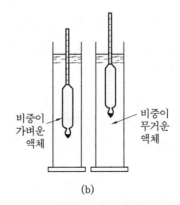
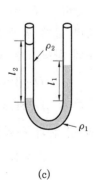

(a) (b) (c)

비중량(밀도)의 측정

(3) 비중계(hydrometer)를 이용하는 방법

액체의 밀도나 비중량을 측정하는 가장 보편적인 방법으로 사용되며, 그림 (b)와 같은 추를 가진 관을 서로 다른 밀도를 가진 액체 속에서 그 평형 위치가 다른 사실을 이용하여 액면과 일치하는 점의 눈금을 읽어 측정한다(그림 (b)).

(4) U자관을 이용하는 방법

측정하고자 하는 액체와 밀도(또는 비중량)를 알고 있는 혼합되지 않은 액체를 그림과 같이 U자관 속에 넣어 액주의 길이 l_1과 l_2를 측정하면 액주계의 원리에 따라 다음과 같이 된다(그림 (c)).

$$\gamma_1 l_1 = \gamma_2 l_2, \quad \rho_1 l_1 = \rho_2 l_2, \quad \rho_1 = \frac{l_2}{l_1}\rho_2$$

예제 1. 비중병에 액체를 채웠을 때의 무게가 500 N이었다. 비중병의 무게가 2.5 N이라면 이 액체의 비중은 얼마인가?(단, 비중병 속에 있는 액체의 체적은 50 L이다.)

① 1.02   ② 1.2

③ 1.5   ④ 2.1

해설 $\gamma = \dfrac{W_2 - W_1}{V} = \dfrac{500 - 2.5}{0.05} = 9950\,\text{N/m}^3$

$\therefore S = \dfrac{\gamma}{\gamma_w} = \dfrac{9950}{9800} = 1.02$ 정답 ①

1-2 점성계수의 측정

(1) 낙구에 의한 방법(낙구식 점도계)

층류 조건($Re < 1$ 또는 0.6)에서 스토크스의 법칙에 따라 유체 속에 일정한 속도 v로 운동하는 지름 d인 구의 항력 D는 다음과 같다.

$$D = 3\pi\mu vd$$

구가 일정한 속도를 얻은 뒤에는 무게 W, 부력 F_B의 힘 등과 평형을 이루므로

$$D - W - F_B = 0$$

$$\therefore 3\pi\mu vd - \frac{\pi}{6}d^3\gamma_s - \frac{\pi}{6}d^3\gamma_1$$

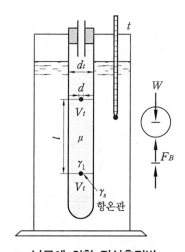

낙구에 의한 점성측정법

$$\therefore \ \mu = \frac{d^2(\gamma_s - \gamma_1)}{18v} [\mathrm{Pa \cdot s}]$$

여기서, γ_s : 구의 비중량, γ_1 : 액체의 비중량

(2) 오스트발트(Ostwald)법

그림에서 A눈금까지 액체를 채운 다음 이 액체를 B눈금까지 밀어 올린 다음에 이 액체가 C눈금까지 내려오는 데 필요한 시간으로 측정하는 방법이다.

기준 액체를 물로 하여 그 점도를 μ_w, 비중을 S_w, 소요 시간을 t_w, 또 측정하려는 액체의 것을 각각 μ, S, t라 하면 다음과 같다. t_w와 t를 측정하여 다음 식에서 μ를 계산한다.

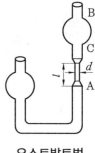

오스트발트법

$$\mu = \mu \frac{St}{S_w t_w}$$

(3) 세이볼트(Saybolt)법

그림에서 측정기의 아래 구멍을 막은 다음 액체를 A점까지 채우고, 막은 구멍을 다시 열어서 B점까지 채워지는 데 걸리는 시간으로 측정한다. 배출관을 통하여 B용기에 60 cc가 채워질 때까지의 시간을 측정하여 다음 식으로 계산한다.

$$\nu = 0.0022t - \frac{1.8}{t} [\mathrm{St}]$$

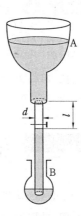

세이볼트법

(4) 뉴턴의 점성 계측법(회전식 점도계)

두 동심 원통 사이에 측정하려는 액체를 채우고 외부 원통이 일정한 속도로 회전하면 내부 원통은 점성 작용에 의하여 회전하게 되는데 내부 원통 상부에 달려 있는 스프링의 복원력과 점성력이 평형이 될 때 내부 원통이 정지하는 원리를 이용한 점도계이다.

$$T = \frac{\mu\pi^2 n r_1^4}{60a} + \frac{\mu\pi^2 r_1^2 r_2 hn}{15b}$$
$$= \frac{\mu\pi^2 n r_1^2}{15}\left(\frac{r_1^2}{4a} + \frac{r_2 h}{b}\right)$$
$$= \mu K n$$
$$= k\theta$$

$$\therefore \ \mu = \frac{k\theta}{Kn}$$

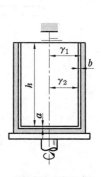

회전식 점도계

예제 2. 하겐-푸아죄유의 법칙을 이용한 점도계는?

① 낙구식 점도계　　　　　　　　　② 세이볼트 점도계

③ 맥미첼 점도계　　　　　　　　　④ 회전식 점도계

해설 세이볼트(Saybolt) 점도계는 일정량의 액체가 일정한 지름의 모세관을 통과하는 시간을 측정하여 하겐-푸아죄유의 법칙을 이용함으로써 동점성계수 계산하는 것이다.

$$\nu = 0.0022t - \frac{1.8}{t} \, [\text{cm}^2/\text{s(stokes)}]$$

정답 ②

---

2. 압력의 측정

2-1　피에조미터의 구멍을 이용하는 방법

구멍의 단면은 충분히 좁고, 매끈해야 하며, 관 표면에 수직이어야 한다. 또 그 길이는 적어도 지름의 2배가 되어야 하고 이때 정압의 크기는 액주계의 높이로 측정된다.

2-2　정압관을 이용하는 방법

정압관을 유체 속에 직접 넣어서 마노미터의 높이 Δh로부터 측정한다. 이때 정압관은 유선의 방향과 일치해야 한다.

$$\Delta h = C \frac{v^2}{2g}$$

여기서, C : 보정계수

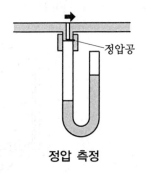

정압 측정

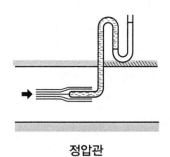

정압관

3. 유속의 측정

3-1　피토관(pitot tube)

그림과 같이 직각으로 굽은 관으로 선단에 구멍이 뚫어져 있어서 유속을 측정한다. 피토관이 유속이 v_0인 유체 속에 있을 때 점 ①과 ② 사이에 베르누이 방정식을 적용시키면

$$\frac{v_0^2}{2g} + \frac{p_0}{\gamma} = \frac{p_s}{\gamma} + \frac{v_s^2}{\gamma} \ (v_s = 0 \ ; \ \text{정체점})$$

$$\therefore \ p_s = \gamma \frac{v_0^2}{2g} + p_0$$

여기서, $p_0 = \gamma h_0$, $p_s = \gamma h_0 + \Delta h$이므로

$$\therefore \ \Delta h = \frac{v_0^2}{2g} \ [\text{m}]$$

$$\therefore \ v_0 = \sqrt{2g\Delta h} = \sqrt{\frac{2g(p_s - p_0)}{\gamma}} = \sqrt{\frac{2(p_s - p_0)}{\rho}} \ [\text{m/s}]$$

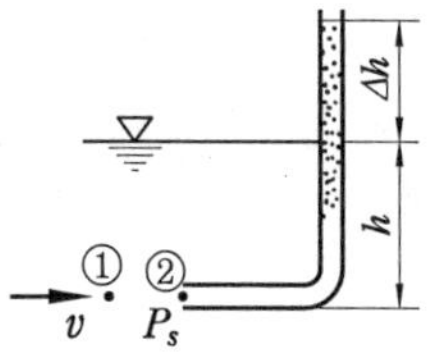

피토관에 의한 측정

3-2　시차 액주계

그림과 같이 피에조미터와 피토관을 시차 액주계의 양단에 각각 연결하여 유속을 측정한다. 점 ①과 ②에 베르누이 방정식을 적용시키면 다음과 같다.

$$\frac{v_1^2}{2g} + \frac{p_1}{\gamma} = \frac{p_2}{\gamma} \ (v_2 = 0 \ : \ \text{정체점})$$

시차 액주계에서 $p_A = p_B$이므로

$$p_1 + SK + S_0 R$$

$$= p_2 + (K + R)S$$

$$\therefore \ v_1 = \sqrt{2gR\left(\frac{S_0}{S} - 1\right)} \ [\text{m/s}]$$

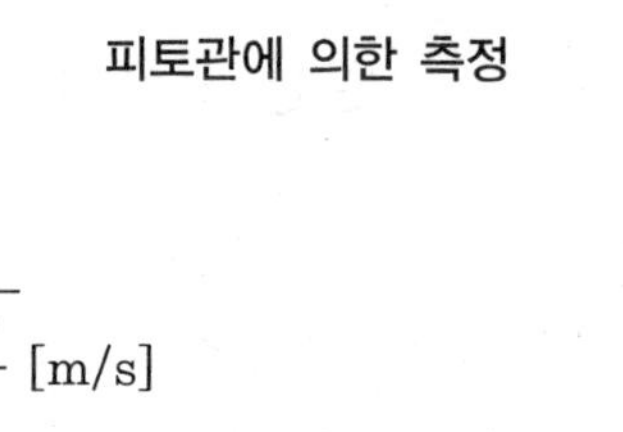

유속의 측정

3-3 피토-정압관

그림과 같이 피토관과 정압관을 하나의 기구로 조합하여 유속을 측정한다.

$$\frac{p_s - p_0}{\gamma} = H\left(\frac{S_0}{S} - 1\right)$$

$$\therefore v_0 = \sqrt{2gH\left(\frac{S_0}{S} - 1\right)} \, [\text{m/s}]$$

그러나 실제의 경우 피토-정압관의 설치로 인하여 교란이 야기되므로 보정계수 C를 도입한다.

$$\therefore v_0 = C\sqrt{2gH\left(\frac{S_0}{S} - 1\right)} \, [\text{m/s}]$$

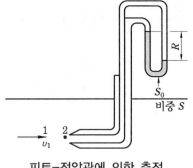

피토-정압관에 의한 측정

3-4 열선 풍속계(hot wire anemometer)

금속선에 전류가 흐를 때 일어나는 선의 온도와 전기 저항과의 관계를 이용하여 유속을 측정하는 것으로 현재는 기체의 유동 측정에 사용되고 있다.

전기적으로 가열된 백금선을 흐름에 직각으로 놓으면 기체의 유동 속도가 클수록 냉각이 잘 되어 이 백금선의 온도가 내려간다. 이 온도 변화에 따라 전기 저항이 달라지므로 전류의 변화가 초래된다. 이때 전류와 풍속의 관계를 미리 검토하여 놓았다가 전류의 눈금에서 풍속을 구하는 것이다.

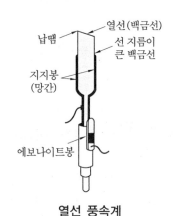

열선 풍속계

(1) 정전류형

열선에 흐르는 전류의 크기를 일정하게 유지하고, 전기 저항의 변화로 유속을 측정하는 방법의 풍속계이다.

(2) 정온도형

열선의 온도를 일정하게 유지하기 위하여 전류를 변화시켜서 전류의 변화로 유속을 측정하는 방법의 풍속계이다. 정전류형에 비하여 측정의 정확도가 좋고 기구의 조작도 간편하며, 특히 난류의 측정에 장점을 가지고 있다.

(3) 열필름 풍속계(hot film anemometer)

열선은 너무 가늘어(0.01 mm 이하) 약하므로 밀도가 크고, 부유물이 많은 유동에 사용한다.

예제 3. 유속계수가 0.97인 피토관에서 정압수두가 5 m, 정체 압력수두가 7 m이었다. 이때 유속은 얼마인가?

① 6.1 m/s
② 7.5 m/s
③ 8.4 m/s
④ 9.4 m/s

해설 $V = C_v \sqrt{2g\Delta h} = 0.97 \times \sqrt{2 \times 9.8 \times (7-5)} \approx 6.1 \, \text{m/s}$ **정답** ①

예제 4. 지름이 7.5 cm인 노즐이 지름 15 cm 관의 끝에 부착되어 있다. 이 관에는 비중량이 1.17 kg/m³인 공기가 흐르고 있는데, 마노미터의 읽음이 7 mmAq였다면 이 관에서의 유량은 얼마인가? (단, 노즐의 속도계수는 0.97이다.)

① 0.033 m³/s
② 0.048 m³/s
③ 0.058 m³/s
④ 0.079 m³/s

해설 $C = \dfrac{C_v}{\sqrt{1 - \left(\dfrac{d_2}{d_1}\right)^4}} = \dfrac{0.97}{\sqrt{1 - \left(\dfrac{7.5}{15}\right)^4}} = 1.002$

$\therefore \ Q' = CA_2 \sqrt{2gH'\left(\dfrac{S_0}{S_1} - 1\right)}$

$\quad\quad = 1.002 \times \dfrac{\pi}{4}(0.075)^2 \sqrt{2 \times 9.8 \times 0.007\left(\dfrac{1}{0.00117} - 1\right)} = 0.048 \, \text{m}^3/\text{s}$ **정답** ②

예제 5. 섀도 그래프 방법은 다음 중 어느 것을 측정하는 데 사용되는가?

① 기체 흐름에 대한 속도의 변화
② 기체 흐름에 대한 온도의 변화
③ 기체 흐름에 대한 밀도기울기의 변화
④ 기체 흐름에 대한 압력의 변화

해설 섀도 그래프 방법은 한 점으로부터의 광원을 오목렌즈를 이용하여 평행하게 만들고 밀도가 다른 경로를 빛이 지나갈 때 굴절되는 현상을 이용하는 것으로 주로 밀도의 변화를 보여 주게 된다.   **정답** ③

4. 유량의 측정

4-1 ## 벤투리미터(venturimeter)

유량 측정 장치 중에서 비교적 정확한 계측기로 그림에서와 같이 단면에 축소부가 있어 두 단면에서의 압력차로서 유량을 측정할 수 있도록 되어 있다. 그리고 확대부는 손실을 최소화하기 위하여 5~7°로 만든다.

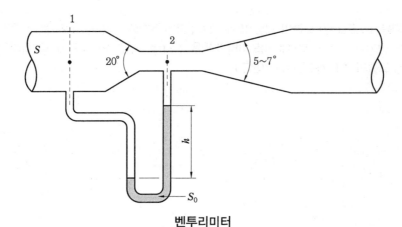

벤투리미터

$$V_2 = \frac{1}{\sqrt{1-\left(\frac{A_2}{A_1}\right)^2}} \sqrt{\frac{2g}{\gamma}(p_1-p_2)} = \frac{1}{\sqrt{1-\left(\frac{D_2}{D_1}\right)^4}} \sqrt{2g\left(\frac{\gamma_0}{\gamma}-1\right)h}$$

따라서 유량은 다음과 같다.

$$Q = C_v \frac{A_2}{\sqrt{1-\left(\frac{D_2}{D_1}\right)^4}} \sqrt{2gh\left(\frac{\gamma_0}{\gamma}-1\right)}$$

$$= C_v \frac{A_2}{\sqrt{1-\left(\frac{D_2}{D_1}\right)^4}} \sqrt{2gh\left(\frac{S_0}{S}-1\right)}$$

$$= CA_2 V_2$$

여기서, C_v : 속도계수, C : 유량계수

4-2 노즐(nozzle)

벤투리미터에서 수두 손실을 감소시키기 위하여 부착된 확대 원추를 가지지 않은 것으로, 축소부가 없으므로 축소계수는 1이다.

$$V_2 = \frac{1}{\sqrt{1 - \left(\frac{A_2}{A_1}\right)^2}} \sqrt{\frac{2g}{\gamma}(p_1 - p_2)} \;\; [\text{m/s}]$$

$$Q = C_v \frac{A_2}{\sqrt{1 - \left(\frac{D_1}{D_2}\right)^4}} \sqrt{2gh\left(\frac{\gamma_0}{\gamma} - 1\right)} \; [\text{m}^3/\text{s}]$$

4-3 오리피스(orifice)

오리피스는 플랜지 사이에 끼워 넣은 얇은 평판에 구멍이 뚫려 있는 것으로, 판의 상하류의 압력 측정용 구멍에 시차 액주계와 압력계가 부착된다.

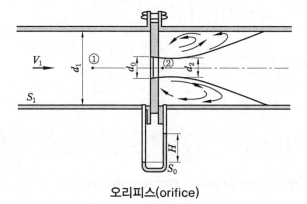

오리피스(orifice)

점 ①과 ②에 대하여 베르누이 방정식을 적용시키면

$$\frac{p_1}{\gamma} + \frac{v_1^2}{2g} = \frac{p_2}{\gamma} - \frac{v_2^2}{2g}$$

$C_c = \dfrac{A_2}{A_0}$ 이므로 연속방정식에서

$$V_1 \frac{\pi d_1^2}{4} = V_2 C_c \frac{\pi v_2^2}{4}$$

위의 두 식에서

$$\frac{V_1^2}{2g}\left[1 - C_c^2\left(\frac{d_0}{d_1}\right)^4\right] = \frac{p_1 - p_2}{\gamma}$$

$$\therefore \; V_2 = \frac{1}{\sqrt{1 - C_c^2\left(\dfrac{d_0}{d_1}\right)^4}} \sqrt{\frac{2g}{\gamma}(p_1 - p_2)}$$

실제 유체의 속도는

$$\therefore \; V_2' = C_v V_2 = C_v \frac{1}{\sqrt{1 - C_c^2\left(\dfrac{d_0}{d_1}\right)^4}} \sqrt{\frac{2g}{\gamma}(p_1 - p_2)} \; [\text{m/s}]$$

실제 유량은 다음과 같다.

$$\therefore \; Q' = C_d A_0 \frac{1}{\sqrt{1 - C_c^2\left(\dfrac{d_0}{d_1}\right)^4}} \sqrt{\frac{2g}{\gamma}(p_1 - p_2)}$$

$$C_d = C_v C_c$$

$$\therefore \; Q' = C_d A_0 \frac{1}{\sqrt{1 - C_c^2\left(\dfrac{d_0}{d_1}\right)^4}} \sqrt{2gH\left(\frac{S_0}{S_1} - 1\right)}$$

$$= C A_0 \sqrt{\frac{2\Delta p}{\rho}} = C A_0 \sqrt{2gH\left(\frac{S_0}{S} - 1\right)} \; [\text{m}^3/\text{s}]$$

4-4　위어(weir)

(1) 예봉 전폭 위어(sharp-crested rectangular weir)

위어 판의 끝이 칼날과 같이 예리하고, 수로의 전폭을 하나도 줄이지 않은 형태를 갖는 위어이다.

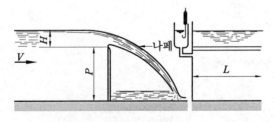

예봉 전폭 위어

- 이론 유량 : $Q = \dfrac{2}{3}\sqrt{2g}\, LH^{\frac{3}{2}}$

- 실제 유량 : $Q_a = KLH^{\frac{3}{2}}\,[\mathrm{m^3/min}]$

(2) 사각 위어(sharp-edged rectangular weir)

위어가 수로폭 전면에 걸쳐 만들어져 있지 않고, 폭의 일부에만 걸쳐져 있는 위어이다.

- 실제 유량 : $Q_a = KLH^{\frac{3}{2}}$

(3) V노치 위어 (삼각 위어)

꼭지각이 ϕ인 역삼각형 모양이고, 꼭지각을 사이에 둔 양 끝을 예리하게 한 위어이다.

- 이론 유량 : $Q = \dfrac{8}{15}C\tan\dfrac{\phi}{2}\sqrt{2g}\, H^{\frac{5}{2}}\,[\mathrm{m^3/min}]$

- 실제 유량 : $Q_a = KH^{\frac{5}{2}}$

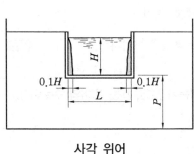

사각 위어

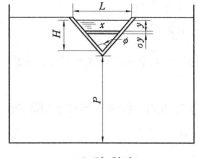

V노치 위어

(4) 광봉 위어

광봉 위어는 위어 봉이 비교적 넓게 수평으로 연장되어 있어, 그 위에 흐르는 물의 압력은 정수압력이 작용한다고 가정할 수 있는 수력 구조물이다. 일반적으로 광봉 위어가 위어로서의 역할을 하려면 $0.08 < \dfrac{수심}{수로폭} < 0.50$의 범위에 있어야 한다.

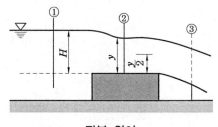

광봉 위어

(5) 사다리꼴 위어

$$Q = C \int_0^b b\sqrt{2gz}\,dz = \frac{2}{15}C\sqrt{(2b_0 + 3b_u)}\,h^{\frac{3}{2}}\,[\text{m}^3/\text{min}]$$

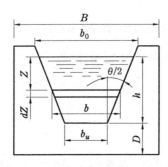

사다리꼴 위어

예제 6. 다음 위어(weir) 중에서 중간 유량 측정에 적합한 것은?

① 삼각 위어　　　　　　　　　② 사각 위어

③ 광봉 위어　　　　　　　　　④ 예봉 위어

해설 삼각 위어는 소유량 측정, 광봉 위어는 대유량 측정에 적합하다.　　　정답 ②

예제 7. 삼각 위어에서 유량은 다음 어느 값에 비례하는가? (단, H는 위어의 수두이다.)

① H^2　　　　　　　　　　　② H^3

③ $H^{\frac{3}{2}}$　　　　　　　　　　④ $H^{\frac{5}{2}}$

해설 삼각 위어(V-노치 위어)에서의 유량은 다음과 같다.

$$Q' = KH^{\frac{5}{2}}\,[\text{m}^3/\text{min}]$$　　　　정답 ④

출제 예상 문제

1. 지름이 1.27 cm, 비중이 7.8인 강구가 비중이 0.90인 기름 속에서 6 cm/s의 등속도로 낙하되고 있다. 기름 탱크가 대단히 클 경우 기름의 점성계수는?

① 15.97 N · s/m²

② 22.15 N · s/m²

③ 10.094 N · s/m²

④ 23.13 N · s/m²

해설 스토크스의 법칙에 따른다고 가정할 때 [SI 단위]

$$\mu = \frac{d^2(\gamma_s - \gamma_l)}{18\,V} = \frac{(0.0127)^2(7.8 - 0.9)9800}{18 \times 0.06}$$

$$= 10.094\,\text{N} \cdot \text{s/m}^2(\text{Pa} \cdot \text{s})$$

2. 지름 5 mm, 비중 11.5인 추가 동점성계수 0.0025 m²/s, 비중 1.21인 액체 속으로 등속낙하하고 있을 때 이 추의 낙하속도는 몇 m/s인가?

① 0.031

② 0.037

③ 0.046

④ 0.049

해설 $\mu = \rho\nu = \dfrac{\gamma}{g}\nu = \dfrac{1.21 \times 9800 \times 0.0025}{9.8}$

$$= 3.025\,\text{Pa} \cdot \text{s}$$

$$V = d^2\left(\frac{\gamma_s - \gamma_l}{18\mu}\right)$$

$$= \frac{0.005^2 \times (11.5 - 1.21) \times 9800}{18 \times 3.025}$$

$$= 0.046\,\text{m/s}$$

3. 지름이 75 mm이고 수정계수 C가 0.96인 노즐이 지름 200 mm인 관에 부착되어 물이 분출되고 있다. 이 200 mm 관의 수두가 8.4 m일 때 노즐 출구에서의 유속은 얼마인가?

① 42.6 m/s

② 4.26 m/s

③ 12.3 m/s

④ 10.8 m/s

해설 노즐 출구에서의 유속

$$V = C\sqrt{2gh} = 0.96\sqrt{2 \times 9.8 \times 84}$$

$$= 12.3\,\text{m/s}$$

4. 물 속에 피토관을 삽입하여 압력을 측정했더니, 전압력이 10 mAq, 정압이 5 mAq이었다. 이 위치에 있어서 유속은 몇 m/s인가?

① 14   ② 17.1   ③ 5.2   ④ 9.9

해설 $\dfrac{p_s}{\gamma} = \dfrac{p}{\gamma} + \dfrac{V^2}{2g}$에서 $\dfrac{p_s}{\gamma} = 10\,\text{m}$,

$\dfrac{p}{\gamma} = 5\,\text{m}$이므로 $\dfrac{V^2}{2g} = 5\,\text{m}$

$$\therefore V = 9.9\,\text{m/s}$$

5. 200×100 cm의 벤투리미터에 30℃의 물을 송출시키고 있다. 이 벤투리미터에 설치된 시차 마노미터의 읽음이 70 mmHg일 때 유량은 얼마인가? (단, 유량계수는 0.98이다.)

① 5.6 m³/s

② 6.6 m³/s

③ 3.3 m³/s

④ 2.5 m³/s

해설 $Q = CA_2\sqrt{\dfrac{2gH'\left(\dfrac{S_0}{S_1} - 1\right)}{1 - \left(\dfrac{d_2}{d_1}\right)^4}}$

$$= 0.98 \times \frac{\pi}{4}(1)^2\sqrt{\frac{2 \times 9.8 \times 0.07 \times \left(\dfrac{13.6}{1} - 1\right)}{1 - \left(\dfrac{1}{2}\right)^2}}$$

$$= 3.3\,\text{m}^3/\text{s}$$

6. U자관의 양쪽에 기름과 물을 넣었더니 $h_1 = 10$ cm, $h_2 = 8$ cm였다. 기름의 비중량은 몇 N/m³인가?

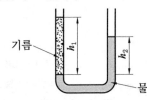

기름 —— h_1 h_2 —— 물

① 7840　　　　② 8500
③ 9320　　　　④ 9750

해설 $\gamma_1 h_1 = \gamma_2 h_2$에서

$$\gamma_1 = \gamma_2 \frac{h_2}{h_1} = 9800 \times \frac{8}{10} = 7840\,\mathrm{N/m^3}$$

7. 지름 60 mm인 오리피스로부터 분출되는 분류의 수축부 지름이 50 mm일 경우의 수축계수는?

① 0.58　　　　② 0.69
③ 0.75　　　　④ 0.82

해설 $C_c = \dfrac{A_c}{A_0} = \left(\dfrac{50}{60}\right)^2 \fallingdotseq 0.69$

8. 어떤 기름의 높이는 40 mm이고, 수은의 높이는 2.5 mm로 평형을 이루고 있는 U자관에서 이 기름의 밀도는 얼마인가?

① 217.6 kg/m³　　② 850 kg/m³
③ 1360 kg/m³　　④ 1000 kg/m³

해설 $\rho_{oil} = \rho_{Hg} \times \dfrac{h_{Hg}}{h_{oil}} = 13.6 \times 1000 \times \dfrac{2.5}{40}$

$$= 850\,\mathrm{kg/m^3}$$

9. 풍동에서 유속을 측정하기 위하여 피토관을 사용하였다. 이때 비중이 0.8인 알코올이 10 cm 상승하였다. 압력이 1.013 kg/cm² · abs (0.993 bar · abs)이고, 온도가 20℃일 때 풍동에서의 공기의 속도는 얼마인가?

① 36.5 m/s　　　② 29.4 m/s
③ 28.5 m/s　　　④ 25.6 m/s

해설 $\gamma_{air} = \dfrac{p}{RT} = \dfrac{1.013 \times 10^4}{29.27 \times (273+20)}$

$$= 1.181\,\mathrm{kg/m^3}$$

$$S_{air} = \frac{1.181}{1000} = 0.00181$$

$$V = \sqrt{2gR'\left(\frac{S_0}{S} - 1\right)}$$

$$= \sqrt{2 \times 9.8 \times 0.1 \times \left(\frac{0.8}{0.00181} - 1\right)}$$

$$= 29.4\,\mathrm{m/s}$$

[SI 단위]

$$\rho = \frac{p}{RT} = \frac{0.993 \times 10^5}{287 \times (273+20)} = 1.181\,\mathrm{kg/m^3}$$

$$S_{air} = \frac{1.181}{1000} = 0.00181$$

$$\therefore V = 29.4\,\mathrm{m/s}$$

10. 폭이 0.9 m인 수로에 삼각 위어를 설치하여 유량을 측정하려고 한다. 노치를 넘는 높이가 150 cm였다면 유량은 얼마인가? (단, C는 0.587이다.)

① 0.02 m³/s　　　② 0.045 m³/s
③ 0.052 m³/s　　　④ 0.065 m³/s

해설 $\tan\dfrac{\phi}{2} = \dfrac{L}{2H} = \dfrac{0.9}{2 \times 1.5} = 0.3$

$$Q = \frac{8}{15} C \tan\frac{\phi}{2} \sqrt{2g}\, H^{\frac{5}{2}}\ \mathrm{[m^3/min]}$$

$$= \frac{8}{15} \times 0.587 \times 0.3 \times \sqrt{2 \times 9.8} \times 1.5^{\frac{5}{2}}$$

$$\fallingdotseq 1.15\,\mathrm{m^3/min} = 0.02\,\mathrm{m^3/s}$$

11. 물이 들어 있는 탱크에 수면으로부터 20 m 깊이에 지름 5 cm의 오리피스가 있다. 이 오리피스의 속도계수가 0.95라 할 때 1분간에 흘러 나오는 유량은 몇 m³/min인가? (단, 탱크의 수면은 항상 일정하다.)

① 1.12　　　　② 2.22

③ 3.32 ④ 4.42

[해설] 유속(V)

$$= C_v \sqrt{2gh} = 0.95 \sqrt{2 \times 9.8 \times 20}$$

$$= 18.8 \, \text{m/s}$$

$$\therefore Q = AV = \frac{\pi (0.05)^2}{4} \times 18.8 = 0.037 \, \text{m}^3/\text{s}$$

$$= 2.22 \, \text{m}^3/\text{min}$$

12. 그림과 같이 설치한 피토-정압관에서 $R = 2$ cm일 때 유속은 몇 m/s인가? (단, 속도계수는 1.12이다.)

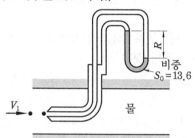

① 0.98 ② 1.34

③ 1.93 ④ 2.49

[해설] $V_1 = C_v \sqrt{2gR\left(\dfrac{S_0}{S} - 1\right)}$

$$= 1.12 \times \sqrt{2 \times 9.8 \times 0.02 \times \left(\dfrac{13.6}{1} - 1\right)}$$

$$\fallingdotseq 2.49 \, \text{m/s}$$

13. 지름이 7.5 cm인 노즐이 지름 15 cm 관의 끝에 부착되어 있다. 이 관에는 비중량이 1.17 kg/m³ (11.466 N/m³)인 공기가 흐르고 있다. 마노미터의 읽음이 7 mmAq일 때 이 관에서의 유량은 얼마인가? (단, 이 노즐의 수정계수는 0.97이다.)

① 0.0479 m³/s ② 0.0653 m³/s

③ 0.035 m³/s ④ 0.056 m³/s

[해설] $C = \dfrac{C_v}{\sqrt{1 - \left(\dfrac{d_2}{d_1}\right)^4}} = \dfrac{0.97}{\sqrt{1 - \left(\dfrac{7.5}{15}\right)^4}}$

$$= 1.0018$$

$$\therefore Q' = CA_2 \sqrt{2gR'\left(\dfrac{S_0}{S_1} - 1\right)}$$

$$= 1.0018 \times \frac{\pi}{4}(0.075)^2 \times$$

$$\sqrt{2 \times 9.8 \times 0.007 \times \left(\dfrac{1}{0.0017} - 1\right)}$$

$$= 0.0479 \, \text{m}^3/\text{s}$$

14. 다음 중 간섭계의 방법은?

① 광파의 운동에 있어서 입상변화에 관계된다.

② 칼날 끝(knife-edge)을 사용하여 광선의 일부를 차단시킨다.

③ 2개의 광원을 이용한다.

④ 단일광원으로부터 3개의 광선으로 분리시킨다.

[해설] 간섭계는 2개의 반사경, 2개의 반투과경을 이용하여 한 개의 광원으로부터의 단색광을 이용하여 유동장에서의 밀도의 변화에 따르는 프린지(fringe)를 나타나게 하여 밀도의 변화를 측정한다. 여기에서 프린지는 빛의 입상변화에 관계된다.

15. 지름이 큰 U자관에 수은과 어떤 액체를 넣었더니 수은과 그 액체의 면이 각각 5 cm, 50 cm이었다. 이 액체의 비중은?

① 1.04 ② 1.36

③ 1.53 ④ 1.81

[해설] $9800S \times 0.5 = 13.6 \times 9800 \times 0.05$

$$\therefore S = \frac{13.6 \times 0.05}{0.5} = 1.36$$

16. 어떤 추의 무게가 대기 중에서는 400 g, 어떤 액체 속에서는 300 g, 추의 체적이 130 cm³이면 이 액체의 비중은?

① 0.769 ② 0.981

③ 1.043 ④ 1.123

해설 $0.3\,\text{kg} = 0.4\,\text{kg} - 1.3 \times 10^{-4} \times \gamma$

$$\gamma = \frac{0.4 - 0.3}{1.3 \times 10^{-4}} \fallingdotseq 769\,\text{kg/m}^3$$

$$\therefore\ S = \frac{\gamma}{\gamma_w} = \frac{769}{1000} = 0.769$$

17. 물이 들어 있는 U자관 속에 기름을 넣었더니 기름 25 cm와 물 18 cm의 액주가 평형을 이루었다면 이 기름의 비중은 얼마인가?

① 0.52   ② 0.82

③ 1.2   ④ 0.72

해설 $S_0 = S_w \times \dfrac{h_w}{h_0} = 1 \times \dfrac{18}{25} = 0.72$

18. 무게가 20 g인 용기 속에 20 cc의 액체를 채운 후의 무게는 40 g이었다. 이 액체의 비중은?

① 0.7   ② 0.9

③ 1.0   ④ 1.2

해설 $\gamma = \dfrac{W_2 - W_1}{V} = \dfrac{40 - 20}{20} = 1\,\text{g/cc}$

$\quad\ = 1000\,\text{kg/m}^3$

$$\therefore\ S = \frac{\gamma}{\gamma_w} = \frac{1000}{1000} = 1$$

19. 0.5 kg의 비중병이 있다. 황산 100 cm³를 비중병에 넣고 달았더니 0.625 kg을 가리켰다. 황산의 밀도는 몇 kg·s²/m⁴인가?

① 122.45   ② 127.55

③ 153.06   ④ 204.08

해설 황산의 비중량

$\gamma = \dfrac{W_2 - W_1}{V} = \dfrac{0.625 - 0.5}{100 \times 10^{-6}} = 1250\,\text{kg/m}^3$

$$\therefore\ \rho = \frac{\gamma}{g} = \frac{1250}{9.8} = 127.55\,\text{kg·s}^2/\text{m}^4$$

20. 다음 점도계 중 뉴턴의 점성법칙을 이

용한 것은?

① 낙구식 점도계

② 오스트발트 점도계

③ 세이볼트 점도계

④ 스토머 점도계

해설 (1) 스토크스 법칙을 이용한 점도계 : 낙구식 점도계

(2) 하겐-푸아죄유의 법칙을 이용한 점도계 : 오스트발트 점도계, 세이볼트 점도계

(3) 뉴턴의 점성법칙을 이용한 점도계 : 맥미첼 점도계, 스토머 점도계

21. 다음 계측기에서 점성계수를 측정하는 것이 아닌 것은?

① 세이볼트   ② 오스트발트

③ 스토머   ④ 하이드로미터

해설 하이드로미터는 부력에 의한 평형으로 액체의 밀도를 계측하는 기구이다.

22. 다음 점도계 중에서 스토크스 법칙을 이용한 것은?

① 세이볼트 점도계

② 낙구식 점도계

③ 스토머 점도계

④ 오스트발트 점도계

해설 문제 20번 해설 참조

23. 지름이 15 mm, 비중이 7.8인 강구가 비중이 0.8인 기름 속에서 5 m/s로 낙하하였다면 이 기름의 점성계수는 몇 Pa·s인가?

① 0.172 Pa·s   ② 0.088 Pa·s

③ 0.167 Pa·s   ④ 41.17 Pa·s

해설 $\mu = \dfrac{d^2(\gamma_s - \gamma)}{18\,V}$

$\quad = \dfrac{(0.015)^2 \times (7.8 - 0.8) \times 9800}{18 \times 5}$

$\quad = 0.172\,\text{N·s/m}^2(\text{Pa·s})$

정답   17. ④   18. ③   19. ②   20. ④   21. ④   22. ②   23. ①

24. 다음 계측기에서 속도를 측정하는 것이 아닌 것은?

① 피토 정압관   ② 벤투리관
③ 웨스트펄밸런스   ④ 피토관

해설 벤투리관은 유량을 측정하는 계기이다.

25. 피토관을 흐르는 물속에 넣었을 때 물 위로 높이가 120 mm였다면 이 물의 속도는 얼마인가?

① 0.53 m/s   ② 1.53 m/s
③ 2.35 m/s   ④ 4.85 m/s

해설 $V = \sqrt{2g\Delta h} = \sqrt{2 \times 9.8 \times 0.12}$
$= 1.53 \,\text{m/s}$

26. 다음 그림과 같은 벤투리관에 물이 흐르고 있다. 단면 1과 단면 2의 단면적비가 2이고, 압력 수두차가 Δh일 때 단면 2에서의 속도는 얼마인가? (단, 모든 손실은 무시한다.)

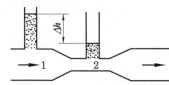

① $\dfrac{\sqrt{g\Delta h}}{3}$ ② $\dfrac{\sqrt{g\Delta h}}{2}$

③ $2\sqrt{\dfrac{2g\Delta h}{3}}$ ④ $\sqrt{g\Delta h}$

해설 손실이 없는 벤투리관에서 $C_v = 1$이므로

$$V_2 = \frac{Q}{A_2} = \frac{1}{\sqrt{1 - \left(\dfrac{A_2}{A_1}\right)^2}} \sqrt{2g\left(\frac{p_1 - p_2}{\gamma}\right)}$$

여기서, $\dfrac{A_2}{A_1} = \dfrac{1}{2}$, $\dfrac{p_1 - p_2}{\gamma} = \Delta h$이므로

$$V_2 = \frac{1}{\sqrt{1 - \left(\dfrac{1}{2}\right)^2}} \sqrt{2g\Delta h}$$

$$= 2\sqrt{\frac{2g\Delta h}{3}} \,[\text{m/s}]$$

27. 다음 계측기에서 유량을 측정하는 것이 아닌 것은?

① 오리피스   ② 위어
③ 노즐   ④ 피에조미터

해설 피에조미터는 압력을 측정할 수 있는 액주계로서 유리관을 용기 또는 관에 연결시켜 액체의 상승 높이를 측정하여 대기와의 차로 압력을 나타낸다.

28. 물속에 피토관을 설치하였더니 전압이 12 mAq, 정압이 6 mAq이었다. 이때 유속은 몇 m/s인가?

① 8.5   ② 9.6
③ 10.8   ④ 11.4

해설 $\dfrac{p_t}{\gamma} = \dfrac{p_s}{\gamma} + \dfrac{V^2}{2g}$

$\dfrac{V^2}{2g} = \dfrac{p_t}{\gamma} - \dfrac{p_s}{\gamma} = 12 - 6 = 6 \,\text{mAq}$

$\therefore V = \sqrt{2 \times 9.8 \times 6} \fallingdotseq 10.8 \,\text{m/s}$

29. 다음 그림과 같이 피토-정압관을 설치하였을 때 속도수두 $\dfrac{V^2}{2g}$는?

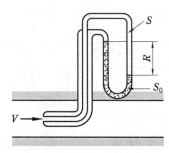

① R ② $SS_0 R$

③ $R\left(\dfrac{S_0}{S} - 1\right)$ ④ $R\left(\dfrac{S_0}{S}\right)$

정답 24. ② 25. ② 26. ③ 27. ④ 28. ③ 29. ③

[해설] 유속 $V = \sqrt{2gR\left(\dfrac{S_0}{S} - 1\right)}$

$\therefore$ 속도수두 $\dfrac{V^2}{2g} = R\left(\dfrac{S_0}{S} - 1\right)$

30. 지름이 15 cm인 관에 질소가 흐르고 있다. 피토 정압관에 의한 마노미터는 4 cmHg의 시차를 나타낼 때 질소의 온도가 27℃이면 중심선에서의 유속은 얼마인가? (단, 20℃의 질소의 비중량 γ = 1.1421 kg/m³이다.)

① 105.62 m/s   ② 96.62 m/s

③ 85.62 m/s   ④ 76.52 m/s

[해설]

따라서 $S = 0.0011421$

$\therefore V = \sqrt{2gR'\left(\dfrac{S_0}{S} - 1\right)}$

$= \sqrt{2 \times 9.8 \times 0.04 \times \left(\dfrac{13.6}{0.0011421} - 1\right)}$

$= 96.62\,\text{m/s}$

31. 그림에서 관내에 공기가 흐르고 있을 때 $p = 1.013\text{kg}/\text{cm} \cdot \text{abs}(0.993\,\text{bar} \cdot \text{abs})$, $t = 20℃$, $R' = 2.8\,\text{cmAq}$이면 공기의 속도는 얼마인가?

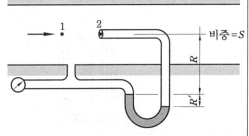

① 27.5 m/s   ② 19.5 m/s

③ 17.40 m/s   ④ 15.6 m/s

[해설] $\gamma_{air} = \dfrac{p}{RT} = \dfrac{1.013 \times 10^4}{29.27(273 + 20)}$

$= 1.181\,\text{kg/m}^3$

$V = \sqrt{2gR'\left(\dfrac{S_0}{S} - 1\right)}$

$= \sqrt{2 \times 9.8 \times 0.028\left(\dfrac{1}{0.001181} - 1\right)}$

$= 17.40\,\text{m/s}$

[SI 단위]

$\rho_{air} = \dfrac{p}{RT} = \dfrac{0.993 \times 10^5}{287 \times (273 + 20)}$

$= 1.181\,\text{kg/m}^3$

$V = 17.40\,\text{m/s}$

32. 수면 밑 2.5 m인 곳에 오리피스를 통하여 매분 1000 L의 물을 유출시키려면 필요한 지름은 얼마인가? (단, 유량계수는 C_d = 0.6이다.)

① 5 mm   ② 23 mm

③ 125 mm   ④ 300 mm

[해설] $Q = C_d A \sqrt{2gH}$

$A = \dfrac{Q}{C_d \sqrt{2gH}} = \dfrac{\dfrac{1}{60}}{0.6 \sqrt{2 \times 9.8 \times 2.5}}$

$d = \left(\dfrac{1}{\dfrac{\pi}{4} \times 0.6 \times 60 \times 7}\right)^{\frac{1}{2}} = 0.005\,\text{m} = 5\,\text{mm}$

33. 지름이 75 mm이고 속도계수 C_v가 0.96인 노즐이 지름 400 mm 관에 부착되어 물이 분출되고 있다. 이 400 mm 관의 수두가 6 m일 때 노즐 출구에서의 유속은?

① 10.84 m/s   ② 10.41 m/s

③ 10.62 m/s   ④ 10.20 m/s

[해설] $V = C_v \sqrt{2gh}$ 에서

$V = 0.96 \times \sqrt{2 \times 9.8 \times 6} = 10.41\,\text{m/s}$

34. 수두 0.5 m에서 물을 매분 1.2 m³로 유출시키는 데 필요한 구멍의 지름은 얼

마인가？(단, 유량계수는 0.6이다.)

① 110 mm   ② 112 mm

③ 114 mm   ④ 116 mm

해설 $Q = C_d A \sqrt{2gH}$ 에서

$$A = \frac{Q}{C_d \sqrt{2gH}}$$

$$d^2 = \frac{\frac{1.2}{60}}{0.6 \times 0.785 \times \sqrt{2 \times 9.8 \times 0.5}}$$

$$\therefore d = \sqrt{\frac{1.2}{60 \times 0.6 \times 0.785 \times 3.13}}$$

$$= 0.116\,\mathrm{m} = 116\,\mathrm{mm}$$

35. 열선 풍속계는 무엇을 측정하는 데 사용되는가？

① 유동하고 있는 기체 흐름에 있어서의 기체의 압력

② 유동하고 있는 액체 흐름에 대한 액체의 압력

③ 유동하고 있는 기체의 속도

④ 유동하고 있는 기체에 대하여 정체점 온도

해설 열선 풍속계는 백금선(센서)을 기체 흐름 속에 노출시킴으로써 그 냉각효과를 이용하여 유속의 변화를 측정한다.

36. 유속계수가 0.97인 피토관에서 정압 수두가 5 m, 정체 압력수두가 7 m이었다. 이때 유속은 얼마인가？

① 5.4 m/s   ② 6.1 m/s

③ 7.8 m/s   ④ 8.5 m/s

해설 $V = C_v \cdot \sqrt{2g\Delta h}$

$$= 0.97 \times \sqrt{2 \times 9.8 \times (7-5)}$$

$$\fallingdotseq 6.1\,\mathrm{m/s}$$

37. 다음 중 개수로의 유량 측정에 이용되

는 것은？

① 위어   ② 벤투리미터

③ 오리피스   ④ 피토관

해설 위어(weir)는 개수로의 유량 측정용 계기다.

38. 수두가 1.5 m이고 지름이 8 cm인 수조 오리피스에서 물이 유출될 때 $C_c = 0.95$, $C_v = 0.64$였다면 유량($\mathrm{m^3/s}$)은 얼마인가？ (단, 수위는 일정하게 유지된다.)

① 0.0125   ② 0.0166

③ 0.0275   ④ 0.0485

해설 $Q = C_v C_c A \sqrt{2gH}$

$$= 0.95 \times 0.64 \times \frac{\pi}{4} \times (0.08)^2$$

$$\times \sqrt{2 \times 9.8 \times 1.5} = 0.0166\,\mathrm{m^3/s}$$

39. 다음 그림과 같이 설치한 피토 – 정압 관에서 $R' = 1$ cm일 때 유속은 몇 m/s인 가？(단, 속도계수 $C_v = 1.120$이다.)

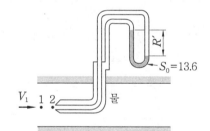

① 0.32   ② 1.27

③ 1.76   ④ 4.32

해설 $V_1 = C_v \sqrt{2gR'\left(\dfrac{S_0}{S} - 1\right)}$

$$= 1.12 \sqrt{2 \times 9.8 \times 0.01 \times \left(\frac{13.6}{1} - 1\right)}$$

$$= 1.76\,\mathrm{m/s}$$

40. 다음 그림에서 유속 V는 몇 m/s인가？

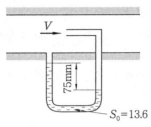

① 4.3   ② 2.2

③ 7.8   ④ 3.7

[해설] $V = \sqrt{2gH\left(\dfrac{S_0}{S}-1\right)}$

$\qquad = \sqrt{2\times9.8\times0.075\times\left(\dfrac{13.6}{1}-1\right)}$

$\qquad = 4.3\,\text{m/s}$

41. 풍동에서 유속을 측정하기 위하여 피토관을 설치하였더니 액주계의 읽음이 8 cmAq이었다. 절대 압력이 $1.02\,\text{kg/cm}^2$이고, 온도가 25℃인 공기의 유속은 몇 m/s인가?

① 36.6   ② 29.4

③ 21.3   ④ 18.8

[해설] $\gamma_{air} = \dfrac{p}{RT} = \dfrac{1.02\times10^4}{29.27\times(273+25)}$

$\qquad = 1.169\,\text{kg/m}^3$

$S_{air} = \dfrac{\gamma_{air}}{\gamma_w} = \dfrac{1.169}{1000} = 1.169\times10^{-3}$

$V = \sqrt{2gH\left(\dfrac{S_0}{S}-1\right)}$

$\quad = \sqrt{2\times9.8\times0.08\left(\dfrac{1}{1.169\times10^{-3}}-1\right)}$

$\quad \fallingdotseq 36.6\,\text{m/s}$

42. 유동하는 기체의 속도를 측정할 수 있는 것은?

① 열선 풍속계(hot-wire anemometer)

② 섀도 그래프(shadow graph)

③ 간섭계(interferometer)

④ 슐리렌 방법(Schlieren method)

[해설] 열선 풍속계는 가는 금속선(대개 백금선)을 가열하여 기체 유동 속에 놓으면 기체의 유동 속도에 따라 금속선의 온도가 변화하고, 따라서 금속선의 전기 저항이 변화하는 것을 이용해서 기체 속도를 측정한다. 섀도 그래프, 간섭계, 슐리렌 방법은 빛을 이용해서 밀도 변화를 측정한다.

43. 슐리렌 방법은 다음 중 무엇을 측정하는 데 사용되는가?

① 기체 흐름에 대한 정압 변화

② 기체 흐름에 대한 압력 변화

③ 기체 흐름에 대한 밀도 변화

④ 기체 흐름에 대한 속도 변화

[해설] 슐리렌 방법은 한 개의 광원과 2개의 오목렌즈 및 나이프에지를 이용하여 유동장에서 밀도의 변화를 측정한다.

44. 위어판의 높이가 70 cm, 폭이 2 m인 사각 위어의 수두가 40 cm일 때 유량은 몇 m^3/s인가? (단, 유량계수는 115.50이다.)

① 0.85   ② 0.97

③ 1.31   ④ 1.79

[해설] $Q = kbH^{\frac{3}{2}} = 115.5\times2\times0.4^{\frac{3}{2}}$

$\qquad \fallingdotseq 58.44\,\text{m}^3/\text{min} = 0.97\,\text{m}^3/\text{s}$

PART 04

기계재료 및 유압기기

제1장 기계재료

1. 기계재료의 개요

1-1 금속과 합금의 특징

(1) 금속의 특징

금속(metal)은 고체 상태에서 원자의 결정 방법에 따라 금속 결합, 이온 결합, 공유 결합, 분자 결합 등 집합체의 결정으로 되어 있다.

① 상온에서 고체(solid)이며 결정체이다. 단, 수은(Hg)은 예외
② 금속 결합인 결정체로 되어 있어 소성 가공이 용이하다(가공과 변형이 쉽다).
③ 열과 전기의 양도체이므로 전자기 부품에 활용된다.
④ 전성과 연성이 커서 가공이 용이하다(용융점이 높다).
⑤ 비중이 크고 금속적 광택을 가지며 비교적 강도가 크므로 기계 부품에 널리 사용 가능하다(철강은 용접 가능).

(2) 합금(alloy)의 특징

순수한 단일 금속을 제외한 모든 금속을 합금(alloy)이라 하며 2원 합금, 3원 합금, 4원 합금, 다원 합금으로 분류한다.

　㈜ 철합금 : 탄소강, 특수강, 주철 등
　　구리합금 : 황동, 청동, 특수청동 등
① 전성과 연성이 작다.
② 열전도율, 전기전도율이 낮다.
③ 용융점이 낮다.
④ 강도, 경도, 담금질 효과가 크다.
⑤ 내열성, 내산성, 주조성이 좋다.

예제 **1. 일반적인 금속의 공통적 특성을 설명한 것으로 틀린 것은?**

① 상온에서 고체이며 결정체이다(단, 수은 제외).

② 비중이 작고 광택을 갖는다.

③ 열과 전기의 양도체이다.

④ 소성변형성이 있어 가공하기 쉽다.

해설 일반적인 금속의 공통적 성질은 비중(S)이 크고 아름다운 광택면을 갖는다. 정답 ②

1-2 금속재료의 성질

(1) 물리적 성질

① 비중(specific gravity) = 상대 밀도

  (개) 경금속(light metal) : 비중이 5 이하인 것

    예 Li(0.53), Mg(1.74), Al(2.74), Na(0.97), Mo(1.22), Ti(4.5)

  (내) 중금속(heavy metal) : 비중이 5 이상인 것

    예 Fe(7.87), Cu(8.96), Mn(7.43), Pb(11.36), Pt(21.45), W(19.3), Zn(7.13), Sn(7.29), Ag(10.49)

② 용융점(녹는점) : 고체에서 액체로 변하는 온도 예 W(3410℃), Hg(-38.8℃), Sb(631℃), Bi(271℃), Sn(232℃), Al(660℃), Zn(420℃), As(816℃)

③ 비열(specific of heat) : 물의 비열(C) = 4.186 kJ/kg · K

④ 열팽창계수 : 일정한 압력 아래서 물체의 열팽창의 온도에 대한 비율

⑤ 열전도율(열전도계수) : 물체 속을 열이 전도하는 정도를 나타낸 수치(W/m · K)

⑥ 전기전도율 : 물질 내에서 전류가 잘 흐르는 정도를 나타내는 양

⑦ 자성 : 자석에 끌리는 성질(물질이 가지는 자기적 성질)

  (개) 강자성체 : 강하게 잡아당기는 성질(Fe, Co, Ni)

  (내) 상자성체 : 약하게 잡아당기는 성질

  (대) 반자성체 : 같은 극이 생겨 반발하는 물질

⑧ 잠열(latent of heat) : 융해열, 기화열(증발열), 승화열, 액화열(응축열) 등

예제 **2. 다음 중 전기전도도가 좋은 순서로 나열된 것은?**

① Cu > Al > Ag   ② Al > Cu > Ag

③ Fe > Ag > Al   ④ Ag > Cu > Al

해설 전기전도도가 좋은 순서 : Ag > Cu > Au > Al > Mg > Zn > Ni > Fe > Pb > Sb   정답 ④

예제 3. 다음 금속 중 비중이 가장 큰 금속은?

① Li ② Ir

③ Al ④ Fe

해설 Li(0.53), Ir(22.5), Al(2.74), Fe(7.87) 정답 ②

예제 4. 다음 중 중금속이 아닌 것은?

① Fe ② Ni

③ Cr ④ Mg

해설 Fe(7.87), Ni(8.9), Cr(7.19), Mg(1.74) 정답 ④

(2) 기계적 성질(mechanical property)

① **강도(strength)** : 외력에 대한 저항력

② **경도(hardness)** : 재료의 단단한 정도

③ **인성(toughness)** : 질긴 성질(내충격성)

④ **연성(ductility)** : 가느다란 선으로 늘어나는 성질

⑤ **취성(brittleness)** : 잘 부서지고 깨지는 성질(= 메짐성, 여림성)

⑥ **전성(malleability)** : 얇은 판으로 넓게 펼 수 있는 성질

⑦ **피로(fatigue)** : 재료의 파괴력보다 적은 힘으로 오랜 시간 반복 작용하면 파괴되는 현상

⑧ **크리프(creep)** : 금속을 고온에서 오랜 시간 외력을 가하면 시간의 경과에 따라 서서히 변형이 증가하는 현상

⑨ **연신율(신장률)** : 재료에 하중을 가할 때 원래의 길이에 대한 늘어난 길이의 비를 백분율(%)로 나타낸 값

⑩ **항복점** : 탄성한도 이상에서 외력을 가하지 않아도 재료가 급격히 늘어나기 시작할 때의 응력

⑪ 비탄성률$\left(= \dfrac{\text{탄성계수}}{\text{비중}} \right)$, 비강도$\left(= \dfrac{\text{강도}}{\text{비중}} \right)$

(3) 화학적 성질(chemical property)

내식성, 연소열(가연성), 폭발성, 화학적 안전성

(4) 제작상 성질

주조성, 가단성, 가소성, 용접성, 절삭성

1-3 **금속의 결정 구조 및 변태**

(1) 금속의 결정 구조

① **체심입방격자(BCC)** : 강도, 경도가 크다. 융융점이 높다. 연성, 전성이 떨어진다.
  ⑩ V, Ta, W, Rb, K, Li, Mo, α-Fe, δ-Fe, Cs, Cr, Ba, Na
② **면심입방격자(FCC)** : 강도, 경도가 작다. 연성, 전성이 좋다(가공성 우수).
  ⑩ Ag, Cu, Au, Al, Ni, Pb, Pt, γ-Fe, Pd, Rh, Sr, Ge, Ca
③ **조밀육방격자(HCP)** : 연성, 전성이 나쁘다. 취성이 있다.
  ⑩ Mg, Zn, Ce, Zr, Ti, La, Y, Ru, Gd, Co

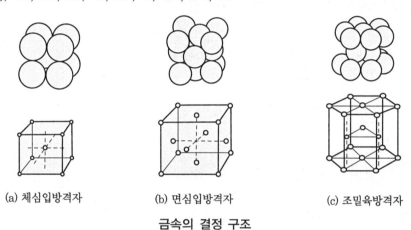

(a) 체심입방격자   (b) 면심입방격자   (c) 조밀육방격자

금속의 결정 구조

예제 **5. 상온에서 체심입방격자들로만 이루어진 금속은?**

① W, Ni, Au, Mg   ② Cr, Zn, Bi, Cu

③ Fe, Cr, Mo, W   ④ Mo, Cu, Ag, Pb

해설 체심입방격자 : Fe(δ철, γ철), Cr, Mo, W   **정답** ③

(2) 금속의 변태

① **동소변태** : 고체 내에서 온도 변화에 따라 결정격자(원자 배열)가 변하는 현상
  ㉮ 순철의 동소변태 : A_3 변태(912℃), A_4 변태(1400℃)

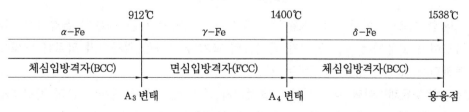

912℃	1400℃	1538℃
α-Fe	γ-Fe	δ-Fe
체심입방격자(BCC)	면심입방격자(FCC)	체심입방격자(BCC)
A_3 변태	A_4 변태	융융점

순철의 변태

(나) 동소변태가 일어나는 금속 : Fe, Co, Ti, Sn, *Zr, Ce

② **자기변태** : 결정격자(원자 배열)는 변하지 않고 자기의 크기만 변하는 현상

③ **변태점 측정법** : 열분석법, 시차열분석법, 비열법, 전기저항법, 열팽창법, 자기분석법, X선 분석법

[참고] **퀴리점(Curie point)**

Fe(768℃), Ni(358℃), Co(1150℃)와 같은 강자성체를 가열하면 일정 온도에서 자성을 잃어 상자성체로 변화하는데, 이때의 온도를 퀴리점(Curie point)이라 한다.

[예제] **6. 순철(pure iron)에 없는 변태는 어느 것인가?**

① A₁   ② A₂   ③ A₃   ④ A₄

[해설] ① A₁(723℃) : 공석점(순철에는 없고, 강에만 있는 변태)
② A₂(768℃) : 자기변태점(퀴리점)
③ A₃(912℃) : 동소변태
④ A₄(1400℃) : 동소변태   [정답] ①

1-4 합금의 조직

(1) 고용체

2가지 이상의 물질이 혼합하여 완전히 균일한 고체가 되는 것

고체 A+고체 B ⇌ 고체 C(기계적인 방법으로는 분리할 수 없는 상태)

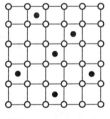
(a) 침입형 고용체

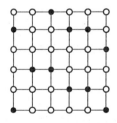
(b) 치환형 고용체

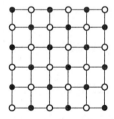
(c) 규칙 격자형 고용체

고용체의 결정격자

① **치환형 고용체** : 어떤 금속 성분의 결정격자의 원자가 다른 성분의 결정격자 원자와 바뀌어져 고용되는 것, 즉 원자 반지름의 크기가 유사한 원자끼리 적절한 배열을 형성하면서 새로운 상을 형성하는 것

② **침입형 고용체** : 어떤 금속 성분의 결정격자 중의 원자 중에 다른 성분의 결정격자 원자가 침입되어 고용되는 것, 즉 원자 반지름의 크기가 다른 경우 형성

③ **규칙 격자형 고용체** : 성분 금속의 원자에 규칙적으로 치환되어 고용되는 것

> **참고** 치환 합금과 틈새 합금
>
> 치환 합금은 용질 원자가 용매 원자의 자리를 대신 차지하며, 용질-용매 성분의 원자 반지름, 화학적 성질이 비슷하다. 예 금(Au)+은(Ag)
>
> 틈새 합금은 용질 원자가 용매 원자들 사이의 틈새 위치에 들어가며, 용질은 용매보다 원자 반지름이 훨씬 작다. 예 철(Fe)+탄소(C)

(2) 금속간 화합물

친화력이 큰 두 가지 이상의 금속 원소가 간단한 정수비로 결합해서 새로운 성질을 가진 화합물(Fe_3C 등)

(3) 합금되는 금속의 반응

① **공정 반응** : 2가지 성분 금속이 용융되어 있는 상태에서는 하나의 액체로 존재하나 응고 시 두 종류의 금속이 일정한 비율로 동시에 정출되는 반응(공정점 : 1130℃)

$$\text{액체} \rightleftarrows \gamma \text{철} + Fe_3C \qquad\qquad \text{액체} \rightleftarrows \text{고체 A} + \text{고체 B}$$

② **공석 반응** : 하나의 고용체로부터 두 종류의 고체가 일정한 비율로 변태하는 반응(공석점 : 723℃)

$$\gamma \text{철} \rightleftarrows \alpha \text{철} + Fe_3C \qquad\qquad \text{고체 A} \rightleftarrows \text{고체 B} + \text{고체 C}$$

③ **포정 반응** : 냉각 중에 고체와 액체가 다른 조성의 고체로 변하는 것(포정점 : 1495℃)

$$\delta \text{철} \rightleftarrows \gamma \text{철} + \text{액체} \qquad\qquad \text{고체 A} \rightleftarrows \text{고체 B} + \text{액체}$$

④ **편정 반응** : 냉각 중인 액체가 처음의 액체와는 다른 조성의 액체와 고체로 변하는 것

$$\text{고체} + \text{액체 A} \rightleftarrows \text{액체 B}$$

1-5 **금속 재료의 소성 변형**

(1) 소성 변형의 원리

① **슬립(slip, 미끄럼)** : 인장, 압축에 의한 결정의 미끄럼 현상, 전위의 움직임에 따른 소성 변형 과정으로 결정면의 연속성을 파괴한다.

② **쌍정(twin)** : 변형 전과 변형 후 일정한 각도만큼 회전하여 어떤 면을 경계로 하여 대칭이 되는 상태

③ **전위(dislocation)** : 불완전하거나 결함이 있을 때 외력이 작용하면 불완전한 곳이나 결함이 있는 곳에서부터 이동이 생기는 현상, 전위의 움직임을 방해할수록 재료는 강

도와 경도가 증가한다.

⑩ 칼날전위, 나사전위, 혼합전위(각종 전위가 혼합된 것)

(2) 재결정

재결정은 냉간 가공한 재료를 가열하면 내부 응력이 제거되어 회복(recovery)되며, 새로운 결정핵이 생기고, 이것이 성장하여 전체가 새로운 결정으로 변하는 것이다. 회복은 금속의 재결정온도 이하에서 일어난다.

① 재결정온도 : 1시간 안에 95 % 이상의 재결정이 생기도록 가열하는 온도(소성 변형된 금속이 가열되면서 재결정화가 되기 시작할 때의 온도)

※ 재결정온도는 대략 $0.3 \sim 0.5 \, T_m$ 범위(단, T_m : 금속의 용융온도)

② 특징

(개) 재결정은 금속의 연성을 증가, 강도를 저하시킨다.

(내) 가공도가 큰 재료는 재결정온도가 낮고(가공하기 쉽다), 가공도가 작은 재료는 재결정온도가 높다(가공하기 어렵다).

(대) 순철 및 저탄소강의 재결정온도는 각기 400℃와 550℃ 근처이며, 합금 원소의 첨가에 따라 재결정온도는 상승하므로 재결정이 일어나게 된다.

금속의 재결정온도

금속 원소	재결정온도(℃)	금속 원소	재결정온도(℃)
금(Au)	200	알루미늄(Al)	150
은(Ag)	200	아연(Zn)	15~50
구리(Cu)	200~300	주석(Sn)	0
철(Fe)	350~450	납(Pb)	−3
니켈(Ni)	500~650	백금(Pt)	450
텅스텐(W)	1200	마그네슘(Mg)	150

(3) 냉간 가공과 열간 가공

냉간 가공과 열간 가공의 기준이 되는 온도는 재결정온도이며, 냉간 가공은 재결정온도 이하에서, 열간 가공은 재결정온도 이상에서 가공한다.

① 냉간 가공의 특징

(개) 가공면이 아름답다(치수정밀도가 높다).

(내) 기계적 성질이 개선된다.

(대) 가공방향으로 섬유조직이 되어 방향에 따라 강도가 달라진다.

(래) 인장강도, 항복점, 탄성한계, 경도가 증가한다.

(매) 연신율(신장률), 단면수축률, 인성 등은 감소한다.

② 소재에서 일어나는 변화(냉간 가공 시)

   ⑦ 전위의 집적으로 인한 가공 경화

   ㈏ 결정립의 변형으로 인한 단류선(grain flow line) 형성

   ㈐ 불균질한 응력을 받음으로 인해 잔류응력의 발생

③ 열간 가공의 특징

   ⑦ 작은 동력으로 커다란 변형을 줄 수 있다.

   ㈏ 재질의 균일화가 이루어진다.

   ㈐ 가공도($= \dfrac{A'}{A_o} \times 100\,\%$)가 크므로 거친 가공에 적합하다.

   ㈑ 가열 때문에 산화되기 쉬워 정밀 가공은 곤란하다.

   ㈒ 대량생산이 가능하다.

   ㈓ 기계적 성질인 연신율, 단면수축률, 충격값 등은 개선되나 섬유조직 및 방향성과 같은 가공 성질이 나타난다.

예제 7. 금속을 소성가공할 때 냉간 가공과 열간 가공을 구분하는 온도는?

  ① 담금질온도   ② 변태온도

  ③ 재결정온도   ④ 단조온도

정답 ③

(4) 가공 경화(work hardening)

① 재결정온도 이하에서 가공(= 냉간 가공)하면 할수록 단단해지는 현상

② 강도, 경도는 증가하고 연신율, 단면수축률, 인성 등은 감소한다.

(5) 시효경화와 인공시효

① **시효경화(age hardening)**: 가공 경화한 직후부터 시간의 경과와 함께 기계적 성질이 변화하나 나중에는 일정한 값을 나타내는 현상

   ⑩ 담금질한 후 오래 방치하거나 적당히 뜨임하면 경도가 증가하는 현상(시효경화를 일으키기 쉬운 재료 : 황동, 강철, 두랄루민)

   ※ 시효경화(seasoning) : 주물의 주조 내부 응력을 제거하기 위해 오래도록 방치하는 조작

② **인공시효(artificial aging)** : 인공적으로 시효경화를 촉진시키는 것

(6) 상률(phase rule)

물질이 여러 가지 상으로 되어 있을 때 상들 사이의 열적 평형 관계를 표시하는 것으로 깁스(Gibbs)의 일반 계의 상률은 다음과 같다.

$$F = C - P + 2$$

여기서, F : 자유도, C : 성분의 수, P : 상의 수

금속 재료는 대기압하에서 취급하므로 기압에는 관계가 없다고 생각하여 1을 감해준다 (-1).

$$F = C - P + 1$$

[예제] 8. 다성분계에서 평형을 이루고 있는 상의 수와 자유도 수 간의 관계는 깁스(gibbs)의 상률로 나타낸다. 성분 수를 C, 상의 수를 P, 자유도의 수를 F라 하면 상률의 일반식은？

① $C + P = F$ ② $P + F = C + 2$

③ $F = C - P + 3$ ④ $P + C = F + 2$

[해설] 상률(phase rule) : 2개 이상의 상이 존재할 때, 이것을 불균일계라 하며 이것들이 안정한 상태에 있을 때 서로 다른 상들이 평형 상태에 있다고 한다. 이 평형을 지배하는 법칙을 상률이라 한다. 깁스의 일반 계의 상률은 일반 물질인 경우 $F = C + 2 - P$, 금속인 경우 $F = C + 1 - P$이다. [정답] ②

2. 철강 재료

2-1 철강 재료의 분류와 제조법

(1) 철강 재료의 분류

① 탄소 함유량에 따른 분류

(개) 순철 : 0.025 %C 이하(전기 재료)

(내) 강(탄소강) : 0.025~2.11 %C(기계구조용 재료)

(대) 주철 : 2.11~6.68 %(주물 재료)

② 제조 방법에 따른 분류 : 가단철, 선철(백선철, 회선철), 주철(백주철, 회주철)

(2) 철강의 제조법

① 제선법 : 용광로에서 선철(pig iron)을 제조하는 방법

(개) 선철(pig iron) : 용광로에 철광석, 코크스, 석회석, 형석을 교대로 장입한 후 약 1600 ℃ 정도의 고온, 고압의 공기를 불어 넣으면 선철이 간접 환원 반응에 의해 환원된다.

(내) 선철의 분류

• 회선철 : 탄소가 흑연(유리탄소)으로 존재, 회색, 연하다.

• 백선철 : 탄소가 화합탄소(Fe_3C 탄화철)로 존재, 백색, 단단하다(경도가 크고 취성

이 있다.).

㈐ 용광로 : 선철 용해-크기 : 24시간 동안 생산된 선철의 무게(ton/24h)

> **참고** 노(furnace)의 종류
> - 큐폴라(용선로) : 주철 용해-크기 : 1시간에 용해할 수 있는 쇳물의 무게(ton/h)
> - 도가니로 : 합금강 용해-1회에 용해할 수 있는 구리(Cu)의 중량을 번호로 표시
>   예 구리 50 kg 용해 : 50번 도가니로

---

② **제강법** : 선철에 포함된 C, Si, P, S 등의 불순물을 제거하고 정련시키는 것

  ㈎ 노내의 내화물에 따라 산성과 염기성으로 구분

  ㈏ 종류 : 전로, 평로(= 반사로), 전기로

③ **강괴(steel ingot)** : 평로, 전로, 전기로 등에서 정련이 끝난 용강에 탈산제를 넣어 탈산시킨 다음 주형에 주입하고 그 안에서 응고시켜 제조한 금속 덩어리

> **참고** 강괴(steel ingot)의 탈산 정도에 따른 분류
> ① 림드강(rimmed steel)
> - 탈산제 : 페로망간(망간철 : Fe-Mn)
> - 불완전탈산강
> - 단점 : 기포 발생, 편석이 되기 쉽다.
> ② 킬드강(killed steel)
> - 탈산제 : 페로실리콘(Fe-Si), 알루미늄(Al)
> - 완전탈산강
> - 단점 : 상부에 수축공, 헤어크랙(hair crack)이 생김
> ③ 세미킬드강(semi-killed steel) : 림드강과 킬드강의 중간
> ④ 캡드강(capped steel) : 림드강을 변형시킨 것(Fe-Mn을 첨가)

예제 9. 레들 안에서 페로실리콘(Fe-Si), 알루미늄 등의 강력한 탈산제를 첨가하여 충분히 탈산시킨 강은?

① 세미킬드강(semi-killed steel) ② 림드강(rimmed steel)

③ 캡드강(capped steel) ④ 킬드강(killed steel)

해설 킬드강(killed steel) : 페로실리콘(Fe-Si), 알루미늄 등의 강력한 탈산제를 첨가하여 충분히 탈산시킨 강으로 기포나 편석은 없으나 헤어 크랙(hair crack)이 생기기 쉬우며 상부에 수축관이 생겨서 그 부분에 불순물이 모이게 되므로 강괴의 10~20 %는 잘라버린다.

정답 ④

예제 10. 노 안에서 페로실리콘, 알루미늄 등의 탈산제로 충분히 탈산시킨 강은?

① 림드강 ② 킬드강 ③ 세미킬드강 ④ 캡드강

정답 ②

2-2 순철(pure iron)과 탄소강(carbon steel)

(1) 순철의 변태

① **자기변태** : A_2 변태점(768℃), 퀴리점(curie point)

② **동소변태** : A_3 변태점(910℃), A_4 변태점(1400℃)

순철의 동소체

동소체	온도	원자 배열
α−Fe	910℃	체심입방격자(BCC)
γ−Fe	910~1400℃	면심입방격자(FCC)
δ−Fe	1400℃ 이상	체심입방격자(BCC)

예제 **11. 다음 중 자기변태의 설명이 옳은 것은 ?**

① 원자 내부의 변화이다.

② 상이 변한다.

③ 분자 배열의 변화이다.

④ 비연속적으로 급격한 상의 변화를 일으킨다.

해설 자기변태는 원자 배열의 변화 없이 자기의 크기만 변화되는 것으로(원자 내부의 변화) 강자성에서 상자성으로 변화한다. Fe(768℃), Ni(360℃), Co(1120℃) 정답 ①

(2) 순철(pure iron)의 성질

① **비중** : 7.87, 용융점 : 1538℃, 탄소함유량 : 0.025 % 이하

② 유동성, 열처리성이 떨어진다.

③ 항복점, 인장강도가 낮다.

④ 단면수축률, 충격값, 인성이 크다.

⑤ α고용체(페라이트 조직)이다.

(3) 탄소강(carbon steel)

기계구조용 재료로 가장 많이 사용되는 2원 합금(Fe + C)

※ Fe−C 평형 상태도 : 철과 탄소량에 따른 조직을 변태점과 연결하여 만든 선도

① **탄소 함유량에 따른 분류**

㈎ 순철 : 0.025 % 이하(페라이트)

㈏ 강(= 탄소강)

- 아공석강 : 0.025~0.8 %C(페라이트 + 펄라이트)
- 공석강 : 0.8 %C(펄라이트)
- 과공석강 : 0.8~2.11 %C(펄라이트 + Fe₃C)

㈐ 주철

- 아공정주철 : 2.11~4.3 %C(오스테나이트 + 레데부라이트)
- 공정주철 : 4.3 %C(레데부라이트) : γ－Fe + Fe₃C(시멘타이트)
- 과공정주철 : 4.3~6.68 %C(레데부라이트 + Fe₃C)

② 변태점

㈎ A₄ 변태점 : 1400℃(동소변태점)

㈏ A₃ 변태점 : 910℃(동소변태점)

㈐ A₂ 변태점(순철) : 768℃(자기변태점, 퀴리점)

㈑ A₁ 변태점 : 723℃(공석점, 강에만 있는 변태점)

㈒ A₀ 변태점 : 210℃(시멘타이트(Fe₃C) 자기변태점)

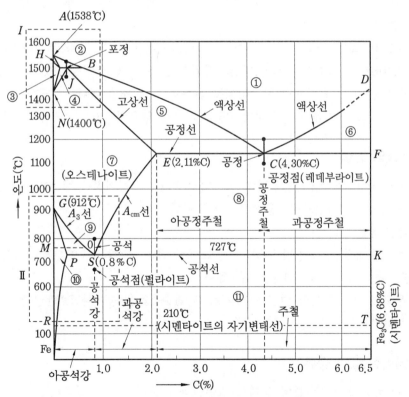

① 용액　② δ고용체＋용액　③ δ고용체　④ δ고용체＋γ고용체
⑤ γ고용체＋용액　⑥ 용액＋Fe₃C　⑦ γ고용체　⑧ γ고용체＋Fe₃C
⑨ α고용체＋γ고용체　⑩ α고용체　⑪ α고용체＋Fe₃C

Fe-C 평형 상태도

③ 합금이 되는 금속의 반응

(가) 공정 반응 : 액체 $\underset{\text{가열}}{\overset{\text{냉각}}{\rightleftarrows}}$ γ철 + Fe_3C(공정점 : 4.3 %C, 1130℃)

(나) 공석 반응 : γ철 $\underset{\text{가열}}{\overset{\text{냉각}}{\rightleftarrows}}$ α철 + Fe_3C(공석점 : 0.8 %C, 723℃)

(다) 포정 반응 : δ철+액체 $\underset{\text{가열}}{\overset{\text{냉각}}{\rightleftarrows}}$ γ철(포정점 : 0.17 %C, 1495℃)

(4) 탄소강의 표준 조직

강을 A_{c3}선 또는 A_{cm}선 이상 40~50℃까지 가열 후 서랭시켜서 조직의 평준화를 기한 것으로 불림(normalizing)에 의해 얻는 조직

① **오스테나이트(A)** : γ고용체, 면심입방격자(FCC), 인성(내충격성)이 크다.

② **페라이트(F)** : α고용체(순철), 체심입방격자(BCC), 열처리가 되지 않는다. 대단히 연하고, 전성, 연성이 크다.

③ **펄라이트(P)** : 탄소 약 0.8 %의 γ고용체가 723℃(A_1 변태점)에서 분열하여 생긴 페라이트(F)와 시멘타이트(Fe_3C)의 공석 조직으로 페라이트와 시멘타이트가 층상으로 나타나는 강인한 조직이다.

④ **레데부라이트(L)** : γ철(오스테나이트) + Fe_3C(시멘타이트), 공정 조직(4.3 %C)

⑤ **시멘타이트(Fe_3C)** : 백색 침상의 금속간화합물, 6.68 %C, 취성이 있다. 상온에서 강자성체이나 210℃가 넘으면 상자성체로 변하여 A_0 변태를 한다. 경도가 대단히 높아 압연이나 단조 작업을 할 수 없다. 연성은 거의 없으며, 인장강도에는 약하다.

(5) 탄소강의 성질

① **물리적 성질** : 탄소(C) 함유량이 증가하면 비열, 전기저항은 증가하고, 비중, 열팽창계수, 탄성률, 열전도율, 용융점은 감소한다.

② **기계적 성질**

(가) 탄소 함유량 증가에 따라 강도, 경도, 항복점은 증가하고, 연신율(신장률), 단면수축률, 내충격값(인성), 연성은 감소한다.

(나) 온도의 상승에 따라 연신율(신장률), 단면수축률은 증가하고, 탄성한계 및 항복점은 감소한다.

(6) 취성(메짐성)의 종류

① **청열취성** : 200~300℃의 강에서 일어난다.

② **적열취성(고온취성)** : 황(S)이 원인(Mn : 적열취성 방지 원소)

③ **상온취성(냉간취성)** : 인(P)이 원인

(7) 탄소강 중에 함유된 성분의 영향

※ 탄소강 중에 함유된 5대 원소 : C, Si, Mn, P, S

① **규소(Si)** : 단접성, 냉간 가공성을 해치고, 연신율, 충격치를 감소시키며, 탄성한계, 강고, 경도를 증가시킨다.

② **망간(M)** : 흑연화, 적열취성을 방지하고, 고온에서 결정립 성장을 억제한다. 인장강도, 고온 가공성을 증가시키고, 주조성, 담금질 효과를 향상시킨다.

③ **인(P)** : 강도, 경도를 증가시켜 상온취성의 원인이 되고 제강 시 편석을 일으키며, 담금 균열의 원인이 된다. 주물의 경우 기포를 줄이는 작용을 하고 결정립을 조대화시킨다.

④ **황(S)** : 절삭성을 좋게 하고 유동성을 저해한다.

⑤ **수소(H_2)** : 백점(flake)이나 헤어크랙(hair crack)의 원인

예제 12. 탄소강 중에 함유되어 있는 대표적인 다섯 가지 원소는?
① 주석, 납, 은, 니켈, 수소
② 구리, 크롬, 수소, 탄소, 주석
③ 니켈, 망간, 황, 탄소, 몰리브덴
④ 탄소, 규소, 망간, 인, 황

해설 탄소강의 주요(5대) 원소는 탄소(C), 규소(Si), 망간(Mn), 인(P), 황(S)이다. **정답** ④

예제 13. 탄소강에 함유된 성분으로서 헤어크랙의 원인으로 내부 균열을 일으키는 원소는?
① 망간　　　　　　　　　　　② 규소
③ 인　　　　　　　　　　　　④ 수소

해설 수소(H_2)는 백점(flake)나 헤어크랙(hair crack)의 원인이 된다. **정답** ④

예제 14. 탄소강에서 인(P)의 영향으로 맞는 것은?
① 결정립을 조대화시킨다.　　　② 연신율, 충격값을 증가시킨다.
③ 적열취성을 일으킨다.　　　　④ 강도, 경도를 감소시킨다.

해설 인(P)은 결정립을 조대화시키며, 상온취성(200~300℃)의 원인이 된다. 황(S)은 적열취성(고온취성, 900℃ 이상)을 일으키고, 규소(Si)는 연신율, 충격값을 감소시킨다. **정답** ①

2-3 특수강

탄소강에 다른 원소를 첨가하여 강의 기계적 성질을 개선한 강

(1) 구조용 특수강

① 강인강

(가) Ni강(니켈강)

(나) Cr강(크롬강)

(다) Ni-Cr강(SNC) : 550~580℃에서 뜨임메짐 발생(방지제 : Mo 첨가)

(라) Cr-Mo강 : 열간가공이 쉽고, 다듬질 표면이 깨끗하고, 용접성 우수, 고온강도 큼

(마) Cr-Mn-Si강

(바) Mn강(망간강)

- 저Mn강(1~2 %) : 펄라이트 Mn강, 듀콜강, 고력도강, 구조용으로 사용
- 고Mn강(10~14 %) : 오스테나이트 Mn강, 하드필드강(Hadfield steel), 수인강, 각종 광산기계, 기차레일의 교차점 등의 내마멸성이 요구되는 곳에 사용

② 표면경화강

(가) 침탄용강 : Ni, Cr, Mo 함유강

(나) 질화용강 : Al, Cr, Mo 함유강(Al은 질화층의 경도 향상)

③ 스프링강 : 탄성한계, 항복점, 충격값, 피로한도가 높다.

(가) Si-Mn강, Mn-Cr강

(나) Cr-V강

(다) Cr-Mo강(대형 겹판·코일 스프링용 : SPS 9)

④ 쾌삭강(free cutting steel) : 강의 피삭성을 증가시켜 절삭가공을 쉽게 하기 위하여 S, Pb 등을 첨가한 강(절삭성이 좋아져 절삭공구의 수명을 늘릴 수 있으며 절삭속도를 높일 수 있다. 황(S)의 피해를 막기 위해 망간(Mn)을 첨가한다.)

(2) 공구강 및 공구 재료

① 공구강의 구비 조건

(가) 상온 및 고온에서 경도를 유지할 것

(나) 내마멸성 및 강인성이 클 것

(다) 열처리가 쉬울 것

(라) 제조와 취급이 쉽고, 가격이 저렴할 것

② 공구강의 종류

(가) 탄소공구강 : 0.6~1.5 % C, 300℃ 이상에서 사용할 수 없음. 주로 줄, 정, 펀치, 쇠톱날, 끌 등의 재료에 사용

(나) 합금공구강 : 0.6~1.5 % C+Cr, W, Mn, Ni, V 등을 첨가하여 성질 개선, 절삭용(절삭공구), 내충격용(정, 펀치, 끌), 열간금형용(단조용 공구, 다이스)

(다) 고속도강(HSS) : Taylor가 발명

㉮ W계 고속도강(표준형) : 0.8 % C, W(18)−Cr(4)−V(1 %)

- 600℃까지 경도 저하 안 됨
- 예열 : 800~900℃
- 담금질 : 1250~1300℃
- 뜨임 : 550~580℃(목적 : 경도 증가)

㉱ 주조경질합금(stellite) : Co−Cr−W−C, 열처리를 하지 않고 주조한 후 연삭하여 사용

㉲ 초경합금 : 금속탄화물(WC, TiC, TaC)에 Co 분말과 함께 금형에 넣어 압축 성형하여 800~900℃로 예비소결하고, 1400~1500℃의 H_2 기류 중에서 소결한 합금

㉳ 세라믹(ceramic) : Al_2O_3을 1600℃ 이상에서 소결 성형, 고온경도가 가장 크며 내열성이 크다. 인성이 작아 충격에 약하며 고온 절삭 시 절삭제를 사용하지 않는다.

예제 **15.** 다음 중 표준형 고속도공구강의 주성분으로 옳은 것은?

① 18 % W, 4 % Cr, 1 % V, 0.8~1.5 % C

② 18 % C, 4 % Mo, 1 % V, 0.8~1.5 % Cu

③ 18 % C, 4 % W, 1 % Ni, 0.8~1.5 % Al

④ 18 % C, 4 % Mo, 1 % Cr, 0.8~1.5 % Mg

해설 표준형 고속도공구강은 텅스텐(W) 18 %, 크롬(Cr) 4 %, 바나듐(V) 1 %, 탄소(C) 0.8~1.5 %로 이루어져 있다. **정답** ①

예제 **16.** 다음 중 고속도공구강에서 요구되는 일반적 성질과 가장 관련이 없는 항목은?

① 내충격성 필요   ② 고온경도 필요

③ 전연성 필요   ④ 내마모성 필요

해설 고속도공구강에서 요구되는 성질은 내충격성, 고온경도, 내마모성 등이며, 전성과 연성은 필요하지 않다. **정답** ③

예제 **17.** 초경합금 공구강을 구성하는 탄화물이 아닌 것은?

① WC   ② TiC

③ TaC   ④ Fe_3C

해설 소결초경합금(sintered hard metal) : 탄화텅스텐(WC), 탄화티탄(TiC), 탄화탈탄(TaC) 등의 분말에 코발트(Co) 분말을 결합제로 하여 혼합한 다음 금형에 넣고 가압, 성형한 것을 800~1000℃에서 예비 소결한 뒤 희망하는 모양으로 가공하고, 이것을 수소기류 중에서 1300~1600℃로 가열, 소결시키는 분말야금법으로 만들어진다. **정답** ④

③ 특수 목적용 특수강

(개) 스테인리스강(STS : stainless steel)

- 13Cr : 페라이트계 스테인리스강으로 열처리하면 마텐자이트계 스테인리스강이 된다.
- 18Cr-8Ni : 오스테나이트계(18-8형 : 표준형), 담금질 안 됨, 용접성 우수, 비자성체, 내식성 및 내충격성이 크다. 600~800℃에서 입계부식 발생(방지제 : Ti)

(내) 규소강 : 변압기 철심이나 교류 기계의 철심 등에 사용

(대) 베어링강 : 주성분은 고탄소 크롬강(C : 1 %, Cr : 1.2 %)이며, 강도, 경도, 내구성 및 탄성한계, 피로한도가 높다. 담금질 후 반드시 뜨임이 필요하다.

(래) 불변강(고Ni강) : 열팽창계수가 작고, 온도 변화에 따른 길이 변화가 없으며 내식성이 우수하다.

- 인바(invar) : Fe(64 %)-Ni(36 %), 길이 불변, 시계 부품, 표준자, 지진계, 바이메탈, 정밀기계 부품으로 사용
- 슈퍼인바(super invar) : 인바보다 팽창률이 더 작은 불변강
- 엘린바(elinvar) : Fe-Ni 36 %-Cr 12 %, 탄성 불변이며, 계측기, 전자기장치, 정밀계측기 부품으로 사용
- 퍼멀로이(permalloy) : Ni 78.5 %-Fe 21.5 %, 해저전선 전류계판, 통신기기 자심, 변압기 자심
- 플래티나이트(platinite) : Fe-Ni 42~46 %, 전구나 진공관의 도입선(봉입선), 니켈(Ni) 46 %를 포함하고 열팽창계수가 유리와 거의 같다.

예제 18. 스테인리스강의 주요 합금 성분에 해당되는 것은 ?

① 크롬과 니켈   ② 니켈과 텅스텐
③ 크롬과 망간   ④ 크롬과 텅스텐

해설 스테인리스강은 Cr과 Ni 합금이며 대표적인 오스테나이트 조직의 스테인리스강은 크롬 18 %-니켈 8 % 합금이다.   **정답** ①

예제 19. Ni-Fe계의 36 % Ni 합금으로 열팽창계수가 대단히 작고, 내식성도 좋으므로 시계추, 바이메탈 등에 사용되는 것은 ?

① 인코넬   ② 인바
③ 콘스탄탄   ④ 플래티나이트

해설 인바(invar)는 Fe 64 %, Ni 36 %의 합금으로 불변강이며, 줄자, 시계추, 바이메탈 등의 재료로 많이 사용된다.   **정답** ②

3. 주철(cast iron)

3-1 주철의 개요

주철의 탄소 함유량은 Fe-C 평형 상태도(Fe-C diagram)에서 2.11~6.68 %(현실적 사용은 2.5~4.5 %C)까지이고, Fe, C 이외에 Si(약 1.5~3.5 %), Mn(0.3~1.5 %), P(0.1~1.0 %), S(0.05~0.15 %) 등을 포함하고 있다.

주철의 장점 및 단점

장점	단점
① 용융점이 낮고 유동성이 좋다.	① 인장강도, 휨강도가 작다.
② 주조성이 양호하다.	② 충격값, 연신율이 작다.
③ 마찰저항 및 절삭성이 우수하다.	③ 가공이 어렵다(고온가공).
④ 가격이 저렴하다.	
⑤ 녹 발생이 거의 없다(도색 양호).	
⑥ 압축강도가 크다(인장강도의 3~4배).	

예제 20. 충격에는 약하나 압축강도는 크므로 공작기계의 베드, 프레임, 기계 구조물의 몸체 등에 가장 적합한 재질은?

① 합금공구강 　　　　　　　② 탄소강
③ 고속도강 　　　　　　　　④ 주철

해설 주철(cast iron)은 충격에 약하고 압축강도는 크며 인장강도, 연신율은 작다. 따라서 공작기계의 베드, 프레임, 기계 구조물의 몸체 등에 적합한 재질이다. **정답** ④

3-2 주철의 조직과 성질

(1) 탄소의 상태와 파단면의 색에 따른 분류

① **회주철** : 유리탄소(흑연), Si가 많고 냉각속도가 느릴 때
　　㉑ 주철관, 농기구, 펌프, 공작기계의 베드(회색)
② **백주철** : 화합탄소(Fe_3C), Mn이 많고 냉각속도가 빠를 때

㉑ 각종 압연기 롤러(백색)

③ **반주철** : 회주철과 백주철의 중간 상태

※ 주철에 포함된 전탄소량＝흑연량＋화합탄소량

(2) 탄소 함유량에 따른 분류

① **아공정주철** : 2.11~4.3 %C, 조직은 오스테나이트＋레데부라이트

② **공정주철** : 4.3 %C, 조직은 레데부라이트(γ-Fe과 Fe₃C의 기계적 혼합)

③ **과공정주철** : 4.3~6.68 %C, 조직은 레데부라이트＋시멘타이트(Fe₃C)

(3) 마우러 조직도

주철 중의 탄소(C)와 규소(Si)의 함량에 따른 주철의 조직도

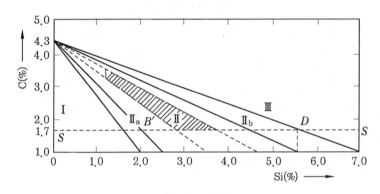

마우러 조직도

구역	조직	명칭
I	펄라이트＋시멘타이트	백주철(경도가 높은 주철)
II_a	펄라이트＋시멘타이트＋흑연	반주철(경질주철)
II	펄라이트＋흑연	회주철(강력주철)
II_b	펄라이트＋페라이트＋흑연	회주철(보통주철)
III	페라이트＋흑연	회주철(극연주철)

예제 21. C와 Si의 함량에 따른 주철의 조직을 나타낸 조직 분포도는?

① Gueiner, Klingenstein 조직도 ② 마우러(Maurer) 조직도

③ Fe-C 복평형 상태도 ④ Guilet 조직도

해설 마우러 조직도 : 탄소(C)와 규소(Si)의 양에 따른 조직관계를 나타낸 대표적인 조직도로 기계구조용 주철로서 가장 우수한 성질을 나타내는 펄라이트 주철(pearlite cast iron)은 탄소 2.8~3.2 % 규소 1.5~2 % 부근이다. **정답** ②

(4) 흑연화의 영향(6가지 형상 : 편상, 괴상, 구상, 장미상, 공정상, 문어상)

① 인장강도가 작아진다(회주철 CG).

② 흑연이 많으면 수축이 적게 되고 유동성이 좋다.

③ 흑연화 촉진 원소 : 규소(Si), 알루미늄(Al), 니켈(Ni), 티탄(Ti)

④ 흑연화 저해 원소 : 크롬(Cr), 망간(Mn), 황(S), 몰리브텐(Mo)

(5) 주철에 미치는 원소의 영향

① **탄소(C)** : 주철에 가장 큰 영향을 미치며, 탄소 함유량(4.3 %)이 증가하면 용융점이 저하되고 주조성이 좋아진다.

② **규소(Si)** : 주철의 질을 연하게 하고 냉각 시 수축을 적게 한다.

③ **망간(Mn)** : 적당한 양의 망간은 강인성과 내열성을 크게 한다.

④ **인(P)** : 쇳물의 유동성을 좋게 하고, 재질을 여리게 하는 성질. 주물의 수축을 적게 하나 너무 많으면 단단해지고 균열이 생기기 쉽다.

⑤ **황(S)** : 쇳물의 유동성을 나쁘게 하고 기공이 생기기 쉬우며, 수축률이 증가된다.

예제 22. 주철에서 쇳물의 유동성을 감소시키는 가장 주된 원소는?

① P   ② Mn   ③ S   ④ Si

해설 S의 영향 : 주물의 유동성을 나쁘게 하고, 흑연의 생성을 방해하여 900~950℃에서 고온메짐(적열취성)을 일으키게 한다. 또한, 수축률을 크게 하므로 기공(blow hole)을 만들기 쉽고 주조응력을 크게 하여 균열(crack)을 일으키기 쉽다. 될 수 있는 한 0.1 % 이하로 제한하는 것이 좋다.   정답 ③

---

(6) 주철의 성질

① 전연성이 작고 가공이 불량하며, 점성은 C, Mn, P이 첨가되면 낮아진다.

② 비중 : 7.68(흑연이 많을수록 작아진다.)

③ 담금질 뜨임이 안 되나 주조 응력을 제거하기 위해 풀림 처리가 가능하다. 500~600℃로 6~10시간 풀림(주조 응력 제거, 변형 제거 목적)

④ **자연시효** : 주조 후 장시간(1년 이상) 자연 대기 중에 방치하여 주조 응력이 없어지는 현상

주철의 물리적 성질

종류	색상	비중	용융 응고범위 (℃)	용융 숨은열 (cal/kg)	열팽창계수 (20~100℃)	열전도율 (cal/cm·s·℃)	전기 비저항 (Ω/cm)	변태점 및 강자성 소멸점
회주철	흑회색	7.03~7.13	1150	32~34	8.4×10^{-6}	0.045~0.08	74.6×10^{-6}	A_0 215℃
백주철	은백색	7.58~7.73	1350	23	–	0.12~0.13	98.0×10^{-6}	A_1 725℃

3-3 주철의 성장

주물은 600℃ 이상의 온도에서 가열 및 냉각을 반복하면 체적이 증가하여 결국은 파열되는 데, 이와 같은 현상을 주철의 성장(growth of cast iron)이라 한다.

(1) 원인

① 시멘타이트(Fe_3C)의 흑연화에 의한 팽창
② 페라이트 중에 고용되어 있는 Si의 산화에 의한 팽창
③ A_1 변태에서 체적 변화로 인한 팽창
④ 불균일한 가열로 생기는 균열에 의한 팽창
⑤ 흡수된 가스에 의한 팽창
⑥ Al, Si, Ni, Ti 등의 원소에 의한 흑연화 현상 촉진

(2) 방지법

① 흑연의 미세화(조직 치밀화)
② 탄화물 안정 원소 Mn, Cr, Mo, V 등을 첨가하여 Fe_3C 분해 방지
③ Si의 함유량 저하

> **참고** 주철의 수축
> 주철의 수축은 용체의 수축 → 응고 시의 수축 → 응고 후의 수축 3단계로 이루어진다.

3-4 보통 주철과 고급 주철

(1) 보통 주철(회주철 GC 1~3종 또는 GC 100~GC 200)

① 조직 : 편상 흑연＋페라이트(α-Fe)
② 인장강도 : $10\sim20\,kg/mm^2(100\sim200\,MPa)$ 정도
③ 용도 : 일반 기계 부품, 수도관, 난방용품, 가정용품, 농기구, 공작기계의 베드 등

(2) 고급 주철(회주철 GC 4~6종 또는 GC 250~GC 350) : 펄라이트 주철

① 조직 : 흑연(미세하다)＋펄라이트(바탕)
② 인장강도 : $25\,kg/mm^2(250\,MPa)$ 정도
③ 용도 : 고강도, 내마멸성을 요구하는 기계 부품

예제 **23. 다음 주철에 관한 설명 중 틀린 것은?**
① 주철 중에 전탄소량은 유리탄소와 화합탄소를 합한 것이다.
② 탄소(C)와 규소(Si)의 함량에 따른 주철의 조직관계를 마우러 조직도(Maurer's diagram)라 한다.
③ 주강은 일반적으로 전기로에서 용해한 용강을 주형에 넣어 풀림 열처리한다.
④ C, Si 양이 많고 냉각이 빠를수록 흑연화하기 쉽다.

해설 흑연화는 냉각속도가 늦어질수록 Si량이 많아질수록 Mn의 양이 작을수록 촉진되며 따라서 양질의 조직을 얻으려면 시멘타이트(Fe_3C)와 흑연(graphite) 양을 상대적으로 조절해야 한다. 정답 ④

3-5 특수 주철

(1) 미하나이트 주철(meehanite cast iron)

접종(inoculation) 백선화를 억제시키고, 흑연의 형상을 미세, 균일하게 하기 위하여 규소 및 칼슘-실리사이드(calcium-silicide : Ca-Si) 분말을 접종 첨가하여 흑연의 핵 형성을 촉진시키는 조작을 이용하여 만든 고급 주철로 일명 공작기계 주철이라고 한다.
① **인장강도** : 35~45 kg/mm^2(350~450 MPa)
② **조직** : 미세 흑연 + 펄라이트(pearlite)
③ **용도** : 내마멸성(공작기계의 안내면), 내열성(내연기관의 피스톤)이 우수하다.

예제 **24. 미하나이트 주철(meehanite cast iron)의 바탕조직은?**
① 오스테나이트   ② 펄라이트
③ 시멘타이트   ④ 페라이트

해설 미하나이트 주철은 회주철에 강을 넣어 탄소량을 적게 하고 접종하여 미세 흑연을 균일하게 분포시키며, 규소(Si), 칼슘(Ca)-규소(Si) 분말을 첨가하여 흑연의 핵 형성을 촉진시켜 재질을 개선시킨 주철로 기본조직은 펄라이트(pearlite) 조직이다. 정답 ②

(2) 합금주철(alloy cast iron)

특수 원소(Ni, Cr, Cu, Mo, V, Ti, Al, W, Mg)를 단독 또는 함께 함유시키거나 Si, Mn, P를 많이 넣어 강도, 내열성, 내부식성, 내마모성을 개선시킨 주철
① **Cr** : 흑연화 방지 원소, 탄화물 안정화, 내열성·내부식성 향상
② **Ni** : 흑연화 촉진 원소, 흑연화 능력 Si의 $\frac{1}{2} \sim \frac{1}{3}$ (조직 미세화)

③ Mo : 흑연화 다소 방지, 강도·경도·내마멸성 증대, 두꺼운 주물조직 균일화

④ Ti : 강탈산제, 흑연화 촉진(다량 시 흑연화 방지제)

⑤ Cu : 공기 중 내산화성 증대, 내부식성 증가

⑥ V : 강력한 흑연화 방지제(흑연의 미세화)

⑦ Al : 강력한 흑연화 촉진제, 내열성 증대

⑧ 합금주철의 종류

　(개) 내열 주철 : 고크롬 주철(Cr 34~40 %), 니켈(Ni), 오스테나이트 주철(Ni 12~18 %, Cr 2~5 %), 연성, 인성이 있고 내산성, 내알칼리성, 내열성이 높다.

　(내) 내산 주철 : 고규소 주철(Si 14~18 %), 듀리런이라고도 한다.

　　• 취성이 높고 절삭이 곤란하다.

　　• 진한 열황산, 황산동액, 황산과 초산의 혼합액 등에도 사용한다.

　　• 염산에는 어느 정도 견디나 진한 열염산에는 견디지 못한다.

(3) 구상 흑연 주철

용융 상태에서 Mg, Ce, Mg-Cu, Ca(Li, Ba, Sr) 등을 첨가하거나 그 밖의 특수한 용선 처리를 하여 편상 흑연을 구상화한 것으로 노듈러 주철이라고도 한다.

① 기계적 성질

　(개) 주조 상태 : 인장강도 50~70 kg/mm^2(500~700 MPa), 연신율 2~3 %

　(내) 풀림 상태 : 인장강도 45~55 kg/mm^2(450~550 MPa), 연신율 12~20 %(1시간 정도)

② 조직

　(개) 시멘타이트(cementite)형 : Mg 많고 Si 적을 때

　(내) 펄라이트(pearlite)형 : 중간 상태

　(대) 페라이트(ferrite)형 : Mg 적당, Si 많을 때

③ 용도 : 자동차 크랭크축, 캠축, 브레이크 드럼, 자동차용 주물(내마멸성, 내열성 우수)

[예제] **25. S 성분이 적은 선철을 용해로, 전기로에서 용해한 후 주형에 주입 전 마그네슘, 세륨, 칼륨 등을 첨가시켜 흑연을 구상화한 것은?**

① 합금주철　　　　　　　　　② 구상 흑연 주철

③ 칠드 주철　　　　　　　　　④ 가단주철

[해설] 구상 흑연 주철(덕타일 주철, 일명 노들러 주철)은 용융 상태에서 Mg, Ce, Ca 등을 첨가시켜 흑연을 구상화하여 석출시킨 것을 말한다.　　　　　　　　　　　[정답] ②

---

(4) 가단주철(malleable cast iron)

보통 주철의 결점인 여리고 약한 인성을 개선하기 위하여 백주철을 장시간 열처리하여

C의 상태를 분해 또는 소실시켜 인성 또는 연성을 증가시킨 주철이며 자동차의 부속품, 관이음쇠 등에 사용된다.

① 백심가단주철(WMC : white-heart malleable cast iron) : 탈탄(40~100시간)이 주목적

② 흑심가단주철(BMC : black-heart malleable cast iron) : Fe_3C의 흑연화가 목적

예제 26. 백주철 열처리로에서 가열한 후 탈탄시켜 인성을 증가시킨 주철은 ?

① 가단주철　　　② 회주철　　　③ 보통주철　　　④ 구상 흑연 주철

해설 가단주철은 백주철을 장시간 열처리하여 탄소(C)의 상태를 분해 또는 소실시켜 인성, 연성을 증가시킨 주철을 말한다.
정답 ①

---

(5) 칠드 주철(chilled cast iron : 냉경 주철)

주조 시 규소(Si)가 적은 용선에 망간(Mn)을 첨가하고 용융 상태에서 철주형에 주입하여 접촉된 면이 급랭되어 아주 가벼운 백주철로 만든 주철을 말한다.

① 경도, 내마모성, 압축강도, 충격성 등 증가

② 칠(chill) 부분은 Fe_3C(시멘타이트)이며, 칠층의 두께는 10~25 mm 정도이다.

③ 용도 : 기차바퀴, 각종 분쇄기 롤러 등

예제 27. 압연용 롤, 분쇄기 롤, 철도 차량 등 내마멸성이 필요한 기계 부품에 사용되는 가장 적합한 주철은 ?

① 칠드 주철　　　② 구상 흑연 주철　　　③ 회주철　　　④ 펄라이트 주철

해설 칠드 주철(chilled cast iron) : 주조 시 주형에 냉금을 삽입하여 주물 표면을 급랭시키므로 백선화하고 경도를 증가시킨 내마모성 주철이다. 백선화 부분은 취성이 있으나 내부는 강하고 인성이 있는 회주철로서 전체 주물은 취약하지 않으며, 압연기의 롤러, 철도차륜, 볼밀의 볼 등에 적용된다.
정답 ①

---

4. 강의 열처리

4-1 개요

---

(1) 열처리(heat treatment)

적당한 온도로 가열, 냉각하여 사용 목적에 적합한 성질로 개선하는 것

※ 탄소강의 열처리에 영향을 주는 요소 : 탄소함유량, 가열온도, 가열방법, 냉각방법

(2) 분류

① **일반 열처리** : 담금질(퀜칭), 뜨임(템퍼링), 풀림(어닐링), 불림(노멀라이징)

② **항온 열처리** : 항온담금질(오스템퍼링, 마템퍼링, 마퀜칭, Ms 퀜칭), 항온풀림, 항온 뜨임, 오스포밍

③ **표면경화 열처리**

  (개) **화학적인 방법**

    • 침탄법 : 고체침탄법, 가스침탄법, 액체침탄법(= 침탄질화법 = 청화법 = 시안화법)

    • 질화법

  (내) **물리적인 방법** : 화염경화법, 고주파경화법

  (대) **금속침투법(시멘테이션)** : 크로마이징(Cr), 칼로라이징(Al), 실리코나이징(Si), 보로 나이징(B), 세라다이징(Zn)

  (래) **기타 표면경화법** : 쇼트피닝(shot peening), 방전경화법, 하드페이싱(hard facing)

예제 28. 금속침투법 중 Zn을 강 표면에 침투 확산시키는 표면처리법은?

  ① 크로마이징   ② 세라다이징   ③ 칼로라이징   ④ 보로나이징

해설 금속침투법에는 크로마이징(Cr), 칼로라이징(Al), 세라다이징(Zn), 보로나이징(B), 실리코나이징(Si) 등이 있다.   **정답** ②

4-2   일반 열처리

(1) 담금질(quenching : 소입)

① **목적** : 재질을 경화(hardening), 마텐자이트(M) 조직을 얻기 위한 열처리

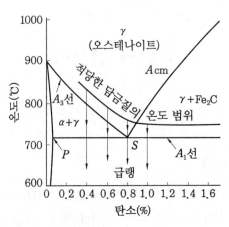

담금질 온도의 범위

② **담금질 효과를 좌우하는 요인** : 냉각제, 담금질 온도, 냉각속도, 냉각제의 비열, 끓는
점, 점도, 열전도율

③ **담금질 온도**

　(개) 아공석강 : A_3 변태점(912℃)보다 30~50℃ 높게 가열 후 냉각

　(내) 과공석강 : A_1 변태점(723℃)보다 30~50℃ 높게 가열 후 냉각

④ **냉각제** : 보통물, 소금물, 비눗물, 기름 등

⑤ **담금질 조직(냉각속도에 따라)** : 마텐자이트(M) → 트루스타이트(T) → 소르바이트(S) →
오스테나이트(A)로 변화한다.

　(개) 마텐자이트 : 강을 물속에서 급랭시켰을 때 나타나는 침상조직, 부식에 강하며 경도
가 최대, 취성이 있다.

　　• Ms점 : 마텐자이트 변태가 일어나는 점

　　• Mf점 : 마텐자이트 변태가 끝나는 점

　(내) 트루스타이트 : 오스테나이트를 냉각할 때 마텐자이트를 거쳐 탄화철(Fe_3C)이 큰 입
자로 나타나며 α철이 혼합된 급랭조직으로, 부식에 약하다.

　(대) 소르바이트 : 강도, 탄성이 함께 요구되는 구조용 강재에 사용

　　(예) 스프링, 와이어(wire)

　(래) 오스테나이트 : 경도는 낮으나 전기저항, 연신율이 크다.

　　• 파텐팅(patenting) : 강을 A_3점 이상으로 가열하여 연욕납을 용융한 수조 또는 수증
기 중에 담금질하는 연욕담금질에 의해 소르바이트 조직을 얻는 과정으로 주로 강인
한 탄소강(경강) 재료에서 실시한다.

　　• 오스테나이트(A) $\xrightarrow{Ar''\text{변태}}$ 마텐자이트(M) $\xrightarrow{Ar'\text{변태}}$ 펄라이트(P)

　　　→ 상부 임계속도 : Ar'' 변태만이 나타나는 냉각속도

⑥ **담금질 조직의 경도 순서** : M > T > S > P > A > F

⑦ **담금질 균열** : 재료를 경화시키기 위해 급랭하면 내·외부의 온도차에 의해 내부 변형
또는 균열이 일어나는 현상(원인 : 담금질 온도가 너무 높다. 냉각속도가 너무 빠르
다. 가열이 불균일하다.)

⑧ **질량효과(mass effect)** : 같은 조성의 강을 같은 방법으로 담금질해도 그 재료의 굵기
와 질량에 따라 담금질 효과가 달라진다. 이와 같이 질량의 크기에 따라 담금질 효과
가 달라지는 것을 말하며 소재의 두께가 두꺼울수록 질량효과가 크다.

　(개) 질량효과가 큰 재료 : 탄소강

　(내) 질량효과를 줄이려면 Cr, Ni, Mo, Mn 등을 첨가한다.

예제 29. 강의 특수 원소 중 뜨임취성(temper brittleness)을 현저히 감소시키며 열처리 효과를 더욱 크게 하여 질량효과를 감소시키는 특성을 갖는 원소는?

① Ni   ② Cr   ③ Mo   ④ W

해설 몰리브덴(Mo) : 뜨임취성 방지, 고온에서의 인장강도 증가, 탄화물을 만들고 경도 증가, 담금질 효과 증대, 크리프 저항, 내식성의 증대   **정답** ③

예제 30. 탄소강을 담금질할 때 재료의 내부와 외부에 담금질 효과가 서로 다르게 나타나는 현상을 무엇이라고 하는가?

① 노치효과   ② 담금질효과   ③ 질량효과   ④ 비중효과

해설 질량효과(mass effect) : 같은 조성의 탄소강을 같은 방법으로 담금질해도 그 재료의 굵기와 질량에 따라 담금질 효과가 달라진다. 이는 냉각속도가 질량의 영향을 받기 때문이다. 이와 같이 질량의 대소에 따라 담금질 효과가 다른 현상을 질량효과라 하며 소재의 두께가 두꺼울수록 질량효과가 크다.   **정답** ③

⑨ **심랭 처리(서브제로 처리 : sub-zero treatment)**

  (가) 담금질된 잔류 오스테나이트(A)를 0℃ 이하의 온도로 냉각시켜 마텐자이트(M)화 하는 열처리

  (나) 주로 게이지강에 사용(측정기기)

  (다) 담금질한 조직의 안정화, 게이지강 등의 자연시효, 공구강의 경도 증가와 성능 향상

(2) 뜨임(tempering : 소려)

  담금질한 강은 경도는 크나 반면 취성을 가지게 되므로 경도는 다소 저하되더라도 인성을 증가시키기 위해 A₁ 변태점(723℃ ; 공석점) 이하에서 재가열하여 재료에 알맞은 속도로 냉각시켜주는 열처리

  ① **목적** : 담금질한 것에 내부응력을 제거시켜 인성(내충격성)을 부여(A₁ 변태점 이하에서 재가열하여 냉각함으로써 마텐자이트(M) 조직을 소르바이트(S) 조직으로 변화)

  ② **사용 목적에 따른 뜨임의 종류**

    (가) 저온뜨임 : 150℃ 부근에서 담금질에 의해 생긴 재료 내부의 잔류응력을 제거하고, 경도를 필요로 할 경우에 하는 뜨임

    (나) 고온뜨임 : 500~600℃ 부근에서 담금질한 강에 강인성을 주기 위한 뜨임

예제 31. 다음 중 경화된 재료에 인성을 부여하기 위해 A₁ 변태점 이하로 재가열하여 행하는 열처리는?

① 침탄법   ② 담금질   ③ 뜨임   ④ 질화법

해설 뜨임(tempering) : 담금질한 강은 경도는 크나 반면 취성을 가지게 되므로 경도는 저하

되더라도 인성을 증가시키기 위해 A₁ 변태점 이하에서 재가열하여 재료에 알맞은 속도로 냉각시켜주는 열처리를 말한다(소려). 스트레인(strain)을 감소시키기 위한 열처리로 내충격성(인성)을 부여한다. 정답 ③

(3) 풀림(annealing : 소둔)

A₁ 또는 A₃ 변태점 이상으로 가열하여 냉각

① 목적

(가) 재질 연화 및 내부응력 제거

(나) 기계적 성질 개선

(다) 담금질 효과 향상

(라) 결정조직의 불균일 제거(균일화)

(마) 인성, 연성, 전성 증가

(바) 흑연 구상화

② 종류

(가) 완전풀림 : A₃(아공석강), A₁(과공석강) 변태점보다 30~50℃ 높게 가열하여 노내에서 서랭하면 미세한 결정입자가 새로 생겨 내부응력이 제거되어 연화되는 것

(나) 항온풀림 : A₁ 변태점 바로 위 온도로 가열한 후 일정 시간 유지, 그 다음 A₁ 변태점 바로 밑 온도에서 항온으로 변태를 완료하는 것

(다) 응력제거풀림 : 내부응력을 제거하고 연화시키거나 담금질에 의한 균열을 방지하기 위한 목적으로 실시(기계 가공 시)

(라) 연화풀림 : 냉간 가공 시 가공 도중 경화된 재료를 연화시키는 것이 목적(가공을 쉽게 하기 위한 풀림)

(마) 중간풀림 : 650~750℃

(바) 구상화풀림 : 시멘타이트의 연화가 목적(A₁ 변태점 부근까지 가열한 다음 일정 시간 후 서랭, 소성가공이나 절삭가공을 쉽게 하거나 기계적 성질을 개선할 목적으로 탄화물을 구상화시키는 열처리 조작

(사) 저온풀림 : 내부응력을 제거하여 재질을 연화(500~600℃ 부근에서 하는 풀림)

예제 **32.** 단조 작업한 강철 재료를 풀림하는 목적으로서 적합하지 않은 것은?

① 내부응력 제거　　　　　　　② 경화된 재료의 연화

③ 결정입자의 크기 조절　　　　④ 석출된 성분의 고정

해설 풀림(annealing)의 목적

　(1) 기계적 성질 개선　　　　　　(2) 내부응력 제거

　(3) 입자 조정(재결정)　　　　　　(4) 조직의 균질화

　(5) 조직 개선 및 담금질 효과 향상　(6) 경화된 재료의 연화　　　　정답 ④

(4) 불림(노멀라이징 : 소준)

① **방법** : A_3, Acm보다 30~50℃ 높게 가열한 후 공기 중에서 냉각시켜 미세한 소르바이트 조직을 얻는다.

② **목적** : 가공 재료의 내부응력 제거, 결정조직의 표준화(미세화)

4-3 항온 열처리

(1) 개요

① 항온변태곡선(T.T.T(Time-Temperature-Transformation : 시간, 온도, 변태)곡선 = S곡선 = C곡선)을 이용한 열처리

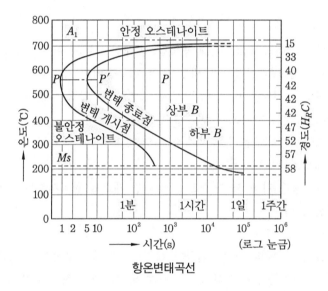

항온변태곡선

② 담금질과 뜨임을 동시에 하는 열처리로 베이나이트(B) 조직을 얻는다. 베이나이트 조직은 열처리에 따른 변형이 적고, 경도가 높고, 인성이 크다.

(2) 항온 열처리의 종류

① 항온담금질

㈎ 오스템퍼링 : 오스테나이트에서 베이나이트로 완전한 항온변태가 일어날 때까지 특정 온도로 유지 후 공기 중에서 냉각, 베이나이트 조직을 얻는다. 뜨임이 필요 없고, 담금 균열과 변형이 없다.

㈏ 마템퍼링 : Ms점과 Mf점 사이에서 항온처리하는 열처리 방법으로 마텐자이트와 베이나이트의 혼합 조직을 얻는다.

(다) 마퀜칭 : 담금균열과 변형이 적은 마텐자이트 조직을 얻는다.

(라) Ms 퀜칭 : Ms보다 약간 낮은 온도에서 항온 유지 후 급랭하여 잔류 오스테나이트를 감소

② 항온풀림

③ 항온뜨임

④ **오스포밍** : 과랭 오스테나이트 상태에서 소성 가공을 한 후 냉각 중에 마텐자이트화하는 항온 열처리 방법

[예제] 33. 과랭 오스테나이트 상태에서 소성가공을 하고 그 후의 냉각 중에 마텐자이트화하는 열처리 방법을 무엇이라 하는가?

① 마퀜칭   ② 오스포밍

③ 마템퍼링   ④ 오스템퍼링

[해설] 오스포밍(ausforming) : 과랭 오스테나이트 상태에서 소성가공하고 그 후의 냉각 중에 마텐자이트화하는 방법으로 인장강도 $300 \, kg/mm^2$(3000 MPa), 신장 10 %의 초강력성이 발생되며 가공열처리(TMT)의 대표적인 예이다.   [정답] ②

4-4 표면경화법

(1) 화학적 표면경화법

① **침탄법** : 0.2 % 이하의 저탄소강을 침탄제 속에 파묻고 가열하여 그 표면에 탄소(C)를 침입, 고용하는 방법으로 내마모성, 인성, 기계적 성질을 개선한다.

(가) 고체침탄법 : 목탄, 코크스 등의 침탄제와 촉진제 60 %와 탄산바륨($BaCO_3$) 40 %를 혼합하여 일정 시간 가열 후 담금질하여 경화한다.

(나) 가스침탄법 : 탄화수소계(C_nH_{2n+2})의 가스를 사용한 침탄 방법

(다) 액체침탄법(= 침탄질화법 = 시안화법 = 청화법) : 시안화칼륨(KCN), 시안화나트륨(NaCN)을 600~900℃로 용해시킨 염욕 중에 제품을 일정 시간 넣어 두어 C와 N가 강의 표면으로 들어가 침투하는 침탄법

② **질화법** : 강을 500~550℃의 암모니아(NH_3)가스 중에서 장시간 가열하면 질소(N)가 흡수되어 질화물을 형성하여 표면에 질화경화층을 만드는 방법

(가) 일부분의 질화층 생성을 방해하기 위한 방법 : Ni, Sn 도금을 한다.

(나) 용도 : 기어의 잇면, 크랭크축, 캠, 스핀들, 펌프축, 동력전달용 체인 등

침탄법과 질화법의 비교

침탄법	질화법
① 경도가 낮다.	① 경도가 높다.
② 침탄 후 열처리(담금질)가 필요하다.	② 질화 후 열처리(담금질)가 필요 없다.
③ 침탄 후에도 수정이 가능하다.	③ 질화 후에도 수정이 불가능하다.
④ 표면 경화 시간이 짧다.	④ 표면 경화 시간이 길다.
⑤ 변형이 크다.	⑤ 변형이 적다.
⑥ 침탄층이 단단하다(두껍다).	⑥ 질화층이 여리다(얇다).
⑦ 가열온도가 높다(900~950℃).	⑦ 가열온도가 낮다(500~550℃).

(2) 물리적 표면경화법

① 화염경화법(flame hardening, shorterizing) : 0.4 %C 정도의 탄소강 표면에 산소–아세틸렌 화염으로 표면만을 가열하여 오스테나이트 조직으로 한 다음 급랭하여 표면층만을 담금질하는 방법

② 고주파경화법(induction hardening) : 표면경화법 중 가장 편리한 방법으로 고주파 유도전류에 의해 소요깊이까지 짧은 시간에 급속히 가열한 다음 급랭하여 표면층만을 경화시키는 방법이며, 경화면의 탈탄이나 산화가 극히 적다.

(3) 그 밖의 표면경화법

① 쇼트 피닝(shot peening)

㉮ 금속 재료의 표면에 강이나 주철의 작은 입자들을 고속으로 분사시켜 가공경화에 의하여 표면층의 경도를 높이는 방법

㉯ 피로한도, 탄성한계를 현저히 증가시킴

② 하드페이싱(hard facing) : 금속의 표면에 스텔라이트나 경합금 등의 특수금속을 용착시켜 표면경화층을 만드는 방법

예제 **34. 금속재료의 표면에 강이나 주철의 작은 입자들을 고속으로 분산시켜, 가공경화에 의해 표면층의 경도를 높이는 방법은?**

① 금속침투법　　　　　　　　② 하드페이싱
③ 쇼트 피닝　　　　　　　　④ 고체침탄법

해설 쇼트 피닝(shot peening) : 금속 재료의 표면에 강이나 주철의 작은 입자들을 고속으로 분산시켜 표면층의 경도를 높이는 방법으로 피로한도, 탄성한계가 향상된다.　　정답 ③

예제 35. 강의 열처리 방법 중 표면경화법에 속하는 것은?

① 담금질   ② 노멀라이징   ③ 뜨임   ④ 침탄법

해설 담금질, 불림(노멀라이징), 뜨임(템퍼링), 어닐링 등은 기본 열처리 방법이고, 침탄법은 표면경화법이다.   정답 ④

---

5. 비철금속재료

5-1   구리와 그 합금

(1) 구리(Cu)의 성질

① 비중은 8.96, 용융점 1083℃이며, 변태점은 없다.

② 비자성체이며, 전기 및 열의 양도체이다(전기전도율을 해치는 원소 : Al, Mn, P, Ti, Fe, Si, As).

③ 전연성이 풍부하며, 가공 경화로 경도가 크다(600~700℃에서 30분간 풀림하여 연화).

④ 황산, 질산, 염산에 용해, 습기, 탄산가스, 해수에 녹 발생, 공기 중에서 산화피막 형성

(2) 황동(Cu-Zn)

- Cu + Zn 30 % : 7·3 황동(α 고용체)은 연신율 최대, 가공성 목적
- Cu + Zn 40 % : 6·4 황동($\alpha+\beta$ 고용체)은 인장강도 최대, 강도 목적(일명 문츠메탈)

① **톰백(tombac)** : 8~20 % Zn 함유, 색상이 황금빛이며 연성이 크다. 금대용품, 장식품 (불상, 악기, 금박)에 사용된다.

② **주석 황동** : 내식성 및 내해수성 개량(Zn의 산화, 탈아연 방지)

  ㈎ 애드미럴티 황동(admiralty brass) : 7·3 황동에 Sn 1 % 첨가

  ㈏ 네이벌 황동(naval brass) : 6·4 황동에 Sn 1 % 첨가

③ **강력 황동** : 6·4 황동에 Mn, Al, Fe, Ni, Sn을 첨가

④ **양은(nickel silver)** : 7·3 황동에 Ni 15~20 % 첨가, 전기 저항선, 스프링 재료, 바이메탈에 사용(백동, 양백)

예제 36. 5~20 %의 Zn의 황동을 말하며, 강도는 낮으나 전연성이 좋고 색깔이 금색에 가까우므로 모조 금이나 판 및 선 등에 사용되는 구리 합금은?

① 톰백   ② 7 : 3 황동

③ 6 : 4 황동   ④ 니켈 황동

해설 톰백(tombac) : Cu + Zn 5~20 %, 황금색, 금색에 가까우므로 금 대용품으로 쓰이며 화폐, 메달, 금박단추, 액세서리 등에도 쓰인다. 강도는 낮으나 전연성이 좋고 냉간가공이 쉽다.　　　　　　　정답 ①

예제 **37. 황동의 종류를 설명한 것으로 틀린 것은?**

① 톰백 : Zn 8~20 %로 색깔이 황금색에 가깝고 냉간가공이 쉬워 단추, 금박, 금모조품, 건축용 금속에 주로 사용

② 카트리지 메탈 : 전구의 소켓, 탄피 같은 복잡한 가공물에 적합

③ 하이브래스 : Zn 30 %로 7·3 황동과 용도가 거의 비슷하며 냉간가공하기 전에 400~500℃의 풀림으로써 β를 소멸시킬 필요가 있다.

④ 문츠메탈 : Zn 35~45 %로 Zn의 양이 많으므로 가격이 고가이나 가공하기 어렵고 판재, 봉재, 선재, 볼트, 너트, 밸브 등에 사용

해설 문츠메탈(muntz metal) : 6·4 황동으로 인장강도는 크나 연신율이 작기 때문에 냉간가공성은 나쁘다. 560~600℃로 가열하면 유연성이 회복되므로 열간가공에 적당하다.　　정답 ④

---

(3) 청동(Cu-Sn)

- Cu + Sn 4 % : 연신율 최대
- Cu + Sn 15~17(20) % : 강도, 경도 급격히 증가

① 인청동 : Cu + Sn 9 % + P 0.35 %(탈산제), 내마멸성, 인장강도, 탄성한계가 높으며, 스프링재(경년 변화가 없다), 베어링, 밸브시트 등에 쓰인다.

② 베어링용 청동 : Cu + Sn 13~15 %

③ 켈밋(kelmet) : 열전도, 압축강도가 크고 마찰계수가 작으며, 고속 고하중용 베어링에 사용된다. Cu + Pb 30 ~ 40 %(Pb 성분이 증가될수록 윤활 작용이 좋다.)

④ 오일리스 베어링 : Cu + Sn + 흑연 분말을 소결시킨 것으로 기름 급유가 곤란한 곳의 베어링용으로 사용되며, 주로 큰 하중 및 고속회전부에는 부적당하고 가전제품, 식품기계, 인쇄기 등에 사용된다.

⑤ 베릴륨 청동(Be-bronze) : Cu + Be 2~3 %, 베어링, 고급 스프링 등에 이용

⑥ 납(lead) 청동/알루미늄(Al) 청동

⑦ 호이슬러 합금 : Mn 26 %, Al 13 % 함유(강자성)

예제 **38. 인청동의 특징이 아닌 것은?**

① 내식성이 좋다.　　　　　　② 내산성이 좋다.

③ 탄성이 좋다.　　　　　　　④ 내마멸성이 좋다.

해설 인청동은 내산성이 약하며 내마멸성, 인장강도, 탄성한계가 높다.　　정답 ②

5-2 알루미늄과 그 합금

(1) 주조용 Al 합금

① 실루민(silumin) : Al – Si계 합금, 주조성은 좋으나 절삭성은 나쁘다, 개량 처리(Na : 가장 널리 사용, NaOH(가성소다), F(불소) 등을 첨가 조작)

② 라우탈(lautal) : Al – Cu – Si계 합금, 피스톤, 기계부품, 시효 경화성이 있다(구리 첨가로 절삭성 향상).

③ Y합금(내열합금) : Al – Cu 4 % – Ni 2 % – Mg 1.5 %, 내연기관의 실린더, 피스톤에 사용

④ 로엑스(Lo-Ex) 합금 : Al – Si – Mg계 합금, 열팽계수가 작고 내열성, 내마멸성이 우수하다.

⑤ 하이드로날륨 : Al – Mg계 합금, 내식성이 가장 우수하다.

⑥ 코비탈륨(cobitalium) : Y합금에 Ti, Cu 0.5 %를 첨가한 내열합금

(2) 단련용(가공용) Al 합금

두랄루민 : Al – Cu – Mg – Mn계, 항공기 재료, 시효경화합금

(3) 내식용 Al 합금

① 하이드로날륨(hydronalium) : Al – Mg계 합금, 내식성이 가장 우수하다.

② 알민(almin) : Al – Mn계 합금

③ 알드레(aldrey) : Al – Mn – Si계 합금

④ 알클래드(alclad) : 내식 알루미늄 합금을 피복한 것

예제 **39.** 내열성 주물로서 내연기관의 피스톤이나 실린더 헤드로 많이 사용되며 표준성분이 Al-Cu-Ni-Mg으로 구성된 합금은?

① 하이드로날륨 　　② Y합금 　　③ 실루민 　　④ 알민

해설 (1) 하이드로날륨 : Al-Mg계 합금, 내식성이 가장 우수
(2) 알민 : Al-Mn계 합금
(3) 실루민 : Al-Si계 합금   　　　　　　　　　　　　　　　　정답 ②

5-3 마그네슘과 그 합금

(1) Mg – Al계 합금

Al 4~6 % 첨가, Al 6 %(인장강도 최대), Al 4 %(연신율 최대), 도우 메탈(dow metal)

이 대표적이다.

(2) Mg – Al – Zn계 합금

Mg, Al 3~7 %, Zn 2~4 %, 주로 주물용 재료로 쓰이며 엘렉트론(elektron)이 대표적이다.

5-4 니켈 및 티타늄과 그 합금

(1) Ni-Cu계 합금

① 콘스탄탄(constantan) : Cu 55 %-Ni 45 %, 열전대용, 전기저항선에 사용

② 어드밴스(advance) : Cu 54 %-Ni 44 %+Mn 1 %, 정밀 전기기계의 저항선

③ 모넬메탈(monel metal) : Cu-Ni 65~70 %, Cu·Fe 1~3 %(화학공업용)

> **참고** 니켈(Ni) 청동
> ① 콜슨 합금(탄소 합금) : Ni 4 %, Si 1 % 함유(전선용)
> ② 쿠니알 청동 : Ni 4~6 %, Al 1.5~7 %, 그 밖에 Fe, Mn, Zn 등을 첨가한 Cu-Ni-Al계 청동

(2) 티타늄(Ti)

① 성질 : 비중 4.5, 인장 강도 $50 \, kg/mm^2$(500 MPa), 고온 강도, 내식성, 내열성, 절삭성이 우수하고, 강도가 크다.

② 용도 : 초음속 항공기 외판, 송풍기의 프로펠러

5-5 베어링용 합금

화이트 메탈(white metal)은 Sn – Cu – Sb – Zn의 합금으로 저속기관의 베어링으로 사용된다.

① 주석계 화이트 메탈 : 우수한 베어링 합금(Sn-Sb-Cu계)으로 배빗 메탈(babit metal)이라고도 한다.

② 납계 화이트 메탈 : Pb-Sn-Sb계(러지 메탈)

③ 아연계 합금 : Zn-Cu-Sn계

> **참고** 베어링용 합금의 구비 조건
> ① 열전도도가 좋을 것　　② 피로강도가 클 것
> ③ 마찰계수가 작을 것　　④ 내마멸성, 내식성이 클 것

예제 **40.** 다음 합금 중 베어링용 합금이 아닌 것은?

① 화이트 메탈   ② 켈밋 합금

③ 배빗 메탈   ④ 문츠메탈

해설 베어링용 합금

(1) 화이트 메탈($Sn+Cu+Sb+Zn$ 합금) = 배빗 메탈

(2) 구리계 : 켈밋 합금($Cu+Pb$), 주석, 청동, 인청동, 납청동

(3) 주석계 : 배빗 메탈($Sn-Sb-Cu$계)

(4) 아연계 합금 : $Zn-Cu-Sn$계

(5) 알루미늄계 합금(Al, Zn, Si, Cu) : 자동차 엔진의 메인 베어링에 사용된다.

※ 문츠메탈(muntz metal)은 6-4 황동이다.   **정답** ④

6. 비금속재료 및 신소재

6-1 신소재의 종류 및 특성과 용도

(1) 금속복합재료

① **섬유 강화 금속복합재료**(FRM : fiber reinforced metals) : 휘스커(whisker) 등의 섬유를 Al, Ti, Mg 등의 연성과 전성이 높은 금속이나 합금 중에 균일하게 배열시켜 복합화한 재료

  (가) 강화 섬유의 종류

   • 비금속계 : C, B, SiC, Al_2O_3, AlN(질화알루미늄), ZrO_2 등

   • 금속계 : Be, W, Mo, Fe, Ti 및 그 합금

  (나) 특징

   • 경량이고 기계적 성질이 매우 우수하다.

   • 고내열성, 고인성, 고강도를 지닌다.

   • 주로 항공 우주 산업이나 레저 산업 등에 사용된다.

② **분산 강화 금속복합재료** : 기지금속 중에 $0.01{\sim}0.1\,\mu m$ 정도의 산화물 등 미세한 입자를 균일하게 분포시킨 재료로 기지 금속으로는 Al, Ni, $Ni-Cr$, $Ni-Mo$, $Fe-Cr$ 등이 이용된다.

  (가) 특징

   • 고온에서 크리프 특성이 우수하다.

   • 분산된 미립자는 기지 중에서 화학적으로 안정하고 용융점이 높다.

   • 복합재료의 성질은 분산 입자의 크기, 형상, 양 등에 따라 변한다.

(나) 실용 재료의 종류

- SAP(sintered aluminium powder producut) : 저온 내열 재료
  - Al 기지 중에 Al_2O_3의 미세 입자를 분산시킨 복합 재료로 다른 Al 합금에 비해 350 ~550℃에서도 안정한 강도를 나타낸다.
  - 주로 디젤 엔진의 피스톤 밴드나 제트 엔진의 부품으로 사용된다.
- TD Ni(thoria dispersion strengthened nickel) : 고온 내열 재료
  - Ni 기지 중에 ThO_2 입자를 분산시킨 내열 재료로 고온 안정성이 크다.
  - 주로 제트 엔진의 터빈 블레이드(turbine blade) 등에 응용된다.

③ **입자 강화 금속복합재료** : 1~5μm 정도의 비금속입자가 금속이나 합금의 기지 중에 분산되어 있는 것으로 서멧(cermet)이라고도 한다.

④ **클래드 재료** : 두 종류 이상의 금속 특성을 복합적으로 얻을 수 있는 재료로 얇은 특수한 금속을 두껍고 가격이 저렴한 모재에 야금학적으로 접합시킨 것이 많다. 제조법으로 폭발압착법, 압연법, 확산결합법, 단접법, 압출법 등이 있다.

⑤ **다공질 재료** : 다공질 금속으로는 소결체의 다공성을 이용한 베어링이나 다공질 금속 필터가 있다. 소결 다공성 금속 제품으로는 방직기용 소결 링크, 열교환기, 전극 촉매, 발포성 금속 등이 있다.

(2) 형상기억합금

고온 상태에서 기억한 형상을 언제까지라도 기억하고 있는 것으로, 저온에서 작은 가열만으로도 다른 형상으로 변화시켜 곧 원래의 형상으로 되돌아가는 현상을 형상기억효과라하며, 이 효과를 나타내는 합금을 형상기억합금(shape memory alloy)이라고 한다. 즉, 형상기억합금이란 변형 전의 모습을 기억하고 있다가 일정한 온도에서 원래의 모양으로 되돌아가는 합금을 말한다.

현재 실용화된 대표적인 형상기억합금은 Ni-Ti 합금이며, 회복력은 3 MPa이고 반복동작을 많이 하여도 회복 성능이 거의 저하되지 않는다. 이 합금은 주로 우주선의 안테나, 치열 교정기, 여성의 속옷 와이어, 전투기의 파이프 등에 사용된다.

(3) 제진 재료

제진 재료란 "두드려도 소리가 나지 않는 재료"라는 뜻으로, 기계 장치나 차량 등에 접착되어 진동과 소음을 제어하기 위한 재료를 말한다.

(4) 초전도 재료

금속은 전기저항이 있기 때문에 전류를 흘리면 전류가 소모된다. 보통 금속은 온도가 내려갈수록 전기저항이 감소하지만, 절대온도 근방으로 냉각하여도 금속 고유의 전기저항은 남는다. 그러나 초전도 재료는 일정 온도에서 전기저항이 0이 되는 현상이 나타난다.

초전도 재료는 전기저항이 0으로 에너지 손실이 전혀 없으므로 전자석용 선재의 개발, 초고속 스위칭 시간을 이용한 논리 회로, 미세한 전자기장 변화도 감지할 수 있는 감지기 및 기억 소자 등에 응용할 수 있다. 또한 전력 시스템의 초전도화, 핵융합, MHD(magnetic hydrodynamic generator), 자기부상열차, 핵자기 공명 단층 영상 장치, 컴퓨터 및 계측기 등의 여러 분야에 응용할 수 있다.

(5) 자성 재료

자성 재료는 자기적 성질을 가지는 재료를 말하며, 공업적으로 자기의 성질이 필요한 기계, 장치, 부품 등에 활용된다.
  ① **경질 자성 재료(영구 자성 재료)** : 주로 음향기기, 전동기, 통신 계측 기기 등에 이용된다.
  ② **연질 자성 재료** : 주로 전동기나 변압기의 자심, 자기 헤드 마이크로파(microwave) 재료 등에 이용된다.

(6) 그 밖의 새로운 금속 재료

  ① **수소 저장 합금** : 금속 수소화합물의 형태로 수소를 흡수 방출하는 합금으로 종류에는 $LaNi_5$, TiFe, Mg_2Ni 등이 있다.
  ② **금속 초미립자** : 초미립자의 크기는 미크론(μm) 이하 또는 100 nm의 콜로이드(colloid) 입자의 크기와 같은 정도의 분체라 할 수 있다. 현재 초미립자는 자기테이프, 비디오테이프, 태양열 이용 장치의 적외선 흡수 재료 및 새로운 합금 재료, 로켓 연료의 연소 효율 향상을 위해 이용되고 있다.
  ③ **초소성 합금** : 초소성 재료는 수백 % 이상의 연신율을 나타내는 재료를 말한다. 초소성 현상은 소성 가공이 어려운 내열 합금 또는 분산 강화 합금을 분말야금법으로 제조하여 소성가공 및 확산 접합할 때 응용할 수 있으며, 서멧과 세라믹에도 응용이 가능하다.
  ④ **반도체 재료** : 반도체는 도체와 절연체의 중간인 약 $10^5 \sim 10^7$ Ωm 범위의 저항률을 가지고 있다. 현재, 반도체 중에서 Si 반도체가 가장 큰 비중을 차지하고 있다.

6-2 　그 밖의 공업 재료(비금속재료)

(1) 무기 공업 재료

무기 공업 재료로는 세라믹, 단열재, 연마재 등이 있다.

(2) 유기 공업 재료

유기 공업 재료에는 플라스틱과 고무가 있다. 플라스틱은 열가소성 수지와 열경화성 수지가 있으며, 주로 전선, 스위치, 커넥터, 전기기계·기구 부품 및 장난감, 생활용품 등에 많이 사용되고 있다.

① 플라스틱의 특징

(가) 원하는 복잡한 형상으로 가공이 가능하다.

(나) 가볍고 단단하다.

(다) 녹이 슬지 않고 대량 생산으로 가격도 저렴하다.

(라) 우수하여 전기 재료로 사용된다.

(마) 열에 약하고 금속에 비해 내마모성이 적다.

② 열가소성 수지

(가) 가열하여 성형한 후에 냉각하면 경화하며, 재가열하여 새로운 모양으로 다시 성형할 수 있다.

(나) 종류에는 폴리에틸렌 수지, 폴리프로필렌 수지, 폴리스티렌 수지, 염화비닐 수지, 폴리아미드 수지, 폴리카보네이트 수지, 아크릴로니트릴부타디엔스티렌 수지 등이 있다.

③ 열경화성 수지

(가) 가열하면 경화하고 재용융하여도 다른 모양으로 다시 성형할 수 없다.

(나) 종류에는 페놀 수지, 멜라민 수지, 에폭시 수지, 요소 수지 등이 있다.

[예제] **41. 일반적인 합성수지의 공통적인 성질을 설명한 것으로 잘못된 것은?**
① 가공성이 크고 성형이 간단하다.
② 열에 강하고 산, 알칼리, 기름, 약품 등에 강하다.
③ 투명한 것이 많고, 착색이 용이하다.
④ 전기 절연성이 좋다.

[해설] 합성수지는 열에 약하고 내식성이 크며 산·알칼리 등의 부식성 약품에 대해 거의 부식되지 않는다.   [정답] ②

7. 재료 시험

(1) 기계적 시험(mechanical test)

① 인장 시험(tensile test) : 암슬러 시험기를 이용한다.

(가) 인장 강도(σ_t) $= \dfrac{P_{max}}{A_0}$ [N/mm^2]

(나) 연신율(ε) $= \dfrac{l - l_0}{l_0} \times 100$ %

(대) 단면수축률$(\phi) = \dfrac{A_0 - A}{A_0} \times 100\,\%$

② **경도 시험(hardness test)**

(가) 압입자 하중에 의한 경도 시험

• 브리넬 경도(H_B) : 고탄소강 강구

• 비커스 경도(H_V) : 대면각 $136°$

• 로크웰 경도(H_R) $\begin{cases} \text{B 스케일 : } 1/16'' \text{ 강구} \\ \text{C 스케일 : } 120° \text{ 원추} \end{cases}$

(나) 반발 높이에 의한 방법(탄성 변형에 대한 저항으로 강도를 표시) : 완성 제품 검사

(다) 쇼어 경도$(H_S) = \dfrac{10000}{65} \times \dfrac{h}{h_0}$

예제 42. 시료의 시험면 위에 일정한 높이 h_0에서 낙하시킨 해머의 튀어 올라가는 높이 h에 비례하는 값으로서 다음 보기의 식으로 표시되는 경도는?

$$H_S = k \times \dfrac{h}{h_0}$$

① 로크웰 경도   ② 비커스 경도
③ 브리넬 경도   ④ 쇼어 경도

해설 쇼어 경도(shore hardness) : 압입체를 사용하지 않고 낙하체를 이용하는 반발 경도 시험법으로 주로 완성된 제품의 경도 측정에 적당하다.

$H_S = k \times \dfrac{h}{h_0}$ (여기서, h_0 : 낙하체의 높이, h : 반발하여 올라간 높이)   정답 ④

---

③ **충격 시험(impact test)** : 인성과 메짐을 알아보는 시험

(가) 방법 : 샤르피식(단순보), 아이조드식(내다지보)

(나) 충격값$(U) = \dfrac{E}{A} = \dfrac{WR(\cos\beta - \cos\alpha)}{A}\,[\text{N} \cdot \text{m/cm}^2]$

여기서, E : 시험편을 절단하는 데 흡수된 에너지$(\text{N} \cdot \text{m} = \text{J})$

     A : 노치부의 단면적(cm^2)

④ **피로 시험(fatigue test)** : 반복되어 작용하는 하중 상태의 성질을 알아낸다.

(가) 강의 피로 반복 횟수 : $10^6 \sim 10^7$ 정도

(나) 피로파괴 : 재료의 인장강도 및 항복점으로부터 계산한 안전하중 상태에서도 작은 힘이 계속적으로 반복하면 재료가 파괴를 일으키는 경우

(2) 비파괴 검사(NDT : Non-Destructive Testing)

① 타진법

② 육안 검사(VT : Visual Testing)

③ 자분 탐상 검사(MT : Magnetic Particle Testing)

④ 침투 탐상 검사(PT : Liquid Penetrant Testing)

⑤ 와전류 탐상 검사(ET : Eddy Current Testing)

⑥ 방사선(X-선, γ-선) 투과 검사(RT : Radiographic Testing)

⑦ 초음파 탐상 검사(UT : Ultrasonic Testing)

⑧ 누설 검사(LT : Leak Testing)

⑨ 음향 방출 검사(AET : Acoustic Emission Testing)

⑩ 적외선 열화상 검사(IRT : Infrared Thermography Testing)

⑪ 중성자 검사(NRT : Neutron Radiographic Testing)

⑫ 응력 측정(SM : Stress Measurement)

예제 43. 다음 중 비파괴 시험이 아닌 것은?

① 자기 탐상법　　　　　　　　　② X선 검사법

③ 금속현미경 검사법　　　　　　④ 초음파 탐상법

해설 비파괴 시험(NDT) : 침투 탐상법(PT), 자기 탐상법(MT), 초음파 탐상법(UT), 방사선 탐상법(X선, γ선), 형광 탐상법, 육안 검사법(VT), 와류 탐상법(ET)　　　　**정답** ③

출제 예상 문제

1. 다음 금속 중 비중이 가장 큰 것은?

① Fe ② Al

③ Pb ④ Cu

[해설] 철(Fe) : 7.87, 알루미늄(Al) : 2.7, 납 (Pb) : 11.36, 구리(Cu) : 8.96

2. 다음 금속 중에서 용융점이 가장 높은 것은?

① V ② W

③ Co ④ Mo

[해설] 금속의 용융점(녹는점)

V(바나듐) : 1910℃, W(텅스텐) : 3410℃, Co(코발트) : 1495℃, Mo(몰리브덴) : 1910℃

3. 고용체를 형성하는 결정격자에서 그림과 같은 결정격자를 어떠한 고용체라 하는가?

① 침입형 고용체

② 치환형 고용체

③ 규칙 격자형 고용체

④ 배열형 고용체

[해설] 고용체(solid solution) : 한 성분의 금속 중에 다른 성분의 금속 또는 비금속 원자가 서로 녹아서 균일하게 하나로 된 고체

(1) 치환형 고용체 : 용매 원자의 결정격자 점에 있는 원자가 용질 원자의 의하여 치환된 것

(2) 침입형 고용체 : 용질 원자가 용매 원자의 결정격자 사이의 공간에 들어가는 것

4. 순철의 자기변태와 동소변태를 설명한 것으로 틀린 것은?

① 동소변태란 결정격자가 변하는 변태를 말한다.

② 자기변태도 결정격자가 변하는 변태이다.

③ 동소변태점은 A_3점과 A_4점이 있다.

④ 자기변태점은 약 768℃ 정도이며 일명 퀴리(Curie)점이라 한다.

[해설] Fe(768℃), Ni(358℃), Co(1120℃) 등과 같은 강자성체인 금속을 가열하면 일정한 온도 이상에서 금속의 결정구조는 변하지 않으나 자성을 잃어 상자성체로 변하는데 이와 같은 변태를 자기변태라 한다.

5. 하나의 액체에서 고체와 다른 종류의 액체를 동시에 형성하는 반응은?

① 초정 반응 ② 포정 반응

③ 공정 반응 ④ 편정 반응

[해설] (1) 포정 반응 : 1495℃ 0.53 %의 조성을 갖는 액상과 0.09 %의 조성을 갖는 δ-페라이트가 1495℃의 일정한 온도에서 0.17 %의 조성을 갖는 γ-오스테나이트로 변화하는 반응

(2) 공정 반응 : 1145℃ 액상(4.3 %C) → γ-오스테나이트(2.08 %C) + 시멘타이트(6.68 %C)

(3) 편정 반응 : 하나의 액상이 처음의 액상과는 다른 조성의 액상과 고상으로 등온가역적으로 변하는 과정

정답 1. ③ 2. ② 3. ② 4. ② 5. ④

6. 다음 중 기계적 성질로만 짝지어진 것은?

① 비중, 용융점, 비열, 선팽창계수
② 인장강도, 연신율, 피로, 경도
③ 내열성, 내식성, 충격, 자성
④ 주조성, 단조성, 용접성, 절삭성

[해설] 금속 재료의 성질
  (1) 물리적 성질 : 비중(상대밀도), 용융점, 비열, 선팽창계수, 열전도율, 전기전도율, 자기적 성질(자성)
  (2) 기계적 성질 : 강도(strength), 경도(hardness), 메짐, 전성, 연성, 연신율, 피로(fatigue), 인성, 크리프(creep), 단면수축률, 충격값
  (3) 화학적 성질 : 내열성, 내식성
  (4) 제작상 성질 : 주조성, 단조성, 절삭성, 용접성

7. 금속이 고체 상태에서 전기전도도가 좋은 이유는?

① 자유 전자를 갖기 때문에
② 중량이 크기 때문에
③ 고체 상태에서 결정 구조를 갖기 때문에
④ 변태의 성질을 갖기 때문에

[해설] 금속체에는 자유 전자(물질 내부를 자유로이 이동하는 전자)가 있기 때문에 전기전도도가 좋다.

8. 재결정에 대한 일반적인 특징을 설명한 것으로 틀린 것은?

① 금속의 재결정온도는 그 종류에 따라 다르다.
② 냉간 가공도가 낮을수록 높은 온도에서 일어난다.
③ 입자의 크기는 주로 가공도에 의하여 변화되고, 가공도가 낮을수록 커진다.
④ 가열온도가 동일하면 가공도가 높을수록 오랜 시간이 걸린다.

[해설] 재결정이 시작되는 온도는 금속에 따라 다르며, 동일 금속이라 할지라도 그 금속의 순도가 높을수록, 가공도가 클수록, 가공 전의 결정 입자가 미세할수록, 가공 시간이 길수록, 결정온도는 낮아진다. 재결정의 결정 입자의 크기는 주로 가공도에 의하여 변화되고 가공도가 낮을수록 조대한 결정 입자가 된다.

9. 다음 중 금속의 결정 구조가 아닌 것은?

① 체심입방격자   ② 면심입방격자
③ 중심입방격자   ④ 조밀육방격자

[해설] 금속의 결정 구조
  (1) 체심입방격자(BCC) : 융점이 높고, 강도가 크다. (소속원자수 : 2개, 배위수(인접원자수) : 8개) Cr, W, Mo, V, Li, Na, K, α-Fe, δ-Fe, Nb, Ta
  (2) 면심입방격자(FCC) : 전연성, 전기전도율이 크다. 가공성 우수(소속원자수 : 4개, 배위수 : 12개) Al, Ag, Au, Cu, Ni, Pb, Ca, Co, γ-Fe, Pt, Th, Rh
  (3) 조밀육방격자(HCP) : 전연성, 접착성 불량(소속원자수 : 2개, 배위수 : 12개) Mg, Zn, Cd, Ti, Be, Zr, Ce, Os

10. 다음 중에서 금속의 변태점 측정법이 아닌 것은?

① 열분석법   ② 전기저항법
③ 시차열분석법   ④ 형광검사법

[해설] 변태점 측정법 : 열분석법, 전기저항법, 비열법, X선 분석법, 시차열분석법, 열팽창법, 자기분석법

11. 강의 인장시험에서 시험 전 평행부의 길이 55 mm, 표점 거리 50 mm인 시험편을 시험한 후 절단된 표점거리를 측정하였더니 70 mm이었다. 이 시험편의 연신율은 얼마인가?

① 20 %   ② 25 %
③ 30 %   ④ 40 %

해설 $\varepsilon = \dfrac{l'-l}{l} = \dfrac{\lambda}{l} = \dfrac{70-50}{50} \times 100\,\%$

$\qquad\qquad = 40\,\%$

12. 다음 금속 중 재결정온도가 가장 높은 것은?

① Zn　　② Sn　　③ Au　　④ Pb

해설 재결정온도 : W(1200℃), Mo(900℃), Ni (600℃), Fe, Pt(450℃), Ag, Cu, Au(200 ℃), Al(180℃), Zn(18℃), Sn(−10℃), Pb (−13℃)

13. 금속의 결정 입자를 X선으로 관찰하면 금속 특유의 결정형을 가지고 있는데, 그림과 같은 결정격자의 모양은 무엇인가?

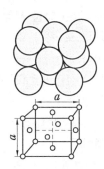

① 면심입방격자　　② 체심입방격자
③ 조밀육방격자　　④ 단순입방격자

해설 도시된 결정격자의 모양은 면심입방격자 (FCC)를 나타낸 것이다.

14. 금속의 소성변형에서 열간 가공의 효과가 아닌 것은?

① 조직의 치밀화
② 성형이 쉽고 대량생산이 가능하다.
③ 조직의 균일화
④ 연신율 및 단면수축률의 감소

해설 열간 가공의 효과
(1) 결정 입자의 미세화
(2) 방향성이 있는 주조조직의 제거
(3) 강괴 내부의 미세한 균열과 산화되지 않

은 기공 등을 열간 가공으로 단접한다.
(4) 합금 원소의 확산으로 재질의 균일화를 촉진시키며 경한 조직과 불순물 등으로 형성된 막을 파괴한다.
(5) 기계적 성질인 연신율, 단면수축률, 충격 값 등은 개선되나 섬유조직 및 방향성과 같은 가공 성질이 나타난다.

15. 다음 중 가공성이 가장 우수한 결정격 자는?

① 면심입방격자　　② 체심입방격자
③ 정방격자　　　　④ 조밀육방격자

해설 금속의 결정 구조
(1) 체심입방격자(BCC) : 강도·경도가 크다. 융융점이 높다. 연성이 떨어진다.(Be, K, Li, Mo, Na, Nb, Ta, α-Fe, W, V)
(2) 면심입방격자(FCC) : 연성·전성이 좋아 가공성이 우수하다. 강도·경도가 낮다.(Ag, Au, Al, Ca, Cu, γ-Fe, Ni, Pb, Pt, Rh, Th)
(3) 조밀육방격자(HCP) : 연성·전성이 나쁘다, 취성이 있다.(Be, Cd, Mg, Zn, Ti, Zr, Os)

16. 금속의 불균형 상태에서 상률(phase rule) 중 자유도가 0이란 뜻은?

① 조성과 온도가 고정된 상태이다.
② 자유에너지가 없는 상태이다.
③ 한 성분의 조성이 0 %인 상태이다.
④ 어떤 조성은 얻을 수 없는 상태이다.

해설 상률(phase rule) : 여러 개의 상으로 이루어진 물질의 상 사이의 열적 평형 관계를 나타내는 법칙($F = C - P + 1$, 여기서, F : 자유도, C : 성분 수, P : 상(phase)의 수)
※ 자유도의 변수 : 온도, 조성, 압력

17. 선철의 파면 색깔이 백색을 나타낸 경우 함유된 탄소의 상태는?

① 대부분이 흑연 상태로 존재

정답 12. ③　13. ①　14. ④　15. ①　16. ①　17. ④

② 대부분이 산화 탄소로 존재

③ 탄소함유량이 0.02 % 이하로 존재

④ 대부분이 Fe_3C 금속간 화합물로 존재

[해설] 선철(pig iron)은 파단면의 색깔에 따라 회선철, 반선철, 백선철로 구분된다.

(1) 회선철(gray pig iron) : 탄소가 흑연으로 존재하므로 파면이 회색을 띠고 있다. 연하고 절삭이 용이하며 수축률이 작아 보통 주조용으로 쓰인다.

(2) 백선철(white pig iron) : 탄소가 Fe_3C로 되어 존재하므로 파면이 백색을 띠고 있다. 경도가 크고 취성이 있으므로 기계 부품에는 부적합하나 제강용 및 특수주철에 쓰인다.

18. 제강에서 킬드강은?

① 탈탄하지 않은 강

② 용강 중의 가스를 규소철, 망간철, Al 등으로 탈산하여 기공이 생기지 않도록 진정(鎭靜)시킨 강

③ 탈산의 정도를 적당히 하여 수축관을 짧게 하고 절단부를 짧게 한 강

④ 불완전 탈산시킨 강

[해설] 탈산 정도에 따른 강괴(steel ingot)의 분류

(1) 림드강(rimmed steel) : 평로나 전로에서 정련된 용강을 페로망간(Fe-Mn)으로 가볍게 탈산시킨 강, 저탄소강(탄소함유량 0.15 % 이하) 구조용 강재로 이용

(2) 킬드강(killed steel) : 페로실리콘(Fe-Si), 알루미늄(Al) 등의 강력탈산제를 첨가하여 충분히 탈산시킨 강(탄소함유량 0.3 % 이상)

(3) 세미킬드강(semi-killed steel) : 림드강과 킬드강의 중간(탄소함유량 0.15~0.3 % 정도)

(4) 캡드강(capped steel) : 림드강을 변형시킨 것(편석을 적게 한 강괴)

19. 다음 중 금속재료의 가공도와 재결정 온도의 관계를 가장 올바르게 나타낸 항목은?

① 가공도가 큰 것은 재결정온도가 높아진다.

② 가공도가 큰 것은 재결정온도가 낮아진다.

③ 재결정온도가 낮은 금속은 가공도가 적다.

④ 가공도와 재결정온도는 관계없다.

[해설] 가공도, 가열시간에 따른 재결정온도

(1) 가공도가 클수록 재결정온도는 낮다.

(2) 가열시간이 길수록 재결정온도는 낮아진다.

20. 순철에 관한 다음 사항 중 틀린 것은?

① 공업적으로 가장 순수한 철은 카르보닐철이다.

② 순철에는 α, γ, δ철의 3개의 동소체가 있다.

③ 순철의 자기변태점은 A_2 변태로서 상자성체이다.

④ 순철은 기계구조용으로 많이 사용된다.

[해설] 순철(pure iron)의 성질

(1) 탄소 함유량 0.025 % 이하

(2) 항자력이 작고 투자성이 우수하여 전기재료로 사용된다.

(3) 용접성이 우수하고 전·연성이 풍부하다.

(4) 동소체는 α, γ, δ철이 있다.

(5) 순철의 종류에는 암코철, 전해철, 카르보닐철이 있다.

21. 강 중의 펄라이트(pearlite)조직이라 하는 것은?

① α고용체와 Fe_3C의 혼합물

② γ고용체와 Fe_3C의 혼합물

③ α고용체와 γ고용체의 혼합물

④ δ고용체와 α고용체의 혼합물

기호	조직명	결정격자 및 특징
α	페라이트 (α-ferite)	BCC (탄소 0.025 %)
γ	오스테나이트 (austenite)	FCC (탄소 2.11 %)
δ	페라이트 (δ-ferite)	BCC
Fe_3C	시멘타이트 (cementite)	금속간 화합물 (탄소 6.68 %)
$\alpha+Fe_3C$	펄라이트 (pearlite)	$\alpha+Fe_3C$의 혼합 조직 (탄소 0.77 %)
$\gamma+Fe_3C$	레데부라이트 (ledeburite)	$\gamma+Fe_3C$의 혼합 조직 (탄소 4.3 %)

22. 탄소강의 탄소 함유량(%)을 올바르게 나타낸 것은?

① 0.025~2.11 % ② 2.05~2.43 %

③ 2.67~4.20 % ④ 4.30~6.67 %

해설 (1) 순철(pure iron) : 0.025 %C 이하

(2) 탄소강(carbon steel) : 0.025~2.11%C

(3) 주철(cast iron) : 2.11~6.68 %

23. 공구강 재료로서 구비해야 할 조건에 속하지 않는 것은?

① 연성 및 취성이 좋을 것

② 내마모성이 있을 것

③ 강인성이 있을 것

④ 상온 및 고온경도가 높을 것

해설 공구재료의 구비 조건

(1) 상온 및 고온에서 경도가 높을 것

(2) 강인성, 내마모성이 클 것

(3) 제조와 취급이 쉽고 열처리가 쉬울 것

(4) 가격이 저렴할 것

24. 합금강에서 소량의 Cr이나 Ni을 첨가하는 가장 큰 이유는 무엇인가?

① 내식성을 증가시킨다.

② 경화능(hardenability)을 증가시킨다.

③ 마모성을 증가시킨다.

④ 담금질 후 마텐자이트(martensite) 조직의 경도를 증가시킨다.

해설 각 원소가 합금강에 미치는 영향

(1) Ni : 강인성, 내식성, 내산성 증가

(2) Mn : 내마멸성, 강도, 경도, 인성 증가, 고온 가공 용이

(3) Cr : 경도, 인장강도, 내식성, 내열성, 내마멸성의 증가, 열처리 용이

(4) W : 경도, 강도, 고온경도, 고온강도의 증가, 탄화물 생성

(5) Mo : 담금성, 내식성, 크리프 저항성 증가

(6) Co : 고온경도, 고온강도의 증가(Cu와 병용)

(7) Ni-Cr강 : 강인성이 높고 담금성이 좋다. 적당한 열처리에 의해 경도, 강도, 인성이 높아진다.

25. 다음 중 공석강의 탄소함유량으로 적당한 것은?

① 약 0.08 % ② 약 0.02 %

③ 약 0.2 % ④ 약 0.8 %

해설 탄소함유량에 따른 강의 분류

(1) 아공석강 : 0.025~0.8 % C

(2) 공석강 : 0.8 % C

(3) 과공석강 : 0.8~2.11 % C

26. 다음 중 순철(α-Fe)의 자기변태 온도(℃)는?

① 210℃ ② 768℃

③ 910℃ ④ 1410℃

해설 순철(α-Fe)의 자기변태 온도는 A_2 변태점(768℃)이며, 퀴리점(Curie point)이라고도 한다.

27. 다음 공석변태에 대한 설명 중 틀린 것은?

① 페라이트(ferrite)와 시멘타이트(Fe_3C)가 층상으로 교대로 하는 조직이다.

② 펄라이트(pearlite) 변태이다.

③ A₁ 변태이다.

④ A₂ 변태이다.

해설 공석변태(eutectoid transformation) : 공석강(0.8 %C)은 A₁ 변태점(723℃) 이상의 온도에서 γ고용체(오스테나이트)의 범위로 가열하여 서서히 냉각하면 A₁ 변태점 723℃에서 공석반응을 일으켜 α고용체(페라이트)와 Fe₃C(시멘타이트)로 동시에 석출한다. 이 변태를 공석변태 또는 A₁ 변태라 하고, 층상 모양의 공석조직을 펄라이트(pearlite)라고 한다.

28. Fe–C 상태도에서 온도가 가장 낮은 것은?

① 공석점   ② 포정점

③ 공정점   ④ 자기변태점

해설 (1) 공석점(A₁ 변태점) : 723℃

(2) 공정점 : 1130℃

(3) 포정점 : 1495℃

(4) 자기변태점(A₂ 변태점) : 768℃

29. Fe–Fe₃C 상태도에서 A_cm 변태는 다음 중 어느 것인가?

① 오스테나이트→오스테나이트+시멘타이트

② 오스테나이트→오스테나이트+페라이트

③ 오스테나이트→마텐자이트+시멘타이트

④ 오스테나이트→펄라이트+마텐자이트

해설 A_cm선 : Fe–C 상태도에서 시멘타이트(Fe₃C) 생성 개시 온도선 (오스테나이트 → 오스테나이트+시멘타이트(Fe₃C))

30. 펄라이트에 관한 설명 중 맞는 것은?

① 1.7 %까지의 탄소가 고용체 오스테나이트라고도 한다.

② 탄소가 6.68 % 되는 철의 화합물인 시멘타이트로서 금속간 화합물이다.

③ 0.86 %C의 γ고용체가 723℃에서 분열하여 생긴 페라이트와 시멘타이트의 공석 조직이다.

④ 1.7 % γ고용체와 6.68 %의 시멘타이트와의 공정 조직이다.

해설 펄라이트(pearlite) : 탄소 0.86 %의 γ고용체가 723℃(공석점)에서 분열하여 생긴 페라이트와 시멘타이트(Fe₃C)의 공석 조직으로 페라이트(ferrite)와 시멘타이트가 층으로 나타나는 강인한 조직(인장강도와 내마모성을 동시에 갖는 우수한 조직)이다.

31. 강(steel)에서만 일어나는 변태는 ? (이 변태를 이용하여 강의 강도 및 경도를 향상시킨다.)

① A₁ 변태   ② A₂ 변태

③ A₃ 변태   ④ A₄ 변태

해설 강(steel)에서만 일어나는 변태는 A₁ 변태(723℃ ; 공석점)이며, A₂ 변태(768℃)는 순철의 자기변태, A₃ 변태(910℃), A₄ 변태(1400℃)는 순철의 동소변태이다.

32. 탄소강의 표준조직에 대한 설명으로 옳은 것은?

① 담금질(quenching)에 의해서 얻은 조직을 말한다.

② 뜨임(tempering)에 의해서 얻은 조직을 말한다.

③ 불림(normalizing)에 의해서 얻은 조직을 말한다.

④ 서브제로(sub–zero) 처리에 의해서 얻은 조직을 말한다.

해설 탄소강(carbon steel)의 표준조직이란 불림(normalizing) 처리로 조대화된 조직을 표준화(미세화)시킨 것을 의미한다.

33. 상온에서 탄소강의 현미경 조직으로 탄소가 0.8%인 강의 조직은?

① 오스테나이트 ② 펄라이트

③ 레데부라이트 ④ 시멘타이트

해설 펄라이트(pearlite)는 탄소강의 현미경 조직으로 탄소 0.86 %의 γ고용체가 723℃에서 분열하여 생긴 페라이트와 시멘타이트의 공석 조직이며 페라이트와 시멘타이트가 층으로 나타나는 강인한 조직이다.

34. Fe-C 평형 상태도의 723℃(A₁)에서 일어나는 변태로부터 나타나는 조직은?

① 마텐자이트 ② 오스테나이트

③ 펄라이트 ④ 베이나이트

해설 A₁ 변태점(723℃, 공석점)에서 생성되는 조직은 펄라이트 조직이다.

35. 철-탄소계 평형 상태에서 탄소함유량 6.68 %를 함유하고 있는 조직은?

① 시멘타이트 ② 오스테나이트

③ 펄라이트 ④ 페라이트

해설 시멘타이트(cementite) : 6.68 %의 탄소를 함유한 탄화철로 경도와 메짐성이 크며 백색이다. 상온에서 강자성체이며 담금질을 해도 경화되지 않고 화학식으로는 Fe_3C로 표시한다.

36. Fe-C 평형 상태도에서 나타나는 철강의 기본 조직이 아닌 것은?

① 페라이트 ② 펄라이트

③ 시멘타이트 ④ 마텐자이트

해설 마텐자이트(martensite)는 강을 담금질(급랭)할 때 생기는 바늘 모양의 단단한 조직이다.

37. 경도가 대단히 높아 압연이나 단조 작업을 할 수 없는 조직은?

① 시멘타이트 ② 오스테나이트

③ 페라이트 ④ 펄라이트

해설 시멘타이트(cementite) : 6.68 %의 탄소와 철(Fe)의 화합물로서 매우 단단하고 부스러지기 쉽다. 또한 연성은 거의 없고 상온에서 강자성체이며 담금질을 해도 경화되지 않는다.

38. 듀콜강이란 무엇인가?

① 고코발트강 ② 저코발트강

③ 고망간강 ④ 저망간강

해설 망간(Mn)강의 종류

(1) 저망간(Mn)강(1~2 %) : 듀콜강이라 하며, 펄라이트 망간강이라고도 한다.

(2) 고망간(Mn)강(10~14 %) : 하드필드강, 수인강, 오스테나이트 망간강, 내마멸용으로 광산기계, 기차 레일의 교차점에 사용

39. 탄소강에서 탄소량이 증가하면 일반적으로 용융온도는?

① 높아진다. ② 낮아진다.

③ 같다. ④ 불변이다.

해설 • 탄소량이 많을수록 증가하는 것 : 강도, 경도, 비열, 전기저항

• 탄소량이 많을수록 감소하는 것 : 비중, 열팽창계수, 열전도도, 용융점

40. 탄소강 중에 함유된 원소의 영향을 잘못 설명한 것은?

① Mn : 결정의 성장을 방지하고 표면소성을 저지한다.

② P : 경도 및 강도가 다소 증가되나 연신율이 감소되고, 편석이 생기기 쉬우며 상온취성의 원인이 된다.

③ S : 압연, 단조성을 좋게 하며 적열취성의 원인이 된다.

④ Si : 인장강도, 탄성한계, 경도 등을 크게 하나 연신율, 충격치를 감소시킨다.

해설 황(sulfur) S

(1) 강의 유동성을 해치고 기포가 발생한다.

정답 33. ② 34. ③ 35. ① 36. ④ 37. ① 38. ④ 39. ② 40. ③

(2) 900~950℃에서 적열취성(고온취성)의 원인이 된다.

(3) 인장강도, 연신율, 충격값을 감소시킨다.

(4) 강의 용접성을 나쁘게 한다.

(5) 적열취성 방지 원소는 망간(Mn)이다.

41. 탄소강에서 탄소량이 증가하면 일반적으로 감소하는 성질은?

① 전기저항　　　② 열팽창계수

③ 항자력　　　　④ 비열

[해설] 탄소량이 증가하면 전기저항, 항자력 (coercive force : 보자력), 비열은 증가하고 열팽창계수는 감소한다.

42. 다음 탄소강의 기계적 성질 중 옳지 않은 것은?

① 탄소강의 기계적 성질에 가장 큰 영향을 주는 원소는 탄소이다.

② 탄소량이 많을수록 인성과 충격값은 증가한다.

③ 표준 상태에서는 탄소가 많을수록 강도, 경도가 증가한다.

④ 탄소가 많을수록 가공 변형은 어렵게 된다.

[해설] 탄소량의 증가에 따른 탄소강의 기계적 성질

(1) 강도, 경도가 증가한다.

(2) 인성과 충격값은 감소한다.

(3) 용융점이 낮아지고 비중도 작아진다.

(4) 가공 변형이 어렵다.

(5) 담금질 효과가 커진다.

(6) 비중, 열전도율, 열팽창계수는 감소한다.

(7) 전기저항은 증가한다.

(8) 용접성은 저하, 열처리는 향상된다.

43. 탄소강에서 인(P)의 영향으로 맞는 것은?

① 냉간가공 시 균열이 생기기 쉽다.

② 연신율, 충격값을 증가시킨다.

③ 적열취성을 일으킨다.

④ 강도, 경도를 감소시킨다.

[해설] 탄소강에서 인(P)의 영향

(1) 강도, 경도를 증가시킨다.

(2) 결정립을 조대화시킨다.

(3) 연신율, 충격값을 감소시킨다.

(4) 냉간가공 시 균열(crack)이 생기기 쉽다.

(5) 상온취성의 원인이 된다.

44. 금속 탄화물의 분말형의 금속 원소를 프레스로 성형한 다음 이것을 소결하여 만든 합금으로 절삭공구에는 물론 다이 및 내열, 내마멸성이 요구되는 부품에 많이 사용되는 금속은?

① 초경합금　　　② 주조경질합금

③ 합금공구강　　④ 세라믹

[해설] 공구재료의 종류

(1) 탄소공구강(STC) : 절삭공구에 사용되는 탄소강은 상온 및 고온에서 경도가 높고 내마모성 및 인성이 크며 열처리가 용이하다. (담금질 : 760~820℃에서 수랭, 뜨임 : 150~200℃에서 공랭)

(2) 합금공구강(STS) : Ni, Si, W, Cr, Mo, V 등의 합금 원소를 첨가한 공구강

(3) 고속도강(SKH) : 0.8 %C에 W(18 %)-Cr (4 %)-V(1 %) 첨가하여 제조 일명 : 하이스 (HSS), 예열 : 800~900℃, 담금질 : 1250 ~1300℃, 뜨임 : 550~580℃

(4) 초경합금 : Co를 결합제로 고융점의 금속 탄화물(WC, TiC, TaC)을 소결시킨 합금으로 텅갈로이, 위디아 등이 있으며 절삭 공구, 다이스 등에 쓰인다.

(5) 세라믹 : Al_2O_3(알루미나)가 주성분, 충격에 약하고 비자성체, 절삭유로 사용되지 않는다.

(6) 주조경질합금 : W-Cr-Co-Mo을 주조한 합금(스텔라이트 : Co-Cr-W에서 Co가 주성분 40 %)

(7) 다이아몬드 : 비철금속의 정밀절삭용

정답 41. ②　42. ②　43. ①　44. ①

45. 탄소강에 미치는 인(P)의 영향에 대하여 가장 올바르게 표현한 것은?

① 강도와 경도는 증가시키나 고온취성이 있어 가공이 곤란하다.

② 인성과 내식성을 주는 효과는 있으나 청열취성을 준다.

③ 경화능이 감소하는 것 이외에는 기계적 성질에 해로운 원소이다.

④ 강도와 경도를 증가시키고 연신율을 감소시키며 상온취성을 일으킨다.

해설 탄소강에서 인(P)은 강도와 경도를 증가시키고 연신율(신장률)을 감소시키며 상온취성의 원인이 된다.

46. 강판 및 강관 제조를 위한 강괴에서 많이 볼 수 있는 결함이 아닌 것은?

① 수축관(shirinkage pipe)

② 기포(blow hole)

③ 백점(flakes)

④ 균열(crack)

해설 균열(crack)은 두께가 서로 다른 제품에서 많이 볼 수 있다.

47. 탄소함유량이 0.8 %가 넘는 고탄소강의 담금질 온도서 적당한 것은?

① 조직이 페라이트로 변할 때까지

② A_1 변태점 이상에서 충분히 가열

③ A_3 변태점 이상

④ A_{cm}선 이상

해설 담금질 온도

(1) 아공석강(0.025~0.8 %C) : A_3 변태점보다 30~50℃ 높게 가열 후 급랭

(2) 과공석강(0.8~2.11 %C) : A_1 변태점보다 30~50℃ 높게 가열 후 급랭

48. 탄소가 0.9 % 함유되어 있는 탄소강을 수중 냉각하였을 때 나타나는 조직은?

① 소르바이트   ② 펄라이트

③ 트루스타이트   ④ 마텐자이트

해설 담금질(quenching) 조직

(1) 수중 냉각 : 마텐자이트

(2) 유중 냉각 : 트루스타이트

(3) 공기중 냉각 : 소르바이트

(4) 노중 냉각 : 펄라이트

49. 담금질(quenching)의 냉각제에 대하여 설명한 것이다. 틀린 것은?

① 액온-비교적 낮은 쪽이 좋다.

② 비등점-낮은 편이 좋다.

③ 비열-큰 편이 좋다.

④ 열전도도-높은 편이 좋다.

해설 고온가열한 철강재를 물속에 넣으면 수증기가 발생하여 냉각효과를 감소시킨다. 이러한 현상을 방지하기 위해 소금물을 사용한다. 냉각제의 비등점이 낮으면 수증기가 빨리 발생하게 된다. 따라서 비등점은 높은 편이 좋다.

50. 철강의 열처리에서 상부 임계 냉각속도(upper critical cooling velocity)에서 마텐자이트가 나타나는 것은?

① Ar' 변태가 일어나는 냉각속도

② Ar'와 Ar'' 변태가 동시에 나타나는 냉각속도

③ Ar'' 변태가 나타나는 냉각속도

④ Ar'나 Ar'' 변태가 일어나지 않게 되는 냉각속도

해설 (1) Ar' 변태 : 오스테나이트 → 미세 펄라이트

(2) Ar'' 변태 : 오스테나이트 → 마텐자이트

※ 임계 냉각속도는 담금질 경화를 하는 데 필요한 최소의 냉각속도를 말한다. 100 % 마텐자이트 조직을 만드는 데 필요한 최소의 냉각속도를 상부 임계 냉각속도, 처음으로 마텐자이트 조직이 나타나기 시작하는 냉각속도를 하부 임계 냉각속도라고 한다.

정답 **45.** ④　**46.** ④　**47.** ②　**48.** ④　**49.** ②　**50.** ③

51. 다음 중 항온 열처리의 종류에 해당되지 않는 것은?

① 마템퍼링(martempering)
② 오스템퍼링(austempering)
③ 마퀜칭(marquenching)
④ 오스퀜칭(ausquenching)

[해설] 항온 열처리

(1) 오스템퍼링 : A'과 Ar″ 사이 염욕에 퀜칭하여 베이나이트(bainite) 조직을 얻는 열처리
(2) 마템퍼링 : 마텐자이트 + 베이나이트 조직(마텐자이트와 트루스타이트의 중간 조직)
(3) 마퀜칭 : 중간 담금질로 Ms점 직상으로 가열된 염욕에 담금질하는 것
(4) 항온뜨임

52. 강의 담금질(quenching) 조직 중에서 경도가 가장 높은 것은?

① 펄라이트   ② 오스테나이트
③ 페라이트   ④ 마텐자이트

[해설] 담금질 열처리의 경도 순서는 마텐자이트(M) > 트루스타이트(T) > 소르바이트(S) > 펄라이트(P) > 오스테나이트(A) > 페라이트(F)이다.

53. 다음 중 극히 짧은 시간(수초)으로 가열할 수 있고 피가역물의 스트레인(strain)을 최소한으로 억제하며 전자에너지의 형식으로 가열하여 표면을 경화시키는 방법은?

① 침탄법
② 질화법
③ 청화법
④ 고주파 표면경화법

[해설] 고주파 표면경화법 : 금속 재료의 표면에 고주파를 유도하여 담금질(퀜칭)하는 방법 (담금질 시간이 짧고 복잡한 형상에 사용)

54. 담금질 균열의 원인이 아닌 것은?

① 담금질 온도가 너무 높다.
② 냉각속도가 너무 빠르다.
③ 가열이 불균일하다.
④ 담금질하기 전에 노멀라이징을 충분히 했다.

[해설] 재료를 경화하기 위하여 급랭하면 재료 내부와 외부의 온도차에 의해 열응력과 변태 응력으로 인하여 내부변형 또는 균열이 일어나는데 이와 같이 갈라진 금을 담금질 균열(quenching crack)이라 하며 담금질할 때 작업 중이나 담금질 직후 또는 담금질 후 얼마되지 않아 균열이 생기는 경우가 대단히 많이 있다.

55. 다음 중 담금 균열을 방지할 수 있는 대책이 아닌 것은?

① 담금성능(hardenability)이 우수한 재질 선정
② 급열 급랭을 피할 것
③ 예리한 모서리나 단면의 불균일을 피할 것
④ 위험구역을 빠르게 냉각할 것

[해설] 담금 균열 방지 대책

(1) 급열 급랭을 피하고 서서히 냉각한다.
(2) 가능한 한 수랭을 피하고 유랭을 해야 한다.
(3) 유랭을 해서 충분한 담금질 효과를 가져올 수 있는 특수원소가 포함되어 있는 재료를 선택한다.
(4) 재료면의 스케일을 완전 제거하여 담금질액이 잘 접촉하게 한다.
(5) 예리한 모서리나 단면의 불균일을 피한다.

56. 금형의 표면과 중심부 또는 얇은 부분과 두꺼운 부분 등에서 담금질할 때 균열이 발생하는 가장 큰 이유는?

---

① 마텐자이트 변태 발생 시간이 다르기 때문에

② 오스테나이트 변태 발생 시간이 다르기 때문에

③ 트루스타이트 변태 발생 시간이 늦기 때문에

④ 소르바이트 변태 발생 시간이 빠르기 때문에

해설 오스테나이트 조직이 마텐자이트 조직으로 변하는 것을 마텐자이트 변태라 하며 Ar″ 변태라고도 한다. 이때 마텐자이트 변태가 시작되는 점을 Ms, 마텐자이트 변태가 종료(끝나는)되는 점을 Mf라 한다.

57. 특수강의 질량효과(mass effect)와 경화능에 관한 다음 설명 중 옳은 것은?

① 질량효과가 큰 편이 경화능을 높이고, Mn, Cr 등은 질량효과를 크게 한다.

② 질량효과가 큰 편이 경화능을 높이고, Mn, Cr 등은 질량효과를 작게 한다.

③ 질량효과가 작은 편이 경화능을 높이고, Mn, Cr 등은 질량효과를 크게 한다.

④ 질량효과가 작은 편이 경화능을 높이고, Mn, Cr 등은 질량효과를 작게 한다.

해설 질량효과(mass effect)가 작은 편이 경화능을 높이고, 망간(Mn), 크롬(Cr) 등은 질량효과를 작게 한다.

58. 게이지류나 측정공구를 만들 때 치수 변화를 없애기 위해 담금질한 강재를 실온까지 냉각한 후 계속해서 0℃ 이하의 온도로 냉각하여 잔류 오스테나이트를 적게 하는 열처리법은?

① 오스템퍼링　② 마퀜칭

③ 마템퍼링　④ 심랭처리

해설 서브제로(sub-zero)처리(=심랭처리): 잔류 오스테나이트(A)를 0℃ 이하로 냉각하여 마텐자이트화 하는 열처리

59. 다음 중 풀림의 목적이 아닌 것은?

① 내부응력 제거

② 인성 향상

③ 조직의 미세화

④ 경화된 재료의 연화

해설 풀림(annealing)의 목적
(1) 기계적 성질의 개선
(2) 경화된 재료를 연화(soft)시킴
(3) 내부응력 제거 및 인성 향상
※ 불림(normalizing)은 조대화된 조직을 표준화(미세화)시키는 열처리 방법이다.

60. 다음 중 강의 표준조직을 바르게 설명한 것은?

① Ac₃ 또는 Acm 변태점 온도 이상으로 가열하였다가 공기 중에서 냉각시켰을 때 나타나는 조직

② Ac₃ 또는 Acm 변태점 온도 이상으로 가열하였다가 기름 중에서 냉각시켰을 때 나타나는 조직

③ Ac₃ 또는 Acm 변태점 온도 이하로 가열하였다가 공기 중에서 냉각시켰을 때 나타나는 조직

④ Ac₃ 또는 Acm 변태점 온도 이하로 가열하였다가 노안에서 냉각시켰을 때 나타나는 조직

해설 탄소강의 표준조직: 강을 Ac₃ 또는 Acm 선 이상 40~50℃까지 가열 후 서랭시켜서 조직의 평준화를 기한 것으로 이때의 작업을 불림(normalizing)이라 한다.

61. 철강재료의 열처리에서 많이 이용되는 S곡선이란 어떤 것을 의미하는가?

① T.T.L 곡선　② S.C.C 곡선

③ T.T.T 곡선　④ S.T.S 곡선

해설 항온변태곡선=T.T.T 곡선(시간, 온도, 변태)=S곡선(C곡선)

62.
다음 그림은 C = 0.35 %, Mn = 0.37 %를 함유한 망간강의 항온변태곡선이다. 이 그림에 나타난 a의 현미경 조직은 어느 것인가?

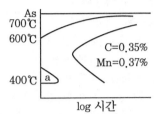

① 마텐자이트　　② 베이나이트
③ 오스테나이트　④ 펄라이트

[해설] 항온변태곡선

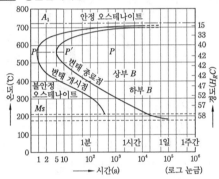

63.
하부 베이나이트(bainite) 조직과 유사한 침상 조직은?

① 페라이트(ferrite)
② 오스몬다이트(osmondite)
③ 소르바이트(sorbite)
④ 마텐자이트(martensite)

[해설] 항온변태곡선(T.T.T 곡선) 상·하부 베이나이트 조직은 마텐자이트(침상) 조직과 유사하다.

64.
Ms점과 Mf점 사이에서 항온처리하는 열처리 방법으로 마텐자이트와 베이나이트의 혼합 조직을 만드는 것은?

① 마템퍼링　　② 타임퀜칭
③ 오스템퍼링　④ 마퀜칭

[해설] 항온 열처리(isothermal heat treatment)
① 마템퍼링 : 베이나이트(B)와 마텐자이트(M)의 혼합 조직
② 마퀜칭 : 마텐자이트(M) 조직

65.
마템퍼링에 대한 설명으로 올바른 것은?

① Ms점 직상의 온도까지 급랭한 후 그 온도에서 변태를 완료시키는 것이다.
② 조직은 완전한 펄라이트가 된다.
③ Mf점 이하의 온도까지 급랭한 후 그 온도에서 변태를 완료시키는 것이다.
④ 조직은 베이나이트와 마텐자이트가 된다.

[해설] 마템퍼링 : Ar″점 부근, 즉 Ms점 이하 Mf점 이상을 이용한 것으로 오스테나이트 조직의 온도에서 Ms점(100~200℃) 이하로 열욕 담금질하여 뜨임 마텐자이트와 하부 베이나이트 조직으로 만드는 것

66.
베이나이트(bainite) 조직을 얻기 위한 항온 열처리 조작으로 가장 적합한 것은?

① 오스포밍　　② 마퀜칭
③ 오스템퍼링　④ 마템퍼링

[해설] 오스템퍼링(austempering) : 일명 하부 베이나이트 담금질이라고 부르며 오스테나이트 상태에서 Ar′와 Ar″의 중간 온도로 유지된 용융열욕 속에서 담금질하여 강인한 하부 베이나이트로 만든다. 또한, 담금질 변형과 균열을 방지하고 피아노선과 같이 냉간인발로 제조하는 과정에서 조직을 균일하게 하고 인발작업을 쉽게 하기 위한 목적으로 파텐팅 처리를 한다.

67.
강을 오스템퍼링(austempering) 처리하면 얻어지는 조직으로서 열처리 변형이 적고 탄성이 증가하는 조직은?

① 펄라이트　　② 마텐자이트
③ 베이나이트　④ 시멘타이트

[해설] (1) 오스템퍼링 : 하부 베이나이트 조직

을 얻는다.

  (2) 마템퍼링 : 마텐자이트와 베이나이트의 혼합 조직을 얻는다.

  (3) 마퀜칭 : 마텐자이트 조직을 얻는다.

68. 항온 열처리를 하여 마텐자이트와 베이나이트의 혼합 조직을 얻는 열처리는?

  ① 담금질   ② 오스템퍼링

  ③ 파텐팅   ④ 마템퍼링

  해설 마템퍼링 : Ms점과 Mf점 사이에서 항온 변태시킨 열처리로 마텐자이트와 베이나이트의 혼합 조직을 얻는다.

69. 질화법과 침탄법을 비교 설명한 것으로 틀린 것은?

  ① 침탄법보다 질화법이 경도가 높다.

  ② 침탄법은 침탄 후에도 수정이 가능하지만 질화법은 질화 후의 수정은 불가능하다.

  ③ 침탄법은 침탄 후에는 열처리가 필요 없고, 질화법은 질화 후에는 열처리가 필요하다.

  ④ 침탄법은 경화에 의한 변형이 생기며, 질화법은 경화에 의한 변형이 적다.

  해설 질화법과 침탄법의 비교

침탄법	질화법
경도가 낮다.	경도가 높다.
침탄 후 열처리(담금질)가 필요하다.	질화 후 열처리(담금질)가 필요 없다.
침탄 후에도 수정이 가능하다.	질화 후에도 수정이 불가능하다.
표면 경화 시간이 짧다.	표면 경화 시간이 길다.
변형이 크다.	변형이 적다.
침탄층이 단단하다(두껍다).	질화층이 여리다(얇다).

70. 표면경화법 중 가장 편리한 방법으로 고주파 유도전류에 의해 소요깊이까지 급

속히 가열한 다음, 급랭하여 경화시키는 방법은?

  ① 침탄법   ② 금속침투법

  ③ 질화법   ④ 고주파경화법

  해설 고주파경화법 : 표면경화할 재료의 표면에 코일을 감아 고주파, 고전압의 전류를 흐르게 하여 내부까지는 적열되지 않고 표면만 경화시키는 방법

71. 특수강은 대개 탄소강에 비해 가공하기 힘든 결점이 있다. 그 원인이 아닌 것은?

  ① 특수원소가 만드는 탄화물 때문에 고온에서도 단단하다.

  ② 복잡한 조직으로 인해 전위의 이동이 용이하지 않다.

  ③ 열전도율이 높으므로 가열 시 온도가 균일하게 된다.

  ④ 표면 산화막이 잘 떨어지지 않는다.

  해설 특수강(합금강)의 특징

  (1) 강도, 경도가 증가한다.

  (2) 내열성, 내식성이 증가한다.

  (3) 열처리가 가능하다.

  (4) 비중, 용융점, 열전도율이 낮다.

72. 크롬이 특수강의 재질에 미치는 가장 중요한 영향은?

  ① 결정립의 성장 저해 ② 내식성 증가

  ③ 저온취성 촉진   ④ 내마모성 저하

  해설 크롬(Cr)을 특수강에 첨가하면 경도, 강도, 내식성, 내열성, 내마멸성을 증대시킨다.

73. 다음 특수강의 목적 중 틀린 것은?

  ① 내마멸성, 내식성 개선

  ② 고온강도 저하

  ③ 절삭성 개선

  ④ 담금질성 향상

  해설 특수강(합금강)의 목적

정답 68. ④   69. ③   70. ④   71. ③   72. ②   73. ②

(1) 소성가공의 개량(절삭성 개선)
(2) 결정입도의 성장 방지
(3) 내마멸성, 내식성 개선
(4) 담금질성 향상
(5) 단접 및 용접이 쉽다.
(6) 물리적·기계적·화학적 성질 개선

74. 다음 중 Ni-Fe계 합금인 인바(invar)를 바르게 설명한 것은?

① Ni 35∼36 %, C 0.1∼0.3 %, Mn 0.4 %와 Fe의 합금으로 내식성이 우수하고, 상온 부근에서 열팽창계수가 매우 작아 길이 측정용 표준자, 시계의 추, 바이메탈 등에 사용된다.

② Ni 50 %, Fe 50 % 합금으로 초투자율, 포화자기, 전기저항이 크므로 저출력 변성기, 저주파 변성기 등의 자심으로 널리 사용된다.

③ Ni에 Cr 13∼21 %, Fe 6.5 %를 함유한 강으로 내식성, 내열성이 우수하여 다이얼게이지, 유량계 등에 사용된다.

④ Ni-Mo-Cr-Fe 등을 함유한 합금으로 내식성이 우수하다.

[해설] 인바(invar) : Ni 36 %를 함유하는 Fe-Ni 합금으로 상온에서 열팽창계수가 매우 작고 내식성이 대단히 좋으므로 줄자, 시계의 진자, 바이메탈 등에 쓰인다.

75. 탄소공구강 재료의 구비 조건으로 틀린 것은?

① 상온 및 고온경도가 클 것
② 내마모성이 작을 것
③ 가공 및 열처리성이 양호할 것
④ 강인성 및 내충격성이 우수할 것

[해설] 탄소공구강(STC)의 구비 조건
 (1) 상온 및 고온경도가 클 것
 (2) 내마모성이 클 것

(3) 강인성 및 내충격성이 클 것
(4) 가공 및 열처리가 양호할 것
(5) 마찰계수가 작을 것
(6) 제조, 취급, 구입이 용이할 것

76. 특수강에 포함된 Ni 원소의 영향으로 틀린 것은?

① 마텐자이트 조직을 안정화시킨다.
② 담금질성이 증대된다.
③ 저온취성을 방지한다.
④ 내식성이 증가한다.

[해설] 특수강에 포함된 Ni의 영향 : 강인성, 내식성, 내산성 증가, 담금질성 증대, 저온취성 방지, 페라이트 조직 안정화

77. 특수강 중에 자경강(self-hardening steel)이란 무엇인가?

① 담금질에 의해서 경화되는 강
② 뜨임에 의해서 경화되는 강
③ 공랭정도로 경화되는 강
④ 극히 서랭에 의해 경화되는 강

[해설] 자경성 : 담금질 온도에서 대기 중에 방랭하는 것만으로도 마텐자이트 조직이 생성되어 단단해지는 성질로 Ni, Cr, Mn 등의 특수강에서 볼 수 있는 현상이다.

78. 니켈-크롬강에 이 원소를 첨가시키면 강인성을 증가시키고 질량효과를 감소시키며, 뜨임메짐을 방지하는 데 가장 적합한 이 원소의 명칭은?

① Mn   ② Mo
③ V   ④ W

[해설] Ni-Cr강 : 1.0∼1.5 % Ni를 첨가하여 점성을 크게 한 강으로 담금질성이 극히 좋다. 550∼580℃에서 뜨임메짐이 발생하는데, 이를 방지하기 위해 Mo, V, W을 첨가한다. 이 중에서 Mo이 가장 적합한 원소이다.

79. 합금공구강 중 담금질 변형이 적고 1000℃까지 내열성이 있어 내연기관의 밸브로 사용되는 재료는?

① W강   ② V강

③ B강   ④ Si-Cr강

[해설] 탄소강에 공구강 Si-Cr을 합금시킨 강을 Si-Cr강이라 하며 Si-Cr강은 담금질 변형이 적고 1000℃까지 내열성이 있어 내연기관의 밸브로 쓰이며 Cr 첨가로 담금질 경도가 높아서 공구강으로도 사용된다.

80. 저망간강으로 항복점과 인장강도가 큰 것을 무엇이라 하는가?

① 하드필드강   ② 쾌삭강

③ 불변강   ④ 듀콜강

[해설] 저망간강(pearlite 망간강, 1~2 % Mn)으로 항복점과 인장강도가 대단히 크며, 고력강도강으로 차량, 건축 등 구조용강에 사용되며 듀콜강(ducol steel)이라고도 한다.

81. 강의 쾌삭성을 증가시키기 위하여 첨가하는 원소는?

① Pb, S   ② Mo, Ni

③ Cr, W   ④ Si, Mn

[해설] 쾌삭강(free cutting steel) : 공작기계의 고속, 고능률화에 따라 생산성을 높이고 가공재료의 피절삭성, 제품의 정밀도 및 절삭공구의 수명 등을 향상시키기 위하여 탄소강에 S, Pb, P, Mn을 첨가하여 개선한 구조용 특수강

82. 다음 중 스프링강의 기호로 맞는 것은?

① SPS   ② SUS

③ SKH   ④ STB

[해설] SPS(스프링강), STD(다이스강), SKH(고속도강), STC(탄소공구강), STS(합금공구강)

83. 금형 부품 용도로 사용되고 있는 스프링강의 설명 중 틀린 것은?

① 탄성한도가 높고 피로에 대한 저항이 크다.

② 소르바이트 조직으로 비교적 경도가 높다.

③ 정밀한 고급 스프링 재료에는 Cr-V강을 사용한다.

④ 탄소강에 납(Pb), 황(S)을 많이 첨가시킨 강이다.

[해설] 탄소강에 납(Pb), 황(S)을 첨가시킨 강은 쾌삭강(free cutting steel)으로 기계적 절삭성을 향상시킨 강이며, 납쾌삭강과 황쾌삭강이 있다.

84. 다음 중 STC에 관한 설명이 잘못된 것은?

① STC는 탄소공구강이다.

② 인(P)과 황(S)의 양이 적은 것이 양질이다.

③ 주로 림드강으로 만들어진다.

④ 탄소의 함량이 0.6~1.5 % 정도이다.

[해설] 탄소공구강(STC)
(1) STC는 탄소공구강이다.
(2) 탄소의 함량이 0.6~1.5 % 정도이다.
(3) 인(P)과 황(S)의 양이 적은 것이 양질 재료다.
(4) 킬드강(killed steel)으로 만들어진다.

85. 다음 합금 중 톱날이나 줄의 재료로 가장 적합한 재료는?

① 스테인리스강   ② 저탄소강

③ 고탄소강   ④ 구상흑연주철

[해설] 고탄소강 : 탄소강에 0.5 % 이상 탄소를 함유하고 있는 강으로 주로 줄(file), 정, 쇠톱날, 끌 등의 재질로 사용된다.

86. 고속도강(SKH)의 담금질 온도로 가장 적당한 것은?

① 720℃   ② 910℃

정답   79. ④   80. ④   81. ①   82. ①   83. ④   84. ③   85. ③   86. ③

③ 1250℃   ④ 1590℃

해설 고속도강(SKH)

(1) 예열 : 800~900℃

(2) 담금질 : 1260~1300℃(1차 경화)

(3) 뜨임 : 550~580℃(2차 경화)

87. 다음 중 고속도 공구강의 성질로 요구
되는 사항과 가장 먼 항목은 ?

① 내충격성   ② 고온경도

③ 전연성   ④ 내마모성

해설 전연성이란 재료를 가느다란 선과 같이
늘릴 수 있는 성질이므로 공구강은 전연성
이 있으면 안 된다.

※ 전성 : 판과 같이 얇게 펼 수 있는 성질

88. 다음 고속도강의 특징을 설명한 것 중
옳지 못한 것은 ?

① 열처리에 의하여 뚜렷하게 경화하는
성질이 있다.

② 내마모성이 크다.

③ 마텐자이트가 안정되어 600℃까지는
고속으로 절삭이 가능하다.

④ 절삭성은 우수하나 경도, 강도는 탄소
강만 못하다.

해설 탄소공구강의 단점을 보완하기 위한 것
이 합금공구강이므로 고속도강이 탄소강보
다 강도, 경도가 강하다.

89. 산화알루미나(Al_2O_3)를 주성분으로 하
며 철과 친화력이 없고, 열을 흡수하지 않
으므로 공구를 과열시키지 않아 고속 정밀
가공에 적합한 공구의 재질은 ?

① 세라믹

② 인코넬

③ WC계 초경합금

④ TiC계 초경합금

해설 세라믹(ceramics) 공구

(1) 주성분 : 산화알루미나(Al_2O_3)

(2) 내열, 고온경도, 내마모성이 크다.

(3) 충격에 약하다(1200℃까지 경도 변화가
없다).

(4) 구성인선(built up edge)이 발생하지 않
는다.

(5) 절삭속도 : 300 m/min 정도

90. 스테인리스강을 조직상으로 분류한 것
중 옳지 않은 것은 ?

① 시멘타이트계

② 오스테나이트계

③ 마텐자이트계

④ 페라이트계

해설 스테인리스강의 금속 조직상 분류

(1) 페라이트계(13Cr계 스테인리스강)

(2) 오스테나이트계(18Cr-8Ni 스테인리스강)

(3) 마텐자이트계(Cr 11.5~18 % 스테인리
스강)

91. 다음 ( ) 안에 알맞은 것은 ?

─── 〈보 기〉 ───

페라이트계 스테인리스강은 내식성을 높이기
위하여 탄소함유량을 낮게 하고 ( )함유량을
높이며, 몰리브덴 등을 첨가하여 개선한다.

① Cr   ② Mn

③ P   ④ S

92. 18-8 스테인리스강에서 입계부식의 원
인은 ?

① 인화물 석출   ② 질화물 석출

③ 탄화물 석출   ④ 규화물 석출

해설 18-8 스테인리스강(오스테나이트계 스
테인리스강)에서 입계부식의 원인은 결정입
계부근의 Cr원자가 C원자와 결합해서 70 %
Cr 이하의 크롬탄화물(Cr_4C)을 형성하므로
결정입계부근의 조직은 Cr 12 % 이하의 Cr
농도가 되어 그 부분이 결정립의 내부조직
에 비하여 양극적으로 작용하는 데 있다.

정답 87. ③   88. ④   89. ①   90. ①   91. ①   92. ③

93. 다음 중 불변강의 종류가 아닌 것은?

① 인바　　　　　② 코엘린바

③ 쾌스테르바　　④ 엘린바

[해설] 불변강이란 주위의 온도가 변하더라도 재료가 가지는 열팽창계수, 탄성계수 등이 변하지 않는 강이다.

(1) 인바(invar)

(2) 초인바(super inver)

(3) 엘린바(elinvar)

(4) 코엘린바(coelinvar)

(5) 플래티나이트(platinite)

(6) 퍼멀로이(permalloy)

94. 탄소강에 약 30~36 %를 첨가하여 주위의 온도가 변해도 선팽창계수나 탄성률이 변하지 않는 불변강에 합금되는 원소로 가장 적합한 것은?

① Al　　　　　② Ni

③ Zn　　　　　④ Cu

[해설] 엘린바(elinvar) : Fe 52 %-Ni 36 %-Cr 12 % 합금으로서 온도 변화에 따른 탄성계수가 거의 변화하지 않고 열팽창계수도 작아 고급시계, 정밀저울의 스프링이나 정밀기계의 부품 등에 사용한다.

95. 다음 중 KS 기호가 STD로 표기되는 강재는?

① 탄소공구강　　② 초경구강

③ 다이스강　　　④ 고속도강

[해설] 탄소공구강(STC), 다이스강(STD), 고속도강(SKH)

96. 다음 금형재료 중 공랭처리에서도 담금질이 가능한 강은?

① STC3　　　　② STS3

③ STD11　　　④ SM25C

[해설] 합금공구용 다이스강(STD11) : 금형용 다이 소재로 상온, 고온에서도 경도가 뛰어나다.

97. 열간가공용 합금공구강인 STD61의 담금 온도 및 냉각 방법이 옳게 된 것은?

① 1000~1050℃, 공랭

② 900~1000℃, 유랭

③ 900~1000℃, 공랭

④ 900~1000℃, 수랭

[해설] 열간가공용 합금공구강(STD61)

(1) 고탄소강+Cr, W, Mo, V

(2) 담금질 온도 : 1000~1050℃(공랭)

(3) 용도 : 다이캐스팅 형틀, 프레스 형틀

98. 18-8형 스테인리스강의 주성분은?

① 크롬 18 %, 니켈 8 %

② 니켈 18 %, 크롬 8 %

③ 티탄 18 %, 니켈 8 %

④ 크롬 18 %, 티탄 8 %

[해설] 18-8형 스테인리스강은 오스테나이트 조직을 갖는 스테인리스강으로 주성분은 크롬(Cr) 18 %-니켈(Ni) 8 %이며 비자성체로 용접성이 우수하다.

99. 공정주철(eutectic cast iron)의 탄소 함량으로 적합한 것은?

① 4.3 %　　　　② 4.3 % 이상

③ 2.11~4.3 %　④ 0.86 % 이하

[해설] 주철의 분류

(1) 아공정주철 : 2.11~4.3 %C

(2) 공정주철 : 4.3 %C

(3) 과공정주철 : 4.3~6.68 %C

100. 주철 중에 함유되는 유리탄소라는 것은?

① Fe_3C(cementite)　② 화합탄소

③ 전탄소　　　　　　④ 흑연

[해설] 주철 중 탄소의 형상

(1) 유리탄소(흑연) : Si가 많고 냉각속도가 느릴 때, 회주철(연하다)

(2) 화합탄소(Fe_3C) : Mn이 많고 냉각속도가

빠를 때, 백주철(단단하다)

(3) 전탄소 : 유리탄소(흑연) + 화합탄소(Fe_3C)

101. 주철의 성장을 방지하는 일반적인 방법이 아닌 것은?

① 흑연을 미세하게 하여 조직을 치밀하게 한다.

② C, Si량을 감소시킨다.

③ 탄화물 안정원소인 Cr, Mn, Mo, V 등을 첨가한다.

④ 주철을 720℃ 정도에서 가열, 냉각시킨다.

해설 주철의 성장을 방지하는 방법

(1) 흑연의 미세화로써 조직을 치밀하게 한다.

(2) C 및 Si량을 적게 한다.

(3) 탄화안정원소인 Cr, Mn, Mo, V 등을 첨가하여 펄라이트 중의 Fe3C 분해를 막는다.

(4) 편상 흑연을 구상화시킨다.

④는 주철의 성장 원인에 해당한다.

102. 강한 주철을 얻기 위해서는 다음과 같은 조건이 필요하다. 틀린 것은?

① Si 함량을 증가시킨다.

② 전탄소량을 적게 한다.

③ 강도가 허용되는 한 흑연의 함유량을 적게 한다.

④ 흑연의 형상을 미세하고 균일하게 분포시킨다.

해설 Si의 영향 : Si는 주철에서 강력한 흑연화 촉진제로 흑연의 생성을 조장함으로 유동성을 증가시키고 주조성을 개선하나 Si의 함유량이 3%를 넘으면 오히려 주철의 강도, 인성, 연성이 저하된다.

103. 주철은 함유하는 탄소의 상태와 파단면의 색에 따라 3종으로 분류되는데 다음 중 아닌 것은?

① 회주철(grey cast iron)

② 백주철(white cast iron)

③ 반주철(mottled cast iron)

④ 합금주철(alloyed cast iron)

해설 주철의 파단면 색에 따른 분류

(1) 회주철 : 탄소가 흑연상태로 존재하며 파단면이 회색(유리탄소)

(2) 백주철 : 탄소가 시멘타이트 상태로 존재(화합탄소)

(3) 반주철 : 회주철과 백주철의 중간

104. 주로 표면이 시멘타이트(Fe_3C) 조직으로서 경도가 높고, 내마멸성과 압축강도가 커서 기차의 바퀴, 분쇄기의 롤 등에 많이 쓰이는 주철은?

① 가단주철

② 구상 흑연 주철

③ 미하나이트 주철

④ 칠드 주철

해설 칠드 주철(chilled cast iron) : 주철을 두꺼운 금형에 주입하면 금형에 접촉된 표면 부분은 급랭되어 백색의 매우 굳고 마멸에 견디는 시멘타이트(Fe_3C) 조직으로 되며 내부는 서서히 냉각되므로 흑연 양이 많아 인성이 풍부한 회주철이 된다. 이와 같은 표면의 경화층을 칠(chill)층이라 한다.

105. 제강용 롤, 분쇄기 롤, 제지용 롤 등에 이용되는 가장 적당한 주철은?

① 칠드 주철

② 구상 흑연 주철

③ 회주철

④ 펄라이트 주철

해설 칠드 주철 : 표면을 급랭하여 만든 주철로 표면은 마멸과 압축에 견딜 수 있도록 백주철로 되어 있고 내부는 연성을 가지도록 회주철로 되어 있으며, 제강기 롤, 기차바퀴, 분쇄기 롤 등의 부품에 이용된다.

정답 101. ④ 102. ① 103. ④ 104. ④ 105. ①

106. 구상 흑연 주철에서 흑연을 구상으로 만드는 데 사용하는 원소는?

① Ni ② Ti
③ Mg ④ Cu

[해설] 흑연을 구상화시키는 원소 : Mg, Ce, Ca

107. 강력하고 인성이 있는 기계주철 주물을 얻으려고 할 때 주철 중의 탄소를 어떠한 상태로 하는 것이 가장 적합한가?

① 구상 흑연
② 유리의 편상 흑연
③ 탄화물(Fe₃C)의 상태
④ 입상 또는 괴상 흑연

[해설] 구상 흑연 주철 : 보통 주철(편상 흑연)을 용융 상태에서 Mg, Ce, Ca 등을 첨가하여 흑연을 구상화한 것으로 강인하고, 주조 상태에서 구조용 탄소강이나 주강에 가까운 기계적 성질을 얻을 수 있다.

108. 구상 흑연 주철에서 페이딩(fading) 현상이란 다음 중 어느 것을 말하는가?

① 구상화 처리 후 용탕 상태로 방치하면 흑연 구상화의 효과가 소멸하는 것이다.
② Ce, Mg 첨가에 의하여 구상 흑연화를 촉진하는 것이다.
③ 두께가 두꺼운 주물이 흑연 구상화 처리 후에도 냉각속도가 늦어 편상 흑연 조직으로 되는 것이다.
④ 코크스비를 낮추어 고온 용해하므로 용탕에 산소 및 황의 성분이 낮게 되는 것이다.

[해설] 페이딩(fading) 현상 : 구상화 처리 후 흑연 구상화의 효과가 소실되는 현상. 즉, 다시 편상 흑연 주철로 복귀되는 현상

109. 다음 중 가단주철을 설명한 것으로 가장 적합한 것은?

① 기계적 특성과 내식성, 내열성을 향상시키기 위해 Mn, Si, Ni, Cr, Mo, V, Al, Cu 등의 합금원소를 첨가한 것이다.
② 탄소량 2.5% 이상의 주철을 주형에 주입한 그 상태로 흑연을 구상화한 것이다.
③ 표면을 칠(chill)상에서 경화시키고 내부조직은 펄라이트와 흑연인 회주철로 해서 전체적으로 인성을 확보한 것이다.
④ 백주철을 고온도로 장시간 풀림해서 시멘타이트를 분해 또는 감소시키고 인성이나 연성을 증가시킨 것이다.

[해설] 가단주철(malleable cast iron) : 주철의 결점인 여리고 약한 인성을 개선하기 위하여 먼저 백주철의 주물을 만들고 이것을 장시간 열처리하여 탄소의 상태를 분해 또는 소실시켜 인성 또는 연성을 증가시킨 주철

110. 흑심 가단주철의 2단계 풀림의 목적으로 가장 옳은 것은?

① 유리 시멘타이트의 흑연화
② 펄라이트 중의 시멘타이트의 흑연화
③ 흑연의 구상화
④ 흑연의 치밀화

[해설] 흑심 가단주철 : 시멘타이트(Fe₃C)의 흑연화가 주목적
(1) 제1단계 풀림 : 유리 시멘타이트를 850~950℃에서 30~40시간 유지시켜 흑연화
(2) 제2단계 풀림 : A₁ 변태점 바로 아래인 680~720℃까지 서랭 후 30~40시간 유지하여 펄라이트 중의 시멘타이트를 흑연화

111. 주철의 특성 중 틀린 것은?

① 주조성이 우수하다.
② 복잡한 형상도 쉽게 제작할 수 있다.
③ 가격이 싸도 널리 사용된다.
④ 인장강도가 강에 비해 우수하다.

[해설] 주철(cast iron)의 장점
  (1) 주조성이 우수하여 크고 복잡한 것도 제작이 가능하다.
  (2) 가격이 저렴하다.
  (3) 표면은 굳고 녹슬지 않으며 칠도 잘된다.
  (4) 마찰저항이 우수하고 절삭가공이 쉽다.
  (5) 인장강도, 휨강도 및 충격값은 작으나 압축강도는 크다.
  (6) 매설관으로 많이 사용된다.

112. 켈밋 합금(kelmet alloy)에 대한 사항 중 옳은 것은?

① Pb-Sn 합금, 저속 중하중용 베어링 합금
② Cu-Pb 합금, 고속 고하중용 베어링 합금
③ Sn-Sb 합금, 인쇄용 활자 합금
④ Zn-Al-Cu 합금, 다이캐스팅용 합금

[해설] 켈밋(kelmet)합금 : Cu + Pb 30~40 %, 고속고하중의 베어링용

113. 대량생산하는 부품이나 시계용 기어와 같은 정밀 가공을 요하는 것으로 황동에 Pb 1.5~3.0 %를 첨가한 합금은?

① 쾌삭 황동
② 강력 황동
③ 델타메탈
④ 애드미럴티 황동

[해설] (1) 쾌삭 황동 : 6 · 4 황동 + Pb 1.5~3.0 %
    (나사, 볼트 재료)
  (2) 강력 황동 : 6 · 4 황동 + Mn, Fe, Ni, Al, Sn 첨가
  (3) 델타메탈(철황동) : 6 · 4 황동 + Fe 1~2 %
  (4) 애드미럴티 황동 : 7 · 3 황동 + Sn 1 %

114. Al-Si계 합금 평형 상태도에서 나타나는 반응은?

① 공석반응   ② 공정반응
③ 편정반응   ④ 포정반응

[해설] 실루민(silumin) : Al-Si계 합금으로 주조성은 좋으나 절삭성은 나쁘다. 평형 상태도에서 공정반응(1145℃)이 나타나며 알팩스(alpax)라고도 한다.

115. 6 · 4 황동의 특성을 설명한 것으로 가장 올바른 것은?

① $\alpha + \beta$ 조직, 가공성이 좋음, 강력하지 못함
② $\alpha + \gamma$ 조직, 가공성 불량, 강력함
③ $\alpha + \gamma$ 조직, 가공성 불량, 탈아연 부식을 일으킴
④ $\alpha + \beta$ 조직, 강력하나 내식성이 다소 낮고, 탈아연 부식을 일으킴

[해설] 6 · 4 황동(문츠메탈) : Cu 60 % + Zn 40 %, 조직이 $\alpha + \beta$이므로 상온에서의 7-3 황동에 비해 전연성은 낮으나 인장강도는 크다. 아연 함량이 많으므로 가격은 황동 중에서 가장 저렴하며 가장 많이 사용된다. 고온가공하여 상온에서 판, 봉 등으로 만들며, 내식성이 낮고 탈아연부식을 일으키기 쉬우나 강력하다. 일반 판금용으로 많이 사용되며 자동화 부품, 열교환기, 탄피 등에 사용된다.

116. 다음 양은에 대한 설명 중 잘못된 것은?

① 전기저항이 높고, 내열, 내식성이 좋다.
② 담금질 후 시간 경과와 더불어 경화한다.
③ 황동에 니켈 10~20 % 정도 첨가한 것이다.
④ 니켈은 주조성 및 단조성을 좋게 한다.

[해설] 양은(nickel silver) : 구리에 니켈과 아연을 섞어 만든 합금으로 색깔은 은(Ag)과 비슷하여 가구, 장식용, 악기, 기타 은그릇 대용으로 사용(식기 및 동전)
  ※ 양은에서 아연을 뺀 것, 즉 구리에 니켈만 합금한 것은 백동이라 불린다.

정답 112. ② 113. ① 114. ② 115. ④ 116. ④

117. Al 합금의 열처리법이 아닌 것은?

① 용체화처리　　② 인공시효처리
③ 풀림　　　　　④ 노멀라이징

해설 Al 합금의 열처리
(1) 용체화처리 : 금속재료를 석출경화시키기
위한 열처리
(2) 시효경화 : 시간의 경과에 따라 합금의
성질이 변하는 것
(3) 풀림(어닐링) : 내부응력 제거 및 연화

118. 다음 중 기계재료를 석출경화시키기
위해서는 어떠한 예비처리가 가장 필요한
가?

① 노멀라이징　　② 파텐팅
③ 마퀜칭　　　　④ 용체화처리

해설 (1) 석출경화(precipitation hardening) :
시효처리에 의해 형성되는 미세분산 석출
상에 의한 경화를 석출경화라고 한다(과
포화 상태의 고용체가 분해되면서 강도가
높아지는 현상으로 합금의 강도를 높이는
데 쓰인다.
(2) 고용화열처리(solution treatment) : 고
용한도 이상의 온도로 가열해서 석출물을
고용시킨 다음 급랭하여 석출을 저지하고
과포화 고용체를 얻는 열처리로 용체화처
리라고도 한다.

119. 베어링에 사용되는 구리 합금인 켈
밋의 주성분은?

① 구리-주석　　② 구리-납
③ 구리-알루미늄　④ 구리-니켈

해설 켈밋(kelmet) : 구리(Cu)에 30~40 %의
납(Pb)을 첨가한 합금이며, 고속·고하중
용 베어링으로 항공기, 자동차 등에 널리
사용된다.

120. 특수 청동 중 열전대 및 뜨임시효 경
화성 합금으로 사용되는 것은?

① 인청동　　　　② 알루미늄 청동

③ 베릴륨 청동　　④ 니켈 청동

해설 니켈 청동(nickel bronze) : Cu-Ni계에 Al,
Zn, Mn 등을 적당량 첨가한 합금으로 고온
에서 강도가 크며 내식성이 우수하다. 시효
경화성 합금으로 사용되는 것이 보통이다.

121. 포금(gun metal)은 대포의 포신으로
내식성이 좋은 금속이다. 이것의 주성분
은?

① Cu, Sn, Zn　　② Cu, Zn, Ni
③ Cu, Al, Sn　　④ Cu, Ni, Sn

해설 포금(gun metal) : Cu 88 %+Sn 10 %+
Zn 2 % 청동의 일종으로 적재량이 크고 속
력이 느릴 때 사용되는 기어나 베어링에 쓰
인다. 내식성과 내마모성이 뛰어나므로 밸
브, 콕, 톱니바퀴, 플랜지 등에 많이 사용되
었으며, 옛날에는 오로지 포신 재료로만 사
용되었다.

122. 구리 합금 중에서 가장 높은 경도와
강도를 가지며, 피로한도가 우수하여 고
급 스프링 등에 쓰이는 것은?

① Cu-Be 합금　　② Cu-Cd 합금
③ Cu-Si 합금　　④ Cu-Ag 합금

해설 Be 청동(Cu+Be 2~3 %) : 구리 합금 중
에서 가장 높은 강도와 경도를 가진다. 경
도가 커서 가공하기 어렵지만 강도, 내마모
성, 내피로성, 전도율 등이 좋으므로 베어
링, 기어, 고급 스프링, 공업용 전극 등에
쓰인다.

123. 주물용 알루미늄(Al) 합금 중 시효경
화되지 않는 것은?

① 라우탈(lautal)
② Y합금
③ 실루민(silumin)
④ 로엑스(Lo-Ex) 합금

해설 (1) 실루민 : Al-Si계 합금, 주조성은 좋
으나 절삭성은 좋지 않다.

정답 117. ④　118. ④　119. ②　120. ④　121. ①　122. ①　123. ③

(2) Y합금 : Al-Cu-Ni-Mg계 합금(내열합금), 주로 내연기관의 피스톤, 실린더에 사용

(3) 라우탈 : Al-Cu-Si계 합금, 주조균열이 적어 두께가 얇은 주물의 주조와 금형주조에 적합하다.

(4) 로엑스(Lo-Ex) 합금 : Al-Si계에 Cu, Mg, Ni를 1 % 첨가

(5) 코비탈륨 : Y합금+0.5 %(Cu+Ti)

124. 실용금속 중 비중이 가장 작아 항공기 부품이나 전자 및 전기용 제품의 케이스 용도로 사용되고 있는 합금 재료는?

① Ni 합금　　　　② Cu 합금

③ Pb 합금　　　　④ Mg 합금

해설 마그네슘(Mg)

(1) 비중 1.74로서 실용금속 중 가장 가볍다.

(2) 절삭성은 좋으나 250℃ 이하에서는 소성가공성이 나쁘다.

(3) 산류, 염류에는 침식되나 알칼리에는 강하다.

(4) 용도 : 항공기 부품, 전자 전기용 제품의 케이스용, 자동차 재료

(5) 용융점 : 650℃

(6) 구상흑연주철의 첨가재로 사용된다.

125. 다음 중 ESD(Extra Super Duralumin) 합금계는?

① Al-Cu-Zn-Ni-Mg-Co

② Al-Cu-Zn-Ti-Mn-Co

③ Al-Cu-Sn-Si-Mn-Cr

④ Al-Cu-Zn-Mg-Mn-Cr

해설 초초두랄루민(ESD : Extra Super Duralu-min) : Al-Cu-Mg-Mn-Zn-Cr계 고강도 합금으로 항공기 재료에 사용된다.

126. 구리에 65~70 % Ni을 첨가한 것으로 내열·내식성이 우수하므로 터빈 날개, 펌프 임펠러 등의 재료로 사용되는 합금은?

① 콘스탄탄　　　　② 모넬메탈

③ Y합금　　　　　④ 문츠메탈

해설 모넬메탈(monel matal)

(1) Cu-Ni 65~70 %을 함유한 합금이며 내열성, 내식성, 내마멸성, 연신율이 크다.

(2) 주조 및 단련이 쉬우므로 고압 및 과열 증기밸브, 터빈날개(blade), 펌프 임펠러(회전차), 화학기계 부품 등의 재료로 널리 사용된다.

127. 40~50 % Ni을 함유한 합금이며, 전기저항이 크고 저항온도 계수가 작으므로 전기저항선이나 열전쌍의 재료로 많이 쓰이는 Ni-Cu 합금은?

① 엘린바　　　　　② 라우탈

③ 콘스탄탄　　　　④ 인바

해설 콘스탄탄 : Cu 55 %+Ni 45 % 합금(열전쌍 재료)

128. 구리-니켈계 합금에 소량의 규소를 첨가한 것으로 강도와 전기전도가 높아 통신선과 전화선에 사용되는 합금은?

① 암즈청동　　　　② 켈밋

③ 콜슨합금　　　　④ 포금

해설 콜슨합금(corson alloy) : Cu+Ni 4 %+Si 1 %, 인장강도 1050 MPa(전기전도도가 높아 통신선과 전화선으로 사용되는 합금이다.)

129. 합금 주철에서 강한 탈산제인 동시에 흑연화를 촉진하며 주철의 성장을 저지하고 내마모성을 향상시키는 원소는?

① 니켈　　　　　　② 티탄

③ 몰리브덴　　　　④ 바나듐

해설 티탄(Ti) : 강한 탈산제인 동시에 흑연화 촉진제로서 오히려 많은 양을 첨가하면 흑연화를 방지하기도 한다. 내열·내식성이 좋고, 전기전도도에는 유해하며, 주철의 성장을 저지하고 내마모성을 향상시킨다. 비중(4.5), 용융점(1730℃)

130. 배빗메탈이라고도 하는 베어링용 합
금인 화이트 메탈의 주요 성분으로 옳은
것은?

① Pb-W-Sn   ② Fe-Sn-Cu

③ Sn-Sb-Cu   ④ Zn-Sn-Cr

해설 배빗메탈(babbit metal) 주성분 : Sn(주석)
-Sb(안티몬)-Zn(아연)-Cu(구리)

131. 오일리스 베어링과 관계없는 것은?

① 구리와 납의 합금이다.

② 기름 보급이 곤란한 곳에 적당하다.

③ 너무 큰 하중이나 고속 회전부에는 부
적당하다.

④ 구리, 주석, 흑연의 분말을 혼합 성형
한 것이다.

해설 오일리스 베어링(oilless bearing)

(1) Cu+Sn+흑연 분말을 혼합 성형

(2) 기름 보급이 곤란한 곳에 적당

(3) 고속중하중용에는 부적당

(4) 용도 : 식품기계, 인쇄기계, 가전제품

132. 다음에서 설명하는 신소재는 무엇인
가?

───── 〈보 기〉 ─────

• 일정한 온도에서 형성된 자기 본래의 모양
을 기억하고 있어서 변형을 시켜도 그 온도
가 되면 본래의 모양으로 되돌아가는 성질

• 우주선 안테나, 전투기의 파이프 이음, 치
열 교정기, 여성의 속옷 와이어

① 형상기억합금   ② 액정

③ 초전도체   ④ 파인 세라믹스

해설 형상기억합금(shape memory alloy)이란
변형 전의 모습을 기억하고 있다가 일정한
온도에서 원래의 모양으로 되돌아가는 합금
을 말한다.

133. 다음 합금 중 고체 음이나 고체 진동
이 문제가 되는 경우 음원이나 진동원을
사용하여 공진, 진폭, 진동속도를 감쇠시
키는 합금은?

① 초소성 합금   ② 초탄성 합금

③ 제진 합금   ④ 초내열 합금

해설 제진합금(damping alloy)이란 진동의 발
생원 및 고체 진동 자체를 감소시키는 합금
이다.

134. 다음 (가)~(다)는 열경화성 수지의 내용
이다. 보기에서 골라 바르게 짝지은 것은?

┌─────────────────────────────┐
│ (가) 내열성이 좋고, 전기 절연성이 우수하여 │
│ 　 전기기기, 가전제품, 자동차 부품 등에 쓰 │
│ 　 이며, 특히 베이클라이트가 있다. │
│ (나) 가공성과 착색성이 좋고 외관이 아름다워 │
│ 　 진열 상자, 단추, 가전제품 등에 사용 │
│ (다) 내열성, 절연성, 가공성이 우수하여 절연 │
│ 　 체, 도료 등에 사용 │
└─────────────────────────────┘

───── 〈보 기〉 ─────

ㄱ. 규소계 수지

ㄴ. 요소계 수지

ㄷ. 페놀계 수지

① (가)-ㄱ, (나)-ㄴ, (다)-ㄷ

② (가)-ㄱ, (나)-ㄷ, (다)-ㄴ

③ (가)-ㄷ, (나)-ㄱ, (다)-ㄴ

④ (가)-ㄷ, (나)-ㄴ, (다)-ㄱ

135. 다음 중 열가소성 수지가 아닌 것은?

① 폴리에틸렌 수지   ② 염화비닐 수지

③ 폴리스티렌 수지   ④ 멜라민 수지

해설 열가소성 수지 : 상온에서 탄성을 지니며
변형하기 어려우나 가열하면 유동성을 가지
게 되어 여러 가지 모양으로 가공할 수 있는
합성수지로 종류에는 폴리에틸렌 수지, 폴
리프로필렌 수지, 폴리스티렌 수지, 염화비
닐 수지, 폴리아미드 수지, 폴리카보네이트
수지, 아크릴로니트릴부타디엔스티렌 수지
등이 있다.

136. 플라스틱의 특성으로 옳지 않은 것은?

① 원하는 복잡한 형상으로 가공이 가능하다.

② 무겁고 연하다.

③ 녹이 잘 슬지 않는다.

④ 절연성이 우수하다.

[해설] 플라스틱의 특성

(1) 원하는 복잡한 형상으로 가공이 가능하다.

(2) 가볍고 단단하다.

(3) 녹이 슬지 않고 대량 생산으로 가격도 저렴하다.

(4) 우수하여 전기 재료로 사용된다.

(5) 단점으로 열에 약하고 금속에 비해 내마모성이 적다.

137. 다음 중 열경화성 수지에 해당하는 것은?

① 페놀 수지

② 아크릴 수지

③ 폴리프로필렌 수지

④ 폴리아미드 수지

[해설] 열경화성 수지(thermosetting resin) : 열을 가하여 어떠한 모양을 만든 다음에는 다시 열을 가하여도 물러지지 않는 수지로 페놀 수지, 멜라민 수지, 에폭시 수지, 요소 수지 등이 있다.

138. 커핑 시험(cupping test)이라고도 하며, 재료의 연성을 알기 위한 것으로서 구리판, 알루미늄판 및 그 밖의 연성 판재를 가압 성형하여 변형 능력을 시험하는 것은?

① 비틀림 시험 ② 압축 시험

③ 굽힘 시험 ④ 에릭센 시험

[해설] 에릭센 시험(erichsen test) : 재료의 연성(ductility)을 알기 위한 것으로서 구리판, 알루미늄판 및 기타 연성 판재를 가압 성형

하여 변형 능력 및 균열을 시험하는 것이며 커핑 시험(cupping test)이라고도 한다.

139. 표점거리가 100 mm, 평행부 지름 14 mm인 시험편을 최대하중 6400 N으로 인장한 후 표점거리가 120 mm로 변화되었다. 이때 인장강도는 약 몇 MPa인가?

① 10.4 ② 32.7

③ 41.6 ④ 61.4

[해설] $\sigma_t = \dfrac{P_{max}}{A} = \dfrac{P_{max}}{\dfrac{\pi d^2}{4}} = \dfrac{6400}{\dfrac{\pi \times 14^2}{4}}$

$= 41.6 \, \text{MPa}(\text{N/mm}^2)$

140. 지름 15 mm의 연강 봉에 5000 N의 인장하중이 작용할 때 생기는 응력은 약 몇 N/mm²인가?

① 10 ② 18

③ 24 ④ 28

[해설] $\sigma_t = \dfrac{P_t}{A} = \dfrac{P_t}{\dfrac{\pi d^2}{4}} = \dfrac{5000}{\dfrac{\pi \times 15^2}{4}}$

$= 28.29 \, \text{N/mm}^2(\text{MPa})$

제2장 유압기기

1. 유압의 개요

1-1 유압 기초

(1) 유압의 개요

유압(oil hydraulics)이란 유압 펌프에 의하여 동력의 기계적 에너지를 유체의 압력 에너지로 바꾸어 유체 에너지에 압력, 유량, 방향의 기본적인 3가지 제어를 하여 유압 실린더나 유압 모터 등의 작동기(actuator)를 작동시킴으로써 다시 기계적 에너지로 바꾸는 역할을 하는 것이며, 동력의 변환이나 전달을 하는 장치 또는 방식을 말한다. 다시 말하면, 기름(작동유)이라는 액체를 잘 활용하여 기름에 여러 가지 능력을 주어서 요구되는 일의 가장 바람직한 기능을 발휘시키는 것을 말한다.

(2) 유압의 특징

① 대단히 큰 힘을 아주 작은 힘으로 제어할 수 있다.
② 동작속도의 조절이 용이하다.
③ 원격제어(remote control)가 된다.
④ 운동의 방향 전환이 용이하다.
⑤ 과부하의 경우 안전장치를 만드는 것이 쉽다(용이하다).
⑥ 에너지의 저장이 가능하다.
⑦ 윤활 및 방청 작용을 하므로 가동 부분의 마모가 적다.
⑧ 입력에 대한 출력의 응답이 빠르다.

(3) 층류와 난류

① **층류**(laminar flow) : 동점성계수가 크고, 유속이 비교적 적고, 유체가 미세한 관이나 좁은 틈 사이로 흐를 때 형성된다.

② **난류(turbulent flow)** : 동점성계수가 작고, 유속이 크며, 유체의 굵은 관내의 흐름에서 주로 형성된다.

※ 레이놀즈수(Reynold's number, Re 또는 N_R) : 층류와 난류를 구분하는 무차원수로 지름이 d인 원관 유동인 경우 다음과 같이 정의한다.

$$Re = \frac{관성력}{점성력} = \frac{Vd}{\nu} = \frac{\rho Vd}{\mu} = \frac{4Q}{\pi d\nu}$$

여기서, ρ : 밀도($N \cdot s^2/m^4$), d : 관의 지름(m), ν : 동점성계수(m^2/s)

Q : 체적유량(m^3/s), μ : 점성계수($N \cdot s/m^2 = Pa \cdot s$), V : 평균속도(m/s)

- $Re < 2100$: 층류
- $2100 < Re < 4000$: 천이구역
- $Re > 4000$: 난류

예제 1. 다음 중 동점성계수의 설명으로 가장 적합한 것은?

① 밀도를 점성계수로 나눈 값이다.　　② 점성계수를 밀도로 나눈 값이다.
③ 단위는 푸아즈이다.　　　　　　　　④ 압력을 밀도로 나눈 값이다.

해설 동점성계수(ν)는 절대점성계수(μ)를 유체의 밀도(ρ)로 나눈 값이다.　　정답 ②

예제 2. 다음 중 일반적인 층류의 특징 설명으로 틀린 것은?

① 레이놀즈수가 4000 이상일 때 발생한다.　② 유체의 동점도가 클 때 발생한다.
③ 유속이 비교적 작을 때 발생한다.　　　　④ 배관의 지름에 영향을 받는다.

해설 층류란 레이놀즈수가 2320(2100) 이하일 때 발생한다. 레이놀즈수가 4000 이상일 때는 난류가 발생한다.　　정답 ①

---

(4) 유량(flow)

유량이란 단위 시간에 이동하는 액체의 양을 말하며, 유압에서는

① 유량은 토출량으로 나타낸다.

② 단위는 [L/min] (분당 토출되는 양) 또는 [cc/s](초당 토출되는 양)로 표시한다. 즉, 이동한 유량을 시간으로 나눈 것이다.

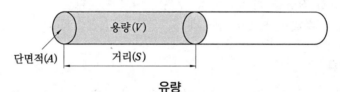

유량

③ 기호는 Q로 표시한다.

$$Q = \frac{V}{t} = \frac{A \cdot S}{t} = A \cdot v$$

여기서, Q : 유량(L/min), V : 용량(L), t : 시간(min),
v : 유속(m/s), S : 거리(m), A : 단면적(m^2)

예제 3. 유압 실린더의 안지름이 20 cm이고 피스톤의 속도가 5 m/min일 때 소요되는 유량은 ?

① 0.157 L/s ② 1.57 L/s ③ 15.7 L/min ④ 157 L/min

해설 $Q = AV = \dfrac{\pi d^2}{4} V = \dfrac{\pi \times 20^2}{4} \times 500 \times 10^{-3} = 157\ \text{L/min}$ 　　정답 ④

(5) 유속(flow velocity)

유속이란 단위 시간에 액체가 이동한 거리를 나타내며, 유압에서는
① 단위는 매 초당 움직인 거리(m/s)로 나타낸다.
② 기호는 V로 표시한다.

$$V = \frac{Q}{A}\ [\text{m/s}]$$

여기서, V : 유속(m/s), Q : 유량(m^3/s), A : 단면적(m^2)

예제 4. 안지름이 10 mm인 파이프에 2×10^4 cm^3/min의 유량을 통과시키기 위한 유체의 속도는 약 몇 m/s인가 ?

① 4.25 ② 5.25 ③ 6.25 ④ 7.25

해설 $Q = AV = \dfrac{\pi}{4} d^2 V\ [\text{m}^3/\text{s}]$에서 $V = \dfrac{Q}{A} = \dfrac{4Q}{\pi d^2} = \dfrac{4 \times (2 \times 10^{-2}/60)}{\pi \times (0.01)^2} \approx 4.25\ \text{m/s}$ 　　정답 ①

(6) 연속방정식(질량보존의 법칙)

유체가 관을 통해 흐를 경우 입구에서 단위 시간당 흘러 들어가는 유체의 질량과 출구를 통해 나가는 유체의 질량은 같아야 한다. 이를 연속방정식이라 한다.

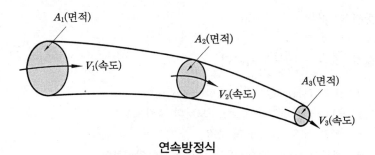

연속방정식

따라서 입구의 단면적을 A_1, 속도를 V_1, 그리고 출구에서의 단면적을 A_3, 속도를 V_3 라 하고 중간 부분의 단면적을 A_2, 속도를 V_2라 하면 다음 식이 성립된다.

$$Q = A_1 V_1 = A_2 V_2 = A_3 V_3 = 일정$$

따라서, $\dfrac{V_1}{V_2} = \dfrac{A_2}{A_1}$, $\dfrac{V_2}{V_3} = \dfrac{A_3}{A_2}$ 그리고, $V_1 = V_2 \left(\dfrac{A_2}{A_1} \right) = V_2 \left(\dfrac{D_2}{D_1} \right)^2 [\text{m/s}]$이 된다.

(7) 관의 안지름을 구하는 공식

$Q = AV = \dfrac{\pi d^2}{4} V$이므로 $d^2 = \dfrac{4Q}{\pi V}$이며, $d = \sqrt{\dfrac{4Q}{\pi V}}$ 이다.

여기서, Q : 유량, A : 관의 단면적, V : 유속, d : 관의 안지름

예제 5. 일정한 유량으로 유체가 흐르고 있는 관의 지름을 5배로 하면 유속은 어떻게 변화하는가?

① 1/5로 준다.　　② 25배로 는다.　　③ 5배로 는다.　　④ 1/25로 준다.

해설 $Q = \dfrac{A}{V}$ $[\text{m}^3/\text{s}]$에서 $A_1 V_1 = A_2 V_2$

$V_2 = V_1 \left(\dfrac{A_1}{A_2} \right) = V_1 \left(\dfrac{d_1}{d_2} \right) = V_1 \left(\dfrac{d_1}{5d_1} \right) = \dfrac{1}{25} V_1$　　　　**정답** ④

---

(8) 펌프의 축동력

유압에서는 유압 펌프를 사용하여 유체 동력을 발생시키므로 이 펌프를 작동시키기 위하여 일반적으로 전동기를 이용하여 펌프에 동력을 전달하며, 이를 축동력이라고 한다.

펌프의 축동력$(L_S) = \dfrac{PQ}{612 \times \eta_P} [\text{kW}]$이며, η_P는 펌프의 효율을 나타낸다.

(9) 유압 모터의 여러 가지 계산식

① 모터의 토크 : $T = \dfrac{Pq}{2\pi} \eta_T [\text{N·m}]$

② 모터의 회전수 : $N = \dfrac{Q}{q/\eta_V} [\text{rpm}]$

③ 모터의 출력 : $L_m = \dfrac{2\pi NT}{612 \times 10^3} [\text{kW}]$

여기서, T : 토크(N·m), Q : 공급 유량(cm^3/min),

$\quad\quad q$: 모터 용량(cm^3/rev), L_m : 모터의 출력(kW),

$\quad\quad \eta_T$: 토크 효율, η_V : 용적 효율,

$\quad\quad N$: 회전수(rpm), P : 유입구와 유출구의 압력차(Pa)

예제 6. 토출압력이 5 MPa이고 유량이 48 L/min이며 회전수가 1200 rpm인 유압펌프의 소비동력이 4.3 kW일 때 이 펌프의 전체효율은 얼마인가?

① 87 %　　　　　　　　　　　② 95 %

③ 82 %　　　　　　　　　　　④ 93 %

해설 $\eta_p = \dfrac{L_p}{\text{소비동력(kW)}} = \dfrac{PQ}{4.3} = \dfrac{5 \times \left(\dfrac{48}{60}\right)}{4.3} = 0.93\,(93\,\%)$　　　정답 ④

---

(10) 속도

A 실린더에 Q_1의 유량이 들어가는 경우의 속도 $v_1 = \dfrac{Q_1}{A}$이 되어 우측으로 움직이는 속도를 알 수 있고, B 실린더에 Q_2의 유량이 들어가는 경우의 속도 $v_2 = \dfrac{Q_2}{B}$가 되어 좌측으로 움직이는 속도를 알 수 있다.

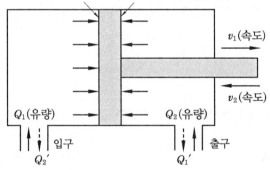

예제 7. 그림과 같은 실린더에서 로드에는 부하가 없는 것으로 가정한다. A측에서 3 MPa의 압력으로 기름을 보낼 때 B측 출구를 막으면 B측에 발생하는 압력 P_B는 몇 MPa인가?(단, 실린더 안지름은 50 mm, 로드 지름은 25 mm이다.)

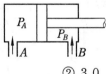

① 4.0　　　　　　　　　　　② 3.0

③ 6.0　　　　　　　　　　　④ 1.5

해설 $P_A A_A = P_B A_B$에서 $P_B = P_A \left(\dfrac{A_A}{A_B}\right) = 3 \times \dfrac{\dfrac{\pi}{4} \times 50^2}{\dfrac{\pi}{4} \times (50^2 - 25^2)} = 4.0\ \text{MPa}$　　　정답 ①

예제 8. 그림과 같은 실린더를 사용하여 $F = 3\,kN$의 힘을 발생시키는 데 최소한 몇 MPa의 유압(P)이 필요한가? (단, 실린더의 안지름은 45 mm이다.)

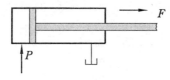

① 1.89   ② 2.14   ③ 3.88   ④ 4.14

해설 $P = \dfrac{F}{A} = \dfrac{F}{\dfrac{\pi}{4}d^2} = \dfrac{3000}{\dfrac{\pi}{4} \times 45^2} = 1.89\,MPa$ 정답 ①

(11) 정지유체의 기본적 성질

① 임의의 한 점에 작용하는 압력은 어느 방향에서나 같다.

② 동일 수평면이면 압력은 동일하다.

③ 압력은 항상 단면에 수직으로 작용한다.

④ 밀폐된 용기 속에서의 압력의 크기는 동일한 세기로 전달된다(파스칼의 원리).

$P_1 = P_2$이므로 $\dfrac{F_1}{A_1} = \dfrac{F_2}{A_2}$

예제 9. 유압기기의 작동원리로 가장 밀접한 것은?

① 보일의 원리   ② 아르키메데스의 원리

③ 샤를의 원리   ④ 파스칼의 원리

해설 유압기기의 작동원리는 파스칼의 원리를 기본으로 한다.   정답 ④

예제 10. 다음 그림과 같은 유압 잭에서 지름(D)이 $D_2 = 2D_1$일 때 누르는 힘 F_1과 F_2의 관계를 나타낸 식으로 올바른 것은?

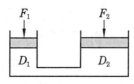

① $F_2 = F_1$ ② $F_2 = 2F_1$ ③ $F_2 = 4F_1$ ④ $F_2 = (1/4)F_1$

해설 $P_1 = P_2$, $\dfrac{F_1}{A_1} = \dfrac{F_2}{A_2}$

$\therefore F_2 = F_1 \dfrac{A_2}{A_1} = F_1 \left(\dfrac{D_2}{D_1}\right)^2 = F_1 2^2 = 4F_1\,[N]$ 정답 ③

1-2 유압장치의 구성

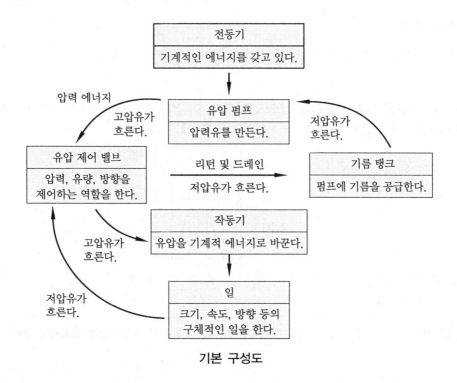

기본 구성도

(1) 유압 펌프

유압을 발생시키는 부분으로서 구조에 따라 회전식과 왕복식이 있으며, 기능에 따라서는 정용량형과 가변 용량형으로 구분된다.

(2) 유압 제어 밸브

제어하는 종류에 따라 압력 제어 밸브, 유량 제어 밸브, 방향 제어 밸브 등이 있다.

(3) 작동기(actuator)

액추에이터라고도 말하며, 유압 실린더와 유압 모터 등이 있다.

예제 **11. 유압 실린더와 유압 모터의 기능을 바르게 설명한 것은?**
① 유압 실린더와 유압 모터는 모두 직선왕복운동을 한다.
② 유압 실린더와 유압 모터는 모두 회전운동을 한다.
③ 유압 실린더는 직선왕복운동, 유압 모터는 회전운동을 한다.
④ 유압 실린더는 회전운동, 유압 모터는 직선왕복운동을 한다.

[해설] 유압 액추에이터(작동기)에는 유압 실린더와 유압 모터가 있으며, 유압 실린더는 직선 왕복운동, 유압 모터(motor)는 회전운동을 한다.   [정답] ③

(4) 부속 기기

기타의 기기를 말하며, 기름 탱크, 필터, 압력계, 배관 등이 있다.

[예제] 12. 다음은 유압 변위단계 선도(도표)이다. 이 선도에서 시스템의 동작순서가 옳은 것은 ? (단, + : 실린더의 전진, − : 실린더의 후진을 나타낸다.)

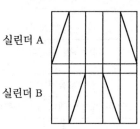

① A$^+$ B$^+$ B$^-$ A$^-$ ② A$^-$ B$^-$ B$^+$ A$^+$

③ B$^+$ A$^+$ A$^-$ B$^-$ ④ B$^-$ A$^-$ A$^+$ B$^+$

[해설] 전진(A$^+$) − 전진(B$^+$) − 후진(B$^-$) − 후진(A$^-$)을 나타낸 유압 변위단계 선도이다.   [정답] ①

[예제] 13. 일반적인 유압장치의 구성 순서에 관한 설명으로 올바른 것은 ?
   ① 유압장치의 구성은 유압 발생장치, 유압 제어 밸브, 유압작동기의 순서로 이루어져 있다.
   ② 유압장치의 구성은 유압 제어 밸브, 유압 펌프, 유압작동기의 순서로 이루어져 있다.
   ③ 유압장치의 구성은 유압 펌프, 유압작동기, 유압 제어 밸브의 순서로 이루어져 있다.
   ④ 유압장치의 구성은 유압작동기, 유압 발생장치, 유압 모터의 순서로 이루어져 있다.

[해설] 유압장치의 구성은 유압 발생장치, 유압 제어 밸브, 유압 작동기(액추에이터)의 순서로 이루어져 있다.   [정답] ①

1-3   유압유

① 밀도(density) ρ : 단위체적당 질량

$$\rho = \frac{m}{V} \, [\text{kg/m}^3 = \text{N} \cdot \text{s}^2/\text{m}^4]$$

여기서, m : 질량(kg), V : 체적(m^3)

② **비중량(specific weight)** γ : 단위체적당 중량(무게)

$$\gamma = \frac{W}{V} = \rho g$$

　여기서, W : 물질(유체)의 무게(N), ρ : 밀도($kg/m^3 = N \cdot s^2/m^4$)

　　　　　g : 중력가속도(m/s^2), V : 체적(m^3)

　※ 4℃ 물의 비중량(γ_w) = 9800N/m^3 = 9.8kN/m^3

③ **비중(specific gravity)** S

$$S = \frac{\rho}{\rho_w} = \frac{\gamma}{\gamma_w}$$

　여기서, ρ_w, γ_w : 물의 밀도, 비중량

　　　　　ρ, γ : 어떤 물질의 밀도, 비중량

④ **비체적(specific volume)** v : 단위질량당 체적(밀도의 역수)

$$v = \frac{V}{m} = \frac{1}{\rho} [m^3/kg]$$

　※ 단위중량당 체적(비중량의 역수) $v' = \frac{V}{W} = \frac{1}{\gamma} [m^3/N]$

⑤ **압축성** : 유압유의 압축성은 고압화가 진행됨에 따라 제어 기기의 응답성이나 정밀도에 영향을 주는 관계로 최근 중요시되고 있다. 압축률 β는 다음 식으로 나타낸다.

$$\beta = \frac{1}{V} \cdot \frac{\Delta V}{\Delta P} [Pa^{-1}]$$

⑥ **체적탄성계수(bulk modulus of elasticity)** E : 압력 변화량(dP)과 체적 감소율($-\frac{dV}{V}$)

의 비

$$E = \frac{dP}{-\frac{dV}{V}} = \frac{1}{\beta} [Pa]$$

　여기서, dP : 압력의 변화량, V : 처음의 체적, dV : 체적의 변화량

　　　　　(−) : 압력의 증가에 따른 체적의 감소(−)를 의미함

⑦ **점도** : 기름의 끈끈한 정도를 나타내는 것

　㈎ 유압에서의 점도의 영향

　　•유압 펌프나 유압 모터 등의 효율에 영향을 준다.

　　•관로 저항에 영향을 준다.

　　•유압 기기의 윤활 작용, 누설량에 영향을 준다.

　㈏ 뉴턴의 점성법칙

$$\tau = \frac{F}{A} = \mu \frac{dv}{dy} \text{에서} \ \mu = \tau \frac{dy}{dv} [Pa \cdot s]$$

$$1푸아즈(poise) = 1\,dyne/cm^2 = \frac{1}{10}\,N \cdot s/m^2(Pa \cdot s)$$

차원 해석 : $\mu = FTL^{-2} = ML^{-1}T^{-1}$

(다) 점도의 표시 방법

공학적 점도 표시
$\begin{cases} 절대점도 : 푸아즈(P) \\ 동점도 \begin{cases} 스토크스(St) \\ 센티스토크스(cSt) \end{cases} \end{cases}$

$\nu = \dfrac{\mu}{\rho}$ (여기서, μ : 절대점도, ν : 동점도, ρ : 밀도)

(라) 적정 점도 : 유압 장치에서의 적정 점도는 펌프 종류나 사용 압력 등에 따라 다르지만 일반적으로 40℃에서 20~80 cSt의 유압유가 사용된다.

⑧ 점도 지수(VI : viscosity index) : 온도의 변화에 대한 점도의 변화량을 표시하는 것

(가) 점도 지수가 높은 기름일수록 넓은 온도 범위에서 사용할 수 있다.

(나) 일반 광유계 유압유의 VI는 90 이상이다.

(다) 고점도지수 유압유의 VI는 130~225 정도이다.

(라) 점도 지수가 낮을수록 온도 변화에 대한 점도 변화가 크다.

⑨ 관로에서의 손실수두(h_l) : Darcy-Weisbach equation

$$h_l = f \cdot \frac{l}{d} \cdot \frac{V^2}{2g}\,[m]$$

여기서, f : 관마찰계수, l : 관의 길이(m), d : 관의 지름(m)
V : 관로내 유체의 평균속도(m/s), g : 중력가속도(m/s^2)

예제 **14.** 유압에 대한 다음 설명 중 잘못된 것은?

① 점성계수의 차원은 $ML^{-1}T$이다. (M : 질량, L : 길이, T : 시간)

② 동점성계수의 유도 단위는 stokes이다.

③ 유압 작동유의 점도는 온도에 따라 변한다.

④ 점성계수의 유도 단위는 piose이다.

해설 점성계수(μ)의 차원은 $ML^{-1}T^{-1}$이다(Pa $\cdot$ s $=$ kg/m $\cdot$ s). 정답 ①

예제 **15.** 유압 회로에서 파이프 내에 발생하는 에너지 손실을 줄일 수 있는 방법이 아닌 것은?

① 관의 길이를 길게 한다.

② 관 내부의 표면을 매끄럽게 한다.

③ 작동유의 흐름 속도를 줄인다.

④ 관의 지름을 크게 한다.

[해설] 관의 길이가 길수록 에너지 손실(압력 강하)은 증가하므로 관의 길이를 짧게 해야 한다.

[정답] ①

⑩ **인화점** : 기름을 가열하여 발생된 가스에 불꽃을 가까이 했을 때 순간적으로 빛을 발하며, 인화할 때의 온도를 인화점이라고 한다.

> (참고) **유압유의 종류에 따른 인화점**
> • 광유계 유압유 : 일반적으로 200℃ 이상
> • 인산에스테르계 유압유 : 250℃ 전후
> • 물 글리콜계 유압유
> • W/O 에멀션계 유압유
> • O/W 에멀션계 유압유
> ※ 물 글리콜계 유압유, W/O 에멀션계 유압유, O/W 에멀션계 유압유는 인화점이 없다.

⑪ **유동점** : 기름이 응고하는 온도보다 2.5℃ 높은 온도를 말하며, 저온 유동성을 나타내는 방법으로 표시한다(실용상의 최저 온도는 유동점보다 10℃ 이상 높은 온도가 바람직하다). 한랭지에서의 겨울철 사용 개시 시 −10℃ 이하가 되는 곳에서는 유동점에 주의할 필요가 있다.

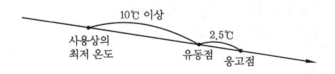

$$시판 유압유의 유동점 \begin{cases} 일반 \ 유압유 : -10 \sim -35℃ \\ 저온용 \ 유압유 : -40 \sim -60℃ \end{cases}$$

⑫ **색상** : 유압 회로에 사용하고 있는 유압유의 색깔을 나타내는 방법이며, 기름 열화 판정의 기준으로도 쓰인다(유니언 색으로 불리고 있다). 일반 유압유의 사용 전 유니언 색은 $1 \sim 1\frac{1}{2}$ 이다.

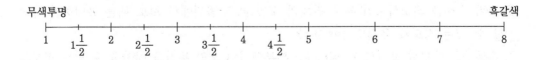

2. 유압기기

유압기기의 개요

유압기기란 유압으로 움직이는 기기를 의미하며, 압력에너지를 부여하여 기계적인 일로 변환시키는 기기를 말한다.

(1) 유압기기의 장점

① 원격조작(remote control) 및 무단변속이 가능하다.
② 에너지의 축적이 가능하다.
③ 소형장치로 큰 출력을 얻을 수 있다.
④ 전기적 신호를 제어할 수 있어 프로그램 제어가 가능하다.
⑤ 동작속도를 자유로이 바꿀 수 있다.
⑥ 압력, 유량, 방향 제어가 간단하다.
⑦ 과부하에 대한 안전장치를 만드는 것이 용이하다.
⑧ 입력에 대한 출력의 응답이 빠르다.

(2) 유압기기의 단점

① 유압을 사용하기 위해서는 많은 설비장치가 필요하다.
② 유압회로는 전기회로의 구성보다 복잡하다.
③ 동작 기름의 성질상 온도의 영향을 받으며 점도가 변하여 추력 효율이 낮아진다.
④ 유속에 제한이 있으므로 작동체에 제한이 있다.
⑤ 기름 속에 먼지가 혼합하면 고장을 일으키기 쉽다.

(3) 유압 작동유의 구비 조건

① 작동유를 확실히 전달시키기 위하여 비압축성이어야 한다.
② 동력 손실을 최소화하기 위해 장치의 오일 온도 범위에서 회로 내를 유연하게 유동할 수 있는 점도가 유지되어야 한다.
③ 운동부의 마모를 방지하고, 실(seal) 부분에서의 오일 누설을 방지할 수 있는 정도의 점도를 가져야 한다.
④ 인화점과 발화점이 높아야 한다.

⑤ 장시간 사용하여도 화학적으로 안정해야 한다(산화안정성 및 내유화성).

⑥ 녹이나 부식 등의 발생을 방지해야 한다(방청 및 방식성이 우수할 것).

⑦ 외부로부터 침입한 먼지나 오일 속에 혼입한 공기 등의 분리를 신속히 할 수 있어야 한다.

⑧ 점도 지수가 높아야 한다(온도 변화에 대한 점도 변화가 작을 것).

⑨ 열전달률이 높아야 한다.

⑩ 실(seal)재와 적합성이 좋아야 한다.

[예제] 16. 유압 작동유의 구비 조건으로 부적당한 것은?

① 비압축성일 것

② 큰 점도를 가질 것

③ 온도에 대해 점도 변화가 작을 것

④ 열전달률이 높을 것

[해설] 유압 작동유는 적당한 점도를 가질 것   [정답] ②

[예제] 17. 유압 작동유에 요구되는 성질이 아닌 것은?

① 비인화성일 것

② 오염물 제거 능력이 클 것

③ 체적탄성계수가 작을 것

④ 캐비테이션에 대한 저항이 클 것

[해설] 유압 작동유는 체적탄성계수가 클 것(비압축성 유체일 것)   [정답] ③

[참고] •**동력 손실로 인한 점도가 너무 높을 때 영향**

① 기계효율(η_m) 저하

② 내부 마찰 증대로 인한 온도 상승

③ 소음 및 공동현상(캐비테이션) 발생

④ 유동저항 증가로 인한 압력손실 증대

⑤ 유압기기 작동 불활발

•**동력 손실로 인한 점도가 너무 낮을 때 영향**

① 펌프 및 모터의 용적효율 저하

② 오일 누설 증대

③ 압력 유지 곤란

④ 마모 증대

⑤ 압력 발생 저하로 정확한 작동 불가능

예제 18. 다음 중 유압 작동유의 점도가 너무 높을 경우 나타나는 현상으로 가장 적합한 것은?
① 내부 누설 및 외부 누설
② 동력손실의 증대
③ 마찰부분의 마모 증대
④ 펌프 효율 저하에 따르는 온도 상승

정답 ②

(4) 유압 작동유의 첨가제

① **산화 방지제** : 유황 화합물, 인산 화합물, 아민 및 페놀 화합물
② **방청제** : 유기산 에스테르, 지방산염, 유기인 화합물, 아민 화합물
③ **소포제** : 실리콘유, 실리콘의 유기 화합물
④ **점도 지수 향상제** : 고분자 중합체의 탄화수소
⑤ **유성 향상제** : 유기인 화합물이나 유기 에스테르와 같은 극성 화합물
⑥ **유동성 강하제** : 유동점은 기름이 응고하는 온도보다 2.5℃ 높은 온도를 말하며 저온 유동성을 나타내는 방법으로 표시된다(실용상 최저온도는 유동점보다 10℃ 이상 높은 온도가 바람직하다).

예제 19. 다음 중에서 유압유의 첨가제가 아닌 것은?
① 소포제   ② 산화 향상제
③ 유성 향상제   ④ 점도 지수 향상제

해설 유압유 첨가제에는 소포제(기포 제거), 유성 향상제, 점도 지수 향상제, 산화 방지제, 방청제 등이 있다.   정답 ②

(5) 플러싱(flushing)

① **플러싱의 개요** : 플러싱은 유압 회로 내의 이물질을 제거하거나 작동유 교환 시 오래 된 오일과 슬러지를 용해하여 오염물의 전량을 회로 밖으로 배출시켜서 회로를 깨끗 하게 하는 것이다. 플러싱유는 작동유와 거의 같은 점도의 오일을 사용하는 것이 바 람직하나 슬러지 용해의 경우에는 조금 낮은 점도의 플러싱유를 사용하여 유온을 60 ~80℃로 높여서 용해력을 증대시키고 점도 변화에 의한 유속 증가를 이용하여 이물 질의 제거를 용이하게 한다. 열팽창과 수축에 의하여 불순물을 제거시킬 수도 있으나 특히, 적당한 방청 특성을 가진 플러싱유를 사용해야 한다.
② **플러싱 방법** : 플러싱은 주로 주회로 배관을 중점적으로 한다. 유압 실린더는 입구와 출구를 직접 연결하고 유압 실린더 내부는 플러싱 회로에서 분리한다. 전환 밸브 등

도 고정하며 회로가 복잡한 경우나 대형인 경우에는 회로를 구분하여 플러싱한다. 오일 탱크는 플러싱 전용 히터를 사용하여 오일을 가열하고 회로 출구의 끝에 필터를 설치하여 플러싱유를 순환시켜서 배관 내의 오염물질을 제거한다. 일반적으로 플러싱 시간은 수시간 내지 20시간 정도이나 가설필터에 이물질이 없어도 다시 1시간 정도 더 플러싱한다.

예제 **20.** 유압장치를 새로 설치하거나 작동유를 교환할 때 관내의 이물질 제거 목적으로 실시하는 파이프 내의 청정 작업은?

① 플러싱   ② 블랭킹
③ 커미싱   ④ 엠보싱

해설 플러싱(flushing) 작업은 유압장치를 새로 설치하거나 작동유를 교환 시 관내의 이물질 제거 목적으로 실시하는 파이프 내의 청정 작업이다.   정답 ①

2-2 유압 펌프

(1) 유압 펌프의 분류

유압 펌프
- 기어 펌프 : 외접 기어 펌프, 내접 기어 펌프
- 피스톤 펌프 : 액시얼형 피스톤 펌프, 레이디얼형 피스톤 펌프, 리시프트형 피스톤 펌프
- 베인 펌프 : 1단 베인 펌프, 2단 베인 펌프, 각형 베인 펌프, 가변 베인 펌프, 2련 베인 펌프(복합 베인 펌프)

참고 용적형 펌프와 비용적형 펌프
- 용적형 펌프
 ① 회전 펌프 : 기어 펌프, 나사 펌프, 베인 펌프
 ② 왕복식 펌프 : 플런저 펌프, 피스톤 펌프
- 비용적형 펌프 : 축류 펌프, 벌류트 펌프, 사류 펌프

---

(2) 유압 펌프 계산 관련식

① **펌프 동력** : 실제로 펌프에서 토출되는 출력(손실 고려된 출력)

$$L_p = \frac{PQ}{75\eta}[\text{PS}] = \frac{PQ}{102\eta}[\text{kW}]$$

송출량$(Q) = Q_{th} - \Delta Q$

여기서, P : 송출압력, Q : 송출량, Q_{th} : 이론유량, ΔQ : 손실유량

② 펌프 효율 : $\eta = \dfrac{L_P(\text{펌프 동력})}{L_S(\text{소비 동력})} \times 100\,\%$

③ 체적 효율(η_v) : 이론 송출량(Q_i)에 대한 실제 송출량(Q_0)

$$\eta_v = \frac{Q_0}{Q_i} = \frac{Q_i - Q}{Q_i} = 1 - \frac{\Delta Q}{Q_i}$$

④ 토크 효율

$$\eta_t = \frac{T_{th}}{T_{th} + \Delta T}$$

여기서, T_{th} : 이론 토크, ΔT : 토크손실

⑤ 동력과 토크 관계

$$L = PQ = PqN = T\omega = T\left(\frac{2\pi N}{60}\right)[\text{kN} \cdot \text{m} = \text{kJ/s} = \text{kW}]$$

$$\therefore T = \frac{Pq}{2\pi}[\text{N} \cdot \text{m}]$$

여기서, N : 분당회전수(rpm), q : 회전당 토출량(cc/rev)

예제 21. 굴착기에서 송출 압력이 550 N/cm²이고, 송출 유량이 30 L/min인 펌프의 동력은 약 몇 kW인가? (단, 효율은 100 %로 간주한다.)

① 0.28   ② 16.5   ③ 2.75   ④ 18.33

해설 $kW = \dfrac{PQ}{60 \times 100 \times \eta} = \dfrac{550 \times 30}{60 \times 100 \times 1}$

$\qquad = 2.75\,\text{kW}(1\,\text{kW} = 1\,\text{kJ/s} = 60\,\text{kJ/min} = 3600\,\text{kJ/h})$ **정답** ③

예제 22. 토출압력 7.84 MPa, 토출량 3×10^4 cm³/min인 유압 펌프의 펌프동력은 약 몇 kW인가?

① 2.4   ② 3.2   ③ 3.9   ④ 4.6

해설 $kW = \dfrac{Power}{1000} = \dfrac{PQ}{1000} = \dfrac{7.84 \times \left(\dfrac{3 \times 10^4}{60}\right)}{1000} = \dfrac{7.84 \times 3 \times 10^4}{60000} = 3.92\,\text{kW}$ **정답** ③

(3) 유압 펌프의 송출압력

① **기어 펌프** : 최대 27 MPa   ② **베인 펌프** : 최대 40 MPa

③ **피스톤 펌프** : 20~60 MPa   ④ **나사 펌프** : 1.02 MPa

2-3   기어 펌프의 특징 및 구조

(1) 기어 펌프의 특징

① 구조가 간단하다(밸브가 필요 없다).

② 다루기 쉽고 가격이 저렴하다.

③ 기름의 오염에 비교적 강한 편이다.

④ 펌프의 효율은 피스톤 펌프에 비하여 떨어진다.

⑤ 가변 용량형으로 만들기가 곤란하다(정용량형 펌프).

⑥ 흡입 능력이 가장 크다.

⑦ 보수가 용이하고 신뢰도가 높다.

(2) 외접식 기어 펌프

2개의 기어가 케이싱 안에서 맞물려서 회전하며, 맞물림 부분이 떨어질 때 공간이 생겨서 기름이 흡입되고, 기어 사이에 기름이 가득 차서 케이싱 내면을 따라 토출 쪽으로 운반한다(기어의 맞물림 부분에 의하여 흡입 쪽과 토출 쪽은 차단되어 있다).

(3) 내접식 기어 펌프

외접식과 같은 원리이나 두 개의 기어가 내접하면서 맞물리는 구조이며, 초승달 모양의 칸막이판이 달려 있다.

예제 23. 모듈이 10, 잇수가 30개, 이의 폭이 50 mm일 때, 회전수가 600 rpm, 체적 효율은 80 %인 기어펌프의 송출 유량은 약 몇 m³/min인가 ?

① 0.45   ② 0.27

③ 0.64   ④ 0.77

해설 실제 송출 유량(Q_a) $= \eta_v \times Q_{th} = \eta_v (2\pi m^2 Z b N)$

$= 0.8(2\pi \times (0.01)^2 \times 30 \times 0.05 \times 600) = 0.452 \ \mathrm{m^3/min}$ **정답** ①

2-4   피스톤 펌프의 특징 및 구조

(1) 피스톤 펌프의 특징

① 고압에 적합하며 펌프 효율이 가장 높다.

② 가변 용량형에 적합하며, 각종 토출량 제어장치가 있어서 목적 및 용도에 따라 조정할 수 있다.

③ 구조가 복잡하고 비싸다.

④ 기름의 오염에 극히 민감하다.

⑤ 흡입 능력이 가장 낮다.

(2) 레이디얼형 피스톤 펌프

실린더 블록이 회전하면 피스톤 헤드는 케이싱 안의 로터의 작용에 의하여 행정이 된다. 피스톤이 바깥쪽으로 행정하는 곳에서는 기름이 고정된 밸브축의 구멍을 통하여 피스톤의 밑바닥에 들어가며, 안쪽으로 행정하는 곳에서 밸브 구멍을 통하여 토출된다.

(3) 액시얼형 피스톤 펌프(사판식)

경사판과 피스톤 헤드 부분이 스프링에 의하여 항상 닿아 있으므로 구동축을 회전시키면 경사판에 의하여 피스톤이 왕복 운동을 하게 된다. 피스톤이 왕복 운동을 하면 체크 밸브에 의해 흡입과 토출을 하게 된다. 사판의 기울기 α에 의해 피스톤의 스트로크(행정)가 달라진다.

(4) 액시얼형 피스톤 펌프(사축식)

축 쪽의 구동 플랜지와 실린더 블록은 피스톤 및 연결봉의 구상 이음(ball joint)으로 연결되어 있으므로 축과 함께 실린더 블록은 회전한다. 기울기 α에 의해 피스톤의 스트로크(행정)가 달라진다.

(5) 리시프트형 피스톤 펌프

크랭크 또는 캠에 의하여 피스톤을 행정시키는 구조이며, 고압에서는 적합하지만 용량에 비하여 대형이 되므로 가변 용량형으로 할 수 없다.

2-5   베인 펌프의 특징

① 수명이 길고 장시간 안정된 성능을 발휘할 수 있어서 산업 기계에 많이 쓰인다.

② 송출압력의 맥동이 적고 소음이 작다.

③ 고장이 적고 보수가 용이하다.

④ 펌프 중량에 비해 형상치수가 작다.

⑤ 피스톤 펌프보단 단가가 싸다.

⑥ 기름의 오염에 주의하고 흡입 진공도가 허용 한도 이하이어야 한다.

예제 24. 베인 펌프의 일반적인 특징에 해당하지 않는 것은?

① 송출 압력의 맥동이 적다.

② 고장이 적고 보수가 용이하다.

③ 압력 저하가 적어서 최고 토출 압력이 21 MPa 이상 높게 설정할 수 있다.

④ 펌프의 유동력에 비하여 형상치수가 작다.

[해설] 토출 압력을 21~35 MPa 이상 초고압용으로 사용하는 펌프는 플런저(plunger) 펌프이다. **정답** ③

예제 25. 베인 펌프의 특징에 대한 설명으로 옳지 않은 것은?

① 펌프출력에 비해 형상치수가 작다.

② 작동유의 점도에 제한이 없다.

③ 베인의 마모에 의한 압력저하가 발생되지 않는다.

④ 피스톤펌프에 비해 토출압력의 맥동현상이 적다.

[해설] 베인 펌프(vane pump)의 작동유는 점도(viscosity) 제한이 있다(동점도는 약 35 cSt(centi stokes)이다). **정답** ②

2-6 유압 제어 밸브

(1) 압력 제어 밸브

① **릴리프 밸브(relief valve) 또는 안전밸브** : 유압회로의 압력이 설정된 압력 이상으로 되는 것을 방지

※ **크래킹(cracking) 압력** : 체크 밸브, 릴리프 밸브 등에서 압력이 상승하고 밸브가 열리기 시작하여 어느 일정한 흐름의 양이 인정되는 압력

② **시퀀스 밸브(sequence valve)** : 여러 개의 분기회로를 가진 회로로서 그 작동 순서를 설정해 주는 밸브

③ **카운터 밸런스 밸브(counter balance valve)** : 실린더 자중에 의하여 떨어지는 것을 방지하기 위하여 배압을 설정하므로 낙하 방지 또는 역류를 자유롭게 해주는 밸브

④ **언로더 밸브(unloader valve)** : 설정값 압력을 갖는 2개 또는 3개 펌프로부터 연결된 것을 한두 개 펌프가 설정값 이하의 압력으로 떨어지면 부하가 걸리지 않게 공회전시키므로 열화 방지 및 동력 절감 효과가 있는 밸브

⑤ **감압 밸브(reducing valve)** : 설정된 압력보다 낮으면 압력 유지가 곤란하여 분기회로가 있어 고압측의 압력이 변해도 감압된 출구의 압력이 조정된 압력으로 유지되는 밸브

⑥ **압력 스위치** : 압력의 상승 또는 하강을 구분하여 미리 설정된 압력에 도달하면 전기 회로가 개폐되는 역할을 하는 스위치

예제 **26. 다음 그림은 어떤 밸브를 나타내는 기호인가 ?**
① 시퀀스 밸브
② 카운터 밸런스 밸브
③ 무부하 밸브
④ 일정 비율 감압 밸브

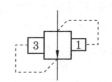

해설 그림의 유압 기호는 일정 비율 감압 밸브(리듀싱 밸브)를 나타내는 기호이다. 　정답 ④

예제 **27. 압력 오버라이드(pressure override)에 대한 설명으로 가장 적합한 것은 ?**
① 커질수록 릴리프 밸브의 특성이 좋아진다.
② 설정압력과 크래킹 압력의 차이이다.
③ 밸브의 진동과 관계없다.
④ 전량 압력이다.

해설 압력 오버라이드 : 압력 제어 밸브에서 어느 최소 유량에서 어느 최대 유량까지의 사이에 증대하는 압력 　정답 ②

---

(2) 유량 제어 밸브

① **교축 밸브(flow metering valve, 니들 밸브)**

　(개) 스톱 밸브(stop valve) : 작동유의 흐름을 완전히 멎게 하든가 또는 흐르게 하는 것을 목적으로 할 때 사용한다.

　(내) 스로틀 밸브(throttle valve) : 미소 유량으로부터 대유량까지 조정할 수 있는 밸브

　(대) 스로틀 체크 밸브(throttle and check valve) : 한쪽 방향으로의 흐름은 제어하고 역방향의 흐름은 자유로 제어가 불가능한 것으로 압력 보상 유량 제어 밸브로 사용한다.

② **압력 보상 유량 제어 밸브(pressure compensated valve)** : 압력 보상 기구를 내장하고 있으므로 압력의 변동에 의하여 유량이 변동되지 않도록 회로에 흐르는 유량을 항상 일정하게 자동적으로 유지시켜 주면서 유압 모터의 회전이나 유압 실린더의 이동 속도 등을 제어한다.

③ **바이패스식 유량 제어 밸브** : 이 밸브는 오리피스와 스프링을 사용하여 유량을 제어하며, 유동량이 증가하면 바이패스로 오일을 방출하여 압력의 상승을 막고, 바이패스된 오일은 다른 작동에 사용되거나 탱크로 돌아가게 된다.

④ **유량 분류 밸브** : 유량 분류 밸브는 유량을 제어하고 분배하는 기능을 하며, 작동상의 기능에 따라 유량순위 분류 밸브, 유량 조정 순위 밸브 및 유량 비례 분류 밸브의 세 가지로 구분된다.

⑤ **압력 온도 보상 유량 조정 밸브**(pressure and temperature compensated flow control valve) : 압력 보상형 밸브는 온도가 변화하면 오일의 점도가 변화하여 유량이 변하는 것을 막기 위하여 열팽창률이 다른 금속봉을 이용하여 오리피스 개구넓이를 작게 함으로써 유량 변화를 보정하는 것이다.

⑥ **인라인형**(in line type) **유량 조정 밸브** : 소형이며 경량이므로 취급이 편리하고 특히 배관라인에 직결시켜 사용함으로써 공간을 적게 차지하며 조작이 간단하다.

⑦ **디셀러레이션**(deceleration) **붙이 스로틀 밸브** : 유압 실린더의 속도를 행정 도중에 감속 또는 증속할 때 사용된다. 주로 공작 기계의 이송속도 제어용으로서 캠 조작으로 조기 이송 → 지체 이송(절삭 이송) → 조속 환원의 속도 제어에 적합하다.

예제 28. 다음 중 채터링 현상에 대한 설명으로 가장 적합한 것은 ?

① 유량 제어 밸브의 개폐가 연속적으로 반복되어 심한 진동에 의한 밸브 포트에서의 누설 현상

② 유동하고 있는 액체의 압력이 국부적으로 저하되어 증기나 함유 기체를 포함하는 기체가 발생하는 현상

③ 감압 밸브, 체크 밸브, 릴리프 밸브 등에서 밸브 시트를 두드려 비교적 높은 소음을 내는 자려 진동 현상

④ 슬라이드 밸브 등에서 밸브가 중립점에서 조금 변위하여 포트가 열릴 때, 발생하는 압력 증가 현상

정답 ③

예제 29. 다음 중 유압기기에서 유량 제어 밸브에 속하는 것은 ?

① 릴리프 밸브   ② 체크 밸브   ③ 감압 밸브   ④ 스로틀 밸브

해설 릴리프 밸브와 감압 밸브는 압력 제어 밸브이고 체크 밸브는 방향 제어 밸브이며 스로틀 밸브는 유량 제어 밸브이다.   **정답** ④

(3) 방향 제어 밸브

① **체크 밸브** : 유체의 한쪽 방향으로 흐름은 자유로우나 역방향의 흐름은 허용하지 않는

밸브

② **셔틀 밸브** : 항상 고압측의 압유만을 통과시키는 밸브

③ **로터리(rotary valve)** : 밸브의 구조가 비교적 간단하며 조작이 쉽고 확실하므로 원격 제어용 파일럿 밸브로 사용되는 경우가 많다.

④ **스풀 밸브(spool valve)** : 스풀에 대한 압력이 평형을 유지하여 조작이 쉽고 고압 대용량의 흐름에 적용시킬 수 있다. 일반적으로 가장 널리 사용되는 밸브로서 실린더와 스풀 사이에 약간의 누설이 발생되는 단점이 있다.

2-7　유압 액추에이터

(1) 유압 실린더

유압용 실린더는 한국 산업 규격(KS B 6370)에 의해 정해져 있다. 이 표준 실린더를 사용하면 다음과 같은 이점이 있다.

① 부품의 호환성이 좋다.

② 기능 설정 시험을 통하여 그 성능이 보증된다.

③ 값이 싸고 취득이 쉽다.

(2) 유압 모터

유압 모터는 유압에 의하여 출력축을 회전시키는 것으로, 기구는 유압 펌프와 비슷하지만 구조상 다른 점이 많다. 유압 모터는 속도 제어나 역전이 손쉬우며 소형 경량이고 큰 힘을 낼 수 있다. 가변 용량형도 있으나 일반적으로 정용량형 모터를 사용하고 속도 제어는 펌프로부터 공급되는 유량을 제어하고 있는 방법을 쓰고 있다.

2-8　기타 부속기기

(1) 축압기(accumulator)

① **용도** : 유압유의 축적과 유압회로에서의 맥동, 서지 압력의 흡수 목적으로 사용된다.

② **축압기의 용량 및 방출 유량**

$$P_0 V_0 = P_1 V_1 = P_2 V_2$$

여기서, P_0 : 봉입가스 압력(kPa), P_1 : 최고압력(kPa), P_2 : 최저압력(kPa)

V_0 : 축압기 용량(L), V_1 : 최고압력 시 체적(L), V_2 : 최저압력 시 체적(L),

$$방출 유량(\Delta V) = V_2 - V_1 = P_0 V_0 \left(\frac{1}{P_2} - \frac{1}{P_1} \right)[L]$$

예제 30. 용기 내에 오일을 고압으로 압입한 유압유 저장 용기로서 유압에너지 축적, 압력 보상, 맥동 제거, 충격 완충 등의 역할을 하는 유압 부속장치는?

① 어큐뮬레이터　　② 스트레이너　　③ 오일 냉각기　　④ 필터

[해설] 축압기(어큐뮬레이터)는 맥동 압력이나 충격 압력을 흡수하여 유압장치를 보호하거나 유압펌프의 작동 없이 유압장치에 순간적인 유압을 공급하기 위하여 압력을 저장하는 유압 부속장치이다.　　　　[정답] ①

예제 31. 유압 시스템의 주요 구성 요소에 속하지 아니하고 부속기기로 분류되는 것은 어느 것인가?

① 축압기　　② 액추에이터　　③ 유압 펌프　　④ 제어 밸브

[해설] 축압기(어큐뮬레이터)는 부속장치(기기)로 종류에는 중량식, 스프링식, 공기압식, 실린 더식 등이 있고 용도는 맥동, 충격 흡수, 압력에너지 축적, 펌프 대용, 2차 유압회로 구동 등 방출시간 단축에 사용된다.　　　　[정답] ①

(2) 여과기(strainer)

압유에 불순물이 혼입되어 있으면 유압기기의 효율 저하나 고장의 원인이 되므로 여과기를 설치하여 압유를 청정하며, 일반적으로 미세한 불순물 제거에 사용되는 것을 필터 (filter), 비교적 큰 불순물 제거에 사용되는 것을 스트레이너 (strainer)라고 한다.

① 스트레이너 (strainer) : 탱크 내의 펌프 흡입구에 설치하며, 펌프 및 회로에 불순물의 흡입을 막는다. 스트레이너는 펌프 송출량의 2배 이상의 압유를 통과시킬 수 있는 능력을 가져야 하며, 흡입 저항이 작은 것이 바람직하고 보통 100~200 메시의 철망이 사용된다.

② 필터 (filter) : 배관 도중, 복귀 회로, 바이패스 회로 등에 설치되며, 미세한 불순물의 여과 작용을 하는 여과기로서 여과 작용면에서 분류하면 표면식, 적층식, 다공체식, 흡착식, 자기식으로 크게 나눌 수 있다.

※ 필터 선정 시 주의사항 : 여과입도, 내압, 여과재의 종류, 유량, 점도 및 압력 강화 (필터의 여과 입도가 너무 높으면 공동현상 발생)

예제 32. 작동유 속에 불순물을 제거하기 위하여 사용하는 부품은?

① 패킹　　② 스트레이너　　③ 축압기　　④ 유체 커플링

[정답] ②

예제 33. 다음 중 필터의 여과 입도가 너무 높을 때 발생하는 현상과 가장 관계있는 것은 ?

① 유체 고착현상이 생긴다.　　　　② 컷 아웃 현상이 생긴다.

③ 공동현상이 생긴다.　　　　　　④ 크래킹 현상이 생긴다.

정답 ③

---

③ **오일 여과 방식**

　(개) 전류식(full flow filter) : 오일 펌프에서 압송한 오일이 오일 여과기를 거쳐 각 윤활부로 공급되는 방식이다(가솔린 엔진에서 많이 사용한다).

　(내) 분류식(by-pass filter) : 오일 펌프에서 압송된 오일을 각 윤활부로 직접 공급하고 일부 오일을 오일 여과기로 보내어 여과시킨 다음 오일 팬으로 되돌아가게 하는 방식이다.

　(대) 복합식(샨트식) : 전류식과 분류식을 결합한 방식이다. 입자의 크기가 다른 두 종류의 여과기를 사용하여 입자가 큰 여과기를 거친 오일은 오일 팬으로 복귀시키고 입자가 작은 여과기를 거친 오일은 각 윤활부에 직접 공급하는 방식이다(디젤 엔진에서 많이 사용한다).

(3) 실(seal)

　유압 장치의 접합부나 이음 부분은 고압이 될수록 기름 누설이 발생하기 쉬우며, 외부에서 이물이 침입하는 경우도 있다. 이러한 점을 방지하는 기구를 실(seal)이라 하며, 고정 부분에 사용하는 실을 개스킷(gasket), 운동 부분에 사용하는 실을 패킹(packing)이라 한다.

① **실의 구비 조건**

　(개) 양호한 유연성 : 압축 복원성이 좋고, 압축 변형이 작아야 한다.

　(내) 내유성 : 기름 속에서 체적 변화나 열화가 적고, 내약품성이 양호해야 한다.

　(대) 내열, 내한성 : 고온에서의 노화나 저온에서의 탄성 저하가 작아야 한다.

　(래) 기계적 강도 : 오랜 시간의 사용에 견딜 수 있도록 내구성 및 내마모성이 풍부해야 한다.

② **실의 재료** : 실의 재료로는 마, 무명, 피혁, 천연 고무 등이 있으나 고압, 고온, 특수한 유압유 등에는 대부분 단독으로는 사용되지 않고 합성 고무, 합성수지와 혼용되고 있다. 그밖에 연강, 스테인리스 등의 금속류나 세라믹, 카본 등도 사용되고 있다.

③ **실의 종류**

　(개) O링(O-ring) : 구조가 간단하기 때문에 개스킷, 패킹에 가장 널리 사용되며, 재질은 니트릴 고무가 표준이다. 고압($100 \text{ kgf/cm}^2 = 9.8 \text{ kPa}$)에서 사용할 때는 백업링을 O링의 외측에 사용하면 좋다.

　(내) 성형 패킹(forming packing) : 합성 고무나 합성 수지 또는 합성 고무 속에 천을 혼

입하여 압축 성형한 패킹으로서 단면 형상에 따라 V형, U형, L형, J형 등이 있으며, 주로 왕복 운동용에 사용된다.

(다) 메커니컬 실(mechanical seal) : 회전축을 가진 유압기기에서 축 둘레의 기름 누설을 방지하는 실이며, 접동 재료는 카본 그라파이트, 세라믹, 그라파이트가 든 디프론 등이 사용되며, 상대재는 표면 경화한 각종 금속 재료를 사용한다.

(라) 오일 실(oil seal) : 유압 펌프의 회전축, 변환 밸브의 왕복축(압력 $45\,kgf/cm^2$ 이하) 등의 실로 널리 사용되며, 재료는 주로 합성 고무가 사용된다.

예제 **34.** 유압장치의 운동 부분에 사용되는 실(seal)의 일반적인 명칭은?

① 패킹(packing)   ② 개스킷(gasket)

③ 심리스(seamless)   ④ 필터(filter)

정답 ①

(4) 오일 탱크

오일 탱크의 크기는 토출량의 3배 이상(3~6배)으로 한다.

(5) 배관의 이음(joint)

① **나사 이음** : 저압용 작은 관의 지름(엘보, 티, 유니언, 플러그, 캡) 등의 이음

② **용접 이음** : 고압용 또는 큰 관의 관로 이음에 사용(기밀성)

③ **플랜지 이음** : 고압 및 저압의 비교적 큰 관(65 A 이상)에 사용(볼트로 체결하여 분해 및 조립이 쉽다.)

3. 유압 회로

(1) 압력 제어 회로

① **압력 설정 회로** : 모든 유압 회로의 기본으로 회로 내의 압력을 설정 압력으로 조정하는 회로

② **압력 가변 회로** : 릴리프 밸브의 설정 압력을 변화시키면 행정 중 실린더에 가해지는 압력을 변화시킬 수 있다.

③ **충격압 방지 회로** : 대유량·고압유 충격압을 방지하기 위한 회로

④ **고저압 2압 회로**

(2) 언로드 회로(unload circuit, 무부하 회로 unloading hydraulic circuit)

유압 펌프의 유량이 필요하지 않게 되었을 때, 즉 조작단의 일을 하지 않을 때 작동유를 저압으로 탱크에 귀환시켜 펌프를 무부하로 만드는 회로로서 펌프의 동력이 절약되고, 장치의 발열이 감소되며, 펌프의 수명을 연장시키고, 장치 효율의 증대, 유온 상승 방지, 압유의 노화 방지 등의 장점이 있다.

(3) 축압기 회로

유압 회로에 축압기를 이용하면 축압기는 보조 유압원으로 사용되며, 이것에 의해 동력을 크게 절약할 수 있고, 압력 유지, 회로의 안전, 사이클 시간 단축, 완충 작용은 물론, 보조 동력원으로 효율을 증진시킬 수 있고, 콘덴서 효과로 유압 장치의 내구성을 향상시킨다.

(4) 속도 제어 회로

① 미터-인 회로(meter in circuit) : 이 회로는 유량 제어 밸브를 실린더의 작동 행정에서 실린더의 오일이 유입되는 입구 측에 설치한 회로이다.

② 미터-아웃 회로(meter out circuit) : 이 회로는 작동 행정에서 유량 제어 밸브를 실린더의 오일이 유출되는 출구 측에 설치한 회로로서, 실린더에서 유출되는 유량을 제어하여 피스톤 속도를 제어하는 회로이다. 미터-인 회로와 마찬가지로 동력 손실이 크나, 미터-인 회로와는 반대로 실린더에 배압이 걸리므로 끌어당기는 하중이 작용하더라도 자주(自主)할 염려는 없다. 또한 미세한 속도 조정이 가능하다.

③ 블리드 오프 회로(bleed off circuit) : 이 회로는 작동 행정에서의 실린더 입구의 압력 쪽 분기 회로에 유량 제어 밸브를 설치하여 실린더 입구 측의 불필요한 압유를 배출시켜 일정량의 오일을 블리드 오프하고 있어 작동 효율을 증진시킨 회로이다.

④ 재생 회로(regenerative circuit, 차동 회로 differential circuit) : 전진할 때의 속도가 펌프의 배출 속도 이상으로 요구되는 것과 같은 특수한 경우에 사용된다. 피스톤이 전진할 때에는 펌프의 송출량과 실린더의 로드 쪽의 오일이 함유해서 유입되므로 피스톤 진행 속도는 빠르게 된다. 또, 피스톤을 미는 힘은 피스톤 로드의 단면적에 작용되는 오일의 압력이 되므로 전진 속도가 빠른 반면, 그 작용력은 작게 되어 소형 프레스에 간혹 사용된다.

예제 35. 액추에이터의 공급 쪽 관로에 설정된 바이패스 관로의 흐름을 제어함으로써 속도를 제어하는 회로로 가장 적합한 것은?

① 인터로크 회로   ② 블리드 오프 회로
③ 시퀀스 회로   ④ 미터아웃 회로

정답 ②

예제 36. 주로 시스템의 작동이 정부하일 때 사용되며 피스톤의 속도를 실린더에 공급되는 입구측 유량을 조절하여 제어하는 회로는?

① 카운터 밸런스 회로　　　　　　② 블리드 오프 회로
③ 미터 인 회로　　　　　　　　　④ 미터 아웃 회로

정답 ③

예제 37. 유압 실린더의 속도 제어 회로가 아닌 것은?

① 로킹 회로　　　　　　　　　　② 미터 인 회로
③ 미터 아웃 회로　　　　　　　　④ 블리드 오프 회로

정답 ①

---

(5) 위치, 방향 제어 회로

① **로크 회로** : 실린더 행정 중에 임의 위치에서, 혹은 행정 끝에서 실린더를 고정시켜 놓을 필요가 있을 때 피스톤의 이동을 방지하는 회로이다.

② **파일럿 조작 회로** : 파일럿 압력을 사용하는 밸브를 사용하여 전기적 제어가 위험한 장소에서도 안전하게 원격 조작이나 자동 운전 조작을 쉽게 하고 또한 값이 싼 회로를 만들 수가 있다. 파일럿압의 대부분은 별개의 회로로부터 유압원을 취하고 있으나, 이때 주 회로를 무부하시키더라도, 파일럿 압은 유지되게 해야 하고, 유압 실린더에 큰 중량이 걸려 있을 때에는 파일럿 압유를 교축시키거나, 파일럿 조작 4방향 밸브의 교축이 되게끔 제작하여, 밸브 전환 시의 충격을 완화시켜야 한다.

(6) 시퀀스 회로(sequence circuit)

시퀀스 회로에는 전기, 기계, 압력에 의한 방식과 이들의 조합으로 된 것이 있다. 전기는 거리가 떨어져 있는 경우나, 환경이 좋고, 또 가격면에서 조금이라도 유압 밸브를 절약하고 싶을 때, 또는 특히 시퀀스 밸브의 간섭을 받고 싶지 않을 때 사용된다. 그리고 기계 방식은 전기 방식보다 고장이 적고 작동도 확실하여 눈으로 확인할 수 있으며, 밸브 간섭의 염려도 없다. 또, 압력 방식은 주위 환경의 영향을 좀처럼 받지 않고, 실린더 등의 작동부 가까이까지 배치하지 않아도 임의의 배관으로 가능하게 할 수 있다.

(7) 증압 및 증강 회로(booster and intensifier circuit)

① **증강 회로(force multiplication circuit)** : 유효 면적이 다른 2개의 탠덤 실린더를 사용하거나, 실린더를 탠덤(tandem)으로 접속하여 병렬 회로로 한 것인데 실린더의 램을 급속히 전진시켜 그리 높지 않은 압력으로 강력한 압축력을 얻을 수 있는 힘의 증대 회로인 증강 회로이다.

② **증압 회로** : 이 회로는 4포트 밸브를 전환시켜 펌프로부터 송출압을 증압기에 도입시켜 증압된 압유를 각 실린더에 공급시켜 큰 힘을 얻는 회로이다.

(8) 동조 회로

같은 크기의 2개의 유압 실린더에 같은 양의 압유를 유입시켜도 실린더의 치수, 누유량, 마찰 등이 완전히 일치하지 않기 때문에 완전한 동조 운동이란 불가능한 일이다. 또 같은 양의 압유를 2개의 실린더에 공급한다는 것도 어려운 일이다. 이 동조 운동의 오차를 최소로 줄이는 회로를 동조 회로라 한다. ① 래크와 피니언에 의한 동조 회로, ② 실린더의 직렬 결합에 의한 동조 회로, ③ 2개의 펌프를 사용한 동조 회로, ④ 2개의 유량 조절 밸브에 의한 동조 회로, ⑤ 2개의 유압 모터에 의한 동조 회로, ⑥ 유량 제어 밸브와 축압기에 의한 동조 회로가 있다.

[예제] **38.** 다음 중 같은 크기의 실린더를 사용하여 동일압력을 공급하는 동조 회로에서 동조를 저해하는 요소가 아닌 것은?
① 부하 분포의 균일   ② 마찰 저항의 차이
③ 유압기기의 내부 누설   ④ 실린더 조립상의 공차에 의한 치수 오차

[정답] ①

---

4. 공압 기호

(1) 펌프 및 모터

기호	설명	기호	설명
	압축기 및 송풍기		진공 펌프
	공압 모터 (한쪽 방향 회전)		공압 모터 (양쪽 방향 회전)
	가변 용량형 공압 모터 (한쪽 방향 회전)		가변 용량형 공압 모터 (양쪽 방향 회전)
	요동형 공기압 작동기 또는 회전각이 제한된 공압 모터		

(2) 실린더

기호	설명	기호	설명
	단동 실린더 (스프링 없음)		단동 실린더 (스프링 있음)
	복동실린더 (한쪽 피스톤 로드)		복동실린더 (양쪽 피스톤 로드)
	차동 실린더		양쪽 쿠션 조절 실린더
	단동식 텔레스코핑 실린더		복동식 텔레스코핑 실린더
	같은 유체 압력 변환기		다른 유체 압력 변환기
	공유압 압력 전달기		

(3) 방향 제어 밸브

기호	설명	기호	설명
	2포트 2위치 전환 밸브 (상시 닫힘)		2포트 2위치 전환 밸브 (상시 열림)
	3포트 2위치 밸브 (상시 닫힘)		3포트 2위치 밸브 (상시 열림)
	3포트 3위치 밸브 (올 포트 블록)		4포트 2위치 밸브
	4포트 3위치 밸브 (올 포트 블록)		4포트 3위치 밸브 (프레셔 포트 블록)

B A ↓↓↓↓↓ RPS	5포트 2위치 밸브	B A ↓↓↓↓↓ RPS	5포트 3위치 밸브 (올 포트 블록)
a b	중간 위치에 고정할 수 없고 2개의 제어 위치 가 있는 밸브	B A < P R	방향 제어 밸브 간이 표시 ㈜ 4포트형
◇	체크 밸브	스프링 없음	◇	파일럿 체크 밸브 (신호에 의하여 열림)
◇ᴡ		스프링 있음		
◇	파일럿 체크 (신호에 의하여 닫힘)	A X─◇▷─Y	셔틀 밸브
A P─◇▷─R	급속 배기 밸브	A X─┤ ├─Y	2압 밸브

(4) 압력 제어 밸브

기호	설명	기호	설명
R P	조절 가능 릴리프 밸브(내부 파일럿 방식)	A P	조절 가능 시퀀스 밸브 (내부 파일럿 방식)
A X─ ─ P	시퀀스 밸브 (릴리프 있음, 조절 가능)	A P	감압 밸브 (릴리프 없음, 조절 가능)
A R P	감압 밸브 (릴리프 있음, 조절 가능)		

(5) 유량 제어 밸브

기호	설명	기호	설명
	초크, 스로틀 밸브		오리피스
	스로틀 밸브 (조절 가능)		스톱 밸브, 콕
	가변 조절 밸브 (수동 조작, 조절 가능)		가변 조절 밸브 (기계 방식 스프링 리턴)
	체크 밸브 붙이 가변 유량 조절 밸브 (초크 사용)		체크 밸브 붙이 가변 유량 조절 밸브 (오리피스 사용)

(6) 에너지 전달

기 호	설 명	기 호	설 명
	압력원		주관로
	파일럿 라인(제어 라인)		드레인 라인(배기)
	휨 관로 (유연성 있는 관)		전기 신호
	관로의 접속		관로의 교차
	통기 관로(배기)		배기공 (파이프 연결이 없음)
	배기공 (파이프 연결이 있음)		취출구(닫힌 상태)
	취출구(열린 상태)		급속 이음 설치 상태 (체크 밸브 없음)
	급속 이음 설치 상태 (양쪽 체크 밸브)	급속 이음 미설치 상태	체크 밸브 없음 / 체크 밸브 있음
	회전 이음(1관로)		회전 이음(3관로)

(7) 보조 기기

기호	설명	기호	설명	기호	설명
	필터 (배수기 없음)		필터 (수동 작동 배수기 있음)		필터 (자동 작동 배수기 있음)
	기름 분무 분리기 (수동 배출)		기름 분무 분리기 (자동 배출)		공기 건조기
	윤활기		에어 컨트롤 유닛		냉각기
	소음기		공기 탱크		공압용 경음기

(8) 기계식 연결

기호	설명	기호	설명
	회전축(한방향 회전)		회전축(양방향 회전)
	위치 고정 방식		래치(latch)
	오버 센터 방식		레버·로드(힌지 연결)
	연결부(레버 있음)		고정점붙이 연결부

(9) 수동 제어 방식

기호	설명	기호	설명
	수동 방식(기본 기호)		누름 버튼 방식
	레버 방식		페달 방식

(10) 기계 제어 방식

기호	설명	기호	설명
	플런저 방식		스프링 방식
	롤러 방식		한쪽 작동 롤러 방식
	감지기 방식(표준으로 정해지지 않았음)		

(11) 전기 전자 제어 방식

기호	설명	기호	설명
	단일 코일형		복수 코일형
	전동기 방식		전기 스텝 모터 방식

(12) 압력 제어 방식

기호	설명	기호	설명
	가압하여 직접 작동		감압하여 직접 작동
	가압하여 간접 작동		감압하여 간접 작동
	차등 압력 작동 방식		압력에 의하여 중립 위치 유지
	스프링에 의하여 중립 위치 유지		압력 증폭기에 의한 압력 작동 방식
	압력 증폭기에 의한 간접 작동 방식		펄스 작동 방식

(13) 조합 제어 방식

기호	설명	기호	설명
	전자 공압 작동식		전자 또는 공압 방식
	전자 또는 수동 방식		일반 제어 방식 (*는 제어 방식 설명)

(14) 기타 부품

기호	설명	기호	설명
	압력계		반향 감지기
	에어게이트용 분사 노즐		공기 공급원이 있는 수신 노즐 (에어게이트용)
	배압 노즐		중간 차단 감지기
	압력 증폭기 $(0.05 \sim 1 \, \text{kgf/cm}^2)$		전기 → 공압 신호 변환기
	압력 증폭기부 3포트 2위치 밸브		공제 계수기
	공압 → 전기 신호 변환기		누계 계수기
	누계 → 공제 계수기		

※ 공압 기호는 KS B 0054 유압·공기압 도면 기호에 정해져 있다.

5. 유압 기호

(1) 기호 표시의 기본

기호	설명	기호	설명
	관로		밸브 (기본 기호)
●	관로의 접속점		
	축, 레버, 로드		
○	펌프 모터		회전 방향
○	계기, 회전 이음	◇	필터, 열교환기
○	링크 연결부 롤러		조립 유닛
▲	유체 흐름의 방향 유체의 출입구		조정 가능한 경우
↑	유체 흐름의 방향		

(2) 실린더

기호	설명		기호	설명	
	단동 실린더	피스톤식		쿠션붙이 실린더	한쪽 쿠션형
		램식			양쪽 쿠션형
	복동 실린더	한쪽 로드형		차동 실린더	
		양쪽 로드형			

① 간략 기호를 사용함을 원칙으로 한다.
② 쿠션의 표시는 쿠션이 작동되는 쪽에 화살표를 기입할 것.

(3) 관로 및 접속

기호	설명		기호	설명	
———————	주관로		—×<—	연결부	열린 상태(접속)
– – – – – –	파일럿 관로		—≍—	고정 스로틀	
············	드레인 관로		—→⊢	급속 이음	분리된 상태 / 체크 밸브 없음
┼ ⊥ ┆	접속하는 관로		—○⊢		분리된 상태 / 체크 밸브 붙이
⊦ ⊹ ┼	접속하지 않는 관로		—→⊢<—	급속 이음	부착된 상태 / 체크 밸브 없음
			—○⊢<—		부착된 상태 / 한쪽 체크 밸브 붙이
‿•‿	플렉시블 관로		—○⊢•⊢○—		양쪽 체크 밸브 붙이
⊥ ⌐⊥	탱크 관로	유면보다 위	—⊖—	회전 이음	1관로의 경우
⊥ ⌐⊥		유면보다 아래	═⊖═		3관로의 경우
—→ —→	기름 흐름의 방향		⫞ ⫞		회전축, 축, 로드, 레버
↑ ↓	밸브 안의 흐름 방향		⟊ ⟊	기계식 연결	연결부
⊥	통기 관로		⟊		고정점붙이 연결부
—×	연결부	닫힌 상태	⫻ ⫻		신호 전달로

(4) 부속 기기

기호	설명		기호	설명
⊔	기름 탱크	개방 탱크	◇	냉각기
⬭		예압 탱크	◇	냉각제 배관붙이
⋈	스톱 밸브 또는 콕		◇	열교환기 (온도 조절기)
압력 스위치 기호	압력 스위치		◇	가열기
⬭	어큐뮬레이터		⊘	압력계
Ⓜ	전동기		⊖	온도계
Ⓜ	내연기관이나 그 밖의 열기관		⊖	유량계	순간 지시계
◁	스트레이너 (흡입용 필터)		⊗		적산 지시계

(5) 펌프 및 모터

기호	설명	기호	설명
펌프 기호	정토출형 펌프	조합 펌프 기호	조합 펌프
가변 토출형 펌프 기호	가변 토출형 펌프	모터 기호	정용적형 모터 (2방향형)

(6) 제어 밸브 일반

기호	설명		기호	설명	
	감압 밸브	체크 밸브 없음		릴리프 밸브	
		체크 밸브 붙이		파일럿 작동형 릴리프 밸브	
	시퀀스 밸브	직동형(1형) 내부 드레인		프레셔 스위치	
		직동형(2형) 외부 드레인		압력 보상붙이	체크 없는 플로우 컨트롤 밸브
		원방 제어(3형) 외부 드레인			체크붙이 플로우 컨트롤 밸브
		원방 제어(4형) 내부 드레인			
	체크붙이 시퀀스 밸브	직동형(1형) 내부 드레인		스로틀 체크 밸브	
		직동형(2형) 외부 드레인		스로틀 밸브	
		원방 제어(3형) 외부 드레인		디셀러레 이션붙이 플로우 컨트롤 밸브	노멀 오픈형
		원방 제어(4형) 내부 드레인			노멀 클로즈드형

(7) 전자 전환 밸브

기호	설명	기호	설명
	스프링 오프셋형 / 올 포트 블록		올 포트 블록
	올 포트 오픈		사이드 포트 블록 (B, T 접속)
	노 스프링형 / 올 포트 오픈		사이드 포트 블록 (P, B 접속)
	올 포트 블록		센터 바이패스
	탱크 포트 블록 (A, B, P 접속)		실린더 포트 블록 (A, P, T 접속)
	스프링 센터형 / 프레셔 포트 블록 (A, B, T 접속)		콘시트형 전자 밸브
	올 포트 오픈		

(8) 전자 유압 전환 밸브

기호	설명	기호	설명
	스프링 오프셋형		탱크 포트 블록
			센터 바이패스
			올 포트 블록
		스프링 센터형	실린더 포트 블록
	노 스프링형		프레셔 포트 블록 (세미 오픈) (A, B, T 접속)
			프레셔 포트 블록 (A, B, T 접속)
			올 포트 오픈 (세미 오픈)
			올 포트 오픈
	프레셔 포트 블록		
	올 포트 오픈 (세미 오픈)		
	올 포트 오픈		
	올 포트 블록		
	프레셔 포트 블록 (A, B, T 접속)		
	올 포트 오픈 (세미 오픈)		
	올 포트 오픈		
	올 포트 블록		
	스프링 센터형		
	사이드 포트 블록(1) (A, P 접속)		
	사이드 포트 블록(2) (B, T 접속		

(9) 수동 전환 밸브

기호	설명	기호	설명
	스프링 센터형	스프링 센터형	올 포트 블록
	센터 바이패스		
	실린더 포트 블록		센터 바이패스
	프레셔 포트 블록	노 스프링형	실린더 포트 블록
	올 포트 오픈		프레셔 포트 블록

(10) 파일럿 작동 전환 밸브

기호	설명	기호	설명
	올 포트 블록		실린더 포트 블록 (A, P, T 접속)
	올 포트 오픈	스프링 센터형	탱크 포트 블록
스프링 센터형	올 포트 오픈 (세미 오픈)		사이드 포트 블록(1)
	프레셔 포트 블록 (A, B, T 접속)	스프링 오프셋형	사이드 포트 블록(2) (A, P 접속)
	프레셔 포트 블록 (세미 오픈) (A, B, T 접속)		

(11) 기타 밸브

기호	설명		기호	설명
	디셀러레이션 밸브	노멀 오픈형		인라인 체크 밸브 앵글 체크 밸브
		노멀 클로즈드형		파일럿 체크 밸브

※ 유압 기호는 KS B 0054 유압·공기압 도면 기호에 정해져 있다.

예제 **39.** 다음 기호는 어떤 유압 기호인가?

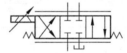

① 서보 밸브 ② 교축 전환 밸브
③ 파일럿 밸브 ④ 셔틀 밸브

정답 ①

예제 **40.** 다음 기호는 어떤 것을 표시한 유압 기호인가?

① 증압기 ② 고정 조리개
③ 어큐뮬레이터 ④ 보조 가스용기

해설 그림의 유압 기호는 어큐뮬레이터(중량식)이다.　　　　정답 ③

예제 **41.** 밸브의 전환 도중에서 과도적으로 생기는 밸브 포트 사이의 흐름을 의미하는 용어는?
① 자유 흐름(free flow) ② 인터플로(interflow)
③ 제어 흐름(controlled flow) ④ 아음속 흐름(subsonic flow)

정답 ②

출제 예상 문제

1. 유압잭(jack)은 다음 중 어느 것을 이용한 것인가?

① 베르누이 정리
② 보일-샤를의 법칙
③ 레이놀즈의 이론
④ 파스칼의 원리

[해설] 파스칼의 원리(Pascal's principal) : 밀폐된 용기 속에 담겨 있는 액체의 한쪽에 가한 압력은 모든 부분에 같은 크기로 전달된다는 법칙

⑩ ABS 유압식 브레이크, 정비업소 유압식 승강기, 유압잭

2. 그림에서 $W = 2940$ N의 물체를 피스톤 (1)로 작동시켜서 들어올리려고 한다. 유압 피스톤 (1)을 98 N의 힘으로 밀 때, 그 지름 D_1은 몇 cm로 할 것인가?

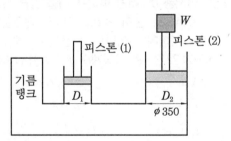

① 5.42 ② 6.39
③ 7.22 ④ 8.36

[해설] $P_1 = P_2$이므로,

$$\frac{W_1}{A_1} = \frac{W_2}{A_2}, \quad \frac{W_1}{\frac{\pi}{4}D_1^2} = \frac{W_2}{\frac{\pi}{4}D_2^2}$$

$$\therefore D_1 = D_2 \sqrt{\frac{W_1}{W_2}} = 35\sqrt{\frac{98}{2940}} = 6.39 \text{ cm}$$

3. 액체가 들어간 밀폐된 용기에서 특정 하중이 가해질 때, 이 하중에 의해 발생한 압력은 용기 안쪽 벽면에 동일하게 작용한다. 이러한 법칙(원리)을 무엇이라 하는가?

① 보일의 법칙
② 샤를의 법칙
③ 아르키메데스의 원리
④ 파스칼의 원리

[해설] 파스칼의 원리란 밀폐된 용기의 임의의 한쪽에 가한 압력은 모든 방향으로 균일한 세기로 전달된다는 법칙이다.

4. 공기압 장치와 비교하여 유압장치의 일반적인 특징에 대한 설명 중 틀린 것은?

① 작은 장치로 큰 힘을 얻을 수 있다.
② 입력에 대한 출력의 응답이 빠르다.
③ 인화에 따른 폭발의 위험이 적다.
④ 방청과 윤활이 자동적으로 이루어진다.

[해설] 유압장치의 일반적인 특징

(1) 입력에 대한 출력의 응답이 빠르다.
(2) 작동유량을 조절하여 무단변속을 할 수 있다.
(3) 원격 조작(remote control)이 가능하다.
(4) 방청과 윤활이 자동적으로 이루어진다.
(5) 전기적인 조작, 조합이 간단하다.
(6) 작은 장치로 큰 출력을 얻을 수 있다.
(7) 인화에 따른 폭발 위험이 있다.
(8) 온도 변화에 대한 점도 변화가 있으며 기름이 누출될 수 있다.
(9) 회전 운동과 직선 운동이 자유롭다.

5. 다음 중 유압장치의 단점인 것은?

---

① 작은 힘으로 큰 힘을 얻을 수 있다.
② 회전 운동과 직선 운동이 자유로우며 원격 조작이 가능하다.
③ 유량을 조절하여 무단 변속운전을 할 수 있다.
④ 유압유는 온도의 영향을 받기 쉽다.

6. 다음 중 유체 토크 컨버터의 구성 요소가 아닌 것은?

① 스테이터 ② 펌프
③ 터빈 ④ 릴리프밸브

[해설] 유체 토크 컨버터(fluid torque converter) : 토크를 변환하여 동력을 전달하는 장치로 펌프 임펠러(impeller), 스테이터(stator), 터빈 러너(runner)로 구성되어 있다.

7. 다음 유압기기 중 오일의 유속에 의하여 작동되는 것으로 가장 적합한 것은 어느 것인가?

① 포크 리프터 ② 멀티 인덱스
③ 쇼크 업소버 ④ 토크 컨버터

[해설] 토크 컨버터(torque converter) : 자동변속기에 사용되는 장치로 엔진과 유성기어 사이에 유체 커플링으로 동력을 전달한다.

8. 다음 중 체적탄성계수의 설명이 잘못된 것은?

① 압력에 따라 증가한다.
② 압력의 단위와 같다.
③ 체적탄성계수의 역수를 압축률이라 한다.
④ 비압축성 유체일수록 체적탄성계수는 작다.

[해설] 체적탄성계수(E)

$$= \frac{1}{압축률(\beta)} = \frac{dP}{-\dfrac{dV}{V}}\ [\text{Pa=N/m}^2]$$

비압축성 유체일수록 체적탄성계수(E)는 크다(체적탄성계수가 크다는 것은 압축이 잘 안 되는 것을 의미한다).

9. 레이놀즈(Reynold's)수를 설명한 것으로 올바른 것은?

① 레이놀즈수가 크면 층류가 발생한다.
② 레이놀즈수가 크면 점성계수가 커진다.
③ 층류와 난류는 레이놀즈수와 무관하다.
④ 점도가 큰 유체가 지름이 작은 관내를 아주 느리게 유동할 경우는 레이놀즈수는 0에 가깝다.

[해설] 레이놀즈수(Reynold's number)
(1) 층류와 난류를 구분하는 척도가 되는 값이다.
(2) 물리적인 의미 : $\dfrac{관성력}{점성력}$
(3) $Re = \dfrac{Vd}{\nu} = \dfrac{\rho Vd}{\mu} = \dfrac{4Q}{\pi d\nu}$
(4) 층류 : $Re < 2100$
천이구역 : $2100 < Re < 4000$
난류 : $Re > 4000$

10. 안지름 0.1 m인 파이프 내를 평균 유속은 5 m/s로 물이 흐르고 있다. 배관길이 10 m 사이에 나타나는 손실수두는 약 몇 m인가?(단, 관 마찰계수 $f = 0.013$이다.)

① 1 m ② 1.7 m
③ 3.3 m ④ 4 m

[해설] $h_l = f \dfrac{l}{d} \dfrac{V^2}{2g} = 0.013 \times \dfrac{10}{0.1} \times \dfrac{5^2}{2 \times 9.8}$
  $\fallingdotseq 1.7$ m

11. 배관 내에서의 유체의 흐름을 결정하는 레이놀즈수(Reynold's Number)가 나타내는 의미는?

① 관성력과 점성력의 비
② 점성과 중력의 비
③ 관성력과 중력의 비

④ 압력힘과 점성력의 비

[해설] 레이놀즈수는 관성력과 점성력의 비로 무차원 수이다.

12. 일정한 유량의 기름이 흐르는 관의 지름이 배로 늘었다면 기름의 속도는 몇 배로 되는가?

① $\dfrac{1}{4}$ 배   ② $\dfrac{1}{2}$ 배

③ 2배   ④ 4배

[해설] $Q = AV = \dfrac{\pi d^2}{4} V[\text{m}^3/\text{s}]$ 에서

$\therefore V \propto \dfrac{1}{d^2} = \dfrac{1}{2^2} = \dfrac{1}{4}$ 배

13. 유입관로의 유량이 25 L/min일 때 안지름이 10.9 mm라면 관내 유속은 약 몇 m/s인가?

① 4.47   ② 14.62

③ 6.32   ④ 10.27

[해설] $Q = AV = \dfrac{\pi d^2}{4} \times V[\text{m}^3/\text{s}]$ 에서

$\therefore V = \dfrac{4Q}{\pi d^2} = \dfrac{4 \times \dfrac{25 \times 10^{-3}}{60}}{\pi \times 0.0109^2} = 4.47\,\text{m/s}$

14. 유압 펌프에서 토출되는 최대 유량이 50 L/min일 때 펌프 흡입측의 배관 안지름으로 가장 적합한 것은? (단, 펌프 흡입측 유속은 0.6 m/s이다.)

① 22 mm   ② 42 mm

③ 62 mm   ④ 82 mm

[해설] $Q = AV = \dfrac{\pi}{4} d^2 \times V[\text{m}^3/\text{s}]$ 에서

$\therefore d = \sqrt{\dfrac{4Q}{\pi V}} = \sqrt{\dfrac{4 \times \left(\dfrac{50 \times 10^{-3}}{60}\right)}{\pi \times 0.6}}$

$= 0.042\,\text{m} = 42\,\text{mm}$

15. 그림과 같은 관에서 d_1(안지름 $\phi 4$ cm)

의 위치에서의 속도(v_1)는 4 m/s일 때 d_2 (안지름 $\phi 2$ cm)에서의 속도(v_2)는 약 몇 m/s인가?

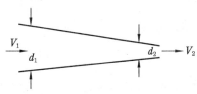

① 16   ② 8

③ 2   ④ 1

[해설] $Q = A_1 V_1 = A_2 V_2[\text{m}^3/\text{s}]$ 에서

$\dfrac{\pi}{4} d_1^2 V_1 = \dfrac{\pi}{4} d_2^2 V_2$

$\therefore V_2 = V_1 \left(\dfrac{d_1}{d_2}\right)^2 = 4\left(\dfrac{4}{2}\right)^2 = 16\,\text{m/s}$

16. 다음 유압기기 중 오일의 점성을 이용한 기계, 유속을 이용한 기계, 팽창 수축을 이용한 기계로 분류할 때, 점성을 이용한 기계로 가장 적합한 것은?

① 토크 컨버터(torque converter)

② 쇼크 업소버(shock absorber)

③ 압력계(pressure gage)

④ 진공 개폐 밸브(vacuum open-closed valve)

[해설] 쇼크 업소버(shock absorber) : 기계적 충격을 완화하는 장치로 점성을 이용하여 운동에너지를 흡수한다.

17. 다음 중 점성계수의 차원으로 옳은 것은? (단, M은 질량, L은 길이, T는 시간이다.)

① $ML^{-1}T^{-1}$ ② $ML^{-2}T^{-1}$

③ MLT^{-2} ④ $ML^{-2}T^{-2}$

[해설] 점성계수(μ) $= \text{Pa} \cdot \text{s} = \text{N} \cdot \text{s/m}^2$
$= \text{kg/m} \cdot \text{s} = ML^{-1}T^{-1}$

18. 비중량(specific weight)의 MLT계 차

원은 ?

① $ML^{-1}T^{-1}$ ② ML^2T^{-3}

③ $ML^{-2}T^{-2}$ ④ ML^2T^{-2}

해설 비중량$(\gamma) = \dfrac{W}{V}[\text{N/m}^3]$

$= FL^{-3} = (MLT^{-2})L^{-3} = ML^{-2}T^{-2}$

19. 상온에서의 수은의 비중이 13.55일 때, 수은의 밀도는 몇 kg/m³인가 ?

① 13550   ② 1338

③ 1383   ④ 183.3

해설 $S = \dfrac{\rho_{Hg}}{\rho_w}$

$\therefore \rho_{Hg} = \rho_w S = 1000 \times 13.55$

$= 13550\,\text{kg/m}^3(\text{N} \cdot \text{s}^2/\text{m}^4)$

20. 베르누이의 정리에서 전수두란 ?

① 압력수두 + 위치수두 + 용적수두

② 압력수두 + 속도수두 + 용적수두

③ 압력수두 + 양적수두 + 위치수두

④ 압력수두 + 위치수두 + 속도수두

해설 베르누이 방정식 : 에너지 보존의 법칙을 적용한 방정식

$\dfrac{P}{\gamma} + Z + \dfrac{V^2}{2g} = H(\text{전수두}) = \text{일정}$

21. 다음 중 유압 작동유의 구비 조건이 아닌 것은 ?

① 운전온도 범위에서 적절한 점도를 유지할 것

② 연속 사용해도 화학적, 물리적 성질의 변화가 적을 것

③ 녹이나 부식 발생을 방지할 수 있을 것

④ 동력을 확실히 전달하기 위해서 압축성일 것

해설 유압 작동유의 구비 조건

(1) 동력을 확실히 전달하기 위해 비압축성 유체$(\rho = c)$일 것

(2) 장치의 운전온도범위에서 적절한 점도를 유지할 것

(3) 장시간 사용하여도 화학적으로 안정하여야 한다.

(4) 녹이나 부식 발생을 방지할 수 있을 것

(5) 열을 빨리 방출시킬 수 있어야 한다(방열성).

(6) 외부로부터 침입한 불순물을 침전 분리시키고 기름 중의 공기를 신속히 분리시킬 수 있을 것

(7) 비중과 열팽창계수는 작고 비열은 클수록 좋다.

22. 유압 작동유에서 요구되는 특성이 아닌 것은 ?

① 인화점이 낮고, 증기 분리압이 클 것

② 화학적으로 안정될 것

③ 유동성이 좋고, 관로 저항이 적을 것

④ 비압축성일 것

해설 유압 작동유는 인화점과 발화점이 높을 것

23. 유압 작동유에서 수분의 영향으로 틀린 것은 ?

① 작동유의 윤활성을 저하시킨다.

② 작동유의 산화·열화를 저하시킨다.

③ 작동유의 방청성을 저하시킨다.

④ 캐비테이션이 발생한다.

해설 유압 작동유에서 수분의 영향

(1) 작동유의 열화 촉진

(2) 공동현상(cavitation) 발생

(3) 유압기기의 마모 촉진

(4) 작동유의 윤활성, 방청성 저하

(5) 작동유의 산화 촉진

24. 작동유를 장시간 사용한 후 육안으로 검사한 결과 흑갈색으로 변화하여 있었다면 작동유는 어떤 상태로 추정되는가 ?

① 양호한 상태이다.

② 산화에 의한 열화가 진행되어 있다.

③ 수분에 의한 오염이 발생되었다.

④ 공기에 의한 오염이 발생되었다.

해설 작동유의 색상

(1) 투명하고 색상의 변화가 없을 때 : 정상 상태 작동유

(2) 흑갈색 : 산화에 의한 열화가 진행된 상태

(3) 암흑색 : 작동유를 장시간 사용하여 교환 시기가 지난 상태

25. 유압유의 점도지수(viscosity index) 설명으로 적합한 것은?

① 압력 변화에 대한 점도 변화의 비율을 나타내는 척도이다.

② 온도 변화에 대한 점도 변화의 비율을 나타내는 척도이다.

③ 공업점도 세이볼트(saybolt)와 절대 점도 푸아즈(poise)와의 비이다.

④ 파라핀(parafin)계 펜실바니아 원유의 함유량을 나타내는 척도이다.

해설 유압유의 점도지수는 클수록 좋은 것(점도지수가 크면 온도 변화에 대한 점도 변화가 작다는 것을 의미한다.)

26. 유압유의 점도가 낮을 때 유압장치에 미치는 영향에 대한 설명으로 거리가 먼 것은?

① 내부 및 외부의 기름 누출 증대

② 마모의 증대와 압력 유지 곤란

③ 펌프의 용적 효율 저하

④ 마찰 증가에 따른 기계 효율의 저하

해설 점도가 너무 낮을 경우

(1) 내부 및 외부의 기름 누출 증대

(2) 마모증대와 압력 유지 곤란(고체 마찰)

(3) 유압 펌프, 모터 등의 용적(체적) 효율 저하

(4) 압력 발생 저하로 정확한 작동 불가

※ ④는 유압유의 점도가 너무 높을 경우의 영향이다.

27. 유압 작동유의 점도가 높을 경우 유압 장치에 미치는 영향에 대한 설명으로 옳은 것은?

① 유압 펌프에서 캐비테이션이 잘 발생되지 않는다.

② 유압 펌프의 동력손실이 감소하여 기계효율이 높아진다.

③ 유동에 따르는 압력손실이 증가한다.

④ 제어밸브나 실린더의 응답성이 좋아진다.

해설 점도가 너무 높을 경우

(1) 동력손실 증가로 기계 효율(η_m)의 저하

(2) 소음이나 공동현상(cavitation) 발생

(3) 유동저항의 증가로 인한 압력손실의 증대

(4) 내부마찰의 증대로 인한 온도의 상승

(5) 유압기기 작동의 불활발(제어밸브나 실린더 응답성이 나빠진다.)

28. 다음 중 난연성 작동유(fire-resistant fluid)에 속하지 않는 것은?

① 유중수형(water in oil) 작동유

② R & O형(rust and oxidantion) 작동유

③ 물 – 글리콜(water – glycol) 작동유

④ 인산 에스테르계 작동유

해설 유압 작동유의 종류

(1) 석유계 작동유 : 터빈유, 고점도지수(VI) 유압유(용도 : 일반 산업용, 저온용, 내마멸성용, 가장 많이 쓰임)

(2) 난연성 작동유

• 합성계 : 인산에스테르, 염화수소, 탄화수소(용도 : 항공기용, 정밀제어장치용)

• 수성계 : 물 – 글리콜계, 유화계(용도 : 다이캐스팅머신용, 각종 프레스기계용, 압연기용, 광산기계용)

※ R & O(범용 유압 작동유) : 산화안정성이 뛰어나고 냄새가 없다.

29. 유압회로에서 캐비테이션이 발생하지 않도록 하기 위한 방지대책으로 가장 적

합한 것은?

① 흡입관에 급속 차단장치를 설치한다.

② 흡입 유체의 유온을 높게 하여 흡입한다.

③ 과부하 시는 패킹부에서 공기가 흡입되도록 한다.

④ 흡입관 내의 평균유속이 3.5 m/s 이하가 되도록 한다.

[해설] 공동현상(cavitation)의 방지책

(1) 기름탱크 내의 기름의 점도는 800 ct를 넘지 않도록 할 것

(2) 흡입구 양정은 1 m 이하로 할 것

(3) 흡입관의 굵기는 유압 펌프 본체의 연결구의 크기와 같은 것을 사용할 것

(4) 펌프의 운전속도는 규정속도(3.5 m/s) 이하가 되도록 한다.

30. 유압유의 물리적 성질 중에서 동계 운전 시에 가장 중요하게 고려해야 할 성질은?

① 압축성   ② 유동점

③ 인화점   ④ 비중과 밀도

[해설] 유동점(액체로서 유동할 수 있는 최저 온도)은 유압유를 냉각하였을 때 파라핀 외의 고체가 석출 또는 분리되기 시작하는 온도로 응고점보다 2.5℃ 정도 높은 온도를 나타내며, 동계운전 시에 가장 고려해야 할 성질이다.

31. 다음 중 난연성 작동유(fire resistant fluid)가 아닌 것은?

① 수중 유형 작동유

② 유중 수형 작동유

③ 합성 작동유

④ 고 VI형 작동유

[해설] 고 VI(점도지수)형 작동유 : 점도지수가 큰 작동유로 온도에 따른 점도의 변화가 작으며, 석유계 작동유가 이에 해당한다.

32. 유압시스템에서 작동유의 과열 원인이 아닌 것은?

① 작동유의 점성이 낮은 경우

② 작동유의 점성이 높은 경우

③ 작동 압력이 높은 경우

④ 유량이 많은 경우

[해설] 유압장치의 작동유가 과열하는 원인

(1) 오일탱크의 작동유가 부족할 때

(2) 작동유가 노화되었을 때

(3) 작동유의 점도가 부적당할 때(점도가 너무 높거나 너무 낮은 경우)

(4) 오일냉각기의 냉각핀 등에 오손이 있을 때

(5) 펌프의 효율이 불량할 때

(6) 작동 압력이 높은 경우

33. 난연성 작동유에 속하며 내마모성이 우수하므로 저압에서 고압까지의 각종 유압 펌프에 사용된다. 또한 점도지수가 낮고 비중이 크므로 저온에서 펌프 시동 시 캐비테이션이 발생되기 쉬운 유압유는?

① 인산 에스테르형 작동유

② 수중 유형 유화유

③ 순광유

④ 유중 수형 유화유

[해설] 인산 에스테르계 합성유압유 : 유압유 중 점도지수가 낮고, 비중이 가장 커 저온에서 펌프 시동 시 캐비테이션(공동현상)이 발생되기 쉽다.

34. 소포제에 대한 설명 중 맞는 것은?

① 금속 표면에 잘 퍼지고 녹을 방지하게 하는 것

② 거품을 빨리 유면에 부상시켜서 거품을 없애는 작용을 하게 하는 것

③ 유기 화합물로 우수한 온도, 특성, 저온의 유동성을 가진 값비싼 기름의 통칭을 말하는 것

④ 인화 위험성이 가장 큰 장치에 쓰이는

소화제

[해설] 소포제 : 거품을 빨리 유면에 부상시켜서 거품을 없애는 작용을 하는 것으로 실리콘유 또는 실리콘의 유기화합물이 있다.

35. 다음 중 비용적형 펌프에 해당되는 것은?

① 원심 펌프   ② 기어 펌프

③ 나사 펌프   ④ 베인 펌프

[해설] 유압 펌프의 분류

(1) 용적형 펌프 : 토출량이 일정하며 중압 또는 고압에서 압력 발생을 주된 목적으로 한다.

- 회전 펌프(왕복식 펌프) : 기어 펌프, 베인 펌프, 나사 펌프
- 플런저 펌프(피스톤 펌프)
- 특수 펌프 : 다단 펌프, 복합 펌프

(2) 비용적형 펌프 : 토출량이 일정하지 않으며 저압에서 대량의 유체를 수송한다.

- 원심 펌프(터빈 펌프)
- 축류 펌프
- 혼류 펌프

36. 치차 펌프에서 축동력의 증가, 치차의 진동, 공동 현상에 의한 기포 발생 등의 원인이 되는 가장 큰 이유는?

① 치차의 치선과 케이싱 사이의 간극

② 치차의 이의 두께

③ 치차의 백래시

④ 치차의 표면 가공 불량

[해설] 백래시(backlash) : 이와 이가 물릴 때 생기는 틈새

37. 기어 펌프에서 발생하는 폐입 현상을 방지하기 위한 방법으로 가장 적절한 것은?

① 오일을 보충한다.

② 베어링을 교환한다.

③ 릴리프 홈이 적용된 기어를 사용한다.

④ 베인을 교환한다.

[해설] 기어 펌프에서 폐입 현상 : 두 개의 기어가 물리기 시작하여(압축) 중간에서 최소가 되며 끝날 때(팽창)까지의 둘러싸인 공간이 흡입측이나 토출측에 통하지 않는 상태의 용적이 생길 때의 현상으로 이 영향으로 기어의 진동 및 소음의 원인이 되고 오일 중에 녹아 있던 공기가 분리되어 기포가 형성(공동현상 : cavitation)되어 불규칙한 맥동의 원인이 된다. 방지책으로 릴리프 홈이 적용된 기어를 사용한다.

38. 베인 펌프의 특성을 설명한 것 중 옳지 않은 것은?

① 평균 효율이 피스톤 펌프보다 높다.

② 토출 압력의 맥동과 소음이 적다.

③ 단위 무게당 용량이 커 형상치수가 작다.

④ 베인의 마모로 인한 압력저하가 적어 수명이 길다.

[해설] 베인 펌프(vane pump)의 특성

(1) 토출압력의 맥동과 소음이 적다.

(2) 압력저하량이 적다.

(3) 단위 중량당 용량이 커 형상치수가 작다.

(4) 호환성이 좋고 보수가 용이하다.

(5) 구조상 소음 진동이 크고 베어링 수명이 짧다(가변 용량형 베인 펌프).

(6) 다른 펌프에 비해 부품수가 많다.

(7) 작동유의 점도에 제한이 있다.

39. 피스톤 펌프의 일반적인 특징을 설명한 것으로 틀린 것은?

① 가변 용량형 펌프로 제작이 가능하다.

② 피스톤의 배열에 따라 외접식과 내접식으로 나눈다.

③ 누설이 작아 체적효율이 좋은 편이다.

④ 부품수가 많고 구조가 복잡한 편이다.

[해설] 피스톤 펌프(piston pump)는 피스톤의 배열에 따라 액시얼형과 레이디얼형으로 나눈다.

정답 35. ① 36. ③ 37. ③ 38. ④ 39. ②

※ 기어 펌프(gear pump)는 외접식과 내접식으로 나눈다.

40. 단단 베인 펌프 2개를 1개의 본체 내에 직렬로 연결시킨 베인 펌프를 무엇이라 하는가?

① 2단 베인 펌프(two stage vane pump)

② 2중 베인 펌프(double type vane pump)

③ 복합 베인 펌프(combination vane pump)

④ 가변용량형 베인 펌프(variable delivery vane pump)

[해설] 2단 베인 펌프 : 베인 펌프의 약점인 고압 발생을 가능하게 하기 위하여 용량이 같은 1단 펌프 2개를 1개의 본체 내에 분배밸브를 이용하여 직렬로 연결시킨 것으로 고압이므로 대출력이 요구되는 구동에 적합하다. 그러나 소음이 있다는 것이 단점이다.

41. 다음 중 일반적으로 가장 높은 압력을 생성할 수 있는 펌프는?

① 베인 펌프   ② 기어 펌프

③ 스크루 펌프   ④ 플런저 펌프

[해설] 플런저 펌프(plunger pump)는 왕복 펌프의 일종으로 초고압용 펌프이다.

42. 다음 중 유압이 140 kgf/cm²이고, 토출량이 200 L/min 이상의 고압 대유량에 사용하기에 가장 적당한 펌프는?

① 회전 피스톤 펌프   ② 기어 펌프

③ 왕복동 펌프   ④ 베인 펌프

[해설] 회전 피스톤 펌프) : 대용량이며 토출압력이 최대인 고압 펌프로 펌프 중에서 전체 효율이 가장 좋다.

43. 유압 펌프의 전효율이 $\eta = 88\%$, 체적 효율은 $\eta_v = 96\%$이다. 이 펌프의 축동력

$L_S = 7.5$ kW일 때, 이 펌프의 기계 효율 η_m은? (단, 효율은 100 %라고 가정한다.)

① 45.9 %   ② 73.2 %

③ 91.7 %   ④ 80.9 %

[해설] $\eta_P = \eta_v \times \eta_m$

$$\eta_m = \frac{\eta_P}{\eta_v} \times 100\% = \frac{0.88}{0.96} \times 100\% = 91.7\%$$

44. 유압 펌프에 있어서 체적 효율이 90 %이고 기계 효율이 80 %일 때 유압 펌프의 전효율은?

① 23.7 %   ② 72 %

③ 88.8 %   ④ 90 %

[해설] $\eta_P = \eta_v \times \eta_m = (0.9 \times 0.8) \times 100\% = 72\%$

45. 토출압력이 70 kgf/cm², 토출량은 50 L/min인 유압 펌프용 모터의 1분간 회전수는 얼마인가? (단, 펌프 1회전당 유량은 $Q_n = 20$ cc/rev이며, 효율은 100 %로 가정한다.)

① 1250   ② 1750

③ 2250   ④ 2500

[해설] $Q_{th} = qN$[L/min]에서

$$N = \frac{Q_{th}}{q} = \frac{50 \times 10^3}{20} = 2500 \text{ rpm}$$

46. 펌프 토출량이 30 L/min이고 토출압이 800 N/cm²인 유압 펌프 효율이 90 %라고 하면 이 펌프를 가동시키기 위한 동력은 몇 kW인가?

① 6.9   ② 5.7

③ 4.4   ④ 2.1

[해설] 펌프 소비동력(L)

$$= \frac{L_P}{\eta_P} \times 100\% = \frac{pQ}{0.9} \times 100\%$$

$$= \frac{8 \times \left(\frac{30}{60}\right)}{0.9} \times 100\% = 4.4 \text{ kW}$$

정답   40. ①   41. ④   42. ①   43. ③   44. ②   45. ④   46. ③

47. 토출압력이 6.86 MPa, 토출량은 4.5 × 10^4 cm³/min, 회전수가 1000 rpm인 유압 펌프의 소비 동력이 7.5 kW일 때, 펌프의 전효율은 약 몇 %인가?

① 58   ② 69

③ 78   ④ 89

[해설] $L_P = pQ = 6.86 \times \left(\dfrac{45}{60}\right) ≒ 5.15 \text{ kW}$

$\eta_P = \dfrac{\text{펌프동력}(L_P)}{\text{소비동력}(L)} \times 100\%$

$= \dfrac{5.15}{7.5} \times 100\% ≒ 69\%$

48. 베인 펌프의 1회전당 유량이 40 cc일 때, 1분당 이론 토출유량이 25 L이면 회전수는 약 몇 rpm인가? (단, 내부누설량과 흡입저항은 무시한다.)

① 62   ② 625

③ 125   ④ 745

[해설] $Q = qN [\text{cm}^3/\text{s}]$에서

$N = \dfrac{Q}{q} = \dfrac{25 \times 10^3}{40} = 625 \text{ rpm}$

49. 압력 6.86 MPa, 토출량이 50 L/min, 회전수 1200 rpm인 유압 펌프가 있는데 펌프를 운전하는 데 소요 동력이 7 kW이라면 펌프의 효율은 약 몇 %인가?

① 65 %   ② 77 %

③ 82 %   ④ 87 %

[해설] $L_P = pQ = 6.86 \times \left(\dfrac{50}{60}\right) = 5.72 \text{ kW}$

$\eta_P = \dfrac{\text{펌프동력}(L_P)}{\text{소비동력}(L)} \times 100\%$

$= \dfrac{5.72}{7} \times 100\% ≒ 82\%$

50. 펌프의 토출 압력 3.92 MPa이고, 실제 토출 유량은 50 L/min이다. 이때 펌프의 회전수는 1000 rpm이며, 소비동력이 3.68 kW라 하면 펌프의 전효율은 몇 %인가?

① 80.4 %   ② 84.7 %

③ 88.8 %   ④ 92.2 %

[해설] $L_P = pQ = 3.92 \times \left(\dfrac{50}{60}\right) = 3.27 \text{ kW}$

$\eta_P = \dfrac{\text{펌프동력}(L_P)}{\text{소비동력}(L)} \times 100\%$

$= \dfrac{3.27}{3.68} \times 100\% ≒ 88.8\%$

51. 유압 펌프의 압력이 $p = 50$ kgf/cm², 유량은 $Q = 25$ L/min, 용적효율이 $\eta_v = 92\%$일 때 누설손실은 몇 L/min인가? (단, 압력효율과 기계효율은 무시한다.)

① 1.78   ② 1.05

③ 2.17   ④ 3.21

[해설] 최적효율$(\eta_v) = \dfrac{Q}{Q_{th}} \times 100\%$,

$Q_{th} = \dfrac{Q}{\eta_v} = \dfrac{25}{0.92} = 27.17 \text{ L/min}$

$Q_{th} = Q + q$에서 누설손실(q)

$= Q_{th} - Q = 27.17 - 25 = 2.17 \text{ L/min}$

52. 유압 펌프에서 펌프가 축을 통하여 받은 에너지를 얼마만큼 유용한 에너지로 전환시켰는가의 정도를 나타내는 척도로서 펌프동력의 축동력에 대한 비를 무엇이라 하는가?

① 용적효율   ② 기계효율

③ 전체효율   ④ 유압효율

[해설] 유압 펌프의 각종 효율

(1) 전효율$(\eta_p) = \dfrac{\text{펌프동력}(L_P)}{\text{축동력}(L_s)}$

(2) 용적효율$(\eta_v) = \dfrac{\text{실제 펌프토출량}(Q)}{\text{이론 펌프토출량}(Q_{th})}$

(3) 압력효율(η_c)

$= \dfrac{\text{실제 펌프토출압력}(P)}{\text{펌프에 손실이 없을 때의 토출압력}(P_o)}$

(4) 압력효율$(\eta_m) = \dfrac{\text{유체동력}(L_h)}{\text{축동력}(L_s)}$

정답 47. ② 48. ② 49. ③ 50. ③ 51. ③ 52. ③

53. 펌프의 송출압력 196 N/cm² 에서 실제 송출유량은 30 L/min이며 회전수는 1000 rpm이다. 펌프에 입력된 소비 동력이 1.1 kW라면 펌프의 효율은 약 몇 %인가?

① 65.3   ② 89.1   ③ 95.2   ④ 98.0

[해설] $L_P = \dfrac{pQ}{\eta_p}$ 에서

$$\eta_p = \frac{pQ}{L_P} = \frac{196 \times 10^4 \times \dfrac{30 \times 10^{-3}}{60}}{1.1 \times 10^3}$$
$$= 0.8909 ≒ 89.1 \%$$

54. 유압 펌프에서 소음이 발생하는 원인으로 가장 옳은 것은?

① 펌프 출구에서 공기의 유입
② 유압유의 점도가 지나치게 낮음
③ 펌프의 속도가 지나치게 느림
④ 입구 관로의 연결이 헐겁거나 손상되었음

[해설] 유압 펌프의 소음이 발생하는 원인
(1) 흡입관이나 흡입여과기의 일부가 막혀 있다.
(2) 펌프 흡입관의 결합부에서 공기가 누입되고 있다.
(3) 펌프의 상부커버(top cover)의 고정볼트가 헐겁다.
(4) 펌프축의 센터와 원동기축의 센터가 맞지 않다.
(5) 흡입오일 속에 기포가 있다.
(6) 펌프의 회전이 너무 빠르다.
(7) 오일의 점도가 너무 진하다.
(8) 여과기가 너무 작다.

55. 일반적으로 유압 펌프의 크기(용량)는 무엇으로 결정하는가?

① 속도와 무게   ② 압력과 속도
③ 압력과 토출량   ④ 토출량과 속도

[해설] 펌프동력(L_P) = pQ[kW]
p : 압력(MPa), Q : 토출량(L/s)

56. 유압 회로 내의 압력이 설정압을 넘으면 유압에 의하여 막이 파열되어 유압유를 탱크로 귀환시키며, 압력 상승을 막아 기기를 보호하는 역할을 하는 유압 요소는?

① 압력 스위치   ② 유체 퓨즈
③ 언로딩 밸브   ④ 포핏식 밸브

[해설] 유체 퓨즈(fluid fuse) : 회로압이 설정압을 넘으면 막이 유압에 의하여 파열되어 유압유를 탱크로 귀환시킴과 동시에 압력 상승을 막아 기기를 보호하는 역할을 한다. 여기서, 설정압은 막의 재료 강도로 조절한다.

57. 두 개 이상의 분기회로를 갖는 회로 중에서 그 작동 순서를 회로의 압력 또는 유압실린더 등의 운동에 의해서 규제하는 자동 밸브는?

① 릴리프 밸브(relief valve)
② 시퀀스 밸브(sequence valve)
③ 언로딩 밸브(unloading valve)
④ 카운터 밸런스 밸브(counter valance valve)

[해설] 시퀀스 밸브(= 순차 동작 밸브) : 둘 이상의 분기회로가 있는 회로 내에서 그 작동 순서를 회로의 압력 등에 의해 제어하는 밸브로 주회로에서 몇 개의 실린더를 순차적으로 작동시키기 위해 사용되는 밸브

58. 유압회로 중 압력의 변화를 검출하여 설정압력에 도달하면 전기회로가 개폐되는 장치이며, 전동기의 기동, 정지, 솔레노이드 조작 밸브 개폐 등에 사용되는 것은?

① 무부하 밸브   ② 유체 퓨즈
③ 압력 스위치   ④ 시퀀스 밸브

[해설] 압력 스위치 : 회로 내의 압력이 어떤 설정압력에 도달하면 전기적 신호를 발생시켜 펌프의 기동·정지 또는 전자식 밸브를 개폐시키는 역할을 하는 일종의 전기식 전환 스위치

---

59. 유압 회로 내의 압력이 설정값에 달하면 자동적으로 펌프 송출량을 기름 탱크로 복귀시켜 무부하 운전을 하는 압력 제어 밸브는?

① 언로드 밸브　　　② 감압 밸브
③ 시퀀스 밸브　　　④ 체크 밸브

[해설] 무부하 밸브(unload valve) : 회로의 압력이 설정값에 달하면 펌프를 무부하로 하는 밸브. 즉, 회로내의 압력이 설정압력에 이르렀을 때 이 압력을 떨어뜨리지 않고 펌프 송출량을 그대로 기름 탱크에 되돌리기 위하여 사용하는 밸브

60. 두 개의 유입 관로의 압력에 관계없이 정해진 출구 유량이 유지되도록 합류하는 밸브의 명칭은?

① 집류 밸브　　　② 셔틀 밸브
③ 적층 밸브　　　④ 프리필 밸브

[해설] 집류 밸브 : 두 개의 유입 관로의 압력에 관계없이 정해진 출구 유량이 유지되도록 합류하는 밸브

61. 일반적으로 유압 실린더의 작동속도를 바꾸자면 유압유의 무엇을 변환하여야 하는가?

① 유량　　　② 점도
③ 압력　　　④ 방향

[해설] 유압 제어 밸브의 종류
　(1) 압력 제어 밸브 : 힘의 크기 제어
　(2) 유량 제어 밸브 : 속도 크기 제어
　(3) 방향 제어 밸브 : 방향 제어

62. 일반적인 유압 기계의 운전 전 점검 사항이 아닌 것은?

① 기름의 온도
② 릴리프 밸브의 작동 상태
③ 조정레버의 위치 상태
④ 기름 탱크의 유량

[해설] 릴리프 밸브는 최고압력이 밸브의 설정값에 도달했을 경우 기름의 일부 또는 전량을 복귀쪽으로 도피시켜 회로 내의 압력을 설정값 이하로 제한하는 밸브로서 운전 중에 점검해야 될 사항이다.

63. 하역 운반기계는 다수의 액추에이터를 사용한다. 이때 각 액추에이터의 작동 순서를 미리 정해 놓고 차례대로 제어하고자 할 때 사용하는 밸브는?

① 무부하 밸브
② 시퀀스 밸브
③ 카운터 밸런스 밸브
④ 릴리프 밸브

[해설] 시퀀스 제어밸브는 미리 정해진 순서대로 순차적으로 제어하는 밸브이다.

64. 2개의 입구와 1개의 공통 출구를 가지고 출구는 입구 압력의 작용에 의하여 입구의 한쪽 방향에 자동적으로 접속되는 밸브는?

① 체크 밸브　　　② 서보 밸브
③ 감압 밸브　　　④ 셔틀 밸브

[해설] (1) 체크 밸브(역지 밸브) : 한 방향의 흐름은 허용하나 역방향의 흐름은 완전히 저지하는 역할을 한다.
　(2) 서보 밸브 : 전기신호로 입력을 받아 유량·유압을 제어, 원격조작이 가능하다.
　(3) 감압 밸브 : 유압회로에서 분기회로의 압력을 주회로의 압력보다 저압으로 해서 사용하고 싶을 때 쓰이는 밸브

65. 다음 중 방향 제어 밸브에 속하는 것은?

① 릴리프 밸브(relief valve)
② 시퀀스 밸브(sequence valve)
③ 체크 밸브(check valve)
④ 교축 밸브(throttling valve)

[해설] (1) 방향 제어 밸브 : 체크 밸브, 스풀 밸

브, 감속 밸브, 셔틀 밸브, 전환 밸브
(2) 압력 제어 밸브 : 릴리프 밸브, 시퀀스 밸
  브, 무부하 밸브, 카운터 밸런스 밸브, 감
  압 밸브(리듀싱 밸브)
(3) 유량 제어 밸브 : 교축 밸브, 분류 밸브,
  집류 밸브, 스톱 밸브(정지 밸브)

66. 다음 중 압력 제어 밸브의 종류가 아 닌 것은?
① 안전밸브(safety valve)
② 릴리프밸브(relief valve)
③ 역지밸브(check valve)
④ 유체퓨즈(hydraulic fuse)
해설 역지밸브(체크 밸브)는 방향 제어 밸브
이다.

67. 다음 중 압력 제어 밸브의 종류에 속 하지 않는 것은?
① 시퀀스 밸브   ② 릴리프 밸브
③ 교축 밸브   ④ 감압 밸브
해설 교축 밸브(throttling valve)는 유량 제
어 밸브이다.

68. 다음 중 압력 제어 밸브들로만 구성되 어 있는 것은?
① 릴리프 밸브, 무부하 밸브, 스로틀 밸브
② 무부하 밸브, 체크 밸브, 감압 밸브
③ 셔틀 밸브, 릴리프 밸브, 시퀀스 밸브
④ 카운터 밸런스 밸브, 시퀀스 밸브, 릴
  리프 밸브
해설 압력 제어 밸브에는 릴리프 밸브, 카운
터 밸런스 밸브, 시퀀스 밸브, 무부하 밸브
(언로딩 밸브), 감압 밸브(리듀싱 밸브) 등
이 있다.

69. 한쪽 방향으로 흐름은 자유로우나 역 방향의 흐름을 허용하지 않는 밸브는?
① 체크 밸브
② 언로드 밸브
③ 스로틀 밸브
④ 카운터 밸런스 밸브
해설 체크 밸브(check valve)는 역류 방지용
밸브로 방향 제어 밸브이다.

70. 일반적인 유압회로 내에서 시스템의 최 고 압력을 설정하는 밸브는?
① 감압 밸브
② 시퀀스 밸브
③ 릴리프 밸브
④ 카운터 밸런스 밸브
해설 릴리프 밸브(relief valve) : 회로 내의 압
력을 설정값으로 유지하는 밸브(최고 압력이
밸브의 설정값에 도달했을 경우 기름의 일부
또는 전량을 복귀쪽으로 도피시켜 회로 내의
압력을 설정값 이하로 제한하는 밸브로 안전
밸브(safety valve) 역할도 한다.)

71. 자중에 의한 낙하, 운동 물체의 관성에 의한 액추에이터의 자중 등을 방지하기 위 해 배압을 생기게 하고, 다른 방향의 흐름 이 자유롭게 흐르도록 한 밸브는?
① 카운터 밸런스 밸브
② 감압 밸브
③ 릴리프 밸브
④ 스로틀 밸브
해설 카운터 밸런스 밸브(counter balance
valve) : 회로의 일부에 배압을 발생시키고자
할 때 사용하는 밸브이다. 예를 들어, 드릴
작업이 끝나는 순간 부하저항이 급히 감소할
때, 드릴의 도출을 막기 위하여 실린더에 배
압을 주고자 할 때, 연직방향으로 작동하는
램이 중력에 의하여 낙하하는 것을 방지하고
자 할 경우에 사용한다. 한 방향의 흐름에는
설정된 배압을 주고 반대 방향의 흐름을 자
유흐름으로 하는 밸브이다.

72. 방향 전환 밸브 중 탠덤 센터형으로 실린더의 임의의 위치에서 고정시킬 수

있고, 펌프를 무부하 운전시킬 수 있는 밸브는?

①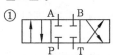

②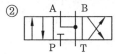

③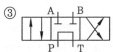

④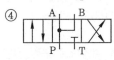

[해설] 방향 전환 밸브의 종류

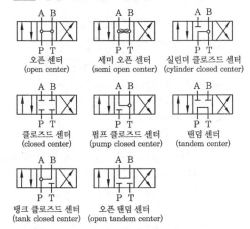

오픈 센터
(open center)

세미 오픈 센터
(semi open center)

실린더 클로즈드 센터
(cylinder closed center)

클로즈드 센터
(closed center)

펌프 클로즈드 센터
(pump closed center)

탠덤 센터
(tandem center)

탱크 클로즈드 센터
(tank closed center)

오픈 탠덤 센터
(open tandem center)

73. 그림과 같은 중장비의 버킷이 자유 낙하 되는 현상이 나타났을 때, 이를 해결할 수 있는 방법으로 적합한 것은?

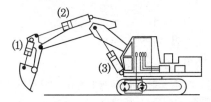

① (1)번 실린더에 카운터 밸런스 밸브를 설치한다.

② (1)번 실린더에 시퀀스 밸브를 설치

한다.

③ (2)번 실린더에 무부하 밸브를 설치한다.

④ (3)번 실린더에 감압 밸브를 설치한다.

[해설] 카운터 밸런스 밸브 : 부하의 낙하를 방지하기 위하여 배압을 부여하는 밸브(유압실린더의 부하가 갑자기 감소하여 피스톤이 급진하는 것을 방지하거나 피스톤이나 램의 자유낙하를 방지하기 위한 밸브)

74. 다음 중 로직 밸브의 특징이 아닌 것은?

① 압력손실이 작아 저압, 소 유량시스템에 적합하다.

② 응답성이 우수하고 고속변환이 가능하다.

③ 누설, 진동, 소음 등 배관에 기인하는 트러블을 줄이므로 신뢰성이 향상된다.

④ 유압장치의 비용을 절감할 수 있다.

[해설] 종래의 유압시스템에서는 방향, 유량, 압력, 시간 등을 제어하기 위해 기능의 수만큼 밸브들을 설치하였다. 로직 밸브의 최대 특징은 이러한 여러 가지 제어 기능을 하나의 밸브에 복합적으로 집약화하고 다시 회로를 하나의 블록으로 집약할 수 있다는 점이다. 로직 밸브는 포핏 타입 밸브를 사용하고 있기 때문에 랩량이 없고, 포핏 자체의 질량도 작으므로 유로의 개폐가 신속하게 되어 응답성이 좋은 밸브가 된다. 또한, 로직 밸브를 유량 제어의 목적으로 이용할 때는 유량 포핏의 리프트량, 즉 밸브 열림 정도를 제한해주면 된다.

75. 유압 모터의 종류가 아닌 것은?

① 기어 모터   ② 베인 모터

③ 회전 피스톤 모터   ④ 나사 모터

[해설] 유압 모터의 종류
  (1) 기어 모터 : 내접형, 외접형
  (2) 베인 모터

(3) 회전 피스톤 모터 : 액시얼형, 레이디얼형
※ 나사(스크루) 펌프는 있으나 나사 모터
는 없다.

76. 유압 실린더의 주요 구성 요소가 아닌
것은?

① 스풀　　　　② 피스톤
③ 피스톤 로드　　④ 실린더 튜브

[해설] 유압 실린더의 구성 요소 : 실린더 튜브,
피스톤, 피스톤 로드, 커버, 패킹, 쿠션장
치, 원통형 실린더

77. 액추에이터의 설명으로 다음 중 가장
적합한 것은?

① 공기 베어링의 일종
② 압력에너지를 속도에너지로 변환시키
는 기기
③ 압력에너지를 회전운동으로 변환시키
는 기기
④ 유체에너지를 이용하여 기계적인 일을
하는 기기

[해설] 액추에이터(actuator) : 유압 펌프에 의하
여 공급되는 유체의 압력에너지를 회전운동
및 직선왕복운동 등의 기계적인 에너지로
변환시키는 기기(유압을 일로 바꾸는 장치)

78. 유압 브레이크 장치의 주요 구성 요소
가 아닌 것은?

① 마스터 롤러
② 마스터 실린더
③ 브레이크 슈
④ 브레이크 드럼

[해설] 유압 브레이크의 장치의 구조
　(1) 마스터 실린더
　(2) 브레이크 슈
　(3) 브레이크 드럼
　(4) 휠 실린더

79. 1개의 유압 실린더에서 전진 및 후진 단

에 각각의 리밋 스위치를 부착하는 이유로
가장 적합한 것은?

① 실린더의 위치를 검출하여 제어에 사
용하기 위하여
② 실린더 내의 온도를 제어하기 위하여
③ 실린더의 속도를 제어하기 위하여
④ 실린더 내의 압력을 계측하여 이를 제
어하기 위하여

[해설] 실린더의 행정거리를 제한하기 위하여 또
는 실린더의 위치를 검출하여 제어에 사용하
기 위하여 리밋 스위치를 부착한다.

80. 베인 모터의 장점 설명으로 틀린 것은?

① 베어링 하중이 작다.
② 정·역회전이 가능하다.
③ 토크 변동이 비교적 작다.
④ 기동 시나 저속 운전 시의 효율이 높다.

[해설] 베인 모터(vane motor)
　(1) 기동 시 토크 효율이 높고, 저속 시 토
　　크 효율이 낮다.
　(2) 토크 변동은 작다.
　(3) 로터에 작용하는 압력의 평형이 유지되
　　고 있으므로 베어링 하중이 적다.
　(4) 정·역회전이 가능하다.

81. 구조가 간단하며 값이 싸고 유압유 중
의 이물질에 의한 고장이 생기기 어렵고
가혹한 조건에 잘 견디는 유압 모터로 다
음 중 가장 적합한 것은?

① 베인 모터
② 기어 모터
③ 액시얼 피스톤 모터
④ 레이디얼 피스톤 모터

[해설] 기어 모터 : 주로 평치차를 사용하나 헬
리컬 기어도 사용한다.
　(1) 장점
　　• 구조가 간단하고 가격이 저렴하다.
　　• 유압유 중의 이물질에 의한 고장이 적다.

- 과도한 운전조건에 잘 견딘다.
  (2) 단점
  - 누설 유량이 많다.
  - 토크 변동이 크다.
  - 베어링 하중이 크므로 수명이 짧다.
  (3) 용도 : 건설기계, 산업기계, 공작기계에 사용한다.

82. 1회전당의 유량이 40 cc인 베인모터가 있다. 공급 유압을 600 N/cm², 유량을 60 L/min으로 할 때 발생할 수 있는 최대 토크(torque)는 약 몇 N·m인가?

① 28.2   ② 38.2
③ 48.2   ④ 58.2

해설 $T = \dfrac{pq}{2\pi} = \dfrac{600 \times 10^4 \times 40 \times 10^{-6}}{2\pi}$
$\fallingdotseq 38.2 \,\text{N} \cdot \text{m}$

83. 유압실린더에서 피스톤 로드가 부하를 미는 힘이 50 kN, 피스톤 속도가 3.8 m/min인 경우 실린더 안지름이 8 cm이라면 소요동력은 약 몇 kW인가? (단, 편로드형 실린더이다.)

① 2.45   ② 3.17
③ 4.32   ④ 5.89

해설 동력(power)
$= FV = 50 \times \left(\dfrac{3.8}{60}\right) = 3.17 \,\text{kN} \cdot \text{m/s}$
$= \text{kJ/s(kW)}$

84. 다음과 같은 실린더의 피스톤 단면적(A)이 8 cm²이고 행정거리(S)는 10 cm일 때, 이 실린더의 전진행정 시간이 1분인 경우 필요한 공급 유량은 몇 cm³/min인가? (단, 피스톤 로드의 단면적은 1 cm²이다.)

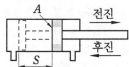

① 60   ② 70   ③ 80   ④ 90

해설 $Q[\text{m}^3/\text{s}] = \dfrac{V(체적)}{t(시간)} = \dfrac{AS}{t} = \dfrac{8 \times 10}{1}$
$= 80 \,\text{cm}^3/\text{min}$

85. 1회전당의 배출유량이 40 cc인 베인 모터가 있다. 공급압력을 7.85 MPa, 유량 30 L/min으로 할 때 이 모터의 발생 토크(T)와 회전수(N)는 약 얼마인가?

① $T = 25 \,\text{N} \cdot \text{m}$, $N = 750 \,\text{rpm}$
② $T = 50 \,\text{N} \cdot \text{m}$, $N = 750 \,\text{rpm}$
③ $T = 25 \,\text{N} \cdot \text{m}$, $N = 960 \,\text{rpm}$
④ $T = 50 \,\text{N} \cdot \text{m}$, $N = 960 \,\text{rpm}$

해설 $T = \dfrac{pq}{2\pi} = \dfrac{7.85 \times 40 \times 10^3}{2\pi}$
$= 49974.65 \,\text{N} \cdot \text{mm}$
$\fallingdotseq 50 \,\text{N} \cdot \text{m}$
$Q = qN[\text{cm}^3/\text{min}]$에서
$N = \dfrac{Q}{q} = \dfrac{30 \times 10^3}{40} = 750 \,\text{rpm}$

86. 다음 실린더의 간략도에서 실린더 하우징의 안지름이 100 mm이고, 피스톤 로드의 지름이 50 mm이며, 오일구멍에서 나가는 오일 유량이 50 L/min이다. 피스톤이 우측으로 전진할 때 피스톤의 속도는 약 몇 m/s인가?

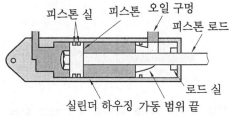

① 0.425   ② 0.212
③ 0.106   ④ 0.141

해설 $Q = AV[\text{m}^3/\text{s}]$에서
$V = \dfrac{Q}{A} = \dfrac{Q}{\dfrac{\pi}{4}\left(d_2^2 - d_1^2\right)} = \dfrac{\left(\dfrac{50}{60000}\right)}{\dfrac{\pi}{4}\left(0.1^2 - 0.05^2\right)}$
$= 0.141 \,\text{m/s}$

정답 82. ②   83. ②   84. ③   85. ②   86. ④

87. 서지압 발생원에 가까이 장착하여 충격 압력을 흡수하여 배관, 밸브, 기계류를 보호하는 기기는?

① 디퓨저   ② 액추에이터
③ 스로틀   ④ 어큐뮬레이터

[해설] 어큐뮬레이터(accumulator : 축압기)의 용도
(1) 에너지의 축적
(2) 압력 보상
(3) 서지 압력 방지
(4) 충격 압력 흡수
(5) 유체의 맥동 감쇠(맥동 흡수)
(6) 사이클 시간 단축
(7) 2차 유압회로의 구동
(8) 펌프 대용 및 안전장치의 역할
(9) 액체 수송(펌프 작용)
(10) 에너지의 보조

88. 축압기의 용량 4 L, 기체의 봉입압력을 29.4 kPa로 한다. 동작유압이 $P_1 = 73.5$ kPa에서 $P_2 = 39.2$ kPa까지 변화한다면 방출되는 유량은 몇 L인가?

① 1.4 L   ② 2.6 L
③ 3.4 L   ④ 4.6 L

[해설] $P_0 V_0 = P_1 V_1 = P_2 V_2$에서,

$$\Delta V = V_2 - V_1 = P_0 V_0 \left(\frac{1}{P_2} - \frac{1}{P_1} \right)$$

$$= P_0 V_0 \left(\frac{P_1 - P_2}{P_1 P_2} \right) = 29.4 \times 4 \left(\frac{1}{39.2} - \frac{1}{73.5} \right)$$

$$= 1.4 \, L$$

89. 유압기기 중 작동유가 가지고 있는 에너지를 잠시 저축했다가 사용하며, 이것을 이용하여 갑작스런 충격 압력에 대한 완충작용도 할 수 있는 것은?

① 축압기   ② 유체 커플링
③ 스테이터   ④ 토크 컨버터

[해설] 축압기(accumulator) : 유압회로 중에서 기름이 누출될 때 기름 부족으로 압력이 저

하하지 않도록 누출된 양만큼 기름을 보급해 주는 작용을 하며, 갑작스런 충격 압력을 예방하는 역할도 하는 안전보장장치이다.

90. 수 개의 볼트에 의하여 조임이 분할되기 때문에 조임이 용이하여 대형관의 이음에 편리한 관이음 방식은?

① 나사 이음   ② 플랜지 이음
③ 플레어 이음   ④ 바이트형 이음

[해설] 플랜지 이음 : 수 개의 볼트에 의하여 조임의 힘이 분할되기 때문에 조임이 용이하여 고압, 저압에 관계없이 대형관의 이음으로 쓰이며 분해, 보수가 용이하다.

91. 오일 탱크의 부속장치에서 오일 탱크로 돌아오는 오일과 펌프로 가는 오일을 분리시키는 역할을 하는 것은?

① 배플   ② 스트레이너
③ 노치 와이어   ④ 드레인 플러그

[해설] (1) 배플(baffle) : 오일 탱크의 부속장치로 오일 탱크로 돌아오는 오일과 펌프로 가는 오일을 분리시키는 역할을 하는 장치
(2) 스트레이너(strainer) : 펌프 흡입구 쪽에 설치하여 비교적 큰 유해물질을 제거시키기 위한 요소(여과기)

92. 유압 배관 중 석유계 작동유에 대하여 산화작용을 조장하는 촉매 역할을 하기 때문에 내부에 카드뮴 또는 니켈을 도금하여 사용하여야 하는 것은?

① 동관   ② 엑셀관
③ PPC관   ④ 고무관

[해설] 동관은 풀림을 하면 상온가공이 용이하므로 2 MPa 이하의 저압관이나 드레인관에 많이 사용된다. 보통 동관 또는 동합금류는 석유계 작동유에 사용하면 안 된다. 동은 오일의 산화에 대하여 촉매작용을 하기 때문이다. 따라서 카드뮴 또는 니켈 도금을 하여 사용하는 것이 바람직하다.

정답   87. ④   88. ①   89. ①   90. ②   91. ①   92. ①

93. 유압기기에서 실(seal)의 요구 조건과 관계가 먼 것은?

① 압축 복원성이 좋고 압축변형이 적을 것
② 체적 변화가 적고 내약품성이 양호할 것
③ 마찰저항이 크고 온도에 민감할 것
④ 내구성 및 내마모성이 우수할 것

[해설] 실(seal)은 작동유에 대하여 마찰저항이 적고 온도에 민감하지 않으며 내구성·내마모성이 우수하고, 복원성이 좋고, 압축변형이 적으며, 내약품성이 양호할 것

94. 불순물 등을 제거할 목적으로 사용되는 여과기는?

① 패킹
② 스트레이너
③ 개스킷
④ 오일 실

[해설] 스트레이너(strainer): 탱크 내의 펌프 흡입구에 설치하며 펌프 및 회로의 불순물을 제거하기 위해 사용한다.

95. 다음 중 유량조정밸브에 의한 속도 제어 회로를 나타낸 것이 아닌 것은?

① 미터 인 회로
② 블리드 오프 회로
③ 미터 아웃 회로
④ 카운터 회로

[해설] 유량을 제어하는 속도 제어 회로 방식
(1) 미터 인 회로(meter in circuit): 액추에이터의 입구쪽 관로에서 유량을 교축시켜 작동속도를 조절하는 방식(유체손실이 가장 크다.)
(2) 미터 아웃 회로(meter out circuit): 액추에이터의 출구쪽 관로에서 유량을 교축시켜 작동속도를 조절하는 방식(실린더에서 유출하는 유량을 복귀측에 직렬로 유량조절 밸브를 설치하여 제어하는 방식)
(3) 블리드 오프 회로(bleed off circuit): 액추에이터로 흐르는 유량의 일부를 탱크로 분기함으로써 작동속도를 조절하는 방식

으로 실린더 입구의 분기회로에 유량 조절 밸브를 설치하여 실린더 입구측의 불필요한 압유를 배출시켜 작동효율을 증진시킨다. 회로 연결은 병렬로 한다.

96. 그림과 같이 액추에이터의 공급쪽 관로 내의 흐름을 제어함으로써 속도를 제어하는 회로는?

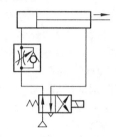

① 인터로크 회로
② 미터 인 회로
③ 시퀀스 회로
④ 미터 아웃 회로

[해설] 피스톤의 속도를 실린더에 공급되는 입구측 유량을 조절하여 제어하는 회로는 미터 인 회로(meter in circuit)이다.

97. 그림과 같은 유압회로의 명칭으로 적합한 것은?

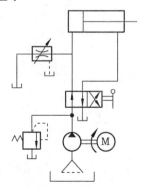

① 어큐뮬레이터 회로
② 시퀀스 회로
③ 블리드 오프 회로
④ 로킹 회로

[해설] 유압 실린더와 병렬로 유량 제어 밸브를 설치하고 실린더에 유입되는 유량을 제

어하는 속도 제어 회로는 블리드 오프 회로
(bleed off circuit)이다.

98. 2개 이상의 입력포트와 1개의 출력포
트를 가지고, 모든 입력포트에 입력이 더
해진 경우에만 출력포트에 출력이 나타나
는 회로는?

① OR 논리회로　　　② AND 논리회로
③ NOT 논리회로　　　④ X-OR 논리회로

해설 (1) OR 회로 : 입력단자가 어느 한쪽이라
도 1이 입력되면 출력단자가 1을 나타내
는 회로(병렬 회로)
(2) AND 회로 : 모든 입력단자에 1이 입력
되었을 때 출력단자가 1을 나타내는 회로
(직렬 회로)
(3) NOT 회로 : 입력단자가 1이면 출력단자
는 0, 입력단자가 0이면 출력단자가 1이
되는 회로

99. 다음 유압회로에서 (1)은 무엇을 나타
내는 기호인가?

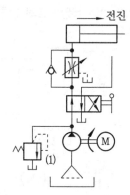

① 릴리프 밸브　　　② 유량 조절 밸브
③ 스톱 밸브　　　④ 분류 밸브

해설 미터 인 회로(meter in circuit) : 실린더
입구측에 유량제어밸브와 체크 밸브를 붙여
단로드 실린더의 전진행정만을 제어하고 후
진행정에서 피스톤측으로부터 귀환되는 압유
는 체크 밸브를 통해 자유로이 흐를 수 있도
록 한 회로(유체손실이 가장 크다.)

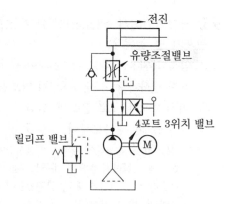

100. 실린더의 부하 변동에 상관없이 임
의의 위치에 고정시킬 수 있는 회로는?

① 로킹 회로
② 바이패스 회로
③ 크래킹 회로
④ 카운터 밸런스 회로

해설 로킹 회로(locking circuit) : 유압회로의
액추에이터에 걸리는 부하의 변동, 회로압
의 변화, 기타의 조작에 관계없이 유압실린
더를 필요한 위치에 고정하고 자유운동이
일어나지 못하도록 방지하기 위한 회로

101. 유압회로에 대한 소음을 줄이기 위하
여 주의하여야 할 사항으로 틀린 것은?

① 공동현상을 방지할 것
② 기름 댐퍼를 사용하지 말 것
③ 펌프의 흡입압력에 제한을 둘 것
④ 긴 관로의 변환밸브는 서서히 작동시
킬 것

해설 소음을 줄이기 위해서는 진동을 흡수해
야 하므로 기름 댐퍼를 사용해야 한다.

102. 유압 시스템에서 조작단이 일을 하지
않을 때 작동유를 탱크로 귀환시켜 펌프를
무부하로 만드는 무부하 회로를 구성할 때
의 장점이 아닌 것은?

① 펌프의 구동력 절약
② 유압유의 노화 방지

③ 유온 상승을 통한 효율 증대

④ 펌프 수명 연장

해설 무부하 회로(unloading circuit) : 반복 작업 중 일을 하지 않는 동안 펌프로부터 공급되는 압유를 기름 탱크에 저압으로 되돌려보내 유압 펌프를 무부하로 만드는 회로로서 다음과 같은 장점이 있다.

(1) 펌프의 구동력 절약

(2) 장치의 가열 방지로 펌프의 수명 연장

(3) 유온의 상승 방지로 압유의 열화 방지

(4) 작동장치의 성능 저하 및 손상 감소

103. 유압장치에서 2개의 실린더를 동일한 속도로 제어하는 시스템을 구성하려고 한다. 이때 적용하는 시스템 회로에 맞는 것은?

① 카운터 밸런스 회로

② 감속 회로

③ 동조 회로

④ 증압 회로

해설 같은 크기 2개의 유압실린더에 같은 양의 압유를 유입시키면 이들 실린더는 동조 운동을 한 것으로 생각하나 실제로는 유압 실린더의 치수, 누설량 마찰 등이 완전히 일치하지 않기 때문에 완전한 동조 운동이란 불가능한 일이다. 또 같은 양의 압유를 2개의 실린더에 공급한다는 것도 어려운 일이다. 이때 적용되는 회로를 동조 회로라 한다.

104. 그림과 같은 유압회로에 대한 일반적인 설명으로 잘못된 것은?

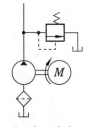

① 동력원 유닛 회로이다.

② 펌프 출구에 릴리프 밸브가 있다.

③ 최소 압력을 제한하기 위한 회로이다.

④ 정용량형 펌프의 과부하 방지용으로 사용한 것이다.

해설 릴리프 밸브로 구성한 회로이다. 릴리프 밸브는 과부하를 제거해주고 유압시스템의 압력을 설정값까지 유지시켜주는 밸브이다.

105. 다음 그림의 회로는 A, B 두 실린더가 순차적으로 작동이 행하여지는 회로이다. 무슨 회로인가?

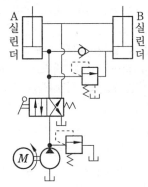

① 언로더 회로

② 디컴프레션 회로

③ 시퀀스 회로

④ 카운터 밸런스 회로

해설 시퀀스 회로(sequential circuit) : 동일한 유압원을 이용하여 기계 조작을 정해진 순서에 따라 자동적으로 작동시키는 회로로서 각 기계의 조작 순서를 간단히 하여 확실히 할 수 있다.

106. 모터의 급정지 또는 회전방향을 변환할 때 사용하는 유압모터 회로는?

① 미터 아웃 회로

② 블리드 오프 회로

③ 카운터 밸런스 회로

④ 브레이크 회로

해설 브레이크 회로(brake circuit) : 시동 시의 서지압력 방지나 정지시키고자 할 경우에 유압적으로 제동을 부여하는 회로

---

107. 다음과 같은 유압 용어의 설명으로 잘못된 것은?

① 점성계수의 차원은 $ML^{-1}T$이다.
② 동점성계수의 단위는 St을 사용한다.
③ 유압작동유의 점도는 온도에 따라 변한다.
④ 점도란 액체의 내부 마찰에 기인하는 점성의 정도를 나타낸 것이다.

[해설] 점성계수(μ)의 단위 : Pa·s(kg/m·s)
$$= FTL^{-2} = (MLT^{-2})TL^{-2} = ML^{-1}T^{-1}$$

108. 감압 밸브, 체크 밸브, 릴리프 밸브 등에서 밸브 시트를 두드려 비교적 높은 음을 내는 일종의 자려 진동 현상은?

① 컷인   ② 점핑
③ 채터링   ④ 디컴프레션

[해설] (1) 컷인(cut in : 언로드 밸브 등으로 펌프에 부하를 가하는 것(그 한계압력을 컷인 압력이라 한다.)
(2) 점핑(jumping) : 유량 제어 밸브(압력보상붙이)에서 유체가 흐르기 시작할 때 유량이 과도적으로 설정값을 넘어서는 현상
(3) 디컴프레션(decompression) : 프레스 등으로 유압실린더의 압력을 천천히 뺏어 기계 손상의 원인이 되는 회로의 충격을 작게 하는 것

109. 유압 부속장치인 스풀 밸브 등에서 마찰, 고착 현상 등의 영향을 감소시켜, 그 특성을 개선하기 위하여 주는 비교적 높은 주파수의 진동을 나타내는 용어는?

① 디더(dither)
② 채터링(chattering)
③ 서지압력(surge pressure)
④ 컷인(cut in)

[해설] (1) 디더(dither) : 스풀 밸브 등으로 마찰 및 고착 현상 등의 영향을 감소시켜 그 특성을 개선시키기 위하여 가하는 비교적 높

은 주파수의 진동
(2) 채터링(chattering) : 감압밸브, 체크밸브, 릴리프밸브 등에서 밸브 시트를 두드려 비교적 높은 음을 내는 일종의 자려 진동 현상
(3) 서지압력(surge pressure) : 과도적으로 상승한 압력의 최댓값
(4) 컷인(cut in) : 언로드 밸브(무부하 밸브) 등으로 펌프에 부하를 가하는 것

110. 슬라이드 밸브 등에서 밸브가 중립점에 있을 때 이미 포트가 열리고 유체가 흐르도록 중복된 상태를 의미하는 용어는?

① 제로 랩   ② 오버 랩
③ 언더 랩   ④ 랜드 랩

[해설] (1) 랩(lap) : 미끄럼 밸브 등의 랜드부와 포트부 사이의 중복 상태 또는 그 양
(2) 제로 랩(zero lap) : 미끄럼 밸브 등에서 밸브가 중립점에 있을 때 포트는 닫혀 있고, 밸브가 조금이라도 변위하는 포트가 열리고, 유체가 흐르도록 중복된 상태
(3) 오버 랩(over lap) : 미끄럼 밸브 등에서 밸브가 중립점에서 조금 변위하여 처음 포트가 열리고, 유체가 흐르도록 중복된 상태
(4) 언더 랩(under lap) : 미끄럼 밸브 등에서 밸브가 중립점에 있을 때, 이미 포트가 열리고 유체가 흐르도록 중복된 상태

111. 크래킹 압력의 설명으로 다음 중 가장 적당한 것은?

① 과도적으로 상승한 압력의 최댓값
② 릴리프 또는 체크 밸브에서 압력이 상승하여 밸브가 열리기 시작하는 압력
③ 파괴되지 않고 견디어야 하는 압력
④ 실제로 파괴되는 압력

[해설] (1) 크래킹 압력(cranking pressure) : 체크 밸브 또는 릴리프 밸브 등에서 압력이 상승하여 밸브가 열리기 시작하고 어떤 일정한 흐름의 양이 확인되는 압력

정답 107. ① 108. ③ 109. ① 110. ③ 111. ②

(2) 리시트 압력(reseat pressure) : 체크 밸브 또는 릴리프 밸브 등의 입구 쪽 압력이 강하하고, 밸브가 닫히기 시작하여 밸브의 누설량이 어떤 규정된 양까지 감소되었을 때의 압력

112. 유압장치에서 플러싱(flushing)을 하는 목적은?

① 유압장치 내 점검
② 유압장치의 유량 증가
③ 유압장치의 고장 방지
④ 유압장치의 이물질 제거

[해설] 플러싱(flushing) : 유압회로내 이물질을 제거하는 것과 작동유 교환 시 오래된 오일과 슬러지를 용해하여 오염물의 전량을 회로 밖으로 배출시켜서 회로를 깨끗하게 하는 것

113. 유압장치에서 실시하는 플러싱에 대한 설명으로 틀린 것은?

① 플러싱은 유압 시스템의 배관 계통과 시스템 구성에 사용되는 유압기기의 이물질을 제거하는 작업이다.
② 플러싱 작업을 할 때 플러싱유의 온도는 일반적인 유압 시스템의 유압유 온도보다 20~30℃낮은 정도로 한다.
③ 플러싱 작업은 유압기계를 처음 설치하였을 때, 유압 작동유를 교환할 때, 오랫동안 사용하지 않던 설비의 운전을 다시 시작할 때, 부품의 분해 및 청소 후 재조립하였을 때 실시한다.
④ 플러싱을 하는 방법은 플러싱 오일을 사용하는 방법과 산세정법이 있다.

[해설] 플러싱 작업을 할 때 플러싱유의 온도는 유압유 온도보다 높아야 한다.

114. 실린더 안을 왕복 운동하면서 유체의 압력과 힘의 주고받음을 하기 위한 지름에 비하여 길이가 긴 부품은?

① 스풀(spool)
② 랜드(land)
③ 포트(port)
④ 플런저(plunger)

[해설] (1) 스풀(spool) : 원통형 미끄럼면에 내접하여 축방향으로 이동하여 유로의 개폐를 하는 꼬챙이 모양의 구성 부품
(2) 랜드(land) : 스풀의 밸브 작용을 하는 미끄럼면
(3) 포트(port) : 작동유체 통로의 열린 부분
(4) 플런저(plunger) : 실린더 안을 왕복 운동하면서 유체의 압력과 힘의 주고받음을 하기 위한 지름에 비해 길이가 긴 부품 (피스톤보다 길이가 더 길다.)

115. KS 유압 및 공기압 용어 중 전자석에 의한 조작 방식은?

① 인력 조작
② 기계적 조작
③ 파일럿 조작
④ 솔레노이드 조작

[해설] 솔레노이드 조작 : 코일에 전류를 흘려서 전자석을 만들고 그 흡인력으로 가동편을 움직여서 끌어당기거나 밀어내는 등의 직선 운동을 수행한다.

116. 필요에 따라 유체의 일부 또는 전량을 분기시키는 관로는?

① 바이패스 관로
② 드레인 관로
③ 통기 관로
④ 주관로

[해설] (1) 바이패스 관로(bypass line) : 필요에 따라 유체의 일부 또는 전량을 분기시키는 관로
(2) 드레인 관로(drain line) : 드레인을 귀환관로 또는 탱크 등으로 연결하는 관로
(3) 통기 관로(vent line) : 대기로 언제나 개방되어 있는 회로
(4) 주관로(main line) : 흡입관로, 압력관로 및 귀환관로를 포함하는 주요 관로

정답 112. ④   113. ②   114. ④   115. ④   116. ①

117. 압력 제어 밸브에서 어느 최소 유량에서 어느 최대 유량까지의 사이에 증대하는 압력을 무엇이라고 하는가?

① 전량 입력
② 오버라이드 압력
③ 정격 압력
④ 서지 압력

[해설] 오버라이드 압력(override pressure) : 설정압력과 크래킹 압력의 차이를 말하며, 이 압력차가 클수록 릴리프 밸브의 성능이 나쁘고 포핏을 진동시키는 원인이 된다.

118. 유압 및 공기압 용어에서 스텝 모양 입력 신호의 지령에 따르는 모터로 정의되는 것은?

① 오버 센터 모터   ② 다공정 모터
③ 유압 스테핑 모터 ④ 베인 모터

[해설] 스테핑 모터 : 입력 펄스수에 대응하여 일정 각도씩 움직이는 모터로 펄스 모터 또는 스텝 모터라고도 한다. 입력 펄스수와 모터의 회전각도가 완전히 비례하므로 회전각도를 정확하게 제어할 수 있다. 이런 특징 때문에 NC 공작기계나 산업용 로봇, 프린터나 복사기 등의 OA 기기에 사용된다. 메카트로닉스 기계에서 중요한 전기 모터의 한 가지이다. 특히 선형 운동을 하는 것을 리니어 스테핑 모터(linear stepping motor)라고 한다.
※ 리니어(linear) : 시스템의 입출력 관계에서 입력에 직선적으로 비례하여 출력이 발생하는 모양

119. 그림과 같은 유압 도면 기호는 어떤 밸브를 나타내는가?

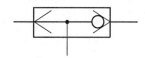

① 릴리프 밸브
② 저압 우선형 셔틀 밸브
③ 시퀀스 밸브

④ 고압 우선형 셔틀 밸브

[해설] 고압 우선형 셔틀 밸브는 2개의 입구 X와 Y를 가지고 있으며, 하나의 출구 A를 가지고 있다. 만일, 압축 공기가 X 또는 Y(X OR Y)의 어느 한쪽에만 존재해도 A에서 출력 신호를 얻을 수 있다.

120. 그림과 같은 유압 회로도에서 릴리프 밸브는?

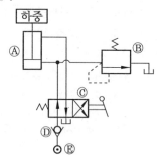

① Ⓐ   ② Ⓑ
③ Ⓒ   ④ Ⓓ

[해설] Ⓐ : 실린더(cylinder), Ⓑ : 릴리프 밸브(relief valve), Ⓒ : 전환 밸브, Ⓓ : 체크 밸브(check valve), Ⓔ : 압력원

121. 다음 그림과 같은 유압 기호의 설명으로 틀린 것은?

① 유압 펌프를 의미한다.
② 1방향 유동을 나타낸다.
③ 가변 용량형 구조이다.
④ 외부 드레인을 가졌다.

[해설] 도시된 유압기호는 가변 용량형 유압 모터로 1방향 유동으로 외부 드레인을 가지고 있다.

122. 다음 그림과 같은 유압 기호의 명칭

정답 117. ② 118. ③ 119. ④ 120. ② 121. ① 122. ②

은 무엇인가?

① 어큐뮬레이터
② 정용량형 펌프 · 모터
③ 차동실린더
④ 가변용량형 펌프 · 모터

해설 도시된 유압기호는 정용량형 펌프 · 모터를 나타낸 것이다.
가변용량형 펌프 · 모터 :

123. 다음 기호 중 전자방식으로 제어하는 것은?

①   ②

③   ④

해설 ① : 레버방식
② : 롤러방식
③ : 스프링방식
④ : 전자방식

124. 그림과 같은 공유압 기호는 무엇을 나타내는 것인가?

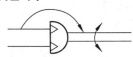

① 가변 용량형 펌프
② 요동형 액추에이터
③ 가변 용량형 유압모터
④ 가변 용량형 공기압모터

125. 유압회로에서 사용되는 다음 그림과 같은 조작 방식 기호에 대한 설명으로 틀

린 것은?

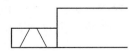

① 복동으로 조작할 수 있다.
② 솔레노이드 조작이다.
③ 2방향 조작이다.
④ 파일럿 조작이다.

126. 다음 그림 중 (5)는 무엇을 나타내는 기호인가?

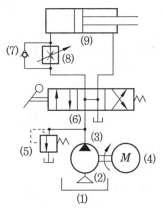

① 릴리프 밸브
② 유량 조절 밸브
③ 스톱 밸브
④ 분류 밸브

해설 (1) 유압 탱크, (2) 필터, (3) 유압 펌프, (4) 전동기(모터), (5) 릴리프 밸브, (6) 방향 전환 밸브, (7) 체크 밸브, (8) 유량 제어 밸브, (9) 실린더문제

127. 다음 그림은 유압 도면 기호에서 무슨 밸브를 나타낸 것인가?

① 릴리프 밸브   ② 무부하 밸브
③ 시퀀스 밸브   ④ 감압 밸브

해설 무부하 밸브(unloading valve) : 회로 내

정답 **123.** ④   **124.** ②   **125.** ④   **126.** ①   **127.** ②

의 압력이 설정압력에 이르렀을 때 이 압력을 떨어뜨리지 않고 펌프 송출량을 그대로 기름 탱크에 되돌리기 위하여 사용하는 밸브

128. 다음 중 드레인 배출기 붙이 필터를 나타내는 공유압 기호는?

① 　②

③ 　④

129. 다음 그림과 같은 유압 기호가 나타내는 명칭은?

① 리밋 스위치
② 전자 변환기
③ 압력 스위치
④ 아날로그 변환기

130. 다음 그림과 같은 유압 기호가 나타내는 것은 무엇인가?

① 가변 교축 밸브
② 무부하 릴리프 밸브
③ 직렬형 유량조절밸브
④ 바이패스형 유량조절밸브

해설 (1) 교축 밸브

상세기호　　　간략기호

　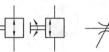

(2) 직렬형 유량조정밸브(온도보상붙이)

상세기호　　　간략기호

(3) 바이패스형 유량조정밸브

상세기호　　　간략기호

131. 다음 기호 중 유량계를 표시하는 것은?

① 　②

③ 　④

해설 ① : 압력계
　　② : 유량계(순간지시계)
　　③ : 온도계
　　④ : 차압계

정답 128. ④　129. ①　130. ④　131. ②

PART
05

기계제작법 및
기계동력학

제1장 기계제작법

1. 목형 및 주조

1-1 목형

(1) 목재의 수축 방지 조건

① 양재를 선택할 것
② 장년기의 수목을 동기에 벌채할 것
③ 건조재를 선택할 것
④ 많은 목편을 조합하여 만들 것
⑤ 적당한 도장을 할 것

(2) 목재의 건조

건조법 ┬ 자연 건조법 : 야적법, 가옥적법
         └ 인공 건조법 : 침재법, 훈제법, 자재법, 증재법,
                             열기 건조법, 진공건조법

(3) 목재의 방부법

① **도포법** : 목재 표면에 크레졸이나 페인트로 도포하는 방법
② **침투법** : 염화아연, 유산 등의 수용액을 침투·흡수시키는 방법
③ **자비법** : 방부제를 끓여서 부분적으로 침투시키는 방법
④ **충전법** : 목재에 구멍을 파서 방부제를 주입시키는 방법

(4) 목형의 종류

① **현형(solid pattern)** : 실제 부품과 같은 형태로 만든 모형
  ㈎ 단체 목형(one piece pattern) : 간단한 주물(레버, 뚜껑 등)

(내) 분할 목형(split pattern) : 일반 복잡한 주물

(대) 조립 목형(built up pattern) : 아주 복잡한 주물(상수도관용 밸브류)

② **부분 목형(section pattern)** : 대형 기어나 프로펠러

③ **회전 목형(sweeping pattern)** : 회전체로 된 물체(pulley)

④ **고르개 목형(strickle pattern)** : 가늘고 긴 굽은 파이프(긁기형)

⑤ **골격 목형(skeleton pattern)** : 대형 파이프, 대형 주물

⑥ **코어 목형(core box)** : 코어 제작 시 사용(파이프, 수도꼭지 제작)

⑦ **매치 플레이트(match plate)** : 소형 제품 대량 생산

⑧ **잔형(loose piece)** : 주형 제작 시 목형을 먼저 뽑고 곤란한 목형 부분은 주형 속에 남겨두었다가 다시 뽑는 것

예제 **1. 잔형(loose piece)에 대한 설명으로 맞는 것은?**

① 제품과 동일한 형상으로 만드는 목형

② 목형을 뽑기 곤란한 부분만을 별도로 조립된 주형을 만들고 주형을 빼낼 때에는 분리해서 빼내는 형

③ 속이 빈 중공(中空) 주물을 제작할 때 사용하는 목형

④ 제품의 수량이 적고 형상이 클 때 주요부의 골격만 만들어 주는 것

정답 ②

---

(5) 목형 제작상의 주의사항

① **수축여유(shrinkage allowance)** : 용융금속은 냉각되면 수축되므로 주물의 치수는 주형의 치수보다 작아진다. 따라서 목형은 주물의 치수보다 수축되는 양만큼 크게 만들어야 하는데, 이 수축에 대한 보정량을 수축여유라 한다. 주물자는 금속의 수축을 고려하여 수축량만큼 크게 만든다.

② **가공여유(machining allowance)** : 수기가공이나 기계가공을 필요로 할 때 덧붙이는 여유 치수를 말한다.

③ **목형 구배(taper)** : 주형에서 목형을 빼내기 쉽게 하기 위해 목형의 수직면에 다소의 구배를 둔다. 목형의 크기와 모양에 따라 다르나 1 m 길이에 6~10 mm 정도의 구배를 둔다.

④ **라운딩(rounding)** : 응고할 때 경정 조직이 경계가 생겨서 약해지므로 목형의 모서리를 없애 둥글게 한다.

⑤ **덧붙임(stop off)** : 얇고 넓은 판상목형은 변형하기 쉬우므로 넓은 판면에 각제로 보충하거나 주조 시 두께가 같지 않으면 응고할 때 냉각속도가 달라서 응력에 대한 변형, 균열이 발생하므로 이것을 막기 위하여 주형이나 목형에 덧붙이를 달아서 보강한다.

⑥ 코어 프린트(core print) : 코어의 위치를 정하거나 주형에 쇳물을 부었을 때 쇳물의 부력에 코어가 움직이지 않도록 하거나, 쇳물을 주입했을 때 코어에서 발생하는 가스를 배출시키기 위해서 코어에 코어 프린트를 붙인다.

예제 2. 얇은 판재로 된 목형은 변형되기 쉽고 주물의 두께가 균일하지 않으면 용융금속이 냉각 응고 시에 내부 응력에 의해 변형 및 균열이 발생할 수 있으므로 이를 방지하기 위한 목적으로 쓰이고 사용한 후에 제거하는 것은?

① 목형 구배   ② 수축여유
③ 코어 프린트   ④ 덧붙임

해설 덧붙임(stop off)은 두께가 균일하지 않거나 형상이 복잡한 주물이 냉각 시 내부응력에 의해 변형되고 파손되기 쉬우므로 이를 방지하기 위하여 덧붙여 만든 부분을 말한다.

정답 ④

---

(6) 주물금속의 중량(W_m) 계산식

$$W_m \fallingdotseq W_p \frac{S_m}{S_p} \, [\text{kN}]$$

여기서, W_m : 주물의 중량, S_m : 주물의 비중, W_p : 목형의 중량, S_p : 목형의 비중

예제 3. 목형의 중량이 3 N, 비중이 0.6인 적송일 때, 주철 주물의 무게는 약 몇 N인가? (단 주철의 비중은 7.2이다.)

① 27   ② 32   ③ 36   ④ 40

해설 주철무게(W_m) = 목형중량 × $\dfrac{주철비중}{목형비중}$ = $W_p \times \dfrac{S_m}{S_p}$ = $3 \times \dfrac{7.2}{0.6}$ = 36 N

정답 ③

1-2   주조

(1) 주물사의 구비 조건

① 성형성이 좋을 것(제작이 용이)
② 통기성이 좋을 것
③ 내화성이 크고 화학반응을 일으키지 않을 것
④ 적당한 강도를 가질 것
⑤ 열전도성이 불량하고 보온성이 있을 것
⑥ 가격이 싸고, 구입이 용이할 것

(2) 주물사의 시험법(강도, 통기도, 내화도, 입도, 경도, 성형도)

① **수분 함유량** : 시료 50 g을 105±5℃에서 1~2 시간 건조시켜 무게를 달아 건조 전과 건조 후의 무게로 구한다.

$$수분\ 함유량 = \frac{건조\ 전(g) - 건조\ 후(g)}{시료(g)} \times 100$$

② **입도(grain size)** : 모래 입자의 크기를 메시(mesh)로 표시하는 것

$$입도(\%) = \frac{체\ 위에\ 남아\ 있는\ 모래의\ 무게(g)}{시료(g)} \times 100$$

$$입도\ 지수 = \frac{\sum W_n S_n}{\sum W_n}$$

여기서, W_n : 각 체 위에 남아 있는 모래의 중량(g), S_n : 입도 계수

③ **통기도** : 시험편을 통기도 시험기에 넣어 일정 압력으로 한쪽에서 2000 cc 의 공기를 보낼 때 일어나는 공기압력의 차이와 그 시간을 측정하여 다음 식으로 통기도를 구한다.

$$통기도(K) = \frac{Qh}{PAt} [cm / min]$$

여기서, Q : 시험편을 통과한 공기량(cc)
  h : 시험편 높이(cm)
  P : 공기 압력(cmH_2O)
  A : 시험편의 단면적(cm^2)
  t : Q가 통과하는 데 필요한 시간(min)

④ **강도** : 인장강도, 압축강도, 전단강도, 굽힘강도 등
⑤ **내화도** : 용융온도와 소결도를 측정함(seger cone법 : 용융내화도)

(3) 주형 만드는 방법에 의한 분류

① 바닥 주형법
② 혼성 주형법
③ 주립 주형법

(4) 주형 각부의 제작 요령

① **다지기(ramming)** : 주형을 다지는 것은 용융된 금속의 흐름과 압력에 의해서 형이 붕괴되지 않을 정도로 다지게 되며, 너무 세게 다지면 강도는 높아지나 통기성은 불량하다.
② **가스빼기(vent)** : 주형 중의 공기, 가스 및 수증기를 배출공을 통하여 배출시키는 구멍

을 가스빼기라 한다.

③ **탕구계(gating system)** : 주형에 쇳물을 주입하기 위해 만든 통로로 쇳물받이(pouring cup), 탕구(downgate), 탕도(runner), 주입구(gate)로 구성되어 있다.

참고 탕구계 관련 공식

① 탕구비(gating ratio) = $\dfrac{\text{탕구봉 단면적}}{\text{탕도 단면적}}$ (탕구, 탕도, 주입구 등의 단면적비를 말한다.)

② 탕구의 높이와 유속$(v) = c\sqrt{2gh}$

　여기서, v : 유속(cm/s), g : 중력 가속도, h : 탕구 높이, c : 유량 계수

③ 주입 시간$(t) = s\sqrt{W}$

　여기서, t : 주입 시간, W : 주물의 중량, s : 주물 두께에 따른 계수

---

④ **덧쇳물(feeder 또는 riser)** : 주형 내에서 쇳물이 응고될 때 수축으로 쇳물의 부족을 보급하며, 수축공이 없는 치밀한 주물을 만들기 위한 것으로 덧쇳물의 위치를 주물이 두꺼운 부분이나 응고가 늦은 부분 위에 설치한다. 덧쇳물을 설치하면 다음과 같은 이점이 있다.

㈎ 주형 내의 쇳물에 압력을 준다.

㈏ 금속이 응고할 때 체적 감소로 인한 쇳물 부족을 보충한다.

㈐ 주형 내의 불순물과 용제의 일부를 밖으로 내보낸다.

㈑ 주형 내의 공기를 제거하며, 주입량을 알 수 있다.

예제 4. 주조에서 라이저(riser)의 설치 목적으로 가장 적합한 것은?

① 주물의 변형을 방지한다.

② 주형 내의 쇳물에 압력을 준다.

③ 주형 내에 공기를 넣어 준다.

④ 주형의 파괴를 방지한다.

해설 금속은 응고 시 수축하므로 이로 인한 쇳물 부족을 보충하고, 응고 중 주형 내의 쇳물에 압력을 가하고 주형 내 가스를 배출시켜 기공 발생과 수축공이나 편석을 방지하기 위해 라이저를 설치한다.　　　　　　　　　　　　　　　　　**정답** ②

예제 5. 주조의 탕구계 시스템에서 라이저(riser)의 역할로서 틀린 것은?

① 수축으로 인한 쇳물 부족을 보충한다.

② 주물의 냉각도에 따른 균열이 발생되는 것을 방지한다.

③ 주형 내의 쇳물에 압력을 가해 조직을 치밀화한다.

④ 주형 내의 가스, 기포 등을 밖으로 배출한다.

해설 라이저(riser) = 덧쇳물(feeder)의 역할

(1) 주형 내의 쇳물에 압력을 준다(조직을 치밀하게 한다).
(2) 금속이 응고할 때 체적 감소로 인한 쇳물 부족을 보충한다.
(3) 주형 내의 불순물과 용제의 일부를 밖으로 내보낸다.
(4) 주형 내의 공기·가스·기포 등을 배출한다.   정답 ②

⑤ **플로오프(flow off)** : 주형에 쇳물을 주입하면 가득 채워진 다음 넘쳐 올라오게 하여 쇳물이 주형에 가득 찬 것을 관찰하려고 주형의 높은 곳에 만든 것으로 가스빼기보다 구멍의 단면이 크다. 또 이것은 가스빼기로 같이 쓰기도 한다.

⑥ **냉강판(chilled plate)** : 두께가 같지 않은 주물에서 전체를 같게 냉각시키기 위해 두께가 두꺼운 부분에 쓰며, 부분적으로 급랭시켜 견고한 조직을 얻는 목적에도 쓰인다. 가스빼기를 생각해 주형의 측면 또는 아래쪽에 붙인다.

⑦ **코어 받침대(core chaplet)** : 코어의 자중, 쇳물의 압력이나 부력으로 코어가 주형 내의 일정 위치에 있기 곤란할 때, 코어의 양단을 주형 내에 고정시키기 위해 받침대를 붙이는데 받침대는 쇳물에 녹아 버리도록 주물과 같은 재질의 금속으로 만든다.

⑧ **중추(weight)** : 주형에 쇳물을 주입하면 주물의 압력으로 주형이 부력을 받아 윗 상자가 압상되므로 이를 막기 위해 중추를 올려놓는다. 중추의 무게는 보통 압상력의 3배 가량으로 한다.

$$쇳물\ 압상력(P_c) = AHS[\text{kN}]$$

여기서, A : 주물을 위에서 본 면적
H : 주물의 윗면에서 주입구 표면까지의 높이
S : 주입 금속의 비중

한편, 주형 내에 코어가 있을 경우 코어의 부력은 $\frac{3}{4}VS$로 계산한다.

$$쇳물\ 압상력(P_c) = AHS + \frac{3}{4}VS[\text{kN}]$$

여기서, V : 코어의 체적

(5) 금속의 용해법

① **큐폴라(cupola)** : 주철의 용해로로 매시간 지금(地金) 용해량으로 용량을 나타낸다.
② **전로(bessemer converter)** : 주강의 용해에 쓰인다(불순물을 산화연소).
③ **도가니로(crucible furnace)** : 경합금, 동합금, 합금강의 용해에 쓰이며 1회 용해할 수 있는 금속 중량으로 번호를 표시한다.
④ **전기로** : 아크로, 고주파 유도로가 있으며 제강, 특수 주철의 용해, 합금 제조, 금속 정련 등에 쓰인다.

예제 **6. 주철용해에 사용되는 큐폴라(cupola)의 크기는?**

① 1회에 용해하는 데 사용된 코크스의 양

② 1회에 용해할 수 있는 양

③ 1시간당 용해할 수 있는 양

④ 1시간당 송풍량

해설 큐폴라(cupola)의 크기는 1시간당 용해할 수 있는 주철의 양으로 나타낸다. **정답** ③

(6) 특수 주조법

① 다이 캐스팅(die casting)

② 칠드 주조(chilled casting)

③ 원심 주조법(centrifugal casting)

④ 셸 몰딩법(shell moulding)

⑤ CO_2법(탄산가스)

⑥ 인베스트먼트 주조법(investment casting)

⑦ 진공 주조법

예제 **7. 로스트 왁스 주형법(Lost wax process)이라고도 하며, 제작하려는 제품과 동형의 모형을 양초 또는 합성수지로 만들고, 이 모형의 둘레에 유동성이 있는 조형재를 흘려서 모형은 그 속에 매몰한 다음, 건조 가열로 주형을 굳히고, 양초나 합성수지는 용해시켜 주형 밖으로 흘려 배출하여 주형을 완성하는 방법은?**

① 다이캐스팅법   ② 셸 몰드법

③ 인베스트먼트법   ④ 진공 주조법

해설 인베스트먼트법(investment casting)은 주조하려는 주물과 동일한 모형을 왁스(wax), 파라핀(paraffin) 등으로 만들어 주형재에 파묻고 다진 후 가열로에서 주형을 경화시킴과 동시에 모형재인 왁스, 파라핀을 유출시켜 주형을 완성하는 방법으로 일명, 로스트 왁스 (lost wax)법이라고도 한다. 주물의 치수가 매우 정확하며, 표면이 깨끗하고 또한 복잡한 형상을 만들기 쉬우며 매우 정밀한 작은 주물을 생산하는 데 유리하다. **정답** ③

예제 **8. 칠드 주조(chilled cast iron)란 무엇인가?**

① 강철을 담금질하여 경화한 것

② 주철의 조직을 마텐자이트로 한 것

③ 용융 주철을 급랭하여 표면을 시멘타이트 조직으로 만든 것

④ 미세한 펄라이트 조직의 주물

해설 칠드 주조(chilled cast iron)란 주형의 일부가 금형으로 되어 있는 주조법으로 주철

이 급랭하면 표면이 단단한 탄화철(Fe_3C)이 되어 칠드층을 이루며 내부는 서서히 냉각되어 연한 주물이 된다. 이와 같이 표면은 경도가 높고, 내부는 경도가 낮은 주물을 칠드 주물이라 하며 주로, 압연롤러 등에 사용된다.　　　　　　　　　　　　　정답 ③

예제 **9.** 쇳물을 정밀 금속 주형에, 고속·고압으로 주입하여 표면이 우수한 주물을 얻는 주조 방법은?

① 셸몰드 주조　　　　　　　　　　② 칠드 주조

③ 다이캐스팅 주조　　　　　　　　④ 인베스트먼트 주조

해설 다이캐스팅법(die cating) : 대기압 이상의 압력으로 압입하여 주조하는 방법으로 Al, Cu, Zn, Sn, Mg 합금 등이 많이 사용(정밀도가 높고 표면이 아름다운 우수한 주물 주조법으로 기계 가공이 필요하지 않는다.)　　　　　　　　　　　　　정답 ③

예제 **10.** 표면경화법에서 금속침투법 중 아연을 침투시키는 것은?

① 칼로라이징　　　　　　　　　　② 세라다이징

③ 크로마이징　　　　　　　　　　④ 실리코나이징

해설 표면경화법에서 금속침투법 중 아연(Zn)을 침투시키는 것은 세라다이징(내식성 향상)이다. 칼로라이징은 알루미늄(Al)을, 크로마이징은 크롬(Cr)을, 실리코나이징은 규소(Si)를 침투시키는 것이다.　　　　　　　　　　　　　정답 ②

(7) 주물의 결함과 검사 및 대책 (방지책)

① **수축공(shrinkage hole)** : 용융금속이 주형 내에서 응고할 때 표면부터 수축하므로 최후의 응고부에는 수축으로 인해 쇳물이 부족하게 되어 공간이 생기게 되는 것을 말한다. 방지법으로는 쇳물 아궁이를 크게 하거나 덧쇳물을 붓는다.

② **기공(blow hole)** : 주형 내의 가스가 외부로 배출되지 못해 기공이 생기며, 방지법은 다음과 같다.

㈎ 쇳물 아궁이를 크게 할 것

㈏ 쇳물의 주입 온도를 필요 이상 높게 하지 말 것

㈐ 통기성을 좋게 할 것

㈑ 주형의 수분을 제거할 것

③ **편석(segregation)** : 용융금속에 불순물이 있을 때 이 불순물이 집중되어 석출되든지, 또는 무거운 것은 아래로 가벼운 것은 위로 분리되어 굳어지든지, 결정들의 각 부 배합이 달라지는 때가 있는데, 이 형상을 편석이라 한다.

④ **균열(crack)** : 용융금속이 응고할 때 수축이 불균일한 경우에 응력이 발생하여 이것으로 주물에 금이 생기게 되는 현상을 말하며, 방지법은 다음과 같다.

㈎ 각 부분의 온도 차이를 작게 할 것

⒜ 주물을 급랭시키지 않을 것

⒟ 각진 부분은 둥글게(rounding) 할 것

⒣ 주물의 두께 차를 갑자기 변화시키지 않을 것

⑤ **치수 불량** : 주물의 치수 불량은 주물자의 선정 잘못, 목형의 변형, 코어의 이동, 주형 상자의 맞춤 불량에 원인이 있다.

⑥ **주물 표면 불량** : 주물 표면 거칠기는 도형제, 모래 입자의 굵기, 용탕의 표면장력, 주형면에 작용하는 용탕의 압력 등의 영향을 받는다.

> **참고** **주물의 검사**
>
> 주물의 검사에는 외관 검사, 치수 검사, 비파괴 검사, 파괴 검사가 있으며, 외관 검사는 외부에 보이는 결함의 검사이고 비파괴 검사는 내부의 주요 부분을 X선, γ선 검사로 알아본다.

예제 **11.** 주물의 결함으로 주물의 일부분에 불순물이 집중되어 석출되거나 가벼운 부분이 위에 뜨고, 무거운 부분이 밑에 가라앉아 굳어지거나 배합이 달라지는 현상은?

① 편석   ② 수축공

③ 기공   ④ 치수불량

해설 편석 : 주물의 일부분 특히 모서리 부분이나 두께 변화가 많은 부분에서 불순물이 집중되어 석출되거나, 결정이 성장하는 부분과 성장이 완료된 부분의 배합이 달라질 때가 있는데 이러한 현상을 말한다. 즉, 고상과 액상 사이에 불순물이 일정한 농도비로 분배되는 현상이다. **정답** ①

---

2. 소성가공

(1) 소성가공의 종류

① **압연(rolling)** : 회전하는 롤러 사이에 재료를 넣어 소정의 제품을 가공하는 방법

② **압출(extruding)** : 재료를 실린더 모양의 컨테이너에 넣고 한쪽에 압력을 가하여 압축시켜 가공하는 방법

③ **인발(drawing)** : 재료를 다이(die)에 통과시켜 축방향으로 인발하면서 제품을 가공하는 방법

④ **단조(forging)** : 재료를 기계나 해머로 두들겨서 가공하는 방법

⑤ **전조(thread & gear forming)** : 압연과 비슷한 가공으로 나사나 기어를 가공하는 것

⑥ **프레스 가공(press working)** : 판재를 형틀에 의해서 목적하는 형으로 변형 · 가공하는 것

(2) 단조의 종류

① 단조방법
- 자유단조(free forging) : 늘리기, 절단, 눌러붙이기, 단짓기, 구멍뚫기, 굽히기
- 형단조(die forging) : 금형 사용, 대량 생산, 정밀도가 높고 가격이 저렴하다.

② 가열온도
- 열간단조 : 해머단조, 프레스단조, 오프셋 단조, 롤단조
- 냉간단조 : 콜드헤딩, 코이닝(coining), 스웨이징(swaging), 테이퍼 제작
- 특수단조 : 고속단조, 용탕단조, 분말단조

(3) 압연의 원리

① **압하율** : 롤러 통과 전의 두께를 H_0, 통과 후의 두께를 H_1 이라 하면

압하량 $= H_0 - H_1$

$$압하율 \,(\mathrm{draft\ percent}) = \frac{H_0 - H_1}{H_0}$$

② **폭 증가**(width spread) : 압연 전 판재의 폭을 B_0, 압연 후의 폭을 B_1 이라 하면

폭 증가 $= B_1 - B_0$

③ **접촉각**(contact angle) : 압연 시 롤이 판재를 누르는 힘을 P, 롤과 판재의 마찰력을 μP, 롤과 판재의 접촉각을 θ 라 하면 P의 분력 $P\sin\theta$ 와 μP의 분력 $\mu P\cos\theta$ 가 서로 반대이므로 μP의 분력이 P의 분력보다 크면 압연이 가능하고, 작으면 압연이 스스로 되지 않는다.

즉, $\mu P\cos\theta \geqq P\sin\theta$

$\therefore \mu \geqq \tan\theta$

의 관계가 성립된다. 그러므로 접촉각 θ 가 작거나 마찰계수 μ 가 커지면 스스로 압연이 가능하다.

④ **인발가공**

$$단면\ 감소율 = \frac{인발\ 전의\ 단면적(A_0) - 인발\ 후의\ 단면적(A')}{인발\ 전의\ 단면적(A_0)} \times 100'\%$$

$$가공도 = \frac{A'}{A_0} \times 100\,\%$$

※ 가공도가 크면 재결정온도는 낮아진다(가공이 용이하다).

⑤ 프레스 (press) 가공

프레스 가공 ┬ 전단작업 : 블랭킹, 전단, 트리밍, 셰이빙, 브로칭, 노칭, 분단(parting)
           ├ 성형작업 : 굽힘, 비딩, 컬링(curling), 시밍, 벌징, 스피닝, 디프 드로잉
           └ 압축작업 : 압인, 엠보싱, 스웨이징, 버니싱, 충격압출

(가) 전단가공

• 전단가공에 요하는 힘 : 전단에 요하는 힘(P), 소요동력(N), 전단에 요하는 일량(W)
일 때

$$P = lt\tau \, [\text{kN}]$$

$$P = \pi dt\tau \, (\text{원판 블랭킹의 경우})$$

여기서, l : 전 전단 길이(mm), t : 판 두께(mm), τ : 전단저항[MPa (N/mm^2)]

$$N = \frac{Pv_m}{75 \times 60 \times \eta}$$

여기서, v_m : 평균 전단속도(m/min), η : 기계효율(0.5~0.7로 한다.)
          N : 소요동력 (PS)

$$W = \frac{mPt}{1000} \, [\text{kJ}]$$

여기서, m : 재료에 따라 정해지는 계수(0.63으로 한다.), W : 일량(kJ)

(나) 굽힘가공

• 스프링 백 : 굽힘가공을 할 때 굽힘 힘을 제거하면 판의 탄성 때문에 탄성변형 부분이
원상태로 돌아가 굽힘 각도나 굽힘 반지름이 열려 커진다. 이것을 스프링 백(spring
back)이라 한다. 스프링 백의 양은 경도가 높을수록 커지고, 같은 판재에서 구부림
반지름이 같을 때에는 두께가 얇을수록 커지며, 같은 두께의 판재에서는 구부림 각도
가 작을수록 커진다.

(다) 굽힘에 요하는 힘

• V형 다이의 경우

$$P_1 = 1.33 \frac{bt^2}{L} \sigma_b [\text{kN}]$$

여기서, P : 펀치에 가하는 굽힘력(kN)
          b : 판의 폭(mm)
          t : 판 두께(mm)
          L : 다이의 홈 폭[mm($L = 8t$)]
          σ_b : 판의 인장강도[MPa(N/mm^2)]

• U형 굽힘의 경우

$$P_2 = 0.67 \frac{bt^2}{L} \sigma_b [\text{kN}]$$

[예제] 12. 금속 재료를 회전하는 롤러(roller) 사이에 넣어 가압함으로써 단면적을 감소시켜 길이 방향으로 늘리는 작업은?

① 압연   ② 압출   ③ 인발   ④ 단조

[해설] 금속 재료를 회전하는 롤러(roller) 사이에 넣어 가압함으로써 단면적을 감소시켜 축 방향으로 늘리는 작업을 압연가공이라 하고, 온도에 따라 열간 압연과 냉간 압연으로 구분한다.   [정답] ①

[예제] 13. 자유 단조에서 업 세팅(up‐setting)에 관한 설명으로 옳은 것은?

① 굵은 재료를 늘리려는 방향과 직각이 되게, 램으로 타격하여 길이를 증가시킴과 동시에 단면적을 감소시키는 작업이다.

② 재료를 축방향으로 압축하여 지름은 굵고 길이는 짧게 하는 작업이다.

③ 압력을 가하여 재료를 굽힘과 동시에 길이방향으로 늘어나게 하는 작업이다.

④ 단조 작업에서 재료에 구멍을 뚫기 위해 펀치를 사용하는 작업이다.

[해설] 업 세팅(up‐setting) : 소재를 축방향으로 압축하여 길이를 짧게 하고 단면적을 크게 하는 작업   [정답] ②

[예제] 14. 지름 100 mm의 소재를 드로잉하여 지름 70 mm의 원통을 만들었다. 이때 드로잉률은 얼마인가? 또 지름 70 mm의 용기를 재드로잉률 0.8로 재드로잉하면 용기의 지름은 얼마인가?

① 드로잉률은 80 %이고, 재드로잉한 지름은 56 mm이다.

② 드로잉률은 70 %이고, 재드로잉한 지름은 56 mm이다.

③ 드로잉률은 80 %이고, 재드로잉한 지름은 49 mm이다.

④ 드로잉률은 70 %이고, 재드로잉한 지름은 49 mm이다.

[해설] 드로잉률 $= \dfrac{70}{100} = 0.7(70\ \%)$, 재드로잉률이 0.8(80 %)이므로

용기의 지름$(D) = 70 \times 0.8 = 56\ \text{mm}$ [정답] ②

[예제] 15. 인발가공에서 인발조건의 인자가 아닌 것은?

① 역장력   ② 마찰력

③ 다이(die)각   ④ 천공기

[해설] 인발(drawing)가공은 선재나 파이프 등을 만들 때 다이를 통하여 인발함으로써 필요한 치수나 형상으로 만들어내는 가공법으로 인발 조건의 인자에는 역장력, 마찰력, 다이(die)각 등이 있다. 천공기(piercing machine)는 구멍이 없는 재료에 펀치를 때려 구멍을 뚫는 기계이다.   [정답] ④

[예제] 16. 디프 드로잉(deep drawing)으로 지름 80 mm, 높이 50 mm의 얇은 평판의 원통용기를 마들고자 한다. 블랭크의 지름은? (단, 모서리의 반지름은 매우 작다.)

① 약 130 mm   ② 약 150 mm
③ 약 170 mm   ④ 약 190 mm

[해설] $D = \sqrt{d^2 + 4dh} = \sqrt{80^2 + 4 \times 80 \times 50} = 150\,\text{mm}$ [정답] ②

[예제] 17. 두께 3 mm인 연강판에 지름 40 mm 블랭킹할 때, 소요되는 펀칭력은 약 몇 kN인가? (단, 강판의 전단저항은 300 N/mm²이고, 펀칭력은 이론값에 마찰저항을 가산한다. 마찰저항은 이론값의 5 % 정도이다.)

① 113.0   ② 118.8
③ 116.7   ④ 102.2

[해설] $P_s = \tau A = \tau \pi d t = 0.3 \times \pi \times 40 \times 3 = 113.1\,\text{N}$

마찰저항은 이론값의 5 %이므로 마찰저항 $= 113.1 \times 0.05 = 5.655\,\text{kN}$

$\therefore P = 113.1 + 5.665 ≒ 118.8\,\text{kN}$ [정답] ②

[예제] 18. 전단가공의 종류에 해당하지 않는 것은?

① 비딩(beading)   ② 펀칭(punching)
③ 트리밍(trimming)   ④ 블랭킹(blanking)

[해설] 비딩(beading)은 요철(凹凸)가공으로 성형가공법이다.   [정답] ①

---

3. 측정기 및 수기가공(손다듬질)

(1) 직접 측정과 비교 측정

① **직접 측정** : 실물의 치수를 직접 읽는 측정으로 마이크로미터, 버니어 캘리퍼스, 각도자(공작물의 각도를 측정하는 기구) 등이 있다.

② **비교 측정** : 실물의 치수와 표준 치수의 차를 측정해서 치수를 아는 방법으로 다이얼 게이지, 미니미터, 옵티미터, 전기 마이크로미터, 공기 마이크로미터 등이 있다.

예제 19. 피측정물을 확대 관측하여 복잡한 모양의 윤곽, 좌표의 측정, 나사 요소의 측정 등과 같이 단독 요소의 측정기로는 측정할 수 없는 부분을 측정할 때 가장 적합한 것은?

① 피치 게이지　　　　　　　　　　② 나사 마이크로미터
③ 공구 현미경　　　　　　　　　　④ 센터 게이지

해설 공구 현미경(tool maker's microscope) : 제품의 길이, 각도, 형상의 윤곽을 측정할 수 있는 측정기로 복잡한 형상이나 좌표 및 나사 요소 등과 같이 길이 측정기나 각도 측정기와 같은 단독 요소의 측정기로 측정할 수 없는 부분을 측정할 때 가장 적합한 측정계기이다.

정답 ③

예제 20. 버니어 캘리퍼스는 일반적으로 아들자의 한 눈금이 어미자의 $(n-1)$ 눈금을 n 등분 한 것이다. 어미자의 한 눈금 간격이 A 라고 하면 아들자로 읽을 수 있는 최소 측정값은?

① nA　　　　　　　　　　② $\dfrac{A}{n}$

③ $\dfrac{nA}{n-1}$　　　　　　　　④ $\dfrac{n-1}{nA}$

해설 아들자로 읽을 수 있는 최소 측정값은 $\dfrac{A}{n}$ 이다.　　　　　정답 ②

예제 21. 버니어 캘리퍼스에서 어미자 49 mm를 50 등분한 경우 최소 읽기 값은? (단, 어미자의 최소 눈금은 1.0 mm이다.)

① $\dfrac{1}{50}$ mm　　　　　　　　② $\dfrac{1}{25}$ mm

③ $\dfrac{1}{24.5}$ mm　　　　　　　④ $\dfrac{1}{20}$ mm

해설 $1 - \dfrac{49}{50} = \dfrac{1}{50} (0.02 \text{ mm})$　　　　　　정답 ①

(2) 사인 바(sine bar)

직각 삼각형의 2변 길이로 삼각함수에 의해 각도를 구하는 것으로 삼각법에 의한 측정에 많이 이용된다. 양 원통 롤러 중심거리(L)는 일정 치수로 보통 100 mm 또는 200 mm로 만든다. 각도 α 는 다음 식으로 구한다.

$$\sin\alpha = \frac{H}{L}$$

$$\alpha = \sin^{-1}\left(\frac{H}{L}\right)$$

(3) 콤비네이션 세트(combination set)

강철자, 직각자 및 분도기 등을 조합하여 각도 측정에 쓰인다.

(4) 탄젠트 바(tangent bar)

일정한 간격 L로 놓여진 2개의 블록 게이지 H 및 h와 그 위에 놓여진 바에 의해 각도를 측정한다.

(5) 나사의 측정

① 유효지름 측정 : 삼침법(정밀측정), 나사 마이크로미터
② 피치의 측정 : 피치 게이지(pitch gauge)
③ 나사산의 각도 : 투영 검사기

(6) 줄 다듬질(filing)

줄질하는 방법에는 직진법과 사진법이 있다. 직진법은 줄 다듬질의 최후에 하는 방법이며, 사진법은 줄을 오른쪽으로 기울여 전방으로 움직이는 절삭법으로 절삭량이 커서 거친깎기 또는 면깎기 작업에 적합하다.

(7) 스크레이퍼 작업

스크레이퍼 작업은 셰이퍼(shaper)나 플레이너 등으로 절삭 가공한 평면이나 선반으로 다듬질한 베어링의 내면을 더욱 정밀도가 높은 면으로 다듬질하기 위해서 스크레이퍼 (scraper)를 사용해 조금씩 절삭하는 정밀 가공법의 하나이다.

(8) 탭(tap) 작업

암나사를 손으로 만드는 방법을 탭 작업이라 하고 수나사를 만드는 방법을 다이스 작업이라 한다.
① 탭의 종류 : 등경 수동 탭, 중경 탭, 기계 탭, 가스 탭 등
② 다이스의 종류 : 솔리드 다이스, 조정 다이스(split dies)

예제 22. 강재에 탭을 이용하여 M10×1.5 나사를 가공하려 할 때, 탭을 가공하기 위한 드릴지름으로 적합한 것은?

① 10.0 mm   ② 8.5 mm
③ 9.1 mm   ④ 8.0 mm

해설 탭 가공 시 드릴지름(d) = 호칭지름(바깥지름) − 피치(P) = 10 − 1.5 = 8.5 mm   **정답** ②

4. 용접(welding)

(1) 용접의 장단점

① 장점

㈎ 이음효율이 좋다.

㈏ 자재가 절약된다.

㈐ 공정수가 감소된다.

㈑ 제품의 성능과 수명이 향상된다.

② 단점

㈎ 응력 집중에 대해 민감하다.

㈏ 품질검사가 곤란하다.

㈐ 용접 모재가 열 영향을 받아 변형된다.

용접부의 결함

명칭	상태	주된 원인
오버랩	용융금속이 모재와 융합되어 모재 위에 겹쳐지는 상태	• 모재에 대해 용접봉이 굵을 때 • 운봉이 불량일 때 • 용접전류가 약할 때
기공	용착금속 속에 남아 있는 가스로 인한 구멍	• 용접전류의 과대 • 용접봉에 습기가 많을 때 • 가스용접 시의 과열 • 모재에 불순물 부착
슬래그 섞임	녹은 피복제가 용착금속 표면에 떠 있거나 용착금속 속에 남아있는 것	• 운봉의 불량 • 피복제의 조성 불량 • 용접전류, 속도의 부적당
언더컷	용접선 끝에 생기는 작은 홈	• 용접전류의 과대 • 운봉의 불량 • 용접전류, 속도의 부적당

(2) 용접의 분류

용접은 용접 원리에 따라 크게 융접, 압접, 납땜으로 분류하며, 이를 다시 세분하면 다음과 같다.

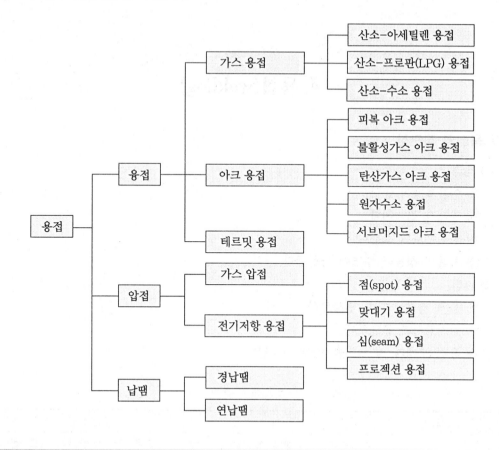

예제 **23.** 테르밋 용접(thermit welding)의 설명으로 옳은 것은?

① 피복 아크용접법 중의 하나이다.

② 산화철과 알루미늄의 반응열을 이용한 방법이다.

③ 원자 수소의 발열을 이용한 방법이다.

④ 액체 산소를 사용한 가스용접법의 일종이다.

해설 테르밋 용접 : 알루미늄(Al)과 산화철(Fe₂O₃)을 혼합한 분말의 화학 반응열을 이용한 용접법으로 레일 접합에 사용되며, 반응열의 온도는 3000℃ 정도이다.   정답 ②

예제 **24.** 가스 용접에서 산소와 아세틸렌의 혼합량에 따라 여러 종류의 화염이 생긴다. 이 중 틀린 것은?

① 탄화성 화염   ② 산화성 화염

③ 융화성 화염   ④ 중성 화염

해설 가스(산소) 용접은 주로 산소(O_2)-아세틸렌(C_2H_2) 용접을 의미한다.

(1) 표준불꽃(중성불꽃)

(2) 탄화불꽃(아세틸렌 과잉불꽃)

(3) 산화불꽃(산소 과잉불꽃)   정답 ③

[예제] **25. 전기저항열을 이용한 압접이 아닌 것은?**

① 스폿 용접(spot welding)　　　　② 심 용접(seam welding)

③ 테르밋 용접(thermit welding)　　④ 프로젝션 용접(projection welding)

[해설] 전기저항열을 이용한 압접에는 점(spot) 용접, 심(seam) 용접, 프로젝션 용접, 플래시 (flash) 용접, 버트(맞대기) 용접 등이 있다.　　　　　　　　　　[정답] ③

5. 절삭이론

(1) 공작기계의 절삭방식과 그 종류

① 절인 절삭에 의한 가공

　(개) 선삭(turning)　　　　　　　(내) 평삭(planing)

　(대) 밀링(milling)　　　　　　　(래) 드릴링(drilling) 및 보링(boring)

② 입자에 의한 가공

　(개) 연삭(grinding)　　　　　　　(내) 호닝(horning)

　(대) 래핑(lapping)　　　　　　　(래) 슈퍼 피니싱(superfinishing)

(2) 절삭현상 및 절삭가공

① 칩의 기본 형태

　(개) **유동형 칩(flow type chip)** : 칩이 공구의 경사면 위를 유동하는 것 같이 이동하므로 칩의 슬라이딩이 연속적으로 진행되어 절삭작업이 원활하다. 연성재료를 고속절삭할 때, 절삭량이 적을 때, 바이트의 경사각이 클 때, 절삭제를 사용할 때 생기기 쉽다.

　(내) **전단형 칩(shear type chip)** : 칩이 공구의 경사면 위에서 압축을 받아 어느 면에 가서 전단을 일으키므로 칩은 연속되어 나오기는 하나 슬라이딩의 간격이 유동형보다 크다. 이 때문에 바이트면에 걸리는 힘이 변동되어 진동을 일으킨다. 연성재료를 저속절삭할 때, 바이트의 경사각이 작을 때, 절삭깊이가 클 때 생긴다.

　(대) **열단형 칩(tear type chip)** : 공구 경사면 위의 재료가 세게 압축되어 슬라이딩이 되지 않아 공구날 끝 앞쪽에서 균열이 나타나는 상태의 칩으로 피삭재료가 점성이 있을 때 생긴다.

　(래) **균열형 칩(crack type chip)** : 취성 재료에서 균열이 날 끝에서부터 공작물 표면까지 순간적으로 발생하는 칩이다.

② 구성인선(built up edge) : 금속을 절삭할 때 칩과 공구 경사면 사이에 높은 압력과 큰 마찰저항 및 절삭열에 의하여, 칩의 일부가 가공 경화하여 절삭날 끝에 부착되어 절삭날과 같이 실제절삭을 하므로, 절삭작용에 악영향을 미치며, 1/100초~1/300초의

주기로 발생, 성장, 분열, 탈락이 일어난다.

⑺ 구성인선의 영향

- 가공물의 다듬면이 불량하게 된다.
- 발생~탈락을 반복하므로 절삭저항이 변화하여 공구에 진동을 준다.
- 초경합금 공구는 날 끝이 같이 탈락되므로 결손이나 미세한 파괴가 일어나기 쉽다.

> **참고** **구성인선 방지법**
> ① 절삭깊이를 얇게 할 것   ② 공구(bite)의 윗면 경사각을 크게 할 것
> ③ 공구의 인선을 예리하게 할 것   ④ 절삭속도를 크게 할 것(절삭저항을 작게 할 것)
> ⑤ 칩(chip)과 공구 사이의 윤활을 완전하게 할 것

⑻ 구성인선의 이용 : 일반적으로 인성이 큰 재료는 구성인선이 일어나기 쉽다. 그러나 구성인선은 경사각이 크므로 절삭저항이 감소하며, 또 공구의 날 끝이 구성인선에 보호되므로 공구수명이 길어지는 이점이 있다. 이러한 이점을 이용한 것이 silver white cutting method이다. 이때 사용되는 바이트가 SWC 바이트이다.

예제 26. 구성인선(built-up edge)에 대한 설명으로 옳은 것은?

① 저속으로 절삭할수록 구성인선이 방지된다.
② 마찰계수가 큰 절삭공구를 사용하면 구성인선이 방지된다.
③ 칩의 두께를 증가시키면 구성인선이 방지된다.
④ 경사각(rake angle)을 크게 하면 구성인선이 방지된다.

해설 구성인선을 방지하려면 절삭속도를 크게(120 m/min) 하고 마찰계수가 작은 절삭공구를 사용하며 칩 두께(절삭 깊이)를 얇게 하고 공구의 윗면 경사각은 30° 이상 크게 한다. **정답** ④

③ **절삭저항** : 절삭저항(P)은 서로 직각으로 된 3개의 분력으로 나누어 생각할 수 있으며, 절삭방향과 평행한 분력을 주분력(P_1), 이송방향과 평행한 분력을 횡분력(P_2), 이들에 수직인 분력을 배분력(P_3)이라 한다.

$$P_1 : P_2 : P_3 = 10 : (1 \sim 2) : (2 \sim 4)$$

④ **절삭동력** : 절삭저항의 주분력과 정미 절삭동력은 다음 식으로 계산할 수 있다.

$$N_c = \frac{P_1 V}{1000} [\text{kW}]$$

여기서, N_c : 정미 절삭동력(kW), P_1 : 절삭저항의 주분력(N), V : 절삭속도(m/s)
이송을 주기 위한 소요동력 N_f[kW]는 이송속도를 S[m/min]라 하면 다음과 같다.

$$N_f = \frac{P_2 S}{1000 \times 60} [\text{kW}]$$

여기서, P_2 : 이송분력(N)

⑤ **절삭속도** : 절삭 시 공구에 대한 공작물의 상대적 속도를 절삭속도(cutting speed) 라 하며, 단위는 m/min으로서 표시한다. 선반에서 환봉의 외주를 절삭할 때 같은 회전 수라도 환봉의 지름에 따라 절삭속도는 달라진다. 절삭속도와 회전수와의 관계는 다음 식으로 나타낸다.

$$V = \frac{\pi d N}{1000} \, [\text{m/min}]$$

여기서, V : 절삭속도(m/min), d : 공작물의 지름(mm), N : 매분 회전수(rpm)

예제 27. 선반 절삭작업에서 절삭력 $P = 100\,\text{kgf}$이고 절삭속도 $V = 60\,\text{m/min}$일 때 절삭동력은? (단, 선반의 효율 $\eta = 0.9$로 한다.)

① 약 0.6 kW   ② 약 1.1 kW   ③ 약 2.6 kW   ④ 약 3.1 kW

해설 절삭동력 $= \dfrac{PV}{102\eta} = \dfrac{100 \times 1}{102 \times 0.9} = 1.089 \fallingdotseq 1.1\,\text{kW}$

SI 단위인 경우 절삭동력(kW) $= \dfrac{PV}{1000\eta}$

여기서, P : 절삭력(N), V : 절삭속도(m/s), η : 효율   **정답** ②

6. 선반가공 / 밀링가공 / 드릴링

6-1 선반가공

(1) 선반의 종류

① 보통 선반(engine lathe)　　　　② 탁상 선반(bench lathe)

③ 터릿 선반(turret lathe)　　　　④ 자동 선반(automatic lathe)

⑤ 모방 선반(copying lathe)　　　　⑥ 수직 선반(vertical lathe)

⑦ 다인 선반(multi cut lathe)　　　⑧ 차륜 선반(wheel lathe)

⑨ 차축 선반(axle lathe)　　　　　⑩ 크랭크축 선반(crank shaft lathe)

⑪ 캠축 선반(cam shaft lathe)　　　⑫ 롤 선반(roll lathe)

(2) 선반의 크기 표시

각종 선반에 따라 차이가 있으나 보통 선반에서는 베드 위의 스윙(swing), 양 센터 사이의 최대 거리, 왕복대상의 스윙으로 나타낸다.

① **베드상의 스윙** : 베드에 닿지 않게 주축에 설치할 수 있는 공작물의 최대 지름이다.

② **양 센터 사이의 최대 거리** : 심압대를 주축에서 가장 멀리 했을 때 양 센터에 설치할 수 있는 공작물의 길이이다.

(3) 보통 선반의 주요부

① **주축대**(head stock) : 선반의 가장 중요한 부분으로 공작물을 지지, 회전 및 변경을 하거나 동력 전달을 하는 일련의 기어 기구로 구성되어 있다.

② **심압대**(tail stock) : 주축 맞은편에 설치하여 공작물을 지지하거나 드릴 등의 공구를 고정할 때 사용한다.

③ **왕복대**(carriage) : 베드 위에 있으며, 바이트 및 각종 공구를 설치한 공구대를 평행하게 전후, 좌우로 이송시키며, 새들과 에이프런으로 구성되어 있다.

④ **베드**(bed) : 주축대, 왕복대, 심압대 등 주요한 부분을 지지하고 있는 곳

(4) 보통 선반의 부속장치

① **센터**(center) : 선반 작업에 있어서 주축대와 심압대 사이에 공작물을 끼워 지지하는 공구

② **척**(chuck) : 일감을 고정할 때 사용하며, 연동 척, 단동 척, 복동 척, 콜릿 척 등이 있다.

③ **돌림판**(driving plate) **및 돌리개**(lathe dog) : 주축의 회전을 공작물에 전달하는 장치

④ **심봉**(맨드릴 : mandrel) : 중심에 구멍이 뚫린 공작물을 가공할 때 그대로 가공할 수 없으므로 그것을 지지하기 위해 구멍에 끼우는 막대

⑤ **방진구**(work rest) : 선반 작업이나 연삭 작업 시 가느다란 공작물을 깎을 때 공작물이 휘어서 흔들리지 않도록 반지름방향에서 지지하는 장치

(5) 바이트의 주요부

① **주절인**(principle edge) : 실제 절삭작용을 하는 절인 부분

② **측면절인**(back edge) : 주절인에 연결되는 절인 부분

③ **경사면**(rake surface) : 칩이 절삭될 때 접촉되면서 제거되는 면

④ **여유면**(clearance surface) : 절삭된 가공물에 인접된 바이트 면

예제 28. 선반용 부속공구 중 주축에 끼워 공작물을 3개 또는 4개의 조(jaw)로 확실하게 물고 이를 지지한 채로 회전하는 도구는 무엇인가?
① 센터(center)　　　　　　　② 척(chuck)
③ 돌리개(lathe dog)　　　　　④ 면판(face plate)

해설 (1) 척 : 가공물을 주축에 고정하여 회전시키는 데 사용
(2) 센터 : 주축과 심압대 축에 삽입되어 공작물 지지
(3) 돌리개 : 돌림판과 같이 사용하는 것으로 양 센터 작업 시 주축에서 공작물 고정
(4) 면판 : 척으로 고정할 수 없는 큰 공작물, 불규칙한 일감의 고정　　　　정답 ②

(6) 선반 작업(테이퍼 작업)

① **복식 공구대를 회전시키는 방법** : 테이퍼 절삭 시 복식 공구대 (compound rest)를 사용하는 경우는 테이퍼 부분이 비교적 짧은 경우로 복식 공구대의 선회 각도는 다음 식으로 구한다.

$$\tan\theta = \frac{x}{l}, \quad x = \frac{D-d}{2}, \quad \tan\theta = \frac{D-d}{2l}$$

여기서, D : 큰 쪽 지름, d : 작은 쪽 지름, l : 테이퍼부의 지름

② **심압대를 편위시키는 방법** : 테이퍼 부분이 비교적 길고, 테이퍼량이 작아 양 센터로 지지하여 가공하는 경우로 심압대의 편위량(x)은 다음 식으로 구한다.

$$x = \frac{D-d}{2} \text{[(a)의 경우]}, \quad x = \frac{(D-d)L}{(2l)} \text{[(b)의 경우]}$$

여기서, L : 공작물 전체의 길이

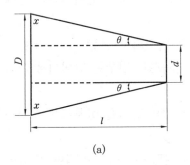

(a)

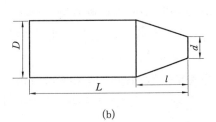

(b)

6-2 밀링 머신

(1) 밀링 머신의 종류

① 니형 밀링 머신(knee type milling machine)

② 생산형 밀링 머신(production milling machine)

③ 특수 밀링 머신(special type milling machine)

(2) 밀링 머신의 크기 표시

밀링 머신은 테이블의 크기(길이×폭), 테이블의 이동거리(좌우×전후×상하), 주축 중심에서 테이블면까지의 최대거리로 크기를 표시하는데 이 중 테이블의 이동거리가 주가 되며, 테이블의 이동거리 중 전후 이동거리(새들의 이송범위)를 기준하여 번호로 나타낸다. 즉, 전후 이동량이 200 mm인 것이 1번이고, 이에 따라 50 mm씩 증감함에 따라 번호

가 1씩 증감된다.

(3) 밀링 머신의 부속 장치

① **아버(arbor or milling arbor)** : 주축단에 고정할 수 있도록 각종 테이퍼를 갖고 있는
환봉재로 아버 컬러(arbor color)에 의해 커터의 위치를 조정하여 고정하고 회전시
킨다.

② **어댑터와 콜릿(adapter and collet)** : 자루가 있는 밀링 커터(엔드밀)를 고정할 때 사용
한다.

③ **밀링 바이스(milling vise)** : 테이블 위에 홈을 이용하여 바이스를 고정하고 간단한 공
작물을 고정하는 것이며 수평식, 회전식, 만능식 등의 형식이 있다.

④ **회전 테이블(circular table, rotary table)** : 수동 또는 테이블 자동이송으로 원판, 원형
홈 및 윤곽가공을 할 수 있으며, 간단한 분할도 가능하다. 보통 사용되는 테이블의 지
름은 300, 400, 500 mm 등이 있다.

⑤ **분할대(index head, dividing head or spiral head)** : 밀링 머신의 테이블상에 설치하
고 공작물의 각도 분할에 주로 사용한다.

⑥ **수직축 장치(vertical attachment)** : 수평식 밀링 머신의 칼럼상의 주축부에 고정하고
주축에서 기어로 회전이 전달된다. 수직축은 칼럼면과 평행한 면내에서 임의의 각도
로 경사시킬 수 있다.

⑦ **슬로팅 장치(slotting attachment)** : 니형 밀링 머신의 칼럼을 설치하여 회전운동을 직
선 왕복운동으로 바꾸는 데 사용한다.

⑧ **랙 절삭 장치(rack cutting attachment)** : 만능식 밀링 머신에 사용되며 긴 랙을 절삭하
는 장치이다.

⑨ **만능 밀링 장치(universal milling attachment)** : 니형 밀링 머신의 칼럼면에 고정하여
수평 및 수직면 대에서 임의의 각도로 스핀들을 고정시키는 장치이다.

(4) 분할법

① **직접분할법** : 직접분할판을 써서 분할하는 방법으로 브라운 샤프형에는 24등분 구멍
이 있어 24의 인자인 2, 4, 6, 8, 12, 24의 분할이 된다.

② **단식분할법** : 이것은 분할판과 크랭크를 사용해 분할하는 방법이다.

$$크랭크의\ 회전수(n) = \frac{R}{N} = \frac{40}{N} \cdots\cdots (브라운\ 샤프형과\ 신시내티형)$$

$$n = \frac{R}{N} = \frac{5}{N} \cdots\cdots (밀워키형)$$

여기서, n : 분할 크랭크의 회전수, N : 분할 수, R : 웜 기어의 회전비

③ **차동분할법(브라운 샤프형에 의한)** : 이것은 단식분할법으로도 분할할 수 없는 수를 분할할 때 쓰는 것으로 변환기어로 분할판을 차동시켜 분할하는 방법이다. 변환기어로는 24(2개), 28, 32, 40, 44, 48, 56, 64, 72, 86, 100의 12개가 있다.

(5) 상향절삭과 하향절삭의 장단점

구분	상향절삭	하향절삭
장점	① 칩이 날을 방해하지 않는다. ② 밀링커터의 진행방향과 테이블의 이송방향이 반대이므로 이송기구의 백래시가 제거된다. ③ 기계에 무리를 주지 않는다.	① 커터가 공작물을 아래로 누르는 것과 같은 작용을 하므로 공작물 고정이 간단하다. ② 커터의 마모가 적고 또한 동력 소비가 적다. ③ 가공면이 깨끗하다
단점	① 커터가 공작물을 올리는 작용을 하므로 공작물을 견고히 고정해야 한다. ② 커터의 수명이 짧다. ③ 동력의 낭비가 많다. ④ 가공면이 깨끗하지 못하다.	① 칩이 커터와 공작물 사이에 끼어 절삭을 방해한다. ② 떨림이 나타나 공작물과 커터를 손상시키며 백래시(back lash) 제거장치가 없으면 작업을 할 수 없다.

(6) 절삭속도 및 이송(feed)

① **절삭속도의 선정**

㈎ 커터의 수명을 길게 하기 위해서는 절삭속도를 낮게 한다.

㈏ 거친 가공에는 저속과 큰 이송, 다듬질가공에는 고속과 저이송을 한다.

㈐ 커터의 날끝이 빨리 마찰손상될 때에는 절삭속도를 감소시킨다.

② **절삭속도 : V**

$$V = \frac{\pi d n}{1000} \, [\text{m/min}]$$

여기서, d : 밀링 커터의 지름(mm), n : 커터의 회전수(rpm)

③ **1분간의 테이블 이송량 : f**

$$f = f_z Z n = f_z Z \frac{1000\,V}{\pi d} \, [\text{mm/min}]$$

여기서, f_z : 날당 이송(mm), Z : 커터 날의 수

④ **단위시간에 절삭되는 칩의 체적 : Q**

$$Q = \frac{btf}{1000} \, [\text{cm}^3/\text{min}]$$

여기서, b : 칩의 폭(mm), t : 칩의 두께(mm), f : 1분간 이송량(mm/min)

드릴링 머신

(1) 드릴링 머신의 기본작업

① 드릴링(drilling) : 드릴로 구멍을 뚫는 작업이다.

② 스폿 페이싱(spot facing) : 너트가 닿는 부분을 절삭하여 자리를 만드는 작업이다.

③ 카운터 보링(counter boring) : 작은 나사, 둥근머리 볼트의 머리를 공작물에 묻히게 하기 위한 턱 있는 구멍 뚫기 가공이다.

④ 카운터 싱킹(counter sinking) : 접시머리 볼트의 머리 부분이 묻히도록 원뿔자리 파기 작업이다.

⑤ 보링(boring) : 뚫린 구멍이나 주조한 구멍을 넓히는 작업이다.

⑥ 리밍(reaming) : 뚫린 구멍을 리머로 다듬는 작업이다.

⑦ 태핑(tapping) : 탭을 사용하여 드릴링 머신으로 암나사를 가공하는 작업이다.

예제 29. 드릴의 홈을 따라서 만들어진 좁은 날이며, 드릴을 안내하는 역할을 하는 것은 ?
① 탱(tang) ② 마진(margine)
③ 섕크(shank) ④ 윗면 경사각(rake angle)

정답 ②

---

(2) 드릴의 절삭속도

$$V = \frac{\pi dN}{1000} \,[\text{m/min}]$$

여기서, V : 절삭속도(m/min), d : 드릴의 지름(mm), N : 드릴의 회전수(rpm)

(3) 드릴의 절삭시간

$$T = \frac{t+h}{ns} = \frac{\pi d(t+h)}{1000\,VS} \,[\text{min}]$$

여기서, t : 구멍의 깊이(mm)

h : 드릴 끝 원뿔의 높이(mm)

S : 드릴이 1회전하는 동안 이송거리(mm)

예제 30. 절삭속도 120 m/min, 이송속도 0.25 mm/rev로 지름 80 mm의 원형 단면봉을 선삭한다. 500 mm 길이를 1회 선삭하는 데 필요한 가공시간(분)은 ?
① 약 1.5분 ② 약 4.2분
③ 약 7.3분 ④ 약 10.1분

[해설] $T = \dfrac{L}{ns} = \dfrac{L}{\left(\dfrac{1000\,V}{\pi d}\right) \times s} = \dfrac{500}{\left(\dfrac{1000 \times 120}{\pi \times 80}\right) \times 0.25} = 4.2\,\text{min}$ [정답] ②

[예제] **31.** 다음 중 박스 지그(box jig)가 가장 많이 사용되는 경우는?

① 밀링머신에서 헬리컬기어를 가공하는 경우

② 선반에서 테이퍼를 가공하는 경우

③ 드릴링에서 대량 생산하는 경우

④ 내면 연삭가공을 하는 경우

[해설] 박스 지그는 공작물의 전체면이 지그로 둘러싸여 있으며, 드릴링에서 대량 생산에 많이 이용된다. [정답] ③

6-4 급속귀환 행정기계(셰이퍼/슬로터/플레이너)

(1) 셰이퍼

① **셰이퍼의 가공 분야** : 셰이퍼(shaper)는 램(ram)에 설치된 바이트를 왕복운동시켜 비교적 소형 공작물의 평면이나 홈 등을 절삭하는 공작기계이다. 셰이퍼의 크기는 램의 최대 행정·테이블의 크기 및 테이블의 최대 이동거리로 표시한다.

② **절삭속도와 램의 왕복 회전수** : 절삭속도는 공작물의 재질, 바이트의 재질, 절삭깊이와 이송량, 기계 강도 등에 관계된다. 절삭속도를 알고 바이트의 매분 왕복 횟수를 구하려면 다음 식으로 계산한다.

$$N = \frac{1000\,av}{l}$$

여기서, v : 절삭속도(m/min)

　　　　a : 바이트의 1왕복 시간에 대해 절삭행정의 시간비(보통 $a = \dfrac{3}{5} \sim \dfrac{2}{3}$)

　　　　l : 행정 길이(mm)

　　　　N : 1분간 바이트의 왕복 횟수

(2) 슬로터

슬로터(slotter)는 셰이퍼를 수직으로 놓인 기계로 바이트를 설치한 램은 수직 왕복운동을 한다. 키홈, 평면, 기타 특수한 형상, 곡면의 절삭가공에 적합하다. 기계의 크기는 램의 최대 행정으로 표기한다.

(3) 플레이너

① **플레이너의 가공 분야** : 플레이너(planer)는 공작물을 테이블에 설치하여 왕복시키고, 바이트를 이송시켜 공작물의 수평면, 수직면, 경사면, 홈곡면 등을 절삭하는 공작기계로 작업의 종류는 셰이퍼와 거의 같으며 셰이퍼에서 가공할 수 없는 대형 공작물을 가공한다. 크기는 테이블의 최대 행정과 가공할 수 있는 공작물의 최대 폭 및 높이로 나타낸다.

② **공구수명(tool life)** : 절삭을 개시하여 공구를 재연삭할 필요가 생기기까지의 실제 절삭시간을 공구수명이라 한다.

(개) 공구수명의 판정기준

- 가공면에 광택이 있는 무늬 또는 점이 생길 때
- 날의 마멸이 일정량에 달할 때
- 완성치수의 변화가 일정량에 달할 때
- 절삭저항의 주분력에는 변화가 없어도 배분력이나 이송 분력이 급격히 증가하였을 때

(내) Taylor 공구 수명식 : 절삭속도와 절삭시간과의 사이에는 다음과 같은 관계가 있다.

$$VT^n = C$$

여기서, V : 절삭속도, T : 공구수명,

n, C : 정수, n은 보통 $\frac{1}{5} \sim \frac{1}{10}$ 로 한다.

7. 연삭기

(1) 연삭기의 가공 분야

연삭기(grinder)는 천연 또는 인조숫돌 입자를 굳혀 만든 숫돌바퀴를 고속 회전시켜 주로 원통의 외면, 내면 또는 판의 평면 등을 정밀 다듬질하는 공작기계이며, 보통 강재는 물론 담금질된 강 또는 보통 절삭공구로는 절삭할 수 없는 것을 다듬질할 수 있다.

① **연삭기의 종류**

(개) 원통 연삭기 : 원통의 바깥둘레를 연삭하는 연삭기이다.

(내) 평면 연삭기 : 공작물의 평면을 연삭하는 연삭기로 테이블이 왕복운동하는 것과 회전운동하는 것이 있다.

(대) 내면 연삭기 : 공작물의 내면과 끝면을 연삭하는 연삭기로 보통형과 유성형이 있다.

(래) 만능 연삭기 : 원통 연삭기의 일종으로 테이블 주축대 숫돌대가 각각 선회할 수 있게 되어 있고 내면 연삭 장치도 붙어 있다. 보통 원통 연삭·내면 연삭 외에 내·외경 테

이퍼 연삭도 된다.

(마) 센터리스 연삭기 : 연삭용 숫돌차 외에 1개의 바퀴를 사용하여 공작물에 회전과 이송을 주어 연삭하는 것으로 지름이 작은 공작물을 다량 생산하는 데 적합하다.

(바) 공구 연삭기 : 바이트, 리머 드릴, 밀링 커터, 호브 등을 정확하게 연삭하는 전용 연삭기이다.

(사) 특수 연삭기 : 나사, 캠, 크랭크 등을 연삭하는 전용 연삭기이다.

② **연삭기의 구조**

(가) 주축대(고정식과 선회식) (나) 심압대

(다) 숫돌대 (라) 테이블

③ **연삭기의 크기 표시법**

종류		크기의 표시
원통 연삭기, 만능 연삭기		스윙 (swing) 과 양 센터간의 최대거리 및 숫돌바퀴의 크기로 나타낸다.
내면 연삭기		스윙 (swing) 과 연삭할 수 있는 공작물의 구멍 지름 범위 및 연삭숫돌의 최대 왕복거리로 나타낸다.
평면 연삭기	회전식 (둥근 테이블형)	원형 테이블의 지름, 숫돌바퀴 원주면과 테이블면까지의 거리 및 연삭숫돌의 크기로 나타낸다.
	가로형 (긴 테이블형)	테이블의 최대이동거리, 테이블의 크기, 숫돌바퀴와 테이블면과의 최대거리 및 숫돌바퀴의 크기로 나타낸다.

(2) 연삭숫돌

① **연삭숫돌의 연삭 작용** : 연삭숫돌이 금속을 깎는 모양은 하나하나의 숫돌 입자가 밀링 커터의 날과 같이 움직여 금속을 깎아낸다. 따라서 숫돌바퀴는 무수한 날을 가진 밀링 커터로 생각하면 된다. 연삭숫돌이 연삭과정 중에 입자가 마멸→파쇄→탈락→생성의 과정을 되풀이하여 새로운 입자가 생성되는 작용을 자생작용이라 한다.

② **연삭숫돌의 구성 요소** : 연삭숫돌의 구조는 숫돌입자, 결합제, 기공의 3요소로 되어 있다. 숫돌입자는 절삭을 하는 날이고, 결합제는 숫돌입자를 성형시키며, 기공은 칩을 피하는 장소이다.

(가) 숫돌입자(abrasive) : 입자에는 천연산과 인조산이 있는데 보통 인공연삭 입자가 쓰이며 용융 알루미나(Al_2O_3) 와 탄화규소(SiC)의 두 종류가 있다.

• 알루미나 : 순도가 높은 WA 입자와 암갈색을 띤 A 입자가 있다. WA는 담금질강에, A는 일반 강재의 연삭에 적합하다.

• 탄화규소 : 암자색의 C 입자와 녹색의 GC 입자가 있다. C는 주철, 자석 등 단단한 것이나 비철금속에 적합하고, GC는 초경합금의 연삭에 적합하다.

(나) 입도 : 입자의 크기를 입도라 하며 번호로 나타낸다.

호칭 구분	황목	중목	세목	극세목
입도	10, 12, 14, 16, 20, 24	30, 36, 46, 54, 60	70, 80, 90, 100, 120, 150, 180, 200	240, 280, 320, 400, 500, 600, 700, 800
용도별	거치 연삭	다듬질 연삭	경질 연삭	광택내기

㈐ 결합도 : 입자를 결합하고 있는 결합제의 세기를 결합도라 한다. 연삭숫돌이 단단하고 연한 것은 결합도로 나타낸다.

결합도 번호	E, F, G	H, I, J, K	L, M, N, O	P, Q, R, S	T, U, V, W, X, Y, Z
결합도 호칭	극연	연	중	경	극경

㈑ 조직 : 숫돌 내부의 입자밀도로, 입도가 같을 때 일정 용적 내에 입자가 많을수록 조직이 '밀(密)하다'하고 반대로 적은 것은 '조(粗)하다'한다.

입자의 밀도	밀	중	조
기호	0, 1, 2, 3	4, 5, 6	7, 8, 9, 10, 11, 12

㈒ 결합제 : 입자를 결합하여 숫돌바퀴를 형성하는 것은 결합제로 비트리파이드(V), 실리케이트(S), 러버(R), 레지노이드(B), 셸락(F), 메탈(M) 등이 있다.

예제 32. 다음 중 연삭숫돌의 3요소에 해당하지 않는 것은?
① 연삭입자　　　② 결합제　　　③ 기공　　　④ 조직

정답 ④

---

③ **연삭숫돌의 표시법** : 연삭숫돌을 표시하는 방법은 구성요소를 기호로 나타내 일정 순서로 나열한다.

WA	60	K	5	V	300	×	25	×	100
↓	↓	↓	↓	↓	↓		↓		↓
입자	입도	결합도	조직	결합제	바깥지름		두께		구멍지름

④ **숫돌차 부착 시의 주의사항**

㈎ 숫돌차는 반드시 사용 전에 두들겨 보거나 육안으로 균열을 검사한다.

㈏ 숫돌차의 구멍 지름은 축 지름보다 0.1 mm 정도 커야 한다.

㈐ 플랜지의 바깥지름은 평숫돌의 경우 숫돌차 지름의 1/3 이상이어야 한다.

㈑ 숫돌차와 플랜지는 직접 접촉시켜서는 안 된다.

㈒ 양측의 플랜지는 지름이 같아야 한다.

㈓ 플랜지의 부착 후 밸런스를 맞춘다.

㈔ 숫돌차의 연삭기에 부착시킨 후 짧은 시간(10분 정도) 공회전시킨다.

⑤ **연삭숫돌의 수정**

(가) 글레이징(glazing) : 숫돌차의 입자가 탈락이 되지 않고 마모에 의해서 납작하게 된 그대로 연삭되는 상태로 원인과 결과는 다음과 같다.

* 원인 : 연삭숫돌의 결합도가 높거나, 연삭숫돌의 원주속도가 너무 클 때, 그리고 숫돌의 재료가 공작물의 재료에 부적합할 때 발생한다.
* 결과 : 연삭성이 불량하고 가공물이 발열하며, 연삭 소실이 생긴다.

(나) 로딩 (loading) : 연삭작업 중 숫돌입자의 표면이나 가공에 쇳가루가 차 있는 상태를 말하며 원인과 결과는 다음과 같다.

* 원인 : 숫돌입자가 너무 잘고, 조직이 너무 치밀하거나 연삭깊이가 깊을 때, 그리고 숫돌차의 원주속도가 너무 느릴 때 발생한다.
* 결과 : 연삭성이 불량하고 다듬면이 거칠어지며(다듬면에 상처가 생기며), 숫돌입자가 마모되기 쉽다.

→ 이상 두 가지의 현상이 일어나면 새로 나타난 연삭입자로 연삭해야 하기 때문에 연삭숫돌의 면을 수정해야 한다.

(다) 드레싱(dressing) : 숫돌면의 표면층을 깎아 떨어뜨려서 절삭성이 나빠진 숫돌의 면에 새롭고 날카로운 날 끝을 발생시켜 주는 방법이다. 사용하는 드레서로는 성형 드레서, 정밀강철 드레서, 입자봉 드레서, 연삭숫돌 드레서, 다이아몬드 드레서가 있다.

(라) 트루잉(truing) : 숫돌의 연삭면을 숫돌과 축에 대하여 평행 또는 일정한 형태로 성형시켜 주는 방법이다. 그러므로 드레싱과 동반하게 된다. 트루잉을 할 때는 다이아몬드 드레서, 프레스 롤러 또는 크러시 롤러를 쓴다.

8. 기타 가공법(호닝, 슈퍼 피니싱, 래핑)

(1) 정밀입자 가공

① **호닝 가공** : 호닝 머신(honing machine)은 혼(hone) 이라고 하는 몇 개의 숫돌을 공작물에 대고 압력을 가하면서 회전운동과 왕복운동을 시켜 보링 또는 연삭 다듬질한 원통 내면의 미세한 돌기를 없애고 극히 아름다운 표면으로 다듬질하는 것이다.

(가) 혼(hone) : 혼은 그 바깥쪽에 막대 모양의 숫돌을 붙여 회전축에 의하여 회전과 왕복운동을 주어 숫돌로 연삭하는 공구로서, 여기에 붙이는 숫돌의 입도는 120~600 메시 정도이며 결합도는 J~N 정도이다.

(나) 호닝의 가공 조건

* 호닝속도 : 숫돌의 원주속도는 보통 40~70 m/min 로 하며, 왕복 운동속도는 원주속도의 $\frac{1}{2} \sim \frac{1}{3}$ 로 한다.

- **호닝압력** : 압력은 보통 $10 \sim 30 \, \text{kgf/cm}^2$ 정도이나, 최종 다듬질에서는 $4 \sim 60 \, \text{kgf/}$ cm^2으로 한다.

② **슈퍼 피니싱** : 입도가 작고 연한 숫돌을 작은 압력으로 가공물 표면에 가압하면서 가공물에 피드를 주고, 또 숫돌을 진동시키면서 가공물을 완성 가공하는 방법이다. 이 가공은 주로 원통의 외면, 내면은 물론 평면도 가공할 수 있다.

㈎ **숫돌** : 입도는 미세하고 결합도는 비교적 약한 것이 쓰이며 탄소강, 합금강에는 WA, 주철, 알루미늄, 동합금에는 GC 숫돌이 쓰인다.

㈏ **숫돌의 압력** : 슈퍼 피니싱은 연삭에 비해 발열을 일으키지 않고, 가공 표면을 변질시키지 않는 것이 특징이므로 압력은 $0.2 \sim 1.5 \, \text{kgf/cm}^3$로 한다.

㈐ **다듬질면** : 슈퍼 피니싱은 변질층을 제거하는 것이므로 표면 조도는 0.1μ 정도이다.

③ **래핑(lapping)** : 래핑은 마모현상을 기계가공에 응용한 것으로 가공물과 랩공구(lap tool) 사이에 미세한 분말 상태의 랩제와 윤활유를 넣고, 이들 사이에 상대운동을 시켜 표면을 매끈하게 하는 가공법이다. 주로 연삭가공으로 정밀하게 가공된 원통외면, 평면, 기어 등의 면을 매끈하게 한다.

㈎ **습식 래핑(wet lapping)** : 랩제와 기름을 혼합하여 가공물에 주입하여 래핑하는 것으로 거치른 랩, 고압력, 고속도로 가공되는 곳에 쓰인다.

㈏ **건식 래핑(dry lapping)** : 주로 건조 상태에서 래핑하는 것으로 습식 래핑 후 표면을 더욱 매끈하게 하기 위해 사용한다.

예제 33. 입도가 작고 연한 숫돌을 작은 압력으로 공작물 표면에 가압하면서 공작물에 이송을 주고 또 숫돌을 좌우로 진동시키면서 가공하는 방법은?

① 래핑(lapping) ② 호닝(honing)
③ 쇼트 피닝(shot peening) ④ 슈퍼 피니싱(super finishing)

해설 (1) 래핑 : 공작물과 랩공구 사이에 미세한 분말 상태의 랩제와 윤활유를 넣고, 이들 사이에 상대운동을 시켜 정밀한 표면으로 가공하는 방법

(2) 슈퍼 피니싱 : 입도가 작고, 연한 숫돌을 작은 압력으로 공작물 표면에 가압하면서 공작물에 피드를 주고 또한 숫돌을 진동시키면서 가공물을 완성·가공하는 방법(가공면이 깨끗하고, 방향성이 없고, 가공에 의한 표면의 변질부가 극히 적어 주로 원통의 외면, 내면은 물론 평면도 가공할 수 있다.)

구분	운동	작업	정밀도
호닝	혼이 회전 및 직선왕복운동	내면을 정밀가공	약간 정밀
슈퍼 피니싱	숫돌이 진동하면서 직선왕복운동	변질층, 흠집 제거	중간
래핑	랩공구와 공작물의 상대(마멸)운동	게이지류 제작	가장 정밀

정답 ④

(2) 특수 가공

① **화학 연마(chemical polishing)** : 화학약품 중에 침지시켜 열에너지로 화학반응을 일으켜 매끈하고 광택 있는 표면을 만드는 작업이다.

② **전해 연마(electrolytic polishing)** : 호닝, 슈퍼 피니싱, 래핑이 숫돌이나 숫돌입자 등으로 연삭 마찰로 다듬질하는 방법이라고 하면, 전기 화학적 방법으로 표면을 다듬질하는 것을 전해 연마라 한다. 가공물을 인산이나 황산 등의 전해액 속에 넣어서 (+)전극을 연결하고 직류 전류를 짧은 시간 동안 세게 흐르게 하여 전기적으로 그 표면을 녹여 매끈하게 하여 광택을 내는 방법으로서 원리적으로는 전기도금의 반대적인 방법이며, 기계적으로 연마하는 방법에 비해서 훨씬 아름답고 매끈한 표면처리를 단시간에 할 수 있다.

③ **방전 가공** : 방전 가공은 불꽃 방전에 의하여 재료를 미소량 용해시켜 금속의 절단, 구멍뚫기, 연마를 하는 가공법으로 금속 이외에 다이아몬드, 루비, 사파이어 등의 가공에도 응용된다. 일반적으로 공작물을 (+)극, 공구를 (−)극으로 하여 방전하는 동안에 가공된다. 이때 음극과 양극 사이에 항상 일정한 간격을 유지하도록 이송기구에 의하여 공구에 이송을 준다. 공작물을 공작액 속에 넣어 냉각을 하면서 칩의 미립자가 가공부에서 제거되기 쉽도록 한다. 공작액으로는 변압기유, 석유, 물 또는 비눗물이 사용된다.

④ **초음파 가공(ultrasonic machining)** : 초음파를 이용하여 단단한 금속 또는 도자기 등을 가공하는 것이다. 초음파란 가청음보다 높은 음, 즉 주파수 16 kHz 이상의 음파를 말하며, 초음파 가공에는 16~30 kHz 정도의 고주파수가 사용된다. 가공하고자 하는 형의 금속공구를 만들어 이것을 가공물에 대고 공구에 상하 진폭을 30~100 μm 정도의 공작물 사이에 있는 연삭입자가 공구의 진동으로 인해서 충격적으로 가공물에 부딪쳐 정밀하게 다듬는다. 이 가공법은 담금질된 강철, 수정, 유리, 자기, 초경합금 등의 경질 물질에 이용된다.

⑤ **쇼트 피닝, 액체 호닝**

  (가) **쇼트 피닝(shot peening)** : 주철, 주강제의 작은 구상의 쇼트(지름 0.7~0.9 mm의 볼)를 40~50 m/s 의 속도로 공작물 표면에 분사하여 표면을 매끈하게 하는 동시에 0.2 mm의 경화층을 얻게 되며, 쇼트가 해머와 같은 작용을 하여 피로강도나 기계적 성질을 향상시킨다. 크랭크축, 판 스프링, 커넥팅 로드, 기어, 로커 암에 이용된다. 쇼트를 분산하는 방법으로 압축공기에 의한 방법과 원심력에 의한 방법이 있는데, 원심력에 의해서 다량의 쇼트를 고속으로 투사하는 것이 능률적으로 좋다.

  (나) **액체 호닝(liquid honing)** : 압축공기로 연마제와 용액이 혼합된 혼합용액을 가공물 표면에 고속으로 분사시켜 매끈한 다듬면을 얻는 가공법이다. 피로한도와 크리프를 증가시키고 기계적 성질을 향상시킨다.

(다) 기어 절삭법

- 성형법 : 플레이너, 셰이퍼에서 바이트를 치형에 맞추어 점점 절삭깊이를 조절하여 치형을 성형하는 방법이다.
- 창성법 : 절삭공구와 가공물이 서로 기어가 회전운동 할 때에 접촉하는 것과 같은 상대운동으로 깎는 방법이다.
- 형판법 : 형판에 따라 바이트를 이동시켜 기어를 절삭하는 방법이다.

예제 34. 전해 연마의 결점에 해당되지 않는 것은?
① 복잡한 형상의 공작물만 연마하기가 어렵다.
② 연마량이 적어 깊은 층이 제거되지 않는다.
③ 모서리가 둥글게 된다.
④ 주물의 경우 광택이 있는 가공면을 얻을 수 없다.

해설 전해 연마는 복잡한 형상의 공작물도 연마가 가능하다는 장점이 있다.　　**정답** ①

예제 35. 방전 가공의 특징에 대한 설명으로 틀린 것은?
① 전극의 형상대로 정밀하게 가공할 수 있다.
② 숙련된 전문 기술자만 할 수 있다.
③ 전극 및 가공물에 큰 힘이 가해지지 않는다.
④ 가공물의 경도와 관계없이 가공이 가능하다.

해설 방전 가공은 숙련된 기술자가 아니더라도 가공이 가능하다.　　**정답** ②

예제 36. 강판재의 곡선 윤곽의 구멍을 뚫어서 형판(template)을 제작하려 할 때 가장 적합한 가공법은?
① 버니싱 가공
② 와이어 컷 방전 가공
③ 초음파 가공
④ 플라스마 제트 가공

해설 와이어 컷 방전 가공 : 연속적으로 이송하는 와이어를 전극으로 하여 피가공물과 와이어 전극 사이에서 발생되는 방전기화현상을 이용하여 가공물을 임의의 윤곽현상으로 가공하는 방법　　**정답** ②

예제 37. 강구를 압축공기나 원심력을 이용하여 가공물의 표면에 분사시켜 가공물의 표면을 다듬질하고 동시에 피로강도 및 기계적 성질을 개선하는 것은?
① 버핑(buffing)
② 쇼트 피닝(shot peening)
③ 버니싱(burnishing)
④ 나사전조(thread rolling)

해설 쇼트 피닝(shot peening)은 금속으로 만든 쇼트(shot)라고 부르는 작은 강구를 고속도로 일감 표면에 투사하여 피로 강도를 증가시키기 위한 일종의 냉간가공법이다.   정답 ②

9. NC 공작기계

9-1 CNC 기초

(1) NC의 개요

NC는 "Numerical Control(수치 제어)"의 약호로 '부호와 수치로써 구성된 수치 정보로 기계의 운전을 자동제어한다.'는 것을 말한다. 즉, 사람이 알아보도록 작성된 설계나 도면을 기계가 이해할 수 있는 고유의 언어로 정보화(파트 프로그램)하고, 이를 천공 테이프 또는 플로피 디스크 등을 이용하여 수치제어장치에 입력시켜 입력된 정보대로 기계를 자동제어하는 것이다.

(2) NC의 특징

① 복잡한 형상이라도 짧은 시간에 높은 정밀도로 가공할 수가 있다.
② 기능의 융통성과 가변성이 높아 다품종 중·소량 생산에 적합하다.
③ 생산공장에서 가공의 능률화와 자동화에 중요한 역할을 한다.
④ 비숙련자도 가공이 가능하고 한 사람이 여러 대의 기계를 다룰 수 있다.

(3) NC 공작기계의 3가지 기본 동작

① **위치 정하기** : 공구의 최종 위치만 제어하는 것
② **직선 절삭** : 공구가 이동 중에 직선 절삭을 하는 기능
③ **원호 절삭** : 공구가 이동 중에 원호 절삭을 하는 기능

(4) NC 공작기계 발전의 4단계

① **제1단계** : 공작기계 1대에 NC 장치가 1대 붙어 있어 단순제어하는 단계(NC)
② **제2단계** : 1대의 공작기계가 몇 종류의 공구를 가지고 자동적으로 교환하면서(ATC 장치) 순차적으로 몇 종류의 가공을 행하는 기계, 즉 머시닝 센터(machining center)라고 불리는 공작기계(CNC : 컴퓨터를 내장한 NC)
③ **제3단계** : 1대의 컴퓨터로 몇 대의 공작기계를 제어하며 생산관리적 요소를 생략한 시스템으로 DNC(Direct Numerical Control) 단계 또는 군관리 시스템이라고도 한다.
④ **제4단계** : 여러 종류의 다른 공작기계를 제어함과 동시에 생산관리도 같은 컴퓨터로

행하게 하여 기계공장 전체를 자동화한 시스템으로 FMS(Flexible Manufacturing System) 단계라 한다.

(5) CNC의 장점

① 공작 중에도 파트 프로그램 수정이 가능하며 단위를 자동변환할 수 있다.(inch/mm)
② NC에 비해 유연성이 높고, 계산능력도 훨씬 크다.
③ 가공에 자주 사용되는 파트 프로그램을 사용자가 매크로(macro) 형태로 짜서 컴퓨터의 기억장치에 저장해 두고, 필요할 때 항상 불러 쓸 수 있다.
④ 전체 생산 시스템의 CNC는 컴퓨터와 생산 공장과의 상호 연결이 쉽다.
⑤ 고장 발생 시 자기 진단을 할 수 있으며, 고장 발생 시기와 상황을 파악할 수 있다.

(6) DNC의 장점

① 천공 테이프를 사용하지 않는다.
② 유연성과 높은 계산 능력을 가지고 있으며 가공이 어려운 금형과 같은 복잡한 일감도 쉽게 가공할 수 있다.
③ CNC 프로그램들을 컴퓨터 파일로 저장할 수 있다.
④ 공장에서 생산성에 관계되는 데이터를 수집하고, 일괄 처리할 수 있다.
⑤ 공장 자동화의 기반이 된다.

> **참고** DNC 시스템의 4가지 기본 구성 요소
> ① 중앙컴퓨터 　　　　　② CNC 프로그램을 저장하는 기억장치
> ③ 통신선 　　　　　　　④ 공작기계

(7) 서보 기구의 구성

① **정보처리 회로** : 인간의 머리에 해당하는 부분
② **서보 기구** : 인간의 손과 발에 해당하는 부분으로 정보처리회로의 지령에 따라 공작기계의 테이블 등을 움직이는 역할을 한다.

(8) 서보 기구의 종류

기계를 직접 움직이는 구동 모터로써 우수한 특성을 지닌 DC 서보 모터가 널리 사용된다. 서보 모터는 속도 검출기와 위치 검출기에 의해 각각 속도와 위치를 검출하고 그 정보를 제어회로에 피드백(feed back)하여 제어한다.

① **개방회로방식(open loop system)**
　㈎ 되먹임(feed back)이 없는 오픈 루프 방식

(나) 간단하여 값이 저렴, 소형, 경량, 정밀도가 낮아 NC에서는 거의 쓰이지 않는다.

※ 스테핑 모터(stepping motor & pulse motor) : 1개의 펄스가 주어지면 일정한 각도만 회전하는 모터

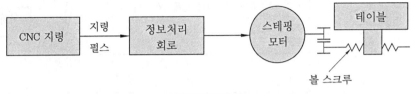

개방회로방식

② **폐쇄회로방식(closed loop system)** : 기계의 테이블 등에 직선자(linear scale)를 부착해 위치를 검출하여 되먹임하는 방식이다. 이 방식은 높은 정밀도를 요구하는 공작기계나 대형의 기계에 많이 이용된다.

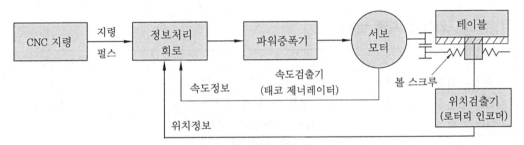

폐쇄회로방식

③ **반폐쇄회로방식(semi-closed system)** : 서보 모터의 축이나 볼 나사의 회전 각도로 위치와 속도를 검출하는 방식이다. 최근에는 고정밀도의 볼 나사 생산과 뒤틈 보정 및 피치 오차 보정이 가능하게 되어 대부분의 NC 공작기계에 이 방식이 사용된다.

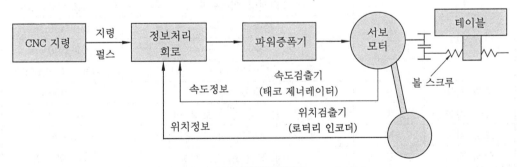

반폐쇄회로방식

④ **하이브리드 서보 방식(hybrid servo system)** : 반폐쇄회로방식과 폐쇄회로방식을 절충한 것으로 높은 정밀도가 요구되며, 공작기계의 중량이 커서 기계의 강성을 높이기 어려운 경우와 안정된 제어가 어려운 경우에 많이 이용된다.

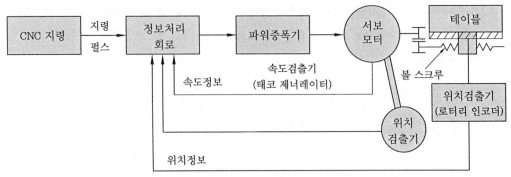

하이브리드 서보 방식

9-2 프로그래밍의 기초

(1) 주소의 의미와 지령 범위

기능	주소	의미	지령 범위
프로그램 번호	O	프로그램 인식 번호	1~9999
전개 번호	N	블록 전개 번호(작업 순서)	1~9999
준비 기능	G	이동 형태(직선, 원호보간 등)	0~99
좌표값	X Y Z	절대방식의 이동 위치 지정	±0.001 ~±99999.999
	U V W	증분방식의 이동 위치 지정	
	A B C	회전축의 이동 위치	
	I J K	원호 중심의 각 축 성분, 모따기량	
	R	원호 반지름, 구석 R, 모서리 R 등	
이송 기능	F	회전당 이송속도	0.01~500.000 mm/rev
		분당 이송속도	1~1500 mm/min
		나사의 리드	0.01~500 mm
	E	나사의 리드	0.0001~500.0000
주축 기능	S	주축 속도	0~9999
공구 기능	T	공구 번호 및 공구 보정 번호	0~9932
보조 기능	M	기계작동 부위의 ON/OFF 지령	0~99
일시 정지	P, U, X	일시 정지(dwell) 지정	0~99999.999s
공구 보정 번호	H, D	공구 반지름 보정 및 공구 보정 번호 지령	0~64
프로그램 번호 지정	P	보정 프로그램 번호의 지정	1~9999
전개 번호 지정	P, Q	복합 반복주기의 호출, 종료 전개 번호	1~9999

반복 횟수	L	보조 프로그램의 반복 횟수	1~9999
매개 변수	A, D, I, K	가공 주기에서의 파라미터	

(2) CNC 선반의 기능

① **좌표값 명령** : CNC 선반에서는 공구대의 전후 방향을 X축, 길이 방향을 Z축이라 한다.

② **준비 기능**(preparatory function) : G

CNC 선반의 준비 기능

G-코드	그룹	G-코드의 지속성	기능
■ G00	01	modal (계속 유효)	위치결정(급속 이송) : 전원 ON이면 기본값은 정해짐
■ G01			직선가공(절삭 이송)
G02			원호가공(시계방향, CW)
G03			원호가공(반시계방향, CCW)
G04	00	one shot (1회 유효)	일시정지(dwell : 휴지)
G10			데이터(data) 설정(공구 보정량 설정)
G20	06	modal (계속 유효)	inch 입력
■ G21			metric 입력
■ G22	04		금지(경계)구역 설정(ON)
G23			금지(경계)구역 설정 취소(OFF)
G27	00	one shot (1회 유효)	원점복귀 확인
G28			자동원점복귀
G29			원점으로부터 복귀
G30			제2, 제3, 제4 원점 복귀
G32	01		나사절삭 기능(반드시 G97 명령 사용)
G40	07	modal (계속 유효)	공구 인선 반지름 보정 취소
G41			공구 인선 반지름 보정 좌측
G42			공구 인선 반지름 보정 우측
G50	00	one shot (1회 유효)	공작물 좌표계 설정, 주축 최고 회전수 설정
G70			정삭가공 사이클
G71			안지름·바깥지름 황삭 사이클
G72			단면 황삭 사이클
G73			형상 반복 사이클
G74			단면 홈 가공 사이클(펙 드릴링 : Z방향)
G75			X방향 홈 가공 사이클
G76			나사 가공 사이클

G90	01	modal (계속 유효)	안지름·바깥지름 절삭 사이클
G92			나사 절삭 사이클
G94			단면 절삭 사이클
G96	02		원주속도 일정 제어
■G97			원주속도 일정 제어 취소, 회전수(rpm) 일정
■G98	05		분당 이송 지정(mm/min)
■G99			회전당 이송 지정(mm/rev)

※ ■표시는 전원을 공급할 때 설정되는 G코드를 나타낸다.

③ **공구 기능(tool function) : T**

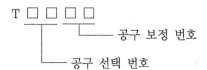

예제 **38. CNC 공작기계의 프로그램에서 G01이 뜻하는 것은 ?**
① 위치결정　　　② 직선보간　　　③ 원호보간　　　④ 절대치 좌표지령

해설 (1) G00 : 위치결정　　　　　　(2) G01 : 직선보간
　　(3) G02 : (시계방향) 원호보간　　(4) G03 : (반시계방향) 원호보간
　　(5) G04 : 드웰(dwell)　　　　　　(6) G90 : 절대좌표계　　　　정답 ②

예제 **39. CNC 공작기계에서 서보기구의 형식 중 모터에 내장된 태코 제너레이터에서 속도를 검출하고 인코더에서 위치를 검출하여 피드백하는 제어방식은 ?**
① 개방회로 방식　　　　　　　　② 반폐쇄회로 방식
③ 폐쇄회로 방식　　　　　　　　④ 디코더 방식

해설 서보기구의 종류
　(1) 개방회로방식 : 구동전동기로 펄스전동기를 이용하며 제어장치로 입력된 펄스수만큼 움직이고 검출기나 피드백회로가 없으므로 구조가 간단하며 펄스전동기의 회전정밀도와 볼나사의 정밀도에 직접적인 영향을 받는다.
　(2) 반폐쇄회로방식 : 서보 모터의 축이나 볼나사의 회전각도로 위치와 속도를 검출하는 방식으로 최근에는 고정밀도의 볼나사 생산과 백래시 보정 및 피치오차 보정이 가능하게 되어 대부분의 CNC 공작기계에서 이 방식을 채택하고 있다.
　(3) 폐쇄회로방식 : 기계의 테이블 등에 스케일을 부착해 위치를 검출하여 피드백하는 방식으로 높은 정밀도를 요구하는 공작기계나 대형기계에 많이 이용된다.
　(4) 하이브리드서보방식 : 반폐쇄회로방식과 폐쇄회로방식을 합하여 사용하는 방식으로서 반폐쇄회로방식의 높은 게인(gain)으로 제어하고 기계의 오차를 스케일에 의한 폐쇄회로방식으로 보정하여 정밀도를 향상시킬 수 있어 높은 정밀도가 요구되고 공작기계의 중량이 커서 기계의 강성을 높이기 어려운 경우와 안정된 제어가 어려운 경우에 이용된다.　　　정답 ②

출제 예상 문제

1. 주조작업에서 목형 제작 시 고려해야 할 사항이 아닌 것은?

① 수축 여유 ② 가공 여유
③ 코어 프린트 ④ 구성인선

해설 목형 제작 시 고려사항
(1) 수축 여유
(2) 가공 여유
(3) 목형 구배(기울기)
(4) 코어 프린트(core print)
(5) 라운딩(rounding)
(6) 덧붙임(stop off)

2. 주조품의 수량이 적고 형상이 큰 곡관 (bend pipe)을 만들 때 가장 적합한 목형은?

① 회전형 ② 부분형
③ 코어형 ④ 골격형

해설 목형의 종류
(1) 현형(solid pattern) : 단체 목형(간단한 주물), 분할 목형(일반 복잡한 주물), 조립 목형(아주 복잡한 주물)
(2) 회전 목형 : 벨트 풀리나 단차 제작(회전체로 된 물건), 비교적 지름이 크고 제작 수량이 적은 주물 제작 시 주로 이용
(3) 고르개 목형(긁기형) : 단면이 일정하면서 가늘고 긴 굽은 파이프 제작 시(안내판을 따라 모래를 긁어내어 주형을 만드는 방법)
(4) 부분 목형(section pattern) : 대형 기어 및 프로펠러 풀리 제작 시
(5) 골격형 : 제작수량이 적고 대형 파이프, 대형 주물에 주로 이용
(6) 코어형(core pattern) : 속이 빈 중공주물 (수도꼭지나 파이프) 제작 시
※ 코어를 지지하는 돌출부를 코어 프린트

라고 한다.
(7) 매치 플레이트(match plate) : 소형 주물 제품을 대량으로 생산할 때 사용

3. 목형 제작 시 주형이 손상되지 않고 목형을 주형으로부터 뽑아내기 위하여 목형의 수직면에 필요한 사항은?

① 코어 상자 ② 다웰 핀
③ 목형 구배 ④ 코어

해설 목형 구배(기울기) : 목형을 주형에서 뽑을 때 주형이 손상되는 것을 방지하기 위하여 목형의 수직면을 경사지게 한다(목형 길이 1 m에 대해 6∼30 mm 정도의 구배를 주어 제작함으로 목형의 분리를 쉽게 할 수 있다).

4. 목형의 조립 및 접합에서 합(合) 핀(pin)을 만들어서 접합(joint)시키는 조인트(butt joint)는?

① 벗 조인트(butt joint)
② 다우얼 조인트(dowel joint)
③ 랩 조인트(lap joint)
④ 더브테일 조인트(dovetail joint)

해설 다우얼 조인트(dowel joint) : 분할 목형을 조립할 때 오목형 핀을 만들어 조합시키는 방법

5. 상수도관용 밸브류의 주조용 목형은 다음 중 어느 것이 가장 좋은가?

① 조립 목형(built-up pattern)
② 회전 목형(sweeping pattern)
③ 골격 목형(skeleton pattern)
④ 긁기 목형(strickle pattern)

해설 목형(pattern)의 종류
(1) 현형(solid pattern) : 단체 목형, 분할 목형, 조립 목형

정답 **1.** ④ **2.** ④ **3.** ③ **4.** ② **5.** ①

※ 조립 목형 : 상수도관용 밸브류를 제작할 때 사용

(2) 부분 목형 : 대형 기어, 프로펠러, 풀리 등 주물이 대형 대칭인 경우

(3) 회전 목형 : 벨트 풀리, 기어, 단차 등을 제작할 때

(4) 고르개 목형(긁기형) : 가늘고 긴 굽은 파이프 제작 시

(5) 골격 목형(골격형) : 주조품의 수량이 적고, 큰 곡관을 제작할 때

(6) 잔형(loose piece) : 주형에서 뽑기 곤란한 목형 부분만을 별도로 만든 주형(원형을 먼저 뽑고 주형 속에 남아 있는 잔형을 나중에 뽑는다.)

6. 주물사의 구비조건으로 거리가 먼 것은?

① 성형성 　　　② 통기성

③ 내화성 　　　④ 열전도성

해설 주물사의 구비조건 : 성형성, 내화성, 통기성, 보온성, 적당한 강도, 값이 싸고 구입이 용이할 것

7. 주조 시 탕구의 높이와 유속과의 관계가 옳은 것은?(단, V : 유속(cm/s), h : 탕구의 높이(쇳물이 채워진 높이, cm), g : 중력 가속도(cm/s²), C : 유량계수이다.)

① $V = \dfrac{2gh}{C}$ 　② $V = C\sqrt{2gh}$

③ $V = C(2gh)^2$ 　④ $V = h\sqrt{2Cg}$

해설 $V = C\sqrt{2gh}$ [cm/s]

8. 인베스트먼트 주조법과 비교한 셸 몰드법(shell molding process)에 대한 설명으로 틀린 것은?

① 셸 몰드법은 얇은 셸을 사용하므로 조형재가 소량으로 사용된다.

② 주물 온도가 높은 강이나 스텔라이트의 주조에 적합하다.

③ 조형 제작방법이 간단해서 고가의 기계설비가 필요 없고 생산성이 높다.

④ 이 조형법을 발명한 사람의 이름을 따서 크로닝법(Croning process)이라고도 한다.

해설 셸 몰드 주조(shell mold casting) : 독일의 Croning이 개발한 주조법으로 Croning 주조법이라고도 한다. 제작된 금형을 150~300℃의 노안에서 가열하고 주물사를 덮은 후 약 10초 동안 경과하면 조형재료 중의 합성수지가 모형의 열로 녹아서 조형재료에 피막인 셸(shell)이 생기는데, 이것을 떼어내어 주형을 만드는 방법이다. 점결제로 열경화성 수지를 사용하여 주형을 제작하는 주조법이며, 특징은 다음과 같다.

(1) 주물을 신속하게 대량생산할 수 있다.

(2) 숙련공이 필요 없으며 완전 기계화가 가능하다.

(3) 주물 표면이 깨끗하고 정밀도가 높으나 금형의 제작 비용이 비싸다.

(4) 수분이 없어 기공이 생기지 않는다(외관이 미려하다).

(5) 통기성 불량에 의한 주물 결함이 없다.

9. 피스톤링, 실린더 라이너 등의 주물을 주조하는 데 쓰이는 적합한 주조법은?

① 셸 주조법

② 탄산가스 주조법

③ 원심 주조법

④ 인베스트먼트 주조법

해설 원심 주조법(centrifugal casting)은 속이 빈 주형(중공주물)을 수평 또는 수직상태로 놓고 중심선을 축으로 회전시키면서 용탕을 주입하여 그때에 작용하는 원심력으로 치밀하고 결함이 없는 주물을 대량생산하는 방법이다. 수도용 주철관, 피스톤링, 실린더 라이너 등의 주물을 주조하는 데 적합하다.

※ 슬래그(slag)와 가스 제거가 용이하여 기포가 생기지 않는다. 코어, 탕구, 피더,

라이저가 필요 없으며 조직이 치밀하고 균일하여 강도가 높다.

10. 단시간에 건조주형을 만드는 방법으로 견고하고 정확하며 복잡한 형상의 코어 제작에 가장 적합한 주조법은?

① 다이캐스팅

② 인베스트먼트법

③ 진공주조법

④ 이산화탄소법

[해설] 이산화탄소(CO₂)법이란 규사(SiO_2)에 점결제인 물유리(규산나트륨 : Na_2SiO_3)를 넣어 혼합한 후 일반 조형법과 같이 주형을 만들어 주형에 이산화탄소(CO_2)를 분출시켜 모래 입자를 경화시켜 만드는 주형법으로 다음과 같은 특징이 있다.

(1) 복잡한 형상의 코어 제작이 적합하다.

(2) 주형 건조 시간을 단축시킬 수 있다.

(3) 정밀도가 높은 주형을 만들 수 있다.

(4) 생산성이 높고 경제적이다.

(5) 주물사의 재사용이 불가능하다.

(6) 습기를 흡입하므로 취급에 유의해야 하며 붕괴성이 불량하다.

11. 금속재료에 처음 한 방향으로 하중을 가하고, 다음에 반대 방향으로 하중을 가하였을 때, 전자보다는 후자의 경우가 비례한도가 저하한다. 이 현상은?

① 크리프 현상

② 바우싱거 효과

③ 피로 현상

④ 탄성파손 효과

[해설] 바우싱거 효과(Bauschinger's effect) : 역방향으로 소성변형을 받았을 때 항복응력이 변형을 받지 않은 경우 항복응력보다 작아지는 현상

12. 금속을 소성가공할 때 열간가공과 냉간가공의 구별은 어떤 온도를 기준으로 하는가?

① 담금질 온도

② 변태 온도

③ 재결정 온도

④ 단조 온도

[해설] 금속을 소성가공 시 열간(고온)가공과 냉간(상온)가공의 구별은 재결정 온도를 기준으로 한다. 열간가공은 재결정 온도 이상으로, 냉간가공은 재결정 온도 이하로 한다.

13. 냉간가공에 의하여 경도 및 항복강도가 증가하나 연신율은 감소한다. 이 현상은?

① 가공경화

② 탄성경화

③ 표면경화

④ 시효경화

[해설] 가공경화(hardening) : 재결정 온도 이하에서 가공(냉간가공)하면 할수록 단단해지는 것으로 결정함수의 밀도 증가 때문에 일어난다. 강도·경도는 증가하며, 연신율, 단면수축률, 인성은 감소한다.

14. 소성 가공의 방법이 아닌 것은?

① 컬링(curling)

② 엠보싱(embossing)

③ 카핑(copying)

④ 코이닝(coining)

[해설] (1) 전단 가공 : 펀칭, 블랭킹, 전단, 분단, 노칭, 트리밍, 셰이빙

(2) 성형 가공 : 시밍, 컬링, 벌징, 마폼법, 하이드로폼법, 비딩, 스피닝

(3) 압축 가공 : 코이닝(압인), 엠보싱, 스웨이징, 충격압출

15. 단조의 기본 작업 방법에 해당하지 않는 것은?

① 늘리기(drawing)

② 업세팅(up-setting)

③ 굽히기(bending)

④ 스피닝(spinning)

[해설] 단조의 종류

(1) 자유단조(free forging) : 절단, 늘리기, 넓히기, 굽히기, 압축, 구멍뚫기, 비틀림, 단짓기(setting down), 업세팅(up

---

정답 10. ④ 11. ② 12. ③ 13. ① 14. ③ 15. ④

setting) 등

(2) 형단조(die forging) : 금형(가격이 비싸다.)을 사용하여 소형 제품을 대량생산할 때

16. 단조완료온도는 어느 정도로 하는가?

① 재결정 온도보다 약간 높게 한다.

② A_1 변태점보다 약간 높게 한다.

③ A_3 변태점보다 약간 높게 한다.

④ 청열취성 온도보다 약간 높게 한다.

[해설] 단조온도가 낮으면 조직이 미세해지고, 내부응력이 발생한다. 또한, 단조온도가 높으면 결정립이 조대해진다. 따라서, 단조온도는 재결정 온도 근처로 하는 것이 좋다.

17. 다음 중 단조에 관한 설명으로 틀린 것은?

① 자유 단조는 앤빌 위에 단조물을 고정하고 해머로서 타격하여 목적하는 형상을 만드는 것이다.

② 형 단조는 제품의 형상을 조형한 한 쌍의 다이 사이에 가열한 소재를 넣고 가압하여 제품을 만드는 것이다.

③ 업셋 단조는 가열된 재료를 수평틀에 고정하고 한쪽 끝을 돌출시키고 축방향으로 헤딩공구로서 타격을 주어 길이를 짧게 하고 면적을 크게 성형한다.

④ 열간단조에는 콜드헤딩, 코이닝, 스웨이징이 있다.

[해설] 가열온도에 따른 단조의 종류

(1) 열간단조 : 해머단조, 프레스단조, 업셋단조, 롤단조

(2) 냉간단조 : 콜드헤딩(cold heading), 코이닝(coining), 스웨이징(swaging)

18. 다음 단조온도에 대한 설명 중 틀린 것은?

① 단조가공완료온도는 재결정 온도 근처로 하는 것이 좋다.

② 단조완료온도가 재결정 온도 이상이면 결정이 미세화된다.

③ 단조온도를 최고단조온도보다 높게 하면 산화가 심하다.

④ 단조온도가 낮으면 가공경화가 된다.

[해설] 단조온도

(1) 강의 최고단조온도 : 1200℃(단조를 시작하는 데 적합한 온도)

(2) 강의 단조완료온도 : 800℃ 이하(이 온도 이하에서는 단조를 하지 말라는 뜻)

※ 단조완료온도가 낮으면 조직이 미세해지고 내부 응력이 발생한다. 단조완료온도가 높으면 결정립이 조대해진다. 따라서, 재결정온도 근처로 하는 것이 좋다.

19. 단조용 프레스의 용량이 3 ton이고 단조물의 유효 단면적 500 mm^{2}인 연강재를 단조하려 한다. 이때 프레스의 효율을 80 %라고 한다면 단조재료의 변형 저항은?

① 13.3 kgf/mm^2

② 24.5 kgf/mm^2

③ 36.7 kgf/mm^2

④ 4.8 kgf/mm^2

[해설] 프레스 용량$(Q) = \dfrac{A\sigma_e}{\eta}$ 에서

$$\sigma_e = \frac{Q\eta}{A} = \frac{3000 \times 0.8}{500} = 4.8 \text{ kgf/mm}^2$$

20. 단조작업에서 해머의 무게가 100 N, 타격순간의 해머의 속도가 10 m/s, 중력가속도가 9.8 m/s^2, 해머의 효율은 0.9이다. 이때 단조 에너지는 몇 kgf·m인가?

① 약 40　　　　② 약 43

③ 약 47　　　　④ 약 50

[해설] $E = \dfrac{WV^2}{2g}\eta = \dfrac{10.2 \times 10^2}{2 \times 9.8} \times 0.9$

$\fallingdotseq 47\ \text{kgf} \cdot \text{m}$

21. 금속재료를 회전하는 롤러(roller) 사이에 넣어 가압함으로써 단면적을 감소시켜 길이 방향으로 늘리는 작업은?

① 압연　　　　　② 압출
③ 인발　　　　　④ 단조

[해설] (1) 압연(rolling) : 재료를 회전하는 롤러 사이에 통과시키면서 소정의 두께, 폭을 갖는 판재, 봉재, 형재 등의 제품을 만드는 작업

(2) 압출(extrusion) : 재료를 실린더 모양의 컨테이너에 넣고 램(ram)을 압출하여 일정한 단면의 관재, 봉재의 제품을 만드는 작업

(3) 인발(drawing) : 재료를 테이퍼 구멍을 가진 다이에 통과시켜 길이 방향으로 잡아당겨 늘리는 가공법

(4) 단조(forging) : 재료를 기계나 해머로 두들겨서 성형하는 가공으로 조직을 미세화시키고 균질 상태로 성형하며 자유단조와 형(die) 단조가 있다.

22. 압연 롤러의 주요 구성 3요소가 아닌 것은?

① 캘리버(caliber)　　② 네크(neck)
③ 웨블러(webbler)　　④ 보디(body)

[해설] 압연 롤러의 주요 구성 3요소
(1) 네크(neck)
(2) 웨블러(webbler)
(3) 보디(body)

23. H형강을 압연하기 위하여 특별히 구조한 압연기로 동일 평면에 상하 수평롤러와 좌우 수직롤러의 축심이 있는 압연기는?

① 유니버설 압연기　　② 플러그 압연기
③ 로터리 압연기　　　④ 릴링 압연기

[해설] 유니버설 압연기(universal mill) : 각종 형강을 압연하기 위하여 상하, 좌우로 각각 소정의 홈형 롤러를 조합해서 연속압연을 가능하게 한 압연기를 말한다.

24. 압연가공의 특징에 대한 설명으로 틀린 것은?

① 금속조직에서는 주조조직을 파괴하고 기포를 압착시켜 우수한 조직을 얻을 수 있다.

② 주조나 단조에 비하여 작업속도는 느리나 생산비가 저렴하여 대량생산에 적합하다.

③ 금속의 압연은 작업 온도에 따라 열간 압연과 냉간 압연으로 구별한다.

④ 냉간 압연 시 압연 방향으로 섬유 조직상이 발생하여 제품 조직에 방향성이 생긴다.

[해설] 압연가공(rolling)의 특징
(1) 금속조직의 주조조직을 파괴하고 기포(기공)를 압착하여 우수한 조직을 얻을 수 있다(재질이 균일하고 미세하다).
(2) 주조 및 단조에 비하여 작업속도가 빠르다.
(3) 정밀한 제품을 얻고자 할 경우는 일반적으로 냉간 압연을 한다.
(4) 열간 압연 재료는 재질에 방향성이 생기지 않는다.
(5) 냉간 압연한 재료는 방향성이 생겨 세로방향과 가로방향과의 기계적, 물리적 성질이 달라 풀림하여 사용한다.
(6) 생산비가 저렴하다.

25. 분괴압연 작업에서 만들어진 강편으로서 4각형 또는 정방형 단면의 소재로서 250 mm×250 mm에서 450 mm×450 mm 정도의 크기를 갖는 비교적 큰 재료의 명칭은?

① 블룸(bloom)　　　② 슬래브(slab)

[정답] 21. ①　22. ①　23. ①　24. ②　25. ①

③ 빌릿(billet)　　④ 플랫(flat)

[해설] 분괴압연 : 강괴나 주괴(ingot)를 제품의 중간재로 만드는 압연

(1) 블룸(bloom) : 사각형 또는 정방형 단면의 소재로 치수는 250 mm×250 mm에서 450 mm×450 mm 정도의 크기를 갖는 재료

(2) 슬래브(slab) : 장방형 단면을 가지며 두께 50~150 mm, 폭 600~150 mm인 판재

(3) 빌릿(billet) : 사각형 단면을 가지며 치수는 50 mm×50 mm에서 120 mm×120 mm 정도의 단면의 치수를 갖는 작은 강재의 4각형 봉재

(4) 플랫(flat) : 두께 6~18mm, 폭 20~450 mm 정도의 평평한 폭재

26. 만네스만 압연기와 유사한 방법으로 파이프의 지름을 확대하는 데 많이 이용하는 그림과 같은 구조로 되어 있는 것은?

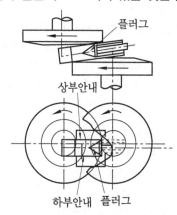

① 플러그밀(plug mill)
② 필거 압연기(pilger mill)
③ 스티펠 천공기(stiefel piercer)
④ 마관기(reeling machine)

[해설] (1) 만네스만 압연기(mannesmann pier-cing mill) : 봉상의 가공물이 양쪽으로부터 회전압축력을 받을 때 중심에는 공극이 생기기 쉬운 상태가 되는 원리를 이용한 것이다.

(2) 플러그밀(plug mill) : 2개의 롤러에 공형(caliber)을 만들고 그 사이에 고온의 관(pipe) 소재와 관 소재 안에 플러그 심봉(plug mandrel)을 넣은 상태에서 회전시켜 압연하는 것으로서 관의 지름을 조정하고 벽의 두께를 감소시킬 수 있다.

(3) 마관기(reeling machine) : 관의 내외면을 매끈하게 하여 이음매 없는 강관의 최종 작업은 홈이 파진 2단압연기를 통과시켜 소정의 치수로 완성 압연하는 압연기이다.

27. 이음매 없는 관(管)을 제조하는 방법이 아닌 것은?

① 버트(butt)용접법
② 압출법
③ 만네스만 천공법
④ 에르하르트법

[해설] 제관법에서 이음매 없는 강관 제작 방법으로는 천공법이 대표적이며, 종류에는 만네스만 천공법, 압출법, 에르하르트법, 스티펠(stifer)법 등이 있다.

28. 지름 4 mm의 가는 봉재를 선재인발(wire drawing)하에 3.5 mm가 되었다면 감소율은?

① 23.4 %　　② 14.2 %
③ 12.5 %　　④ 5.7 %

[해설] 단면 감소율(ϕ)

$$= \frac{A_0 - A_1}{A_0} \times 100\%$$
$$= \left(1 - \frac{A_1}{A_0}\right) \times 100\%$$
$$= \left\{1 - \left(\frac{d_1}{d_2}\right)^2\right\} \times 100\%$$
$$= \left\{1 - \left(\frac{3.5}{4}\right)^2\right\} \times 100\% = 23.4\%$$

29. 다음 빈칸에 들어갈 숫자로 옳게 짝지어진 것은?

─ 〈보 기〉 ─

지름 100 mm의 소재를 드로잉하여 지름 60 mm의 원통을 가공할 때 드로잉률은 (A)이다. 또한, 이 60 mm의 용기를 재드로잉률 0.8로 드로잉을 하면 용기의 지름은 (B)mm가 된다.

① A : 0.60, B : 48

② A : 0.36, B : 48

③ A : 0.60, B : 75

④ A : 0.36, B : 75

해설 (1) 드로잉률 $= \dfrac{제품의\ 지름(d_1)}{소재의\ 지름(d_0)}$

$= \dfrac{60}{100} = 0.6$

(2) 재드로잉률 $= \dfrac{용기의\ 지름}{제품의\ 지름(d_1)}$

∴ 용기의 지름 $=$ 재드로잉률 $\times d_1$

$= 0.8 \times 60 = 48\ \text{mm}$

30. 다이에 아연, 납, 주석 등의 연질금속을 넣고 펀치에 타격을 가하여 길이가 짧은 치약튜브, 약품튜브 등을 제작하는 압출은?

① 직접 압출   ② 간접 압출

③ 열간 압출   ④ 충격 압출

해설 충격 압출(impact extruding) : Zn, Pb, Sn, Cu와 같은 연질금속을 다이에 넣고 충격을 가하여 치약튜브, 크림튜브, 화장품, 약품 등의 용기, 건전지 케이스의 제작에 이용된다.

31. 압출 가공(extrusion)에 관한 일반적인 설명으로 틀린 것은?

① 압출 방식으로는 직접(전방) 압출과 간접(후방) 압출 등이 있다.

② 직접 압출보다 간접 압출에서 마찰력이 적다.

③ 직접 압출보다 간접 압출에서 소요동력이 적게 든다.

④ 직접 압출이 간접 압출보다 압출 종료 시 컨테이너에 남는 소재량이 적다.

해설 압출(extrusion process)

(1) 직접 압출(전방 압출) : 램(ram)의 진행 방향과 압출재(billet)의 이동방향이 동일한 경우이다. 압출재는 외주의 마찰로 인하여 내부가 효과적으로 압축된다. 압출이 끝나면 20~30 %의 압출재가 잔류한다.

(2) 간접 압출(후방 압출) : 램(ram)의 진행 방향과 압출재(billet)의 이동방향이 반대인 경우이다. 직접 압출에 비하여 재료의 손실이 적고 소요동력이 적게 드는 이점이 있으나 조작이 불편하고 표면상태가 좋지 못한 단점이 있다.

(3) 충격 압출법(impact extruding) : 크랭크 프레스나 토글 프레스 등을 사용하여 힘을 충격적으로 가하면서 제품을 압출하는 방법

32. 공작기계로 절삭하는 기어와 전조에 의한 기어를 비교했을 때 전조에 의한 기어 제작의 특징이 아닌 것은?

① 제작이 복잡하다.

② 재료가 절약된다.

③ 결정조직이 치밀해진다.

④ 연속적인 섬유 조직을 가진 강력한 재질로 된다.

해설 기어전조(gear-form rolling)

(1) 나사전조와 같은 원리로 전조공구에 의하여 소재의 표면에 기어치형을 압축성형하는 가공법이다.

(2) 나사전조는 전조공구와 소재가 길이방향으로 전체가 연속접촉되면서 가공되지만 기어전조는 치형 하나하나를 별도로 접촉하여 성형가공한다.

33. 프레스(press)작업에서 전단(shearing)가공이 아닌 것은?

① 블랭킹(blanking)

─────────────

② 코이닝(coining)

③ 피어싱(piercing)

④ 트리밍(triming)

해설 전단 가공의 종류 : 펀칭, 블랭킹, 전
단, 분단, 노칭, 트리밍, 셰이빙, 피어싱
※ 코이닝(coining)은 압인 가공이라고도
하며 주화, 메달, 장식품 등의 가공에 이
용된다.

34. 전단 가공에 의해 판재를 소정의 모양
으로 뽑아낸 것이 제품일 때의 작업은 ?

① 엠보싱(embossing)

② 트리밍(trimming)

③ 브로칭(broaching)

④ 블랭킹(blanking)

해설 (1) 펀칭(punching) : 남은 쪽이 제품, 떨
어진 쪽이 폐품
(2) 블랭킹(blanking) : 남은 쪽이 폐품, 떨
어진 쪽이 제품

35. 두께 $t = 1.5\,mm$, 탄소 $C = 0.2\,\%$의 경
질탄소 강판에 지름 25 mm의 구멍을 펀
치로 뚫을 때 전단하중 $P = 4500\,N$이었
다. 이때의 전단 강도는 ?

① 약 $19.1\,N/mm^2$

② 약 $31.2\,N/mm^2$

③ 약 $38.2\,N/mm^2$

④ 약 $62.4\,N/mm^2$

해설 $\tau = \dfrac{P_s}{A} = \dfrac{P_s}{\pi dt} = \dfrac{4500}{\pi \times 25 \times 1.5}$
$\fallingdotseq 38.2 N/mm^2 (MPa)$

36. 두께 1.5 mm인 연질 탄소 강판에 ϕ
3.2 mm의 구멍을 펀칭할 때 전단력은 약
몇 N인가 ? (단, 전단저항력 $\tau = 250\,N/mm^2$이다.)

① 3770

② 4852

③ 2893

④ 6568

해설 $\tau = \dfrac{P_s}{A}$ [MPa]에서
$P_s = \tau A = \tau \pi dt = 250 \times (\pi \times 3.2 \times 1.5)$
$\fallingdotseq 3770 N$

37. 판두께 3 mm인 연강판에 지름이 30
mm인 구멍을 펀칭 가공하려고 한다. 슬
라이드 평균속도를 5 m/min, 기계효율을
72 %라 한다면 소요 동력은 약 몇 kW인
가 ? (단, 판의 전단 저항은 245 N/mm²
이다.)

① 11.62

② 8.02

③ 2.54

④ 5.27

해설 $P_s = \tau A = \tau \pi dt = 245 \times (\pi \times 30 \times 3)$
$= 69272 N \fallingdotseq 69.27 kN$
$V = 5 \,m/min = \dfrac{5}{60} (= 0.83)\,m/s$
$H = \dfrac{power}{\eta_m} = \dfrac{P_s \times V}{0.72} = \dfrac{69.27 \times 0.83}{0.72}$
$= \dfrac{69.27}{0.72} \fallingdotseq 8.02 kW$

38. 두께 2 mm의 연강판에 지름 20 mm
의 구멍을 펀칭하는 데 소요되는 동력은
약 몇 kW인가 ? (단, 프레스 평균전단속도
는 5 m/min, 판의 전단응력은 275 MPa,
기계효율은 60 %이다.)

① 3.2

② 3.9

③ 4.8

④ 5.4

해설 $\tau = \dfrac{P_s}{A}$ [MPa]에서 $P_s = \tau A = \tau \pi dt$
$= 275 \times 10^3 \times (\pi \times 0.02 \times 0.002)$
$= 34.56 kN$
$H = \dfrac{power}{\eta_m} = \dfrac{P_s \times V_m}{0.6} = \dfrac{34.56 \times 0.83}{0.6}$
$= 4.8 kW$

39. 제품 가공을 위한 성형 다이를 주축에
장착하고, 소재의 판을 밀어 부친 후 회

정답 **34.** ④ **35.** ③ **36.** ① **37.** ② **38.** ③ **39.** ①

전시키면서 롤러, 스틱으로 가압하여 성형하는 가공법은?

① 스피닝(spinning)

② 스탬핑(stamping)

③ 코이닝(coining)

④ 액압성형법(hydroforming)

해설 스피닝(spinning) : 선반 주축에 제품을 고정한 후 이 원형과 심압대 사이에 소재면을 끼워서 회전시키고 스틱 또는 롤러로 눌러서 원형과 같은 모양의 제품을 만드는 가공법

40. 특수 드로잉 가공에서 다이 대신 고무를 사용하는 성형 가공법은 어느 것인가?

① 액압성형법(hydroforming)

② 마폼법(marforming)

③ 벌징법(bulging)

④ 폭발성형법(explosive forming)

해설 마폼법(marforming) : 용기 모양의 홈 안에 고무를 넣고 고무를 다이 대신 사용하여 밑이 굴곡이 있는 용기를 제작

41. 판금 제품의 보강 또는 장식을 목적으로 판금가공품의 일부분에 긴 돌기부를 만드는 가공법은?

① 비딩(beading)

② 컬링(curing)

③ 시밍(seaming)

④ 프레싱(pressing)

해설 (1) 비딩(beading) : 가공된 용기에 좁은 선 모양의 돌기를 만드는 가공법

(2) 컬링(curling) : 원통용기의 끝부분을 말아 테두리를 둥글게 만드는 가공법

(3) 시밍(seaming) : 여러 겹으로 소재를 구부려 두 장의 소재를 연결하는 가공법

42. 판재의 두께 6 mm, 원통의 바깥지름 500 mm인 원통의 마름질한 판뜨기의 길이는?

① 약 1532 mm

② 약 1552 mm

③ 약 1657 mm

④ 약 1670 mm

해설 판뜨기의 길이(L)

$= \pi(d_2 - t) \fallingdotseq \pi(500-6) = 1552$ mm

43. 굽힘가공 시 발생할 수 있는 스프링 백에 대한 설명으로 틀린 것은?

① 탄성한계가 클수록 스프링 백의 양은 커진다.

② 동일한 판 두께에 대해서는 굽힘 반지름이 클수록 스프링 백의 양은 커진다.

③ 같은 두께의 판재에서 다이의 어깨 나비가 작아질수록 스프링 백의 양은 커진다.

④ 동일한 굽힘 반지름에 대해서는 판 두께가 클수록 스프링 백의 양은 커진다.

해설 스프링 백(spring back) : 굽힘가공을 할 때 굽힘 힘을 제거하면 관의 탄성 때문에 변형 부분이 원상태로 되돌아가는 현상

※ 스프링 백의 양이 커지려면

(1) 탄성한계, 피로한계, 항복점이 높아야 한다.

(2) 구부림 각도가 작아야 한다.

(3) 굽힘 반지름이 커야 한다.

(4) 판 두께가 얇아야 한다.

44. 공기 중에 냉각하여도 수중에 담금질한 것과 같은 효과를 나타내는 것은?

① 공랭성

② 시효성

③ 냉각성

④ 자경성

해설 자경성(self hardening) : 대기(공기) 중에 방랭(방치시켜 냉각)하여도 담금질 온도에서 마텐자이트 조직이 생성되어 단단해지는 성질로 Ni, Cr, Mn 등이 함유된 특수강에서 볼 수 있는 현상이다.

45. 원뿔을 전개한 다음 그림에서 원뿔 밑면의 지름을 d라고 하면 전개도의 각도

정답 **40.** ② **41.** ① **42.** ② **43.** ④ **44.** ④ **45.** ②

θ는 다음 어떤 식으로 표시하는가?

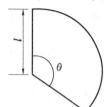

① $\theta = \dfrac{d}{l} \times 360°$ ② $\theta = \dfrac{d}{l} \times 180°$

③ $\theta = \dfrac{l}{d} \times 360°$ ④ $\theta = \dfrac{l}{d} \times 180°$

[해설] $\pi d = l\theta$ 에서

$$\therefore \theta = \frac{d}{l}\pi[\text{rad}] = \frac{d}{l}\pi \times \frac{180}{\pi}[°]$$

$$= \frac{d}{l} \times 180°$$

46. 아래 그림에서 굽힘가공에 필요한 판재의 거리를 구하는 식으로 맞는 것은? (단, L은 판재의 전체 길이, a, b는 직선 부분 길이, R은 원호의 안쪽 반지름, θ는 원호의 굽힘각도(°), t는 판재의 두께이다.)

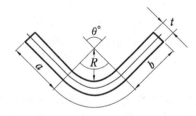

① $L = a + b + \dfrac{\pi\theta°}{360}(R+t)$

② $L = a + b + \dfrac{\pi\theta°}{360}(2R+t)$

③ $L = a + b + \dfrac{2\pi\theta°}{360}(R+t)$

④ $L = a + b + \dfrac{2\pi\theta°}{360}(2R+t)$

[해설] 굽힘가공 시 판재 길이(L)

$$L = a + b + (R + \frac{t}{2})\theta° \times \frac{\pi}{180}$$

$$= a + b + \frac{\pi\theta°}{360}(2R+t)[\text{mm}]$$

47. 강을 임계온도 이상의 상태로부터 물 또는 기름과 같은 냉각제 중에 급랭시켜서 강을 강화시키는 작업은?

① 풀림   ② 불림

③ 담금질   ④ 뜨임

[해설] 담금질(quenching) : 강을 오스테나이트 상태의 고온보다 30~50℃ 정도 높은 온도에서 일정 시간 가열한 후 물이나 기름 중에 담가서 급랭시키는 조작으로 재료를 경화시키며 이 조작에 의해 페라이트에 탄소가 억지로 고용당한 마텐자이트 조직을 얻을 수 있다.

48. 판재 굽힘 가공에서 굽힘각(도) α, 굽힘반지름 R, 재료두께 t, t에 대한 굽힘 내면에서 중립축까지의 거리와의 비(상수)를 K라면 굽힘량(중립축 위의 원호길이) A를 구하는 식으로 옳은 것은?

① $A = \dfrac{2\pi\alpha}{180}(R+kt)$

② $A = \dfrac{2\pi\alpha}{360}(R+kt)$

③ $A = \dfrac{360}{2\pi\alpha}(R+kt)$

④ $A = \dfrac{180}{2\pi\alpha}(R+kt)$

[해설] 원호길이(A)
= 곡률반지름 × 원호각(사잇각)
= $(R+kt) \times \dfrac{2\pi\alpha}{360}[\text{mm}]$

49. 프레스 가공의 보조 장치 중 판금 재료 바깥둘레의 변형을 방지하기 위하여 사용하는 것은?

① 다이 세트   ② 다이 홀더

③ 판 누르개   ④ 금형 가이드

[해설] 판 누르개는 프레스 가공의 보조 장치로

판금 재료의 바깥둘레의 변형을 방지하며 만약, 판 누르개를 사용하지 않을 때는 판금 재료의 바깥둘레에 변형이 생긴다.

50. 일반적으로 기계가공한 강제품을 열처리하는 목적이 아닌 것은?

① 표면을 경화시키기 위한 것이다.

② 조직을 안정화시키기 위한 것이다.

③ 조직을 조대화하여 편석을 발생시키기 위한 것이다.

④ 경도 및 강도를 증가시키기 위한 것이다.

[해설] 주물의 일부분에 불순물이 집중하여 석출되거나 가벼운 부분이 위로 뜨고 무거운 부분이 밑에 가라앉아 굳어지거나 또는 처음 생긴 결정과 나중에 생긴 결정의 배압이 달라질 때(가스의 집중 현상) 발생하는 현상을 편석(segregation)이라 한다.

51. 표면이 서로 다른 모양으로 조각된 1쌍의 다이를 이용하여 메달, 주화 등을 가공하는 방법은?

① 엠보싱(embossing)

② 비딩(beading)

③ 벌징(bulging)

④ 코이닝(coining)

[해설] (1) 엠보싱 : 소재에 두께의 변화를 일으키지 않고 상하 반대로 여러 가지 모양의 요철을 만드는 가공

(2) 비딩 : 용기 또는 판재에 폭이 좁은 선 모양의 돌기(beed)를 만드는 가공

(3) 벌징 : 밑이 볼록한 용기를 제작

(4) 코이닝(압인) : 상하형이 서로 관계없이 요철을 가지고 있으며 두께 변화가 있는 제품을 얻는 가공
  ⑩ 주화, 메달

52. 경화된 작은 철구(鐵球)를 피가공물에 고압으로 분사하여 표면의 경도를 증가시

켜 기계적 성질, 특히 피로강도(fatigue strength)를 향상시키는 가공법은?

① 버핑   ② 버니싱

③ 전해연마   ④ 쇼트피닝

[해설] 쇼트피닝(shot peening) : 금속재료의 표면에 강이나 주철의 작은 입자들을 고속으로 분사시켜 표면층의 경도를 높이는 방법으로 피로한도, 탄성한계를 향상시킨다.

53. 측정기의 구조상에서 일어나는 오차로서 눈금 또는 피치의 불균일이나 마찰, 측정압 등의 변화 등에 의해 발생하는 오차는?

① 불합리 오차   ② 기기 오차

③ 개인 오차   ④ 우연 오차

[해설] 기기(계기) 오차란 측정기 구조상에서 일어나는 오차로 눈금, 피치 불균일이나 마찰, 측정압 등의 변화에 의해 발생하는 오차(error)를 말한다.

54. 버니어 캘리퍼스의 어미자에 새겨진 0.5 mm의 24눈금(12 mm)을 아들자에게 25등분할 때, 어미자와 아들자의 1눈금의 차는 얼마인가?

① $\dfrac{1}{50}$ mm   ② $\dfrac{1}{25}$ mm

③ $\dfrac{1}{24}$ mm   ④ $\dfrac{1}{20}$ mm

[해설] 최소 측정값

$$= \frac{A(본\ 척의\ 한\ 눈금)}{n(등분수)} = \frac{0.5}{25} = \frac{1}{50}$$

$$= 0.02\ \text{mm}$$

55. 마이크로미터 스핀들 나사의 피치가 0.5 mm이고, 심블을 100등분하였다면 최소 측정값은?

① 0.01 mm   ② 0.001 mm

③ 0.005 mm   ④ 0.05 mm

[해설] 최소 측정값

$$= \frac{\text{스핀들 나사의 피치}}{\text{심블의 등분수}} = \frac{0.5}{100} = 0.005$$
$$= 0.005\ mm$$

56. 공기 마이크로미터의 특징을 설명한 것 중 틀린 것은?

① 배율이 높다.

② 정도(精度)가 좋다.

③ 압축 공기원(컴프레서 등)은 필요 없다.

④ 1개의 피측정물의 여러 곳을 1번에 측정한다.

[해설] 공기 마이크로미터의 특징

(1) 배율이 높다(1000~4000배).

(2) 측정력이 거의 0에 가까워 정확한 측정이 가능하다.

(3) 공기의 분사에 의하여 측정되기 때문에 오차가 작은 측정값을 얻을 수 있다. (정도가 높다.)

(4) 안지름 측정이 용이하고 대량생산에 효과적이다.

(5) 치수가 중간 과정에서 확대되는 일이 없기 때문에 항상 그 정도를 유지할 수 있다.

(6) 다원측정이 쉽다.

(7) 복잡한 구조나 형상, 숙련을 요하는 것도 간단하게 측정할 수 있다.

57. 선재(線材)의 지름이나 판재의 두께를 측정하는 게이지는?

① 와이어 게이지

② 나사 피치 게이지

③ 반지름 게이지

④ 센터 게이지

[해설] (1) 와이어 게이지(wire gauge) : 강선의 지름, 판의 두께 측정(번호 표시)

(2) 나사 피치 게이지(screw pitch gauge) : 나사의 피치 측정

(3) 반지름 게이지(radius gauge) : 모서리 부분의 반지름 측정

(4) 센터 게이지(center gauge) : 선반에서 나사바이트 설치 및 각도 측정

58. 길이의 기준으로 사용되고 있는 평행단도기로서 스웨덴의 요한슨에 의해 처음 제작되었고, 1개 또는 몇 개를 조합하여 정도가 높은 치수를 얻을 수 있는 것은?

① 지시 마이크로미터

② 깊이 마이크로미터

③ 블록 게이지

④ 한계 게이지

[해설] 표준 블록 게이지(standard block gauge) : 일명 슬립 게이지라 한다. 길이 기준으로 사용되는 블록 게이지는 요한슨이 처음 제작하였다. 블록 게이지는 여러 개를 조합하여 그 단면을 밀착시켜서 길이의 기준을 얻는다. 블록 게이지의 형상은 직사각형의 단면을 가진 요한슨형, 중앙에 구멍이 뚫린 캐리형, 팔각형 단면으로서 2개의 구멍을 가진 것들이 있다. 광파장으로부터 길이를 쉽게 측정할 수 있다(정밀도가 높다).

59. 그림과 같은 고정구에 의하여 테이퍼 1/30의 검사를 할 때 A로부터 B까지 다이얼 게이지를 이동시키면 다이얼 게이지의 지시눈금의 차는 얼마인가?

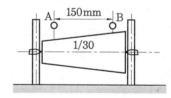

① 3.0 mm 　② 3.5 mm

③ 5.0 mm 　④ 2.5 mm

[해설] $\frac{1}{30} = \frac{b-a}{150}$ 에서 $b-a = \frac{150}{30} = 5\,mm$

(a는 작은 쪽 지름, b는 큰 쪽 지름이므로 높이차는 $b-a$의 $\frac{1}{2}$이므로 다이얼 게이지의 지시눈금 차이는 2.5 mm가 된다.)

60. 다음 중 주로 안지름 측정에 이용되는 측정기는?

---

① 실린더 게이지 ② 하이트 게이지
③ 측장기 ④ 게이지 블록

[해설] 실린더 게이지(cylinder gauge)는 주로 안지름(실린더 bore) 측정에 사용한다.

61. 다음 중 각도 측정 게이지에 해당되지 않는 것은?

① 하이트 게이지(height gauge)
② 오토콜리메이터(auto-collimator)
③ 수준기(precision level)
④ 사인바(sine bar)

[해설] 하이트 게이지(height gauge)는 공작물의 높이를 측정하는 게이지이다.

62. 200 mm 사인바로 10° 각을 만들려면 사인바 양단의 게이지 블록의 높이차는 약 몇 mm이어야 하는가? (단, 경사면과 측정면이 일치한다.)

① 34.73 mm ② 39.70 mm
③ 44.76 mm ④ 49.10 mm

[해설] $\sin\alpha = \dfrac{H-h}{L}$ 에서

∴ $H-h = L\sin\alpha = 200 \times \sin10°$
$= 34.73$ mm

63. 피측정물의 경사면과 사인바의 측정면이 일치하는 경우 100 mm의 사인바에 의해서 30°를 만들 때 불필요한 게이지 블록은?

① 4.5 mm ② 5.5 mm
③ 30 mm ④ 40 mm

[해설] $\sin\alpha = \dfrac{H}{L}$ (L : 사인바의 호칭치수)에서

$H = L\sin\alpha = 100 \times \sin30°$
$= 50$ mm

∴ 블록 게이지를 조합하여 50 mm가 되게 만들면 다음과 같다.
$4.5 + 5.5 + 40 = 50$ mm

64. 광파 간섭 현상을 이용하여 평면도를 측정하는 것은?

① 옵티컬 플랫(optical flat)
② 공구 현미경
③ 오토콜리메이터(autocollimator)
④ NF식 표면 거칠기 측정기

[해설] 옵티컬 플랫(optical flat)은 수정 또는 유리로 만든 것으로 광파 간섭 현상을 이용한 평면도 측정용 계기이다. 비교적 작은 부분의 평면도 측정에 이용되고 있으며 광학 유리와 표면 사이의 굴곡이 생기면 빛의 간섭무늬에 의해 평면도를 측정하는 측정계기이다. 특히, 외측 마이크로미터 측정면의 평면도 검사에 필요한 기기다.

65. 나사의 유효지름을 측정할 때, 다음 중 가장 정밀도가 높은 측정법은?

① 버니어 캘리퍼스에 의한 측정
② 측장기에 의한 측정
③ 삼침법에 의한 측정
④ 투영기에 의한 측정

[해설] 삼침법(three wire method) : 나사 게이지와 같이 가장 정밀도가 높은 나사의 유효지름 측정에 쓰인다.

66. 그림과 같이 삼침을 이용하여 미터나사의 유효지름(d_2)을 구하고자 한다. 올바른 식은? (단 P : 나사의 피치, d : 삼침의 지름, M : 삼침을 넣고 마이크로미터로 측정한 치수)

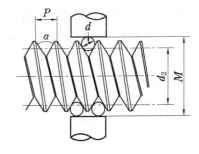

① $d_2 = M + d + 0.86603P$

② $d_2 = M - d + 0.86603P$

③ $d_2 = M - 2d + 0.86603P$

④ $d_2 = M - 3d + 0.86603P$

[해설] 미터나사의 유효지름(d_2)

$= M - 3d + 0.86603P$ [mm]

67. 오버 핀법(over pin method)은 다음 중 어느 것을 측정하는 것인가?

① 공작기계의 정밀도

② 기어의 이두께

③ 더브테일의 각도

④ 수나사의 골지름

[해설] 기어의 이두께 측정법

(1) 활줄 이두께(chordal tooth thickness)

(2) 걸치기 이두께

(3) 오버 핀법

68. 수나사의 바깥지름(호칭지름), 골지름, 유효지름, 나사산의 각도, 피치를 모두 측정할 수 있는 측정기는?

① 나사 마이크로미터

② 피치 게이지

③ 나사 게이지

④ 투영기

[해설] 투영기(projector) : 광원을 물체에 투사하여 그 형상을 광학적으로 확대시켜 물체의 형상, 크기, 표면상태를 관찰할 수 있는 광학적 측정기

69. M6×1.0의 나사에서 탭(tap)을 가공하고자 할 때 가장 적당한 드릴의 지름은?

① 7 mm   ② 6 mm

③ 5 mm   ④ 4 mm

[해설] 탭구멍 지름(d) = $D - p$

(여기서, D : 호칭지름, p : 피치)

∴ $d = D - p = 6 - 1 = 5$ mm

70. 다음 탭에 관한 설명 중 옳은 것은 어느 것인가?

① 1/16 테이퍼의 파이프탭은 기밀을 필요로 하는 부분에 태핑을 하는 데 쓰인다.

② 핸드탭 등경 1번 탭으로 나사를 깎을 때에는 탭구멍 입구에 모따기할 필요가 없다.

③ 핸드탭 등경 1번 탭은 약간 테이퍼를 주어 탭구멍에 잘 들어가게 하며 이 테이퍼부는 절삭을 하지 않고 나사부의 안내가 된다.

④ 탭의 드릴 사이즈 d는 나사의 호칭 지름을 D, 피치를 p라고 하면 $d = D - 3p$ 로 계산된다.

[해설] (1) 핸드탭(hand tap)은 3개가 1조로 구성 : 1번 탭(55 % 절삭), 2번 탭(25 % 절삭), 3번 탭(20 % 절삭)

(2) 탭은 테이퍼 부분에서도 절삭을 한다.

(3) 나사는 입구 부분에 모따기한다.

(4) 탭드릴 지름(d) = $D - p$ [mm]

여기서, D : 나사의 호칭지름(나사의 외경),

p : 나사의 피치

71. 공작물을 신속히 교환할 수 있도록 되어 있으며, 고정력이 작용력에 비해 매우 큰 클램프는?

① 쐐기형 클램프   ② 캠 클램프

③ 토글 클램프   ④ 나사 클램프

[해설] 토글 클램프(toggle clamp)는 공작물 가공 시(조립 작업 시) 사용되는 치공구나 제품의 고정기구로서 위치결정구 및 지지구에 의하여 정확한 위치가 결정된 공작물에 작업 시 가해지는 힘을 충분히 견딜 수 있도록 고정을 해주는 장치에 사용되는 고정기구이다.

72. 수기(手技) 가공에서 수나사를 가공할 수 있는 공구는?

정답 67. ② 68. ④ 69. ③ 70. ① 71. ③ 72. ②

① 탭(tap)　　② 다이스(dies)
③ 펀치(punch)　　④ 바이트(bite)

[해설] 다이스(dies)는 수나사(볼트) 가공용 공구이고, 탭(tap)은 암나사(너트) 가공용 공구이다.

73. 용접(welding) 시에 발생한 잔류응력을 제거하려면 어떤 처리를 하는 것이 좋은가?

① 담금질　　② 뜨임
③ 파텐팅　　④ 풀림

[해설] 재료를 단조, 주조 및 기계가공을 하게 되면 가공경화나 내부응력이 생기게 되는데, 풀림은 이를 제거하여 재료를 연화시키기 위한 열처리 방법이다.

74. 용접을 압접(壓接)과 융접(融接)으로 분류할 때, 압접에 속하는 것은?

① 불활성 가스 아크 용접
② 산소 아세틸렌 가스 용접
③ 플래시 용접
④ 테르밋 용접

[해설] 압접(pressure welding)
(1) 냉간 압접
(2) 마찰 용접
(3) 전기저항 용접
　(가) 겹치기 : 점(spot) 용접, 심(seam) 용접, 프로젝션(projection) 용접
　(나) 맞대기 : 플래시(flash) 용접, 업셋(upset) 용접, 방전 충격 용접(퍼커션 용접)
(4) 가스 압접
(5) 단접 : 해머 압접, 다이 압접, 롤 압접

75. 모재를 (+)극에, 용접봉을 (−)극에 연결하는 용접법은?

① 정극성　　② 역극성
③ 비용극성　　④ 용극성

[해설] 직류(DC) 아크용접의 극성
(1) 직류 정극성(DCSP) : 모재에 ⊕극, 전극봉에 ⊖극, 후판(두꺼운 판)용접, ⊕극 쪽에 열이 70%
(2) 직류 역극성(DCRP) : 모재에 ⊖극, 전극봉에 ⊕극, 박판(얇은 판)용접, ⊖극 쪽에 열이 30%

76. 산소 아세틸렌가스 용접에서 프랑스식 팁 100번의 1시간당 아세틸렌 소비량은 몇 L인가?

① 50　　② 100
③ 150　　④ 200

[해설] 팁의 능력(규격)
(1) 프랑스식 : 1시간 동안 표준불꽃으로 용접하는 경우 아세틸렌의 소비량(L)으로 표시
　(예) 100번, 200번, 300번 : 100 L, 200 L, 300 L인 것을 의미
(2) 독일식 : 연강판의 용접을 기준으로 하여 용접할 판두께로 표시
　(예) 1번, 2번, 3번 : 연강판의 두께 1 mm, 2 mm, 3 mm에 사용되는 팁을 의미

77. 용접에서 가스가우징(gas gouging)이란?

① 열원을 가스화염에서 얻는 일종의 맞대기 용접이다.
② 용접 부분의 뒷면을 따내든지, 강재의 표면에 둥근 홈을 파내는 가스가공이다.
③ 모재에 홈을 파고 가스건으로 모재와 용접봉을 가열하여 눌러붙이는 작업이다.
④ 가스절단 시 절단성을 판정하는 기준이다.

[해설] 가스가우징(gasgouging) : 가스 절단과 비슷한 토치를 사용하며 강재의 표면에 둥근 홈을 파내는 방법으로 일명 가스파내기라 한다.

78. 다음 재료 중에서 가스절단이 가장 곤란한 것은?

정답 73. ④　74. ③　75. ①　76. ②　77. ②　78. ③

① 연강   ② 주철
③ 알루미늄   ④ 고속도강

[해설] (1) 절단이 가능한 금속 : 연강, 순철, 주강

(2) 절단이 약간 곤란한 금속 : 경강, 합금강, 고속도강

(3) 절단이 어느 정도 곤란한 금속 : 주철

(4) 절단이 되지 않는 금속 : 구리, 황동, 청동, 알루미늄, 납, 주석, 아연

79. 판재가 5 mm 이상인 보일러에서 리벳 이음을 한 후 리벳머리를 때려서 기밀 유지하도록 하는 작업은?

① 코킹(caulking)   ② 패킹(packing)
③ 처킹(chucking)   ④ 피팅(fitting)

[해설] 리벳(rivet) 이음 후 기밀·수밀 작업

(1) 코킹(caulking) : 강판의 가장 자리를 75 ~85° 경사시켜 정으로 때리는 반영구적인 작업

(2) 풀러링(fullering) : 작업 후에 완전히 기밀을 요할 때 강판과 같은 나비의 풀러링 공구로 때려 붙이는 영구적인 작업(풀러링은 코킹 작업을 할 수 없는 얇은 판인 경우 기름종이, 석면 등을 끼워 넣어 기밀 및 수밀을 유지하는 작업이다.)

80. 피복금속 아크 용접에서 피복제의 주된 역할이 아닌 것은?

① 아크를 안정하게 한다.
② 질화를 촉진한다.
③ 용착효율을 높인다.
④ 스패터링을 적게 한다.

[해설] 피복제(flux)의 역할

(1) 대기 중의 산화방지 및 슬래그(slag) 형성
(2) 아크를 안정시킨다.
(3) 모재표면의 산화물 제거
(4) 탈산 및 정련작용
(5) 응고와 냉각속도를 느리게 한다.
(6) 전기절연 작용
(7) 용착효율을 높인다.

81. 탄산칼슘($CaCO_3$), 불화칼슘(CaF_2)을 주성분으로 하며 용착 금속의 연성과 인성이 좋고 구조물, 고장력 강재, 합금강 등을 용접하는 데 적합한 피복제는?

① 저소수계
② 일미나이트계
③ 고산화티탄계
④ 고셀룰로오스계

[해설] 저수소계(E7016, E4316) 봉은 용착 금속의 연성과 인성이 좋고, 구조물, 고장력 강재, 합금강 등을 용접하는 데 적합하다.

82. 정격 2차 전류 300 A인 용접기를 이용하여 실제 270 A의 전류로 용접을 하였을 때, 허용 사용률이 94 %이었다면 정격사용률은 약 얼마인가?

① 68 %   ② 72 %
③ 76 %   ④ 80 %

[해설] 정격사용률

$$= \left(\frac{실제 용접 전류}{정격 2차 전류}\right)^2 \times 허용사용률$$

$$= \left(\frac{270}{300}\right)^2 \times 94 = 76.14\%$$

83. 접합하는 부재 한쪽에 구멍을 뚫고 그 부분을 판의 표면까지 가득하게 용접하여 다른 쪽 부재와 접합하는 방법은?

① 맞대기 용접   ② 겹치기 용접
③ 모서리 용접   ④ 플러그 용접

[해설] 플러그 용접(plug welding) : 겹친 판의 한쪽에 구멍을 뚫어 그 구멍이 나 있는 판을 용접불꽃으로 용해하여 구멍을 메꿈과 동시에 다른 한쪽의 모재와 접합시키는 용접을 말하며 선용접이라고도 한다.

84. 일명 잠호 용접이라 하며, 입상의 미세한 용제를 용접부에 산포하고, 그 속에 전극 와이어를 연속적으로 공급하여 용제 속에서 모재와 와이어 사이에 아크를 발

생시켜 용접하는 것은?

① 서브머지드 아크 용접

② 불활성 가스 아크 용접

③ 원자 수소 용접

④ 프로젝션 용접

[해설] 서브머지드 아크 용접(submerged arc welding : 유니언 멜트 용접) : 아크나 발생 가스가 다 같이 용제 속에 잠겨 있어서 잠호 용접이라고 하며 상품명으로는 링컨 용접법이라고도 한다. 용제를 살포하고 이 용제 속에 용접봉을 꽂아 넣어 용접하는 방법으로 아크가 눈에 보이지 않으며 열에너지 손실이 가장 적다.

85. 불활성가스 아크 용접에서 주로 사용되는 보호가스는?

① Xe, Ne   ② Kr, Ne

③ Rn, Ar   ④ Ar, He

[해설] 불활성가스란 고온에서도 금속과 반응하지 않는 가스를 말한다. 아르곤(Ar), 헬륨(He), 네온(Ne), 크립톤(Kr), 크세논(Xe), 라돈(Rn) 등이 있다.

86. 불활성가스를 보호가스로 사용하여 용가제인 전극 와이어를 연속적으로 송급하여 모재 사이에 아크를 발생시켜서 용접하는 것은?

① 점(spot) 용접

② 미그(MIG) 용접

③ 스터드(stud) 용접

④ 테르밋(thermit) 용접

[해설] 불활성가스 아크 용접 : 불활성가스(Ar, He)를 공급하면서 용접

(1) MIG 용접(불활성가스 금속 아크 용접)
→ 전극 : 금속용접봉(소모식)

(2) TIG 용접(불활성가스 텅스텐 아크 용접 =아르곤 용접) → 전극 : 텅스텐전극봉 (비소모식)

87. 다음의 용접법 중에서 전기저항 용접이 아닌 것은?

① 스폿(spot) 용접   ② 프로젝션 용접

③ 티그(TIG) 용접   ④ 플래시 용접

[해설] 티그(TIG) 용접은 아르곤(Ar) 가스를 사용하는 특수 용접이다.

88. 다음 용접 중 용접전류, 통전시간 및 가압력이 중요한 용접 조건이 되는 것은?

① 테르밋 용접(thermit welding)

② 스폿 용접(spot welding)

③ 가스 용접(gas welding)

④ 아크 용접(arc welding)

[해설] 전기저항 용접 : 용접할 금속에 전류를 통하여 접촉부에 발생되는 전기저항열로서 금속의 용접부를 용융상태로 만들고 외력을 가하여 접합하는 용접법

(1) 전기저항 용접의 3요소 : 용접전류, 통전시간, 가압력

(2) 전기저항열(Q) $= 0.24I^2Rt$[cal]

89. 프로젝션 용접(projection welding)에 대한 설명으로 틀린 것은?

① 돌기부는 모재의 두께가 서로 다른 경우, 얇은 판재에 만든다.

② 돌기부는 모재가 서로 다른 금속일 때, 열전도율이 큰 쪽에 만든다.

③ 판의 두께나 열용량이 서로 다른 것을 쉽게 용접할 수 있다.

④ 용접속도가 빠르고, 돌기부에 전류와 가압력이 균일해 용접의 신뢰도가 높다.

[해설] 프로젝션 용접(projection welding)

(1) 점용접과 같은 원리로서 접합할 모재의 한쪽 판에 돌기(projection)를 만들어 고정 전극 위에 겹쳐 놓고 가동 전극으로 통전과 동시에 가압하여 저항열로 가열된 돌기를 접합시키는 용접법이다.

[정답] **85.** ④ **86.** ② **87.** ③ **88.** ② **89.** ①

(2) 돌기부는 모재의 두께가 서로 다른 경우, 두꺼운 판재에 만들며, 모재가 서로 다른 금속일 때, 열전도율이 큰 쪽에 만든다.

(3) 두께가 다른 판의 용접이 가능하고, 용량이 다른 판을 쉽게 용접할 수 있다.

90. 용접봉의 용융점이 모재의 용융점보다 낮거나 용입이 얕아서 비드가 정상적으로 형성되지 못하고 위로 겹쳐지는 현상은?

① 스패터링　　　② 언더컷
③ 오버랩　　　　④ 크레이터

해설 (1) 스패터(spatter) : 용융 상태의 슬래그와 금속 내의 가스 팽창폭발로 용융 금속이 비산하여 용접 부분 주변에 작은 방울 형태로 접착되는 현상

(2) 언더컷(under cut) : 모재의 용접 부분에 용착 금속이 완전히 채워지지 않아 정상적인 비드가 형성되지 못하고 부분적으로 홈이나 오목한 부분이 생기는 현상

(3) 오버랩(overlap) : 용접봉의 용융점이 모재의 용융점보다 낮거나 비드의 용융지가 작고, 용입이 얕아서 비드가 정상적으로 형성되지 못하고 위로 겹쳐지는 현상

(4) 크레이터(crater) : 아크 용접에서 비드의 끝에 약간 움푹 들어간 부분

91. 용접 부위의 검사 방법으로 파괴검사는 어느 것인가?

① 방사선 투과 검사
② 자기분말 검사
③ 초음파 검사
④ 금속조직 검사

해설 비파괴검사법 : 방사선탐상법(RT), 초음파탐상법(UT), 자기탐상법(MT), 침투탐상법(PT), 육안검사법(VT)

92. 다음 중 연강의 절삭작업에서 칩이 경사면 위를 연속적으로 원활하게 흘러 나

가는 모양으로 연속칩이라고도 하며, 매끄러운 가공 표면을 얻을 수 있는 칩의 형태는 어느 것인가?

① 열단형　　　　② 전단형
③ 유동형　　　　④ 균열형

해설 칩(chip)의 형태

(1) 유동형 : 연속적인 칩으로 가장 이상적이며 바람직한 칩이다. 연성 재료를 고속절삭 시, 경사각이 클 때, 절삭깊이가 작을 때 생긴다.

(2) 전단형 : 연성 재료를 저속절삭 시, 경사각이 작을 때, 절삭깊이가 클 때 생긴다.

(3) 균열형 : 주철과 같은 취성재료 절삭 시, 저속절삭 시 생긴다.

(4) 열단형 : 점성 재료 절삭 시 생긴다.

93. 선반에서 사용하는 칩 브레이커 중 연삭형 칩 브레이커의 단점에 해당하지 않는 것은?

① 절삭 시 이송 범위가 한정된다.
② 연삭에 따른 시간 및 숫돌 소모가 많다.
③ 칩 브레이커 연삭 시 절삭날의 일부가 손실된다.
④ 크레이터 마모를 촉진시킨다.

해설 칩 브레이커 : 선반작업에서 유동형 칩은 잘 끊어지지 않고 연속되기 쉽다. 이것은 다듬질면에 상처를 주거나 공작물에 엉켜서 회전하여 작업자에게 상처를 주는 일이 있으므로 칩이 짧게 파단되도록 칩 브레이커를 만들어 널리 사용되고 있으나 다음과 같은 결점이 있다.

(1) 칩 브레이커 연삭 시 공구의 절삭날이 일부 손실된다.

(2) 연삭에 시간이 걸리고 연삭숫돌의 소모가 많다.

(3) 절삭작용에 사용되는 이송 범위가 한정된다.

※ 크레이터 마모 : 절삭된 칩이 공구경사면을 유동할 때 고온, 고압, 마찰 등으로 경사면이 오목하게 마모작용이 일어나는

데 이를 경사면 마모라 하며, 마모되어 패인 부분을 크레이터라 한다.

94. 절삭가공 시 발생하는 구성인선(built up edge)에 관한 설명으로 옳은 것은?

① 공구 윗면 경사각이 작을수록 구성인선은 감소한다.

② 고속으로 절삭할수록 구성인선은 감소한다.

③ 마찰계수가 큰 절삭공구를 사용하면 칩의 흐름에 대한 저항을 감소시킬 수 있어 구성인선을 감소시킬 수 있다.

④ 칩의 두께를 증가시키면 구성인선을 감소시킬 수 있다.

해설 구성인선(built up edge)의 방지법
  (1) 절삭깊이를 작게 한다.
  (2) 공구(바이트) 윗면 경사각을 크게(30° 이상) 한다.
  (3) 절삭공구의 인선을 예리하게 한다.
  (4) 윤활성이 좋은 절삭유를 사용한다.
  (5) 마찰계수가 작은 초경합금과 같은 절삭 공구를 사용한다(SWC 바이트 사용).
  (6) 절삭속도를 크게(120 m/min 이상) 한다 (절삭저항 감소).

95. 절삭공구에 발생하는 구성인선의 방지법이 아닌 것은?

① 절삭공구의 인선을 예리하게 할 것

② 절삭속도를 느리게 할 것

③ 절삭깊이를 작게 할 것

④ 공구 윗면 경사각(rake angle)을 크게 할 것

해설 절삭속도를 빠르게 하면 절삭저항이 감소한다(구성인선 방지책).

96. 공작물의 절삭속도(V)를 구하는 올바른 공식은? (단, d : 공작물의 지름(m), n : 공작물의 회전수(rpm), V : 절삭속도(m/min)라 한다.)

① $V = \dfrac{\pi d n}{1000}$ ② $V = \dfrac{\pi d}{100 n}$

③ $V = \pi d n$ ④ $V = 2\pi d n$

해설 $V = \dfrac{\pi d n}{1000}$ [m/min]

  여기서, d : 공작물의 지름(mm)
    n : 공작물의 회전수(rpm)
  ※ 공작물의 지름이 m인 경우는 절삭속도(V) $= \pi d n$ [m/min]이다.

97. 지름 91 mm의 강봉을 회전수 700 rpm으로 선삭하는 데 절삭저항의 주분력이 75 kgf이다. 이때의 기계적 효율이 80 %라고 하면 여기에 공급되어야 할 동력은 몇 PS인가?

① 약 2.56 ② 약 4.17

③ 약 6.56 ④ 약 8.17

해설 $V = \dfrac{\pi d n}{1000} = \dfrac{\pi \times 91 \times 700}{1000}$

  $= 200.12$ m/min

  $H = \dfrac{P_1 V}{75 \times 60 \times \eta_m} = \dfrac{75 \times 200.12}{4500 \times 0.8}$

  ≒ 4.17 PS

98. 노즈 반지름이 있는 바이트로 선삭할 때 가공면의 이론적 표면 거칠기를 나타내는 식은? (단, f는 이송, R은 공구의 날끝 반지름이다.)

① $\dfrac{f}{8R^2}$ ② $\dfrac{f^2}{8R}$

③ $\dfrac{f}{8R}$ ④ $\dfrac{f}{4R}$

해설 가공면의 굴곡을 나타내는 최대높이(H) 즉, 표면거칠기는 $H = \dfrac{f^2}{8R}$ (여기서, R : 둥근 바이트의 날끝 곡률 반지름, f : 이송)

99. 절삭온도를 측정하는 방법으로 틀린 것은?

① 칩의 색에 의한 방법

정답 **94.** ② **95.** ② **96.** ③ **97.** ② **98.** ② **99.** ④

② 시온도료에 의한 방법

③ 열전대에 의한 방법

④ 공구동력계를 사용하는 방법

[해설] 절삭온도의 측정법

(1) 칩의 색깔로 측정하는 방법

(2) 온도 지시 페인트에 의한 측정

(3) 칼로리미터에 의한 측정

(4) 공구와 공작물을 열전대로 하는 측정

(5) 삽입된 열전대에 의한 측정

(6) 복사고온계에 의한 측정

100. 공구의 재료적 결함이나 미세한 균열이 잠재적 원인이 되며 공구 인선의 일부가 미세하게 파괴되어 탈락하는 현상은?

① 크레이터 마모(crater wear)

② 플랭크 마모(flank wear)

③ 치핑(cheaping)

④ 온도 파손(temperature failure)

[해설] 치핑(cheaping, 결손) : 공구 날끝의 일부가 충격에 의하여 떨어져 나가는 것으로서 순간적으로 발생한다. 밀링이나 평삭 등과 같이 절삭날이 충격을 받거나 초경합금공구와 같이 충격에 약한 공구를 사용하는 경우에 많이 발생한다.

101. 공구수명의 판정기준과 가장 거리가 먼 것은?

① 절삭저항의 변화가 급격히 증가될 때

② 공구 인선의 마모가 없을 때

③ 가공면에 광택이 있는 색조 또는 반점이 생길 때

④ 완성 가공물의 치수 변화가 일정량에 달할 때

[해설] 공구수명의 판정기준

(1) 가공면에 광택이 있는 색조 또는 반점이 생길 때

(2) 공구 인선의 마모가 일정량에 달했을 때

(3) 완성품(가공물)의 치수 변화가 일정량에 달할 때

(4) 절삭저항 주분력의 변화가 적어도 이송분력, 배분력이 급격히 증가할 때

(5) 절삭저항 주분력이 절삭을 시작했을 때와 비교하여 일정량 증가할 때

(6) 고속도강 : 600℃에서 급격하게 경도 저하, 공구수명 저하, 저온 절삭 : -20~ -150℃

102. 공구의 수명 시험을 가장 적절히 설명한 것은?

① 공구 옆면의 마멸폭까지의 공구수명을 실측한다.

② 일정한 절삭 체적에서 공구수명을 실측한다.

③ Taylor의 공구수명식의 지수 n과 상수 C의 값을 구하는 것이다.

④ 일정한 절삭깊이와 절삭속도에서 공구의 수명을 시간으로 실측하는 것이다.

[해설] Taylor의 공구수명식 : $VT^m = C$ (대수식으로 직선적으로 도시된다.)

여기서, V : 절삭속도(m/min)

T : 공구수명(min)

n : 공구와 공작물에 따른 상수(고속도강 : 0.1, 초경합금 : 0.125~ 0.25, 세라믹공구 : 0.4~0.55)

C : 공구, 공작물, 절삭조건에 따른 상수

103. 다음 중 절삭공구의 수명과 가장 관계가 먼 것은?

① 절삭속도   ② 경사각

③ 공작물의 크기   ④ 절삭온도

[해설] 절삭공구의 수명은 절삭속도, 이송, 절삭깊이, 절삭온도, 경사각 등에 영향을 받으며, 공작물의 크기와 무관하다.

104. 주철 중에서 흑연의 분리를 촉진시키는 원소는?

① 황(S)   ② 인(P)

---

③ 망간(iMn) ④ 규소(Si)

해설 (1) 흑연화 촉진 원소 : Si, Ni, Al, Ti

(2) 흑연화 방지 원소 : Mo, S, Cr, Mn, V

105. 프레스용 및 가정용 기구를 만드는 데 사용되는 양은(german silver)은 은백색의 금속이다. 그 성분은?

① Al의 합금

② Ni와 Ag의 합금

③ Cu, Zn 및 Ni의 합금

④ Zn과 Sn의 합금

해설 양은 또는 양백 : 7·3 황동(Cu 70 % - Zn 30 %)+Ni 10~20 %의 합금으로 니켈 황동이라고도 한다.

106. Al_2O_3 분말에 약 70 %의 TiC 또는 TiN 분말을 30 % 정도 혼합하여 수소 분위기 속에서 소결하여 제작한 절삭공구는?

① 서멧(cermet)

② 입방정 질화붕소(CBN)

③ 세라믹(ceramic)

④ 스텔라이트(stellite)

해설 서멧(cermet) : 세라믹(ceramic)과 금속(metal)의 합성어로 세라믹의 취성을 보완하기 위하여 개발한 내화물과 금속 복합체의 총칭이다. Al_2O_3 분말에 티타늄 탄화물(TiC) 또는 티타늄 질화물(TiN) 분말을 30 % 정도 혼합하여 수소 분위기 속에서 소결하여 제작한다.

107. 연강에서 다음 중 청열취성이 일어나기 쉬운 온도는?

① 200~300℃ ② 500~550℃

③ 700~723℃ ④ 900~1000℃

해설 (1) 청열취성(메짐) : 탄소강이 200~300℃에서 강도는 커지고, 연신율은 대단히 작아지는 현상

(2) 적열취성(메짐) : 황(S)이 많은 강이 고온에서 여린 성질을 나타내는 현상(950~1900℃에서 발생)

108. 선반가공에서 가공시간과 관련성을 가지는 것은?

① 절삭깊이×이송

② 절삭률×절삭원가

③ 이송×분당회전수

④ 절삭속도×이송×절삭깊이

해설 선반의 가공시간(T) : 선삭에서 공작물의 길이를 l이라 하면 바이트가 1분 동안 이송하는 거리는 회전수(N)×이송(S)으로 나타낸다. 따라서 가공시간(T)은 다음과 같다.

$$T = \frac{l}{NS} \ \ (단, \ N = \frac{1000\,V}{\pi d})$$

109. 공작기계에서 사용되는 속도열 중 일반적으로 가장 많이 사용되는 것은?

① 등비급수 속도열

② 등차급수 속도열

③ 조화급수 속도열

④ 대수급수 속도열

해설 (1) 속도변화기구와 속도열 : 공작기계가 회전할 수 있는 최대회전수(N_{max})와 최소회전수(N_{min})의 비

$$R_{max} = \frac{N_{max}}{N_{min}}$$

(2) 속도열의 종류

㈎ 등차급수 속도열

㈏ 등비급수 속도열

㈐ 대수급수 속도열

㈑ 복합등비급수 속도열

※ 이 중에서 등비급수 속도열이 가장 많이 사용된다.

110. 다음 중 선반의 크기를 표시하는 방법은?

정답 105. ③ 106. ① 107. ① 108. ③ 109. ① 110. ①

① 양센터간 최대거리, 왕복대 위의 스윙, 베드 위의 스윙

② 스핀들의 지름, 센터높이, 베드 위의 스윙

③ 스핀들의 회전속도, 베드길이×폭, 센터높이

④ 선반의 높이, 선반의 폭, 전동기의 마력

해설 선반의 크기

(1) 베드 위의 스윙(공작물의 최대지름)

(2) 왕복대 위의 스윙

(3) 양센터 사이의 최대거리(공작물의 최대길이)

111. 선반에 사용되는 부속품으로 잘못된 것은?

① 센터(center)

② 맨드릴(mandrel)

③ 아버(arbor)

④ 면판(face plate)

해설 아버(arbor) : 밀링 머신에서 주축단에 고정할 수 있도록 각종 테이퍼를 갖고 있는 환봉재로 아버 칼라에 의해 커터의 위치를 조정하여 고정하고 회전시킨다.

112. 절삭속도 120 m/min, 이송속도 0.25 mm/rev로 지름 80 mm의 원형 단면 봉을 선삭한다. 500 mm 길이를 1회 선삭하는 데 필요한 가공시간(분)은?

① 약 1.5분 ② 약 4.2분

③ 약 7.3분 ④ 약 10.1분

해설 $V=\dfrac{\pi dN}{1000}$ [m/min]에서

$N=\dfrac{1000\,V}{\pi d}=\dfrac{1000\times120}{\pi\times80}=477.46\,\text{rpm}$

$\therefore$ 가공시간$(T)=\dfrac{l}{Nf}=\dfrac{500}{477.46\times0.25}$

$\fallingdotseq 4.2\,\text{min}$

113. 선반에서 주분력이 1.8 kN, 절삭속

도가 150 m/min일 때 절삭동력은 몇 kW인가?

① 4.5 ② 6

③ 7.5 ④ 9

해설 절삭동력(kW)

$=\dfrac{P_1 V}{1000}=\dfrac{1.8\times10^3\times\dfrac{150}{60}}{1000}=4.5\,\text{kW}$

[별해] 절삭동력(kW)$=F\,V=1.8\times\left(\dfrac{150}{60}\right)$

$=45\,\text{kW(kJ/s)}$

114. 피치 5 mm인 리드 스크루의 미식(美式) 선반에서 피치 3 mm의 나사를 깎을 때 변환 기어로 맞는 것은?(단, A는 주축에 연결된 기어 이 수, D는 어미나사에 연결된 기어 이 수)

① $A=20,\ D=30$

② $A=20,\ D=40$

③ $A=24,\ D=30$

④ $A=24,\ D=40$

해설 $\dfrac{\text{일감}(=\text{나사})\text{의 피치}}{\text{어미나사}(=\text{리드 스크루})\text{의 피치}}$

$=\dfrac{3}{5}=\dfrac{3\times8}{5\times8}=\dfrac{24}{40}=\dfrac{A}{D}$

$\therefore A=24,\ D=40$

115. 밀링 머신에서 사용하는 부속품 또는 부속장치가 아닌 것은?

① 바이스(vise)

② 슬로팅 장치(slotting attachment)

③ 분할대(indexing head)

④ 드레서(dresser)

해설 (1) 바이스 : 밀링가공에서 공작물을 고정시키는 데 많이 사용한다.

(2) 슬로팅 장치 : 수평 및 만능 밀링 머신의 기둥면에 설치하는 것으로 스핀들의 회전운동을 수직왕복운동으로 변환시켜 주는 장치

(3) 분할대 : 밀링 머신의 테이블상에 설치하고, 공작물의 각도 분할에 주로 사용한다.

(4) 드레서 : 연삭에서 드레싱할 때 사용하는 공구

116. 상향 밀링(up-milling) 가공의 장점 설명으로 틀린 것은?

① 절삭된 가공 칩이 가공된 면에 쌓이므로 가공할 면을 잘 볼 수 있어 좋다.

② 밀링 머신의 테이블이나 니에 무리를 주지 않는다.

③ 절삭된 칩에 의한 전열이 적으므로 치수 정밀도의 변화가 적다.

④ 절삭저항이 0에서 점차적으로 증가하므로 날이 부러질 염려가 없다.

[해설] ①은 하향 밀링 가공의 장점에 해당된다.

117. 인벌류트 곡선을 그리는 원리를 이용하여 기어를 절삭하는 가공방법은 어느 것인가?

① 랙커터에 의한 방법

② 형판에 의한 방법

③ 총형커터에 의한 방법

④ 창성법

[해설] 기어절삭법

(1) 총형공구에 의한 절삭법 : 밀링 머신

(2) 형판에 의한 방법(모방절삭법) : 기어 셰이퍼

(3) 창성법 : 인벌류트 치형 곡선을 이용하는 방법으로 가장 널리 사용

(4) 전조에 의한 방법 : 소형 기어 가공

118. 지름이 50 mm인 밀링커터를 사용하여 60 m/min의 절삭속도로 절삭하는 경우 밀링커터의 회전수는 약 몇 rpm인가?

① 224

② 382

③ 468

④ 820

[해설] $V = \dfrac{\pi dN}{1000}$ [m/min]에서

$$N = \frac{1000\,V}{\pi d} = \frac{1000 \times 60}{\pi \times 50} = 382\,\text{rpm}$$

119. 밀링작업의 단식 분할법으로 이(tooth)수가 28개인 스퍼 기어를 가공할 때 브라운 샤프트형 분할판 No2 21구멍 열에서 분할 크랭크의 회전수와 구멍수는?

① 0회전시키고 6구멍씩 진전

② 0회전시키고 9구멍씩 진전

③ 1회전시키고 6구멍씩 진전

④ 1회전시키고 9구멍씩 진전

[해설] $n = \dfrac{40}{N} = \dfrac{40}{28} = 1\dfrac{12}{28} = 1\dfrac{3}{7}$

$$= 1\frac{3 \times 3}{7 \times 3} = 1\frac{9}{21}$$

∴ 21구멍열, 1회전시키고 9구멍씩 진전

120. 밀링작업에 있어서 지름 50 mm, 날수 15개인 평면커터로 주축회전수 200 rpm, 테이블 이송속도 1500 mm/min으로 가공할 때 커터날당 이송량(mm/tooth)은?

① 0.3

② 0.5

③ 0.7

④ 0.9

[해설] $f = f_z NZ$에서

$$f_z = \frac{f}{NZ} = \frac{1500}{200 \times 15} = 0.5\,\text{mm/tooth}$$

121. 브로칭 작업에서 브로치(broach)를 운동방향에 따라 분류했을 때 여기에 해당되지 않는 것은?

① 인발 브로치

② 압출 브로치

③ 전조 브로치

④ 회전 브로치

[해설] 브로치(broach)는 인발, 압출, 회전으로 복잡한 형상을 가공한다.

122. 드릴링 머신으로 할 수 있는 기본 작

업 중에 접시머리 볼트의 머리 부분이 묻히도록 원뿔자리 파기 작업을 하는 가공은 무엇인가?

① 스폿 페이싱(spot facing)
② 카운터 싱킹(counter sinking)
③ 심공 드릴링(deep hole drilling)
④ 리밍(reaming)

[해설] (1) 스폿 페이싱(spot facing) : 볼트 또는 나사를 고정할 때 접촉부가 안정되기 위하여 자리를 만드는 작업
(2) 카운터 싱킹(counter sinking) : 접시머리 볼트의 머리 부분이 공작물에 묻히도록 구멍을 뚫는 작업
(3) 심공 드릴링(deep hole drilling) : 지름이 작고, 깊은 구멍 가공 시
(4) 리밍(reaming) : 이미 뚫은 구멍을 정밀하게 다듬는 작업

123. 다음 중 구멍의 내면을 가장 정밀하게 가공하는 방법은?

① 드릴링(drilling)
② 소잉(sawing)
③ 펀칭(punching)
④ 호닝(honing)

[해설] (1) 드릴링(drilling) : 드릴로 구멍을 뚫는 작업
(2) 보링(boring) : 이미 뚫은 구멍의 내면을 넓히는 작업
(3) 호닝(honing) : 혼(hone)이라고 하는 세립자로 된 각봉의 공구를 구멍 내에서 회전과 동시에 왕복운동을 시켜 구멍 내면을 정밀하게 가공하는 작업

124. 드릴의 홈을 따라서 나타나 있는 좁은 면으로 드릴의 크기를 정하며 드릴의 위치를 잡아주는 것은?

① 탱(tang)
② 마진(margin)
③ 섕크(shank)
④ 뒷면경사각(rake)

[해설] (1) 웨브(web) : 홈과 홈 사이의 두께로 드릴 선단에서 자루 쪽으로 갈수록 두껍다.
(2) 마진(margin) : 드릴의 홈을 따라서 나타나는 좁은 면으로 드릴의 크기를 정하며 드릴의 위치를 잡아준다.

125. 지름 50 mm의 드릴로 연강판에 구멍을 뚫을 때 절삭속도가 62.8 m/min이라면 드릴의 회전수는 얼마인가?

① 300 rpm
② 400 rpm
③ 500 rpm
④ 600 rpm

[해설] $V = \dfrac{\pi d N}{1000}$ [m/min]에서

$N = \dfrac{1000 V}{\pi d} = \dfrac{1000 \times 62.8}{\pi \times 50} = 400$ rpm

126. 다음 중 고속 회전 및 정밀한 이송기구를 갖추고 있으며, 다이아몬드 또는 초경합금의 절삭공구로 가공하는 보링 머신으로 정밀도가 높고 표면거칠기가 우수한 내연기관 실린더나 베어링 면을 가공하기에 가장 적합한 것은?

① 보통 보링 머신
② 코어 보링 머신
③ 정밀 보링 머신
④ 드릴 보링 머신

[해설] 정밀 보링 머신(fine boring machine) : 다이아몬드 바이트나 초경합금 바이트로 원통 내면을 작은 절삭깊이와 이송량으로 높은 정밀도, 고속으로 보링하는 기계

127. 주축 중심선과 테이블의 상대 위치에 대한 정밀 측정장치를 가지고 있는 것은?

① 보통 보링 머신
② 지그 보링 머신
③ 수직 보링 머신
④ 심공 보일 머신

[해설] 지그 보링 머신(jig boring machine) : 지그 등으로 다수의 구멍을 매우 정확한 위치에 정밀하게 구멍뚫기 또는 보링가공을

하는 것으로 주축에 대한 공작물의 위치를 높은 정밀도로 장치할 수 있다. 주축의 중심선과 테이블의 상대 위치에 대한 정밀 측정장치를 가지고 있다.

128. 다음은 지그나 고정구의 설계와 그 동작에 있어서 가장 중요한 영향을 가지는 인자 중 그 지그에 대하여만 적용되는 것은?

① 공작물의 조임
② 공구의 작용력에 대한 공작물 지지
③ 칩에 대한 대책
④ 공작물의 위치 결정

[해설] 지그(jig)는 공작물을 고정하기 위한 요소로서 공작물의 위치를 결정할 때 매우 중요한 요소이다.

129. 공작물의 두 개 이상의 면에 구멍을 뚫을 때 또는 기준면을 잡을 때, 지그의 구조는 다음 중 어느 것이 적합한가?

① 평지그   ② 회전지그
③ 검사용 지그   ④ 상자형 지그

[해설] 지그 : 공구의 안내
  (1) 평지그 : 관통된 구멍을 한쪽 면에 뚫을 때 사용
  (2) 회전지그
  (3) 박스 지그(상자형 지그) : 2면 이상을 가공 시, 대량생산 시

130. 볼 베어링의 외륜이나 내륜(outer or inner race)의 면을 연삭하는 데 보통 많이 사용되는 기계는?

① 호닝 머신
② 슈퍼 피니싱 머신
③ 센터리스 연삭기
④ 래핑 머신

[해설] 센터리스 연삭기 : 보통 외경 연삭기의 일종으로 가공물을 센터나 척으로 지지하지 않고 조정숫돌과 지지판으로 지지하고,

가공물에 회전운동과 이송운동을 동시에 실시하며 연삭한다. 주로 가늘고 긴 일감의 원통 연삭에 적합하다.

131. 센터리스 연삭기에서 공작물의 이송속도 f[mm/min]를 구하는 식은? (단, d : 저장숫돌의 지름(mm), α : 연삭숫돌에 대한 조정숫돌의 경사각, N : 조정숫돌의 회전수(rpm))

① $f = \pi d N \sin\alpha$
② $f = \pi d N \cos\alpha$
③ $f = \pi d \cos\alpha$
④ $f = \pi d \sin\alpha$

[해설] 센터리스 연삭기에서 공작물의 이송속도

$$V = \frac{\pi d N}{1000} \times \sin\alpha \, [\text{m/min}]$$
$$= \pi d N \times \sin\alpha \, [\text{mm/min}]$$

132. 센터리스 연삭의 특징에 대한 설명으로 틀린 것은?

① 연속작업을 할 수 있어 대량생산이 용이하다.
② 축 방향의 추력이 있으므로 연삭 여유가 커야 한다.
③ 높은 숙련도를 요구하지 않는다.
④ 키 홈과 같은 긴 홈이 있는 가공물은 연삭하기 어렵다.

[해설] 센터리스 연삭기의 특징
  (1) 센터구멍을 뚫을 필요가 없고 속이 빈 원통을 연삭하는 데 편리하다.
  (2) 연속작업을 할 수 있어 대량생산에 적합하다.
  (3) 길이가 긴 축재료의 연삭이 가능하다.
  (4) 연삭여유가 작아도 된다.
  (5) 공작물의 축방향 추력이 없어 작은 공작물 연삭에 적합하다.
  (6) 작업자 숙련이 필요 없다.
  (7) 긴 홈에 있는 가공물은 연삭할 수 없다 (대형 중량물도 연삭할 수 없다).

133. 유성형 내면 연삭기는 다음 중 무엇을 연삭할 때 가장 적합한가?

① 블록게이지의 끝마무리 가공
② 암나사의 연삭
③ 작은 관의 정밀 내면 연삭
④ 내연기관 실린더의 내면 연삭

[해설] 유성형 내면 연삭기 : 공작물은 정지시키고 숫돌축이 회전 연삭운동과 동시에 공전운동을 하는 방식으로 공작물의 형상이 복잡하거나 또는 대형이기 때문에 회전운동을 가하기 어려울 경우에 사용된다.

134. 원통 연삭작업에서 연삭숫돌의 원주속도 $v = 1800$ m/min, 연삭력 147.15 N, 연삭효율이 $\eta_g = 80$ %일 때 연삭동력은 몇 kW인가?

① 1.47   ② 3.68
③ 5.52   ④ 7.36

[해설] $H = \dfrac{PV}{1000\eta_g} = \dfrac{147.15 \times 30}{1000 \times 0.8} \fallingdotseq 5.52$ kW

$\left(V = 1800 \text{ m/min} = \dfrac{1800}{60} = 30 \text{ m/s} \right)$

135. 공구연삭기에 A60N5V의 연삭숫돌을 고정하였다. 숫돌의 지름 300 mm, 회전수가 1800 rpm일 때 숫돌의 원주속도는 몇 m/min 정도인가?

① 약 1321.2   ② 약 1450.3
③ 약 1625.5   ④ 약 1696.5

[해설] $V = \dfrac{\pi d N}{1000} = \dfrac{\pi \times 300 \times 1800}{1000}$

$\fallingdotseq 1696.5$ m/min

136. "WA 46 H 8 V"라고 표시된 연삭숫돌에서 H는 무엇을 나타내는가?

① 숫돌입자의 재질   ② 조직
③ 결합도   ④ 입도

[해설] WA : 숫돌입자, 46 : 입도, H : 결합도, 8 : 조직, V : 결합제(비트리파이드)

137. 숫돌의 색이 녹색이며 초경합금의 연삭에 사용하는 것은?

① D 숫돌   ② A 숫돌
③ WA 숫돌   ④ GC 숫돌

[해설] 연삭숫돌 입자
　(1) 알루미나(Al_2O_3)계
　　(개) A 입자(갈색) : 일반 강재
　　(내) WA 입자(백색) : 담금질강, 특수강 (합금강), 고속도강
　(2) 탄화규소(SiC)계
　　(개) C 입자(암자색) : 주철, 비철금속
　　(내) GC 입자(녹색) : 초경합금

138. 연삭숫돌의 조직(structure)에 대한 설명으로 가장 적합한 것은?

① 지립과 결합제의 체적 비율
② 지립, 결합제, 가공의 체적 비율
③ 지립의 단위체적당 입자수
④ 결합제의 분자 구조

[해설] 조직 : 숫돌 입자의 밀도, 즉 단위체적당 입자의 양

139. 연삭 중에 떨림(chattering)이 발생하면 표면거칠기가 나빠지고 정밀도가 저하된다. 떨림의 원인이 아닌 것은?

① 숫돌이 불균형일 때
② 숫돌의 결합도가 너무 낮을 때
③ 센터 및 방진구가 부적당할 때
④ 숫돌이 진원이 아닐 때

[해설] 연삭작업 중 떨림의 원인
　(1) 숫돌이 불균형일 때
　(2) 숫돌이 진원이 아닐 때
　(3) 센터 및 방진구가 부적당할 때
　(4) 숫돌의 측면에 무리한 압력이 가해졌을 때
　※ 숫돌의 결합도 : 입자를 결합하고 있는 결합제의 세기

140. 연삭작업에서 진동으로 떠는 것을 연

삭떨림(grinding chatter)이라 한다. 연삭 떨림과 관계가 없는 것은?

① 연삭숫돌의 불균형

② 숫돌이 진원이 아닐 때

③ 연삭 중 과열이 생겼을 때

④ 재질의 불균일

[해설] 연삭 중 과열이 되면 공작물의 표면이 타게 되나 떨림은 생기지 않는다.

141. 내접 기어(internal gear)를 절삭하는 공작기계로 다음 중 가장 적당한 것은?

① 플레이너

② 브로칭 머신

③ 글리슨 기어 제너레이터

④ 펠로즈 기어 셰이퍼

[해설] 펠로즈 기어 셰이퍼 : 피니언 커터로 내접 기어를 가공

142. 직사각형의 숫돌을 스프링으로 축에 방사형으로 부착한 원통 형태의 공구를 회전 및 직선왕복운동시켜 공작물을 가공하는 기계는?

① 호닝 머신　　　② 브로칭 머신

③ 호빙 머신　　　④ 기어 셰이퍼

[해설] 호닝 머신 : 정밀 보링 머신, 연삭기 등으로 가공한 공형 내면, 외형 표면 및 평면 등의 가공 표면을 혼(hone)이라고 부르는 각 봉상의 세립자로 만든 공구를 회전운동과 동시에 왕복운동을 시켜 공작물에 스프링 또는 유압으로 접촉시켜 매끈하고 정밀하게 가공하는 기계

143. 슈퍼 피니싱의 특징이 아닌 것은?

① 다듬질 면은 평활하고, 방향성이 없다.

② 원통형의 가공물 외면, 내면의 정밀다듬질이 가능하다.

③ 가공에 의한 표면 변질층이 극히 미세하다.

④ 입도가 비교적 크며, 경한 숫돌에 큰 압력으로 가압한다.

[해설] 슈퍼 피니싱은 입도가 작고, 연한 숫돌을 작은 압력으로 공작물 표면에 가압하면서 공작물에 이송을 주고 또한 숫돌을 좌우로 진동시키는 고정밀 가공 방법이다.

144. 래핑 가공의 특징에 대한 설명으로 틀린 것은?

① 경면(鏡面)을 얻을 수 있다.

② 평면도, 진원도, 진직도 등 기하학적 정밀도가 높은 제품을 얻을 수 있다.

③ 고도의 정밀가공은 숙련이 필요하다.

④ 가공면에 랩제가 잔류하여 제품의 부식을 막아준다.

[해설] 래핑 가공의 특징

(1) 다듬질면(가공면)이 매끈하고 유리면(mirror finish)을 얻을 수 있다.

(2) 기하학적 공차를 요구하는 정밀도가 높은 제품을 만들 수 있다(평면도, 진원도, 진직도).

(3) 래핑 가공면은 내식성 및 내마모성이 증가된다.

(4) 미끄럼면이 원활하게 되고, 마찰계수가 작아진다.

(5) 작업방법이 간단하고 대량생산이 가능하다.

(6) 가공면에 랩제가 잔류하여 부식이 촉진된다.

(7) 고도의 정밀 가공은 오랜 기간 숙련이 필요하다.

145. 다음 가공법 중 연삭 입자를 사용하지 않는 것은?

① 방전 가공　　　② 초음파 가공

③ 액체 호닝　　　④ 래핑

[해설] 연삭 입자에 의한 정밀 가공에는 래핑(lapping), 호닝(honing), 슈퍼 피니싱, 초음파 가공, 폴리싱, 버핑 등이 있다.

146. 방전 가공에 대한 설명 중 틀린 것은?

① 경도가 높은 재료는 가공이 곤란하다.

② 가공물과 전극 사이에 발생하는 아크 (arc) 열을 이용한다.

③ 가공 정도는 전극의 정밀도에 따라 영향을 받는다.

④ 가공 전극은 동, 흑연 등이 쓰인다.

[해설] 방전 가공법(EDM)의 특징

(1) 경질 합금, 내열강, 스테인리스강, 다이아몬드, 수정 등의 절단, 천공, 연마 등에 쓰인다.

(2) 가공 변질층이 얇고 내마멸성, 내부식성이 높은 표면을 얻을 수 있다.

(3) 전극의 제작이 쉽다(가공 전극 : 구리, 흑연).

(4) 공작물과 전극 사이 간격을 조절하는 정밀한 제어가 필요하다.

147. 방전 가공에 의한 금속, 비금속 가공 시 전극 재료의 구비 조건이 아닌 것은?

① 기계가공이 쉬울 것

② 전극소모량이 많을 것

③ 가공 정밀도가 높을 것

④ 구하기 쉽고 값이 저렴할 것

[해설] 방전 가공 시 전극 재료의 구비 조건

(1) 기계 가공이 쉬울 것

(2) 안정된 방전이 생길 것

(3) 가공 정밀도가 높을 것

(4) 구입이 용이하고(쉽고) 값이 저렴할 것

(5) 절삭, 연삭 가공이 쉬울 것(가공 속도가 빠를 것)

148. 방전 가공의 설명으로 잘못된 것은?

① 전극 재료는 전기전도도가 높아야 한다.

② 방전 가공은 가공 변질층이 깊고 가공면에 방향성이 있다.

③ 초경공구, 담금질강, 특수강 등도 가공할 수 있다.

④ 경도가 높은 공작물의 가공이 용이하다.

[해설] 방전 가공(EDM)은 열의 영향이 적으므로 가공 변질층이 얇고 내마멸성, 내부식성이 높은 표면을 얻을 수 있다.

149. 방전 가공 시 전극(가공공구) 재질로 사용되지 않는 것은?

① 황동   ② 텅스텐

③ 구리   ④ 알루미늄

[해설] 방전 가공 시 전극 재질 : 청동, 구리, 황동, 텅스텐, 흑연

150. 기계적 에너지로 진동을 하는 공구와 가공물 사이에 연삭 입자와 가공액을 주입하고서 작은 압력으로 공구에 진동을 주어 유리, 세라믹, 다이아몬드, 수정 등 취성이 큰 재료를 가공할 수 있는 방법은?

① 전주 가공

② 방전 가공

③ 초음파 가공

④ 고속 액체 제트 가공

[해설] 초음파 가공(ultrasonic machining) : 기계적 진동을 하는 공구와 가공물 사이에 입자와 공작액을 주입한 후 급격한 타격작용에 의해 공작물의 표면으로부터 미세한 칩을 제거해 내는 가공 방법으로 세라믹, 초경합금, 유리, 보석 등의 경도가 높은 것에 가공이 가능하다. Pb, Cu, 연강 등의 무른 재료는 가공이 불가능하다.

151. 가공액은 물이나 경유를 사용하며 세라믹에 구멍을 가공할 수 있는 것은?

① 래핑 가공   ② 전주 가공

③ 전해 가공   ④ 초음파 가공

[해설] 초음파 가공(ultrasonic machining) : 초음파란 가청주파수 20~20000 Hz(16 kHz)보다 높은 주파수를 말하며, 공구와 공작물 사이에 입자와 가공액을 넣은 상태에서 초음파 진동을 주어 연삭 입자가 공작물에

진동을 일으켜 공작물 표면을 가공하는 방법이다.

(1) 전기에너지를 기계적 진동에너지로 변화시켜 가공하므로 공작물을 전기의 양도체 또는 부도체 여부에 관계없이 가공할 수 있다.

(2) 가공 속도가 느리고 공구마멸이 크며, 공작물의 크기에 제한이 있다.

(3) 초경합금, 보석류, 세라믹, 유리, 반도체 등 비금속 또는 귀금속의 구멍뚫기, 전단, 평면가공, 표면 다듬질 가공 등에 이용된다.

(4) 연삭숫돌 가공에 비해 가공면의 변질과 변형이 적다.

152. 다이아몬드, 수정 등 보석류 가공에 가장 적합한 것은?

① 방전 가공과 초음파 가공

② 배럴 및 텀블러 가공

③ 슈퍼 피니싱과 호닝

④ 전해 가공과 전해 연마

[해설] (1) 방전 가공 : 방전을 연속적으로 일으켜 가공에 이용하는 방법, 열처리 경화강, 보석류 가공

(2) 초음파 가공 : 초음파를 이용하여 가공, 경질 물질 가공에 적합, 담금질된 강철, 수정, 유리자기

153. 공작물을 양극으로 하고 전기저항이 작은 Cu, Zn을 음극으로 하여 전해액 속에 넣고 전기를 통하면 공작물 표면이 전기에 의한 화학적 작용으로 매끈하게 가공되는 것은?

① 전해 연마　　　② 초음파 가공

③ 정밀 연삭　　　④ 방전 가공

[해설] 전해 연마(electrolytic polishing) : 전해액 중에 공작물을 양극으로 하고, 불용해성이며 전기저항이 작은 구리, 아연 등을 음극으로 하여 전류를 통할 때 공작물의 표면을 매끈하고 광택이 있는 면으로 만드는 작업으로 전해액은 과염소산, 황산, 인산, 청화알칼리 등을 사용한다. 짧은 시간 통전하여 표면을 녹여 아름답고 방향성이 없는 매끈한 표면 처리를 얻는 가공법이다.

154. 전해 연마의 특징에 대한 설명으로 틀린 것은?

① 가공면에는 방향성이 있다.

② 복잡한 형상을 가진 공작물의 연마도 가능하다.

③ 내마멸성, 내부식성이 좋아진다.

④ 가공 변질층이 없다.

[해설] 전해 연마의 특징

(1) 가공 변질층이 나타나지 않으므로 평활한 면을 얻을 수 있다.(표면을 전기화학적으로 용해시켜 이물질을 제거한다.)

(2) 대형 부품, 선재, 박판 등 복잡한 형상의 연마도 할 수 있다.

(3) 가공면에는 방향성이 없다.

(4) 작은 요철(1~2 μm)은 쉽게 연마되지만 큰 요철은 전해 연마 후에도 흠집이 남는다.

(5) 연질의 금속, 알루미늄, 동, 황동, 청동, 코발트, 크롬, 탄소강, 니켈 등도 쉽게 연마할 수 있다.(표면에 연마 입자나 연삭 입자의 잔류 걱정이 없다.)

155. 다음 중 화학 가공의 특징에 대한 설명으로 틀린 것은?

① 재료의 강도나 경도에 관계없이 가공할 수 있다.

② 변형이나 거스러미가 발생하지 않는다.

③ 가공 경화 또는 표면 변질층이 발생한다.

④ 표면 전체를 한번에 가공할 수 있다.

[해설] 화학 가공(chemical machining) : 공작물을 부식액 속에 넣고 화학반응을 일으켜 공작물 표면에서 여러 가지 형상으로 파내거나 잘라내는 방법이며, 특징은 다음과 같다.

(1) 재료의 강도 및 경도에 관계없이 가공

할 수 있다.

(2) 변형 및 거스러미(burr)가 발생하지 않는다.

(3) 가공 경화 및 표면 변질층이 발생하지 않는다.

(4) 공작물의 면적, 수량, 복잡한 형상에 관계없이 표면 전체를 한번에 가공할 수 있다.

156. 다음 중 정밀입자에 의한 가공이 아닌 것은?

① 호닝   ② 래핑

③ 버핑   ④ 버니싱

[해설] 정밀 입자에 의한 가공에는 래핑(lapping), 호닝(honing), 슈퍼 피니싱, 버핑, 배럴 가공(barrel finishing), 폴리싱(polishing) 등이 있다.

157. NC 공작기계에서 백래시(back-lash)의 오차를 줄이기 위해 사용하는 NC 기구는 어느 것인가?

① 리드 스크루(lead screw)

② 볼 스크루(ball screw)

③ 세트 스크루(set screw)

④ 유니파이 스크루(unified screw)

[해설] 볼 나사(ball screw)의 특징

(1) 나사의 효율이 좋다.

(2) 백래시를 작게 할 수 있다.

(3) 먼지에 의한 마모가 적다.

(4) 윤활에 그다지 주의하지 않아도 된다.

(5) 높은 정밀도를 오래 유지할 수 있다.

(6) 운동용 나사이다.

158. 머시닝 센터에 사용되는 준비 기능(G code) 중 공구 지름 보정(compensation) 기능과 무관한 것은?

① G40   ② G41   ③ G42   ④ G43

[해설] 준비 기능 : G 코드에 연속되는 수치를 입력하고 이 명령에 의해 제어장치는 그 기능을 발휘하기 위한 동작의 준비를 하는 기능

(1) G40 : 공구인선 반지름 보정 취소

(2) G41 : 공구인선 반지름 보정 좌측

(3) G42 : 공구인선 반지름 보정 우측

159. NC 서보기구(servo system)의 형식을 피드백장치의 유무와 검출위치에 따라 분류할 때 그 형식이 아닌 것은?

① 반개방회로방식

② 개방회로방식

③ 반폐쇄회로방식

④ 폐쇄회로방식

[해설] NC 서보기구의 형식(피드백을 실행하는 방법)

(1) 개방회로방식(open loop system)

(2) 폐쇄회로방식(closed loop system)

(3) 반폐쇄회로방식(semi closed loop system)

(4) 하이브리드방식(hybrid system)

160. CNC 프로그램의 주요 기능 중 주축 기능을 나타내는 것은?

① F   ② S

③ T   ④ M

[해설] 프로그래밍의 용어

(1) 준비 기능 : G   (2) 주축 기능 : S

(3) 공구 기능 : T   (4) 보조 기능 : M

(5) 프로그램 번호 : O   (6) 시퀀스 번호 : N

(7) 이송 기능 : F

161. CNC 선반에서 G 기능 중 G01의 의미는?

① 위치결정   ② 직선보간

③ 원호보간   ④ 나사절삭

[해설] CNC 공작기계의 기본 동작

(1) G00 : 위치보간(위치결정/급속이송)

(2) G01 : 직선보간(직선가공/절삭이송)

(3) G02 : 원호보간(시계방향)

(4) G03 : 원호보간(반시계방향)

제**2**장

기계동력학

1. 진동 및 기본 공식

진동(vibration)이란 물체 또는 질점이 외력을 받아 평형 위치에서 요동(oscillation)하거나 떨리는 현상을 말하며, 주기 운동(일정 시간마다 같은 운동이 반복되는 운동)과 비주기 운동(과도운동 및 불규칙운동)을 포함하여 기계나 구조물 등에서 발생되는 대부분의 진동은 응력(stress)의 증가와 더불어 에너지 손실을 일으키므로 바람직하지 않다.

(1) 속도(velocity) V

$$V = \frac{s}{t} = \frac{ds}{dt}\,[\mathrm{m/s}]$$

$$\omega = \frac{d\theta}{dt} = \dot{\theta} = \frac{2\pi N}{60}\,[\mathrm{rad/s}]$$

$$V = \frac{dr}{dt} = \dot{r}\,[\mathrm{m/s}]$$

(2) 가속도(acceleration) a

$$a = \frac{dV}{dt} = \frac{d^2 s}{dt^2} = \ddot{r}\,[\mathrm{m/s^2}]$$

$$각가속도(\alpha) = \frac{d\omega}{dt} = \frac{d^2\theta}{dt^2} = \ddot{\theta}\,[\mathrm{rad/s^2}]$$

$$a_t = \frac{dV}{dt} = \frac{rd\omega}{dt} = r\alpha\,[\mathrm{m/s^2}]$$

$$법선\ 가속도(a_n) = r\omega^2 = \frac{V^2}{r}\,[\mathrm{m/s^2}]$$

$$접선\ 가속도(a_t) = r\alpha\,[\mathrm{m/s^2}]$$

예제 1. 자동차의 엔진이 시동 후 3초에서 1500 rpm으로 회전되었을 때 이 엔진의 각가속도는 얼마인가?

① 150

② 500

③ 25.3

④ 52.3

해설 $\omega = \dfrac{2\pi N}{60} = \dfrac{2\pi \times 1500}{60} = 157 \, \text{rad/s}$

$\alpha = \dfrac{\omega}{t} = \dfrac{157}{3} = 52.3 \, \text{rad/s}^2$

정답 ④

(3) 힘(force) F

$$F = ma \, [\text{N}] \quad (1 \, \text{N} = 1 \, \text{kg} \times 1 \, \text{m/s}^2)$$

$$W = mg \quad (1 \, \text{kgf} = 1 \, \text{kg} \times 9.8 \, \text{m/s}^2 = 9.8 \, \text{N})$$

(4) 일량(work) W

$$W = F \times S \, [\text{N} \cdot \text{m} = \text{J}]$$

(5) 동력(power), 일률(공률)

단위시간(s)당 행한 일량(N·m=J)

$$동력(P) = \frac{일량(W)}{시간(t)} = \frac{F \times S}{t} = F \times V \, [\text{J/s} = \text{W}]$$

(6) 역적(impulse)과 운동량(momentum)

Newton's 운동 제2법칙 $\Sigma F = ma = m\dfrac{dV}{dt}$

$\Sigma F \cdot dt = d(mV)$

∴ 역적(impulse) = 운동량(momentum)

예제 2. 체중이 600 N인 사람이 타고 있는 무게 5 kN의 엘리베이터가 200 m의 케이블에 매달려 있다. 이 케이블을 모두 감아올리는 데 필요한 일은 몇 kJ인가?

① 1120

② 1170

③ 2250

④ 1350

해설 $W = F \times S = (5 + 0.6) \times 200 = 1120 \, \text{kJ}$

정답 ①

예제 3. 전동기가 회전축에 400 J의 토크로 3600 rpm으로 회전할 때 전동기에 공급되는 동력 (kW)은?

① 130.8

② 140.8

③ 150.8

④ 160.8

해설 $T = 9.55 \dfrac{kW}{N} [\text{kJ}]$

$kW = \dfrac{TN}{9.55} = \dfrac{0.4 \times 3600}{9.55} = 150.8 \, \text{kW}$

정답 ③

예제 4. 동력(power)에 대한 설명 중 틀린 것은?

① 단위시간당 행하여진 일의 양과 같다.

② 힘과 속도의 내적(inner product)이다.

③ 토크와 각속도의 내적이다.

④ 단위는 N · m/s²이다.

해설 동력(일률)의 단위는 watt(N · m/s=J/s)이다.

정답 ④

예제 5. 다음 중 물리량의 단위로 옳은 것은?

① 일량 : kg · m/s

② 관성 모멘트 : kg · m²/s

③ 각운동량 : kg · m²/s

④ 각속도 : rad/s²

해설 ① 일량(work) : N · m(J) = kg · m²/s²

② 관성 모멘트 : kg · m²

③ 각운동량(mvr) : kg · m²/s

④ 각속도(ω) : rad/s

정답 ③

예제 6. 물체의 변위 x가 $x = 6t^2 - t^3 [\text{m}]$로 주어졌을 때 최대속도의 크기는 몇 m/s인가? (단, 시간의 단위는 초이다.)

① 10

② 12

③ 14

④ 16

해설 $V = \dfrac{dx}{dt} = 12t - 3t^2 [\text{m/s}]$

$a = \dfrac{dV}{dt} = 12 - 6t [\text{m/s}^2]$

가속도(a)가 0일 때 속도는 최대가 되므로, $0 = 12 - 6t$

$\therefore t = 2 \, \text{s}$

$\therefore V_{\max} = 12 \times 2 - 3(2)^2 = 24 - 12 = 12 \, \text{m/s}$

정답 ②

2. 동력학 기본 이론

(1) 용수철에 연결된 물체의 운동

마찰이 없는 수평면 위에서 움직이고 있는 용수철에 매달린 물체의 운동은 다음과 같이 세 가지 형태가 있다.

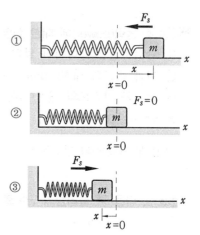

① 물체가 평형 위치로부터 오른쪽으로 변위되었을 때($x>0$), 용수철에 의해 작용한 힘은 왼쪽으로 작용한다.

② 물체가 평형 위치에 있을 때($x = 0$), 용수철에 의해 작용한 힘은 0이다.

③ 물체가 평형 위치로부터 왼쪽으로 변위되었을 때($x<0$), 용수철에 의해 작용한 힘은 오른쪽으로 작용한다.

위의 그림에서 복원력을 F_s라 할 때 이 힘은 항상 평형 위치를 향하고 변위와 반대 방향이기 때문에 $F_s = -kx$[N]의 관계가 성립하는데, 이를 훅의 법칙이라 한다. 물체가 $x = 0$의 오른쪽으로 변위되었을 때 변위는 양(+)이고 복원력은 왼쪽으로 향한다. 물체가 $x = 0$의 왼쪽으로 변위되었을 때 변위는 음(−)이고 복원력은 오른쪽으로 향한다.

x 방향으로 작용하는 알짜힘에 관한 식($F_s = -kx$)에 물체의 운동에 관한 뉴턴의 제2법칙 $\Sigma F_x = ma_x$를 적용하면 다음과 같다.

$$-kx = ma_x (ma_x + k_x = 0)$$

$$\therefore a_x = -\frac{k}{m}x$$

가속도는 평형 위치로부터 물체의 변위에 비례하고 변위와 반대 방향으로 향한다. 이와 같이 운동하는 계를 단순조화 운동(simple harmonic motion)이라 한다. 가속도가 항상 변위에 비례하고 평형 위치로부터 변위에 반대 방향으로 향하면 그 물체는 단순조화 운동을 하게 된다.

(2) 단순조화 운동의 수학적 표현

sin과 cos 함수로 표시하며 반복운동이 시간에 따라 되풀이되는 운동을 조화운동이라 한다(즉 $x = A\sin\omega_n t$, $x = A\cos\omega_n t$로 표기한다).

① 변위$(x)= A\sin(\omega t + \phi)\,[\text{m}]$

② 속도$(v)= \dfrac{dx}{dt}= \omega A\cos(\omega t + \phi)\,[\text{m/s}]$

③ 가속도$(a)= \dfrac{d^2 x}{dt^2}= -\omega^2 A\sin(\omega t + \phi)\,[\text{m/s}^2]$

> **참고** 단순조화 운동 시 최대속도$(V_{\max})$와 최대가속도$(a_{\max})$의 크기
>
> $$V_{\max} = \omega A = \sqrt{\dfrac{k}{m}}\,A\,[\text{m/s}]$$
>
> $$a_{\max} = \omega^2 A = \dfrac{k}{m}\,A\,[\text{m/s}^2]$$

(3) 각진동수(원진동수)

단위시간 동안의 사이클각 $\omega = \dfrac{2\pi}{t} = 2\pi f\left(= \dfrac{\theta}{t}\right)[\text{rad/s}]$

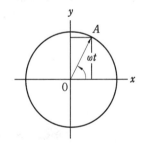 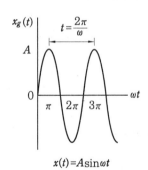 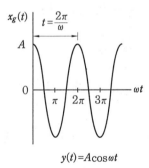

$x(t)=A\sin\omega t$ $y(t)=A\cos\omega t$

① 주기$(T)= \dfrac{2\pi}{\omega} = 2\pi\sqrt{\dfrac{m}{k}}\,[\text{s}]$

② 주파수$(f)= \dfrac{1}{T} = \dfrac{1}{2\pi}\sqrt{\dfrac{k}{m}}\,[\text{Hz}]$

(4) 단진자(simple pendulum) 주기 운동

θ가 작을 때 단진자는 평형 위치$(\theta = 0)$ 주변에서 단조화 운동으로 진동한다. 복원력은 호에 대한 무게의 접선 성분 $-mg\sin\theta$이다.

$$F_t = -mg\sin\theta = m\frac{d^2s}{dt^2}\,[\text{N}]$$

$$\frac{d^2\theta}{dt^2} = -\frac{g}{L}\sin\theta$$

$$\frac{d^2\theta}{dt^2} = -\frac{g}{L}\theta\,(\theta\text{가 작은 경우})$$

$$\ddot{\theta} + \left(\frac{g}{L}\right)\theta = 0 \qquad \ddot{\theta} + \omega^2\theta = 0$$

$$\omega = \sqrt{\frac{g}{L}}\,[\text{rad/s}]$$

$$f = \frac{\omega}{2\pi} = \frac{1}{2\pi}\sqrt{\frac{g}{L}}\,[\text{Hz}]$$

$$T = \frac{2\pi}{\omega} = 2\pi\sqrt{\frac{L}{g}}\,[\text{s}]$$

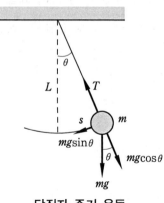

단진자 주기 운동

진동수는 줄의 길이와 중력가속도만의 함수이다.

예제 7. 스프링으로 지지되어 있는 진동계가 있다. 질량에 의한 정적 처짐이 0.7 cm일 때 진동수는 몇 c/s인가?

① 4.26

② 7.62

③ 5.96

④ 6.22

해설 $f = \dfrac{\omega_n}{2\pi} = \dfrac{1}{2\pi}\sqrt{\dfrac{k}{m}}$

$\qquad = \dfrac{1}{2\pi}\sqrt{\dfrac{g}{\delta}} = \dfrac{1}{2\pi}\sqrt{\dfrac{980}{0.7}} = 5.96\,\text{cm}$

정답 ③

예제 8. 단진자의 주기 T가 2s일 때 이 진자의 길이 l은 몇 cm인가?

① 99.5

② 102.2

③ 88.2

④ 72.5

해설 단진자의 주기(T) 구하는 공식에 대입하면

$T = 2\pi\sqrt{\dfrac{l}{g}}\,[\text{s}]$에서

$l = \dfrac{T^2 g}{4\pi^2} = \dfrac{2^2 \times 9.81}{4 \times \pi^2} = 0.995\,\text{m} = 99.5\,\text{cm}$

정답 ①

예제 9. 길이가 L인 단진자에서 길이를 $2L$로 할 때 주기는 몇 배가 되는가?

① $\dfrac{1}{\sqrt{2}}$ ② 2 ③ $\sqrt{2}$ ④ $2\sqrt{3}$

[해설] 단진자에서 주기$(T) = 2\pi\sqrt{\dfrac{L}{g}}$ [s]이므로 $T \propto \sqrt{L}$

$\therefore \dfrac{T_2}{T_1} = \dfrac{\sqrt{2L}}{\sqrt{L}} = \sqrt{2}$ **정답** ③

예제 10. 자동차 운전사가 브레이크를 밟는 순간에 바퀴의 회전이 완전히 멈춘다 하고, 바퀴와 지면 간의 마찰계수가 0.5 라고 가정한다. 시속 72 km로 가는 자동차가 정지하려면 정지점으로부터 최소 약 몇 m 앞에서 브레이크를 밟아야 할까? (단, 중력가속도 $g = 10$ m/s²)

① 10 m ② 20 m ③ 30 m ④ 40 m

[해설] 운동에너지$(\mathrm{KE}) = \dfrac{1}{2}mV^2$과 마찰일량$(W_f) = \mu mgs$은 같다.

$\therefore$ 거리$(s) = \dfrac{V^2}{2\mu g} = \dfrac{\left(\dfrac{72}{3.6}\right)^2}{2 \times 0.5 \times 10} = 40$ m   **정답** ④

(5) 흔들리는 막대(막대 진자 운동)

질량이 M, 길이가 L인 균일한 막대가 그림과 같이 한끝이 고정되어 수직 평면에서 진동한다. 운동의 진폭이 작을 때 진동의 주기를 구해 보면 다음과 같다.

한끝을 통과하는 축에 대한 균일한 막대의 관성 모멘트는 $\dfrac{1}{3}ML^2$이고, 고정된 점으로부터 질량 중심까지의 거리 d는 $\dfrac{L}{2}$이므로

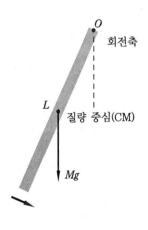

$$\text{주기}(T) = 2\pi\sqrt{\frac{\dfrac{1}{3}ML^2}{Mg\left(\dfrac{L}{2}\right)}} = 2\pi\sqrt{\frac{2L}{3g}}\ [\text{s}]$$

(6) 비틀림 진자(torsional pendulum) : 회전계 운동방정식

비틀림 진자는 다음 그림과 같이 지지대에 연결된 철사에 의해 매달린 강체(선 OP에 대하여 진폭 $\theta_{\max}$)로 구성되어 있다.

질량 관성 모멘트$(\mathrm{J}) = \dfrac{1}{2}mR^2[\text{kg} \cdot \text{m}^2]$

$$T = k_t \theta \,(k_t : \text{비틀림 스프링 상수})$$

$$J\alpha + k_t \theta = 0 \qquad\qquad J\ddot{\theta} + k_t \theta = 0$$

$$\ddot{\theta} + \frac{k_t}{J}\theta = 0 \qquad\qquad \ddot{\theta} + \omega_n^{\,2}\theta = 0$$

$$\omega_n = \sqrt{\frac{k_t}{J}} \ [\text{rad/s}]$$

$$f_n = \frac{\omega_n}{2\pi} = \frac{1}{2\pi}\sqrt{\frac{k_t}{J}} \ [\text{Hz}]$$

$$T = \frac{1}{f_n} = \frac{2\pi}{\omega_n} = 2\pi\sqrt{\frac{J}{k_t}} \ [\text{s}]$$

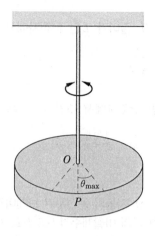

(7) 감쇠 진동(damped oscillations)

저지력이 복원력에 비교하여 작을 때 운동의 진동 특성은 보존되지만 진폭은 시간에 따라 줄어들며 운동은 궁극적으로 멈추게 된다. 이런 식으로 움직이는 계를 감쇠 진동자 (damped oscillators)라고 한다.

감쇠 진동자의 변위 대 시간의 그래프를 보면 시간에 따라 진폭이 감소한다.

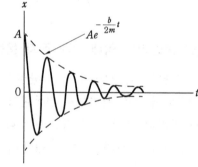

$$x = Ae^{-\frac{b}{2m}t}\cos(\omega t + \phi)$$

$$\text{운동의 각진동수}(\omega) = \sqrt{\frac{k}{m} - \left(\frac{b}{2m}\right)^2}$$

① 임계 감쇠 계수(critical damped coefficient) $c_{cr} = 2\sqrt{mk} = 2m\omega_n$

② 감쇠비(damping ratio) $\zeta = \dfrac{c}{c_c} = \dfrac{c}{2\sqrt{mk}} = \dfrac{c}{2m\omega_n}$

③ 대수감쇠율(δ)$= \dfrac{2\pi\zeta}{\sqrt{1-\zeta^2}}$

④ 감쇠 진동의 종류

   (가) 아임계 감쇠(subcritical damped),

     부족 감쇠(under damped) : $c_{cr} < 2\sqrt{mk}$ 그림 (a)

   (나) 임계 감쇠(critical damped) : $c_{cr} = 2\sqrt{mk}$ 그림 (b)

   (다) 초임계 감쇠(supercritical damped),

     과도 감쇠(over damped) : $c_{cr} > 2\sqrt{mk}$ 그림 (c)

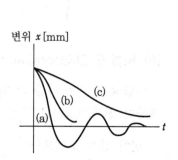

예제 11. 1 자유도계에서 질량을 m, 감쇠계수를 c, 스프링 상수를 k라 할 때 임펄스 응답이 다음 그림과 같기 위한 조건은 ?

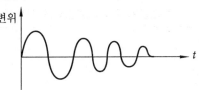

① $c > 2\sqrt{mk}$ ② $c > 2mk$

③ $c < 4mk$ ④ $c < 2\sqrt{mk}$

해설 운동방정식($m\ddot{x} + c\dot{x} + kx = 0$)으로 표시되는 1자유도계에서 부족감쇠(under damping) $C < 2\sqrt{mk}$ 의 상태를 말한다.   정답 ④

예제 12. $2\ddot{x} + 3\dot{x} + 8x = 0$으로 주어지는 진동계에서 대수감쇠율은 ?

① 1.28   ② 2.18

③ 1.58   ④ 2.54

해설 감쇠비$(\zeta) = \dfrac{c}{c_c} = \dfrac{c}{2\sqrt{mk}} = \dfrac{3}{2\sqrt{2 \times 8}} = 0.375$

대수감쇠율$(\delta) = \dfrac{2\pi\zeta}{\sqrt{1-\zeta^2}} = \dfrac{2\pi \times 0.375}{\sqrt{1-(0.375)^2}} = 2.54$ 정답 ④

(8) 반발계수(coefficient of restitution) e

$$e = \frac{충돌\ 후\ 상대속도}{충돌\ 전\ 상대속도} = -\frac{V_1{}' - V_2{}'}{V_1 - V_2} = \frac{V_2{}' - V_1{}'}{V_1 - V_2}$$

① 완전 탄성 충돌($e = 1$) : 충돌 전후의 전체 에너지(운동량 및 운동에너지)가 보존된다.
② 불완전 비탄성 충돌($0 < e < 1$) : 운동량은 보존되고 운동에너지는 보존되지 않는다.
③ 완전 비탄성(소성) 충돌($e = 0$) : 충돌 후 두 질점의 속도는 같다. (충돌 후 반발됨이 없이 한 덩어리가 된다 : 상대속도가 0이다.)

참고 충돌 후 두 물체의 속도($V_1{}'$, $V_2{}'$)

$$V_1{}' = V_1 - \frac{m_2}{m_1 + m_2}(1+e)(V_1 - V_2)\,[\text{m/s}]$$

$$V_2{}' = V_2 + \frac{m_1}{m_1 + m_2}(1+e)(V_1 - V_2)\,[\text{m/s}]$$

(9) 직선진동계와 비틀림진동계

직선진동계와 비틀림진동계의 비교

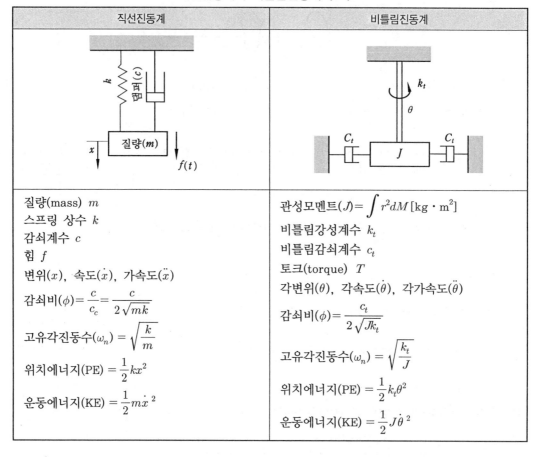

직선진동계	비틀림진동계
질량(mass) m 스프링 상수 k 감쇠계수 c 힘 f 변위(x), 속도($\dot{x}$), 가속도($\ddot{x}$) 감쇠비(ϕ) $= \dfrac{c}{c_c} = \dfrac{c}{2\sqrt{mk}}$ 고유각진동수(ω_n) $= \sqrt{\dfrac{k}{m}}$ 위치에너지(PE) $= \dfrac{1}{2}kx^2$ 운동에너지(KE) $= \dfrac{1}{2}m\dot{x}^2$	관성모멘트(J) $= \displaystyle\int r^2 dM\,[\mathrm{kg \cdot m^2}]$ 비틀림강성계수 k_t 비틀림감쇠계수 c_t 토크(torque) T 각변위(θ), 각속도($\dot{\theta}$), 각가속도($\ddot{\theta}$) 감쇠비(ϕ) $= \dfrac{c_t}{2\sqrt{Jk_t}}$ 고유각진동수(ω_n) $= \sqrt{\dfrac{k_t}{J}}$ 위치에너지(PE) $= \dfrac{1}{2}k_t\theta^2$ 운동에너지(KE) $= \dfrac{1}{2}J\dot{\theta}^2$

(10) 비감쇠 자유 진동

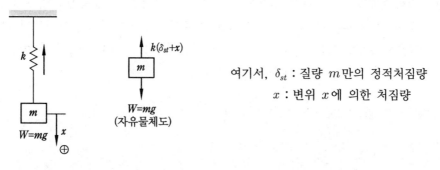

여기서, δ_{st} : 질량 m만의 정적처짐량

x : 변위 x에 의한 처짐량

$\Sigma F_y = m\ddot{x}$ 에서 $W - k(\delta_{st} + x) = m\ddot{x}$, $W = mg = k\delta_{st}\,[\mathrm{N}]$

$$\therefore \ m\ddot{x} + kx = 0, \quad \ddot{x} + \frac{k}{m}x = 0, \quad \ddot{x} + \omega_n^2 x = 0$$

(11) 감쇠 자유 진동

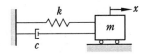

$$\Sigma F_x = m\ddot{x} \text{에서} \ -kx - c\dot{x} = m\ddot{x},$$

$$m\ddot{x} + c\dot{x} + kx = 0, \ \ddot{x} + \frac{c}{m}\dot{x} + \frac{k}{m}x = 0$$

(12) 등가(상당) 스프링 상수(k_{eq})

① 직렬연결

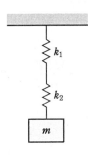

$$\frac{1}{k_{eq}} = \frac{1}{k_1} + \frac{1}{k_2}$$

$$\therefore k_{eq} = \frac{1}{\dfrac{1}{k_1} + \dfrac{1}{k_2}} = \frac{k_1 k_2}{k_1 + k_2}\,[\text{N/m}]$$

② 병렬연결

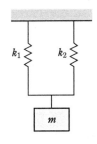

$$k_{eq} = k_1 + k_2\,[\text{N/m}]$$

③ 외팔보(cantilever beam)

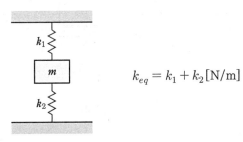

$$(\text{beam}) \ k' = \frac{W}{\delta} = \frac{W}{\dfrac{WL^3}{3EI}} = \frac{3EI}{L^3}$$

$$\frac{1}{k_{eq}} = \frac{1}{k'} + \frac{1}{k} = \frac{k + k'}{kk'}\,[\text{N/m}]$$

$$\therefore k_{eq} = \frac{kk'}{k + k'} = \frac{k \times \dfrac{3EI}{L^3}}{k + \dfrac{3EI}{L^3}} = \frac{3EIk}{3EI + kL^3}$$

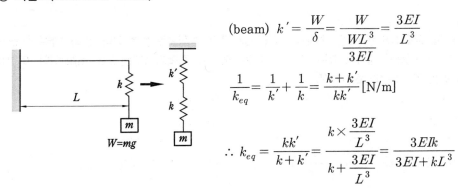

④ 단순보(simple beam)

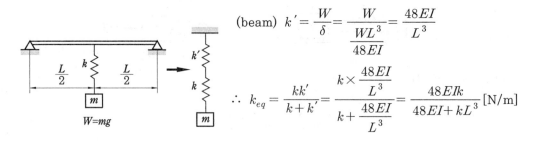

$$(\text{beam}) \ k' = \frac{W}{\delta} = \frac{W}{\dfrac{WL^3}{48EI}} = \frac{48EI}{L^3}$$

$$\therefore \ k_{eq} = \frac{kk'}{k+k'} = \frac{k \times \dfrac{48EI}{L^3}}{k + \dfrac{48EI}{L^3}} = \frac{48EIk}{48EI + kL^3} \,[\text{N/m}]$$

⑤ 양단고정보(fixed beam)

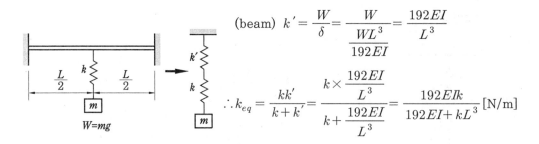

$$(\text{beam}) \ k' = \frac{W}{\delta} = \frac{W}{\dfrac{WL^3}{192EI}} = \frac{192EI}{L^3}$$

$$\therefore k_{eq} = \frac{kk'}{k+k'} = \frac{k \times \dfrac{192EI}{L^3}}{k + \dfrac{192EI}{L^3}} = \frac{192EIk}{192EI + kL^3} \,[\text{N/m}]$$

예제 13. 다음 그림과 같은 진동계에서 등가 스프링 상수는 얼마인가?

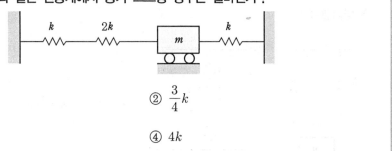

① $\dfrac{2}{5}k$ 　　　　　　② $\dfrac{3}{4}k$

③ $\dfrac{5}{3}k$ 　　　　　　④ $4k$

해설 등가 스프링 상수$(k_{eq}) = k + \dfrac{k \times 2k}{k+2k} = \dfrac{5}{3}k$ 　　　　**정답** ③

예제 14. 밀도 0.8 g/cm³인 액체가 채워진 U자 관이 수직으로 놓여 있다. 관의 지름은 1 cm로 균일하며 액체가 채워져 있는 부분의 길이는 50 cm, 중력가속도는 9.81 m/s²이다. 이 액체의 진동 주기는 몇 초인가?

① 0.89 　　　　　　② 1.00

③ 1.42 　　　　　　④ 1.50

해설 $\sum F_x = m\ddot{x} - 2A\gamma x = \dfrac{A\gamma l}{g}\ddot{x}$ 　$\ddot{x} + \dfrac{2g}{l}x = 0$(선형 2계 미분방정식)

$$\text{고유진동수}(f_n) = \frac{1}{2\pi} \sqrt{\frac{2g}{l}}$$

$$\therefore \text{주기}(T) = \frac{1}{f_n} = 2\pi \sqrt{\frac{l}{2g}} = 2\pi \sqrt{\frac{0.5}{2 \times 9.81}} \fallingdotseq 1.00 \text{ s} \qquad \boxed{\text{정답}} \ \text{②}$$

[예제] **15.** $m\ddot{x} + c\dot{x} + kx = 0$으로 나타나는 감쇠자유진동에서 임계감쇠(critical damping) 가 되는 조건은?

① $c = 2\sqrt{mk}$
② $c > 2\sqrt{mk}$
③ $c < 2\sqrt{mk}$
④ $c \le 2\sqrt{mk}$

[해설] $m\ddot{x} + c\dot{x} + kx = 0$ 상수계수를 갖는 선형 미분 방정식은

그 해를 $x = Be^{rt}$ (put), $x = Be^{rt} \left[mr^2 + cr + k \right] = 0$

$B = 0$, $mr^2 + cr + k = 0$ $r_{1,\,2} = \dfrac{-c \pm \sqrt{c^2 - 4mk}}{2m}$

임계감쇠계수(critical damping coefficient)는 평방근의 값이 0이 되게 하는 c값이다.

$\therefore c = 2\sqrt{mk}$ (임계감쇠계수는 진동이 일어나지 않는 최소의 감쇠량을 나타낸다.) $\boxed{\text{정답}}$ ①

[예제] **16.** 스프링과 질량으로 구성된 계에서 스프링 상수를 k, 링의 질량을 m_s, 질량을 M 이라 할 때 고유진동수는?

① $\dfrac{1}{2\pi} \sqrt{k/(M + m_s)}$

② $\dfrac{1}{2\pi} \sqrt{k \bigg/ \left(M + \dfrac{1}{2} m_s \right)}$

③ $\dfrac{1}{2\pi} \sqrt{k \bigg/ \left(M + \dfrac{1}{3} m_s \right)}$

④ $\dfrac{1}{2\pi} \sqrt{k \bigg/ \left(M + \dfrac{1}{4} m_s \right)}$

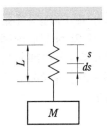

[해설] 고유진동수$(f_n) = \dfrac{1}{T} = \dfrac{1}{2\pi} \sqrt{k \bigg/ \left(M + \dfrac{1}{3} m_s \right)}$ $\boxed{\text{정답}}$ ③

[예제] **17.** 감쇠비 ζ의 값이 극히 작을 때 대수감쇠율을 바르게 표시한 것은?

① $2\pi\zeta$
② $2\pi^2 \zeta \sqrt{1 - \zeta^2}$
③ $2\pi^2 \zeta / 1 - \zeta^2$
④ $2\pi / \sqrt{1 - \zeta^2}$

[해설] 대수감쇠율$(\delta) = \dfrac{2\pi\zeta}{\sqrt{1 - \zeta^2}} \fallingdotseq 2\pi\zeta$ (미소량의 고차항 $\zeta^2 = 0$) $\boxed{\text{정답}}$ ①

예제 18. $m = 18\,\text{kg}$, $k = 50\,\text{N/cm}$, $c = 0.6\,\text{N} \cdot \text{s/cm}$인 1자유도 점성감쇠계가 있다. 이 진동계의 감쇠비는?

① 0.1 ② 0.20 ③ 0.33 ④ 0.50

해설 진동계 감쇠비$(\zeta) = \dfrac{c}{c_c} = \dfrac{c}{2\sqrt{mk}} = \dfrac{0.6 \times 100}{2\sqrt{18 \times 50 \times 100}} = 0.1$

정답 ①

예제 19. 다음 중 감쇠의 종류가 아닌 것은?

① hysteresis damping ② coulomb damping
③ viscous damping ④ critical damping

해설 진동의 진폭이 점차적으로 감소되어 가는 과정을 감쇠(damping)라고 하며 유체감쇠로서는 점성감쇠(viscous damping) 또는 난류(turbulent flow)로 기인하는 것이 있다. 점성감쇠에서는 마찰력이 속도에 비례한다. 난류감쇠에서 힘은 속도의 제곱에 비례한다. 건마찰 또는 쿨롱 감쇠(coulomb damping)에서는 감쇠력이 일정하다. 고체감쇠나 히스테리 감쇠(hysteric damping)는 고체가 변형될 때 내부마찰이나 히스테리시스에 의해서 생긴다. 임계감쇠(critical damping)는 감쇠의 종류가 아니고 조건해이다.

즉, c_{α}(임계감쇠계수) $= \sqrt{4mk} = 2m\,\omega_n$

정답 ④

예제 20. 압축된 스프링으로 100 g의 추를 밀어 올려 위에 있는 종을 치는 완구를 설계하려고 한다. 그림의 상태는 스프링이 압축되지 않은 상태이며 추가 종을 치게 될 때 스프링과 추는 분리된다. 또한 중력은 아래로 작용하고 봉의 질량은 무시할 수 있을 때 스프링 상수가 80 N/m라면 종을 치게 하기 위한 최소의 압축량은 몇 cm인가?

① 8.5 cm ② 9.9 cm
③ 10.6 cm ④ 12.4 cm

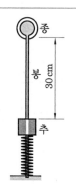

해설 $u = \dfrac{1}{2}k\delta = mg(h + \delta)$, $40\delta^2 - 0.98\delta - 0.294 = 0$ (근의 공식에 대입)

$\delta = \dfrac{-b \pm \sqrt{b^2 - 4ac}}{2a} = \dfrac{0.98 + \sqrt{0.98^2 + 4 \times 40 \times 0.294}}{2 \times 40} = 0.099\,\text{m} = 9.9\,\text{cm}$

정답 ②

(13) 맥놀이(beat) 현상

맥놀이 현상은 주파수가 서로 비슷한 두 음이 중첩되어 간섭할 때 두 주파수의 평균주파수(중간주파수)의 소리로 들리며 주기적으로 커졌다 작아졌다 반복되는 현상으로 울림 현상이라고도 한다. 반복되는 비트(beat) 주기는 두 주파수의 차이가 작을수록 길어진다.

$$x_1 = A\sin\omega_1 t, \ \ x_2 = A\sin\omega_2 t$$

① 울림진동수(beat frequency) f_b

$$f_b = f_{b_2} - f_{b_1} = \frac{\omega_2 - \omega_1}{2\pi}\,[\text{Hz}]$$

② 울림주기(beat period) T_b

$$T_b = \frac{1}{f_b} = \frac{2\pi}{\omega_2 - \omega_1}\,[\text{s}]$$

(14) 비감쇠 강제 진동

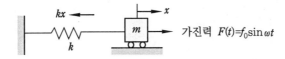

$$\Sigma F_x = m\ddot{x}\text{에서} \ -kx + F(t) = m\ddot{x}, \ \ m\ddot{x} + kx = F(t)$$

$$\therefore \ m\ddot{x} + kx = f_0 \sin\omega t$$

여기서, f_0 : 최대가진력(N), k : 스프링 상수(N/m)

(15) 감쇠 강제 진동

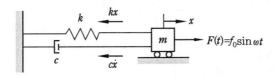

$$\Sigma F_x = m\ddot{x}\text{에서} \ -kx - c\dot{x} + F(t) = m\ddot{x}, \ \ m\ddot{x} + c\dot{x} + kx = F(t)$$

$$\therefore \ m\ddot{x} + c\dot{x} + kx = f_0 \sin\omega t$$

여기서, f_0 : 최대가진력(N), c : 감쇠계수(N·s/m)

(16) 전달률(transmissibility) TR

얼마만큼의 힘을 주어서 전달되는가를 알려주는 물성치

$$\text{전달률}(TR) = \frac{\text{최대전달력}(F_{tr})}{\text{최대가진력}(f_0)}$$

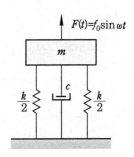

참고 감쇠계수 c[N·s/m]가 무시되는 경우

$$TR = \frac{1}{1-\gamma^2} \quad 진동수비(\gamma) = \frac{\omega}{\omega_n}$$

여기서, $\omega = \frac{2\pi N}{60}$[rad/s], $\omega_n = \sqrt{\frac{k}{m}} = \sqrt{\frac{g}{\delta_{st}}}$[rad/s]

① 정상상태에서의 진폭$(X) = \dfrac{f_0}{\sqrt{(k-m\omega^2)^2 + (c\omega)^2}} = \dfrac{f_0/k}{\sqrt{(1-\gamma^2)^2 + (2\zeta\gamma)^2}}$

  (가) 최대진폭$\left(\dfrac{dX}{d\gamma} = 0\right)$을 만족시키는 진동수비$(\gamma)$

$$\gamma = \frac{\omega}{\omega_n} = \sqrt{1-2\zeta^2}$$

  (나) 공진진폭(X)

$$X = \frac{f_0}{c\omega_n}$$

② 정상상태에서의 위상각$(\phi) = \tan^{-1}\left(\dfrac{c\omega}{k-m\omega^2}\right)$

$$\tan\phi = \frac{c\omega}{k-m\omega^2} = \frac{\dfrac{c\omega}{k}}{1-\dfrac{m\omega^2}{k}} = \frac{\dfrac{c\omega}{k}}{1-\left(\dfrac{\omega}{\omega_n}\right)^2} = \frac{\dfrac{c\omega}{k}}{1-\gamma^2}$$

$$= \frac{\omega\left(\dfrac{2\zeta}{\omega_n}\right)}{1-\gamma^2} = \frac{2\gamma\zeta}{1-\gamma^2}$$

  단, $\omega_n = \sqrt{\dfrac{k}{m}}$ 에서 $\omega_n^2 = \dfrac{k}{m}\,(k = m\omega_n^2)$

참고 전달률(TR)과 진동수비(γ)의 관계

진동수비$(\gamma) = 1$이면 즉 $\omega = \omega_n$이면 공진이 일어난다.

① 전달률$(TR) > 1$이면 진동수비$(\gamma) = \dfrac{\omega}{\omega_n} < \sqrt{2}$ (감쇠비 증가)

② 전달률$(TR) = 1$이면 진동수비$(\gamma) = \dfrac{\omega}{\omega_n} = \sqrt{2}$ (임계값)

③ 전달률$(TR) < 1$이면 진동수비$(\gamma) = \dfrac{\omega}{\omega_n} > \sqrt{2}$ (감쇠비 감소 : 진동절연)

[예제] 21. 2000 kg의 트럭이 평탄한 도로를 20 m/s의 속도로 달리다가 브레이크가 작동되어 일정하게 감속하여 정지하였다. 정지할 때까지 움직인 거리가 15 m이면 이 차량의 감가속도는 몇 m/s²인가?

① 10.3 ② 11.3 ③ 12.3 ④ 13.3

[해설] $V^2 - V_0^2 = 2as$ (초기속도 $V_0 = 0$)

$$\therefore a = \frac{V^2}{2s} = \frac{20^2}{2 \times 15} = 13.3 \, \mathrm{m/s^2}$$

[정답] ④

[예제] 22. 회전속도가 2000 rpm인 원심 팬이 있다. 방진고무로 탄성 지지시켜 진동 전달률을 0.3으로 하고자 할 때, 정적 수축량은 약 몇 mm인가? (단, 방진고무의 감쇠계수는 영으로 가정한다.)

① 0.71 ② 0.97 ③ 1.41 ④ 2.20

[해설] 전달률$(TR) = \dfrac{1}{\left|1 - \left(\dfrac{\omega}{\omega_n}\right)^2\right|} = \dfrac{1}{|1 - \gamma^2|}$

$$|1 - \gamma^2| = \frac{1}{TR} = \frac{1}{0.3} = 3.33$$

$$\gamma^2 = \left(\frac{\omega}{\omega_n}\right)^2 = 4.33, \quad \frac{\omega}{\omega_n} = 2.08$$

$$\omega = \frac{2\pi N}{60} = \frac{2\pi \times 2000}{60} = 209.44 \, \mathrm{rad/s}$$

$\omega_n = \sqrt{\dfrac{k}{m}} = \sqrt{\dfrac{g}{\delta}}$ 에서 $\delta = \dfrac{g}{\omega_n^2} = \dfrac{9800}{\left(\dfrac{209.44}{2.08}\right)^2} = 0.97 \, \mathrm{mm}$

[정답] ②

[예제] 23. 그림과 같은 감쇠 강제 진동의 특별해는 $x(t) = X\cos(\omega t - \phi)$이다. 이때 진동수비 $\gamma = 1$, 감쇠비 $\zeta = \dfrac{1}{2}$이고, $\dfrac{f_0}{k} = 2$ cm이면 정상진동의 진폭 X는 몇 cm인가?

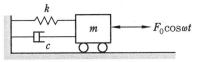

① 0.5

② $\dfrac{4}{\sqrt{3}}$

③ 2

④ $2\sqrt{2}$

[해설] 정상상태 진폭$(X) = \dfrac{f_0/k}{\sqrt{(1-\gamma^2)^2 + (2\zeta\gamma)^2}} = \dfrac{2}{\sqrt{(1-1^2)^2 + \left(2 \times \dfrac{1}{2} \times 1\right)^2}} = 2\,\mathrm{cm}$ [정답] ③

예제 24. 그림과 같이 진동계에 가진력 $F(t)$가 작용한다. 바닥으로 전달되는 힘의 최대 크기가 F_1보다 작기 위한 조건은? (단, $\omega_n = \sqrt{\dfrac{k}{m}}$)

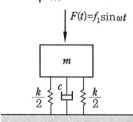

$$F(t)=f_1\sin\omega t$$

① $\dfrac{\omega}{\omega_n} < 1$ ② $\dfrac{\omega}{\omega_n} > 1$

③ $\dfrac{\omega}{\omega_n} > \sqrt{2}$ ④ $\dfrac{\omega}{\omega_n} < \sqrt{2}$

[해설] 전달률(TR)과 진동수비$\left(\gamma = \dfrac{\omega}{\omega_n}\right)$의 관계

(1) $TR = 1$이면 $\gamma = \sqrt{2}$

(2) $TR < 1$이면 $\gamma > \sqrt{2}$

(3) $TR > 1$이면 $\gamma < \sqrt{2}$

전달률(TR) $= \dfrac{\text{최대전달력}(F_{tr})}{\text{최대가진력}(f_0)}$ 에서 $F_{tr} < F_1$이 되려면

$TR < 1$ 즉, $\gamma = \dfrac{\omega}{\omega_n} > \sqrt{2}$ [정답] ③

예제 25. 공이 수직 상방향으로 9.81 m/s의 속도로 던져졌을 때 최대 도달 높이는 몇 m인가?

① 4.91 ② 9.81

③ 14.72 ④ 19.62

[해설] $h = \dfrac{V_0^2}{2g} = \dfrac{9.81^2}{2 \times 9.81} \fallingdotseq 4.91\text{m}$ [정답] ①

출제 예상 문제

1. $x = A\sin(\omega t + \phi)$의 단순조화 운동에서 위상각은?

① ωt 　　　　② $\omega t + \phi$

③ ϕ 　　　　④ $\sin(\omega t + \phi)$

해설 A는 진폭, ω는 각진동수, ϕ는 초기위상이며, t는 시간을 표시하므로 위상각에 해당되는 것은 $\omega t + \phi$이다.

2. 진동수 f, 각속도(원진동수) ω, 주기 T의 상호관계식을 바르게 나타낸 것은?

① $2\pi f = \omega$ 　　　　② $T = \dfrac{\omega}{2\pi}$

③ $2\pi\omega = f$ 　　　　④ $f = \dfrac{\omega}{\pi}$

해설 주기마다 운동이 반복되므로 주기운동에서 $\omega T = 2\pi$가 되면 변위는 반복해서 나타나므로, $T = \dfrac{1}{f}$에서 $2\pi f = \omega$가 성립된다.

3. 스프링으로 지지되어 있는 어느 물체가 매분 120회를 반복하면서 상하운동을 한다면 운동이 조화운동이라고 가정하였을 때, 각속도와 진동수는?

① $6.28\,\mathrm{rad/s}$, $0.5\,\mathrm{cps}$

② $62.8\,\mathrm{rad/s}$, $2\,\mathrm{cps}$

③ $12.56\,\mathrm{rad/s}$, $0.5\,\mathrm{cps}$

④ $12.56\,\mathrm{rad/s}$, $2\,\mathrm{cps}$

해설 $\omega = \dfrac{2\pi N}{60} = \dfrac{2\pi \times 120}{60} = 12.56\,\mathrm{rad/s}$

$f = \dfrac{\omega}{2\pi} = \dfrac{12.56}{2\pi} = 2\,\mathrm{Hz(cps)}$

4. 어느 물체가 10 mm와 16 mm 사이를 상하로 조화운동을 매분 60회 하였을 때, 이

운동의 진폭과 가속도 진폭은?

① $6\,\mathrm{mm}$, $6.28\,\mathrm{mm/s^2}$

② $3\,\mathrm{mm}$, $12.56\,\mathrm{mm/s^2}$

③ $6\,\mathrm{mm}$, $12.56\,\mathrm{mm/s^2}$

④ $3\,\mathrm{mm}$, $118.3\,\mathrm{mm/s^2}$

해설 $16 - 10 = 6\,\mathrm{mm}$이므로 진폭은 반인 3 mm,

$\omega = \dfrac{2\pi N}{60} = \dfrac{2\pi \times 60}{60} = 2\pi = 6.28\,\mathrm{rad/s}$

가속도 진폭은

$A\omega^2 = 3 \times 6.28^2 = 118.3\,\mathrm{mm/s^2}$

5. $x = Ae^{j\omega t}$의 조화운동의 가속도는 어떻게 표시되며 위상은 몇 rad 전진하는가?

① $j\omega Ae^{j\omega t}$, $\dfrac{\pi}{2}$

② $(j\omega)^2 Ae^{j\omega t}$, $\dfrac{\pi}{2}$

③ $(j\omega)^2 Ae^{j\omega t}$, π

④ $j\omega Ae^{j\omega t}$, π

해설 $x = Ae^{j\omega t}$를 두 번 미분하면 가속도가 구해지며 $\ddot{x} = (j\omega)^2 Ae^{j\omega t} = -\omega^2 Ae^{j\omega t}$가 되면 한 번 미분할 때마다 위상은 $\dfrac{\pi}{2}\,\mathrm{rad}$ 만큼 전진하게 된다.

6. 1점에 $x_1 = 2\sin(2\pi \times 50)t$와 $x_2 = 3\cos(2\pi \times 49)t$의 진동이 동시에 작용했을 때 울림(beat)의 진동수와 최대진폭은?

① $1\,\mathrm{cps}$, $5\,\mathrm{mm}$ 　　② $1\,\mathrm{cps}$, $1\,\mathrm{mm}$

③ $2\,\mathrm{cps}$, $5\,\mathrm{mm}$ 　　④ $2\,\mathrm{cps}$, $1\,\mathrm{mm}$

해설 $f_b = \dfrac{\omega_1 - \omega_2}{2\pi} = 1\,\mathrm{cps}$이며 최대진폭은 2진동의 진폭의 합의 절댓값을 취해야 하므

정답 1. ②　2. ①　3. ④　4. ④　5. ③　6. ①

로 $|2+3|=5\,\text{mm}$ 이다.

7. $x=Ae^{j(\omega t+\phi)}$ 로 표시된 조화진동의 복소진폭은 다음 중 어느 것인가?

① A ② $Ae^{j\phi}$

③ $Ae^{j\omega t}$ ④ A

[해설] $x=Ae^{j(\omega t+\phi)}$ 를 $x=Ce^{j\omega t}$ 의 형태로 표시하면 $C=Ae^{j\phi}$ 가 된다. 따라서 C 는 진폭과 초기위상을 포함하며 이를 복소진폭이라고 한다.

8. 다음 중 진폭변조에 해당하는 식은 어느 것인가?

① $x=\{A_0+A_m\sin(\omega_m t+\phi_m)\}\sin(\omega_0 t+\phi_0)$

② $x=A_0\sin(\omega_0 t+\phi_0)$

③ $x=A_0\sin\left\{\omega_0 t-\dfrac{\omega_f}{\omega_m}\cos(\omega_w t+\phi_m)+\phi_0\right\}$

④ $x=A_0\sin\omega_0 t$

[해설] 진폭이 일정하지 않고 시간과 더불어 조화진동적으로 변하는 항을 가지고 있는 식은 $x=\{A_0+A_m\sin(\omega_m t+\phi_m)\}\sin(\omega_0 t+\phi_0)$ 이며 나머지는 진폭이 A_0 로서 일정하다.

9. 최대 가속도가 $720\,\text{cm/s}^2$, 매분 480 사이클의 진동수로서 조화운동을 하고 있는 물체의 진동의 진폭은 얼마인가?

① 2.85 mm   ② 5.7 mm

③ 11.4 mm   ④ 85.5 mm

[해설] $\sigma_{\max}=A\omega^2=720\,\text{cm/s}^2$

$\omega=\dfrac{2\pi N}{60}=\dfrac{2\pi\times480}{60}=50.24\,\text{rad/s}$

$A=\dfrac{720}{\omega^2}=\dfrac{720}{50.24^2}=0.285\,\text{cm}=2.85\,\text{mm}$

10. 주어진 조화운동이 9 cm의 진폭, 2초의 주기를 가지고 있다. 최대속도는 얼마인가?

① 14.2 cm/s   ② 28.3 cm/s

③ 56.6 cm/s   ④ 84.9 cm/s

[해설] $T=2\text{s}$ 이므로 $f=\dfrac{1}{T}=0.5\,\text{Hz(cps)}$ 이며,

$\omega=2\pi f=2\pi\times0.5=\pi\,\text{rad/s}$,

$\therefore\ V_{\max}=A\omega=9\times\pi=28.3\,\text{cm/s}$

11. 합성진동 $x=A\cos\omega t+A\cos(\omega+\epsilon)t$ 에서 울림(beat)의 진동수는 어느 것이 옳은가?

① $\dfrac{\omega+\epsilon}{2\pi}$ ② $\dfrac{\epsilon}{2\pi}$

③ $\dfrac{\omega}{2\pi}$ ④ $\dfrac{\omega-\epsilon}{2\pi}$

[해설] $\epsilon\ll\omega$ 인 경우, 합성진동은 울림 현상이 일어나며, 진폭은 0에서 $2A$ 사이를 $\dfrac{2\pi}{\epsilon}$ 의 주기로 변한다. 이때 울림의 진동수는 $\dfrac{\omega+\epsilon}{2\pi}-\dfrac{\omega}{2\pi}=\dfrac{\epsilon}{2\pi}$ 이 된다.

12. 2개의 조화진동이 합성되어 울림(beat) 현상이 일어나는 경우는?

① 2개의 진동 진폭이 다를 때

② 2개의 진동 각진동수가 약간 다를 때

③ 2개의 진동 속도가 약간 다를 때

④ 2개의 진동 가속도가 약간 다를 때

[해설] 2개의 진동이 합성할 때 각진동수가 약간 다르면 울림 현상이 발생한다.

13. 그림과 같은 진동계의 운동방정식을 세울 때 진동계의 주기는?

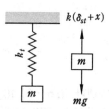

① $\dfrac{2\pi}{m}$ ② $\dfrac{2\pi}{k}$ ③ $\dfrac{2\pi}{\omega_n}$ ④ $\dfrac{2\pi}{mk}$

해설 $m\ddot{x} = -k(\delta_{st}+x)+mg$,

$mg = \delta_{st}k$ 이므로 $m\ddot{x} + kx = 0$

$\ddot{x} + \dfrac{k}{m}x = 0$

$\ddot{x} + \omega_n^2 x = 0 \left(\omega_n = \sqrt{\dfrac{k}{m}} \right)$

∴ 주기$(T) = \dfrac{2\pi}{\omega_n} = 2\pi\sqrt{\dfrac{m}{k}}$ [s]

14. 그림과 같이 원판이 비틀림 진동을 할 때 진동수는 얼마가 되는가?

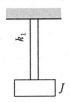

① $\dfrac{1}{2\pi}\sqrt{\dfrac{k_t}{J}}$ ② $2\pi\sqrt{\dfrac{k_t}{J}}$

③ $\dfrac{1}{2\pi}\cdot\dfrac{J}{k_t}$ ④ $2\pi\dfrac{k_t}{J}$

해설 $J\dfrac{d^2\theta}{dt^2} = -k_t\theta$ 이므로 $\ddot{\theta} + \dfrac{k_t}{J}\theta = 0$

$(\ddot{\theta} + \omega\theta = 0)$

$\omega = \sqrt{\dfrac{k_t}{J}}$, $f = \dfrac{1}{2\pi}\sqrt{\dfrac{k_t}{J}}$ [Hz]

15. 그림과 같이 k_1과 k_2의 스프링상수를 가진 2개의 스프링을 병렬로 연결했을 때 등가 스프링상수는 얼마인가?

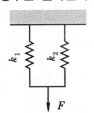

① $k_1 k_2$ ② $k_1 + k_2$

③ $\dfrac{1}{k_1} + k_2$ ④ $k_1 + \dfrac{1}{k_2}$

해설 늘어난 길이 x는 일정하므로

$F_1 = k_1 x$, $F_2 = k_2 x$

$F = F_1 + F_2 = (k_1 + k_2)x$

∴ 등가 스프링상수(k_{eq})

$= \dfrac{F}{x} = k_1 + k_2$[N/cm]

16. 그림과 같이 k_1과 k_2의 스프링상수를 가진 2개의 스프링을 직렬로 연결했을 때 등가 스프링상수는 얼마인가?

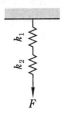

① $\dfrac{1}{k_1} + \dfrac{1}{k_2}$ ② $k_1 + k_2$

③ $\dfrac{k_1 k_2}{k_1 + k_2}$ ④ $\dfrac{k_1 + k_2}{k_1 k_2}$

해설 전달되는 힘은 같으나 늘어나는 길이는 각각 다르게 나타난다.

$F = k_1 x_1 = k_2 x_2$

$x = x_1 + x_2 = \dfrac{F}{k_1} + \dfrac{F}{k_2} = F\left(\dfrac{1}{k_1} + \dfrac{1}{k_2}\right)$

∴ $k_{eq} = \dfrac{F}{x} = \dfrac{1}{1/k_1 + 1/k_2}$

$= \dfrac{k_1 k_2}{k_1 + k_2}$[N/cm]

17. 중앙에 집중하중을 가지는 단순보가 그림과 같이 지지되어 있다. 보의 질량을 무시한다면 이 계의 고유 원진동수는?

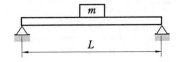

① $\sqrt{\dfrac{24EI}{mL^2}}$ ② $\dfrac{24EI}{mL}$

③ $\sqrt{\dfrac{48EI}{mL^3}}$ ④ $\dfrac{48EI}{mL^3}$

[해설] 보의 처짐은 $\delta = \dfrac{PL^3}{48EI}$이며, 처짐이 작

을 때 $k = \dfrac{P}{\delta}$이므로 $k = \dfrac{48EI}{L^3}$가 된다.

$\therefore \omega_n = \sqrt{\dfrac{k}{m}} = \sqrt{\dfrac{48EI}{mL^3}}$ [rad/s]

18. 작은 변위에는 거의 일정한 장력을 받고 있는 줄이 그림과 같이 질량 m을 지지하고 있다. 수직 진동의 고유 원진동수의 크기는?

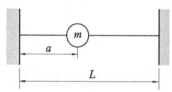

① $\sqrt{\dfrac{TL}{a(L-a)}}$

② $\sqrt{\dfrac{T}{m(L-a)}}$

③ $\sqrt{\dfrac{TL}{m(L-a)}}$

④ $\sqrt{\dfrac{TL}{ma(L-a)}}$

[해설] 장력의 수직성분은

$T\left[\dfrac{x}{a} + \dfrac{x}{(L-a)}\right]$이므로

운동방정식은 $m\ddot{x} + T\left(\dfrac{x}{a} + \dfrac{x}{L-a}\right) = 0$,

$m\ddot{x} + T\left[\dfrac{L}{a(L-a)}\right]x = 0$

$\therefore \omega_n = \sqrt{\dfrac{TL}{ma(L-a)}}$ [rad/s]

19. 진동수 5 cps로 상하 진동을 하고 있는 수평대 위에 놓인 물체가 대 위로 튀지 않으려면 진폭은 얼마 이하로 해야 하는가?

① 5 mm   ② 9.93 mm

③ 15.32 mm   ④ 21.93 mm

[해설] 진동에 의한 최대가속도 $\ddot{x}_{max}$가 g보다 작아야만 대 위로 물체가 튀지 않는다. 그러므로, $\ddot{x}_{max} < g$

$\ddot{x}_{max} = A\omega^2 = A \times (5 \times 2\pi)^2 = 100\pi^2 A$

$\therefore A < \dfrac{g}{100\pi^2} = 9.93\,\text{mm}$

20. 반지름 r, 질량 m인 균질 반원판의 중앙이 그림과 같이 자유스럽게 움직일 수 있도록 지지되어 있다. 작은 변위로 진동할 때 고유 원진동수는?

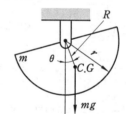

① $\sqrt{\dfrac{8g}{3r\pi}}$ ② $\sqrt{\dfrac{8g}{3\pi}}$

③ $\sqrt{\dfrac{8g}{3r}}$ ④ $\sqrt{\dfrac{8gr}{3}}$

[해설] $J_0 = \dfrac{1}{2}mr^2$이며 원판 중심에서 질량 중심까지의 거리(반원의 도심) $R = \dfrac{4r}{3\pi}$이고 복원 토크는 $mgR\sin\theta$이므로 운동방정식은 $\left(\dfrac{1}{2}mr^2\right)\ddot{\theta} = -mgR\sin\theta$, θ가 작을

때 $\sin\theta \fallingdotseq 0$이므로 $\ddot{\theta} + \left(\dfrac{8g}{3r\pi}\right)\theta = 0$

$\therefore \omega_n = \sqrt{\dfrac{8g}{3r\pi}}$ [rad/s]

정답 **18.** ④   **19.** ②   **20.** ①

21. 그림과 같은 계의 진동수는 얼마인가? (스프링상수는 k이고, 풀리는 마찰이 없으며 질량은 무시한다.)

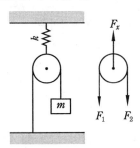

① $\dfrac{1}{2\pi}\sqrt{\dfrac{k}{m}}$　　② $\sqrt{\dfrac{k}{4m}}$

③ $\sqrt{\dfrac{k}{2m}}$　　④ $\dfrac{1}{4\pi}\sqrt{\dfrac{k}{m}}$

해설 $F_2 = 2F_1 = k\left(\dfrac{x}{2}\right) + 2W$

$W - F_1 = m\ddot{x},\quad W - \dfrac{k\dfrac{x}{2} + 2W}{2} = m\ddot{x},$

$2W - \dfrac{kx}{4} + 2W = m\ddot{x}\left(\ddot{x} = \dfrac{kx}{4m}\right)$

$\ddot{x} + \dfrac{k}{4m}x = 0,\ f = \dfrac{1}{4\pi}\sqrt{\dfrac{k}{m}}$ [Hz]

22. 양쪽 끝이 열린 U관 압력계의 진동수는? (단, 수은의 전 길이는 l이고, 비중량은 γ이다.)

① $\dfrac{1}{2\pi}\sqrt{\dfrac{l}{g}}$　　② $\dfrac{1}{2\pi}\sqrt{\dfrac{g}{2l}}$

③ $\dfrac{1}{2\pi}\sqrt{\dfrac{2l}{g}}$　　④ $\dfrac{1}{2\pi}\sqrt{\dfrac{2g}{l}}$

해설 관의 단면적을 A, 수은주의 미소변위를 x라고 하면

$-2A\gamma x = \dfrac{A\gamma l}{g}\ddot{x},\ \ddot{x} + \dfrac{2g}{l}x = 0$

$\therefore f = \dfrac{1}{2\pi}\sqrt{\dfrac{2g}{l}}$ [Hz]

23. 인덕턴스 L, 커패시턴스 C가 직렬로 연결된 전기회로의 고유진동수는?

① $2\pi\sqrt{LC}$　　② $\dfrac{1}{2\pi}\sqrt{LC}$

③ $2\pi\sqrt{\dfrac{C}{L}}$　　④ $\dfrac{1}{2\pi}\sqrt{\dfrac{1}{LC}}$

해설 키르히호프의 법칙에 따라

$L\dfrac{di}{dt} + \dfrac{1}{C}\int i\,dt = 0$

위 식을 미분하여 정리하면

$\dfrac{d^2i}{dt^2} + \left(\dfrac{1}{LC}\right)i = 0$

$\therefore$ 회로의 고유진동수(f)

$= \dfrac{1}{2\pi}\sqrt{\dfrac{1}{LC}}$ [Hz]

24. 무게 1.2 kg인 기구가 스프링상수 $\dfrac{1}{15}$ kg/cm으로 정해진 3개의 고무대 위에 설치되어 있다. 이때의 진동의 고유진동수는?

① 2.04 cps　　② 3.08 cps

③ 4.05 cps　　④ 5.12 cps

해설 등가 스프링상수는 $3 \times \dfrac{1}{15} = \dfrac{1}{5}$ kg/cm

기구의 질량(m) $= \dfrac{W}{g} = \dfrac{1.2}{980}$ kg·s²/cm

$\therefore f = \dfrac{1}{2\pi}\sqrt{\dfrac{980}{5 \times 1.2}} = 2.04$ cps[Hz]

25. 스프링으로 지지되어 있는 질량의 정적 휨이 0.5 cm일 때 진동의 고유진동수는?

① 5.12 cps　　② 7.05 cps

③ 9.03 cps　　④ 11.21 cps

해설 정적 휨을 δ라고 하면

$f = \dfrac{1}{2\pi}\sqrt{\dfrac{g}{\delta}}$ 이므로

$f = \dfrac{1}{2\pi}\sqrt{\dfrac{980}{0.5}} = 7.05$ cps[Hz]

정답 **21.** ④　**22.** ④　**23.** ④　**24.** ①　**25.** ②

26. 다음 스프링계의 합성된 등가 스프링 상수는 얼마인가?

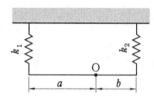

① $\dfrac{a^2}{k_2}+\dfrac{b^2}{k_1}$

② $(a+b)^2\left(\dfrac{1}{k_2}+\dfrac{1}{k_1}\right)$

③ $(a+b)^2\Big/\left(\dfrac{a^2}{k_2}+\dfrac{b^2}{k_1}\right)$

④ $\left(\dfrac{1}{k_1}+\dfrac{1}{k_2}\right)\Big/(a+b)^2$

해설 O에 가해진 단위 힘은 $\dfrac{b}{a+b}$와 $\dfrac{a}{a+b}$ 의 비율로 각각 스프링 k_1과 k_2에 작용한다. 그러므로 k_1과 k_2의 처짐은 각각

$\dfrac{b}{(a+b)k_1}$, $\dfrac{a}{(a+b)k_2}$ 이고, 점 O의 처짐은

$$\dfrac{b}{(a+b)k_1}+\left(\dfrac{a}{a+b}\right)\left[\dfrac{a}{(a+b)k_2}-\dfrac{b}{(a+b)k_1}\right]$$

$$=\dfrac{1}{(a+b)^2}\left(\dfrac{a^2}{k^2}+\dfrac{b^2}{k_1}\right)$$

따라서 O에서의 등가 스프링상수(k_{eq})

$$=\dfrac{(a+b)^2}{\left(\dfrac{a^2}{k_2}+\dfrac{b^2}{k_1}\right)}\,[\text{N/cm}]$$

27. 길이 L, 굽힘강성도 EI인 외팔보의 끝에 달린 질량 m의 진동수는? (단, 보의 무게는 무시한다.)

① $2\pi\sqrt{\dfrac{EI}{m}}$

② $\dfrac{1}{2\pi}\sqrt{\dfrac{3EI}{mL^2}}$

③ $2\pi\sqrt{\dfrac{mL}{3EI}}$

④ $\dfrac{1}{2\pi}\sqrt{\dfrac{3EI}{mL^3}}$

해설 보의 끝에 집중하중 P를 받고 있는 길이 L인 외팔보의 자유단의 처짐은

$\delta=\dfrac{PL^3}{3EI}$이며, $k=\dfrac{P}{\delta}=\dfrac{3EI}{L^3}$

질량 m의 운동방정식은

$$m\ddot{x}+\left(\dfrac{3EI}{L^3}\right)x=0$$

$$\therefore\ f=\dfrac{1}{2\pi}\sqrt{\dfrac{3EI}{mL^3}}\,[\text{Hz}]$$

28. 질량 m이 길이 L인 실 끝에 매달려 있는 단진자가 그림과 같이 진폭이 작은 상태에서 운동할 때 진동수는?

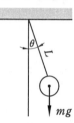

① $\dfrac{1}{2\pi}\sqrt{\dfrac{L}{g}}$

② $\dfrac{1}{2\pi}\sqrt{\dfrac{2L}{g}}$

③ $\dfrac{1}{2\pi}\sqrt{\dfrac{L}{2g}}$

④ $\dfrac{1}{2\pi}\sqrt{\dfrac{g}{L}}$

해설 질량 m의 운동의 접선방향의 복원력은 $-mg\sin\theta$이며,

그 방향의 가속도는 $L\dfrac{d^2\theta}{dt^2}$이다.

따라서 운동방정식은 $mL\ddot{\theta}=-mg\sin\theta$

진폭이 작으면 $\sin\theta\approx\theta$ 이므로

$$\ddot{\theta}+\left(\dfrac{g}{L}\right)\theta=0$$

$$\therefore\ f=\dfrac{1}{2\pi}\sqrt{\dfrac{g}{L}}\,[\text{Hz}]$$

주기(T) $=\dfrac{1}{f}=2\pi\sqrt{\dfrac{L}{g}}\,[\text{s}]$

29. 질량 m인 복진자(compound pendulum)가 중심 G에서 거리 d 되는 곳에 피벗되어 있다. 중력의 영향으로 진동하는 이

정답 26. ③ 27. ② 28. ④ 29. ③

진자의 각진동수는?

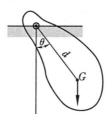

① $\sqrt{\dfrac{md}{J}}$　　　② $\sqrt{\dfrac{mg}{J}}$

③ $\sqrt{\dfrac{mgd}{J}}$　　　④ $\sqrt{\dfrac{mgd^2}{J}}$

해설 $J\ddot{\theta} = -mgd\sin\theta$ 가 되고 진폭이 크지
않을 때는 $\sin\theta \approx \theta$ 이므로 $J\ddot{\theta} = -mgd\theta$,

$$\therefore \omega_n = \sqrt{\dfrac{mgd}{J}} \ [\text{rad/s}]$$

30. 전동기가 스프링상수 k인 4개의 스프링
으로 그림과 같이 지지되어 있다. 전동기의
회전중심에 대한 관성 모멘트가 J_0라면 진
동의 각진동수는?

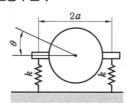

① $2a\sqrt{k}$　　　② $2a\sqrt{J_0}$

③ $2a\sqrt{\dfrac{k}{J_0}}$　　　④ $2a\sqrt{\dfrac{J_0}{k}}$

해설 $\sum M = J_0\theta$ 에서 $-4ka^2\theta = J_0\ddot{\theta}$ 가 되며

$$\ddot{\theta} + \left(\dfrac{4ka^2}{J_0}\right)\theta = 0$$

$$\therefore \omega_n = 2a\sqrt{\dfrac{k}{J_0}} \ [\text{rad/s}]$$

31. 질량 m, 반지름 r인 원통이 스프링상
수 k인 스프링으로 그림과 같이 연결되

어 있다. 미끄럼 없이 거친 수평면을 원
통이 구를 때의 각진동수는?

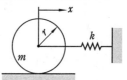

① $\sqrt{\dfrac{3m}{k}}$　　　② $\sqrt{\dfrac{k}{3m}}$

③ $\sqrt{\dfrac{3m}{2k}}$　　　④ $\sqrt{\dfrac{2k}{3m}}$

해설 마찰력을 F_f라 하면 $\sum F = ma$ 에서

$$m\ddot{x} = -kx + F_f$$

$$\sum M = J_0\ddot{\theta} \text{ 에서 } J_0\ddot{\theta} = -F_f r \text{ 이며}$$

$$\left(\dfrac{1}{2}mr^2\right)\left(\dfrac{\ddot{x}}{r}\right) = -F_f r$$

따라서 $F_f = -\dfrac{1}{2}m\ddot{x}$ 가 되므로

$$m\ddot{x} = -kx - \dfrac{1}{2}m\ddot{x}, \quad \dfrac{3}{2}m\ddot{x} + kx = 0$$

$$\therefore \omega_n = \sqrt{\dfrac{2k}{3m}} \ [\text{rad/s}]$$

32. 질량-스프링계에서 초기조건으로 변위
x_0를 주어 가만히 놓은 상태에서 진동이
일어난다면 진동변위를 표시하는 식은?

① $x_0\cos\omega_n t + x_0\sin\omega_n t$

② $x_0\sin\omega_n t$

③ $x_0\cos\omega_n t$

④ $x_0^2\sin\omega_n t$

해설 $x = A\cos\omega_n t + B\sin\omega_n t$ 에서
$t = 0$일 때 $x = x_0$, $v = 0$이므로
$A = x_0$, $B = 0$가 된다.

$$\therefore x = x_0\cos\omega_n t \,[\text{m}]$$

33. 그림에서 질량 m이 길이 L인 막대기
의 끝에 매달려 있으며 막대기의 질량은
작다고 한다. 진폭이 작을 때 이 계의 각

진동수는?

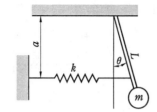

① $\sqrt{\dfrac{mgL + ka^2}{mL^2}}$

② $\sqrt{\dfrac{mL + ka}{mL}}$

③ $\sqrt{\dfrac{mL + ka}{mL^2}}$

④ $\sqrt{\dfrac{mgL + ka}{mL}}$

[해설] $\sum M_0 = J\ddot{\theta}$ 에서

$mL^2\ddot{\theta} = -mgL\sin\theta - (a\cos\theta)\,k\,(a\sin\theta)$

$mL^2\ddot{\theta} + (mgL + ka^2)\,\theta = 0$

$\omega_n = \sqrt{\dfrac{mgL + ka^2}{mL^2}}$ [rad/s]

34. 고유진동수를 구하기 위한 에너지법을 바르게 표시한 것은? (단, 운동에너지를 K.E, 퍼텐셜 에너지를 P.E라고 한다.)

① $\dfrac{d}{dt}(\text{P.E}) = 0$

② $\dfrac{d}{dt}(\text{K.E} + \text{P.E}) = 0$

③ $\dfrac{d}{dt}(\text{K.E}) = 0$

④ $\text{P.E} + \text{K.E} = 0$

[해설] 보존력계에서는 K.E + P.E = const이며 다음 식이 성립한다.

$\dfrac{d}{dt}(\text{K.E} + \text{P.E}) = 0$

35. 다음 중 임계감쇠계수 c_c를 바르게 표시한 것은? (단, 점성감쇠계수 : c, 질량 :

m, 스프링상수 : k, 고유 원진동수 : ω_n, 감쇠비 : ζ 이다.)

① $c\zeta = c_c$

② $\omega_n = \dfrac{c_c}{m}$

③ $c_c = \sqrt{mk}$

④ $\dfrac{c}{2m} = \zeta\omega_n$

[해설] $\dfrac{c}{2m} = \dfrac{c}{c_c} \cdot \dfrac{c_c}{2m} = \zeta \cdot \dfrac{2\sqrt{mk}}{2m}$

$\qquad = \zeta \cdot \sqrt{\dfrac{k}{m}} = \zeta\omega_n$

36. 그림과 같이 스프링-질량-풀리계의 실의 길이는 전혀 변하지 않는 것으로 생각한다. 질량 m을 약간 움직였다가 놓았다고 했을 때 진동의 각진동수는?

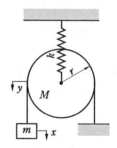

① $\sqrt{\dfrac{4m + 3M}{2k}}$

② $\sqrt{\dfrac{4M + 3m}{k}}$

③ $\sqrt{\dfrac{k}{4m + 3M}}$

④ $\sqrt{\dfrac{k}{4M + 3m}}$

[해설] $(\text{K.E})_{계} = (\text{K.E})_m + (\text{K.E})_{풀리}$

$= \dfrac{1}{2}m\dot{x}^2 + \dfrac{1}{2}M\dot{y}^2 + \dfrac{1}{2}J_0\dot{\theta}^2$

$= \dfrac{1}{2}m\dot{x}^2 + \dfrac{1}{2}M\left(\dfrac{\dot{x}^2}{4}\right) + \dfrac{1}{2}\left(\dfrac{1}{2}Mr^2\right)\left(\dfrac{\dot{x}}{r}\right)^2$

$= \dfrac{1}{2}m\dot{x}^2 + \dfrac{3}{8}M\dot{x}^2$

$$(P.E)_{계} = \frac{1}{2}ky^2 = \frac{1}{2}k\left(\frac{1}{2}x\right)^2 = \frac{1}{8}kx^2$$

에너지법으로

$$m\ddot{x}\dot{x} + \frac{3}{4}M\ddot{x}\dot{x} + \frac{1}{4}kx\dot{x} = 0$$

$$\dot{x}(4m\ddot{x} + 3M\ddot{x} + kx) = 0$$

$$\ddot{x}(4m + 3M) + kx = 0$$

$$\therefore \omega_n = \sqrt{\frac{k}{4m + 3M}} \ [\text{rad/s}]$$

37. 무게를 무시한 길이 L인 막대기의 한 끝에 질량 m이 있는 진자의 위로부터 a의 거리에 2개의 스프링이 그림과 같이 달려 있을 때 진폭이 작은 진동의 각진동수는?

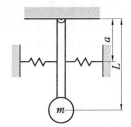

① $\sqrt{\dfrac{ka^2}{mL} + \dfrac{L}{g}}$

② $\sqrt{\dfrac{ka^2}{mL^2} + \dfrac{g}{L}}$

③ $\sqrt{\dfrac{ka}{mL^2} + \dfrac{L^2}{g}}$

④ $\sqrt{\dfrac{k}{mL} + \dfrac{g}{m}}$

[해설] $(\text{K.E})_{\max} = m\dfrac{(L\omega_n\theta_0)^2}{2}$

$$(\text{P.E})_{\max} = mgL(1 - \cos\theta_0) + \frac{kx_0^2}{2}$$

진동이 미소하면 $x_c \fallingdotseq a\theta_0$

$1 - \cos\theta_0 = \dfrac{\theta_0^2}{2}$ 이므로

$$(\text{P.E})_{\max} = (mgL + ka^2)\theta_0^2/2$$

$$\therefore \omega_n^2 = \frac{ka^2}{mL^2} + \frac{g}{L}$$

$$\omega_n = \sqrt{\frac{ka^2}{mL^2} + \frac{g}{L}} \ [\text{rad/s}]$$

38. 부족감쇠(underdamping)란 감쇠비가 어떤 값을 가지는 경우인가?

① 1이다. ② 1보다 작다.

③ 1보다 크다. ④ 0이다.

[해설] 감쇠비$(\zeta) = \dfrac{c}{c_c} = \dfrac{c}{2\sqrt{mk}}$

(1) 과도감쇠(초임계감쇠) $c > c_c (\zeta > 1)$

(2) 임계감쇠 $c = c_c (\zeta = 1)$

(3) 부족감쇠(아임계감쇠) $c < c_c (\zeta < 1)$

39. 점성감쇠를 가지는 자유진동은 비감쇠 자유진동에 비해서 진동수가 얼마만큼 변하는가?

① $\dfrac{1}{\sqrt{1 - \zeta^2}}$ 배만큼 증가

② $\sqrt{\zeta^2 - 1}$ 만큼 증가 또는 감소

③ $\sqrt{1 - \zeta^2}$ 배만큼 감소

④ $\dfrac{1}{\sqrt{\zeta^2 - 1}}$ 만큼 증가 또는 감소

[해설] 부족감쇠의 경우 진동은

$$x = Xe^{-\zeta\omega_n t}\sin\left(\sqrt{1 - \zeta^2}\,\omega_n t + \phi\right)$$

따라서 진동수는 $\sqrt{1 - \zeta^2}$ 배만큼 감소한다.

40. 감쇠비 ζ가 주어졌을 때 대수감쇠율을 바르게 표시한 것은?

① $2\pi\zeta$ ② $\dfrac{2\pi\zeta}{\sqrt{1 - \zeta^2}}$

③ $2\pi\zeta\sqrt{1 - \zeta^2}$ ④ $\sqrt{\dfrac{2\pi\zeta}{1 - \zeta^2}}$

[해설] 대수감쇠율 δ는 다음과 같이 정의한다.

$$\delta = \frac{1}{n} \ln \frac{x_0}{x_n}$$

여기서, n : 사이클수, x_0 : 최초 진폭

$\quad\quad x_n$: n 사이클 경과 후의 진폭

대수감쇠율(δ)과 감쇠비(ζ)의 관계식

$$\zeta = \frac{c}{c_c} = \frac{c}{2\sqrt{mk}}$$

$$\delta = \frac{2\pi\zeta}{\sqrt{1-\zeta^2}} \fallingdotseq 2\pi\zeta(\zeta \ll 1)$$

41. 처음 진폭을 x_0, n 사이클 후의 진폭을 x_n이라고 할 때의 대수감쇠율은?

① $n\ln\dfrac{x_0}{x_n}$ 　　　② $n\ln\dfrac{x_n}{x_0}$

③ $\dfrac{1}{n}\ln\dfrac{x_n}{x_0}$ 　　　④ $\dfrac{1}{n}\ln\dfrac{x_0}{x_n}$

[해설] 2개의 이웃하고 있는 진동의 진폭비는

$$\frac{x_0}{x_1} = \frac{x_1}{x_2} = \frac{x_2}{x_3} = \cdots\cdots = \frac{x_{n-1}}{x_n} = e^\delta$$

$$\frac{x_0}{x_n} = \left(\frac{x_0}{x_1}\right)\left(\frac{x_1}{x_2}\right)\left(\frac{x_2}{x_3}\right)(\cdots)\left(\frac{x_{n-1}}{x_n}\right)$$

$$= (e^\delta)^n = e^{\delta n}$$

$$\therefore \delta = \frac{1}{n}\ln\frac{x_0}{x_n} [\text{cm}]$$

42. 감쇠비 ζ인 질량-스프링계에서 진폭이 50 % 감소할 때까지의 경과 사이클의 수는?

① 0.42ζ 　　　② 0.2ζ

③ $\dfrac{0.11}{\zeta}$ 　　　④ $\dfrac{0.42}{\zeta}$

[해설] $\delta \approx 2\pi\zeta = \dfrac{1}{n}\ln 2 = \dfrac{0.693}{n}$

$n\zeta = \dfrac{0.693}{2\pi} = 0.11$, $n = \dfrac{0.11}{\zeta}$

43. 진자의 무게 $W = 5\,\text{kg}$, 실의 길이 $L = 100\,\text{cm}$인 단진자를 연직위치로부터

45° 변위시켜 놓았을 때 최대속도는?

① 129 cm/s 　　　② 186 cm/s

③ 201 cm/s 　　　④ 239 cm/s

[해설] 진자의 최대속도는 45° 경사시켰을 때의 위치에너지가 전부 속도에너지로 변환되었다고 보면 $\dfrac{1}{2}\dfrac{W}{g}v^2 = WL(1-\cos\theta)$

$$v^2 = 2gL(1-\cos\theta)$$

$$v = \sqrt{2gL(1-\cos\theta)}$$

$$= \sqrt{2 \times 980 \times 100\left(1 - \frac{1}{\sqrt{2}}\right)}$$

$$= 239\,\text{cm/s}$$

44. 5 kg의 무게가 스프링 끝에 매달려 있다. 이 진동계의 주기를 측정해본 결과 50회의 진동에 20초가 걸렸다. 첫 번째의 진폭과 두 번째 진폭의 비가 1.2이라면 이때 스프링의 감쇠계수는?

① 0.0459 kg · s/cm

② 0.00459 kg · s/cm

③ 0.000459 kg · s/cm

④ 0.0000459 kg · s/cm

[해설] $T = \dfrac{20}{50} = 0.4\,\text{s}$, 고유 원진동수($\omega_n$)

$$= \frac{2\pi}{T} = \frac{6.28}{0.4} = 15.7\,\text{rad/s}$$

$$\frac{x_{n+1}}{x_n} = e^{-\frac{c}{2em}t} = e^{-\frac{c}{2m}T} = e^{-\mu T}$$

$$\therefore \mu = \frac{c}{2m}$$

$$\frac{1}{1.2} = e^{-\mu \times 0.4}, \quad \mu = 0.45$$

$$c = 2m\mu = 2 \times \frac{5}{980} \times 0.45$$

$$= 0.00459\,\text{kg} \cdot \text{s/cm}$$

45. 진동계가 $W = 12\,\text{kg}$의 무게를 진동 중심 위치로부터 16.5 cm 변위시켜 초속도 0으로 놓았을 때 진동이 시작되었다. 마

정답 41. ④ 42. ③ 43. ④ 44. ② 45. ④

찰력에 의한 감쇠로 정지될 때까지의 시간과 고유 원진동수를 구하면? (단, 스프링의 스프링상수 $k = 2 \, \text{kg/cm}$, 마찰계수 $\mu = 0.25$이다.)

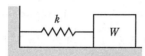

① 2.48 s , 12.7 rad/s

② 1.24 s , 25.4 rad/s

③ 2.48 s , 25.4 rad/s

④ 1.24 s , 12.7 rad/s

해설 마찰력에 의한 정적변위량은

$$a = \frac{F}{k} = \frac{\mu W}{k} = \frac{12 \times 0.25}{2} = 1.5 \, \text{cm}$$

진폭은 각 반사이클마다 $2F/k$ 만큼 감소되므로 정지될 때까지의 반사이클 횟수 n은

$$n \geq \frac{a_0 - \dfrac{F}{k}}{2\dfrac{F}{k}} = \frac{16.5 - 1.5}{2 \times 1.5} = 5$$

2.5 사이클 후에 운동이 정지한다.
이 경우 고유 원진동수는

$$\omega_n = \sqrt{\frac{kg}{W}} = \sqrt{\frac{2 \times 980}{12}} = 12.7 \, \text{rad/s}$$

$$T = \frac{2\pi}{\omega_n} = \frac{6.28}{12.7} = 0.495 \, \text{s}$$

진동을 하고 있는 시간은
$2.5 \times 0.495 = 1.24 \, \text{s}$

46. 공진점에서 공진현상이 일어나는 경우 어떻게 되는가?

① 공진점에서 순간적으로 진폭이 갑자기 커진다.

② 공진점에서 시간이 흐름에 따라 진폭이 점점 커진다.

③ 공진점에서 시간이 흐름에 따라 점점 진폭이 커지고 나중에는 감소된다.

④ 공진점에서 순간적으로 진폭이 커지고

시간이 흐름에 따라 점점 감소한다.

해설 공진점에서 진폭은 시간의 1차 함수로 나타나므로 시간과 더불어 직선적으로 증가한다.

47. 점성감쇠를 가진 강제 진동의 위상각은 공진점에서는 몇 도인가?

① 0°　　　　　　② 90°

③ 180°　　　　　④ 270°

해설 위상각 $\phi = \tan^{-1} \dfrac{2\zeta\gamma}{1-\gamma^2}$ 이므로 ζ와 γ에 의해서 정해져서 0~180°의 값을 가질 수 있으나, 공진점에서는 $\gamma = 1$이므로 $\phi = 90°$가 된다.

48. 무게 100 kg의 기계가 스프링상수 $k = 50 \, \text{kg/cm}$인 스프링 위에 지지되어 있다. 크기가 5 kg인 조화가진력이 기계에 작용하고 있다면 공진진동수와 공진진폭은 얼마인가? (점성감쇠계수 $c = 6 \, \text{kg} \cdot \text{cm/s}$이다.)

① 1.7 cps, 0.021 cm

② 1.7 cps, 0.038 cm

③ 3.5 cps, 0.021 cm

④ 3.5 cps, 0.038 cm

해설 공진진동수(f)

$$= \frac{1}{2\pi} \sqrt{\frac{k}{m}} = \frac{1}{2\pi} \sqrt{\frac{980 \times 50}{100}} = 3.5 \, \text{cps}$$

공진진폭(X)

$$= \frac{F}{c\omega_n} = \frac{5}{6 \times 2\pi \times 3.5} = 0.038 \, \text{cm}$$

49. 점성감쇠 강제진동의 진폭이 최대의 진폭, 즉 피크 진폭(peak amplitude)이 되기 위한 진동수비의 값은?

① $\sqrt{1-2\zeta^2}$　　　② $\sqrt{1-\zeta^2}$

③ $\sqrt{1+2\zeta^2}$　　　④ $\sqrt{1+\zeta^2}$

정답 46. ②　47. ②　48. ④　49. ①

[해설] $\dfrac{X}{X_0} = \dfrac{1}{\sqrt{(1-\gamma^2)^2 + (2\zeta\gamma)^2}}$ 이며, 피크 진폭은 분모를 최소로 하면 구할 수 있다. 분모의 근호 안을 $\left(\dfrac{\omega}{\omega_n}\right)^2 = \gamma^2$ 에 대해서 미분하여 0으로 놓으면 다음 식이 얻어진다.

$$\dfrac{\omega}{\omega_n} = \gamma = \sqrt{1-2\zeta^2}$$

50. 위 문제에서 피크 진폭과 피크 진폭에 대한 위상각을 바르게 표시한 식은?

① $\dfrac{X_0}{1-\zeta^2}$, $\tan^{-1}\dfrac{1}{\zeta}\sqrt{1-2\zeta^2}$

② $\dfrac{X_0}{2\zeta\sqrt{1-\zeta^2}}$, $\tan^{-1}\dfrac{1}{\zeta}\sqrt{1-\zeta^2}$

③ $\dfrac{X_0}{1-\zeta^2}$, $\tan^{-1}\dfrac{1}{\zeta}\sqrt{1-\zeta^2}$

④ $\dfrac{X_0}{2\zeta\sqrt{1-\zeta^2}}$, $\tan^{-1}\dfrac{1}{\zeta}\sqrt{1-2\zeta^2}$

[해설] $X = \dfrac{X_0}{\sqrt{(1-\gamma^2)^2 + (2\zeta\gamma)^2}}$,

$\tan\phi = \dfrac{2\zeta\gamma}{1-\gamma^2}$ 에 $\gamma = \sqrt{1-2\zeta^2}$ 을 대입하면

$X = \dfrac{X_0}{2\zeta\sqrt{1-\zeta^2}}$,

$\phi = \tan^{-1}\dfrac{\sqrt{1-2\zeta^2}}{\zeta}$ 이 된다.

51. 회전체의 불균형 Wr 가 n[rpm]의 회전속도로 회전하고 있다. 이 불균형의 원심력이 직선 진동계의 질량에 작용한다. 회전속도와 강제진동의 진폭의 관계 $\dfrac{a}{(W/mg)r}$ 를 바르게 표시한 것은?

① $r^2(1-r^2)$　　　② $\dfrac{r}{1-r^2}$

③ $\dfrac{r^2}{1-r^2}$　　　　　④ $r(1-r^2)$

[해설] 불균형의 원심력 $F = \dfrac{Wr}{g}\omega^2$ 이고

$\omega = \dfrac{2\pi n}{60}$ 이다. 이 불균형이 질량에 작용할 때 운동 방향의 힘의 성분은 $F\sin\omega t$, 불균형이 옆에 있을 때 $t = 0$ 이라면

운동 방정식은 $m\ddot{x} + kx = \dfrac{Wr}{g}\omega^2\sin\omega t$

따라서, 강제 진동의 진폭은 다음과 같다.

$a = \dfrac{Wr \cdot r^2}{mg(1-r^2)}$, $\therefore \dfrac{a}{\dfrac{W}{mg}r} = \dfrac{r^2}{1-r^2}$

52. 플렉시블 축(flexible shaft)은 자기조심작용을 한다. 다음 조건 중에서 자기조심작용이 커지려면 스프링 상수(k)가 어떤 것이 좋은가?

① 축의 k가 커야 한다.

② 축의 k가 작아야 한다.

③ 축의 k에는 무관하다.

④ 축의 k는 0이어야 한다.

[해설] 축의 처짐량 $\delta = \dfrac{r^2}{1-r^2}\varepsilon$ 이므로 k가 작으면 ω_n 이 작고 r은 점점 커져서 $\delta = -\varepsilon$ 으로 되므로 자기조심작용이 좋아진다.

53. 그림과 같이 원판 지름 12 cm, 두께 3 cm, 축의 온길이 50 cm, 지름 1 cm가 강철로 되어 있는 축에서 축의 무게를 무시하고 베어링의 스프링상수가 각 방향으로 똑같이 18 kg/cm이라 할 때 축의 위험속도는?

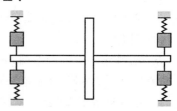

---

① 239 rpm ② 429 rpm

③ 602 rpm ④ 795 rpm

[해설] $W = \dfrac{\pi}{4} \times 12^2 \times 3 \times \dfrac{7.85}{1000} = 2.66 \text{ kg}$

$k = \dfrac{48 \times 2.1 \times 10^6}{50^3} \times \dfrac{\pi \times 1^4}{64}$

$\quad = 39.6 \text{ kg/cm}$

이 계의 합성 스프링상수 k_1은

$k_1 = \dfrac{39.6 \times 18 \times 2}{39.6 + 18 \times 2} = 18.85 \text{ kg/cm}$

$\omega_n = \sqrt{\dfrac{k_1 g}{W}} = \sqrt{\dfrac{980 \times 18.85}{2.66}}$

$\quad = 83.3 \text{ rad/s} = 795 \text{ rpm}$

54. 그림과 같이 물체 W가 수평면 위에 정지되어 있다. 스프링의 자유단에 갑자기 일정한 속도 v가 작용하면 물체의 운동은 어떻게 나타날 것인가? (단, 마찰면의 마찰계수는 μ이고 동마찰계수는 0이다.)

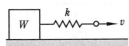

① $x = v(t - t_0) + v\omega_n \sin\omega_n(t - t_0)$

② $x = v(t - t_0) + \sin\omega_n(t - t_0)$

③ $x = v\omega_n \sin\omega_n(t - t_0)$

④ $x = v(t - t_0) + \omega_n \sin(t - t_0)$

[해설] 정마찰력이 μW이고 $\mu W/k$ 만큼 스프링이 늘어날 때까지 물체는 움직이지 않는다. 스프링 자유단이 움직이기 시작하는 시간 t를 원점으로 하면 물체가 움직이기 시작하는 시간은 $t_0 = \mu W/kv$이다. $t_1 = t - t_0$ 라면 운동 방정식은 $m\ddot{x} + kx = kvt_1$이고, 일반해는 $x = vt_1 + A\cos\omega_n t_1 + B\sin\omega_n t_1$이 된다. $t_1 = 0$일 때 $x = \dot{x} = 0$이므로 $A = 0$, $B = -v\omega_n$

$\therefore \ x = v(t - t_0) + v\omega_n \sin\omega_n(t - t_0)$

55. 그림에서 관성 모멘트 $50 \text{ kg} \cdot \text{s}^2 \cdot \text{cm}$

의 플라이휠이 길이 $L = 200 \text{ cm}$, 축지름 $d = 3 \text{ cm}$의 끝에 장착되어 있다. 축의 한 끝은 기초에 고정되고 플라이휠에는 밴드 브레이크에 의해 $1 \text{ kg} \cdot \text{cm}$의 마찰저항 토크를 받는다. 플라이휠을 $8°$ 비틀어 진동시켰을 때 비틀림 진동이 정지할 때까지의 진동횟수는? (단, 축과 플라이휠의 중심은 일치하고 $G = 7.0 \times 10^5 \text{ kg/cm}^2$이다.)

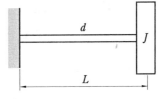

① 1 ② 2 ③ 3 ④ 4

[해설] $J\ddot{\theta} + k_t\theta = -\dfrac{T_s}{J}$, $J\ddot{\theta} + k_t\theta = T_s$

방정식을 정리하면

$\ddot{\theta} + \omega_n^2\theta = -\dfrac{T_s}{J}$, $J + \omega_n^2\theta = \dfrac{T_s}{J}$

이 방정식을 풀어 θ_0만큼 비틀어 r회 반진동 후의 비틀림각을 θ_r라 하면,

$\theta_r = \theta_0 - r \times 2\dfrac{T_s}{\omega_n}$

그러므로 $r > \dfrac{\theta_0 - \dfrac{T_s}{\omega_n}}{2\dfrac{T_s}{\omega_n}}$ 일 때 진동은 정지

한다. 먼저 ω_n을 구하면,

$\omega_n = \sqrt{\dfrac{k_t}{J}} = \sqrt{\dfrac{\pi \times 7.0 \times 10^5 \times 3^4}{32 \times 200 \times 50}}$

$\quad = 23.6 \text{ rad/s}$

$\dfrac{T_s}{\omega_n} = \dfrac{0.1}{23.6} = 0.0424 \text{ rad}$

$\theta_0 = 8 \times \dfrac{\pi}{180} = 0.1395 \text{ rad}$

진동이 정지할 때까지의 반진동횟수 r는

$r > \dfrac{0.1395 - 0.024}{2 \times 0.024} = 2.02$

---

56. 무게 $W = 2000$ kg의 자동차의 차체가 진동대 위에 놓여 있다. 진동대는 4개의 스프링으로 지지되어 차의 자중으로 10 cm가 처졌다. 각 스프링에는 1 cm/s의 속도에 대해서 2 kg의 감쇠력이 작용하는 감쇠기가 하나씩 붙어 있다. 차체의 중심이 휠 베이스의 중앙이라면 차체의 진폭은? (단, 진동대의 운동은 $x_1 = 2\sin 10\pi t$이다.)

① 0.103 cm   ② 0.163 cm

③ 0.253 cm   ④ 0.353 cm

[해설] 감쇠가 있고 기초에 주기적으로 변위가 있을 때

$m\ddot{x} + c\dot{x} + kx$
$$= \sqrt{(ka_0)^2 + (ca_0\omega)^2}\cos(\omega t - \phi)$$

진폭 $x_0 = \dfrac{a_0\sqrt{k^2 + (c\omega)^2}}{\sqrt{(k - m\omega^2)^2 + (c\omega)^2}}$

기초의 최대 변위 $a_0 = 2$ cm,

스프링상수 $k = \dfrac{2000}{10} = 200$ kg/cm

강제 변위의 진동수 $\omega = 10\pi$ rad/s

계의 감쇠계수 c는 2 kg·s/cm가 4개이므로

$c = 4 \times 2 = 8$ kg·s/cm

$x_0 = \dfrac{2 \times \sqrt{200^2 + (8 \times 10\pi)^2}}{\sqrt{\left[200 - \dfrac{2000}{980} \times (10\pi)^2\right]^2 + (8 \times 10\pi)^2}}$

$= 0.353$ cm

57. 위 문제에서 공진 시 차체의 진폭은 다음 중 어느 것인가?

① 5.43 cm   ② 6.23 cm

③ 7.86 cm   ④ 8.92 cm

[해설] 공진 진동수 ω_n은

$\omega_n = \sqrt{\dfrac{k \cdot g}{W}} = \sqrt{\dfrac{200 \times 980}{2000}}$

$= 9.9$ rad/s

공진점에서의 가진력은

$a_0\sqrt{k^2 + (c\omega_n)^2}$

$= 2 \times \sqrt{4 \times 10^4 + (8 \times 9.9)^2} = 430$ kg

$x_{cr} = \dfrac{a_0\sqrt{k^2 + (c\omega_n)^2}}{c\omega_n} = \dfrac{430}{8 \times 9.9}$

$= 5.43$ cm

58. $m\ddot{x} + c\dot{x} + kx = 0$인 진동계의 기계 임피던스는 다음 중 어느 것인가?

① $k + m\omega^2 + jc\omega$

② $k - m\omega^2 - jc\omega$

③ $k + m\omega^2 - jc\omega$

④ $k - m\omega^2 + jc\omega$

[해설] 질량, 감쇠, 스프링에 대한 각각의 임피던스는 $-m\omega^2$, $jc\omega$, k이다.

59. 다음 진동계의 지지대의 기계 임피던스는?

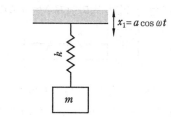

① $\dfrac{a}{1 - \dfrac{k}{m}}$ ② $\dfrac{k}{1 - \dfrac{k}{\omega^2}}$

③ $\dfrac{a}{1 - \dfrac{k}{m\omega^2}}$ ④ $\dfrac{k}{1 - \dfrac{k}{m\omega^2}}$

[해설] 운동 방정식은

$m\ddot{x} + kx = ka\cos\omega t$

위 식의 강제 진동의 해는

$x = \dfrac{ka}{k - m\omega^2}\cos\omega t$

기계 임피던스 z는 주기적 외력과 진동변위의 비로서 양쪽의 위상이 같을 때는 실수로 된다.

이 경우 지지대가 받는 힘은

$k\left(a-\dfrac{ka}{k-m\omega^2}\right)\cos\omega t$ 이고,

변위는 $a\cos\omega t$ 이므로

$$z=k\left(1-\dfrac{k}{k-m\omega^2}\right)=\dfrac{k}{1-\dfrac{k}{m\omega^2}}$$

60. 2개의 독립된 1 자유도 진동계가 연결되어 2 자유도 진동계로 작용시키는 요소는?

① 연성 스프링   ② 고무 스프링

③ 외력   ④ 감쇠기

[해설] 연성 스프링으로 1 자유도계를 연결시키면 2 자유도계의 진동이 생긴다.

61. 기본조화파에 해당되는 진동수는?

① 1   ② 가장 높은 것

③ 가장 낮은 것   ④ 중간의 값

[해설] 기본주파수(조화파)는 가장 낮은 주파수(진동수)를 말한다.

62. 정규형 진동을 얻기 위해서는 다음 중 어느 것을 적절히 취하면 되는가?

① 진동수   ② 위상

③ 연성 스프링   ④ 초기 조건

[해설] 초기 조건을 적절히 취하면 하나의 고유 원진동수로 진동하게 된다.

63. 그림과 같은 2 자유도 진동계에서 고유 원진동수를 구할 수 있는 식은?

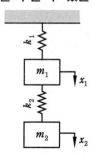

① $\omega^4-\left[\dfrac{k_1+k_2}{m_1}+\dfrac{k_1}{m_1}\right]\omega^2=0$

② $\omega^4+\dfrac{k_1 k_2}{m_1 m_2}=0$

③ $\omega^4-\left[\dfrac{k_1 k_2+k_2}{m_1}\right]\omega^2+\dfrac{k_1}{m_1}=0$

④ $\omega^4-\left[\dfrac{k_1+k_2}{m_1}+\dfrac{k_2}{m_2}\right]\omega^2+\dfrac{k_1 k_2}{m_1 m_2}=0$

[해설] 운동 방정식은

$m_1\ddot{x_1}=-k_1 x_1-k_2(x_1-x_2),$

$m_2\ddot{x_2}=-k_2(x_2-x_1)$

운동이 주기 운동인

$x_1=A_1\sin(\omega t+\phi),$

$x_2=A_2\sin(\omega t+\phi)$를 운동 방정식에 대입하여 정리하면

$(k_1+k_2-m_1\omega^2)A_1-k_2 A_2=0$

$-k_2 A_1+(k_2-m_2\omega^2)A_2=0$

진동수 방정식을 구하면

$$\begin{vmatrix} k_1+k_2-m_1\omega^2 & -k^2 \\ -k_2 & k_2-m_2\omega^2 \end{vmatrix}=0$$

따라서,

$$\omega^4-\left[\dfrac{k_1+k_2}{m_1}+\dfrac{k_2}{m_2}\right]\omega^2+\dfrac{k_1 k_2}{m_1 m_2}=0$$

정답   **60.** ①   **61.** ③   **62.** ④   **63.** ④

과년도 출제문제

2015년도 시행 문제

일반기계기사

제1과목   **재료역학**

1. 2축 응력에 대한 모어(Mohr)원의 설명으로 틀린 것은?

① 원의 중심은 원점의 상하 어디라도 놓일 수 있다.

② 원의 중심은 원점 좌우의 응력축상에 어디라도 놓일 수 있다.

③ 이 원에서 임의의 경사면상의 응력에 관한 가능한 모든 지식을 얻을 수 있다.

④ 공액응력 σ_n과 $\sigma_n{'}$의 합은 주어진 두 응력의 합 $\sigma_x + \sigma_y$와 같다.

해설 2축 응력($\sigma_x > \sigma_y$)에서 모어원의 중심은 원점 좌우 응력축상에 어디라도 놓일 수 있다. y축인 상하는 전단응력을 나타내므로 모어원의 중심이 놓일 수 없다.

2. 푸아송의 비 0.3, 길이 3 m인 원형 단면의 막대에 축방향의 하중이 가해진다. 이 막대의 표면에 원주방향으로 부착된 스트레인 게이지가 -1.5×10^{-4}의 변형률을 나타낼 때, 이 막대의 길이 변화로 옳은 것은?

① 0.135 mm 압축   ② 0.135 mm 인장

③ 1.5 mm 압축   ④ 1.5 mm 인장

해설 $\mu = \dfrac{1}{m} = \dfrac{|\varepsilon{'}|}{\varepsilon}$

$\varepsilon = \dfrac{|\varepsilon{'}|}{\mu} = \dfrac{1.5 \times 10^{-4}}{0.3} = 5 \times 10^{-4}$

$\varepsilon = \dfrac{\lambda}{L}$ 에서

$\lambda = \varepsilon L = 5 \times 10^{-4} \times 3000 = 1.5$ mm(인장)

3. 길이가 L인 균일 단면 막대기에 굽힘 모멘트 M이 그림과 같이 작용하고 있을 때, 막대에 저장된 탄성 변형 에너지는? (단, 막대기의 굽힘강성 EI는 일정하고, 단면적은 A이다.)

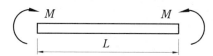

① $\dfrac{M^2 L}{2AE^2}$ ② $\dfrac{L^3}{4EI}$

③ $\dfrac{M^2 L}{2AE}$ ④ $\dfrac{M^2 L}{2EI}$

해설 $U = \dfrac{M^2}{2EI} \displaystyle\int_0^L dx = \dfrac{M^2}{2EI}[x]_0^L$

$\quad\quad = \dfrac{M^2 L}{2EI}$ [kJ]

4. 주철제 환봉이 축방향 압축응력 40 MPa과 모든 반지름방향으로 압축응력 10 MPa를 받는다. 탄성계수 $E = 100$ GPa, 푸아송비 $\nu = 0.25$, 환봉의 지름 $d = 120$ mm, 길이 $L = 200$ mm일 때, 실린더 체적의 변화량 ΔV는 몇 mm^{3}인가?

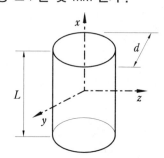

① −121   ② −254   ③ −428   ④ −679

정답   1. ①   2. ④   3. ④   4. ④

[해설] $\varepsilon_x = \dfrac{\sigma_x}{E} - 2\nu\dfrac{\sigma_y}{E}$

$= \dfrac{(-40) + (2 \times 0.25 \times 10)}{100 \times 10^3}$

$= -3.5 \times 10^{-4}$

$\varepsilon_y = \varepsilon_z = \dfrac{\sigma_y}{E} - \nu\dfrac{\sigma_x}{E} - \nu\dfrac{\sigma_z}{E}$

$= \dfrac{-10 + 0.25 \times 40 + 0.25 \times 10}{100 \times 10^3}$

$= 2.5 \times 10^{-5}$

$\varepsilon_V = \dfrac{\Delta V}{V} = \varepsilon_x + \varepsilon_y + \varepsilon_z$

$\Delta V = (-3.5 \times 10^{-4} + 2 \times 2.5 \times 10^{-5})$

$\qquad \times \left(\dfrac{\pi \times 120^2}{4} \times 200\right) = -678.24 \text{ mm}^2$

※ $\varepsilon_v = \dfrac{(\sigma_x + \sigma_y + \sigma_z)}{E}(1 - 2\nu)$

$= \dfrac{-(40 + 10 + 10)}{100 \times 10^3} \times (1 - 2 \times 0.25)$

$= -0.0003$

$\Delta V = \varepsilon_v V = \varepsilon_v AL$

$= -0.0003 \times \dfrac{\pi(120^2)}{4} \times 200$

$\fallingdotseq -679 \text{ mm}^3$

---

5. 그림과 같이 두께가 20 mm, 바깥지름이 200 mm인 원관을 고정벽으로부터 수평으로 4 m만큼 돌출시켜 물을 방출한다. 원관 내에 물이 가득 차서 방출될 때 자유단의 처짐은 몇 mm인가? (단, 원관 재료의 탄성계수 $E = 200$ GPa, 비중은 7.8이고, 물의 밀도는 1000 kg/m³이다.)

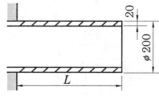

① 9.66   ② 7.66

③ 5.66   ④ 3.66

[해설] (1) 원관

$w = 7.8 \times 10^3 \times 9.8 \times \dfrac{\pi}{4} \times (0.2^2 - 0.16^2)$

$= 864.08 \text{ N/m}$

(2) 물

$w = 10^3 \times 9.8 \times \dfrac{\pi}{4} \times 0.16^2 = 196.94 \text{ N/m}$

$\delta = \dfrac{w \cdot l^4}{8EI} = \dfrac{64 \times (864.08 + 196.94) \times 4^4}{8 \times 200 \times 10^9 \times \pi(0.2^4 - 0.16^4)}$

$= 3.66 \times 10^{-3} \text{ m} = 3.66 \text{ mm}$

---

6. 높이 h, 폭 b인 직사각형 단면을 가진 보 A와 높이 b, 폭 h인 직사각형 단면을 가진 보 B의 단면 2차 모멘트의 비는? (단, $h = 1.5b$)

① 1.5 : 1   ② 2.25 : 1

③ 3.375 : 1   ④ 5.06 : 1

[해설] $\dfrac{I_A}{I_B} = \dfrac{\dfrac{bh^3}{12}}{\dfrac{hb^3}{12}} = \dfrac{b(1.5b)^3}{(1.5b)b^3} = (1.5)^2 : 1$

$= 2.25 : 1$

---

7. 그림과 같은 보에서 발생하는 최대 굽힘 모멘트는?

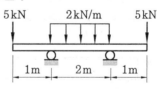

① 2 kN · m   ② 5 kN · m

③ 7 kN · m   ④ 10 kN · m

[해설] 최대 굽힘 모멘트는 양쪽 지점에서 동일하게 작용한다.

∴ $M_{\max} = PL_1 = 5 \times 1 = 5 \text{ kN} \cdot \text{m}$

---

8. 지름이 25 mm이고 길이가 6 m인 강봉의 양쪽 단에 100 kN의 인장력이 작용하여 6 mm가 늘어났다. 이때의 응력과 변형률은? (단, 재료는 선형 탄성 거동을 한다.)

---

① 203.7 MPa, 0.01

② 203.7 kPa, 0.01

③ 203.7 MPa, 0.001

④ 203.7 kPa, 0.001

[해설] $\sigma = \dfrac{P}{A} = \dfrac{4 \times 100 \times 10^3}{\pi \times 25^2}$

$\qquad = 203.72 \, \text{MPa(N/mm}^2)$

$\quad \varepsilon = \dfrac{\lambda}{L} = \dfrac{6}{6000} = 0.001$

9. 균일 분포하중(q)을 받는 보가 그림과 같이 지지되어 있을 때, 전단력 선도는? (단, A 지점은 핀, B지점은 롤러로 지지되어 있다.)

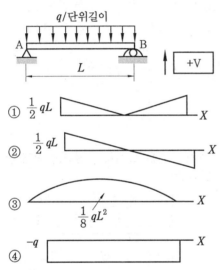

[해설] 균일 분포하중(q)[N/m]을 받는 경우 SFD(전단력 선도)는 1차 함수(직선)이고 BMD(굽힘 모멘트 선도)는 2차 함수(포물선)로 $M_{\text{max}} = \dfrac{qL^2}{8}$ [N·m]이다.

10. 최대 굽힘 모멘트 8 kN·m를 받는 원형 단면의 굽힘응력을 60 MPa로 하려면 지름을 약 몇 cm로 해야 하는가?

① 1.11   ② 11.1

③ 3.01   ④ 30.1

[해설] $\sigma_b = \dfrac{M_{\text{max}}}{Z} = \dfrac{32 M_{\text{max}}}{\pi d^3}$

$d = \sqrt[3]{\dfrac{32 M_{\text{max}}}{\pi \sigma_b}} = \sqrt[3]{\dfrac{32 \times 8 \times 10^5}{\pi \times 6000}}$

$\quad = 11.08 \, \text{cm} ≒ 11.1 \, \text{cm}$

11. 지름 10 mm 스프링강으로 만든 코일스프링에 2 kN의 하중을 작용시켜 전단응력이 250 MPa를 초과하지 않도록 하려면 코일의 지름을 어느 정도로 하면 되는가?

① 4 cm   ② 5 cm

③ 6 cm   ④ 7 cm

[해설] $T = \tau Z_p$

$\tau = \dfrac{T}{Z_p} = \dfrac{PR}{\dfrac{\pi d^3}{16}} = \dfrac{16PR}{\pi d^3} = \dfrac{8PD}{\pi d^3}$ [MPa]

$D = \dfrac{\tau \pi d^3}{8P} = \dfrac{250 \times \pi \times 10^3}{8 \times 2 \times 10^3} = 49.09 \, \text{mm}$

$\quad ≒ 5 \, \text{cm}$

12. 다음 그림 중 봉 속에 저장된 탄성에너지가 가장 큰 것은? (단, $E = 2E_1$ 이다.)

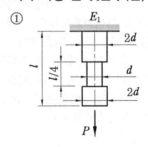

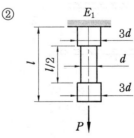

③
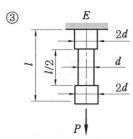

④
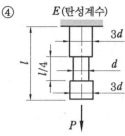

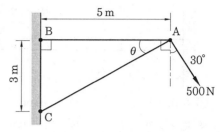

① 781　② 894　③ 972　④ 1081

해설　$F_{AB} = 500\sin 30° + 500\cos 30° \times \dfrac{5}{3}$

　　≒ 972 N

　※ $\tan\theta = \dfrac{3}{5} = 0.6$, $\theta = \tan^{-1}0.6 = 30.96°$

　　$\dfrac{F_{AB}}{\sin(30° + 59.04°)} = \dfrac{500}{\sin 30.96°}$

　　∴ $F_{AB} = \dfrac{500\sin 89.04°}{\sin 30.96°} = 972$ N

해설　$E = 2E_1$이므로, $E_1 = \dfrac{E}{2}$를 대입한다.

$$u_1 = \frac{2P^2\frac{l}{4}}{2AE} + \frac{2P^2\left(\frac{3}{4}l\right)}{2(4A)E} = \frac{P^2l}{2AE}\left(\frac{1}{2} + \frac{3}{8}\right)$$
$$= \frac{1}{2} \cdot \frac{7}{8}\frac{P^2l}{AE}\,[\text{kJ}]$$

$$u_2 = \frac{2P^2\frac{l}{2}}{2AE} + \frac{2P^2\frac{l}{2}}{2(9A)E} = \frac{P^2l}{2AE}\left(1 + \frac{1}{9}\right)$$
$$= \frac{1}{2} \cdot \frac{10}{9}\frac{P^2l}{AE}\,[\text{kJ}]$$

$$u_3 = \frac{P^2\frac{l}{2}}{2AE} + \frac{P^2\frac{l}{2}}{2(4A)E} = \frac{P^2l}{2AE}\left(\frac{1}{2} + \frac{1}{8}\right)$$
$$= \frac{1}{2} \cdot \frac{5}{8}\frac{P^2l}{AE}\,[\text{kJ}]$$

$$u_4 = \frac{P^2\frac{l}{4}}{2AE} + \frac{P^2\frac{3}{4}l}{2(9A)E} = \frac{P^2l}{2AE}\left(\frac{1}{4} + \frac{1}{12}\right)$$
$$= \frac{1}{2} \cdot \frac{1}{3}\frac{P^2l}{AE}\,[\text{kJ}]$$

$$u_1 : u_2 : u_3 : u_4 = \frac{7}{8} : \frac{10}{9} : \frac{5}{8} : \frac{1}{3}$$

∴ $u_2 > u_1 > u_3 > u_4$

13. 그림과 같은 트러스에서 부재 AB가 받고 있는 힘의 크기는 약 몇 N 정도인가?

14. 안지름이 80 mm, 바깥지름이 90 mm이고 길이가 3 m인 좌굴 하중을 받는 파이프 압축 부재의 세장비는 얼마 정도인가?

① 100　② 103　③ 110　④ 113

해설　$k_G = \sqrt{\dfrac{I_G}{A}} = \sqrt{\dfrac{D^2 + d^2}{16}} = \sqrt{\dfrac{90^2 + 80^2}{16}}$

　　　$= 30.0104$ mm ≒ 30 mm

세장비$(\lambda) = \dfrac{L}{k_G} = \dfrac{3 \times 10^3}{30} = 100$

15. 탄성(elasticity)에 대한 설명으로 옳은 것은?

① 물체의 변형률을 표시하는 것

② 물체에 작용하는 외력의 크기

③ 물체에 영구변형을 일어나게 하는 성질

④ 물체에 가해진 외력이 제거되는 동시에 원형으로 되돌아가려는 성질

16. 그림과 같이 자유단에 $M = 40$ N · m의 모멘트를 받는 외팔보의 최대 처짐량은? (단, 탄성계수 $E = 200$ GPa, 단면 2차 모멘트 $I = 50$ cm⁴)

정답　13. ③　14. ①　15. ④　16. ①

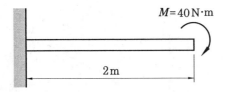

① 0.08 cm   ② 0.16 cm

③ 8.00 cm   ④ 10.67 cm

[해설] 우력(M)만이 작용하는 외팔보 자유단의

최대 처짐량($\delta_{\max}$) $= \dfrac{ML^2}{2EI}$

$$= \dfrac{40 \times 100 \times 200^2}{2 \times 200 \times 10^5 \times 50} = 0.08 \,\text{cm}$$

17. 그림과 같이 전길이에 걸쳐 균일 분포 하중 w를 받는 보에서 최대처짐 $\delta_{\max}$를 나타내는 식은? (단, 보의 굽힘강성 EI 는 일정하다.)

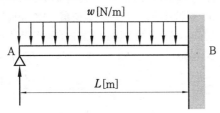

① $\dfrac{wL^4}{64EI}$ ② $\dfrac{wL^4}{128.5EI}$

③ $\dfrac{wL^4}{184.6EI}$ ④ $\dfrac{wL^4}{192EI}$

[해설] 일단 고정 타단지지보에서 균일 분포하 중 w[N/m]을 받는 경우 최대 처짐량($\delta_{\max}$)

$$= \dfrac{wL^4}{184.6EI} = 0.0054 \dfrac{wL^4}{EI}$$

18. 안지름 1 m, 두께 5 mm의 구형 압력 용 기에 길이 15 mm 스트레인 게이지를 그림 과 같이 부착하고, 압력을 가하였더니 게이 지의 길이가 0.009 mm만큼 증가했을 때, 내압 p의 값은? (단, $E = 200$ GPa, $\nu = 0.3$)

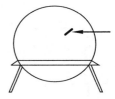

① 3.43 MPa   ② 6.43 MPa

③ 13.4 MPa   ④ 16.4 MPa

[해설] 원주변형률(ε_t) $= \dfrac{\Delta\gamma}{\gamma}$

$$= \dfrac{(1-\nu)}{E}\sigma_t = \dfrac{(1-\nu)}{E}\dfrac{P\gamma}{2t}$$

$$\therefore P = \dfrac{2Et\varepsilon_t}{r(1-\nu)}$$

$$= \dfrac{2 \times 200 \times 10^3 \times 5 \times 6 \times 10^{-4}}{500(1-0.3)}$$

$$= 3.43 \,\text{MPa}$$

$$\left(\varepsilon_t = \dfrac{\lambda}{l} = \dfrac{0.009}{15} = 6 \times 10^{-4}\right)$$

19. 지름이 d이고 길이가 L인 균일한 단면 을 가진 직선축이 전체 길이에 걸쳐 토크 t_0가 작용할 때, 최대 전단응력은?

① $\dfrac{2t_0 L}{\pi d^3}$ ② $\dfrac{4t_0 L}{\pi d^3}$

③ $\dfrac{16t_0 L}{\pi d^3}$ ④ $\dfrac{33t_0 L}{\pi d^3}$

[해설] $T = \tau_{\max} \cdot Z_p$

$$t_0 \cdot L = \tau_{\max} \cdot \dfrac{\pi d^3}{16}$$

$$\tau_{\max} = \dfrac{16t_0 \cdot L}{\pi d^3} \,[\text{MPa}]$$

여기서, $t_0 = \dfrac{T}{L}$ [N · m/m]

20. 비틀림 모멘트를 T, 극관성 모멘트를 I_P, 축의 길이를 L, 전단 탄성계수를 G 라고 할 때, 단위 길이당 비틀림각은?

① $\dfrac{TG}{I_P}$ ② $\dfrac{T}{GI_P}$

정답   17. ③   18. ①   19. ③   20. ②

③ $\dfrac{L^2}{I_P}$ ④ $\dfrac{T}{I_P}$

해설 $\dfrac{\theta}{L} = \dfrac{T}{GI_P}[\text{rad/m}]$

제2과목 **기계열역학**

21. 전동기에 브레이크를 설치하여 출력 시험을 하는 경우, 축출력 10 kW의 상태에서 1시간 운전을 하고, 이때 마찰열을 20℃의 주위에 전할 때 주위의 엔트로피는 어느 정도 증가하는가?

① 123 kJ/K ② 133 kJ/K

③ 143 kJ/K ④ 153 kJ/K

해설 $\Delta S = \dfrac{Q_f}{T} = \dfrac{10 \times 3600}{20 + 273} = 123 \text{ kJ/K}$

22. 밀폐계에서 기체의 압력이 500 kPa로 일정하게 유지되면서 체적이 0.2 m³에서 0.7 m³로 팽창하였다. 이 과정 동안에 내부에너지의 증가가 60 kJ이라면 계가 한 일은?

① 450 kJ ② 350 kJ

③ 250 kJ ④ 150 kJ

해설 $_1W_2 = \displaystyle\int_1^2 pdV = p(V_2 - V_1)$
$= 500(0.7 - 0.2) = 250 \text{ kJ}$

23. 난방용 열펌프가 저온 물체에서 1500 kJ/h의 열을 흡수하여 고온 물체에 2100 kJ/h로 방출한다. 이 열펌프의 성능계수는?

① 2.0 ② 2.5 ③ 3.0 ④ 3.5

해설 $(COP)_{H.P} = \dfrac{Q_H}{Q_H - Q_L}$
$= \dfrac{2100}{2100 - 1500} = 3.5$

24. 오토 사이클에 관한 설명 중 틀린 것은?

① 압축비가 커지면 열효율이 증가한다.

② 열효율이 디젤 사이클보다 좋다.

③ 불꽃 점화 기관의 이상 사이클이다.

④ 열의 공급(연소)이 일정한 체적하에 일어난다.

해설 디젤 사이클이 오토 사이클보다 압축비를 더 크게 할 수 있으므로 열효율이 더 좋다.

25. 밀폐 시스템의 가역 정압 변화에 관한 다음 사항 중 옳은 것은?(단, U : 내부에너지, Q : 전달열, H : 엔탈피, V : 체적, W : 일이다.)

① $dU = \delta Q$ ② $dH = \delta Q$

③ $dV = \delta Q$ ④ $dW = \delta Q$

해설 $\delta Q = dH - Vdp[\text{kJ}]$
정압과정($p = c$이면 $dp = 0$) 시 가열량은 엔탈피 변화량과 같다.($\delta Q = dH = mC_pdT$)

26. 과열기가 있는 랭킨 사이클에 이상적인 재열사이클을 적용할 경우에 대한 설명으로 틀린 것은?

① 이상 재열사이클의 열효율이 더 높다.

② 이상 재열사이클의 경우 터빈 출구 건도가 증가한다.

③ 이상 재열사이클의 기기 비용이 더 많이 요구된다.

④ 이상 재열사이클의 경우 터빈 입구 온도를 더 높일 수 있다.

해설 재열사이클은 랭킨 사이클에서 터빈 출구의 건도를 증가시켜 습도로 인한 터빈 날개 부식을 방지하고 열효율을 향상시킨 사이클이다.

27. 20℃의 공기(기체상수 $R = 0.287$ kJ/kg · K, 정압비열 $C_p = 1.004$ kJ/kg · K) 3 kg이 압력 0.1 MPa에서 등압 팽창하여

부피가 두 배로 되었다. 이 과정에서 공급된 열량은 대략 얼마인가?

① 약 252 kJ   ② 약 883 kJ

③ 약 441 kJ   ④ 약 1765 kJ

[해설] $_1Q_2 = m \cdot C_p(T_2 - T_1)$

$$p = c\,(일정),\ \frac{T_2}{T_1} = \frac{V_2}{V_1}$$

$$T_2 = (20 + 273) \times \frac{2V_1}{V_1} = 586\,K$$

$$_1Q_2 = 3 \times 1.004 \times \{586 - (20 + 273)\}$$
$$= 882.516\,kJ$$

28. 최고온도 1300 K와 최저온도 300 K 사이에서 작동하는 공기표준 Brayton 사이클의 열효율은 약 얼마인가? (단, 압력비는 9, 공기의 비열비는 1.4이다.)

① 30 %   ② 36 %   ③ 42 %   ④ 47 %

[해설] $\eta_{thB} = 1 - \left(\dfrac{1}{\gamma}\right)^{\frac{k-1}{k}}$

$$= 1 - \left(\frac{1}{9}\right)^{\frac{1.4-1}{1.4}} \times 100\,\%$$

$$= 46.62\,\% \fallingdotseq 47\,\%$$

29. 대기압하에서 물의 어는점과 끓는점 사이에서 작동하는 카르노 사이클(Carnot cycle) 열기관의 열효율은 약 몇 %인가?

① 2.7   ② 10.5   ③ 13.2   ④ 26.8

[해설] $\eta_c = 1 - \left(\dfrac{T_2}{T_1}\right) = \left(1 - \dfrac{273}{373}\right) \times 100\,\%$

$$= 26.8\,\%$$

30. 물질의 양을 1/2로 줄이면 강도성(강성적) 상태량의 값은?

① 1/2로 줄어든다.

② 1/4로 줄어든다.

③ 변화가 없다.

④ 2배로 늘어난다.

[해설] 강도성 상태량은 질량과 무관한 상태량이다. 질량의 증감에는 관계가 없으므로 상태량은 변화가 없다.

31. 카르노 사이클에 대한 설명으로 옳은 것은?

① 이상적인 2개의 등온과정과 이상적인 2개의 정압과정으로 이루어진다.

② 이상적인 2개의 정압과정과 이상적인 2개의 단열과정으로 이루어진다.

③ 이상적인 2개의 정압과정과 이상적인 2개의 정적과정으로 이루어진다.

④ 이상적인 2개의 등온과정과 이상적인 2개의 단열과정으로 이루어진다.

[해설] 카르노 사이클은 이상적 사이클로 2개의 등온과정과 2개의 가역단열과정($S = c$)으로 구성된다.

32. 대기압 하에서 물질의 질량이 같을 때 엔탈피의 변화가 가장 큰 경우는?

① 100℃ 물이 100℃ 수증기로 변화

② 100℃ 공기가 200℃ 공기로 변화

③ 90℃ 물이 91℃ 물로 변화

④ 80℃ 공기가 82℃ 공기로 변화

[해설] 엔탈피(전체 열량) 변화는 일반적으로 공기보다 물이 더 크다.

(1) 물의 증발열(γ) = 2256 kJ/kg

(2) $C_p \Delta t = 1.01 \times (200 - 100) = 101$ kJ/kg

(3) $C\Delta t = 4.186 \times (91 - 90) = 4.186$ kJ/kg

(4) $C_p \Delta t = 1.01 \times (82 - 80) = 2.02$ kJ/kg

33. 온도 T_1의 고온열원으로부터 온도 T_2의 저온열원으로 열량 Q가 전달될 때 두 열원의 총 엔트로피 변화량을 옳게 표현한 것은?

① $-\dfrac{Q}{T_1} + \dfrac{Q}{T_2}$ ② $\dfrac{Q}{T_1} - \dfrac{Q}{T_2}$

정답   28. ④   29. ④   30. ③   31. ④   32. ①   33. ①

③ $\dfrac{Q(T_1 + T_2)}{T_1 \cdot T_2}$ ④ $\dfrac{T_1 - T_2}{Q(T_1 \cdot T_2)}$

[해설] $\Delta S_{total} = \Delta S_1 + \Delta S_2$

$= \dfrac{-Q}{T_1} + \dfrac{Q}{T_2} = Q\left(\dfrac{1}{T_2} - \dfrac{1}{T_1}\right)$

$= Q\left(\dfrac{T_1 - T_2}{T_1 T_2}\right) > 0$

ΔS_1 : 고온체 엔트로피 감소량(kJ/K)

ΔS_2 : 저온체 엔트로피 증가량(kJ/K)

34. 한 사이클 동안 열역학계로 전달되는 모든 에너지의 합은?

① 0이다.

② 내부에너지 변화량과 같다.

③ 내부에너지 및 일량의 합과 같다.

④ 내부에너지 및 전달열량의 합과 같다.

[해설] 열역학 제1법칙 = 에너지 보존 법칙

$\left(\oint \delta Q = \oint \delta W \therefore \delta Q - \delta W = 0\right)$

35. 증기압축 냉동기에는 다양한 냉매가 사용된다. 이러한 냉매의 특징에 대한 설명으로 틀린 것은?

① 냉매는 냉동기의 성능에 영향을 미친다.

② 냉매는 무독성, 안정성, 저가격 등의 조건을 갖추어야 한다.

③ 우수한 냉매로 알려져 널리 사용되던 염화불화 탄화수소(CFC) 냉매는 오존층을 파괴한다는 사실이 밝혀진 이후 사용이 제한되고 있다.

④ 현재 CFC 냉매 대신에 R-12(CCl$_2$F$_2$)가 냉매로 사용되고 있다.

36. 저온 열원의 온도가 T_L, 고온 열원의 온도가 T_H인 두 열원 사이에서 작동하는 이상적인 냉동 사이클의 성능계수를 향상시키는 방법으로 옳은 것은?

① T_L을 올리고 $(T_H - T_L)$을 올린다.

② T_L을 올리고 $(T_H - T_L)$을 줄인다.

③ T_L을 내리고 $(T_H - T_L)$을 올린다.

④ T_L을 내리고 $(T_H - T_L)$을 줄인다.

[해설] $(COP)_R = \dfrac{T_L}{T_H - T_L}$ 이므로 T_L을 올리고 $(T_H - T_L)$을 작게 하면 $(COP)_R$는 향상된다.

37. 단열된 용기 안에 두 개의 구리 블록이 있다. 블록 A는 10 kg, 온도 300 K이고, 블록 B는 10 kg, 900 K이다. 구리의 비열은 0.4 kJ/kg·K일 때, 두 블록을 접촉시켜 열교환이 가능하게 하고 장시간 놓아두어 최종 상태에서 두 구리 블록의 온도가 같아졌다. 이 과정 동안 시스템의 엔트로피 증가량(kJ/K)은?

① 1.15 ② 2.04 ③ 2.77 ④ 4.82

[해설] $T_m = \dfrac{m_1 T_1 + m_2 T_2}{m_1 + m_2}$

$= \dfrac{10 \times 300 + 10 \times 900}{10 + 20} = 600 \text{ K}$

$\Delta S_{total} = m C\left[\ln \dfrac{T_m}{T_1} + \ln \dfrac{T_m}{T_2}\right]$

$= 10 \times 0.4\left[\ln \dfrac{600}{300} + \ln \dfrac{600}{900}\right]$

$= 1.15 \text{ kJ/K}$

38. 성능계수(COP)가 0.8인 냉동기로서 7200 kJ/h로 냉동하려면, 이에 필요한 동력은?

① 약 0.9 kW ② 약 1.6 kW

③ 약 2.0 kW ④ 약 2.5 kW

[해설] $W_c = \dfrac{Q_e}{3600(COP)_R} = \dfrac{7200}{3600 \times 0.8}$

$≒ 2.5 \text{ kW}(1 \text{ kW} = 3600 \text{ kJ/h})$

39. 냉동 효과가 70 kW인 카르노 냉동기의

정답 **34.** ① **35.** ④ **36.** ② **37.** ① **38.** ④ **39.** ③

방열기 온도가 20℃, 흡열기 온도가 −10℃이다. 이 냉동기를 운전하는데 필요한 이론 동력(일률)은?

① 약 6.02 kW   ② 약 6.98 kW

③ 약 7.98 kW   ④ 약 8.99 kW

[해설] $\varepsilon_R = \dfrac{Q_e}{W_c} = \dfrac{T_2}{T_1 - T_2}$

$= \dfrac{263}{293 - 263} = 8.77$

$W_c = \dfrac{Q_e}{\varepsilon_R} = \dfrac{70}{8.77} = 7.98 \text{ kW}$

40. 어떤 이상기체 1 kg이 압력 100 kPa, 온도 30℃의 상태에서 체적 0.8 m³을 점유한다면 기체상수는 몇 kJ/kg·K인가?

① 0.251   ② 0.264

③ 0.275   ④ 0.293

[해설] $PV = mRT$에서

$R = \dfrac{PV}{mT} = \dfrac{100 \times 0.8}{1 \times (30 + 273)}$

$= 0.264 \text{ kJ/kg·K}$

제 3 과목   **기계유체역학**

41. 다음 중 기체상수가 가장 큰 기체는?

① 산소   ② 수소   ③ 질소   ④ 공기

[해설] $mR = \overline{R} = 8.314 \text{ kJ/kmol·K}$

$R = \dfrac{\overline{R}}{m} = \dfrac{8.314}{m} \text{ [kJ/kg·K]}$

$R \propto \dfrac{1}{m}$ 분자량(m)이 작을수록 기체상수 (R)가 크다.

42. 그림과 같이 큰 댐 아래에 터빈이 설치되어 있을 때, 마찰손실 등을 무시한 최대 발생 가능한 터빈의 동력은 약 얼마인가? (단, 터빈 출구관의 안지름은 1 m이고, 수면과 터빈 출구관 중심까지의 높이차는

20 m이며, 출구속도는 10 m/s이고, 출구 압력은 대기압이다.)

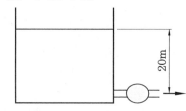

① 1150 kW   ② 1930 kW

③ 1540 kW   ④ 2310 kW

[해설] $h_t = (Z_1 - Z_2) - \dfrac{V_2^2}{2g}$

$= 20 - \dfrac{10^2}{2 \times 9.8} = 14.9 \text{ m}$

$L = \gamma_w Q h_t = \gamma_w (AV) h_t$

$= 9.8 \left(\dfrac{\pi \times 1^2}{4} \times 10 \right) \times 14.9 ≒ 1150 \text{ kW}$

43. 경계층 내의 무차원 속도분포가 경계층 끝에서 속도 구배가 없는 2차원 함수로 주어졌을 때 경계층의 배제두께(δ_t)와 경계층 두께(δ)의 관계로 올바른 것은?

① $\delta_t = \delta$ ② $\delta_t = \dfrac{\delta}{2}$

③ $\delta_t = \dfrac{\delta}{3}$ ④ $\delta_t = \dfrac{\delta}{4}$

[해설] 경계층 두께(δ)

$= \displaystyle\int_o^\delta \left(1 - \dfrac{u}{u_o}\right) dy$

$\dfrac{u}{u_o} = 2\left(\dfrac{y}{\delta}\right) - \left(\dfrac{y}{\delta}\right)^2$

$\dfrac{u}{V} = \dfrac{y^2}{\delta^2}$ 이므로

∴ 경계층 배제두께(δ_t)

$= \dfrac{1}{\delta^2} \displaystyle\int_0^\delta y^2 dy = \dfrac{1}{\delta^2} \left[\dfrac{y^3}{3} \right]_0^\delta = \dfrac{1}{\delta^2} \times \dfrac{\delta^3}{3} = \dfrac{\delta}{3}$

44. 프로펠러 이전 유속을 u_0, 이후 유속을 u_2라 할 때 프로펠러의 추진력 F는 얼마

인가 ? (단, 유체의 밀도와 유량 및 비중량을 ρ, Q, γ라 한다.)

① $F = \rho Q(u_2 - u_0)$

② $F = \rho Q(u_0 - u_2)$

③ $F = \gamma Q(u_2 - u_0)$

④ $F = \gamma Q(u_0 - u_2)$

해설 $F = \rho Q(V_4 - V_1) = \rho Q(u_2 - u_0)\,[\text{N}]$

45. 비중이 0.8인 기름이 지름 80 mm인 곧은 원관 속을 90 L/min로 흐른다. 이때의 레이놀즈수는 약 얼마인가 ? (단, 이 기름의 점성계수는 5×10^{-4} kg/(s · m)이다.)

① 38200

② 19100

③ 3820

④ 1910

해설 $\nu = \dfrac{\mu}{\rho} = \dfrac{5 \times 10^{-4}}{800} = 6.25 \times 10^{-7}$

$Re = \dfrac{\rho V d}{\mu} = \dfrac{V d}{\nu} = \dfrac{4Q}{\pi d \nu}$

$= \dfrac{4 \times 90 \times 10^{-3}/60}{\pi \times 0.08 \times 6.25 \times 10^{-7}}$

$= 38197.19 ≒ 38200$

46. 2차원 비압축성 정상류에서 x, y의 속도 성분이 각각 $u = 4y$, $v = 6x$로 표시될 때, 유선의 방정식은 어떤 형태를 나타내는가 ?

① 직선

② 포물선

③ 타원

④ 쌍곡선

해설 $\dfrac{dx}{u} = \dfrac{dy}{v}$, $\dfrac{dx}{4y} = \dfrac{dy}{6x}$

$6x dx = 4y dy$

$\dfrac{6x^2}{2} + c = \dfrac{4y^2}{2}$, $3x^2 + c = 2y^2$

$\dfrac{x^2}{2} - \dfrac{y^2}{3} = -\dfrac{c}{6} = -c'$

47. 지름 20 cm인 구의 주위에 밀도가 1000 kg/m³, 점성계수는 1.8×10^{-3} Pa · s

인 물이 2 m/s의 속도로 흐르고 있다. 항력계수가 0.2인 경우 구에 작용하는 항력은 약 몇 N인가 ?

① 12.6

② 200

③ 0.2

④ 25.12

해설 $D = C_D \dfrac{\rho A V^2}{2}$

$= 0.2 \times \dfrac{1000 \times \dfrac{\pi(0.2)^2}{4} \times 2^2}{2} = 12.6\,\text{N}$

48. 산 정상에서의 기압은 93.8 kPa이고, 온도는 11℃이다. 이때 공기의 밀도는 약 몇 kg/m³인가 ? (단, 공기의 기체상수는 287 J/kg · K이다.)

① 0.00012

② 1.15

③ 29.7

④ 1150

해설 $Pv = RT \left(v = \dfrac{1}{\rho} \right)$

$P = \rho RT$

$\rho = \dfrac{P}{RT}$

$= \dfrac{93.8}{0.287 \times (11 + 273)} = 1.15\,\text{kg/m}^3$

49. 비중이 0.8인 오일을 지름이 10 cm인 수평원관을 통하여 1 km 떨어진 곳까지 수송하려고 한다. 유량이 0.02 m³/s, 동점성계수가 2×10^{-4} m²/s라면 관 1 km에서의 손실 수두는 약 얼마인가 ?

① 33.2 m

② 332 m

③ 16.6 m

④ 166 m

해설 $Re = \dfrac{V d}{\nu} = \dfrac{4Q}{\pi d \nu} = \dfrac{4 \times 0.02}{\pi \times 0.1 \times 2 \times 10^{-4}}$

$≒ 1273.24 < 2100\,(\text{층류})$

$V = \dfrac{Q}{A} = \dfrac{4Q}{\pi d^2} = \dfrac{4 \times 0.02}{\pi \times (0.1)^2} ≒ 2.55\,\text{m/s}$

$h_L = f \dfrac{L}{d} \dfrac{V^2}{2g} = \left(\dfrac{64}{Re} \right) \dfrac{L}{d} \dfrac{V^2}{2g}$

$$= \left(\frac{64}{1273.24}\right) \times \frac{1000}{0.1} \times \frac{(2.55)^2}{2 \times 9.8}$$
$$\fallingdotseq 166.76 \ m$$

50. 반지름 3 cm, 길이 15 m, 관마찰계수 0.025인 수평원관 속을 물이 난류로 흐를 때 관 출구와 입구의 압력차가 9810 Pa이면 유량은?

① $5.0 \ m^3/s$ ② $5.0 \ L/s$

③ $5.0 \ cm^3/s$ ④ $0.5 \ L/s$

[해설] $\Delta P = \gamma h_L = \gamma f \dfrac{L}{d} \dfrac{V^2}{2g} \ [Pa]$

$$V = \sqrt{\frac{2gdP}{fL\gamma}} = \sqrt{\frac{2 \times 9.8 \times 0.06 \times 9810}{0.025 \times 15 \times 9800}}$$
$$= 1.74 \ m/s$$

$$Q = AV = \frac{\pi(0.06)^2}{4} \times 1.74$$
$$= 4.92 \times 10^{-3} \ m/s \fallingdotseq 5 \ L/s$$

51. 정지상태의 거대한 두 평판 사이로 유체가 흐르고 있다. 이때 유체의 속도분포 (u)가 $u = V\left[1 - \left(\dfrac{y}{h}\right)^2\right]$일 때, 벽면 전단응력은 약 몇 N/m²인가? (단, 유체의 점성계수는 4N · s/m²이며, 평균속도 V는 0.5 m/s, 유로 중심으로부터 벽면까지의 거리 h는 0.01 m이며, 속도 분포는 유체 중심으로부터의 거리(y)의 함수이다.)

① 200   ② 300

③ 400   ④ 500

[해설] $\tau = \mu \cdot \dfrac{du}{dy} = \mu \cdot V \cdot \left(-\dfrac{2y}{h^2}\right)_{y=h}$

$$= 4 \times 0.5 \times \frac{2}{0.01} = 400 \ N/m^2 (Pa)$$

52. 용기에 너비 4 m, 깊이 2 m인 물이 채워져 있다. 이 용기가 수직 상방향으로 9.8 m/s²로 가속될 때, B점과 A점의 압력차 $P_B - P_A$는 약 몇 kPa인가?

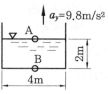

① 9.8   ② 19.6   ③ 39.2   ④ 78.4

[해설] $\Delta P = P_B - P_A = \gamma h \left(1 + \dfrac{a_y}{g}\right)$

$$= 9.8 \times 2 \times \left(1 + \frac{9.8}{9.8}\right) = 39.2 \ kPa$$

53. 다음 중 점성계수 μ의 차원으로 옳은 것은? (단, M : 질량, L : 길이, T : 시간이다.)

① $ML^{-1}T^{-2}$ ② $ML^{-2}T^{-2}$

③ $ML^{-1}T^{-1}$ ④ $ML^{-2}T$

[해설] 점성계수(μ)의 단위는 Pa · s = N · s/m²
= kg/m · s이므로

차원은 $FTL^{-2} = ML^{-1}T^{-1}$이다.

54. 검사체적에 대한 설명으로 옳은 것은?

① 검사체적은 항상 직육면체로 이루어진다.

② 검사체적은 공간상에서 등속 이동하도록 설정해도 무방하다.

③ 검사체적 내의 질량은 변화하지 않는다.

④ 검사체적을 통해서 유체가 흐를 수 없다.

[해설] 검사체적이란 유체 유동해석을 위한 계로 질량 보존, 운동량 보존, 에너지 보존 등이 성립해야 한다.

55. 그림과 같은 수문에서 멈춤장치 A가 받는 힘은 약 몇 kN인가? (단, 수문의 폭은 3 m이고, 수은의 비중은 13.6이다.)

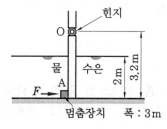

① 37　　　　　② 510

③ 586　　　　　④ 879

[해설] 수문의 좌·우 전압력 작용점 위치

$$y_p = 1.2 + \frac{2h}{3} = 1.2 + \frac{2 \times 2}{3} = 2.53 \text{ m}$$

물의 전압력(F_1)

$$= \gamma_w \bar{h} A = 9.8 \times 1 \times (3 \times 2) = 58.8 \text{ kN}(\rightarrow)$$

수은의 전압력(F_2)

$$= \gamma_{Hg} \bar{h} A = (9.8 \times 13.6) \times 1 \times (3 \times 2)$$

$$= 799.68 \text{ kN}(\leftarrow)$$

$$\Sigma M_{Hinge} = 0$$

$$F \times 3.2 + F_1 \times 2.53 - F_2 \times 2.53 = 0$$

$$\therefore \ F = \frac{F_2 \times 2.53 - F_1 \times 2.53}{3.2}$$

$$= \frac{(799.68 - 58.8) \times 2.53}{3.2} = 586 \text{ kN}$$

56. 역학적 상사성(相似性)이 성립하기 위해 프루드(Froude)수를 같게 해야 되는 흐름은?

① 점성 계수가 큰 유체의 흐름

② 표면 장력이 문제가 되는 흐름

③ 자유표면을 가지는 유체의 흐름

④ 압축성을 고려해야 되는 유체의 흐름

[해설] 프루드(Froude)수 $= \dfrac{\text{관성력}}{\text{중력}} = \dfrac{V}{\sqrt{Lg}}$

(자유표면 유동은 중력이 중요시된다.)

57. 다음 중 유동장에 입자가 포함되어 있어야 유속을 측정할 수 있는 것은?

① 열선속도계

② 정압피토관

③ 프로펠러 속도계

④ 레이저 도플러 속도계

58. 2차원 직각좌표계(x, y)에서 속도장이 다음과 같은 유동이 있다. 유동장 내의 점 (L, L)에서의 유속의 크기는? (단, $\vec{i}$, $\vec{j}$

는 각각 x, y 방향의 단위벡터를 나타낸다.)

$$\vec{V}(x, \ y) = \frac{U}{L}(-x\vec{i} + y\vec{j})$$

① 0　　　　　② U

③ $2U$　　　　④ $\sqrt{2}\,U$

[해설] 점(L, L)에서의 유속은 $x = L$, $y = L$을 대입하면

$$\vec{V} = \frac{U}{L}(-xi + yj) = \frac{U}{L}(-Li + Lj)$$

$$= U(-i + j)$$

$$u = -U, \ v = U$$

$$\therefore \ |\vec{V}| = \sqrt{u^2 + v^2}$$

$$= \sqrt{(-U)^2 + U^2} = \sqrt{2}\,U$$

59. 파이프 내에 점성유체가 흐른다. 다음 중 파이프 내의 압력 분포를 지배하는 힘은?

① 관성력과 중력

② 관성력과 표면장력

③ 관성력과 탄성력

④ 관성력과 점성력

[해설] 파이프 내의 점성유동은 레이놀즈수(Re) 가 지배한다.

$$Re = \frac{\text{관성력}}{\text{점성력}} = \frac{\rho Vd}{\mu} = \frac{Vd}{\nu} = \frac{4Q}{\pi d \nu}$$

60. 그림과 같은 노즐에서 나오는 유량이 $0.078 \text{ m}^3/\text{s}$일 때 수위($H$)는 얼마인가? (단, 노즐 출구의 안지름은 0.1 m이다.)

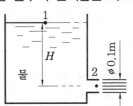

① 5 m　　　　② 10 m

③ 0.5 m　　　④ 1 m

[해설] 토리첼리 정리에서 $V = \sqrt{2gH}\,[\text{m/s}]$

$$H = \frac{V^2}{2g} = \frac{(9.93)^2}{2 \times 9.81} = 5.02\,\text{m}$$

$Q = AV[\text{m}^3/\text{s}]$에서

$$V = \frac{Q}{A} = \frac{Q}{\frac{\pi}{4}d^2} = \frac{4Q}{\pi d^2} = \frac{4 \times 0.078}{\pi (0.1)^2}$$

$$= 9.93\,\text{m/s}$$

제4과목 **기계재료 및 유압기기**

61. Fe-C 상태도에서 온도가 가장 낮은 것은?

① 공석점
② 포정점
③ 공정점
④ 순철의 자기변태점

해설 ① 공석점(A_1 변태점) : 723℃
② 포정점 : 1470℃
③ 공정점 : 1145℃
④ 순철의 자기변태점(A_2 변태점) : 768℃

62. 금형재료로서 경도와 내마모성이 우수하고 대량 생산에 적합한 소결합금은?

① 주철
② 초경합금
③ Y합금강
④ 탄소공구강

해설 (1) 주철 : C 2.0~6.68 % 함유하고 있는 철의 종류
(2) Y합금 : Al-Cu-Ni-Mg계 합금(내열합금)
(3) 탄소공구강 : 불순물이 적은 0.60~1.50 %의 탄소를 함유한 공구용으로 사용되는 고탄소강

63. 특수강에서 합금원소의 영향에 대한 설명으로 옳은 것은?

① Ni은 결정입자의 조절
② Si는 인성 증가, 저온 충격 저항 증가
③ V, Ti는 전자기적 특성, 내열성 우수

④ Mn, W은 고온에 있어서의 경도와 인장강도 증가

해설 ① Ni : 인성 및 내마멸성 증가
② Si : 전자기적 특성, 내열성 증가
③ V, Ti : 결정입자의 조절

64. 탄소강에 함유된 인(P)의 영향을 바르게 설명한 것은?

① 강도와 경도를 감소시킨다.
② 결정립을 미세화시킨다.
③ 연신율을 증가시킨다.
④ 상온취성의 원인이 된다.

해설 탄소강에서 인(P)의 영향
(1) 강도, 경도를 증가시킨다.
(2) 결정립을 조대화시킨다.
(3) 연신율, 충격값을 감소시킨다.
(4) 상온취성의 원인이 된다.

65. 심랭(sub-zero) 처리의 목적의 설명으로 옳은 것은?

① 자경강에 인성을 부여하기 위함
② 급열·급랭 시 온도 이력현상을 관찰하기 위함
③ 항온 담금질하여 베이나이트 조직을 얻기 위함
④ 담금질 후 시효변형을 방지하기 위해 잔류 오스테나이트를 마텐자이트 조직으로 얻기 위함

해설 심랭 처리(sub-zero treatment) : 담금질 후 국부적으로 잔류하는 오스테나이트 조직에서 마텐자이트 조직을 얻기 위한 열처리법으로 0℃ 이하로 처리한다.

66. 일정 중량의 추를 일정 높이에서 떨어뜨려 그 반발하는 높이로 경도를 나타내는 방법은?

① 브리넬 경도 시험

정답 **61.** ① **62.** ② **63.** ④ **64.** ④ **65.** ④ **66.** ④

② 로크웰 경도 시험

③ 비커스 경도 시험

④ 쇼어 경도 시험

[해설] 쇼어 경도 시험은 재료에 아무런 흔적을 남기지 않기 때문에 완성된 제품의 경도 시험에 적합하다.

$$H_S = \frac{10000}{65} \times \frac{h}{h_o}$$

67. 합금과 특성의 관계가 옳은 것은?

① 규소강 : 초내열성

② 스텔라이트(stellite) : 자성

③ 모넬금속(monel metal) : 내식용

④ 엘린바(Fe-Ni-Cr) : 내화학성

[해설] 모넬금속(monel metal)은 Ni 65 %를 함유하고 있는 합금으로 내마모성과 내식성이 우수하다.

68. 표준형 고속도 공구강의 주성분으로 옳은 것은?

① 18 % W, 4 % Cr, 1 % V, 0.8~0.9 % C

② 18 % C, 4 % Mo, 1 % V, 0.8~0.9 % Cu

③ 18 % W, 4 % V, 1 % Ni, 0.8~0.9 % C

④ 18 % C, 4 % Mo, 1 % Cr, 0.8~0.9 % Mg

[해설] 표준 고속도강(SKH)의 주성분은 W(18 %)-Cr(4 %)-V(1 %)-C(0.8~0.9 %)이다.

69. 다음 중 ESD(Extra Super Duralumin) 합금계는?

① Al-Cu-Zn-Ni-Mg-Co

② Al-Cu-Zn-Ti-Mn-Co

③ Al-Cu-Sn-Si-Mn-Cr

④ Al-Cu-Zn-Mg-Mn-Cr

[해설] 초초두랄루민(ESD : Extra Super Duralumin)은 Al-Cu-Mg-Mn-Zn-Cr계 고강도 합금으로 항공기 재료에 사용된다.

70. 조선 압연판으로 쓰이는 것으로 편석과 불순물이 적은 균질의 강은?

① 림드강　　② 킬드강

③ 캡드강　　④ 세미킬드강

[해설] 킬드강(killed steel)은 망간(Mn), 실리콘(Si), 알루미늄(Al)을 탈산제로 사용하여 산소나 가스 등을 제거하고 진정시켜 주형에 조용히 부어 응고시킨 것으로 진정강이라고도 한다(편석과 불순물이 적은 균질강으로 완전 탈산시킨 강이다).

71. 다음 중 상시 개방형 밸브는?

① 감압 밸브　　② 언로드 밸브

③ 릴리프 밸브　　④ 시퀀스 밸브

[해설] 릴리프 밸브는 상시 폐쇄형 밸브이고 감압 밸브는 상시 개방형 밸브이다.

72. 유압모터의 종류가 아닌 것은?

① 나사 모터

② 베인 모터

③ 기어 모터

④ 회전피스톤 모터

[해설] 나사 펌프는 있으나 나사 모터는 없다.

73. 유압장치에서 실시하는 플러싱에 대한 설명으로 옳지 않은 것은?

① 플러싱하는 방법은 플러싱 오일을 사용하는 방법과 산세정법 등이 있다.

② 플러싱은 유압 시스템의 배관 계통과 시스템 구성에 사용되는 유압 기기의 이물질을 제거하는 작업이다.

③ 플러싱 작업을 할 때 플러싱유의 온도는 일반적인 유압시스템의 유압유 온도보다 낮은 20~30℃ 정도로 한다.

④ 플러싱 작업은 유압기계를 처음 설치하였을 때, 유압작동유를 교환할 때, 오랫

동안 사용하지 않던 설비의 운전을 다시
시작할 때, 부품의 분해 및 청소 후 재
조립하였을 때 실시한다.

해설 플러싱유는 작동유와 거의 같은 점도의
오일을 사용하는 것이 바람직하나 슬러지
용해의 경우에는 조금 낮은 점도의 플러싱
유를 사용하여 유온을 60~80℃로 높여서
용해력을 증대시키고 점도 변화에 의한 유
속 증가를 이용하여 이물질의 제거를 용이
하게 한다.

74. 다음 중 펌프에서 토출된 유량의 맥동
을 흡수하고, 토출된 압유를 축적하여 간
헐적으로 요구되는 부하에 대해서 압유를
방출하여 펌프를 소경량화할 수 있는 기
기는?

① 필터　　　　　② 스트레이너
③ 오일 냉각기　　④ 어큐뮬레이터

해설 축압기(accumulator)는 유압유의 축적과
유압회로에서의 맥동, 서지 압력의 흡수 목
적으로 사용된다.

75. 펌프의 토출 압력 3.92 MPa, 실제 토
출 유량은 50 L/min이다. 이때 펌프의 회
전수는 1000 rpm, 소비동력이 3.68 kW라
고 하면 펌프의 전효율은 얼마인가?

① 80.4 %　　　　② 84.7 %
③ 88.8 %　　　　④ 92.2 %

해설 $L_P = PQ = 3.92 \times \left(\dfrac{50}{60}\right) = 3.27\,kW$

$\eta_P = \dfrac{펌프동력(L_P)}{소비동력(kW)} = \dfrac{3.27}{3.68} \times 100\,\%$
$= 88.8\,\%$

76. 액추에이터에 관한 설명으로 가장 적
합한 것은?

① 공기 베어링의 일종이다.
② 전기에너지를 유체에너지로 변환시키는

기기이다.
③ 압력에너지를 속도에너지로 변환시키는
기기이다.
④ 유체에너지를 이용하여 기계적인 일을
하는 기기이다.

해설 액추에이터(actuator)는 작동기로 유압
실린더와 유압 모터가 있으며, 유체에너지
를 기계적 에너지로 변환시키는 기기이다.

77. 배관용 플랜지 등과 같이 정지 부분의
밀봉에 사용되는 실(seal)의 총칭으로 정
지용 실이라고도 하는 것은?

① 초크(choke)　　② 개스킷(gasket)
③ 패킹(packing)　④ 슬리브(sleeve)

해설 고정 부분(정지 부분)에 사용되는 실
(seal)은 개스킷(gasket)이고, 운동 부분에
사용되는 실(seal)은 패킹(packing)이다.

78. 점성계수(coefficient of viscosity)는
기름의 중요 성질이다. 점성이 지나치게
클 경우 유압기기에 나타나는 현상이 아
닌 것은?

① 유동저항이 지나치게 커진다.
② 마찰에 의한 동력손실이 증대된다.
③ 부품 사이에 윤활작용을 하지 못한다.
④ 밸브나 파이프를 통과할 때 압력손실
이 커진다.

해설 ③은 점성이 지나치게 낮은 경우에 나타
나는 현상으로, 누유로 인해 고체 마찰이 발
생할 수 있다.

79. 길이가 단면 치수에 비해서 비교적 짧
은 죔구(restriction)는?

① 초크(choke)
② 오리피스(orifice)
③ 벤트 관로(vent line)
④ 휨 관로(flexible line)

해설 오리피스(orifice)는 수조의 벽 또는 흐름을 막는 관에 구멍을 뚫어 유체를 유출시키는 구멍으로 길이가 단면 치수에 비해서 비교적 짧은 좀구이며, 압력손실이 매우 크다.

80. 피스톤 부하가 급격히 제거되었을 때 피스톤이 급진하는 것을 방지하는 등의 속도제어회로로 가장 적합한 것은?
① 증압 회로
② 시퀀스 회로
③ 언로드 회로
④ 카운터 밸런스 회로

해설 카운터 밸런스 회로(counter balance circuit)는 일정한 배압을 유지시켜 램의 중력에 의하여 자연 낙하하는 것을 방지한다.

제5과목 **기계제작법 및 기계동력학**

81. 방전가공에 대한 설명으로 틀린 것은?
① 경도가 높은 재료는 가공이 곤란하다.
② 가공 전극은 동, 흑연 등이 쓰인다.
③ 가공 정도는 전극의 정밀도에 따라 영향을 받는다.
④ 가공물과 전극 사이에 발생하는 아크(arc) 열을 이용한다.

해설 방전가공은 경도가 높은 난삭성 재료, 내식강, 내열강 등의 재료 가공에 적합한 특수가공이다.

82. 단조의 기본 작업 방법에 해당하지 않는 것은?
① 늘리기(drawing)
② 업세팅(up-setting)
③ 굽히기(bending)
④ 스피닝(spinning)

해설 소성가공인 단조 작업은 자유단조와 형단조 작업으로 분류할 수 있고, 자유단조 작업으로는 늘리기, 업세팅, 굽히기, 단짓기, 구멍 뚫기, 절단 등이 있다. 스피닝(spinning)은 회전 소성가공의 일종으로 성형가공 작업이다.

83. Al을 강의 표면에 침투시켜 내스케일성을 증가시키는 금속 침투 방법은?
① 파커라이징(parkerizing)
② 칼로라이징(calorizing)
③ 크로마이징(chromizing)
④ 금속용사법(metal spraying)

해설 Al을 강의 표면에 침투시켜 내스케일성을 증가시키는 금속침투법(시멘테이션)은 칼로라이징(calorizing)이다.

84. 주조의 탕구계 시스템에서 라이저(riser)의 역할로서 틀린 것은?
① 수축으로 인한 쇳물 부족을 보충한다.
② 주형 내의 가스, 기포 등을 밖으로 배출한다.
③ 주형 내의 쇳물에 압력을 가해 조직을 치밀화한다.
④ 주물의 냉각도에 따른 균열이 발생되는 것을 방지한다.

해설 라이저(riser) = 덧쇳물(feeder)의 역할
(1) 주형 내의 쇳물에 압력을 준다(조직을 치밀하게 한다).
(2) 금속이 응고할 때 체적 감소로 인한 쇳물 부족을 보충한다.
(3) 주형 내의 불순물과 용제의 일부를 밖으로 내보낸다.
(4) 주형 내의 공기·가스·기포 등을 배출한다.

85. Taylor의 공구수명에 관한 실험식에서 세라믹 공구를 사용하고자 할 때 적합한 절삭속도(m/min)는 약 얼마인가? (단,

$VT^n = C$에서 $n = 0.5$, $C = 200$이고 공구수명은 40분이다.)

① 31.6   ② 32.6

③ 33.6   ④ 35.6

[해설] $V = \dfrac{C}{T^m} = \dfrac{200}{(40)^{0.5}} = 31.6 \, \text{m/min}$

86. 특수가공 중에서 초경합금, 유리 등을 가공하는 방법은?

① 래핑   ② 전해 가공

③ 액체 호닝   ④ 초음파 가공

[해설] 초경합금, 유리, 다이아몬드, 보석류 등 취성이 매우 큰 재료를 가공하는 특수가공법은 초음파 가공이다.

87. 강관을 길이방향으로 이음매 용접하는데, 가장 적합한 용접은?

① 심 용접

② 점 용접

③ 프로젝션 용접

④ 업셋 맞대기 용접

[해설] 심 용접(seam welding)은 점 용접을 연속적으로 반복하는 방법으로 강관을 길이방향으로 이음매 용접하는 데 가장 적합하다.

88. 아래 도면과 같은 테이퍼를 가공할 때의 심압대의 편위거리(mm)는?

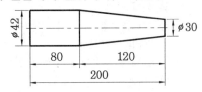

① 6   ② 10

③ 12   ④ 20

[해설] 테이퍼(taper) 가공 시 심압대의 편위거리$(x) = \dfrac{(D-d)L}{2l} = \dfrac{(42-30) \times 200}{2 \times 120}$

$= 10 \, \text{mm}$

89. 두께가 다른 여러 장의 강재 박판(薄板)을 겹쳐서 부채살 모양으로 모은 것이며 물체 사이에 삽입하여 측정하는 기구는?

① 와이어 게이지   ② 롤러 게이지

③ 틈새 게이지   ④ 드릴 게이지

[해설] 틈새 게이지(thickness gauge)는 간극이나 틈새를 측정하는 게이지로, 그 용도는 다음과 같다.

(1) 자동차의 밸브 간극, 접점 간극 등을 측정

(2) 기계를 조립할 때 부품 사이의 틈새를 측정

(3) 기계 부품의 좁은 홈 및 폭을 측정

90. 두께 4 mm인 탄소강판에 지름 1000 mm의 펀칭을 할 때 소요되는 동력(kW)은 약 얼마인가? (단, 소재의 전단저항은 245.25 MPa, 프레스 슬라이드의 평균속도는 5 m/min, 프레스의 기계효율(η)은 65 %이다.)

① 146   ② 280   ③ 396   ④ 538

[해설] 소요동력(L_s)

$= \dfrac{FV}{\eta_m} = \dfrac{(\tau \pi d t) \times V}{\eta_m}$

$= \dfrac{(245.25 \times \pi \times 1000 \times 4) \times \left(\dfrac{5}{60} \right)}{0.65} \times 10^{-3}$

$= 395.12 \, \text{kW} = 396 \, \text{kW}$

91. 두 질점의 완전 소성 충돌에 대한 설명 중 틀린 것은?

① 반발계수가 0이다.

② 두 질점의 전체 에너지가 보존된다.

③ 두 질점의 전체 운동량이 보존된다.

④ 충돌 후, 두 질점의 속도는 서로 같다.

[해설] 두 질점의 전체 에너지(운동량 & 운동에너지)가 보존되는 경우는 완전 탄성 충돌로 반발계수(e) = 1인 경우이다.

정답   86. ④   87. ①   88. ②   89. ③   90. ③   91. ②

92. 그림과 같은 용수철–질량계의 고유진
동수는 약 몇 Hz인가? (단, $m = 5\,\text{kg}$,
$k_1 = 15\,\text{N/m}$, $k_2 = 8\,\text{N/m}$이다.)

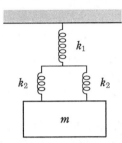

① $0.1\,\text{Hz}$ ② $0.2\,\text{Hz}$
③ $0.3\,\text{Hz}$ ④ $0.4\,\text{Hz}$

해설 $k_{eq} = \dfrac{k_1 \times 2k_2}{k_1 + 2k_2} = \dfrac{15 \times (2 \times 8)}{15 + (2 \times 8)}$

$\qquad = 7.742\,\text{N/m}$

$f_n = \dfrac{\omega_n}{2\pi} = \dfrac{1}{2\pi}\sqrt{\dfrac{k_{eq}}{m}}$

$\qquad = \dfrac{1}{2\pi}\sqrt{\dfrac{7.742}{5}} \fallingdotseq 0.2\,\text{Hz}$

93. 회전속도가 2000 rpm인 원심 팬이 있
다. 방진고무로 탄성 지지시켜 진동 전달
률을 0.3으로 하고자 할 때, 정적 수축량
은 약 몇 mm인가? (단, 방진고무의 감쇠
계수는 0으로 가정한다.)

① 0.71 ② 0.97
③ 1.41 ④ 2.20

해설 $\omega = \dfrac{2\pi N}{60} = \dfrac{2\pi \times 2000}{60} \fallingdotseq 209.44\,\text{rad/s}$

$TR = \dfrac{1}{\left|1 - \left(\dfrac{\omega}{\omega_n}\right)^2\right|} = \dfrac{1}{|1 - \gamma^2|}$

$0.3 = \dfrac{1}{\left|1 - \left(\dfrac{209.44}{\omega_n}\right)^2\right|}$

$\omega_n = \dfrac{209.44}{\sqrt{4.33}} = 100.65\,\text{rad/s}$

$\omega_n = \sqrt{\dfrac{g}{\delta}}\,[\text{rad/s}]$에서

$\therefore \delta = \dfrac{g}{{\omega_n}^2} = \dfrac{9800}{(100.65)^2} \fallingdotseq 0.97\,\text{mm}$

94. 타격연습용 투구기가 지상 1.5 m 높이
에서 수평으로 공을 발사한다. 공이 수평
거리 16 m를 날아가 땅에 떨어진다면, 공
의 발사속도의 크기는 약 몇 m/s인가?

① 11 ② 16 ③ 21 ④ 29

해설 $H = \dfrac{1}{2}g t^2\,[\text{m}]$에서

$t = \sqrt{\dfrac{2H}{g}} = \sqrt{\dfrac{2 \times 1.5}{9.8}} = 0.55\,\text{s}$

$\therefore V = \dfrac{S}{t} = \dfrac{16}{0.55} \fallingdotseq 29\,\text{m/s}$

95. 그림에서 질량 100 kg의 물체 A와 수
평면 사이의 마찰계수는 0.3이며 물체 B
의 질량은 30 kg이다. 힘 P_y의 크기는 시
간($t[\text{s}]$)의 함수이며 $P_y[\text{N}] = 15t^2$이다. t
는 0 s에서 물체 A가 오른쪽으로 2.0 m/s
로 운동을 시작한다면 t가 5 s일 때 이 물
체의 속도는 약 몇 m/s인가?

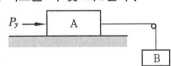

① 6.81 ② 6.92 ③ 7.31 ④ 7.54

해설 $\Sigma F = ma : 15t^2 + m_B \cdot g - \mu m_A \cdot g$

$\qquad = (m_A + m_B)a\,[\text{N}]$

$a = \dfrac{15t^2}{m_A + m_B} = \dfrac{dV}{dt}\,[\text{m/s}^2]$

$V - V_0 = \dfrac{15t^3}{3(m_A + m_B)}$

$V = 2 + \dfrac{15 \times 5^3}{3 \times 130} = 6.81\,\text{m/s}$

96. 인장코일 스프링에서 100 N의 힘으로
10 cm 늘어나는 스프링을 평형 상태에서
5 cm만큼 늘어나게 하려면 몇 J의 일이

필요한가?

① 10   ② 5

③ 2.5   ④ 1.25

해설 $k = \dfrac{P}{\delta} = \dfrac{100}{0.1} = 1000 \,\text{N/m}$

$U = \dfrac{P\delta}{2} = \dfrac{k\delta^2}{2} = \dfrac{1000 \times (0.05)^2}{2}$

$= 1.25 \,\text{N} \cdot \text{m}$

97. $x = Ae^{j\omega t}$ 인 조화운동의 가속도 진폭의 크기는?

① $\omega^2 A$ ② ωA

③ ωA^2 ④ $\omega^2 A^2$

해설 변위$(x) = Ae^{j\omega t}$

속도$(V) = \dot{x} = \omega Ae^{j\omega t}$

가속도$(a) = \ddot{x} = \omega^2 Ae^{j\omega t}$

98. 반지름이 R인 바퀴가 미끄러지지 않고 구른다. O점의 속도(V_O)에 대한 A점의 속도(V_A)의 비는 얼마인가?

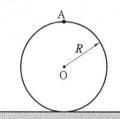

① $\dfrac{V_A}{V_O} = 1$ ② $\dfrac{V_A}{V_O} = \sqrt{2}$

③ $\dfrac{V_A}{V_O} = 2$ ④ $\dfrac{V_A}{V_O} = 4$

해설 $V_O = R\omega \,[\text{m/s}]$

$V_A = 2R\omega \,[\text{m/s}]$

$\therefore \dfrac{V_A}{V_O} = 2$

99. 반지름이 r인 원을 따라서 각속도 ω, 각가속도 α로 회전할 때 법선방향 가속도의 크기는?

① $r\alpha$ ② $r\omega$

③ $r\omega^2$ ④ $r\alpha^2$

해설 접선 가속도$(a_t) = \alpha r \,[\text{m/s}^2]$

법선 가속도$(a_n) = r\omega^2 \,[\text{m/s}^2]$

100. 질량 관성모멘트가 $7.036 \,\text{kg} \cdot \text{m}^2$인 플라이휠이 3600 rpm으로 회전할 때, 이 휠이 갖는 운동에너지는 약 몇 kJ인가?

① 300   ② 400

③ 500   ④ 600

해설 $T = \dfrac{1}{2} J_G \omega^2 = \dfrac{1}{2} J_G \left(\dfrac{2\pi N}{60} \right)^2$

$= \dfrac{1}{2} \times 7.036 \times \left(\dfrac{2\pi \times 3600}{60} \right)^2$

$= 499.986 \,\text{J} ≒ 500 \,\text{kJ}$

일반기계기사

제1과목 **재료역학**

1. 무게가 각각 300 N, 100 N인 물체 A, B가 경사면 위에 놓여 있다. 물체 B와 경사면과는 마찰이 없다고 할 때 미끄러지지 않을 물체 A와 경사면과의 최소 마찰계수는 얼마인가?

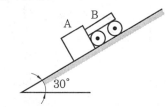

① 0.19　　　　② 0.58

③ 0.77　　　　④ 0.94

해설 $\mu \cdot W_A \cdot \cos\theta$

$= W_B \cdot \sin\theta + W_A \cdot \sin\theta$

$\mu = \dfrac{(100+300) \times \sin30°}{300 \times \cos30°} = 0.77$

2. 그림과 같은 직사각형 단면의 단순보 AB에 하중이 작용할 때, A단에서 20 cm 떨어진 곳의 굽힘 응력은 몇 MPa인가? (단, 보의 폭은 6 cm이고, 높이는 12 cm이다.)

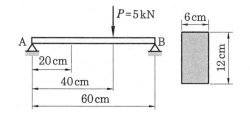

① 2.3　　　　② 1.9

③ 3.7　　　　④ 2.9

해설 $R_A = \dfrac{Pb}{L} = \dfrac{5 \times 0.2}{0.6} = 1.67\,\text{kN}$

$\sigma_b = \dfrac{M}{Z} = \dfrac{R_A \times 0.2}{\dfrac{0.06 \times 0.12^2}{6}} \times 10^{-3}$

$= \dfrac{6 \times 1.67 \times 0.2}{0.06 \times 0.12^2} \times 10^{-3}$

$= 2.32\,\text{MPa}$

3. 강체로 된 봉 CD가 그림과 같이 같은 단면적과 재료가 같은 케이블 ①, ②와 C점에서 힌지로 지지되어 있다. 힘 P에 의해 케이블 ①에 발생하는 응력(σ)은 어떻게 표현되는가? (단, A는 케이블의 단면적이며 자중은 무시하고, a는 각 지점간의 거리이고 케이블 ①, ②의 길이 l은 같다.)

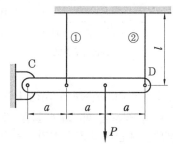

① $\dfrac{2P}{3A}$　　　　② $\dfrac{P}{3A}$

③ $\dfrac{4P}{5A}$　　　　④ $\dfrac{P}{5A}$

해설 $\delta_1 : \delta_2 = \sigma_1 : \sigma_2 = a : 3a$

$\sigma_2 = 3\sigma_1$

$P \times (2a) = \sigma_1 \cdot A \cdot a + \sigma_2 \cdot A \cdot 3a$

$= 10\sigma_1 \cdot A \cdot a = 10A \cdot a \cdot \sigma$

$\therefore \ \sigma = \dfrac{P}{5A}$

4. 재료가 전단 변형을 일으켰을 때, 이 재료의 단위 체적당 저장된 탄성에너지는? (단, τ는 전단응력, G는 전단 탄성계수이다.)

정답 　1. ③　　2. ①　　3. ④　　4. ①

① $\dfrac{\tau^2}{2G}$ ② $\dfrac{\tau}{2G}$ ③ $\dfrac{\tau^4}{2G}$ ④ $\dfrac{\tau^2}{4G}$

[해설] $U = \dfrac{P_s \lambda}{2} = \dfrac{P_s^2 L}{2AG}$

$= \dfrac{P_s^2 AL}{2A^2 G} = \dfrac{\tau_s^2}{2G} V [\text{kJ}]$

$\therefore \ u = \dfrac{U}{V} = \dfrac{\tau^2}{2G} [\text{kJ/m}^3]$

5. 바깥지름 50 cm, 안지름 40 cm의 중공 원통에 500 kN의 압축하중이 작용했을 때 발생하는 압축응력은 약 몇 MPa인가?

① 5.6 ② 7.1 ③ 8.4 ④ 10.8

[해설] $\sigma_c = \dfrac{P_c}{A} = \dfrac{P_c}{\dfrac{\pi(d_2^2 - d_1^2)}{4}}$

$= \dfrac{4 P_c}{\pi(d_2^2 - d_1^2)} = \dfrac{4 \times 500 \times 10^3}{\pi(500^2 - 400^2)}$

$= 7.07 \text{ MPa} \fallingdotseq 7.1 \text{ MPa}$

6. 그림과 같이 단순보의 지점 B에 M_0의 모멘트가 작용할 때 최대 굽힘 모멘트가 발생되는 A단에서부터 거리 x는?

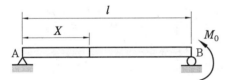

① $x = \dfrac{l}{5}$ 　　② $x = l$

③ $x = \dfrac{l}{2}$ 　　④ $x = \dfrac{3l}{4}$

[해설] 우력(M_0)만이 존재하는 경우 양쪽 반력의 크기는 항상 같다.

$R_A = R_B = \dfrac{M_0}{l} [\text{N}]$

$M_x = R_A x = \dfrac{M_0}{l} x [\text{kN} \cdot \text{m}]$

$x = l, \ M_{\max} = M_0 [\text{kJ}]$

7. 그림과 같은 트러스가 점 B에서 그림과 같은 방향으로 5 kN의 힘을 받을 때 트러스에 저장되는 탄성에너지는 몇 kJ인가? (단, 트러스의 단면적은 1.2 cm², 탄성계수는 10^6 Pa이다.)

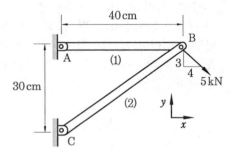

① 52.1　　　② 106.7

③ 159.0　　　④ 267.7

[해설] $F_{AB} = \dfrac{5}{\sin 143.13} \times \sin 73.74$

$= 8 \text{ kN}$

$F_{BC} = 5 \text{ kN}$

$U_{AB} = \dfrac{F_{AB}^2 \, l_{AB}}{2AE}$

$= \dfrac{(8 \times 10^3)^2 \times 0.4}{2 \times (1.2 \times 10^{-4}) \times 10^6} = 106.7 \text{ kJ}$

$U_{BC} = \dfrac{F_{BC}^2 \, l_{BC}}{2AE}$

$= \dfrac{(5 \times 10^3)^2 \times \sqrt{0.4^2 + 0.3^2}}{2 \times (1.2 \times 10^{-4}) \times 10^6} = 52.1 \text{ kJ}$

$U = U_{AB} + U_{BC}$

$= 106.7 + 52.1 = 158.8 \text{ kJ}$

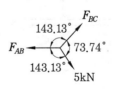

$\tan \angle ABC = \dfrac{3}{4} = 0.75$

$\angle ABC = \tan^{-1} 0.75 = 36.87°$

$143.13° = (90° - 36.87°) \times 2 + 36.87°$

$73.74° = 360° - 143.13° \times 2$

---

8. 원형 막대의 비틀림을 이용한 토션바 (torsion bar) 스프링에서 길이와 지름을 모두 10 %씩 증가시킨다면 토션바의 비틀림 스프링상수($\dfrac{비틀림\ 토크}{비틀림\ 각도}$)는 몇 배로 되겠는가?

① 1.1^{-2}배   ② 1.1^{2}배

③ 1.1^{3}배   ④ 1.1^{4}배

[해설] $\theta = \dfrac{TL}{GI_p} = \dfrac{32\,TL}{G\pi d^4}$ [radian]

$k_t = \dfrac{T}{\theta} = \dfrac{d^4}{L} \ (k_t \propto d^4, \ k_t \propto \dfrac{1}{L})$

$\dfrac{k_t^{\,'}}{k_t} = \left(\dfrac{d'}{d}\right)^4 \left(\dfrac{L}{L'}\right)$

$= \left(\dfrac{1.1d}{d}\right)^4 \left(\dfrac{L}{1.1L}\right) = 1.1^3$

9. 양단이 힌지인 기둥의 길이가 2 m이고, 단면이 직사각형(30 mm×20 mm)인 압축 부재의 좌굴하중을 오일러 공식으로 구하면 몇 kN인가? (단, 부재의 탄성 계수는 200 GPa이다.)

① 9.9 kN   ② 11.1 kN

③ 19.7 kN   ④ 22.2 kN

[해설] $P_{cr} = n\pi^2 \dfrac{EI_G}{L^2}$

$= 1 \times \pi^2 \times \dfrac{200 \times 10^6 \times \left(\dfrac{0.03 \times 0.02^3}{12}\right)}{2^2}$

$\fallingdotseq 9.9 \text{ kN}$

10. 길이가 2 m인 환봉에 인장하중을 가하여 변화된 길이가 0.14 cm일 때 변형률은?

① 70×10^{-6} ② 700×10^{-6}

③ 70×10^{-3} ④ 700×10^{-3}

[해설] 변형률(strain) $= \dfrac{\lambda}{L} = \dfrac{0.14}{200} = 7 \times 10^{-4}$

$= 700 \times 10^{-6}$

11. 왼쪽이 고정단인 길이 l의 외팔보가 w의 균일분포하중을 받을 때, 굽힘모멘트 선도(BMD)의 모양은?

①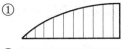

②

③

④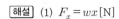

[해설] (1) $F_x = wx$ [N]

  (가) $x = 0, \ F = 0$

  (나) $x = l, \ F_{max} = wl$ [N]

(2) $M_x = -wx\dfrac{x}{2} = -\dfrac{wx^2}{2}$ [N·m]

  (가) $x = 0, \ M = 0$

  (나) $x = l, \ M_{max} = \dfrac{wl^2}{2}$ [N·m]

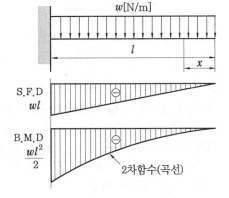

12. 두께 8 mm의 강판으로 만든 안지름 40 cm의 얇은 원통에 1 MPa의 내압이 작용할 때 강판에 발생하는 후프 응력(원주 응력)은 몇 MPa인가?

① 25   ② 37.5   ③ 12.5   ④ 50

[해설] $\sigma_t = \dfrac{Pd}{2t} = \dfrac{1 \times 400}{2 \times 8} = 25 \text{ N/mm}^2$(MPa)

정답 8. ③   9. ①   10. ②   11. ③   12. ①

13. 그림과 같은 가는 곡선보가 1/4 원 형태로 있다. 이 보의 B단에 M_o의 모멘트를 받을 때, 자유단의 기울기는? (단, 보의 굽힘 강성 EI는 일정하고, 자중은 무시한다.)

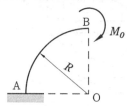

① $\dfrac{\pi M_o R}{2EI}$ ② $\dfrac{\pi M_o}{2EI}$

③ $\dfrac{M_o R}{2EI}\left(\dfrac{\pi}{2}+1\right)$ ④ $\dfrac{\pi M_o R^2}{4EI}$

[해설] $U = \dfrac{1}{2EI}\displaystyle\int_0^l M_x^2\,dx = \dfrac{M_o^2}{2EI}\displaystyle\int_0^{\frac{\pi}{2}} ds$

$= \dfrac{M_o^2}{2EI}\displaystyle\int_0^{\frac{\pi}{2}} R\,d\theta = \dfrac{M_o^2 R}{2EI}\,[\theta]_0^{\frac{\pi}{2}}$

$= \dfrac{\pi M_o^2 R}{4EI}\,[\text{kJ}]$

$\therefore$ 처짐각$(\theta) = \dfrac{\partial U}{\partial M_o} = \dfrac{\pi 2 M_o R}{4EI}$

$= \dfrac{\pi M_o R}{2EI}\,[\text{rad}]$

14. 단면이 가로 100 mm, 세로 150 mm인 사각 단면보가 그림과 같이 하중(P)을 받고 있다. 전단응력에 의한 설계에서 P는 각각 100 kN씩 작용할 때 안전계수를 2로 설계하였다고 하면, 이 재료의 허용전단응력은 약 몇 MPa인가?

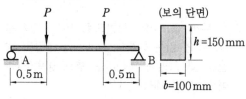

① 10   ② 15   ③ 18   ④ 20

[해설] $\tau_{\max} = \dfrac{3F}{2A} = \dfrac{3P}{2(bh)} = \dfrac{3\times100\times10^3}{2(100\times150)}$

$= 10\text{ MPa}(\text{N/mm}^2)$

$\therefore \tau_a \geqq \tau_{\max} = 2\times10 = 20\text{ MPa}$

15. 지름 3 mm의 철사로 평균지름 75 mm의 압축코일 스프링을 만들고 하중 10 N에 대하여 3 cm의 처짐량을 생기게 하려면 감은 횟수(n)는 대략 얼마로 해야 하는가? (단, 전단 탄성계수 $G = 88$ GPa이다.)

① $n = 8.9$ ② $n = 8.5$

③ $n = 5.2$ ④ $n = 6.3$

[해설] 코일 스프링에서의

최대 처짐량$(\delta_{\max}) = \dfrac{8nD^3 W}{Gd^4}\,[\text{mm}]$에서

$n = \dfrac{Gd^4\delta_{\max}}{8D^3 W} = \dfrac{88\times10^3\times3^4\times30}{8\times75^3\times10} = 6.3$회

16. 길이가 L[m]이고, 일단 고정에 타단 지지인 그림과 같은 보에 자중에 의한 분포하중 w[N/m]가 보의 전체에 가해질 때 점 B에서의 반력의 크기는?

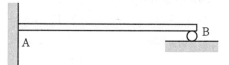

① $\dfrac{wL}{4}$ ② $\dfrac{3}{8}wL$

③ $\dfrac{5}{16}wL$ ④ $\dfrac{7}{16}wL$

[해설] 가상적 변위일을 고려해서 반력(R_B)을 구한다.
(1) 균일 분포하중 w[N/m]을 받는 보 : 자유단 최대 처짐량$(\delta_B) = \dfrac{wL^4}{8EI}$
(2) 지점 B에서 $R_B{}'$에 의한 외팔보의 처짐량
$(\delta_B{}') = \dfrac{R_B{}'L^3}{3EI}$

실제 과잉 지점 B에서의 처짐량은 0인 조건을 고려해서 미지 반력($R_B{}'$)을 구한다.

정답 13. ①   14. ④   15. ④   16. ②

$$\frac{wL^4}{8EI} = \frac{R_B{'}L^3}{3EI}$$

$$\therefore R_B{'} = \frac{3}{8}wL[\text{N}]$$

17. $\sigma_x = 400\,\text{MPa}$, $\sigma_y = 300\,\text{MPa}$, $\tau_{xy} = 200\,\text{MPa}$가 작용하는 재료 내에 발생하는 최대 주응력의 크기는?

① 206 MPa 　② 556 MPa

③ 350 MPa 　④ 753 MPa

해설 $\sigma_{\max}(=\sigma_1)$

$$= \frac{1}{2}(\sigma_x + \sigma_y) + \frac{1}{2}\sqrt{(\sigma_x - \sigma_y)^2 + 4\tau_{xy}{}^2}$$

$$= \frac{(\sigma_x + \sigma_y)}{2} + \frac{1}{2}\sqrt{\left(\frac{\sigma_x - \sigma_y}{2}\right)^2 + \tau_{xy}{}^2}$$

$$= \frac{400 + 300}{2} + \sqrt{\left(\frac{400-300}{2}\right)^2 + 200^2}$$

$$= 556.16\,\text{MPa}$$

18. 그림과 같은 단면에서 가로방향 중립축에 대한 단면 2차 모멘트는?

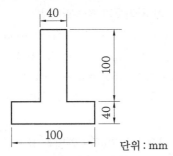

단위 : mm

① $10.67\times10^6\,\text{mm}^4$ ② $13.67\times10^6\,\text{mm}^4$

③ $20.67\times10^6\,\text{mm}^4$ ④ $23.67\times10^6\,\text{mm}^4$

해설 $\bar{y} = \dfrac{G_x}{A} = \dfrac{A_1\overline{y_1} + A_2\overline{y_2}}{A_1 + A_2}$

$$= \frac{4000\times20 + 4000\times90}{40\times100 + 100\times40} = 55\,\text{mm}$$

$I_G = (I_{G1} + A_1 y_1^2) + (I_{G2} + A_2 y_2^2)$

$$= \left(\frac{100\times40^3}{12} + 4000\times35^2\right)$$

$$+ \left(\frac{40\times100^3}{12} + 4000\times35^2\right)$$

$$= 13.67\times10^6\,\text{mm}^4$$

19. 그림과 같은 계단 단면의 중실 원형축의 양단을 고정하고 계단 단면부에 비틀림 모멘트 T가 작용할 경우 지름 D_1과 D_2의 축에 작용하는 비틀림 모멘트의 비 T_1/T_2은? (단, $D_1 = 8\,\text{cm}$, $D_2 = 4\,\text{cm}$, $l_1 = 40$ cm, $l_2 = 10\,\text{cm}$이다.)

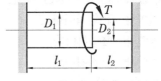

① 2 　② 4 　③ 8 　④ 16

해설 $\theta_1 = \theta_2 = \dfrac{T_1 l_1}{G I_{p_1}} = \dfrac{T_2 l_2}{G I_{p_2}}$ [radian]

$$\therefore \frac{T_1}{T_2} = \frac{l_2}{l_1}\left(\frac{D_1}{D_2}\right)^4 = \frac{10}{40}\left(\frac{8}{4}\right)^4 = 4$$

20. 그림과 같은 외팔보가 집중 하중 P를 받고 있을 때, 자유단에서의 처짐 δ_A는? (단, 보의 굽힘 강성 EI는 일정하고, 자중은 무시한다.)

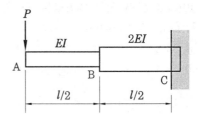

① $\dfrac{5Pl^3}{16EI}$ ② $\dfrac{7Pl^3}{16EI}$

③ $\dfrac{9Pl^3}{16EI}$ ④ $\dfrac{3Pl^3}{16EI}$

해설 $\delta_A = \dfrac{A_{M_1}\frac{l}{3}}{EI} + \dfrac{A_{M_2}\frac{3}{4}l}{2EI} + \dfrac{A_{M_3}\frac{5}{6}l}{2EI}$

$$= \frac{Pl^3}{24EI} + \frac{3Pl^3}{32EI} + \frac{5Pl^3}{96EI}$$

$$= \frac{18Pl^3}{96EI} = \frac{3Pl^3}{16EI}$$

제2과목　　　　**기계열역학**

21. 절대온도가 0에 접근할수록 순수 물질의 엔트로피는 0에 접근한다는 절대 엔트로피 값의 기준을 규정한 법칙은?

① 열역학 제0법칙이다.

② 열역학 제1법칙이다.

③ 열역학 제2법칙이다.

④ 열역학 제3법칙이다.

[해설] (1) 열역학 제0법칙 : 열평형의 법칙(온도계의 기본 원리 적용)

　　(2) 열역학 제1법칙 : 에너지 보존 법칙(열량과 일량은 동일한 에너지임을 밝힌 법칙)

　　(3) 열역학 제2법칙 : 엔트로피 증가 법칙(비가역 법칙)

　　(4) 열역학 제3법칙 : 엔트로피의 절댓값을 정의한 법칙

22. 오토 사이클(Otto cycle)의 압축비 $\varepsilon = 8$이라고 하면 이론 열효율은 약 몇 %인가? (단, $k = 1.4$이다.)

① 36.8 %　　　　② 46.7 %

③ 56.5 %　　　　④ 66.6 %

[해설] $\eta_{tho} = 1 - \left(\dfrac{1}{\varepsilon} \right)^{k-1}$

$$= \left\{ 1 - \left(\frac{1}{8} \right)^{1.4-1} \right\} \times 100 \% = 56.5 \%$$

23. 대기압하에서 물을 20℃에서 90℃로 가열하는 동안의 엔트로피 변화량은 약 얼마인가? (단, 물의 비열은 4.184 kJ/kg·K로 일정하다.)

① 0.8 kJ/kg·K　　　② 0.9 kJ/kg·K

③ 1.0 kJ/kg·K　　　④ 1.2 kJ/kg·K

[해설] $ds = \dfrac{\Delta s}{m} = C \ln\left(\dfrac{T_2}{T_1} \right)$

$$= 4.184 \times \ln\left(\frac{363}{293} \right) = 0.9 \text{ kJ/kg·K}$$

24. 펌프를 사용하여 150 kPa, 26℃의 물을 가역 단열과정으로 650 kPa로 올리려고 한다. 26℃의 포화액의 비체적이 0.001 m³/kg이면 펌프일은?

① 0.4 kJ/kg　　　② 0.5 kJ/kg

③ 0.6 kJ/kg　　　④ 0.7 kJ/kg

[해설] $w_p = -\displaystyle\int_1^2 v dp = \int_2^1 v dp = v(p_1 - p_2)$

$$= 0.001(650 - 150) = 0.5 \text{ kJ/kg}$$

25. 기본 Rankine 사이클의 터빈 출구 엔탈피 $h_{te} = 1200$ kJ/kg, 응축기 방열량 $q_L = 1000$ kJ/kg, 펌프 출구 엔탈피 $h_{pe} = 210$ kJ/kg, 보일러 가열량 $q_H = 1210$ kJ/kg이다. 이 사이클의 출력일은?

① 210 kJ/kg　　　② 220 kJ/kg

③ 230 kJ/kg　　　④ 420 kJ/kg

[해설] 터빈 일$(w_t) = q_H - q_L = 1210 - 1000$

$$= 210 \text{ kJ/kg}$$

26. 어떤 냉장고에서 엔탈피 17 kJ/kg의 냉매가 질량 유량 80 kg/h로 증발기에 들어가 엔탈피 36 kJ/kg가 되어 나온다. 이 냉장고의 냉동능력은?

① 1220 kJ/h　　　② 1800 kJ/h

③ 1520 kJ/h　　　④ 2000 kJ/h

[해설] 냉동능력(Q_e)

　　= 냉매순환량×냉동효과

　　$= \dot{m}(h_2 - h_1) = 80(36 - 17)$

　　$= 1520 \text{ kJ/h}$

---

27. 실린더에 밀폐된 8 kg의 공기가 그림과 같이 $P_1 = 800$ kPa, 체적 $V_1 = 0.27$ m³ 에서 $P_2 = 350$ kPa, 체적 $V_2 = 0.80$ m³으로 직선 변화하였다. 이 과정에서 공기가 한 일은 약 몇 kJ 인가?

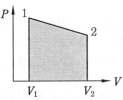

① 254　② 305　③ 382　④ 390

해설 $P-V$ 선도에서의 면적은 일량과 같다.

$$\left(W = \int_1^2 P\,dV \right)$$

$$W = \frac{(P_1 - P_2)\Delta V}{2} + P_2(V_2 - V_1)$$

$$= \frac{(800 - 350)(0.8 - 0.27)}{2}$$

$$+ 350(0.8 - 0.27) \fallingdotseq 305 \text{ kJ}$$

28. 공기 2 kg이 300 K, 600 kPa 상태에서 500 K, 400 kPa 상태로 가열된다. 이 과정 동안의 엔트로피 변화량은 약 얼마인가? (단, 공기의 정적비열과 정압비열은 각각 0.717 kJ/kg·K과 1.004 kJ/kg·K로 일정하다.)

① 0.73 kJ/K　　② 1.83 kJ/K
③ 1.02 kJ/K　　④ 1.26 kJ/K

해설 $\Delta S = S_2 - S_1$

$$= mC_v \ln \frac{P_2}{P_1} + mC_p \ln \frac{T_2}{T_1}$$

$$= 2 \times 0.717 \ln\left(\frac{400}{600}\right) + 2 \times 1.004 \ln\left(\frac{500}{300}\right)$$

$$= 1.26 \text{ kJ/K}$$

29. 자연계의 비가역 변화와 관련 있는 법칙은?

① 제0법칙　　　　② 제1법칙

③ 제2법칙　　　　④ 제3법칙

해설 열역학 제2법칙(엔트로피 증가 법칙) : 자연계의 비가역 변화인 경우 엔트로피는 항상 증가하는 방향으로 변화한다(열의 방향성을 나타낸 법칙).

30. 상태와 상태량과의 관계에 대한 설명 중 틀린 것은?

① 순수물질 단순 압축성 시스템의 상태는 2개의 독립적 강도성 상태량에 의해 완전하게 결정된다.

② 상변화를 포함하는 물과 수증기의 상태는 압력과 온도에 의해 완전하게 결정된다.

③ 상변화를 포함하는 물과 수증기의 상태는 온도와 비체적에 의해 완전하게 결정된다.

④ 상변화를 포함하는 물과 수증기의 상태는 압력과 비체적에 의해 완전하게 결정된다.

31. 배기 체적이 1200 cc, 간극 체적이 200 cc의 가솔린 기관의 압축비는 얼마인가?

① 5　② 6　③ 7　④ 8

해설 압축비(ε)

$$= \frac{\text{실린더 체적}(V)}{\text{간극 체적}(V_c)} = \frac{V_c + V_s}{V_c}$$

$$= 1 + \frac{V_s}{V_c} = 1 + \frac{1200}{200} = 7$$

※ 행정 체적은 배기량(체적)을 의미한다.

32. 클라우지우스(Clausius) 부등식을 표현한 것으로 옳은 것은? (단, T는 절대 온도, Q는 열량을 표시한다.)

① $\oint \dfrac{\delta Q}{T} \geq 0$　　② $\oint \dfrac{\delta Q}{T} \leq 0$

③ $\oint \delta Q \geq 0$　　④ $\oint \delta Q \leq 0$

해설 클라우지우스(Clausius) 폐적분값

(1) 가역 사이클 : $\oint \dfrac{\delta Q}{T} = 0$

(2) 비가역 사이클 : $\oint \dfrac{\delta Q}{T} < 0$

33. 이상기체의 등온과정에 관한 설명 중 옳은 것은?

① 엔트로피 변화가 없다.

② 엔탈피 변화가 없다.

③ 열 이동이 없다.

④ 일이 없다.

해설 이상기체의 등온과정 시 내부 에너지 변화와 엔탈피 변화는 0이고, 절대일, 공업일, 수열량의 크기는 같다.

34. 해수면 아래 20 m에 있는 수중다이버에게 작용하는 절대압력은 약 얼마인가? (단, 대기압은 101 kPa이고, 해수의 비중은 1.03이다.)

① 101 kPa　　② 202 kPa

③ 303 kPa　　④ 504 kPa

해설 $P_a = P_o + P_g = P_o + \gamma_w S h$

$= P_o + 9.8 S h$

$= 101 + 9.8 \times 1.03 \times 20 = 302.88\,kPa$

35. 용기에 부착된 압력계에 읽힌 계기압력이 150 kPa이고 국소대기압이 100 kPa일 때 용기 안의 절대압력은?

① 250 kPa　　② 150 kPa

③ 100 kPa　　④ 50 kPa

해설 $P_a = P_o + P_g = 100 + 150 = 250\,kPa$

36. 압축기 입구 온도가 –10℃, 압축기 출구 온도가 100℃, 팽창기 입구 온도가 5℃, 팽창기 출구 온도가 –75℃로 작동되는 공기 냉동기의 성능계수는? (단, 공기의 C_p는 1.0035 kJ/kg · ℃로서 일정하다.)

① 0.56　　② 2.17

③ 2.34　　④ 3.17

해설 $\varepsilon_r = \dfrac{1.0035(-10+75)}{1.0035(100-5) - 1.0035(-10+75)}$

$= 2.17$

37. 역 카르노 사이클로 작동하는 증기압축 냉동사이클에서 고열원의 절대온도를 T_H, 저열원의 절대온도를 T_L이라 할 때, $\dfrac{T_H}{T_L} = 1.6$이다. 이 냉동사이클이 저열원으로부터 2.0 kW의 열을 흡수한다면 소요동력은?

① 0.7 kW　　② 1.2 kW

③ 2.3 kW　　④ 3.9 kW

해설 $W = Q_H - Q_L = \dfrac{Q_L}{\varepsilon_R}$

$= \left(\dfrac{T_H}{T_L} - 1 \right) Q_L = 0.6 \times 2.0$

$= 1.2\,kW$

38. 두께 1 cm, 면적 0.5 m²의 석고판의 뒤에 가열판이 부착되어 1000 W의 열을 전달한다. 가열판의 뒤는 완전히 단열되어 열은 앞면으로만 전달된다. 석고판 앞면의 온도는 100℃이다. 석고의 열전도율이 $k = 0.79$ W/m · K일 때 가열판에 접하는 석고 면의 온도는 약 몇 ℃인가?

① 110　　② 125

③ 150　　④ 212

해설 $q_{con} = kF \dfrac{(t - t_s)}{L}$ [W]에서

$t = t_s + \dfrac{q_{con} L}{kF} = 100 + \dfrac{1000 \times 0.01}{0.79 \times 0.5}$

$= 125\,℃$

39. 분자량이 30인 C_2H_6(에탄)의 기체상수는 몇 kJ/kg · K인가?

정답 33. ②　34. ③　35. ①　36. ②　37. ②　38. ②　39. ①

① 0.277   ② 2.013

③ 19.33   ④ 265.43

[해설] $R = \dfrac{8.314}{30} = 0.277 \, \text{kJ/kg} \cdot \text{K}$

40. 출력이 50 kW인 동력 기관이 한 시간에 13 kg의 연료를 소모한다. 연료의 발열량이 45000 kJ/kg이라면, 이 기관의 열효율은 약 얼마인가?

① 25 %   ② 28 %

③ 31 %   ④ 36 %

[해설] $\eta = \dfrac{50 \times 3600}{13 \times 45000} \times 100 = 30.77 \, \%$

제3과목   **기계유체역학**

41. 한 변이 1 m인 정육면체 나무토막의 아랫면에 1080 N의 납을 매달아 물속에 넣었을 때, 물위로 떠오르는 나무토막의 높이는 몇 cm인가? (단, 나무토막의 비중은 0.45, 납의 비중은 11이고, 나무토막의 밑면은 수평을 유지한다.)

① 55   ② 48

③ 45   ④ 42

[해설] 물체의 무게 = 부력

$9800 \times 0.45 \times (1 \times 1 \times 1) + 1080$

$= 9800 [(1 \times 1 \times y) + 0.01]$

$5490 - 98 = 9800y$

$\therefore \; y = 0.55 \, \text{m} = 55 \, \text{cm}$

납의 무게(W) = γV에서

납의 체적(V) $= \dfrac{W}{\gamma} = \dfrac{W}{\gamma_w S} = \dfrac{1080}{9800 \times 11}$

$\qquad\qquad = 0.01 \, \text{m}^3$

$\therefore$ 물 위로 떠오르는 나무토막의 높이(h)

$= 1 - y = 1 - 0.55 = 0.45 \, \text{m} = 45 \, \text{cm}$

42. 길이 20 m의 매끈한 원관에 비중 0.8의

유체가 평균속도 0.3 m/s로 흐를 때, 압력손실은 약 얼마인가? (단, 원관의 안지름은 50 mm, 점성계수는 $8 \times 10^{-3} \, \text{Pa} \cdot \text{s}$이다.)

① 613 Pa   ② 734 Pa

③ 1235 Pa   ④ 1440 Pa

[해설] $Re = \dfrac{\rho V d}{\mu} = \dfrac{(0.8 \times 1000) \times 0.3 \times 0.05}{8 \times 10^{-3}}$

$\qquad = 1500 < 2100 \, (\text{층류})$

$\Delta P = f \cdot \dfrac{L}{l} \cdot \dfrac{\rho V^2}{2}$

$\qquad = \left(\dfrac{64}{Re} \right) \times \dfrac{20}{0.05} \times \dfrac{800 \times 0.3^2}{2}$

$\qquad = \left(\dfrac{64}{1500} \right) \times \dfrac{20}{0.05} \times \dfrac{800 \times 0.3^2}{2}$

$\qquad = 614.4 \, \text{Pa}$

43. 그림과 같은 노즐을 통하여 유량 Q만큼의 유체가 대기로 분출될 때, 노즐에 미치는 유체의 힘 F는? (단, A_1, A_2는 노즐의 단면 1, 2에서의 단면적이고 ρ는 유체의 밀도이다.)

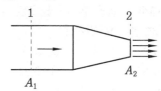

① $F = \dfrac{\rho A_2 Q^2}{2} \left(\dfrac{A_2 - A_1}{A_1 A_2} \right)^2$

② $F = \dfrac{\rho A_2 Q^2}{2} \left(\dfrac{A_2 + A_1}{A_1 A_2} \right)^2$

③ $F = \dfrac{\rho A_1 Q^2}{2} \left(\dfrac{A_2 + A_1}{A_1 A_2} \right)^2$

④ $F = \dfrac{\rho A_1 Q^2}{2} \left(\dfrac{A_1 - A_2}{A_1 A_2} \right)^2$

[해설] ① 단면 & ② 단면에 베르누이 방정식을 적용

$V_1 = \dfrac{Q}{A_1}, \quad V_2 = \dfrac{Q}{A_2}$

$$P_1 = \frac{\rho}{2}(V_2^2 - V_1^2)$$

$$= \frac{\rho}{2}\left[\left(\frac{Q}{A_2}\right)^2 - \left(\frac{Q}{A_1}\right)^2\right] \quad \cdots\cdots\cdots\cdots ①식$$

$$F = P_1 A_1 + \rho Q(V_1 - V_2)$$

$$= P_1 A_1 + \rho Q\left(\frac{Q}{A_1} - \frac{Q}{A_2}\right) \quad \cdots\cdots\cdots\cdots ②식$$

①식을 ②식에 대입하면

$$F = \frac{\rho Q^2}{2}\left(\frac{A_1^2 - A_2^2}{A_1^2 \cdot A_2^2}\right) \cdot A_1 - \rho Q^2\left(\frac{A_1 - A_2}{A_1 \cdot A_2}\right)$$

$$= \frac{\rho A_1 \cdot Q^2}{2}\left(\frac{A_1^2 - A_2^2}{A_1^2 \cdot A_2^2} - \frac{2}{A_1} \cdot \frac{A_1 - A_2}{A_1 \cdot A_2}\right)$$

$$= \frac{\rho A_1 \cdot Q^2}{2}\left[\frac{(A_1 - A_2)^2}{(A_1 \cdot A_2)^2}\right]$$

$$= \frac{\rho A_1 Q^2}{2}\left(\frac{A_1 - A_2}{A_1 A_2}\right)^2$$

---

44. 속도 15 m/s로 항해하는 길이 80 m의 화물선의 조파 저항에 관한 성능을 조사하기 위하여 수조에서 길이 3.2 m인 모형 배로 실험을 할 때 필요한 모형 배의 속도는 몇 m/s인가?

① 9.0   ② 3.0
③ 0.33 ④ 0.11

[해설] $\left(\dfrac{V}{\sqrt{lg}}\right)_p = \left(\dfrac{V}{\sqrt{lg}}\right)_m$

$$g_p \simeq g_m$$

$$\therefore \ V_m = V_p \times \sqrt{\frac{l_m}{l_p}} = 15 \times \sqrt{\frac{3.2}{80}} = 3\,\text{m/s}$$

---

45. 정상, 균일유동장 속에 유동 방향과 평행하게 놓여진 평판 위에 발생하는 층류 경계층의 두께 δ는 x를 평판 선단으로부터의 거리라 할 때, 비례값은?

① x^1 ② $x^{\frac{1}{2}}$
③ $x^{\frac{1}{3}}$ ④ $x^{\frac{1}{4}}$

[해설] 층류 경계층 두께$(\delta) = 5.0\,x \cdot Re^{-\frac{1}{2}}$

$$= \frac{5x}{\sqrt{Re}} = \frac{5x}{\left(\dfrac{u_\infty x}{\nu}\right)^{\frac{1}{2}}} = x^{1-\frac{1}{2}} = x^{\frac{1}{2}}$$

$$\therefore \ \delta \propto x^{\frac{1}{2}}$$

---

46. 관로내 물(밀도 1000 kg/m³)이 30 m/s로 흐르고 있으며 그 지점의 정압이 100 kPa일 때, 정체압은 몇 kPa인가?

① 0.45   ② 100
③ 450   ④ 550

[해설] 정체압$(P) = $정압$(P_s) + $동압$(P_v)$

$$= P_s + \frac{\rho V^2}{2} = 100 + \frac{1000 \times 30^2}{2} \times 10^{-3}$$

$$= 550\,\text{kPa}$$

---

47. 다음 중 유체에 대한 일반적인 설명으로 틀린 것은?

① 점성은 유체의 운동을 방해하는 저항의 척도로서 유속에 비례한다.
② 비점성유체 내에서는 전단응력이 작용하지 않는다.
③ 정지유체 내에서는 전단응력이 작용하지 않는다.
④ 점성이 클수록 전단응력이 크다.

[해설] Newton의 점성 법칙 : 점성은 유체의 운동을 방해하는 성질로 유속에 반비례한다.

$$\tau = \mu\frac{dU}{dy}\,[\text{Pa}]$$

---

48. 관성과 중력의 비로 정의되는 무차원 수는? (단, ρ : 밀도, V : 속도, l : 특성 길이, μ : 점성계수, P : 압력, g : 중력가속도, c : 소리의 속도)

① $\dfrac{\rho V l}{\mu}$ ② $\dfrac{V}{\sqrt{gL}}$ ③ $\dfrac{P}{\rho V^2}$ ④ $\dfrac{V}{c}$

해설 프루드수(Froude number)

$$F_r = \frac{관성력}{중력} = \frac{V}{\sqrt{gl}}$$

49. 그림과 같이 경사관 마노미터의 지름 $D = 10\,d$이고 경사관은 수평면에 대해 θ 만큼 기울여져 있으며 대기 중에 노출되어 있다. 대기압보다 Δp의 큰 압력이 작용할 때, L과 Δp의 관계로 옳은 것은? (단, 점선은 압력이 가해지기 전 액체의 높이이고, 액체의 밀도는 ρ, $\theta = 30°$이다.)

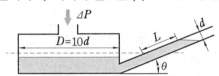

① $L = \dfrac{201}{2}\dfrac{\Delta P}{\rho g}$ ② $L = \dfrac{100}{51}\dfrac{\Delta P}{\rho g}$

③ $L = \dfrac{51}{100}\dfrac{\Delta P}{\rho g}$ ④ $L = \dfrac{2}{201}\dfrac{\Delta P}{\rho g}$

해설 $\Delta P = \gamma L\left(\sin\theta + \dfrac{a}{A}\right)$

$\qquad = \gamma L\left(\sin 30° + \dfrac{a}{A}\right)$

$\qquad = \rho g L\left(\dfrac{1}{2} + \dfrac{1}{100}\right) = \dfrac{51}{100}\rho g L$

$\therefore\ L = \dfrac{100}{51}\dfrac{\Delta P}{\rho g}$

50. 아래 그림과 같이 지름이 2 m, 길이가 1 m인 관에 비중량 9800 N/m³인 물이 반 차있다. 이 관의 아래쪽 사분면 AB 부분에 작용하는 정수력의 크기는?

① 4900 N   ② 7700 N
③ 9120 N   ④ 12600 N

해설 $F_H = \gamma_w \bar{h} A = 9800 \times \dfrac{1}{2} \times (1 \times 1)$

$\qquad = 4900\,\text{N}$

$F_V = \gamma_w V = 9800 \times \left(\dfrac{\pi \times 1^2}{4}\right) \times 1 = 7693\,\text{N}$

$F_R = \sqrt{F_H^2 + F_V^2}$

$\qquad = \sqrt{4900^2 + 7693^2} \fallingdotseq 9120\,\text{N}$

51. 유선(streamline)에 관한 설명으로 틀린 것은?

① 유선으로 만들어지는 관을 유관(stream tube)이라 부르며, 두께가 없는 관벽을 형성한다.

② 유선 위에 있는 유체의 속도 벡터는 유선의 접선방향이다.

③ 비정상 유동에서 속도는 유선에 따라 시간적으로 변화할 수 있으나, 유선 자체는 움직일 수 없다.

④ 정상 유동일 때 유선은 유체의 입자가 움직이는 궤적이다.

해설 정상 유동 시 유선과 유적선은 일치한다. 비정상 유동 $\left(\dfrac{\partial V}{\partial t} \neq 0\right)$ 시 속도는 유선에 따라 시간적으로 변화할 수 있으며, 유선 자체도 움직일 수 있다.

52. 안지름 0.1 m인 파이프 내를 평균 유속 5 m/s로 어떤 액체가 흐르고 있다. 길이 100 m 사이의 손실수두는 약 몇 m인가? (단, 관내의 흐름으로 레이놀즈수는 1000이다.)

① 81.6   ② 50
③ 40   ④ 16.32

해설 Darcy-Weisbach 방정식

$h_L = \lambda \dfrac{L}{d}\dfrac{V^2}{2g} = \left(\dfrac{64}{Re}\right)\dfrac{L}{d}\dfrac{V^2}{2g}$

$\qquad = \left(\dfrac{64}{1000}\right) \times \dfrac{100}{0.1} \times \dfrac{5^2}{2 \times 9.8} = 81.63\,\text{m}$

※ 층류($Re < 2100$)인 경우 관마찰계수(λ)는 레이놀즈수(Re)만의 함수이다.

$$\lambda = \frac{64}{Re}$$

53. 원관에서 난류로 흐르는 어떤 유체의 속도가 2배가 되었을 때, 마찰계수가 $\frac{1}{\sqrt{2}}$ 배로 줄었다. 이때 압력손실은 몇 배인가?

① $2^{\frac{1}{2}}$ 배   ② $2^{\frac{3}{2}}$ 배

③ 2배   ④ 4배

[해설] $h_L = f \frac{L}{d} \frac{V^2}{2g} \left(= \frac{\Delta P}{\gamma} \right)$

$h_L{'} = \frac{f}{\sqrt{2}} \frac{L}{d} \frac{(2V)^2}{2g}$

$\quad = \frac{4}{\sqrt{2}} h_L = 2^{\frac{3}{2}} h_L \left(= \frac{\Delta P{'}}{\gamma} \right)$

$\Delta P = \gamma h_L,$

$\Delta P{'} = \gamma h_L{'} = 2^{\frac{3}{2}} \Delta P$

54. 유속 3 m/s로 흐르는 물속에 흐름방향의 직각으로 피토관을 세웠을 때, 유속에 의해 올라가는 수주의 높이는 약 몇 m인가?

① 0.46   ② 0.92   ③ 4.6   ④ 9.2

[해설] $h = \frac{V^2}{2g} = \frac{3^2}{2 \times 9.8} = 0.46$ m

55. 항력에 관한 일반적인 설명 중 틀린 것은?

① 난류는 항상 항력을 증가시킨다.
② 거친 표면은 항력을 감소시킬 수 있다.
③ 항력은 압력과 마찰력에 의해서 발생한다.
④ 레이놀즈수가 아주 작은 유동에서 구의 항력은 유체의 점성계수에 비례한다.

[해설] 난류(turbulent flow)는 물체의 항력을 줄이는 역할도 한다.

56. 다음 중 체적탄성계수와 차원이 같은 것은?

① 힘   ② 체적

③ 속도   ④ 전단응력

[해설] 체적탄성계수(E)는 압력(P)에 비례하며, 압력과 동일한 차원을 갖는다.

$$E = \frac{dP}{-\frac{dV}{V}} \, [\text{Pa}]$$

57. 다음 중 질량 보존을 표현한 것으로 가장 거리가 먼 것은? (단, ρ는 유체의 밀도, A는 관의 단면적, V는 유체의 속도이다.)

① $\rho A V = 0$
② $\rho A V = $ 일정
③ $d(\rho A V) = 0$
④ $\frac{d\rho}{\rho} + \frac{dA}{A} + \frac{dV}{V} = 0$

[해설] 질량유량(m) = $\rho A V = C$

양변을 미분하면 $d(\rho A V) = 0$

$d\rho A V + dA \rho V + dV A \rho = 0$

양변을 $\rho A V$로 나누면

$\therefore \ \frac{d\rho}{\rho} + \frac{dA}{A} + \frac{dV}{V} = 0$

58. 공기가 기압 200 kPa일 때, 20℃에서의 공기의 밀도는 약 몇 kg/m³인가? (단, 이상기체이며, 공기의 기체상수 $R = 287$ J/kg·K이다.)

① 1.2   ② 2.38   ③ 1.0   ④ 999

[해설] $Pv = RT \left(v = \frac{1}{\rho} \right)$

$P = \rho RT$

$\rho = \frac{P}{RT}$

$\quad = \frac{200}{0.287 \times (20 + 273)} = 2.38 \, \text{kg/m}^3$

---

59. 비점성, 비압축성 유체가 그림과 같이 작은 구멍을 향해 쐐기 모양의 벽면 사이를 흐른다. 이 유동을 근사적으로 표현하는 무차원 속도 퍼텐셜이 $\phi = -2l_n r$로 주어질 때, $r = 1$인 지점에서의 유속 V는 몇 m/s인가? (단, $\vec{V} \equiv \nabla\phi = grad\,\phi$로 정의한다.)

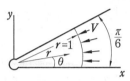

① 0   ② 1   ③ 2   ④ π

[해설] $\phi = -2\ln r$

$$V = \frac{\partial\phi}{\partial r} = \frac{\partial(-2\ln r)}{\partial r} = -\frac{2}{r}\,[\text{m/s}]$$

∴ $r = 1$일 때

$V = -2\,\text{m/s}$

60. 압력구배가 영인 평판 위의 경계층 유동과 관련된 설명 중 틀린 것은?
① 표면조도가 천이에 영향을 미친다.
② 경계층 외부 유동에서의 교란 정도가 천이에 영향을 미친다.
③ 층류에서 난류로의 천이는 거리를 기준으로 하는 Reynolds수의 영향을 받는다.
④ 난류의 속도 분포는 층류보다 덜 평평하고 층류 경계층보다 다소 얇은 경계층을 형성한다.
[해설] 난류의 속도 분포는 층류보다 더 평평하고 층류 경계층보다 더 두꺼운 경계층을 형성한다.

제4과목   **기계재료 및 유압기기**

61. 탄소강에 함유되어 있는 원소 중 많이

함유되면 적열취성의 원인이 되는 것은?
① 인   ② 규소
③ 구리   ④ 황
[해설] 적열(고온)취성은 900~950℃ 부근에서 탄소강에 함유되어 있는 황(S) 성분 때문에 발생하며 망간(Mn)은 적열취성을 방지하는 원소이다.

62. 충격에는 약하나 압축강도는 크므로 공작기계의 베드, 프레임, 기계 구조물의 몸체 등에 가장 적합한 재질은?
① 합금공구강   ② 탄소강
③ 고속도강   ④ 주철
[해설] 주철은 탄소 함량이 2.11~6.68%이며, 충격에는 약하나 압축강도는 크므로 공작기계의 베드, 프레임, 기계 구조물의 몸체 등에 많이 사용된다.

63. 철강 재료의 열처리에서 많이 이용되는 S곡선이란 어떤 것을 의미하는가?
① T.T.L 곡선   ② S.C.C 곡선
③ T.T.T 곡선   ④ S.T.S 곡선
[해설] 철강 재료의 열처리에서 많이 이용되는 S곡선은 T.T.T(시간, 온도, 변태) 곡선으로 C곡선이라고도 한다.

64. 백주철을 열처리로에서 가열한 후 탈탄시켜, 인성을 증가시킨 주철은?
① 가단주철   ② 회주철
③ 보통주철   ④ 구상흑연주철
[해설] 가단주철은 주철의 메짐성(취성)을 개선시키기 위해 백주철을 열처리로 가열한 후 탈탄시켜, 인성(내충격성)을 증가시킨 주철이다.

65. 특수강인 elinvar의 성질은 어느 것인가?
① 열팽창계수가 크다.
② 온도에 따른 탄성률의 변화가 적다.

정답   59. ③   60. ④   61. ④   62. ④   63. ③   64. ①   65. ②

③ 소결합금이다.

④ 전기전도도가 아주 좋다.

[해설] 특수강(합금강)인 엘린바(elinvar)는 Ni 36 %–Cr 13 %–Fe의 합금으로 온도에 따른 탄성률의 변화가 적다.

66. 탄소강을 경화 열처리할 때 균열을 일으키지 않게 하는 가장 안전한 방법은?

① Ms점까지는 급랭하고 Ms, Mf 사이는 서랭한다.

② Mf점 이하까지 급랭한 후 저온도로 뜨임한다.

③ Ms점까지 서랭하여 내외부가 동일 온도가 된 후 급랭한다.

④ Ms, Mf 사이의 온도까지 서랭한 후 급랭한다.

[해설] 탄소강을 경화 열처리할 때 균열(crack)을 방지하는 안전한 방법은 Ms(마텐자이트 시작점)까지는 급랭하고 Ms와 Mf(마텐자이트 종료점) 사이는 서랭한다.

67. 배빗메탈이라고도 하는 베어링용 합금인 화이트 메탈의 주요 성분으로 옳은 것은?

① Pb–W–Sn ② Fe–Sn–Cu

③ Sn–Sb–Cu ④ Zn–Sn–Cr

[해설] 배빗메탈(babbit metal)은 주석(Sn)을 주성분으로 하여 구리, 납, 안티몬을 첨가한 합금으로 화이트 메탈이라고도 하며, 미끄럼용 베어링으로 사용된다.

68. 고속도강의 특징을 설명한 것 중 틀린 것은?

① 열처리에 의하여 경화하는 성질이 있다.

② 내마모성이 크다.

③ 마텐자이트(martensite)가 안정되어, 600℃까지는 고속으로 절삭이 가능하다.

④ 고Mn강, 칠드주철, 경질유리 등의 절삭에 적합하다.

69. 오일리스 베어링과 관계가 없는 것은?

① 구리와 납의 합금이다.

② 기름 보급이 곤란한 곳에 적당하다.

③ 너무 큰 하중이나 고속회전부에는 부적당하다.

④ 구리, 주석, 흑연의 분말을 혼합 성형한 것이다.

[해설] 오일리스 베어링(oilless bearing) : 금속 분말을 형에 넣어 가압 가열하여 성형한 베어링으로 주유가 필요하지 않아 급유가 힘든 부분에 주로 사용한다.

70. 쾌삭강(free cutting steel)에 절삭속도를 크게 하기 위하여 첨가하는 주된 원소는?

① Ni ② Mn ③ W ④ S

[해설] 쾌삭강은 강의 피절삭성을 증가시키고 가공성을 향상시키며 공구의 수명을 길게 한다. 첨가하는 주된 원소에는 황, 납, 흑연 등이 있다.

71. 그림과 같은 압력 제어 밸브의 기호가 의미하는 것은?

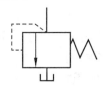

① 정압 밸브

② 2-way 감압 밸브

③ 릴리프 밸브

④ 3-way 감압 밸브

[해설] (1) 릴리프 밸브(상시 폐쇄형) 기호

---

(2) 릴리프 밸브(상시 개방형) 기호

72. 유압기기와 관련된 유체의 동역학에 관한 설명으로 옳은 것은?

① 유체의 속도는 단면적이 큰 곳에서는 빠르다.

② 유속이 작고 가는 관을 통과할 때 난류가 발생한다.

③ 유속이 크고 굵은 관을 통과할 때 층류가 발생한다.

④ 점성이 없는 비압축성의 액체가 수평관을 흐를 때, 압력수두와 위치수두 및 속도수두의 합은 일정하다.

[해설] 비점성·비압축성 유체($\gamma = C$)가 정상 유동 시 마찰이 없는 경우

$$\frac{P}{\gamma} + \frac{V^2}{2g} + Z = H(\text{전수두}) = C(\text{일정})$$

73. 유압펌프에 있어서 체적효율이 90 %이고 기계효율이 80 %일 때 유압펌프의 전효율은?

① 23.7 % ② 72 %

③ 88.8 % ④ 90 %

[해설] $\eta_p = \eta_v \times \eta_m = 0.9 \times 0.8 = 0.72 (72\,\%)$

74. 그림과 같은 유압 잭에서 지름이 $D_2 = 2D_1$일 때 누르는 힘 F_1과 F_2의 관계를 나타낸 식으로 옳은 것은?

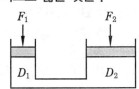

① $F_2 = F_1$ ② $F_2 = 2F_1$

③ $F_2 = 4F_1$ ④ $F_2 = 8F_1$

[해설] $P_1 = P_2, \quad \dfrac{F_1}{A_1} = \dfrac{F_2}{A_2}$

$$F_2 = F_1\left(\frac{A_2}{A_1}\right) = F_1\left(\frac{D_2}{D_1}\right)^2 = F_1 \cdot 2^2 = 4F_1$$

75. 다음 중 작동유의 방청제로서 가장 적당한 것은?

① 실리콘유

② 이온 화합물

③ 에나멜 화합물

④ 유기산 에스테르

[해설] 방청제(부식방지제) : 유기산 에스테르, 지방산염, 유기인 화합물, 아민 화합물

76. 펌프의 무부하 운전에 대한 장점이 아닌 것은?

① 작업시간 단축

② 구동동력 경감

③ 유압유의 열화 방지

④ 고장 방지 및 펌프의 수명 연장

[해설] 펌프의 무부하 운전을 하는 목적은 펌프의 동력 절감 및 열화 방지, 고장 방지 및 펌프의 수명 연장 등이다.

77. 그림과 같은 회로도는 크기가 같은 실린더로 동조하는 회로이다. 이 동조회로의 명칭으로 가장 적합한 것은?

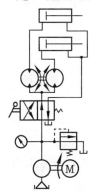

① 래크와 피니언을 사용한 동조회로

---

② 2개의 유압모터를 사용한 동조회로

③ 2개의 릴리프 밸브를 사용한 동조회로

④ 2개의 유량제어 밸브를 사용한 동조
회로

78. 램이 수직으로 설치된 유압 프레스에서 램의 자중에 의한 하강을 막기 위해 배압을 주고자 설치하는 밸브로 적절한 것은?

① 로터리 베인 밸브

② 파일럿 체크 밸브

③ 블리드 오프 밸브

④ 카운터 밸런스 밸브

해설 카운터 밸런스 밸브(counter balance valve)는 압력 제어 밸브로 램(ram)의 자중에 의한 낙하를 방지하기 위하여 배압(back pressure)을 주고자 설치하는 밸브이다.

79. 유압 배관 중 석유계 작동유에 대하여 산화작용을 조장하는 촉매 역할을 하기 때문에 내부에 카드뮴 또는 니켈을 도금하여 사용하여야 하는 것은?

① 동관　　　　② PPC관

③ 엑셀관　　　④ 고무관

80. 베인모터의 장점에 관한 설명으로 옳지 않은 것은?

① 베어링 하중이 작다.

② 정·역회전이 가능하다.

③ 토크 변동이 비교적 작다.

④ 기동 시나 저속 운전 시 효율이 높다.

해설 베인모터는 기동 시나 저속 운전 시 효율이 낮다.

제5과목　**기계제작법 및 기계동력학**

81. 고상 용접(solid-state welding) 형식

이 아닌 것은?

① 롤 용접　　　② 고온 압접

③ 압출 용접　　④ 전자빔 용접

해설 고상 용접은 접합부를 용융하지 않고 고상면 상태로 하는 용접으로 초음파 용접, 마찰 용접 등이 이에 해당된다.

82. 주조에서 열점(hot spot)의 정의로 옳은 것은?

① 유로의 확대부

② 응고가 가장 더딘 부분

③ 유로 단면적이 가장 좁은 부분

④ 주조 시 가장 고온이 되는 부분

해설 주조 가공에서 열점(hot spot)이란 쇳물의 응고 시 응고가 잘 진행되지 않고 더딘 부분을 의미한다.

83. 조립형 프레임을 주조 프레임과 비교할 때 장점이 아닌 것은?

① 무게가 1/4 정도 감소된다.

② 프레임의 수리가 비교적 용이하다.

③ 기계가공이나 설계 후 오차 수정이 용이하다.

④ 프레임이 복잡하거나 무게가 비교적 큰 경우에 적합하다.

해설 조립형 프레임은 단순하거나 가벼운 경우에 적합하다.

84. 판재의 두께 6 mm, 원통의 바깥지름 500 mm인 원통의 마름질한 판뜨기의 길이(mm)는 약 얼마인가?

① 1532　② 1542　③ 1552　④ 1562

해설 판뜨기의 길이(L)
$= \pi(d_o - t) = \pi(500 - 6) \fallingdotseq 1552$ mm

85. 측정기의 구조상에서 일어나는 오차로서 눈금 또는 피치의 불균일이나 마찰,

측정압 등의 변화 등에 의해 발생하는 오차는?

① 개인 오차　　　② 기기 오차
③ 우연 오차　　　④ 불합리 오차

해설 (1) 개인 오차 : 측정자의 습관, 버릇 등에서 오는 오차
(2) 우연 오차 : 우연하게 주위환경의 변화에서 오는 오차

86. 다음 중 슈퍼 피니싱에 관한 내용으로 틀린 것은?

① 숫돌 길이는 일감 길이와 같은 것을 일반적으로 사용한다.
② 숫돌의 폭은 일감의 지름과 같은 정도의 것이 일반적으로 쓰인다.
③ 원통의 외면, 내면, 평면을 다듬을 수 있으므로 많은 기계 부품의 정밀 다듬질에 응용된다.
④ 접촉면적이 넓으므로 연삭작업에서 나타난 이송선, 숫돌이 떨림으로 나타난 자리는 완전히 없앨 수 없다.

해설 슈퍼 피니싱 숫돌의 폭은 일반적으로 일감의 지름보다 작은 것이 쓰인다.

87. 다음 단조를 위한 재료의 가열법 중 틀린 것은?

① 너무 과열되지 않게 한다.
② 될수록 급격히 가열하여야 한다.
③ 너무 장시간 가열하지 않도록 한다.
④ 재료의 내외부를 균일하게 가열한다.

해설 단조(forging)는 재료를 가열할 때 될수록 서서히 가열해야 한다.

88. 밀링작업에서 분할대를 사용하여 원주를 $7\frac{1}{2}°$씩 등분하는 방법으로 옳은 것은?

① 18구멍짜리에서 15구멍씩 돌린다.
② 15구멍짜리에서 18구멍씩 돌린다.
③ 36구멍짜리에서 15구멍씩 돌린다.
④ 36구멍짜리에서 18구멍씩 돌린다.

해설 $n = \dfrac{D°}{9} = \dfrac{7\frac{1}{2}°}{9} = \dfrac{15}{18}$

89. 방전가공에서 가장 기본적인 회로는?

① RC 회로
② 고전압법 회로
③ 트랜지스터 회로
④ 임펄스 발전기회로

해설 방전가공에서 가장 기본적인 회로는 RC(콘덴서 방전) 회로이다.

90. 금속 표면에 크롬을 고온에서 확산 침투시키는 것을 크로마이징(chromizing)이라 한다. 이는 주로 어떤 성질을 향상시키기 위함인가?

① 인성　　　　　② 내식성
③ 전연성　　　　④ 내충격성

해설 크로마이징(chromizing)은 내식성 및 내열성을 향상시키기 위해 금속 표면에 Cr(크롬)을 고온에서 확산 침투시키는 방법이다.

91. 1 자유도 진동계에서 다음 수식 중 옳은 것은?

① $\omega = 2\pi f$　　　　② $C_{cr} = \sqrt{2mk}$

③ $\omega_n = \dfrac{k}{m}$　　　　④ $T = \omega f$

해설 ① $\omega = 2\pi f$ [rad/s]
② $C_{cr} = 2\sqrt{mk}$ [N·s/m]
③ $\omega_n = \sqrt{\dfrac{k}{m}}$ [rad/s]
④ $T = \dfrac{1}{f} = \dfrac{2\pi}{\omega}$ [s]

정답 86. ②　87. ②　88. ①　89. ①　90. ②　91. ①

92. 직선운동을 하고 있는 한 질점의 위치가 $s = 2t^3 - 24t + 6$으로 주어졌다. 이때 $t = 0$의 초기상태로부터 126 m/s의 속도가 될 때까지의 걸린 시간은 얼마인가? (단, s는 임의의 고정으로부터의 거리이고 단위는 m이며, 시간의 단위는 초(s)이다.)

① 2초   ② 4초
③ 5초   ④ 6초

해설 $s = 2t^3 - 24t + 6$ [m]

$$\frac{ds}{dt} = \overrightarrow{V} = 6t^2 - 24 = 126$$

$$6t^2 = 126 + 24 = 150$$

$$\therefore t = \sqrt{\frac{150}{6}} = 5 \text{ s}$$

93. 진자형 충격시험장치에 외부 작용력 P가 작용할 때, 물체의 회전축에 있는 베어링에 반작용력이 작용하지 않기 위한 점 A는?

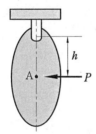

① 회전반지름(radius of gyration)
② 질량중심(center of mass)
③ 질량관성모멘트(mass moment of inertia)
④ 충격중심(center of percussion)

해설 충격중심(타격중심) : 순간중심과 질량중심을 지나는 선과 합력의 작용선이 만나는 점

94. 자동차 운전자가 정지된 차의 속도를 42 km/h로 증가시켰다. 그 후 다른 차를 추월하기 위해 속도를 84 km/h로 높였다. 그렇다면 42 km/h에서 84 km/h의 속도로 증가시킬 때 필요한 에너지는 처음 정지해 있던 차의 속도를 42 km/h로 증가하는 데 필요한 에너지의 몇 배인가? (단, 마찰로 인한 모든 에너지 손실은 무시한다.)

① 1배   ② 2배
③ 3배   ④ 4배

해설 $\Delta T_1 = \frac{1}{2} m \times 42^2$

$$\Delta T_2 = \frac{1}{2} m \times (84^2 - 42^2)$$

$$\frac{\Delta T_1}{\Delta T_2} = \frac{42^2}{(84^2 - 42^2)} = \frac{1}{3}$$

$$\therefore \Delta T_2 = 3 \Delta T_1$$

95. 다음 그림과 같은 두 개의 질량이 스프링에 연결되어 있다. 이 시스템의 고유진동수는?

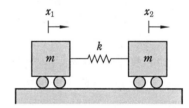

① $0, \sqrt{\dfrac{k}{m}}$

② $\sqrt{\dfrac{k}{m}}, \sqrt{\dfrac{2k}{m}}$

③ $0, \sqrt{\dfrac{2k}{m}}$

④ $\sqrt{\dfrac{k}{m}}, \sqrt{\dfrac{3k}{m}}$

해설 $m\ddot{x}_1 = k(x_1 - x_2), \ x_1 = A_1 \cos\omega t$

$m\ddot{x}_2 = K(x_2 - x_1), \ x_2 = A_2 \cos\omega t$

$$\frac{A_1}{A_2} = \frac{k}{k - m\omega^2} = \frac{k - m\omega^2}{k}$$

$$\omega^2 = \frac{2k}{m}$$

$$\therefore \omega = \sqrt{\frac{2k}{m}} \text{ [rad/s]}$$

정답 **92.** ③   **93.** ④   **94.** ③   **95.** ③

96. 진폭 2 mm, 진동수 250 Hz로 진동하고 있는 물체의 최대 속도는 몇 m/s인가?

① 1.57　② 3.14　③ 4.71　④ 6.28

해설　$x = X\sin\omega t\,[\text{m}]$

$\dot{x} = \overrightarrow{V} = \omega X\cos\omega t\,[\text{m/s}]$

$\therefore \dot{x}_{\max}(V_{\max}) = \omega X = (2\pi f)X$

$= (2\pi \times 250) \times 0.002 = 3.14\,\text{m/s}$

97. 질량이 m인 쇠공을 높이 A에서 떨어뜨린다. 쇠공과 바닥 사이의 반발계수 e가 "0"이라면 충돌 후 쇠공이 튀어 오르는 높이 B는?

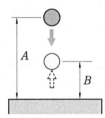

① $B = 0$
② $B < A$
③ $B = A$
④ $B > A$

해설　반발계수$(e) = \dfrac{V_B{}' - V_A{}'}{V_A - V_B} = 0$

$V_A{}' = V_B{}' = 0,\quad B = 0$

98. 지름 600 mm인 플라이휠이 z축을 중심으로 회전하고 있다. 플라이휠의 원주상의 점 P의 가속도가 그림과 같은 위치에서 "$a = -1.8\,i - 4.8\,j$"라면 이 순간 플라이휠의 각가속 α는 얼마인가? (단, i, j는 각각 x, y 방향의 단위벡터이다.)

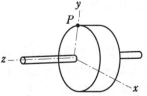

① 3 rad/s²
② 4 rad/s²
③ 5 rad/s²
④ 6 rad/s²

해설　$a_t = -1.8\,\text{m/s}^2 = \alpha r\,[\text{m/s}^2]$

$\therefore \alpha = \dfrac{a_t}{r} = \dfrac{-1.8}{0.3} = -6\,\text{rad/s}^2$

99. 질량과 탄성스프링으로 이루어진 시스템이 그림과 같이 자유낙하고 평면에 도달한 후 스프링의 반력에 의해 다시 튀어 오른다. 질량 "m"의 속도가 최대가 될 때, 탄성스프링의 변형량(x)은? (단, 탄성스프링의 질량은 무시하며, 스프링상수는 k, 스프링의 바닥은 지면과 분리되지 않는다.)

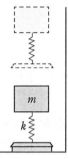

① 0
② $\dfrac{mg}{2k}$
③ $\dfrac{mg}{k}$
④ $\dfrac{2mg}{k}$

해설　$mg = kx$

$\therefore x = \dfrac{mg}{k}\,[\text{cm}]$

100. 질량 2000 kg의 자동차가 평평한 길을 시속 90 km/h로 달리다 급제동을 걸었다. 바퀴와 노면 사이의 동마찰계수가 0.45일 때 자동차의 정지거리는 몇 m인가?

① 60　② 71　③ 81　④ 86

해설　$V_0 = 90\,\text{km/h} = \left(\dfrac{90}{3.6}\right)\text{m/s} = 25\,\text{m/s}$

$\mu w S = \dfrac{w V_o^2}{2g}$

정지거리$(S) = \dfrac{V_0^2}{2\mu g} = \dfrac{25^2}{2 \times 0.45 \times 9.8}$

$\fallingdotseq 71\,\text{m}$

정답　96. ②　97. ①　98. ④　99. ③　100. ②

일반기계기사

제1과목 **재료역학**

1. 보에 작용하는 수직전단력을 V, 단면 2차 모멘트는 I, 단면 1차 모멘트는 Q, 단면폭을 b라고 할 때 단면에 작용하는 전단응력(τ)의 크기는? (단, 단면은 직사각형이다.)

① $\tau = \dfrac{VQ}{Ib}$　　② $\tau = \dfrac{IV}{Qb}$

③ $\tau = \dfrac{Ib}{QV}$　　④ $\tau = \dfrac{Qb}{IV}$

해설 보 속의 전단응력(τ) $= \dfrac{VQ}{bI}$ [MPa]

2. 그림과 같은 분포하중을 받는 단순보의 m-n 단면에 생기는 전단력의 크기는 얼마인가? (단, $q = 300$ N/m이다.)

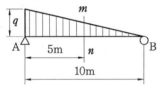

① 300 N　　② 250 N
③ 167 N　　④ 125 N

해설 $\sum M_A = 0$

$$R_B \times 10 - \frac{ql}{2} \times \frac{l}{3} = 0$$

$$R_B = \frac{\dfrac{ql^2}{6}}{10} = \frac{300 \times 10^2}{60} = 500 \text{ N}$$

$$\therefore F_{m-n} = R_B - \frac{150 \times 5}{2}$$

$$= 500 - 375 = 125 \text{ N}$$

3. 지름이 d인 연강환봉에 인장하중 P가 주어졌다면 지름 감소량(δ)은? (단, 재료의 탄성계수는 E, 푸아송비는 ν이다.)

① $\delta = \dfrac{P\nu}{\pi E d}$　　② $\delta = \dfrac{P\nu}{2\pi E d}$

③ $\delta = \dfrac{P\nu}{4\pi E d}$　　④ $\delta = \dfrac{4P\nu}{\pi E d}$

해설 푸아송비(ν)

$$= \frac{1}{m} = \frac{|\varepsilon'|}{\varepsilon} = \frac{\dfrac{\delta}{d}}{\dfrac{\sigma}{E}} = \frac{\delta E}{d\sigma}$$

$$\therefore \delta = \frac{d\sigma}{mE} = \frac{\nu d\sigma}{E}$$

$$= \frac{\nu d}{E}\left(\frac{4P}{\pi d^2}\right) = \frac{4P\nu}{\pi d E} \text{ [cm]}$$

4. 그림과 같이 축방향으로 인장하중을 받고 있는 원형 단면봉에서 θ의 각도를 가진 경사단면에 전단응력(τ)과 수직응력(σ)이 작용하고 있다. 이때 전단응력 τ가 수직응력 σ의 1/2이 되는 경사단면의 경사각(θ)은?

① $\theta = \tan^{-1}\left(\dfrac{1}{2}\right)$　　② $\theta = \tan^{-1}(1)$

③ $\theta = \tan^{-1}(2)$　　④ $\theta = \tan^{-1}(4)$

해설 $\sigma_n = \sigma_x \cos^2\theta$ [MPa]

$$\tau_n = \frac{\sigma_x}{2}\sin 2\theta \text{ [MPa]}$$

$$\tan\theta = \frac{\tau_n}{\sigma_n} = \frac{1}{2}$$

$$\therefore \theta = \tan^{-1}\left(\frac{1}{2}\right)$$

5. 그림과 같이 지름이 다른 두 부분으로 된 원형축에 비틀림 토크(T) 680 N·m가 B점에 작용할 때, 최대 전단응력은 얼마인가? (단, 전단탄성계수 $G = 80$ GPa이다.)

정답 1. ①　2. ④　3. ④　4. ①　5. ④

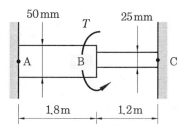

① 19.0 MPa   ② 38.1 MPa

③ 50.6 MPa   ④ 25.3 MPa

[해설] $T = T_{AB} + T_{BC} = T_{AB}(1 + 0.094)$

$$= 1.094 \, T_{AB}$$

$$\theta_{AB} = \theta_{BC} \left(\frac{T_{AB} \cdot l_1}{G \cdot \dfrac{\pi d_1^4}{32}} = \frac{T_{BC} \cdot l_2}{G \cdot \dfrac{\pi d_2^4}{32}} \right)$$

$$\therefore \ T_{AB} = \frac{T}{1.094} = \frac{680}{1.094} = 621.57 \, \text{N} \cdot \text{m}$$

$$\tau_{AB} = \frac{T_{AB}}{Z_p} = \frac{16 \times 621.57}{\pi \times 0.05^3} \times 10^{-6}$$

$$= 25.325 \, \text{MPa}$$

$$※ \ T_{BC} = T - T_{AB} = 680 - 621.57$$

$$= 58.43 \, \text{N} \cdot \text{m}$$

$$\therefore \ \frac{T_{BC}}{T_{AB}} = \frac{58.43}{621.57} = 0.094$$

6. 단면적이 30 cm², 길이가 30 cm인 강봉이 축방향으로 압축력 $P = 21$ kN을 받고 있을 때, 그 봉 속에 저장되는 변형 에너지의 값은 약 몇 N·m인가? (단, 강봉의 세로탄성계수는 210 GPa이다.)

① 0.085   ② 0.105   ③ 0.135   ④ 0.195

[해설] $U = \dfrac{P\lambda}{2} = \dfrac{P^2 l}{2AE}$

$$= \frac{21000^2 \times 0.3}{2 \times 30 \times 10^{-4} \times 210 \times 10^9}$$

$$= 0.105 \, \text{N} \cdot \text{m}$$

7. 폭이 20 cm이고 높이가 30 cm인 직사각형 단면을 가진 길이 50 cm의 외팔보의 고정단에서 40 cm 되는 곳에 800 N의 집중 하중을 작용시킬 때 자유단의 처

짐은 약 몇 μm인가? (단, 외팔보의 세로탄성계수는 210 GPa이다.)

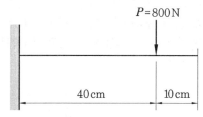

① 0.074   ② 0.25

③ 1.48   ④ 12.52

[해설] 면적 모멘트법 적용

$$\delta = \frac{A_M \, \overline{x}}{EI} = \frac{Pb^2}{2EI}\left(a + \frac{2}{3}b\right)$$

$$= \frac{Pb^2}{6EI}(3a + 2b)$$

$$= \frac{800 \times 0.4^2 \times 12 \times (3 \times 0.1 + 2 \times 0.4)}{6 \times 210 \times 10^9 \times 0.2 \times (0.3)^3}$$

$$= 2.4832 \times 10^{-7} \, \text{m} \fallingdotseq 0.25 \, \mu\text{m}$$

$$※ \ 1 \, \mu\text{m} = 0.001 \, \text{mm}$$

8. 지름 10 mm인 환봉에 1 kN의 전단력이 작용할 때 이 환봉에 걸리는 전단응력은 약 몇 MPa인가?

① 6.36   ② 12.73

③ 24.56   ④ 32.22

[해설] $\tau = \dfrac{P}{A} = \dfrac{P}{\dfrac{\pi d^2}{4}} = \dfrac{4P}{\pi d^2} = \dfrac{4 \times 1000}{\pi \times 10^2}$

$$= 12.73 \, \text{MPa}$$

9. 지름 2 cm, 길이 20 cm인 연강봉이 인장하중을 받을 때 길이는 0.016 cm만큼 늘어나고 지름은 0.0004 cm만큼 줄었다. 이 연강봉의 푸아송비는?

① 0.25   ② 0.3   ③ 0.33   ④ 4

[해설] 푸아송비(μ)

$$= \frac{1}{m} = \frac{|\varepsilon'|}{\varepsilon} = \frac{\dfrac{\delta}{d}}{\dfrac{\lambda}{l}}$$

$$= \frac{\delta l}{d\lambda} = \frac{0.0004 \times 20}{2 \times 0.016} = 0.25$$

10. 반원 부재에 그림과 같이 $0.5R$ 지점에 하중 P가 작용할 때 지지점 B에서 반력은?

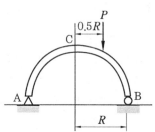

① $\dfrac{P}{4}$ ② $\dfrac{P}{2}$ ③ $\dfrac{3P}{4}$ ④ P

해설 $\Sigma M_A = 0$

$$R_B \times 2R - P \times \frac{3}{2}R = 0$$

$$R_B = \frac{\frac{3}{2}PR}{2R} = \frac{3}{4}P[\text{N}]$$

11. 그림과 같이 지름과 재질이 다른 3개의 원통을 끼워 조합된 구조물을 만들어 강판 사이에 P의 압축하중을 작용시키면 ①번 림의 재료에 발생되는 응력(σ_1)은? (단, E_1, E_2, E_3와 A_1, A_2, A_3는 각각 ①, ②, ③번의 세로탄성계수와 단면적이다.)

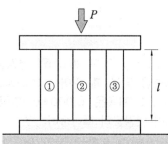

① $\sigma_1 = \dfrac{PA_1}{A_1E_1 + A_2E_2 + A_3E_3}$

② $\sigma_1 = \dfrac{Pl}{A_1E_1 + A_2E_2 + A_3E_3}$

③ $\sigma_1 = \dfrac{PE_1}{A_1E_1 + A_2E_2 + A_3E_3}$

④ $\sigma_1 = \dfrac{PE_2}{A_1E_1 + A_2E_2 + A_3E_3}$

해설 $W_1 + W_2 + W_3 = P$

$$\delta_1 = \delta_2 = \delta_3 = \delta$$

$$E = \frac{\delta}{l} = \frac{\delta_1}{E_1} = \frac{\delta_2}{E_2} = \frac{\delta_3}{E_3}$$

$$\frac{\sigma_1}{E_1} = \frac{P - W_1 - W_3}{E_2 \cdot A_2}$$

$$= \frac{P}{A_2E_2} - \frac{W_1}{A_2E_2} - \frac{W_3}{A_2E_2}$$

$$\frac{\sigma_1}{E_1} = \frac{P}{E_2 \cdot A_2} - \frac{A_1 W_1}{A_1 \cdot A_2 E_2} - \frac{E_3 \cdot A_3 \cdot \sigma_1}{E_2 \cdot E_1 \cdot A_2}$$

$$\frac{\sigma_1}{E_1} + \frac{A_1 \cdot \sigma_1}{E_2 \cdot A_2} + \frac{A_3 \cdot E_3 \cdot \sigma_1}{E_1 \cdot E_2 \cdot A_2} = \frac{P}{E_2}$$

$$\frac{(A_2E_2 + A_1E_1 + A_3E_3) \cdot \sigma_1}{E_1 \cdot E_2} = \frac{P}{E_2}$$

$$\therefore \sigma_1 = \frac{PE_1}{A_1E_1 + A_2E_2 + A_3E_3} [\text{MPa}]$$

※ $\sigma_1 \propto E_1$

12. 사각 단면의 폭이 10 cm이고 높이가 8 cm이며, 길이가 2 m인 장주의 양 끝이 회전형으로 고정되어 있다. 이 장주의 좌굴하중은 약 몇 kN인가? (단, 장주의 세로탄성계수는 10 GPa이다.)

① 67.45   ② 105.28

③ 186.88   ④ 257.64

해설 $P_{cr} = n\pi^2 \dfrac{EI}{L^2}$

$$= 1 \times \pi^2 \times \frac{10 \times 10^6 \times \frac{0.1 \times (0.08)^3}{12}}{2^2}$$

$$= 105.28 \text{ kN}$$

13. 원통형 코일 스프링에서 코일 반지름 R, 소선의 지름 d, 전단탄성계수 G라고

하면 코일 스프일 한 권에 대해서 하중 P 가 작용할 때 비틀림 각도 ϕ를 나타내는 식은?

① $\dfrac{32PR}{Gd^2}$　　　　② $\dfrac{32PR^2}{Gd^2}$

③ $\dfrac{64PR}{Gd^4}$　　　　④ $\dfrac{64PR^2}{Gd^4}$

해설 $\delta = R\phi = \dfrac{64nR^3P}{Gd^4}$ [cm]

여기서, $n=1$

$\therefore \phi = \dfrac{\delta}{R} = \dfrac{1}{R}\left(\dfrac{64PR^3}{Gd^4}\right) = \dfrac{64PR^2}{Gd^4}$ [rad]

14. 다음 그림과 같은 균일 단면을 갖는 부정정보가 단순 지지단에서 모멘트 M_o 를 받는다. 단순 지지단에서의 반력 R_a 는?(단, 굽힘강성 EI는 일정하고, 자중은 무시한다.)

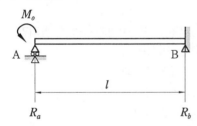

① $\dfrac{3M_o}{4l}$　　　　② $\dfrac{3M_o}{2l}$

③ $\dfrac{2M_o}{3l}$　　　　④ $\dfrac{4M_o}{3l}$

해설 과잉지점 A를 제거, 우력(M_o)에 의한 처

짐량(δ_A)은 $\dfrac{M_o l^2}{2EI}$ [m]이고, 미지 반력 R_a에

의한 처짐량(δ_A')은 $\dfrac{R_a l^3}{3EI}$ [m]이다. 실제로 지

점 A에서는 처짐량이 0인 조건을 고려한다.

$\delta_A - \delta_A' = 0 \qquad \delta_A = \delta_A'$

$\dfrac{M_o l^2}{2EI} = \dfrac{R_a l^3}{3EI}$

$\therefore R_a = \dfrac{3M_o}{2l}$ [N]

15. 그림과 같은 외팔보가 균일 분포 하중 w를 받고 있을 때 자유단의 처짐 δ는 얼마인가?(단, 보의 굽힘 강성 EI는 일정하고, 자중은 무시한다.)

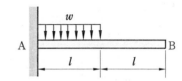

① $\dfrac{3}{24EI}wl^4$　　　　② $\dfrac{5}{24EI}wl^4$

③ $\dfrac{7}{24EI}wl^4$　　　　④ $\dfrac{9}{24EI}wl^4$

해설 면적 모멘트법 적용

$\delta = \dfrac{A_M \bar{x}}{EI} = \dfrac{\dfrac{wl^2}{2} \times l}{3EI}\left(l + \dfrac{3}{4}l\right)$

$= \dfrac{wl^3}{6EI} \times \dfrac{7}{4}l = \dfrac{7wl^4}{24EI}$ [cm]

16. 그림과 같은 보에 C에서 D까지 균일 분포 하중 w가 작용하고 있을 때, A점에서의 반력 R_A 및 B점에서의 반력 R_B는?

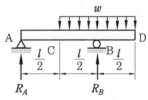

① $R_A = \dfrac{wl}{2}, \ R_B = \dfrac{wl}{2}$

② $R_A = \dfrac{wl}{4}, \ R_B = \dfrac{3wl}{4}$

③ $R_A = 0, \ R_B = wl$

④ $R_A = -\dfrac{wl}{4}, \ R_B = \dfrac{5wl}{4}$

해설 $\Sigma M_B = 0, \ R_A \cdot l - \dfrac{wl^2}{8} + \dfrac{wl^2}{8} = 0$

$$\therefore R_A = 0, \quad R_B = wl$$

17. 보에서 원형과 정사각형의 단면적이 같을 때, 단면계수의 비 Z_1/Z_2는 약 얼마인가? (단, 여기에서 Z_1은 원형 단면의 단면계수, Z_2는 정사각형 단면의 단면계수이다.)

① 0.531　　　　　② 0.846

③ 1.258　　　　　④ 1.182

[해설] $Z_1 = \dfrac{\pi d^3}{32}$, $Z_2 = \dfrac{a^3}{6} = \dfrac{\pi\sqrt{\pi}\,d^3}{48}$

$$\dfrac{\pi d^2}{4} = a^2, \quad a = \dfrac{\sqrt{\pi}\cdot d}{2}$$

$$\dfrac{Z_1}{Z_2} = \dfrac{\pi d^3}{32} \times \dfrac{48}{\pi\sqrt{\pi}\,d^3} = \dfrac{3}{2\sqrt{\pi}} = 0.846$$

18. 직사각형($b \times h$) 단면을 가진 보의 곡률 $\left(\dfrac{1}{\rho}\right)$에 관한 설명으로 옳은 것은?

① 폭(b)의 2승에 반비례한다.

② 폭(b)의 3승에 반비례한다.

③ 높이(h)의 2승에 반비례한다.

④ 높이(h)의 3승에 반비례한다.

[해설] $\dfrac{1}{\rho} = \dfrac{M}{EI} = \dfrac{\sigma}{Ey}$

$$\dfrac{1}{\rho} = \dfrac{M}{E\dfrac{bh^3}{12}} = \dfrac{12M}{Ebh^3}$$

19. 균일 분포 하중 $w = 200\,\text{N/m}$가 작용하는 단순 지지보의 최대 굽힘응력은 몇 MPa인가? (단, 보의 길이는 2 m이고 폭×높이 = 3 cm×4 cm인 사각형 단면이다.)

① 12.5　　　　　② 25.0

③ 14.9　　　　　④ 17.0

[해설] $\sigma = \dfrac{M}{Z} = \dfrac{\dfrac{wL^2}{8}}{\dfrac{bh^2}{6}}$

$$= \dfrac{3wL^2}{4bh^2} = \dfrac{3 \times 0.2 \times 2000^2}{4 \times 30 \times 40^2}$$

$$= 12.5\,\text{MPa(N/mm}^2)$$

20. 원형 단면축이 비틀림을 받을 때, 그 속에 저장되는 탄성 변형에너지 U는 얼마인가? (단, T : 토크, L : 길이, G : 가로탄성계수, I_P : 극관성모멘트, I : 관성모멘트, E : 세로탄성계수)

① $U = \dfrac{T^2 L}{2GI}$　　　② $U = \dfrac{T^2 L}{2EI}$

③ $U = \dfrac{T^2 L}{2EI_P}$　　　④ $U = \dfrac{T^2 L}{2GI_P}$

[해설] $U = \dfrac{T\theta}{2} = \dfrac{T}{2}\left(\dfrac{TL}{GI_p}\right) = \dfrac{T^2 L}{2GI_p}$ [kJ]

제2과목　　　**기계열역학**

21. 다음 중 이상기체의 엔탈피가 변하지 않는 과정은?

① 가역단열과정

② 비가역단열과정

③ 교축과정

④ 정적과정

[해설] 교축과정 : 이상기체가 좁은 통로를 교축팽창할 때 엔트로피 증가($\Delta S > 0$), 엔탈피 일정($h_1 = h_2$), 압력강하($P_1 > P_2$), 온도 일정($T_1 = T_2$)

22. 어느 이상기체 1 kg을 일정 체적하에 20℃로부터 100℃로 가열하는 데 836 kJ의 열량이 소요되었다. 이 가스의 분자량이 2라고 한다면 정압비열은?

① 약 2.09 kJ/kg・℃

② 약 6.27 kJ/kg・℃

③ 약 10.5 kJ/kg・℃

④ 약 $14.6 \text{ kJ/kg} \cdot \text{℃}$

해설 $Q = m C_v (t_2 - t_1) [\text{kJ}]$

$C_v = \dfrac{Q}{m(t_2 - t_1)} = \dfrac{836}{1(100 - 20)}$

$\qquad = 10.45 \text{ kJ/kg} \cdot \text{℃}$

$C_p = C_v + R = 10.45 + \dfrac{8.314}{M}$

$\qquad = 10.45 + \dfrac{8.314}{2}$

$\qquad = 14.6 \text{ kJ/kg} \cdot \text{℃}$

23. 증기터빈으로 질량 유량 1 kg/s, 엔탈피 $h_1 = 3500 \text{ kJ/kg}$의 수증기가 들어온다. 중간 단에서 $h_2 = 3100 \text{ kJ/kg}$의 수증기가 추출되며 나머지는 계속 팽창하여 $h_3 = 2500 \text{ kJ/kg}$ 상태로 출구에서 나온다면, 중간 단에서 추출되는 수증기의 질량 유량은? (단, 열손실은 없으며, 위치에너지 및 운동에너지의 변화가 없고, 총 터빈 출력은 900 kW이다.)

① 0.167 kg/s   ② 0.323 kg/s

③ 0.714 kg/s   ④ 0.886 kg/s

해설 $w_T = (h_1 - h_2) + (1 - m)(h_2 - h_3)$

$m = 1 - \dfrac{w_T - (h_1 - h_2)}{(h_2 - h_3)}$

$\quad = 1 - \dfrac{900 - (3500 - 3100)}{(3100 - 2500)}$

$\quad \fallingdotseq 0.167 \text{ kg/s}$

24. 열역학 제2법칙에 대한 설명 중 틀린 것은?

① 효율이 100 %인 열기관은 얻을 수 없다.

② 제2종의 영구 기관은 작동 물질의 종류에 따라 가능하다.

③ 열은 스스로 저온의 물질에서 고온의 물질로 이동하지 않는다.

④ 열기관에서 작동 물질이 일을 하게 하려면 그보다 더 저온인 물질이 필요하다.

해설 열역학 제2법칙(엔트로피 증가 법칙)은 열효율이 100 %인 제2종 영구 기관을 부정한다.

25. 튼튼한 용기에 안에 100 kPa, 30℃의 공기가 5 kg 들어있다. 이 공기를 가열하여 온도를 150℃로 높였다. 이 과정 동안에 공기에 가해 준 열량을 구하면? (단, 공기의 정적 비열 및 정압 비열은 각각 0.717 kJ/kg · K와 1.004 kJ/kg · K이다.)

① 86.0 kJ   ② 120.5 kJ

③ 430.2 kJ   ④ 602.4 kJ

해설 $Q = m C_v (t_2 - t_1)$

$\qquad = 5 \times 0.717(150 - 30) = 430.2 \text{ kJ}$

26. 이상기체의 등온 과정에서 압력이 증가하면 엔탈피는?

① 증가 또는 감소   ② 증가

③ 불변   ④ 감소

해설 줄의 법칙(Joule's law) : 이상기체의 경우 내부 에너지$(U) = f(T)$, 엔탈피$(h) = f(T)$로 온도만의 함수이다. 따라서 등온 변화인 경우 엔탈피는 변화가 없다(불변).

27. 절대온도가 T_1, T_2인 두 물체 사이에 열량 Q가 전달될 때 이 두 물체가 이루는 계의 엔트로피 변화는? (단, $T_1 > T_2$이다.)

① $\dfrac{T_1 - T_2}{Q T_1}$ ② $\dfrac{T_1 - T_2}{Q T_2}$

③ $\dfrac{Q}{T_1} - \dfrac{Q}{T_2}$ ④ $\dfrac{Q}{T_2} - \dfrac{Q}{T_1}$

해설 $\Delta S_{total} = \Delta S_1 + \Delta S_2$

$\qquad = Q \left(\dfrac{-1}{T_1} + \dfrac{1}{T_2} \right)$

$\qquad = Q \left(\dfrac{1}{T_2} - \dfrac{1}{T_1} \right) = Q \left(\dfrac{T_1 - T_2}{T_1 T_2} \right)$

28. 시스템의 경계 안에 비가역성이 존재하지 않는 내적 가역과정을 온도-엔트로피 선도 상에 표시하였을 때, 이 과정 아래의 면적은 무엇을 나타내는가?
① 일량
② 내부에너지 변화량
③ 열전달량
④ 엔탈피 변화량

[해설] $P-V$ 선도에서 면적은 일량(W)을 나타내고, $T-S$ 선도에서 면적은 열량(Q)을 나타낸다.

29. 정압비열이 0.931 kJ/kg·K이고, 정적비열이 0.666 kJ/kg·K인 이상기체를 압력 400 kPa, 온도 20℃로서 0.25 kg을 담은 용기의 체적은 약 몇 m³인가?
① 0.0213
② 0.0265
③ 0.0381
④ 0.0485

[해설] $PV = mRT = m(C_p - C_v)T$

$$V = \frac{m(C_p - C_v)T}{P}$$
$$= \frac{0.25 \times (0.931 - 0.666) \times 293}{400}$$
$$= 0.0485 \text{ m}^3$$

30. 기체의 초기압력이 20 kPa, 초기체적이 0.1 m³인 상태에서부터 "PV = 일정"인 과정으로 체적이 0.3 m³로 변했을 때의 일량은 약 얼마인가?
① 2200 J
② 4000 J
③ 2200 kJ
④ 4000 kJ

[해설] $W = P_1 V_1 \ln\left(\dfrac{V_2}{V_1}\right)$
$$= 20 \times 0.1 \times \ln\left(\frac{0.3}{0.1}\right) \fallingdotseq 2.2 \text{ kJ}$$
$$= 2200 \text{ J}$$

31. 분자량이 28.5인 이상기체가 압력 200 kPa, 온도 100℃ 상태에 있을 때 비체적은? (단, 일반 기체상수 = 8.314 kJ/kmol·K이다.)
① 0.146 kg/m³
② 0.545 kg/m³
③ 0.146 m³/kg
④ 0.545 m³/kg

[해설] $Pv = RT = \dfrac{\overline{R}}{M}T$
$$v = \frac{\overline{R}T}{PM} = \frac{8.314 \times (100 + 273)}{200 \times 28.5}$$
$$= 0.545 \text{ m}^3/\text{kg}$$

32. 고온 측이 20℃, 저온 측이 -15℃인 Carnot 열펌프의 성능계수(COP_H)를 구하면?
① 8.38
② 7.38
③ 6.58
④ 4.28

[해설] $(COP)_H = \dfrac{T_H}{T_H - T_L}$
$$= \frac{(20+273)}{(20+273)-(-15+273)} = 8.371$$

33. 밀폐 단열된 방에 다음 두 경우에 대하여 가정용 냉장고를 가동시키고 방안의 평균온도를 관찰한 결과 가장 합당한 것은?

(a) 냉장고의 문을 열었을 경우
(b) 냉장고의 문을 닫았을 경우

① (a), (b) 경우 모두 방안의 평균온도는 감소한다.
② (a), (b) 경우 모두 방안의 평균온도는 상승한다.
③ (a), (b) 경우 모두 방안의 평균온도는 변하지 않는다.
④ (a)의 경우는 방안의 평균온도는 변하지 않고 (b)의 경우는 상승한다.

[해설] 냉장고 문을 열었거나 냉장고 문을 닫았을 경우 열역학 제1법칙과 열역학 제2법칙에

의하여 밀폐 단열된 방의 온도는 상승하게 된다. 열역학 제1법칙(에너지 보존의 법칙)에 따르면 응축부하＝냉동능력＋압축기 열량인데, 냉장고 가동 시 응축기 방열량＝증발기 흡열량＋압축기 일의 열당량이므로 밀폐된 실내의 경우 방안의 평균온도는 상승한다.

34. 피스톤-실린더 장치 안에 300 kPa, 100℃의 이산화탄소 2 kg이 들어있다. 이 가스를 $PV^{1.2} =$ constant인 관계를 만족하도록 피스톤 위에 추를 더해가며 온도가 200℃가 될 때까지 압축하였다. 이 과정 동안의 열전달량은 약 몇 kJ인가? (단, 이산화탄소의 정적비열(C_v)＝0.653kJ/kg · K이고, 정압비열(C_p)＝0.842 kJ/kg · K이며, 각각 일정하다.)

① −189   ② −58

③ −20   ④ 130

해설 $k = \dfrac{C_p}{C_v} = \dfrac{0.842}{0.653} ≒ 1.29$

폴리트로픽 변화($1 < n < k$)인 경우

가열량(Q)＝$m C_n (t_2 - t_1)$

$= m C_v \dfrac{n-k}{n-1}(t_2 - t_1)$

$= 2 \times 0.653 \times \dfrac{1.2 - 1.29}{1.2 - 1}(200 - 100)$

$= -58\,\mathrm{kJ}$

35. 이상 냉동기의 작동을 위해 두 열원이 있다. 고열원이 100℃이고, 저열원이 50℃라면 성능계수는?

① 1.00   ② 2.00

③ 4.25   ④ 6.46

해설 $(COP)_R = \dfrac{T_L}{T_H - T_L}$

$= \dfrac{(50 + 273)}{(100 + 273) - (50 + 273)} = 6.46$

36. −10℃와 30℃ 사이에 작동되는 냉동

기의 최대 성능계수로 적합한 것은?

① 8.8   ② 6.6

③ 3.3   ④ 2.8

해설 $(COP)_R = \dfrac{T_L}{T_H - T_L}$

$= \dfrac{(-10 + 273)}{(30 + 273) - (-10 + 273)} ≒ 6.6$

37. 이상기체의 폴리트로프(polytrope) 변화에 대한 식이 $PV^n = C$라고 할 때 다음의 변화에 대하여 표현이 틀린 것은?

① $n = 0$일 때는 정압변화를 한다.

② $n = 1$일 때는 등온변화를 한다.

③ $n = \infty$일 때는 정적변화를 한다.

④ $n = k$일 때는 등온 및 정압변화를 한다. (단, $k =$ 비열비이다).

해설 $PV^n = C$에서 $n = k$이면 가역 단열변화(등엔트로피 변화)를 한다.

38. 실제 가스 터빈 사이클에서 최고온도가 630℃이고, 터빈 효율이 80 %이다. 손실 없이 단열팽창한다고 가정했을 때의 온도가 290℃라면 실제 터빈 출구에서의 온도는? (단, 가스의 비열은 일정하다고 가정한다.)

① 348℃   ② 358℃

③ 368℃   ④ 378℃

해설 터빈 효율(η_t)

$= \dfrac{\text{비가역 단열팽창 시 비엔탈피 감소량}}{\text{가역 단열팽창 시 비엔탈피 감소량}}$

$= \dfrac{C_p(T_3 - T_4')}{C_p(T_3 - T_4)} = \dfrac{T_3 - T_4'}{T_3 - T_4}$

$\therefore T_4' = T_3 - \eta_t(T_3 - T_4)$

$= (630 + 273) - 0.8\{(630 + 273) - (290 + 273)\}$

$= 631\mathrm{K} = (631 - 273)℃ = 358℃$

39. 밀폐용기에 비내부에너지가 200 kJ/kg인 기체 0.5 kg이 있다. 이 기체를 용량이

---

500 W인 전기가열기로 2분 동안 가열한다면 최종상태에서 기체의 내부에너지는? (단, 열량은 기체로만 전달된다고 한다.)

① 20 kJ   ② 100 kJ

③ 120 kJ   ④ 160 kJ

해설 $Q = m(u_2 - u_1) = 0.5(u_2 - 100)$

$0.5 \times (2 \times 60) = 0.5(u_2 - 100)$

$u_2 = 320 \, \text{kJ/kg}$

$\therefore U_2 = m u_2 = 0.5 \times 320 = 160 \, \text{kJ}$

40. 클라우지우스(Clausius)의 부등식이 옳은 것은? (단, T는 절대온도, Q는 열량을 표시한다.)

① $\oint \delta Q \leq 0$ ② $\oint \delta Q \geq 0$

③ $\oint \dfrac{\delta Q}{T} \leq 0$ ④ $\oint \dfrac{\delta Q}{T} \geq 0$

해설 클라우지우스(Clausius) 폐적분값

(1) 가역 사이클 : $\oint \dfrac{\delta Q}{T} = 0$

(2) 비가역 사이클 : $\oint \dfrac{\delta Q}{T} < 0$

제3과목   **기계유체역학**

41. 물의 높이 8 cm와 비중 2.94인 액주계 유체의 높이 6 cm를 합한 압력은 수은주(비중 13.6) 높이의 약 몇 cm에 상당하는가?

① 1.03   ② 1.89

③ 2.24   ④ 3.06

해설 $P = \gamma_1 h_1 + \gamma_2 h_2$

$= 9800 \times 0.08 + 9800 \times 2.94 \times 0.06$

$= 2512.72 \, \text{Pa}$

$\therefore P = \gamma_{Hg} h = (9800 \times 13.6) h$

$\therefore h = \dfrac{P}{\gamma_{Hg}} = \dfrac{2512.72}{(9800 \times 13.6)}$

$\fallingdotseq 0.0189 \, \text{m} = 1.89 \, \text{cm}$

42. 선운동량의 차원으로 옳은 것은? (단, M : 질량, L : 길이, T : 시간이다.)

① MLT ② $ML^{-1}T$

③ MLT^{-1} ④ MLT^{-2}

해설 운동량(momentum) $= mv[\text{kg} \cdot \text{m/s}]$이므로 차원은 MLT^{-1}이다.

43. 비중이 0.65인 물체를 물에 띄우면 전체 체적의 몇 %가 물속에 잠기는가?

① 12   ② 35

③ 42   ④ 65

해설 $F_B = \gamma_w V = 9800 V'[\text{N}]$

여기서, V' : 잠겨진 체적(m^3)

물체의 무게(W)

$= \gamma V = (9800 S) V = (9800 \times 0.65) V[\text{N}]$

$\therefore \dfrac{V'}{V} = \dfrac{9800 \times 0.65}{9800} \times 100 \, \%$

$= 65 \, \%$

44. 2 m×2 m×2 m의 정육면체로 된 탱크 안에 비중이 0.8인 기름이 가득 차 있고, 위 뚜껑이 없을 때 탱크의 옆 한면에 작용하는 전체 압력에 의한 힘은 약 몇 kN인가?

① 1.6   ② 15.7

③ 31.4   ④ 62.8

해설 $F = \gamma \bar{h} A = (9.8 S) \bar{h} A$

$= (9.8 \times 0.8) \times 1 \times (2 \times 2)$

$\fallingdotseq 31.4 \, \text{kN}$

45. 그림과 같이 노즐이 달린 수평관에서 압력계 읽음이 0.49 MPa이었다. 이 관의 안지름이 6 cm이고 관의 끝에 달린 노즐의 출구 지름이 2 cm라면 노즐 출구에서 물의 분출속도는 약 몇 m/s인가? (단, 노즐에서의 손실은 무시하고, 관마찰계수는 0.025로 한다.)

정답   **40.** ③   **41.** ②   **42.** ③   **43.** ④   **44.** ③   **45.** ③

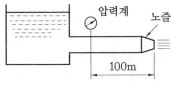

① 16.8 ② 20.4
③ 25.5 ④ 28.4

해설 $6^2 \times V = 2^2 \times V_n$

$V = 0.11 V_n$

$$\frac{P}{\gamma} + \frac{V^2}{2g} = \frac{V_n^2}{2g} + f \cdot \frac{l}{d} \cdot \frac{V^2}{2g}$$

$$\frac{0.49 \times 10^6}{9800}$$

$$= (1 + 0.025 \times \frac{100}{0.06} \times 0.11^2 - 0.11^2)$$

$$\times \frac{V_n^2}{2 \times 9.8}$$

$V_n = 25.63 \, \text{m/s}$

46. 다음 ΔP, L, Q, ρ 변수들을 이용하여 만든 무차원수로 옳은 것은? (단, ΔP : 압력차, ρ : 밀도, L : 길이, Q : 유량)

① $\dfrac{\rho \cdot Q}{\Delta P \cdot L^2}$ ② $\dfrac{\rho \cdot L}{\Delta P \cdot Q^2}$

③ $\dfrac{\Delta P \cdot L \cdot Q}{\rho}$ ④ $\dfrac{Q}{L^2} \sqrt{\dfrac{\rho}{\Delta P}}$

해설 $\pi = \Delta P^\alpha \cdot L^\beta \cdot \rho^\gamma \cdot Q$

$= (ML^{-1}T^{-2})^\alpha \cdot L^\beta \cdot (ML^{-3})^\gamma$

$\quad \cdot (L^3 \cdot T^{-1})$

$= M^{\alpha + \gamma} \cdot L^{-\alpha + \beta - 3\gamma + 3} \cdot T^{-2\alpha - 1}$

$\alpha + \gamma = 0$,

$-\alpha + \beta - 3\gamma + 3 = 0$,

$-2\alpha - 1 = 0$

$\alpha = -\dfrac{1}{2}$, $\gamma = \dfrac{1}{2}$, $\beta = -2$

$\therefore \pi = \dfrac{Q}{L^2} \sqrt{\dfrac{\rho}{\Delta P}}$

47. 그림과 같은 원통 주위의 퍼텐셜 유동

이 있다. 원통 표면상에서 상류 유속과 동일한 유속이 나타나는 위치(θ)는?

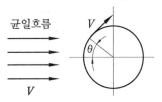

① 0° ② 30°
③ 45° ④ 90°

해설 $V_\theta = 2 V \sin\theta [\text{m/s}]$

$$\sin\theta = \frac{V}{2V} = \frac{1}{2}$$

$$\theta = \sin^{-1}\left(\frac{1}{2}\right) = 30°$$

48. 다음 중 유선(stream line)에 대한 설명으로 옳은 것은?

① 유체의 흐름에 있어서 속도 벡터에 대하여 수직한 방향을 갖는 선이다.

② 유체의 흐름에 있어서 유동단면의 중심을 연결한 선이다.

③ 유체의 흐름에 있어서 모든 점에서 접선 방향이 속도 벡터의 방향을 갖는 연속적인 선이다.

④ 비정상류 흐름에서만 유동의 특성을 보여주는 선이다.

해설 유선(stream line)이란 유체 유동에 있어서 임의의 모든 점에서 접선 방향과 속도 벡터의 방향이 일치되는 연속적인 가상 곡선이다.

49. 비중 0.8의 알코올이 든 U자관 압력계가 있다. 이 압력계의 한 끝은 피토관의 전압부에 다른 끝은 정압부에 연결하여 피토관으로 기류의 속도를 재려고 한다. U자관의 읽음의 차가 78.8 mm, 대기압력이 1.0266×10^5 Pa·abs, 온도 21℃일 때 기류의 속도는? (단, 기체상수 R

= 287N · m/kg · K이다.)

① 38.8 m/s   ② 27.5 m/s

③ 43.5 m/s   ④ 31.8 m/s

[해설] $\rho = \dfrac{P}{RT} = \dfrac{1.0266 \times 10^5}{287 \times (21 + 273)}$

$\qquad = 1.2167 \, \text{kg/m}^3$

$\therefore V = \sqrt{2gh\left(\dfrac{\rho_s}{\rho} - 1\right)}$

$\qquad = \sqrt{2 \times 9.8 \times 0.0788 \times \left(\dfrac{0.8 \times 1000}{1.2167} - 1\right)}$

$\qquad = 31.84 \, \text{m/s}$

50. 안지름이 50 mm인 180° 곡관(bend)을 통하여 물이 5 m/s의 속도와 0의 계기압력으로 흐르고 있다. 물이 곡관에 작용하는 힘은 약 몇 N인가?

① 0   ② 24.5

③ 49.1   ④ 98.2

[해설] $F = \rho Q V (1 - \cos\theta)$

$\qquad = \rho A V^2 (1 - \cos\theta)$

$\qquad = \rho A V^2 (1 - \cos 180°)$

$\qquad = 2\rho A V^2$

$\qquad = 2 \times 1000 \times \dfrac{\pi}{4}(0.05)^2 \times 5^2$

$\qquad \fallingdotseq 98.2 \, \text{N}$

51. 한 변이 30 cm인 윗면이 개방된 정육면체 용기에 물을 가득 채우고 일정 가속도 $(9.8 \, \text{m/s}^2)$로 수평으로 끌 때 용기 밑면의 좌측 끝단(A 부분)에서의 게이지 압력은?

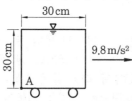

① 1470 N/m²   ② 2079 N/m²

③ 2940 N/m²   ④ 4158 N/m²

[해설] $P_A = \gamma h = 9800 \times 0.3 = 2940 \, \text{N/m}^2$

52. 지름 5 cm인 원관 내 완전 발달 층류 유동에서 벽면에 걸리는 전단응력이 4 Pa 이라면 중심축과 거리가 1 cm인 곳에서의 전단응력은 몇 Pa인가?

① 0.8   ② 1

③ 1.6   ④ 2

[해설] $\tau = -\left(\dfrac{dP}{dl}\right)\dfrac{r}{2} = \dfrac{\Delta P}{L} \cdot \dfrac{r}{2} \, [\text{Pa}]$

$\qquad \therefore \tau \propto r$

$\qquad \dfrac{\tau_2}{\tau_1} = \dfrac{r_2}{r_1} = \dfrac{1}{2.5}$

$\qquad \therefore \tau_2 = \tau_1\left(\dfrac{r_2}{r_1}\right)$

$\qquad\qquad = 4\left(\dfrac{1}{2.5}\right) = 1.6 \, \text{Pa}$

53. 익폭 10 m, 익현의 길이 1.8 m인 날개로 된 비행기가 112 m/s의 속도로 날고 있다. 익현의 받음각이 1°, 양력계수 0.326, 항력계수 0.0761일 때 비행에 필요한 동력은 약 몇 kW인가? (단, 공기의 밀도는 1.2173 kg/m³)

① 1172   ② 1343

③ 1570   ④ 6730

[해설] 필요한 동력(kW)

$\qquad = DV = C_D \cdot \dfrac{\rho A V^2}{2} \cdot V$

$\qquad = 0.0761 \times \dfrac{1.2173 \times (10 \times 1.8) \times 112^3}{2} \times 10^{-3}$

$\qquad = 1172 \, \text{kW(kJ/s)}$

54. 수력 기울기선과 에너지 기울기선에 관한 설명 중 틀린 것은?

① 수력 기울기선의 변화는 총 에너지의 변화를 나타낸다.

② 수력 기울기선은 에너지 기울기선의 크기보다 작거나 같다.

③ 정압은 수력 기울기선과 에너지 기울기선에 모두 영향을 미친다.

---

④ 관의 진행방향으로 유속이 일정한 경우 부차적 손실에 의한 수력 기울기선과 에너지 기울기선의 변화는 같다.

[해설] 수력 기울기(구배)선(HGL)은 압력수두 $\left(\dfrac{P}{\gamma}\right)$와 위치수두($Z$)를 연결시켜주는 선(피에조미터선)으로 에너지선(EL)보다는 항상 속도수두$\left(\dfrac{V^2}{2g}\right)$만큼 아래에 위치한다.

$$EL = HGL + \frac{V^2}{2g} = \left(\frac{P}{\gamma} + Z\right) + \frac{V^2}{2g}\,[\mathrm{m}]$$

$$HGL = EL - \frac{V^2}{2g} = \frac{P}{\gamma} + Z\,[\mathrm{m}]$$

55. 다음 파이프 내 유동에 대한 설명 중 틀린 것은?

① 층류인 경우 파이프 내에 주입된 염료는 관을 따라 하나의 선을 이룬다.

② 레이놀즈수가 특정 범위를 넘어가면 유체 내의 불규칙한 혼합이 증가한다.

③ 입구 길이란 파이프 입구부터 완전 발달된 유동이 시작하는 위치까지의 거리이다.

④ 유동이 완전 발달되면 속도 분포는 반지름 방향으로 균일(uniform)하다.

[해설] 임의의 단면 r에서 유속(U)

$$= U_{\max}\left[1 - \left(\frac{r}{r_0}\right)^2\right]\,[\mathrm{m/s}]$$

56. 다음 중 질량 보존의 법칙과 가장 관련이 깊은 방정식은 어느 것인가?

① 연속 방정식 ② 상태 방정식
③ 운동량 방정식 ④ 에너지 방정식

[해설] 연속 방정식(equation of continuity)은 유체 유동에 질량 보존의 법칙을 적용한 방정식이다.

57. 평판을 지나는 경계층 유동에서 속도 분포를 경계층 내에서 $u = U\dfrac{y}{\delta}$, 경계층 밖에서는 $u = U$로 가정할 때, 경계층 운동량 두께(boundary layer momentum thickness)는 경계층 두께 δ의 몇 배인가? (단, U= 자유흐름 속도, y= 평판으로부터의 수직거리)

① $\dfrac{1}{6}$ ② $\dfrac{1}{3}$

③ $\dfrac{1}{2}$ ④ $\dfrac{7}{6}$

[해설] $\delta_m = \dfrac{1}{\rho U^2}\displaystyle\int_0^\delta \rho U(U-u)\,dy$

$u = U\cdot\dfrac{y}{\delta}$ 대입

$$\delta_m = \int_0^\delta \frac{y}{\delta}\left(1 - \frac{y}{\delta}\right)dy = \left[\frac{y^2}{2\delta} - \frac{y^3}{3\delta^2}\right]_0^\delta$$

$$= \frac{\delta}{2} - \frac{\delta}{3} = \left(\frac{3\delta}{6} - \frac{2\delta}{6}\right) = \frac{1}{6}\delta$$

58. 간격이 10 mm인 평행 평판 사이에 점성계수가 14.2 poise인 기름이 가득 차 있다. 아래쪽 판을 고정하고 위의 평판을 2.5 m/s인 속도로 움직일 때, 평판 면에 발생되는 전단응력은?

① 316 N/cm² ② 316 N/m²
③ 355 N/m² ④ 355 N/cm²

[해설] $\tau = \mu\dfrac{du}{dy} = 14.2 \times 0.1 \times \left(\dfrac{2.5}{0.01}\right)$

$$= 355\,\mathrm{Pa}(\mathrm{N/mm}^2)$$

59. 어뢰의 성능을 시험하기 위해 모형을 만들어서 수조 안에서 24.4 m/s의 속도로 끌면서 실험하고 있다. 원형(prototype)의 속도가 6.1 m/s라면 모형과 원형의 크기 비는 얼마인가?

① 1 : 2 ② 1 : 4
③ 1 : 8 ④ 1 : 10

[해설] $(Re)_p = (Re)_m$

정답 55. ④ 56. ① 57. ① 58. ③ 59. ②

$$\left(\frac{VL}{\nu}\right)_p = \left(\frac{VL}{\nu}\right)_m$$

$$\therefore \frac{L_m}{L_p} = \frac{V_p}{V_m} = \frac{6.1}{24.4} = \frac{1}{4}(=1 : 4)$$

60. $\frac{P}{\gamma} + \frac{v^2}{2g} + z = $ const로 표시되는 Bernoulli의 방정식에서 우변의 상수값에 대한 설명으로 가장 옳은 것은?

① 지면에서 동일한 높이에서는 같은 값을 가진다.

② 유체 흐름의 단면상의 모든 점에서 같은 값을 가진다.

③ 유체 내의 모든 점에서 같은 값을 가진다.

④ 동일 유선에 대해서는 같은 값을 가진다.

[해설] 베르누이 방정식은 동일 유선에 대해서는 같은 값을 가진다.

$$\frac{P_1}{\gamma} + \frac{V_1^2}{2g} = \frac{P_2}{\gamma} + \frac{V_2^2}{2g}(Z_1 = Z_2)$$

제4과목 **기계재료 및 유압기기**

---

61. 탄소강의 기계적 성질에 대한 설명으로 틀린 것은?

① 아공석강의 인장강도, 항복점은 탄소 함유량의 증가에 따라 증가한다.

② 인장강도는 공석강이 최고이고, 연신율 및 단면수축률은 탄소량과 더불어 감소한다.

③ 온도가 증가함에 따라 인장강도, 경도, 항복점은 항상 저하한다.

④ 재료의 온도가 300℃ 부근으로 되면 충격치는 최소치를 나타낸다.

[해설] 탄소강은 온도가 증가함에 따라 인장강도가 증가하다가 200~300℃ 사이를 지나 감소하게 된다. 연신율은 그 반대 경향을 보인다.

62. 구상흑연 주철에서 흑연을 구상으로 만드는 데 사용하는 원소는?

① Cu ② Mg

③ Ni ④ Ti

[해설] 흑연을 구상화하기 위해 첨가시키는 원소로는 Mg, Ca, Ce 등이 있다.

63. 다음 중 강의 상온취성을 일으키는 원소는?

① P ② Si

③ S ④ Cu

[해설] 상온취성을 일으키는 원소는 인(P)이다. 황(S)은 적열취성(고온취성)의 원인이 되며, 망간(Mn)은 적열취성을 방지하는 원소이다.

64. 담금질한 강의 여린 성질을 개선하는 데 쓰이는 열처리법은?

① 뜨임처리 ② 불림처리

③ 풀림처리 ④ 침탄처리

[해설] (1) 담금질(퀜칭) : 강도 · 경도 증가

(2) 풀림(어닐링) : 연화 및 잔류응력 제거

(3) 뜨임(템퍼링) : 인성 부여(내충격성 증가)

(4) 불림(노멀라이징) : 조대화된 조직의 미세화(표준화)

65. 고속도강에 대한 설명으로 틀린 것은?

① 고온 및 마모저항이 크고 보통강에 비하여 고온에서 3~4배의 강도를 갖는다.

② 600℃ 이상에서도 경도 저하 없이 고속절삭이 가능하며 고온경도가 크다.

③ 18-4-1형을 주조한 것은 오스테나이트와 마텐자이트 기지에 망상을 한 오스테나이트와 복합탄화물의 혼합조직이다.

정답 **60.** ④ **61.** ③ **62.** ② **63.** ① **64.** ① **65.** ④

④ 열전달이 좋아 담금질을 위한 예열이 필요 없이 가열을 하여도 좋다.

[해설] 고속도강(SKH)은 담금질과 뜨임의 열처리가 요구된다. 1250℃에서 담금질, 550~650℃에서 뜨임한다.

66. 다음 중 가공성이 가장 우수한 결정격자는?

① 면심입방격자　　② 체심입방격자
③ 정방격자　　　　④ 조밀육방격자

[해설] (1) 면심입방격자(FCC) : 전연성이 양호하여 가공성이 좋다.
(2) 체심입방격자(BCC) : 전연성이 적고 강하다.
(3) 조밀육방격자(HCP) : 가공성이 불량하다.

67. 고강도 합금으로 항공기용 재료에 사용되는 것은?

① 베릴륨 동
② 알루미늄 청동
③ naval brass
④ Extra Super Duralumin(ESD)

[해설] ① 베릴륨 동 : 시효경화성이 있고, 내식성, 내피로성도 우수하다.
② 알루미늄 청동 : 기계적 성질, 내식성, 내마멸성 등이 우수하다.
③ 네이벌 황동(naval brass) : 6-4 황동에 주석(Sn) 1%를 첨가한 합금으로 인장강도, 내해수성이 양호하여 선박용 갑판에 이용된다.
④ 초초두랄루민(ESD) : Al-Cu-Mg-Mn-Zn-Cr계 고강도 합금으로 항공기 재료에 사용된다.

68. 고체 내에서 온도 변화에 따라 일어나는 동소변태는?

① 첨가원소가 일정량 초과할 때 일어나는 변태

② 단일한 고상에서 2개의 고상이 석출되는 변태
③ 단일한 액상에서 2개의 고상이 석출되는 변태
④ 한 결정구조가 다른 결정구조로 변하는 변태

[해설] 동소변태는 온도 변화에 따라 금속의 결정구조가 변화하는 현상으로 격자변태라고도 한다. 순철의 동소변태에는 A_3 변태(910℃), A_4 변태(1400℃)가 있다.

69. 오스테나이트형 스테인리스강의 대표적인 강종은?

① S80　　　　　② V2B
③ 18-8형　　　　④ 17-10P

[해설] 스테인리스강의 조직
(1) 13Cr 스테인리스강 : 페라이트계와 마텐자이트계 조직
(2) 18Cr-8Ni 스테인리스강 : 오스테나이트계 조직으로 비자성체이며 용접성이 좋다.

70. 합금주철에서 특수합금 원소의 영향을 설명한 것으로 틀린 것은?

① Ni은 흑연화를 방지한다.
② Ti은 강한 탈산제이다.
③ V은 강한 흑연화 방지 원소이다.
④ Cr은 흑연화를 방지하고 탄화물을 안정화한다.

[해설] Ni은 흑연화를 촉진한다.

71. 작동 순서의 규제를 위해 사용되는 밸브는?

① 안전 밸브　　　② 릴리프 밸브
③ 감압 밸브　　　④ 시퀀스 밸브

[해설] (1) 릴리프 밸브 : 유압펌프 토출쪽에서 파이프의 설계 압력 이상으로 압력 상승 시 파이프를 보호하기 위한 압력 제어 밸브(상시 폐쇄형 밸브)

[정답] 66. ①　67. ④　68. ④　69. ③　70. ①　71. ④

(2) 감압 밸브 : 펌프 출구쪽 1차 압력보다 작동기쪽 2차 압력을 낮추기 위한 압력 제어 밸브(상시 개방형 밸브)

72. 그림과 같은 무부하 회로의 명칭은 무엇인가?

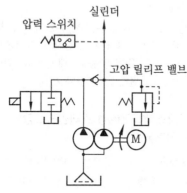

① 전환밸브에 의한 무부하 회로
② 파일럿 조작 릴리프 밸브에 의한 무부하 회로
③ 압력 스위치와 솔레노이드 밸브에 의한 무부하 회로
④ 압력 보상 가변 용량형 펌프에 의한 무부하 회로

해설 2 way 2포트 솔레노이드 방향 제어 밸브에 의해 고압 릴리프 밸브에 의해 설정한 압력 이상 상승하게 되었을 때 유압유를 유압 탱크로 되돌릴 수 있도록 한 유압회로이다.

73. 유압 펌프에서 토출되는 최대 유량이 100 L/min일 때 펌프 흡입측의 배관 안지름으로 가장 적합한 것은? (단, 펌프 흡입측 유속은 0.6 m/s이다.)

① 60 mm   ② 65 mm
③ 73 mm   ④ 84 mm

해설 $Q = 100 \text{ L/min} = 100 \times 10^{-3} \text{ m}^3/60 \text{ s}$
$= 1.67 \times 10^{-3} \text{ m}^3/\text{s}$

$Q = AV = \dfrac{\pi d^2}{4} V \text{ [m}^3/\text{s]}$

$d = \sqrt{\dfrac{4Q}{\pi V}} = \sqrt{\dfrac{4 \times 1.67 \times 10^{-3}}{\pi \times 0.6}}$
$≒ 0.06 \text{ m} = 60 \text{ mm}$

74. 크래킹 압력(cracking pressure)에 관한 설명으로 가장 적합한 것은?

① 파일럿 관로에 작용시키는 압력
② 압력 제어 밸브 등에서 조절되는 압력
③ 체크 밸브, 릴리프 밸브 등에서 압력이 상승하고 밸브가 열리기 시작하여 어느 일정한 흐름의 양이 인정되는 압력
④ 체크 밸브, 릴리프 밸브 등의 입구쪽 압력이 강하하고, 밸브가 닫히기 시작하여 밸브의 누설량이 어느 규정의 양까지 감소했을 때의 압력

해설 크래킹(cracking) 압력 : 회로 내 작동압력이 릴리프 밸브의 설정압력에 도달하려는 시점에서 밸브가 최초로 열리기 시작하는 압력

75. 주로 펌프의 흡입구에 설치되어 유압작동유의 이물질을 제거하는 용도로 사용하는 기기는?

① 배플(baffle)
② 블래더(bladder)
③ 스트레이너(strainer)
④ 드레인 플러그(drain plug)

해설 스트레이너(strainer) : 탱크 내의 펌프 흡입구에 설치하며, 펌프 및 회로에 불순물의 흡입을 막는다.

76. 밸브의 전환 도중에서 과도적으로 생긴 밸브 포트 간의 흐름을 의미하는 유압 용어는?

① 인터플로(interflow)
② 자유 흐름(free flow)
③ 제어 흐름(controlled flow)
④ 아음속 흐름(subsonic flow)

해설 (1) 자유 흐름(free flow) : 제어되지 않는 흐름

　(2) 아음속 흐름(subsonic flow) : 기체의 속도가 음속에 도달하지 않는 흐름

77. 그림의 유압회로는 시퀀스 밸브를 이용한 시퀀스 회로이다. 그림의 상태에서 2위치 4포트 밸브를 조작하여 두 실린더를 작동시킨 후 2위치 4포트 밸브를 반대방향으로 조작하여 두 실린더를 다시 작동시켰을 때 두 실린더의 작동 순서(ⓐ~ⓓ)로 올바른 것은? (단, ⓐ, ⓑ는 A 실린더의 운동방향이고, ⓒ, ⓓ는 B 실린더의 운동방향이다.)

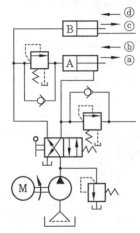

① ⓐ→ⓓ→ⓑ→ⓒ
② ⓒ→ⓐ→ⓑ→ⓓ
③ ⓓ→ⓑ→ⓒ→ⓐ
④ ⓓ→ⓐ→ⓒ→ⓑ

해설 그림 상태의 2위치 4포트 밸브를 유지하면 B 실린더로 유압유가 흘러들어가 ⓒ 방향으로 움직이고 난 후 A 실린더 앞쪽 제어 밸브가 열려 ⓐ 방향으로 이동하게 된다. 방향 제어 밸브를 전환시켜 놓으면 이번에는 먼저 A 실린더를 유압유가 흘러들어가 ⓑ 방향으로 움직인 후 B 실린더의 ⓓ 방향으로 작동이 이루어진다.

78. 피스톤 펌프의 일반적인 특징에 관한

설명으로 옳은 것은?

① 누설이 많아 체적효율이 나쁜 편이다.
② 부품수가 적고 구조가 간단한 편이다.
③ 가변 용량형 펌프로 제작이 불가능하다.
④ 피스톤의 배열에 따라 사축식과 사판식으로 나눈다.

해설 피스톤 펌프의 특징
　(1) 유압펌프 중 체적효율이 가장 좋다.
　(2) 구조가 복잡하고 유지 관리에 어려움이 있다.
　(3) 가변 용량형 펌프로 사용하기에 가장 적합하다.
　(4) 축류형과 반경류형으로 분류되며 축류형의 경우 사축식과 사판식이 있다.

79. 다음 중 유압기기의 장점이 아닌 것은?
① 정확한 위치 제어가 가능하다.
② 온도 변화에 대해 안정적이다.
③ 유압에너지원을 축적할 수 있다.
④ 힘과 속도를 무단으로 조절할 수 있다.

해설 유압유는 온도 변화에 민감하다. 온도가 증가하면 점성이 감소하여 윤활과 실링에 어려움이 발생하며 점도가 너무 낮아지면 유막(oil film) 형성이 제대로 이루어지지 않으므로 누설 및 고체 마찰이 발생한다.

80. 기어 펌프나 피스톤 펌프와 비교하여 베인 펌프의 특징을 설명한 것으로 옳지 않은 것은?
① 토출 압력의 맥동이 적다.
② 일반적으로 저속으로 사용하는 경우가 많다.
③ 베인의 마모로 인한 압력 저하가 적어 수명이 길다.
④ 카트리지 방식으로 인하여 호환성이 양호하고 보수가 용이하다.

해설 베인 펌프의 특징

(1) 기어 펌프나 피스톤 펌프에 비해 맥동이 적다(소음이 적다).

(2) 베인 마모에 의한 압력 저하가 적다.

(3) 펌프 출력에 비해 형상치수가 작다.

(4) 비교적 고장이 적고 보수 및 관리가 용이하다.

(5) 수명이 길고 장시간 안정된 성능을 발휘할 수 있다.

제5과목 **기계제작법 및 기계동력학**

81. 큐폴라(cupola)의 유효 높이에 대한 설명으로 옳은 것은?

① 유효높이는 송풍구에서 장입구까지의 높이이다.

② 유효높이는 출탕구에서 송풍구까지의 높이를 말한다.

③ 출탕구에서 굴뚝 끝까지의 높이를 지름으로 나눈 값이다.

④ 열효율이 높아지므로, 유효높이는 가급적 낮추는 것이 바람직하다.

[해설] 큐폴라(cupola)는 주철 용해로로 노의 구조가 간단하고 설비비가 적게 들며 열효율이 높다. 유효 높이는 송풍구에서 장입구까지의 높이이다.

82. 주형 내에 코어가 설치되어 있는 경우 주형에 필요한 압상력(F)을 구하는 식으로 옳은 것은? (단, 투영면적은 S, 주입금속의 비중량은 P, 주물의 윗면에서 주입구 면까지의 높이는 H, 코어의 체적은 V이다.)

① $F = (S \cdot P \cdot H + \frac{1}{2} V \cdot P)$

② $F = (S \cdot P \cdot H - \frac{1}{2} V \cdot P)$

③ $F = (S \cdot P \cdot H + \frac{3}{4} V \cdot P)$

④ $F = (S \cdot P \cdot H - \frac{3}{4} V \cdot P)$

[해설] 주형 내에 코어가 있는 경우 코어의 부력은 $\frac{3}{4} VP$이며 압상력(F) $= SPH + \frac{3}{4} VP$ [N]이다.

83. CNC 공작기계에서 서보기구의 형식 중 모터에 내장된 태코 제너레이터에서 속도를 검출하고 인코더에서 위치를 검출하여 피드백하는 제어 방식은?

① 개방회로 방식

② 폐쇄회로 방식

③ 반폐쇄회로 방식

④ 하이브리드 방식

[해설] 서보 모터(servo motor)에서 속도 검출과 위치 검출이 이루어지는 방식은 반폐쇄회로 방식이다. 제너레이터는 속도 검출기, 인코더는 위치 검출기이다.

84. 피복 아크 용접봉의 피복제(flux)의 역할로 틀린 것은?

① 아크를 안정시킨다.

② 모재 표면에 산화물을 제거한다

③ 용착금속의 탈산 정련작용을 한다.

④ 용착금속의 냉각속도를 빠르게 한다.

[해설] 피복제(flux)의 역할

(1) 용융금속을 보호한다.

(2) 아크를 안정시킨다.

(3) 용착금속의 탈산 정련작용을 하고, 응고와 냉각속도를 느리게 한다.

(4) 용착효율을 향상시킨다.

(5) 적당한 점성의 슬래그(slag)를 형성한다.

(6) 산화 및 질화를 방지한다.

85. 가스침탄법에서 침탄층의 깊이를 증가시킬 수 있는 첨가 원소는?

① Si　　　　② Mn

③ Al　　　　④ N

[해설] (1) 침탄법 : 연한 강철의 표면에 탄소를 침투시켜 고탄소강으로 만드는 방법(액체/고체/기체)
(2) 질화법 : 질소를 침투시켜 표면을 경화시키는 방법
(3) 청화법 : 탄소와 질소를 동시에 침투시켜 표면을 경화시키는 방법
※ 가스침탄법에서 침탄층의 깊이를 증가시킬 수 있는 첨가 원소는 망간(Mn)이다.

86. 두께 2 mm, 지름이 30 mm인 구멍을 탄소강판에 펀칭할 때, 프레스의 슬라이드 평균속도 4 m/min, 기계효율 $\eta = 70\%$이면 소요동력(PS)은 약 얼마인가? (단, 강판의 전단저항은 25 kgf/mm², 보정계수는 1로 한다.)

① 3.2   ② 6.0
③ 8.2   ④ 10.6

[해설] $L = \dfrac{FV}{75 \times 60} = \dfrac{\tau(\pi dt)\,V}{4500}$

$= \dfrac{25 \times (\pi \times 30 \times 2) \times 4}{4500} ≒ 4.2\,\text{PS}$

소요동력(PS) $= \dfrac{L}{\eta_m} = \dfrac{4.2}{0.7} = 6\,\text{PS}$

87. 전해연마의 특징에 대한 설명으로 틀린 것은?

① 가공 변질층이 없다.
② 내부식성이 좋아진다.
③ 가공면에 방향성이 생긴다.
④ 복잡한 형상을 가진 공작물의 연마도 가능하다.

[해설] 전해연마는 전기화학적인 방법으로 가공물 표면을 거울면처럼 광택을 내는 작업이며, 가공면에 방향성이 생기지 않는다.

88. 절삭가공할 때 유동형 칩이 발생하는 조건으로 틀린 것은?

① 절삭깊이가 적을 때

② 절삭속도가 느릴 때
③ 바이트 인선의 경사각이 클 때
④ 연성의 재료(구리, 알루미늄 등)를 가공할 때

[해설] 유동형 칩(flow type chip)은 연한 재료를 고속으로 절삭깊이를 적게 하여 가공하면 끊어지지 않고 이어져 나오는 칩의 형태로 연속형 칩이라고도 한다.

89. 소성가공에 속하지 않는 것은?

① 압연가공   ② 인발가공
③ 단조가공   ④ 선반가공

[해설] 소성가공의 종류에는 단조, 압연, 압출, 인발, 전조, 프레스 가공 등이 있다.

90. 스핀들과 앤빌의 측정면이 뾰족한 마이크로미터로서 드릴의 웨브(web), 나사의 골지름 측정에 주로 사용되는 마이크로미터는?

① 깊이 마이크로미터
② 내측 마이크로미터
③ 포인트 마이크로미터
④ V-앤빌 마이크로미터

91. 자동차 A는 시속 60 km로 달리고 있으며, 자동차 B는 A의 바로 앞에서 같은 방향으로 시속 80 km로 달리고 있다. 자동차 A에 타고 있는 사람이 본 자동차 B의 속도는?

① 20 km/h   ② 60 km/h
③ -20 km/h   ④ -60 km/h

[해설] A에 대한 B의 상대속도($V_{B/A}$)
$= V_B - V_A = 80 - 60 = 20\,\text{km/h}$

92. 100 kg의 균일한 원통(반지름 2 m)이 그림과 같이 수평면 위를 미끄럼 없이 구른다. 이 원통에 연결된 스프링의 탄성계수

정답 86. ②   87. ③   88. ②   89. ④   90. ③   91. ①   92. ②

는 450 N/m, 초기 변위 $x(0) = 0$ m이며, 초기속도는 $\dot{x}(0) = 2$ m/s일 때 변위 $x(t)$를 시간의 함수로 옳게 표현헌 것은? (단, 스프링은 시작점에서는 늘어나지 않은 상태로 있다고 가정한다.)

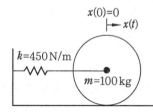

① $1.15\cos(\sqrt{3}\,t)$

② $1.15\sin(\sqrt{3}\,t)$

③ $3.46\cos(\sqrt{2}\,t)$

④ $3.46\sin(\sqrt{2}\,t)$

[해설]
$$\frac{d}{dt}\left(\frac{1}{2}m\dot{x}^2 + \frac{1}{2}\cdot\frac{mr^2}{2}\cdot\frac{\dot{x}^2}{r^2} + \frac{1}{2}kx^2\right)$$
$$= 0$$
$$\frac{1}{2}m(2\dot{x}\ddot{x}) + \frac{1}{4}m(2\dot{x}\ddot{x}) + \frac{1}{2}k(x\dot{x}) = 0$$
$$\frac{3}{4}m\ddot{x} + \frac{k}{2}x = 0, \quad \ddot{x} + \frac{4k}{6m}x = 0$$
$$w = \sqrt{\frac{4\times450}{6\times100}} = \sqrt{3}$$
$$x = X\sin\omega t$$
$$\dot{x} = V = X\cdot w\cos\omega t$$
$$t = 0, \quad \dot{x} = V = X\cdot\omega = 2$$
$$X = 1.15 \text{ m}$$
$$\therefore\ x = 1.15\sin(\sqrt{3}\,t)$$

93. 1자유도계에서 질량을 m, 감쇠계수를 c, 스프링상수를 k라 할 때, 임펄스 응답이 그림과 같기 위한 조건은?

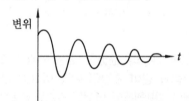

① $c > 2\sqrt{mk}$

② $c > 2mk$

③ $c < 4mk$

④ $c < 2\sqrt{mk}$

[해설] 임계감쇠(critical damping)
$$c_c = 2\sqrt{mk} = 2m\omega_n[\text{N}\cdot\text{s/m}]$$
그림과 같은 진폭 변화는 경감감쇠이다.

감쇠비(damping ratio) $\zeta = \dfrac{c}{c_c} < 1,\ c < c_c$

94. 전동기를 이용하여 무게 9800 N의 물체를 속도 0.3 m/s로 끌어올리려 한다. 장치의 기계적 효율을 80 %로 하면 최소 몇 kW의 동력이 필요한가?

① 3.2

② 3.7

③ 4.9

④ 6.2

[해설] $L_s = \dfrac{L}{\eta_m} = \dfrac{2.94}{0.8} = 3.675 \text{ kW}$
$$\fallingdotseq 3.7 \text{ kW}$$
$$L = WV = 9.8\times0.3 = 2.94 \text{ kW}$$

95. 길이 l의 가는 막대가 O점에 고정되어 회전한다. 수평위치에서 막대를 놓아 수직위치에 왔을 때, 막대의 각속도는 얼마인가? (단, g는 중력가속도이다.)

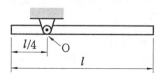

① $\sqrt{\dfrac{7l}{24g}}$

② $\sqrt{\dfrac{24g}{7l}}$

③ $\sqrt{\dfrac{9l}{32g}}$

④ $\sqrt{\dfrac{32g}{9l}}$

[해설] $\sum M_o = J\cdot\alpha$
$$-mg\cdot\frac{l}{4} = \left(\frac{ml^2}{12} + \frac{ml^2}{16}\right)\alpha$$
$$\alpha = \frac{12g}{7l}$$
$$w^2 - w_o^2 = 2\alpha\cdot\theta$$

$$w^2 = \frac{24g}{7l}\theta, \quad w = \sqrt{\frac{24g}{7l}\theta}$$

$$\theta = \frac{\pi}{2}, \quad \sin 90° = 1$$

$$\therefore \quad w = \sqrt{\frac{24g}{7l}} \, [\text{rad/s}]$$

96.
12000 N의 차량이 20 m/s의 속도로 평지를 달리고 있다. 자동차의 제동력이 6000 N이라고 할 때, 정지하는 데 걸리는 시간은?

① 4.1초　　　　② 6.8초

③ 8.2초　　　　④ 10.5초

해설 $\sum F = ma$

$$a = \frac{9.8 \times 6000}{12000} = 4.9\,\text{m/s}^2$$

$$V = V_0 + at\,[\text{m/s}]$$

초기속도(V_0) = 0

∴ 정지하는 데 걸리는 시간(t)

$$= \frac{V}{a} = \frac{20}{4.9} \fallingdotseq 4.1\,\text{s}$$

97.
고정축에 대하여 등속회전운동을 하는 강체 내부에 두 점 A, B가 있다. 축으로부터 점 A까지의 거리는 축으로부터 점 B까지 거리의 3배이다. 점 A의 선속도는 점 B의 선속도의 몇 배인가?

① 같다.　　　　② 1/3배

③ 3배　　　　④ 9배

해설 $V = r \cdot \omega\,[\text{m/s}]$

$$\omega_A = \omega_B = \frac{V_A}{r_B} = \frac{V_B}{r_B}\,[\text{rad/s}]$$

$$V_A = V_B\left(\frac{r_A}{r_B}\right) = V_B(3) = 3\,V_B\,[\text{m/s}]$$

98.
무게 10 kN의 해머(hammer)를 10 m의 높이에서 자유 낙하시켜서 무게 300 N의 말뚝을 50 cm 박았다. 충돌한 직후에 해머와 말뚝은 일체가 된다고 볼 때 충돌 직후의 속도는 몇 m/s인가?

① 50.4　　　　② 20.4

③ 13.6　　　　④ 6.7

해설 $V = \sqrt{2g(h_o - h)}$

$$= \sqrt{2 \times 9.8(10 - 0.5)}$$

$$\fallingdotseq 13.65\,\text{m/s}$$

99.
다음 중 감쇠 형태의 종류가 아닌 것은?

① hysteretic damping

② Coulomb damping

③ viscous damping

④ critical damping

해설 감쇠의 종류

　(1) 점성감쇠(viscous damping)

　(2) 쿨롱감쇠(coulomb damping)

　(3) 고체감쇠(hysteretic damping)
　　　= 히스테리시스 감쇠

100.
스프링 정수 2.4 N/cm인 스프링 4개가 병렬로 어떤 물체를 지지하고 있다. 스프링의 변위가 1 cm라면 지지된 물체의 무게는 몇 N인가?

① 7.6　　　　② 9.6

③ 18.2　　　　④ 20.4

해설 $k_{eq} = \frac{W}{\delta}\,[\text{N/cm}]$에서

$$W = k_{eq} \times \delta = (4k)\delta$$

$$= (4 \times 2.4) \times 1$$

$$= 9.6\,\text{N}$$

정답 **96.** ①　**97.** ③　**98.** ③　**99.** ④　**100.** ②

제1과목　　　**재료역학**

1. 그림과 같이 최대 q_o인 삼각형 분포 하중을 받는 버팀 외팔보에서 B 지점의 반력 R_B를 구하면?

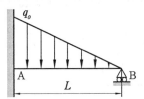

① $\dfrac{q_o L}{4}$　② $\dfrac{q_o L}{6}$　③ $\dfrac{q_o L}{8}$　④ $\dfrac{q_o L}{10}$

[해설] B 지점에서의 처짐량은 0인 조건을 고려한다 $\left(\delta_B = \dfrac{q_o L^4}{30EI},\ \delta_B' = \dfrac{R_B L^3}{3EI} \right)$.

$$\dfrac{q_o L^4}{30EI} = \dfrac{R_B L^3}{3EI} \ (\delta_B = \delta_B')$$

$$\therefore\ R_B = \dfrac{q_o L}{10}\,[\text{N}]$$

2. 그림과 같은 장주(long column)에 P_{cr}을 가했더니 오른쪽 그림과 같이 좌굴이 일어났다. 이때 오일러 좌굴응력 σ_{cr}은? (단, 세로탄성계수는 E, 기둥 단면의 회전반지름(radius of gyration)은 r, 길이는 L이다.)

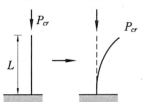

① $\dfrac{\pi^2 E r^2}{4L^2}$　　　② $\dfrac{\pi^2 E r^2}{L^2}$

③ $\dfrac{\pi E r^2}{4L^2}$　　　④ $\dfrac{\pi E r^2}{L^2}$

[해설] $\sigma_{cr} = \dfrac{P_{cr}}{A} = n\pi^2 \dfrac{EI_G}{AL^2}$

$$= n\pi^2 \dfrac{EAr^2}{AL^2}$$

$$= n\pi^2 \dfrac{Er^2}{L^2} = \dfrac{\pi^2 E r^2}{4L^2}\,[\text{MPa}]$$

일단고정 타단자유단이므로 $n = \dfrac{1}{4}$

$$r = \sqrt{\dfrac{I_G}{A}}$$

$$\therefore\ I_G = Ar^2\,[\text{m}^4]$$

3. 보기와 같은 평면응력상태에서 최대전단응력은 약 몇 MPa인가?

〈보 기〉

| x 방향 인장응력 : 175 MPa |
| y 방향 인장응력 : 35 MPa |
| xy 방향 전단응력 : 60 MPa |

① 38　② 53　③ 92　④ 108

[해설] $\tau_{\max} = \sqrt{\left(\dfrac{\sigma_x - \sigma_y}{2} \right)^2 + \tau_{xy}^2}$

$$= \sqrt{\left(\dfrac{175 - 35}{2} \right)^2 + 60^2} = 92.2\,\text{MPa}$$

※ 최대전단응력은 모어원의 반지름(R) 크기와 같다.

4. 반지름이 r인 원형 단면의 단순보에 전단

력 F가 가해졌다면, 이때 단순보에 발생하는 최대전단응력은?

① $\dfrac{2F}{3\pi r^2}$ ② $\dfrac{3F}{2\pi r^2}$

③ $\dfrac{4F}{3\pi r^2}$ ④ $\dfrac{5F}{3\pi r^2}$

[해설] 원형 단면인 경우 도심축에서 최대전단

응력$(\tau_{\max}) = \dfrac{4F}{3A} = \dfrac{4F}{3\pi r^2}$[MPa]

5. 바깥지름이 46 mm인 속이 빈 축이 120 kW의 동력을 전달하는데 이때의 각속도는 40 rev/s이다. 이 축의 허용비틀림응력이 80 MPa일 때, 안지름은 약 몇 mm 이하이어야 하는가?

① 29.8   ② 41.8   ③ 36.8   ④ 48.8

[해설]
$$T = 9.55 \times 10^6 \frac{kW}{N}$$
$$= 9.55 \times 10^6 \times \frac{120}{(40 \times 60)}$$
$$= 477500 \,\text{N} \cdot \text{mm}$$
$$= \tau Z_p = \tau \frac{\pi d_2^3}{16}(1 - x^4)$$
$$= 80 \times \frac{\pi \times 46^3}{16}(1 - x^4)\,[\text{N} \cdot \text{mm}]$$
$$x = \sqrt[4]{1 - \frac{16 \times 477500}{80 \times \pi \times 46^3}} = 0.91 \,\text{mm}$$
$$\therefore d_1 = x d_2 = 0.91 \times 46 = 41.8 \,\text{mm}$$

여기서, 내외경비$(x) = \dfrac{d_1}{d_2}$

6. 지름 d인 원형 단면으로부터 절취하여 단면 2차 모멘트 I가 가장 크도록 사각형 단면[폭(b)×높이(h)]을 만들 때 단면 2차 모멘트를 사각형 폭(b)에 관한 식으로 옳게 나타낸 것은?

① $\dfrac{\sqrt{3}}{4}b^4$ ② $\dfrac{\sqrt{3}}{4}b^3$

③ $\dfrac{4}{\sqrt{3}}b^3$ ④ $\dfrac{4}{\sqrt{3}}b^4$

[해설] $d^2 = b^2 + h^2, \;\; b = \sqrt{d^2 - h^2}$
$$I = \frac{bh^3}{12} = \frac{h^3}{12}(d^2 - h^2)^{\frac{1}{2}} = \frac{h^3}{12}\sqrt{d^2 - h^2}$$
$$\frac{dI}{dh} = \frac{3h^2}{12}(d^2 - h^2)^{\frac{1}{2}} - \frac{h^3}{12}\frac{(d^2 - h^2)^{-\frac{1}{2}}}{2} \cdot 2h$$
$$= 0$$
$$d^2 = b^2 + h^2 = \frac{4}{3}h^2$$
$$\left(h^2 = \frac{3}{4}d^2, \;\; h = \frac{\sqrt{3}}{2}d, \;\; d = \frac{2}{\sqrt{3}}h\right)$$
$$\therefore \; h^2 = 3b^2 (h = \sqrt{3}\,b)$$
$$I = \frac{bh^3}{12} = \frac{b(3\sqrt{3}\,b^3)}{12} = \frac{\sqrt{3}}{4}b^4\,[\text{cm}^4]$$

7. 그림과 같은 외팔보가 하중을 받고 있다. 고정단에 발생하는 최대 굽힘 모멘트는 몇 N·m인가?

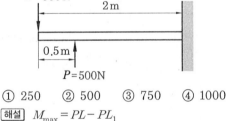

① 250   ② 500   ③ 750   ④ 1000

[해설] $M_{\max} = PL - PL_1$
$$= 500 \times 2 - 500 \times 1.5 = 250 \,\text{N} \cdot \text{m}$$

8. 재료 시험에서 연강 재료의 세로탄성계수가 210 GPa로 나타났을 때 푸아송비(ν)가 0.303이면 이 재료의 전단탄성계수 G는 몇 GPa인가?

① 8.05   ② 10.51

③ 35.21   ④ 80.58

[해설] $G = \dfrac{mE}{2(m+1)} = \dfrac{E}{2(1+\nu)}$
$$= \frac{210}{2(1 + 0.303)} = 80.58 \,\text{GPa}$$

9. 그림과 같이 강봉에서 A, B가 고정되어

있고 25℃에서 내부응력은 0인 상태이다. 온도가 −40℃로 내려갔을 때 AC 부분에서 발생하는 응력은 약 몇 MPa인가? (단, 그림에서 A_1은 AC 부분에서의 단면적이고 A_2는 BC 부분에서의 단면적이다. 그리고 강봉의 탄성계수는 200 GPa이고, 열팽창계수는 $12 \times 10^{-6}/℃$이다.)

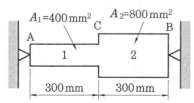

① 416 ② 350 ③ 208 ④ 154

해설 온도 강하 시 재료 내부에서는 인장응력이 작용하고 온도 상승 시 압축응력이 작용한다.

$$\sigma_1 = \frac{E\alpha(L_1 + L_2)(t_2 - t_1)}{\left[L_1 + \left(\dfrac{A_1}{A_2}\right)L_2\right]}$$

$$= \frac{300 \times 10^3 \times 12 \times 10^{-6}(300 + 300) \times 65}{\left[300 + \left(\dfrac{400}{800}\right) \times 300\right]}$$

$$= 208 \text{ MPa}$$

10. 그림과 같은 트러스 구조물의 AC, BC 부재가 핀 C에서 수직하중 $P = 1000$ N의 하중을 받고 있을 때 AC 부재의 인장력은 약 몇 N인가?

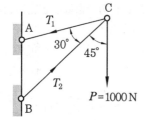

① 141 ② 707 ③ 1414 ④ 1732

해설 라미의 정리(Lami's theory) 적용

$$\frac{T_1}{\sin 45°} = \frac{T_2}{\sin 285°} = \frac{P}{\sin 30°}$$

$$T_1(T_{AC}) = \frac{\sin 45°}{\sin 30°} \times 1000 = 1414 \text{ N}$$

11. 보의 길이 L에 등분포 하중 w를 받는 직사각형 단면 단순보의 최대 처짐량에 대하여 옳게 설명한 것은? (단, 보의 자중은 무시한다.)

① 보의 폭에 정비례한다.

② L의 3승에 정비례한다.

③ 보의 높이의 2승에 반비례한다.

④ 세로탄성계수에 반비례한다.

해설 $\delta_{\max} = \dfrac{5wL^4}{384EI} = \dfrac{5wL^4}{384E\left(\dfrac{bh^3}{12}\right)}$

$$= \frac{5wL^4}{32Ebh^3}$$

12. 양단이 고정된 축을 그림과 같이 $m-n$ 단면에서 T만큼 비틀면 고정단 AB에서 생기는 저항 비틀림 모멘트의 비 T_A/T_B는?

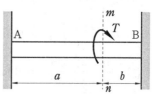

① $\dfrac{b^2}{a^2}$ ② $\dfrac{b}{a}$

③ $\dfrac{a}{b}$ ④ $\dfrac{a^2}{b^2}$

해설 $\theta_A = \theta_B\left(\dfrac{T_A a}{GI_P} = \dfrac{T_B b}{GI_P}\right)$

$$T_A a = T_B b$$

$$\therefore \frac{T_A}{T_B} = \frac{b}{a}$$

13. 그림과 같은 원형 단면봉에 하중 P가 작용할 때 이 봉의 신장량은? (단, 봉의

단면적은 A, 길이는 L, 세로탄성계수는 E이고, 자중 W를 고려해야 한다.)

① $\dfrac{PL}{AE} + \dfrac{WL}{2AE}$
② $\dfrac{2PL}{AE} + \dfrac{2WL}{AE}$

③ $\dfrac{PL}{2AE} + \dfrac{WL}{AE}$
④ $\dfrac{PL}{AE} + \dfrac{WL}{AE}$

[해설] 봉의 전체 신장량(λ) = 외력(P)에 의한 신장량(λ_1) + 자중에 의한 신장량(λ_2)

$$= \frac{PL}{AE} + \frac{WL}{2AE} = \frac{L}{AE}\left(P + \frac{W}{2}\right)$$

14. 직사각형 단면(폭×높이)이 4 cm×8 cm이고 길이 1 m의 외팔보의 전 길이에 6 kN/m의 등분포 하중이 작용할 때 보의 최대 처짐각은? (단, 탄성계수 $E = 210$ GPa이고 보의 자중은 무시한다.)

① 0.0028 rad
② 0.0028°

③ 0.0008 rad
④ 0.0008°

[해설] 균일 분포 하중 w[kN/m]을 받는 외팔보 자유단 최대 처짐각(θ_{max})

$$= \frac{wL^3}{6EI} = \frac{6 \times 1^3}{6 \times 210 \times 10^6 \times \dfrac{(0.04 \times 0.08^3)}{12}}$$

$$\fallingdotseq 0.0028 \text{ radian}$$

15. 다음 중 수직응력(normal stress)을 발생시키지 않는 것은?

① 인장력
② 압축력

③ 비틀림 모멘트
④ 굽힘 모멘트

16. 그림과 같은 일단고정 타단지지보에 등분포 하중 w가 작용하고 있다. 이 경우 반력 R_A와 R_B는? (단, 보의 굽힘강성

EI는 일정하다.)

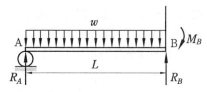

① $R_A = \dfrac{4}{7}wl$, $R_B = \dfrac{3}{7}wl$

② $R_A = \dfrac{3}{7}wl$, $R_B = \dfrac{4}{7}wl$

③ $R_A = \dfrac{5}{8}wl$, $R_B = \dfrac{3}{8}wl$

④ $R_A = \dfrac{3}{8}wl$, $R_B = \dfrac{5}{8}wl$

[해설] 일단고정 타단지지보는 부정정보로

$$R_A = \frac{3wL}{8}, \quad R_B = \frac{5wL}{8}$$

17. 그림과 같은 블록의 한쪽 모서리에 수직력 10 kN이 가해질 경우, 그림에서 위치한 A점에서의 수직응력 분포는 약 몇 kPa인가?

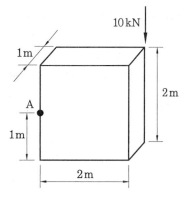

① 25
② 30

③ 35
④ 40

[해설] $\sigma_A = -\dfrac{P}{A} + \dfrac{M}{Z}$

$$= -\frac{10}{1 \times 2} + \frac{10 \times 2}{\dfrac{1 \times 2^2}{6}} = 25 \text{ kPa}$$

18. 길이가 3.14 m인 원형 단면의 축 지름이 40 mm일 때 이 축이 비틀림 모멘트 100 N·m를 받는다면 비틀림각은? (단, 전단 탄성계수는 80 GPa이다.)

① 0.156°   ② 0.251°
③ 0.895°   ④ 0.625°

[해설] $\theta = 57.3° \times \dfrac{TL}{GI_P}$

$= 57.3° \times \dfrac{100 \times 3.14}{80 \times 10^9 \times \dfrac{\pi(0.04)^4}{32}}$

$= 0.895°$

19. 단면의 치수가 $b \times h = 6\,cm \times 3\,cm$인 강철보가 그림과 같이 하중을 받고 있다. 보에 작용하는 최대 굽힘응력은 약 몇 N/cm²인가?

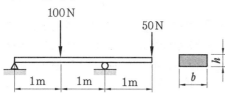

① 278   ② 556
③ 1111   ④ 2222

[해설] 지점 B에서 최대 굽힘 모멘트(M_{max})

$= 50 \times 1 = 50\,N \cdot m = 5000\,N \cdot cm$

$\therefore \sigma_{max} = \dfrac{M_{max}}{Z} = \dfrac{5000}{\dfrac{bh^2}{6}} = \dfrac{6 \times 5000}{bh^2}$

$= \dfrac{30000}{6 \times 3^2} = 556\,N/cm^2$

20. 힘에 의한 재료의 변형이 그 힘의 제거(除去)와 동시에 원형(原形)으로 복귀하는 재료의 성질은?

① 소성(plasticity)
② 탄성(elasticity)
③ 연성(ductility)

④ 취성(brittleness)

[해설] ① 소성 : 재료에 외력(힘)을 가하면 변형이 생기고 외력을 제거해도 영구적 변형이 생기는 성질
② 탄성 : 재료에 외력(힘)을 가하면 변형이 생기고 외력을 제거하면 다시 본래의 상태로 되돌아오는(복귀) 재료의 성질
③ 연성 : 재료가 길게 늘어나는 성질
④ 취성 : 재료의 여림성(부서지기 쉬운 성질), 인성(질긴 성질)과 대비되는 재료의 성질

제2과목 　　　 **기계열역학**

21. 랭킨 사이클의 열효율 증대 방법에 해당하지 않는 것은?

① 복수기(응축기) 압력 저하
② 보일러 압력 증가
③ 터빈의 질량유량 증가
④ 보일러에서 증기를 고온으로 과열

[해설] 랭킨(Rankine) 사이클의 열효율 증대 방법
(1) 복수기(응축기) 압력을 낮춘다.
(2) 보일러 압력 증가(초온, 초압을 높인다.)
(3) 보일러에서 증기를 고온으로 과열시킨다.

22. 질량이 m이고 비체적이 v인 구(sphere)의 반지름이 R이면, 질량이 $4m$이고, 비체적이 $2v$인 구의 반지름은?

① $2R$ ② $\sqrt{2}\,R$
③ $\sqrt[3]{2}\,R$ ④ $\sqrt[3]{4}\,R$

[해설] 구의 체적$(V) = (mv) = \dfrac{4}{3}\pi R^3 [m^3]$

$\left(\dfrac{R'}{R}\right)^3 = \left(\dfrac{4m \times 2v}{mv}\right) = 8 = 2^3$

$\therefore R' = 2R$

23. 내부에너지가 40 kJ, 절대압력이 200 kPa, 체적이 0.1 m³, 절대온도가 300 K인

계의 엔탈피는 약 몇 kJ인가?

① 42   ② 60

③ 80   ④ 240

[해설] 엔탈피(H)

= 내부에너지(U) + 압력 · 체적에너지(PV)

$= 40 + 200 \times 0.1 = 60\,kJ$

24. 비열비가 1.29, 분자량이 44인 이상 기체의 정압비열은 약 몇 kJ/kg · K인가? (단, 일반 기체상수는 8.314 kJ/kmol · K 이다.)

① 0.51   ② 0.69

③ 0.84   ④ 0.91

[해설] 정압비열(C_p) $= k\,C_v$

$= \dfrac{k}{k-1}R = \dfrac{k}{k-1}\left(\dfrac{R_u}{m}\right)$

$= \dfrac{1.29}{1.29-1}\left(\dfrac{8.314}{44}\right) = 0.84\,kJ/kg \cdot K$

25. 기체가 열량 80 kJ을 흡수하여 외부에 대하여 20 kJ의 일을 하였다면 내부에너지 변화는 몇 kJ인가?

① 20   ② 60

③ 80   ④ 100

[해설] $Q = (U_2 - U_1) + {}_1W_2\,[kJ]$

$(U_2 - U_1) = Q - {}_1W_2$

$= 80 - 20 = 60\,kJ$(내부에너지 증가량)

26. 다음 중 폐쇄계의 정의를 올바르게 설명한 것은?

① 동작물질 및 일과 열이 그 경계를 통과하지 아니하는 특정 공간

② 동작물질은 계의 경계를 통과할 수 없으나 열과 일은 경계를 통과할 수 있는 특정 공간

③ 동작물질은 계의 경계를 통과할 수 있으나 열과 일은 경계를 통과할 수 없는

특정 공간

④ 동작물질 및 일과 열이 모두 그 경계를 통과할 수 있는 특정 공간

27. 실린더 내부에 기체가 채워져 있고 실린더에는 피스톤이 끼워져 있다. 초기 압력 50 kPa, 초기 체적 0.05 m³인 기체를 버너로 $PV^{1.4}$ = constant가 되도록 가열하여 기체 체적이 0.2 m³이 되었다면, 이 과정 동안 시스템이 한 일은?

① 1.33 kJ   ② 2.66 kJ

③ 3.99 kJ   ④ 5.32 kJ

[해설] ${}_1W_2 = \dfrac{1}{k-1}\left(P_1V_1 - P_2V_2\right)$

$= \dfrac{1}{1.4-1}(50 \times 0.05 - 7.18 \times 0.2)$

$= 2.66\,kJ$

$P_2 = P_1\left(\dfrac{V_1}{V_2}\right)^k = 50\left(\dfrac{0.05}{0.2}\right)^{1.4}$

$= 7.18\,kPa$

28. 체적이 0.01 m³인 밀폐용기에 대기압의 포화혼합물이 들어 있다. 용기 체적의 반은 포화액체, 나머지 반은 포화증기가 차지하고 있다면, 포화혼합물 전체의 질량과 건도는? (단, 대기압에서 포화액체와 포화증기의 비체적은 각각 0.001044 m³/kg, 1.6729 m³/kg이다.)

① 전체 질량 : 0.0119 kg, 건도 : 0.50

② 전체 질량 : 0.0119 kg, 건도 : 0.00062

③ 전체 질량 : 4.792 kg, 건도 : 0.50

④ 전체 질량 : 4.792 kg, 건도 : 0.00062

[해설] $V = \dfrac{0.01}{2} = 0.005\,m^3$

$m_f = \dfrac{V}{v_f} = \dfrac{0.005}{0.001044} = 4.789\,kg$

$m_g = \dfrac{V}{v_g} = \dfrac{0.005}{1.6729} = 0.00299\,kg$

정답 24. ③ 25. ② 26. ② 27. ② 28. ④

$\therefore$ 전체 질량(m)

$= m_f + m_g = 4.789 + 0.00299$

$= 4.792 \, \text{kg}$

$x = \dfrac{m_g}{m} = \dfrac{0.00299}{4.792} = 0.000624$

29. 여름철 외기의 온도가 30℃일 때 김치 냉장고의 내부를 5℃로 유지하기 위해 3 kW의 열을 제거해야 한다. 필요한 최소 동력은 약 몇 kW인가? (단, 이 냉장고는 카르노 냉동기이다.)

① 0.27　　　　② 0.54

③ 1.54　　　　④ 2.73

[해설] $\varepsilon_R = \dfrac{Q_e}{W_c} = \dfrac{T_2}{T_1 - T_2} = \dfrac{278}{303 - 278}$

$= 11.12$

$\therefore W_c = \dfrac{Q_e}{\varepsilon_R} = \dfrac{3}{11.12} \fallingdotseq 0.27 \, \text{kW}$

30. 준평형 정적과정을 거치는 시스템에 대한 열전달량은? (단, 운동에너지와 위치에너지의 변화는 무시한다.)

① 0이다.

② 이루어진 일량과 같다.

③ 엔탈피 변화량과 같다.

④ 내부에너지 변화량과 같다.

[해설] $\delta Q = du + P dV [\text{kJ}]$

$\therefore \delta Q = du = m C_v dT [\text{kJ}]$

등적변화 시 가열량은 내부에너지 변화량과 같다.

31. 2개의 정적과정과 2개의 등온과정으로 구성된 동력 사이클은?

① 브레이턴(Brayton) 사이클

② 에릭슨(Ericsson) 사이클

③ 스털링(Stirling) 사이클

④ 오토(Otto) 사이클

[해설] ① 브레이턴 사이클 : 2개의 정압, 2개의 단열

② 에릭슨 사이클 : 2개의 등온, 2개의 정압

④ 오토 사이클 : 2개의 정적, 2개의 단열

32. 4 kg의 공기가 들어 있는 용기 A(체적 0.5 m³)와 진공 용기 B(체적 0.3 m³) 사이를 밸브로 연결하였다. 이 밸브를 열어서 공기가 자유팽창하여 평형에 도달했을 경우 엔트로피 증가량은 약 몇 kJ/K인가? (단, 온도 변화는 없으며 공기의 기체상수는 0.287 kJ/kg · K이다.)

① 0.54　　　　② 0.49

③ 0.42　　　　④ 0.37

[해설] $\Delta S = mR\ln\left(\dfrac{V_2}{V_1}\right) = 4 \times 0.287\ln\left(\dfrac{0.8}{0.5}\right)$

$= 0.54 \, \text{kJ/K}$

33. 물 2 kg을 20℃에서 60℃가 될 때까지 가열할 경우 엔트로피 변화량은 약 몇 kJ/K인가? (단, 물의 비열은 4.184 kJ/kg · K이고, 온도 변화 과정에서 체적은 거의 변화가 없다고 가정한다.)

① 0.78　　　　② 1.07

③ 1.45　　　　④ 1.96

[해설] $\Delta S = mC\ln\dfrac{T_2}{T_1}$

$= 2 \times 4.14\ln\left(\dfrac{60 + 273}{20 + 273}\right)$

$= 1.07 \, \text{kJ/K}$

34. 밀폐 시스템이 압력 $P_1 = 200 \, \text{kPa}$, 체적 $V_1 = 0.1 \, \text{m}^3$인 상태에서 $P_2 = 100 \, \text{kPa}$, $V_2 = 0.3 \, \text{m}^3$인 상태까지 가역팽창되었다. 이 과정이 $P-V$ 선도에서 직선으로 표시된다면 이 과정 동안 시스템이 한 일은 약 몇 kJ인가?

정답 29. ①　30. ④　31. ③　32. ①　33. ②　34. ③

① 10   ② 20

③ 30   ④ 45

[해설] $P-V$ 선도에서 도시된 면적은 일량을 의미한다.

$$_1W_2 = \frac{1}{2}(P_1 - P_2)\Delta V + P_2 \Delta V$$

$$= \frac{1}{2}(200 - 100) \times 0.2 + 100 \times 0.2$$

$$= 30 \text{ kJ}$$

35. 랭킨 사이클을 구성하는 요소는 펌프, 보일러, 터빈, 응축기로 구성된다. 각 구성 요소가 수행하는 열역학적 변화 과정으로 틀린 것은?

① 펌프 : 단열 압축

② 보일러 : 정압 가열

③ 터빈 : 단열 팽창

④ 응축기 : 정적 냉각

[해설] ① 펌프 : 단열 압축(등적과정)

② 보일러 : 정압 가열

③ 터빈 : 단열팽창($S = C$)

④ 응축기 : 등압 냉각

36. 온도 600℃의 구리 7 kg을 8 kg의 물 속에 넣어 열적 평형을 이룬 후 구리와 물의 온도가 64.2℃가 되었다면 물의 처음 온도는 약 몇 ℃인가? (단, 이 과정 중 열손실은 없고, 구리의 비열은 0.386 kJ/kg · K이며 물의 비열은 4.184 kJ/kg · K이다.)

① 6℃   ② 15℃

③ 21℃   ④ 84℃

[해설] 열역학 제0법칙(열평형의 법칙)

구리 방열량 = 물의 흡열량

$$m_1 C_1(t_1 - t_m) = m_2 C_2(t_m - t_2)$$

$$7 \times 0.386(600 - 64.2)$$

$$= 8 \times 4.184(64.2 - t_2)$$

$$t_2 = 20.95 ℃$$

37. 한 시간에 3600 kg의 석탄을 소비하여 6050 kW를 발생하는 증기터빈을 사용하는 화력발전소가 있다면, 이 발전소의 열효율은 약 몇 %인가? (단, 석탄의 발열량은 29900 kJ/kg이다.)

① 약 20 %   ② 약 30 %

③ 약 40 %   ④ 약 50 %

[해설] $$\eta = \frac{3600 \, kW}{H_L \times m_f} \times 100 \%$$

$$= \frac{3600 \times 6050}{29900 \times 3600} \times 100 \%$$

$$= 20.23 \%$$

38. 증기 압축 냉동기에서 냉매가 순환되는 경로를 올바르게 나타낸 것은?

① 증발기 → 팽창밸브 → 응축기 → 압축기

② 증발기 → 압축기 → 응축기 → 팽창밸브

③ 팽창밸브 → 압축기 → 응축기 → 증발기

④ 응축기 → 증발기 → 압축기 → 팽창밸브

[해설] 증기 압축 냉동 사이클

증발기(냉각기) → 압축기 → 응축기 → 팽창밸브

39. 고온 400℃, 저온 50℃의 온도 범위에서 작동하는 Carnot 사이클 열기관의 열효율을 구하면 몇 %인가?

① 37   ② 42

③ 47   ④ 52

[해설] $$\eta = 1 - \frac{T_2}{T_1} = 1 - \frac{50 + 273}{400 + 273} = 52 \%$$

40. 계가 비가역사이클을 이룰 때 클라우지우스(Clausius)의 적분을 옳게 나타낸 것은? (단, T는 온도, Q는 열량이다.)

① $\oint \frac{\delta Q}{T} < 0$ ② $\oint \frac{\delta Q}{T} > 0$

③ $\oint \frac{\delta Q}{T} \geq 0$ ④ $\oint \frac{\delta Q}{T} \leq 0$

[정답] 35. ④   36. ③   37. ①   38. ②   39. ④   40. ①

해설 (1) 가역사이클이면 $\oint \dfrac{\delta Q}{T} = 0$

(2) 비가역사이클이면 $\oint \dfrac{\delta Q}{T} < 0$

제 3 과목　　**기계유체역학**

41. 그림과 같이 수평 원관 속에서 완전히 발달된 층류 유동이라고 할 때 유량 Q의 식으로 옳은 것은? (단, μ는 점성계수, Q는 유량, P_1과 P_2는 1과 2지점에서의 압력을 나타낸다.)

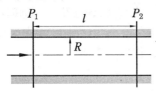

① $Q = \dfrac{\pi R^4}{8\mu l}(P_1 - P_2)$

② $Q = \dfrac{\pi R^3}{6\mu l}(P_1 - P_2)$

③ $Q = \dfrac{8\pi R^4}{\mu l}(P_1 - P_2)$

④ $Q = \dfrac{6\pi R^3}{\mu l}(P_1 - P_2)$

해설 Hagen–Poiseuille's equation

$$Q = \frac{\Delta P \pi d^4}{128\mu L} = \frac{\pi R^4}{8\mu L}(P_1 - P_2)\,[\text{m}^3/\text{s}]$$

42. 골프공(지름 $D = 4$ cm, 무게 $W = 0.4$ N)이 50 m/s의 속도로 날아가고 있을 때, 골프공이 받는 항력은 골프공 무게의 몇 배인가? (단, 골프공의 항력계수 $C_D = 0.24$이고, 공기의 밀도는 1.2 kg/m³이다.)

① 4.52배　　　② 1.7배

③ 1.13배　　　④ 0.452배

해설 항력$(D) = C_D \dfrac{\rho A V^2}{2}$

$$= 0.24 \frac{1.2 \times \dfrac{\pi(0.04)^2}{4} \times 50^2}{2}$$

$$= 0.45\,\text{N}$$

$\therefore \dfrac{\text{골프공이 받는 항력}(L)}{\text{골프공 무게}(W)}$

$$= \frac{0.45}{0.4} = 1.13$$

43. Navier–Stokes 방정식을 이용하여, 정상, 2차원, 비압축성 속도장 $V = axi - axj$에서 압력을 x, y의 방정식으로 옳게 나타낸 것은? (단, a는 상수이고, 원점에서의 압력은 0이다.)

① $P = -\dfrac{pa^2}{2}(x^2 + y^2)$

② $P = -\dfrac{pa}{2}(x^2 + y^2)$

③ $P = \dfrac{pa^2}{2}(x^2 + y^2)$

④ $P = \dfrac{pa}{2}(x^2 + y^2)$

44. 물이 흐르는 관의 중심에 피토관을 삽입하여 압력을 측정하였다. 전압력은 20 mAq, 정압은 5 mAq일 때 관 중심에서 물의 유속은 몇 약 m/s인가?

① 10.7　　　② 17.2

③ 5.4　　　④ 8.6

해설 전압 = 정압 + 동압

$$P_t = P_s + \frac{\rho V^2}{2}$$

$$P_t - P_s = \frac{\rho V^2}{2}\left(\gamma \Delta h = \frac{\gamma V^2}{2g}\right)$$

$$V = \sqrt{\frac{2(P_t - P_s)}{\rho}}$$

정답　41. ①　　42. ③　　43. ①　　44. ②

$$= \sqrt{2g\Delta h} = \sqrt{2 \times 9.8 \times 15}$$
$$= 17.15 \text{ m/s} \fallingdotseq 17.2 \text{ m/s}$$

45. 어떤 액체가 800 kPa의 압력을 받아 체적이 0.05 % 감소한다면, 이 액체의 체적탄성계수는 얼마인가?

① 1265 kPa   ② 1.6×10^4 kPa

③ 1.6×10^6 kPa   ④ 2.2×10^6 kPa

해설 $E = -\dfrac{dP}{\dfrac{dV}{V}} = \dfrac{800}{\left(\dfrac{0.05}{100}\right)} = 1.6 \times 10^6$ kPa

46. 30 m의 폭을 가진 개수로(open channel)에 20 cm의 수심과 5 m/s의 유속으로 물이 흐르고 있다. 이 흐름의 Froude수는 얼마인가?

① 0.57   ② 1.57

③ 2.57   ④ 3.57

해설 $Fr = \dfrac{V}{\sqrt{Lg}} = \dfrac{5}{\sqrt{0.2 \times 9.8}} = 3.57$

47. 수평으로 놓인 지름 10 cm, 길이 200 m인 파이프에 완전히 열린 글로브 밸브가 설치되어 있고, 흐르는 물의 평균속도는 2 m/s이다. 파이프의 관 마찰계수가 0.02이고, 전체 수두 손실이 10 m이면, 글로브 밸브의 손실계수는?

① 0.4   ② 1.8

③ 5.8   ④ 9.0

해설 $h_L = \lambda \dfrac{L}{d} \dfrac{V^2}{2g} + k \dfrac{V^2}{2g}$ [m]

$10 = 0.02 \times \dfrac{200}{0.1} \times \dfrac{2^2}{2 \times 9.8} + k \dfrac{2^2}{2 \times 9.8}$

$(10 - 8.163) = k \dfrac{4}{19.6}$

$\therefore k = \dfrac{36}{4} = 9.0$

48. 점성계수는 0.3 poise, 동점성계수는 2 stokes인 유체의 비중은?

① 6.7   ② 1.5

③ 0.67   ④ 0.15

해설 $\nu = \dfrac{\mu}{\rho}$ 에서 $\rho = \dfrac{\mu}{\nu} = \dfrac{0.3}{2} = 0.15$ g/cm³

$S = \dfrac{\rho}{\rho_w} = \dfrac{0.15}{1} = 0.15$

49. 그림에서 $h = 100$ cm이다. 액체의 비중이 1.50일 때 A점의 계기압력은 몇 kPa인가?

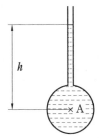

① 9.8   ② 14.7

③ 9800   ④ 14700

해설 물의 비중량(γ_w) = 9800 N/m³
$= 9.8$ kN/m³

$P = \gamma h = \gamma_w S h$
$= (9.8 \times 1.5) \times 1 = 14.7$ kPa

50. 비중 0.9, 점성계수 5×10^{-3} N · s/m²의 기름이 안지름 15 cm의 원형관 속을 0.6 m/s의 속도로 흐를 경우 레이놀즈수는 약 얼마인가?

① 16200   ② 2755

③ 1651   ④ 3120

해설 $Re = \dfrac{\rho V d}{\mu} = \dfrac{(1000 \times 0.9) \times 0.6 \times 0.15}{5 \times 10^{-3}}$
$= 16200$

51. 그림과 같이 비점성, 비압축성 유체가 쐐기 모양의 벽면 사이를 흘러 작은 구멍

을 통해 나간다. 이 유동을 극좌표계(r, θ)에서 근사적으로 표현한 속도퍼텐셜은 $\phi = 3\ln r$일 때 원호 $r = 2(0 \leq \theta \leq \dfrac{\pi}{2})$ 를 통과하는 단위 길이당 체적유량은 얼마인가?

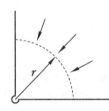

① $\dfrac{\pi}{4}$

② $\dfrac{3\pi}{4}$

③ π

④ $\dfrac{3\pi}{2}$

[해설] $V_r = \dfrac{\partial \phi}{\partial r} = \dfrac{3}{r} = \dfrac{3}{2}$ m/s

$q = (r\theta)\,V_r = 2 \times \dfrac{\pi}{2} \times \dfrac{3}{2} = \dfrac{3\pi}{2}$ [m^3/s · m]

52. 평판에서 층류 경계층의 두께는 다음 중 어느 값에 비례하는가? (단, 여기서 x는 평판의 선단으로부터의 거리이다.)

① $x^{-\frac{1}{2}}$

② $x^{\frac{1}{4}}$

③ $x^{\frac{1}{7}}$

④ $x^{\frac{1}{2}}$

[해설] (1) 층류 경계층 두께(δ) $\propto x^{\frac{1}{2}}(\sqrt{x})$

(2) 난류 경계층 두께(δ) $\propto x^{\frac{4}{5}}$

53. 다음 중 동점성계수(kinematic viscosity)의 단위는?

① $N \cdot s/m^2$

② $kg/(m \cdot s)$

③ m^2/s

④ m/s^2

[해설] 동점성계수(ν)

$= \dfrac{\mu}{\rho}\left[\dfrac{N \cdot s/m^2}{N \cdot s^2/m^4} = m^2/s\right]$

54. 물제트가 연직하 방향으로 떨어지고 있다. 높이 12 m 지점에서의 제트 지름은 5 cm, 속도는 24 m/s였다. 높이 4.5 m 지점에서의 물제트의 속도는 약 몇 m/s인가? (단, 손실수두는 무시한다.)

① 53.9

② 42.7

③ 35.4

④ 26.9

[해설] $\dfrac{\cancel{P_1}}{\gamma} + \dfrac{V_1^2}{2g} + Z_1 = \dfrac{\cancel{P_2}}{\gamma} + \dfrac{V_2^2}{2g} + Z_2$

$P_1 = P_2 = P_0$(대기압) $= 0$

$\dfrac{V_1^2}{2g} + Z_1 = \dfrac{V_2^2}{2g} + Z_2$

$\dfrac{V_2^2}{2g} = \dfrac{V_1^2}{2g} + (Z_1 - Z_2)$

$\dfrac{V_2^2}{2 \times 9.8} = \dfrac{24^2}{2 \times 9.8} + (12 - 4.5) = 36.89$

$\therefore V_2 = \sqrt{2 \times 9.8 \times 36.89} \fallingdotseq 26.9$ m/s

55. 반지름 R인 원형 수문이 수직으로 설치되어 있다. 수면으로부터 수문에 작용하는 물에 의한 전압력의 작용점까지의 수직거리는? (단, 수문의 최상단은 수면과 동일 위치에 있으며 h는 수면으로부터 원판의 중심(도심)까지의 수직거리이다.)

① $h + \dfrac{R^2}{16h}$

② $h + \dfrac{R^2}{8h}$

③ $h + \dfrac{R^2}{4h}$

④ $h + \dfrac{R^2}{2h}$

[해설] 전압력 작용위치(y_F) $= h + \dfrac{I_G}{Ah}$

$= h + \dfrac{\dfrac{\pi R^4}{4}}{\pi R^2 h} = h + \dfrac{R^2}{4h}$ [m]

56. 다음 중 수력기울기선(hydraulic grade line)은 에너지구배선(energy grade line)에서 어떤 것을 뺀 값인가?

① 위치수두 값

---

② 속도수두 값

③ 압력수두 값

④ 위치수두와 압력수두를 합한 값

해설 에너지선(EL)

$$= \left(\frac{P}{\gamma} + Z\right) + \frac{V^2}{2g} = HGL + \frac{V^2}{2g}\,[\mathrm{m}]$$

$$속도수두\left(\frac{V^2}{2g}\right) = EL - HGL$$

57. 그림과 같은 통에 물이 가득차 있고 이 것이 공중에서 자유낙하할 때, 통에서 A점 의 압력과 B점의 압력은?

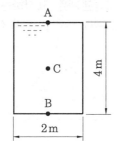

① A점의 압력은 B점의 압력의 1/2이다.

② A점의 압력은 B점의 압력의 1/4이다.

③ A점의 압력은 B점의 압력의 2배이다.

④ A점의 압력은 B점의 압력과 같다.

해설 $\left(P_B - P_A\right) = \gamma h\left(1 + \dfrac{a_y}{g}\right)[\mathrm{kPa}]$에서

자유낙하 시 $(a_y = -g)$이므로

$$\therefore \ (P_B - P_A) = 0 \ (P_A = P_B)$$

58. 1/10 크기의 모형 잠수함을 해수에서 실험한다. 실제 잠수함을 2 m/s로 운전 하려면 모형 잠수함은 약 몇 m/s의 속도 로 실험하여야 하는가?

① 20   ② 5

③ 0.2   ④ 0.5

해설 잠수함 시험은 점성력이 중요시되므로 상사법칙(역학적 상사) 조건에서 레이놀즈 수(Re)를 만족시켜야 한다.

$$(Re)_p = (Re)_m$$

$$\left(\frac{VL}{\nu}\right)_p = \left(\frac{VL}{\nu}\right)_m$$

$$\nu_p = \nu_m$$

$$\therefore \ V_m = V_p\left(\frac{L_p}{L_m}\right) = 2\left(\frac{10}{1}\right) = 20\,\mathrm{m/s}$$

59. 안지름 D_1, D_2의 관이 직렬로 연결되 어 있다. 비압축성 유체가 관 내부를 흐를 때 지름 D_1인 관과 D_2인 관에서의 평균 유속이 각각 V_1, V_2이면 $\dfrac{D_1}{D_2}$은?

① $\dfrac{V_1}{V_2}$ ② $\sqrt{\dfrac{V_1}{V_2}}$

③ $\dfrac{V_2}{V_1}$ ④ $\sqrt{\dfrac{V_2}{V_1}}$

해설 체적유량의 연속방정식

$$Q = AV[\mathrm{m^3/s}]에서 \ A_1V_1 = A_2V_2$$

$$\frac{A_1}{A_2} = \left(\frac{D_1}{D_2}\right)^2 = \frac{V_2}{V_1}$$

$$\therefore \ \frac{D_1}{D_2} = \sqrt{\frac{V_2}{V_1}}$$

60. 그림과 같이 속도 3 m/s로 운동하는 평 판에 속도 10 m/s인 물 분류가 직각으로 충돌하고 있다. 분류의 단면적이 0.01 m² 이라고 하면 평판이 받는 힘은 몇 N이 되 겠는가?

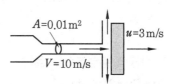

① 295   ② 490

③ 980   ④ 16900

해설 직각이동 평판에 작용하는 힘

$$F = \rho A(V - u)^2$$

$$= 1000 \times 0.01(10 - 3)^2 = 490\,\mathrm{N}$$

정답 **57.** ④   **58.** ①   **59.** ④   **60.** ②

제4과목　**기계재료 및 유압기기**

61. 가공 열처리 방법에 해당되는 것은?

① 마퀜칭(marquenching)

② 오스포밍(ausforming)

③ 마템퍼링(martempering)

④ 오스템퍼링(austempering)

해설 오스포밍은 오스테나이트의 재결정온도 이하 M_S점 이상의 온도 범위에서 소성가공을 한 후 담금질하는 조작이다.

62. 니켈-크롬 합금강에서 뜨임 메짐을 방지하는 원소는?

① Cu　　　　② Mo

③ Ti　　　　④ Zr

해설 니켈(Ni)-크롬(Cr) 합금강(특수강)에서 뜨임 취성을 방지하는 원소에는 몰리브덴(Mo), 텅스텐(W), 바나듐(V) 등이 있다.

63. 재료의 연성을 알기 위해 구리판, 알루미늄판 및 그 밖의 연성판재를 가압 형성하여 변형능력을 시험하는 것은?

① 굽힙 시험　　② 압축 시험

③ 비틀림 시험　④ 에릭센 시험

해설 에릭센 시험은 연성시험으로 구리판, 알루미늄판 등의 연성판재를 가압하여 변형능력을 테스트하는 시험으로 커핑시험이라고도 한다.

64. Y 합금의 주성분으로 옳은 것은?

① Al＋Cu＋Ni＋Mg

② Al＋Cu＋Mn＋Mg

③ Al＋Cu＋Sn＋Zn

④ Al＋Cu＋Si＋Mg

해설 Y 합금은 내열합금으로 주성분은 Al-Cu-Ni-Mg이다.

65. 다음 중 비중이 가장 작아 항공기 부품이나 전자 및 전기용 제품의 케이스 용도로 사용되고 있는 합금재료는?

① Ni 합금　　　② Cu 합금

③ Pb 합금　　　④ Mg 합금

해설 비중 크기 순서

Pb(11.34)＞Cu(8.96)＞Ni(8.85)＞Mg(1.74)

마그네슘(Mg)은 경금속으로 실용금속 중 가장 가벼워 항공기 부품, 전기, 전자 제품의 케이스 용도로 사용된다.

66. 그림은 3성분계를 표시하는 다이어그램이다. X합금에 속하는 B의 성분은?

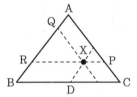

① $\overline{XD}$이다.　　② $\overline{XR}$이다.

③ $\overline{XQ}$이다.　　④ $\overline{XP}$이다.

해설 Roozeboom(루즈붐)의 3성분계

(1) X합금의 B성분은 $\overline{XP}$

(2) X합금의 A성분은 $\overline{XD}$

(3) X합금의 C성분은 $\overline{XR}$

67. 주철에 대한 설명으로 틀린 것은?

① 흑연이 많을 경우에는 그 파단면이 회색을 띤다.

② C와 P의 양이 적고 냉각이 빠를수록 흑연화하기 쉽다.

③ 주철 중에 전 탄소량은 유리탄소와 화합탄소를 합한 것이다.

④ C와 Si의 함량에 따른 주철의 조직관계를 마우러 조직도라 한다.

해설 주철(cast iron)은 C, P의 양이 많고 냉각이 느릴수록 흑연화하기 쉽다.

정답 **61.** ②　**62.** ②　**63.** ④　**64.** ①　**65.** ④　**66.** ④　**67.** ②

68. 금속재료에서 단위격자 소속 원자수가 2이고 충전율이 68 %인 결정구조는?

① 단순입방격자   ② 면심입방격자

③ 체심입방격자   ④ 조밀육방격자

해설 (1) 체심입방격자(BCC) : 단위원자수 2개, 68 %

(2) 면심입방격자(FCC) : 단위원자수 4개, 74 %

(3) 조밀육방격자(HCP) : 단위원자수 2개, 74 %

69. 순철의 변태점이 아닌 것은?

① A_1 ② A_2

③ A_3 ④ A_4

해설 A_1 변태점 723℃(공석점)은 강에만 있는 변태점이다.

70. 오스테나이트형 스테인리스강의 예민화 (sensitize)를 방지하기 위하여 Ti, Nb 등의 원소를 함유시키는 이유는?

① 입계부식을 촉진한다.

② 강 중의 질소(N)와 질화물을 만들어 안정화시킨다.

③ 탄화물을 형성하여 크롬 탄화물의 생성을 억제한다.

④ 강 중의 산소(O)와 산화물을 형성하여 예민화를 방지한다.

해설 오스테나이트 스테인리스강(18-8 스테인 리스강)의 예민화를 방지하기 위해 티탄(Ti), 니오브(Nb) 등의 원소를 함유시키는 이유는 탄화물을 형성하여 크롬 탄화물의 생성을 억제시키기 위함이다.

71. 방향 제어 밸브 기호 중 다음과 같은 설명에 해당하는 기호는?

―――〈보 기〉―――

1. 3/2-way 밸브이다.
2. 정상상태에서 P는 외부와 차단된 상태이다.

①   ②

③   ④

해설 방향 제어 밸브 기호 중 2위치 3포트 (ports) 밸브로 정상(normal) 상태 시 p가 외부와 차단된 상태의 밸브는 ②이다.

72. 주로 시스템의 작동이 정부하일 때 사용되며, 실린더의 속도 제어를 실린더에 공급되는 입구측 유량을 조절하여 제어하는 회로는?

① 로크 회로

② 무부하 회로

③ 미터 인 회로

④ 미터 아웃 회로

73. 유압 필터를 설치하는 방법은 크게 복귀 라인에 설치하는 방법, 흡입라인에 설치하는 방법, 압력라인에 설치하는 방법, 바이패스 필터를 설치하는 방법으로 구분할 수 있는데, 다음 회로는 어디에 속하는가?

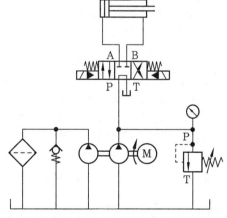

① 복귀라인에 설치하는 방법

② 흡입라인에 설치하는 방법

③ 압력라인에 설치하는 방법

④ 바이패스 필터를 설치하는 방법

해설 주어진 회로에서 필터는 왼쪽 유압펌프 출구쪽에 설치되어 유압탱크에 연결되어 있다. 유압펌프 2대를 1개조로 한 일종의 바이패스 회로이다.

74. 그림과 같은 유압 회로의 명칭으로 옳은 것은?

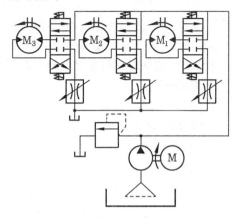

① 유압모터 병렬배치 미터 인 회로

② 유압모터 병렬배치 미터 아웃 회로

③ 유압모터 직렬배치 미터 인 회로

④ 유압모터 직렬배치 미터 아웃 회로

해설 주어진 회로에서 유압모터는 병렬로 연결되어 있으며 유량 조정 밸브는 작동기 출구쪽에 위치해 있다.

75. 유압 실린더로 작동되는 리프터에 작용하는 하중이 15000 N이고 유압의 압력이 7.5 MPa일 때 이 실린더 내부의 유체가 하중을 받는 단면적은 약 몇 cm²인가?

① 5

② 20

③ 500

④ 2000

해설 $P = \dfrac{F}{A}$ [MPa]에서

$A = \dfrac{F}{P} = \dfrac{15000}{7.5 \times 100} = 20 \text{ cm}^2$

여기서, $P = 7.5 \text{ MPa(N/mm}^2)$

$\quad = 7.5 \times 100 \text{ N/cm}^2$

76. 그림과 같은 유압 기호의 설명으로 틀린 것은?

① 유압펌프를 의미한다.

② 1방향 유동을 나타낸다.

③ 가변 용량형 구조이다.

④ 외부 드레인을 가졌다.

해설 도시된 유압 기호는 가변 용량형 유압모터로 1방향 유동을 나타내며, 외부 드레인 (drain)을 가졌다.

77. 유압 작동유에서 공기의 혼입(용해)에 관한 설명으로 옳지 않은 것은?

① 공기 혼입 시 스펀지 현상이 발생할 수 있다.

② 공기 혼입 시 펌프의 캐비테이션 현상을 일으킬 수 있다.

③ 압력이 증가함에 따라 공기가 용해되는 양도 증가한다.

④ 온도가 증가함에 따라 공기가 용해되는 양도 증가한다.

78. 유압 및 공기압 용어에서 스텝 모양 입력신호의 지령에 따르는 모터로 정의되는 것은?

① 오버 센터 모터

② 다공정 모터

③ 유압 스테핑 모터

④ 베인 모터

79. 그림의 유압 회로는 펌프 출구 직후에

릴리프 밸브를 설치한 회로로서 안전 측면을 고려하여 제작된 회로이다. 이 회로의 명칭으로 옳은 것은?

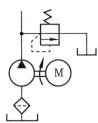

① 압력 설정 회로

② 카운터 밸런스 회로

③ 시퀀스 회로

④ 감압 회로

해설 회로 내에는 압력 제어 밸브인 릴리프 밸브만 있다.

80. 다음 중 펌프 작동 중에 유면을 적절하게 유지하고, 발생하는 열을 방산하여 장치의 가열을 방지하며, 오일 중의 공기나 이물질을 분리시킬 수 있는 기능을 갖춰야 하는 것은?

① 오일 필터

② 오일 제너레이터

③ 오일 미스트

④ 오일 탱크

제5과목 **기계제작법 및 기계동력학**

81. 공작물의 길이가 600 mm, 지름이 25 mm인 강재를 아래의 조건으로 선반 가공할 때 소요되는 가공시간(t)은 약 몇 분인가? (단, 1회 가공이다.)

- 절삭속도 : 180 m/min
- 절삭깊이 : 2.5 mm
- 이송속도 : 0.24 mm/rev

① 1.1   ② 2.1

③ 3.1   ④ 4.1

해설 가공시간(t)

$$= \frac{L}{NS} = \frac{600}{2291.83 \times 0.24} ≒ 1.1 \, min$$

$$V = \frac{\pi d N}{1000} \, [m/min] 에서$$

$$N = \frac{1000 V}{\pi d} = \frac{1000 \times 180}{\pi \times 25}$$

$$= 2291.83 \, rpm$$

82. 압출 가공(extrusion)에 관한 일반적인 설명으로 틀린 것은?

① 직접 압출보다 간접 압출에서 마찰력이 적다.

② 직접 압출보다 간접 압출에서 소요동력이 적게 든다.

③ 압출 방식으로는 직접(전방) 압출과 간접(후방) 압출 등이 있다.

④ 직접 압출이 간접 압출보다 압출 종료 시 컨테이너에 남는 소재량이 적다.

해설 직접 압출보다 간접 압출이 마찰저항이 적으므로 컨테이너에 남는 소재량이 적다.

83. 와이어 방전 가공액 비저항값에 대한 설명으로 틀린 것은?

① 비저항값이 낮을 때에는 수돗물을 첨가한다.

② 일반적으로 방전 가공에서는 10~100 k$\Omega \cdot$cm의 비저항값을 설정한다.

③ 비저항값이 높을 때에는 가공액을 이온 교환장치로 통과시켜 이온을 제거한다.

④ 비저항값이 과다하게 높을 때에는 방전 간격이 넓어져서 방전효율이 저하된다.

84. 전기 저항 용접 중 맞대기 용접의 종류가 아닌 것은?

① 업셋 용접
② 퍼커션 용접
③ 플래시 용접
④ 프로젝션 용접

[해설] 전기 저항 용접 중 맞대기 용접에는 업셋 용접(upset welding), 플래시 용접(flash welding), 퍼커션 용접(percussion welding)이 있고 겹치기 용접에는 점(spot) 용접, 심(seam) 용접, 프로젝션(projection) 용접 등이 있다.

85. 질화법에 관한 설명 중 틀린 것은?
① 경화층은 비교적 얇고, 경도는 침탄한 것보다 크다.
② 질화법은 재료 중심까지 경화하는 데 그 목적이 있다.
③ 질화법의 기본적인 화학반응식은 $2NH_3 \rightarrow 2N+3H_2$이다.
④ 질화법의 효과를 높이기 위해 첨가되는 원소는 Al, Cr, Mo 등이 있다.

[해설] 표면경화법의 화학적인 방법으로 침탄법, 질화법, 청화법 등이 있다. 질화법은 표면만을 경화시키고 재료 중심까지 경화시키는 것을 목적으로 하지 않는다.

86. 주물사로 사용되는 모래에 수지, 시멘트, 석고 등의 점결제를 사용하며, 경화시간을 단축하기 위하여 경화촉진제를 사용하여 조형하는 주형법은?
① 원심주형법
② 셸몰드 주형법
③ 자경성 주형법
④ 인베스트먼트 주형법

87. 절삭유가 갖추어야 할 조건으로 틀린 내용은?
① 마찰계수가 적고 인화점, 발화점이 높

을 것
② 냉각성이 우수하고 윤활성, 유동성이 좋을 것
③ 장시간 사용해도 변질되지 않고 인체에 무해 할 것
④ 절삭유의 표면장력이 크고 칩의 생성부에는 침투되지 않을 것

[해설] 절삭유는 표면장력이 작고 칩(chip)의 생성부에 침투하여 분리되도록 할 것

88. 유압프레스에서 램의 유효단면적이 50 cm^2, 유효단면적에 작용하는 최고 유압이 40 kgf/cm^2일 때 유압프레스의 용량(ton)은?
① 1   ② 1.5
③ 2   ④ 2.5

[해설] $P=\dfrac{W}{A}[kgf/cm^2]$
$W=PA=40\times 50$
$=2000\ kgf(=2\ ton)$

89. 플러그 게이지에 대한 설명으로 옳은 것은?
① 진원도도 검사할 수 있다.
② 통과측이 통과되지 않을 경우는 기준 구멍보다 큰 구멍이다.
③ 플러그 게이지는 치수공차의 합격 유·무만을 검사할 수 있다.
④ 정지측이 통과할 때에는 기준 구멍보다 작고, 통과측보다 마멸이 심하다.

[해설] 플러그 게이지는 공작품의 안지름을 검사하고 캘리퍼스의 벌림을 정하는 데 쓰이는 막대 모양의 게이지로 치수공차의 합격 유무만을 검사할 수 있다.

90. 다음 중 다이아몬드, 수정 등 보석류 가공에 가장 적합한 가공법은?

① 방전 가공

② 전해 가공

③ 초음파 가공

④ 슈퍼 피니싱 가공

해설 초음파 가공은 취성이 큰 재료를 가공하기에 가장 적합한 가공법으로 다이아몬드, 유리, 수정 등의 보석류 가공에 적합하다. 연성재료인 구리, 납 등의 무른 재료는 가공이 불가능하다.

91. 다음 1 자유도 진동계의 고유 각진동수는? (단, 3개의 스프링에 대한 스프링 상수는 k이며 물체의 질량은 m이다.)

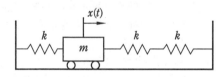

① $\sqrt{\dfrac{2m}{3k}}$

② $\sqrt{\dfrac{3k}{2m}}$

③ $\sqrt{\dfrac{2k}{3m}}$

④ $\sqrt{\dfrac{3m}{2k}}$

해설 $k_{eq} = k + \dfrac{k \cdot k}{k+k}$

$$= k + \dfrac{k}{2} = \dfrac{3}{2}k\,[\text{N/cm}]$$

$$\omega = \sqrt{\dfrac{k_{eq}}{m}} = \sqrt{\dfrac{3k}{2m}}\,[\text{rad/s}]$$

92. 3 kg의 칼라 C가 고정된 막대 AB에 초기에 정지해 있다가 그림과 같이 변동하는 힘 Q에 의해 움직인다. 막대 AB와 칼라 C 사이의 마찰계수가 0.3일 때 시각 $t = 1$초일 때의 칼라의 속도는?

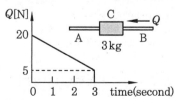

① 2.89 m/s

② 5.25 m/s

③ 7.26 m/s

④ 9.32 m/s

해설 $\Sigma F = m \cdot a$

$$= (20 - 5t) - \mu mg$$

$$a = \dfrac{1}{m}(20 - 5t) - \mu g = \dfrac{dV}{dt}$$

$$\int_{V_0}^{V} dV = \int_{0}^{1} \left\{ \dfrac{1}{m}(20 - 5t) - \mu g \right\} dt$$

$$V = \left[\dfrac{1}{m}\left(20t - \dfrac{5}{2}t^2\right) - \mu g \cdot t \right]_{0}^{1}$$

$$= \dfrac{1}{3}\left(20 \times 1 - \dfrac{5}{2} \times 1^2\right) - 0.3 \times 9.8 \times 1$$

$$= 2.89 \text{ m/s}$$

93. 질점의 단순조화진동을 $y = C\cos(\omega_n t - \phi)$라 할 때 이 진동의 주기는?

① $\dfrac{\pi}{\omega_n}$

② $\dfrac{2\pi}{\omega_n}$

③ $\dfrac{\omega_n}{2\pi}$

④ $2\pi\omega_n$

해설 $T = \dfrac{1}{f} = \dfrac{2\pi}{w_n}\,[\text{s}]$

94. 질량이 10 t인 항공기가 활주로에서 착륙을 시작할 때 속도는 100 m/s이다. 착륙부터 정지 시까지 항공기는 $\Sigma F_x = -1000v_x N$ [v_x는 비행기 속도(m/s)]의 힘을 받으며 $+x$방향의 직선운동을 한다. 착륙부터 정지 시까지 항공기가 활주한 거리는?

① 500 m

② 750 m

③ 900 m

④ 1000 m

해설 $a = \dfrac{dV}{dt} = \dfrac{dV}{ds} \cdot \dfrac{ds}{dt} = V \cdot \dfrac{dV}{ds}$

$$V \cdot dV = a \cdot ds = \dfrac{\Sigma F_x}{m} ds$$

$$\dfrac{-1000 \cdot V_x}{m} ds = V_x \cdot dV$$

$$\int_0^S ds = \int_{V_0}^V -\frac{m}{1000} dV$$

$$S = \left[-\frac{m \cdot V}{1000} \right]_{100}^0$$

$$= -\frac{10 \times 10^3}{1000} \times (0 - 100)$$

$$= 1000 \text{ m}$$

95. 반지름이 r인 실린더가 위치 1의 정지 상태에서 경사를 따라 높이 h만큼 굴러 내려갔을 때, 실린더 중심의 속도는? (단, g는 중력가속도이며, 미끄러짐은 없다고 가정한다.)

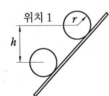

① $0.707\sqrt{2gh}$ ② $0.816\sqrt{2gh}$
③ $0.845\sqrt{2gh}$ ④ $\sqrt{2gh}$

[해설] $\frac{1}{2}mV_1^2 + \frac{1}{2}J \cdot w_1^2 + mgZ_1$

$= \frac{1}{2}mV_2^2 + \frac{1}{2}J \cdot w_2^2 + mgZ_2$

$mg(Z_1 - Z_2) = \left(\frac{1}{2}m + \frac{1}{2} \times \frac{mr^2}{2} \times \frac{1}{r^2} \right)V_2^2$

$mgh = \frac{3}{4}mV^2$

$\therefore V = 0.816\sqrt{2gh}$

96. 등가속도 운동에 관한 설명으로 옳은 것은?
① 속도는 시간에 대하여 선형적으로 증가하거나 감소한다.
② 변위는 시간에 대하여 선형적으로 증가하거나 감소한다.
③ 속도는 시간의 제곱에 비례하여 증가하

거나 감소한다.
④ 변위는 시간의 세제곱에 비례하여 증가하거나 감소한다.

97. 두 질점이 충돌할 때 반발계수가 1인 경우에 대한 설명 중 옳은 것은?
① 두 질점의 상대적 접근속도와 이탈속도의 크기는 다르다.
② 두 질점의 운동량의 합은 증가한다.
③ 두 질점의 운동에너지의 합은 보존된다.
④ 충돌 후에 열에너지나 탄성파 발생 등에 의한 에너지 소실이 발생한다.

[해설] (1) 완전 탄성 충돌($e = 1$) : 충돌 전후의 전체 에너지(운동량 및 운동에너지)가 보존된다.
(2) 불완전 비탄성 충돌($0 < e < 1$) : 운동량은 보존되고 운동에너지는 보존되지 않는다.
(3) 완전 비탄성(소성) 충돌($e = 0$) : 충돌 후 두 질점의 속도는 같다. (충돌 후 반발됨이 없이 한 덩어리가 된다 : 상대속도가 0이다.)

98. 질량이 12 kg, 스프링 상수가 150 N/m, 감쇠비가 0.033인 진동계를 자유진동시키면 5회 진동 후 진폭은 최초 진폭의 몇 %인가?
① 15 %   ② 25 %
③ 35 %   ④ 45 %

[해설] $\delta = \frac{2\pi\psi}{\sqrt{1 - \psi^2}} = \frac{1}{n}\ln\left(\frac{x_o}{x_n} \right)$

$\frac{2 \times \pi \times 0.033}{\sqrt{1 - 0.033^2}} = \frac{1}{5}\ln\frac{x_o}{x_n}$

$(y = \ln x$에서 $x = e^y)$

$\frac{x_o}{x_n} = e^{n\delta} = e^{5 \times 0.207} = 2.83$

$\therefore x_n = \frac{x_o}{2.83} = 0.353 x_o (35.3 \%)$

99. 평면에서 강체가 그림과 같이 오른쪽에서 왼쪽으로 운동하였을 때 이 운동의 명칭으로 가장 옳은 것은?

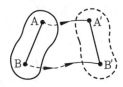

① 직선병진운동
② 곡선병진운동
③ 고정축회전운동
④ 일반평면운동

100. 질량 m인 기계가 강성계수 $\dfrac{k}{2}$인 2개의 스프링에 의해 바닥에 지지되어 있다. 바닥이 $y = 6\sin\sqrt{\dfrac{4k}{m}}\,t$[mm]로 진동하고 있다면 기계의 진폭은 얼마인가? (단, t는 시간이다.)

① 1 mm   ② 2 mm
③ 3 mm   ④ 6 mm

해설 스프링이 병렬연결이므로, 등가 스프링 상수(k_{eq})

$$= \frac{k}{2} + \frac{k}{2} = k\,[\text{N/cm}]$$

$$\omega_n = \sqrt{\frac{k_{eq}}{m}} = \sqrt{\frac{k}{m}}\;[\text{rad/s}]$$

$$\frac{\omega}{\omega_n} = \sqrt{\frac{4k}{m}} \times \sqrt{\frac{m}{k}} = \sqrt{4} = 2$$

$$\frac{x}{x_o} = \frac{1}{\left(\dfrac{\omega}{\omega_n}\right)^2 - 1} = \frac{1}{\gamma^2 - 1}$$

$$\therefore \text{ 기계 진폭}(x) = \frac{x_0}{\gamma^2 - 1} = \frac{6}{2^2 - 1} = 2\,\text{mm}$$

일반기계기사

제1과목 **재료역학**

1. 그림과 같이 순수 전단을 받는 요소에서 발생하는 전단응력 $\tau = 70$ MPa, 재료의 세로탄성계수는 200 GPa, 푸아송의 비는 0.25일 때 전단 변형률은 약 몇 rad인가?

① 8.75×10^{-4} ② 8.75×10^{-3}
③ 4.38×10^{-4} ④ 4.38×10^{-3}

[해설] $\tau = G\gamma$[MPa]

$$G = \frac{mE}{2(m+1)} = \frac{E}{2(1+\mu)} \text{[GPa]}$$

$$\gamma = \frac{\tau}{G} = \frac{\tau \times 2(1+\mu)}{E}$$

$$= \frac{70 \times 2(1+0.25)}{200 \times 10^3} = 8.75 \times 10^{-4} \text{ rad}$$

2. 일단 고정 타단 롤러 지지된 부정정보의 중앙에 집중 하중 P를 받고 있을 때, 롤러 지지점의 반력은 얼마인가?

① $\dfrac{3}{16}P$ ② $\dfrac{5}{16}P$

③ $\dfrac{7}{16}P$ ④ $\dfrac{9}{16}P$

[해설] $\delta_1 = \dfrac{R_B L^3}{3EI}$, $\delta_2 = \dfrac{5PL^3}{48EI}$

$\delta_1 - \delta_2 = 0$(지점에서의 처짐량은 0이므로)

$\delta_1 = \delta_2$

$$\frac{R_B L^3}{3EI} = \frac{5PL^3}{48EI}$$

$$\therefore R_B = \frac{5}{16}P\text{[N]}$$

※ 고정단 반력이 항상 더 크다.

$\Sigma F_y = 0$, $R_A + R_B = P$

$$\therefore R_A = P - R_B = \frac{11}{16}P$$

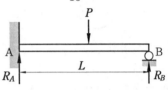

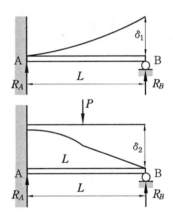

3. 그림과 같이 균일 분포 하중 w를 받는 보에서 굽힘 모멘트 선도는?

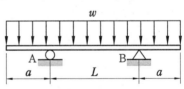

①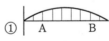

②

③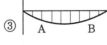

④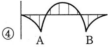

해설

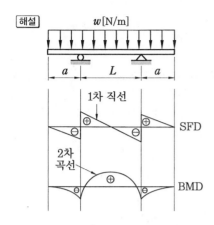

w[N/m]

a L a

1차 직선

SFD

⊕   ⊕

⊖

2차 곡선

⊕

⊖

BMD

4. 지름 100 mm의 양단 지지보의 중앙에 2 kN의 집중 하중이 작용할 때 보 속의 최대굽힘응력이 16 MPa일 경우 보의 길이는 약 몇 m인가?

① 1.51   ② 3.14
③ 4.22   ④ 5.86

해설 $\sigma_{max} = \dfrac{M_{max}}{Z} = \dfrac{\dfrac{PL}{4}}{\dfrac{\pi d^3}{32}} = \dfrac{8PL}{\pi d^3}$ 에서

$$L = \frac{\sigma_{max}\pi d^3}{8P} = \frac{16 \times 10^3 \times \pi (0.1)^3}{8 \times 2}$$
$$= 3.14\,\text{m}$$

5. 바깥지름 30 cm, 안지름 10 cm인 중공 원형 단면의 단면계수는 약 몇 cm³인가?

① 2618   ② 3927
③ 6584   ④ 1309

해설 속 빈 축의 단면계수(Z)

$$= \frac{\pi d_2^3}{32}(1 - x^4) = \frac{\pi (30)^3}{32}\left[1 - \left(\frac{1}{3}\right)^4\right]$$
$$= 2618\,\text{cm}^3$$

여기서, 내외경비$(x) = \dfrac{d_1}{d_2} = \dfrac{1}{3}$

6. 그림의 구조물이 수직하중 $2P$를 받을 때 구조물 속에 저장되는 탄성변형에너지

는? (단, 단면적 A, 탄성계수 E는 모두 같다.)

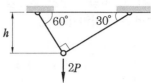

h

60°   30°

$2P$

① $\dfrac{P^2 h}{4AE}(1 + \sqrt{3})$ ② $\dfrac{P^2 h}{2AE}(1 + \sqrt{3})$

③ $\dfrac{P^2 h}{AE}(1 + \sqrt{3})$ ④ $\dfrac{2P^2 h}{AE}(1 + \sqrt{3})$

해설

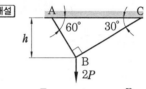

A   C

60°   30°

h

B

$2P$

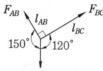

F_{AB} F_{BC}

l_{AB} l_{BC}

150°   120°

각 부재의 장력(tension)을 구하기 위해 Lami's theorem(sine theorem)을 적용한다.

$$\frac{2P}{\sin 90°} = \frac{F_{AB}}{\sin 120°} = \frac{F_{BC}}{\sin 150°}$$

$$F_{AB} = \sqrt{3}\,P, \quad F_{BC} = P$$

$$l_{AB}\sin 60° = h \quad \therefore l_{AB} = \frac{h}{\sin 60°} = \frac{2}{\sqrt{3}}h$$

$$l_{BC}\sin 30° = h \quad \therefore l_{BC} = \frac{h}{\sin 30°} = 2h$$

$$\delta_{AB} = \frac{F_{AB}}{AE}l_{AB} = \frac{\sqrt{3}\,P}{AE}\left(\frac{2}{\sqrt{3}}h\right)$$

$$\delta_{BC} = \frac{F_{BC}}{AE}l_{BC} = \frac{P}{AE}(2h)$$

$$U = \frac{1}{2}\frac{P^2 l}{AE}\,[\text{kJ}]$$

$$U = U_{BC} + U_{AB}$$

$$= \frac{1}{2}\frac{F_{BC}^2}{AE}l_{BC} + \frac{1}{2}\frac{F_{AB}^2}{AE}l_{AB}$$

$$= \frac{1}{2}\frac{P^2}{AE} \times 2h + \frac{1}{2}\frac{(\sqrt{3}\,P)^2}{AE} \times \frac{2\sqrt{3}}{3}h$$

$$= \frac{P^2 h}{AE} + \frac{\sqrt{3}\,P^2 h}{AE} = \frac{P^2 h}{AE}(1 + \sqrt{3})\,[\text{kJ}]$$

7. 그림과 같은 일단 고정 타단 롤러로 지지된 등분포 하중을 받는 부정정보의 B단에서 반력은 얼마인가?

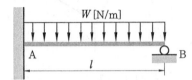

W [N/m]

A l B

① $\dfrac{Wl}{3}$ ② $\dfrac{5\,Wl}{8}$

③ $\dfrac{2\,Wl}{3}$ ④ $\dfrac{3\,Wl}{8}$

[해설] 2개의 외팔보로 가정

$$\frac{R_B \cdot l^3}{3EI} = \frac{wl^4}{8EI}$$

$$R_B = \frac{3wl}{8}$$

8. 전단력 10 kN이 작용하는 지름 10 cm인 원형 단면의 보에서 그 중립축 위에 발생하는 최대 전단응력은 약 몇 MPa인가?

① 1.3   ② 1.7

③ 130   ④ 170

[해설] $\tau_{\max} = \dfrac{4}{3} \cdot \dfrac{F}{A}$

$$= \frac{4}{3} \times \frac{4 \times 10 \times 10^3}{\pi \times 0.1^2} \times 10^{-6}$$

$$= 1.7 \text{ MPa}$$

9. 정육면체 형상의 짧은 기둥에 그림과 같이 측면에 홈이 파여져 있다. 도심에 작용하는 하중 P로 인하여 단면 $m-n$에 발생하는 최대 압축응력은 홈이 없을 때 압축응력의 몇 배인가?

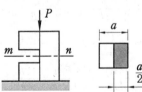

P

m n

a

$\dfrac{a}{2}$

① 2   ② 4

③ 8   ④ 12

[해설] (1) 홈이 없을 때 : $\sigma_1 = \dfrac{P}{A} = \dfrac{P}{a^2}$ [MPa]

(2) 홈이 있을 때 : $\sigma_2 = \dfrac{P}{A} + \dfrac{M}{Z}$ [MPa]

$$= \frac{P}{\dfrac{a^2}{2}} + \frac{P\left(\dfrac{a}{4}\right)}{\dfrac{a\left(\dfrac{a}{2}\right)^2}{6}}$$

$$= \frac{2P}{a^2} + \frac{6P}{a^2} = \frac{8P}{a^2} = 8\sigma_1$$

$$\therefore \frac{\sigma_2}{\sigma_1} = 8$$

10. 그림과 같은 단순 지지보의 중앙에 집중 하중 P가 작용할 때 단면이 (가)일 경우의 처짐 y_1은 단면이 (나)일 경우의 처짐 y_2의 몇 배인가? (단, 보의 전체 길이 및 보의 굽힘 강성은 일정하며 자중은 무시한다.)

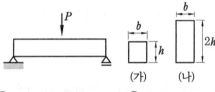

P

b b

h $2h$

(가)   (나)

① 4   ② 8

③ 16   ④ 32

[해설] $y_{\max} = \dfrac{PL^3}{48EI}$ [m]

$$y_{\max} \propto \frac{1}{I}$$

$$\frac{y_1}{y_2} = \frac{I_2}{I_1} = \frac{b(2h)^3}{12} \times \frac{12}{bh^3} = 8$$

$$\therefore y_1 = 8y_2$$

11. 그림과 같이 단붙이 원형축(stepped circular shaft)의 풀리에 토크가 작용하여 평형상태에 있다. 이 축에 발생하는 최

대 전단응력은 몇 MPa인가?

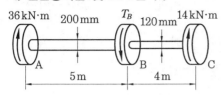

① 18.2   ② 22.9

③ 41.3   ④ 147.4

[해설] $\tau_{AB} = \dfrac{T_{AB}}{(Z_P)_{AB}} = \dfrac{T_{AB}}{\dfrac{\pi d^3}{16}}$

$$= \frac{16 \times 36 \times 10^{-3}}{\pi (0.2)^3} = 22.92 \text{ MPa}$$

$$\tau_{BC} = \frac{T_{BC}}{(Z_P)_{BC}} = \frac{T_{BC}}{\dfrac{\pi d^3}{16}}$$

$$= \frac{16 \times 14 \times 10^{-3}}{\pi (0.12)^3} = 41.26 \text{ MPa}$$

$$\tau_{BC} > \tau_{AB}$$

12. 그림과 같이 벽돌을 쌓아 올릴 때 최하단 벽돌의 안전계수를 20으로 하면 벽돌의 높이 h를 얼마만큼 높이 쌓을 수 있는가? (단, 벽돌의 비중량은 16 kN/m³, 파괴 압축응력을 11 MPa로 한다.)

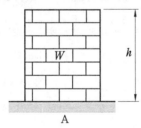

① 34.3 m   ② 25.5 m

③ 45.0 m   ④ 23.8 m

[해설] $\sigma_{ca} = \dfrac{\sigma_{cr}}{s} = \gamma h \,[\text{kPa}]$

$$\sigma_{ca} = \frac{11 \times 10^3}{20} = 550 \text{ kPa}$$

$$\therefore\ h = \frac{\sigma_{ca}}{\gamma} = \frac{550}{16} = 34.38 \text{ m}$$

13. 지름이 동일한 봉에 위 그림과 같이 하중이 작용할 때 단면에 발생하는 축 하중 선도는 아래 그림과 같다. 단면 C에 작용하는 하중(F)은 얼마인가?

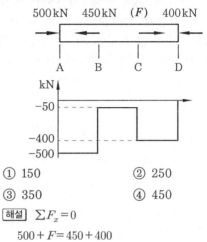

① 150   ② 250

③ 350   ④ 450

[해설] $\sum F_x = 0$

$$500 + F = 450 + 400$$

$$F = 350 \text{ kN}$$

14. 강재의 인장시험 후 얻어진 응력-변형률 선도로부터 구할 수 없는 것은?

① 안전계수   ② 탄성계수

③ 인장강도   ④ 비례한도

[해설] 응력-변형률 선도에서 응력의 크기 순서
인장(극한)강도 > 항복응력 > 탄성한도 > 허용응력(비례한도) > 사용응력

※ 안전계수(safety factor)는 선도에서 구할 수 없다.

15. 길이가 L이고 지름이 d_o인 원통형의 나사를 끼워 넣을 때 나사의 단위 길이당 t_o의 토크가 필요하다. 나사 재질의 전단탄성계수가 G일 때 나사 끝단 간의 비틀림 회전량(rad)은 얼마인가?

① $\dfrac{16 t_o L^2}{\pi d_o^4 G}$ ② $\dfrac{32 t_o L^2}{\pi d_o^4 G}$

③ $\dfrac{t_o L^2}{16 \pi d_o^4 G}$ ④ $\dfrac{t_o L^2}{32 \pi d_o^4 G}$

[해설] $\theta = \dfrac{TL}{GI_P} = \dfrac{32(t_o L) \cdot \dfrac{L}{2}}{G\pi d_o^4} = \dfrac{16 t_o L^2}{G\pi d_o^4}$

16.
지름 35 cm의 차축이 0.2°만큼 비틀렸다. 이때 최대 전단응력이 49 MPa이고, 재료의 전단탄성계수가 80 GPa이라고 하면 이 차축의 길이는 약 몇 m인가?

① 2.0 ② 2.5
③ 1.5 ④ 1.0

[해설] $T = \tau Z_P = \tau \dfrac{\pi d^3}{16} = 49 \times \dfrac{\pi(0.35)^3}{16}$

$\qquad = 0.412 \text{ MN} \cdot \text{m} = 0.412 \times 10^3 \text{ kN} \cdot \text{m}$

$\theta = 584 \dfrac{TL}{Gd^4} [\,°\,]$

$L = \dfrac{Gd^4 \theta}{584 T} = \dfrac{80 \times 10^6 \times 0.35^4 \times 0.2}{584 \times 0.412 \times 10^3} \fallingdotseq 1.0 \text{ m}$

17.
평면 응력상태에서 σ_x와 σ_y만이 작용하는 2축 응력에서 모어원의 반지름이 되는 것은? (단, $\sigma_x > \sigma_y$이다.)

① $(\sigma_x + \sigma_y)$ ② $(\sigma_x - \sigma_y)$
③ $\dfrac{1}{2}(\sigma_x + \sigma_y)$ ④ $\dfrac{1}{2}(\sigma_x - \sigma_y)$

[해설] 평면 응력상태에서 σ_x, σ_y만 작용하는 2축응력($\sigma_x > \sigma_y$)에서 모어 응력원의 반지름(R)은 최대 전단응력을 나타낸다.

$\tau_{max}(R) = \dfrac{1}{2}(\sigma_x - \sigma_y) [\text{MPa}]$

18.
지름이 d인 짧은 환봉의 축 중심으로부터 a만큼 떨어진 지점에 편심 압축하중 P가 작용할 때 단면상에서 인장응력이 일어나지 않는 a 범위는?

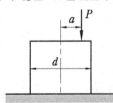

① $\dfrac{d}{8}$ 이내 ② $\dfrac{d}{6}$ 이내
③ $\dfrac{d}{4}$ 이내 ④ $\dfrac{d}{2}$ 이내

[해설] 핵심반지름(a)

$= \pm \dfrac{Z}{A} = \pm \dfrac{\dfrac{\pi d^3}{32}}{\dfrac{\pi d^2}{4}} = \pm \dfrac{d}{8} [\text{cm}]$

$\left(-\dfrac{d}{8} \le a \le \dfrac{d}{8} \right)$

19.
두께 1.0 mm의 강판에 한 변의 길이가 25 mm인 정사각형 구멍을 펀칭하려고 한다. 이 강판의 전단 파괴응력이 250 MPa일 때 필요한 압축력은 몇 kN인가?

① 6.25 ② 12.5
③ 25.0 ④ 156.2

[해설] $\tau = \dfrac{P_s}{A} [\text{MPa}]$에서

$P_s = \tau A = \tau (4at) = 250(4 \times 25 \times 1)$

$\qquad = 25000 \text{ N} = 25 \text{ kN}$

20.
그림과 같이 하중을 받는 보에서 전단력의 최댓값은 약 몇 kN인가?

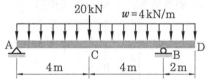

① 11 kN ② 25 kN
③ 27 kN ④ 35 kN

[해설]

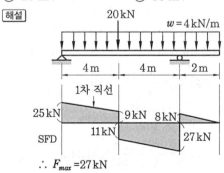

$\therefore F_{max} = 27 \text{ kN}$

(1) $\sum M_A = 0$

$(4 \times 10) \times 5 - R_B \times 8 + 20 \times 4 = 0$

$\therefore R_B = \dfrac{40 \times 5 + 20 \times 4}{8} = \dfrac{280}{8} = 35 \text{ kN}$

(2) $\sum F_y = 0$

$\therefore R_A = (40 + 20) - R_B$

$\qquad = 60 - 35 = 25 \text{ kN}$

(3) SFD

$F_x = R_A - 20 - 4x$

$\qquad = 25 - 20 - 4x = 5 - 4x$

전단력이 0인 위치(위험단면)

$0 = 5 - 4x$

$x = \dfrac{5}{4} = 1.25$

$M_x = R_A x - 20(x - 4) - \dfrac{4x^2}{2}$

$\qquad = 25x - 20x + 80 - 2x^2$

$\qquad = 5x + 80 - 2x^2$

$\qquad = 5(1.25) + 80 - 2(1.25)^2$

$\qquad = 83.125 \text{ kN} \cdot \text{m}$

$F_x = \dfrac{dM}{dx} = 4x + 5$

제2과목   **기계열역학**

---

21. 질량 1 kg의 공기가 밀폐계에서 압력과 체적이 100 kP, 1 m³이었는데 폴리트로픽 과정(PV^n = 일정)을 거쳐 체적이 0.5 m³이 되었다. 최종 온도(T_2)와 내부에너지의 변화량(ΔU)은 각각 얼마인가? (단, 공기의 기체상수는 287 J/kg · K, 정적비열은 718 J/kg · K, 정압비열은 1005 J/kg · K, 폴리트로프 지수는 1.30이다.)

① $T_2 = 459.7$K, $\Delta U = 111.3$ kJ

② $T_2 = 459.7$K, $\Delta U = 79.9$ kJ

③ $T_2 = 428.9$K, $\Delta U = 80.5$ kJ

④ $T_2 = 428.9$K, $\Delta U = 57.8$ kJ

해설 $P_1 V_1 = mRT_1$

$T_1 = \dfrac{P_1 V_1}{mR} = \dfrac{100 \times 1}{1 \times 0.287} = 348.43 \text{ K}$

$T_2 = T_1 \left(\dfrac{V_1}{V_2} \right)^{n-1}$

$\qquad = 348.43 \left(\dfrac{1}{0.5} \right)^{1.3-1} = 428.97 \text{ K}$

$\Delta U = m C_v (T_2 - T_1)$

$\qquad = 1 \times 0.718(428.97 - 348.43)$

$\qquad = 57.8 \text{ kJ}$

22. 20℃의 공기 5 kg이 정압 과정을 거쳐 체적이 2배가 되었다. 공급한 열량은 몇 약 kJ인가? (단, 정압비열은 1kJ/kg · K이다.)

① 1465   ② 2198

③ 2931   ④ 4397

해설 $Q = m C_p (T_2 - T_1)$

$\qquad\quad = 5 \times 1(586 - 293) = 1465 \text{ kJ}$

$P = C, \quad \dfrac{V}{T} = C$

$\dfrac{V_1}{T_1} = \dfrac{V_2}{T_2}$

$T_2 = T_1 \left(\dfrac{V_2}{V_1} \right) = 293(2) = 586 \text{ K}$

23. 온도가 150℃인 공기 3 kg이 정압 냉각되어 엔트로피가 1.063 kJ/K만큼 감소되었다. 이때 방출된 열량은 약 몇 kJ인가? (단, 공기의 정압비열은 1.01 kJ/kg · K이다.)

① 27   ② 379

③ 538   ④ 715

해설 $\Delta S = m \cdot C_p \cdot \ln \left(\dfrac{T_2}{T_1} \right)$

$-1.063 = 3 \times 1.01 \times \ln \left(\dfrac{T_2}{150 + 273} \right)$

$T_2 = 297.84 \text{ K} = 24.84 ℃$

$$_1Q_2 = m \cdot C_P \cdot (T_2 - T_1)$$
$$= 3 \times 1.01 \times (24.84 - 150)$$
$$= -379.23 \text{ kJ}$$

24. 밀폐계의 가역 정적변화에서 다음 중 옳은 것은? (단, U : 내부에너지, Q : 전달된 열, H : 엔탈피, V : 체적, W : 일이다.)

① $dU = \delta Q$ ② $dH = \delta Q$

③ $dV = \delta Q$ ④ $dW = \delta Q$

[해설] $\delta Q = du + pdv$ [kJ]

정적변화($v = c$, $dv = 0$)이므로

∴ $\delta Q = du$ [kJ]

정적 변화 시 가열량과 내부에너지 변화량은 같다.

25. 공기 1 kg을 정적과정으로 40℃에서 120℃까지 가열하고, 다음에 정압과정으로 120℃에서 220℃까지 가열한다면 전체 가열에 필요한 열량은 약 얼마인가? (단, 정압비열은 1.00 kJ/kg·K, 정적비열은 0.71 kJ/kg·K이다.)

① 127.8 kJ/kg ② 141.5 kJ/kg

③ 156.8 kJ/kg ④ 185.2 kJ/kg

[해설] $Q = Q_v + Q_p$
$$= m C_v(t_2 - t_1) + m C_p(t_2 - t_1)$$
$$= 1 \times 0.71(120 - 40) + 1 \times 1(220 - 120)$$
$$= 156.8 \text{ kJ}$$
$$\therefore q = \frac{Q}{m} = \frac{156.8}{1} = 156.8 \text{ kJ/kg}$$

26. 냉동기 냉매의 일반적인 구비조건으로서 적합하지 않은 사항은?

① 임계 온도가 높고, 응고 온도가 낮을 것

② 증발열이 적고, 증기의 비체적이 클 것

③ 증기 및 액체의 점성이 작을 것

④ 부식성이 없고, 안정성이 있을 것

[해설] 냉매는 증발열이 크고, 증기의 비체적(v)은 작아야 한다.

27. 그림과 같이 중간에 격벽이 설치된 계에서 A에는 이상기체가 충만되어 있고, B는 진공이며, A와 B의 체적은 같다. A와 B 사이의 격벽을 제거하면 A의 기체는 단열비가역 자유팽창을 하여 어느 시간 후에 평형에 도달하였다. 이 경우의 엔트로피 변화 Δs는? (단, C_v는 정적비열, C_p는 정압비열, R은 기체상수이다.)

① $\Delta s = C_v \times \ln 2$

② $\Delta s = C_p \times \ln 2$

③ $\Delta s = 0$

④ $\Delta s = R \times \ln 2$

[해설] 가역, 비가역 자유팽창은 등온과정으로 취급한다.
$$\therefore ds = R\ln\left(\frac{V_2}{V_1}\right) = R\ln 2 \text{ [kJ/kg·K]}$$

28. 오토 사이클의 압축비가 6인 경우 이론 열효율은 약 몇 %인가? (단, 비열비 = 1.4이다.)

① 51 ② 54

③ 59 ④ 62

[해설] $\eta_{tho} = \left\{1 - \left(\dfrac{1}{\varepsilon}\right)^{k-1}\right\} \times 100\%$
$$= \left\{1 - \left(\frac{1}{6}\right)^{1.4-1}\right\} \times 100\%$$
$$= 51.16\% (\fallingdotseq 51\%)$$

29. 온도 T_2인 저온체에서 열량 Q_A를 흡수해서 온도가 T_1인 고온체로 열량 Q_R를 방출할 때 냉동기의 성능계수(coefficient of performance)는?

① $\dfrac{Q_R - Q_A}{Q_A}$ ② $\dfrac{Q_R}{Q_A}$

---

③ $\dfrac{Q_A}{Q_R - Q_A}$ ④ $\dfrac{Q_A}{Q_R}$

[해설] $(COP)_R = \dfrac{Q_A}{W_C} = \dfrac{Q_A}{Q_R - Q_A}$

30. 30℃, 100 kPa의 물을 800 kPa까지 압축한다. 물의 비체적이 0.001 m³/kg로 일정하다고 할 때, 단위 질량당 소요된 일(공업일)은?

① 167 J/kg   ② 602 J/kg

③ 700 J/kg   ④ 1400 J/kg

[해설] $w_t = -\displaystyle\int_1^2 v\,dp$

$\quad = -v\displaystyle\int_1^2 dp = v\displaystyle\int_2^1 dp$

$\quad = v(P_1 - P_2) = 0.001(800 - 100)$

$\quad = 0.7 \text{ kJ/kg}$

31. 냉동실에서의 흡수열량이 5 냉동톤(RT)인 냉동기의 성능계수(COP)가 2, 냉동기를 구동하는 가솔린 엔진의 열효율이 20 %, 가솔린의 발열량이 43000 kJ/kg일 경우, 냉동기 구동에 소요되는 가솔린의 소비율은 약 몇 kg/h인가? (단, 1 냉동톤(RT)은 약 3.86 kW이다.)

① 1.28 kg/h   ② 2.54 kg/h

③ 4.04 kg/h   ④ 4.85 kg/h

[해설] $W_C = \dfrac{Q_e}{\varepsilon_R} = \dfrac{5 \times 3.86}{2}$

$\qquad = 9.65 \text{ kW}$

$\eta = \dfrac{3600 kW}{H_L \times m_f} \times 100 \%$

$m_f = \dfrac{3600\,kW}{H_L \times \eta} = \dfrac{3600 \times 9.65}{43000 \times 0.2} = 4.04 \text{ kg/h}$

32. 비열비가 k인 이상기체로 이루어진 시스템이 정압과정으로 부피가 2배로 팽창할 때 시스템에 한 일이 w, 시스템에 전달된

열이 Q일 때, $\dfrac{W}{Q}$는 얼마인가? (단, 비열은 일정하다.)

① k ② $\dfrac{1}{k}$

③ $\dfrac{k}{k-1}$ ④ $\dfrac{k-1}{k}$

[해설] 정압과정($P = C$) 시 밀폐계 일(W)과 가열량(Q)은 다음과 같다.

$W = P(V_2 - V_1) = mR(T_2 - T_1)[\text{kJ}]$

$Q = m\,C_p(T_2 - T_1)$

$\quad = m\dfrac{kR}{k-1}(T_2 - T_1)[\text{kJ}]$

$\therefore \dfrac{W}{Q} = \dfrac{k-1}{k}$

33. 이상기체에서 비엔탈피 h와 비내부에너지 u, 비엔트로피 s 사이에 성립하는 식으로 옳은 것은? (단, T는 온도, v는 비체적, P는 압력이다.)

① $Tds = dh + vdP$

② $Tds = dh - vdP$

③ $Tds = du - Pdv$

④ $Tds = dh + d(Pv)$

[해설] $\delta q (= Tds) = dh - vdP\,[\text{kJ/kg}]$

34. 밀도 1000 kg/m³인 물이 단면적 0.01 m²인 관속을 2 m/s의 속도로 흐를 때, 질량유량은?

① 20 kg/s   ② 2.0 kg/s

③ 50 kg/s   ④ 5.0 kg/s

[해설] 질량유량($\dot{m}$)

$\quad = \rho AV = 1000 \times 0.01 \times 2 = 20 \text{ kg/s}$

35. 대기압 100 kPa에서 용기에 가득 채운 프로판을 일정한 온도에서 진공펌프를 사용하여 2 kPa까지 배기하였다. 용기 내에 남은 프로판의 중량은 처음 중량의 몇 %

정답 **30.** ③   **31.** ③   **32.** ④   **33.** ②   **34.** ①   **35.** ②

정도 되는가?

① 20 % 　　　　② 2 %

③ 50 % 　　　　④ 5 %

[해설] $\dfrac{P_1}{P_2} = \dfrac{m_1}{m_2} = \dfrac{100}{2} = 50$

$m_2 = \dfrac{1}{50} m_1 = 0.02\, m_1$

m_2는 m_1의 2 % 정도 남는다.

36. 열역학적 상태량은 일반적으로 강도성 상태량과 종량성 상태량으로 분류할 수 있다. 강도성 상태량에 속하지 않는 것은?

① 압력 　　　　② 온도

③ 밀도 　　　　④ 체적

[해설] 강도성 상태량(intensive quantity of state)은 물질의 양과 무관한 상태량(성질 ; property)이다.

　　[예] 압력, 밀도(비질량), 온도, 비체적 등

　　※ 체적은 물질의 양에 비례하는 종량성(용량성) 상태량이다.

37. 카르노 열기관 사이클 A는 0℃와 100℃ 사이에서 작동되며 카르노 열기관 사이클 B는 100℃와 200℃ 사이에서 작동된다. 사이클 A의 효율(η_A)과 사이클 B의 효율(η_B)을 각각 구하면?

① $\eta_A = 26.80\,\%,\ \eta_B = 50.00\,\%$

② $\eta_A = 26.80\,\%,\ \eta_B = 21.14\,\%$

③ $\eta_A = 38.75\,\%,\ \eta_B = 50.00\,\%$

④ $\eta_A = 38.75\,\%,\ \eta_B = 21.14\,\%$

[해설] $\eta_A = 1 - \dfrac{T_2}{T_1} = \left(1 - \dfrac{273}{373}\right) \times 100\,\%$

$\qquad = 26.8\,\%$

$\eta_B = 1 - \dfrac{T_L}{T_H} = \left(1 - \dfrac{373}{473}\right) \times 100\,\%$

$\qquad = 21.14\,\%$

38. 수소(H₂)를 이상기체로 생각하였을 때,

절대압력 1 MPa, 온도 100℃에서의 비체적은 약 몇 m³/kg인가? (단, 일반기체상수는 8.3145 kJ/kmol · K이다.)

① 0.781 　　　　② 1.26

③ 1.55 　　　　④ 3.46

[해설] $Pv = RT$

$v = \dfrac{RT}{P} = \dfrac{\left(\dfrac{8.314}{M}\right)T}{P} = \dfrac{\left(\dfrac{8.314}{2}\right) \times 373}{1 \times 10^3}$

$\qquad = 1.55\ \text{m}^3/\text{kg}$

39. 과열증기를 냉각시켰더니 포화영역 안으로 들어와서 비체적이 0.2327 m³/kg이 되었다. 이때의 포화액과 포화증기의 비체적이 각각 1.079×10⁻³ m³/kg, 0.5243 m³/kg이라면 건도는?

① 0.964 　　　　② 0.772

③ 0.653 　　　　④ 0.443

[해설] $v_x = v' + x(v'' - v')\,[\text{m}^3/\text{kg}]$에서

건도(x)

$= \dfrac{v_x - v'}{v'' - v'} = \dfrac{0.2327 - 1.079 \times 10^{-3}}{0.5243 - 1.079 \times 10^{-3}}$

$= 0.443$

40. 다음 그림과 같은 Rankine 사이클의 열효율은 약 몇 %인가? (단, $h_1 = 191.8$ kJ/kg, $h_2 = 193.8$ kJ/kg, $h_3 = 2799.5$ kJ/kg, $h_4 = 2007.5$ kJ/kg이다.)

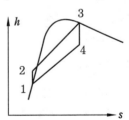

① 30.3 % 　　　　② 39.7 %

③ 46.9 % 　　　　④ 54.1 %

[해설] $\eta_R = \dfrac{w_{net}}{q_1} = \dfrac{w_t - w_p}{q_1}$

$$= \frac{(h_3 - h_4) - (h_2 - h_1)}{h_3 - h_2} \times 100\%$$

$$= \frac{(2799.5 - 2007.5) - (193.8 - 191.8)}{2799.5 - 193.8} \times 100\%$$

$$= 30.3\%$$

제3과목 | **기계유체역학**

41. 정지된 액체 속에 잠겨있는 평면이 받는 압력에 의해 발생하는 합력에 대한 설명으로 옳은 것은?

① 크기가 액체의 비중량에 반비례한다.
② 크기는 도심에서의 압력에 면적을 곱한 것과 같다.
③ 작용점은 평면의 도심과 일치한다.
④ 수직평면의 경우 작용점이 도심보다 위쪽에 있다.

[해설] $F = PA\left(P = \gamma \bar{h}\right) = \gamma \bar{h} A$ [N]

42. 조종사가 2000 m의 상공을 일정 속도로 낙하산으로 강하하고 있다. 조종사의 무게가 1000 N, 낙하산 지름이 7 m, 항력계수가 1.3일 때 낙하 속도는 약 몇 m/s인가? (단, 공기 밀도는 $1\,kg/m^3$이다.)

① 5.0 　　② 6.3
③ 7.5 　　④ 8.2

[해설] 항력$(D) = C_D \dfrac{\rho A V^2}{2}$ [N]

$$V = \sqrt{\frac{2D}{C_D \rho A}} = \sqrt{\frac{2 \times 1000}{1.3 \times 1 \times \dfrac{\pi (7)^2}{4}}}$$

$$= 6.32\,m/s$$

43. 국소 대기압이 710 mmHg일 때, 절대압력 50 kPa은 게이지 압력으로 약 얼마인가?

① 44.7 Pa 진공 　　② 44.7 Pa
③ 44.7 kPa 진공 　　④ 44.7 kPa

[해설] $P_a = P_o + P_g$

$$P_g = P_a - P_o = 50 \times 10^3 - \frac{710}{760} \times 101325$$

$$= -44.7\,kPa$$

$$= 44.7\,kPa(진공)$$

44. 수면의 높이 차이가 H인 두 저수지 사이에 지름 d, 길이 l인 관로가 연결되어 있을 때 관로에서의 평균 유속(V)을 나타내는 식은? (단, f는 관마찰계수이고, g는 중력가속도이며, K_1, K_2는 관입구와 출구에서 부차적 손실계수이다.)

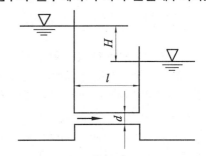

① $V = \sqrt{\dfrac{2gdH}{K_1 + fl + K_2}}$

② $V = \sqrt{\dfrac{2gH}{K_1 + f + K_2}}$

③ $V = \sqrt{\dfrac{2gH}{K_1 + \dfrac{f}{l} + K_2}}$

④ $V = \sqrt{\dfrac{2gH}{K_1 + f\dfrac{l}{d} + K_2}}$

[해설] $H = \left(K_1 + f\dfrac{l}{d} + K_2\right)\dfrac{V^2}{2g}$

$$\therefore V = \sqrt{\frac{2gH}{k_1 + f\dfrac{l}{d} + k_2}}\ [m/s]$$

45. 스프링 상수가 10 N/cm인 4개의 스프

링으로 평판 A를 벽 B에 그림과 같이 장착하였다. 유량 0.01 m³/s, 속도 10 m/s인 물제트가 평판 A의 중앙에 직각으로 충돌할 때, 평판과 벽 사이에서 줄어드는 거리는 약 몇 cm인가?

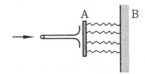

① 2.5   ② 1.25
③ 10.0   ④ 5.0

해설 $F_x = 4k\delta = \rho QV$

$$\delta = \frac{F_x}{4k} = \frac{\rho QV}{4k} = \frac{1000 \times 0.01 \times 10}{4 \times 10 \times 100}$$
$$= 0.025\,\text{m}\,(= 2.5\,\text{cm})$$

46. 수면에 떠 있는 배의 저항 문제에 있어서 모형과 원형 사이에 역학적 상사(相似)를 이루려면 다음 중 어느 것이 중요한 요소가 되는가?

① Reynolds number, Mach number
② Reynolds number, Froude number
③ Weber number, Euler number
④ Mach number, Weber number

해설 수면 위에 떠 있는 배의 저항 문제(마찰저항과 압력저항)와 배의 모형시험에서 역학적 상사 조건을 만족하려면 점성력과 중력이 중요시되므로 레이놀즈수(Re), 프루드수(Fr)가 중요한 무차원수가 된다.

47. 지름 200 mm에서 지름 100 mm로 단면적이 변하는 원형관 내의 유체 흐름이 있다. 단면적 변화에 따라 유체 밀도가 변경 전 밀도의 106 %로 커졌다면, 단면적이 변한 후의 유체 속도는 약 몇 m/s인가? (단, 지름 200 mm에서 유체의 밀도는 800 kg/m³, 평균 속도는 20 m/s이다.)

① 52   ② 66

③ 75   ④ 89

해설 $\dot{m} = \rho A V = C$

$\rho_1 A_1 V_1 = \rho_2 A_2 V_2\,[\text{kg/s}]$에서

$$V_2 = V_1\left(\frac{\rho_1}{\rho_2}\right)\left(\frac{A_1}{A_2}\right) = V_1\left(\frac{\rho_1}{\rho_2}\right) \times \left(\frac{d_1}{d_2}\right)^2$$
$$= 20 \times \left(\frac{1}{1.06}\right) \times \left(\frac{200}{100}\right)^2 = 75.47\,\text{m/s}$$

48. 2차원 속도장이 $\overrightarrow{V} = y^2\hat{i} - xy\hat{j}$로 주어질 때 (1, 2) 위치에서의 가속도의 크기는 약 얼마인가?

① 4   ② 6
③ 8   ④ 10

해설 $\dfrac{D\overrightarrow{V}}{Dt} = \dfrac{\partial \overrightarrow{V}}{\partial t} + u\dfrac{\partial \overrightarrow{V}}{\partial x} + u\dfrac{\partial \overrightarrow{V}}{\partial y}$

정상류이고 대류가속도 성분 계산

$$a = \sqrt{\{y^2 \times (-y)\}^2 + \{(-xy) \cdot (2y - x)\}^2}$$
$$= \sqrt{(-8)^2 + (-6)^2} = 10\,\text{m/s}^2$$

49. 다음 중 유량을 측정하기 위한 장치가 아닌 것은?

① 위어(weir)
② 오리피스(orifice)
③ 피에조미터(piezometer)
④ 벤투리미터(venturimeter)

해설 피에조미터(piezometer)는 정압 측정용 계기이다.

50. 낙차가 100 m이고 유량이 500 m³/s인 수력발전소에서 얻을 수 있는 최대 발전용량은?

① 50 kW   ② 50 MW
③ 490 kW   ④ 490 MW

해설 발전용량(L) $= 9.8\,QH_e$
$$= 9.8 \times 500 \times 100$$
$$= 490000\,\text{kW}$$
$$= 490\,\text{MW}$$

정답   46. ②   47. ③   48. ④   49. ③   50. ④

51. 다음 보기 중 무차원수를 모두 고른 것은?

〈보 기〉
---
a. Renolds수   b. 관마찰계수
c. 상대조도   d. 일반기체상수
---

① a, c   ② a, b
③ a, b, c   ④ b, c, d

[해설] 레이놀즈수(Re), 관마찰계수(f), 상대조도$\left(\dfrac{e}{d}\right)$ 등은 단위가 없는 무차원수이고, 일반기체상수$(\overline{R}) = MR = 8.314\,\mathrm{kJ/kg}\cdot\mathrm{kmol}$로 단위가 있다.

52. Blasius의 해석결과에 따라 평판 주위의 유동에 있어서 경계층 두께에 관한 설명으로 틀린 것은?

① 유체 속도가 빠를수록 경계층 두께는 작아진다.
② 밀도가 클수록 경계층 두께는 작아진다.
③ 평판 길이가 길수록 평판 끝단부의 경계층 두께는 커진다.
④ 점성이 클수록 경계층 두께는 작아진다.

[해설] 경계층 난류 유동 시 Blasius의 실험식

경계층 두께$(\delta) = 0.3164 R_{ex}^{-\frac{1}{4}} = \dfrac{0.3164}{\sqrt[4]{R_{ex}}}$

(점성이 클수록 경계층의 두께는 커진다.)

53. 노즐을 통하여 풍량 $Q = 0.8\,\mathrm{m^3/s}$일 때 마노미터 수두 높이차 h는 약 몇 m인가? (단, 공기의 밀도는 $1.2\,\mathrm{kg/m^3}$, 물의 밀도는 $1000\,\mathrm{kg/m^3}$이며, 노즐 유량계의 송출계수는 1로 가정한다.)

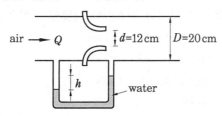

① 0.13   ② 0.27
③ 0.48   ④ 0.62

[해설] $V = \dfrac{1}{\sqrt{1 - \left(\dfrac{d}{D}\right)^4}} \sqrt{2gh\left(\dfrac{\rho_w}{\rho_{Air}} - 1\right)}\,[\mathrm{m/s}]$

$h = \dfrac{V^2\left[1 - \left(\dfrac{d}{D}\right)^4\right]}{2g\left(\dfrac{\rho_w}{\rho_{Air}} - 1\right)}$

$= \dfrac{(70.74)^2\left[1 - \left(\dfrac{12}{20}\right)^4\right]}{2 \times 9.8\left(\dfrac{1000}{1.2} - 1\right)} ≒ 0.27\,\mathrm{m}$

$V = \dfrac{4 \times 0.8}{\pi(0.12)^2} = 70.74\,\mathrm{m/s}$

54. 지름 D인 파이프 내에 점성 μ인 유체가 층류로 흐르고 있다. 파이프 길이가 L일 때, 유량과 압력 손실 Δp의 관계로 옳은 것은?

① $Q = \dfrac{\pi\Delta p D^2}{128\mu L}$ ② $Q = \dfrac{\pi\Delta p D^2}{256\mu L}$

③ $Q = \dfrac{\pi\Delta p D^4}{128\mu L}$ ④ $Q = \dfrac{\pi\Delta p D^4}{256\mu L}$

55. 다음 중 무차원수인 스트라홀수(Strouhal number)와 가장 관계가 먼 항목은?

① 점도
② 속도
③ 길이
④ 진동흐름의 주파수

[해설] 스트라홀수(Strouhal number)는 흐르는 유체 속에 잠겨있는 물체의 후류(wake)에서 주기 또는 준주기를 갖는 현상에 대해 정의되는 무차원수다.

$S = \dfrac{n(\text{소용돌이 발생 빈도}) \times D(\text{물체 길이})}{\text{유체 속도}(V)}$

56. 지름비가 $1 : 2 : 3$인 모세관의 상승높

이 비는 얼마인가? (단, 다른 조건은 모두 동일하다고 가정한다.)

① 1 : 2 : 3 ② 1 : 4 : 9
③ 3 : 2 : 1 ④ 6 : 3 : 2

해설 $h = \dfrac{4\sigma\cos\beta}{\gamma d}$ [mm]에서 $h \propto \dfrac{1}{d}$

$\therefore h_1 : h_2 : h_3 = 1 : \dfrac{1}{2} : \dfrac{1}{3} = 6 : 3 : 2$

57. 다음 중 단위계(system of unit)가 다른 것은?

① 항력(drag)
② 응력(stress)
③ 압력(pressure)
④ 단위 면적당 작용하는 힘

해설 항력의 단위는 N이고 압력 = 응력(단위 면적당 작용하는 힘)의 단위는 Pa(N/m^2)이다.

58. 지름이 0.01 m인 관내로 점성계수 0.005 N·s/m^2, 밀도 800 kg/m^{3}인 유체가 1 m/s의 속도로 흐를 때 이 유동의 특성은?

① 층류 유동
② 난류 유동
③ 천이 유동
④ 위 조건으로는 알 수 없다.

해설 $Re = \dfrac{\rho Vd}{\mu} = \dfrac{800 \times 1 \times 0.01}{0.005}$
$= 1600 < 2100$이므로 층류 유동이다.

59. 평판으로부터의 거리를 y라고 할 때 평판에 평행한 방향의 속도 분포($u(y)$)가 아래와 같은 식으로 주어지는 유동장이 있다. 여기에서 U와 L은 각각 유동장의 특성속도와 특성길이를 나타낸다. 유동장에서는 속도 $u(y)$만 있고, 유체는 점성계수가 μ인 뉴턴 유체일 때 $y = \dfrac{L}{8}$에서의 전

단응력은?

$$u(y) = U\left(\frac{y}{L}\right)^{2/3}$$

① $\dfrac{2\mu U}{3L}$ ② $\dfrac{4\mu U}{3L}$
③ $\dfrac{8\mu U}{3L}$ ④ $\dfrac{16\mu U}{3L}$

해설 $\tau = \mu \dfrac{du}{dy}\bigg|_{y=\frac{L}{8}} = \mu U \dfrac{\frac{2}{3}y^{-\frac{1}{3}}}{L^{\frac{2}{3}}}\bigg|_{y=\frac{L}{8}}$

$= \dfrac{2}{3}\mu U \dfrac{2}{L} = \dfrac{4\mu U}{3L}$ [Pa]

60. 퍼텐셜 함수가 $K\theta$인 선와류 유동이 있다. 중심에서 반지름 1 m인 원주를 따라 계산한 순환(circulation)은? (단, $\vec{V} = \nabla\phi = \dfrac{\partial\phi}{\partial r}\hat{i_r} + \dfrac{1}{r}\dfrac{\partial\phi}{\partial\theta}\hat{i_\theta}$이다.)

① 0 ② K
③ πK ④ $2\pi K$

해설 순환(circulation) 폐곡선을 따라서 호의 길이와 접선속도 성분의 곱을 반시계 방향으로 선적분한 양

$\Gamma = \displaystyle\int_0^{2\pi} V_\theta \cdot \gamma \cdot d\theta$

$V_\theta = \dfrac{1}{\gamma}\dfrac{\partial\phi}{\partial\theta} = \dfrac{1}{\gamma}\dfrac{\partial}{\partial\theta}(k\theta) = \dfrac{k}{r}$

$\Gamma = \displaystyle\int_0^{2\pi} k\,d\theta = k[\theta]_0^{2\pi} = 2\pi k$

제4과목 **기계재료 및 유압기기**

61. 강의 5대 원소만을 나열한 것은?

① Fe, C, Ni, Si, Au
② Ag, C, Si, Co, P
③ C, Si, Mn, P, S
④ Ni, C, Si, Cu, S

해설 금속(강)의 5대 원소 : 탄소(C), 규소(Si), 망간(Mn), 인(P), 황(S)

62. C와 Si의 함량에 따른 주철의 조직을 나타낸 조직 분포도는?

① Gueiner, Klingenstein 조직도

② 마우러(Maurer) 조직도

③ Fe-C 복평형 상태도

④ Guilet 조직도

해설 탄소(C)와 규소(Si) 및 냉각속도에 따른 주철의 조직도를 마우러(Maurer) 조직 선도 라고 한다.

63. 고망간강에 관한 설명으로 틀린 것은?

① 오스테나이트 조직을 갖는다.

② 광석·암석의 파쇄기의 부품 등에 사용된다.

③ 열처리에 수인법(water toughening)이 이용된다.

④ 열전도성이 좋고 팽창계수가 작아 열변형을 일으키지 않는다.

해설 고망간강은 강인강의 종류로 인장강도 및 점성계수가 우수하다.

64. 고속도공구강(SKH2)의 표준 조성에 해당되지 않는 것은?

① W   ② V

③ Al   ④ Cr

해설 표준고속도강(SKH) : W 18 % + Cr 4 % + V 1 %(C 0.85 %)

65. 강의 열처리 방법 중 표면경화법에 해당하는 것은?

① 마퀜칭   ② 오스포밍

③ 침탄질화법   ④ 오스템퍼링

해설 마퀜칭, 오스포밍, 오스템퍼링은 항온 열처리이다.

66. 대표적인 주조경질 합금으로 코발트를 주성분으로 한 Co-Cr-W-C계 합금은?

① 라우탈(lautal)

② 실루민(silumin)

③ 세라믹(ceramic)

④ 스텔라이트(stellite)

해설 ① 라우탈 : Al + Si + Cu계 합금

② 실루민 : Al + Si계 합금

③ 세라믹 : Al_2O_3

67. 두랄루민의 합금 조성으로 옳은 것은?

① Al-Cu-Zn-Pb

② Al-Cu-Mg-Mn

③ Al-Zn-Si-Sn

④ Al-Zn-Ni-Mn

해설 두랄루민 : Al-Cu-Mg-Mn계 합금, 항공기 재료, 시효경화 합금

68. 서브제로(sub-zero) 처리에 관한 설명으로 틀린 것은?

① 마모성 및 피로성이 향상된다.

② 잔류 오스테나이트를 마텐자이트화 한다.

③ 담금질을 한 강의 조직이 안정화된다.

④ 시효변화가 적으며 부품의 치수 및 형상이 안정된다.

해설 서브제로 처리(sub-zero treatment)는 잔류 오스테나이트를 0℃ 이하로 냉각하여 마텐자이트 조직으로 변태시키는 처리로 심랭처리라고도 한다.

69. 다음 중 비중이 가장 큰 금속은?

① Fe   ② Al

③ Pb   ④ Cu

해설 비중의 크기 순서 납(11.34) > 구리(8.96) > 철(7.86) > 알루미늄(2.68)

정답 62. ②   63. ④   64. ③   65. ③   66. ④   67. ②   68. ①   69. ③

70. 다음 중 과공석강의 탄소함유량(%)으로 옳은 것은?

① 약 0.01~0.02 %

② 약 0.02~0.80 %

③ 약 0.80~2.0 %

④ 약 2.0~4.3 %

해설 (1) 아공석강 : C 0.03~0.8 %

(2) 공석강 : C 0.8 %

(3) 과공석강 : C 0.8~2.11 %

71. 그림과 같이 P_3의 압력은 실린더에 작용하는 부하의 크기 혹은 방향에 따라 달라질 수 있다. 그러나 중앙의 "A"에 특정 밸브를 연결하면 P_3의 압력 변화에 대하여 밸브 내부에서 P_2의 압력을 변화시켜 ΔP를 항상 일정하게 유지시킬 수 있는데 "A"에 들어갈 수 있는 밸브는 무엇인가?

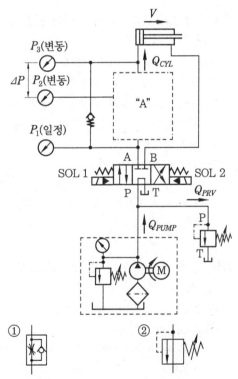

해설 ①은 1방향 교축·속도 제어 밸브이다. ③은 그림에서 P_3의 압력 변화에 대하여 밸브 내부에서 P_2의 압력을 변화시켜 ΔP를 항상 일정하게 유지하여 밸브를 통과하는 유량도 일정하게 하는 밸브(압력 보상형 유량 제어 밸브)이다.

72. 그림과 같은 유압 회로도에서 릴리프 밸브는?

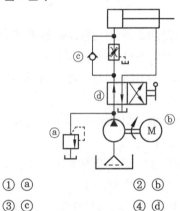

① ⓐ   ② ⓑ

③ ⓒ   ④ ⓓ

해설 ⓐ : 릴리프 밸브(relief valve)

ⓑ : 전동기(motor)

ⓒ : 유량 조정 밸브

ⓓ : 4포트 2위치 방향 전환 밸브

73. 일반적으로 저점도유를 사용하며 유압 시스템의 온도도 60~80℃ 정도로 높은 상태에서 운전하여 유압시스템 구성기기의 이물질을 제거하는 작업은?

① 엠보싱   ② 블랭킹

③ 플러싱   ④ 커미싱

해설 플러싱(flushing) : 유압기기를 처음 운전할 때 장치 내의 슬러지를 용해하기 위한 작업

74. 그림과 같은 방향 제어 밸브의 명칭으

로 옳은 것은?

① 4ports-4control position valve

② 5ports-4control position valve

③ 4ports-2control position valve

④ 5ports-2control position valve

75. 유량 제어 밸브를 실린더 출구 측에 설치한 회로로서 실린더에서 유출되는 유량을 제어하여 피스톤 속도를 제어하는 회로는?

① 미터 인 회로

② 카운터 밸런스 회로

③ 미터 아웃 회로

④ 블리드 오프 회로

76. 실린더 안을 왕복 운동하면서, 유체의 압력과 힘의 주고 받음을 하기 위한 지름에 비하여 길이가 긴 기계 부품은?

① spool   ② land

③ port   ④ plunger

해설 플런저 : 피스톤과 같이 실린더의 조합에 의하여 유체의 압축이나 압력의 전달에 사용하는 전체 길이에 걸쳐 단면이 일정하게 만들어진 기계 부품

77. 다음 중 한쪽 방향으로 흐름은 자유로우나 역방향의 흐름을 허용하지 않는 밸브는?

① 셔틀 밸브   ② 체크 밸브

③ 스로틀 밸브   ④ 릴리프 밸브

해설 체크 밸브는 유체를 한쪽 방향으로만 흐르게 하고 반대쪽의 흐름을 허용하지 않는 방향 제어 밸브로 역지밸브(변)라고도 한다.

78. 다음 유압 작동유 중 난연성 작동유에 해당하지 않는 것은?

① 물-글리콜형 작동유

② 인산 에스테르형 작동유

③ 수중 유형 유화유

④ R & O형 작동유

해설 R & O형 작동유는 방청제와 산화방지제를 첨가한 석유계 작동유로 일반 작동유라고도 한다.

79. 유압회로에서 감속회로를 구성할 때 사용되는 밸브로 가장 적합한 것은?

① 디셀러레이션 밸브

② 시퀀스 밸브

③ 저압 우선형 셔틀 밸브

④ 파일럿 조작형 체크 밸브

80. 유입 관로의 유량이 25 L/min일 때 내경이 10.9 mm라면 관내 유속은 약 몇 m/s 인가?

① 4.47   ② 14.62

③ 6.32   ④ 10.28

해설 $Q = AV = \dfrac{\pi d^2}{4} V [\mathrm{m^3/s}]$에서

$$V = \frac{Q}{A} = \frac{4Q}{\pi d^2} = \frac{4\left(\dfrac{25}{60000}\right)}{\pi (0.0109)^2} = 4.47 \, \mathrm{m/s}$$

제5과목 **기계제작법 및 기계동력학**

81. x방향에 대한 운동 방정식이 다음과 같이 나타날 때 이 진동계에서의 감쇠 고유진동수(damped natural frequency)는 약 몇 rad/s인가?

$$2\ddot{x} + 3\dot{x} + 8x = 0$$

① 2.75   ② 1.35

③ 2.25   ④ 1.85

[해설] $m\ddot{x}+c\dot{x}+kx=0\,(2\ddot{x}+3\dot{x}+8x=0)$

임계감쇠계수(c_c)

$$=\frac{2k}{\omega}=\frac{2k}{\sqrt{\dfrac{k}{m}}}=\frac{2\times8}{\sqrt{\dfrac{8}{2}}}=8$$

감쇠비$(\psi)=\dfrac{c}{c_c}=\dfrac{3}{8}=0.375$

$\omega_d=\omega\sqrt{1-\psi^2}=2\times\sqrt{1-(0.375)^2}=1.85$

82. 기중기 줄에 200 N과 160 N의 일정한 힘이 작용하고 있다. 처음에 물체의 속도는 밑으로 2 m/s였는데, 5초 후에 물체 속도의 크기는 약 몇 m/s인가?

① 0.18 m/s   ② 0.28 m/s

③ 0.38 m/s   ④ 0.48 m/s

[해설] $\sum F_y=ma_y\uparrow\oplus\downarrow\ominus$

$200+160-(m_1+m_2)g=ma_y$

$200+160-(15+20)\times9.8=35a_y$

$\therefore\ a_y=\dfrac{16.65}{35}=0.476\ \text{m/s}^2$

$V=V_0+at$

$\quad=-2+0.476\times5=0.38\ \text{m/s}$

83. 36 km/h의 속력으로 달리던 자동차 A가 정지하고 있던 자동차 B와 충돌하였다. 충돌 후 자동차 B는 2 m만큼 미끄러진 후 정지하였다. 두 자동차 사이의 반발계수 e 는 약 얼마인가? (단, 자동차 A, B의 질량은 동일하며 타이어와 노면의 동마찰계수는 0.8이다.)

① 0.06   ② 0.08

③ 0.10   ④ 0.12

[해설] $V_A=36\ \text{km/h}, \quad V_B=0$

$\sum F=ma=\mu_k\cdot mg$

$a=\mu_k\cdot g=0.8\times9.8=7.8\ \text{m/s}^2$

$(V_B'')^2-(V_B')^2=-2aS, \quad V_B''=0$

$V_B'=\sqrt{2\times7.8\times2}=5.6\ \text{m/s}$

$m_A\cdot V_A=m_A\cdot V_A'+m_B\cdot V_B'$

$V_A'=V_A-V_B'=\left(\dfrac{36}{3.6}\right)-5.6=4.4\ \text{m/s}$

$e=\dfrac{-(V_A'-V_B')}{V_A-V_B}=\dfrac{-(4.4-5.6)}{10}=0.12$

$1\ \text{km/h}=\dfrac{1}{3.6}\ \text{m/s}$

$1\ \text{m/s}=3.6\ \text{km/h}$

84. 질량이 100 kg이고 반지름이 1 m인 구의 중심에 420 N의 힘이 그림과 같이 작용하여 수평면 위에서 미끄러짐 없이 구르고 있다. 바퀴의 각가속도는 몇 rad/s² 인가?

① 2.2   ② 2.8

③ 3   ④ 3.2

[해설] $\sum M_o=J_o\alpha\left(Fr=\dfrac{3}{2}mr^2\alpha\right)$

$\therefore\ \alpha=\dfrac{2}{3}\dfrac{Fr}{mr^2}=\dfrac{2}{3}\times\dfrac{420\times1}{100\times1^2}$

$\quad=2.8\ \text{rad/s}^2$

85. 질량 10 kg인 상자가 정지한 상태에서 경사면을 따라 A지점에서 B지점까지 미끄

러져 내려왔다. 이 상자의 B지점에서의 속도는 약 몇 m/s인가? (단, 상자와 경사면 사이의 동마찰계수(μ_k)는 0.3이다.)

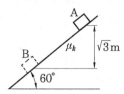

① 5.3   ② 3.9
③ 7.2   ④ 4.6

해설 $U_{1 \to 2} = \Delta T$

$$U_g - U_f = \frac{1}{2}m\left(V_B^2 - V_A^2\right)$$

$$\sqrt{3}\,mg - \mu_k \cdot mg \cdot \cos 60° \cdot \frac{\sqrt{3}}{\sin 60°}$$

$$= \frac{1}{2}mV_B^2$$

$$\sqrt{3} \times 10 \times 9.8 - 0.3 \times 10 \times 9.8$$

$$\times \cos 60° \frac{\sqrt{3}}{\sin 60°} = \frac{1}{2} \times 10 \times V_B^2$$

$$\therefore \ V_B = 5.3 \,\text{m/s}$$

86. 어떤 사람이 정지 상태에서 출발하여 직선 방향으로 등가속도 운동을 하여 5초 만에 10 m/s의 속도가 되었다. 출발하여 5초 동안 이동한 거리는 몇 m인가?

① 5   ② 10
③ 25   ④ 50

해설 $V = V_0 + at = at$ (초기 속도 $V_0 = 0$)

$$a = \frac{V}{t} = \frac{10}{5} = 2 \,\text{m/s}^2$$

$$S = V_o t + \frac{at^2}{2} = \frac{2 \times 5^2}{2} = 25 \,\text{m}$$

87. 스프링으로 지지되어 있는 질량의 정적 처짐이 0.5 cm일 때 이 진동계의 고유진동수는 몇 Hz인가?

① 3.53   ② 7.05
③ 14.09   ④ 21.15

해설 $f = \dfrac{\omega}{2\pi} = \dfrac{1}{2\pi}\sqrt{\dfrac{g}{\delta}}$

$$= \frac{1}{2\pi} \times \sqrt{\frac{9.8}{0.005}} = 7.05 \,\text{Hz(cps)}$$

88. 그림과 같이 길이가 서로 같고 평행인 두 개의 부재에 매달려 운동하는 평판의 운동의 형태는?

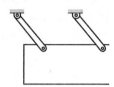

① 병진운동
② 고정축에 대한 회전운동
③ 고정점에 대한 회전운동
④ 일반적인 평면운동(회전운동 및 병진운동이 아닌 평면운동)

해설 병진운동(translation motion) : 질점계의 모든 질점이 똑같이 변위, 즉 평행 이동을 하는 운동

89. 주기운동의 변위 $x(t)$가 $x(t) = A\sin\omega t$로 주어졌을 때 가속도의 최댓값은 얼마인가?

① A ② ωA
③ $\omega^2 A$ ④ $\omega^3 A$

해설 $x(t) = A\sin\omega t\,[\text{m}]$

$$\dot{x}(t) = \omega A \cos\omega t\,[\text{m/s}]$$

$$\ddot{x}(t) = -A\omega^2 \sin\omega t\,[\text{m/s}^2]$$

$$\therefore \ \text{가속도 최댓값} \ \ddot{x}_{\max} = \omega^2 A\,[\text{m/s}^2]$$

90. 감쇠비 ζ가 일정할 때 전달률을 1보다 작게 하려면 진동수비는 얼마의 크기를 가지고 있어야 하는가?

① 1보다 작아야 한다.
② 1보다 커야 한다.

---

③ $\sqrt{2}$ 보다 작아야 한다.

④ $\sqrt{2}$ 보다 커야 한다.

[해설] $TR < 1$이면 $\dfrac{\omega}{\omega_n} > \sqrt{2}$ 이다.

91. 판 두께 5 mm인 연강 판에 지름 10 mm의 구멍을 프레스로 블랭킹하려고 할 때, 총 소요동력(P_t)은 약 몇 kW인가? (단, 프레스의 평균속도는 7 m/min, 재료의 전단강도는 300 N/mm², 기계의 효율은 80 %이다.)

① 5.5 　　　　② 6.9

③ 26.9 　　　　④ 68.7

[해설] $V = 7\,\text{m/min} = 0.117\,\text{m/s}$

소요동력(kW)

$$= \frac{P_s V}{\eta_m} = \frac{(\tau A) \times V}{\eta_m} = \frac{300(\pi dt) \times V}{\eta_m}$$

$$= \frac{[300(\pi \times 10 \times 5) \times 0.117] \times 10^{-3}}{0.8}$$

$$= 6.9\,\text{kW}$$

92. 다음 중 열처리(담금질)에서의 냉각능력이 가장 우수한 냉각제는?

① 비눗물 　　　② 글리세린

③ 18℃의 물 　　④ 10 % NaCl액

[해설] 담금질(퀜칭) 열처리시 냉각능력이 가장 좋은 것은 소금물이다.

93. 주조에서 주물의 중심부까지의 응고시간(t), 주물의 체적(V), 표면적(S)과의 관계로 옳은 것은 어느 것인가? (단, K는 주형상수이다.)

① $t = K\dfrac{V}{S}$ 　　② $t = K\left(\dfrac{V}{S}\right)^2$

③ $t = K\sqrt{\dfrac{V}{S}}$ 　　④ $t = K\left(\dfrac{V}{S}\right)^3$

94. 절삭가공 시 절삭유(cutting fluid)의 역

할로 틀린 것은?

① 공구와 칩의 친화력을 돕는다.

② 공구나 공작물의 냉각을 돕는다.

③ 공작물의 표면조도 향상을 돕는다.

④ 공작물과 공구의 마찰 감소를 돕는다.

[해설] 절삭유는 냉각작용으로 공구와 칩을 잘 분리되도록 해야 한다.

95. 경화된 작은 철구(鐵球)를 피가공물에 고압으로 분사하여 표면의 경도를 증가시켜 기계적 성질, 특히 피로강도를 향상시키는 가공법은?

① 버핑 　　　　② 버니싱

③ 쇼트 피닝 　　④ 슈퍼 피니싱

[해설] 쇼트 피닝(shot peening)은 주철, 주강제의 작은 구상의 쇼트(0.7~0.9 mm의 볼)를 40~50 m/s 속도로 공작물의 표면에 고압으로 분사하여 표면을 매끈하게 하는 동시에 0.2 mm의 경화층을 얻게 되며, 쇼트가 해머작용을 하여(표면 경도 증가) 기계적 성질 및 피로 강도를 향상시키는 가공법이다.

(1) 버핑 : 직물 등의 부드러운 재료로 된 원반에 미세한 입자를 부착시켜 고속회전시키며 공작물과 접촉시켜 표면의 녹을 제거하고 광택을 내는 작업

(2) 버니싱 : 구멍이 있는 공작물의 내면을 다듬질하기 위해 그 구멍의 안지름보다 다소 큰 지름의 버니시를 압입시키는 작업

(3) 슈퍼 피니싱 : 회전하고 있는 가공물 표면에 미세입자로 된 숫돌을 접촉시켜 가로, 세로 방향으로 진동을 주는 작업

96. 허용동력이 3.6 kW인 선반의 출력을 최대한으로 이용하기 위하여 취할 수 있는 허용 최대 절삭면적은 몇 mm²인가? (단, 경제적 절삭속도는 120 m/min을 사용하며, 피삭재의 비절삭 저항이 45 kgf/mm², 선반의 기계효율이 0.80이다.)

① 3.26 　　　　② 6.26

---

③ 9.26 ④ 12.26

해설 $kW = \dfrac{P_s V}{\eta_m} = \dfrac{(\tau A) V}{\eta_m}$

$(V = 120 \text{ m/min} = 2 \text{ m/s})$

$\therefore A = \dfrac{kW \times \eta_m}{\tau V} = \dfrac{3600 \times 0.80}{(45 \times 9.8) \times 2}$

$\quad = 3.265 \text{ mm}^2$

97. 다음 래핑 다듬질에 대한 특징 중 틀린 것은?

① 내식성이 증가된다.

② 마멸성이 증가된다.

③ 윤활성이 좋게 된다.

④ 마찰계수가 적어진다.

해설 래핑(lapping) : 가공물을 랩 공구에 밀착시켜 그 사이에 랩제를 넣고 가공물을 누르며 상대운동을 시켜 매끈한 다듬질 면을 얻는 작업

98. 용제와 와이어가 분리되어 공급되고 아크가 용제 속에서 발생되므로 불가시 아크 용접이라고 불리는 용접법은?

① 피복 아크 용접

② 탄산가스 아크 용접

③ 가스 텅스텐 아크 용접

④ 서브머지드 아크 용접

해설 서브머지드 아크 용접(submerged arc welding) : 분말 용제 속에 용접 심선을 와이어 식으로 공급해 심선과 모재 사이에서 아크를 발생시키는 용접

99. 소성가공에 포함되지 않는 가공법은?

① 널링가공

② 보링가공

③ 압출가공

④ 전조가공

해설 보링가공(boring working)은 드릴링으로 재료의 구멍을 깎은 후 구멍을 넓히는 가공이다.

100. CNC 공작기계의 이동량을 전기적인 신호로 표시하는 회전 피드백 장치는?

① 리졸버

② 볼 스크루

③ 리밋 스위치

④ 초음파 센서

해설 (1) 리졸버(resolver) : NC 공작기계의 움직임을 전기적인 신호로 표시하는 일종의 회전 피드백 장치

(2) 볼 스크루(ball screw) : 서보 모터의 회전운동을 받아 NC 공작기계의 테이블을 구동시키는 정밀 나사

정답 **97.** ② **98.** ④ **99.** ② **100.** ①

일반기계기사 2016년 10월 1일 (제4회)

1. 5 cm×4 cm 블록이 x축을 따라 0.05 cm만큼 인장되었다. y방향으로 수축되는 변형률(ε_y)은? (단, 푸아송비(ν)는 0.3이다.)

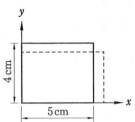

① 0.00015
② 0.0015
③ 0.003
④ 0.03

[해설] 푸아송비$(\nu) = \dfrac{|\varepsilon'|}{\varepsilon}$

$\therefore \varepsilon_y = \nu \cdot \varepsilon$

$= \nu \left(\dfrac{\lambda_x}{L_x} \right) = 0.3 \left(\dfrac{0.05}{5} \right) = 0.003$

2. 그림과 같이 지름 d인 강철봉이 안지름 d, 바깥지름 D인 동관에 끼워져서 두 강체 평판 사이에서 압축되고 있다. 강철봉 및 동관에 생기는 응력을 각각 σ_s, σ_c라고 하면 응력의 비(σ_s / σ_c)의 값은? (단, 강철(E_s) 및 동(E_c)의 탄성계수는 각각 $E_s =$ 200 GPa, $E_c =$ 120 GPa이다.)

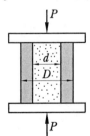

① $\dfrac{3}{5}$
② $\dfrac{4}{5}$
③ $\dfrac{5}{4}$
④ $\dfrac{5}{3}$

[해설] $\sigma_s = \dfrac{PE_s}{A_s E_s + A_c E_c}$ [kPa]

$\sigma_t = \dfrac{PE_c}{A_s E_s + A_c E_c}$ [kPa]

병렬조합 시 응력과 탄성계수는 비례하며, 외력은 각 부재에 균일하게 작용한다.

$\therefore \dfrac{\sigma_s}{\sigma_c} = \dfrac{E_s}{E_c} = \dfrac{200}{120} = \dfrac{5}{3}$

3. 동일 재료로 만든 길이 L, 지름 D인 축 A와 길이 $2L$, 지름 $2D$인 축 B를 동일 각도만큼 비트는 데 필요한 비틀림 모멘트의 비 T_A / T_B의 값은 얼마인가?

① $\dfrac{1}{4}$
② $\dfrac{1}{8}$
③ $\dfrac{1}{16}$
④ $\dfrac{1}{32}$

[해설] $\theta = \dfrac{TL}{GI_P} = \dfrac{TL}{G\dfrac{\pi D^4}{32}} = \dfrac{32TL}{G\pi D^4}$ [radian]

$\dfrac{T_B}{T_A} = \left(\dfrac{D_B}{D_A} \right)^4 \left(\dfrac{L_A}{L_B} \right) = 2^4 \left(\dfrac{1}{2} \right)$

$= 8 \left(\dfrac{T_A}{T_B} = \dfrac{1}{8} \right)$

4. 지름 d인 원형 단면 기둥에 대하여 오일러 좌굴식의 회전반지름은 얼마인가?

① $\dfrac{d}{2}$
② $\dfrac{d}{3}$
③ $\dfrac{d}{4}$
④ $\dfrac{d}{6}$

[해설] $k_G = \sqrt{\dfrac{I_G}{A}} = \sqrt{\dfrac{\pi d^4}{64} \times \dfrac{4}{\pi d^2}} = \sqrt{\dfrac{d^2}{16}}$

$\qquad = \dfrac{d}{4}$ [m]

5. 지름 2 cm, 길이 1 m의 원형 단면 외팔 보의 자유단에 집중 하중이 작용할 때, 최대 처짐량이 2 cm가 되었다면, 최대 굽힘 응력은 약 몇 MPa인가? (단, 보의 세로탄성계수는 200 GPa이다.)

① 80   ② 120

③ 180   ④ 220

[해설] $\delta_{\max} = \dfrac{PL^3}{3EI} = \dfrac{PL^3}{3E\dfrac{\pi d^4}{64}}$

$\quad P = \dfrac{3E\pi d^4 \delta_{\max}}{64 L^3}$

$\qquad = \dfrac{3 \times 200 \times 10^3 \times \pi (20)^4 \times 20}{64 \times (1000)^3}$

$\qquad = 94.25 \text{ kN}$

$\quad \sigma_{\max} = \dfrac{M_{\max}}{Z} = \dfrac{PL}{\dfrac{\pi d^3}{32}}$

$\qquad = \dfrac{32 PL}{\pi d^3} = \dfrac{32 \times 94.25 \times 1000}{\pi (20)^3}$

$\qquad = 120 \text{ MPa}$

6. 지름 d인 원형 단면보에 가해지는 전단력을 V라 할 때 단면의 중립축에서 일어나는 최대 전단응력은?

① $\dfrac{3}{2} \dfrac{V}{\pi d^2}$ ② $\dfrac{4}{3} \dfrac{V}{\pi d^2}$

③ $\dfrac{5}{3} \dfrac{V}{\pi d^2}$ ④ $\dfrac{16}{3} \dfrac{V}{\pi d^2}$

[해설] 지름이 d인 원형 단면인 경우

중립축에서 최대 전단응력$(\tau_{\max}) = \dfrac{4V}{3A}$

$\qquad = \dfrac{4V}{3\dfrac{\pi d^2}{4}} = \dfrac{16}{3} \dfrac{V}{\pi d^2}$ [MPa]

7. 오일러 공식이 세장비 $\dfrac{l}{k} > 100$에 대해 성립한다고 할 때, 양단이 힌지인 원형 단면 기둥에서 오일러 공식이 성립하기 위한 길이 "l"과 지름 "d"와의 관계가 옳은 것은?

① $l > 4d$ ② $l > 25d$

③ $l > 50d$ ④ $l > 100d$

[해설] 지름 d인 원형 단면의 최소 회전반지름

$\quad k_G = \dfrac{d}{4}$ 이므로,

세장비$(\lambda) = \dfrac{l}{k_G} = \dfrac{l}{\sqrt{\dfrac{I_G}{A}}} > 100$

$\quad \dfrac{4l}{d} > 100 \left(\dfrac{l}{d} > 25 \right)$

$\quad \therefore\ l > 25d$

8. 2축 응력 상태의 재료 내에서 서로 직각 방향으로 400 MPa의 인장응력과 300 MPa의 압축응력이 작용할 때 재료 내에 생기는 최대 수직응력은 몇 MPa인가?

① 500   ② 300

③ 400   ④ 350

[해설] $\theta = 0°$ 일 때

$\quad \sigma_n = \dfrac{1}{2}(\sigma_x + \sigma_y) + \dfrac{1}{2}(\sigma_x - \sigma_y)\cos 2\theta$ [MPa]

$\quad \sigma_{n(\max)} = \sigma_x\ (= 400 \text{ MPa})$

9. 그림과 같은 벨트 구조물에서 하중 W가 작용할 때 P값은? (단, 벨트는 하중 W의 위치를 기준으로 좌우 대칭이며 $0° < \alpha < 180°$이다.)

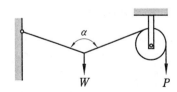

① $P = \dfrac{2W}{\cos \dfrac{\alpha}{2}}$ ② $P = \dfrac{W}{\cos \dfrac{\alpha}{2}}$

③ $P = \dfrac{W}{2\cos\alpha}$ ④ $P = \dfrac{W}{2\cos\dfrac{\alpha}{2}}$

[해설] $\sum F_y = 0 \uparrow \oplus \downarrow \ominus$

$2P\cos\dfrac{\alpha}{2} = W$

$\therefore P = \dfrac{W}{2\cos\dfrac{\alpha}{2}}$ [N]

10. 그림과 같이 분포 하중이 작용할 때 최대 굽힘 모멘트가 일어나는 곳은 보의 좌측으로부터 얼마나 떨어진 곳에 위치하는가?

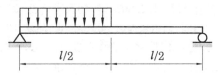

① $\dfrac{1}{4}l$ ② $\dfrac{3}{8}l$

③ $\dfrac{5}{12}l$ ④ $\dfrac{7}{16}l$

[해설] $\sum M_B = 0$, $R_A l - \dfrac{wl}{2} \times \dfrac{3l}{4} = 0$

$R_A = \dfrac{3}{8}wl$ [N]

$F_x = R_A - wx = \dfrac{3}{8}wl - wx$

전단력(F_x)이 0인 지점에서 최대 굽힘 모멘트가 일어나므로

$0 = \dfrac{3}{8}wl - wx$

$\therefore x = \dfrac{3}{8}l$

11. 그림과 같이 길이와 재질이 같은 두 개의 외팔보가 자유단에 각각 집중 하

중 P를 받고 있다. 첫째 보(1)의 단면 치수는 $b \times h$이고, 둘째 보(2)의 단면 치수는 $b \times 2h$라면, 보(1)의 최대 처짐 δ_1과 보(2)의 최대 처짐 δ_2의 비(δ_1/δ_2)는 얼마인가?

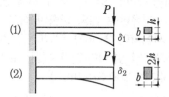

① $\dfrac{1}{8}$ ② $\dfrac{1}{4}$

③ 4   ④ 8

[해설] $\delta = \dfrac{PL^3}{3EI}$ [cm]

처짐량은 단면 2차 모멘트에 반비례한다.

$\therefore \dfrac{\delta_1}{\delta_2} = \dfrac{I_2}{I_1} = \dfrac{(2h)^3}{h^3} = 8$

12. 어떤 직육면체에서 x방향으로 40 MPa의 압축응력이 작용하고 y방향과 z방향으로 각각 10 MPa씩 압축응력이 작용한다. 이 재료의 세로탄성계수는 100 GPa, 푸아송 비는 0.25, x방향 길이는 200 mm일 때 x방향 길이의 변화량은?

① -0.07 mm   ② 0.07 mm

③ -0.085 mm   ④ 0.085 mm

[해설] $\varepsilon_x = -\dfrac{\sigma_x}{E} + \dfrac{\sigma_y}{mE} + \dfrac{\sigma_z}{mE}$

$\qquad = -\dfrac{\sigma_x}{E} + \dfrac{\mu\sigma_y}{E} + \dfrac{\mu\sigma_z}{E}$

$\dfrac{\lambda_x}{l_x} = \dfrac{1}{E}(-\sigma_x + \mu\sigma_y + \mu\sigma_z)$

$\sigma_y = \sigma_z = \sigma$라 하면

$\lambda_x = \dfrac{l_x}{E}(-\sigma_x + 2\mu\sigma)$

$\qquad = \dfrac{200}{100 \times 10^3}(-40 + 2 \times 0.25 \times 10)$

$\qquad = -0.07$ mm

정답   **10.** ②   **11.** ④   **12.** ①

13. 길이 L인 봉 AB가 그 양단에 고정된 두 개의 연직강선에 의하여 그림과 같이 수평으로 매달려 있다. 봉 AB의 자중은 무시하고, 봉이 수평을 유지하기 위한 연직하중 P의 작용점까지의 거리 x는? (단, 강선들은 단면적은 같지만 A단의 강선은 탄성계수 E_1, 길이 l_1, B단의 강선은 탄성계수 E_2, 길이 l_2이다.)

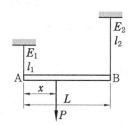

① $x = \dfrac{E_1 l_2 L}{E_1 l_2 + E_2 l_1}$

② $x = \dfrac{2E_1 l_2 L}{E_1 l_2 + E_2 l_1}$

③ $x = \dfrac{2E_2 l_1 L}{E_1 l_2 + E_2 l_1}$

④ $x = \dfrac{E_2 l_1 L}{E_1 l_2 + E_2 l_1}$

[해설] (1) $\lambda_1 = \lambda_2 \left(\dfrac{P_1 l_1}{AE_1} = \dfrac{P_2 l_2}{AE_2} \right)$

$\dfrac{P_1}{P_2} = \dfrac{l_2}{l_1} \dfrac{E_1}{E_2}$ ·················· ①

(2) 하중(P)점 좌·우 모멘트 평형 조건

$P_1 x = P_2 (L - x)$

$\dfrac{P_1}{P_2} = \dfrac{(L-x)}{x}$ ···················· ②

식 ① = 식 ②

$\dfrac{P_1}{P_2} = \dfrac{l_2}{l_1} \dfrac{E_1}{E_2} = \dfrac{(L-x)}{x}$

$x E_1 l_2 = E_2 l_1 (L - x)$

$x(E_1 l_2 + E_2 l_1) = E_2 l_1 L$

$\therefore \ x = \dfrac{E_2 l_1 L}{E_1 l_2 + E_2 l_1}$

14. 지름 4 cm의 원형 알루미늄 봉을 비틀림 재료시험기에 걸어 표면의 45° 나선에 부착한 스트레인 게이지로 변형도를 측정하였더니 토크 120 N·m일 때 변형률 $\varepsilon = 150 \times 10^{-6}$을 얻었다. 이 재료의 전단탄성계수는?

① 31.8 GPa   ② 38.4 GPa

③ 43.1 GPa   ④ 51.2 GPa

[해설] $\varepsilon = \dfrac{1}{2} \gamma$

$\tau = G\gamma = G(2\varepsilon) = \dfrac{T}{Z_P} = \dfrac{T}{\dfrac{\pi d^3}{16}} = \dfrac{16T}{\pi d^3}$

$G = \dfrac{T}{(2\varepsilon) Z_P} = \dfrac{16T}{(2 \times 150 \times 10^{-6}) \pi d^3}$

$\quad = \dfrac{16 \times 120 \times 10^3}{(2 \times 150 \times 10^{-6}) \pi (40)^3}$

$\quad = 31847 \, \text{MPa} ≒ 31.85 \, \text{GPa}$

15. 그림과 같이 4 kN/cm의 균일 분포 하중을 받는 일단 고정 타단 지지보에서 B점에서의 모멘트 M_B는 약 몇 kN·m인가? (단, 균일 단면보이며, 굽힘 강성(EI)은 일정하다.)

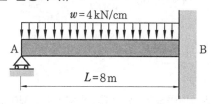

① 800   ② 2000

③ 3200   ④ 4000

[해설] $M_B = \dfrac{wL^2}{8} = \dfrac{400 \times 8^2}{8}$

$\quad = 3200 \, \text{kN·m}$

16. 회전수 120 rpm과 35 kW를 전달할 수 있는 원형 단면축의 길이가 2 m이고, 지름이 6 cm일 때 축단(軸端)의 비틀림 각도는

약 몇 rad인가? (단, 이 재료의 가로탄성
계수는 83 GPa이다.)

① 0.019 　　② 0.036
③ 0.053 　　④ 0.078

해설 $\theta = \dfrac{TL}{GI_P} = \dfrac{32\,TL}{G\pi d^4}$

$= \dfrac{3 \times 2785416.67 \times 2000}{83 \times 10^3 \pi (60)^4}$

$= 0.053\ \text{radian}$

$T = 9.55 \times 10^6 \dfrac{kW}{N} = 9.55 \times 10^6 \dfrac{35}{120}$

$= 2785416.67\ \text{N} \cdot \text{mm}$

17. 균일 분포 하중을 받고 있는 길이가 L
인 단순보의 처짐량을 δ로 제한한다면 균
일 분포 하중의 크기는 어떻게 표현되겠는
가? (단, 보의 단면은 폭이 b이고 높이가
h인 직사각형이고 탄성계수는 E이다.)

① $\dfrac{32Ebh^3\delta}{5L^4}$ 　　② $\dfrac{32Ebh^3\delta}{7L^4}$

③ $\dfrac{16Ebh^3\delta}{5L^4}$ 　　④ $\dfrac{16Ebh^3\delta}{7L^4}$

해설 균일 분포 하중을 받는 경우 단순보의 최

대처짐량$(\delta) = \dfrac{5wL^4}{384EI} = \dfrac{5wL^4}{384E\dfrac{bh^3}{12}}$ 에서

$w = \dfrac{32Ebh^3\delta}{5L^4}$ [N/m]

18. 단면적이 A, 탄성계수가 E, 길이가 L
인 막대에 길이방향의 인장하중을 가하여
그 길이가 δ만큼 늘어났다면, 이때 저장된
탄성변형에너지는?

① $\dfrac{AE\delta^2}{L}$ 　　② $\dfrac{AE\delta^2}{2L}$

③ $\dfrac{EL^3\delta^2}{A}$ 　　④ $\dfrac{EL^3\delta^2}{2A}$

해설 $U = \dfrac{P\delta}{2}\left(\delta = \dfrac{PL}{AE}\right)$

$= \dfrac{P^2L}{2AE} = \dfrac{AE\delta^2}{2L}$ [kJ]

19. 지름이 1.2 m, 두께가 10 mm인 구형 압
력용기가 있다. 용기 재질의 허용인장응력
이 42 MPa일 때 안전하게 사용할 수 있는
최대 내압은 약 몇 MPa인가?

① 1.1 　　② 1.4
③ 1.7 　　④ 2.1

해설 $\sigma_a = \dfrac{Pd}{4t}$ [MPa]

$P = \dfrac{4\sigma_a t}{d} = \dfrac{4 \times 42 \times 10}{1200} = 1.4\ \text{MPa}$

20. 그림과 같은 단순보의 중앙점(C)에서
굽힘 모멘트는?

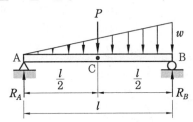

① $\dfrac{Pl}{2} + \dfrac{wl^2}{8}$ 　　② $\dfrac{Pl}{4} + \dfrac{wl^2}{16}$

③ $\dfrac{Pl}{2} + \dfrac{wl^2}{48}$ 　　④ $\dfrac{Pl}{4} + \dfrac{5}{48}wl^2$

해설 $M_c = \left(\dfrac{wl}{6} + \dfrac{P}{2}\right) \cdot \dfrac{l}{2}$

$- \dfrac{1}{2} \cdot \left(\dfrac{wl}{2l}\right) \cdot \dfrac{l}{2} \cdot \dfrac{l}{6} = \dfrac{wl^2}{12} + \dfrac{Pl}{4} - \dfrac{wl^2}{48}$

$= \dfrac{wl^2}{16} + \dfrac{Pl}{4}$ [N · m]

제2과목　　**기계열역학**

21. 압력(P)과 부피(V)의 관계가 '$PV^k =$
일정하다'고 할 때 절대일(W_{12})과 공업일
(W_t)의 관계로 옳은 것은?

---

① $W_t = k\,W_{12}$

② $W_t = \dfrac{1}{k}\,W_{12}$

③ $W_t = (k-1)\,W_{12}$

④ $W_t = \dfrac{1}{k-1}\,W_{12}$

[해설] $W_t = k\,W_{12}\,[\text{kJ}]$

$$= \dfrac{k}{k-1}(P_1 V_1 - P_2 V_2)\,[\text{kJ}]$$

22. 분자량이 29이고, 정압비열이 1005 J/kg · K인 이상기체의 정적비열은 약 몇 J/kg · K인가? (단, 일반기체상수는 8314.5 J/kmol · K이다.)

① 976　　　　　　② 287

③ 718　　　　　　④ 546

[해설] $C_v = C_p - R = 1005 - \left(\dfrac{\overline{R}}{M}\right)$

$$= 1005 - \left(\dfrac{8314.5}{29}\right) = 718.29\ \text{J/kg}\cdot\text{K}$$

23. 다음 중 비체적의 단위는?

① kg/m^3　　　　② m^3/kg

③ $\text{m}^3/(\text{kg}\cdot\text{s})$　　④ $\text{m}^3/(\text{kg}\cdot\text{s}^2)$

[해설] 비체적$(v) = \dfrac{V}{m}\,[\text{m}^3/\text{kg}]$

24. 성능계수가 3.2인 냉동기가 시간당 20 MJ의 열을 흡수한다. 이 냉동기를 작동하기 위한 동력은 몇 kW인가?

① 2.25　　　　　② 1.74

③ 2.85　　　　　④ 1.45

[해설] $(COP)_R = \dfrac{Q_e}{W_c}$ 에서

$$W_c = \dfrac{Q_e}{(COP)_R} = \dfrac{20\times10^3}{3.2\times3600} \fallingdotseq 1.74\ \text{kW}$$

25. 폴리트로픽 변화의 관계식 "$PV^n =$ 일

정"에 있어서 n이 무한대로 되면 어느 과정이 되는가?

① 정압과정　　　　② 등온과정

③ 정적과정　　　　④ 단열과정

[해설] $PV^n = C$에서

(1) $n = 0$　정압과정

(2) $n = 1$　정온과정

(3) $n = \infty$　정적과정

(4) $n = k$　가역단열과정(등엔트로피과정)

26. 실린더 내의 공기가 100 kPa, 20℃ 상태에서 300 kPa이 될 때까지 가역단열과정으로 압축된다. 이 과정에서 실린더 내의 계에서 엔트로피의 변화는? (단, 공기의 비열비 $k = 1.4$이다.)

① -1.35 kJ/(kg · K)

② 0 kJ/(kg · K)

③ 1.35 kJ/(kg · K)

④ 13.5 kJ/(kg · K)

[해설] 가역단열과정$(\delta\theta = 0)$이면 $\Delta S = 0$

∴ 등엔트로피과정$(S = C)$이다.

27. 5 kg의 산소가 정압하에서 체적이 0.2 m^3에서 0.6 m^3로 증가했다. 산소를 이상기체로 보고 정압비열 $C_p = 0.92$ kJ/kg · K로 하여 엔트로피의 변화를 구하였을 때 그 값은 약 얼마인가?

① 1.857 kJ/K　　　② 2.746 kJ/K

③ 5.054 kJ/K　　　④ 6.507 kJ/K

[해설] $\Delta S = m\,C_p\ln\dfrac{T_2}{T_1} = m\,C_p\ln\left(\dfrac{V_2}{V_1}\right)$

$$= 5\times0.92\ln\left(\dfrac{0.6}{0.2}\right) = 5.054\ \text{kJ/K}$$

28. 이상적인 증기 압축 냉동 사이클의 과정은?

① 정적방열과정 → 등엔트로피 압축과정

→ 정적증발과정 → 등엔탈피 팽창과정

② 정압방열과정 → 등엔트로피 압축과정

　→ 정압증발과정 → 등엔탈피 팽창과정

③ 정적증발과정 → 등엔트로피 압축과정

　→ 정적방열과정 → 등엔탈피 팽창과정

④ 정압증발과정 → 등엔트로피 압축과정

　→ 정압방열과정 → 등엔탈피 팽창과정

[해설] 증기 압축 냉동 사이클 과정

　정압증발(흡열)과정 → 등엔트로피 압축과정

　→ 정압방열과정 → 등엔탈피 팽창과정

29. 고열원의 온도가 157℃이고, 저열원의 온도가 27℃인 카르노 냉동기의 성적계수는 약 얼마인가?

① 1.5　　② 1.8　　③ 2.3　　④ 3.2

[해설] $(COP)_R = \dfrac{T_L}{T_H - T_L}$

$= \dfrac{27 + 273}{(157 + 273) - (27 + 273)} = 2.3$

30. 0.6 MPa, 200℃의 수증기가 50 m/s의 속도로 단열 노즐로 유입되어 0.15 MPa, 건도 0.99인 상태로 팽창하였다. 증기의 유출 속도는? (단, 노즐 입구에서 엔탈피는 2850 kJ/kg, 출구에서 포화액의 엔탈피는 467 kJ/kg, 증발 잠열은 2227 kJ/kg이다.)

① 약 600 m/s　　　② 약 700 m/s

③ 약 800 m/s　　　④ 약 900 m/s

[해설] $h_x = h' + x(h'' - h')$

$= h' + x\gamma \,[\text{kJ/kg}]$

$= 467 + 0.99(2227)$

$= 2671.73 \text{ kJ/kg}$

$\dfrac{V_2^2}{2} = (h_1 - h_2)$

$V_2 = \sqrt{2(h_1 - h_2)}$

$= \sqrt{2 \times 1000(h_1 - h_2)} \,[\text{m/s}]$

$\therefore V_2 = 44.72\sqrt{(h_1 - h_2)}$

$= 44.72\sqrt{(2850 - 2671.73)}$

$= 597.09 \fallingdotseq 600 \text{ m/s}$

31. 물질의 양에 따라 변화하는 종량적 상태량(extensive property)은?

① 밀도　　　　　② 체적

③ 온도　　　　　④ 압력

[해설] 밀도(비질량), 온도, 압력은 강도성 상태량(성질)이다.

32. 열역학적 관점에서 일과 열에 관한 설명 중 틀린 것은?

① 일과 열은 온도와 같은 열역학적 상태량이 아니다.

② 일의 단위는 J(joule)이다.

③ 일의 크기는 힘과 그 힘이 작용하여 이동한 거리를 곱한 값이다.

④ 일과 열은 점함수(point function)이다.

[해설] 일과 열은 열역학적 상태량이 아니고 경로함수로 과정에 따라서 값이 구해진다.

33. 그림과 같은 이상적인 Rankine cycle에서 각각의 엔탈피는 $h_1 = 168$ kJ/kg, $h_2 = 173$ kJ/kg, $h_3 = 3195$ kJ/kg, $h_4 = 2071$ kJ/kg일 때, 이 사이클의 열효율은 약 얼마인가?

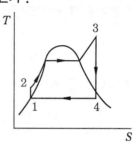

① 30 %　　　　　② 34 %

③ 37 %　　　　　④ 43 %

해설 $\eta_R = \dfrac{w_{net}}{q_1} = \dfrac{w_T - w_P}{q_1}$

$$= \dfrac{(h_3 - h_4) - (h_2 - h_1)}{h_3 - h_2}$$

$$= \dfrac{(3195 - 2071) - (173 - 168)}{3195 - 173} \times 100\,\%$$

$$\fallingdotseq 37\,\%$$

34. 다음에 제시된 에너지 값 중 가장 크기가 작은 것은?

① 400 N · cm

② 4 cal

③ 40 J

④ 4000 Pa · m³

해설 ① 400 N · cm = 4 N · m(J)

② 4 cal = 4 × 4.186
   　　　 = 16.74 J

③ 40 J

④ 4000 Pa · m³ = 4000 N/m² × m³
   　　　　　　 = 4000 N · m(J)

35. 공기 표준 Brayton 사이클 기관에서 최고압력이 500 kPa, 최저압력은 100 kPa이다. 비열비(k)는 1.4일 때, 이 사이클의 열효율은?

① 약 3.9 %

② 약 18.9 %

③ 약 36.9 %

④ 약 26.9 %

해설 $\eta_{thB} = \left\{ 1 - \left(\dfrac{1}{\gamma} \right)^{\frac{k-1}{k}} \right\} \times 100\,\%$

$$= \left\{ 1 - \left(\dfrac{1}{5} \right)^{\frac{1.4-1}{1.4}} \right\} \times 100\,\% \fallingdotseq 36.9\,\%$$

여기서, 압력비$(\gamma) = \dfrac{P_2}{P_1} = \dfrac{500}{100} = 5$

36. 피스톤-실린더 장치에 들어있는 100 kPa, 26.85℃의 공기가 600 kPa까지 가역단열과정으로 압축된다. 비열비 $k = 1.4$로 일정하다면 이 과정 동안에 공기가 받은 일은 약 얼마인가? (단, 공기의 기체상수는 0.287 kJ/(kg · K)이다.)

① 263 kJ/kg

② 171 kJ/kg

③ 144 kJ/kg

④ 116 kJ/kg

해설 $_1 w_2 = \dfrac{1}{k-1} \left(P_1 v_1 - P_2 v_2 \right)$

$$= \dfrac{R}{k-1} (T_1 - T_2) = \dfrac{RT_1}{k-1} \left[1 - \left(\dfrac{T_2}{T_1} \right) \right]$$

$$= \dfrac{RT_1}{k-1} \left[1 - \left(\dfrac{P_2}{P_1} \right)^{\frac{k-1}{k}} \right]$$

$$= \dfrac{0.287(300)}{1.4-1} \left[1 - \left(\dfrac{6}{1} \right)^{\frac{1.4-1}{1.4}} \right]$$

$$\fallingdotseq -144 \text{ kJ/kg}(\ominus \text{ 받는 일을 의미})$$

37. 1 kg의 기체가 압력 50 kPa, 체적 2.5 m³의 상태에서 압력 1.2 MPa, 체적 0.2 m³의 상태로 변하였다. 엔탈피의 변화량은 약 몇 kJ인가? (단, 내부에너지의 변화는 없다.)

① 365

② 206

③ 155

④ 115

해설 $(H_2 - H_1) = (U_2 - U_1) + (P_2 V_2 - P_1 V_1)$

$$= (1200 \times 0.2 - 50 \times 2.5)$$

$$= 115 \text{ kJ}$$

38. 공기 1 kg을 $t_1 = 10℃$, $P_1 = 0.1$ MPa, $V_1 = 0.8$ m³ 상태에서 단열과정으로 $t_2 = 167℃$, $P_2 = 0.7$ MPa까지 압축시킬 때 압축에 필요한 일량은 약 얼마인가? (단, 공기의 정압비열과 정적비열은 각각 1.0035 kJ/kg · K, 0.7165 kJ/kg · K이고, t는 온도, P는 압력, V는 체적을 나타낸다.)

① 112.5 J

② 112.5 kJ

③ 157.5 J

④ 157.5 kJ

해설 $W = \dfrac{1}{k-1} m R (T_1 - T_2)$

$$= \dfrac{1}{k-1} m (C_p - C_v)(T_1 - T_2)$$

$$= \dfrac{1}{1.4-1} \times 1(1.0035 - 0.7165) \times (10 - 167)$$

정답 **34.** ① **35.** ③ **36.** ③ **37.** ④ **38.** ②

$$= -112.65 \text{ kJ} \left(k = \frac{C_p}{C_v} = \frac{1.0035}{0.7165} = 1.4 \right)$$

39. 온도가 300 K이고, 체적이 1 m³, 압력이 10^5 N/m²인 이상기체가 일정한 온도에서 3×10^4 J의 일을 하였다. 계의 엔트로피 변화량은?

① 0.1 J/K
② 0.5 J/K
③ 50 J/K
④ 100 J/K

[해설] $(S_2 - S_1) = \dfrac{Q}{T} = \dfrac{_1 W_2}{T}$

$$= \frac{3 \times 10^4}{300} = 100 \text{ J/K}$$

40. 어느 이상기체 2 kg이 압력 200 kPa, 온도 30℃의 상태에서 체적 0.8 m³를 차지한다. 이 기체의 기체상수는 약 몇 kJ/(kg·K)인가?

① 0.264
② 0.528
③ 2.67
④ 3.53

[해설] $PV = mRT$에서

$$R = \frac{PV}{mT} = \frac{200 \times 0.8}{2 \times (30 + 273)}$$
$$= 0.264 \text{ kJ/kg} \cdot \text{K}$$

제3과목　**기계유체역학**

41. 잠수함의 거동을 조사하기 위해 바닷물 속에서 모형으로 실험을 하고자 한다. 잠수함의 실형과 모형의 크기 비율은 7 : 1이며, 실제 잠수함이 8 m/s로 운전한다면 모형의 속도는 약 몇 m/s인가?

① 28
② 56
③ 87
④ 132

[해설] $(R_e)_p = (R_e)_m$

$$\left(\frac{VL}{\nu} \right)_p = \left(\frac{VL}{\nu} \right)_m$$

$$\nu_p = \nu_m$$

$$\therefore \ V_m = V_p \left(\frac{L_m}{L_p} \right)$$

$$= 8 \times \left(\frac{7}{1} \right) = 56 \text{ m/s}$$

42. 그림과 같이 45° 꺾어진 관에 물이 평균속도 5 m/s로 흐른다. 유체의 분출에 의해 지지점 A가 받는 모멘트는 약 몇 N·m인가? (단, 출구 단면적은 10^{-3} m²이다.)

① 3.5
② 5
③ 12.5
④ 17.7

[해설] $F = \rho QV = \rho A V^2$

$$= 1000 \times 10^{-3} \times 5^2 = 25 \text{ N}$$

$$M_A = F \cos 45° \times 1$$

$$= 25 \left(\frac{1}{\sqrt{2}} \right) \times 1 = 17.68 \text{ N} \cdot \text{m}$$

43. 주 날개의 평면도 면적이 21.6 m²이고 무게가 20 kN인 경비행기의 이륙속도는 약 몇 km/h 이상이어야 하는가? (단, 공기의 밀도는 1.2 kg/m³, 주 날개의 양력계수는 1.20이고, 항력은 무시한다.)

① 41
② 91
③ 129
④ 141

[해설] $L = C_L \dfrac{\rho A V^2}{2}$ [N]

$$V = \sqrt{\frac{2L}{C_L \rho A}} = \sqrt{\frac{2 \times 20 \times 10^3}{1.2 \times 1.2 \times 21.6}}$$

$$= 35.86 \text{ m/s}$$

$$\therefore \ V = 35.86 \times 3.6 \fallingdotseq 129.1 \text{ km/h}$$

---

44. 물이 흐르는 어떤 관에서 압력이 120 kPa, 속도가 4 m/s일 때, 에너지선(energy line)과 수력기울기선(hydraulic grade line)의 차이는 약 몇 cm인가?

① 41 ② 65 ③ 71 ④ 82

[해설] $EL - HGL$

$$= \left(\frac{P}{\gamma} + Z + \frac{V^2}{2g} \right) - \left(\frac{P}{\gamma} + Z \right)$$

$$= \frac{V^2}{2g} = \frac{(400)^2}{2 \times 980} = 81.63 \, \text{cm}$$

45. 뉴턴의 점성법칙은 어떤 변수(물리량)들의 관계를 나타낸 것인가?

① 압력, 속도, 점성계수

② 압력, 속도기울기, 동점성계수

③ 전단응력, 속도기울기, 점성계수

④ 전단응력, 속도, 동점성계수

[해설] 뉴턴의 점성법칙(Newton's viscosity law)

$$\tau = \mu \frac{du}{dy} \, [\text{Pa}]$$

여기서, τ : 전단응력, $\frac{du}{dy}$: 속도구배,

μ : 점성계수

46. 관로 내에 흐르는 완전 발달 층류 유동에서 유속을 1/2로 줄이면 관로 내 마찰손실수두는 어떻게 되는가?

① 1/4로 줄어든다.

② 1/2로 줄어든다.

③ 변하지 않는다.

④ 2배로 늘어난다.

[해설] 마찰손실수두$(h_L) = \frac{\Delta P}{\gamma}$

$$= \frac{128 \mu Q L}{\pi d^4 \gamma} = \frac{32 \mu V L}{\rho g d^2} \, [\text{m}]$$

h_L은 유속에 비례하므로 $\frac{1}{2}$로 줄어든다.

47. 유체 내에 수직으로 잠겨있는 원형판에 작용하는 정수력학적 힘의 작용점에 관한 설명으로 옳은 것은?

① 원형판의 도심에 위치한다.

② 원형판의 도심 위쪽에 위치한다.

③ 원형판의 도심 아래쪽에 위치한다.

④ 원형판의 최하단에 위치한다.

[해설] $y_F = \bar{y} + \dfrac{I_G}{A\bar{y}} \, [\text{m}]$

$$\therefore \ y_F - \bar{y} = \frac{I_G}{A\bar{y}}$$

항상 $\dfrac{I_G}{A\bar{y}} > 1$이므로 전압력 작용 위치는 도심보다 아래에 있다.

48. 동점성계수가 15.68×10^{-6} m²/s인 공기가 평판 위를 길이 방향으로 0.5 m/s의 속도로 흐르고 있다. 선단으로부터 10 cm 되는 곳의 경계층 두께의 2배가 되는 경계층의 두께를 가지는 곳은 선단으로부터 몇 cm 되는 곳인가?

① 14.14 ② 20 ③ 40 ④ 80

[해설] $R_{ex} = \dfrac{u_\infty x}{\nu} = \dfrac{0.5 \times 0.1}{15.68 \times 10^{-6}}$

$$= 3188.78 < 5 \times 10^5 (\text{층류 유동})$$

$$\delta = \frac{5x}{\sqrt{R_{ex}}} = \frac{5 \times 10}{\sqrt{3188.78}} = 0.8854 \, \text{cm}$$

층류 경계층 두께$(\delta) \propto x^{\frac{1}{2}} \, (x = \delta^2)$

$10 : \delta^2 = x : (2\delta)^2$

$\therefore \ x = 40 \, \text{cm}$

49. 비중 8.16의 금속을 비중 13.6의 수은에 담근다면 수은 속에 잠기는 금속의 체적은 전체 체적의 약 몇 %인가?

① 40 % ② 50 %

③ 60 % ④ 70 %

[해설] 부력(F_B) = 물체(금속)의 무게(W)

$$\gamma_{Hg} V' = \gamma V$$

$$9800 \times 13.6 \times V' = 9800 \times 8.16 \times V$$

$$\therefore \frac{V'}{V} = \frac{8.16}{13.6} \times 100\% = 60\%$$

50. 그림과 같이 비중 0.85인 기름이 흐르고 있는 개수로에 피토관을 설치하였다. $\Delta h = 30$ mm, $h = 100$ mm일 때 기름의 유속은 약 몇 m/s인가?

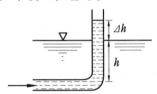

① 0.767
② 0.976
③ 6.25
④ 1.59

해설 $V = \sqrt{2g\Delta h} = \sqrt{2 \times 9.8 \times 0.03}$
$\qquad = 0.767$ m/s

51. 안지름 0.25 m, 길이 100 m인 매끄러운 수평강관으로 비중 0.8, 점성계수 0.1 Pa·s인 기름을 수송한다. 유량이 100 L/s일 때의 관 마찰손실수두는 유량이 50 L/s일 때의 몇 배 정도가 되는가?(단, 층류의 관 마찰계수는 64/Re이고, 난류일 때의 관 마찰계수는 $0.3164Re^{-1/4}$이며, 임계 레이놀즈수는 2300이다.)

① 1.55
② 2.12
③ 4.13
④ 5.04

해설 (1) $V_1 = \dfrac{Q}{A} = \dfrac{100 \times 10^{-3}}{\dfrac{\pi}{4}(0.25)^2} = 2.04$ m/s

$Re_1 = \dfrac{\rho V d}{\mu} = \dfrac{1000 \times 0.8 \times 2.04 \times 0.25}{0.1}$
$\qquad = 4080 > 4000$ (난류)

관 마찰계수$(f) = 0.3164Re^{-\frac{1}{4}}$
$\qquad\qquad = \dfrac{0.3164}{\sqrt[4]{4080}} = 0.0396$

$h_{L_1} = f\dfrac{L}{d}\dfrac{V_1^2}{2g} = 0.0396 \times \dfrac{100}{0.25} \times \dfrac{(2.04)^2}{19.6}$

$\qquad = 3.362$ m

(2) $Q = AV_2 [\text{m}^3/\text{s}]$

$V_2 = \dfrac{Q}{A} = \dfrac{50 \times 10^{-3}}{\dfrac{\pi}{4}(0.25)^2} = 1.02$ m/s

$Re_2 = \dfrac{\rho V_2 d}{\mu}$

$\qquad = \dfrac{1000 \times 0.8 \times 1.02 \times 0.25}{0.1}$

$\qquad = 2040 < 2300$ (층류)

$h_{L_2} = f\dfrac{L}{d}\dfrac{V_2^2}{2g} = \left(\dfrac{64}{Re}\right)\dfrac{L}{d}\dfrac{V_2^2}{2g}$

$\qquad = \left(\dfrac{64}{2040}\right) \times \dfrac{100}{0.25} \times \dfrac{(1.02)^2}{19.6} = 0.666$ m

$\therefore \dfrac{h_{L_1}}{h_{L_2}} = \dfrac{3.362}{0.666} = 5.048$

52. 일률(power)을 기본 차원인 M(질량), L(길이), T(시간)로 나타내면?

① $L^2 T^{-2}$
② $MT^{-2}L^{-1}$
③ $ML^2 T^{-2}$
④ $ML^2 T^{-3}$

해설 일률 = 동력(power)
$\qquad = \dfrac{\text{일량(work)}}{\text{시간(s)}} [\text{N} \cdot \text{m/s} = \text{W}]$

동력의 차원은 $FLT^{-1} = (MLT^{-2})LT^{-1}$
$\qquad\qquad\qquad = ML^2 T^{-3}$

53. 그림과 같이 U자 관 액주계가 x방향으로 등가속 운동하는 경우 x방향 가속도 a_x는 약 몇 m/s²인가?(단, 수은의 비중은 13.6이다.)

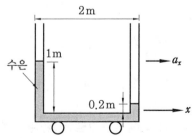

① 0.4　② 0.98　③ 3.92　④ 4.9

해설 수평 등가속도(a_x)[m/s²] 운동

$$\tan\theta = \frac{\Delta h}{L} = \frac{a_x}{g}$$

$$\therefore a_x = \frac{\Delta h g}{L} = \frac{(1-0.2)\times 9.8}{2}$$

$$= 3.92 \text{ m/s}^2$$

54. 지름이 2 cm인 관에 밀도 1000 kg/m³, 점성계수 0.4 N·s/m²인 기름이 수평면과 일정한 각도로 기울어진 관에서 아래로 흐르고 있다. 초기 유량 측정위치의 유량이 1×10^{-5} m³/s이었고, 초기 측정위치에서 10 m 떨어진 곳에서의 유량도 동일하다고 하면, 이 관은 수평면에 대해 약 몇 ° 기울어져 있는가? (단, 관내 흐름은 완전 발달 층류 유동이다.)

① 6°　　　　　　② 8°

③ 10°　　　　　 ④ 12°

해설 $Z_2 - Z_1 = \dfrac{(P_1 - P_2)}{\gamma} = \dfrac{128\mu QL}{\rho g \pi d^4}$

$$L\sin\theta = \frac{128\mu QL}{\rho g \pi d^4}$$

$$\theta = \sin^{-1}\left(\frac{128\mu Q}{\rho g \pi d^4}\right)$$

$$= \sin^{-1}\left(\frac{128\times 0.4\times 1\times 10^{-5}}{1000\times 9.8\times \pi \times (0.02)^4}\right)$$

$$= \sin^{-1}(0.104) \fallingdotseq 6°$$

55. 원관(pipe) 내에 유체가 완전 발달한 층류 유동일 때 유체 유동에 관계한 가장 중요한 힘은 다음 중 어느 것인가?

① 관성력과 점성력

② 압력과 관성력

③ 중력과 압력

④ 표면장력과 점성력

해설 원관 내 층류 수평 유동인 경우는 관성력과 점성력의 비, 즉 레이놀즈수(Reynolds number)가 중요한 무차원수가 된다.

56. 다음과 같은 수평으로 놓인 노즐이 있다. 노즐의 입구는 면적이 0.1 m²이고 출구의 면적은 0.02 m²이다. 정상, 비압축성이며 점성의 영향이 없다면 출구의 속도가 50 m/s일 때 입구와 출구의 압력차($P_1 - P_2$)는 약 몇 kPa인가? (단, 이 공기의 밀도는 1.23 kg/m³이다.)

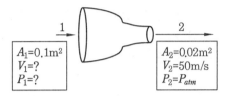

① 1.48　② 14.8　③ 2.96　④ 29.6

해설 $Q = AV$[m³/s]에서

$$A_1 V_1 = A_2 V_2$$

$$V_1 = V_2\left(\frac{A_2}{A_1}\right) = 50\left(\frac{0.02}{0.1}\right)$$

$$= 10 \text{ m/s}$$

$$\therefore P_1 - P_2 = \frac{\gamma}{2g}\left(V_2^2 - V_1^2\right)$$

$$= \frac{1.23}{2}\times \left(50^2 - 10^2\right)\times 10^{-3}$$

$$\fallingdotseq 1.48 \text{ kPa}$$

57. 절대압력 700 kPa의 공기를 담고 있고 체적은 0.1 m³, 온도는 20℃인 탱크가 있다. 순간적으로 공기는 밸브를 통해 바깥으로 단면적 75 mm²를 통해 방출되기 시작한다. 이 공기의 유속은 310 m/s이고, 밀도는 6 kg/m³이며 탱크 내의 모든 물성치는 균일한 분포를 갖는다고 가정한다. 방출하기 시작하는 시각에 탱크 내 밀도의 시간에 따른 변화율은 몇 kg/(m³·s)인가?

①　−12.338　　　　②　−2.582

③　−20.381　　　　④　−1.395

해설 $\dfrac{\partial \rho}{\partial t} = -\dfrac{\rho A v}{V} = -\dfrac{6\times 75\times 10^{-6}\times 310}{0.1}$

$$= -1.395 \text{ kg/m}^3\cdot\text{s}$$

정답 **54.** ①　**55.** ①　**56.** ①　**57.** ④

58. 비점성, 비압축성 유체의 균일한 유동장에 유동방향과 직각으로 정지된 원형 실린더가 놓여있다고 할 때, 실린더에 작용하는 힘에 관하여 설명한 것으로 옳은 것은?

① 항력과 양력이 모두 영(0)이다.

② 항력은 영(0)이고 양력은 영(0)이 아니다.

③ 양력은 영(0)이고 항력은 영(0)이 아니다.

④ 항력과 양력 모두 영(0)이 아니다.

59. 다음 중 2차원 비압축성 유동의 연속방정식을 만족하지 않는 속도 벡터는?

① $V = (16y - 12x)i + (12y - 9x)j$

② $V = -5xi + 5yj$

③ $V = (2x^2 + y^2)i + (-4xy)j$

④ $V = (4xy + y)i + (6xy + 3x)j$

[해설] 2차원 비압축성, 정상유동의 연속방정식

$$\frac{\partial u}{\partial x} + \frac{\partial v}{\partial y} = 4y + 6x \neq 0$$

60. 그림과 같은 밀폐된 탱크 안에 각각 비중이 0.7, 1.0인 액체가 채워져 있다. 여기서 각도 θ가 20°로 기울어진 경사관에서 3 m 길이까지 비중 1.0인 액체가 채워져 있을 때 점 A의 압력과 점 B의 압력 차이는 약 몇 kPa인가?

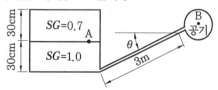

① 0.8

② 2.7

③ 5.8

④ 7.1

[해설] $P_A + \gamma h = P_B + \gamma l \sin \theta$

$$(P_A - P_B) = 9800 \times (3 \times \sin 20° - 0.3) \times 10^{-3}$$
$$= 7.1 \, \text{kPa}$$

제4과목 **기계재료 및 유압기기**

61. 탄소를 제품에 침투시키기 위해 목탄을 부품과 함께 침탄상자 속에 넣고 900~950℃의 온도 범위로 가열로 속에서 가열 유지시키는 처리법은?

① 질화법

② 가스 침탄법

③ 시멘테이션에 의한 경화법

④ 고주파 유도 가열 경화법

[해설] 침탄법 : 탄소를 침투시켜 표면을 경화시키는 방법으로 케이스 하드닝이라는 열처리 작업이 필요하다.

62. 베이나이트(bainite) 조직을 얻기 위한 항온열처리 조작으로 가장 적합한 것은?

① 마퀜칭   ② 소성가공

③ 노멀라이징   ④ 오스템퍼링

[해설] 오스템퍼링(austempering) : 오스테나이트 상태에서 Ar'와 Ar″ 변태점 간의 염욕에 퀜칭(담금질)하여 베이나이트 조직을 얻기 위한 항온열처리 조작으로 퀜칭과 뜨임이 동시에 일어난다.

63. 면심입방격자(FCC) 금속의 원자수는?

① 2   ② 4   ③ 6   ④ 8

[해설] 면심입방격자(FCC)의 단위원자수는 4개, 배위수는 12개이다.

64. 철과 아연을 접촉시켜 가열하면 양자의 친화력에 의하여 원자 간의 상호 확산이 일어나서 합금화하므로 내식성이 좋은 표면을 얻는 방법은?

① 칼로라이징   ② 크로마이징

③ 세라다이징   ④ 보로나이징

[해설] 세라다이징은 아연을 재료 표면에 침투 확산시켜 내식성이 향상된 표면 경화층을 얻는 방법이다.

정답 58. ①   59. ④   60. ④   61. ②   62. ④   63. ②   64. ③

65. 담금질 조직 중 가장 경도가 높은 것은?

① 펄라이트   ② 마텐자이트

③ 소르바이트   ④ 트루스타이트

[해설] 담금질 조직의 경도 크기 : M>T>S>P> A>F

66. 다음 중 금속의 변태점 측정방법이 아닌 것은?

① 열분석법   ② 자기분석법

③ 전기저항법   ④ 정점분석법

[해설] 금속의 변태점 측정방법 : 열분석법, 비열법, 전기저항법, 열팽창법, 자기분석법 등

67. Al에 10~13 %Si를 함유한 합금은?

① 실루민   ② 라우탈

③ 두랄루민   ④ 하이드로날륨

[해설] ① 실루민 : Al에 Si(10~13 %) 함유한 합금

② 라우탈 : Al + Cu + Si

③ 두랄루민 : Al + Cu + Mg + Mn

④ 하이드로날륨 : Al + Mg(내식성이 크다.)

68. 다음 중 Ni-Fe계 합금이 아닌 것은?

① 인바   ② 톰백

③ 엘린바   ④ 플래티나이트

[해설] 톰백(tombac)은 구리(70~92 %) + 아연(Zn) 합금으로 연성이 좋고 금의 대용품, 금박 모조품으로 사용된다. 인바, 엘린바, 플래티나이트는 Ni-Fe 합금으로 불변강이다.

69. 탄소강에서 인(P)으로 인하여 발생하는 취성은?

① 고온취성   ② 불림취성

③ 상온취성   ④ 뜨임취성

[해설] 탄소강에서 인(P)은 강도와 경도를 증가시키고, 연신율을 감소시키며 상온취성의 원인이 된다.

70. 구리합금 중에서 가장 높은 경도와 강도를 가지며, 피로한도가 우수하여 고급 스프링 등에 쓰이는 것은?

① Cu-Be 합금   ② Cu-Cd 합금

③ Cu-Si 합금   ④ Cu-Ag 합금

71. 유압회로에서 캐비테이션이 발생하지 않도록 하기 위한 방지대책으로 가장 적합한 것은?

① 흡입관에 급속 차단장치를 설치한다.

② 흡입 유체의 유온을 높게 하여 흡입한다.

③ 과부하 시는 패킹부에서 공기가 흡입되도록 한다.

④ 흡입관 내의 평균유속이 3.5 m/s 이하가 되도록 한다.

[해설] 캐비테이션(cavitation : 공동현상) 방지책

(1) 펌프회전수를 감소시킨다.

(2) 흡입관의 손실을 가능한 작게 하기 위하여 흡입속도를 감소시킨다.

(3) 단흡입펌프면 양흡입펌프로 바꾼다.

(4) 펌프의 설치 위치를 낮춤으로써 유효흡입수두를 증가시킨다.

(5) 흡입관내 평균유속이 3.5 m/s 이하가 되도록 한다.

(6) 펌프를 수중에 잠기게 한다.

72. 유압 작동유의 점도가 너무 높은 경우 발생되는 현상으로 거리가 먼 것은?

① 내부마찰이 증가하고 온도가 상승한다.

② 마찰손실에 의한 펌프동력 소모가 크다.

③ 마찰부분의 마모가 증대된다.

④ 유동저항이 증대하여 압력손실이 증가된다.

[해설] 마찰부분의 마모가 증대되는 것은 작동유 점도가 너무 낮을 때 유막(oil film) 형성이 제대로 되지 않아 고체 마찰이 발생되는 현상으로 압력 유지가 곤란하고 틈새에 작동유가 누설될 수도 있다.

---

73. 속도 제어 회로 방식 중 미터-인 회로와 미터-아웃 회로를 비교하는 설명으로 틀린 것은?

① 미터-인 회로는 피스톤 측에만 압력이 형성되나 미터-아웃 회로는 피스톤 측과 피스톤 로드 측 모두 압력이 형성된다.

② 미터-인 회로는 단면적이 넓은 부분을 제어하므로 상대적으로 속도 조절이 유리하나, 미터-아웃 회로는 단면적이 좁은 부분을 제어하므로 상대적으로 불리하다.

③ 미터-인 회로는 인장력이 작용할 때 속도 조절이 불가능하나, 미터-아웃 회로는 부하의 방향에 관계없이 속도 조절이 가능하다.

④ 미터-인 회로는 탱크로 드레인되는 유압 작동유에 주로 열이 발생하나, 미터-아웃 회로는 실린더로 공급되는 유압 작동유에 주로 열이 발생한다.

[해설] 미터 인 회로는 실린더 입구 쪽에 유량 조정 밸브를 두고 유입되는 유압유를 조절하는 것이고 미터 아웃 회로는 실린더 출구 쪽에 유량 조정 밸브를 설치하여 유압유를 조절하므로 유량 조정 밸브를 설치한 쪽의 유압유가 열화되는 것으로 본다.

74. 다음 중 유량 제어 밸브에 속하는 것은?

① 릴리프 밸브　　② 시퀀스 밸브
③ 교축 밸브　　　④ 체크 밸브

[해설] 릴리프 밸브와 시퀀스 밸브는 압력 제어 밸브이고 교축 밸브는 유량 제어 밸브이며 체크 밸브는 방향 제어 밸브로 역류 방지용 밸브이다.

75. 다음과 같은 특징을 가진 유압유는?

- 난연성 작동유에 속함
- 내마모성이 우수하여 저압에서 고압까지 각종 유압펌프에 사용됨
- 점도지수가 낮고 비중이 커서 저온에서 펌프 시동 시 캐비테이션이 발생하기 쉬움

① 인산 에스테르형 작동유
② 수중 유형 유화유
③ 순광유
④ 유중 수형 유화유

[해설] 인산 에스테르형 작동유는 난연성 작동유에 속하며 점도지수가 낮고(온도 변화에 따른 점도 변화가 크며) 비중이 커서(무겁고) 펌프 시동 시 캐비테이션(공동 현상)이 발생될 수 있다. 그러나 내마모성이 우수하여 저압에서 고압까지 각종 펌프에 사용된다.

76. 다음 보기와 같은 유압기호가 나타내는 것은?

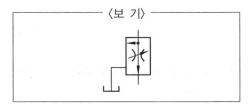

〈보 기〉

① 가변 교축 밸브
② 무부하 릴리프 밸브
③ 직렬형 유량 조정 밸브
④ 바이패스형 유량 조정 밸브

[해설] 교축 밸브가 있는 유량 조정 밸브의 종류로 바이패스형 유량 조정 밸브의 간략 기호이다.

77. 채터링(chattering) 현상에 대한 설명으로 틀린 것은?

① 일종의 자려진동 현상이다.
② 소음을 수반한다.
③ 압력이 감소하는 현상이다.
④ 릴리프 밸브 등에서 발생한다.

[해설] 채터링 현상 : 감압 밸브, 체크 밸브, 릴리프 밸브 등에서 밸브 시트를 두드려 높은 소음을 내는 자려진동 현상

---

78. 베인 펌프의 1회전당 유량이 40 cc일 때, 1분당 이론 토출유량이 25 L이면 회전수는 약 몇 rpm인가? (단, 내부누설량과 흡입저항은 무시한다.)

① 62   ② 625   ③ 125   ④ 745

[해설] $N = \dfrac{Q}{q_n} = \dfrac{25 \times 10^3}{40} = 625 \, \text{rpm}$

---

79. 유압모터에서 1회전당 배출유량이 60 cm^3/rev이고 유압유의 공급압력은 7 MPa일 때 이론 토크는 약 몇 N · m인가?

① 668.8   ② 66.8

③ 1137.5   ④ 113.8

[해설] $T_{max} = \dfrac{pq}{2\pi} = \dfrac{7 \times 60}{2\pi}$

$\qquad \fallingdotseq 66.85 \, \text{N} \cdot \text{m}$

---

80. 유압유의 여과방식 중 유압펌프에서 나온 유압유의 일부만을 여과하고 나머지는 그대로 탱크로 가도록 하는 형식은?

① 바이패스 필터(by-pass filter)

② 전류식 필터(full-flow filter)

③ 샨트식 필터(shunt flow filter)

④ 원심식 필터(centrifugal filter)

제5과목 **기계제작법 및 기계동력학**

81. 고유 진동수가 1 Hz인 진동 측정기를 사용하여 2.2 Hz의 진동을 측정하려고 한다. 측정기에 의해 기록된 진폭이 0.05 cm라면 실제 진폭은 약 몇 cm인가? (단, 감쇠는 무시한다.)

① 0.01 cm   ② 0.02 cm

③ 0.03 cm   ④ 0.04 cm

[해설] 진폭비 $\left(\dfrac{Z}{Y}\right) = \dfrac{\gamma^2}{\gamma^2 - 1} = \dfrac{2.2^2}{2.2^2 - 1} = 1.26$

진동수비$(\gamma) = \dfrac{\omega}{\omega_n} = \dfrac{2.2}{1} = 2.2$

$\therefore$ 실제 진폭$(Y) = \dfrac{0.05}{1.26} = 0.04 \, \text{cm}$

---

82. 20 Mg의 철도차량이 0.5 m/s의 속력으로 직선 운동하여 정지되어 있는 30 Mg의 화물차량과 결합한다. 결합하는 과정에서 차량에 공급되는 동력은 없으며 브레이크도 풀려 있다. 결합 직후의 속력은 약 몇 m/s인가?

① 0.25   ② 0.20

③ 0.15   ④ 0.10

[해설] $m_A V_A + m_B V_B = (m_A + m_B) \times V'$

$20 \times 0.5 = (20 + 30) \times V'$

$\therefore V' = \dfrac{10}{50} = 0.2 \, \text{m/s}$

---

83. 질량 관성모멘트가 20 kg · m^2인 플라이 휠(fly wheel)을 정지 상태로부터 10초 후 3600 rpm으로 회전시키기 위해 일정한 비율로 가속하였다. 이때 필요한 토크는 약 몇 N · m인가?

① 654   ② 754

③ 854   ④ 954

[해설] 각가속도$(\alpha) = \dfrac{\omega}{t} = \dfrac{2\pi N}{60t}$

$\qquad = \dfrac{2\pi \times 3600}{60 \times 10} = 37.7 \, \text{rad/s}^2$

$\quad \sum M_o = J\alpha = 20 \times 37.7 = 754 \, \text{N} \cdot \text{m}$

---

84. 고유 진동수 f[Hz], 고유 원진동수 ω [rad/s], 고유 주기 T[s] 사이의 관계를 바르게 나타낸 식은?

정답 **78.** ②   **79.** ②   **80.** ①   **81.** ④   **82.** ②   **83.** ②   **84.** ③

① $T = \dfrac{\omega}{2\pi}$ ② $T\omega = f$

③ $Tf = 1$ ④ $f\omega = 2\pi$

[해설] $T = \dfrac{1}{f} = \dfrac{2\pi}{\omega}$ [s]

$Tf = 1$

85. 그림과 같이 질량 100 kg의 상자를 동마찰계수가 $\mu_1 = 0.2$인 길이 2.0 m의 바닥 a와 동마찰계수가 $\mu_2 = 0.3$인 길이 2.5 m의 바닥 b를 지나 A 지점에서 C 지점까지 밀려고 한다. 사람이 하여야 할 일은 약 몇 J인가?

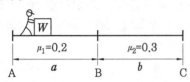

① 1128 J ② 2256 J

③ 3760 J ④ 5640 J

[해설] 마찰일량$(W_f) = \mu_1 mgs_1 + \mu_2 mgs_2$

$= mg(\mu_1 s_1 + \mu_2 s_2)$

$= 100 \times 9.8(0.2 \times 2 + 0.3 \times 2.5)$

$\fallingdotseq 1128$ J(N · m)

86. 1자유도 질량-스프링계에서 초기 조건으로 변위 x_0가 주어진 상태에서 가만히 놓아 진동이 일어난다면 진동변위를 나타내는 식은? (단, ω_n은 계의 고유 진동수이고, t는 시간이다.)

① $x_0 \cos \omega_n t$ ② $x_0 \sin \omega_n t$

③ $x_0 \cos^2 \omega_n t$ ④ $x_0 \sin^2 \omega_n t$

[해설] $t = 0$, $x = x_0$

$x = x_0 \cos \omega_n t$ [m]

87. 그림과 같이 바퀴가 가로방향(x축 방향)으로 미끄러지지 않고 굴러가고 있을 때 A점의 속력과 그 방향은? (단, 바퀴 중심점의 속도는 v이다.)

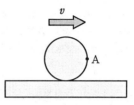

① 속력 : v, 방향 : x축 방향

② 속력 : v, 방향 : $-y$축 방향

③ 속력 : $\sqrt{2}\, v$, 방향 : $-y$축 방향

④ 속력 : $\sqrt{2}\, v$, 방향 : x축 방향에서 아래로 45° 방향

[해설] 중심점 속도$(v_o) = r\omega$[m/s]

$v_A = \sqrt{2}\, r\omega = \sqrt{2}\, v$[m/s]

순간중심점에서 A점의 속력$(v_A = \sqrt{2}\, v)$은 x축 방향에서 아래로 45° 방향

88. 질량 70 kg인 군인이 고공에서 낙하산을 펼치고 10 m/s의 초기 속도로 낙하하였다. 공기의 저항이 350 N일 때 20 m 낙하한 후의 속도는 약 몇 m/s인가?

① 16.4 m/s ② 17.1 m/s

③ 18.9 m/s ④ 20.0 m/s

[해설] $\sum F_y = ma_y : mg - 350 = 70a$

$70 \times 9.8 - 350 = 70a$

$a = \dfrac{336}{70} = 4.8$ m/s^2

$(V_2^2 - V_1^2) = 2as = 2 \times 4.8 \times 20 = 192$

$\therefore V_2 = \sqrt{192 + V_1^2} = \sqrt{192 + 10^2} = 17.09$

$\fallingdotseq 17.1$ m/s

89. 정지된 물에서 0.5 m/s의 속도를 낼 수 있는 뱃사공이 있다. 이 뱃사공이 0.1 m/s로 흐르는 강물을 거슬러 400 m를 올라가는 데 걸리는 시간은?

정답 85. ① 86. ① 87. ④ 88. ② 89. ③

① 10분 　② 13분 20초

③ 16분 40초 　④ 22분 13초

해설　$t = \dfrac{S}{\Delta V} = \dfrac{400}{(0.5 - 0.1)}$

　　　$= 1000\,s(16분\ 40초)$

90. 질량, 스프링, 댐퍼로 구성된 단순화된 1자유도 감쇠계에서 다음 중 그 값만으로 직접 감쇠비(damped ratio, ζ)를 구할 수 있는 것은?

① 대수 감소율(logarithmic decrement)

② 감쇠 고유 진동수(damped natural frequency)

③ 스프링 상수(spring coefficient)

④ 주기(period)

해설　대수 감쇠율(δ)

　$= \dfrac{2\pi\zeta}{\sqrt{1-\zeta^2}} = \dfrac{1}{n}\ln\dfrac{x}{x_n}\,[cm]$

　감쇠비(damping ratio) $\zeta = \dfrac{C}{C_c} = \dfrac{C}{2\sqrt{mk}}$

91. 오토콜리메이터의 부속품이 아닌 것은?

① 평면경 　② 콜리 프리즘

③ 펜타 프리즘 　④ 폴리곤 프리즘

해설　오토콜리메이터의 부속품에는 평면경, 폴리곤 프리즘, 펜타 프리즘, 조정기, 변압기 등이 있다.

92. 이미 가공되어 있는 구멍에 다소 큰 강철 볼을 압입하여 통과시켜서 가공물의 표면을 소성 변형시켜 정밀도가 높은 면을 얻는 가공법은?

① 버핑(buffing)

② 버니싱(burnishing)

③ 쇼트 피닝(shot peening)

④ 배럴 다듬질(barrel finishing)

해설　(1) 버핑 : 포목이나 가죽으로 된 버프를 회

전시키며 연삭제를 버프와 공작물 사이에 넣어 공작물 표면의 녹을 제거하거나 광택을 내는 작업

(2) 쇼트 피닝 : 쇼트라고 하는 금속제 입자를 고속으로 가공물의 표면에 분사시켜 금속 표면의 강도와 경도를 증가시켜주는 작업

(3) 배럴 다듬질 : 상자에 공작물과 숫돌 입자, 공작액, 콤파운드 등을 함께 넣어 공작물이 입자와 충돌할 수 있도록 회전 또는 진동을 가해 공작물 표면의 요철을 제거, 매끈한 가공면을 얻는 작업

93. 공작물을 양극으로 하고 전기저항이 적은 Cu, Zn을 음극으로 하여 전해액 속에 넣고 전기를 통하면, 가공물 표면이 전기에 의한 화학적 작용으로 매끈하게 가공되는 가공법은?

① 전해 연마 　② 전해 연삭

③ 워터제트 가공 　④ 초음파 가공

해설　(1) 전해 연마 : 전해액 중에서 양극의 용출을 이용하여 표면을 매끈하게 다듬질하는 방법으로 가공면에는 방향성이 없고 복잡한 형상의 연마도 가능하며, 내마멸성, 내부식성이 좋아진다.

(2) 전해 연삭 : 전해 연마에서 나타난 양극 생성물을 전해작용으로 갈아 없애는 작업

(3) 워터제트 가공 : 물을 초고압(3000~4000 atm)으로 분사시켜, 그 분류로 절단가공을 하는 작업

(4) 초음파 가공 : 16~30 kHz/s의 초음파로 공구를 상·하 진동시켜 공작물 표면을 가공하는 작업(무른 재료, 납, 알루미늄, 동합금 등은 가공이 불가능하다.)

94. 다음 빈칸에 들어갈 숫자가 옳게 짝지어진 것은?

> 지름 100 mm의 소재를 드로잉하여 지름 60 mm의 원통을 가공할 때 드로잉률은 (A)이다. 또한, 이 60 mm의 용기를 재드로잉률 0.8로 드로잉을 하면 용기의 지름은 (B)mm가 된다.

① A : 0.36, B : 48

② A : 0.36, B : 75

③ A : 0.6, B : 48

④ A : 0.6, B : 75

[해설] (A) 드로잉률 $m_1 = \dfrac{d_1}{d_0} = \dfrac{\text{펀치 지름}}{\text{소재 지름}}$

$$= \frac{60}{100} = 0.6$$

(B) 재드로잉률 $m_2 = \dfrac{d_2}{d_1}$

∴ $d_2 = m_2 d_1 = 0.8 \times 60 = 48\,\text{mm}$

95. 호브 절삭날의 나사를 여러 줄로 한 것으로 거친 절삭에 주로 쓰이는 호브는?

① 다줄 호브   ② 단체 호브

③ 조립 호브   ④ 초경 호브

96. 다이에 아연, 납, 주석 등의 연질금속을 넣고 제품 형상의 펀치로 타격을 가하여 길이가 짧은 치약튜브, 약품튜브 등을 제작하는 압출방법은?

① 간접 압출   ② 열간 압출

③ 직접 압출   ④ 충격 압출

[해설] 충격 압출법(impact extrusion)은 냉간에서 프레스를 사용해서 힘을 충격적으로 가하여 제품을 압출하는 방법으로 충격 압출 제품으로는 치약튜브나 약품 및 미술용의 튜브가 있다. 납이나 주석, Al, Cu, 동합금 등을 두께가 얇은 원통 모양으로 가공하는 경우 사용된다.

97. 용접을 기계적인 접합 방법과 비교할 때 우수한 점이 아닌 것은?

① 기밀, 수밀, 유밀성이 우수하다.

② 공정 수가 감소되고 작업시간이 단축된다.

③ 열에 의한 변질이 없으며 품질검사가 쉽다.

④ 재료가 절약되므로 공작물의 중량을 가볍게 할 수 있다.

[해설] 용접은 고온의 열에 의해 용접 모재의 재질이 변질되기 쉽고 품질검사가 곤란한 것이 단점이다.

98. 제작 개수가 적고, 큰 주물품을 만들 때 재료와 제작비를 절약하기 위해 골격만 목재로 만들고 골격 사이를 점토로 메워 만든 모형은?

① 현형   ② 골격형

③ 긁기형   ④ 코어형

99. 절삭가공 시 발생하는 절삭온도 측정방법이 아닌 것은?

① 부식을 이용하는 방법

② 복사고온계를 이용하는 방법

③ 열전대(thermocouple)에 의한 방법

④ 칼로리미터(calorimeter)에 의한 방법

[해설] 절삭온도 측정법

(1) 칩의 색깔에 의한 방법

(2) 서머컬러에 의한 방법

(3) 열전대에 의한 방법

(4) 칼로리미터에 의한 방법

(5) 복사고온계에 의한 방법(방사온도계, 광고온도계, 광전관 온도계, 고온측정용 비접촉식 온도계)

100. 나사측정 방법 중 삼침법(three wire method)에 대한 설명으로 옳은 것은?

① 나사의 길이를 측정하는 법

② 나사의 골지름을 측정하는 법

③ 나사의 바깥지름을 측정하는 법

④ 나사의 유효지름을 측정하는 법

[해설] 삼침법은 지름이 같은 3개의 와이어를 나사산에 대고 와이어의 바깥쪽을 마이크로미터로 측정하여 나사의 유효지름을 가장 정밀하게 측정하는 방법이다.

제1과목   **재료역학**

1. 그림과 같이 원형 단면의 원주에 접하는 $x-x$축에 관한 단면 2차 모멘트는?

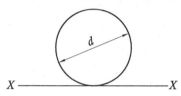

① $\dfrac{\pi d^4}{32}$ ② $\dfrac{\pi d^4}{64}$

③ $\dfrac{3\pi d^4}{64}$ ④ $\dfrac{5\pi d^4}{64}$

해설 $I_{x-x} = I_G + Ab^2 = \dfrac{\pi d^4}{64} + \dfrac{\pi d^2}{4}\left(\dfrac{d}{2}\right)^2$

$\qquad = \dfrac{5\pi d^4}{64}\,[\text{cm}^4]$

2. 그림과 같은 구조물에서 AB 부재에 미치는 힘은 몇 kN인가?

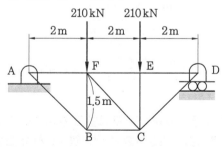

① 450   ② 350

③ 250   ④ 150

해설 $\overline{AB} = \sqrt{2^2 + (1.5)^2} = 2.5\,\text{m}$

$\qquad \sum M_D = 0$

$R_A \times 6 - 210 \times 4 - 210 \times 2 = 0$

$R_A = \dfrac{1260}{6} = 210\,\text{kN}$

$R_A : F_{AB} = 1.5 : 2.5$

$F_{AB} = R_A\left(\dfrac{2.5}{1.5}\right) = 210\left(\dfrac{2.5}{1.5}\right) = 350\,\text{kN}$

3. 다음과 같은 평면응력상태에서 X축으로부터 반시계방향으로 30° 회전된 X'축 상의 수직응력($\sigma_{x'}$)은 약 몇 MPa인가?

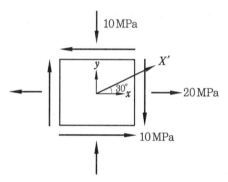

① $\sigma_{x'} = 3.84$ ② $\sigma_{x'} = -3.84$

③ $\sigma_{x'} = 17.99$ ④ $\sigma_{x'} = -17.99$

해설 $\sigma_{x'} = \dfrac{1}{2}(\sigma_x + \sigma_y) + \dfrac{1}{2}(\sigma_x - \sigma_y)\cos 2\theta$

$\qquad - \tau_{xy}\sin 2\theta$

$\qquad = \dfrac{1}{2}(20-10) + \dfrac{1}{2}(20+10)\cos 60°$

$\qquad - 10\sin 60° = 3.84\,\text{MPa}$

4. 그림과 같은 하중을 받고 있는 수직 봉의 자중을 고려한 총 신장량은? (단, 하중 = P, 막대 단면적 = A, 비중량 = γ, 탄성계수 = E이다.)

정답   1. ④   2. ②   3. ①   4. ②

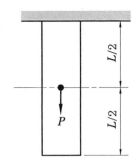

① $\dfrac{L}{E}\left(\gamma L + \dfrac{P}{A}\right)$

② $\dfrac{L}{2E}\left(\gamma L + \dfrac{P}{A}\right)$

③ $\dfrac{L^2}{2E}\left(\gamma L + \dfrac{P}{A}\right)$

④ $\dfrac{L^2}{E}\left(\gamma L + \dfrac{P}{A}\right)$

해설 (1) 자중에 의한 신장량$(\lambda_1) = \dfrac{\gamma L^2}{2E}$

(2) 외력(P)에 의한 신장량$(\lambda_2) = \dfrac{PL}{2AE}$

전체 신장량$(\lambda) = \lambda_1 + \lambda_2$

$$= \dfrac{\gamma L^2}{2E} + \dfrac{PL}{2AE}$$

$$= \dfrac{L}{2E}\left(\gamma L + \dfrac{P}{A}\right)$$

5. 단면 2차 모멘트가 251 cm^{4}인 I형강 보가 있다. 이 단면의 높이가 20 cm라면, 굽힘 모멘트 $M = 2510$ N · m을 받을 때 최대 굽힘 응력은 몇 MPa인가?

① 100   ② 50

③ 20   ④ 5

해설 $M = \sigma_b Z$에서

$\sigma_b = \dfrac{M}{Z} = \dfrac{2510 \times 10^3}{25100} = 100$ MPa

$Z = \dfrac{I}{y} = \dfrac{I}{\dfrac{h}{2}} = \dfrac{2I}{h} = \dfrac{2 \times 251 \times 10^4}{200}$

$= 25100$ mm^3

6. 다음 그림과 같은 외팔보에 하중 P_1, P_2가 작용될 때 최대 굽힘 모멘트의 크기는?

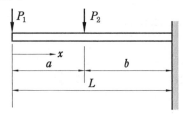

① $P_1 \cdot a + P_2 \cdot b$

② $P_1 \cdot b + P_2 \cdot a$

③ $(P_1 + P_2) \cdot L$

④ $P_1 \cdot L + P_2 \cdot b$

해설 고정단에서 $M_{\max} = P_1 L + P_2 b[\text{N} \cdot \text{m}]$

7. 중공 원형 축에 비틀림 모멘트 $T = 100$ N · m가 작용할 때, 안지름이 20 mm, 바깥지름이 25 mm라면 최대 전단응력은 약 몇 MPa인가?

① 42.2   ② 55.2   ③ 77.2   ④ 91.2

해설 $T = \tau Z_P = \tau \dfrac{\pi d_2^3}{16}(1 - x^4)$

$\tau = \dfrac{T}{Z_P} = \dfrac{T}{\dfrac{\pi d_2^3}{16}(1 - x^4)} = \dfrac{16T}{\pi d_2^3(1 - x^4)}$

$= \dfrac{16 \times 100 \times 10^3}{\pi (25)^3 \left[1 - \left(\dfrac{20}{25}\right)^4\right]}$

$= \dfrac{16 \times 100 \times 10^3}{\pi (25)^3 \times 0.5904} = 55.21$ MPa

8. 지름 20 mm인 구리합금 봉에 30 kN의 축 방향 인장하중이 작용할 때 체적 변형률은 대략 얼마인가? (단, 탄성계수 $E = 100$ GPa, 푸아송비 $\mu = 0.3$)

① 0.38   ② 0.038

③ 0.0038   ④ 0.00038

정답 5. ①   6. ④   7. ②   8. ④

[해설] $\varepsilon_v = \dfrac{\sigma}{E}(1-2\mu) = \dfrac{P}{\dfrac{\pi d^2}{4}E}(1-2\mu)$

$\qquad = \dfrac{4P}{\pi d^2 E}(1-2\mu)$

$\qquad = \dfrac{4 \times 30 \times 10^3}{\pi (20)^2 \times 100 \times 10^3}(1-2\times 0.3)$

$\qquad = 3.82 \times 10^{-4} = 0.000382$

9. 그림과 같은 단순보에서 보 중앙의 처짐으로 옳은 것은? (단, 보의 굽힘 강성 EI는 일정하고, M_o는 모멘트, l은 보의 길이이다.)

① $\dfrac{M_o l^2}{16EI}$ ② $\dfrac{M_o l^2}{48EI}$

③ $\dfrac{M_o l^2}{120EI}$ ④ $\dfrac{5M_o l^2}{384EI}$

[해설] (1) 중앙점의 처짐량$(\delta_c) = \dfrac{M_o l^2}{16EI}$[cm]

(2) $\theta_A = \dfrac{M_o l}{6EI}$[rad]

$\quad \theta_B = \dfrac{M_o l}{3EI}$[rad]

(3) $\delta_{\max} = \dfrac{M_o l^2}{9\sqrt{3}\,EI}$[cm]

10. 다음 중 좌굴(buckling) 현상에 대한 설명으로 가장 알맞은 것은?
① 보에 휨하중이 작용할 때 굽어지는 현상
② 트러스의 부재에 전단하중이 작용할 때 굽어지는 현상
③ 단주에 축방향의 인장하중을 받을 때

기둥이 굽어지는 현상
④ 장주에 축방향의 압축하중을 받을 때 기둥이 굽어지는 현상
[해설] 좌굴(buckling) 현상이란 장주에 축방향 압축하중을 받을 때 기둥이 가로 방향으로 굽어지는 현상을 말한다.

11. 동일한 길이와 재질로 만들어진 두 개의 원형 단면 축이 있다. 각각의 지름이 d_1, d_2일 때 각 축에 저장되는 변형에너지 u_1, u_2의 비는? (단, 두 축은 모두 비틀림 모멘트 T를 받고 있다.)

① $\dfrac{u_1}{u_2} = \left(\dfrac{d_2}{d_1}\right)^4$ ② $\dfrac{u_2}{u_1} = \left(\dfrac{d_2}{d_1}\right)^3$

③ $\dfrac{u_1}{u_2} = \left(\dfrac{d_2}{d_1}\right)^3$ ④ $\dfrac{u_2}{u_1} = \left(\dfrac{d_2}{d_1}\right)^4$

[해설] $u = \dfrac{T\theta}{2} = \dfrac{T^2 L}{2GI_P} = \dfrac{32\,T^2 L}{2G\pi d^4}$[kJ]

$u \propto \dfrac{1}{d^4}$

$\therefore \ \dfrac{u_1}{u_2} = \left(\dfrac{d_2}{d_1}\right)^4$

12. 지름 20 mm인 와이어 로프에 매달린 1000 N의 중량물(W)이 낙하하고 있을 때, A점에서 갑자기 정지시키면 와이어 로프에 생기는 최대 응력은 약 몇 GPa인가? (단, 와이어 로프의 탄성계수 $E = 20$ GPa이다.)

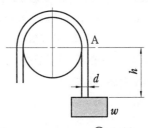

① 0.93 ② 1.13

③ 1.72 ④ 1.93

13. 그림과 같은 하중 P가 작용할 때 스프링의 변위 δ는? (단, 스프링 상수는 k이다.)

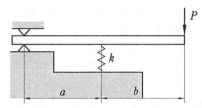

① $\delta = \dfrac{(a+b)}{bk}P$ ② $\delta = \dfrac{(a+b)}{ak}P$

③ $\delta = \dfrac{ak}{(a+b)}P$ ④ $\delta = \dfrac{bk}{(a+b)}P$

[해설] $\sum M_A = 0$

$P(a+b) - k\delta a = 0$

$P(a+b) = k\delta a$

$\therefore \ \delta = \dfrac{(a+b)P}{ak} \text{[cm]}$

14. 두께 10 mm의 강판을 사용하여 지름 2.5 m의 원통형 압력용기를 제작하였다. 용기에 작용하는 최대 내부 압력이 1200 kPa일 때 원주응력(후프 응력)은 몇 MPa 인가?

① 50 ② 100

③ 150 ④ 200

[해설] $\sigma_h = \dfrac{pd}{2t} = \dfrac{1.2 \times (2.5 \times 10^3)}{2 \times 10}$

$= 150 \text{ MPa}$

15. 열응력에 대한 다음 설명 중 틀린 것은?

① 재료의 선팽창계수와 관계있다.

② 세로탄성계수와 관계있다.

③ 재료의 비중과 관계있다.

④ 온도차와 관계있다.

[해설] 열응력$(\sigma) = E\alpha\Delta t \text{[MPa]}$

여기서, E : 세로탄성계수

α : 선팽창계수

Δt : 온도차

16. 다음 그림과 같은 양단 고정보 AB에 집중 하중 $P=14$ kN이 작용할 때 B점의 반력 R_B[kN]는?

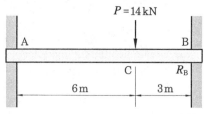

① $R_B = 8.06$ ② $R_B = 9.25$

③ $R_B = 10.37$ ④ $R_B = 11.08$

[해설] $R_B = \dfrac{Pa^2}{L^3}(3b+a) = \dfrac{14 \times 6^2}{9^3}(3 \times 3 + 6)$

$= 10.37 \text{ kN}$

※ $R_A = \dfrac{Pb^2}{L^3}(3a+b) \text{[kN]}$

17. 단순지지보의 중앙에 집중 하중(P)이 작용한다. 점 C에서의 기울기를 M/EI 선도를 이용하여 구하면? (단, $E=$ 재료의 종탄성계수, $I=$ 단면 2차 모멘트)

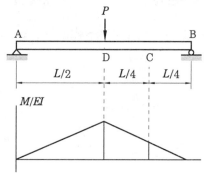

① $\dfrac{1}{64}\dfrac{PL^2}{EI}$ ② $\dfrac{1}{32}\dfrac{PL^2}{EI}$

③ $\dfrac{3}{64}\dfrac{PL^2}{EI}$ ④ $\dfrac{1}{16}\dfrac{PL^2}{EI}$

[해설] $\theta_c = \dfrac{A_M}{EI} = \dfrac{PL^2}{16EI} - \dfrac{\frac{1}{2}\left(\frac{P}{2} \times \frac{L}{4}\right) \times \frac{L}{4}}{EI}$

$= \dfrac{PL^2}{16EI} - \dfrac{PL^2}{64EI} = \dfrac{3}{64}\dfrac{PL^2}{EI} \text{[rad]}$

18. 그림과 같이 등분포 하중이 작용하는 보에서 최대 전단력의 크기는 몇 kN인가?

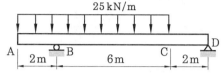

① 50
② 100
③ 150
④ 200

해설 $\sum M_B = 0$,

$-R_D \times 8 + (25 \times 6) \times 3 - (25 \times 2) \times 1 = 0$

$R_D = \dfrac{(25 \times 6) \times 3 - (25 \times 2) \times 1}{8} = 50 \text{ kN}$

$R_B = 25 \times 8 - R_D = 200 - 50 = 150 \text{ kN}$

$F_{\max} = R_B - wx = 150 - (25 \times 2) = 100 \text{ kN}$

19. 전단 탄성계수가 80 GPa인 강봉(steel bar)에 전단응력이 1 kPa로 발생했다면 이 부재에 발생한 전단변형률은?

① 12.5×10^{-3}
② 12.5×10^{-6}
③ 12.5×10^{-9}
④ 12.5×10^{-12}

해설 $\tau = G\gamma \text{[GPa]}$

$\therefore \gamma = \dfrac{\tau}{G} = \dfrac{1}{80 \times 10^6}$

$= 1.25 \times 10^{-8} \left(= 12.5 \times 10^{-9}\right)$

20. 길이가 L이고 원형 단면의 지름이 d인 외팔보의 자유단에 하중 P가 가해진다면, 이 외팔보의 전체 탄성에너지는? (단, 재료의 탄성계수는 E이다.)

① $U = \dfrac{3P^2L^3}{64\pi Ed^4}$
② $U = \dfrac{62P^2L^3}{9\pi Ed^4}$
③ $U = \dfrac{32P^2L^3}{3\pi Ed^4}$
④ $U = \dfrac{64P^2L^3}{3\pi Ed^4}$

해설 $U = \dfrac{P\delta}{2} = \dfrac{P}{2}\left(\dfrac{PL^3}{3EI}\right) = \dfrac{P^2L^3}{6EI}$

$= \dfrac{P^2L^3}{6E\dfrac{\pi d^4}{64}} = \dfrac{64P^2L^3}{6E\pi d^4} = \dfrac{32P^2L^3}{3E\pi d^4} \text{[kJ]}$

---

21. 다음에 열거한 시스템의 상태량 중 종량적 상태량인 것은?

① 엔탈피
② 온도
③ 압력
④ 비체적

해설 • 종량적 상태량 : 질량의 양에 비례하는 상태량(성질)

㉮ 엔탈피, 엔트로피, 내부에너지, 체적 등

• 강도성 상태량 : 질량에 관계없는(무관한) 상태량

㉮ 압력, 온도, 비체적 등

22. 열역학 제1법칙에 관한 설명으로 거리가 먼 것은?

① 열역학적계에 대한 에너지 보존법칙을 나타낸다.

② 외부에 어떠한 영향을 남기지 않고 계가 열원으로부터 받은 열을 모두 일로 바꾸는 것은 불가능하다.

③ 열은 에너지의 한 형태로서 일을 열로 변환하거나 열을 일로 변환하는 것이 가능하다.

④ 열을 일로 변환하거나 일을 열로 변환할 때, 에너지의 총량은 변하지 않고 일정하다.

해설 ②는 제2종 영구운동기관을 부정하는 법칙으로 열역학 제2법칙에 해당한다.

23. 폴리트로픽 과정 $PV^n = C$에서 지수 $n = \infty$인 경우는 어떤 과정인가?

① 등온과정
② 정적과정
③ 정압과정
④ 단열과정

해설 $PV^n = c$

(1) $n = 0$ 정압변화($P = C$)

(2) $n = 1$ 정온변화($PV = C$)

정답 18. ②　19. ③　20. ③　21. ①　22. ②　23. ②

(3) $n=k$ 가역단열변화($PV^k=C$)

(4) $n=\infty$ 정적변화($V=C$)

24. 온도 300 K, 압력 100 kPa 상태의 공기 0.2 kg이 완전히 단열된 강체 용기 안에 있다. 패들(paddle)에 의하여 외부로부터 공기에 5 kJ의 일이 행해질 때 최종 온도는 약 몇 K인가? (단, 공기의 정압비열과 정적비열은 각각 1.0035 kJ/kg·K, 0.7165kJ/kg·K이다.)

① 315   ② 275

③ 335   ④ 255

해설 $_1W_2 = \dfrac{1}{k-1}(P_1V_1 - P_2V_2)$

$\qquad = \dfrac{mR}{k-1}(T_1 - T_2)\,[\text{kJ}]$

$T_2 = T_1 - \dfrac{_1W_2(k-1)}{mR}$

$\qquad = 300 - \dfrac{-5 \times (1.4-1)}{0.2 \times (1.0035 - 0.7165)}$

$\qquad \fallingdotseq 335\,\text{K}$

$k = \dfrac{C_p}{C_v} = \dfrac{1.0035}{0.7165} = 1.4$

25. 다음 냉동 사이클에서 열역학 제1법칙과 제2법칙을 모두 만족하는 Q_1, Q_2, W는?

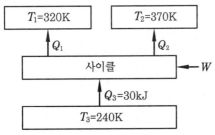

① $Q_1 = 20\,\text{kJ},\ Q_2 = 20\,\text{kJ},\ W = 20\,\text{kJ}$

② $Q_1 = 20\,\text{kJ},\ Q_2 = 30\,\text{kJ},\ W = 20\,\text{kJ}$

③ $Q_1 = 20\,\text{kJ},\ Q_2 = 20\,\text{kJ},\ W = 10\,\text{kJ}$

④ $Q_1 = 20\,\text{kJ},\ Q_2 = 15\,\text{kJ},\ W = 5\,\text{kJ}$

해설 (1) 열역학 1법칙

$\qquad W = (Q_1 + Q_2) - Q_3$

(2) 열역학 2법칙

(가) $\Delta S = \dfrac{Q_1}{T_1} + \dfrac{Q_2}{T_2} = \dfrac{Q_3}{T_3}$

(나) $\Delta S = \dfrac{Q_1}{T_1} + \dfrac{Q_2}{T_2} > \dfrac{Q_3}{T_3}$

에너지 보존 법칙(열역학 제1법칙)

$\qquad Q_1 + Q_2 = W + Q_3$

$\qquad \therefore\ W = Q_1 + Q_2 - Q_3\,[\text{kJ}]$

26. 1 kg의 공기가 100℃를 유지하면서 등온팽창하여 외부에 100 kJ의 일을 하였다. 이때 엔트로피의 변화량은 약 몇 kJ/(kg·K)인가?

① 0.268   ② 0.373

③ 1.00   ④ 1.54

해설 $ds = \dfrac{\delta q}{T} = \dfrac{100\,\text{kJ/kg}}{(100+273)\text{K}}$

$\qquad = 0.268\,\text{kJ/kg·K}$

27. 300 L 체적의 진공인 탱크가 25℃, 6 MPa의 공기를 공급하는 관에 연결된다. 밸브를 열어 탱크 안의 공기 압력이 5 MPa이 될 때까지 공기를 채우고 밸브를 닫았다. 이 과정이 단열이고 운동에너지와 위치에너지의 변화는 무시해도 좋을 경우에 탱크 안의 공기의 온도는 약 몇 ℃가 되는가? (단, 공기의 비열비는 1.4이다.)

① 1.5℃   ② 25.0℃

③ 84.4℃   ④ 144.3℃

해설 정상유동의 에너지 방정식에서

$\qquad Q + mu_1 + \dfrac{mV_1^2}{2} + mP_1v_1 + mZ_1$

$\qquad = W_t + mu_2 + \dfrac{mV_2^2}{2} + mP_2v_2 + mZ_2$

단열유동($Q=0$), $w_t = 0$

$K \cdot E = 0,\ P \cdot E = 0$

$\dot{m}(u_1 + P_1v_1) = \dot{m}u_2$

$$H_1 = m\mu_2$$
$$m C_p T_1 = m C_v T_2$$
$$\therefore \ T_2 = T_1 \left(\frac{C_p}{C_v} \right)$$
$$= T_1 k = (25 + 273) \times 1.4$$
$$= 417.2 \,\text{K} = (417.2 - 273)\,\text{℃}$$
$$= 144.2\,\text{℃}$$

28. Rankine 사이클에 대한 설명으로 틀린 것은?

① 응축기에서의 열방출 온도가 낮을수록 열효율이 좋다.

② 증기의 최고 온도는 터빈 재료의 내열 특성에 의하여 제한된다.

③ 팽창일에 비하여 압축일이 적은 편이다.

④ 터빈 출구에서 건도가 낮을수록 효율이 좋아진다.

[해설] 랭킨 사이클에서 터빈 출구의 건도(x)가 낮아지면 효율이 감소한다.

29. 증기 터빈의 입구 조건은 3 MPa, 350 ℃이고 출구의 압력은 30 kPa이다. 이때 정상 등엔트로피 과정으로 가정할 경우, 유체의 단위 질량당 터빈에서 발생되는 출력은 약 몇 kJ/kg인가? (단, 표에서 h는 단위 질량당 엔탈피, s는 단위 질량당 엔트로피이다.)

구분	h[kJ/kg]	s[kJ/kg · K]
터빈 입구	3115.3	6.428

구분	엔트로피[kJ/kg · K]		
	포화액(s_f)	증발(s_{fg})	포화증기(s_g)
터빈 출구	0.9439	6.8247	7.7686

구분	엔탈피[kJ/kg]		
	포화액(h_f)	증발(h_{fg})	포화증기(h_g)
터빈 출구	289.2	2336.1	2625.3

① 679.2   ② 490.3
③ 841.1   ④ 970.4

[해설] $S_x = S' + x(S'' - S') \,[\text{kJ/kg} \cdot \text{K}]$에서
$$S_x - S' = x(S'' - S')$$
$$x = \frac{S_x - S'}{(S'' - S')} = \frac{6.7428 - 0.9439}{7.7686 - 0.9439}$$
$$= 0.849 \fallingdotseq 0.85$$
터빈 출구 비엔탈피(h_x)
$$= h' + x(h'' - h') = h' + x\gamma$$
$$= 289.2 + 0.85 \times (2625.3 - 289.2)$$
$$= 289.2 + 0.85 \times 2336.1 = 2274.9\,\text{kJ/kg}$$
$$w_t = h - h_x = 3115.3 - 2274.9$$
$$= 840.4\,\text{kJ/kg}$$

30. 4 kg의 공기가 들어 있는 체적 0.4 m³의 용기(A)와 체적이 0.2 m³인 진공의 용기(B)를 밸브로 연결하였다. 두 용기의 온도가 같을 때 밸브를 열어 용기 A와 B의 압력이 평형에 도달했을 경우, 이 계의 엔트로피 증가량은 약 몇 J/K인가? (단, 공기의 기체상수는 0.287 kJ/kg · K이다.)

① 712.8   ② 595.7
③ 465.5   ④ 348.2

[해설] $\Delta S = m_A \cdot R \cdot \ln\left(\dfrac{V_2}{V_A} \right)$
$$= 4 \times 287 \times \ln\left(\frac{0.6}{0.4} \right)$$
$$= 465.5\,\text{J/K}$$

31. 압력 5 kPa, 체적이 0.3 m³인 기체가 일정한 압력하에서 압축되어 0.2 m³로 되었을 때 이 기체가 한 일은? (단, +는 외부로 기체가 일을 한 경우이고, −는 기체가 외부로부터 일을 받은 경우이다.)

① −1000 J   ② 1000 J
③ −500 J   ④ 500 J

[해설] $_1W_2 = \displaystyle\int_1^2 PdV = P(V_2 - V_1)$
$$= 5 \times 10^3 (0.2 - 0.3) = -500\,\text{J}$$

32. 14.33 W의 전등을 매일 7시간 사용하

는 집이 있다. 1개월(30일) 동안 약 몇 kJ
의 에너지를 사용하는가?

① 10830　　　　　② 15020

③ 17420　　　　　④ 22840

해설 $Q = 14.33 \times 10^{-3} \times 7 \times 3600 \times 30$
$\qquad = 10830 \, \text{kJ}$

33. 오토 사이클로 작동되는 기관에서 실린
더의 간극 체적이 행정 체적의 15 %라고
하면 이론 열효율은 약 얼마인가? (단, 비
열비 $k = 1.4$이다.)

① 45.2 %　　　　② 50.6 %

③ 55.7 %　　　　④ 61.4 %

해설 $\eta_{tho} = 1 - \left(\dfrac{1}{\varepsilon}\right)^{k-1} = 1 - \left(\dfrac{1}{7.67}\right)^{1.4-1}$
$\qquad = 0.557 \, (55.7 \, \%)$

$\qquad$ 압축비$(\varepsilon) = 1 + \dfrac{V_S}{V_C} = 1 + \dfrac{1}{0.15} = 7.67$

34. 분자량이 M이고 질량이 m인 이상기
체 A가 압력 P, 온도 T(절대온도)일 때
부피가 V이다. 동일한 질량의 다른 이상
기체 B가 압력 $2P$, 온도 $2T$(절대온도)일
때 부피가 $2V$이면 이 기체의 분자량은 얼
마인가?

① $0.5M$　　　　　② M

③ $2M$　　　　　　④ $4M$

해설 $\overline{R} = \left(\dfrac{P \cdot V \cdot M}{m \cdot T}\right)_A = \left(\dfrac{P \cdot V \cdot M}{m \cdot T}\right)_B$

$\qquad \dfrac{P \cdot V \cdot M_A}{T} = \dfrac{(2P) \cdot (2V) \cdot M_B}{2T}$

$\qquad \therefore M_B = \dfrac{1}{2} M_A = 0.5 \, M$

$\qquad PV = mRT = m \left(\dfrac{\overline{R}}{M}\right) T$

$\qquad \overline{R} = \dfrac{PVM}{mT} \, [\text{kJ/kmol} \cdot \text{K}]$

35. 다음 압력값 중에서 표준대기압(1 atm)
과 차이가 가장 큰 압력은?

① 1 MPa　　　　② 100 MPa

③ 1 bar　　　　　④ 100 hPa

해설 ① 1 MPa $= 10^6$ Pa
$\qquad$ ② 100 kPa $= 10^5$ Pa
$\qquad$ ③ 1 bar $= 10^5$ Pa
$\qquad$ ④ 100 hPa $= 10^4$ Pa

36. 물 1 kg이 포화온도 120℃에서 증발할
때, 증발잠열은 2203 kJ이다. 증발하는 동
안 물의 엔트로피 증가량은 약 몇 kJ/K인
가?

① 4.3　　　　　② 5.6

③ 6.5　　　　　④ 7.4

해설 $(S_2 - S_1) = \dfrac{Q_L}{T} = \dfrac{2203}{120 + 273}$
$\qquad = 5.61 \, \text{kJ/K}$

37. 단열된 가스터빈의 입구 측에서 가스가
압력 2 MPa, 온도 1200 K로 유입되어 출
구 측에서 압력 100 kPa, 온도 600 K로
유출된다. 5 MW의 출력을 얻기 위한 가스
의 질량유량은 약 몇 kg/s인가? (단, 터빈
의 효율은 100 %이고, 가스의 정압비열은
1.12 kJ/kg · K이다.)

① 6.44　　　　　② 7.44

③ 8.44　　　　　④ 9.44

해설 $m C_P (T_1 - T_2) = Q$

$\qquad m = \dfrac{Q}{C_P(T_1 - T_2)} = \dfrac{5 \times 10^3}{1.12(1200 - 600)}$
$\qquad = 7.44 \, \text{kg/s}$

38. 10℃에서 160℃까지 공기의 평균 정
적비열은 0.7315 kJ/kg · K이다. 이 온도
변화에서 공기 1 kg의 내부에너지 변화는
약 몇 kJ인가?

① 101.1 kJ　　　　② 109.7 kJ

③ 120.6 kJ　　　　④ 131.7 kJ

정답 **33.** ③ **34.** ① **35.** ① **36.** ② **37.** ② **38.** ②

[해설] $\delta Q = \Delta U + PdV$[kJ]에서 등적($V = C$, $dV = 0$)이므로 내부에너지 변화량(ΔU)은 가열량과 크기가 같다.

$(U_2 - U_1) = mC_v(T_2 - T_1)$
$= 1 \times 0.7315(160 - 10) = 109.7 \, kJ$

39. 이상적인 증기-압축 냉동사이클에서 엔트로피가 감소하는 과정은?

① 증발과정   ② 압축과정
③ 팽창과정   ④ 응축과정

40. 피스톤-실린더 시스템에 100 kPa의 압력을 갖는 1 kg의 공기가 들어있다. 초기 체적은 0.5 m³이고, 이 시스템에 온도가 일정한 상태에서 열을 가하여 부피가 1.0 m³이 되었다. 이 과정 중 전달된 에너지는 약 몇 kJ인가?

① 30.7   ② 34.7
③ 44.8   ④ 50.0

[해설] 등온과정 시 가열량(Q)

$= {}_1W_2(= W_t) = P_1V_1 \ln\left(\dfrac{V_2}{V_1}\right)$

$= 100 \times 0.5 \ln\left(\dfrac{1.0}{0.5}\right) = 34.7 \, kJ$

제3과목   **기계유체역학**

41. 유체의 정의를 가장 올바르게 나타낸 것은?

① 아무리 작은 전단응력에도 저항할 수 없어 연속적으로 변형하는 물질
② 탄성계수가 0을 초과하는 물질
③ 수직응력을 가해도 물체가 변하지 않는 물질
④ 전단응력이 가해질 때 일정한 양의 변형이 유지되는 물질

[해설] 유체(fluid)란 아무리 작은 전단응력이라도 물질 내부에 작용하면 연속적으로 변형하는 물질(정지 상태로 있을 수 없는 물질)이다.

42. 지름 0.1 mm이고, 비중이 7인 작은 입자가 비중이 0.8인 기름 속에서 0.01 m/s의 일정한 속도로 낙하하고 있다. 이때 기름의 점성계수는 약 몇 kg/m·s인가? (단, 이 입자는 기름 속에서 Stokes 법칙을 만족한다고 가정한다.)

① 0.003379   ② 0.009542
③ 0.02486   ④ 0.1237

[해설] 부력(F_B) + 항력(D) = 물체 무게(W)

$\gamma_o \cdot V + 3\pi\mu Vd = \gamma_s V$

$3\pi\mu Vd = (\gamma_s - \gamma_o)V = (\gamma_s - \gamma_o)\dfrac{\pi d^3}{6}$

$\therefore \mu = \dfrac{(\gamma_s - \gamma_o)d^2}{18V}$

$= \dfrac{(7 - 0.8) \times 9800 \times (0.1 \times 10^{-3})^2}{18 \times 0.01}$

$= 0.003376 \, Pa \cdot s[kg/m \cdot s]$

43. 체적 2×10^{-3} m³의 돌이 물속에서 무게가 40 N이었다면 공기 중에서의 무게는 약 몇 N인가?

① 2   ② 19.6
③ 42   ④ 59.6

[해설] 공기 중에서 무게(G_a) = $W + F_B$

$= 40 + \gamma_w V = 40 + 9800 \times 2 \times 10^{-3}$
$= 59.6 \, N$

44. 새로 개발한 스포츠카의 공기역학적 항력을 기온 25℃(밀도는 1.184 kg/m³, 점성계수는 1.849×10^{-5} kg/m·s), 100 km/h 속력에서 예측하고자 한다. 1/3 축척 모형을 사용하여 기온이 5℃(밀도는 1.269 kg/m³, 점성계수는 1.754×10^{-5} kg/m·s)인 풍동에서 항력을 측정할 때 모형과 원형 사

정답   39. ④   40. ②   41. ①   42. ①   43. ④   44. ②

이의 상사를 유지하기 위해 풍동 내 공기의 유속은 약 몇 km/h가 되어야 하는가?

① 153 ② 266

③ 442 ④ 549

[해설] $(R_e)_p = (R_e)_m \left(\dfrac{\rho VL}{\mu} \right)_p = \left(\dfrac{\rho VL}{\mu} \right)_m$

$V_m = V_p \left(\dfrac{\rho_p}{\rho_m} \times \dfrac{\mu_m}{\mu_p} \times \dfrac{L_p}{L_m} \right)$

$= 100 \left(\dfrac{1.184}{1.269} \times \dfrac{1.754 \times 10^{-5}}{1.849 \times 10^{-5}} \times 3 \right)$

$\fallingdotseq 266 \text{ km/h}$

45. 안지름이 20 mm인 수평으로 놓인 곧은 파이프 속에 점성계수 $0.4 \text{ N} \cdot \text{s/m}^2$, 밀도 900 kg/m^3인 기름이 유량 $2 \times 10^{-5} \text{ m}^3/\text{s}$로 흐르고 있을 때, 파이프 내의 10 m 떨어진 두 지점 간의 압력강하는 약 몇 kPa인가?

① 10.2 ② 20.4

③ 30.6 ④ 40.8

[해설] $\Delta P = \dfrac{128 \mu QL}{\pi d^4}$

$= \dfrac{128 \times 0.4 \times 2 \times 10^{-5} \times 10}{\pi \times (0.02)^4}$

$= 20.4 \text{ kPa}$

46. 공기 중에서 질량이 166 kg인 통나무가 물에 떠 있다. 통나무에 납을 매달아 통나무가 완전히 물속에 잠기게 하고자 하는 데 필요한 납(비중 : 11.3)의 최소 질량이 34 kg이라면 통나무의 비중은 얼마인가?

① 0.600 ② 0.670

③ 0.817 ④ 0.843

[해설] $W + W' = F_B(\text{부력})$

$166 \times 9.8 + 34 \times 9.8 = 9800 \times V$

$V = 0.2 \text{ m}^3$

납의 체적$(V_{Pb}) = \dfrac{34 \times 9.8}{11.3 \times 9800} = 0.003 \text{ m}^3$

$\therefore S = \dfrac{166 \times 9.8}{9800 \times (0.2 - 0.003)} = 0.843$

47. 안지름 35 cm인 원관으로 수평거리 2000 m 떨어진 곳에 물을 수송하려고 한다. 24시간 동안 15000 m^3을 보내는 데 필요한 압력은 약 몇 kPa인가?(단, 관마찰계수는 0.032이고, 유속은 일정하게 송출한다고 가정한다.)

① 296 ② 423

③ 537 ④ 351

[해설] $\Delta P = \gamma h_L = f \dfrac{L}{d} \dfrac{\rho V^2}{2}$

$= 0.032 \times \dfrac{2000}{0.35} \times \dfrac{1 \times (1.8)^2}{2}$

$= 296.23 \text{ kPa}$

$Q = AV[\text{m}^3/\text{s}]$에서

$V = \dfrac{Q}{A} = \dfrac{\left(\dfrac{15000}{3600} \right)}{\dfrac{\pi}{4}(0.35)^2} = 1.8 \text{ m/s}$

48. 지면에서 계기압력이 200 kPa인 급수관에 연결된 호스를 통하여 임의의 각도로 물이 분사될 때, 물이 최대로 멀리 도달할 수 있는 수평거리는 약 몇 m인가? (단, 공기저항은 무시하고, 발사점과 도달점의 고도는 같다.)

① 20.4 ② 40.8

③ 61.2 ④ 81.6

[해설] $L = \dfrac{V_0^2 \cdot \sin 2\theta}{g} = \dfrac{V_0^2}{g} \cdot 2 \cos \theta \sin \theta$

$L_{max} = \dfrac{V_0^2}{g} = 2 \cdot \dfrac{\Delta P}{\gamma} = \dfrac{2 \times 200 \times 10^3}{9800}$

$= 40.82 \text{ m}$

49. 입구 단면적이 20 cm^2이고 출구 단면적이 10 cm^2인 노즐에서 물의 입구 속도가 1 m/s일 때, 입구와 출구의 압력 차이 $P_{입구} - P_{출구}$는 약 몇 kPa인가?(단, 노즐은 수평으로 놓여 있고 손실은 무시할 수 있다.)

정답 45. ② 46. ④ 47. ① 48. ② 49. ②

① -1.5 ② 1.5

③ -2.0 ④ 2.0

[해설] $Q = AV[\text{m}^3/\text{s}]$에서

$A_1 V_1 = A_2 V_2$이므로

$$V_2 = V_1\left(\frac{A_1}{A_2}\right) = 1\left(\frac{20}{10}\right) = 2 \text{ m/s}$$

$$\Delta P(= P_1 - P_2) = \frac{\gamma}{2g}\left(V_2^2 - V_1^2\right)$$

$$= \frac{9.8}{2 \times 9.8}\left(2^2 - 1^2\right) = 1.5 \text{ kPa}$$

50. 뉴턴 유체(Newtonian fluid)에 대한 설명으로 가장 옳은 것은?

① 유체 유동에서 마찰 전단응력이 속도구배에 비례하는 유체이다.

② 유체 유동에서 마찰 전단응력이 속도구배에 반비례하는 유체이다.

③ 유체 유동에서 마찰 전단응력이 일정한 유체이다.

④ 유체 유동에서 마찰 전단응력이 존재하지 않는 유체이다.

[해설] 뉴턴 유체란 유체 유동에서 마찰 전단응력이 속도구배에 비례하는(뉴턴의 점성법칙을 만족시키는) 유체이다.

51. 지름의 비가 1 : 2인 2개의 모세관을 물속에 수직으로 세울 때, 모세관 현상으로 물이 관 속으로 올라가는 높이의 비는?

① $1 : 4$ ② $1 : 2$

③ $2 : 1$ ④ $4 : 1$

[해설] $h = \dfrac{4\sigma\cos\beta}{\gamma d}[\text{mm}]$에서

$$h \propto \frac{1}{d}$$

$$\therefore \ 1 : \frac{1}{2} = 2 : 1$$

52. 다음과 같은 비회전 속도장의 속도 퍼텐셜을 옳게 나타낸 것은? (단, 속도 퍼텐셜 ϕ는 $\overrightarrow{V} = \nabla\phi = grad\,\phi$로 정의되며, a와 C는 상수이다.)

$$u = a(x^2 - y^2), \ v = -2axy$$

① $\phi = \dfrac{ax^4}{4} - axy^2 + C$

② $\phi = \dfrac{ax^3}{3} - \dfrac{axy^2}{2} + C$

③ $\phi = \dfrac{ax^4}{4} - \dfrac{axy^2}{2} + C$

④ $\phi = \dfrac{ax^3}{3} - axy^2 + C$

[해설] $u = \dfrac{\partial\phi}{\partial x}, \ v = \dfrac{\partial\phi}{\partial y}$

$$\phi = \int v\,dx = \int v\,dy = \frac{ax^3}{3} - axy^2 + c_1$$

$$= -axy^2 + c_2$$

53. 경계층 밖에서 퍼텐셜 흐름의 속도가 10 m/s일 때, 경계층의 두께는 속도가 얼마일 때의 값으로 잡아야 하는가? (단, 일반적으로 정의하는 경계층 두께를 기준으로 삼는다.)

① 10 m/s ② 7.9 m/s

③ 8.9 m/s ④ 9.9 m/s

[해설] 경계층의 두께(δ)는 경계층 내의 유동속도(u)가 자유흐름 속도(u_∞)와 거의 같아지는(99 %) 지점으로 정의한다.

$$\frac{u}{u_\infty} = 0.99(99\,\%)$$

$$\therefore \ u = 0.99\,u_\infty = 0.99 \times 10 = 9.9 \text{ m/s}$$

54. 그림과 같은 (1), (2), (3), (4)의 용기에 동일한 액체가 동일한 높이로 채워져 있다. 각 용기의 밑바닥에서 측정한 압력에 관한 설명으로 옳은 것은? (단, 가로 방향 길이는 모두 다르나, 세로 방향 길이는 모두 동일하다.)

[정답] **50.** ①   **51.** ③   **52.** ④   **53.** ④   **54.** ②

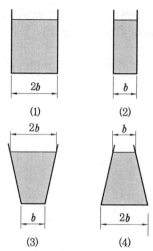

(1)   (2)

(3)   (4)

① (2)의 경우가 가장 낮다.

② 모두 동일하다.

③ (3)의 경우가 가장 높다.

④ (4)의 경우가 가장 낮다.

[해설] 정지유체 속의 연직방향 압력은 자유표면으로부터의 깊이에 비례한다. 그러므로 (1), (2), (3), (4)는 모두 동일하다.

55. 지름 5 cm의 구가 공기 중에서 매초 40 m의 속도로 날아갈 때 항력은 약 몇 N인가? (단, 공기의 밀도는 1.23 kg/m³이고, 항력계수는 0.6이다.)

① 1.16   ② 3.22

③ 6.35   ④ 9.23

[해설] 항력$(D) = C_D \dfrac{\rho A V^2}{2}$

$$= 0.6 \times \dfrac{1.23 \left(\dfrac{\pi \times 0.05^2}{4} \right) \times 40^2}{2}$$

$$= 1.16 \, \text{N}$$

56. 다음 무차원 수 중 역학적 상사(inertia force) 개념이 포함되어 있지 않은 것은?

① Froude number

② Reynolds number

③ Mach number

④ Fourier number

[해설] ① $Fr = \dfrac{\text{관성력}}{\text{중력}} = \dfrac{V}{\sqrt{Lg}}$

② $Re = \dfrac{\text{관성력}}{\text{점성력}} = \dfrac{\rho V d}{\mu} = \dfrac{V d}{\nu}$

③ $Ma = \dfrac{\text{물체의 속도}}{\text{음속}}$

$$= \dfrac{V}{C} = \dfrac{V}{\sqrt{kRT}}$$

57. 안지름 10 cm의 원관 속을 0.0314 m³/s의 물이 흐를 때 관 속의 평균 유속은 약 몇 m/s인가?

① 1.0   ② 2.0

③ 4.0   ④ 8.0

[해설] $Q = A V \, [\text{m}^3/\text{s}]$에서

$$V = \dfrac{Q}{A} = \dfrac{0.0314}{\dfrac{\pi}{4}(0.1)^2} = 4.0 \, \text{m/s}$$

58. 그림과 같이 속도 V인 유체가 속도 U로 움직이는 곡면에 부딪혀 90°의 각도로 유동방향이 바뀐다. 다음 중 유체가 곡면에 가하는 힘의 수평방향 성분 크기가 가장 큰 것은? (단, 유체의 유동단면적은 일정하다.)

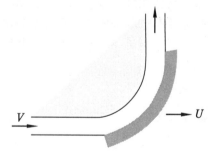

① $V = 10 \, \text{m/s}, \quad U = 5 \, \text{m/s}$

② $V = 20 \, \text{m/s}, \quad U = 15 \, \text{m/s}$

③ $V = 10 \, \text{m/s}, \quad U = 4 \, \text{m/s}$

④ $V = 25 \, \text{m/s}, \quad U = 20 \, \text{m/s}$

[해설] $F = \rho Q (V - U) = \rho A (V - U)^2 \, [\text{N}]$

∴ 판에 대한 분류 상대속도($V-U$)가 큰 것이 답이다.

59. 원관 내의 완전 발달된 층류 유동에서 유체의 최대속도(V_c)와 평균속도(V)의 관계는?

① $V_c = 1.5\,V$ ② $V_c = 2\,V$
③ $V_c = 4\,V$ ④ $V_c = 8\,V$

[해설] 수평 층류 원관 유동에서 유체의 최대속도(V_c)는 평균속도(V)의 2배이다.

$$V_c = 2\,V = 2\left(\frac{Q}{A}\right)[\text{m/s}]$$

60. 비압축성 유동에 대한 Navier–Stokes 방정식에서 나타나지 않는 힘은?

① 체적력(중력) ② 압력
③ 점성력 ④ 표면장력

[해설] 비압축성 유동 시 Navier Stokes 방정식에서 고려되는 외력 성분은 체적력(body force), 압력(pressure), 점성력(viscosity) 등이 있다.

제4과목 **기계재료 및 유압기기**

61. 마그네슘(Mg)의 특징을 설명한 것 중 틀린 것은?

① 감쇠능이 주철보다 크다.
② 소성가공성이 높아 상온변형이 쉽다.
③ 마그네슘(Mg)의 비중이 약 1.74이다.
④ 비강도가 커서 휴대용 기기 등에 사용된다.

[해설] 마그네슘은 조밀육방구조(HCP)를 가지므로 상온에서는 소성변형이 곤란하다.

62. Al–Cu–Si계 합금의 명칭은?

① 실루민 ② 라우탈
③ Y합금 ④ 두랄루민

[해설] ① 실루민 : Al–Si계 합금
② 라우탈 : Al–Cu–Si계 합금
③ Y합금 : Al–Mg–Cu–Ni계 합금
④ 두랄루민 : Al–Cu–Mg–Mn계 합금

63. 플라스틱을 결정성 플라스틱과 비결정성 플라스틱으로 나눌 때, 결정성 플라스틱의 특성에 대한 설명 중 틀린 것은?

① 수지가 불투명하다.
② 배향(orientation)의 특성이 작다.
③ 굽힘, 휨, 뒤틀림 등의 변형이 크다.
④ 수지 용융 시 많은 열량이 필요하다.

[해설] 배향은 고분자로 이루어진 물질의 구성 단위인 고분자 사슬이나 미세 결정이 일정 방향으로 배열되어 있는 것을 나타낸다.

64. 같은 조건하에서 금속의 냉각속도가 빠르면 조직은 어떻게 변화하는가?

① 결정 입자가 미세해진다.
② 금속의 조직이 조대해진다.
③ 소수의 핵이 성장해서 응고된다.
④ 냉각 속도와 금속의 조직과는 관계가 없다.

[해설] 같은 조건에서 금속의 냉각속도가 느리면 결정 입자가 조대해진다.

65. 자기변태의 설명으로 옳은 것은?

① 상은 변하지 않고 자기적 성질만 변한다.
② Fe–C 상태도에서 자기변태점은 A_3, A_4이다.
③ 한 원소로 이루어진 물질에서 결정 구조가 바뀌는 것이다.
④ 원자 내부의 변화로 자기적 성질이 비연속적으로 변화한다.

[해설] 자기변태는 상(phase)은 변하지 않고 자기적 성질만 강자성에서 상자성으로 변한다. 순철의 자기변태점은 A_2 변태점(768℃)이다.

정답 59. ② 60. ④ 61. ② 62. ② 63. ② 64. ① 65. ①

66. 탄소강이 950℃ 전후의 고온에서 적열 메짐(red brittleness)을 일으키는 원인이 되는 것은?

① Si   ② P

③ Cu   ④ S

해설 탄소강의 고온(적열)취성은 900~950℃ 전후에서 황(S) 때문에 일어나며, 망간(Mn)은 적열취성의 방지 원소이다.

67. 다음 중 비파괴 시험방법이 아닌 것은?

① 충격 시험법

② 자기 탐상 시험법

③ 방사선 비파괴 시험법

④ 초음파 탐상 시험법

해설 충격 시험(impact test)은 내충격성(인성)을 알아보기 위한 파괴 시험법이다.

68. 공정주철(eutectic cast iron)의 탄소 함량은 약 몇 %인가?

① 4.3 %   ② 0.80~2.0 %

③ 0.025~0.80 %   ④ 0.025 % 이하

해설 공정주철의 탄소함유량은 4.3 %이고 공정점의 온도는 1145℃이다.

69. A_1 변태점 이하에서 인성을 부여하기 위하여 실시하는 가장 적합한 열처리는?

① 뜨임   ② 풀림

③ 담금질   ④ 노멀라이징

해설 뜨임(tempering)은 A_1 변태점(723℃) 이하에서 인성(내충격성)을 부여하기 위해 실시하는 열처리법이다.

70. 고속도강(SKH51)을 퀜칭, 템퍼링하여 HRC 64 이상으로 하려면 퀜칭 온도(quenching temperature)는 약 몇 ℃인가?

① 720℃   ② 910℃

③ 1220℃   ④ 1580℃

해설 고속도강(SKH51)을 퀜칭(담금질), 템퍼링(뜨임)하여 HRC 64 이상으로 하려면 퀜칭은 1200~1300℃에서 처리한다.

71. 그림과 같은 실린더에서 A측에서 3 MPa의 압력으로 기름을 보낼 때 B측 출구를 막으면 B측에 발생하는 압력 P_B는 몇 MPa인가? (단, 실린더 안지름은 50 mm, 로드 지름은 25 mm이며, 로드에는 부하가 없는 것으로 가정한다.)

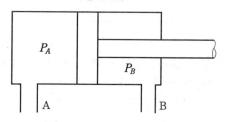

① 1.5   ② 3.0

③ 4.0   ④ 6.0

해설 $P_A A_A = P_B A_B$에서

$$P_A \frac{\pi D^2}{4} = P_B \left[\frac{\pi (D^2 - d^2)}{4} \right]$$

$$P_B = 3 \left(\frac{50^2}{50^2 - 25^2} \right) = 4 \text{ MPa}$$

72. 오일 탱크의 구비 조건에 관한 설명으로 옳지 않은 것은?

① 오일 탱크의 바닥면은 바닥에서 일정 간격 이상을 유지하는 것이 바람직하다.

② 오일 탱크는 스트레이너의 삽입이나 분리를 용이하게 할 수 있는 출입구를 만든다.

③ 오일 탱크 내에 방해판은 오일의 순환거리를 짧게 하고 기포의 방출이나 오일의 냉각을 보존한다.

④ 오일 탱크의 용량은 장치의 운전 중지 중 장치 내의 작동유가 복귀하여도 지장이 없을 만큼의 크기를 가져야 한다.

정답   66. ④   67. ①   68. ①   69. ①   70. ③   71. ③   72. ③

해설 오일 탱크 내에 방해판(baffle plate)은 오일의 출렁거림과 기포를 방지하고 열을 제거하는 역할을 한다.

73. 방향 전환 밸브에 있어서 밸브와 주 관로를 접속시키는 구멍을 무엇이라 하는가?

① port   ② way

③ spool   ④ position

74. 유압실린더에서 유압유 출구 측에 유량 제어 밸브를 직렬로 설치하여 제어하는 속도 제어 회로의 명칭은?

① 미터 인 회로

② 미터 아웃 회로

③ 블리드 온 회로

④ 블리드 오프 회로

75. 유압 프레스의 작동 원리는 다음 중 어느 이론에 바탕을 둔 것인가?

① 파스칼의 원리

② 보일의 법칙

③ 토리첼리의 원리

④ 아르키메데스의 원리

해설 유압 프레스 및 유압 잭(jack)의 작동 원리는 파스칼의 원리를 기초로 한다.

76. 다음 중 유압 용어를 설명한 것으로 올바른 것은?

① 서지압력 : 계통 내 흐름에 과도적인 변동으로 인해 발생하는 압력

② 오리피스 : 길이가 단면 치수에 비해서 비교적 긴 죔구

③ 초크 : 길이가 단면 치수에 비해서 비교적 짧은 죔구

④ 크래킹 압력 : 체크 밸브, 릴리프 밸브 등의 입구 쪽 압력이 강하하고, 밸브가 닫히기 시작하여 밸브의 누설량이 규정

량까지 감소했을 때의 압력

해설 ② 오리피스 : 길이가 단면 치수에 비해서 비교적 짧은 죔구

③ 초크 : 길이가 단면 치수에 비해서 비교적 긴 죔구

④ 크래킹 압력 : 체크 밸브, 릴리프 밸브 등에서 압력이 상승하고 밸브가 열리기 시작하여 어느 일정한 흐름의 양이 인정되는 압력

77. 가변 용량형 베인 펌프에 대한 일반적인 설명으로 틀린 것은?

① 로터와 링 사이의 편심량을 조절하여 토출량을 변화시킨다.

② 유압회로에 의하여 필요한 만큼의 유량을 토출할 수 있다.

③ 토출량 변화를 통하여 온도 상승을 억제시킬 수 있다.

④ 펌프의 수명이 길고 소음이 적은 편이다.

해설 가변 용량형 베인 펌프는 펌프 구조상 소음 및 진동이 크고 베어링 수명이 짧다.

78. 다음 그림에서 표기하고 있는 밸브의 명칭은?

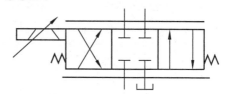

① 셔틀 밸브

② 파일럿 밸브

③ 서보 밸브

④ 교축 전환 밸브

79. 다음 중 점성계수의 차원으로 옳은 것은? (단, M은 질량, L은 길이, T는 시간이다.)

① $ML^{-2}T^{-1}$ ② $ML^{-1}T^{-1}$

③ MLT^{-2} ④ $ML^{-2}T^{-2}$

[해설] 점성계수(μ)의 단위는 $Pa \cdot s = N \cdot s/m^2$
이므로 차원은 $FTL^{-2} = (MLT^{-2})TL^{-2}$
$= ML^{-1}T^{-1}$

80. 다음 필터 중 유압유에 혼입된 자성 고
형물을 여과하는 데 가장 적합한 것은?

① 표면식 필터 ② 적층식 필터

③ 다공체식 필터 ④ 자기식 필터

제5과목 **기계제작법 및 기계동력학**

81. 질량 20 kg의 기계가 스프링 상수 10
kN/m인 스프링 위에 지지되어 있다. 100
N의 조화 가진력이 기계에 작용할 때 공진
진폭은 약 몇 cm인가? (단, 감쇠계수는 6
kN · s/m이다.)

① 0.75 ② 7.5

③ 0.0075 ④ 0.075

[해설] $\omega_n = \sqrt{\dfrac{k}{m}} = \sqrt{\dfrac{10 \times 10^3}{20}}$

$= 22.36 \text{ rad/s}$

공진진폭(X) $= \dfrac{F}{C \cdot \omega_n} = \dfrac{100 \times 100}{6 \times 10^3 \times 22.36}$

$= 0.075 \text{ cm}$

82. 같은 차종인 자동차 B, C가 브레이크가
풀린 채 정지하고 있다. 이때 같은 차종의
자동차 A가 1.5 m/s의 속력으로 B와 충돌
하면, 이후 B와 C가 다시 충돌하게 되어
결국 3대의 자동차가 연쇄 충돌하게 된다.
이때, B와 C가 충돌한 직후 자동차 C의
속도는 약 몇 m/s인가? (단, 모든 자동차
간 반발계수는 $e = 0.75$이다.)

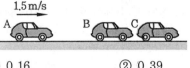

① 0.16 ② 0.39

③ 1.15 ④ 1.31

[해설] $m_A v_A + m_B v_B = m_A v_A' + m_B v_B'$

$1.5 m_A = m_A \cdot v_A' + m_B \cdot v_B'$

$e = \dfrac{-(v_A' - v_B')}{v_A - v_B} = 0.75$

$v_A' = v_B' - 0.75 v_A$

$1.5 m_A = m_A \cdot (v_B' - 0.75 v_A) + m_B \cdot v_B'$

$(1.5 + 0.75 \times 1.5) m_A = (m_A + m_B) v_B'$

$v_B' = \dfrac{2.625 m_A}{m_A + m_B} = 1.3125 \text{ m/s}$

$m_B \cdot v_B' + m_C \cdot v_C = m_B \cdot v_B'' + m_C \cdot v_C'$

$v_B' = v_B'' + v_C' = 1.3125$

$e = \dfrac{-(v_B'' - v_C')}{v_B' - v_C} = 0.75$

$v_B'' = v_C' - 0.75 \times v_B'$

$v_C' = 1.3125 - (v_C' - 0.75 \times 1.3125)$

$v_C' = 1.15 \text{ m/s}$

83. 원판 A와 B는 중심점이 각각 고정되어
있고, 고정점을 중심으로 회전운동을 한다.
원판 A가 정지하고 있다가 일정한 각가속
도 $\alpha_A = 2 \text{ rad/s}^2$으로 회전한다. 이 과정
에서 원판 A는 원판 B와 접촉하고 있으며,
두 원판 사이에 미끄럼은 없다고 가정한다.
원판 A가 10회전하고 난 직후 원판 B의
각속도는 약 몇 rad/s인가? (단, 원판 A의
반지름은 20 cm, 원판 B의 반지름은 15
cm이다.)

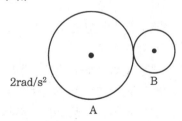

---

① 15.9 ② 21.1

③ 31.4 ④ 62.8

[해설] $\omega_A^2 = 2\alpha_A\theta = 2 \times (2 \times 10) \times 2\pi$

$\therefore \omega_A = \sqrt{2 \times (20) \times 2\pi} = 15.85 \text{ rad/s}$

$\dfrac{\omega_B}{\omega_A} = \dfrac{r_A}{r_B}$에서

$\omega_B = \omega_A\left(\dfrac{r_A}{r_B}\right) = 15.85\left(\dfrac{20}{15}\right) = 21.13 \text{ rad/s}$

84. 1자유도 진동시스템의 운동방정식은 $m\ddot{x} + c\dot{x} + kx = 0$으로 나타내고 고유 진동수가 ω_n일 때 임계감쇠계수로 옳은 것은? (단, m은 질량, c는 감쇠계수, k는 스프링 상수를 나타낸다.)

① $2\sqrt{mk}$ ② $\sqrt{\dfrac{\omega_n}{2k}}$

③ $2\sqrt{m\omega_n}$ ④ $\sqrt{\dfrac{2k}{\omega_n}}$

[해설] 임계감쇠계수 $c_c = 2\sqrt{mk} \text{ [N · s/m]}$

85. 회전하는 막대의 홈을 따라 움직이는 미끄럼 블록 P의 운동을 r과 θ로 나타낼 수 있다. 현재 위치에서 $r = 300$ mm, $\dot{r} = 400$ mm/s(일정), $\dot{\theta} = 0.1$ rad/s, $\ddot{\theta} = -0.04$ rad/s²이다. 미끄럼 블록 P의 가속도는 약 몇 m/s²인가?

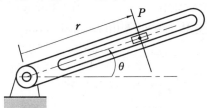

① 0.01 ② 0.001

③ 0.002 ④ 0.005

[해설] $a_r = \ddot{r} - r\dot{\theta}^2 = -0.3 \times 0.1^2$

$\qquad = -0.003 \text{ m/s}^2$

$a_\theta = r\ddot{\theta} + 2\dot{r}\dot{\theta}$

$\qquad = 0.3 \times (-0.04) + 2 \times 0.04 \times 0.1$

$\qquad = -0.004 \text{ m/s}^2$

$a = \sqrt{a_r^2 + a_\theta^2} = \sqrt{(-0.003)^2 + (-0.004)^2}$

$\qquad = 0.005 \text{ m/s}^2$

86. 질량과 탄성스프링으로 이루어진 시스템이 그림과 같이 높이 h에서 자유낙하를 하였다. 그 후 스프링의 반력에 의해 다시 튀어 오른다고 할 때 탄성스프링의 최대 변형량($x_{\max}$)은? (단, 탄성스프링 및 밑판의 질량은 무시하고 스프링 상수는 k, 질량은 m, 중력가속도는 g이다. 또한 아래 그림은 스프링의 변형이 없는 상태를 나타낸다.)

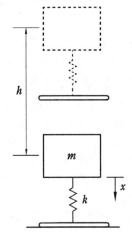

① $\sqrt{2gh}$

② $\sqrt{\dfrac{2mgh}{k}}$

③ $\dfrac{mg + \sqrt{(mg)^2 + 2kmgh}}{k}$

④ $\dfrac{mg + \sqrt{(mg)^2 + kmgh}}{k}$

[해설] 충격변형량 구하는 공식을 이용하면,

$x_{\max} = \delta = \delta_o\left(1 + \sqrt{1 + \dfrac{2h}{\delta_o}}\right)$

$\delta_o = \dfrac{mg}{k}$

$$x_{\max} = \delta_o + \sqrt{\delta_o^2 + 2\delta_o h}$$

$$= \frac{mg + \sqrt{(mg)^2 + 2k \cdot mg \cdot h}}{k} \, [\text{m}]$$

87. 작은 공이 그림과 같이 수평면에 비스듬히 충돌한 후 튕겨 나갔을 경우에 대한 설명으로 틀린 것은? (단, 공과 수평면 사이의 마찰, 그리고 공의 회전은 무시하며 반발계수는 1이다.)

① 충돌 직전과 직후, 공의 운동량은 같다.

② 충돌 직전과 직후, 운동에너지는 보존된다.

③ 충돌 과정에서 공이 받은 충격량과 수평면이 받은 충격량의 크기는 같다.

④ 공의 운동 방향이 수평면과 이루는 각의 크기는 충돌 직전과 직후가 같다.

[해설] (1) 충돌 직전과 직후, 공의 x방향 운동량은 같다.

(2) 충돌 직전과 직후, 공의 y방향 운동량은 다르다. 속도의 방향이 다르기 때문이다.

(3) 충돌 직전과 직후, 공의 운동량은 다르다.

88. 스프링으로 지지되어 있는 어떤 물체가 매분 60회 반복하면서 상하로 진동한다. 만약 조화운동으로 움직인다면, 이 진동수를 rad/s 단위와 Hz로 옳게 나타낸 것은?

① 6.28 rad/s, 0.5 Hz

② 6.28 rad/s, 1 Hz

③ 12.56 rad/s, 0.5 Hz

④ 12.56 rad/s, 1 Hz

[해설] 각속도$(\omega) = \dfrac{2\pi N}{60} = \dfrac{2\pi \times 60}{60}$

$$= 6.28 \, \text{rad/s}$$

진동수$(f) = \dfrac{\omega}{2\pi} = \dfrac{2\pi}{2\pi} = 1 \, \text{Hz(cps)}$

89. 질량이 m, 길이가 L인 균일하고 가는 막대 AB가 A점을 중심으로 회전한다. $\theta = 60°$에서 정지 상태인 막대를 놓는 순간 막대 AB의 각가속도(α)는? (단, g는 중력가속도이다.)

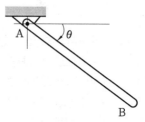

① $\alpha = \dfrac{3}{2}\dfrac{g}{L}$ ② $\alpha = \dfrac{3}{4}\dfrac{g}{L}$

③ $\alpha = \dfrac{3}{2}\dfrac{g}{L^2}$ ④ $\alpha = \dfrac{3}{4}\dfrac{g}{L^2}$

[해설] $\alpha = \dfrac{3g}{2L}\sin\theta = \dfrac{3g}{2L} \times \sin 30°$

$$\therefore \alpha = \dfrac{3g}{4L}$$

90. 무게가 5.3 kN인 자동차가 시속 80 km로 달릴 때 선형운동량의 크기는 약 몇 N·s인가?

① 4240 ② 8480

③ 12010 ④ 16020

[해설] 선형운동량(linear momentum)

$$= mV = \dfrac{W}{g}V = \dfrac{5.3 \times 10^3}{9.8} \times \left(\dfrac{80}{3.6}\right)$$

$$= 12018.14 \, \text{N·s(kg·m/s)}$$

91. 공작물의 길이가 340 mm이고, 행정여유가 25 mm, 절삭 평균속도가 15 m/min일 때 셰이퍼의 1분간 바이트 왕복 횟수는 약 얼마인가? (단, 바이트 1왕복 시간에 대한 절삭 행정시간의 비는 3/5이다.)

① 20회 ② 25회

정답 **87.** ① **88.** ② **89.** ② **90.** ③ **91.** ②

③ 30회   ④ 35회

해설 $V = \dfrac{NL}{1000a}$ [m/min]이므로

$$\therefore N = \dfrac{1000aV}{L} = \dfrac{1000 \times \dfrac{3}{5} \times 15}{340}$$
$$= 26.47 \text{ stroke/min}$$

92. 방전가공의 특징으로 틀린 것은?

① 전극이 필요하다.

② 가공 부분에 변질층이 남는다.

③ 전극 및 가공물에 큰 힘이 가해진다.

④ 통전되는 가공물은 경도와 관계없이 가공이 가능하다.

해설 방전가공은 전극과 가공물에 기계적인 힘이 가해지지 않은 상태에서 가공이 가능하다.

93. 빌트 업 에지(built up edge)의 크기를 좌우하는 인자에 관한 설명으로 틀린 것은?

① 절삭속도 : 고속으로 절삭할수록 빌트 업 에지는 감소된다.

② 칩 두께 : 칩 두께를 감소시키면 빌트 업 에지의 발생이 감소한다.

③ 윗면 경사각 : 공구의 윗면 경사각이 클수록 빌트 업 에지는 커진다.

④ 칩의 흐름에 대한 저항 : 칩의 흐름에 대한 저항이 클수록 빌트 업 에지는 커진다.

해설 구성인선(built up edge)을 방지하려면 공구(bite)의 윗면 경사각은 30° 이상으로 크게 한다.

94. 단조에 관한 설명 중 틀린 것은?

① 열간 단조에는 콜드 헤딩, 코이닝, 스웨이징이 있다.

② 자유 단조는 앤빌 위에 단조물을 고정하고 해머로 타격하여 필요한 형상으로 가공한다.

③ 형 단조는 제품의 형상을 조형한 한 쌍의 다이 사이에 가열한 소재를 넣고 타격이나 높은 압력을 가하여 제품을 성형한다.

④ 업셋 단조는 가열된 재료를 수평틀에 고정하고 한쪽 끝을 돌출시키고 돌출부를 축 방향으로 압축하여 성형한다.

해설 단조(forging)는 가열온도에 따라 냉간 단조와 열간 단조로 나눈다. 냉간 단조에는 콜드 헤딩, 코이닝, 압인가공, 스웨이징이 있다.

95. 인발가공 시 다이의 압력과 마찰력을 감소시키기고 표면을 매끈하게 하기 위해 사용하는 윤활제가 아닌 것은?

① 비누   ② 석회

③ 흑연   ④ 사염화탄소

해설 인발가공 윤활제에는 비누, 석회, 흑연, 그리스 등이 있다.

96. 다음 중 버니싱 가공에 관한 설명으로 틀린 것은?

① 주철만을 가공할 수 있다.

② 작은 지름의 구멍을 매끈하게 마무리할 수 있다.

③ 드릴, 리머 등 전단계의 기계가공에서 생긴 스크래치 등을 제어하는 작업이다.

④ 공작물 지름보다 약간 더 큰 지름의 볼(ball)을 압입 통과시켜 구멍내면을 가공한다.

해설 버니싱 가공은 소성가공으로도 분류되는데, 취성이 큰 재료들은 소성가공 재료로는 적당하지 않다.

정답 92. ③   93. ③   94. ①   95. ④   96. ①

97. 용접 시 발생하는 불량(결함)에 해당하지 않는 것은?

① 오버랩   ② 언더컷

③ 용입불량   ④ 콤퍼지션

[해설] 용접 시 발생하는 구조상 결함에는 오버랩, 언더컷, 용입불량, 슬래그 섞임, 스패터링 등이 있다.

98. 밀링머신에서 지름 100 mm, 날수 8인 평면커터로 절삭속도 30 m/min, 절삭깊이 4 mm, 이송속도 240 m/min에서 절삭할 때 칩의 평균두께 t_m [mm]는?

① 0.0584   ② 0.0596

③ 0.0625   ④ 0.0734

[해설] 칩의 평균두께(t_m)

$$= \frac{V \cdot h}{f \cdot Z} = \frac{30 \times 4}{240 \times 8} = 0.0625 \, \text{mm}$$

99. 담금질한 강을 상온 이하의 적합한 온도로 냉각시켜 잔류 오스테나이트를 마텐자이트 조직으로 변화시키는 것을 목적으로 하는 열처리 방법은?

① 심랭 처리

② 가공 경화법 처리

③ 가스 침탄법 처리

④ 석출 경화법 처리

[해설] 심랭 처리(sub-zero treatment)란 담금질한 강을 상온 이하(0℃ 이하)로 냉각시켜 잔류 오스테나이트를 마텐자이트 조직으로 변화시키는 것을 목적으로 하는 열처리 방법이다.

100. 얇은 판재로 된 목형은 변형되기 쉽고 주물의 두께가 균일하지 않으면 용융금속이 냉각 응고 시에 내부응력에 의해 변형 및 균열이 발생할 수 있으므로, 이를 방지하기 위한 목적으로 쓰고 사용한 후에 제거하는 것은?

① 구배   ② 덧붙임

③ 수축 여유   ④ 코어 프린트

[해설] 덧붙임(stop off)은 두께가 균일하지 않거나 형상이 복잡한 주물이 냉각 시 내부응력에 의해 변형되고 파손되기 쉬우므로 이를 방지하기 위하여 만든 부분을 말한다.

정답 **97.** ④   **98.** ③   **99.** ①   **100.** ②

일반기계기사

제1과목 **재료역학**

1. 길이 15 m, 봉의 지름 10 mm인 강봉에 $P = 8$ kN을 작용시킬 때 이 봉의 길이 방향 변형량은 약 몇 cm인가? (단, 이 재료의 세로탄성계수는 210 GPa이다.)

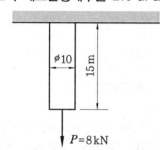

① 0.52　　　　② 0.64
③ 0.73　　　　④ 0.85

해설 신장량(λ)

$$= \frac{PL}{AE} = \frac{8 \times 15}{\dfrac{\pi (0.01)^2}{4} \times 210 \times 10^6}$$

$$= 0.0073 \text{ m} = 0.73 \text{ cm}$$

2. 그림과 같은 일단고정 타단지지보의 중앙에 $P = 4800$ N의 하중이 작용하면 지지점의 반력(R_B)은 약 몇 kN인가?

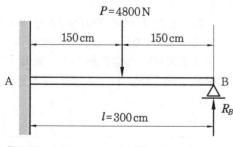

① 3.2　　　　② 2.6
③ 1.5　　　　④ 1.2

해설 일단고정 타단지지보(부정정보)

$$R_A = \frac{11}{16} P$$

$$R_B = \frac{5}{16} P = \frac{5}{16} \times 4.8 = 1.5 \text{ kN}$$

3. 정사각형의 단면을 가진 기둥에 $P = 80$ kN의 압축하중이 작용할 때 6 MPa의 압축응력이 발생하였다면 단면의 한 변의 길이는 몇 cm인가?

① 11.5　　　　② 15.4
③ 20.1　　　　④ 23.1

해설 $\sigma_c = \dfrac{P}{A} = \dfrac{P}{a^2}$ [MPa]

$$a = \sqrt{\frac{P}{\sigma_c}} = \sqrt{\frac{80 \times 10^3}{6}}$$

$$= 115.47 \text{ mm} ≒ 11.5 \text{ cm}$$

4. 다음 막대의 z방향으로 80 kN의 인장력이 작용할 때 x방향의 변형량은 몇 μm인가? (단, 탄성계수 $E = 200$ GPa, 푸아송비 $\nu = 0.32$, 막대 크기 $x = 100$ mm, $y = 50$ mm, $z = 1.5$ m이다.)

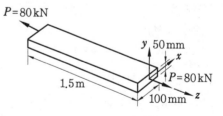

① 2.56　　　　② 25.6
③ −2.56　　　　④ −25.6

해설 $\sigma_z = \dfrac{P}{A} = \dfrac{80000}{100 \times 50} = 16$ MPa

$$\lambda = -\frac{\mu x \sigma_z}{E} = \frac{-0.32 \times 100 \times 16}{200 \times 10^3}$$

$$= -2.56 \times 10^{-3} \text{ mm} = -2.56 \ \mu\text{m}$$

정답 1. ③　2. ③　3. ①　4. ③

5. 그림과 같은 단순보(단면 8 cm×6 cm)에 작용하는 최대 전단응력은 몇 kPa인가?

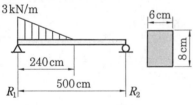

① 315 ② 630
③ 945 ④ 1260

해설 $\sum M_B = 0$

$$R_1 \times 5 - \frac{3 \times 2.4}{2} \times 4.2 = 0$$

$$R_1 = 3.024 \text{ kN}$$

$$\tau_{max} = \frac{3F}{2A} = \frac{3 \times 3.024}{2 \times (0.06 \times 0.08)} = 945 \text{ kPa}$$

6. 그림과 같은 단순보에서 전단력이 0이 되는 위치는 A지점에서 몇 m 거리에 있는가?

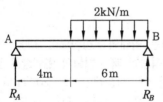

① 4.8 ② 5.8
③ 6.8 ④ 7.8

해설 $\sum M_B = 0$

$$R_A \times 10 - (2 \times 6) \times 3 = 0$$

$$R_A = \frac{36}{10} = 3.6 \text{ kN}$$

$$F_x = R_A - 2(x-4)$$

$$0 = 3.6 - 2x + 8$$

$$2x = 11.6$$

$$x = 5.8 \text{ m}$$

7. 그림과 같은 직사각형 단면의 보에 $P=$ 4 kN의 하중이 10° 경사진 방향으로 작용

한다. A점에서의 길이 방향의 수직응력을 구하면 약 몇 MPa인가?

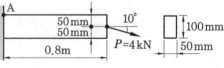

① 3.89 ② 5.67
③ 0.79 ④ 7.46

해설 $\sigma_A = \frac{P_H}{A} + \frac{P_V l}{Z}$

$$= \frac{P}{bh}\left(\cos 10° + \frac{6l\sin 10°}{h}\right)$$

$$= \frac{4000}{50 \times 100}\left(\cos 10° + \frac{6 \times 800}{100} \times \sin 10°\right)$$

$$= 7.46 \text{ MPa(인장)}$$

8. 두께가 1 cm, 지름 25 cm의 원통형 보일러에 내압이 작용하고 있을 때, 면내 최대 전단응력이 −62.5 MPa이었다면 내압 P는 몇 MPa인가?

① 5 ② 10
③ 15 ④ 20

해설 $\tau_{max} = \frac{1}{2}(\sigma_1 - \sigma_2) = \frac{1}{2}\left(\frac{Pd}{2t} - \frac{Pd}{4t}\right)$

$$= \frac{Pd}{4t}\left(1 - \frac{1}{2}\right)$$이므로

$$P = \frac{4t\tau_{max}}{d \times 0.5} = \frac{4 \times 10 \times 62.5}{250 \times 0.5}$$

$$= 20 \text{ MPa}$$

9. 그림과 같이 전체 길이가 $3L$인 외팔보에 하중 P가 B점과 C점에 작용할 때 자유단 B에서의 처짐량은? (단, 보의 굽힘강성 EI는 일정하고, 자중은 무시한다.)

정답 5. ③ 6. ② 7. ④ 8. ④ 9. ③

① $\dfrac{35}{3}\dfrac{PL^3}{EI}$ ② $\dfrac{37}{3}\dfrac{PL^3}{EI}$

③ $\dfrac{41}{3}\dfrac{PL^3}{EI}$ ④ $\dfrac{44}{3}\dfrac{PL^3}{EI}$

[해설] $\delta_B = \dfrac{P(3L)^3}{3EI} + \dfrac{P(2L)^3}{3EI} + \theta_c L$

$= \dfrac{P(3L)^3}{3EI} + \dfrac{P(2L)^3}{3EI} + \dfrac{P(2L)^2}{2EI} \times L$

$= \dfrac{54PL^3}{6EI} + \dfrac{16PL^3}{6EI} + \dfrac{12PL^3}{6EI}$

$= \dfrac{82PL^3}{6EI} = \dfrac{41PL^3}{3EI}$ [cm]

10. 세로탄성계수가 210 GPa인 재료에 200 MPa의 인장응력을 가했을 때 재료 내부에 저장되는 단위 체적당 탄성변형에너지는 약 몇 N·m/m³인가?

① 95.238 ② 95238
③ 18.538 ④ 185380

[해설] $u = \dfrac{U}{V} = \dfrac{\sigma^2}{2E} = \dfrac{(200 \times 10^6)^2}{2 \times 210 \times 10^9}$

$= 95238 \, \text{N·m/m}^3 (\text{J/m}^3)$

11. 그림과 같이 한 변의 길이가 d인 정사각형 단면의 Z-Z축에 관한 단면계수는?

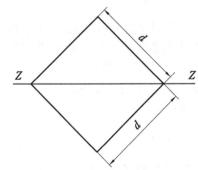

① $\dfrac{\sqrt{2}}{6}d^3$ ② $\dfrac{\sqrt{2}}{12}d^3$

③ $\dfrac{d^3}{24}$ ④ $\dfrac{\sqrt{2}}{24}d^3$

[해설] $Z = \dfrac{I_Z}{y} = \dfrac{\dfrac{d^4}{12}}{d \sin 45°}$

$= \dfrac{\dfrac{d^4}{12}}{\dfrac{d}{\sqrt{2}}} = \dfrac{\sqrt{2}}{12}d^3 [\text{cm}^3]$

12. J를 극단면 2차 모멘트, G를 전단탄성계수, l을 축의 길이, T를 비틀림 모멘트라 할 때 비틀림각을 나타내는 식은?

① $\dfrac{l}{GT}$ ② $\dfrac{TJ}{Gl}$

③ $\dfrac{Jl}{GT}$ ④ $\dfrac{Tl}{GJ}$

[해설] $\theta = \dfrac{Tl}{GJ}$ [radian], $\theta = 57.3 \dfrac{Tl}{GJ}$ [°]

13. 지름 d, 길이 l인 봉의 양단을 고정하고 단면 m-n의 위치에 비틀림 모멘트 T를 작용시킬 때 봉의 A부분에 작용하는 비틀림 모멘트는?

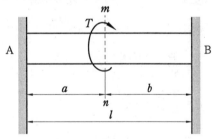

① $T_A = \dfrac{a}{l+a}T$

② $T_A = \dfrac{a}{a+b}T$

③ $T_A = \dfrac{b}{a+b}T$

④ $T_A = \dfrac{a}{l+b}T$

[해설] $T = T_A + T_B$ [J] ························ ①

$\theta_a = \theta_b \left(\dfrac{T_A a}{GI_P} = \dfrac{T_B b}{GI_P} \right)$

$$T_B = T_A\left(\frac{a}{b}\right) \dots\dots\dots\dots ②$$

$$T_B = \frac{Ta}{l} = \frac{Ta}{(a+b)}\,[\text{J}]$$

식 ①에 식 ②를 대입하면,

$$T = T_A + T_A\left(\frac{a}{b}\right) = T_A\left(1 + \frac{a}{b}\right)$$

$$\therefore\ T_A = \frac{T}{\left(1 + \frac{a}{b}\right)} = \frac{Tb}{a+b} = \frac{Tb}{l}\,[\text{J}]$$

14. 그림과 같은 직사각형 단면을 갖는 단순지지보에 3 kN/m의 균일 분포 하중과 축방향으로 50 kN의 인장력이 작용할 때 단면에 발생하는 최대 인장응력은 약 몇 MPa인가?

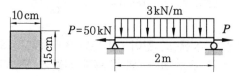

① 0.67 　　　 ② 3.33

③ 4 　　　 ④ 7.33

[해설] $\sigma_{\max} = \sigma_t + \sigma_b = \dfrac{P}{A} + \dfrac{M_{\max}}{Z}$

$$= \frac{P}{bh} + \frac{6M_{\max}}{bh^2}\left(M_{\max} = \frac{wL^2}{8}\right)$$

$$= \frac{1}{bh}\left(P + \frac{3wL^2}{4h}\right)$$

$$= \frac{1}{100 \times 150}\left(50000 + \frac{3 \times 6000 \times 2000^2}{4 \times 150}\right)$$

$$= 7.33\,\text{MPa}$$

15. 공칭응력(nominal stress : σ_n)과 진응력(true stress : σ_t) 사이의 관계식으로 옳은 것은? (단, ε_n은 공칭변형률(nominal strain), ε_t는 진변형률(true strain)이다.)

① $\sigma_t = \sigma_n(1 + \varepsilon_t)$

② $\sigma_t = \sigma_n(1 + \varepsilon_n)$

③ $\sigma_t = \ln(1 + \sigma_n)$

④ $\sigma_t = \ln(\sigma_n + \varepsilon_n)$

16. 그림과 같은 부정정보의 전 길이에 균일 분포 하중이 작용할 때 전단력이 0이 되고 최대 굽힘 모멘트가 작용하는 단면은 B단에서 얼마나 떨어져 있는가?

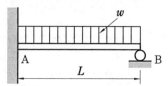

① $\dfrac{2}{3}L$ 　　　 ② $\dfrac{3}{8}L$

③ $\dfrac{5}{8}L$ 　　　 ④ $\dfrac{3}{4}L$

[해설] $R_A = \dfrac{5}{8}wL,\ R_B = \dfrac{3}{8}wL$

B점에서 임의의 x지점에서 전단력(F_x)

$$= R_B - wx = \frac{3}{8}wL - wx$$

전단력(F_x)이 0인 위치(위험단면 위치)

$$0 = \frac{3}{8}wL - wx$$

$$\therefore\ wx = \frac{3}{8}wL$$

$$\therefore\ x = \frac{3}{8}L\,[\text{m}]$$

17. 동일한 전단력이 작용할 때 원형 단면보의 지름을 d에서 $3d$로 하면 최대 전단응력의 크기는? (단, $\tau_{\max}$는 지름이 d일 때의 최대 전단응력이다.)

① $9\tau_{\max}$ 　　　 ② $3\tau_{\max}$

③ $\dfrac{1}{3}\tau_{\max}$ 　　　 ④ $\dfrac{1}{9}\tau_{\max}$

[해설] 원형 단면인 경우 최대 전단응력($\tau_{\max}$)

$$= \frac{4F}{3A} = \frac{16F}{3\pi d^2}\,[\text{MPa}]$$

$$\tau_{\max} \propto \frac{1}{d^2}$$

$$\therefore \ \frac{\tau_2}{\tau_{max}} = \left(\frac{d_1}{d_2}\right)^2$$

$$\therefore \ \tau_2 = \tau_{max}\left(\frac{1}{3}\right)^2 = \frac{1}{9}\tau_{max}\,[\text{MPa}]$$

18. 오일러의 좌굴 응력에 대한 설명으로 틀린 것은?

① 단면의 회전반지름의 제곱에 비례한다.

② 길이의 제곱에 반비례한다.

③ 세장비의 제곱에 비례한다.

④ 탄성계수에 비례한다.

[해설] 좌굴 응력(σ_B)은 세장비(λ) 제곱에 반비례한다.

$$\sigma_B = \frac{P_B}{A} = n\pi^2\frac{E}{\lambda^2} = n\pi^2\frac{Ek_G^2}{L^2}\,[\text{MPa}]$$

19. 그림과 같이 단순화한 길이 1 m의 차축 중심에 집중 하중 100 kN이 작용하고, 100 rpm으로 400 kW의 동력을 전달할 때 필요한 차축의 지름은 최소 cm인가? (단, 축의 허용 굽힘응력은 85 MPa로 한다.)

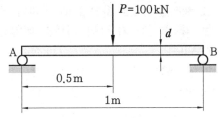

① 4.1 　　　　　② 8.1

③ 12.3 　　　　④ 16.3

[해설] $M_e = \sigma Z = \sigma\dfrac{\pi d^3}{32}$

$$\therefore \ d = \sqrt[3]{\frac{32M_e}{\pi\sigma}} = \sqrt[3]{\frac{32\times35326738.71}{\pi\times85}}$$

$$= 161.77\,\text{mm} \fallingdotseq 16.2\,\text{cm}$$

$$M_e = \frac{1}{2}\left(M + T_e\right) = \frac{1}{2}\left(M + \sqrt{M^2 + T^2}\right)$$

$$= \frac{1}{2}\left(25000000 + \sqrt{(25000000)^2 + (38200000)^2}\right)$$

$$= 35326738.71\,\text{N}\cdot\text{mm}$$

$$M = \frac{PL}{4} = \frac{100\times10^3\times1000}{4}$$

$$= 25000000\,\text{N}\cdot\text{mm}$$

$$T = 9.55\times10^6\frac{kW}{N} = 9.55\times10^6\times\frac{400}{100}$$

$$= 38200000\,\text{N}\cdot\text{mm}$$

20. 그림과 같이 강선이 천장에 매달려 100 kN의 무게를 지탱하고 있을 때, AC 강선이 받고 있는 힘은 약 몇 kN인가?

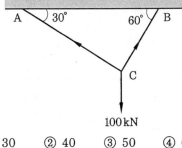

① 30 　　② 40 　　③ 50 　　④ 60

[해설] $\dfrac{100}{\sin90°} = \dfrac{T_{AC}}{\sin150°} = \dfrac{T_{BC}}{\sin120°}$

$$\therefore \ T_{AC} = 100\left(\frac{\sin150°}{\sin90°}\right) = 50\,\text{kN}$$

제2과목 　　**기계열역학**

21. 역 Carnot cycle로 300 K와 240 K 사이에서 작동하고 있는 냉동기가 있다. 이 냉동기의 성능계수는?

① 3 　　② 4 　　③ 5 　　④ 6

[해설] $(COP)_R = \dfrac{T_L}{T_H - T_L}$

$$= \frac{240}{300 - 240} = 4$$

22. 그림의 랭킨 사이클(온도(T)-엔트로피(s) 선도)에서 각각의 지점에서 엔탈피는 표와 같을 때 이 사이클의 효율은 약 몇 %인가?

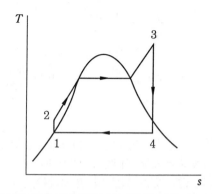

구분	엔탈피(kJ/kg)
1지점	185
2지점	210
3지점	3100
4지점	2100

① 33.7 %   ② 28.4 %

③ 25.2 %   ④ 22.9 %

해설 $\eta_R = \dfrac{w_{net}}{q_1}$

$= \dfrac{(h_3 - h_4) - (h_2 - h_1)}{(h_3 - h_2)} \times 100\%$

$= \dfrac{(3100 - 2100) - (210 - 185)}{(3100 - 210)} \times 100\%$

$= 33.7\%$

23. 보일러 입구의 압력이 9800 kN/m²이고, 응축기의 압력이 4900 N/m²일 때 펌프가 수행한 일은 약 kJ/kg인가? (단, 물의 비체적은 0.001 m³/kg이다.)

① 9.79   ② 15.17

③ 87.25   ④ 180.52

해설 $w_p = -\int_1^2 vdp = v\int_2^1 dp = v(p_1 - p_2)$

$= 0.001(9800 - 4.9) = 9.79 \text{ kJ/kg}$

24. 다음 중 정확하게 표기된 SI 기본단위(7가지)의 개수가 가장 많은 것은? (단, SI 유도단위 및 그 외 단위는 제외한다.)

① A, Cd, ℃, kg, m, Mol, N, s

② cd, J, K, kg, m, Mol, Pa, s

③ A, J, ℃, kg, km, mol, S, W

④ K, kg, km, mol, N, Pa, S, W

해설 (1) SI 단위계의 기본단위(7개) : 길이(m), 질량(kg), 시간(s), 전류(A), 열역학 절대온도(K), 물질량(mol), 광도(cd)

(2) 보조단위(2개) : 평면각(rad), 입체각(sr)

(3) 유도단위(조립단위) : 에너지, 열량, 일량(J), 동력(W = J/s), 압력, 응력(Pa = N/m²)

25. 압력이 10^6 N/m², 체적이 1 m³인 공기가 압력이 일정한 상태에서 400 kJ의 일을 하였다. 변화 후의 체적은 약 m³인가?

① 1.4   ② 1.0   ③ 0.6   ④ 0.4

해설 $_1W_2 = \int_1^2 pdv = P(V_2 - V_1)[J]$

$V_2 = V_1 + \dfrac{_1W_2}{P} = 1 + \dfrac{400 \times 10^3}{10^6} = 1.4 \text{ m}^3$

26. 8℃의 이상기체를 가역단열 압축하여 그 체적을 1/5로 하였을 때 기체의 온도는 약 몇 ℃인가? (이 기체의 비열비는 1.4이다.)

① −125℃   ② 294℃

③ 222℃   ④ 262℃

해설 $\dfrac{T_2}{T_1} = \left(\dfrac{V_1}{V_2}\right)^{k-1}$

$\therefore T_2 = T_1\left(\dfrac{V_1}{V_2}\right)^{k-1} = (8 + 273) \times (5)^{1.4-1}$

$= 534.93 \text{ K} = (534.93 - 273)\text{℃}$

$\fallingdotseq 262\text{℃}$

27. 그림과 같이 상태 1, 2 사이에서 계가 1→A→2→B→1과 같은 사이클을 이루고 있을 때, 열역학 제1법칙에 가장 적합한 표현은? (단, 여기서 Q는 열량, W는 계가 하는 일, U는 내부에너지를 나

타낸다.)

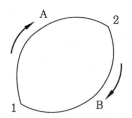

① $dU = \delta Q + \delta W$ ② $\Delta U = Q - W$

③ $\oint \delta Q = \oint \delta W$ ④ $\oint \delta Q = \oint \delta U$

[해설] 열역학 제1법칙 = 에너지 보존의 법칙

$$\oint \delta Q = \oint \delta W$$

28. 열교환기를 흐름 배열(flow arrangement)에 따라 분류할 때 그림과 같은 형식은?

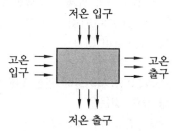

① 평행류   ② 대향류
③ 병행류   ④ 직교류

[해설] 고온 유체와 저온 유체의 흐름의 방향이 열교환벽을 사이에 두고 서로 직교하고 있는 열교환기를 직교류형 열교환기(cross flow heat exchanger)라고 한다.

29. 100 kPa, 25℃ 상태의 공기가 있다. 이 공기의 엔탈피가 298.615 kJ/kg이라면 내부에너지는 약 몇 kJ/kg인가? (단, 공기는 분자량 28.97인 이상기체로 가정한다.)

① 213.05 kJ/kg   ② 241.07 kJ/kg
③ 298.15 kJ/kg   ④ 383.72 kJ/kg

[해설] $h = u + pv = u + RT$ [kJ/kg]에서

비내부에너지$(u) = h - RT$

$$= 298.615 - \left(\frac{8.314}{M}\right) \times 298$$

$$= 298.615 - \left(\frac{8.314}{28.97}\right) \times 298 = 213.09 \text{ kJ/kg}$$

30. 다음 중 비가역 과정으로 볼 수 없는 것은?

① 마찰 현상
② 낮은 압력으로의 자유팽창
③ 등온 열전달
④ 상이한 조성물질의 혼합

[해설] 등온 열전달은 가역(이론적) 과정이다.

31. 열역학 제2법칙과 관련된 설명으로 옳지 않은 것은?

① 열효율이 100 %인 열기관은 없다.
② 저온 물체에서 고온 물체로 열은 자연적으로 전달되지 않는다.
③ 폐쇄계와 주변계가 열교환이 일어날 경우 폐쇄계와 주변계 각각의 엔트로피는 모두 상승한다.
④ 동일한 온도 범위에서 작동되는 가역 열기관은 비가역 열기관보다 열효율이 높다.

[해설] 열역학 제2법칙 : 자연계에서 일어나는 변화는 모두 비가역 변화이므로 엔트로피는 항상 증가한다(엔트로피 증가 법칙).

32. 온도 15℃, 압력 100 kPa 상태의 체적이 일정한 용기 안에 어떤 이상기체 5 kg이 들어있다. 이 기체가 50℃가 될 때까지 가열되는 동안의 엔트로피 증가량은 약 몇 kJ/K인가? (단, 이 기체의 정압비열과 정적비열은 각각 1.001 kJ/kg·K, 0.7171 kJ/kg·K이다.)

① 0.411   ② 0.486
③ 0.575   ④ 0.732

[해설] $\Delta S = (S_2 - S_1) = m C_v \ln \dfrac{T_2}{T_1}$

$= 5 \times 0.7171 \ln\left(\dfrac{50 + 273}{15 + 273}\right)$

$= 0.411 \,\text{kJ/K}$

33. 저열원 20℃와 고열원 700℃ 사이에서 작동하는 카르노 열기관의 열효율은 약 몇 %인가?

① 30.1 %   ② 69.9 %

③ 52.9 %   ④ 74.1 %

[해설] $\eta_c = 1 - \dfrac{T_L}{T_H} = \left(1 - \dfrac{20 + 273}{700 + 273}\right) \times 100\,\%$

$= 69.9\,\%$

34. 어느 증기터빈에 0.4 kg/s로 증기가 공급되어 260 kW의 출력을 낸다. 입구의 증기 엔탈피 및 속도는 각각 3000 kJ/kg, 720 m/s, 출구의 증기 엔탈피 및 속도는 각각 2500 kJ/kg, 120 m/s이면, 이 터빈의 열손실은 약 몇 kW가 되는가?

① 15.9   ② 40.8   ③ 20.0   ④ 104

[해설] $_1 Q_2 = \dot{m}(h_2 - h_1) + w_t + \dfrac{1}{2}\dot{m}(V_2^2 - V_1^2)$

$= 0.4 \times (2500 - 3000) + 260 + \dfrac{1}{2} \times 0.4$

$\times (120^2 - 720^2) \times 10^{-3}$

$= -40.8 \,\text{kW}(\ominus\text{는 열손실을 의미한다.})$

35. 압력이 일정할 때 공기 5 kg을 0℃에서 100℃까지 가열하는 데 필요한 열량은 약 몇 kJ인가? (단, 비열(C_p)은 온도 T[℃]에 관계한 함수로 C_p[kJ/kg·℃] = 1.01 + 0.000079 × T이다.)

① 365   ② 436   ③ 480   ④ 507

[해설] $Q = m \displaystyle\int_1^2 C_p \, dT$

$= m \displaystyle\int_1^2 (1.01 + 0.000079 \, T) \, dT$

$= m\left[1.01(t_2 - t_1) + \dfrac{0.000079}{2}(t_2^2 - t_1^2)\right]$

$= 5\left[1.01 \times 100 + \dfrac{0.000079}{2}(100)^2\right]$

$= 506.98 \fallingdotseq 507 \,\text{kJ}$

36. 다음 온도에 관한 설명 중 틀린 것은?

① 온도는 뜨겁거나 차가운 정도를 나타낸다.

② 열역학 제0법칙은 온도 측정과 관계된 법칙이다.

③ 섭씨온도는 표준 기압하에서 물의 어는점과 끓는점을 각각 0과 100으로 부여한 온도 척도이다.

④ 화씨온도 F와 절대온도 K 사이에는 K = F + 273.15의 관계가 성립한다.

[해설] $T = t_c + 273.15 \,[\text{K}]$

$T_R \fallingdotseq t_F + 460 \,[^\circ\text{R}]$

37. 오토(Otto) 사이클에 관한 일반적인 설명 중 틀린 것은?

① 불꽃 점화 기관의 공기 표준 사이클이다.

② 연소과정을 정적 가열과정으로 간주한다.

③ 압축비가 클수록 효율이 높다.

④ 효율은 작업기체의 종류와 무관하다.

[해설] 오토 사이클의 열효율은 압축비(ε)와 비열비(k)의 함수이다. 비열비(k)는 작업유체의 종류와 관계가 있다.

$\eta_{tho} = 1 - \left(\dfrac{1}{\varepsilon}\right)^{k-1} = f(\varepsilon \cdot k)$

38. 출력 10000 kW의 터빈 플랜트의 시간당 연료소비량이 5000 kg/h이다. 이 플랜트의 열효율은 약 %인가? (단, 연료의 발열량은 33440 kJ/kg이다.)

① 25.4 %   ② 21.5 %

---

③ 10.9 %   ④ 40.8 %

해설 $\eta = \dfrac{3600\,kW}{H_L \times m_f} \times 100\,\%$

$\qquad = \dfrac{3600 \times 10000}{33440 \times 5000} \times 100\,\% = 21.5\,\%$

39. 밀폐계에서 기체의 압력이 100 kPa으로 일정하게 유지되면서 체적이 1 m^{3}에서 2 m^{3}으로 증가되었을 때 옳은 설명은?

① 밀폐계의 에너지 변화는 없다.

② 외부로 행한 일은 100 kJ이다.

③ 기체가 이상기체라면 온도가 일정하다.

④ 기체가 받은 열은 100 kJ이다.

해설 $_1W_2 = \displaystyle\int_1^2 PdV = P(V_2 - V_1)$

$\qquad = 100(2-1) = 100\,kJ$

40. 10 kg의 증기가 온도 50℃, 압력 38 kPa, 체적 7.5 m^{3}일 때 총 내부에너지는 6700 kJ이다. 이와 같은 상태의 증기가 가지고 있는 엔탈피는 약 몇 kJ인가?

① 606   ② 1794   ③ 3305   ④ 6985

해설 엔탈피 $H = U + PV$

$\qquad = 6700 + 38 \times 7.5 = 6985\,kJ$

제3과목   **기계유체역학**

---

41. 압력 용기에 장착된 게이지 압력계의 눈금이 400 kPa를 나타내고 있다. 이때 실험실에 놓여진 수은 기압계에서 수은의 높이는 750 mm이었다면 압력 용기의 절대압력은 약 몇 kPa인가? (단, 수은의 비중은 13.6이다.)

① 300   ② 500   ③ 410   ④ 620

해설 $P_a = P_o + P_g = \dfrac{750}{760} \times 101.325 + 400$

$\qquad = 500\,kPa$

42. 나란히 놓인 두 개의 무한한 평판 사이의 층류 유동에서 속도 분포는 포물선 형태를 보인다. 이때 유동의 평균속도(V_{av})와 중심에서의 최대속도(V_{max})의 관계는?

① $V_{av} = \dfrac{1}{2} V_{max}$ ② $V_{av} = \dfrac{2}{3} V_{max}$

③ $V_{av} = \dfrac{3}{4} V_{max}$ ④ $V_{av} = \dfrac{\pi}{4} V_{max}$

해설 층류 원관 유동 시(정상유동 $\dfrac{\partial \rho}{\partial t} = 0$)

$V_{max} = 2V_{av} = 2\left(\dfrac{Q}{A}\right)[m/s]$

두 개의 평판 사이 층류 유동

$V_{max} = \dfrac{3}{2} V_{av} = 1.5\,V_{av}[m/s]$

43. 다음 중 점성계수의 차원으로 옳은 것은? (단, F는 힘, L은 길이, T는 시간의 차원이다.)

① FLT^{-2} ② FL^2T

③ $FL^{-1}T^{-1}$ ④ $FL^{-2}T$

해설 점성계수(μ)의 단위는 $Pa \cdot s = N \cdot s/m^2$

$(kg/m \cdot s)$이므로 차원은 FTL^{-2}

$= (MLT^{-2})TL^{-2} = ML^{-1}T^{-1}$

44. 무게가 1000 N인 물체를 지름 5 m인 낙하산에 매달아 낙하할 때 종속도는 몇 m/s가 되는가? (단, 낙하산의 항력계수는 0.8, 공기의 밀도는 1.2 kg/m^{3}이다.)

① 5.3   ② 10.3

③ 18.3   ④ 32.2

해설 항력(D) $= C_D \dfrac{\rho A V^2}{2}[N]$

$V = \sqrt{\dfrac{2D}{C_D \rho A}} = \sqrt{\dfrac{2 \times 1000}{0.8 \times 1.2 \times \dfrac{\pi \times 5^2}{4}}}$

$\qquad \fallingdotseq 10.3\,m/s$

정답 **39.** ②   **40.** ④   **41.** ②   **42.** ②   **43.** ④   **44.** ②

45. 2 m/s의 속도로 물이 흐를 때 피토관 수두 높이 h는?

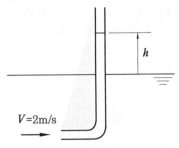

① 0.053 m   ② 0.102 m
③ 0.204 m   ④ 0.412 m

해설 $V=\sqrt{2gh}$ [m/s]에서

$$h=\frac{V^2}{2g}=\frac{2^2}{2\times 9.8}=0.204\,\text{m}$$

46. 안지름 10 cm인 파이프에 물이 평균속도 1.5 cm/s로 흐를 때(경우 ⓐ)와 비중이 0.6이고 점성계수가 물의 1/5인 유체 A가 물과 같은 평균속도로 동일한 관에 흐를 때(경우 ⓑ), 파이프 중심에서 최고속도는 어느 경우가 더 빠른가? (단, 물의 점성계수는 0.001 kg/m·s이다.)

① 경우 ⓐ
② 경우 ⓑ
③ 두 경우 모두 최고속도가 같다.
④ 어느 경우가 더 빠른지 알 수 없다.

해설 (1) 경우 ⓐ의 $Re=\dfrac{\rho Vd}{\mu}$

$$=\frac{(1000)\times 0.015\times 0.1}{0.001}$$
$$=1500<2100\,(\text{층류})$$

(2) 경우 ⓑ의 $Re=\dfrac{\rho Vd}{\mu}$

$$=\frac{0.6\times 1000\times 0.015\times 0.1}{\dfrac{1}{5}\times 0.001}$$
$$=4500>4000\,(\text{난류})$$

※ 관중심에서의 속도는 층류 유동 시 포물선 유동으로 $V_{max}=2V$이고, 난류 유동 시

에는 평활화된 유속 분포를 보이므로 층류 유동인 ⓐ가 더 빠르다.

47. 다음 중 2차원 비압축성 유동이 가능한 유동은 어떤 것인가? (단, u는 x방향 속도 성분이고, v는 y방향 속도 성분이다.)

① $u=x^2-y^2,\ v=-2xy$
② $u=2x^2-y^2,\ v=4xy$
③ $u=x^2+y^2,\ v=3x^2-2y^2$
④ $u=2x+3xy,\ v=-4xy+3y$

해설 2차원 비압축성 유체(ρ) 연속방정식을 만족시킬 수 있는 조건은 보기 ①식이다.

$$\frac{\partial u}{\partial x}=2x,\ \frac{\partial v}{\partial y}=-2x$$

$$\therefore\ \frac{\partial u}{\partial x}+\frac{\partial v}{\partial y}=2x-2x=0$$ 이므로 연속방정식이 성립된다.

48. 유량 측정 장치 중 관의 단면에 축소 부분이 있어서 유체를 그 단면에서 가속시킴으로써 생기는 압력강하를 이용하여 측정하는 것이 있다. 다음 중 이러한 방식을 사용한 측정 장치가 아닌 것은?

① 노즐   ② 오리피스
③ 로터미터   ④ 벤투리미터

해설 노즐, 오리피스, 벤투리미터는 차압식 유량계이며, 로터미터는 면적식 유량계이다.

49. 그림과 같이 폭이 2 m, 길이가 3 m인 평판이 물속에 수직으로 잠겨있다. 이 평판의 한쪽 면에 작용하는 전체 압력에 의한 힘은 약 얼마인가?

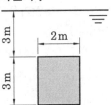

① 88 kN   ② 176 kN

③ 265 kN   ④ 353 kN

[해설] $F = \gamma \bar{h} A = 9.8\left(3 + \dfrac{3}{2}\right) \times (2 \times 3)$

$\qquad\qquad = 265 \text{ kN}$

50. 정상 2차원 속도장 $\vec{V} = 2x\vec{i} - 2y\vec{j}$ 내의 한 점 (2, 3)에서 유선의 기울기 $\dfrac{dy}{dx}$ 는?

① $-\dfrac{3}{2}$ ② $-\dfrac{2}{3}$

③ $\dfrac{2}{3}$ ④ $\dfrac{3}{2}$

[해설] $\dfrac{dx}{u} = \dfrac{dy}{v}\left(\dfrac{dx}{2x} = \dfrac{dy}{-2y}\right)$

$\dfrac{dy}{dx} = \dfrac{v}{u} = \dfrac{-y}{x} = -\dfrac{3}{2}$

51. 동점성계수가 0.1×10^{-5} m²/s인 유체가 안지름 10 cm인 원관 내에 1 m/s로 흐르고 있다. 관마찰계수가 0.022이며, 관의 길이가 200 m일 때의 손실수두는 약 몇 m인가? (단, 유체의 비중량은 9800 N/m³ 이다.)

① 22.2   ② 11.0

③ 6.58   ④ 2.24

[해설] Darcy-Weisbach Equation

$h_L = \lambda \dfrac{L}{d} \dfrac{V^2}{2g} = 0.022 \times \dfrac{200}{0.1} \times \dfrac{1^2}{2 \times 9.8}$

$\qquad = 2.24 \text{ m}$

52. 평판 위의 경계층 내에서의 속도 분포 (u)가 $\dfrac{u}{U} = \left(\dfrac{y}{\delta}\right)^{1/7}$ 일 때 경계층 배제두께(boundary layer displacement thickness)는 얼마인가? (단, y는 평판에서 수직한 방향으로의 거리이며, U는 자유유동의 속도, δ는 경계층의 두께이다.)

① $\dfrac{\delta}{8}$ ② $\dfrac{\delta}{7}$

③ $\dfrac{6\delta}{7}$ ④ $\dfrac{7\delta}{8}$

[해설] $\delta^* = \int_0^\delta \left(1 - \dfrac{u}{U}\right)dy = \int_0^\delta \left(1 - \dfrac{y^{1/7}}{\delta^{1/7}}\right)dy$

$\qquad = \left[y - \dfrac{\dfrac{7}{8}y^{8/7}}{\delta^{1/7}}\right]_0^\delta = \delta - \dfrac{\dfrac{7}{8}\delta^{8/7}}{\delta^{1/7}}$

$\qquad = \delta - \dfrac{7}{8}\delta = \dfrac{\delta}{8} [\text{cm}]$

53. 다음 변수 중에서 무차원 수는 어느 것인가?

① 가속도   ② 동점성계수

③ 비중   ④ 비중량

[해설] 비중은 밀도의 비로 단위가 없는 무차원 수이다.

54. 그림과 같이 반지름 R인 원추와 평판으로 구성된 점도측정기(cone and plate viscometer)를 사용하여 액체 시료의 점성계수를 측정하는 장치가 있다. 위쪽의 원추는 아래쪽 원판과의 각도를 0.5° 미만으로 유지하고 일정한 각속도 ω로 회전하고 있으며 갭 사이를 채운 유체의 점도는 위 평판을 정상적으로 돌리는 데 필요한 토크를 측정하여 계산한다. 여기서 갭 사이의 속도 분포가 반지름 방향 길이에 선형적일 때, 원추의 밑면에 작용하는 전단응력의 크기에 관한 설명으로 옳은 것은?

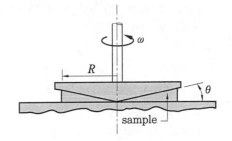

① 전단응력의 크기는 반지름 방향 길이에 관계없이 일정하다.

② 전단응력의 크기는 반지름 방향 길이에 비례하여 증가한다.

③ 전단응력의 크기는 반지름 방향 길이의 제곱에 비례하여 증가한다.

④ 전단응력의 크기는 반지름 방향 길이의 1/2승에 비례하여 증가한다.

[해설] 전단응력의 크기는 반지름 방향의 길이에 관계없이 일정하다 $\left(\tau \propto \dfrac{du}{dy}\right)$.

55. 5℃ 물(밀도 $1000\,kg/m^3$, 점성계수 $1.5 \times 10^{-3}\,kg/m \cdot s$)이 안지름 $3\,mm$, 길이 9 m인 수평 파이프 내부를 평균속도 0.9 m/s로 흐르게 하는 데 필요한 동력은 약 몇 W인가?

① 0.14　② 0.28　③ 0.42　④ 0.56

[해설] $Re = \dfrac{\rho VD}{\mu} = \dfrac{1000 \times 0.9 \times 0.003}{1.5 \times 10^{-3}}$

$= 1800 < 2100\,(층류)$

$h_L = \lambda \dfrac{L}{d} \dfrac{V^2}{2g} = \left(\dfrac{64}{R_e}\right) \dfrac{L}{d} \dfrac{V^2}{2g}$

$= \left(\dfrac{64}{1800}\right) \times \dfrac{9}{0.003} \times \dfrac{(0.9)^2}{2 \times 9.8} = 4.41\,m$

필요동력$(P) = \gamma_w QH_L = \gamma_w (AV)H_L$

$= 9800 \times \dfrac{\pi(0.003)^2 \times 0.9}{4} \times 4.41$

$\fallingdotseq 0.28\,W$

56. 유효 낙차가 100 m인 댐의 유량이 10 m^3/s일 때 효율 90 %인 수력터빈의 출력은 약 몇 MW인가?

① 8.83　　　② 9.81

③ 10.9　　　④ 12.4

[해설] 터빈출력$(P) = (\gamma_w QH\eta) \times 10^{-3}$

$= (9.801 \times 10 \times 100 \times 0.9) \times 10^{-3}$

$\fallingdotseq 8.83\,MW$

57. 그림과 같은 수압기에서 피스톤의 지름이 $d_1 = 300\,mm$, 이것과 연결된 램(ram)의 지름이 $d_2 = 200\,mm$이다. 압력 P_1이 1 MPa의 압력을 피스톤에 작용시킬 때 주램의 지름이 $d_3 = 400\,mm$이면 주램에서 발생하는 힘(W)은 약 몇 kN인가?

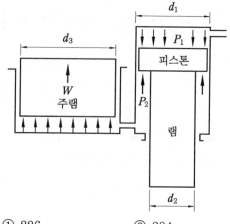

① 226　　　② 284

③ 334　　　④ 438

[해설] $P_2 = P_3$

$W = P_2 A_3 = 1800 \times \dfrac{\pi}{4}(0.4)^2 = 226.19\,N$

$W_1 = P_1 A_1 = 1000 \times \dfrac{\pi}{4}(0.3)^2 = 70.65\,kN$

$P_2 = \dfrac{W_1}{(A_1 - A_2)} = \dfrac{70.65}{\dfrac{\pi}{4}\{(0.3)^2 - (0.2)^2\}}$

$= 1800\,kPa$

58. 스프링클러의 중심축을 통해 공급되는 유량은 총 3 L/s이고 네 개의 회전이 가능한 관을 통해 유출된다. 출구 부분은 접선 방향과 30°의 경사를 이루고 있고 회전반지름은 0.3 m이고 각 출구 지름은 1.5 cm로 동일하다. 작동 과정에서 스프링클러의 회전에 대한 저항토크가 없을 때 회전 각속도는 약 몇 rad/s인가? (단, 회전축상의 마찰은 무시한다.)

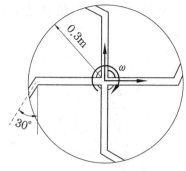

① 1.225　　　　② 42.4

③ 4.24　　　　④ 12.25

해설　$Q = AVZ [\text{m}^3/\text{s}]$

$$V = \frac{Q}{AZ} = \frac{3 \times 10^{-3}}{\frac{\pi}{4}(0.015)^2 \times 4} = 4.24\,\text{m/s}$$

$$\omega = \frac{V}{r_o} = \frac{4.24\cos 30°}{0.3} = 12.25\,\text{rad/s}$$

59. 높이 1.5 m의 자동차가 108 km/h의 속도로 주행할 때의 공기 흐름 상태를 높이 1m의 모형을 사용해서 풍동 실험하여 알아보고자 한다. 여기서 상사법칙을 만족시키기 위한 풍동의 공기 속도는 약 몇 m/s인가? (단, 그 외 조건은 동일하다고 가정한다.)

① 20　　　　② 30

③ 45　　　　④ 67

해설　$(Re)_c = (Re)_a$

$$\left(\frac{Vh}{\nu}\right)_c = \left(\frac{Vh}{\nu}\right)_a$$

$$\nu_c \fallingdotseq \nu_a$$

$$V_a = V_c\left(\frac{h_c}{h_a}\right) = \left(\frac{108}{3.6}\right) \times \left(\frac{1.5}{1}\right) = 45\,\text{m/s}$$

60. 밀도가 ρ인 액체와 접촉하고 있는 기체 사이의 표면장력이 σ라고 할 때 그림과 같은 지름 d의 원통 모세관에서 액주의 높이 h를 구하는 식은? (단, g는 중력가속도이다.)

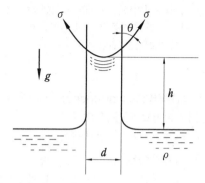

① $\dfrac{\sigma \sin\theta}{\rho g d}$　　　　② $\dfrac{\sigma \cos\theta}{\rho g d}$

③ $\dfrac{4\sigma \sin\theta}{\rho g d}$　　　　④ $\dfrac{4\sigma \cos\theta}{\rho g d}$

해설　$h = \dfrac{4\sigma\cos\theta}{\gamma d} = \dfrac{4\sigma\cos\theta}{\rho g d}\,[\text{mm}]$

제4과목　**기계재료 및 유압기기**

61. 경도가 매우 큰 담금질한 강에 적당한 강인성을 부여할 목적으로 A_1 변태점 이하의 일정 온도로 가열 조작하는 열처리법은?

① 퀜칭(quenching)

② 템퍼링(tempering)

③ 노멀라이징(normalizing)

④ 마퀜칭(marquenching)

해설　뜨임(템퍼링)은 담금질(퀜칭) 후 내충격성(인성)을 부여하기 위해 A_1 변태점(723℃) 이하의 일정 온도로 가열하는 열처리 방법이다.

62. 다음 중 피아노 선재의 조직으로 가장 적당한 것은?

① 페라이트(ferrite)

② 소르바이트(sorbite)

③ 오스테나이트(austenite)

④ 마텐자이트(martensite)

정답　59. ③　60. ④　61. ②　62. ②

[해설] 소르바이트는 α-Fe과 시멘타이트(Fe_3C)의 기계적 혼합물로 스프링강과 피아노 선재 등의 조직으로 적당하다.

63. 마텐자이트(martensite) 변태의 특징에 대한 설명으로 틀린 것은?

① 마텐자이트는 고용체의 단일상이다.

② 마텐자이트 변태는 확산 변태이다.

③ 마텐자이트 변태는 협동적 원자운동에 의한 변태이다.

④ 마텐자이트의 결정 내에는 격자결함이 존재한다.

[해설] 마텐자이트 변태는 무확산 변태이다.

64. 순철(α-Fe)의 자기변태 온도는 약 몇 ℃인가?

① 210℃ ② 768℃

③ 910℃ ④ 1410℃

[해설] 순철(pure iron)의 자기변태점은 A_2변태점(768℃), 동소변태점은 A_3변태점(910℃), A_4변태점(1400℃)이다.

65. 황동 가공재 특히 관·봉 등에서 잔류응력에 기인하여 균열이 발생하는 현상은?

① 자연균열

② 시효경화

③ 탈아연부식

④ 저온풀림경화

[해설] (1) 시효경화 : 가공 후 자연적으로 경화되는 현상

(2) 탈아연부식 : 아연이 해수에 녹아 없어지는 현상

(3) 저온풀림경화 : 강을 A_1 변태 이하의 온도 범위 내에서 장시간 유지하여, 피삭성을 개선하고 내부응력을 제거하는 저온풀림 현상과 반대로 경화가 일어나는 현상

66. 빗금으로 표시한 입방격자면의 밀러지수는?

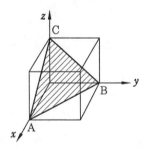

① (100) ② (010)

③ (110) ④ (111)

[해설] 밀러지수(Miller index)는 금속 원자의 결정면이나 방향을 표시하는 방법으로 밀러지수에 의한 결정면의 수는 다음과 같다.

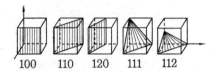

67. Fe-C 평형상태도에서 나타나는 철강의 기본조직이 아닌 것은?

① 페라이트 ② 펄라이트

③ 시멘타이트 ④ 마텐자이트

[해설] 강의 표준조직에는 페라이트, 오스테나이트, 시멘타이트, 레데부라이트, 펄라이트 등이 있으며, 마텐자이트 조직은 담금질 조직으로 경도가 제일 크다.

68. 6 : 4 황동에 Pb을 약 1.5~3.0 %를 첨가한 합금으로 정밀가공을 필요로 하는 부품 등에 사용되는 합금은?

① 쾌삭황동

② 강력황동

③ 델타메탈

④ 애드미럴티 황동

[해설] 쾌삭황동은 6 : 4 황동에 납(Pb)을 1.5~

3.0% 첨가하여 절삭성을 개량한 합금으로 대량생산 및 정밀 가공을 필요로 하는 부품에 사용된다.

69. 고속도 공구강재를 나타내는 한국산업 표준 기호로 옳은 것은?

① SM20C   ② STC
③ STD   ④ SKH

[해설] ① SM : 기계구조용 탄소강
   ② STC : 탄소공구강
   ③ STD : 다이스강

70. 스테인리스강을 조직에 따라 분류한 것 중 틀린 것은?

① 페라이트계
② 마텐자이트계
③ 시멘타이트계
④ 오스테나이트계

[해설] 스테인리스강의 분류
   (1) 13Cr계 : 마텐자이트계
   (2) 18Cr계 : 페라이트계
   (3) 18Cr-8Ni계 : 오스테나이트계

71. 기름의 압축률이 6.8×10^{-5} cm^2/kgf일 때 압력을 0에서 100 kg/cm^{2}까지 압축하면 체적은 몇 % 감소하는가?

① 0.48   ② 0.68
③ 0.89   ④ 1.46

[해설] 압축률$(\beta) = \dfrac{1}{E} = -\dfrac{dv}{\dfrac{v}{dp}}$ [cm^2/kgf]에서

체적감소율$\left(-\dfrac{dv}{v}\right)$

$= \beta dp = 6.8 \times 10^{-5} \times 100$

$= 6.8 \times 10^{-3} \times 100\,\% = 0.68\,\%$

72. 그림의 유압 회로도에서 (1)의 밸브 명칭으로 옳은 것은?

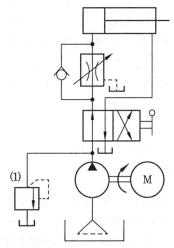

① 스톱 밸브
② 릴리프 밸브
③ 무부하 밸브
④ 카운터 밸런스 밸브

73. 그림과 같이 액추에이터의 공급 쪽 관로 내의 흐름을 제어함으로써 속도를 제어하는 회로는?

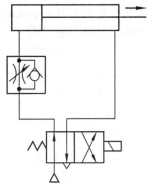

① 시퀀스 회로
② 체크 백 회로
③ 미터 인 회로
④ 미터 아웃 회로

[해설] (1) 미터 인 회로 : 유량 조정 밸브를 실린더 입구 쪽 설치
   (2) 미터 아웃 회로 : 유량 조정 밸브를 실린더 출구 쪽 설치

74. 공기압 장치와 비교하여 유압장치의 일반적인 특징에 대한 설명 중 틀린 것은?

① 인화에 따른 폭발의 위험이 적다.

② 작은 장치로 큰 힘을 얻을 수 있다.

③ 입력에 대한 출력의 응답이 빠르다.

④ 방청과 윤활이 자동적으로 이루어진다.

[해설] 유압장치는 일반적으로 인화에 따른 폭발 위험이 크다.

75. 4포트 3위치 방향 밸브에서 일명 센터 바이패스형이라고도 하며, 중립위치에서 A, B 포트가 모두 닫히면 실린더는 임의의 위치에서 고정되고, 또 P 포트와 T 포트가 서로 통하게 되므로 펌프를 무부하시킬 수 있는 형식은?

① 탠덤 센터형

② 오픈 센터형

③ 클로즈드 센터형

④ 펌프 클로즈드 센터형

76. 그림과 같은 유압기호의 조작방식에 대한 설명으로 옳지 않은 것은?

① 2방향 조작이다.

② 파일럿 조작이다.

③ 솔레노이드 조작이다.

④ 복동으로 조작할 수 있다.

77. 관(튜브)의 끝을 넓히지 않고 관과 슬리브의 먹힘 또는 마찰에 의하여 관을 유지하는 관 이음쇠는?

① 스위블 이음쇠

② 플랜지 관 이음쇠

③ 플레어드 관 이음쇠

④ 플레어리스 관 이음쇠

[해설] 관 끝을 나팔관 모양으로 확장하여 연결하면 플레어 이음이고, 나팔관 모양으로 확장하지 않고 연결하면 플레어리스 이음이다.

78. 다음 중 비중량(specific weight)의 MLT계 차원은? (단, M : 질량, L : 길이, T : 시간)

① $ML^{-1}T^{-1}$ ② ML^2T^{-3}

③ $ML^{-2}T^{-2}$ ④ ML^2T^{-2}

[해설] 비중량$(\gamma) = \dfrac{W}{V}[\text{N/m}^3]$

$FL^{-3} = (MLT^{-2})L^{-3} = ML^{-2}T^{-2}$

79. 다음 중 일반적으로 가변 용량형 펌프로 사용할 수 없는 것은?

① 내접 기어 펌프

② 축류형 피스톤 펌프

③ 반경류형 피스톤 펌프

④ 압력 불평형형 베인 펌프

[해설] 내접 기어 펌프(internal gear pump)는 일반적으로 1회전당 토출량이 일정한 정용량형 펌프이다.

80. 다음 중 드레인 배출기 붙이 필터를 나타내는 공유압 기호는?

①  ②

③ 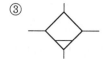 ④

[해설] ① 자석붙이 필터
② 눈막힘 표시기 붙이 필터
③ 드레인 배출기

제5과목 **기계제작법 및 기계동력학**

81. ω인 진동수를 가진 기저 진동에 대한

전달률(TR, transmissibility)을 1 미만으로 하기 위한 조건으로 가장 옳은 것은?
(단, 진동계의 고유 진동수는 ω_n이다.)

① $\dfrac{\omega}{\omega_n} < 2$ ② $\dfrac{\omega}{\omega_n} > \sqrt{2}$

③ $\dfrac{\omega}{\omega_n} > 2$ ④ $\dfrac{\omega}{\omega_n} < \sqrt{2}$

해설 (1) $TR=1$이면 $\dfrac{\omega}{\omega_n} = \sqrt{2}$

(2) $TR<1$이면 $\dfrac{\omega}{\omega_n} > \sqrt{2}$

82. 스프링으로 지지되어 있는 어느 물체가 매분 120회를 진동할 때 진동수는 약 몇 rad/s인가?

① 3.14 ② 6.28

③ 9.42 ④ 12.57

해설 각진동수$(\omega) = \dfrac{2\pi N}{60} = \dfrac{2\pi \times 120}{60}$
$= 12.57 \text{ rad/s}$

83. 질량이 m인 공이 그림과 같이 속력이 v, 각도가 α로 질량이 큰 금속판에 사출되었다. 만일 공과 금속판 사이의 반발계수가 0.8이고, 공과 금속판 사이의 마찰이 무시된다면 입사각 α와 출사각 β의 관계는?

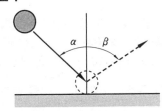

① α에 관계없이 $\beta = 0$
② $\alpha > \beta$
③ $\alpha = \beta$
④ $\alpha < \beta$

해설 충돌 전 공의 속도 : V_1

충돌 후 공의 속도 : V_1'

$e = \dfrac{V_1'}{V_1} = 0.8$

$m \cdot V_{1x} = m V_{1x'}$

$V_1 \cdot \sin\alpha = V_1' \cdot \sin\beta = 0.8 V_1 \cdot \sin\beta$

$\sin\alpha = 0.8 \cdot \sin\beta, \ \alpha < \beta$

84. 10°의 기울기를 가진 경사면에 놓인 질량 100 kg의 물체에 수평방향의 힘 500 N을 가하여 경사면 위로 물체를 밀어올린다. 경사면의 마찰계수가 0.2라면 경사면 방향으로 2 m를 움직인 위치에서 물체의 속도는 약 얼마인가?

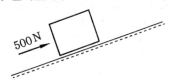

① 1.1 m/s ② 2.1 m/s

③ 3.1 m/s ④ 4.1 m/s

해설 $U_{1 \to 2} = \Delta T$

$500 \times 2 \times \cos 10° - 100 \times 9.8 \times 2 \times \sin 10°$
$- 100 \times 9.8 \times \cos 10° \times 0.2 \times 2$
$= \dfrac{1}{2} \times 100 \times V^2$

$\therefore \ V = 2.27 \text{ m/s}$

85. 그림과 같은 1자유도 진동 시스템에서 임계감쇠계수는 약 몇 N·s/m인가?

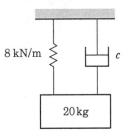

① 80 ② 400

③ 800 ④ 2000

해설 임계감쇠계수 $c_c = 2\sqrt{mk}$
$= 2\sqrt{20 \times 8000} = 800 \text{ N·s/m}$

정답 82. ④ 83. ④ 84. ② 85. ③

86. 길이가 1 m이고 질량이 5 kg인 균일한 막대가 그림과 같이 지지되어 있다. A점은 힌지로 되어 있어 B점에 연결된 줄이 갑자기 끊어졌을 때 막대는 자유로이 회전한다. 여기서 막대가 수직위치에 도달한 순간 각속도는 약 몇 rad/s인가?

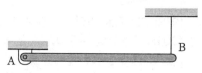

① 2.62 　　　　② 3.43
③ 3.91 　　　　④ 5.42

[해설] 회전운동을 하는 막대의 각속도 α는 운동방정식으로부터

$\alpha = \dfrac{3g}{2l}\sin\theta = \dfrac{d\omega}{dt} = \dfrac{d\omega}{d\theta}\cdot\dfrac{d\theta}{dt}$

$\alpha \cdot d\theta = \omega \cdot d\omega$

$\displaystyle\int_0^{90}\dfrac{3g}{2l}\sin\theta\cdot d\theta = \int_0^\omega \omega\cdot d\omega$

$\dfrac{3g}{2l} = \dfrac{\omega^2}{2}$, $\omega = \sqrt{3\times 9.8} = 5.42\,\text{rad/s}$

87. 그림과 같이 질량이 m이고 길이가 L인 균일한 막대에 대하여 A점을 기준으로 한 질량 관성모멘트를 나타내는 식은?

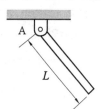

① mL^2 　　　　② $\dfrac{1}{3}mL^2$
③ $\dfrac{1}{4}mL^2$ 　　　　④ $\dfrac{1}{12}mL^2$

[해설] $J_A = J_G + m\left(\dfrac{L}{2}\right)^2$

$= \dfrac{mL^2}{12} + \dfrac{mL^2}{4} = \dfrac{mL^2}{3}\,[\text{kg}\cdot\text{m}^2]$

88. x방향에 대한 비감쇠 자유진동 식은 다음과 같이 나타난다. 여기서 시간(t) = 0일 때의 변위를 x_0, 속도를 v_0라 하면 이 진동의 진폭을 옳게 나타낸 것은? (단, m은 질량, k는 스프링 상수이다.)

$$m\ddot{x} + kx = 0$$

① $\sqrt{\dfrac{m}{k}x_0^2 + v_0^2}$

② $\sqrt{\dfrac{k}{m}x_0^2 + v_0^2}$

③ $\sqrt{x_0^2 + \dfrac{m}{k}v_0^2}$

④ $\sqrt{x_0^2 + \dfrac{k}{m}v_0^2}$

[해설] $x = A\sin\omega t + B\cos\omega t$

$t = 0$일 때, $x = B = x_0$

$\dot{x} = A\omega\cos\omega t - B\omega\sin\omega t$

$t = 0$일 때, $\dot{x} = v = A\omega = v_0\,[\text{m/s}]$

$A = \dfrac{v_0}{\omega}$

진폭(x) $= \sqrt{A^2 + B^2} = \sqrt{\dfrac{v_0^2}{\omega^2} + x_0^2}$

$\omega = \sqrt{\dfrac{k}{m}}\,[\text{rad/s}]$

$\therefore\ x = \sqrt{x_0^2 + \dfrac{m}{k}v_0^2}$

89. 북극과 남극이 일직선으로 관통된 구멍을 통하여, 북극에서 지구 내부를 향하여 초기속도 $v_0 = 10$ m/s로 한 질점을 던졌다. 그 질점이 A점($S = \dfrac{R}{2}$)을 통과할 때의 속력은 약 얼마인가? (단, 지구 내부는 균일한 물질로 채워져 있으며, 중력가속도는 O점에서 0이고, O점으로부터의 위치 S에 비례한다고 가정한다. 그리고 지표면에서 중력가속도는 9.8 m/s², 지구 반지름은 $R = 6371$ km이다.)

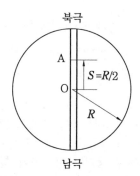

① 6.84 km/s ② 7.90 km/s

③ 8.44 km/s ④ 9.81 km/s

[해설] $da = \dfrac{g}{R}ds$, $ds = \dfrac{R}{g}da$

$-ads = V \cdot dv$

$$\int_{g}^{\frac{g}{2}} -\frac{R}{g}ada = \int_{V_0}^{V_A} V \cdot dV$$

$$-\frac{R}{g} \cdot \frac{a^2}{2}\Big|_{g}^{\frac{g}{2}} = \frac{1}{2}V^2\Big|_{V_0}^{V_A}$$

$$\frac{3R}{4} \cdot g = V_A^2 - V_0^2$$

$$V_A^2 = \frac{3R \cdot g}{4} + V_0^2$$

$$= \left(\frac{3 \times 6371 \times 10^3 \times 9.8}{4} + 10^2\right) \times 10^{-6}$$

$V_A = 6.84$ km/s

90. 물방울이 떨어지기 시작하여 3초 후의 속도는 약 몇 m/s인가? (단, 공기의 저항은 무시하고, 초기속도는 0으로 한다.)

① 29.4 ② 19.6

③ 9.8 ④ 3

[해설] $V = gt = 9.8 \times 3 = 29.4$ m/s

91. 피복 아크 용접에서 피복제의 주된 역할이 아닌 것은?

① 용착효율을 높인다.

② 아크를 안정하게 한다.

③ 질화를 촉진한다.

④ 스패터를 적게 발생시킨다.

[해설] 피복 아크 용접에서 피복제(flux)는 산화 및 질화를 방지한다.

92. 선반에서 절삭비(cutting ratio, γ)의 표현식으로 옳은 것은? (단, ϕ는 전단각, α는 공구 윗면 경사각이다.)

① $\gamma = \dfrac{\cos(\phi - \alpha)}{\sin\phi}$

② $\gamma = \dfrac{\cos(\phi - \alpha)}{\sin\phi}$

③ $\gamma = \dfrac{\cos\phi}{\sin(\phi - \alpha)}$

④ $\gamma = \dfrac{\sin\phi}{\cos(\phi - \alpha)}$

93. 표면경화법에서 금속침투법 중 아연을 침투시키는 것은?

① 칼로라이징

② 세라다이징

③ 크로마이징

④ 실리코나이징

[해설] 금속침투법(cementation)

  (1) 칼로라이징(Al 침투)

  (2) 세라다이징(Zn 침투)

  (3) 크로마이징(Cr 침투)

  (4) 실리코나이징(Si 침투)

  (5) 보로나이징(B 침투)

94. 테르밋 용접(thermit welding)의 일반적인 특징으로 틀린 것은?

① 전력 소모가 크다.

② 용접시간이 비교적 짧다.

③ 용접작업 후의 변형이 작다.

④ 용접 작업장소의 이동이 쉽다.

[해설] 테르밋 용접은 산화철과 알루미늄 분말의 화학반응열을 이용하여 용접하기 때문에 전력이 필요하지 않다(철도레일 접합 용접).

95. 4개의 조가 각각 단독으로 이동하여 불규칙한 공작물의 고정에 적합하고 편심가공이 가능한 선반척은?

① 연동척 ② 유압척
③ 단동척 ④ 콜릿척

해설 (1) 연동척 : 3개 조가 동시에 움직여 중심 맞추기에 유리하다.
(2) 유압척 : 기름의 압력으로 고정한다.
(3) 콜릿척 : 자동선반이나 터릿선반에 이용된다.

96. 프레스 가공에서 전단가공의 종류가 아닌 것은?

① 셰이빙 ② 블랭킹
③ 트리밍 ④ 스웨이징

해설 스웨이징(swaging)은 재료의 두께를 감소시키는 가공법으로 압축가공에 속한다.

97. 초음파 가공의 특징으로 틀린 것은?

① 부도체도 가공이 가능하다.
② 납, 구리, 연강의 가공이 쉽다.
③ 복잡한 형상도 쉽게 가공한다.
④ 공작물에 가공 변형이 남지 않는다.

해설 초음파 가공의 재료로는 취성이 큰 재료가 적당하다. 납, 구리, 연강 등의 무른 재료는 가공이 불가능하다.

98. 지름 100 mm, 판의 두께 3 mm, 전단저항 45 kgf/mm²인 SM40C 강판을 전단할 때 전단하중은 약 몇 kgf인가?

① 42410 ② 53240
③ 67420 ④ 70680

해설 $\tau = \dfrac{P_s}{A}$ [kgf/mm²]에서

$P_s = \tau A = \tau(\pi dt) = 45(\pi \times 100 \times 3)$
$\fallingdotseq 42411.5 \text{ kgf}$

99. 용탕의 충전 시에 모래의 팽창력에 의해 주형이 팽창하여 발생하는 것으로, 주물 표면에 생기는 불규칙한 형상의 크고 작은 돌기 모양을 하는 주물 결함은?

① 스캡 ② 탕경
③ 블로홀 ④ 수축공

해설 (1) 기공(blow hole) : 가스가 외부로 배출되지 못해 생긴 결함
(2) 수축공 : 쇳물이 부족하게 되어 생기는 결함
(3) 탕경 : 여러 개의 탕구에 용탕이 합류한 곳 중에서 용착되지 않은 상태의 결함

100. 와이어 컷(wire cut) 방전가공의 특징으로 틀린 것은?

① 표면거칠기가 양호하다.
② 담금질강과 초경합금의 가공이 가능하다.
③ 복잡한 형상의 가공물을 높은 정밀도로 가공할 수 있다.
④ 가공물의 형상이 복잡함에 따라 가공속도가 변한다.

해설 와이어 컷 방전가공 시 가공속도는 피가공물의 재질과 두께, 와이어의 종류에 따라 변화한다.

일반기계기사

제1과목   **재료역학**

1. 길이가 L인 양단 고정보의 중앙점에 집중 하중 P가 작용할 때 모멘트가 0이 되는 지점에서의 처짐량은 얼마인가? (단, 보의 굽힘강성 EI는 일정하다.)

① $\dfrac{PL^3}{384EI}$ ② $\dfrac{PL^3}{192EI}$

③ $\dfrac{PL^3}{96EI}$ ④ $\dfrac{PL^3}{48EI}$

해설 $M=0$인 지점은 좌측 끝단으로부터 $\dfrac{L}{4}$

이 되는 지점이고, 그 지점에서의 처짐은 중앙에서의 처짐의 $\dfrac{1}{2}$이 된다.

$\delta = \dfrac{1}{2} \times \dfrac{P \cdot L^3}{192EI} = \dfrac{P \cdot L^3}{384EI}$

2. 길이가 L인 외팔보의 자유단에 집중 하중 P가 작용할 때 최대 처짐량은? (단, E : 탄성계수, I : 단면 2차 모멘트이다.)

① $\dfrac{PL^3}{8EI}$ ② $\dfrac{PL^3}{4EI}$

③ $\dfrac{PL^3}{3EI}$ ④ $\dfrac{PL^3}{2EI}$

해설 외팔보 자유단에 집중 하중 P[N] 작용 시 최대 처짐량(δ_{max}) $= \dfrac{PL^3}{3EI}$ [cm]

최대 처짐각(θ_{max}) $= \dfrac{PL^2}{2EI}$ [rad]

3. 다음 그림과 같은 사각 단면의 상승 모멘트(product of inertia) I_{xy}는 얼마인가?

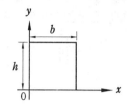

① $\dfrac{b^2h^2}{4}$ ② $\dfrac{b^2h^2}{3}$

③ $\dfrac{b^2h^3}{4}$ ④ $\dfrac{b^2h^3}{3}$

해설 $I_{xy} = Aab = bh\left(\dfrac{b}{2}\right)\left(\dfrac{h}{2}\right) = \dfrac{b^2h^2}{4}$ [cm⁴]

4. 바깥지름 50 cm, 안지름 40 cm의 중공 원통에 500 kN의 압축하중이 작용했을 때 발생하는 압축응력은 약 몇 MPa인가?

① 5.6   ② 7.1

③ 8.4   ④ 10.8

해설 $\sigma_c = \dfrac{P_c}{A} = \dfrac{P_c}{\dfrac{\pi}{4}\left(d_2^2 - d_1^2\right)}$

$= \dfrac{4P_c}{\pi\left(d_2^2 - d_1^2\right)} = \dfrac{4 \times 500 \times 10^3}{\pi\left(500^2 - 400^2\right)}$

$\fallingdotseq 7.1$ MPa

5. 두께 10 mm인 강판으로 지름 2.5 m의 원통형 압력용기를 제작하였다. 최대 내부 압력이 1200 kPa일 때 축방향 응력은 몇 MPa인가?

① 75   ② 100

③ 125   ④ 150

해설 $\sigma_z = \dfrac{Pd}{4t} = \dfrac{1.2 \times 2500}{4 \times 10} = 75$ MPa

6. 지름 50 mm인 중실축 ABC가 A에서 모터에 의해 구동된다. 모터는 600 rpm으

로 50 kW의 동력을 전달한다. 기계를 구동하기 위해서 기어 B는 35 kW, 기어 C는 15 kW를 필요로 한다. 축 ABC에 발생하는 최대 전단응력은 몇 MPa인가?

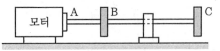

① 9.73   ② 22.7

③ 32.4   ④ 64.8

[해설] $T = 974 \times 9.8 \times \dfrac{H_{kW}}{N} = \tau \cdot \dfrac{\pi d^3}{16}$

$974 \times 9.8 \times \dfrac{50}{600} = \tau \times \dfrac{\pi \times (0.05)^3}{16}$

$\tau = 32.41 \times 10^6 \, \text{Pa} = 32.41 \, \text{MPa}$

7. 그림과 같은 두 평면응력 상태의 합에서 최대 전단응력은?

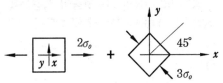

① $\dfrac{\sqrt{3}}{2}\sigma_o$ ② $\dfrac{\sqrt{6}}{2}\sigma_o$

③ $\dfrac{\sqrt{13}}{2}\sigma_o$ ④ $\dfrac{\sqrt{16}}{2}\sigma_o$

[해설] $\tau_{1max} = \sigma_o$, $\tau_{2max} = \dfrac{3}{2}\sigma_o$

$\tau_{max} = \sqrt{\tau_{1max}^2 + \tau_{2max}^2}$

$= \sqrt{\sigma_o^2 + \dfrac{9}{4}\sigma_o^2} = \dfrac{\sqrt{13}}{2}\sigma_o$

8. 그림에서 블록 A를 이동시키는 데 필요한 힘 P는 몇 N 이상인가? (단, 블록과 접촉면과의 마찰계수 $\mu = 0.4$이다.)

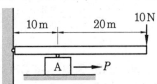

① 4   ② 8

③ 10   ④ 12

[해설] $\sum M_i = 0$

$10 \times 30 - R_A \times 10 = 0$

$R_A = \dfrac{10 \times 30}{10} = 30 \, \text{N}$

$\therefore P = \mu R_A = 0.4 \times 30 = 12 \, \text{N}$

9. 최대 굽힘 모멘트 $M = 8 \, \text{kN} \cdot \text{m}$를 받는 단면의 굽힘응력을 60 MPa로 하려면 정사각 단면에서 한 변의 길이는 약 몇 cm인가?

① 8.2   ② 9.3

③ 10.1   ④ 12.0

[해설] $M_{max} = \sigma Z = \sigma \dfrac{a^3}{6}$

$\sigma = \dfrac{M_{max}}{Z} = \dfrac{6 M_{max}}{a^3} \, [\text{MPa}]$

$a = \sqrt[3]{\dfrac{6 M_{max}}{\sigma}} = \sqrt[3]{\dfrac{6 \times 8 \times 10^5}{6000}}$

$\fallingdotseq 9.3 \, \text{cm}$

10. T형 단면을 갖는 외팔보에 5 kN·m의 굽힘 모멘트가 작용하고 있다. 이 보의 탄성선에 대한 곡률 반지름은 몇 m인가? (단, 탄성계수 $E = 150 \, \text{GPa}$, 중립축에 대한 2차 모멘트 $I = 868 \times 10^{-9} \, \text{m}^4$이다.)

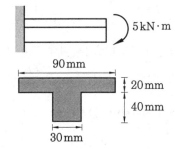

① 26.04   ② 36.04

③ 46.04   ④ 56.04

[해설] $\dfrac{1}{\rho} = \dfrac{M}{EI} = \dfrac{\sigma}{Ey}$

$$\rho = \frac{EI}{M} = \frac{150 \times 10^6 \times 868 \times 10^{-9}}{5}$$
$$= 26.04 \text{ m}$$

11. 그림과 같은 단순지지보에서 반력 R_A 는 몇 kN인가?

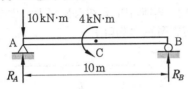

① 8
② 8.4
③ 10
④ 10.4

[해설] $\sum M_B = 0$

$R_A \times 10 - 10 \times 10 - 4 = 0$

$R_A = \dfrac{100 + 4}{10} = \dfrac{104}{10} = 10.4 \text{ kN}$

12. 원형 단면의 단순보가 그림과 같이 등분포 하중 50 N/m을 받고 허용 굽힘응력이 400 MPa일 때 단면의 지름은 최소 약 몇 mm가 되어야 하는가?

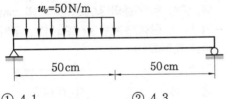

① 4.1
② 4.3
③ 4.5
④ 4.7

[해설] $\sum M_B = 0$

$R_A L - (50 \times 0.5) \times 0.75 = 0$

$R_A = \dfrac{25 \times 0.75}{L} = \dfrac{25 \times 0.75}{1} = 18.75 \text{ N}$

$F_x = R_A - wx \text{ [N]}$

$0 = 18.75 - 50x$

$x = \dfrac{18.75}{50} = 0.375 \text{ m(위험 단면 위치)}$

$M_{\max} = R_A x - 50 \dfrac{x^2}{2}$

$$= 18.75 \times (0.375) - 50 \times \frac{(0.375)^2}{2}$$
$$= 3.52 \text{ N} \cdot \text{m}$$

$$M_{\max} = \sigma Z = \sigma \frac{\pi d^3}{32}$$

$$\therefore d = \sqrt[3]{\frac{32 M_{\max}}{\pi \sigma}} = \sqrt[3]{\frac{32 \times 3.52 \times 10^3}{\pi \times 400}}$$

$$= 4.475 \text{ mm} \fallingdotseq 4.5 \text{ mm}$$

13. 그림과 같이 두 가지 재료로 된 봉이 하중 P를 받으면서 강체로 된 보를 수평으로 유지시키고 있다. 강봉에 작용하는 응력이 150 MPa일 때 Al봉에 작용하는 응력은 몇 MPa인가? (단, 강과 Al의 탄성계수의 비는 $E_s / E_a = 3$이다.)

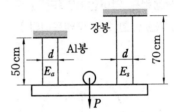

① 70
② 270
③ 555
④ 875

[해설] $\delta = \varepsilon_1 \cdot l_1 = \varepsilon_2 \cdot l_2$

$\dfrac{\sigma_1}{E_1} \cdot l_1 = \dfrac{\sigma_2}{E_2} \cdot l_2$

$\sigma_1 = \sigma_2 \left(\dfrac{E_1}{E_2} \right) \left(\dfrac{l_2}{l_1} \right) = 150 \left(\dfrac{1}{3} \right) \left(\dfrac{70}{50} \right) = 70 \text{ MPa}$

14. 바깥지름이 46 mm인 중공축이 120 kW의 동력을 전달하는 데 이때의 각속도는 40 rev/s이다. 이 축의 허용비틀림 응력이 $\tau_a = 80$ MPa일 때, 최대 안지름은 약 몇 mm인가?

① 35.9
② 41.9
③ 45.9
④ 51.9

[해설] $T = 9.55 \times 10^6 \dfrac{kW}{N}$

정답 11. ④ 12. ③ 13. ① 14. ②

$$= 9.55 \times 10^6 \times \frac{120}{2400}$$

$$= 477500 \, \text{N} \cdot \text{mm}$$

$$T = \tau Z_P = \tau \frac{\pi d_2^3}{16}(1 - x^4)$$

$$x = \left(1 - \frac{16\,T}{\pi \tau d_2^3}\right)^{\frac{1}{4}}$$

$$= \left(1 - \frac{16 \times 477500}{\pi \times 80 \times 46^3}\right)^{\frac{1}{4}} = 0.91$$

$$\therefore \; d_1 = x d_2 = 0.91 \times 46 \doteqdot 41.9 \, \text{mm}$$

15. 그림과 같은 반지름 a인 원형 단면축에 비틀림 모멘트 T가 작용한다. 단면의 임의의 위치 $r(0<a<r)$에서 발생하는 전단응력은 얼마인가? (단, $I_o = I_x + I_y$이고, I는 단면 2차 모멘트이다.)

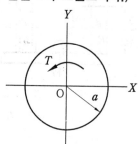

① 0   ② $\dfrac{T}{I_o}r$

③ $\dfrac{T}{I_x}r$ ④ $\dfrac{T}{I_y}r$

해설 $T = \tau Z_P = \tau \dfrac{I_o}{\gamma} \, [\text{N} \cdot \text{m}]$

$$\therefore \; \tau = \frac{T}{Z_P} = \frac{Tr}{I_o} \, [\text{MPa}]$$

16. 탄성(elasticity)에 대한 설명으로 옳은 것은?

① 물체의 변형률을 표시하는 것
② 물체에 작용하는 외력의 크기
③ 물체에 영구변형을 일어나게 하는 성질

④ 물체에 가해진 외력이 제거되는 동시에 원형으로 되돌아가려는 성질

17. 길이가 L인 균일 단면 막대기에 굽힘 모멘트 M이 그림과 같이 작용하고 있을 때, 막대에 저장된 탄성 변형 에너지는? (단, 막대기의 굽힘강성 EI는 일정하고, 단면적은 A이다.)

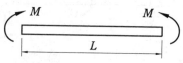

① $\dfrac{M^2 L}{2 A E^2}$ ② $\dfrac{L^3}{4 EI}$

③ $\dfrac{M^2 L}{2 A E}$ ④ $\dfrac{M^2 L}{2 EI}$

해설 $U = \dfrac{M^2}{2EI}\displaystyle\int_0^L dx = \dfrac{M^2}{2EI}[x]_0^L$

$$= \frac{M^2 L}{2 EI} \, [\text{kJ}]$$

18. 지름이 2 cm인 원통형 막대에 2 kN의 인장하중이 작용하여 균일하게 신장되었을 때, 변형 후 지름의 감소량은 약 몇 mm인가? (단, 탄성계수는 30 GPa이고, 푸아송비는 0.3이다.)

① 0.0128   ② 0.00128
③ 0.064   ④ 0.0064

해설 $\mu = \dfrac{1}{m} = \dfrac{|\varepsilon'|}{\varepsilon} = \dfrac{\dfrac{\delta}{d}}{\dfrac{\sigma}{E}} = \dfrac{\delta E}{d\sigma}$

$$\therefore \; \delta = \frac{d\sigma}{mE} = \frac{\mu d\sigma}{E} = \frac{4\mu P}{E\pi d}$$

$$= \frac{4 \times 0.3 \times 2000}{30 \times 10^3 \times \pi \times (20)} \doteqdot 0.00128 \, \text{mm}$$

19. 그림과 같이 20 cm×10 cm의 단면적을 갖고 양단이 회전단으로 된 부재가 중심축 방향으로 압축력 P가 작용하고 있

을 때 장주의 길이가 2 m라면 세장비는?

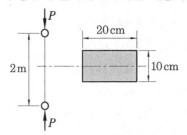

① 89 　　　　　　② 69
③ 49 　　　　　　④ 29

[해설] $k_G = \dfrac{h}{2\sqrt{3}} = \dfrac{0.1}{2\sqrt{3}} = 0.0289 \text{ m}$

세장비$(\lambda) = \dfrac{L}{k_G} = \dfrac{2}{0.0289} = 69$

20. 길이가 L이고 지름이 d인 강봉을 벽 사이에 고정하고 온도를 ΔT만큼 상승시켰다. 이때 벽에 작용하는 힘은 어떻게 표현되나? (단, 강봉의 탄성계수는 E이고, 선팽창계수는 α이다.)

① $\dfrac{\pi E \alpha \Delta T d^2 L}{16}$ 　　② $\dfrac{\pi E \alpha \Delta T d^2}{2}$

③ $\dfrac{\pi E \alpha \Delta T d^2 L}{8}$ 　　④ $\dfrac{\pi E \alpha \Delta T d^2}{4}$

[해설] $\sigma = E\alpha \Delta T = \dfrac{P}{A} = \dfrac{P}{\frac{\pi d^2}{4}} = \dfrac{4P}{\pi d^2}$

$\therefore P = \dfrac{\pi E \alpha \Delta T d^2}{4} \text{ [N]}$

제2과목　　　**기계열역학**

21. 다음 중 등엔트로피(entropy) 과정에 해당하는 것은?
① 가역 단열 과정
② polytropic 과정
③ Joule – Thomson 교축 과정

④ 등온 팽창 과정
[해설] 가역 단열 과정($\delta Q=0$, $\Delta S=0$)은 등엔트로피 과정($S_1 = S_2$)이다.

22. 227℃의 증기가 500 kJ/kg의 열을 받으면서 가역 등온 팽창한다. 이때 증기의 엔트로피 변화는 약 몇 kJ/kg·K인가?
① 1.0 　　　　　② 1.5
③ 2.5 　　　　　④ 2.8
[해설] $(s_2 - s_1) = \dfrac{q}{T} = \dfrac{500}{(227+273)}$
$= 1.0 \text{ kJ/kg·K}$

23. 최고온도 1300 K와 최저온도 300 K 사이에서 작동하는 공기 표준 Brayton 사이클의 열효율은 약 얼마인가? (단, 압력비는 9, 공기의 비열비는 1.4이다.)
① 30 % 　　　　② 36 %
③ 42 % 　　　　④ 47 %
[해설] $\eta_{thB} = \left\{ 1 - \left(\dfrac{1}{\gamma} \right)^{\frac{k-1}{k}} \right\} \times 100\%$
$= \left\{ 1 - \left(\dfrac{1}{9} \right)^{\frac{1.4-1}{1.4}} \right\} \times 100\% \fallingdotseq 47\%$

24. 포화증기를 단열상태에서 압축시킬 때 일어나는 일반적인 현상 중 옳은 것은?
① 과열증기가 된다.
② 온도가 떨어진다.
③ 포화수가 된다.
④ 습증기가 된다.
[해설] 포화증기를 단열상태에서 압축시키면 온도와 압력이 상승하므로 과열증기가 된다.

25. 물의 증발열은 101.325 kPa에서 2257 kJ/kg이고, 이때 비체적은 0.00104 m³/kg에서 1.67 m³/kg으로 변화한다. 이 증발 과정에 있어서 내부에너지의 변화량(kJ/kg)은?

① 237.5   ② 2375

③ 208.0   ④ 2088

[해설] $(U_2 - U_1) = \gamma - P(V_2 - V_1)$

$= 2257 - 101.325(1.67 - 0.00104)$

$\fallingdotseq 2088 \text{ kJ/kg}$

26. 가스 터빈 엔진의 열효율에 대한 다음 설명 중 잘못된 것은?

① 압축기 전후의 압력비가 증가할수록 열효율이 증가한다.

② 터빈 입구의 온도가 높을수록 열효율은 증가하나 고온에 견딜 수 있는 터빈 블레이드 개발이 요구된다.

③ 터빈 일에 대한 압축기 일의 비를 back work ratio라고 하며, 이 비가 클수록 열효율이 높아진다.

④ 가스 터빈 엔진은 증기 터빈 원동소와 결합된 복합 시스템을 구성하여 열효율을 높일 수 있다.

[해설] 가스 터빈 엔진에서 터빈 일에 대한 압축기 일의 비를 back work ratio라고 하며, 이 비가 작을수록 열효율은 증가한다.

27. 1 MPa의 일정한 압력(이때의 포화온도는 180℃)하에서 물이 포화액에서 포화증기로 상변화를 하는 경우 포화액의 비체적과 엔탈피는 각각 0.00113 m³/kg, 763 kJ/kg이고, 포화증기의 비체적과 엔탈피는 각각 0.1944 m³/kg, 2778 kJ/kg이다. 이때 증발에 따른 내부에너지 변화(u_{fg})와 엔트로피 변화(s_{fg})는 약 얼마인가?

① $u_{fg} = 1822 \text{ kJ/kg}$,

    $s_{fg} = 3.704 \text{ kJ/kg} \cdot \text{K}$

② $u_{fg} = 2002 \text{ kJ/kg}$,

    $s_{fg} = 3.704 \text{ kJ/kg} \cdot \text{K}$

③ $u_{fg} = 1822 \text{ kJ/kg}$,

    $s_{fg} = 4.447 \text{ kJ/kg} \cdot \text{K}$

④ $u_{fg} = 2002 \text{ kJ/kg}$,

    $s_{fg} = 4.447 \text{ kJ/kg} \cdot \text{K}$

[해설] $u_{fg} = dh - p(v'' - v')$

$= (2778 - 763) - 1 \times 10^3 (0.1944 - 0.00113)$

$\fallingdotseq 1822 \text{ kJ/kg}$

$s_{fg} = \dfrac{(h'' - h')}{T_S} = \dfrac{2778 - 763}{180 + 273}$

$= 4.45 \text{ kJ/kg} \cdot \text{K}$

28. 온도 5℃와 35℃ 사이에서 역카르노 사이클로 운전하는 냉동기의 최대 성적계수는 약 얼마인가?

① 12.3   ② 5.3

③ 7.3   ④ 9.3

[해설] $(COP)_R = \dfrac{T_L}{T_H - T_L}$

$= \dfrac{5 + 273}{(35 + 273) - (5 + 273)} \fallingdotseq 9.3$

29. 압력 1 N/cm², 체적 0.5 m³인 기체 1 kg을 가역과정으로 압축하여 압력이 2 N/cm², 체적이 0.3 m³로 변화되었다. 이 과정이 압력-체적($P-V$) 선도에서 선형적으로 변화되었다면 이때 외부로부터 받은 일은 약 몇 N·m인가?

① 2000   ② 3000

③ 4000   ④ 5000

[해설] $W = \dfrac{1}{2}(P_2 - P_1) \times 10^4 (V_2 - V_1)$

$+ P_1 \times 10^4 (V_2 - V_1)$

$= \dfrac{1}{2}(2 - 1) \times 10^4 \times (0.5 - 0.3)$

$+ 1 \times 10^4 (0.5 - 0.3) = 3000 \text{ N} \cdot \text{m(J)}$

30. 밀폐된 실린더 내의 기체를 피스톤으로 압축하는 동안 300 kJ의 열이 방출되었다.

압축일의 양이 400 kJ이라면 내부에너지 변화량은 약 몇 kJ인가?

① 100   ② 300

③ 400   ④ 700

[해설] $(U_2 - U_1) = Q - W$

$$= -300 + 400 = 100\,\text{kJ}$$

31. 두께가 4 cm인 무한히 넓은 금속 평판에서 가열면의 온도를 200℃, 냉각면의 온도를 50℃로 유지하였을 때 금속판을 통한 정상상태의 열유속이 300 kW/m²이면 금속판의 열전도율(thermal conductivity)은 약 몇 W/m · K인가? (단, 금속판에서의 열전달은 Fourier 법칙을 따른다고 가정한다.)

① 20   ② 40

③ 60   ④ 80

[해설] $q_c = \lambda A \dfrac{\Delta T}{L}\,[\text{W}]$

$$\lambda = \frac{q_c L}{A \Delta T} = \frac{300 \times 10^3 \times 0.04}{1 \times (200 - 50)}$$

$$= 80\,\text{W/m} \cdot \text{K}$$

32. 고열원과 저열원 사이에서 작동하는 카르노 사이클 열기관이 있다. 이 열기관에서 60 kJ의 일을 얻기 위하여 100 kJ의 열을 공급하고 있다. 저열원의 온도가 15℃라고 하면 고열원의 온도는?

① 128℃   ② 288℃

③ 447℃   ④ 720℃

[해설] $\eta_c = 1 - \dfrac{T_2}{T_1} = \dfrac{W_{net}}{Q_1} \times 100\,\%$

$$= \frac{60}{100} \times 100\,\% = 60\,\%$$

$$T_1 = \frac{T_2}{(1 - \eta_c)} = \frac{15 + 273}{(1 - 0.6)} = \frac{288}{0.4}$$

$$= 720\,\text{K} = (720 - 273)\,℃ = 447\,℃$$

33. 20℃, 400 kPa의 공기가 들어 있는 1

m³의 용기와 30℃, 150 kPa의 공기 5 kg이 들어 있는 용기가 밸브로 연결되어 있다. 밸브가 열려서 전체 공기가 섞인 후 25℃의 주위와 열적 평형을 이룰 때 공기의 압력은 약 몇 kPa인가? (단, 공기의 기체상수는 0.287 kJ/kg · K이다.)

① 110   ② 214

③ 319   ④ 417

[해설] $P_1 V_1 = m_1 R T_1$

$$m_1 = \frac{P_1 V_1}{R T_1} = \frac{400 \times 1}{0.287 \times 293} = 4.76\,\text{kg}$$

$$P_2 V_2 = m_2 R T_2$$

$$V_2 = \frac{m_2 R T_2}{P_2} = \frac{5 \times 0.287 \times 303}{150} = 2.9\,\text{m}^3$$

$$P_m V_m = (m_1 + m_2) R T_m$$

$$\therefore\ P_m = \frac{(m_1 + m_2) R T_m}{V_m}$$

$$= \frac{(4.76 + 5) \times 0.287 \times 298}{(1 + 2.9)}$$

$$= 214.03\,\text{kPa}$$

34. 다음 중 장치들에 대한 열역학적 관점의 설명으로 옳은 것은?

① 노즐은 유체를 서서히 낮은 압력으로 팽창하여 속도를 감속시키는 기구이다.

② 디퓨저는 저속의 유체를 가속하는 기구이며 그 결과 유체의 압력이 증가한다.

③ 터빈은 작동유체의 압력을 이용하여 열을 생성하는 회전식 기계이다.

④ 압축기의 목적은 외부에서 유입된 동력을 이용하여 유체의 압력을 높이는 것이다.

[해설] 압축기는 외부에서 유입된 동력을 이용하여 저압의 유체를 고압으로 토출시키는 장치이다.

35. 상온(25℃)의 실내에 있는 수은 기압계에서 수은주의 높이가 730 mm라면, 이때

기압은 약 몇 kPa인가? (단, 25℃ 기준, 수은 밀도는 13534 kg/m³이다.)

① 91.4   ② 96.9
③ 99.8   ④ 104.2

[해설] $P_a = P_o + P_g$

$$= \frac{730}{760} \times 101.325 + (\rho g h) \times 10^{-3}$$

$$= \frac{730}{760} \times 101.325 + (13534 \times 9.8 \times 0.73)$$

$$\times 10^{-3} = 96.9 \text{ kPa}$$

36. 자동차 엔진을 수리한 후 실린더 블록과 헤드 사이에 수리 전과 비교하여 더 두꺼운 개스킷을 넣었다면 압축비와 열효율은 어떻게 되겠는가?

① 압축비는 감소하고, 열효율도 감소한다.
② 압축비는 감소하고, 열효율은 증가한다.
③ 압축비는 증가하고, 열효율은 감소한다.
④ 압축비는 증가하고, 열효율도 증가한다.

37. 100℃와 50℃ 사이에서 작동되는 가역 열기관의 최대 열효율은 약 얼마인가?

① 55.0 %   ② 16.7 %
③ 13.4 %   ④ 8.3 %

[해설] $\eta_c = \left(1 - \dfrac{T_L}{T_H}\right) \times 100 \%$

$$= \left\{1 - \left(\frac{50 + 273}{100 + 273}\right)\right\} \times 100 \% = 13.4 \%$$

38. 냉매의 요구 조건으로 옳은 것은?

① 비체적이 커야 한다.
② 증발압력이 대기압보다 낮아야 한다.
③ 응고점이 높아야 한다.
④ 증발열이 커야 한다.

[해설] 냉매의 요구 조건
  (1) 냉매의 비체적(v)은 작을 것
  (2) 증발(잠)열은 클 것

  (3) 응고점은 낮을 것
  (4) 증발압력은 대기압보다 높을 것

39. 섭씨온도 −40℃를 화씨온도(℉)로 환산하면 약 얼마인가?

① −16℉   ② −24℉
③ −32℉   ④ −40℉

[해설] $t_c = \dfrac{5}{9}(t_F - 32) \, [℃]$

$$\therefore \ t_F = \frac{9}{5} t_c + 32 = \frac{9}{5}(-40) + 32$$

$$= -40° \text{F}$$

40. 어떤 냉매를 사용하는 냉동기의 압력-엔탈피 선도($P{-}h$ 선도)가 다음과 같다. 여기서 각각의 엔탈피는 $h_1 = 1638$ kJ/kg, $h_2 = 1983$ kJ/kg, $h_3 = h_4 = 559$ kJ/kg일 때 성적계수는 약 얼마인가? (단, h_1, h_2, h_3, h_4는 $P{-}h$ 선도에서 각각 1, 2, 3, 4에서의 엔탈피를 나타낸다.)

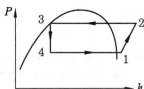

① 1.5   ② 3.1
③ 5.2   ④ 7.9

[해설] $(COP)_R = \dfrac{q_e}{W_c} = \dfrac{(h_1 - h_4)}{(h_2 - h_1)}$

$$= \frac{1638 - 559}{1983 - 1638} = 3.13$$

제3과목   **기계유체역학**

41. 그림과 같이 유량 $Q = 0.03$ m³/s의 물 분류가 $V = 40$ m/s의 속도로 곡면판에 충돌하고 있다. 판은 고정되어 있고 휘어

진 각도가 135°일 때 분류로부터 판이 받는 총 힘의 크기는 약 몇 N인가?

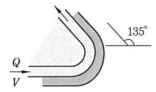

① 2049
② 2217
③ 2638
④ 2898

[해설] $F_x = \rho QV(1-\cos\theta)$
$= 1000 \times 0.03 \times 40(1-\cos 135°)$
$= 2048.53\,\text{N}$

$F_y = \rho QV\sin\theta$
$= 1000 \times 0.03 \times 40\sin 135°$
$= 848.53\,\text{N}$

$\therefore F = \sqrt{F_x^2 + F_y^2}$
$= \sqrt{(2048.53)^2 + (848.53)^2} \fallingdotseq 2217\,\text{N}$

42. 대기압을 측정하는 기압계에서 수은을 사용하는 가장 큰 이유는?
① 수은의 점성계수가 작기 때문에
② 수은의 동점성계수가 크기 때문에
③ 수은의 비중량이 작기 때문에
④ 수은의 비중이 크기 때문에

[해설] 기압을 측정하기 위해 무거운 액체를 사용하기 때문

43. 단면적이 $10\,\text{cm}^2$인 관에, 매분 6 kg의 질량유량으로 비중 0.8인 액체가 흐르고 있을 때 액체의 평균속도는 약 몇 m/s인가?
① 0.075
② 0.125
③ 6.66
④ 7.50

[해설] $\dot{m} = \rho A V[\text{kg/s}]$에서

$V = \dfrac{\dot{m}}{\rho A} = \dfrac{0.1}{(1000 \times 0.8) \times 10 \times 10^{-4}}$
$= 0.125\,\text{m/s}$

44. 그림과 같이 지름이 D인 물방울을 지름 d인 N개의 작은 물방울로 나누려고 할 때 요구되는 에너지양은? (단, $D \gg d$이고, 물방울의 표면장력은 σ이다.)

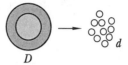

① $4\pi D^2\left(\dfrac{D}{d} - 1\right)\sigma$

② $2\pi D^2\left(\dfrac{D}{d} - 1\right)\sigma$

③ $\pi D^2\left(\dfrac{D}{d} - 1\right)\sigma$

④ $2\pi D^2\left[\left(\dfrac{D}{d}\right)^2 - 1\right]\sigma$

[해설] $\dfrac{\pi \cdot D^2}{4} = \dfrac{\pi d^2}{4} \cdot N$, $N = \left(\dfrac{D}{d}\right)^2$

$\Delta U = F \cdot \Delta = \sigma \cdot \pi \cdot D(dN - D)$
$= \sigma \cdot \pi D^2\left(\dfrac{D}{d} - 1\right)$

여기서, Δ : 특성길이 변화량

45. 그림과 같은 원통형 축 틈새에 점성계수가 0.51 Pa·s인 윤활유가 채워져 있을 때, 축을 1800 rpm으로 회전시키기 위해서 필요한 동력은 약 몇 W인가? (단, 틈새에서의 유동은 Couette 유동이라고 간주한다.)

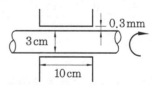

① 45.3
② 128
③ 4807
④ 13610

[해설] $U = \dfrac{\pi dN}{60000} = \dfrac{\pi \times 30 \times 1800}{60000}$
$= 2.83\,\text{m/s}$

$$F = \mu \frac{U}{h} A [\text{N}]$$

$$\text{동력}(P) = F \times U = \mu \frac{U^2}{h} A$$

$$= 0.51 \times \frac{(2.83)^2}{0.3 \times 10^{-3}} \times (\pi \times 0.03 \times 0.1)$$

$$\fallingdotseq 128.3 \, \text{W}$$

46. 관마찰계수가 거의 상대조도(relative roughness)에만 의존하는 경우는?

① 완전 난류 유동

② 완전 층류 유동

③ 임계 유동

④ 천이 유동

47. 안지름 20 cm의 원통형 용기의 축을 수직으로 놓고 물을 넣어 축을 중심으로 300 rpm의 회전수로 용기를 회전시키면 수면의 최고점과 최저점의 높이 차(H)는 약 몇 cm인가?

① 40.3 cm   ② 50.3 cm

③ 60.3 cm   ④ 70.3 cm

해설 $\omega = \dfrac{2\pi N}{60} = \dfrac{2\pi \times 300}{60} = 10\pi \, \text{rad/s}$

$H = \dfrac{r_o^2 \omega^2}{2g} = \dfrac{(0.1)^2 \times (10\pi)^2}{2 \times 9.8} = 0.503 \, \text{m}$

$= 50.3 \, \text{cm}$

48. 물이 5 m/s로 흐르는 관에서 에너지선 (EL)과 수력기울기선(HGL)의 높이 차이는 약 몇 m인가?

① 1.27   ② 2.24   ③ 3.82   ④ 6.45

해설 $\Delta H = \dfrac{V^2}{2g} = \dfrac{5^2}{2 \times 9.8} = 1.27 \, \text{m}$

49. 그림과 같은 물탱크에 Q의 유량으로 물이 공급되고 있다. 물탱크의 측면에 설치한 지름 10 cm의 파이프를 통해 물이 배출될 때 배출구로부터의 수위 h를 3 m로 일정하게 유지하려면 유량 Q는 약 몇 m^3/s이어야 하는가? (단, 물탱크의 지름은 3 m이다.)

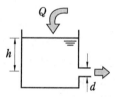

① 0.03   ② 0.04   ③ 0.05   ④ 0.06

해설 $Q = AV = A\sqrt{2gh}$

$$= \frac{\pi (0.1)^2}{4} \times \sqrt{2 \times 9.8 \times 3} = 0.06 \, \text{m}^3/\text{s}$$

50. 다음 중 유체 속도를 측정할 수 있는 장치로 볼 수 없는 것은?

① pitot-static tube

② laser doppler velocimetry

③ hot wire

④ piezometer

해설 피에조미터(piezometer)는 정압 측정용 계기이다.

51. 레이놀즈수가 매우 작은 느린 유동 (creeping flow)에서 물체의 항력 F는 속도 V, 크기 D, 그리고 유체의 점성계수 μ에 의존한다. 이와 관계하여 유도되는 무차원수는?

① $\dfrac{F}{\mu VD}$ ② $\dfrac{VD}{F\mu}$

③ $\dfrac{FD}{\mu V}$ ④ $\dfrac{F}{\mu DV^2}$

해설 무차원수$(\pi) = \dfrac{F}{\mu VD}$

$$= \frac{\text{N}}{\text{N} \cdot \text{s/m}^2 \times \text{m/s} \times \text{m}} \, \text{(단위가 없다.)}$$

정답   46. ①   47. ②   48. ①   49. ④   50. ④   51. ①

52. 정상, 비압축성 상태의 2차원 속도장이 (x, y) 좌표계에서 다음과 같이 주어졌을 때 유선의 방정식으로 옳은 것은? (단, u와 v는 각각 x, y방향의 속도 성분이고, C는 상수이다.)

$$u = -2x, \; v = 2y$$

① $x^2 y = C$ ② $xy^2 = C$

③ $xy = C$ ④ $\dfrac{x}{y} = C$

[해설] $\dfrac{dx}{u} = \dfrac{dy}{v}$, $\dfrac{-dx}{2x} = \dfrac{dy}{2y}$

$-\dfrac{1}{2}\ln x + \ln c' = \dfrac{1}{2}\ln y$

$\ln x + \ln y = \ln c$

$\ln xy = c$, $xy = e^c = C$

$\therefore xy = C$

53. 부차적 손실계수가 4.5인 밸브를 관마찰계수가 0.02이고, 지름이 5 cm인 관으로 환산한다면 관의 상당길이는 약 몇 m인가?

① 9.34   ② 11.25   ③ 15.37   ④ 19.11

[해설] 관의 상당길이$(L_e) = \dfrac{kd}{f} = \dfrac{4.5 \times 0.05}{0.02}$

$= 11.25 \, \text{m}$

54. 어떤 물체의 속도가 초기 속도의 2배가 되었을 때 항력계수가 초기 항력계수의 $\dfrac{1}{2}$로 줄었다. 초기에 물체가 받는 저항력이 D라고 할 때 변화된 저항력은 얼마가 되는가?

① $\dfrac{1}{2} D$ ② $\sqrt{2} D$ ③ $2D$ ④ $4D$

[해설] $V' = 2V$, $C_D' = \dfrac{1}{2} C_D$

$D' = C_D' \cdot A \cdot \dfrac{\rho \cdot V'^2}{2}$

$= \dfrac{1}{2} C_D \cdot A \cdot \dfrac{\rho}{2} \cdot 4 V^2$

$= 2 C_D \cdot A \cdot \dfrac{\rho \cdot V^2}{2} = 2 \cdot D$

55. 자동차의 브레이크 시스템의 유압장치에 설치된 피스톤과 실린더 사이의 환형 틈새 사이를 통한 누설유동은 두 개의 무한 평판 사이의 비압축성, 뉴턴 유체의 층류 유동으로 가정할 수 있다. 실린더 내 피스톤의 고압측과 저압측과의 압력차를 2배로 늘렸을 때, 작동유체의 누설유량은 몇 배가 될 것인가?

① 2배   ② 4배   ③ 8배   ④ 16배

[해설] $Q \propto \Delta P$이므로 압력차를 2배로 늘리면 누설유량은 2배가 된다.

56. 속도 성분이 $u = 2x$, $v = -2y$인 2차원 유동의 속도 퍼텐셜 함수 ϕ로 옳은 것은? (단, 속도 퍼텐셜 ϕ는 $\overrightarrow{V} = \nabla \phi$로 정의된다.)

① $2x - 2y$ ② $x^3 - y^3$

③ $-2xy$ ④ $x^2 - y^2$

[해설] $u = \dfrac{\partial \phi}{\partial x}$,

$\phi = \displaystyle\int u \, dx = \int 2x \, dx = x^2 + C_1$

$u = \dfrac{\partial \phi}{\partial y}$,

$\phi = \displaystyle\int v \, dy = -\int 2y \, dy = -y^2 + C_2$

$\therefore \phi = x^2 - y^2$

57. 평판 위에서 이상적인 층류 경계층 유동을 해석하고자 할 때 보기 중 옳은 설명을 모두 고른 것은?

───〈보 기〉───
㉮ 속도가 커질수록 경계층 두께는 커진다.
㉯ 경계층 밖의 외부유동은 비점성유동으로 취급할 수 있다.
㉰ 동일한 속도 및 밀도일 때 점성계수가 커질수록 경계층 두께는 커진다.

정답 52. ③   53. ②   54. ③   55. ①   56. ④   57. ④

① ㉯   ② ㉮, ㉯

③ ㉮, ㉰   ④ ㉯, ㉰

[해설] 층류인 경우 경계층 두께(δ)

$$= \frac{5x}{\sqrt{R_{ex}}}[\text{mm}]$$

58. 다음 중 체적탄성계수와 차원이 같은 것은?

① 체적

② 힘

③ 압력

④ 레이놀즈(Reynolds) 수

[해설] 체적탄성계수(E) $= -\dfrac{dP}{\dfrac{dV}{V}}[\text{Pa}]$

체적탄성계수(E)는 압력(P)과 같은 차원을 갖는다($E \propto \Delta P$).

59. 실제 잠수함 크기의 1/25인 모형 잠수함을 해수에서 실험하고자 한다. 만일 실형 잠수함을 5 m/s로 운전하고자 할 때 모형 잠수함의 속도는 몇 m/s로 실험해야 하는가?

① 0.2   ② 3.3

③ 50   ④ 125

[해설] 잠수함 문제는 레이놀즈수(Re)를 만족시킨다. $(Re)_p = (Re)_m$

$$\left(\frac{VL}{\nu} \right)_p = \left(\frac{VL}{\nu} \right)_m,\ \nu_p \fallingdotseq \nu_m$$

$$\therefore\ V_m = V_p \left(\frac{L_p}{L_m} \right)[\text{m/s}] = 5\left(\frac{25}{1} \right)$$

$$= 125\,\text{m/s}$$

60. 액체 속에 잠겨진 경사면에 작용되는 힘의 크기는? (단, 면적을 A, 액체의 비중량을 γ, 면의 도심까지의 깊이를 h_c라 한다.)

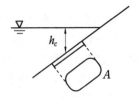

① $\dfrac{1}{3}\gamma h_c A$ ② $\dfrac{1}{2}\gamma h_c A$

③ $\gamma h_c A$ ④ $2\gamma h_c A$

[해설] 경사면 전압력(F) $= \gamma h_c A[\text{N}]$

$$h_c = \overline{y_c} \sin\theta\,[\text{m}]$$

제4과목 **기계재료 및 유압기기**

61. 전기 전도율이 높은 것에서 낮은 순으로 나열된 것은?

① Al > Au > Cu > Ag

② Au > Cu > Ag > Al

③ Cu > Au > Al > Ag

④ Ag > Cu > Au > Al

[해설] 전기 전도율 크기 순서
은(Ag) > 구리(Cu) > 금(Au) > 알루미늄(Al) > 마그네슘(Mg) > 아연(Zn) > 니켈(Ni) > 철(Fe) > 납(Pb) > 안티몬(Sb)

62. 철강을 부식시키기 위한 부식제로 옳은 것은?

① 왕수

② 질산 용액

③ 나이탈 용액

④ 염화제2철 용액

[해설] 나이탈 용액은 질산 2~5 %를 함유한 알코올 용액으로 주로 철강 재료의 미세 조직을 관찰할 때 현미경용 부식액으로 쓰인다.

63. α-Fe과 Fe_3C의 층상조직은?

① 펄라이트   ② 시멘타이트

---

③ 오스테나이트　　④ 레데부라이트

해설 펄라이트(pearlite) 조직은 페라이트(α-Fe)와 시멘타이트(Fe_3C)의 혼합 조직이다.

64. 구상 흑연주철의 구상화 첨가제로 주로 사용되는 것은?

① Mg, Ca　　② Ni, Co
③ Cr, Pb　　④ Mn, Mo

해설 구상 흑연주철의 구상화 첨가제로 마그네슘(Mg), 칼슘(Ca), 세슘(Ce) 등이 있다.

65. 심랭처리를 하는 주요 목적으로 옳은 것은?

① 오스테나이트 조직을 유지시키기 위해
② 시멘타이트 변태를 촉진시키기 위해
③ 베이나이트 변태를 진행시키기 위해
④ 마텐자이트 변태를 완전히 진행시키기 위해

해설 심랭처리(subzero treatment) : 국부적인 오스테나이트를 마텐자이트화하기 위해 드라이아이스를 이용하여 0℃ 이하로 열처리하는 작업 방법

66. 배빗메탈이라고도 하는 베어링용 합금인 화이트 메탈의 주요 성분으로 옳은 것은?

① Pb-W-Sn　　② Fe-Sn-Al
③ Sn-Sb-Cu　　④ Zn-Sn-Cr

해설 화이트 메탈은 Sn-Cu-Sb-Zn의 합금으로 저속기관의 베어링으로 사용된다.

67. 게이지용강이 갖추어야 할 조건으로 틀린 것은?

① HRC 55 이상의 경도를 가져야 한다.
② 담금질에 의한 변형 및 균열이 적어야 한다.
③ 오랜 시간 경과하여도 치수의 변화가 적어야 한다.
④ 열팽창계수는 구리와 유사하며 취성이 커야 한다.

해설 게이지강 : 0.85~1.2 % C, 0.9~1.45 % Mn, 0.5~3.6 % Cr, 0.5~3.0 % W, Ni 등을 합성한 특수강

68. 마템퍼링(martempering)에 대한 설명으로 옳은 것은?

① 조직은 완전한 펄라이트가 된다.
② 조직은 베이나이트와 마텐자이트가 된다.
③ Ms점 직상의 온도까지 급랭한 후 그 온도에서 변태를 완료시키는 것이다.
④ Mf점 이하의 온도까지 급랭한 후 그 온도에서 변태를 완료시키는 것이다.

해설 마템퍼링은 오스테나이트 상태에서 Ms와 Mf 간의 염욕 중에 항온변태 후 공랭처리한 열처리로 베이나이트와 마텐자이트의 혼합 조직이 된다.

69. Ni-Fe 합금으로 불변강이라 불리우는 것이 아닌 것은?

① 인바　　② 엘린바
③ 콘스탄탄　　④ 플래티나이트

해설 콘스탄탄은 Cu 55 %-Ni 45 %의 실용합금으로 열전쌍(열전대)으로 사용한다.

70. 열경화성 수지에 해당하는 것은?

① ABS 수지　　② 폴리스티렌
③ 폴리에틸렌　　④ 에폭시 수지

해설 열경화성 수지는 열을 가하여 어떤 모양을 만든 다음에는 다시 열을 가하여도 물러지지 않는 수지를 말하며, 에폭시 수지, 페놀 수지, 요소 수지, 멜라민 수지 등이 있다.

71. 그림과 같은 실린더를 사용하여 F= 3 kN의 힘을 발생시키는 데 최소한 몇 MPa의 유압이 필요한가?(단, 실린더의 안지

정답 64. ① 65. ④ 66. ③ 67. ④ 68. ② 69. ③ 70. ④ 71. ①

름은 45 mm이다.)

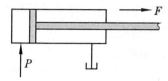

① 1.89 ② 2.14 ③ 3.88 ④ 4.14

[해설] $P = \dfrac{F}{A} = \dfrac{F}{\dfrac{\pi d^2}{4}}$

$= \dfrac{4F}{\pi d^2} = \dfrac{4 \times 3000}{\pi (45)^2} = 1.89\,\mathrm{MPa}$

72. 축압기 특성에 대한 설명으로 옳지 않은 것은?

① 중추형 축압기 안에 유압유 압력은 항상 일정하다.

② 스프링 내장형 축압기인 경우 일반적으로 소형이며 가격이 저렴하다.

③ 피스톤형 가스 충진 축압기의 경우 사용 온도 범위가 블래더형에 비하여 넓다.

④ 다이어프램 충진 축압기의 경우 일반적으로 대형이다.

[해설] 공기압식인 경우 일반적으로 대형 축압기용으로 사용한다.

73. 그림과 같은 유압기호의 명칭은?

① 공기압 모터

② 요동형 액추에이터

③ 정용량형 펌프 · 모터

④ 가변용량형 펌프 · 모터

[해설] (1) 삼각형 내부가 채워져 있으므로 유압용이다.

(2) 좌측 하단에서 우측 상단으로 화살표가 없으므로 정용량형이다.

(3) 유압펌프는 3각형 꼭짓점이 밖을 향하고

유압모터는 3각형 꼭짓점이 내부를 향한다.

(4) 대각선 화살표가 있으면 가변용량형 유압펌프와 유압모터를 나타낸다.

74. 유압밸브의 전환 도중에 과도하게 생기는 밸브 포트 간의 흐름을 무엇이라고 하는가?

① 랩 ② 풀 컷 오프

③ 서지 압 ④ 인터플로

75. 유압펌프의 토출 압력이 6 MPa, 토출유량이 40 cm³/min일 때 소요 동력은 몇 W인가?

① 240 ② 4 ③ 0.24 ④ 0.4

[해설] 소요 동력(W) $= PQ$

$= 600\,\mathrm{N/cm^2} \times \dfrac{40}{60}\,\mathrm{cm^3/s}$

$= 400\,\mathrm{N \cdot cm/s}$

$= 400 \times 10^{-2}\,\mathrm{N \cdot m/s(W)} = 4\,\mathrm{W}$

76. 압력 제어 밸브에서 어느 최소 유량에서 어느 최대 유량까지의 사이에 증대하는 압력은?

① 오버라이드 압력

② 전량 압력

③ 정격 압력

④ 서지 압력

[해설] 서지 압력 : 밸브 폐쇄 등에 의해 갑자기 과도적으로 상승하는 압력

77. 밸브 입구측 압력이 밸브 내 스프링 힘을 초과하여 포핏의 이동이 시작되는 압력을 의미하는 용어는?

① 배압 ② 컷 오프

③ 크래킹 ④ 인터플로

[해설] 크래킹 압력 : 체크 밸브, 릴리프 밸브 등에서 압력이 상승하고 밸브가 열리기 시작하여 어느 일정한 흐름의 양이 인정되는 압력

78. 액추에이터의 배출 쪽 관로 내의 공기의 흐름을 제어함으로써 속도를 제어하는 회로는?

① 클램프 회로

② 미터 인 회로

③ 미터 아웃 회로

④ 블리드 오프 회로

79. 다음 중 압력 제어 밸브들로만 구성되어 있는 것은?

① 릴리프 밸브, 무부하 밸브, 스로틀 밸브

② 무부하 밸브, 체크 밸브, 감압 밸브

③ 셔틀 밸브, 릴리프 밸브, 시퀀스 밸브

④ 카운터 밸런스 밸브, 시퀀스 밸브, 릴리프 밸브

[해설] 압력 제어 밸브의 종류

　(1) 카운터 밸런스 밸브

　(2) 시퀀스 밸브

　(3) 릴리프 밸브

　(4) 감압 밸브(리듀싱 밸브)

　(5) 무부하 밸브(언로딩 밸브)

80. 유압기기의 통로(또는 관로)에서 탱크(또는 매니폴드 등)로 돌아오는 액체 또는 액체가 돌아오는 현상을 나타내는 용어는?

① 누설

② 드레인

③ 컷 오프

④ 토출량

제5과목 **기계제작법 및 기계동력학**

81. 수평 직선 도로에서 일정한 속도로 주행하던 승용차의 운전자가 앞에 놓인 장애물을 보고 급제동을 하여 정지하였다. 바퀴 자국으로 파악한 제동거리가 25 m이고, 승용차 바퀴와 도로의 운동마찰계수는 0.35

일 때 제동하기 직전의 속력은 약 몇 m/s인가?

① 11.4

② 13.1

③ 15.9

④ 18.6

[해설] 제동일량(W_f)

$$= 운동에너지(\Delta T) - \mu mgs$$

$$= \frac{1}{2}m\left(V_2^2 - V_1^2\right)$$

$$- \mu gs = \frac{1}{2}\left(-V_1^2\right)$$

$$- 0.35 \times 9.8 \times 25 = \frac{1}{2}\left(-V_1^2\right)$$

$$\therefore V_1 = \sqrt{2 \times 0.35 \times 9.8 \times 25}$$

$$\approx 13.1 \text{ m/s}$$

82. 그림과 같이 경사진 표면에 50 kg의 블록이 놓여있고 이 블록은 질량이 m인 추와 연결되어 있다. 경사진 표면과 블록 사이의 마찰계수를 0.5라 할 때 이 블록을 경사면으로 끌어올리기 위한 추의 최소 질량(m)은 약 몇 kg인가?

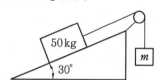

① 36.5

② 41.8

③ 46.7

④ 54.2

[해설] $\sum F_t = 0$

$$m_1 g \cdot \sin 30° + \mu m_1 g \cdot \cos 30° = mg$$

$$50 \times (\sin 30° + 0.5 \times \cos 30°) = m$$

$$m = 46.65 \text{ kg}$$

83. 두 조화운동 $x_1 = 4\sin 10t$와 $x_2 = 4\sin 10.2t$를 합성하면 맥놀이(beat) 현상이 발생하는데 이때 맥놀이 진동수(Hz)는? (단, t의 단위는 s이다.)

① 31.4

② 62.8

③ 0.0159

④ 0.0318

정답 　78. ③　79. ④　80. ②　81. ②　82. ③　83. ④

[해설] 맥놀이 진동수$(f_b) = f_2 - f_1$

$$= \frac{\omega_2 - \omega_1}{2\pi} = \frac{10.2 - 10}{2\pi} = 0.0318 \text{ Hz(cps)}$$

84. 외력이 가해지지 않고 오직 초기조건에 의하여 운동한다고 할 때 그림의 계가 지속적으로 진동하면서 감쇠하는 부족감쇠운동(underdamped motion)을 나타내는 조건으로 가장 옳은 것은?

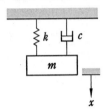

① $0 < \frac{c}{\sqrt{km}} < 1$ ② $\frac{c}{\sqrt{km}} > 1$

③ $0 < \frac{c}{\sqrt{km}} < 2$ ④ $\frac{c}{\sqrt{km}} > 2$

[해설] 부족감쇠 $\psi = \frac{c}{c_c} < 1$

$$c_c = \frac{2k}{\omega_n} = 2\sqrt{km}$$

$$\psi = \frac{c}{2\sqrt{km}} < 1$$

보기에서 적당한 조건은 ③번이다.

85. 보 AB는 질량을 무시할 수 있는 강체이고 A점은 마찰 없는 힌지(hinge)로 지지되어 있다. 보의 중점 C와 끝점 B에 각각 질량 m_1과 m_2가 놓여 있을 때 이 진동계의 운동방정식을 $m\ddot{x} + kx = 0$ 이라고 하면 m의 값으로 옳은 것은?

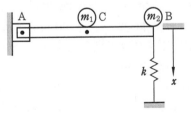

① $m = \frac{m_1}{4} + m_2$

② $m = m_1 + \frac{m_2}{2}$

③ $m = m_1 + m_2$

④ $m = \frac{m_1 - m_2}{2}$

[해설] $x = l \cdot \theta$, $\ddot{\theta} = \frac{1}{l}\ddot{x}$

$$J = \int r^2 dm = l^2 \cdot \left(\frac{m_1}{4} + m_2\right)$$

$$\sum M_A = J \cdot \ddot{\theta} - k \cdot l \cdot x$$

$$= l^2 \cdot \left(\frac{m_1}{4} + m_2\right) \cdot \ddot{\theta} = l\left(\frac{m_1}{4} + m_2\right) \cdot \ddot{x}$$

$$\left(\frac{m_1}{4} + m_2\right)\ddot{x} + k \cdot x = 0$$

$$\therefore m = \frac{m_1}{4} + m_2$$

86. 그림은 2톤의 질량을 가진 자동차가 18 km/h의 속력으로 벽에 충돌하는 상황을 위에서 본 것이며 범퍼를 병렬 스프링 2개로 가정하였다. 충돌과정에서 스프링의 최대 압축량이 0.2 m라면 스프링 상수 k는 얼마인가? (단, 타이어와 노면의 마찰은 무시한다.)

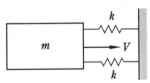

① 625 kN/m   ② 312.5 kN/m

③ 725 kN/m   ④ 1450 kN/m

[해설] $\Delta T = -\Delta V_e$

$$\frac{1}{2}m\left(V_2^2 - V_1^2\right) = -\frac{1}{2}k_e \cdot \left(x_2^2 - x_1^2\right)$$

$$2000 \times \left(\frac{18}{3.6}\right)^2 = k_e \times (0.2)^2 = 2k \times (0.2)^2$$

$$2000 \times 5^2 = 2k \times (0.2)^2$$

정답 84. ③   85. ①   86. ①

$$\therefore\ k = \frac{2000 \times 25}{2 \times (0.2)^2} = 625000 \text{ N/m}$$
$$= 625 \text{ kN/m}$$

87. 그림과 같이 질량이 동일한 두 개의 구슬 A, B가 있다. 초기에 A의 속도는 v이고 B는 정지되어 있다. 충돌 후 A와 B의 속도에 관한 설명으로 옳은 것은? (단, 두 구슬 사이의 반발계수는 1이다.)

$$\text{(A)} \xrightarrow{\ \ v\ \ } \text{(B)}$$

① A와 B 모두 정지한다.

② A와 B 모두 v의 속도를 가진다.

③ A와 B 모두 $\dfrac{v}{2}$의 속도를 가진다.

④ A는 정지하고 B는 v의 속도를 가진다.

[해설] 반발계수(e) = 1이면 충돌 전 상대속도의 크기와 충돌 후 상대속도의 크기가 같다.

88. 그림과 같이 길이 1 m, 질량 20 kg인 봉으로 구성된 기구가 있다. 봉은 A점에서 카트에 핀으로 연결되어 있고, 처음에는 움직이지 않고 있었으나 하중 P가 작용하여 카트가 왼쪽 방향으로 4 m/s²의 가속도가 발생하였다. 이때 봉의 초기 각가속도는?

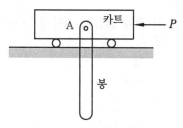

① 6.0 rad/s², 시계 방향

② 6.0 rad/s², 반시계 방향

③ 7.3 rad/s², 시계 방향

④ 7.3 rad/s², 반시계 방향

[해설] 카트의 질량은 무시하고 봉의 무게중심

점을 기준으로 모멘트 평형식을 세워 구한다. 미끄럼 마찰은 무시한다.

$$\sum F = ma = P$$
$$\sum M_A = J \cdot \alpha = P \times \frac{l}{2}$$
$$ma \times \frac{l}{2} = \frac{ml^2}{3} \times \alpha$$
$$\frac{3a}{2l} = \alpha = \frac{3 \times 4}{2 \times 1} = 6 \text{ rad/s}^2$$

반작용에 의하여 반시계방향으로 회전한다.

89. 질량이 30 kg인 모형 자동차가 반지름 40 m인 원형 경로를 20 m/s의 일정한 속력으로 돌고 있을 때 이 자동차가 법선방향으로 받는 힘은 약 몇 N인가?

① 100   ② 200

③ 300   ④ 600

[해설] $F_n = ma_n = m(r\omega^2)$
$$= m\left(\frac{V^2}{r}\right) = 30\left(\frac{20^2}{40}\right) = 300 \text{ N}$$

90. OA와 AB의 길이가 각각 1 m인 강체 막대 OAB가 x-y 평면 내에서 O점을 중심으로 회전하고 있다. 그림의 위치에서 막대 OAB의 각속도는 반시계 방향으로 5 rad/s이다. 이때 A에서 측정한 B점의 상대속도 $\overrightarrow{v_{B/A}}$의 크기는?

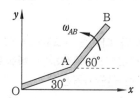

① 4 m/s   ② 5 m/s

③ 6 m/s   ④ 7 m/s

[해설] $V_{B/A} = r\omega = 1 \times 5 = 5 \text{ m/s}$

91. 기계 부품, 식기, 전기 저항선 등을 만드는 데 사용되는 양은의 성분으로 적절

한 것은?

① Al의 합금

② Ni과 Ag의 합금

③ Zn과 Sn의 합금

④ Cu, Zn 및 Ni의 합금

92. 버니어 캘리퍼스에서 어미자 49 mm를 50등분한 경우 최소 읽기 값은 몇 mm인가? (단, 어미자의 최소 눈금은 1.0 mm이다.)

① $\dfrac{1}{50}$ ② $\dfrac{1}{25}$

③ $\dfrac{1}{24.5}$ ④ $\dfrac{1}{20}$

해설 $C = \dfrac{S}{N} = \dfrac{1}{50}$ mm

여기서, S : 어미자의 최소 눈금

N : 등분 수

93. Fe-C 평형 상태도에서 탄소함유량이 약 0.80 %인 강을 무엇이라고 하는가?

① 공석강 ② 공정주철

③ 아공정주철 ④ 과공정주철

해설 • 아공석강 : 0.025~0.8 % C

• 공석강 : 0.8 % C

• 과공석강 : 0.8~2.11 % C

94. 펀치와 다이를 프레스에 설치하여 판금 재료로부터 목적하는 형상의 제품을 뽑아내는 전단가공은?

① 스웨이징 ② 엠보싱

③ 브로칭 ④ 블랭킹

95. 방전가공에서 전극 재료의 구비 조건으로 가장 거리가 먼 것은?

① 기계 가공이 쉬워야 한다.

② 가공 전극의 소모가 커야 한다.

③ 가공 정밀도가 높아야 한다.

④ 방전이 안전하고 가공속도가 빨라야 한다.

해설 전극 재료는 방전 소모가 적고 방전 가공성이 우수해야 한다.

96. 연삭 중 숫돌의 떨림 현상이 발생하는 원인으로 가장 거리가 먼 것은?

① 숫돌의 결합도가 약할 때

② 숫돌축이 편심되어 있을 때

③ 숫돌의 평형상태가 불량할 때

④ 연삭기 자체에서 진동이 있을 때

해설 연삭 숫돌의 결합도가 단단할 때 떨림 현상이 일어난다.

97. 주조에 사용되는 주물사의 구비 조건으로 옳지 않은 것은?

① 통기성이 좋을 것

② 내화성이 적을 것

③ 주형 제작이 용이할 것

④ 주물 표면에서 이탈이 용이할 것

해설 주물사는 내화성이 커야 하고 주물을 빼낼 때 잘 떨어져야 한다.

98. 전기 저항 용접의 종류에 해당하지 않는 것은?

① 심 용접

② 스폿 용접

③ 테르밋 용접

④ 프로젝션 용접

해설 전기 저항 용접의 종류

(1) 겹치기 용접 : 점(스폿) 용접, 심 용접, 프로젝션 용접

(2) 맞대기 용접 : 업셋 용접, 플래시 용접, 퍼커션 용접

정답 92. ① 93. ① 94. ④ 95. ② 96. ① 97. ② 98. ③

99. 전기 도금의 반대현상으로 가공물을 양극, 전기저항이 적은 구리, 아연을 음극에 연결한 후 용액에 침지하고 통전하여 금속 표면의 미소 돌기 부분을 용해하여 거울면과 같이 광택이 있는 면을 가공할 수 있는 특수가공은?

① 방전가공
② 전주가공
③ 전해연마
④ 슈퍼피니싱

100. Taylor 공구 수명에 관한 실험식에서 세라믹 공구를 사용하여 지수(n) = 0.5, 상수(C) = 200, 공구수명(T)을 30 min으로 조건을 주었을 때, 적합한 절삭속도는 약 몇 m/min인가?

① 30.3
② 32.6
③ 34.4
④ 36.5

[해설] 테일러(Taylor) 공구수명 실험식

$VT^n = C$에서

$$절삭속도(V) = \frac{C}{T^n} = \frac{200}{(30)^{0.5}}$$

$$= 36.5 \, \text{m/min}$$

제1과목　　　　재료역학

1. 최대 사용강도(σ_{max}) = 240 MPa, 안지름 1.5 m, 두께 3 mm의 강재 원통형 용기가 견딜 수 있는 최대 압력은 몇 kPa인가? (단, 안전계수는 2이다.)

① 240　② 480　③ 960　④ 1920

해설 $\sigma_a = \dfrac{\sigma_{max}}{S} = \dfrac{240}{2} = 120\,\text{MPa}$

$\sigma_a = \dfrac{PD}{2t}\,[\text{MPa}]$에서

$P = \dfrac{2\sigma_a t}{D} = \dfrac{2 \times 120 \times 10^3 \times 0.003}{1.5} = 480\,\text{kPa}$

2. 그림과 같은 직사각형 단면의 목재 외팔보에 집중 하중 P가 C점에 작용하고 있다. 목재의 허용압축응력을 8 MPa, 끝단 B점에서의 허용처짐량을 23.9 mm라고 할 때 허용압축응력과 허용처짐량을 모두 고려하여 이 목재에 가할 수 있는 집중 하중 P의 최댓값은 약 몇 kN인가? (단, 목재의 탄성계수는 12 GPa, 단면 2차 모멘트 1022×10^{-6} m^4, 단면계수는 4.601×10^{-3} m^{3}이다.)

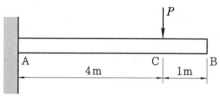

① 7.8　② 8.5　③ 9.2　④ 10.0

해설 $\delta_B = \dfrac{PL^3}{3EI} + \dfrac{PL^2}{2EI} \times L_1$

$= \dfrac{PL^2}{6EI}(2L + 3L_1)\,[\text{m}]$

$P = \dfrac{6EI\delta_B}{L^2(2L + 3L_1)}$

$= \dfrac{6 \times 12 \times 10^6 \times 1022 \times 10^{-6} \times 0.0239}{4^2(2 \times 4 + 3 \times 1)}$

$\fallingdotseq 10\,\text{kN}$

$M_{max} = \sigma Z\,(M_{max} = PL),\ PL = \sigma Z$에서

$P = \dfrac{\sigma Z}{L} = \dfrac{8 \times 10^3 \times 4.601 \times 10^{-3}}{4} = 9.2\,\text{kN}$

※ 여기서 정답은 안전성을 고려하여 9.2 kN으로 한다.

3. 길이가 $l + 2a$인 균일 단면 봉의 양단에 인장력 P가 작용하고, 양단에서의 거리가 a인 단면에 Q의 축 하중이 가하여 인장될 때 봉에 일어나는 변형량은 약 몇 cm인가? (단, $l = 60$ cm, $a = 30$ cm, $P = 10$ kN, $Q = 5$kN, 단면적 $A = 4$ cm^2, 탄성계수는 210 GPa이다.)

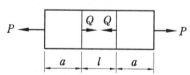

① 0.0107　　　② 0.0207

③ 0.0307　　　④ 0.0407

해설 $\lambda = \lambda_1 + \lambda_2 = 2\dfrac{Pa}{AE} + \dfrac{(P - Q)l}{AE}$

$= \dfrac{1}{AE}[2Pa + (P - Q)l]$

$= \dfrac{[2 \times 10 \times 30 + (10 - 5) \times 60]}{4 \times 210 \times 10^2}$

$= 0.0107\,\text{cm}$

정답 1. ②　2. ③　3. ①

4. 양단이 힌지로 지지되어 있고 길이가 1 m인 기둥이 있다. 단면이 30 mm×30 mm인 정사각형이라면 임계하중은 약 몇 kN인가? (단, 탄성계수는 210 GPa이고, Euler의 공식을 적용한다.)

① 133   ② 137   ③ 140   ④ 146

해설 $P_{cr} = n\pi^2 \dfrac{EI_G}{L^2}$

$$= 1 \times \pi^2 \times \dfrac{210 \times 10^6 \times \dfrac{(0.03)^4}{12}}{1^2} = 140\,kN$$

5. 직사각형 단면(폭×높이 = 12 cm×5 cm)이고, 길이 1 m인 외팔보가 있다. 이 보의 허용굽힘응력이 500 MPa라면 높이와 폭의 치수를 서로 바꾸면 받을 수 있는 하중의 크기는 어떻게 변화하는가?

① 1.2배 증가   ② 2.4배 증가
③ 1.2배 감소   ④ 변화 없다.

해설 $M_{max} = \sigma Z$이므로

$$P_1 L = \sigma \dfrac{bh^2}{6}$$

$$P_2 L = \sigma \dfrac{hb^2}{6}$$

$$\therefore \dfrac{P_2}{P_1} = \dfrac{b}{h} = \dfrac{12}{5} = 2.4\ \text{배 증가}$$

6. 아래 그림과 같은 보에 대한 굽힘 모멘트 선도로 옳은 것은?

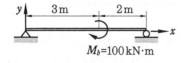

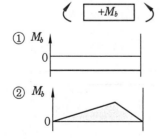

7. 코일스프링의 권수를 n, 코일의 지름 D, 소선의 지름 d인 코일스프링의 전체 처짐 δ는? (단, 이 코일에 작용하는 힘은 P, 가로탄성계수는 G이다.)

① $\dfrac{8nPD^3}{Gd^4}$ ② $\dfrac{8nPD^2}{Gd}$

③ $\dfrac{8nPD^2}{Gd^2}$ ④ $\dfrac{8nPD}{Gd^2}$

해설 간격이 근접한 코일스프링의 최대 처짐

량 $(\delta_{max}) = \dfrac{8nPD^3}{Gd^4} = \dfrac{64nR^3P}{Gd^4}\,[\text{cm}]$

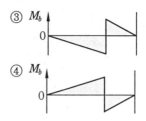

8. 그림과 같은 정삼각형 트러스의 B점에 수직으로, C점에 수평으로 하중이 작용하고 있을 때, 부재 AB에 작용하는 하중은?

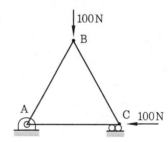

① $\dfrac{100}{\sqrt{3}}$ N   ② $\dfrac{100}{3}$ N

③ $100\sqrt{3}$ N   ④ 50 N

해설 $\dfrac{100}{\sin 60°} = \dfrac{F_{AB}}{\sin 150°}$

$$F_{AB} = 100 \times \dfrac{\sin 150°}{\sin 60°} = 100 \times \dfrac{1}{2} \times \dfrac{2}{\sqrt{3}}$$

$$= \dfrac{100}{\sqrt{3}}\ \text{N}$$

정답 **4.** ③ **5.** ② **6.** ③ **7.** ① **8.** ①

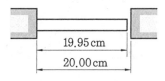

9. $\sigma_x = 700\,\mathrm{MPa}$, $\sigma_y = -300\,\mathrm{MPa}$가 작용하는 평면응력 상태에서 최대 수직응력 ($\sigma_{\max}$)과 최대 전단응력($\tau_{\max}$)은 각각 몇 MPa인가?

① $\sigma_{\max} = 700$, $\tau_{\max} = 300$

② $\sigma_{\max} = 600$, $\tau_{\max} = 400$

③ $\sigma_{\max} = 500$, $\tau_{\max} = 700$

④ $\sigma_{\max} = 700$, $\tau_{\max} = 500$

해설 $\sigma_{\max} = \sigma_x = 700\,\mathrm{MPa}$

$$\tau_{\max} = \frac{1}{2}(\sigma_x - \sigma_y) = \frac{1}{2}[700 - (-300)]$$
$$= 500\,\mathrm{MPa}$$

10. 그림과 같이 초기 온도 20℃, 초기 길이 19.95 cm, 지름 5 cm인 봉을 간격이 20 cm인 두 벽면 사이에 넣고 봉의 온도를 220℃로 가열했을 때 봉에 발생되는 응력은 몇 MPa인가? (단, 탄성계수 E = 210 GPa이고, 균일 단면을 갖는 봉의 선팽창계수 $\alpha = 1.2 \times 10^{-5}$/℃이다.)

(그림: 19.95 cm / 20.00 cm)

① 0   ② 25.2   ③ 257   ④ 504

11. 그림과 같은 T형 단면을 갖는 돌출보의 끝에 집중 하중 $P = 4.5\,\mathrm{kN}$이 작용한다. 단면 $A-A$에서의 최대 전단응력은 약 몇 kPa인가? (단, 보의 단면 2차 모멘트는 5313 cm⁴이고, 밑면에서 도심까지의 거리는 125 mm이다.)

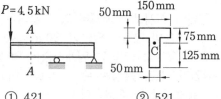

① 421   ② 521

③ 662   ④ 721

해설 $\tau_{\max} = \dfrac{PQ}{bI_G} = \dfrac{P(A\bar{y})}{bI_G}$

$$= \frac{4.5 \times \left[0.05 \times 0.125\left(\dfrac{0.125}{2}\right)\right]}{0.05 \times 5313 \times 10^{-8}}$$
$$= 662\,\mathrm{kPa}$$

12. 다음 중 금속재료의 거동에 대한 일반적인 설명으로 틀린 것은?

① 재료에 가해지는 응력이 일정하더라도 오랜 시간이 경과하면 변형률이 증가할 수 있다.

② 재료의 거동이 탄성한도로 국한된다고 하더라도 반복하중이 작용하면 재료의 강도가 저하될 수 있다.

③ 응력-변형률 곡선에서 하중을 가할 때와 제거할 때의 경로가 다르게 되는 현상을 히스테리시스라 한다.

④ 일반적으로 크리프는 고온보다 저온 상태에서 더 잘 발생한다.

해설 일반적으로 크리프(creep)는 저온보다 고온 상태에서 더 크게 발생한다.

13. 다음 그림과 같이 집중 하중 P를 받고 있는 고정 지지보가 있다. B점에서의 반력의 크기를 구하면 몇 kN인가?

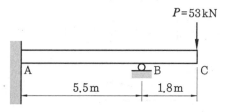

① 54.2   ② 62.4

③ 70.3   ④ 79.0

14. 지름 80 mm의 원형 단면의 중립축에 대한 관성 모멘트는 약 몇 mm^{4}인가?

① 0.5×10^6 ② 1×10^6

③ 2×10^6 ④ 4×10^6

[해설] $I_G = \dfrac{\pi d^4}{64} = \dfrac{\pi (80)^4}{64}$

$\qquad \fallingdotseq 2 \times 10^6 \, \text{mm}^4$

15. 길이가 L이며, 관성 모멘트가 I_p이고, 전단탄성계수 G인 부재에 토크 T가 작용될 때 이 부재에 저장된 변형 에너지는?

① $\dfrac{TL}{GI_p}$ ② $\dfrac{T^2 L}{2GI_p}$

③ $\dfrac{T^2 L}{GI_p}$ ④ $\dfrac{TL}{2GI_p}$

[해설] $U = \dfrac{T\theta}{2} = \dfrac{T^2 L}{2GI_P} \, [\text{kJ}]$

16. 지름 50 mm의 알루미늄 봉에 100 kN의 인장하중이 작용할 때 300 mm의 표점거리에서 0.219 mm의 신장이 측정되고, 지름은 0.01215 mm만큼 감소되었다. 이 재료의 전단탄성계수 G는 약 몇 GPa인가? (단, 알루미늄 재료는 탄성거동 범위 내에 있다.)

① 21.2   ② 26.2

③ 31.2   ④ 36.2

17. 비틀림 모멘트 T를 받고 있는 지름이 d인 원형축의 최대 전단응력은?

① $\tau = \dfrac{8T}{\pi d^3}$ ② $\tau = \dfrac{16T}{\pi d^3}$

③ $\tau = \dfrac{32T}{\pi d^3}$ ④ $\tau = \dfrac{64T}{\pi d^3}$

[해설] $T = \tau Z_P [\text{MPa}]$에서

$\tau = \dfrac{T}{Z_P} = \dfrac{T}{\dfrac{\pi d^3}{16}} = \dfrac{16T}{\pi d^3} [\text{MPa}]$

18. 그림과 같은 외팔보가 있다. 보의 굽힘에 대한 허용응력을 80 MPa로 하고, 자유단 B로부터 보의 중앙점 C 사이에 등분포하중 w를 작용시킬 때, w의 허용 최댓값은 몇 kN/m인가? (단, 외팔보의 폭×높이는 5 cm×9 cm이다.)

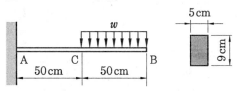

① 12.4   ② 13.4

③ 14.4   ④ 15.4

[해설] $M_{\max} = \sigma Z$

$(w \times 0.5) \times 0.75$

$= 80 \times 10^3 \times \dfrac{0.05 \times (0.09)^2}{6} = 5.4 \, \text{kN} \cdot \text{m}$

$\therefore \ w = \dfrac{5.4}{0.375} = 14.4 \, \text{kN/m}$

19. 다음 정사각형 단면(40 mm×40 mm)을 가진 외팔보가 있다. $a-a$면에서의 수직응력(σ_n)과 전단응력(τ_s)은 각각 몇 kPa인가?

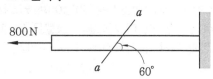

① $\sigma_n = 693, \ \tau_s = 400$

② $\sigma_n = 400, \ \tau_s = 693$

③ $\sigma_n = 375, \ \tau_s = 217$

④ $\sigma_n = 217, \ \tau_s = 375$

[해설] $\sigma_n = \sigma_x \cos^2 \theta = \dfrac{0.8}{(0.04)^2} \times \cos^2 30°$

정답 14. ③ 15. ② 16. ② 17. ② 18. ③ 19. ③

$$= 375\,\text{kPa}$$

$$\tau_n = \frac{1}{2}\sigma_x \sin 2\theta = \frac{1}{2} \times 500 \times \sin 60°$$

$$= 217\,\text{kPa}$$

20. 다음 보의 자유단 A지점에서 발생하는 처짐은 얼마인가? (단, EI는 굽힘강성이다.)

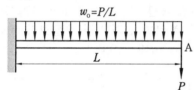

$w_o = P/L$

L

A

P

① $\dfrac{5PL^3}{6EI}$ ② $\dfrac{7PL^3}{12EI}$

③ $\dfrac{11PL^3}{24EI}$ ④ $\dfrac{17PL^3}{48EI}$

[해설] $\delta_{\max}(\delta_A) = \dfrac{PL^3}{3EI} + \dfrac{w_o L^4}{8EI}$

$$= \frac{PL^3}{3EI} + \frac{PL^3}{8EI}(P = w_o L)$$

$$= \frac{11PL^3}{24EI}\,[\text{cm}]$$

제2과목 **기계열역학**

21. 이상적인 오토 사이클에서 단열압축되기 전 공기가 101.3 kPa, 21℃이며, 압축비 7로 운전할 때 이 사이클의 효율은 약 몇 %인가? (단, 공기의 비열비는 1.40이다.)

① 62 % ② 54 %

③ 46 % ④ 42 %

[해설] $\eta_{tho} = 1 - \left(\dfrac{1}{\varepsilon}\right)^{k-1}$

$$= 1 - \left(\frac{1}{7}\right)^{1.4-1} = 0.54\,(54\,\%)$$

22. 다음 중 강성적(강도성, intensive) 상태량이 아닌 것은?

① 압력 ② 온도

③ 엔탈피 ④ 비체적

[해설] 강성적(강도성) 상태량은 물질의 양과는 관계없는 상태량으로 압력, 온도, 비체적, 밀도(비질량) 등이 있다. 엔탈피는 열량적 상태량으로 물질의 양에 비례하는 종량성(용량성) 상태량이다.

23. 이상기체 공기가 안지름 0.1 m인 관을 통하여 0.2 m/s로 흐르고 있다. 공기의 온도는 20℃, 압력은 100 kPa, 기체상수는 0.287 kJ/kg·K라면 질량유량은 약 몇 kg/s인가?

① 0.0019 ② 0.0099

③ 0.0119 ④ 0.0199

[해설] $\dot{m} = \rho AV = \dfrac{P}{RT}AV$

$$= \frac{100}{0.287 \times (20 + 273)} \times \frac{\pi (0.1)^2}{4} \times 0.2$$

$$= 0.0019\,\text{kg/s}$$

24. 이상기체가 정압과정으로 dT만큼 온도가 변하였을 때 1 kg당 변화된 열량 Q는? (단, C_v는 정적비열, C_p는 정압비열, k는 비열비를 나타낸다.)

① $Q = C_v dT$ ② $Q = k^2 C_v dT$

③ $Q = C_p dT$ ④ $Q = k C_p dT$

[해설] $Q = m C_p dT\,[\text{kJ}]$

$$q = \frac{Q}{m} = C_p dT\,[\text{kJ/kg}]$$

25. 열역학적 변화와 관련하여 다음 설명 중 옳지 않은 것은?

① 단위 질량당 물질의 온도를 1℃ 올리는 데 필요한 열량을 비열이라 한다.

② 정압과정으로 시스템에 전달된 열량은

엔트로피 변화량과 같다.

③ 내부 에너지는 시스템의 질량에 비례하므로 종량적(extensive) 상태량이다.

④ 어떤 고체가 액체로 변화할 때 용해(melting)라고 하고, 어떤 고체가 기체로 바로 변화할때 승화(sublimation)라고 한다.

해설 정압과정($P = C$) 시 시스템에 전달된 열량은 엔탈피 변화량과 같다.

$$\delta Q = dH - V dP$$
$$\therefore \ \delta Q = dH$$

26. 저온실로부터 46.4 kW의 열을 흡수할 때 10 kW의 동력을 필요로 하는 냉동기가 있다면, 이 냉동기의 성능계수는?

① 4.64
② 5.65
③ 7.49
④ 8.82

해설 $(COP)_R = \dfrac{Q_e}{W_c} = \dfrac{46.4}{10} = 4.64$

27. 엔트로피(s) 변화 등과 같은 직접 측정할 수 없는 양들을 압력(P), 비체적(v), 온도(T)와 같은 측정 가능한 상태량으로 나타내는 Maxwell 관계식과 관련하여 다음 중 틀린 것은?

① $\left(\dfrac{\partial T}{\partial P}\right)_s = \left(\dfrac{\partial v}{\partial s}\right)_P$

② $\left(\dfrac{\partial T}{\partial v}\right)_s = -\left(\dfrac{\partial P}{\partial s}\right)_v$

③ $\left(\dfrac{\partial v}{\partial T}\right)_P = -\left(\dfrac{\partial s}{\partial P}\right)_T$

④ $\left(\dfrac{\partial P}{\partial v}\right)_T = \left(\dfrac{\partial s}{\partial T}\right)_v$

28. 다음 4가지 경우에서 ( ) 안의 물질이 보유한 엔트로피가 증가한 경우는?

> ⓐ 컵에 있는 (물)이 증발하였다.
> ⓑ 목욕탕의 (수증기)가 차가운 타일 벽에서 물로 응결되었다.
> ⓒ 실린더 안의 (공기)가 가역단열적으로 팽창되었다.
> ⓓ 뜨거운 (커피)가 식어서 주위온도와 같게 되었다.

① ⓐ
② ⓑ
③ ⓒ
④ ⓓ

해설 비가역과정인 경우 엔트로피는 증가한다.

29. 공기압축기에서 입구 공기의 온도와 압력은 각각 27℃, 100 kPa이고, 체적유량은 0.01 m³/s이다. 출구에서 압력이 400 kPa이고, 이 압축기의 등엔트로피 효율이 0.8일 때, 압축기의 소요동력은 약 몇 kW인가? (단, 공기의 정압비열과 기체상수는 각각 1 kJ/kg·K, 0.287 kJ/kg·K이고, 비열비는 1.4이다.)

① 0.9
② 1.7
③ 2.1
④ 3.8

해설 소요동력(kW)

$$= \frac{k}{k-1} \frac{P_1 V_1}{\eta_{ad}} \left[\left(\frac{P_2}{P_1}\right)^{\frac{k-1}{k}} - 1 \right]$$

$$= \frac{1.4}{1.4-1} \times \frac{100 \times 0.01}{0.8} \left[\left(\frac{400}{100}\right)^{\frac{1.4-1}{1.4}} - 1 \right]$$

$$= 2.13 \, \text{kW}$$

30. 초기 압력 100 kPa, 초기 체적 0.1 m³인 기체를 버너로 가열하여 기체 체적이 정압과정으로 0.5 m³이 되었다면 이 과정 동안 시스템이 외부에 한 일은 몇 kJ인가?

① 10
② 20
③ 30
④ 40

해설 $_1W_2 = \displaystyle\int_1^2 p\,dv = P(V_2 - V_1)$

$$= 100(0.5 - 0.1) = 40 \, \text{kJ}$$

정답 26. ① 27. ④ 28. ① 29. ③ 30. ④

31. 증기터빈 발전소에서 터빈 입구의 증기 엔탈피는 출구의 엔탈피보다 136 kJ/kg 높고, 터빈에서의 열손실은 10 kJ/kg이다. 증기속도는 터빈 입구에서 10 m/s이고, 출구에서 110 m/s일 때 이 터빈에서 발생시킬 수 있는 일은 약 몇 kJ/kg인가?

① 10 ② 90
③ 120 ④ 140

해설 $w_t = (h_1 - h_2) + \dfrac{1}{2}(V_1^2 - V_2^2)$

$\qquad = (136 - 10) + \dfrac{1}{2}(10^2 - 110^2) \times 10^{-3}$

$\qquad = (136 - 10) - 6 = 120 \,\text{kJ/kg}$

32. 그림과 같이 온도(T)-엔트로피(S)로 표시된 이상적인 랭킨 사이클에서 각 상태의 엔탈피(h)가 다음과 같다면, 이 사이클의 효율은 약 몇 %인가? (단, $h_1 = 30$ kJ/kg, $h_2 = 31$ kJ/kg, $h_3 = 274$ kJ/kg, $h_4 = 668$ kJ/kg, $h_5 = 764$ kJ/kg, $h_6 = 478$ kJ/kg이다.)

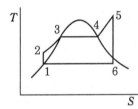

① 39 ② 42
③ 53 ④ 58

해설 $\eta_R = \dfrac{(h_5 - h_6) - (h_2 - h_1)}{(h_5 - h_2)} \times 100\%$

$\qquad = \dfrac{(764 - 478) - (31 - 30)}{(764 - 31)} \times 100\%$

$\qquad \fallingdotseq 39\%$

33. 이상적인 복합 사이클(사바테 사이클)에서 압축비는 16, 최고압력비(압력상승비)는 2.3, 체절비는 1.6이고, 공기의 비열비는 1.4일 때 이 사이클의 효율은 약 몇 %인가?

① 55.52 ② 58.41
③ 61.54 ④ 64.88

해설 η_{ths}

$= \left\{ 1 - \left(\dfrac{1}{\varepsilon}\right)^{k-1} \dfrac{\rho\sigma^k - 1}{(\rho - 1) + k\rho(\sigma - 1)} \right\} \times 100\%$

$= \left\{ 1 - \left(\dfrac{1}{16}\right)^{1.4-1} \dfrac{2.3 \times 1.6^{1.4} - 1}{(2.3 - 1) + 1.4 \times 2.3(1.6 - 1)} \right\}$

$\quad \times 100\% = 64.88\%$

34. 단위 질량의 이상기체가 정적과정하에서 온도가 T_1에서 T_2로 변하였고, 압력도 P_1에서 P_2로 변하였다면, 엔트로피 변화량 ds는? (단, C_v와 C_p는 각각 정적비열과 정압비열이다.)

① $ds = C_v \ln \dfrac{P_1}{P_2}$

② $ds = C_p \ln \dfrac{P_2}{P_1}$

③ $ds = C_v \ln \dfrac{T_2}{T_1}$

④ $ds = C_p \ln \dfrac{T_1}{T_2}$

해설 $ds = \dfrac{\Delta S}{m} = C_v \ln \dfrac{T_2}{T_1}$

$\qquad = C_v \ln \dfrac{P_2}{P_1} \,[\text{kJ/kg} \cdot \text{K}]$

35. 온도가 각기 다른 액체 A(50℃), B(25℃), C(10℃)가 있다. A와 B를 동일 질량으로 혼합하면 40℃로 되고, A와 C를 동일 질량으로 혼합하면 30℃로 된다. B와 C를 동일 질량으로 혼합할 때는 몇 ℃로 되겠는가?

① 16.0℃ ② 18.4℃
③ 20.0℃ ④ 22.5℃

해설 (1) $C_A(50 - 40) = C_B(40 - 25)$

정답 31. ③ 32. ① 33. ④ 34. ③ 35. ①

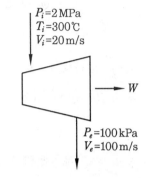

$$C_B = \frac{2}{3} C_A$$

(2) $C_A(50-30) = C_C(30-10)$

$$C_C = C_A$$

(3) $C_B(25 - t_m) = C_C(t_m - 10)$

$$\therefore \frac{C_C}{C_B} = \frac{(25 - t_m)}{(t_m - 10)} = \frac{3}{2}$$

$$50 - 2t_m = 3t_m - 30$$

$$5t_m = 80$$

$$\therefore t_m = \frac{80}{5} = 16\,℃$$

36. 어떤 기체가 5 kJ의 열을 받고 0.18 kN·m의 일을 외부로 하였다. 이때의 내부에너지의 변화량은?

① 3.24 kJ 　　② 4.82 kJ

③ 5.18 kJ 　　④ 6.14 kJ

[해설] $Q = \Delta U + W[\mathrm{kJ}]$

$\Delta U = Q - W = 5 - 0.18 = 4.82\,\mathrm{kJ}$

37. 대기압이 100 kPa일 때, 계기 압력이 5.23 MPa인 증기의 절대 압력은 약 몇 MPa인가?

① 3.02 　　② 4.12

③ 5.33 　　④ 6.43

[해설] $P_a = P_o + P_g = 100 \times 10^{-3} + 5.23$

$= 5.33\,\mathrm{MPa}$

38. 압력 2 MPa, 온도 300℃의 수증기가 20 m/s 속도로 증기터빈으로 들어간다. 터빈 출구에서 수증기 압력이 100 kPa, 속도는 100 m/s이다. 가역단열과정으로 가정 시, 터빈을 통과하는 수증기 1 kg당 출력일은 약 몇 kJ/kg인가? (단, 수증기표로부터 2 MPa, 300℃에서 비엔탈피는 3023.5 kJ/kg, 비엔트로피는 6.7663kJ/kg·K이고, 출구에서의 비엔탈피 및 비엔트로피는 아래 표와 같다.)

출구	포화액	포화증기
비엔트로피(kJ/kg·K)	1.3025	7.3593
비엔탈피(kJ/kg)	417.44	2675.46

$P_i = 2\,\mathrm{MPa}$
$T_i = 300\,℃$
$V_i = 20\,\mathrm{m/s}$

W

$P_e = 100\,\mathrm{kPa}$
$V_e = 100\,\mathrm{m/s}$

① 1534 　　② 564.3

③ 153.4 　　④ 764.5

[해설] $h_2 = h' + x(h'' - h')$

$= 417.44 + 0.904(2675.46 - 417.44)$

$= 2459.2\,\mathrm{kJ/kg}$

$w_t = (h_1 - h_2) = (3023.5 - 2459.2)$

$= 564.3\,\mathrm{kJ/kg}$

39. 520 K의 고온 열원으로부터 18.4 kJ 열량을 받고 273 K의 저온 열원에 13 kJ의 열량을 방출하는 열기관에 대하여 옳은 설명은?

① Clausius 적분값은 −0.0122 kJ/K이고, 가역과정이다.

② Clausius 적분값은 −0.0122 kJ/K이고, 비가역과정이다.

③ Clausius 적분값은 +0.0122 kJ/K이고, 가역과정이다.

④ Clausius 적분값은 +0.0122 kJ/K이고, 비가역과정이다.

40. 랭킨 사이클에서 25℃, 0.01 MPa 압력의 물 1 kg을 5 MPa 압력의 보일러로 공급한다. 이때 펌프가 가역단열과정으로 작용한다고 가정할 경우 펌프가 한 일은 약 몇

kJ인가? (단, 물의 비체적은 0.001 m³/kg
이다.)

① 2.58   ② 4.99

③ 20.10   ④ 40.20

해설 $w_p = -\int_1^2 v\,dp$

$= v\int_2^1 dp = v(p_1 - p_2)$

$= 0.001(5 - 0.01) \times 10^3 = 4.99\,\text{kJ/kg}$

제 3 과목   **기계유체역학**

41. 지름 0.1 mm, 비중 2.3인 작은 모래
알이 호수바닥으로 가라앉을 때, 잔잔한
물속에서 가라앉는 속도는 약 몇 mm/s
인가? (단, 물의 점성계수는 1.12×10^{-3}
N · s/m²이다.)

① 6.32   ② 4.96

③ 3.17   ④ 2.24

해설 $\mu = \dfrac{d^2(\gamma_s - \gamma_l)}{18\,V}\,[\text{Pa} \cdot \text{s}]$

$V = \dfrac{d^2(\gamma_s - \gamma_l)}{18\mu}$

$= \dfrac{(0.1 \times 10^{-3})^2 \times (2.3 - 1) \times 9800}{18 \times 1.12 \times 10^{-3}}$

$= 6.32 \times 10^{-3}\,\text{m/s}$

$= 6.32\,\text{mm/s}$

42. 반지름 R인 파이프 내에 점도 μ인 유
체가 완전 발달 층류 유동으로 흐르고 있
다. 길이 L을 흐르는 데 압력 손실이 Δp
만큼 발생했을 때, 파이프 벽면에서의 평
균전단응력은 얼마인가?

① $\mu\dfrac{R}{4}\dfrac{\Delta p}{L}$ ② $\mu\dfrac{R}{2}\dfrac{\Delta p}{L}$

③ $\dfrac{R}{4}\dfrac{\Delta p}{L}$ ④ $\dfrac{R}{2}\dfrac{\Delta p}{L}$

43. 어느 물리법칙이 $F(a, V, \nu, L) = 0$
과 같은 식으로 주어졌다. 이 식을 무차
원수의 함수로 표시하고자 할 때 이에 관
계되는 무차원수는 몇 개인가? (단, a, V,
ν, L은 각각 가속도, 속도, 동점성계수,
길이이다.)

① 4   ② 3   ③ 2   ④ 1

해설 $\pi = n - m = 4 - 2 = 2$개

여기서, n : 물리량 개수

m : 기본 차원수

44. 평균 반지름이 R인 얇은 막 형태의 작
은 비눗방울의 내부 압력을 P_i, 외부 압력
을 P_o라고 할 경우, 표면 장력(σ)에 의한
압력차($|P_i - P_o|$)는?

① $\dfrac{\sigma}{4R}$ ② $\dfrac{\sigma}{R}$ ③ $\dfrac{4\sigma}{R}$ ④ $\dfrac{2\sigma}{R}$

45. $\dfrac{1}{20}$로 축소한 모형 수력 발전 댐과, 역
학적으로 상사한 실제 수력 발전 댐이 생성
할 수 있는 동력의 비(모형 : 실제)는 약 얼
마인가?

① 1 : 1800   ② 1 : 8000

③ 1 : 35800   ④ 1 : 160000

46. 비압축성 유체의 2차원 유동 속도 성분
이 $u = x^2 t$, $v = x^2 - 2xyt$이다. 시간(t)이
2일 때, $(x, y) = (2, -1)$에서 x방향 가속
도(a_x)는 약 얼마인가? (단, u, v는 각각
x, y방향 속도 성분이고, 단위는 모두 표
준단위이다.)

① 32   ② 34   ③ 64   ④ 68

47. 다음과 같이 유체의 정의를 설명할 때
괄호 속에 가장 알맞은 용어는 무엇인가?

> 유체란 아무리 작은 (   )에도 저항할 수 없어
> 연속적으로 변형하는 물질이다.

정답   41. ①   42. ④   43. ③   44. ③   45. ③   46. ④   47. ④

① 수직응력　　　② 중력

③ 압력　　　　　④ 전단응력

해설 유체(fluid)란 아무리 작은 전단응력에도 저항할 수 없어 연속적으로 변형하는 물질 (정지 상태로 있을 수 없는 물질)이다.

48. 안지름 100 mm인 파이프 안에 2.3 m³ /min의 유량으로 물이 흐르고 있다. 관 길이가 15 m라고 할 때 이 사이에서 나타나는 손실수두는 약 몇 m인가? (단, 관마찰계수는 0.01로 한다.)

① 0.92　　② 1.82　　③ 2.13　　④ 1.22

해설 $V = \dfrac{Q}{A} = \dfrac{\dfrac{2.3}{60}}{\dfrac{\pi}{4}(0.1)^2} = 4.88\,\text{m/s}$

$h_L = \lambda \dfrac{L}{d}\dfrac{V^2}{2g}$

$= 0.01 \times \dfrac{15}{0.1} \times \dfrac{(4.88)^2}{2 \times 9.8} = 1.82\,\text{m}$

49. 지름 20 cm, 속도 1 m/s인 물제트가 그림과 같이 넓은 평판에 60° 경사하여 충돌한다. 분류가 평판에 작용하는 수직방향 힘 F_N은 약 몇 N인가? (단, 중력에 대한 영향은 고려하지 않는다.)

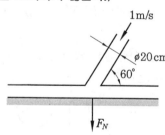

① 27.2　　　　　② 31.4

③ 2.72　　　　　④ 3.14

해설 $F_N = \rho A V^2 \sin\theta$

$= 1000 \times \dfrac{\pi}{4}(0.2)^2 \times 1^2 \times \sin 60°$

$= 27.2\,\text{N}$

50. 경계층(boundary layer)에 관한 설명 중 틀린 것은?

① 경계층 바깥의 흐름은 퍼텐셜 흐름에 가깝다.

② 균일 속도가 크고, 유체의 점성이 클수록 경계층의 두께는 얇아진다.

③ 경계층 내에서는 점성의 영향이 크다.

④ 경계층은 평판 선단으로부터 하류로 갈수록 두꺼워진다.

해설 유체의 점성이 클수록 경계층의 두께는 두꺼워진다.

51. 안지름이 20 cm, 높이가 60 cm인 수직 원통형 용기에 밀도 850 kg/m³인 액체가 밑면으로부터 50 cm 높이만큼 채워져 있다. 원통형 용기와 액체가 일정한 각속도로 회전할 때, 액체가 넘치기 시작하는 각속도는 약 몇 rpm인가?

① 134　　　　　② 189

③ 276　　　　　④ 392

해설 $h = \dfrac{r_o^2 \omega^2}{2g}$ [m]에서

$\omega = \dfrac{1}{r_o}\sqrt{2gh} = \dfrac{1}{0.1}\sqrt{2 \times 9.8 \times 0.2}$

$\fallingdotseq 19.80\,\text{rad/s}$

$\omega = \dfrac{2\pi N}{60}$ [rad/s]에서

$N = \dfrac{60\omega}{2\pi} = \dfrac{60 \times 19.8}{2\pi} = 189.07\,\text{rpm}$

52. 유체 계측과 관련하여 크게 유체의 국소속도를 측정하는 것과 체적유량을 측정하는 것으로 구분할 때 다음 중 유체의 국소속도를 측정하는 계측기는?

① 벤투리미터

② 얇은 판 오리피스

③ 열선 속도계

④ 로터미터

---

53. 유체(비중량 10 N/m^3)가 중량유량 6.28 N/s로 지름 40 cm인 관을 흐르고 있다. 이 관 내부의 평균 유속은 약 몇 m/s인가?

① 50.0 ② 5.0 ③ 0.2 ④ 0.8

[해설] $G = \gamma A V$[N/s]

$$V = \frac{G}{\gamma A} = \frac{6.28}{10 \times \frac{\pi}{4}(0.4)^2} = 5\text{ m/s}$$

54. $(x,\ y)$ 좌표계의 비회전 2차원 유동장에서 속도 퍼텐셜(potential) ϕ는 $\phi = 2x^2y$로 주어졌다. 이때 점(3, 2)인 곳에서 속도 벡터는?(단, 속도 퍼텐셜 ϕ는 $\overrightarrow{V} \equiv \nabla\phi = grad\phi$로 정의된다.)

① $24\vec{i} + 18\vec{j}$ ② $-24\vec{i} + 18\vec{j}$

③ $12\vec{i} + 9\vec{j}$ ④ $-12\vec{i} + 9\vec{j}$

[해설] $\overrightarrow{V} = ui + vj = \frac{\partial}{\partial x}(2x^2y)i + \frac{\partial}{\partial y}(2x^2y)j$

$= 4xyi + 2x^2j = 4 \times 3 \times 2i + 2 \times 3^2 j$

$= 24i + 18j$

55. 수평면과 60° 기울어진 벽에 지름이 4 m인 원형창이 있다. 창의 중심으로부터 5 m 높이에 물이 차있을 때 창에 작용하는 합력의 작용점과 원형창의 중심(도심)과의 거리(C)는 약 몇 m인가?(단, 원의 2차 면적 모멘트는 $\frac{\pi R^4}{4}$이고, 여기서 R은 원의 반지름이다.)

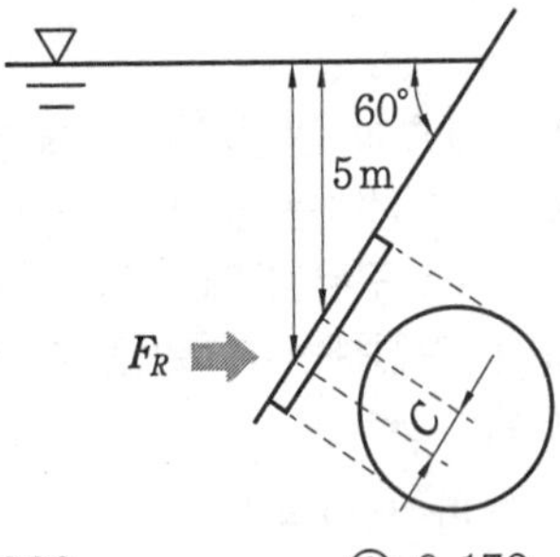

① 0.0866 ② 0.173

③ 0.866 ④ 1.73

[해설] $$y_p - \bar{y} = \frac{I_G}{A\bar{y}} = \frac{\frac{\pi R^4}{4}}{\pi R^2 \times \left(\frac{5}{\sin 60°}\right)}$$

$$= \frac{\frac{R^2}{4}}{5.77} = \frac{\frac{2^2}{4}}{5.77} = \frac{1}{5.77} = 0.173\text{ m}$$

56. 연직하방으로 내려가는 물제트에서 높이 10 m인 곳에서 속도는 20 m/s였다. 높이 5 m인 곳에서의 물의 속도는 약 몇 m/s인가?

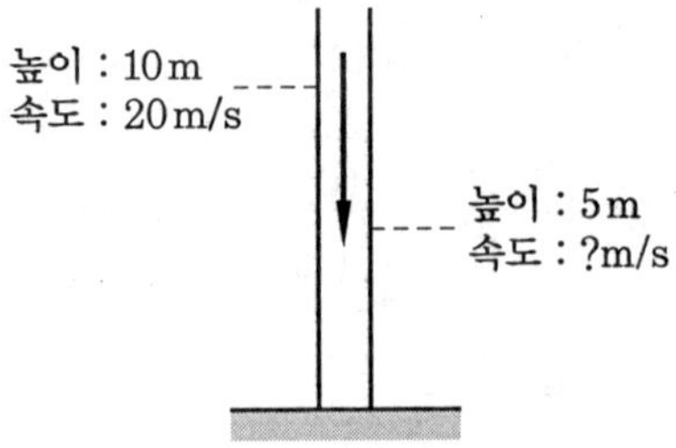

① 29.45 ② 26.34

③ 23.88 ④ 22.32

[해설] $y_1 + \frac{V_1^2}{2g} = y_2 + \frac{V_2^2}{2g}$

$10 + \frac{20^2}{2g} = 5 + \frac{V_2^2}{2g}$

$30.41 = 5 + \frac{V_2^2}{19.6}$

$V_2 = \sqrt{19.6(30.41 - 5)} = 22.32\text{ m/s}$

57. 다음 그림에서 압력차($P_x - P_y$)는 약 몇 kPa인가?

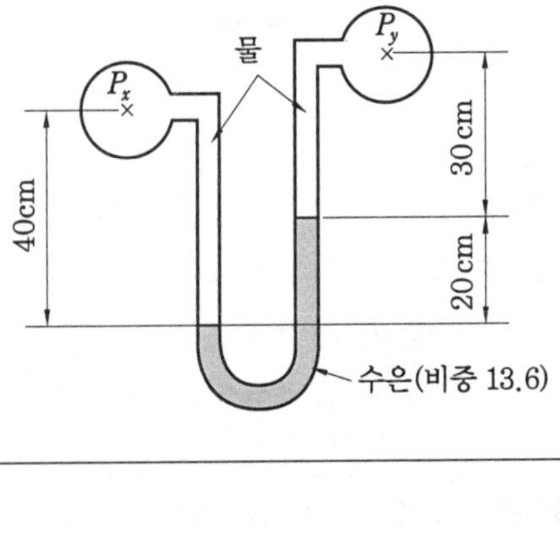

① 25.67　　　　② 2.57

③ 51.34　　　　④ 5.13

[해설] $P_x + 9.8 \times 0.4$

$= P_y + 9.8 \times 0.3 + 13.6 \times 9.8 \times 0.2$

$P_x - P_y$

$= (9.8 \times 0.3 + 13.6 \times 9.8 \times 0.2) - 9.8 \times 0.4$

$= 25.676 \, kPa$

58. 공기로 채워진 0.189 m³의 오일 드럼통을 사용하여 잠수부가 해저 바닥으로부터 오래된 배의 닻을 끌어올리려 한다. 바닷물 속에서 닻을 들어 올리는 데 필요한 힘은 1780 N이고, 공기 중에서 드럼통을 들어 올리는 데 필요한 힘은 222 N이다. 공기로 채워진 드럼통을 닻에 연결한 후 잠수부가 이 닻을 끌어올리는 데 필요한 최소 힘은 약 몇 N인가? (단, 바닷물의 비중은 1.025이다.)

① 72.8　　　　② 83.4

③ 92.5　　　　④ 103.5

59. 수력기울기선(Hydraulic Grade Line : HGL)이 관보다 아래에 있는 곳에서의 압력은?

① 완전 진공이다.

② 대기압보다 낮다.

③ 대기압과 같다.

④ 대기압보다 높다.

[해설] 수력구배선(HGL)이 관보다 아래에 있는 곳의 압력은 진공압이다(대기압보다 낮다).

60. 원관 내부의 흐름이 층류 정상 유동일 때 유체의 전단응력 분포에 대한 설명으로 알맞은 것은?

① 중심축에서 0이고, 반지름 방향 거리에 따라 선형적으로 증가한다.

② 관 벽에서 0이고, 중심축까지 선형적으

로 증가한다.

③ 단면에서 중심축을 기준으로 포물선 분포를 가진다.

④ 단면적 전체에서 일정하다.

[해설] 원관내 층류 정상 유동인 경우 속도와 전단응력의 분포도는 다음과 같다.

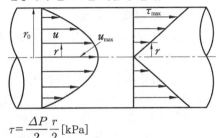

$\tau = \dfrac{\Delta P}{2} \dfrac{r}{2} \, [kPa]$

$\tau \propto r$

(1) $r = 0$, $\tau = 0$

(2) $r = r_o$, τ_{max}

$U = U_{max} \left[1 - \left(\dfrac{r}{r_o} \right)^2 \right] \, [m/s]$

제4과목　　기계재료 및 유압기기

61. 플라스틱 재료의 일반적인 특징을 설명한 것 중 틀린 것은?

① 완충성이 크다.

② 성형성이 우수하다.

③ 자기 윤활성이 풍부하다.

④ 내식성은 낮으나, 내구성이 높다.

[해설] 플라스틱의 특징

(1) 비중이 작고(0.9~1.6), 금속 비중의 $\dfrac{1}{5} \sim \dfrac{1}{6}$ 로 경량이다.

(2) 전기 저항이 커서 전기 절연성이 우수하다.

(3) 내식성이 우수하여 물, 기름, 약품에 잘 견딘다.

(4) 열전도율이 작고, 단열성이 뛰어나다(비자기성).

(5) 완충성(충격흡수)이 크고, 성형성이 우수
하다.

62. 주조용 알루미늄 합금의 질별 기호 중
T6가 의미하는 것은?

① 어닐링한 것

② 제조한 그대로의 것

③ 용체화 처리 후 인공시효 경화 처리
한 것

④ 고온 가공에서 냉각 후 자연시효시킨 것

해설 T6 : 용체화 처리 후 적극적으로 냉간 가
공을 하지 않고 인공시효 경화 처리한 것
①은 O, ②는 F, ④는 T1로 표시한다.

63. 주철에 대한 설명으로 옳은 것은?

① 주철은 액상일 때 유동성이 좋다.

② 주철은 C와 Si 등이 많을수록 비중이
커진다.

③ 주철은 C와 Si 등이 많을수록 용융점
이 높아진다.

④ 흑연이 많을 경우 그 파단면은 백색을
띠며 백주철이라 한다.

해설 주철은 C와 Si 등이 많을수록 비중이 작
아지고, 용융점이 낮아진다. 흑연이 많을 경
우에는 파단면이 회색을 띤 회주철이 된다.

64. 다음 중 특수강을 제조하는 목적이 아
닌 것은?

① 절삭성 개선

② 고온강도 저하

③ 담금질성 향상

④ 내마멸성, 내식성 개선

해설 특수강(합금강)은 탄소강의 성질을 개선
시킨 강으로 고온강도 향상을 목적으로 제
조한다.

65. 확산에 의한 경화 방법이 아닌 것은?

① 고체 침탄법　　② 가스 질화법

③ 쇼트 피닝　　④ 침탄 질화법

해설 쇼트 피닝은 금속 재료의 표면에 강이나
주철의 작은 입자들을 고속으로 분사시켜 가
공경화에 의해 표면층의 경도를 높이는 방법
이다.

66. 조미니 시험(Jominy test)은 무엇을 알
기 위한 시험 방법인가?

① 부식성　　② 마모성

③ 충격인성　　④ 담금질성

해설 조미니 시험(Jominy test)은 강의 담금
질성(경화능)을 측정하는 시험이다.

67. 기계태엽, 정밀계측기, 다이얼 게이지
등을 만드는 재료로 가장 적합한 것은?

① 인청동　　② 엘린바

③ 미하나이트　　④ 애드미럴티

해설 엘린바는 Fe-Ni 36%-Cr 12%인 불변
강으로 고급시계, 정밀기계의 부품에 사용
된다.

68. 금속 재료에 외력을 가했을 때 미끄럼
이 일어나는 과정에서 생긴 국부적인 격자
배열의 선결함은?

① 전위　　② 공공

③ 적층결함　　④ 결정립 경계

69. 배빗메탈(babbit metal)에 관한 설명
으로 옳은 것은?

① Sn－Sb－Cu계 합금으로서 베어링 재
료로 사용된다.

② Cu－Ni－Si계 합금으로서 도전율이
좋으므로 강력 도전 재료로 이용된다.

③ Zn－Cu－Ti계 합금으로서 강도가 현
저히 개선된 경화형 합금이다.

④ Al－Cu－Mg계 합금으로서 상온시효

정답 62. ③　63. ①　64. ②　65. ③　66. ④　67. ②　68. ①　69. ①

처리하여 기계적 성질을 개선시킨 합금이다.

[해설] 배빗메탈은 주석, 안티몬, 구리 합금으로 베어링용 합금이며, 화이트메탈이라고도 한다.

70. Fe-C 평형 상태도에서 나타날 수 있는 반응이 아닌 것은?

① 포정반응   ② 공정반응
③ 공석반응   ④ 편정반응

[해설] Fe-C 평형 상태도에서 나타날 수 있는 불변반응 3가지는 다음과 같다.
(1) 포정반응 : 1495℃, C 0.53 %
(2) 공정반응 : 1148℃, C 4.3 %
(3) 공석반응 : 723℃, C 0.8 %
편정반응(단정반응)은 하나의 액상에서 다른 액상 및 고상(고용체)을 동시에 생성하는 반응이다.

71. 부하가 급격히 변화하였을 때 그 자중이나 관성력 때문에 소정의 제어를 못하게 된 경우 배압을 걸어주어 자유낙하를 방지하는 역할을 하는 유압 제어 밸브로 체크 밸브가 내장된 것은?

① 카운터 밸런스 밸브
② 릴리프 밸브
③ 스로틀 밸브
④ 감압 밸브

[해설] 카운터 밸런스 밸브는 중력에 의한 낙하를 방지하기 위해 배압(back pressure)을 유지하는 압력 제어 밸브이다.

72. 다음 중 유압장치의 운동 부분에 사용되는 실(seal)의 일반적인 명칭은?

① 심리스(seamless)
② 개스킷(gasket)
③ 패킹(packing)
④ 필터(filter)

[해설] 유압장치의 운동 부분에 사용되는 실은 패킹이고, 고정 부분(정지 부분)에 사용되는 실은 개스킷이다.

73. 미터-아웃(meter-out) 유량 제어 시스템에 대한 설명으로 옳은 것은?

① 실린더로 유입하는 유량을 제어한다.
② 실린더의 출구 관로에 위치하여 실린더로부터 유출되는 유량을 제어한다.
③ 부하가 급격히 감소되더라도 피스톤이 급진되지 않도록 제어한다.
④ 순간적으로 고압을 필요로 할 때 사용한다.

[해설] 미터 아웃 회로(meter out circuit)는 실린더 출구 관로에서 유량을 교축시켜 작동속도를 조절하는 회로이다.

74. 다음 기호에 대한 명칭은?

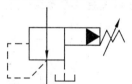

① 비례전자식 릴리프 밸브
② 릴리프 붙이 시퀀스 밸브
③ 파일럿 작동형 감압 밸브
④ 파일럿 작동형 릴리프 밸브

75. 다음 중 어큐뮬레이터 용도에 대한 설명으로 틀린 것은?

① 에너지 축적용
② 펌프 맥동 흡수용
③ 충격압력의 완충용
④ 유압유 냉각 및 가열용

[해설] 축압기(accumulator) 용도
(1) 에너지 축적용(유압에너지 저장)
(2) 펌프 맥동 흡수용
(3) 충격압력의 완충용

(4) 2차 회로 보상

(5) 사이클 방출시간 단축

(6) 고장, 정전 시 긴급 유압원으로 사용

(7) 펌프 역할 대용

76. 온도 상승에 의하여 윤활유의 점도가 낮아질 때 나타나는 현상이 아닌 것은?

① 누설이 잘된다.

② 기포의 제거가 어렵다.

③ 마찰 부분의 마모가 증대된다.

④ 펌프의 용적 효율이 저하된다.

[해설] 점도가 너무 낮은 경우

(1) 누설이 잘된다.

(2) 펌프의 용적(체적) 효율이 저하된다.

(3) 마찰 부분의 마모가 증대된다(고체 마찰 발생).

(4) 압력 유지가 곤란하다.

77. 그림과 같은 유압회로의 명칭으로 옳은 것은?

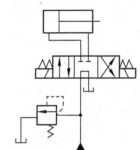

① 브레이크 회로

② 압력 설정 회로

③ 최대압력 제한 회로

④ 임의 위치 로크 회로

78. 크래킹 압력(cracking pressure)에 관한 설명으로 가장 적합한 것은?

① 파일럿 관로에 작용시키는 압력

② 압력 제어 밸브 등에서 조절되는 압력

③ 체크 밸브, 릴리프 밸브 등에서 압력이 상승하고 밸브가 열리기 시작하여 어느 일정한 흐름의 양이 인정되는 압력

④ 체크 밸브, 릴리프 밸브 등의 입구 쪽 압력이 강하하고, 밸브가 닫히기 시작하여 밸브의 누설량이 어느 규정의 양까지 감소했을 때의 압력

[해설] ①은 파일럿압(pilot pressure), ②는 설정 압력(set pressure), ④는 리시트 압력(reseat pressure)이다.

79. 다음 중 기어 모터의 특성에 관한 설명으로 가장 거리가 먼 것은?

① 정회전, 역회전이 가능하다.

② 일반적으로 평기어를 사용한다.

③ 비교적 소형이며 구조가 간단하기 때문에 값이 싸다.

④ 누설량이 적고 토크 변동이 작아서 건설기계에 많이 이용된다.

[해설] 기어 모터는 누설유량이 많고 토크 변동이 크며, 베어링 작용 하중이 크기 때문에 수명이 짧다.

80. 펌프의 압력이 50 Pa, 토출유량은 40 m³/min인 레이디얼 피스톤 펌프의 축동력은 약 몇 W인가?(단, 펌프의 전효율은 0.85이다.)

① 3921 ② 39.21

③ 2352 ④ 23.52

[해설] 축동력$(L_s) = \dfrac{PQ}{\eta_P} = \dfrac{50 \times \left(\dfrac{40}{60}\right)}{0.85}$

$= 39.21 \text{ W}$

제5과목 **기계제작법 및 기계동력학**

81. 반지름이 1 m인 원을 각속도 60 rpm

으로 회전하는 1 kg 질량의 선형운동량 (linear momentum)은 몇 kg · m/s인가?

① 6.28
② 1.0
③ 62.8
④ 10.0

해설 선형운동량(linear momentum)

$$= mV = mr\omega = 1 \times 1 \times \left(\frac{2\pi N}{60}\right)$$

$$= 1 \times 1 \times \left(\frac{2\pi \times 60}{60}\right)$$

$$= 2\pi = 6.28 \text{kg} \cdot \text{m/s}$$

82. 질량 m인 물체가 h의 높이에서 자유 낙하한다. 공기 저항을 무시할 때, 이 물체가 도달할 수 있는 최대 속력은? (단, g는 중력가속도이다.)

① $\sqrt{mgh}$
② $\sqrt{mh}$
③ $\sqrt{gh}$
④ $\sqrt{2gh}$

83. 그림과 같이 0.6 m 길이에 질량 5 kg 의 균질봉이 축의 직각방향으로 30 N의 힘을 받고 있다. 봉이 $\theta = 0°$일 때 시계방향으로 초기 각속도 $\omega_1 = 10$ rad/s이면 $\theta = 90°$일 때 봉의 각속도는? (단, 중력의 영향을 고려한다.)

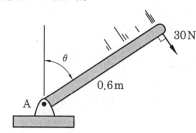

① 12.6 rad/s
② 14.2 rad/s
③ 15.6 rad/s
④ 17.2 rad/s

해설 $\dfrac{\theta_2}{\theta_1} = \dfrac{\omega_2}{\omega_1}$

$$\therefore \omega_2 = \omega_1 \left(\frac{\theta_2}{\theta_1}\right) = 10\left(\frac{90°}{57.3°}\right)$$

$$= 15.7 \text{ rad/s}$$

84. 국제단위체계(SI)에서 1 N에 대한 설명으로 옳은 것은?

① 1 g의 질량에 1m/s²의 가속도를 주는 힘이다.
② 1 g의 질량에 1m/s의 속도를 주는 힘이다.
③ 1 kg의 질량에 1m/s²의 가속도를 주는 힘이다.
④ 1 kg의 질량에 1m/s의 속도를 주는 힘이다.

해설 $1 \text{ N} = 1 \text{ kg} \times 1 \text{ m/s}^2 (F = ma)$

85. 전기모터의 회전자가 3450 rpm으로 회전하고 있다. 전기를 차단했을 때 회전자는 일정한 각가속도로 속도가 감소하여 정지할 때까지 40초가 걸렸다. 이때 각가속도의 크기는 약 몇 rad/s²인가?

① 361.0
② 180.5
③ 86.25
④ 9.03

해설 각가속도$(\alpha) = \dfrac{\omega}{t} = \dfrac{\dfrac{2\pi N}{60}}{t}$

$$= \frac{2\pi N}{60t} = \frac{2\pi \times 3450}{60 \times 40} = 9.03 \text{ rad/s}^2$$

86. 20 m/s의 속도를 가지고 직선으로 날아오는 무게 9.8 N의 공을 0.1초 사이에 멈추게 하려면 약 몇 N의 힘이 필요한가?

① 20
② 200
③ 9.8
④ 98

해설 $\sum F = ma = m\dfrac{dv}{dt}$

$$\sum F dt = d(mv)$$

$$\sum F \cdot t = \frac{W}{g} V [\text{N} \cdot \text{s}]$$

$$F = \frac{WV}{gt} = \frac{9.8 \times 20}{9.8 \times 0.1} = 200 \text{ N}$$

정답 82. ④ 83. ③ 84. ③ 85. ④ 86. ②

87. 기계진동의 전달률(transmissibility ratio)을 1 이하로 조정하기 위해서는 진동수 비(ω/ω_n)를 얼마로 하면 되는가?

① $\sqrt{2}$ 이하로 한다.

② 1 이상으로 한다.

③ 2 이상으로 한다.

④ $\sqrt{2}$ 이상으로 한다.

[해설] 진동수 비$(\gamma) = \dfrac{\omega}{\omega_n} \geq \sqrt{2}$

88. 동일한 질량과 스프링 상수를 가진 2개의 시스템에서 하나는 감쇠가 없고, 다른 하나는 감쇠비가 0.12인 점성감쇠가 있다. 이때 감쇠 진동 시스템의 감쇠 고유 진동수와 비감쇠 진동 시스템의 고유 진동수의 차이는 비감쇠진동 시스템 고유 진동수의 약 몇 %인가?

① 0.72 %   ② 1.24 %

③ 2.15 %   ④ 4.24 %

89. 스프링 상수가 20 N/cm와 30 N/cm인 두 개의 스프링을 직렬로 연결했을 때 등가 스프링 상수 값은 몇 N/cm인가?

① 50   ② 12

③ 10   ④ 25

[해설] $k_{eq} = \dfrac{1}{\dfrac{1}{k_1} + \dfrac{1}{k_2}} = \dfrac{k_1 \times k_2}{k_1 + k_2} = \dfrac{20 \times 30}{20 + 30}$

$= 12\,\text{N/cm}$

90. 그림과 같이 스프링 상수는 400 N/m, 질량은 100 kg인 1자유도계 시스템이 있다. 초기에 변위는 0이고 스프링 변형량도 없는 상태에서 x방향으로 3 m/s의 속도로 움직이기 시작한다고 가정할 때 이 질량체의 속도 v를 위치 x에 관한 함수로 나타내면?

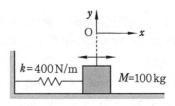

① $\pm (9 - 4x^2)$

② $\pm \sqrt{(9 - 4x^2)}$

③ $\pm (16 - 9x^2)$

④ $\pm \sqrt{(16 - 9x^2)}$

91. 다음 가공법 중 연삭 입자를 사용하지 않는 것은?

① 초음파 가공   ② 방전 가공

③ 액체 호닝   ④ 래핑

[해설] 연삭 입자에 의한 정밀 가공에는 래핑, 호닝, 슈퍼 피니싱, 초음파 가공, 폴리싱, 버핑 등이 있다.

92. 주물의 첫 단계인 모형(pattern)을 만들 때 고려사항으로 가장 거리가 먼 것은?

① 목형 구배   ② 수축 여유

③ 팽창 여유   ④ 기계가공 여유

[해설] 목형 제작 시 고려사항

(1) 수축 여유

(2) 가공 여유

(3) 목형 구배

(4) 라운딩(rounding)

(5) 덧붙임(stop off)

(6) 코어 프린트(core print)

93. 선반에서 주분력이 1.8 kN, 절삭속도가 150 m/min일 때, 절삭동력은 약 몇 kW인가?

① 4.5   ② 6   ③ 7.5   ④ 9

[해설] 절삭동력(kW) $= FV = 1.8 \times \left(\dfrac{150}{60}\right)$

$= 4.5\,\text{kW}$

정답 87. ④ 88. ① 89. ② 90. ② 91. ② 92. ③ 93. ①

94. 정격 2차 전류 300 A인 용접기를 이용하여 실제 270 A의 전류로 용접을 하였을 때, 허용 사용률이 94 %이었다면 정격 사용률은 약 몇 %인가?

① 68   ② 72
③ 76   ④ 80

해설 정격 사용률(%)

$$= \left(\frac{용접기\ 실제\ 전류}{정격\ 2차\ 전류}\right)^2 \times 허용\ 사용률(\%)$$

$$= \left(\frac{270}{300}\right)^2 \times 94\,\% = 76.14\,\%$$

95. 심랭 처리(sub-zero treat-ment)에 대한 설명으로 가장 적절한 것은?

① 강철을 담금질하기 전에 표면에 붙은 불순물을 화학적으로 제거시키는 것
② 처음에 기름으로 냉각한 다음 계속하여 물속에 담그고 냉각하는 것
③ 담금질 직후 바로 템퍼링하기 전에 얼마 동안 0℃에 두었다가 템퍼링하는 것
④ 담금질 후 0℃ 이하의 온도까지 냉각시켜 잔류 오스테나이트를 마텐자이트화하는 것

96. 다음 측정기구 중 진직도를 측정하기에 적합하지 않은 것은?

① 실린더 게이지
② 오토콜리메이터
③ 측미 현미경
④ 정밀 수준기

해설 실린더 게이지 : 구멍의 깊은 부분 안지름 측정용 게이지

97. 전해 연마의 특징에 대한 설명으로 틀린 것은?

① 가공 변질 층이 없다.
② 내부식성이 좋아진다.
③ 가공면에는 방향성이 있다.
④ 복잡한 형상을 가진 공작물의 연마도 가능하다.

해설 전해 연마는 가공면에 방향성이 없다.

98. 냉간가공에 의하여 경도 및 항복강도가 증가하나 연신율은 감소하는데 이 현상을 무엇이라 하는가?

① 가공경화   ② 탄성경화
③ 표면경화   ④ 시효경화

해설 가공경화(hardening)란 금속 재료를 가공 변형시키면 원래의 것보다 강도가 강해지는 현상으로 단면수축률, 인성, 연신율은 감소한다.

99. 다음 중 절삭유제를 사용하는 목적이 아닌 것은?

① 능률적인 칩 제거
② 공작물과 공구의 냉각
③ 절삭열에 의한 정밀도 저하 방지
④ 공구 윗면과 칩 사이의 마찰계수 증대

해설 절삭유는 공구 윗면과 칩(chip) 사이의 마찰계수를 감소시킨다.

100. 다음 중 자유단조에 속하지 않는 것은 어느 것인가?

① 업세팅(up-setting)
② 블랭킹(blanking)
③ 늘리기(drawing)
④ 굽히기(bending)

해설 자유단조에는 업세팅, 늘리기, 굽히기, 단짓기, 구멍뚫기 등이 있으며, 블랭킹은 전단가공에 속한다.

일반기계기사

제1과목 **재료역학**

1. 원형 단면축이 비틀림을 받을 때, 그 속에 저장되는 탄성 변형에너지 U는 얼마인가? (단, T : 토크, L : 길이, G : 가로탄성계수, I_p : 극관성모멘트, I : 관성모멘트, E : 세로탄성계수이다.)

① $U = \dfrac{T^2 L}{2GI}$

② $U = \dfrac{T^2 L}{2EI}$

③ $U = \dfrac{T^2 L}{2EI_p}$

④ $U = \dfrac{T^2 L}{2GI_p}$

[해설] $U = \dfrac{T\theta}{2} = \dfrac{T^2 L}{2GI_P}$ [kJ]

2. 그림과 같은 전길이에 걸쳐 균일 분포 하중 w를 받는 보에서 최대 처짐 σ_{max}를 나타내는 식은? (단, 보의 굽힘 강성계수는 EI이다.)

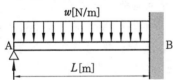

① $\dfrac{wL^4}{64EI}$

② $\dfrac{wL^4}{128.5EI}$

③ $\dfrac{wL^4}{186.4EI}$

④ $\dfrac{wL^4}{192EI}$

[해설] $\delta_{max} = \dfrac{wL^4}{186.4EI} = 0.0054\dfrac{wL^4}{EI}$ [cm]

3. 그림과 같은 보에서 발생하는 최대 굽힘 모멘트는 몇 kN·m인가?

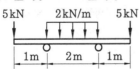

① 2

② 5

③ 7

④ 10

[해설] $M_{max} = PL_1 = 5 \times 1$
$= 5 \, \text{kN} \cdot \text{m} = 5 \, \text{kJ}$

4. 그림의 H형 단면의 도심축인 Z축에 관한 회전반지름(radius of gyration)은 얼마인가?

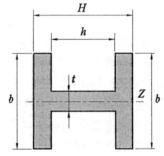

① $K_Z = \sqrt{\dfrac{Hb^3 - (b-t)^3 b}{12(bH - bh + th)}}$

② $K_Z = \sqrt{\dfrac{12Hb^3 + (b-t)^3 b}{(bH + bh + th)}}$

③ $K_Z = \sqrt{\dfrac{ht^3 + Hb - hb^3}{12(bH - bh + th)}}$

④ $K_Z = \sqrt{\dfrac{12Hb^3 + (b+t)^3 b}{(bH + bh - th)}}$

[해설] $K_Z = \sqrt{\dfrac{I_G}{A}} = \sqrt{\dfrac{ht^3 + Hb^3 - hb^3}{12(bH - bh + th)}}$ [cm]
$A = b(H-h) + th = (bH - bh + th)$ [m²]

5. 그림에 표시한 단순 지지보에서의 최대 처짐량은? (단, 보의 굽힘 강성은 EI이고, 자중은 무시한다.)

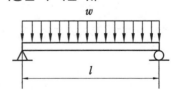

정답 1. ④ 2. ③ 3. ② 4. ③ 5. ④

① $\dfrac{wl^3}{48EI}$ ② $\dfrac{wl^4}{24EI}$

③ $\dfrac{5wl^3}{253EI}$ ④ $\dfrac{5wl^4}{384EI}$

해설 균일 분포 하중 w[N/m]을 받는 단순 지

지보의 최대 처짐량(δ_{max}) $= \dfrac{5wl^4}{384EI}$[cm]

6. 그림에서 784.8 N과 평형을 유지하기 위한 힘 F_1과 F_2는?

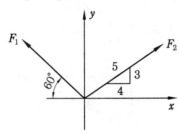

① $F_1 = 392.5$ N, $F_2 = 632.4$ N

② $F_1 = 790.4$ N, $F_2 = 632.4$ N

③ $F_1 = 790.4$ N, $F_2 = 395.2$ N

④ $F_1 = 632.4$ N, $F_2 = 395.2$ N

해설 (1) $\sum F_x = 0$

$-F_1\cos 60° + F_2\cos\theta = 0 \left(\dfrac{1}{2}F_1 = \dfrac{4}{5}F_2\right)$

$\therefore F_1 = 1.6 F_2$

(2) $\sum F_y = 0$

$F_1\sin 60° + F_2\sin\theta - 784.8 = 0$

$784.8 = \dfrac{\sqrt{3}}{2}F_1 + \dfrac{3}{5}F_2$

$\quad = 0.866(1.6F_2) + 0.6F_2$

$\quad = 1.386F_2 + 0.6F_2 = 1.986F_2$

$\therefore F_2 = \dfrac{784.8}{1.986} \fallingdotseq 395.2$ N

$F_1 = 1.6F_2 = 1.6(395.2) = 632.4$ N

7. 지름이 60 mm인 연강축이 있다. 이 축의 허용전단응력은 40 MPa이며 단위길이 1 m당 허용 회전각도는 1.5°이다. 연

강의 전단 탄성계수를 80 GPa이라 할 때 이 축의 최대 허용 토크는 약 몇 N·m인가?(단, 이 코일에 작용하는 힘은 P, 가로탄성계수는 G이다.)

① 696   ② 1696

③ 2664   ④ 3664

해설 $T = \tau Z_P = 40 \times 10^6 \times \dfrac{\pi(0.06)^3}{16}$

$\quad = 1696.46$ N·m

8. 지름 3 cm인 강축이 회전수 1590 rpm으로 26.5 kW의 동력을 전달하고 있다. 이 축에 발생하는 최대 전단응력은 약 몇 MPa인가?

① 30   ② 40

③ 50   ④ 60

해설 $T = 9.55 \times 10^{-3} \times \dfrac{kW}{N}$

$\quad = 9.55 \times 10^{-3} \times \dfrac{26.5}{1590}$

$\quad = 1.59 \times 10^{-4}$ MJ

$T = \tau Z_P$

$\tau = \dfrac{T}{\dfrac{\pi d^3}{16}} = \dfrac{16T}{\pi d^3} = \dfrac{16 \times 1.59 \times 10^{-4}}{\pi(0.03)^3}$

$\quad = 30$ MPa

9. 폭 3 cm, 높이 4 cm의 직사각형 단면을 갖는 외팔보가 자유단에 그림에서와 같이 집중 하중을 받을 때 보 속에 발생하는 최대 전단응력은 몇 N/cm²인가?

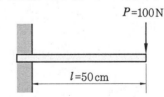

① 12.5   ② 13.5

③ 14.5   ④ 15.5

해설 $\tau = \dfrac{3F}{2A} = \dfrac{3 \times 100}{2(3 \times 4)} = 12.5$ N/cm²

정답 **6.** ④   **7.** ②   **8.** ①   **9.** ①

10. 평면 응력 상태에서 $\varepsilon_x = -150 \times 10^{-6}$, $\varepsilon_y = -280 \times 10^{-6}$, $\gamma_{xy} = 850 \times 10^{-6}$일 때, 최대 주변형률($\varepsilon_1$)과 최소 주변형률($\varepsilon_2$)은 각각 약 얼마인가?

① $\varepsilon_1 = 215 \times 10^{-6}$, $\varepsilon_2 = 645 \times 10^{-6}$

② $\varepsilon_1 = 645 \times 10^{-6}$, $\varepsilon_2 = 215 \times 10^{-6}$

③ $\varepsilon_1 = 315 \times 10^{-6}$, $\varepsilon_2 = 645 \times 10^{-6}$

④ $\varepsilon_1 = -545 \times 10^{-6}$, $\varepsilon_2 = 315 \times 10^{-6}$

해설 $\varepsilon_1(\varepsilon_{\max})$

$$= \frac{\varepsilon_x + \varepsilon_y}{2} + \sqrt{\left(\frac{\varepsilon_x - \varepsilon_y}{2}\right)^2 + \left(\frac{\gamma_{xy}}{2}\right)^2}$$

$$= \frac{-150 \times 10^{-6} + (-280 \times 10^{-6})}{2}$$

$$+ \sqrt{\left(\frac{-150 \times 10^{-6} + 280 \times 10^{-6}}{2}\right)^2 + \left(\frac{850 \times 10^{-6}}{2}\right)^2}$$

$$= 215 \times 10^{-6}$$

$$\varepsilon_2(\varepsilon_{\min}) = \frac{\varepsilon_x + \varepsilon_y}{2} - \sqrt{\left(\frac{\varepsilon_x - \varepsilon_y}{2}\right)^2 + \left(\frac{\gamma_{xy}}{2}\right)^2}$$

$$= -645 \times 10^{-6}$$

11. 길이 6 m인 단순 지지보에 등분포 하중 q가 작용할 때 단면에 발생하는 최대 굽힘 응력이 337.5 MPa이라면 등분포 하중 q는 약 몇 kN/m인가? (단, 보의 단면은 폭×높이 = 40 mm×100 mm이다.)

① 4   ② 5   ③ 6   ④ 7

해설 $M_{\max} = \sigma \cdot Z \left(\dfrac{qL^2}{8} = \sigma \dfrac{bh^2}{6} \right)$

$$\therefore q = \frac{8\sigma bh^2}{6L^2} = \frac{4\sigma bh^2}{3L^2}$$

$$= \frac{4 \times 337.5 \times 10^3 \times 0.04 \times (0.1)^2}{3 \times 6^2}$$

$$= 5 \, \text{kN/m}$$

12. 보의 자중을 무시할 때 그림과 같이 자유단 C에 집중 하중 $2P$가 작용할 때 B점에서 처짐 곡선의 기울기각은?

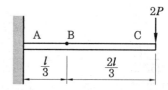

① $\dfrac{5Pl^2}{9EI}$ ② $\dfrac{5Pl^2}{18EI}$

③ $\dfrac{5Pl^2}{27EI}$ ④ $\dfrac{5Pl^2}{36EI}$

해설 $\theta_B = \dfrac{A_M}{EI} = \dfrac{5PL^2}{9EI}$ [rad]

$$A_M = PL^2 - \frac{4}{9}PL^2 = \frac{5}{9}PL^2$$

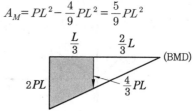

13. 그림과 같은 외팔보에 대한 전단력 선도로 옳은 것은? (단, 아랫방향을 양(+)으로 본다.)

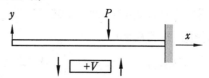

14. 그림과 같이 길이가 동일한 2개의 기둥 상단에 중심 압축 하중 2500 N이 작용할 경우 전체 수축량은 약 몇 mm인가? (단, 단면적 $A_1 = 1000 \, \text{mm}^2$, $A_2 = 2000 \, \text{mm}^2$, 길이 $L = 300 \, \text{mm}$, 재료의 탄성계수 $E = 90 \, \text{GPa}$이다.)

정답 **10.** ① **11.** ② **12.** ① **13.** ④ **14.** ③

2018년도 시행 문제 **1171**

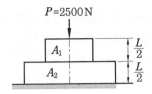

$P=2500\,\mathrm{N}$

① 0.625 ② 0.0625

③ 0.00625 ④ 0.000625

해설 $\lambda = \dfrac{P}{E}\left(\dfrac{L_1}{A_1} + \dfrac{L_2}{A_2}\right)$

$= \dfrac{2500}{90\times10^3}\left(\dfrac{150}{1000} + \dfrac{150}{2000}\right)$

$= 6.25\times10^{-3}\,\mathrm{mm}$

15. 최대 사용강도 400 MPa의 연강봉에 30 kN의 축방향의 인장하중이 가해질 경우 강봉의 최소 지름은 몇 cm까지 가능한가? (단, 안전율은 5이다.)

① 2.69 ② 2.99 ③ 2.19 ④ 3.02

해설 $\sigma_a = \dfrac{\sigma_u}{S} = \dfrac{400}{5} = 80\,\mathrm{MPa}$

$\sigma_a = \dfrac{P}{A} = \dfrac{P}{\dfrac{\pi d^2}{4}} = \dfrac{4P}{\pi d^2}\,[\mathrm{MPa}]$

$\therefore\ d = \sqrt{\dfrac{4P}{\pi \sigma_a}} = \sqrt{\dfrac{4\times30\times10^3}{\pi\times80}}$

$= 21.9\,\mathrm{mm} = 2.19\,\mathrm{cm}$

16. 그림과 같이 A, B의 원형 단면봉은 길이가 같고, 지름이 다르며, 양단에서 같은 압축하중 P를 받고 있다. 응력은 각 단면에서 균일하게 분포된다고 할 때 저장되는 탄성 변형 에너지의 $\dfrac{U_B}{U_A}$는 얼마가 되겠는가?

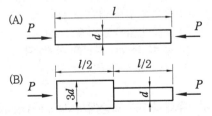

① $\dfrac{1}{3}$ ② $\dfrac{5}{9}$ ③ 2 ④ $\dfrac{9}{5}$

해설 $U_A = \dfrac{P^2 l}{2AE}$

$U_B = \dfrac{P^2\left(\dfrac{l}{2}\right)}{2(9A)E} + \dfrac{P^2\left(\dfrac{l}{2}\right)}{2AE} = \dfrac{P^2 l}{2AE}\cdot\dfrac{5}{9}$

$\therefore\ \dfrac{U_B}{U_A} = \dfrac{5}{9}$

17. 다음과 같이 3개의 링크를 핀을 이용하여 연결하였다. 2000 N의 하중 P가 작용할 경우 핀에 작용되는 전단응력은 약 몇 MPa인가? (단, 핀의 지름은 1 cm이다.)

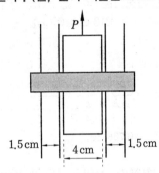

1.5 cm   4 cm   1.5 cm

① 12.73 ② 13.24

③ 15.63 ④ 16.56

해설 $\tau = \dfrac{P}{2A} = \dfrac{2000}{2\dfrac{\pi(10)^2}{4}} = 12.73\,\mathrm{MPa}$

18. 원통형 압력용기에 내압 P가 작용할 때, 원통부에 발생하는 축 방향의 변형률 ε_x 및 원주 방향 변형률 ε_y는? (단, 강판의 두께 t는 원통의 지름 D에 비하여 충분히 작고, 강판 재료의 탄성계수 및 푸아송 비는 각각 E, ν이다.)

① $\varepsilon_x = \dfrac{PD}{4tE}(1-2\nu),\ \varepsilon_y = \dfrac{PD}{4tE}(1-\nu)$

② $\varepsilon_x = \dfrac{PD}{4tE}(1-2\nu),\ \varepsilon_y = \dfrac{PD}{4tE}(2-\nu)$

③ $\varepsilon_x = \dfrac{PD}{4tE}(2-\nu),\ \varepsilon_y = \dfrac{PD}{4tE}(1-\nu)$

정답 15. ③ 16. ② 17. ① 18. ②

④ $\varepsilon_x = \dfrac{PD}{4tE}(1-\nu)$, $\varepsilon_y = \dfrac{PD}{4tE}(2-\nu)$

해설 $\varepsilon_x = \dfrac{\sigma_x}{E} - \dfrac{\sigma_y}{mE} = \dfrac{\sigma_x}{E} - \dfrac{\nu\sigma_y}{E}$

$\qquad = \dfrac{1}{E}\left(\dfrac{PD}{4t} - \dfrac{\nu PD}{2t}\right) = \dfrac{PD}{4tE}(1-2\nu)$

$\quad \varepsilon_y = \dfrac{\sigma_y}{E} - \dfrac{\sigma_x}{mE} = \dfrac{\sigma_y}{E} - \dfrac{\nu\sigma_x}{E}$

$\qquad = \dfrac{1}{E}\left(\dfrac{PD}{2t} - \dfrac{\nu PD}{4t}\right)$

19. 지름 20 mm, 길이 1000 mm의 연강 봉이 50 kN의 인장하중을 받을 때 발생하는 신장량은 약 몇 mm인가? (단, 탄성계수 $E = 210$ GPa이다.)

① 7.58

② 0.758

③ 0.0758

④ 0.00758

해설 $\lambda = \dfrac{PL}{AE} = \dfrac{50 \times 10^3 \times 1000}{\dfrac{\pi}{4}(20)^2 \times 210 \times 10^3}$

$\qquad = 0.758$ mm

20. 지름이 0.1 m이고 길이가 15 m인 양단 힌지인 원형강 장주의 좌굴임계하중은 약 몇 kN인가? (단, 장주의 탄성계수는 200 GPa이다.)

① 43

② 55

③ 67

④ 79

해설 $P_{cr} = n\pi^2 \dfrac{EI}{L^2}$

$\qquad = 1 \times \pi^2 \times \dfrac{200 \times 10^6 \times \dfrac{\pi(0.1)^4}{64}}{15^2}$

$\qquad = 43$ kN

제 2 과목   **기계열역학**

21. 온도 150℃, 압력 0.5 MPa의 공기 0.2 kg이 압력이 일정한 과정에서 원래 체적

의 2배로 늘어난다. 이 과정에서의 일은 약 몇 kJ인가? (단, 공기는 기체상수가 0.287 kJ/kg·K인 이상기체로 가정한다.)

① 12.3 kJ

② 16.5 kJ

③ 20.5 kJ

④ 24.3 kJ

해설 $_1W_2 = \displaystyle\int_1^2 pdv = P(V_2 - V_1)$

$\qquad = 0.5 \times 10^3 (0.0972 - 0.0486)$

$\qquad = 24.3$ kJ

$P_1 V_1 = mRT_1$에서

$V_1 = \dfrac{mRT_1}{P_1} = \dfrac{0.2 \times 0.287 \times 423}{0.5 \times 10^3}$

$\qquad = 0.04856$ m$^3 \fallingdotseq 0.0486$ m^3

$\therefore V_2 = 2V_1 = 2 \times 0.0486 = 0.0972$

22. 마찰이 없는 실린더 내에 온도 500 K, 비엔트로피 3 kJ/kg·K인 이상기체가 2 kg 들어 있다. 이 기체의 비엔트로피가 10 kJ/kg·K이 될 때까지 등온과정으로 가열한다면 가열량은 약 몇 kJ인가?

① 1400 kJ

② 2000 kJ

③ 3500 kJ

④ 7000 kJ

해설 $\theta = T(S_2 - S_1) = Tm(s_2 - s_1)$

$\qquad = 500 \times 2(10 - 3) = 7000$ kJ

23. 랭킨 사이클의 열효율을 높이는 방법으로 틀린 것은?

① 복수기의 압력을 저하시킨다.

② 보일러 압력을 상승시킨다.

③ 재열(reheat) 장치를 사용한다.

④ 터빈 출구 온도를 높인다.

해설 랭킨 사이클의 열효율을 높이는 방법

(1) 복수기 압력(배압)을 낮춘다.

(2) 보일러 압력을 상승시킨다.

(3) 재열(reheat) 장치를 사용한다.

(4) 터빈 출구 온도를 낮춘다.

24. 유체의 교축과정에서 Joule-Thomson

계수(μ_J)가 중요하게 고려되는데 이에 대한 설명으로 옳은 것은?

① 등엔탈피 과정에 대한 온도 변화와 압력 변화의 비를 나타내며 $\mu_J < 0$인 경우 온도 상승을 의미한다.

② 등엔탈피 과정에 대한 온도 변화와 압력 변화의 비를 나타내며 $\mu_J < 0$인 경우 온도 강하를 의미한다.

③ 정적과정에 대한 온도 변화와 압력 변화의 비를 나타내며 $\mu_J < 0$인 경우 온도 상승을 의미한다.

④ 정적과정에 대한 온도 변화와 압력 변화의 비를 나타내며 $\mu_J < 0$인 경우 온도 강하를 의미한다.

해설 줄−톰슨계수(μ_J) $= \left(\dfrac{\partial T}{\partial P}\right)_{h=c}$

(1) 등온인 경우($\partial T = 0$) : 이상기체
   $\mu_J = 0$

(2) 온도 상승($T_1 < T_2$)
   $\mu_J < 0$

(3) 온도 강하($T_1 > T_2$)
   $\mu_J > 0$

25. 이상적인 카르노 사이클의 열기관이 500℃인 열원으로부터 500 kJ을 받고, 25℃에 열을 방출한다. 이 사이클의 일(W)과 효율(η_{th})은 얼마인가?

① $W = 307.2$ kJ, $\eta_{th} = 0.6143$

② $W = 207.2$ kJ, $\eta_{th} = 0.5748$

③ $W = 250.3$ kJ, $\eta_{th} = 0.8316$

④ $W = 401.5$ kJ, $\eta_{th} = 0.6517$

해설 $\eta_c = \dfrac{W_{net}}{Q_1} = 1 - \dfrac{T_2}{T_1}$

$= 1 - \dfrac{298}{773} = 0.6144$

$\therefore W_{net} = \eta_c Q_1 = 0.6144 \times 500 = 307.2$ kJ

26. Brayton 사이클에서 압축기 소요일은 175 kJ/kg, 공급열은 627 kJ/kg, 터빈 발생일은 406 kJ/kg로 작동될 때 열효율은 약 얼마인가?

① 0.28   ② 0.37

③ 0.42   ④ 0.48

해설 $\eta_B = \dfrac{w_t}{q_1} = \dfrac{(h_1 - h_2)}{q_1}$

$= \dfrac{(406 - 175)}{627} = 0.37\,(37\,\%)$

27. 그림과 같이 다수의 추를 올려놓은 피스톤이 장착된 실린더가 있는데, 실린더 내의 압력은 300 kPa, 초기 체적은 0.05 m³이다. 이 실린더에 열을 가하면서 적절히 추를 제거하여 폴리트로픽 지수가 1.3인 폴리트로픽 변화가 일어나도록 하여 최종적으로 실린더 내의 체적이 0.2 m³이 되었다면 가스가 한 일은 약 몇 kJ인가?

① 17   ② 18

③ 19   ④ 20

해설 $_1W_2 = \dfrac{1}{\eta - 1}(P_1 V_1 - P_2 V_2)$

$= \dfrac{1}{1.3 - 1}(300 \times 0.05 - 49.48 \times 0.2)$

$= 17$ kJ

$P_2 = P_1\left(\dfrac{V_1}{V_2}\right)^n = 300\left(\dfrac{0.05}{0.2}\right)^{1.3} = 49.48$ kPa

28. 다음의 열역학 상태량 중 종량적 상태량(extensive property)에 속하는 것은?

① 압력   ② 체적

③ 온도   ④ 밀도

해설 강도성 상태량(intensive quantity of state)은 물질의 양과 무한한 상태량으로 압

력, 온도, 밀도(비질량), 비체적 등이 있으며 종량성 상태량(성질)은 물질의 양에 비례하는 상태량으로 체적, 엔탈피, 엔트로피, 내부에너지 등이 있다.

29. 피스톤-실린더 장치 내에 공기가 0.3 m^3에서 0.1 m^3으로 압축되었다. 압축되는 동안 압력(P)과 체적(V) 사이에 $P = aV^{-2}$의 관계가 성립하며, 계수 $a = 6$ kPa · m^6이다. 이 과정 동안 공기가 한 일은 약 얼마인가?

① -53.3 kJ   ② -1.1 kJ
③ 253 kJ   ④ -40 kJ

[해설] $_1W_2 = a\int_1^2 V^{-2}dV = a\left[\dfrac{V^{-2+1}}{-2+1}\right]_1^2$

$= a\left[\dfrac{V^{1-2}}{1-2}\right]_1^2 = a\left[\dfrac{V^{-2+1}}{2-1}\right]_2^1$

$= a\left[\dfrac{V_1^{-1} - V_2^{-1}}{2-1}\right] = 6(0.3^{-1} - 0.1^{-1})$

$= -40$ kJ

30. 매시간 20 kg의 연료를 소비하여 74 kW의 동력을 생산하는 가솔린 기관의 열효율은 약 몇 %인가? (단, 가솔린의 저위발열량은 43470 kJ/kg이다.)

① 18   ② 22   ③ 31   ④ 43

[해설] $\eta = \dfrac{3600\,kW}{H_L \times m_f} \times 100\%$

$= \dfrac{3600 \times 74}{43470 \times 20} \times 100\% = 31\%$

31. 다음 중 이상적인 증기 터빈의 사이클인 랭킨 사이클을 옳게 나타낸 것은?

① 가역등온압축 → 정압가열 → 가역등온팽창 → 정압냉각
② 가역단열압축 → 정압가열 → 가역단열팽창 → 정압냉각
③ 가역등온압축 → 정적가열 → 가역등온팽창 → 정적냉각
④ 가역단열압축 → 정적가열 → 가역단열팽창 → 정적냉각

[해설] 랭킨 사이클 : 가역단열압축($s = c$) → 정압가열($p = c$) → 가역단열팽창($s = c$) → 정압냉각($p = c$)

32. 내부 에너지가 30 kJ인 물체에 열을 가하여 내부 에너지가 50 kJ이 되는 동안에 외부에 대하여 10 kJ의 일을 하였다. 이 물체에 가해진 열량은?

① 10 kJ   ② 20 kJ
③ 30 kJ   ④ 60 kJ

[해설] $Q = \Delta U + W = (50 - 30) + 10 = 30$ kJ

33. 천제연 폭포의 높이가 55 m이고 주위와 열교환을 무시한다면 폭포수가 낙하한 후 수면에 도달할 때까지 온도 상승은 약 몇 K인가? (단, 폭포수의 비열은 4.2 kJ /kg · K이다.)

① 0.87   ② 0.31
③ 0.13   ④ 0.68

[해설] $mgz = mC\Delta t$(위치에너지 = 가열량)

$\Delta t = \dfrac{gz}{C} = \dfrac{9.8 \times 55}{4.2 \times 10^3} = 0.13$ K

34. 어떤 카르노 열기관이 100℃와 30℃ 사이에서 작동되며 100℃의 고온에서 100 kJ의 열을 받아 40 kJ의 유용한 일을 한다면 이 열기관에 대하여 가장 옳게 설명한 것은?

① 열역학 제1법칙에 위배된다.
② 열역학 제2법칙에 위배된다.
③ 열역학 제1법칙과 제2법칙에 모두 위배되지 않는다.
④ 열역학 제1법칙과 제2법칙에 모두 위배된다.

해설 $\eta_c = 1 - \dfrac{T_2}{T_1} = 1 - \dfrac{303}{373} = 0.188\,(18.8\,\%)$

열기관 열효율$(\eta) = \dfrac{W_{net}}{Q_1} = \dfrac{40}{100}$

$\qquad\qquad\qquad = 0.4\,(40\,\%)$

카르노 사이클$(\eta_c) <$ 열기관 열효율(η)이므로 열역학 제2법칙에 위배된다.

35. 증기 압축 냉동 사이클로 운전하는 냉동기에서 압축기 입구, 응축기 입구, 증발기 입구의 엔탈피가 각각 387.2 kJ/kg, 435.1 kJ/kg, 241.8 kJ/kg일 경우 성능계수는 약 얼마인가?

① 3.0 ② 4.0 ③ 5.0 ④ 6.0

해설 $\varepsilon_R = \dfrac{q_e}{w_c} = \dfrac{(h_1 - h_3)}{(h_2 - h_1)} = \dfrac{387.2 - 241.8}{435.1 - 387.2}$

$\qquad = 3.04$

36. 온도 20℃에서 계기압력 0.183 MPa의 타이어가 고속주행으로 온도 80℃로 상승할 때 압력은 주행 전과 비교하여 약 몇 kPa 상승하는가? (단, 타이어의 체적은 변하지 않고, 타이어 내의 공기는 이상기체로 가정한다. 그리고 대기압은 101.3 kPa이다.)

① 37 kPa ② 58 kPa

③ 286 kPa ④ 445 kPa

해설 $\dfrac{T_2}{T_1} = \dfrac{P_2}{P_1}$

$P_2 = P_1 \left(\dfrac{T_2}{T_1} \right) = (101.3 + 183) \left(\dfrac{353}{293} \right)$

$\qquad = 342.5\,\text{kPa}$

$\therefore \Delta P = P_2 - P_1 = 58.2\,\text{kPa}$

37. 온도가 T_1인 고열원으로부터 온도가 T_2인 저열원으로 열전도, 대류, 복사 등에 의해 Q만큼 열전달이 이루어졌을 때 전체 엔트로피 변화량을 나타내는 식은?

① $\dfrac{T_1 - T_2}{Q(T_1 \times T_2)}$ ② $\dfrac{T_1 + T_2}{Q(T_1 \times T_2)}$

③ $\dfrac{Q(T_1 - T_2)}{T_1 \times T_2}$ ④ $\dfrac{T_1 + T_2}{Q(T_1 \times T_2)}$

해설 $\Delta S_{total} = \Delta S_1 + \Delta S_2$

$= Q\left(\dfrac{-1}{T_1} + \dfrac{1}{T_2} \right) = Q\left(\dfrac{1}{T_2} - \dfrac{1}{T_1} \right)$

$= Q\left(\dfrac{T_1 - T_2}{T_1 T_2} \right)\,[\text{kJ/K}]$

38. 1 kg의 공기가 100℃를 유지하면서 가역등온팽창하여 외부에 500 kJ의 일을 하였다. 이때 엔트로피의 변화량은 약 몇 kJ/K인가?

① 1.895 ② 1.665

③ 1.467 ④ 1.340

해설 $\Delta S = \dfrac{Q}{T} = \dfrac{500}{373} = 1.340\,\text{kJ/K}$

39. 습증기 상태에서 엔탈피 h를 구하는 식은? (단, h_f는 포화액의 엔탈피, h_g는 포화증기의 엔탈피, x는 건도이다.)

① $h = h_f + (xh_g - h_f)$

② $h = h_f + x(h_g - h_f)$

③ $h = h_g + (xh_f - h_g)$

④ $h = h_g + x(h_g - h_f)$

해설 $h = h_f + x(h_g - h_f) = h_f + x\gamma\,[\text{kJ/kg}]$

40. 이상기체에 대한 관계식 중 옳은 것은? (단, C_p, C_v는 정압 및 정적 비열, k는 비열비이고, R은 기체 상수이다.)

① $C_p = C_v - R$ ② $C_p = \dfrac{k-1}{k}R$

③ $C_p = \dfrac{k}{k-1}R$ ④ $R = \dfrac{C_p + C_v}{2}$

해설 $C_p - C_v = R$, $k = \dfrac{C_p}{C_v}$

정답 35. ① 36. ② 37. ③ 38. ④ 39. ② 40. ③

$$C_p = \frac{k}{k-1}R = kC_v$$

$$C_v = C_p - R = \frac{R}{k-1}$$

제3과목 **기계유체역학**

41. 길이 150 m의 배가 10 m/s의 속도로 항해하는 경우를 길이 4 m의 모형 배로 실험하고자 할 때 모형 배의 속도는 약 몇 m/s로 해야 하는가?

① 0.133　　　　② 0.534

③ 1.068　　　　④ 1.633

해설 $V_m = V_p \sqrt{\dfrac{l_m}{l_p}} = 10 \times \sqrt{\dfrac{4}{150}}$

　　　$= 1.633 \,\text{m/s}$

42. 그림과 같은 수문(폭×높이 = 3 m×2 m)이 있을 경우 수문에 작용하는 힘의 작용점은 수면에서 몇 m 깊이에 있는가?

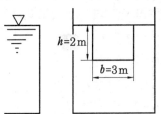

① 약 0.7 m　　　② 약 1.1 m

③ 약 1.3 m　　　④ 약 1.5 m

해설 $y_p = \bar{y} + \dfrac{I_G}{A\bar{y}} = 1 - \dfrac{\frac{3 \times 2^3}{12}}{(2\times 3)\times 1} \fallingdotseq 1.3\,\text{m}$

43. 흐르는 물의 속도가 1.4 m/s일 때 속도 수두는 약 몇 m인가?

① 0.2　　② 10　　③ 0.1　　④ 1

해설 $h = \dfrac{V^2}{2g} = \dfrac{(1.4)^2}{2\times 9.8} = 0.1\,\text{m}$

44. 다음의 무차원수 중 개수로와 같은 자유표면 유동과 가장 밀접한 관련이 있는 것은?

① Euler수　　　　② Froude수

③ Mach수　　　　④ Prantl수

해설 중력이 중요시되는 자유표면 유동 관련 무차원수는 Fr(Froude number)이다.

$$Fr = \frac{\text{관성력}}{\text{중력}} = \frac{V}{\sqrt{lg}}$$

45. x, y평면의 2차원 비압축성 유동장에서 유동함수(stream function) ψ는 $\psi = 3xy$로 주어진다. 점 (6, 2)와 점 (4, 2) 사이를 흐르는 유량은?

① 6　　② 12　　③ 16　　④ 24

해설 $\psi_1 = 3xy = 3\times 6\times 2 = 36$

　　　$\psi_2 = 3xy = 3\times 4\times 2 = 24$

　　　∴ 유량 $= \psi_1 - \psi_2 = 36 - 24 = 12$

46. 원통 속의 물이 중심축에 대하여 ω의 각속도로 강체와 같이 등속회전하고 있을 때 가장 압력이 높은 지점은?

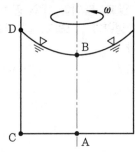

① 바닥면의 중심점 A

② 액체 표면의 중심점 B

③ 바닥면의 가장자리 C

④ 액체 표면의 가장자리 D

해설 $\Delta p = \gamma h = \gamma \left(\dfrac{r_o^2 \omega^2}{2g} \right) [\text{kPa}]$

47. 개방된 탱크 내에 비중이 0.8인 오일이

가득 차 있다. 대기압이 101 kPa라면, 오일 탱크 수면으로부터 3 m 깊이에서 절대압력은 약 몇 kPa인가?

① 25　② 249　③ 12.5　④ 125

해설 $P_{abs} = P_o + P_y = 101 + (9.8 \times 0.8) \times 3$
$$\fallingdotseq 125\,kPa$$

48. 그림과 같이 물이 고여 있는 큰 댐 아래에 터빈이 설치되어 있고, 터빈의 효율이 85%이다. 터빈 이외에서의 다른 모든 손실을 무시할 때 터빈의 출력은 약 몇 kW인가? (단, 터빈 출구관의 지름은 0.8 m, 출구속도 V는 10 m/s이고 출구압력은 대기압이다.)

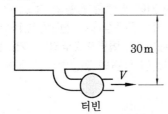

① 1043　　　　② 1227
③ 1470　　　　④ 1732

해설 $\cancel{\dfrac{P_1}{\gamma}} + \cancel{\dfrac{V_1^2}{2g}} + Z_1 = \cancel{\dfrac{P_2}{\gamma}} + \dfrac{V_2^2}{2g} + Z_2 + H_t$

$P_1 = P_2 = P_o(대기압) = 0$
$V_2 \gg V_1 (V_1 = 0)$

$\therefore H_t = (Z_1 - Z_2) - \dfrac{V_2^2}{2g}$

$$= 30 - \dfrac{10^2}{19.6} = 24.9\,m$$

$Q = AV = \dfrac{\pi}{4}(0.8)^2 \times 10 = 5.024\,m^3/s$

출력$(P) = 9.8 QH_t\eta_t$
$$= 9.8 \times 5.024 \times 24.9 \times 0.85$$
$$\fallingdotseq 1043\,kW$$

49. 2차원 정상 유동의 속도 방정식이 $V = 3(-xi + yj)$라고 할 때, 이 유동의 유선의 방정식은? (단, C는 상수를 의미한다.)

① $xy = C$　　　② $\dfrac{y}{x} = C$

③ $x^2 y = C$　　　④ $x^3 y = C$

해설 $\dfrac{dx}{u} = \dfrac{dy}{v}$,　$\dfrac{dx}{-x} = \dfrac{dy}{y}$

$-\ln x + \ln c = \ln y$
$\ln x + \ln y = \ln c = c'$
$\ln xy = \ln c = c'$
$xy = e^{c'}$
$\therefore xy = C$

50. 지름 2 cm의 노즐을 통하여 평균속도 0.5 m/s로 자동차의 연료 탱크에 비중 0.9인 휘발유 20 kg을 채우는 데 걸리는 시간은 약 몇 s인가?

① 66　② 78　③ 102　④ 141

해설 $\dot{m} = \rho AV = \rho Q[kg/s]$

$20 = 0.9 \times 1000 \times \dfrac{\pi(0.02)^2}{4} \times 0.5 \times t$
$$= 0.1413t$$

$\therefore t = \dfrac{20}{0.1413} \fallingdotseq 141\,s$

51. 체적탄성계수가 2.086 GPa인 기름의 체적을 1 % 감소시키려면 가해야 할 압력은 몇 Pa인가?

① 2.086×10^7　　② 2.086×10^4
③ 2.086×10^3　　④ 2.086×10^2

해설 $E = -\dfrac{dP}{\dfrac{dV}{V}}[Pa]$

$\therefore dP = E \times \left(-\dfrac{dV}{V}\right) = 2.086 \times 10^9 \times 0.01$
$$= 2.806 \times 10^7\,Pa$$

52. 경계층의 박리(separation) 현상이 일어나기 시작하는 위치는?

① 하류방향으로 유속이 증가할 때
② 하류방향으로 유속이 감소할 때
③ 경계층 두께가 0으로 감소될 때

④ 하류방향의 압력기울기가 역으로 될 때

[해설] 경계층의 박리 현상은 하류방향의 역압

력구배$\left(\dfrac{\partial p}{\partial x} > 0,\ \dfrac{\partial u}{\partial x} < 0\right)$ 때문에 발생한다.

53. 원관 내에 완전 발달 층류 유동에서 유량에 대한 설명으로 옳은 것은?

① 관의 길이에 비례한다.

② 관 지름의 제곱에 반비례한다.

③ 압력강하에 반비례한다.

④ 점성계수에 반비례한다.

[해설] $Q = \dfrac{\Delta P \pi d^4}{128 \mu L}$ [m³/s]에서 $Q \propto \dfrac{1}{\mu}$

∴ 유량은 점성계수에 반비례한다.

54. 표면장력의 차원으로 맞는 것은? (단, M: 질량, L: 길이, T: 시간)

① MLT^{-2} ② $ML^2 T^{-1}$

③ $ML^{-1} T^{-2}$ ④ MT^{-2}

[해설] 표면장력 $\sigma = \dfrac{pd}{4}$ [N/m]이므로

차원은 $FL^{-1} = (MLT^{-2})L^{-1} = MT^{-2}$

55. 수평으로 놓인 안지름 5 cm인 곧은 원관 속에서 점성계수 0.4 Pa·s의 유체가 흐르고 있다. 관의 길이 1 m당 압력강하가 8 kPa이고 흐름 상태가 층류일 때 관 중심부에서의 최대 유속(m/s)은?

① 3.125   ② 5.217

③ 7.312   ④ 9.714

[해설] $\Delta P = \dfrac{128 \mu \left(\dfrac{\pi d^2}{4} V\right) L}{\pi d^4} = \dfrac{32 \mu V L}{d^2}$ [Pa]

$V = \dfrac{\Delta P d^2}{32 \mu L} = \dfrac{8 \times 10^3 \times (0.05)^2}{32 \times 0.4 \times 1}$

$= 1.5625$ m/s

∴ $U_{\max} = 2V = 2 \times 1.5625 = 3.125$ m/s

56. 그림과 같이 비중 0.8인 기름이 흐르고 있는 개수로에 단순 피토관을 설치하였다. $\Delta h = 20$ mm, $h = 30$ mm일 때 속도 V는 약 몇 m/s인가?

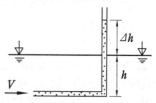

① 0.56   ② 0.63   ③ 0.77   ④ 0.99

[해설] $V = \sqrt{2g \Delta h} = \sqrt{2 \times 9.8 \times 0.02}$

$= 0.63$ m/s

57. 벽면에 평행한 방향의 속도(u) 성분만이 있는 유동장에서 전단응력을 τ, 점성계수를 μ, 벽면으로부터의 거리를 y로 표시하면 뉴턴의 점성법칙을 옳게 나타낸 식은?

① $\tau = \mu \dfrac{dy}{du}$ ② $\tau = \mu \dfrac{du}{dy}$

③ $\tau = \dfrac{1}{\mu} \dfrac{du}{dy}$ ④ $\tau = \mu \sqrt{\dfrac{du}{dy}}$

[해설] 뉴턴의 점성법칙(Newton's viscosity law)

$\tau = \mu \dfrac{dy}{dy}$ [Pa]

58. 여객기가 888 km/h로 비행하고 있다. 엔진의 노즐에서 연소가스를 375 m/s로 분출하고, 엔진의 흡기량과 배출되는 연소가스의 양은 같다고 가정하면 엔진의 추진력은 약 몇 N인가? (단, 엔진의 흡기량은 30 kg/s이다.)

① 3850 N   ② 5325 N

③ 7400 N   ④ 11250 N

[해설] $F_{th} = \dot{m}(V_2 - V_1)$

$= 30(375 - 246.67) = 3850$ N

여기서, $V_1 = \dfrac{888}{3.6} = 246.67$ m/s

---

59. 구형 물체 주위의 비압축성 점성 유체의 흐름에서 유속이 대단히 느릴 때(레이놀즈수가 1보다 작을 경우) 구형 물체에 작용하는 항력 D_r은? (단, 구의 지름은 d, 유체의 점성계수를 μ, 유체의 평균속도를 V라 한다.)

① $D_r = 3\pi\mu dV$ ② $D_r = 6\pi\mu dV$

③ $D_r = \dfrac{3\pi\mu dV}{g}$ ④ $D_r = \dfrac{3\pi dV}{\mu g}$

[해설] 스토크스 법칙(Stokes' law)

$$D_r = 3\pi\mu Vd [\text{N}]$$

60. 지름이 10 mm인 매끄러운 관을 통해서 유량 0.02 L/s의 물이 흐를 때 길이 10 m에 대한 압력손실은 약 몇 Pa인가?

① 1.140 Pa   ② 1.819 Pa

③ 1140 Pa   ④ 1819 Pa

[해설]
$$\Delta P = \frac{128\mu QL}{\pi d^4} = \frac{128(\rho\nu)QL}{\pi d^4}$$

$$= \frac{128(1000 \times 1.4 \times 10^{-6}) \times 0.02 \times 10^{-3} \times 10}{\pi(0.01)^4}$$

$$= 1141 \text{ Pa}$$

제4과목   **기계재료 및 유압기기**

61. 다음 중 일반적으로 수지에 나타나는 배향 특성에 대한 설명으로 틀린 것은?

① 금형온도가 높을수록 배향은 커진다.

② 수지의 온도가 높을수록 배향이 작아진다.

③ 사출 시간이 증가할수록 배향이 증대된다.

④ 성형품의 살두께가 얇아질수록 배향이 커진다.

[해설] 배향성은 섬유 배열의 규칙성을 말하며, 금형온도가 높을수록 배향은 작아진다.

62. 표점거리가 100 mm, 시험편의 평행부 지름이 14 mm인 시험편을 최대하중 6400 kgf로 인장한 후 표점거리가 120 mm로 변화되었을 때 인장강도는 약 몇 kgf/mm 인가?

① 10.4   ② 32.7

③ 41.6   ④ 61.4

[해설]
$$\sigma_{\max} = \frac{P_{\max}}{A_o} = \frac{6400}{\frac{\pi}{4}(14)^2}$$

$$= 41.6 \text{ kgf/mm}^2$$

63. 금속침투법 중 Zn을 강 표면에 침투 확산시키는 표면처리법은?

① 크로마이징   ② 세라다이징

③ 칼로라이징   ④ 보로나이징

[해설] 금속침투법(cementation)

(1) 크로마이징(Cr 침투)

(2) 세라다이징(Zn 침투)

(3) 칼로라이징(Al 침투)

(4) 보로나이징(B 침투)

(5) 실리코나이징(Si 침투)

64. 다음 그림과 같은 상태도의 명칭은?

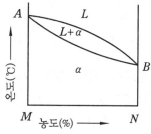

① 편정형 고용체 상태도

② 전율 고용체 상태도

③ 공정형 한율 상태도

④ 부분 고용체 상태도

65. 황(S) 성분이 적은 선철을 용해로에서 용해한 후 주형에 주입 전 Mg, Ca 등을

첨가시켜 흑연을 구상화한 주철은?

① 합금주철
② 칠드주철
③ 가단주철
④ 구상흑연주철

[해설] 구상흑연주철은 용융 상태에서 Mg, Ce, Ca 등을 첨가하거나 그 밖의 특수한 용선 처리를 하여 편상 흑연을 구상화한 것으로 노듈러 주철이라고도 한다.

66. 금속 나트륨 또는 플루오르화 알칼리 등의 첨가에 의해 조직이 미세화되어 기계적 성질의 개선 및 가공성이 증대되는 합금은?

① Al−Si
② Cu−Sn
③ Ti−Zr
④ Cu−Zn

[해설] 실루민(silumin)은 Al−Si계 합금으로 주조성이 좋으나 절삭성은 나쁘다.

67. 다음 합금 중 베어링용 합금이 아닌 것은?

① 화이트메탈
② 켈밋합금
③ 배빗메탈
④ 문츠메탈

[해설] 배빗메탈(화이트메탈)은 Sn−Sb−Cu 합금으로 미끄럼용 베어링에 사용하며, 켈밋합금은 Cu−Pb 합금으로 고속·고하중용 베어링에 사용한다. 문츠메탈은 6−4 황동(Cu−Zn)이다.

68. 상온에서 순철의 결정격자는?

① 체심입방격자
② 면심입방격자
③ 조밀육방격자
④ 정방격자

69. 탄소함유량이 0.8 %가 넘는 고탄소강의 담금질 온도로 가장 적당한 것은?

① A_1 온도보다 30~50℃ 정도 높은 온도
② A_2 온도보다 30~50℃ 정도 높은 온도

③ A_3 온도보다 30~50℃ 정도 높은 온도
④ A_4 온도보다 30~50℃ 정도 높은 온도

[해설] 탄소함유량이 0.8 %가 넘는 고탄소강의 담금질 온도는 A_1(공석점 : 723℃)보다 30~50℃ 정도 높은 온도가 적당하다.

70. 영구 자석강이 갖추어야 할 조건으로 가장 적당한 것은?

① 잔류자속밀도 및 보자력이 모두 클 것
② 잔류자속밀도 및 보자력이 모두 작을 것
③ 잔류자속밀도가 작고 보자력이 클 것
④ 잔류자속밀도가 크고 보자력이 작을 것

[해설] 영구 자석강은 잔류자속밀도와 보자력이 커야 하며, 전기적·기계적 성질이 양호하고 열처리가 용이해야 한다.

71. 체크 밸브, 릴리프 밸브 등에서 압력이 상승하고 밸브가 열리기 시작하여 어느 일정한 흐름의 양이 인정되는 압력은?

① 토출 압력
② 서지 압력
③ 크래킹 압력
④ 오버라이드 압력

[해설] 오버라이드 압력(override pressure)은 압력 제어 밸브에서 어느 최소 유량에서 어느 최대 유량까지의 사이에 증대하는 압력을 말한다.

72. 그림은 KS 유압 도면기호에서 어떤 밸브를 나타낸 것인가?

① 릴리프 밸브
② 무부하 밸브
③ 시퀀스 밸브
④ 감압 밸브

73. 다음 유압회로는 어떤 회로에 속하는가?

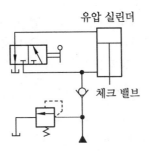

유압 실린더

체크 밸브

① 로크 회로

② 무부하 회로

③ 블리드 오프 회로

④ 어큐뮬레이터 회로

74. 유압 모터의 종류가 아닌 것은?

① 회전 피스톤 모터 ② 베인 모터

③ 기어 모터 ④ 나사 모터

해설 나사 모터(screw motor)는 없고 나사 펌프(screw pump)는 있다.

75. 유압 베인 모터의 1회전당 유량이 50 cc일 때, 공급 압력을 800 N/cm², 유량을 30 L/min으로 할 경우 베인 모터의 회전수는 약 몇 rpm인가? (단, 누설량은 무시한다.)

① 600 ② 1200 ③ 2666 ④ 5333

해설 $N = \dfrac{Q}{q_n} = \dfrac{30 \times 10^3}{50} = 600 \, \text{rpm}$

76. 그림과 같은 유압 잭에서 지름이 $D_2 = 2D_1$일 때 누르는 힘 F_1과 F_2의 관계를 나타낸 식으로 옳은 것은?

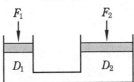

① $F_2 = F_1$ ② $F_2 = 2F_1$

③ $F_2 = 4F_1$ ④ $F_2 = 8F_1$

해설 $P_1 = P_2$

$\dfrac{F_1}{A_1} = \dfrac{F_2}{A_2} \left[\dfrac{A_2}{A_1} = \left(\dfrac{D_2}{D_1} \right)^2 \right]$

$F_2 = F_1 \left(\dfrac{A_2}{A_1} \right) = F_1 \left(\dfrac{D_2}{D_1} \right)^2 = F_1 \left(\dfrac{2}{1} \right)^2 = 4F_1$

77. 다음 어큐뮬레이터의 종류 중 피스톤형의 특징에 대한 설명으로 가장 적절하지 않은 것은?

① 대형도 제작이 용이하다.

② 축유량을 크게 잡을 수 있다.

③ 형상이 간단하고 구성품이 적다.

④ 유실에 가스 침입의 염려가 없다.

해설 피스톤형 어큐뮬레이터는 유실에 가스 침입의 우려가 있다.

78. 주로 펌프의 흡입구에 설치되어 유압작동유의 이물질을 제거하는 용도로 사용하는 기기는?

① 드레인 플러그 ② 스트레이너

③ 블래더 ④ 배플

해설 스트레이너는 탱크 내의 펌프 흡입구에 설치하며, 펌프 및 회로에 불순물의 흡입을 막는다. 펌프 송출량의 2배 이상의 압유를 통과시킬 수 있는 능력을 가져야 하며, 흡입 저항이 작은 것이 바람직하고 보통 100~200 메시의 철망이 사용된다.

79. 카운터 밸런스 밸브에 관한 설명으로 옳은 것은?

① 두 개 이상의 분기 회로를 가질 때 각 유압 실린더를 일정한 순서로 순차 작동시킨다.

② 부하의 낙하를 방지하기 위해서, 배압을 유지하는 압력 제어 밸브이다.

③ 회로 내의 최고 압력을 설정해 준다.

④ 펌프를 무부하 운전시켜 동력을 절감시킨다.

[해설] ①은 시퀀스 밸브, ③은 릴리프 밸브, ④는 무부하 밸브에 대한 설명이다.

80. 유압 기본회로 중 미터 인 회로에 대한 설명으로 옳은 것은?

① 유량 제어 밸브는 실린더에서 유압작동유의 출구 측에 설치한다.

② 유량 제어 밸브를 탱크로 바이패스 되는 관로 쪽에 설치한다.

③ 릴리프 밸브를 통하여 분기되는 유량으로 인한 동력손실이 크다.

④ 압력 설정 회로로 체크 밸브에 의하여 양방향만의 속도가 제어된다.

[해설] 미터 인 회로는 유량 제어 밸브를 실린더에서 유압작동유의 입구 측에 설치하며, 릴리프 밸브를 통해 분기되는 유량으로 인한 동력손실이 크다.

제 5 과목 **기계제작법 및 기계동력학**

81. 압축된 스프링으로 100 g의 추를 밀어 올려 위에 있는 종을 치는 완구를 설계하려고 한다. 스프링 상수가 80 N/m라면 종을 치게 하기 위한 최소의 스프링 압축량은 약 몇 cm인가? (단, 그림의 상태는 스프링이 전혀 변형되지 않은 상태이며 추가 종을 칠 때는 이미 추와 스프링은 분리된 상태이다. 또한 중력은 아래로 작용하고 스프링의 질량은 무시한다.)

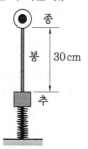

① 8.5 cm ② 9.9 cm
③ 10.6 cm ④ 12.4 cm

[해설] 탄성에너지(U) = 위치에너지(PE)

$$U = \frac{1}{2}k\delta^2 = mg(h+\delta)$$

$$40\delta^2 - mg\delta - mgh = 0$$

$$ax^2 + bx + c = 0$$

$$x = \frac{-b \pm \sqrt{b^2 - 4ac}}{2a}$$

2차 연립방정식 근의 공식에 대입하면

$$\delta = \frac{mg \pm \sqrt{m^2 g^2 + 4 \times 40 \times mgh}}{2 \times 40}$$

$$\fallingdotseq 0.099 \text{ m} = 9.9 \text{ cm}$$

82. 그림과 같은 진동계에서 무게 W는 22.68 N, 댐핑계수 c는 0.0579 N·s/cm, 스프링 정수 K가 0.357 N/cm일 때 감쇠비(damping ratio)는 약 얼마인가?

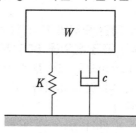

① 0.19 ② 0.22
③ 0.27 ④ 0.32

[해설] 감쇠비(ζ)

$$= \frac{c}{c_c} = \frac{c}{2\sqrt{mk}} = \frac{0.0579}{2\sqrt{\frac{22.68}{980} \times 0.357}}$$

$$= \frac{0.0579}{0.182} \fallingdotseq 0.32$$

83. 경사면에 질량 M의 균일한 원기둥이 있다. 이 원기둥에 감겨 있는 실을 경사면과 동일한 방향으로 위쪽으로 잡아당길 때, 미끄럼이 일어나지 않기 위한 실의 장력 T의 조건은? (단, 경사면의 각도를 α, 경사면과 원기둥 사이의 마찰계수를 μ_s, 중력

가속도를 g라 한다.)

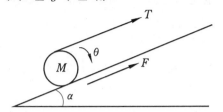

① $T \leq Mg(3\mu_s\sin\alpha + \cos\alpha)$

② $T \leq Mg(3\mu_s\sin\alpha - \cos\alpha)$

③ $T \leq Mg(3\mu_s\cos\alpha + \sin\alpha)$

④ $T \leq Mg(3\mu_s\cos\alpha - \sin\alpha)$

84. 펌프가 견고한 지면 위의 네 모서리에 하나씩 총 4개의 동일한 스프링으로 지지되어 있다. 이 스프링의 정적 처짐이 3 cm일 때, 이 기계의 고유 진동수는 약 몇 Hz인가?

① 3.5　　② 7.6　　③ 2.9　　④ 4.8

해설 $f_n = \dfrac{1}{2\pi}\sqrt{\dfrac{k}{m}} = \dfrac{1}{2\pi}\sqrt{\dfrac{g}{\delta}}$

$\quad\quad = \dfrac{1}{2\pi}\sqrt{\dfrac{980}{3}} = 2.9\,\text{Hz(cps)}$

85. 그림과 같이 2개의 질량이 수평으로 놓인 마찰이 없는 막대 위를 미끄러진다. 두 질량의 반발계수가 0.6일 때 충돌 후 A의 속도(u_A)와 B의 속도(u_B)로 옳은 것은?

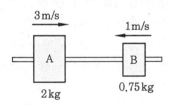

① $u_A = 3.65\text{m/s}, \ u_B = 1.25\text{m/s}$

② $u_A = 1.25\text{m/s}, \ u_B = 3.65\text{m/s}$

③ $u_A = 3.25\text{m/s}, \ u_B = 1.65\text{m/s}$

④ $u_A = 1.65\text{m/s}, \ u_B = 3.25\text{m/s}$

해설 $u_A = \dfrac{(e+1)m_2v_2 + v_1(m_1 - m_2 e)}{m_1 + m_2}$

$\quad\quad = \dfrac{(0.6+1)\times0.75\times(-1) + 3\times(2 - 0.75\times0.6)}{2 + 0.75}$

$\quad\quad = 1.25\,\text{m/s}$

$\quad u_B = \dfrac{(e+1)m_1v_1 + v_2(m_2 - m_1 e)}{m_1 + m_2}$

$\quad\quad = \dfrac{(0.6+1)\times2\times3 + (-1)(0.75 - 2\times0.6)}{2 + 0.75}$

$\quad\quad = 3.65\,\text{m/s}$

86. 다음 설명 중 뉴턴(Newton)의 제1법칙으로 맞는 것은?

① 질점의 가속도는 작용하고 있는 합력에 비례하고 그 합력의 방향과 같은 방향에 있다.

② 질점에 외력이 작용하지 않으면, 정지 상태를 유지하거나 일정한 속도로 일직선상에서 운동을 계속한다.

③ 상호작용하고 있는 물체 간의 작용력과 반작용력은 크기가 같고 방향이 반대이며, 동일 직선상에 있다.

④ 자유낙하하는 모든 물체는 같은 가속도를 가진다.

87. 그림과 같은 질량은 3 kg인 원판의 반지름이 0.2 m일 때, $x-x'$축에 대한 질량 관성 모멘트의 크기는 약 몇 kg·m²인가?

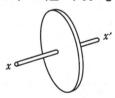

① 0.03　　　　② 0.04

③ 0.05　　　　④ 0.06

해설 $J_G = \dfrac{1}{2}mR^2 = \dfrac{1}{2}\times3\times(0.2)^2$

$\quad\quad = 0.06\,\text{kg}\cdot\text{m}^2$

88. 공을 지면에서 수직방향으로 9.81 m/s 의 속도로 던졌을 때 최대 도달 높이는 지면으로부터 약 몇 m인가?

① 4.9 ② 9.8 ③ 14.7 ④ 19.6

해설 $h = \dfrac{V^2}{2g} = \dfrac{(9.81)^2}{2 \times 9.8} = 4.9 \, \text{m}$

89. 엔진(질량 m)의 진동이 공장 바닥에 직접 전달될 때 바닥에는 힘이 $F_0 \sin \omega t$로 전달된다. 이때 전달되는 힘을 감소시키기 위해 엔진과 바닥 사이에 스프링(스프링 상수 k)과 댐퍼(감쇠계수 c)를 달았다. 이를 위해 진동계의 고유 진동수(ω_n)와 외력의 진동수(ω)는 어떤 관계를 가져야 하는가? (단, $\omega_n = \sqrt{\dfrac{k}{m}}$ 이고, t는 시간을 의미한다.)

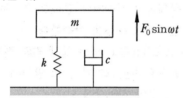

① $\omega_n < \omega$

② $\omega_n > \omega$

③ $\omega_n < \dfrac{\omega}{\sqrt{2}}$

④ $\omega_n > \dfrac{\omega}{\sqrt{2}}$

90. 그림 (a)를 그림 (b)와 같이 모형화했을 때 성립되는 관계식은?

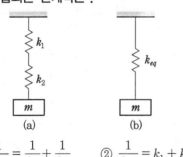

(a)   (b)

① $\dfrac{1}{k_{eq}} = \dfrac{1}{k_1} + \dfrac{1}{k_2}$

② $\dfrac{1}{k_{eq}} = k_1 + k_2$

③ $\dfrac{1}{k_{eq}} = k_1 + \dfrac{1}{k_2}$

④ $k_{eq} = \dfrac{1}{k_1} + \dfrac{1}{k_2}$

해설 스프링의 직렬연결 시 등가 스프링 상수(k_{eq})

$$\dfrac{1}{k_{eq}} = \dfrac{1}{k_1} + \dfrac{1}{k_2}$$

$$\therefore \ k_{eq} = \dfrac{1}{\dfrac{1}{k_1} + \dfrac{1}{k_2}} = \dfrac{k_1 \cdot k_2}{k_1 + k_2} \, [\text{N/cm}]$$

91. 사형(砂型)과 금속형(金屬型)을 사용하며 내마모성이 큰 주물을 제작할 때 표면은 백주철이 되고 내부는 회주철이 되는 주조 방법은?

① 다이캐스팅법 ② 원심주조법

③ 칠드주조법 ④ 셀주조법

해설 칠드주조(chilled cast iron)란 주형의 일부가 금형으로 되어 있는 주조법으로 주철이 급랭하면 표면이 단단한 탄화철(Fe_3C)이 되어 칠드층을 이루며 내부는 서서히 냉각되어 연한 주물이 된다.

92. 불활성 가스가 공급되면서 용가재인 소모성 전극와이어를 연속적으로 보내서 아크를 발생시켜 용접하는 불활성 가스 아크 용접법은?

① MIG 용접 ② TIG 용접

③ 스터드 용접 ④ 레이저 용접

93. 절삭 공구에 발생하는 구성 인선의 방지법이 아닌 것은?

① 절삭 깊이를 작게 할 것

② 절삭 속도를 느리게 할 것

③ 절삭 공구의 인선을 예리하게 할 것

④ 공구 윗면 경사각(rake angle)을 크게 할 것

해설 구성 인선(built-up edge)의 방지책

(1) 절삭 깊이를 작게 할 것

(2) 절삭 속도를 빠르게 할 것

(3) 절삭 공구의 인선을 예리하게 할 것

(4) 공구(bite)의 윗면 경사각을 크게(30° 이상) 할 것

정답 88. ① 89. ③ 90. ① 91. ③ 92. ① 93. ②

94. 압연가공에서 압하율을 나타내는 공식은? (단, H_0는 압연 전의 두께, H_1은 압연 후의 두께이다.)

① $\dfrac{H_1 - H_0}{H_1} \times 100\,\%$

② $\dfrac{H_0 - H_1}{H_0} \times 100\,\%$

③ $\dfrac{H_1 + H_0}{H_0} \times 100\,\%$

④ $\dfrac{H_1}{H_0} \times 100\,\%$

해설 압하율(%) $= \dfrac{H_0 - H_1}{H_0} \times 100\,\%$

$\qquad\qquad\quad = \left(1 - \dfrac{H_1}{H_0}\right) \times 100\,\%$

95. 0℃ 이하의 온도에서 냉각시키는 조작으로 공구강의 경도가 증가 및 성능을 향상시킬 수 있으며, 담금질된 오스테나이트를 마텐자이트화하는 열처리법은?

① 질량 효과(mass effect)

② 완전 풀림(full annealing)

③ 화염 경화(frame hardening)

④ 심랭 처리(sub-zero treatment)

96. 연삭가공을 한 후 가공표면을 검사한 결과 연삭 크랙(crack)이 발생되었다. 이때 조치하여야 할 사항으로 옳지 않은 것은?

① 비교적 경(硬)하고 연삭성이 좋은 지석을 사용하고 이송을 느리게 한다.

② 연삭액을 사용하여 충분히 냉각시킨다.

③ 결합도가 연한 숫돌을 사용한다.

④ 연삭 깊이를 적게 한다.

해설 연삭 크랙(crack)을 방지하려면 비교적 연하고 연삭성이 좋은 지석을 사용하고 이송을 빠르게 한다.

97. 다음 중 아크(arc) 용접봉의 피복제 역할에 대한 설명으로 가장 적절한 것은?

① 용착 효율을 낮춘다.

② 전기 통전 작용을 한다.

③ 응고와 냉각속도를 촉진시킨다.

④ 산화 방지와 산화물의 제거 작용을 한다.

해설 피복제는 용융 금속의 용적을 미세화하여 용착 효율을 높이며 전기 절연 작용을 한다.

98. 다음 중 연삭숫돌의 결합제(bond)로 주성분이 점토와 장석이고, 열에 강하고 연삭액에 대해서도 안전하므로 광범위하게 사용되는 결합제는?

① 비트리파이드　　② 실리케이트

③ 레지노이드　　　④ 셸락

99. 두께 4 mm인 탄소강판에 지름 1000 mm의 펀칭을 할 때 소요되는 동력은 약 kW인가? (단, 소재의 전단저항은 245.25 MPa, 프레스 슬라이드의 평균속도는 5 m/min, 프레스의 기계효율(η)은 65 %이다.)

① 146　② 280　③ 396　④ 538

해설 소요동력(kW) $= \dfrac{FV}{\eta_m} = \dfrac{(\tau_s \pi dt)\,V}{\eta_m}$

$\qquad = \dfrac{\left[(245.25 \times \pi \times 1000 \times 4) \times \dfrac{5}{60}\right]}{0.65} \times 10^{-3}$

$\qquad \fallingdotseq 396\,\text{kW}$

100. 회전하는 상자 속에 공작물과 숫돌입자, 공작액, 콤파운드 등을 넣고 서로 충돌시켜 표면의 요철을 제거하며 매끈한 가공면을 얻는 가공법은?

① 호닝(honing)

② 배럴(barrel) 가공

③ 쇼트 피닝(shot peening)

④ 슈퍼 피니싱(super finishing)

정답　94. ②　95. ④　96. ①　97. ④　98. ①　99. ③　100. ②

일반기계기사

제1과목   **재료역학**

1. 다음 단면에서 도심의 y축 좌표는 얼마인가?

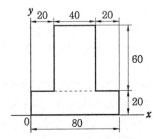

① 30   ② 34
③ 40   ④ 44

해설 $G_X = \displaystyle\int_A y dA = A\bar{y}\ [\text{cm}^3]$

$\therefore \bar{y} = \dfrac{G_X}{A} = \dfrac{\displaystyle\int_A y dA}{A} = \dfrac{A_1\bar{y_1} + A_2\bar{y_2}}{A_1 + A_2}$

$= \dfrac{1600 \times 10 + 2400 \times 50}{1600 + 2400} = 34\,\text{cm}$

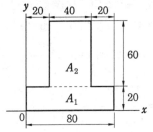

2. 그림과 같이 원형 단면을 갖는 외팔보에 발생하는 최대 굽힘응력 σ_b는?

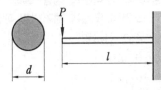

① $\dfrac{32Pl}{\pi d^3}$ ② $\dfrac{32Pl}{\pi d^4}$

③ $\dfrac{6Pl}{\pi d^2}$ ④ $\dfrac{\pi d}{6Pl}$

해설 $M_{\max} = \sigma_b Z$

$\therefore \sigma_b = \dfrac{M_{\max}}{Z} = \dfrac{Pl}{\dfrac{\pi d^3}{32}} = \dfrac{32Pl}{\pi d^3}\ [\text{MPa}]$

3. 양단이 힌지로 된 길이 4 m인 기둥의 임계하중을 오일러 공식을 사용하여 구하면 약 몇 N인가? (단, 기둥의 세로탄성계수 E = 200 GPa이다.)

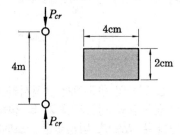

① 1645   ② 3290
③ 6580   ④ 13160

해설 $P_{cr} = n\pi^2 \dfrac{EI_G}{l^2}$

$= 1 \times \pi^2 \times \dfrac{200 \times 10^3 \times \dfrac{40 \times 20^3}{12}}{4000^2}$

$\fallingdotseq 3290\,\text{N}$

여기서, n : 양단 힌지단인 경우 단말(끝단) 계수($=1$)

4. 길이가 50 cm인 외팔보의 자유단에 정적인 힘을 가하여 자유단에서의 처짐량이 1 cm가 되도록 외팔보를 탄성변형시키려고 한다. 이때 필요한 최소한의 에너지는 약 몇 J인가? (단, 외팔보의 세로탄성계수는 200 GPa, 단면은 한 변의 길이가 2 cm인 정사각형이라고 한다.)

정답 1. ②   2. ①   3. ②   4. ①

① 3.2 ② 6.4

③ 9.6 ④ 12.8

해설 $\delta=\dfrac{Pl^3}{3EI}$ 에서

$$P=\frac{3EI\delta}{l^3}=\frac{3\times200\times10^3\times\dfrac{20^4}{12}\times10}{500^3}$$

$$=640\,\text{N}$$

$$\therefore\ U=\frac{P\delta}{2}=\frac{640\times0.01}{2}=3.2\,\text{J}$$

5. 그림에서 클램프(clamp)의 압축력이 $P=$ 5 kN일 때 $m-n$ 단면의 최소두께 h를 구하면 약 몇 cm인가? (단, 직사각형 단면의 폭 $b=$ 10 mm, 편심거리 $e=$ 50 mm, 재료의 허용응력 $\sigma_w=$ 200 MPa이다.)

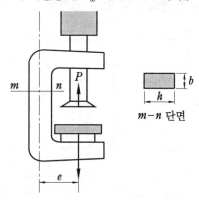

$m-n$ 단면

① 1.34 ② 2.34

③ 2.86 ④ 3.34

해설 $M=Pe=5000\times5=25000\,\text{N}\cdot\text{cm}$

$A=bh$

$Z=\dfrac{bh^2}{6}$

$\sigma=\dfrac{P}{A}+\dfrac{M}{Z}=\dfrac{5000}{bh}+\dfrac{6\times25000}{bh^2}$

$=20000\,\text{N/cm}^2$

$20000h^2-5000h-6\times25000=0$

$h^2-0.25h-7.5=0$

$\therefore\ h=\dfrac{0.25+\sqrt{(0.25)^2+4\times7.5}}{2}=2.86\,\text{cm}$

6. 강선의 지름이 5 mm이고 코일의 반지름이 50 mm인 15회 감긴 스프링이 있다. 이 스프링에 힘이 작용할 때 처짐량이 50 mm일 때, P는 약 몇 N인가? (단, 재료의 전단탄성계수 $G=$ 100 GPa이다.)

① 18.32 ② 22.08

③ 26.04 ④ 28.43

해설 코일 스프링인 경우 $\delta_{\max}=\dfrac{8nD^3P}{Gd^4}$

$\therefore\ P=\dfrac{Gd^4\delta_{\max}}{8nD^3}=\dfrac{100\times10^3\times5^4\times50}{8\times15\times100^3}$

$=26.04\,\text{N}$

7. 지름 d인 강봉의 지름을 2배로 했을 때 비틀림 강도는 몇 배가 되는가?

① 2배 ② 4배

③ 8배 ④ 16배

해설 $T=\tau Z_P=\tau\dfrac{\pi d^3}{16}\,[\text{N}\cdot\text{m}]$에서 $T\propto d^3$

$\therefore\ \dfrac{T_2}{T_1}=\left(\dfrac{2d_1}{d_1}\right)^3=8$

8. 그림과 같이 단순 지지보가 B점에서 반시계 방향의 모멘트를 받고 있다. 이때 최대의 처짐이 발생하는 곳은 A점으로부터 얼마나 떨어진 거리인가?

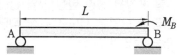

정답 5. ③ 6. ③ 7. ③ 8. ④

① $\dfrac{L}{2}$ ② $\dfrac{L}{\sqrt{2}}$

③ $L\left(1-\dfrac{1}{\sqrt{3}}\right)$ ④ $\dfrac{L}{\sqrt{3}}$

9. 푸아송(Poission)비가 0.3인 재료에서 세로탄성계수(E)와 가로탄성계수(G)의 비 (E/G)는?

① 0.15   ② 1.5

③ 2.6   ④ 3.2

해설 $G=\dfrac{mE}{2(m+1)}=\dfrac{E}{2(1+\mu)}$ [GPa]

$\therefore \dfrac{E}{G}=2(1+\mu)=2\times(1+0.3)=2.6$

10. 그림과 같은 양단 고정보에서 고정단 A에서 발생하는 굽힘 모멘트는? (단, 보의 굽힘 강성계수는 EI이다.)

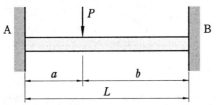

① $M_A=\dfrac{Pab}{L}$

② $M_A=\dfrac{Pab(a-b)}{L}$

③ $M_A=\dfrac{Pab}{L}\times\dfrac{a}{L}$

④ $M_A=\dfrac{Pab}{L}\times\dfrac{b}{L}$

해설 $M_A=\dfrac{Pab^2}{L^2}$

$M_B=\dfrac{Pa^2b}{L^2}$

11. 그림과 같은 선형 탄성 균일 단면 외팔보의 굽힘 모멘트 선도로 가장 적당한 것은 어느 것인가?

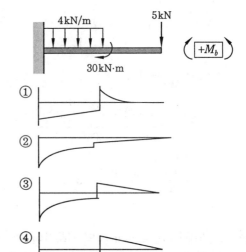

12. 다음 단면의 도심 축($X-X$)에 대한 관성 모멘트는 약 몇 m⁴인가?

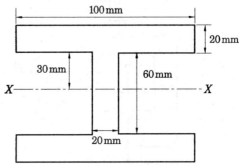

① 3.627×10^{-6} ② 4.267×10^{-7}

③ 4.933×10^{-7} ④ 6.893×10^{-6}

해설 $I_{X-X}=\dfrac{BH^3}{12}-2\times\dfrac{bh^3}{12}$

$=\dfrac{0.1\times(0.1)^3}{12}-2\times\dfrac{0.04\times(0.06)^3}{12}$

$=6.893\times10^{-6}\,\text{m}^4$

13. 한 변의 길이가 10 mm인 정사각형 단면의 막대가 있다. 온도를 60℃ 상승시켜서 길이가 늘어나지 않게 하기 위해 8 kN의 힘이 필요할 때 막대의 선팽창계수(α)는 약 몇 ℃⁻¹인가? (단, 탄성계수 $E=$

정답 9. ③   10. ④   11. ②   12. ④   13. ④

200 GPa이다.)

① $\dfrac{5}{3} \times 10^{-6}$ 　　　② $\dfrac{10}{3} \times 10^{-6}$

③ $\dfrac{15}{3} \times 10^{-6}$ 　　　④ $\dfrac{20}{3} \times 10^{-6}$

[해설] $P = \sigma A = E A \alpha \Delta t \, [\text{N}]$

$$\therefore \ \alpha = \frac{P}{EA\Delta t} = \frac{8000}{200 \times 10^3 \times 10^2 \times 60}$$

$$= 6.67 \times 10^{-6} \left(= \frac{20}{3} \times 10^{-6} \right) [\text{℃}^{-1} = 1/\text{℃}]$$

14. 그림과 같은 단순 지지보에서 길이(l)는 5 m, 중앙에서 집중 하중 P가 작용할 때 최대 처짐이 43 mm라면 이때 집중 하중 P의 값은 약 몇 kN인가? (단, 보의 단면 (폭(b)×높이(h) = 5 cm×12 cm), 탄성계수 E = 210 GPa로 한다.)

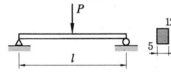

① 50　　　　　　② 38

③ 25　　　　　　④ 16

[해설] $\delta = \dfrac{Pl^3}{48EI}$

$$\therefore \ P = \frac{48EI\delta}{l^3}$$

$$= \frac{48 \times 210 \times 10^6 \times \dfrac{0.05 \times (0.12)^3}{12} \times 0.043}{5^3}$$

$$\fallingdotseq 25 \text{ kN}$$

15. 길이가 l인 외팔보에서 그림과 같이 삼각형 분포 하중을 받고 있을 때 최대 전단력과 최대 굽힘 모멘트는?

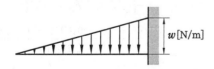

① $\dfrac{wl}{2}, \ \dfrac{wl^2}{6}$ 　　　② $wl, \ \dfrac{wl^2}{3}$

③ $\dfrac{wl}{2}, \ \dfrac{wl^2}{3}$ 　　　④ $\dfrac{wl^2}{2}, \ \dfrac{wl}{6}$

[해설] 보의 반력은 최대 전단력과 크기가 같다 (외팔보인 경우).

최대 전단력$(F_{\max}) = \dfrac{wl}{2} \, [\text{N}]$

최대 굽힘 모멘트$(M_{\max})$

$$= \frac{wl}{2} \times \frac{l}{3} = \frac{wl^2}{6} \, [\text{N} \cdot \text{m}]$$

16. 볼트에 7200 N의 인장하중을 작용시키면 머리부에 생기는 전단응력은 몇 MPa인가?

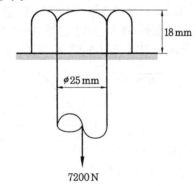

① 2.55　　　　　② 3.1

③ 5.1　　　　　 ④ 6.25

[해설] $\tau = \dfrac{W}{A} = \dfrac{W}{\pi dh} = \dfrac{7200}{\pi \times 25 \times 18}$

$$\fallingdotseq 5.1 \text{ MPa}$$

17. 400 rpm으로 회전하는 바깥지름 60 mm, 안지름 40 mm인 중공 단면축의 허용 비틀림 각도가 1°일 때 이 축이 전달할 수 있는 동력의 크기는 약 몇 kW인가? (단, 전단 탄성계수 G = 80 GPa, 축 길이 L = 3 m이다.)

① 15　　　　　　② 20

③ 25　　　　　　④ 30

[해설] $\theta = 57.3 \dfrac{TL}{GI_P} = 57.3 \dfrac{TL}{G\dfrac{\pi d_2^4}{32}(1-x^4)}$

$\fallingdotseq 584 \dfrac{TL}{Gd_2^4(1-x^4)}$

$= 584 \times \dfrac{9.55 \times 10^6 \times \dfrac{kW}{N} \times L}{Gd_2^4(1-x^4)}$

$\therefore kW = \dfrac{Gd_2^4(1-x^4)\theta N}{584 \times 9.55 \times 10^6 \times L}$

$= \dfrac{80 \times 10^3 \times 60^4 \times \left[1-\left(\dfrac{40}{60}\right)^4\right] \times 1 \times 400}{584 \times 9.55 \times 10^6 \times 3000}$

$\fallingdotseq 20\,kW$

18. 그림과 같은 구조물에 1000 N의 물체가 매달려 있을 때 두 개의 강선 AB와 AC에 작용하는 힘의 크기는 약 몇 N인가?

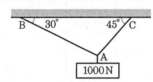

① AB = 732, AC = 897
② AB = 707, AC = 500
③ AB = 500, AC = 707
④ AB = 897, AC = 732

[해설] $\dfrac{1000}{\sin 105°} = \dfrac{AB}{\sin 135°} = \dfrac{AC}{\sin 120°}$

(1) $AB = 1000 \times \dfrac{\sin 135°}{\sin 105°} = 732\,N$

(2) $AC = 1000 \times \dfrac{\sin 120°}{\sin 105°} \fallingdotseq 897\,N$

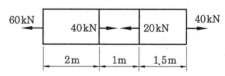

19. 그림과 같이 스트레인 로제트(strain rosette)를 45°로 배열한 경우 각 스트레인 게이지에 나타나는 스트레인량을 이용

하여 구해지는 전단 변형률 γ_{xy}는?

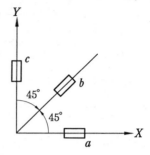

① $\sqrt{2}\,\varepsilon_b - \varepsilon_a - \varepsilon_c$
② $2\varepsilon_b - \varepsilon_a - \varepsilon_c$
③ $\sqrt{3}\,\varepsilon_b - \varepsilon_a - \varepsilon_c$
④ $3\varepsilon_b - \varepsilon_a - \varepsilon_c$

[해설] $\varepsilon_b = \dfrac{1}{2}(\varepsilon_a + \varepsilon_b) + \dfrac{1}{2}(\varepsilon_a - \varepsilon_b)\cos 2\theta$

$\qquad + \dfrac{\gamma_{xy}}{2}\sin 2\theta$

$\quad = \dfrac{1}{2}(\varepsilon_a + \varepsilon_c) + \dfrac{1}{2}(\varepsilon_a - \varepsilon_c)\cos 90°$

$\qquad + \dfrac{\gamma_{xy}}{2}\sin 90°$

$2\varepsilon_b = \varepsilon_a + \varepsilon_c + \gamma_{xy}$

$\therefore \gamma_{xy} = 2\varepsilon_b - \varepsilon_a - \varepsilon_c$

20. 단면적이 4 cm²인 강봉에 그림과 같이 하중이 작용할 때 이 봉은 약 몇 cm 늘어나는가? (단, 세로탄성계수 $E = 210\,GPa$이다.)

60kN ─ [40kN → ← 20kN] ─ 40kN
2m | 1m | 1.5m

① 0.80　　　　② 0.24
③ 0.0028　　　④ 0.015

[해설] $\lambda_{total} = \dfrac{1}{AE}(P_1 L_1 + P_2 L_2 + P_3 L_3)$

$= \dfrac{(60 \times 200 + 20 \times 100 + 40 \times 150)}{4 \times 250 \times 10^2}$

$\fallingdotseq 0.24\,cm$

제2과목 **기계열역학**

21. 그림의 증기압축 냉동사이클(온도(T)―엔트로피(s) 선도)이 열펌프로 사용될 때의 성능계수는 냉동기로 사용될 때의 성능계수의 몇 배인가? (단, 각 지점에서의 엔탈피는 $h_1 = 180 \text{ kJ/kg}$, $h_2 = 210 \text{ kJ/kg}$, $h_3 = h_4 = 50 \text{ kJ/kg}$이다.)

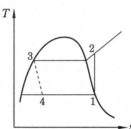

① 0.81
② 1.23
③ 1.63
④ 2.12

해설 $\varepsilon_H = \dfrac{q_1}{w_c} = \dfrac{h_2 - h_3}{h_2 - h_1}$

$= \dfrac{210 - 50}{210 - 180} = \dfrac{160}{30} = 5.33$

$\varepsilon_H = \dfrac{q_2}{w_c} = \dfrac{h_1 - h_4}{h_2 - h_1} = \varepsilon_H - 1$

$= 5.33 - 1 = 4.33$

$\therefore \dfrac{\varepsilon_H}{\varepsilon_R} = \dfrac{5.33}{4.33} = 1.23$

22. 물질이 액체에서 기체로 변해가는 과정과 관련하여 다음 설명 중 옳지 않은 것은 어느 것인가?

① 물질의 포화온도는 주어진 압력하에서 그 물질의 증발이 일어나는 온도이다.
② 물의 포화온도가 올라가면 포화압력도 올라간다.
③ 액체의 온도가 현재 압력에 대한 포화온도보다 낮을 때 그 액체를 압축액 또는 과냉각액이라 한다.

④ 어떤 물질이 포화온도하에서 일부는 액체로 존재하고 일부는 증기로 존재할 때, 전체 질량에 대한 액체 질량의 비를 건도로 정의한다.

해설 건도$(x) = \dfrac{증기\ 질량}{전체\ 질량} \times 100\%$

23. 공기 1 kg을 1 MPa, 250℃의 상태로부터 등온과정으로 0.2 MPa까지 압력 변화를 할 때 외부에 대하여 한 일은 약 몇 kJ인가? (단, 공기는 기체상수가 0.287 kJ/kg·K인 이상기체이다.)

① 157
② 242
③ 313
④ 465

해설 $_1W_2 = mRT \ln \dfrac{P_1}{P_2}$

$= 1 \times 0.287 \times (250 + 273) \times \ln \dfrac{1}{0.2}$

$\fallingdotseq 242 \text{ kJ}$

24. 100 kPa의 대기압 하에서 용기 속 기체의 진공압이 15 kPa이었다. 이 용기 속 기체의 절대압력은 약 몇 kPa인가?

① 85
② 90
③ 95
④ 115

해설 $P_a = P_o - P_v = 100 - 15 = 85 \text{ kPa}$

25. 다음 열역학 성질(상태량)에 대한 설명 중 옳은 것은?

① 엔탈피는 점함수(point function)이다.
② 엔트로피는 비가역과정에 대해서 경로함수이다.
③ 시스템 내 기체가 열평형(thermal equilibrium) 상태라 함은 압력이 시간에 따라 변하지 않는 상태를 말한다.
④ 비체적은 종량적(extensive) 상태량이다.

해설 엔탈피는 상태함수(점함수)로 완전미적분함수이다.

26. 피스톤-실린더로 구성된 용기 안에 이상기체 공기 1 kg이 400 K, 200 kPa 상태로 들어 있다. 이 공기가 300 K의 충분히 큰 주위로 열을 빼앗겨 온도가 양쪽 다 300 K가 되었다. 그동안 압력은 일정하다고 가정하고, 공기의 정압비열은 1.004 kJ/kg · K일 때 공기와 주위를 합친 총 엔트로피 증가량은 약 몇 kJ/K인가?

① 0.0229   ② 0.0458
③ 0.1674   ④ 0.3347

[해설] $(\Delta S)_{total} = m\, C_p \ln \dfrac{T_2}{T_1} + m\, C_p \ln \dfrac{T_1 - T_2}{T_2}$

$= 1 \times 1.004 \times \ln \dfrac{300}{400} + 1 \times 1.004 \times \dfrac{400 - 300}{300}$

$= 0.0458 \, \text{kJ/K}$

27. 폴리트로프 지수가 1.33인 기체가 폴리트로프 과정으로 압력이 2배가 되도록 압축된다면 절대온도는 약 몇 배가 되는가?

① 1.19배   ② 1.42배
③ 1.85배   ④ 2.24배

[해설] $\dfrac{T_2}{T_1} = \left(\dfrac{P_2}{P_1}\right)^{\frac{n-1}{n}} = 2^{\frac{1.33-1}{1.33}} \fallingdotseq 1.19$

28. 비열이 0.475 kJ/kg · K인 철 10 kg을 20℃에서 80℃로 올리는 데 필요한 열량은 몇 kJ인가?

① 222   ② 252   ③ 285   ④ 315

[해설] $Q = mc(t_2 - t_1) = 10 \times 0.475 \times (80 - 20)$

$= 285 \, \text{kJ}$

29. 압축비가 7.5이고, 비열비가 1.4인 이상적인 오토 사이클의 열효율은 약 몇 %인가?

① 55.3   ② 57.6   ③ 48.7   ④ 51.2

[해설] $\eta_{tho} = \left[1 - \left(\dfrac{1}{\varepsilon}\right)^{k-1}\right] \times 100\%$

$= \left[1 - \left(\dfrac{1}{7.5}\right)^{1.4-1}\right] \times 100\% = 55.3\%$

30. 정압비열이 0.8418 kJ/kg · K이고, 기체상수가 0.1889 kJ/kg · K인 이상기체의 정적비열은 약 몇 kJ/kg · K인가?

① 4.456   ② 1.220
③ 1.031   ④ 0.653

[해설] $C_v = C_p - R = 0.8418 - 0.1889$

$= 0.653 \, \text{kJ/kg} \cdot \text{K}$

31. 산소(O_2) 4 kg, 질소(N_2) 6 kg, 이산화탄소(CO_2) 2 kg으로 구성된 기체혼합물의 기체상수(kJ/kg · K)는 약 얼마인가?

① 0.328   ② 0.294
③ 0.267   ④ 0.241

[해설] $R = \sum\limits_{i=1}^{n} \dfrac{m_i}{m} R_i$

$= \dfrac{4}{12} \times \dfrac{8.314}{32} + \dfrac{6}{12} \times \dfrac{8.314}{28} + \dfrac{2}{12} \times \dfrac{8.314}{44}$

$= 0.0866 + 0.1485 + 0.0315$

$\fallingdotseq 0.267 \, \text{kJ/kg} \cdot \text{K}$

32. 열기관이 1100 K인 고온열원으로부터 1000 kJ의 열을 받아서 온도가 320 K인 저온열원에서 600 kJ의 열을 방출한다고 한다. 이 열기관이 클라우지우스 부등식 $\left(\oint \dfrac{\delta Q}{T} \leq 0\right)$을 만족하는지 여부와 동일 온도 범위에서 작동하는 카르노 열기관과 비교하여 효율은 어떠한가?

① 클라우지우스 부등식을 만족하지 않고, 이론적인 카르노 열기관과 효율이 같다.
② 클라우지우스 부등식을 만족하지 않고, 이론적인 카르노 열기관보다 효율이 크다.
③ 클라우지우스 부등식을 만족하고, 이론적인 카르노 열기관과 효율이 같다.

④ 클라우지우스 부등식을 만족하고, 이론 적인 카르노 열기관보다 효율이 작다.

[해설] $\eta_c = 1 - \dfrac{T_2}{T_1} = 1 - \dfrac{320}{1100}$

$= 0.709\,(= 70.9\,\%)$

$\eta = 1 - \dfrac{Q_2}{Q_1} = 1 - \dfrac{600}{1000} = 0.4\,(= 40\,\%)$

33. 실린더 내부의 기체의 압력을 150 kPa 로 유지하면서 체적을 0.05 m³에서 0.1 m³까지 증가시킬 때 실린더가 한 일은 약 몇 kJ인가?

① 1.5   ② 15   ③ 7.5   ④ 75

[해설] $_1W_2 = \displaystyle\int_1^2 P\,dV$

$= P(V_2 - V_1) = 150 \times (0.1 - 0.05)$

$= 7.5\,\text{kJ}$

34. 4 kg의 공기를 압축하는 데 300 kJ의 일을 소비함과 동시에 110 kJ의 열량이 방출되었다. 공기온도가 초기에는 20℃이었을 때 압축 후의 공기온도는 약 몇 ℃인가? (단, 공기는 정적비열이 0.716 kJ/kg · K 인 이상기체로 간주한다.)

① 78.4   ② 71.7

③ 93.5   ④ 86.3

[해설] $Q = (U_2 - U_1) + {_1W_2}\,[\text{kJ}]$

$U_2 - U_1 = Q - {_1W_2}$

$= -110 - (-300) = 190\,\text{kJ}$

등적변화($V = C$) 시 내부에너지 변화량은 가열량과 같으므로

$Q = m\,C_v(t_2 - t_1)\,[\text{kJ}]$이다.

$\therefore\ t_2 = t_1 + \dfrac{Q}{m\,C_v} = 20 + \dfrac{190}{4 \times 0.716}$

$= 86.34\,\text{℃}$

35. 체적이 200 L인 용기 속에 기체가 3 kg 들어 있다. 압력이 1 MPa, 비내부에너지가

219 kJ/kg일 때 비엔탈피는 약 몇 kJ/kg 인가?

① 286   ② 258

③ 419   ④ 442

[해설] $h = u + Pv = 219 + 1 \times 10^3 \times \dfrac{0.2}{3}$

$\fallingdotseq 286\,\text{kJ/kg}$

36. 위치에너지의 변화를 무시할 수 있는 단열 노즐 내를 흐르는 공기의 출구속도가 600 m/s이고 노즐 출구에서의 엔탈피가 입구에 비해 179.2 kJ/kg 감소할 때 공기의 입구속도는 약 몇 m/s인가?

① 16   ② 40   ③ 225   ④ 425

[해설] $\dfrac{v_2^2 - v_1^2}{2000} = h_1 - h_2$이므로

$v_1^2 = v_2^2 - 2000(h_1 - h_2)$이다.

$\therefore\ v_1 = \sqrt{v_2^2 - 2000(h_1 - h_2)}$

$= \sqrt{600^2 - 2000 \times 179.2}$

$= \sqrt{1600} = 40\,\text{m/s}$

37. 그림과 같은 압력(P)-부피(V) 선도에서 $T_1 = 561\,\text{K}$, $T_2 = 1010\,\text{K}$, $T_3 = 690\,\text{K}$, $T_4 = 383\,\text{K}$인 공기(정압비열 1 kJ/kg · K) 를 작동유체로 하는 이상적인 브레이턴 사이클(Brayton cycle)의 열효율은?

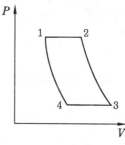

① 0.388   ② 0.444

③ 0.316   ④ 0.412

[해설] $\eta_B = \left(1 - \dfrac{Q_2}{Q_1}\right) \times 100\,\%$

$$= \left[1 - \left(\frac{T_3 - T_4}{T_2 - T_1} \right) \right] \times 100\%$$

$$= \left[1 - \left(\frac{690 - 383}{1010 - 561} \right) \right] \times 100\%$$

$$= 31.6\%$$

38. 효율이 30 %인 증기동력 사이클에서 1 kW의 출력을 얻기 위하여 공급되어야 할 열량은 약 몇 kW인가?

① 1.25　② 2.51　③ 3.33　④ 4.90

[해설] $\eta = \dfrac{W_{net}}{Q_1} \times 100\%$

$\therefore Q_1 = \dfrac{W_{net}}{\eta} = \dfrac{1}{0.3} = 3.33 \, \text{kW}$

39. 질량이 4 kg인 단열된 강재 용기 속에 온도 25℃의 물 18 L가 들어가 있다. 이 속에 200℃의 물체 8 kg을 넣었더니 열평형에 도달하여 온도가 30℃가 되었다. 물의 비열은 4.187 kJ/kg · K이고, 강재의 비열은 0.4648 kJ/kg · K일 때 이 물체의 비열은 약 몇 kJ/kg · K인가?

① 0.244　　　② 0.267
③ 0.284　　　④ 0.302

[해설] $(m_1 C_1 + m_2 C_2)(t_2 - t_m) = m C(t - t_m)$

$(4 \times 0.4648 + 18 \times 4.187) \times (30 - 25)$
$= 8 C \times (200 - 25)$

$\therefore C = \dfrac{(4 \times 0.4648 + 18 \times 4.187) \times (30 - 25)}{8 \times (200 - 25)}$

$\fallingdotseq 0.284 \, \text{kJ/kg} \cdot \text{K}$

40. 다음 엔트로피에 관한 설명 중 옳지 않은 것은?

① 열역학 제2법칙과 관련한 개념이다.
② 우주 전체의 엔트로피는 증가하는 방향으로 변화한다.
③ 엔트로피는 자연현상의 비가역성을 측정하는 척도이다.

④ 비가역현상은 엔트로피가 감소하는 방향으로 일어난다.

[해설] 비가역변화인 경우 엔트로피는 항상 증가한다(열역학 제2법칙 = 비가역법칙 = 엔트로피 증가 법칙).

제3과목　　　**기계유체역학**

41. 지름 200 mm 원형관에 비중 0.9, 점성계수 0.52 poise인 유체가 평균속도 0.48 m/s로 흐를 때 유체 흐름의 상태는? (단, 레이놀즈수(Re)가 2100≤Re≤4000일 때 천이 구간으로 한다.)

① 층류　　　　② 천이
③ 난류　　　　④ 맥동

[해설] $Re = \dfrac{\rho V d}{\mu} = \dfrac{(0.9 \times 1000) \times 0.48 \times 0.2}{0.52 \times 0.1}$

$\fallingdotseq 1662 < 2100$이므로 층류이다.

42. 시속 800 km의 속도로 비행하는 제트기가 400 m/s의 상대 속도로 배기가스를 노즐에서 분출할 때의 추진력은? (단, 이 때 흡기량은 25 kg/s이고, 배기되는 연소가스는 흡기량에 비해 2.5 % 증가하는 것으로 본다.)

① 3922 N　　　② 4694 N
③ 4875 N　　　④ 6346 N

[해설] $F_{th} = m_2 v_2 - m_1 v_1$

$= (25 + 25 \times 0.025) \times 400 - 25 \times \dfrac{800}{3.6}$

$= (25 + 0.625) \times 400 - 25 \times 222.22$

$= 4694 \, \text{N}$

43. 온도 25℃인 공기에서의 음속은 약 몇 m/s인가? (단, 공기의 비열비는 1.4, 기체상수는 287 J/kg · K이다.)

① 312　　　　② 346

---

③ 388   ④ 433

해설 $C = \sqrt{kRT} = \sqrt{1.4 \times 287 \times (25 + 273)}$
$= 346 \, m/s$

44. 다음 4가지의 유체 중에서 점성계수가 가장 큰 뉴턴 유체는?

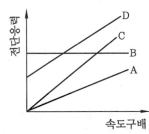

① A   ② B
③ C   ④ D

해설 뉴턴유체란 뉴턴의 점성법칙$\left(\tau = \mu \dfrac{du}{dy} \right)$을 만족시키는 유체로 전단응력($\tau$)은 속도구배 $\left(\dfrac{du}{dy} \right)$에 비례한다$\left(\tau \propto \dfrac{du}{dy} \right)$.

45. 함수 $f(a, V, t, \nu, L) = 0$을 무차원 변수로 표시하는 데 필요한 독립 무차원 수 π는 몇 개인가? (단 a는 음속, V는 속도, t는 시간, ν는 동점성계수, L은 특성길이이다.)

① 1   ② 2
③ 3   ④ 4

해설 무차원수(π) = $n - m$
= 물리량 - 기본차원수 = 5 - 2 = 3개

46. 수두 차를 읽어 관내 유체의 속도를 측정할 때 U자관(U tube) 액주계 대신 역 U 자관(inverted U tube) 액주계가 사용되었다면 그 이유로 가장 적절한 것은?

① 계기 유체(gauge fluid)의 비중이 관내 유체보다 작기 때문에
② 계기 유체(gauge fluid)의 비중이 관내 유체보다 크기 때문에

③ 계기 유체(gauge fluid)의 점성계수가 관내 유체보다 작기 때문에
④ 계기 유체(gauge fluid)의 점성계수가 관내 유체보다 크기 때문에

해설 역액주계를 사용하는 이뉴는 계기유체의 비중이 관내 유체보다 작기 때문이다.

47. 안지름이 50 cm인 원관에 물이 2 m/s 의 속도로 흐르고 있다. 역학적 상사를 위해 관성력과 점성력만을 고려하여 $\dfrac{1}{5}$로 축소된 모형에서 같은 물로 실험할 경우 모형에서의 유량은 약 몇 L/s인가? (단, 물의 동점성계수는 $1 \times 10^{-6} \, m^2/s$이다.)

① 34   ② 79
③ 118   ④ 256

48. 다음 그림에서 벽 구멍을 통해 분사되는 물의 속도(V)는? (단, 그림에서 S는 비중을 나타낸다.)

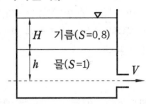

① $\sqrt{2gH}$
② $\sqrt{2g(H+h)}$
③ $\sqrt{2g(0.8H+h)}$
④ $\sqrt{2g(H+0.8h)}$

해설 $V = \sqrt{2g(0.8H+h)} \, [m/s]$

49. 정지 유체 속에 잠겨 있는 평면이 받는 힘에 관한 내용 중 틀린 것은?

① 깊게 잠길수록 받는 힘이 커진다.
② 크기는 도심에서의 압력에 전체 면적을 곱한 것과 같다.
③ 수평으로 잠긴 경우, 압력중심은 도심

과 일치한다.

④ 수직으로 잠긴 경우, 압력중심은 도심
보다 약간 위쪽에 있다.

해설 수직으로 잠긴 경우 압력의 중심은 도심
보다 $\dfrac{I_G}{A\overline{y}}$ 만큼 아래에 위치한다.

50. 다음 물리량을 질량, 길이, 시간의 차원
을 이용하여 나타내고자 한다. 이 중 질량
의 차원을 포함하는 물리량은?

㉠ 속도	㉡ 가속도
㉢ 동점성계수	㉣ 체적탄성계수

① ㉠   ② ㉡

③ ㉢   ④ ㉣

해설 ㉠ 속도$(m/s) = LT^{-1}$

㉡ 가속도$(m/s^2) = LT^{-2}$

㉢ 동점성계수$(m^2/s) = L^2T^{-1}$

㉣ 체적탄성계수(N/m^2)
$= FL^{-2} = (MLT^{-2})L^{-2} = ML^{-1}T^{-2}$

∴ 체적탄성계수만이 질량을 포함하는 차원
을 갖는다.

51. 극좌표계(r, θ)로 표현되는 2차원 퍼텐
셜 유동(potential flow)에서 속도 퍼텐셜
(velocity potential, ϕ)이 다음과 같을
때 유동함수(stream function, ψ)로 가
장 적절한 것은? (단, A, B, C는 상수
이다.)

$$\phi = A\ln r + Br\cos\theta$$

① $\psi = \dfrac{A}{r}\cos\theta + Br\sin\theta + C$

② $\psi = \dfrac{A}{r}\sin\theta - Br\cos\theta + C$

③ $\psi = A\theta + Br\sin\theta + C$

④ $\psi = A\theta - Br\cos\theta + C$

52. 지름 2 mm인 구가 밀도 $0.4\,kg/m^3$,
동점성계수 $1.0\times10^{-4}\,m^2/s$인 기체 속을
0.03 m/s로 운동한다고 하면 항력은 약
몇 N인가?

① 2.26×10^{-8} ② 3.52×10^{-7}

③ 4.54×10^{-8} ④ 5.86×10^{-7}

해설 $D = 3\pi\mu vd = 3\pi\rho\nu vd$
$= 3\pi(0.4\times1.0\times10^{-4})\times0.03\times0.002$
$\fallingdotseq 2.26\times10^{-8}\,N$

53. 60 N의 무게를 가진 물체를 물속에서
측정하였을 때 무게가 10 N이었다. 이 물
체의 비중은 약 얼마인가? (단, 물속에서
측정할 시 물체는 완전히 잠겼다고 가정
한다.)

① 1.0   ② 1.2

③ 1.4   ④ 1.6

해설 $G_a = W + F_B = W + \gamma V$

$60 = 50 + 9800V$

$V = \dfrac{60-10}{9800} = \dfrac{50}{9800} = 5.1\times10^{-3}\,m^3$

∴ $S = \dfrac{\gamma}{\gamma_w} = \dfrac{\dfrac{G_a}{V}}{9800} = \dfrac{60}{9800\times5.1\times10^{-3}}$

$= 1.2$

54. 2차원 속도장이 다음 식과 같이 주어졌
을 때 유선의 방정식은 어느 것인가? (단,
직각 좌표계에서 u, v는 x, y방향의 속
도 성분을 나타내며 C는 임의의 상수이
다.)

$$u = x, \ v = -y$$

① $xy = C$ ② $\dfrac{x}{y} = C$

③ $x^2y = C$ ④ $xy^2 = C$

해설 $\dfrac{dx}{u} = \dfrac{dy}{v}$

$$\frac{dx}{x} = -\frac{dy}{y}$$

$$\ln x = -\ln y + \ln C$$

$$\ln x + \ln y = \ln C$$

$$\ln xy = C$$

$$xy = e^c = C$$

$$\therefore \ xy = C$$

55. 물 펌프의 입구 및 출구의 조건이 아래와 같고 펌프의 송출 유량이 $0.2\,\mathrm{m^3/s}$이면 펌프의 동력은 약 몇 kW인가? (단, 손실은 무시한다.)

> 입구 : 계기 압력 $-3\,\mathrm{kPa}$, 안지름 $0.2\,\mathrm{m}$, 기준면으로부터 높이 $+2\,\mathrm{m}$
> 출구 : 계기 압력 $250\,\mathrm{kPa}$, 안지름 $0.15\,\mathrm{m}$, 기준면으로부터 높이 $+5\,\mathrm{m}$

① 45.7   ② 53.5
③ 59.3   ④ 65.2

해설 $L_P = \gamma_w QH = 9.8 \times 0.2 \times 33.27$
$\qquad\qquad ≒ 65.21\,\mathrm{kW}$

56. 경계층의 박리(separation)가 일어나는 주 원인은?

① 압력이 증기압 이하로 떨어지기 때문에
② 유동방향으로 밀도가 감소하기 때문에
③ 경계층의 두께가 0으로 수렴하기 때문에
④ 유동과정에 역압력 구배가 발생하기 때문에

57. 안지름이 각각 2 cm, 3 cm인 두 파이프를 통하여 속도가 같은 물이 유입되어 하나의 파이프로 합쳐져서 흘러나가다. 유출되는 속도가 유입속도와 같다면 유출 파이프의 안지름은 약 몇 cm인가?

① 3.61   ② 4.24
③ 5.00   ④ 5.85

해설 $Q_1 + Q_2 = Q_3$

$$A_1 V_1 + A_2 V_2 = A_3 V_3$$

$$\frac{\pi}{4} d_1^2 V_1 + \frac{\pi}{4} d_2^2 V_2$$

$$= \frac{\pi}{4} d_3^2 V_3 \left(d_1^2 + d_2^2\right) V = d_3^2 V$$

$$\therefore \ d_3 = \sqrt{d_1^2 + d_2^2} = \sqrt{2^2 + 3^2}$$

$$= \sqrt{13} ≒ 3.61\,\mathrm{cm}$$

58. 원관 내 완전발달 층류 유동에 관한 설명으로 옳지 않은 것은?

① 관 중심에서 속도가 가장 크다.
② 평균속도는 관 중심 속도의 절반이다.
③ 관 중심에서 전단응력이 최댓값을 갖는다.
④ 전단응력은 반지름 방향으로 선형적으로 변화한다.

해설 전단응력은 관의 중심에서 0이고 반지름 방향으로 선형적으로 증가하여 관의 벽면에서 최댓값을 갖는다.

$$\tau_{\max} = \frac{\Delta P}{l}\left(\frac{d}{4}\right)$$

59. 안지름 0.1 m의 물이 흐르는 관로에서 관 벽의 마찰손실수두가 물의 속도수두와 같다면 그 관로의 길이는 약 몇 m인가? (단, 관마찰계수는 0.03이다.)

① 1.58   ② 2.54
③ 3.33   ④ 4.52

해설 $h_L = f\dfrac{l}{d}\dfrac{V^2}{2g} = \dfrac{V^2}{2g}$

$$\therefore \ l = \frac{d}{f} = \frac{0.1}{0.03} = 3.33\,\mathrm{m}$$

60. 그림과 같이 용기에 물과 휘발유가 주입되어 있을 때, 용기 바닥면에서의 게이지압력은 약 몇 kPa인가? (단, 휘발유의 비중은 0.7이다.)

정답 55. ④   56. ④   57. ①   58. ③   59. ③   60. ④

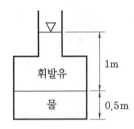

① 1.59   ② 3.64

③ 6.86   ④ 11.77

해설 $P = \gamma_w s h_1 + \gamma_w h_2$

$= 9.81 \times 0.7 \times 1 + 9.81 \times 0.5$

$\fallingdotseq 11.772\,kPa$

제4과목 **기계재료 및 유압기기**

61. 0℃ 이하의 온도로 냉각하는 작업으로 강의 잔류 오스테나이트를 마텐자이트로 변태시키는 것을 목적으로 하는 열처리는?

① 마퀜칭   ② 마템퍼링

③ 오스포밍   ④ 심랭처리

62. 다음 금속 중 자기변태점이 가장 높은 것은?

① Fe   ② Co

③ Ni   ④ Fe₃C

해설 $Co(1160℃) > Fe(768℃) > Ni(358℃) > Fe_3C(210℃)$

63. 산화알루미나(Al₂O₃) 등을 주성분으로 하며 철과 친화력이 없고, 열을 흡수하지 않으므로 공구를 과열시키지 않아 고속 정밀 가공에 적합한 공구의 재질은?

① 세라믹   ② 인코넬

③ 고속도강   ④ 탄소공구강

64. 구상흑연주철을 제조하기 위한 접종제가 아닌 것은?

① Mg   ② Sn

③ Ce   ④ Ca

해설 구상흑연주철의 제조 시 접종제는 Mg, Ce, Ca이다.

65. 다음 조직 중 경도가 가장 낮은 것은?

① 페라이트   ② 마텐자이트

③ 시멘타이트   ④ 트루스타이트

해설 경도의 크기 순서는 M>T>S>P>A>F 이다.

66. 금속을 소성가공 할 때에 냉간가공과 열간가공을 구분하는 온도는?

① 변태온도   ② 단조온도

③ 재결정온도   ④ 담금질온도

해설 냉간가공과 열간가공의 기준(구별)온도는 재결정온도이다.

67. 금속에서 자유도(F)를 구하는 식으로 옳은 것은? (단, 압력은 일정하며, C: 성분, P: 상의 수이다.)

① $F = C - P + 1$

② $F = C + P + 1$

③ $F = C - P + 2$

④ $F = C + P + 2$

68. 켈밋 합금(kelmet alloy)의 주요 성분으로 옳은 것은?

① Pb-Sn   ② Cu-Pb

③ Sn-Sb   ④ Zn-Al

해설 켈밋 합금의 주요 성분은 구리(Cu)와 납(Pb)이다.

69. 저탄소강 기어(gear)의 표면에 내마모성을 향상시키기 위해 붕소(B)를 기어 표면에 확산 침투시키는 처리는?

① 세라다이징(sherardizing)

정답 61. ④   62. ②   63. ①   64. ②   65. ①   66. ③   67. ①   68. ②   69. ③

② 아노다이징(anodizing)

③ 보로나이징(boronizing)

④ 칼로라이징(calorizing)

70. 60~70 % Ni에 Cu를 첨가한 것으로 내열·내식성이 우수하므로 터빈 날개, 펌프 임펠러 등의 재료로 사용되는 합금은?

① Y 합금　　　　② 모넬메탈

③ 콘스탄탄　　　④ 문츠메탈

71. 두 개의 유입 관로의 압력에 관계없이 정해진 출구 유량이 유지되도록 합류하는 밸브는?

① 집류 밸브　　　② 셔틀 밸브

③ 적층 밸브　　　④ 프리필 밸브

72. 유압펌프의 종류가 아닌 것은?

① 기어펌프　　　② 베인펌프

③ 피스톤펌프　　④ 마찰펌프

73. 그림과 같은 유압 회로도에서 릴리프 밸브는?

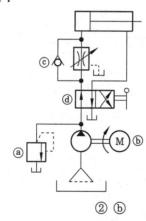

① ⓐ　　　　　② ⓑ

③ ⓒ　　　　　④ ⓓ

74. 다음의 설명에 맞는 원리는?

> 정지하고 있는 유체 중의 압력은 모든 방향에 대하여 같은 압력으로 작용한다.

① 보일의 원리

② 샤를의 원리

③ 파스칼의 원리

④ 아르키메데스의 원리

75. 유압펌프에 있어서 체적효율이 90 %이고 기계효율이 80 %일 때 유압펌프의 전효율은?

① 90 %　　　　② 88.8 %

③ 72 %　　　　④ 23.7 %

해설 $\eta_p = \eta_v \eta_m = 0.9 \times 0.8 = 0.72\,(=72\,\%)$

76. 다음 유압 기호는 어떤 밸브의 상세기호인가?

① 직렬형 유량 조정 밸브

② 바이패스형 유량 조정 밸브

③ 체크밸브 붙이 유량 조정 밸브

④ 기계조작 가변 교축 밸브

77. 그림과 같은 유압 기호의 명칭은?

① 모터　　　　② 필터

③ 가열기　　　④ 분류밸브

78. 동일 축상에 2개 이상의 펌프 작용 요소를 가지고, 각각 독립한 펌프 작용을 하는 형식의 펌프는?

① 다단 펌프

---

② 다련 펌프

③ 오버 센터 펌프

④ 가역회전형 펌프

79. 유압펌프에서 실제 토출량과 이론 토출량의 비를 나타내는 용어는?

① 펌프의 토크효율

② 펌프의 전효율

③ 펌프의 입력효율

④ 펌프의 용적효율

80. 다음 중 어큐뮬레이터 회로(accumulator circuit)의 특징에 해당되지 않는 것은?

① 사이클 시간 단축과 펌프 용량 저감

② 배관 파손 방지

③ 서지압의 방지

④ 맥동의 발생

제5과목   **기계제작법 및 기계동력학**

81. 스프링과 질량만으로 이루어진 1자유도 진동시스템에 대한 설명으로 옳은 것은?

① 질량이 커질수록 시스템의 고유 진동수는 커지게 된다.

② 스프링 상수가 클수록 움직이기가 힘들어져서 진동 주기가 길어진다.

③ 외력을 가하는 주기와 시스템의 고유 주기가 일치하면 이론적으로는 응답 변위는 무한대로 커진다.

④ 외력의 최대 진폭의 크기에 따라 시스템의 응답 주기는 변한다.

82. 공 A가 v_0의 속도로 그림과 같이 정지된 공 B와 C지점에서 부딪힌다. 두 공 사

이의 반발계수가 1이고 충돌각도가 θ일 때 충돌 후에 공 B의 속도의 크기는?(단, 두 공의 질량은 같고, 마찰은 없다고 가정한다.)

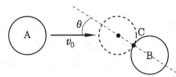

① $\dfrac{1}{2}v_0\sin\theta$ ② $\dfrac{1}{2}v_0\cos\theta$

③ $v_0\sin\theta$ ④ $v_0\cos\theta$

83. 그림에서 질량 100 kg의 물체 A와 수평면 사이의 마찰계수는 0.30이며 물체 B의 질량은 30 kg이다. 힘 P_y의 크기는 시간(t[s])의 함수이며 P_y[N] = 15t^2이다. t는 0s에서 물체 A가 오른쪽으로 2 m/s로 운동을 시작한다면 t가 5s일 때 이 물체(A)의 속도는 약 몇 m/s인가?

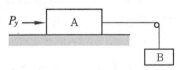

① 6.81   ② 7.22

③ 7.81   ④ 8.64

해설 $\sum F = ma = m\dfrac{dv}{dt}$

$\sum F dt = mdV$

$(P_y - \mu W_A + W_B)dt = (m_A + m_B)dV$

$(15t^2 - \mu m_A g + m_B g)dt = (m_A + m_B)dV$

$\displaystyle\int_0^5 (15t^2 - \mu m_A g + m_B g)dt$

$\displaystyle= \int_{V_1}^{V_2} (m_A + m_B)dV$

$\left[\dfrac{15t^3}{3} - \mu m_A gt + m_B gt\right]_0^5$

$= (m_A + m_B)(V_2 - V_1)$

$5\times5^3 - 0.3\times100\times9.8\times5 + 30\times9.8\times5$

정답   79. ④   80. ④   81. ③   82. ④   83. ①

$$= (100 + 30)(V_2 - 2)$$
$$625 = 130 \times (V_2 - 2)$$
$$\therefore V_2 = 2 + \frac{625}{130} \fallingdotseq 6.81 \text{ m/s}$$

84. 다음 그림은 시간(t)에 대한 가속도(a) 변화를 나타낸 그래프이다. 가속도를 시간에 대한 함수식으로 옳게 나타낸 것은?

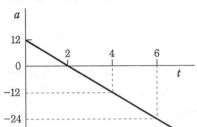

① $a = 12 - 6t$ ② $a = 12 + 6t$

③ $a = 12 - 12t$ ④ $a = 12 + 12t$

해설 주어진 직선의 방정식을 $y = ax + b$라고 할 때 $(0, 12)$, $(2, 0)$을 지나므로
$$12 = a \times 0 + b, \quad 0 = 2 \times a + b$$
$$\therefore a = -6, \quad b = 12$$
직선의 방정식은 $y = -6x + 12$이다.
y는 가속도 a, x는 시간 t를 의미하므로
$$a = -6t + 12$$

85. 다음과 같은 운동방정식을 갖는 진동 시스템에서 감쇠비(damping ratio)를 나타내는 식은?

$$m\ddot{x} + c\dot{x} + kx = 0$$

① $\dfrac{c}{2\sqrt{mk}}$ ② $\dfrac{k}{2\sqrt{mc}}$

③ $\dfrac{m}{2\sqrt{ck}}$ ④ $2\sqrt{mck}$

해설 $\xi = \dfrac{c}{c_c} = \dfrac{\text{감쇠계수}}{\text{임계감쇠계수}} = \dfrac{c}{2\sqrt{mk}}$

86. 원판의 각속도가 5초 만에 0부터 1800 rpm까지 일정하게 증가하였다. 이때 원판

의 각가속도는 몇 rad/s^{2}인가?

① 360   ② 60

③ 37.7   ④ 3.77

해설 $\omega = \dfrac{2\pi N}{60} = \dfrac{2\pi \times 1800}{60} = 188.5 \text{ rad/s}$

$\therefore$ 각가속도$(\alpha) = \dfrac{\omega}{t} = \dfrac{188.5}{5} = 37.7 \text{ rad/s}$

87. 물체의 최대 가속도가 680 cm/s^2, 매분 480 사이클의 진동수로 조화운동을 한다면 물체의 진동 진폭은 약 몇 mm인가?

① 1.8 mm   ② 1.2 mm

③ 2.4 mm   ④ 2.7 mm

해설 $\alpha_{\max} = x\omega^2 [\text{mm/s}^2]$

$\therefore x = \dfrac{\alpha_{\max}}{\omega^2} = \dfrac{6800}{\left(\dfrac{2\pi N}{60}\right)^2} = \dfrac{6800}{\left(\dfrac{2\pi \times 480}{60}\right)^2}$

$\fallingdotseq 2.7 \text{ mm}$

88. 스프링 상수가 k인 스프링을 4등분하여 자른 후 각각의 스프링을 그림과 같이 연결하였을 때, 이 시스템의 고유 진동수(ω_n)는 약 몇 rad/s인가?

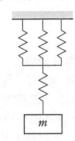

① $\omega_n = \sqrt{\dfrac{2k}{m}}$ ② $\omega_n = \sqrt{\dfrac{3k}{m}}$

③ $\omega_n = 2\sqrt{\dfrac{k}{m}}$ ④ $\omega_n = \sqrt{\dfrac{5k}{m}}$

89. 네 개의 가는 막대로 구성된 정사각 프레임이 있다. 막대 각각의 질량과 길이는 m과 b이고, 프레임은 ω의 각속도로 회전

하고 질량 중심 G는 v의 속도로 병진운
동하고 있다. 프레임의 병진운동에너지와
회전운동에너지가 같아질 때 질량 중심 G
의 속도(v)는 얼마인가?

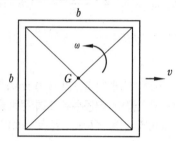

① $\dfrac{b\omega}{\sqrt{2}}$ ② $\dfrac{b\omega}{\sqrt{3}}$

③ $\dfrac{b\omega}{2}$ ④ $\dfrac{b\omega}{\sqrt{5}}$

해설 $T_1 = T_2$에서 $\dfrac{1}{2}(4m)v^2 = \dfrac{1}{2}$이다. 이때

$J_o = \left\{\dfrac{mb^2}{12} + m\left(\dfrac{b}{2}\right)^2\right\} \times 4 = \dfrac{4mb^2}{3}$ 이다.

$2mv^2 = \dfrac{1}{2}\left(\dfrac{4mb^2}{3}\right)\omega^2$

$v^2 = \dfrac{b^2}{3}\omega^2$

$\therefore\ v = \dfrac{b\omega}{\sqrt{3}}$ [m/s]

90. 20 g의 탄환이 수평으로 1200 m/s의 속
도로 발사되어 정지해 있던 300 g의 블록
에 박힌다. 이후 스프링에 발생한 최대 압
축 길이는 약 몇 m인가? (단, 스프링 상수
는 200 N/m이고 처음에 변형되지 않은 상
태였다. 바닥과 블록 사이의 마찰은 무시한
다.)

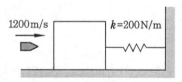

① 2.5   ② 3.0   ③ 3.5   ④ 4.0

해설 에너지 법칙에 의해 충돌 순간에 대해

$mv = MV$이므로

$0.02 \times 1200 = (0.3 + 0.02)\,V$

$V = 75$ m/s

충돌 순간 에너지와 스프링의 최대 압축 길
이(x)에 대해 탄성 퍼텐셜 에너지가 서로 같

으므로 $\dfrac{1}{2}mv^2 = \dfrac{1}{2}kx^2$

$0.32 \times 75^2 = 200 \times x^2$

$x^2 = 9$

$\therefore\ x = 3$ m

91. 강의 열처리에서 탄소(C)가 고용된 면심
입방격자 구조의 γ철로서 매우 안정된 비
자성체인 급랭조직은?

① 오스테나이트(austenite)

② 마텐자이트(martensite)

③ 트루스타이트(troostite)

④ 소르바이트(sorbite)

92. 단식분할법을 이용하여 밀링가공으로 원
을 중심각 $5\dfrac{2}{3}°$씩 분할하고자 한다. 분할
판 27구멍을 사용하면 가장 적합한 가공법
은?

① 분할판 27구멍을 사용하여 17구멍씩 돌
리면서 가공한다.

② 분할판 27구멍을 사용하여 20구멍씩 돌
리면서 가공한다.

③ 분할판 27구멍을 사용하여 12구멍씩 돌
리면서 가공한다.

④ 분할판 27구멍을 사용하여 8구멍씩 돌
리면서 가공한다.

93. 선반에서 연동척에 대한 설명으로 옳은
것은?

① 4개의 돌려 맞출 수 있는 조(jaw)가 있
고, 조는 각각 개별적으로 조절된다.

정답 **90.** ②   **91.** ①   **92.** ①   **93.** ②

② 원형 또는 6각형 단면을 가진 공작물을 신속히 고정할 수 있는 척이며, 조(jaw)는 3개가 있고, 동시에 작동한다.

③ 스핀들 테이퍼 구멍에 슬리브를 꽂고, 여기에 척을 꽂는 것으로 가는 지름 고정에 편리하다.

④ 원판 안에 전자석을 장입하고, 이것에 직류전류를 보내어 척(chuck)을 자화시켜 공작물을 고정한다.

94. 1차로 가공된 가공물의 안지름보다 다소 큰 강구를 압입하여 통과시켜서 가공물의 표면을 소성 변형시켜 가공하는 방법으로 표면 거칠기가 우수하고 정밀도를 높이는 것은?

① 래핑   ② 호닝

③ 버니싱   ④ 슈퍼 피니싱

95. 특수 윤활제로 분류되는 극압 윤활유에 첨가하는 극압물이 아닌 것은?

① 염소   ② 유황   ③ 인   ④ 동

96. 지름이 50 mm인 연삭숫돌로 지름이 10 mm인 공작물을 연삭할 때 숫돌바퀴의 회전수는 약 몇 rpm인가? (단, 숫돌의 원주 속도는 1500 m/min이다.)

① 4759   ② 5809

③ 7449   ④ 9549

해설 $V = \dfrac{\pi d N}{1000}$ [m/min]

$\therefore N = \dfrac{1000\,V}{\pi d} = \dfrac{1000 \times 1500}{\pi \times 50} ≒ 9549\,\text{rpm}$

97. 스폿 용접과 같은 원리로 접합할 모재의 한쪽 판에 돌기를 만들어 고정 전극 위에 겹쳐 놓고 가동 전극으로 통전과 동시에 가압하여 저항열로 가열된 돌기를 접합시키는 용접법은?

① 플래시 버트 용접   ② 프로젝션 용접

③ 업셋 용접   ④ 단접

98. 용융금속에 압력을 가하여 주조하는 방법으로 주형을 회전시켜 주형 내면을 균일하게 압착시키는 주조법은?

① 셸 몰드법   ② 원심주조법

③ 저압주조법   ④ 진공주조법

99. 압연공정에서 압연하기 전 원재료의 두께를 50 mm, 압연 후 재료의 두께를 30 mm로 한다면 압하율(draft percent)은 얼마인가?

① 20 %   ② 30 %

③ 40 %   ④ 50 %

해설 압하율(ϕ) $= \dfrac{H_o - H}{H_o} \times 100\,\%$

$= \left(1 - \dfrac{H}{H_o}\right) \times 100\,\% = \left(1 - \dfrac{30}{50}\right) \times 100\,\%$

$= 40\,\%$

100. 내경 측정용 게이지가 아닌 것은?

① 게이지 블록

② 실린더 게이지

③ 버니어 캘리퍼스

④ 내경 마이크로미터

정답 94. ③   95. ④   96. ④   97. ②   98. ②   99. ③   100. ①

일반기계기사

제1과목   재료역학

1. 그림과 같이 길이 $L = 4$ m인 단순보에 균일 분포 하중 w가 작용하고 있으며 보의 최대 굽힘응력 $\sigma_{\max} = 85$ N/cm^{2}일 때 최대 전단응력은 약 몇 kPa인가? (단, 보의 단면적은 지름이 11 cm인 원형 단면이다.)

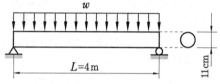

① 1.7   ② 15.6

③ 22.9   ④ 25.5

[해설] $M_{\max} = \sigma Z$

$$\frac{wL}{8} = \sigma \frac{\pi d^3}{32}$$

$$w = \frac{8\sigma \pi d^3}{32L} = \frac{8 \times 850 \times \pi (0.11)^3}{32 \times 4^2}$$

$$= 0.0555 \text{ kN/m}$$

$$\tau_{\max} = \frac{4F}{3A} = \frac{4 \times 0.111}{3(\pi \times 0.055^2)} = 15.57$$

$$\fallingdotseq 15.6 \text{ kPa}$$

※ $\sigma = 85 \times 10^4 \text{ N/m}^2 = 850 \text{ kN/m}^2 \text{(kPa)}$

$$F = R_A = R_B = \frac{wL}{2}$$

$$= \frac{0.0556 \times 4}{2} = 0.111 \text{ kN}$$

2. 그림과 같은 균일 단면을 갖는 부정정보가 단순 지지단에서 모멘트 M_o를 받는다.

단순 지지단에서의 반력 R_a는? (단 굽힘 강성 EI는 일정하고, 자중은 무시한다.)

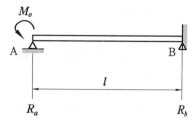

① $\dfrac{3M_o}{2l}$ ② $\dfrac{3M_o}{4l}$

③ $\dfrac{2M_o}{3l}$ ④ $\dfrac{4M_o}{3l}$

[해설] 우력(M_o)이 작용하는 외팔보 처짐량

$$(\delta_1) = \frac{M_o l^2}{2EI}$$

미지 반력(R_a)에 의한 처짐량(δ_2) = $\dfrac{R_a l^3}{3EI}$

지점 A에서의 처짐량은 0이므로

$$\delta_1 = \delta_2 \left(\frac{M_o l^2}{2EI} = \frac{R_a l^3}{3EI} \right)$$

$$\therefore R_a = \frac{3M_o}{2l} \text{ [N]}$$

3. 폭 $b = 60$ mm, 길이 $L = 340$ mm의 균일 강도 외팔보의 자유단에 집중 하중 $P = 3$ kN이 작용한다. 허용 굽힘응력을 65 MPa이라 하면 자유단에서 250 mm 되는 지점의 두께 h는 약 몇 mm인가? (단, 보의 단면은 두께는 변하지만 일정한 폭 b를 갖는 직사각형이다.)

① 24   ② 34   ③ 44   ④ 54

정답 1. ②   2. ①   3. ②

[해설] $\sigma = \dfrac{M}{Z} = \dfrac{M}{\dfrac{bh^2}{6}} = \dfrac{6M}{bh^2}$

$= \dfrac{6Px}{bh^2} = \dfrac{6PL}{bh_o^2} = $ 일정

$\dfrac{x}{h^2} = \dfrac{L}{h_o^2}$

$\therefore h = h_o\sqrt{\dfrac{x}{L}} = 39.61\sqrt{\dfrac{250}{340}} \fallingdotseq 34\,\text{mm}$

$h_o = \sqrt{\dfrac{6PL}{\sigma b}} = \sqrt{\dfrac{6 \times 3000 \times 340}{65 \times 60}}$

$\fallingdotseq 39.61\,\text{mm}$

※ $h = \sqrt{\dfrac{6Px}{\sigma b}} = \sqrt{\dfrac{6 \times 3000 \times 250}{65 \times 60}}$

$\fallingdotseq 34\,\text{mm}$

4. 평면 응력상태의 한 요소에 $\sigma_x = 100$ MPa, $\sigma_y = -50$ MPa, $\tau_{xy} = 0$을 받는 평판에서 평면 내에서 발생하는 최대 전단 응력은 몇 MPa인가?

① 75   ② 50   ③ 25   ④ 0

[해설] $\tau_{\max} = \sqrt{\left(\dfrac{\sigma_x - \sigma_y}{2}\right)^2 + \tau_{xy}^2}$

$= \sqrt{\left(\dfrac{100 + 50}{2}\right)^2 + 0} = 75\,\text{MPa}$

5. 그림과 같은 트러스가 점 B에서 그림과 같은 방향으로 5 kN의 힘을 받을 때 트러스에 저장되는 탄성에너지는 약 몇 kJ인가? (단, 트러스의 단면적은 1.2 cm², 탄성계수는 10^6 Pa이다.)

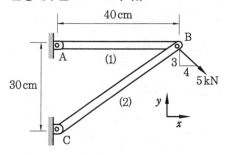

① 21.1   ② 106.7

③ 159.0   ④ 267.7

[해설] $U = U_{AB} + U_{BC}$

$= \dfrac{1}{2AE}\left(P_{AB}^2\, l_{AB} + P_{BC}^2\, l_{BC}\right)$

$= \dfrac{1}{2 \times 1.2 \times 10^{-4} \times 10^3}\left(8^2 \times 0.4 + 5^2 \times 0.5\right)$

$\fallingdotseq 159\,\text{kJ}$

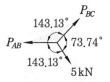

사인 정리(sine theorem) 적용

$\dfrac{5}{\sin 143.13°} = \dfrac{P_{AB}}{\sin 73.74°} = \dfrac{P_{BC}}{\sin 143.13°}$

$\therefore P_{AB} = 8\,\text{kN}, \quad P_{BC} = 5\,\text{kN}$

6. 그림과 같은 단면에서 대칭축 $n - n$에 대한 단면 2차 모멘트는 약 몇 cm⁴인가?

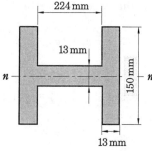

① 535   ② 635

③ 735   ④ 835

[해설] $I_G = 2 \times \dfrac{bh^3}{12} + \dfrac{BH^3}{12}$

$= 2 \times \dfrac{1.3 \times 15^3}{12} + \dfrac{22.4 \times 1.3^3}{12}$

$= 731.25 + 4.10 = 735.35\,\text{cm}^4$

7. 바깥지름 50 cm, 안지름 30 cm의 속이 빈 축은 동일한 단면적을 가지며 같은 재질의 원형축에 비하여 약 몇 배의 비틀림

모멘트에 견딜 수 있는가?(단, 중공축과 중실축의 전단응력은 같다.)

① 1.1배 ② 1.2배
③ 1.4배 ④ 1.7배

[해설] $A = \dfrac{\pi d^2}{4} = \dfrac{\pi}{4}(d_2^2 - d_1^2)$

$= \dfrac{\pi}{4}(50^2 - 30^2) [\text{cm}^2]$

$\therefore d = 40 \text{ cm}$

$\dfrac{T_2}{T_1} = \dfrac{Z_{P_2}}{Z_{P_1}} = \dfrac{\pi d_2^3}{16}(1 - x^4) \times \dfrac{16}{\pi d^3}$

$= \left(\dfrac{d_2}{d}\right)^3 \times (1 - x^4)$

$= \left(\dfrac{50}{40}\right)^3 \times \left[1 - \left(\dfrac{3}{5}\right)^4\right] = 1.7$

8. 진변형률(ε_T)과 진응력(σ_T)을 공칭응력(σ_n)과 공칭변형률(ε_n)로 나타낼 때 옳은 것은?

① $\sigma_T = \ln(1 + \sigma_n)$, $\varepsilon_T = \ln(1 + \varepsilon_n)$

② $\sigma_T = \ln(1 + \sigma_n)$, $\varepsilon_T = \ln\left(\dfrac{\sigma_T}{\sigma_n}\right)$

③ $\sigma_T = \sigma_n(1 + \varepsilon_n)$, $\varepsilon_T = \ln(1 + \varepsilon_n)$

④ $\sigma_T = \ln(1 + \varepsilon_n)$, $\varepsilon_T = \varepsilon_n(1 + \sigma_n)$

[해설] 공칭응력(σ_n)은 응력 계산 시 최초 시편의 단면적(A_o)을 기준으로 하고 진응력(σ_T)은 변하는 실제 단면적을 기준으로 한다.(표점거리 내의 체적은 일정하다고 가정한다.)

$A_o L_o = A L \left(\dfrac{A_o}{A} = \dfrac{L}{L_o}\right)$

$\sigma_T = \dfrac{P}{A} = \dfrac{P}{A_o}\dfrac{A_o}{A} = \sigma_n \dfrac{L}{L_o}$

$= \sigma_n \dfrac{L - L_o + L_o}{L_o} = \sigma_n(1 + \varepsilon_n)$

공칭변형률(ε_n)은 신장량을 본래 길이로 나눈 값이다. 진변형률(ε_T)은 매순간 변화된 시편의 길이를 고려하여 계산한 값이다.

$\varepsilon_T = \displaystyle\int_{L_o}^{L} \dfrac{dL}{L} = \ln\left(\dfrac{L}{L_o}\right) = \ln\left(\dfrac{L - L_o + L_o}{L_o}\right)$

$= \ln(1 + \varepsilon_n)$

※ $\varepsilon_n = \dfrac{\delta}{L_o} = \dfrac{L - L_o}{L_o}$

9. 길이 1 m인 외팔보가 아래 그림처럼 $q = 5$ kN/m의 균일 분포 하중과 $P = 1$ kN의 집중 하중을 받고 있을 때 B점에서의 회전각은 얼마인가?(단, 보의 굽힘강성은 EI이다.)

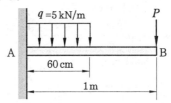

① $\dfrac{120}{EI}$ ② $\dfrac{260}{EI}$ ③ $\dfrac{486}{EI}$ ④ $\dfrac{680}{EI}$

[해설] $\theta_{\max} = \theta_1 + \theta_2 = \dfrac{PL^2}{2EI} + \dfrac{A_M}{EI}$

$= \dfrac{1}{EI}\left(\dfrac{PL^2}{2} + \dfrac{bh}{3}\right)$

$= \dfrac{1}{EI}\left(\dfrac{1000 \times 1^2}{2} + \dfrac{0.6}{3}\left(\dfrac{5000 \times 0.6^2}{2}\right)\right)$

$= \dfrac{680}{EI} [\text{rad}]$

10. 탄성계수(영계수) E, 전단 탄성계수 G, 체적 탄성계수 K 사이에 성립되는 관계식은?

① $E = \dfrac{9KG}{2K + G}$

② $E = \dfrac{3K - 2G}{6K + 2G}$

③ $K = \dfrac{EG}{3(3G - E)}$

④ $K = \dfrac{9EG}{3E + G}$

[해설] $K = \dfrac{GE}{3(3G - E)} = \dfrac{GE}{9G - 3E} [\text{GPa}]$

정답 8. ③ 9. ④ 10. ③

11. 그림과 같은 막대가 있다. 길이는 4 m 이고 힘은 지면에 평행하게 200 N만큼 주었을 때 o점에 작용하는 힘과 모멘트는?

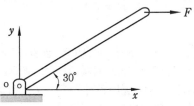

① $F_{ox} = 0$, $F_{oy} = 200\,\text{N}$, $M_z = 200\,\text{N}\cdot\text{m}$

② $F_{ox} = 200\,\text{N}$, $F_{oy} = 0$, $M_z = 400\,\text{N}\cdot\text{m}$

③ $F_{ox} = 200\,\text{N}$, $F_{oy} = 200\,\text{N}$, $M_z = 200\,\text{N}\cdot\text{m}$

④ $F_{ox} = 0$, $F_{oy} = 0$, $M_z = 400\,\text{N}\cdot\text{m}$

해설 $F_{ox} = 200\,\text{N}$, $F_{oy} = 0$,

$M_z = FL\sin30° = 200 \times 4\sin30°$

$\quad = 400\,\text{N}\cdot\text{m}$

12. 그림과 같은 치차 전동 장치에서 A치차로부터 D치차로 동력을 전달한다. B와 C 치차의 피치원의 지름의 비가 $\dfrac{D_B}{D_C} = \dfrac{1}{9}$일 때, 두 축의 최대 전단응력들이 같아지게 되는 지름의 비 $\dfrac{d_2}{d_1}$은 얼마인가?

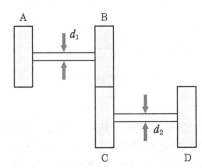

① $\left(\dfrac{1}{9}\right)^{\frac{1}{3}}$

② $\dfrac{1}{9}$

③ $9^{\frac{1}{3}}$

④ $9^{\frac{2}{3}}$

해설 $T_1 = \tau_1 Z_{P_1} = \tau_1 \dfrac{\pi d_1^3}{16} = P_B D_B$

$T_2 = \tau_2 Z_{P_2} = \tau_2 \dfrac{\pi d_2^3}{16} = P_C D_C$

$P_B = \dfrac{T_1}{D_B} = \left(\tau_1 \dfrac{\pi d_1^3}{16}\right)\dfrac{1}{D_B}$

$P_C = \dfrac{T_2}{D_C} = \left(\tau_2 \dfrac{\pi d_2^3}{16}\right)\dfrac{1}{D_C}$

$\dfrac{T_2}{T_1} = \dfrac{Z_{P_2}}{Z_{P_1}} = \left(\dfrac{d_2}{d_1}\right)^3 = \left(\dfrac{D_C}{D_B}\right) = 9$

$\therefore\ \dfrac{d_2}{d_1} = 9^{\frac{1}{3}}\left(=\sqrt[3]{9}\right)$

13. 그림과 같이 길이 l인 단순 지지된 보 위를 하중 W가 이동하고 있다. 최대 굽힘응력은?

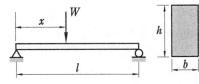

① $\dfrac{Wl}{bh^2}$

② $\dfrac{9\,Wl}{4bh^3}$

③ $\dfrac{Wl}{2bh^2}$

④ $\dfrac{3\,Wl}{2bh^2}$

해설 $\sigma = \dfrac{M}{Z} = \dfrac{Wl}{4} \times \dfrac{6}{bh^2} = \dfrac{3\,Wl}{2bh^2}\,[\text{MPa}]$

14. 그림과 같은 단순 지지보에서 2 kN/m 의 분포 하중이 작용할 경우 중앙의 처짐이 0이 되도록 하기 위한 힘 P의 크기는 몇 kN인가?

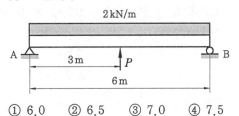

① 6.0 ② 6.5 ③ 7.0 ④ 7.5

해설 $\dfrac{5wL^4}{384EI} = \dfrac{PL^3}{48EI}$

$P = \dfrac{5wL}{8} = \dfrac{5 \times 2 \times 6}{8} = \dfrac{60}{8} = 7.5 \text{kN}$

15. 양단이 고정된 지름 30 mm, 길이가 10 m인 중실축에서 그림과 같이 비틀림 모멘트 1.5 kN · m가 작용할 때 모멘트 작용점에서의 비틀림각은 약 몇 rad인가? (단, 봉재의 전단 탄성계수 $G = 100$ GPa이다.)

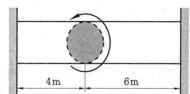

① 0.45   ② 0.56

③ 0.63   ④ 0.77

해설 모멘트 작용점에서 좌우 비틀림각은 같으므로($\theta_A = \theta_B$)

$\dfrac{T_A a}{G \tau_P} = \dfrac{T_B b}{G \tau_P} = \dfrac{32 T_A a}{G \pi d^4}$

$= \dfrac{32 \times 0.9 \times 4}{100 \times 10^6 \times \pi (0.03)^4} = 0.45 \text{rad}$

$T_A = \dfrac{T_b}{l} = \dfrac{1.5 \times 6}{10} = 0.9 \text{ kN} \cdot \text{m}$

$T_B = \dfrac{T_a}{l} = \dfrac{1.5 \times 4}{10} = 0.6 \text{ kN} \cdot \text{m}$

16. 부재의 양단이 자유롭게 회전할 수 있도록 되어 있고, 길이가 4 m인 압축 부재의 좌굴 하중을 오일러 공식으로 구하면 약 몇 kN인가? (단, 세로탄성계수는 100 GPa이고, 단면 $b \times h = 100 \text{ mm} \times 50 \text{ mm}$이다.)

① 52.4   ② 64.4

③ 72.4   ④ 84.4

해설 $P_B = n\pi^2 \dfrac{EI_G}{L^2}$

$= 1 \times \pi^2 \times \dfrac{100 \times 10^6 \left(\dfrac{0.1 \times 0.05^3}{12} \right)}{4^2}$

$= 64.26 \text{ kN}$

17. 그림과 같은 외팔보에 균일 분포 하중 w가 전 길이에 걸쳐 작용할 때 자유단의 처짐 δ는 얼마인가? (단, E : 탄성계수, I : 단면 2차 모멘트이다.)

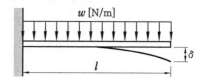

① $\dfrac{wl^4}{3EI}$ ② $\dfrac{wl^4}{6EI}$

③ $\dfrac{wl^4}{8EI}$ ④ $\dfrac{wl^4}{24EI}$

해설 균일 분포 하중 w[N/m]을 받는 외팔보 자유단의 최대 처짐량(δ) $= \dfrac{Wl^4}{8EI}$

18. 단면적이 2 cm²이고 길이가 4 m인 환봉에 10 kN의 축 방향 하중을 가하였다. 이때 환봉에 발생한 응력은 몇 N/m²인가?

① 5000   ② 2500

③ 5×10^5 ④ 5×10^7

해설 $\sigma = \dfrac{P}{A} = \dfrac{10 \times 10^3}{2 \times 10^{-4}}$

$= 5 \times 10^7 \text{ N/m}^2 \text{ Pa}$

19. 그림과 같이 단면적이 2 cm²인 AB 및 CD 막대의 B점과 C점이 1 cm 만큼 떨어져 있다. 두 막대에 인장력을 가하여 늘인 후 B점과 C점에 핀을 끼워 두 막대를 연결하려고 한다. 연결 후 두 막대에 작용하는 인장력은 약 몇 kN인가? (단, 재료의 세로 탄성계수는 200 GPa이다.)

정답   **15.** ①   **16.** ②   **17.** ③   **18.** ④   **19.** ④

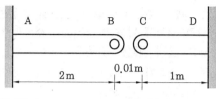

① 33.3   ② 66.6

③ 99.9   ④ 133.3

해설 $\lambda = \dfrac{PL}{AE}$ 에서

$$P = \dfrac{AE\lambda}{L} = \dfrac{2 \times 10^{-4} \times 200 \times 10^6 \times 0.01}{3}$$

$$= 133.33 \text{ kN}$$

20. 두께 8 mm의 강판으로 만든 안지름 40 cm의 얇은 원통에 1 MPa의 내압이 작용할 때 강판에서 발생하는 후프 응력(원주 응력)은 몇 MPa인가?

① 25   ② 37.5

③ 12.5   ④ 50

해설 $\sigma = \dfrac{PD}{2t} = \dfrac{1 \times 400}{2 \times 8} = 25 \text{ MPa}$

제2과목   **기계열역학**

21. 어떤 기체 동력 장치가 이상적인 브레이턴 사이클로 다음과 같이 작동할 때 이 사이클의 열효율은 약 몇 %인가? (단, 온도(T)-엔트로피(s) 선도에서 $T_1 = 30°C$, $T_2 = 200°C$, $T_3 = 1060°C$, $T_4 = 160°C$이다.)

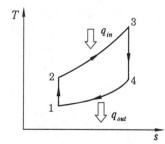

① 81 %   ② 85 %

③ 89 %   ④ 92 %

해설 $\eta_{thB} = 1 - \dfrac{q_{out}}{q_{in}} = 1 - \dfrac{T_4 - T_1}{T_3 - T_2}$

$$= \left(1 - \dfrac{160 - 30}{1060 - 200}\right) \times 100\% \fallingdotseq 85\%$$

$q_{in} = C_p(T_3 - T_2)$

$q_{out} = C_p(T_4 - T_1)$

22. 체적이 일정하고 단열된 용기 내에 80°C, 320 kPa의 헬륨 2 kg이 들어 있다. 용기 내에 있는 회전날개가 20 W의 동력으로 30분 동안 회전한다고 할 때 용기 내의 최종 온도는 약 몇 °C인가? (단, 헬륨의 정적비열은 3.12 kJ/kg·K 이다.)

① 81.9°C   ② 83.3°C

③ 84.9°C   ④ 85.8°C

해설 $Q = mC_v(t_2 - t_1)$ 에서

$$t_2 = t_1 + \dfrac{Q}{mC_v} = 80 + \dfrac{0.02 \times 3600 \times 0.5}{2 \times 3.12}$$

$$\fallingdotseq 85.8°C$$

23. 유리창을 통해 실내에서 실외로 열전달이 일어난다. 이때 열전달량은 약 몇 W 인가? (단, 대류 열전달계수는 50 W/m²·K, 유리창 표면온도는 25°C, 외기온도는 10°C, 유리창 면적은 2 m²이다.)

① 150   ② 500

③ 1500   ④ 5000

해설 $q_{conv} = hA(t_i - t_o)$

$$= 50 \times 2(25 - 10) \fallingdotseq 1500 \text{ W}$$

24. 밀폐계가 가역정압 변화를 할 때 계가 받은 열량은?

① 계의 엔탈피 변화량과 같다.

② 계의 내부에너지 변화량과 같다.

③ 계의 엔트로피 변화량과 같다.

정답   20. ①　21. ②　22. ④　23. ③　24. ①

④ 계가 주위에 대해 한 일과 같다.

해설 $\delta Q = dH - vdp\,[\text{kJ}]$에서 $p = c(dp = 0)$

$\therefore \delta Q = dH = mC_p dT\,[\text{kJ}]$

따라서 등압과정 시 가열량은 엔탈피 변화량과 같다.

25. 실린더에 밀폐된 8 kg의 공기가 그림과 같이 $P_1 = 800\ \text{kPa}$, 체적 $V_1 = 0.27\ \text{m}^3$에서 $P_2 = 350\ \text{kPa}$, 체적 $V_2 = 0.80\ \text{m}^3$으로 직선 변화하였다. 이 과정에서 공기가 한 일은 약 몇 kJ인가?

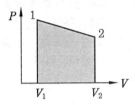

① 305 ② 334

③ 362 ④ 390

해설 절대일은 $P-V$ 선도의 면적과 같다.

$$_1W_2 = P_2(V_2 - V_1) + \frac{1}{2}(P_1 - P_2) \cdot (V_2 - V_1)$$

$$= (V_2 - V_1)\left[P_2 + \frac{1}{2}(P_1 - P_2)\right]$$

$$= (0.80 - 0.27)\left[350 + \frac{1}{2}(800 - 350)\right]$$

$$= 185.5 + 119.25 \fallingdotseq 305\ \text{kJ}$$

26. 이상기체에 대한 다음 관계식 중 잘못된 것은? (단, C_v는 정적비열, C_p는 정압비열, u는 내부에너지, T는 온도, V는 부피, h는 엔탈피, R은 기체상수, k는 비열비이다.)

① $C_v = \left(\dfrac{\partial u}{\partial T}\right)_V$ ② $C_p = \left(\dfrac{\partial h}{\partial T}\right)_V$

③ $C_p - C_v = R$ ④ $C_p = \dfrac{kR}{k-1}$

해설 $C_p = \left(\dfrac{\partial q}{\partial T}\right)_p = \left(\dfrac{\partial h}{\partial T}\right)_p$

27. 터빈, 압축기 노즐과 같은 정상 유동장치의 해석에 유용한 몰리에르(Mollier) 선도를 옳게 설명한 것은?

① 가로축에 엔트로피, 세로축에 엔탈피를 나타내는 선도이다.

② 가로축에 엔탈피, 세로축에 온도를 나타내는 선도이다.

③ 가로축에 엔트로피, 세로축에 밀도를 나타내는 선도이다.

④ 가로축에 비체적, 세로축에 압력을 나타내는 선도이다.

해설 수증기 몰리에르(Mollier) 선도는 세로(y)축에 엔탈피를, 가로(x)축에 엔트로피를 나타내는 선도이다. 터빈, 압축기 노즐과 같은 정상 유동장치의 해석에 유용하다.

28. 강도성 상태량(intensive property)이 아닌 것은?

① 온도 ② 압력

③ 체적 ④ 밀도

해설 강도성 상태량(성질)은 물질의 양과 무관한 상태량으로 비체적, 온도, 압력, 밀도(비질량) 등이 있으며, 체적은 용량성(종량성) 상태량이다.

29. 600 kPa, 300 K 상태의 이상기체 1 kmol이 엔탈피가 일정한 등온과정을 거쳐 압력이 200 kPa로 변했다. 이 과정 동안의 엔트로피 변화량은 약 몇 kJ/K인가? (단, 일반기체상수($\overline{R}$)는 8.31451 kJ/kmol · K이다.)

① 0.782 ② 6.31

③ 9.13 ④ 18.6

해설 $\Delta s = n\overline{R}\ln\dfrac{P_1}{P_2}$

$$= 1 \times 8.31451\ln\left(\frac{600}{200}\right) = 9.13\ \text{kJ/K}$$

정답 25. ① 26. ② 27. ① 28. ③ 29. ③

30. 공기 1 kg이 압력 50 kPa, 부피 3 m³인 상태에서 압력 900 kPa, 부피 0.5 m³인 상태로 변화할 때 내부에너지가 160 kJ 증가하였다. 이때 엔탈피는 약 몇 kJ이 증가하였는가?

① 30
② 185
③ 235
④ 460

해설 $H_2 - H_1 = (U_2 - U_1) + P_2 V_2 - P_1 V_1$
$$= 160 + (900 \times 0.5 - 50 \times 3) = 460 \text{ kJ}$$

31. 그림과 같은 Rankine 사이클로 작동하는 터빈에서 발생하는 일은 약 몇 kJ/kg인가? (단, h는 엔탈피, s는 엔트로피를 나타내며, $h_1 = 191.8$ kJ/kg, $h_2 = 193.8$ kJ/kg, $h_3 = 2799.5$ kJ/kg, $h_4 = 2007.5$ kJ/kg이다.)

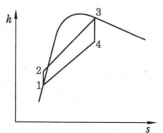

① 2.0 kJ/kg
② 792.0 kJ/kg
③ 2605.7 kJ/kg
④ 1815.7 kJ/kg

해설 $w_t = (h_3 - h_4)$
$$= (2799.5 - 2007.5) = 792 \text{ kJ/kg}$$

32. 열역학 제2법칙에 관해서는 여러 가지 표현으로 나타낼 수 있는데, 다음 중 열역학 제2법칙과 관계되는 설명으로 볼 수 없는 것은?

① 열을 일로 변환하는 것은 불가능하다.
② 열효율이 100 %인 열기관을 만들 수 없다.
③ 열은 저온 물체로부터 고온 물체로 자연적으로 전달되지 않는다.

④ 입력되는 일 없이 작동하는 냉동기를 만들 수 없다.

해설 열을 일로 변환하는 것은 가능하지만, 100 % 변환시키는 것은 불가능하다.
열역학 제2법칙 = 비가역 법칙(엔트로피 증가 법칙)

33. 시간당 380000 kg의 물을 공급하여 수증기를 생산하는 보일러가 있다. 이 보일러에 공급하는 물의 엔탈피는 830 kJ/kg이고, 생산되는 수증기의 엔탈피는 3230 kJ/kg이라고 할 때, 발열량이 32000 kJ/kg인 석탄을 시간당 34000 kg씩 보일러에 공급한다면 이 보일러의 효율은 약 몇 %인가?

① 66.9 %
② 71.5 %
③ 77.3 %
④ 83.8 %

해설 $\eta_B = \dfrac{G_a(h_2 - h_1)}{H_L \times m_f} \times 100 \%$
$$= \frac{380000(3230 - 830)}{32000 \times 34000} \times 100 \%$$
$$\fallingdotseq 83.8 \%$$

34. 그림과 같은 단열된 용기 안에 25℃의 물이 0.8 m³ 들어 있다. 이 용기 안에 100℃, 50 kg의 쇳덩어리를 넣은 후 열적 평형이 이루어졌을 때 최종 온도는 약 몇 ℃인가? (단, 물의 비열은 4.18 kJ/kg·K, 철의 비열은 0.45 kJ/kg·K이다.)

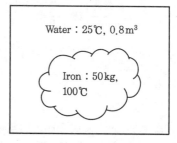

Water : 25℃, 0.8 m³

Iron : 50 kg, 100℃

① 25.5
② 27.4
③ 29.2
④ 31.4

해설 철의 방열량(고온체 방열량)
= 물의 흡열량(저온체 흡열량)

$$m_1 c_1 (t_1 - t_m) = m_2 c_2 (t_m - t_2)$$

$$t_m = \frac{m_1 c_1 t_1 + m_2 c_2 t_2}{m c_1 + m_2 c_2}$$

$$= \frac{50 \times 0.45 \times 100 + 800 \times 4.18 \times 25}{50 \times 0.45 + 800 \times 4.18}$$

$$\fallingdotseq 25.5\,℃$$

35. 어느 내연기관에서 피스톤의 흡기과정으로 실린더 속에 0.2 kg의 기체가 들어왔다. 이것을 압축할 때 15 kJ의 일이 필요하였고, 10 kJ의 열을 방출하였다고 한다면, 이 기체 1 kg당 내부에너지의 증가량은?

① 10 kJ/kg   ② 25 kJ/kg
③ 35 kJ/kg   ④ 50 kJ/kg

해설 $(U_2 - U_1) = \dfrac{{}_1 W_2}{m} = \dfrac{(15 - 10)}{0.2}$

$$= 25\,kJ/kg$$

36. 압력 2 MPa, 300℃의 공기 0.3 kg이 폴리트로픽 과정으로 팽창하여, 압력이 0.5 MPa로 변화하였다. 이때 공기가 한 일은 약 몇 kJ인가? (단, 공기는 기체상수가 0.287 kJ/kg·K인 이상기체이고, 폴리트로픽 지수는 1.3이다.)

① 416   ② 157
③ 573   ④ 45

해설 ${}_1 W_2 = \dfrac{mRT_1}{n-1} \left[1 - \left(\dfrac{P_2}{P_1} \right)^{\frac{n-1}{n}} \right]$

$$= \frac{0.3 \times 0.287 \times 573}{1.3 - 1} \left[1 - \left(\frac{0.5}{2} \right)^{\frac{1.3-1}{1.3}} \right]$$

$$= 45.02\,kJ$$

37. 이상적인 오토 사이클에서 열효율을 55%로 하려면 압축비를 약 얼마로 하면 되겠는가? (단, 기체의 비열비는 1.4이다.)

① 5.9   ② 6.8
③ 7.4   ④ 8.5

해설 $\eta_{tho} = 1 - \left(\dfrac{1}{\varepsilon} \right)^{k-1}$

여기서, $\varepsilon = \left(\dfrac{1}{1 - \eta_{tho}} \right)^{\frac{1}{k-1}}$

$$= \left(\frac{1}{1 - 0.55} \right)^{\frac{1}{1.4-1}} \fallingdotseq 7.4$$

38. 이상기체 1 kg이 초기에 압력 2 kPa, 부피 0.1 m³를 차지하고 있다. 가역 등온과정에 따라 부피가 0.3 m³로 변화했을 때 기체가 한 일은 약 몇 J인가?

① 9540   ② 2200
③ 954   ④ 220

해설 ${}_1 W_2 = P_1 V_1 \ln \dfrac{V_2}{V_1}$

$$= 2000 \times 0.1 \ln \left(\frac{0.3}{0.1} \right) = 220\,J$$

39. 다음 중 기체상수(gas constant) R [kJ/kg·K] 값이 가장 큰 기체는?

① 산소(O_2)
② 수소(H_2)
③ 일산화탄소(CO)
④ 이산화탄소(CO_2)

해설 $mR = \overline{R} = 8.314\,kJ/kg·K$

분자량(m)과 기체상수(R)는 반비례하므로 분자량이 작을수록 기체상수(R)는 커진다.

∴ 수소(H_2)는 분자량이 2이므로

기체상수$(R) = \dfrac{\overline{R}}{m} = \dfrac{8.314}{2}$

$$= 4.157\,kJ/kg·K이다.$$

※ 분자량의 크기 순서 : $CO_2(44) > O_2(32) >$
$CO(28) > H_2(2)$

40. 계의 엔트로피 변화에 대한 열역학적

관계식 중 옳은 것은? (단, T는 온도, s는 엔트로피, U는 내부에너지, V는 체적, P는 압력, H는 엔탈피를 나타낸다.)

① $Tds = dU - PdV$

② $Tds = dH - PdV$

③ $Tds = dU - PdP$

④ $Tds = dH - VdP$

해설 $\delta Q = dH - VdP \left(ds = \dfrac{\delta Q}{T} \right)$

$Tds = dH - VdP [\text{kJ}]$

제3과목   **기계유체역학**

41. 유속 3 m/s로 흐르는 물속에 흐름방향의 직각으로 피토관을 세웠을 때, 유속에 의해 올라가는 수주의 높이는 약 몇 m인가?

① 0.46   ② 0.92   ③ 4.6   ④ 9.2

해설 $h = \dfrac{V^2}{2g} = \dfrac{3^2}{2 \times 9.8} = 0.46\,\text{m}$

42. 온도 27℃, 절대압력 380 kPa인 기체가 6 m/s로 지름 5 cm인 매끈한 원관 속을 흐르고 있을 때 유동상태는? (단, 기체상수는 187.8 N·m/kg·K, 점성계수는 1.77×10^{-5} kg/m·s, 상·하 임계 레이놀즈수는 각각 4000, 2100이라 한다.)

① 층류영역   ② 천이영역

③ 난류영역   ④ 퍼텐셜영역

해설 $Re = \dfrac{\rho v d}{\mu} = \dfrac{6.74 \times 6 \times 0.05}{1.77 \times 10^{-5}}$

$= 114237.28 > 4000 \,(\text{난류영역})$

$\rho = \dfrac{P}{RT} = \dfrac{380}{0.1878 \times (27 + 273)}$

$= 6.74 \,\text{kg/m}^3$

43. 일정 간격의 두 평판 사이에 흐르는

완전 발달된 비압축성 정상유동에서 x는 유동방향, y는 평판 중심을 0으로 하여 x방향에 직교하는 방향의 좌표를 나타낼 때 압력강하와 마찰손실의 관계로 옳은 것은? (단, P는 압력, τ는 전단응력, μ는 점성계수(상수)이다.)

① $\dfrac{dP}{dy} = \mu \dfrac{d\tau}{dx}$ ② $\dfrac{dP}{dy} = \dfrac{d\tau}{dx}$

③ $\dfrac{dP}{dx} = \dfrac{d\tau}{dy}$ ④ $\dfrac{dP}{dx} = \dfrac{1}{\mu} \dfrac{d\tau}{dy}$

44. 2 m×2 m×2 m의 정육면체로 된 탱크 안에 비중이 0.8인 기름이 가득 차 있고, 위 뚜껑이 없을 때 탱크의 한 옆면에 작용하는 전체 압력에 의한 힘은 약 몇 kN인가?

① 7.6   ② 15.7

③ 31.4   ④ 62.8

해설 $F = \gamma \bar{h} A = 9.8 \times 0.8 \times 1 \times (2 \times 2)$

$= 31.4\,\text{kN}$

45. 그림과 같은 원형관에 비압축성 유체가 흐를 때 A 단면의 평균속도가 V_1일 때 B 단면에서의 평균속도 V는?

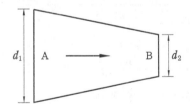

① $V = \left(\dfrac{d_1}{d_2} \right)^2 V_1$ ② $V = \dfrac{d_1}{d_2} V_1$

③ $V = \left(\dfrac{d_2}{d_1} \right)^2 V_1$ ④ $V = \dfrac{d_2}{d_1} V_1$

해설 $Q = AV[\text{m}^3/\text{s}]$에서 $A_1 V_1 = A_2 V_2$이므로

$V_2 = V_1 \left(\dfrac{A_1}{A_2} \right) = V_1 \left(\dfrac{d_1}{d_2} \right)^2 [\text{m/s}]$

---

46. 그림과 같이 유속 10 m/s인 물 분류에 대하여 평판을 3 m/s의 속도로 접근하기 위하여 필요한 힘은 약 몇 N인가? (단, 분류의 단면적은 0.01 m²이다.)

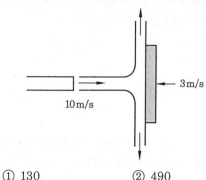

3m/s

10m/s

① 130
② 490
③ 1350
④ 1690

[해설] $F = \rho Q(V-U) = \rho A(V-U)^2$
$= 1000 \times 0.01[10-(-3)]^2$
$= 1690\,\text{N}$

47. 정상, 2차원, 비압축성 유동장의 속도성분이 아래와 같이 주어질 때 가장 간단한 유동함수(Ψ)의 형태는? (단, u는 x방향, v는 y방향의 속도성분이다.)

$$u = 2y, \; v = 4x$$

① $\psi = -2x^2 + y^2$
② $\psi = -x^2 + y^2$
③ $\psi = -x^2 + 2y^2$
④ $\psi = -4x^2 + 4y^2$

[해설] 유동함수(stream function)라 함은 두 유선 사이에 유동하는 체적유량(volume flow rate)을 말한다.
※ $d\psi = udy = -vdx$를 편미분으로 나타낸다.
$u = \dfrac{\partial(-2x^2 + y^2)}{\partial y} = 2y$
$v = -\dfrac{\partial(-2x^2 + y^2)}{\partial x} = 4x$

48. 중력은 무시할 수 있으나 관성력과 점성력 및 표면장력이 중요한 역할을 하는 미세구조물 중 마이크로 채널 내부의 유동을 해석하는 데 중요한 역할을 하는 무차원수만으로 짝지어진 것은?

① Reynolds수, Froude수
② Reynolds수, Mach수
③ Reynolds수, Weber수
④ Reynolds수, Cauchy수

[해설] 레이놀즈수는 점성력, 웨버수는 표면장력이 중요시되는 무차원수이다.
$Re = \dfrac{\text{관성력}}{\text{점성력}}, \quad We = \dfrac{\text{관성력}}{\text{표면장력}}$

49. 다음과 같은 베르누이 방정식을 적용하기 위해 필요한 가정과 관계가 먼 것은? (단, 식에서 P는 압력, ρ는 밀도, V는 유속, γ는 비중량, Z는 유체의 높이를 나타낸다.)

$$P_1 + \frac{1}{2}\rho V_1^2 + \gamma Z_1 = P_2 + \frac{1}{2}\rho V_2^2 + \gamma Z_2$$

① 정상 유동
② 압축성 유체
③ 비점성 유체
④ 동일한 유선

[해설] Bernoulli Equation($P + \dfrac{\rho V^2}{2} + \gamma Z = c$)
가정은 다음과 같다.
(1) 정상류($\dfrac{\partial v}{\partial t} = 0$)일 것
(2) 유체 입자는 유선을 따른다.
(3) 무마찰(비점성 유동)
(4) 비압축성 유체($\rho = c, \; \gamma = c$)

50. 물을 사용하는 원심 펌프의 설계점에서의 전양정이 30 m이고 유량은 1.2 m³/min이다. 이 펌프를 설계점에서 운전할 때 필요한 축동력이 7.35 kW라면 이 펌프의 효율은 약 얼마인가?

① 75 %
② 80 %
③ 85 %
④ 90 %

정답 46. ④ 47. ① 48. ③ 49. ② 50. ②

해설 $\eta_P = \dfrac{L_w}{L_s} = \dfrac{9.8\,QH}{7.35}$

$$= \dfrac{9.8\left(\dfrac{1.2}{60}\right)\times 30}{7.35} \times 100\,\% = 80\,\%$$

51. 골프공 표면의 딤플(dimple, 표면 굴곡)이 항력에 미치는 영향에 대한 설명으로 잘못된 것은?

① 딤플은 경계층의 박리를 지연시킨다.

② 딤플이 층류경계층을 난류경계층으로 천이시키는 역할을 한다.

③ 딤플이 골프공의 전체적인 항력을 감소시킨다.

④ 딤플은 압력저항보다 점성저항을 줄이는 데 효과적이다.

해설 딤플(dimple)은 점성저항보다 압력저항을 줄이는 데 더 효과적이다.

52. 점성계수가 0.3 N · s/m²이고, 비중이 0.9인 뉴턴유체가 지름 30 mm인 파이프를 통해 3 m/s의 속도로 흐를 때 Reynolds 수는?

① 24.3 ② 270

③ 2700 ④ 26460

해설 $Re = \dfrac{\rho v d}{\mu} = \dfrac{1000\times 0.9\times 3\times 0.03}{0.3}$

$= 270$

53. 비중 0.85인 기름의 자유표면으로부터 10 m 아래에서의 계기압력은 약 몇 kPa 인가?

① 83 ② 830 ③ 98 ④ 980

해설 $P = \gamma h = \gamma_w S h$

$= 9.8 \times 0.85 \times 10 = 83.3\,\text{kPa}$

54. 2차원 유동장이 $\vec{V}(x,\ y) = cx\vec{i} - cy\vec{j}$ 로 주어질 때, 가속도장 $\vec{a}(x,\ y)$는 어떻게 표시되는가? (단, 유동장에서 c는 상수를 나타낸다.)

① $\vec{a}(x,\ y) = cx^2\vec{i} - cy^2\vec{j}$

② $\vec{a}(x,\ y) = cx^2\vec{i} + cy^2\vec{j}$

③ $\vec{a}(x,\ y) = c^2 x\vec{i} - c^2 y\vec{j}$

④ $\vec{a}(x,\ y) = c^2 x\vec{i} + c^2 y\vec{j}$

해설 $\vec{a} = \dfrac{d\vec{V}}{dt} = u\dfrac{\partial \vec{V}}{\partial x} + v\dfrac{\partial \vec{V}}{\partial y}$

$= cx \cdot c\vec{i} + (-cy)(-c\vec{j}) = c^2 x\vec{i} + c^2 y\vec{j}$

55. 물(비중량 9800 N/m³) 위를 3 m/s의 속도로 항진하는 길이 2 m인 모형선에 작용하는 조파저항이 54 N이다. 길이 50 m인 실선을 이것과 상사한 조파상태인 해상에서 항진시킬 때 조파저항은 약 얼마인가? (단, 해수의 비중량은 10075 N/m³이다.)

① 43 kN ② 433 kN

③ 87 kN ④ 867 kN

해설 $\left(\dfrac{V}{\sqrt{lg}}\right)_p = \left(\dfrac{V}{\sqrt{lg}}\right)_m$

$g_p \cong g_m$

$V_p = V_m \sqrt{\dfrac{l_p}{l_m}} = 3 \times \sqrt{\dfrac{50}{2}} = 15\,\text{m/s}$

$\left(\dfrac{2D}{\gamma A V^2}\right)_p = \left(\dfrac{2D}{\gamma A V^2}\right)_m$

$D_p = D_m \left(\dfrac{\gamma_p}{\gamma_m}\right)\left(\dfrac{L_p}{L_m}\right)^2\left(\dfrac{V_p}{V_m}\right)^2$

$= 54\left(\dfrac{10075}{9800}\right)\left(\dfrac{50}{2}\right)^2\left(\dfrac{15}{3}\right)^2$

$= 867427\,\text{N} \fallingdotseq 867.43\,\text{kN}$

56. 동점성계수가 10 cm²/s이고 비중이 1.2 인 유체의 점성계수는 몇 Pa · s인가?

① 0.12 ② 0.24 ③ 1.2 ④ 2.4

해설 $\mu = \nu\rho = 10 \times 10^{-4} \times 1200$

$= 1.2\,\text{Pa} \cdot \text{S}$

정답 51. ④ 52. ② 53. ① 54. ④ 55. ④ 56. ③

57. 어떤 액체의 밀도는 890 kg/m³, 체적 탄성계수는 2200 MPa이다. 이 액체 속에서 전파되는 소리의 속도는 약 몇 m/s인가?

① 1572 ② 1483

③ 981 ④ 345

해설 $C = \sqrt{\dfrac{E}{\rho}} = \sqrt{\dfrac{2200 \times 10^6}{890}}$

$\qquad = 1572 \text{ m/s}$

58. 펌프로 물을 양수할 때 흡입측에서의 압력이 진공 압력계로 75 mmHg(부압)이다. 이 압력은 절대 압력으로 약 몇 kPa인가? (단, 수은의 비중은 13.6이고, 대기압은 760 mmHg이다.)

① 91.3 ② 10.4

③ 84.5 ④ 23.6

해설 $P_a = P_o - P_g = 101.325 - \dfrac{75}{760} \times 101.325$

$\qquad = 91.33 \text{ kPa(abs)}$

59. 평판 위를 어떤 유체가 층류로 흐를 때, 선단으로부터 10 cm 지점에서 경계층 두께가 1 mm일 때, 20 cm 지점에서의 경계층 두께는 얼마인가?

① 1 mm ② $\sqrt{2}$ mm

③ $\sqrt{3}$ mm ④ 2 mm

해설 경계층 층류 유동 시 경계층의 두께(δ)는 선단으로부터 떨어진 거리(x)의 제곱근에 비례한다($\delta \propto \sqrt{x}$).

$\therefore \dfrac{\delta_2}{\delta_1} = \sqrt{\dfrac{x_2}{x_1}}$

$\therefore \delta_2 = \delta_1 \sqrt{\dfrac{x_2}{x_1}} = 1 \times \sqrt{\dfrac{20}{10}} = \sqrt{2}$ mm

60. 원판에서 난류로 흐르는 어떤 유체의 속도가 2배로 변하였을 때, 마찰계수가

변경 전 마찰계수의 $\dfrac{1}{\sqrt{2}}$로 줄었다. 이때 압력손실은 몇 배로 변하는가?

① $\sqrt{2}$ 배 ② $2\sqrt{2}$ 배

③ 2배 ④ 4배

해설 $\Delta P = f \dfrac{L}{d} \dfrac{\gamma V^2}{2g}$ [kPa]

$\dfrac{\Delta P_2}{\Delta P_1} = \left(\dfrac{f_2}{f_1}\right)\left(\dfrac{V_2}{V_1}\right)^2$

$\qquad = \dfrac{1}{\sqrt{2}} \times 2^2 = \dfrac{4}{\sqrt{2}} = \dfrac{4\sqrt{2}}{2}$

$\qquad = 2\sqrt{2}$

제4과목 **기계재료 및 유압기기**

61. 아름답고 매끈한 플라스틱 제품을 생산하기 위한 금형 재료의 요구되는 특성이 아닌 것은?

① 결정입도가 클 것

② 편석 등이 적을 것

③ 핀홀 및 흠이 없을 것

④ 비금속 개재물이 적을 것

해설 금형 재료는 기계가공성이 우수하고 결정입도가 작아야 한다.

62. 경도 시험에서 압입체의 다이아몬드 원추각이 120°이며, 기준하중이 10 kgf인 시험법은?

① 쇼어 경도 시험

② 브리넬 경도 시험

③ 비커스 경도 시험

④ 로크웰 경도 시험

해설 로크웰 경도 시험은 압입체의 다이아몬드 원추각이 120°이며 기준하중은 10 kgf이다. B스케일은 100 kgf, C스케일은 150(=10+140) kgf이다.

63. Al합금 중 개량처리를 통해 Si의 조대한 육각 판상을 미세화시킨 합금의 명칭은 어느 것인가?

① 라우탈
② 실루민
③ 문츠메탈
④ 두랄루민

[해설] ① 라우탈 : Al-Cu-Si계 합금
② 실루민 : Al-Si계 합금
③ 문츠메탈 : 6-4황동(Cu 60 %+Zn 40 %)
④ 두랄루민 : Al-Cu-Mg-Mn-Si계 합금

64. S곡선에 영향을 주는 요소들을 설명한 것 중 틀린 것은?

① Ti, Al 등이 강재에 많이 함유될수록 S곡선은 좌측으로 이동된다.
② 강 중에 첨가 원소로 인하여 편석이 존재하면 S곡선의 위치도 변화한다.
③ 강재가 오스테나이트 상태에서 가열온도가 상당히 높으면 높을수록 오스테나이트 결정립은 미세해지고, S곡선의 코(nose) 부근도 왼쪽으로 이동한다.
④ 강이 오스테나이트 상태에서 외부로부터 응력을 받으면 응력이 커지게 되어 변태 시간이 짧아져 S곡선의 변태 개시선은 좌측으로 이동한다.

[해설] (1) S곡선 = C곡선 = T.T.T 곡선(시간-온도-변태) 곡선
(2) 오스테나이트 상태에서 온도가 낮아지면 200℃ 이하에서 미세한 펄라이트(pearlite) 조직이 얻어진다.

65. 구상흑연주철에서 나타나는 페이딩(fading) 현상이란?

① Ce, Mg 첨가에 의해 구상 흑연화를 촉진하는 것
② 구상화 처리 후 용탕 상태로 방치하면 흑연 구상화 효과가 소멸하는 것
③ 코크스비를 낮추어 고온 용해하므로 용탕에 산소 및 황의 성분이 낮게 되는 것
④ 두께가 두꺼운 주물이 흑연 구상화 처리 후에도 냉각속도가 늦어 편상 흑연 조직으로 되는 것

66. Fe-C 평형 상태도에서 γ고용체가 시멘타이트를 석출 개시하는 온도선은?

① A_{cm}선
② A_3선
③ 공석선
④ A_2선

67. 다음 금속 중 재결정온도가 가장 높은 것은?

① Zn
② Sn
③ Fe
④ Pb

[해설] 금속의 재결정온도 : Fe(450℃), W(1200℃), Ni(600℃), Pb(-3℃), Zn(15~25℃), Sn(0℃)

68. 다음 순철의 변태에 대한 설명 중 틀린 것은?

① 동소변태점은 A_3점과 A_4점이 있다.
② Fe의 자기변태점은 약 768℃ 정도이며, 퀴리(Curie)점이라고도 한다.
③ 동소변태는 결정격자가 변화하는 변태를 말한다.
④ 자기변태는 일정 온도에서 급격히 비연속적으로 일어난다.

[해설] 동소변태는 일정 온도에 급격히 비연속적으로 일어나고, 자기변태는 넓은 온도 범위에서 연속적으로 일어난다.

69. 심랭(sub-zero) 처리의 목적을 설명한 것 중 옳은 것은?

① 자경강에 인성을 부여하기 위한 방법이다.

② 급열·급랭 시 온도 이력현상을 관찰하기 위한 것이다.

③ 항온 담금질하여 베이나이트 조직을 얻기 위한 방법이다.

④ 담금질 후 변형을 방지하기 위해 잔류 오스테나이트를 마텐자이트 조직으로 얻기 위한 방법이다.

해설 심랭 처리(sub-zero treatment) : 담금질 후 국부적으로 잔류하는 오스테나이트 조직에서 마텐자이트 조직을 얻기 위한 열처리법으로 0℃ 이하로 처리한다.

70. Mg-Al계 합금에 소량의 Zn과 Mn을 넣은 합금은 ?

① 엘렉트론(elektron) 합금

② 스텔라이트(stellite) 합금

③ 알클래드(alclad) 합금

④ 자마크(zamak) 합금

해설 ① 엘렉트론(elektron) 합금 : Mg-Al계 합금에 소량의 Zn과 Mn을 넣은 합금으로 주로 주물용 재료로 쓰인다.

② 스텔라이트(stellite) 합금 : 주성분(Co)-Cr-W-Fe-C 합금

③ 알클래드(alclad) 합금 : 고강도 Al 합금에 순도가 높은 Al판을 피복하여 내식성을 향상시킨 것

④ 자마크(zamak) 합금 : 다이캐스트(Zn-Al-Cu) 합금에서 Al 4 % 첨가한 것

71. 저압력을 어떤 정해진 높은 출력으로 증폭하는 회로의 명칭은 ?

① 부스터 회로

② 플립플롭 회로

③ 온오프 제어 회로

④ 레지스터 회로

해설 (1) 플립플롭 회로 : 2개의 안정된 출력 상태를 가지고, 입력 유무에 관계없이

직전에 가해진 입력의 상태를 출력 상태로서 유지하는 회로

(2) 온오프 제어 회로 : 제어 동작이 밸브의 개폐와 같은 2개의 정해진 상태만을 취하는 제어 회로

(3) 레지스터 회로 : 2진수로서의 정보를 일단 내부에 기억하고, 적당한 때에 그 내용을 이용할 수 있도록 구성한 회로

72. 점성계수(coefficient of viscosity)는 기름의 중요 성질이다. 점도가 너무 낮을 경우 유압기기에 나타나는 현상은 어느 것인가 ?

① 유동저항이 지나치게 커진다.

② 마찰에 의한 동력손실이 증대된다.

③ 각 부품 사이에서 누출 손실이 커진다.

④ 밸브나 파이프를 통과할 때 압력손실이 커진다.

해설 점도가 너무 낮을 경우

(1) 내부 및 외부의 기름 누출 증대

(2) 마모증대와 압력 유지 곤란(고체 마찰)

(3) 유압 펌프, 모터 등의 용적(체적) 효율 저하

(4) 압력 발생 저하로 정확한 작동 불가

73. 베인펌프의 일반적인 구성 요소가 아닌 것은 ?

① 캠링   ② 베인

③ 로터   ④ 모터

74. 지름이 2 cm인 관속을 흐르는 물의 속도가 1 m/s이면 유량은 약 몇 cm³/s인가 ?

① 3.14   ② 31.4

③ 314   ④ 3140

해설 $Q = AV = \dfrac{\pi \times 2^2}{4} \times 100$

$= 314.16 \text{ cm}^3/\text{s}$

정답 **70.** ①   **71.** ①   **72.** ③   **73.** ④   **74.** ③

75. 감압 밸브, 체크 밸브, 릴리프 밸브 등에서 밸브 시트를 두드려 비교적 높은 음을 내는 일종의 자려 진동 현상은?

① 유격 현상

② 채터링 현상

③ 폐입 현상

④ 캐비테이션 현상

[해설] 채터링(chattering) 현상은 스위치나 릴레이 등의 접점이 개폐될 때 발생하는 진동이다.

76. 한쪽 방향으로 흐름은 자유로우나 역방향의 흐름을 허용하지 않는 밸브는?

① 체크 밸브　　　　② 셔틀 밸브

③ 스로틀 밸브　　　④ 릴리프 밸브

[해설] 체크 밸브(check valve)는 방향 제어 밸브로 유체를 한쪽 방향으로만 흐르게 하고 반대쪽(역방향) 흐름을 차단시키는 밸브이다.

77. 유압 파워 유닛의 펌프에서 이상 소음 발생의 원인이 아닌 것은?

① 흡입관의 막힘

② 유압유에 공기 혼입

③ 스트레이너가 너무 큼

④ 펌프의 회전이 너무 빠름

78. 다음 중 유량 제어 밸브에 의한 속도 제어 회로를 나타낸 것이 아닌 것은?

① 미터 인 회로

② 블리드 오프 회로

③ 미터 아웃 회로

④ 카운터 회로

[해설] 속도 제어 회로의 종류

　(1) 미터 인 회로

　(2) 미터 아웃 회로

　(3) 블리드 오프 회로

79. 유공압 실린더의 미끄러짐 면의 운동이 간헐적으로 되는 현상은?

① 모노 피딩(mono-feeding)

② 스틱 슬립(stick-slip)

③ 컷 인 다운(cut in-down)

④ 듀얼 액팅(dual acting)

80. 유체를 에너지원 등으로 사용하기 위하여 가압 상태로 저장하는 용기는?

① 디퓨저　　　　② 액추에이터

③ 스로틀　　　　④ 어큐뮬레이터

[해설] 어큐뮬레이터(accumulator : 축압기)는 각종 제어 시스템에서 액추에이터(actuator : 작동기)를 작동시키는 유체를 가압 상태로 저장하는 용기이다. 유체의 가압에 질소, 불활성 가스 등을 사용하는 경우는 유체와의 격리 방법에 의해 블래더형, 다이어프램형, 피스톤형으로 분류된다. 어큐뮬레이터는 맥동이나 충격을 흡수하여 제거하는 기능도 가지고 있다.

> 제5과목　**기계제작법 및 기계동력학**

81. 반지름이 r인 균일한 원판의 중심에 200 N의 힘이 수평 방향으로 가해진다. 원판의 미끄러짐을 방지하는 데 필요한 최소 마찰력(F)은?

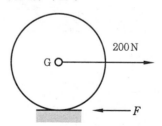

① 200 N　　　　② 100 N

③ 66.67 N　　　④ 33.33 N

[해설] $\sum F = ma$

※ $V = \gamma\omega$

양변을 t로 미분하면 $\dfrac{dV}{dt} = \gamma\dfrac{d\omega}{dt}$

$\therefore a = \gamma\alpha \, [\text{m/s}^2]$

$P - F = m(r\alpha)$

※ $\sum M_G = I_G\alpha$

$Fr = \dfrac{1}{2}mr^2\alpha$

$\therefore \alpha = \dfrac{2F}{mr}$

$P - F = 2F, \quad P = 3F$

$\therefore F = \mu N = \dfrac{P}{3} = \dfrac{200}{3} = 66.67 \, \text{N}$

최소마찰계수$(\mu) = \dfrac{P}{3N} = \dfrac{P}{3mg}$

82. 그림은 스프링과 감쇠기로 지지된 기관(engine, 총 질량 m이며, m_1은 크랭크 기구의 불평형 회전질량)으로 회전 중심으로부터 r만큼 떨어져 있고, 회전주파수는 ω이다. 이 기관의 운동방정식을 $m\ddot{x} + c\dot{x} + kx = F(t)$라고 할 때 $F(t)$로 옳은 것은?

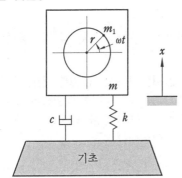

① $F(t) = \dfrac{1}{2}m_1 r\omega^2 \sin\omega t$

② $F(t) = \dfrac{1}{2}m_1 r\omega^2 \cos\omega t$

③ $F(t) = m_1 r\omega^2 \sin\omega t$

④ $F(t) = m_1 r\omega^2 \cos\omega t$

[해설] (1) $S = \gamma\sin\omega t$

(2) 속도$(V) = \dfrac{dS}{dt} = \gamma\omega\cos\omega t$

(3) 가속도$(a) = \dfrac{dV}{dt} = -\gamma\omega^2\sin\omega t$

$\therefore F(t) = m_1\gamma\omega^2\sin\omega t$

83. 길이가 1 m이고 질량이 3 kg인 가느다란 막대에서 막대 중심축과 수직하면서 질량 중심을 지나는 축에 대한 질량 관성 모멘트는 몇 kg · m²인가?

① 0.20 ② 0.25

③ 0.30 ④ 0.40

[해설] $I_G = \dfrac{mL^2}{12} = \dfrac{3 \times 1^2}{12} = 0.25 \, \text{kg} \cdot \text{m}^2$

84. 아이스하키 선수가 친 퍽이 얼음 바닥 위에서 30 m를 가서 정지하였는데, 그 시간이 9초가 걸렸다. 퍽과 얼음 사이의 마찰계수는 얼마인가?

① 0.046 ② 0.056

③ 0.066 ④ 0.076

[해설] $S = \dfrac{1}{2}at^2 \, [\text{m}]$

$a = \dfrac{2S}{t^2} = \dfrac{2 \times 30}{9^2} = \dfrac{60}{81} \, \text{m/s}^2$

$F = \mu N = ma$

$\mu = \dfrac{ma}{N} = \dfrac{ma}{mg} = \dfrac{a}{g} = \dfrac{\left(\dfrac{60}{81}\right)}{9.8}$

$= \dfrac{60}{81 \times 9.8} = 0.076$

85. 전동기를 이용하여 무게 9800 N의 물체를 속도 0.3 m/s로 끌어올리려 한다. 장치의 기계적 효율을 80 %로 하면 최소 몇 kW의 동력이 필요한가?

① 3.2 ② 3.7 ③ 4.9 ④ 6.2

[해설] $kW = \dfrac{\text{power}}{1000\eta_m} = \dfrac{W \times V}{1000\eta_m} = \dfrac{9800 \times 0.3}{1000 \times 0.8}$

$\fallingdotseq 3.7 \, \text{kW}$

86. 무게 20 N인 물체가 2개의 용수철에 의하여 그림과 같이 놓여 있다. 한 용수철은 1 cm 늘어나는 데 1.7 N이 필요하며 다른 용수철은 1 cm 늘어나는 데 1.3 N이 필요하다. 변위 진폭이 1.25 cm가 되려면 정적 평형 위치에 있는 물체는 약 얼마의 초기 속도(cm/s)를 주어야 하는가? (단, 이 물체는 수직운동만 한다고 가정한다.)

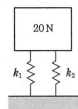

① 11.5   ② 18.1
③ 12.4   ④ 15.2

해설 (1) $W = kx$ 에서

$$k_1 = \frac{W_1}{x_1} = 1.7 \text{ N/cm}$$

$$k_2 = \frac{W_2}{x_2} = 1.3 \text{ N/cm}$$

병렬 연결이므로

$$k = k_1 + k_2 = 3 \text{ N/cm} = 300 \text{ N/m}$$

(2) 20 N인 물체의 질량(m)

$$= \frac{W}{g} = \frac{20}{9.8} = 2.04 \text{ kg}$$

(3) 에너지 보존의 법칙을 적용하면

$$\frac{mV^2}{2} = \frac{1}{2} kx^2$$

$$\therefore V = \sqrt{\frac{kx^2}{m}} = \sqrt{\frac{300 \times (0.0125)^2}{2.04}}$$

$$= 0.152 \text{ m/s} = 15.2 \text{ cm/s}$$

87. 그림과 같이 Coulomb 감쇠를 일으키는 진동계에서 지면과의 마찰계수는 0.1, 질량 $m = 100$ kg, 스프링 상수 $k = 981$ N/cm이다. 정지 상태에서 초기 변위를 2 cm 주었다가 놓을 때 4 cycle 후의 진폭은 약 몇 cm가 되겠는가?

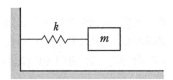

① 0.4   ② 0.1
③ 1.2   ④ 0.8

해설 쿨롱(Coulomb) 감쇠(마찰 감쇠)

$$\therefore m\ddot{x} + kx \pm \mu mg = 0$$

$$\mu mg = kx$$

쿨롱의 감쇠계수(x)

$$= \frac{\mu mg}{k} = \frac{0.1 \times 100 \times 9.81}{981} = 0.1 \text{ cm}$$

$$x_n = x_o - 4\left(\frac{\mu N}{k}\right) n = x_o - 4xn$$

$$= 2 - 4 \times 0.1 \times 4 = 0.4 \text{ cm}$$

※ 연속된 cycle마다 진폭은 $4\left(\frac{\mu N}{k}\right)$ 만큼 감소된다.

88. 단순조화운동(harmonic motions)일 때 속도와 가속도의 위상차는 얼마인가?

① $\frac{\pi}{2}$ ② π
③ 2π ④ 0

89. 어떤 물체가 정지 상태로부터 다음 그래프와 같은 가속도(a)로 속도가 변화한다. 이때 20초 경과 후의 속도는 약 몇 m/s인가?

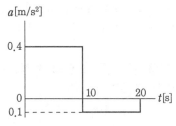

① 1   ② 2   ③ 3   ④ 4

해설 $a - t$ 선도에서 면적의 크기는 속도(V)를 나타낸다.

$$V = 0.4 \times 10 - 0.1 \times 10 = 4 - 1 = 3 \text{ m/s}$$

90. 축구공을 지면으로부터 1 m의 높이에서 자유낙하시켰더니 0.8 m 높이까지 다시 튀어올랐다. 이 공의 반발계수는 얼마인가?

① 0.89
② 0.83
③ 0.80
④ 0.77

[해설] 반발계수$(e) = \dfrac{V'}{V} = \dfrac{\sqrt{2gh'}}{\sqrt{2gh}} = \sqrt{\dfrac{h'}{h}}$

$= \sqrt{\dfrac{0.8}{1}} = 0.89$

(1) 완전 탄성 충돌$(e=1)$: 충돌 전후의 전체 에너지(운동량 및 운동에너지)가 보존된다.

(2) 불완전 비탄성 충돌$(0 < e < 1)$: 운동량은 보존되고 운동에너지는 보존되지 않는다.

(3) 완전 비탄성(소성) 충돌$(e=0)$: 충돌 후 두 질점의 속도는 같다. (충돌 후 반발됨이 없이 한 덩어리가 된다 : 상대속도가 0이다.)

91. 구성 인선(built up edge)의 방지 대책으로 틀린 것은?

① 공구 경사각을 크게 한다.
② 절삭 깊이를 작게 한다.
③ 절삭 속도를 낮게 한다.
④ 윤활성이 좋은 절삭유제를 사용한다.

[해설] 구성 인선(built up edge)의 방지 대책
(1) 공구(bite) 윗면 경사각을 크게 한다.
(2) 절삭 깊이를 작게 한다.
(3) 절삭 속도를 크게 한다(절삭 저항 감소).
(4) 윤활성이 좋은 절삭유를 사용한다.

92. 다음 중 저온 뜨임의 특성으로 가장 거리가 먼 것은?

① 내마모성 저하
② 연마균열 방지
③ 치수의 경년 변화 방지
④ 담금질에 의한 응력 제거

[해설] 저온 뜨임(점성 뜨임) : 100~200℃에서 수랭하면 경도 감소 없이 점성과 내마모성이 향상된다.

93. 다음 중 나사의 유효지름 측정과 가장 거리가 먼 것은?

① 나사 마이크로미터
② 센터게이지
③ 공구 현미경
④ 삼침법

[해설] 센터게이지(center gage)는 선반 가공 시 공작물의 각도를 측정하는 공구이다.

94. 다이(die)에 탄성이 뛰어난 고무를 적층으로 두고 가공 소재를 형상을 지닌 펀치로 가압하여 가공하는 성형 가공법은?

① 전자력 성형법
② 폭발 성형법
③ 엠보싱법
④ 마폼법

[해설] 마폼법(marforming)
(1) 기계 판금 가공의 특수한 것
(2) 다이(die)에 고무를 사용하는 것으로 고무에 의한 드로잉의 대표적인 가공법
(3) 마텐자이트 온도 영역에서 소성 가공을 하는 가공 열처리로 마텐자이트가 미세화되고 강해진다.

95. 다음 중 인발 가공에서 인발 조건의 인자로 가장 거리가 먼 것은?

① 절곡력(folding force)
② 역장력(back tension)
③ 마찰력(friction force)
④ 다이각(die angle)

[해설] 인발(drawing)에 영향을 미치는 인자 : 역장력, 마찰력, 단면 감소율, 다이각(die angle), 인발속도, 인발력, 인발재료, 윤활, 온도 등

96. TIG 용접과 MIG 용접에 해당하는 용접은?

① 불활성가스 아크 용접

정답 **90.** ① **91.** ③ **92.** ① **93.** ② **94.** ④ **95.** ① **96.** ①

② 서브머지드 아크 용접

③ 교류 아크 셀룰로오스계 피복 용접

④ 직류 아크 일미나이트계 피복 용접

해설 TIG(티그) 용접과 MIG(미그) 용접은 불활성가스 아크 용접이다. 불활성가스란 고온에서도 금속과 반응하지 않는 가스로서 Ar, He, Ne, Kr, Xe, Rn 등이 있다.

97. 다음 중 주조에서 탕구계의 구성 요소가 아닌 것은?

① 쇳물받이　　　② 탕도

③ 피더　　　　　④ 주입구

해설 주조에서 탕구계의 구성 요소

- 쇳물받이(주입컵 : pouring cup)
- 탕도(runner)
- 주입구(gate)
- 탕구(sprue)

98. 다음 중 전주 가공의 특징으로 가장 거리가 먼 것은?

① 가공시간이 길다.

② 복잡한 형상, 중공축 등을 가공할 수 있다.

③ 모형과의 오차를 줄일 수 있어 가공 정밀도가 높다.

④ 모형 전체면에 균일한 두께로 전착이 쉽게 이루어진다.

해설 전주 가공(electro forming) : 전기 분해에 의해 도금하는 방식으로 특징은 다음과 같다.

(1) 첨가제와 전주 조건으로 전착금속의 기계적 성질을 쉽게 조정할 수 있다.

(2) 가공 정밀도가 높아 모형과의 오차를 ±25 μm 정도로 할 수 있다.

(3) 모형 전체면에 일정한 두께로 전착하기가 어렵다.

(4) 금속의 종류에 제한을 받는다.

(5) 생산(가공)시간이 길다.

(6) 복잡한 형상, 이음매 없는 관, 중공축 등을 가공할 수 있다.

(7) 제작 가격이 다른 가공법에 비해 비싸다.

(8) 크기에 제한을 받지 않는다.

99. 연강을 고속도강 바이트로 셰이퍼 가공할 때 바이트의 1분간 왕복 횟수는? (단, 절삭속도＝15 m/min이고 공작물의 길이(행정의 길이)는 150 mm, 절삭행정의 시간과 바이트 1왕복의 시간과의 비 $k = 3/5$이다.)

① 10회　　　　② 15회

③ 30회　　　　④ 60회

해설 $n = \dfrac{1000kV}{L} = \dfrac{1000 \times \frac{3}{5} \times 15}{150} = 60$

※ 셰이퍼(shaper) 가공시간(T)

$= \dfrac{w}{nf} = \dfrac{공작물\ 폭}{왕복\ 횟수 \times 이송}$ [min]

여기서, w : 공작물 폭(mm)

n : 1분간 왕복 횟수(stroke/min)

f : 이송(mm/stroke)

100. 드릴링 머신으로 할 수 있는 기본 작업 중 접시머리 볼트의 머리 부분이 묻히도록 원뿔자리 파기 작업을 하는 가공은?

① 태핑　　　　　② 카운터 싱킹

③ 심공 드릴링　　④ 리밍

해설 태핑(tapping)은 탭(tap)을 사용하여 암나사를 가공하는 작업이다(1번 탭 55 %, 2번 탭 25 %, 3번 탭 20 % 가공).

일반기계기사

제1 과목 **재료역학**

1. 그림과 같은 형태로 분포 하중을 받고 있는 단순 지지보가 있다. 지지점 A에서의 반력 R_A는 얼마인가? (단, 분포 하중 $w(x) = w_o \sin \dfrac{\pi x}{L}$ 이다.)

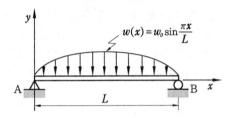

① $\dfrac{2w_o L}{\pi}$ 　　② $\dfrac{w_o L}{\pi}$

③ $\dfrac{w_o L}{2\pi}$ 　　④ $\dfrac{w_o L}{2}$

해설 $R_A + R_B = \sin$함수 곡선의 전체 면적

$$R_A = \frac{2bh}{\pi} = \frac{2\left(\dfrac{L}{2}\right)w_o}{\pi} = \frac{w_o L}{\pi}\,[\mathrm{N}]$$

2. 지름 4 cm, 길이 3 m인 선형 탄성 원형 축이 800 rpm으로 3.6 kW를 전달할 때 비틀림각은 약 몇 도(°)인가? (단, 전단 탄성계수는 84 GPa이다.)

① $0.0085°$ 　　② $0.35°$
③ $0.48°$ 　　④ $5.08°$

해설 $T = 9.55 \times 10^3 \dfrac{kW}{N} = 9.55 \times 10^3 \times \dfrac{3.6}{800}$

$\qquad = 42.98\,\mathrm{N \cdot m}$

$\theta° = 57.3 \dfrac{TL}{GI_P} = 57.3 \dfrac{32\,TL}{G\pi d^4}$

$\quad \fallingdotseq 584 \dfrac{TL}{Gd^4} \fallingdotseq 584 \times \dfrac{42.98 \times 3}{84 \times 10^9 \times (0.04)^4}$

$\quad \fallingdotseq 0.35°$

3. 그림과 같은 평면 응력 상태에서 최대 주응력은 약 몇 MPa인가? (단, $\sigma_x = 500$ MPa, $\sigma_y = -300$ MPa, $\tau_{xy} = -300$ MPa 이다.)

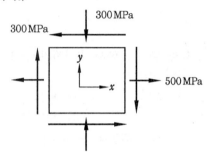

① 500 　　② 600
③ 700 　　④ 800

해설 $\sigma_{\max} = \dfrac{1}{2}(\sigma_x + \sigma_y) + \sqrt{\left(\dfrac{\sigma_x - \sigma_y}{2}\right)^2 + \tau_{xy}^2}$

$\quad = \dfrac{1}{2}(500 - 300) + \sqrt{\left(\dfrac{500 + 300}{2}\right)^2 + (-300)^2}$

$\quad = 600\,\mathrm{MPa}$

4. 안지름이 80 mm, 바깥지름이 90 mm이고 길이가 3 m인 좌굴 하중을 받는 파이프 압축 부재의 세장비는 얼마 정도인가?

① 100 ② 110 ③ 120 ④ 130

해설 $\lambda = \dfrac{L}{k_G} = \dfrac{3000}{\sqrt{\dfrac{d_1^2 + d_2^2}{16}}} = \dfrac{3000}{\dfrac{\sqrt{80^2 + 90^2}}{4}}$

$\quad \fallingdotseq 100$

5. 지름 30 cm의 환봉 시험편에서 표점거리를 10 mm로 하고 스트레인 게이지를 부착하여 신장을 측정한 결과 인장하중 25 kN에서 신장 0.0418 mm가 측정되었다. 이때의 지름은 29.97 mm이었다. 이 재료의 푸아송 비(ν)는?

정답 1. ② 2. ② 3. ② 4. ① 5. ①

① 0.239　　　　② 0.287

③ 0.0239　　　④ 0.0287

해설 $\delta = 30 - 29.97 = 0.03$

$$\nu = \frac{|\varepsilon'|}{\varepsilon} = \frac{\dfrac{\delta}{d}}{\dfrac{\lambda}{l}} = \frac{\delta l}{d\lambda} = \frac{0.03 \times 10}{30 \times 0.0418} = 0.239$$

6. 푸아송의 비 0.3, 길이 3 m인 원형 단면의 막대에 축방향의 하중이 가해진다. 이 막대의 표면에 원주방향으로 부착된 스트레인 게이지가 -1.5×10^{-4}의 변형률을 나타낼 때, 이 막대의 길이 변화로 옳은 것은?

① 0.135 mm 압축　　② 0.135 mm 인장

③ 1.5 mm 압축　　　④ 1.5 mm 인장

해설 $\varepsilon = \dfrac{|\varepsilon'|}{\nu} = \dfrac{\lambda}{L}$

$$\lambda = \frac{|\varepsilon'| L}{\nu} = \frac{1.5 \times 10^{-4} \times 3000}{0.3}$$

$$= 1.5 \text{ mm 인장}$$

7. 다음과 같이 길이 L인 일단고정, 타단지 지보에 등분포 하중 w가 작용할 때, 고정단 A로부터 전단력이 0이 되는 거리(x)는 얼마인가?

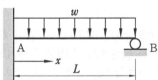

① $\dfrac{2}{3}L$　　　　② $\dfrac{3}{4}L$

③ $\dfrac{5}{8}L$　　　　④ $\dfrac{3}{8}L$

해설 $F_x = R_A - wx = \dfrac{5}{8}wL - wx = 0$

$$\therefore x = \frac{5}{8}L\,[\text{m}]$$

8. 다음과 같은 단면에 대한 2차 모멘트 I_z는 약 몇 mm⁴인가?

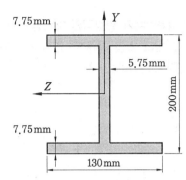

① 18.6×10^6　　　② 21.6×10^6

③ 24.6×10^6　　　④ 27.6×10^6

해설 $I_z = \dfrac{BH^3}{12} - \dfrac{bh^3}{12} \times 2$

$$= \frac{1}{12}\left(BH^3 - bh^3 \times 2\right)$$

$$= \frac{1}{12}\left(130 \times 200^3 - 62.125 \times 184.5^3 \times 2\right)$$

$$\fallingdotseq 21.6 \times 10^6 \text{ mm}^4$$

$$\text{※ } b = \frac{130 - 5.75}{2} = 62.125$$

$$h = 200 - 2 \times 7.75 = 184.5$$

9. 그림과 같은 구조물에서 점 A에 하중 $P = 50$ kN이 작용하고 A점에서 오른편으로 $F = 10$ kN이 작용할 때 평형 위치의 변위 x는 몇 cm인가? (단, 스프링 탄성계수(k) = 5 kN/cm이다.)

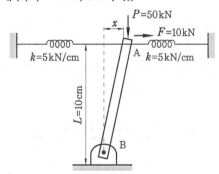

① 1　　② 1.5　　③ 2　　④ 3

해설 $\sum M_{B=0},\ FL - Px = 0$

$$\therefore x = \frac{FL}{P} = \frac{10 \times 10}{50} = 2 \text{ cm}$$

10. 직육면체가 일반적인 3축 응력 σ_x, σ_y, σ_z를 받고 있을 때 체적 변형률 ε_v는 대략 어떻게 표현되는가?

① $\varepsilon_v \simeq \dfrac{1}{3}(\varepsilon_x + \varepsilon_y + \varepsilon_z)$

② $\varepsilon_v \simeq \varepsilon_x + \varepsilon_y + \varepsilon_z$

③ $\varepsilon_v \simeq \varepsilon_x\varepsilon_y + \varepsilon_y\varepsilon_z + \varepsilon_z\varepsilon_x$

④ $\varepsilon_v \simeq \dfrac{1}{3}(\varepsilon_x\varepsilon_y + \varepsilon_y\varepsilon_z + \varepsilon_z\varepsilon_x)$

11. 다음 그림과 같이 C점에 집중 하중 P가 작용하고 있는 외팔보의 자유단에서 경사각 θ를 구하는 식은? (단, 보의 굽힘 강성 EI는 일정하고, 자중은 무시한다.)

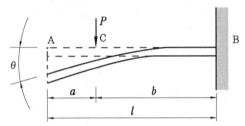

① $\theta = \dfrac{Pl^2}{2EI}$

② $\theta = \dfrac{3Pl^2}{2EI}$

③ $\theta = \dfrac{Pa^2}{2EI}$

④ $\theta = \dfrac{Pb^2}{2EI}$

[해설] $\theta = \dfrac{A_M}{EI} = \dfrac{\dfrac{Pb \times b}{2}}{EI} = \dfrac{Pb^2}{2EI}$ [rad]

12. 그림에서 C점에서 작용하는 굽힘모멘트는 몇 N·m인가?

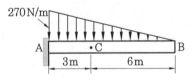

① 270　② 810　③ 540　④ 1080

[해설] $L : 270 = x : w_x$

$w_x = \left(\dfrac{x}{L}\right) \times 270 = \dfrac{6}{9} \times 270 = 180 \text{ N/m}$

$M_C = \left(\dfrac{180 \times 6}{2}\right) \times \dfrac{6}{3} = 1080 \text{ N·m}$

13. 그림과 같이 한쪽 끝을 지지하고 다른 쪽을 고정한 보가 있다. 보의 단면은 지름 10 cm의 원형이고 보의 길이는 L이며, 보의 중앙에 2094 N의 집중 하중 P가 작용하고 있다. 이때 보에 작용하는 최대 굽힘응력이 8 MPa라고 한다면, 보의 길이 L은 약 몇 m인가?

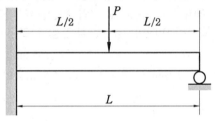

① 2.0　② 1.5　③ 1.0　④ 0.7

[해설] $R_A = \dfrac{11}{16}P$, $R_B = \dfrac{5}{16}P$, $M_A = \dfrac{3}{16}PL$

$M_A = \sigma Z = 8 \times \dfrac{\pi(100)^3}{32} \times 10^{-3}$

$\quad = 785.4 \text{ N·m}$

$L = \dfrac{16M_A}{3P} = \dfrac{16 \times 785.4}{3 \times 2094} \fallingdotseq 2 \text{ m}$

14. 단면 20 cm×30 cm, 길이 6 m의 목재로 된 단순보의 중앙에 20 kN의 집중하중이 작용할 때, 최대 처짐은 약 몇 cm인가? (단, 세로탄성계수 $E = 10$ GPa이다.)

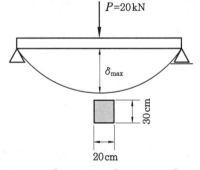

① 1.0　② 1.5　③ 2.0　④ 2.5

[해설] $\delta_{\max} = \dfrac{PL^3}{48EI}$

$$= \dfrac{20 \times 6^3}{48 \times 10 \times 10^6 \times \dfrac{0.2 \times 0.3^3}{12}}$$

$$= 0.02\,\text{m} = 2\,\text{cm}$$

15. 강재 중공축이 25 kN · m의 토크를 전달한다. 중공축의 길이가 3 m이고, 이때 축에 발생하는 최대 전단응력이 90 MPa이며, 축에 발생된 비틀림각이 2.5°라고 할 때 축의 바깥지름과 안지름을 구하면 각각 약 몇 mm인가?(단, 축 재료의 전단 탄성계수는 85 GPa이다.)

① 146, 124 ② 136, 114
③ 140, 132 ④ 133, 112

[해설] $\theta = 57.3 \dfrac{TL}{GI_P} = 57.3 \dfrac{(\tau Z_P)L}{G\left(\dfrac{d_2}{2} Z_P\right)}$

$$= 57.3 \dfrac{2\tau L}{G d_2}\,[°]$$

$$\therefore\ d_2 = \dfrac{57.3 \times 2\tau L}{G\theta}$$

$$= \dfrac{57.3 \times 2 \times 90 \times 3000}{85 \times 10^3 \times 2.5} \fallingdotseq 146\,\text{mm}$$

$\theta = 57.3 \dfrac{TL}{GI_P} = 57.3 \dfrac{32\,TL}{G\pi\left(d_2^4 - d_1^4\right)}$

$$\fallingdotseq 584 \dfrac{TL}{G\left(d_2^4 - d_1^4\right)}\,[°]$$

$$\left(d_2^4 - d_1^4\right) = \dfrac{584\,TL}{G\theta}$$

$$d_1^4 = d_2^4 - \dfrac{584\,TL}{G\theta}$$

$$\therefore\ d_1 = \sqrt[4]{d_2^4 - \dfrac{584\,TL}{G\theta}}$$

$$= \sqrt[4]{146^4 - \dfrac{584 \times 25 \times 10^6 \times 3000}{85 \times 10^3 \times 2.5}}$$

$$\fallingdotseq 125\,\text{mm}$$

16. 끝이 닫혀 있는 얇은 벽의 둥근 원통형

압력 용기에 내압 p가 작용한다. 용기의 벽의 안쪽 표면 응력상태에서 일어나는 절대 최대 전단응력을 구하면?(단, 탱크의 반지름$= r$, 벽 두께$= t$이다.)

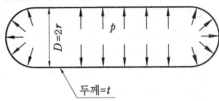

① $\dfrac{pr}{2t} - \dfrac{p}{2}$ ② $\dfrac{pr}{4t} - \dfrac{p}{2}$

③ $\dfrac{pr}{4t} + \dfrac{p}{2}$ ④ $\dfrac{pr}{2t} + \dfrac{p}{2}$

[해설] $\tau_{\max} = \dfrac{pr}{2t} + \dfrac{p}{2}\,[\text{MPa}]$

17. 길이 3 m의 직사각형 단면 $b \times h = 5$ cm×10 cm를 가진 외팔보에 w의 균일 분포 하중이 작용하여 최대 굽힘응력 500 N/cm²이 발생할 때, 최대 전단응력은 약 몇 N/cm²인가?

① 20.2 ② 16.5 ③ 8.3 ④ 5.4

[해설] $M_{\max} = \sigma Z = \sigma \dfrac{bh^2}{6} = 500 \times \dfrac{5 \times 10^2}{6}$

$$= 41666.67\,\text{N} \cdot \text{cm}$$

$$M_{\max} = \dfrac{wL^2}{2}$$

$$w = \dfrac{2M_{\max}}{L^2} = \dfrac{2 \times 41666.67}{300^2} = 0.93\,\text{N/cm}$$

$$\tau_{\max} = \dfrac{3wL}{2A} = 1.5 \times \dfrac{0.93 \times 300}{(5 \times 10)}$$

$$= 8.37\,\text{N/cm}^2$$

18. 두께 10 mm의 강판에 지름 23 mm의 구멍을 만드는 데 필요한 하중은 약 몇 kN인가?(단, 강판의 전단응력 $\tau = 750$ MPa이다.)

① 243 ② 352
③ 473 ④ 542

[정답] 15. ① 16. ④ 17. ③ 18. ④

[해설] $P = \tau A = \tau(\pi d t)$

$$= 750 \times (\pi \times 23 \times 10) \times 10^{-3} \fallingdotseq 542\,kN$$

19. 원형축(바깥지름 d)을 재질이 같은 속이 빈 원형축(바깥지름 d, 안지름 $d/2$)으로 교체하였을 경우 받을 수 있는 비틀림 모멘트는 몇 % 감소하는가?

① 6.25　② 8.25　③ 25.6　④ 52.6

[해설] $T = \tau Z_P$ 에서 $T \propto Z_P$

$$\frac{Z_{P_1}}{Z_{P_2}} = \frac{\pi d^3}{16} \times \frac{16}{\pi d^3}\left[1 - \left(\frac{1}{2}\right)^4\right] = \frac{15}{16}$$

$$\therefore \text{감소율}(\phi) = \left(1 - \frac{15}{16}\right) \times 100\,\% = 6.25\,\%$$

20. 단면적이 $7\,cm^2$이고, 길이가 $10\,m$인 환봉의 온도를 $10℃$ 올렸더니 길이가 $1\,mm$ 증가했다. 이 환봉의 열팽창계수는?

① $10^{-2}/℃$　　　② $10^{-3}/℃$

③ $10^{-4}/℃$　　　④ $10^{-5}/℃$

[해설] $\lambda = L\alpha\Delta t$

$$\alpha = \frac{\lambda}{L\Delta t} = \frac{1}{10000 \times 10}$$

$$= 10^{-5}/℃(1 \times 10^{-5}/℃)$$

제 2 과목　　　**기계열역학**

21. $100℃$와 $50℃$ 사이에서 작동하는 냉동기로 가능한 최대 성능계수(COP)는 약 얼마인가?

① 7.46　② 2.54　③ 4.25　④ 6.46

[해설] $(COP)_R = \dfrac{T_2}{T_1 - T_2} = \dfrac{323}{373 - 323} = 6.46$

22. $500\,W$의 전열기로 $4\,kg$의 물을 $20℃$에서 $90℃$까지 가열하는 데 몇 분이 소요되는가? (단, 전열기에서 열은 전부 온도 상승에 사용되고 물의 비열은 4180

J/kg · K이다.)

① 16　② 27　③ 39　④ 45

[해설] 물의 가열량(Q) $= mC(t_2 - t_1)$

$$= 4 \times 4.18 \times (90 - 20)$$

$$= 1170.4\,kJ$$

전열기 용량(Q_1) $= 500\,W = 0.5\,kW$

$$= 0.5 \times 60 = 30\,kJ/min$$

$$\therefore \text{소요 시간}(t) = \frac{1170.4}{30} \fallingdotseq 39\,min$$

23. 보일러에 물(온도 $20℃$, 엔탈피 $84\,kJ/kg$)이 유입되어 $600\,kPa$의 포화증기(온도 $159℃$, 엔탈피 $2757\,kJ/kg$) 상태로 유출된다. 물의 질량유량이 $300\,kg/h$이라면 보일러에 공급된 열량은 약 몇 kW인가?

① 121　② 140　③ 223　④ 345

[해설] $kW = \dfrac{m(h_s - h_f)}{3600} = \dfrac{300(2757 - 84)}{3600}$

$$\fallingdotseq 223\,kW$$

24. 수증기가 정상과정으로 $40\,m/s$의 속도로 노즐에 유입되어 $275\,m/s$로 빠져나간다. 유입되는 수증기의 엔탈피는 $3300\,kJ/kg$, 노즐로부터 발생되는 열손실은 $5.9\,kJ/kg$일 때 노즐 출구에서의 수증기 엔탈피는 약 몇 kJ/kg인가?

40 m/s　　　　　　　　　　275 m/s

① 3257　　　　　② 3024

③ 2795　　　　　④ 2612

[해설] $V_2 = 44.72\sqrt{(h_1 - h_2)}\,[m/s]$

$$(h_1 - h_2) = \left(\frac{275}{44.72}\right)^2 = 37.81\,kJ/kg$$

$$\therefore h_2 = h_1 - 37.81 - h_L = 3300 - (37.81 + 5.9)$$

$$\fallingdotseq 3257\,kJ/kg$$

---

25. 가역과정으로 실린더 안의 공기를 50 kPa, 10℃ 상태에서 300 kPa까지 압력(P)과 체적(V)의 관계가 다음과 같은 과정으로 압축할 때 단위 질량당 방출되는 열량은 약 몇 kJ/kg인가? (단, 기체 상수는 0.287 kJ/kg·K이고, 정적비열은 0.7 kJ/kg·K이다.)

$$PV^{1.3} = \text{일정}$$

① 17.2   ② 37.2
③ 57.2   ④ 77.2

해설 $q = C_n(T_2 - T_1) = C_v\dfrac{n-k}{n-1}(T_2 - T_1)$

$$= C_v\frac{n-k}{n-1}T_1\left(\frac{T_2}{T_1} - 1\right)$$

$$= 0.7 \times \frac{1.3 - 1.41}{1.3 - 1} \times 283\left(\frac{428}{283} - 1\right)$$

$$= -37.2\,\text{kJ/kg}$$

$(-)$부호는 방출 열량을 의미한다.

$$T_2 = T_1\left(\frac{P_2}{P_1}\right)^{\frac{n-1}{n}} = 283\left(\frac{300}{50}\right)^{\frac{1.3-1}{1.3}}$$

$$= 428\,\text{K}$$

※ $k = \dfrac{C_p}{C_v} = \dfrac{0.987}{0.7} = 1.41$

26. 체적이 500 cm³인 풍선에 압력 0.1 MPa, 온도 288 K의 공기가 가득 채워져 있다. 압력이 일정한 상태에서 풍선 속 공기 온도가 300 K로 상승했을 때 공기에 가해진 열량은 약 얼마인가? (단, 공기는 정압비열이 1.005 kJ/kg·K, 기체 상수가 0.287 kJ/kg·K인 이상기체로 간주한다.)

① 7.3 J   ② 7.3 kJ
③ 14.6 J   ④ 14.6 kJ

해설 $Q = mC_p(T_2 - T_1) = \dfrac{P_1 V_1}{RT_1}C_p(T_2 - T_1)$

$$= \frac{0.1 \times 10^3 \times 500 \times 10^{-6}}{0.287 \times 288} \times 1.005(300 - 288)$$

$$= 7.29 \times 10^{-3}\,\text{kJ} = 7.3\,\text{J}$$

27. 압력이 100 kPa이며, 온도가 25℃인 방의 크기가 240 m³이다. 이 방에 들어 있는 공기의 질량은 약 몇 kg인가? (단, 공기는 이상기체로 가정하며, 공기의 기체 상수는 0.287 kJ/kg·K이다.)

① 0.00357   ② 0.28
③ 3.57   ④ 280

해설 $PV = mRT$

$$m = \frac{PV}{RT} = \frac{100 \times 240}{0.287 \times 298} = 280.62\,\text{kg}$$

28. 등엔트로피 효율이 80 %인 소형 공기 터빈의 출력이 270 kJ/kg이다. 입구 온도는 600 K이며, 출구 압력은 100 kPa이다. 공기의 정압비열은 1.004 kJ/kg·K, 비열비는 1.4일 때, 입구 압력(kPa)은 약 몇 kPa인가? (단, 공기는 이상기체로 간주한다.)

① 1984   ② 1842   ③ 1773   ④ 1621

해설 $(h_1 - h_2) = \dfrac{h_1 - h_2'}{\eta}$

$$= \frac{270}{0.8} = 337.5\,\text{kJ/kg}$$

$$(h_1 - h_2) = C_p(T_1 - T_2) = C_pT_1\left[1 - \left(\frac{T_2}{T_1}\right)\right]$$

$$= C_pT_1\left[1 - \left(\frac{P_2}{P_1}\right)^{\frac{k-1}{k}}\right]$$

$$= 1.004 \times 600\left[1 - \left(\frac{P_2}{P_1}\right)^{\frac{k-1}{k}}\right]$$

$$= 337.5\,\text{kJ/kg}$$

$$1 - \left(\frac{P_2}{P_1}\right)^{\frac{k-1}{k}} = \frac{337.5}{1.004 \times 600} = 0.5603$$

$$\left(\frac{P_2}{P_1}\right)^{\frac{k-1}{k}} = 1 - 0.5603 = 0.4397$$

$$\frac{P_2}{P_1} = (0.4397)^{\frac{k}{k-1}} = (0.4397)^{\frac{1.4}{1.4-1}}$$

$$\therefore\ P_1 = \frac{100}{(0.4397)^{3.5}} = 1773\,\text{kPa}$$

정답   25. ②   26. ①   27. ④   28. ③

29. 화씨 온도가 86°F일 때 섭씨 온도는 몇 ℃인가?

① 30   ② 45

③ 60   ④ 75

해설 $t_c = \dfrac{5}{9}(t_F - 32) = \dfrac{5}{9}(86 - 32) = 30\,℃$

30. 압력이 0.2 MPa이고, 초기 온도가 120 ℃인 1 kg의 공기를 압축비 18로 가역 단열 압축하는 경우 최종 온도는 약 몇 ℃인가? (단, 공기는 비열비가 1.4인 이상기체이다.)

① 676℃   ② 776℃

③ 876℃   ④ 976℃

해설 $T_2 = T_1 \varepsilon^{k-1} = 393 \times 18^{1.4-1}$
$= 1248.82\,\mathrm{K} \fallingdotseq 976\,℃$

31. R-12를 작동 유체로 사용하는 이상적인 증기압축 냉동 사이클이 있다. 여기서 증발기 출구 엔탈피는 229 kJ/kg, 팽창밸브 출구 엔탈피는 81 kJ/kg, 응축기 입구 엔탈피는 255 kJ/kg일 때 이 냉동기의 성적계수는 약 얼마인가?

① 4.1   ② 4.9

③ 5.7   ④ 6.8

해설 $\varepsilon_R = \dfrac{q_e}{w_o} = \dfrac{229 - 81}{255 - 229} = \dfrac{148}{26} \fallingdotseq 5.7$

32. Van der Waals 상태 방정식은 다음과 같이 나타낸다. 이 식에서 $\dfrac{a}{v^2}$, b는 각각 무엇을 의미하는 것인가? (단, P는 압력, v는 비체적, R은 기체 상수, T는 온도를 나타낸다.)

$$\left(P + \dfrac{a}{v^2}\right) \times (v - b) = RT$$

① 분자 간의 작용 인력, 분자 내부 에너지

② 분자 간의 작용 인력, 기체 분자들이 차지하는 체적

③ 분자 자체의 질량, 분자 내부 에너지

④ 분자 자체의 질량, 기체 분자들이 차지하는 체적

해설 $\dfrac{a}{v^2}$는 분자 간의 작용 인력(분자 간에 서로 잡아당기는 힘), b는 기체 분자들이 차지하는 체적을 의미한다.

33. 용기에 부착된 압력계에 읽힌 계기압력이 150 kPa이고, 국소대기압이 100 kPa일 때 용기 안의 절대압력은?

① 250 kPa   ② 150 kPa

③ 100 kPa   ④ 50 kPa

해설 $P_a = P_o + P_g = 100 + 150 = 250\,\mathrm{kPa}$

34. 어떤 시스템에서 유체는 외부로부터 19 kJ의 일을 받으면서 167 kJ의 열을 흡수하였다. 이때 내부에너지의 변화는 어떻게 되는가?

① 148 kJ 상승한다.

② 186 kJ 상승한다.

③ 148 kJ 감소한다.

④ 186 kJ 감소한다.

해설 $\Delta U = Q - W = 167 - (-19)$
$= 186\,\mathrm{kJ}$ 상승

35. 클라우지우스(Clausius) 부등식을 옳게 표현한 것은? (단, T는 절대 온도, Q는 시스템으로 공급된 전체 열량을 표시한다.)

① $\displaystyle\oint \dfrac{\delta Q}{T} \geq 0$ ② $\displaystyle\oint \dfrac{\delta Q}{T} \leq 0$

③ $\displaystyle\oint T\delta Q \geq 0$ ④ $\displaystyle\oint T\delta Q \leq 0$

해설 클라우지우스(Clausius) 폐적분값

정답 29. ①   30. ④   31. ③   32. ②   33. ①   34. ②   35. ②

(1) 가역 사이클 : $\oint \dfrac{\delta Q}{T} = 0$

(2) 비가역 사이클 : $\oint \dfrac{\delta Q}{T} < 0$

36. 어떤 시스템에서 공기가 초기에 290 K 에서 330 K로 변화하였고, 이때 압력은 200 kPa에서 600 kPa로 변화하였다. 이 때 단위 질량당 엔트로피 변화는 약 몇 kJ/kg · K인가? (단, 공기는 정압비열이 1.006 kJ/kg · K이고, 기체 상수가 0.287 kJ/kg · K인 이상기체로 간주한다.)

① 0.445   ② -0.445

③ 0.185   ④ -0.185

해설 $S_2 - S_1 = C_p \ln \dfrac{T_2}{T_1} - R \ln \dfrac{P_2}{P_1}$

$$= C_p \ln \dfrac{T_2}{T_1} + R \ln \dfrac{P_1}{P_2}$$

$$= 1.006 \ln \left(\dfrac{330}{290} \right) + 0.287 \ln \left(\dfrac{200}{600} \right)$$

$$= -0.185 \text{ kJ/kg · K}$$

37. 어떤 사이클이 다음 온도(T)-엔트로피(s) 선도와 같을 때 작동 유체에 주어진 열량은 약 몇 kJ/kg인가?

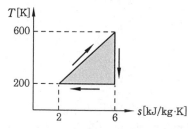

① 4   ② 400

③ 800   ④ 1600

해설 $Q = \dfrac{400 \times 4}{2} = 800 \text{ kJ/kg}$

38. 카르노 사이클로 작동되는 열기관이 고 온체에서 100 kJ의 열을 받고 있다. 이 기 관의 열효율이 30 %라면 방출되는 열량은

약 몇 kJ인가?

① 30   ② 50   ③ 60   ④ 70

해설 $\eta_c = 1 - \dfrac{Q_2}{Q_1}$

$$Q_2 = Q_1(1 - \eta_c) = 100 \times (1 - 0.3) = 70 \text{ kJ}$$

39. 효율이 40 %인 열기관에서 유효하게 발 생되는 동력이 110 kW라면 주위로 방출되 는 총 열량은 약 몇 kW인가?

① 375   ② 165   ③ 135   ④ 85

해설 $\eta = \dfrac{W_{net}}{\theta_1} = 1 - \dfrac{Q_2}{Q_1}$

$$\therefore \; Q_2 = Q_1(1 - \eta) = 275(1 - 0.4) = 165 \text{ kW}$$

$$\eta = \dfrac{110}{Q_1} \times 100 = 40 \text{ \%}$$

$$\therefore \; Q_1 = 275 \text{ kW}$$

40. 다음 그림과 같이 실린더 내의 공기가 상태 1에서 상태 2로 변화할 때 공기가 한 일은? (단, P는 압력, V는 부피를 나 타낸다.)

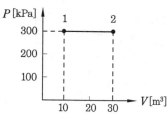

① 30 kJ   ② 60 kJ

③ 3000 kJ   ④ 6000 kJ

해설 $_1 W_2 = \displaystyle\int_1^2 P dV = P(V_2 - V_1)$

$$= 300(30 - 10) = 6000 \text{ kJ}$$

제3과목   기계유체역학

41. 관 속에 흐르는 물의 유속을 측정하기 위하여 삽입한 피토 정압관에 비중이 3인

액체를 사용하는 마노미터를 연결하여 측정한 결과 액주의 높이 차이가 10 cm로 나타났다면 유속은 약 몇 m/s인가?

① 0.99   ② 1.40

③ 1.98   ④ 2.43

해설 $V = \sqrt{2gh\left(\dfrac{S}{S_o}-1\right)}$

$= \sqrt{2\times9.8\times0.1\left(\dfrac{3}{1}-1\right)} = 1.98 \text{ m/s}$

42. 동점성계수가 1.5×10^{-5} m^2/s인 유체가 안지름이 10 cm인 관 속을 흐르고 있을 때 층류 임계속도(cm/s)는? (단, 층류 임계 레이놀즈수는 2100이다.)

① 24.7   ② 31.5

③ 43.6   ④ 52.3

해설 $Re_c = \dfrac{Vd}{\nu}$

$V = \dfrac{Re_c\nu}{d} = \dfrac{2100\times1.5\times10^{-5}}{0.1}$

$= 0.315 \text{ m/s} = 31.5 \text{ cm/s}$

43. 평행한 평판 사이의 층류 흐름을 해석하기 위해서 필요한 무차원수와 그 의미를 바르게 나타낸 것은?

① 레이놀즈수 = $\dfrac{\text{관성력}}{\text{점성력}}$

② 레이놀즈수 = $\dfrac{\text{관성력}}{\text{탄성력}}$

③ 프루드수 = $\dfrac{\text{중력}}{\text{관성력}}$

④ 프루드수 = $\dfrac{\text{관성력}}{\text{점성력}}$

44. 다음 중 유체의 속도구배와 전단응력이 선형적으로 비례하는 유체를 설명한 가장 알맞은 용어는 무엇인가?

① 점성 유체   ② 뉴턴 유체

③ 비압축성 유체   ④ 정상유동 유체

해설 뉴턴 유체란 유체 유동에서 마찰 전단응력이 속도구배에 비례하는(뉴턴의 점성법칙을 만족시키는) 유체이다.

45. 점성계수(μ)가 0.005 Pa·s인 유체가 수평으로 놓인 안지름이 4 cm인 곧은 관을 30 cm/s의 평균속도로 흘러가고 있다. 흐름 상태가 층류일 때 수평 길이 800 cm 사이에서의 압력강하(Pa)는?

① 120 ② 240 ③ 360 ④ 480

해설 $\Delta P = \dfrac{128\mu QL}{\pi d^4} = \dfrac{32\mu VL}{d^2}$

$= \dfrac{32\times0.005\times30\times800}{4^2} = 240 \text{ Pa}$

46. 몸무게가 750 N인 조종사가 지름 5.5 m의 낙하산을 타고 비행기에서 탈출하였다. 항력계수가 1.0이고, 낙하산의 무게를 무시한다면 조종사의 최대 종속도는 약 몇 m/s가 되는가? (단, 공기의 밀도는 1.2 kg/m^3이다.)

① 7.25   ② 8.00

③ 5.26   ④ 10.04

해설 $D = C_D\dfrac{\rho A V^2}{2}$

$V = \sqrt{\dfrac{2D}{C_D\rho A}} = \sqrt{\dfrac{2\times750}{1\times1.2\times\dfrac{\pi}{4}(5.5)^2}}$

$= 7.25 \text{ m/s}$

47. 경계층 밖에서 퍼텐셜 흐름의 속도가 10 m/s일 때, 경계층의 두께는 속도가 얼마일 때의 값으로 잡아야 하는가? (단, 일반적으로 정의하는 경계층 두께를 기준으로 삼는다.)

① 10 m/s   ② 7.9 m/s

③ 8.9 m/s   ④ 9.9 m/s

해설 경계층의 두께(δ)는 경계층 내의 유동속도(u)가 자유흐름 속도(u_∞)와 거의 같아지

정답 42. ② 43. ① 44. ② 45. ② 46. ① 47. ④

는(99 %) 지점으로 정의한다.

$$\frac{u}{u_\infty} = 0.99 \, (99\,\%)$$

$$\therefore \; u = 0.99 \, u_\infty = 0.99 \times 10 = 9.9 \text{ m/s}$$

48. 속도 퍼텐셜이 $\phi = x^2 - y^2$인 2차원 유동에 해당하는 유동함수로 가장 옳은 것은 어느 것인가?

① $x^2 + y^2$ 　　　② $2xy$

③ $-3xy$ 　　　④ $2x(y-1)$

[해설] 유동함수(stream function)

$$d\psi = u \, dy = -v \, dx \; (\psi = 2xy)$$

$$\frac{\partial \psi}{\partial y} = 2x = u$$

$$\frac{\partial \psi}{\partial x} = -2y = v$$

49. 물이 지름이 0.4 m인 노즐을 통해 20 m/s의 속도로 맞은편 수직벽에 수평으로 분사된다. 수직벽에는 지름 0.2 m의 구멍이 있으며 뚫린 구멍으로 유량의 25 %가 흘러나가고 나머지 75 %는 반지름 방향으로 균일하게 유출된다. 이때 물에 의해 벽면이 받는 수평방향의 힘은 약 몇 kN인가?

① 0 　　　② 9.4

③ 18.9 　　　④ 37.7

[해설] $F = \rho A V^2 \times 0.75$

$$= 1 \times \frac{\pi}{4}(0.4)^2 \times 20^2 \times 0.75$$

$$\fallingdotseq 37.7 \text{ kN}$$

50. 물을 담은 그릇을 수평방향으로 4.2 m/s²으로 운동시킬 때 물은 수평에 대하여 약 몇 도(°) 기울어지겠는가?

① 18.4° 　　　② 23.2°

③ 35.6° 　　　④ 42.9°

[해설] $\theta = \tan^{-1}\left(\dfrac{a_x}{g}\right) = \tan^{-1}\left(\dfrac{4.2}{9.8}\right) = 23.2°$

51. 경사가 30°인 수로에 물이 흐르고 있다. 유속이 12 m/s로 흐름이 균일하다고 가정하며 연직방향으로 측정한 수심이 60 cm이다. 수로의 폭을 1 m로 한다면 유량은 약 몇 m³/s인가?

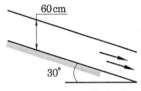

① 5.87 　　　② 6.24

③ 6.82 　　　④ 7.26

[해설] $Q = A V \cos\theta = (1 \times 0.6) \times 12 \cos 30°$

$$\fallingdotseq 6.24 \text{ m}^3/\text{s}$$

52. 동점성계수가 1.5×10^{-5} m²/s인 공기 중에서 30 m/s의 속도로 비행하는 비행기의 모형을 만들어, 동점성계수가 1.0×10^{-6} m²/s인 물속에서 6 m/s의 속도로 모형시험을 하려 한다. 모형(L_m)과 실형(L_p)의 길이비(L_m / L_p)를 얼마로 해야 되는가?

① $\dfrac{1}{75}$ 　　　② $\dfrac{1}{15}$

③ $\dfrac{1}{5}$ 　　　④ $\dfrac{1}{3}$

[해설] $(Re)_p = (Re)_m, \; \left(\dfrac{VL}{\nu}\right)_p = \left(\dfrac{VL}{\nu}\right)_m$

$$\frac{L_m}{L_p} = \frac{\nu_m}{\nu_p} \left(\frac{V_p}{V_m}\right)$$

$$= \frac{1 \times 10^{-6}}{1.5 \times 10^{-5}} \times \left(\frac{30}{6}\right) = \frac{1}{3}$$

53. 다음 중 유선(stream line)을 가장 올바르게 설명한 것은?

① 에너지가 같은 점을 이은 선이다.

정답　48. ②　49. ④　50. ②　51. ②　52. ④　53. ③

② 유체 입자가 시간에 따라 움직인 궤적이다.

③ 유체 입자의 속도벡터와 접선이 되는 가상곡선이다.

④ 비정상유동 때의 유동을 나타내는 곡선이다.

[해설] 유선(stream line)이란 유체 유동에 있어서 임의의 모든 점에서 접선 방향과 속도벡터의 방향이 일치되는 연속적인 가상 곡선이다.

54. 수면의 높이 차이가 10 m인 두 개의 호수 사이에 손실수두가 2 m인 관로를 통해 펌프로 물을 양수할 때 3 kW의 동력이 필요하다면 이때 유량은 약 몇 L/s인가?

① 18.4　　　　② 25.5

③ 32.3　　　　④ 45.8

[해설] $kW = \dfrac{9.8QH}{1000}$

$Q = \dfrac{1000kW}{9.8H} = \dfrac{3000}{9.8 \times 12} = 25.5 \text{ L/s}$

55. 일반적으로 뉴턴 유체에서 온도 상승에 따른 액체의 점성계수 변화에 대한 설명으로 옳은 것은?

① 분자의 무질서한 운동이 커지므로 점성계수가 증가한다.

② 분자의 무질서한 운동이 커지므로 점성계수가 감소한다.

③ 분자 간의 결합력이 약해지므로 점성계수가 증가한다.

④ 분자 간의 결합력이 약해지므로 점성계수가 감소한다.

56. 높이가 0.7 m, 폭이 1.8 m인 직사각형 덕트에 유체가 가득 차서 흐른다. 이때 수력지름은 약 몇 m인가?

① 1.01　　　　② 2.02

③ 3.14　　　　④ 5.04

[해설] $D = 4R_h = 4\left(\dfrac{A}{P}\right)$

$\qquad = 4 \times \dfrac{0.7 \times 1.8}{2(0.7 + 1.8)} ≒ 1.01$

57. 분수에서 분출되는 물줄기 높이를 2배로 올리려면 노즐 입구에서의 게이지 압력을 약 몇 배로 올려야 하는가? (단, 노즐 입구에서의 동압은 무시한다.)

① 1.414　　　　② 2

③ 2.828　　　　④ 4

[해설] 물줄기 높이(h)는 노즐 입구 게이지 압력(p)에 비례한다.

∴ $h \propto p$

따라서, h를 2배로 올리려면 p를 2배로 올려야 한다.

58. 체적탄성계수가 2×10^9 N/m²인 유체를 2 % 압축하는 데 필요한 압력은?

① 1 GPa　　　　② 10 MPa

③ 4 GPa　　　　④ 40 MPa

[해설] $dp = E \times \left(-\dfrac{dV}{V}\right) = 2 \times 10^3 \times 0.02$

$\qquad = 40 \text{ MPa}$

59. 정지된 액체 속에 잠겨 있는 평면이 받는 압력에 의해 발생하는 합력에 대한 설명으로 옳은 것은?

① 크기가 액체의 비중량에 반비례한다.

② 크기는 도심에서의 압력에 전체 면적을 곱한 것과 같다.

③ 경사진 평면에서의 작용점은 평면의 도심과 일치한다.

④ 수직평면의 경우 작용점이 도심보다 위쪽에 있다.

[해설] $F = PA\left(P = \gamma \bar{h}\right) = \gamma \bar{h} A [\text{N}]$

정답 54. ②　55. ④　56. ①　57. ②　58. ④　59. ②

60. 바닷물 밀도는 수면에서 1025 kg/m³이고 깊이 100 m마다 0.5 kg/m³씩 증가한다. 깊이 1000 m에서 압력은 계기압력으로 약 몇 kPa인가?

① 9560
② 10080
③ 10240
④ 10800

해설 $p_1 = \gamma h = \rho g h = 1025 \times 9.8 \times 1000$
$\qquad = 10045 \, kPa$

$p_2 = \rho g h = 0.5 \times 9.8 \times 8 = 39.2 \, kPa$

$\therefore p = p_1 + p_2 = 10045 + 39.2 = 10084 \, kPa$

[별해] $p = \rho' g h = (1025 + 4) \times 9.8 \times 1000$
$\qquad \fallingdotseq 10084 \, kPa$

제4과목 **기계재료 및 유압기기**

61. 다음 구리(Cu) 합금에 대한 설명 중 옳은 것은?

① 청동은 Cu + Zn 합금이다.
② 베릴륨 청동은 시효 경화성이 강력한 Cu 합금이다.
③ 애드미럴티 황동은 6-4 황동에 Sb을 첨가한 합금이다.
④ 네이벌 황동은 7-3 황동에 Ti을 첨가한 합금이다.

해설 ① 청동 : Cu + Sn 합금
② 베릴륨 청동 : Cu + Be 2~3 %, 베어링, 고급 스프링 등에 이용
③ 애드미럴티 황동 : 7-3 황동 + Sn 1 %
④ 네이벌 황동 : 6-4 황동 + Sn 1 %

62. 강의 열처리 방법 중 표면 경화법에 해당하는 것은?

① 마퀜칭
② 오스포밍
③ 침탄질화법
④ 오스템퍼링

해설 마퀜칭, 오스포밍, 오스템퍼링은 항온 열처리에 해당한다.

63. 칼로라이징은 어떤 원소를 금속 표면에 확산 침투시키는 방법인가?

① Zn
② Si
③ Al
④ Cr

해설 Zn-세라다이징, Si-실리코나이징, Cr-크로마이징

64. Fe-C 평형 상태도에서 온도가 가장 낮은 것은?

① 공석점
② 포정점
③ 공정점
④ Fe의 자기변태점

해설 ① 공석점(A₁ 변태점) : 723℃
② 포정점 : 1495℃
③ 공정점 : 1130℃
④ 자기변태점(A₂ 변태점) : 768℃

65. 다음의 조직 중 경도가 가장 높은 것은 어느 것인가?

① 펄라이트(pearlite)
② 페라이트(ferrite)
③ 마텐자이트(martensite)
④ 오스테나이트(austenite)

해설 경도의 크기 순서는 M > T > S > P > A > F이다.

66. 면심입방격자(FCC)의 단위격자 내에 원자수는 몇 개인가?

① 2개
② 4개
③ 6개
④ 8개

해설 단위격자 내 원자수
$= \dfrac{1}{8} \times 8 + \dfrac{1}{2} \times 6 = 4$개

67. 다음 중 반발을 이용하여 경도를 측정하는 시험법은?

① 쇼어 경도 시험
② 마이어 경도 시험
③ 비커스 경도 시험
④ 로크웰 경도 시험

정답 60. ② 61. ② 62. ③ 63. ③ 64. ① 65. ③ 66. ② 67. ①

[해설] 쇼어 경도 시험 : 일정 중량의 추를 일정 높이에서 떨어뜨려 그 반발하는 높이로 경도를 나타내는 방법

68. 열경화성 수지에 해당되는 것은?

① ABS 수지　　② 에폭시 수지

③ 폴리아미드　　④ 염화비닐 수지

[해설] 열경화성 수지는 열을 가하여 어떤 모양을 만든 다음에는 다시 열을 가하여도 물러지지 않는 수지를 말하며, 에폭시 수지, 페놀 수지, 요소 수지, 멜라민 수지 등이 있다.

69. 합금주철에서 특수 합금 원소의 영향을 설명한 것 중 틀린 것은?

① Ni은 흑연화를 방지한다.

② Ti은 강한 탈산제이다.

③ V은 강한 흑연화 방지 원소이다.

④ Cr은 흑연화를 방지하고, 탄화물을 안정화한다.

[해설] Ni은 흑연화를 촉진한다.

70. 다음 중 비중이 가장 작고, 항공기 부품이나 전자 및 전기용 제품의 케이스 용도로 사용되고 있는 합금 재료는?

① Ni 합금　　② Cu 합금

③ Pb 합금　　④ Mg 합금

[해설] 마그네슘(Mg)

(1) 비중 1.74로서 실용금속 중 가장 가볍다.

(2) 절삭성은 좋으나 250℃ 이하에서는 소성가공성이 나쁘다.

(3) 산류, 염류에는 침식되나 알칼리에는 강하다.

(4) 용도 : 항공기 부품, 전자 전기용 제품의 케이스용, 자동차 재료

(5) 용융점 : 650℃

(6) 구상흑연주철의 첨가재로 사용된다.

71. 어큐뮬레이터(accumulator)의 역할에

해당하지 않는 것은?

① 갑작스런 충격압력을 막아 주는 역할을 한다.

② 축적된 유압에너지의 방출 사이클 시간을 연장한다.

③ 유압 회로 중 오일 누설 등에 의한 압력강하를 보상하여 준다.

④ 유압 펌프에서 발생하는 맥동을 흡수하여 진동이나 소음을 방지한다.

[해설] 축압기(accumulator) 용도

(1) 에너지 축적용(유압에너지 저장)

(2) 펌프 맥동 흡수용

(3) 충격압력의 완충용

(4) 2차 회로 보상

(5) 사이클 방출시간 단축

(6) 고장, 정전 시 긴급 유압원으로 사용

(7) 펌프 역할 대용

72. 부하의 하중에 의한 자유낙하를 방지하기 위해 배압(back pressure)을 부여하는 밸브는?

① 체크 밸브

② 감압 밸브

③ 릴리프 밸브

④ 카운터 밸런스 밸브

73. 유동하고 있는 액체의 압력이 국부적으로 저하되어, 증기나 함유 기체를 포함하는 기포가 발생하는 현상은?

① 캐비테이션 현상　　② 채터링 현상

③ 서징 현상　　④ 역류 현상

74. 유압 시스템의 배관계통과 시스템 구성에 사용되는 유압기기의 이물질을 제거하는 작업으로 오랫동안 사용하지 않던 설비의 운전을 다시 시작하였을 때나 유압 기계를 처음 설치하였을 때 수행하는 작업은?

정답 68. ②　69. ①　70. ④　71. ②　72. ④　73. ①　74. ②

① 펌핑   ② 플러싱
③ 스위핑   ④ 클리닝

75. 유압 실린더에서 피스톤 로드가 부하를 미는 힘이 50 kN, 피스톤 속도가 5 m/min인 경우 실린더 안지름이 8 cm이라면 소요 동력은 약 몇 kW인가? (단, 편로드형 실린더이다.)

① 2.5   ② 3.17
③ 4.17   ④ 5.3

해설 $kW = \dfrac{FV}{1000} = \dfrac{50000 \times (5/60)}{1000}$
$\fallingdotseq 4.17 \, kW$

76. 그림과 같은 유압 기호가 나타내는 명칭은?

① 전자 변환기
② 압력 스위치
③ 리밋 스위치
④ 아날로그 변환기

77. 액추에이터의 공급 쪽 관로에 설정된 바이패스 관로의 흐름을 제어함으로써 속도를 제어하는 회로는?

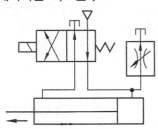

① 배압 회로
② 미터 인 회로
③ 플립플롭 회로
④ 블리드 오프 회로

해설 블리드 오프 회로(bleed off circuit) : 액추에이터로 흐르는 유량의 일부를 탱크로 분기함으로써 작동속도를 조절하는 방식으로 실린더 입구의 분기회로에 유량 조절 밸브를 설치하여 실린더 입구측의 불필요한 압유를 배출시켜 작동효율을 증진시킨다. 회로 연결은 병렬로 한다.

78. 다음 중 기어 펌프에서 발생하는 폐입 현상을 방지하기 위한 방법으로 가장 적절한 것은?

① 오일을 보충한다.
② 베인을 교환한다.
③ 베어링을 교환한다.
④ 릴리프 홈이 적용된 기어를 사용한다.

해설 기어 펌프에서 폐입 현상 : 두 개의 기어가 물리기 시작하여(압축) 중간에서 최소가 되며 끝날 때(팽창)까지의 둘러싸인 공간이 흡입측이나 토출측에 통하지 않는 상태의 용적이 생길 때의 현상으로 이 영향으로 기어의 진동 및 소음의 원인이 되고 오일 중에 녹아 있던 공기가 분리되어 기포가 형성(공동현상 : cavitation)되어 불규칙한 맥동의 원인이 된다. 방지책으로 릴리프 홈이 적용된 기어를 사용한다.

79. 다음 중 오일의 점성을 이용하여 진동을 흡수하거나 충격을 완화시킬 수 있는 유압 응용장치는?

① 압력계   ② 토크 컨버터
③ 쇼크 업소버   ④ 진동개폐밸브

해설 쇼크 업소버(shock absorber) : 기계적 충격을 완화하는 장치로 점성을 이용하여 운동 에너지를 흡수한다.

80. 유압 작동유에서 요구되는 특성이 아닌 것은?

① 인화점이 낮고, 증기 분리압이 클 것
② 유동성이 좋고, 관로 저항이 작을 것

---

③ 화학적으로 안정될 것

④ 비압축성일 것

해설 유압 작동유는 인화점과 발화점이 높을 것

제5과목 **기계제작법 및 기계동력학**

81. 시간 t에 따른 변위 $x(t)$가 다음과 같은 관계식을 가질 때 가속도 $a(t)$에 대한 식으로 옳은 것은?

$$x(t) = X_0 \sin \omega t$$

① $a(t) = \omega^2 X_0 \sin \omega t$

② $a(t) = \omega^2 X_0 \cos \omega t$

③ $a(t) = -\omega^2 X_0 \sin \omega t$

④ $a(t) = -\omega^2 X_0 \cos \omega t$

해설 $x = x_0 \sin \omega t$

$\dot{x} = \omega x_0 \cos \omega t$

$\ddot{x} = -\omega^2 x_0 \sin \omega t$

82. 20 m/s의 같은 속력으로 달리던 자동차 A, B가 교차로에서 직각으로 충돌하였다. 충돌 직후 자동차 A의 속력은 약 몇 m/s 인가? (단, 자동차 A, B의 질량은 동일하며 반발계수는 0.7, 마찰은 무시한다.)

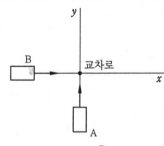

① 17.3 ② 18.7

③ 19.2 ④ 20.4

83. 80 rad/s로 회전하던 세탁기의 전원을

끈 후 20초가 경과하여 정지하였다면 세탁기가 정지할 때까지 약 몇 바퀴를 회전하였는가?

① 127 ② 254

③ 542 ④ 7620

해설 $\theta = \frac{1}{2}\alpha t^2 = \frac{1}{2}\omega t$

$= \frac{1}{2} \times 80 \times 20 = 800 \, \text{radian}$

한 바퀴는 2π이므로 $\frac{800}{2\pi} = 127.32$회전

84. 달 표면에서 중력 가속도는 지구 표면에서의 $\frac{1}{6}$이다. 지구 표면에서 주기가 T 인 단진자를 달로 가져가면, 그 주기는 어떻게 변하는가?

① $\frac{1}{6}T$ ② $\frac{1}{\sqrt{6}}T$

③ $\sqrt{6}\,T$ ④ $6T$

해설 $T = 2\pi\sqrt{\dfrac{L}{g}}$

$\dfrac{T'}{T} = \sqrt{\dfrac{g}{g'}} = \sqrt{6}$

∴ $T' = \sqrt{6}\,T$

85. y축 방향으로 움직이는 질량 m인 질점이 그림과 같은 위치에서 v의 속도를 갖고 있다. O점에 대한 각운동량은 얼마인가? (단, a, b, c는 원점에서 질점까지의 x, y, z방향의 거리이다.)

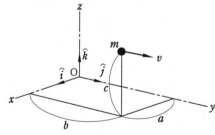

① $mv(c\hat{i} - a\hat{k})$

정답 81. ③ 82. ① 83. ① 84. ③ 85. ②

② $mv\left(-c\hat{i}+a\hat{k}\right)$

③ $mv\left(c\hat{i}+a\hat{k}\right)$

④ $mv\left(-c\hat{i}-a\hat{k}\right)$

86. 다음 그림은 물체 운동의 $v-t$ 선도 (속도−시간 선도)이다. 그래프에서 시간 t_1에서의 접선의 기울기는 무엇을 나타내는가?

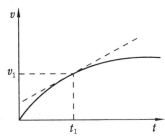

① 변위

② 속도

③ 가속도

④ 총 움직인 거리

87. 감쇠비 ζ가 일정할 때 전달률을 1보다 작게 하려면 진동수비는 얼마의 크기를 가지고 있어야 하는가?

① 1보다 작아야 한다.

② 1보다 커야 한다.

③ $\sqrt{2}$ 보다 작아야 한다.

④ $\sqrt{2}$ 보다 커야 한다.

해설 전달률(TR)

$= \dfrac{\text{최대전달력}(F_{tr})}{\text{최대가진력}(f_0)} = \left|\dfrac{1}{1-\gamma^2}\right|$

(1) $TR=1$이면

진동수비(γ) $= \dfrac{w}{w_n} = \sqrt{2}$ (임계값)

(2) $TR<1$이면

진동수비(γ) $= \dfrac{w}{w_n} > \sqrt{2}$

(진동절연 : 감쇠비 감소)

(3) $TR>1$이면

진동수비(γ) $= \dfrac{w}{w_n} < \sqrt{2}$ (감쇠비 증가)

88. 질량 50 kg의 상자가 넘어가지 않도록 하면서 질량 10 kg의 수레에 가할 수 있는 힘 P의 최댓값은 얼마인가? (단, 상자는 수레 위에서 미끄러지지 않는다고 가정한다.)

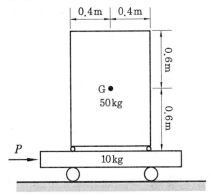

① 292 N

② 392 N

③ 492 N

④ 592 N

해설 $\sum M_{지점} = 0$

$60 \times 9.8 \times 0.4 + 30 \times 9.8 \times 0.8 = P \times 1.2$

$\therefore P = 392$ N

89. $2\ddot{x} + 3\dot{x} + 8x = 0$으로 주어지는 진동계에서 대수 감소율(logarithmic decrement)은 얼마인가?

① 1.28

② 1.58

③ 2.18

④ 2.54

해설 $\zeta = \dfrac{C}{C_c} = \dfrac{C}{2\sqrt{mk}} = \dfrac{3}{2\sqrt{2\times8}} = 0.375$

$\delta = \dfrac{2\pi\zeta}{\sqrt{1-\zeta^2}} = \dfrac{2\pi \times 0.375}{\sqrt{1-(0.375)^2}} = 2.54$

90. 체중이 600 N인 사람이 타고 있는 무게 5000 N의 엘리베이터가 200 m의 케이블에 매달려 있다. 이 케이블을 모두 감아올

리는 데 필요한 일은 몇 kJ인가?

① 1120　　　　② 1220

③ 1320　　　　④ 1420

[해설] $PE(\text{work}) = 중량 \times 수직\ 높이$

$$= 5.6 \times 200 = 1120\ \text{kJ}$$

91. 300 mm×500 mm인 주철 주물을 만들 때, 필요한 주입 추의 무게는 약 몇 kg인가? (단, 쇳물 아궁이 높이가 120 mm, 주물 밀도는 7200 kg/m³이다.)

① 129.6　　　　② 149.6

③ 169.6　　　　④ 189.6

[해설] $P = \gamma A H$

$$= 7200 \times 9.8 \times (0.3 \times 0.5) \times 0.12$$

$$= 1270.08\ \text{N} = 129.6\ \text{kgf}$$

92. 다음 중 직접 측정기가 아닌 것은?

① 측장기

② 마이크로미터

③ 버니어 캘리퍼스

④ 공기 마이크로미터

93. 절삭가공을 할 때 절삭온도를 측정하는 방법으로 사용하지 않는 것은?

① 부식을 이용하는 방법

② 복사고온계를 이용하는 방법

③ 열전대(thermo couple)에 의한 방법

④ 칼로리미터(calorimeter)에 의한 방법

[해설] 절삭온도 측정법

　(1) 칩의 색깔에 의한 방법

　(2) 서머컬러에 의한 방법

　(3) 열전대에 의한 방법

　(4) 칼로리미터에 의한 방법

　(5) 복사고온계에 의한 방법(방사온도계, 광고온도계, 광전관 온도계, 고온측정용 비접촉식 온도계)

94. 선반가공에서 지름 60 mm, 길이 100 mm의 탄소강 재료 환봉을 초경 바이트를 사용하여 1회 절삭 시 가공시간은 약 몇 초인가? (단, 절삭깊이 1.5 mm, 절삭속도 150 m/min, 이송은 0.2 mm/rev이다.)

① 38초　　　　② 42초

③ 48초　　　　④ 52초

[해설] $V = \dfrac{\pi d N}{1000}$ [m/min]에서

$$N = \frac{1000\,V}{\pi d} = \frac{1000 \times 150}{\pi \times 60}$$

$$= 795.77\ \text{rpm}$$

∴ 가공시간$(T) = \dfrac{l}{Nf} = \dfrac{100}{795.77 \times 0.2}$

$$\fallingdotseq 0.63분 \fallingdotseq 38초$$

95. 스프링 백(spring back)에 대한 설명으로 틀린 것은?

① 경도가 클수록 스프링 백의 변화도 커진다.

② 스프링 백의 양은 가공 조건에 의해 영향을 받는다.

③ 같은 두께의 판재에서 굽힘 반지름이 작을수록 스프링 백의 양은 커진다.

④ 같은 두께의 판재에서 굽힘 각도가 작을수록 스프링 백의 양은 커진다.

[해설] 스프링 백(spring back) : 굽힘가공을 할 때 굽힘 힘을 제거하면 관의 탄성 때문에 변형 부분이 원상태로 되돌아가는 현상

※ 스프링 백의 양이 커지려면

　(1) 탄성한계, 피로한계, 항복점이 높아야 한다.

　(2) 구부림 각도가 작아야 한다.

　(3) 굽힘 반지름이 커야 한다.

　(4) 판 두께가 얇아야 한다.

96. 프레스 작업에서 전단 가공이 아닌 것은 어느 것인가?

---

① 트리밍(trimming)

② 컬링(curling)

③ 셰이빙(shaving)

④ 블랭킹(blanking)

해설 컬링은 프레스 작업에서 성형 가공에 해당한다.

97. 레이저(laser) 가공에 대한 특징으로 틀린 것은?

① 밀도가 높은 단색성과 평행도가 높은 지향성을 이용한다.

② 가공물에 빛을 쏘이면 순간적으로 일부분이 가열되어, 용해되거나 증발되는 원리이다.

③ 초경합금, 스테인리스강의 가공은 불가능한 단점이 있다.

④ 유리, 플라스틱 판의 절단이 가능하다.

98. 다음 표준 고속도강의 함유량 표기에서 "18"의 의미는?

18-4-1

① 탄소의 함유량

② 텅스텐의 함유량

③ 크롬의 함유량

④ 바나듐의 함유량

해설 표준 고속도강(SKH) 18-4-1에서

18 : 텅스텐(W) 함유량(%)

4 : 크롬(Cr) 함유량(%)

1 : 바나듐(V) 함유량(%)

99. 내접 기어 및 자동차의 3단 기어와 같은 단이 있는 기어를 깎을 수 있는 원통형 기어 절삭기계로 옳은 것은?

① 호빙 머신

② 그라인딩 머신

③ 마그 기어 셰이퍼

④ 펠로즈 기어 셰이퍼

해설 펠로즈 기어 셰이퍼 : 피니언 커터로 내접 기어를 가공한다.

100. 피복 아크 용접에서 피복제의 역할로 틀린 것은?

① 아크를 안정시킨다.

② 용착 금속을 보호한다.

③ 용착 금속의 급랭을 방지한다.

④ 용착 금속의 흐름을 억제한다.

해설 피복제(flux)의 역할

(1) 아크를 안정화시킨다.

(2) 용착 금속을 보호한다.

(3) 용착 금속의 급랭을 방지한다(서랭으로 취성 방지).

(4) 산화 및 질화 방지

(5) 용착 금속의 흐름이 좋다(유동성 증가).

(6) 전기 절연 작용

(7) 용적(globule)을 미세화하고 용착 효율을 높인다.

일반기계기사

제1과목   **재료역학**

1. 단면의 폭(b)과 높이(h)가 6 cm×10 cm 인 직사각형이고, 길이가 100 cm인 외팔 보 자유단에 10 kN의 집중 하중이 작용할 경우 최대 처짐은 약 몇 cm인가? (단, 세로탄성계수는 210 GPa이다.)

① 0.104   ② 0.254

③ 0.317   ④ 0.542

[해설] $\delta_{\max} = \dfrac{PL^3}{3EI}$

$$= \dfrac{10 \times 100^3}{3 \times 210 \times 10^2 \times \dfrac{6 \times 10^3}{12}}$$

$$= \dfrac{10 \times 100^3 \times 12}{3 \times 210 \times 10^2 \times 6 \times 10^3}$$

$$= 0.317 \text{ cm}$$

※ 세로탄성계수(E) $= 210 \text{ GPa}$
$$= 210 \times 10^6 \text{ kPa(kN/m}^2)$$
$$= 210 \times 10^2 \text{ kN/cm}^2$$

2. 길이가 L이고 직경이 d인 축과 동일 재료로 만든 길이 $2L$인 축이 같은 크기의 비틀림 모멘트를 받았을 때, 같은 각도만큼 비틀어지게 하려면 직경은 얼마가 되어야 하는가?

① $\sqrt{3}\,d$ ② $\sqrt[4]{3}\,d$ ③ $\sqrt{2}\,d$ ④ $\sqrt[4]{2}\,d$

[해설] $\theta = \dfrac{TL}{GI_P} = \dfrac{32\,TL}{G\pi d^4}$ [rad]

$$\theta_1 = \theta_2 \left(\dfrac{32\,TL}{G\pi d^4} = \dfrac{32\,T(2L)}{G\pi d_2^4} \right)$$

$$\dfrac{32\,TL}{G\pi d^4} = \dfrac{64\,TL}{G\pi d_2^4}$$

$$d_2^4 = 2d^4$$

$$\therefore \ d_2 = \sqrt[4]{2}\,d$$

3. 그림과 같은 외팔보에 있어서 고정단에서 20 cm 되는 지점의 굽힘 모멘트 M은 약 몇 kN·m인가?

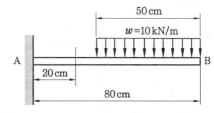

① 1.6   ② 1.75

③ 2.2   ④ 2.75

[해설] $M = (wl_1) \times \left(\dfrac{l_1}{2} + 0.1 \right)$

$$= (10 \times 0.5) \times \left(\dfrac{0.5}{2} + 0.1 \right)$$

$$= 5 \times 0.35 = 1.75 \text{ kN·m(kJ)}$$

4. 그림과 같은 양단이 지지된 단순보의 전 길이에 4 kN/m의 등분포 하중이 작용할 때, 중앙에서의 처짐이 0이 되기 위한 P의 값은 몇 kN인가? (단, 보의 굽힘강성 EI는 일정하다.)

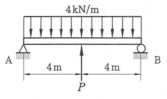

① 15   ② 18   ③ 20   ④ 25

[해설] $\dfrac{5wl^4}{384EI} = \dfrac{Pl^3}{48EI}$ (균일 분포 하중을 받는 단순보 최대 처짐량 = 집중 하중(P)을 받는 단순보 최대 처짐량)

$$\therefore \ P = \dfrac{5}{8}wl = \dfrac{5}{8}(4 \times 8) = 20 \text{ kN}$$

5. 철도 레일을 20℃에서 침목에 고정하였는데, 레일의 온도가 60℃가 되면 레일

에 작용하는 힘은 약 몇 kN인가? (단, 선팽창계수 $\alpha = 1.2 \times 10^{-6}/℃$, 레일의 단면적은 5000 mm², 세로탄성계수는 210 GPa이다.)

① 40.4   ② 50.4

③ 60.4   ④ 70.4

해설 $P = \sigma A = EA\alpha(t_2 - t_1)$

$= 210 \times 10^6 \times 5000 \times 10^{-6}$

$\times 1.2 \times 10^{-6}(60 - 20) = 50.4 \text{ kN}$

6. 안지름 80 cm의 얇은 원통에 내압 1 MPa 이 작용할 때 원통의 최소 두께는 몇 mm 인가? (단, 재료의 허용 응력은 80 MPa 이다.)

① 1.5   ② 5

③ 8   ④ 10

해설 $t = \dfrac{PD}{2\sigma} = \dfrac{1 \times 800}{2 \times 80} = 5 \text{ mm}$

7. 지름이 d인 원형 단면 봉이 비틀림 모멘트 T를 받을 때, 발생되는 최대 전단응력 τ를 나타내는 식은? (단, I_P는 단면의 극단면 2차 모멘트이다.)

① $\dfrac{Td}{2I_P}$ ② $\dfrac{I_Pd}{2T}$

③ $\dfrac{TI_P}{2d}$ ④ $\dfrac{2T}{I_Pd}$

해설 $T = \tau Z_P = \tau\left(\dfrac{I_P}{\dfrac{d}{2}}\right) = \tau\dfrac{2I_P}{d}$

$\therefore \tau = \dfrac{Td}{2I_P}$

8. 그림과 같이 양단이 고정된 단면적 1 cm², 길이 2 m의 케이블을 B점에서 아래로 10 mm만큼 잡아당기는 데 필요한 힘 P는 약 몇 N인가? (단, 케이블 재료의 세로탄성계수는 200 GPa이며, 자중은 무시한다.)

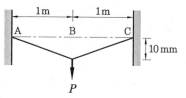

① 10   ② 20

③ 30   ④ 40

해설 $\tan\theta = \dfrac{10}{1000} = 0.01 \text{ radian}$

$F = \dfrac{AE\lambda}{L}\text{ [N]}$

$\lambda = 10\sin\theta = 0.1 \text{ mm}$

$P = 2F\sin\theta = \dfrac{2AE\lambda}{L}\sin\theta$

$= \dfrac{2 \times 100 \times 200 \times 10^3 \times 0.1}{2000} \times 0.01 = 20 \text{ N}$

9. 지름이 2 cm, 길이가 20 cm인 연강봉이 인장하중을 받을 때 길이는 0.016 cm만큼 늘어나고 지름은 0.0004 cm만큼 줄었다. 이 연강봉의 푸아송비는?

① 0.25   ② 0.5

③ 0.75   ④ 4

해설 Poisson's ratio$(\mu) = \dfrac{1}{m}$

$= \dfrac{|\varepsilon'|}{\varepsilon} = \dfrac{\dfrac{\delta}{d}}{\dfrac{\lambda}{L}} = \dfrac{\delta L}{d\lambda} = \dfrac{0.0004 \times 20}{2 \times 0.016} = 0.25$

10. 그림과 같은 외팔보에서 고정부에서의 굽힘 모멘트를 구하면 약 몇 kN·m인가?

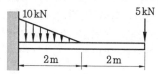

① 26.7(반시계 방향)

② 26.7(시계 방향)

③ 46.7(반시계 방향)

④ 46.7(시계 방향)

정답   6. ②   7. ①   8. ②   9. ①   10. ①

[해설] $M = PL + \dfrac{w_o l}{2} \times \dfrac{l}{3}$

$\qquad = 5 \times 4 + \dfrac{10 \times 2}{2} \times \dfrac{2}{3}$

$\qquad = 26.7 \text{ kN} \cdot \text{m}(\circlearrowleft \text{ 반시계 방향})$

11. 다음 그림에서 최대 굽힘응력은?

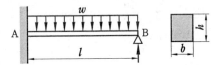

① $\dfrac{27}{64} \dfrac{Wl^2}{bh^2}$ ② $\dfrac{64}{27} \dfrac{Wl^2}{bh^2}$

③ $\dfrac{7}{128} \dfrac{Wl^2}{bh^2}$ ④ $\dfrac{64}{128} \dfrac{Wl^2}{bh^2}$

[해설] $M_{max} = \sigma Z$에서

$\sigma = \dfrac{M_{max}}{Z} = \dfrac{\dfrac{9}{128} wl^2}{\dfrac{bh^2}{6}}$

$\quad = \dfrac{54wl^2}{128bh^2} = \dfrac{27wl^2}{64bh^2} \text{[MPa]}$

[참고] $\tau_{max} = \dfrac{3F}{2A} = \dfrac{3R_A}{2bh}$

$\qquad = \dfrac{3\left(\dfrac{5}{8}wl\right)}{2bh} = \dfrac{15wl}{16bh} \text{[MPa]}$

12. 단면이 가로 100 mm, 세로 150 mm 인 사각 단면보가 그림과 같이 하중(P)을 받고 있다. 전단응력에 의한 설계에서 P는 각각 100 kN씩 작용할 때, 이 재료의 허용전단응력은 약 몇 MPa인가? (단, 안전계수는 2이다.)

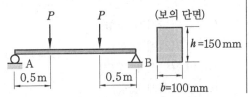

① 10 ② 15

③ 18 ④ 20

[해설] $\tau_{max} = \dfrac{3F}{2A} = \dfrac{3P}{2bh}$

$\qquad = \dfrac{3 \times 100 \times 10^3}{2(100 \times 150)} = 10 \text{ MPa}$

$S = \dfrac{\tau_a}{\tau_{max}}$ 이므로

$\therefore \tau_a = S \times \tau_{max} = 2 \times 10 = 20 \text{ MPa}$

13. 세로탄성계수가 200 GPa, 푸아송의 비가 0.3인 판재에 평면하중이 가해지고 있다. 이 판재의 표면에 스트레인 게이지를 부착하고 측정한 결과 $\varepsilon_x = 5 \times 10^{-4}$, $\varepsilon_y = 3 \times 10^{-4}$일 때, σ_x는 약 몇 MPa인가? (단, x축과 y축이 이루는 각은 90도이다.)

① 99 ② 100

③ 118 ④ 130

[해설] $\sigma_x = \dfrac{E(\varepsilon_x + \mu\varepsilon_y)}{1 - \mu^2}$

$\qquad = \dfrac{200 \times 10^3 (5 \times 10^{-4} + 0.3 \times 3 \times 10^{-4})}{1 - (0.3)^2}$

$\qquad ≒ 130 \text{ MPa}$

14. 그림과 같이 원형 단면을 갖는 연강봉이 100 kN의 인장하중을 받을 때 이 봉의 신장량은 약 몇 cm인가? (단, 세로탄성계수는 200 GPa이다.)

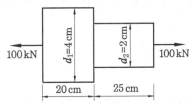

① 0.0478 ② 0.0956

③ 0.143 ④ 0.191

[해설] $\lambda = \lambda_1 + \lambda_2 = \dfrac{P}{E}\left(\dfrac{l_1}{A_1} + \dfrac{l_2}{A_2}\right)$

$$= \frac{P}{E}\left(\frac{4l_1}{\pi d_1^2} + \frac{4l_2}{\pi d_2^2}\right) = \frac{4P}{\pi E}\left(\frac{l_1}{d_1^2} + \frac{l_2}{d_2^2}\right)$$

$$= \frac{4 \times 100}{\pi \times 200 \times 10^6}\left(\frac{0.2}{0.04^2} + \frac{0.25}{0.02^2}\right)$$

$$\fallingdotseq 4.78 \times 10^{-4}\,\text{m}(= 0.0478\,\text{cm})$$

15. 그림과 같이 봉이 평형상태를 유지하기 위해 O점에 작용시켜야 하는 모멘트는 약 몇 N·m인가? (단, 봉의 자중은 무시한다.)

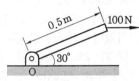

① 0   ② 25
③ 35   ④ 50

해설 $M_o = P \times L\cos 30° = 100 \times 0.5\cos 30°$
$\qquad = 25\,\text{N·m(J)}$

16. 다음 그림에서 단순보의 최대 처짐량(δ_1)과 양단 고정보의 최대 처짐량(δ_2)의 비(σ_1/σ_2)는 얼마인가? (단, 보의 굽힘 강성 EI는 일정하고, 자중은 무시한다.)

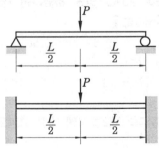

① 1   ② 2
③ 3   ④ 4

해설 $\dfrac{\delta_1}{\delta_2} = \dfrac{PL^3}{48EI} \times \dfrac{192EI}{PL^3} = 4$

17. 단면의 도심 O를 지나가는 단면 2차 모멘트 I_x는 약 얼마인가?

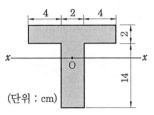

(단위 : cm)

① 1210 mm^4 ② 120.9 mm^4
③ 1210 cm^4 ④ 120.9 cm^4

해설 $G_x = \displaystyle\int_A y\,dA = A\bar{y}\,[\text{cm}^3]$

$$\bar{y} = \frac{G_x}{A} = \frac{A_1\bar{y}_1 + A_2\bar{y}_2}{A_1 + A_2}$$

$$= \frac{20 \times 15 + 28 \times 7}{10 \times 2 + 14 \times 2} = 10.33\,\text{cm}$$

$$I_o = I_{G_1} + A_1\bar{y}_1^2 + I_{G_2} + A_2\bar{y}_2^2$$

$$= \frac{BH^3}{12} + (BH)\bar{y}_1^2 + \frac{bh^3}{12} + (bh)\bar{y}_2^2$$

$$= \frac{10 \times 2^3}{12} + (10 \times 2) \times (4.67)^2 + \frac{2 \times 14^3}{12}$$

$$\quad + (2 \times 14) \times (3.33)^2 \fallingdotseq 1210\,\text{cm}^4$$

※ $\bar{y}_1 = 15 - \bar{y} = 15 - 10.33 = 4.67\,\text{cm}$
$\quad \bar{y}_2 = \bar{y} - 7 = 10.33 - 7 = 3.33\,\text{cm}$

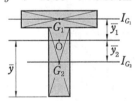

18. 그림과 같은 비틀림 모멘트가 1 kN·m에서 축적되는 비틀림 변형에너지는 약 몇 N·m인가? (단, 세로탄성계수는 100 GPa이고, 푸아송의 비는 0.25이다.)

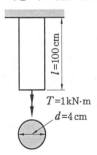

① 0.5   ② 5
③ 50   ④ 500

[해설] $G = \dfrac{mE}{2(m+1)} = \dfrac{E}{2(1+\mu)}$

$\qquad = \dfrac{100}{2(1+0.25)} = 40\,\text{GPa}$

$U = \dfrac{T\theta}{2} = \dfrac{T^2 l}{2GI_P}$

$\qquad = \dfrac{1000^2 \times 1}{2 \times 40 \times 10^9 \times \dfrac{\pi(0.04)^4}{32}}$

$\qquad = \dfrac{32 \times 1000^2 \times 1}{2 \times 40 \times 10^9 \times \pi(0.04)^4}$

$\qquad \fallingdotseq 50\,\text{N} \cdot \text{m(J)}$

19. 평면 응력상태에 있는 재료 내부에 서로 직각인 두 방향에서 수직 응력 σ_x, σ_y가 작용할 때 생기는 최대 주응력과 최소 주응력을 각각 σ_1, σ_2라 하면 다음 중 어느 관계식이 성립하는가?

① $\sigma_1 + \sigma_2 = \dfrac{\sigma_x + \sigma_y}{2}$

② $\sigma_1 + \sigma_2 = \dfrac{\sigma_x + \sigma_y}{4}$

③ $\sigma_1 + \sigma_2 = \sigma_x + \sigma_y$

④ $\sigma_1 + \sigma_2 = 2(\sigma_x + \sigma_y)$

[해설] $\sigma_1 = \dfrac{\sigma_x + \sigma_y}{2} + \sqrt{\left(\dfrac{\sigma_x - \sigma_y}{2}\right)^2 + \tau_{xy}^2}$

$\sigma_2 = \dfrac{\sigma_x + \sigma_y}{2} - \sqrt{\left(\dfrac{\sigma_x - \sigma_y}{2}\right)^2 + \tau_{xy}^2}$

$\therefore \; \sigma_1 + \sigma_2 = \sigma_x + \sigma_y$

20. 8 cm×12 cm인 직사각형 단면의 기둥 길이를 L_1, 지름 20 cm인 원형 단면의 기둥 길이를 L_2라 하고 세장비가 같다면, 두 기둥의 길이의 비(L_2/L_1)는 얼마인가?

① 1.44   ② 2.16
③ 2.5   ④ 3.2

[해설] $\lambda_1 = \lambda_2 \left(\dfrac{L_1}{k_{G_1}} = \dfrac{L_2}{k_{G_2}} \right)$

$\dfrac{L_2}{L_1} = \dfrac{k_{G_2}}{k_{G_1}} = \dfrac{d}{4} \times \dfrac{2\sqrt{3}}{b} = \dfrac{20}{4} \times \dfrac{2\sqrt{3}}{8}$

$\qquad = 2.16$

제 2 과목   **기계열역학**

21. 압력이 200 kPa인 공기가 압력이 일정한 상태에서 400 kcal의 열을 받으면서 팽창하였다. 이러한 과정에서 공기의 내부에너지가 250 kcal만큼 증가하였을 때, 공기의 부피 변화(m³)는 얼마인가? (단, 1 kcal는 4.186 kJ이다.)

① 0.98   ② 1.21
③ 2.86   ④ 3.14

[해설] $Q = \Delta U + P\Delta V$

$\Delta V = \dfrac{Q - \Delta U}{P} = \dfrac{(400 - 250) \times 4.186}{200}$

$\qquad \fallingdotseq 3.14\,\text{m}^3$

22. 기체가 열량 80 kJ을 흡수하여 외부에 대하여 20 kJ 일을 하였다면 내부에너지 변화(kJ)는?

① 20   ② 60   ③ 80   ④ 100

[해설] $Q = (U_2 - U_1) + W\,[\text{kJ}]$

$\therefore \; (U_2 - U_1) = Q - W = 80 - 20 = 60\,\text{kJ}$

23. 열역학 제2법칙에 대한 설명으로 옳은 것은?

① 과정(process)의 방향성을 제시한다.
② 에너지의 양을 결정한다.
③ 에너지의 종류를 판단할 수 있다.
④ 공학적 장치의 크기를 알 수 있다.

[해설] 열역학 제2법칙은 비가역 법칙(엔트로피 증가 법칙)으로 열의 방향성을 제시한 법칙이다.

---

24. 카르노 냉동기에서 흡열부와 방열부의 온도가 각각 −20℃와 30℃인 경우, 이 냉동기에 40 kW의 동력을 투입하면 냉동기가 흡수하는 열량(RT)은 얼마인가? (단, 1 RT = 3.86 kW이다.)

① 23.62   ② 52.48

③ 78.36   ④ 126.48

[해설] $(COP)_R = \dfrac{Q_e}{W_c} = \dfrac{3.86\,RT}{W_c}$

$(COP)_R = \dfrac{T_2}{T_1 - T_2} = \dfrac{253}{303 - 253} = 5.06$

$\therefore RT = \dfrac{W_c(COP)_R}{3.86} = \dfrac{40 \times 5.06}{3.86} ≒ 52.44$

25. 포화액의 비체적은 0.001242 m³/kg이고, 포화증기의 비체적은 0.3469 m³/kg인 어떤 물질이 있다. 이 물질이 건도 0.65 상태로 2 m³인 공간에 있다고 할 때 이 공간 안에 차지한 물질의 질량(kg)은?

① 8.85   ② 9.42

③ 10.08   ④ 10.84

[해설] $v_x = v' + x(v'' - v')\,[\text{m}^3/\text{kg}]$

$\dfrac{V}{m} = v' + x(v'' - v')$

$\therefore m = \dfrac{V}{v' + x(v'' - v')}$

$\qquad = \dfrac{2}{0.001242 + 0.65(0.3469 - 0.001242)}$

$\qquad ≒ 8.85\,\text{kg}$

26. 질량이 m이고 비체적이 v인 구의 반지름이 R이다. 이때 질량이 $4m$, 비체적이 $2v$로 변화한다면 구의 반지름은 얼마인가?

① $2R$ ② $\sqrt{2}\,R$

③ $\sqrt[3]{2}\,R$ ④ $\sqrt[3]{4}\,R$

[해설] 구의 체적$(V) = mv = \dfrac{4}{3}\pi R^3\,[\text{m}^3]$

$\therefore$ 구의 비체적$(v) = \dfrac{V}{m} = \dfrac{4\pi R^3}{3m}\,[\text{m}^3/\text{kg}]$

$\dfrac{V'}{V} = \dfrac{(4m)(2v)}{mv} = \left(\dfrac{R'}{R}\right)^3$

$\therefore R' = \sqrt[3]{8}\,R = 2R$

27. 입구 엔탈피 3155 kJ/kg, 입구 속도 24 m/s, 출구 엔탈피 2385 kJ/kg, 출구 속도 98 m/s인 증기 터빈이 있다. 증기 유량이 1.5 kg/s이고, 터빈의 축 출력이 900 kW일 때 터빈과 주위 사이의 열전달량은 어떻게 되는가?

① 약 124 kW의 열을 주위로 방열한다.

② 주위로부터 약 124 kW의 열을 받는다.

③ 약 248 kW의 열을 주위로 방열한다.

④ 주위로부터 약 248 kW의 열을 받는다.

[해설] $Q = W_t + m(h_2 - h_1)$

$\qquad + m\dfrac{(v_2^2 - v_1^2)}{2} \times 10^{-3}$

$\quad = 900 + 1.5(2385 - 3155)$

$\qquad + \dfrac{1.5(98^2 - 24^2)}{2} \times 10^{-3}$

$\quad ≒ -248\,\text{kW} ≒ 248\,\text{kW}(\text{방열})$

28. 공기 1 kg을 정압과정으로 20℃에서 100℃까지 가열하고, 다음에 정적과정으로 100℃에서 200℃까지 가열한다면, 전체 가열에 필요한 총에너지(kJ)는? (단, 정압비열은 1.009 kJ/kg·K, 정적비열은 0.72 kJ/kg·K이다.)

① 152.7   ② 162.8

③ 139.8   ④ 146.7

[해설] $Q = Q_p + Q_v$

$\quad = m C_p(t_2 - t_1) + m C_v(t_2 - t_1)$

$\quad = 1 \times 1.009(100 - 20) + 1 \times 0.72(200 - 100)$

$\quad = 152.72\,\text{kJ}$

29. 질량 유량이 10 kg/s인 터빈에서 수증

기의 엔탈피가 800 kJ/kg 감소한다면 출력(kW)은 얼마인가?(단, 역학적 손실, 열손실은 모두 무시한다.)

① 80 ② 160

③ 1600 ④ 8000

[해설] 출력$(kW) = mh = 10 \times 800$

$$= 8000 \text{ kJ/s(kW)}$$

30. 다음 그림과 같은 오토 사이클의 효율 (%)은?(단, $T_1 = 300$ K, $T_2 = 689$ K, $T_3 = 2364$ K, $T_4 = 1029$ K이고, 정적비열은 일정하다.)

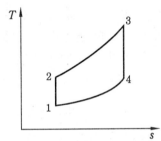

① 42.5 ② 48.5 ③ 56.5 ④ 62.5

[해설] $\eta_{tho} = \left(1 - \dfrac{q_2}{q_1}\right) \times 100\%$

$$= \left(1 - \dfrac{T_4 - T_1}{T_3 - T_2}\right) \times 100\%$$

$$= \left(1 - \dfrac{1029 - 300}{2364 - 689}\right) \times 100\% \fallingdotseq 56.5\%$$

31. 1000 K의 고열원으로부터 750 kJ의 에너지를 받아서 300 K의 저열원으로 550 kJ의 에너지를 방출하는 열기관이 있다. 이 기관의 효율(η)과 Clausius 부등식의 만족 여부는?

① $\eta = 26.7\%$이고, Clausius 부등식을 만족한다.

② $\eta = 26.7\%$이고, Clausius 부등식을 만족하지 않는다.

③ $\eta = 73.3\%$이고, Clausius 부등식을 만

족한다.

④ $\eta = 73.3\%$이고, Clausius 부등식을 만족하지 않는다.

[해설] $\eta = \left(1 - \dfrac{Q_2}{Q_1}\right) \times 100\%$

$$= \left(1 - \dfrac{550}{750}\right) \times 100\% \fallingdotseq 26.7\%$$

$\Delta S = \dfrac{Q_1}{T_1} - \dfrac{Q_2}{T_2} < 0$이므로

Clausius 부등식을 만족한다.

32. 메탄올의 정압비열(C_p)이 다음과 같은 온도 T[K]에 의한 함수로 나타날 때 메탄올 1 kg을 200 K에서 400 K까지 정압과정으로 가열하는 데 필요한 열량(kJ)은?(단, C_p의 단위는 kJ/kg · K이다.)

$$C_p = a + bT + cT^2$$
$$(a = 3.51, \ b = -0.00135,$$
$$c = 3.47 \times 10^{-5})$$

① 722.9 ② 1311.2

③ 1268.7 ④ 866.2

[해설] $Q = m \displaystyle\int_{T_1}^{T_2} C_p dT$

$$= m \int_{T_1}^{T_2} (a + bT + cT^2) dT$$

$$= m \left[a(T_2 - T_1) + \dfrac{b}{2}(T_2^2 - T_1^2) + \dfrac{c}{3}(T_2^3 - T_1^3) \right]$$

$$= 1 \left[3.51(400 - 200) - \dfrac{0.00135}{2}(400^2 - 200^2) \right.$$

$$\left. + \dfrac{3.47 \times 10^{-5}}{3}(400^3 - 200^3) \right] = 1268.73 \text{ kJ}$$

33. 증기압축 냉동기에 사용되는 냉매의 특징에 대한 설명으로 틀린 것은?

① 냉매는 냉동기의 성능에 영향을 미친다.

② 냉매는 무독성, 안정성, 저가격 등의 조건을 갖추어야 한다.

③ 무기화합물 냉매인 암모니아는 열역학

적 특성이 우수하고, 가격이 비교적 저렴하여 널리 사용되고 있다.

④ 최근에는 오존 파괴 문제로 CFC 냉매 대신에 R-12(CCl_2F_2)가 냉매로 사용되고 있다.

해설 오존층을 파괴하는 CFC 냉매인 R-12 (CCl_2F_2) 대신에 HFC-134a가 사용되고 있으며, HCFC(R-22)의 대체 냉매로 HFC(R-410a)가 에어컨 냉매로 쓰인다.

34. 열역학적 관점에서 일과 열에 관한 설명으로 틀린 것은?

① 일과 열은 온도와 같은 열역학적 상태량이 아니다.
② 일의 단위는 J(joule)이다.
③ 일의 크기는 힘과 그 힘이 작용하여 이동한 거리를 곱한 값이다.
④ 일과 열은 점 함수(point function)이다.

해설 일과 열은 상태량이 아니고 도정 함수(경로 함수) 또는 과정 함수이다.

35. 다음 중 브레이턴 사이클의 과정으로 옳은 것은?

① 단열 압축→정적 가열→단열 팽창 →정적 방열
② 단열 압축→정압 가열→단열 팽창 →정적 방열
③ 단열 압축→정적 가열→단열 팽창 →정압 방열
④ 단열 압축→정압 가열→단열 팽창 →정압 방열

36. 오토 사이클의 효율이 55 %일 때 101.3 kPa, 20℃의 공기가 압축되는 압축비는 얼마인가? (단, 공기의 비열비는 1.4이다.)

① 5.28 ② 6.32 ③ 7.36 ④ 8.18

해설 $\eta_{tho} = 1 - \left(\dfrac{1}{\varepsilon}\right)^{k-1}$ 에서,

$$\varepsilon = \left(\dfrac{1}{1-\eta_{tho}}\right)^{\frac{1}{k-1}} = \left(\dfrac{1}{1-0.55}\right)^{\frac{1}{1.4-1}} = 7.36$$

37. 공기가 등온과정을 통해 압력이 200 kPa, 비체적이 0.02 m^3/kg인 상태에서 압력이 100 kPa인 상태로 팽창하였다. 공기를 이상기체로 가정할 때 시스템이 이 과정에서 한 단위 질량당 일(kJ/kg)은 약 얼마인가?

① 1.4 ② 2.0 ③ 2.8 ④ 5.6

해설 $w = P_1 v_1 \ln \dfrac{P_1}{P_2} = 200 \times 0.02 \ln\left(\dfrac{200}{100}\right)$

$≒ 2.8 \, kJ/kg$

38. 100℃의 수증기 10 kg이 100℃의 물로 응축되었다. 수증기의 엔트로피 변화량(kJ/K)은? (단, 물의 잠열은 100℃에서 2257 kJ/kg이다.)

① 14.5 ② 5390
③ −22570 ④ −60.5

해설 $\Delta S = \dfrac{Q_L}{T_S} = \dfrac{-10 \times 2257}{373}$

$≒ -60.51 \, kJ/K$

39. 분자량이 32인 기체의 정적비열이 0.714 kJ/kg · K일 때 이 기체의 비열비는? (단, 일반기체상수는 8.314 kJ/kmol · K이다.)

① 1.364 ② 1.382
③ 1.414 ④ 1.446

해설 $k = \dfrac{C_p}{C_v} = \dfrac{C_v + R}{C_v}$

$= \dfrac{0.714 + \dfrac{\overline{R}}{M}}{0.714} = \dfrac{0.714 + \dfrac{8.314}{32}}{0.714}$

$≒ 1.364$

정답 **34.** ④ **35.** ④ **36.** ③ **37.** ③ **38.** ④ **39.** ①

40. 내부에너지가 40 kJ, 절대압력이 200 kPa, 체적이 0.1 m³, 절대온도가 300 K 인 계의 엔탈피(kJ)는?

① 42　　② 60　　③ 80　　④ 240

[해설] $H = U + PV = 40 + 200 \times 0.1 = 60$ kJ

제3과목　　기계유체역학

41. 다음 중 유선(stream line)에 대한 설명으로 옳은 것은?

① 유체의 흐름에 있어서 속도 벡터에 대하여 수직한 방향을 갖는 선이다.

② 유체의 흐름에 있어서 유동 단면의 중심을 연결한 선이다.

③ 비정상류 흐름에서만 유동의 특성을 보여주는 선이다.

④ 속도 벡터에 접하는 방향을 가지는 연속적인 선이다.

[해설] 유선(stream line) : 유체의 흐름(유동)에 있어서 속도 벡터와 접선 방향이 일치되는 연속적인 가상곡선을 말한다.

42. 점성계수(μ)가 0.098 N · s/m²인 유체가 평판 위를 $u(y) = 750y - 2.5 \times 10^{-6} y^3$ [m/s]의 속도 분포로 흐를 때 평판면($y = 0$)에서의 전단응력은 약 몇 N/m²인가? (단, y는 평판면으로부터 m 단위로 잰 수직거리이다.)

① 7.35　② 73.5　③ 14.7　④ 147

[해설] $\tau = \mu \dfrac{du}{dy} = 0.098 \times 750$

$= 73.5 \, \text{Pa}(\text{N/m}^2)$

※ $u = 750y - 2.5 \times 10^{-6} y^3$

$\dfrac{d_u}{d_y}\bigg|_{y=0} = 750 - 3 \times 2.5 \times 10^{-6} y^2 = 750 \, \text{s}^{-1}$

43. 안지름이 0.01 m인 관내로 점성계수가 0.005 N · s/m², 밀도가 800 kg/m³인 유체가 1 m/s의 속도로 흐를 때, 이 유동의 특성은 어느 것인가? (단, 천이 구간은 레이놀즈수가 2100~4000에 포함될 때를 기준으로 한다.)

① 층류 유동

② 난류 유동

③ 천이 유동

④ 위 조건으로는 알 수 없다.

[해설] $R_e = \dfrac{\rho V d}{\mu} = \dfrac{800 \times 1 \times 0.01}{0.005}$

$= 1600 < 2100 \, (\text{층류})$

44. 그림과 같이 비중 0.85인 기름이 흐르고 있는 개수로에 피토관을 설치하였다. $\Delta h = 30$ mm, $h = 100$ mm일 때 기름의 유속은 약 몇 m/s인가?

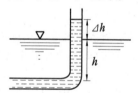

① 0.767　　　② 0.976

③ 1.59　　　④ 6.25

[해설] $V = \sqrt{2g\Delta h}$

$= \sqrt{2 \times 9.8 \times 0.03} ≒ 0.767 \, \text{m/s}$

45. 밀도가 500 kg/m³인 원기둥이 $\dfrac{1}{3}$ 만큼 액체면 위로 나온 상태로 떠 있다. 이 액체의 비중은?

① 0.33　② 0.5　③ 0.75　④ 1.5

[해설] 원기둥의 무게(W)

$= \gamma V = \rho g V = 500 \times 9.8 V = 4900 V[\text{N}]$

여기서, V : 원기둥의 전체 체적(m³)

부력(F_B) $= \gamma_w SV' = 9800 S \left(\dfrac{2}{3} V\right)$

여기서, V' : 액체 중에 잠겨진 체적(m^3)
원기둥의 무게(W) = 부력(F_B)이므로

$$4900\,V = 9800S\left(\frac{2}{3}V\right)$$

$$\therefore S = \frac{3 \times 4900}{2 \times 9800} = \frac{3}{4} = 0.75$$

46. 마찰계수가 0.02인 파이프(안지름 0.1 m, 길이 50 m) 중간에 부차적 손실계수가 5인 밸브가 부착되어 있다. 밸브에서 발생하는 손실수두는 총 손실수두의 약 몇 %인가?

① 20 ② 25 ③ 33 ④ 50

[해설] $h_L' = K\dfrac{V^2}{2g} = 5\dfrac{V^2}{2g}\,[m]$

$h_L = f\dfrac{L}{d}\dfrac{V^2}{2g} + K\dfrac{V^2}{2g} = \left(f\dfrac{L}{d} + K\right)\dfrac{V^2}{2g}$

$= \left(0.02 \times \dfrac{50}{0.1} + 5\right)\dfrac{V^2}{2g}\,[m]$

$\therefore \dfrac{\text{부차적 손실수두}(h_L')}{\text{총 손실수두}(h_L)}$

$= \dfrac{5}{15} = 0.33 = 33.0\,\%$

47. 2차원 극좌표계($r,\ \theta$)에서 속도 퍼텐셜이 다음과 같을 때 원주방향 속도(v_θ)는? (단, 속도 퍼텐셜 ϕ는 $\vec{V} = \nabla\phi$로 정의된다.)

$$\phi = 2\theta$$

① $4\pi r$ ② $2r$ ③ $\dfrac{4\pi}{r}$ ④ $\dfrac{2}{r}$

[해설] $v_\theta = \dfrac{\partial \phi}{\partial \theta} = \dfrac{2}{r}\,[m/s]$

48. 그림과 같이 고정된 노즐로부터 밀도가 ρ인 액체의 제트가 속도 V로 분출하여 평판에 충돌하고 있다. 이때 제트의 단면적이 A이고, 평판이 u인 속도로 제트와 반대 방향으로 운동할 때 평판에 작용하는 힘 F는?

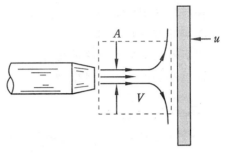

① $F = \rho A(V - u)$

② $F = \rho A(V - u)^2$

③ $F = \rho A(V + u)$

④ $F = \rho A(V + u)^2$

[해설] $\sum F = \rho Q(V_2 - V_1)$

$-F = \rho Q(V_2 - V_1)$

$F = \rho Q(V_1 - V_2) = \rho Q(V - (-u))$

$= \rho Q(V + u) = \rho A(V + u)(V + u)$

$= \rho A(V + u)^2\,[N]$

49. 지름이 0.01 m인 구 주위를 공기가 0.001 m/s로 흐르고 있다. 항력계수 $C_D = \dfrac{24}{Re}$로 정의할 때 구에 작용하는 항력은 약 몇 N인가? (단, 공기의 밀도는 1.1774 kg/m^3, 점성계수는 $1.983 \times 10^{-5}\,kg/m \cdot s$이며, Re는 레이놀즈수를 나타낸다.)

① 1.9×10^{-9} ② 3.9×10^{-9}

③ 5.9×10^{-9} ④ 7.9×10^{-9}

[해설] $Re = \dfrac{\rho Vd}{\mu} = \dfrac{1.1774 \times 0.001 \times 0.01}{1.983 \times 10^{-5}}$

$\fallingdotseq 0.6 < 1$

스토크스 법칙(Stokes' law)을 적용하면

$\therefore$ 항력(D) $= 3\pi\mu Vd$

$= 3\pi \times 1.983 \times 10^{-5} \times 0.001 \times 0.01$

$= 1.868 \times 10^{-9}\,N \fallingdotseq 1.9 \times 10^{-9}\,N$

50. 유체 속에 잠겨 있는 경사진 판의 윗

정답 46. ③ 47. ④ 48. ④ 49. ① 50. ③

면에 작용하는 압력 힘의 작용점에 대한 설명 중 옳은 것은?

① 판의 도심보다 위에 있다.

② 판의 도심에 있다.

③ 판의 도심보다 아래에 있다.

④ 판의 도심과는 관계가 없다.

[해설] $y_F = \bar{y} + \dfrac{I_G}{A\bar{y}}$ [m]

전압력의 작용위치(y_F)는 도심($\bar{y}$)보다 $\left(\dfrac{I_G}{A\bar{y}} < 1\right)$ 만큼 아래에 있다.

51. 다음 중에서 차원이 다른 물리량은?

① 압력   ② 전단응력

③ 동력   ④ 체적탄성계수

[해설] ① 압력(P)의 단위는 N/m²(Pa)이므로

$$FL^{-2} = (MLT^{-2})L^{-2} = ML^{-1}T^{-2}$$

② 전단응력(τ)의 단위는 N/m²(Pa)이므로

$$FL^{-2} = (MLT^{-2})L^{-2} = ML^{-1}T^{-2}$$

③ 동력(power)의 단위는 N·m/s = J/s (watt)이므로

$$FLT^{-1} = (MLT^{-2})LT^{-1} = ML^2T^{-3}$$

④ 체적탄성계수(E)의 단위는 N/m²(Pa)이므로

$$FL^{-2} = (MLT^{-2})L^{-2} = ML^{-1}T^{-2}$$

52. 안지름이 4 mm이고, 길이가 10 m인 수평 원형관 속을 20℃의 물이 층류로 흐르고 있다. 배관 10 m의 길이에서 압력 강하가 10 kPa이 발생하며, 이때 점성계수는 1.02×10^{-3} N·s/m²일 때 유량은 약 몇 cm³/s인가?

① 6.16   ② 8.52

③ 9.52   ④ 12.16

[해설] $Q = \dfrac{\Delta P \pi d^4}{128 \mu L} = \dfrac{10 \times 10^3 \times \pi (0.004)^4}{128 \times 1.02 \times 10^{-3} \times 10}$

$= 6.16 \times 10^{-6}$ m³/s ≒ 6.16 cm³/s

53. 역학적 상사성이 성립하기 위해 무차원 수인 프루드수를 같게 해야 되는 흐름은?

① 점성계수가 큰 유체의 흐름

② 표면 장력이 문제가 되는 흐름

③ 자유 표면을 가지는 유체의 흐름

④ 압축성을 고려해야 되는 유체의 흐름

[해설] 프루드수(Froude Number)

$$= \dfrac{관성력}{중력} = \dfrac{V}{\sqrt{lg}}$$

프루드수는 대기와 직접 접하여 자유 표면을 가지는 개수로 유동에서 중요시되는 무차원수이다.

54. 표준 대기압 상태인 어떤 지방의 호수에서 지름이 d인 공기의 기포가 수면으로 올라오면서 지름이 2배로 팽창하였다. 이때 기포의 최초 위치는 수면으로부터 약 몇 m 아래인가? (단, 기포 내의 공기는 Boyle 법칙에 따르며, 수중의 온도도 일정하다고 가정한다. 또한 수면의 기압(표준 대기압)은 101.325 kPa이다.)

① 70.8   ② 72.3

③ 74.6   ④ 77.5

[해설] 구의 체적(V) $= \dfrac{\pi d^3}{6}$ 에서 $V \propto d^3$

$$P_0 V_0 = P_1 V_1$$

$$P_0 = P_1 \left(\dfrac{V_1}{V_0}\right) = 101.325 \left(\dfrac{2d}{d}\right)^3$$

$$= 101.325 \times 8 = 810.6 \text{ kPa}$$

$$P_0 = \gamma_w (10.33 + Z) = 9.8(10.33 + Z)$$

$$= 101.234 + 9.8Z$$

$$\therefore Z = \dfrac{810.6 - 101.234}{9.8} ≒ 72.38 \text{ m}$$

55. 평판 위를 공기가 유속 15 m/s로 흐르고 있다. 선단으로부터 10 cm인 지점의 경계층 두께는 약 몇 mm인가? (단, 공기의 동점성계수는 1.6×10^{-5} m²/s이다.)

① 0.75   ② 0.98

③ 1.36   ④ 1.63

해설 $Re_x = \dfrac{U_\infty x}{\nu} = \dfrac{15 \times 0.1}{1.6 \times 10^{-5}}$

$\qquad = 93750 < 10^5 (\text{층류})$

$\delta = \dfrac{5x}{\sqrt{Re_x}} = \dfrac{5 \times 100}{\sqrt{93750}} = 1.63 \, \text{mm}$

56. 비중이 0.8인 액체를 10 m/s 속도로 수직방향으로 분사하였을 때, 도달할 수 있는 최고 높이는 약 몇 m인가? (단, 액체는 비압축성, 비점성 유체이다.)

① 3.1   ② 5.1   ③ 7.4   ④ 10.2

해설 $h = \dfrac{V^2}{2g} = \dfrac{10^2}{2 \times 9.8} = 5.1 \, \text{m}$

57. 그림과 같이 설치된 펌프에서 물의 유입 지점 1의 압력은 98 kPa, 방출 지점 2의 압력은 105 kPa이고, 유입 지점으로부터 방출 지점까지의 높이는 20 m이다. 배관 요소에 따른 전체 수두손실은 4 m이고 관 지름이 일정할 때 물을 양수하기 위해서 펌프가 공급해야 할 압력은 약 몇 kPa인가?

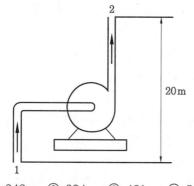

① 242   ② 324   ③ 431   ④ 514

해설 공급 압력$(P) = (P_2 - P_1) + \gamma_w H$

$\qquad = (105 - 98) + 9.8(20 + 4) = 242.2 \, \text{kPa}$

58. 지상에서의 압력은 P_1, 지상 1000 m 높이에서의 압력을 P_2라고 할 때 압력비

$\left(\dfrac{P_2}{P_1}\right)$는? (단, 온도가 15℃로 높이에 상관없이 일정하다고 가정하고, 공기의 밀도는 기체상수가 287 J/kg·K인 이상기체 법칙을 따른다.)

① 0.80   ② 0.89

③ 0.95   ④ 1.1

해설 압력비$\left(\dfrac{P_2}{P_1}\right) = \dfrac{P_1 - \rho g h}{101.325}$

$\qquad = \dfrac{101.325 - 1.226 \times 9.8 \times 1000 \times 10^{-3}}{101.325}$

$\qquad \fallingdotseq 0.89$

공기 밀도$(\rho) = \dfrac{P}{RT} = \dfrac{101.325}{0.287 \times (15 + 273)}$

$\qquad = 1.226 \, \text{kg/m}^3$

59. 비행기 날개에 작용하는 양력 F에 영향을 주는 요소는 날개의 코드길이 L, 받음각 α, 자유유동 속도 V, 유체의 밀도 ρ, 점성계수 μ, 유체 내에서의 음속 c이다. 이 변수들로 만들 수 있는 독립 무차원 매개변수는 몇 개인가?

① 2   ② 3

③ 4   ④ 5

해설 $\Pi = n - m = 7 - 3 = 4$개

여기서, n : 물리량 개수

$\qquad\quad m$: 기본 차원수

60. 원유를 매분 240 L의 비율로 안지름 80 mm인 파이프를 통하여 100 m 떨어진 곳으로 수송할 때 관내의 평균 유속은 약 몇 m/s인가?

① 0.4   ② 0.8

③ 2.5   ④ 3.1

해설 $Q = AV[\text{m}^3/\text{s}]$에서

$V = \dfrac{Q}{A} = \dfrac{\dfrac{0.24}{60}}{\dfrac{\pi}{4}(0.08)^2} = 0.795 \fallingdotseq 0.8 \, \text{m/s}$

제4과목 **기계재료 및 유압기기**

61. 베이나이트(bainite) 조직을 얻기 위한 항온열처리 조작으로 옳은 것은?

① 마퀜칭
② 소성가공
③ 노멀라이징
④ 오스템퍼링

해설 오스템퍼링(austempering) : 오스테나이트 상태에서 Ar'와 Ar″ 변태점 간의 염욕에 퀜칭(담금질)하여 베이나이트 조직을 얻기 위한 항온열처리 조작으로 퀜칭과 뜨임이 동시에 일어난다.

62. 보자력이 작고, 미세한 외부 자기장의 변화에도 크게 자화되는 특징을 가진 연질 자성 재료는?

① 센더스트
② 알니코자석
③ 페라이트자석
④ 희토류계자석

해설 센더스트(sendust)는 Al 4~8 %, Si 6~11 %, 나머지는 철(Fe)로 조성된 합금으로 전류 자속 밀도가 크고 보자력이 우수한 자성 재료이다.

63. 다음의 조직 중 경도가 가장 높은 것은?

① 펄라이트
② 마텐자이트
③ 소르바이트
④ 트루스타이트

해설 경도의 크기 순서는 M>T>S>P>A>F 이다.

64. 레데부라이트에 대한 설명으로 옳은 것은?

① α와 Fe의 혼합물이다.
② γ와 Fe_3C의 혼합물이다.
③ δ와 Fe의 혼합물이다.
④ α와 Fe_3C의 혼합물이다.

해설 레데부라이트는 $\gamma-Fe$과 시멘타이트(Fe_3C)의 혼합물이다.

65. 다음 중 공구강 강재의 종류에 해당되지 않는 것은?

① STS 3
② SM 25C
③ STC 105
④ SKH 51

해설 SM 25C는 기계 구조용 탄소 강재로 탄소 함유량 0.22~0.28 %이다.

66. 재료의 전연성을 알기 위해 구리판, 알루미늄판 및 그 밖의 연성 판재를 가압하여 변형 능력을 시험하는 것은?

① 굽힘 시험
② 압축 시험
③ 커핑 시험
④ 비틀림 시험

해설 커핑 시험(cupping test)은 재료의 전연성(전성＋연성)을 알기 위해 Cu판, Al판 및 그 밖의 연성 판재를 가압하여 변형 능력을 시험하는 것이다.

67. 주철의 특징을 설명한 것 중 틀린 것은 어느 것인가?

① 백주철은 Si 함량이 적고, Mn 함량이 많아 화합탄소로 존재한다.
② 회주철은 C, Si 함량이 많고, Mn 함량이 적은 파면이 회색을 나타내는 것이다.
③ 구상 흑연 주철은 흑연의 형상에 따라 판상, 구상, 공정상 흑연 주철로 나눌 수 있다.
④ 냉경 주철은 주물 표면을 회주철로 인성을 높게 하고, 내부는 Fe_3C로 단단한 조직으로 만든다.

해설 냉경 주철(칠드 주철) : 주철을 금형이 붙어 있는 사형에 주입하여 응고 시 필요 부분만을 급랭시켜 급랭된 부분의 강인성을 갖게 하는데, 이러한 조작을 칠(chill)이라고 하며 두께는 10~25 mm 정도이다. 표면은 탄화철(Fe_3C)로 단단한 조직이고 내부는 연한 조직으로 되어 있다.

정답 **61.** ④ **62.** ① **63.** ② **64.** ② **65.** ② **66.** ③ **67.** ④

68. 다음 중 알루미늄 합금계가 아닌 것은?

① 라우탈　　　　② 실루민
③ 하스텔로이　　④ 하이드로날륨

[해설] 하스텔로이 : 니켈(Ni)을 주요 성분으로 하고, 몰리브덴(Mo), 탄소(C), 철(Fe)이 함유된 내산·내열합금으로 펌프, 밸브, 기타 고온재료에 사용되며 상품명에서 나온 말이다.

69. 황동의 화학적 성질과 관계없는 것은?

① 탈아연부식　　② 고온탈아연
③ 자연균열　　　④ 가공경화

[해설] 가공경화(work hardening)는 소성변형을 일으켰을 때 그 탄성한도가 높아져 소성변형에 대한 저항력이 증가하는 것을 말한다.

70. 회복 과정에서의 축적에너지에 대한 설명으로 옳은 것은?

① 가공도가 적을수록 축적에너지의 양은 증가한다.
② 결정입도가 작을수록 축적에너지의 양은 증가한다.
③ 불순물 원자의 첨가가 많을수록 축적에너지의 양은 감소한다.
④ 낮은 가공온도에서의 변형은 축적에너지의 양을 감소시킨다.

[해설] 가공도가 클수록, 결정입도가 작을수록, 불순물 원자의 첨가가 많을수록 축적에너지의 양은 증가하며, 낮은 가공온도에서의 변형은 축적에너지의 양을 증가시킨다.

71. 유압펌프에서 유동하고 있는 작동유의 압력이 국부적으로 저하되어, 증기나 함유 기체를 포함하는 기포가 발생하는 현상은?

① 폐입 현상
② 공진 현상
③ 캐비테이션 현상

④ 유압유의 열화 촉진 현상

[해설] 캐비테이션(cavitation) 현상은 유압펌프에서 유동하고 있는 작동유의 압력이 국부적으로 저하되어 증기나 함유 기체를 포함하는 기포가 발생하는 현상으로 공동 현상이라고도 한다.

72. 필요에 따라 작동 유체의 일부 또는 전량을 분기시키는 관로는?

① 바이패스 관로　　② 드레인 관로
③ 통기 관로　　　　④ 주관로

[해설] 바이패스 관로는 필요에 따라 작동 유체의 전량 또는 그 일부를 분기시키는 관로를 의미한다.

73. 유압 작동유의 구비 조건에 대한 설명으로 틀린 것은?

① 인화점 및 발화점이 낮을 것
② 산화 안정성이 좋을 것
③ 점도지수가 높을 것
④ 방청성이 좋을 것

[해설] 유압 작동유는 인화점 및 발화점이 높고 응고점은 낮아야 한다.

74. 압력 6.86 MPa, 토출량 50 L/min이고, 운전 시 소요 동력이 7 kW인 유압펌프의 효율은 약 몇 %인가?

① 78　　② 82　　③ 87　　④ 92

[해설] 펌프 효율(η_p)

$$= \frac{펌프\ 동력(L_p)}{소요\ 동력(kW)} = \frac{PQ}{7} \times 100\%$$

$$= \frac{6.86 \times 10^3 \times \dfrac{0.05}{60}}{7} \times 100\% \fallingdotseq 82\%$$

75. 다음 중 압력 제어 밸브에 속하지 않는 것은?

① 카운터 밸런스 밸브

---

② 릴리프 밸브

③ 시퀀스 밸브

④ 체크 밸브

해설 체크 밸브(check valve)는 방향 제어 밸브로 역류 방지용 밸브이다. 유체를 한쪽으로만 흐르게 하고 반대쪽은 차단시켜 흐르지 못하게 한다.

76. 액추에이터의 배출 쪽 관로 내의 흐름을 제어함으로써 속도를 제어하는 회로는?

① 방향 제어 회로

② 미터 인 회로

③ 미터 아웃 회로

④ 압력 제어 회로

해설 ① 방향 제어 회로 : 회로 내의 흐름의 방향을 바꾸는 제어 회로

② 미터 인 회로 : 액추에이터의 공급 쪽 관로 내의 흐름을 제어함으로써 속도를 제어하는 회로

③ 미터 아웃 회로 : 액추에이터의 배출 쪽 관로 내의 흐름을 제어함으로써 속도를 제어하는 회로

④ 압력 제어 회로 : 회로 내의 압력을 제어하는 것을 목적으로 한 회로

77. 그림과 같은 유압 기호의 설명이 아닌 것은?

① 유압펌프를 의미한다.

② 1방향 유동을 나타낸다.

③ 가변 용량형 구조이다.

④ 외부 드레인을 가졌다.

해설 도시된 유압 기호는 가변 용량형 유압모터로 1방향 유동을 나타내며, 외부 드레인(drain)을 가졌다.

78. 유압 속도 제어 회로 중 미터 아웃 회로의 설치 목적과 관계없는 것은?

① 피스톤이 자주할 염려를 제거한다.

② 실린더에 배압을 형성한다.

③ 유압 작동유의 온도를 낮춘다.

④ 실린더에서 유출되는 유량을 제어하여 피스톤 속도를 제어한다.

79. 실린더 행정 중 임의의 위치에서 실린더를 고정시킬 필요가 있을 때라 할지라도, 부하가 클 때 또는 장치 내의 압력저하로 실린더 피스톤이 이동하는 것을 방지하기 위한 회로로 가장 적합한 것은?

① 축압기 회로   ② 로킹 회로

③ 무부하 회로   ④ 압력 설정 회로

해설 로킹 회로 : 방향 제어 회로(directional control circuit)로 액추에이터의 운동 방향을 바꾸거나 정지 위치에서 액추에이터를 유지하기 위한 회로(2위치 전환 밸브나 3위치 전환 밸브가 사용된다.)

80. 긴 스트로크를 줄 수 있는 다단 튜브형의 로드를 가진 실린더는?

① 벨로스형 실린더

② 탠덤형 실린더

③ 가변 스트로크 실린더

④ 텔레스코프형 실린더

해설 텔레스코프형 실린더 : 장축 작동형 다단 실린더이며 2단 실린더 행정으로 기존 실린더보다 작은 공간으로 설치가 가능하다.

제 5 과목 **기계제작법 및 기계동력학**

81. 지면으로부터 경사각이 30°인 경사면에 정지된 블록이 미끄러지기 시작하여 10 m/s의 속력이 될 때까지 걸린 시간은

약 몇 초인가? (단, 경사면과 블록과의 동마찰계수는 0.3이라고 한다.)

① 1.42   ② 2.13

③ 2.84   ④ 4.24

[해설] $a = g\sin\theta - \mu_k g\cos\theta$

$\qquad = g(\sin\theta - \mu_k\cos\theta)$

$\qquad = 9.8(\sin30° - 0.3\cos30°) ≒ 2.36 \text{ m/s}^2$

$V = at \text{[m/s]}$에서

$t = \dfrac{V}{a} = \dfrac{10}{2.36} = 4.24 \text{ s}$

82. 그림과 같은 단진자 운동에서 길이 L이 4배로 늘어나면 진동주기는 약 몇 배로 변하는가? (단, 운동은 단일 평면상에서만 한다고 가정하고, 진동 각변위(θ)는 충분히 작다고 가정한다.)

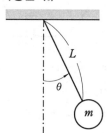

① $\sqrt{2}$ ② 2

③ 4   ④ 16

[해설] 단진자 운동에서 주기(T)

$= \dfrac{1}{f} = \dfrac{2\pi}{\omega} = 2\pi\sqrt{\dfrac{m}{k}} = 2\pi\sqrt{\dfrac{L}{g}} \text{ [s]}$

$T \propto \sqrt{L}$

$\therefore \dfrac{T_2}{T_1} = \dfrac{\sqrt{4L}}{\sqrt{L}} = \sqrt{4} = 2$

83. 길이가 L인 가늘고 긴 일정한 단면의 봉이 좌측단에서 핀으로 지지되어 있다. 봉을 그림과 같이 수평으로 정지시킨 후, 이를 놓아서 중력에 의해 회전시킨다면, 봉의 위치가 수직이 되는 순간에 봉의 각속도는? (단, g는 중력 가속도를 나타내고, 핀 부분

의 마찰은 무시한다.)

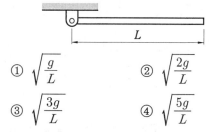

① $\sqrt{\dfrac{g}{L}}$ ② $\sqrt{\dfrac{2g}{L}}$

③ $\sqrt{\dfrac{3g}{L}}$ ④ $\sqrt{\dfrac{5g}{L}}$

84. 회전속도가 2000 rpm인 원심 팬이 있다. 방진고무로 탄성 지지시켜 진동 전달률을 0.3으로 하고자 할 때, 방진고무의 정적 수축량은 약 몇 mm인가? (단, 방진고무의 감쇠계수는 0으로 가정한다.)

① 0.71 ② 0.97 ③ 1.41 ④ 2.20

[해설] 전달률(TR) $= \dfrac{1}{\left|1 - \left(\dfrac{\omega}{\omega_n}\right)^2\right|} = \dfrac{1}{|1-\gamma^2|}$

$|1-\gamma^2| = \dfrac{1}{TR} = \dfrac{1}{0.3} = 3.33$

$\gamma^2 = \left(\dfrac{\omega}{\omega_n}\right)^2 = 4.33, \quad \dfrac{\omega}{\omega_n} = 2.08$

$\omega = \dfrac{2\pi N}{60} = \dfrac{2\pi \times 2000}{60} = 209.44 \text{ rad/s}$

$\omega_n = \sqrt{\dfrac{k}{m}} = \sqrt{\dfrac{g}{\delta}}$ 에서

$\delta = \dfrac{g}{\omega_n{}^2} = \dfrac{9800}{\left(\dfrac{209.44}{2.08}\right)^2} = 0.97 \text{ mm}$

85. x방향에 대한 운동 방정식이 다음과 같이 나타날 때 이 진동계에서의 감쇠 고유진동수(damped natural frequency)는 약 몇 rad/s인가?

$$2\ddot{x} + 3\dot{x} + 8x = 0$$

① 1.35   ② 1.85

③ 2.25   ④ 2.75

[해설] $m\ddot{x} + c\dot{x} + kx = 0 \ (2\ddot{x} + 3\dot{x} + 8x = 0)$

임계감쇠계수(c_c)

정답 82. ②   83. ③   84. ②   85. ②

$$= \frac{2k}{\omega} = \frac{2k}{\sqrt{\frac{k}{m}}} = \frac{2 \times 8}{\sqrt{\frac{8}{2}}} = 8$$

$$감쇠비(\psi) = \frac{c}{c_c} = \frac{3}{8} = 0.375$$

$$\omega_d = \omega \sqrt{1 - \psi^2} = 2 \times \sqrt{1 - (0.375)^2} = 1.85$$

86. 장력이 100 N 걸려 있는 줄을 모터가 지속적으로 5 m/s의 속력으로 끌어당기고 있다면 사용된 모터의 일률(power)은 몇 W인가?

① 51 ② 250

③ 350 ④ 500

[해설] 일률(power) $= FV = 100 \times 5$
$= 500 \text{ N} \cdot \text{m/s} = 500 \text{ J/s} = 500 \text{ W}$

87. 다음 중 물리량에 대한 차원 표시가 틀린 것은? (단, M : 질량, L : 길이, T : 시간)

① 힘 : MLT^{-2}

② 각가속도 : T^{-2}

③ 에너지 : $ML^2 T^{-1}$

④ 선형운동량 : MLT^{-1}

[해설] 에너지(energy)란 일을 할 수 있는 능력으로 일량의 차원과 같다.
kgf · m(N · m)의 차원은
$FL = (MLT^{-2})L = ML^2 T^{-2}$이다.

88. A에서 던진 공이 L_1만큼 날아간 후 B에서 튀어 올라 다시 날아간다. B에서의 반발계수를 e라 하면 다시 날아간 거리 L_2는? (단, 공과 바닥 사이에서 마찰은 없다고 가정한다.)

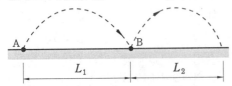

89. 그림과 같이 반지름이 45 mm인 바퀴가 미끄럼이 없이 왼쪽으로 구르고 있다. 바퀴 중심의 속력은 0.9 m/s로 일정하다고 할 때, 바퀴 끝단의 한 점(A)의 속도(v_A, m/s)와 가속도(a_A, m/s²)의 크기는?

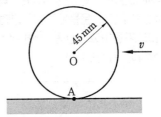

① $v_A = 0$, $a_A = 0$

② $v_A = 0$, $a_A = 18$

③ $v_A = 0.9$, $a_A = 0$

④ $v_A = 0.9$, $a_A = 18$

[해설] $v_A = 0$(순간 중심 속도)

$$가속도(a_A) = r\omega^2 = r\left(\frac{V_o}{r}\right)^2$$

$$= \frac{V_o^2}{r} = \frac{(0.9)^2}{0.045} = 18 \text{ m/s}^2$$

① $\dfrac{L_1}{e}$ ② $\dfrac{L_1}{e^2}$

③ eL_1 ④ $e^2 L_1$

[해설] B에서 반발계수$(e) = \dfrac{L_2}{L_1}$

$\therefore L_2 = eL_1 [\text{m}]$

90. 다음 식과 같은 단순조화운동(simple harmonic motion)에 대한 설명으로 틀린 것은? (단, 변위 x는 시간 t에 대한 함수이고, A, ω, ϕ는 상수이다.)

$$x(t) = A \sin(\omega t + \phi)$$

① 변위와 속도 사이에 위상차가 없다.

② 주기적으로 같은 운동이 반복된다.

정답 86. ④ 87. ③ 88. ③ 89. ② 90. ①

③ 가속도의 진폭은 변위의 진폭에 비례한다.

④ 가속도의 주기와 변위의 주기는 동일하다.

해설 변위(x)와 속도($\dot{x}$) 사이에는 위상차가 있다.

91. 절삭유가 갖추어야 할 조건으로 틀린 것은?

① 마찰계수가 작고 인화점이 높을 것

② 냉각성이 우수하고 윤활성이 좋을 것

③ 장시간 사용해도 변질되지 않고 인체에 무해할 것

④ 절삭유의 표면장력이 크고 칩의 생성부에는 침투되지 않을 것

해설 절삭유는 표면장력이 작고, 칩(chip)의 생성부에도 침투가 되어야 한다.

92. 렌치, 스패너 등 작은 공구를 단조할 때 다음 중 가장 적합한 것은?

① 로터리 스웨이징

② 프레스 가공

③ 형 단조

④ 자유 단조

해설 형 단조는 제품의 형상을 조형한 한 쌍의 다이 사이에 가열한 소재를 넣고 타격이나 높은 압력을 가하여 제품을 성형하는 것으로 렌치, 스패너 등 작은 공구를 단조할 때 적합하다.

93. 지름 400 mm의 롤러를 이용하여, 폭 300 mm, 두께 25 mm의 판재를 열간 압연하여 두께 20 mm가 되었을 때, 압하량과 압하율은?

① 압하량 : 5 mm, 압하율 : 20 %

② 압하량 : 5 mm, 압하율 : 25 %

③ 압하량 : 20 mm, 압하율 : 25 %

④ 압하량 : 100 mm, 압하율 : 20 %

해설 압하량(ϕ) = $H_0 - H_1$ = 25 - 20 = 5 mm

압하율(ψ) = $\dfrac{H_0 - H_1}{H_0} \times 100\%$

$= \dfrac{25 - 20}{25} \times 100\% = 20\%$

94. 일반적으로 보통 선반의 크기를 표시하는 방법이 아닌 것은?

① 스핀들의 회전속도

② 왕복대 위의 스윙

③ 베드 위의 스윙

④ 주축대와 심압대 양 센터 간 최대거리

해설 보통 선반의 크기(규격)

(1) 베드 위의 스윙

(2) 왕복대 위의 스윙

(3) 주축대와 심압대 양 센터 간 최대거리

95. 방전 가공(electro discharge machining)에서 전극 재료의 구비 조건으로 적절하지 않은 것은?

① 기계 가공이 쉬울 것

② 가공 속도가 빠를 것

③ 전극소모량이 많을 것

④ 가공 정밀도가 높을 것

해설 방전 가공(EDM)에서 전극 재료는 전극소모량이 적어야 한다.

96. 강재의 표면에 Si를 침투시키는 방법으로 내식성, 내열성 등을 향상시키는 방법은?

① 보로나이징   ② 칼로라이징

③ 크로마이징   ④ 실리코나이징

해설 금속침투법(cementation)

(1) 보로나이징(붕소)

(2) 칼로라이징(알루미늄)

(3) 크로마이징(크롬)

(4) 실리코나이징(규소)

(5) 세라다이징(아연)

97. 주물용으로 가장 많이 사용하는 주물사의 주성분은?

① Al_2O_3

② SiO_2

③ MgO

④ FeO_3

해설 주물사는 주조에 사용되는 모래로 석영 (SiO_2) 입자가 대부분이며, 장석과 점토를 소량 포함하고 있다.

98. 버니어 캘리퍼스의 눈금 24.5 mm를 25 등분한 경우 최소 측정값은 몇 mm인가? (단, 본척의 눈금 간격은 0.5 mm이다.)

① 0.01

② 0.02

③ 0.05

④ 0.1

해설 최소 측정값 $= 1 - \dfrac{24.5}{25} = 0.02$ mm

99. 용접 시 발생하는 불량(결함)에 해당하지 않는 것은?

① 오버랩

② 언더컷

③ 콤퍼지션

④ 용입불량

해설 용접 시 발생하는 구조상 결함에는 오버랩(overlap), 언더컷(under cut), 용입불량, 스패터링 등이 있다.

100. 유성형(planetary type) 내면 연삭기를 사용한 가공으로 가장 적합한 것은?

① 암나사의 연삭

② 호브(hob)의 치형 연삭

③ 블록게이지의 끝마무리 연삭

④ 내연기관 실린더의 내면 연삭

2020년도 시행 문제

제1과목　　　　재료역학

1. 원형 단면 축에 147 kW의 동력을 회전수 2000 rpm으로 전달시키고자 한다. 축 지름은 약 몇 cm로 해야 하는가? (단, 허용전단응력은 τ_w = 50 MPa이다.)

① 4.2　　　　② 4.6

③ 8.5　　　　④ 9.9

해설　$T = 9.55 \times 10^6 \dfrac{kW}{N} [\text{N} \cdot \text{mm}]$

$= 9.55 \times 10^6 \times \dfrac{147}{2000} = 701925 \text{ N} \cdot \text{mm}$

$T = \tau Z_P = \tau_w \dfrac{\pi d^3}{16} [\text{N} \cdot \text{mm}]$

$\therefore d = \sqrt[3]{\dfrac{16T}{\pi \tau_w}} = \sqrt[3]{\dfrac{16 \times 701925}{\pi \times 50}}$

$= 41.5 \text{ mm} \fallingdotseq 4.2 \text{ cm}$

2. 그림과 같이 외팔보의 중앙에 집중하중 P가 작용하는 경우 집중하중 P가 작용하는 지점에서의 처짐은? (단, 보의 굽힘강성 EI는 일정하고, L은 보의 전체 길이이다.)

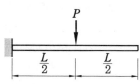

① $\dfrac{PL^3}{3EI}$　　　　② $\dfrac{PL^3}{24EI}$

③ $\dfrac{PL^3}{8EI}$　　　　④ $\dfrac{5PL^3}{48EI}$

해설　$\delta = \dfrac{A_m \bar{x}}{EI} = \dfrac{\dfrac{L}{2} \times \dfrac{PL}{2} \times \dfrac{1}{2} \times \dfrac{L}{3}}{EI}$

$= \dfrac{PL^3}{24EI} [\text{cm}]$

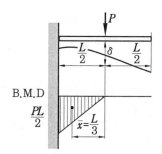

3. 직사각형 단면의 단주에 150 kN 하중이 중심에서 1 m만큼 편심되어 작용할 때 이 부재 BD에서 생기는 최대 압축응력은 약 몇 kPa인가?

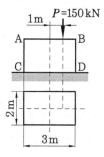

① 25　　② 50　　③ 75　　④ 100

해설　$\sigma_{\max} = \sigma_c + \sigma_b = \dfrac{P}{A} + \dfrac{M}{Z}$

$= \dfrac{P}{bh} + \dfrac{Pa}{Z} = \dfrac{P}{bh} + \dfrac{6Pa}{bh^2}$

$= \dfrac{150}{2 \times 3} + \dfrac{6 \times 150 \times 1}{2 \times 3^2} = 75 \text{ kPa}$

정답　1. ①　2. ②　3. ③

4. 다음 그림과 같은 균일 단면의 돌출보에서 반력 R_A는? (단, 보의 자중은 무시한다.)

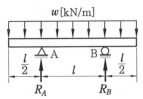

① wl ② $\dfrac{wl}{4}$ ③ $\dfrac{wl}{3}$ ④ $\dfrac{wl}{2}$

해설 $\Sigma F_y = 0$

$R_A + R_B = $ 면적 $(= 2wl)$ [kN]

$\therefore R_A = R_B = wl$ [kN]

5. 양단이 고정된 축을 다음 그림과 같이 $m-n$ 단면에서 T만큼 비틀면 고정단 AB에서 생기는 저항 비틀림 모멘트의 비 T_A / T_B는?

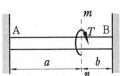

① $\dfrac{b^2}{a^2}$ ② $\dfrac{b}{a}$ ③ $\dfrac{a}{b}$ ④ $\dfrac{a^2}{b^2}$

해설 $\dfrac{T_A}{T_B} = \dfrac{Tb}{l} \times \dfrac{l}{Ta} = \dfrac{b}{a}$

6. 그림의 평면응력상태에서 최대 주응력은 약 몇 MPa인가? (단, $\sigma_x = 175$ MPa, $\sigma_y = 35$ MPa, $\tau_{xy} = 60$ MPa이다.)

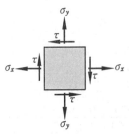

① 95   ② 105
③ 163   ④ 197

해설 $\sigma_{\max} = \dfrac{1}{2}(\sigma_x + \sigma_y) + \sqrt{\left(\dfrac{\sigma_x - \sigma_y}{2}\right)^2 + \tau_{xy}^2}$

$= \dfrac{1}{2} \times (175 + 35) + \sqrt{\left(\dfrac{175 - 35}{2}\right)^2 + 60^2}$

$= 197 \, \text{MPa}$

7. 동일한 길이와 재질로 만들어진 두 개의 원형 단면 축이 있다. 각각의 지름이 d_1, d_2일 때 각 축에 저장되는 변형 에너지 u_1, u_2의 비는? (단, 두 축은 모두 비틀림 모멘트 T를 받고 있다.)

① $\dfrac{u_1}{u_2} = \left(\dfrac{d_2}{d_1}\right)^4$ ② $\dfrac{u_2}{u_1} = \left(\dfrac{d_2}{d_1}\right)^3$

③ $\dfrac{u_1}{u_2} = \left(\dfrac{d_2}{d_1}\right)^3$ ④ $\dfrac{u_2}{u_1} = \left(\dfrac{d_2}{d_1}\right)^4$

해설 비틀림 탄성 변형 에너지(u)

$= \dfrac{T}{2} = \dfrac{T^2 l}{2GI}$ [kJ]에서 $u \propto \dfrac{1}{I}$ 이다.

$\therefore \dfrac{u_1}{u_2} = \dfrac{I_2}{I_1} = \dfrac{\pi d_2^4}{32} \times \dfrac{32}{\pi d_1^4} = \left(\dfrac{d_2}{d_1}\right)^4$

※ $\dfrac{1}{\rho} = \dfrac{M}{EI} = \dfrac{\theta}{l} \rightarrow \theta = \dfrac{Ml}{EI}$ [rad]

8. 철도 레일의 온도가 50℃에서 15℃로 떨어졌을 때 레일에 생기는 열응력은 약 몇 MPa인가? (단, 선팽창계수는 0.000012 /℃, 세로탄성계수는 210 GPa이다.)

① 4.41   ② 8.82
③ 44.1   ④ 88.2

해설 $\sigma = E\alpha \Delta t$

$= 210 \times 10^3 \times 0.000012 \times 35 = 88.2 \, \text{MPa}$

9. 그림과 같이 양단에서 모멘트가 작용할 경우 A지점의 처짐각 θ_A는? (단, 보의

정답 4. ① 5. ② 6. ④ 7. ① 8. ④ 9. ④

굽힘 강성 EI는 일정하고, 자중은 무시한다.)

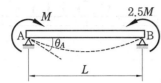

① $\dfrac{ML}{2EI}$

② $\dfrac{2ML}{5EI}$

③ $\dfrac{ML}{6EI}$

④ $\dfrac{3ML}{4EI}$

해설 $\theta_a = \dfrac{(2M_A + M_B)L}{6EI} = \dfrac{(2M + 2.5M)L}{6EI}$

$= \dfrac{4.5ML}{6EI} = \dfrac{3ML}{4EI}$ [rad]

※ $\theta_b = \dfrac{(M_A + 2M_B)L}{6EI}$ [rad]

10. 그림과 같은 트러스 구조물에서 B점에서 10 kN의 수직 하중을 받으면 BC에 작용하는 힘은 몇 kN인가?

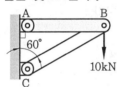

① 20

② 17.32

③ 10

④ 8.66

해설 $F_{BC}\cos\theta = 10$

$\therefore F_{BC} = \dfrac{10}{\cos 60°} = 20$ kN

11. 다음 그림과 같이 길고 얇은 평판이 평면 변형률 상태로 σ_x를 받고 있을 때, ε_x는?

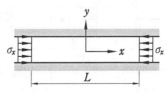

① $\varepsilon_x = \left(\dfrac{1-\nu}{E}\right)\sigma_x$

② $\varepsilon_x = \left(\dfrac{1+\nu}{E}\right)\sigma_x$

③ $\varepsilon_x = \left(\dfrac{1-\nu^2}{E}\right)\sigma_x$

④ $\varepsilon_x = \left(\dfrac{1+\nu^2}{E}\right)\sigma_x$

해설 $\sigma_x = \dfrac{E\varepsilon_x}{1-\nu^2}$ [MPa]

$\therefore \varepsilon_x = \left(\dfrac{1-\nu^2}{E}\right)\sigma_x$

12. 그림과 같은 빗금 친 단면을 갖는 중공축이 있다. 이 단면의 O점에 관한 극단면 2차 모멘트는?

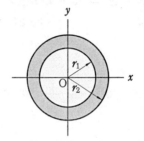

① $\pi\left(r_2^4 - r_1^4\right)$

② $\dfrac{\pi}{2}\left(r_2^4 - r_1^4\right)$

③ $\dfrac{\pi}{4}\left(r_2^4 - r_1^4\right)$

④ $\dfrac{\pi}{16}\left(r_2^4 - r_1^4\right)$

해설 $I_p = \dfrac{\pi}{32}(d_2^4 - d_1^4) = \dfrac{\pi d_2^4}{32}\left[1 - \left(\dfrac{d_1}{d_2}\right)^4\right]$

$= \dfrac{\pi \times (2r_2)^4}{32}\left[1 - \left(\dfrac{2r_1}{2r_2}\right)^4\right]$

$= \dfrac{\pi r_2^4}{2}\left[1 - \left(\dfrac{r_1}{r_2}\right)^4\right]$

$= \dfrac{\pi}{2}\left(r_2^4 - r_1^4\right)$ [cm⁴]

13. 외팔보의 자유단에 연직 방향으로 10 kN의 집중하중이 작용하면 고정단에 생기는 굽힘 응력은 약 몇 MPa인가? (단, 단면(폭×높이) $b \times h = 10$ cm×15 cm, 길이 1.5 m이다.)

① 0.9

② 5.3

③ 40

④ 100

정답 **10.** ① **11.** ③ **12.** ② **13.** ③

[해설] $M_{\max} = PL = 10 \times 10^3 \times 1500$

$= 15 \times 10^6 \, \text{N} \cdot \text{mm}$

$\therefore \sigma = \dfrac{M_{\max}}{Z} = \dfrac{M_{\max}}{\dfrac{bh^2}{6}} = \dfrac{6M_{\max}}{bh^2}$

$= \dfrac{6 \times 15 \times 10^6}{100 \times 150^2} = 40 \, \text{MPa}$

14. 지름 300 mm의 단면을 가진 속이 찬 원형 보가 굽힘을 받아 최대 굽힘 응력이 100 MPa이 되었다. 이 단면에 작용한 굽힘 모멘트는 약 몇 kN · m인가?

① 265 ② 315

③ 360 ④ 425

[해설] $M_{\max} = \sigma Z$

$= 100 \times 10^3 \times \dfrac{\pi \times 0.3^3}{32} = 265.07 \, \text{MPa}$

15. 원형 봉에 축방향 인장하중 $P = 88$ kN이 작용할 때 직경의 감소량은 약 몇 mm인가? (단, 봉은 길이 $L = 2$ m, 직경 $d = 40$ mm, 세로탄성계수는 70 GPa, 푸아송비 $\nu = 0.3$이다.)

① 0.006 ② 0.012

③ 0.018 ④ 0.036

[해설] $\sigma = \dfrac{P}{A} = \dfrac{P}{\dfrac{\pi d^2}{4}} = \dfrac{4P}{\pi d^2}$

$= \dfrac{4 \times 88 \times 10^3}{\pi \times 40^2} = 70.03 \, \text{MPa}$

$\therefore \delta = \dfrac{d\sigma}{mE} = \dfrac{\nu d\sigma}{E} = \dfrac{0.3 \times 40 \times 70.03}{70 \times 10^3}$

$= 0.012 \, \text{mm}$

16. 전체 길이가 L이고, 일단 지지 및 타단 고정보에서 삼각형 분포하중이 작용할 때, 지지점 A에서의 반력은? (단, 보의 굽힘 강성 EI는 일정하다.)

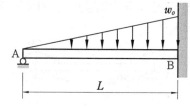

① $\dfrac{1}{2} w_o L$ ② $\dfrac{1}{3} w_o L$

③ $\dfrac{1}{5} w_o L$ ④ $\dfrac{1}{10} w_o L$

[해설] $\dfrac{R_A L}{3EI} = \dfrac{w_o L^2}{30EI}$

$\therefore R_A = \dfrac{w_o L}{10} \, [\text{N}]$

17. 지름 D인 두께가 얇은 링(ring)을 수평면 내에서 회전시킬 때, 링에 생기는 인장응력을 나타내는 식은? (단, 링의 단위 길이에 대한 무게를 W, 링의 원주속도를 V, 링의 단면적을 A, 중력가속도를 g로 한다.)

① $\dfrac{WV^2}{DAg}$ ② $\dfrac{WDV^2}{Ag}$

③ $\dfrac{WV^2}{Ag}$ ④ $\dfrac{WV^2}{Dg}$

[해설] $\sigma = \dfrac{\gamma V^2}{g} = \dfrac{WV^2}{gA} \, [\text{MPa}]$

18. 단면적이 4 cm^{2}인 강봉에 그림과 같은 하중이 작용하고 있다. $W = 60$ kN, $P = 25$ kN, $l = 20$ cm일 때 BC 부분의 변형률 ε은 약 얼마인가? (단, 세로탄성계수는 200 GPa이다.)

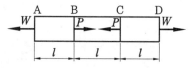

① 0.00043 ② 0.0043

③ 0.043 ④ 0.43

[해설] $\sigma_{BC} = \dfrac{W-P}{AE} = \dfrac{60-25}{4 \times 10^{-4} \times 200 \times 10^{6}}$

$= 0.00043$

19. 오일러 공식이 세장비 $\dfrac{l}{k} > 100$에 대해 성립한다고 할 때, 양단이 힌지인 원형 단면 기둥에서 오일러 공식이 성립하기 위한 길이 l과 지름 d와의 관계가 옳은 것은? (단, 단면의 회전반지름을 k라 한다.)

① $l > 4d$ ② $l > 25d$

③ $l > 50d$ ④ $l > 100d$

[해설] 지름이 d인 원형 단면의 최소 회전반지름(k)

$= \sqrt{\dfrac{I_G}{A}} = \sqrt{\dfrac{\pi d^4}{64} \times \dfrac{4}{\pi d^2}} = \sqrt{\dfrac{d^2}{16}} = \dfrac{d}{4}$ [m]

$\therefore\ l > 100k = 100 \times \dfrac{d}{4} = 25d$

20. 그림과 같은 단면을 가진 외팔보가 있다. 그 단면의 자유단에 전단력 $V = 40$ kN이 발생한다면 단면 $a-b$ 위에 발생하는 전단응력은 약 몇 MPa인가?

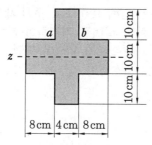

① 4.57 ② 4.22

③ 3.87 ④ 3.14

[해설] $I_G = \dfrac{BH^3}{12} + \dfrac{2bh^3}{12}$

$= \dfrac{4 \times 30^3}{12} + \dfrac{2 \times 8 \times 10^3}{12}$

$= 10333.33\,\text{cm}^4 = 10333.33 \times 10^4\,\text{mm}^4$

$\therefore\ \tau = \dfrac{VQ}{bI_G}$

$= \dfrac{40 \times 10^3 \times (40 \times 100) \times 100}{40 \times 10333.33 \times 10^4}$

$= 3.87\,\text{MPa}(= \text{N/mm}^2)$

21. 압력 1000 kPa, 온도 300℃ 상태의 수증기(엔탈피 3051.15 kJ/kg, 엔트로피 7.1228 kJ/kg · K)가 증기 터빈으로 들어가서 100 kPa 상태로 나온다. 터빈의 출력 일이 370 kJ/kg일 때 터빈의 효율(%)은 얼마인가?

수증기의 포화상태표 (압력 100kPa/ 온도 99.62℃)			
엔탈피(kJ/kg)		엔트로피(kJ/kg · K)	
포화액체	포화증기	포화액체	포화증기
417.44	2675.46	1.3025	7.3593

① 15.6 ② 33.2

③ 66.8 ④ 79.8

[해설] 증발열(γ) $= h'' - h'$

$= 2675.46 - 417.44 = 2258.02\,\text{kJ/kg}$

$s_x = s' + x(s'' - s')\,[\text{kJ/kg} \cdot \text{K}]$

$\therefore\ x = \dfrac{s_x - s'}{s'' - s'} = \dfrac{7.1228 - 1.3025}{7.3593 - 1.3025} = 0.96$

$h_x = h' + x(h'' - h') = h' + x\gamma$

$= 417.44 + 0.96 \times 2258.02$

$= 2585.14\,\text{kJ/kg}$

가역일(w_t) $= h - h_x = 3051.15 - 2585.14$

$= 466.01\,\text{kJ/kg}$

$\therefore\ $ 터빈 효율(η_t) $= \dfrac{\text{비가역일(실제 일)}}{\text{가역일(이론 일)}}$

$= \dfrac{370}{466.01} \times 100\% = 79.4\%$

22. 열역학 제2법칙에 대한 설명으로 틀린 것은?

① 효율이 100%인 열기관은 얻을 수 없다.

② 제2종의 영구 기관은 작동 물질의 종류에 따라 가능하다.

③ 열은 스스로 저온의 물질에서 고온의 물질로 이동하지 않는다.

④ 열기관에서 작동 물질의 일을 하게 하려면 그보다 더 저온인 물질이 필요하다.

[해설] 제2종 영구 운동 기관(열효율이 100 %인 기관)은 열역학 제2법칙에 위배되는 기관이다.

23. 300 L 체적의 진공인 탱크가 25℃, 6 MPa의 공기를 공급하는 관에 연결된다. 밸브를 열어 탱크 안의 공기 압력이 5 MPa이 될 때까지 공기를 채우고 밸브를 닫았다. 이 과정이 단열이고 운동에너지와 위치에너지의 변화를 무시한다면 탱크 안의 공기의 온도(℃)는 얼마가 되는가? (단, 공기의 비열비는 1.4이다.)

① 1.5   ② 25.0

③ 84.4   ④ 144.2

[해설] $C_p T_1 = C_v T_2$

$$\therefore \ T_2 = \frac{C_p}{C_v} T_1 = k T_1 = 1.4 \times (25 + 273)$$

$$= 417.2 \, \text{K}$$

$$= (417.2 - 273)\text{℃} = 144.2\text{℃}$$

24. 단열된 가스 터빈의 입구 측에서 압력 2 MPa, 온도 1200 K인 가스가 유입되어 출구 측에서 압력 100 kPa, 온도 600 K로 유출된다. 5 MW의 출력을 얻기 위해 가스의 질량유량(kg/s)은 얼마이어야 하는가? (단, 터빈의 효율은 100 %이고, 가스의 정압비열은 1.12 kJ/kg · K이다.)

① 6.44   ② 7.44

③ 8.44   ④ 9.44

[해설] $W_t = m C_p (T_1 - T_2)$

$$\therefore \ m = \frac{W_t}{C_p(T_1 - T_2)}$$

$$= \frac{5000}{1.12 \times (1200 - 600)} = 7.44 \, \text{kg/s}$$

25. 공기 10 kg이 압력 200 kPa, 체적 5 m³인 상태에서 압력 400 kPa, 온도 300℃인 상태로 변한 경우 최종 체적(m³)은 얼마인가? (단, 공기의 기체상수는 0.287 kJ/kg · K이다.)

① 10.7   ② 8.3   ③ 6.8   ④ 4.1

[해설] $P_2 V_2 = m R T_2$

$$V_2 = \frac{m R T_2}{P_2} = \frac{10 \times 0.287 \times (300 + 273)}{400}$$

$$= 4.11 \, \text{m}^3$$

26. 이상적인 냉동사이클에서 응축기 온도가 30℃, 증발기 온도가 −10℃일 때 성적계수는?

① 4.6   ② 5.2   ③ 6.6   ④ 7.5

[해설] $\varepsilon_R = \dfrac{T_2}{T_1 - T_2} = \dfrac{263}{(30 + 273) - 263} = 6.6$

27. 초기 압력 100 kPa, 초기 체적 0.1 m³인 기체를 버너로 가열하여 기체 체적이 정압 과정으로 0.5 m³이 되었다면 이 과정동안 시스템이 외부에 한 일(kJ)은?

① 10   ② 20   ③ 30   ④ 40

[해설] $_1W_2 = \displaystyle\int_1^2 P dV = P(V_2 - V_1)$

$$= 100 \times (0.5 - 0.1) = 40 \, \text{kJ}$$

28. 랭킨 사이클에서 보일러 입구 엔탈피 192.5 kJ/kg, 터빈 입구 엔탈피 3002.5 kJ/kg, 응축기 입구 엔탈피 2361.8 kJ/kg일 때 열효율(%)은? (단, 펌프의 동력은 무시한다.)

① 20.3   ② 22.8

③ 25.7   ④ 29.5

[해설] $\eta_R = \dfrac{h_3 - h_4}{h_2 - h_1} \times 100\%$

$= \dfrac{3002.5 - 2361.8}{3002.5 - 192.5} \times 100\% = 22.8\%$

29. 준평형 정적 과정을 거치는 시스템에 대한 열전달량은? (단, 운동에너지와 위치에너지의 변화는 무시한다.)

① 0이다.

② 이루어진 일량과 같다.

③ 엔탈피 변화량과 같다.

④ 내부에너지 변화량과 같다.

[해설] 준평형 정적 과정($V = C$) 시 열전달량은 내부에너지 변화량과 같다.

※ $\delta Q = dU + PdV$ [kJ]에서 dV가 0일 때 $\delta Q = dU = mC_v dT$ [kJ]이다.

30. 1 kW의 전기 히터를 이용하여 101 kPa, 15℃의 공기로 차 있는 100 m³의 공간을 난방하려고 한다. 이 공간은 견고하고 밀폐되어 있으며 단열되어 있다. 히터를 10분 동안 작동시킨 경우, 이 공간의 최종 온도(℃)는? (단, 공기의 정적비열은 0.718 kJ/kg · K이고, 기체상수는 0.287 kJ/kg · K이다.)

① 18.1 ② 21.8 ③ 25.3 ④ 29.4

[해설] $PV = mRT$

$\therefore m = \dfrac{PV}{RT} = \dfrac{101 \times 100}{0.287 \times 288} = 122.19 \text{ kg}$

$Q = mC_v(T_2 - T_1)$ [kJ]

$\therefore T_2 = T_1 + \dfrac{Q}{mC_v} = 288 + \dfrac{1 \times 60 \times 10}{122.19 \times 0.718}$

$\fallingdotseq 294.84 \text{ K} = (294.84 - 273)℃$

$= 21.84℃$

※ 1 kW = 3600 kJ/h = 60 kJ/min

31. 펌프를 사용하여 150 kPa, 26℃의 물을 가역단열 과정으로 650 kPa까지 변화시킨 경우, 펌프의 일(kJ/kg)은 얼마

인가? (단, 26℃의 포화액의 비체적은 0.001 m³/kg이다.)

① 0.4 ② 0.5 ③ 0.6 ④ 0.7

[해설] $w_p = -\displaystyle\int_1^2 \nu dP = \nu(P_1 - P_2)$

$= 0.001 \times (650 - 150) = 0.5 \text{ kJ/kg}$

32. 열역학 열역학적 관점에서 다음 장치들에 대한 설명으로 옳은 것은?

① 노즐은 유체를 서서히 낮은 압력으로 팽창하여 속도를 감속시키는 기구이다.

② 디퓨저는 저속의 유체를 가속하는 기구이며 그 결과 유체의 압력이 증가한다.

③ 터빈은 작동유체의 압력을 이용하여 열을 생성하는 회전식 기계이다.

④ 압축기의 목적은 외부에서 유입된 동력을 이용하여 유체의 압력을 높이는 것이다.

[해설] 압축기는 외부에서 유입된 동력을 이용하여 저압의 유체를 고압으로 토출시킨다.

33. 피스톤 – 실린더 장치에 들어 있는 100 kPa, 27℃의 공기가 600 kPa까지 가역단열 과정으로 압축된다. 비열비가 1.4로 일정하다면 이 과정 동안에 공기가 받은 일(kJ/kg)은? (단, 공기의 기체상수는 0.287 kJ/kg · K이다.)

① 263.6   ② 171.8

③ 143.5   ④ 116.9

[해설] $w_t = \dfrac{R}{k-1}(T_1 - T_2) = \dfrac{RT_1}{k-1}\left(1 - \dfrac{T_2}{T_1}\right)$

$= \dfrac{RT_1}{k-1}\left[1 - \left(\dfrac{P_2}{P_1}\right)^{\frac{k-1}{k}}\right]$

$= \dfrac{0.287 \times (27 + 273)}{1.4 - 1}\left[1 - \left(\dfrac{600}{100}\right)^{\frac{1.4-1}{1.4}}\right]$

$= -143.9 \text{ kJ/kg}$

정답 29. ④ 30. ② 31. ② 32. ④ 33. ③

34. 다음 중 가장 큰 에너지는?

① 100 kW 출력의 엔진이 10시간 동안 한 일

② 발열량 10000 kJ/kg의 연료를 100 kg 연소시켜 나오는 열량

③ 대기압하에서 10℃ 물 10 m³를 90℃로 가열하는 데 필요한 열량(단, 물의 비열은 4.2 kJ/kg · K이다.)

④ 시속 100 km로 주행하는 총 질량 2000 kg인 자동차의 운동에너지

[해설] ① 1 kW=3600 kJ/h이므로

$W = 100 \times 3600 \times 10 = 3600000$ kJ
$= 3600$ MJ

② $Q = mH_l = 100 \times 10000$
$= 1000000$ kJ $= 1000$ MJ

③ $Q = mC(t_2 - t_1) = \rho_w v C(t_2 - t_1)$
$= 1000 \times 10 \times 4.2 \times (90 - 10)$
$= 3360000$ kJ $= 3360$ MJ

④ $KE = \dfrac{1}{2}mv^2 = \dfrac{1}{2} \times 2000 \times \left(\dfrac{100}{3.6}\right)^2$
$= 771604.94$ J $= 771.60$ kJ $= 0.772$ MJ

35. 이상기체 1 kg을 300 K, 100 kPa에서 500 K까지 "PV^n = 일정"의 과정(n = 1.2)을 따라 변화시켰다. 이 기체의 엔트로피 변화량(kJ/K)은 얼마인가? (단, 기체의 비열비는 1.3, 기체상수는 0.287 kJ/kg · K이다.)

① −0.244   ② −0.287
③ −0.344   ④ −0.373

[해설] 폴리트로픽 변화일 때

$C_v = \dfrac{R}{k-1} = \dfrac{0.287}{1.3-1} \fallingdotseq 0.957$ kJ/kg · K

$\therefore ds = \dfrac{\delta Q}{T} = \dfrac{m C_n dT}{T}$

$= m C_n \ln \dfrac{T_2}{T_1} = m C_v \left(\dfrac{n-k}{n-1}\right) \ln \dfrac{T_2}{T_1}$

$= 1 \times 0.957 \times \left(\dfrac{1.2-1.3}{1.2-1}\right) \times \ln \dfrac{500}{300}$
$= -0.244$ kJ/K

36. 실린더 내의 공기가 100 kPa, 20℃ 상태에서 300 kPa이 될 때까지 가역단열 과정으로 압축된다. 이 과정에서 실린더 내의 계에서 엔트로피의 변화(kJ · K)는? (단, 공기의 비열비(k)는 1.4이다.)

① −1.35   ② 0
③ 1.35   ④ 13.5

[해설] 가역단열 과정($q = 0$) 시 엔트로피 변화량은 0이다. 즉 등엔트로피 과정이다.

37. 다음은 시스템(계)과 경계에 대한 설명이다. 옳은 내용을 모두 고른 것은?

⑦ 검사하기 위하여 선택한 물질의 양이나 공간 내의 영역을 시스템(계)이라 한다.
④ 밀폐계는 일정한 양의 체적으로 구성된다.
④ 고립계의 경계를 통한 에너지 출입은 불가능하다.
④ 경계는 두께가 없으므로 체적을 차지하지 않는다.

① ⑦, ④   ② ④, ④
③ ⑦, ④, ④   ④ ⑦, ④, ④, ④

38. 용기 안에 있는 유체의 초기 내부에너지는 700 kJ이다. 냉각 과정 동안 250 kJ의 열을 잃고, 용기 내에 설치된 회전날개로 유체에 100 kJ의 일을 한다. 최종 상태의 유체의 내부에너지(kJ)는 얼마인가?

① 350   ② 450   ③ 550   ④ 650

[해설] $Q = (U_2 - U_1) + W$ [kJ]

$U_2 - U_1 = Q - W = -250 - (-100) = -150$
$\therefore U_2 = U_1 - 150 = 700 - 150 = 550$ kJ

39. 보일러에 온도 40℃, 엔탈피 167

kJ/kg인 물이 공급되어 온도 350℃, 엔탈피 3115 kJ/kg인 수증기가 발생한다. 입구와 출구에서의 유속은 각각 5 m/s, 50 m/s이고 공급되는 물의 양이 2000 kg/h일 때 보일러에 공급해야 할 열량 (kW)은 얼마인가? (단, 위치에너지 변화는 무시한다.)

① 631　② 832　③ 1237　④ 1638

해설 보일러에 공급해야 할 열량

$$= m\Delta h + m\Delta KE$$
$$= \frac{2000 \times (3115 - 167)}{3600}$$
$$+ \frac{2000}{3600} \times \frac{50^2 - 5^2}{2} \times 10^{-3}$$
$$\fallingdotseq 1638.46 \, \text{kW}$$

40. 다음 그림과 같은 공기 표준 브레이튼 (Brayton) 사이클에서 작동유체 1 kg당 터빈 일(kJ/kg)은 얼마인가? (단, $T_1 = $ 300 K, $T_2 = $ 475.1 K, $T_3 = $ 1100 K, $T_4 = $ 694.5 K이고, 공기의 정압비열과 정적비열은 각각 1.0035 kJ/kg·K, 0.7165 kJ/kg·K이다.)

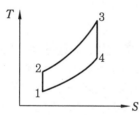

① 290　② 407　③ 448　④ 627

해설 $w_t = h_3 - h_4 = C_p(T_3 - T_4)$
$= 1.0035 \times (1100 - 694.5) = 407 \, \text{kJ/kg}$

제3과목　　　**기계유체역학**

41. 모세관을 이용한 점도계에서 원형관 내의 유동은 비압축성 뉴턴 유체의 층류

유동으로 가정할 수 있다. 원형관의 입구 측과 출구 측의 압력차를 2배로 늘렸을 때, 동일한 유체의 유량은 몇 배가 되는가?

① 2배　　　　② 4배
③ 8배　　　　④ 16배

해설 모세관을 이용한 점도계에서 원형관 내의 유동은 비압축성 뉴턴 유체의 층류 유동으로 가정하여 하겐-푸아죄유 법칙을 이용하여 점도를 측정한다.

점성계수$(\mu) = \dfrac{\Delta P \pi d^4}{128 QL}$ [Pa·s]

따라서 압력강하$(\Delta P) = \dfrac{128 \mu QL}{\pi d^4}$ [Pa]에서 $\Delta P \propto Q$ 이므로 2배가 된다.

42. 지름이 10 cm인 원통에 물이 담겨져 있다. 수직인 중심축에 대하여 300 rpm의 속도로 원통을 회전시킬 때 수면의 최고점과 최저점의 수직 높이차는 약 몇 cm인가?

① 0.126　　　　② 4.2
③ 8.4　　　　④ 12.6

해설 $\omega = \dfrac{2\pi N}{60} = \dfrac{2\pi \times 300}{60} = 31.42 \, \text{rad/s}$

$\therefore h = \dfrac{r^2 \omega^2}{2g} = \dfrac{0.05^2 \times 31.42^2}{2 \times 9.8}$
$\fallingdotseq 0.126 \, \text{m} = 12.6 \, \text{cm}$

43. 그림과 같이 비중이 1.3인 유체 위에 깊이 1.1 m로 물이 채워져 있을 때 직경 5 cm의 탱크 출구로 나오는 유체의 평균 속도는 약 몇 m/s인가? (단, 탱크의 크기는 충분히 크고 마찰손실은 무시한다.)

---

① 3.9　② 5.1　③ 7.2　④ 7.7

[해설] $P = \gamma_w h = 9800 \times 1.1 = 10780$ Pa

$P = \gamma' h_e$ [Pa]

$\therefore$ 등가깊이$(h_e) = \dfrac{P}{\gamma}$

$= \dfrac{10780}{9800 \times 1.3} = 0.846$ m

$H = h_e + 0.5 = 0.846 + 0.5 = 1.346$ m

$\therefore V = \sqrt{2gH} = \sqrt{2 \times 9.8 \times 1.346}$

$\fallingdotseq 5.14$ m/s

44. 다음 유체역학적 양 중 질량 차원을 포함하지 않는 양은 어느 것인가? (단, MLT 기본 차원을 기준으로 한다.)

① 압력　　　　　　② 동점성계수

③ 모멘트　　　　　④ 점성계수

[해설] 동점성계수의 단위는 $\mathrm{m^2/s}$이므로 차원 $L^2 T^{-1}$로 질량 차원(M)을 포함하지 않는 양이다.

① 압력(P)

$= FL^{-2} = (MLT^{-2})L^{-2} = ML^{-1}T^{-2}$

③ 모멘트(M)

$= FL = (MLT^{-2})L^{-2} = ML^2 T^{-2}$

④ 점성계수(μ)

$= FTL^{-2} = (MLT^{-2})TL^{-2} = ML^{-1}T^{-1}$

45. 그림과 같이 오일이 흐르는 수평관 사이로 두 지점의 압력차 $p_1 - p_2$를 측정하기 위하여 오리피스와 수은을 넣어 U자관을 설치하였다. $p_1 - p_2$로 옳은 것은? (단, 오일의 비중량은 γ_{oil}이며, 수은의 비중량은 γ_{Hg}이다.)

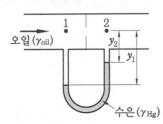

① $(y_1 - y_2)(\gamma_{\mathrm{Hg}} - \gamma_{\mathrm{oil}})$

② $y_2(\gamma_{\mathrm{Hg}} - \gamma_{\mathrm{oil}})$

③ $y_1(\gamma_{\mathrm{Hg}} - \gamma_{\mathrm{oil}})$

④ $(y_1 - y_2)(\gamma_{\mathrm{oil}} - \gamma_{\mathrm{Hg}})$

[해설] $p_1 - p_2 = h(\gamma_{\mathrm{Hg}} - \gamma_{\mathrm{oil}})$

$= (y_1 - y_2)(\gamma_{\mathrm{Hg}} - \gamma_{\mathrm{oil}})$ [kPa]

46. 속도 퍼텐셜 $\phi = K\theta$인 와류 유동이 있다. 중심에서 반지름 r인 원주에 따른 순환(circulation)식으로 옳은 것은? (단, K는 상수이다.)

① 0　　　　　　　② K

③ πK　　　　　　④ $2\pi K$

[해설] 임의의 공간곡선에 따른 순환(Γ)은 그 곡선을 경계에 갖고 임의의 공간곡선 순환에 수직인 와도 성분(w_n)을 면적 적분한것과 같다. 소용돌이 없는 흐름에 있어서 폐곡선을 일주할 때 속도 퍼텐셜$(\phi = K\theta)$의 변화와 같다.

$\therefore$ 순환$(\Gamma) = 2\pi K$

※ 비회전유동(소용돌이 없는 흐름) 시 순환은 0이다.

47. 그림과 같이 평행한 두 원판 사이에 점성계수 $\mu = 0.2\,\mathrm{N \cdot s/m^2}$인 유체가 채워져 있다. 아래 판은 정지되어 있고 위 판은 1800 rpm으로 회전할 때 작용하는 돌림힘은 몇 N인가?

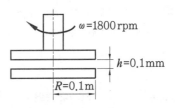

① 9.4　　　　　　② 38.3

③ 46.3　　　　　　④ 59.2

[해설] 미소회전토크$(dT) = r\tau dA$

$$= r\mu\frac{r\omega}{h}2\pi r dr$$

여기서, $\tau = \mu\frac{r\omega}{h}$ [Pa]

$$\therefore\ T = 2\pi\mu\frac{\omega}{h}\int_0^R r^3 dr$$

$$= 2\pi\mu\frac{\omega}{h}\left[\frac{r^4}{4}\right]_0^R = \frac{\pi}{2}\mu\frac{\omega R^4}{h}$$

$$= \frac{\pi}{2}\times0.2\times\frac{1}{0.1\times10^{-3}}\times\frac{2\pi\times1800}{60}\times0.1^4$$

$$\fallingdotseq 59.2\,\text{N}\cdot\text{m}$$

48. 피에조미터관에 대한 설명으로 틀린 것은?

① 계기유체가 필요 없다.

② U자관에 비해 구조가 단순하다.

③ 기체의 압력 측정에 사용할 수 있다.

④ 대기압 이상의 압력 측정에 사용할 수 있다.

해설 피에조미터관은 압력 측정용 액주계로 용기 속의 유체는 기체가 아닌 액체이어야 한다.

49. 밀도가 0.84 kg/m³이고 압력이 87.6 kPa인 이상기체가 있다. 이 이상기체의 절대온도를 2배 증가시킬 때 이 기체에서의 음속은 약 몇 m/s인가? (단, 비열비는 1.4이다.)

① 380 　　　　② 340

③ 540 　　　　④ 720

해설 $T = \dfrac{P}{\rho R} = \dfrac{87.6\times10^3}{0.84\times287} = 363\,\text{K}$

$$\therefore\ C = \sqrt{\frac{kP}{\rho}} = \sqrt{kR(2T)}$$

$$= \sqrt{1.4\times287\times2\times363} = 540\,\text{m/s}$$

50. 평판 위에 점성, 비압축성 유체가 흐르고 있다. 경계층 두께 δ에 대하여 유체의 속도 u의 분포는 아래와 같다. 이때 경계층 운동량 두께에 대한 식으로 옳은 것은? (단, U는 상류속도, y는 평판과의 수직거리이다.)

- $0 \le y \le \delta$: $\dfrac{u}{U} = \dfrac{2y}{\delta} - \left(\dfrac{y}{\delta}\right)^2$
- $y > \delta$: $u = U$
---

① 0.1δ 　　　② 0.125δ

③ 0.133δ 　　④ 0.166δ

해설 $\delta_m = \dfrac{1}{\rho U_0^2}\displaystyle\int_0^\delta \rho U(U_\infty - U)dy$

$$= \int_0^\delta \frac{U}{U_\infty}\left(1 - \frac{U}{U_\infty}\right)dy$$

51. 그림과 같이 폭이 2 m인 수문 ABC가 A점에서 힌지로 연결되어 있다. 그림과 같이 수문이 고정될 때 수평인 케이블 CD에 걸리는 장력은 약 몇 kN인가? (단, 수문의 무게는 무시한다.)

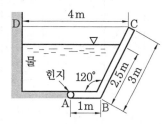

① 38.3 　　　② 35.4

③ 25.2 　　　④ 22.9

52. 지름 100 mm 관에 글리세린이 9.42 L/min의 유량으로 흐른다. 이 유동은? (단, 글리세린의 비중은 1.26, 점성계수는 $\mu = 2.9\times10^{-4}$ kg/m·s이다.)

① 난류 유동

② 층류 유동

③ 천이 유동

④ 경계층 유동

[해설] $Q = AV \, [\mathrm{m^3/s}]$에서

$$V = \frac{Q}{A} = \frac{Q}{\dfrac{\pi d^2}{4}} = \frac{4Q}{\pi d^2} = \frac{4 \times \dfrac{9.42 \times 10^{-3}}{60}}{\pi \times 0.1^2}$$

$$= 0.02 \, \mathrm{m/s}$$

$$\therefore \; Re = \frac{\rho V d}{\mu}$$

$$= \frac{(1000 \times 1.26) \times 0.02 \times 0.1}{2.9 \times 10^{-4}}$$

$$= 8690 > 4000 \text{이므로 난류 유동}$$

53. 그림과 같이 날카로운 사각 모서리 입 출구를 갖는 관로에서 전수두 H는? (단, 관의 길이를 l, 지름은 d, 관 마찰계수는 f, 속도수두는 $\dfrac{V^2}{2g}$이고, 입구 손실계수는 0.5, 출구 손실계수는 1.0이다.)

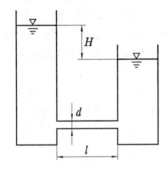

① $H = \left(1.5 + f\dfrac{l}{d}\right)\dfrac{V^2}{2g}$

② $H = \left(1 + f\dfrac{l}{d}\right)\dfrac{V^2}{2g}$

③ $H = \left(0.5 + f\dfrac{l}{d}\right)\dfrac{V^2}{2g}$

④ $H = f\dfrac{l}{d}\dfrac{V^2}{2g}$

[해설] $H = \left(1.5 + f\dfrac{l}{d}\right)\dfrac{V^2}{2g} \, [\mathrm{m}]$

54. 현의 길이가 7 m인 날개의 속력이

500 km/h로 비행할 때 이 날개가 받는 양력이 4200 kN이라고 하면 날개의 폭은 약 몇 m인가? (단, 양력계수 $C_L = 1$, 항력계수 $C_D = 0.02$, 밀도 $\rho = 1.2 \, \mathrm{kg/m^3}$이다.)

① 51.84   ② 63.17

③ 70.99   ④ 82.36

[해설] $V = 500 \, \mathrm{km/h} = \dfrac{500}{3.6} \, \mathrm{m/s} = 138.89 \, \mathrm{m/s}$

$$L = C_L \frac{\rho A V^2}{2} = C_L \frac{\rho b l V^2}{2} \, [\mathrm{N}]$$

$$\therefore \; b = \frac{2L}{C_L \rho l V^2} = \frac{2 \times 4200 \times 10^3}{1 \times 1.2 \times 7 \times 138.89^2}$$

$$\fallingdotseq 51.84 \, \mathrm{m}$$

55. 그림과 같이 물이 유량 Q로 저수조로 들어가고, 속도 $V = \sqrt{2gh}$로 저수조 바닥에 있는 면적 A_2의 구멍을 통하여 나간다. 저수조의 수면 높이가 변화하는 속도 $\dfrac{dh}{dt}$는?

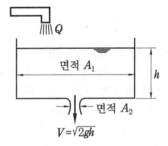

① $\dfrac{Q}{A_2}$ ② $\dfrac{A_2 \sqrt{2gh}}{A_1}$

③ $\dfrac{Q - A_2 \sqrt{2gh}}{A_2}$ ④ $\dfrac{Q - A_2 \sqrt{2gh}}{A_1}$

[해설] $V = \dfrac{dh}{dt} = \dfrac{Q - A_2 \sqrt{2gh}}{A_1} \, [\mathrm{m/s}]$

56. 그림과 같이 속도가 V인 유체가 속도 U로 움직이는 곡면에 부딪혀 90°의 각

도로 유동 방향이 바뀐다. 다음 중 유체가 곡면에 가하는 힘의 수평방향 성분의 크기가 가장 큰 것은? (단, 유체의 유동 단면적은 일정하다.)

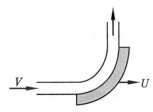

① $V = 10 \text{ m/s}, \quad U = 5 \text{ m/s}$

② $V = 20 \text{ m/s}, \quad U = 15 \text{ m/s}$

③ $V = 10 \text{ m/s}, \quad U = 4 \text{ m/s}$

④ $V = 25 \text{ m/s}, \quad U = 20 \text{ m/s}$

[해설] $F = \rho A (V - U)^2 (1 - \cos\theta) [\text{N}]$이므로 동일 조건에서는 곡면에 대한 분류의 상대속도$(V - U)$가 큰 값이 수평방향에 가해지는 힘이 크다.

57. 담배 연기가 비정상 유동으로 흐를 때 순간적으로 눈에 보이는 담배 연기는 다음 중 어떤 것에 해당하는가?

① 유맥선

② 유적선

③ 유선

④ 유선, 유적선, 유맥선 모두에 해당됨

[해설] 유맥선(strek line)은 모든 유체 입자의 순간 궤적이다.

58. 중력 가속도 g, 체적유량 Q, 길이 L로 얻을 수 있는 무차원수는?

① $\dfrac{Q}{\sqrt{gL}}$

② $\dfrac{Q}{\sqrt{gL^3}}$

③ $\dfrac{Q}{\sqrt{gL^5}}$

④ $Q\sqrt{gL^3}$

[해설] $\Pi = \dfrac{Q}{\sqrt{gL^5}} = \dfrac{\text{m}^3/\text{s}}{(\text{m/s}^2 \times \text{m}^5)^{\frac{1}{2}}}$

$= \dfrac{\text{m}^3/\text{s}}{(\text{m}^6/\text{s}^2)^{\frac{1}{2}}} = 1$

59. 길이 150 m인 배를 길이 10 m 모형으로 조파 저항에 관한 실험을 하고자 한다. 실형의 배가 70 km/h로 움직인다면 실형과 모형 사이의 역학적 상사를 만족하기 위한 모형의 속도는 몇 km/h인가?

① 271   ② 56   ③ 18   ④ 10

[해설] 조파 저항은 프루드 수(Froude number)를 만족시켜야 하므로 $(Fr)_p = (Fr)_m$

$\left(\dfrac{V}{\sqrt{lg}}\right)_p = \left(\dfrac{V}{\sqrt{lg}}\right)_m$

$g_p \cong g_m$

$\therefore V_m = V_p \sqrt{\dfrac{l_m}{l_p}} = 70 \times \sqrt{\dfrac{10}{150}}$

$= 18.07 \text{ km/h}$

60. 관로의 전 손실수두가 10 m인 펌프로부터 21 m 지하에 있는 물을 지상 25 m의 송출 액면에 10 m³/min의 유량으로 수송할 때 축동력이 124.5 kW이다. 이 펌프의 효율은 약 얼마인가?

① 0.70   ② 0.73

③ 0.76   ④ 0.80

[해설] $\eta_p = \dfrac{L_w}{L_s} = \dfrac{9.8 QH}{L_s}$

$= \dfrac{9.8 \times \dfrac{10}{60} \times (10 + 21 + 25)}{124.5}$

$\fallingdotseq 0.73 (= 73\%)$

제4과목   **기계재료 및 유압기기**

61. 배빗 메탈(babbit metel)에 관한 설명으로 옳은 것은?

① Sn – Sb – Cu계 합금으로서 베어링 재료로 사용된다.

② Cu – Ni – Si계 합금으로서 도전율이 좋으므로 강력 도전 재료로 이용된다.

③ Zn – Cu – Ti계 합금으로서 강도가 현저히 개선된 경화형 합금이다.

④ Al – Cu – Mg계 합금으로서 상온시효 처리하여 기계적 성질을 개선시킨 합금이다.

[해설] 배빗 메탈은 주석(Sn)을 주성분으로 하여 구리, 납, 안티몬을 첨가한 합금으로 화이트 메탈이라고도 하며, 미끄럼용 베어링으로 사용된다.

62. 고용체 합금의 시효경화를 위한 조건으로서 옳은 것은?

① 급랭에 의해 제2상의 석출이 잘 이루어져야 한다.

② 고용체의 용해도 한계가 온도가 낮아짐에 따라 증가해야만 한다.

③ 기지상은 단단하여야 하며, 석출물은 연한 상이어야 한다.

④ 최대 강도 및 경도를 얻기 위해서는 기지 조직과 정합 상태를 이루어야만 한다.

63. 고Mn강(hadfield steel)에 대한 설명으로 옳은 것은?

① 고온에서 서랭하면 M_3C가 석출하여 취약해진다.

② 소성 변형 중 가공경화성이 없으며, 인장강도가 낮다.

③ 1200℃ 부근에서 급랭하여 마텐자이트 단상으로 하는 수인법을 이용한다.

④ 열전도성이 좋고 팽창계수가 작아 열변형을 일으키지 않는다.

[해설] 고망간강(10~14%)은 하드필드강, 수인강, 오스테나이트 망간강이라고도 하며, 내마멸용으로 광산 기계, 기차 레일의 교차점에 사용된다.

64. 플라스틱 재료의 일반적인 특징으로 옳은 것은?

① 내구성이 매우 좋다.

② 완충성이 매우 낮다.

③ 자기 윤활성이 거의 없다.

④ 복합화에 의한 재질의 개량이 가능하다.

[해설] 플라스틱은 완충성이 크고, 성형성이 우수하며 자기 윤활성이 풍부하다.

65. 현미경 조직 검사를 실시하기 위한 철강용 부식제로 옳은 것은?

① 왕수

② 질산 용액

③ 나이탈 용액

④ 염화제2철 용액

[해설] 나이탈 용액은 질산 2~5%를 함유한 알코올 용액으로 주로 철강 재료의 미세 조직을 관찰할 때 현미경용 부식액으로 쓰인다.

66. 상온의 금속(Fe)을 가열하였을 때 체심입방격자에서 면심입방격자로 변하는 점은?

① A_0 변태점   ② A_2 변태점

③ A_3 변태점   ④ A_4 변태점

[해설] (1) A_3 변태점(910℃) : α-Fe(체심입방격자) → γ-Fe(면심입방격자)

(2) A_4 변태점(1400℃) : γ-Fe(면심입방격자) → δ-Fe(체심입방격자)

67. 스테인리스강을 조직에 따라 분류할 때의 기준 조직이 아닌 것은?

① 페라이트계

정답 62. ④   63. ①   64. ④   65. ③   66. ③   67. ③

② 마텐자이트계

③ 시멘타이트계

④ 오스테나이트계

[해설] 스테인리스강의 분류

   (1) 13Cr계 : 마텐자이트계

   (2) 18Cr계 : 페라이트계

   (3) 18Cr-8Ni계 : 오스테나이트계

68. 담금질한 공석강의 냉각 곡선에서 시편을 20℃의 물속에 넣었을 때 ㉮와 같은 곡선을 나타낼 때의 조직은?

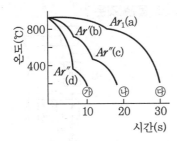

① 펄라이트

② 오스테나이트

③ 마텐자이트

④ 베이나이트+펄라이트

69. 다음 중 항온 열처리 방법에 해당하는 것은?

① 뜨임(tempering)

② 어닐링(annealing)

③ 마퀜칭(marquenching)

④ 노멀라이징(normalizing)

[해설] (1) 일반 열처리 방법 : 뜨임(템퍼링), 어닐링(풀림), 노멀라이징(불림), 퀜칭(담금질) 등

   (2) 항온 열처리 방법 : 마퀜칭, 마템퍼링, 오스포밍 등

70. 고강도 합금으로서 항공기용 재료에

사용되는 것은?

① 베릴륨 동

② naval brass

③ 알루미늄 청동

④ Extra Super Duralumin

[해설] ① 베릴륨 동 : 시효경화성이 있고, 내식성, 내피로성도 우수하다.

   ② 알루미늄 청동 : 기계적 성질, 내식성, 내마멸성 등이 우수하다.

   ③ 네이벌 황동(naval brass) : 6-4 황동에 주석(Sn) 1%를 첨가한 합금으로 인장강도, 내해수성이 양호하여 선박용 갑판에 이용된다.

   ④ 초초두랄루민(ESD) : Al-Cu-Mg-Mn-Zn-Cr계 고강도 합금으로 항공기 재료에 사용된다.

71. 유체 토크 컨버터의 주요 구성 요소가 아닌 것은?

① 펌프   ② 터빈

③ 스테이터   ④ 릴리프 밸브

[해설] 유체 토크 컨버터는 토크를 변환하여 동력을 전달하는 장치로 펌프 임펠러, 스테이터, 터빈 러너로 구성되어 있다.

72. 미터 아웃 회로에 대한 설명으로 틀린 것은?

① 피스톤 속도를 제어하는 회로이다.

② 유량 제어 밸브를 실린더의 입구 측에 설치한 회로이다.

③ 기본형은 부하변동이 심한 공작기계의 이송에 사용된다.

④ 실린더에 배압이 걸리므로 끌어당기는 하중이 작용해도 자주할 염려가 없다.

[해설] 미터 아웃 회로(meter out circuit)는 유량 제어 밸브를 실린더의 출구 측에 설치한 회로이다.

73. 압력 제어 밸브의 종류가 아닌 것은?

① 체크 밸브
② 감압 밸브
③ 릴리프 밸브
④ 카운터 밸런스 밸브

해설 체크 밸브(check valve)는 방향 제어 밸브의 대표적인 밸브로 유체를 한쪽 방향으로만 흐르게 하고, 반대 쪽은 차단시켜 주는 역류 방지용 밸브이다.

74. 유압유의 구비 조건으로 적절하지 않은 것은?

① 압축성이어야 한다.
② 점도 지수가 커야 한다.
③ 열을 방출시킬 수 있어야 한다.
④ 기름 중의 공기를 분리시킬 수 있어야 한다.

해설 유압유(작동유)는 비압축성 유체이어야 한다.

75. 유압 장치의 특징으로 적절하지 않은 것은?

① 원격 제어가 가능하다.
② 소형 장치로 큰 출력을 얻을 수 있다.
③ 먼지나 이물질에 의한 고장의 우려가 없다.
④ 오일에 기포가 섞여 작동이 불량할 수 있다.

해설 유압 장치는 먼지나 이물질에 의한 고장의 우려가 크다.

76. 유압 실린더 취급 및 설계 시 주의사항으로 적절하지 않은 것은?

① 적당한 위치에 공기구멍을 장치한다.
② 쿠션 장치인 쿠션 밸브는 감속범위의 조정용으로 사용한다.

③ 쿠션 장치인 쿠션링은 헤드 엔드축에 흐르는 오일을 촉진한다.
④ 원칙적으로 더스트 와이퍼를 연결해야 한다.

해설 유압 실린더의 쿠션 장치는 유압 실린더의 피스톤이 고속으로 후진할 때 발생하는 관성 에너지를 유체의 저항력, 즉 열에너지로 흡수함으로써 초과압력에 의한 누유 발생 위험을 제거한다.

77. 그림의 유압 회로도에서 ①의 밸브 명칭으로 옳은 것은?

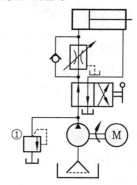

① 스톱 밸브
② 릴리프 밸브
③ 무부하 밸브
④ 카운터 밸런스 밸브

78. 펌프에 대한 설명으로 틀린 것은?

① 피스톤 펌프는 피스톤을 경사판, 캠, 크랭크 등에 의해서 왕복 운동시켜 액체를 흡입 쪽에서 토출 쪽으로 밀어내는 형식의 펌프이다.
② 레이디얼 피스톤 펌프는 피스톤의 왕복 운동 방향이 구동축에 거의 직각인 피스톤 펌프이다.
③ 기어 펌프는 케이싱 내에 물리는 2개 이상의 기어에 의해 액체를 흡입 쪽에

정답 73. ① 74. ① 75. ③ 76. ③ 77. ② 78. ④

서 토출 쪽으로 밀어내는 형식의 펌프
이다.

④ 터보 펌프는 덮개차를 케이싱 외에 회
전시켜 액체로부터 운동에너지를 뺏어
액체를 토출하는 형식의 펌프이다.

79. 채터링 현상에 대한 설명으로 적절하
지 않은 것은?

① 소음을 수반한다.

② 일종의 자려 진동 현상이다.

③ 감압 밸브, 릴리프 밸브 등에서 발생
한다.

④ 압력, 속도 변화에 의한 것이 아닌
스프링의 강성에 의한 것이다.

해설 채터링 현상 : 감압 밸브, 체크 밸브, 릴
리프 밸브 등에서 밸브 시트를 두드려 높은
소음을 내는 자려 진동 현상

80. 그림과 같은 유압 기호의 명칭은?

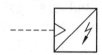

① 경음기

② 소음기

③ 리밋 스위치

④ 아날로그 변환기

제5과목 **기계제작법 및 기계동력학**

81. 국제단위체계(SI)에서 1 N에 대한 설
명으로 맞는 것은?

① 1 g의 질량에 $1\,m/s^2$의 가속도를 주는
힘이다.

② 1 g의 질량에 1 m/s의 속도를 주는 힘
이다.

③ 1 kg의 질량에 $1\,m/s^2$의 가속도를 주
는 힘이다.

④ 1 kg의 질량에 1 m/s의 속도를 주는
힘이다.

해설 $1\,N = 1\,kg \times 1\,m/s^2\,(F = ma)$

82. 30°로 기울어진 표면에 질량 50 kg인
블록이 질량 m인 추와 그림과 같이 연결
되어 있다. 경사 표면과 블록 사이의 마
찰계수가 0.5일 때 이 블록을 경사면으
로 끌어올리기 위한 추의 최소 질량은 약
몇 kg인가?

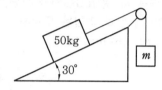

① 36.5 　　　　② 41.8

③ 46.7 　　　　④ 54.2

해설 $m_1 g\sin\theta + \mu m_1 g\cos\theta = mg$

$m_1 \sin\theta + \mu m_1 \cos\theta = m$

$50 \times \sin 30° + 0.5 \times 50 \times \cos 30° = m$

∴ $m ≒ 46.7\,kg$

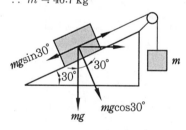

83. 그림과 같이 질량이 동일한 두 개의 구
슬 A, B가 있다. 초기에 A의 속도는 v이
고 B는 정지되어 있다. 충돌 후 A와 B의
속도에 관한 설명으로 옳은 것은?(단, 두
구슬 사이의 반발계수는 1이다.)

$$A \xrightarrow{\;v\;} B$$

① A와 B 모두 정지한다.

② A와 B 모두 v의 속도를 가진다.

③ A와 B 모두 $\dfrac{v}{2}$의 속도를 가진다.

④ A는 정지하고 B는 v의 속도를 가진다.

[해설] 반발계수(e)=1이면 충돌 전 상대속도의 크기와 충돌 후 상대속도의 크기가 같다.

84. 그림과 같이 질량이 10 kg인 봉의 끝단이 홈을 따라 움직이는 블록 A, B에 구속되어 있다. 초기에 $\theta = 0°$에서 정지하여 있다가 블록 B에 수평력 $P = 50$ N이 작용하여 $\theta = 45°$가 되는 순간의 봉의 각속도는 약 몇 rad/s인가? (단, 블록 A와 B의 질량과 마찰은 무시하고, 중력가속도 $g = 9.81$ m/s²이다.)

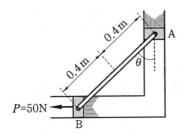

① 3.11 ② 4.11

③ 5.11 ④ 6.11

[해설] (1) 운동 에너지 T_2

$$= \frac{1}{2}mV_{G2}^2 + \frac{1}{2}I_G W_2^2$$

$$= \frac{1}{2} \times 10 V_{G2}^2 + \frac{1}{2} \times \left(\frac{1}{12} \times 10 \times 0.8^2 \right) W_2^2$$

$$= 5V_{G2}^2 + 0.267 W_2^2$$

(2) 순간 중심의 원리 적용 : A는 아래로, B는 왼쪽으로 움직인다.

$$V_{G2} = r_G W_2 = 0.4 \times \tan 45° W_2 = 0.4 W_2$$

$$\therefore \ T_2 = 5 \times (0.4 W_2)^2 + 0.267 W_2^2$$

$$= 1.067 W_2^2$$

(3) 일과 에너지의 원리 적용 : 봉의 질량 중심은 아랫방향으로 수직하게

$$\Delta y = (0.4 - 0.4 \times \cos 45°)m \ \text{만큼 이동하}$$

고, 수평력의 작용점은 좌측 방향으로 $S = (0.8 \times \sin 45°)m$만큼 이동하였다.

$$T_1 + \Sigma U_{1 \rightarrow 2} = T_2$$

$$T_1 + (W\Delta y + Ps) = T_2$$

$$0 + 98.1 \times (0.4 - 0.4 \times \cos 45°)$$

$$+ 50 \times (0.8 \times \sin 45°) = 1.067 W_2^2$$

$$\therefore \ W_2 = 6.11 \, \text{rad/s}(\downarrow)$$

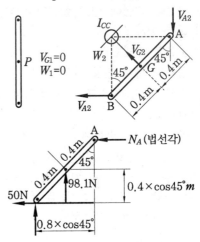

85. 그림과 같이 최초 정지 상태에 있는 바퀴에 줄이 감겨 있다. 힘을 가하여 줄의 가속도(a) $= 4t$[m/s²]일 때 바퀴의 각속도(ω)를 시간의 함수로 나타내면 몇 rad/s인가?

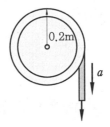

① $8t^2$ ② $9t^2$

③ $10t^2$ ④ $11t^2$

[해설] $a = \dfrac{dv}{dt}$ [m/s²]

$$v = \int_0^t a \, dt = \int_0^t (4t) \, dt = 2t^2 \, [\text{m/s}^2]$$

$$v = r\omega$$

$$\therefore \; \omega = \frac{v}{r} = \frac{2t^2}{0.2} = 10t^2 [\text{rad/s}]$$

86. 스프링상수가 20 N/cm와 30 N/cm인 두 개의 스프링을 직렬로 연결했을 때 등가스프링 상수 값은 몇 N/cm인가?

① 10　　② 12　　③ 25　　④ 50

해설
$$k_{eq} = \frac{1}{\dfrac{1}{k_1} + \dfrac{1}{k_2}} = \frac{k_1 k_2}{k_1 + k_2}$$
$$= \frac{20 \times 30}{20 + 30} = 12\,\text{N/cm}$$

87. 엔진(질량 m)의 진동이 공장 바닥에 직접 전달될 때 바닥에는 힘이 $F_0 \sin\omega t$로 전달된다. 이때 전달되는 힘을 감소시키기 위해 엔진과 바닥 사이에 스프링(스프링상수 k)과 댐퍼(감쇠계수 c)를 달았다. 이를 위해 진동계의 고유진동수(ω_n)와 외력의 진동수(ω)는 어떤 관계를 가져야 하는가?(단, $\omega_n = \sqrt{\dfrac{k}{m}}$이고, t는 시간을 의미한다.)

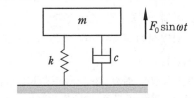

① $\omega_n < \omega$ 　　② $\omega_n > 2\omega$

③ $\omega_n < \dfrac{\omega}{\sqrt{2}}$ 　　④ $\omega_n > \dfrac{\omega}{\sqrt{2}}$

해설 전달되는 힘을 감소시키기 위해 진동수

비$(\gamma) = \dfrac{\omega}{\omega_n} > \sqrt{2}$ 이어야 한다.

$$\therefore \; \frac{\omega}{\sqrt{2}} > \omega_n$$

88. 90 km/h의 속력으로 달리던 자동차

가 100 m 전방의 장애물을 발견한 후 제동을 하여 장애물 바로 앞에 정지하기 위해 필요한 제동력의 크기는 몇 N인가?(단, 자동차의 질량은 1000 kg이다.)

① 3125　　② 6250
③ 40500　　④ 81000

해설 제동일$(\mu FS) = $운동에너지$\left(\dfrac{mV^2}{2}\right)$

$$\therefore \; F = \frac{mV^2}{2\mu S} = \frac{1000 \times \left(\dfrac{90}{3.6}\right)^2}{2 \times 1 \times 100} = 3125\,\text{N}$$

89. 다음 중 계의 고유진동수에 영향을 미치지 않는 것은?

① 계의 초기 조건
② 진동 물체의 질량
③ 계의 스프링 계수
④ 계를 형성하는 재료의 탄성계수

해설 고유진동수$(f_n) = \dfrac{1}{2\pi}\sqrt{\dfrac{k}{m}}$ [Hz]

90. 그림과 같이 질량이 m인 물체가 탄성 스프링으로 지지되어 있다. 초기 위치에서 자유낙하를 시작하고, 초기 스프링의 변형량이 0일 때, 스프링의 최대 변형량(x)은?(단, 스프링의 질량은 무시하고, 스프링상수는 k, 중력가속도는 g이다.)

① $\dfrac{mg}{k}$ 　　② $\dfrac{2mg}{k}$

③ $\sqrt{\dfrac{mg}{k}}$ 　　④ $\sqrt{\dfrac{2mg}{k}}$

91. 쇼트 피닝(shot peening)에 대한 설명으로 틀린 것은?

① 쇼트 피닝은 얇은 공작물일수록 효과가 크다.

② 가공물 표면에 작은 해머와 같은 작용을 하는 형태로 일종의 열간 가공법이다.

③ 가공물 표면에 가공 경화된 잔류 압축응력층이 형성된다.

④ 반복하중에 대한 피로파괴에 큰 저항을 갖고 있기 때문에 각종 스프링에 널리 이용된다.

해설 쇼트 피닝은 금속 재료의 표면에 강이나 주철의 작은 입자들을 고속으로 분사시켜 가공 경화층을 만드는 방법으로 스프링, 축, 핀 등에 적용하며 피로한도를 현저하게 향상시킨다.

92. 오스테나이트 조직을 굳은 조직인 베이나이트로 변환시키는 항온 변태 열처리법은?

① 서브제로　　　　② 마템퍼링

③ 오스포밍　　　　④ 오스템퍼링

해설 오스템퍼링은 오스테나이트에서 베이나이트로 완전한 항온 변태가 일어날 때까지 특정 온도로 유지 후 공기 중에서 냉각, 베이나이트 조직을 얻는다. 뜨임이 필요 없고, 담금 균열과 변형이 없다.

93. 전기 도금의 반대 현상으로 가공물을 양극, 전기저항이 적은 구리, 아연을 음극에 연결한 후 용액에 침지하고 통전하여 금속 표면의 미소 돌기 부분을 용해하여 거울면과 같이 광택이 있는 면을 가공할 수 있는 특수 가공은?

① 방전 가공　　　　② 전주 가공

③ 전해 연마　　　　④ 슈퍼 피니싱

94. 주철과 같은 강하고 깨지기 쉬운 재료 (메진 재료)를 지속으로 절삭할 때 생기는 칩의 형태는?

① 균열형 칩　　　　② 유동형 칩

③ 열단형 칩　　　　④ 전단형 칩

해설 균열형 칩은 메진 재료(주철 등)에 작은 절삭각으로 저속 절삭할 때에 나타난다.

95. 두께 50 mm의 연강판을 압연 롤러에 통과시켜 40 mm가 되었을 때 압하율은 몇 %인가?

① 10　　　　② 15

③ 20　　　　④ 25

해설 $\phi = \dfrac{H_0 - H_1}{H_0} \times 100\%$

$= \dfrac{50 - 40}{50} \times 100\% = 20\%$

96. 다음 중 용접의 일반적인 장점으로 틀린 것은?

① 품질 검사가 쉽고 잔류응력이 발생하지 않는다.

② 재료가 절약되고 중량이 가벼워진다.

③ 작업 공정수가 감소한다.

④ 기밀성이 우수하며 이음 효율이 향상된다.

해설 용접은 품질 검사가 곤란하고 높은 온도로 인한 잔류응력이 발생한다.

97. 프레스 가공에서 전단 가공의 종류가 아닌 것은?

① 블랭킹　　　　② 트리밍

③ 스웨이징　　　　④ 셰이빙

해설 전단 가공의 종류에는 펀칭, 블랭킹, 전단, 분단, 노칭, 트리밍, 셰이빙, 피어싱 등이 있으며, 스웨이징은 압축 가공에 해당한다.

---

98. 주물사에서 가스 및 공기에 해당하는 기체가 통과하여 빠져나가는 성질은 어느 것인가?

① 보온성 ② 반복성

③ 내구성 ④ 통기성

99. 선반 가공에서 지름 60 mm, 길이 100 mm의 탄소강 재료 환봉을 초경 바이트로 사용하여 1회 절삭 시 가공시간은 약 몇 초인가? (단 절삭깊이 1.55 mm, 절삭속도 150 m/mim, 이송은 0.2 mm/rev 이다.)

① 38 ② 42

③ 48 ④ 52

해설 $V = \dfrac{\pi dN}{1000}$ [m/min]

$N = \dfrac{1000\,V}{\pi d} = \dfrac{1000 \times 150}{\pi \times 60} = 796\ \text{rpm}$

$\therefore\ T = \dfrac{L}{NS} = \dfrac{100}{796 \times 0.2}$

$\fallingdotseq 0.63\,\text{min} \fallingdotseq 38\,\text{s}$

100. 침탄법에 비해서 경화층은 얇으나 경도가 크고 담금질이 필요 없으며 내식성 및 내마모성이 커서 고온에도 변화되지 않지만 처리시간이 길고 생산비가 많이 드는 표면 경화법은?

① 마퀜칭 ② 질화법

③ 화염 경화법 ④ 고주파 경화법

해설 침탄법과 질화법의 비교

(1) 침탄법
  • 경도가 낮다.
  • 열처리가 필요하다.
  • 변형이 생긴다.
  • 수정이 가능하다.
  • 침탄층이 단단하다.

(2) 질화법
  • 경도가 크고 취성이 있다.
  • 열처리가 불필요하다.
  • 변형이 적다.
  • 수정이 불가능하다.
  • 질화층이 여리다.

※ 경화층의 두께는 침탄법이 질화법보다 깊다.

일반기계기사

제1과목 **재료역학**

1. 다음 구조물에 하중 $P = 1$ kN이 작용할 때 연결핀에 걸리는 전단응력은 약 얼마인가? (단, 연결핀의 지름은 5 mm이다.)

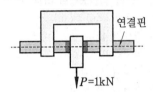

연결핀

$P = 1$kN

① 25.46 kPa
② 50.92 kPa
③ 25.46 MPa
④ 50.92 MPa

[해설] $\tau = \dfrac{P}{2A} = \dfrac{1000}{2 \times \dfrac{\pi}{4} \times 5^2} = 25.46$ MPa

2. 100 rpm으로 30 kW를 전달시키는 길이 1 m, 지름 7 cm인 둥근 축단의 비틀림각은 약 몇 rad인가? (단, 전단탄성계수는 83 GPa이다.)

① 0.26
② 0.30
③ 0.015
④ 0.009

[해설] $T = 9.55 \times 10^6 \dfrac{kW}{N} [\text{N} \cdot \text{mm}]$

$= 9.55 \times 10^6 \times \dfrac{30}{100}$

$= 2865000$ N · mm

$\therefore \theta = \dfrac{TL}{GI_P} = \dfrac{TL}{G\dfrac{\pi d^4}{32}} = \dfrac{32TL}{G\pi d^4}$

$= \dfrac{32 \times 2865000 \times 1000}{83 \times 10^3 \times \pi \times 70^4} \fallingdotseq 0.015$ rad

3. 길이가 5 m이고 직경이 0.1 m인 양단 고정보 중앙에 200 N의 집중하중이 작용할 경우 보의 중앙에서의 처짐은 약 몇

m 인가? (단, 보의 세로탄성계수는 200 GPa이다.)

① 2.36×10^{-5}
② 1.33×10^{-4}
③ 4.58×10^{-4}
④ 1.06×10^{-3}

[해설] $\sigma_{\max} = \dfrac{PL^3}{192EI}$

$= \dfrac{200 \times 5000^3}{192 \times 200 \times 10^3 \times \dfrac{\pi \times 100^4}{64}}$

$= 0.1326$ mm $\fallingdotseq 1.33 \times 10^{-4}$ m

4. 그림과 같이 800 N의 힘이 브래킷의 A에 작용하고 있다. 이 힘의 점 B에 대한 모멘트는 약 몇 N · m인가?

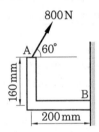

800 N

A 60°

160 mm

B

200 mm

① 160.6
② 202.6
③ 238.6
④ 253.6

[해설] $M_B = 800 \times \cos 60° \times 0.16$

$+ 800 \times \sin 60° \times 0.2 \fallingdotseq 202.6$ N · m

5. 길이 10 m, 단면적 2 cm^{2}인 철봉을 100℃에서 그림과 같이 양단을 고정했다. 이 봉의 온도가 20℃로 되었을 때 인장력은 약 몇 kN인가? (단, 세로탄성계수는 200 GPa, 선팽창계수 $\alpha = 0.000012$ /℃이다.)

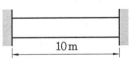

10 m

정답 1. ③ 2. ③ 3. ② 4. ② 5. ③

① 19.2 ② 25.5

③ 38.4 ④ 48.5

해설 $P = \sigma A = EA\alpha \Delta t$

$= 200 \times 10^6 \times 2 \times 10^{-4} \times 0.000012 \times 80$

$= 38.4 \, \text{kN}$

6. 다음 그림과 같이 외팔보의 끝에 집중 하중 P가 작용할 때 자유단에서의 처짐 각 θ는? (단, 보의 굽힘 강성 EI는 일정 하다.)

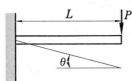

① $\dfrac{PL^2}{2EI}$ ② $\dfrac{PL^3}{6EI}$

③ $\dfrac{PL^2}{8EI}$ ④ $\dfrac{PL^2}{12EI}$

해설 $\theta_{\max} = \dfrac{A_M}{EI} = \dfrac{\frac{1}{2}PL^2}{EI} = \dfrac{PL^2}{2EI} \, [\text{rad}]$

※ $\delta_{\max} = \sigma_{\max} \overline{x} = \dfrac{A_M \overline{x}}{EI}$

$= \dfrac{PL^2}{2EI} \times \dfrac{2L}{3} = \dfrac{PL^3}{3EI} \, [\text{m}]$

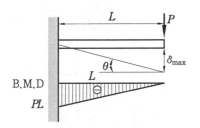

B.M.D

PL

7. 비틀림모멘트 $2 \, \text{kN} \cdot \text{m}$가 지름 50 mm 인 축에 작용하고 있다. 축의 길이가 2 m 일 때 축의 비틀림각은 약 몇 rad인가? (단, 축의 전단탄성계수는 85 GPa이다.)

① 0.019 ② 0.028

③ 0.054 ④ 0.077

해설 $\theta = \dfrac{TL}{GI_P} = \dfrac{32\,TL}{G\pi d^4}$

$= \dfrac{32 \times 2 \times 2}{85 \times 10^6 \times \pi \times 0.05^4} \fallingdotseq 0.077 \, \text{rad}$

8. 다음 외팔보가 균일 분포하중을 받을 때, 굽힘에 의한 탄성 변형 에너지는? (단, 굽힘 강성 EI는 일정하다.)

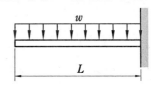

① $U = \dfrac{w^2 L^5}{20EI}$ ② $U = \dfrac{w^2 L^5}{30EI}$

③ $U = \dfrac{w^2 L^5}{40EI}$ ④ $U = \dfrac{w^2 L^5}{50EI}$

해설 $U = \dfrac{1}{2EI} \displaystyle\int_0^L M_x^2 \, dx$

$= \dfrac{1}{2EI} \displaystyle\int_0^L \left(-\dfrac{wx^2}{2} \right)^2 dx$

$= \dfrac{w^2}{8EI} \displaystyle\int_0^L x^4 \, dx = \dfrac{w^2}{8EI} \left[\dfrac{x^5}{5} \right]_0^L$

$= \dfrac{w^2 L^5}{40EI} \, [\text{kJ}]$

9. 판 두께 3 mm를 사용하여 내압 20 kN/cm^2를 받을 수 있는 구형(spherical) 내압 용기를 만들려고 할 때 이 용기의 최대 안전내경 d를 구하면 몇 cm인가? (단, 이 재료의 허용 인장응력을 $\sigma_w = 800 \, \text{kN/cm}^2$로 한다.)

① 24 ② 48 ③ 72 ④ 96

해설 $\sigma_a = \dfrac{Pd}{4t} \, [\text{kN/cm}^2]$

$\therefore \; d = \dfrac{4\sigma_a t}{P} = \dfrac{4 \times 800 \times 0.3}{20} = 48 \, \text{cm}$

10. 다음과 같은 평면응력 상태에서 최대

정답 6. ① 7. ④ 8. ③ 9. ② 10. ③

주응력 σ_1은?

$$\sigma_x = \tau,\ \sigma_y = 0,\ \tau_{xy} = -\tau$$

① 1.414τ ② 1.80τ

③ 1.618τ ④ 2.828τ

[해설] $\sigma_{max}(=\sigma_1)$

$$= \frac{1}{2}(\sigma_x + \sigma_y) + \frac{1}{2}\sqrt{(\sigma_x - \sigma_y)^2 + 4\tau_{xy}^2}$$

$$= \frac{1}{2}(\sigma_x + \sigma_y) + \sqrt{\left(\frac{\sigma_x - \sigma_y}{2}\right)^2 + \tau_{xy}^2}$$

$$= \frac{1}{2}(\tau_x + 0) + \sqrt{\left(\frac{\tau}{2}\right)^2 + (-\tau)^2}$$

$$= 1.618\tau$$

11. 다음 그림과 같은 돌출보에서 $w = $ 120 kN/m의 등분포 하중이 작용할 때 중앙 부분에서의 최대 굽힘응력은 약 몇 MPa 인가? (단, 단면은 표준 I형 보로 높이 $h = 60$ cm이고, 단면 2차 모멘트 $I = 98200$ cm⁴이다.)

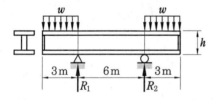

① 125   ② 165

③ 185   ④ 195

[해설] $M_{max} = (wL_1)\dfrac{L_1}{2} = \dfrac{wL_1^2}{2} = \dfrac{120 \times 3^2}{2}$

$$= 540\,kN \cdot m = 540 \times 10^6 N \cdot mm$$

$$\therefore\ \sigma = \frac{M_{max}}{Z} = \frac{M_{max}\,y}{I}$$

$$= \frac{540 \times 10^6 \times \dfrac{600}{2}}{98200 \times 10^4} \fallingdotseq 165\,MPa$$

12. 다음 그림과 같은 부채꼴의 도심 (centroid)의 위치 $\overline{x}$ 는?

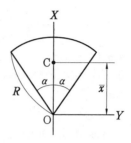

① $\overline{x} = \dfrac{2}{3}R$ ② $\overline{x} = \dfrac{3}{4}R$

③ $\overline{x} = \dfrac{3}{4}R\sin\alpha$ ④ $\overline{x} = \dfrac{2R}{3\alpha}\sin\alpha$

[해설] $G_y = \displaystyle\int_A x\,dA = A\overline{x}$

$$= \alpha R^2\left(\frac{2R}{3\alpha}\sin\alpha\right) = \frac{2}{3}R^3\sin\alpha\,[cm^3]$$

$$\therefore\ \overline{x} = \frac{G_y}{A} = \frac{\dfrac{2}{3}R^3\sin\alpha}{\alpha R^2} = \frac{2R}{3\alpha}\sin\alpha\,[cm]$$

13. 그림과 같은 단주에서 편심 거리 e에 압축하중 $P = 80$ kN이 작용할 때 단면에 인장응력이 생기지 않기 위한 e의 한계는 몇 cm인가? (단, G는 편심 하중이 작용하는 단주 끝단의 평면상 위치를 의미한다.)

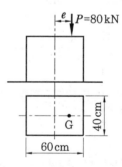

① 8   ② 10   ③ 12   ④ 14

[해설] $e = \dfrac{Z}{A} = \dfrac{\dfrac{bh^2}{6}}{bh}$

$$= \frac{h}{6} = \frac{60}{6} = 10\,cm$$

14. 그림과 같이 균일 단면을 가진 단순보에 균일 하중 w[kN/m]이 작용할 때, 이 보의 탄성 곡선식은? (단, 보의 굽힘 강성 EI는 일정하고, 자중은 무시한다.)

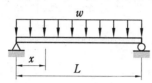

① $y = \dfrac{wx}{24EI}(L^3 - 2Lx^2 + x^3)$

② $y = \dfrac{w}{24EI}(L^3 - Lx^2 + x^3)$

③ $y = \dfrac{w}{24EI}(L^3 x - Lx^2 + x^3)$

④ $y = \dfrac{wx}{24EI}(L^3 - 2x^2 + x^3)$

[해설] $M_x = \dfrac{wLx}{2} - \dfrac{wx^2}{2}$

$EI\dfrac{d^2 y}{dx^2} = \dfrac{wx^2}{2} - \dfrac{wLx}{2}$

$EI\dfrac{dy}{dx} = \dfrac{wx^3}{6} - \dfrac{wLx^2}{4} + C_1$

$EIy = \dfrac{wx^4}{24} - \dfrac{wLx^3}{12} + C_1 x + C_2$

$\quad = \dfrac{wx^4}{24} - \dfrac{wLx^3}{12} + \dfrac{wL^3 x}{24}$

$\therefore y = \dfrac{wx}{24EI}(L^3 - 2Lx^2 + x^3)$

※ $x = 0$, $y = 0$; $C_2 = 0$

$\quad x = L$, $y = 0$; $C_1 = \dfrac{wL^3}{24}$

15. 길이 3 m, 단면의 지름 3 cm인 균일 단면의 알루미늄 봉이 있다. 이 봉에 인장하중 20 kN이 걸리면 봉은 약 몇 cm 늘어나는가? (단, 세로탄성계수는 72 GPa 이다.)

① 0.118   ② 0.239

③ 1.18   ④ 2.39

[해설] $\lambda = \dfrac{PL}{AE} = \dfrac{20 \times 3}{\dfrac{\pi}{4} \times 0.03^2 \times 72 \times 10^6}$

$\quad \fallingdotseq 0.001178 \text{ m} \fallingdotseq 0.118 \text{ cm}$

16. 지름 70 mm인 환봉에 20 MPa의 최대 전단응력이 생겼을 때 비틀림 모멘트는 약 몇 kN · m인가?

① 4.50   ② 3.60

③ 2.70   ④ 1.35

[해설] $T = \tau Z_P = \tau \dfrac{\pi d^3}{16}$

$\quad = 20 \times 10^3 \times \dfrac{\pi \times 0.07^3}{16}$

$\quad \fallingdotseq 1.35 \text{ kN} \cdot \text{m} (= \text{kJ})$

17. 다음과 같이 스팬(span) 중앙에 힌지(hinge)를 가진 보의 최대 굽힘모멘트는 얼마인가?

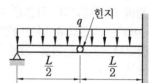

① $\dfrac{qL^2}{4}$ ② $\dfrac{qL^2}{6}$

③ $\dfrac{qL^2}{8}$ ④ $\dfrac{qL^2}{12}$

[해설] $M_{\max} = \dfrac{qL}{4} \times \dfrac{L}{2} + \dfrac{qL}{2} \times \dfrac{L}{4}$

$\quad = \dfrac{qL^2}{8} + \dfrac{qL^2}{8} = \dfrac{qL^2}{4} [\text{N/m}]$

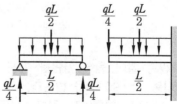

18. 다음 그림과 같은 단순 지지보에 모멘

트(M)와 균일 분포하중(w)이 작용할 때, A점의 반력은 ?

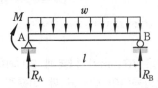

① $\dfrac{wl}{2} - \dfrac{M}{l}$ 　　② $\dfrac{wl}{2} - M$

③ $\dfrac{wl}{2} + M$ 　　④ $\dfrac{wl}{2} + \dfrac{M}{l}$

[해설] $\Sigma M_B = 0$

$$M + R_A l - wl\frac{l}{2} = 0$$

$$R_A l = \frac{wl^2}{2} - M$$

$$\therefore \ R_A = \frac{wl}{2} - \frac{M}{l} \, [\text{N}]$$

19. 0.4 m×0.4 m인 정사각형 ABCD를 아래 그림에 나타내었다. 하중을 가한 후의 변형 상태는 점선으로 나타내었다. 이때 A 지점에서 전단 변형률 성분의 평균값(γ_{xy})는 ?

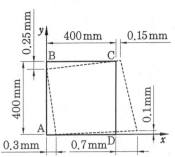

① 0.001 　　② 0.000625

③ -0.0005 　　④ -0.000625

20. 그림과 같이 원형 단면을 가진 보가 인장하중 $P = 90$ kN을 받는다. 이 보는 강(steel)으로 이루어져 있고, 세로탄성계수는 210 GPa이며 푸아송비 $\mu = \dfrac{1}{3}$ 이

다. 이 보의 체적 변화 ΔV는 약 몇 mm³인가 ? (단, 보의 직경 $d = 30$ mm, 길이 $L = 5$ m이다.)

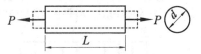

① 114.28 　　② 314.28

③ 514.28 　　④ 714.28

[해설] $\Delta V = V\varepsilon(1-2\mu) = AL\dfrac{\sigma}{E}(1-2\mu)$

$$= AL\frac{P}{AE}(1-2\mu) = \frac{PL}{E}(1-2\mu)$$

$$= \frac{90 \times 10^3 \times 5000}{210 \times 10^3} \times \left(1 - 2 \times \frac{1}{3}\right)$$

$$= 714.28 \text{ mm}^3$$

제2과목　　　**기계열역학**

21. 다음은 오토(Otto) 사이클의 온도－엔트로피(T-S) 선도이다. 이 사이클의 열효율을 온도를 이용하여 나타낼 때 옳은 것은 ? (단, 공기의 비열은 일정한 것으로 본다.)

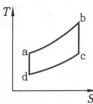

① $1 - \dfrac{T_c - T_d}{T_b - T_a}$ 　　② $1 - \dfrac{T_b - T_a}{T_c - T_d}$

③ $1 - \dfrac{T_a - T_d}{T_b - T_c}$ 　　④ $1 - \dfrac{T_b - T_c}{T_a - T_d}$

[해설] $\eta_{tho} = 1 - \dfrac{Q_2}{Q_1} = 1 - \dfrac{T_c - T_d}{T_b - T_a}$

여기서, Q_1(공급열량) $= mC_v(T_b - T_a)$

Q_2(방출열량) $= mC_v(T_c - T_d)$

22. 강도성 상태량(intensive property)이 아닌 것은?

① 온도

② 내부에너지

③ 밀도

④ 압력

[해설] 강도성 상태량은 물질의 양과는 관계 없는 상태량으로 온도, 압력, 밀도(비질 량), 비체적 등이 있고 내부에너지는 물질 의 양에 비례하는 상태량으로 종량성 상태 량(extensive property)이다.

23. 고온열원(T_1)과 저온열원(T_2) 사이에 서 작동하는 역카르노 사이클에 의한 열 펌프(heat pump)의 성능계수는?

① $\dfrac{T_1 - T_2}{T_1}$

② $\dfrac{T_2}{T_1 - T_2}$

③ $\dfrac{T_1}{T_1 - T_2}$

④ $\dfrac{T_1 - T_2}{T_2}$

[해설] 열펌프의 성능(성적)계수 $(COP)_{HP}$

$$= \frac{Q_1}{Q_1 - Q_2} = \frac{T_1}{T_1 - T_2} = (COP)_R + 1$$

[참고] 냉동기의 성능계수 $(COP)_R$

$$= \frac{Q_2}{Q_1 - Q_2} = \frac{T_2}{T_1 - T_2} = (COP)_{HP} - 1$$

24. 다음 중 냉매가 갖추어야 할 요건으로 틀린 것은?

① 증발온도에서 높은 잠열을 가져야 한다.

② 열전도율이 커야 한다.

③ 표면장력이 커야 한다.

④ 불활성이고 안전하며 비가연성이어야 한다.

[해설] 냉매는 표면장력(surface tension)이 작 아야 한다.

25. 100℃의 구리 10 kg을 20℃의 물 2 kg 이 들어 있는 단열 용기에 넣었다. 물과 구리 사이의 열전달을 통한 평형온도는

약 몇 ℃인가? (단, 구리의 비열은 0.45 kJ/kg · K, 물의 비열은 4.2 kJ/kg · K 이다.)

① 48

② 54

③ 60

④ 68

[해설] 열역학 제0법칙=열평형의 법칙

고온체 방열량=저온체 흡열량

$$m_1 C_1 (t_1 - t_m) = m_2 C_2 (t_m - t_2)$$

∴ 평균온도$(t_m) = \dfrac{m_1 C_1 t_1 + m_2 C_2 t_2}{m_1 C_1 + m_2 C_2}$

$$= \frac{10 \times 0.45 \times 100 + 2 \times 4.2 \times 20}{10 \times 0.45 + 2 \times 4.2} ≒ 48℃$$

26. 이상기체 2 kg이 압력 98 kPa, 온도 25℃ 상태에서 체적이 0.5 m³였다면 이 이상기체의 기체상수는 약 몇 J/kg · K 인가?

① 79

② 82

③ 97

④ 102

[해설] $PV = mRT$

$$∴ R = \frac{PV}{mT} = \frac{98 \times 10^3 \times 0.5}{2 \times (25 + 273)} = 82.21$$

$$= 82.21 \, \text{J/kg} \cdot \text{K}$$

27. 다음 중 슈테판-볼츠만의 법칙과 관 련이 있는 열전달은?

① 대류

② 복사

③ 전도

④ 응축

[해설] 슈테판-볼츠만(Stefan-Boltzmann)의 법칙은 복사 열전달의 법칙으로 복사 열전 달량은 흑체 표면의 절대온도의 4승에 비 례한다는 법칙이다($q_R ∝ T^4$).

28. 어떤 습증기의 엔트로피가 6.78 kJ/kg · K이라고 할 때 이 습증기의 엔탈피는 약 몇 kJ/kg인가? (단, 이 기체의 포화액 및 포화증기의 엔탈피와 엔트로피는 다음 과 같다.)

정답 22. ② 23. ③ 24. ③ 25. ① 26. ② 27. ② 28. ①

구분	포화액	포화증기
엔탈피(kJ/kg)	384	2666
엔트로피(kJ/kg · K)	1.25	7.62

① 2365   ② 2402

③ 2473   ④ 2511

해설 $s_x = s' + x(s'' - s')\,[\text{kJ/kg·K}]$

$$\therefore x = \frac{s_x - s'}{s'' - s'} = \frac{6.78 - 1.25}{7.62 - 1.25} = 0.868$$

$$h_x = h' + x(h'' - h')$$
$$= 384 + 0.868 \times (2666 - 384)$$
$$\fallingdotseq 2365\,\text{kJ/kg}$$

29. 단열된 노즐에 유체가 10 m/s의 속도로 들어와서 200 m/s의 속도로 가속되어 나간다. 출구에서의 엔탈피가 2770 kJ/kg일 때 입구에서의 엔탈피는 약 몇 kJ/kg인가?

① 4370   ② 4210

③ 2850   ④ 2790

해설 단열유동인 경우 노즐 출구의 속도(V_2)
$$= 44.72\sqrt{h_1 - h_2}\,[\text{m/s}]$$이므로

$$h_1 - h_2 = \left(\frac{V_2}{44.72}\right)^2 = \left(\frac{200}{44.72}\right)^2 = 20\,\text{kJ/kg}$$

$\therefore$ 입구에서의 비엔탈피(h_1) $= h_2 + 20$
$$= 2770 + 20 = 2790\,\text{kJ/kg}$$

30. 압력(P)-부피(V) 선도에서 이상기체가 그림과 같은 사이클로 작동한다고 할 때 한 사이클 동안 행한 일은 어떻게 나타내는가?

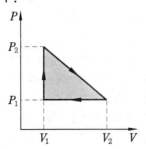

① $\dfrac{(P_2 + P_1)(V_2 + V_1)}{2}$

② $\dfrac{(P_2 - P_1)(V_2 + V_1)}{2}$

③ $\dfrac{(P_2 + P_1)(V_2 - V_1)}{2}$

④ $\dfrac{(P_2 - P_1)(V_2 - V_1)}{2}$

해설 $P-V$ 선도에서 면적은 일량을 의미한다. 따라서 음영 부분(삼각형)의 면적이 한 사이클 동안 행한 일이므로
$$_1W_2 = \frac{(P_2 - P_1)(V_2 - V_1)}{2}\,[\text{kJ}]$$

31. 클라우지우스(Clausius)의 부등식을 옳게 나타낸 것은? (단, T는 절대온도, Q는 시스템으로 공급된 전체 열량을 나타낸다.)

① $\displaystyle\oint T\delta Q \le 0$ ② $\displaystyle\oint T\delta Q \ge 0$

③ $\displaystyle\oint \frac{\delta Q}{T} \le 0$ ④ $\displaystyle\oint \frac{\delta Q}{T} \ge 0$

해설 클라우지우스의 부등식은 가역 사이클이면 등호, 비가역 사이클이면 부등호이다.
$$\therefore \oint \frac{\delta Q}{T} \le 0$$

32. 어떤 유체의 밀도가 741 kg/m³이다. 이 유체의 비체적은 약 몇 m³/kg인가?

① 0.78×10^{-3} ② 1.35×10^{-3}

③ 2.35×10^{-3} ④ 2.98×10^{-3}

해설 비체적(v)은 밀도(ρ)의 역수이므로
$$\therefore v = \frac{V}{m} = \frac{1}{\rho} = \frac{1}{741}$$
$$\fallingdotseq 1.35 \times 10^{-3}\,\text{m}^3/\text{kg}$$

33. 어떤 물질에서 기체상수(R)가 0.189 kJ/kg · K, 임계온도가 305 K, 임계압력이 7380 kPa이다. 이 기체의 압축성 인

자(compressibility factor, Z)가 다음과 같은 관계식을 나타낸다고 할 때 이 물질의 20℃, 1000 kPa 상태에서의 비체적(v)은 약 몇 m³/kg인가 ? (단, P는 압력, T는 절대온도, P_r은 환산압력, T_r은 환산온도를 나타낸다.)

$$Z = \frac{Pv}{RT} = 1 - 0.8\frac{P_r}{T_r}$$

① 0.0111   ② 0.0303

③ 0.0491   ④ 0.0554

[해설] $T_r = \dfrac{T}{T_c} = \dfrac{20 + 273}{305} = 0.961$

$P_r = \dfrac{P}{P_c} = \dfrac{1000}{7380} = 0.136$

$v = \dfrac{ZRT}{P} = \left(1 - 0.8\dfrac{P_r}{T_r}\right)\dfrac{RT}{P}$

$= \left(1 - 0.8 \times \dfrac{0.136}{0.961}\right) \times \dfrac{0.189 \times (20 + 273)}{1000}$

$= 0.0491\,\text{m}^3/\text{kg}$

34. 전류 25 A, 전압 13 V를 가하여 축전지를 충전하고 있다. 충전하는 동안 축전지로부터 15 W의 열손실이 있다. 축전지의 내부에너지 변화율은 약 몇 W인가 ?

① 310   ② 340

③ 370   ④ 420

[해설] 내부에너지(dU) $= VI -$ 열손실량

$= 13 \times 25 - 15 = 310\,\text{W}$

35. 카르노 사이클로 작동하는 열기관이 1000℃의 열원과 300 K의 대기 사이에서 작동한다. 이 열기관이 사이클당 100 kJ의 일을 할 경우 사이클당 1000℃의 열원으로부터 받은 열량은 약 몇 kJ인가 ?

① 70.0   ② 76.4

③ 130.8   ④ 142.9

[해설] $\eta_c = \dfrac{W_{net}}{Q} = 1 - \dfrac{T_2}{T_1}$

$= 1 - \dfrac{300}{1000 + 273} = 0.764$

$\therefore Q = \dfrac{W_{net}}{\eta_c} = \dfrac{100}{0.764} = 130.8\,\text{kJ}$

36. 이상적인 랭킨 사이클에서 터빈 입구 온도가 350℃이고 75 kPa과 3 MPa의 압력 범위에서 작동한다. 펌프 입구와 출구, 터빈 입구와 출구에서 엔탈피는 각각 384.4 kJ/kg, 387.5 kJ/kg, 3116 kJ/kg, 2403 kJ/kg이다. 펌프일을 고려한 사이클의 열효율과 펌프일을 무시한 사이클의 열효율 차이는 약 몇 %인가 ?

① 0.0011   ② 0.092

③ 0.11   ④ 0.18

[해설] $h_1 = 384.4\,\text{kJ/kg}$, $h_2 = 387.5\,\text{kJ/kg}$

$h_3 = 3116\,\text{kJ/kg}$, $h_4 = 2403\,\text{kJ/kg}$

$\eta_R = \dfrac{w_t - w_p}{q_1} \times 100\%$

$= \dfrac{(h_3 - h_4) - (h_2 - h_1)}{(h_3 - h_2)} \times 100\%$

$= \dfrac{(3116 - 2403) - (387.5 - 384.4)}{(3116 - 387.5)} \times 100\%$

$= 26\%$

펌프일량(w_p) 무시($h_2 \fallingdotseq h_1$)

$\eta_R' = \dfrac{w_t}{q_1'} = \dfrac{h_3 - h_4}{h_3 - h_1} \times 100\%$

$= \dfrac{3116 - 2403}{3116 - 384.4} \times 100\% = 26.1\%$

$\eta_R' - \eta_R = 26.1 - 26 = 0.1\%$

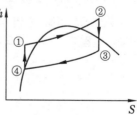

37. 기체가 0.3 MPa로 일정한 압력하에 8 m³에서 4 m³까지 마찰 없이 압축되면

서 동시에 500 kJ의 열을 외부로 방출하였다면, 내부에너지의 변화는 약 몇 kJ인가?

① 700   ② 1700

③ 1200   ④ 1400

[해설] $_1W_2 = \int_1^2 PdV = P(V_2 - V_1)$

$= 0.3 \times 10^3 \times (4-8) = -1200 \, \text{kJ}$

$Q_2 = (U_2 - U_1) + {_1W_2} \, [\text{kJ}]$

$\therefore U_2 - U_1 = Q_2 - {_1W_2}$

$= -500 - (-1200) = 700 \, \text{kJ}$

38. 이상적인 교축 과정(throttling process)을 해석하는 데 있어서 다음 설명 중 옳지 않은 것은?

① 엔트로피는 증가한다.

② 엔탈피의 변화가 없다고 본다.

③ 정압과정으로 간주한다.

④ 냉동기의 팽창 밸브의 이론적인 해석에 적용될 수 있다.

[해설] 이상적인 교축 과정은 비가역 과정으로 엔트로피 증가, 등엔탈피 과정이다. 교축이란 냉동기 팽창 밸브에서 압력을 강하 $(P_1 > P_2)$시키는 데 적용되며, 실제 기체 (냉매)에서는 교축 팽창 시 온도도 강하한다 $(T_1 > T_2)$.

39. 이상기체로 작동하는 어떤 기관의 압축비가 17이다. 압축 전의 압력 및 온도는 112 kPa, 25℃이고 압축 후의 압력은 4350 kPa이었다. 압축 후의 온도는 약 몇 ℃인가?

① 53.7   ② 180.2

③ 236.4   ④ 407.8

[해설] $P_1 V_1^k = P_2 V_2^k$에서 $\dfrac{P_2}{P_1} = \left(\dfrac{V_1}{V_2}\right)^k$

양변에 ln을 취하면

$\ln \dfrac{P_2}{P_1} = k \ln \dfrac{V_1}{V_2} = k \ln \varepsilon$이므로

$k = \dfrac{\ln \dfrac{P_2}{P_1}}{\ln \dfrac{V_1}{V_2}} = \dfrac{\ln \dfrac{4350}{112}}{\ln \varepsilon} = \dfrac{\ln \dfrac{4350}{112}}{\ln 17} = 1.2916$

$\dfrac{T_2}{T_1} = \left(\dfrac{V_1}{V_2}\right)^{k-1}$ 이므로

$\therefore T_2 = T_1 \left(\dfrac{V_1}{V_2}\right)^{k-1} = T_1 \varepsilon^{k-1}$

$= 298 \times 17^{1.2916-1} = 680.79 \, \text{K}$

$\fallingdotseq (680.79 - 273)℃ \fallingdotseq 407.8℃$

40. 압력이 0.2 MPa, 온도가 20℃의 공기를 압력이 2 MPa로 될 때까지 가역단열 압축했을 때 온도는 약 몇 ℃인가? (단, 공기는 비열비가 1.4인 이상기체로 간주한다.)

① 225.7   ② 273.7

③ 292.7   ④ 358.7

[해설] $\dfrac{T_2}{T_1} = \left(\dfrac{P_2}{P_1}\right)^{\frac{k-1}{k}}$ 에서

$T_2 = T_1 \left(\dfrac{P_2}{P_1}\right)^{\frac{k-1}{k}} = 293 \times \left(\dfrac{2}{0.2}\right)^{\frac{1.4-1}{1.4}}$

$= 565.69 \, \text{K} \fallingdotseq (565.69 - 273)℃ \fallingdotseq 292.7℃$

제3과목   **기계유체역학**

41. 낙차가 100 m인 수력발전소에서 유량이 5 m³/s이면 수력 터빈에서 발생하는 동력(MW)은 얼마인가? (단, 유도관의 마찰손실은 10 m이고, 터빈의 효율은 80 %이다.)

① 3.53   ② 3.92

③ 4.41   ④ 5.52

[해설] 동력$= \gamma_w Q H_e \eta = \gamma_w Q (H_t - H_l) \eta$

$= 9.8 \times 5 \times (100-10) \times 0.8$

$= 3528 \, \text{kW} \fallingdotseq 3.53 \, \text{MW}$

42. 어떤 물리량 사이의 함수 관계가 다음과 같이 주어졌을 때 독립 무차원수 π항은 몇 개인가? (단, a는 가속도, V는 속도, t는 시간, ν는 동점성계수, L은 길이이다.)

$$F(a, \ V, \ t, \ \nu, \ L) = 0$$

① 1　　　② 2　　　③ 3　　　④ 4

해설 독립 무차원수(π)

　＝물리량(n)－기본차원수(m)

　＝5－2＝3개

43. 그림과 같은 노즐을 통하여 유량 Q만큼의 유체가 대기로 분출될 때 노즐에 미치는 유체의 힘 F는? (단, A_1, A_2는 노즐의 단면 1, 2에서의 단면적이고, ρ는 유체의 밀도이다.)

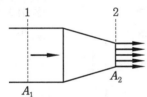

① $F = \dfrac{\rho A_2 Q^2}{2}\left(\dfrac{A_2 - A_1}{A_1 A_2}\right)^2$

② $F = \dfrac{\rho A_2 Q^2}{2}\left(\dfrac{A_2 + A_1}{A_1 A_2}\right)^2$

③ $F = \dfrac{\rho A_1 Q^2}{2}\left(\dfrac{A_2 + A_1}{A_1 A_2}\right)^2$

④ $F = \dfrac{\rho A_1 Q^2}{2}\left(\dfrac{A_1 - A_2}{A_1 A_2}\right)^2$

해설 ① 단면 & ② 단면에 베르누이 방정식을 적용

$$V_1 = \frac{Q}{A_1}, \quad V_2 = \frac{Q}{A_2}$$

$P_1 = \dfrac{\rho}{2}(V_2^2 - V_1^2)$

$\quad = \dfrac{\rho}{2}\left[\left(\dfrac{Q}{A_2}\right)^2 - \left(\dfrac{Q}{A_1}\right)^2\right]$ ·············· ①식

$F = P_1 A_1 + \rho Q(V_1 - V_2)$

$\quad = P_1 A_1 + \rho Q\left(\dfrac{Q}{A_1} - \dfrac{Q}{A_2}\right)$ ·············· ②식

①식을 ②식에 대입하면

$F = \dfrac{\rho Q^2}{2}\left(\dfrac{A_1^2 - A_2^2}{A_1^2 \cdot A_2^2}\right) \cdot A_1 - \rho Q^2\left(\dfrac{A_1 - A_2}{A_1 \cdot A_2}\right)$

$\quad = \dfrac{\rho A_1 \cdot Q^2}{2}\left(\dfrac{A_1^2 - A_2^2}{A_1^2 \cdot A_2^2} - \dfrac{2}{A_1} \cdot \dfrac{A_1 - A_2}{A_1 \cdot A_2}\right)$

$\quad = \dfrac{\rho A_1 \cdot Q^2}{2}\left[\dfrac{(A_1 - A_2)^2}{(A_1 \cdot A_2)^2}\right]$

$\quad = \dfrac{\rho A_1 Q^2}{2}\left(\dfrac{A_1 - A_2}{A_1 A_2}\right)^2$

44. 그림과 같이 원판 수문이 물속에 설치되어 있다. 그림 중 C는 압력의 중심이고, G는 원판의 도심이다. 원판의 지름을 d라 하면 작용점의 위치 η는?

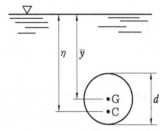

① $\eta = \bar{y} + \dfrac{d^2}{8\bar{y}}$　　② $\eta = \bar{y} + \dfrac{d^2}{16\bar{y}}$

③ $\eta = \bar{y} + \dfrac{d^2}{32\bar{y}}$　　④ $\eta = \bar{y} + \dfrac{d^2}{64\bar{y}}$

해설 $\eta = \bar{y} + \dfrac{I_G}{A\bar{y}} = \bar{y} + \dfrac{\dfrac{\pi d^4}{64}}{\dfrac{\pi d^2}{4}\bar{y}}$

$\quad = \bar{y} + \dfrac{d^2}{16\bar{y}}\,[\text{m}]$

---

45. 체적이 30 m³인 어느 기름의 무게가 247 kN이었다면 비중은 얼마인가? (단, 물의 밀도는 1000 kg/m³이다.)

① 0.80 ② 0.82

③ 0.84 ④ 0.86

해설 $\gamma = \dfrac{W}{V} = \dfrac{247}{30} = 8.23 \text{ kN/m}^3$

$\therefore S = \dfrac{\gamma}{\gamma_w} = \dfrac{8.23}{9.8} \fallingdotseq 0.84$

46. 비압축성 유체가 그림과 같이 단면적 $A(x) = 1 - 0.04x \text{[m}^2]$로 변화하는 통로 내를 정상상태로 흐를 때 P점$(x=0)$에서의 가속도(m/s²)는 얼마인가? (단, P점에서의 속도는 2 m/s, 단면적은 1 m²이며, 각 단면에서 유속은 균일하다고 가정한다.)

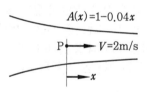

① −0.08 ② 0

③ 0.08 ④ 0.16

47. 수면의 차이가 H인 두 저수지 사이에 지름 d, 길이 l인 관로가 연결되어 있을 때 관로에서의 평균 유속(V)을 나타내는 식은? (단, f는 관마찰계수이고, g는 중력가속도이며, K_1, K_2는 관입구와 출구에서의 부차적 손실계수이다.)

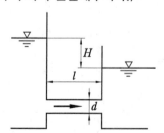

① $V = \sqrt{\dfrac{2gdH}{K_1 + fl + K_2}}$

② $V = \sqrt{\dfrac{2gH}{K_1 + fdl + K_2}}$

③ $V = \sqrt{\dfrac{2gdH}{K_1 + \dfrac{f}{l} + K_2}}$

④ $V = \sqrt{\dfrac{2gH}{K_1 + f\dfrac{l}{d} + K_2}}$

해설 $H = \left(K_1 + f\dfrac{l}{d} + K_2\right)\dfrac{V^2}{2g} \text{[m]}$

$\therefore V = \sqrt{\dfrac{2gH}{K_1 + f\dfrac{l}{d} + K_2}} \text{[m/s]}$

48. 공기의 속도 24 m/s인 풍동 내에서 익현 길이 1 m, 익의 폭 5 m인 날개에 작용하는 양력(N)은 얼마인가? (단, 공기의 밀도는 1.2 kg/m³, 양력계수는 0.455이다.)

① 1572 ② 786

③ 393 ④ 91

해설 $D = C_D \dfrac{\rho A V^2}{2}$

$= 0.455 \times \dfrac{1.2 \times (5 \times 1) \times 24^2}{2} \fallingdotseq 786.24 \text{ N}$

49. (x, y) 평면에서의 유동함수(정상, 비압축성 유동)가 다음과 같이 정의된다면 $x = 4$ m, $y = 6$ m의 위치에서의 속도(m/s)는 얼마인가?

$$\psi = 3x^2 y - y^3$$

① 156 ② 92

③ 52 ④ 38

해설 $U = -\dfrac{\partial \psi}{\partial y}, \quad V = \dfrac{\partial \psi}{\partial x}$

$\partial \psi = -Udy = Vdx$

$$\therefore \ \overrightarrow{V} = \frac{\partial \psi}{\partial y} = 3x^2 + 3y^2$$
$$= 3 \times 4^2 + 3 \times 6^2 = 156 \text{ m/s}$$

50. 유체의 정의를 가장 올바르게 나타낸 것은?

① 아무리 작은 전단응력에도 저항할 수 없어 연속적으로 변형하는 물질

② 탄성계수가 0을 초과하는 물질

③ 수직응력을 가해도 물체가 변하지 않는 물질

④ 전단응력이 가해질 때 일정한 양의 변형이 유지되는 물질

해설 유체(fluid)란 아무리 작은 전단응력에도 저항할 수 없어 연속적으로 변형하는 물질(정지 상태로 있을 수 없는 물질)이다.

51. 밀도 1.6 kg/m³인 기체가 흐르는 관에 설치한 피토 정압관(pitot−static tube)의 두 단자 간 압력차가 4 cmH₂O이었다면 기체의 속도(m/s)는 얼마인가?

① 7 ② 14 ③ 22 ④ 28

해설 $V = \sqrt{2gh\left(\dfrac{\rho_w}{\rho} - 1\right)}$

$= \sqrt{2 \times 9.8 \times 0.04\left(\dfrac{1000}{1.6} - 1\right)} = 22 \text{ m/s}$

52. 3.6 m³/min을 양수하는 펌프의 송출구의 안지름이 23 cm일 때 평균 유속(m/s)은 얼마인가?

① 0.96 ② 1.20
③ 1.32 ④ 1.44

해설 $Q = AV [\text{m}^3/\text{s}]$

$\therefore \ V = \dfrac{Q}{A} = \dfrac{Q}{\dfrac{\pi d^2}{4}} = \dfrac{4Q}{\pi d^2} = \dfrac{4 \times \dfrac{3.6}{60}}{\pi \times 0.23^2}$

$= 1.44 \text{ m/s}$

53. 국소 대기압이 1 atm이라고 할 때, 다음 중 가장 높은 압력은?

① 0.13 atm(gage pressure)

② 115 kPa(absolute pressure)

③ 1.1 atm(absolute pressure)

④ 11 mH₂O(absolute pressure)

해설 1 kPa=0.01 atm, 1 mH₂O=0.1 atm
② 115 kPa=1.15 atm
④ 11 mH₂O=1.1 atm

54. 그림과 같은 두 개의 고정된 평판 사이에 얇은 판이 있다. 얇은 판 상부에는 점성계수가 0.05 N·s/m²인 유체가 있고 하부에는 점성계수가 0.1 N·s/m²인 유체가 있다. 이 판을 일정 속도 0.5 m/s로 끌 때, 끄는 힘이 최소가 되는 거리 y는?(단, 고정 평판 사이의 폭은 h[m], 평판들 사이의 속도분포는 선형이라고 가정한다.)

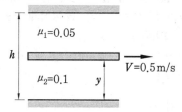

① 0.293 h ② 0.482 h
③ 0.586 h ④ 0.879 h

해설 F=윗면이 받는 전단력+아랫면이 받는 전단력$= \mu A\left(\dfrac{V}{h-y}\right) + 2\mu A \dfrac{V}{y}$

$= \mu A V\left(\dfrac{1}{h-y} + \dfrac{2}{y}\right)$

F를 최소로 하는 것은

$\dfrac{dF}{dy} = \mu A V\left[\dfrac{1}{(h-y)^2} - \dfrac{2}{y^2}\right] = 0$

평판의 면적을 A, 아랫면으로부터 y인 위치에서 평판을 끄는 데 힘이 최소가 되는 거리 y는 $y^2 - 4hy + 2h^2 = 0$

$\therefore \ y = (2 - \sqrt{2})h = 0.586h \text{ [m]}$

55. 수평 원관 속에 정상류의 층류 흐름이 있을 때 전단응력에 대한 설명으로 옳은 것은?

① 단면 전체에서 일정하다.

② 벽면에서 0이고 관 중심까지 선형적으로 증가한다.

③ 관 중심에서 0이고 반지름 방향으로 선형적으로 증가한다.

④ 관 중심에서 0이고 반지름 방향으로 중심으로부터 거리의 제곱에 비례하여 증가한다.

[해설] 수평 원관 속에 정상류 층류 유동 시 전단응력(τ)은 관의 중심에서 0이고 반지름 방향으로 선형적(직선적)으로 증가한다 (벽면에서 최대).

56. 직경 1 cm인 원형관 내의 물의 유동에 대한 천이 레이놀즈수는 2300이다. 천이가 일어날 때 물의 평균 유속(m/s)은 얼마인가? (단, 물의 동점성계수는 10^{-6} m²/s이다.)

① 0.23 　　　　② 0.46

③ 2.3 　　　　④ 4.6

[해설] $Re_c = \dfrac{Vd}{\nu}$

$$\therefore V = \frac{Re_c \nu}{d} = \frac{2300 \times 10^{-6}}{0.01} = 0.23 \,\text{m/s}$$

57. 프란틀의 혼합거리(mixing length)에 대한 설명으로 옳은 것은?

① 전단응력과 무관하다.

② 벽에서 0이다.

③ 항상 일정하다.

④ 층류 유동 문제를 계산하는 데 유용하다.

[해설] $l = ky \,[\text{m}]$

$l \propto y$ (벽면에서 수직거리 y에 비례한다.)

$\therefore y = 0$일 때 벽에서 $l = 0$이다.

58. 그림과 같이 유리관 A, B 부분의 안지름은 각각 30 cm, 10 cm이다. 이 관에 물을 흐르게 하였더니 A에 세운 관에는 물이 60 cm, B에 세운 관에는 물이 30 cm 올라갔다. A와 B 각 부분에서 물의 속도(m/s)는?

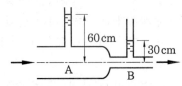

① $V_A = 2.73$, $V_B = 24.5$

② $V_A = 2.44$, $V_B = 22.0$

③ $V_A = 0.542$, $V_B = 4.88$

④ $V_A = 0.271$, $V_B = 2.44$

[해설] $\dfrac{P_A}{\gamma} + \dfrac{V_A^2}{2g} = \dfrac{P_B}{\gamma} + \dfrac{V_B^2}{2g}$

$$\frac{P_A - P_B}{\gamma} = \frac{V_B^2 - V_A^2}{2g} = 0.6 - 0.3 = 0.3 \,\text{m}$$

$$A_A V_A = A_B V_B$$

$$V_A = V_B \left(\frac{A_B}{A_A}\right) = V_B \left(\frac{d_B}{d_A}\right)^2$$

$$= V_B \times \left(\frac{10}{30}\right)^2 = \frac{1}{9} V_B$$

$$\frac{(9V_A)^2 - V_A^2}{2g} = \frac{80 V_A^2}{2g} = 0.3$$

$$\therefore V_A = \sqrt{\frac{2 \times 9.8 \times 0.3}{80}} = 0.271 \,\text{m/s}$$

$$V_B = 9V_A = 9 \times 0.271 \fallingdotseq 2.44 \,\text{m/s}$$

59. 해수의 비중은 1.025이다. 바닷물 속 10 m 깊이에서 작업하는 해녀가 받는 계기압력(kPa)은 약 얼마인가?

① 94.4 　　　　② 100.5

③ 105.6 　　　　④ 112.7

[해설] $P = \gamma' h = \gamma_w S h$

$$= 9.8 \times 1.025 \times 10 \fallingdotseq 100.5 \, \text{kPa}$$

60. 어떤 물리적인 계(system)에서 물리량 F가 물리량 A, B, C, D의 함수 관계가 있다고 할 때 차원 해석을 한 결과 두 개의 무차원수 $\dfrac{F}{AB^2}$와 $\dfrac{B}{CD^2}$를 구할 수 있었다. 그리고 모형실험을 하여 $A = 1$, $B = 1$, $C = 1$, $C = 1$일 때 $F = F_1$을 구할 수 있었다. 여기서 $A = 2$, $B = 4$, $C = 1$, $D = 2$인 원형의 F는 어떤 값을 가지는가? (단, 모든 값들은 SI 단위를 가진다.)

① F_1

② $16F_1$

③ $32F_1$

④ 위의 자료만으로는 예측할 수 없다.

해설 $\dfrac{F}{F_1} = \dfrac{AB^3}{CD^2} = \dfrac{2 \times 4^3}{1 \times 2^2} = 32$

$\therefore F = 32F_1$

제4과목 **기계재료 및 유압기기**

61. 다음의 강종 중 탄소의 함유량이 가장 많은 것은?

① SM25C ② SKH51

③ STC105 ④ STD11

해설 탄소의 함유량
① SM25C : 0.22~0.28 %
② SKH51 : 0.80~0.88 %
③ STC105 : 1.00~1.10 %
④ STD11 : 1.40~1.60 %

62. 다음 중 피로한도에 대한 설명으로 옳은 것은?

① 지름이 크면 피로한도는 커진다.

② 노치가 있는 시험편의 피로한도는 크다.

③ 표면이 거친 것이 고운 것보다 피로한도가 커진다.

④ 노치가 있을 때와 없을 때의 피로한도 비를 노치계수라 한다.

해설 노치계수(notch factor)란 노치가 없는 평활한 재료의 피로한도를 노치가 있는 재료의 피로한도로 나눈 값이다.

63. 염욕의 관리에서 강박 시험에 대한 다음 ( ) 안에 알맞은 내용은?

> 강박시험 후 강박을 손으로 구부려서 휘어지면 이 염욕은 ( ) 작용을 한 것으로 판단한다.

① 산화 ② 환원

③ 탈탄 ④ 촉매

64. 다음 중 결합력이 가장 약한 것은?

① 이온 결합(ionic bond)

② 공유 결합(covalent bond)

③ 금속 결합(metallic bond)

④ 반데르 발스 결합(Van der Waals bond)

65. Fe-Fe₃C 평형 상태도에서 A$_{cm}$선이란 무엇인가?

① 마텐자이트가 석출되는 온도선을 말한다.

② 트루스타이트가 석출되는 온도선을 말한다.

③ 시멘타이트가 석출되는 온도선을 말한다.

④ 소르바이트가 석출되는 온도선을 말한다.

해설 A$_{cm}$선 : Fe-Fe₃C 상태도에서 시멘타이트(Fe₃C) 생성 개시 온도선 (오스테나이트 → 오스테나이트 + 시멘타이트(Fe₃C))

---

66. 5~20 % Zn의 황동을 말하며 강도는 낮으나 전연성이 좋고 색깔이 금에 가까우므로 모조금이나 판 및 선 등에 사용되는 것은?

① 톰백
② 두랄루민
③ 문츠메탈
④ Y 합금

해설 톰백(tombac)은 5~20 % Zn을 함유하고, 색상이 황금빛이며 연성이 크다. 금대용품, 장식품(불상, 악기, 금박)에 사용된다.

67. 유화물 계통의 편석 및 수지상 조직을 제거하여 연신율을 향상시킬 수 있는 열처리 방법으로 가장 적합한 것은?

① 퀜칭
② 템퍼링
③ 확산 풀림
④ 재결정 풀림

68. 주철의 조직을 지배하는 요소로 옳은 것은?

① S, Si의 양과 냉각 속도
② C, Si의 양과 냉각 속도
③ P, Cr의 양과 냉각 속도
④ Cr, Mg의 양과 냉각 속도

해설 주철의 조직은 탄소(C), 규소(Si)의 양과 냉각 속도에 따라 결정된다.

69. Ni-Fe계 합금에 대한 설명으로 틀린 것은?

① 엘린바는 온도에 따른 탄성률의 변화가 거의 없다.
② 슈퍼인바는 20℃에서 팽창계수가 거의 0(zero)에 가깝다.
③ 인바는 열팽창계수가 상온 부근에서 매우 작아 길이의 변화가 거의 없다.
④ 플래티나이트는 60 % Ni와 15 % Sn 및 Fe의 조성을 갖는 소결합금이다.

해설 플래티나이트(platinite)는 Ni 46 %를 함

유하는 Ni-Fe 합금으로 팽창계수가 유리와 거의 같다.

70. 강을 생산하는 제강로를 염기성과 산성으로 구분하는데 이것은 무엇으로 구분하는가?

① 노 내의 내화물
② 사용되는 철광석
③ 발생하는 가스의 성질
④ 주입하는 용제의 성질

해설 제강법은 선철(pig iron)에 포함된 C, Si, P, S 등의 불순물을 제거하고 정련시키는 것으로 노 내의 내화물에 따라 산성과 염기성(알칼리성)으로 구분한다.

71. 일반적인 베인 펌프의 특징으로 적절하지 않은 것은?

① 부품수가 많다.
② 비교적 고장이 적고 보수가 용이하다.
③ 펌프의 구동 동력에 비해 형상이 소형이다.
④ 기어 펌프나 피스톤 펌프에 비해 토출 압력의 맥동이 크다.

해설 베인 펌프는 기어 펌프나 피스톤 펌프에 비해 토출 압력의 맥동과 소음이 작다.

72. 그림과 같은 유압 기호가 나타내는 것은?(단, 그림의 기호는 간략 기호이며, 간략 기호에서 유로의 화살표는 압력의 보상을 나타낸다.)

① 가변 교축 밸브
② 무부하 릴리프 밸브

정답 66. ① 67. ③ 68. ② 69. ④ 70. ① 71. ④ 72. ④

③ 직렬형 유량 조정 밸브

④ 바이패스형 유량 조정 밸브

73. 유압 회로에서 속도 제어 회로의 종류
가 아닌 것은?

① 미터 인 회로

② 미터 아웃 회로

③ 블리드 오프 회로

④ 최대 압력 제한 회로

해설 속도 제어 회로의 종류

(1) 미터 인 회로

(2) 미터 아웃 회로

(3) 블리드 오프 회로

74. 그림과 같은 단동 실린더에서 피스톤
에 $F = 500$ N의 힘이 발생하면 압력 P
는 약 몇 kPa이 필요한가? (단, 실린더
의 직경은 40 mm이다.)

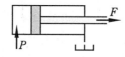

① 39.8

② 398

③ 79.6

④ 796

해설 $P = \dfrac{F}{A} = \dfrac{4F}{\pi d^2} = \dfrac{4 \times 500}{\pi \times 0.04^2}$

$\fallingdotseq 397887$ Pa $\fallingdotseq 398$ kPa

75. 감압 밸브, 체크 밸브, 릴리프 밸브 등
에서 밸브시트를 두드려 비교적 높은 음
을 내는 일종의 자려 진동 현상은?

① 컷인

② 점핑

③ 채터링

④ 디컴프레션

76. 어큐뮬레이터의 용도와 취급에 대한
설명으로 틀린 것은?

① 누설유량을 보충해 주는 펌프 대용
역할을 한다.

② 어큐뮬레이터에 부속쇠 등을 용접하
거나 가공, 구멍 뚫기 등을 해서는 안
된다.

③ 어큐뮬레이터를 운반, 결합, 분리 등
을 할 때는 봉입가스를 유지하여야 한다.

④ 유압 펌프에 발생하는 맥동을 흡수하
여 이상 압력을 억제하여 진동이나 소
음을 방지한다.

해설 어큐뮬레이터를 운반, 결합, 분리 등을
할 때는 봉입가스를 반드시 빼고 작업해야
한다.

77. 유압유의 점도가 낮을 때 유압 장치에
미치는 영향으로 적절하지 않은 것은?

① 배관 저항 증대

② 유압유의 누설 증가

③ 펌프의 용적 효율 저하

④ 정확한 작동과 정밀한 제어의 곤란

해설 배관 저항 증대는 유압유의 점도가 높
을 때 미치는 영향이다.

78. 상시 개방형 밸브로 옳은 것은?

① 감압 밸브

② 무부하 밸브

③ 릴리프 밸브

④ 카운터 밸런스 밸브

79. 기어 펌프의 폐입 현상에 관한 설명으
로 적절하지 않은 것은?

① 진동, 소음의 원인이 된다.

② 한 쌍의 이가 맞물려 회전할 경우 발
생한다.

③ 폐입 부분에서 팽창 시 고압이, 압축
시 진공이 형성된다.

④ 방지책으로 릴리프 홈에 의한 방법이
있다.

정답 73. ④ 74. ② 75. ③ 76. ③ 77. ① 78. ① 79. ③

해설 폐입 부분에서 압축 시에는 고압이, 팽창
시에는 진공이 형성된다.

80. 실린더 입구의 분기 회로에 유량 제어
밸브를 설치하여 실린더 입구 측의 불필
요한 압유를 배출시켜 작동 효율을 증진
시키는 회로는?

① 로킹 회로

② 증강 회로

③ 동조 회로

④ 블리드 오프 회로

제5과목　**기계제작법 및 기계동력학**

81. 200 kg의 파일을 땅속으로 박고자 한
다. 파일 위의 1.2 m 지점에서 무게가 1 t
인 해머가 떨어질 때 완전 소성 충돌이라
고 한다면, 이때 파일이 땅속으로 들어가
는 거리는 약 몇 m인가? (단, 파일에 가
해지는 땅의 저항력은 150 kN이고, 중력
가속도는 9.81 m/s²이다.)

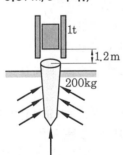

① 0.07　　　　② 0.09

③ 0.14　　　　④ 0.19

해설 무게가 1 ton인 해머가 파일에 닿을 때
속도(V_0) = 0, $s = 1.2$ m

$2as = V^2 - V_0^2$[m/s]

$2 \times 9.81 \times 1.2 = V^2$

$V = \sqrt{2 \times 9.81 \times 1.2} = 4.852$ m/s

충돌 과정이 완전 소성 충돌이면

$1000 \times 4.852 = (1000 + 200) \times V_2$

$\therefore V_2 = \dfrac{1000 \times 4.852}{1200} = 4.04$ m/s

땅의 저항력이 150 kN일 때 등가속도 운동

이면 $a = \dfrac{F}{m} = \dfrac{150 \times 10^3}{1200} = 125$ m/s²

$2as = V^2 - V_0^2$

$2 \times 125 \times s = 4.04^2 - 0$

$\therefore s = \dfrac{4.04^2}{2 \times 125} = 0.0653 ≒ 0.07$ m

82. 평탄한 지면 위를 미끄럼이 없이 구르
는 원통 중심의 가속도가 1 m/s²일 때 이
원통의 각가속도는 몇 rad/s²인가? (단,
반지름 r은 2 m이다.)

① 0.2　　　　② 0.5

③ 5　　　　　④ 10

해설 $\alpha = \dfrac{a}{r} = \dfrac{1}{2} = 0.5$ rad/s²

83. 자동차가 반지름 50 m의 원형 도로
를 25 m/s의 속도로 달리고 있을 때 반
지름 방향으로 작용하는 가속도는 몇
m/s²인가?

① 9.8　　　　② 10.0

③ 12.5　　　　④ 25.0

해설 $a = \dfrac{V^2}{r} = \dfrac{25^2}{50} = 12.5$ m/s²

84. 어떤 물체가 $x(t) = A\sin(4t + \phi)$로 진
동할 때 진동주기 T[s]는 약 얼마인가?

① 1.57　　　　② 2.54

③ 4.71　　　　④ 6.28

해설 $T = \dfrac{1}{f} = \dfrac{2\pi}{\omega} = \dfrac{2\pi}{4} = 1.57$ 초

※ $x(t) = A\sin(\omega t + \phi) = A\sin(4t + \phi)$

정답 80. ④　81. ①　82. ②　83. ③　84. ①

85. 수평면과 α의 각을 이루는 마찰이 있는(마찰계수 μ) 경사면에서 무게가 W인 물체를 힘 P를 가하여 등속력으로 끌어올릴 때, 힘 P가 한 일에 대한 무게 W인 물체를 끌어올리는 일의 비, 즉 효율은 어느 것인가?

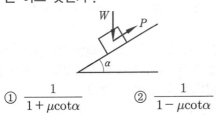

① $\dfrac{1}{1+\mu\cot\alpha}$ ② $\dfrac{1}{1-\mu\cot\alpha}$

③ $\dfrac{1}{1+\mu\cos\alpha}$ ④ $\dfrac{1}{1-\mu\sin\alpha}$

86. 1자유도의 질량-스프링계에서 스프링상수 k가 2 kN/m, 질량 m이 20 kg일 때 이 계의 고유주기는 약 몇 초인가? (단, 마찰은 무시한다.)

① 0.63   ② 1.54

③ 1.93   ④ 2.34

해설 $T=\dfrac{1}{f_n}=\dfrac{2\pi}{\omega}$

$$=\dfrac{2\pi}{\sqrt{\dfrac{k}{m}}}=\dfrac{2\pi}{\sqrt{\dfrac{2000}{20}}}=0.63\ \text{초}$$

87. 두 조화운동 $x_1=4\sin 10t$와 $x_2=4\sin 10.2t$를 합성하면 맥놀이(beat) 현상이 발생하는데 이때 맥놀이 진동수(Hz)는? (단, t의 단위는 s이다.)

① 31.4   ② 62.8

③ 0.0159   ④ 0.0318

해설   맥놀이 진동수(f_b)

$$=\dfrac{\omega_2-\omega_1}{2\pi}=\dfrac{10.2-10}{2\pi}=0.0318\ \text{Hz}$$

88. 1자유도 시스템에서 감쇠비가 0.1인 경우 대수감소율은?

① 0.2315   ② 0.4315

③ 0.6315   ④ 0.8315

해설 $\delta=\dfrac{2\pi\zeta}{\sqrt{1-\zeta^2}}=\dfrac{2\pi\times 0.1}{\sqrt{1-0.1^2}}$

$$\fallingdotseq 0.6315$$

89. 다음 그림과 같은 조건에서 어떤 투사체가 초기 속도 360 m/s로 수평방향과 30°의 각도로 발사되었다. 이때 2초 후 수직방향에 대한 속도는 약 몇 m/s인가? (단, 공기저항 무시, 중력가속도는 9.81 m/s²이다.)

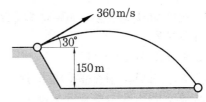

① 40.1   ② 80.2   ③ 160   ④ 321

해설

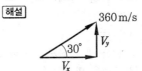

$V_x=360\times\cos 30°=180\sqrt{3}$

$$\fallingdotseq 311.77\ \text{m/s}$$

$V_y=360\times\sin 30°=180\ \text{m/s}$

$\therefore$ 2초 후 수직방향 속도 V_y

$$=V_0-at=180-9.81\times 2=160\ \text{m/s}$$

90. 반지름이 r인 실린더가 위치 1의 정지상태에서 경사를 따라 높이 h만큼 굴러 내려갔을 때, 실린더 중심의 속도는? (단, g는 중력가속도이며, 미끄러짐은 없다고 가정한다.)

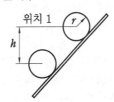

정답   85. ①   86. ①   87. ④   88. ③   89. ③   90. ③

① $\sqrt{2gh}$ ② $0.707\sqrt{2gh}$

③ $0.816\sqrt{2gh}$ ④ $0.845\sqrt{2gh}$

[해설] $\dfrac{1}{2}mV_1^2 + \dfrac{1}{2}J \cdot w_1^2 + mgZ_1$

$= \dfrac{1}{2}mV_2^2 + \dfrac{1}{2}J \cdot w_2^2 + mgZ_2$

$mg(Z_1 - Z_2) = \left(\dfrac{1}{2}m + \dfrac{1}{2} \times \dfrac{mr^2}{2} \times \dfrac{1}{r^2}\right)V_2^2$

$mgh = \dfrac{3}{4}mV^2$

$\therefore V = 0.816\sqrt{2gh}$

91. 피복 아크 용접봉의 피복제 역할로 틀린 것은?

① 아크를 안정시킨다.

② 모재 표면의 산화물을 제거한다.

③ 용착 금속의 급랭을 방지한다.

④ 용착 금속의 흐름을 억제한다.

[해설] 피복제의 역할

(1) 아크를 안정시킨다.

(2) 용착 금속의 탈산 및 정련작용을 한다.

(3) 용착 금속의 급랭을 방지한다.

(4) 용착 금속에 필요한 원소를 보충한다.

(5) 용착 금속의 흐름을 좋게 한다.

(6) 모재 표면의 산화물을 제거한다.

92. 3차원 측정기에서 측정물의 측정 위치를 감지하여 X, Y, Z축의 위치 데이터를 컴퓨터에 전송하는 기능을 가진 것은?

① 프로브 ② 측정암

③ 컬럼 ④ 정반

[해설] 3차원 측정기는 측정기의 좌표 방향을 X축, 전후 방향을 Y축, 상하 방향을 Z축으로 하여 공작물의 치수·형상을 측정하는 기기로 프로브(probe)를 측정면에 접촉시키면 1점의 정보가 3축 동시에 측정되고 마이크로컴퓨터 등에 접속해서 신속히 데이터 처리가 되어 기억을 할 수 있다.

93. 와이어 컷 방전 가공에서 와이어 이송 속도 0.2 mm/min, 가공물 두께가 10 mm일 때 가공속도는 몇 mm²/min인가?

① 0.02 ② 0.2

③ 2 ④ 20

[해설] $V = St = 0.2 \times 10 = 2\,\text{mm}^2/\text{min}$

94. 단조용 공구 중 소재를 올려놓고 타격을 가할 때 받침대로 사용하며 크기는 중량으로 표시하는 것은?

① 대뫼 ② 앤빌

③ 정반 ④ 단조용 탭

95. 목재의 건조 방법에서 자연건조법에 해당하는 것은?

① 야적법 ② 침재법

③ 자재법 ④ 증재법

96. 다음 공작기계에 사용되는 속도열 중 일반적으로 가장 많이 사용되고 있는 속도열은?

① 대수급수 속도열

② 등비급수 속도열

③ 등차급수 속도열

④ 조화급수 속도열

97. 두께 5 mm의 연강판에 직경 10 mm의 펀칭 작업을 하는데 크랭크 프레스 램의 속도가 10 m/min이라면 이때 프레스에 공급되어야 할 동력은 약 몇 kW인가? (단, 연강판의 전단강도는 294.3 MPa이고, 프레스의 기계적 효율은 80 %이다.)

① 21.32 ② 15.54

③ 13.52 ④ 9.63

[해설] $H_{kW} = \dfrac{\tau A V}{\eta_m} = \dfrac{\tau \pi d t V}{\eta_m}$

$$= \frac{294.3 \times 10^3 \times \pi \times 0.01 \times 0.005 \times \frac{10}{60}}{0.8}$$
$$= 9.63 \text{ kW}$$

98. 절연성의 가공액 내에 도전성 재료의 전극과 공작물을 넣고 약 60~300 V의 펄스 전압을 걸어 약 5~50 μm까지 접근시켜 발생하는 스파크에 의한 가공 방법은?

① 방전 가공　　② 전해 가공
③ 전해 연마　　④ 초음파 가공

99. 다음 중 저온 뜨임에 대한 설명으로 틀린 것은?

① 담금질에 의한 응력 제거
② 치수의 경년 변화 방지
③ 연마균열 생성
④ 내마모성 향상

[해설] 저온 뜨임(점성 뜨임) : 100~200℃에서 수랭하면 경도 감소 없이 점성과 내마모성이 향상된다.

100. 다음 중 전해 연마 가공법의 특징이 아닌 것은?

① 가공면에 방향성이 없다.
② 복잡한 형상의 제품도 연마가 가능하다.
③ 가공 변질층이 있고 평활한 가공면을 얻을 수 있다.
④ 연질의 알루미늄, 구리 등도 쉽게 광택면을 얻을 수 있다.

[해설] 전해 연마의 특징
(1) 가공 변질층이 나타나지 않으므로 평활한 가공면을 얻을 수 있다.
(2) 복잡한 형상의 제품도 연마할 수 있다.
(3) 가공면에는 방향성이 없다.
(4) 내마모성, 내부식성이 향상된다.
(5) 연질의 금속, 즉 알루미늄, 구리(동), 코발트, 크롬, 탄소강, 니켈 등도 쉽게 연마할 수 있다.

일반기계기사

제1과목　재료역학

1. 자유단에 집중하중 P를 받는 외팔보의 최대 처짐 δ_1과 $W = wL$이 되게 균일 분포하중(w)이 작용하는 외팔보의 자유단 처짐 δ_2가 동일하다면 두 하중들의 비 W/P는 얼마인가? (단, 보의 굽힘 강성은 EI로 일정하다.)

① $\dfrac{8}{3}$　② $\dfrac{3}{8}$　③ $\dfrac{5}{8}$　④ $\dfrac{8}{5}$

해설 $\delta_1 = \delta_2$, $\dfrac{PL^3}{3EI} = \dfrac{WL^3}{8EI}$

$\therefore \dfrac{W}{P} = \dfrac{8}{3}$

2. 다음 부정정보에서 고정단의 모멘트 M_o는 어느 것인가?

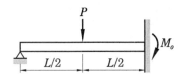

① $\dfrac{PL}{3}$　　② $\dfrac{PL}{4}$

③ $\dfrac{PL}{6}$　　④ $\dfrac{3PL}{16}$

해설 $M_o = R_A L - P\dfrac{L}{2}$

$= \dfrac{5PL}{16} - \dfrac{PL}{2} = -\dfrac{3PL}{16}$

3. 그림과 같은 외팔보에 저장된 굽힘 변형 에너지는? (단, 세로탄성계수는 E이고, 단면의 관성 모멘트는 I이다.)

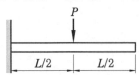

① $\dfrac{P^2 L^3}{8EI}$　　② $\dfrac{P^2 L^3}{12EI}$

③ $\dfrac{P^2 L^3}{24EI}$　　④ $\dfrac{P^2 L^3}{48EI}$

해설 $U = \dfrac{P^2}{2EI}\displaystyle\int_0^{\frac{L}{2}} x^2 dx = \dfrac{P^2}{2EI}\left[\dfrac{x^3}{3}\right]_0^{\frac{L}{2}}$

$= \dfrac{P^2}{6EI}\left[x^3\right]_0^{\frac{L}{2}} = \dfrac{P^2}{6EI}\left(\dfrac{L}{2}\right)^3 = \dfrac{P^2 L^3}{48EI}$ [J]

4. 지름 7 mm, 길이 250 mm인 연강 시험편으로 비틀림 시험을 하여 얻은 결과, 토크 4.08 N·m에서 비틀림각이 8°로 기록되었다. 이 재료의 전단탄성계수는 약 몇 GPa인가?

① 64　② 53　③ 41　④ 31

해설 $\theta = 584\dfrac{TL}{Gd^4}$ [°]

$\therefore G = \dfrac{584\,TL}{\theta d^4} = \dfrac{584 \times 4.08 \times 0.25}{8 \times (7 \times 10^{-3})^4}$

$= 3.10 \times 10^{10}$ Pa $= 31$ GPa

5. 그림과 같은 보에 하중 P가 작용하고 있을 때 이 보에 발생하는 최대 굽힘응력이 $\sigma_{\max}$라면 하중 P는?

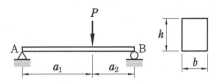

① $P = \dfrac{bh^2(a_1 + a_2)\sigma_{\max}}{6a_1 a_2}$

② $P = \dfrac{bh^3(a_1 + a_2)\sigma_{\max}}{6a_1 a_2}$

③ $P = \dfrac{b^2 h(a_1 + a_2)\sigma_{\max}}{6a_1 a_2}$

④ $P = \dfrac{b^3 h(a_1 + a_2)\sigma_{\max}}{6 a_1 a_2}$

[해설] $\sigma_{\max} = \dfrac{M}{Z} = \dfrac{\dfrac{P a_1 a_2}{a_1 + a_2}}{\dfrac{b h^2}{6}}$ [MPa]

∴ $P = \dfrac{b h^2 (a_1 + a_2)\sigma_{\max}}{6 a_1 a_2}$ [N]

6. 그림과 같이 수평 강체봉 AB의 한쪽을 벽에 힌지로 연결하고 죄임봉 CD로 매단 구조물이 있다. 죄임봉의 단면적은 1 cm², 허용 인장응력은 100 MPa일 때 B단의 최대 안전하중 P는 몇 kN인가?

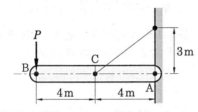

① 3   ② 3.75   ③ 6   ④ 8.33

[해설] $P \times 8 - \sigma_{CD} A \sin\theta \times 4 = 0$

∴ $P = \dfrac{4 \sigma_{CD} A \sin\theta}{8}$

$= \dfrac{4 \times 100 \times 100 \times \dfrac{3}{5}}{8} = 3000\,\text{N} = 3\,\text{kN}$

7. 지름 35 cm의 차축이 0.2°만큼 비틀렸다. 이때 최대 전단응력이 49 MPa이라고 하면 이 차축의 길이는 약 몇 m인가? (단, 재료의 전단탄성계수는 80 GPa이다.)

① 2.5   ② 2.0

③ 1.5   ④ 1

[해설] $\tau = G \dfrac{r\theta}{L}$ [MPa]

∴ $L = \dfrac{Gr\theta}{\tau} = \dfrac{80 \times 10^3 \times \dfrac{0.35}{2} \times \dfrac{0.2}{57.3}}{49}$

$\fallingdotseq 1\,\text{m}$

8. 양단이 고정된 균일 단면봉의 중간 단면 C에 축하중 P를 작용시킬 때, A, B에서 반력은?

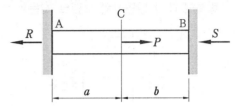

① $R = \dfrac{P(a + b^2)}{a + b}$, $S = \dfrac{P(a^2 + b)}{a + b}$

② $R = \dfrac{P b^2}{a + b}$, $S = \dfrac{P a^2}{a + b}$

③ $R = \dfrac{P b}{a + b}$, $S = \dfrac{P a}{a + b}$

④ $R = \dfrac{P a}{a + b}$, $S = \dfrac{P b}{a + b}$

[해설] $R = \dfrac{P b}{l} = \dfrac{P b}{a + b}$ [N]

$S = \dfrac{P a}{l} = \dfrac{P a}{a + b}$ [N]

9. 다음과 같은 보에서 C점(A에서 4 m 떨어진 점)에서의 굽힘 모멘트 값은 약 몇 kN·m인가?

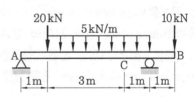

① 5.5   ② 11

③ 13   ④ 22

[해설] $R_A \times 5 - 20 \times 4 - (4 \times 5) \times 2$
$+ 10 \times 1 = 0$

∴ $R_A = \dfrac{80 + 40 - 10}{5} = 22\,\text{kN}$

$M_C = R_A \times 4 - 20 \times 3 - (3 \times 5) \times 1.5$
$= 22 \times 4 - 60 - 22.5$
$= 5.5\,\text{kN} \cdot \text{m}$

정답 6. ①   7. ④   8. ③   9. ①

10. 다음 그림과 같은 직사각형 단면에서 $y_1 = \frac{2}{3}h$의 위쪽 면적(빗금 부분)의 중립축에 대한 단면 1차 모멘트 Q는?

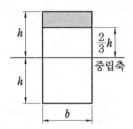

① $\frac{3}{8}bh^2$

② $\frac{3}{8}bh^3$

③ $\frac{5}{18}bh^2$

④ $\frac{5}{18}bh^3$

[해설] $Q = \int_A y dA = \int_{y_1}^h ybdy$

$= b\int_{\frac{2}{3}h}^h ydy = b\left[\frac{y^2}{2}\right]_{\frac{2}{3}h}^h$

$= \frac{b}{2}\left(h^2 - \frac{4}{9}h^2\right)$

$= \frac{5}{18}bh^2 [\text{cm}^3]$

11. 공칭응력(nominal stress : σ_n)과 진응력(true stress : σ_t) 사이의 관계식으로 옳은 것은? (단, ε_n은 공칭변형률(nominal strain), ε_t는 진변형률(true strain)이다.)

① $\sigma_t = \sigma_n(1 + \varepsilon_t)$

② $\sigma_t = \sigma_n(1 + \varepsilon_n)$

③ $\sigma_t = \ln(1 + \sigma_n)$

④ $\sigma_t = \ln(\sigma_n + \varepsilon_n)$

12. 다음 그림과 같이 등분포 하중이 작용하는 보에서 최대 전단력의 크기는 몇 kN인가?

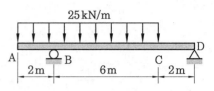

① 50

② 100

③ 150

④ 200

[해설] $-(25 \times 2) \times 1 + R_B \times 8$

$-(25 \times 6) \times 5 = 0$

$\therefore R_B = \frac{50 \times 1 + 150 \times 5}{8} = 100 \text{ kN}$

$-R_D \times 8 + (25 \times 6) \times 3$

$-(25 \times 2) \times 1 = 0$

$\therefore R_D = \frac{150 \times 3 - 50 \times 1}{8} = 50 \text{ kN}$

돌출보인 경우 양쪽의 반력 중 큰 쪽의 반력이 최대 전단력이다($R_B > R_D$).

$\therefore F_{\max} = 100 \text{ kN}$

13. $\sigma_x = 700$ MPa, $\sigma_y = -300$ MPa이 작용하는 평면응력 상태에서 최대 수직응력($\sigma_{\max}$)과 최대 전단응력($\tau_{\max}$)은 각각 몇 MPa인가?

① $\sigma_{\max} = 700,\ \tau_{\max} = 300$

② $\sigma_{\max} = 700,\ \tau_{\max} = 500$

③ $\sigma_{\max} = 600,\ \tau_{\max} = 400$

④ $\sigma_{\max} = 500,\ \tau_{\max} = 700$

[해설] $\sigma_{\max} = \sigma_x = 700$ MPa

$\tau_{\max} = \frac{1}{2}(\sigma_x - \sigma_y) = \frac{1}{2}[700 - (-300)]$

$= 500$ MPa

14. 안지름이 2 m이고 1000 kPa의 내압이 작용하는 원통형 압력 용기의 최대 사용응력이 200 MPa이다. 용기의 두께는 약 몇 mm인가? (단, 안전계수는 2이다.)

① 5   ② 7.5   ③ 10   ④ 12.5

[해설] $\sigma_a = \dfrac{\sigma_w}{S} = \dfrac{200}{2} = 100\,\text{MPa}$

$\sigma_a = \dfrac{PD}{2t}\,[\text{MPa}]$

$\therefore\ t = \dfrac{PD}{2\sigma_a} = \dfrac{1 \times 2000}{2 \times 100} = 10\,\text{mm}$

15. 양단이 고정단인 주철 재질의 원주가 있다. 이 기둥의 임계응력을 오일러 식에 의해 계산한 결과 0.0247E로 얻어졌다면 이 기둥의 길이는 원주 직경의 몇 배인가? (단, E는 재료의 세로탄성계수이다.)

① 12   ② 10

③ 0.05   ④ 0.001

16. 높이가 L이고 저면의 지름이 D, 단위 체적당 중량 γ의 그림과 같은 원추형의 재료가 자중에 의해 변형될 때 저장된 변형에너지 값은? (단, 세로탄성계수는 E이다.)

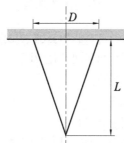

① $\dfrac{\pi \gamma D^2 L^3}{24E}$ ② $\dfrac{(\pi \gamma^2 \pi^2 D^3)^2}{72E}$

③ $\dfrac{\pi \gamma D L^2}{96E}$ ④ $\dfrac{\gamma^2 \pi D^2 L^3}{360E}$

[해설] $dU = \dfrac{\sigma_x^2 D V_x}{2E} = \dfrac{\left(\dfrac{\gamma}{3}x\right)^2 \times \dfrac{\pi}{4}Dx^2 dx}{2E}$

$\quad = \dfrac{\left(\dfrac{\gamma}{3}x\right)^2 \times \dfrac{\pi}{4}\left(\dfrac{D}{L}x\right)^2 dx}{2E} = \dfrac{\gamma^2 \pi D^2 x^4 dx}{72EL^2}$

$\displaystyle \int_0^L dU = \dfrac{\gamma^2 \pi D^2}{72EL^2} \int_0^L x^4 dx$

$\therefore\ U = \dfrac{\gamma^2 \pi D^2}{72EL^2}\left[\dfrac{x^5}{5}\right]_0^L$

$\quad = \dfrac{\gamma^2 \pi D^2}{72EL^2} \times \dfrac{L^5}{5} = \dfrac{\gamma^2 \pi D^2 L^3}{360E}$

17. 그림과 같은 단면의 축이 전달할 토크가 동일하다면 각 축의 재료 선정에 있어서 허용전단응력의 비 τ_A/τ_B의 값은 얼마인가?

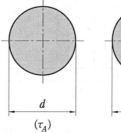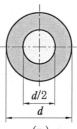

(τ_A) (τ_B)

① $\dfrac{15}{16}$ ② $\dfrac{9}{16}$ ③ $\dfrac{16}{15}$ ④ $\dfrac{16}{9}$

[해설] $\dfrac{\tau_A}{\tau_B} = \dfrac{Z_B}{Z_A} = \dfrac{\dfrac{\pi d^3}{16}(1 - x^4)}{\dfrac{\pi d^3}{16}}$

$\quad = 1 - \left(\dfrac{1}{2}\right)^4 = \dfrac{15}{16}$

18. 단면 지름이 3 cm인 환봉이 25 kN의 전단하중을 받아서 0.00075 rad의 전단변형률을 발생시켰다. 이때 재료의 세로탄성계수는 약 몇 GPa인가? (단, 이 재료의 푸아송비는 0.3이다.)

① 75.5   ② 94.4

③ 122.6   ④ 157.2

[해설] $G = \dfrac{mE}{2(m+1)} = \dfrac{E}{2(1+\mu)}\,[\text{GPa}]$

$E = 2G(1+\mu) = \dfrac{2P_s}{A\gamma}(1+\mu)$

$\quad = 2 \times \dfrac{25 \times 10^3}{\dfrac{\pi \times 30^2}{4} \times 0.00075} \times (1 + 0.3) \times 10^{-3}$

$\quad \fallingdotseq 122.6\,\text{GPa}$

19. 그림과 같이 지름 d인 강철봉이 안지름 d, 바깥지름 D인 동관에 끼워져서 두 강체 평판 사이에서 압축되고 있다. 강철봉 및 동관에 생기는 응력을 각각 σ_s, σ_c라고 하면 응력의 비(σ_s/σ_c)의 값은? (단, 강철(E_s) 및 동(E_c)의 탄성계수는 각각 E_s = 200 GPa, E_c = 120 GPa이다.)

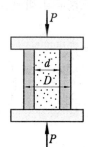

① $\dfrac{3}{5}$ ② $\dfrac{4}{5}$ ③ $\dfrac{5}{4}$ ④ $\dfrac{5}{3}$

해설 $\sigma_s = \dfrac{PE_s}{A_s E_s + A_c E_c}$ [kPa]

$\sigma_t = \dfrac{PE_c}{A_s E_s + A_c E_c}$ [kPa]

병렬조합 시 응력과 탄성계수는 비례하며, 외력은 각 부재에 균일하게 작용한다.

$\therefore \dfrac{\sigma_s}{\sigma_c} = \dfrac{E_s}{E_c} = \dfrac{200}{120} = \dfrac{5}{3}$

20. 원형 단면의 단순보가 그림과 같이 등분포 하중 w = 10 N/m를 받고 허용응력이 800 Pa일 때 단면의 지름은 최소 몇 mm가 되어야 하는가?

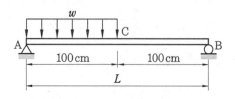

① 330   ② 430
③ 550   ④ 650

해설 $\Sigma M_B = 0$

$R_A \times 2 - (10 \times 1) \times 1.5 = 0$

$\therefore R_A = \dfrac{15}{2} = 7.5$ N

$F_x = R_A - 10x = 7.5 - 10x$

$F_x = 0$(위험 단면의 위치)일 때

$x = 0.75$ m

$M_{max} = R_A x - 10x \dfrac{x}{2} = 7.5x - 5x^2$

$\qquad = 7.5 \times 0.75 - 5 \times 0.75^2$

$\qquad = 2.813$ N · m

$\sigma = \dfrac{M}{Z} = \dfrac{M}{\dfrac{\pi d^3}{32}} = \dfrac{32M}{\pi d^3}$

$\therefore d = \sqrt[3]{\dfrac{32M}{\pi \sigma}} = \sqrt[3]{\dfrac{32 \times 2.813}{\pi \times 800}}$

$\qquad = 0.33$ m $= 330$ mm

제2과목   **기계열역학**

21. 비가역 단열 변화에 있어서 엔트로피 변화량은 어떻게 되는가?

① 증가한다.

② 감소한다.

③ 변화량은 없다.

④ 증가할 수도 감소할 수도 있다.

해설 비가역 단열 변화인 경우 엔트로피 변화량은 항상 증가한다.

22. 그림과 같이 A, B 두 종류의 기체가 한 용기 안에서 박막으로 분리되어 있다. A의 체적은 0.1 m³, 질량은 2 kg이고, B의 체적은 0.4 m³, 밀도는 1 kg/m³이다. 박막이 파열되고 난 후에 평형에 도달하였을 때 기체 혼합물의 밀도(kg/m³)는 얼마인가?

① 4.8   ② 6.0

정답 **19.** ④   **20.** ①   **21.** ①   **22.** ①

③ 7.2 ④ 8.4

[해설] $\rho = \dfrac{m}{V} = \dfrac{m_1 + m_2}{V_1 + V_2}$

$= \dfrac{2 + 1 \times 0.4}{0.1 + 0.4} = 4.8 \, \text{kg/m}^3$

23. 엔트로피(s) 변화 등과 같은 직접 측정할 수 없는 양들을 압력(P), 비체적(v), 온도(T)와 같은 측정 가능한 상태량으로 나타내는 Maxwell 관계식과 관련하여 다음 중 틀린 것은?

① $\left(\dfrac{\partial T}{\partial P}\right)_s = \left(\dfrac{\partial v}{\partial s}\right)_P$

② $\left(\dfrac{\partial T}{\partial v}\right)_s = -\left(\dfrac{\partial P}{\partial s}\right)_v$

③ $\left(\dfrac{\partial v}{\partial T}\right)_P = -\left(\dfrac{\partial s}{\partial P}\right)_T$

④ $\left(\dfrac{\partial P}{\partial v}\right)_T = \left(\dfrac{\partial s}{\partial T}\right)_v$

[해설] Maxwell 관계식

(1) $\left(\dfrac{\partial T}{\partial P}\right)_s = \left(\dfrac{\partial v}{\partial s}\right)_P$

(2) $\left(\dfrac{\partial T}{\partial v}\right)_s = -\left(\dfrac{\partial P}{\partial s}\right)_v$

(3) $\left(\dfrac{\partial v}{\partial T}\right)_P = -\left(\dfrac{\partial s}{\partial P}\right)_T$

(4) $\left(\dfrac{\partial P}{\partial v}\right)_v = \left(\dfrac{\partial s}{\partial T}\right)_T$

24. 냉매로서 갖추어야 될 요구 조건으로 적합하지 않은 것은?

① 불활성이고 안정하며 비가연성이어야 한다.

② 비체적이 커야 한다.

③ 증발 온도에서 높은 잠열을 가져야 한다.

④ 열전도율이 커야 한다.

[해설] 냉매는 비체적이 작아야 한다.

25. 어떤 이상기체 1 kg이 압력 100 kPa, 온도 30℃의 상태에서 체적 0.8 m³을 점유한다면 기체상수(kJ/kg · K)는 얼마인가?

① 0.251 ② 0.264

③ 0.275 ④ 0.293

[해설] $PV = mRT$

$\therefore R = \dfrac{PV}{mT} = \dfrac{100 \times 0.8}{1 \times (30 + 273)}$

$= 0.264 \, \text{kJ/kg} \cdot \text{K}$

26. 어떤 가스의 비내부에너지 u[kJ/kg], 온도 t[℃], 압력 P[kPa], 비체적 v [m³/kg] 사이에는 아래의 관계식이 성립한다면 이 가스의 정압비열(kJ/kg · ℃)은 얼마인가?

$$u = 0.28t + 532$$
$$Pv = 0.560(t + 380)$$

① 0.84 ② 0.68

③ 0.50 ④ 0.28

[해설] $C_p = \left(\dfrac{\partial h}{\partial t}\right)_P = \dfrac{d}{dt}(u + Pv)$

$= \dfrac{d}{dt}(0.28t + 532 + 0.560(t + 380))$

$= 0.28 + 0.56 = 0.84 \, \text{kJ/kg} \cdot \text{K}$

27. 이상적인 가역과정에서 열량 ΔQ가 전달될 때 온도 T가 일정하면 엔트로피 변화 ΔS를 구하는 계산식으로 옳은 것은 어느 것인가?

① $\Delta S = 1 - \dfrac{\Delta Q}{T}$

② $\Delta S = 1 - \dfrac{T}{\Delta Q}$

③ $\Delta S = \dfrac{\Delta Q}{T}$

④ $\Delta S = \dfrac{T}{\Delta Q}$

[정답] **23.** ④ **24.** ② **25.** ② **26.** ① **27.** ③

28. 다음 중 경로함수(path function)는?

① 엔탈피   ② 엔트로피

③ 내부에너지   ④ 일

[해설] 엔탈피, 엔트로피, 내부에너지는 열량적 상태량으로 점함수(상태함수)이고, 일은 경로함수(과정함수)이다.

29. 랭킨 사이클의 각 점에서의 엔탈피가 다음과 같을 때 사이클의 이론 열효율(%)은 얼마인가?

- 보일러 입구 : 58.6 kJ/kg
- 보일러 출구 : 810.3 kJ/kg
- 응축기 입구 : 614.2 kJ/kg
- 응축기 입구 : 57.4kJ/kg

① 32   ② 30   ③ 28   ④ 26

[해설] $\eta_R = \dfrac{\text{정미일량}(w_{net})}{\text{공급열량}(q_1)}$

$= \dfrac{(810.3 - 614.2) - (58.6 - 57.4)}{810.3 - 58.6} \times 100\%$

$= 26\%$

30. 원형 실린더를 마찰 없는 피스톤이 덮고 있다. 피스톤에 비선형 스프링이 연결되고 실린더 내의 기체가 팽창하면서 스프링이 압축된다. 스프링의 압축 길이가 X[m]일 때 피스톤에는 $kX^{1.5}$[N]의 힘이 걸린다. 스프링의 압축 길이가 0 m에서 0.1 m로 변하는 동안에 피스톤이 하는 일이 W_a이고, 0.1 m에서 0.2 m로 변하는 동안에 하는 일이 W_b라면 W_a/W_b는 얼마인가?

① 0.083   ② 0.158

③ 0.214   ④ 0.333

[해설] $W = \int F dx = \int kX^{1.5} dX [\text{N} \cdot \text{m}]$에서

$W_a = k\left[\dfrac{X^{2.5}}{1.5+1}\right]_0^{0.1} = \dfrac{k}{2.5} \times (0.1^{2.5} - 0)$

$= \dfrac{k}{2.5} \times 0.00316 = 1.264 \times 10^{-3} k \,[\text{J}]$

$W_b = \dfrac{k}{2.5}\left[X^{2.5}\right]_{0.1}^{0.2} = \dfrac{k}{2.5} \times (0.2^{2.5} - 0.1^{2.5})$

$= \dfrac{k}{2.5} \times 0.01473 = 5.892 \times 10^{-3} k \,[\text{J}]$

$\therefore \dfrac{W_a}{W_b} = 0.214$

31. 내부에너지가 30 kJ인 물체에 열을 가하여 내부에너지가 50 kJ이 되는 동안에 외부에 대하여 10 kJ의 일을 하였다. 이 물체에 가해진 열량(kJ)은?

① 10   ② 20

③ 30   ④ 60

[해설] $Q = (U_2 - U_1) + W$

$= (50 - 30) + 10 = 30 \text{ kJ}$

32. 풍선에 공기 2 kg이 들어 있다. 일정 압력 500 kPa하에서 가열 팽창하여 체적이 1.2배가 되었다. 공기의 초기온도가 20℃일 때 최종온도(℃)는 얼마인가?

① 32.4   ② 53.7

③ 78.6   ④ 92.3

[해설] $P = C$이므로 $\dfrac{V}{T} = C$이다.

$\dfrac{T_2}{T_1} = \dfrac{V_2}{V_1}$

$\therefore T_2 = T_1 \dfrac{V_2}{V_1} = (20 + 273) \times 1.2$

$= 351.6 \text{ K} = (351.6 - 273)℃ = 78.6℃$

33. 처음 압력이 500 kPa이고, 체적이 2 m³인 기체가 "$PV = $일정"인 과정으로 압력이 100 kPa까지 팽창할 때 밀폐계가 하는 일(kJ)을 나타내는 계산식으로 옳은 것은?

① $1000 \ln \dfrac{2}{5}$ ② $1000 \ln \dfrac{5}{2}$

③ $1000\ln 5$ ④ $1000\ln\dfrac{1}{5}$

[해설] 등온변화인 경우

$$절대일(밀폐일)=P_1 V_1\ln\frac{V_2}{V_1}=P_1 V_1\ln\frac{P_1}{P_2}$$

$$=500\times 2\ln\frac{500}{100}=1000\ln 5\,[\text{kJ}]$$

34. 자동차 엔진을 수리한 후 실린더 블록과 헤드 사이에 수리 전과 비교하여 더 두꺼운 개스킷을 넣었다면 압축비와 열효율은 어떻게 되겠는가?

① 압축비는 감소하고, 열효율도 감소한다.
② 압축비는 감소하고, 열효율은 증가한다.
③ 압축비는 증가하고, 열효율은 감소한다.
④ 압축비는 증가하고, 열효율도 증가한다.

35. 고온 열원의 온도가 700℃이고, 저온 열원의 온도가 50℃인 카르노 열기관의 열효율(%)은?

① 33.4   ② 50.1
③ 66.8   ④ 78.9

[해설] $\eta_c=1-\dfrac{T_2}{T_1}=\left(1-\dfrac{50+273}{700+273}\right)\times 100\%$

$$=66.8\%$$

36. 밀폐계에서 기체의 압력이 100 kPa으로 일정하게 유지되면서 체적이 1 m³에서 2 m³으로 증가되었을 때 옳은 설명은?

① 밀폐계의 에너지 변화는 없다.
② 외부로 행한 일은 100 kJ이다.
③ 기체가 이상기체라면 온도가 일정하다.
④ 기체가 받은 열은 100 kJ이다.

[해설] ${}_1 W_2=\displaystyle\int_1^2 PdV=P(V_2-V_1)$

$$=100(2-1)=100\,\text{kJ}$$

따라서 팽창일(밀폐계일)=절대일로 어떤

계가 외부로 행한 일은 100 kJ이다.

37. 최고온도 1300 K와 최저온도 300 K 사이에서 작동하는 공기 표준 Brayton 사이클의 열효율(%)은? (단, 압력비는 9, 공기의 비열비는 1.4이다.)

① 30.4   ② 36.5
③ 42.1   ④ 46.6

[해설] $\eta_{thB}=\left\{1-\left(\dfrac{1}{\gamma}\right)^{\frac{k-1}{k}}\right\}\times 100\%$

$$=\left\{1-\left(\dfrac{1}{9}\right)^{\frac{1.4-1}{1.4}}\right\}\times 100\%\fallingdotseq 46.6\%$$

38. 랭킨 사이클에서 25℃, 0.01 MPa 압력의 물 1 kg을 5 MPa 압력의 보일러로 공급한다. 이때 펌프가 가역단열과정으로 작용한다고 가정할 경우 펌프가 한 일은 약 몇 kJ인가? (단, 물의 비체적은 0.001 m³/kg이다.)

① 2.58   ② 4.99
③ 20.12   ④ 40.24

[해설] $W_p=-\displaystyle\int_1^2 VdP$

$$=\int_2^1 VdP=V(P_1-P_2)$$

$$=0.001(5-0.01)\times 10^3=4.99\,\text{kJ}$$

39. 성능계수가 3.2인 냉동기가 시간당 20 MJ의 열을 흡수한다면 이 냉동기의 소비동력(kW)은 얼마인가?

① 2.25   ② 1.74
③ 2.85   ④ 1.45

[해설] $(COP)_R=\dfrac{Q_e}{W_c}$ 에서

$$W_c=\frac{Q_e}{(COP)_R}=\frac{20\times 10^3}{3.2\times 3600}$$

$$\fallingdotseq 1.74\,\text{kW}$$

정답 34. ①   35. ③   36. ②   37. ④   38. ②   39. ②

40. 이상적인 디젤 기관의 압축비가 16일 때 압축 전의 공기 온도가 90℃라면 압축 후의 공기 온도(℃)는 얼마인가? (단, 공기의 비열비는 1.4이다.)

① 1101.9   ② 718.7

③ 808.2   ④ 827.4

해설 $\dfrac{T_2}{T_1} = \left(\dfrac{V_1}{V_2}\right)^{k-1} = \varepsilon^{k-1}$

$\therefore \ T_2 = T_1 \varepsilon^{k-1} = (90+273) \times 16^{1.4-1}$

$= 1100.4\text{K} = (1100.4 - 273)℃ = 827.4℃$

제3과목   **기계유체역학**

41. 효율 80 %인 펌프를 이용하여 저수지에서 유량 0.05 m³/s으로 물을 5 m 위에 있는 논으로 올리기 위하여 효율 95 %의 전기모터를 사용한다. 전기모터의 최소동력은 몇 kW인가?

① 2.45   ② 2.91   ③ 3.06   ④ 3.22

해설 $L_m = \dfrac{\gamma_w Q H}{\eta_p \eta_m}$

$= \dfrac{9.8 \times 0.05 \times 5}{0.8 \times 0.95} = 3.22 \text{ kW}$

42. 다음 그림에서 입구 A에서 공기의 압력은 3×10^5 Pa, 온도 20℃, 속도 5 m/s 이다. 그리고 출구 B에서 공기의 압력은 2×10^5 Pa, 온도 20℃이면 출구 B에서의 속도는 몇 m/s인가? (단, 압력값은 모두 절대압력이며, 공기는 이상기체로 가정한다.)

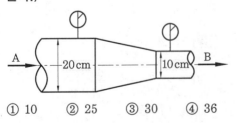

① 10   ② 25   ③ 30   ④ 36

해설 $\dot{m} = \rho_A A_A V_A = \rho_B A_B V_B [\text{kg/s}]$

$\therefore \ V_B = \dfrac{\rho_A}{\rho_B} \dfrac{A_A}{A_B} V_A = \dfrac{\rho_A}{\rho_B} \left(\dfrac{d_A}{d_B}\right)^2 V_A$

$= \dfrac{P_A}{P_B} \left(\dfrac{d_A}{d_B}\right)^2 V_A = \dfrac{3 \times 10^5}{2 \times 10^5} \times \left(\dfrac{20}{10}\right)^2 \times 5$

$= 30 \text{ m/s}$

※ $\rho = \dfrac{P}{RT}$에서 $\rho \propto P$

43. 세 변의 길이가 a, $2a$, $3a$인 작은 직육면체가 점도 μ인 유체 속에서 매우 느린 속도 V로 움직일 때, 항력 F는 $F = F(a, \ \mu, \ V)$로 가정할 수 있다. 차원 해석을 통하여 얻을 수 있는 F에 대한 표현식으로 옳은 것은?

① $\dfrac{F}{\mu V a} =$ 상수   ② $\dfrac{F}{\mu V^2 a} =$ 상수

③ $\dfrac{F}{\mu^2 V} = f\left(\dfrac{V}{a}\right)$ ④ $\dfrac{F}{\mu V a} = f\left(\dfrac{a}{\mu V}\right)$

해설 $\dfrac{F}{\mu V a} = \dfrac{\text{N}}{\text{N} \cdot \text{s/m}^2 \times \text{m/s} \times \text{m}}$

$= 1 \text{(상수)}$

44. 그림과 같이 지름 D와 깊이 H의 원통 용기 내에 액체가 가득 차 있다. 수평방향으로의 등가속도(가속도$= a$) 운동을 하여 내부의 물의 35 %가 흘러 넘쳤다면 가속도 a와 중력가속도 g의 관계로 옳은 것은? (단, $D = 1.2H$이다.)

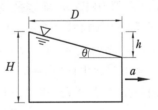

① $a = 0.58g$ ② $a = 0.85g$

③ $a = 1.35g$ ④ $a = 1.42g$

해설 넘쳐 흐른 체적을 V_s, 원통의 체적을

V_o라 하면 $V_s = \dfrac{35}{100} V_o$

$$\dfrac{1}{2} \times \dfrac{\pi D^2}{4} h = \dfrac{35}{100} \times \dfrac{\pi D^2}{4} H$$

$$\therefore h = \dfrac{7}{10} H$$

$$\tan\theta = \dfrac{h}{D} = \dfrac{0.7}{1.2} = 0.583 \left(= \dfrac{a}{g}\right)$$

$$\therefore a = 0.583g$$

45. 온도 증가에 따른 일반적인 점성계수 변화에 대한 설명으로 옳은 것은?

① 액체와 기체 모두 증가한다.

② 액체와 기체 모두 감소한다.

③ 액체는 증가하고, 기체는 감소한다.

④ 액체는 감소하고, 기체는 증가한다.

해설 일반적으로 온도가 상승하면 액체는 점성이 감소하고 기체는 증가한다.

46. 다음 U자관 압력계에서 A와 B의 압력차는 몇 kPa인가? (단, $H_1 = 250\,mm$, $H_2 = 200\,mm$, $H_3 = 600\,mm$이고 수은의 비중은 13.6이다.)

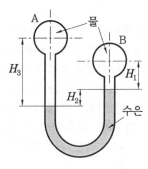

① 3.50

② 23.2

③ 35.0

④ 232

해설 $P_A + 9.8 H_3$

$$= P_B + 9.8 H_1 + (9.8 \times 13.6) H_2$$

$$\therefore P_A - P_B$$

$$= 9.8 H_1 + (9.8 \times 13.6) H_2 - 9.8 H_3$$

$$= 9.8 \times 0.25 + (9.8 \times 13.6) \times 0.2$$

$$- 9.8 \times 0.6 = 23.2\,kPa$$

47. 물($\mu = 1.519 \times 10^{-3}\,kg/m \cdot s$)이 직경 0.3 cm, 길이 9 m인 수평 파이프 내부를 평균속도 0.9 m/s로 흐를 때 어떤 유동이 되는가?

① 난류유동　　② 층류유동

③ 등류유동　　④ 천이유동

해설 $Re = \dfrac{\rho VD}{\mu} = \dfrac{1000 \times 0.9 \times 0.003}{1.519 \times 10^{-3}}$

$$= 1777.5 < 2100$$이므로

$$\therefore 층류$$

48. 정상 2차원 퍼텐셜 유동의 속도장이 $u = -6y$, $v = -4x$일 때, 이 유동의 유동함수가 될 수 있는 것은? (단, C는 상수이다.)

① $-2x^2 - 3y^2 + C$

② $2x^2 - 3y^2 + C$

③ $-2x^2 + 3y^2 + C$

④ $2x^2 + 3y^2 + C$

해설 $u = \dfrac{\partial \psi}{\partial y}$, $v = -\dfrac{\partial \psi}{\partial x}$인 유동함수(stream function) $\psi = 2x^2 - 3y^2 + C$에서

$$\dfrac{\partial \psi}{\partial y} = u = -6y, \quad \dfrac{\partial \psi}{\partial x} = -v = -4x$$

49. 2차원 직각좌표계(x, y)에서 속도장이 다음과 같은 유동이 있다. 유동장 내의 점(L, L)에서의 유속의 크기는? (단, $\vec{i}$, $\vec{j}$는 각각 x, y 방향의 단위벡터를 나타낸다.)

$$\vec{V}(x, y) = \dfrac{U}{L}(-x\,\vec{i} + y\,\vec{j})$$

① 0

② U

③ $2U$

④ $\sqrt{2}\,U$

정답 45. ④　46. ②　47. ②　48. ②　49. ④

[해설] 점(L, L)에서의 유속은 $x = L$, $y = L$을 대입하면

$$\vec{V} = \frac{U}{L}(-xi + yj) = \frac{U}{L}(-Li + Lj)$$
$$= U(-i + j)$$
$$u = -U, \quad v = U$$
$$\therefore \; |\vec{V}| = \sqrt{u^2 + v^2}$$
$$= \sqrt{(-U)^2 + U^2} = \sqrt{2}\,U$$

50. 표준 공기 중에서 속도 V로 낙하하는 구형의 작은 빗방울이 받는 항력은 $F_D = 3\pi\mu VD$로 표시할 수 있다. 여기에서 μ는 공기의 점성계수이며, D는 빗방울의 지름이다. 정지 상태에서 빗방울 입자가 떨어지기 시작했다고 가정할 때 이 빗방울의 최대 속도(종속도, terminal velocity)는 지름 D의 몇 제곱에 비례하는가?

① 3   ② 2   ③ 1   ④ 0.5

[해설] $V = \dfrac{D^2(\gamma_s - \gamma_l)}{18\mu}$ [m/s]

$$\therefore \; V \propto D^2$$

51. 지름이 10 cm인 원관에서 유체가 층류로 흐를 수 있는 임계 레이놀즈수를 2100으로 할 때 층류로 흐를 수 있는 최대 평균속도는 몇 m/s인가? (단, 흐르는 유체의 동점성계수는 1.8×10^{-6} m²/s이다.)

① 1.89×10^{-3} ② 3.78×10^{-2}
③ 1.89   ④ 3.78

[해설] $Re_c = \dfrac{Vd}{\nu}$

$$\therefore \; V = \frac{Re_c\nu}{d} = \frac{2100 \times 1.8 \times 10^{-6}}{0.1}$$
$$= 0.0378 = 3.78 \times 10^{-2}\,\text{m/s}$$

52. 계기압 10 kPa의 공기로 채워진 탱크

에서 지름 0.02 m인 수평관을 통해 출구 지름 0.01 m인 노즐로 대기(101 kPa) 중으로 분사된다. 공기 밀도가 1.2 kg/m³으로 일정할 때 0.02 m인 관 내부 계기압력은 약 몇 kPa인가? (단, 위치에너지는 무시한다.)

① 9.4   ② 9.0
③ 8.6   ④ 8.2

53. 피토 정압관을 이용하여 흐르는 물의 속도를 측정하려고 한다. 액주계에는 비중 13.6인 수은이 들어 있고 액주계에서 수은의 높이 차이가 20 cm일 때 흐르는 물의 속도는 몇 m/s인가? (단, 피토 정압관의 보정계수는 $C = 0.96$이다.)

① 6.75   ② 6.87
③ 7.54   ④ 7.84

[해설] $V = C\sqrt{2gh\left(\dfrac{S_{Hg}}{S_{H_2O}} - 1\right)}$

$$= 0.96\sqrt{2 \times 9.8 \times 0.2\left(\frac{13.6}{1} - 1\right)}$$
$$= 6.75\,\text{m/s}$$

54. 점성계수 $\mu = 0.98$ N·s/m²인 뉴턴 유체가 수평 벽면 위를 평행하게 흐른다. 벽면($y = 0$) 근방에서의 속도 분포가 $y = 0.5 - 150(0.1 - y)^2$이라고 할 때 벽면에서의 전단응력은 몇 Pa인가? (단, y [m]는 벽면에 수직한 방향의 좌표를 나타내며, u는 벽면 근방에서의 접선속도 (m/s)이다.)

① 0   ② 0.306
③ 3.12   ④ 29.4

[해설] $\tau = \mu\dfrac{du}{dy} = 0.98 \times 30 = 29.4$ Pa$(= \text{N/m}^2)$

55. 점성·비압축성 유체가 수평방향으로

균일속도로 흘러와서 두께가 얇은 수평 평판 위를 흘러갈 때 Blasius의 해석에 따라 평판에서의 층류 경계층의 두께에 대한 설명으로 옳은 것을 모두 고르면?

> ㉮ 상류의 유속이 클수록 경계층의 두께가 커진다.
> ㉯ 유체의 동점성계수가 클수록 경계층의 두께가 커진다.
> ㉰ 평판의 상단으로부터 멀어질수록 경계층의 두께가 커진다.

① ㉮, ㉯   ② ㉮, ㉰

③ ㉯, ㉰   ④ ㉮, ㉯, ㉰

56. 액체 제트가 깃(vane)에 수평방향으로 분사되어 θ 만큼 방향을 바꾸어 진행할 때 깃을 고정시키는 데 필요한 힘의 합력의 크기를 $F(\theta)$ 라고 한다. $\dfrac{F(\pi)}{F\left(\dfrac{\pi}{2}\right)}$ 는 얼마인가? (단, 중력과 마찰은 무시한다.)

① $\dfrac{1}{\sqrt{2}}$ ② 1

③ $\sqrt{2}$ ④ 2

57. 그림과 같은 수문(ABC)에서 A점은 힌지로 연결되어 있다. 수문을 그림과 같은 닫은 상태로 유지하기 위해 필요한 힘 F 는 몇 kN인가?

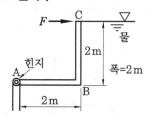

① 78.4   ② 58.8

③ 52.3   ④ 39.2

해설 $\Sigma M_{Hinge} = 0$

$$y_p = \frac{2}{3}h = \frac{2}{3} \times 2 = 1.33 \text{ m}$$

$$F_H = \gamma \bar{h} A = 9.8 \times 1 \times (2 \times 2) = 39.2 \text{ kN}$$

$$F_{AB} = \gamma h A = 9.8 \times 2 \times (2 \times 2) = 78.4 \text{ kN}$$

$$F \times 2 - F_H \times (2 - y_p) - F_{AB} \times 1 = 0$$

$$\therefore \ F = \frac{F_H \times (2 - y_p) + F_{AB} \times 1}{2}$$

$$= \frac{39.2 \times 0.67 + 78.4 \times 1}{2}$$

$$= 52.33 \text{ kN}$$

58. 관내의 부차적 손실에 관한 설명 중 틀린 것은?

① 부차적 손실에 의한 수두는 손실계수에 속도수두를 곱해서 계산한다.

② 부차적 손실은 배관 요소에서 발생한다.

③ 배관의 크기 변화가 심하면 배관 요소의 부차적 손실이 커진다.

④ 일반적으로 짧은 배관계에서 부차적 손실은 마찰손실에 비해 상대적으로 작다.

해설 일반적으로 짧은 배관계에서 부차적 손실은 마찰손실에 비해 상대적으로 크다.

59. 공기 중을 20 m/s로 움직이는 소형 비행선의 항력을 구하려고 1/4 축척의 모형을 물속에서 실험하려고 할 때 모형의 속도는 몇 m/s로 해야 하는가?

구분	물	공기
밀도(kg/m³)	1000	1
점성계수(N·s/m²)	1.8×10^{-3}	1×10^{-5}

① 4.9   ② 9.8

③ 14.4   ④ 20

해설 $\left(\dfrac{\rho V d}{\mu}\right)_p = \left(\dfrac{\rho V d}{\mu}\right)_m$

$$\therefore \; V_m = V_p \frac{\rho_p}{\rho_m} \frac{\mu_m}{\mu_p} \frac{l_p}{l_m}$$

$$= 20 \times \frac{1}{1000} \times \frac{1.8 \times 10^{-3}}{1 \times 10^{-5}} \times \frac{4}{1} = 14.4 \text{ m/s}$$

60. 지름이 8 mm인 물방울의 내부 압력 (게이지 압력)은 몇 Pa인가? (단, 물의 표면장력은 0.075 N/m이다.)

① 0.037 ② 0.075

③ 37.5 ④ 75

해설 $\sigma = \dfrac{Pd}{4}$ [N/m]

$$\therefore \; P = \frac{4\sigma}{d} = \frac{4 \times 0.075}{8 \times 10^{-3}} = 37.5 \text{ N/m}^2 (= \text{Pa})$$

제4과목 **기계재료 및 유압기기**

61. 베어링에 사용되는 구리 합금인 켈밋의 주성분은?

① Cu–Sn ② Cu–Pb

③ Cu–Al ④ Cu–Ni

해설 켈밋(kelmet)은 구리(Cu)에 30~40 %의 납(Pb)을 첨가한 합금이며, 고속·고하중용 베어링으로 항공기, 자동차 등에 널리 사용된다.

62. 알루미늄 및 그 합금의 질별 기호 중 H가 의미하는 것은?

① 어닐링한 것

② 용체화 처리한 것

③ 가공 경화한 것

④ 제조한 그대로의 것

해설 알루미늄 및 그 합금의 질별 기호는 합금 분류 숫자 뒤에 표시한다.

참고 기본 질별 기호

• F : 제조한 상태 그대로의 것(기계적 성

질에 제한이 없음)

• O : 어닐링(소둔)하고 재결정시킨 것

• H : 가공 경화한 것

• T : F 또는 O와는 다른 성질을 갖도록 열처리한 것

63. 다음 중 용융점이 가장 낮은 것은?

① Al ② Sn

③ Ni ④ Mo

해설 용융점

① Al : 660℃ ② Sn : 232℃

③ Ni : 1452℃ ④ Mo : 2450℃

64. 표면은 단단하고 내부는 인성을 가지는 주철로 압연용 롤, 분쇄기 롤, 철도차량 등 내마멸성이 필요한 기계부품에 사용되는 것은?

① 회주철 ② 칠드주철

③ 구상흑연주철 ④ 펄라이트주철

65. 체심입방격자(BCC)의 인접 원자수(배위수)는 몇 개인가?

① 6개 ② 8개

③ 10개 ④ 12개

해설 금속의 결정 구조에 따른 배위수

(1) 체심입방격자(BCC) : 8개

(2) 면심입방격자(FCC) : 12개

(3) 조밀육방격자(HCP) : 12개

66. 탄소강이 950℃ 전후의 고온에서 적열메짐(red brittleness)을 일으키는 원인이 되는 것은?

① Si ② P

③ Cu ④ S

해설 탄소강의 고온(적열)취성은 900~950℃ 전후에서 황(S) 때문에 일어나며, 망간(Mn)은 적열취성의 방지 원소이다.

---

67. 금속 재료의 파괴 형태를 설명한 것 중 다른 하나는?

① 외부 힘에 의해 국부 수축 없이 갑자기 발생되는 단계로 취성 파단이 나타난다.

② 균열의 전파 전 또는 전파 중에 상당한 소성변형을 유발한다.

③ 인장시험 시 컵-콘(원뿔) 형태로 파괴된다.

④ 미세한 공공 형태의 딤플 형상이 나타난다.

해설 ①은 취성 파괴, ②, ③, ④는 연성 파괴에 대한 설명이다.

68. 열경화성 수지에 해당하는 것은?

① ABS 수지　　　② 폴리스티렌

③ 폴리에틸렌　　　④ 에폭시 수지

해설 열경화성 수지는 열을 가하여 어떤 모양을 만든 다음에는 다시 열을 가하여도 물러지지 않는 수지를 말하며, 에폭시 수지, 페놀 수지, 요소 수지, 멜라민 수지, 폴리에스테르 수지, 폴리우레탄 수지 등이 있다.

69. Fe-Fe$_3$C 평형 상태도에 대한 설명으로 옳은 것은?

① A$_0$는 철의 자기변태점이다.

② A$_1$ 변태선을 공석선이라 한다.

③ A$_2$는 시멘타이트의 자기변태점이다.

④ A$_3$는 약 1400℃이며, 탄소의 함유량이 약 4.3 % C이다.

해설 (1) A$_0$는 210℃로 시멘타이트의 자기변태점이다.

(2) A$_1$ 변태선을 공석선이라 하며 변태점은 723℃이다.

(3) A$_2$는 768℃로 철의 자기변태점이다.

(4) A$_3$는 910℃로 철의 동소변태점이다.

(5) A$_4$는 1400℃로 철의 동소변태점이다.

70. 오스테나이트형 스테인리스강에 대한 설명으로 틀린 것은?

① 내식성이 우수하다.

② 공식을 방지하기 위해 할로겐 이온의 고농도를 피한다.

③ 자성을 띠고 있으며, 18 % Co와 8 % Cr을 함유한 합금이다.

④ 입계부식 방지를 위하여 고용화 처리를 하거나 Nb 또는 Ti을 첨가한다.

해설 오스테나이트형 스테인리스강은 자성이 없으며(비자성체) 크롬(18 %)과 니켈(8 %)을 함유한 합금이다.

71. 유압장치의 운동 부분에 사용되는 실(seal)의 일반적인 명칭은?

① 심리스(seamless)

② 개스킷(gasket)

③ 패킹(packing)

④ 필터(filter)

해설 유압장치의 운동 부분에 사용되는 실은 패킹이고, 고정 부분에 사용되는 실은 개스킷이다.

72. 유압 회로 중 미터 인 회로에 대한 설명으로 옳은 것은?

① 유량 제어 밸브는 실린더에서 유압 작동유의 출구 측에 설치한다.

② 유량 제어 밸브를 탱크로 바이패스되는 관로 쪽에 설치한다.

③ 릴리프 밸브를 통하여 분기되는 유량으로 인한 동력손실이 있다.

④ 압력 설정 회로로 체크 밸브에 의하여 양방향만의 속도가 제어된다.

해설 미터 인 회로는 유량 제어 밸브를 실린

정답　**67.** ①　**68.** ④　**69.** ②　**70.** ③　**71.** ③　**72.** ③

더에서 유압 작동유의 입구 측에 설치하며, 릴리프 밸브를 통해 분기되는 유량으로 인한 동력손실이 크다.

73. 그림과 같은 전환 밸브의 포트수와 위치에 대한 명칭으로 옳은 것은?

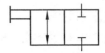

① 2/2-way 밸브   ② 2/4-way 밸브
③ 4/2-way 밸브   ④ 4/4-way 밸브
[해설] 제시된 그림은 2위치 2방향 밸브이다.

74. KS 규격에 따른 유면계의 기호로 옳은 것은?

75. 유압장치의 각 구성 요소에 대한 기능의 설명으로 적절하지 않은 것은?

① 오일 탱크는 유압 작동유의 저장 기능, 유압 부품의 설치 공간을 제공한다.
② 유압 제어 밸브에는 압력 제어 밸브, 유량 제어 밸브, 방향 제어 밸브 등이 있다.
③ 유압 작동체(유압 구동기)는 유압장치 내에서 요구된 일을 하며 유체 동력을 기계적 동력으로 바꾸는 역할을 한다.
④ 유압 작동체(유압 구동기)에는 고무호스, 이음쇠, 필터, 열교환기 등이 있다.

76. 다음 중 속도 제어 회로의 종류가 아

닌 것은?

① 미터 인 회로
② 미터 아웃 회로
③ 로킹 회로
④ 블리드 오프 회로
[해설] 로킹 회로 : 방향 제어 회로(directional control circuit)로 액추에이터의 운동 방향을 바꾸거나 정지 위치에서 액추에이터를 유지하기 위한 회로(2위치 전환 밸브나 3위치 전환 밸브가 사용된다.)

77. 어큐뮬레이터 종류인 피스톤형의 특징에 대한 설명으로 적절하지 않은 것은?

① 대형도 제작이 용이하다.
② 축 유량을 크게 잡을 수 있다.
③ 형상이 간단하고 구성품이 적다.
④ 유실에 가스 침입의 염려가 없다.
[해설] 피스톤형 어큐뮬레이터는 유실에 가스 침입의 우려가 있다.

78. 유압펌프에서 실제 토출량과 이론 토출량의 비를 나타내는 용어는?

① 펌프의 토크 효율
② 펌프의 전 효율
③ 펌프의 입력 효율
④ 펌프의 용적 효율
[해설] 유압펌프의 체적(용적) 효율(η_v)
$$= \frac{\text{실제 토출량}(Q_a)}{\text{이론 토출량}(Q_{th})} \times 100\%$$

79. 다음 중 난연성 작동유의 종류가 아닌 것은?

① R & O형 작동유
② 수중 유형 유화유
③ 물-글리콜형 작동유
④ 인산 에스테르형 작동유

[정답] 73. ① 74. ② 75. ④ 76. ③ 77. ④ 78. ④ 79. ①

해설 유압 작동유의 종류

(1) 석유계 작동유 : 터빈유, 고점도지수(VI)
유압유(용도 : 일반 산업용, 저온용, 내마
멸성용, 가장 많이 쓰임)

(2) 난연성 작동유
 • 합성계 : 인산에스테르, 염화수소, 탄화수
소(용도 : 항공기용, 정밀제어장치용)
 • 수성계 : 물 – 글리콜계, 유화계(용도 :
다이캐스팅머신용, 각종 프레스기계용,
압연기용, 광산기계용)

※ R & O(범용 유압 작동유) : 산화안정성
이 뛰어나고 냄새가 없다.

80. 작동유 속의 불순물을 제거하기 위하
여 사용하는 부품은?

① 패킹　　　　　　② 스트레이너
③ 어큐뮬레이터　　④ 유체 커플링

해설 스트레이너(strainer)는 탱크 내의 펌
프 흡입구에 설치하며 펌프 및 회로의 불
순물을 제거하기 위해 사용한다.

제5과목　**기계제작법 및 기계동력학**

81. 등가속도 운동에 관한 설명으로 옳은
것은?

① 속도는 시간에 대하여 선형적으로 증
가하거나 감소한다.

② 변위는 시간에 대하여 선형적으로 증
가하거나 감소한다.

③ 속도는 시간의 제곱에 비례하여 증가
하거나 감소한다.

④ 변위는 속도의 세제곱에 비례하여 증
가하거나 감소한다.

82. 그림과 같이 원판에서 원주에 있는 점
A의 속도가 12 m/s일 때 원판의 각속도

는 약 몇 rad/s인가? (단, 원판의 반지름
r은 0.3 m이다.)

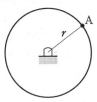

① 10　　② 20　　③ 30　　④ 40

해설 $V = r\omega[\text{m/s}]$

$$\therefore \omega = \frac{V}{r} = \frac{12}{0.3} = 40 \text{ rad/s}$$

83. 같은 길이의 두 줄에 질량 20 kg의
물체가 매달려 있다. 이 중 하나의 줄을
자르는 순간의 남는 줄의 장력은 약 몇
N인가? (단, 줄의 질량 및 강성은 무시
한다.)

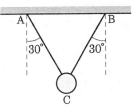

① 98　　　　　　② 170
③ 196　　　　　　④ 250

해설 $T = mg \times \cos 30°$
$= 20 \times 9.8 \times \cos 30° ≒ 170\text{N}$

84. 다음 단순조화운동 식에서 진폭을 나
타내는 것은?

$$x = A \sin(\omega t + \phi)$$

① A　　　　　　② ωt
③ $\omega t + \phi$　　　　④ ϕ

해설 x : 변위, A : 진폭, ω : 각진동수(각속
도), ϕ : 초기 위상, $\omega t + \phi$: 위상각

85. 균질한 원통(cylinder)이 그림과 같이

물에 떠있다. 평형 상태에 있을 때 손으로 눌렀다가 놓아주면 상하 진동을 하게 되는데, 이때 진동주기(τ)에 대한 식으로 옳은 것은? (단, 원통 질량은 m, 원통 단면적은 A, 물의 밀도는 ρ이고, g는 중력가속도이다.)

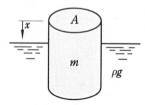

① $\tau = 2\pi \sqrt{\dfrac{\rho g}{mA}}$ ② $\tau = 2\pi \sqrt{\dfrac{mA}{\rho g}}$

③ $\tau = 2\pi \sqrt{\dfrac{m}{\rho g A}}$ ④ $\tau = 2\pi \sqrt{\dfrac{\rho g A}{m}}$

[해설] $\Sigma F = m\ddot{x}$, $-\gamma A x = m\ddot{x}$

$m\ddot{x} + \gamma A x = 0$

$\gamma = \rho g$이므로 $m\ddot{x} + \rho g A x = 0$

$\ddot{x} + \dfrac{\rho g A}{m} x = 0$

$\therefore \; \tau = \dfrac{1}{f_n} = \dfrac{2\pi}{\omega_n}$

$\qquad = 2\pi \sqrt{\dfrac{k}{m}} = 2\pi \sqrt{\dfrac{m}{\rho g A}}$ [s]

86. 질량 30 kg의 물체를 담은 두레박 B가 레일을 따라 이동하는 크레인 A에 6 m 길이의 줄에 의해 수직으로 매달려 이동하고 있다. 일정한 속도로 이동하던 크레인이 갑자기 정지하자 두레박 B가 수평으로 3 m까지 흔들렸다. 크레인 A의 이동 속력은 약 몇 m/s인가?

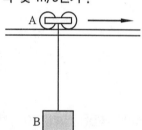

① 1   ② 2   ③ 3   ④ 4

[해설] $h = 6 - 3\sqrt{3} = 0.8$ m
에너지 보존의 법칙을
이용하면

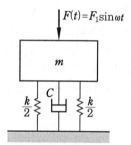

$\dfrac{1}{2} m V^2 = mgh$

$\therefore \; V = \sqrt{2gh}$

$\qquad = \sqrt{2 \times 9.8 \times 0.8}$

$\qquad \fallingdotseq 4$ m/s

87. 그림과 같이 진동계에 가진력 $F(t)$가 작용한다. 바닥으로 전달되는 힘의 최대 크기가 F_1보다 작기 위한 조건은? (단, $\omega_n = \sqrt{\dfrac{k}{m}}$ 이다.)

$F(t) = F_1 \sin \omega t$

① $\dfrac{\omega}{\omega_n} < 1$ ② $\dfrac{\omega}{\omega_n} > 1$

③ $\dfrac{\omega}{\omega_n} > \sqrt{2}$ ④ $\dfrac{\omega}{\omega_n} < \sqrt{2}$

[해설] 전달률(TR)과 진동수비$\left(\gamma = \dfrac{\omega}{\omega_n} \right)$의 관계

(1) $TR = 1$이면 $\gamma = \sqrt{2}$

(2) $TR < 1$이면 $\gamma > \sqrt{2}$

(3) $TR > 1$이면 $\gamma < \sqrt{2}$

전달률(TR) = $\dfrac{\text{최대전달력}(F_{tr})}{\text{최대가진력}(f_0)}$ 에서

$F_{tr} < F_1$이 되려면

$TR < 1$ 즉, $\gamma = \dfrac{\omega}{\omega_n} > \sqrt{2}$

88. 두 질점이 정면 중심으로 완전탄성충

정답   86. ④   87. ③   88. ②

돌할 경우에 관한 설명으로 틀린 것은?

① 반발계수 값은 1이다.

② 전체 에너지는 보존되지 않는다.

③ 두 질점의 전체 운동량이 보존된다.

④ 충돌 후 두 질점의 상대속도는 충돌 전 두 질점의 상대속도와 같은 크기이다.

[해설] (1) 완전 탄성 충돌($e=1$) : 충돌 전후의 전체 에너지(운동량 및 운동에너지)가 보존된다.

(2) 불완전 비탄성 충돌($0 < e < 1$) : 운동량은 보존되고 운동에너지는 보존되지 않는다.

(3) 완전 비탄성(소성) 충돌($e=0$) : 충돌 후 두 질점의 속도는 같다. (충돌 후 반발됨이 없이 한 덩어리가 된다 : 상대속도가 0이다.)

89. 길이 1.0 m, 질량 10 kg의 막대가 A점에 핀으로 연결되어 정지하고 있다. 1 kg의 공이 수평속도 10 m/s로 막대의 중심을 때릴 때 충돌 직후 막대의 각속도는 약 몇 rad/s인가?(단, 공과 막대 사이의 반발계수는 0.4이다.)

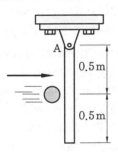

① 1.95

② 0.86

③ 0.68

④ 1.23

[해설] 각운동량 보존 : 공과 봉을 하나의 계로 생각하면 공과 봉 사이에 생기는 충격력은 내력이므로 점 A에 대한 각운동량은 보존되며 공과 봉의 무게는 비충격력이다. 운동학 데이터를 사용하면

$$H_{A1} = H_{A2}$$

$$0.5 m_B V_{B1} = 0.5 m_B V_{B2} + 0.5 m_R V_{G2} + I_G \omega_2$$

$$0.5 \times 1 \times 10 = 0.5 \times 1 \times V_{B2}$$

$$+ 0.5 \times 10 \times 0.5 \times \omega_2 + \frac{10}{12} \times 1^2 \times \omega_2$$

$$5 = 0.5 V_{B2} + 3.33\omega_2 \cdots\cdots\cdots ①$$

반발계수$(e) = \dfrac{V_{G2} - V_{B2}}{V_{B1} - V_{G1}}$

$$0.4 = \frac{0.5\omega_2 - V_{B2}}{10 - 0}$$

$$\therefore V_{B2} = 0.5\omega_2 - 4 \cdots\cdots\cdots ②$$

식 ②를 식 ①에 대입 후 V_{B2}를 소거하면

$$5 = 0.5(0.5\omega_2 - 4) + 3.33\omega_2$$

$$\therefore \omega_2 = \frac{7}{3.58} ≒ 1.96 \text{ rad/s}$$

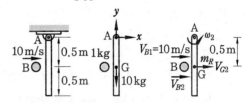

90. 질량이 18 kg, 스프링 상수가 50 N/cm, 감쇠계수 0.6 N·s/cm인 1자유도 점성 감쇠계에서 진동계의 감쇠비는?

① 0.10

② 0.20

③ 0.33

④ 0.50

[해설] 진동계 감쇠비(ζ)

$$= \frac{c}{c_c} = \frac{c}{2\sqrt{mk}}$$

$$= \frac{0.6 \times 100}{2\sqrt{18 \times 50 \times 100}} = 0.1$$

91. 와이어 컷(wire cut) 방전 가공의 특징으로 틀린 것은?

① 표면거칠기가 양호하다.

② 담금질강과 초경합금의 가공이 가능하다.

③ 복잡한 형상의 가공물을 높은 정밀도로 가공할 수 있다.

---

④ 가공물의 형상이 복잡함에 따라 가공 속도가 변한다.

[해설] 와이어 컷 방전 가공 시 가공속도는 피가공물의 재질과 두께, 와이어의 종류에 따라 변화한다.

92. 어미나사의 피치가 6 mm인 선반에서 1인치당 4산의 나사를 가공할 때 A와 D의 기어의 잇수는 각각 얼마인가? (단, A는 주축 기어의 잇수이고, D는 어미나사 기어의 잇수이다.)

① $A = 60$, $D = 40$
② $A = 40$, $D = 60$
③ $A = 127$, $D = 120$
④ $A = 120$, $D = 127$

[해설] 미터식 리드 스크루로 인치식 나사를 깎는 경우 깎으려는 나사산수(t)를 피치로 표시하면 $\dfrac{1}{t}$[inch]이고 mm로 환산하면 $\dfrac{1}{t} \times \dfrac{127}{5}$[mm]가 된다. 공작물의 피치 $\dfrac{1}{4}$ inch를 mm로 환산하면

$$\therefore \frac{A}{D} = \frac{X}{P} = \frac{\frac{1}{4} \times \frac{127}{5}}{6}$$

$$= \frac{127}{4 \times 6 \times 5} = \frac{127}{120}$$

93. 다음 중 소성 가공에 속하지 않는 것은 어느 것인가?

① 코이닝(coining)
② 스웨이징(swaging)
③ 호닝(honing)
④ 딥 드로잉(deep drawing)

[해설] 호닝은 원통 모양으로 된 공작물의 안쪽을 숫돌로 재빨리 정밀하게 다듬는 정밀 입자 가공이다.

94. 노즈 반지름이 있는 바이트로 선삭할

때 가공면의 이론적 표면 거칠기를 나타내는 식은? (단, f는 이송, R은 공구의 날끝 반지름이다.)

① $\dfrac{f^2}{8R}$　　② $\dfrac{f}{8R^2}$
③ $\dfrac{f}{8R}$　　④ $\dfrac{f}{4R}$

[해설] 가공면의 굴곡을 나타내는 최대높이(H) 즉, 표면거칠기는 $H = \dfrac{f^2}{8R}$ (여기서, R : 둥근 바이트의 날끝 곡률 반지름, f : 이송)

95. 경화된 작은 강철 볼(ball)을 공작물 표면에 분사하여 표면을 매끈하게 하는 동시에 피로 강도와 그 밖의 기계적 성질을 향상시키는 데 사용하는 가공 방법은?

① 쇼트 피닝
② 액체 호닝
③ 슈퍼 피니싱
④ 래핑

96. Al을 강의 표면에 침투시켜 내스케일성을 증가시키는 금속 침투 방법은?

① 파커라이징(parkerizing)
② 칼로라이징(calorizing)
③ 크로마이징(chromizing)
④ 금속용사법(metal spraying)

[해설] 금속침투법(시멘테이션)
(1) 알루미늄(Al) : 칼로라이징
(2) 아연(Zn) : 세라다이징
(3) 붕소(B) : 보로나이징
(4) 규소(Si) : 실리코나이징
(5) 크롬(Cr) : 크로마이징

97. 다음 중 자유단조에 속하지 않는 것은 어느 것인가?

① 업세팅(up-setting)
② 블랭킹(blanking)
③ 늘리기(drawing)
④ 굽히기(bending)

[해설] 자유단조에는 업세팅, 늘리기, 굽히기, 단짓기, 구멍뚫기 등이 있으며, 블랭킹은 전단가공에 속한다.

98. 주물의 결함 중 기공(blow hole)의 방지 대책으로 가장 거리가 먼 것은?

① 주형 내의 수분을 적게 할 것
② 주형의 통기성을 향상시킬 것
③ 용탕에 가스 함유량을 높게 할 것
④ 쇳물의 주입온도를 필요 이상으로 높게 하지 말 것

[해설] 기공을 방지하려면 용탕에 가스 함유량을 적게 하고 주물의 용해온도 및 주입온도를 필요 이상 높게 하지 말아야 한다.

99. 용접 피복제의 역할로 틀린 것은?

① 아크를 안정시킨다.
② 용접에 필요한 원소를 보충한다.
③ 전기 절연 작용을 한다.
④ 모재 표면의 산화물을 생성해 준다.

[해설] 피복제의 역할
(1) 아크를 안정시킨다.
(2) 용착 금속의 탈산 및 정련작용을 한다.
(3) 용착 금속의 급랭을 방지한다.
(4) 용착 금속에 필요한 원소를 보충한다.
(5) 전기 절연 작용을 한다.
(6) 모재 표면의 산화물을 제거한다.

100. 방전 가공에서 전극 재료의 구비 조건으로 가장 거리가 먼 것은?

① 기계 가공이 쉬워야 한다.
② 가공 전극의 소모가 커야 한다.
③ 가공 정밀도가 높아야 한다.
④ 방전이 안전하고 가공속도가 빨라야 한다.

[해설] 방전 가공 시 전극 재료의 구비 조건
(1) 기계 가공이 용이할 것
(2) 가공 전극의 소모가 작을 것(방전에 의한 전극의 소모가 작을 것)
(3) 가공 정밀도가 높을 것
(4) 방전이 안전하고 가공속도가 빠를 것

제1과목 **재료역학**

1. 길이 500 mm, 지름 16 mm의 균일한 강봉의 양 끝에 12 kN의 축방향 하중이 작용하여 길이는 300 μm가 증가하고 지름은 2.4 μm가 감소하였다. 이 선형 탄성 거동하는 봉 재료의 푸아송비는?

① 0.22   ② 0.25
③ 0.29   ④ 0.32

[해설] 푸아송비$(\mu) = \dfrac{1}{m} = \dfrac{|\varepsilon'|}{\varepsilon} = \dfrac{\dfrac{\delta}{d}}{\dfrac{\lambda}{L}} = \dfrac{\delta L}{d \lambda}$

$$= \dfrac{2.4 \times 10^{-3} \times 500}{16 \times 300 \times 10^{-3}} = 0.25$$

2. 지름 20 mm인 구리합금 봉에 30 kN의 축 방향 인장하중이 작용할 때 체적 변형률은 약 얼마인가? (단, 세로탄성계수는 100 GPa, 푸아송비는 0.3이다.)

① 0.38   ② 0.038
③ 0.0038   ④ 0.00038

[해설] $\varepsilon_v = \dfrac{\Delta V}{V} = \varepsilon(1 - 2\mu) = \dfrac{\sigma}{E}(1 - 2\mu)$

$$= \dfrac{P}{AE}(1 - 2\mu)$$

$$= \dfrac{30 \times 10^3}{\dfrac{\pi(20)^2}{4} \times 100 \times 10^3}(1 - 2 \times 0.3)$$

$$= 3.8 \times 10^{-4}(0.00038)$$

3. 그림과 같이 균일단면 봉이 100 kN의

압축하중을 받고 있다. 재료의 경사 단면 $Z-Z$에 생기는 수직응력 σ_n, 전단응력 τ_n의 값은 각각 약 몇 MPa인가? (단, 균일 단면 봉의 단면적은 1000 mm^{2}이다.)

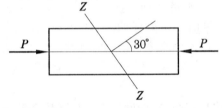

① $\sigma_n = -38.2, \ \tau_n = 26.7$
② $\sigma_n = -68.4, \ \tau_n = 58.8$
③ $\sigma_n = -75.0, \ \tau_n = 43.3$
④ $\sigma_n = -86.2, \ \tau_n = 56.8$

[해설] $\sigma_n = -\sigma_x \cos^2\theta = -\dfrac{P}{A}\cos^2\theta$

$$= -\dfrac{100 \times 10^3}{1000} \times \cos^2 30°$$

$$= -75 \text{ MPa}$$

$\tau_n = \dfrac{1}{2}\sigma_x \sin 2\theta = \dfrac{1}{2} \times 100 \times \sin(2 \times 30°)$

$$= 43.3 \text{ MPa}$$

$\sigma_x = \dfrac{P}{A} = \dfrac{100 \times 10^3}{1000} = 100 \text{ N/mm}^2(\text{MPa})$

4. 단면계수가 0.01 m^{3}인 사각형 단면의 양단 고정보가 2 m의 길이를 가지고 있다. 중앙에 최대 몇 kN의 집중하중을 가할 수 있는가? (단, 재료의 허용굽힘응력은 80 MPa이다.)

① 800   ② 1600
③ 2400   ④ 3200

해설 $M_{\max} = \sigma Z,\quad \dfrac{PL}{8} = 80 \times 10^3 \times 0.01$

$$P = \frac{8 \times 80 \times 10^3 \times 0.01}{L}$$

$$= \frac{8 \times 80 \times 10^3 \times 0.01}{2} = 3200\,\text{kN}$$

5. 지름 6 mm인 곧은 강선을 지름 1.2 m 의 원통에 감았을 때 강선에 생기는 최대 굽힘응력은 약 몇 MPa인가? (단, 세로탄 성계수는 200 GPa이다.)

① 500　　　　② 800

③ 900　　　　④ 1000

해설 $\sigma = \dfrac{Ey}{\rho} = \dfrac{200 \times 10^3 \times 3}{600} = 1000\,\text{MPa}$

※ 곡률 반경 $(\rho) = \dfrac{1200}{2} = 600\,\text{mm}$

6. 직사각형$(b \times h)$의 단면적 A를 갖는 보 에 전단력 V가 작용할 때 최대 전단응 력은?

① $\tau_{\max} = 0.5\dfrac{V}{A}$　　② $\tau_{\max} = \dfrac{V}{A}$

③ $\tau_{\max} = 1.5\dfrac{V}{A}$　　④ $\tau_{\max} = 2\dfrac{V}{A}$

해설 $\tau_{\max} = \dfrac{3V}{2A} = 1.5\dfrac{V}{A}\,[\text{MPa}]$

7. 다음 그림에서 고정단에 대한 자유단의 전 비틀림각은? (단, 전단탄성계수는 100 GPa이다.)

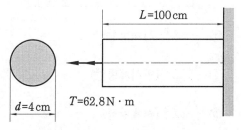

① 0.00025 rad　　② 0.0025 rad

③ 0.025 rad　　　④ 0.25 rad

해설 $\theta = \dfrac{TL}{GI_P} = \dfrac{62.8 \times 1}{100 \times 10^9 \times \dfrac{\pi(0.04)^4}{32}}$

$$= 2.5 \times 10^{-3}\,(0.0025\,\text{rad})$$

8. 다음 그림과 같이 균일분포 하중을 받 는 보의 지점 B에서의 굽힘모멘트는 몇 kN·m인가?

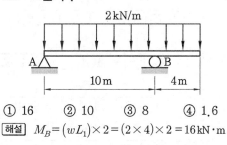

① 16　　② 10　　③ 8　　④ 1.6

해설 $M_B = (wL_1) \times 2 = (2 \times 4) \times 2 = 16\,\text{kN·m}$

9. 두께 10 mm인 강판으로 직경 2.5 m의 원통형 압력 용기를 제작하였다. 최대 내 부 압력이 1200 kPa일 때 축방향 응력은 몇 MPa인가?

① 75　　② 100　　③ 125　　④ 150

해설 $\sigma_t = \dfrac{PD}{4t} = \dfrac{1200 \times 2.5}{4 \times 0.01}$

$$= 75000\,\text{kPa} = 75\,\text{MPa}$$

10. 단면적이 각각 A_1, A_2, A_3이고, 탄성 계수가 각각 E_1, E_2, E_3인 길이 l인 재 료가 강성판 사이에서 인장하중 P를 받 아 탄성변형 했을 때 재료 1, 3 내부에 생기는 수직응력은? (단, 2개의 강성판 은 항상 수평을 유지한다.)

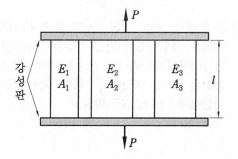

정답　5. ④　6. ③　7. ②　8. ①　9. ①　10. ①

① $\sigma_1 = \dfrac{PE_1}{A_1E_1 + A_2E_2 + A_3E_3}$

$\sigma_3 = \dfrac{PE_3}{A_1E_1 + A_2E_2 + A_3E_3}$

② $\sigma_1 = \dfrac{PE_2E_3}{E_1(A_1E_1 + A_2E_2 + A_3E_3)}$,

$\sigma_3 = \dfrac{PE_1E_2}{E_3(A_1E_1 + A_2E_2 + A_3E_3)}$

③ $\sigma_1 = \dfrac{PE_1}{A_3A_2E_1 + A_3A_1E_2 + A_1A_2E_3}$

$\sigma_3 = \dfrac{PE_3}{A_3A_2E_1 + A_3A_1E_2 + A_1A_2E_3}$

④ $\sigma_1 = \dfrac{PE_2E_3}{A_3A_2E_1 + A_3A_1E_2 + A_1A_2E_3}$

$\sigma_3 = \dfrac{PE_1E_2}{A_3A_2E_1 + A_3A_1E_2 + A_1A_2E_3}$

11. 지름 20 mm, 길이 50 mm의 구리 막대의 양단을 고정하고 막대를 가열하여 40℃ 상승했을 때 고정단을 누르는 힘은 약 몇 kN인가? (단, 구리의 선팽창계수 $\alpha = 0.16 \times 10^{-4}$/℃, 세로탄성계수는 110 GPa이다.)

① 52 ② 30

③ 25 ④ 22

[해설] $P = \sigma A = EA\alpha \Delta t$

$= 110 \times 10^6 \times \dfrac{\pi}{4}(0.02)^2 \times 0.16 \times 10^{-4} \times 40$

$\fallingdotseq 22 \text{ kN}$

12. 지름 10 mm, 길이 2 m인 둥근 막대의 한끝을 고정하고 타단을 자유로이 10°만큼 비틀었다면 막대에 생기는 최대 전단응력은 약 몇 MPa인가? (단, 재료의 전단탄성계수는 84 GPa이다.)

① 18.3 ② 36.6

③ 54.7 ④ 73.2

[해설] $\theta° = 584\dfrac{TL}{Gd^4}$ [°]

$\theta° = 584\dfrac{(\tau Z_P)L}{Gd^4}$ [°]에서

$\tau = \dfrac{Gd^4\theta°}{584Z_PL} = \dfrac{84 \times 10^3 \times 10^4 \times 10}{584 \times \dfrac{\pi(10)^3}{16} \times 2000}$

$= 36.63 \text{ MPa}$

13. 지름이 2 cm이고 길이가 1 m인 원통형 중실기둥의 좌굴에 관한 임계하중을 오일러 공식으로 구하면 약 몇 kN인가? (단, 기둥의 양단은 회전단이고, 세로탄성계수는 200 GPa이다.)

① 11.5 ② 13.5

③ 15.5 ④ 17.5

[해설] $P_B = n\pi^2\dfrac{EI_G}{L^2}$

$= 1 \times \pi^2 \times \dfrac{200 \times 10^6 \times \dfrac{\pi \times (0.02)^4}{64}}{1^2}$

$= 15.5 \text{ kN}$

14. 그림과 같이 등분포하중 w가 가해지고 B점에서 지지되어 있는 고정 지지보가 있다. A점에 존재하는 반력 중 모멘트는?

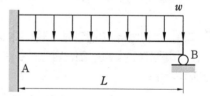

① $\dfrac{1}{8}wL^2$ (시계방향)

② $\dfrac{1}{8}wL^2$ (반시계방향)

③ $\dfrac{7}{8}wL^2$ (시계방향)

④ $\dfrac{7}{8}wL^2$ (반시계방향)

[정답] 11. ④ 12. ② 13. ③ 14. ②

[해설] $M_A = R_B L - wL \dfrac{L}{2}$

$$= \dfrac{3wL^2}{8} - \dfrac{wL^2}{2} = \dfrac{3wL^2}{8} - \dfrac{4wL^2}{8}$$

$$= -\dfrac{wL^2}{8} (\smile)$$

15. 그림과 같은 일단고정 타단지지보의 중앙에 $P = 4800$ N의 하중이 작용하면 지지점의 반력(R_B)은 약 몇 kN인가?

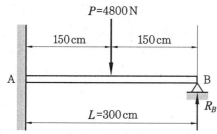

P=4800 N
150 cm 150 cm
A B
R_B
L=300 cm

① 3.2　② 2.6　③ 1.5　④ 1.2

[해설] $R_B = \dfrac{5}{16} P = \dfrac{5}{16} \times 4800$

$$= 1500 \text{ N} (=1.5 \text{ kN})$$

16. 반원 부재에 그림과 같이 $0.5R$ 지점에 하중 P가 작용할 때 지지점 B에서의 반력은?

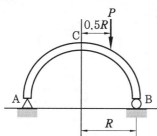

P
0.5R
C
A B
R

① $\dfrac{P}{4}$　② $\dfrac{P}{2}$　③ $\dfrac{3P}{4}$　④ P

[해설] $\sum M_A = 0$

$$R_B \times 2R - P \times \dfrac{3}{2} R = 0$$

$$R_B = \dfrac{P \times \dfrac{3}{2} R}{2R} = \dfrac{3}{4} P [\text{N}]$$

17. 두 변의 길이가 각각 b, h인 직사각형의 A점에 관한 극관성 모멘트는?

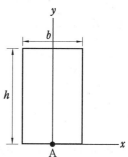

y
b
h
A
x

① $\dfrac{bh}{12}(b^2 + h^2)$　② $\dfrac{bh}{12}(b^2 + 4h^2)$

③ $\dfrac{bh}{12}(4b^2 + h^2)$　④ $\dfrac{bh}{3}(b^2 + h^2)$

[해설] $I_P = I_x + I_y = \dfrac{bh^3}{3} + \dfrac{hb^3}{12} = \dfrac{bh}{12}(4h^2 + b^2)$

18. 상단이 고정된 원추 형체의 단위체적에 대한 중량을 γ라 하고 원추 밑면의 지름이 d, 높이가 l일 때 이 재료의 최대 인장응력을 나타낸 식은? (단, 자중만을 고려한다.)

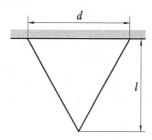

d
l

① $\sigma_{\max} = \gamma l$　② $\sigma_{\max} = \dfrac{1}{2}\gamma l$

③ $\sigma_{\max} = \dfrac{1}{3}\gamma l$　④ $\sigma_{\max} = \dfrac{1}{4}\gamma l$

[해설] 그림에서 omn의 무게(W_x)

$$= \gamma V_x = \dfrac{\gamma A_x x}{3} [\text{N}]$$

$$\sigma_x = \dfrac{W_x}{A_x} = \dfrac{\gamma x}{3} [\text{MPa}]$$

정답 **15.** ③　**16.** ③　**17.** ②　**18.** ③

(1) $x=0$일 때 $\sigma_{min}=0$

(2) $x=l$일 때 $\sigma_{max}=\dfrac{\gamma l}{3}$ [MPa]

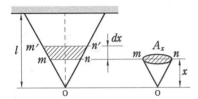

19. 보의 길이 l에 등분포하중 w를 받는 직사각형 단순보의 최대 처짐량에 대한 설명으로 옳은 것은? (단, 보의 자중은 무시한다.)

① 보의 폭에 정비례한다.

② l의 3승에 정비례한다.

③ 보의 높이의 2승에 반비례한다.

④ 세로탄성계수에 반비례한다.

[해설] $\delta_{max}=\dfrac{5wl^4}{384EI}=\dfrac{5wl^4}{384E\dfrac{bh^3}{12}}=\dfrac{60wl^4}{384Ebh^3}$

$\therefore \delta_{max}\propto\dfrac{1}{E}$

20. 원통형 코일스프링에서 코일 반지름을 R, 소선의 지름을 d, 전단탄성계수를 G 라고 하면 코일스프링 한 권에 대해서 하중 P가 작용할 때 소선의 비틀림각 ϕ를 나타내는 식은?

① $\dfrac{32PR}{Gd^2}$ ② $\dfrac{32PR^2}{Gd^2}$

③ $\dfrac{64PR}{Gd^4}$ ④ $\dfrac{64PR^2}{Gd^4}$

[해설] $\delta=R\phi=\dfrac{64nR^3P}{Gd^4}$

한 권이므로 $n=1$

$\therefore \phi=\dfrac{\delta}{R}=\dfrac{64R^2P}{Gd^4}$ [radian]

제2과목 **기계열역학**

21. 다음 중 가장 낮은 온도는?

① 104℃ ② 284°F

③ 410 K ④ 684 R

[해설] 284°F : $t_C=\dfrac{5}{9}(t_F-32)=\dfrac{5}{9}(284-32)$
$=140℃$

410 K : $T=t_C+273$[K]에서
$t_C=T-273=410-273=137℃$

684 R : $R=t_F+460$[R]에서
$t_F=R-460=684-460=224°F$
$t_C=\dfrac{5}{9}(t_F-32)=\dfrac{5}{9}(224-32)=106.67℃$

22. 증기터빈에서 질량유량이 1.5 kg/s이고, 열손실률이 8.5 kW이다. 터빈으로 출입하는 수증기에 대한 값은 아래 그림과 같다면 터빈의 출력은 약 몇 kW인가?

$\dot{m}_i=1.5$ kg/s
$z_i=6$ m
$v_i=50$ m/s
$h_i=3137.0$ kJ/kg

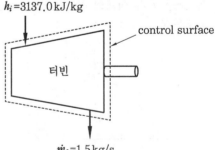

control surface

터빈

$\dot{m}_e=1.5$ kg/s
$z_e=3$ m
$v_e=200$ m/s
$h_e=2675.5$ kJ/kg

① 273 kW ② 656 kW

③ 1357 kW ④ 2616 kW

[해설] $Q_L=w_t+\dot{m}(h_e-h_i)+\dfrac{\dot{m}}{2}(v_e^2-v_i^2)$
$\times 10^{-3}+\dot{m}g(z_e-z_i)$

$$-8.5 = w_t + 1.5(2675.5 - 3137)$$
$$+ \frac{1.5}{2} \times (200^2 - 50^2) \times 10^{-3}$$
$$+ 1.5 \times 9.8 \times (3-6) \times 10^{-3}$$
$$-8.5 = w_t - 692.25 + 28.125 - 0.0441$$
$$\therefore w_t = -8.5 + 692.25 - 28.125 + 0.0441$$
$$= 655.67 ≒ 656 \, kW$$

23. 온도 15℃, 압력 100 kPa 상태의 체적이 일정한 용기 안에 어떤 이상기체 5 kg이 들어 있다. 이 기체가 50℃가 될 때까지 가열되는 동안의 엔트로피 증가량은 약 몇 kJ/K인가? (단, 이 기체의 정압비열과 정적비열은 각각 1.001 kJ/kg · K, 0.7171 kJ/kg · K이다.)

① 0.411　　　② 0.486
③ 0.575　　　④ 0.732

[해설] $\Delta S = m C_v \ln \dfrac{T_2}{T_1}$
$$= 5 \times 0.7171 \ln \frac{(50+273)}{(15+273)}$$
$$= 0.411 \, kJ/K$$

24. 어떤 냉동기에서 0℃의 물로 0℃의 얼음 2 ton을 만드는 데 180 MJ의 일이 소요된다면 이 냉동기의 성적계수는? (단, 물의 융해열은 334 kJ/kg이다.)

① 2.05　　　② 2.32
③ 2.65　　　④ 3.71

[해설] $(COP)_R = \dfrac{Q_c}{W_c} = \dfrac{2000 \times 334}{180 \times 10^3} = 3.71$

25. 계가 비가역 사이클을 이룰 때 클라우지우스(Clausius)의 적분을 옳게 나타낸 것은? (단, T는 온도, Q는 열량이다.)

① $\oint \dfrac{\delta Q}{T} < 0$　　　② $\oint \dfrac{\delta Q}{T} > 0$
③ $\oint \dfrac{\delta Q}{T} \geq 0$　　　④ $\oint \dfrac{\delta Q}{T} \leq 0$

[해설] 비가역 사이클인 경우 클라우지우스의 폐적분 값은 부등호이다 $\left(\oint \dfrac{\delta Q}{T} < 0 \right)$.

26. 비열비가 1.29, 분자량이 44인 이상기체의 정압비열은 약 몇 kJ/kg · K인가? (단, 일반기체상수는 8.314 kJ/kmol · K이다.)

① 0.51　　　② 0.69
③ 0.84　　　④ 0.91

[해설] $C_p = \dfrac{k}{k-1} R = \dfrac{1.29}{1.29-1} \times 0.189$
$$= 0.84 \, kJ/kg \cdot K$$
$mR = \overline{R} = 8.314 \, kJ/kmol \cdot K$이므로
기체상수$(R) = \dfrac{\overline{R}}{분자량(m)} = \dfrac{8.314}{44}$
$$≒ 0.189 \, kJ/kg \cdot K$$

27. 과열증기를 냉각시켰더니 포화영역 안으로 들어와서 비체적이 0.2327 m³/kg이 되었다. 이때 포화액과 포화증기의 비체적이 각각 1.079×10⁻³ m³/kg, 0.5243 m³/kg이라면 건도는 얼마인가?

① 0.964　　　② 0.772
③ 0.653　　　④ 0.443

[해설] $v_x = v' + x(v'' - v') \, [m^3/kg]$
건도$(x) = \dfrac{v_x - v'}{v'' - v'}$
$$= \dfrac{0.2327 - 1.079 \times 10^{-3}}{0.5243 - 1.079 \times 10^{-3}} ≒ 0.443$$

28. 증기동력 사이클의 종류 중 재열 사이클의 목적으로 가장 거리가 먼 것은?

① 터빈 출구의 습도가 증가하여 터빈 날개를 보호한다.
② 이론 열효율이 증가한다.
③ 수명이 연장된다.
④ 터빈 출구의 질(quality)을 향상시킨다.

정답 23. ①　24. ④　25. ①　26. ③　27. ④　28. ①

해설 재열 사이클의 목적은 습도로 인한 터빈 날개의 부식 방지와 열효율 향상에 있다.

29. 온도 20℃에서 계기압력 0.183 MPa 의 타이어가 고속주행으로 온도 80℃로 상승할 때 압력은 주행 전과 비교하여 약 몇 kPa 상승하는가? (단, 타이어의 체적은 변하지 않고, 타이어 내의 공기는 이상기체로 가정하며, 대기압은 101.3 kPa 이다.)

① 37 kPa　　　　② 58 kPa
③ 286 kPa　　　　④ 445 kPa

해설　$V = C$, $\dfrac{P}{T} = C$, $\dfrac{P_1}{T_1} = \dfrac{P_2}{T_2}$ 에서

$$P_2 = P_1\left(\dfrac{T_2}{T_1}\right) = (101.3 + 183) \times \left(\dfrac{80 + 273}{20 + 273}\right)$$
$$= 342.52 \text{ kPa}$$
$$\therefore \Delta P = P_2 - P_1 = 342.52 - 284.3$$
$$= 58.22 \text{ kPa}$$

30. 온도가 127℃, 압력이 0.5 MPa, 비체적이 0.4 m³/kg인 이상기체가 같은 압력 하에서 비체적이 0.3 m³/kg으로 되었다면 온도는 약 몇 ℃가 되는가?

① 16　　② 27　　③ 96　　④ 300

해설　$T_2 = T_1\left(\dfrac{v_2}{v_1}\right) = 400\left(\dfrac{0.3}{0.4}\right)$
$$= 300 \text{ K} = (300 - 273)℃ = 27℃$$

31. 수소(H₂)가 이상기체라면 절대압력 1 MPa, 온도 100℃에서의 비체적은 약 몇 m³/kg인가? (단, 일반기체상수는 8.3145 kJ/kmol · K이다.)

① 0.781　　　　② 1.26
③ 1.55　　　　④ 3.46

해설　$Pv = RT$에서

$$v = \dfrac{RT}{P} = \dfrac{\dfrac{8.3145}{2} \times 373}{1 \times 10^3} = 1.55 \text{ m}^3/\text{kg}$$

32. 증기를 가역 단열과정을 거쳐 팽창시키면 증기의 엔트로피는?

① 증가한다.
② 감소한다.
③ 변하지 않는다.
④ 경우에 따라 증가도 하고, 감소도 한다.

해설 가역 단열변화($Q = 0$)인 경우 엔트로피 변화량(ΔS)은 0이다. 즉, 엔트로피는 변하지 않는다.

33. 밀폐용기에 비내부에너지가 200 kJ/kg 인 기체가 0.5 kg 들어 있다. 이 기체를 용량이 500 W인 전기가열기로 2분 동안 가열한다면 최종상태에서 기체의 내부에너지는 약 몇 kJ인가? (단, 열량은 기체로만 전달된다고 한다.)

① 20 kJ　　　　② 100 kJ
③ 120 kJ　　　　④ 160 kJ

해설 전열기 발생 열량(Q)
$$= 0.5 \times (2 \times 60) = 60 \text{ kJ}$$
$$\therefore Q = (U_2 - U_1) \text{에서}$$
$$U_2 = Q + U_1 = 60 + 200 \times 0.5 = 160 \text{ kJ}$$

34. 10℃에서 160℃까지 공기의 평균 정적비열은 0.7315 kJ/kg · K이다. 이 온도 변화에서 공기 1 kg의 내부에너지 변화는 약 몇 kJ인가?

① 101.1 kJ　　　　② 109.7 kJ
③ 120.6 kJ　　　　④ 131.7 kJ

해설　$\Delta U = U_2 - U_1 = m\,C_v(t_2 - t_1)$
$$= 1 \times 0.7315(160 - 10) \fallingdotseq 109.7 \text{ kJ}$$

35. 한 밀폐계가 190 kJ의 열을 받으면서 외부에 20 kJ의 일을 한다면 이 계의 내부에너지의 변화는 약 얼마인가?

① 210 kJ만큼 증가한다.
② 210 kJ만큼 감소한다.

정답　29. ②　　30. ②　　31. ③　　32. ③　　33. ④　　34. ②　　35. ③

③ 170 kJ만큼 증가한다.

④ 170 kJ만큼 감소한다.

[해설] $Q = (U_2 - U_1) + W [\text{kJ}]$

$(U_2 - U_1) = Q - W = 190 - 20 = 170 \text{ kJ}$

∴ 내부에너지는 170 kJ만큼 증가한다.

36. 완전가스의 내부에너지(U)는 어떤 함수인가?

① 압력과 온도의 함수이다.

② 압력만의 함수이다.

③ 체적과 압력의 함수이다.

④ 온도만의 함수이다.

[해설] 완전가스인 경우 내부에너지(U)는 절대온도(T)만의 함수이다.

※ 줄의 법칙 : $U = f(T)$

37. 열펌프를 난방에 이용하려 한다. 실내온도는 18℃이고, 실외 온도는 −15℃이며 벽을 통한 열손실은 12 kW이다. 열펌프를 구동하기 위해 필요한 최소 동력은 약 몇 kW인가?

① 0.65 kW

② 0.74 kW

③ 1.36 kW

④ 1.53 kW

[해설] $\varepsilon_H = \dfrac{T_1}{T_1 - T_2} = \dfrac{291}{291 - 258} ≒ 8.82$

$H_{kW} = \dfrac{Q_L}{\varepsilon_H} = \dfrac{12}{8.82} = 1.36 \text{ kW}$

38. 이상적인 카르노 사이클의 열기관이 500℃인 열원으로부터 500 kJ을 받고, 25℃에 열을 방출한다. 이 사이클의 일(W)과 효율(η_{th})은 얼마인가?

① $W = 307.2 \text{ kJ}, \ \eta_{th} = 0.6143$

② $W = 307.2 \text{ kJ}, \ \eta_{th} = 0.5748$

③ $W = 250.3 \text{ kJ}, \ \eta_{th} = 0.6143$

④ $W = 250.3 \text{ kJ}, \ \eta_{th} = 0.5748$

[해설] $\eta_{th} = 1 - \dfrac{T_2}{T_1} = 1 - \dfrac{25 + 273}{500 + 273}$

$= 0.6143(61.43\%)$

$\eta_{th} = \dfrac{W_{net}}{Q_1}$

∴ $W_{net} = \eta_{th} Q_1 = 0.6143 \times 500 = 307.2 \text{ kJ}$

39. 오토 사이클의 압축비(ε)가 8일 때 이론 열효율은 약 몇 %인가? (단, 비열비(k)는 1.4이다.)

① 36.8 %

② 46.7 %

③ 56.5 %

④ 66.6 %

[해설] $\eta_{tho} = 1 - \left(\dfrac{1}{\varepsilon}\right)^{k-1} = 1 - \left(\dfrac{1}{8}\right)^{1.4-1}$

$= 0.565(56.5\%)$

40. 계가 정적 과정으로 상태 1에서 상태 2로 변화할 때 단순압축성 계에 대한 열역학 제1법칙을 바르게 설명한 것은? (단, U, Q, W는 각각 내부에너지, 열량, 일량이다.)

① $U_1 - U_2 = Q_{12}$

② $U_2 - U_1 = W_{12}$

③ $U_1 - U_2 = W_{12}$

④ $U_2 - U_1 = Q_{12}$

[해설] $Q_{12} = (U_2 - U_1) + W_{12} [\text{kJ}]$

등적변화($V = C$)인 경우

$W_{12} = \displaystyle\int_1^2 P dV = 0$이므로

∴ 가열량은 내부에너지 변화량과 같다.

$Q_{12} = (U_2 - U_1)$

제3과목   **기계유체역학**

41. 유체역학에서 연속방정식에 대한 설명으로 옳은 것은?

① 뉴턴의 운동 제2법칙이 유체 중의 모든 점에서 만족하여야 함을 요구한다.

---

② 에너지와 일 사이의 관계를 나타낸 것 이다.

③ 한 유선 위에 두 점에 대한 단위 체적 당의 운동량의 관계를 나타낸 것이다.

④ 검사체적에 대한 질량 보존을 나타내 는 일반적인 표현식이다.

[해설] 연속방정식 : 검사체적(control volume) 에 대한 질량 보존의 원리를 적용한 표현식

42. 그림과 같은 탱크에서 A점에 표준대 기압이 작용하고 있을 때, B점의 절대압 력은 약 몇 kPa인가? (단, A점과 B점의 수직거리는 2.5 m이고 기름의 비중은 0.92 이다.)

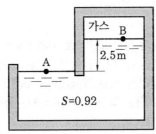

① 78.8 　　② 788

③ 179.8 　　④ 1798

[해설] $P_B = P_A - \gamma_w Sh$

$= 101.325 - 9.8 \times 0.92 \times 2.5$

$\fallingdotseq 78.8 \, kPa$

43. 기준면에 있는 어떤 지점에서의 물의 유속이 6 m/s, 압력이 40 kPa일 때 이 지점에서의 물의 수력기울기선의 높이는 약 몇 m인가?

① 3.24　② 4.08　③ 5.92　④ 6.81

[해설] $HGL = \dfrac{P}{\gamma_w} = \dfrac{40}{9.8} = 4.08 \, m$

[참고] $EL(에너지선) = HGL + \dfrac{V^2}{2g}$

$= 4.08 + \dfrac{6^2}{2 \times 9.8} = 5.92 \, m$

44. 2차원 직각좌표계(x, y) 상에서 x방 향의 속도 $u = 1$, y방향의 속도 $v = 2x$인 어떤 정상상태의 이상유체에 대한 유동장 이 있다. 다음 중 같은 유선 상에 있는 점을 모두 고르면?

㉠ (1, 1)	㉡ (1, −1)	㉢ (−1, 1)

① ㉠, ㉡ 　　② ㉡, ㉢

③ ㉠, ㉢ 　　④ ㉠, ㉡, ㉢

45. 경계층의 박리(separation)가 일어나 는 주원인은?

① 압력이 증기압 이하로 떨어지기 때문에

② 유동방향으로 밀도가 감소하기 때문에

③ 경계층의 두께가 0으로 수렴하기 때 문에

④ 유동과정에 역압력 구배가 발생하기 때 문에

[해설] 경계층의 박리 현상은 하류방향의 역압 력 구배$\left(\dfrac{\partial p}{\partial x} > 0, \ \dfrac{\partial u}{\partial x} < 0 \right)$ 때문에 발생한다.

46. 표면장력이 0.07 N/m인 물방울의 내 부압력이 외부압력보다 10 Pa 크게 되려 면 물방울의 지름은 몇 cm인가?

① 0.14　② 1.4　③ 0.28　④ 2.8

[해설] 물방울의 표면장력$(\sigma) = \dfrac{PD}{4}$[Pa]

$\therefore D = \dfrac{4\sigma}{P} = \dfrac{4 \times 0.07}{10} = 0.028 \, m = 2.8 \, cm$

47. 가스 속에 피토관을 삽입하여 압력을 측 정하였더니 정체압이 128 Pa, 정압이 120 Pa이었다. 이 위치에서의 유속은 몇 m/s 인가? (단, 가스의 밀도는 1.0 kg/m³이다.)

① 1　　② 2　　③ 4　　④ 8

[해설] P_s(정체압) $= P$(정압) $+ P_v$(동압)

$$P_s = P + \frac{\rho V^2}{2} \, [\text{Pa}]$$

$$\therefore V = \sqrt{\frac{2(P_s - P)}{\rho}} = \sqrt{\frac{2(128 - 120)}{1.0}}$$
$$= 4 \, \text{m/s}$$

48. 평면 벽과 나란한 방향으로 점성계수가 $2 \times 10^{-5} \, \text{Pa} \cdot \text{s}$인 유체가 흐를 때, 평면과의 수직거리 $y[\text{m}]$인 위치에서 속도가 $u = 5(1 - e^{-0.2y})[\text{m/s}]$이다. 유체에 걸리는 최대 전단응력은 약 몇 Pa인가?

① 2×10^{-5}　　　② 2×10^{-6}

③ 5×10^{-6}　　　④ 10^{-4}

해설 $\tau = \mu \dfrac{du}{dy} = 2 \times 10^{-5}$

49. 안지름 1 cm의 원관 내를 유동하는 0℃의 물의 층류 임계 레이놀즈수가 2100일 때 임계 속도는 약 몇 cm/s인가? (단, 0℃ 물의 동점성계수는 0.01787 cm²/s 이다.)

① 37.5　② 375　③ 75.1　④ 751

해설 $Re_c = \dfrac{Vd}{\nu}$

$$\therefore V = \frac{Re_c \nu}{d} = \frac{2100 \times 0.01787}{1}$$
$$\fallingdotseq 37.53 \, \text{cm/s}$$

50. 다음 중 정체압의 설명으로 틀린 것은?

① 정체압은 정압과 같거나 크다.

② 정체압은 액주계로 측정할 수 없다.

③ 정체압은 유체의 밀도에 영향을 받는다.

④ 같은 정압의 유체에서는 속도가 빠를수록 정체압이 커진다.

해설 정체압(stagnation pressure)은 액주계로 측정할 수 있다. 정체압(P_s)=정압(P) +동압$\left(\dfrac{\rho v^2}{2}\right)$이므로 유속이 0인 지점에서 정체압은 정압과 같다. 따라서 정체압은 정압과 같거나 크다.

51. 어떤 물체가 대기 중에서 무게는 6 N이고 수중에서 무게는 1.1 N이었다. 이 물체의 비중은 약 얼마인가?

① 1.1　　　　　② 1.2

③ 2.4　　　　　④ 5.5

해설 대기(공기) 중의 무게(G_a) = 물속의 무게(W) + 부력(F_B)

$$G_a = W + F_B$$
$$G_a = W + \gamma V$$
$$G_a - W = \gamma V$$
$$V = \frac{G_a - W}{\gamma_w} = \frac{6 - 1.1}{9800} = 5 \times 10^{-4} \, \text{m}^3$$
$$\gamma = \frac{G_a}{V} = \frac{6}{5 \times 10^{-4}} = 12000 \, \text{N/m}^3$$
$$\therefore S = \frac{\gamma}{\gamma_w} = \frac{12000}{9800} = 1.2$$

52. 지름 4 m의 원형수문이 수면과 수직방향이고 그 최상단이 수면에서 3.5 m만큼 잠겨있을 때 수문에 작용하는 힘 F와 수면으로부터 힘의 작용점까지의 거리 x는 각각 얼마인가?

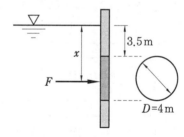

① 638 kN, 5.68 m

② 677 kN, 5.68 m

③ 638 kN, 5.57 m

④ 677 kN, 5.57 m

해설 $F = \gamma \bar{h} A = 9.8 \times \left(3.5 + \dfrac{4}{2}\right) \times \dfrac{\pi \times 4^2}{4}$

정답 48. ① 49. ① 50. ② 51. ② 52. ②

$$\fallingdotseq 677.33 \text{ kN}$$

$$x = \overline{h} + \frac{I_G}{A\overline{h}} = 5.5 + \frac{\dfrac{\pi \times 4^4}{64}}{\dfrac{\pi \times 4^2}{4} \times 5.5}$$

$$= 5.68 \text{ m}$$

53. 지름 $D_1 = 30$ cm의 원형 물제트가 대기압 상태에서 V의 속도로 중앙 부분에 구멍이 뚫린 고정 원판에 충돌하여 원판 뒤로 지름 $D_2 = 10$ cm의 원형 물제트가 같은 속도로 흘러나가고 있다. 이 원판이 받는 힘이 100 N이라면 물제트의 속도 V는 약 몇 m/s인가?

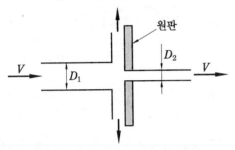

① 0.95   ② 1.26
③ 1.59   ④ 2.35

[해설] $F = \rho(A_1 - A_2)V^2 \text{[N]}$ 에서

$$V = \sqrt{\frac{F}{\rho(A_1 - A_2)}} = \sqrt{\frac{100}{1000 A_1 \left[1 - \left(\dfrac{A_2}{A_1}\right)\right]}}$$

$$= \sqrt{\frac{100}{1000 \times \dfrac{\pi}{4}(0.3)^2 \left[1 - \left(\dfrac{D_2}{D_1}\right)^2\right]}}$$

$$= \sqrt{\frac{100}{1000 \times \dfrac{\pi}{4}(0.3)^2 \left[1 - \left(\dfrac{1}{3}\right)^2\right]}}$$

$$= 1.26 \text{ m/s}$$

54. 길이 600 m이고 속도 15 km/h인 선박에 대해 물속에서의 조파 저항을 연구하기 위해 길이 6 m인 모형선의 속도는

몇 km/h으로 해야 하는가?

① 2.7   ② 2.0   ③ 1.5   ④ 1.0

[해설] $(Fr)_p = (Fr)_m$

$$\left(\frac{V}{\sqrt{lg}}\right)_p = \left(\frac{V}{\sqrt{lg}}\right)_m$$

$$g_p \simeq g_m$$

$$\therefore V_m = V_p \times \sqrt{\frac{l_m}{l_p}} = 15 \times \sqrt{\frac{6}{600}}$$

$$= 1.5 \text{ km/h}$$

55. 동점성계수가 1×10^{-4} m²/s인 기름이 안지름 50 mm의 관을 3 m/s의 속도로 흐를 때 관의 마찰계수는?

① 0.015   ② 0.027
③ 0.043   ④ 0.061

[해설] $Re = \dfrac{Vd}{\nu} = \dfrac{3 \times 0.05}{1 \times 10^{-4}} = 1500 < 2100$

이므로 층류

$$\therefore f = \frac{64}{Re} = \frac{64}{1500} \fallingdotseq 0.043$$

56. 일률(power)을 기본 차원인 M(질량), L(길이), T(시간)로 나타내면?

① $L^2 T^{-2}$ ② $ML^{-2}L^{-1}$
③ $ML^2 T^{-2}$ ④ $ML^2 T^{-3}$

[해설] 일률(power), 동력의 단위는 watt(N·m/s = J/s)이므로 차원으로 나타내면
$$FLT^{-1} = (MLT^{-2})LT^{-1} = ML^2 T^{-3}$$
$F = ma = $ kg·m/s²이므로 MLT^{-2}

57. 수평으로 놓인 지름 10 cm, 길이 200 m인 파이프에 완전히 열린 글로브 밸브가 설치되어 있고, 흐르는 물의 평균속도는 2 m/s이다. 파이프의 관 마찰계수가 0.02이고, 전체 수두 손실이 10 m이면 글로브 밸브의 손실계수는 약 얼마인가?

① 0.4   ② 1.8

③ 5.8   ④ 9.0

해설 $h_L = \left(f\dfrac{L}{d} + k\right)\dfrac{V^2}{2g}$

$10 = \left(0.02 \times \dfrac{200}{0.1} + k\right) \times \dfrac{2^2}{2 \times 9.8}$

$= (40 + k) \times 0.204$

$\therefore k \fallingdotseq 49.02 - 40 = 9.02$

58. 유동장에 미치는 힘 가운데 유체의 압축성에 의한 힘만이 중요할 때에 적용할 수 있는 무차원수로 옳은 것은?

① 오일러수   ② 레이놀즈수
③ 프루드수   ④ 마하수

해설 마하수(Mach number)는 압축성 유동에 의한 힘만이 중요할 때 적용하는 무차원수이다.

59. (x, y) 좌표계의 비회전 2차원 유동장에서 속도 퍼텐셜(potential) ϕ는 $\phi = 2x^2 y$로 주어졌다. 이때 점$(3, 2)$인 곳에서 속도 벡터는? (단, 속도 퍼텐셜 ϕ는 $\vec{V} \equiv \nabla \phi = grad\phi$로 정의된다.)

① $24\vec{i} + 18\vec{j}$ ② $-24\vec{i} + 18\vec{j}$
③ $12\vec{i} + 9\vec{j}$ ④ $-12\vec{i} + 9\vec{j}$

해설 점$(3, 2)$인 곳에서 속도 벡터는

$\vec{V} = \nabla \cdot \phi = grad\phi = \left(\dfrac{\partial}{\partial x}i + \dfrac{\partial}{\partial y}j\right)2x^2 y$

$\dfrac{\partial \phi}{\partial x} = 4xy = 4 \times 3 \times 2 = 24$

$\dfrac{\partial \phi}{\partial y} = 2x^2 = 2(3)^2 = 18$

$\vec{V} = \dfrac{\partial \phi}{\partial x}i + \dfrac{\partial \phi}{\partial y}j = 24\vec{i} + 18\vec{j}$

60. Stokes의 법칙에 의해 비압축성 점성 유체에 구(sphere)가 낙하될 때 항력(D)을 나타낸 식으로 옳은 것은? (단, μ : 유체의 점성계수, a : 구의 반지름, V : 구의 평균속도, C_D : 항력계수, 레이놀즈

수가 1보다 작아 박리가 존재하지 않는다고 가정한다.)

① $D = 6\pi a\mu V$ ② $D = 4\pi a\mu V$
③ $D = 2\pi a\mu V$ ④ $D = C_D \pi a\mu V$

해설 구(sphere) 주위의 점성 비압축성 유동에서 $Re \leq 1$(또는 0.6) 정도이면 박리가 존재하지 않으므로 항력은 점성력만의 영향을 받는다(스토크스의 법칙).
항력(D) $= 3\pi\mu d V = 6\pi\mu a V$[N]

제4과목   **기계재료 및 유압기기**

61. 과랭 오스테나이트 상태에서 소성 가공을 한 다음 냉각하여 마텐자이트화하는 열처리 방법은?

① 오스포밍   ② 크로마이징
③ 심랭처리   ④ 인덕션하드닝

해설 오스포밍(ausforming)이란 금속 재료의 기계적 성질 등의 향상을 위해 소성 가공과 열처리를 조합해서 행하는 열조작으로 준안정 오스테나이트 상태에서 가공을 행하고 잇달아 마텐자이트 변태를 일으키게 하는 열처리 방법이다. 보통의 강보다 인장강도가 35 % 큰 재료가 얻어진다.

62. 다음 중 열경화성 수지가 아닌 것은?

① 페놀 수지   ② ABS 수지
③ 멜라민 수지   ④ 에폭시 수지

해설 열경화성 수지는 열을 가하여 어떤 모양을 만든 다음에는 다시 열을 가하여도 물러지지 않는 수지를 말하며, 에폭시 수지, 페놀 수지, 요소 수지, 멜라민 수지 등이 있다.

63. Fe-Fe$_3$C계 평형 상태도에서 나타날 수 있는 반응이 아닌 것은?

① 포정반응   ② 공정반응

정답 58. ④   59. ①   60. ①   61. ①   62. ②   63. ④

③ 공석반응   ④ 편정반응

[해설] Fe-C 평형 상태도에서 나타날 수 있는 불변반응 3가지는 다음과 같다.
(1) 포정반응 : 1495℃, C 0.53 %
(2) 공정반응 : 1148℃, C 4.3 %
(3) 공석반응 : 723℃, C 0.8 %
편정반응(단정반응)은 하나의 액상에서 다른 액상 및 고상(고용체)을 동시에 생성하는 반응이다.

64. 가열 과정에서 순철의 A_3 변태에 대한 설명으로 틀린 것은?
① BCC가 FCC로 변한다.
② 약 910℃ 부근에서 일어난다.
③ α-Fe가 γ-Fe로 변화한다.
④ 격자구조에 변화가 없고 자성만 변한다.

[해설] 격자구조에 변화가 없고 자성만 변하는 변태는 A_2 변태점(768℃)으로 순철의 자기 변태점, 퀴리점(Curie point)이라고 한다.

65. 표점거리가 100 mm, 시험편의 평행부 지름이 14 mm인 인장 시험편을 최대하중 6400 kgf로 인장한 후 표점거리가 120 mm로 변화되었을 때 인장강도는 약 몇 kgf/mm^2인가?
① $10.4 \, kgf/mm^2$
② $32.7 \, kgf/mm^2$
③ $41.6 \, kgf/mm^2$
④ $166.3 \, kgf/mm^2$

[해설] $\sigma_t = \dfrac{P}{A} = \dfrac{6400}{\dfrac{\pi}{4} \times 14^2} \fallingdotseq 41.6 \, kgf/mm^2$

66. 다음 중 주철의 성질에 대한 설명으로 옳은 것은?
① C, Si 등이 많을수록 용융점은 높아진다.
② C, Si 등이 많을수록 비중은 작아진다.
③ 흑연편이 클수록 자기 감응도는 좋아진다.

④ 주철의 성장 원인으로 마텐자이트의 흑연화에 의한 수축이 있다.

[해설] 주철(cast iron)은 C, Si 등이 많을수록 비중은 작아지고 용융점은 낮아진다.

67. 다음 중 마텐자이트(martensite) 변태의 특징에 대한 설명으로 틀린 것은 어느 것인가?
① 마텐자이트는 고용체의 단일상이다.
② 마텐자이트 변태는 확산 변태이다.
③ 마텐자이트 변태는 협동적 원자운동에 의한 변태이다.
④ 마텐자이트의 결정 내에는 격자결함이 존재한다.

[해설] 마텐자이트는 오스테나이트의 무확산 변태로부터 만들어진 비평형 상태의 단일상 구조이다.

68. Al-Cu-Ni-Mg 합금으로 시효경화하며, 내열합금 및 피스톤용으로 사용되는 것은?
① Y 합금
② 실루민
③ 라우탈
④ 하이드로날륨

69. 냉간 압연 스테인리스 강판 및 강대 (KS D 3698)에서 석출 경화계 종류의 기호로 옳은 것은?
① STS305
② STS410
③ STS430
④ STS630

[해설] ①은 오스테나이트계, ②는 마텐자이트계, ③은 페라이트계이다.

70. 구리 및 구리합금에 대한 설명으로 옳은 것은?
① Cu + Sn 합금을 황동이라 한다.
② Cu + Zn 합금을 청동이라 한다.

정답 64. ④   65. ③   66. ②   67. ②   68. ①   69. ④   70. ③

③ 문츠메탈(muntz metal)은 60 %Cu +
40 %Zn 합금이다.

④ Cu의 전기 전도율은 금속 중에서 Ag
보다 높고, 자성체이다.

해설 ① Cu + Sn 합금을 청동이라 한다.

② Cu + Zn 합금을 황동이라 한다.

④ Cu의 전기 전도율은 금속 중에서 Ag보
다 낮고, 비자성체이다.

71. 개스킷(gasket)에 대한 설명으로 옳
은 것은?

① 고정 부분에 사용되는 실(seal)

② 운동 부분에 사용되는 실(seal)

③ 대기로 개방되어 있는 구멍

④ 흐름의 단면적을 감소시켜 관로 내 저
항을 갖게 하는 기구

해설 유압장치의 운동 부분에 사용되는 실은
패킹이고, 고정 부분(정지 부분)에 사용되는
실은 개스킷이다.

72. 자중에 의한 낙하, 운동물체의 관성에
의한 액추에이터의 자중 등을 방지하기
위해 배압을 생기게 하고 다른 방향의 흐
름이 자유롭게 흐르도록 한 밸브는?

① 풋 밸브

② 스풀 밸브

③ 카운터 밸런스 밸브

④ 변환 밸브

73. 유압에서 체적탄성계수에 대한 설명으
로 틀린 것은?

① 압력의 단위와 같다.

② 압력의 변화량과 체적의 변화량과 관
계있다.

③ 체적탄성계수의 역수는 압축률로 표현
한다.

④ 유압에 사용되는 유체가 압축되기 쉬운
정도를 나타낸 것으로 체적탄성계수가
클수록 압축이 잘 된다.

해설 체적탄성계수는 어떤 물질이 압축에 저
항하는 정도를 나타내는 것으로 체적탄성
계수가 크다는 것은 압축하기 어렵다는 것
을 의미한다.

74. 오일의 팽창, 수축을 이용한 유압 응
용장치로 적절하지 않은 것은?

① 진동 개폐 밸브   ② 압력계

③ 온도계   ④ 쇼크 업소버

해설 쇼크 업소버(shock absorber) : 기계적
충격을 완화하는 장치로 점성을 이용하여 운
동에너지를 흡수한다.

75. 그림과 같은 유압회로의 명칭으로 적
합한 것은?

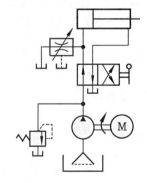

① 어큐뮬레이터 회로

② 시퀀스 회로

③ 블리드 오프 회로

④ 로킹(로크) 회로

76. 토출량이 일정한 용적형 펌프의 종류
가 아닌 것은?

① 기어 펌프   ② 베인 펌프

③ 터빈 펌프   ④ 피스톤 펌프

정답 71. ① 72. ③ 73. ④ 74. ④ 75. ③ 76. ③

[해설] 용적형 펌프의 종류에는 기어 펌프, 베인 펌프, 피스톤 펌프 등이 있으며, 터빈 펌프는 고양정 저유량의 원심 펌프이다.

77. 유압 모터의 효율에 대한 설명으로 틀린 것은?

① 전 효율은 체적 효율에 비례한다.

② 전 효율은 기계 효율에 반비례한다.

③ 전 효율은 축 출력과 유체 입력의 비로 표현한다.

④ 체적 효율은 실제 송출유량과 이론 송출유량의 비로 표현한다.

[해설] 전 효율은 기계 효율에 비례한다.

78. 펌프의 효율을 구하는 식으로 틀린 것은?(단, 펌프에 손실이 없을 때 토출 압력은 P_0, 실제 펌프 토출 압력은 P, 이론 펌프 토출량은 Q_0, 실제 펌프 토출량은 Q, 유체동력은 L_h, 축동력은 L_s 이다.)

① 용적 효율 $= \dfrac{Q}{Q_0}$

② 압력 효율 $= \dfrac{P_0}{P}$

③ 기계 효율 $= \dfrac{L_h}{L_s}$

④ 전 효율 = 용적 효율 × 압력 효율 × 기계 효율

[해설] 압력 효율$(\eta) = \dfrac{P}{P_0} \times 100\%$

79. 그림과 같은 기호의 밸브 명칭은?

① 스톱 밸브　　　　② 릴리프 밸브

③ 체크 밸브　　　　④ 가변 교축 밸브

80. 압력 제어 밸브에서 어느 최소 유량에서 어느 최대 유량까지의 사이에 증대하는 압력은?

① 오버라이드 압력　　② 전량 압력

③ 정격 압력　　　　　④ 서지 압력

[해설] 오버라이드 압력(override pressure) : 설정압력과 크래킹 압력의 차이를 말하며, 이 압력차가 클수록 릴리프 밸브의 성능이 나쁘고 포핏을 진동시키는 원인이 된다.

제5과목 **기계제작법 및 기계동력학**

81. 강체의 평면 운동에 대한 설명으로 틀린 것은?

① 평면 운동은 병진과 회전으로 구분할 수 있다.

② 평면 운동은 순간중심점에 대한 회전으로 생각할 수 있다.

③ 순간중심점은 위치가 고정된 점이다.

④ 곡선 경로를 움직이더라도 병진 운동이 가능하다.

[해설] 순간회전중심(순간중심점)은 위치가 시간과 함께 이동하는 점(운동할 때 정해지는 점)이다.

82. 자동차 B, C가 브레이크가 풀린 채 정지하고 있다. 이때 자동차 A가 1.5 m/s의 속력으로 B와 충돌하면, 이후 B와 C가 다시 충돌하게 되어 결국 3대의 자동차가 연쇄 충돌하게 된다. 이때 B와 C가 충돌한 직후 자동차 C의 속도는 약 몇 m/s인가?(단, 모든 자동차 간 반발계수는 $e = 0.75$이고, 모든 자동차는 같은 종류로 질

량이 같다.)

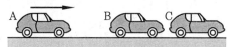

① 0.16　　　　② 0.39

③ 1.15　　　　④ 1.31

해설　$V_B' = V_B + \dfrac{m_A}{m_A + m_B}(1+e)(V_A - V_B)$

$\quad\quad = \dfrac{1}{2}(1+0.75) \times 1.5 ≒ 1.313 \, \text{m/s}$

$\quad V_C' = V_C + \dfrac{m_B'}{m_B' + m_C}(1+e)(V_B' - V_C)$

$\quad\quad = \dfrac{1}{2}(1+0.75) \times 1.313 ≒ 1.15 \, \text{m/s}$

83. 질량 $m = 100 \, \text{kg}$인 기계가 강성계수 $k = 1000 \, \text{kN/m}$, 감쇠비 $\zeta = 0.2$인 스프링에 의해 바닥에 지지되어 있다. 이 기계에 $F = 485\sin(200t)[\text{N}]$의 가진력이 작용하고 있다면 바닥에 전달되는 힘은 약 몇 N인가?

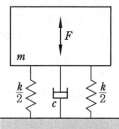

① 100　　② 200　　③ 300　　④ 400

해설　$\omega_n = \sqrt{\dfrac{k}{m}} = \sqrt{\dfrac{1000 \times 10^3}{100}}$

$\quad\quad = 100 \, \text{rad/s}$

$\quad \gamma = \dfrac{\omega}{\omega_n} = \dfrac{200}{100} = 2$

$\quad \therefore \, F_{TR} = F_o \sqrt{\dfrac{1 + (2\zeta\gamma)^2}{(1-\gamma^2)^2 + (2\zeta\gamma)^2}}$

$\quad\quad = 485 \sqrt{\dfrac{1 + (2 \times 0.2 \times 2)^2}{(1-2^2)^2 + (2 \times 0.2 \times 2)^2}}$

$\quad\quad ≒ 200 \, \text{N}$

84. 다음 그림과 같은 진동시스템의 운동 방정식은?

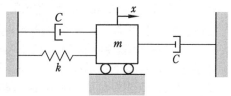

① $m\ddot{x} + \dfrac{c}{2}\dot{x} + kx = 0$

② $m\ddot{x} + c\dot{x} + \dfrac{kc}{k+c}x = 0$

③ $m\ddot{x} + \dfrac{kc}{k+c}\dot{x} + kx = 0$

④ $m\ddot{x} + 2c\dot{x} + kx = 0$

85. 20 g의 탄환이 수평으로 1200 m/s의 속도로 발사되어 정지해 있던 300 g의 블록에 박힌다. 이후 스프링에 발생한 최대 압축 길이는 약 몇 m인가? (단, 스프링 상수는 200 N/m이고 처음에 변형되지 않은 상태였다. 바닥과 블록 사이의 마찰은 무시한다.)

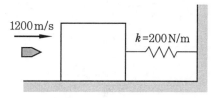

① 2.5　　② 3.0　　③ 3.5　　④ 4.0

해설　운동량(mv)

$\quad\quad = 0.02 \times 1200 = 24 \, \text{kg} \cdot \text{m/s}$

$\quad 0.32v = 24$에서 $v = 75 \, \text{m/s}$

에너지 보존의 법칙을 적용하면

$\quad \dfrac{1}{2}mv^2 = \dfrac{1}{2} \times 0.32 \times 75^2 = 900 \, \text{J}(\text{N} \cdot \text{m})$

스프링 최대 압축 시 에너지

$\quad = \dfrac{1}{2}kx^2 = \dfrac{1}{2} \times 200x^2 = 900$

$\quad \therefore \, x = 3 \, \text{m}$

86. 북극과 남극이 일직선으로 관통된 구멍을 통하여 북극에서 지구 내부를 향하여 초기속도 $v_0 = 10$ m/s로 한 질점을 던졌다. 그 질점이 A점($S = R/2$)을 통과할 때의 속력은 약 몇 km/s인가? (단, 지구 내부는 균일한 물질로 채워져 있으며, 중력가속도는 O점에서 0이고, O점으로부터의 위치 S에 비례한다고 가정한다. 그리고 지표면에서 중력가속도는 9.8 m/s², 지구 반지름은 $R = 6371$ km이다.)

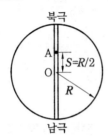

① 6.84   ② 7.90
③ 8.44   ④ 9.81

해설 $da = \dfrac{g}{R}ds, \ ds = \dfrac{R}{g}da$

$-ads = V \cdot dv$

$\displaystyle \int_{g}^{\frac{g}{2}} -\frac{R}{g}ada = \int_{V_0}^{V_A} V \cdot dV$

$-\dfrac{R}{g} \cdot \dfrac{a^2}{2}\bigg|_{g}^{\frac{g}{2}} = \dfrac{1}{2}V^2\bigg|_{V_0}^{V_A}$

$\dfrac{3R}{4} \cdot g = V_A^2 - V_0^2$

$V_A^2 = \dfrac{3R \cdot g}{4} + V_0^2$

$\qquad = \left(\dfrac{3 \times 6371 \times 10^3 \times 9.8}{4} + 10^2\right) \times 10^{-6}$

$V_A = 6.84$ km/s

87. 진동수(f), 주기(T), 각진동수(ω)의 관계를 표시한 식으로 옳은 것은?

① $f = \dfrac{1}{T} = \dfrac{\omega}{2\pi}$ ② $f = T = \dfrac{\omega}{2\pi}$

③ $f = \dfrac{1}{T} = \dfrac{2\pi}{\omega}$ ④ $f = \dfrac{2\pi}{T} = \omega$

해설 진동수$(f) = \dfrac{1}{주기(T)} = \dfrac{\omega}{2\pi}$ [Hz]

88. 물체의 위치 x가 $x = 6t^2 - t^3$ [m]로 주어졌을 때 최대 속도의 크기는 몇 m/s인가? (단, 시간의 단위는 초이다.)

① 10   ② 12   ③ 14   ④ 16

해설 위치$(x) = 6t^2 - t^3$

$\vec{V} = \dfrac{dx}{dt} = 12t - 3t^2$

$\qquad = 12 \times 2 - 3(2)^2 = 12$ m/s

$a = \dfrac{d^2x}{dt^2} = 12 - 6t$

가속도$(a) = 0$일 때 속도가 최대이므로

$0 = 12 - 6t$

$6t = 12$

$\therefore \ t = 2$ s

89. 경사면에 질량 M의 균일한 원기둥이 있다. 이 원기둥에 감겨 있는 실을 경사면과 동일한 방향인 위쪽으로 잡아당길 때, 미끄럼이 일어나지 않기 위한 실의 장력 T의 조건은? (단, 경사면의 각도를 α, 경사면과 원기둥 사이의 마찰계수를 μ_s, 중력가속도를 g라 한다.)

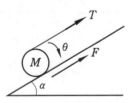

① $T \le Mg(3\mu_s\sin\alpha + \cos\alpha)$
② $T \le Mg(3\mu_s\sin\alpha - \cos\alpha)$
③ $T \le Mg(3\mu_s\cos\alpha + \sin\alpha)$
④ $T \le Mg(3\mu_s\cos\alpha - \sin\alpha)$

90. 직선 진동계에서 질량 98 kg의 물체

가 16초 간에 10회 진동하였다. 이 진동계의 스프링 상수는 몇 N/cm인가?

① 37.8   ② 15.1

③ 22.7   ④ 30.2

해설 $\omega_n = \sqrt{\dfrac{k}{m}}$

$\therefore k = m\omega_n^2 = 98 \times (2\pi f)^2$

$\qquad = 98 \times (2\pi \times 0.625)^2 \fallingdotseq 1510\,\text{N/m}$

$\qquad = 15.1\,\text{N/cm}$

$f = \dfrac{1}{T} = \dfrac{1}{1.6\,\text{s}} = 0.625\,\text{Hz}$

※ $f = \dfrac{\omega_n}{2\pi}\,[\text{Hz, CPS}]$

91. 용접부의 시험 검사 방법 중 파괴 시험에 해당하는 것은?

① 외관 시험

② 초음파 탐상 시험

③ 피로 시험

④ 음향 시험

해설 외관 시험(visual test), 초음파 탐상 시험(UT), 음향 시험(AE) 등은 비파괴 시험이고 피로 시험(fatigue test)은 파괴 시험이다.

92. 담금질된 강의 마텐자이트 조직은 경도는 높지만 취성이 매우 크고 내부적으로 잔류응력이 많이 남아 있어서 A_1 이하의 변태점에서 가열하는 열처리 과정을 통하여 인성을 부여하고 잔류응력을 제거하는 열처리는?

① 풀림   ② 불림

③ 침탄법   ④ 뜨임

93. 방전 가공의 특징으로 틀린 것은?

① 무인 가공이 불가능하다.

② 가공 부분에 변질층이 남는다.

③ 전극의 형상대로 정밀하게 가공할 수 있다.

④ 가공물의 경도와 관계없이 가공이 가능하다.

해설 방전 가공은 무인 가공이 가능하다.

94. 단체 모형, 분할 모형, 조립 모형의 종류를 포괄하는 실제 제품과 같은 모양의 모형은?

① 고르개 모형   ② 회전 모형

③ 코어 모형   ④ 현형

95. 압연에서 롤러의 구동은 하지 않고 감는 기계의 인장 구동으로 압연을 하는 것으로 연질재의 박판 압연에 사용되는 압연기는?

① 3단 압연기   ② 4단 압연기

③ 유성압연기   ④ 스테켈 압연기

96. 압연 가공에서 가공 전의 두께가 20 mm이던 것이 가공 후의 두께가 15 mm로 되었다면 압하율은 몇 %인가?

① 20   ② 25

③ 30   ④ 40

해설 압하율$(\phi) = \dfrac{H_0 - H_1}{H_0} \times 100\,\%$

$\qquad = \left\{1 - \left(\dfrac{H_1}{H_0}\right)\right\} \times 100\,\%$

$\qquad = \left\{1 - \left(\dfrac{15}{20}\right)\right\} \times 100\,\% = 25\,\%$

97. 스프링 등과 같은 기계요소의 피로강도를 향상시키기 위해 작은 강구를 공작물의 표면에 충돌시켜서 가공하는 방법은?

① 쇼트 피닝   ② 전해 가공

③ 전해연삭   ④ 화학 연마

98. 브라운 샤프형 분할대로 $5\dfrac{1}{2}°$ 의 각도

를 분할할 때, 분할 크랭크의 회전을 어떻게 하면 되는가?

① 27구멍 분할판으로 14구멍씩
② 18구멍 분할판으로 11구멍씩
③ 21구멍 분할판으로 7구멍씩
④ 24구멍 분할판으로 15구멍씩

[해설] 분할 크랭크 회전(N)

$$= \frac{D°}{9} = \frac{\frac{11}{2}}{9} = \frac{11}{18}$$

18구멍 분할판으로 11구멍씩 회전시킨다.

99. 전기 아크 용접에서 언더컷의 발생 원인으로 틀린 것은?

① 용접 속도가 너무 빠를 때
② 용접 전류가 너무 높을 때
③ 아크 길이가 너무 짧을 때
④ 부적당한 용접봉을 사용했을 때

[해설] 언더컷의 발생 원인
(1) 용접 전류가 너무 높을 때
(2) 아크 길이가 너무 길 때
(3) 용접봉 취급의 부적당
(4) 용접 속도가 너무 빠를 때

100. 절삭 가공 시 발생하는 절삭온도 측정방법이 아닌 것은?

① 부식을 이용하는 방법
② 복사고온계를 이용하는 방법
③ 열전대에 의한 방법
④ 칼로리미터에 의한 방법

[해설] 절삭온도의 측정법
(1) 칩의 색깔로 측정하는 방법
(2) 온도 지시 페인트에 의한 측정
(3) 칼로리미터에 의한 측정
(4) 공구와 공작물을 열전대로 하는 측정
(5) 삽입된 열전대에 의한 측정
(6) 복사고온계에 의한 측정

일반기계기사 필기

2019년 1월 15일 1판1쇄
2021년 4월 25일 1판4쇄

저　자 : 허원회
펴낸이 : 이정일

펴낸곳 : 도서출판 일진사
www.iljinsa.com
(우) 04317 서울시 용산구 효창원로 64길 6
전화 : 704-1616 / 팩스 : 715-3536
등록 : 제1979-000009호 (1979.4.2)

값 50,000 원

ISBN : 978-89-429-1567-5